α	Rektaszension } äquatoriale	right ascension } equatorial	Zeitmaß [$^{h\ m\ s}$]
δ	Deklination } Koordinaten	declination } coordinates	Winkelmaß [° ' "]
Θ	5040 /T	5040/T	
$\varkappa$	Absorptionskoeffizient	absorption coefficient	(siehe 5.3.0)
$\bar{\varkappa}$	Opazitätskoeffizient	opacity coefficient	(siehe 5.3.0)
λ	Wellenlänge	wavelength	[A] [μm] [cm] [dm] [m]
ν	Frequenz	frequency	[sec^{-1}] [Hz] [MHz]
π	Parallaxe	parallax	["]
ϱ	Dichte	density	[g/cm^3] [$\mathfrak{M}_\odot$/Vol]
ϱ_{st}	Sterndichte (Zahl der Sterne pro Volumen)	star density (number of stars per volume)	[kpc^{-3}]
φ	geographische Breite	geographic latitude	[° ' "]
χ_{ex}	Anregungspotential	excitation potential	[eV], [erg]
χ_{ion}	Ionisationspotential	ionisation potential	[eV], [erg]

B. Indizes — Indexes

lim	Grenz...	limiting...
tot	Gesamt...	total...
λ	... bei der Wellenlänge	... for the wavelength
ν	... bei der Frequenz	... for the frequency
e	Elektronen...	electron...
at	atomarer...	atomic...
eff	Effektiv...	effective...
rad	Strahlungs...	radiation...
vol	pro Volumen	per volume
g	pro gramm	per gram
Eq	Aequator...	equator...
⊙	... der Sonne	... of the sun
♁	... der Erde	... of the earth
☾	... des Mondes	... of the moon
*	... des Sterns	... of the star
	Symbole der Planeten siehe 4.2.1.1	Symbols of the planets see 4.2.1.1

C. Abkürzungen — Abbreviations

Aequ	Aequinoktium	= Equ	equinox
Ampl	Amplitude		amplitude
FHD	Farben-Helligkeits-Diagramm		color-magnitude diagram
HRD	Hertzsprung-Russel-Diagramm		Hertzsprung-Russell diagram
IAU	Internationale Astronomische Union		International Astronomical Union
JD	Julianisches Datum		Julian date
LC	Leuchtkraftklasse		luminosity class
LKF	Leuchtkraftfunktion	= LF	luminosity function
LTE	Lokales thermodynamisches Gleichgewicht		local thermodynamic equilibrium
MRV	Mitte-Rand-Variation	= CLV	center-limb variation
Pop.	Population		population
Sp	Spektraltyp		spectral type
Gl.	Gleichung	= eqn.	equation
log	^{10}log		^{10}log
ln	^{e}log		^{e}log
m. F.	mittlerer Fehler	= m. e.	mean error
m. r. s.	Wurzel aus dem mittleren Schwankungsquadrat		mean root square
s. d.	mittlere Abweichung		standard deviation
w. F.	wahrscheinlicher Fehler	= p. e.	probable error
pg	photographisch		photographic
vis	visuell		visual

LANDOLT-BÖRNSTEIN

NUMERICAL DATA AND FUNCTIONAL RELATIONSHIPS IN SCIENCE AND TECHNOLOGY

NEW SERIES

EDITOR IN CHIEF

K. H. HELLWEGE

GROUP VI: ASTRONOMY · ASTROPHYSICS AND SPACE RESEARCH

VOLUME I: ASTRONOMY AND ASTROPHYSICS

CONTRIBUTORS

L. H. ALLER · K. BAHNER · A. BEHR · S. v. D. BERGH · M. BEYER · L. BIERMANN
E. BÖHM-VITENSE · K. H. BÖHM · S. BÖHME · W. DIECKVOSS · H. ELSÄSSER
W. FRICKE · W. GLIESE · F. GONDOLATSCH · O. HACHENBERG · G. HAERENDEL
H. HAFFNER · T. HERCZEG · C. HOFFMEISTER · L. HOUZIAUX · R. KIPPENHAHN
H. v. KLÜBER · G. P. KUIPER · H. LAMBRECHT · E. LAMLA · J. LARINK · W. PETRI
H. SCHEFFLER · H. SCHMIDT · TH. SCHMIDT-KALER · H. SIEDENTOPF† · H. STRASSL
H. E. SUESS · H. C. THOMAS · G. TRAVING · A. WACHMANN · M. WALDMEIER
V. WEIDEMANN · P. WELLMANN

EDITED BY

H. H. VOIGT

S P R I N G E R - V E R L A G
BERLIN · HEIDELBERG · NEW YORK
1965

LANDOLT-BÖRNSTEIN

ZAHLENWERTE UND FUNKTIONEN
AUS NATURWISSENSCHAFTEN UND TECHNIK

NEUE SERIE

GESAMTHERAUSGABE:

K. H. HELLWEGE

GRUPPE VI: ASTRONOMIE · ASTROPHYSIK UND WELTRAUMFORSCHUNG

BAND I: ASTRONOMIE UND ASTROPHYSIK

BEARBEITET VON

L. H. ALLER · K. BAHNER · A. BEHR · S. v. d. BERGH · M. BEYER · L. BIERMANN
E. BÖHM-VITENSE · K. H. BÖHM · S. BÖHME · W. DIECKVOSS · H. ELSÄSSER
W. FRICKE · W. GLIESE · F. GONDOLATSCH · O. HACHENBERG · G. HAERENDEL
H. HAFFNER · T. HERCZEG · C. HOFFMEISTER · L. HOUZIAUX · R. KIPPENHAHN
H. v. KLÜBER · G. P. KUIPER · H. LAMBRECHT · E. LAMLA · J. LARINK · W. PETRI
H. SCHEFFLER · H. SCHMIDT · TH. SCHMIDT-KALER · H. SIEDENTOPF † · H. STRASSL
H. E. SUESS · H. C. THOMAS · G. TRAVING · A. WACHMANN · M. WALDMEIER
V. WEIDEMANN · P. WELLMANN

HERAUSGEGEBEN VON

H. H. VOIGT

SPRINGER-VERLAG
BERLIN · HEIDELBERG · NEW YORK
1965

PRINTED IN GERMANY.
LIBRARY OF CONGRESS CATALOG CARD NUMBER 62-53136

Titel Nr. 6187

Vorwort

Vor 12 Jahren erschien in der 6. Auflage des Landolt-Börnstein erstmals ein Band ,,Astronomie und Geophysik". Inzwischen hat sich die Astronomie in allen ihren Zweigen stark erweitert, und ganz neue Arbeitsrichtungen wie Radioastronomie und extraterrestrische Forschung sind hinzugekommen. Die Astronomie erscheint daher in der ,,Neuen Serie" als eigener Band. Die Einteilung des Stoffes entspricht im wesentlichen der in der 6. Auflage. Jedoch war soviel neues und z. T. neuartiges Material zu verarbeiten, daß fast alle Abschnitte völlig neu geschrieben werden mußten. Es handelt sich also um mehr als nur eine ,,verbesserte Auflage".

Besonderer Wert wurde darauf gelegt, den Inhalt auch für Nicht-Astronomen verwendbar zu machen. Dazu gehört Vermeidung eines ausgesprochenen Fach-Jargons, genaue Definition aller auftretenden Größen und Einheiten, und möglichst einheitliche Verwendung der Symbole (die wichtigsten sind im vorderen Buchdeckel zusammengestellt und durchgehend benutzt, soweit nicht in einigen Spezialgebieten andere Bezeichnungen international festgelegt sind). Die Abkürzung der Literaturzitate entspricht internationaler Gepflogenheit, als Vorbild dienten die Chemical Abstracts und der Astronomische Jahresbericht; nur für die zehn häufigsten astronomischen Zeitschriften wurden die unter den Astronomen gebräuchlichen ,,Kurzbezeichnungen" benutzt, die auf S. 701 zusammengestellt sind.

Bei den vielfach sich überschneidenden Forschungsgebieten ließ es sich gelegentlich nicht vermeiden, daß ein Gegenstand mehrfach behandelt wurde, so etwa die Farben-Helligkeits-Diagramme bei den ,,Zustands-Diagrammen", unter ,,Farbe der Sterne" und bei den ,,Sternhaufen". Ebenso wurde — um der inneren Geschlossenheit willen — in Kauf genommen, daß einige wenige Daten mehrfach erscheinen. In allen Fällen ist durch Hinweise angegeben, wo weiteres über den Gegenstand zu erfahren ist.

Nicht ganz einheitlich ließ sich die Zweisprachigkeit durchführen. Es galt als allgemeine Richtlinie, die Überschriften der einzelnen Abschnitte und der Tabellen, die Unterschriften der Figuren und wichtige Definitionen, also das eigentliche ,,Nachschlage-Material", zweisprachig zu bringen. Jedoch mußte aus Gründen des Umfangs auch die Länge der einzelnen Abschnitte und ihre relative Bedeutung berücksichtigt werden, so daß die schließlich getroffene Entscheidung nicht frei von Subjektivität ist. Wegen der international weiter verbreiteten Kenntnis der englischen Sprache wurde mehr aus den deutsch geschriebenen Beiträgen ins Englische übersetzt als umgekehrt. Herrn Dr. A. Beer, Cambridge, gebührt besonderer Dank für die Durchsicht und Korrektur aller englischen Texte.

Die Länge der einzelnen Abschnitte entspricht nicht unbedingt ihrer relativen Bedeutung innerhalb der gesamten Astronomie. Oft lassen sich wichtige Ergebnisse in kurzen Tabellen zusammenfassen, während andere, noch in Gärung begriffene Probleme längerer Erläuterungen bedürfen. Außerdem konnten Gebiete, über die es bereits gute Zusammenstellungen und Monographien gibt, im Text komprimierter gehalten werden, während andere Abschnitte, deren Material weit in der Literatur verstreut und noch nicht systematisch gesammelt worden ist, umfangreicher gehalten wurden als es auf den ersten Blick angemessen erscheint, so z. B. die Abschnitte Helligkeiten und Farben. Natürlich wäre es sinnlos, das in zahlreichen und umfangreichen astronomischen Katalogen enthaltene Material im Landolt-Börnstein zu wiederholen. Es wurde vielmehr versucht, in solchen Fällen jeweils einen möglichst vollständigen ,,Katalog der Kataloge" zusammenzustellen.

Im übrigen glauben Verfasser, Verlag und Herausgeber ihr Ziel erreicht zu haben, wenn die Beurteilung des Bandes — wie schon im Vorwort der vorigen Auflage gesagt — lautet: „Mit dem Abschnitt über mein Spezialgebiet bin ich nicht zufrieden, aber die übrigen Teile des Bandes sind recht nützlich."

Schließlich möchte ich all denen meinen Dank sagen, die an dem Erscheinen dieses Buches mitgewirkt haben. Dies gilt zuerst für die Verfasser der einzelnen Abschnitte, die — bis auf wenige Ausnahmen — ihre Manuskripte in der erstaunlich kurzen Zeit von 3/4 Jahren abgeliefert haben. Mein Dank gilt ferner der Redaktion in Darmstadt für die große Hilfe bei der Herausgeber-Arbeit und dem Springer-Verlag, der allen Wünschen großzügig entgegenkam und auch zahlreiche nachträgliche Änderungswünsche noch berücksichtigt hat. Schließlich danke ich meiner Frau und etlichen Mitarbeitern der Sternwarte für die unermüdliche Hilfe beim Lesen der Korrekturen.

Preface

Twelve years ago, in the 6th edition of Landolt-Börnstein, a volume "Astronomy and Geophysics" was published for the first time. Since then, Astronomy has grown considerably in all its branches, and quite new lines of work, such as radio astronomy and space research, have come into being. In the "New Series" of Landolt-Börnstein, therefore, Astronomy has now become a separate volume.

The arrangement of the subject matter follows closely that in the 6th edition. However, there was so large an amount of supplementary, as well as of quite new, material to be incorporated that almost all the sections had to be completely re-written. This volume should therefore be regarded as much more than a "revised edition".

Particular importance was attached to the requirement that the contents should also be usable by non-astronomers. To achieve this, every kind of technical jargon had to be avoided, and all quantities and units had to be defined exactly; furthermore, all symbols had to be used in as consistent a manner as possible. The most important symbols have been collected on the inside front cover of the book, and have been used consistently throughout, except for some particular notations in special fields, which are internationally agreed. The abbreviations in the bibliographical references follow international usage, and "Chemical Abstracts" and the "Astronomischer Jahresbericht" have served as guides. Only for the ten journals most frequently used by astronomers have the "shortened abbreviations" been employed; these are listed on page 701.

In view of the frequent overlap of fields of astronomical research it was sometimes unavoidable that the same subject was treated in several places, such as, for example, color-magnitude diagrams under "physical parameters", "color of the stars", and "star clusters". Furthermore, to gain completeness within sections, we have to accept the fact that a few data are repeated in different places. In all cases cross-references have been used to indicate where further details on a particular subject can be found.

As to the bi-lingual character of the book, it has not been possible to achieve complete uniformity. Here, the general aim was to put in two languages at least the headings of the various sections and of the tables, the legends of the figures, and the important definitions; these constitute the primary guides to the contents. On the other hand, for reasons inherent in the size of the volume, we had also to consider the lengths of the various sections and their relative importance, so that, in the end, the final decision was not free from subjective judgment. Because of the internationally predominant use of the English language, larger parts of the articles written in German have been translated into English than vice versa. Our particular gratitude is due to Dr. ARTHUR BEER, of the University Observatories in Cambridge, England, for the revision and correction of all the English texts.

The length of the individual sections does not necessarily correspond to their relative importance within the whole of astronomy. Frequently it is possible to summarise important results in short tables, while more recent problems still in ferment require more lengthy explanations. Furthermore, it has been possible to condense the texts of fields in which there already exist useful reviews and monographs, while other sections, the subject matter of which is widely scattered in the literature and has not yet been systematically compiled, may appear at first sight to have received too comprehensive a treatment (as, for example, the sections dealing with magnitudes and colors). Of course, it would make little sense to repeat in the Landolt-Börnstein volume the extensive material already contained in numerous astronomical catalogues. In these cases we have tried to compile in as complete a manner as possible a "catalogue of catalogues".

All in all, we may say that the authors, the publisher, and the editor will feel they have achieved their aim if the judgment on this volume is (as was said in the preface of the last edition): "With the section concerning my special field I am not satisfied, but the other parts of the book are quite useful."

Finally, I would like to express my thanks to all those who have collaborated in the publication of this volume. These thanks are due, first of all, to the many authors of the individual sections, who — with a very few exceptions — handed in their manuscripts in the surprisingly short time of nine months. My thanks are also due to the Landolt-Börnstein Office in Darmstadt for their great help with the editorial work, and to the Publishing House of Springer, which generously met all my wishes and also acceded to my numerous requests for additional alterations. Last but not least I would like to thank my wife and several members of the Observatory staff for their untiring help with the reading of the proofs.

Göttingen, im August 1964 **H. H. Voigt**

Inhaltsverzeichnis

1 Astronomische Instrumente

1.1 Optische Instrumente

(K. BAHNER, Landessternwarte, Heidelberg)

1.2 Radioastronomische Instrumente

(O. HACHENBERG, Universitäts-Sternwarte, Bonn)

1.3 Leistung der Fernrohre

(H. SIEDENTOPF †, Astronomisches Institut, Tübingen)

Table of contents

1 Astronomical instruments

1.1 Optical instruments

(K. Bahner, Landessternwarte, Heidelberg)

1.2 Radio-astronomical devices

(O. Hachenberg, Universitäts-Sternwarte, Bonn)

1.3 Performance of telescopes

(H. Siedentopf †, Astronomisches Institut, Tübingen)

Seite

3 Abundances of the elements in the universe

(H. E. SUESS, University of California, La Jolla/Calif.)

4 The solar system

4.1 The sun

4.2 Planets and satellites

4.3 Comets

5 Die Sterne

5 The stars

5.1 Positions and motions

5.2 Physical parameters and two-parameter diagrams of the stars

5.3 Physics of stellar atmospheres

5.4 Sternaufbau und Sternentwicklung

(R. Kippenhahn und H. C. Thomas, Max-Planck-Institut für Physik und Astrophysik, München 23)

5.4 Stellar structure and evolution

(R. Kippenhahn and H. C. Thomas, Max-Planck-Institut für Physik und Astrophysik, München 23)

Seite

6 Spezielle Sterntypen

6.1 Doppelsterne

(T. Herczeg, Hamburger Sternwarte, Hamburg-Bergedorf)

6.2 Veränderliche Sterne

(M. Beyer, Hamburger Sternwarte, Hamburg-Bergedorf)

page

6 Special types of stars

6.1 Double stars

(T. HERCZEG, Hamburger Sternwarte, Hamburg-Bergedorf)

6.2 Variable stars

(M. BEYER, Hamburger Sternwarte, Hamburg-Bergedorf)

8 The stellar system

8.3 Kinematik und Dynamik des Milchstraßensystems

(H. Strassl, Astronomisches Institut der Universität Münster)

8.4 Interstellarer Raum

(H. Lambrecht, Universitäts-Sternwarte, Jena, 8.4.0 ··· 8.4.5)

9 Galaxien

(S. van den Bergh, David Dunlap Observatory, University of Toronto, Richmond Hill/Ontario)

9.1 Zusammenfassende Darstellungen und Identifikation

Anhang

Appendix

A. Symbole 1) — Symbols 1)

(in alphabetischer Reihenfolge, griechische Buchstaben am Ende — in alphabetic order, first Roman, then Greek letters)

Indizes: siehe B. — Indexes: see B.

b^{I}, b^{II}	galaktische Breite im alten/ neuen System	galactic latitude in the old/ new system	[° ' "]
B	scheinbare Blau-Helligkeit	apparent blue magnitude	im UBV-System $[^{m}]$ [magn] (siehe 5.2.7)
B-V	Farbenindex (blau-visuell)	color index (blue-visual)	im UBV-System $[^{m}]$ [magn]
d	scheinbarer Durchmesser	apparent diameter	[' "]
D	linearer Durchmesser	linear diameter	[pc] [cm]
F	Fläche	area	$[cm^2]\ldots[pc^2]$; $[(°)^2] = [\square°]$
f	Frequenz (für Radiowellen)	frequency (for radio waves)	[Hz] = [cps] [MHz] = [Mcps]
g	Schwerebeschleunigung	gravitational acceleration	$[cm/sec^2]$
I	Intensität	intensity	$[erg\ sec^{-1} cm^{-2} ster^{-1} Hz^{-1}]$
l^{I}, l^{II}	galaktische Länge im alten/ neuen System	galactic longitude in the old/ new system	[° ' "]
$\mathfrak{M}$	Masse	mass	[g] $[\mathfrak{M}_{\odot}]$ = Sonnenmasse
m_v	visuelle scheinbare Helligkeit	visual apparent magnitude	Größenklasse $[^{m}]$ [magn]
m_{pg}	photographische scheinbare Helligkeit	photographic apparent magnitude	Größenklasse $[^{m}]$ [magn]
m_{pv}	photovisuelle scheinbare Helligkeit	photovisual apparent magnitude	Größenklasse $[^{m}]$ [magn]
m_{bol}	bolometrische scheinbare Helligkeit	bolometric apparent magnitude	Größenklasse $[^{m}]$ [magn]
m-M	Entfernungsmodul	distance modulus	Größenklasse $[^{m}]$ [magn]
M	absolute Helligkeit (Indizes wie bei m)	absolute magnitude (the same indexes as m)	Größenklasse $[^{M}]$ [Magn]
N	Anzahl	number	
P	Periode	period	Jahr [a] $[^{a}]$ Tag [d] $[^{d}]$
P_e	Elektronendruck	electron pressure	$[dyn/cm^2]$
P_g	Gasdruck	gas pressure	$[dyn/cm^2]$
P-V	Farbenindex (photographisch-visuell)	color index (photographic-visual)	im internationalen System $[^{m}]$ [magn]
r	Entfernung	distance	[cm] [km] Parsec [pc] 2) Kiloparsec [kpc] 2) Megaparsec [Mpc] 2) Lichtjahr [L. J.] 2) Astronomische Einheit [AE] 2) astronomic unit [a.u.] 2)
R	Radius, Abstand vom Zentrum des Systems	radius, distance from the center of the system	(wie bei r / as for r)
t	Zeit (mittlere Sonnenzeit, wenn nicht anders angegeben)	time (mean solar time if there are no other comments)	Jahr [a] $[^{a}]$ Tag [d] $[^{d}]$ Stunde [h] $[^{h}]$ Minute [min] $[^{m}]$ Sekunde [sec] $[^{s}]$
T	Zeit in tropischen Jahrhunderten seit 1900,00	time in tropical centuries since 1900,00	$[100^{a}]$
T	Temperatur	temperature	[°C] [°K]
T_{ion}	Ionisationstemperatur	ionisation temperature	[°K]
U	scheinbare ultraviolette Helligkeit	apparent ultraviolet magnitude	im UBV-System $[^{m}]$ [magn] (siehe 5.2.7)
Vol	Volumen	volume	$[cm^3]\ldots[pc^3]$
v	Geschwindigkeit	velocity	[cm/sec] [km/sec]
v_r	Radialgeschwindigkeit	radialvelocity	[km/sec]
V	scheinbare visuelle Helligkeit	apparent visual magnitude	im UBV-System $[^{m}]$ (siehe 5.2.7)
W_λ	Aequivalentbreite	equivalent width	Angström [A] Milli-Angström [mA]
♈	Frühlingspunkt	vernal equinox	
Ω	Länge des aufsteigenden Knotens	longitude of the ascending node	[° ' "]

1) Statt z. B. "π gemessen in ["]" wird in Gleichungen häufig π'' geschrieben — Instead of e. g. "π measured in ["]" in equations often π'' is written

2) siehe 5.1.4.1; Umrechnung im hinteren Buchdeckel — Conversion in the back book-cover

α	Rektaszension } äquatoriale	right ascension } equatorial	Zeitmaß [^{h} ^{m} ^{s}]
δ	Deklination } Koordinaten	declination } coordinates	Winkelmaß [° ′ ″]
Θ	5040 /T	5040/T	
$\varkappa$	Absorptionskoeffizient	absorption coefficient	(siehe 5.3.0)
$\bar{\varkappa}$	Opazitätskoeffizient	opacity coefficient	(siehe 5.3.0)
λ	Wellenlänge	wavelength	[A] [μm] [cm] [dm] [m]
ν	Frequenz	frequency	[sec^{-1}] [Hz] [MHz]
π	Parallaxe	parallax	[″]
ϱ	Dichte	density	[g/cm^3] [$\mathfrak{M}_\odot$/Vol]
ϱ_{st}	Sterndichte (Zahl der Sterne pro Volumen)	star density (number of stars per volume)	[kpc^{-3}]
φ	geographische Breite	geographic latitude	[° ′ ″]
χ_{ex}	Anregungspotential	excitation potential	[eV], [erg]
χ_{ion}	Ionisationspotential	ionisation potential	[eV], [erg]

B. Indizes — Indexes

lim	Grenz...	limiting...
tot	Gesamt...	total...
λ	... bei der Wellenlänge	... for the wavelength
ν	... bei der Frequenz	... for the frequency
e	Elektronen...	electron...
at	atomarer...	atomic...
eff	Effektiv...	effective...
rad	Strahlungs...	radiation...
vol	pro Volumen	per volume
g	pro gramm	per gram
Eq	Aequator...	equator...
⊙	... der Sonne	... of the sun
♁	... der Erde	... of the earth
☾	... des Mondes	... of the moon
*	... des Sterns	... of the star
	Symbole der Planeten siehe 4.2.1.1	Symbols of the planets see 4.2.1.1

C. Abkürzungen — Abbreviations

Aequ	Aequinoktium	= Equ	equinox
Ampl	Amplitude		amplitude
FHD	Farben-Helligkeits-Diagramm		color-magnitude diagram
HRD	Hertzsprung-Russel-Diagramm		Hertzsprung-Russell diagram
IAU	Internationale Astronomische Union		International Astronomical Union
JD	Julianisches Datum		Julian date
LC	Leuchtkraftklasse		luminosity class
LKF	Leuchtkraftfunktion	= LF	luminosity function
LTE	Lokales thermodynamisches Gleichgewicht		local thermodynamic equilibrium
MRV	Mitte-Rand-Variation	= CLV	center-limb variation
Pop.	Population		population
Sp	Spektraltyp		spectral type
Gl.	Gleichung	= eqn.	equation
log	^{10}log		^{10}log
ln	^{e}log		^{e}log
m. F.	mittlerer Fehler	= m. e.	mean error
m. r. s.	Wurzel aus dem mittleren Schwankungsquadrat		mean root square
s. d.	mittlere Abweichung		standard deviation
w. F.	wahrscheinlicher Fehler	= p. e.	probable error
pg	photographisch		photographic
vis	visuell		visual

1 Astronomische Instrumente — Astronomical instruments

1.1 Optische Instrumente — Optical instruments

1.1.1 Einführung — Introduction

Die Aufgabe der beobachtenden Astronomie kann man — etwas abstrakt — so beschreiben: gesucht ist die Verteilung der Strahlungsdichte an der Himmelskugel in Abhängigkeit von zwei Ortskoordinaten, der Zeit, der Wellenlänge und dem Polarisationszustand. Dazu ist die Abbildung eines Himmelsausschnitts auf einen Strahlungsempfänger nötig, die von einem *optischen Instrument* vermittelt wird. Das Instrument soll dabei in erster Linie einen möglichst großen (leider insgesamt stets extrem kleinen!) Teil der vom Objekt ausgestrahlten *Energie* dem Empfänger zuleiten; das Streben nach immer größeren Fernrohrdurchmessern ist die Folge davon. Als Empfänger kommt das menschliche Auge nur noch für wenige Aufgaben in Betracht; meist werden photographische und (neuerdings immer mehr) photoelektrische Verfahren benutzt.

Die Erhöhung der *Winkelauflösung* spielt zwar auch eine Rolle, doch zwingt sie allein kaum zu einem Anwachsen der Fernrohröffnungen über etwa 50 cm hinaus, solange vom Erdboden aus beobachtet wird.

1.1.2 Fernrohre — Telescopes

1.1.2.1 Einleitung — Introduction

Astronomische Fernrohre sind die frühesten Großgeräte der Forschung. Die ältesten der in Tab. 1 aufgenommenen Instrumente sind vor fast 100 Jahren entstanden. Während wir also guten Fernrohren eine ,,charakteristische Zeit" von mindestens 50 Jahren zuschreiben müssen, altern die wichtigsten Zusatzgeräte viel schneller. Für einen Spektrographen möchte man vielleicht 20, für die Elektronik einer lichtelektrischen Apparatur kaum 5 Jahre ansetzen. Dementsprechend sind im folgenden Fernrohre verhältnismäßig ausführlich und Spektrographen knapp behandelt; andere Geräte sind nur erwähnt.

Die zeitliche Entwicklung des Fernrohrbaus (für die hier betrachteten Instrumente) ist in Fig. 1 dargestellt.

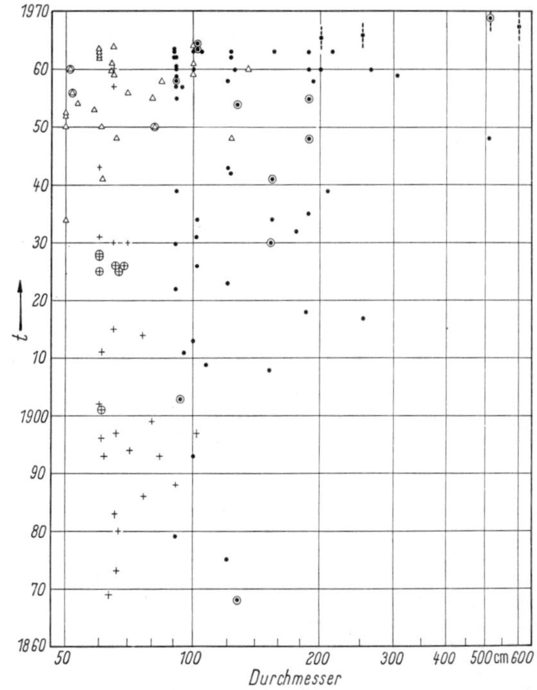

Fig. 1. Freie Öffnung ø (logarithmischer Maßstab) und Jahr der Inbetriebnahme für die Fernrohre der Tab. 1 — Clear aperture ø (logarithmic scale), and year in which observations began, for the telescopes of Tab. 1.

• Reflektor + Refraktor △ Schmidt, Meniskus

○ Instrument auf der Südhalbkugel — Instrument in the southern Hemisphere

⁞ geplant — planned

1.1.2.2 Optik — Optics

1.1.2.2.1 Reflektoren — Reflectors

Verzeichnis der großen Instrumente siehe 1.1.2.6

Reflektoren (Spiegelteleskope) sind Instrumente mit reiner Spiegeloptik. In der heute allein üblichen Bauweise mit aluminiumbedampften Glas- oder Quarzspiegeln sind sie im gesamten Wellenlängenbereich, der für die Beobachtung von der Erdoberfläche aus in Frage kommt, gleichmäßig brauchbar. Als Energiesammler sind sie das Hauptinstrument für die beobachtende Astrophysik geworden.

Größere Spiegelteleskope mit Hauptspiegel in Form eines Rotationsparaboloids haben meist drei austauschbare optische Anordnungen:

1. *Primärfokus* (Hauptspiegel allein) (Fig. 2) oder *Newton-Fokus* (mit Planspiegel unter 45°; Fokalebene nahe der Rohrwand). Bei den meist verwendeten Öffnungsverhältnissen von 1 : 3 bis 1 : 5 wird außerhalb der optischen Achse die Abbildung durch Koma rasch schlechter. Afokale Linsen-Korrektionssysteme [*11*] können das bis zu einem gewissen Grade ausgleichen. Abbildungsfehler siehe 1.3.1.2 Tab. 2/b und 2/3.

2. *Cassegrain-Fokus* (Fig. 3). Brennweite durch konvexen hyperbolischen Sekundärspiegel verlängert (Prinzip des Teleobjektivs)*); Öffnungsverhältnis meist 1 : 10 bis 1 : 20. Fokalebene hinter dem durchbroche-

*) Die Brennweitenverlängerung kann auch mit elliptischem Konkav-Sekundärspiegel jenseits des Primärfokus erreicht werden: Gregory-Bauart (wenig gebräuchlich).

nen Hauptspiegel (oder mit zusätzlichem 45°-Planspiegel seitlich — z. B. durch die Deklinationsachse — herausverlegt: Newton-Cassegrain- oder *Nasmyth*-Anordnung). Abbildungsfehler siehe 1.3.1.2 Tab. 2d.

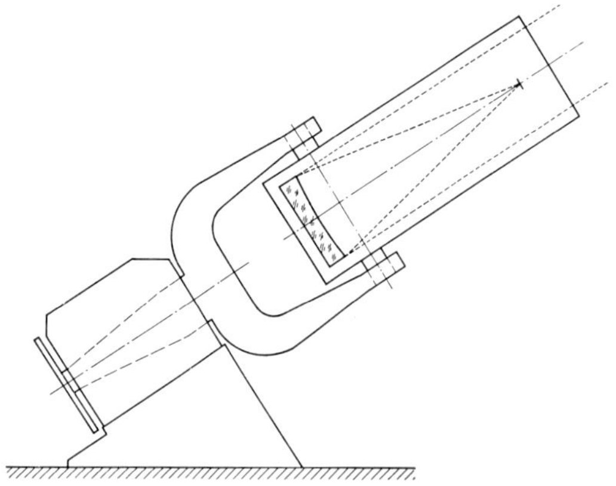

Fig. 2. Reflektor, Primärfokus; Gabelmontierung — Reflector, prime focus; fork mounting.

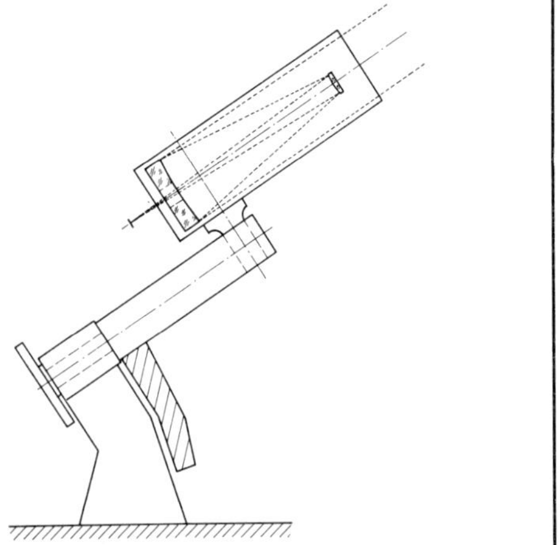

Fig. 3. Reflektor, Cassegrain-Fokus; Polachsen-Montierung (schraffiert: Gegengewicht) — Reflector, Cassegrain focus; polar axis mounting (hatched: counterweight).

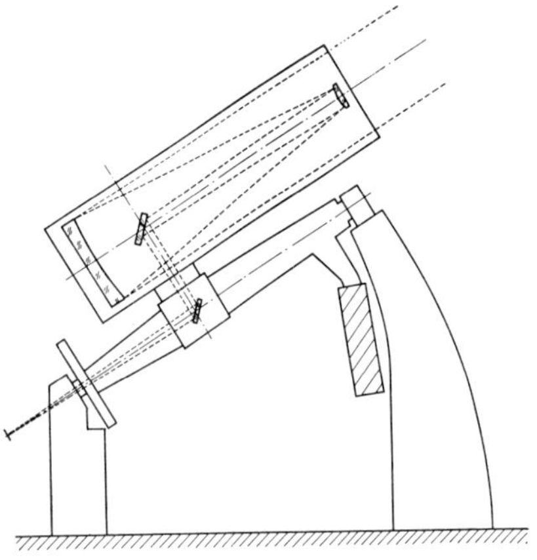

Fig. 4. Reflektor, Coudé-Fokus; Englische Achsen-Montierung (schraffiert: Gegengewicht) — Reflector, Coudé focus; English (cross axis) mounting (hatched: counterweight).

3. *Coudé-Fokus* (Fig. 4). Raumfeste Lage der Brennebene, erzielt durch Verlegen des konvergenten Bündels in die Stundenachse mit 1 ··· 4 Planspiegeln (abhängig von Montierungstyp und Deklination). Optisch handelt es sich um ein langbrennweitiges Cassegrain-System mit Öffnungsverhältnis 1 : 30 bis 1 : 40. Für Untersuchungen an Einzelsternen spielt die auftretende Bildrotation keine Rolle.

Verzichtet man bei Cassegrain-ähnlichen Anordnungen auf getrennte Hebung der sphärischen Aberration für Primär- und Sekundärspiegel, so kann man die „Deformation" beliebig auf die zwei Flächen verteilen. Bildkorrektion in der Achse ist für ein solches *modifiziertes* oder *Quasi-Cassegrain*-System stets möglich. Ausgeführt wurden die Bauarten mit sphärischem Hauptspiegel (vor allem zur Erweiterung des Anwendungsbereichs von größeren Schmidt-Teleskopen) sowie mit sphärischem Sekundärspiegel (und elliptischem Hauptspiegel: *Dall-Kirkham*-System). Beim Quasi-Cassegrain-System sind Herstellung und Prüfung vereinfacht, aber die Koma ist größer als beim Cassegrain [*15*].

Wichtiger ist die *Ritchey-Chrétien*-Abwandlung [*9*] des Cassegrain-Systems mit hyperbolischem Primär- und (gegenüber dem normalen Cassegrain) stärker hyperbolischem Sekundärspiegel. Bei charakteristischen Öffnungsverhältnissen um 1 : 7 ist die Koma über ein ziemlich großes Feld (⌀ ≈ 1°) korrigierbar. Herstellung und Prüfung der Spiegel sind nicht einfach; schon kleine Dejustierungen beeinflussen die Bildqualität. Wegen seiner guten optischen Eigenschaften (völlige Freiheit von Farbfehlern; der verbleibende Astigmatismus wirkt symmetrisch) ist dies System trotzdem in den letzten Jahren stärker beachtet worden. Abbildungsfehler siehe 1.3.1.2 Tab. 2f.

1.1.2.2.2 Refraktoren — Refractors

Verzeichnis der großen Instrumente siehe 1.1.2.6

Bei der hier betrachteten Öffnung haben Refraktoren zweilinsige Objektive („Achromate") mit Öffnungsverhältnissen meist um 1 : 15, bei den größten bis 1 : 20. Üblich ist chromatische Korrektion für das Auge („visueller Refraktor"; Scheitel der Farbkurve etwa bei 5650 A) oder für die nicht farbsensibilisierte Photoplatte („photographischer Refraktor"; Scheitel etwa bei 4350 A).

Die Grenze für die realisierbare freie Öffnung liegt viel niedriger als bei Reflektoren, weil die Glasscheiben in Durchsicht benutzt werden und ihr Gewicht nur am Rand aufgenommen werden kann. Der Lichtverlust bei großen Objektiven ist merklich und steigt zum UV stark an, die Farbfehler („sekundäres Spektrum") sind bei den großen Brennweiten keineswegs vernachlässigbar; deshalb wurden in den letzten Jahren kaum noch große Refraktoren gebaut. Für manche — besonders astrometrische — Aufgaben bieten sie

Vorteile gegenüber Spiegelteleskopen (optische Stabilität leichter zu verwirklichen; größeres korrigierbares Feld; geschlossenes Rohr; optimales Beugungsbild), so daß viele der vorhandenen Großinstrumente noch sinnvoll beschäftigt sind.

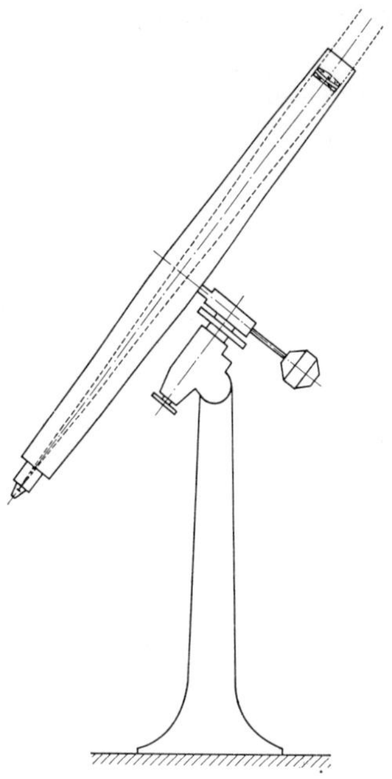

Fig. 5. Refraktor; Deutsche Montierung — Refractor; German mounting.

1.1.2.2.3 Kameras mit großem Bildfeld — Cameras with large field of view

Verzeichnis der großen Instrumente siehe 1.1.2.6

Zur Unterscheidung von photographisch benutzten Refraktoren bezeichnet man als *Astrographen* heute meist die verhältnismäßig kurzbrennweitigen Weitwinkelinstrumente mit Linsenoptik (Öffnungsverhältnis etwa 1 : 4 bis 1 : 7, brauchbare Felddurchmesser 5° und mehr). Die Objektive sind fast stets Vierlinser vom Ross- [*10*] oder Sonnefeld-Typ; wegen der chromatischen Fehler sind sie nur in einem begrenzten Wellenlängenbereich brauchbar. Abbildungsfehler siehe 1.3.1.3 Tab. 4c.

Mit geringerem Aufwand läßt sich ein großes Feld bei großem Öffnungsverhältnis korrigieren, wenn man spiegelnde und brechende Flächen gleichzeitig heranzieht. Dies wurde zuerst verwirklicht beim *Schmidt-Spiegel* [*12, 3*]: hier geht die Ebene der Eintrittsblende durch den Krümmungsmittelpunkt eines sphärischen Hohlspiegels. Damit ist die ausgezeichnete Stellung der Achse beseitigt, es gibt keine „schiefen Bündel" mehr, Koma und Astigmatismus sind verschwunden. Fokalfläche ist eine zur Spiegelfläche konzentrische Kugel. Die verbleibende sphärische Aberration wird durch eine „Korrektionsplatte" in der Blendenebene aufgehoben, die eine asphärische (stark deformierte) Fläche hat. Abbildungsfehler siehe 1.3.1.2 Tab. 2g.

Der Felddurchmesser ist dadurch beschränkt, daß man die Kassette (im eintretenden Strahlengang!) nicht beliebig groß machen kann. Üblich sind Schmidt-Systeme mit nominellem Öffnungsverhältnis von 1: 2,5 bis 1 : 4 (effektives Öffnungsverhältnis wegen Abschattung durch Kassette etwas kleiner). Um die Vignettierung in erträglichen Grenzen zu halten, wird der Spiegeldurchmesser etwa 1,5 mal so groß gemacht wie die freie Öffnung der Korrektionsplatte.

Die photographische Schicht muß der Krümmung der Fokalfläche angepaßt werden. Bei längeren Brennweiten kann man dünne Photoplatten über einen Stempel durchbiegen, bei kleineren Krümmungsradien ist man auf Filme angewiesen. Durch eine *Ebnungslinse* kurz vor dem Fokus läßt sich die Bildwölbung beseitigen, wenn man eine geringe Verschlechterung der Bildqualität in Kauf nimmt. Abbildungsfehler siehe 1.3.1.2 Tab. 2h.

Weiterentwicklungen des „klassischen" Schmidt-Systems wurden versucht einmal wegen dessen großer Baulänge (doppelte Brennweite), zum anderen um die schwierige Herstellung der Korrektionsplatte zu umgehen. Verkürzte Modifikationen wurden angegeben von Wright [*17*] und Väisälä [*14*] sowie von Baker [*2*] (Schmidt-Cassegrain-Anordnung). Alle diese Modifikationen gestatten auch Feldebnung ohne zusätzliche Linse. — Von Bouwers und Maksutow [*6*] stammt der Gedanke, die Korrektionsplatte durch einen dicken Meniskus zu ersetzen, wodurch — ohne Verwendung asphärischer Flächen — ebenfalls eine weitgehende Kompensation der sphärischen Aberration möglich ist. Abbildungsfehler siehe 1.3.1.2 Tab. 2j.

Die Instrumente mit großem Bildfeld werden oft auch mit *Objektivprisma* benutzt, um für viele Sterne gleichzeitig Spektren zu bekommen. Brechende Winkel von einigen Grad und reziproke Dispersionen von wenigen 100 Å/mm sind üblich.

1.1.2.3 Montierung — Mounting

Von gleicher Bedeutung wie die Optik des Fernrohrs ist für den beobachtenden Astronomen die Montierung. Darunter versteht man die Gesamtheit der Einrichtungen, die die Figur der Optik in allen Orientierungen erhalten sollen (z. B. Spiegellagerung) und ebenso die Lage der optischen Teile und des Strahlungsempfängers relativ zueinander (Rohrmontierung); ferner (Montierung im engeren Sinne) die Lagerung des Fernrohrs mit zwei Achsen, die es gestattet, jeden Punkt des Himmels anzuzielen und die Erdrotation zu kompensieren. Zur Lösung der letztgenannten Aufgabe benutzt man bei größeren optischen Instrumenten stets eine der Erdachse parallele Achse (Pol- oder Stundenachse) und spricht dann von einer *parallaktischen* oder *äquatorialen* Aufstellung. Die zur Stundenachse senkrechte Deklinationsachse trägt schließlich das Fernrohr.

Deutsche Montierung (Fig. 5): die kurze Stundenachse liegt auf einer senkrechten Säule und trägt am oberen Ende die Deklinationsachse mit Fernrohr und Gegengewicht. Die meisten Refraktoren sind so aufgestellt. Nachteil: beim Durchgang durch den Meridian muß das Fernrohr auf die andere Seite der Säule gebracht werden, um ein Anstoßen des Okularendes zu verhindern.

Das Fernrohr wird frei beweglich, wenn man das obere Ende der Säule so abwinkelt, daß es in der Richtung der Polachse liegt: Knie(säulen)montierung, besonders für Astrographen. In jüngster Zeit wurden auch größere Instrumente auf ähnlichen Montierungen aufgestellt (Fig. 3), bei denen aber der senkrechte Teil der Säule weggefallen ist. Beiden Modifikationen gemeinsam ist ein freitragendes Element in Richtung der Polachse; wir bezeichnen sie deshalb als *Polachsen-Montierung*.

Ihr verwandt ist die *Zeiss-Entlastungsmontierung*; hier ist das Rohr über der Deklinationsachse angeordnet. Durch die Entwicklung der Lagerungstechnik (hochpräzise Wälz- und hydraulische Lager auch für große Lasten) ist diese Montierung überholt; sie tritt jedoch in der Tabelle der Fernrohre noch mehrmals auf.

Englische Achsenmontierung (Fig. 4): die lange Stundenachse ruht auf zwei Pfeilern, die Deklinationsachse durchsetzt sie meist etwas unterhalb der Mitte. Viele große Reflektoren und Schmidt-Kameras haben eine solche Aufstellung. Ein Coudé-Strahlengang ist für alle Deklinationen leicht zu realisieren, wenn man die (körperliche) Deklinationsachse auf ein einseitiges Lager reduziert.

Die bisher genannten Montierungen benötigen zur Ausbalancierung des unsymmetrisch angebrachten Rohrs ein Gegengewicht, das Achslast und Trägheitsmoment vergrößert. Die folgenden *symmetrischen* Typen kommen ohne Gegengewicht aus (vorteilhaft für sehr große Instrumente).

Gabel-Montierung (Fig. 2): analog zur Polachsen-Montierung, ebenfalls mit freier Beweglichkeit des Rohrs. Das obere Ende der Stundenachse ist in zwei Gabelarme aufgeteilt, zwischen denen das Fernrohr an Achszapfen (Deklinationsachse) hängt. Besonders geeignet für Spiegelteleskope, bei denen ja der Rohrschwerpunkt nahe am Hauptspiegel liegt. Im Cassegrain-Fokus ist der Raum für Zusatzgeräte beschränkt, wenn man die Gabelarme nicht sehr lang macht.

Englische Rahmenmontierung (entspricht der englischen Achsenmontierung): das Fernrohr hängt innerhalb der als Rahmen ausgebildeten Polachse. Ein Gebiet um den Himmelspol bleibt unzugänglich. Für niedrige geographische Breiten (oder wo man sonst auf die Beobachtbarkeit des Pols verzichten kann) ist nur ein Minimum an technischem Aufwand erforderlich.

Die Schwierigkeiten beim Bau des *Stundenantriebs*, der die Wirkung der Erdrotation aufheben soll, haben sich durch den Fortschritt der Technik sehr verringert. Die aufzubringende Leistung ist für moderne Instrumente selbst bei größten Dimensionen sehr klein; Generatoren mit gut konstanter, aber u. U. in Grenzen einstellbarer Frequenz lassen sich elektromechanisch (Stimmgabel, Saite) oder elektronisch ohne viel Aufwand realisieren. Für große Instrumente werden zur genauen Nachführung Servosysteme üblich, die die Position des Bildes abtasten. [*7*, *8*, *13*].

1.1.2.4 Spektrographen – Spectrographs

Beim Bau von Sternspektrographen sind vor allem zwei Forderungen zu erfüllen. Einmal muß die optische und mechanische Stabilität — besonders für Radialgeschwindigkeitsmessungen — sehr hoch sein (bei einer reziproken Dispersion von 50 A/mm entspricht eine Verschiebung von 1 μm zwischen Stern- und Vergleichsspektrum bereits mehr als 3 km/sec); zweitens soll der Spektrograph die vom Fernrohr aufgesammelte Energie möglichst vollständig ausnutzen.

Die zweite Bedingung läuft darauf hinaus, daß größere Fernrohre auch größere Durchmesser des Parallelstrahlenbündels erfordern (die Beugungsgrenze der Auflösung wird unter Betriebsbedingungen kaum erreicht und würde keine großen dispergierenden Elemente nötig machen). Mit Prismenspektrographen herkömmlicher Bauart war der Wirkungsgrad großer Reflektoren recht schlecht, wegen der praktischen Grenzen für Prismenabmessungen und Öffnungsverhältnisse von Kameraobjektiven mit Linsenoptik.

Ein entscheidender Fortschritt wurde vor etwa 20 Jahren möglich durch die Entwicklung lichtstarker Gitter [*1*, *16*] und die Einführung von Schmidt-Kameras. Die große Winkeldispersion der *Beugungsgitter* läßt für eine vorgegebene spektrale Reinheit größere Eintrittsspaltweiten zu als vernünftige Prismenanordnungen, wobei die Lichtverluste am Gitter die eines Zweiprismensystems nicht übersteigen; die Anforderungen an die Temperaturkonstanz sind viel geringer; die etwa konstante Dispersion ist meist ein Vorteil; schließlich kann man für ganz große Coudé-Spektrographen mehrere Gitter zu Mosaik-Anordnungen kombinieren. *Schmidt-Kameras* gestatten die aberrationsfreie Abbildung großer Wellenlängenbereiche; für lichtstarke Spektrographen sind sie bis zu einem Öffnungsverhältnis von 1 : 0,5 hergestellt worden.

Viele moderne Spektrographen sehen Kombinationen von Gittern verschiedener Gitterkonstante oder verschiedenen Blaze-Winkels mit Kameras verschiedener Brennweite vor. Für sehr große Spektrographen kommt aus Stabilitätsgründen nur die Aufstellung im Coudé-Fokus in Betracht, wobei der Aufbau oft nach dem Prinzip einer optischen Bank vorgenommen wird [*4*, *5*].

1.1.2.5 Literatur zu 1.1.2.1 · · · 1.1.2.4

Zusammenfassende Literatur:

Fernrohre:

a Danjon, A., et A. Couder: Lunettes et Télescopes. Ed. de la Revue d'Optique etc., Paris (1935).

b Dimitroff, G. Z., and J. G. Baker: Telescopes and Accessories. Blakiston Company, Philadelphia und Toronto (1945).

c King, H. C.: The History of the Telescope. Ch. Griffin & Comp., London (1955).

d König, Albert: Das Fernrohr. Hdb. Astrophys. I (1933) 82.

e König, Albert, und H. Köhler: Die Fernrohre und Entfernungsmesser. 3. Auflage. Springer-Verlag, Berlin (1959).

f König, Arthur: Astronomische Instrumente. Landolt-Börnstein, 6. Auflage, Bd. III. Springer-Verlag, Berlin (1952).

g Telescopes (Hrsg. G. P. Kuiper and B. M. Middlehurst). Stars and Stellar Systems Vol. I. University of Chicago Press, Chicago (1960).

h Miczaika, G. R., and W. M. Sinton: Tools of the Astronomer. Harvard University Press, Cambridge (Mass.) (1961).

i Riekher, R.: Fernrohre und ihre Meister. VEB Verlag Technik, Berlin (1957).

Spektrographen:

k | Bowen, I. S.: Spectrographs. In: Astronomical Techniques (Hrsg. W. A. Hiltner), S. 34. Stars and Stellar Systems Vol. II. University of Chicago Press, Chicago (1962).

Sonstige Literatur:

1 | Babcock, H. D.: J. Opt. Soc. Am. **34** (1944) 1.
2 | Baker, J. G.: Proc. Am. Phil. Soc. **82** (1940) No. 3 = Harvard Reprints No. 199.
3 | Bowen, I. S.: Schmidt Cameras. In Telescopes [*g*] S. 43.
4 | Bowen, I. S.: Vistas Astron. **1** (1955) 400.
5 | Dunham, Th.: Vistas Astron. **2** (1956) 1223.
6 | Maksutow, D. D.: J. Opt. Soc. Am. **34** (1944) 270.
7 | McMath, R. R., and O. C. Mohler: Telescope Driving Mechanisms. In Telescopes [*g*] S. 62.
8 | Meyer, F.: Z. Instrumentenk. **50** (1930) 58.
9 | Ritchey, G. W., and H. Chrétien: Compt. Rend. **185** (1927) 266.
10 | Ross, F. E.: J. Opt. Soc. Am. **5** (1921) 123.
11 | Ross, F. E.: ApJ **81** (1935) 156.
12 | Schmidt, B.: Mitt. Hamburg **7** (1932) 15.
13 | Sisson, G. M.: Occasional Notes Roy. Astron. Soc. **3** (1954) 96.
14 | Väisälä, Y.: AN **259** (1936) 197.
15 | Willey, R. R.: Sky Telescope **23** (1962) 191.
16 | Wood, R. W.: J. Opt. Soc. Am. **34** (1944) 509.
17 | Wright, F. B.: PASP **47** (1935) 300.

1.1.2.6 Verzeichnis der Fernrohre – List of telescopes

In Tab. 1 sind die Daten der Fernrohre (Sonneninstrumente siehe 1.1.3; astrometrische Instrumente siehe 1.1.4) zusammengestellt, und zwar für Teleskope mit

freier Öffnung — clear aperture $\geq$ 90 cm für Reflektoren
$\geq$ 60 cm für Refraktoren
$\geq$ 50 cm für Schmidt-Kameras
$\geq$ 50 cm für Meniskus-Teleskope*)
$\geq$ 40 cm für Astrographen.

Damit dürfte ein großer Teil der für Forschungszwecke brauchbaren Instrumente erfaßt sein, soweit sie den in 1.1.2.2 genannten Standardtypen zuzurechnen sind.

Tab. 1. Fernrohre — Telescopes

Bedeutung der Spalten — Explanation of columns

1. *Ort*: Standort des Instruments — Location of instrument
Zusätze (z. B. Name des Observatoriums, wenn dieser geläufiger ist) sind in () gegeben. Außenstationen sind in [ ] angeführt.
Die Indexliste (Tab. 1a) gibt den in Tab. 1, Tab. 2 und Tab. 3 verwendeten Ortsnamen für Institute, die unter mehreren Bezeichnungen bekannt sind. Siehe auch 2.1.2 Tab. 2.

2. *Typ*:

Refl	Reflektor
PRefr	Refraktor mit photographisch korrigiertem Objektiv
VRefr	Refraktor mit visuell korrigiertem Objektiv
Schm	Schmidt-Teleskop und verwandte Typen
Men	Meniskus-Teleskop
Astr	Astrograph

3. *Mont*: Montierung — Mounting

D	Deutsche Montierung	German mounting
PA	Polachsen-Montierung	Polar axis mounting
ZE	Zeiss-Entlastungsmontierung	Zeiss mounting
G	Gabel-Montierung	Fork mounting
EA	Englische Achsen-Montierung	English (cross axis) mounting
ER	Englische Rahmen-Montierung	English (yoke) mounting

4. ⌀: Freie Öffnung (bei Schm und Men: freie Öffnung / Spiegelöffnung) — Clear aperture (for Schm and Men: clear aperture / aperture of mirror)
Zwischen den Durchmessern der Spiegelscheibe, der optisch bearbeiteten Fläche und der benutzten Eintrittspupille wird in der Literatur nicht immer scharf unterschieden; das bewirkt eine gewisse Unsicherheit der Angaben für Reflektoren.

5. *Opt*: Optische Anordnung — Optical arrangement

Pr	Primär-Fokus
New	Newton-Fokus
Cas	Cassegrain-Fokus
NCas	Nasmyth-Fokus
Cou	Coudé-Fokus

Nicht alle Quellen unterscheiden zwischen Cas und NCas; es kann daher gelegentlich Cas statt NCas stehen.

*) soweit sie als Weitwinkel-Kameras benutzt werden — if used as wide angle camera

6. *f*: Brennweite — Focal length

Aus verschiedenen Gründen (unscharfe Definition, ungenaue Kenntnis) streuen die Angaben merklich. Die Umrechnung in [cm] von Werten, die in einer anderen Einheit bereits gerundet sind, bringt eine weitere Unsicherheit. Um in der Tabelle mit der einen Längeneinheit [cm] auszukommen, mußten zuweilen am Ende der Zahl Nullen angehängt werden, die also nicht als „geltende Ziffern" zu betrachten sind.

7. *Ausrüstung* — Equipment:

Pg	Einrichtung für Photographie (die Angabe ist als selbstverständlich weggelassen bei Schm, Men und Astr)	Plate holder (obvious and not mentioned for Schm, Men, Astr)
Korr.-Linse	Korrektions-Linse zur Änderung der Farbkorrektion bei Refr	Correcting lens for changing color correction of Refr
Koma-Korr.	Koma-Korrektor für Refl	Coma correcting system for Refl
F.	Feldgröße in Winkelmaß	Field size in degrees
OP	Objektiv-Prisma	Objective prism
EL	Ebnungs-Linse	Field flattening lens
Pe	Photoelektrisches Photometer	Photoelectric photometer
Mic	Mikrometer	Micrometer
Sp	Spektrograph, mit Zusätzen in (): P Prisma, Gi Gitter, Qu Quarzoptik, UV für Ultraviolett geeignet. Ausführlichere Angaben sind als Fußnoten gebracht nach folgendem Schema: Durchmesser (⌀) des kollimierten Strahlenbündels in [cm]; Angaben über das dispergierende Element: Prismenzahl, bei Gi geteilte Fläche*) in [cm] × [cm] und reziproke Gitterkonstante [n/mm]; Brennweiten (*f*) der vorhandenen Kameras in [cm].	Spectrograph, additional data in (): P prism, Gi grating, Qu quartz optics; UV suitable for ultraviolet. Arrangement of more detailed data in the footnotes: i) diameter (⌀) of the collimated beam, [cm]; ii) dispersing element: number of prisms, for gratings ruled area*) in [cm] × [cm] and reciprocal of line spacing [n/mm]; iii) focal lengths of cameras, [cm].

8. *Jahr* — Year:

Soweit feststellbar, wurde das Jahr angegeben, in dem die Programmarbeiten begannen.

9. *Lit*: Literatur

Im Idealfall sollte die zitierte Quelle eine adäquate Beschreibung des Instruments geben, die auf Kenntnis aus erster Hand beruht. Für viele Instrumente scheint eine solche Beschreibung nicht zu existieren, oder sie ist in Publikationsorganen erschienen, die dem Astronomen nicht ohne weiteres greifbar sind.
Außer der angegebenen Literatur wurden benutzt:
die Tabellen in Dimitroff-Baker [*b*], König [*d*], König [*f*], Kuiper-Middlehurst [*g*] und die Angaben in Rigaux [*89*]. Auch in King [*c*] und Riekher [*i*] sind viele Angaben über einzelne Instrumente zu finden. In Zweifelsfällen wurde oft der Tabelle in Kuiper-Middlehurst (S. 239 ff.) das größere Gewicht gegeben, da sie auf einer Umfrage beruht und sorgfältig redigiert ist. Alle diese Übernahmen aus der Sekundärliteratur sind nicht im einzelnen zitiert; ebenso nicht die Angaben, die auf Rückfragen bei Instituten beruhen.

Ort	Typ	Mont	⌀ [cm]	Opt	*f* [cm]	Ausrüstung	Jahr	Lit.
Abastumani (Mt. Kanobili)	Men	G	70/98	Pr[1])	210	F. 4°,8 × 4°,8, 2 OP, EL	1956	*1*
Alma Ata	Men	G	50/67	Pr	120	F. 4°,5 × 4°,5, EL	1950	*2*
Ann Arbor	Refl	EA	95	Pr Cas	570 1 800	Sp (1P) Sp (2P), Sp (Qu)	1911	*3*
[in Portage Lake]:	Schm	EA	61/91	Pr[2])	214	F. 5° × 5°, 2OP	1950	*4*
Asiago	Refl	EA	122	New Cas	600 1 910	Pg, Pe Sp[3]), Mic	1942	*5*
	Schm	ER	65/92	Pr	215	F. 9°	1964	
Athen [Stat. Pentele]	VRefr	D	63	Pr	912	Mic, Pg	1957[4])	*8, 9*
Babelsberg	VRefr	D	65	Pr	1 045	Mic, Pg (Korr.-Linse)	1915	*11*

*) Bei Sternspektrographen liegt normalerweise der Bündelquerschnitt ganz innerhalb der geteilten Fläche; ⌀ ist also die wichtigere Angabe.

[1]) auch als NCas, $f = 1050$, mit Sp (Gi).

[2]) auch als New, mit Pe.

[3]) ⌀ 6,6; 1 oder 2 P; $f = 100/28/7$ [*6*].

[4]) Gateshead 1869, Cambridge 1890.

Fortsetzung nächste Seite

Tab. 1. (Fortsetzung)

Ort	Typ	Mont	⌀ [cm]	Opt	f [cm]	Ausrüstung	Jahr	Lit.
Belgrad	VRefr	D	65	Pr	1 050	Pg, Pe, Mic	1930	*10*
Bjurakan	Schm	G	100/150	Pr	213	F. 4°×4°	1961	
	Schm	D	53/53	Pr	180	F. 5°×5°, OP	1954	*12*
Bloemfontein (Boyden Stat.)	Refl	EA	152	New	790	Pg, Pe, Sp	1930	
	Schm[5]	EA	81/90	Pr	303	F. 4,°8 ⌀, OP	1950	*15*
Bloemfontein (Lamont-Hussey Obs.)	VRefr	D	69	Pr	1 220	Mic, Pg (Korr.-Linse)	1926	
Bosque Alegre	Refl	G	154	New NCas	760 3 150	Pg Sp[7], Pe	1941[6]	*13, 14*
Brooklyn (Goethe Link Obs.)	Refl	EA	91	Pr New	457	Pg, Pe Sp (Gi)	1939	*16*
Brorfelde (København Obs.)	Schm	G	54/78	Pr	150	F. 5,°3	1964	
Budapest [Stat. Piszkéstetö]	Schm	G	60/90	Pr	180	F. 5° ⌀, OP	1963	*7*
Cambridge, England	Refl	G	91	Pr Cou[8] Cou	410 1 650 2 750	Pg Sp, Pe[9]	1955	*17*
Cambridge, USA	Refl	G	154	New Cas	800 3 100	Pg, Pe, Sp (UV) Sp (Gi)	1934	
	Astr	G	41	Pr	210	F. 5,°5×7°	1910	
Cape Town	PRefr[10]	PA	61	Pr	680	Pg, Pe, 2OP	1901	*23*
	Refl	EA	102	Pr Cas	458 2 040	Pg (Koma-Korr.) Pe	1963	
Caracas[11]	Schm	ER[12]	100/152	Pr	300	F. 5,°75×5,°75, OP, EL	[13]	*24*
	Refl	[14]	100	Cou	2 090	Koma-Korr.	[13]	*25, 26*
	VRefr	D	65	Pr	1 050	Mic, Pg	[13]	*27*
	Astr	ER[12]	2×51[15]	Pr	375	F. 6,°5×6,°5	[13]	*28*
Castel Gandolfo (Specola Vaticana)	Schm	G	64/98	Pr	240	F. 4,°5×4,°5, 3 OP	1961	*29*
	Astr	ZE	40	Pr	200	F. 8°×8°, OP	1936	*30*
Charlottesville	VRefr	D	66	Pr	995	Pg, Pe	1883	
Cleveland	Refl	EA	93	Cas	1 315	Pe, Sp (Gi)	1957	
[Nassau Stat.]:	Schm	EA	61/91	Pr	214	F. 5,°2 ⌀, 3 OP	1957[16]	*31*
Edinburgh	Refl	D	91	Cas	1 650	Sp[17], Pe	1930	

[5]) Schmidt-Cassegrain nach BAKER.
[6]) Cordoba 1922.
[7]) ⌀ 10; Gi 600/mm; $f = 40$.
[8]) Coudé-Fokus in der nördlichen Verlängerung der Polachse.
[9]) Pe Spektrophotometer: Gi 15×20; $f = 260$ [*18*].
[10]) VRefr 45 ⌀ auf der gleichen Montierung.
[11]) der Ort für die neue Sternwarte ist noch nicht festgelegt.
[12]) „Knickrahmen"-Montierung mit Gegengewichten nahe den Pfeilern; Pol ist erreichbar.
[13]) die Instrumente sind fertig, aber noch nicht aufgestellt.
[14]) Spezialmontierung.
[15]) ein Objektiv pg, eins für Rot (H_α) korrigiert.
[16]) Cleveland 1941.
[17]) 4 Gi austauschbar; $f = 30/10$.

Fortsetzung nächste Seite

Tab. 1 (Fortsetzung)

Ort	Typ	Mont	⌀ [cm]	Opt	*f* [cm]	Ausrüstung	Jahr	Lit.
Flagstaff (Anderson Mesa)	Refl	EA	175	Cas	3 100	Sp, Pe	1961[18])	*32*
Flagstaff (Stat. d. U.S. Naval Obs.)	Refl	G	155	Pr[19])	1 500	Pg (Koma-Korr.), Pe, Sp	1964	*33*
	Refl	G	102	Cas[20])	690	Pg (F. 1°,5 ⌀), Pe, Sp	1955[21])	*34*
Flagstaff (Lowell Obs.)	Refl	ER	107	New Cas Cas Cas Cas	560 1 615 2 440 3 500 4 570	 Pg, Pe Sp	1909	*35*
	VRefr	D	61	Pr	980	Pg, Pe, Sp, Mic	1896	*35*
Fort Davis (McDonald Obs.)	Refl	EA	208	Pr Cas Cou	812 2 800 4 000	Pg, Sp[22]) Pg, Sp, Pe Sp[23])	1939	*36*
	Refl	G	91	Cas	1 240	Pe	1957	*37*
Gran Sasso (Hochstat. von Rom)	Schm	G	65/95	Pr	190	F. 5°, OP	1959	
Hamburg-Bergedorf	Schm	G	80/120	Pr	240	F.5°,5×5°,5, OP	1955	*38*
	Refl	ZE	100	Pr New NCas	300 300 1 500	Pg Sp Sp (Qu)	1913	*10*
	Refr[24])	D	60	Pr	906	Pg, Pe, Mic	1914	
Hartebeespoort (Leiden-Südstat.)	Refl	G	91	Cas	1 245	Pe	1958	*39*
	Astr	EA	2×40	Pr	225	F. 7°,5×7°,5	1952[25])	
Heidelberg-Königstuhl	Astr	EA	2×40[26])	Pr	203	F. 6°×8°, 8°×8°	1900	*41*
Helwan [Stat. Kotamia]	Refl	EA	188	New Cas Cou	914 3 400 5 600	Pg (Koma-Korr.) Sp[27]) Sp[28])	1963	
Herstmonceux (Royal Greenwich Obs.)	Refl	EA	93	Cas	1 370	Sp[29])	1934	*42*
	VRefr	ER	71	Pr	850	Mic	1894	*40*
	PRefr	D	66	Pr	680	Pg	1897	*70*
Hyderabad (Nizamiah Obs.)	Refl	EA	122	Pr Cas Cou	490 1 800 3 700	Pg[30]) Pe, Sp	1963	
Jena [Stat. in Großschwabhausen]	Schm Refl } [31])	G	60/90 90	Pr Cas	180 1 350	F. 5°×5° Pe	1963	
Johannesburg	VRefr	D	67	Pr	1 080	Pg, Mic (Int.)	1925	

[18]) Delaware (Perkins Obs.) 1932.
[19]) ebener Sekundärspiegel.
[20]) Ritchey-Chrétien-System.
[21]) Washington 1934.
[22]) ⌀ 5,1; Gi; $f = 3{,}3$ (1948) [*k*].
[23]) ⌀ 10; Gi; $f = 160/80/40/20$ (1949) [*k*].
[24]) 2 Objektive, pg und vis, austauschbar.
[25]) Johannesburg 1939; neue Sonnefeld-Vierlinser.
[26]) 1 Sonnefeld-Vierlinser 1958.
[27]) ⌀ 7,5; 3 P; $f = 45{,}7/17{,}8$.
[28]) Gi 10×10, 600/mm; $f = 274/76$.
[29]) ⌀ 7,0; Gi 300/mm; $f = 20/10$.
[30]) Reflektor-Korrektor nach Baker [*55*]; 102 ⌀.
[31]) wahlweise als Schm oder Refl.

Fortsetzung nächste Seite

Tab. 1 (Fortsetzung)

Ort	Typ	Mont	ø [cm]	Opt	f [cm]	Ausrüstung	Jahr	Lit.
Kitt Peak	Refl	G	213	Cas[32]) Cou	1 620 6 400	Pg (EL), Pe, Sp[33]) Sp[34])	1963	*75, 76*
	Refl	PA	91	Cas	1 250	Pg, Pe, Sp[35])	1960	*75*
	Refl[36])	G	91	New Cas Cou	457 1 370 3 350	Pg, Pe, Sp [*78*] Sp [*79*]	1962[37])	*77*
Krim[38]) (Astrophys. Obs.)	Refl	G	264	Pr Cas NCas Cou	1 000 4 300 4 100 10 500	Sp, Pg (Koma-Korr.)	1961	
	Refl	ZE	122	New NCas	840 2 400	 Sp(1P), Sp(Qu)	1952[39])	*10, 56*
	Men	D	64	Pr	90		[40])	*57*
	Astr	PA	2×40	Pr	160	F. 10°×10°, OP	1949	*57*
Krim[38]) (Sternberg Süd- stat.)	Refl		125	Pr New Cas	500 500 2 100	Pg Sp	1960	
	Men	PA	50/70	Pr	200	F. 4°,5×4°,5, EL, 2 OP	1958[41])	
Lembang (Bosscha Obs.)	Schm	ER	51/71	Pr	127	F. 5°×5°, OP	1960	*44*
	PRefr } [42]) VRefr }	ER	60 60	Pr Pr	1 075 1 075	Pg Pg, Mic	1928	*10*
Madison [Pine Bluff Stat.]	Refl	G	91	Cas	1 250	Pe, Sp[43]), Pg	1958	*45*
Merate	Refl	EA	102	New Cas	515	Pg Sp [*47*], Pe	1926	*46*
Meudon	VRefr } [44]) PRefr }	D	83 62	Pr Pr	1 620 1 590	Mic Pg	1893	
	Refl	ER	100	Cou	2 100	Sp, Pe	1893[45])	
Mill Hill (London Univ.)	PRefr	D	60	Pr	690	Pg	1939[46])	
Moskau (Stern- berg Astron. Inst.)	Men	PA	50/70	Pr	200	F. 4°,5×4°,5		
[in Kutschino]:	Astr	PA	40	Pr	160	F. 10°×10°, OP	[47])	*48*
Mount Chikurin (Okayama Obs.)	Refl	EA	188	New Cas Cou	920 3 390 5 430	Pg, Sp Sp (2 P) Sp (Gi)	1960	
	Refl	G	91	Cas	1 200	Pe	1960	*43*

32) Ritchey-Chétien-System.
33) ø 10,2; 6 Gi 300 ··· 830/mm; f = 15,2/6,9.
34) ø 22,9; Gi 600/mm; f = 366/240/135/93,7/61,7/34,3.
35) ø 7,6; Gi; f = 10,2/6,1 [*k*].
36) Refl des Steward Obs. Tucson.
37) Tucson 1922.
38) bei Partisanskoje, Sternwartensiedlung heißt Nautschny.
39) Berlin-Babelsberg 1923.
40) früher Simeis.
41) früher Moskau.
42) Doppelrefraktor mit gemeinsamem Rohr.
43) ø 10; Gi 600/mm; f = 80.
44) gleiche Montierung.
45) modernisiert 1963.
46) Oxford 1902.
47) Sonneberg 1938.

Fortsetzung nächste Seite

Tab. 1. (Fortsetzung)

Ort	Typ	Mont	⌀ [cm]	Opt	*f* [cm]	Ausrüstung	Jahr	Lit.
Mount Hamilton (Lick Obs.)	Refl	G	305	Pr	1 525	Pe, Sp, Pg (Koma-Korr.)	1959	*49*
				Cou		Sp[48])		
	Refl	EA	91	Pr	535	Pg, Pe, Sp	1895[49])	*50*
	VRefr	D	91	Pr	1 760	Pg, Pe, Sp, Mic	1888	
	Astr	EA	2×51[50])	Pr	375	F. 6°×6°	1947	
Mount Palomar	Refl	ER[51])	508	Pr	1 676	Pe, Sp[52]), Pg (Koma-Korr.)	1948	*58*
				Cas	8 100	Pg		
				Cou	15 200	Sp[53])		
	Schm	G	122/183	Pr	307	F. 6,°5×6,°5, EL	1948	*60*
Mount Stromlo (Canberra)	Refl	EA	188	New	915	Pg, Pe, Sp[54])	1955	*19*
				Cas	3 380			
				Cou	5 640	Sp[55])		
	Refl	EA	127	Cas	2 280	Pe, Sp[56])	1954[57])	*90*
	PRefr[58])	EA	66	Pr	1 096	Pg	1953[59])	*22*
	Schm[60])	EA	50/65	Pr	173	F. 3,°6×3,°6, OP	1957	
[Siding Spring Obs. Coonabarabran]:	Refl	PA	102	Cas[61])	820	Pg (F. 1° ⌀)	1964	
				Cas	1 840			
				Cou	4 100			
Mount Wilson	Refl	ER	254	New	1 290	Pg, Pe, Sp[62])	1917	*51*
				NCas	4 100	Pg, Sp		
				Cou	7 600	Sp[63])		
	Refl	G	152	New	760	Pg, Pe	1908	*52*
				NCas	2 450	Pg, Sp[64])		
Nanking	Astr	EA	2×40	Pr	200		1963	
Nashville (A. J. Dyer Obs.)	Schm[65])	D	55/58	Pr	208	F. 5°×5°, OP	1953	*54*
Nice	VRefr	D	76	Pr	1 794	Mic	1886	*93*
	Astr	PA	2×40	Pr	200	F. 6°×8°	1933	*10*
Peking	Schm }[66])	G	60/90	Pr	180	F. 5°×5°	1963	
	Refl }[66])	G	90	Cas	1 350			
	Astr	EA	2×40	Pr	300		1963	
Pic du Midi	VRefr	ER	60	Pr[67])	1 822	Pg, Mic	1943	*61*
	Refl	G	105	Cas	1 575	Pg, Pe	1963	
				NCas	3 150			

48) ⌀ 16,5; 3 Gi; *f* = 500/40 [*k*].
49) gebaut 1879, neue Montierung 1904.
50) 1 Objektiv für Gelb korrigiert (1962).
51) „Hufeisen"-Montierung mit durchbrochenem Nordlager; Pol ist erreichbar.
52) ⌀ 7,6; Gi 300, 600/mm; *f* = 7,2/3,5 (1950) [*k*].
53) ⌀ 30,4; 4-Element-Mosaik-Gi 400/mm; *f* = 364/184/92/47/22 (1952) [*59*].
54) ⌀ 7,6; Gi 300, 400/mm; *f* = 15/7,6/3,8.
55) geplant: ⌀ 41, außeraxialer Kollimator; Mosaikgitter. Jetzt: 3 Gi 15×20, 600/mm; *f* = 305/81/25 [*21*].
56) ⌀ 4,5; 2 P; *f* = 13,8/8,2 [*20*].
57) Melbourne 1868; modernisiert, neue Spiegel. Soll nach Siding Spring Obs.
58) Yale-Columbia-Refraktor.
59) Johannesburg 1926.
60) Uppsala-Südstation.
61) Ritchey-Chrétien-System.
62) ⌀ 5,1; Gi; *f* = 7,5/3,2 (1948) [*k*].
63) ⌀ 15,2; Gi 400, 600, 900/mm; *f* = 285/180/80/40/20 [*k*].
64) ⌀ 10; Gi 400, 600/mm; *f* = 40/20/10 [*k*] und [*53*].
65) Reflektor-Korrektor nach Baker [*55*]; auch als New (*f* = 272) und Cas (*f* = 975).
66) Wahlweise als Schm oder Refl.
67) Strahlengang mit 2 Planspiegeln gefaltet.

Fortsetzung nächste Seite

Tab. 1 (Fortsetzung)

Ort	Typ	Mont	⌀ [cm]	Opt	*f* [cm]	Ausrüstung	Jahr	Lit.
Pittsburgh (Allegheny Obs.)	PRefr	D	76	Pr	1 410	Pg, vis. Korr.-Linse	1914	
Potsdam	PRefr[68])	D	80	Pr	1 200	Pg, vis. Korr.-Linse	1899	*62*
	Schm	PA	50/70	Pr	172	F. 4°×4°, OP	1952	
Pretoria (Radcliffe Obs.)	Refl	EA	188	New Cas Cou	915 3 400 5 300	Pg (Koma-Korr.), Sp Sp[69]), Pe Sp[70])	1948	*63*
Pulkowo	VRefr	D	65	Pr	1 041	Pg, Mic	1957	*65*
Richmond Hill (D. Dunlap Obs.)	Refl	EA	188	New Cas	915 3 390	Pg, Pe, Sp Pe, Sp	1935	*66*
Saint Michel l'Observatoire (Obs. de Haute Provence)	Refl	EA	193	New Cas Cou	960 2 850 5 700	Pg, Sp Pe Sp[71])	1958	*67*
	Refl	EA	120	New	720	Pg, Pe, Sp	1943[72])	
	Refl[73])	G	100	Cas	1 800			
Santiago (National Obs.)	PRefr	D	60	Pr	1 070	Pg, Sp	1925	*69*
Sonneberg	Schm	PA	50/72	Pr	172	F. 4°×4,°2 OP	1952	*91*
	Astr	D	40	Pr	190	F. 8,°7×8,°7	1960	
	Astr	PA	40	Pr	160	F. 10,°3×10,°3	1961	
Stockholm (Saltsjöbaden)	Refl	D	102	Pr New Cas	510 510 1 800	Pg, Sp Sp Sp, Pe	1931	
	Schm		65/100	Pr	300	F. 7°×7°, OP	1964	
	PRefr[68])	D	60	Pr	810	Pg, Pe	1931	
	Astr	PA	40	Pr	198	F. 8°×8°, OP	1931	*10*
Swarthmore (Sproul Obs.)	VRefr	D	61	Pr	1 093	Pg	1911	*71*
Tautenburg (Karl-Schwarzschild-Obs.)	Schm Refl } [74])	G	134/200 200	Pr Cas Cou	400 2 100 9 200	F. 3,°4×3,°4 Sp (Gi), Pe Sp (Gi)	1960	*72, 73*
Tokyo (Mitaka) [Dodaira-Yama Obs.]:	PRefr Refl	D EA	65 91	Pr Pr Cas	1 020 460 1 650	Pg, Pe, Sp Pg Pe	1930 1962	*10*
Tonantzintla	Schm	EA	66/76	Pr	217	F. 5°×5°, OP	1948	*74*
Torun	Schm Refl } [74])	G	60/90 90	Pr Cas	180 1 350	F. 5°×5°	1962	
Turku	Schm[75])	D	50/60	Pr	103	F. 6,°5 ⌀	1934	*80*
Uccle	Schm Refl } [74])	ZE	84/120 120	Pr Cas	210 1 200[76])	F. 5°×5°, OP Pe, Sp[77])	1958	*81*
	Astr	ZE	2×40	Pr	201	F. 8°×8°	1934	*82*

[68]) VRefr 50 ⌀ auf der gleichen Montierung.
[69]) ⌀ 6,4; 2 P; $f = 61/12$ [*64*].
[70]) ⌀ 15; Gi 600/mm; $f = 122/53$.
[71]) ⌀ 15; Gi 771 und 1200/mm; $f = 200/66/33/16{,}5$ [*68*].
[72]) gebaut 1875, modernisiert 1932.
[73]) Instrument des Obs. de Genève.
[74]) wahlweise als Schm oder Refl.
[75]) Väisälä-System.
[76]) mit zusätzlicher Negativ-Linse.
[77]) ⌀ 5; 1 ··· 3 P; $f = 72/48/23$.

Tab. 1 (Fortsetzung)

Ort	Typ	Mont	⌀ [cm]	Opt	*f* [cm]	Ausrüstung	Jahr	Lit.
Uppsala [Kvistaberg Stat.]	Schm	G	100/135	Pr	300	F.4°5×4°5, OP	1964	
Victoria (Dominion Astrophys. Obs.)	Refl	EA	185	New Cas	920 3 300	Pg Sp[78])	1918	*83*
	Refl	PA	122	Pr Cas Cou	488 2 200 3 650	Pg Pe Sp (Gi)	1962	*87, 88*
Washington (U. S. Naval Obs.)	VRefr	D	66	Pr	990	Pg, Pe, Mic	1873	*84, 85*
Wien	VRefr	D	67	Pr	1 058	Pg, Pe, Mic	1880	*92*
Williams Bay (Yerkes Obs.)	VRefr	D	102	Pr	1 940	Pg, Sp, Mic	1897	*86*

Tab. 1a. Index-Liste der Observatorien — Index list of observatories

Die Liste gibt an, unter welchem Ortsnamen Sternwarten, die auch unter einem anderen Namen oder einem anderen Ort bekannt sind, in Tab. 1 ··· 3 aufgeführt sind.

The list gives the location of observatories also known under a name or place other than that given in Tab. 1 ··· 3.

G. R. Agassiz Stat.	Cambridge, U.S.A.
Allegheny Obs.	Pittsburgh
Anacapri	Freiburg
Anderson Mesa	Flagstaff
Bagnères de Bigorre	Pic du Midi
Bergedorf	Hamburg
Berlin	Babelsberg
Bloomington	Brooklyn
Bosscha Obs.	Lembang
Boulder	Climax
Boyden Stat.	Bloemfontein
Brussels — Bruxelles	Uccle
Cajigal	Caracas
California Inst. of Techn.	Pasadena; Mount Palomar; Mount Wilson
Canberra	Mount Stromlo
Capodimonte	Napoli
Carnegie Inst.	Mount Palomar; Mount Wilson
Colorado Univ.	Climax
Coonabarabran	Mount Stromlo
Cordoba	Bosque Alegre
Crimean Astrophys. Obs.	Krim
Delaware, Perkins Obs.	Flagstaff (Anderson Mesa)
Dodaira-Yama Obs.	Tokyo
Dominion Astrophysical Obs.	Victoria
Dominion Obs.	Ottawa
D. Dunlap Obs.	Richmond Hill
Dunsink Obs.	Dublin
A. J. Dyer Obs.	Nashville
Firenze	Arcetri
Floirac	Bordeaux
Flower and Cook Obs.	Philadelphia
Fraunhofer Inst.	Freiburg
Goethe Link Obs.	Brooklyn
Greenwich	Herstmonceux
Hale Solar Lab.	Pasadena
Harestua	Oslo
Harvard	Cambridge, U.S.A.
Haute Provence Obs.	Saint Michel
Hendaye	Abbadia
High Altitude Obs.	Climax
Indiana Univ.	Brooklyn
Kamogata	Mount Chikurin
Kanobili (Mt.)	Abastumani
Kislowodsk	Pulkowo
København Univ.	Brorfelde
Königstuhl	Heidelberg
Kotamia	Helwan
Kutschino	Moskau
Kvistaberg Obs.	Uppsala
Kwasan Obs.	Kyoto
Lake Angelus	Pontiac
Lamont-Hussey Obs.	Bloemfontein
Leander McCormick Obs.	Charlottesville
Leiden-Südstat.	Hartebeespoort
Lick Obs.	Mount Hamilton
Locarno	Göttingen [Orselina]
London Univ.	Mill Hill
Lowell Obs.	Flagstaff
McDonald Obs.	Fort Davis
McMath-Hulbert Obs.	Pontiac
Michigan Univ.	Ann Arbor; Pontiac; Bloemfontein (Lamont-Hussey Obs.)
Milano	Merate
Mitaka	Tokyo
Monte Mario	Roma
Mont Gros	Nice
Mount Locke	Fort Davis

[78]) Universal-Sp mit P, Gi, mehreren Kameras.

Fortsetzung nächste Seite

Tab. 1a. (Fortsetzung)

Nautschny	Krim	Karl-Schwarzschild-Obs.	Tautenburg
Nizamiah Obs.	Hyderabad	Siding Spring Obs.	Mount Stromlo
Okayama Obs.	Mount Chikurin	Specola Vaticana	Castel Gandolfo
Orselina	Göttingen	Sproul Obs.	Swarthmore
Padova Univ.	Asiago	Sternberg Astr. Inst.	Moskau
Paris	auch Meudon	Sternberg-Südstat.	Krim
Partisanskoje	Krim	Tapada	Lisboa
Pasadena	auch Mount Palomar; Mount Wilson	Tokyo Astr. Obs.	auch Mount Chikurin
Perkins Obs. (Reflektor)	Flagstaff (Anderson Mesa)	Tucson	Kitt Peak
Pine Bluff Stat.	Madison	Ukrain. S.S.R., Hauptobs.	Golossejewo
Piszkéstetö	Budapest	U.S. Naval Obs.	Washington; Flagstaff
Portage Lake	Ann Arbor	Vatikan	Castel Gandolfo
Radcliffe Obs.	Pretoria	Warner and Swasey Obs.	Cleveland
Richmond, Fla.	Washington	Washburn Obs.	Madison
Roma	auch Gran Sasso	Wisconsin Univ.	Madison
Royal Greenwich Obs.	Herstmonceux	Wroclaw	Breslau
Sacramento Peak	Sunspot	Yerkes Obs.	Williams Bay
Saltsjöbaden	Stockholm	Zürich	auch Arosa
Schauinsland	Freiburg		

Literatur zu 1.1.2.6 — References for 1.1.2.6

Allgemeine Literatur [*a*] bis [*k*] siehe S. 4,5. General references [*a*] to [*k*] see p. 4,5.

1 Kiladze, R. I.: Bull. Abastumani **24** (1959) 35.
2 Roshkowskij, D. A.: Mitt. Alma-Ata **1** (1955) 106.
3 Hussey, W. J.: Publ. Michigan **1** (1912) 16.
4 Miller, F. D.: Sky Telescope **9** (1950) 79.
5 Z. Instrumentenk. **63** (1943) 325.
6 Silva, G. et al.: Mem. Soc. Astron. Ital. **21** (1950) 159.
7 Luthardt, P.: Jenaer Rdsch. **7** (1962) 241.
8 MN **30** (1870) 112.
9 Plakidis, S. M.: Publ. Lab. Astron. Athen, Ser. II No. 6 (1960) 21.
10 Zeiss Astro-Instrumente, Kuppeln, Hebebühnen (Astro 516) o. J.
11 Struve, H.: Veröffentl. Berlin-Babelsberg **3** (1919) H. 1.
12 Mirzoyan, L. V.: The Burakan Astrophysical Observatory. Academy of Sciences of the USSR (1958).
13 Gaviola, E.: Sky Telescope **1**, No. 5 (1942) 3.
14 PASP **35** (1923) 50.
15 Lindsay, E. M.: Irish Astron. J. **2** (1953) 140.
16 Edmondson, F. K.: Sky Telescope **8** (1948) 34.
17 Redman, R. O.: Quart. J. Roy. Astron. Soc. **1** (1960) 10.
18 Griffin, R. F.: MN **122** (1961) 181.
19 Nature, London **177** (1956) 357.
20 Gollnow, H.: ZfA **56** (1963) 241.
21 Trans. IAU **XI A** (1962) 29.
22 Schlesinger, F.: Trans. Yale **8** (1936) S. (3).
23 Gill, D.: A History and Description of the Royal Observatory, Cape of Good Hope. H. M. Stat. Off., London (1913) 1.
24 Schmidt, H.: Askania-Warte **18** (1961) H. 57, S. 1 und die ff. Art.
25 Köhler, H.: Optik **17** (1960) 485.
26 Reiche, S.: Sterne Weltraum **2** (1963) 151.
27 Eberlein, K.: Zeiss Werkz. **7** (1959) 26.
28 Schmidt, H.: Askania-Warte **21** (1964) H. 63, S. 3.
29 O'Connell, D.: Mitt. Astron. Ges. 1955 (1956) 24.
30 Stein, J. W., und J. Junkes: Die Vatikanische Sternwarte. Specola Vaticana, Città del Vaticano (1952).
31 Nassau, J. J.: ApJ **101** (1945) 275.
32 Crump, C. C.: Popular Astron. **37** (1929) 553.
33 Strand, K. Aa.: Appl. Opt. **2** (1963) 1.
34 Hall, J. S., and A. A. Hoag: Sky Telescope **16** (1956) 4.

35 Slipher, V. M.: PASP **39** (1927) 143.
36 Contrib. McDonald No. 1.
37 Hiltner, W. A.: Sky Telescope **17** (1958) 124.
38 Heckmann, O.: Mitt. Astron. Ges. 1954 (1955) 57.
39 Walraven, Th. and J. H.: BAN **15** (1960) 67.
40 Greenwich Obs. 1893 S. XVIII.
41 Wolf, M.: Vierteljahresschr. Astron. Ges. **36** (1901) 106.
42 Davidson, C.: Observatory **57** (1934) 159.
43 Huruhata, M., and M. Kitamura: Tokyo Astron. Bull. 2. Ser., No. 144 (1961) S. 1917.
44 Pik-Sin The: Contrib. Bosscha No. 9 (1961).
45 Sky Telescope **17** (1958) 552.
46 Giotti, G.: Pubbl. Merate No. 1, II (1929).
47 Guidarelli, S.: Atti Fond. Ronchi **14** (1959) 535.
48 Martynov, D. J.: L'Institut Astronomique P. K. Sternberg. Académie des Sciences de l'URSS (1958).
49 Baustian, W. W.: in Telescopes [*g*], S. 16.
50 Keeler, J. E.: Publ. Lick **8** (1908) 11.
51 Observatory **41** (1918) 130.
52 Ritchey, G. W.: ApJ **29** (1909) 198.
53 Wilson, O. C.: PASP **68** (1956) 346.
54 Seyfert, C. K.: Mitt. Astron. Ges. 1955 (1956) 77.
55 Baker, J. G.: in Amateur Telescope Making, Book III (Hrsg. A. G. Ingalls). Scientific American, Inc. (1953) 1.
56 Kopylow, I. M.: Mitt. Krim **11** (1954) 44.
57 Dobronravin, P. P.: The Crimean Astrophysical Observatory. Academy of Sciences of the USSR (1958).
58 Bowen, I. S.: in Telescopes [*g*]. S. 1.
59 Bowen, I. S.: ApJ **116** (1952) 1.
60 Harrington, R. G.: PASP **64** (1952) 275.
61 Camichel, H.: Sky Telescope **18** (1959) 600.
62 Vogel, H. C.: Publ. Potsdam **15** (1908) 19.
63 Knox-Shaw, H.: Commun. Radcliffe No. 2 (1939).
64 Thackeray, A. D.: Monthly Notes Astron. Soc. S. Africa **10** (1951) 29.
65 Dadaev, A. N.: The Pulkovo Observatory. Academy of Sciences of the USSR Press, Moskau-Leningrad (1958).
66 Young, R. K.: J. Roy. Astron. Can. **28** (1934) 97.
67 Couder, A.: Ann. Astrophys. **23** (1960) 311.
68 Fehrenbach, Ch.: J. Observateurs **43** (1960) 85.
69 Rutllant, F.: Sky Telescope **16** (1957) 474.
70 Greenwich Obs. 1898 S. XIX.
71 Miller, J. A.: Popular Astron. **21** (1913) 253.
72 Jenaer Rdsch. Beil. H. 5 (1960).
73 Richter, N.: Sterne **37** (1961) 89.
74 Terrazas, L. R.: AJ **55** (1950) 65.
75 Meinel, A. B.: in Telescopes [*g*], S. 25.
76 Sky Telescope **23** (1962) 5.
77 Douglass, A. E.: Popular Astron. **31** (1923) 189.
78 Carpenter, E. F.: AJ **68** (1963) 275.
79 Meinel, A. B.: AJ **68** (1963) 285.
80 Väisälä, Y.: Inform. Turku No. 6 (1950).
81 Vandekerkhove, E.: Observatory **80** (1960) 200.
82 Delporte, E.: Bull. Astron. Obs. Roy. Belg. **2** (1935) 22.
83 Plaskett, J. S.: Publ. Victoria **1** No. 1 (1919) 7.
84 Hammond, J. C.: Publ. U. S. Naval Obs. 2. Ser. **6** (1911), S. A IV.
85 Hall, A., and H. E. Burton: Publ. U. S. Naval Obs. 2. Ser. **12** (1929) 4.
86 Hale, G. E.: ApJ **6** (1897) 37.
87 Sky Telescope **18** (1958) 73.
88 Petrie, R. M.: J. Roy. Astron. Can. **56** (1962) 170.
89 Rigaux, F.: Les Observatoires Astronomiques et les Astronomes. Observatoire Royale de Belgique, Bruxelles (1959).
90 Hogg, A. R.: Mt. Stromlo Reprints No. 11 (1958) = Australian J. Sci. **21** (1958) 2.
91 Götz, W.: Sterne **29** (1953) 83.
92 Hopmann, J.: Mitt. Wien **6** (1954) 105.
93 Perrotin, J.: Ann. Nice **1** (1899).

1.1.3 Sonnenteleskope — Solar telescopes

1.1.3.1 Fernrohranordnungen – Telescope arrangements

Die Teleskope, die in Verbindung mit großen Spektrographen der Sonnenforschung dienen, arbeiten unter anderen Bedingungen als die astronomischen Fernrohre: Einmal fällt genügend Energie ein, so daß man auch bei hoher spektraler oder zeitlicher Auflösung mit mäßigen freien Öffnungen auskommt; zum anderen beeinflußt ebendiese intensive Strahlung die optischen Eigenschaften des Instruments und seiner

Umgebung. Neben der Unterdrückung von Streulicht ist die thermische Stabilität besonders wichtig. Als Spiegelmaterial wird deshalb Glas mit niedrigem thermischem Ausdehnungskoeffizienten oder bevorzugt Quarz verwendet. Für hohe Winkelauflösung muß auch ein Einfluß von bodennahen turbulenten Luftschichten auf die Abbildung ausgeschlossen sein.

Hinsichtlich der Optik ergeben sich bei den üblichen kleinen Öffnungsverhältnissen (oft 1 : 50 oder weniger) keine besonderen Probleme. Die Spektrographen — in ihren Abmessungen oft mit dem Teleskop vergleichbar — sind stets fest aufgestellt. Als Fernrohre werden deshalb verwendet:

1. Parallaktisch aufgestellte *Coudé-Systeme*. Refraktoren oder Reflektoren mit Teleoptik; Bildrotation meist optisch aufgehoben.

2. Feste Teleskope, denen die Strahlung durch Planspiegelsysteme zugeführt wird. Fast ausschließlich in der *Coelostaten*-Anordnung: die Spiegelebene enthält die Polachse; bei Antrieb mit der halben Winkelgeschwindigkeit der Erdrotation (Sonnenzeit) wird die Strahlung in eine feste Richtung reflektiert, die von der Deklination des Objekts und der Ausgangslage des Planspiegels abhängt. Zur Verwendung mit fixiertem Fernrohr sind ein Hilfs-Planspiegel und eine Einrichtung für Translationen der Polachse nötig. Entscheidender Vorteil: nichtrotierendes Bildfeld; Nachteil: zweiter Spiegel notwendig, variable instrumentelle Polarisation.

Der Strahlengang hinter dem Sekundärspiegel verläuft waagerecht (Horizontalsystem) oder senkrecht (Vertikalsystem, *Turmteleskop*). Hier kann der Abbildungslichtweg geschützt durch die bodennahe Turbulenzschicht geführt werden; Einflüsse von Temperaturschichtung sind bei vertikalem Strahlengang ebenfalls klein.

In Verbindung mit Coelostaten werden Linsen- oder Spiegelobjektive auch im Primärfokus verwendet. Viele Sonnenfernrohre gestatten Änderung der Systembrennweite durch Zusatzoptik oder wahlweise Beleuchtung mehrerer fest aufgestellter Spektrographen.

1.1.3.2 Spektrographen – Spectrographs

Diese sind meist nicht geschlossene Instrumente, sondern bestehen aus einzeln oder auf einer optischen Bank aufgestellten Elementen in einem thermisch stabilisierten Spektrographenraum (Tunnel, Schacht). Änderungen an der Optik sind infolgedessen leicht möglich und entsprechend häufig. Als Radikalmittel gegen störende Inhomogenitäten der Luft hat sich der Einbau in große Vakuumgefäße bewährt.

Als dispergierendes Medium werden fast nur noch Beugungsgitter verwendet. Verbreitete Systeme sind:

Plangitter mit zwei- oder dreilinsigem Objektiv in Autokollimation (Littrow-Aufstellung) oder mit Hohlspiegeln als Kollimator und Kamera (Czerny-Anordnung). Der nutzbare Wellenlängenbereich ist nur von der Größenordnung 100 A, doch kommt man mit typischen Abmessungen (Gitter 20 cm breit, 600 Striche pro mm; Kamerabrennweite 10 m und mehr) an das theoretische Auflösungsvermögen heran (bis über 500 000 in der entsprechenden Ordnung). Meist ist auch Verwendung als Monochromator mit photoelektrischer Registrierung möglich.

Echelle-Gitter, die ähnliche spektrale Reinheit erreichen. Durch Einführen einer (prismatischen) Querdispersion läßt sich in aufeinanderfolgenden hohen Ordnungen ein größerer Wellenlängenbereich nahe beim Blaze-Winkel ausnutzen.

Konkavgitter, die einen großen Wellenlängenbereich mit dem Minimum an Optik abbilden; wegen des starken Astigmatismus ist Zuordnung zwischen Höhe im Spektrum und Sonnenbild auf dem Spalt nur durch Einführen weiterer Optik (z. B. Zylinderlinse) möglich.

1.1.3.3. Verzeichnis der Sonneninstrumente – List of solar telescopes

In Tab. 2 sind die Kombinationen Fernrohr — Spektrograph mit einer freien Öffnung des abbildenden Systems von ≥ 25 cm zusammengestellt. Sonneninstrumente sind viel weniger als die Fernrohre der Tab. 1 abgeschlossene Einheiten; es ist fast unmöglich, den Änderungen auf der Spur zu bleiben.

Tab. 2. Sonnenteleskope mit freier Öffnung ⌀ ≥ 25 cm — Solar telescopes with free aperture ⌀ ≥ 25 cm

Bedeutung der Spalten — Explanation of columns

1. *Ort*: Standort des Instruments — Location of instrument(siehe Tab. 1a S. 12 und Erläuterungen zur Tab. 1, S. 5).

2.—7: *Angaben zum Fernrohr*

2. *Typ*:

T	Turmteleskop	Tower telescope
H	Horizontalsystem	Horizontal system
E	Äquatorial aufgestelltes Instrument	Instrument mounted equatorially
	Mit T sind auch Vertikalsysteme bezeichnet, die nicht als getrennte Türme gebaut sind	Vertical systems which are not tower telescopes proper are entered as T, too.

3. *Coel*: Coelostat

Durchmesser des Coelostaten- und des Hilfsspiegels, durch / getrennt	Diameter of coelostat and auxiliary mirror, separated by /.

4. *Opt*: Optik

L	Linsenoptik (Refraktor)	Lens optics (refractor)
S	Spiegeloptik (Reflektor)	Mirror optics (reflector).

5. ⌀ : Freie Öffnung des Teleskop-Objektivs — Clear aperture of telescope objective.
6. f_T: Brennweite des Teleskops — Focal length of telescope.
7. *Lit.*: Literatur. Quelle für Beschreibung des Teleskops — References. Source for description of the telescope.

8.–10.: *Angaben zum Spektrographen*

8. *Typ*:

P	Prisma	Prism
Gi	Gitter, Plangitter	(Plane) grating
Gi (konk.)	Konkav-Gitter	Concave grating
Gi (Ech.)	Echelle -Gitter	Echelle grating
Gi (Autok.)	Gitter in Autokollimations-Aufstellung	Grating in autocollimation

Abmessungen der geteilten Fläche, [cm] × [cm], reziproke Gitterkonstante [n/mm] — Dimensions of ruled area, [cm] × [cm], and reciprocal of line spacing, [n/mm].

9. f_K: Brennweite des Kameraobjektivs (bei Konkavgittern Krümmungsradius) — Focal length of camera (for concave gratings: radius of curvature).

10. *Lit.*: Literatur für Spektrograph, falls verschieden von Spalte 7 — References for spectrograph if different from column 7.

11. *Zub*: Zubehör — Equipment
Shg Spektroheliograph
Mag Magnetograph
Cor Koronograph

12. *Lit.*: Literatur für Zubehör, wie Spalte 10.

Ort	Teleskop						Spektrograph				
	Typ	Coel [cm]	Opt	⌀ [cm]	f_T [cm]	Lit.	Typ	f_K [cm]	Lit.	Zub	Lit.
Arcetri	T	42/42	L	30	1800	*1*	Gi 10 × 11, 600/mm	400		Shg	
Arosa	H	30	L	26	2950		Gi (Autok.)	1250			
Cambridge, England	H	41/41	L	30	1800		Gi 15 × 20, 600/mm 13,7 × 20, 600/mm 8,2 × 13,8, 600/mm	905		Mag	*22*
Climax (High Altitude Obs.)	E	—	L L[1])	38 41	 1040					Cor	
Coimbra	H	40/40	L	25	400	*35*				Shg	
Dublin (Dunsink Obs.)	T	41/41	S	35	1610	*34*	Gi 12,7 × 15,3, 1200/mm	700			
Freiburg (Schauinsland)	T	55/55	S	30	800 1600		Gi 16 × 21, 600/mm	712		Mag	*33*
[in Anacapri]:	E[2])	—	L	35	1650 3500	*2*	Gi 16 × 21, 600/mm	2000		Mag	
Göttingen	T	65/65	S	45	2400 1600	*3*	Gi (Autok). 10,2 × 12,7, 600/mm Gi 8 × 11,3, 600/mm Gi (konk.) 5,5 × 13,8, 600/mm	800 665	*4*		
[in Orselina]:	E	—	S[3])	45	2400		Gi (Ech.) 12,7 × 25,4 300/mm [4]) Gi (konk.) 10 × 17,5 600/mm	1000 665		Mag	
Herstmonceux	H	41/41	L	27	775		[5])				
Kitt Peak	[6])	200	S	150	9150	*32*	Gi (Autok.)	1500		Shg Mag	

[1]) Medial-System.
[2]) für 1964 erwartet.
[3]) Gregory-Coudé mit Schutzblende in Primärfokus [*4*].
[4]) 7.–18. Ordnung, Prismen-Querdispersion.
[5]) wird mit Lyot-Filter benutzt.
[6]) Polar-Heliostat.

Fortsetzung nächste Seite

Tab. 2. (Fortsetzung)

Ort	Teleskop						Spektrograph				
	Typ	Coel [cm]	Opt	⌀ [cm]	f_T [cm]	Lit.	Typ	f_K [cm]	Lit.	Zub	Lit.
Kodaikanal	T	60/60	L	38	1800		Gi	1800			
				20	3600						
	H	45	L	30	630					Shg	
Krim	T	65/50	S	40	1200	*12*	Gi 15 × 15, 600/mm	500		Shg[7])	
(Astrophys. Obs.)					2100		Gi 15 × 15, 600/mm	1000		Mag	*13*
					3500			2000			
							Gi (Ech.) 8 × 11, 50/mm[8])	350	*14*		
Kyoto (Kwasan Obs.)	H	70/70			1500		Gi			Shg	
Liège [auf Jungfraujoch]	H	30/30	S	50	1220	*8*	Gi 13,3 × 20,3, 600/mm	730			
Meudon	H	50/40	L	25	400		P, Gi	300		Shg	*9*
	H	50/40	S	40	1300		Gi	740			
	H	75	S	40	700		P, Gi	700		Shg	
					2400						
Moskau (Sternberg Astron. Inst.)	T	44/44	L	30	1482	*36*	3 P			Shg	
			S	30	1510		Gi 15 × 15, 200, 300, 600/mm	997			
					1905						
							Gi (konk.) 5 × 7, 600, 1200/mm	200			
[in Kutschino]:	H	30/26	S	30	1500		Gi (Autok.) 5,3 × 6, 600/mm	499	*10*		
Moskau (Inst. f. Erdmagn.)	T		S	38	1700						
Mount Wilson	H	76/61	S	61	1830	*11*	Gi 14,5×18,5, 400/mm	460	*40*		
	T	43/32	L	30	1830	*11*				Shg	
				25	910						
	T	51/41	L	30	4570	*11*	Gi (Autok.) 15×20 600/mm	2290		Mag	
Ondřejov	H	36/28	S	25	1350		Gi 9 × 10, 600/mm[9])	550···750	*15*		
							Gi 14 × 15, 600/mm	760	*16*		
Oslo [in Harestua]	T	46/	S	30	2920						
			S	32	966						
					2250						
Ottawa	H	51/51	S	46	2440	*17*	Gi 7 × 12,5, 600/mm	610	*18*	Mag	
Oxford	T	41/41	S	32	1980	*19*	3 P (Autok.) ⌀ 15,2	896	*20*		
	E	—	S[10])	51	3520	*21*	Gi	1100			
Pasadena (Hale Solar Lab.)	T	44/44	S		1830	*23*	Gi (konk.) 10 × 11, 600/mm	640	*24*		
					4570		Gi (Autok.) 13,3×20,3, 600/mm	2290		Mag	*25*

[7]) für 2 Wellenlängen gleichzeitig.
[8]) Flare-Spektrograph für großen Wellenlängenbereich.
[9]) Flare-Spektrograph für 6 Wellenlängen gleichzeitig.
[10]) Cassegrain-Coudé.

Fortsetzung nächste Seite

Bahner

Tab. 2. Fortsetzung

Ort	Teleskop						Spektrograph				
	Typ	Coel [cm]	Opt	∅ [cm]	f_T [cm]	Lit.	Typ	f_K [cm]	Lit.	Zub	Lit.
Pic du Midi	H	50/40	S	40	1080		Gi 12,7 × 15,3, 300/mm[11])	400	*26*		
							Gi 12,7 × 18, 600/mm	900	*27*		
	E	—	L	26	400		Gi 6 × 10, 600/mm	100		Cor	
Pontiac (McMath-Hulbert Obs.)	T	56/46	S	41	1220	*5*				Shg	
	T	47/41	L	30	1490 2900		Gi 13,3 × 20,3, 600/mm[12])	1520	*6*		
			S	31	1520		Gi (Autok.) 9,6 × 11,4 600/mm	760			
			S	41	3100		Gi (Ech.) 7,5 × 15, 7,8/mm[13])	430	*7*		
Potsdam	T	60/60	L	60	1406	*28*	Gi (Autok.) 9 × 10, 600/mm	1200			
Pulkowo	H	67/50	S	50	1700		Gi 15 × 15, 600/mm	786	*37*	Shg Mag	*38* *29*
[in Kislowodsk]:	H	30/30	S	25	1200		Gi	1700		Shg	*39*
Roma (M. Mario)	T	67/63	L	45	2800		Gi	1800			
Sunspot (Sacramento Peak Obs.)	E	—	L[14])	41	762 1130 2750	*30*	Gi (Autok.) 12,8 × × 16,6, 1200/mm	1300		Cor	
							Gi 13 × 26, 300/mm				
	H	41/41	L	30	1130 2750	*30*	Gi (Autok.) 150/mm[15])	180			
							Gi (Autok.), 300/mm	200		Shg	
Tokyo (Mitaka)	T	60/60	S	45	2000		Gi 12,7 × 20, 1200/mm	1200	*31*		
Zürich	T	30	L	25	1070						

1.1.3.4 Literatur zu 1.1.3 — References for 1.1.3

Zusammenfassende Literatur — General references

(dort zahlreiche weitere Literaturangaben)

a Abetti, G.: Solar Physics. In: Hdb. Astrophys. **4** (1929). Instrumente sind behandelt S. 61 bis 84.

b Gollnow, H.: Turmteleskope. Naturwiss. **36** (1949) 175, 213.

c The Sun. (Hrsg. G. P. Kuiper). The Solar System, Vol. I. University of Chicago Press, Chicago (1953). Kap. 9: Empirical Problems and Equipment, S. 592 ff.

d McMath, R. R., and O. C. Mohler: Solar Instruments. In: Hdb. Physik **54** (1962) 1.

Sonstige Literatur — Special references

1 Abetti, G.: Oss. Mem. Arcetri **43** (1926) 11.

2 Reiche, S.: Sterne Weltraum **2** (1963) 151.

3 Bruggencate, P. ten, und F. W. Jäger: Veröffentl. Göttingen No. 101 (1951).

4 Bruggencate, P. ten, und H. H. Voigt: Veröffentl. Göttingen No. 122 (1958).

5 McMath, R. R.: Publ. Michigan **7** (1937) 1.

6 McMath, R. R.: ApJ **123** (1956) 1.

7 Pierce, A. K. et al.: AJ **56** (1951) 137.

8 Delbouille, L., et G. Roland: Atlas Photométrique du Spectre Solaire de λ 7498 à λ 12016. Institut d'Astrophysique de l'Université de Liège, Liège (1963). S. 5.

9 d'Azambuja, L.: Ann. Paris-Meudon **8** H. 2 (1930) 43.

10 Sitnik, G. F.: Mitt. Sternberg No. 109 (1960) 63.

[11]) Flare-Spektrograph.
[12]) Vakuum-Spektrograph.
[13]) 400. Ordnung.
[14]) Einlinsiges Objektiv mit farbkorrigierendem Telesystem. Die Montierung („spar") trägt noch weitere optische Systeme.
[15]) 12.—22. Ordnung, Prismen-Querdispersion.

11 Hale, G. E., and S. B. Nicholson: Carnegie Inst. Wash. Publ. No. 498/1 (1938) 1.
12 Sewerny, A. B.: Mitt. Krim **15** (1955) 31.
13 Nikulin, N. S.: Mitt. Krim **22** (1960) 3.
14 Severnyi, A. B. et al.: Soviet Astron. AJ **4** (1960) 19.
15 Valniček, B. et al.: Bull. Astron. Inst. Czech. **10** (1959) 149.
16 Bumba, V.: Bull. Astron. Inst. Czech. **14** (1963) 102.
17 DeLury, R. E.: Publ. Ottawa **6** (1922) 11.
18 Godoli, G.: Mem. Soc. Astron. Ital. **28** (1957) 231.
19 Plaskett, H. H.: MN **99** (1939) 219.
20 Plaskett, H. H.: MN **112** (1952) 177.
21 Plaskett, H. H.: MN **115** (1955) 542.
22 Beggs, D. W., and H. von Klüber: MN **127** (1964) 133.
23 Ann. Rept. Mt. Wilson **25** (1926) 135.
24 Babcock, H. D. et al.: ApJ **107** (1948) 287.
25 Babcock, H. W.: ApJ **118** (1953) 387.
26 Michard, R. et al.: Ann. Astrophys. **22** (1959) 877.
27 Laborde, G. et al.: Ann. Astrophys. **20** (1957) 209.
28 Freundlich, E.: Das Turmteleskop der Einstein-Stiftung. Springer-Verlag, Berlin (1927).
29 Kotlyar, L. M.: Mitt. Pulkowo **21** No. 4 (163) (1960) 73; **22** No. 2 (167) (1961) 95; **22** No. 4 (169) (1961) 52.
30 Evans, J. W.: AJ **67** (1962) 781.
31 Nishi, K.: Publ. Astron. Soc. Japan **14** (1962) 325.
32 McMath, R. R., and A. K. Pierce: Sky Telescope **20** (1960) 64, 132.
33 Deubner, F. L. et al.: ZfA **52** (1961) 118.
34 Brück, H. A., and T. Mary: Vistas Astron. **1** (1955) 430.
35 Costa Lobo, F. M. da: Anais Coimbra **1** (1929) 7.
36 Martynov, D. J.: L'Institut Astronomique P. K. Sternberg. Académie des Sciences de l'URSS (1958).
37 Karpinskij, W. N.: Sonnendaten Bull. (USSR) 1961 No. 1, 70.
38 Merkulow, A. W.: Mitt. Pulkowo **21** No. 3 (162) (1958) 109; No. 4 (163) (1960) 17.
39 Gnewischewa, R. S.: Sonnendaten Bull. (USSR) 1960 No. 7, 65.
40 Mitchell Jr., W. E., and O. C. Mohler: Appl. Opt. **3** (1964) 467.

1.1.4 Astrometrische Instrumente — Astrometric instruments

1.1.4.1 Einführung – Introduction

Primäres Instrument zur Bestimmung von Koordinaten eines Objekts an der Sphäre ist der *Meridiankreis*. Ein Fernrohr*) ist um eine horizontale, in Ost-West-Richtung liegende Achse drehbar; seine Visierlinie, die senkrecht auf der Drehachse steht, beschreibt (beim idealen Instrument) den Himmelsmeridian. Beobachtungsgrößen sind

der Zeitpunkt des Meridiandurchgangs (gemessen mit dem „unpersönlichen" (Kontakt-) Mikrometer [*6*]);

die Meridian-Zenitdistanz (gemessen mit genau geteiltem Kreis).

Vereinzelt wird diese Aufgabe auch auf zwei Instrumente verteilt: ein Durchgangs- oder *Passagen-Instrument* (ohne genauen Kreis) dient zur Festlegung der Kulminationszeit; ein *Vertikalkreis* (mit zusätzlicher Drehungsmöglichkeit um eine senkrechte Achse) übernimmt die Bestimmung der Zenitdistanzen.

Die Messung von Zeitpunkten ist — seit der Einführung von Quarzuhren — mit großer Genauigkeit möglich; als wichtigste Fehlerquellen bleiben

Refraktionsstörungen

Biegungseffekte

Einflüsse des Beobachters (Ungenauigkeit der Einstellung und Ablesung, aber auch Wärmestrahlung).

Refraktionsanomalien können in der Umgebung des Instruments entstehen, kaum in diesem selbst. Die instrumentelle Weiterentwicklung sucht die beiden anderen Störungsursachen zu beheben. Biegung des Rohres, aber auch Lageabhängigkeit des Mikrometers werden beseitigt durch feste Aufstellung des Fernrohrs und Zuführung des Lichts über Planspiegel [*1*]; Versuchsinstrumente sind im Betrieb oder im Bau in Greenwich-Herstmonceux, Oporto, Ottawa, Pulkowo. Die Einführung eines lichtelektrischen Mikrometers macht den Beobachter am Okular entbehrlich [*5*, *3*].

Zur Sicherung gegen schwer zu erfassende systematische Fehler ist die Kontrolle der Sternpositionen mit dem *Prismen-Astrolab* [*2*] wichtig geworden. Auch das *Photographische Zenit-Teleskop* [*4*], als Instrument zur Breitenbestimmung entwickelt und jetzt vor allem zur genauen Zeitbestimmung benutzt, kann zur Verbesserung von Sternörtern in einer schmalen Zone beitragen.

1.1.4.2 Verzeichnis der astrometrischen Instrumente – List of astrometric instruments

Refraktoren und Astrographen, die vielfach astrometrischen Zwecken dienen, sind im Abschnitt 1.1.2 „Fernrohre" behandelt.

In Tab. 3 sind Meridiankreise, Passageninstrumente, Vertikalkreise und Photographische Zenit-Teleskope mit einer Öffnung von $\geq$ 15 cm aufgenommen. Auch hier ist offensichtlich, daß einige kleinere Instrumente wertvolle Arbeit geleistet haben. Instrumente, die abgebaut oder endgültig außer Betrieb genommen wurden, sind nicht aufgeführt, selbst wenn sie noch existieren; für sie sind Angaben in der 6. Aufl. des „Landolt-Börnstein" zu finden.

*) meist mit zweilinsigem, neuerdings auch dreilinsigem Objektiv bis etwa 20 cm Öffnung; Öffnungsverhältnis etwa 1 : 12 bis 1 : 15.

Tab. 3. Astrometrische Instrumente — Astronomic instruments

Bedeutung der Spalten — Explanation of columns

1. *Ort*: Standort des Instruments — Location of instrument (siehe Tab. 1a, S. 12 und Erläuterungen zu Tab. 1, S. 5)

2. *Typ*:

M	Meridiankreis	Meridian circle
T	Passageninstrument	Transit instrument
V	Vertikalkreis	Vertical circle
Z	Photographisches Zenit-Teleskop	Photographic zenith tube

3. ø: Freie Öffnung — Clear aperture

4. *f*: Brennweite — Focal length

5. *Jahr* — Year

6. *Lit.*: Literatur. Hier ist im allgemeinen die Quelle der ersten ausführlichen Beschreibung zitiert; Änderungen werden meist im Vorwort der beobachteten Kataloge angegeben. Viele der älteren Instrumente sind auch beschrieben im jeweils zweiten Band von Ambronn [*a*] und Repsold [*b*].

Ort	Typ	ø [cm]	*f* [cm]	Jahr	Lit.
Abbadia (Hendaye)	M	16	202	1879	*7*
Athen	M	16	210	1898	*8*
Babelsberg	M	19	262	1868	*9*
Barcelona (Fabra)	M	20	240		
Besançon	M	19	252	1886	
Bordeaux	M	19	232	1881	*10*
Breslau/Wroclaw	T	16	197	1921	
	V	16	200	1921	*11*
Brorfelde	M	18	267	1960	
Bukarest	M	19	235	1926	
Cape Town	M	15	244	1901	*14*
Caracas	M	19	258	1957[1])	*12*
	Z	25	375	1958[1])	*13*
Charkow	M	16	193	1888	*15*
Coimbra	M	17	195		
Golossejewo	V	19	252	[2])	*17*
Hamburg-Bergedorf	M	19	230	1909	*18*
Hamburg (Dt. Hydrogr. Inst.)	Z	25	375	1957	
Heidelberg-Königstuhl	M	16	195	1898	*19*
Herstmonceux	M	18	259	1936	*20*
	Z	25	347	1955	*44*
La Leona	M	19	225	[3])	*16*
La Plata	M	16	190	[4])	*21*
Liège	M	19	235	1931	*46*
Lisboa (Tapada)	T[5])	16	231	1863	*22*
Lund	M	16	228	1874	*23*
Madrid	M	15	210	1854	*45*
Mizusawa	Z	20	356	1955	
Moskau (Sternberg Astron. Inst.)	M	15	203	1846	*24*
	M	18	240	1959	*25*
Mount Stromlo	Z	25	343	1958	
München	M	16	195	1891	*26*
	V	19	255	1927	*27*
Napoli	M	16	202	1874	
Neuchâtel	Z	25	344	1954	
Nikolajew	M	15	216	1953[6])	*28*
Ottawa	Z	25	427	1951	*29*
	T[7])	25	427	1963	*47*
Paris	M	19	232	1878	*30*
Perth	M	15	178	1897	*48*
Pulkowo	T	15	259	1839	*31*
	V	15	196	1839	*32*
	M	19	250	1953[2])	*33*
	Z	25	396	1960	*34*
Roma (M. Mario)	M	22	340	1890	*35*
San Fernando	M	18	266	1953	
San Juan	M	19	225	1963[8])	*36*
Santiago	M	19	224	1912	*37*
Strasbourg	M	19	189	1877	*38*
Tokyo (Mitaka)	M	20	310	1926	*39*
	Z	20	353	1953	*40*
Uccle	M	19	258	1932	*41*
Washington	M	15	184	1897	*42*
	M	18	198	1957	*43*
	Z	20	458	1954	*4*
und [in Richmond]:	Z	20	379	1949	*4*

[1]) noch nicht aufgestellt.
[2]) Berlin-Babelsberg 1914.
[3]) La Plata 1908.
[4]) Mt. Hamilton 1884.
[5]) für alle Vertikale.
[6]) Pulkowo 1838.
[7]) Horizontales Spiegel-Instr.
[8]) Cordoba 1910.

1.1.4.3 Literatur zu 1.1.4 – References for 1.1.4

Zusammenfassende Literatur — General references

a Ambronn, L.: Handbuch der Astronomischen Instrumentenkunde (2 Bde). Springer, Berlin (1899).
b Repsold, J. A.: Zur Geschichte der Astronomischen Meßwerkzeuge. 1. Bd. Engelmann, Leipzig (1908); 2. Bd. Reinicke, Leipzig (1914).
c Swerew, M. S.: Fundamentalnaja Astrometrija, Kap. 4: Nowyje Meridiannyje Instrumenty i Metody Registrazii Nabljudenij. In: Fortschr. Astron. Wiss. **6** (1954) 33—102.
d Watts, C. B.: Kap. 6 in: Telescopes (Hrsg. G. P. Kuiper and B. M. Middlehurst). University of Chicago Press, Chicago (1960) S. 80.

Sonstige Literatur — Special references

1 Atkinson, R. d'E.: MN **107** (1947) 291.
2 Danjon, A.: Kap. 8 in: Telescopes (Hrsg. G. P. Kuiper and B. M. Middlehurst). University of Chicago Press, Chicago (1960) S. 115.
3 Høg, E.: Astron. Abhandl. Bergedorf **5** Nr. 8 (1960) 263.
4 Markowitz, W.: Kap. 7 in: Telescopes (Hrsg. G. P. Kuiper and B. M. Middlehurst). University of Chicago Press, Chicago (1960) S. 88.
5 Pawlow, N. N.: Publ. Astrometr. Konf. USSR **13** (1958) 62.
6 Repsold, J. A.: [*b*] **2**, S. 48ff.
7 Observatoire d'Abbadia: Catalogue de 13532 Etoiles. Imprimerie de l'Observatoire d'Abbadia, Hendaye (1914) S. I.
8 Eginitis, D.: Ann.Athen **5** (1910) 18.
9 Struve, H.: Veröffentl. Berlin-Babelsberg **3**, H. 1 (1919) 47.
10 Rayet, G.: Ann. Bordeaux (Mém) **1** (1885) 33.
11 Wilkens, A.: Abhandl. Bayer. Akad. Wiss., Math. Naturw. Abt., Neue Folge 2 (1929).
12 Askania-Warte **16** Nr. 53 (1958) 3.
13 Askania-Warte **17** Nr. 55 (1959) 3.
14 Gill, D.: A History and Description of the Royal Observatory, Cape of Good Hope. H. M. Stat. Off., London (1913) 36.
15 Struve, L.: Ann. Kharkow **1** (1904) S. XI.
16 Hussey, W. J.: Publ. La Plata **1** (1914) 19.
17 Struve, H.: [*9*], S. 39.
18 Dolberg, F.: Erstes Bergedorfer Sternverzeichnis 1925,0. Verlag der Sternwarte, Bergedorf (1928). S. II.
19 Courvoisier, L.: Veröffentl. Sternw. Heidelberg **3** (1904) 2.
20 Jones, H. Spencer, and R. T. Cullen: MN **104** (1944) 146.
21 Tucker, R. H.: Publ. Lick **4** (1900) 1.
22 dos Santos, B.: Bull. Lisbonne No. 10 (1938).
23 Lindstedt, A.: Undersökning af meridiancirkeln pa Lunds Observatorium. Lund (1877).
24 Guljajew, A. P.: Publ. Sternberg **30** (1961) 104.
25 Podobed, W. W.: Publ. Astrometr. Konf. USSR **12** (1957) 190.
26 Bauschinger, J.: Neue Ann. München **3** (1898) 41.
27 Schmeidler, F.: Veröffentl. München **4** Nr. 22 (1957) 276.
28 Struve, F. G. W.: Description de l'Observatoire Astronomique Central de Poulkova. St. Petersburg (1845) 150.
29 Thomson, M. M.: Publ. Ottawa **15** (1955) 319.
30 Loewy et Périgaud: Ann. Paris (Obs.) 1879 (1882) 32.
31 Struve, F. G. W.: [*28*], S. 115.
32 Struve, F. G. W.: [*28*], S. 130.
33 Struve, H.: [*9*], S. 30; Stobbe, J.: Veröffentl. Berlin-Babelsberg **9** H. 3 (1932) 4.
34 Naumow, W. A.: Publ. Astrometr. Konf. USSR **15** (1963) 319.
35 Tacchini, P.: Mem. Oss. Collegio Romano Ser. 3, **1** (1901) S. XV.
36 Zimmer, M. L.: Result. Cordoba **35** (1929) 10.
37 Anguita, C. et al.: Inform. Bull. S. Hemisphere No. 3 (1963) 32.
38 Becker, E.: Ann. Straßburg **1** (1896) S. XII.
39 Nakano, S.: Ann. Tokyo 2. Ser. **6** (1958—60) 3.
40 Torao, M.: Ann. Tokyo 2. Ser. **6** (1958—60) 103.
41 Ritter, H.: Z. Instrumentenk. **55** (1935) 1.
42 Updegraff, M.: Publ. U. S. Naval Obs. 2. Ser. **3** (1903) S. D-III; Watts, C. B.: Publ. U. S. Naval Obs. 2. Ser. **16**/2 (1950).
43 Scott, F. P.: in "New Instruments and Methods in the Meridian Astrometry" (Reports Comm. 8; 10. General Assembly, IAU, Moscow 1958). Verl. Akad. Wiss., Moskau-Leningrad (1959) 72.
44 Perfect, D. S.: Occasional Notes Roy. Astron. Soc. **3** (1959) 223.
45 Reig, G., y P. Carrasco: Anuario del Observatorio de Madrid para 1926, 381.
46 Hermans, L.: Mém. Soc. Roy. Sci. Liège, Coll. in 4° **1**/1 (1942) 23.
47 Brealey, G. A., and R. W. Tanner: Publ. Ottawa **25** (1963).
48 Perth Meridian Observations **2** (= Catalogue of 1625 stars ...) (1908).

1.2 Radioastronomische Instrumente — Radio-astronomical devices

Alle radioastronomischen Empfangsgeräte, seien es Radiometer, Spektrometer, Polarimeter oder Interferometer, bestehen im Grunde aus der Antenne oder einem Antennensystem (siehe 1.2.1), dem Verstärkerzug und einem Integrator mit Registriergerät (siehe 1.2.2).

All radio-astronomical devices such as radiometers, spectrometers, polarimeters or interferometers consist basically of the antenna or an antenna array (see 1.2.1), an amplifier, and an integrator with recorder (see 1.2.2).

1.2.1 Die Antennen — Antennae (aerials)

Der Antenne fällt die Aufgabe zu, die aus dem Raum kommende ebene Welle aufzufangen und in eine Leitungswelle zu transformieren, die dann dem Verstärker zugeführt wird.

The function of the antenna is to receive the incoming plane wave and to transform it into a transmission-line wave which is fed to the amplifier.

1.2.1.1 Charakterisierung und Definition der Antennen-Parameter — Description and definition of the antenna parameters

Als Glied des Leitungszuges muß die Antenne an diesen angepaßt sein. Das heißt, der Strahlungswiderstand der Antenne muß gleich dem Wellenwiderstand der Leitung sein oder beide müssen durch ein Transformationsglied so miteinander verbunden sein, daß ein reflexionsfreier Übergang der Welle von der Antenne auf die Leitung möglich ist.

Infolge der Frequenzabhängigkeit der Blindwiderstände der Antenne kann man eine Anpassung nur bei einer Frequenz exakt erreichen. Läßt man eine geringe Fehlanpassung zu, derart, daß beispielsweise die Reflexionsverluste bei Übergang der Welle von der Antenne auf die Leitung kleiner als 10% bleiben, so erhält man um den Anpassungspunkt herum einen Frequenzbereich, in welchem die Antenne verwendbar ist. Man bezeichnet diesen Bereich als die *Bandbreite B der Antenne.* Die Bandbreite der Antenne muß größer sein als der Frequenzbereich, in dem man die Anlage verwenden will.

Als Strahlungsempfänger ist die Antenne durch folgende Größen beschrieben:

A die effektive Antennenfläche — effective antenna area

$$A = L/P$$

P	die in der Raumwelle pro m² enthaltene Leistung	flux density of wave per m²
L	die an den Anschlußklemmen der Antenne ankommende Leistung	the available power at the antenna terminals

G der Gewinn der Antenne — gain

$$G = \frac{4\pi r^2 \cdot P_a}{L_s}$$

P_a	die in großem Abstand r von der Antenne in der Raumwelle gemessene Leistung	flux density of wave measured at a large distance r from the antenna
L_s	die von einem Sender an die Antenne abgegebene Leistung	the total power fed to the antenna from a transmitter.

Im Falle der verlustlosen, isotropen Ausstrahlung von einer Antenne wäre $P_a = L_s/4\pi r^2$. G ist also für die isotrope Antenne gleich 1. G ist der „Gewinn" einer realen Antenne im Vergleich zum isotropen Strahler. Alle realen Antennen strahlen nicht isotrop. Gewinn G und effektive Antennenfläche A sind miteinander verbunden durch

$$G = \frac{4\pi A}{\lambda^2}.$$

Die Empfindlichkeit der Antenne ist abhängig von der Orientierung der Antenne bezüglich der Einfallsrichtung der Welle. Gewinn und effektive Antennenfläche sind also richtungsabhängige Größen.

Strahlungsdiagramm der Antenne: — Radiation pattern of the antenna:

$$f(\varphi, \vartheta) = \frac{A(\varphi, \vartheta)}{A(\varphi_0, \vartheta_0)} = \frac{G(\varphi, \vartheta)}{G(\varphi_0, \vartheta_0)}$$

$f(\varphi, \vartheta)$	Richtungscharakteristik oder Strahlungsdiagramm	directivity pattern or radiation pattern
φ, ϑ	Polarkoordinaten	polar coordinates
φ_0, ϑ_0	Polarkoordinaten der Richtung des Maximums von $A(\varphi, \vartheta)$ und $G(\varphi, \vartheta)$, das die Hauptachse der Antenne bestimmt	polar coordinates of direction of the maximum of $A(\varphi, \vartheta)$ and $G(\varphi, \vartheta)$, which determines the primary axis of the antenna

Die radioastronomische Meßtechnik benötigt ausschließlich Antennen, deren Strahlungsdiagramm ein ausgeprägtes Maximum in einer Richtung hat (Fig. 1), die sogenannte „*Hauptkeule*" der Richtcharakteristik. Als Maß für die Breite der Hauptkeule wird die *Halbwertsbreite* verwendet, das ist der Winkelabstand zwischen den Punkten, an denen der Gewinn auf $\frac{1}{2}$ des Gewinnes im Maximum abgefallen ist.

Die Halbwertsbreite ist ein Maß für das Winkelauflösungsvermögen des Radiometers, sie entspricht etwa dem Durchmesser der Beugungsscheibe einer Optik (siehe 1.3.1.1).

Die Hauptkeule braucht nicht rotationssymmetrisch zu sein. Man unterscheidet die nahezu rotationssymmetrische „*Stabförmige Hauptkeule*" und die flache „*Blattförmige Hauptkeule*". Jede scharf bündelnde Antenne besitzt außerhalb der Hauptkeule noch einen endlichen Gewinn. Der Bereich außerhalb der Hauptkeule wird als *Streubereich* der Antenne bezeichnet.

Ω	der *effektive Raumwinkel* der Antenne	the *effective solid angle* of the antenna

$$\Omega = \int_0^{\pi} \int_0^{2\pi} f(\varphi, \vartheta) \sin \vartheta \, d\vartheta \, d\varphi$$

D	die *Richtschärfe* der Antenne	antenna *directivity*

$$D = \frac{4\pi}{\Omega} = \eta \cdot G_{max}.$$

Richtschärfe und Gewinn sind bis auf einen Proportionalitätsfaktor η identisch. η gibt die Verluste in der Antenne an. (Weitere Einzelheiten in [3]; Definitionen für die praktische Meßtechnik in [8]).

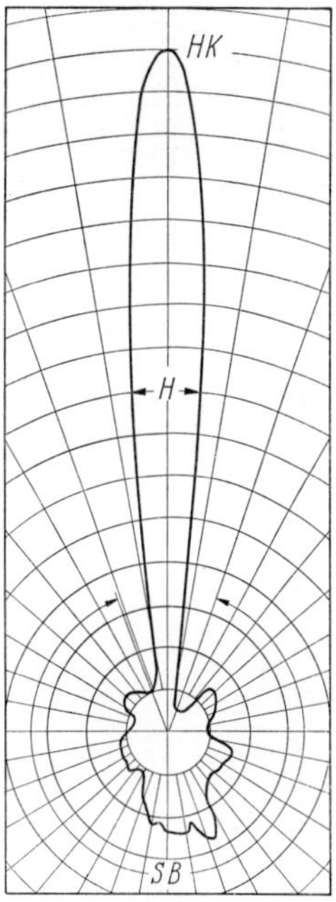

Fig. 1. Strahlungsdiagramm — Radiation pattern.

HK	Hauptkeule	main lobe
H	Halbwertsbreite	half-power beam width
SB	Streubereich	scattering region (side lobes)

1.2.1.2 Die verschiedenen Antennentypen – The different types of antennae

Die wichtigsten Antennentypen sind in Fig. 2 zusammengestellt.

1. Der Dipol (Fig. 2,1)

Der $\lambda/2$-Dipol, insbesondere dieser kombiniert mit Reflektor oder Reflektorscheibe (1b) oder Winkelreflektor, ist als Speiseelement in Reflektorantennen sehr verbreitet. Seine Bandbreite, das Antennendiagramm und der Gewinn sind von der Form des Dipols, dem Abstand und den Dimensionen des Reflektors abhängig. Nähere Einzelheiten in [2].

2. Die Yagi-Antenne (Fig. 2,2)

Die Yagi-Antenne besteht aus einem gespeisten Dipol (bzw. Faltdipol), der mit Reflektor und mehreren Direktoren kombiniert ist. Bei günstiger Dimensionierung der Abstände a und der Direktorlängen l steigt die Richtschärfe mit der Anzahl der Elemente proportional an.

Tab. 1. Halbwertsbreite H und Gewinn G von Yagi-Antennen — Half-power beam width H and gain G of Yagi antennae

für Direktorlänge $l = 0{,}43 \cdots 0{,}41\ \lambda$ und Abstände der Direktoren $a = 0{,}34\ \lambda$ | length of the directors $l = 0{,}43 \cdots 0{,}41\ \lambda$ and distance between the directors $a = 0{,}34\ \lambda$

n | Zahl der Direktoren | number of directors

n	H	G
4	33°	10,2 dB
9	27	15
13	22	17

Yagi-Antennen sind wegen ihres mechanisch einfachen Aufbaues in der Radioastronomie zu Beginn der Entwicklung häufig angewandt worden. Zur Zeit finden sie noch Verwendung bei Radiometern zur Sonnenüberwachung im m-Wellengebiet ($2 < \lambda < 15$ m).

Einzelheiten zur Dimensionierung in [1, 2, 9, 10].

3. Das Dipolfeld (Fig. 2,3)

Um Antennen mit hoher Richtwirkung zu erhalten, kombiniert man viele meist $\lambda/2$-Dipole, die in Reihen und Spalten mit je gleichen Abständen angeordnet und gleichphasig angeregt werden. Die Richtwirkung wird weiter verbessert, wenn die Dipole vor einer reflektierenden Ebene angebracht werden. Abstand zwischen Dipolen und Reflektorebene ist $\sim 0{,}12\ \lambda$ bis $0{,}3\ \lambda$.

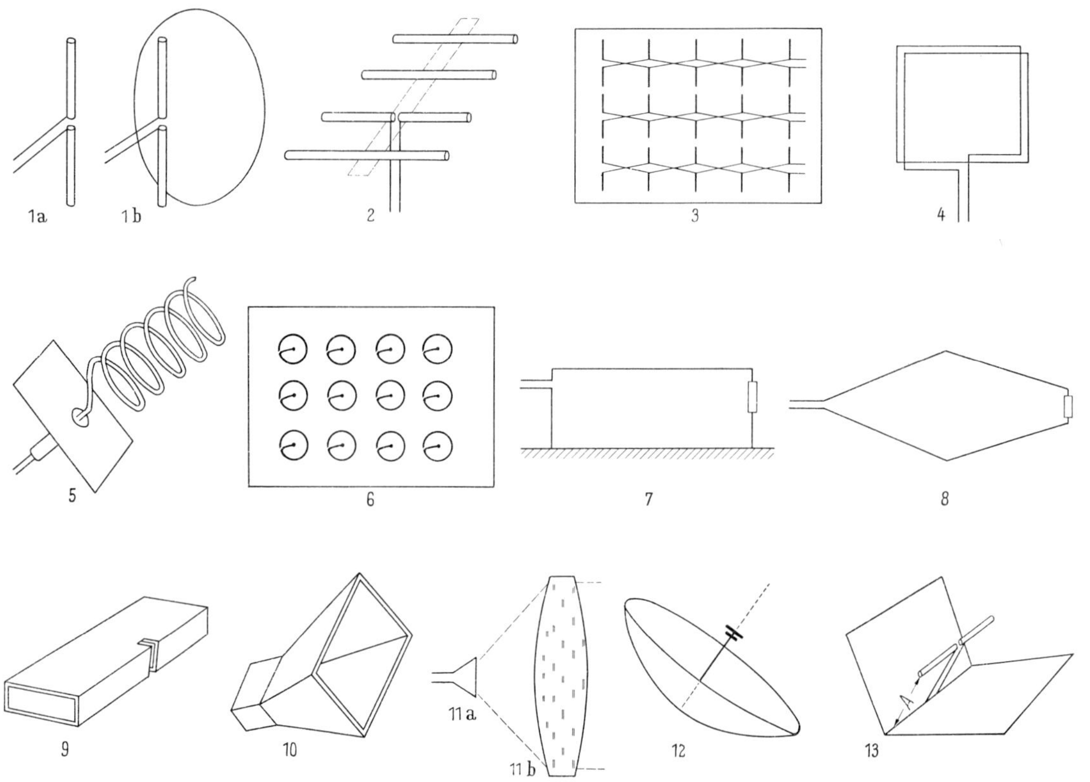

Fig. 2. Die verschiedenen Antennentypen — The different types of antennae.

1	Dipol	dipole	8	Rhombus-Antenne	rhombic antenna
2	Yagi-Antenne	Yagi antenna	9	Schlitzstrahler	slot antenna
3	Dipolfeld	dipole array	10	Hornstrahler	horn-type antenna
4	Drahtschleife	loop antenna	11	Linsenantenne	lens antenna
5	Helix-Antenne	helical antenna	12	Parabolspiegelantenne	parabolic antenna
6	Helix-Anordnung	helical antenna array	13	Winkelspiegelantenne	corner reflector antenna
7	Langdraht-Antenne	long-wire antenna			

Die Richtcharakteristik des Feldes setzt sich multiplikativ zusammen aus der Charakteristik eines einzelnen Dipols und der Gruppencharakteristik von n Elementen in jeder Zeile und m in jeder Spalte. Es ist:

$$C(\vartheta, \varphi) = \frac{\cos\left(\frac{\pi}{2} \cdot \cos\vartheta\right)}{\sin\vartheta} \cdot \left| \frac{\sin\left(\frac{d}{\lambda} n \pi \sin\vartheta \cdot \cos\varphi\right)}{n \sin\left(\frac{d}{\lambda} \pi \sin\vartheta \cdot \cos\varphi\right)} \right| \cdot \left| \frac{\sin\left(\frac{h}{\lambda} m \pi \cdot \cos\vartheta\right)}{m \sin\left(\frac{h}{\lambda} \pi \cdot \cos\vartheta\right)} \right|$$

d	Abstand der n Elemente in der Zeile	distance between any two of the n elements in the line
h	Abstand der m Elemente in der Spalte	distance between any two of the m elements in the column

Beim Dipolfeld ist die effektive Antennenfläche etwa gleich den Abmessungen des Feldes. Die Bandbreite hängt von der Schaltung der Dipole ab. Bei Parallelschaltung sämtlicher Dipole ist die Bandbreite am größten. Siehe [*1*, *2*].

Dipolfelder wurden radioastronomisch mehrfach bei absoluten Strahlungsmessungen verwendet. Ebenso sind Dipolfelder als Elemente in Interferometern benutzt worden [*12*].

4. Die Drahtschleife (Fig. 2, 4)

Mit Rahmen-Antennen entdeckte Jansky die Radiostrahlung aus der Milchstraße [*13*]. Weiterhin hat die Drahtschleife bei radioastronomischen Messungen keine Bedeutung erlangt.

5. Die Helix-Antenne (Fig. 2, 5)

Die Helix-Antenne besteht aus Grundplatte und mehreren Spiralwindungen. Für die Strahlung in axialer Richtung, die hier ausschließlich interessiert, sind H und G gegeben durch:

$$H = \frac{52}{\frac{C}{\lambda}\sqrt{\frac{n \cdot S}{\lambda}}}\,; \quad G = 11{,}8 + 10 \log\left[\left(\frac{C}{\lambda}\right)^2 \frac{n \cdot S}{\lambda}\right] \text{[dB]}$$

$$C = \pi \cdot D;\ S = C \cdot \mathrm{tg}\,\alpha;$$

α	Steigungswinkel	der Windungen	pitch angle	of the turns
D	Durchmesser		diameter	
n	Anzahl		number	

Die Formeln gelten etwa im Bereich $12° < \alpha < 15°$, $^3/_4 < C < {}^4/_3$ und $n \geq 3$.

Die Form des Strahlungsdiagramms ist in breitem Bereich von der Wellenlänge unabhängig. Die Antenne empfängt zirkularpolarisierte Wellen. Wegen Dimensionierungen siehe [*4*].

Helix-Antennen werden zur Zeit bei Radiometern zur Sonnenüberwachung im dm- und m-Wellenbereich angewendet.

6. Helix-Anordnungen (Fig. 2, 6)

Ordnet man mehrere gleichartige Helix-Antennen in gleichen Abständen in einem Feld an, so kann man zirkularpolarisierte Anordnungen hoher Richtschärfe erzeugen. Die Richtcharakteristik bestimmt sich in dem Falle wieder aus der Charakteristik des Einzelelements multipliziert mit der Gruppencharakteristik. In der Kombination sind auch linearpolarisierende Anordnungen möglich (siehe auch in [*2, 4*]).

Die bedeutendste in der Radioastronomie bisher angewandte Helix-Anordnung ist die große Antenne der Ohio-State-University mit 96 Helices auf einem Reflektor von 52 m × 7 m, siehe [*14*], Halbwertsbreite 8' × 50'.

7. Die Langdraht-Antenne (Fig. 2, 7)

Die einfache Langdraht-Antenne hat radioastronomisch keine Anwendung erfahren.

8. Die Rhombus-Antenne (Fig. 2, 8)

Die Rhombus-Antenne ist eine spezielle Form der Langdraht-Antenne. Eine Doppelleitung wird aufgespalten und in Form eines Rhombus ausgespannt. Der Rhombus ist am Ende durch einen Widerstand abgeschlossen. Die Antenne ist ein Stück der Leitung; sie strahlt einen Teil der Leistung der über sie hinweglaufenden Welle ab, der Rest wird im Abschlußwiderstand vernichtet. Bei der Anordnung ist es möglich, in einem breiten Frequenzbereich Anpassung zu erzielen. Bezüglich der Dimensionierung siehe [*1, 2*].

Eine Rhombus-Antenne wurde von Wild und McCready [*15*] bei ihrem ersten Sonnenspektrographen für den Frequenzbereich 70 ··· 130 MHz verwendet. Jedoch hat dieser Antennentyp wegen des relativ geringen Gewinns und der hohen Seitenzipfel Nachteile an Aufstellungsorten mit höherem Störpegel.

9. Die Schlitz-Antenne (Fig. 2, 9)

Die Theorie der Strahlung eines rechteckigen Schlitzes der Länge $l < \lambda$ in einem Blech, das sehr groß ist gegenüber λ, ist in [*16*] behandelt. Von den vielen Typen von Schlitzstrahlern, die bekannt geworden sind, haben nur die Schlitze in Hohlleitern auch für die radioastronomische Meßtechnik eine gewisse Bedeutung erlangt.

Hohlleiter-Schlitzantennen werden gelegentlich als Speiseelemente in Reflektorantennen verwendet. Covington und Broten [*17*] benutzen eine Hohlleiter-Schlitz-Anordnung in ihrem bekannten Interferometer zur linearen Abtastung der Sonne.

10. Die Hornstrahler (Fig. 2, 10)

Die Hornstrahler vermitteln die Möglichkeit, die in einem Hohlleiter laufenden Wellentypen ohne besondere Vorkehrungen gerichtet in Raumwellen überzuleiten. Hornstrahler sind eine trichterförmige Erweiterung des Hohlleiterendes. Die Erweiterung kann einseitig in der Ebene des elektrischen oder des magnetischen Vektors liegen (sektoriales Horn) oder in beiden Ebenen vorgenommen sein (pyramidenförmiges Horn). Andere gemischte Horntypen sind bisher radioastronomisch nicht angewandt worden.

Die Anpassung des Hornstrahlers an den Wellenleiter ist vom Öffnungswinkel des Horns abhängig. Vorkehrungen zur optimalen Anpassung können unter Umständen am Fußpunkt des Horns oder an der freien Öffnung vorgenommen werden.

Die Strahlungscharakteristik und der Gewinn des Hornstrahlers sind berechenbar. Es ist:

$$G = 10 \cdot \left(1{,}008 + \log \frac{a}{\lambda} \cdot \frac{b}{\lambda}\right) - (L_e + L_h) \quad [\mathrm{dB}]$$

a und b: die Dimensionen der Öffnung, L_e und L_h: Verlustzahlen in [*1*] oder [*2*] tabelliert.

Für ein pyramidenförmiges Horn, das optimal dimensioniert und sorgfältig aufgebaut ist, stimmen theoretischer Wert und gemessener Wert innerhalb von 0,1 dB überein. Diese Tatsache hat dazu geführt, daß Hornantennen für absolute Strahlungsmessungen bevorzugt Verwendung finden. Auch in der Radioastronomie sind Hornantennen großer Dimensionen für Messungen des absoluten Strahlungsflusses mehrfach verwendet worden (siehe [*18, 19*]).

11. Die Linsen-Antenne (Fig. 2, 11)

Im Gegensatz zum optischen Fernrohr haben Linsenantennen in der radioastronomischen Meßtechnik keine Bedeutung erlangt.

12. Die Reflektor-Antennen

Reflektoren zur Bündelung der ankommenden Wellen werden in großem Maße angewandt. Als bündelnde Reflektoren werden verwendet

a) Rotationsparaboloide
b) Zylinderparaboloide
c) Winkelspiegel

a) *Die Parabolantenne; das Radioteleskop* (Fig. 2, 12)

Die Antenne besteht aus der parabolförmigen Reflektorfläche und der Speiseantenne in deren Brennpunkt. Ist der Durchmesser des Parabolspiegels $D \gg \lambda$ (etwa $D > 10\,\lambda$), so kann der Verlauf der Wellen vor dem Reflektor durch den bekannten optischen Strahlengang beschrieben werden. (Siehe auch Spiegelteleskope 1.3.1). Die Ähnlichkeit der Anordnung mit den Spiegelteleskopen hat zu der Bezeichnung „Radioteleskop" Anlaß gegeben. Die Bezeichnung wurde dann auch auf andere radioastronomische Empfangsanlagen ausgedehnt.

Als *Speiseantenne* im Brennpunkt werden 1. Dipole mit Reflektoren, 2. Dipole mit Winkelspiegelreflektoren, 3. Hornstrahler, 4. gelegentlich auch Helix-Strahler verwendet.

Der *Reflektor* ist eine metallisch leitende Fläche aus Blech oder Drahtgewebe oder auch einem leitenden Belag auf Kunststoff. Die Abweichungen der Reflektorfläche von der idealen Parabel $\Delta\varrho$ dürfen $\pm 1/_{10}\, \lambda_{lim}$ nicht überschreiten, wobei λ_{lim} die kleinste noch verwendete Wellenlänge ist.

Das Strahlungsdiagramm der gesamten Antenne entsteht durch die Überlagerung der Diagramme des Reflektors und der Speiseantenne. In Analogie zum optischen Parabolspiegel ist die Charakteristik in der Nähe der optischen Achse in erster Linie durch die Beugung an der Reflektorscheibe bestimmt. In dem Falle sind die Eigenschaften des Stahlungsdiagramms gegeben durch Tab. 2 Zeile 1.

Die Strahlungseigenschaften der Speiseantenne zwingen dazu, den Reflektor nicht gleichmäßig auszuleuchten. Man dimensioniert die Speiseantenne etwa so, daß deren Hauptkeule etwa bis zur Halbwertsbreite den Reflektor überdeckt. Damit nimmt die „Flächenausleuchtung" der Reflektorfläche nach außen ab. In Tab. 2 sind Lösungen für das Strahlungsdiagramm und andere charakteristische Daten für verschiedene Formen der Ausleuchtung $f(r)$ der Reflektorfläche angegeben.

Tab. 2. Strahlungseigenschaften runder Parabolspiegel bei verschiedener Ausleuchtung der Fläche — Radiation properties of circular apertures with different area distributions

C	Richtcharakteristik	directivity pattern
H	Halbwertsbreite	half-power beam width
Δ	Abstand der ersten Nullstelle	distance of the first zero
N	Höhe des 1. Nebenmaximums im Verhältnis zur Hauptkeule	height of the first sidelobe in relation to the main lobe
G_{rel}	Relativer Gewinn	relative gain
D	Durchmesser	diameter

Typ¹)	C ²)	$H[°]$	$\Delta[°]$	N [dB]	G_{rel}
$f(r) = (1 - r^2)^0 = 1$	$\frac{1}{2}\pi \cdot D \cdot \frac{J_1(u)}{u}$	$59 \cdot \lambda/D$	$69{,}8 \cdot \lambda/D$	17,6	1,00
$f(r) = (1 - r^2)$	$\frac{1}{2}\pi \cdot D^2 \cdot \frac{J_2(u)}{u^2}$	$73 \cdot \lambda/D$	$93{,}6 \cdot \lambda/D$	24,6	0,75
$f(r) = (1 - r^2)^2$	$2\pi \cdot D^2 \cdot \frac{J_3(u)}{u^3}$	$84 \cdot \lambda/D$	$116{,}2 \cdot \lambda/D$	30,6	0,56

Bei der Dimensionierung der Speiseantenne ist abzuwägen, welche relative Höhe des 1. Seitenzipfels zugelassen werden soll und welche Vergrößerung der Halbwertsbreite und Verminderung des Gewinns dabei in Kauf genommen werden kann. Die meisten praktisch ausgeführten Antennen liegen mit ihren Werten in Tab. 2 zwischen der ersten und der zweiten Lösung.

Der Teil der Strahlungscharakteristik senkrecht zur Hauptachse des Systems wird vorzugsweise durch die Charakteristik der Speiseantenne erzeugt, die seitlich über den Spiegelrand hinwegreicht. Der Streubereich der Gesamtcharakteristik wird dadurch angehoben. Bei Absolutmessungen ist ein hoher Streubereich störend.

Der nutzbare Wellenbereich der Parabolantenne ist groß, wenn man gegebenen Falles verschiedene Speiseantennen verwendet. Der Wellenbereich ist etwa

$$\lambda_{lim} = 10 \cdot \Delta\varrho \leqq \lambda \lesssim 1/10\, D.$$

$\Delta\varrho$ Abweichungen der Fläche von der Parabel. Wird λ vergleichbar mit dem Durchmesser, so geht man besser zu einfachen Antennengebilden über (Yagi, Helix, Dipolfeld, Winkelspiegel).

---

¹) r Abstand vom Mittelpunkt des Reflektors — distance from the center of the reflector.
²) J_1, J_2, J_3 Besselfunktionen — Bessel's functions

$$u = \frac{\pi D}{\lambda} \cdot \sin\Theta$$

Θ Winkel gegen die optische Achse — angle against the optical axis.

Hachenberg

b) *Die Zylinderparabol-Antenne*

Die Zylinderparabol-Antenne entspricht in technischer Hinsicht ganz der vorangehend besprochenen Parabol-Antenne. Sie wird vor allem dann verwendet, wenn eine „Blattförmige Hauptkeule" gewünscht ist. Sie wird bei Interferometern häufig angewandt.

c) *Die Winkelspiegel-Antenne* (Fig. 2, 13)

Zwei sich unter dem Winkel α schneidende leitende Flächen dienen als Reflektor. Die Speiseantenne ist auf der Winkelhalbierenden im Abstand A vom Schnittpunkt angeordnet. Das Strahlungsdiagramm ändert sich sehr stark mit A. Nähere Angaben in [*2*]. Der Winkelspiegel liefert im Bereich $D = \lambda$ bis $D = 5\,\lambda$ ähnlich gute Ergebnisse wie ein entsprechend großer Zylinderparabolreflektor. Wegen der billigen Bauweise wird er im Wellenbereich $3 < \lambda < 15$ m vielfach verwendet. Dimensionierung siehe in [*2, 20*].

1.2.2 Die Empfänger — Receivers

Der Verstärkerzug ist charakterisiert durch

ν_0	Selektionsfrequenz
B	Bandbreite
g	Verstärkungsfaktor
F_z	Rauschzahl (Eigenrauschen)
τ	Zeitkonstante des Schreibgeräts

The receivers are characterized by

- selected frequency
- bandwidth
- gain
- noise factor
- time constant of the recorder

Die Empfänger sind selektive Hochfrequenz-Verstärker. Sie sollen aus dem von der Antenne kommenden Signal bei der gewünschten Frequenz ν_0 einen genau definierten Frequenzbereich $\nu_0 \pm \frac{1}{2} B$ ausfiltern und das darin enthaltene Signal so weit verstärken und schließlich gleichrichten, daß das Signal am Ausgang des Verstärkers ausreicht, um einen meßbaren Ausschlag in einem Anzeigegerät zu erzeugen (siehe Literatur zur H.F.Technik in [*1*] oder [*3*]).

Receivers are selective high frequency amplifiers. Their function is to filter out an exactly defined frequency range $\nu_0 \pm \frac{1}{2} B$ from the signal coming in from the antenna, and to amplify and to convert the signal to such an extent that the signal leaving the amplifier can produce a measurable deflection at the recorder (see [*1, 3*]).

Selektionsfrequenz ν_0 und Bandbreite B werden dem gewünschten Meßproblem angepaßt. Die radioastronomischen Empfangsgeräte sind meist nur in einem sehr kleinen Bereich durchstimmbar. Eine Ausnahme machen nur die Sonnenspektrometer.

Der Verstärkungsfaktor g ist abhängig von der Leistung des zu messenden Signals und der Leistung, die benötigt wird, um das Anzeigegerät zu betätigen. Im allgemeinen wird eine Leistungsverstärkung benötigt, die zwischen 100 und 140 dB liegt.

Das Eigenrauschen des Verstärkers wird dadurch charakterisiert, daß man es vergleicht mit dem Widerstandsrauschen des Eingangswiderstandes. Man erhält damit über das Nyquistsche Theorem die „Effektive Rauschtemperatur" T_{eff} des Verstärkers. Die Rauschzahl ist dann definiert als

$$F_z = \frac{T_{eff} - T_0}{T_0} \qquad (T_0 = 290\,°\mathrm{K})$$

1. Der normale Überlagerungsempfänger (Kompensations-Empfänger)

Der Empfänger besteht aus mehreren Baugruppen (Fig. 3). Alle Baugruppen sind übliche Bausteine der Hochfrequenztechnik.

Da das zu messende Signal meist viel kleiner ist als das Eigenrauschen des Empfängers (bis zu $^1/_{1000}$ des $F_z \cdot T_0$), muß das Eigenrauschen vor dem Anzeigegerät kompensiert werden. Die Bezeichnung Kompensationsempfänger trägt dieser Tatsache Rechnung.

Der Empfänger hat einerseits hohe Empfindlichkeit, andererseits hat er den Nachteil, daß langsame unregelmäßige Verstärkungsschwankungen ebenso wie Veränderungen im Eigenrauschen zusätzlich zu den statistischen Schwankungen ein langsames, unregelmäßiges Driften des Nullpunkts verursachen. Es sind umfangreiche Vorkehrungen notwendig, um die Verstärkungsschwankungen zu vermeiden und den Betrieb des Verstärkers zu stabilisieren.

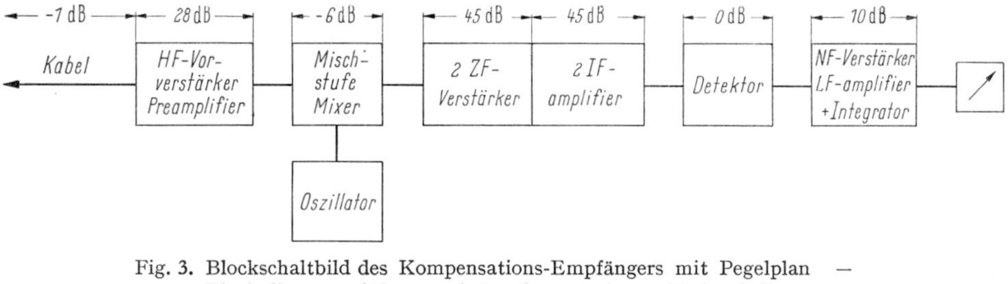

Fig. 3. Blockschaltbild des Kompensations-Empfängers mit Pegelplan — Block diagram of the superheterodyne receiver with level diagram.

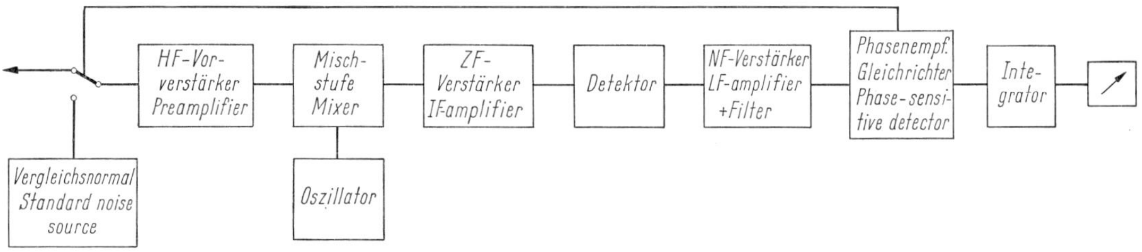

Fig. 4. Blockschaltbild des Modulations-Empfängers — Block diagram of the modulation receiver.

HF	Hochfrequenz	HF	high frequency
ZF	Zwischenfrequenz	IF	intermediate frequency
NF	Nieder-Frequenz	LF	low frequency

2. Der Modulationsempfänger

Der Modulationsempfänger enthält nach einem Vorschlag von DICKE [21] in der Antennenleitung einen Schalter oder Modulator, der das von der Antenne kommende Signal unterbricht und ein Vergleichssignal an den Empfängereingang schaltet. Das Signal von der Antenne wird somit moduliert. Der weitere Verstärkerzug bleibt unverändert bis zu dem Niederfrequenzverstärker. Hinter dem Niederfrequenzverstärker wird ein Filter, das nur die Schaltfrequenz durchläßt, eingefügt. Danach folgt ein phasenempfindlicher Gleichrichter, ein Integrator und das Schreibgerät (Fig. 4).

Das Differenzsignal (ankommendes Signal minus Vergleichssignal) wird gemessen. Macht man das Vergleichssignal gleich dem zu messenden Signal, dann wirkt der Empfänger als Nullinstrument [22, 23].

Die Anordnung ist in dem Zustand frei von Verstärkungsschwankungen und Fluktuationen des Eigenrauschens. Jedoch ist die Empfindlichkeit gegenüber dem normalen Überlagerungsempfänger um die Hälfte reduziert.

Die Grenzempfindlichkeit eines Empfängers wird dann erreicht, wenn das zu messende Signal von der Größe der mittleren Schwankungen des Eigenrauschens wird. Die mittleren Schwankungen des Eigenrauschens sind für den normalen Überlagerungsempfänger, in Antennentemperatur ΔT_a ausgedrückt, gegeben durch:

$$\Delta T_a = 2 \cdot \sqrt{\frac{\pi}{2} - 1} \cdot F_z \cdot T_0 \cdot \sqrt{\frac{1}{B \cdot \tau}}$$

$T_0 = 290$ °K, ΔT_a siehe Fig. 5.

Die im Meßbetrieb zur Zeit erreichbaren Rauschzahlen sind für einige Verstärker in Tab. 3 wiedergegeben.

Tab. 3. Rauschzahlen F_z typischer Verstärker — Noise factors F_z of some typical amplifiers

Typ	Intervall	F_z
Hochfrequenzverstärker	100 ··· 300 MHz	1 ··· 1,5
Mischstufeneingang	500 ··· 2000 MHz	2 ··· 5
Mischstufeneingang	2 ··· 25 GHz	5 ··· 10
Parametrischer Verstärker	0,5 ··· 10 GHz	0,7 ··· 1
Parametrischer Verstärker (gekühlt)	0,5 ··· 10 GHz	0,1 ··· 0,6
Maser	1 ··· 10 GHz	0, 1

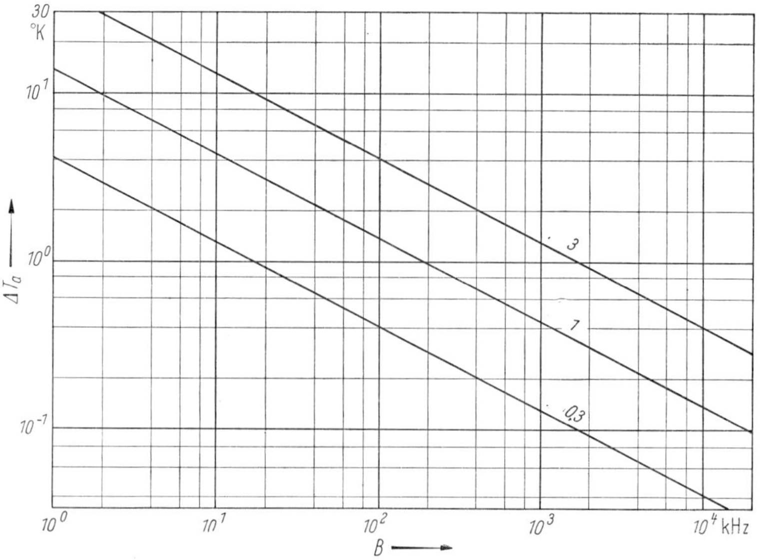

Fig. 5. Die Grenzempfindlichkeit eines Empfängers — Limiting sensitivity of a receiver.

Die mittlere Schwankung des Eigenrauschens ΔT_a als Funktion der Bandbreite B für verschiedene Rauschzahlen F_z. Berechnet mit $T_0 = 290$ °K und Zeitkonstante $\tau = 1$. Bei Verwendung anderer Zeitkonstanten sind die Werte durch $\sqrt{\tau}$ zu dividieren. Parameter der Kurven: Rauschzahl F_z

Mean variation of the background noise ΔT_a as a function of the bandwidth B for different noise factors F_z. Calculated with $T_0 = 290$ °K and time constant $\tau = 1$. For other time constants the values have to be divided by $\sqrt{\tau}$. Parameter of the curves: noise factor F_z

Beide beschriebenen Empfängertypen werden auch in Spektrometern, Polarimetern und Interferometern verwendet.

Hachenberg

1.2.3 Die großen Radioteleskope — The large radio telescopes

1.2.3.1 Schwenkbare parabolische Radioteleskope — Adjustable parabolic radiotelescopes

Für die Messungen am Himmel müssen die Antennen auf die Objekte einstellbar sein. Folgende mechanische Montierungen werden dazu verwendet:

a) für kleinere und mittlere Spiegel (bis 40 m) ist die parallaktische Montierung verbreitet;

b) die großen und größten Spiegel sind mit Rücksicht auf die gleichmäßigere Lastverteilung auf das Hauptlager azimutal montiert. Sie haben meist die Möglichkeit, mit Hilfe einer Programm-Steuerung auch der täglichen Bewegung eines Objekts folgen zu können;

c) die statisch einfachste und zugleich die billigste Montierung ist die des Transit-Instrumentes. Der Spiegel ist in dem Falle nur im Meridian zu bewegen. Als zweite Koordinate der Bewegung wird die Erddrehung ausgenutzt.

For astronomical measurements, the antennae must be adjustable to the celestial objects. The following mountings are in use:

a) equatorial mounting for small and medium reflectors (up to 40 m diameter);

b) azimuthal mounting for large and very large reflectors. To follow the daily movement of a celestial object the reflectors must be equipped with a coordinate converter and a servo mechanism;

c) transit mounting, statically the simplest as well as the cheapest method of mounting. In this case the reflector can only be adjusted in the meridian. The earth's rotation serves as the second coordinate of motion.

Die im Betrieb befindlichen großen Radioteleskope bis $\varnothing = 15$ m und deren wichtigste Daten sind in Tab. 4 zusammengestellt.

Tab. 4. Die großen schwenkbaren Parabolspiegel-Radioteleskope — The large adjustable parabolic radiotelescopes [24]

$\varnothing > 15$ m

Oberfl.	Beschaffenheit der Oberfläche	surface material
$\Delta\varrho$	Genauigkeit der Oberfläche	accuracy of surface
Mt.	Montierung	mounting
Δ	Pointierungsgenauigkeit	pointing accuracy

	Observatorium	Ort	$\varnothing$ [m]	Oberfl.¹) ($\Delta\varrho$[mm])	Mt.²)	Δ	ν ³) [MHz]	Programm
1	National Radio Astronomy Observatory	Green Bank, W. Va., USA	91,5	Al-Ne (± 25)	tr	±2'	300···3000 1420	galaktische Strahlung, extragalaktische Quellen
2	Jodrell Bank Experimental Station	Macclesfield, England	76,2	St-Bl (±24,4)	az	±12'	15 bis 1500	galaktische Strahlung, extragalaktische Quellen, Planeten, Radarechos [25]
3	C. S. I. R. O. Radiophysics Laboratory	Parkes, Australien	64	St-Gf (±13)	az	±1'	600 bis 3000	galaktische Strahlung, extragalaktische Quellen, 21-cm-Linie [26]
4	Naval Research Laboratory	CBA (West Field), USA	45,8	Al-Ne (±21)	az	±30'	1400	Radarechos von Mond und Planeten
5	Sagamore Hill Radio Observatory	Hamilton, Mass., USA	45,8	Al-Ne (±12,7)	az	±6'	bis zu 2000	Echos von Sonne und Planeten
6	Stanford Research Institute	Frazerburg, Scotland, USA	43,3	Al-Ne (±25,4)	az	±30'	400 800	Streuung am Mond
7	National Radio Astronomy Observatory	Green Bank, W. Va., USA	42,7	Al-Pl (±6,4)	äqu	±10"	1400 bis 15000	galaktische Strahlung, extragalaktische Quellen
8	Lincoln Laboratory	Haystack Hill Westford, USA	36,6	Al-Pl (±2)	az	±18"	bis zu 10000	Radarechos von Planeten
9	Heinrich-Hertz-Institut	Berlin-Adlershof, Deutschland	36	Al-Bl Draht-Gf (±5)	tr	±1'	559 775	galaktische Strahlung
10	Owens Valley Radio Observatory	Bishop, Calif., USA	27,4	St-Ne (±6,4)	äqu	±6"	bis 3000	Positionen und Durchmesser von diskreten Quellen

▶ ¹)...³) siehe S. 31.

Fortsetzung S. 30

Tab. 4. (Fortsetzung)

	Observatorium	Ort	⌀ [m]	Oberfl.[1] ($\Delta\varrho$[mm])	Mt.[2]	Δ	ν[3])[MHz]	Programm
11	Onsala Radio Wave Propagation Observatory	Råö, Onsala, Schweden	26	Al-Pl	äqu	—	< 10000	galaktische Strahlung 21-cm-Linie
12	Evans Signal Laboratory	Belmar, N. J., USA	26	Al	äqu	—	1420	21-cm-Linie
13	Harvard College Observatory	Fort Davis, Tex., USA	26	Al (±3,2)	äqu	—	bis 5000	Strahlung der Sonne, galaktische Strahlung
14	National Radio Astronomy Observatory	Green Bank, West Virginia USA	26	Al-Pl (±1,6)	äqu	±1'	750 15000	diskrete Quellen
15	University of California Radio Astronomical Laboratory	Hat Creek, Calif., USA	26	Al-Pl (±2,5)	äqu	±1'	300 1500 10000	galaktische Strahlung OH-Linie
16	University of Michigan Observatory	Peach Mountain, Ann Arbor, Mich., USA	26	Al-Pl (±1,5)	äqu	±1'	8700	galaktische Strahlung Strahlung von Planeten und Mond
17	Jet Propulsion Laboratory	Goldstone, Calif., USA	25,9	Al-Ne	—	—	2388	Radarechos von Planeten
18	Dominion Radio Astrophys. Observatory	Penticon, B. C., Canada	25,6	Al-Gf (±9,5)	äqu	±2'	1420	galaktische Strahlung
19	Prince Albert Radar Laboratory	Prince Albert Saskatchewan, Canada	25,6	Al-Gf (±25,4)	az	±6'	448	Strahlung der Sonne
20	Lincoln Laboratory	Millstone Hill, Westford Mass., USA	25,6	Al-Ne (±9,5)	äqu	±2'	400 450	Mond- und Planetenechos
21	Maryland Point Observatory	Maryland Point Charles County, Md.,	25,6	Al-Ne (±9,5)	äqu	±1'	450 bis 5000	diskrete Quellen, Strahlung von Mond und Planeten, Mondechos
22	Sagamore Hill Radio Observatory	Hamilton, Mass., USA	25,6	Al-Ne (±9,6)	äqu	±2'	bis zu 3000	Strahlung von Sonne, Mond, Radarechos
23	Royal Radar Establishment	Malvern, England	25	Al-Gf (±6,4)	az	±3'	3000	Mondechos
24	Radiosternwarte Stockert der Univ. Bonn	Stockert, bei Münstereifel, Deutschland	25	pe Al-Bl (±5)	az	±1',5	1420	21-cm-Linie, galaktische Strahlung
25	Radio Astronomical Observatory, Niederlande	Dwingeloo, Niederlande	25	Al-Gf (±5)	az	±1',8	1420	21-cm-Linie, galaktisches Kontinuum, extragalaktische Quellen
26	Serpukhov Radiophysikalische Station	Serpukhov Moskau, USSR	22	Al-Pl (±1)	az	±1'	< 35000	Strahlung von Sonne, Mond und Planeten, diskrete Quellen
27	Lebedew Institut für Physik	Simeiz, USSR	19	—	az	—	3000	Sonnen- und Mondstrahlung
28	Stanford Research Institute	Palo Alto, Calif., USA	18,6	Al-Ne	az	±2°	91,9	Echos von Mond, Sonne
29	University of Alaska, Geophysical Institute	College, Alaska, USA	18,6	Al-Ne	az	—	200 398 800	Streuung am Mond

▶ [1])...[3]) siehe S. 31.

Fortsetzung nächste Seite

Tab. 4. (Fortsetzung)

	Observatorium	Ort	⌀ [m]	Oberfl. [1]) ($\Delta\varrho$ [mm])	Mt.[2])	Δ	ν[3]) [MHz]	Programm
30	Carnegie Institution	Washington, D. C., USA	18,3	Al-Pl (±1,6)	äqu	±1'	1000 bis 10000	galaktisches Kontinuum, diskrete Quellen
31	Evans Signal Laboratory	Belmar, N. J., USA	18,3	Al-Ne (±6,3)	az	±6'	100 bis 3000	21-cm-Linie, Andromedanebel
32	Harvard College Observatory	Harvard, Mass., USA	18,3	Al-Ne (±3,2)	äqu	±2'	1420	galaktische Strahlung, extragalaktische Quellen
33	Naval Radio Research Station	Sugar Grove, W. Va., USA	18,3	Al-Ne	az	—	< 10000	—
34	Naval Research Laboratory	Stump Neck, Md., USA	18,3	Al-Ne	az	—	bis 2400	—
35	C.S.I.R.O. Radiophysics Laboratory	Fleurs, Sydney, Australien	18,2	Al-Gf	az	±3'	1420	galaktische Strahlung, 21-cm-Linie
36	Evans Signal Laboratories	Belmar, N. J., USA	15,2	Al-Ne (±10)	az	±15'	75 1800	Mondechos
37	Naval Research Laboratory	Washington, D. C., USA	15,2	Al-Pl (±0,8)	az	±10'	400 35000	galaktische Strahlung, Strahlung von Sonne, Mond und Planeten

Die größten Antennen reichen gerade bis an ⌀ = 100 m heran. Pläne für noch größere Instrumente liegen vor.

Das erreichte Winkelauflösungsvermögen — ausgedrückt in Halbwertsbreite des Antennendiagramms — ist abhängig von der unteren Wellenlängengrenze des nutzbaren Wellenbereichs. λ_{lim} ist wiederum gekoppelt mit der Genauigkeit der Spiegelfläche $\Delta\varrho = {}^1/_{10}\,\lambda_{lim}$. In Tab. 4 ist die Genauigkeit der Spiegelfläche angegeben. Damit liegt für jeden verzeichneten Spiegel das maximale Auflösungsvermögen fest.

Tab. 5. Die derzeit erreichten unteren Grenzen für die Halbwertsbreiten H — The lowest limits so far reached for the halfpower beam widths H

λ [cm]	D/λ	H
20	500	8'
3	1200	3'
1	2000	1',8

Für die besten Reflektoren ist die erreichte Genauigkeit der Spiegelfläche beachtlich hoch. Für $\lambda = 3$ cm entnehmen wir Tab. 5, daß die Flächengenauigkeit auf den Spiegeldurchmesser bezogen $\Delta\varrho \approx 1 \cdot 10^{-4} \cdot D$ ist.

Tab. 5 macht außerdem die Wellenabhängigkeit deutlich. Will man bei langen Wellen ähnlich kleine Halbwertsbreiten erreichen, so muß der Reflektordurchmesser sehr groß gemacht werden. Bei großen Flächen steigen die Schwierigkeiten, die notwendige Flächengenauigkeit einzuhalten, infolge der Verformung unter dem Eigengewicht und unter Wind und Schneelast, sehr schnell an. Damit werden auch die Kosten schließlich unüberwindbar hoch.

1.2.3.2 Die feststehende Antenne — The fixed (parabolic) antenna.

Um die technischen Schwierigkeiten und die hohen Kosten zu umgehen, die mit der Erreichung eines hohen Winkelauflösungsvermögens im oberen dm- und im m-Wellengebiet verbunden sind, hat man feststehende Spiegel gebaut. Mit geringer Bewegung der Speiseantenne im Brennpunkt kann man dann einen schmalen Streifen am Himmel von maximal ~ 30° Breite mit hohem Auflösungsvermögen untersuchen. Die bekanntesten Spiegel dieser Art sind in Tab. 6 zusammengestellt.

---

[1]) Al	Aluminium	aluminium
St	Stahl	steel
Ne	Netz	network
Pl	Platten	plates
Bl	Blech	sheet
Gf	Geflecht	wickerwork
pe	perforiert	perforated
[2]) tr	transit	
az	azimuthal	
äqu	äquatorial	

[3]) Vorwiegend benutzte Frequenz; bei mehreren benutzten Frequenzen ist der Bereich angegeben.

Tab. 6. Die bedeutendsten feststehenden Parabolspiegel — The most important fixed parabolic antennae

Observatorium	Ort	⌀ [m]	Oberfläche (Genauigkeit in [mm])	Breite¹)	ν [MHz]	Programm
The Department of Defense, Ionospheric Research Facility	Arecibo, Puerto Rico	305	Stahlnetz (±46)	±20° vom Zenit	430 später bis 1420	Strahlung von Mond und Planeten, galaktische Strahlung, Echos von Mond und Planeten
Naval Research Laboratory	Stump Neck, Md., USA	80 × 67	Galvanisierter Eisendraht, Netz (±7,6)	7	10 ··· 400	Mondechos
Jodrell Bank Experimental Station	Macclesfield, England	66,5	Galvanisierter Eisendraht	±15 vom Zenit	16 ··· 26 92 158	diskrete Quellen, extragalaktische Quellen
University of Illinois Observatory	Danville, Ill., USA	183 × 122²)	Stahlnetz (±64)	±30	611	galaktische und extragalaktische Quellen

1.2.3.3 Radioteleskope mit blattförmiger Hauptkeule — Radio telescopes with fan beams

Verzichtet man auf ein in allen Richtungen gleiches Auflösungsvermögen und gibt sich mit einer blattförmigen Hauptkeule zufrieden, so bekommt die Antenne nur in einer Richtung eine große Ausdehnung. Legt man die lange Seite der Antenne in Ost-West-Richtung, so liegt die blattförmige Keule mit der Längsausdehnung in nord-südlicher Richtung, während senkrecht dazu das hohe Auflösungsvermögen erreicht wird. Eine solche Charakteristik gestattet die Zählung und Messung von punktförmigen Quellen. Sie liefert bei ausgedehnten Quellen eine lineare Abtastung der Intensitätsverteilung in ost-westlicher Richtung. Wenn Kreissymmetrie bei dem Bild der Quelle vorausgesetzt werden kann, so kann man aus der linearen Abtastung auch die Helligkeitsverteilung gewinnen.

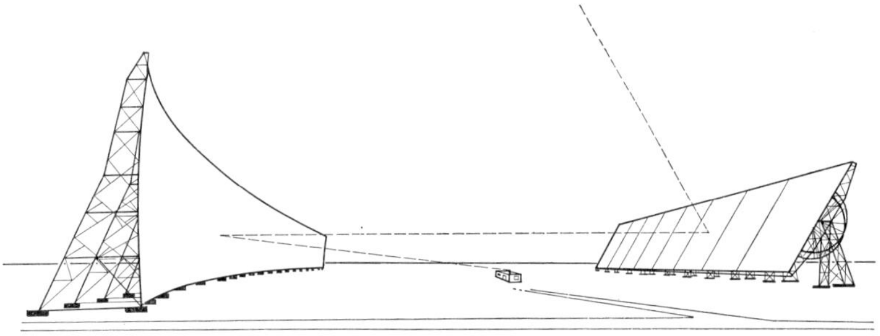

Fig. 6. Feststehende Parabol-Antenne mit Hilfsspiegel — Fixed parabolic antennae with auxiliary mirror.

Bei dem Bau derartiger Teleskope bevorzugt man als Antenne neben langen Dipolreihen vor allem das Zylinderparaboloid und den Winkelspiegel (siehe auch nachfolgenden Abschnitt über Interferometer).

Ein besonderer Typ der Antenne mit blattförmiger Charakteristik ist der Paraboloausschnitt, der senkrecht auf dem Erdboden montiert ist und dem gegenüber ein beweglicher, ebener Spiegel nach Art eines Zölostaten angeordnet ist, der die Wellen in den Parabolspiegel hineinreflektiert, Fig. 6. Radioteleskope dieser Art gestatten, durch Mitführen der Apparatur mit dem Brennpunktsbild ein Objekt über eine Zeit bis zu etwa einer Stunde beobachten zu können. Sie erreichen hohes Auflösungsvermögen, dabei sind die Kosten einer solchen Anlage relativ gering [*27*].

Eine Zusammenstellung der großen Geräte dieses Typs ist in Tab. 7 gegeben.

Tab. 7. Feststehende Parabol-Antennen mit Hilfsspiegel — Fixed parabolic antennae with a tiltable flat reflector

H | Halbwertsbreite der Keule | half-power beam width of the lobe

Observatorium	Ort	Parabol-Reflektor [m]	Ebener Reflektor [m]	*H*	ν [MHz]
Ohio State University Radio Observatory	Delaware, Ohio, USA	111 × 21,3	111 × 30,5	8' × 30'	40 2000
Sternwarte Pulkowo	Leningrad, USSR	120 × 3	³)	1' × 50' (λ = 3,2 cm)	1000 3000 9000
Observatoire de Paris, Meudon	Nançay, Frankreich	300 × 35⁴)	200 × 40	3',5 × 20' (λ = 20 cm)	327 2300

¹) Breite des abtastbaren Bereichs — width of the region which can be scanned. ²) Zylinderparaboloid.
³) Parabolspiegel besteht aus einzeln verstellbaren Platten, ein ebener Reflektor ist in dem Falle nicht notwendig — parabolic mirror consists of single movable plates.
⁴) stehender sphärischer Reflektor (Schmidt-Spiegel) — upright spherical reflector (Schmidt type).

1.2.4 Interferometer — Interferometers

Die Notwendigkeit, das Auflösungsvermögen weiter zu steigern, hat dazu geführt, daß in der radioastronomischen Meßtechnik in zunehmender Zahl Interferometer-Anordnungen verwendet werden.

a) Das Zwei-Elementen-Interferometer

Es besteht aus zwei (meist) gleichen Antennen, die im Abstand r (vornehmlich in Ost-West-Richtung) angeordnet und mit gleich langen Leitungen mit dem Eingang eines Empfängers verbunden sind. Beim Durchgang eines Objekts durch die (in gleiche Richtung weisenden) Hauptkeulen der Antennen entstehen entsprechend der relativen Phasenunterschiede der ankommenden Wellen an den beiden Antennen am Eingang des Empfängers die bekannten Interferenzmaxima und -minima, die dann verstärkt und am Anzeigegerät sichtbar werden.

Zwei-Elementen-Interferometer sind besonders dazu geeignet, hellere Punktquellen am Himmel von der kontinuierlichen galaktischen Strahlung zu trennen, um die Intensität messen zu können.

Eine Verbesserung des normalen Interferometers wurde von Ryle *[28]* erreicht durch ein Phasenschaltverfahren. Das Verfahren bringt den Vorteil, daß auch sehr schwache Quellen aus der kontinuierlichen galaktischen Strahlung getrennt werden können.

Interferometer mit variablem Abstand r gestatten darüber hinaus, auch eine Art Helligkeitsverteilung über eine ausgedehnte Quelle zu bestimmen. Als Meßgröße erhält man die Amplitude A der

Tab. 8. Die großen in Betrieb befindlichen Interferometer — The large interferometers already used

Oberfl. | Oberfläche | surface

$\Delta\varrho$ | Genauigkeit der Oberfläche | accuracy of surface

	Observatorium	Ort	Antennen	Oberfl. ($\Delta\varrho$ [mm])	Interferometer	ν [MHz]
1	Jodrell Bank Experimental Station	Macclesfield, England	Großer Parabolspiegel und fester Spiegel	siehe Tab. 4 Nr. 2	Basislinie Ost-West. Abstand 305 m	92 158
2	Jodrell Bank Experimental Station	Macclesfield, England	großer Parabolspiegel u. Zylinder-Parabolspiegel	Siehe Tab. 4 Nr. 2	Basislinie 4 km, 18,6 km 60 km, 115 km	158,9
3	Mullard Radio Astronomy Observatory	Cambridge, England	Zylinder-Parabol 97,5 m × 12,2 m	galvanisierter Eisendraht (±25)	4 Reflektoren an den Ecken eines Rechteckes 580 m × 52 m	406 158 81
4	Mullard Radio Astronomy Observatory	Cambridge, England	Zylinder-Parabol 442 m × 20 m	galvanisierter Eisendraht (±25)	Apertursynthese, Basislinie 700 m Ost-West. 2. Antenne über Schienen in Nord-Süd über 300 m beweglich	176
5	Mullard Radio Astronomy Observatory	Cambridge, England	Winkelspiegel 1000 m × 12,2 m	galvanisierter Eisendraht (±25)	Apertursynthese, bewegliche Antenne 33 m × 12,2 m über 518 m; Schienen in Nord-Süd verstellbar	38
6	Haute Provence Observatoire	Saint-Michel, Frankreich	Zylinder-Parabol 60 m × 32 m	Drahtnetz (±100)	2 gleiche Reflektoren 1100 m Abstand	300
7	Lebedew, Physikalisches Institut	Simeiz, USSR	Parabolspiegel 31 m (fest)	Zinkschicht auf Zement (±10)	2 Elemente, Basislinie Ost-West 800 m	52 ··· 94
8	Carnegie Institution. Department of Terrestrial Magnetism	Seneca, Md., USA	Winkelspiegel 200 m × 1 m	Drahtnetz (±10)	2 Elemente, Basislinie Ost-West, Abstand 600 m	400
9	Owens Valley, Radio Observatory	Bishop, Calif., USA	Parabolspiegel 27,4 m ⌀	Stahlnetz (±6,4)	2 Elemente, 1 Basislinie Ost-West 550 m, 1 Basislinie Nord-Süd 480 m	40 ··· 3000
10	National Radio Astronomy Obs.	Green Bank, W. Va. USA	2 Parabolspiegel 26 m ⌀	Siehe Tab. 4 No. 14	Basislinie variabel	bis 3000
11	Royal Radar Establishment	Malvern, England	2 Parabolspiegel 25 m ⌀	Siehe Tab. 4 Nr. 23	Basislinie Ost-West 750 m Nord-Süd 750 m	1300 ··· 3000

Hachenberg

Interferenzmaxima und -minima in Abhängigkeit von dem Abstand. Mit Hilfe des Fourier-Integrals ist daraus die eindimensionale Helligkeitsverteilung abzuleiten.

Apertursynthese. Variiert man nicht nur den Abstand der beiden Antennen in Richtung der Basislinie, sondern bringt die bewegliche Antenne auch auf einer Strecke senkrecht zur ursprünglichen Basislinie in eine Anzahl von Positionen, so kann man aus der Gesamtheit aller Registrierungen die Helligkeitsverteilung am Himmel mit einem Auflösungsvermögen ableiten, so als ob das ganze Rechteck, das durch die Positionen der beiden Antennen zueinander beschrieben wird, mit Antennen besetzt gewesen wäre. Das Verfahren wird am Mullard-Institut in Cambridge in großem Maße angewandt [*29, 30*]. Tab. 8 enthält eine Liste der bekanntesten Geräte dieser Art, die bis jetzt in Betrieb sind.

b) Das Viel-Elementen-Interferometer

Ordnet man m gleiche Antennen in gleichen Abständen auf einer Geraden an und verbindet alle Antennen mit gleich langen Leitungen mit dem Eingang eines Empfängers, so erhält man ein Interferenzdiagramm, das der Beugung an m-Spalten in der Optik entspricht.

Das Antennendiagramm setzt sich multiplikativ aus dem Diagramm eines Elementes mit der Gruppencharakteristik zusammen:

$$f(\vartheta, \varphi) = E(\vartheta, \varphi) \cdot \frac{\sin^2\left(n \cdot \pi \frac{a}{\lambda} \varphi\right)}{n \sin^2\left(\pi \frac{a}{\lambda} \varphi\right)}.$$

Die Anordnung führt auf eine feststehende Schar von blattförmigen Charakteristiken. Die erste Anordnung dieser Art war das bekannte Interferometer von Christiansen und Warburton [*31*] zur linearen Abtastung der Sonne.

c) Das Mills'sche Kreuz

Mills [*32*] kombinierte zwei Antennen mit „blattförmigen Hauptkeulen" derart, daß die beiden Antennen und damit auch die beiden Antennendiagramme ein Kreuz bildeten. Werden die Antennen mit gleich langen Leitungen an den Empfänger geschaltet, so hat das Strahlungsdiagramm der gesamten Anlage ebenfalls Kreuzform.

Schaltet man in die Leitung zu einer der Antennen ein $\lambda/2$-Stück ein, so löscht eine Quelle, die genau im Schnittpunkt der beiden Diagramme steht, durch Interferenz aus, während die übrigen Quellen in den Flügeln der Diagramme unvermindert empfangen werden. Bildet man nun die Differenz zwischen den beiden Schaltungen, so bleiben nur die Quellen im Schnittpunkt übrig. Man erhält die Wirkung einer stabförmigen Keule. Anordnungen dieser Art haben große Bedeutung für die Erzeugung eines hohen Winkelauflösungsvermögens im m-Wellengebiet. Bisher sind 7 Anordnungen dieser Art in Betrieb, davon drei in Australien. Drei Anlagen sind für Sonnenüberwachung eingesetzt.

1.2.5 Literatur zu 1.2 — References for 1.2

1 Meinke, H., und F. W. Gundlach: Taschenbuch der Hochfrequenztechnik (Abschnitt H). Springer, Berlin (1962).
2 Jasik, H.: Antenna Engineering Handbook. McGraw-Hill, New York (1961).
3 Bracewell, R. N.: Radio-Astronomy Techniques. Hdb. Physik **54** (1962) 42.
4 Kraus, D.: Antennae. McGraw-Hill, New York (1950).
5 Southworth, G. C.: Principles and Application of Waveguide Transmission. Van Nostrand Comp., Princeton (1950).
6 Silver, S.: Microwave Antenna Theory and Design. MIT Radiation Laboratory Serie, Bd. 12.
7 Zuhrt, H.: Elektromagnetische Strahlungsfelder. Springer, Berlin (1953).
8 Mezger, P. G.: Veröffentl. Bonn **59** (1960) 19.
9 Yagi, H.: Proc. I. R. E. **16** (1928) 715.
10 Fishenden, R. M., and E. R. Wiblin: Proc. I. E. E. pt. III **96** (1949) 5.
11 Ehrenspeck, H. W., and H. Poehler: N. T. F. **12** (1958) 47.
12 Witkewitsch, W. W.: V. sowjetisches Symposium über kosmogonische Fragen. S. 15. Akademie der Wissenschaften, Moskau (1956).
13 Jansky, K.: Proc. I. R. E. **21** (1933) 1387.
14 Kraus, J. D., and E. Ksiazek: Electronics **26** (1953) 148.
15 Wild, J. P., and L. L. McGready: Australian J. Sci. Res. (A). **3** (1950) 387.
16 Booker, H. G.: J. I. E. E. pt. III A **93** (1946) 620.
17 Covington, A. E., and N. W. Broten: ApJ **119** (1954) 569.
18 Woonton, G. A., D. R. Hay, and E. L. Vogan: J. Appl. Phys. (1949) 2071.
19 Braun, E. H.: Proc. I. R. E. **41** (1953) 109.
20 Wilson, A. C., and H. V. Collong: I R E Trans. AP-**8** (1960) 144.
21 Dicke, R. H.: Rev. Sci. Instr. **17** (1946) 268.
22 Machin, K. E., M. Ryle, and D. Vonberg: Proc. I. E. E. **99** (1952) 127.
23 Hachenberg, O.: Sitzber. Deut. Akad. Wiss. Berlin, Math. Naturw. Kl. 1 (1957).
24 Giddis, A. R.: Philco Corporation Tech. Rept. 1500 (1961).
25 Lovell, A. C. B.: Nature, London **180** (1957) 60.
26 Minnett, H. C.: Sky Telescope **24** (1962) 184.
27 Kraus, J. D.: Sci. Am. **192** (1955) 36.
28 Ryle, M.: Proc. Roy. Soc. London (A) **211** (1952) 351.
29 Ryle, M., and A. Hewish: Mem. Roy. Astron. Soc. **67** III (1955) 97.
30 Ryle, M.: Nature, London **180** (1957) 110.
31 Christiansen, W. N., and J. A. Warburton: Australian J. Phys. **6** (1953) 262.
32 Mills, B. Y., and A. G. Little: Australian J. Phys. **6** (1953) 272.

1.3 Leistung der Fernrohre — Performance of telescopes

1.3.1 Geometrisch-optische Leistung — Geometrical optics

1.3.1.1 Kleinstmögliche Zerstreuungskreise — Limiting diffraction discs

Symbole

d_{min} [μm]	Minimaler linearer Durchmesser des Zerstreuungsscheibchens	minimum linear diameter of the diffraction discs
δ_{min} ["]	Minimaler Winkeldurchmesser des Zerstreuungsscheibchens	minimum angular diameter of the diffraction discs
D [cm]	Durchmesser der Eintrittspupille	diameter of the entrance pupil
f [cm]	Brennweite	focal length
D/f	Öffnungsverhältnis	focal ratio

Der Durchmesser des in der Fokalfläche eines optischen Systems entstehenden Zerstreuungsscheibchens, das das Bild eines Sterns darstellt, wird bestimmt durch Luftunruhe („Seeing"), Beugung an der Eintrittsöffnung, Diffusion in der Emulsionsschicht (bei photographischen Aufnahmen) und durch die Unvollkommenheiten der geometrisch-optischen Strahlenvereinigung. Die drei ersten Effekte geben eine untere Grenze für den Durchmesser des Zerstreuungsscheibchens.

Bei photographischen Aufnahmen ergibt sich unter Annahme einer Amplitude der Richtungsszintillation von 1" (sehr geringe Luftunruhe) und eines Auflösungsvermögens der Schicht von 30 μm (hochempfindliche grobkörnige Schicht) für den minimalen linearen Durchmesser des Zerstreuungskreises in hinreichender Näherung:

$$d_{min} = \left[\left(\frac{f}{20}\right)^2 + \left(\frac{f}{D}\right)^2 + 30^2\right]^{\frac{1}{2}} \ [\mu\text{m}].$$

Im Winkelmaß

$$\delta_{min} = \left[1 + \left(\frac{20}{D}\right)^2 + \left(\frac{600}{f}\right)^2\right]^{\frac{1}{2}} \ ["].$$

Tab. 1. Minimale Durchmesser der Zerstreuungsscheibchen (d_{min} und δ_{min}) — Minimum diameters of the diffraction discs (d_{min} and δ_{min})

Berechnet mit der Annahme eines Seeing-Scheibchens von 1" Durchmesser und eines Auflösungsvermögens der photographischen Schicht von 30 μm	calculated by assuming a diameter of 1" for the seeing disc and a resolving power of 30 μm in the photosensitive layer

D/f	1 : 1	1 : 2	1 : 5	1 : 10	1 : 20	1 : 50
D [cm]	d_{min} [μm] δ_{min} ["]					
5	30,0 120",0	30,1 60",1	30,4 24",4	31,7 12",7	36,4 7",3	59,5 4",8
10	30,0 60,0	30,1 30,1	30,5 12,2	31,8 6,4	37,4 3,7	63,5 2,5
20	30,0 30,0	30,1 15,1	30,8 6,2	32,2 3,3	41,2 2,1	76,9 1,5
50	30,1 12,0	30,6 6,1	32,8 2,6	40,3 1,6	61,6 1,2	137 1,0
100	30,4 6,1	31,8 3,2	39,4 1,6	59,2 1,2	106 1,05	256 1,0
200	31,6 3,2	36,2 1,8	58,5 1,2	105 1,05	203 1,0	503 1,0
500	39,0 1,6	58,3 1,2	128 1,0	252 1,0	503 1,0	1252 1,0

Für Brennweiten unter 6 m überwiegt im allgemeinen der Einfluß der Lichtzerstreuung in der Schicht, für Brennweiten über 6 m der Einfluß der Luftunruhe, der Beugungseffekt ist demgegenüber nur bei kleinen Öffnungen und kleinem Öffnungsverhältnis von Bedeutung.

Die Intensitätsverteilung im fokalen Bild punktförmiger Objekte unter dem Einfluß von Luftunruhe, Beugung, Unvollkommenheit der Strahlenvereinigung und Zerstreuung in der photographischen Schicht wurde von SCHEFFLER [1] genauer untersucht.

1.3.1.2 Bildfehler 3. Ordnung bei Spiegeln und Spiegelsystemen – Aberrations of the 3rd order for mirrors and mirror systems

Symbole

w_1	Neigung des Hauptstrahls gegen die Achse für unendlich fernen Objektpunkt	inclination of the main beam to the axis for an infinitely distant point-object
m_1, M_1	Koordinaten eines beliebigen, von diesem Objektpunkt kommenden und dem Hauptstrahl parallelen Strahls in der Eintrittspupille: m_1: Meridionalschnitt; M_1: Sagittalschnitt	coordinates of a beam, coming from this point object and parallel to the main beam, in the entrance pupil: in the meridian plane; in the sagittal plane
$\Delta L'_{k\,mer}$	meridionale Querabweichung dieses Strahls vom Gaußschen Bildpunkt in der Gaußschen Bildebene	transverse meridional aberration of this beam with respect to the Gaussian image point in the Gaussian image plane
$\Delta L'_{k\,sag}$	die entsprechende Sagittalabweichung	the corresponding sagittal aberration
f'	Brennweite	focal length
$1:N$	Öffnungsverhältnis	focal ratio
$\sum_1^k{}^\nu I_\nu \ldots \sum_1^k{}^\nu V_\nu$	Die über die k Flächen des Systems summierten ,,Seidelschen Summen", die durch die Konstruktionselemente des Systems bestimmt sind	the ,,Seidel sums" of the k surfaces of the system. They are determined by the construction of the system

Die folgende Übersicht gibt für verschiedene, in der astronomischen Beobachtungspraxis benutzte Spiegel und Spiegelsysteme die Seidelschen Koeffizienten für die Bildfehler 3. Ordnung.

Für einen unendlich entfernten Objektpunkt gilt:

$$\frac{\Delta L'_{k\,mer}}{f'} = -\tfrac{1}{2} m_1 (m_1^2 + M_1^2) \sum_1^k{}^\nu I_\nu \quad \text{(sphärische Abweichung — spherical aberration)}$$
$$+ \tfrac{1}{2} (3 m_1^2 + M_1^2) \operatorname{tg} w_1 \sum_1^k{}^\nu II_\nu \quad \text{(Asymmetriefehler — coma)}$$
$$- \tfrac{1}{2} m_1 \operatorname{tg}^2 w_1 \sum_1^k{}^\nu III_\nu \quad \text{(meridionale Zerstreuungslinie — meridional diffraction discs)}$$
$$+ \tfrac{1}{2} \operatorname{tg}^3 w_1 \sum_1^k{}^\nu V_\nu \quad \text{(Verzeichnung — distortion)}$$

und

$$\frac{\Delta L'_{k\,sag}}{f'} = -\tfrac{1}{2} M_1 (m_1^2 + M_1^2) \sum_1^k{}^\nu I_\nu \quad \text{(sphärische Abweichung — spherical aberration)}$$
$$+ m_1 M_1 \operatorname{tg} w_1 \sum_1^k{}^\nu II_\nu \quad \text{(Asymmetriefehler — coma)}$$
$$- \tfrac{1}{2} M_1 \operatorname{tg}^2 w_1 \sum_1^k{}^\nu IV_\nu \quad \text{(sagittale Zerstreuungslinie — sagittal diffraction discs)}$$

Statt der Flächenkoeffizienten III_ν und IV_ν sind in den Tabellen der einzelnen Systeme die Koeffizienten des Astigmatismus $IIIa_\nu$ und die Glieder der Petzvalsumme P_ν angegeben. Die Seidelschen Summen und die Konstruktionsdaten der Tabellen sind für eine Brennweite $f' = 1$ gerechnet. Für ein System vom Öffnungsverhältnis $1:N$ und der Brennweite f' ergibt sich dann für die Beträge der Aberrationen:

		(für $f' = 1000$, $N = 3$, $w_1 = -4°$)
sphärische Querabweichung / transverse spherical aberration	$-\frac{1}{16}\frac{f'}{N^3}\Sigma I$	$(= -2{,}31\ \Sigma I)$
meridionale Koma, Querabweichung / meridional coma, transverse aberration	$+\frac{3}{8}\frac{f'}{N^2}\operatorname{tg} w_1 \Sigma II$	$(= -2{,}91\ \Sigma II)$
tangentiale Querabweichung / transverse tangential aberration	$-\frac{1}{4}\frac{f'}{N}\operatorname{tg}^2 w_1 \Sigma III$	$(= -0{,}405\ \Sigma III)$
sagittale Querabweichung / transverse sagittal aberration	$-\frac{1}{4}\frac{f'}{N}\operatorname{tg}^2 w_1 \Sigma IV$	$(= -0{,}405\ \Sigma IV)$
Verzeichnung / distortion	$+\frac{1}{2} f' \operatorname{tg}^3 w_1 \Sigma V$	$(= +0{,}171\ \Sigma V)$
Krümmungsradius der tangentialen Schale / radius of curvature of the tangential shell	$-\frac{f'}{\Sigma III}$	$\left(= -\frac{1000}{\Sigma III}\right)$
Krümmungsradius der sagittalen Schale / radius of curvature of the sagittal shell	$-\frac{f'}{\Sigma IV}$	$\left(= -\frac{1000}{\Sigma IV}\right)$

(Positive Werte der Radien bedeuten zum einfallenden Licht konvexe Bildschalen.)

Siedentopf

Tab. 2. Die Seidelschen Koeffizienten und Summen für Spiegelsysteme (für die Brennweite $f' = 1$) — The Seidel coefficients and sums for mirror systems (for focal length $f' = 1$)

ν	Nummer der Fläche	number of the surface
r_ν	Krümmungsradius	radius of curvature
d_ν	Abstand der Flächenscheitel	separation of the surfaces
h_ν/h_1	Verhältnis der Einfallshöhen an der ν-ten und der ersten Fläche	ratio of height of ray on the νth and 1st surface
$I_\nu \cdots V_\nu$	Seidelsche Koeffizienten	Seidel coefficients
Σ	Summe	sum
$IIIa_\nu = \frac{1}{2}(III_\nu - IV_\nu)$	Koeffizient des Astigmatismus	coefficient of astigmatism
$P_\nu = -\frac{1}{2}(III_\nu - 3\,IV_\nu)$	Glieder der Petzvalsumme	terms of the Petzval sum
$\overline{R} = \dfrac{-1}{\frac{1}{2}(\Sigma III_\nu + \Sigma IV_\nu)}$	Radius der mittleren Bildkrümmung	radius of the mean curvature of field
def	deformiert	deformed
	Einheit	*unit*
	Alle linearen Größen in Einheiten der Brennweite f'	all linear values are given in units of the focal length f'

Der Anteil der Deformation der einzelnen Flächen an den Flächenteilkoeffizienten ist in den Tabellen durch die mit einem Stern (*) bezeichneten Stellen wiedergegeben. Der Betrag der Deformation läßt sich aus I_ν^* entnehmen: Wird die Abweichung der ν-ten Fläche von der Kugelgestalt $\sigma_\nu = K_\nu l^4$ gesetzt, wobei $l = r_0 \cdot \varphi$ die Bogenlänge auf der Schmiegungskugel ist (φ ist der Mittelpunktswinkel gegen die optische Achse), so gilt:

The contribution of the deformation of the individual surfaces to the partial coefficients of the surfaces is given in the tables by those lines marked by an asterisk (*). The amount of the deformation can be calculated from I_ν^*: If the deviation of the νth surface from the spherical shape is defined by $\sigma_\nu = K_\nu l^4$, where $l = r_0 \cdot \varphi$ is the arc length on the osculating sphere and φ is the central angle toward the optical axis, then:

$$I_\nu^* = 8\left(\frac{h_\nu}{h_1}\right)^4 \cdot K_\nu \cdot \Delta n_\nu;$$

Δn_ν = Differenz der Brechzahlen nach und vor der ν-ten Fläche

Δn_ν = difference of the refractive indices after and before the νth surface.

Tab. 2a. Kugelspiegel, Systemlänge = 1,00 f'
Eintrittspupille im Spiegel

ν	r_ν	d_ν	h_ν/h_1	I_ν	II_ν	$IIIa_\nu$	P_ν	V_ν	
1	− 2,000	—	1,000	+ 0,250	− 0,500	+ 1,000	− 1,000	0	ΣIII_ν = + 2,000
			Σ	+ 0,250	− 0,500	+ 1,000	− 1,000	0	ΣIV_ν = 0
									$\overline{R}$ = − 1,000

Tab. 2b. Parabolspiegel (Newton-Fokus), Systemlänge = 1,00 f'
Eintrittspupille im Spiegel

ν	r_ν	d_ν	h_ν/h_1	I_ν	II_ν	$IIIa_\nu$	P_ν	V_ν	
1	− 2,000	—	1,000	+ 0,250	− 0,500	+ 1,000	− 1,000	0	ΣIII_ν = + 2,000
1*				− 0,250	0	0	0	0	ΣIV_ν = 0
			Σ	0	− 0,500	+ 1,000	− 1,000	0	$\overline{R}$ = − 1,000

Tab. 2c. Parabolspiegel mit Ross-Linse, Systemlänge = 1,00 f' (Fig. 1)

ν	r_ν	d_ν	h_ν/h_1	I_ν	II_ν	$IIIa_\nu$	P_ν	V_ν	
1	− 2,000	—	1,000	+ 0,250	− 0,500	+ 1,000	− 1,000	0	ΣIII_ν = + 10,83
2	+ 0,846	0,75	0,250	− 0,062	+ 0,166	− 0,444	+ 0,403	+ 0,110	
3	+ 0,198	0	0,250	0	0,000	− 0,002	− 1,721	− 14,236	ΣIV_ν = + 2,94
4	+ 0,134	0	0,250	+ 0,061	+ 0,363	+ 2,162	+ 2,529	+ 27,950	
5	+ 0,281	0	0,250	+ 0,001	− 0,038	+ 1,229	− 1,211	− 0,576	$\overline{R}$ = − 0,145
1*				− 0,250	0	0	0	0	
			Σ	0	− 0,009	+ 3,944	− 1,000	+ 13,249	

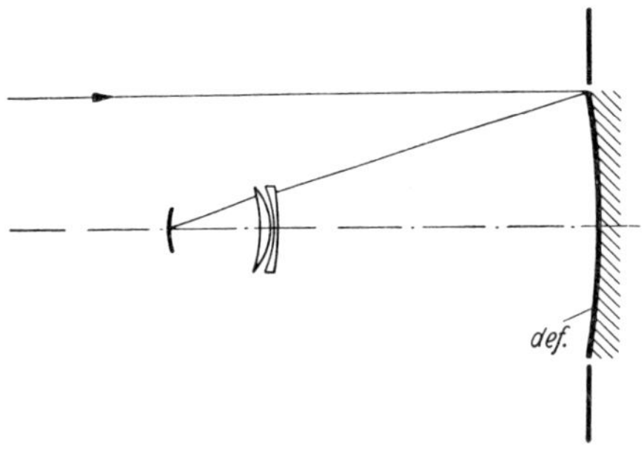

Fig. 1. Parabolspiegel mit Ross-Linse — Parabolic mirror with Ross lens.

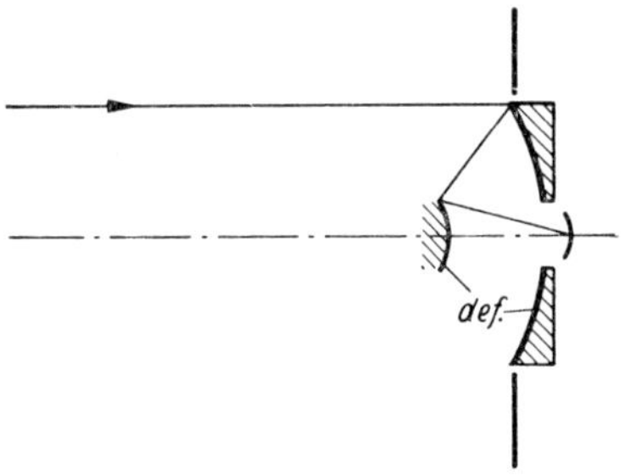

Fig. 2. Parabolspiegel mit Cassegrain-Hilfsspiegel — Parabolic mirror with Cassegrain secondary mirror.

Tab. 2d. Parabolspiegel mit Cassegrain-Hilfsspiegel, Systemlänge = 0,194 f' (Fig. 2)

ν	r_ν	d_ν	h_ν/h_1	I_ν	II_ν	$IIIa_\nu$	P_ν	V_ν	
1	− 0,400	—	1,000	+ 31,250	− 12,500	+ 5,000	− 5,000	0	$\Sigma III_\nu = +28{,}51$
2	+ 0,097	0,161	0,194	− 7,000	+ 6,200	− 5,491	+ 20,571	− 13,356	$\Sigma IV_\nu = +19{,}89$
1*				− 31,250	0	0	0	0	$\overline{R} = -0{,}0413$
2*				+ 7,000	+ 5,800	+ 4,806	0	+ 3,982	
			Σ	0	− 0,500	+ 4,315	+ 15,571	− 9,374	

Tab. 2e. Schwarzschild-System, Systemlänge = 1,69 f' (Fig. 3)

ν	r_ν	d_ν	h_ν/h_1	I_ν	II_ν	$IIIa_\nu$	P_ν	V_ν	
1	− 6,667	—	1,000	+ 0,007	− 0,045	+ 0,300	− 0,300	0	$\Sigma III_\nu = -0{,}779$
2	− 1,408	1,691	0,493	+ 0,146	+ 0,045	+ 0,014	− 1,420	− 0,434	$\Sigma IV_\nu = -1{,}406$
1*				− 0,152	0	0	0	0	$\overline{R} = +0{,}915$
			Σ	0	0	+ 0,314	− 1,720	− 0,434	

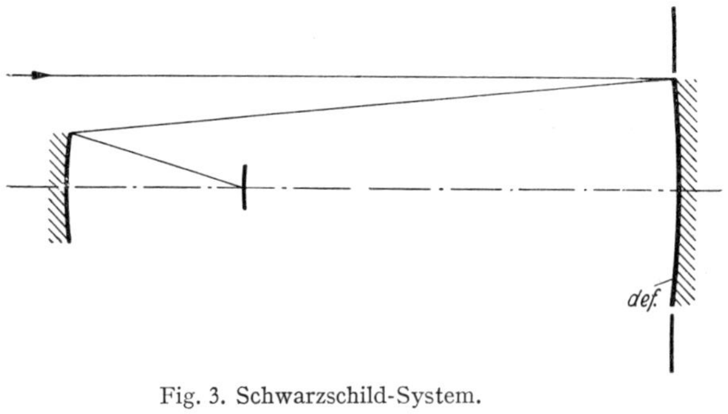

Fig. 3. Schwarzschild-System.

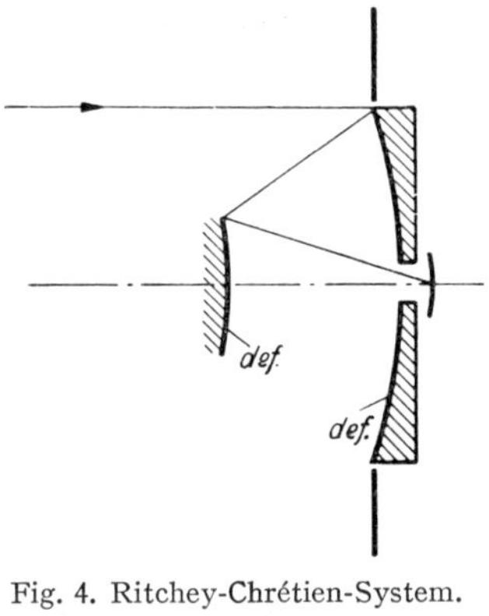

Fig. 4. Ritchey-Chrétien-System.

Tab. 2f. Ritchey-Chrétien-System, Systemlänge = 0,354 f' (Fig. 4)

ν	r_ν	d_ν	h_ν/h_1	I_ν	II_ν	$IIIa_\nu$	P_ν	V_ν	
1	− 0,951	—	1,000	+ 2,327	− 2,213	+ 2,104	− 2,104	0	$\Sigma III_\nu = +8{,}21$
2	+ 0,643	0,307	0,354	− 0,939	+ 0,893	− 0,849	+ 3,108	− 2,148	$\Sigma IV_\nu = +3{,}41$
1*				− 2,908	0	0	0	0	$\overline{R} = -0{,}172$
2*				+ 1,520	+ 1,320	+ 1,147	0	+ 0,996	
			Σ	0	0	+ 2,402	+ 1,004	− 1,152	

Tab. 2g. Schmidt-Spiegel, Systemlänge = 2,02 f' (Fig. 5)

ν	r_ν	d_ν	h_ν/h_1	I_ν	II_ν	$III\,a_\nu$	P_ν	V_ν	
1	∞	—	1,000	0	0	0	0	+ 0,560	$\Sigma\,III_\nu$ = − 0,974
2	− 51,738	0,040	1,000	0	0	+ 0,010	+ 0,007	− 0,559	$\Sigma\,IV_\nu$ = − 0,994
3	− 1,981	1,981	0,981	+ 0,248	+ 0,007	0	− 1,010	− 0,027	$\overline{R}$ = + 1,016
2*				− 0,248	− 0,007	0	0	0	
			Σ	0	0	+ 0,010	− 1,003	− 0,026	

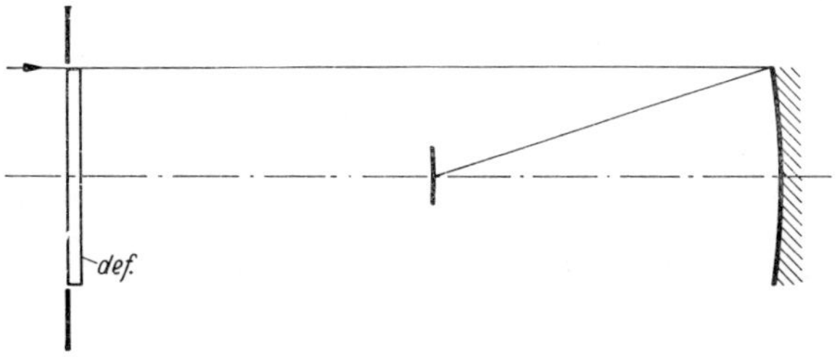

Fig. 5. Schmidt-Spiegel — Schmidt mirror.

Tab. 2h. Schmidt-Spiegel mit Ebnungslinse, Systemlänge = 1,94 f' (Fig. 6)

ν	r_ν	d_ν	h_ν/h_1	I_ν	II_ν	$III\,a_\nu$	P_ν	V_ν	
1	∞	—	1,000	0	0	0	0	+ 0,565	$\Sigma\,III_\nu$ = − 0,046
2	∞	0,020	1,000	0	0	0	0	− 0,565	$\Sigma\,IV_\nu$ = − 0,013
3	− 2,074	1,917	1,000	+ 0,224	− 0,032	+ 0,005	− 0,964	+ 0,138	$\overline{R}$ = + 33,3
4	+ 0,367	1,011	0,025	− 0,011	+ 0,024	− 0,054	+ 0,933	− 1,984	
5	− 10,000	0,024	0,009	+ 0,005	+ 0,013	+ 0,033	+ 0,034	+ 0,168	
2*				− 0,219	− 0,003	0	0	0	
			Σ	0	+ 0,002	− 0,016	+ 0,003	− 1,678	

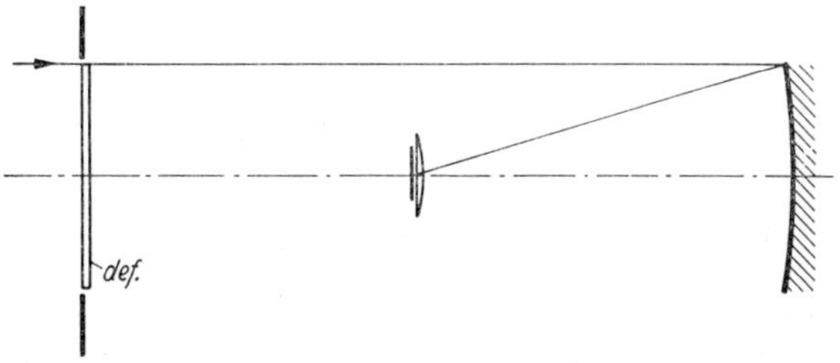

Fig. 6. Schmidt-Spiegel mit Ebnungslinse — Schmidt mirror with flattening lens.

Tab. 2i. System von 2 Kugelspiegeln mit Korrektionsplatte (nach SLEVOGT), Systemlänge = 1,38 f' (Fig. 7)

ν	r_ν	d_ν	h_ν/h_1	I_ν	II_ν	$III\,a_\nu$	P_ν	V_ν	
1	∞	—	1,000	0	0	0	0	+ 0,556	$\Sigma\,III_\nu$ = − 0,031
2	∞	0,040	1,000	0	0	0	0	− 0,556	$\Sigma\,IV_\nu$ = + 0,030
3	− 1,236	1,339	1,000	+ 1,059	+ 0,137	+ 0,018	− 1,618	− 0,206	$\overline{R}$ = + 1,000
4	+ 1,192	0,391	0,368	− 0,390	− 0,137	− 0,048	+ 1,678	+ 0,572	
1*				− 0,669	0	0	0	0	
			Σ	0	0	− 0,030	+ 0,060	+ 0,366	

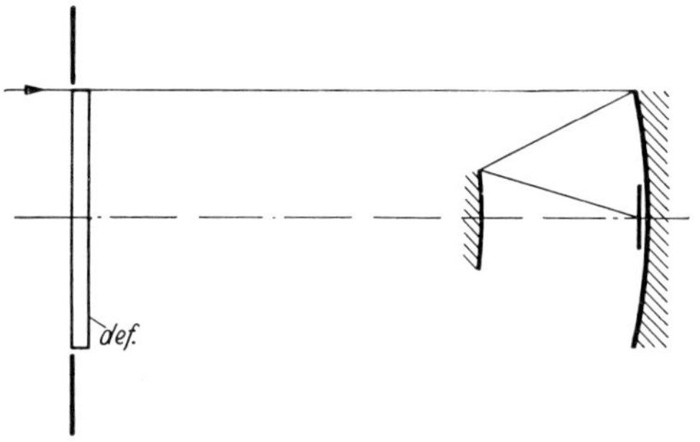

Fig. 7. Zwei Kugelspiegel mit Korrektionsplatte — Two spherical mirrors with correction plate.

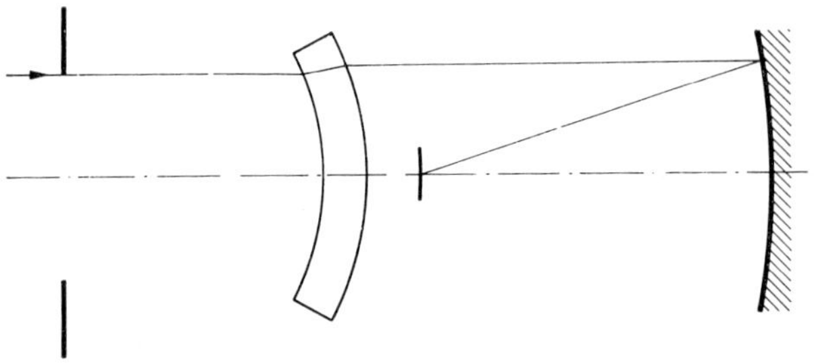

Fig. 8. Kugelspiegel mit Meniskus — Spherical mirror with meniscus.

Tab. 2j. Kugelspiegel mit konzentrischem Meniskus (MAKSUTOV-BOUWERS), Systemlänge = 2,15 f' (Fig. 8)

ν	r_ν	d_ν	h_ν/h_1	I_ν	II_ν	$IIIa_\nu$	P_ν	V_ν	
1	− 0,774	—	1,000	− 0,485	0	0	− 0,440	0	$\Sigma\, III_\nu = -1{,}000$
2	− 0,917	0,143	1,063	+ 0,280	0	0	+ 0,371	0	$\Sigma\, IV_\nu = -1{,}000$
3	− 2,148	1,231	1,148	+ 0,266	0	0	− 0,931	0	$\overline{R} = +1{,}000$
			Σ	+ 0,061	0	0	− 1,000	0	

Bei einem hieraus abgeleiteten Quasi-Cassegrainsystem ist die Mitte der Meniskusrückfläche verspiegelt, und die Bildfläche liegt hinter dem durchbohrten Kugelspiegel.

Tab. 2k. Super-Schmidt-System mit Korrektionsplatte und Meniskus, Systemlänge = 2,15 f' (Fig. 9)

ν	r_ν	d_ν	h_ν/h_1	I_ν	II_ν	$IIIa_\nu$	P_ν	V_ν	
1	∞	—	1,000	0	0	0	0	+ 0,556	$\Sigma\, III_\nu = -1{,}000$
2	∞	0	1,000	0	0	0	0	− 0,556	$\Sigma\, IV_\nu = -1{,}000$
3	− 0,774	0,774	1,000	− 0,485	0	0	− 0,440	0	$\overline{R} = +1{,}000$
4	− 0,917	0,143	1,063	+ 0,280	0	0	+ 0,371	0	
5	− 2,148	1,231	1,148	+ 0,266	0	0	− 0,931	0	
2*				− 0,061	0	0	0	0	
			Σ	0	0	0	− 1,000	0	

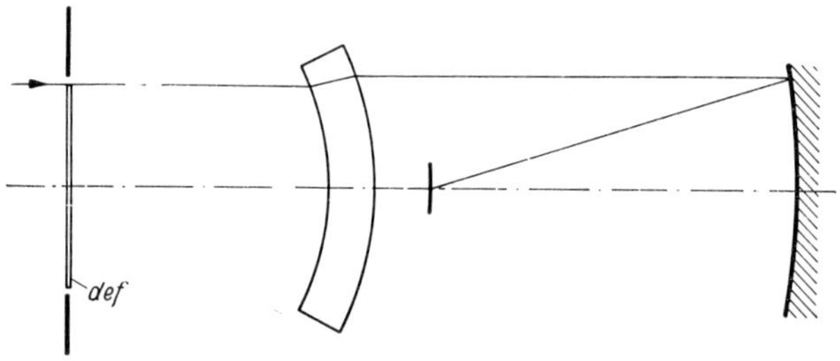

Fig. 9. Super-Schmidt-System.

Tab. 2l. Komafreies Cassegrainsystem mit afokalem Korrektionssystem (Fig. 10)

ν	r_ν	d_ν	h_ν/h_1	I_ν	II_ν	$IIIa_\nu$	P_ν	V_ν	
1	− 0,48	0	1	+ 18,23	− 8,73	+ 4,18	− 4,18	0	$\Sigma\, III_\nu = +1{,}73$
2	+ 0,19	0,17	0,30	− 6,41	+ 4,60	− 3,30	+ 10,45	− 5,13	$\Sigma\, IV_\nu = +4{,}24$
3	+ 0,03	0,12	0,17	+ 3,32	+ 13,49	+ 56,38	+ 12,20	+ 286,67	$\overline{R} = -0{,}33$
4	− 0,08	0,00	0,17	+ 31,54	+ 69,79	+ 154,44	+ 4,28	+ 351,21	
5	− 0,34	0,00	0,17	− 17,35	− 34,53	− 68,71	− 1,01	− 138,75	
6	+ 0,02	0,00	0,16	− 8,82	− 34,87	− 137,87	− 16,24	− 609,29	
2*				− 20,50	− 11,40	− 6,37	0	− 3,56	
			Σ	+ 0,01	− 1,64	− 1,26	+ 5,50	− 118,85	

Siedentopf

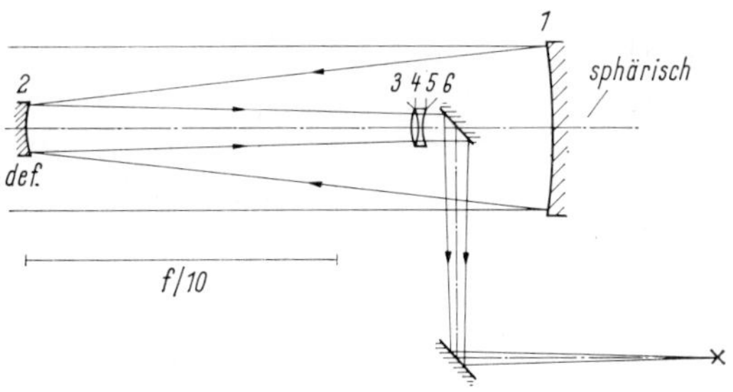

Fig. 10. Komafreies Cassegrain-System [4].

Weitere Systeme bei SLEVOGT [2] und KÖHLER [3].

Die neuere Entwicklung bei großen Spiegelteleskopen geht dahin, durch geeignete Korrektionssysteme ein größeres Gesichtsfeld im primären Fokus (etwa 1° ⌀) und/oder im Cassegrain-Fokus (etwa 0°,5 ⌀) zu erreichen. Für den Cassegrain-Fokus ist die Aufgabe leichter lösbar als für den direkten Fokus.

1.3.1.3 Bildfehler bei Linsensystemen – Aberrations of lens systems

Tab. 3. Farbenlängsabweichungen für Einzellinsen und Linsensysteme — Longitudinal chromatic aberrations for single lenses and lens systems $f_{(\lambda = 4861)} = 100$

Linie	A' 7685 A	C 6563	D 5893	e 5461	F 4861	G' 4341	h 4047
Einzellinse Kron (BK 7)	+ 2,09	+ 1,53	+ 1,06	+ 0,69	0	– 0,86	– 1,45
Einzellinse Flint (SF 2)	+ 3,86	+ 2,91	+ 2,03	+ 1,35	0	– 1,71	– 3,03
2linsiger Achromat (visuell korrigiert Zeiß E)	+ 0,11	– 0,01	– 0,06	– 0,065	0	+ 0,20	+ 0,38
2linsiger Achromat (photographisch korrigiert)	+ 0,53	+ 0,30	+ 0,16	+ 0,10	0	– 0,04	0,00
2 linsiger Apochromat (Zeiß AS)	+ 0,07	– 0,01	– 0,04	– 0,04	0	+ 0,13	+ 0,25
3linsiger Apochromat (Zeiß B)	+ 0,01	+ 0,003	– 0,003	– 0,01	0	+ 0,05	+ 0,09

Bei mehrlinsigen astrophotographischen Objektiven (Triplet, Vierlinser usw.) sind die Farbenabweichungen von der gleichen Größenordnung wie bei dem zweilinsigen photographisch korrigierten Achromaten der Tabelle.

Tab. 4. Die Seidelschen Koeffizienten und Summen für Linsensysteme — The Seidel coefficients and sums for lens systems

n_D | Brechungsindex; ν_D | Dispersion der Glassorte } $\lambda_D = 5893$ A { index of refraction; dispersion of the glass

Übrige Symbole: siehe Tab.2. Other symbols: see Tab. 2.

Tab. 4a. Achromat aus dünnen Einzellinsen (Fig. 11)

ν	r_ν	d_ν	h_ν/h_1	I_ν	II_ν	$III\,a_\nu$	P_ν	V_ν	n_D	ν_D
1	+ 0,6061	—	1	+ 1,008	+ 0,611	+ 0,370	+ 0,562	+ 0,565	1,516	64,0
2	– 0,3540	0	1	+ 51,166	– 9,963	+ 1,940	+ 0,962	– 0,565		
3	– 0,3592	0	1	– 54,364	+ 10,658	– 2,089	– 1,068	+ 0,619	1,620	36,3
4	– 1,4777	0	1	+ 2,190	– 1,306	+ 0,779	+ 0,259	– 0,619		
			Σ	0,000	0,000	+ 1,000	+ 0,715	0,000		

$\Sigma III_\nu = +1{,}143$ $\quad \Sigma IV_\nu = +0{,}857$ $\quad \overline{R} = -0{,}368$

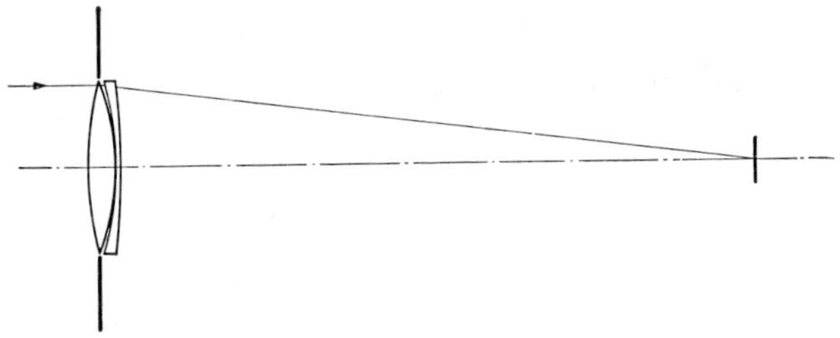

Fig. 11. Achromat aus dünnen Einzellinsen — Achromatic lens made of thin lenses.

Tab. 4b. Astrophotographisches Triplet, Systemlänge = 1,07 f' (Fig. 12)

ν	r_ν	d_ν	h_ν/h_1	I_ν	II_ν	$IIIa_\nu$	P_ν	V_ν	n_D	ν_D
1	+ 0,1959	—	1	+ 30,110	+ 2,993	+ 0,296	+ 1,767	+ 0,205	1,519	61,2
2	− 0,5291	0,0113	0,9800	+ 75,825	− 20,723	+ 5,664	+ 0,654	− 1,727		
3	− 0,1959	0,0646	0,7420	− 129,048	+ 23,285	− 4,201	− 1,901	+ 1,101	1,576	42,3
4	+ 0,1959	0,0061	0,7364	− 20,836	− 6,355	− 1,939	− 1,901	− 1,171		
5	− 0,6118	0,1310	0,8409	+ 0,041	− 0,075	+ 0,138	− 0,566	+ 0,788	1,519	61,1
6	− 0,1780	0,0088	0,8496	+ 46,772	+ 1,060	+ 0,024	+ 1,944	+ 0,044		
			Σ	+ 2,864	+ 0,185	− 0,016	− 0,004	− 0,759		

$\Sigma III_\nu = -0{,}054$ $\Sigma IV_\nu = -0{,}021$ $\overline{R} = +27{,}0$

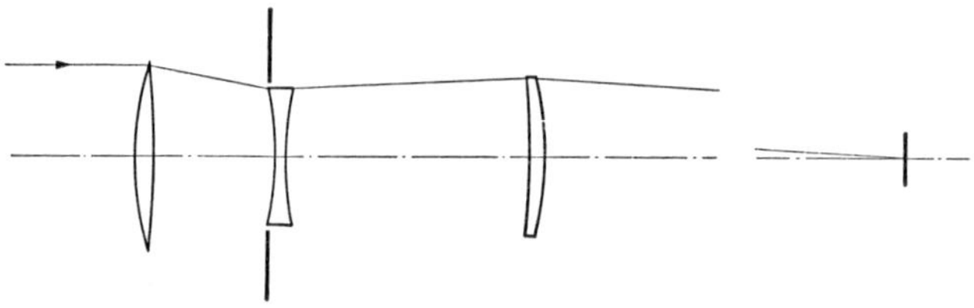

Fig. 12. Astrophotographisches Triplet — Astrographic triplet.

Tab. 4c. Vierlinser nach SONNEFELD, Systemlänge = 1,22 f' (Fig. 13)

ν	r_ν	d_ν	h_ν/h_1	I_ν	II_ν	$IIIa_\nu$	P_ν	V_ν	n_D	ν_D
1	+ 0,4829	—	1	+ 2,006	+ 0,475	+ 0,113	+ 0,714	+ 0,196	1,516	64,0
2	+ 6,579	0,0316	0,9774	− 0,396	− 0,558	+ 0,788	− 0,052	− 1,037		
3	+ 0,4829	0,0052	0,9722	− 0,119	− 0,096	− 0,078	+ 0,714	+ 0,514	1,516	64,0
4	+ 6,579	0,0316	0,9293	+ 3,542	− 2,750	+ 2,135	− 0,052	− 1,616		
5	− 0,3911	0,1489	0,6320	− 13,370	+ 5,091	− 1,938	− 0,982	+ 1,112	1,603	38,3
6	+ 0,2071	0,0059	0,6283	− 12,470	− 5,868	− 2,762	− 1,855	− 2,173		
7	+ 2,967	0,1547	0,7682	+ 0,598	+ 0,889	+ 1,323	+ 0,116	+ 2,141	1,516	64,0
8	− 0,2362	0,0504	0,7936	+ 20,060	+ 3,050	+ 0,464	+ 1,460	+ 0,292		
8*				− 0,541	− 0,239	− 0,105	0	− 0,046		
			Σ	+ 0,100	− 0,006	− 0,062	+ 0,062	− 0,617		

$\Sigma III_\nu = -0{,}124$ $\Sigma IV_\nu = 0$ $\overline{R} = +16{,}1$

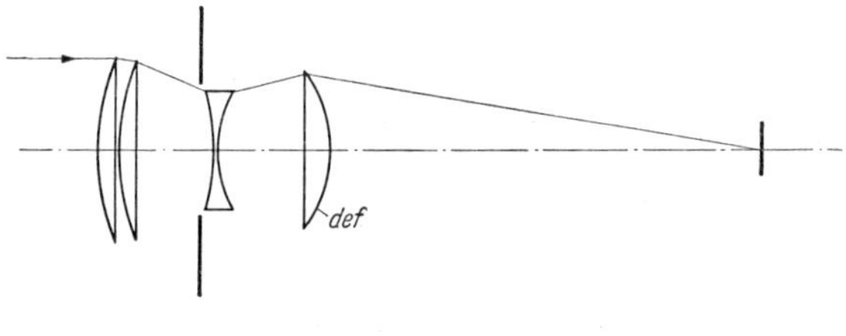

Fig. 13. Vierlinser nach SONNEFELD — SONNEFELD Four-lens system.

Tab. 4d. AG-Zonen-Vierlinser, Systemlänge = 1,11 f' (Fig. 14)

ν	r_ν	d_ν	h_ν/h_1	I_ν	II_ν	$IIIa_\nu$	P_ν	V_ν	n_D	ν_D
1	+ 0,2543	—	1	+ 14,210	+ 1,478	+ 0,154	+ 1,465	+ 0,169	1,580	53,9
2	− 1,8150	0,0111	0,9837	+ 17,493	− 8,065	+ 3,718	+ 0,205	− 1,809		
3	− 0,3633	0,0862	0,7547	− 36,516	+ 11,212	− 3,442	− 1,071	+ 1,386	1,615	36,8
4	+ 0,6580	0,0048	0,7508	+ 0,023	+ 0,058	+ 0,144	− 0,591	− 1,108		
5	− 2,1708	0,0245	0,7359	− 0,305	+ 0,431	− 0,608	− 0,179	+ 1,112	1,615	36,8
6	+ 0,2680	0,0048	0,7347	− 18,440	− 6,647	− 2,396	− 1,451	− 1,386		
7	+ 0,9307	0,0978	0,8669	+ 4,683	+ 3,216	+ 2,208	+ 0,400	+ 1,791	1,579	54,0
8	− 0,2873	0,0111	0,8725	+ 18,706	− 1,744	+ 0,163	+ 1,295	− 0,136		
			Σ	− 0,146	− 0,061	− 0,059	+ 0,074	+ 0,018		

$\Sigma III_\nu = -0{,}105$ $\Sigma IV_\nu = +0{,}014$ $\overline{R} = +22{,}2$

Siedentopf

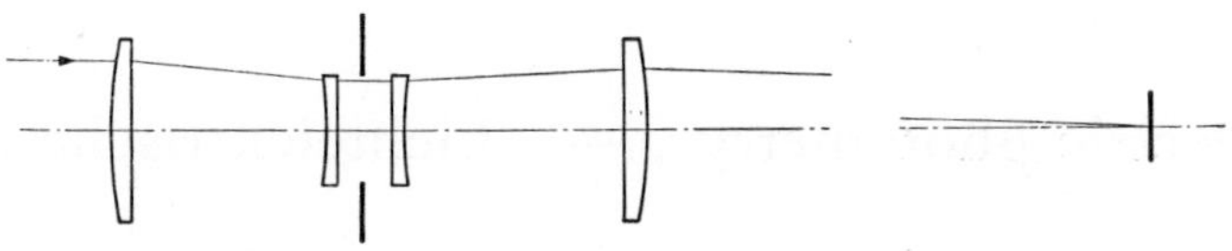

Fig. 14. AG-Zonen-Vierlinser — Four-lens system of the AG zones astrograph.

1.3.2 Photometrische Leistung — Photometric performance

Bei visueller Beobachtung: | for visual observations:

$$m_{lim} = 5{,}5 + 2{,}5 \log D + 2{,}5 \log V \text{ [magn]}$$

m_{lim}	Grenzgröße	limiting magnitude
D[cm]	Durchmesser der Eintrittspupille	diameter of the entrance pupil
V	Vergrößerung	magnification

$$V = f_{objektiv}/f_{okular}$$

Tab. 5. Grenzgröße bei visueller Beobachtung (Dunkelfeld) — Limiting magnitude for visual observation (dark field)

	D [cm]	V 7×	20×	50×	100×	200×
		m_{lim}				
Nachtglas 7 × 50	5	$9{,}^{m}4$				
Sucher	6		$10{,}^{m}7$			
Kleiner Refraktor oder Leitrohr	15		11,7	$12{,}^{m}7$	$13{,}^{m}4$	$14{,}^{m}2$
Mittlerer Refraktor	30			13,5	14,2	14,9
Großer Refraktor oder photometrisches Teleskop	60				14,9	15,7
Mittleres Spiegelteleskop	150					16,7

Infolge der Wirkung der Luftunruhe geben die Vergrößerungen über 100 × im allgemeinen keinen Gewinn. Ein unterer Grenzwert der Vergrößerung ist festgelegt durch die Bedingung, daß der Durchmesser der Austrittspupille $d = D/V$ kleiner oder gleich dem Durchmesser der Pupille des dunkeladaptierten Auges (etwa 7 mm) sein muß, damit die Eintrittspupille voll ausgenutzt wird.

Tab. 6. Grenzgröße bei photographischen Aufnahmen mit hochempfindlichen Platten für verschiedene Belichtungszeiten t — Limiting magnitude for photographic observations with high-speed plates for different exposure times t

t [min]	10	30	100
D [cm]	m_{lim}		
20	$14{,}^{m}0$	$15{,}^{m}0$	$16{,}^{m}0$
40	15,5	16,5	17,5
100	17,5	18,5	19,5
250	19,5	20,5	21,5
500	21,0	22,0	23,0

1.3.3 Literatur zu 1.3 — References for 1.3

1 Scheffler, H.: ZfA **55** (1961) 1; **58** (1964) 170.
2 Slevogt, H.: Z. Instrumentenk. **62** (1942) 312.
3 Köhler, H.: AN **278** (1949) 1.
4 Köhler, H.: Optik **17** (1960) 486.

1.4 Photoelectric photometry — Lichtelektrische Photometrie

	Symbols	*Symbole*
T [°K]	temperature of the star	Temperatur des Sterns
D [cm]	aperture of the telescope	Öffnung des Fernrohrs
$\Delta\lambda$ [A]	wavelength bandwidth	Wellenlängen-Bandbreite
$\Delta f = 1/RC$	frequency band width [cps]	Frequenz-Bandbreite [Hz]
RC	time constant	Zeitkonstante
I [Amp]	photocurrent	Photostrom
$\overline{i^2}$	mean square fluctuation	mittleres Strom-Schwankungsquadrat
W [Watt]	radiant flux	Strahlungsstrom
S [Amp/Watt]	spectral response	spektrale Empfindlichkeit
	$S = I/W$	
D [Watt^{-1}]	detectivity [9]	„Nachweisbarkeit“ [9]
	($D = I/\sqrt{\overline{i^2}}$ per Watt)	
D^* [cm cps$^{1/2}$/Watt]	D for $\Delta f = 1$ cps and receiver surface area $= 1$ cm^2	D für $\Delta f = 1$ Hz und 1 cm^2 Empfängerfläche

1.4.1 Photoelectric radiation detectors — Lichtelektrische Strahlungsempfänger

A) Vacuum photocells
Gas-filled photocells
Multiplier phototubes (Photomultiplier)
} sensitive from the near ultraviolet to the near infrared

B) Photoconductive cells
Photovoltaic cells
Thermal detectors
} sensitive primarily to infrared radiation

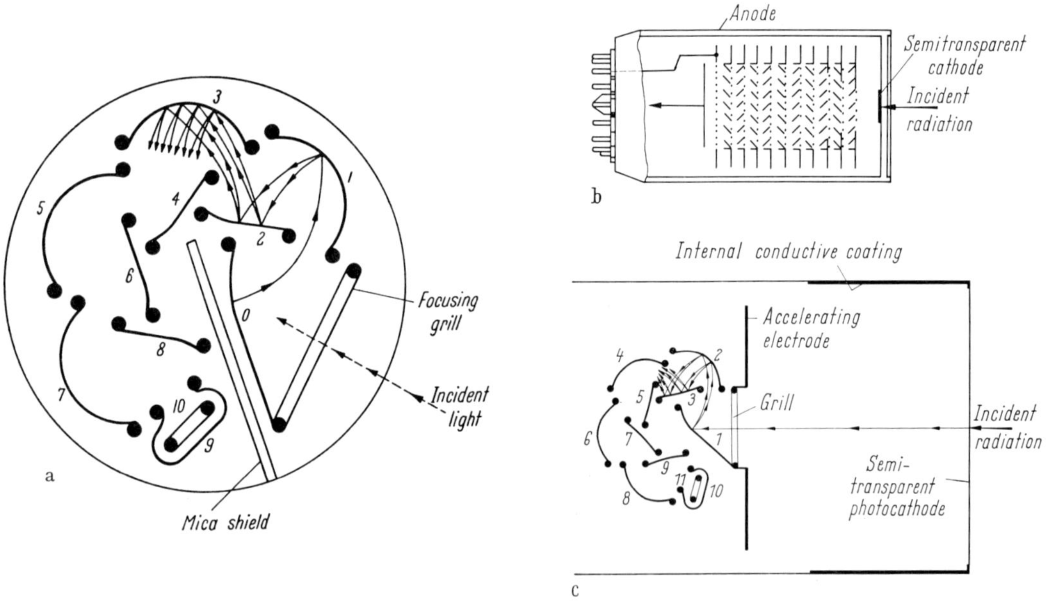

Fig. 1. Schematic arrangement of conventional photomultiplier tubes — Schematischer Aufbau gebräuchlicher Photomultiplier.

a) RCA 1 P 21, RCA 1 P 28, 931 A. 0 photocathode, 10 anode, 1···9 dynodes	b) EMI 6094	c) RCA 6199, RCA 7102, 1··· 10 dynodes, 11 anode.

Tab. 1. Photomultipliers conventionally used in astronomical photoelectric photometry — Für astronomische lichtelektrische Photometrie häufig benutzte Photomultiplier

(Spectral response S see Fig. 2 — Spektrale Empfindlichkeit S siehe Fig. 2)

S-type	Photocathode	Window	Multiplier type
S-1	Ag-O-Cs semitransparent	glass	RCA 7102
S-4	Ni-Cs-Sb opaque	glass	RCA 1 P 21 RCA 931 A
S-5	Ni-Cs-Sb opaque	UV transmitting glass	RCA 1 P 28
S-8	Ni-Cs-Bi opaque	glass	RCA 1 P 22
S-11	Cs-Sb semitransparent	glass	RCA 6199 EMI 6094
S-13	Cs-Sb semitransparent	UV transmitting glass	RCA 6903
S-17	Cs-Sb opaque reflecting	glass	RCA 7029
S-20	Trialkali Sb-K-Na-Cs semitransparent	glass	RCA 7326 RCA 7265 EMI 9558

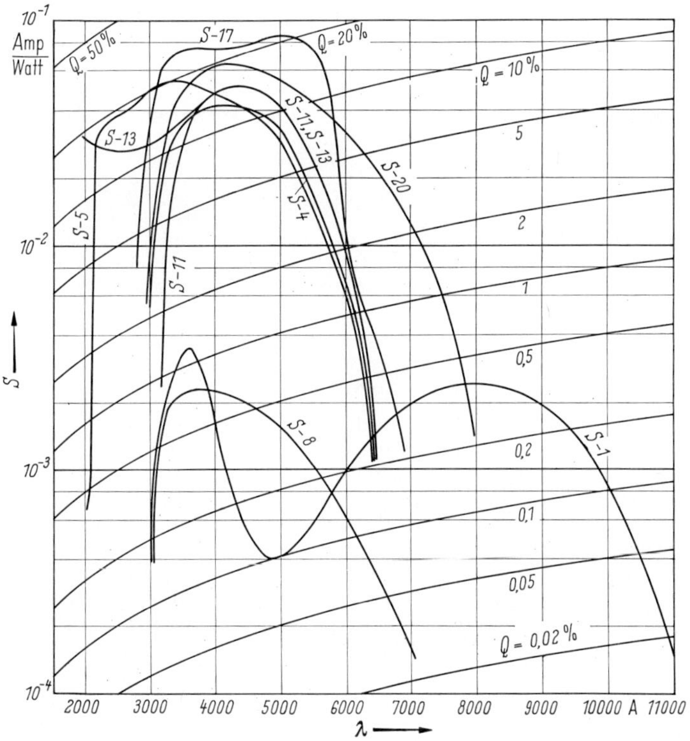

Fig. 2. Absolute spectral response, S, and quantum efficiency, Q, of various photomultiplier cathodes (see Tab. 1) — Absolute spektrale Strahlungsempfindlichkeit S und Quantenausbeute Q verschiedener Photomultiplier-Kathoden (siehe Tab. 1)

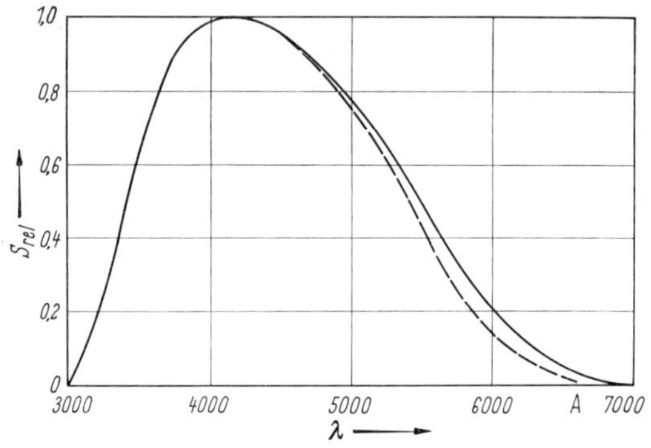

Fig. 3. Relative spectral response, S_{rel}, of a S-11 cathode at room temperature and when cooled with dry ice (same total radiant flux at all wavelengths) — Relative spektrale Empfindlichkeit S_{rel} einer S-11 Kathode bei Zimmertemperatur und bei Kühlung mit Trockeneis (gleicher Strahlungsstrom bei allen Wellenlängen).

—— $T = +20\,°C$
- - - - $T = -78\,°C$

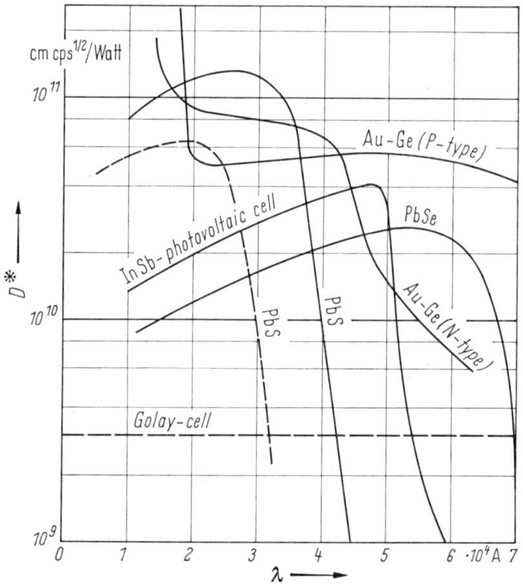

Fig. 4. Detectivity, D^*, of various infrared detectors measured with a bandwidth Δf of 1 cps and relative to a receiver surface area of 1 cm² — Empfindlichkeit D^* relativ zum Rauschpegel verschiedener Infrarotempfänger gemessen mit einer Bandbreite Δf von 1 Hz und bezogen auf eine Empfängerfläche von 1 cm².

—— $T = -195\,°C$
- - - - $T = +25°\,C$

1.4.2 The measured radiant flux — Der gemessene Strahlungsstrom

The measured radiant flux W from a star is given by

$$\log W(\lambda, T) = 2 \log D - 0{,}4\, m_v + \log \Delta\lambda - 15{,}51 - 5 \log \frac{\lambda}{5500} - \frac{6240}{T} \left(\frac{1}{\lambda} - 0{,}000\,182 \right) \cdot 10^4 .$$

The corresponding photocurrent, measured at the cathode of a photomultiplier is shown in Tab. 2. This value must be multiplied by the weight function, $g(\lambda)$, to correct for the extinction in the earth's atmosphere, and for the absorption in the optical system and in the color filters used.

Tab. 2. Radiant flux W and corresponding photocurrent I for various wavelengths and stellar temperatures T — Strahlungsstrom W und entsprechender Photostrom I für verschiedene Wellenlängen und Sterntemperaturen T

calculated for: | berechnet für:

$m_v = 10^m\!,0$, $D = 60$ cm, $\Delta\lambda = 500$ A, photocathode of type S-11, S: see Fig. 2

Extinction in the earth's atmosphere and absorption in the optical system and the color filters used, have been taken into account by the weight function, $g(\lambda)$. | Extinktion in der Erdatmosphäre und Absorption der Optik und der benutzten Farbfilter sind durch die Gewichtsfunktion $g(\lambda)$ berücksichtigt.

λ [A]	S [10^{-2} Amp/Watt]	$g(\lambda)$	$T = 3000$		10000		25000 °K	
			W [10^{-14} Watt]	I [10^{-16} Amp]	W [10^{-14} Watt]	I [10^{-16} Amp]	W [10^{-14} Watt]	I [10^{-16} Amp]
5500	2,4	0,25	5,6	3,4	5,6	3,4	5,6	3,4
4500	5,1	0,20	2,3	2,3	8,7	8,9	11,7	12,0
3500	2,8	0,15	0,37	0,16	12,2	5,1	29,5	12,4

1.4.3 Accuracy of measurements — Meßgenauigkeit

The accuracy of a photoelectric measurement is limited by the statistical emission of photoelectrons on the cathode, and the resulting fluctuation of the photocurrent $\overline{i^2}$

$$\overline{i^2} = 2eI\Delta f \qquad \text{(Schottky: shot noise — Schrot-Effekt)}$$

The photocurrent I has in general three components:

$$I = I_{St} + I_H + I_{th}$$

I_{St}	photocurrent of the star	Photostrom des Sterns
I_H	photocurrent of sky background	Photostrom des Himmelshintergrundes
I_{th}	thermionic emission (dark current)	thermischer Dunkelstrom der Kathode

Each component has a statistical fluctuation

$$\overline{i^2_{St}},\ \overline{i^2_H} \text{ and } \overline{i^2_{th}}.$$

A further source of noise, independent of the magnitude of the photocurrent, is the astronomical "seeing", with $\overline{i^2_{Sz}}$.

The mean error of a photoelectric measurement with a multiplier phototube can be expressed by:

$$\text{m. e. } (\%) = a\,\frac{100\sqrt{\Delta f}}{I_{St}}\sqrt{2e(I_{St} + I_H + I_{th}) + \overline{i^2_{Sz}}}\,.$$

a: noise amplification by secondary electron emisson ($a \approx 1{,}3$)

I_{St}, I_H, and I_{th}, measured on the photocathode.

Fig. 5. Contribution of the different sources of noise to the mean error (m. e.) as a function of the visual magnitude, m_v — Beitrag der einzelnen Störquellen zum mittleren Fehler (m. e.) als Funktion der visuellen Größe m_v.

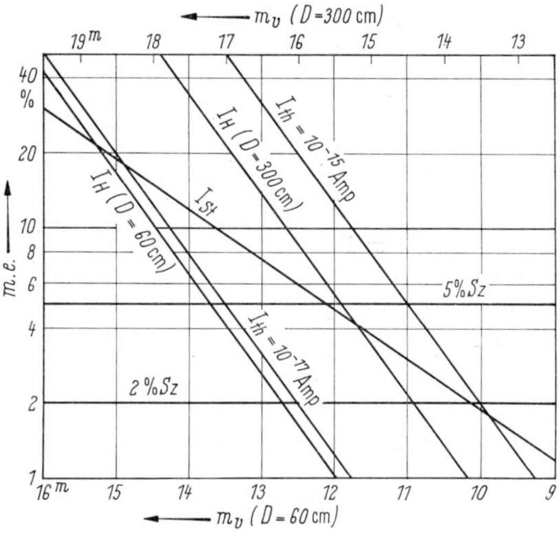

lower scale: telescope of 60 cm aperture	untere Skala: Instrument mit 60 cm Öffnung
upper scale: telescope of 300 cm aperture	obere Skala: Instrument mit 300 cm Öffnung

diameter of measuring diaphragm	Durchmesser der Meßblende	20"
sky background, I_H	Himmelshintergrund I_H	(1 star of $m_v = 21^{m}{,}5$)/□")
photocathode	Photokathode	S-11 (see fig. 2)
thermionic emission	thermischer Dunkelstrom	
without cooling	ohne Kühlung	$I_{th} = 10^{-15}$ Amp
cooled with dry ice	Kühlung mit Trockeneis	$I_{th} = 10^{-17}$ Amp
seeing	Szintillation	Sz
weight function (extinction, absorption...) see Tab. 2	Gewichtsfunktion (Extinktion, Absorption...) siehe Tab. 2	g (λ) = 0,20
adopted temperature of the star	angenommene Temperatur des Sterns	T = 10 000 °K
effective wavelength	effektive Wellenlänge	λ_{eff} = 4500 A
band width	Bandbreite	$\Delta\lambda$ = 500 A
time constant	Zeitkonstante	RC = 1 sec

To obtain the actual error, the ordinate values should be divided by the square root of integrated time (duration of the measurements in sec).	Um den endgültigen Fehler zu erhalten, sind die Ordinatenwerte durch die Quadratwurzel der Integrationszeit (Meßdauer in sec) zu dividieren.

The thermionic emission is

$$I_{th} = A \cdot F \cdot T^2\, e^{\omega/kT} \qquad \text{(Richardson-Law)}$$

A	constant	Konstante
F [cm²]	area of the cathode	Fläche der Kathode
ω [eV]	work function	Austrittsarbeit

I_{th} may be reduced to a negligible value by cooling with dry ice or liquid nitrogen.

1.4.4 References for 1.4 — Literatur zu 1.4

1 Zworykin, V. K., and E. G. Ramberg: Photoelectricity and its Application. New York (1949).

2 Simon, H., und R. Suhrmann: Der lichtelektrische Effekt und seine Anwendungen. 2. Aufl. Berlin, Göttingen, Heidelberg (1958).

3 Smith, R. A., F. E. Jones, and R. P. Cashmar: The Detection and Measurement of Infrared Radiation. Oxford (1957).

4 Wood, F. B.: Astronomical Photoelectric Photometry. Washington (1953).

5 Whitford, A. E.: Photoelectric Techniques. Hdb. Phys. **54** (1962) 240.

6 Hiltner, W. A.: Astronomical Techniques. In Kuiper, G. P.: Stars and Stellar Systems Vol. II, Chicago (1962).

7 Kron, G. E.: Application of the Multiplier Phototube to Astronomical Photoelectric Photometry. ApJ **103** (1946) 326.

8 Engstrom, R. W.: Multiplier Phototube Characteristics. Application to Low Light Levels. J. Opt. Soc. Am. **37** (1947) 420.

9 Jones, R. C.: Phenomenological Description of the Response and Detecting Ability of Radiation Detectors. Proc. I. R. E. **47** (1959) 1495.

1.5 Einfluß der Erdatmosphäre — Influence of the earth's atmosphere

1.5.1 Astronomische Refraktion und Extinktion — Astronomical refraction and extinction

1.5.1.1 Refraktion der optischen Strahlung – Refraction of optical radiation

Beim Durchgang durch die Erdatmosphäre erfährt die von einem Himmelskörper kommende Strahlung eine Ablenkung A

On its way through the earth's atmosphere the radiation from a celestial body undergoes a deflection A

$$z = \zeta + A$$

z [° ' "]	wahre Zenitdistanz	true zenith distance
ζ [° ' "]	scheinbare Zenitdistanz	apparent zenith distance
A [° ' "]	Ablenkung durch Refraktion	deflection by refraction

Die Ablenkung läßt sich für $z < 75°$ darstellen durch das Refraktionsintegral[1])

For $z < 75°$ the deflection can be represented by the refraction integral[1])

$$A = \int_1^{n_0} \frac{n_0 R_{♁} \sin \zeta}{\sqrt{n^2 r^2 - n_0^2 R_{♁}^2 \sin^2 \zeta}} \frac{dn}{n}. \tag{1}$$

r	Abstand vom Erdmittelpunkt	distance from the center of the earth
n_0	Brechungsindex am Beobachtungsort	refractive index at the place of observation
n	Brechungsindex im Abstand r	refractive index at a distance r

Für den Brechungsindex $n_0 = 1{,}000293$, der im visuellen Spektralbereich ($\lambda = 5800$ A) bei 0°C und 760 mm Hg gilt, wird für $\zeta < 75°$ die Refraktion durch

$$A'' = 60{,}''4 \operatorname{tg} \zeta - 0{,}''064 \operatorname{tg}^3 \zeta \tag{2}$$

bis auf $\pm 0{,}''1$ dargestellt. Das erste Glied der Näherungsformel genügt bis $\zeta = 45°$.

Die Abhängigkeit der Refraktion vom vertikalen Temperaturgradienten bei großen Zenitdistanzen folgt aus Tab. 1, die für polytrope Atmosphären der Klasse n von EMDEN [10] angegeben ist.

Tab. 1. Vertikaler Temperaturgradient (ΔT pro 100 m) und Refraktion A in polytropen Atmosphären für große Zenitdistanzen — Vertical temperature gradient (ΔT per 100 m) and Refraction A in polytropic atmospheres for large distances from the zenith

n | Polytropenindex der Atmosphäre | polytropic index of the atmosphere

n	$\Delta T \left[\frac{°K}{100\,m}\right]$	$z = 70°$	$z = 80°$	$z = 85°$	$z = 90°$
		A			
1	1,71	2'44,"0	5'30,"0	10'17,"3	30' 8,"6
2	1,14	44,0	30,6	22,7	33 33,8
3	0,85	44,0	30,9	25,3	35 17,3
4	0,68	44,1	31,1	27,0	36 19,8
5	0,57	44,1	31,2	28,1	37 01,6
10	0,31	44,1	31,5	31,1	38 37,2
∞	0,00	44,2	31,8	34,3	40 33,6

Für den praktischen Gebrauch wird die Refraktion aus *Tabellen* entnommen. Diese enthalten die normale Refraktion für den Brechungsindex n_0 bei 760 mm Hg und 0°C sowie Korrektionen zur Berücksichtigung von Temperatur T und Luftdruck P am Beobachtungsort, die aus der Beziehung

$$n - 1 = (n_0 - 1) \frac{P}{760\left(1 + \frac{T}{273}\right)} \tag{3}$$

abgeleitet sind. Grundlegende Bedeutung haben die Tabellen der *visuellen Refraktion* von BESSEL [8], GYLDÉN [12] und RADAU [20], einen neueren Beitrag zur Theorie der Refraktion gibt eine Untersuchung

[1]) Für $z < 75°$ hängt A nur von der Zenitdistanz und dem Brechungsindex der Luft am Ort des Beobachtungsinstruments ab. Für größere z ist auch die Konstitution der Atmosphäre, d. h. der Gang der Luftdichte oder der Temperatur mit der Höhe über dem Erdboden von Einfluß.

For $z < 75°$ the value of A depends only upon the distance from the zenith and the refractive index of the air at the place of observation. For larger z, the condition of the atmosphere, i. e. the variation of the density of the air or the temperature with the altitude above the earth's surface, also has an influence.

von Garfinkel [*11*]. In der Praxis der Positionsastronomie werden vorwiegend benutzt die Tafeln von de Ball [*4*] oder die „Pulkovo-Tabellen"[*19*], die auf der Theorie von Radau bzw. Gyldén beruhen. Weitere Tafeln: [*1, 2, 6, 24*]. Die *photographische Refraktion* wird um den Faktor 1,0155 größer angesetzt als die visuelle, siehe Tab. 5; eine photographische Refraktionstafel ist von König [*15*] berechnet worden. Formeln und Tabellen zur Berechnung der Refraktion für spezielle, von der Normalatmosphäre abweichende Verhältnisse findet man bei Harzer [*13*] und Löser [*16*].

Tab. 2. Mittlere Refraktion $\bar{A}$ — Mean refraction $\bar{A}$ [*8*]
(760 mm Hg; + 10 °C)

ζ	$\bar{A}$	ζ	$\bar{A}$	ζ	$\bar{A}$	ζ	$\bar{A}$	ζ	$\bar{A}$
0°	0' 0"	30°	0'34"	60°0	1'41"	75° 0'	3'34"	85° 0'	9'52"
1	0 1	31	0 35	60,5	1 43	75 20	3 39	85 10	10 8
2	0 2	32	0 36	61,0	1 45	75 40	3 44	85 20	10 26
3	0 3	33	0 38	61,5	1 47	76 0	3 49	85 30	10 45
4	0 4	34	0 39	62,0	1 49	76 20	3 55	85 40	11 4
5	0 5	35	0 41	62,5	1 52	76 40	4 1	85 50	11 24
6	0 6	36	0 42	63,0	1 54	77 0	4 7	86 0	11 45
7	0 7	37	0 44	63,5	1 56	77 20	4 13	86 10	12 7
8	0 8	38	0 45	64,0	1 59	77 40	4 20	86 20	12 30
9	0 9	39	0 47	64,5	2 1	78 0	4 27	86 30	12 55
10	0 10	40	0 49	65,0	2 4	78 20	4 35	86 40	13 22
11	0 11	41	0 51	65,5	2 7	78 40	4 43	86 50	13 51
12	0 12	42	0 52	66,0	2 10	79 0	4 51	87 0	14 22
13	0 13	43	0 54	66,5	2 13	79 20	5 0	87 10	14 55
14	0 15	44	0 56	67,0	2 16	79 40	5 9	87 20	15 31
15	0 16	45	0 58	67,5	2 20	80 0	5 19	87 30	16 9
16	0 17	46	1 0	68,0	2 23	80 20	5 29	87 40	16 49
17	0 18	47	1 2	68,5	2 27	80 40	5 41	87 50	17 32
18	0 19	48	1 5	69,0	2 31	81 0	5 52	88 0	18 18
19	0 20	49	1 7	69,5	2 35	81 20	6 5	88 10	19 8
20	0 21	50	1 9	70,0	2 39	81 40	6 19	88 20	20 2
21	0 22	51	1 12	70,5	2 43	82 0	6 33	88 30	21 1
22	0 24	52	1 14	71,0	2 48	82 20	6 49	88 40	22 7
23	0 25	53	1 17	71,5	2 52	82 40	7 5	88 50	23 19
24	0 26	54	1 20	72,0	2 57	83 0	7 24	89 0	24 37
25	0 27	55	1 23	72,5	3 2	83 20	7 43	89 10	26 3
26	0 28	56	1 26	73,0	3 8	83 40	8 5	89 20	27 36
27	0 30	57	1 29	73,5	3 14	84 0	8 28	89 30	29 18
28	0 31	58	1 33	74,0	3 20	84 20	8 53	89 40	31 9
29	0 32	59	1 37	74,5	3 27	84 40	9 21	89 50	33 11

Tab. 3. Verbesserung der mittleren Refraktion wegen Lufttemperatur — Correction of the mean refraction for air temperature

$\bar{A}$	0'	1'	2'	3'	4'	5'	6'	7'	8'	9'	10'
T [°C]	$\Delta\bar{A}$										
−30	0"	+10"	+20"	+30"	+40"	+51"	+62"	+74"	+86"	+99"	+112"
−25	0	+ 8	+17	+26	+35	+44	+53	+63	+74	+84	+ 96
−20	0	+ 7	+14	+22	+29	+37	+45	+53	+62	+71	+ 80
−15	0	+ 6	+12	+17	+24	+30	+37	+43	+50	+57	+ 65
−10	0	+ 5	+ 9	+14	+19	+24	+29	+34	+40	+45	+ 51
− 5	0	+ 3	+ 7	+10	+14	+17	+21	+25	+29	+33	+ 38
0	0	+ 2	+ 4	+ 7	+ 9	+11	+14	+16	+19	+22	+ 25
+ 5	0	+ 1	+ 2	+ 3	+ 4	+ 6	+ 7	+ 8	+ 9	+11	+ 12
+10	0	0	0	0	0	0	0	0	0	0	0
+15	0	− 1	− 2	− 3	− 4	− 5	− 7	− 8	− 9	−10	− 12
+20	0	− 2	− 4	− 6	− 8	−11	−13	−15	−18	−20	− 23
+25	0	− 3	− 6	− 9	−12	−16	−19	−22	−26	−30	− 34
+30	0	− 4	− 8	−12	−16	−20	−25	−29	−34	−39	−44
+35	0	− 5	−10	−15	−20	−25	−31	−36	−42	−48	− 54
+40	0	− 6	−12	−18	−23	−30	−36	−43	−50	−57	− 64

Siedentopf/Scheffler

Tab. 4. Verbesserung der mittleren Refraktion wegen Luftdruck — Correction of the mean refraction for air pressure

A	0'	1'	2'	3'	4'	5'	6'	7'	8'	9'	10'
P [mm Hg]	ΔA										
600	0"	−13"	−25"	−38"	−51"	−63"	−76"	−89"	−102"	−115"	−128"
610	0	−12	−24	−36	−48	−59	−71	−83	− 95	−108	−120
620	0	−11	−22	−33	−44	−55	−66	−78	− 89	−100	−112
630	0	−10	−21	−31	−41	−52	−62	−72	− 83	− 93	−104
640	0	− 9	−19	−29	−38	−48	−57	−67	− 76	− 86	− 96
650	0	− 9	−17	−26	−35	−44	−52	−61	− 70	− 79	− 88
660	0	− 8	−16	−24	−32	−40	−48	−56	− 64	− 72	− 80
670	0	− 7	−14	−21	−29	−36	−43	−50	− 57	− 65	− 72
680	0	− 6	−13	−19	−25	−32	−38	−44	− 51	− 57	− 64
690	0	− 6	−11	−17	−22	−28	−33	−39	− 45	− 50	− 56
700	0	− 5	− 9	−14	−19	−24	−29	−33	− 38	− 43	− 48
710	0	− 4	− 8	−12	−16	−20	−24	−28	− 32	− 36	− 40
720	0	− 3	− 6	− 9	−13	−16	−19	−22	− 26	− 29	− 32
730	0	− 2	− 5	− 7	−10	−12	−14	−17	− 19	− 22	− 24
740	0	− 2	− 3	− 5	− 6	− 8	−10	−11	− 13	− 14	− 16
750	0	− 1	− 2	− 2	− 3	− 4	− 5	− 6	− 6	− 7	− 8
760	0	0	0	0	0	0	0	0	0	0	0
770	0	+ 1	+ 2	+ 2	+ 3	+ 4	+ 5	+ 6	+ 6	+ 7	+ 8
780	0	+ 2	+ 3	+ 5	+ 6	+ 8	+10	+11	+ 13	+ 14	+ 16
790	0	+ 2	+ 5	+ 7	+10	+12	+14	+17	+ 19	+ 22	+ 24
800	0	+ 3	+ 6	+10	+13	+16	+19	+23	+ 26	+ 29	+ 32

Die *mittlere Unsicherheit der Refraktion*, die hauptsächlich von Neigungen der Schichten gleicher Dichte und bei großen Zenitdistanzen auch von dem Einfluß der Konstitution der Troposphäre herrührt, beträgt nach Meridiankreisbeobachtungen bis 80° Zenitdistanz etwa ± 0,5% des Refraktionsbetrages und steigt von $\zeta = 85°$ bis $\zeta = 88°$ auf ± 1 bis ± 2% und am Horizont auf ± 7,5% [*9*]. Bei Beobachtungen in alten Meridiankreissälen mit engem Spalt spielt auch die „Saalrefraktion" eine Rolle.

Tab. 5. Wellenlängenabhängigkeit des Brechungsindex n_λ — Wavelength dependency of refractive index n_λ

$n_0 = 1{,}000\,293$ Normalwert (für den visuellen Bereich, ~ 5200 A) | standard value (for the visual region, ~ 5200 A)

λ [A]	$(n_\lambda - 1)10^6$	$\frac{n_\lambda - 1}{n_0 - 1}$
3000	306,7	1,047
3500	300,7	1,026
4000	297,2	1,014
4500	294,9	1,006
5000	293,4	1,001
6000	291,5	0,995
7000	290,4	0,991
8000	289,7	0,989
10000	289,0	0,986

Die *atmosphärische Dispersion* ist jeweils ein bestimmter kleiner Bruchteil (zwischen 4000 A und 7000 A 2,3%) des Refraktionsbetrages. Tab. 5 gibt die der Ablenkung A proportionalen Werte $n_\lambda - 1$ für Luft unter Normalbedingungen in Einheiten des Normalwertes $n_0 - 1 = 0{,}000293$.

1.5.1.2 Extinktion der optischen Strahlung — Extinction of optical radiation

1.5.1.2.1 Durchlässigkeit der Atmosphäre — Transparency of the atmosphere

Eine Übersicht über die hauptsächlich durch die atmosphärischen Gase (N_2, O_1, O_2 und O_3 im UV; H_2O, CO_2 und O_3 im Infrarot) bewirkte atmosphärische Absorption vermittelt Fig. 1 [*22*].

Unterhalb von $\lambda = 2800$ A ist die Atmosphäre praktisch undurchlässig. Bezüglich Absorptionskoeffizienten in diesem Bereich siehe [*14, 18*].

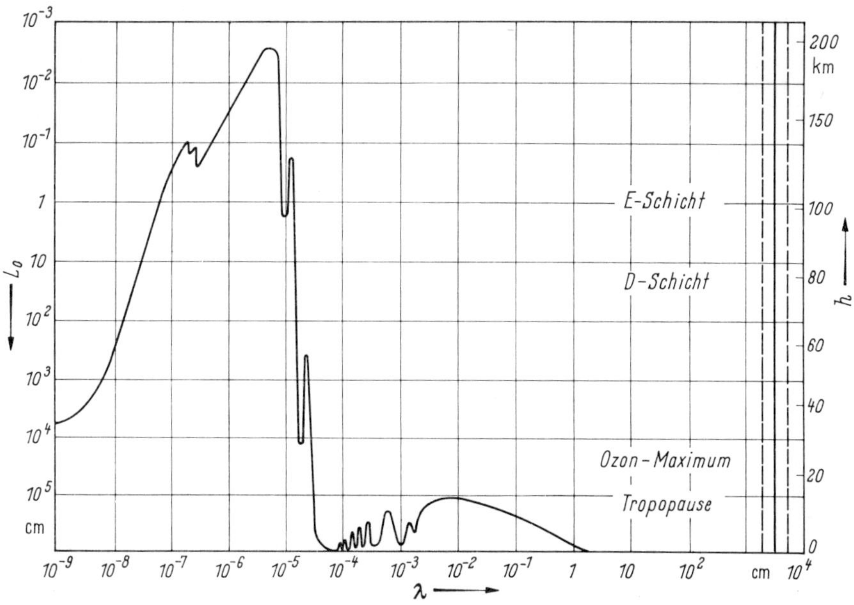

Fig. 1. Angenäherter Verlauf der Eindringtiefe der senkrecht in die Atmosphäre einfallenden Strahlung als Funktion der Wellenlänge — The approximate depth of penetration of radiation incident normal to the atmosphere as a function of the wavelength [22].

L_0	Luftäquivalent bei Normalbedingungen (NTP), bei der die Strahlung auf $1/e$ des extraterrestrischen Wertes geschwächt ist	air equivalent at standard temperature and pressure (NTP) for which the radiation has been diminished to $1/e$ of the extra-terrestrial value
h	Höhe über dem Erdboden	height above the earth

Tab. 6. Bereiche verminderter Durchlässigkeit der Atmosphäre im Infrarot zwischen 0,8 und 18 μm — Regions of reduced transparency of the atmosphere in the infrared between 0,8 and 18 μm [7]

$\bar{D}$	mittlere Durchlässigkeit für senkrecht in die Atmosphäre einfallende Strahlung	mean transparency for radiation incident perpendicular to the atmosphere

λ [μm]	$\bar{D}$ [%]
0,87 ··· 0,99	43
1,075 ··· 1,20	41
1,25 ··· 1,38	6
1,38 ··· 1,50	6
1,50 ··· 1,53	6
1,53 ··· 1,54	6
1,54 ··· 1,665	92,5
1,70 ··· 1,92	5
1,92 ··· 2,08	23
2,08 ··· 2,10	49
2,27 ··· 2,64	0,2
2,64 ··· 2,96	0,0
2,96 ··· 3,00	0,2
3,00 ··· 3,56	8,7
4,00 ··· 4,63	0,0
4,63 ··· 4,90	66,6
4,90 ··· 5,05	0,0
5,05 ··· 5,35	0,0
5,35 ··· 8,7	0,0
12,5 ··· 18,2	0,6

Berücksichtigt sind in Tab. 6 nur die (praktisch allein wesentlichen) Absorptionsbanden von H_2O-Dampf und CO_2. In den Zwischengebieten („Fenstern") treten nennenswerte Absorptionsbeträge nur auf durch O_3 zwischen 9,2 μm und 10,2 μm und in geringerem Umfang zwischen 4,7 μm und 4,9 μm sowie durch N_2O zwischen 7,4 μm und 8,0 μm.

1.5.1.2.2 Rayleigh-Streuung — Rayleigh scattering

Im Spektralbereich zwischen 3000 A und 10000 A erfolgt die Lichtschwächung fast ausschließlich durch Rayleighsche Streuung an den Luftmolekülen und durch Streuung an den Dunst- und Staubpartikeln, die sich hauptsächlich im unteren Teil der Troposphäre befinden. Die Rayleigh-Streuung gibt eine für einen bestimmten Beobachtungsort konstante Zenitextinktion (Tab. 7).

k_r	Zenitextinktion durch Rayleigh-Streuung	zenith extinction by Rayleigh scattering

$$k_r = 1{,}086\,\frac{32\pi^3\,(n-1)^2}{3\,N\,\lambda^4}\cdot H \quad [\text{magn}] \tag{4}$$

n	Brechungsindex	refractive index
N	Zahl der Moleküle pro cm³ unter Normalbedingungen (NTP)	number of molecules per cm³ for normal conditions (NTP)
H	Höhe der homogenen Atmosphäre	depth of the homogeneous atmosphere

Tab. 7. Zenitextinktion durch Rayleighsche Streuung k_r nach Gl. (4) — Zenith extinction for Rayleigh scattering according to eqn. (4) [23]

λ [A]	k_r
3000	$1^m,237$
3500	0,642
4000	0,367
4500	0,226
5000	0,146
5500	0,099
6000	0,070
7000	0,037
8000	0,022
10000	0,009

1.5.1.2.3 Dunstextinktion — Haze extinction

Tab. 8. Zenitextinktion durch Dunststreuung k_d — Zenith extinction by haze scattering [22]

berechnet für $\alpha = 1,3$ Gl. (5) | calculated for $\alpha = 1,3$ eqn. (5)

β	0,01 ¹)	0,05 ²)	0,10 ³)	0,20 ⁴)
λ [A]	k_d			
3 000	$0^m,052$	$0^m,260$	$0^m,520$	$1^m,040$
3 500	0,041	0,207	0,415	0,830
4 000	0,036	0,179	0,357	0,714
4 500	0,031	0,153	0,307	0,614
5 000	0,027	0,133	0,267	0,534
5 500	0,024	0,118	0,236	0,471
6 000	0,021	0,105	0,211	0,421
7 000	0,017	0,087	0,173	0,345
8 000	0,015	0,073	0,145	0,290
10 000	0,011	0,055	0,109	0,217

Die zeitlich und örtlich stark variable Dunstextinktion läßt sich darstellen durch den Ansatz von Angström [3]:

$$k_d = 1{,}086\, \beta \cdot \lambda^{-\alpha}\ [\text{magn}] \qquad (5)$$

β	Trübungskoeffizient	haze coefficient
α	Wellenlängen-Exponent	exponent of wavelength

β ist ein Maß für die Stärke des Dunstes, α ist ein Maß für die mittlere Größe der Dunstpartikel. Empirisch hat man für α Werte zwischen etwa 1,0 und 1,5 gefunden [23] mit dem Mittelwert 1,3.

Es besteht keine Korrelation zwischen α und dem Betrag des Trübungskoeffizienten β. Dieser hat (λ in μm ausgedrückt) bei Flachlandstationen an normalen Beobachtungsnächten Werte zwischen 0,05 und 0,2; im Hochgebirge kann er auf 0,01 heruntergehen.

1.5.1.2.4 Zenitreduktion — Zenith reduction

Die Lichtschwächung in Größenklassen, die ein Stern in der scheinbaren Zenitdistanz ζ erfährt, ist um eine Zenitreduktion, die man gewöhnlich schlechthin als Extinktion bezeichnet, größer als die Lichtschwächung bei der Zenitdistanz $\zeta = 0$. Die Zenitreduktion beträgt:

$$E(\zeta) = (k_r + k_d)\,[M(\zeta) - 1]. \qquad (6)$$

$M(\zeta)$	Durchstrahlte Luftmasse in Einheiten der Luftmasse im Zenit	mass of the air penetrated by light in units of mass at the zenith

Diese Formel gilt streng nur für schmale Wellenlängenbereiche, bei breiten Wellenlängenbereichen ist die Extinktion wegen der Verschiebung des Schwerpunktes des Bereichs mit wachsender Weglänge nach dem Roten nicht mehr proportional der Luftmasse, sie nimmt wegen der Abnahme von k_r und k_d mit wachsender Wellenlänge etwas langsamer zu als $[M(\zeta) - 1]$.

Tab. 9. Mittlere visuelle Extinktion $\overline{E}_{vis}$ (Zenitreduktion Gl. 6) und Luftmasse M als Funktion der scheinbaren Zenitdistanz — Mean visual extinction, $\overline{E}_{vis}$ (zenith reduction, eqn. 6), and air mass, M, as functions of the apparent zenith distance

$\overline{E}_{vis}$ nach Beobachtungen in Potsdam [17].
M nach Bemporad [5, 21]

ζ	M (ζ)	$\overline{E}_{vis}$	ζ	M (ζ)	$\overline{E}_{vis}$	ζ	M (ζ)	$\overline{E}_{vis}$
0°	1,000	$0^m,00$	58°	1,882	$0^m,20$	76°	4,075	$0^m,71$
10	1,015	0,00	60	1,995	0,23	77	4,372	0,77
20	1,064	0,01	62	2,123	0,26	78	4,716	0,83
25	1,103	0,02	64	2,274	0,30	79	5,120	0,91
30	1,154	0,03	66	2,447	0,34	80	5,60	0,99
35	1,220	0,04	68	2,654	0,39	81	6,18	1,08
40	1,304	0,06	70	2,904	0,45	82	6,88	1,19
45	1,413	0,09	71	3,049	0,48	83	7,77	1,33
50	1,553	0,12	72	3,209	0,52	84	8,90	1,52
52	1,621	0,14	73	3,388	0,56	85	10,40	1,77
54	1,698	0,16	74	3,588	0,60	86	12,44	2,12
56	1,784	0,18	75	3,816	0,65	87	15,36	2,61

¹) Hochgebirge — high mountains.
²) sehr klar — very clear.
³) leicht getrübt — slightly hazy.
⁴) starke Trübung — very hazy.

Im photographischen Spektralbereich beträgt die Extinktion etwa das Doppelte der visuellen Extinktion. Bei allen feineren photometrischen Untersuchungen, die sich nicht auf Zenitdistanzen unter 40° beschränken, ist eine gesonderte Bestimmung der jeweils wirksamen Extinktion (bzw. des Trübungskoeffizienten β) erforderlich.

Literatur zu 1.5.1.1 und 1.5.1.2 – References for 1.5.1.1 and 1.5.1.2

1 Albrecht, Th.: Formeln und Hilfstafeln für geographische Ortsbestimmungen. 3. Aufl., Leipzig (1894).
2 Ambronn, L., und J. Domke: Astronomisch-geodätische Hilfstafeln. Berlin (1909).
3 Angström, A.: Geogr. Ann. **11** (1929) 156.
4 Ball, L. de: Refraktionstafeln. W. Engelmann, Leipzig (1906).
5 Bemporad, A.: Rend. Accad. Nazl. Lincei **31** (1904).
6 Bemporad, A.: Enzykl. Math. Wiss. **VI/2** (1907) 287.
7 Bender, H.: Laboratoire Recherches Techniques Saint-Louis, Mémoire N 7 m/57 (1957).
8 Bessel, F. W.: Tabulae Regiomontanae, Regiomonti LIX (1830) 538.
9 Courvoisier, L.: Veröffentl. Heidelberg **3** (1904).
10 Emden, R.: AN **219** (1923) 45.
11 Garfinkel, B.: AJ **50** (1944) 169.
12 Gyldén, H.: Mém. Acad. Sci. St. Pétersbourg, VII Série X, Nr. 1.
13 Harzer, P.: Publ. Kiel **XIII** (1922···24), **XIV** (1924).
14 Herzberg, G., A. Monfils et B. Rosen: Mém. Soc. Roy. Sci. Liège (8°) **4** (1961) 146 (Liège Symposium Nr. 10, 1960).
15 König, A.: AN **236** (1929) 81; Hdb. Astrophys. **I** (1933) 555.
16 Löser, H.-G.: Mitt. Inst. Angew. Geodäsie Frankfurt a. M. Nr. 20 (1957).
17 Müller, G.: Publ. Potsdam **3/4** Nr. 12 (1883).
18 Nicolet, M.: Mém. Soc. Roy. Sci. Liège (8°) **4** (1961) 319 (Liège Symposium Nr. 10, 1960).
19 Pulkovo Observatory: Refraction Tables. Academy of Science Press, Moscow-Leningrad (1956).
20 Radau, R.: Ann. Paris **19** (1889) G 61.
21 Schoenberg, E.: Hdb. Astrophys. **II/1** (1929) 171, 264.
22 Siedentopf, H.: Naturwiss. **35** (1948) 289.
23 Wempe, J.: AN **275** (1947) 1.
24 Wirtz, C.: Tafeln und Formeln aus Astronomie und Geodäsie. Berlin (1918).

1.5.1.3 Refraktion der Radiowellen – Refraction of radio waves

Eine Brechung von Radiowellen tritt sowohl beim Durchgang durch das Elektronengas der Ionosphäre als auch beim Eintritt in die dichteren troposphärischen Schichten auf.

Radio waves are refracted while passing through the electron gas of the ionosphere as well as while entering the denser layers of the troposphere.

a) Ionosphärische Refraktion — Ionospheric refraction

Die Brechung in der Ionosphäre tritt nur für $\lambda > 1$ m als merklicher Anteil an der gesamten Refraktion in Erscheinung. Wegen der starken Variation der Elektronendichte in Abhängigkeit von Tageszeit, Jahreszeit und der Sonnenaktivität ist bisher keine geschlossene Darstellung in Tabellenform versucht worden. Der Strahlengang in der Ionosphäre wurde eingehend untersucht von Woyk (Chvojkova) [*1*], und von Komesaroff [*2*], siehe auch [*3*].

b) Troposphärische Refraktion — Tropospheric refraction

Im Bereich $\lambda < 1$ m wirkt ausschließlich die troposphärische Refraktion. Der Brechungsindex der Luft für Radiowellen ist gegeben durch

$$(n - 1) \cdot 10^6 = 79 \frac{P}{T} + 3{,}79 \cdot 10^5 \cdot \frac{e}{T^2} \qquad (1)$$

n	Brechungsindex der Luft	refractive index of the air
P [mb]	totaler Druck	total pressure
e [mb]	Wasserdampfdruck	water-vapor pressure

Wegen Abhängigkeit des n vom Wasserdampfdruck hat die Refraktion der dm- und cm-Wellen stärkere tägliche Schwankungen als die Refraktion des optischen Bereichs. Ein exakter Wert für die Refraktion an einem Ort und zu einer bestimmten Beobachtungszeit ist nur ableitbar, wenn aus Radiosondenaufstiegen $e(h)$ und $T(h)$ und damit $n(h)$ bekannt sind.

Der Refraktionswinkel τ ist dann:

$$\tau = \int_{n(h_1)}^{n(h_2)} \tan\vartheta \cdot \frac{d\,(rn)}{rn} + \varphi(h_2). \qquad (2)$$

τ	Refraktionswinkel	angle of refraction
r	Radiusvektor vom Erdmittelpunkt bis zu einem Punkt P auf dem Strahl	radius vector from the center of the earth to a point P on the beam
h	Höhe in der Atmosphäre über Meeresniveau	height in the atmosphere above sealevel
ϑ	Winkel zwischen der Richtung des Strahls und r	angle between the direction of the beam and r
$n(h)$	Brechungsindex als Funktion der Höhe, Gl. (1)	refractive index as a function of the height, eqn. (1)
$\varphi(h)$	längs der Erdoberfläche gemessener Abstand (in Winkelmaß) des Fußpunktes von P vom Aufstellungsort der Antenne	angular distance between the subpoint of P and the site of the antenna measured along the surface of the earth

Da nur in seltenen Fällen die Daten, $e(h)$ und $T(h)$ bzw. $n(h)$ bekannt sind, muß man sich mit einem mittleren Wert für die Refraktion begnügen.

Tab. 1. Mittlere Refraktion für dm- und cm-Wellen — Mean refraction for dm- and cm-waves

Z	Zenitdistanz	zenith distance
τ_{radio}	Refraktionswinkel für Radiofrequenzen	angle of refraction for radio frequencies
τ_{opt}	Refraktionswinkel für optische Frequenzen	angle of refraction for optical frequencies

$$\tau_{radio} \approx 1{,}55\ \tau_{opt}$$

Z	τ_{radio}	τ_{opt}
20°	0ʹ,54	0ʹ,36
30	0,89	0,57
40	1,26	0,81
50	1,79	1,15
60	2,61	1,68
70	4,12	2,65
80	8,27	5,32
85	15,3	9,87
88	28,4	18,3
89	38,2	24,6
90	55,0	35,4

Die mittleren Abweichungen der täglichen Werte der Refraktion von der mittleren Refraktion auf Grund der Schwankungen des Druckes, der Temperatur und der Feuchte beträgt ± 15%.

Die von McCready, Pawsey und Payne-Scott [5] für das m-Wellengebiet angegebenen Werte enthalten auch den Anteil der ionosphärischen Refraktion.

Literatur zu 1.5.1.3 — References for 1.5.1.3

1 Woyk, E. (Chvojkova): J. Atmospheric and Terrest. Phys. **16** (1959) 124.

2 Komesaroff, M. M.: Australian J. Phys. **13** (1960) 153.

3 Rawer, K.: Space Radio Communication, Paris **8** (1961) 167.

4 Hachenberg, O., und R. Schachenmeier: Hochfrequenztechn. und Elektroakustik **68** (1959) 1.

5 McCready, L. L., J. L. Pawsey, and R. Payne-Scott: Proc. Roy. Soc. London (A) **190** (1947) 357.

1.5.1.4 Die Extinktion der Radiostrahlung — The extinction of radio-frequency radiation

Beim Durchgang von Radiowellen durch die Atmosphäre tritt eine Extinktion der Strahlung sowohl in der Troposphäre als auch in der Ionosphäre auf. Die Extinktion ist in beiden Fällen zum Teil eine wahre Absorption; zum Teil kommt die Abschwächung durch Streuvorgänge an den Inhomogenitäten der Atmosphäre zustande.

When radio waves pass through the atmosphere an extinction of radiation results both in the troposphere and in the ionosphere. In both cases the extinction is partly a true absorption; partly, the weakening takes place through scattering by the inhomogeneities of the atmosphere.

A. Die *ionosphärische Absorption* ist zu unterteilen in a) die normale Absorption und b) eine exzessive Absorption.

A. The *ionospheric absorption* can be subdivided into a) the normal absorption and b) an excessive absorption.

a) Die *normale Absorption* in der Ionosphäre ist abhängig von der Elektronendichte und der Stoßfrequenz der Elektronen. Sie entsteht vorzugsweise in den unteren Schichten der Ionosphäre (im D-Gebiet) wegen der dort herrschenden höheren Gasdichte und damit höheren Stoßfrequenzen. Ihr Betrag variiert in Abhängigkeit vom Sonnenstand mit der Tageszeit und der Jahreszeit; außerdem hat sie einen Gang mit dem 11jährigen Sonnenflecken-Zyklus. Die ionosphärische Absorption nimmt mit zunehmender Frequenz mit $\frac{1}{f^2}$ ab, sie ist nur oberhalb von $\lambda > 5$ m merklich.

Für 25 MHz liegt der tägliche Höchstwert bei senkrechtem Durchgang der Strahlen durch die Atmosphäre zwischen 0,5 und 3 dB. Der Betrag der Zenitabsorption wird aus Messungen des „Kosmischen Rauschens" (cosmic noise) abgeleitet. Laufende Messungen werden u. a. vom Heinrich-Hertz-Institut Berlin in Neustrelitz durchgeführt. Die Werte der Absorption werden in Stundenabständen veröffentlicht in [1].

b) Die *exzessive ionosphärische Absorption* tritt nur vorübergehend auf, sie ist der normalen Absorption überlagert. Typische Erscheinungen sind:

1. Die plötzlich starke Zunahme der Absorption während stärkerer Sonneneruptionen. Eine aus dem Eruptionsgebiet kommende Röntgenstrahlungskomponente erhöht die Ionisation in der ionosphärischen D-Schicht und erwirkt die Erhöhung der Absorption. (Die Erscheinung ist auch bekannt als M. D. E. = Mögel-Dellinger-Effekt oder als S. I. D. = sudden ionospheric disturbances.) Die Absorption tritt vornehmlich im Wellengebiet > 10 m auf, im m-Wellengebiet nur gelegentlich. Dauer der Erscheinung 10 ··· 120 min.

2. Die plötzlich starke Zunahme der Absorption beim Einfall schneller Korpuskeln, die ebenfalls aus Sonneneruptionsgebieten stammen. Die Absorption tritt mit einer Zeitverzögerung gegenüber der Eruption auf. Die Erscheinung ist in der Polgegend häufig und ist dort bekannt als P. C. A. (polar cap absorption). In mittleren Breiten selten; Dauer 1 ··· 3 Tage.

3. Tage mit mäßig erhöhter Absorption, die vorzugsweise im Winter beobachtet werden (bekannt als Winteranomalien der Absorption). Sie entsteht wahrscheinlich durch driftende Elektronenwolken in der Ionosphäre. (Siehe Literatur über Ionosphäre, z. B. [*2*, *3*].)

B. Die *Absorption der Troposphäre* ist in erster Linie eine Absorption von Sauerstoff- und Wasserdampfmolekülen.

Absorptionslinien des Wasserdampfmoleküls:

B. The *tropospheric absorption* is primarily an absorption by oxygen and water-vapor molecules.

Absorption lines of the water-vapor molecule:

$$\lambda = 1{,}35\ \text{cm};\quad \lambda = 0{,}163\ \text{cm}$$

Linien des Sauerstoffmoleküls:

Lines of the oxygen molecule:

$$\lambda = 0{,}5\ \text{cm};\quad \lambda = 0{,}25\ \text{cm}.$$

Die Auswirkungen der Molekülabsorptionen reichen über das ganze cm-Wellengebiet. Die Absorption des Sauerstoffs und des Wasserdampfs wurde theoretisch von VAN VLECK diskutiert [*4*, *5*]. Ein Vergleich der theoretisch abgeleiteten Werte des Absorptionskoeffizienten mit Absorptionsmessungen ist in [*6*] enthalten.

Aus den aus [*6*] bekannten Absorptionskoeffizienten lassen sich für die Normalatmosphäre die Absorptionswerte für den senkrechten Durchgang der Strahlung durch die Atmosphäre errechnen (Fig. 1).

Aus Extinktionsmessungen mit der Sonne oder mit Radiosternen und aus Messungen der thermischen Eigenstrahlung der Atmosphäre wurden für die Absorption im Zenit bei verschiedenen Frequenzen die Werte der Tab. 1 gefunden.

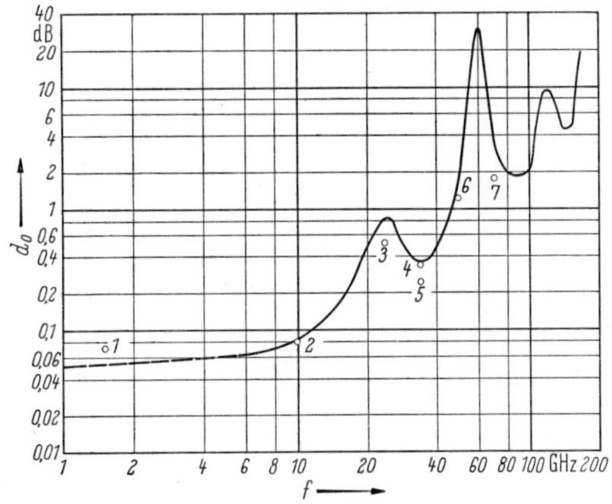

Fig. 1. Extinktion d_0 bei senkrechtem Durchgang von Radiowellen durch die Atmosphäre — Extinction d_0 for vertical passage of radio waves through the atmosphere.

——	Berechnete Werte [*6*]	calculated [*6*]
1 ··· 7	gemessene Werte (Tab. 1)	measured values (Tab. 1)

Tab. 1. Extinktion d_0 bei senkrechtem Durchgang von Radiowellen durch die Atmosphäre und Dämpfung γ pro km Weglänge — Extinction of radio waves at vertical passage through the atmosphere, d_0, and attenuation per km, γ

λ [cm]	d_0 [dB]	γ [dB/km]	Autor
20	0,072	—	FÜRSTENBERG [*7*]
3,2	0,082	0,010 5	FÜRSTENBERG [*7*]
3,2	0,047	0,005 85	AARONS u. a. [*8*]
1,25	0,517	0,065	
0,87	0,24	0,033	AARONS u. a. [*8*]
0,87	0,35	0,044	MARNER [*9*]
0,60	1,2	0,150	WHITEHURST u. a. [*11*]
0,43	1,8	0,225	COATES [*10*]

Ein Vergleich der gemessenen Extinktionswerte mit den berechneten Werten (Fig. 1) fällt einigermaßen befriedigend aus. Damit sind die Absorptionswerte in Fig. 1 etwa repräsentativ für die Extinktion in diesem Frequenzband.

Die Extinktion für den Bereich 60 MHz < f < 1000 MHz ist kleiner als 0,05 dB.

Berechnung der Extinktion mit den Werten aus Fig. 1:		Calculation of the extinction with the values of Fig. 1:
$d(z)$	Wert der Extinktion für eine beliebige Zenitdistanz z, in [dB]	value of extinction in [dB] for an arbitrary zenith distance z
$F(z)$	durchstrahlte Luftmasse nach BEMPORAD [12]	air mass penetrated by radiation according to BEMPORAD [12]
R	Erdradius	earth's radius
H	Höhe der Atmosphäre	height of the atmosphere
r	Radiusvektor vom Erdmittelpunkt zu einem beliebigen Punkt des Integrationsweges	radius vector from the earth's center to an arbitrary point on the path
$x = \varrho/\varrho_0$	relative Dichte der Atmosphäre bezogen auf die Dichte am Beobachtungsort	relative density of the atmosphere referred to the density at the observation point
$l = \varrho/\varrho_0\, dh$	Höhe der auf die Dichte im Beobachtungsort reduzierten Luftsäule	height of the air column reduced to the density at the observation point
μ	Brechungsindex in der Höhe h	refractive index at the height h
$\mu_0 = \mu_{(h=0)}$	μ am Beobachtungsort	μ at the observation point

$$d(z) = d_0 \cdot \sec z \quad \text{für } z < 70°$$

$$d(z) = d_0 \cdot F(z) \quad \text{für } z > 70°$$

mit

$$F(z) = \frac{1}{l} \int_R^{R+H} \frac{x \cdot dr}{\sqrt{1 - \left(\frac{R}{r} \cdot \frac{\mu_0}{\mu}\right)^2 \cdot \sin^2 z}}$$

Der Anteil der Extinktion, der auf *Streuvorgänge* in der Ionosphäre bzw. in der Troposphäre zurückzuführen ist, ist in den Messungen zum Teil enthalten. Eine Trennung der Anteile der wahren Absorption und Streuung ist experimentell bisher nicht befriedigend durchgeführt.

Literatur zu 1.5.1.4 — References for 1.5.1.4

1 Beobachtungsergebnisse des Heinrich-Hertz-Instituts, Berlin-Adlershof.
2 RAWER, K.: Die Ionosphäre. Groningen (1953).
3 RATCLIFFE (ed): Physics of the upper Atmosphere. New York (1960).
4 VAN VLECK, J. H.: Phys. Rev. **71** (1947) 413.
5 VAN VLECK, J. H.: Phys. Rev. **71** (1947) 425.
6 STRAITON, A. W., and C. W. TOLBERT: Proc. I. R. E. **48** (1960) 898.
7 FÜRSTENBERG, F.: ZfA **49** (1960) 42.
8 AARONS, J., W. R. BARRON, and J. P. CASTELLI: Proc. I. R. E. **46** (1958) 325.
9 MARNER, G. R.: Collins Engineering Report 479 (1956) = Thesis, State University of Iowa (1956).
10 COATES, R. J.: Proc. I. R. E. **46** (1958) 122.
11 WHITEHURST, R. N. et al.: AJ **62** (1957) 38.
12 BEMPORAD, A.: Mitt. Sternw. Heidelberg Nr. 4 (1904).

1.5.2 Einfluß der atmosphärischen Turbulenz — Influence of atmospheric turbulence

1.5.2.1 Optische Szintillation — Optical scintillation

Die turbulent ablaufenden Strömungsvorgänge in der Troposphäre und Stratosphäre, besonders die thermische Konvektion, bewirken unregelmäßige räumliche und zeitliche Fluktuationen der Temperatur, Dichte und damit des Brechungsindexes der Luft. Die praktisch ebene Lichtwellenfront eines Sterns erfährt daher infolge optischer Weglängendifferenzen kleine, unregelmäßig verteilte Deformationen, denen jeweils schwache Ablenkungen der Lichtstrahlen entsprechen und als deren weitere Folge auch Schwankungen der Intensität auftreten.

The turbulent flow patterns in the troposphere and stratosphere, particularly the thermal convection, cause irregular spatial and temporal fluctuations of the temperature, density and thus of the refractive index of the air. These variations in the optical path length cause small, irregularly distributed deformations in the practically plan wave front arriving from the star; the result is scintillation in intensity.

a) Brechungsindex- und Temperaturschwankungen Δn bzw. ΔT — Fluctuation of the refractive index Δn and the temperature ΔT

Zwischen Δn und ΔT gilt die Beziehung [12]: | Between Δn and ΔT there exists the relationship [12]:

$$\Delta n = -(n_\lambda - 1)\frac{P}{P_0}\frac{273}{T^2}\Delta T \qquad (1)$$

T in [°K]

P	Luftdruck (P_0 = Normaldruck)	air pressure (P_0 = standard pressure)
n_λ	Brechungsindex der Luft	refractive index of the air

(siehe 1.5.1.1 Tab. 5).

Der mittlere Betrag der kleinräumigen Temperaturschwankungen (Größenordnung: $\sqrt{\overline{(\Delta T)^2}} \approx 0{,}^\circ 3$) nimmt in der bodennahen Luftschicht (Grundschicht) mit der Höhe verhältnismäßig rasch ab [17, 33]. Untersuchungen des Temperaturfeldes der Mikroturbulenz wie auch Beobachtungen terrestrischer Lichtquellen ergeben dort Ausdehnungen der „Schlieren" vorwiegend zwischen 5 cm und 30 cm [31, 17, 20]. In höheren Schichten umfaßt das räumliche Spektrum der Brechungsindexfluktuationen auch größere „Elemente" [24, 35].

b) Richtungsszintillation (Luftunruhe) — Quality of images (seeing)

Das Richtungsfeld der Lichtstrahlen eines Sterns weist nach Passieren der Erdatmosphäre Ablenkungsunterschiede auf von maximal einigen Bogensekunden für Strahlen, deren gegenseitiger Abstand 5 ··· 10 cm überschreitet. Merkbare Änderungen treten erst in Zeiten länger als ~ 0,1 sec auf. Fernrohre mit Öffnungen unter ~ 10 cm zeigen daher eine verhältnismäßig langsame Bewegung des ganzen fokalen Sternbildes (image motion, agitation), deren Amplitude unter günstigen Bedingungen bei Nacht eine Streuung von 0,"3 ··· 0,"5 besitzt [7, 36, 16]. Das Frequenzspektrum der Richtungsschwankungen ist in Fig. 1 dargestellt. Gelegentlich werden extrem langsame Bildbewegungen mit Perioden von ~1 min und Amplituden von ~ 1" beobachtet [30, 3].

Mit wachsender Öffnung wird der ganze Bereich des „Zitterscheibchens" in zunehmendem Maße gleichzeitig von Licht ausgefüllt (Seeing-Scheibchen). Der Betrag der Richtungsszintillation nimmt mit der Zenitdistanz zu [7, 36, 16]. Sie entsteht vorwiegend in bodennahen Schichten [27, 5], ist daher mit den Temperaturfluktuationen in Höhen ≦ 25 m korreliert [33] und hängt außer von Tageszeit und Wetterlage auch erheblich ab von der Beschaffenheit der unmittelbaren Umgebung des Beobachtungsinstruments [25, 21, 6, 34, 18]. Bei Strahlungswetter sind die Tagesgänge der Temperaturfluktuationen in der bodennahen Schicht, die Intensitätsmodulation terrestrischer Lichtquellen und die Richtungsszintillation gekennzeichnet durch ein Hauptmaximum um Mittag, zwei Minima zu den Zeiten von Sonnenaufgang und Sonnenuntergang und ein flaches Nebenmaximum um Mitternacht [31, 17, 20]. Die Richtungsszintillation beschränkt die Genauigkeit astronomischer Positionsbestimmungen und bedingt, daß eine weitere Steigerung der Meßgenauigkeit nur durch Verlängerung der gesamten Meßzeit möglich wird [11]. Außer bei extrem guter Luftruhe, entsprechend einer Streuung der Richtungsszintillationen ≦ 0,"3, werden Winkelauflösung und Reichweite für Sternbeobachtungen bei großen Fernrohren hoher optischer Qualität weitgehend begrenzt durch die Richtungsszintillation [28, 29].

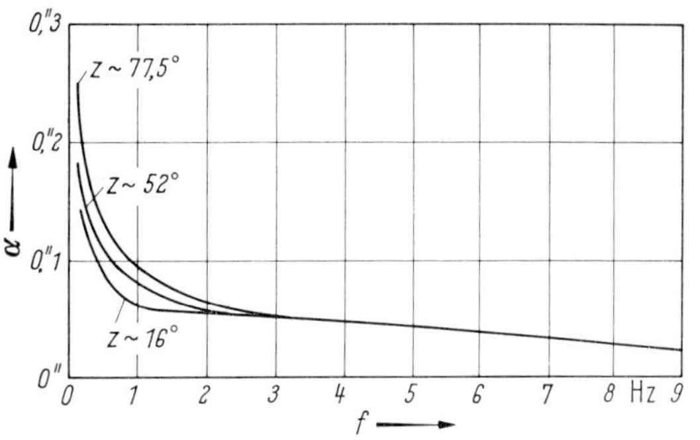

Fig. 1. Amplitudenspektrum der Richtungsszintillation für verschiedene Zenitdistanzen z bei Beobachtung mit 15 cm Öffnung — Amplitude spectrum of image motion at different distances from the zenith, z, for observations made with a 15 cm aperture [16].

α	Amplitude der Richtungsszintillation	amplitude of the image motion
f	Frequenz	frequency

c) Intensitätsszintillation — Scintillation

Die in verschiedenen Atmosphärenschichten entstandenen Ablenkungen bewirken am Boden seitliche Strahlversetzungen und damit eine ungleichmäßige Helligkeitsverteilung („fliegende Schatten"). Da einerseits die Strahlversetzung linear mit dem Abstand von der störenden Schicht zunimmt, andererseits die Brechungsindexschwankungen mit der Höhe abnehmen, tragen hierzu hauptsächlich „Schlieren" bei aus dem Bereich zwischen 8 und 12 km Höhe [27, 5]. Die Strukturelemente des „Schattenmusters" (shadow pattern) besitzen vorwiegend Ausdehnungen zwischen 5 cm und 30 cm [12, 22, 1] und sind rasch veränderlich. Die Bewegungen des ganzen Musters sind nach Geschwindigkeit und Richtung korreliert mit den Windverhältnissen in 8 ··· 12 km Höhe [19, 12, 1, 23]. Fernrohre mit Öffnungen < 10 cm zeigen die zeitlichen Fluktuationen im Schattenmuster in vollem Umfang als Schwankungen der Gesamthelligkeit des fokalen Sternbildes („Szintillation"). Mit wachsender Öffnung nimmt der Betrag dieser Helligkeitsszintillation ab (Fig. 2). Auch das Frequenzspektrum (Fig. 3) ändert sich mit der Öffnung. Frequenzen merklich unter 1 Hz scheinen durch Schwankungen der Dunstextinktion hervorgerufen zu werden [*14*]. Die Amplitude der Intensitätsszintillation, gemessen durch die Streuung $\sqrt{(\Delta I/\bar{I})^2}$ um den Mittelwert $\bar{I}$, nimmt mit der Zenitdistanz z zu: steiler Anstieg für $z < 60°$, Sättigungsneigung für $z > 60°$ [*2, 22*]. Dabei besteht eine charakteristische Abhängigkeit von der Fernrohröffnung (Bereich des erfaßten Frequenzspektrums) [*6*]. Die Intensitätsszintillation begrenzt die Genauigkeit der Sternphotometrie. Präzisionsmessungen erfordern Mittelungszeiten (Zeitkonstanten) der Größenordnung 10 bis 60 sec [*32*].

Überschreitet der Winkeldurchmesser extraterrestrischer Lichtquellen den Betrag von etwa 3", so nimmt die Intensitätsszintillation ab; Objekte mit Durchmessern $\geqq$ 1' zeigen auch bei kleiner Fernrohröffnung keine Szintillation mehr [*4*].

Helligkeits- und Richtungsszintillation der Sterne sind nicht miteinander korreliert [*10, 16*].

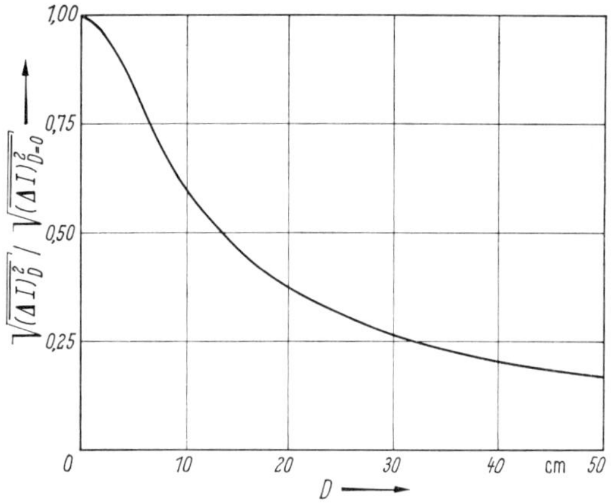

Fig. 2. Abhängigkeit der Intensitätsszintillation von der Fernrohröffnung — Scintillation of the intensity versus different apertures of the telescope according to [*4*].

$\sqrt{(\Delta I)_D^2}$	Streuung der Intensitätsszintillation bei endlicher Öffnung D	dispersion of the scintillation of intensity for finite aperture, D
D	Fernrohröffnung	aperture of the telescope

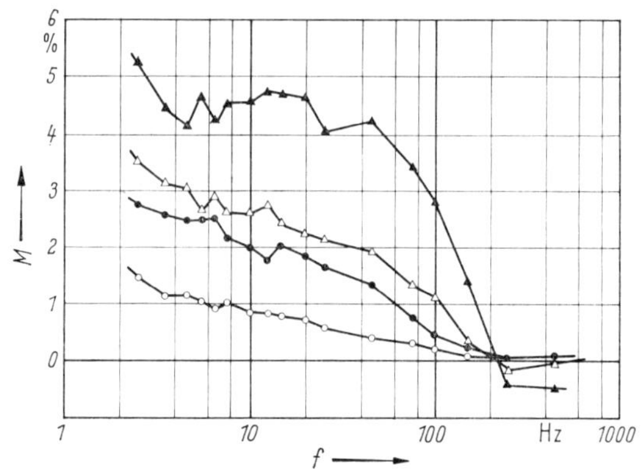

Fig. 3. Frequenzspektrum der Intensitätsszintillation zenitnaher Sterne für verschiedene Öffnungen D — Frequency spectrum of the scintillation of intensity for stars near the zenith for different apertures, D [*22*].

▲ D = 2,5 cm
△ D = 7,5 cm
• D = 15 cm
○ D = 32 cm

M	Modulationsgrad = zeitlicher Mittelwert des Betrages der relativen Intensitätsschwankungen in %	degree of modulation = time average of the amount of relative intensity fluctuations in %
f	Frequenz	frequency

d) Farbige Szintillation — Colored scintillation

Sie entsteht bei Zenitdistanzen > 50°, wenn durch die Wellenlängenabhängigkeit der allgemeinen Refraktion (siehe 1.5.1.1) am gleichen Punkt der Erdoberfläche eintreffendes Licht verschiedener Wellenlängen ($\Delta\lambda \gtrsim$ 1000 A) so weit getrennte Wege zurückgelegt hat, daß die Helligkeitsschwankungen nicht mehr korreliert sind [*4, 27, 37*].

1.5.2.2 Szintillation der Strahlung von diskreten Radioquellen — Scintillation of the radiation of discrete radio sources

Inhomogenitäten der Elektronendichteverteilung in der F_2-Schicht der Ionosphäre zwischen 300 km und 500 km Höhe, welche Ausdehnungen $\geqq$ 5 km und durchschnittliche Abweichungen von der mittleren Elektronendichte $\sim 10^4\,cm^{-3}$ aufweisen [*15, 8, 27*], ergeben Schwankungen des Brechungsindexes n für Radiofrequenzstrahlung gemäß

Inhomogeneities in the distribution of electron densities in the F_2-layer of the ionosphere at an altitude of 300 to 500 km, which show extensions of $\geqq$ 5 km and average deviations of $\sim 10^4\,cm^{-3}$ from the mean electron density [*15, 8, 27*], cause fluctuations in the refractive index, n, of radio frequency radiation, described by:

$$\frac{\Delta n}{n} \approx 0{,}40 \cdot 10^8 \frac{\Delta N_e}{f^2} \qquad (2)$$

ΔN_e	Schwankung der Elektronendichte	fluctuation of the electron density
f	Frequenz in [Hz]	frequency, in [cps]

Ebene Wellenfronten der Meterwellenstrahlung ($f < 300$ MHz) isolierter kosmischer Radioquellen erfahren demzufolge unregelmäßige Deformationen, die analog dem optischen Fall zu Richtungsschwankungen bis maximal etwa 10' und Intensitätsschwankungen mit Extremwerten (in großen Zenitdistanzen) bis etwa 100% führen [*26, 15*]. Die Dauer der Fluktuationen beträgt ~ 30 sec, entsprechend Windgeschwindigkeiten in der Ionosphäre (F_2-Schicht) von der Größenordnung 100 m/sec [*9*].

Intensitäts- und Richtungsszintillation nehmen bei wachsender Zenitdistanz zu [*15, 27*] und zeigen einen charakteristischen Tagesgang mit einem Maximum in der Nähe der Mitternacht [*9*]. Von Tag zu Tag variiert die Stärke der Szintillationserscheinungen in unregelmäßiger Weise [*9*].

1.5.2.3 Literatur zu 1.5.2 – References for 1.5.2

Bibliographie bis 1952: F. Nettelblad: Medd. Lund Ser. II/130 (1953).

Untersuchungen über astronomische, meteorologische und optische Probleme, die in Zusammenhang stehen mit „Seeing" und „Site Testing" aus den Jahren 1949 ··· 1962: IAU-Symposium Nr. 19 on Site Testing (1964).

1 Barnhart, Ph. E., G. Keller, and W. W. Mitchell: Investigation of Upper Air Turbulence by the Method of Analyzing Stellar Scintillation Shadow Patterns. Ohio State University Final Report, Contract AF 19(604)—1954 (1959).
2 Butler, H. E.: Proc. Roy. Irish. Acad. 54A (1952) 321.
3 Courvoisier, L.: AN **277** (1949) 259.
4 Ellison, M. A., and H. Seddon: MN **112** (1952) 73.
5 Elsässer, H., und H. Siedentopf: ZfA **48** (1959) 213.
6 Elsässer, H.: Naturwiss. **47** (1960) 6.
7 Hansson, N., H. Kristenson, F. Nettelblad, and A. Reitz: Ann. Astrophys. **13** (1950) 275.
8 Hewish, A.: Proc. Roy. Soc. London (A) **214** (1952) 494.
9 Hewish, A.: Vistas Astron. **1** (1955) 599.
10 Hosfeld, R.: J. Opt. Soc. Am. **44** (1954) 284.
11 Høg, E.: Symposium über Automation und Digitalisierung in der Astronomischen Meßtechnik. Herausgegeben von H. Siedentopf. Sitzber. Heidelberger Akad. Wiss. Math.-Naturw. Kl. 1962/63, 2. Abhandl. (1963) 48.
12 Keller, G., W. M. Protheroe, Ph. E. Barnhart, and J. Galli: Investigations of Stellar Scintillation and the Behavior of Telescopic Images. Ohio State University Final Report, Contract AF 19 (604)—1409 (1956).
13 Koltschinskij, G.: Mitt. Kiew **4** (1961) 30.
14 Kopp, W.: Dissertation Tübingen (1964).
15 Little, C. G., and A. Maxwell: Phil. Mag. **42** (1951) 267.
16 Mayer, U.: ZfA **49** (1960) 161.
17 Mayer, U.: Mitt. Astron. Ges. 1963 (1964).
18 Meinel, A. B.: Stars and Stellar Systems (ed. G. P. Kuiper and B. M. Middlehurst), Vol. I, "Telescopes". University of Chicago Press, Chicago (1960) 154.
19 Mikesell, A. H.: Publ. U. S. Naval Obs. **17**/IV (1955).
20 Paperlein, D.: Mitt. Astron. Ges. 1963 (1964).
21 Proceedings of the Symposium on Solar Seeing. Rome, 10 ··· 25 February 1961. Consiglio Nazionale delle Ricerche, Roma (1961).
22 Protheroe, W. M.: Preliminary Report on Stellar Scintillation. Ohio State University Report Nr. 4, Contract AF 19 (604)—41 (1954).
23 Protheroe, W. M., and Kwan-Yu Chen: The Correlation of Stellar Shadow Band Patterns with Upper Air Winds and Turbulence. University of Pennsylvania, Philadelphia, Pa., Final Report, Contract AF 19 (604)—1570 (1960).
24 Reiger, S. H.: AJ **68** (1963) 395.
25 Rösch, J.: Proceedings of a Symposium on Astronomical Optics (ed. Z. Kopal). North-Holland Publ. Comp. Amsterdam (1956) 310.
26 Ryle, M., and A. Hewish: MN **110** (1950) 381.
27 Scheffler, H.: AN **282** (1955) 193.
28 Scheffler, H.: ZfA **55** (1962) 1; Optik **19** (1962) 478.
29 Scheffler, H.: ZfA **58** (1964) 170.
30 Schlesinger, F.: MN **87** (1927) 506.
31 Siedentopf, H., und F. Wisshak: Optik **3** (1948) 430.
32 Siedentopf, H., und H. Elsässer: ZfA **35** (1954) 21.
33 Siedentopf, H., und F. Unz: ESO Publ. Nr. 1, Tübingen (1964).
34 Stock, J., and G. Keller: Stars and Stellar Systems (ed. G. P. Kuiper and B. M. Middlehurst), Vol. I, Telescopes. University of Chicago Press, Chicago (1960) 138.
35 Tatarski, V. I.: Wave Propagation in a turbulent Medium. Translation from Russian by R. A. Silverman. McGraw-Hill Book Comp. New York, Toronto, London (1960).
36 Tulenkowa, L. H.: Mitt. Alma-Ata **7** (1958) 74.
37 Zhukova, L. N.: Astron. Zh. **36** (1959) 548.

1.5.3 Dämmerungs- und Nachthimmelshelligkeit — Brightness of twilight and of the night sky

Tab. 1. Helligkeits- und Farbverlauf während der Dämmerung — Change of brightness and color during twilight [8, 15]

$h_\odot$	wahre Sonnenhöhe	true altitude of the sun
$h_\odot = 0°$	Sonnenuntergang	sunset
$h_\odot = -18°$	Ende der astronomischen Dämmerung	end of astronomical twilight
L_z [apostilb] [asb]	visuell gemessene mittlere Leuchtdichte des wolkenlosen Himmels im Zenit	visual measured mean luminance of the cloudless sky at the zenith
B_h [Hefnerlux]	Beleuchtungsdichte der horizontalen Fläche	illuminance of a horizontal area
T_f	Farbtemperatur (siehe 5.2.8.5) c_2/T_f abgeleitet aus Filtermessungen mit λ_{eff} 4200 und 6100 A	color temperature (see 5.2.8.5) c_2/T_f derived from filter measurements with λ_{eff} 4200 and 6100 A

Infolge der starken Farbänderung — Zunahme des Blaugehalts bis $h_\odot = -10°$, dann starke Zunahme des Rotgehalts bis zur Erreichung der Nachthimmelshelligkeit — weicht der mit visuellen Photometern gemessene Helligkeitsverlauf (Purkinje-Effekt!) von dem objektiv gemessenen Helligkeitsverlauf der Dämmerung merklich ab.

$h_\odot$	$\log L_z$	$\log B_h$	c_2/T_f	$h_\odot$	$\log L_z$	$\log B_h$	c_2/T_f
0°	+2,68	+2,91	2,18	−10°	−1,60	−1,42	0,86
−1	+2,45	+2,66	2,15	−11	−1,92	−1,81	0,90
−2	+2,16	+2,35	2,12	−12	−2,28	−2,19	1,03
−3	+1,81	+1,96	1,99	−13	−2,61	−2,52	1,38
−4	+1,40	+1,51	1,78	−14	−2,88	−2,80	1,82
−5	+0,86	+1,01	1,60	−15	−3,06	−3,09	2,52
−6	+0,32	+0,47	1,34	−16	−3,16	−3,19	3,05
−7	−0,22	−0,05	1,25	−17	−3,19	−3,23	3,33
−8	−0,76	−0,55	1,13	−18	−3,20	−3,25	3,39
−9	−1,22	−1,01	0,97				

Nachthimmelshelligkeit — Brightness of the night sky

Es tragen bei: Galaktische und außergalaktische Lichtquellen, Mikrometeore und Zodiakallicht, Emission des interplanetaren Gases, Leuchtvorgänge in der Hochatmosphäre (Airglow) und das in der unteren Atmosphäre entstehende Streulicht dieser Komponenten. Der stellare und im wesentlichen auch der interplanetare Anteil zeigen tages- und jahreszeitliche Änderungen nur infolge der wechselnden Stellung von Milchstraße bzw. Ekliptik im azimutalen Koordinatensystem. Abgesehen von der Emission des interplanetaren Wasserstoffs (Hα, 5 ··· 20 Rayleigh [16]) besitzen diese beiden Komponenten kontinuierliche Spektren. Bezüglich ihrer Beiträge siehe [5, 9].

Tab. 2 Gesamte Flächenhelligkeit des Nachthimmels im Zenit für den visuellen Spektralbereich — Total surface brightness of the night sky at the zenith for the visual spectral region:

Maximum:	$1 \cdot 10^{-3}$ asb	oder ~ 400 (Sterne 10^m)/(°)^2
Mittel:	$0{,}6 \cdot 10^{-3}$	~ 230
Minimum:	$0{,}3 \cdot 10^{-3}$	~ 100

Der Farbindex (siehe 5.2.7) liegt zwischen $+0\overset{m}{,}5$ und $+1\overset{m}{,}0$ [17, 5]. Der mittleren visuellen Flächenhelligkeit des Nachthimmels entspricht (1 Stern $4\overset{m}{,}1$)/(°)^2 oder (1 Stern $21\overset{m}{,}6$)/(″)^2. Die Nachthimmelshelligkeit bedeutet für den Nachweis und die Messung schwacher astronomischer Lichtquellen eine Schranke, deren Überschreitung nach kleineren Helligkeiten hin durch Verwendung geeigneter Strahlungsempfänger und für Punktquellen bei extrem guter Luftruhe durch Steigerung der optischen Qualität der Fernrohre in begrenztem Umfang möglich ist [3, 14].

Eigenleuchten der Hochatmosphäre — Airglow

Es entsteht in rund 100 km Höhe (E-Schicht) [*1, 4, 7*], hängt von der geomagnetischen Breite des Beobachtungsortes ab, variiert stark mit der Sonnenaktivität [*12*] und weist Nord-Süd-Gradienten und unregelmäßige Strukturen auf [*13, 2, 6*]. Es trägt zur gesamten visuellen Nachthimmelshelligkeit in Zenitnähe 30 ··· 50%, in Horizontnähe etwa 50 ··· 80% bei.

Tab. 3a. Eigenleuchten der Hochatmosphäre — Airglow

Zenitleuchtdichte im visuellen Spektralbereich — Zenith luminance in the visual spectral region [*11*]

Maximum:	$0{,}52 \cdot 10^{-3}$ asb	oder rund 200 (Sterne 10^m)/(°)^2
Mittel:	$2{,}7 \cdot 10^{-4}$	100
Minimum:	$1{,}3 \cdot 10^{-4}$	50

Tab. 3b Spektrum — Spectrum [*11*]

L_z	mittlere Zenitleuchtdichte in [Rayleigh]; durchschnittliche Beiträge der Linien- und Banden-Emissionen	mean luminance in [Rayleigh]; average contributions of line and band emissions
1 [Rayleigh]	Emission von 10^6 Lichtquanten pro sec in allen Richtungen aus einer vertikalen Säule von 1 cm² Querschnitt	emission of 10^6 quanta per sec in all directions from a vertical column of 1 cm² cross-section

1 [Rayleigh] ≈ 0,23 (Sterne 10^m)/(°)^2 = $6{,}0 \cdot 10^{-7}$ asb.

Element	λ	L_z
O I	5577 A	260
O I	6300/6364 A	190
NaI	5890/5896 A	150
N_2	4000 ··· 5000 A	100
O_2	3000 ··· 4000 A	~ 100
OH	0,6 ··· 1 μm	~ 10^5
OH	1 ··· 4,4 μm	~ 10^6

Zwischen 0,8 μm und 2,2 μm wird die Emission (OH-Banden) groß gegen die stellaren und interplanetaren Komponenten. Im Infrarotbereich mit $\lambda > 2{,}5$ μm überwiegt die thermische Emission der Atmosphäre gegenüber allen anderen Beiträgen [*10*]. Bezüglich weiterer Einzelheiten des Airglow-Spektrums siehe [*18*].

Literatur zu 1.5.3 — References for 1.5.3

1 Amand, P. St., H. B. Pettit, F. E. Roach, and D. R. Williams: J. Atmospheric Terrest. Phys. **6** (1955) 189.
2 Barbier, D., et J. Glaume: Ann. Géophys. **15** (1959) 266.
3 Baum, W. A.: Stars and Stellar Systems (ed. G. P. Kuiper and B. M. Middlehurst), Vol. II, Astronomical Techniques. The University of Chicago Press, Chicago (1962) 1.
4 Elsässer, H., und H. Siedentopf: J. Atmospheric Terrest. Phys. **8** (1955) 222.
5 Elsässer, H., und U. Haug: ZfA **50** (1960) 121.
6 Haug, U.: J. Atmospheric Terrest. Phys. **21** (1961) 225.
7 Heppner, J. P., and L. H. Meredith: J. Geophys. Res. **63** (1958) 51.
8 Holl, H., und H. Siedentopf: Reichsber. Physik **1** (1944) 32.
9 Roach, F. E., and L. R. Megill: ApJ **133** (1961) 228.
10 Oscherowitsch, A. L., und S. F. Rodionow: Ber. Akad. Wiss. USSR **6** (1954) 1159.
11 Pettit, H. B., F. E. Roach, P. St. Amand, et D. R. Williams: Ann. Géophys. **10** (1954) 326.
12 Lord Rayleigh, and H. Spencer Jones: Proc. Roy. Soc. London (A) **151** (1935) 22.
13 Roach, F. E., L. R. Megill, M. H. Rees, and F. Marovich: J. Atmospheric Terrest. Phys. **12** (1958) 171.
14 Scheffler, H.: ZfA **58** (1964) 170.
15 Siedentopf, H.: Meteorol. Rdsch. **1** (1948) 524.
16 Siedentopf, H.: Naturwiss. **46** (1959) 309.
17 Struve, O., C. T. Elvey, and F. E. Roach: ApJ **84** (1936) 219.
18 Swings, P., and A. B. Meinel: The Spectra of the Night Sky and the Aurora. In: G. P. Kuiper (ed.): The Atmospheres of the Earth and Planets. The University of Chicago Press, Chicago (1952) 159.

2 Orts- und Zeitbestimmung, astronomische Konstanten — Position and time determination, astronomical constants

2.1 Geographische Ortsbestimmung — Geographical position determination

Die geographische Lage eines Ortes auf der Erde wird entweder mit rein astronomischen oder mit geodätischen Methoden bestimmt. Da die geodätisch bestimmten Punkte aber an astronomisch bestimmte angeschlossen werden müssen, ist die Genauigkeit einer absoluten Ortsbestimmung von einer astronomischen Messung abhängig.

The geographical position of a place on the earth is determined either by astronomical or by geodetic methods. Since the geodetic positions are based on astronomical ones the accuracy of an absolute position determination depends on the astronomical measurements.

2.1.1 Genauigkeit der Ortsbestimmung — Accuracy of the position determination

l	geographische Länge	geographic longitude
φ	geographische Breite	geographic latitude
h	Seehöhe	altitude above sea-level

Die geographische Breite φ wurde bis vor kurzem fast ausschließlich mit visuellen Zenitteleskopen nach der Horrebow-Talcott-Methode abgeleitet [*1*]. Daneben gewinnen aber feststehende photographische Zenitteleskope immer mehr an Bedeutung, zumal diese Instrumente in einem Arbeitsgang neben der geographischen Breite auch den Fehler der bei den Beobachtungen benutzten Uhr liefern (siehe [*2*] S. 88···104). Sie dienen also auch der Bestimmung der geographischen Länge l, wenn man die Ergebnisse der an verschiedenen Sternwarten erhaltenen Uhrzeiten funkentelegraphisch miteinander verbindet.

Genauigkeit der Breitenbestimmung: $\pm\,0{,}''02 \mathrel{\hat{=}} \pm\,0{,}6$ m

Genauigkeit der Längenbestimmung: $\pm\,0{,}^{s}008 \mathrel{\hat{=}} \pm\,3{,}7$ m.

2.1.2 Koordinaten der Sternwarten — Coordinates of the observatories

Genaue Angaben findet man in den jährlich erscheinenden "Astronomical Ephemeris" [*3*]. Wenn hohe Genauigkeit verlangt wird, ist zu beachten, daß die gegebenen Größen sich auf ein einzelnes Instrument beziehen und durch Verlegung von einzelnen Instrumenten oder durch Einrichtung von besonderen Beobachtungsstationen veralten können.

Tab. 1. Koordinaten der Sternwarten — Coordinates of the observatories

Ort [1]	l [2]	φ [3]	h [m]	Ort [1]	l [2]	φ [3]	h [m]
Aarhus	$-\,0^{h}40^{m}47{,}^{s}3$	$+56°\;7'40''$	50	Babelsberg	$-\,0^{h}52^{m}25{,}^{s}5$	$+52°24'24''$	82
Abastumani	− 2 51 18,1	+41 45 48	1 580	Bamberg	− 0 43 33,6	+49 53 6	288
Abbadia	+ 0 7 0,0	+43 22 52	69	Barcelona	− 0 8 30,2	+41 24 59	415
Adelaide	− 9 14 19,8	−34 55 38	41	Basel-Binningen	− 0 30 20,0	+47 32 27	318
Albany	+ 4 55 7,1	+42 39 13	70	Belgrad	− 1 22 3,2	+44 48 13	253
Algier	− 0 12 8,5	+36 48 5	345	Berkeley	+ 8 9 2,9	+37 52 24	94
Alma-Ata	− 5 7 49,8	+43 11 17	1 450	Bern	− 0 29 42,9	+46 57 13	563
Amherst	+ 4 50 5,9	+42 21 56	110	Besançon	− 0 23 57,4	+47 15 0	312
Amsterdam	− 0 19 38,8	+52 22 18	30	Bjurakan	− 2 57 10	+40 20 07	1 500
Ann Arbor	+ 5 34 55,3	+42 16 49	282	Bloemfontein (Boyden)	− 1 45 37,4	−29 2 18	1 387
Arcetri	− 0 45 1,3	+43 45 14	184	Bloomington	+ 5 46 5	+39 9 56	238
Armagh	+ 0 26 35,5	+54 21 11	64	Bogotá	+ 4 56 19,5	+ 4 35 55	2 640
Arosa	− 0 38 41,7	+46 40 10	2 050	Bologna	− 0 45 24,5	+44 29 53	84
Asiago	− 0 46 6,9	+45 51 45	1 045	Bombay	− 4 51 15,7	+18 53 36	14
Athen	− 1 34 52,1	+37 58 20	110	Bonn	− 0 28 23,2	+50 43 45	62

▶ 1) 2) 3) Siehe S. 65

Fortsetzung nächste Seite

Tab. 1. (Fortsetzung)

Ort [1]	l [2]	φ [3]	h [m]	Ort [1]	l [2]	φ [3]	h [m]
Bordeaux	+ 0^h 2^m 6^s,6	+44° 50' 7"	73	Green Bank/ W-Virginia	+ 5^h 19^m 20^s,7	+38° 26' 17"	823
Bosque Alegre	+ 4 18 11,2	−31 35 53	1 250	Greenwich	− 0 00 00,0	+51 28 38	47
Boulder	+ 7 1 2,9	+40 0 13	1 648	Groningen	− 0 26 15,1	+53 13 14	4
Breslau [Wroclaw]	− 1 8 21,2	+51 6 42	117	Hamburg-Bergedorf	− 0 40 57,7	+53 28 47	41
Brisbane	−10 12 6,0	−27 28 23	51	Hamburg (Hydrograph. Inst.)	− 0 39 53,4	+53 32 51	30
Brno (Brünn Univ. Stw.)	− 1 6 21,1	+49 12 15	310	Hannover (Techn. Hochschule)	− 0 38 51,3	+52 23 13	50
Brooklyn (GoetheLink)	+ 5 45 34,9	+39 32 58	300	Hartebeespoort	− 1 51 30,4	−25 26 22	1 220
Brorfelde	− 0 46 24	+55 38 0	93	Haverford	+ 5 1 12,7	+40 00 40	116
Budapest	− 1 15 51,4	+47 29 59	474	Heidelberg-Königstuhl	− 0 34 53,2	+49 23 55	570
Bukarest	− 1 44 23,2	+44 24 49	83	Helsinki	− 1 39 49,1	+60 9 42	33
Calcutta	− 5 53 30,3	+22 34 31	12	Helwan	− 2 5 21,9	+29 51 31	115
Cambridge/ England	− 0 0 22,7	+52 12 52	28	Herstmonceux	− 0 1 21,0	+50 52 18	34
Cambridge/ Mass.	+ 4 44 31,0	+42 22 48	24	Hoher List	− 0 27 23,9	+50 9 47	541
Cape Town (Cape of Good Hope)	− 1 13 54,4	−33 56 2	10	Hongkong	− 7 36 41,2	+22 18 13	33
Caracas	+ 4 27 42,6	+10 30 24	1 042	Hyderabad	− 5 13 49,0	+17 25 54	554
Castel Gandolfo	− 0 50 36,3	+41 44 47	450	Innsbruck	− 0 45 31,4	+47 16 6	605
Catania	− 1 0 20,6	+37 30 13	65	Iowa City	+ 6 6 8	+41 39 44	221
Charkow	− 2 24 55,7	+50 0 10	138	Irkutsk	− 6 57 22,7	+52 16 44	468
Charlottesville	+ 5 14 5,3	+38 2 1	259	Istanbul	− 1 55 52	+41 0 45	65
Cincinnati	+ 5 37 41,4	+39 8 20	247	Jena	− 0 46 20,2	+50 55 36	164
Cleveland	+ 5 26 16,4	+41 32 13	247	Johannesburg	− 1 52 18,0	−26 10 55	1 806
Climax (Colorado)	+ 7 4 50,3	+39 23 29	3 394	Kalocza	− 1 15 54,1	+46 31 42	117
Coïmbra	+ 0 33 43,1	+40 12 24	99	Kamogata (Okayama Obs.)	− 8 54 23,2	+34 34 26	372
Columbia/ South Carolina	+ 5 24 6,2	+33 59 47	98	Kanzelhöhe	− 0 55 37,6	+46 40 41	1 526
Columbus/ Ohio	+ 5 32 2,6	+39 59 50	233	Kapsternwarte	− 1 13 54,4	−33 56 2	10
Cordoba	+ 4 16 47,2	−31 25 16	434	Kasan (Engelhardt)	− 3 15 15,7	+55 50 20	98
Danzig	− 1 14 36,5	+54 21 38	31	Kiel	− 0 40 29,0	+54 20 32	38
Delaware/ Ohio	+ 5 32 13,3	+40 15 4	270	Kiew	− 2 2 0,6	+50 27 12	184
Denver (Chamberlin)	+ 6 59 47,7	+39 40 36	1 644	Kitt Peak	+ 7 26 22,7	+31 57 30	2 064
Dublin	+ 0 25 21,1	+53 23 13	86	Kodaikanal	− 5 9 52,5	+10 13 50	2 343
Dunedin	−11 21 58,0	−45 52 26	141	Königsberg	− 1 21 59,0	+54 42 51	22
Edinburgh	+ 0 12 44,1	+55 55 30	146	Kopenhagen	− 0 50 18,7	+55 41 13	14
Evanston (Dearborn)	+ 5 50 41,8	+42 3 27	175	Kowno	− 1 35 29,5	+54 53 44	69
Flagstaff	+ 7 26 44,6	+35 12 30	2 210	Krakau [Kraków]	− 1 19 50,3	+50 3 52	221
Florenz	− 0 45 2,7	+43 46 49	72	Kremsmünster	− 0 56 31,6	+48 3 23	384
Fort Davis	+ 6 56 5,3	+30 40 18	2 081	Krim (Nauchny)	− 2 16	+44 44	570
Frankfurt a.M	+ 0 34 36,3	+50 7 0	121	Kyoto	− 9 3 10,4	+34 59 41	234
Freiburg (Schauinsland)	− 0 31 37,4	+47 54 50	1 240	La Plata	+ 3 51 43,7	−34 54 30	17
Gaithersburg	+ 5 8 47,8	+39 8 13	155	Leiden	− 0 17 56,2	+52 9 20	6
Genf [Genève]	− 0 24 36,6	+46 11 59	407	Leipzig	− 0 49 33,9	+51 20 6	119
Glasgow	+ 0 17 10,6	+55 52 42	55	Lembang	− 7 10 27,8	− 6 49 33	1 300
Göttingen	− 0 39 46,2	+51 31 48	161	Lemberg [Lwov]	− 1 36 7,1	+49 49 58	330
Graz	− 1 1 47,7	+47 4 38	375				

▶ [1]) [2]) [3]) Siehe S. 65

Fortsetzung nächste Seite

Tab. 1. (Fortsetzung)

Ort [1]	l [2]	φ [3]	h [m]
Leningrad (Univ. Sternw.)	$-\ 2^{\mathrm{h}}\ 1^{\mathrm{m}}10^{\mathrm{s}},7$	$+59°\ 56'\ 32''$	3
Liège [Lüttich]	− 0 22 15,4	+50 37 6	127
Lissabon	+ 0 36 44,7	+38 42 31	95
Lund	− 0 52 45,0	+55 41 52	34
Lyon	− 0 19 8,5	+45 41 41	299
Macclesfield (Jodrell Bank)	+ 0 9 13,5	+53 14 11	70
Madison (Washburn)	+ 5 57 37,9	+43 4 37	292
Madras	− 5 20 59,1	+13 4 8	7
Madrid	+ 0 14 45,1	+40 24 30	655
Mailand [Milano]	− 0 36 45,9	+45 27 59	120
Manila	− 8 3 54,7	+14 34 42	8
Marseille	− 0 21 34,6	+43 18 16	75
Meudon	− 0 8 55,5	+48 48 18	162
Middletown	+ 4 50 38,2	+41 33 18	65
Milano-Merate	− 0 37 42,8	+45 41 54	380
Mill Hill (London Univ.-Observ.)	+ 0 0 57,8	+51 36 46	82
Minneapolis	+ 6 12 57,0	+44 58 40	260
Mizusawa	− 9 24 31,5	+39 8 3	61
Moskau (Sternberg-Inst.)	− 2 30 17,0	+55 45 20	166
Mount Chikurin	− 8 54 23,2	+34 34 26	372
Mount Hamilton (Lick)	+ 8 6 34,9	+37 20 25	1 283
Mount Palomar	+ 7 47 27,4	+33 21 22	1 706
Mount Stromlo	− 9 56 1,4	−35 19 16	768
Mount Wilson	+ 7 52 14,3	+34 13 0	1 742
München	− 0 46 26,0	+48 8 46	535
Nanking	− 7 55 17,0	+32 4 0	367
Nantucket/Mass.	+ 4 40 25,2	+41 16 50	20
Nashville/Tenn.	+ 5 47 13,3	+36 3 8	345
Neapel	− 0 57 1,4	+40 51 46	164
Neuchâtel	− 0 27 49,8	+46 59 51	488
New Haven (Yale)	+ 4 51 42,0	+41 18 58	21
New York (Columbia)	+ 4 55 50	+40 48 35	25
Nikolajew	− 2 7 53,9	+46 58 19	54
Nizza	− 0 29 12,1	+43 43 17	376
Northfield	+ 6 12 35,9	+44 27 42	290
Oak Ridge/Tenn.	+ 4 46 14,2	+42 30 13	183
Odessa	− 2 3 2,0	+46 28 37	53
Ondřejov	− 0 59 8,1	+49 54 38	533
Oslo	− 0 42 53,5	+59 54 44	25
Ottawa	+ 5 2 52,0	+45 23 38	87
Oxford	$+\ 0^{\mathrm{h}}\ 5^{\mathrm{m}}\ 0^{\mathrm{s}},4$	$+51°45'34''$	64
Padua	− 0 47 29,2	+45 24 1	38
Palermo	− 0 53 25,9	+38 6 44	72
Paris (Observ. de Paris)	− 0 9 20,9	+48 50 11	67
Perth	− 7 43 21,6	−31 57 11	65
Philadelphia	+ 5 1 54,3	+39 59 57	155
Pic du Midi	− 0 0 34,2	+42 56 12	2 862
Pittsburgh/Pa (Allegheny)	+ 5 20 5,3	+40 28 58	370
Pontiac (McMath)	+ 5 33 3,3	+42 39 48	296
Porto Alegre	+ 3 24 53,2	−30 1 50	26
Posen [Poznań]	− 1 7 30,8	+52 23 54	85
Potsdam*)	− 0 52 16,1	+52 22 55	109
Potsdam (Astrophys.Obs.)	− 0 52 15,9	+52 22 56	107
Poughkeepsie (Vassar)	+ 4 55 35,2	+41 41 18	61
Prag [Praha]	− 0 57 34,9	+50 4 36	267
Pretoria (Radcliffe)	− 1 52 54,9	−25 47 18	1 542
Princeton (Univ. Obs.)	+ 4 58 35,6	+40 20 48	43
Pulkowo	− 2 1 18,6	+59 46 18	75
Quito	+ 5 13 58,2	− 0 14 0	2 908
Richmond Hill	+ 5 17 41,3	+43 51 46	244
Rio de Janeiro	+ 2 52 53,5	−22 53 42	33
Rom (Monte Mario)	− 0 49 48,6	+41 55 19	152
Rom (Castel Gandolfo)	− 0 50 36,4	+41 44 48	450
San Fernando	+ 0 24 49,3	+36 27 42	30
Santiago/Chile	+ 4 42 11,7	−33 23 50	860
Sendai	− 9 23 29,5	+38 15 15	36
Sidmouth (Lockyer Obs.)	+ 0 12 52,5	+50 41 13	171
Simeïs	− 2 15 59,4	+44 24 12	346
Skalnaté Pleso	− 1 20 58,8	+49 11 20	1 783
Sonneberg	− 0 44 46,2	+50 22 41	640
Stalinabad	− 4 35 7,5	+38 33 40	820
St. Michel (Haute Prov.)	− 0 22 52,0	+43 55 47	580
St. Andrews	+ 0 11 15,5	+56 20 10	—
Stockholm	− 1 13 14	+59 16 18	55
Straßbourg	− 0 31 4,2	+48 35 2	156
Sunspot (Sacramento Peak)	+ 7 3 16,6	+32 47 12	2 811
Swarthmore (Sproul)	+ 5 1 25,6	+39 54 16	63
Sydney (Riverview)	−10 4 38,0	−33 49 46	26
Tacubaya	+ 6 36 46,7	+19 24 18	2 297
Tartu [Dorpat]	− 1 46 53,2	+58 22 47	67
Tashkent	− 4 37 10,5	+41 19 30	477
Tautenburg	− 0 46 51	+50 58 51	331
Thorn [Toruń]	− 1 14 13,1	+53 5 48	90
Tokyo (Coll. of Science)	− 9 3 9,8	+35 1 51	60
Tokyo (Mitaka)	− 9 18 10,1	+35 40 21	59

*) Nullpunkt der Deutschen Landesvermessung.

▶ [1] [2] [3] Siehe S. 65.

Fortsetzung nächste Seite

Tab. 1. (Fortsetzung)

Ort [1]	l [2]	φ [3]	h [m]	Ort [1]	l [2]	φ [3]	h [m]
Tomsk	$-5^{h}39^{m}47^{s}{,}2$	$+56°28'\ 6''$	130	Warschau [Warszawa]	$-1^{h}24^{m}\ 7^{s}{,}3$	$+52°13'\ 5''$	121
Tonantzintla	+ 6 33 15,3	+19 1 58	2 150	Washington (Naval Obs.)	+ 5 8 15,8	+38 55 14	86
Tortosa (Ebro)	− 0 1 58,5	+40 49 14	54	Washington-Georgetown	+ 5 8 18,3	+38 54 26	62
Toulouse	− 0 5 51,0	+43 36 44	195	Wellington	− 11 39 3,7	−41 17 4	129
Triest	− 0 55 4,9	+45 38 36	67	Wendelstein	− 0 48 3,3	+47 42 16	1 837
Tsingtau	− 8 1 16,8	+36 4 11	78	Wien (Universitätsstw.)	− 1 5 21,4	+48 13 55	240
Tübingen	− 0 36 13,5	+48 32 20	470	Wien (Kuffner)	− 1 5 11,0	+48 12 47	293
Tucson (Steward)	+ 7 23 47,7	+32 13 59	757	Williams Bay (Yerkes)	+ 5 54 13,6	+42 34 13	334
Turin	− 0 31 6,0	+45 2 16	618	Wilna	− 1 41 8,8	+54 40 59	122
Turku [Abo]	− 1 28 55,0	+60 27 9	28	Würzburg	− 0 39 44,6	+49 47 18	207
Uccle	− 0 17 26,0	+50 47 55	105	Zagreb	− 1 4 5,1	+45 49 32	146
Uppsala (Universitätsstw.)	− 1 10 30,2	+59 51 29	21	Zô-Sè	− 8 4 44,8	+31 5 48	100
Uppsala (Kvistaberg)	− 1 10 25,6	+59 30 6	20	Zürich	− 0 34 12,3	+47 22 38	469
Utrecht	− 0 20 31,0	+52 5 10	14				
Victoria	+ 8 13 40,2	+48 31 16	229				

[1] ( ) Name des Observatoriums — name of the observatory
[ ] Andere Schreibweise des Ortes — other spelling of the place
Bezüglich der Namen der Sternwarten siehe [4] und Tab. 2 — Concerning the names of the observatories see [4] and Tab. 2

[2] + westlich Greenwich | west of Greenwich — östlich Greenwich | east of Greenwich

[3] + nördlich | north — südlich | south

Tab. 2. Sternwarten, die auch unter einem anderen Ort oder einem anderen Namen bekannt sind — Observatories which are often listed under another place or name

Ort der Sternwarte	siehe in Tab. 1 unter	Ort der Sternwarte	siehe in Tab. 1 unter
Abo	Turku	Lake Angelus	Pontiac
Bergedorf	Hamburg-Bergedorf	London	Mill Hill
Berlin-Babelsberg	Babelsberg	Merate	Milano-Merate
Blindern	Oslo	Mitaka	Tokyo
Brüssel	Uccle	Nauchny	Krim
Canberra	Mount Stromlo	Palomar Mountain	Mount Palomar
Dorpat	Tartu	Toronto	Richmond Hill
Duschanbe	Stalinabad	Wroclaw	Breslau

Name der Sternwarte	Ort	Name der Sternwarte	Ort
Allegheny Observatory	Pittsburgh	Československá Akademie Věd Astronomický Ústav	Prag
Archenhold-Sternwarte	Berlin-Treptow	Chamberlin Observatory, University of Denver	Denver/Col.
Arthur J.Dyer Observatory	Nashville/Tenn.	Commonwealth Observatory	Canberra
Astronomisches Hauptobservatorium der Akademie der Wissenschaften der Ukrainischen Sowjetrepublik	Golossejewo	David Dunlap Observatory, University of Toronto	Richmond Hill
Bosscha Observatory	Lembang	Dearborn Observatory	Evanston/Ill.
Boyden Observatory	Bloemfontein	Department of Astronomy and Observatory, University of California	Los Angeles/Calif.
Bureau International de l'Heure	Paris	Division of Radiophysics, C.S.I.R.O. University Grounds	Chippendale
Cajigal Observatory	Caracas	Dominion Astrophysical Observatory	Victoria, Canada
California Institute of Technology	Pasadena		
Cape of Good Hope	Cape Town		
Carter Observatory	Wellington, N. Z.		
Cavendish Laboratory	Cambridge, Engl.		

Fortsetzung nächste Seite

Larink

Tab. 2. (Fortsetzung)

Name der Sternwarte	Ort
Dominion Observatory	Ottawa, Ont.
Dominion Radio Astrophysical Observatory	White Lake
Dunsink Observatory	Dublin
Engelhardt-Observatorium	Kasan
Flower and Cook Observatories, University of Pennsylvania	Philadelphia/Pa.
Fraunhofer-Institut	Freiburg i. Br.
Free School Lane	Cambridge/Engl.
Georgetown Observatory	Washington/D. C.
Goethe Link Observatory of Indiana University	Bloomington/Ind.
Griffith Observatory	Los Angeles/Calif.
Harvard College Observatory	Cambridge/Mass.
High Altitude Observatory of the University of Colorado	Boulder and Climax/Colo.
Institute of Theoretical Astrophysics Blindern	Oslo
Jodrell Bank Experimental Station	Macclesfield
Karl-Schwarzschild-Observatorium	Tautenburg
Kapsternwarte	Cape Town
Kapteyn Astronomical Laboratory	Groningen
Kwasan Observatory (Kwasan Hill)	Kyoto
Leander McCormick Observatory of the University of Virginia	Charlottesville
Leuschner Observatory	Berkeley/Calif.
Lick Observatory	Mount Hamilton
Lockheed Solar Observatory	Burbank/Calif.
Louisiana State University Observatory	Baton Rouge/La.
Lowell Observatory	Flagstaff/Ariz.
Max-Planck-Institut für Physik und Astrophysik	München
McDonald Observatory	Fort Davis/Tex.
McMath Hulbert Observatory	Pontiac/Mich.
Mullard Radio Astronomy Observatory	Cambridge/Engl.
National Bureau of Standards	Washington/D. C.
National Observatory/USA	Kitt Peak
National Radio Astronomy Observatory	Green Bank
Nizamiah Observatory	Hyderabad
Norman Lockyer Observatory	Exeter
Nuffield Radio Astronomy Laboratories Jodrell Bank, University of Manchester	Macclesfield
Observatoire de Haute Provence	Saint-Michel
Observatoire de Paris, Section d'Astrophysique de Meudon, Station de Radioastronomie	Nançay
Observatoire Royale de Belgique	Uccle
Observatorio de Cartuja	Granada
Observatorio del Ebro	Tortosa
Observatorio Fabra	Barcelona
Observatory of the University of Michigan	Ann Arbor/Mich.
Ohio State University Radio Observatory	Columbus/Ohio
Okayama Astrophysical Observatory	Mount Chikurin
Olbers-Sternwarte	Bremen
Ole Rømer-Observatoriet	Aarhus
Perkins Observatory of the Ohio State and Wesleyan Universities	Delaware/Ohio
Purple Mountain Observatory	Nanking
Radcliffe Observatory	Pretoria
Radiophysics Laboratory, C.S.I.R.O.	Sydney
Remeis-Sternwarte	Bamberg
Rennselaer Observatory	Troy/N. Y.
Royal Radar Establishment, Radio Astronomy Division	Malvern
Rutherford Observatory of Columbia University	New York/N. Y.
Sacramento Peak Observatory	Sunspot/New Mexico
Sagamore Hill Radio Observatory	Bedford/Mass.
Smithsonian Institution	Washington/D. C.
Specóla Vaticana	Castel Gandolfo
Sproul Observatory	Swarthmore/Penn.
Staatliches Astronomisches Sternberg-Institut	Moskau
Steward Observatory of the University of Arizona	Tucson
Ulugh-Beg International Latitude Station	Kitab
Union Observatory	Johannesburg
United States Naval Observatory	Washington D. C.
University of Florida Radio Observatory	Gainesville/Fl.
University of Illinois Observatory	Urbana
U. S. Naval Research Laboratory	Washington/D. C.
Uttar Pradesh State Observatory	Naini Tal
Van Vleck Observatory	Middletown/Conn.
Warner and Swasey Observatory	Cleveland/Ohio
Washburn Observatory	Madison/Wisc.
Wilhelm-Förster-Sternwarte	Berlin
Yale Columbia Southern Station	Mount Stromlo
Yale University Observatory	New Haven/Conn.
Yerkes Observatory	Williams Bay/Wisc.

2.1.3 Polhöhenschwankungen — Variations of latitude (variations of altitude of the pole)

Die Erdachse im Erdkörper liegt nicht fest, sondern schwankt um geringe Beträge in einer Weise, die man nicht auf längere Zeit vorhersagen, sondern höchstens auf ein paar Wochen mit einiger Sicherheit extrapolieren kann. Daher stellen die

The axis of the earth's rotation is not fixed in the earth's body but varies by small amounts in a way which cannot be predicted for a longer period of time but can only be extrapolated with some degree of accuracy for a few weeks. Therefore, the geogra-

geographischen Koordinaten eines Erdorts Mittelwerte dar. Polhöhenschwankungen wurden erstmals 1885 von Küstner [5] nachgewiesen.

phical coordinates of a place represent only mean values. The variations of the altitude of the pole were detected by Küstner [5] in 1885.

Tab. 3. Stationen des Internationalen Breitendienstes — Stations of the international latitude service

Name	l
Mizusawa	141° 8' östlich
Kitab	66 53 östlich
Carloforte	8 19 östlich
Gaithersburg	77 12 westlich
Ukiah	132 13 westlich

Zur Überwachung der Schwankungen wurde ein *Internationaler Breitendienst* gegründet, dessen fünf Stationen (Tab. 3) auf dem nördlichen Breitengrad 39° 8' liegen. Die Zentrale befand sich bis 1918 in Straßburg, später in Mizusawa (Japan) und in Neapel und seit 1948 in Turin.

Koordinatenanfangspunkt für die rechtwinkligen Koordinaten des momentanen Pols (Tab. 4 und 5) ist die mittlere Lage des Nordpols der Erde, wie sie aus den Beobachtungen der ersten Jahrzehnte des Internationalen Breitendienstes folgte. Dabei ist die positive x-Achse auf Greenwich, die positive y-Achse auf einen Punkt in der westlichen Länge von 90° gerichtet.

Tab. 4. Rechtwinklige Koordinaten des momentanen Pols von 1900···1946 und 1948,9···1955,4 [1]) — Rectangular coordinates of the instantaneous pole from 1900···1946 and 1948,9···1955,4 [1]) [6]

	1900		1901		1902		1903		1904		1905		
	x	y	x	y	x	y	x	y	x	y	x	y	
0,0	+ 0,"08	− 0,"02	− 0,"01	+ 0,"02	− 0,"11	− 0,"05	− 0,"15	− 0,"10	− 0,"05	− 0,"17	+ 0,"08	− 0,"14	0,0
0,1	+ 5	− 6	+ 2	+ 2	− 10	+ 3	− 19	− 2	− 14	− 11	− 1	− 19	0,1
0,2	+ 1	− 9	+ 5	+ 2	− 5	+ 11	− 15	+ 8	− 17	− 3	− 12	− 16	0,2
0,3	− 3	− 11	+ 8	− 1	+ 2	+ 16	− 7	+ 16	− 17	+ 6	− 16	− 9	0,3
0,4	− 5	− 12	+ 11	− 7	+ 12	+ 14	+ 3	+ 21	− 11	+ 15	− 14	0	0,4
0,5	− 6	− 12	+ 11	− 14	+ 21	+ 6	+ 11	+ 20	0	+ 18	− 9	+ 9	0,5
0,6	− 7	− 8	+ 8	− 18	+ 20	− 2	+ 19	+ 13	+ 9	+ 15	− 1	+ 16	0,6
0,7	− 7	− 5	+ 2	− 17	+ 13	− 10	+ 21	+ 2	+ 15	+ 8	+ 7	+ 15	0,7
0,8	− 6	− 1	− 4	− 15	+ 4	− 16	+ 17	− 11	+ 16	+ 2	+ 12	+ 10	0,8
0,9	− 4	+ 1	− 8	− 11	− 7	− 15	+ 8	− 19	+ 14	− 6	+ 13	+ 2	0,9

	1906		1907		1908		1909		1910		1911		
	x	y	x	y	x	y	x	y	x	y	x	y	
0,0	+ 0,"09	− 0,"06	+ 0,"04	+ 0,"08	− 0,"08	+ 0,"14	− 0,"27	− 0,"02	− 0,"18	− 0,"27	+ 0,"05	− 0,"32	0,0
0,1	+ 1	− 10	+ 4	+ 2	+ 1	+ 17	− 26	+ 12	− 26	− 13	− 11	− 26	0,1
0,2	− 5	− 10	+ 4	− 3	+ 10	+ 16	− 17	+ 24	− 30	+ 4	− 20	− 14	0,2
0,3	− 9	− 7	+ 4	− 7	+ 18	+ 9	− 2	+ 29	− 24	+ 21	− 22	+ 2	0,3
0,4	− 12	− 2	+ 2	− 10	+ 22	− 2	+ 17	+ 25	− 8	+ 29	− 18	+ 16	0,4
0,5	− 12	+ 4	− 1	− 12	+ 22	− 12	+ 30	+ 14	+ 12	+ 31	− 10	+ 29	0,5
0,6	− 9	+ 8	− 5	− 11	+ 15	− 18	+ 34	− 1	+ 28	+ 25	+ 4	+ 31	0,6
0,7	− 4	+ 9	− 10	− 5	+ 3	− 20	+ 28	− 15	+ 33	+ 6	+ 17	+ 26	0,7
0,8	− 1	+ 10	− 14	+ 1	− 11	− 19	+ 13	− 26	+ 30	− 13	+ 27	+ 14	0,8
0,9	+ 2	+ 10	− 13	+ 8	− 22	− 12	− 6	− 31	+ 20	− 25	+ 32	− 1	0,9

	1912		1913		1914		1915		1916		1917		
	x	y	x	y	x	y	x	y	x	y	x	y	
0,0	+ 0,"25	− 0,"11	+ 0,"12	+ 0,"10	− 0,"08	+ 0,"10	− 0,"17	− 0,"02	− 0,"10	− 0,"24	+ 0,"08	− 0,"28	0,0
0,1	+ 10	− 20	+ 14	+ 5	− 2	+ 12	− 18	+ 9	− 17	− 13	− 3	− 27	0,1
0,2	− 2	− 20	+ 14	− 1	+ 8	+ 11	− 11	+ 20	− 19	0	− 13	− 15	0,2
0,3	− 11	− 14	+ 14	− 6	+ 17	+ 10	0	+ 28	− 15	+ 13	− 15	− 3	0,3
0,4	− 14	− 6	+ 12	− 9	+ 20	+ 7	+ 12	+ 26	− 4	+ 26	− 8	+ 10	0,4
0,5	− 12	+ 3	+ 8	− 11	+ 19	0	+ 22	+ 18	+ 10	+ 27	0	+ 20	0,5
0,6	− 9	+ 11	+ 1	− 11	+ 15	− 8	+ 28	+ 6	+ 23	+ 14	+ 9	+ 21	0,6
0,7	− 4	+ 16	− 6	− 9	+ 7	− 17	+ 27	− 7	+ 31	+ 1	+ 16	+ 14	0,7
0,8	+ 2	+ 17	− 10	− 2	− 2	− 21	+ 16	− 21	+ 30	− 11	+ 18	+ 4	0,8
0,9	+ 8	+ 15	− 10	+ 5	− 11	− 14	+ 3	− 27	+ 21	− 21	+ 17	− 4	0,9

[1]) Daten für 1959···1963 siehe Tab. 5.

Fortsetzung nächste Seite

Tab. 4. (Fortsetzung)

	1918 x	1918 y	1919 x	1919 y	1920 x	1920 y	1921 x	1921 y	1922 x	1922 y	1923 x	1923 y	
0,0	+ 0,"13	— 0,"12	+ 0,"11	+ 0,"06	— 0,"02	+ 0,"12	— 0,"08	— 0,"05	— 0,"03	— 0,"04	— 0,"05	— 0,"20	0,0
0,1	+ 3	— 13	+ 8	+ 6	+ 3	+ 16	— 10	+ 3	— 10	+ 4	— 11	— 13	0,1
0,2	— 3	— 6	+ 6	+ 4	+ 8	+ 15	— 6	+ 8	— 8	+ 12	— 16	— 3	0,2
0,3	— 6	+ 2	+ 9	0	+ 14	+ 12	+ 4	+ 11	— 1	+ 18	— 13	+ 7	0,3
0,4	— 8	+ 9	+ 9	— 2	+ 20	+ 6	+ 15	+ 10	+ 9	+ 18	— 8	+ 17	0,4
0,5	— 5	+ 13	+ 7	— 3	+ 21	— 2	+ 24	+ 6	+ 19	+ 13	+ 2	+ 17	0,5
0,6	+ 3	+ 13	+ 3	— 3	+ 20	— 9	+ 25	— 0	+ 27	+ 6	+ 13	+ 15	0,6
0,7	+ 7	+ 10	— 3	— 2	+ 15	— 15	+ 21	— 8	+ 22	— 10	+ 20	+ 7	0,7
0,8	+ 9	+ 7	— 7	+ 1	+ 7	— 16	+ 14	— 13	+ 17	— 19	+ 20	0	0,8
0,9	+ 10	+ 6	— 6	+ 6	— 1	— 13	+ 6	— 11	+ 8	— 21	+ 15	— 9	0,9

	1924 x	1924 y	1925 x	1925 y	1926 x	1926 y	1927 x	1927 y	1928 x	1928 y	1929 x	1929 y	
0,0	+ 0,"05	— 0,"12	+ 0,"06	— 0,"08	+ 0,"01	— 0,"11	+ 0,"02	— 0,"03	— 0,"04	— 0,"06	— 0,"07	+ 0,"01	0,0
0,1	— 4	— 12	0	— 13	— 3	— 14	+ 3	— 4	— 7	— 3	— 9	+ 2	0,1
0,2	— 9	— 2	— 5	— 10	— 9	— 6	+ 3	— 4	— 6	+ 1	— 6	+ 6	0,2
0,3	— 10	+ 4	— 6	— 3	— 10	0	+ 2	— 3	— 2	+ 4	+ 1	+ 11	0,3
0,4	— 9	+ 9	— 3	0	— 9	+ 3	+ 2	+ 2	— 1	+ 7	+ 6	+ 13	0,4
0,5	— 6	+ 11	— 2	+ 3	— 4	+ 7	+ 3	+ 4	— 1	+ 4	+ 10	+ 6	0,5
0,6	+ 4	+ 11	+ 2	+ 1	0	+ 9	+ 5	+ 1	+ 3	+ 2	+ 11	— 2	0,6
0,7	+ 9	+ 7	+ 6	— 4	+ 4	+ 4	+ 4	— 4	+ 1	— 2	+ 9	— 8	0,7
0,8	+ 11	+ 2	+ 7	— 6	+ 5	— 1	+ 2	— 6	— 5	— 3	0	— 11	0,8
0,9	+ 9	— 2	+ 5	— 8	+ 2	+ 4	+ 1	— 8	— 6	0	— 6	— 13	0,9

	1930 x	1930 y	1931 x	1931 y	1932 x	1932 y	1933 x	1933 y	1934 x	1934 y	1935 x	1935 y	
0,0	— 0,"11	— 0,"08	— 0,"13	— 0,"07	— 0,"09	— 0"11	+ 0,"00	— 0,"13	+ 0,"01	— 0,"08	— 0,"01	+ 0,"03	0,0
0,1	— 15	+ 3	— 15	+ 2	— 20	— 4	— 10	— 10	— 5	— 8	— 4	+ 3	0,1
0,2	— 10	+ 11	— 16	+ 10	— 20	+ 7	— 13	— 2	— 12	— 2	— 4	+ 3	0,2
0,3	— 5	+ 14	— 10	+ 21	— 13	+ 17	— 16	+ 9	— 17	+ 3	— 4	+ 4	0,3
0,4	+ 2	+ 18	— 2	+ 23	— 9	+ 19	— 12	+ 15	— 12	+ 8	— 3	+ 4	0,4
0,5	+ 10	+ 14	+ 10	+ 22	— 4	+ 21	— 7	+ 19	— 5	+ 14	— 2	+ 3	0,5
0,6	+ 16	+ 8	+ 18	+ 16	+ 8	+ 21	+ 3	+ 18	+ 1	+ 16	— 1	+ 3	0,6
0,7	+ 14	— 2	+ 20	+ 8	+ 17	+ 16	+ 7	+ 12	+ 4	+ 11	— 1	+ 4	0,7
0,8	+ 6	— 8	+ 8	— 9	+ 16	+ 3	+ 7	+ 4	+ 4	+ 7	— 3	+ 5	0,8
0,9	— 1	— 10	+ 1	— 12	+ 9	— 10	+ 5	— 2	+ 3	+ 2	— 5	+ 5	0,9

	1936 x	1936 y	1937 x	1937 y	1938 x	1938 y	1939 x	1939 y	1940 x	1940 y	1941 x	1941 y	
0,0	— 0,"11	+ 0,"07	— 0,"16	+ 0,"04	— 0,"17	— 0,"02	— 0,"12	— 0,"03	+ 0,"04	— 0,"02	+ 0,"07	+ 0,"02	0,0
0,1	— 12	+ 9	— 18	+ 7	— 18	+ 2	— 13	— 1	— 6	— 5	+ 4	— 1	0,1
0,2	— 9	+ 10	— 13	+ 13	— 14	+ 8	— 10	+ 6	— 13	— 1	0	— 1	0,2
0,3	— 4	+ 10	— 6	+ 15	— 10	+ 14	— 5	+ 13	— 13	+ 6	— 1	+ 1	0,3
0,4	+ 1	+ 9	+ 1	+ 16	— 6	+ 16	0	+ 16	— 8	+ 13	0	+ 7	0,4
0,5	+ 6	+ 7	+ 8	+ 13	+ 2	+ 15	+ 6	+ 16	+ 2	+ 15	+ 2	+ 9	0,5
0,6	+ 5	+ 4	+ 9	+ 6	+ 16	+ 13	+ 13	+ 14	+ 6	+ 13	+ 4	+ 12	0,6
0,7	0	0	+ 4	+ 2	+ 15	+ 8	+ 18	+ 11	+ 10	+ 11	+ 7	+ 12	0,7
0,8	— 5	— 2	— 3	— 2	+ 5	0	+ 16	+ 6	+ 11	+ 8	+ 8	+ 8	0,8
0,9	— 10	— 2	— 10	— 3	— 5	— 4	+ 12	+ 2	+ 9	+ 5	+ 7	+ 5	0,9

	1942 x	1942 y	1943 x	1943 y	1944 x	1944 y	1945 x	1945 y	1946 x	1946 y	1947 x	1947 y	
0,0	+ 0,"02	+ 0,"02	+ 0,"03	+ 0,"15	— 0,"07	+ 0,"06	— 0,"14	— 0,"06	+ 0,"01	— 0,"18	+ 0,"21	— 0,"08	0,0
0,1	+ 1	+ 1	+ 6	+ 11	— 3	+ 12	— 17	+ 1	— 14	— 10			0,1
0,2	0	0	+ 9	+ 7	0	+ 16	— 15	+ 14	— 19	0			0,2
0,3	0	+ 2	+ 12	+ 6	+ 6	+ 14	— 6	+ 21	— 22	+ 17	Definitive		0,3
0,4	+ 1	+ 3	+ 14	+ 4	+ 21	+ 12	+ 9	+ 24	— 14	+ 23	Daten liegen		0,4
0,5	+ 1	+ 3	+ 13	0	+ 27	+ 8	+ 19	+ 23	— 2	+ 29	noch nicht		0,5
0,6	— 1	+ 3	+ 10	— 4	+ 27	— 6	+ 28	+ 6	+ 13	+ 28	vor		0,6
0,7	— 1	+ 8	+ 6	— 6	+ 18	— 15	+ 30	— 4	+ 26	+ 20			0,7
0,8	0	+ 10	+ 1	— 3	— 1	— 18	+ 25	— 18	+ 29	+ 9			0,8
0,9	+ 1	+ 12	— 5	+ 1	— 8	— 13	+ 12	— 22	+ 25	— 4			0,9

Fortsetzung nächste Seite

Tab. 4. (Fortsetzung)

	1948		1949		1950		1951		1952		1953		
	x	y	x	y	x	y	x	y	x	y	x	y	
0,0	Definitive Daten liegen noch nicht vor		+ 0,″06	+ 0,″28	− 0,″18	+ 0,″24	− 0,″30	+ 0,″02	− 0,″19	− 0,″22	+ 0,″02	− 0,″23	0,0
0,1			+ 16	+ 26	− 11	+ 33	− 34	+ 18	− 36	− 4	− 13	− 20	0,1
0,2			+ 25	+ 18	+ 4	+ 35	− 26	+ 34	− 39	+ 17	− 32	− 9	0,2
0,3			+ 25	+ 7	+ 17	+ 28	− 6	+ 46	− 30	+ 34	− 37	+ 5	0,3
0,4			+ 22	− 2	+ 28	+ 19	+ 14	+ 41	− 14	+ 45	− 31	+ 23	0,4
0,5			+ 15	− 8	+ 36	+ 7	+ 30	+ 29	+ 10	+ 47	− 14	+ 36	0,5
0,6			+ 6	− 13	+ 35	− 7	+ 45	+ 10	+ 30	+ 40	+ 5	+ 42	0,6
0,7			− 8	− 13	+ 17	− 17	+ 41	− 10	+ 42	+ 24	+ 24	+ 38	0,7
0,8			− 15	+ 4	− 2	− 23	+ 26	− 23	+ 42	+ 2	+ 34	+ 25	0,8
0,9	0,″00	+ 0,″27	− 19	+ 13	− 21	− 19	+ 5	− 26	+ 26	− 14	+ 28	+ 7	0,9

	1954		1955		
	x	y	x	y	
0,0	+ 0,″09	− 0,″09	+ 0,″05	+ 0,″19	0,0
0,1	− 7	− 20	+ 16	+ 14	0,1
0,2	− 13	− 21	+ 16	+ 8	0,2
0,3	− 21	− 16	+ 11	+ 1	0,3
0,4	− 25	− 4	+ 5	− 4	0,4
0,5	− 14	+ 10			0,5
0,6	− 3	+ 22			0,6
0,7	+ 3	+ 29			0,7
0,8	+ 5	+ 29			0,8
0,9	+ 7	+ 25			0,9

In den letzten Jahren ist die Anzahl der Beobachtungsstationen stark angewachsen und die Genauigkeit durch Einführung neuer Instrumente (Photographisches Zenitteleskop und Prismenastrolab von DANJON [2]) wesentlich gesteigert worden. Damit tritt die Forderung auf, genaue Zeitbestimmungen (siehe 2.2) nicht auf den momentanen, sondern auf den mittleren Pol zu beziehen. Das „Bureau International de l'Heure" in Paris gibt im Rahmen eines „Service International Rapide des Latitudes (SIR)" ein „Circulaire" heraus, in dem den Zeitmeßinstituten die Ergebnisse der Breitenbestimmungen von gegenwärtig 27 Stationen mitgeteilt werden. Das „Circulaire" folgt den mitgeteilten Beobachtungen in einem Zeitraum von 2 bis 4 Wochen. Es extrapoliert darüber hinaus die x- und y-Werte für die nächsten 2 Monate und ermöglicht dadurch eine sofortige „semidefinitive" Berechnung der Zeitbestimmungen; die Ergebnisse weichen erfahrungsgemäß von den definitiven nur ganz unbedeutend ab.

Tab. 5. Rechtwinklige Koordinaten des momentanen Pols von 1959,9 ··· 1963,5 — Rectangular coordinates of the instantaneous pole from 1959,9 ··· 1963,5 [7]

	1959		1960		1961		1962		1963		
	x	y	x	y	x	y	x	y	x	y	
0,0	Definitive Daten liegen noch nicht vor		+ 0,″11	− 0,″11	+ 0,″08	+ 0,″03	− 0,″07	+ 0,″05	− 0,″15	+ 0,″03	0,0
0,1			+ 1	− 15	+ 8	− 1	− 3	+ 7	− 15	+ 9	0,1
0,2			− 10	− 14	+ 7	− 7	+ 2	+ 9	− 9	+ 13	0,2
0,3			− 15	− 7	+ 5	− 10	+ 7	+ 7	+ 1	+ 14	0,3
0,4			− 17	− 2	0	− 8	+ 11	+ 3	+ 11	+ 11	0,4
0,5			− 15	+ 3	− 2	− 5	+ 13	− 3	+ 18	+ 1	0,5
0,6			− 8	+ 8	− 6	0	+ 11	− 10			0,6
0,7			− 2	+ 12	− 7	+ 2	+ 5	− 13			0,7
0,8			+ 5	+ 12	− 9	+ 3	− 1	− 13			0,8
0,9	+ 0,″21	− 0,″03	+ 8	+ 8	− 10	+ 3	− 10	− 7			0,9

In den beiden Tab. 4 und 5 ist die CHANDLERsche Periode von 14 Monaten zu erkennen, im einzelnen sind aber große Unregelmäßigkeiten vorhanden. Auf den ersten Blick zeigt sich, daß in den letzten Jahren die Polbewegung sehr gering gewesen ist. Da eine Änderung der Koordinaten um 0,″10 einer linearen Polwanderung von 3,1 m entspricht, ist die Abweichung des momentanen Pols vom mittleren Pol, die in dem Zeitraum von 1949 bis 1955 bis zu 0,″50 ≙ 16 m betrug, in den letzten Jahren auf 0,″17 ≙ 5 m zurückgegangen.

2.1.4 Literatur zu 2.1 — References for 2.1

1 HERR, J. P., und W. TINTER: Lehrbuch der sphärischen Astronomie, Verlag L. W. Seidel, Wien (1923) 434 ff.

2 KUIPER, G., and B. MIDDLEHURST: Stars and Stellar Systems, Vol. I, Telescopes, University of Chicago Press (1960).

3 The Astronomical Ephemeris for the Year... London, Her Majesty's Stationery Office.

4 Astron. Jahresber.

5 KÜSTNER, F.: Beobachtungsergeb. Berlin Nr. 3 (1888).

6 WANACH, B.: Resultate des Internationalen Breitendienstes V, Berlin (1916).

WANACH, B., und H. MAHNKOPF: Ergebnisse des Internationalen Breitendienstes von 1912 bis 1922,7, Potsdam (1932); KIMURA, H.: Results of the International Latitude Service from 1922,7 to 1935,0, Vol. VIII, Mizusawa (1940); KIMURA, H.: Elements of Latitude Variation, Kyoto Bull. **4**/322 (1936). — Trans. IAU **6** (1939) 125; **7** (1950) 197; **9** (1955) 278.

7 Circ. SIR Nr. 45···87, Paris (1959···1963).

2.2 Zeitbestimmung — Time determination

Alle Zeitmessung wird heute noch auf die Umdrehung der Erde um ihre Achse zurückgeführt. Aber Atomuhren werden bald das Zeitmaß durch Atomkonstanten bestimmen.

All time measurements are still based on the rotation of the earth about its axis. The construction of atomic clocks, however, will soon base the time standard on atomic constants.

2.2.1 Definition und Verknüpfung von Sternzeit und Sonnenzeit — Definition and relation between sidereal time and solar time

Definition	Einheit	Verknüpfungsrelation*)
Mittlere Sternzeit oder Sternzeit = Stundenwinkel des von Nutationsschwankungen befreiten mittleren Frühlingspunktes	1 Sterntag = Intervall zwischen zwei aufeinanderfolgenden Durchgängen des Frühlingspunktes durch den Meridian eines Ortes	1 Sterntag = $0^{d}\,23^{h}\,56^{m}\,4^{s}.091$ mittlere Zeit
Wahre ⟨Sonnen-⟩Zeit = Stundenwinkel der wahren Sonne	1 wahrer Sonnentag = Intervall zwischen zwei aufeinanderfolgenden Durchgängen der wahren Sonne. Veränderlich von Tag zu Tag	Wahre minus mittlere Zeit = Zeitgleichung (siehe 2.2.5). Man achte auf das Vorzeichen, das in alten Jahrbüchern gelegentlich umgekehrt ist
Mittlere ⟨Sonnen-⟩Zeit = Stundenwinkel einer fingierten, sich gleichmäßig im Himmelsäquator bewegenden mittleren Sonne	1 mittlerer Sonnentag = Intervall zwischen zwei aufeinanderfolgenden Durchgängen der mittleren Sonne	1 mittlerer Sonnentag = $1^{d}\,0^{h}\,3^{m}\,56^{s}.555$ Sternzeit

Definition	Unit	Relation*)
mean sidereal time or sidereal time = hour angle of the mean vernal point corrected for nutation	1 sidereal day = interval between two succeeding passages of the vernal point through the meridian of a place	1 sidereal day = $0^{d}\,23^{h}\,56^{m}\,4^{s}.091$ mean time
apparent ⟨solar⟩ time = hour angle of the true sun	1 apparent solar day = interval between two succeeding passages of the true sun. Varies from day to day	Apparent minus mean time = equation of time (see 2.2.5). Note the sign which is sometimes used in the opposite sense in old almanacs
mean ⟨solar⟩ time = hour angle of the mean sun assumed to move with constant velocity along the equator.	1 mean solar day = interval between two succeeding passages of the mean sun.	1 mean solar day = $1^{d}\,0^{h}\,3^{m}\,56^{s}.555$ sidereal time

Im Laufe eines tropischen Jahres (2.2.3) kulminiert der Frühlingspunkt einmal mehr als die mittlere Sonne. Daraus folgen die Verknüpfungsrelationen zwischen Sternzeitintervallen und Intervallen mittlerer Zeit.

Neben der mittleren Sternzeit unterscheidet man noch die wahre Sternzeit als Stundenwinkel des (mit Nutation behafteten) wahren Frühlingspunktes.

2.2.2 Orts- und Zonenzeit — Local time and standard time

Ortszeiten beziehen sich auf den Meridian des betreffenden Orts. Nach der in 2.2.1 gegebenen Definition beginnt der astronomische mittlere Tag am Mittag des bürgerlichen Tages. Seit 1925, Januar 1, ist die mittlere Zeit eines Ortes gleich dem Stundenwinkel der mittleren Sonne + 12^{h}, so daß der Beginn des mittleren Tages auf Mitternacht fällt.

Weltzeit WZ (Universal Time UT, Temps Universel TU): Seit 1925 wird die mittlere Zeit Greenwich (gemessen von Mitternacht) Weltzeit genannt. Für Daten vor 1925 verwendet man zweckmäßig für die vom Mittag gemessene mittlere Zeit Greenwich diesen Ausdruck weiter. Somit gilt: 1924 Dezember 31, 12^{h} mittlere Zeit Greenwich = 1925 Januar 1, 0^{h} Weltzeit.

Local times refer to the meridian of the place in question. According to the definition given in 2.2.1, the astronomical mean day begins at midday of the civil day. Since January 1, 1925 the mean time of a place is equal to the hour angle of the mean sun + 12^{h}, so that the beginning of the mean day falls at midnight.

Universal Time UT (Weltzeit WZ, Temps Universel TU): Since 1925 the mean time of Greenwich (measured from midnight) has been defined as Universal Time. For dates prior to 1925 this expression is used as representing the Greenwich mean time measured from midday. Thus: 12^{h} December 31, 1924 Greenwich mean time = 0^{h} Januar 1, 1925, Universal Time.

*) Die Zeiteinheiten [d], [h], [m], [s] bedeuten immer mittlere Sonnenzeit, wenn nicht anders angegeben — The time units [d], [h], [m], [s] always stand for mean solar time, if not otherwise indicated.

Zonenzeiten sind mittlere Zeiten, die für größere Gebiete zu beiden Seiten eines Nullmeridians gelten (Tab. 1). Allgemein:

Ortszeit = Weltzeit − l
l geographische Länge
Zonenzeit = Weltzeit − l_z
l_z Länge des Nullmeridians für die betreffende Zone

Standard times are mean times which are valid for larger territories on both sides of a zero meridian (Tab. 1). Generally:

Local time = Universal Time − l
l geographic longitude
Standard time = Universal Time − l_z
l_z Longitude of the zero meridian of the respective zone

Tab. 1. Zonenzeiten — Standard times [1])

$-13^h\ 0^m\ 0^s$	UdSSR östlich −172° 30'
−12 0 0	UdSSR zwischen −157° 30' und −172° 30', Fidschi-Inseln, Neu-Seeland.
−11 0 0	UdSSR zwischen −142° 30' und −157° 30', Salomon-Inseln, Marshall-Inseln, Neu-Kaledonien.
−10 0 0	UdSSR zwischen −127° 30' und −142° 30', Kaiser-Wilhelm-Land, Britisch Neu-Guinea, Queensland, Victoria, Neu-Süd-Wales, Tasmanien, Capital-Territory.
− 9 30 0	Nord- und Südaustralien.
− 9 0 0	UdSSR zwischen −112° 30' und −127° 30', Mandschukuo, Sachalin-Süd, Japan, Formosa, Korea, Niederländisch Neuguinea, Molukken, Timor.
− 8 0 0	UdSSR zwischen −97° 30' und −112° 30', Östliches China, Philippinen, Indochina, Vietnam, Borneo, Java, Celebes, Westaustralien.
− 7 30 0	Vereinigte Malayische Staaten, Straits-Settlements.
− 7 20 0	Malayische Halbinsel.
− 7 0 0	UdSSR zwischen −82° 30' und −97° 30', Westliches China, Siam, Sumatra.
− 6 30 0	Burma.
− 6 0 0	UdSSR zwischen −67° 30' und −82° 30'.
− 5 30 0	Indien, Ceylon, Kalkutta, Pakistan-Ost, Laccadiven.
− 5 0 0	UdSSR zwischen −52° 30' und −67° 30'.
− 4 54 0	Malediven.
− 4 0 0	UdSSR zwischen −40° 0' und −52° 30', Bahrein-Inseln, Seychellen.
− 3 30 0	Iran.
− 3 0 0	UdSSR westlich −40° 0', Irak, Eritrea, Somaliland, Tanganyika, Madagaskar, Aden, Kenia, Uganda, Zanzibar.
− 2 0 0 (Osteuropäische Zeit)	Finnland, Estland, Lettland, Rumänien, Bulgarien, Griechenland, Türkei, Zypern, Syrien, Palästina, Ägypten, Cyrenaika, Sudan, Moçambique, Deutsch-Südwestafrika, Belgisch Kongo (Ostprovinzen), Rhodesien, Basutoland, Swaziland, Südafrika.
− 1 0 0 (Mitteleuropäische Zeit)	Spitzbergen, Norwegen, Schweden, Litauen, Dänemark, Deutschland, Holland, Österreich, Tschechoslowakei, Ungarn, Jugoslawien, Liechtenstein, Schweiz, Italien, Malta, Tunis, Tripolis, Nigeria, Französisch Äquatorialafrika, Spanisch Guinea, Fernando Po, Kamerun, Belgisch Kongo (Westprovinzen), Angola.
0 0 0 (Westeurop. Zeit, Weltzeit)	Färöer, Britische Inseln, Belgien, Frankreich, Luxemburg, Monako, Spanien, Portugal, Algerien, Marokko, Gambien, Sierra Leone, Elfenbeinküste, Goldküste, Senegal, Togo, Dahomey, Sâo Thomé, St. Helena.
+ 0 44 0	Liberia.
+ 1 0 0	Island, Madeira, Kanarische Inseln, Rio de Oro, Mauretanien, Portugiesisch und Französisch Guinea.
+ 2 0 0	Scoresby-Sund, Azoren, Kapverdische Inseln, Trinidad (Brasilien).
+ 3 0 0	Grönländische Küste, Brasilianische Küste, Argentinien, Uruguay.
+ 3 30 0	Labrador, Neufundland.
+ 3 40 35	Niederländisch Guyana.
+ 3 45 0	Britisch Guayana.
+ 4 0 0 (Atlantic Stand. Time)	Kanada östlich +68°, Küstenzone der USA, Bermuda Puerto-Inseln,-Rico, Kleine Antillen, Trinidad (britisch Kolonie), Französisch Guayana, Inner-Brasilien, Paraguay, Bolivien, Falkland-Inseln.
+ 4 30 0	Venezuela, Curaçao.
+ 5 0 0 (Eastern Stand. Time)	Kanada zwischen +68° und +90°, Ostzone der USA, Bahama-Inseln, Cuba, Haiti, Jamaica, Panama, Kolumbien, Ecuador, West-Brasilien, Peru, Chile.
+ 6 0 0 (Central Stand. Time)	Kanada zwischen +90° und +102°, Zentralzone der USA, Mexiko (östlicher Teil), Guatemala, Honduras, Salvador, Nicaragua, Costa Rica.
+ 7 0 0 (Mountain Stand. Time)	Kanada zwischen +102° und +120°, Gebirgszone der USA, Mexiko (westlicher Teil).
+ 8 0 0 (Pacific Stand. Time)	Kanada westlich +120° außer Yukon, Britisch Columbien, Westküste der USA.
+ 9 0 0	Yukon, Alaska außer Westküste.
+10 0 0	Gesellschafts-Inseln, Hawaii.
+11 0 0	Aleuten, Westküste von Alaska, Samoa.

1) In der Tabelle kann nicht berücksichtigt werden, daß verschiedene Länder zu verschiedenen Zeiten „Sommerzeiten" einführen. Zu beachten ist, daß im Gebiet der Sowjetrepubliken die Uhren stets um eine Stunde vorgestellt sind. Sehr genaue Angaben findet man im Nautical Almanac 1941, Verbesserungen und Ergänzungen dazu im Nautical Almanac 1953.

2.2.3 Definitionen und Größen der Jahreslänge — Definitions and lengths of the year

Definition		Jahreslänge [1] length of the year [1]
1 tropisches Jahr = Zeitintervall zwischen zwei aufeinanderfolgenden Durchgängen der mittleren Sonne durch den mittleren Frühlingspunkt [2]	1 tropical year = time interval between two succeeding passages of the mean sun through mean vernal point [2]	$365{,}^{d}242\ 198\ 79$ $-\ 0{,}^{d}000\ 000\ 061\ 4 \cdot t$
1 siderisches Jahr = Zeitintervall zwischen zwei aufeinanderfolgenden Vorübergängen der mittleren Sonne an einem Fixstern mit verschwindender Eigenbewegung [3]	1 sidereal year = time interval between two succeeding passages of the mean sun at a star without proper motion [3]	$365{,}^{d}256\ 360\ 42$ $+\ 0{,}^{d}000\ 000\ 001\ 1 \cdot t$
1 julianisches Jahr = Näherungswert für das tropische Jahr [4]	1 Julian year = approximate value for the tropical year [4]	$365{,}^{d}25$
1 gregorianisches Jahr = Näherungswert für das tropische Jahr [5]	1 Gregorian year = approximate value for the tropical year [5]	$365{,}^{d}242\ 5$

Das Verhältnis der Länge eines siderischen zu der eines tropischen Jahres ist $\frac{360°}{360° - 50{,}''2}$. Dabei bedeutet $50{,}''2$ *die jährliche Präzession in Länge.*

Der Anfang des astronomischen Jahres (Besselsches Jahr) ist auf den Zeitpunkt festgelegt, an welchem die Rektaszension der mittleren Sonne, behaftet mit Aberration ($-\ 20{,}''47$), gleich 280° ist. Diesen Zeitpunkt bezeichnet man z. B. mit 1949,0 = 1949 Januar $0{,}^{d}681$ WZ. Für die folgenden Jahre hat man jedesmal die Zeit hinzuzufügen, während der die Rektaszension der mittleren Sonne um 360° wächst, also sehr nahe $365{,}^{d}2422$. Man beachte Schaltjahre! In den Astronomical Ephemeris findet man Tafeln, um jedes Datum in Bruchteile eines Jahres, bezogen auf den Anfang des Besselschen Jahres, umzurechnen.

2.2.4 Definitionen und Größen der durchschnittlichen Monatslänge — Definitions and average lengths of the month

Definition		Monatslänge [6] length of the month [6]
1 tropischer Monat = Zeitintervall, in dem die Länge des Mondes um 360° wächst [7]	1 tropical month = time interval in which the longitude of the moon increases by 360° [7]	$27{,}^{d}321\ 581\ 7 - 0{,}^{d}000\ 000\ 002 \cdot t$
1 siderischer Monat = Zeitintervall zwischen zwei aufeinanderfolgenden Durchgängen des Mondes durch den Stundenkreis eines Fixsterns von verschwindender Eigenbewegung	1 sidereal month = time interval between two succeeding passages of the moon through the hour-circle of a star with vanishing proper motion	$27{,}^{d}321\ 661\ 0 - 0{,}^{d}000\ 000\ 000 \cdot t$
1 synodischer Monat = Zeitintervall von Neumond zu Neumond	1 synodical month = time interval from new moon to new moon	$29{,}^{d}530\ 588\ 2 - 0{,}^{d}000\ 000\ 002 \cdot t$
1 anomalistischer Monat = Zeitintervall vom Perigäum zum Perigäum	1 anomalistic month = time interval from perigee to perigee	$27{,}^{d}554\ 550\ 5 - 0{,}^{d}000\ 000\ 004 \cdot t$
1 drakonitischer Monat = Zeitintervall vom aufsteigenden Knoten zum aufsteigenden Knoten	1 nodical month = time interval from ascending node to ascending node	$27{,}^{d}212\ 220$

[1]) t Anzahl der julianischen Jahre seit 1900,0 — number of Julian years since 1900,0.
d mittlerer Sonnentag — mean solar day.

[2]) Periode der Jahreszeiten — period of seasons.

[3]) Umlaufszeit der Erde um die Sonne — orbital period of the earth round the sun.

[4]) Grundlage des Julianischen Kalenders. Es findet gelegentlich Verwendung in der Himmelsmechanik — basis of the Julian calendar (sometimes used in celestial mechanics).

[5]) Grundlage des Gregorianischen Kalenders. 10 000 tropische Jahre sind nur um 3 Tage kürzer als 10 000 gregorianische Jahre — basis of the Gregorian calendar. 10 000 tropical years are only 3 days shorter than 10 000 Gregorian years.

[6]) t ist von 1900,0 an zu rechnen in julianischen Jahren. Wegen der verwickelten Bewegungen im System Mond-Erde-Sonne können für die Monatslängen nur Durchschnittswerte über viele Umläufe angegeben werden — Time in Julian years since 1900,0. Owing to the complex motions in the system earth-moon-sun only average values for the lengths of the month can be given.
d mittlerer Sonnentag — mean solar day.

[7]) z. B. von einem Durchgang durch den Frühlingspunkt zum nächsten Durchgang — e. g. from one passage through the vernal point to the next passage.

2.2.5 Umrechnung der verschiedenen astronomischen Zeiten — Conversion of the different astronomical times

2.2.5.1 Zeitgleichung — Equation of time

Zur Umrechnung der mittleren Zeit in wahre Zeit und umgekehrt benötigt man die Zeitgleichung (siehe 2.2.1), die für jeden Tag des Jahres in den Astronomical Ephemeris auf $0^{\mathrm{s}}{,}01$ angegeben ist. Tab. 2 enthält eine Übersicht über den jahreszeitlichen Gang der Zeitgleichung.

Tab. 2. Jahreszeitlicher Gang der Zeitgleichung (wahre Zeit minus mittlere Zeit) — Seasonal variation of the equation of time (apparent time minus mean time)

Jan.	1	-3^{m}	Apr.	1	-4^{m}	Juli	1	-3^{m}	Okt.	1	$+10^{\mathrm{m}}$
	15	-9		15	0		15	-6		15	$+14$
Febr.	1	-14	Mai	1	$+3$	Aug.	1	-6	Nov.	1	$+16$
	15	-14		15	$+4$		15	-4		15	$+15$
März	1	-13	Juni	1	$+2$	Sept.	1	0	Dez.	1	$+11$
	15	-9		15	0		15	$+5$		15	$+5$

Zur Umwandlung von mittlerer Zeit in Sternzeit oder umgekehrt braucht man die Angabe der Sternzeit um Mitternacht: Nach den Newcombschen Sonnentafeln [1] ist für 1950 Januar $1{,}0^{\mathrm{h}}$ Weltzeit die Sternzeit gleich $6^{\mathrm{h}}\,40^{\mathrm{m}}\,18^{\mathrm{s}}{,}130$. Zur Berechnung der Sternzeit bezogen auf den Greenwicher Meridian für Mitternacht eines anderen Tages hat man den Betrag $236^{\mathrm{s}}{,}555\,36 \cdot t$ zu addieren, t gerechnet in mittleren Sonnentagen von 1950 Januar 1 an (siehe 2.2.5.2). Bei Daten vor 1950 Januar 1 ist der Betrag abzuziehen. Die Astronomical Ephemeris geben die Sternzeit um Mitternacht für jeden Tag auf $0^{\mathrm{s}}{,}001$ genau.

2.2.5.2 Julianisches Datum — Julian date

Wird die Zeit t in mittleren Sonnentagen gerechnet, so bedient man sich, wenn größere Zeiträume zu überbrücken sind, mit Vorteil der Julianischen Tageszählung (Tab. 3). Dabei ist zu beachten, daß in dieser Zählung der Beginn des Tages um Mittag erhalten geblieben ist.

Tab. 3. Julianisches Datum J. D. [1] — Julian day J. D. [1]

I) J. D. am Mittag des 1. März (= Zahl der seit Beginn der Julianischen Zählung verflossenen Tage) — J. D. at noon on the 1st of March (= number of days since the beginning of the Julian period)

1920	2 422 385	1940	2 429 690	1960	2 436 995	1980	2 444 300
1921	22 750	1941	30 055	1961	37 360	1981	44 665
1922	23 115	1942	30 420	1962	37 725	1982	45 030
1923	23 480	1943	30 785	1963	38 090	1983	45 395
1924	23 846	1944	31 151	1964	38 456	1984	45 761
1925	24 211	1945	31 516	1965	38 821	1985	46 126
1926	24 576	1946	31 881	1966	39 186	1986	46 491
1927	24 941	1947	32 246	1967	39 551	1987	46 856
1928	25 307	1948	32 612	1968	39 917	1988	47 222
1929	25 672	1949	32 977	1969	40 282	1989	47 587
1930	26 037	1950	33 342	1970	40 647	1990	47 952
1931	26 402	1951	33 707	1971	41 012	1991	48 317
1932	26 768	1952	34 073	1972	41 378	1992	48 683
1933	27 133	1953	34 438	1973	41 743	1993	49 048
1934	24 498	1954	34 803	1974	42 108	1994	49 413
1935	27 863	1955	35 168	1975	42 473	1995	49 778
1936	28 229	1956	35 534	1976	42 839	1996	50 144
1937	28 594	1957	35 899	1977	43 204	1997	50 509
1938	28 959	1958	36 264	1978	43 569	1998	50 874
1939	29 324	1959	36 629	1979	43 934	1999	51 239

1) Weil der Februar 28 oder 29 Tage haben kann, denke man sich das Jahr mit dem 1. März beginnend, rechne also Januar und Februar zur vorausgehenden Jahreszahl. Die den Tafeln I und II entnommenen Zahlenwerte ergeben addiert das Julianische Datum — Since February may have 28 or 29 days, let the year begin with the 1st of March and count January und February as belonging to the preceding year. The sum of the values taken from Tables I and II gives the J. D.

II) Anzahl der seit dem Mittag des 1. März eines Jahres verflossenen Tage — Number of days since noon of the 1st of March of any given year

Monatstag	März	April	Mai	Juni	Juli	Aug.	Sept.	Okt.	Nov.	Dez.	Jan.	Febr.	Monatstag
1	0	31	61	92	122	153	184	214	245	275	306	337	1
6	5	36	66	97	127	158	189	219	250	280	311	342	6
11	10	41	71	102	132	163	194	224	255	285	316	347	11
16	15	46	76	107	137	168	199	229	260	290	321	352	16
21	20	51	81	112	142	173	204	234	265	295	326	357	21
26	25	56	86	117	147	178	209	239	270	300	331	362	26
31	30		91		152	183		244		305	336		31

2.2.6 Veränderlichkeit der Erdrotation, Definition der Zeitsekunde, Ephemeridenzeit — Fluctuations of the rotation of the earth, definition of the second of time, Ephemeris Time

Die Rotation der Erde um ihre Achse liefert kein ideales konstantes Zeitmaß. Sie ist säkularen und fluktuierenden Änderungen unterworfen.

The rotation of the earth about her axis does not give a satisfactorily constant unit of time. It is subjected to secular and fluctuating variations.

Die aus astronomischen Zeitbestimmungen ermittelte Korrektion der mittleren Sonnenzeit, die benötigt wird, um sie in die der Berechnung der Ephemeriden zugrunde liegende Zeit überzuführen, beträgt nach DE SITTER [*1, 2*], CLEMENCE [*3*], SPENCER JONES [*4*] und [*5*]:

$$\Delta t = +24^{\mathrm{s}}{,}349 + 72^{\mathrm{s}}{,}316\,5\,T + 29^{\mathrm{s}}{,}949\,T^2 + \frac{1^{\mathrm{s}}{,}821}{1''}\cdot B'' \qquad (1)$$

(siehe auch Tab. 5).

T ist die von 1900 Januar $0^{\mathrm{d}}{,}5$ Weltzeit an gerechnete Zahl julianischer Jahrhunderte, positiv oder negativ, je nachdem, ob der betrachtete Zeitpunkt nach oder vor diesem Datum liegt. *B* ist aus Tab. 4 zu entnehmen.

Tab. 4. Koeffizient *B* in der Korrektionsgleichung (1) der mittleren Sonnenzeit — Coefficient *B* in the correction equation (1) of the mean solar time.

Datum	*B*	Datum	*B*
1681,0	−12,"72	1872,5	− 6,"38
1710,0	− 3,92	77,5	− 9,38
27,0	+ 2,15	82,5	−11,31
37,0	+ 5,97	87,5	−13,05
47,0	+ 8,49	91,5	−14,34
55,0	+10,34	94,5	−15,23
71,0	+13,54	97,5	−15,99
85,0	+14,84	1900,5	−15,87
92,0	+14,53	03,5	−14,50
1801,5	+13,09	06,5	−13,43
09,5	+11,80	09,5	−12,78
13,0	+11,28	12,5	−11,62
21,8	+10,02	15,5	−10,35
31,5	+ 6,85	18,5	−10,20
37,4	+ 4,91	21,5	−10,18
43,1	+ 4,31	24,5	−11,82
48,8	+ 3,97	26,5	−12,11
52,5	+ 3,37	28,5	−12,90
57,5	+ 2,40	30,5	−13,83
62,5	+ 0,91	32,5	−14,81
67,5	− 1,57	34,5	−15,98
		36,5	−16,48

Tab. 5. Zeitkorrektion nach (1) — Time correction according to (1) from [*8*].
[= Ephemeridenzeit minus Weltzeit] — [= Ephemeris Time minus Universal Time]

Datum	Δt	Datum	Δt	Datum	Δt
1900,5	− 3,s79	1920,5	+20,s48	1940,5	+24,s30
01,5	− 2,54	21,5	21,06	41,5	24,71
02,5	− 1,13	22,5	21,56	42,5	25,15
03,5	+ 0,35	23,5	21,97	43,5	25,61
04,5	+ 1,80	24,5	22,29	44,5	26,08
1905,5	+ 3,26	1925,5	+22,55	1945,5	+26,57
06,5	4,69	26,5	22,72	46,5	27,08
07,5	6,11	27,5	22,82	47,5	27,61
08,5	7,51	28,5	22,92	48,5	28,15
09,5	8,90	29,5	23,05	49,5	28,94
1910,5	+10,28	1930,5	+23,18	1950,5	+29,42
11,5	11,64	31,5	23,34	51,5	29,66
12,5	12,95	32,5	23,50	52,5	30,29
13,5	14,18	33,5	23,60	53,5	30,96
14,5	15,31	34,5	23,64	54,5	31,09
1915,5	+16,39	1935,5	+23,63	1955,5	+31,59
16,5	17,37	36,5	23,58	56,5	32,06
17,5	18,27	37,5	23,63	57,5	31,82
18,5	19,08	38,5	23,76	58,5	32,59
19,5	19,83	39,5	23,99	59,5[1])	33,0
				1960,5[2])	+34
				61,5[2])	34
				62,5[2])	34
				63,5[2])	35
				64,5[2])	35

[1]) vorläufiger Wert — provisional value.
[2]) extrapolierter Wert — extrapolated value.

Die Veränderlichkeit der Erdrotation macht eine neue Definition der Zeitsekunde nötig. Sie ist vom Comité International des Poids et Mesures in Paris gegeben (siehe [6] S. 489).

„Die Zeitsekunde ist der Bruch $\frac{1}{31\,556\,925{,}974\,7}$ des tropischen Jahres für 1900 Januar 0, 12^h Ephemeridenzeit."

Owing to the fluctuation of the earth's rotation it is necessary to redefine the concept of the second of time. It is given by the "Comité International des Poids et Mesures" in Paris (see [6] p. 489).

"The second of time is the fraction $\frac{1}{31\,556\,925{,}974\,7}$ of the tropical year for 1900 January 0, 12^h Ephemeris Time."

Die Berücksichtigung der Polverlagerung und der Veränderlichkeit der Erdrotation macht in der Definition der Weltzeit (WZ) oder Universal Time (UT) noch zwei Zusätze nötig [7].

Bei der Auswertung genauer astronomischer Zeitbestimmungen werden folgende Bezeichnungen gebraucht:

UT 0	Aus astronomischen Zeitbestimmungen abgeleitete Weltzeit wie in 2.2.2 definiert	Universal Time derived from astronomical time determinations as defined in 2.2.2.
UT 1	UT 0 verbessert für Polbewegung	UT 0 corrected for variations of altitude of the pole
UT 2	UT 1 verbessert für extrapolierte jahreszeitliche Schwankungen in der Rotationsgeschwindigkeit der Erde	UT 1 corrected for extrapolated seasonal fluctuations of the rotational velocity of the earth
Ephemeridenzeit:	UT 2, verbessert mit der nach Gleichung (1) ermittelten Korrektion Δt.	Ephemeris Time: UT 2, corrected by Δt, given in the formula (1).

2.2.7 Genauigkeit astronomischer Zeitbestimmung — Accuracy of astronomical time determinations

Die innere Genauigkeit einer Zeitbestimmung aus 10 Sterndurchgängen am 19 cm-Meridiankreis der Hamburger Sternwarte, der mit einem unpersönlichen Mikrometer mit Handbetrieb ausgerüstet ist, ist für drei verschiedene Beobachter nahezu gleich und beträgt $\pm 0^s\!\!.006$ (mittlerer Fehler). Hierin ist der Einfluß von systematischen Fehlern und der persönliche Fehler des Beobachters nicht enthalten.

Der äußere mittlere Fehler einer Zeitbestimmung im Laufe einer Nacht beträgt für verschiedene Instrumente nach [7] S. 488:

Durchgangsinstrument, unpersönliches Mikrometer	$\pm 0^s\!\!.027$
Durchgangsinstrument, photoelektrische Registrierung	$\pm 0{,}018$
Photographisches Zenitteleskop oder Prismenastrolab	$\pm 0{,}006$

Man muß aber ausdrücklich bemerken, daß im einzelnen große Abweichungen von den mitgeteilten Zahlen vorkommen.

2.2.8 Zeitzeichen — Time signals

Eine Reihe von Zeitfunkstellen senden Internationale Zeitzeichen, die hohen Ansprüchen an Genauigkeit genügen. Nähere Einzelheiten z. B. in:

„Nautischer Funkdienst", Deutsches Hydrographisches Institut, Hamburg.

„List of Radiodetermination and Special Service Stations", International Telecommunication Union, Genf.

Die Zeiten der Aussendung der Signale, die Frequenzen und das Schema der verschiedenen Signale werden nicht selten geändert, sie sind daher hier nicht aufgeführt.

Neben diesen Zeitfunkstellen für Internationale Zeitzeichen gibt es regionale Stellen, deren Zeitzeichen von geringerer Genauigkeit sind, aber den meisten praktischen Anforderungen genügen. Beispiel: Der Nordwestdeutsche Rundfunk sendet fast zu jeder vollen Stunde ein aus 5 Punkten bei 50^s, 55^s, 58^s, 59^s und 60^s bestehendes Zeitzeichen, das von einer Quarzuhr der Hamburger Sternwarte in Bergedorf gegeben wird. Die Genauigkeit beträgt etwa $\pm 0^s\!\!.02$.

Tab. 6. Zeitfunkstellen — Time-signal service stations

Adelaide	Kihei (Hawaii-Inseln)	Poona (Indien)
Aguilar, Cape d'(Hongkong)	Lourenço Marques	Punta, La (Peru)
Balboa (Panama)	Mainflingen	Rio de Janeiro
Buenos Aires	Manila	Rom
Calcutta	Melbourne	Rugby
Canberra	Mexico City	San Francisco
Colombo	Monte Grande (Argentinien)	Shanghai
Djakarta	Moskau	Sydney
Guam (Marianen)	Norddeich	Tientsin
Honolulu	Ottawa	Tokyo
Irkutsk	Pearl Harbour	Valparaiso
Johannesburg	Perth	Washington
Kiel	Pontoise	Wellington (Neuseeland)

2.2.9 Literatur zu 2.2 — References for 2.2

1 Astron. Papers Wash. **6** (1898) 9.
2 DE SITTER, W.: BAN **4** (1927/28) 21.
3 CLEMENCE, G. M.: AJ **53** (1948) 169.
4 JONES, H. SPENCER: MN **99** (1939) 541.
5 Explanatory Supplement to the Astronomical Ephemeris, Her Majesty's Stationery Office, London (1961).
6 Trans. IAU **9** (1955) 72.
7 Trans. IAU **10** (1958) 488.
8 Astronomical Ephemeris 1964, London (1962).

2.3 The system of astronomical constants — Das System der astronomischen Konstanten

2.3.1 Introduction — Einführung

2.3.1.1 General remarks — Allgemeine Bemerkungen

The system of astronomical constants includes the small group of constants that are required for the interpretation of observations of the positions of celestial objects; most of them are connected with certain data of the earth. Some of these constants are not independent of each other; as a consequence, a minimum number can be selected from which all the others can be calculated without further recourse to observations (distinction between fundamental and derived constants).

The present conventional system of astronomical constants used in the national ephemerides is more than half a century old [*1, 7, 27*]. It is not self-consistent. Revised systems have been derived by DE SITTER [*31*] and CLEMENCE [*12*]; both are now out of date. A Working Group of the IAU set up after IAU Symposium No. 21 (Astronomical Constants, Paris 1963) will formulate a new self-consistent system, and numerical values will be assigned for the constants based on the best available data (see 2.3.4). This improved system is to be introduced as soon as is practicable.

Das System der astronomischen Konstanten umschließt eine kleine Gruppe von Konstanten, die zur Interpretation der Positionsbeobachtungen kosmischer Objekte benötigt werden; die meisten von ihnen sind mit gewissen Daten des Erdkörpers verknüpft. Einige dieser Konstanten sind nicht unabhängig voneinander; folglich kann eine Minimalzahl ausgewählt werden, von denen alle anderen ohne weiteres Zurückgreifen auf Beobachtungen berechnet werden können (fundamentale und abgeleitete Konstanten).

Das gegenwärtig in den Ephemeriden international verwendete konventionelle System der astronomischen Konstanten ist über ein halbes Jahrhundert alt [*1, 7, 27*] und ist nicht widerspruchsfrei. Revidierte Systeme wurden von DE SITTER [*31*] und CLEMENCE [*12*] abgeleitet; beide sind heute überholt. Eine Arbeitsgruppe der IAU, die sich nach dem IAU-Symposium Nr. 21 (Astronomical Constants, Paris 1963) gebildet hatte, ist zur Zeit damit beschäftigt, ein neues, widerspruchsfreies System zu formulieren und numerische Werte für die Konstanten festzulegen, die auf den besten verfügbaren Daten beruhen (siehe 2.3.4). Sobald es zweckmäßig ist, soll dieses neue System eingeführt werden.

2.3.1.2 Units in the astronomical system of measures — Einheiten im astronomischen Maßsystem

The unit of time =
the ephemeris day of 86 400 ephemeris seconds (see 2.2);

the unit of mass =
the mass of the sun;

the unit of length =
the astronomical unit (a. u.), defined as the unit of distance in terms of which, in Kepler's Third Law $n^2a^3 = k^2\,(1 + m)$, the semi-major axis a of an elliptic orbit must be expressed in order that the Gaussian constant k is exactly 0,017 202 098 950 000.

Einheit der Zeit =
Ephemeridentag zu 86 400 Ephemeridensekunden (siehe 2.2);

Einheit der Masse =
Masse der Sonne;

Einheit der Länge =
astronomische Einheit (AE), definiert als die Längeneinheit, in der im dritten Keplerschen Gesetz $n^2a^3 = k^2\,(1 + m)$ die große Halbachse a einer Ellipsenbahn ausgedrückt werden muß, so, daß die Gaußsche Konstante k genau den Wert 0,017 202 098 950 000 erhält.

2.3.1.3 Notations — Bezeichnungen

			expressed in
G	gravitational constant	Gravitationskonstante	[$m^3 g^{-1} sec^{-2}$]
k	Gaussian constant	Gaußsche Konstante	
	$k = 0{,}017\,202\,098\,950\,000$ [(a. u.)$^{3/2}$ (ephem. day)$^{-1}$(sun's mass)$^{-1/2}$]		
$S \equiv \mathfrak{M}_\odot$	mass of the sun	Masse der Sonne	[g]
$E \equiv \mathfrak{M}_♁$	mass of the earth	Masse der Erde	[g]
$M \equiv \mathfrak{M}_☾$	mass of the moon	Masse des Mondes	[g]
$e = \sin \Phi$	eccentricity of the earth's orbit	Exzentrizität der Erdbahn	
$n_\odot$	sidereal mean motion of the sun	siderische mittlere Bewegung der Sonne	[radian sec^{-1}]
$n_☾$	sidereal mean motion of the moon	siderische mittlere Bewegung des Mondes	[radian sec^{-1}]
$N_1^{-3} = 1 + \nu_1$	Keplerian mean distance of earth from sun	Keplersche mittlere Entfernung Erde—Sonne	[a. u.] [AE]
	defined by $n_\odot^2\, A^3 = N_1 G\,(S + E + M)$		
$1 + \nu_2$	perturbed mean distance of earth from sun	gestörter mittlerer Abstand Erde—Sonne	[a. u.] [AE]
$N_4^{-3} = 1 + \nu_4$	ratio of Keplerian to disturbed mean distance of moon from earth	Verhältnis vom Keplerschen zum gestörten mittleren Abstand Mond—Erde	
	defined by $n_☾^2\, a_☾^3 = N_4 G\,(E + M)$		

Definitions of A and $a_☾$ see 2.3.2.1 and 2.3.2.2.
(DE SITTER's [*31*] quantity $1 + \nu_3$, the ratio E/(mass of the earth without atmosphere) is not needed here, because no use will be made of the earth's gravity in the formulation of the system).

2.3.2 Formulation of the system — Formulierung des Systems

2.3.2.1 Fundamental constants — Fundamentale Konstanten

Symbol			expressed in	Conventional value
$\bar{k} = k/86\,400$	Gaussian constant	Gaußsche Konstante	[(a. u.)$^{3/2}$ sec^{-1} $S^{-1/2}$]	
c	velocity of light	Lichtgeschwindigkeit	[$m\,sec^{-1}$]	299 792 500 [*16*]
R	equatorial radius of the reference ellipsoid of rotation for the earth (georadius)	Äquatorradius des Referenz-Rotationsellipsoids der Erde (Georadius)	[m]	6 378 388 [*4*]
A	measure of 1 a.u.	Länge von 1 AE	[m]	
GE	geocentric gravitational constant	geozentrische Gravitationskonstante	[$m^3 sec^{-2}$]	
$\mu = M/E$	mass of the moon in units of the mass of the earth	Masse des Mondes in Einheiten der Erdmasse		1/81,53 [*4*]
p	general precession in longitude per tropical century for 1900 [*9, 10*]	allgemeine Präzession in Länge pro tropisches Jahrhundert für 1900		5 025,″64 [*4*]
N	constant of nutation for 1900 [*9, 10*]	Nutationskonstante für 1900		9,″21 [*4*]

2.3.2.2 Derived constants — Abgeleitete Konstanten

Symbol			expressed in	Conventional value
$\pi_\odot$	solar parallax	Sonnenparallaxe		8,"80 [4]
	$\pi_\odot = (\text{radian})'' \operatorname{arc\,sin} \frac{R}{A}$			
τ	light-time (i. e. the number of light-seconds in 1 a. u.)	Lichtzeit (Zahl der Lichtsekunden für 1 AE)	[sec]	498,58 [4]
	$\tau = \frac{A}{c} = (\text{radian})'' \frac{R}{c\pi_\odot}$			
k	constant of aberration	Aberrationskonstante		20,"47 [4]
	$k = (\text{radian})'' \frac{n_\odot A (1 + \nu_2) \sec \Phi}{c}$ $= [(\text{radian})'']^2 \frac{R n_\odot (1 + \nu_2) \sec \Phi}{c\pi_\odot}$ $= (\text{radian})'' n_\odot (1 + \nu_2) \tau \sec \Phi$ $= K \frac{n_\odot}{\bar{k}} (1 + \nu_2) \sec \Phi$ with $K = (\text{radian})'' \bar{k} \frac{A}{c} = (\text{radian})'' \bar{k}\tau$			
GS	heliocentric gravitational constant	heliozentrische Gravitationskonstante	[$m^3 sec^{-2}$]	
	$GS = \bar{k}^2 A^3$			
S/E	mass-ratio sun/earth	Massenverhältnis Sonne/Erde		333 432 [1]) [8]
	$\frac{S}{E} = \frac{(GS)}{(GE)}$			
$a_☾$	perturbed mean distance of moon from earth	gestörter mittlerer Abstand Mond—Erdc	[m]	
	$a_☾ = \left(\frac{N_4 GE (1 + \mu)}{n_☾^2}\right)^{1/3}$			
$\sin \pi_☾$	sine of the moon's parallax	Sinus der Mondparallaxe		3 422,"54 [5]
	$\sin \pi_☾ = (\text{radian})'' \frac{R}{a_☾}$			
L	constant of lunar equation	Konstante der Mondgleichung		6,"425 [8, 31]
	$L = (\text{radian})'' \frac{\mu}{1 + \mu} \frac{a_☾}{A} = (\text{radian})'' \frac{\mu}{1 + \mu} \frac{\pi_\odot}{\sin \pi_☾}$			
P	coefficient of the principal term in the moon's parallactic inequality	Koeffizient des Hauptterms in der parallaktischen Ungleichheit des Mondes		125,"154 [5]
	$P = 49\,853,''2 \frac{1 - \mu}{1 + \mu} \frac{a_☾}{A} = 49\,853,''2 \frac{1 - \mu}{1 + \mu} \frac{\pi_\odot}{\sin \pi_☾}$			

2.3.2.3 Relations — Zusammenhänge

$$K\,c/A = (\text{radian})''\bar{k} \quad \text{(absolute constant)} \tag{1.1}$$

$$k\,c/A = (\text{radian})'' n_\odot (1 + \nu_2) \sec \Phi \tag{1.2}$$

$$k\,\pi_\odot c = [(\text{radian})'']^2 R n_\odot (1 + \nu_2) \sec \Phi \tag{1.3}$$

$$\sin \pi_☾ = (\text{radian})'' R \left(\frac{n_☾^2}{N_4 (GE) (1 + \mu)}\right)^{1/3} \tag{2}$$

[1]) $S/(E + M) = 329\,390$ [8].

$$\frac{(GE)\,(1+\mu)}{a_☾^3} = \frac{n_☾^2}{N_4} \tag{3}$$

$$\frac{S}{E+M}\left(\frac{A}{a_☾}\right)^{-3} = \frac{S}{E+M}\left(\frac{\sin\pi_☾}{\pi_\odot}\right)^{-3} = N_4\,\frac{\bar{k}^2}{n_☾^2} \tag{4}$$

$$\frac{S+E+M}{E+M}\left(\frac{A}{a_☾}\right)^{-3} = \frac{S+E+M}{E+M}\left(\frac{\sin\pi_☾}{\pi_\odot}\right)^{-3} = \frac{N_4}{N_1}\,\frac{n_\odot^2}{n_☾^2} \tag{5}$$

$$\frac{S+E+M}{E} = \frac{n_\odot^2 A^3}{N_1\,(GE)} = \frac{n_\odot^2 R^3}{N_1\,(GE)}\left(\frac{(\text{radian})''}{\pi_\odot}\right)^3 \tag{6}$$

$$P = \frac{49\,853,''2}{(\text{radian})''}\,L\,(\mu^{-1}-1) \tag{7}$$

2.3.2.4 Numerical factors and evaluation of some relations — Numerische Faktoren und Auswertung einiger Relationen

From

$(\text{radian})'' = (\text{arc } 1'')^{-1}$	$= 206\,264,''806\,247\,1$ (absolute constant)
$\bar{k}$	$= 0,000\,000\,199\,098\,367\,476\,852$ (absolute constant)
$n_\odot$	$= 3\,548,''192\,809\,94\ \text{d}^{-1}$ [4] (with $p = 5\,025,''64$)
	$= 0,000\,000\,199\,098\,659\,429\,702$ radian sec^{-1}
$n_☾$	$= 47\,434,''889\,899\,1\ \text{d}^{-1}$ [4] (with $p = 5\,025,''64$)
	$= 0,000\,002\,661\,699\,489\,003\,08$ radian sec^{-1}
$1+\nu_1$	$= 1,000\,000\,035\,9$ (with $S/(E+M) = 328\,900$)
$1+\nu_2$	$= 1,000\,000\,234$ [8] (with $S/(E+M) = 328\,900$)
$1+\nu_4$	$= 1,000\,907\,681\,162\,648$ [11]
N_1	$= 0,999\,999\,892\,33$
N_4	$= 0,997\,281\,892\,354\,533$
$\sec\Phi$	$= 1,000\,140\,328\,2$ [8]

there follows

$K\,c/A$	$= 0,''041\,066\,986\,191\,725\,7$ (absolute constant)
$k\,c/A$	$= 0,''041\,072\,818\,9$
$GE\,(1+\mu)\,a_☾^{-3}$	$= 0,000\,000\,000\,007\,103\,953\,480\,026\,5$
$\frac{S}{E+M}\left(\frac{A}{a_☾}\right)^{-3}$	$= 0,005\,580\,014\,008\,171\,68$
k/K	$= 1,000\,142\,028\,6$
k	$= K + 0,''002\,91$,

and with

R	$= 6\,378\,165$ m [3]
$a_☾$	$= 384\,400\,000$ m [3, 15]

there follows

$\sin\pi_☾$	$= 3\,422,''453\,1$
$k\,\pi_\odot\,c$	$= 54\,035\,030$
$1+\mu^{-1}$	$= 60,268\,117\,7\ \pi_\odot/L$
P	$= 14,566\,511\ \pi_\odot\,\frac{1-\mu}{1+\mu} = 0,241\,695\,134\ L\,(\mu^{-1}-1)$.

Tab. 1. Values of the geocentric gravitational constant — Werte der geozentrischen Gravitationskonstante

$a_☾$	$GE\,(1+\mu)$ [$10^{12}\,\text{m}^3\,\text{sec}^{-2}$]	GE [$10^{12}\,\text{m}^3\,\text{sec}^{-2}$] $\mu^{-1} = 81,29$	$\mu^{-1} = 81,30$	$\mu^{-1} = 81,31$
384 398 000	403,499 933 05	398,596 543 5	398,597 139 2	398,597 735 0
384 399 000	403,503 082 14	398,599 654 3	398,600 250 0	398,600 845 8
384 400 000	403,506 231 24	398,602 765 1	398,603 360 9	398,603 956 6
384 401 000	403,509 380 36	398,605 876 0	398,606 471 7	398,607 067 5
384 402 000	403,512 529 50	398,608 986 8	398,609 582 6	398,610 178 4

Tab. 2. Consistent values of constants — In sich widerspruchsfreie Werte der Konstanten (R = 6 378 165 m, $a_{☾}$ = 384 400 000 m, c = 299 792 500 m sec^{-1}, GE = 398,603 360 9 · 10^{12} m^3 sec^{-2}).

A [10^7 m]	GS [10^{11} m^3 sec^{-2}]	$\frac{S}{E}$	$\frac{S}{E+M}$	τ	K	k	$\pi_{\odot}$
14 950	1 324 521 389	332 290,57	328 253,02	$498^{\mathrm{s}}{,}678$ 252 5	20,"479 212 9	20,"482 122	8,"799 939 6
14 952	1 325 053 041	332 423,95	328 384,78	498,744 965 3	20, 481 952 6	20, 484 862	8, 798 762 5
14 954	1 325 584 835	332 557,37	328 516,57	498,811 678 1	20, 484 692 3	20, 487 602	8, 797 585 7
14 956	1 326 116 771	332 690,82	328 648,40	498,878 390 9	20, 487 432 0	20, 490 342	8, 796 409 3
14 958	1 326 648 849	332 824,30	328 780,26	498,945 103 7	20, 490 171 7	20, 493 082	8, 795 233 1
14 960	1 327 181 070	332 957,82	328 912,16	499,011 816 5	20, 492 911 4	20, 495 822	8, 794 057 3
14 962	1 327 713 433	333 091,38	329 044,10	499,078 529 3	20, 495 651 1	20, 498 562	8, 792 881 8
14 964	1 328 245 939	333 224,97	329 176,07	499,145 242 1	20, 498 390 8	20, 501 302	8, 791 706 5
14 966	1 328 778 586	333 358,60	329 308,07	499,211 954 9	20, 501 130 5	20, 504 042	8, 790 531 7
14 968	1 329 311 376	333 492,26	329 440,11	499,278 667 7	20, 503 870 2	20, 506 782	8, 789 357 1

2.3.3 Recent data for astronomical constants — Neuere Daten für astronomische Konstanten

(For surveys of determined values see [*3*, *6*]; in the following tables, only the best results from various methods of determination are listed.)

Tab. 3. The georadius and the geocentric gravitational constant (see also Vol. III of the 6th edition) — Der Georadius und die geozentrische Gravitationskonstante (siehe auch Bd. III der 6. Auflage)

R [m]	GE [10^{12} m^3 sec^{-2}]	Author	Notes
6 378 166	398,604	Fischer [*15*]	Astrogeodetic World Datum
6 378 163	398,602	Kaula [*23*]	World Geodetic System
6 378 165	398,603 2	Kaula [*3*]	mainly used in orbit computation of satellites; no details published.

Tab. 4. The astronomical unit — Die Astronomische Einheit

A [km]	p. e.	$\pi_{\odot}$	p. e.	Author	Notes
		8,"790	± 0,"001	Spencer Jones [*22*]	Triangulation; Eros 1930 ··· 1931
		8,798 16¹)	0,000 39	Rabe [*29*]	Determination of $S/(E+M)$ = 328 452 ± 43; Eros 1926 ··· 1945
149 598 640	±250	8,794 137¹)	0,000 015	Muhleman [*3*]	Radar observations of Venus 1961 at Jet. Prop. Lab.
149 598 000	300	8,794 175¹)	0,000 017	Shapiro [*3*]	Radar observations of Venus 1961 at Mass. Inst. Technol.

Tab. 5. Mass and distance of the moon — Masse und Entfernung des Mondes

μ^{-1}	s. d.	Author	Notes
81,327	± 0,015	Jeffreys [*20*]	From L = 6,"437 8 ± 0,"001 2; Eros 1930 ··· 1931
81,262	0,015	Delano [*13*]	From L = 6, 442 9 ± 0, 001 2; Eros 1930 ··· 1931
81,301 5	0,004 5	Hamilton [*3*]	Radio tracking of Mariner 2

$a_{☾}$ = 384 400,2 km; Yaplee et al. [*3*]; radar measurements (with radius of the moon = 1 738 km)
± 1,1 (p. e.)

Tab. 6. The constant of aberration — Aberrationskonstante

k	p. e.	Author	Notes ²)
20,"512	± 0,"002	K. A. Kulikov [*24*]	Pulkovo ZT 1915···1929
20, 511	0, 005	Romanskaja [*30*]	Pulkovo ZT 1929···1941
20, 514	0, 008	Guinot [*17*]	Radial velocities Venus 1956
20, 511	0, 006	Guinot et al. [*18*]	Paris astrolabe 1956···1961

¹) From Tab. 2.
²) ZT = zenith telescope

The correction to Newcomb's general precession in longitude — Korrektion zu Newcombs allgemeiner Präzession in Länge

Notations and relations — Bezeichnungen und Beziehungen

Δm	correction to general precession in right ascension
Δn	correction to general precession in declination
Δp	correction to general precession in longitude
Δp_1	correction to lunisolar precession
$\Delta\lambda$	correction to planetary precession
ε	obliquity of the ecliptic

Δm and Δn are determined from proper motions of stars (see 5.1.2) according to

$$\mu_\alpha = \Delta k + \Delta n \sin\alpha \tan\delta,$$
$$\mu_\delta = \Delta n \cos\alpha,$$

where

$$\Delta k = \Delta m - \Delta e = \Delta n \cot\varepsilon - (\Delta\lambda + \Delta e),$$

and Δe denotes a constant correction which proper motions in right ascension may require as a consequence of an error in Newcomb's motion of the equinox. Since

$$\Delta n = \Delta p_1 \sin\varepsilon,$$

proper motions of stars provide Δp_1 and $\Delta\lambda + \Delta e$. The correction to general precession in longitude is

$$\Delta p = \Delta p_1 - \Delta\lambda \cos\varepsilon.$$

In practice, $\Delta\lambda \cos\varepsilon$ is small compared with Δp_1 and can be neglected, so that it is justified to state that proper motions permit one to deduce a correction to the general precession in longitude. Δp_1 can also be determined from the motion of planets.

Tab. 7. Correction to Newcomb's lunisolar precession and motion of the equinox (per tropical century; cited errors are probable errors) — Korrektion zu Newcombs Lunisolar-Präzession (Δp_1) und zur Bewegung des Äquinox ($\Delta e + \Delta\lambda$); (pro tropisches Jahrhundert; angegebene Fehler = wahrscheinliche Fehler).

Δp_1		$\Delta e + \Delta\lambda$		Author	System [3])
1,"11	±",07	1,"14	±",07	Oort [28]	GC
1,01	,07	1,18	,07	Oort [28]	FK 3
0,86[1])	—	—		Brouwer [2] Clemence [2]	Mercury, Earth
0,75	—	1,09		H. R. Morgan, Oort [26]	FK 3/N 30 [2])

Tab. 8. The constant of nutation — Nutationskonstante

N	s. d.	Author	Notes
9,"206 6[4])	± 0,"006 2	Spencer Jones [21]	Greenwich FZT 1911···1936
9,210 8	0,001 9	K. A. Kulikov [25]	Pulkovo ZT 1904···1941
9,205 5	0,004 7	Romanskaja [5])	Pulkovo ZT 1915···1941
9,198 5[6])	0,005 1	Hattori [19]	Int. Lat. Service, 3 stations 1900···1935
9,207 3	0,004 1		
9,196 7	0,004 3		
9,195 5	0,003 4		
9,198	0,002	Fedorov [14]	Int. Lat. Service, 3 stations 1900···1934

2.3.4 Preliminary system — Ein vorläufiges System

On recommendation of IAU Symposium No. 21 no change in the conventional values of the constants of precession and nutation shall be made in the near future. Reference has to be made to the forthcoming IAU-system of astronomical constants.

Auf Empfehlung des IAU-Symposiums Nr. 21 soll vorläufig keine Änderung der konventionellen Werte der Präzessions- und Nutationskonstanten vorgenommen werden. Ansonsten muß auf das geplante neue IAU-System der astronomischen

[1]) The mean value is given here from the cited determinations.
[2]) The declination system of FK 3 corrected for suspected errors due to the neglected latitude variations before 1890.
[3]) See 5.1.1.5.3
[4]) Corrected value [12].
[5]) Trans. IAU **11** A (1962) 172; details not yet published.
[6]) Four values of N from different selection of star pairs.

Böhme/Fricke

The following preliminary system is intended to illustrate how a new system may be formulated from recent determinations.

However it appears to be easy to change this system keeping the consistency by means of the relations given in 2.3.2.2 and 2.3.2.3 if other values should be adopted for some constants.

Konstanten hingewiesen werden. Das folgende vorläufige System soll illustrieren, wie ein solches neues System mit Hilfe der neuesten Daten formuliert werden könnte.

Im übrigen ist es mit Hilfe der in 2.3.2.2 und 2.3.2.3 gegebenen Relationen leicht, das System unter Aufrechterhaltung der Widerspruchsfreiheit abzuändern, falls einigen Konstanten andere Werte zugewiesen werden sollten.

Fundamental constants:

$c = 299\,792\,500$ m sec^{-1}
$R = 6\,378\,165$ m
$A = 149\,598 \cdot 10^6$ m
$GE = 398{,}603\,361 \cdot 10^{12}$ m^3 sec^{-2}
$\mu^{-1} = 81{,}30$
$p = 5025{,}''640$
$\mathsf{N} = 9{,}''210$

Derived constants:

$\pi_\odot = 8{,}''794\,175$
$\tau = 499{,}^s005\,145$
$\mathsf{K} = 20{,}''492\,637$
$k = 20{,}''495\,548$
$GS = 132{,}712\,784\,2 \cdot 10^{18}$ m^3 sec^{-2}
$S/E = 332\,944{,}47$
$S/(E+M) = 328\,899$
$a_☾ = 384\,400\,000$ m
$\sin \pi_☾ = 3\,422{,}''453\,1$
$L = 6{,}''440\,0$
$P = 124{,}''987\,4$

2.3.5 References for 2.3 — Literatur zu 2.3

Conferences, Tables, Handbooks

1 Conférence internationale des étoiles fondamentales de 1896, Gauthier-Villars, Paris (1896).
2 Colloque international sur les constantes fondamentales de l'astronomie, Paris 1950: Bull. Astron. **15** (1950) 163.
3 Papers presented at the IAU Symposium No. 21 (The System of Astronomical Constants), Paris 1963: Bull. Astron. (in press).
4 Explanatory Supplement to the Astronomical Ephemeris: Her Majesty's Stationery Office, London (1961).
5 Brown, E. W.: Tables of the Motion of the Moon, Yale University Press, New Haven (1919).
6 Kulikov, K. A.: Fundamental astronomical constants, Moscow (1956) (in Russian).
7 Newcomb, S.: The elements of the four inner planets and the fundamental constants of astronomy (Supplement to the American Ephem. and Naut. Almanac for 1897), Government Printing Office, Washington (1895).
8 Newcomb, S.: Tables of the motion of the Earth on its axis and around the Sun, Astron. Papers Wash. **6** (1898) 7.
9 Newcomb, S.: A Compendium of Spherical Astronomy, Dover Publications, New York.
10 Woolard, E. W.: Theory of the rotation of the Earth around its center of mass, Astron. Papers Wash. **15** (1953) 3.

Other references

11 Brown, E. W.: Mem. Roy. Astron. Soc. **53** (1899) 39.
12 Clemence, G. M.: AJ **53** (1948) 169.
13 Delano, E.: AJ **55** (1950) 129.
14 Fedorov, E. P.: AJ **64** (1959) 81.
15 Fischer, I.: AJ **67** (1962) 373.
16 Froome, K. D.: Nature, London **181** (1958) 258.
17 Guinot, B.: Bull. Astron. **22** (1959) 129.
18 Guinot, B., S. Débarbat et M. Lefebvre: Bull. Astron. **23** (1961) 295.
19 Hattori, T.: Publ. Astron. Soc. Japan **3** (1951) 126.
20 Jeffreys, H.: MN **102** (1942) 194.
21 Jones, H. Spencer: MN **99** (1939) 211.
22 Jones, H. Spencer: Mem. Roy. Astron. Soc. **66**, 2 (1941) 3.
23 Kaula, W. M.: J. Geophys. Res. **66** (1961) 1799.
24 Kulikov, K. A.: Astron. Zh. **26** (1949) 44 (in Russian).
25 Kulikov, K. A.: Astron. Zh. **26** (1949) 165 (in Russian).
26 Morgan, H. R., and J. H. Oort: BAN **11** (1951) 379.
27 Newcomb, S.: Astron. Papers Wash. **8** (1897) 1.
28 Oort, J. H.: BAN **9** (1943) 424.
29 Rabe, E.: AJ **55** (1950) 112.
30 Romanskaja, S. W.: Publ. Pulkovo (2) **70** (1954) 15 (in Russian).
31 de Sitter, W.: BAN **8** (1938) 213.

3 Abundances of the elements in the universe — Die Häufigkeit der Elemente im Kosmos

3.1 Introduction — Einleitung

The primordial nebula from which the sun, the planets, and other planetary objects were formed, had a welldefined chemical composition. This composition corresponds closely to that of the present sun and of many stars. This follows from astronomical observations and from the constancy of the isotopic composition of the elements in meteoritic and terrestrial material.

The chemical and isotopic composition of primordial matter represents a mixture of matter that formed under different conditions through thermonuclear reactions, possibly in the interior of stars [*1*, *2*].

Tab. 1 through 5 summarize our present knowledge of the composition of the sun, of many stars, and of what is assumed to be the same, the primordial mixture. Its non-volatile components are found relatively unaltered in certain types of meteorites. Terrestrial surface rocks and tektites show deviations from the composition of meteorites due to chemical fractionation. The data given are based on the following empirical quantities: (1) data from spectral analysis of the sun and of stars; (2) chemical analysis of meteorites and of terrestrial rocks; (3) semi-empirical estimates of the primordial abundance distribution of the elements, and of their isotopes, based on certain abundance rules. More quantitative data, calculated from theoretical assumptions on the mechanism of element formation [*3*] are not included in the tables.

Authors have previously normalized atomic abundance data relative to a silicon abundance equal to 10^2, 10^4, or 10^{10}, or to the hydrogen abundance equal to 10^{10} or 10^{12}. It has recently become customary to take the *silicon abundance* equal to 10^6, closely corresponding to a hydrogen abundance of $10^{10,5}$. In the following this value is used for normalization wherever relative abundance values are given.

Der Urnebel, aus dem sich die Sonne, die Planeten und andere planetarische Objekte gebildet haben, hatte eine wohldefinierte chemische Zusammensetzung. Diese Zusammensetzung entspricht nahezu der der gegenwärtigen Sonne und der vieler Sterne. Dies folgt aus astronomischen Beobachtungen und auch aus der Konstanz der isotopischen Zusammensetzung der Elemente in Meteoriten und im irdischen Material.

Die chemische und isotopische Zusammensetzung der Urmaterie stellt eine Mischung von Materie dar, die sich unter verschiedenen Bedingungen durch thermische Kernreaktionen, vielleicht im Innern von Sternen, gebildet hat [*1*, *2*].

Tab. 1 bis 5 fassen unsere gegenwärtigen Kenntnisse zusammen über die Zusammensetzung der Sonne, vieler Sterne und auch der Urmaterie, von der angenommen werden kann, daß sie dieselbe Zusammensetzung besaß. Ihre nichtflüchtigen Bestandteile werden verhältnismäßig unverändert in gewissen Typen von Meteoriten gefunden. Irdische Oberflächengesteine und Tektite zeigen Abweichungen von der Zusammensetzung der Meteorite, die durch chemische Fraktionierungsvorgänge hervorgerufen wurden. Die angegebenen Zahlen beruhen auf folgenden empirischen Größen: (1) durch Spektralanalyse der Sonne und einer Anzahl von Sternen erhaltene Daten; (2) Ergebnisse der chemischen Analysen von Meteoriten und irdischer Gesteine; (3) halbempirische Abschätzungen der Urhäufigkeitsverteilung der Elemente und deren Isotope unter Anwendung bestimmter Häufigkeitsregeln. Weitere quantitative Daten, die unter theoretischen Voraussetzungen über den Mechanismus der Elemententstehung berechnet sind [*3*], sind nicht in die Tabellen aufgenommen.

Die Zahlenwerte für atomare Häufigkeiten werden meist relativ zu Silizium angegeben, wobei früher die Siliziumhäufigkeit gleich 10^2, 10^4 oder 10^{10} gesetzt wurde, oder auch relativ zu Wasserstoff, dessen relative Häufigkeit gleich 10^{10} oder 10^{12} gesetzt wurde. In letzter Zeit wurde es jedoch gebräuchlich, die *Siliziumhäufigkeit gleich* 10^6 zu setzen, was sehr nahe einer Wasserstoffhäufigkeit von $10^{10,5}$ entspricht. Wir verwenden im folgenden stets diese Normierung, wenn relative Häufigkeiten angegeben werden.

For literature on astronomical data see Aller [*4*] and the references quoted with the tables. Meteoritical data were taken from a compilation by Urey [*5*]. The author is grateful to Dr. Urey for his permission to use his tables before their publication, and to Dr. Aller for personal comments and advice. The semi-empirical data given here are those of Suess and Urey [*6*].

References for 3.1 — Literatur zu 3.1

1 Burbidge, E. M., G. R. Burbidge, W. A. Fowler, and F. Hoyle.: Rev. Mod. Phys. **29** (1957) 547.
2 Cameron, A. G. W.: ApJ **121** (1955) 144; **131** (1960) 521.
3 Clayton, D. D., and W. A. Fowler: Ann. Phys. N.Y. **16** (1961) 51.
4 Aller, L. H.: The Abundance of the Elements, Interscience Publishers, Inc., New York and London (1961).
5 Urey, H. C.: Rev. Geophys. **2** (1964) 1.
6 Suess, H. E., and H. C. Urey: Rev. Mod. Phys. **28** (1956) 53; Hdb. Physik **51** (1958) 296.

3.2 Meteorites, surface rocks, tektites — Meteorite, Oberflächengestein und Tektite

No data are given for content of rare gases, because there is no simple correlation between rare gas content of rocks and meteorites and cosmic abundance. See for example [*S 7*], [*R 4*] and literature quoted here.

Tab. 1. Abundances of the elements in meteorites, surface rocks and tektites — Häufigkeit der Elemente in Meteoriten, Oberflächengestein und Tektiten

Given in parts per million by weight ([g/metric ton]) except where weight per cent is indicated.

Angegeben in Gewichtsteilen pro Millionen ([g/t]) ausgenommen dort, wo ausdrücklich Gewichts- % angegeben ist.

Z	Element	Irons: Metal	Irons: Ref.	Irons: Sulfide	Irons: Ref.	Ordinary chondrites	Ordinary chondrites: Ref.	Average terrestrial surface rocks	Average terrestrial surface rocks	Tektites [1]
		based on [*B 4*]				compiled by [*U 1*]		[*G2*] [*A2*]	[*V2*]	[*S5*]
1	H	—	—	—	—	—	—	—	—	—
2	He	—	—	—	—	—	*S 7*	—	—	—
3	Li	—	—	—	—	2,5	*F 1, P 1*	32	32	40
4	Be	—	—	—	—	0,04	*S 8*	2	3,8	4
5	B	—	—	—	—	0,4	*S 6*	3	12	12
6	C	1 100	*N 4*	—	—	0,1	*U 2*	320	230	—
7	N	—	—	—	—	—	—	15	19	—
8	O	—	—	—	—	35,1%	—	46,6%	47,0%	—
9	F	—	—	—	—	32	*S 8*	700	660	—
10	Ne	—	—	—	—	—	*S 7*	—	—	—
11	Na	—	—	—	—	0,68%	*E 1*	2,83%	2,50%	0,97%
12	Mg	300	*N 4*	—	—	14,4%	*U 2*	2,09%	0,87%	1,25%
13	Al	40	*N 4*	—	—	1,3%	*U 2*	8,13%	8,05%	6,53%
14	Si	40	*G 2*	—	—	17,8%	*U 2*	27,7%	29,5%	34,44%
15	P	0,2%	*N 4*	0,3%	*N 4*	0,1%	*M 1, W 4*	0,12%	930	—
16	S	360	*N 4*	34,3%	*N 4*	2,3%	*M 1, W 4*	520	470	—
17	Cl	—	*N 4*	—	—	160	*G 4*	150	170	—
18	A	—	—	—	—	—	*S 7*	—	—	—
19	K	—	—	—	—	0,087%	*E 1, W 1, K 1*	2,59%	2,50%	1,96%
20	Ca	500	*N 4*		—	1,4%	*U 2*	3,63%	2,96%	1,93%
21	Sc	—	—	—	—	9	*B 3, S 4, K 1*	20	10	13
22	Ti	100	—	—	—	640	*M 2*	0,44%	0,45%	5000
23	V	6	*N 4*	—	—	64	*K 1*	120	90	80
24	Cr	40	*N 1*	0,1%	*N 4*	0,22%	*B 3*	100	83	70···400
25	Mn	300	*N 4*	460	*N 4*	2600	*M 2*	0,1%	0,1%	—
26	Fe	90,8%	*B 6*	61,1%	*N 4*	25,1%	*U 2*	5,0%	4,65%	3,68%
27	Co	0,5%	*B 6, N 1*	100	*G 4*	500	*M 1, S 3*	19	18	10
28	Ni	8,6%	*B 6*	0,1%	*G 4*	1,34%	*U 2*	35	58	20···300
29	Cu	150	*N 1*	0,4%	*N 4*	100	*M 1, S 9*	55	47	10
30	Zn	110	*N 4*	0,15%	*N 4*	54	*G 4, N 3*	40	83	10
31	Ga	50	*B 5, L 1*	0,5	*B 5*	5,3	*O 1*	19	19	8
32	Ge	200	*N 1, L 1*	600	*N 4*	9,5	*W2, G4, C1*	1,1	1,4	0,3
33	As	360	*N 4*	0,1%	*N 4*	2,2	*O1, H2*	2	1,7	—
34	Se	—	—	—	—	9,8	*S1, D1*	0,1	0,05	—
35	Br	—	—	—	—	—	—	3,1	2,1	—
36	Kr	—	—	—	—	—	—	—	—	—
37	Rb	—	—	—	—	3,3	*G 1, W 3, S 9*	115	150	120
38	Sr	—	—	—	—	11	*P 1*	450	340	170
39	Y	—	—	—	—	2	*S 4*	28	29	8
40	Zr	8	*N 4*	—	—	35	*P 1, E 4*	156	170	400
41	Nb	—	—	—	—	—	—	24	20	—
42	Mo	17	*N 4*	3	*N 4*	1,6	*K 3*	1	1,1	—
43	Tc	—	—	—	—	—	—	—	—	—
44	Ru	9,2	*N 2*	4	*N 4*	0,9	*H 1, N 2, B 1*	0,001	—	—
45	Rh	1,5	*N 2*	1	*N 4*	0,17	*S 2, N 2*	0,001	—	—
46	Pd	3,5	*N 2*	5	*N 4*	0,7	*N2, R 2, H2*	0,004	0,013	—
47	Ag	3	*N 4*	20	*N 4*	0,05	*S 2, R 2*	0,008	0,07	<1
48	Cd	10	*N 4*	30	*N 4*	0,06	*S 4*	0,15	0,13	—

[1]) Glass objects of presumably meteoritic origin. Data from [*S 5*] are for the average composition of tektites from the Pacific Ocean areas.

Continued next page

Tab. 1. (continued)

Z	Element	Irons: Metal	Ref.	Sulfide	Ref.	Ordinary chondrites	Ref.	Average terrestrial surface rocks		Tektites [1])
		based on [*B 4*]				compiled by [*U 1*]		[*G 2*] [*A 2*]	[*V 2*]	[*S 5*]
49	In	—	—	—	—	0,001	*S 2*	0,11	0,25	—
50	Sn	80	*G 4*	15	*G 4*	0,4	*S 6*	2	2,5	—
51	Sb	7,0	*N 4*	10	*M 3*	0,1	*O 1, H 2*	0,1	0,5	—
52	Te	—	—	—	—	0,5	*S 1, G 3*	0,002	0,001	—
53	I(J)	—	—	—	—	0,04	*G 3*	0,002	0,001	—
54	Xe	—	—	—	—	—	*R 4*	—	—	—
55	Cs	—	—	—	—	0,14	*G 1, W 3, A 1*	5	3,7	—
56	Ba	—	—	—	—	4,0	*R 3, M 2*	1000	650	600
57	La	0,000 4	*S 4*	—	—	0,34	*S 4*	18	29	50
58	Ce	—	—	—	—	1,06	*S 4*	46	70	2,5
59	Pr	0,000 2	*S 4*	—	—	0,13	*S 4*	5,5	9	—
60	Nd	—	—	—	—	0,61	*S 4*	24	37	—
61	Pm	—	—	—	—	—	—	—	—	—
62	Sm	$8 \cdot 10^{-5}$	*S 4*	—	—	0,23	*S 4*	6,5	8	—
63	Eu	$3 \cdot 10^{-5}$	*S 4*	—	—	0,08	*S 4*	1,1	1,3	1,5
64	Gd	—	—	—	—	0,34	*S 4*	6,4	8	—
65	Tb	—	—	—	—	0,05	*S 4*	0,9	4,3	—
66	Dy	0,000 15	*S 4*	—	—	0,34	—	4,5	5	5
67	Ho	—	*S 4*	—	—	0,08	*S 4*	1,2	1,7	—
68	Er	—	—	—		0,24	*S 4*	2,5	3,3	—
69	Tm	—	—	—	—	0,03	*S 4*	0,2	0,27	—
70	Yb	—	—	—	—	0,18	*S 4*	2,7	0,33	—
71	Lu	—	—	—	—	0,035	*S 4*	0,8	0,8	—
72	Hf	—	—	—	—	0,19	*E 4*	3	1	—
73	Ta	0,06	*R 1*	—	—	0,023	*A 4, E 2*	2	2,5	—
74	W	—	—	—	—	0,14	*A 3, A 4, H 2*	2,1	1,3	—
75	Re	0,85	*B 5*	—	—	0,057	*H 3*	0,05	0,000 7	—
76	Os	7,6	*N 3*	—	—	0,94	*B 1*	0,000 1	—	—
77	Ir	3,7	*N 2*	—	—	0,46	*R 5, N 2, H 2*	0,000 1	—	—
78	Pt	11	*N 2*	—	—	1,3	*N 2, H 2*	0,000 5	—	—
79	Au	1,8	*B 5*	—	—	0,16	*V 1*	0,000 2	0,004 3	—
80	Hg	—	—	—	—	0,03	*E 3*	0,08	0,083	—
81	Tl	—	—	—	—	0,001	*E 3, R 3*	1,3	1	—
82	Pb	—	—	—	—	0,18	*R 3*	15	16	3
83	Bi	—	—	—	—	0,003	*E 3, R 3, R 2*	0,2	0,000 9	—
90	Th	—	—	—	—	0,04	*B 2*	15	13	10
92	U	—	—	—	—	0,014	*G 3, R 2, R 3*	3	2,5	2

▶ [1]) See p. 84

References for 3.2 — Literatur zu 3.2

A 1 AHRENS, L. H., R. A. EDGE, and S. R. TAYLOR: Geochim. Cosmochim. Acta **20** (1960) 260.
A 2 AHRENS, L. H., and S. R. TAYLOR: *Spectrochemical Analysis*, Addison-Wesley, Reading, Mass. (1961) Tab. 8.
A 3 AMIRUDDIN, A., and W. D. EHMANN: Geochim. Cosmochim. Acta **26** (1962) 1011.
A 4 ATKINS, D. H. F., and A. A. SMALES: Anal. Chim. Acta **22** (1960) 462.
B 1 BATE, G. L., and J. R. HUIZENGA: Geochim. Cosmochim. Acta **27** (1963) 345.
B 2 BATE, G. L., J. R. HUIZENGA, and H. A. POTRATZ: Geochim. Cosmochim. Acta **16** (1959) 88.
B 3 BATE, G. L., H. A. POTRATZ, and J. R. HUIZENGA: Geochim. Cosmochim. Acta **18** (1960) 101.
B 4 BROWN, H.: Rev. Mod. Phys. **21** (1949) 625.
B 5 BROWN, H., and E. GOLDBERG: Science **109** (1949) 347; Anal. Chem. **22** (1950) 308.
B 6 BROWN, H., and C. PATTERSON: J. Geol. **55** (1947) 508.
C 1 COHEN, A. J.: Rep. XXI Session Intern. Geol. Congress, Part 1 (1960) 30···39.
D 1 DU FRESNE, A.: Geochim. Cosmochim. Acta **20** (1960) 141.
E 1 EDWARDS, G.: Geochim. Cosmochim. Acta **8** (1955) 285.
E 2 EHMANN, W. D.: Personal Communication to B. MASON, *Meteorites*, p. 177, J. Wiley and Son, New York (1962).
E 3 EHMANN, W. D., and J. R. HUIZENGA: Geochim. Cosmochim. Acta **17** (1959) 125.
E 4 EHMANN, W. D., and J. L. SETSER: Science **139** (1963) 594.
F 1 FIREMAN, E. L., and D. SCHWARZER: Geochim. Cosmochim. Acta **11** (1957) 252.
G 1 GAST, P. W.. Geochim. Cosmochim. Acta **19** (1960) 1.
G 2 GOLDSCHMIDT, V. M.: *Geochemistry* (A. MUIR Ed.) Clarendon Press, Oxford (1954).
G 3 GOLES, G. G., and E. ANDERS: Geochim. Cosmochim. Acta **26** (1962) 723.
G 4 GREENLAND, L.: Preprint (1963).
H 1 HARA, T., and E. B. SANDELL: Geochim. Cosmochim. Acta **21** (1960) 145.

H 2 Hamaguchi, H., T. Nakai, and V. Endo: Nippon Kagaku Zasshi **82** (1961) 1485;
Hamaguchi, H., T. Nakai, and Y. Kamenoto: ibid. **82** (1961) 1489;
Hamaguchi, H., T. Nakai, and E. Ideno: ibid. **82** (1961) 1493.
H 3 Hirt, B., W. Herr, and W. Hoffmeister: *Radioactive Dating,* International Atomic Energy Agency, Vienna (1963) 35···43.
H 4 Hoering, T. V., and P. L. Parker: Geochim. Cosmochim. Acta **23** (1961) 186.
I 1 Ishibashi, M.: Z. Anorg. Allgem. Chem. **202** (1931) 372.
K 1 Kemp, D. M., and A. A. Smales: Anal. Chim. Acta **23** (1960) 397.
K 2 Kirsten, T., D. Krankowski, and J. Zähringer: Geochim. Cosmochim. Acta **27** (1963) 1, 13.
K 3 Kuroda, P. K., and E. B. Sandell: Geochim. Cosmochim. Acta **6** (1954) 35.
L 1 Lovering, J. F., W. Nichiporuk, A. Chodos, and H. Brown: Geochim. Cosmochim. Acta **11** (1957) 263.
M 1 Mason, B., and H. B. Wiik: American Museum Novitates, Nos. 2010 (1960); 2069 (1961); 2106 (1962); 2115 (1962); Mineral. Mag. **32** (1960) 528; Geochim. Cosmochim. Acta **21** (1961) 272.
M 2 Moore, C. B., and H. Brown: Geochim. Cosmochim. Acta **26** (1962) 495; Anal. Chim. Acta **26** (1962) 242.
M 3 Murthy, V. R.: Geochim. Cosmochim. Acta **27** (1963) 1171.
N 1 Nichiporuk, W.: Geochim. Cosmochim. Acta **13** (1958) 233.
N 2 Nichiporuk, W., and H. Brown: Phys. Rev. Letters **9** (1962) 245; Ann. Rept. NASA (1962); preprint (1963).
N 3 Nishimura, M., and E. B. Sandell: Univ. Minn. Final Rept. NSF G 9910 (1962) 50.
N 4 Noddack, I. und W.: Naturwiss. **35** (1930) 59.
O 1 Onishi, H., and E. B. Sandell: Geochim. Cosmochim. Acta **9** (1956) 78; **7** (1955) 1; **8** (1955) 213.
P 1 Pinson, W. H., L. H. Ahrens, and M. L. Franck: Geochim. Cosmochim. Acta **4** (1953) 251.
R 1 Rankama, K.: Bull. Comm. Géol. Finlande No. 133 (1944).
R 2 Reed, G. W.: Preprint (1963);
Hamaguchi, H., G. W. Reed, and A. Turkevich: Geochim. Cosmochim. Acta **12** (1957) 337.
R 3 Reed, G. W., K. Kigoshi, and A. Turkevich: Geochim. Cosmochim. Acta **20** (1960) 122.
R 4 Reynolds, J. H.: J. Geophys. Res. **68** (1963) 2939.
R 5 Rushbrook, P. R., and W. D. Ehmann: Geochim. Cosmochim. Acta **26** (1962) 649.
S 1 Schindewolf, U.: Geochim. Cosmochim. Acta **19** (1960) 134.
S 2 Schindewolf, U., and M. Wahlgren: Geochim. Cosmochim. Acta **18** (1960) 36.
S 3 Schmitt, R. A.: private communication.
S 4 Schmitt, R. A., R. H. Smith, K. I. Perry, and D. A. Olehy: General Atomic Report, G. A. 3687, Nov. 30, 1962; Aug. 28, 1962; May 15, 1963.
S 5 Schnetzler, C. C., and W. H. Pinson, jr.: *Tektites* (O'Keefe, Ed.) University of Chicago Press (1963) 95.
S 6 Shima, Makoto: J. Geophys. Res. **67** (1962) 4521 and paper in press.
S 7 Signer, P., and H. E. Suess: *Earth Science and Meteoritics* (Geiss and Goldberg, Ed.) Amsterdam (1963) 241.
S 8 Sill, C. W., and C. P. Willis: Geochim. Cosmochim. Acta **26** (1962) 1209.
S 9 Smales, A. A., D. Mapper, and A. J. Wood: Analyst **82** (1957) 75;
Smales, A. A., D. Mapper, J. W. Morgan, R. K. Webster, and A. J. Wood: Proc. Sec. Intern. Conf. Peaceful Uses Atomic Energy **2** (1958) 242.
Smales, A. A., T. C. Hughes, D. Mapper, C. A. J. McInness, and R. K. Webster: preprint (1963).
U 1 Urey, H. C.: Rev. Geophys. **2** (1964) 1.
U 2 Urey, H. C., and H. Craig: Geochim. Cosmochim. Acta **4** (1953) 36.
V 1 Vincent, E. A., and J. H. Crocket: Geochim. Cosmochim. Acta **18** (1960) 143.
V 2 Vinogradov, A. P.: Geochimija **7** (1962) 555.
W 1 Wänke, H.: Z. Naturforsch. **16a** (1961) 127.
W 2 Warandi, S. A.: Geochim. Cosmochim. Acta **10** (1956) 321.
W 3 Webster, R. K., J. W. Morgan, and A. A. Smales: Geochim. Cosmochim. Acta **15** (1958) 150; Trans. Am. Geophys. Un. **38** (1957) 543;
Cabell, M. J., and A. A. Smales: Analyst **82** (1957) 390.
W 4 Wiik, H. B.: Geochim. Cosmochim. Acta **9** (1955) 279.

3.3 The sun and the stony meteorites — Die Sonne und die Steinmeteorite

Quantitative spectral analysis of the sun was first carried out by Russell [*1*], and perfected by Unsöld [*2*] and Strömgren [*3*]. The data given in Tab. 2 are more recent improved values by Goldberg, Müller, and Aller [*4*], and revised data obtained through a personal communication from Dr. Aller [*8*], which take into account new and unpublished log *gf* values of Corliss and Bozman, work by Mutschlecner, and other recent developments.

The composition of stony meteorites reflects approximately that of the non-volatile fraction of solar matter. The majority of stony meteorites are ordinary chondrites which can be classified, according to their iron content, as high iron (*H*) and low iron (*L*) chondrites. For several siderophile elements, data are given separately for the two groups. The variations in the Fe content, and that of other siderophile elements in various types of meteorites, present a difficulty in the estimation of the composition of solar matter from that of the meteorites. Two other groups of chondrites, the enstatite and the carbonaceous chondrites, appear to reflect solar proportions of some elements better than ordinary chondrites. For further literature see Tab. 1.

Semiempirical values are based on rules regarding the abundances of the stable nuclides as postulated by Suess [6]:

1. Odd mass number nuclides: The abundances of odd mass numbered nuclear species with $A > \sim 50$ change steadily with the mass number. When isobars occur, the sum of the abundances of the isobars must be used instead of the individual abundances.

2. Even mass number nuclides: (a) In the region of the heavier elements with $A > 90$, the sums of the abundances of the isobars with even mass number change steadily with mass number. (b) In the regions with $A < 90$, the abundances of the nuclear species with equal numbers of excess neutrons change steadily with the mass number.

3. In the region of the lighter elements with $A < 70$, the isobar with the higher excess of neutrons is the less abundant one at each mass number. In the region of the heavier elements with $A > 70$, the isobar with smallest excess of neutrons is the least abundant one.

4. Exceptions to these rules occur at mass numbers where the numbers of neutrons have certain values, the so-called magic numbers.

The Suess-Urey semi-empirical abundance values of 1956 [7] are given in the table, because they are frequently taken as reference values, although a revision of these values based on the more recent meteoritical and astronomical data given in Tab. 1 is desirable. For abundances of the individual isotopes, according to Suess and Urey [7], see Tab. 5.

Tab. 2. Relative atomic abundances N of elements — Relative atomare Häufigkeit N der Elemente

Empirical values for the sun and for chondrites; semi-empirical values estimated from abundance rules	Empirische Werte für die Sonne und für Chondrite; halbempirische Werte, erhalten durch Anwendung von Häufigkeitsregeln
N number of atoms per 10^6 atoms of Si	Zahl der Atome pro 10^6 Atome Si

Z	Element	log N					
		Sun		Stony meteorites [5]			Suess-Urey semi-empirical values [7]
		[4]	revised [8]	Ordinary chondrites¹)	Enstatite chondrites	Carbonaceous chondrites	
1	H	10,50	10,50	—	—	—	10,50
2	He	9,71	—	—	—	—	9,60
3	Li	−0,54	0,04	1,66	—	—	2,00
4	Be	0,86	0,84	−0,16	−0,44	—	1,30
5	B	—	—	0,80	—	—	1,38
6	C	7,22	—	3,2	—	—	7,04
7	N	6,48	—				6,48
8	O	7,46	—	6,52			7,49
9	F	3,2	—	2,7			3,20
10	Ne	—	—	—	—	—	6,93
11	Na	4,80	(3,94)	4,66	4,75	4,80	4,64
12	Mg	5,90	—	5,975	5,87	6,02	5,96
13	Al	4,98	—	4,88	4,68	4,93	4,98
14	Si	**6,00**	**6,00**	**6,00**	**6,00**	**6,00**	**6,00**
15	P	3,84	—	3,72	4,05	4,10	4,00
16	S	5,80	—	5,04	5,33	5,02	5,57
17	Cl	4,75	—	2,85	3,19	3,40	3,95
18	A	—	—	—	—	—	5,18
19	K	3,20	(3,16)	3,56	3,55	3,55	3,50
20	Ca	4,65	4,54	4,65	4,46	4,86	4,69
21	Sc	1,32	1,30	1,46	1,36	1,52	1,43
22	Ti	3,18	3,08	3,25	3,07	3,36	3,39
23	V	2,20	2,62	2,33	—	2,48	2,34
24	Cr	3,86	3,40	4,0	3,92	4,10	3,89
25	Mn	2,40	3,30	3,87	3,78	—	3,84
26	Fe	5,07	5,14	*L*: 5,771 *H*: 5,900	6,00	5,95	5,78
27	Co	3,14	3,20	*L*: 3,01 *H*: 3,30	3,40	3,36	3,25
28	Ni	4,45	—	*L*: 4,48 *H*: 4,66	4,73	4,66	4,44

¹) *H*: high iron chondrites; *L*: low iron chondrites (see text)

Continued next page

Tab. 2. (continued)

Z	Element	log N: Sun [4]	Sun revised [8]	Stony meteorites [5]: Ordinary chondrites [1]	Enstatite chondrites	Carbonaceous chondrites	SUESS-UREY semi-empirical values [7]
29	Cu	3,54	2,00	1,38	1,69	—	2,33
30	Zn	2,90	2,30	2,11	2,00	2,70	2,69
31	Ga	0,86	1,25	1,08	—	—	1,06
32	Ge	1,79	0,99	1,30	1,95	2,13	1,70
33	As	—	—	0,66	—	—	0,60
34	Se	—	—	1,26	—	—	1,83
35	Br	—	—	—	—	—	1,13
36	Kr	—	—	—	—	—	1,71
37	Rb	0,98	—	0,70	—	—	0,81
38	Sr	1,10	1,20	1,30	—	1,76	1,28
39	Y	0,75	1,70	0,53	0,36	0,70	0,95
40	Zr	0,73	1,15	1,70	—	—	1,74
41	Nb	0,45	0,80	—	—	—	0,00
42	Mo	0,40	0,80	0,40	—	—	0,38
44	Ru	−0,07	0,32	*L*: 0,04 *H*: 0,21	—	—	0,17
45	Rh	−0,72	−0,13	*L*: −0,64 *H*: −0,48	—	—	−0,67
46	Pd	−0,39	−0,23	0,00	—	—	−0,17
47	Ag	−1,36	−0,46	−1,10	—	—	−0,59
48	Cd	−0,04	0,16	−1,10	—	0,38	−0,05
49	In	−0,34	−0,22	−3,0	—	—	−0,96
50	Sn	0,04	0,55	−0,25	0,08	—	0,12
51	Sb	0,44	−1,08	−1,2	—	—	−0,61
52	Te	—	—	−0,15	0,43	—	0,67
53	I(J)	—	—	−1,3	−0,7	—	−0,1
54	Xe	—	—	—	—	—	0,60
55	Cs	—	—	−0,85	—	−0,44	−0,44
56	Ba	0,60	1,00	0,70	0,28	0,67	0,56
57	La	—	—	−0,41	−0,64	−0,44	0,30
58	Ce	—	—	0,07	−0,18	−0,07	0,35
59	Pr	—	—	−0,85	−0,96	−0,77	0,40
60	Nd	—	—	−0,19	−0,46	−0,11	0,16
61	Pm	—	—	—	—	—	—
62	Sm	—	—	−0,64	−0,88	−0,64	−0,18
63	Eu	—	—	−1,09	−1,32	−1,04	−0,73
64	Gd	—	—	−0,47	−0,92	−0,26	−0,17
65	Tb	—	—	−1,29	−1,51	−1,53	−1,02
66	Dy	—	—	−0,48	−0,72	−0,44	−0,26
67	Ho	—	—	−1,12	−1,33	−1,04	−0,93
68	Er	—	—	−0,64	−0,82	−0,66	−0,50
69	Tm	—	—	−1,48	−1,70	−1,45	−1,50
70	Yb	0,03	0,78	−0,75	−0,96	−0,68	−0,66
71	Lu	—	—	−1,51	−1,68	−1,46	−1,30
72	Hf	—	—	−0,79	—	—	−0,32
73	Ta	—	—	−1,70	—	—	−1,19
74	W	—	—	−0,93	—	—	−0,31
75	Re	—	—	−1,34	—	—	−0,87
76	Os	—	—	−0,27	—	—	0,00
77	Ir	—	—	−0,42	—	—	−0,09
78	Pt	—	—	0,00	—	—	0,21
79	Au	—	—	−0,89	—	—	−0,84
80	Hg	—	—	−1,64	—	1,06	−0,55
81	Tl	—	—	−3,0	−0,10	−0,74	−0,07
82	Pb	−0,17	0,14	−0,87	0,33	0,20	−0,33
83	Bi	—	—	−2,7	−2,2	−0,8	−0,84
90	Th	—	—	−1,5	—	—	
92	U	—	—	−2,0	−2,0	−2,0	

[1] *H*: high iron chondrites
L: low iron chondrites (see text)

References for 3.3 — Literatur zu 3.3

1 RUSSELL, H. N.: ApJ **70** (1929) 11.
2 UNSÖLD, A.: ZfA **24** (1948) 306.
3 STRÖMGREN, B.: Festschr. E. Strömgren (1940).
4 GOLDBERG, L. G., E. MÜLLER, and L. H. ALLER: ApJ Suppl. **5** (1960) 45.
5 UREY, H. C.: Rev. Geophys. in press.
6 SUESS, H. E.: Z. Naturforsch. **2a** (1947) 311, 604.
7 SUESS, H. E., and H. C. UREY: Rev. Mod. Phys. **28** (1956) 53; Hdb. Physik **51** (1958) 296.
8 ALLER, L. H.: personal communication.

3.4 Stars — Sterne

Spectral analyses of the light of many stars have shown that the majority of them have the same composition as the sun, within the limits of errors of the method. Spectral analyses of hot B-stars supplement in a valuable way the information obtained by investigation of the solar spectrum, especially in regard to the rare gas abundances. The solar spectrum does not show rare gas lines because of their high excitation energies.

The first investigations of spectra of a hot B-star were carried out by UNSÖLD in his classical work on τ Scorpii [*1*]. Tab. 3 shows results obtained in more recent investigations [*2*].

There are, however, an appreciable number of stars that show very marked and unmistakable deviations of their composition from that of the sun. Subdwarfs, for example, are frequently hydrogen-rich and metal-deficient by a factor of ten to more than one hundred. Three examples for such stars are given in Tab. 4. Other stars, such as the peculiar A-stars, show strong lines of selected metals: Sr, Zr, rare earth metals, and others. Data for the manganese-rich 55 Tauri are given in Tab. 4 as an example. For results of spectral analyses of giants and sub-giants of spectral classes G6 to K4, see ROMAN [*3*]. Variations in carbon content are discussed, and literature quoted, by ALLER [*4*]. For data on planetary nebulae, see the tables by ALLER in 6.4.

See also 5.3.0, Tab. 1.

Tab. 3. Relative atomic abundances of elements in hot B stars — Relative atomare Häufigkeit der Elemente in heißen B-Sternen

N | number of atoms per $10^{10,5}$ atoms of H (~ per 10^6 atoms of Si) | Zahl der Atome pro $10^{10,5}$ Atome H (~ pro 10^6 Atome Si)

Z	Element	log *N* (estimated errors ± 0,5)						
		γ Peg [*1*]	ζ Per [*2*]	τ Sco [*3*], [*4*]	10 Lac [*4*]	55 Cyg [*5*]	22 Ori [*6*]	114 Tau [*6*]
1	**H**	**10,50**	**10,50**	**10,50**	**10,50**	**10,50**	**10,50**	**10,50**
2	He	9,67	9,81	9,73	9,73	9,68	—	—
6	C	7,08	6,76	6,20	6,87	6,91	6,84	6,60
7	N	6,51	6,81	6,76	6,87	7,13	6,29	6,33
8	O	7,13	7,53	7,13	7,27	7,48	7,10	7,02
9	F	5,0	—	—	—	—	—	—
10	Ne	7,23	7,11	7,36	7,22	—	—	—
12	Mg	6,45	6,26	6,80	6,72	—	6,56	6,14
13	Al	4,26	5,28	4,90	5,57	—	4,24	4,13
14	Si	5,53	6,46	6,13	6,25	5,96	5,53	5,43
15	P	4,0	—	—	—	—	3,95	—
16	S	6,30	6,98	—			5,90	5,75
17	Cl	4,71	—	—			—	—
18	A	5,40	—	—			—	—

References for Tab. 3.

1 ALLER, L. H., and J. JUGAKU: ApJ Suppl. **4** (1959) 109.
2 CAYREL, R.: Thesis, Paris (1957).
3 ALLER, L. H., G. ELSTE, and J. JUGAKU: ApJ Suppl. **3** (1957) 1.
4 TRAVING, G.: ZfA **36** (1955) 1; **41** (1957) 215.
5 ALLER, L. H.: ApJ **123** (1956) 117.
6 ALLER, L. H., A. BOURY, and J. JUGAKU: see ALLER, L. H.: *Stellar Atmospheres* (J. L. GREENSTEIN, Ed.) Chicago (1960) 219.

Tab. 4. Relative atomic abundance of stars with abnormal composition — Relative atomare Häufigkeiten von Sternen mit anomaler Zusammensetzung.

Solar abundances as revised by ALLER [*1*] given for comparison. For further examples and literature see ALLER [*2*].

Number of atoms per $10^{10,5}$ atoms of H

Die von ALLER [*1*] revidierten Häufigkeiten in der Sonnenatmosphäre sind zum Vergleich angegeben. Weitere Beispiele und Literatur bei ALLER [*2*].

Zahl der Atome pro $10^{10,5}$ Atome H

Z	Element	log N: Sun [*1*]	Hydrogen-rich stars: HD 140 283 [*3*]	HD 19 445 [*4*]	HD 122 563 [*5*]	Mn-star 53Tauri [*6*]
1	**H**	**10,5**	**10,5**	**10,5**	**10,5**	**10,5**
2	He	9,71	—	—	—	—
6	C	7,22	—	—	—	7,65
11	Na	(3,94)	—	—	1,75	—
12	Mg	5,90	4,03	5,32	3,15	(5,27)
13	Al	4,98	2,25	3,44	1,56	—
14	Si	6,00	3,77	4,80	—	(5,20)
20	Ca	4,54	2,57	3,23	1,77	3,01
21	Sc	1,30	−1,04	−0,54	−2,23	—
22	Ti	3,08	1,30	(0,72)	−0,07	3,72
23	V	2,62	0,86	0,69	−1,42	—
24	Cr	3,40	1,80	1,72	1,11	2,51
25	Mn	3,30	1,31	1,76	−0,19	5,06
26	Fe	5,34	3,36	3,59	2,07	5,09
27	Co	3,20	1,75	2,65	−0,21	—
28	Ni	4,45	3,03	2,92	1,49	—
30	Zn	2,30	—	—	0,58	—
38	Sr	1,20	−0,83	−0,72	−3,10	2,70
39	Y	(1,70)	−0,84	—	−2,85	3,04
40	Zr	1,15	−1,15	—	−3,57	2,85
56	Ba	1,00	−1,59	−1,15	−4,15	—

References for Tab. 4

1 ALLER, L. H.: private communication.
2 ALLER, L. H.: *The Abundance of the Elements,* Intersci. Publ., New York and London (1961).
3 BASCHEK, B.: ZfA **48** (1959) 95.
4 ALLER, L. H., and J. L. GREENSTEIN: ApJ Suppl. **5** (1960) 139.
5 WALLERSTEIN, G., J. L. GREENSTEIN, R. PARKER, H. L. HELFER, and L. H. ALLER: ApJ **137** (1963) 296.
6 ALLER, L. H., and W. P. BIDELMAN: University of Michigan AF report 63719-5-T (1962).

References for 3.4 — Literatur zu 3.4

1 UNSÖLD, A.: ZfA **21** (1941···42) 1, 22, 229; **23** (1944) 75, 100.
2 ALLER, L. H.: *Stellar Atmospheres* (J. L. GREENSTEIN, Ed.) Univ. of Chicago Press (1960) 219 (Vol. VI of "Stars and Stellar Systems" ed. KUIPER).
3 ROMAN, N.: ApJ **112** (1950) 554; AJ **59** (1954) 307.
4 ALLER, L. H.: *The Abundance of the Elements,* Chapter 9, Interscience Publishers, New York and London (1961).

3.5 The abundance distribution of the individual nuclides — Die Häufigkeitsverteilung der einzelnen Nuklide

The isotopic composition of the elements is constant, or nearly constant, within the normal limits of error of mass-spectroscopic techniques. Differences in the isotopic composition of elements in terrestrial as well as meteoritic material are only observed when a product of a nuclear reaction is present, or where the atomic masses are sufficiently small, as in the cases of carbon, oxygen, or sulfur. In such cases, differences in the chemical properties of the isotopes are significant.

Tab. 5 gives the abundances of the individual nuclides, as estimated in a semi-empirical way by SUESS and UREY [*1*, *2*], on the basis of empirical, astronomical, and meteoritic data, and with the assumption that abundance rules, as given in 3.3, are valid. Direct observations of isotope ratios in the sun and in stars could not demonstrate any differences from the terrestrial material, except that it appears probable that variations exist for the case of carbon, and that at least one star appears to be extremely rich in He^3 [*2*]. In meteorites, the isotopic composition of rare gases shows wide variations, partly because of the presence of spallation-produced isotopes and of radiogenic He^4, A^{40}, and Xe^{129}, and partly because of a variation of the isotopic composition of primordial rare gases present in a number of meteorites [*3*, *4*, *5*]. The abundance data listed in Tab. 5, for the individual isotopes, are plotted against mass number (Fig. 1). In this way the validity of certain abundance rules can be recognized.

Fig. 1. Relative atomic abundance N of nuclides; $\log N$ plotted against mass number (A) — Relative atomare Häufigkeit N der Nuklide; $\log N$ aufgetragen gegen die Massenzahl (A).

Die gestrichelten Linien verbinden die Werte für die Häufigkeitssummen von Isobaren. Die dünnen Linien verbinden Werte isotoper Kerne gerader Massenzahl. Der Maßstab dieser Werte ist für $(A) > 64$ um drei Einheiten versetzt und an der rechten Ordinate angegeben — The dashed lines connect the values for the abundancy sums of isobars. The thin lines connect values of isotopic nuclides of even mass number. For $(A) > 64$ the scale of these values is shifted by three units and given at the right ordinate.

N | number of nuclides per 10^6 atoms of Si | Zahl der Nuklide pro 10^6 Atome Si

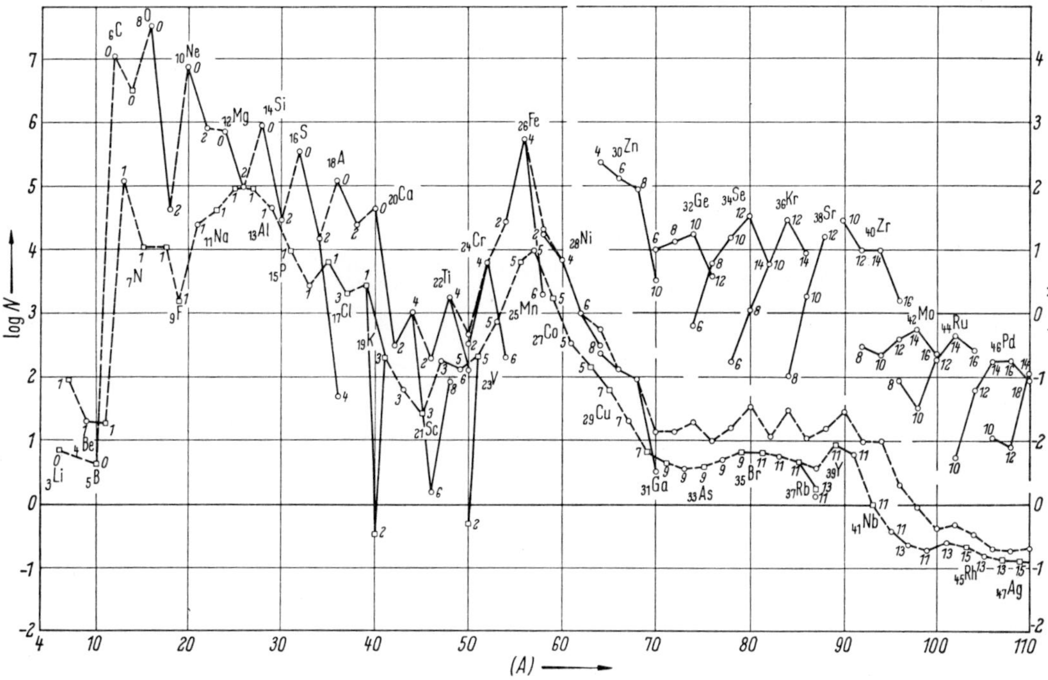

Fig. 1a. $(A) = 4 \cdots 110$

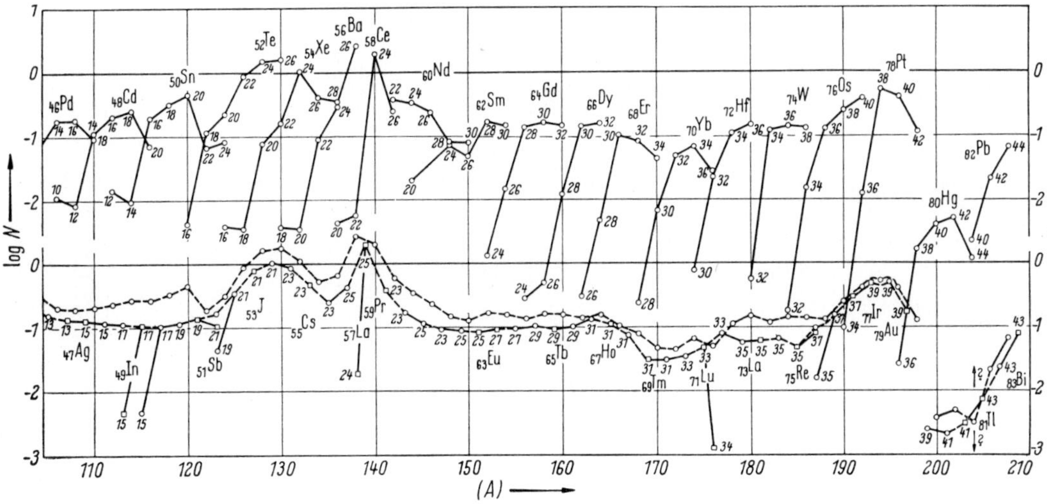

Fig. 1b. $(A) = 105 \cdots 209$

Tab. 5. Abundances of nuclides according to SUESS and UREY — Häufigkeit der Nuklide nach SUESS und UREY [1]

Calculated from elemental abundances as given in Tab. 2, last column, and from the isotopic composition of each element — Berechnet aus den in Tab. 2 (letzte Spalte) angegebenen Elementhäufigkeiten und der isotopischen Zusammensetzung der Elemente

(*A*)	mass number	Massenzahl
(*N*)	number of neutrons	Zahl der Neutronen
N	number of atoms per 10^6 atoms of Si	Zahl der Atome pro 10^6 Atome Si

Element	(*A*)	(*N*)	log *N*	*N*
1 H			10,50	$3,20 \cdot 10^{10}$
	1	*0*	*10,50*	*$3,20 \cdot 10^{10}$*
	2	1	6,50	$4,5 \cdot 10^{6}$
2 He				
	3	*1*	—	—
	4	2	9,61	$4,1 \cdot 10^{9}$
3 Li			2,00	100
	6	3	0,87	7,4
	7	*4*	*1,97*	*92,6*
4 Be	*9*	*5*	*1,30*	*20*
5 B			1,38	24
	10	5	0,65	4,5
	11	*6*	*1,29*	*19,5*
6 C			7,04	$1,1 \cdot 10^{7}$
	12	6	7,02	$1,09 \cdot 10^{7}$
	13	*7*	*5,07*	*$1,22 \cdot 10^{5}$*
7 N			6,48	$3,0 \cdot 10^{6}$
	14	7	6,48	$2,99 \cdot 10^{6}$
	15	*8*	*4,04*	*$1,1 \cdot 10^{4}$*
8 O			7,49	$3,1 \cdot 10^{7}$
	16	8	7,49	$3,08 \cdot 10^{7}$
	17	*9*	*4,06*	*$1,16 \cdot 10^{4}$*
	18	10	4,80	$6,32 \cdot 10^{4}$
9 F	*19*	*10*	*3,20*	*1 600*
10 Ne			6,93	$8,6 \cdot 10^{6}$
	20	10	6,89	$7,74 \cdot 10^{6}$
	21	*11*	*4,41*	*$2,58 \cdot 10^{4}$*
	22	12	5,92	$8,36 \cdot 10^{5}$
11 Na	*23*	*12*	*4,64*	*$4,38 \cdot 10^{4}$*
12 Mg			5,96	$9,12 \cdot 10^{5}$
	24	12	5,86	$7,21 \cdot 10^{5}$
	25	*13*	*4,96*	*$9,17 \cdot 10^{4}$*
	26	14	5,00	$1,00 \cdot 10^{5}$
13 Al	*27*	*14*	*4,98*	*$9,48 \cdot 10^{4}$*
14 Si			**6,00**	**$1,00 \cdot 10^{6}$**
	28	14	5,96	$9,22 \cdot 10^{5}$
	29	*15*	*4,67*	*$4,70 \cdot 10^{4}$*
	30	16	4,49	$3,12 \cdot 10^{4}$
15 P	*31*	*16*	*4,00*	*$1,00 \cdot 10^{4}$*
16 S			5,57	$3,75 \cdot 10^{5}$
	32	16	5,55	$3,56 \cdot 10^{5}$
	33	*17*	*3,44*	*$2,77 \cdot 10^{3}$*
	34	18	4,19	$1,57 \cdot 10^{4}$
	36	20	1,71	51
17 Cl			3,95	8 850
	35	*18*	*3,82*	*6 670*
	37	*20*	*3,34*	*2 180*
18 A			5,18	$1,50 \cdot 10^{5}$
	36	18	5,10	$1,26 \cdot 10^{5}$
	38	20	4,38	$2,4 \cdot 10^{4}$
	40	22		
19 K			3,50	3 160
	39	*20*	*3,47*	*2 940*
	40	21	0,58 — 1	0,38
	41	*22*	*2,34*	*219*
20 Ca			4,69	$4,90 \cdot 10^{4}$
	40	20	4,68	$4,75 \cdot 10^{4}$
	42	22	2,50	314

Element	(*A*)	(*N*)	log *N*	*N*
20 Ca	*43*	*23*	*1,80*	*64*
	44	24	3,02	1 040
	46	26	0,20	1,6
	48	28	1,94	87,7
21 Sc	*45*	*24*	*1,43*	*28*
22 Ti			3,39	2 440
	46	24	2,29	194
	47	*25*	*2,28*	*189*
	48	26	3,25	1 790
	49	*27*	*2,13*	*134*
	50	28	2,11	130
23 V			2,34	220
	50	27	0,74 — 1	0,55
	51	*28*	*2,34*	*220*
24 Cr			3,89	7 800
	50	26	2,54	344
	52	28	3,81	6 510
	53	*29*	*2,87*	*744*
	54	30	2,31	204
25 Mn	*55*	*30*	*3,84*	*6 850*
26 Fe			5,78	$6,00 \cdot 10^{5}$
	54	28	4,55	$3,54 \cdot 10^{4}$
	56	30	5,77	$5,49 \cdot 10^{5}$
	57	*31*	*4,13*	*$1,35 \cdot 10^{4}$*
	58	32	3,30	1 980
27 Co	*59*	*32*	*3,25*	*1 800*
28 Ni			4,44	$2,74 \cdot 10^{4}$
	58	30	4,27	$1,86 \cdot 10^{4}$
	60	32	3,86	7 170
	61	*33*	*2,53*	*342*
	62	34	3,00	1 000
	64	36	2,50	318
29 Cu			2,33	212
	63	*34*	*2,16*	*146*
	65	*36*	*1,82*	*66*
30 Zn			2,69	486
	64	34	2,38	238
	66	36	2,13	134
	67	*37*	*1,30*	*20,0*
	68	38	1,96	90,9
	70	40	0,52	3,35
31 Ga			1,06	11,4
	69	*38*	*0,84*	*6,86*
	71	*40*	*0,66*	*4,54*
32 Ge			1,70	50,5
	70	38	1,02	10,4
	72	40	1,14	13,8
	73	*41*	*0,58*	*3,84*
	74	42	1,27	18,65
	76	44	0,59	3,87
33 As	*75*	*42*	*0,60*	*4,0*
34 Se			1,83	67,6
	74	40	0,81 — 1	0,649
	76	42	0,80	6,16
	77	*43*	*0,70*	*5,07*
	78	44	1,20	16,0
	80	46	1,53	33,8
	82	48	0,78	5,98

Continued next page

Tab. 5. (continued)

Element	(A)	(N)	log N	N
35 Br			1,13	13,4
	79	*44*	*0,83*	*6,78*
	81	*46*	*0,82*	*6,62*
36 Kr			1,71	51,3
	78	42	0,24 — 1	0,175
	80	44	0,06	1,14
	82	46	0,77	5,90
	83	*47*	*0,76*	*5,89*
	84	48	1,47	29,3
	86	50	0,95	8,94
37 Rb			0,81	6,5
	85	*48*	*0,67*	*4,73*
	87	*50*	*0,25*	*1,77*
38 Sr			1,28	18,9
	84	46	0,03 — 1	0,106
	86	48	0,26	1,86
	87	*49*	*0,12*	*1,33*
	88	50	1,19	15,6
39 Y	*89*	*50*	*0,95*	*8,9*
40 Zr			1,74	54,5
	90	50	1,45	28,0
	91	*51*	*0,79*	*6,12*
	92	52	0,97	9,32
	94	54	0,98	9,48
	96	56	0,18	1,53
41 Nb	*93*	*52*	*0,00*	*1,00*
42 Mo			0,38	2,42
	92	50	0,56 — 1	0,364
	94	52	0,35 — 1	0,226
	95	*53*	*0,58 — 1*	*0,382*
	96	54	0,60 — 1	0,401
	97	*55*	*0,37 — 1*	*0,232*
	98	56	0,76 — 1	0,581
	100	58	0,37 — 1	0,234
44 Ru			0,17	1,49
	96	52	0,93 — 2	0,084 6
	98	54	0,52 — 2	0,033 1
	99	*55*	*0,28 — 1*	*0,191*
	100	56	0,28 — 1	0,189
	101	*57*	*0,40 — 1*	*0,253*
	102	58	0,67 — 1	0,467
	104	60	0,43 — 1	0,272
45 Rh	*103*	*58*	*0,33 — 1*	*0,214*
46 Pd			0,83 — 1	0,675
	102	56	0,73 — 3	0,005 4
	104	58	0,80 — 2	0,062 8
	105	*59*	*0,18 — 1*	*0,153 6*
	106	60	0,26 — 1	0,183 9
	108	62	0,26 — 1	0,180
	110	64	0,96 — 2	0,091 1
47 Ag			0,41 — 1	0,26
	107	*60*	*0,13 — 1*	*0,134*
	109	*62*	*0,10 — 1*	*0,126*
48 Cd			0,95 — 1	0,89
	106	58	0,04 — 2	0,010 9
	108	60	0,90 — 3	0,007 9
	110	62	0,04 — 1	0,111
	111	*63*	*0,06 — 1*	*0,114*
	112	64	0,33 — 1	0,212
	113	*65*	*0,04 — 1*	*0,110*
	114	66	0,41 — 1	0,256
	116	68	0,83 — 2	0,068

Element	(A)	(N)	log N	N
49 In			0,04 — 1	0,11
	113	*64*	*0,66 — 3*	*0,004 6*
	115	*66*	*0,02 — 1*	*0,105*
50 Sn			0,12	1,33
	112	62	0,13 — 2	0,013 4
	114	64	0,96 — 3	0,009 0
	115	*65*	*0,67 — 3*	*0,004 65*
	116	66	0,28 — 1	0,189
	117	*67*	*0,01 — 1*	*0,102*
	118	68	0,50 — 1	0,316
	119	*69*	*0,06 — 1*	*0,115*
	120	70	0,64 — 1	0,433
	122	72	0,80 — 2	0,063
	124	74	0,90 — 2	0,079
51 Sb			0,39 — 1	0,246
	121	*70*	*0,15 — 1*	*0,141*
	123	*72*	*0,02 — 1*	*0,105*
52 Te			0,67	4,67
	120	68	0,62 — 3	0,004 20
	122	70	0,06 — 1	0,115
	123	*71*	*0,62 — 2*	*0,041 6*
	124	72	0,34 — 1	0,221
	125	*73*	*0,52 — 1*	*0,328*
	126	74	0,94 — 1	0,874
	128	76	0,17	1,48
	130	78	0,20	1,60
53 I (J)	*127*	*74*	*0,90 — 1*	*0,80*
54 Xe			0,60	4,0
	124	70	0,58 — 3	0,003 80
	126	72	0,55 — 3	0,003 52
	128	74	0,88 — 2	0,076 4
	129	*75*	*0,02*	*1,050*
	130	76	0,21 — 1	0,162
	131	*77*	*0,93 — 1*	*0,850*
	132	78	0,03	1,078
	134	80	0,62 — 1	0,420
	136	82	0,55 — 1	0,358
55 Cs	*133*	*78*	*0,66 — 1*	*0,456*
56 Ba			0,56	3,66
	130	74	0,57 — 3	0,003 70
	132	76	0,55 — 3	0,003 56
	134	78	0,95 — 2	0,088 6
	135	*79*	*0,38 — 1*	*0,241*
	136	80	0,45 — 1	0,286
	137	*81*	*0,62 — 1*	*0,414*
	138	82	0,42	2,622
57 La			0,30	2,00
	138	81	0,25 — 3	0,001 8
	139	*82*	*0,30*	*2,00*
58 Ce			0,35	2,26
	136	78	0,64 — 3	0,004 4
	138	80	0,75 — 3	0,005 66
	140	82	0,30	2,00
	142	84	0,40 — 1	0,250
59 Pr	*141*	*82*	*0,60 — 1*	*0,40*
60 Nd			0,16	1,44
	142	82	0,59 — 1	0,39
	143	*83*	*0,24 — 1*	*0,175*
	144	84	0,54 — 1	0,344
	145	*85*	*0,08 — 1*	*0,119*
	146	86	0,39 — 1	0,248
	148	88	0,91 — 2	0,082 4
	150	90	0,91 — 2	0,080 6

Continued next page

Tab. 5. (continued)

Element	(A)	(N)	log N	N
62 Sm			0,82 — 1	0,664
	144	82	0,32 — 2	0,010 8
	147	*85*	*0,00 — 1*	*0,100*
	148	86	0,87 — 2	0,074 8
	149	*87*	*0,96 — 2*	*0,092 0*
	150	88	0,69 — 2	0,049 2
	152	90	0,25 — 1	0,176
	154	92	0,17 — 1	0,150
63 Eu			0,27 — 1	0,187
	151	*88*	*0,95 — 2*	*0,089 2*
	153	*90*	*0,99 — 2*	*0,097 6*
64 Gd			0,83 — 1	0,684
	152	88	0,14 — 3	0,001 37
	154	90	0,17 — 2	0,014 7
	155	*91*	*0,00 — 1*	*0,101*
	156	92	0,15 — 1	0,141
	157	*93*	*0,03 — 1*	*0,107*
	158	94	0,23 — 1	0,169
	160	96	0,17 — 1	0,149
65 Tb	*159*	*94*	*0,98 — 2*	*0,095 6*
66 Dy			0,74 — 1	0,556
	156	90	0,46 — 4	0,000 29
	158	92	0,70 — 4	0,000 502
	160	94	0,10 — 2	0,012 7
	161	*95*	*0,02 — 1*	*0,105*
	162	96	0,15 — 1	0,142
	163	*97*	*0,14 — 1*	*0,139*
	164	98	0,19 — 1	0,157
67 Ho	*165*	*98*	*0,07 — 1*	*0,118*
68 Er			0,50 — 1	0,316
	162	94	0,50 — 4	0,000 316
	164	96	0,67 — 3	0,004 74
	166	98	0,02 — 1	0,104
	167	*99*	*0,88 — 2*	*0,770*
	168	100	0,93 — 2	0,085 0
	170	102	0,65 — 2	0,022 8
69 Tm	*169*	*100*	*0,50 — 2*	*0,031 8*
70 Yb			0,34 — 1	0,220
	168	98	0,48 — 4	0,000 30
	170	100	0,82 — 3	0,006 66
	171	*101*	*0,50 — 2*	*0,031 6*
	172	102	0,68 — 2	0,048 0
	173	*103*	*0,55 — 2*	*0,035 6*
	174	104	0,84 — 2	0,067 8
	176	106	0,44 — 2	0,027 8
71 Lu			0,70 — 2	0,050
	175	*104*	*0,69 — 2*	*0,048 8*
	176	105	0,11 — 3	0,001 3
72 Hf			0,68 — 1	0,438
	174	102	0,90 — 4	0,000 78
	176	104	0,35 — 2	0,022 6
	177	*105*	*0,91 — 2*	*0,080 6*
	178	106	0,07 — 1	0,119

Element	(A)	(N)	log N	N
72 Hf	*179*	*107*	*0,78 — 2*	*0,060 4*
	180	108	0,19 — 1	0,155
73 Ta	*181*	*108*	*0,81 — 2*	*0,065*
74 W			0,69 — 1	0,49
	180	106	0,78 — 4	0,000 6
	182	108	0,11 — 1	0,13
	183	*109*	*0,84 — 2*	*0,070*
	184	110	0,17 — 1	0,15
	186	112	0,14 — 1	0,14
75 Re			0,13 — 1	0,135
	185	*110*	*0,70 — 2*	*0,050 0*
	187	*112*	*0,93 — 2*	*0,085 0*
76 Os			0,00	1,00
	184	108	0,26 — 4	0,000 18
	186	110	0,20 — 2	0,015 9
	187	*111*	*0,22 — 2*	*0,016 4*
	188	112	0,12 — 1	0,133
	189	*113*	*0,21 — 1*	*0,161*
	190	114	0,42 — 1	0,264
	192	116	0,61 — 1	0,410
77 Ir			0,91 — 1	0,821
	191	*114*	*0,50 — 1*	*0,316*
	193	*116*	*0,70 — 1*	*0,505*
78 Pt			0,21	1,625
	190	112	0,00 — 4	0,000 1
	192	114	0,10 — 2	0,012 7
	194	116	0,73 — 1	0,533
	195	*117*	*0,74 — 1*	*0,548*
	196	118	0,62 — 1	0,413
	198	120	0,07 — 1	0,117
79 Au	*197*	*118*	*0,16 — 1*	*0,145*
80 Hg			0,23 — 2	0,017
	196	116	0,43 — 5	0,000 027
	198	118	0,23 — 3	0,001 7
	199	*119*	0,46 — *3*	*0,002 9*
	200	120	0,60 — 3	0,004 0
	201	*121*	*0,35 — 3*	*0,002 2*
	202	122	0,71 — 3	0,005 1
	204	124	0,07 — 3	0,001 2
81 Tl			0,08 — 3	0,006 2
	203	*122*	*0,00 — 3*	*0,001 0*
	205	*124*	*0,58 — 3*	*0,003 8*
82 Pb			0,08 — 1	0,12
	204	122	0,36 — 3	0,002 3
	206	124	0,34 — 2	0,022
	207	*125*	*0,38 — 2*	*0,024*
	208	126	0,83 — 2	0,068
83 Bi	*209*	*126*	*0,90 — 2*	*0,078*
90 Th	232	142	0,52 — 2	0,033
92 U			0,25 — 2	0,017 8
	235	*143*	*0,61 — 3*	*0,004 1*
	238	146	0,14 — 2	0,013 7

References for 3.5 — Literatur zu 3.5

1 Suess, H. E., and H. C. Urey: Rev. Mod. Phys. **28** (1956) 53; Hdb. Physik **51** (1958) 296.

2 Sargent, W. L. W., and J. Jugaku: ApJ **134** (1961) 777; see also Jugaku, J., W. L. W. Sargent, and J. Greenstein: ibid. **134** (1961) 783.

3 Zähringer, J., und W. Gentner: Z. Naturforsch. **15a** (1960) 600; Zähringer, J.: ibid. **17a** (1962) 460.

4 Signer, P., and H. E. Suess: *Earth Science and Meteoritics* (Geiss and Goldberg, Ed.) North-Holland Publ., Amsterdam (1963).

5 Reynolds, J.: J. Geophys. Res. **68** (1963) 2939.

4 Das Sonnensystem — The solar system

4.1 Die Sonne — The sun

4.1.1 Die ungestörte Sonne — The quiet sun

4.1.1.1 Zustandsgrößen der Sonne — Solar dimensions

$\pi_\odot$	$= 8{,}''794$	(siehe 2.3)
$\bar{r}_\odot$	$= 1{,}4960 \cdot 10^{13}$ cm	(siehe 2.3)
$(r_{min})_\odot$	$= 1{,}4710 \cdot 10^{13}$ cm (Perihel)	
$(r_{max})_\odot$	$= 1{,}5210 \cdot 10^{13}$ cm (Aphel)	
$R_\odot$	$= 6{,}960 \cdot 10^{10}$ cm	
$\frac{1}{2} d_\odot$	$= 959{,}''63$	
$\frac{1}{2} (d_{min})_\odot$	$= 945{,}''67$	
$\frac{1}{2} (d_{max})_\odot$	$= 977{,}''89$	
$\mathfrak{M}_\odot$	$= 1{,}989 \cdot 10^{33}$ g	
$\bar{\varrho}_\odot$	$= 1{,}409$ g/cm^3	
$(\varrho_\odot)_{zentral}$	$= 98$ g/cm^3 [1] (siehe 5.4)	
$T_{zentral}$	$= 13{,}6 \cdot 10^6$ Grad [1] (siehe 5.4)	
T_{eff}	$= 5785$ °K	

T_{lim}	$= 4920$ °K	[3]
M_v	$= 4{,}^{M}71$	[4]
M_{pg}	$= 5{,}16$	[4]
M_{bol}	$= 4{,}62$	[4]
M_V	$= 4{,}79$	[5, 6]
M_B	$= 5{,}41$	[5, 6]
M_U	$= 5{,}51$	[5, 6]
m_v	$= -26{,}^{m}86$	[4]
m_{pg}	$= -26{,}41$	[4]
m_{bol}	$= -26{,}95$	[4]
V	$= -26{,}78$	[5, 6]
B	$= -26{,}16$	[5, 6]
U	$= -26{,}06$	[5, 6]
$m_{pg} - m_v$	$= 0{,}45$	[4]
$B - V$	$= 0{,}62$	[5, 6]
$U - B$	$= 0{,}10$	[5, 6]

1" (geozentrisch, bei mittlerer Sonnenentfernung —	geocentric, at mean solar distance)	725,3 km
1'		43 518 km
1° (heliozentrisch)		12 154 km
Oberfläche der Sonne	surface area of the sun	$6{,}087 \cdot 10^{22}$ cm^2
Volumen der Sonne	volume of the sun	$1{,}412 \cdot 10^{33}$ cm^3
Gravitationsbeschleunigung an der Sonnenoberfläche	gravitational acceleration at the solar surface	$2{,}740 \cdot 10^4$ cm sec^{-2}
Trägheitsmoment	moment of inertia	$6{,}0 \cdot 10^{53}$ g cm^2
Drehimpuls	angular momentum	$1{,}7 \cdot 10^{48}$ g cm^2 sec^{-1}
Rotationsenergie	rotational energy	$2{,}5 \cdot 10^{42}$ erg
Entweichgeschwindigkeit an der Sonnenoberfläche	escape velocity at the surface of the sun	$6{,}177 \cdot 10^7$ cm sec^{-1}
Ausstrahlung der Sonne	radiation of the sun	$3{,}90 \cdot 10^{33}$ erg sec^{-1}
Spezifische Oberflächenemission	specific surface emission	$6{,}41 \cdot 10^{10}$ erg cm^{-2} sec^{-1}
Spezifische mittlere Energieproduktion	specific mean energy production	1,96 erg g^{-1} sec^{-1}
Solarkonstante = extraterrestrischer Energiestrom in der mittleren Entfernung Erde—Sonne [2] (siehe auch 4.1.1.5.1)	solar constant = extraterrestrial energy flux at the mean distance between earth and sun [2] (see 4.1.1.5.1)	$1{,}39 \cdot 10^6$ erg cm^{-2} sec^{-1} = 2,00 cal cm^{-2} min^{-1}

Literatur zu 4.1.1.1 — References for 4.1.1.1

1 HARRISON, M. H.: ApJ **103** (1948) 310; **111** (1950) 446.
2 ALLEN, C. W.: Observatory **70** (1950) 154.
3 MINNAERT, M., and W. J. CLAAS: BAN **9** (1942) 261.
4 KUIPER, G. P.: ApJ **88** (1938) 429; WOOLLEY, R. v. D. R., and S. C. B. GASCOIGNE: MN **108** (1948) 491; EGGEN, O. J.: ApJ **114** (1951) 141.
5 MARTINOV, D. Y.: Astron. Zh. **36** (1959) 648; Soviet Astron. AJ **3** (1960) 633.
6 STEBBINS, J., and G. E. KRON: ApJ **126** (1957) 266.

Zum ganzen Abschnitt: ALLEN, C. W.: Astrophysical Quantities, Second Edition, Chapter 9, The Athlone Press, University of London (1963).

4.1.1.2 Die Rotation der Sonne — The rotation of the sun

Die heute ausschließlich verwendeten Carringtonschen Rotationselemente sind:

Neigung des Sonnenäquators gegen die Ekliptik	7°15'00"
Siderische Rotationsdauer*)	$25{,}^{d}380$
Synodische Rotationsdauer*)	$27{,}^{d}275$
Mittlerer täglicher siderischer Rotationswinkel*)	$14{,}^{\circ}184\,40$

*) Die Rotationsdauer ist abhängig von der heliographischen Breite (Tab. 1). Die mitgeteilten Werte beziehen sich auf die mittlere Breite der Fleckenzone (~16°).

Mittlerer täglicher synodischer Rotationswinkel (siehe *) auf der vorigen Seite)	13°,198 8
Länge des aufsteigenden Knotens des Sonnenäquators (J = Jahreszahl)	73° 40' + (J − 1850) · 0',8375

Tab. 1. Mittlerer täglicher siderischer Rotationswinkel für verschiedene Erscheinungen und heliographische Breiten — Diurnal mean sidereal angle of rotation for various phenomena and heliographic latitudes [1]

Heliographische Breite	0°	5°	10°	15°	20°	25°	30°	35°	40°	45°	52°	55°	57°	66°
Flecken (Greenwich) [2]	14°,37	14°,35	14°,29	14°,20	14°,07	13°,91	13°,72	13°,53						
Fackeln (Greenwich) [3]	14,51	14,50	14,44	14,36	14,22	14,06	13,84	13,59	13°,30	12°,97				
Ca-Flocculi [4]	14,53	14,48	14,40	14,31	14,21	14,07	13,89	13,79	13,61	13,24				
Protuberanzen [5]	14,39	14,41	14,37	14,33	14,23	14,14	13,99	13,80	13,66	13,4	12°,9		12°,8	12°,5
Korona [6]	14,2	14,0	14,0	13,9	13,7	13,6	13,6	13,4	13,3	12,9	12,5	12°,2		11,8

Empirische Gesetze für den täglichen siderischen Rotationswinkel:

Metallinien der umkehrenden Schicht	$13°,7 - 2°,7 \sin^2 \varphi$
Sonnenflecken	$10,38 - 2,7 \sin^2\varphi$
Photosphärische Fackeln	$14,52 - 2,6 \sin^2\varphi$
Chromosphärische Fackeln	$14,49 - 2,6 \sin^2 \varphi$
Protuberanzen	$14,43 - 1,65 \varphi^2$
Korona	$14,16 - 1,89 \varphi^2$

Tab. 2. Lage der Sonnenachse in bezug auf den irdischen Beobachter im Laufe des Jahres — Position of the solar axis with respect to the earth during the course of a year.

P_0	Winkel zwischen der Projektion der Sonnenachse an die Himmelssphäre und dem durch den Sonnenmittelpunkt gehenden Himmelsmeridian. Positiv, wenn Sonnennordpol östlich des Meridians liegt.	angle between the projection of the solar axis on the celestial sphere and the celestial meridian through the center of the solar disc. Positive, when the north pole of the sun is east of the meridian.
B_0	Heliographische Breite des Sonnenmittelpunktes. $90° - B_0$ = Winkel zwischen der nördlichen Richtung der Sonnenachse und der Richtung Sonne—Erde.	heliographic latitude of the center of the solar disc. $90° - B_0$ = angle between the northern direction of the solar axis and the direction of sun—earth.

Datum	P_0	B_0	Datum	P_0	B_0	Datum	P_0	B_0
Jan. 1	+ 2°,4	−3°,0	Mai 1	−24°,4	−4°,2	Sept. 1	+20°,9	+7°,2
5	+ 0,5	−3,5	5	−23,6	−3,8	5	+21,9	+7,2
10	− 2,0	−4,0	10	−22,5	−3,2	10	+23,0	+7,2
15	− 4,3	−4,6	15	−21,3	−2,7	15	+24,0	+7,2
20	− 6,7	−5,0	20	−19,8	−2,1	20	+24,8	+7,1
25	− 8,9	−5,5	25	−18,3	−1,5	25	+25,5	+7,0
Febr. 1	−11,9	−6,0	Juni 1	−15,8	−0,7	Okt. 1	+26,0	+6,7
5	−13,5	−6,3	5	−14,3	−0,2	5	+26,3	+6,5
10	−15,4	−6,6	10	−12,3	+0,4	10	+26,4	+6,2
15	−17,2	−6,8	15	−10,2	+1,0	15	+26,3	+5,9
20	−18,9	−7,0	20	− 8,0	+1,6	20	+26,1	+5,5
25	−20,3	−7,1	25	− 5,8	+2,2	25	+25,7	+5,1
März 1	−21,4	−7,2	Juli 1	− 3,1	+2,9	Nov. 1	+24,7	+4,4
5	−22,4	−7,2	5	− 1,3	+3,3	5	+24,2	+4,0
10	−23,5	−7,2	10	+ 1,0	+3,8	10	+23,0	+3,4
15	−24,4	−7,2	15	+ 3,3	+4,3	15	+21,7	+2,8
20	−25,2	−7,1	20	+ 5,5	+4,8	20	+20,3	+2,3
25	−25,7	−6,9	25	+ 7,6	+5,2	25	+18,6	+1,6
April 1	−26,2	−6,5	Aug. 1	+10,5	+5,8	Dez. 1	+16,5	+0,9
5	−26,4	−6,3	5	+12,1	+6,1	5	+14,9	+0,4
10	−26,4	−6,0	10	+14,0	+6,4	10	+12,8	−0,3
15	−26,2	−5,6	15	+15,8	+6,6	15	+10,6	−0,9
20	−25,8	−5,2	20	+17,4	+6,9	20	+ 8,3	−1,5
25	−25,3	−4,8	25	+19,0	+7,0	25	+ 5,9	−2,2

Für die rationelle Bestimmung heliographischer Koordinaten stehen verschiedene graphische und tabellarische Hilfsmittel zur Verfügung [7···10].

Literatur zu 4.1.1.2 — References for 4.1.1.2

1 Ausführliche Zusammenstellung aller Rotationsbestimmungen bei M. Waldmeier: Ergebnisse und Probleme der Sonnenforschung; 2. Aufl. Leipzig (1955) 52.
2 MN **85** (1925) 584; **95** (1934) 60.
3 MN **84** (1924) 431.
4 Mittelwerte aus folgenden Messungen: Hale, G. E., and P. Fox: Carnegie Inst. Wash. Publ. **93** (1908); Hale, G. E.: Carnegie Inst. Wash. Publ. **138** (1911); Fox, P.: Publ. Yerkes **3** (1921) 67; Kempf, P.: Publ. Potsdam **71** (1916) 36. Neuere Bestimmung: Milosevic, K.: Compt. Rend. **240** (1955) 731.
5 d'Azambuja, L. et M.: Ann. Paris-Meudon **6** fasc. VII (1948) 144; Bruzek, A.: ZfA **51** (1961) 75.
6 Waldmeier, M.: Astron. Mitt. Zürich Nr. 147 (1946); Nr. 165 (1949); Trellis, M.: Ann. Astrophys. Suppl. Nr. 5 (1957).
7 Stonyhurst-disks, C. F. Casella & Co, 11···15 Rochester Row, London.
8 Waldmeier, M.: Tabellen zur heliographischen Ortsbestimmung, Basel (1950).
9 Tüzemen, E.: Publ. Istanbul Nr. 40 (1951).
10 Litt, M.: Veröffentl. Bonn Nr. 44 (1956); Nr. 55 (1960).

4.1.1.3 The general magnetic field of the sun — Das allgemeine Magnetfeld der Sonne

At present the observational evidence concerning the existence, direction and strength of a general solar magnetic field cannot yet be regarded as fully convincing; even the plausible assumption that the field changes periodically is not yet absolutely established by available observational evidence.

However it seems most likely that there does exist a general magnetic dipole field, perhaps reversing periodically with the solar cycle, with its magnetic axis not far from the rotation axis of the sun, and of magnitude ± 1 gauss (in 1963).

Zur Zeit muß der beobachtungstechnische Nachweis von Existenz, Lage und Stärke eines allgemeinen solaren Magnetfeldes noch als nicht völlig gesichert angesehen werden. Auch die an sich plausible Annahme einer periodischen Veränderlichkeit des Feldes ist zur Zeit durch die Beobachtungen noch nicht ausreichend sichergestellt.

Doch scheint ein (möglicherweise mit dem Zyklus der Sonnenaktivität periodisch wechselndes) allgemeines Magnetfeld von Dipolcharakter, mit seiner magnetischen Achse nicht weit von der Rotationsachse und von der Größenordnung ± 1 Gauss zur Zeit (1963) am wahrscheinlichsten.

Direct optical measurements of a possible general magnetic field have so far only been possible by spectroscopy, through the longitudinal Zeeman-effect of certain Fraunhofer lines [*1*]. Therefore they apply only to those levels of the solar atmosphere from which these lines originate.

A large amount of observational material is now available following the introduction, by H. W. and H. D. Babcock [*18*] in 1952, of a new instrument, the solar magnetograph, for measuring very small Zeeman-effects; it allows solar magnetic fields of the order of 1 gauss to be detected.

Further, less direct evidence for the existence of a general solar magnetic field can be found by other methods (Radio-astronomical measurements, corpuscular radiation etc.); in particular the polar rays from the corona, observed during a total solar eclipse, give fairly convincing evidence for such a field [*2*].

Tab. 1. Measurements of the general solar magnetic field $\mathfrak{H}$ — Messungen des allgemeinen Magnetfelds der Sonne $\mathfrak{H}$

$\mathfrak{H}_{Pol}$ | polar field-strength (component of the dipole field) | Polfeldstärke (Komponente des Dipolfeldes)

Year	Author	Method[1])	$\mathfrak{H}_{Pol}$ [gauss][2])	Ref.
1913	Hale et al. (Mt. Wilson)	G.Sp.; pg	≦ 50	*3, 4*
1918	Hale et al. (Mt. Wilson)	G.Sp.; pg	+40 ··· 0 [3])	*5*
1922/33	Hale et al. (Mt. Wilson)	G.Sp.; pg; pe	±0	*6*
1933/34	Nicholson et al. (Mt. Wilson)	vis	− 3,6 ± 1,7	*6*
1939/48	H. D. Babcock (Mt. Wilson)	L.Pl.; pg	±0	*7, 8*
1944	v. Klüber, H. Müller (Potsdam)	F.P.; pg	< 10	*9, 14*
1945	Thiessen (Hamburg)	F.P.; vis	53 ± 12	*10*
1947	Thiessen (Hamburg)	F.P.; vis	− 1,5 ± 3,5	*13*
1948	Thiessen (Hamburg)	F.P.; vis	− 1,4 ± 3,3	*13*

Continued next page

[1]) Method: G. Sp. grating spectrograph; L. Pl. Lummer plate; F. P. Fabry-Perot-Interferometer; Mg. magnetograph; pg photographic; pe photoelectric; vis visual; galv. galvanometer.
[2]) + same magnetic polarity with respect to the rotation axis as on the earth, ± 0 undecided.
[3]) According to line strength.

Tab. 1. (continued)

Year	Author	Method[1])	$\mathfrak{H}_{Pol}$[gauss][2])	Ref.
1948/49	NICHOLSON, HICKOX (Mt. Wilson)	G.Sp.; vis	2,3 ± 3,3	*12*
1949	THIESSEN (Hamburg)	F.P.; vis	− 1,5 ± 0,75	*13*
1949	v. KLÜBER (Cambridge)	L.Pl.; pg	< (1 ··· 2)	*14*
1950	v. KLÜBER (Cambridge)	L.Pl., pg	< (1 ··· 2)	*15*
1951	THIESSEN (Hamburg)	F.P., galv.; vis	− 2,4 ± 0,5	*13*
1951	KIEPENHEUER (Mt. Wilson)	Mg.	± 0	*16*
1952	H. D. and H. W. BABCOCK (Mt. Wilson)	Mg.	− ε [3])	*17*
1952/54	H. W. and H. D. BABCOCK (Mt. Wilson)	Mg.	− 1	*18*
1956/59	H. D. and H. W. BABCOCK (Mt. Wilson)	Mg.	~ 2 ± 1 [4])	*19*
1959/63	BEGGS, v. KLÜBER (Cambridge)	Mg.	± 1 [4])	*20*

References for 4.1.1.3 — Literatur zu 4.1.1.3

1 v. KLÜBER, H.: Vistas Astron. **1** (1955) 751; BABCOCK, H. W.: Ann. Rev. Astron. Astrophys. **1** (1963) 411.
2 ABETTI, G.: Convegno Volta (1953) 269; BACHMANN, H.: ZfA **44** (1957) 56.
3 HALE, G. E.: ApJ **38** (1913) 27.
4 SEARES, F. H.: ApJ **38** (1913) 99.
5 HALE, G. E. et al.: ApJ **47** (1918) 206.
6 Mt. Wilson Rept. 1923···1934.
7 Mt. Wilson Rept. 1939···1940.
8 BABCOCK, H. D.: PASP **53** (1941) 237; **60** (1948) 244.
9 v. KLÜBER, H.: Fiat Rev. Ger. Sci. **20** (1947) 208.
10 THIESSEN, G.: Ann. Astrophys. **9** (1946) 101.
11 THIESSEN, G.: ZfA **26** (1949) 130.
12 BOWEN, I. S.: PASP **61** (1949) 245.
13 THIESSEN, G.: ZfA **30** (1952) 185.
14 v. KLÜBER, H.: MN **111** (1951) 91.
15 v. KLÜBER, H.: MN **114** (1954) 242.
16 KIEPENHEUER, K. O.: ApJ **117** (1953) 447.
17 BABCOCK, H. D., and H. W.: PASP **64** (1952) 282; ApJ **118** (1953) 387.
18 BABCOCK, H. W., and H. D.: ApJ **121** (1954) 349; and CZADA, I. K.: Acta Phys. Chem. **5** (1959) 12.
19 BABCOCK, H. D.: ApJ **130** (1959) 364; BABCOCK, H. W.: ApJ **133** (1961) 572.
20 BEGGS, D. W., and H. v. KLÜBER: MN **127** (1964) 133.

4.1.1.4 Granulation — Granulation

Die Granulation (= Feinstruktur der Photosphäre) besteht aus hellen, polygonalen oder rundlichen Elementen. Die Granulationsstruktur ist unabhängig von der heliographischen Breite. Möglicherweise ist die Zahl der Granulationselemente (Granula oder Granulen) pro Flächeneinheit bei hoher Sonnenaktivität etwas größer als bei kleiner [*1*].

Durchmesser der Granula	[*2 ··· 5*]	200···1800 km, im Mittel 700 km
Mittlere Lebensdauer der Granula	[*6*]	8,6 min
Helligkeitskontrast Granula/Hintergrund	[*2, 7, 8*]	1,3···1,4
	[*9*]	1,1···1,2
Temperaturdifferenz Granula/Hintergrund	[*2, 7, 8*]	im Mittel 160°, im Maximum 500°
	[*10*]	120°···230°
	[*9*]	im Mittel 100°
Mittlere Aufstiegsgeschwindigkeit der Granula	[*11, 12*]	0,20···0,37 km/sec

Zur Theorie der Granulation siehe 4.1.1.5.7 (Photosphäre).

Literatur zu 4.1.1.4 — References for 4.1.1.4

1 MACRIS, C., et D. ELIAS: Ann. Astrophys. **18** (1955) 143.
2 KEENAN, Ph. C.: ApJ **88** (1938) 360.
3 WALDMEIER, M.: Verhandl. Schweiz. Naturforsch. Ges. (1938) 124.
4 TEN BRUGGENCATE, P.: ZfA **16** (1938) 374.
5 SCHWARZSCHILD, M., J. B. ROGERSON, and J. W. EVANS: AJ **63** (1958) 54.

[1]), [2]) see p. 97 [3]) very weak, negative [4]) Changing polarity.

6 BAHNG, J., and M. SCHWARZSCHILD: ApJ **134** (1961) 312.
7 WALDMEIER, M.: Helv. Phys. Acta **13** (1939) 14.
8 THIESSEN, G.: Naturwiss. **37** (1950) 427.
9 BAHNG, J., and M. SCHWARZSCHILD: ApJ **134** (1961) 337.
10 DE JAGER, C.: Hdb. Physik **52** (1959) 83.
11 RICHARDSON, R. S., and M. SCHWARZSCHILD: ApJ **111** (1950) 351.
12 SCHRÖTER, E. H.: ZfA **45** (1958) 68.

4.1.1.5 Die Photosphäre — The photosphere

Vergleiche auch das Kapitel 5.3 „Physik der Sternatmosphären" — See also chapter 5.3: "Physics of stellar atmospheres".

Zusammenfassende Darstellungen — General literature

ALLER, L. H.: Astrophysics I, The Atmospheres of the Sun and the Stars; Ronald Press Comp., New York (1963) 2. Aufl.
AMBARZUMJAN, V. A. u. a.: Theoretische Astrophysik, VEB Deutscher Verlag der Wissenschaften, Berlin (1957) 272···281.
GOLDBERG, L., and A. K. PIERCE: The Photosphere of the Sun, Hdb. Physik **52** (1959) 1.
MINNAERT, M.: The Photosphere, in G. P. KUIPER (ed.): The Sun, University of Chicago Press (1953) 88···185.
PECKER, J. C., et E. SCHATZMAN, Astrophysique Générale, Masson et Cie, Paris (1959) 625···638.
UNSÖLD, A.: Physik der Sternatmosphären mit besonderer Berücksichtigung der Sonne, 2. Aufl., Springer, Berlin-Göttingen-Heidelberg (1955).
WALDMEIER, M.: Ergebnisse und Probleme der Sonnenforschung, Akademische Verlagsgesellschaft Geest und Portig K.G., Leipzig (1955) 66···101.
WOOLLEY, R. v. d.R., and D. W. N. STIBBS: The Outer Layers of a Star, Clarendon Press, London (1953) 176···218.

4.1.1.5.1 Solarkonstante, Strahlungsstrom, Effektivtemperatur — Solar constant, radiation flux, effective temperature

Die Neubestimmung der Solarkonstanten S (= extraterrestrischer Energiestrom der Sonne in der mittleren Entfernung Erde—Sonne) von JOHNSON [27, 28] ergab:

A new determination of the solar constant S (= extra-terrestrial energy flux of the sun at the mean distance earth—sun) by JOHNSON [27, 28] is:

$$S = (2{,}00 \pm 0{,}04)\ \text{cal cm}^{-2}\ \text{min}^{-1} = (1{,}395 \pm 0{,}028) \cdot 10^6\ \text{erg cm}^{-2}\ \text{sec}^{-1}$$

Dabei wurden folgende Messungen der spektralen Energieverteilung benutzt:

For this the following values of the spectral energy distribution were used:

λ	Autor
2200 ··· 3180 A	WILSON u. a. [74]
3180 ··· 6000 A	DUNKELMAN und SCOLNIK [20]
6000 ··· 24000 A	MOON [39]
24000 A··· ∞	Strahlung eines grauen Körpers von 6000 °K; Emissionsvermögen 99% — Radiation of a grey body of 6000 °K; emissivity 99%

Die Absoluteichung der spektralen Energieverteilungskurve im Bereich bis 24 000 A erfolgte mit Hilfe der Messungen des Smithsonian Institute, (ALDRICH und HOOVER [1]).

Pyrheliometer-Beobachtungen von Ballons in etwa 26 km Höhe führen nach Reduktion praktisch auf den gleichen Wert (QUIRK [51]).

Der Gesamtstrahlungsstrom πF in der Photosphäre ist

The integrated flux πF in the photosphere is

$$\pi F = \left\{\frac{r_{♁}}{R_\odot}\right\}^2 S = (6{,}45 \pm 0{,}12) \cdot 10^{10}\ \text{erg cm}^{-2}\ \text{sec}^{-1}.$$

($R_\odot$ = Sonnenradius, $r_{♁}$ = Erdbahnradius)
Mit Hilfe der Relation

($R_\odot$ = solar radius, $r_{♁}$ = radius of earth's orbit)
By the relation

$$\pi F = \sigma T_{eff}^4;\quad \sigma = 5{,}6686 \cdot 10^{-5}\ \text{erg cm}^{-2}\ \text{grad}^{-4}\ \text{sec}^{-1}\quad [19]$$

erhält man als wahrscheinlichsten Wert der Effektivtemperatur T_{eff}

one obtains for the most probable value of the effective temperature T_{eff}

$$T_{eff} = (5807 \pm 29)\ ^\circ\text{K}.$$

4.1.1.5.2 Spektrale Energieverteilung — Spectral energy distribution

1) *Ultravioletter Spektralbereich* (2200 A $\leq \lambda \leq$ 4000 A). — *Ultraviolet spectral region.*

Das Gebiet $\lambda <$ 3000 A ist nur mit Hilfe von Raketen- und Satelliten-Messungen zugänglich (JOHNSON u.a. [*30*]; BYRAM u.a. [*12*]; JOHNSON [*29*], FRIEDMAN [*23*]).

Bereich 3000 A $\leq \lambda \leq$ 4000 A: neuere Messungen sind publiziert und diskutiert worden, unter anderen von: STAIR [*55, 56*]; STAIR u. a. [*57*]; DUNKELMAN und SCOLNIK [*20*]; CANAVAGGIA und CHALONGE [*14*].

Die Strahlung bei wesentlich kürzeren Wellenlängen als 2200 A kommt zu einem wesentlichen Teil aus der Chromosphäre. Die Strahlungstemperatur bei λ=2200 A beträgt etwa 4500 °K (JOHNSON [*29*]).

2) *Sichtbarer Bereich* (4000 A $\leq \lambda \leq$ 6800 A) — *Visible region.*

Neben den klassischen Messungen (PLASKETT [*49*]; MULDERS [*40*]; CANAVAGGIA und CHALONGE [*14*]; CANAVAGGIA u. a. [*15*]) liegen jetzt einige Bestimmungen der Energieverteilung durch direkten Vergleich mit der Hohlraumstrahlung vor (LABS [*31*]; LABS und NECKEL [*32*]; MUR A SHEVA u. SITNIK [*54*]).

LABS und NECKEL benutzen eine Wolframbandlampe als Vergleichslichtquelle, die sie an einen Kohlebogen (als „Modell" eines Hohlraumstrahlers) anschließen. Siehe 5.2.8.2.

3) *Infraroter Bereich* ($\lambda >$ 6800 A) — *Infra-red region.*

Messungen liegen unter anderen vor von: PEYTURAUX [*45*]; PIERCE [*47*]; MAKAROVA [*34*]. Zusammenfassende Tabellen geben unter anderen JOHNSON [*29*]; GOLDBERG und PIERCE [*24*].

Die gegenwärtig besten Zahlenwerte sind in Tab. 1 zusammengestellt.

Tab. 1. Spektrale Energieverteilung — Spectral energy distribution

F_λ | Strahlungsstrom außerhalb der Erdatmosphäre in | radiative flux outside the earth's atmosphere in

[erg cm^{-2} sec^{-1} A^{-1}] JOHNSON [*29*]

I_λ | Intensität des Zentrums der Sonnenscheibe in | intensity of the center of the solar disc in

[erg cm^{-2} sec^{-1} A^{-1}] LABS und NECKEL [*32*]

ultraviolett¹)		visuell²)			infrarot	
λ [A]	F_λ	λ [A]	F_λ	I_λ	λ [A]	F_λ
2 200	3,0	4 000	154	248	7 000	144
2 300	5,2	4 200	192	243	7 500	127
2 400	5,8	4 400	203	235	8 000	112,7
2 500	6,4	4 600	216	265	8 500	100,3
2 600	13	4 800	216	261	9 000	89,5
2 700	25	5 000	198	231	10 000	72,5
2 800	24	5 200	187	232	11 000	60,6
2 900	52	5 400	198	223	12 000	50,1
3 000	61	5 600	190	222	13 000	40,6
3 100	76	5 800	187	224	14 000	32,8
3 200	85	6 000	181	206	15 000	26,7
3 300	115	6 200	174	202	16 000	22,0
3 400	111	6 400	166	190	18 000	15,2
3 500	118	6 600	159		20 000	10,79
3 600	116	6 800	151		25 000	5,09
3 700	133				30 000	2,68
3 800	123				35 000	1,53
3 900	112				40 000	0,95
					45 000	0,61
					50 000	0,42
					60 000	0,21
					70 000	0,12

4.1.1.5.3 Das Linienspektrum — The line spectrum

Das Absorptionslinien-Spektrum der Photosphäre beginnt etwa bei 1700 A. Unterhalb von 1700 A empfangen wir ein Emissionslinien-Spektrum der Chromosphäre (siehe 4.1.1.6) und der Korona (siehe 4.1.1.7). Zum Langwelligen hin ist das Spektrum bis 237 000 A bekannt, jedoch sind weite Bereiche im Infraroten infolge der Molekülabsorption in der Erdatmosphäre vom Boden aus nicht beobachtbar. Satellitenbeobachtungen in diesem Spektralbereich liegen noch nicht vor.

The absorption line spectrum of the photosphere begins at about 1700 A. Below 1700 A we observe the emission line spectrum of the chromosphere (see 4.1.1.6) and of the corona (see 4.1.1.7). In the long-wave region the spectrum is known up to 237 000 A, but wide regions in the infrared are absorbed by molecules in the earth's atmosphere. Satellite observations are not yet available in this spectral range.

¹) Die Messungen beziehen sich auf das Licht der gesamten Sonnenscheibe. Sie sind nicht auf „wahres Kontinuum" reduziert, enthalten also noch die Beiträge der Fraunhoferlinien. — The measurements deal with the light from the whole solar disc. They are not reduced to the "true continuum" i. e., they are still influenced by the Fraunhofer lines.

Werte für 3000 A $\leq \lambda \leq$ 4000 A basieren im wesentlichen auf [*20*]. — Values for 3000 A $\leq \lambda \leq$ 4000 A are based essentially on [*20*].

²) F_λ | über die Sonnenscheibe gemittelter Strahlungsstrom, Bandbreite 100 A. — mean radiative flux of solar disc with band width of 100 A.

I_λ | interpoliert und umgerechnet aus einer Tabelle in [*32*], Bandbreite 20 A. — interpolated and calculated from a table in [*32*], band width 20 A.

Sowohl die Messungen von JOHNSON als auch die von LABS sind nicht auf „wahres Kontinuum" reduziert. — Neither JOHNSON's measurements nor those of LABS are reduced to the "true continuum".

Tab. 2. Atlanten und Tabellen des Sonnenspektrums — Atlases and tables of the solar spectrum

a) Atlanten — Atlases

Nr.	λ [A]	Autor	Titel	Lit.
1*)	1800 ··· 2965	H. C. McAllister	A preliminary photometric atlas of the solar ultraviolet spectrum [1])	University of Colorado (1960)
2	2988 ··· 3629	G. Brückner	Photometrischer Atlas des nahen ultravioletten Sonnenspektrums [2])	Vandenhoeck und Ruprecht, Göttingen (1960)
3	3332 ··· 8771	M. Minnaert, G.F.W. Mulders, J. Houtgast	A photometric atlas of the solar spectrum („Utrechter Atlas") [2])	De Schnabel, Amsterdam (1940)
4	7498 ··· 12 016	L. Delbouille, G. Roland	Photometric atlas of the solar spectrum [2])	Mém. Soc. Roy. Sci. Liège **4** (1963)
5	8465 ··· 25 242	O. C. Mohler, A. K. Pierce, R. R. McMath, L. Goldberg	Photometric atlas of the near infrared solar spectrum [3])	University of Michigan Press, Ann Arbor (1950)
6	28 000 ··· 237 000	M. Migeotte, L. Neven, J. Swensson	The solar spectrum from 2,8 to 23,7 microns [3]). Part I: Photometric atlas	Mém. Soc. Roy. Sci. Liège **1** (1956)

b) Tabellen mit Identifikationen — Tables with identifications

Nr.	λ [A]	Autor	Titel	Lit.	Daten [4])
7*)	2280 ··· 3000	H. E. Clearman	The solar spectrum	ApJ **117** (1952) 29	λ_b; Id; I; M; λ_L
8	2635 ··· 2990	N. L. Wilson, R. Tousey, J. D. Purcell, F. S. Johnson	A revised analysis of the solar spectrum	ApJ **119** (1953) 590	λ_b; Id; M; λ_L; I_L
9	2365 ··· 3000	E. Durand, J. J. Oberley, R. Tousey	Analysis of the first rocket UV solar spectra	ApJ **109** (1948) 1	λ_b; Id; I; χ_{ex}; λ_L; I_L
10	2935 ··· 3060	H. D. Babcock, C. E. Moore, M. F. Coffeen	The UV solar spectrum	ApJ **107** (1948) 287	λ_b; Id; I; χ_{ex}
11*)	2975 ··· 10 193	C. E. St. John, C. E. Moore, L. M. Ware, E. F. Adams, H. D. Babcock	Revision of Rowland's table of solar spectrum wavelength	Carnegie Institution of Washington (1928)	λ_b; Id; I; χ_{ex}; I_{Fl}; T; P
12	7600 ··· 10 000	W. Baumann, R. Mecke	Das ultrarote Sonnenspektrum	Joh. A. Barth, Leipzig (1934)	λ_b; Id; I; ν
13*)	6600 ··· 13 495	H. D. Babcock, C. E. Moore	The solar spectrum	Carnegie Inst. Wash. Publ. **579** (1947)	λ_b; Id; I; χ_{ex}; I_{Fl}

*) Auszug in Tab. 3.

Fortsetzung nächste Seite

[1]) Raketenmessung [2]) photographisch. [3]) photoelektrisch.

[4]) I Intensität; I_{Fl} Intensität im Fleck; I_L Labor-Intensität; Id Identifikation; M Multiplett Nr. in [78]; P Druck-Klassifikation; T Temperatur-Klassifikation; Ü Übergänge der Linien; W_λ Äquivalentbreite; λ_b Beobachtete Wellenlänge; λ_L Labor-Wellenlänge; ν Frequenz; χ_{ex} Anregungspotential

Tab. 2. (Fortsetzung)

Nr.	λ [A]	Autor	Titel	Lit.	Daten [4])
14	15 200 ··· 17 500	L. Goldberg, O. C. Mohler, R. R. McMath	New solar lines in the spectral region 1,52···1,75 μm	ApJ **109** (1948) 28	λ_b; Id; I; χ_{ex}; Ü
15*	14 000 ··· 25 000	O. C. Mohler, A. K. Pierce, R. R. McMath, L. Goldberg	Table of infrared solar lines	ApJ **117** (1952) 41	λ_b; Id; W_λ; λ_L; Ü; χ_{ex}
16	11 984 ··· 25 578	O. C. Mohler	Table of solar spectrum wavelengths	University of Michigan Press, Ann. Arbor (1955)	λ_b; Id; W_λ; λ_L; I_L
17	19 700 ··· 24 900	L. Goldberg, O. C. Mohler, A. K. Pierce, R. R. McMath	New solar lines in the spectral region 1,97···2,49 μm	ApJ **111** (1950) 565	λ_b; Id; I
18	70 000 ··· 130 000	J. H. Shaw, M. L. Oxholm, H. H. Claassen	The solar spectrum from 7 to 13 μm	ApJ **116** (1952) 554	λ_b; Id; λ_L; ν
19	77 000 ··· 110 000	A. Adel, V. M. Slipher	Fraunhofer spectrum in the interval . . .	ApJ **84** (1936) 354	λ_b; I
20*	28 000 ··· 237 000	M. Migeotte, L. Neven, J. Swensson	The solar spectrum from 2,8 to 23,7 μm; Part II "Measures and Identifications"	Mém. Soc. Roy. Sci. Liège, Special Vol. Nr. 2 (1957)	λ_b; Id; Ü; ν; λ_L

▶ *) und [4]) auf S. 101

Tab. 3. Die stärksten Linien im Sonnenspektrum — The strongest lines in the solar spectrum

Int.	Intensität	intensity
Atm	atmosphärisch	atmospheric
d	unaufgelöste Doppellinie	unresolved double line
N	verwaschen	diffuse (nebulous)
NN	sehr verwaschen	very diffuse
ob	im Fleck nicht beobachtet	obliterated (not observed in sunspots)
p	Linie im Laboratorium nicht gemessen	line not measured in laboratory
W	verbreitert durch Zeeman Effekt	broadened by Zeeman effect

[aus Nr. 1 von Tab. 2]

λ [A]	Element
1804,46	Ni II
1807,93	Si II
1838,00	Si I
1864,30	Si I
1892,00	Si I
1931,92	Al I
1970,45	Co I
1979,97	Si I
1995,51	Cr I
1998,83	Cu I
2021,94	Fe I
2061,20	Cr II
2061,89	Zn II
2086,27	V I
2122,99	Si I
2166,76	Fe I
2176,90	Si I
2216,65	Si I
2231,11	Fe I
2287,17	Fe I
2303,10	Si I

[aus Nr. 7 von Tab. 2]

Mult. Nr. Nummer des Multipletts in *[78]*

λ [A]	Int.	Element	Mult. Nr.	λ [A]	Int.	Element	Mult. Nr.
2320,1	10	Fe I	26	2598,9		Fe I	23
2359,6	10	Fe II	10	2606,3	15	Fe I	22
		Fe II	9			Fe I	23
		Fe II	8			Fe II	1
2374,0	15	Fe I	27	2628,3	10	Fe II	1
		Fe II	11			Fe II	
		Fe I	27	2631,8	25	Fe II	1
		Fe II	8			Fe II	1
2424,2	10	Fe II				Ti I	2
2435,3	10	Fe II				Fe II	
		Si I	7	2641,1	10	Ti I	2
2461,9	10	Fe I	10			Fe II	
2490,7	10	Fe I	10			Fe I	21
		Fe I	10	2672,8	10	Fe I	21
		Fe I	10	2678,9	10	Fe I	13
		Fe I	10	2690,1	10	Fe I	14
2549,1	10	Fe I	9			Fe I	6
2575,6	10	Al I	2	2733,8	10	Fe I	12
		Al I	2			Fe I	14
		Fe I	23			Fe I	13
		Si I	4	2737,2	10	Fe I	15
2598,9	20	Fe II	1			Fe II	4
		Fe II	1			Fe I	7

Fortsetzung nächste Seite

Tab. 3. (Fortsetzung)

λ [A]	Int.	Element	Mult. Nr.
2743,9	10	Fe II	5
		Fe I	13
		Fe I	7
		Fe I	12
2746,7	10	Fe II	5
		Fe II	4
		Fe I	11,13
2749,9	15	Fe II	4
		Fe II	5
		Fe II	4
		Fe I	7
2756,6	20	Fe II	5
		Fe I	6
		Fe I	7
2761,4	12	Fe I	12
		Fe II	4
		Fe I	12
2769,3	10	Fe II	4
		Fe I	20
2795,6	10 000	Mg II	1
2802,9	5 000	Mg II	1
2836,0	10	Fe I	4
		Fe II	
2852,2	1 000	Mg I	1
2869,3	10	Ti II	2
		Fe II	3
		V II	2
		Fe I	4
2881,7	500	Si I	2
2937,0	10	Mg II	2
		Mg I	2
		Fe I	2
2941,5	10	Fe I	2
		V II	1
		V II	1
		Mg I	2
2944,7	10	Ni I	1
		Fe II	7
		V II	1
		Fe II	2
2947,9	10	Fe II	7
		Fe I	2
2954,0	10	Fe II	2
		Fe I	2
2957,3	10	Fe I	2
		V II	1
2966,9	10	Fe I	2
		Cr I	1
2970,3	12	Fe I	17
		Fe II	2,3
		Si I	3
		Ti I	1
		Fe II	2
2994,5	15	Fe I	1
		Fe I	3

[aus Nr. 11 von Tab. 2]

λ [A]	Int.	Element	χ_{ex} [eV]
3037,408	10N	Fe	0,110
3047,623	20N	Fe	0,087
3054,325	10	Ni	0,109
3057,447	20	Ti+— Fe	0,000
3059,107	20	Fe	0,051
3247,570	10	Cu	0,000
3273,973	10	Cu	0,000
3414,780	15	Ni	0,025
3440,627	20	Fe	0,000
3441,020	15	Fe	0,051
3446,272	15	Ni	0,109
3475,458	10	Fe	0,087
3490,595	10N	Fe	0,051
3492,976	10N	Ni	0,109
3515,067	12	Ni	0,109
3524,537	20	Ni	0,025
3565,397	12	Fe	0,954
3566,384	10	Ni	0,421
3570,135	20	Fe	0,911
3578,694W	10	Cr	0,000
3581,210	30	Fe	0,855
3608,870W	20	Fe	1,007
3618,778	20	Fe	0,986
3631,476	15	Fe	0,954
3647,852	12	Fe	0,911
3685,197	10d ?	Ti+	0,605
3719,949	40	Fe	0,000
3734,876	40	Fe	0,855
3737,143	30	Fe	0,051
3748,273	10	Fe	0,110
3749,497	20	Fe	0,911
3758,247	15	Fe	0,954
3759,301	12d ?	Ti+	0,605
3763,805	10	Fe	0,986
3815,853	15	Fe	1,478
3820,438	25	Fe	0,855
3825,893	20	Fe	0,911
3829,367	10	Mg	2,697
3832,312	15	Mg	2,700

λ [A]	Intensität ⊙	Intensität Fleck	Element [1]	χ_{ex} [eV]
3834,235	10	—	Fe	0,954
3838,304	25	—	Mg	2,705
3841,060	10	—	Fe Mn	1,601
3849,979	10	—	Fe	1,007
3859,924	20	—	Fe	0,000
3886,296	15	—	Fe—La+	0,051
3902,958	10	—	Cr Fe—Mo	1,551
3905,534	12	10	Si	1,900
3906,492	10	—	Fe	0,110
3920,271	10	7	Fe	0,121
3922,925	12d ?	8	Fe	0,051
3933,684	1000	—	Ca+ (*K*)	0,000
3944,018	15	10	Al	0,000
3961,537	20	15	Al	0,014
3968,494	700	—	Ca+ (*H*)	0,000
3969,270	10	—	Fe	1,478
4045,827	30	28	Fe	1,478
4063,607	20	15	Fe	1,551
4071,751	15	15	Fe	1,601
4101,750	40N	3	Hδ (*h*)	10,155
4132,069	10	12	Fe	1,601
4143,880	15	14	Fe	1,551
4226,742	20d	40	Ca (*g*)	0,000
4260,488	10	9	Fe	2,389
4271,776	15	12	Fe	1,478
4340,477	20N	3	Hγ	10,155
4383,559	15	15	Fe	1,478
4404,763	10	10	Fe	1,551
4703,005	10	9	Mg	4,327
4861,344	30	9	Hβ (*F*)	10,155
4920,516	10	10	Fe	2,820
5167,330	15	16	Mg (b_4)	2,697

Fortsetzung nächste Seite

[1]) In Klammern stehen die Fraunhoferschen Bezeichnungen — The Fraunhofer notations are given in brackets.

Tab. 3. (Fortsetzung)

λ [A]	Intensität ☉	Intensität Fleck	Element[1]	χ_{ex} [eV]
5172,700	20	22	Mg (b_2)	2,700
5183,621	30	30	Mg (b_1)	2,705
5889,977	30	95	Na (D_2)	0,000
5895,944	20	60	Na (D_1)	0,000
6122,231	10	28	Ca	1,878
6162,185	15	35	Ca	1,891
6562,816	40	20	Hα (*C*)	10,155
[*aus Nr. 13 von Tab. 2*] Linien mit Intensität ≧ 5				
6609,118	5	6	Fe	2,55
6643,638	6	8	Ni	1,67
6663,448	6	8	Fe	2,41
6677,997	8	9	Fe	2,68
6717,687	6	8	Ca	2,70
6750,164	5	6	Fe	2,41
6767,784	6	7	Ni	1,82
6855,166	5	6	Fe	4,54
6914,564	6	9	Ni	1,94
			(Atm O_2)	16,18
6945,210	5	5	Fe	2,41
6978,862	6	7	Fe	2,47
7003,574	5N	4N	Si	5,94
7034,910	5	3	Si	5,85
7122,206	7	8	Ni	3,53
7130,925	6	6	Fe	4,20
7148,150	10	12	Ca	2,70
7164,432	8	8	Fe	4,17
7202,208	8	9	Ca	2,70
7207,396	8	8	Fe	4,14
7275,33	5N	ob ?	Si	5,59
7289,188	7N	6N	Si	5,59
7326,160	8	11	Ca	2,92
7355,891	5	9	Cr	2,88
7386,336	7	4	Fe	4,89
7387,700	9N	5	Mg	5,73
7389,391	8d	5	– Fe	4,28
7393,609	7	5	Ni	3,59
7400,188	5	8	Cr	2,89
7405,790	7N	0	Si	5,59
7409,100	5N	– 2N	Si	5,59
7409,352	6	1	Ni	3,78
7411,162	8	7	Fe	4,26
7414,514	5	5	Ni	1,98
7415,958	8N	2N	Si	5,59
7422,286	7	5	Ni	3,62
7423,509	8N	2	Si	5,59
			(N)	10,28
7445,758	9	7	Fe	4,24
7462,342	8	10	Cr	2,90
			(Fe II)	3,87
7495,077	8	8	Fe	4,20
7511,031	11	11	Fe	4,16
7522,778	5	5	Ni	3,64
7531,153	6	7	Fe	4,35
7555,607	6	6	Ni	3,83
7568,906	5	8	Fe	4,26
7574,048	5	5	Ni	3,82
7586,027	8	8	Fe	4,29
7616,980	8	9	Ni	3,64
7620,513	5	6	Fe	4,71
7657,606	9N	9N	Mg	5,09
7661,198	6	6	Fe	4,24
7664,294	7	8	Fe	2,98
7664,872	12	20	{ K	0,00
			{ Atm O_2	
7680,267	6N	4N	Si	5,84
			(Mn)	5,47

λ [A]	Intensität ☉	Intensität Fleck	Element	χ_{ex} [eV]
7691,569	8N	7N	Mg	5,73
7698,977	11	16	K	0,00
7714,310	6	8	Ni	1,93
7727,616	5	6	Ni	3,66
7742,722	9	7	Fe	4,97
7748,284	6	8	Fe	2,94
7748,894	5	6	Ni	3,69
7771,954	5N	0N	O	9,11
7774,177	5N	0N	O	9,11
7780,568	8	9	Fe	4,45
7788,933	5	7	Ni	1,94
7797,588	5	6	Ni	3,88
7800,000	5N	2N	Si	6,15
7832,208	9	10	Fe	4,42
7932,351	8N	5N	Si	5,94
7937,150	7	7	Fe	4,29
7944,001	8N	6N	Si	5,96
			(Ti)	3,28
7945,858	7	9	Fe	4,37
7998,953	8	8	Fe	4,35
8028,318	5	4	Fe	4,45
8046,058	8	8	Fe	4,40
8054,311	5N	6N	☉ (CN)	
8085,175	8	7	Fe	4,43
8098,746	7N	5N	Mg	5,92
			Atm	
8183,30	11N	15N	Na	2,09
8194,836	12N	18N	Na	2,10
8213,044	9N	8N	Mg	5,73
8220,388	10	11	Fe	4,30
8232,319	5	6	Fe	4,40
8327,061	10	12	Fe	2,19
8331,926	6	7	Fe	4,37
8346,131	9N	7N ?	Mg	5,92
8387,782	10	12	Fe	2,17
8439,581	5	5	Fe	4,53
8446,359	5N	1	O	9,48
			(Fe p)	4,97
8468,418	9	12	Fe	2,21
			(Ti)	1,88
8498,062	20	(25)	Ca II	1,69
8514,082	7	9	Fe	2,19
8515,122	5	5	Fe	3,00
8542,144	25	(25)	Ca II	1,69
8556,797	8N	2N	Si	5,85
8582,271	6	7	Fe	2,98
8611,612	7	8	Fe	2,83
8621,618	5	6	Fe	2,94
8648,472	10N	3	Si	
8662,170	23	23	Ca II	1,69
8674,756	7	8	Fe	2,82
8688,842	11N	13N	Fe	2,17
8710,398	5	3	Fe	4,89
8717,833	7N	4N	Mg ? p	5,91
8736,040	10N	2N	Mg	5,92
8742,466	6N	2N	Si	5,85
8752,025	6N	2N	Si	5,85
8763,978	6	6	Fe	4,63
8772,884	5	6	Al	4,00
8773,906	6	7	Al	4,00
8790,454	6	3	Fe	4,97
			Si	6,16
8793,350	6	7	Fe	4,59
8806,775	14	16	Mg	4,33
8824,234	10	15	Fe	2,19
8838,441	6	9	Fe	2,85
8866,943	9	12	Fe	4,53
8912,101	7	3	Ca II	7,02

[1]) siehe S. 103.

Fortsetzung nächste Seite

Tab. 3. (Fortsetzung)

λ [A]	Intensität ⊙	Intensität Fleck	Element	χ_{ex} [eV]
8927,392	7	3	Ca II	7,02
8929,072	6	6	Fe, Atm	5,06
8945,198	5	6	Fe	5,01
9061,443	7	ob	C	7,45
9078,28	7	ob ?	C	7,45
9088,391	11	10	Fe–C	2,83
				7,45
9094,82	8	ob	C	7,46
9111,877	9	0	C	7,46
9228,101	6	0	S	6,50
9237,56	6	–3N	S	6,50
9255,79	10N	8N	Mg	5,73
9414,95	10N	10N	Mg	5,92
9658,40	8N	1N	C	7,46
9889,050	5	7	Fe	5,01
9993,17	5N	2N	Mg ?	5,91
10 036,670	5	4W	Sr II	1,80
10 049,27	(50	ob	H	12,04
	NN)		(Ni)	4,22
10 065,070	8	10	Fe	4,81
10 123,895	8	4	? ?	
10 145,580	9	12	Fe	4,77
			(Ni)	4,25
10 216,335	10	12	Fe	4,71
10 288,950	6	3W	Si	4,90
10 327,360	7	9	Sr II (w)	1,83
10 343,840	8	25	Ca	2,92
10 371,285	9	8W	Si	4,91
10 455,455	8	2	S	6,83
10 459,436	7	1	S	6,83
10 469,680	7	9	Fe	3,87
10 585,137	12	10 ?	Si	4,93
10 603,426	10	8	Si	4,91
10 627,63	8	5	Si	5,84
10 660,99	10	6	Si	4,90
10 683,09	10	2N	C	7,45
10 685,36	8	1N	C	7,45
10 689,71	8	7	Si	5,93
10 691,24	12	3N	C	7,46
10 694,25	8	7	Si	5,94
10 707,36	8	1N	C	7,45
10 727,42	9	8	Si	5,96
10 729,588	7	0N	C	7,46
10 749,39	12	10	Si	4,91
10 786,85	7	7W	Si	4,91
10 811,14	5N	4N	Mg	5,92
10 827,14	12	12W	Si	4,93
10 830,38	5NN	5NN	He	19,73
10 834,02	5	5	Na, Atm	3,60
10 843,88	5	4	Si	5,84
10 914,88	5	6	Sr II	1,80
10 938,10	(50 NN)	5NN	H	12,04
10 965,47	5	8	Mg ?	5,91
11 403,80	5	20	Na	2,10
11 422,38	8	—	Fe	2,19
11 439,12	10	—	Fe	2,83
11 611,44	15	—	Si—	6,23
			Atm	
11 638,22	10	—	Fe	2,17
11 753,42	5N	—	C	8,61
11 754,84	5N	—	C	8,61
11 828,20	5NN	—	Mg	4,33
11 984,50	10N	—	Si—	4,91
12 031,56	10	—	Si	4,93
12 083,79	8N	—	Mg	5,73
12 239,53	5	—	Fe ? p	5,00
12 562,25	6N	—	C ?	8,81
12 581,68	5	—	–C	8,81
12 818,23	(20)	—	H	12,04
13 166,41	15	—	(C)	8,73
13 197,35	6	—	(Zn)	6,63
13 288,77	5	—	(Fe ? p)—	2,94
			(Si ? p)	4,91
13 332,69	10	—	(Ti p)	2,24

[aus Nr. 15 von Tab. 2]

λ [A]	W_λ [mA] [1])	Element	χ_{ex} [eV]
14 129,44	192 C	Fe I ?	5,44
14 512,50	366 C	Fe I ?	
14 542,52	332 B	C I ?	7,68
14 555,23	280 D	Fe I ?	
14 878,07	296 D	Mg I	5,94
14 956,38	193 B	Fe I	5,54
15 025,19	698 C	Mg I	5,11
15 051,97	243 B	Fe I	5,47
15 207,50	227 A	Fe I	
15 245,14	192 C	Fe I	5,58
15 294,69	494 A	Fe I	3,63
15 335,44	267 B	Fe I	5,60
15 557,97	208 A	Si I	5,96
15 621,68	256 A	Fe I	5,54
15 632,04	247 A	Fe I	
15 686,25	208 D		
15 740,66	391 B	Mg I	5,93
15 749,05	715 A	Mg I	5,93
15 765,84	767 E	Mg I	5,93
15 818,34	302 B	Fe I	5,50
		Fe I	5,58
15 833,66	249 B		
15 835,22	222 B	Fe I	
		Si I	6,22
15 888,49	1118 A	Si I	5,08
15 892,58	285 D	Fe I	5,93
		Fe I	5,96
15 895,20	190 C		
15 920,74	190 A	Fe I	
15 960,05	597 A	Si I	5,98
15 980,90	316 A	Fe I	6,36
		Fe I	6,27
16 006,97	229 B	Fe I	3,37
16 094,95	399 A	Si I	5,96
16 102,47	211 B	Fe I	
16 163,90	223 B	Fe I	
		Si I	5,95
16 241,86	203 A	Si I	5,96
16 316,33	295 A	Fe I	2,87
16 380,22	220 B		
16 381,62	349 C	Si I	5,86
16 445,02	278 B	Fe I	5,35
16 524,69	211 A	Fe I	5,98
16 680,89	353 B	Si I	5,98
16 719,08	364 A	Al I	4,08
16 750,57	490	Al I	4,09
17 108,82	991 A	Mg I	5,39
17 225,77	259 A	Fe I	5,75
		Si I	6,62
17 327,48	429 A		
17 338,65	282 A	Fe I	6,33
17 617,21	288 A	C I ?	9,83
		Si I ?	6,61

Fortsetzung nächste Seite

[1]) A bis E bezeichnen den Grad der Güte (A: sehr wenig Störlinien) — A to E give the quality (A: very few blends).

Tab. 3. (Fortsetzung)

[*aus Nr. 20 von Tab. 2*]

λ [A]	W_λ [mA] [1]	Element	χ_{ex} [eV]	λ [A]	Element	λ [A]	Element
17 826,58	216 C			28 256,2	C I ?	35 369,7	Mg I ?
19 505,88	193 D	Ca I	1,89	29 252,2	Ca I		Fe I ?
		Si I	6,10	29 607,6	Fe I	35 954,3	Si I ?
19 722,74	618 C	C I ?	8,53		N_2O		CH_4
		Si I	6,10	30 032,9	Ti I	36 487,2	Fe I
19 776,85	496 C	Ca I	1,90	30 391,6	Fe I	36 633,9	Ti I
19 815,43	263 A	Ca I	4,62	30 673,4	Si I ?	37 446,2	Si I
19 853,40	289 A	Ca I	3,91	31 010,4	Ca I	37 603,7	Si I
19 862,62	360	Ca I	1,90	31 123,5	Ca I	38 027,9	Mg I
19 929,27	391 C	Si I	6,10	31 296,1	OH ?	38 041,6	Mg I
19 934,04	256 C	Ca I	3,91	31 508,3	Si I	38 649,7	Mg I
20 008,42	256 E	Si I ?	6,10	31 798,3	Ti I ?	39 489,5	Ca I
20 917,28	360 C				CH_4	39 576,8	Ca I
21 060,87	472 D			32 006,2	Si I ?	39 847,3	Na I
21 093,17	438 A	Al I	4,08	32 327,1	Mg I	40 167,3	Si I
21 163,83	325 A	Al I	4,09		CH_4	40 510,9	H
21 354,27	443 B	Si I	6,22	33 016,0	C I	46 528,9	H ?
21 655	2875 B	H I	12,69	33 474,7	Ti I	49 505,7	Ca I
21 819,68	238 B	Si I	6,72	33 640,5	Na I ?	49 596,8	Ca I
21 879,38	300 C			33 977,5	SiI ?	49 601,4	Ca I
22 056,56	307 A	Na I	3,19	34 694,8	Ca I ?	49 787,7	Si I ?
22 062,82	362 B	Si I	6,72	34 936,0	Mg I		H_2O
22 083,90	247 A	Na I	3,19	34 952,1	Mg I	50 071,6	Na I ?
22 380,89	199 A	Fe I	5,03		CH_4		CO ?
22 473,47	209 B			35 230,2	Si I	50 132,1	Na I ?
22 537,92	248 A						
22 608,08	223 B	Ca I	4,68				
22 619,81	240 B	Fe I	4,99				
22 624,99	199 B	Ca I	4,68				
22 651,43	218 A	Ca I	4,68				
22 808,12	665 B	Mg I ?	6,72				
23 348,95	239 B	Na I	3,75				
		CO					
23 379,59	432 C	Na I	3,75				
24 566,26	256 B	Mg I	6,59				

Von 50 132,1 bis ~ 240 000 A keine atomaren Linien. NH_4, O_3, CO_2, N_2O, H_2O aus der Erdatmosphäre; CO von der Sonne.

▶ [1]) A···E siehe [1]) auf S. 105.

4.1.1.5.4 Mitte-Rand-Variation (MRV) des Kontinuums und der Fraunhoferlinien — Center-limb variation (CLV) of the continuum and of the Fraunhofer lines

a) Neue Messungen der MRV des *Kontinuums.*

Tab. 4. Die relative MRV $I(\mu)/I(1)$ im Kontinuum für verschiedene Wellenlängen — The relative CLV $I(\mu)/I(1)$ in the continuum for different wavelengths

	Messungen von Pierce [*47*], neu reduziert von David und Elste [*18*].	measurements from Pierce [*47*], recently reduced by David and Elste [*18*].
ϑ	Winkel zwischen Atmosphärennormale der Sonne und Sehlinie	angle between the normal to the sun's atmosphere and the line of sight
$\mu = \cos\vartheta$	gibt die Lage auf der Sonnenscheibe	gives the position on the solar disc
$I(1)$	Intensität für das Zentrum der Sonnenscheibe	intensity at the center of the solar disc ($\cos\vartheta = 1$)

λ [A]	3811,5	4573,5	5305,0	6010,0	7793,0	9065,0	10 911	13 014	16 265	21 028	24 388
μ	$I(\mu)/I(1)$ [%]										
1,0	100,0	100,0	100,0	100,0	100,0	100,0	100,0	100,0	100,0	100,0	100,0
0,9	90,2	92,9	94,0	95,1	96,3	96,6	97,3	97,7	98,4	98,7	98,4
0,8	81,7	85,7	88,0	90,0	92,4	93,3	94,5	95,2	96,4	97,0	96,9
0,7	72,6	78,7	82,0	84,5	88,4	89,5	91,2	92,3	94,3	95,2	95,2
0,6	64,0	71,4	75,4	78,8	83,9	85,5	87,8	89,3	91,9	93,1	93,3
0,5	54,7	63,9	68,9	72,8	79,1	81,5	84,1	85,8	89,3	90,8	91,1
0,4	45,5	56,2	61,7	66,2	74,0	76,5	79,8	81,7	86,1	88,4	88,6
0,3	36,4	47,3	53,7	58,7	68,2	71,2	75,0	77,2	82,1	84,7	85,5
0,2	27,2	37,7	44,8	50,2	61,0	64,5	68,8	72,5	77,1	79,9	81,2
0,15	22,8	33,3	39,5	44,9	57,3	60,7	65,1	67,2	73,7	76,3	77,6

Weitere Messungen: PEYTURAUX [46]: 3190 A $\leqq \lambda \leqq$ 23 120 A. Diese Messungen sind zu ergänzen durch Beobachtungen am äußersten Sonnenrand bei Sonnenfinsternissen oder vom Stratosphärenballon aus.

b) Die klassische Untersuchung der MRV von *Fraunhoferlinien* stammt von HOUTGAST [26].

Bei der Darstellung der MRV der Fraunhoferlinien beschränkt man sich bei schwachen Linien oft auf die MRV von

W_λ | Äquivalentbreite | equivalent width

$$W_\lambda = \int_{-\infty}^{+\infty} \frac{I_0 - I_\lambda}{I_0} \, d\lambda. \tag{1}$$

I_λ Intensität in der Linie bei der Wellenlänge λ — intensity in the line at wavelength λ

I_0 Intensität in dem der Linie benachbarten Kontinuum — intensity of the neighboring continuum

} an der Sonnenoberfläche — at the solar surface

Bei starken Linien erhält man oft schon wichtige Informationen aus der MRV der Flügelstärken c, die dadurch definiert sind, daß in den (stoßverbreiterten) Linienflügeln

$$\frac{I_0 - I_\lambda}{I_0} = \frac{c}{(\Delta\lambda)^2} \text{ angenommen wird.} \tag{2}$$

c | Flügelstärke | wing strength

Eine Kritik dieses Verfahrens findet man bei MATTIG und SCHRÖTER [35, 36].

Tab. 5. Einige neuere Untersuchungen über die MRV von Fraunhoferlinien und ihre Interpretation — Some new determinations of the CLV for Fraunhofer lines and their interpretation.

Untersuchte Linien	Autoren	Untersuchte Linien	Autoren
Hα, Hβ, Hγ	WHITE [72, 73]*)	Fe I-Multiplett (a ^{3}F$-$y ^{3}F^0)	HOUTGAST [26] BÖHM*) [6] SCHRÖTER*) [52]
Hα···Hδ	DAVID [17] CAYREL und TRAVING [16]*)	Ni I-Linien λ 7789 und λ 7798 χ**) = 1,94; 3,44 eV	VOIGT [66]
Hα···H 16; 13 Paschen- und Brackett-Linien	DE JAGER [75]	O I-Multiplett 7772/4/5 χ = 9,1 eV	VOIGT [65]
Na *D*	PRIESTER [50] WADDELL [68] BÖHM*) [6] SCHRÖTER*) [52] WADDELL*) [69]	9 Fe I-Linien nahe 15 500 A $\chi \approx$ 5,6 eV	PAGEL [41]
		150 schwache bis mittelstarke Linien des Ti, V, Cr im Bereich 4000 A $< \lambda <$ 6800 A	BRETZ [11]
Mg-Serie 3^{1}P$-$n^{1}D Mg *b*-Linien (3 ^{3}P$-$4 ^{3}S)	VOIGT [64] WADDELL*) [70]		

4.1.1.5.5 Ableitung empirischer Sonnenmodelle — Derivation of empirical solar models

(aus Beobachtungen der MRV des Kontinuums — from observations of the CLV of the continuum)

a) Temperaturschichtung $T(\tau_\nu)$ — Temperature distribution $T(\tau_\nu)$

S_ν	Ergiebigkeit (Verhältnis von Emissionskoeffizient ε_ν zu Absorptionskoeffizient $\varkappa_\nu$ in einem gegebenen Volumenelement der Photosphäre)	source function (ratio of the emission coefficient ε_ν to the absorption coefficient $\varkappa_\nu$ in a given element of volume in the photosphere)
$I_\nu(\mu)$ ($\mu = \cos\vartheta$)	unter dem Winkel ϑ aus der Oberfläche der Photosphäre austretende Intensität	intensity leaving the surface of the photosphere at an angle ϑ

*) Diese Autoren beschränken sich auf die Interpretation bereits bekannter Messungen — These authors restrict themselves to the interpretation of known measurements.

**) χ Anregungspotential des unteren Terms der Linie — Excitation potential of the lower term of the line.

$$I_\nu(\mu) = \int_0^\infty S_\nu(\tau_\nu)\, e^{-\tau_\nu/\mu} \left(\frac{d\tau_\nu}{\mu}\right). \tag{3}$$

$\tau_\nu = \int_0^z \varkappa_{\nu,g}\, \varrho\, dz$	optische Tiefe bei der betrachteten Frequenz (z = geometrische Tiefe)	optical depth at the frequency considered (z = geometric depth)

Bei gemessener MRV von $I_\nu(\mu)$ stellt (3) eine Integralgleichung 1. Art für das unbekannte $S_\nu(\tau_\nu)$ dar.

Unter der Annahme lokalen thermodynamischen Gleichgewichts ($S_\nu = B_\nu$ = Kirchhoff-Planck-Funktion) im Kontinuum folgt aus $S_\nu(\tau_\nu) = B_\nu(\tau_\nu)$ die Temperaturschichtung $T(\tau_\nu)$.

Nach SYKES [*76*] läßt sich (3) durch die Substitution

$$\xi = \ln \mu; \quad \eta = \ln \tau_\nu \tag{4}$$

in die übliche „Faltungs"-Integralgleichung

$$I(\xi) = \int_{-\infty}^{+\infty} S_\nu(\eta)\, g(\xi - \eta)\, d\eta \tag{5}$$

mit

$$g(x) = \exp(-x\, e^{-x}) \tag{6}$$

überführen. Das zeigt, daß man es bei der Lösung von (1) im wesentlichen mit den gleichen Schwierigkeiten zu tun hat wie bei den bekannten „Entzerrungsproblemen". Aus informationstheoretischen Überlegungen folgt, daß die üblichen MRV-Beobachtungen für $0{,}15 \le \mu \le 1$ selbst bei einer Beobachtungsgenauigkeit von 1% nicht mehr Informationen über $S_\nu(\tau_\nu)$ enthalten, als sich mit Hilfe von nur 3 unabhängigen Parametern (also z. B. durch ein Interpolationspolynom 2. Grades) beschreiben lassen (BÖHM [8]). Um Informationen zu erhalten, die 4 unabhängigen Parametern entsprechen, wäre eine Steigerung der relativen Beobachtungsgenauigkeit auf etwa $5 \cdot 10^{-4}$ erforderlich.

b) Druckschichtung $P(\tau_\nu)$ — Pressure distribution $P(\tau_\nu)$

Da in der Photosphäre die Strömungsgeschwindigkeiten erheblich kleiner sind als die Schallgeschwindigkeit ($c_s \approx 7{,}5$ km/sec), haben wir in guter Näherung hydrostatisches Gleichgewicht, also

$$\frac{dP_g}{d\tau_\nu} = \frac{g}{\varkappa_{\nu,g}} \tag{7}$$

P_g	Gasdruck [dyn/cm²]	gas pressure [dyn/cm²]
g	Schwerebeschleunigung an der Sonnenoberfläche = $2{,}74 \cdot 10^4$ cm/sec²	acceleration due to gravity at the solar surface = $2{,}74 \cdot 10^4$ cm/sec²
$\varkappa_{\nu,g}$	kontinuierlicher Absorptionskoeffizient, siehe 5.3.1.3 [cm²/g]	continuous absorption coefficient, see 5.3.1.3 [cm²/g]

$\varkappa_\nu$ ist eine Funktion von T und P_g. Bei bekanntem T läßt sich also (7) integrieren. Damit ergibt sich die „empirische" Druckschichtung $P_g(\tau_\nu)$ der Photosphäre.

Tab. 6. Empirische Modelle der Photosphäre — Empirical models of the photosphere

τ_{5010}	optische Tiefe im Kontinuum bei λ = 5010 A	optical depth in the continuum at λ = 5010 A

P_g und P_e in [dyn cm⁻²]

τ_{5010}	Nach BÖHM-VITENSE [*10*]			Nach MINNAERT [*38*]*)			PIERCE, ALLER [*48*]**)
	T [°K]	log P_g	log P_e	T [°K]	log P_g	log P_e	T [°K]
0	4006	−∞	−∞	4330	−∞	−∞	4500
0,001	4164	3,29	−0,62	4490	3,35	−0,51	4530
0,01	4700	3,95	+0,10	4710	3,96	+0,12	4600
0,05	4930	4,36	0,53	4880	4,36	0,49	4855
0,1	5066	4,53	0,71	5010	4,52	0,68	5100
0,2	5310	4,68	0,90	5250	4,70	0,89	5400
0,3	5510	4,78	1,05	5400	4,80	1,05	5590
0,4	5680	4,86	1,17	5520	4,85	1,14	5770
0,5	5830	4,91	1,31	5650	4,91	1,24	5920
0,6	5965	4,94	1,43	5780	4,96	1,34	6060
0,7	6080	4,97	1,55	5895	5,00	1,43	6155
0,8	6200	4,99	1,65	5980	5,03	1,50	6260
0,9	6305	5,01	1,70	6065	5,05	1,56	6360
1,0	6405	5,02	1,78	6145	5,07	1,63	6460

Nach EDDINGTON-BARBIER (siehe dazu UNSÖLD [*62*]) gilt zwischen der in Richtung $\mu = \cos\vartheta$ austretenden Intensität $I_\nu(\mu)$ und der Ergiebigkeit S_ν in der Tiefe τ_ν näherungsweise die Relation

$$I_\nu(\mu) = S_\nu|_{\tau_\nu = \mu}. \tag{8}$$

Da die MRV unter gewöhnlichen Bedingungen bestenfalls bis etwa $\mu \approx 0{,}12$ meßbar ist, muß S_ν bzw. B_ν für $\tau_\nu < 0{,}12$ anders bestimmt werden, z. B. durch Beobachtungen am äußersten Sonnenrand bei Sonnenfinsternissen (siehe z. B. GOLDBERG und PIERCE [*24*]) oder durch Benutzung von Beobachtungen in den Linien (siehe z. B. BÖHM-VITENSE [*10*]).

Die Annahme lokalen thermodynamischen Gleichgewichts

$$S_\nu(\tau_\nu) = B_\nu(\tau_\nu) \tag{9}$$

ist im Kontinuum wahrscheinlich eine gute Approximation (PAGEL [*42*], UNSÖLD [*63*]), ihre Gültigkeit für „subordinate" Linien ist umstritten (siehe z. B. PECKER und THOMAS [*44*], BÖHM [*7*], UNSÖLD [*63*]).

*) Die hier wiedergegebenen Werte sind durch Interpolation in der MINNAERT'schen Tabelle gewonnen worden — The given values are obtained by interpolation in MINNAERT's tables.

**) T-Werte z. T. durch Interpolation gewonnen — T-values are partly obtained by interpolation.

Hat man $T(\tau_\nu)$ für verschiedene Frequenzen bestimmt, so folgt daraus der Zusammenhang zwischen den optischen Tiefen für verschiedene Frequenzen

$$\tau_\nu = \tau_\nu(\tau_0)$$

Daraus folgt durch Differentiation $\varkappa_\nu = \varkappa_\nu(\varkappa_0)$ (Empirische Ableitung des kontinuierlichen Absorptionskoeffizienten in der Photosphäre, siehe dazu CHALONGE und KOURGANOFF [13]; MINNAERT [38]; GOLDBERG und PIERCE [24]. Vergleiche auch Abschnitt 5.3.1.3.)

Die Untersuchungen zeigen, daß mindestens im Bereich 3600 A $\leq \lambda \leq$ 25 000 A im Kontinuum im wesentlichen durch H^- und H absorbiert wird. Siehe Fig. 1 in Abschnitt 5.3.1 (Aufbau der Sternatmosphären).

4.1.1.5.6 Theoretische Photosphärenmodelle — Theoretical models of the photosphere

Nahezu alle theoretischen Modelle der Photosphäre sind unter folgenden Annahmen berechnet worden:

1. hydrostatisches Gleichgewicht
2. Strahlungsgleichgewicht (Energietransport in der Photosphäre erfolgt ausschließlich durch Strahlung)
3. lokales thermodynamisches Gleichgewicht (siehe oben).

Nearly all theoretical models of the photosphere are calculated under the following assumptions:

1. hydrostatic equilibrium
2. radiation equilibrium (energy transport in photosphere only by radiation)
3. local thermodynamic equilibrium (see above).

Tab. 7. Theoretische Photosphärenmodelle — Theoretical models of the photosphere.

τ_{5010} optische Tiefe im Kontinuum bei λ = 5010 A. — optical depth in the continuum at λ = 5010 A.

P_g und P_e in [dyn/cm²].

	BÖHM-WEIDEMANN*)			SWIHART [59]**)		
τ_{5010}	T [°K]	$\log P_g$	$\log P_e$	T [°K]	$\log P_g$	$\log P_e$
0	≈3400	$-\infty$	$-\infty$			
0,001	3810	3,74	−0,92			
0,01	4303	4,26	−0,28			
0,05	4853	4,62	+0,23	4890	4,30	0,40
0,1	5028	4,79	0,45	5020	4,46	0,58
0,2	5273	4,96	0,69	5235	4,63	0,79
0,3	5473	5,05	0,86	5420	4,72	0,94
0,4	5647	5,10	1,04	5580	4,79	1,06
0,5	5804	5,14	1,20	5730	4,83	1,20
0,6	5953	5,17	1,35	5870	4,86	1,33
0,7	6088	5,19	1,48	6000	4,89	1,43
0,8	6217	5,21	1,59	6130	4,92	1,51
0,9	6318	5,22	1,69	6220	4,95	1,59
1,0	6414	5,23	1,79	6300	4,97	1,66

In einigen Arbeiten (z. B. LABS [77], PECKER [43], BÖHM [5]) ist der Strahlungsstrom in den Linien unter der Annahme lokalen thermodynamischen Gleichgewichts mitberücksichtigt (Resonanzlinien, die durch Streuung entstehen, werden im allgemeinen ignoriert). Andere Autoren (z. B. SWIHART [59]) vernachlässigen die Linien (gewöhnlich unter Hinweis auf die Unsicherheit der Kenntnis der Ergiebigkeit in den Linien) vollständig.

4.1.1.5.7 Photosphärische Granulation — Photospheric granulation (Siehe auch 4.1.1.4)

4.1.1.5.7.1 Temperaturschwankungen — Temperature fluctuations

Im Kontinuum werden lokale Intensitätsschwankungen mit einer charakteristischen Lineardimension von (im Mittel) 1000 km beobachtet.

Ein Teil der statistischen Eigenschaften der Intensitätsfluktuationen ΔI wird durch die (nicht normierte) eindimensionale Autokorrelationsfunktion

$$Q(z) = \int \Delta I(x)\, \Delta I(x+z)\, dx$$

beschrieben.

Sie wurde von SCHWARZSCHILD [53] und BAHNG und SCHWARZSCHILD [4] für die photosphärische Granulation bestimmt (Fig. 1).

*) T-Werte nach BÖHM [5], P_g und P_e nach WEIDEMANN [71]; Modell ist unter Berücksichtigung des Strahlungstransportes in den Fraunhoferlinien berechnet; beachte, daß bei WEIDEMANN Metallhäufigkeiten zugrunde gelegt sind, die um Faktoren 2···4 kleiner sind als in den oben aufgeführten empirischen Modellen. Bei gleichen Häufigkeiten ergeben sich um rund einen Faktor 2 niedrigere Drucke. — T values from BÖHM [5], P_g and P_e from WEIDEMANN [71]. In the calculation of the model the radiative transfer within the lines has been taken into account; it should be noted that WEIDEMANN uses metal abundances which are smaller by a factor of 2···4 than those used in the above empirical models. Taking the same abundances, the pressure is lower by a factor of about 2.

**) Strahlungstransport in den Fraunhoferlinien ist nicht berücksichtigt; ein Teil der Werte ist durch Interpolation gewonnen worden. — The radiative transfer in the Fraunhofer lines has not been taken into account; the values are partly obtained by interpolation.

Unter Berücksichtigung der Kreissymmetrie der $\Delta I\ (x, y)$ erhält man die „zweidimensionale" Autokorrelationsfunktion $Q\ (r)$ mit

$$r = (x^2 + y^2)^{1/2}.$$

Die Fouriertransformierte von $Q\ (r)$ stellt das (quadratische) scheinbare Spektrum der Intensitätsfluktuationen dar. Unter Benutzung der (im Prinzip) bekannten Kontrastdurchlässigkeitsfunktion des Teleskops erhält man schließlich das „wahre" quadratische Spektrum der Intensitätsfluktuationen $P^*\ (\lambda)$, Fig. 2. (Siehe dazu Uberoi [60].)

Eine genauere Diskussion zeigt, daß dieses Spektrum $P^*\ (\lambda)$ für $\lambda < 1000$ km infolge von Reduktionsunsicherheiten noch weitgehend unbestimmt ist (Edmonds [21], Böhm [9]).

$Q\ (z = 0)$ stellt das mittlere Schwankungsquadrat der Intensität dar. Daraus folgt mit Hilfe der Eddington-Barbier-Relation (siehe oben) das mittlere Schwankungsquadrat $(\Delta B\ (\tau))^2$ der Kirchhoff-Planck-Funktion in einer gegebenen Tiefe. Schließlich ergibt sich auf Grund des Stefan-Boltzmannschen Gesetzes das mittlere Schwankungsquadrat der Temperatur $\overline{(\Delta T)^2}$. Der Zahlenwert dieses fundamentalen Parameters ist noch umstritten (siehe auch Leighton [79]).

Die MRV einiger Fraunhoferlinien sowie der „limb effect" lassen sich bei Annahme des Edmondschen Wertes von $\overline{(\Delta T)^2}$ leichter deuten als bei Gültigkeit des Bahng-Schwarzschildschen Wertes.

Mittlere Schwankung der Temperatur $[\overline{(\Delta T)^2}]^{1/2}$ — Mean temperature fluctuation $[\overline{(\Delta T)^2}]^{1/2}$

$[\overline{(\Delta T)^2}]^{1/2}$	τ_{5450}	Lit. und Bemerkungen
±92 °K		Bahng und Schwarzschild [4]
290 °K	≈0,65	Edmonds [21]. Maximum von $\overline{(\Delta T)^2}$ bei $\tau_{5450} \approx 0{,}65$, fällt nach beiden Seiten ab.
200 °K	≈0,3 ; ≈1,0	

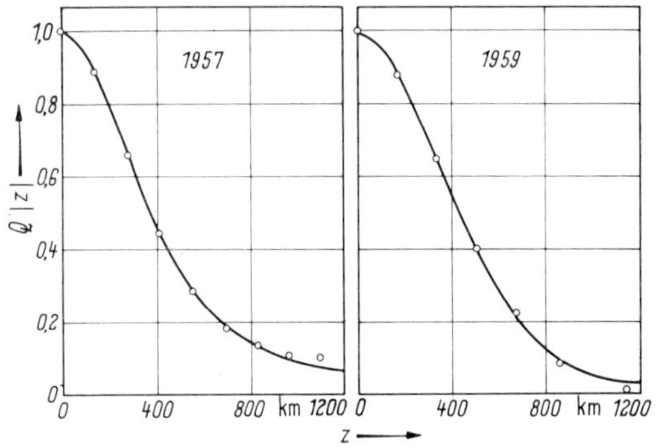

Fig. 1. Die mittlere Autokorrelationsfunktion der photosphärischen Intensitätsfluktuationen für die 1957- und die 1959-Meßreihen des Projekts Stratoscope — The mean autocorrelation function of the photospheric intensity fluctuations for measurements made in 1957 and 1959 from Project Stratoscope [4].

o	Messungen	measurements
——	Ausgleichskurven	smoothed mean curves

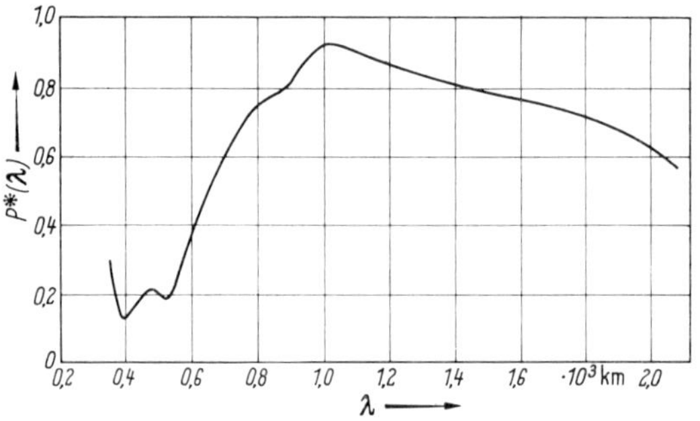

Fig. 2. Das quadratische Spektrum $P^*\ (\lambda)$ der Intensitätsfluktuationen für die 1957-Meßreihe des Projekts Stratoscope — The quadratic spectrum $P^*\ (\lambda)$ of the intensity fluctuations from the 1957 measurements of Project Stratoscope [9].

4.1.1.5.7.2 Geschwindigkeitsfeld — Velocity field

Aus dem Studium der Linienprofile ergeben sich je nach Tiefe in der Atmosphäre und Richtung Geschwindigkeiten:

$$v_{turb} \approx 1{,}5 \cdots 3{,}0 \text{ km/sec}$$

Mit zunehmender Höhe in der Photosphäre werden die Strömungen vorzugsweise horizontal. (Siehe z. B. Allen [2], Suemoto [58], Waddell [67], Unno [61].)

Aus lokalen Dopplerverschiebungen in den Spektren hoher Dispersion erhält man für einige Linien des

Ba II: $v_{turb} = 0{,}44 \cdots 0{,}6$ km/sec; Entstehungstiefe $\tau_0 \approx 0{,}2 \cdots 0{,}4$;
Cr I: $v_{turb} = 0{,}7 \cdots 0{,}9$ km/sec; Entstehungstiefe $\tau_0 \approx 0{,}1$.
Mc Math u. a. [37], Goldberg u. a. [25].

Nach neueren Untersuchungen zeigen die lokalen Dopplerverschiebungen zumindest in einigen Fraunhoferlinien quasiperiodische Oszillationen kurzer Lebensdauer (1 bis 2 Perioden) (Leighton u. a. [33], Evans und Michard [22]).

Eingehend untersuchte Linien	thoroughly investigated lines	Fe I 5171,6 A; Mg I 5172,7 A; Ti I 5173,8 A
Typische Perioden	typical periods	200 ··· 300 sec
Häufigster Wert der Periode	most frequent period	290 sec
Typische Amplitude	typical amplitudes	0,4 ··· 0,8 km/sec.

Zur Interpretation der MRV von Linienprofilen sowie des „limb-effect" sind sogenannte inhomogene Photosphärenmodelle konstruiert worden, die die Temperatur- und Geschwindigkeitsfluktuationen in grob-schematischer Weise berücksichtigen, z. B.:

Dreistrommodelle	three-stream models	Böhm [6], Voigt [65]
Zweistrommodelle	two-stream models	Schröter [52].

4.1.1.5.8 Literatur zu 4.1.1.5 — References for 4.1.1.5

Zusammenfassende Literatur siehe S. 99

1 Aldrich, L. B., and W. H. Hoover: Ann. Smithsonian **7** (1954) 176.
2 Allen, C. W.: MN **103** (1949) 343.
3 Aller, L. H., and A. K. Pierce: ApJ **116** (1952) 176.
4 Bahng, J., and M. Schwarzschild: ApJ **134** (1961) 337.
5 Böhm, K. H.: ZfA **34** (1954) 182.
6 Böhm, K. H.: ZfA **35** (1954) 179.
7 Böhm, K. H.: "Basic Theory of Line Formation" in Stars and Stellar Systems VI (ed. J. L. Greenstein), University of Chicago Press (1960).
8 Böhm, K. H.: ApJ **134** (1961) 264.
9 Böhm, K. H.: ZfA **54** (1962) 217.
10 Böhm-Vitense, E.: ZfA **34** (1954) 209.
11 Bretz, M.: ZfA **38** (1956) 259.
12 Byram, E. T., T. Chubb, and H. Friedman: in "Rocket Exploration of the Upper Atmosphere" (ed. Boyd, R. L. F., and M. J. Seaton), Pergamon Press London (1954).
13 Chalonge, D., et V. Kourganoff: Ann. Astrophys. **9** (1946) 69.
14 Canavaggia, R., et D. Chalonge: Ann. Astrophys. **9** (1946) 143.
15 Canavaggia, R., D. Chalonge, M. Egger-Moreau et H. Oziol-Peltey: Ann. Astrophys. **13** (1950) 355.
16 Cayrel, R., und G. Traving: ZfA **50** (1960) 239.
17 David, K. H.: ZfA **53** (1961) 37.
18 David, K. H., und G. Elste: ZfA **54** (1962) 12.
19 du Mond, J. W., and E. R. Cohen: Rev. Mod. Phys. **25** (1953) 691.
20 Dunkelman, L., and R. Scolnik: J. Opt. Soc. Am. **42** (1952) 876.
21 Edmonds, F. N.: ApJ Suppl. **6** (1962) 357.
22 Evans, J. W., and R. Michard: ApJ **136** (1962) 493.
23 Friedman, H.: Rept. Progr. Phys. **XXV** (1962) 163.
24 Goldberg, L., and A. K. Pierce: The Photosphere of the Sun, Hdb. Physik **52** (1959) 1.
25 Goldberg, L., O. C. Mohler, W. Unno, and J. Brown: ApJ **132** (1960) 184.
26 Houtgast, J.: The Variations of Profiles of Strong Fraunhofer Lines along a Radius of the Solar Disk. Dissertation Utrecht (1942).
27 Johnson, F. S.: J. Meteorology **11** (1954) 431.
28 Johnson, F. S.: Rapport de la Commission pour l'étude des Relations entre les Phénomènes Solaires et Terrestres, J. et R. Sennac Paris (1957).
29 Johnson, F. S.: Solar Radiation, in Satellite Environment Handbook, Lockheed Missiles and Space Division (1960).
30 Johnson, F. S., J. D. Purcell, R. Tousey, and N. Wilson: in Rocket Exploration of the Upper Atmosphere (ed. Boyd, R. L. F., and M. J. Seaton), Pergamon Press London (1954).
31 Labs, D.: ZfA **44** (1957) 37.
32 Labs, D., und H. Neckel: ZfA **55** (1962) 269.
33 Leighton, R., R. Noyes, and G. Simon: ApJ **135** (1962) 474.
34 Makarova, E. A.: Astron. Zh. **34** (1957) 539.
35 Mattig, W., und E. H. Schröter: ZfA **52** (1961) 195.
36 Mattig, W., und E. H. Schröter: Monatsber. Deut. Akad. Wiss. Berlin **2** (1960) 391.
37 McMath, R., O. C. Mohler, A. K. Pierce, and L. Goldberg: ApJ **124** (1956) 1.
38 Minnaert, M.: The Photosphere, in G.P. Kuiper (ed.): The Sun, University of Chicago Press (1953).
39 Moon, P.: J. Franklin Inst. **230** (1940) 583.
40 Mulders, G.: ZfA **11** (1935) 132.
41 Pagel, B. E. J.: MN **115** (1955) 493.
42 Pagel, B. E. J.: MN **119** (1959) 609.
43 Pecker, J. C.: Ann. Astrophys. **14** (1951) 152.
44 Pecker, J. C., and R. N. Thomas: Nuovo Cimento Suppl. XXII, no. 1 (1961).
45 Peyturaux, R.: Ann. Astrophys. **15** (1952) 302.
46 Peyturaux, R.: Ann. Astrophys. **18** (1955) 34.
47 Pierce, A. K.: ApJ **119** (1954) 312.
48 Pierce, A. K., and L. H. Aller: ApJ **114** (1951) 145; **116** (1952) 176.
49 Plaskett, H. H.: Publ. Victoria **2** (1923) 242.
50 Priester, W.: ZfA **32** (1953) 200.
51 Quirk, A. L.: Final Report, Contract AF 19 122—249 of Geophysical Research Directorate, Univ. Rhode Island (1955).
52 Schröter, E. H.: ZfA **41** (1957) 141.
53 Schwarzschild, M.: ApJ **130** (1959) 345.
54 Murasheva, M. S., and G. F. Sitnik: Astron. Zh. **40** (1963) 819 = Soviet Astron. AJ **7** (1964) 623.
55 Stair, R.: J. Res. Natl. Bur. Std. **46** (1951) 353.
56 Stair, R.: J. Res. Natl. Bur Std. **49** (1952) 227.
57 Stair, R., R. G. Johnson, and T. C. Bagg: J. Res. Natl. Bur. Std. **53** (1954) 113.
58 Suemoto, Z.: MN **117** (1957) 2.
59 Swihart, T. L.: ApJ **123** (1956) 143.
60 Uberoi, M. S.: ApJ **122** (1955) 466.

61 Unno, W.: ApJ **129** (1959) 375.
62 Unsöld, A.: Physik der Sternatmosphären, 2. Aufl., Springer-Verlag, Berlin-Göttingen-Heidelberg (1955).
63 Unsöld, A.: Z. Physik **171** (1963) 44.
64 Voigt, H. H.: ZfA **27** (1950) 82.
65 Voigt, H. H.: ZfA **40** (1956) 157.
66 Voigt, H. H.: ZfA **47** (1959) 144.
67 Waddell, J.: ApJ **127** (1958) 284.
68 Waddell, J.: ApJ **136** (1962) 223.
69 Waddell, J.: ApJ **136** (1962) 231.
70 Waddell, J.: ApJ **137** (1963) 1210.
71 Weidemann, V.: ZfA **36** (1955) 101.
72 White, O. R.: ApJ Suppl. **7** (1962) 333.
73 White, O. R.: ApJ **137** (1963) 1217.
74 Wilson, N. L., R. Tousey, J. D. Purcell, F. S. Johnson, and Ch. E. Moore: ApJ **119** (1954) 590.
75 de Jager, C.: Rech. Utrecht **13** (1952) Part I.
76 Sykes, J. B.: MN **113** (1953) 198.
77 Labs, D.: ZfA **29** (1951) 199.
78 Moore, Ch. E.: An ultraviolet Multiplet Table, Circ. Natl. Bur. Std. Nr. 488, Sect. 1 and 2 (1950···52).
79 Leighton, R. B.: Ann. Rev. Astron. Astrophys. **1** (1963) 19.

4.1.1.6 Chromosphäre — Chromosphere

1. Struktur

Der obere Rand der ~ 10000 km hohen Chromosphäre besteht aus flammenähnlichen Lichtzungen (Spicules), welche am Pol in größerer Zahl auftreten als am Äquator.

Eigenschaften der Spicules

	ungestörte Chromosphäre	aktive Gebiete [3]	
Höhe	5 000 ··· 12 000	11 000	km
mittlere Höhe	8 000	—	km
Durchmesser	600 [1]	2 000	km
Lebensdauer	2 ··· 3 [2]	10	min
mittlere Aufstiegsgeschwindigkeit	20	25	km/sec

2. Spektrum

Das am Sonnenrand beobachtete Chromosphärenspektrum (Flashspektrum) besteht aus Emissionslinien. Das umfangreichste, 3500 Linien umfassende Verzeichnis der Chromosphärenlinien stammt von Mitchell [4], aus welchem in Tab. 1 ein Auszug gegeben ist, umfassend die Linien mit Intensitäten ≧ 20.

Tab. 1. Chromosphärenspektrum — Chromospheric spectrum [4].

rel. Int.	Intensität in willkürlichen geschätzten Einheiten	intensity in arbitrary, estimated units
h	geschätzte Höhen über der Photosphäre, bis zu denen die Linien beobachtbar waren	estimated heights above the photosphere, up to which the lines were observed
χ_{ex}	Anregungspotential der Linie	excitation potential of the line

λ [A]	Element	rel. Int.	h [km]	χ_{ex} [eV]	λ [A]	Element	rel. Int.	h [km]	χ_{ex} [eV]
3132,05	Cr^+	20	1 500	6,41	3421,25	Cr^+	25	1 500	6,02
3234,49	Ti^+	30	2 000	3,86	3422,71	Cr^+—Fe	25	1 500	6,05
3236,59	Ti^+	25	2 000	3,84	3433,34	Cr^+	22	1 500	6,02
3239,03	Ti^+	20	2 000	3,82	3441,97	Mn^+	25	1 500	5,35
3242,00	Ti^+	25	2 000	3,81	3460,32	Mn^+	25	1 500	5,37
3277,36	Fe^+	20	1 200	4,75	3474,11	Mn^+	25	1 500	5,35
3322,91	Ti^+	22	1 500	3,86	3482,95	Mn^+	20	1 500	5,37
3329,42	Ti^+—Co	20	1 500	3,84	3504,88	Ti^+—Fe	20	1 500	5,40
3335,18	Ti^+	20	1 500	3,82	3510,87	Ti^+	20	1 500	5,40
3340,33	Ti^+	20	1 500	3,81	3535,41	Ti^+	25	1 200	5,54
3341,88	Ti^+—Fe	35	2 000	4,26	3572,52	Sc^+—Zr^+	20	1 200	3,48
3349,00	Ti^+—Cr	30	1 500	3,81	3576,38	Sc^+	20	1 200	3,46
3349,41	Ti^+	40	2 500	3,73	3581,22	Fe	25	1 500	4,30
3361,24	Ti^+—Sc^+	30	2 500	3,70	3613,82	Sc^+	30	1 500	3,44
3368,07	Cr^+	20	1 500	6,14	3618,77	Fe	20	1 500	4,40
3372,84	Ti^+	40	2 500	3,67	3630,73	Sc^+—Ca	30	1 500	3,41
3383,84	Ti^+—Fe	40	2 500	3,65	3631,46	Fe	20	1 500	4,35
3387,88	Ti^+—Zr^+	20	1 500	3,67	3641,38	Ti^+	25	1 500	4,62
3394,56	Ti^+—Fe	20	1 500	3,65	3642,75	Sc^+—Ti	25	1 500	3,39
3408,81	Cr^+	25	1 500	6,09	3669,44	H25	22	1 800	13,52

Fortsetzung nächste Seite

Tab. 1. (Fortsetzung)

λ [A]	Element	rel. Int.	h [km]	χ_{ex} [eV]
3671,33	Zr$^+$ / H24	20	2 000	4,07 / 13,52
3673,82	H23	22	2 000	13,51
3676,34	Fe–Cr / H22	25	2 500	5,91 / 13,51
3677,79	Cr$^+$–Fe	20	1 200	6,05
3679,34	H21	30	2 500	13,51
3682,82	H20	30	2 500	13,51
3685,25	Ti$^+$	90	6 000	3,92
3686,83	H19	35	3 000	13,50
3691,62	H18	40	3 500	13,50
3697,21	H17	40	4 000	13,49
3703,89	H16	45	4 500	13,49
3706,11	Ca$^+$–Ti$^+$	25	1 200	6,44
3710,34	Y$^+$	20	1 200	3,51
3712,06	H15	50	5 000	13,48
3719,94	Fe	35	2 000	3,32
3722,00	H14	60	5 500	13,47
3734,45	H13	70	6 000	13,46
3734,91	Fe	20	2 000	4,16
3737,00	Ca$^+$–Ni / Fe	50	2 000	6,44 / 3,35
3741,64	Ti$^+$	30	2 000	4,87
3745,78	Fe	30	2 000	3,38
3748,25	Ti$^+$ / Fe	20	1 500	4,88 / 3,40
3750,25	H12	75	6 000	13,45
3759,33	Ti$^+$	65	6 000	3,89
3761,33 / 3761,88	Ti$^+$ / Ti$^+$	75	6 000	3,85 / 5,86
3770,72	H11	80	6 000	13,43
3774,38	Y$^+$	20	1 000	3,40
3798,02	H10	100	6 000	13,40
3815,82	Fe	20	1 500	4,71
3820,43	Fe	25	1 600	4,09
3824,46	Fe	20	1 500	3,23
3825,86	Fe	20	1 500	4,14
3829,35	Mg	40	5 000	5,92
3832,34	Mg	50	5 000	5,92
3835,54	H9	120	7 000	13,37
3838,30	Mg	60	6 000	5,92
3856,26	Fe–Si$^+$	25	1 500	3,25
3859,87	Fe	40	2 500	3,20
3878,65	Fe–V$^+$	25	1 500	3,27
3886,32	Fe–La$^+$	25	1 500	3,23
3889,20	Hζ	140	8 000	13,33
3895,68	Fe	20	1 500	3,28
3900,54	Ti$^+$	35	2 000	4,29
3913,55	Ti$^+$–Fe	40	2 500	4,26
3920,25	Fe	20	1 500	3,27
3922,92	Fe	20	1 500	3,20
3927,96	Fe	20	1 500	3,25
3930,26	Fe	20	1 500	3,23
3933,90	Ca$^+$	200	14 000	3,14
3944,03	Al	25	2 000	3,13
3961,51	Al	35	2 000	3,13
3968,70	Ca$^+$	180	14 000	3,11
3970,25	Hε	120	8 000	13,26
4173,48	Fe$^+$–Ti$^+$	20	1 200	5,53
4177,54	Y$^+$–Fe	25	1 200	3,36
4178,87	Fe$^+$	20	1 200	5,52
4215,70	Sr$^+$–CN	60	6 000	2,93
4226,74	Ca	40	4 000	2,92
4233,22	Fe$^+$	30	2 200	5,49
4246,90	Sc$^+$	50	5 000	3,22
4254,36	Cr	35	2 000	2,90
4260,51	Fe	20	1 500	5,29
4271,77	Fe	20	2 000	4,37

λ [A]	Element	rel. Int.	h [km]	χ_{ex} [eV]
4274,77	Cr–Ti	30	2 000	2,89
4289,60	Ca / Cr	25	2 000	4,75 / 2,88
4290,18	Ti$^+$	25	2 000	4,04
4294,07	Ti$^+$–Fe	30	2 500	3,95
4300,05	Ti$^+$	35	2 500	4,05
4307,86	Ca / Ti$^+$–Fe	35	2 500	4,74 / 4,02
4320,77	Sc$^+$–Ti$^+$	25	2 000	3,46
4325,79	Fe–Ni	20	2 000	4,45
4337,98	Ti$^+$	20	2 500	3,92
4340,63	Hγ	150	8 000	13,00
4351,84	Fe$^+$–Cr	25	2 000	5,53
4375,00	Y$^+$	20	1 500	3,23
4383,54	Fe	30	2 000	4,29
4395,13	Ti$^+$–V	40	3 000	3,89
4404,79	Fe	25	1 800	4,35
4417,71	Ti$^+$	20	1 500	3,95
4443,85	Ti$^+$	35	3 000	3,85
4468,48	Ti$^+$	40	2 500	3,89
4471,54	He	90	7 500	23,63
4501,28	Ti$^+$	35	2 500	3,85
4520,22	Fe$^+$	20	1 000	5,52
4522,67	Fe$^+$–Ti	25	1 500	5,56
4534,03	Ti$^+$–Fe$^+$	40	2 500	3,95
4549,63	Ti$^+$–Fe$^+$	50	2 500	4,29
4554,11	Ba$^+$	50	2 500	2,71
4555,89	Fe$^+$	25	1 200	5,52
4563,76	Ti$^+$	30	2 500	3,92
4572,00	Ti$^+$	40	2 500	4,26
4583,86	Fe$^+$	30	1 800	5,49
4629,42	Fe$^+$–Ti	30	1 200	5,46
4861,50	Hβ	160	9 000	12,69
4900,14	Y$^+$	20	1 000	3,55
4923,96	Fe$^+$	35	2 000	5,39
4934,08	Ba$^+$	30	1 800	2,50
5018,44	Fe$^+$	40	2 000	5,34
5167,35	Mg / Fe	40	2 000	5,09 / 3,87
5168,99	Fe$^+$–Fe	45	2 000	5,27
5172,65	Mg	60	3 000	5,09
5183,58	Mg	70	3 500	5,09
5188,69	Ti$^+$	20	1 000	3,95
5208,37	Cr	25	1 200	3,31
5275,99	Fe$^+$–Cr	20	800	5,52
5316,67	Fe$^+$	40	1 200	5,46
5875,64	He	100	7 500	22,97
5889,09	Na (D_2)	40	1 500	2,10
5895,99	Na (D_1)	35	1 500	2,09
6141,77	Ba$^+$–Fe	40	1 500	2,71
6162,19	Ca	25	1 000	3,89
6456,44	Fe$^+$	20	800	5,80
6496,88	Ba$^+$	30	1 500	2,50
6562,80	Hα	200	12 000	12,04
6678,10	He–Fe	30	2 200	22,97
7065,18	He	60	7 500	22,62
7771,95	O	45	6 000	10,69
7774,18	O	30	6 000	10,69
7775,39	O	25	6 000	10,69
8413,33	H (P 19)	20	3 000	13,50
8446,33 / 8446,76	O / O	25	3 000	10,94 / 10,94
8467,27	H (P 17)	20	4 500	13,49
8498,06	Ca$^+$	140	10 000	3,14
8542,14	Ca$^+$	160	12 000	3,11
8598,40	H (P 14)	25	6 000	13,47
8662,17	Ca$^+$	10	12 000	3,14
8750,47	H (P 12)	285	6 500	13,45

Waldmeier

3. Das ultraviolette Chromosphärenspektrum

Das integrierte Sonnenlicht besteht aus dem photosphärischen Kontinuum; von etwa 1500 A an tritt dieses stark zurück und wird bei kürzeren Wellenlängen von chromosphärischen Emissionslinien abgelöst, von denen die wichtigsten in Tab. 2 und 3 enthalten sind.

Tab. 2. Das kurzwellige UV-Spektrum der Chromosphäre — The short-wave UV spectrum of the chromosphere [*5* ··· *8*]
$\lambda < 1216$ A

rel.Int. | Intensität in willkürlichen Einheiten | Intensity in arbitrary units.

λ [A]	Element	rel. Int.	λ [A]	Element	rel. Int.	λ [A]	Element	rel. Int.
1215,7	H (*Lα*)	1000	858,2	C II	10	373,6	O III	15
1206,5	Si III	75	835,2	O III	5	372,2	C III	10
1200,2	N I	10	834,0	O III	5	344,7	O III	20
1195,0	C I	10	791,2	O IV	5	310,1	C III	10
1192,9	C I	10	779,4	O IV	5	303,8	He II	30
1189,8	C I	5	764,5	N III	10	280,0	O IV	5
1176,2	C III	5	703,3	O III	20	260,0	O IV	5
1169,1	N I	10	687,3	C II	15	257,1	He II	20
1167,7	N I	25	651,5	C II	10	243,3	He II	10
1158,1	C I	5	644,9	N II	20	238,5	O IV	5
1134,4	N I	20	630,3	O V	20	237,1	He II	10
1085,1	N II	10	625,1	O IV	5	234,6	He II	5
1040,9	O I	5	611,4	O III	5	184,7	O VI	5
1038,2	O VI	40	609,8	O III	5	172,7	O VI	5
1032,2	O VI	30	608,5	O IV	5	171,9	O V	5
1025,7	H (*Lβ*)	60	607,6	He II	50	150,0	O VI	10
1009,8	C II	10	599,2	O III	5	83,9	Ne VIII ?	30
990,0	N III	15	597,9	O III	5	40,7	C V	—
977,0	C III	30	584,7	He I	10	40,3	C V	—
972,9	H (*Lγ*)	10	553,7	O IV	10	33,7	C VI	—
964,5	N I	10	539,2	O II	5	24,8	N VII	—
943,7	S VI ?	10	538,8	C III	5	22,0	O VI ?	—
932,2	S VI ?	10	536,5	He I	5	21,7	O VII	—
916,0	N II	10	525,8	O III	15	21,5	O VII	—
913,0	S II	10	463,8	S VI ?	10	20,8	N VII	—
911,4	He II	100	435,1	O III	25	18,9	O VIII	—
905,5	S II ?	5	430,7	O II	10	17,7	O VII	—
902,9	C II	5	419,4	C IV	10	16,0	O VIII	—

Tab. 3. Absolute Intensitäten der ultravioletten Chromosphärenlinien — Absolute intensities of ultraviolet chromospheric lines [*6, 10, 11*]
800 A $< \lambda <$ 1900 A

λ [A]	Element	Intensität [erg/cm² sec]	λ [A]	Element	Intensität [erg/cm² sec]
1892,03	Si III	0,10	1265,04	Si II	0,020
1817,42	Si II	0,45	1260,66	Si II	0,010
1808,01		0,15	1242,78	N V	0,003
1670,81	Al II	0,08	1238,80	N V	0,004
1657,00	C I	0,16	1215,67	H (*Lα*)	5,1
1640,47	He II	0,07	1206,52	Si III	0,030
1561,40	C I	0,09	1175,70	C III	0,010
1550,77	C IV	0,06	1139,89	C I	0,003
1548,19	C IV	0,11	1085,70	N II	0,006
1533,44	Si II	0,041	1037,61	O VI	0,025
1526,70	Si II	0,038	1031,91	O VI	0,020
1402,73	Si IV	0,013	1025,72	H (*Lβ*)	0,060
1393,73	Si IV	0,030	991,58	N III	0,010
1335,68	C II	0,050	989,79	N III	0,006
1334,51	C II	0,050	977,03	C III	0,050
1306,02	O I	0,025	949,74	H (*Lδ*)	0,010
1304,86	O I	0,020	937,80	H (*Lε*)	0,005
1302,17	O I	0,013	835	O II, III	0,010

Tab. 4. Chromosphärenmodell — Chromosphere model [9].

h	Höhe	height
N_e	Zahl der Elektronen in [cm^{-3}]	electron number in [cm^{-3}]
N	Zahl der Ionen und Atome in [cm^{-3}]	number of ions and atoms in [cm^{-3}]
T_e	kinetische Elektronentemperatur	kinetic electron temperature

Hypothetischerweise sind die relativ kalten und heißen Gebiete der unteren Chromosphäre den relativ heißen und kalten der oberen Chromosphäre zugeordnet	The relatively cold and hot regions of the lower chromosphere are hypothetically correlated with the relatively hot and cold regions of the upper chromosphere

h [km]	log N	log N_e	T_e [°K]	log N_e	T_e [°K]
	kalte Elemente			heiße Elemente	
0	15,6		4400°		4 400°
1 000	13,5	11,3	5000		9 000
2 000	12,8	10,8	5500	11,3	12 000
3 000	12,3	10,5	6000	10,9	15 000
4 000	11,9	10,0		10,6	
	interspicular			Spicules	
6 000	9,4	9,4		10,9	25 000
8 000	9,0	9,0	$>10^5$		
10 000	8,8	8,8			40 000

Literatur zu 4.1.1.6 — References for 4.1.1.6

1 Dunn, R. B.: AJ **62** (1957) 141.
2 Dizer, M.: Compt. Rend. **235** (1952) 1016; Roberts, W. O., and J. H. Rush: Australian J. Phys. **7** (1954) 230; Lippincott, S. L.: Smithsonian Contrib. Astrophys. **2** (1957) Nr. 2.
3 Waldmeier, M.: ZfA **50** (1960) 225.
4 Mitchell, S. A.: ApJ **105** (1947) 1.
5 Rense, W. A.: Space Astrophysics, McGraw-Hill Comp. New York (1961) 17.
6 Aboud, A., W. E. Behring, and W. A. Rense: ApJ **130** (1959) 381.
7 Behring, W. E., H. McAllister, and W. A. Rense: ApJ **127** (1958) 676.
8 Violett, T., and W. A. Rense: ApJ **130** (1959) 954.
9 de Jager, C.: Hdb. Physik **52** (1959) 141.
10 Detwiler, C. R., D. L. Garrett, J. D. Purcell, and R. Tousey: Ann. Géophys. **17** (1961) 9.
11 Hall, L. A., K. R. Damon, and H. E. Hinteregger: Space Research III (1963) 745.

4.1.1.7 Korona — Corona

Im Licht der Korona sind 3 verschiedene Komponenten überlagert:

a) K-Korona, an freien Elektronen gestreutes Sonnenlicht } äußerste Sonnenatmosphäre
b) L-Korona, Linienemission der Gase der Korona } äußerste Sonnenatmosphäre
c) F-Korona, am interplanetarischen Staub gestreutes Sonnenlicht

Gesamthelligkeit [1, 2]

$I_{Korona}/I_{\odot}$

im Sonnenfleckenmaximum	$1{,}3 \cdot 10^{-6}$
im Sonnenfleckenminimum	$0{,}8 \cdot 10^{-6}$

Tab. 1. Helligkeitsverteilung der Korona (ohne L-Komponente, welche etwa 1% beträgt) im Fleckenmaximum und -minimum — Brightness distribution of the corona (without L component which contributes about 1%) at sunspot maximum and minimum [3 ··· 8].

r	Abstand vom Sonnenzentrum	distance from the center of the sun
I_F	Flächenhelligkeit	surface brightness

r [$R_{\odot}$]	F-Korona	K-Korona Maximum	K-Korona Minimum Äquator	K-Korona Minimum Pol
	I_F [10^{-8} $(I_F)_{\odot}$]			
1,03	17	400	220	138
1,06	14	280	155	87
1,1	12	180	100	48
1,2	8,0	70	41	13
1,4	4,0	20	11,4	2,0
1,6	2,3	7,7	4,3	0,58
1,8	1,5	3,4	1,9	0,23
2,0	1,10	1,6	0,94	0,11
2,2	0,84	0,9	0,50	0,05
2,6	0,52	0,32	0,18	0,02
3	0,36	0,14	0,08	0,01
4	0,18	0,04	0,02	0,001
5	0,10	0,02	0,01	—
10	0,02	0,002	0,001	—

Tab. 2. Elektronendichte N_e der K-Komponente im Fleckenmaximum und -minimum — Electron density N_e of the K component at sunspot maximum and minimum [8, 5, 6, 19].

r [$R_{\odot}$]	Maximum Äquator	Minimum Äquator	Minimum Pol
	N_e [10^6 cm^{-3}]		
1,03	350	196	140
1,06	260	145	96
1,1	176	100	58
1,2	78	44	18
1,4	25	14	3,2
1,6	11	6,3	1,0
1,8	5,7	3,2	0,40
2,0	3,1	1,8	0,22
2,2	1,9	1,0	0,12
2,6	0,72	0,40	0,04
3	0,34	0,20	0,02
4	0,10	0,06	0,004
5	0,05	0,03	

Tab. 3. Polarisation — Polarization [9 ··· 13]

Das Koronalicht ist radial und wellenlängenunabhängig polarisiert	the corona light is polarized, radially and independently of the wavelength
p — Polarisationsgrad	degree of polarization
r — Abstand vom Sonnenzentrum	distance from the center of the sun

	r	1,1	1,3	1,5	2,0	2,5	3,0	$[R_\odot]$
Äquator (Fleckenmaximum und -minimum)	p	28	40	43	40	32	27	%
Pol (Fleckenminimum)	p	24	33	30	16	12	8	%

Emissionslinien

Tab. 4 gibt die einigermaßen gesicherten Koronalinien und — soweit bekannt — ihre Identifikationen. Die Äquivalentbreiten variieren örtlich und zeitlich in sehr weiten Grenzen [14, 15].

Tab. 4. Das Emissionsspektrum der Korona — The emission spectrum of the corona [14, 15]

W_λ | Äquivalentbreiten in Einheiten des benachbarten Kontinuums | equivalent widths in units of the neighboring continuum

λ [A]	Ion	Multiplett	W_λ [A]	χ_{er} [eV]	χ_{ion} [eV]
3010	Fe XII	—	—	—	—
3327	Ca XII	$^2P_{3/2}-^2P_{1/2}$	0,6	3,72	589
3388,1	Fe XIII	$^3P_2-^1D_2$	10	5,96	325
3454	—	—	—	—	—
3533,8	V X	$^3P_1-^1D_2$	—	—	—
3600,0	Ni XVI	$^2P_{1/2}-^2P_{3/2}$	1,0	3,44	455
3643,0	Ni XIII	$^3P_1-^1D_2$	0,1	5,82	350
3800,9	Co XII	—	—	—	—
3987,5	Fe XI	$^3P_1-^1D_2$	0,3	4,68	261
3998	Cr XI	$^3P_2-^1D_2$	—	—	—
4086	Ca XIII	$^3P_2-^3P_1$	0,2	3,03	655
4231	Ni XII	$^2P_{3/2}-^2P_{1/2}$	0,6	2,93	318
4312	V X	—	—	—	—
4358,2	—	—	—	—	—
4413	A XIV	$^2P_{1/2}-^2P_{3/2}$	—	2,84	682
4566	—	—	—	—	—
4586	—	—	—	—	—
5116,03	Ni XIII	$^3P_2-^3P_1$	0,6	2,42	350
5302,86	Fe XIV	$^2P_{1/2}-^2P_{3/2}$	20	2,34	355
5445	Ca XV	$^3P_2-^3P_1$	0,1	4,46	814
5537	A X	$^2P_{3/2}-^2P_{1/2}$	0,1	2,24	421
5694,42	Ca XV	$^3P_0-^3P_1$	0,2	2,18	814
6374,51	Fe X	$^2P_{3/2}-^2P_{1/2}$	4	1,94	233
6535,96	Mn XIII	—	—	—	—
6701,83	Ni XV	$^3P_0-^3P_1$	1,5	1,85	422
7059,62	Fe XV	$^3P_1-^3P_2$	0,8	31,7	390
7891,94	Fe XI	$^3P_2-^3P_1$	6	1,57	261
8024,21	Ni XV	$^3P_1-^3P_2$	0,3	3,39	422
10746,80	Fe XIII	$^3P_0-^3P_1$	50	1,15	325
10797,95	Fe XIII	$^3P_1-^3P_2$	30	2,30	325

Tab. 5 Koronale Emissionslinien im UV- und Röntgengebiet — Coronal emission lines in the far UV- and X-ray region [20, 21]

λ [A]	Ion
642,9	Mg X
609,7	Mg X
521,1	Si XII
499,3	Si XII
368,1	Mg IX
360,8	Fe XVI
335,4	Fe XVI
332,8	Al X
303,4	Si XI
284,2	Fe XV
50,7	Si X
50,5	Si X
17,0	Fe XVII
16,7	Fe XVII
15,2	Fe XVII
15,0	Fe XVII
13,7	Fe XVII

Temperatur (bei $r = 1,1\ R_\odot$)

Hydrostatische Temperatur am Äquator [5]	$1,6 \cdot 10^6$ °K
Hydrostatische Temperatur am Pol [5]	$1,4 \cdot 10^6$ °K
Ionisationstemperatur [16]	$0,7 \cdot 10^6$ °K
Elektronentemperatur (aus Radioemission)	$0,7 \cdot 10^6$ °K
Kinetische Temperatur der Ionen [17, 18]	$2,2 \cdot 10^6$ °K

Literatur zu 4.1.1.7 — References for 4.1.1.7

1 Nikonov, V. B., und E. K. Nikonova: Mitt. Krim **1** (1947) 83.
2 Abbot, W. N.: Ann. Astrophys. **18** (1955) 81.
3 Baumbach, S.: AN **263** (1937) 121.
4 Allen, C. W.: MN **107** (1947) 426.
5 Waldmeier, M.: Astron. Mitt. Zürich Nr. 154 (1948).

6 van de Hulst, H. C.: BAN **11** (1950) 135.
7 Waldmeier, M.: ZfA **53** (1961) 81.
8 Allen, C. W.: Astrophysical Quantities, The Athlone Press, London (1955) 143.
9 Öhman, Y.: Stockholm Ann. **15** (1947) Nr. 2.
10 Waldmeier, M.: ZfA **40** (1956) 120.
11 von Klüber, H.: MN **118** (1958) 201.
12 Saito, K.: Ann. Tokyo **7**/4 (1962).
13 Ney, E. P., et al: ApJ **132** (1960) 812.
14 Edlén, B.: ZfA **22** (1942) 30.
15 Spectrographic Atlas of the Solar Corona, Sacramento Peak Observatory (1963).
16 Waldmeier, M.: ZfA **35** (1954) 95; **45** (1958) 155.
17 Dollfus, A.: Compt. Rend. **236** (1953) 996.
18 Billings, D. E.: ApJ **125** (1957) 817.
19 Widmer, G.: Astron. Mitt. Zürich Nr. 254 (1963).
20 Austin, W. E., J. D. Purcell, R. Tousey, and K. G. Widing: AJ **69** (1964) 133.
21 Blake, R. L., T. A. Chubb, H. Friedman, and A. E. Unzicker: AJ **69** (1964) 134.

4.1.1.8 Die Radiostrahlung der ruhigen Sonne — Radio emission of the quiet sun

Tägliche Messungen des Strahlungsflusses der Sonne bei verschiedenen festen Frequenzen ergaben, daß neben der Radiostrahlung, die von der ganzen Sonnenscheibe ausgeht, zeitweise auch eine intensive Strahlung in eng begrenzten lokalen Gebieten der Sonnenoberfläche entsteht. Die Gebiete mit erhöhter Radiostrahlung fallen gewöhnlich zusammen mit den Aktivitätsgebieten der Sonnenoberfläche im optischen Bereich. Wir können demnach die Radiostrahlung der Sonne in zwei Komponenten unterteilen:

A. Strahlung der „ruhigen" Sonne,
B. variable Strahlung aus den Aktivitätsgebieten (siehe 4.1.2.7).

Die Strahlung aus den Aktivitätsgebieten ist der Strahlung der ruhigen Sonne additiv überlagert.

Daily measurements of solar flux density at various fixed frequencies in the radio range established that in addition to the radio emission from the entire solar disk, there is, occasionally, intense radiation in local areas of the sun's surface. The areas of enhanced radio emission usually coincide with centers of activity of the sun's surface in the optical range. We, therefore, may subdivide the radio emission of the sun into two components:

A. radiation of the "quiet" sun,
B. variable radiation from the centers of activity (see 4.1.2.7).

The radiation from the centers of activity is additively superimposed upon the radiation of the quiet sun.

4.1.1.8.1 Der Strahlungsfluß der ruhigen Sonne — Flux density of the quiet sun

Tab. 1. Strahlungsfluß $F_\odot$ und Strahlungstemperatur T_{rad} der „ruhigen" und der „fleckenfreien" Sonne — Flux density $F_\odot$ and radiation temperature T_{rad} of the quiet and of the spot-free sun.

$F_{\odot,min}$	Strahlungsfluß der ruhigen Sonne im Fleckenminimum	flux density of the quiet sun during spot minimum
$F_{\odot,max}$	Strahlungsfluß der fleckenfreien Sonne im Fleckenmaximum	flux density of the spot-less sun during spot maximum
$T_{rad,min}$, $T_{rad,max}$	die entsprechenden Strahlungstemperaturen	corresponding radiation temperatures
T_c	Strahlungstemperatur im Zentrum der Sonnenscheibe (siehe 4.1.1.8.2)	radiation temperature at the center of the solar disc (see 4.1.1.8.2)

f [MHz]	λ [cm]	$F_{\odot,min}$ $\left[10^{-22}\,\frac{\text{Watt}}{\text{m}^2\,\text{Hz}}\right]$	$F_{\odot,max}$	$T_{rad,min}$ [°K]	$T_{rad,max}$	$\frac{T_c}{T_{rad,min}}$
50	600	0,48	0,6	$9{,}2 \cdot 10^5$	$1{,}15 \cdot 10^6$	0,78
100	300	2,1	2,4	$10 \cdot 10^5$	$1{,}15 \cdot 10^6$	0,75
200	150	6,8	9,5	$8{,}1 \cdot 10^5$	$1{,}14 \cdot 10^6$	0,73
300	100	11,2	16	$5{,}9 \cdot 10^5$	$8{,}5 \cdot 10^5$	0,73
600	50	21	31	$2{,}8 \cdot 10^5$	$4{,}1 \cdot 10^5$	0,73
1 000	30	29	47	$1{,}4 \cdot 10^5$	$2{,}25 \cdot 10^5$	0,73
1 500	20	40	64	$8{,}5 \cdot 10^4$	$1{,}36 \cdot 10^5$	0,79
3 000	10	69	105	$3{,}67 \cdot 10^4$	$5{,}6 \cdot 10^4$	0,80
5 000	6	110	150	$2{,}1 \cdot 10^4$	$2{,}85 \cdot 10^4$	0,81
10 000	3	248	270	$1{,}19 \cdot 10^4$	$1{,}29 \cdot 10^4$	0,85
25 000	1,2	1120	1120	$8{,}56 \cdot 10^3$	$8{,}56 \cdot 10^3$	0,95
35 000	0,86	2080	2080	$8{,}1 \cdot 10^3$	$8{,}1 \cdot 10^3$	0,97

Bei der Ableitung der Werte $F_{\odot,min}$ wurde von den Meßwerten in [*1*] und den Werten in [*2*] und [*3*] ausgegangen. Zur Ableitung von $F_{\odot,max}$ wurden die Arbeiten [*2*] und besonders [*3*] herangezogen; die Werte $F_{\odot,max}$ sind aus Halbjahresintervallen abgeleitet und beziehen sich hauptsächlich auf die Jahre 1957 und 1958. Vergleicht man $F_{\odot,min}$ und $F_{\odot,max}$, so stellt man besonders im dm-Wellengebiet eine Variation von $F_\odot$ im 11-jährigen Sonnenfleckenzyklus fest. Berücksichtigt man dagegen nach Piddington und Davies [*4*] das Nachklingen der Fleckenkomponente, so nähern sich die Werte von $F_{\odot,max}$ denen von $F_{\odot,min}$ an und die Variation verschwindet praktisch.

Der Strahlungsfluß der „ruhigen Sonne" ist nicht immer eindeutig von der Strahlung aus den Aktivitätsgebieten zu trennen. Die langsam veränderliche Strahlung aus den Fleckengebieten klingt sehr langsam ab (Abklingzeit 2···4 Monate). Selbst wenn die Sonne bereits im optischen Bereich fleckenfrei erscheint, ist noch eine Reststrahlung vom Ort der letzten vergangenen Fleckengebiete nachweisbar. Aus diesem Grunde definieren wir den Strahlungsfluß der ruhigen Sonne als den Fluß, den wir messen, wenn die Sonne mindestens 3 Monate fleckenfrei war. Mit dieser strengen Definition ist der Strahlungsfluß der „ruhigen Sonne" nur in der Zeit des Sonnenflecken-Minimums eindeutig zu messen.

Zur Zeit des Fleckenmaximums ist der Strahlungsfluß der „ruhigen Sonne" nicht direkt bestimmbar. Man kann nur dessen Anteil an der Gesamtstrahlung mit einer linearen Korrelation der Gesamtstrahlung mit der Fleckenrelativzahl extrapolieren. Man erhält damit den Strahlungsfluß der „fleckenfreien Sonne". „Ruhige Sonne" und „fleckenfreie Sonne" brauchen sich nicht auf den gleichen Zustand der Sonne zu beziehen (Tab. 1).

Statt des Strahlungsflusses wird häufig auch die entsprechende Strahlungstemperatur T_{rad} angegeben. T_{rad} ist die Temperatur, die ein schwarzer Körper von der Größe der visuellen Sonnenscheibe ($d = 30'$) haben muß, um den gleichen Strahlungsfluß $F_{\odot}$ zu erzeugen. Strahlungsfluß $F_{\odot}$ und die zugehörige Strahlungstemperatur T_{rad} sind dabei durch die Beziehung verbunden:

$$F_{\odot} = 2{,}09 \cdot 10^{-44} \cdot T_{rad} \cdot f^2 \text{ [Watt m}^{-2}\text{ Hz}^{-1}]$$

T_{rad} in [°K], Frequenz f in [Hz].

4.1.1.8.2 Die Intensitätsverteilung über die Sonnenscheibe — The intensity distribution across the solar disc

Die Intensitätsverteilung über die Sonnenscheibe ist einerseits mit Radiometern hohen Winkelauflösungsvermögens — also meist mit Mehrelementen-Interferometern — direkt zu messen; sie kann aber auch aus Bedeckungskurven bei einer Sonnenfinsternis unter der Annahme der kreissymmetrischen Verteilung abgeleitet werden. Beide Verfahren liefern zur Zeit noch wenig genaue Ergebnisse. Das Auflösungsvermögen der größten Interferometer ist (mit etwa 3') noch zu gering, um besondere Feinheiten in der Verteilung am Sonnenrand genügend genau zu liefern; andererseits ist bei Finsternisbeobachtungen zwar das Auflösungsvermögen höher, aber die Annahme der kreissymmetrischen Verteilung, die man zur Reduktion benötigt, ist sicher nicht erfüllt. Die Messungen beziehen sich außerdem nur auf eine spezielle Stelle des Randes.

Aus den bisher vorliegenden Messungen können wir folgende allgemeine Angaben entnehmen (siehe Fig. 1):

1. Der scheinbare Durchmesser der Sonnenscheibe steigt mit der Wellenlänge an.
2. Das Bild der Sonne verliert für $\lambda > 3$ cm die Kreissymmetrie, es wird mit steigender Wellenlänge zunehmend an den Polen abgeplattet. Das Bild wird etwa vergleichbar zu entsprechenden Isophoten der Korona.
3. Im m-Wellengebiet ($\lambda > 2$ m) fällt die Intensität nach dem Rand hin monoton ab.
4. Im Bereich 2 cm $\lesssim \lambda \lesssim$ 60 cm hat das Sonnenbild einen hellen Ring am Rand in der Umgebung des Äquators. An den Polen ist dieser Ring nicht nachweisbar.

Der Vergleich der von verschiedenen Autoren mit verschiedenen Methoden gewonnenen Messungen läßt große Unterschiede deutlich werden, die sicher nur zu einem Teil auf reelle Unterschiede in der Helligkeitsverteilung zu den verschiedenen Zeitpunkten der Messungen zurückzuführen sind.

Fig. 1. Helligkeitsverteilung der Radioemission der ruhigen Sonne für verschiedene Wellenlängen — Brightness distribution of the radio emission of the quiet sun at different wavelengths.

R	Abstand vom Zentrum der Sonnenscheibe	distance from the center of solar disc
I	Intensität der Strahlung	intensity of radiation
I_c	Intensität im Zentrum der Sonnenscheibe	intensity at the center of solar disc
——	Verteilung längs des Sonnenäquators	distribution along the equator of the sun
---	Verteilung in Richtung zum Pol	distribution towards the pole

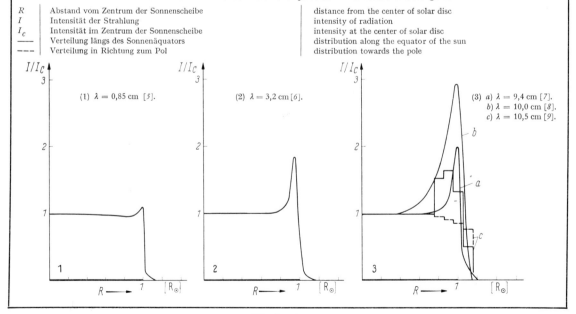

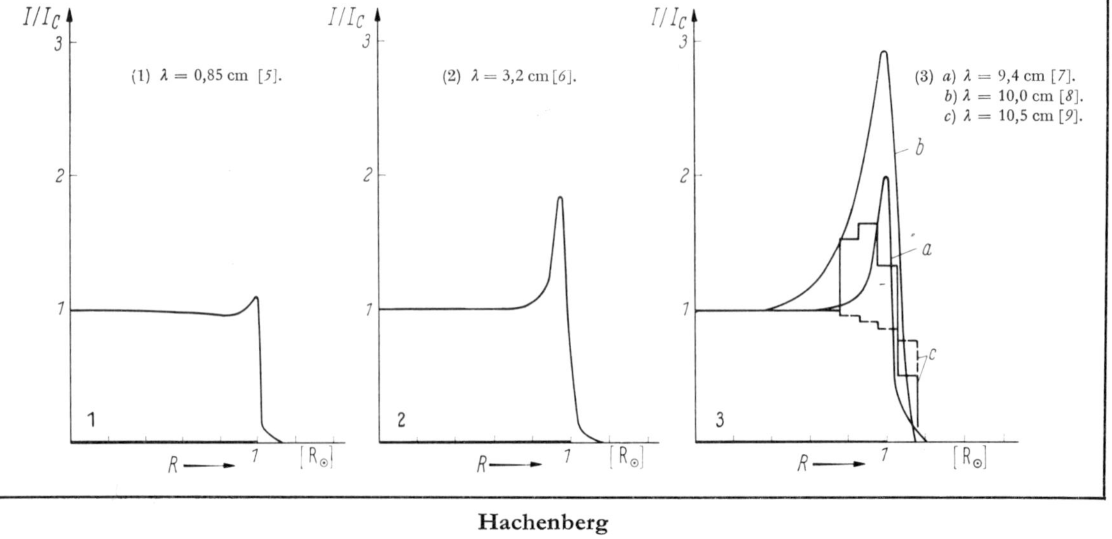

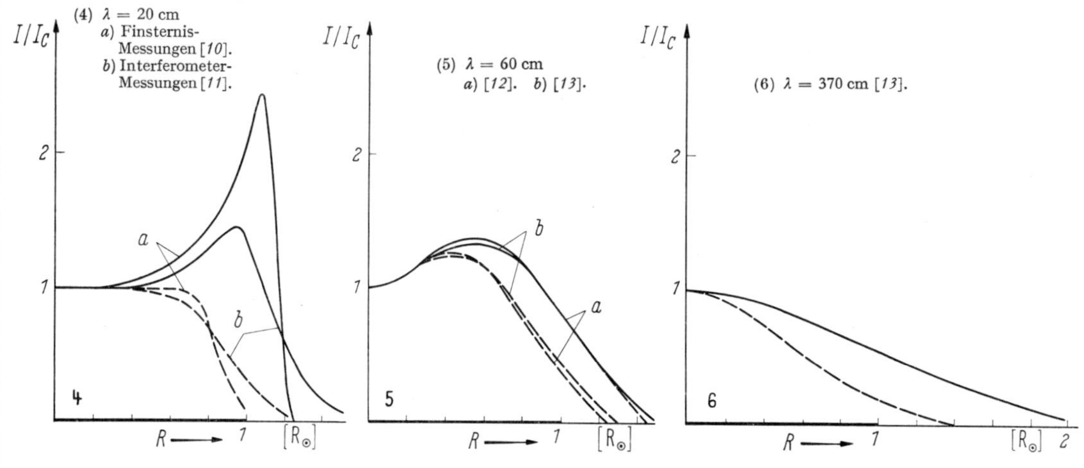

Weitere Messungen sind in [*13*] mitgeteilt und vor allem übersichtlich in [*14*] zusammengestellt. Bei dem derzeitigen Stand der Meßgenauigkeit genügt die Darstellung in Fig. 1, um daraus auch bei anderen Wellenlängen die ungefähre Verteilung zu interpolieren.

Mit Hilfe der bekannten Verteilungen der Fig. 1 gelingt es auch, die Strahlungstemperatur T_c in der Mitte der Sonnenscheibe abzuleiten. Der entsprechende Versuch ist in [*15*] gemacht worden. Das Verhältnis $T_c/T_{rad,min}$ ist in Tab. 1 in der Spalte 7 mitgeteilt.

4.1.1.8.3 Ursprung der Radiostrahlung — Source of the radio emission

Die Strahlung der ruhigen Sonne ist thermischen Ursprungs. Die Helligkeitsverteilung über die Sonnenscheibe im cm- und dm-Wellengebiet, insbesondere der helle Ring am Sonnenrand, ist durch die Überlagerung der Strahlung aus der Korona über die Strahlung der kühleren Chromosphären- und Photosphären-Schichten zu erklären. Die Strahlung des m-Wellengebietes hat ausschließlich ihren Ursprung in der Korona. Zur thermischen Deutung siehe [*16*] und [*14*], dort sind auch ausführliche weitere Zitate zu finden.

4.1.1.8.4 Literatur zu 4.1.1.8 — References for 4.1.1.8

1 Quart. Bull. Solar Activity.
2 Allen, C. W.: MN **117** (1957) 174.
3 Krüger, A., W. Krüger und G. Wallis: ZfA **59** (1964) 37.
4 Piddington, J. H., and R. D. Davies: MN **113** (1953) 582.
5 Coates, R. J., J. E. Gibson, and J. P. Hagen: Naval Res. Lab. Rept. (1958) 5114.
6 Alon, I., J. Arsac et J. L. Steinberg: Compt. Rend. **237** (1953) 300.
7 Haddock, F. T.: Radio Astronomy, IAU Symp. **4** (1957) 276.
8 Aoki, K.: Tokyo Astron. Obs. Reprints **106** (1953) 112.
9 Covington, A. E., W. J. Medd, C. A. Harvey, and N. W. Broten: J. Roy. Astron. Soc. Can. **49** (1955) 235.
10 Hachenberg, O., F. Fürstenberg und H. Prinzler: ZfA **39** (1956) 232.
11 Christiansen, W. N., and J. A. Warburton: Australian J. Phys. **8** (1955) 484.
12 O'Brien, P. A., and E. Tandberg Hansen: Observatory **75** (1955) 13.
13 Hewish, A.: Radio Astronomy, IAU Symp. **4** (1957) 300.
14 de Jager, C.: Hdb. Physik **52** (1959) 292.
15 Allen, C. W.: Radio Astronomy, IAU Symp. **4** (1957) 253.
16 Unsöld, A.: Physik der Sternatmosphären, 2. Aufl. Springer, Berlin/Göttingen/Heidelberg (1955).

4.1.2 Die Aktivität der Sonne — The activity of the sun

4.1.2.1 Sonnenflecken – Sunspots

(siehe auch „11jähriger Sonnenzyklus“ 4.1.2.5 und „Aktivitätszonen“ 4.1.2.6)

Sonnenflecken sind Gebiete der Photosphäre mit unternormaler Temperatur.

1. Temperatur

aus der Gesamtstrahlung [*1, 2, 3*]	4 620 °K
aus der Energieverteilung im kontinuierlichen Spektrum [*1, 4*]	4 180 °K
aus der Mitte-Rand-Variation des Intensitätsverhältnisses Fleck/Photosphäre [*5*]	4 300 °K
aus der Anregung von Atomen [*6*]	4 720 °K
aus der Wachstumskurve von Fe- und Ti-Linien [*7*]	3 800 °K
aus der Intensitätsverteilung in Bandenspektren [*8*]	4 500 °K

2. Klassifikation

Die Sonnenflecken treten stets gruppenweise auf. Die Gruppen werden nach ihrer Größe und Struktur in die Klassen A ··· J eingeteilt, welche in dieser Reihenfolge die Entwicklung einer großen Fleckengruppe darstellen. Die Kriterien der einzelnen Klassen sind [*9*]:

A: Ein einzelner Fleck oder eine Gruppe von Flecken, ohne Penumbra oder bipolare Struktur.
B: Gruppe von Flecken ohne Penumbra in bipolarer Anordnung.
C: Bipolare Fleckengruppe, von der der eine Hauptfleck von einer Penumbra umgeben ist.
D: Bipolare Gruppe, deren Hauptflecken eine Penumbra besitzen; mindestens einer der beiden Hauptflecken soll eine einfache Struktur aufweisen. Länge der Gruppe im allgemeinen $< 10°$.
E: Große bipolare Gruppe; die beiden von Penumbra umgebenen Hauptflecken zeigen im allgemeinen eine komplizierte Struktur. Zwischen den Hauptflecken zahlreiche kleinere Flecken. Länge der Gruppe mindestens 10°.
F: Sehr große bipolare oder komplexe Sonnenfleckengruppe; Länge mindestens 15°.
G: Große bipolare Gruppe ohne kleinere Flecken zwischen den beiden Hauptflecken. Länge mindestens 10°.
H: Unipolarer Fleck mit Penumbra; Durchmesser $> 2{,}°5$.
J: Unipolarer Fleck mit Penumbra; Durchmesser $< 2{,}°5$.

3. Struktur

Ein Einzelfleck im stationären Stadium besteht aus den 3 konzentrischen, mehr oder weniger rundlichen Teilen: Umbra (Kern), Penumbra (Hof) und heller Ring. Die Durchmesser dieser 3 Teile bezeichnen wir mit U, P, R in Einheiten des Sonnendurchmessers [$D_{\odot}$]. Es bestehen die Beziehungen [*10*]:

$P/U = (3{,}26 \pm 0{,}16) - (36{,}3 \pm 7{,}6) \cdot P$ für $0{,}010 < P < 0{,}035$

$P/R = (0{,}625 \pm 0{,}017) + (3{,}59 \pm 0{,}68) \cdot P$ für $0{,}010 < P < 0{,}043$

Eine normale Fleckengruppe besitzt bipolare Struktur, wobei die Verbindungsrichtung der beiden Hauptflecken gegen die Breitenkreise geneigt ist (Tab. 1).

Tab. 1. Achsenneigung α der Verbindungslinie einer bipolaren Fleckengruppe gegen die Parallelkreise in Abhängigkeit von der heliographischen Breite φ — Inclination α of the axis of a bipolar sunspot group towards the parallels of latitude as a function of the heliographic latitude φ.

Der in der Rotationsrichtung vorangehende sogenannte P-Fleck liegt näher am Äquator als der nachfolgende sogenannte F-Fleck | The preceding spot in the direction of rotation, the so-called P spot, is closer to the equator than the following so-called F spot

φ		0°···4°	5°···9°	10°···14°	15°···19°	20°···24°	25°···29°	30°···34°
α	[*11*]	3,°7	2,°4	5,°6	5,°8	8,°7	9,°3	10,°8
	[*12*]	0,6	3,6	5,4	7,2	9,9	14,4	19,0

4. Lebensdauer [*13*]

Mittlere Lebensdauer einer Fleckengruppe	~ 4ᵈ
Maximale Lebensdauer einer Fleckengruppe	~ 100ᵈ
60% aller Fleckengruppen haben eine Lebensdauer	< 2ᵈ
95% aller Fleckengruppen haben eine Lebensdauer	< 11ᵈ

5. Photometrie

Intensitätsverhältnis der Gesamtstrahlung [*2*] { Umbra/Photosphäre = 0,32; Penumbra/Photosphäre = 0,80 }

Das Intensitätsverhältnis Umbra/Photosphäre hängt stark von der Wellenlänge (Tab. 3), jedoch fast nicht vom Abstand des Flecks vom Zentrum der Sonnenscheibe (Tab. 2) ab.

Tab. 2. Winkel- und Wellenlängenabhängigkeit des Intensitätsverhältnisses I_{Um}/I_{Phot} — Angular and wavelength dependency of the intensity ratio I_{Um}/I_{Phot} [*14*].

ϑ | Winkelabstand vom Zentrum der Sonnenscheibe | Angular distance from the center of the solar disc

λ [A]	6040	5452	4795	4093	3659	3300
$\cos\vartheta$	I_{Um}/I_{Phot}					
0,955	0,305	0,255	0,22	0,16	0,145	0,125
0,87	0,300	0,235	0,19	0,145	0,065	0,06
0,795	0,305	0,245	0,205	0,14	0,135	0,12
0,63	0,36	0,290	0,255	0,155	0,12	0,055
0,485	0,33	0,285	0,255	0,15	0,08	0,055
0,27	0,34	0,295	0,24	0,15	0,095	0,03

Tab. 3. Intensitätsverhältnis Umbra/Photosphäre I_{Um}/I_{Phot} in Abhängigkeit von der Wellenlänge — The intensity ratio umbra/photosphere I_{Um}/I_{Phot} as a function of the wavelength [1, 5].

λ [A]	3000	4000	5000	6000	8000	10 000	15 000	20 000
I_{Um}/I_{Phot}	0,13	0,17	0,22	0,28	0,37	0,46	0,64	0,68

6. Evershed-Effekt

In der Penumbra strömt die Materie radial auswärts; die maximale Geschwindigkeit v_{max} wird am äußersten Rande der Penumbra erreicht und beträgt etwa 2 km/sec. Sie ist individuell verschieden und wächst mit der Größe des Flecks [15]:

$$v_{max} = (1{,}7 \pm 0{,}2)\ R + (0{,}56 \pm 0{,}17)\ \text{km/sec}$$

R Radius der Umbra in [10^4 km].

7. Modell der Umbra

Die Frage der Fleckenmodelle ist noch recht problematisch. Die in Tab. 4 angegebenen Modelle können keineswegs als endgültig, sondern nur als erste Annäherung betrachtet werden.

Tab. 4. Modelle der Umbra — Models of the umbra

τ	optische Tiefe	optical depth
z	geometrische Tiefe relativ zur Oberfläche der Photosphäre	geometrical depth with respect to the surface of the photosphere
P_g, P_e	Gasdruck, Elektronendruck in [dyn/cm²]	gas-pressure, electron-pressure [dyne/cm²]

τ	Michard [14] und Mattig [16]				Fricke [17]			
	T [°K]	log P_g	log P_e	z [km]	T [°K]	log P_g	log P_e	z [km]
0,001	3 330°	3,91	−1,43	0	3 000°	3,3	−2,12	− 740
0,005	3 520	4,28	−1,00	57	3 130	3,6	−1,78	− 230
0,02	3 720	4,59	−0,59	110	3 360	4,0	−1,33	+ 320
0,10	4 060	4,94	−0,05	171	3 570	4,3	−0,93	850
0,30	4 400	5,17	+0,38	224	3 850	4,6	−0,49	1300
0,70	4 720	5,35	0,70	261	4 060	4,7	−0,15	1600
1,00	4 870	5,42	0,83	278	4 200	4,8	0,00	1730
1,50	5 080	5,52	0,99	299	4 460	4,9	0,24	1890
2,00	5 250	5,58	1,11	314	4 670	5,0	0,40	2000

8. Magnetfelder der Sonnenflecken — Magnetic fields of sunspots

a) Magnetische Klassifikation

Alle Sonnenflecken besitzen magnetische Felder. Unter den Flecken ein und derselben Gruppe findet man im allgemeinen sowohl solche mit S- als auch solche mit N-Polarität. Entsprechend dem Auftreten und der Anordnung der Polaritäten unterscheidet man [18]:

α Unipolare Gruppen: Einzelfleck oder Gruppe von Flecken mit gleicher Polarität.

- α: der Fleck liegt zentrisch zu dem ihn umgebenden chromosphärischen Fackelgebiet.
- αp: der Fleck liegt in dem in der Rotationsrichtung vorangehenden Teil des chromosphärischen Fackelgebietes.
- αf: der Fleck liegt in dem in der Rotationsrichtung nachfolgenden Teil des chromosphärischen Fackelgebietes.

β Bipolare Gruppen: einfache bipolare Gruppe mit 2 Hauptflecken entgegengesetzter Polarität. Um diese Hauptflecken herum und vorwiegend zwischen diesen können zahlreiche kleinere Flecken auftreten. Die Trennungslinie zwischen den Polaritäten verläuft etwa durch die Mitte der Gruppe.

- β: beide Hauptflecken sind etwa gleich groß.
- βp: der in der Rotationsrichtung vorangehende sog. P-Fleck ist wesentlich größer als der nachfolgende sog. F-Fleck.
- βf: der F-Fleck ist wesentlich größer als der P-Fleck.
- $\beta\gamma$: komplexe Gruppen, die noch als bipolare zu erkennen sind durch die Polarität der Hauptflecken. Es existiert aber keine einfache Trennung zwischen den Polaritäten; in unmittelbarer Nachbarschaft der Hauptflecken treten kleine Begleiter entgegengesetzter Polarität auf.

γ Multipolare Gruppen: komplexe Gruppen, bei denen die Anordnung der Polaritäten keine Gesetzmäßigkeit erkennen läßt.

Relative Häufigkeit [*19*]: Gruppe α: 8,6%
β: 91,0%
γ: 0,4%.

Die Fackelfelder, welche die Fleckengruppen umgeben, sind der Sitz schwacher Magnetfelder (20 bis 100 Gauß). Diese zeigen fast ausnahmslos eine bipolare Struktur, wobei dieselben Polaritätsgesetze gelten wie für die Flecken [*20*].

b) Polaritätswechsel

Die magnetische Polarität der P-Flecken bipolarer Gruppen bleibt während eines ganzen Zyklus, von Minimum zu Minimum, unverändert, wechselt jedoch bei jedem Minimum. Die F-Flecken haben zu den P-Flecken entgegengesetzte Polarität; ferner verhalten sich Nord- und Südhalbkugel entgegengesetzt: die Polarität der P-Flecken der einen Halbkugel stimmt mit der Polarität der F-Flecken der andern Halbkugel überein (Tab. 5).

Tab. 5. Polarität bipolarer Flecken auf den beiden Halbkugeln — Polarity of the bipolar sunspots in the two hemispheres [*18*]

P	in Rotationsrichtung vorangehender Fleck	preceding spot with respect to the direction of rotation
F	nachfolgender Fleck	following spot

Zyklus	Nord		Süd	
	P	F	P	F
1900···1914	S	N	N	S
1913···1924	N	S	S	N
1923···1935	S	N	N	S
1933···1945	N	S	S	N
1943···1954	S	N	N	S
1954···1965	N	S	S	N
1963···	S	N	N	S

c) Die Feldstärke

$\mathfrak{H}$ steigt mit der Fläche F der Flecken an und erreicht für große Flecken asymptotisch den Mittelwert 3700 Gauß:

$$\mathfrak{H}_0 = 3700 \cdot F/(F + 66) \quad [21] \text{ oder}$$
$$\mathfrak{H}_0 = 1250 \, (\log F - 0{,}2) \quad [22]$$

$\mathfrak{H}_0$: Feldstärke im Fleckenzentrum [Gauß]
F: Fläche in Millionsteln der Sonnenhalbkugel

Die größten gemessenen Feldstärken liegen um 5000 Gauß. Der radiale Verlauf der Feldstärke ist darstellbar durch:

$$\mathfrak{H} = \mathfrak{H}_0 \, (1 - r^2) \quad [23]$$
$$\text{oder} \quad \mathfrak{H} = \mathfrak{H}_0 \, (1 - r^4) \, e^{-2r^2} \quad [24]$$

r Abstand vom Flecken-Zentrum in Einheiten des Penumbraradius.

Im Zentrum des Flecks steht das Feld radial, mit zunehmendem Abstand wächst die Neigung gegen die Vertikale:

$$\vartheta = r \cdot 90° \; [18], \text{ oder } \vartheta = r \cdot 70° \; [25].$$

d) Fortlaufende Beobachtungen

Fortlaufende Beobachtungen der Magnetfelder der Flecken werden am Mt. Wilson-Observatorium, am Astrophysikalischen Observatorium Potsdam und am Astrophysikalischen Observatorium Simeis, Krim, ausgeführt. Die Mt. Wilson-Beobachtungen von 1917 bis 1924 sind in [*18*] enthalten, diejenigen von 1920 bis 1958 in den „Publications of the Astronomical Society of the Pacific". Seither unterbleibt die Veröffentlichung. Die Beobachtungen von Potsdam sind für die Jahre 1946 bis 1953 in [*26*] publiziert; seither erfolgt die Veröffentlichung in den „Astronomischen Nachrichten". Die Beobachtungen von Simeis werden seit Juli 1957 im „Solar Data Bulletin" (Verlag der Akademie der Wissenschaften der USSR) sowie seit 1962 in dem Supplement dazu: „Magnetfelder der Sonnenflecken" publiziert.

Literatur zu 4.1.2.1 — References for 4.1.2.1

1 Pettit, E., and S. B. Nicholson: ApJ **71** (1930) 153.
2 Wormell, T. W.: MN **96** (1936) 736.
3 Wanders, A. J. M.: BAN **7** (1934) 237.
4 Minnaert, M., und A. J. M. Wanders: ZfA **5** (1932) 297; Wanders, A. J. M.: ZfA **10** (1935) 15.
5 Richardson, R. S.: ApJ **90** (1939) 230.
6 Moore, Ch. E.: ApJ **75** (1932) 222, 298.
7 ten Bruggencate, P., und H. von Klüber: ZfA **18** (1939) 284; Veröffentl. Göttingen Nr. 78 (1945).
8 Richardson, R. S.: ApJ **73** (1931) 216.
9 Waldmeier, M.: Publ. Zürich **IX** (1947) 2.
10 Waldmeier, M.: Astron. Mitt. Zürich Nr. 138 (1939) 439.
11 Joy, A. H.: ApJ **49** (1919) 167.
12 Brunner, W.: Astron. Mitt. Zürich Nr. 124 (1930).
13 Gnevishev, M. N.: Pulkovo Circ. Nr. 24 (1938) 37.
14 Michard, R.: Ann. Astrophys. **16** (1953) 31.
15 Kinman, T. D.: MN **112** (1952) 425; **113** (1953) 613.
16 Mattig, W.: ZfA **44** (1958) 280.
17 Fricke, K.: „Zum Zustand der Sonnenflecken, Analyse des Flecks Mt. Wilson 11730". Diplomarbeit, Göttingen (1963).
18 Hale, G. E., and S. B. Nicholson: Papers Mt. Wilson Obs. Vol. V/I, II (1938).
19 Richardson, R. S.: ApJ **107** (1948) 78.
20 Leighton, R. B.: ApJ **130** (1959) 366.
21 Houtgast, J., and A. van Sluiters: BAN **10** (1948) 325.
22 Ringnes, T. S., and E. Jensen: Astrophys. Norveg. **7** (1960) 99.
23 Broxon, I. W.: Phys. Rev. **62** (1942) 521.

Waldmeier

24 | MATTIG, W.: ZfA **31** (1953) 273.
25 | BUMBA, V.: Mitt. Krim **23** (1960) 213, 253.
26 | GROTRIAN, W.: Publ. Potsdam **29**/97 (1953); **29**/99 (1956).

4.1.2.2 Fackeln – Faculae

(Siehe auch 4.1.2.5 und 4.1.2.6 — see also 4.1.2.5 and 4.1.2.6)

1. Struktur

Fackeln sind Gebiete, welche sich von der ungestörten Photosphäre durch größere Helligkeit unterscheiden. Sie treten in der Umgebung der Flecken auf, häufig jedoch auch an Stellen ohne solche. Die Fackelfelder bestehen aus einem Netzwerk von hellen Adern; diese wiederum bestehen aus einzelnen hellen Punkten, den Fackelgranula.

Durchmesser der Fackelgranula [1, 2]		1"···2"
Lebensdauer der Fackelgranula	nach [1 ··· 3]	~2 Stunden
	nach [4]	6···7 min
Intensitätsverhältnis Fackelgranula/Photosphäre (an der Stelle mit größtem Kontrast)	nach [1]	1,4
	nach [5]	1,64
Überhitzung der Schichten $\tau < 0{,}3$ in den Fackelgranula		900°

Tab. 1. Helligkeit der Fackelfelder (nicht aufgelöst in Granula) bezogen auf die benachbarte Photosphäre — Brightness of the facular regions (not resolved in granules) with respect to the neighboring photosphere

ϑ | Winkelabstand vom Zentrum der Sonnenscheibe | angular distance from the center of the solar disc

sin ϑ	0	0,5	0,6	0,7	0,8	0,9	0,95
λ [A]	I (Fackel)/I (Photosphäre)						
3900	1	1,15 [6]	—	—	—	1,28 [6]	1,15
4330 [7]	1	—	1,04	1,06	1,10	1,14	1,17
5000	1	1,08 [6]	—	—	—	1,16 [6]	1,10
5780 [7]	1	—	1,02	1,03	1,04	1,10	1,15
integral¹) [8]	1	1	1,01	1,02	1,025	1,04	1,06

¹) Gesamtstrahlung — total radiation

2. Polare Fackeln

sind helle Punkte, welche über die Polarkalotte (heliographische Breite > 55°) verstreut auftreten, fast nur vor und während des Sonnenfleckenminimums [9].

Durchmesser der polaren Fackeln: 1 800···3 000 km, im Mittel 2 300 km
Lebensdauer der polaren Fackeln: einige Stunden

Literatur zu 4.1.2.2 — References for 4.1.2.2

1 | TEN BRUGGENCATE, P.: ZfA **19** (1939) 59; **21** (1942) 162.
2 | WALDMEIER, M.: Helv. Phys. Acta **13** (1939) 14.
3 | BRAY, J. R., and R. E. LOUGHHEAD: Australian J. Phys. **14** (1961) 14.
4 | MACRIS, C.: Ann. Astrophys. **16** (1953) 19.
5 | ROGERSON, J. B.: ApJ **134** (1961) 331.
6 | KRAT, T. V.: Astron. Zh. **24** (1947) 329.
7 | RICHARDSON, R. S.: ApJ **78** (1933) 359.
8 | WORMELL, T. W.: MN **96** (1936) 736.
9 | WALDMEIER, M.: ZfA **38** (1955) 37; **54** (1962) 260.

4.1.2.3 Eruptionen – Flares

(Siehe auch 4.1.2.4 und 4.1.2.7 — see also 4.1.2.4 and 4.1.2.7)

Tab. 1. Eigenschaften der verschiedenen Größenklassen — Some properties of the different "classes of importance"

Größe der Eruption	1	2	3	Ref.
Relative Häufigkeit [%]	79	18	3	[1]
Mittlere Lebensdauer [min]	22	45	85	[1]
Häufigste Lebensdauer [min]	10	20	48	[1]
Bereich der Lebensdauer [min]	3··· 40	10··· 90	30··· 300	[2]
Fläche [10^{-6} $F_\odot/2$]	230	230···630	630	[1]
mittlere Fläche [10^{-6} $F_\odot/2$]	160	350	970	[2]
Bereich der Fläche [10^{-6} $F_\odot/2$]	100···250	250···600	600···1 500	[2]
Hα-Zentralintensität (Kontinuum = 1)	0,6	1,0	2,0	[3]

Als Eruptionen bezeichnet man das plötzliche Hellerwerden eng begrenzter Gebiete der Chromosphäre. Sie sind im Zentrum der starken Fraunhoferschen Linien (meistens wird Hα verwendet) beobachtbar, nur sehr selten im kontinuierlichen Licht. Fast alle Eruptionen treten in Verbindung mit Sonnenflecken auf, eine kleine Zahl in Verbindung mit verschwindenden Filamenten.

Entsprechend ihrer Ausdehnung unterscheidet man Eruptionen der Größe 1, 2 und 3 (siehe Tab. 1).

Höhe der Eruptionen meist 10 000···20 000 km [4], gelegentlich bis 50 000 km.
Das Spektrum der Eruptionen stimmt qualitativ mit demjenigen der Chromosphäre (siehe 4.1.1.6) überein [5].

Elektronendichte in kleiner Eruption [6]: $N_e = 2 \cdot 10^{12}$ cm^{-3}
in großer Eruption [7]: $N_e = 2 \cdot 10^{13}$ cm^{-3}

Häufigkeit der Eruptionen [1, 8]:

$$E = 0{,}04 \cdot R \quad [\mathrm{d}^{-1}]$$

E Zahl der Eruptionen pro Tag; R Sonnenfleckenrelativzahl (siehe 4.1.2.5).

Literatur zu 4.1.2.3 — References for 4.1.2.3

1 WALDMEIER, M.: ZfA **16** (1938) 276; Astron. Mitt. Zürich Nr. 153 (1948); ZfA **47** (1959) 81.
2 Trans. IAU **9** (1957) 146, 648.
3 WALDMEIER, M.: ZfA **20** (1940) 46; BALLARIO, M. C.: Mem. Soc. Astron. Ital. **29** (1959) 439.
4 GIOVANELLI, R. G., and M. K. MCCABE: Australian J. Phys. **11** (1958) 130; WARWICK, C., and M. WOOD: ApJ **129** (1959) 801.
5 ALLEN, C. W.: MN **100** (1940) 635; WALDMEIER, M.: ZfA **20** (1940) 62; **26** (1949) 305.
6 WALDMEIER, M.: ZfA **20** (1940) 62.
7 DE JAGER, C.: Hdb. Physik **52** (1959) 204.
8 SVESTKA, Z.: Bull. Astron. Inst. Czech **7** (1956) 9.

4.1.2.4 Protuberanzen, Filamente — Prominences, filaments

1. Klassifikation [1, 2]

a) Stationäre Protuberanzen (Filamente)¹) — in der Haupt- und Polarzone, außerhalb von Aktivitätszentren
b) Aufsteigende Protuberanzen
c) Aktive Protuberanzen (Abwärts-Strömung) } spezielle Stadien in der Entwicklung der stationären Protuberanzen
d) Sonnenflecken-Protuberanzen (Knoten, Bögen, koronaler „Regen")
e) Auswürfe (surges)
f) Eruptionen } in Verbindung mit Sonnenflecken

2. Form und Größe der Filamente [3, 4]

Dicke	4 000··· 15 000 km	im Mittel 7 000 km
Höhe	15 000··· 120 000 km	im Mittel 45 000 km
Länge	60 000···1 000 000 km	im Mittel 200 000 km

Tab. 1. Lebensdauer — Lifetime.

Lebensdauer in [Zahl der Sonnen-Rotationen]	0···1	1···2	2···3	3···4	4···5	5···6	6···7	7···8
% aller Filamente [5]	80	11	3	2	2	2	0,2	0,1
% der stationären Filamente [4]	8	26	26	19	8	5	4	2

Tab. 2. Achsenneigung ϑ der Filamente gegen die Parallelkreise (das in der Rotationsrichtung vorangehende Ende liegt dem Äquator näher als das nachfolgende) in Abhängigkeit von der heliographischen Breite φ — Inclination of the axis, ϑ, of a filament towards the parallels of latitude (the end preceding in the direction of rotation is closer to the equator than the following end) as a function of the heliographic latitude, φ, [6].

φ	ϑ	φ	ϑ	φ	ϑ
0°··· 5°	84°	20°···25°	42°	45°···50°	11°
5 ···10	85	25 ···30	41	50 ···55	10
10 ···15	69	30 ···35	37	55 ···60	1
15 ···20	57	35 ···40	23	60 ···65	0
		40 ···45	19		

3. Spektrum

der Protuberanzen ist nahezu identisch mit demjenigen der Chromosphäre (siehe 4.1.1.6).

4. Physikalischer Zustand

Elektronendichte [7]	$N_e = 2 \cdot 10^{10}$ cm^{-3}
Kinetische Temperatur für stationäre Protuberanzen [8]	15 000 °K
Kinetische Temperatur für aktive Protuberanzen [9]	25 000 °K
Anregungstemperatur für Energien $\approx$ 3 eV [10]	4 000 °K
Anregungstemperatur für Energien $>$ 10 eV [10]	15 000 °K

¹) Protuberanzen und Filamente sind physikalisch dasselbe; Protuberanz: Erscheinung in Emission am Sonnenrand, Filament: Erscheinung in Absorption vor der Sonnenscheibe.

Literatur zu 4.1.2.4 – References for 4.1.2.4

1 Pettit, E.: ApJ **98** (1943) 6.
2 Menzel, D. H., and D. S. Evans: Convegno Volta **11** (1953) 119.
3 Pettit, E.: ApJ **76** (1932) 9.
4 d'Azambuja, L. et M.: Ann. Paris-Meudon **6** (1948) fasc. VII.
5 Gnevishev, M. N.: Pulkovo Circ. **30** (1940) 115.
6 Royds, T.: Kodaikanal Bull. Nr. 63 (1920); Nr. 111 (1937).
7 Zanstra, H., and R. O. Redman: Circ. Amsterdam **6** (1952).
8 ten Bruggencate, P.: Veröffentl. Göttingen Nr. 104 (1953).
9 Zirin, H.: ApJ **126** (1957) 159.
10 Unsöld A.: Physik der Sternatmosphären, 2. Aufl., Springer-Verlag, Berlin (1955) 690.

4.1.2.5 Der 11-jährige Sonnenzyklus – The 11-year solar cycle
(siehe auch 4.1.2.6) (see also 4.1.2.6)

1. *Sonnenflecken* (siehe 4.1.2.1)

Die Fleckentätigkeit der Sonne wird charakterisiert durch die Sonnenfleckenrelativzahl R ("Wolf-Numbers") (siehe Tab. 1 und Fig. 1) und das von den Flecken bedeckte Areal F (siehe Tab. 3)

$$R = k\,(10\,g + f)$$

k	Reduktionsfaktor (Instrumental- und Personalkonstante)	reduction factor (instrumental and personal constants)
g	Anzahl der Fleckengruppen	number of sunspot groups
f	Anzahl individueller Flecken	number of individual spots
F	Fleckenfläche (korrigiert wegen perspektivischer Verkürzung) in $[10^{-6}$ der Sonnenhalbkugel$]$	sunspot area (corrected for foreshortening) in $[10^{-6}$ of the solar hemisphere$]$

$$F = 16{,}7\;R$$

Tab. 1. Monats- und Jahresmittel der Sonnenfleckenrelativzahl R ab 1749 – Mean monthly and annual sunspot number, R, since 1749 [1].

Die tatsächlichen Maxima der einzelnen Zyklen sind durch Fettdruck in der letzten Spalte hervorgehoben.

Jahr	Jan.	Febr.	März	April	Mai	Juni	Juli	Aug.	Sept.	Okt.	Nov.	Dez.	Mittel
1749	58,0	62,6	70,0	55,7	85,0	83,5	94,8	66,3	75,9	75,5	158,6	85,2	80,9
1750	73,3	75,9	89,2	88,3	90,0	100,0	85,4	103,0	91,2	65,7	63,3	75,4	**83,4**
1751	70,0	43,5	45,3	56,4	60,7	50,7	66,3	59,8	23,5	23,2	28,5	44,0	47,7
1752	35,0	50,0	71,0	59,3	59,7	39,6	78,4	29,3	27,1	46,6	37,6	40,0	47,8
1753	44,0	32,0	45,7	38,0	36,0	31,7	22,0	39,0	28,0	25,0	20,0	6,7	30,7
1754	0,0	3,0	1,7	13,7	20,7	26,7	18,8	12,3	8,2	24,1	13,2	4,2	12,2
1755	10,2	11,2	6,8	6,5	0,0	0,0	8,6	3,2	17,8	23,7	6,8	20,0	9,6
1756	12,5	7,1	5,4	9,4	12,5	12,9	3,6	6,4	11,8	14,3	17,0	9,4	10,2
1757	14,1	21,2	26,2	30,0	38,1	12,8	25,0	51,3	39,7	32,5	64,7	33,5	32,4
1758	37,6	52,0	49,0	72,3	46,4	45,0	44,0	38,7	62,5	37,7	43,0	43,0	47,6
1759	48,3	44,0	46,8	47,0	49,0	50,0	51,0	71,3	77,2	59,7	46,3	57,0	54,0
1760	67,3	59,5	74,7	58,3	72,0	48,3	66,0	75,6	61,3	50,6	59,7	61,0	62,9
1761	70,0	91,0	80,7	71,7	107,2	99,3	94,1	91,1	100,7	88,7	89,7	46,0	**85,9**
1762	43,8	72,8	45,7	60,2	39,9	77,1	33,8	67,7	68,5	69,3	77,8	77,2	61,2
1763	56,5	31,9	34,2	32,9	32,7	35,8	54,2	26,5	68,1	46,3	60,9	61,4	45,1
1764	59,7	59,7	40,2	34,4	44,3	30,0	30,0	30,0	28,2	28,0	26,0	25,7	36,4
1765	24,0	26,0	25,0	22,0	20,2	20,0	27,0	29,7	16,0	14,0	14,0	13,0	20,9
1766	12,0	11,0	36,6	6,0	26,8	3,0	3,3	4,0	4,3	5,0	5,7	19,2	11,4
1767	27,4	30,0	43,0	32,9	29,8	33,3	21,9	40,8	42,7	44,1	54,7	53,3	37,8
1768	53,5	66,1	46,3	42,7	77,7	77,4	52,6	66,8	74,8	77,8	90,6	111,8	69,8
1769	73,9	64,2	64,3	96,7	73,6	94,4	118,6	120,3	148,8	158,2	148,1	112,0	**106,1**
1770	104,0	142,5	80,1	51,0	70,1	83,3	109,8	126,3	104,4	103,6	132,2	102,3	100,8
1771	36,0	46,2	46,7	64,9	152,7	119,5	67,7	58,5	101,4	90,0	99,7	95,7	81,6
1772	100,9	90,8	31,1	92,2	38,0	57,0	77,3	56,2	50,5	78,6	61,3	64,0	66,5
1773	54,6	29,0	51,2	32,9	41,1	28,4	27,7	12,7	29,3	26,3	40,9	43,2	34,8
1774	46,8	65,4	55,7	43,8	51,3	28,5	17,5	6,6	7,9	14,0	17,7	12,2	30,6
1775	4,4	0,0	11,6	11,2	3,9	12,3	1,0	7,9	3,2	5,6	15,1	7,9	7,0
1776	21,7	11,6	6,3	21,8	11,2	19,0	1,0	24.2	16,0	30,0	35,0	40,0	19,8
1777	45,0	36,5	39,0	95,5	80,3	80,7	95,0	112,0	116,2	106,5	146,0	157,3	92,5
1778	177,3	109,3	134,0	145,0	238,9	171,6	153,0	140,0	171,7	156,3	150,3	105,0	**154,4**
1779	114,7	165,7	118,0	145,0	140,0	113,7	143,0	112,0	111,0	124,0	114,0	110,0	125,9
1780	70,0	98,0	98,0	95,0	107,2	88,0	86,0	86,0	93,7	77,0	60,0	58,7	84,8

Fortsetzung nächste Seite

Tab. 1. (Fortsetzung)

Jahr	Jan.	Febr.	März	April	Mai	Juni	Juli	Aug.	Sept.	Okt.	Nov.	Dez.	Mittel
1781	98,7	74,7	53,0	68,3	104,7	97,7	73,5	66,0	51,0	27,3	67,0	35,2	68,1
1782	54,0	37,5	37,0	41,0	54,3	38,0	37,0	44,0	34,0	23,2	31,5	30,0	38,5
1783	28,0	38,7	26,7	28,3	23,0	25,2	32,2	20,0	18,0	8,0	15,0	10,5	22,8
1784	13,0	8,0	11,0	10,0	6,0	9,0	6,0	10,0	10,0	8,0	17,0	14,0	10,2
1785	6,5	8,0	9,0	15,7	20,7	26,3	36,3	20,0	32,0	47,2	40,2	27,3	24,1
1786	37,2	47,6	47,7	85,4	92,3	59,0	83,0	89,7	111,5	112,3	116,0	112,7	82,9
1787	134,7	106,0	87,4	127,2	134,8	99,2	128,0	137,2	157,3	157,0	141,5	174,0	**132,0**
1788	138,0	129,2	143,3	108,5	113,0	154,2	141,5	136,0	141,0	142,0	94,7	129,5	130,9
1789	114,0	125,3	120,0	123,3	123,5	120,0	117,0	103,0	112,0	89,7	134,0	135,5	118,1
1790	103,0	127,5	96,3	94,0	93,0	91,0	69,3	87,0	77,3	84,3	82,0	74,0	89,9
1791	72,7	62,0	74,0	77,2	73,7	64,2	71,0	43,0	66,5	61,7	67,0	66,0	66,6
1792	58,0	64,0	63,0	75,7	62,0	61,0	45,8	60,0	59,0	59,0	57,0	56,0	60,0
1793	56,0	55,0	55,5	53,0	52,3	51,0	50,0	29,3	24,0	47,0	44,0	45,7	46,9
1794	45,0	44,0	38,0	28,4	55,7	41,5	41,0	40,0	11,1	28,5	67,4	51,4	41,0
1795	21,4	39,9	12,6	18,6	31,0	17,1	12,9	25,7	13,5	19,5	25,0	18,0	21,3
1796	22,0	23,8	15,7	31,7	21,0	6,7	26,9	1,5	18,4	11,0	8,4	5,1	16,0
1797	14,4	4,2	4,0	4,0	7,3	11,1	4,3	6,0	5,7	6,9	5,8	3,0	6,4
1798	2,0	4,0	12,4	1,1	0,0	0,0	0,0	3,0	2,4	1,5	12,5	9,9	4,1
1799	1,6	12,6	21,7	8,4	8,2	10,6	2,1	0,0	0,0	4,6	2,7	8,6	6,8
1800	6,9	9,3	13,9	0,0	5,0	23,7	21,0	19,5	11,5	12,3	10,5	40,1	14,5
1801	27,0	29,0	30,0	31,0	32,0	31,2	35,0	38,7	33,5	32,6	39,8	48,2	34,0
1802	47,8	47,0	40,8	42,0	44,0	46,0	48,0	50,0	51,8	38,5	34,5	50,0	45,0
1803	50,0	50,8	29,5	25,0	44,3	36,0	48,3	34,1	45,3	54,3	51,0	48,0	43,1
1804	45,3	48,3	48,0	50,6	33,4	34,8	29,8	43,1	53,0	62,3	61,0	60,0	**47,5**
1805	61,0	44,1	51,4	37,5	39,0	40,5	37,6	42,7	44,4	29,4	41,0	38,3	42,2
1806	39,0	29,6	32,7	27,7	26,4	25,6	30,0	26,3	24,0	27,0	25,0	24,0	28,1
1807	12,0	12,2	9,6	23,8	10,0	12,0	12,7	12,0	5,7	8,0	2,6	0,0	10,1
1808	0,0	4,5	0,0	12,3	13,5	13,5	6,7	8,0	11,7	4,7	10,5	12,3	8,1
1809	7,2	9,2	0,9	2,5	2,0	7,7	0,3	0,2	0,4	0,0	0,0	0,0	2,5
1810	0,0	0,0	0,0	0,0	0,0	0,0	0,0	0,0	0,0	0,0	0,0	0,0	0,0
1811	0,0	0,0	0,0	0,0	0,0	0,0	6,6	0,0	2,4	6,1	0,8	1,1	1,4
1812	11,3	1,9	0,7	0,0	1,0	1,3	0,5	15,6	5,2	3,9	7,9	10,1	5,0
1813	0,0	10,3	1,9	16,6	5,5	11,2	18,3	8,4	15,3	27,8	16,7	14,3	12,2
1814	22,2	12,0	5,7	23,8	5,8	14,9	18,5	2,3	8,1	19,3	14,5	20,1	13,9
1815	19,2	32,2	26,2	31,6	9,8	55,9	35,5	47,2	31,5	33,5	37,2	65,0	35,4
1816	26,3	68,8	73,7	58,8	44,3	43,6	38,8	23,2	47,8	56,4	38,1	29,9	**45,8**
1817	36,4	57,9	96,2	26,4	21,2	40,0	50,0	45,0	36,7	25,6	28,9	28,4	41,1
1818	34,9	22,4	25,4	34,5	53,1	36,4	28,0	31,5	26,1	31,6	10,9	25,8	30,1
1819	32,8	20,7	3,7	20,2	19,6	35,0	31,4	26,1	14,9	27,5	25,1	30,6	23,9
1820	19,2	26,6	4,5	19,4	29,3	10,8	20,6	25,9	5,2	8,9	7,9	9,1	15,6
1821	21,5	4,2	5,7	9,2	1,7	1,8	2,5	4,8	4,4	18,8	4,4	0,2	6,6
1822	0,0	0,9	16,1	13,5	1,5	5,6	7,9	2,1	0,0	0,4	0,0	0,0	4,0
1823	0,0	0,0	0,6	0,0	0,0	0,0	0,5	0,0	0,0	0,0	0,0	20,4	1,8
1824	21,7	10,8	0,0	19,4	2,8	0,0	0,0	1,4	20,5	25,2	0,0	0,8	8,5
1825	5,0	15,5	22,4	3,8	15,5	15,4	30,9	25,7	15,7	15,6	11,7	22,0	16,6
1826	17,7	18,2	36,7	24,0	32,4	37,1	52,5	39,6	18,9	50,6	39,5	68,1	36,3
1827	34,6	47,4	57,8	46,0	56,3	56,7	42,3	53,7	49,6	56,1	48,2	46,1	49,6
1828	52,8	64,4	65,0	61,1	89,1	98,0	54,2	76,4	50,4	54,7	57,0	46,9	64,2
1829	43,0	49,4	72,3	95,0	67,4	73,9	90,8	77,6	52,8	57,2	67,6	56,5	67,0
1830	52,2	72,1	84,6	106,3	66,3	65,1	43,9	50,7	62,1	84,4	81,2	82,1	**70,9**
1831	47,5	50,1	93,4	54,5	38,1	33,4	45,2	55,0	37,9	46,3	43,5	28,9	47,8
1832	30,9	55,6	55,1	26,9	41,3	26,7	14,0	8,9	8,2	21,1	14,3	27,5	27,5
1833	11,3	14,9	11,8	2,8	12,9	1,0	7,0	5,7	11,6	7,5	5,9	9,9	8,5
1834	4,9	18,1	3,9	1,4	8,8	7,8	8,7	4,0	11,5	24,8	30,5	34,5	13,2
1835	7,5	24,5	19,7	61,5	43,6	33,2	59,8	59,0	100,8	95,2	100,0	77,5	56,9
1836	88,6	107,6	98,2	142,9	111,4	124,7	116,7	107,8	95,1	137,4	120,9	206,2	121,5
1837	188,0	175,6	134,6	138,2	111,7	158,0	162,8	134,0	96,3	123,7	107,0	129,8	**138,3**
1838	144,9	84,8	140,8	126,6	137,6	94,5	108,2	78,8	73,6	90,8	77,4	79,8	103,2
1839	105,6	102,5	77,7	61,8	53,8	54,6	84,8	131,2	132,7	90,9	68,8	63,7	85,7
1840	81,2	87,7	67,8	65,9	69,2	48,5	60,7	57,8	74,0	55,0	54,3	53,7	64,6

Fortsetzung nächste Seite

Tab. 1. (Fortsetzung)

Jahr	Jan.	Febr.	März	April	Mai	Juni	Juli	Aug.	Sept.	Okt.	Nov.	Dez.	Mittel
1841	24,1	29,9	29,7	40,2	67,5	55,7	30,8	39,3	36,5	28,5	19,8	38,8	36,7
1842	20,4	22,1	21,7	26,9	24,9	20,5	12,6	26,6	18,4	38,1	40,5	17,6	24,2
1843	13,3	3,5	8,3	9,5	21,1	10,5	9,5	11,8	4,2	5,3	19,1	12,7	10,7
1844	9,4	14,7	13,6	20,8	11,6	3,7	21,2	23,9	7,0	21,5	10,7	21,6	15,0
1845	25,7	43,6	43,3	57,0	47,8	31,1	30,6	32,3	29,6	40,7	39,4	59,7	40,1
1846	38,7	51,0	63,9	69,3	59,9	65,1	46,5	54,8	107,1	55,9	60,4	65,5	61,5
1847	62,6	44,9	85,7	44,7	75,4	85,3	52,2	140,6	160,9	180,4	138,9	109,6	98,5
1848	159,1	111,8	108,6	107,1	102,2	129,0	139,2	132,6	100,3	132,4	114,6	159,5	**124,7**
1849	157,0	131,7	96,2	102,5	80,6	81,1	78,0	67,7	93,7	71,5	99,0	97,0	96,3
1850	78,0	89,4	82,6	44,1	61,6	70,0	39,1	61,6	86,2	71,0	54,8	61,0	66,6
1851	75,5	105,4	64,6	56,5	62,6	63,2	36,1	57,4	67,9	62,5	51,0	71,4	64,5
1852	68,4	66,4	61,2	65,4	54,9	46,9	42,1	39,7	37,5	67,3	54,3	45,4	54,1
1853	41,1	42,9	37,7	47,6	34,7	40,0	45,9	50,4	33,5	42,3	28,8	23,4	39,0
1854	15,4	20,0	20,7	26,5	24,0	21,1	18,7	15,8	22,4	12,6	28,2	21,6	20,6
1855	12,3	11,4	17,4	4,4	9,1	5,3	0,4	3,1	0,0	9,6	4,2	3,1	6,7
1856	0,5	4,9	0,4	6,5	0,0	5,2	4,6	5,9	4,4	4,5	7,7	7,2	4,3
1857	13,7	7,4	5,2	11,1	28,6	16,0	22,2	16,9	42,4	40,6	31,4	37,2	22,7
1858	39,0	34,9	57,5	38,3	41,4	44,5	56,7	55,3	80,1	91,2	51,9	66,9	54,8
1859	83,7	87,6	90,3	85,7	91,0	87,1	95,2	106,8	105,8	114,6	97,2	81,0	**95,8**
1860	82,4	88,3	98,9	71,4	107,1	108,6	116,7	100,3	92,2	90,1	97,9	95,6	93,8
1861	62,3	77,7	101,0	98,5	56,8	88,1	78,0	82,5	79,9	67,2	53,7	80,5	77,2
1862	63,1	64,5	43,6	53,7	64,4	84,0	73,4	62,5	66,6	41,9	50,6	40,9	59,1
1863	48,3	56,7	66,4	40,6	53,8	40,8	32,7	48,1	22,0	39,9	37,7	41,2	44,0
1864	57,7	47,1	66,3	35,8	40,6	57,8	54,7	54,8	28,5	33,9	57,6	28,6	47,0
1865	48,7	39,3	39,5	29,4	34,5	33,6	26,8	37,8	21,6	17,1	24,6	12,8	30,5
1866	31,6	38,4	24,6	17,6	12,9	16,5	9,3	12,7	7,3	14,1	9,0	1,5	16,3
1867	0,0	0,7	9,2	5,1	2,9	1,5	5,0	4,8	9,8	13,5	9,6	25,2	7,3
1868	15,6	15,7	26,5	36,6	26,7	31,1	29,0	34,4	47,2	61,6	59,1	67,6	37,6
1869	60,9	59,9	52,7	41,0	103,9	108,4	59,2	79,6	80,6	59,3	78,1	104,3	74,0
1870	77,3	114,9	157,6	160,0	176,0	135,6	132,4	153,8	136,0	146,4	147,5	130,0	**139,0**
1871	88,3	125,3	143,2	162,4	145,5	91,7	103,0	110,1	80,3	89,0	105,4	90,4	111,2
1872	79,5	120,1	88,4	102,1	107,6	109,9	105,5	92,9	114,6	102,6	112,0	83,9	101,6
1873	86,7	107,0	98,3	76,2	47,9	44,8	66,9	68,2	47,1	47,1	55,4	49,2	66,2
1874	60,8	64,2	46,4	32,0	44,6	38,2	67,8	61,3	28,0	34,3	28,9	29,3	44,7
1875	14,6	21,5	33,8	29,1	11,5	23,9	12,5	14,6	2,4	12,7	17,7	9,9	17,0
1876	14,3	15,0	30,6	2,3	5,1	1,6	15,2	8,8	9,9	14,3	9,9	8,2	11,3
1877	24,4	8,7	11,9	15,8	21,6	14,2	6,0	6,3	16,9	6,7	14,2	2,2	12,4
1878	3,3	6,6	7,8	0,1	5,9	6,4	0,1	0,0	5,3	1,1	4,1	0,5	3,4
1879	1,0	0,6	0,0	6,2	2,4	4,8	7,5	10,7	6,1	12,3	13,1	7,3	6,0
1880	24,0	27,2	19,3	19,5	23,5	34,1	21,9	48,1	66,0	43,0	30,7	29,6	32,3
1881	36,4	53,2	51,5	51,6	43,5	60,5	76,9	58,4	53,2	64,4	54,8	47,3	54,3
1882	45,0	69,5	66,8	95,8	64,1	45,2	45,4	40,4	57,7	59,2	84,4	41,8	59,7
1883	60,6	46,9	42,8	82,1	31,5	76,3	80,6	46,0	52,6	83,8	84,5	75,9	**63,7**
1884	91,5	86,9	87,5	76,1	66,5	51,2	53,1	55,8	61,9	47,8	36,6	47,2	63,5
1885	42,8	71,8	49,8	55,0	73,0	83,7	66,5	50,0	39,6	38,7	30,9	21,7	52,2
1886	29,9	25,9	57,3	43,7	30,7	27,1	30,3	16,9	21,4	8,6	0,3	13,0	25,4
1887	10,3	13,2	4,2	6,9	20,0	15,7	23,3	21,4	7,4	6,6	6,9	20,7	13,1
1888	12,7	7,1	7,8	5,1	7,0	7,1	3,1	2,8	8,8	2,1	10,7	6,7	6,8
1889	0,8	8,5	6,7	4,3	2,4	6,4	9,4	20,6	6,5	2,1	0,2	6,7	6,3
1890	5,3	0,6	5,1	1,6	4,8	1,3	11,6	8,5	17,2	11,2	9,6	7,8	7,1
1891	13,5	22,2	10,4	20,5	41,1	48,3	58,8	33,0	53,8	51,5	41,9	32,5	35,6
1892	69,1	75,6	49,9	69,6	79,6	76,3	76,5	101,4	62,8	70,5	65,4	78,6	73,0
1893	75,0	73,0	65,7	88,1	84,7	89,9	88,6	129,2	77,9	80,0	75,1	93,8	**85,1**
1894	83,2	84,6	52,3	81,6	101,2	98,9	106,0	70,3	65,9	75,5	56,6	60,0	78,0
1895	63,3	67,2	61,0	76,9	67,5	71,5	47,8	68,9	57,7	67,9	47,2	70,7	64,0
1896	29,0	57,4	52,0	43,8	27,7	49,0	45,0	27,2	61,3	28,7	38,0	42,6	41,8
1897	40,6	29,4	29,1	31,0	20,0	11,3	27,6	21,8	48,1	14,3	8,4	33,3	26,2
1898	30,2	36,4	38,3	14,5	25,8	22,3	9,0	31,4	34,8	34,4	30,9	12,6	26,7
1899	19,5	9,2	18,1	14,2	7,7	20,5	13,5	2,9	8,4	13,0	7,8	10,5	12,1
1900	9,4	13,6	8,6	16,0	15,2	12,1	8,3	4,3	8,3	12,9	4,5	0,3	9,5

Fortsetzung nächste Seite

Tab. 1. (Fortsetzung)

Jahr	Jan.	Febr.	März	April	Mai	Juni	Juli	Aug.	Sept.	Okt.	Nov.	Dez.	Mittel
1901	0,2	2,4	4,5	0,0	10,2	5,8	0,7	1,0	0,6	3,7	3,8	0,0	2,7
1902	5,5	0,0	12,4	0,0	2,8	1,4	0,9	2,3	7,6	16,3	10,3	1,1	5,0
1903	8,3	17,0	13,5	26,1	14,6	16,3	27,9	28,8	11,1	38,9	44,5	45,6	24,4
1904	31,6	24,5	37,2	43,0	39,5	41,9	50,6	58,2	30,1	54,2	38,0	54,6	42,0
1905	54,8	85,8	56,5	39,3	48,0	49,0	73,0	58,8	55,0	78,7	107,2	55,5	**63,5**
1906	45,5	31,3	64,5	55,3	57,7	63,2	103,6	47,7	56,1	17,8	38,9	64,7	53,8
1907	76,4	108,2	60,7	52,6	42,9	40,4	49,7	54,3	85,0	65,4	61,5	47,3	62,0
1908	39,2	33,9	28,7	57,6	40,8	48,1	39,5	90,5	86,9	32,3	45,5	39,5	48,5
1909	56,7	46,6	66,3	32,3	36,0	22,6	35,8	23,1	38,8	58,4	55,8	54,2	43,9
1910	26,4	31,5	21,4	8,4	22,2	12,3	14,1	11,5	26,2	38,3	4,9	5,8	18,6
1911	3,4	9,0	7,8	16,5	9,0	2,2	3,5	4,0	4,0	2,6	4,2	2,2	5,7
1912	0,3	0,0	4,9	4,5	4,4	4,1	3,0	0,3	9,5	4,6	1,1	6,4	3,6
1913	2,3	2,9	0,5	0,9	0,0	0,0	1,7	0,2	1,2	3,1	0,7	3,8	1,4
1914	2,8	2,6	3,1	17,3	5,2	11,4	5,4	7,7	12,7	8,2	16,4	22,3	9,6
1915	23,0	42,3	38,8	41,3	33,0	68,8	71,6	69,6	49,5	53,5	42,5	34,5	47,4
1916	45,3	55,4	67,0	71,8	74,5	67,7	53,5	35,2	45,1	50,7	65,6	53,0	57,1
1917	74,7	71,9	94,8	74,7	114,1	114,9	119,8	154,5	129,4	72,2	96,4	129,3	**103,9**
1918	96,0	65,3	72,2	80,5	76,7	59,4	107,9	101,7	79,9	85,0	83,4	59,2	80,6
1919	48,1	79,5	66,5	51,8	88,1	111,2	64,7	69,0	54,7	52,8	42,0	34,9	63,6
1920	51,1	53,9	70,2	14,8	33,3	38,7	27,5	19,2	36,3	49,6	27,2	29,9	37,6
1921	31,5	28,3	26,7	32,4	22,2	33,7	41,9	22,8	17,8	18,2	17,8	20,3	26,1
1922	11,8	26,4	54,7	11,0	8,0	5,8	10,9	6,5	4,7	6,2	7,4	17,5	14,2
1923	4,5	1,5	3,3	6,1	3,2	9,1	3,5	0,5	13,2	11,6	10,0	2,8	5,8
1924	0,5	5,1	1,8	11,3	20,8	24,0	28,1	19,3	25,1	25,6	22,5	16,5	16,7
1925	5,5	23,2	18,0	31,7	42,8	47,5	38,5	37,9	60,2	69,2	58,6	98,6	44,3
1926	71,8	69,9	62,5	38,5	64,3	73,5	52,3	61,6	60,8	71,5	60,5	79,4	63,9
1927	81,6	93,0	69,6	93,5	79,1	59,1	54,9	53,8	68,4	63,1	67,2	45,2	69,0
1928	83,5	73,5	85,4	80,6	77,0	91,4	98,0	83,8	89,7	61,4	50,3	59,0	**77,8**
1929	68,9	62,8	50,2	52,8	58,2	71,9	70,2	65,8	34,4	54,0	81,1	108,0	64,9
1930	65,3	49,9	35,0	38,2	36,8	28,8	21,9	24,9	32,1	34,4	35,6	25,8	35,7
1931	14,6	43,1	30,0	31,2	24,6	15,3	17,4	13,0	19,0	10,0	18,7	17,8	21,2
1932	12,1	10,6	11,2	11,2	17,9	22,2	9,6	6,8	4,0	8,9	8,2	11,0	11,1
1933	12,3	22,2	10,1	2,9	3,2	5,2	2,8	0,2	5,1	3,0	0,6	0,3	5,7
1934	3,4	7,8	4,3	11,3	19,7	6,7	9,3	8,3	4,0	5,7	8,7	15,4	8,7
1935	18,6	20,5	23,1	12,2	27,3	45,7	33,9	30,1	42,1	53,2	64,2	61,5	36,1
1936	62,8	74,3	77,1	74,9	54,6	70,0	52,3	87,0	76,0	89,0	115,4	123,4	79,7
1937	132,5	128,5	83,9	109,3	116,7	130,3	145,1	137,7	100,7	124,9	74,4	88,8	**114,4**
1938	98,4	119,2	86,5	101,0	127,4	97,5	165,3	115,7	89,6	99,1	122,2	92,7	109,6
1939	80,3	77,4	64,6	109,1	118,3	101,0	97,6	105,8	112,6	88,1	68,1	42,1	88,8
1940	50,5	59,4	83,3	60,7	54,4	83,9	67,5	105,5	66,5	55,0	58,4	68,3	67,8
1941	45,6	44,5	46,4	32,8	29,5	59,8	66,9	60,0	65,9	46,3	38,4	33,7	47,5
1942	35,6	52,8	54,2	60,7	25,0	11,4	17,7	20,2	17,2	19,2	30,7	22,5	30,6
1943	12,4	28,9	27,4	26,1	14,1	7,6	13,2	19,4	10,0	7,8	10,2	18,8	16,3
1944	3,7	0,5	11,0	0,3	2,5	5,0	5,0	16,7	14,3	16,9	10,8	28,4	9,6
1945	18,5	12,7	21,5	32,0	30,6	36,2	42,6	25,9	34,9	68,8	46,0	27,4	33,2
1946	47,6	86,2	76,6	75,7	84,9	73,5	116,2	107,2	94,4	102,3	123,8	121,7	92,6
1947	115,7	133,4	129,8	149,8	201,3	163,9	157,9	188,8	169,4	163,6	128,0	116,5	**151,6**
1948	108,5	86,1	94,8	189,7	174,0	167,8	142,2	157,9	143,3	136,3	95,8	138,0	136,3
1949	119,1	182,3	157,5	147,0	106,2	121,7	125,8	123,8	145,3	131,6	143,5	117,6	134,7
1950	101,6	94,8	109,7	113,4	106,2	83,6	91,0	85,2	51,3	61,4	54,8	54,1	83,9
1951	59,9	59,9	55,9	92,9	108,5	100,6	61,5	61,0	83,1	51,6	52,4	45,8	69,4
1952	40,7	22,7	22,0	29,1	23,4	36,4	39,3	54,9	28,2	23,8	22,1	34,3	31,5
1953	26,5	3,9	10,0	27,8	12,5	21,8	8,6	23,5	19,3	8,2	1,6	2,5	13,9
1954	0,2	0,5	10,9	1,8	0,8	0,2	4,8	8,4	1,5	7,0	9,2	7,6	4,4
1955	23,1	20,8	4,9	11,3	28,9	31,7	26,7	40,7	42,7	58,5	89,2	76,9	38,0
1956	73,6	124,0	118,4	110,7	136,6	116,6	129,1	169,6	173,2	155,3	201,3	192,1	141,7
1957	165,0	130,2	157,4	175,2	164,6	200,7	187,2	158,0	235,8	253,8	210,9	239,4	**190,2**
1958	202,5	164,9	190,7	196,0	175,3	171,5	191,4	200,2	201,2	181,5	152,3	187,6	184,8
1959	217,4	143,1	185,7	163,3	172,0	168,7	149,6	199,6	145,2	111,4	124,0	125,0	159,0
1960	146,3	106,0	102,2	122,0	119,6	110,2	121,7	134,1	127,2	82,8	89,6	85,6	112,3
1961	57,9	46,1	53,0	61,4	51,0	77,4	70,2	55,9	63,6	37,7	32,6	40,0	53,9
1962	38,7	50,3	45,6	46,4	43,7	42,0	21,8	21,8	51,3	39,5	26,9	23,2	37,5
1963	19,8	24,4	17,1	29,3	43,0	35,9	19,6	33,2	38,8	35,3	23,4	14,9	27,9

Waldmeier

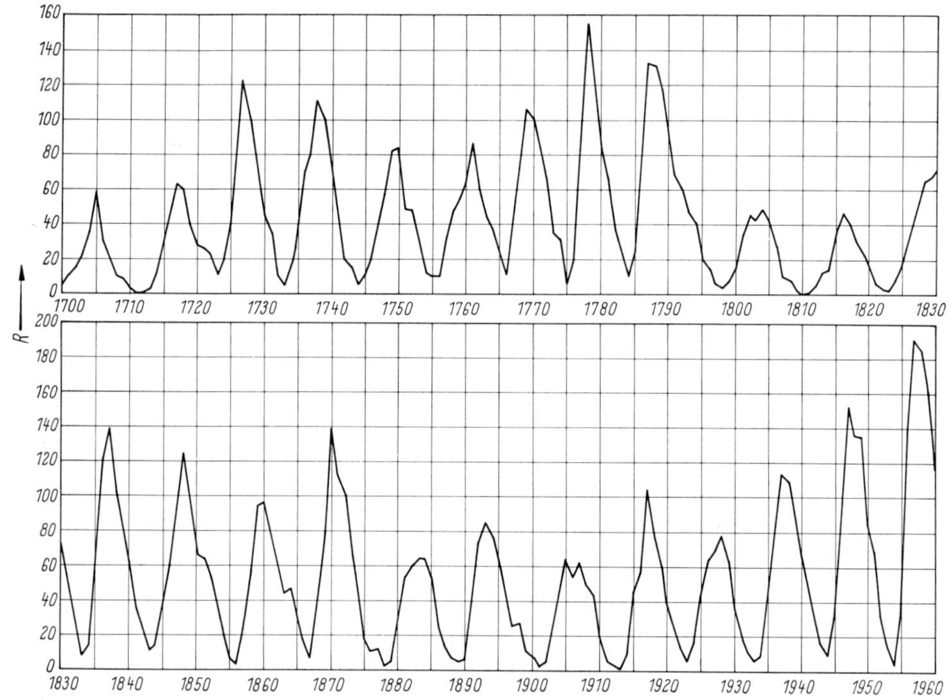

Fig. 1. Jahresmittel der Sonnenfleckenrelativzahlen R für die Jahre 1700 ··· 1960 — Annual mean sunspot number R for the years 1700 ··· 1960 [1].

Tab. 2. Epochen der Sonnenfleckenminima und -maxima — Epochs of sunspot minima and maxima [1]

E_{min}	E_{max}	E_{min}	E_{max}
1610,8	1615,5	1784,7	1788,1
1619,0	1626,0	1798,3	1805,2
1634,0	1639,5	1810,6	1816,4
1645,0	1649,0	1823,3	1829,9
1655,0	1660,0	1833,9	1837,2
1666,0	1675,0	1843,5	1848,1
1679,5	1685,0	1856,0	1860,1
1689,5	1693,0	1867,2	1870,6
1698,0	1705,5	1878,9	1883,9
1712,0	1718,2	1889,6	1894,0
1723,5	1727,5	1901,7	1907,1
1734,0	1738,7	1913,6	1917,6
1745,0	1750,3	1923,6	1928,4
1755,2	1761,5	1933,8	1937,4
1766,5	1769,7	1944,2	1947,5
1775,5	1778,4	1954,3	1957,9

Tab. 3. Jahresmittel der Fleckenfläche F nach Messungen am Observatorium Greenwich — Annual mean sunspot area F measured at the Greenwich Observatory [2].

F in $[10^{-6}$ der Sonnenhalbkugel$]$ — F in $[10^{-6}$ of the solar hemisphere$]$

Jahr	F	Jahr	F	Jahr	F	Jahr	F	Jahr	F
1874	604	1891	569	1908	697	1925	830	1942	423
1875	249	1892	1 214	1909	694	1926	1 262	1943	295
1876	126	1893	1 464	1910	264	1927	1 058	1944	126
1877	108	1894	1 282	1911	64	1928	1 390	1945	429
1878	22	1895	974	1912	37	1929	1 242	1946	1 817
1879	38	1896	543	1913	7	1930	516	1947	2 637
1880	441	1897	514	1914	152	1931	275	1948	1 977
1881	681	1898	375	1915	697	1932	163	1949	2 129
1882	1 000	1899	111	1916	724	1933	88	1950	1 222
1883	1 154	1900	75	1917	1 537	1934	119	1951	1 136
1884	1 079	1901	29	1918	1 118	1935	624	1952	404
1885	807	1902	62	1919	1 052	1936	1 141	1953	146
1886	380	1903	350	1920	618	1937	2 074	1954	35
1887	179	1904	490	1921	420	1938	2 019	1955	553
1888	89	1905	1 191	1922	252	1939	1 579	1956	2 393
1889	78	1906	778	1923	55	1940	1 039	1957	3 057
1890	99	1907	1 082	1924	276	1941	658	1958	3 016

Die einzelnen Maxima der Sonnenfleckenkurve (Fig. 1) sind verschieden hoch. Je höher das Maximum ist, um so kürzer der Anstieg vom Minimum zum Maximum (Fig. 2). Zwischen der Anstiegszeit t (in Jahren) und der größten ausgeglichenen monatlichen Relativzahl R_M besteht die Beziehung:

$$\log R_M = 2{,}69 - 0{,}17 \cdot t$$

Waldmeier

Fig. 2. Zeitlicher Ablauf der Sonnenfleckenrelativzahl R während eines hohen, mittleren und niedrigen Fleckenmaximums — Temporal variation of the sunspot number R during a high, medium, and low sunspot maximum [6].

R	Sonnenfleckenrelativzahl	sunspot number
t	Zeit seit dem Minimum	time elapsed since minimum

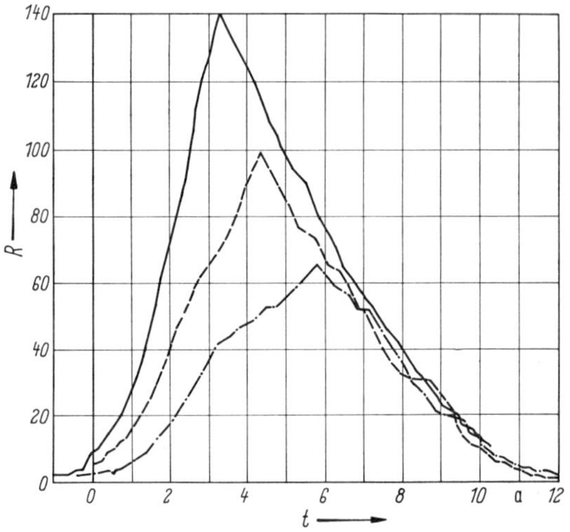

2. Fackeln (siehe 4.1.2.2 und 4.1.2.6)

Fortlaufende Mitteilungen über die Fackelhäufigkeit erscheinen in „Greenwich Photoheliographic Results“ und „Astronomische Mitteilungen der Eidgenössischen Sternwarte Zürich“.

Tab. 4. Jahresmittel der von den Fackeln bedeckten Fläche F nach den Greenwicher Messungen — Annual mean area F covered by faculae measured at the Greenwich Observatory [2].

F in [10^{-6} der Sonnenhalbkugel] — in [10^{-6} of the solar hemisphere]

Jahr	F	Jahr	F	Jahr	F
1901	29	1921	739	1941	1 282
1902	178	1922	415	1942	809
1903	970	1923	222	1943	568
1904	1 761	1924	575	1944	344
1905	2 612	1925	1 750	1945	940
1906	2 320	1926	2 526	1946	2 188
1907	1 999	1927	2 212	1947	2 894
1908	2 098	1928	2 589	1948	2 331
1909	1 353	1929	2 567	1949	2 597
1910	971	1930	1 630	1950	1 754
1911	459	1931	801	1951	1 379
1912	210	1932	400	1952	711
1913	95	1933	267	1953	331
1914	454	1934	354	1954	138
1915	1 521	1935	1 100	1955	794
1916	1 785	1936	2 545	1956	2 196
1917	2 305	1937	3 505	1957	2 273
1918	1 882	1938	3 205	1958	2 225
1919	1 729	1939	2 349		
1920	1 219	1940	1 522		

3. Protuberanzen (siehe 4.1.2.4 und 4.1.2.6)

Als statistisches Maß der Protuberanzenhäufigkeit dient die Fläche der über den Sonnenrand hinausragenden Protuberanzen (siehe Tab. 5).

Tab. 5. Jahresmittelwerte der Protuberanzenprofilfläche F nach Beobachtungen auf der Sternwarte in Zürich — Annual mean values of the prominence profile area F measured at the Observatory in Zürich [3].

F in [10^{-6} der Sonnenscheibe] — in [10^{-6} of the solar disk]

Jahr	F	Jahr	F	Jahr	F	Jahr	F
1909	1 624	1923	1 371	1937	3 955	1951	2 790
1910	1 324	1924	1 825	1938	4 087	1952	2 272
1911	650	1925	2 346	1939	2 749	1953	1 850
1912	450	1926	4 587	1940	2 970	1954	1 456
1913	435	1927	3 156	1941	2 302	1955	2 400
1914	1 235	1928	2 984	1942	1 656	1956	4 640
1915	2 802	1929	3 100	1943	1 064	1957	5 730
1916	2 963	1930	1 681	1944	978	1958	6 900
1917	4 237	1931	1 335	1945	1 896	1959	6 242
1918	3 310	1932	1 249	1946	3 538	1960	4 026
1919	2 374	1933	1 335	1947	7 264	1961	3 818
1920	2 774	1934	1 621	1948	7 305	1962	3 431
1921	2 060	1935	2 941	1949	7 008	1963	2 626
1922	1 603	1936	3 527	1950	4 840		

4. Korona (siehe 4.1.1.7 und 4.1.2.7)

Die Helligkeit der weißen Korona (K + F-Komponente) nimmt vom Fleckenminimum zum -maximum höchstens auf das 2-fache zu. Dagegen variiert die Intensität der meisten Koronalinien viel stärker mit dem 11jährigen Zyklus (Tab. 6).

Tab. 6. Gesamtemission E der Koronalinie 5303 A in willkürlichen Einheiten — Total emission, E, of the corona line, 5303 A, expressed in arbitrary units [3,4]

Jahr	1939	1940	1941	1942	1943	1944	1945	1946	1947	1948	1949	1950	
E	1 138	1 049	1 026	738	819	246	511	1 065	1 294	1 038	834	810	
Jahr	1951	1952	1953	1954	1955	1956	1957	1958	1959	1960	1961	1962	1963
E	732	506	302	112	402	974	1 330	1 289	1 149	844	721	448	261

5. Solare Röntgenstrahlung

Während die UV-Intensität keine oder nur schwache Variationen im 11jährigen Zyklus aufweist, sind solche im Gebiet der Röntgenstrahlen sehr stark.

Tab. 7. Variation der solaren Röntgenstrahlung — Variation of the solar X-rays [5].

I_{max}	Intensität im Maximum	intensity at the maximum
I_{min}	Intensität im Minimum	intensity at the minimum

λ [A]	I_{max}/I_{min}
2 ··· 8	~200
8 ··· 20	~ 50
44 ··· 60	~ 7

Literatur zu 4.1.2.5 — References for 4.1.2.5

1 WALDMEIER, M.: The Sunspot-Activity in the Years 1610 ··· 1960, Zürich (1961).
2 Royal Greenwich Observatory: Sunspot and Geomagnetic-Storm Data, London (1955).
3 „Die Sonnenaktivität", jährliche Publikation in den Astron. Mitt. Zürich.
4 WALDMEIER, M.: ZfA **50** (1960) 145.
5 FRIEDMAN, H.: The Solar Corona, Academic Press, New York (1963) 47.
6 WALDMEIER, M.: Experientia **2** (1946) 354.

4.1.2.6 Die Aktivitätszonen — The activity zones

1. Sonnenflecken (siehe 4.1.2.1 und 4.1.2.5)

Die Sonnenflecken treten nur in einer Zone von 10° bis 15° Ausdehnung in heliographischer Breite auf. Die ersten Flecken eines neuen Zyklus erscheinen etwa bei der heliographischen Breite $\varphi = 35°$. Mit fortschreitender Entwicklung nimmt φ ab, und die letzten Flecken eines Zyklus besitzen etwa die Breite $\varphi = 5°$.

$\bar{\varphi}$	mittlere heliographische Breite z. Z. des Fleckenmaximums	mean heliographic latitude of the sunspot maximum
R_M	größte ausgeglichene monatliche Fleckenrelativzahl	largest average monthly sunspot number

$$\bar{\varphi} = 8{,}^{\circ}19 + 0{,}^{\circ}0699 \cdot R_M$$

Tab. 1. Die mittlere heliographische Breite φ der Flecken in den Jahren 1901···1963 — The mean heliographic latitude, φ, of the sunspots in the years 1901···1963 [1].

Jahr	φ	Jahr	φ	Jahr	φ	Jahr	φ	Jahr	φ	Jahr	φ	Jahr	φ
1901	10,°4	1910	10,°5	1919	10,°8	1928	13,°5	1937	17,°0	1946	20,°0	1955	24,°1
1902	17,6	1911	6,5	1920	10,4	1929	10,5	1938	14,8	1947	17,4	1956	21,7
1903	19,9	1912	8,1	1921	7,9	1930	9,9	1939	13,4	1948	14,2	1957	19,2
1904	16,6	1913	23,2	1922	8,0	1931	8,3	1940	11,2	1949	13,3	1958	17,1
1905	13,1	1914	21,8	1923	15,3	1932	8,3	1941	10,4	1950	13,4	1959	14,8
1906	14,0	1915	18,8	1924	22,7	1933	14,6	1942	9,0	1951	11,3	1960	13,9
1907	12,1	1916	15,8	1925	20,2	1934	23,8	1943	10,1	1952	8,0	1961	11,0
1908	10,4	1917	14,6	1926	18,7	1935	23,3	1944	21,5	1953	9,9	1962	10,3
1909	9,7	1918	12,8	1927	15,0	1936	20,4	1945	20,2	1954	21,2	1963	10,1

2. Sonnenfackeln (siehe 4.1.2.2 und 4.1.2.5)

Die Zone der Fackeln schließt sich derjenigen der Flecken eng an, jedoch weist die maximale Fackelhäufigkeit einen um etwa 5° größeren Äquatorabstand auf als die maximale Fleckenhäufigkeit. Die Fackelzone besitzt außerdem polwärts eine größere Ausdehnung als die Fleckenzone. Einige Jahre vor bis kurz nach dem Minimum treten in heliographischen Breiten über 60° die sogenannten Polarfackeln auf [2].

3. Protuberanzen (siehe 4.1.2.4 und 4.1.2.5)

Drei verschiedene Zonen treten auf:

a) Die Protuberanzenhauptzone folgt der Fleckenzone, besitzt jedoch einen um ~15° größeren Äquatorabstand als diese.

b) Die Polarzone erscheint vor dem Fleckenminimum in ~45° heliographischer Breite und verschiebt sich nach dem Überschreiten des Minimums gegen den Pol, der kurz nach dem Fleckenmaximum erreicht wird.

c) Die Zone der Protuberanzen kurzer Dauer (Fleckenprotuberanzen, Auswürfe, Eruptionen) fällt mit der Fleckenzone zusammen.

4. Chromosphäre (siehe 4.1.1.6)

Die Höhe der Chromosphäre, gemessen in $H\alpha$, beträgt durchschnittlich $\sim 10''$. Dieser Wert wird im Sonnenfleckenmaximum in allen heliographischen Breiten erreicht, im Sonnenfleckenminimum jedoch nur am Pol, während in niedrigen Breiten und am Äquator die Chromosphäre etwa um 10% weniger hoch ist. Die Chromosphärenhöhe am Pol unterliegt nicht dem 11jährigen Zyklus [*3*].

5. Korona (siehe 4.1.1.7 und 4.1.2.5)

a) Die Elliptizität der weißen Korona erreicht im Sonnenfleckenmaximum den niedrigsten, im Fleckenminimum den höchsten Wert (Tab. 2).

Tab. 2. Elliptizität ε der Isophoten der weißen Korona (im Abstand von $\sim 2\,R_\odot$ vom Sonnenzentrum) — Ellipticity ε of the isophotes of the white corona (at a distance of about $2\,R_\odot$ from the center of the sun) [*4*]

Δt | Zahl der Jahre nach dem Fleckenminimum | number of years after a sunspot minimum

Δt [a]	0	1	2	3	4	5	6	7	8	9	10	11
ε	0,27	0,24	0,13	0,03	0,03	0,08	0,13	0,19	0,23	0,25	0,26	0,27

b) Die monochromatische Korona, z. B. in der Linie 5303 A, zeigt eine zonale Struktur. Die Hauptzone der Intensität fällt mit der Fackelzone zusammen und verschiebt sich wie diese im 11jährigen Zyklus. Die polare Zone liegt vom Fleckenmaximum bis zum Minimum in etwa 60° und verschiebt sich vom Minimum bis zum Maximum nach dem Pol [*5*].

Literatur zu 4.1.2.6 — References for 4.1.2.6

1 Sunspot and Geomagnetic-Storm Data, Royal Greenwich Obs., London (1955).
2 Waldmeier, M.: ZfA **54** (1962) 260.
3 Fracastoro, M. G.: Oss. Mem. Arcetri Nr. 64 (1948).
4 Waldmeier, M., H. Arber und H. Bachmann: ZfA **42** (1957) 205.
5 Waldmeier, M.: Die Sonnenkorona, II/2, Verlag Birkhäuser, Basel (1957).

4.1.2.7 Radiostrahlung der gestörten Sonne — Radio emission of the disturbed sun

Die Radiostrahlung der gestörten Sonne ist eine erhöhte Strahlung aus begrenzten Aktivitätsgebieten der Sonnenatmosphäre, die sich additiv der Strahlung der ruhigen Sonne überlagert. Die Strahlung ist unregelmäßig variabel, sie hat zum Teil außerordentlich große, kurzzeitige Amplituden. Besondere Merkmale der Variabilität ebenso wie Merkmale des Spektrums ermöglichen es, diese Strahlung in drei verschiedene Komponenten zu unterteilen. Man unterscheidet:

1. eine langsam variable Strahlung aus den Fleckengebieten, — die Fleckenkomponente — (4.1.2.7.1),
2. die Strahlung der „Rauschstürme" des m-Wellengebietes (4.1.2.7.2),
3. die Strahlungsausbrüche (4.1.2.7.3).

The radio emission of the disturbed sun is a radiation originating in centers of activity of the sun's atmosphere, it is superimposed additively the radiation of the quiet sun. The emission varies irregularly and, to some extent, has extraordinarily large amplitudes of short duration. Peculiarities in the variability as well as in the spectrum make it possible to divide this radiation into three separate components:

1. slowly varying emission from centers of activity —sunspot component—(4.1.2.7.1),
2. the "noise storms" of the m-wave region (4.1.2.7.2),
3. bursts or outbursts (4.1.2.7.3).

4.1.2.7.1 Die langsam variable Fleckenkomponente — The slowly varying sunspot component

Die langsam variable Fleckenkomponente entsteht in diskreten Gebieten der Sonnenatmosphäre, die vorzugsweise mit Fleckengebieten in Zusammenhang stehen. Ihr variabler Strahlungsfluß ist außerdem eng mit den von Tag zu Tag variierenden Sonnenfleckenrelativzahlen oder den Sonnenfleckenflächen korreliert (siehe 4.1.2.5). Auf Grund dieser Beziehungen hat sich für diese Komponente die Bezeichnung „Fleckenkomponente" eingebürgert.

Der Nachweis, daß die Strahlung in diskreten Gebieten der Sonnenatmosphäre ihren Ursprung hat, die mit den Fleckengebieten zusammenfallen, wurde zuerst bei Sonnenfinsternismessungen erbracht [*1, 2*]. Heute werden mit Vielelementen-Interferometern täglich Bilder der Verteilung der hellen Radiofleckengebiete über die Sonnenscheibe gewonnen [*3, 4*]. Ihre Veröffentlichung erfolgt laufend in [*5*].

Der Spektralbereich, in dem die Fleckenkomponente hervortritt, ist (siehe auch Fig. 1)

$$1{,}5\ \text{cm} < \lambda < 100\ \text{cm}\,.$$

Die relative Amplitude der Fleckenkomponente, bezogen auf den Strahlungsfluß der ruhigen Sonne $F_{\odot max}/F_{\odot min}$ hat ihr Maximum etwa bei $\lambda = 15$ cm (Tab. 1).

Der Strahlungsfluß aus einem einzelnen Fleckengebiet ist von dessen Größe und der dort herrschenden Elektronentemperatur und Elektronendichte abhängig. Die Größe kann wegen des geringen Winkelauflösungsvermögens der Antennensysteme nicht mit genügender Genauigkeit gemessen werden. Man muß sich daher darauf beschränken, die Angaben des Strahlungsflusses auf den Zustand der Sonne zu beziehen, der durch eine bestimmte Sonnenfleckenrelativzahl charakterisiert wird (Tab. 1).

Eine genaue Analyse der Korrelation zwischen den Tageswerten des Strahlungsflusses der Sonne und den Sonnenfleckenrelativzahlen R ist neuerdings von A. Krüger, W. Krüger und G. Wallis [6] durchgeführt worden (dort auch Literatur über ähnliche frühere Arbeiten). Der Korrelationskoeffizient r stieg in den Halbjahren 1957 II, 1959 II und 1960 I bei $\lambda = 10$ cm über 0,90 an. r hat ein flaches Maximum zwischen 7 cm $< \lambda <$ 25 cm (Tab. 1) und variiert offensichtlich auch etwas in einzelnen Zeitabschnitten des Sonnenfleckenzyklus.

Tab. 1. Die Fleckenkomponente — The sunspot component

$F_{\odot max}$	Strahlungsfluß der gesamten Sonne im Fleckenmaximum (R = 200)	flux density during sunspot maximum (R = 200)
$F_{\odot min}$	Strahlungsfluß der ruhigen Sonne (siehe 4.1.1.8.1) im Fleckenminimum	flux density of the quiet sun (see 4.1.1.8.1) during sunspot minimum
$F_{R=100}$	Strahlungsfluß der Fleckenkomponente für Relativzahl R = 100 (abgeleitet in den Halbjahren 1957 II und 1958 I, während des Fleckenmaximums)	flux of the spot component for a sunspot number R = 100 (derived from data of the period July 1957 to June 1958).
r	mittlerer Korrelationskoeffizient zwischen den Tageswerten des Strahlungsflusses und der Fleckenrelativzahl (für die Jahre 1957 ··· 1959) [6]	mean correlation coefficient between the daily values of the flux and the sunspot numbers (for 1957 ··· 1959) [6]
R	Fleckenrelativzahl, siehe 4.1.2.5	sunspot number, see 4.1.2.5

λ [cm]	f [MHz]	$F_{\odot max}/F_{\odot min}$	$F_{R=100}$ [Watt m^{-2}Hz^{-1}]	r
100	300	(1,0)	$2{,}5 \cdot 10^{-22}$	—
60	500	1,42	$6{,}6 \cdot 10^{-22}$	—
30	1 000	4,20	$25 \cdot 10^{-22}$	0,74
20	1 500	4,72	$56 \cdot 10^{-22}$	0,78
15	2 000	4,86	$68 \cdot 10^{-22}$	0,80
10	3 000	3,92	$70 \cdot 10^{-22}$	0,86
6	5 000	(2,7)	$69 \cdot 10^{-22}$	(0,80)
3	10 000	1,57	$60 \cdot 10^{-22}$	0,71

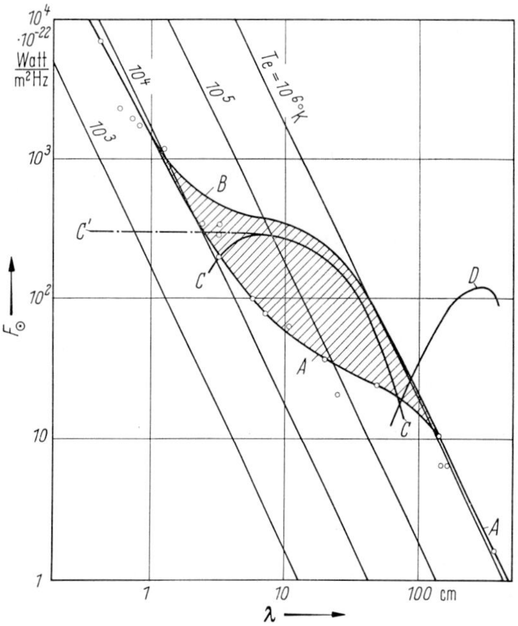

Fig. 1. Strahlungsfluß der Sonne $F_\odot(\lambda)$ — Flux density of the sun $F_\odot(\lambda)$.

Parameter:	Elektronentemperatur T_e	electron temperature T_e
Kurve A	im Fleckenminimum	during sunspot minimum
Kurve B	im Fleckenmaximum	during sunspot maximum
////////	Bereich, in dem der Strahlungsfluß je nach der momentanen Fleckentätigkeit variiert	region in which the flux density varies as a function of the present sunspot activity
Kurve C	Spektrum der Fleckenkomponente im Fleckenmaximum (bei hohen Frequenzen ist der Verlauf von C noch nicht gesichert)	spectrum of the sunspot component during sunspot maximum (for high frequencies the shape of the curve C is not yet definitely known)
Kurve C'	vermutlicher Verlauf im Falle thermischer Emission	probable shape for thermal emission
Kurve D	Spektrum eines Sturms mittlerer Stärke	spectrum of a storm of average intensity

Ausdehnung der Emissionsgebiete — Dimensions of emission areas

Größe	1' ··· 8'	
im Mittel	~ 4'	
lineare Ausdehnung im Mittel	200 000 km	
Höhe über der Photosphäre¹)	20 000 ··· 100 000 km	[7]
obere Grenze²) bei λ = 3,2 cm	100 000 km	[8]
obere Grenze²) bei λ = 20 cm	200 000 km	[8]

¹) abgeleitet aus der Sonnenrotation — derived from the rotation of the sun.
²) abgeleitet aus Messungen bei Sonnenfinsternissen — derived from eclipse measurements.

Die Strahlung ist im allgemeinen nicht oder bei $\lambda = 10$ cm gelegentlich nur sehr schwach zirkular polarisiert [7].

Die Strahlung entsteht nach der Vorstellung von Waldmeier und Müller [9] in dichteren und heißen Gebieten der unteren Korona in koronalen Kondensationen (siehe 4.1.2.5). Die Strahlung ist danach thermischen Ursprungs. Das Modell von Waldmeier und Müller gibt die beobachteten Spektren befriedigend wieder. Siehe auch [10] und [11]. Allerdings muß beachtet werden, daß die Materie der Kondensationen offenbar von Magnetfeldern getragen und zusammengehalten wird. Es ist daher nicht ausgeschlossen, daß die heißen Elektronen im Magnetfeld auch zur Emission beitragen.

Der Strahlungsfluß der Sonne im Wellenbereich des Maximums der Fleckenkomponente, also etwa für 7 cm $< \lambda <$ 25 cm ist ebenso wie die Sonnenfleckenrelativzahlen eine wichtige Maßzahl für die Sonnenaktivität geworden. Da die Strahlung bezüglich ihres Entstehungsortes und des Entstehungsmechanismus offenbar eng mit der kurzwelligen Strahlung der Sonne im unteren Ultraviolett und im Röntgengebiet in Zusammenhang steht, ist die Strahlung auch ein wichtiges Maß geworden für die Beurteilung der Vorgänge in der äußeren Erdatmosphäre. Die wichtigsten langjährigen Strahlungsmessungen in diesem Gebiet sind in Tab. 3 zusammengestellt. Tägliche Werte des Strahlungsflusses 1953···1963 nach Messungen des National Research Council Ottawa siehe Tab. 2.

Tab. 2. Tägliche Werte des Strahlungsflusses der Sonne $F_\odot$ für den Sonnenfleckenzyklus 1953 ··· 1963 nach Messungen des National Research Council Ottawa — Daily values of solar flux density, $F_\odot$, for the sunspot cycle 1953 ··· 1963 according to measurements of the National Research Council Ottawa

$\lambda = 10{,}3$ cm ($f = 2\,800$ MHz)

Frühere Werte und Meßwerte anderer Stationen in [5] und Tab. 3 — Earlier data, and data of other stations in [5] and Tab. 3.

1953	$F_\odot$ in [10^{-22} Watt m^{-2} Hz^{-1}]											
Dat.	Jan.	Febr.	März	Apr.	Mai	Juni	Juli	Aug.	Sept.	Okt.	Nov.	Dez.
1	—	—	—	73	70	61	57	—	60	63	—	60
2	65	67	62	73	—	—	57	55	59	61	65	62
3	—	68	61	76	—	63	58	58	59	—	63	62
4	—	69	—	74	68	65	—	60	59	58	64	62
5	70	69	63	—	65	61	58	60	—	60	63	—
6	81	69	62	67	65	—	58	60	63	64	64	63
7	77	—	—	67	60	62	58	61	64	63	—	64
8	84	—	—	74	61	61	59	—	64	62	63	64
9	84	66	59	69	—	61	62	—	64	61	63	63
10	—	67	60	—	—	59	61	69	68	—	62	61
11	—	67	58	—	57	61	63	77	66	63	62	62
12	87	65	56	—	58	57	63	75	—	63	61	—
13	87	65	59	60	57	—	62	76	66	63	62	—
14	89	—	—	57	57	63	63	76	68	69	60	60
15	76	—	—	58	56	62	64	76	69	67	62	61
16	78	64	56	56	—	74	62	72	69	66	62	61
17	—	61	59	56	61	64	62	70	67	64	63	60
18	—	58	58	—	—	62	62	64	67	62	63	61
19	69	58	—	—	62	63	60	65	64	63	63	—
20	67	58	61	56	63	—	55	64	62	62	63	—
21	65	—	—	60	63	62	59	65	64	62	—	62
22	65	—	—	64	62	61	60	—	64	64	66	64
23	65	59	56	65	—	61	59	59	63	64	63	61
24	—	55	—	74	63	61	58	60	65	—	64	62
25	63	61	65	—	64	61	—	57	65	61	61	—
26	64	60	59	76	59	61	55	57	—	63	64	64
27	64	60	59	82	59	—	55	58	—	63	63	—
28	64	—	—	86	61	59	56	58	62	61	62	62
29	63	—	—	80	62	60	56	—	61	63	—	63
30	65	—	68	81	—	58	56	—	65	64	62	61
31	—	—	69	—	61	—	57	58	—	—	—	—
Mittel	72	63	60	68	61	62	59	64	64	63	63	62

Fortsetzung nächste Seite

Tab. 2. (Continued)

1954	$F_\odot$ in $[10^{-22}$ Watt m^{-2} $Hz^{-1}]$												1955	$F_\odot$ in $[10^{-22}$ Watt m^{-2} $Hz^{-1}]$				
Dat.	Jan.	Febr.	März	Apr.	Mai	Juni	Juli	Aug.	Sept.	Okt.	Nov.	Dez.	Jan.	Febr.	März	Apr.	Mai	Juni
1	—	73	72	70	—	64	68	70	69	76	74	80	—	84	—	78	81	79
2	73	72	71	64	68	66	64	70	69	—	74	79	78	86	79	79	80	79
3	—	70	72	—	67	66	66	69	73	69	76	77	78	89	80	78	83	79
4	71	73	71	—	69	66	67	68	—	76	71	—	83	90	77	78	83	80
5	72	72	71	68	69	68	68	69	70	78	73	78	90	85	80	82	83	79
6	68	—	—	68	67	66	68	71	71	79	—	75	101	87	79	84	83	77
7	72	—	—	70	68	67	—	71	68	77	—	76	105	89	76	80	—	76
8	71	71	72	72	—	67	67	70	70	78	77	75	—	91	76	—	—	80
9	—	—	72	70	—	69	67	71	72	77	81	77	103	92	76	80	79	85
10	—	72	72	71	69	68	—	73	71	—	84	74	98	86	80	77	78	86
11	76	72	72	69	68	67	—	71	—	—	87	—	100	83	74	79	75	93
12	74	—	72	72	68	66	68	71	72	75	83	77	100	—	75	77	75	—
13	70	—	—	72	68	66	68	70	68	77	—	76	97	88	—	76	73	98
14	72	—	—	70	68	68	68	—	71	78	—	78	96	84	76	75	72	103
15	74	73	85	71	66	67	68	71	70	76	80	84	—	83	76	80	—	103
16	—	71	82	—	—	68	66	70	70	—	77	85	90	80	76	—	74	109
17	70	—	81	70	68	67	68	68	72	78	77	81	88	77	73	76	80	108
18	72	71	79	70	67	67	66	69	—	77	76	—	85	80	76	76	78	104
19	74	70	80	69	—	67	67	67	—	76	75	82	85	80	—	75	78	106
20	71	—	73	68	66	64	67	69	73	77	—	81	80	86	76	76	86	108
21	74	—	74	71	67	64	65	—	71	74	72	79	77	82	75	76	94	102
22	72	70	73	70	68	65	—	70	71	74	72	79	78	79	—	76	92	91
23	—	72	70	68	66	67	67	72	73	—	75	80	78	86	74	77	92	94
24	—	71	72	68	68	67	—	72	72	74	75	80	83	87	74	76	91	83
25	70	73	71	69	68	67	66	72	—	75	74	—	83	85	76	75	91	78
26	72	73	66	69	68	66	68	72	71	75	72	78	83	84	—	77	92	—
27	71	—	—	68	69	62	69	70	73	72	—	76	78	—	—	82	93	79
28	73	73	70	67	66	69	68	—	73	74	—	—	81	82	—	80	87	77
29	71	—	—	68	—	68	68	68	74	72	72	77	83	—	77	82	88	81
30	—	—	—	68	67	68	69	69	76	—	76	80	—	—	77	80	79	83
31	—	—	69	—	68	—	—	68	—	73	—	83	86	—	78	—	81	—
Mittel	72	72	73	69	68	67	67	70	71	75	76	79	88	85	77	78	83	89

Continued next page

Tab. 2. (Fortsetzung)

1955	$F_\odot$ in $[10^{-22}$ Watt m^{-2} Hz$^{-1}]$						1956	$F_\odot$ in $[10^{-22}$ Watt m^{-2} Hz$^{-1}]$										
Dat.	Juli	Aug.	Sept.	Okt.	Nov.	Dez.	Jan.	Febr.	März	Apr.	Mai	Juni	Juli	Aug.	Sept.	Okt.	Nov.	Dez.
1	88	83	101	97	153	136	—	114	153	—	151	155	—	174	181	191	241	225
2	89	81	104	101	135	138	128	116	159	135	158	148	—	176	179	202	225	240
3	92	84	107	113	121	134	125	116	153	129	157	148	157	175	—	222	225	250
4	91	85	—	118	116	145	123	116	146	136	157	149	152	184	182	219	251	251
5	95	90	110	—	109	147	116	106	144	134	162	149	158	184	181	216	274	261
6	102	—	109	—	108	148	120	103	148	145	164	147	156	185	213	208	301	255
7	103	103	107	125	116	143	124	107	149	—	165	146	166	196	209	214	302	251
8	102	111	110	112	121	140	122	109	—	164	166	141	174	197	203	212	319	245
9	101	124	110	115	125	138	116	116	154	175	169	138	172	204	217	212	305	257
10	101	117	106	120	131	134	112	121	158	188	179	134	169	194	217	209	284	270
11	97	113	98	114	134	146	116	133	156	185	177	137	179	181	237	215	283	272
12	97	110	97	—	140	141	124	154	—	186	178	137	192	181	247	207	293	264
13	94	—	97	99	131	133	135	163	163	193	175	147	183	179	261	201	278	249
14	90	101	94	96	127	136	136	185	175	198	167	147	—	176	247	186	269	250
15	89	96	89	86	131	137	156	219	172	—	161	160	161	171	234	168	251	254
16	85	91	85	86	134	139	161	240	166	194	156	158	154	167	238	163	257	249
17	83	87	85	79	131	136	170	248	167	191	161	159	146	174	218	162	255	254
18	81	79	84	85	128	133	177	251	169	191	170	171	146	—	210	162	228	230
19	82	79	85	87	131	132	174	248	171	179	168	179	144	188	197	185	223	236
20	82	78	84	88	132	131	173	244	163	175	176	187	144	204	195	183	216	230
21	78	77	81	94	124	119	174	236	163	188	162	187	156	228	189	186	205	242
22	77	79	80	96	122	122	181	220	163	187	156	182	165	212	179	191	230	254
23	76	77	81	104	123	117	177	204	169	163	147	170	181	223	173	184	203	258
24	73	76	—	113	124	115	174	178	164	166	147	173	172	219	175	191	199	252
25	74	76	87	134	128	115	153	—	157	152	153	158	170	—	176	194	213	—
26	74	80	87	139	135	114	137	154	154	156	159	138	159	220	173	199	214	259
27	—	—	91	138	136	123	124	142	161	137	157	134	160	213	167	213	205	272
28	76	85	93	140	135	123	121	143	163	—	165	139	155	207	166	219	217	226
29	79	86	97	144	132	124	109	157	168	125	177	148	158	214	172	229	218	234
30	81	91	98	140	144	135	107	—	154	136	167	—	162	199	174	232	238	244
31	—	101	—	149	—	129	110	—	155	—	155	—	168	190	—	234	—	—
Mittel	87	91	95	111	129	132	139	166	160	166	163	154	163	194	200	200	247	249

Tab. 2. (Continued)

1957	$F_\odot$ in $[10^{-22}$ Watt m^{-2} Hz$^{-1}]$												1958	$F_\odot$ in $[10^{-22}$ Watt m^{-2} Hz$^{-1}]$				
Dat.	Jan.	Febr.	März	Apr.	Mai	Juni	Juli	Aug.	Sept.	Okt.	Nov.	Dez.	Jan.	Febr.	März	Apr.	Mai	Juni
1	—	197	186	219	175	218	256	203	275	268	300	295	257	195	195	331	266	219
2	275	182	182	203	176	229	242	200	268	252	289	270	263	217	209	326	276	220
3	274	185	179	183	182	230	254	198	273	265	266	283	262	222	223	302	—	227
4	283	181	177	193	190	218	249	194	247	237	236	278	261	233	232	295	280	246
5	286	183	180	192	202	222	238	187	237	245	240	273	246	249	233	290	269	256
6	291	193	180	169	198	226	224	187	223	250	239	271	254	252	251	289	263	260
7	264	186	195	171	204	221	211	185	222	253	243	234	255	257	256	283	249	238
8	248	200	198	195	207	223	201	181	227	261	235	242	255	250	251	272	236	233
9	233	190	197	209	228	233	198	175	233	275	230	229	259	234	255	250	239	252
10	216	184	199	193	227	220	188	169	245	275	232	210	274	231	242	244	209	234
11	215	190	216	186	234	224	170	173	268	278	246	211	273	228	235	216	211	235
12	217	193	209	180	228	226	176	177	277	284	257	209	290	226	232	196	209	227
13	206	175	214	186	242	245	188	172	268	281	250	222	310	222	238	179	203	220
14	197	180	200	183	248	247	187	182	259	289	248	228	321	210	227	177	194	208
15	191	188	198	202	235	255	188	183	255	277	242	236	309	202	217	188	196	197
16	184	176	201	209	239	264	203	197	264	289	242	252	297	187	214	197	194	191
17	194	181	200	212	212	268	217	216	271	272	228	278	285	183	208	207	194	182
18	203	188	197	204	214	288	227	216	275	294	247	291	260	177	210	213	197	177
19	215	173	193	207	201	292	220	214	301	291	251	293	238	173	220	221	197	189
20	233	172	195	209	—	295	230	199	302	303	261	333	251	172	232	226	197	193
21	223	184	198	204	230	295	244	194	327	282	274	348	239	175	224	229	199	194
22	226	186	202	217	212	293	236	185	328	274	294	365	227	176	266	237	199	213
23	233	204	203	214	207	297	250	197	294	295	280	377	210	194	268	235	206	217
24	252	185	196	215	210	277	255	199	285	280	285	370	211	206	274	244	211	221
25	232	184	198	224	196	253	246	210	261	259	271	363	206	207	258	248	207	226
26	241	180	193	233	184	260	231	219	270	266	259	356	220	205	284	245	210	233
27	237	183	215	214	198	259	232	222	259	296	258	342	200	197	302	247	201	237
28	207	180	198	199	181	261	212	238	259	323	255	317	189	—	259	258	202	232
29	197	—	209	188	183	260	201	238	256	342	247	282	194	—	332	255	219	220
30	188	—	195	177	199	265	193	263	262	344	278	276	181	—	344	265	213	217
31	176	—	201	—	211	—	191	294	—	318	—	280	187	—	338	—	209	—
Mittel	228	185	197	200	208	252	218	202	266	281	256	282	248	210	250	246	219	220

Continued next page

Tab. 2. (Fortsetzung)

1958	$F_\odot$ in $[10^{-22}$ Watt m^{-2} Hz$^{-1}]$						1959	$F_\odot$ in $[10^{-22}$ Watt m^{-2} Hz$^{-1}]$										
Dat.	Juli	Aug.	Sept.	Okt.	Nov.	Dez.	Jan.	Febr.	März	Apr.	Mai	Juni	Juli	Aug.	Sept.	Okt.	Nov.	Dez.
1	215	274	261	231	234	268	235	205	187	256	204	193	188	214	282	150	159	222
2	215	254	281	221	241	259	250	205	181	236	194	198	174	228	269	145	168	217
3	224	237	270	219	224	241	266	204	181	216	195	198	171	240	257	144	165	202
4	232	216	256	215	220	241	270	201	178	215	184	190	177	236	239	148	154	199
5	238	221	233	199	222	253	282	191	179	196	186	197	176	229	220	155	151	204
6	232	239	216	189	204	249	294	195	190	196	202	210	188	227	200	174	157	202
7	237	235	210	189	206	253	306	182	188	217	208	198	192	212	192	169	161	191
8	232	236	211	187	191	260	278	182	191	215	244	213	185	204	199	155	173	193
9	218	225	235	192	180	254	268	174	198	215	249	223	185	204	209	153	183	173
10	208	222	245	198	169	269	282	190	204	220	259	228	201	202	201	149	194	174
11	203	225	250	210	166	256	260	199	201	232	264	226	194	200	203	147	193	171
12	188	222	270	219	166	257	251	199	194	224	266	220	234	196	195	154	192	169
13	191	236	285	225	163	260	235	201	207	209	264	212	243	194	189	155	191	162
14	182	235	290	228	166	258	224	199	215	198	244	208	264	189	196	153	187	165
15	181	231	271	230	166	235	207	213	235	189	228	225	245	190	184	160	182	171
16	192	215	263	253	169	217	213	214	246	188	222	220	261	201	168	167	175	164
17	188	211	259	286	173	204	220	220	259	190	224	225	240	224	170	169	161	167
18	190	218	246	286	174	202	237	218	274	181	213	228	231	229	167	171	155	169
19	205	219	243	296	183	187	265	218	281	196	199	237	222	215	175	173	157	180
20	200	220	231	278	187	199	294	228	285	203	201	226	208	224	185	175	154	178
21	209	231	221	277	194	198	315	224	287	203	201	228	189	230	182	175	154	185
22	214	239	249	270	200	211	337	219	262	199	201	219	178	243	188	187	173	171
23	213	243	226	240	213	215	328	212	258	213	198	220	178	262	182	183	187	166
24	228	253	225	227	229	224	334	220	247	213	199	232	181	245	183	181	205	163
25	240	263	222	191	243	231	321	227	248	211	203	233	182	253	175	186	226	—
26	260	264	218	194	264	238	314	219	247	218	205	238	182	257	164	190	221	161
27	261	252	219	191	268	227	322	211	246	212	208	240	200	279	163	184	218	167
28	290	244	225	209	259	223	304	201	248	216	195	224	205	302	162	178	227	172
29	285	252	227	220	263	219	262	—	245	211	176	219	207	308	159	172	225	171
30	287	249	228	228	264	224	224	—	258	220	177	196	204	312	156	166	230	179
31	288	259	—	222	—	226	214	—	254	—	179	—	208	305	—	161	—	167
Mittel	224	237	243	226	207	234	271	206	228	210	213	217	203	234	194	164	183	179

Tab. 2. (Continued)

1960	$F_\odot$ in $[10^{-22}$ Watt m^{-2} Hz$^{-1}]$											1961	$F_\odot$ in $[10^{-22}$ Watt m^{-2} Hz$^{-1}]$				
Dat.	Jan.	Febr.	März	Apr.	Mai	Juni	Juli	Aug.	Sept.	Okt.	Nov.	Dez.	Jan.	Febr.	März	Apr.	Mai	Juni
1	—	225	137	201	152	166	208	140	137	115	124	136	164	123	103	113	125	86
2	175	213	137	184	160	167	207	134	152	112	129	145	176	122	103	105	119	88
3	182	215	138	179	158	167	210	125	149	120	130	152	175	118	104	101	111	92
4	193	209	139	188	156	172	212	122	142	132	131	163	165	118	96	103	104	89
5	213	209	140	182	152	170	209	126	142	132	144	159	160	118	94	107	103	86
6	215	192	135	169	156	175	200	127	149	132	148	161	143	121	93	106	97	88
7	224	187	139	165	162	185	187	134	162	144	157	152	132	114	95	98	97	89
8	219	183	141	147	168	185	176	145	170	143	168	154	125	111	94	104	94	91
9	201	183	143	148	170	181	176	152	173	151	175	150	122	108	90	96	96	100
10	194	178	132	156	170	178	166	170	175	159	200	151	115	104	91	93	92	102
11	200	175	132	159	180	171	153	187	175	152	188	144	110	101	98	92	98	110
12	184	166	129	168	179	167	142	214	177	159	168	140	103	98	92	89	101	108
13	178	167	135	179	170	162	135	234	181	162	180	136	96	97	93	88	97	114
14	176	167	134	183	162	166	139	238	181	166	192	132	96	97	91	93	93	123
15	183	160	137	190	162	166	146	240	178	165	183	138	97	98	98	98	91	129
16	183	158	142	183	155	157	144	241	177	165	174	134	100	96	99	103	88	132
17	179	153	140	178	151	153	153	247	185	167	164	125	102	96	98	105	88	137
18	176	151	133	176	153	139	159	250	190	154	153	118	103	96	101	107	95	136
19	164	146	137	170	153	140	156	234	199	153	150	115	102	96	102	105	100	131
20	157	142	143	175	160	133	152	219	195	149	147	118	102	99	105	103	105	131
21	162	156	145	163	164	131	153	201	189	144	139	116	104	100	105	104	110	132
22	172	149	150	160	164	130	148	189	184	141	127	106	102	102	106	103	109	134
23	188	143	154	166	163	136	151	171	175	134	116	103	100	103	110	105	110	135
24	210	140	158	165	164	132	159	162	162	129	113	106	103	104	116	111	108	117
25	230	147	157	147	163	140	148	158	155	130	111	111	103	106	118	111	106	111
26	242	147	163	143	158	155	149	162	148	132	117	116	108	101	121	126	88	108
27	248	147	169	140	166	164	150	150	142	132	119	125	109	103	125	120	95	99
28	252	140	175	142	171	184	149	140	132	122	117	136	125	103	126	114	91	95
29	237	140	181	153	170	190	154	129	124	131	119	145	132	—	126	121	91	102
30	230	—	193	161	170	194	146	129	121	128	131	159	129	—	125	122	88	103
31	224	—	182	—	159	—	145	132	—	127	—	163	123	—	117	—	88	—
Mittel	200	169	146	167	163	162	164	174	164	141	147	136	120	105	104	105	99	110

Continued next page

Tab. 2. (Fortsetzung)

1961	[$F_\odot$ in 10^{-22} Watt m^{-2} Hz^{-1}]						1962	$F_\odot$ in [10^{-22} Watt m^{-2} Hz^{-1}]										
Dat.	Juli	Aug.	Sept.	Okt.	Nov.	Dez.	Jan.	Febr.	März	Apr.	Mai	Juni	Juli	Aug.	Sept.	Okt.	Nov.	Dez.
1	104	90	110	98	86	105	—	110	121	88	94	98	—	71	84	86	80	77
2	99	87	110	97	83	108	—	103	112	83	95	92	—	73	93	86	80	81
3	104	91	117	97	81	111	79	101	100	80	94	87	—	72	98	83	80	83
4	103	88	118	102	82	105	81	104	89	78	91	85	90	73	99	82	82	82
5	106	90	114	108	87	101	78	92	86	76	87	85	88	70	98	86	82	—
6	102	92	112	101	87	101	77	86	81	78	87	87	86	72	100	84	83	83
7	105	99	115	99	93	94	77	82	80	77	83	92	88	71	100	85	84	86
8	107	105	117	98	99	96	74	82	77	77	84	90	83	72	97	87	85	84
9	112	113	126	107	98	92	74	83	79	78	87	91	80	73	94	86	86	83
10	124	122	130	106	101	87	75	81	76	81	91	90	81	76	91	93	—	84
11	138	130	127	107	99	82	76	82	78	88	98	89	83	74	90	93	87	78
12	137	128	130	111	94	78	77	81	82	93	98	88	82	76	93	93	88	76
13	141	128	130	111	91	82	78	84	81	102	96	89	86	79	92	95	93	77
14	136	127	137	105	86	81	82	83	82	110	94	89	86	83	95	95	99	76
15	136	123	135	106	84	81	86	83	84	111	91	93	85	92	93	94	95	76
16	132	119	133	100	86	81	84	86	86	119	89	95	84	90	91	91	99	76
17	137	119	124	97	83	79	87	87	94	114	93	98	84	89	78	91	94	78
18	131	116	115	95	79	81	94	91	98	110	95	97	82	85	86	89	88	83
19	126	113	108	95	77	82	99	108	116	109	97	98	80	83	84	87	89	84
20	123	109	101	93	80	88	107	107	118	109	103	96	80	84	84	88	86	86
21	118	104	96	92	83	90	112	114	127	112	106	90	79	82	83	87	81	85
22	119	103	92	89	84	99	111	121	128	113	110	90	80	80	81	85	79	82
23	118	98	90	85	87	101	116	136	130	108	111	86	78	79	82	84	77	79
24	118	97	97	85	87	104	114	134	126	105	111	87	78	79	82	89	80	79
25	117	93	97	83	92	—	115	129	128	101	112	90	74	77	84	87	77	—
26	115	95	98	83	93	102	115	129	118	100	110	92	76	75	84	87	77	—
27	111	95	96	84	95	103	115	136	117	100	109	93	74	73	84	86	75	—
28	105	100	96	86	98	98	115	122	109	96	103	91	74	72	83	82	74	74
29	103	103	102	85	98	98	109	—	103	93	104	—	73	72	86	80	75	—
30	92	106	100	87	104	94	101	—	99	91	105	—	72	72	90	82	77	—
31	91	108	—	86	—	93	102	—	92	—	104	—	73	75	—	81	—	—
Mittel	116	106	112	96	89	93	93	101	100	96	98	91	81	77	89	87	84	81

Fortsetzung nächste Seite

Tab. 2. (Continued)

1963	$F_{\odot}$ in $[10^{-22}$ Watt m^{-2} $Hz^{-1}]$											
Dat.	Jan.	Febr.	März	Apr.	Mai	Juni	Juli	Aug.	Sept.	Okt.	Nov.	Dez.
1	—	87	74	73	82	84	76	87	74	68	87	79
2	—	86	75	74	82	81	77	87	73	69	85	80
3	77	85	78	74	81	81	78	87	74	70	83	79
4	79	88	80	70	82	79	78	88	75	71	83	77
5	77	87	82	72	84	78	78	86	74	73	80	76
6	77	85	85	78	87	77	77	88	74	77	78	76
7	77	83	84	80	88	84	77	85	78	79	76	77
8	76	82	83	81	86	90	77	81	75	85	75	77
9	78	79	82	82	88	93	77	80	77	86	76	78
10	80	79	80	82	87	99	76	77	76	87	75	79
11	81	76	78	88	84	103	75	72	72	87	76	80
12	78	74	77	93	87	109	74	73	77	84	77	82
13	79	74	74	89	89	107	76	74	89	84	77	81
14	86	75	80	87	95	100	77	71	98	86	78	79
15	85	76	80	88	98	96	76	72	99	88	81	81
16	82	77	79	88	100	89	76	76	105	87	81	78
17	82	79	79	87	100	86	74	82	99	84	80	78
18	80	81	80	88	98	82	74	80	97	83	82	79
19	78	79	77	84	99	79	74	79	102	88	86	78
20	78	77	77	78	91	75	77	81	109	89	84	79
21	76	74	76	74	88	73	75	84	90	94	86	79
22	75	76	76	72	89	72	73	86	105	96	86	77
23	74	75	75	71	93	72	72	90	99	94	84	76
24	73	76	75	73	89	72	72	87	95	94	83	76
25	74	78	75	72	83	74	74	85	86	96	82	—
26	73	77	73	72	76	74	73	82	84	96	82	74
27	81	75	74	75	80	72	74	80	78	88	81	74
28	80	74	73	78	79	74	73	77	74	84	79	73
29	79	—	75	78	80	73	77	77	71	85	79	72
30	78	—	74	80	83	76	84	77	69	85	79	71
31	82	—	71	—	89	—	85	77	85	82	—	71
Mittel	78	79	78	79	88	83	76	81	85	84	81	77

Tab. 3. Liste der langjährigen Meßreihen des Strahlungsflusses der Sonne im Bereich der Fleckenkomponente — Long enduring series of solar flux measurements in the frequency range of sunspot component

Station	Ort	f [MHz]	Start
Astronomisches Institut der Tschechischen Akademie der Wissenschaften	Prag	536	1956
Observatoire de Belgique	Brüssel	600	1956
Research Institute of Atmospherics, Nagoya University	Toyokawa	1000	1957
Heinrich-Hertz-Institut	Berlin-Adlershof	1500	1954
Research Institute of Atmospherics	Toyokawa	2000	1957
National Research Council Canada	Ottawa[1])	2800	1949
Astronomical Observatory	Tokio	3000	1957
Research Institute of Atmospherics	Toyokawa	3750	1953
Heinrich-Hertz-Institut	Berlin-Adlershof	9400	1956
Research Institute of Atmospherics	Toyokawa	9400	1956
Astronomical Observatory	Tokio	9500	1957

[1]) Teile der Meßreihe siehe Tab. 2.

Literatur zu 4.1.2.7.1 — References for 4.1.2.7.1

1 Covington, A. E.: Nature, London **159** (1947) 405.
2 Christiansen, W. N., D. E. Yabsley, and B. Y. Mills: Australian J. Sci. Res. (A) **2** (1949) 506.
3 Christiansen, W. N., D. S. Mathewson, and J. L. Pawsey: Nature, London **180** (1957) 944.
4 Bracewell, R. N., and G. Swarup: IRE Trans. P.G.A.P. AP—9 (1961) 25.
5 Quart. Bull. Solar Activity.
6 Krüger, A., W. Krüger und G. Wallis: ZfA **59** (1964) 37.
7 Christiansen, W. N., and D. S. Mathewson: Paris Symp. Radio Astron. (1959) 108.
8 Hachenberg, O., M. Popowa und H. Prinzler: ZfA **58** (1963) 36.
9 Waldmeier, M., und H. Müller: ZfA **27** (1950) 58.
10 de Jager, C.: Hdb. Physik **52** (1959) 80.
11 Hachenberg, O.: Radioastronomia Solare, Bologna (1960).

4.1.2.7.2 Die Rauschstürme des m-Wellengebietes — The noise storms of the m-wave region

Der äußeren Erscheinung nach besteht ein Rauschsturm aus einer großen Anzahl einzelner Strahlungsstöße, die häufig auf eine Emission mit kontinuierlichem Spektrum aufgesetzt sind.

Rauschstürme treten nur im m-Wellengebiet bei $\lambda > 100$ cm auf. Die Rauschsturm-Aktivität ist dabei häufig auf einen engeren Frequenzbereich von weniger als 100 MHz beschränkt. Das Spektrum eines Sturmes mittlerer Stärke ist in Fig. 1 Kurve D dargestellt.

Die Dauer eines Rauschsturms liegt zwischen einigen Stunden und mehreren Tagen. Im Sonnenfleckenmaximum sind Rauschstürme eine häufige Erscheinung, sie überdecken dann bis zu 10% der Zeit [*1*]. Siehe Tab. 4.

A noise storm consists of a great number of individual bursts (stormbursts), frequently superimposed on an emission with a continuous spectrum.

Noise storms rise only in the m-wave region with $\lambda > 100$ cm. The noise-storm activity then is often restricted to a narrow frequency range of $\sim$ 100 Mcps. The spectrum of a storm of mean intensity is shown in Fig. 1, curve D.

The duration of a noise storm lies between some hours and several days. In the sunspot maximum, noise storms are a frequent phenomenon; in this case they are active up to 10% of the time [*1*]. See Tab. 4.

Die einzelnen Strahlungsstöße haben eine Dauer von 10^{-1} bis 10 sec [*2* ··· *4*]. Ihre Bandbreite beträgt einige MHz; die Bandbreite nimmt mit der Frequenz zu. Sie sind vorwiegend zirkular polarisiert [*5* ··· *7*]. Die einzelnen Strahlungsstöße werden als Typ I-Ausbrüche (siehe unten) klassifiziert.

Die Häufigkeit der einzelnen Strahlungsstöße ist bei starken Rauschstürmen so hoch (mehr als 100 pro min), daß es nur schwer zu unterscheiden ist, ob der Sturm auch ein Kontinuum hat, oder ob ein Kontinuum durch Überlagerung einer Vielzahl von einzelnen Strahlungsstößen vorgetäuscht wird [*6*].

Die Rauschstürme gehen von Gebieten der Sonnenkorona aus, die ebenfalls mit Fleckengebieten verbunden sind. Jedoch ist das Auftreten eines Rauschsturms nur lose mit der Größe des Fleckengebietes verbunden. Ein Fleckengebiet braucht beim Vorübergang vor der Sonnenscheibe nicht von einem Rauschsturm begleitet zu sein. Tritt ein Rauschsturm auf, so kann dieser stark oder weniger stark sein. Die Korrelation zwischen Strahlungsfluß und Sonnenfleckenrelativzahl ist infolgedessen nur gering (siehe die täglichen Meßwerte bei 200 MHz und anderen Frequenzen in [*8*]).

Die Gebiete werden vorwiegend nur in der Nähe des Zentralmeridians der Sonne beobachtet. Die Emission erfolgt also offenbar gerichtet mit einer Halbwertsbreite der Strahlungscharakteristik von $\pm 30°$ [*9*].

Der Durchmesser der Emissionsgebiete liegt im Mittel zwischen 5' und 10'. Der Durchmesser ist bei niedrigen Frequenzen im Durchschnitt etwas größer als bei höheren Frequenzen [*10, 6, 11*].

Der Emissionsbereich eines einzelnen Strahlungsstoßes ist wohl kleiner als der oben angegebene Bereich, jedoch überdeckt der Streubereich des Auftretens der einzelnen Strahlungsstöße das gesamte angegebene Gebiet. Das Kontinuum entsteht im gleichen Gebiet [*12, 13*].

Die Höhe des Emissionsgebietes über der Photosphäre ist abhängig von der Frequenz der Strahlung. Niedrige Frequenzen entstehen höher in der Korona. Auch für eine feste Frequenz schwankt die Höhe des Emissionsgebietes beträchtlich. Das Emissionsgebiet liegt zwischen 0,3 und 1 $R_\odot$ über der Photosphäre [*10*]. Es liegt in vielen Fällen nur wenig über dem Niveau, in dem die Eigenfrequenz des Plasmas der Korona gleich der Beobachtungsfrequenz ist.

Der Emissionsmechanismus der Rauschstürme ist nicht endgültig geklärt. Es ist wahrscheinlich, daß das Kontinuum als Synchrotron-Strahlung schneller Elektronen zu deuten ist. Die einzelnen Strahlungsstöße können ebenfalls so entstehen; aber es ist auch nicht ausgeschlossen, daß Plasmaschwingungen als Emissionsmechanismus wirken.

Zusammenfassende Darstellungen sind in [*6*] und in [*14*] gegeben; dort auch weitere Literaturangaben.

In Tab. 4 benutzte Intensitätsklassen für die empfangene Strahlung — Classes of intensity of the incident radiation used in Tab. 4.

	Klasse 1	Klasse 2	Klasse 3
125 MHz	5 ··· 40	40 ··· 200	$> 200 \cdot 10^{-22}$ Watt · $m^{-2} \cdot Hz^{-1}$
200 MHz	10 ··· 60	60 ··· 250	$> 250 \cdot 10^{-22}$
> 200 MHz	20 ··· 50	50 ··· 200	$> 200 \cdot 10^{-22}$

Tab. 4. Beobachtungszeit t in Prozent, in der die verschiedenen Typen der Strahlungsausbrüche des m-Wellengebietes während des Sonnenfleckenmaximums 1957 ··· 1958 auftraten — Percentage of observing time in which the different types of bursts of the m-wave region occured during sunspot maximum 1957 ··· 1958

Die Prozentangaben beziehen sich auf 4010 Beobachtungsstunden der Radio Astronomy Station of Harvard College Observatory Fort Davis, Texas, aus der Zeit des Sonnenflecken-Maximums Juli 1957 bis Juni 1958 — The data are based on 4010 hours of observation carried out at the Radio Astronomy Station of Harvard College Observatory Fort Davis, Texas, during the period of sunspot maximum July 1957 to June 1958

Int. | Intensitätsklasse — class of intensity

Zur Beschreibung der verschiedenen Typen siehe auch 4.1.2.7.3 — For description of the different types see also 4.1.2.7.3

Typ der Aktivität	Int.	125 MHz	200 MHz	425 MHz	550 MHz
		t [%]			
Rauschstürme	1	9,25	5,61	0,058	0,04
	2	1,97	1,17	0,01	0,005
	3	2,0	1,23	0,01	0,005
	Total	13,22	8,01	0,08	0,05
Langsam driftende Typ II-Ausbrüche	2	0,003	0,003	—	—
	3	0,045	0,017	< 0,01	< 0,01
	Total	0,048	0,02	< 0,01	< 0,01
Typ III-Ausbrüche	1	0,11	0,07	0,01	< 0,01
	2	0,06	0,04	0,008	< 0,01
	3	0,08	0,03	0,007	0,01
	Total	0,25	0,14	0,025	0,02
Typ IV-Kontinuum	1	0,12	0,30	0,045	0,08
	2	0,09	0,13	0,08	0,15
	3	0,07	0,09	0,29	0,28
	Total	0,28	0,52	0,41	0,51
nicht klassifizierbare Aktivität		0,03	0,01	< 0,01	< 0,01
Gesamte Aktivität		13,83	8,70	0,51	0,58

Literatur zu 4.1.2.7.2 — References for 4.1.2.7.2

1 Maxwell, A., W. E. Howard, and G. Garmire: J. Geophys. Res. **65** (1960) 3581.
2 Elgaröy, Ö.: Astrophys. Norveg. **7** (1961) 123.
3 Wild, J. P.: Australian J. Sci. Res. (A) **4** (1951) 36.
4 Witkewitsch, V. V., und M. V. Gorelowa: Astron. Zh. **37** (1960) 622 (Englische Übersetzung in Soviet. Astron.-AJ **4** (1961) 595).
5 Payne-Scott, R., and A. G. Little: Australian J. Phys. **4** (1951) 508.
6 Fokker, A. D.: Thesis, Universität Leiden (1960).
7 Suzuki, S.: Ann. Tokyo **7** (1961) 75.
8 Quart. Bull. Solar Activity.
9 Avignon, Y., A. Boischot, et P. Simon: Paris Symp. Radio Astron. (1959) 240.
10 Boischot, A.: Ann. Astrophys. **21** (1958) 273.
11 Wild, J. P., and K. V. Sheridan: Proc. I. R. E. **46** (1958) 160.
12 Högbom, J. A.: Paris Symp. Radio Astron. (1959) 251.
13 Goldstein, S. J.: ApJ **130** (1959) 393.
14 Wild, J. P., S. F. Smerd, and A. A. Weiss: Ann. Rev. Astron. Astrophys. **1** (1963) 291.

4.1.2.7.3 Die Strahlungsausbrüche — Outbursts

Die Strahlungsausbrüche sind die auffallendste Erscheinung der Sonnenaktivität im Radiofrequenzbereich. Beim Strahlungsausbruch steigt der Strahlungsfluß der Sonne von einem annähernd konstanten Wert (dem Strahlungsfluß von „ruhiger" Sonne plus Fleckenkomponente) aus steil an,

The outbursts are the most striking phenomenon of solar activity in the radio-frequency range. During the outburst the energy flux of the sun rises rapidly from a nearly constant value (the flux of the "quiet" sun plus sunspot component), and traverses usually several maximum values

durchläuft meist mehrere Spitzenwerte und kehrt schließlich wieder auf den Ausgangswert zurück. Die Erscheinung dauert wenige Sekunden bis zu mehreren Stunden. Im cm-Wellengebiet steigt der Strahlungsfluß bei großen Ausbrüchen bis zum 10 ··· 20fachen Betrag des Ausgangswertes an, im m-Wellengebiet werden gelegentlich Spitzenwerte vom 10^4-fachen des Ausgangswertes erreicht. Die Strahlungsausbrüche sind zu einem großen Teil verbunden mit den Eruptionen der Sonne im optischen Bereich (siehe 4.1.2.3). Einige kleinere Ausbrüche besonders im m-Wellengebiet kommen sicher auch außerhalb der Erscheinungszeit von Eruptionen vor; möglicherweise stehen sie aber mit schwachen Eruptionen (Subflares), die der optischen Beobachtung entgangen sind, oder aber mit anderen Vorgängen in der Sonnenatmosphäre in Zusammenhang.

before finally returning to its initial value. The phenomenon lasts from a few seconds to several hours. During great bursts in the cm-wave region the flux rises up to 10 ··· 20-fold the initial value; in the m-wave region maximum values of 10^4-fold of the initial value may on occasion be reached. The outbursts are related to the flares of the sun in the optical region (see 4.1.2.3). Some smaller bursts, particularly in the m-wave region, certainly also occur even when no flares occur. These may, however, be associated with subflares which have escaped visual observation or with other events of the solar atmosphere.

Klassifizierung der Einzelerscheinungen im Verlauf eines großen Strahlungsausbruchs — Classification of individual phenomena during a great outburst.

Bei großen Strahlungsausbrüchen treten Emissionen im ganzen beobachtbaren Frequenzbereich von 30 MHz $< f <$ 25 000 MHz und möglicherweise darüber hinaus auf. In dem breiten Frequenzband gibt es verschiedene typische Erscheinungsformen, die sich deutlich voneinander unterscheiden, und die daher in folgende Gruppen unterteilt werden konnten:

	Typ	Type	Frequenzbereich [MHz]
A	cm-Wellen-Ausbrüche	C-bursts	1000 ··· 25 000
	a) Spitze Form	impulsive type	1000 ··· 25 000
	b) Typ des allmählichen Anstiegs und Abfalls	gradual rise and fall type	> 2 000
	c) komplexe Form	complex burst	1000 ··· 25 000
B	Typ I-Spitzen (=steil-ansteigende Strahlungsstöße)	type I-burst	< 500
C	Typ II-Ausbruch	type II-burst	< 500
D	Typ III-Ausbruch	type III-burst	< 500
E	Typ V-Kontinuum	type V-burst	< 500
F	Typ IV-Ereignis (Kontinuum)	type IV-event	30 ··· 10 000
G	driftende dm-Ausbrüche	drifting bursts of dm-region	300 ··· 2 000

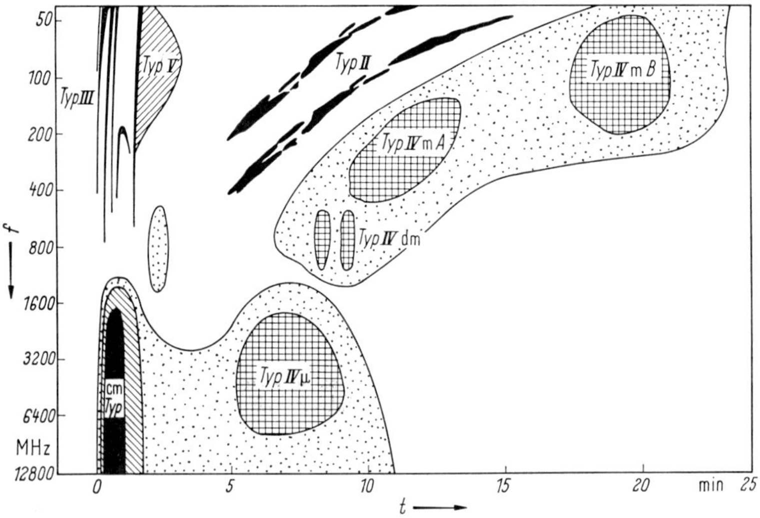

Fig. 2. Zeit-Frequenz-Diagramm der typischen Erscheinungen eines großen Strahlungsausbruchs (schematisch) — Time-frequency diagram of the typical events of a big outburst (scheme).

Der Zusammenhang der Erscheinungen ist in Fig. 2 in Form eines Zeit-Frequenz-Diagramms schematisch dargestellt. Diagramme dieser Art sind für die Darstellung der gesamten Erscheinungen eines Ausbruchs sehr nützlich geworden.

A. Die cm-Wellen-Ausbrüche — Centimeter-bursts

In dieser Gruppe sind alle Erscheinungen zusammengefaßt, die im Bereich 1000 MHz $< f <$ 25 000 MHz auftreten. Der zeitliche Ablauf der Ausbrüche ist in breiten Bereichen des Frequenzgebietes ähnlich. Der Ablauf ist im allgemeinen ruhig, ohne die kurzzeitigen Strahlungsstöße, die für das m-Wellengebiet charakteristisch sind [*1*, *2*].

Nach dem zeitlichen Ablauf der Ausbrüche bei einer beliebigen Frequenz kann man eine grobe Unterteilung in drei verschiedene Typen vornehmen. Es treten auf:

a) einfache Spitzen, Halbwertsbreiten 0,1 ··· 7 min.
b) Typen mit langsamem Ansteigen und Abfallen des Strahlungsflusses, Dauer 7 ··· 60 min.
c) Aus 1 und 2 zusammengesetzte Formen und Ausbrüche mit ganz komplexem Verlauf.

Im Geophysikalischen Jahr wurde eine feinere, 10-stufige Unterteilung zur Klassifikation verwendet, Tab. 5 [*3*].

Tab. 5. Klassifikation der cm-Wellen-Ausbrüche — Classification of cm-bursts [*3*].

Klassen	Beschreibung	
1 Simple 1	Während des einfachen Strahlungsausbruchs durchläuft der Strahlungsfluß ein Maximum und fällt wieder auf den ursprünglichen Pegel ab. Einfacher Strahlungsausbruch (früher „single"), Intensität unter 7,5 Strahlungseinheiten der Sonnenstrahlung, Dauer unter 7,5 min.	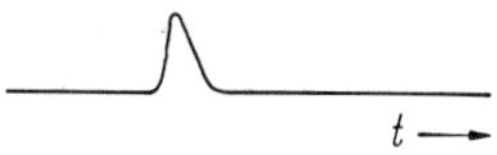
2 Simple 2	Einfacher Strahlungsausbruch (früher „single-simple"), Impulsartiger Ausbruch, Intensität über 7,5 Strahlungseinheiten.	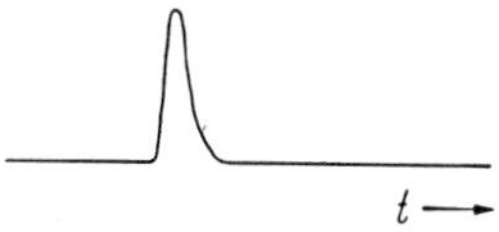
3 Simple 3	Einfacher Strahlungsausbruch (früher „rise and fall"). Ausbruch mittlerer Intensität, Dauer über 7,5 min.	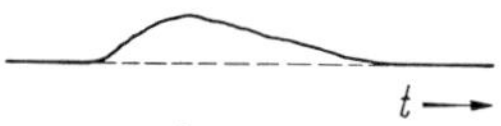
Simple 3A	Wie 3 mit aufgeprägtem Ereignis.	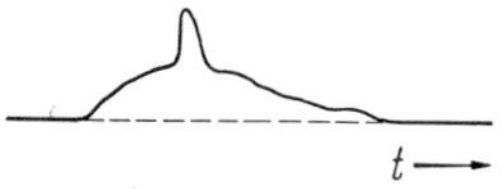
4 Post	Der Pegel ist nach dem Ausbruch höher als vor dem Ausbruch. Die allmähliche Rückkehr auf den Normalpegel kann mehrere Stunden dauern.	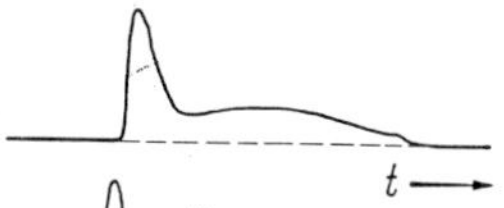
Post A	Wie 4 mit aufgeprägtem Ereignis.	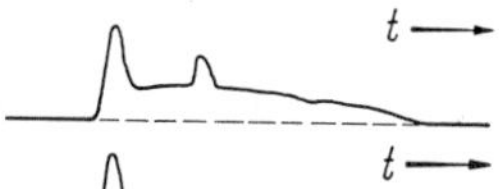
5 Negativ post	Ausbruch mit darauffolgender Absorption.	
6 Complex	(Früher „single-complex"). Ausbruch mit zwei oder mehreren vergleichbaren Maxima.	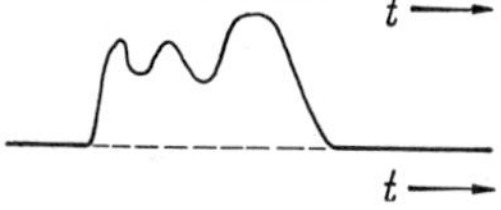
7 Fluctuations	Periode unregelmäßiger Aktivität. Serien überlappender Ausbrüche mittlerer Intensität und Dauer.	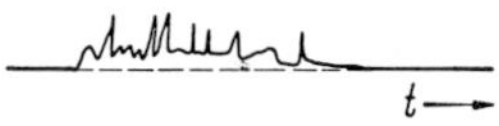
8 Group	Serien einzelner, isolierter Ausbrüche. Zwischen den Ereignissen ist der Pegel gleich dem vor und nach der Gruppe.	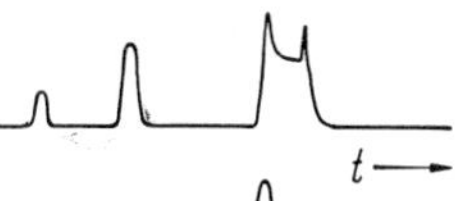
9 Precursor	Eine geringfügige Intensitätszunahme vor einer größeren Intensitätserhöhung.	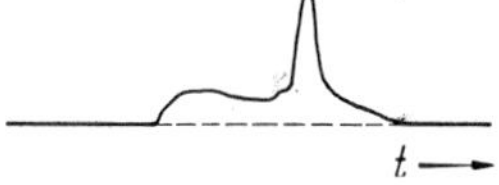
10 Great Burst	Selten auftretender Ausbruch hoher Intensität; oft von komplizierter Struktur.	

Die cm-Wellen-Ausbrüche haben ein kontinuierliches Spektrum. Nur am oberen Ende des Spektralbereichs 10 cm < λ < 25 cm treten gelegentlich kurzzeitige Emissionen in engen Spektralbereichen auf. Die *Intensitätsverteilung im Spektrum* ist in drei Typen zu unterteilen [*4*]:

1. Anstieg der Intensität mit steigender Frequenz und mit einem anschließenden energiegleichen Spektrum bis zu sehr hohen Frequenzen.

2. Abfall der Intensität nach hohen Frequenzen.

3. Ein breites Maximum im cm-Wellenbereich. Das Maximum scheint manchmal als Band auf ein Spektrum nach 1 aufgesetzt zu sein.

In Fig. 3 sind die Spektren 1 bis 3 dargestellt. Die Häufigkeit der einzelnen Typen wurde von Krüger [*5*] wie folgt bestimmt: Spektraltyp 1 56%,
2 10%,
3 26%,
nur 8% haben davon abweichenden Intensitätsverlauf.

Der *Strahlungsfluß* im Maximum der Ausbrüche liegt zwischen $10 \cdot 10^{-22}$ und $200 \cdot 10^{-22}$ Watt m^{-2} Hz^{-1}. Die Häufigkeitsverteilung ist in Fig. 4 dargestellt. Die Ausbruch-Häufigkeit nimmt nach kleineren Werten des maximalen Strahlungsflusses stark zu. Unter $10 \cdot 10^{-22}$ Watt m^{-2} Hz^{-1} sind die Ausbrüche nur noch schwer aus der Strahlung der gesamten Sonne herauszutrennen [*6*].

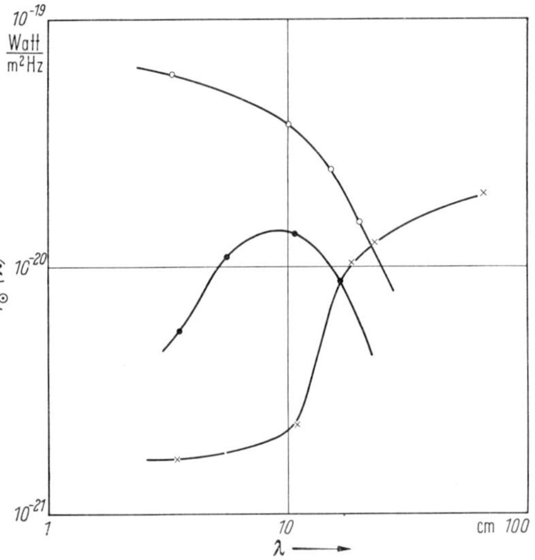

Fig. 3. Typische Spektren von cm-Wellen-Ausbrüchen — Typical spectra of cm-bursts.

$F_\odot(\lambda)$	der empfangene Strahlungsstrom	the incident flux density

o — o 1. Typ (Ausbruch vom 29. 3. 1958)
× — × 2. Typ (Ausbruch vom 8. 9. 1957)
• — • 3. Typ (Ausbruch vom 14. 3. 1958)

Die gesamte bei einem Ausbruch im cm-Wellenbereich pro m^2 auf der Erde empfangene *Energie* liegt zwischen

$$E = 10^{-22} \cdots 10^{-16} \text{ Watt sec m}^{-2}\text{ Hz}^{-1}.$$

Die Häufigkeitsverteilung ist in Fig. 5 dargestellt [*6*].

Die Verteilung der beobachteten Ausbrüche über die Sonnenscheibe entspricht dem cos-Gesetz. Die Abstrahlung aus dem Emissionsgebiet ist damit isotrop [*7*].

Als *Emissionsmechanismus* kommt thermische Emission und Synchrotron-Strahlung von überthermischen Elektronen [*8*] in Frage. Auch wurde Synchrotron-Strahlung relativistischer Elektronen [*9*] als möglicher Mechanismus erwogen.

Die cm-Wellenausbrüche sind eng mit den Eruptionen (4.1.2.3) im optischen Bereich, ebenso eng mit der kurzwelligen Strahlung (Röntgenstrahlung, 4.1.2.5), die die SID (Sudden Ionospheric Disturbances) in der oberen Erdatmosphäre verursacht, korreliert. Siehe Tab. 6; [*5, 10*].

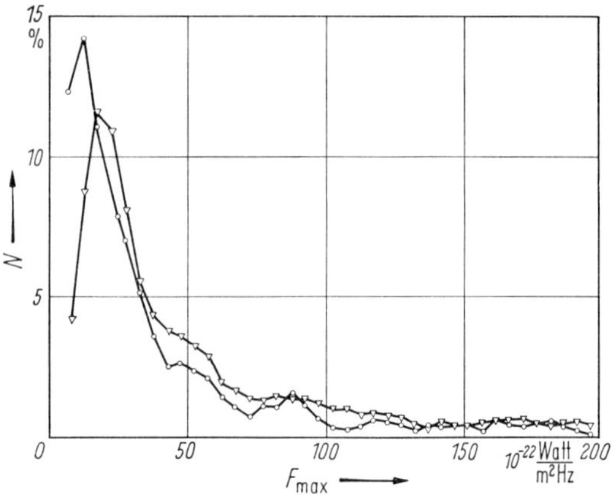

Fig. 4. Relative Häufigkeit der Maxima der Ausbrüche im internationalen geophysikalischen Jahr — Relative frequency of burst maxima during the International Geophysical Year [*6*].

F_{max} N	maximaler Strahlungsstrom relative Anzahl der Strahlungsausbrüche	maximal radiation flux relative number of outbursts

▽ λ = 3,2 cm
○ λ = 20 cm

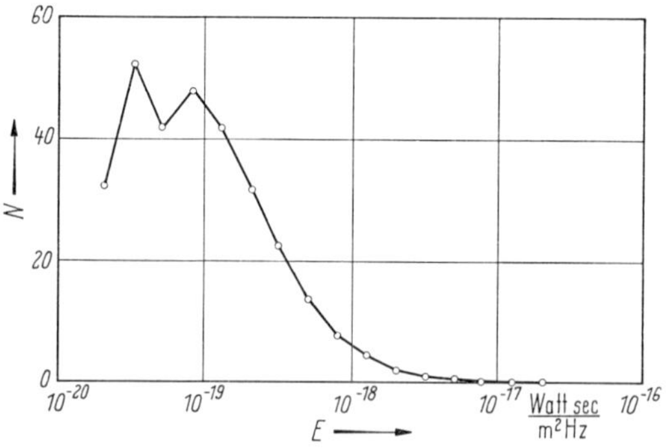

Fig. 5. Häufigkeitsverteilung der gesamten pro [m^2 Hz] empfangenen Energie E von cm-Ausbrüchen — Frequency distribution of the total amount of energy E per [m^2 cps] received from cm-bursts [*6*].

N	Anzahl der Strahlungsausbrüche im Energieintervall ΔE im 2. Halbjahr 1957	number of outbursts in the 2nd half of 1957 per interval of energy ΔE

$\Delta E = 10^{-20}$ Watt sec m^{-2} Hz^{-1}

Tab. 6. Anzahl der optisch beobachteten Eruptionen, der cm-Strahlungsausbrüche und SID (Sudden Ionospheric Disturbances) im internationalen geophysikalischen Jahr während der Beobachtungszeit in Berlin-Adlershof — Number of flares, number of cm-bursts and of SID found during the observing time of the Heinrich-Hertz-Institute at Berlin-Adlershof

	Eruptionen	cm-Ausbrüche	SID
Beobachtet wurden:	6239	970	496
Mit Eruptionen koinzidieren:	—	787 (81,1%)	428 (86,6%)
Mit cm-Ausbrüchen koinzidieren:	787 (12,6%)	—	446 (90,3%)
Mit SID koinzidieren:	438 (6,9%)	446 (45,8%)	—

Literatur zu A — References for A

1 Hachenberg, O.: Radioastronomia Solare, Bologna (1960).
2 Wild, J. D., S. F. Smerd, and A. A. Weiss: Ann. Rev. Astron. Astrophys. **1** (1963) 291.
3 Dodson, H. W., E. R. Hedemann, and A. E. Covington: ApJ **119** (1954) 541.
4 Hachenberg, O.: ZfA **46** (1958) 67.
5 Krüger, A.: Dissertation, Berlin (1961).
6 Krüger, A.: ZfA **55** (1962) 137.
7 Krüger, A.: AN **287** (1963) 119.
8 Hachenberg, O., und G. Wallis: ZfA **52** (1961) 42.
9 Takakura, T.: Paris Symp. Radio Astron. (1959) 562.
10 Hachenberg, O., und A. Krüger: J. Atmospheric Terrest. Phys. **17** (1959) 20.

B. Typ I - Spitzen — Type I - bursts

Die Typ I-Spitzen sind das Hauptelement der Rauschstürme. Sie kommen aber auch häufig außerhalb von Rauschstürmen vor.

Während der Typ I-Spitze steigt die Strahlung innerhalb von etwa 1/10 sec steil zu einem Maximum an und fällt dann etwas weniger steil ab bis zum Ausgangsniveau.

Die Dauer der Spitzen (Halbwertsdauer) ist < 1 sec, mit einem Häufigkeitsmaximum bei 0,25 sec [*1,12*]; längere Ausbrüche > 1 sec sind selten, sie sind meist aus mehreren Spitzen zusammengesetzt.

Die Frequenzbandbreite ist bei 200 MHz etwa 6 MHz. Die Breite nimmt mit der Frequenz anscheinend etwas zu [*3, 4*]. Feinstrukturuntersuchungen ergaben, daß innerhalb der kurzen Emissionszeit eine gewisse Frequenzdrift auftreten kann. Der Schwerpunkt der Emission verlagert sich sowohl zu höheren als auch zu niedrigeren Frequenzen [*5*].

Die Ausbrüche sind vorwiegend polarisiert. Zirkularpolarisation tritt bevorzugt auf.

Das Emissionsgebiet ist anscheinend ausgedehnt $\sim 5'$, ähnlich wie das Emissionsgebiet von Rauschstürmen (siehe 4.1.2.7.2).

Über die Korrelation mit Sonnenflecken und anderen optischen Erscheinungen siehe [*6 ··· 8*], dort auch weitere Literaturangaben.

Literatur zu B — References for B

1 de Jager, C., F. van't Veer, and Ch. L. Seeger: Rech. Utrecht **14** (1) (1958).
2 Elgaröy, Ö.: Nature, London **180** (1957) 862.
3 Vitkewitsch, V. V.: Radio Astronomy, IAU Symp. Nr. 4 (1957) 363.
4 de Groot, T.: Paris Symp. Radio Astron. (1959) 245.
5 Elgaröy, Ö.: Astrophys. Norveg. **7** (1951) 123.
6 Fokker, A. D.: Thesis, Universität Leiden (1960).
7 de Jager, C.: Hdb. Phys. **52** (1959) 315.
8 Wild, J. P., S. P. Smerd, and A. A. Weiss: Ann. Rev. Astron. Astrophys. **1** (1963) 291.

C. Typ II - Ausbrüche — Type II - bursts

Das Hauptmerkmal eines Ausbruchs dieses Typs ist eine Emission in einem schmalen Frequenzband, die sich mit der Zeit langsam von hohen zu niedrigen Frequenzen hin verschiebt.

Die Driftgeschwindigkeit im Frequenzband beträgt 0,5 ··· 1 MHz/sec. Die Dauer der ganzen Erscheinung beträgt im Mittel 10 min.

Bei festgehaltenem Zeitpunkt besteht die Emission aus einer Bande, die oft nur wenige MHz Breite hat.

In etwa 60% aller Fälle treten zwei getrennte Emissionsbanden auf, die als die Grundfrequenz und die 2. Harmonische zu deuten sind. Die 2. Harmonische ist oft die kräftigere Emission [*1 ··· 3*].

Die Emission ist durchweg stark, bei 125 MHz ist in mehr als 90% der Fälle der Strahlungsfluß $F > 200 \cdot 10^{-22}$ Watt m^{-2} Hz^{-1}. Siehe Tab. 4. Die Strahlung ist zufällig polarisiert [*4*].

Hachenberg

Typ II-Ausbrüche sind verhältnismäßig seltene Erscheinungen. Im Sonnenfleckenmaximum treten sie im Mittel alle 50 Stunden auf [2]. Die prozentuale Häufigkeit ist in Tab. 4 angegeben. Typ II-Ausbrüche sind eng mit größeren Eruptionen verbunden. Eruptionen der Größe (Importance) 1 (siehe 4.1.2.3) sind in 2% der Fälle mit einem Typ II-Ereignis verbunden. Eruptionen der Größe 3 verursachen in 30% der Fälle einen Typ II-Ausbruch. Das Typ II-Ereignis beginnt 5 ··· 15 min, im Mittel 10 min, nach dem Beginn der Eruption [2].

Das Auftreten der zweiten Harmonischen ebenso wie die schmalbandige Emission deuten darauf hin, daß Typ II-Ausbrüche durch die Emission der Eigenfrequenz des Plasmas der Korona entstehen. Die Verschiebung der Emission im Frequenzband ist dann als eine Verschiebung des Anregungsvorganges in der Korona von innen nach außen zu verstehen. Aus dem Dichteabfall in der Korona in Abhängigkeit von dem Abstand von der Photosphäre folgt dann die Austrittsgeschwindigkeit der Störung, die sich zu 400 ··· 1000 km/sec errechnet. Die Anregung erfolgt durch einen Partikelstrom — oder durch eine Stoßwelle —, der von dem Zentrum der Eruption ausgeht. Die Verlagerung der Emission nach außen ist durch Interferometer nachweisbar [5].

Die Korrelation der Typ II-Ausbrüche mit geomagnetischen Stürmen ist nachweisbar. Der geomagnetische Sturm beginnt 2 ··· 3 Tage nach dem Typ II-Ausbruch.

Eingehende Diskussionen in [6, 7], dort auch weitere Literaturangaben.

Literatur zu C — References for C

1 WILD, J. P., and L. L. MC CREADY: Australian J. Sci. Res. (A) **3** (1980) 487.
2 ROBERTS, J. A.: Australian J. Phys. **12** (1959) 327.
3 MAXWELL, A., and A. R. THOMPSON: ApJ **135** (1962) 138.
4 KOMESAROFF, M.: Australian J. Phys. **11** (1958) 201.
5 WILD, J. P., K. V. SHERIDAN, and G. H. TRENT: Paris Symp. Radio Astron. (1959) 176.
6 DE JAGER, C.: Hdb. Phys. **52** (1959) 315.
7 WILD, J. P., S. F. SMERD, and A. A. WEISS: Ann. Rev. Astron. Astrophys. **1** (1963) 291.

D. Typ III - Ausbrüche — Type III - bursts

Typ III-Ausbrüche bestehen ebenso wie die Typ II-Ereignisse aus einer schmalbandigen Emission, deren Schwerpunkt sich hier schnell durch das Frequenzband $f < 500$ MHz zu niedrigen Frequenzen hin verschiebt.

Die Driftgeschwindigkeit beträgt bei 100 MHz etwa 20 MHz/sec, bei niedrigeren Frequenzen ist sie etwas geringer. Die gesamte Dauer der Erscheinung liegt bei 10 sec.

Die Emissionsbande ist 10 ··· 100 MHz breit. Die Emission besteht auch hier gelegentlich aus zwei Banden, der Grundfrequenz und der zweiten Harmonischen. Jedoch sind beide Komponenten wegen der höheren Bandbreite und der höheren Driftgeschwindigkeit nur schwer voneinander zu trennen [1]. Die Größe des Emissionsgebietes ist etwa 5', sie nimmt nach niedrigen Frequenzen hin — also in größeren Höhen in der Korona — zu [2].

Typ III-Ausbrüche sind häufig; im Sonnenfleckenmaximum beobachtet man im Mittel etwa 3 pro Stunde. Siehe auch Tab. 4. Die Ausbrüche neigen dazu, in Gruppen aufzutreten. Die Mitglieder einer Gruppe gehören anscheinend physikalisch zusammen [3, 4].

Etwa 60% der Typ III-Ausbrüche sind offenbar mit Eruptionen verbunden; sie treten bevorzugt zu Beginn der Eruptionen auf [5].

Über die Entstehung der Typ III-Ausbrüche wurden ähnliche Vorstellungen entwickelt wie bei den Typ II-Ausbrüchen (siehe C).

Die Anregung der Eigenfrequenz des Koronaplasmas geschieht im vorliegenden Falle offenbar durch schnelle Elektronen. Die Auswärtsbewegung des Anregungsvorganges hat bei einem Abstand von 1 $R_{\odot}$ von der Photosphäre eine Geschwindigkeit von 0,4 c (Lichtgeschwindigkeit). Die Auswärtsbewegung der Anregung konnte mit Interferometern nachgewiesen werden [3]. Über die Stärke des anregenden Elektronenstroms gibt die Beobachtung zunächst keine Hinweise.

Die Typ III-Ausbrüche zeigen in ihrer Form eine erhebliche Variation. Die wichtigsten Abarten sind die Kombinationen mit Typ V-Kontinua und die U-Typ-Ausbrüche [7].

E. Typ V - Kontinuum — Type V - bursts

Die Typ V-Kontinua bestehen aus einer breiten Emission mit kontinuierlichem Spektrum, die stets an einen Typ III-Ausbruch anschließen (siehe Fig. 2).

Die Emission hat ein breites Spektrum, das über weite Teile des m-Wellengebietes hinweg reicht. Ihr Maximum liegt meist unter 150 MHz. Die Erscheinung dauert einige Minuten.

Typ III-Ausbrüche und zugehöriges Typ V-Kontinuum kommen aus dem gleichen Gebiet der Sonnenscheibe [3, 7].

Literatur zu D und E — References for D and E

1 WILD, J. P.: Australian J. Sci. Res. (A) **3** (1950) 541.
2 WEISS, A. A., and K. V. SHERIDAN: J. Phys. Soc. Japan **17** Suppl. A-II (1962) 223.
3 WILD, J. P., V. SHERIDAN, and A. A. NEYLAN: Australian J. Phys. **12** (1959) 369.
4 MALVILLE, J. M.: ApJ **135** (1962) 834.
5 RABBEN, P.: ZfA **49** (1960) 95.
6 MAXWELL, A., and G. SWARUP: Nature, London **181** (1958) 36.
7 HADDOCK, F. T.: Paris Symp. Radio Astron. (1959) 188.

F. Typ IV - Ereignis — Type IV - event

Ein Typ IV-Ereignis ist nach der ursprünglichen Definition eine Emission in einem breiten Spektralband, die im wesentlichen ein kontinuierliches Spektrum hat. Das Emissionsband liegt vorwiegend in dem Bereich 30 MHz $< f <$ 1500 MHz. Die Typ IV-Ereignisse treten nur im Zusammenhang mit starken Eruptionen auf, sie folgen dann meist einem Typ II-Ausbruch [*1*].

Die Intensität steigt langsam an, durchläuft ein oder mehrere flache Maxima und fällt langsam ab. Die Emission kann gelegentlich die Eruption überdauern.

Das Spektrum hat die Form eines breiten Bandes; die Lage der Bandmitte f_m ist in dem angegebenen Bereich offenbar willkürlich. Die Breite des Bandes kann einige 100 MHz betragen. Das Spektrum ist im Gegensatz zu den Rauschstürmen nur schwach oder gar nicht mit Typ I-Spitzen besetzt.

Im Laufe eines großen Strahlungsausbruchs können offenbar verschiedene derartige Emissionsbänder (siehe Fig. 2) nacheinander und bei verschiedenen Frequenzen auftreten. Man klassifiziert diese nach ihrer Lage im Frequenzband als Typ IV μ; Typ IV dm; Typ IV m, wenn sie im cm-, dm- oder m-Wellenbereich liegen.

Das Emissionsgebiet des Typ IV-Kontinuums ist sehr ausgedehnt, es beträgt 150 000 ··· 350 000 km. Die Höhe über der Photosphäre beträgt 0,3 ··· 4 $R_\odot$. Verschiebungen des Emissionsgebietes nach außen werden in der ersten Phase des Ereignisses häufig beobachtet. In der zweiten Phase liegt das Gebiet fest oder verlagert sich wieder etwas nach innen.

Boischot und Denisse [*2*] nehmen als Emissionsprozeß Synchrotronstrahlung relativistischer Elektronen an. Plasmaschwingungen kommen wegen der geringen Dichte der Materie am Entstehungsort nicht mehr in Frage.

Neuerdings ist man dazu übergegangen, alle Emissionsvorgänge während einer Eruption, die ein breites Spektrum mit einem Kontinuum als Untergrund haben, als Typ IV-Ereignis zu klassifizieren.

Damit wird es notwendig, Unterklassen einzuführen [*3, 4*]. Auch die Abgrenzung der Typ IV-Ereignisse gegen die Kontinua des cm-Wellengebietes wird schwierig [*5, 6*]. Ebenso ist die Abgrenzung gegen Rauschstürme, die gelegentlich auch von Flares angeregt werden, nicht in allen Fällen eindeutig möglich (siehe Fokker [*7*], dort weitere Literatur).

G. Driftende dm-Ausbrüche — Drifting bursts of dm-region

Im dm-Wellengebiet tritt eine besondere Klasse von driftenden Ausbrüchen auf, die nicht direkt mit den Erscheinungen des m-Wellengebietes (siehe C und D) in Zusammenhang zu bringen sind.

Die Frequenzdrift-Geschwindigkeit dieser Ausbrüche ist sehr unterschiedlich; es gibt einerseits eine Gruppe mit Werten zwischen 10 ··· 50 MHz $\sec^{-1}$ und andererseits Ausbrüche mit Geschwindigkeiten von 100 MHz $\sec^{-1}$ und mehr. Die Frequenzdrift ist vorwiegend negativ, aber auch positive Driftrichtung wird beobachtet (in etwa 20% der Fälle). Die Ausbrüche treten nur im Frequenzbereich von 400 ··· 900 MHz auf; sie setzen sich nur selten ins langwellige Gebiet fort. Nur gelegentlich wird ein Zusammenhang mit Typ III-Ausbrüchen festgestellt [*8, 9*].

Wahrscheinlich handelt es sich um Plasmaschwingungen, die in dem Übergangsgebiet Chromosphäre-Korona angeregt werden.

Literatur zu F und G — References for F and G

1 Boischot, A.: Ann. Astrophys. **21** (1958) 273.
2 Boischot, A., et J. F. Dennisse: Compt. Rend. **245** (1957) 2199.
3 Kundu, M. R., and S. F. Smerd: Inform. Bull. Solar Radio Obs. Nr. 11 (1962).
4 Tanaka, H., and T. Kakinuma: J. Phys. Soc. Japan **17** Suppl. A-II (1962) 211.
5 Thompson, A. R., and A. Maxwell: ApJ **136** (1962) 546.
6 Hachenberg, O., und A. Krüger: ZfA **59** (1964) 261.
7 Fokker, A. D.: Thesis, Universität Leiden (1960).
8 Young C. W., C. L. Spencer, G. E. Moreton, and J. A. Roberts: ApJ **133** (1961) 243.
9 Kundu, M. R., J. A. Roberts, C. L. Spencer, and J. W. Kuiper: ApJ **133** (1961) 255.

4.2 Planeten und Monde — Planets and satellites

4.2.1 Mechanische Daten der Planeten und Monde — Mechanical data of planets and satellites

4.2.1.1 Die Großen Planeten — The planets

Erde siehe auch 4.2.1.2 — Earth see also 4.2.1.2

4.2.1.1.1 Bahnelemente und verwandte Größen — Orbital elements and related properties

Die Bahnelemente kennzeichnen Lage, Gestalt und Größe der Bahn sowie den jeweiligen Ort des Planeten in dieser Bahn.

The orbital elements describe the orientation in space, the shape, and the size of the orbit and the position of the planet in the orbit at a given time.

Definitionen

a, b	Große und kleine Halbachse der Bahn	semi-major and semi-minor axes of the orbit
$e = \sqrt{a^2 - b^2}/a$	Numerische Exzentrizität der Bahnellipse	eccentricity of the orbit
i	Neigung der Bahnebene gegen die Ekliptik	inclination of the orbit to the ecliptic
☊	Länge des aufsteigenden Knotens der Bahn, auf der Ekliptik vom Frühlingspunkt aus gezählt	longitude of the ascending node of the orbit on the ecliptic, measured from the equinox
ω	Abstand des Perihels vom aufsteigenden Knoten	argument of perihelion
$\tilde{\omega} =$ ☊ $+ \omega$	Länge des Perihels in der Bahn; gezählt auf der Ekliptik vom Frühlingspunkt bis zum aufsteigenden Knoten der Bahn, dann in der Bahnebene selbst bis zum Perihel	longitude of perihelion, measured from the equinox along the ecliptic to the node, and then along the orbit from the node to perihelion
P	Siderische Umlaufszeit = wahre Umlaufszeit um die Sonne (voller Umlauf in bezug auf die Fixsternsphäre)	sidereal period = true period of the planet's revolution around the sun (with respect to the fixed star field)
S	Synodische Umlaufszeit = Umlaufszeit in bezug auf die Richtung Sonne—Erde (z. B. von Konjunktion zu Konjunktion)	synodic period = time of orbital revolution of a planet with respect to the sun—earth line (e. g. from conjunction to conjunction)
$n = 2\pi/P$	Mittlere tägliche siderische Bewegung des Planeten. n und a sind durch das 3. Keplersche Gesetz verbunden:	mean daily angular motion of the planet. n and a are related by Kepler's third law:

$$n^2 a^3 = k^2 (1 + \mathfrak{M})$$

k	Gaußsche Gravitationskonstante des Sonnensystems	Gaussian gravitational constant of the solar system
$\mathfrak{M}$	Masse des Planeten in Einheiten der Sonnenmasse	mass of planet in units of the sun's mass
t_p	Zeit in Tagen seit dem Periheldurchgang	time in days since perihelion passage
$M = n \cdot t_p$	Mittlere Anomalie	mean anomaly
f	Wahre Anomalie = Winkel zwischen Perihelrichtung und Radiusvektor	true anomaly = angle between the perihelion point and the radius vector
$L = \tilde{\omega} + M$	Mittlere Länge des Planeten in der Bahn, zur Epoche; wird in der gleichen Weise wie $\tilde{\omega}$ gezählt. L bezieht sich auf einen fingierten Planetenort	mean longitude of the planet in the orbit at a given epoch; L is reckoned in the same way as $\tilde{\omega}$. L refers to the position of a fictive planet
$L' = \tilde{\omega} + f$	Wahre Länge in der Bahn, bezieht sich auf den wirklichen Ort des Planeten	true longitude in the orbit, L' refers to the actual position of the planet
$\bar{v}$	Mittlere Geschwindigkeit in der Bahn; $\bar{v}$ ist die durch den Energiesatz definierte Geschwindigkeit für Radiusvektor $r = a$	mean orbital velocity; $\bar{v}$ is the velocity defined by the equation of energy for radius vector $r = a$
E.Z.	Ephemeridenzeit (siehe 2.2.6)	E.T. Ephemeris Time (see 2.2.6)

Mittlere und oskulierende Elemente — Mean and osculating elements

Die Werte der Bahnelemente eines Planeten unterliegen dauernden kleinen Veränderungen, die durch die Gravitationswirkungen der anderen Planeten hervorgerufen sind. Diese Abweichungen von der Zweikörperbewegung werden als „Störungen" bezeichnet; die Elementenänderungen sind teils periodisch, teils mit der Zeit fortschreitend. Zur Berechnung der Koordinaten von Merkur, Venus, Erde, Mars sind Tafelwerke in Gebrauch, aus denen die — durch genäherte analytische Lösung der Bewegungsgleichungen erhaltenen — periodischen Störungsglieder entnommen werden. Auch für Jupiter bis Neptun waren bis 1959 solche Tafelwerke in Gebrauch. Die Basis dieser Planetentafeln bilden sogenannte „mittlere Bahnelemente". Diese mittleren Elemente enthalten bereits die säkularen Störungen; sie sind so gewählt, daß die Beträge der periodischen Störungen möglichst klein werden. Die mittleren Elemente stellen also zu keinem Zeitpunkt die wahre Planetenbahn dar; sie charakterisieren eine fiktive mittlere Bezugsbahn des Planeten. Wegen ihrer langsam fortschreitenden Änderungen sind mittlere Elemente besonders gut für eine auf längere Zeit gültige Kennzeichnung der Planetenbahnen geeignet. Siehe Tab. 1: Merkur bis Neptun; für Pluto existiert keine Theorie mit mittleren Elementen als Ausgangswerten.

Tab. 1. Bahnelemente der Großen Planeten — Orbital elements of the major planets

Mittlere Elemente für die Epochen 1960 Januar 1,5 E. Z. (oberer Wert) und 1970 Januar 0,5 E. Z. (unterer Wert) — Mean elements for epochs 1960 January 1,5 E. T. (upper line) and 1970 January 0,5 E. T. (lower line).

Bezogen auf Ekliptik und mittleres Äquinoktium der Epoche — The elements are referred to the mean equinox and ecliptic of the epoch.

Planet	i	☊	$\tilde{\omega}$	L	e	Lit.
☿ Merkur	7° 0' 14,"4	47° 51' 25,"7	76° 49' 59,"2	222° 37' 18,"0	0,205 626 5	*1*
	7 0 15,0	47 58 32,4	76 59 19,2	47 58 57,3	0,205 628 5	
♀ Venus	3 23 39,2	76 19 10,9	131 0 29,9	174 17 39,5	0,006 792 1	*1*
	3 23 39,6	76 24 35,0	131 8 56,3	265 24 52,0	0,006 787 3	
♁ Erde	—	—	102 15 9,0	100 9 29,3	0,016 725 9	*1*
	—	—	102 25 28,0	99 44 32,1	0,016 721 7	
♂ Mars	1 50 59,8	49 14 56,5	335 19 21,7	258 46 2,3	0,093 368 1	*1, 2*
	1 50 59,5	49 19 34,0	335 30 24,4	12 40 30,8	0,093 377 3	
♃ Jupiter	1 18 19,3	100 2 40,0	13 40 41,6	259 48 52,0	0,048 435 4	*3, 4*
	1 18 17,3	100 8 43,9	13 50 21,6	203 25 11,3	0,048 451 7	
♄ Saturn	2 29 23,7	113 18 26,9	92 15 52,1	280 40 16,9	0,055 681 8	*3, 4*
	2 29 22,1	113 23 41,2	92 27 37,4	43 0 20,3	0,055 647 1	
♅ Uranus	0 46 23,0	73 47 46,6	170 0 39,3	141 18 17,9	0,047 209 5	*1*
	0 46 23,2	73 50 50,4	170 10 23,9	184 17 24,6	0,047 236 7	
♆ Neptun	1 46 25,5	131 20 23,2	44 16 26,1	216 56 27,2	0,008 574 7	*1*
	1 46 22,2	131 26 59,8	44 21 42,2	238 55 24,3	0,008 582 4	

Für die Elemente a und n sind keine Epochen-Angaben notwendig; die Elemente sind praktisch konstant — The elements a and n are practically constant; therefore no statement of epoch is necessary.

Planet	a [AE]	a [10⁶ km]	n	n	P [d][1])	P [a][2])	S [d][1])	$\bar{v}$ [km/sec]	Lit.
Merkur	0,387 099	57,9	4,°092 339	14 732,"42	87,ᵈ969	0,ᵃ240 85	115,ᵈ88	47,9	*1*
Venus	0,723 332	108,2	1,602 131	5 767,670	224,701	0,615 21	583,92	35,0	*1*
Erde	1,000 000	149,6	0,985 609	3 548,193	365,256	1,000 04	—	29,8	*1*
Mars	1,523 691	227,9	0,524 033	1 886,519	686,980	1,880 89	779,94	24,1	*1, 2*
Jupiter	5,202 803	778	0,083 091	299,128	4 332,588	11,862 23	398,88	13,1	*3, 4*
Saturn	9,538 843	1 427	0,033 460	120,455	10 759,21	29,457 7	378,09	9,6	*3, 4*
Uranus	19,182 28	2 870	0,011 732	42,235	30 685,93	84,015 3	369,66	6,8	*1*
Neptun	30,057 08	4 496	0,005 981	21,532	60 187,64	164,788 3	367,48	5,4	*1*
Pluto	siehe Tab. 2 — see Tab. 2					247,7	366,72	4,7	*6*

[1]) Mittlere Tage — mean days. [2]) Tropische Jahre (siehe 2.2.3) — tropical years (see 2.2.3).

Gondolatsch

Für Jupiter bis Neptun bilden die Tafeln aus [*1, 3, 4*] gegenwärtig nicht mehr die Basis für die in den Ephemeridenwerken gegebenen genauen Koordinaten. Seit 1960 sind für Jupiter, Saturn, Uranus, Neptun und Pluto neue Grundlagen in Gebrauch: durch numerische Integration der Bewegungsgleichungen sind die gestörten rechtwinkeligen heliozentrischen Koordinaten dieser fünf äußeren Planeten im Intervall von 40 Tagen berechnet worden [*6*]. Aus diesen Koordinaten können unmittelbar „oskulierende Elemente" berechnet werden; diese sind definiert als die Elemente einer ungestörten elliptischen Bahn, in der in dem betreffenden Zeitpunkt Ort und Geschwindigkeit des Planeten identisch mit den Beträgen in der wirklichen gestörten Bahn sind. Die oskulierenden Elemente für einen bestimmten Zeitpunkt enthalten also die gesamten Wirkungen der Störungen durch die anderen Planeten, sie sind demgemäß viel stärkeren und schnelleren Veränderungen unterworfen als die mittleren Elemente. Siehe Tab. 2: Pluto.

Zwischen mittleren und oskulierenden Elementen besteht kein elementarer Zusammenhang; doch können für längere Zeiten die mittleren Elemente etwa als Mittelwerte der oskulierenden Elemente betrachtet werden. Die Jahresbände der "Astronomical Ephemeris" geben jeweils auf den Seiten 176 und 177 für die inneren Planeten mittlere, für die äußeren Planeten oskulierende Elemente. Weitere Angaben siehe [*5*].

Tab. 2. Bahnelemente für Pluto — Orbital elements of Pluto

Oskulierende Elemente in Intervallen von 400 Tagen, jeweils 0^h E. Z.; Ekliptik und mittleres Äquinoktium der Epoche — Osculating elements tabulated at intervals of 400 days, 0^h E. T.; ecliptic and mean equinox of the epoch [*6*].

Datum	i	☊	$\tilde{\omega}$	L	e	a [AE]	a [10^6 km]	n
1964 Sept. 2	17° 8' 20,"0	109° 48' 6,"8	223° 52' 36,"1	186° 58' 12,"7	0,245 778 0	39,318 05	5 881,9	14,"392
1965 Okt. 7	17 7 45,6	109 46 5,5	223 18 8,3	188 31 14,2	0,247 237 9	39,449 66	5 901,6	14,320
1966 Nov. 11	17 7 33,6	109 45 54,0	222 52 50,2	190 8 53,9	0,249 396 4	39,591 37	5 922,8	14,243
1967 Dez. 16	17 7 41,2	109 47 36,6	222 42 51,1	191 49 57,7	0,251 485 3	39,701 50	5 939,3	14,184
1969 Jan. 19	17 8 0,6	109 50 43,4	222 48 1,1	193 32 41,6	0,252 939 6	39,757 00	5 947,6	14,154
1970 Febr. 23	17 8 23,6	109 54 32,4	223 5 0,2	195 15 28,8	0,253 439 6	39,750 00	5 946,5	14,158

Koordinatensystem — Coordinate system

Die Winkel, die zur Kennzeichnung der Bahnlage und des Planetenortes in der Bahn dienen, sind auf die Ekliptik und den als Nullpunkt der Zählung dienenden Frühlingspunkt (= „Äquinoktium") bezogen. Beide — Ebene und Nullpunkt — ändern infolge der Präzessionsbewegung der Erde dauernd ihre Lage. Die Planetenelemente beziehen sich auf die Ekliptik und das Äquinoktium desjenigen Zeitpunktes („Epoche"), für den sie gelten. Demzufolge enthalten die Elemente i, ☊, $\tilde{\omega}$ Präzessions-Änderungen; diese sind viel größer als die säkularen Veränderungen, die durch die Störungen bewirkt sind. „Mittleres" Äquinoktium bedeutet, daß die als Nullpunkt benutzte Lage des Frühlingspunktes nur der Präzessionsbewegung, nicht aber dem Nutationseffekt (Gegenbegriff „wahres" Äquinoktium) unterliegen soll.

Literatur zu 4.2.1.1.1 — References for 4.2.1.1.1

1 Astron. Papers Wash. **6**, **7** (1895, 1898).
2 Astron. Papers Wash. **9**, Part 2 (1917).
3 Astron. Papers Wash. **7** (1895).
4 Ann. Paris, Mém. **31**, **24** (1913, 1904).
5 Explanatory Supplement to The Astronomical Ephemeris and The American Ephemeris, London (1961) 113 ··· 115.
6 Astron. Papers Wash. **12** (1951).

4.2.1.1.2 Dimensionen und mechanische Eigenschaften — Dimensions and mechanical properties

Definitionen

Scheinbare Planetendurchmesser. Die Messung ist sehr schwierig; die meisten Resultate sind mit einer beträchtlichen Ungenauigkeit behaftet, die sich auf die daraus berechneten Werte der wahren Durchmesser überträgt. Für Merkur, Venus und Mars sind neue Bestimmungen vorhanden; diese sind sicherer als die Daten für Jupiter und Saturn, die auf älteren Mikrometer-Messungen beruhen. Der für Pluto gegebene Wert ist besonders unsicher. Mittlere Fehler sind nicht angeführt; sie charakterisieren nur die innere Genauigkeit der aus den Messungen abgeleiteten Resultate. Die scheinbaren Durchmesser von Merkur bis Mars sind auf die Entfernung 1 AE bezogen; die Werte für die äußeren Planeten gelten für Abstände, die ihren mittleren Abständen von der Sonne nahezu gleich sind.

Wahre Durchmesser. Sie sind aus den scheinbaren mit dem Wert 1 AE = 149 598 · 10^6 m [*3*] errechnet. Die Durchmesserwerte von Mars sind nach [*4*] je um 40 km vermindert, um die scheinbare Durchmesser-Vergrößerung durch die Atmosphäre des Planeten zu kompensieren.

Tab. 3. Dimensionen und mechanische Eigenschaften der Großen Planeten — Dimensions and mechanical properties of the planets.

r	Angenommener Abstand Planet-Beobachter	adopted distance planet-observer
$d(r)$	Scheinbarer Durchmesser im Abstand r	apparent angular diameter at distance r
D_{Eq}	Wahrer Äquatorial-Durchmesser	equatorial diameter
D_{Pol}	Wahrer Polar-Durchmesser	polar diameter
D	Wahrer Durchmesser; für Erde bis Saturn:	diameter; for Earth to Saturn:
	$D = (2D_{Eq} + D_{Pol})/3$	
$f = \frac{D_{Eq} - D_{Pol}}{D_{Eq}}$	Abplattung	oblateness

Planet	r [AE]	Durchmesser — Diameter $d(r)$	Lit	D_{Eq} / D_{Pol} [km]	D [km]	D [$D_♁$]	f	Lit	$\frac{1}{\mathfrak{M}}$ (einschließlich Satelliten) in $\left[\frac{1}{\mathfrak{M}_\odot}\right]$ Konventionelle Werte	Neue Werte	Lit
☿ Merkur	1,00	6″,67	*1*	—	4 840	0,380	0		6 000 000	5 970 000	*13*
♀ Venus	1,00	16,86	*2*	—	12 228	0,960	0		408 000	408 600	*12*
♁ Erde	1,00	Äqu. 17,588	*3*	12 756,33 12 713,56	12 742,06	1,000	1 : 298,24	*9*	329 390	328 899	*3*
♂ Mars	1,00	Äqu. 9,44 Pol. 9,31	*4*	6 800 6 710	6 770	0,531	1 : 150	*10*	3 093 500	3 088 000	*14*
♃ Jupiter	5,20	Äqu. 38,09 Pol. 35,76	*5*	143 650 134 870	140 720	11,04	1:15,2	*10*	1 047,355	1 047,39	*14*
♄ Saturn	9,54	Äqu. 17,44 Pol. 15,77	*5*	120 670 109 110	116 820	9,17	1:10,2	*10*	3 501,6	3 499,7	*15*
⛢ Uranus	19,0	3,42	*6*	—	47 100	3,70	(1:18)	*11*	22 869	22 934	*16*
♆ Neptun	30,1	2,04	*7*	—	44 600	3,50	(1:58)	*12*	19 314	—	
Pl Pluto	35,6	0,23	*8*	—	6 000	0,47	—		(360 000)	—	

g_{Eq}	Gesamtbeschleunigung (mit Einschluß der Zentrifugalbeschleunigung) am Äquator	total acceleration, including centrifugal acceleration, at equator
g_z	Zentrifugalbeschleunigung am Äquator	centrifugal acceleration at equator
v_e	Entweichgeschwindigkeit am Äquator	velocity of escape at equator

Planet	$\mathfrak{M}$ (ohne Monde) [$\mathfrak{M}_♁$]	[g]	Vol [$Vol_♁$]	$\bar{\varrho}$ [g/cm³]	g_{Eq} [cm/sec²]	g_z [cm/sec²]	g_{Eq} [$g_♁$]	v_e [km/sec]
☿ Merkur	0,055 8	$3{,}333 \cdot 10^{26}$	0,055	5,62	380	0,00	0,39	4,29
♀ Venus	0,814 8	$4{,}870 \cdot 10^{27}$	0,884	5,09	869	0,00	0,89	10,3
♁ Erde	1,000 0	$5{,}976 \cdot 10^{27}$	1,000	5,517	978	−3,39	1,00	11,2
♂ Mars	0,107 8	$6{,}443 \cdot 10^{26}$	0,150	3,97	372	−1,71	0,38	5,03
♃ Jupiter	317,818	$1{,}8993 \cdot 10^{30}$	1347,0	1,30	2 301	−226	2,35	57,5
♄ Saturn	95,112	$5{,}684 \cdot 10^{29}$	770,5	0,68	906	−176	0,93	33,1
⛢ Uranus	14,517	$8{,}676 \cdot 10^{28}$	50,6	1,58	972	− 62	0,99	21,6
♆ Neptun	17,216	$1{,}029 \cdot 10^{29}$	42,8	2,22	1 347	− 27	1,38	24,6
Pl Pluto	0,925	$5{,}53 \cdot 10^{27}$	0,1	—	—	—	—	—

Abplattung der Planeten. $f = (D_{Eq} - D_{Pol})/D_{Eq}$ kann auf zwei verschiedenen Wegen, optisch und dynamisch, bestimmt werden. Für die *Erde* ist der Wert von KAULA [*9*] (vergleiche 4.2.1.2) gegeben. — Bei *Mars* ist die Diskrepanz zwischen optischen und dynamischen Werten von f besonders groß; aus den hier angeführten Durchmessern folgt $1:f = 76$, während die dynamische Bestimmung von WOOLARD [*17*] $1:f = 192$ ergibt. In der Tabelle ist ein Mittelwert gegeben, der 1961 von MAKEMSON, BAKER, WESTROM [*10*] angenommen wurde. — Für *Jupiter* und *Saturn* ist die Übereinstimmung zwischen optischen und dynamischen Werten befriedigend; die Resultate für *Uranus* und *Neptun* sind unsicher.

Planeten-Massen. Die Bestimmung erfolgt zunächst in Einheiten der Sonnenmasse. Unter „konventionellen Werten" sind diejenigen Massenwerte zu verstehen, die bei der Berechnung der gegenwärtig in den astronomischen Jahrbüchern gegebenen Planeten-Ephemeriden verwendet werden; siehe [*18*]. In der zweiten Spalte sind neue Werte gegeben, von denen man annehmen kann, daß sie sicherer als die konventionellen Daten sind. Dies sind bei Merkur, Mars, Jupiter, Saturn diejenigen Werte, die sich bei der am U. S. Naval Observatory, Washington, vorgenommenen Neubearbeitung der Planetenbahnen bisher ergeben haben. Die Daten für Venus und Uranus sind der von BROUWER und CLEMENCE in [*12*] gegebenen Diskussion entnommen. Der bisher aus der Bahn der Raumsonde Mariner II abgeleitete provisorische (wahrscheinlich sehr gute) Wert der Venus-Masse stimmt mit dem hier gegebenen nahe überein. Für Neptun existiert keine neue Massenbestimmung, die mit Sicherheit einen besseren als den konventionellen Wert geliefert hat. VAN BIESBROECK hat 1957 aus der Bahn des Neptun-Monds Nereide den Betrag $\mathfrak{M}^{-1} = 18\,889\,\mathfrak{M}_{\odot}^{-1}$ abgeleitet. Die Bestimmung der Masse des Planeten Pluto ist sehr unsicher.

In den weiteren beiden Spalten sind die Massen der Planeten ohne die Mondmassen gegeben. Diesen Daten liegen die in der vorhergehenden Spalte gegebenen neuen Werte, für Neptun und Pluto die konventionellen Werte, zugrunde. Die Umrechnungen sind mit dem in [*3*] gegebenen Wert $332\,944{,}47\,\mathfrak{M}_{\odot}^{-1}$ und mit dem Betrag $5{,}976 \cdot 10^{27}$ g für die Masse der Erde ausgeführt.

Schwerebeschleunigung am Äquator. Sie setzt sich aus zwei Komponenten zusammen: Wirkung der Anziehung der Planetenmasse + Zentrifugalbeschleunigung, hervorgerufen durch die Rotation. Die Tabelle gibt a) die Gesamtbeschleunigung (mit Einschluß der Zentrifugalbeschleunigung) in cm/sec² und für Erde = 1; b) die Zentrifugalbeschleunigung allein, in cm/sec².

Für Pluto sind für alle Größen, in die die Masse eingeht, keine Werte gegeben.

Literatur zu 4.2.1.1.2 — References for 4.2.1.1.2

1 DOLLFUS, A.: Icarus **2** (1963) 219.
2 DE VAUCOULEURS, G.: nach B. A. SMITH: AJ **68** (1963) 544.
3 siehe Abschnitt: „Das System der astronomischen Konstanten", Seite 76.
4 DOLLFUS, A.: Compt. Rend. **255** (1962) 2229.
5 RABE, W.: AN **234** (1928) 153.
6 CAMICHEL, H.: Ann. Astrophys. **16** (1953) 41.
7 KUIPER, G. P.: ApJ **110** (1949) 93.
8 KUIPER, G. P.: Rept. Progr. Phys. **13** (1950) 247.
9 KAULA, W. M.: J. Geophys. Res. **66** (1961) 1799.
10 MAKEMSON, M. W., R. M. L. BAKER JR., and G. B. WESTROM: J. Astronaut. Sci. **8** (1961) 1.
11 PARENAGO, P. P.: Astron. Zh. **11** (1934) 487.
12 BROUWER, D., and G. M. CLEMENCE: in KUIPER-MIDDLEHURST, Planets and Satellites, Chicago (1961) 31.
13 DUNCOMBE, R. L.: Astron. Papers Wash. **16**, Part 1 (1958).
14 CLEMENCE, G. M.: nach [*12*].
15 CLEMENCE, G. M.: AJ **65** (1960) 21.
16 HARRIS, D.: nach [*12*].
17 WOOLARD, E. W.: AJ **51** (1944) 33.
18 Explanatory Supplement to The Astronomical Ephemeris and The American Ephemeris, London (1961) 112.

4.2.1.1.3 Rotation der Planeten — Rotation of the planets

Entsprechend den Beobachtungsmöglichkeiten sind die Rotationsperioden und die Achsen-Neigungen der einzelnen großen Planeten mit sehr verschiedener Genauigkeit bekannt.

Merkur. Die besten neuen visuellen Beobachtungen, vor allem am Observatoire Pic du Midi, bestätigen sicher die schon früher aufgestellte Angabe, daß die Rotationszeit gleich der Umlaufszeit ist; die Neigung der Äquatorebene gegen die Bahnebene kann nur gering sein.

Venus. Zahlreiche Versuche, die Rotationsperiode visuell, photographisch, spektroskopisch, durch Radio- und Radar-Beobachtungen zu bestimmen, ergeben eine große Diskrepanz der Resultate. Es ist möglich, daß die Rotationszeit gleich der Umlaufszeit (225 Tage) ist. Ebenso unsicher ist die Lage-Bestimmung der Rotationsachse; der am meisten zitierte Wert 32° stammt von KUIPER [*12*].

Mars. Die Rotationsperiode läßt sich aus langjährigen Beobachtungen gut identifizierbarer Oberflächen-Elemente mit sehr hoher Genauigkeit bestimmen. Auch der Wert für die Neigung der Rotationsachse ist sicher.

Tab. 4. Siderische Rotationsperiode P und Neigung i der Äquatorebene gegen die Bahnebene — Sidereal rotation-period P and inclination i of equator to orbit

Planet	P	Lit.	i	Lit.
Merkur	$88^{\mathrm{d}}\!,0$	*1, 2*	gering	*2*
Venus	?	*3*	?	*3*
Erde	$23^{\mathrm{h}}56^{\mathrm{m}}\,4^{\mathrm{s}}\!,099$		23° 27'	
Mars	$24^{\mathrm{h}}37^{\mathrm{m}}22^{\mathrm{s}}\!,668$	*4*	24°	*5*
Jupiter I	$9^{\mathrm{h}}50^{\mathrm{m}}30^{\mathrm{s}}\!,004$	*5*	3° 4'	*5*
II	9 55 40,632	*5*		
III	9 55 29,6	*6*		
Saturn I	$10^{\mathrm{h}}14^{\mathrm{m}}$	*7*	26° 44'	*5*
II	10 40	*7*		
Uranus	$10^{\mathrm{h}}\!,8$	*8*	98°	*5*
Neptun	$15^{\mathrm{h}}\!,8$	*9*	29°	*10*
Pluto	$6^{\mathrm{d}}\!,39$	*11*	?	

Jupiter. Die Rotation der Jupiter-Atmosphäre erfolgt ungleichförmig. Die für das Rotations-System I gegebene Zeit gilt für die Äquatorzone: Südkomponente des nördlichen Äquatorbandes bis Nordkomponente des südlichen Äquatorbandes; die Zeit für System II gilt für den übrigen Teil der Kugel. Die Grenze liegt bei etwa ± 12°Breite. Die beobachteten Rotationszeiten einzelner Objekte sind weder völlig konstant, noch mit der für System I und II gegebenen Genauigkeit bestimmbar. Diese Zeitangaben sind vielmehr Konventionen, die sich bei der Reduktion der Beobachtungen bewährt haben; sie sind exakt errechnet aus den um 1890 beobachteten Tagesbeträgen der Rotation 877°,90 und 870°,27.

Der Wert für System III ist aus Radiobeobachtungen abgeleitet worden und kann möglicherweise auf die Jupiter-Oberfläche bezogen werden. Die Beobachtungen zeigen Fluktuationen von der Größenordnung 1^{s}; der zitierte Wert ist als „Provisorisches System III" für Reduktion und Vergleich der Radiobeobachtungen vorgeschlagen [*6*].

Saturn. Die Bestimmung der Rotationszeiten von Objekten in der Saturn-Atmosphäre ist ungenauer als bei Jupiter. Früher wurde meist kontinuierliche Zunahme der Rotationszeit vom Äquator zu höheren Breiten angenommen; neuere Beobachtungen machen die Existenz zweier getrennter Systeme wahrscheinlicher. Die Grenze zwischen System I (Äquatorzone) und II (mittlere und höhere Breiten) scheint zwischen 20° und 35° Breite zu liegen [*7*]. Die Lage der Äquatorebene des Saturn wird als identisch mit der Lage der Ringebene angenommen.

Uranus. Der angegebene Wert für die Rotationsperiode ist spektroskopisch abgeleitet und unsicher. Photoelektrische Beobachtungen zeigen — im Gegensatz zu älteren photometrischen Messungen — keine Helligkeitsänderungen mit dieser Periode [*13*]. Die Äquatorebene ist wahrscheinlich mit der Bahnebene der Satelliten identisch. Der Neigungswert $> 90°$ zeigt an, daß die Rotationsrichtung des Planeten der Bewegungsrichtung in der Planetenbahn entgegengesetzt ist.

Neptun. Der Wert für die Rotationsperiode ist spektroskopisch bestimmt und sehr unsicher. Photoelektrische Beobachtungen zeigen, wie bei Uranus, keine Variation [*13*]. Die Lage der Äquatorebene ist aus der säkularen Änderung der Lage der Bahnebene des Neptun-Monds Triton abgeleitet.

Pluto. Die Rotationsperiode ist photometrisch bestimmt; Amplitude des Lichtwechsels $0^{\mathrm{m}}\!,1$.

Literatur zu 4.2.1.1.3 — References for 4.2.1.1.3

1 DOLLFUS, A.: in KUIPER-MIDDLEHURST, Planets and Satellites, Chicago (1961) 534.
2 HAAS, W. H.: Popular Astron. **55** (1947) 137.
3 BRIGGS, M. H., and G. MAMIKUNIAN: J. Brit. Interplanet. Soc. **19** (1963) 45.
4 ASHBROOK, J.: AJ **58** (1953) 145.
5 Explanatory Supplement to The Astronomical Ephemeris and The American Ephemeris, London (1961).
6 GALLET, R. M.: in KUIPER-MIDDLEHURST, Planets and Satellites, Chicago (1961) 500.
7 CRAGG, T. A.: PASP **73** (1961) 318.
8 MOORE, J. H., and D. H. MENZEL: PASP **42** (1930) 330.
9 MOORE, J. H., and D. H. MENZEL: PASP **40** (1920) 234.
10 EICHELBERGER, W. S., and A. NEWTON: Astron. Papers Wash. **9** Part 3 (1926).
11 WALKER, M. F., and R. HARDIE: PASP **67** (1955) 224.
12 KUIPER, G. P.: ApJ **120** (1954) 603.
13 HARRIS, D. L.: in KUIPER-MIDDLEHURST, Planets and Satellites, Chicago (1961) 272.

Gondolatsch

4.2.1.2 Daten der Erde — Earth data

4.2.1.2.1 Größe und Gestalt — Dimensions and figure

Tab. 5. Halbachsen und Abplattung — Semidiameters and oblateness

I. R. E. = Internationales Referenz-Ellipsoid — International Ellipsoid of Reference (Madrid 1924 $\approx$ Hayford 1909)
W. G. S. = World Geodetic System [1]

	I.R.E.	W.G.S.
Äquatorhalbmesser a	6 378 388 m	6 378 163 m
Polarhalbmesser b	6 356 912 m	6 356 777 m
Abplattung $\frac{a-b}{a}$	$\frac{1}{297{,}0}$	$\frac{1}{298{,}24}$

Die Maßeinheit der Länge ist das internationale Meter. — Weitere neue Bestimmungen von a und Abplattung ergeben ähnliche Werte wie [1]. In Tab. 3, Planetendurchmesser, ist der mit [1] fast identische Wert a = 6 378 165 m zitiert, der im Abschnitt „Das System der astronomischen Konstanten", 2.3.4, gegeben ist.

Internationales Referenz-Ellipsoid — International ellipsoid of reference

Exzentrizität der Meridianellipse	$(a^2 - b^2)^{1/2}/a = 0{,}081\,992$
Oberfläche	$510\,101 \cdot 10^3$ km²
Volumen	$1\,083\,320 \cdot 10^6$ km³
Mittlerer Radius	$(2a + b)/3 = 6\,371\,229$ m
Radius der oberflächengleichen Kugel	6 371 228 m
Radius der volumengleichen Kugel	6 371 221 m
Äquatorquadrant	10 019 148 m
Meridianquadrant	10 002 288 m
1° Breite	$111{,}137 - 0{,}562 \cos 2\varphi$ km
1° Länge	$111{,}418 \cos\varphi - 0{,}094 \cos 3\varphi$ km
	φ = geographische Breite — geographic latitude
Differenz zwischen geographischer Breite φ und geozentrischer Breite φ'	$\varphi - \varphi' = 695{,}''66 \sin 2\varphi - 1{,}''17 \sin 4\varphi$
Entfernung eines Oberflächenpunktes (Seehöhe h in [m], geographische Breite φ) vom Erdmittelpunkt, in Einheiten des Äquatorhalbmessers	$\Delta = 0{,}998\,320 + 0{,}001\,684 \cos 2\varphi - (4 \cos 4\varphi - 0{,}1568\,h) \cdot 10^{-6}$
Masse der Erde	$1/332\,944\,\mathfrak{M}_\odot = 5{,}976 \cdot 10^{27}$ g
Mittlere Dichte der Erde	5,517 g/cm³

Schwerebeschleunigung im Meeresniveau — Acceleration of gravity at sea level

g_{Eq} Normalschwere am Äquator | normal acceleration of gravity at the equator

Internationale Schwereformel (IUGG Stockholm 1930) — International gravity formula

$$g_\varphi = g_{Eq}(1 + b\sin^2\varphi - \beta\sin^2 2\varphi)$$
$$= 978{,}049\,(1 + 0{,}005\,288\,4 \sin^2\varphi - 0{,}000\,005\,9 \sin^2 2\varphi)\ \text{cm/sec}^2$$
$$= 980{,}629\,(1 - 0{,}002\,637\,2 \cos 2\varphi + 0{,}000\,005\,9 \cos^2 2\varphi)\ \text{cm/sec}^2$$

Die Auswertung von Satellitenbeobachtungen ergibt eine bedeutend genauere Bestimmung des äußeren Gravitationsfeldes der Erde als bisher. Nach „World Geodetic System" [1] ist

$$g_{Eq} = 978{,}043\,6 \pm 0{,}001\,2\ \text{cm/sec}^2\ \text{(m. F.)}.$$

4.2.1.2.2 Rotation der Erde, Präzession — Rotation of the earth, precession

Die Rotationsgeschwindigkeit der Erde ist nicht konstant, sondern unterliegt kleinen Veränderungen von säkularer, unregelmäßiger und periodischer Natur (siehe 2.2.6).

Gondolatsch

Das Verhältnis Mittlerer Sonnentag zu Rotationsperiode ist konstant.	1,002 737 811 906
Demnach: Rotationsdauer der Erde in mittlerer Sonnenzeit	$0{,}^{d}997\ 269\ 663\ 242$ $= 23^{h}\ 56^{m}\ 4{,}^{s}098\ 904$
Betrag der Rotation pro 1^{s} mittlerer Sonnenzeit	$15{,}''041\ 067$
Der Sterntag ist wegen der Präzessionswirkung etwas kürzer als die Rotationsdauer der Erde. Es ist 1 Mittlerer Sterntag (Zeit zwischen zwei aufeinanderfolgenden Durchgängen des Frühlingspunktes) in mittlerer Sonnenzeit	$23^{h}\ 56^{m}\ 4{,}^{s}090\ 54$
Rotationsgeschwindigkeit am Äquator	465,12 m/sec
Zentrifugalbeschleunigung am Äquator	$-3{,}39\ \mathrm{cm/sec^2}$
Schiefe der Ekliptik (Neigung der Äquatorebene gegen die Erdbahnebene) nach Newcomb [2]	$\varepsilon = 23°\ 27'\ 8{,}''26 - 46{,}''84\ T$

Jährliche Beträge der Präzessionsbewegungen (Präzessionsgeschwindigkeiten) nach Newcomb [2] — Annual rates of precession (Newcomb [2]):

Allgemeine Präzession in Länge	$\psi = 50{,}''2564 + 0{,}''0222\ T\ [\mathrm{a}^{-1}]$
Lunisolarpräzession in Länge	$\psi_1 = 50{,}''3708 + 0{,}''0050\ T\ [\mathrm{a}^{-1}]$
Planetarische Präzession in Rektaszension	$a = 0{,}''1247 - 0{,}''0188\ T\ [\mathrm{a}^{-1}]$
Allgemeine Präzession in Rektaszension	$m = 46{,}''0851 + 0{,}''0279\ T\ [\mathrm{a}^{-1}]$ $= 3{,}^{s}07234 + 0{,}^{s}001\ 86\ T\ [\mathrm{a}^{-1}]$
Präzession in Deklination	$n = 20{,}''0468 - 0{,}''0085\ T\ [\mathrm{a}^{-1}]$
Drehung der Ekliptik (= Winkel zwischen fester und beweglicher Ekliptik)	$\pi = 0{,}''4711 - 0{,}''0007\ T\ [\mathrm{a}^{-1}]$
Länge des aufsteigenden Knotens der beweglichen auf der festen Ekliptik	$\Pi = 173°\ 57{,}'06 + 54{,}'77\ T$

T | Zeit in tropischen Jahrhunderten seit 1900,0 — Time in tropical centuries from 1900,0.

Zeit eines vollen Präzessionsumlaufs	$\approx 25\ 725^{a}$
Nutationskonstante nach Newcomb [3]	$9{,}''21$

4.2.1.2.3 Bahnbewegung — Orbital motion

(siehe auch 2.2.3)

Angaben über die Jahreslängen in Ephemeriden-Tagen; nach Newcomb [4]. T = Zeit seit 1900 Jan. 0,5 E. Z. in Julianischen Jahrhunderten von 36 525 Ephemeriden-Tagen — Lengths of the years in ephemeris days; after Newcomb [4]. T in Julian centuries of 36 525 ephemeris days, from 1900 January 0.5 E. T.

Länge des tropischen Jahres (Frühlingspunkt—Frühlingspunkt)	$365{,}^{d}242\ 198\ 79 - 0{,}^{d}000\ 006\ 14\ T$
Länge des siderischen Jahres (Fixstern—Fixstern)	$365{,}^{d}256\ 360\ 42 + 0{,}^{d}000\ 000\ 11\ T$
Länge des anomalistischen Jahres (Perihel—Perihel)	$365{,}^{d}259\ 641\ 34 + 0{,}^{d}000\ 003\ 04\ T$
Siderische Umlaufszeit des Perihels	111 270 tropische Jahre
Tropische Umlaufszeit des Perihels	20 934 tropische Jahre
Mittlere Bahngeschwindigkeit der Erde	29,8 km/sec
Mittlere Zentripetalbeschleunigung	$0{,}594\ \mathrm{cm/sec^2}$
Entfernung der Erde von der Sonne (siehe auch 2.3.3)	
im Perihel	$147 \cdot 10^6$ km
mittlere Entfernung	$149{,}6 \cdot 10^6$ km
im Aphel	$152 \cdot 10^6$ km

4.2.1.2.4 Literatur zu 4.2.1.2 — References for 4.2.1.2

1 | Kaula, W. M.: J. Geophys. Res. **66** (1961) 1799.
2 | Andoyer, H.: Bull. Astron. **28** (1911) 67.
3 | Newcomb, S.: Bull. Astron. **15** (1898) 241.
4 | Newcomb, S.: Astron. Papers Wash. **6** Part 1 (1895).

4.2.1.3 Die Satelliten der Großen Planeten — Satellites of the planets

4.2.1.3.1 Bahnelemente, Durchmesser, Massen — Orbital elements, diameters, masses

Erdmond siehe auch 4.2.1.4 — Earth's moon see also 4.2.1.4

Tab. 6a. Bahnelemente der Satelliten — Orbital elements

Definitionen siehe 4.2.1.1.1

R_{Pl}	Äquator-Halbmesser des Planeten	Equatorial radius of the planet
P	Siderische Umlaufszeit um den Planeten	sidereal period around the planet
i	Neigung der Satelliten-Bahnebene gegen den Planeten-Äquator	inclination of orbit to planet's equator

Satellit	a [R_{Pl}]	a [10^3 km]	P [d]	e	i[1])	Lit.
Erde					Variabel:	
Mond	60,268	384,40	27^{d},321 661	0,054 9	18°18' bis 28°36'	siehe 4.2.1.4
Mars						
1 Phobos	2,755	9,37	0,318 9	0,021 0	1°,1	*1, 2, 3, 4, 5*
2 Deimos	6,919	23,52	1,262	0,002 8	0°,9 bis 2°,7	
Jupiter						
5	2,539	181,3	0,498	0,003	0°,4	*8*; *4, 17*
1 Io	5,905	421,6	1,769	0	0,0	*7*; *4, 17*
2 Europa	9,396	670,9	3,551	0	0,0	*7*; *4, 17*
3 Ganymed	14,99	1 070	7,155	0	0,0	*7*; *4, 17*
4 Callisto	26,36	1 880	16,689	0	0,0	*7*; *4, 17*
6	160,7	11 470	250,6	0,158	27,6	*9*; *4, 17*
10	164	11 710	260	0,130	29,0	*13*; *4, 17*
7	164,4	11 740	260,1	0,207	24,8	*10*; *4, 17*
12	290	20 700	617	0,17	147	*15*; *4, 17*
11	313	22 350	692	0,21	164	*14*; *4, 17*
8	326	23 300	735	0,38	145	*11*; *4, 17*
9	332	23 700	758	0,28	153	*12*; *4, 17*
Saturn						
1 Mimas	3,111	186	0,942	0,020 1	1°,5	*20, 23*
2 Enceladus	3,991	238	1,370	0,004 4	0,0	*20, 23*
3 Tethys	4,939	295	1,888	0,000 0	1,1	*20, 23*
4 Dione	6,327	377	2,737	0,002 2	0,0	*20, 23*
5 Rhea	8,835	527	4,518	0,001 0	0,4	*20, 23*
6 Titan	20,48	1 222	15,95	0,028 9	0,3	*20, 23*
7 Hyperion	24,83	1 481	21,28	0,104 2	0,4	*21*
8 Japetus	59,67	3 560	79,33	0,028 3	14,7	*20*
9 Phoebe	216,8	12 930	550,4	0,163 3	150	*22*
Uranus						
5 Miranda	5,494	130	1,413	<0,01	0°	*26*
1 Ariel	8,079	192	2,520	0,002 8	0	*24, 26*
2 Umbriel	11,25	267	4,144	0,003 5	0	*24, 26*
3 Titania	18,46	438	8,706	0,002 4	0	*25, 26*
4 Oberon	24,69	586	13,46	0,000 7	0	*25, 26*
Neptun						
1 Triton	15,85	354	5,877	0,00	160°,0	*27*
2 Nereide	249,5	5 570	359,4	0,76	27,5	*28*

[1]) $i > 90°$ bedeutet rückläufige Bahnbewegung, d. h. im Uhrzeigersinn, gesehen vom Nordpol der Ekliptik — $i > 90°$: retrograde motion, i. e. clockwise as seen from north pole of the ecliptic.

Tab. 6b. Durchmesser D und Massen $\mathfrak{M}$ der Satelliten — Diameters D, masses $\mathfrak{M}$ of the satellites

m_{opp} | Scheinbare Oppositions-Helligkeit | apparent magnitude at opposition.

D [km] ²)	Lit.	$\mathfrak{M}$ [$\mathfrak{M}_{Pl}$]	$\mathfrak{M}$ Lit.	$\mathfrak{M}$ [g]	m_{opp}	Entdeckung Discovery	Satellit
							Erde
3 476		0,012 30		$7{,}35 \cdot 10^{25}$	$-12{,}^{m}5$	—	Mond
							Mars
(15)	*6*	—		—	11	1877 Hall	1 Phobos
(10)	*6*	—		—	12	1877 Hall	2 Deimos
							Jupiter
—		—		—	13	1892 Barnard	5
3 550	*18*	$3{,}81 \cdot 10^{-5}$	*19*	$7{,}2 \cdot 10^{25}$	$5{,}^{m}3 \cdots 5{,}^{m}8$	1610 Galilei	1 Io
3 100	*18*	$2{,}48 \cdot 10^{-5}$	*19*	$4{,}7 \cdot 10^{25}$	$5{,}7 \cdots 6{,}4$	1610 Galilei	2 Europa
5 600	*18*	$8{,}17 \cdot 10^{-5}$	*19*	$15{,}5 \cdot 10^{25}$	$4{,}9 \cdots 5{,}3$	1610 Galilei	3 Ganymed
5 050	*18*	$5{,}09 \cdot 10^{-5}$	*19*	$9{,}7 \cdot 10^{25}$	$6{,}1 \cdots 6{,}4$	1610 Galilei	4 Callisto
—		—		—	$14{,}^{m}7$	1904 Perrine	6
—		—		—	19	1938 Nicholson	10
—		—		—	18	1905 Perrine	7
—		—		—	18	1951 Nicholson	12
—		—		—	19	1938 Nicholson	11
—		—		—	17,0	1908 Melotte	8
—		—		—	18,6	1914 Nicholson	9
							Saturn
—		$6{,}69 \cdot 10^{-8}$	*29*	$3{,}8 \cdot 10^{22}$	12,1	1789 Herschel	1 Mimas
—		$1{,}27 \cdot 10^{-7}$	*29*	$7{,}2 \cdot 10^{22}$	11,7	1789 Herschel	2 Enceladus
1 000	*31*	$1{,}14 \cdot 10^{-6}$	*29*	$6{,}5 \cdot 10^{23}$	10,6	1684 Cassini	3 Tethys
—		$1{,}82 \cdot 10^{-6}$	*29*	$1{,}0 \cdot 10^{24}$	10,7	1684 Cassini	4 Dione
1 300	*31*	—		—	10,0	1672 Cassini	5 Rhea
4 950	*18*	$2{,}411 \cdot 10^{-4}$	*29*	$1{,}4 \cdot 10^{26}$	8,3	1655 Huyghens	6 Titan
—		—		—	15	1848 Bond	7 Hyperion
—		—		—	10,8	1671 Cassini	8 Japetus
—		—		—	14	1898 Pickering	9 Phoebe
							Uranus
—		—		—	17	1948 Kuiper	5 Miranda
—		—		—	14	1851 Lassell	1 Ariel
—		—		—	14	1851 Lassell	2 Umbriel
—		—		—	14	1787 Herschel	3 Titania
—		—		—	14	1787 Herschel	4 Oberon
							Neptun
—		$1{,}32 \cdot 10^{-3}$	*30, 4*	$1{,}4 \cdot 10^{26}$	14	1846 Lassell	1 Triton
—		—		—	19	1949 Kuiper	2 Nereide

²) Aus Messungen der scheinbaren Durchmesser; die Werte für die Mars-Monde sind Schätzungen, die auf den Helligkeiten beruhen — based on measurements of apparent diameters, the values for the satellites of Mars are estimated from their brightness.

Die Daten der 31 Satelliten der Großen Planeten sind, entsprechend ihren ganz verschiedenen Größen und Entfernungen, mit sehr unterschiedlicher Genauigkeit bekannt. Die Bahnen unterliegen zum Teil starken Störungen, die durch die gegenseitigen Anziehungen der Monde, durch die Abplattung des zugehörigen Planeten und — besonders stark bei der äußeren Gruppe der Jupitermonde — durch die Sonnenanziehung verursacht werden. Dementsprechend befinden sich die Bahnelemente in dauernder Veränderung [*4, 5, 6, 16*].

Ähnliche Tabellen wie die hier gegebene finden sich in [*6, 17, 37, 38, 39*].

4.2.1.3.2 Das Ringsystem des Saturn — Saturn's ring system

Tab. 7. Scheinbare und wahre Halbmesser der Ringe — Apparent and true radii [*32, 33*]

	$\frac{d}{2}$	$\frac{D}{2} = R$ [10^3 km]	[$R_♄$]
Äußerer Radius des äußeren Ringes A	20,″14	139	2,31
Innerer Radius des äußeren Ringes A	17,37	120	1,99
Äußerer Radius des inneren Ringes B	16,86	117	1,93
Innerer Radius des inneren Ringes B	12,91	89	1,48
Innerer Radius des dunklen Ringes („Flor-Ring“) C	10,42	72	1,20
Äquator-Radius von Saturn	8,72	60	1,00

d für mittleren Oppositionsabstand, $r = a_♄ = 9{,}5388$ AE.

Dicke des Ringes: maximal ≈ 10 bis 20 km [*34*]

Masse des Ringes: ≈ (10^{-5} bis 10^{-4}) · $\mathfrak{M}_♄$ [*35, 36*]

Lage der Ringebene [*20*]

Mittleres Äquinoktium und Ekliptik der Epoche — Ecliptic and mean equinox of epoch

i Neigung der Ringebene gegen die Ekliptik — inclination of the plane of the rings to the ecliptic.

☊ Länge des aufsteigenden Knotens der Ringebene auf der Ekliptik — Longitude of the ascending node of the plane of the rings on the ecliptic.

Epoche	*i*	☊
1965,0	28,°066	169,°024
1970,0	28,065	169,093
1975,0	28,065	169,163

4.2.1.3.3 Literatur zu 4.2.1.3 — References for 4.2.1.3

1 Struve, H.: Sitzber. Preuß. Akad. Wiss. (1911) 1073.
2 Burton, H. E.: AJ **39** (1929) 155.
3 Woolard, E. W.: AJ **51** (1944) 33.
4 Brouwer, D., and G. M. Clemence: in Kuiper-Middlehurst: Planets and Satellites, Chicago (1961) 31.
5 Porter, J. G.: J. Brit. Astron. Assoc. **70** (1960) 33.
6 Blanco, V. M., and S. W. McCuskey: Basic Physics of the Solar System, Reading/Mass. (1961).
7 Sampson, R. A.: Mem. Roy. Astron. Soc. **63** (1921).
8 van Woerkom, A. J. J.: Astron. Papers Wash. **13** Part 1 (1950).
9 Bobone, J.: AN **262** (1937) 321.
10 Bobone, J.: AN **263** (1937) 401.
11 Grosch, H. R. J.: AJ **53** (1948) 180.
12 Nicholson, S. B.: ApJ **100** (1944) 62.
13 Wilson jr., R. H.: PASP **51** (1939) 241.
14 Herget, P.: PASP **50** (1938) 347.
15 Herrick, S.: PASP **64** (1952) 238.
16 Kovalevsky, J.: Bull. Soc. Astron. France **74** (1960) 259.
17 Explanatory Supplement to The Astronomical Ephemeris and The American Ephemeris, London (1961).
18 Dollfus, A.: Compt. Rend. **238** (1954) 1475.
19 de Sitter, W.: MN **91** (1931) 706.
20 Struve, G.: Veröffentl. Berlin-Babelsberg **6** (1930, 1933) Heft 4 und 5.
21 Woltjer, J.: Ann. Leiden **16**, 3 (1928) 64.
22 Zadunaisky, P. E.: AJ **59** (1954) 1.
23 Kozai, Y.: Ann. Tokyo **5** (1957) 73.
24 Newcomb, S.: Astron. Obs. Washington 1873, App. I.
25 Struve, H.: Abhandl. Preuß. Akad. Wiss., Physik. Math. Kl. 1912.
26 Harris, D. L.: (1950, unveröffentlicht) nach G. P. Kuiper in Vistas Astron. **2** (1956) 1632.
27 Eichelberger, W. S., and A. Newton: Astron. Papers Wash. **9**, Part 3 (1926).
28 van Biesbroeck, G.: AJ **62** (1957) 274.
29 Jeffreys, H.: MN **113** (1953) 81.
30 Alden, H. L.: AJ **50** (1943) 110.
31 Kuiper, G. P.: The Atmospheres of the Earth and Planets, Chicago (1952) 308.

Gondolatsch

32 RABE, W.: AN **234** (1928) 153.
33 BARNARD, E. E.: ApJ **40** (1914) 259.
34 BOBROV, M. S.: Astron. Zh. **33** (1956) 161, 904.
35 BUCERIUS, H.: AN **263** (1937) 201.
36 KOZAI, Y.: Publ. Astron. Soc. Japan **9** (1957) 1.
37 ALLEN, C. W.: Astrophysical Quantities, Second edition, London (1963).
38 Leaflet No. 325 (revised 1960).
39 FORSYTHE, W. E.: Smithsonian Physical Tables, Ninth revised edition, Washington (1959).

4.2.1.4 Der Erdmond — The moon

4.2.1.4.1 Entfernung, Größe, mechanische Daten — Distance, size, mechanical data

$\pi_☾$	Äquatorial-Horizontalparallaxe des Mondes (siehe 5.1.4)	equatorial horizontal parallax of the moon (see 5.1.4)
$(\sin \pi_☾)''$	„Konstante der Mondparallaxe"	constant of the moon's sine parallax

$$(\sin \pi_☾)'' = 206\,264{,}8 \sin \pi_☾ = \pi_☾ - 0{,}''157$$

$a_☾$	große Halbachse der Mondbahn (= mittlere Entfernung Erde—Mond)	semi-major axis of moon's orbit (mean distance from earth)

$$a_☾ = \frac{(R_{Eq})_♁}{\sin \pi_☾}$$

Die starken Störungen der Mondbahn durch die Sonne machen eine scharfe Definition von $\pi_☾$ und $a_☾$ notwendig: die Konstante der Mondparallaxe $(\sin \pi_☾)''$ ist das konstante Glied im vollständigen Störungsausdruck für den Sinus der Parallaxe des Mondes. Das dieser Definition entsprechende $a_☾$ ist also nicht die große Halbachse einer Kepler-Bahn des Mondes um die Erde, sondern gehört einer Bahn an, die den konstanten Teil der Sonnenstörungen enthält [1, 5].

Tab. 8. Mittlere Parallaxe und mittlere Entfernung — Mean parallax and mean distance

	I[1])	II[2])
$\pi_☾$	57' 2,''70	57' 2,''61
$(\sin \pi_☾)''$	57 2,54	57 2,45
$a_☾$	384 403 km	384 400 km

Tab. 9. Extremwerte für Mondparallaxe, Entfernung $r_☾$ von der Erde und scheinbaren Halbmesser $d_☾/2$ — Extreme values for the moon's parallax, the distance $r_☾$ from the earth, and the apparent radius $d_☾/2$

	Perigäum	Apogäum
$\pi_☾$	61' 31,''4	53' 54,''6
$r_☾$	356 410 km	406 740 km
$d_☾/2$	16' 46"	14' 40"

Die Parallaxe des Systems I ist durch die Aufnahme in die definitive Form von Brown's Mondtafeln konventionell geworden [2, 3]. Der zugehörige Wert von $R_♁$ ist 6 378,388 km.

System II ist (mit $R_♁$ = 6 378,165 km) dem „Vorläufigen System" des Abschnitts „Das System der astronomischen Konstanten", Abschnitt 2.3.4 entnommen; die Werte entsprechen den sehr guten Resultaten der Radar-Messungen der Mondentfernung, z. B. [4, 5].

Weitere Daten:

scheinbarer Halbmesser[3])	$d_☾/2$	$= 15'\ 32{,}''6$
	$\sin d_☾/2$	$= 0{,}272\,494 \sin \pi_☾$
Radius	$R_☾$	$= 0{,}272\,49\ R_♁ = 1\,738{,}0$ km
Oberfläche	$F_☾$	$= 0{,}074\,3\ F_♁ = 3{,}788 \cdot 10^7$ km²
Volumen	$Vol_☾$	$= 0{,}020\,2\ Vol_♁ = 2{,}192 \cdot 10^{10}$ km³
Masse	$\mathfrak{M}_☾$	$= (1/81{,}53) \cdot \mathfrak{M}_♁$ [4])
	$\mathfrak{M}_☾$	$= (1/81{,}30) \cdot \mathfrak{M}_♁ = 7{,}35 \cdot 10^{25}$ g [5])
mittlere Dichte	$\bar{\varrho}_☾$	$= 3{,}35$ g/cm³
Schwerebeschleunigung[6])	$g_☾$	$= 0{,}166\ (g_{Eq})_♁ = 162{,}0$ cm/sec²
Entweichgeschwindigkeit[6])	v_e	$= 2{,}37$ km/sec

4.2.1.4.2 Bahnbewegung — Orbital motion

Die gegebenen Elemente sind *mittlere Elemente* im Sinne der Definition in 4.2.1.1.1; sie sind bezogen auf die Ekliptik und das mittlere Äquinoktium der Epoche. Zeitintervall T in Julianischen Jahrhunderten von 36 525 Ephemeridentagen, ab 1900 Januar 0,5 E.Z.

1) Konventionelle Werte — conventional values.
2) Neue Werte — recent values.
3) In mittlerer Entfernung — at mean distance.
4) In BROWN's Mondtheorie angenommen — adopted in BROWN's lunar theory.
5) Neue Bestimmung („Vorläufiges System", siehe 2.3.4) — recent determination ("Preliminary System", see 2.3.4).
6) An der Oberfläche — at the surface.

Gondolatsch

A. Fundamentale Bahnelemente — Fundamental orbital elements (Definitionen siehe 4.2.1.1.1.)

Mondtheorie von E. W. Brown [6]

$$L = 270°\,26'\,2{,}''99 + 1\,732\,564\,379{,}''31\,T$$
$$\tilde{\omega} = 334°\,19'\,46{,}''40 + 14\,648\,522{,}''52\,T$$
$$\Omega = 259°\,10'\,59{,}''79 - 6\,962\,911{,}''23\,T$$
$$e = 0{,}054\,9005;\quad 0{,}044 \leq e \leq 0{,}067\ ^{1)}$$
$$i = 5°\,8'\,43{,}''4;\quad 4°\,59' \leq i \leq 5°\,19'\ \text{(Periode: }173^{d})\ ^{1)}$$
$$\Delta L/\text{d} = 13°\,10'\,35{,}''03/\text{d}\quad \text{(mittlere tägliche Bewegung)}^{2)}$$
$$\Delta L/\text{h} \approx 0{,}°549/\text{h} \approx 33'/\text{h}\quad \text{(stündliche Änderung)}^{2)}$$

Variation der mittleren Neigung der Mondbahnebene gegen den Erdäquator
zwischen $23°\,27' - 5°\,9' = 18°\,18'$
und $23°\,27' + 5°\,9' = 28°\,36'$

Umlaufszeit des Perigäums (rechtläufig)	$3\,232^d \approx 8{,}85$ trop. Jahre
Umlaufszeit des Mondknotens (rückläufig)	$6\,798^d \approx 18{,}61$ trop. Jahre
Mittlere Bahngeschwindigkeit des Mondes	1,023 km/sec
Mittlere Zentripetalbeschleunigung	0,272 cm/sec^2

B. Mittlere Monatslängen in Ephemeriden-Tagen — Lengths of the mean months in ephemeris days (s. auch 2.2.4)

Siderische Umlaufszeit (Fixstern—Fixstern)	$27{,}^d321\,661$
Tropische Umlaufszeit (Frühlingspunkt—Frühlingspunkt)	$27{,}^d321\,582$
Anomalistische Umlaufszeit (Perigäum—Perigäum)	$27{,}^d554\,551$
Drakonitische Umlaufszeit (Knoten—Knoten)	$27{,}^d212\,220$
Synodische Umlaufszeit (Neumond—Neumond)	$29{,}^d530\,589$

Die Zahlen für die Monatslängen sind mittlere Werte, entsprechend den Brown'schen Mondbahn-Elementen; die wirklichen Werte können um große Beträge davon abweichen:

	Variationsbereich	Hauptursache
Länge des siderischen Monats	$\approx 7^h$	Sonnenstörungen
Länge des synodischen Monats	$\approx 13^h$	Exzentrizität der Mondbahn

Rotationszeit des Mondes (= siderische Umlaufszeit)	$27{,}^d321\,661$
Neigung des Mondäquators gegen die Ekliptik [7, 8]	$J = 1°\,33'$
gegen die mittlere Lage der Mondbahnebene	$J + i = 6°41'$ (6° 31' bis 6° 51')
Saros-Periode [10, 11]	= 223 synodische Monate (Lunationen) = $6\,585{,}^d32$ ≈ 239 anomalistische Monate = $6\,585{,}^d54$ ≈ 19 Finsternis-Jahre*) = $6\,585{,}^d78$ ≈ $18^a + 11^d$

C. Hauptungleichungen der Mondbewegung — Main periodic terms in the moon's motion [2, 3, 9]

Elliptische Ungleichung in Länge	$+\,22\,639''\ \sin M_☾$
Elliptische Ungleichung in Breite	$+\,18\,461''\ \sin u$
Evektion	$+\,4\,586''\ \sin (2A - M_☾)$
Variation	$+\,2\,370''\ \sin 2A$
Jährliche Ungleichung	$-\,668''\ \sin M_\odot$
Parallaktische Ungleichung	$-\,125''\ \sin A$

Argumente

- $M_☾$ Mittlere Anomalie des Mondes — moon's mean anomaly
- $M_\odot$ Mittlere Anomalie der Sonne — sun's mean anomaly
- A mittleres Mondalter — moon's mean age
- u Abstand des mittleren Mondorts vom aufsteigenden Knoten — distance of mean moon from ascending node.

1) Infolge der Störungen der Mondbahn durch die Sonne — due to the perturbations of moon's orbit by the sun.

2) Dem T-Koeffizienten in L entsprechend — corresponding to the T coefficient of L.

*) 1 Finsternis-Jahr = Zeit zwischen zwei Durchgängen der Sonne durch den aufsteigenden (oder absteigenden) Knoten der Mondbahn = $346{,}^d62$ — 1 eclipse year = time between two passages of the sun through the ascending (or descending) node of the moon's orbit = $346{,}^d62$.

4.2.1.4.3 Literatur zu 4.2.1.4 — References for 4.2.1.4

1 BAUSCHINGER, J.: in Enzyklopädie der Mathematischen Wissenschaften **6**/2, 1. Hälfte, Leipzig (1905 ··· 1923) 870.
2 BROWN, E. W.: Tables of the motion of the Moon, New Haven (1919).
3 Improved lunar ephemeris 1952 ··· 1959, Washington (1954).
4 YAPLEE, B. S., S. H. KNOWLES, A. SHAPIRO, K. J. CRAIZ, and D. BROUWER: Paper presented at the IAU-Symposium No. 21, Paris (1963).
5 BROUWER, D.: Paper presented at the IAU-Symposium No. 21, Paris (1963).
6 Explanatory Supplement to The Astronomical Ephemeris and The American Ephemeris, London (1961) 107. Die Grundlagen der unter [*2*] zitierten Brownschen Mond*tafeln* sind nicht völlig identisch mit Browns Mond*theorie*, auf der die gegenwärtig in den Ephemeridenwerken gegebenen Mondephemeriden beruhen.
7 JEFFREYS, H.: MN **122** (1961) 421.
8 ALLEN, C. W.: Astrophysical Quantities, Second edition, London (1963) 149.
9 DANJON, A.: Astronomie générale, Seconde édition, Paris (1959) 296.
10 RUSSELL, H. N., R. S. DUGAN, and J. Q. STEWART: Astronomy I, Boston (1926) 226 ··· 228.
11 BLANCO, V. M., and S. W. MCCUSKEY: Basic physics of the solar system, Reading/Mass. (1961) 97.

4.2.1.5 Die Kleinen Planeten (Planetoiden) — The minor planets (asteroids)

4.2.1.5.1 Elemente der Bahnen — Orbital elements

Die durch Bahnelemente gesicherten Planetoiden sind durch eine Nummer und in der überwiegenden Mehrzahl durch einen Namen gekennzeichnet. Ein Verzeichnis der Elemente aller dieser numerierten Kleinen Planeten findet sich in dem jährlich erscheinenden Heft „Ephemeriden Kleiner Planeten" [*1*].

Die hier gegebenen Daten über die Bahnelemente beziehen sich auf 1637 Objekte. Die Ende 1963 erreichte Zahl 1 651 der numerierten Planeten ist um 17 vermindert (16 nur in einer, über 30 Jahre zurückliegenden Opposition beobachtete Planetoiden und eine Identität). Hinzugenommen sind die drei Planetoiden Apollo, Adonis, Hermes. Diese drei Objekte wurden bei nahen Vorübergängen an der Erde entdeckt und erhielten wegen ihrer ungewöhnlichen Bahnen Namen; sie wurden aber nicht numeriert, da die Elemente zur Wiederauffindung wahrscheinlich nicht genau genug sind.

Tab. 10. Verteilung nach mittleren täglichen Bewegungen n bzw. großen Bahnhalbachsen a — Frequency distribution of mean daily motions n and semi-major axes a

N	Zahl der Planetoiden für äquivalente n und a in Intervallen von 10". An einigen Kommensurabilitätsstellen ist das Intervall geändert. Bei Besetzung mit nur 1 Planetoiden ist meist der genaue n-Wert gegeben, dazu die Nummer des Planetoiden kursiv.	number of asteroids for equivalent n and a in intervals of 10". For some commensurability points the interval has been modified. If only one asteroid occupies an interval the exact n-value is generally given, together with the number of the asteroid in italics.
n	mittlere tägliche Bewegung ["/d]	mean daily motion ["/d]
a	große Halbachse der Bahn [AE]	semi-major axis of orbit [a. u.]

n	a [AE]	N	n Intervall	a [AE]	N	n Intervall	a [AE]	N	n Intervall	a [AE]	N
3171"	1,08	*1566*	1124"··· 1115"	2,16	1	884"··· 875"	2,53	21	634"··· 625"	3,17	101
2557	1,24	*1620*	1114 ··· 1105	2,17	5	874 ··· 865	2,55	37	624 ··· 615	3,20	65
2421	1,29	Hermes	1104 ··· 1095	2,18	9	864 ··· 855	2,57	31	614 ··· 605	3,23	12
2015	1,46	*433*	1094 ··· 1085	2,20	27	854 ··· 845	2,59	30	602,2	3,26	*1101*
1959	1,49	Apollo	1084 ··· 1075	2,21	13	844 ··· 835	2,61	41	597,1	3,28	*1362*
1411	1,85	*1600*	1074 ··· 1065	2,22	41	834 ··· 825	2,63	32	597,0··· 582,5	3,31	0
1406	1,85	*1355*	1064 ··· 1055	2,24	32	824 ··· 815	2,66	44	582,4··· 575,0	3,35	6
1394	1,86	*1627*	1054 ··· 1045	2,25	23	814 ··· 805	2,68	44	574 ··· 565	3,38	13
1391	1,87	*1509*	1044 ··· 1035	2,27	16	804 ··· 795	2,70	28	564 ··· 555	3,42	14
1358	1,90	*1453*	1034 ··· 1025	2,28	9	794 ··· 785	2,72	39	554 ··· 545	3,47	3
1344	1,91	*1235*	1024 ··· 1015	2,30	11	784 ··· 775	2,74	52	544 ··· 535	3,51	4
1342	1,91	*1019*	1014 ··· 1005	2,31	10	774 ··· 765	2,77	53	534 ··· 525	3,55	3
1331	1,92	*1221*	1004 ··· 995	2,33	11	764 ··· 755	2,79	45	510	3,64	*522*
1320	1,93	*1103*	994 ··· 985	2,34	11	754 ··· 745	2,82	9	488	3,76	*1144*
1309	1,94	*434*	984 ··· 975	2,36	28	744 ··· 735	2,84	15			
1306	1,95	*1139*	974 ··· 965	2,37	30	734 ··· 725	2,87	40	462 ··· 455	3,91	5
1284	1,97	Adonis	964 ··· 955	2,39	21	724 ··· 715	2,90	37	454 ··· 445	3,96	14
1275	1,98	*1025*	954 ··· 945	2,41	14	714 ··· 705	2,92	29	444	4,00	1
			944 ··· 935	2,42	28	704 ··· 695	2,95	9			
			934 ··· 925	2,44	23	694 ··· 685	2,98	25	400	4,28	*279*
			924 ··· 915	2,46	14	684 ··· 675	3,01	86			
			914 ··· 905	2,48	11	674 ··· 665	3,04	30	308,5··· 300,2	5,14	8
			904,1··· 903,1	2,49	3	664 ··· 655	3,07	25	298,6··· 292,8	5,24	6
			903,0··· 887,1	2,50	0	654 ··· 645	3,10	56			
			887,0··· 885,0	2,52	3	644 ··· 635	3,13	106	254	5,79	*944*

Gondolatsch

Tab. 11. Kommensurabilitäten — Commensurabilities

Diejenigen mittleren Bewegungen n, die zu der des Jupiter ($n_{♃} = 299{,}''128$) in einfachen ganzzahligen Verhältnissen stehen, machen sich in der Verteilung der Planeten durch Lücken oder Anhäufungen bemerkbar. Literatur zur himmelsmechanischen Problemstellung [*2*, *3*] — Mean daily motions n related by simple ratios to the mean daily motion of Jupiter ($n_{♃} = 299{,}''128$) show characteristic gaps or accumulations in the distribution. For literature on the celestial mechanics of this problem, see [*2*, *3*].

$\frac{n}{n_{♃}}$	n ["/d]	a [AE]	Charakteristik
3 : 1	~900	2,50	Sehr breite und tiefe Lücke in der Häufigkeitsverteilung: *Hestia-Lücke*, nach 46 Hestia ($n = 883{,}''9$)
5 : 2	~750	2,82	Tiefe Lücke
7 : 3	~700	2,96	Tiefe Lücke
2 : 1	~600	3,28	Tiefe Lücke: *Hecuba-Lücke*, nach 108 Hecuba ($n = 616{,}''1$)
3 : 2	~450	3,97	*Hilda-Gruppe*, nach 153 Hilda ($n = 447{,}''7$), 20 Planeten
4 : 3	~400	4,29	Ein einzelner Planet: 279 Thule ($n = 400{,}''3$)
1 : 1	~300	5,20	14 Planeten in der Umgebung der Lagrange'schen Librationspunkte L_4 und L_5: „*Trojaner*"; siehe Tab. 13

Tab. 12.

a) Verteilung nach Knoten ☊ und Perihellänge $\tilde{\omega}$ — Distribution of ascending nodes ☊ and longitudes of perihelion $\tilde{\omega}$

Intervall	$N_{☊}$	$N_{\tilde{\omega}}$	Intervall	$N_{☊}$	$N_{\tilde{\omega}}$
0°··· 20°	101	160	180°···200°	81	51
20 ··· 40	91	135	200 ···220	100	49
40 ··· 60	98	140	220 ···240	71	62
60 ··· 80	104	93	240 ···260	76	62
80 ···100	101	87	260 ···280	62	81
100 ···120	89	82	280 ···300	83	83
120 ···140	101	61	300 ···320	76	115
140 ···160	104	62	320 ···340	98	132
160 ···180	92	48	340 ···360	109	134

b) Verteilung nach Bahnneigung i und Exzentrizitätswinkel $\varphi = \arcsin e$ — Distribution of inclinations i and angles of eccentricity $\varphi = \arcsin e$

Intervall	N_i	N_φ	Intervall	N_i	N_φ	Intervall	N_i	N_φ
0°··· 1°	22	10	10°···11°	106	128	20°···21°	15	9
1 ··· 2	72	44	11 ···12	79	112	21 ···22	21	2
2 ··· 3	110	73	12 ···13	68	95	22 ···23	11	2
3 ··· 4	108	110	13 ···14	69	67	23 ···24	13	1
4 ··· 5	117	133	14 ···15	67	50	24 ···25	14	2
5 ··· 6	135	130	15 ···16	61	31	25 ···26	14	1
6 ··· 7	104	157	16 ···17	32	22	26 ···27	10	0
7 ··· 8	97	139	17 ···18	24	25	27 ···28	0	0
8 ··· 9	110	128	18 ···19	31	10	28 ···29	3	2
9 ···10	98	137	19 ···20	15	9	29 ···30	1	2
						>30	10	6

Tab. 13. Oskulierende Bahnelemente — Osculating orbital elements

Ekliptik und Äquinoktium 1950,0. Symbole siehe 4.2.1.1.1.

m_{opp}	mittlere scheinbare photographische Oppositionshelligkeit, für Sonnenabstand $r = a$ und Erdabstand $\Delta = a-1$ [AE]	mean apparent photographic magnitude at opposition, for distance from the sun $r = a$ and distance from the earth $\Delta = a-1$ [a. u.]
M	mittlere Anomalie	mean anomaly
$\varphi = \arcsin e$		
n	mittlere tägliche Bewegung	mean daily motion

Nr.	Name	m_{opp}	Epoche 0^h E.Z.	M	☊	$\tilde{\omega}$	i	φ	n	a [AE]
			Die vier größten Planetoiden — The four largest asteroids							
1	Ceres	7^{m},4	1957 Juni 11	279°,880	80°,51	152°,37	10°,61	4°,35	770″,70	2,7675
2	Pallas	8,5	1957 Juni 11	271,815	172,98	122,73	34,80	13,53	768,88	2,7718
3	Juno	9,6	1957 Juni 11	329,336	170,44	56,57	12,99	14,98	814,05	2,6683
4	Vesta	6,8	1957 Juni 11	79,667	104,10	253,24	7,13	5,10	977,65	2,3617
			Die Trojaner — The Trojan asteroids							
588	Achilles	16,0	1948 Aug. 7	245,133	316,06	83,70	10,32	8,53	298,26	5,2112
617	Patroclus	15,8	1948 Aug. 7	231,290	43,86	347,63	22,08	8,08	298,64	5,2068
624	Hektor	15,2	1948 Aug. 7	165,512	342,09	164,20	18,28	1,42	306,17	5,1211
659	Nestor	16,3	1948 Aug. 7	19,344	350,56	323,59	4,52	6,33	296,08	5,2368
884	Priamus	16,5	1948 Aug. 7	288,972	301,05	272,05	8,89	6,92	297,81	5,2164
911	Agamemnon	15,4	1948 Aug. 7	281,499	337,27	55,62	21,94	3,72	305,12	5,1328
1143	Odysseus	16,0	1948 Aug. 7	249,128	220,66	94,25	3,15	5,23	300,44	5,1860
1172	Äneas	16,0	1948 Aug. 7	271,438	246,78	292,40	16,69	5,91	300,25	5,1881
1173	Anchises	16,6	1948 Aug. 7	264,330	284,13	314,84	6,98	7,91	308,46	5,0958
1208	Troilus	16,3	1948 Aug. 7	233,295	47,98	340,55	33,69	5,30	302,76	5,1595
1404	Ajax	16,8	1948 Aug. 7	325,207	332,32	29,52	18,13	6,42	302,44	5,1631
1437	Diomedes	15,8	1948 Aug. 7	230,321	315,33	82,10	20,56	2,50	304,21	5,1431
1583	Antilochus	16,5	1950 Nov. 15	336,126	221,07	47,38	28,30	3,10	292,75	5,2765
1647	Menelaus	18,2	1958 Juni 6	110,309	239,78	169,93	5,65	1,58	297,31	5,2224
			Hidalgo ($a_{Planet.} > a_{Jupiter}$)							
944	Hidalgo	19,2	1948 Febr. 29	335,824	21,27	78,78	42,53	40,98	254,38	5,7944
			Erdnahe Planetoiden — Asteroids that come near the earth							
1566	Icarus	12,4	1950 Aug. 7	53,499	87,75	118,66	22,98	55,75	3171,43	1,0777
1620	Geographos	13,4	1951 Sept. 11	62,682	337,00	253,21	13,32	19,58	2556,73	1,2442
—	Hermes	20	1937 Nov. 6	327,038	35,37	126,05	4,68	28,33	2420,68	1,2904
433	Eros	11,4	1931 Jan. 18	0,586	304,07	122,00	10,83	12,88	2015,29	1,4581
—	Apollo	19	1932 Apr. 25	319,984	36,08	320,96	6,42	34,49	1958,60	1,4861
1221	Amor	20,3	1948 Juni 28	31,348	171,24	196,74	11,93	25,84	1331,33	1,9223
—	Adonis	21	1936 Febr. 25	22,086	352,54	32,08	1,48	51,19	1284,03	1,9692

4.2.1.5.2 Größe und Anzahl der Planetoiden — Size and number of asteroids

Tab. 14. Durchmesser, Volumen, Massen — Diameters, volumes, masses

Durchmesser der Planetoiden 1 bis 4 aus Mikrometermessungen von BARNARD 1894—1902; durch neuere Resultate in der Größenordnung bestätigt, aber noch nicht durch sicherere Werte zu ersetzen. Aus diesen Durchmessern sind die Massen mit der angenommenen Dichte 3,5 g/cm³ errechnet.

Planetoid	D [km]	Vol [cm³]	$\mathfrak{M}$ [g]
1 Ceres	770	$2,4 \cdot 10^{20}$	$8,4 \cdot 10^{20}$
2 Pallas	490	$6,2 \cdot 10^{22}$	$2,2 \cdot 10^{23}$
3 Juno	190	$3,6 \cdot 10^{21}$	$1,3 \cdot 10^{22}$
4 Vesta	380	$2,9 \cdot 10^{22}$	$1,0 \cdot 10^{23}$

Für alle anderen Planetoiden liegen nur photometrische Durchmesser-Schätzungen vor:

D [km]	>100	50 bis 100	<50
N	~ 200	~ 500	alle übrigen

Anzahl

Mehrere Versuche, aus Abzählungen auf photographischen Aufnahmen die Gesamtzahl der Kleinen Planeten zu erschließen [4 ··· 7]. Unter Hinzunahme der Daten für die numerierten Planetoiden ergibt sich im Intervall 9^m bis 19^m von Größenklasse zu Größenklasse ein Anstieg auf mehr als das Doppelte. KIANG [7] gibt für die Zahl n der Planetoiden im photographischen Helligkeitsintervall $m_0 \pm \frac{1}{2}$ den Ausdruck $\log n\,(m_0) = 1{,}06 + 0{,}375\,(m_0 - 10)$. Dem entsprechen etwa die Kumulativ-Werte in Tab. 15.

Tab. 15. Kumulativzahlen N für die Planetoiden heller als m_0 (photographisch) — Number of asteroids brighter than m_0 (photographic)

m_0	15,0	17,0	19,0	20,0
N	1 000	5 500	30 000	75 000

Gesamtmasse

Der Schluß von Zahl und Größe der Kleinen Planeten auf ihre Gesamtmasse ist sehr unsicher; die plausibelsten Abschätzungen ergeben Werte von der Größenordnung 0,001 $\mathfrak{M}_♁$, also etwa 10^{24} bis 10^{25} g.

4.2.1.5.3 Literatur zu 4.2.1.5 — References for 4.2.1.5

1 „Ephemeriden Kleiner Planeten": Herausgegeben vom Institut für Theoretische Astronomie der Akademie der Wissenschaften der UdSSR, Leningrad.
2 HAGIHARA, Y.: Smithsonian Contrib. Astrophys. **5** (1961) 59.
3 BROUWER, D.: AJ **68** (1963) 152.
4 BAADE, W.: PASP **46** (1934) 54.
5 JOHNSON, E. L.: Observatory **71** (1951) 202.
6 KUIPER, G. P. et al.: ApJ Suppl. **3** (1958) 289 = Contrib. McDonald Nr. 284 (1958).
7 KIANG, T.: MN **123** (1962) 509.

4.2.2 Physics of planets and satellites — Physik der Planeten und Monde

4.2.2.1 Methods of investigation and classification of data — Untersuchungsmethoden und Datenklassifizierung

Results: see 4.2.2.2

Symbols

r	distance from the sun	Entfernung von der Sonne
R	radius of the body	Radius des Körpers
α	phase angle = angle between the directions towards the sun and the earth	Phasenwinkel = Winkel zwischen den Richtungen zur Sonne und zur Erde
A	Albedo = total reflectivity	Albedo = gesamtes Reflexionsvermögen
T_{Av}	average radiation temperature	gemittelte Strahlungstemperatur
T_0	surface temperature	Oberflächentemperatur
ε	infrared emissivity	infrarotes Emissionsvermögen

Indexes

pl	planet	Planet
$\odot$	sun	Sonne

Physical studies of the 8 planets and 31 known satellites attempt to parallel the wide range of studies of the planet earth, but are limited to methods that can be used from a distance. Thus, they depend on analyses of the *radiations* received and on certain *gravitational effects* derived from observed planetary or satellite *positions* or *orientations*. Planets exhibiting sensible *disks* allow more comprehensive studies than bodies merely showing points of light. The sources of data listed below, are available for all planets and the larger satellites.

Die physikalischen Untersuchungen der 8 Planeten und 31 bekannten Satelliten versuchen, den weiten Umfang der Untersuchungen des Planeten Erde zu erreichen; sie sind jedoch auf Methoden beschränkt, die aus der Entfernung angewandt werden können, hängen also von Analysen der empfangenen *Strahlungen* und von bestimmten *Gravitationseffekten* ab, die aus den beobachteten *Positionen* oder *Orientierungen* der Planeten und Satelliten abgeleitet werden. Planeten, die als deutliche *Scheibe* zu erkennen sind, können umfassender erforscht werden als Körper, die nur als Lichtpunkte erscheinen. Die Bestimmungsgrundlagen für die im folgenden aufgeführten Daten gelten für alle Planeten und für die größeren Satelliten.

4.2.2.1.1 Mean density and composition — Mittlere Dichte und Aufbau

Results: 4.2.2.2.1 and 4.2.2.2.2

The *mass* determined dynamically (see 4.2.1) and the *diameter* determined from telescopic measurement, fix the *mean density* of the body (Tab. 1). The latter and the *moment of inertia* (Tab. 2) (determined dynamically for planets having close satellites) fix the variation of density with radius. This, with the aid of knowledge on the physics of high pressures, leads to conclusions on *planetary composition* and, more speculatively, on *planetary evolution* and origin.

4.2.2.1.2 Albedo, temperature — Albedo, Temperatur

Results: 4.2.2.2.3

The diameter and the *brightness* (due to reflected sunlight), measured over the widest possible range of *phase angles* and of *wavelengths* (at least 0,3 ··· 2μm) lead to the derivation of the total reflectivity or *albedo*, A (Tab. 3). The complementary fraction of intercepted sunlight, $1-A$, is absorbed and must be re-emitted as *planetary heat*. If the heat flow received at the planetary surface from the interior is small compared to the absorbed solar heat, as is true for the earth (ratio 10^{-4}) and almost certainly also for the other planets and satellites except perhaps Jupiter, the quantity $(1-A)$, together with the known distance from the sun, r, fixes the theoretical *mean radiation temperature*. Its value further depends on the solar radius ($R_\odot$), and effective temperature $(T_{eff})_\odot$, as well as on the state of *rotation* of the planet. At the subsolar point on a non-rotating planet the theoretical radiation temperature (Tab. 3) will be given by the condition of conservation of radiant energy, emitted and received per cm²:

$$\varepsilon_{pl}\,(T_{rad,pl})^4 = (1-A)\,(T_{eff,\odot})^4\,(R_\odot/r)^2. \tag{1}$$

For a black body $\varepsilon = 1$. For actual planets and satellites $\varepsilon \leq 1$ but will be close to unity for
a) dark bodies without an atmosphere (Moon, Mercury),
b) bodies covered with ice crystals (Jupiter II and III, the inner 5 satellites of Saturn, and probably the 5 Uranus satellites and Triton of Neptune); and
c) planets with dense and strongly absorbing atmospheres (Venus, Earth, Jupiter ··· Neptune).

For a *rapidly rotating body* the total area exposed to sunlight is $4\pi R^2$, though the beam intercepted is only πR^2, so that the *average radiation temperature*, T_{Av}, is less than T_{rad} computed from (1) in the ratio $\sqrt[4]{4} = \sqrt{2} = 1{,}41$ (Tab. 3). For a planet with a heavy atmosphere and/or suspended condensation products, the computed mean radiation temperature refers to an *average* emission level in the atmosphere where the optical depth is unity in the 5···20 μm region (λ depending on T_{rad}) and this may be well below the planet's *surface* temperature T_0. Thus, on the earth $(T_{rad})_♁ \simeq 250$ °K, $(T_0)_♁ \simeq 285$ °K; while for Venus the two values are about 240 °K and 700 °K. The difference $T_{rad} - T_0$ between the two temperatures is called the *greenhouse effect* of the atmosphere, a name that is self-explanatory.

The brightness variation with phase angle α, called the *phase curve*, needed in the derivation of the albedo A, is in itself a source of important information. A planet without atmosphere (Moon, Mercury) has a steep phase curve, with a high reflectivity near full phase and a rapidly diminishing reflectivity away from full phase; while a planet with a heavy atmosphere (e. g. Venus) has a flat maximum near full phase and is comparatively bright even at the crescent phase. Unfortunately, the geometry of the solar system precludes the derivation of the full phase curve except for the three bodies mentioned. For Mars $\alpha \leq 45°$, for Jupiter $\alpha \leq 11°$, for Saturn $\alpha \leq 6°$, for Uranus $\alpha \leq 3°$. Results see Tab. 3.

The brightness measurements can be refined in two directions, mentioned under 4.2.2.1.3 and 4.2.2.1.4 below.

4.2.2.1.3 Polarization — Polarisation

Polarization measurements define the relative brightness in the two principal planes of polarization, the *plane of vision* (containing the rays of incidence and reflection) and that orthogonal to it through the reflected ray. The degree of polarization measured as a function of the phase angle α gives the *polarization curve*. It is an important source of information about the planetary surface, even when the range of α is comparatively small such as is the case for Mars, Jupiter, and the Jupiter satellites. This is true because of the very different behavior of the polarization curve for the interval of $0° < \alpha < 20°$ for
a) bodies that are bare silicate rock, possibly covered with some fine dust or debris (Moon, Mercury),
b) planets with substantial atmospheres,
c) atmospheres containing particles of different dimensions and composition (Venus, Mars, Jupiter).

The power of the method is much increased if polarization curves can be derived over a broad range of wavelengths (0,3 ··· 2 μm or beyond).

4.2.2.1.4 Spectrum, composition of atmosphere — Spektrum, Zusammensetzung der Atmosphäre

Results: 4.2.2.2.4

Spectral measurements, concerned with the relative brightness in narrow adjacent wavelength bands, are carried out by means of
a) interference filters,
b) spectrograph or spectrometer, or
c) interferometer and subsequent computation of the spectrum from the Fourier transform.

Method b) has been the most effective, limited so far to 0,3 ··· 13 μm, with the maximum resolution $\lambda/\Delta\lambda$ depending on the detector sensitivity and the brightness of the source. Resolutions have attained 30 000 in the photographic region, about 1 000 in the 1 ··· 2,5 μm region, 200 in the 3 ··· 5 μm region, and 30 in the 10 μm region. The spectral studies lead to quantitative information on the *composition of planetary atmospheres* and are among the most productive planetary programs.

Low-resolution spectral measurements of planets in the 1 ··· 5 μm and 8 ··· 14 μm transmission bands of the earth's atmosphere lead to direct *temperature* determinations. However, for planets with atmospheres the interpretation of these data requires knowledge on planetary composition that may not always be available.

4.2.2.1.5 Radio emission — Radiostrahlung

The extension of the observed spectral curve into the *microwave region* (λ = 1 mm ··· 1 m) has added fundamental data, particularly for planets with heavy atmospheres. Radiation at $\lambda \geq 10$ cm penetrates the *Venus atmosphere* and has revealed the surface temperature to be as high as 700 °K = 430 °C. Such radiation is also emitted by the deeper layers of the *Jupiter atmosphere* and a second source is found located high above and around the planet, in a radiation belt emitting *synchrotron-type radiation.* A third source of radio emission by Jupiter, also nonthermal, consists of concentrated bursts of frequencies near 18 Mcps (18 MHz). This latter source is multiple, scattered over several longitudes and appears associated with a uniformly-rotating substrate (System III, period $9^h 55^m 29^s$) that may be related to the planetary *interior.* In any case, it cannot be associated with the everchanging cloud belts near Jupiter's equator (System I, rotation period $9^h 50^m 30{,}^s0$) or those at the higher latitudes (System II, period $9^h 55^m 40{,}^s6$).

4.2.2.1.6 Surface structure, rotation, obliquity — Oberflächenstruktur, Rotation und Achsenneigung

Investigations 4.2.2.1.1 ··· 4.2.2.1.5 apply down to disks so small that in photometric, polarimetric, and spectral studies they must be observed as single sources. If the planetary disk has a *substantial angular diameter*, these programs can be separately applied to various parts of the disk with a corresponding gain in knowledge. Detailed surface studies can then be made also *visually* or by *photography,* using filters or color film, allowing the deduction of cloud sizes, motions, and life times, and data on atmospheric *circulation.* Such studies also lead to a determination of the period of planetary *rotation* (Tab. 2 and 4.2.1.1.3) and any *latitude dependence* that may exist (5 min or 1% for Jupiter; 11% between 0° and 60° latitude for Saturn). They also fix the *obliquity* (Tab. 3), that is, the tilt of the polar axis with respect to the normal of the orbit around the sun.

4.2.2.2 Results — Ergebnisse

4.2.2.2.1 Mechanical properties — Mechanische Eigenschaften

(see also 4.2.1) — (siehe auch 4.2.1)

Tab. 1. Mass $\mathfrak{M}$, radius R, density $\bar{\varrho}$, surface gravitational acceleration g and velocity of escape v_e — Masse $\mathfrak{M}$, Radius R, Dichte $\bar{\varrho}$, Schwerebeschleunigung an der Oberfläche g, Entweichgeschwindigkeit v_e

$\mathfrak{M}$: Brouwer and Clemence [*1*, chapter 3]

$$v_e = \left(\frac{\mathfrak{M}/\mathfrak{M}_\oplus}{R/R_\oplus}\right)^{1/2} \cdot 11{,}3 \text{ km/sec}$$

$\mathfrak{M}_\oplus = 5{,}975 \cdot 10^{27}$ g; $R_\oplus = 6\,370\,980$ m;

R: Kuiper [*2, 3*]

$$g/g_\oplus = \frac{\mathfrak{M}/\mathfrak{M}_\oplus}{(R/R_\oplus)^2}$$

$g_\oplus$ (in mean latitude) = 979,756 cm/sec²

Body	$\mathfrak{M}$ [$\mathfrak{M}_\oplus$]	p. e. [%]	R [$R_\oplus$]	$\bar{\varrho}$ [g cm^{-3}]	g [$g_\oplus$]	v_e [km/sec]
Mercury	0,054 3	0,7	0,38	5,46	0,38	4,3
Venus	0,813 7	0,05	0,961	5,06	0,88	10,3
Earth	1,000 0	—	1,000	5,52	1,00	11,3
Mars	0,106 7	0,1	0,523	4,12	0,39	5,1
Jupiter	317,45	0,003	10,97	1,33	2,64	60,8
Saturn	95,06	0,008	9,03	0,714	1,17	36,7
Uranus	14,50	0,03	3,72	1,55	1,05	22,3
Neptune	17,60	0,3	3,43	2,41	1,50	25,6
Pluto	0,05 ?	—	0,45	3 ?	0,25 ?	3,8 ?

Continued next page

Tab. 1. (continued)

Body	$\mathfrak{M}$ [$\mathfrak{M}_♁$]	p. e. [%]	R [$R_♁$]	$\bar{\varrho}$ [g cm^{-3}]	g [$g_♁$]	v_e [km/sec]
Moon	0,012 29	0,03	0,273	3,34	0,165	2,4
J I Io	0,012 1	8	0,255	4,02	0,186	2,5
J II Europa	0,007 9	2	0,226	3,79	0,154	2,1
J III Ganymede	0,025 9	1	0,394	2,34	0,166	2,9
J IV Callisto	0,016 2	8	0,350	2,08	0,132	2,4
S I Mimas	0,000 0064	2	(0,037)[1]	0,7	0,005	0,15
S II Enceladus	0,000 012	28	0,043	(0,8)	0,006	0,19
S III Tethys	0,000 108	2	0,064	2,3	0,026	0,46
S IV Dione	0,000 173	2	0,064	3,6	0,042	0,6
S V Rhea	—	—	0,129	—	—	—
S VI Titan	0,022 9	0,5	0,360	2,72	0,18	2,8
S VIII Japetus	—	—	0,104	—	—	—
N I Triton	0,023	17	0,30	(4,7)	0,25	3,1

Tab. 2. Planetary rotation, obliquity, moments of inertia, ellipsoidal constants — Planetare Rotation, Achsenneigung, Trägheitsmomente, ellipsoidale Konstanten

P_{rot}	period of rotation (see 4.2.1.1.3)	Rotationsperiode (siehe 4.2.1.1.3)
i	tilt of the polar axis with respect to the normal of the orbit around the sun	Neigung der Rotationsachse gegen die Normale der Planetenbahn um die Sonne

$$J = \frac{3}{2}\,\frac{C - A}{\mathfrak{M} \cdot R^2}$$

C	moment of inertia about rotation axis	Trägheitsmoment um die Rotationsachse
A	moment of inertia about equatorial axis	Trägheitsmoment um die Äquatorachse
I	mean moment of inertia	mittleres Trägheitsmoment
ε^{-1}	reciprocal oblateness	reziproke Abplattung

$$\Phi = \frac{\omega^2 R^3}{G \cdot \mathfrak{M}}$$

ratio between centrifugal force at the equator and gravity | Verhältnis zwischen Zentrifugalkraft am Äquator und Schwerkraft

Body	P_{rot}	i [2]	J [3]	$\frac{I}{\mathfrak{M} R^2}$ [3]	ε^{-1} [3]	Φ [3]
Mercury	$88^{d}_{,}0$	7° (a)	—	—	—	—
Venus	long†	32 ± (b)	—	—	—	—
Earth	$23^h 56^m 4^s_{,}09$	23 27'	0,001 637	0,3335	297,1 [4]	0,003 461
Mars	$24^h 37^m 22^s_{,}6$	25 12' (c)	0,003 017	0,389	192,6	0,004 321
Jupiter	$9^h 50^m 30^s \cdots 55^m 41^s$	3 7' (c)	0,022 1	0,26	15,34 [4]	0,084 25
Saturn	$10^h 14^m \cdots 38^m$	26 45' (c)	0,025 01	0,21	10,21 [4]	0,142 3
Uranus	$10^h_{,}8$*	98,°0 (c)	—	—	—	—
Neptune	$15^h_{,}8$*	151 (c, d)	0,007 4	0,30	58	0,019
Pluto	$6^h_{,}390$**	—	—	—	—	—

The satellites closer than about 100 planetary radii (all except a few small bodies) rotate around their planets synchronously with their orbital period, as is shown by their light variations. The rotation periods of the outermost satellites are unknown.

---

[1] The diameter of Mimas has been computed from the magnitude difference with Enceladus on the assumption of equal albedo.

[2] (a) Dollfus, visual; (b) Kuiper, photographic (belts shown in UV); (c) Dynamic value, derived from satellite orbits; (d) Spectroscopic.

[3] From Brouwer and Clemence [*1*] Chapter 3 corrected for $\delta R/R$.

[4] For Saturn the oblateness is so large that the fourth-order term in the force function can be evaluated from the close satellites; $K_♄ = 0{,}0039 \pm 0{,}0003$. For Jupiter K is marginal: $K_♃ = 0{,}0025 \pm 0{,}0014$; $K_♁ = 0{,}000\,0114$.

*) Spectroscopic determination.

**) Photometric value [*4*].

† Radar reflections indicate slow retrograde rotation.

4.2.2.2.2 Summary on planetary composition — Zusammenfassung über den Aufbau der Planeten

1. *Terrestrial planets*

Recent geochemical discussion has made it very probable that the Wiechert discontinuity in the earth, 2900 km below the surface, is not merely a *phase* change from a solid to a liquid, but a true *composition* change as well, from a silicate mantle to a liquid core mostly composed of metallic iron-nickel. A 20% admixture of a lighter substance is indicated, however, which has been identified as *silicon* independently by Ringwood [*7*] and by MacDonald and Knopoff [*8*]. The objection to this model, that it leads to an iron/silicate ratio well in excess of that found in meteorites, loses its force when the large variations of this ratio found among the other terrestrial planets are considered. These variations are apparent from the mean densities in Tab. 1 if allowance is made for compression effects. For the moon and Mercury these compression effects are small ($< 0{,}1$ in the density) so that a striking difference in composition is evident, with the moon having at most a very small iron core and with Mercury being composed of iron for 0,6 ··· 0,7 of its mass. For Mars the iron core appears to be 0,2 ··· 0,3 of the planetary mass, for the earth and Venus 0,4 ··· 0,5. These large composition differences among the four terrestrial planets and the moon pose a basic problem of planetary formation. Ringwood has tentatively attributed these differences to different degrees of *reduction* by carbon acting at the different internal temperatures of the different planetary melts, and has assumed that the CO and CO_2 produced would mostly escape. Ringwood [*9*] has made considerable progress in identifying the various seismic sublayers of the mantle with specific phase transitions of silicate complexes and has also analyzed the lowest 200 km of the mantle, known to have peculiar seismic properties. He finds that the processes there are not unlike those in blast furnaces, with molten metallic iron seeping downward into the mantle. This transition zone is apparently of importance also for the generation of the *earth's magnetic field*, and for the coupling of the *rotations of core and mantle*.

Further references

Ringwood: "On the Chemical Evolution and Densities of the Planets" [*5*]: criticism thereto: Urey [*6*].

2. *Jovian planets*

The compositions of these planets differ radically from the terrestrial planets as evident from the mean densities of Tab. 1 with any plausible extrapolation of the pressure effects. It is also evident that Jupiter and Saturn must differ in composition from Uranus and Neptune, with the former composed largely of hydrogen (the only cosmically abundant very light constituent available) and the latter of a substance of intermediate specific gravity (lighter than silicates).

Quantitative conclusions require model computations, which have been made most recently by de Marcus [*10, 11*], Ramsey and Miles [*12*], and are summarized by de Marcus [*13*] and Wildt [*1*] p. 159. Based on the 1958 computations by de Marcus [*11*] the weight fractions of *hydrogen* are found to be at least 78% for Jupiter and 63% for Saturn, with the remainder assumed to be *helium*. The coefficients of the external potential (ε, J, K; see Tab. 2) are well represented by these models. The central density of Jupiter is found to be about 31 g/cm³; the central density of Saturn 16 g/cm³; the central pressures 110 and $55 \cdot 10^{12}$ dynes/cm².

For Uranus and Neptune reference is made to the recent investigation by De Marcus and Reynolds [*14*] which shows that considerable ambiguity exists in the composition of these planets, but that probably the hydrogen content of Uranus is $< 23\%$ and of Neptune $< 14\%$.

3. *The satellites*

Because the masses are small, compression effects are unimportant and the mean densities may be used directly to estimate the composition. The main ingredients of these small, distant and cold bodies are expected to be:

a) the silicate and metal mixture found in meteorites though not necessarily in the same state of reduction; and

b) ices of water and ammonia. Infrared spectroscopic studies 1 ··· 2,5 μm of the surfaces of the Rings of Saturn and of two Jupiter satellites confirm the presence there of H_2O snow; the white colors and fairly high albedos of some of the satellites also indicate light, nonsilicate substances.

Tab. 1 shows a remarkable difference between the satellite system of Jupiter and that of Saturn. In the Jupiter system, the densities drop from the high value of the inner satellite J I: 4,02 g/cm³ (indicating a composition like Mars), to the outer satellite J IV: 2,08 g/cm³ (indicating an admixture of ice). In the Saturn system the densities vary oppositely, from the low values of Mimas and Enceladus (less than unity, indicating a mass largely composed of snow) to that of Tethys, Dione, and Titan, which average 2,8 g/cm³ (indicating a composition of mostly silicates). The density of Triton is uncertain, because of both its small mass and its small diameter (0,"2). For Pluto no reliable mass determination is available.

Kuiper

4.2.2.2.3 Magnitude, color, albedo, temperature — Helligkeit, Farbe, Albedo und Temperatur

Tab. 3. Mean opposition magnitudes V_{opp}, intrinsic colors, albedos, and temperatures of planets and satellites brighter than $m_v = 16^m$ — Mittlere Oppositionshelligkeit V_{opp}, Eigenfarben, Albedo und Temperaturen für Planeten und Monde heller als $m_v = 16^m$ [1] Chapter 8

Wavelengths: U (ultraviolet) $\lambda_{eff} = 3530$ A
B (blue) $\lambda_{eff} = 4480$ A
V (visual) $\lambda_{eff} = 5540$ A
I (infrared) $\lambda_{eff} = 8200$ A
albedo A $\lambda_{eff} = 5500$ A (see 4.2.2.1.2)

T_{max}	maximum temperature for the subsolar point of a slowly rotating planet or satellite (computed from the visual albedo)	maximale Temperatur des subsolaren Punktes für einen langsam rotierenden Planeten oder Satelliten (berechnet aus der visuellen Albedo)
T_{Av}	average temperature of a rapidly rotating sphere	mittlere Temperatur für einen schnell rotierenden Himmelskörper

$$T_{max} = 394° \cdot (1-A)^{1/4}\, r^{-1/2} \ (r \text{ in [a. u.]}), \quad T_{max}^4 = 4\, T_{Av}^4 \quad \text{see eqn. (1) 4.2.2.1.2}$$

Body	V_{opp} [1]	$B-V$ [4]	$U-I$ [4]	A	T_{max} [°K]	T_{Av} [°K]
Mercury	$-1^m\!,71$	$+0^m\!,30$	$(+0^m\!,93)$ [5]	0,056	625	—
Venus	−3,81	+0,19	—	0,76	324	229
Earth	(−3,87) [2]	—	—	0,39	349	246
Mars	−2,01	+0,71	+1,93	0,16	306	216
Jupiter	−2,55	+0,20	+0,27	0,67	131	93
Saturn	+0,67	+0,41	—	0,69	95	68
Uranus	+5,52	−0,07	−1,62	0,93	67 [7]	47 [7]
Neptune	+7,84	−0,15	−2,02	0,84	53 [7]	38 [7]
Pluto	+14,90	+0,17	+0,47	0,14	60	43
Moon	−12,74 [3]	+0,29	+1,13	0,067	387	274
M I Phobos	+11,6	0,0	—	(0,3)	(292)	(207)
M II Deimos	+12,8	0,0	—	(0,3)	(292)	(207)
J V	+13,0	(0,0)	—	(0,5)	(145)	(103)
J I Io	+4,80	+0,54	+1,94	0,54	143	101
J II Europa	+5,17	+0,24	+0,76	0,73	125	88
J III Ganymede	+4,54	+0,20	+0,72	0,34	156	110
J IV Callisto	+5,50	+0,23	+0,83	0,15	166	117
J VI	+13,7	—	—	—	—	—
S I Mimas	+12,1	(0,0)	—	(0,7)	(94)	(67)
S II Enceladus	+11,77	−0,01	—	(0,7)	(94)	(67)
S III Tethys	+10,27	+0,10	—	0,77	88	62
S IV Dione	+10,44	+0,08	+0,30	0,66	98	69
S V Rhea	+9,76	+0,13	+0,47	0,30	117	83
S VI Titan	+8,39	+0,67	+1,53	0,24	119	84
S VII Hyperion	+14,16	+0,06	—	—	—	—
S VIII Japetus	+11,03 var. [6]	+0,08	—	0,15	122	87
U I Ariel	+14,4	—	—	(0,7)	(67)	(47)
U II Umbriel	+15,3	—	—	(0,7)	(67)	(47)
U III Titania	+14,01	−0,01	+0,29	(0,7)	(67)	(47)
U IV Oberon	+14,20	+0,02	+0,20	(0,7)	(67)	(47)
N I Triton	+13,55	+0,14	+0,68	0,32	65	46

1) The mean opposite magnitude V_{opp} refers to the planet (or satellite) at full phase (disk fully illuminated) placed at its mean distance r from the sun, and for the exterior planets at the distance $(r - 1)$ a. u. from the earth; or for Mercury and Venus at $(r + 1)$ a. u. Except for Japetus the magnitudes are constant within about 20% or less.

2) For the earth the distance of the observer is assumed to be 1 a. u.

3) For the moon the ordinary full-moon brightness is given.

4) Intrinsic colors as seen in white light; they are the differences between the measured colors and those of sunlight.

5) For Mercury the U observation is not easily made (daytime sky); the value given in ( ) refers to $(B-I)$, the corresponding value for the moon being $+0^m\!,81$.

6) For Japetus the magnitude varies from $10^m\!,1 \cdots 12^m\!,2$ with the orbital motion around Saturn.

7) Since the albedos of Uranus and Neptune are very low in the red and infrared an effective value $A = 0,7$ has been adopted for calculating the temperatures.

Comments on the colors and albedos – Bemerkungen über die Farben und Albedos

1. *Planets.* The *moon* and *Mercury* appear to have similar surface properties, which is also apparent from the nearly identical polarization curves (Lyot [*15*]). *Venus* has a yellowish, very bright cloud cover, of as yet unknown composition (not water droplets; possibly some mixture of fine ice crystals with polymerized C_3O_2 particles). The ochre-orange color of the *Mars* surface, which has been well observed up to 2,5 μm, is not matched by red terrestrial sandstones, but by weathered rhyolites with some cover of *limonite*, both in infrared spectral reflectivity (Binder, Cruikshank [*29*]) and in polarization (Dollfus [*35*]). The *Jupiter* reflectivity diminishes toward the infrared because of the increasingly heavy CH_4 bands; thus, contrary to Mars, $U-I$ is not appreciably larger than $B-V$ (Tab. 3). The yellowish visual appearance of *Jupiter* and *Saturn* is due to a general cloud deck believed to be NH_3 cirrus with locally yellow and brownish colors added, of uncertain origin but possibly Na dissolved in NH_3 (Wildt [*27*]).

Harris [*1*] p. 321, computed the albedos for the four Jovian planets by assuming 1,65 × the geometric albedo, on the basis of his theory of atmospheric scattering and approximate empirical data on the limb darkening of these planets. We have adopted his values for Uranus and Neptune but, because of the distinctly-colored appearance of the Jupiter and Saturn disks, have reduced his albedos for these planets to 0,67 and 0,69 (1,5 × geometric albedo), which corresponds to Lambert-type limb darkening. Harris correctly emphasizes the remaining uncertainties in the albedos of all distant planets and satellites. Tab. 3 shows that, but for the methane absorption that depresses the V magnitude, the *Uranus* and *Neptune* albedos would be unity (cf. the $B-V$ colors). The visual colors of these two planets are bluish and greenish, respectively, caused by the orange and red CH_4 absorptions becoming increasingly strong toward the infrared; while from the $U-I$ data the I intensities are seen to be depressed by 2 magn. The high visual and blue albedos are as expected for a planet with a dense but cloudless molecular atmosphere (T too low for NH_3 or H_2O clouds). *Pluto's* surface may resemble that of gritty snow; observations at 2 μm might settle this, but will be difficult even with the 200-inch telescope. Since a tenuous atmosphere is probably present, the phase function used is that of Mars.

2. *Satellites.* For several satellites the diameters are too small for direct measurement and albedos cannot be derived. Since even approximate temperatures are useful for a better understanding of these bodies and any errors in the albedos are greatly reduced in T, the unknown albedos have been estimated on the basis of the satellite colors and other considerations. These estimates are shown in Tab. 3 in parentheses. *Phobos* and *Deimos* are whitish or neutral gray in the 200-inch telescope but their disks are too small (probably 0,"01 ··· 0,"02) for measurement, as the writer has verified. *Jupiter V*, presumably about 0,"03, is also too small. The four *Galilean satellites* resemble the moon in size, mass, and visual appearance (spots, no limb darkening), but are unlike the moon in albedo and color (particularly J I). The intensities at 2 μm are normal for J I and J IV but low by the factor 0,6 for J II and J III (Harris [*1*], p. 305), a fact verified from low-dispersion spectra to 2,5 μm. This low intensity near 2 μm is most readily explained by a *partial snow cover of* J II and J III. These two satellites also have a smaller phase coefficient than J I and J IV or the moon (Harris [*1*] pp. 290 ··· 292; the decimal must be moved in Harris's equation 10). It is therefore reasonable to compute the albedos of J I and J IV on the assumption that the phase curve equals that of the moon, with the phase coefficient 0,585 (Harris [*1*], p. 310); but for J II and J III the use of a larger phase coefficient, intermediate to that of Mars (1,04), is indicated. We have adopted 1,5 · 0,585 = 0,88 for J II and 0,7 for J III.

The albedos of the *satellites* of *Saturn*, *Uranus*, and *Neptune* are similarly uncertain. With Harris we have assumed the lunar phase function for the smaller bodies, except for (a) Titan, which has a substantial atmosphere and appreciable limb darkening; here we have adopted the Mars phase function; and (b) Triton, which probably has a tenuous atmosphere; here we have adopted the intermediate coefficient also used for J II. For Enceladus the measured diameter is so small (0,"08) that we have used a constant albedo for the innermost Saturn satellites, whose brilliant white colors (200-inch telescope) suggest albedos not less than those of Tethys and the Rings.

Temperatures – Temperaturen

For definitions etc. see 4.2.2.1.2.

Since $\lambda = 5500$ A is quite representative of the average solar energy spectrum reflected by the planets and satellites, we may in the computation of theoretical radiation temperatures use the visual albedo as a good substitute for the integrated albedo A.

For the bodies without appreciable atmospheres the computed T values (Tab. 3) should apply with good precision, as the *temperature measures* of Mercury, the moon, and Mars, made in the 8 ··· 14 μm atmospheric window, testify. Pettit ([*1*] chapter 10) finds 613 °K for the subsolar point of Mercury, only 4 °K below his theoretical value (Pettit uses slightly different constants). For the subsolar point on the moon he finds 11 °K below the theoretical value and for Mars 19 °K (the latter undoubtedly in part because of the Mars atmosphere and because of its rapid rotation). For desert conditions on the earth, the difference is about 35 °K.

Many of the satellites are white with a very high albedo or nearly neutral gray, $(B-V)=0$. The question arises whether this can be attributed to a snow cover. It is found that the evaporation of snow in a vacuum is negligible in $4 \cdot 10^9$ years only if $T \leq 100$ °K. The Rings of Saturn and the white satellites of Saturn, Uranus, and Neptune can therefore indeed be snow-covered, as some infrared data suggest; but this is not true for the Mars satellites and is questionable for the Jupiter satellites except near their poles of rotation. Instead, a silicate surface with very finely divided matter (like lunar crater rays?) may be invoked.

Recently the stability of volatiles in the solar system has been investigated in detail (Watson, Murray, Brown [*16*]) showing that H_2O ice on the Jupiter satellites can have survived if the original deposits exceeded roughly 1 meter in thickness.

The computed mean temperature of Mars has been roughly verified by the observed radio emission temperatures, 218° ± 50°K and 211° ± 20°K (MAYER [1] chapter 12), and 177° ± 17°K (DRAKE). For the moon the verification is less close, probably because of the very long period of the lunar rotation and the lack of linearity of the problem (emission $\sim T^4$; conduction $\sim \Delta T$). The computed mean lunar subsurface temperature is actually in good accord with the observed radio temperature of the center of the disk of 241° ± 26°K (HEILES and DRAKE [18]).

For Mercury a mean equivalent black body disk temperature of 400 °K has been found at λ = 3,5 cm and under certain assumptions a subsolar temperature of 1100° ± 350 °K (HOWARD, BARRETT, HADDOCK [17]).

Planets with dense atmospheres (Venus, Earth, Jovian planets) will exhibit a *greenhouse effect*, i. e., a surface temperature higher than the computed mean radiation temperature. For the earth the greenhouse effect is about 40 °K. For Venus the surface temperature is about 700 °K, a value now well established on the basis of the limb darkening measures at λ 1,9 cm made from *Mariner 2* (BARRETT and LILLEY [19]; BARATH, BARRETT, COPELAND, JONES and LILLEY [20]), and the emissivity in the cm wavelengths known from *radar reflection data*. While the emissivity falls off from about 0,88 at 3 cm to a somewhat lower value at 40 cm, the surface temperatures thus computed approximately agree. A rather complete review of present knowledge on Venus radar echoes and microwave emissivity is found in the 1962 symposium proceedings (AJ **69** (1964) No. 1). At wavelengths 8 mm and 4 mm the radiation temperatures of Venus are lower, 410° ± 25 °K (GIBSON [21]) and 350° ± 40 °K (GRANT *et al.* [22]), respectively. The nature of the incredible greenhouse effect on Venus is inadequately understood (SAGAN [23]). Venus measured in the 8···14 μm atmospheric window shows a much lower radiation temperature, about 240 °K, for both the bright and the dark side of the planet (PETTIT [1]). With higher resolution, interesting structural features of the planetary atmosphere are discovered (MURRAY, WILDEY, WESTPHAL [24]). These lower temperatures apparently refer to a fairly high atmospheric layer, nearly opaque around 10 μm.

On Jupiter the "top" of the NH_3 component, observed between 8 ··· 14 μm, has $T \simeq 130$ °K and the top of the cloud deck is at about T = 165 °K (KUIPER [2]) or somewhat higher (ZABRISKIE [25]). The thermal radio emission received indicates a layer at roughly 200 °K, at unknown depth below the clouds.

MURRAY and WILDEY [26] find T = 128 °K ± 2 °K at 10 μm, in good accord with expectation; for Saturn they find $T < 105$ °K. F. LOW, 1964, found, at 10 μm, the Saturn temperature 93 °K.

Further references

LYOT [15], DOLLFUS [1] Chapter 9, WILDT [27], HARRIS [1] Chapter 8.
KROTIKOV and TROITSKY [28].

4.2.2.2.4 Composition of planetary atmospheres — Zusammensetzung der Planetenatmosphären

1. Criteria for presence of an atmosphere

An atmosphere may be recognized by (a) variable clouds, distinguishable from permanent markings; (b) polar caps, particularly if variable in size; (c) spectroscopic evidence; (d) variable polarization for a given phase angle; (e) the shape of the photometric phase function (rounded near opposition for a body with atmosphere; sharply peaked for a body without); (f) presence of limb darkening (the moon has no limb darkening, nor have the Jovian satellites or Mercury; Venus, Mars, the Jovian planets and Titan do). Indicative, but not conclusive evidence: (g) an ultraviolet excess (attributable to a component having scattering as λ^{-4}).

The atmospheric searches are best directed by arranging the planets in order of decreasing theoretical probability of possessing an atmosphere. This order is found from the velocity of escape v_e (see Tab. 1) divided by $\sqrt{T}$ (see Tab. 3); because for a given molecular weight the mean molecular velocity v_m is proportional to $\sqrt{T}$, and the atmospheric stability depends directly on v_e/v_m. For $v_m < 0{,}2\,v_e$ the atmosphere is practically stable for astronomical times. The following *sequence of diminishing stability* results: Jupiter, Saturn, Neptune, Uranus, Earth, Venus, Pluto, Triton, Mars, Titan, J III, J I, J II, J IV, Mercury, Moon, Rhea, etc. Up to Titan, atmospheres are known to exist except that for Pluto and Triton the data are uncertain, depending only on slight UV excesses. No gaseous atmospheres have yet been found on the Jovian satellites, but on J I there was evidence of a white condensate lasting some 15 min after each of four eclipses observed (BINDER, CRUIKSHANK [29]); while on both J II and J III there exists in the spectrum a depression around 2 μm that is most readily explained by a partial snow cover (KUIPER [30]). In addition, J III "has shown whitening at the sunrise limb, covering permanent surface detail" (DOLLFUS [1], p. 567); whereas J II shows bright polar zones (in contrast with dark patches near the equator) which could at least partly be snow deposits, permanent because of the low polar temperatures and the absence of marked seasons (orbital tilt only 3°).

For denser atmospheres the layer from which the gas escapes, the *exosphere*, is no longer in thermal contact with the planetary surface. The exospheric temperature is then determined by complex photochemical and radiation processes, dependent upon the composition of the gas and the intensity and spectral distribution of solar radiation received. Auroral-type particles, coming from Van Allen-type belts or directly from the sun, may also affect the temperature balance of the exosphere. Reference is made to articles by CHAMBERLAIN [31, 32] on the upper atmospheres of the planets.

2. Atmospheric constituents, spectroscopic tests

Mercury

Spectroscopic tests have been negative but DOLLFUS has from polarization data suspected a very tenuous atmosphere ($\simeq$ 0,003 terrestrial atm) that, if real, could be A^{40} (FIELD [*33*]).

Venus

CO_2 : 1 km atm above the cloud level; amount variable with phase and from day to day as well as irregularly in zones across the disk. Observed as various isotopes: $C^{12}O_2^{16}$, $C^{12}O^{16}O^{18}$, $C^{13}O_2^{16}$, and $C^{13}O^{16}O^{18}$, in approximately same proportion as on earth (KUIPER [*34*]).

H_2O: SPINRAD [*37*] found temperature effects ($T \simeq 440$ °K) and pressure effects ($P \simeq 4$ atm) in the λ 7820 CO_2 band at a time of deep atmospheric penetration and [*41*] placed 70 μm as the upper limit of precipitable H_2O. DOLLFUS [*35*] at the Jungfraujoch did observe H_2O, at 1,4 μm, in the amount of 70 μm; STRONG [*36*] from a balloon also made a positive observation, in the 1,13 μm H_2O band. Among the several physico-chemical discussions on the Venus atmosphere we refer to the study by HARTECK, REEVES, and THOMPSON [*38*].

CO < 3 cm atm; N_2O, CH_4, NH_3 — negative tests, KUIPER [*2, 34*], SPINRAD [*41*]

Mars

CO_2: 50 m atm (KAPLAN, MÜNCH, SPINRAD [*39*]; OWEN, KUIPER [*40*])
N_2: 300 m atm, inferred from pressure effects observed on 1,6 μm CO_2 bands. (OWEN, KUIPER [*40*]).
H_2O : 14 ± 7 μm of precipitable water [*39*]. Surface pressure about 0,017 atm (17 millibars) [*40*].

SO_2	< 0,003 cm atm	negative tests, KUIPER [*2, 40*]
O_3	< 0,05 cm atm	
CH_4	< 0,4 cm atm	
NH_3	< 0,1 cm atm	
CO	< 1 cm atm	

The negative test on O_3 implies a much lower limit for O_2 than the direct observation, namely < 7 cm atm. Estimated A^{40} content, 4 m atm (if terrestrial N_2/A ratio applies). A very low upper limit for NO_2 has been derived by MARSHALL, <0,0008 cm atm (KUIPER [*40*]).

Jupiter

above cloud layer:
H_2: 27 km atm, SPINRAD and TRAFTON [*42*]
$\approx$270 km atm revised value by FOLTZ and RANK [*43*]; either value is within the limits of the two extreme models examined by KUIPER [*2*] : (a) 670 km atm and (b) 21 km atm.

CH_4	150 m atm	KUIPER [*2*]
NH_3	7 m atm	
CH_3NH_2	< 4 m atm	negative tests, OWEN [*44*]
C_2H_2	< 4 m atm	
C_2H_4	< 2 m atm	
C_2H_6	< 4 m atm	
SiH_4	< 20 m atm	
CH_3D	< 30 m atm	
HD	< 500 m atm	

Based on FOLTZ and RANK's revision the D/H ratio derived by OWEN is revised by him to less than 1/1000, and brings the C/H ratio derived by SPINRAD and TRAFTON [*42*] more nearly in agreement with that of the sun. The important discovery of the direct observation of H_2 was made by KIESS, CORLISS, and KIESS [*45*]. Models for the Jupiter atmosphere were computed by LASKER [*46*].

Saturn

above cloud layer:
H_2: 40 km atm, SPINRAD [*47*]
He: not observed but undoubtedly present.
CH_4 : 350 m atm, KUIPER [*2*]
NH_3: 2 m atm announced by DUNHAM in 1932 not real: recent observations show absence of gas (SPINRAD and TRAFTON [*42*]); this absence required also by low temperature measurement at 10 μm (see above).

Reference also made to the studies of Jupiter and Saturn by MOROZ [*48*] 0,9 ⋯ 2,5 μm.

Uranus

H_2 : 135 km atm
He : 370 km atm
CH_4 : 3 km atm

estimated composition of the visible atmosphere based on HERZBERG's laboratory work on the pressure-induced dipole spectrum of H_2 at $\lambda = 8270$ A and KUIPER's infrared observations of the planet, for a total pressure at the base of 9 atm and with the mean molecular weight of $\mu = 3{,}55$ and a mean atmospheric temperature of $T = 85$ °K (KUIPER [*2*] p. 384). The (4,0) overtone of the H_2 quadrupole spectrum was observed by SPINRAD [*47*].

Kuiper

Neptune

The composition is similar to that of Uranus atmosphere, except that the CH_4 content observed is about 1,7 times larger and the H_2 spectrum somewhat stronger.

Titan

CH_4 : 200 m atm (Kuiper [*2*]).
NH_3 : < 40 cm atm

Comments on the Jupiter satellites are made in section *1*.

3. Circulation and diffusion in planetary atmospheres

Reference is made to a study on circulation by Mintz [*49*] and on diffusion by Nicolet [*50*].

4.2.2.3 References for 4.2.2 – Literatur zu 4.2.2

1 The Solar System Vol. III (Kuiper and Middlehurst ed.) Chicago (1961) (especially contributions from: D. Brouwer and C. M. Clemence; R. Wildt; D. L. Harris; E. Pettit; C. Mayer; A. Dollfus).
2 Kuiper, G. P.: The Atmospheres of the Earth and Planets, Chicago (1952) Chapter 12.
3 Kuiper, G. P.: Trans. IAU **9** (1955) 250.
4 Walker, M. F., and R. H. Hardie: PASP **67** (1955) 224.
5 Ringwood, A. E.: Geochim. Cosmochim. Acta **15** (1959) 257.
6 Urey, H. C.: Geochim. Cosmochim. Acta **18** (1960) 151.
7 Ringwood, A. E.: Geochim. Cosmochim. Acta **25** (1961) 1.
8 Knopoff, L., and G. J. F. MacDonald: Geophys. J. **3** (1960) 68.
9 Ringwood, A. E.: J. Geophys. Res. **67** (1962) 857, 4005, 4473.
10 de Marcus, W. C.: Thesis, Yale University (1951).
11 de Marcus, W. C.: AJ **63** (1958) 2.
12 Ramsey, W. H., and B. Miles: MN **112** (1952) 234.
13 de Marcus, W. C.: Hdb. Physik **52** (1959) 419.
14 de Marcus, W. C., and R. T. Reynolds: Mém. Soc. Roy. Sci. Liège (8°), Séries 5, **7** (1963) 196.
15 Lyot, B.: Ann. Paris-Meudon **8** (1929) Part 1.
16 Watson, K., B. C. Murray, and H. Brown: Icarus **1** (1963) 317.
17 Howard, W. E. III, A. H. Barrett, and F. T. Haddock: ApJ **136** (1962) 995.
18 Heiles, C. E., and F. D. Drake: Icarus **2** (1963) 281.
19 Barrett, A. H., and E. Lilley: Sky Telescope **25** (1963) 192.
20 Barath, F. T., A. H. Barett, J. Copeland, D. E. Jones, and A. E. Lilley: AJ **69** (1964) 49.
21 Gibson, J. E.: ApJ **137** (1963) 611.
22 Grant, C. R., H. H. Corbett, and J. E. Gibson: ApJ **137** (1963) 620.
23 Sagan, C.: Icarus **1** (1962) 151.
24 Murray, B. C., R. L. Wildey, and J. A. Westphal: Science **140** (1963) 391.
25 Zabriskie, F.: AJ **67** (1962) 168.
26 Murray, B. C., and R. L. Wildey: ApJ **137** (1963) 692.
27 Wildt, R.: MN **99** (1939) 616.
28 Krotikov, V. D., and V. S. Troitsky: Astron. Zh. **39** (1962) 1089.
29 Binder, A. B., and D. P. Cruikshank: Commun. Lunar Planet. Lab. (1964) in press.
30 Kuiper, G. P.: AJ **62** (1957) 245.
31 Chamberlain, J. W.: ApJ **136** (1962) 582.
32 Chamberlain, J. W.: Planetary Space Sci. **11** (1963) 901.
33 Field, G. B.: AJ **67** (1962) 575.
34 Kuiper, G. P.: Commun. Lunar Planet. Lab. (1962) No. 15.
35 Dollfus, A.: L'Astronomie **78** (1964) 55.
36 Strong, J.: ApJ **139** (1964) in press.
37 Spinrad, H.: PASP **74** (1962) 187.
38 Harteck, P., R. R. Reeves, and B. A. Thompson: NASA Report TN D-1984, Washington/D.C.
39 Kaplan, L. D., G. Münch, and H. Spinrad: ApJ **137** (1963) 1319; **139** (1964) 1.
40 Kuiper, G. P., and T. C. Owen: Commun. Lunar Planet. Lab. (1964) Nos. 31···33.
41 Spinrad, H.: Icarus **1** (1962) 266.
42 Spinrad, H., and L. M. Trafton: Icarus **2** (1963) 19.
43 Foltz, J. V., and D. H. Rank: ApJ **138** (1963) 1319.
44 Owen, T. C.: Commun. Lunar Planet. Lab. (1963) No. 29 and in press.
45 Kiess, C. C., C. H. Corliss, and H. K. Kiess: ApJ **132** (1960) 221.
46 Lasker, B. M.: ApJ **138** (1963) 709.
47 Spinrad, H.: Appl. Opt. **3** (1964) 181. See also Münch, G., and H. Spinrad: Mém Soc. Roy. Sci. Liège (8°), Séries 5, **7** (1963) 541.
48 Moroz, V. I.: Astron. Zh. **38** (1961) 1080; or Soviet Astron.-AJ **5** (1962) 827.
49 Mintz, Y.: National Research Council, Publication 944 (1961), Rand Corp., Santa Monica, Calif., RM-3243-JPL (1962).
50 Nicolet, M.: Mém. Soc. Roy. Sci. Liège (8°), Séries 5, **7** (1963) 190.

General references

51 La Physique des Planètes (several authors), Liège Inst. Astrophys. Coll. (8°) Nr. 448 (1963).
52 UREY, H. C.: Atmospheres of the Planets, Hdb. Physik **52** (1959) 363.
53 SAGAN, C., and W. W. KELLOGG: The Terrestrial Planets, Ann. Rev. Astron. Astrophys. I (1963) 235···266.
54 Fourth International Space Science Symposium, Warsaw = Space Research **IV** (1963).
55 JUNGE, C. E.: Air Chemistry and Radio Activity, New York, London (1963).
56 KOPAL, Z., and Z. K. MIKHAILOV: The Moon; London, New York (1962).
57 BALDWIN, R. B.: The Measure of the Moon, Chicago (1963).
58 ANTONIADI, E.-M.: La Planète Mars 1659···1929, Hermann, Paris (1930).
59 DE VAUCOULEURS, G.: Physics of the Planet Mars, London (1954).
60 SLIPHER, E. C.: A Photographic History of Mars, 1905···1961, Lowell Observatory (1962).
61 PEEK, D. M.: The Planet Jupiter, London (1958).
62 ALEXANDER, A. F. O'D.: The Planet Saturn, New York (1962).
63 MEGLIS, A. J., and G. THURONYI: "Selective Annotated Bibliography on Planetary Atmospheres": Meteorological and Geoastrophysical Abstracts Part I, Planets in General and the Earth, pp. 1862···1897; Part II, Mercury, Venus and Mars, pp. 2061···2114; Part III, Jovian Planets and the Moon, pp. 2282···2328 (1961).

4.3 Kometen — Comets

4.3.1 Mechanische Daten der Kometen — Mechanical data of comets

4.3.1.1 Zahl der Kometen — Number of comets

Die Anzahl der im letzten Katalog von BALDET [*1*] für die Jahre von — 2315 bis 1948 verzeichneten und auf 1963 (Juli) ergänzten Kometenerscheinungen (einschließlich der Wiederkehr periodischer Kometen) beträgt 1738. Allerdings sind darunter mindestens 132 sehr zweifelhafte Objekte (möglicherweise Novae, Planeten u. a.).

In the last catalogue of BALDET [*1*], the number of comets from the year 2315 B. C. to 1948 A. D. with an extension to 1963 (July) is 1738. This includes the reappearances of periodic comets. Amongst these there are at least 132 very doubtful objects (possibly novae, planets etc.).

Tab. 1. Anzahl von Kometenerscheinungen — number of comets' appearances [*1*]

n	Gesamtzahl der Erscheinungen	total number of appearances
n^*	Gesamtzahl der Neuentdeckungen	total number of discoveries
$\bar{n}, \bar{n}^*$	mittlere jährliche Anzahl	mean number per year

Intervall	n	n^*	$\bar{n}$	$\bar{n}^*$
— 2500 ··· — 2000	5			
— 2000 — 1500	5			
— 1500 — 1000	6			
— 1000 — 500	8			
— 500 0	96			
0 ··· 500	153			
500 1000	180			
1000 1500	216			
1500 ··· 1600	63			
1600 1700	35			
1700 1800	74		0,7	0,6
1800 ··· 1820	31	20		
1820 1840	35	22		
1840 1860	82	59	3,5	2,3
1860 1880	79	50		
1880 1900	124	79		
1900 ··· 1910	45	29		
1910 1920	54	30		
1920 1930	54	28		
1930 1940	57	32	6,6	3,5
1940 1950	85	46		
1950 1960	89	42		
1960 ··· 1963,5	30	10		
	1 606			

Unter Zugrundelegung des letzten Wertes der Tab. 1 ergeben sich etwa 350 Neuentdeckungen pro Jahrhundert.

Die Frage nach der Entdeckungswahrscheinlichkeit von Kometen wurde 1959 von KURTH und HODGKINSON [*14*] erneut untersucht.

Die Gesamtzahl aller Kometen mit Perihelen innerhalb der Neptunbahn wird von BOBROVNIKOFF [*5*] zu 10^6 und von PORTER [*e*] zu $5 \cdot 10^6$ geschätzt. In ihren Untersuchungen zur Struktur des gesamten Kometensystems kommen VAN WOERKOM [*29*] und OORT [*17*] auf etwa 10^{11} Kometen in einem Raum mit dem Radius $r = 150\,000$ AE um die Sonne.

4.3.1.2 Bahnelemente – Orbital elements

Definitionen zur Bahnbestimmung – Definitions for computing an orbit

	Definitionen zur Bahnbestimmung (siehe Fig. 1)	Definitions for computing an orbit (see Fig. 1)
T	Durchgangszeit durch das Perihel	time of perihelion passage
ω ∢ CSP	Abstand des Perihels vom aufsteigenden Knoten, gemessen in der Kometenbahn	argument of perihelion measured in the plane of the comet's orbit
☊ ∢ ♈SC	Länge des aufsteigenden Knotens gemessen in der Ekliptik	longitude of the ascending node measured in the plane of the ecliptic
i	Neigung der Bahn gegen die Ekliptik, gezählt von 0° bis 180° ($i < 90°$ rechtläufig, $i > 90°$ rückläufig)	inclination of the orbit to the ecliptic, an angle between 0° and 180° (the motion is direct if $i < 90°$, and retrograde if $i > 90°$)
$q = PS = a(1-e)$	Periheldistanz [AE]	perihelion distance [a. u.]
$e = SM/PM = \sin\varphi$	Exzentrizität (φ = Exzentrizitätswinkel)	eccentricity (φ = angle of eccentricity)
P	Umlaufszeit [a]	period [a]

Da ω und ☊ sich mit der Lage der Ekliptik ändern, so ist für diese noch die Angabe des Äquinox erforderlich. Es ist üblich, dafür 1950,0 anzugeben. Im Fall der Parabel genügen zur Festlegung der Bahn die 5 Elemente: T, ω, ☊, i und q. Bei elliptischen und hyperbolischen Bahnen tritt noch e als Element hinzu.

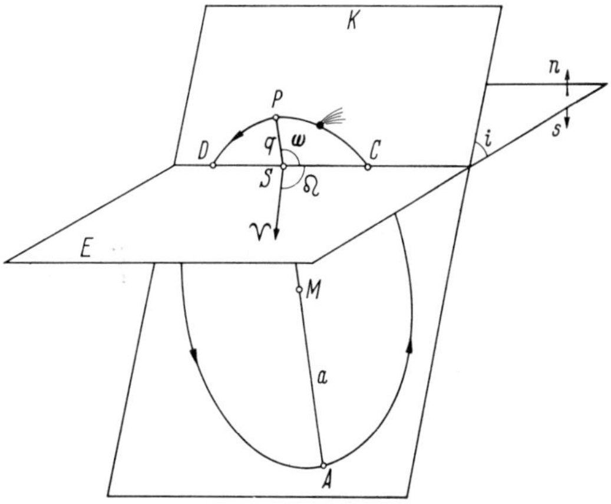

Fig. 1. Kometenbahn und Erdbahnebene — The orbit of a comet and the plane of ecliptic.

K	Kometenbahnebene	plane of orbit of comet
E	Erdbahnebene	plane of ecliptic
n, s	Nord, Süd	north, south
S	Sonne	sun
P	Perihel	perihelion
A	Aphel	aphelion
C	aufsteigender Knoten	ascending node
D	absteigender Knoten	descending node
M	Mittelpunkt der Ellipse	centre of orbit
a=AM	große Halbachse	semi-major axis
q=PS	Periheldistanz	perihelion distance
Q=AS	Apheldistanz	aphelion distance
♈	Frühlingspunkt	first point of Aries

Zusätzliche Bahndaten – Additional elements

$a^3 = P^2$		
$Q = a(1+e) = 2a - q$	Apheldistanz [AE]	aphelion distance [a. u.]
$\pi = \omega +$ ☊	Perihellänge	longitude of perihelion
$n = 0{,}985\,608/P$	mittlere tägliche Bewegung in Graden	mean daily motion in degrees
R	Erde—Sonne = Radiusvektor der Erde	earth — sun = radius vector of the earth
r	Komet—Sonne = Radiusvektor des Kometen	comet — sun = radius vector of the comet
Δ	Erde—Komet = geozentrische Kometendistanz	earth—comet = geocentric distance of the comet
α	Phasenwinkel = Winkel zwischen Erde, Komet und Sonne	phase angle = angle between earth, comet, and sun.

$$\cos\alpha = \frac{\Delta^2 + r^2 - R^2}{2r\Delta}$$

$$\sin\tfrac{1}{2}\alpha = \tfrac{1}{2}\sqrt{\frac{(R + r - \Delta)(R - r + \Delta)}{r\Delta}}$$

Wachmann

Tab. 2a.
Bahnelemente der 55 in mehr als einer Erscheinung beobachteten kurzperiodischen Kometen ($P < 200$ Jahre)

N	Zahl der Erscheinungen	number of apparitions
$P, T, \omega, \Omega, i, q, e, Q$	Bahnelemente (siehe Fig. 1)	orbital elements (see Fig. 1)
ω, Ω	für das Äquinox 1950,0	for the equinox 1950,0

No	Name		P [a]	N	T
1	1960i	Encke	$3^a,300$ 2	46	1961 Feb. 5,583 *p*
2	1961g	Grigg-Skjellerup	4,908 1	10	1961 Dez. 31,419 4 *p*
3	1954III	Honda-Mrkos-Pajdušáková	5,215	2	1959 April 23,242 2 *p*
4	1961b	Tempel 2	5,259	13	1962 Mai 12,235 5 *p*
5	1927I	Neujmin 2	5,429 6	2	1927 Jan. 16,233 6
6	1879I	Brorsen	5,463 0	5	1879 März 31,034 8
7	1962b	Tuttle-Giacobini-Kresák	5,488 7	4	1962 April 23,914 1
8	1908II	Tempel-Swift	5,680 7	4	1908 Okt. 1,376 *p*
9	1894IV	de Vico-Swift	5,855 1	3	1894 Okt. 12,701 0
10	1879III	Tempel 1	5,982 2	3	1879 Mai 7,617 7
11	1951VI	Pons-Winnecke	6,296	15	1964 März 23,256 5 *p*
12	1958I	Kopff	6,318	8	1964 Mai 18,846 7 *p*
13	1959b	Giacobini-Zinner	6,416 1	7	1959 Okt. 26,918 2
14	1961a	Forbes	6,424	4	1961 Juli 24,762 2
15	1958V	Wolf-Harrington	6,511 5	3	1958 Aug. 11,803 4 *p*
16	1960j	Schwassmann-Wachmann 2	6,532 4	6	1961 Sept. 5,470 8 *p*
17	1852III	Biela	6,620 8	6	1852 Sept. 24,227 4
18	1960m	Wirtanen	6,669 3	3	1961 April 15,299 6 *p*
19	1950II	d'Arrest	6,673	10	1963 Okt. 15,359 *p*
20	1961h	Perrine-Mrkos	6,709 7	4	1962 Feb. 13,763 4
21	1960IX	Reinmuth 2	6,711 4	3	1960 Nov. 24,851 8 *p*
22	1960VI	Brooks 2	6,719 9	10	1960 Juni 17,313 2 *p*
23	1960VII	Harrington	6,802 4	2	1960 Juni 28,354 *p*
24	1957VII	Arend-Rigaux	6,812 9	2	1964 Juni 3,395 2 *p*
25	1906III	Holmes	6,857 7	3	1906 März 14,746 1
26	1956V	Johnson	6,861	3	1963 Juni 6,439 2 *p*
27	1960VIII	Finlay	6,895 7	7	1960 Sept. 1,100 8
28	1960V	Borelly	7,020 7	7	1960 Juni 12,558 2 *p*
29	1950V	Daniel	7,094	4	1964 April 21,721 8 *p*
30	1962a	Harrington-Abell	7,24	2	1962 März 2,598 8 *p*
31	1961c	Faye	7,38	15	1962 Mai 14,730 *p*
32	1962f	Whipple	7,462	5	1963 April 29,614 2 *p*
33	1962e	Ashbrook-Jackson	7,507 8	3	1956 April 5,571 8 *p*
34	1958II	Reinmuth 1	7,652 2	4	1958 März 25,010 4 *p*
35	1959V	Arend	7,792 2	2	1959 Sept. 1,667 9 *p*
36	1958IV	Oterma	7,880 4	3	1958 Juni 10,504 5
37	1960III	Schaumasse	8,179 2	6	1960 April 17,434 *p*
38	1959II	Wolf 1	8,429 6	10	1959 März 21,824 4 *p*
39	1960f	Comas-Solá	8,585 7	5	1961 April 4,493 *p*
40	1960IV	Väisälä 1	10,456 6	3	1960 Mai 10,849 *p*
41	1951V	Neujmin 3	10,57	2	1961 Dez. 2,473 5 *p*
42	1938a	Gale	10,810	2	1960 Jan. 30,352 3 *p*
43	1939X	Tuttle	13,605 9	8	1939 Nov. 10,08 *p*
44	1957IV	Schwassmann-Wachmann 1	16,100 4	3	1957 Mai 12,891 0
45	1948XIII	Neujmin 1	17,971 1	3	1948 Dez. 15,938 9
46	1956VI	Crommelin	27,872 6	6	1956 Okt. 19,369 8 *p*
47	1866I	Tempel-Tuttle	33,175 8	2	1866 Jan. 11,633 9
48	1942IX	Stephan-Oterma	38,961 1	2	1942 Dez. 19,196 7
49	1913VI	Westphal	61,730 3	2	1913 Nov. 26,769 4
50	1956IV	Olbers	65,569 2	3	1956 Juni 15,867 *p*
51	1919III	Brorsen-Metcalf	69,059 7	2	1919 Okt. 17,381 6
52	1954VII	Pons-Brooks	70,856 7	3	1954 Mai 22,890 5
53	1910II	Halley	76,028 9	29	1910 April 20,179 4 *p*
54	1939VI	Herschel-Rigollet	156,044	2	1939 Aug. 9,463 9
55	1907II	Grigg-Mellish	164,317	2	1907 März 27,685 6

1) Elemente von Dinwoodie, Hdb. Brit. Astron. Assoc. 1962, S. 56. 2) Marsden, Hdb. Brit. Astron. Assoc. 1958, S. 50. 3) wie bei 2 (S. 62), $\Delta T = + 0{,}^d4$. 4) Kresák, IAU Circ. 1793. 5) $\Delta T = + 3{,}^d65$. 6) Marsden, Hdb. Brit. Astron. Assoc. 1963, S. 57. 7) Egerton, IAU Circ. 1812. 8) Marsden, IAU Circ. 1759. 9) Rasmussen, Hdb. Brit. Astron. Assoc. 1961, S. 58, $\Delta T = + 0{,}^d3$. 10) Lea, Melbourne, IAU Circ. 1811. 11) Hirose, IAU Circ. 1787, $\Delta T = - 0{,}^d62$. 12) $\Delta T = - 0{,}^d2$. 13) Christison, Gibbons, Hdb. Brit. Astron. Assoc. 1963, S. 59. 14) Julian, Wheel, IAU Circ. 1819.

Tab. 2a. (Fortsetzung)

Orbital elements of 55 comets of short period ($P < 200$ years) observed in more than one apparition

p	(in Spalte *T*): vorausberechnete Elemente	(in column *T*): predicted elements
Porter:	Nummer im Porter-Katalog [22]	number in Porter's catalogue [22]
	(*): Die Elemente sind diesem Katalog entnommen	(*): elements are taken from this catalogue

ω	☊	i	q [AE]	e	Q [AE]	Porter	Bem.	No
185°,227 1	334°,721 4	12°,359 7	0,339 0	0,847 1	4,09	826*		1
356,329 0	215,416 3	17,610 3	0,857 7	0,703 0	4,88	792	1)	2
184,153 5	233,092 7	13,181 5	0,556 9	0,814 8	5,46	767	2)	3
191,032 2	119,273	12,481 9	1,364 2	0,548 9	4,68	793	3)	4
193,731 5	328,002 7	10,632 5	1,338 2	0,566 8	4,79	588*		5
14,935 6	102,279 1	29,383 4	0,589 8	0,809 8	5,61	351*		6
37,967 0	165,588 7	13,766 9	1,123 2	0,639 0	5,10	744	4)	7
113,638 7	290,918 9	5,444 9	1,153 2	0,637 8	5,21	497*	5)	8
296,683 3	49,401 3	2,969 2	1,391 7	0,571 6	5,11	432*		9
159,547 6	79,702 9	9,768 2	1,771 1	0,462 6	4,82	353*		10
172,017 3	92,878 3	22,326 4	1,230 1	0,639 2	5,53	746	6)	11
161,936 7	120,888 8	4,708 0	1,519 7	0,555 4	5,32	801	7)	12
172,843 3	196,029 9	30,904 1	0,936 0	0,728 9	5,97	814*		13
259,718 7	25,401 2	4,621 2	1,544 7	0,553 0	5,36	722	8)	14
187,028 8	254,226 6	18,479 0	1,604 4	0,539 9	5,37	805*		15
357,741 3	126,005 5	3,723 6	1,568 8	0,382 8	4,83	830	9)	16
223,224 5	247,280 2	12,550 7	0,860 6	0,755 9	6,19	251*		17
343,502 7	86,467 5	13,389 5	1,618 0	0,543 3	5,47	829*		18
174,509	143,603	18,080	1,369 2	0,613 7	5,73	735	10)	19
166,036 4	240,210 5	17,752 0	1,270 6	0,642 8	5,84	784	11)	20
45,485 5	296,177 2	6,990 9	1,932 5	0,456 8	5,18	825*		21
197,101 8	176,890 6	5,571 3	1,763 1	0,504 9	5,36	822*		22
232,797 7	119,164 6	8,684 2	1,582 4	0,559 2	5,60	823*	12)	23
328,864 5	121,612 0	17,852 7	1,436 8	0,600 2	5,73	798	13)	24
14,304 9	332,374 2	20,820 9	2,121 4	0,412 3	5,10	486*		25
205,928 4	118,161 9	13,871 2	2,247 2	0,377 1	4,97	790	14)	26
321,612 0	42,058 3	3,644 6	1,077 2	0,702 7	6,17	824*		27
350,752 1	76,231 2	31,089 4	1,452 5	0,603 9	5,88	821*	15)	28
10,972 5	68,517 8	20,135 6	1,661 2	0,550 0	5,72	738*		29
338,294 3	145,909 4	16,807 7	1,784 9	0,522 9	5,70	777*		30
203,560 2	199,122 7	9,094 2	1,608 5	0,575 7	5,95	779	16)	31
189,984 3	188,391 0	10,244 4	2,471 2	0,352 8	5,16	785	17)	32
349,081 8	2,302 2	12,492 0	2,324 4	0,393 8	5,34	787*	18)	33
12,931 1	123,556 2	8,398 6	2,026 2	0,478 2	5,74	802*	19)	34
44,537 8	357,615 8	21,654 0	1,831 7	0,534 0	6,03	811*		35
354,872 3	155,100 0	3,992 1	3,387 8	0,144 5	4,53	804*	20)	36
51,950 9	86,240 7	12,017 8	1,196 0	0,705 4	6,92	819*	21)	37
161,078 0	203,904 5	27,297 5	2,506 9	0,394 8	5,78	808*	22)	38
40,019 1	62,844 8	13,441 1	1,777 2	0,576 1	6,61	828*	23)	39
44,445 8	135,429 8	11,290 5	1,741 5	0,635 8	7,82	820*	24)	40
147,652 2	150,684 8	3,856 6	1,970 1	0,591 0	7,66	745	25)	41
209,812 5	66,047 4	11,439 7	1,150 1	0,764 8	8,70	648	26)	42
206,961 1	269,843 1	54,654 2	1,022 3	0,820 6	10,38	658*	27)	43
355,827 1	321,609 4	9,487 2	5,537 7	0,131 5	7,21	795*	28)	44
346,688 9	347,173 8	15,003 6	1,547 4	0,774 5	12,17	727*		45
196,047 2	250,365 1	28,869 7	0,743 2	0,919 2	17,64	791*	29)	46
170,934 9	232,577 0	162,692 7	0,976 5	0,905 4	19,67	306*		47
358,364 1	78,589 5	17,890 9	1,595 9	0,861 1	21,39	679*		48
57,061 7	347,307 0	40,872 5	1,254 1	0,919 7	29,98	525*		49
64,636 2	85,415 3	44,609 9	1,178 5	0,930 3	32,65	789*	30)	50
129,509 2	311,176 6	19,195 4	0,484 9	0,971 2	33,18	550*		51
199,023 3	255,191 3	74,178 2	0,773 9	0,954 8	33,47	771*		52
111,719 7	57,843 1	162,214 0	0,587 2	0,967 3	35,31	504*	31)	53
29,298 9	355,283 1	64,200 9	0,748 5	0,974 2	57,22	654*		54
328,424 9	189,827 9	109,837 5	0,923 3	0,969 2	59,08	492*		55

15) $\Delta T = -0^{d},4$. 16) KHANINA, IAU Circ. 1756. 17) DINWOODIE, MARSDEN, IAU Circ. 1797. 18) $\Delta T = +0^{d},60$.
19) $\Delta T = +0^{d},8$. 20) starke Veränderung der Bahnelemente, OTERMA, Turku Inform. Nr. 17. 21) $\Delta T = +0^{d},6$.
22) und 23) ΔT klein. 24) $\Delta T = 0^{d}$ 25) EGERTON, JULIAN, IAU Circ. 1799. 26) DINWOODIE, Hdb. Brit. Astron. Assoc., 1960 S. 59. 27) $\Delta T = +0^{d},7$. 28) nahezu Kreisbahn zwischen Jupiter und Saturn, in jeder Opposition sichtbar;
29) $\Delta T = +5^{d},86$. 30) $\Delta T = +5^{d},35$. 31) $\Delta T = 0^{d}$

Tab. 2b. Genäherte Bahnelemente für 39 nur in einer Erscheinung beobachtete periodische Kometen — Approximate elements for 39 periodic comets at one apparition only [22]

Symbole siehe Fig. 1 — Symbols see Fig. 1

ω, Ω | für das Äquinox 1950,0 | for the equinox 1950,0

Name	T	P [a]	e	q [AE]	ω	Ω	i
Wilson-Harrington	1949,78	2ª31	0,412	1,028	91°9	278°7	2°2
Helfenzrieder	1766,32	4,51	0,852	0,403	178,1	76,1	7,9
Blanpain	1819,89	5,10	0,699	0,892	350,2	79,2	9,1
du Toit 2	1945,30	5,28	0,588	1,250	201,5	358,9	6,9
Barnard 1	1884,62	5,40	0,584	1,280	301,1	6,1	5,5
Schwassmann-Wachmann 3	1930,45	5,43	0,673	1,011	192,3	77,1	17,4
Grischow	1743,02	5,44	0,721	0,862	7,2	89,0	1,9
du Toit-Neujmin-Delporte	1941,55	5,54	0,583	1,305	69,3	229,6	3,3
Brooks 1	1886,43	5,60	0,579	1,328	176,8	54,3	12,7
Lexell	1770,62	5,60	0,786	0,674	224,9	133,9	1,6
Kulin	1939,76	5,64	0,448	1,749	292,8	137,6	4,8
Pigott	1783,88	5,89	0,552	1,459	354,6	58,0	45,1
Taylor	1916,08	6,37	0,546	1,558	354,8	114,4	15,5
Spitaler	1890,82	6,37	0,471	1,817	13,3	45,9	12,8
Harrington-Wilson	1951,83	6,38	0,516	1,665	343,0	127,8	16,4
Barnard 3	1892,94	6,63	0,594	1,434	169,9	207,3	31,3
Giacobini	1896,82	6,65	0,588	1,455	140,5	194,2	11,4
Schorr	1918,74	6,71	0,471	1,882	278,7	118,3	5,6
Swift 2	1895,64	7,22	0,652	1,298	167,8	171,1	3,0
Shajn-Schaldach	1949,90	7,28	0,405	2,234	215,3	167,4	6,2
Denning 2	1894,11	7,42	0,698	1,147	46,3	85,1	5,5
Metcalf	1906,77	7,77	0,584	1,632	200,0	195,1	14,6
Jackson-Neujmin	1936,75	8,57	0,651	1,463	197,3	164,4	13,3
Denning 1	1881,70	8,69	0,828	0,725	312,6	66,8	6,9
Swift 1	1889,91	8,92	0,685	1,356	69,7	331,3	10,3
Slaughter-Burnham	1958,68	11,64	0,504	2,545	44,4	346,2	8,2
van Biesbroeck	1954,14	12,43	0,550	2,415	134,3	149,0	6,6
Wild	1960,21	13,19	0,655	1,927	166,7	359,0	19,7
Peters	1846,42	13,38	0,729	1,529	339,6	261,9	30,7
du Toit 1	1944,46	14,79	0,788	1,277	257,0	22,5	18,7
Perrine	1916,45	16,35	0,927	0,470	95	224	103
Pons-Gambart	1827,43	63,83	0,949	0,807	19,3	319,4	136,4
Ross	1883,98	64,63	0,981	0,309	137,6	265,2	114,7
Dubiago	1921,34	67,01	0,932	1,116	97,4	66,5	22,3
de Vico	1846,18	75,71	0,963	0,664	12,9	79,0	85,1
Väisälä 2	1942,13	85,52	0,934	1,287	335,2	171,6	38,0
Swift-Tuttle	1862,64	119,6	0,960	0,963	152,8	138,7	113,6
Barnard 2	1889,47	128,3	0,957	1,102	60,1	271,8	31,2
Mellish	1917,27	145,3	0,993	0,190	121,3	88,0	32,7

Kometenbahn-Kataloge — Catalogues of cometary orbits

Alle bisherigen Verzeichnisse von Kometenbahnen werden von dem 1961 erschienenen Katalog von Porter [22] überholt. Er enthält die besten Elementensysteme für jeden Kometen, von dem eine Bahn gerechnet wurde. Insgesamt sind, beginnend mit dem Kometen Halley in der Erscheinung des Jahres — 239 bis zum letzten im Jahr 1960 beobachteten, 829 Elemente von 566 individuellen Kometen gegeben. Ergänzt man diesen Katalog bis zum Juli 1963, dann ergeben sich 846 Elementensysteme von 573 individuellen Kometen. 55 kurzperiodische Kometen sind in mehr als einer Erscheinung beobachtet (Tab. 2a).

4.3.1.3 Statistik der Bahnformen — Statistics of orbital forms

Die tatsächliche Verteilung der Bahnformen ist wichtig im Hinblick auf die kosmogonische Stellung der Kometen.

The real distribution of orbital forms is important for the cosmogonic position of the comets.

Tab. 3. Verteilung der Bahnformen — Distribution of orbital forms

Bahnform	Exzentrizität	n	
Elliptische Bahnen (kurzperiodische Kometen)	$e < 0{,}96$	55*) 39**)	16%
Elliptische Bahnen (langperiodische Kometen)	$0{,}96 < e < 1{,}0$	119	84%
Parabelbahnen	$e = 1{,}0$	292	
Hyperbelbahnen	$e > 1{,}0$	68	
stark hyperbolische Bahnen	$e > 1{,}004$	0	

Die scheinbar große Häufigkeit parabolischer Bahnen ($n = 292$) ist infolge des meist nur kleinen beobachtbaren Bahnbogens insbesondere bei älteren Kometen (Tab. 4) bedingt durch die Beobachtungsgenauigkeit und die Dauer der Sichtbarkeit (Tab. 5).

Tab, 4. Häufigkeit der Parabelbahnen — Abundance of parabolic orbits

Jahr	$e = 1$
···1755	99%
1756···1845	74
1846···1895	54
1896···1950	20

Tab. 5. Sichtbarkeitsdauer t_s der Kometen mit Parabelbahnen — Time of visibility t_s of comets with parabolic orbits

t_s [d]	$e = 1$	
	1765···1900	1900···1952
1··· 99[d]	68%	33%
100···239	55	11
240···500	13	3

Tab. 6. Änderungen von $1/a$ durch Planetenstörungen (ursprüngliche Bahnen) — The changes in $1/a$ due to planetary perturbations (original orbits) [h]

beob.	beobachteter Wert	observed value
orig.	ursprünglicher Wert	original value

Komet	$1/a$ [10^{-6} (AE)$^{-1}$] beob.	orig.	$\Delta(1/a)$ [10^{-6} (AE)$^{-1}$]	Komet	$1/a$ [10^{-6} (AE)$^{-1}$] beob.	orig.	$\Delta(1/a)$ [10^{-6} (AE)$^{-1}$]
1853 III	− 803	+ 99	+ 902	1912 II	+ 678	+ 1 356	+ 678
1863 I	− 59	+ 528	+ 587	1914 III	− 980	− 66	+ 914
1863 VI	− 495	+ 12	+ 507	1914 V	− 146	+ 12	+ 158
1882 I	+ 90	+ 144	+ 54	1915 II	− 234	+ 140	+ 374
1882 II	+ 12 025	+ 12 278	+ 253	1917 III	+ 299	+ 21	− 278
1886 I	− 694	− 7	+ 687	1919 V	− 193	+ 18	+ 211
1886 II	− 478	+ 316	+ 794	1922 II	− 383	+ 2	+ 385
1886 IX	− 576	+ 63	+ 639	1925 I	− 566	+ 54	+ 620
1889 I	− 692	+ 42	+ 734	1925 VI	− 464	+ 73	+ 537
1890 II	− 215	+ 72	+ 287	1925 VII	− 273	+ 115	+ 388
1892 II	− 175	+ 853	+ 1 028	1927 IV	+ 525	+ 653	+ 128
1897 I	− 882	+ 30	+ 912	1930 IV	− 182	+ 525	+ 707
1898 VII	− 607	− 16	+ 591	1932 VI	− 595	+ 72	+ 667
1898 VIII	+ 282	+ 10	− 272	1936 I	− 487	+ 205	+ 692
1899 I	− 1 053	− 7	+ 1 046	1937 IV	− 92	+ 45	+ 137
1902 III	+ 80	+ 4	− 76	1941 VIII	− 279	+ 83	+ 362
1904 I	− 504	+ 216	+ 720	1942 IV	− 618	+ 261	+ 879
1905 IV	− 443	+ 45	+ 488	1944 IV	− 937	0	+ 937
1905 VI	− 142	+ 621	+ 763	1946 VI	− 699	+ 45	+ 744
1907 I	− 499	+ 25	+ 524	1948 I	− 410	+ 87	+ 497
1908 III	− 732	+ 158	+ 890	1957 III	− 727	− 58	+ 669
1910 I	+ 40	+ 518	+ 478	1959 III	− 2 124	− 443	+ 1 681
1910 III	+ 96	+ 473	+ 377				

*) Mehrfach beobachtet. **) Nur in einer Erscheinung beobachtet.

Die wahrscheinlichste Bahnform scheint die elliptische zu sein, da auch die Berechnungen der ursprünglichen von zur Zeit hyperbolischen Kometenbahnen elliptischen Charakter ergaben (Tab. 6). Diese Untersuchungen wurden von FAYET [9], STRÖMGREN [27] und SINDING [25] ausgeführt und von BILO, VAN DE HULST [3], BILO, VAN HOUTEN-GROENEVELD [4] und PELS-KLUYVER [20] auf insgesamt 36 hyperbolische und 9 parabolische Kometen erweitert. An Stelle von e wird dabei das praktischere Element $1/a$ benutzt.

Von insgesamt 36 beobachteten hyperbolischen Bahnen ($1/a$ negativ) waren 30 vor dem Durchgang des Kometen durch die zentralen Regionen des Sonnensystems elliptisch. In den anderen 6 Fällen bleibt zwar der hyperbolische Charakter der Bahnen erhalten, jedoch ist er weniger stark ausgeprägt und liegt möglicherweise innerhalb der beobachteten Fehlergrenzen.

Berechnungen der zukünftigen Störungen durch das System der Planeten sind von GALIBINA [10] an 18 zur Zeit hyperbolischen und 3 parabolischen Kometen ausgeführt (Tab. 7).

Von den 18 Kometen mit beobachteten hyperbolischen Bahnen verbleiben mit einiger Sicherheit 13 hyperbolisch.

Die beiden Kometen 1898 VII und 1899 I, bei denen sich der hyperbolische Charakter der Bahn noch verstärkt, gehören zu jenen 6 Kometen, deren ursprüngliche Bahn ebenfalls hyperbolisch war.

Nach OORT [17] zeigen die ursprünglichen Bahnen eine ausgesprochene Häufung der Kometen für Werte $1/a$ kleiner als $5 \cdot 10^{-5}$ (AE)$^{-1}$.

OORT schließt daraus, daß die Kometen mit Werten von $1/a$ kleiner als etwa $10 \cdot 10^{-5}$ (AE)$^{-1}$ bei ihrer Beobachtung zum ersten Mal in das planetarische System eingedrungen sein müssen. Damit postuliert OORT das Vorhandensein einer Kometenkern-Wolke in Entfernungen zwischen 40 000 bis 150 000 AE.

Tab. 7. Änderungen von $1/a$ durch Planetenstörungen (zukünftige Bahnen) — Changes in $1/a$ due to planetary perturbations (future orbits) [h]

beob.	beobachteter Wert	observed value
zukünft.	zukünftiger Wert	future value

Komet	$1/a$ [10^{-6}(AE)$^{-1}$] beob.	zukünft.	$\Delta(1/a)$ [10^{-6} (AE)$^{-1}$]
1864 III	+ 689	+1 300	+ 611
1889 I	− 692	− 597	+ 95
1889 II	+ 144	+1 320	+1 176
1892 I	+1 186	+1 734	+ 548
1892 II	− 175	+ 543	+ 718
1897 I	− 882	− 371	+ 511
1898 VII	− 607	− 766	− 159
1899 I	−1 053	−1 280	− 227
1904 I	− 504	+ 523	+1 027
1907 I	− 499	− 277	+ 222
1908 III	− 732	− 422	+ 310
1914 III	− 980	− 122	+ 858
1914 V	− 146	+ 50	+ 196
1915 II	− 234	+1 007	+1 241
1919 V	− 193	− 52	+ 141
1925 I	− 566	− 536	+ 30
1930 IV	− 182	− 45	+ 137
1932 VI	− 595	− 217	+ 378
1936 I	− 487	− 286	+ 201
1937 IV	− 92	+1 355	+1 447
1948 I	− 410	− 317	+ 93

Tab. 8. Verteilung der ursprünglichen $1/a$ — Distribution of the original $1/a$

n	Anzahl	number (OORT [17])
n_1	nach neueren Daten	new data (from Tab. 6)
$\bar{n}$	Anzahl pro Intervall $5 \cdot 10^{-5}$ (AE)$^{-1}$	number per interval $5 \cdot 10^{-5}$ (AE)$^{-1}$
$\bar{P}$	mittlere Periode	mean period ($P^2 = a^3$)

$1/a$ [10^{-5} (AE)$^{-1}$] (original)	n	n_1	$\bar{n}$	$\bar{P}$ [a]
−8	1	2	2	
−3 ··· 0	3	3	3	
0 ··· +5	9	15	15	$\approx 10^7$
5 ··· 10	4	7	7	$1{,}5 \cdot 10^6$
10 ··· 15	2	3	3	$7{,}5 \cdot 10^5$
15 ··· 20	2	1	1	$4{,}5 \cdot 10^5$
20 ··· 25	1	2	2	$3{,}0 \cdot 10^5$
25 ··· 50	3	3	0,6	$1{,}7 \cdot 10^5$
50 ··· 75	2	5	0,5	$7{,}0 \cdot 10^4$
75 ··· 100	1	1	0,2	$4{,}0 \cdot 10^4$
100 ··· 200	3	1	0,05	$2{,}0 \cdot 10^4$
200 ··· 400	4	0	0,00	$6{,}1 \cdot 10^3$
400 ··· 600	1	0	0,00	$3{,}2 \cdot 10^3$
600 ··· 800	4	0	0,00	$1{,}7 \cdot 10^3$
800 ··· 1 000	0	0	0,00	$1{,}1 \cdot 10^3$
1 000 ··· 2 000	1	1	0,005	$6{,}5 \cdot 10^2$

4.3.1.4 Änderungen von Bahnelementen — Variations of the orbital elements

Durch nahe Vorübergänge an Jupiter sind bei einer Reihe von Kometen starke Änderungen der Bahnelemente aufgetreten.

Because of the close approach of several comets to Jupiter, large changes in their orbital elements have been observed.

Eines der eindrucksvollsten Beispiele ist der Komet P/Oterma = 1942 VII, der 1962/63 Jupiter auf 0,1 AE nahe kam (Tab. 9). 1937 hat ebenfalls eine Annäherung an Jupiter (r_J = 0,17 AE) stattgefunden.

Tab. 9. Bahnänderung des Kometen P/Oterma — Changes in the orbit of comet P/Oterma [19]

M	Mittlere Anomalie	mean anomaly
$\omega \cdots P$	Bahnelemente (siehe 4.3.1.2)	orbital elements (see 4.3.1.2)
r_J	Abstand vom Jupiter [AE]	distance from Jupiter [a. u.]

Epoche	M	ω	Ω	i	q [AE]	e	P	r_J [AE]
1934 Aug. 31	306°,4	247°,7	35°,0	2°,9	5,625	0,18	18a,0	
1950 Feb. 19	341,6	354,8	155,1	4,0	3,414	0,14	7,9	
1960 März 7	78,0	356,4	154,9	4,0	3,394	0,147	7,93	1,773
Sept. 23	100,9	358,6	154,4	4,0	3,404	0,148	7,98	1,204
1961 April 11	121,8	2,9	153,0	4,1	3,416	0,150	8,06	0,816
Okt. 28	139,6	10,0	150,8	4,4	3,412	0,155	8,12	0,557
1962 Mai 16	151,5	19,9	149,4	5,0	3,328	0,174	8,09	0,366
Dez. 2	143,1	40,7	149,4	5,4	3,063	0,232	7,97	0,187
1963 Jan. 11	132,5	53,7	146,0	4,6	3,034	0,249	8,13	0,151
Febr. 20	111,8	95,9	121,3	2,6	3,182	0,255	8,83	0,117
April 1	68,4	233,8	25,6	3,9	3,875	0,244	11,6	0,096
Mai 11	22,9	302,2	12,6	7,0	4,672	0,320	18,0	0,103
Juni 20	9,8	327,4	12,6	7,0	4,958	0,385	22,9	0,132
Juli 30	6,4	338,0	13,5	6,2	5,053	0,393	24,0	0,168
Sept. 8	5,5	344,0	14,2	5,4	5,096	0,382	23,7	0,205
Okt. 18	5,6	348,3	14,3	4,7	5,121	0,367	23,0	0,240
Nov. 27	6,1	351,9	13,8	4,1	5,139	0,352	22,4	0,274
1964 Jan. 6	7,1	355,2	12,9	3,6	5,154	0,339	21,8	0,306
Juli 24	14,2	13,5	1,5	2,3	5,215	0,292	20,0	0,446
1965 Febr. 9	23,0	33,5	345,6	1,9	5,273	0,268	19,3	0,582
Aug. 28	31,9	46,4	335,9	1,9	5,332	0,256	19,2	0,764
1966 März 16	41,0	52,1	332,4	1,9	5,383	0,250	19,2	1,034
Okt. 2	50,4	54,5	331,5	1,9	5,421	0,247	19,3	1,049

Eine Zusammenstellung der Untersuchungen von nahen Jupitervorübergängen für insgesamt 33 kurzperiodische Kometen findet sich bei KASIMIRTSCHAK-POLONSKAJA [13].

Tab. 10. Besonders starke Bahnänderungen infolge Jupiterannäherung — Especially strong changes in orbits due to a close approach to Jupiter [h]

(P, q, e see 4.3.1.2)

Komet	Datum	P	q [AE]	e
P/Ashbrook-Jackson	1944	10a,7	3,891	0,200
	1948	7,48	2,311	0,396
P/Brooks 2	1883	31,4	5,484	0,449
	1889	7,07	1,950	0,471
P/Comas Solá	1911	9,43	2,148	0,519
	1927	8,52	1,772	0,575
P/Lexell	1767	11,4	2,960	0,416
	1770	5,60	0,674	0,786
	1779	174,3	5,351	0,828
P/Schwassmann-Wachmann 2	1921	9,31	3,554	0,197
	1929	6,42	2,091	0,395
P/Shajn-Schaldach	1941	10,9	4,277	0,129
	1949	7,28	2,234	0,405
P/Whipple	1920	10,3	3,943	0,167
	1933	7,49	2,497	0,348
P/Wolf 1	1875	8,59	2,576	0,386
	1884	6,77	1,572	0,561
	1925	8,28	2,435	0,405

Tab. 11. Säkulare Änderungen der mittleren täglichen Bewegung n und des Exzentrizitätswinkels φ — Secular variation of the mean daily motion n and the angle of eccentricity φ [8]

Komet	Intervall	Δn ["/d]	$\Delta \varphi$ ["/d]
P/Encke	1819···1865	$+43\,232 \cdot 10^{-9}$	$-3\,047 \cdot 10^{-6}$
P/Biela	1806···1832	+ 7 345	− 1 627
P/Brooks 2	1889···1910	+ 5 391	− 1 734
P/Winnecke	1859···1886	− 212	?
P/Wolf	1884···1919	− 210	− 193 ?

Bei dem Kometen P/Encke ist der Effekt von variabler Größe und hat sich im Laufe der Zeit etwas vermindert. Nach Bessels [2] Ansicht handelt es sich um Abstoßung von Materie. Whipple [31] errechnete daraus Massenabgaben von etwa 0,2% pro Revolution für P/Encke und 0,02% für P/Wolf. Weitere Untersuchungen: Salah El-Din Hamid und Whipple [24], Squires und Beard [26].

4.3.1.5 Statistik einiger Bahnelemente — Statistics of some orbital elements

Tab. 12. Größte und kleinste Werte von Periheldistanzen q — Greatest and least values of perihelion distances q

Komet		q [AE]	Komet		q [AE]
P/Schwassmann-Wachmann 1		5,538	Gould	1880 I	0,005 49
Johnson	1948 III	4,709		1843 I	0,005 53
Abell	1954 V	4,501	Kirch	1680	0,006 22
Wirtanen	1957 VI	4,446	du Toit	1945 VII	0,006 31
Humason	1959 X	4,274		1882 II	0,007 75
Shajn-Comas-Solá	1925 VI	4,181	Thome	1887 I	0,009 66

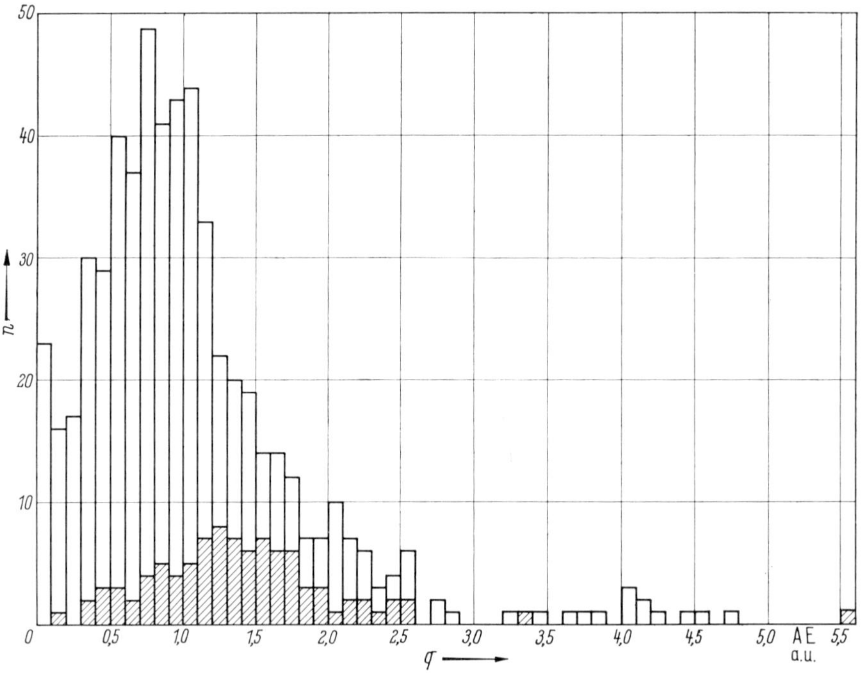

Fig. 2. Häufigkeitsverteilung der Periheldistanzen q. Offene Areale: alle 573 Kometen mit gut bestimmten Bahnen. Gestrichelte Areale: 94 Kurzperiodische Kometen mit $P < 200^a$ — Frequency of perihelion distances q. Open areas: all 573 comets with well established cometary orbit. Hatched areas: 94 short-periodic comets with $P < 200^a$.

Das Häufigkeitsmaximum der Periheldistanzen q bei etwa 1,0 AE (Fig. 2) deutet weniger auf strukturelle Eigenschaften des allgemeinen kometarischen Systems hin als auf die Tatsache, daß nur die Kometen entdeckt werden, die der Sonne genügend nahe kommen. Daher ist eine Kometenstatistik immer großen Auswahleffekten unterworfen. Im Bereich von $0{,}7 < q < 1{,}1$ liegen insgesamt 177 Perihele einigermaßen gleichförmig und isotrop verteilt. Das entspricht 44,25 pro (1 AE)³. Diese Zahl wird gelegentlich den Abschätzungen der Kometenanzahlen innerhalb der Neptunbahn zugrundegelegt (Porter [e]).

Untersuchungen der ellipsoidischen Verteilung von Perihelrichtungen von OPPENHEIM [18] und BOURGEOIS, COX [6] ergaben, daß für kurzperiodische Kometen die Hauptebene des Ellipsoides mit der Ekliptik zusammenfällt. Dagegen ist das Verteilungsellipsoid der Kometen mit Parabelbahnen fast sphärisch. Neuere Untersuchungen stammen von WITKOWSKI [32], TYROR [28] und HURNIK [12].

Tab. 13. Ellipsoid der Perihele und Bahnpole für 451 langperiodische Kometen ($e > 0{,}9$) — Ellipsoid of the perihelia and of the poles of orbits for 451 long-period comets ($e > 0{,}9$) [12]

λ, β ekliptikale Koordinaten

Achse	λ	β	l^I	b^I
		Perihele		
1,958	179°,9	+24°,0	269°,7	+83°,9
1,692	241,7	−54,2	275,4	−10,0
1,601	91,8	−14,3	348,0	−2,9
		Bahnpole		
1,863	87°,9	−0°,8	334°,4	+0°,4
1,727	357,0	−12,5	63,4	−73,0
1,629	193,9	−64,5	249,4	−4,9

Tab. 14. Häufigkeitsverteilung der Bahnneigungen — Distribution of inclinations in cometary orbits

K	kurzperiodische Kometen	($e < 0{,}96$)	short-period comets
L	langperiodische Kometen	($0{,}96 < e < 1{,}0$)	long-period comets
P	parabolische Kometen	($e = 1$)	parabolic comets
H	hyperbolische Kometen	($e > 1$)	hyperbolic comets
S	Summe		sum

i	K	L	P	H	S
0···10°	31	1	9	1	42
10···20	34	5	10		49
20···30	8	8	12		28
30···40	7	9	8	1	25
40···50	3	7	17	5	32
50···60	1	9	13	7	30
60···70	1	10	18	6	35
70···80	1	12	24	5	42
80···90	1	7	21	8	37
90···100		7	20	6	33
100···110	2	4	26	4	36
110···120	2	2	16	2	22
120···130		12	23	8	43
130···140	1	4	22	5	32
140···150		9	22	8	39
150···160		9	16	1	26
160···170	2	3	10	1	16
170···180		1	5		6

Von insgesamt 94 kurzperiodischen Kometen (Tab. 14) haben 65 (69%) Bahnneigungen kleiner als 20°. Sie bewegen sich somit praktisch wie die großen und kleinen Planeten in der Ekliptik. Nur in 7 Fällen ist die Bewegung retrograd ($i > 90°$).

4.3.1.6 Kometenfamilien und -gruppen — Comet families and groups

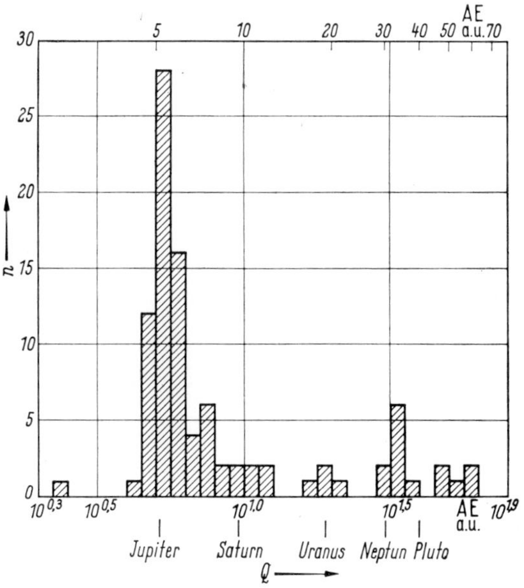

Fig. 3. Häufigkeitsverteilung der Apheldistanzen Q [AE] kurzperiodischer Kometen — Distribution of aphelion distances Q [a. u.] in short-periodic comets.

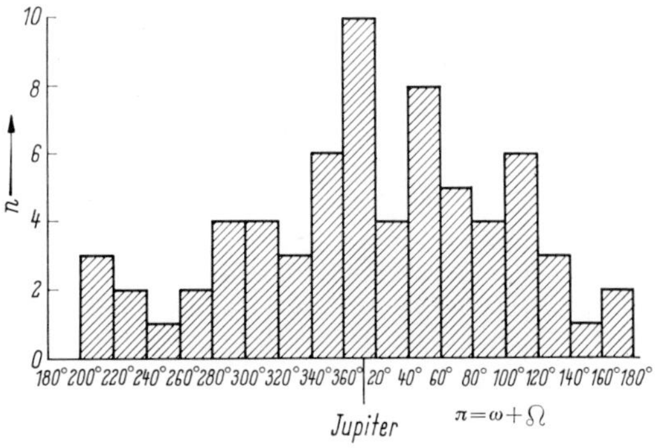

Fig. 4. Häufigkeitsverteilung der Perihellängen π kurzperiodischer Kometen — Distribution of longitudes of perihelion π in short-periodic comets.

Tab. 15. Kometen-Gruppen — Groups of comets

q, ω, Ω, i	Bahnelemente (siehe 4.3.1.2.)	orbital elements (see 4.3.1.2)
λ, β	heliozentrische ekliptikale Länge und Breite des Aphels	heliocentric ecliptic coordinates of the aphel

Komet	q [AE]	ω	Ω	i	λ	β
1668	0,067	248°,8	358°,6	144°,3	65°	−33°
1843 I	0,006	278,7	1,3	144,3	100	−35
1880 I	0,005	279,9	6,1	144,7	101	−35
1882 II	0,008	276,4	346,0	142,0	101	−35
1887 I	0,010	266,3	324,6	128,5	99	−42
1945 VII	0,006	270,7	321,6	137,0	100	−32
1881 IV	0,634	334,9	97,0	140,2	148	−33
1898 X	0,756	332,8	96,3	140,3	146	−32
1802	1,094	332,1	310,2	57,0	143	−18
1900 II	1,015	340,4	328,0	62,5	154	−11
1097	0,738	332,5	207,5	73,5	185	−52
1774	1,433	317,5	180,7	83,3	174	−43
1840 III	0,749	324,1	186,0	79,9	177	−41
770	0,603	2,1	88,9	120,5	185	−59
1337	0,828	2,3	93,0	139,5	182	−41
1468	0,830	1,4	71,1	142,0	186	−35
1787	0,349	7,7	106,9	131,7	183	−48
1799 I	0,840	3,7	99,5	129,1	180	−51
1652	0,848	28,3	88,2	79,5	251	+58
1895 III	0,843	21,9	83,1	76,2	240	+58
1810	0,970	63,7	308,8	62,9	264	−54
1863 V	0,771	60,4	304,7	64,5	263	−54
1845 I	0,905	91,3	336,7	46,9	280	−42
1854 IV	0,799	94,4	324,5	40,9	282	−30
1925 VII	1,566	81,0	334,6	49,3	269	−47
1580	0,602	108,4	19,1	64,6	287	−65
1846 VIII	0,831	98,7	4,7	49,7	281	−50
1890 III	0,764	100,0	14,3	63,3	275	−63
1762	1,009	104,0	348,6	85,6	340	−64
1877 III	1,009	102,9	346,1	77,2	322	−60
1892 VI	0,976	157,2	264,5	24,8	336	+24
1923 I	0,924	166,5	262,0	23,4	346	+23
1699	0,749	212,2	321,7	109,4	5	−63
1854 II	0,277	213,8	315,5	97,5	348	−76
1858 IV	0,544	226,1	325,0	100,0	13	−77
1822 I	0,504	192,7	177,4	126,4	7	+12
1864 I	0,626	188,9	175,0	135,0	5	+10
1893 IV	0,812	187,5	174,9	129,8	3	+10
1743 II	0,523	247,0	6,1	134,4	58	−39
1808 II	0,608	252,6	24,2	140,7	65	−28
1857 III	0,367	249,6	23,7	121,0	52	−38
1857 V	0,563	250,1	15,0	123,9	54	−43
1911 VI	0,788	273,2	35,2	108,1	62	−54
1914 I	0,543	276,3	32,7	113,0	71	−55
1748 II	0,625	278,8	33,1	67,1	74	+57
1849 III	0,894	267,1	30,5	66,9	61	+50
1902 I	0,451	280,6	52,3	66,5	76	+44
1790 III	0,798	273,7	33,2	116,1	71	−54
1825 I	0,889	274,0	20,1	123,3	82	−53
1807	0,646	270,9	266,8	63,2	89	− 4
1880 V	0,660	261,1	249,4	60,7	75	−10
1881 III	0,735	265,2	271,0	63,4	89	+ 5
1433	0,493	267,0	96,3	104,0	94	+ 9
1822 IV	1,145	271,7	92,7	127,3	92	+ 1
1908 III	0,945	291,6	103,2	140,2	110	− 5

In der Verteilung der Apheldistanzen Q [AE] (Fig. 3) findet sich ein ausgesprochenes Häufigkeitsmaximum bei $\log Q = 0{,}72$ entsprechend der mittleren Jupiterdistanz von 5,20 AE, womit eine Jupiter-Kometenfamilie definiert ist. Auch bei den mittleren Entfernungen der anderen äußeren Planeten machen sich Häufungen bemerkbar. Jedoch ist deren Zahl an Kometen zu gering, um die entsprechenden Kometenfamilien mit Sicherheit zu konstituieren. Hinzu kommt, daß nach Russell [*23*] das entscheidende Kriterium für den Einfang durch den Planeten nicht die Apheldistanz ist, sondern daß die Kometenbahn in einem Stück sehr dicht an die Planetenbahn heranführen muß.

Zur Jupiterfamilie rechnet man zur Zeit 68 Kometen. Sie haben Apheldistanzen zwischen $\log Q = 0{,}6$ und 0,9. Deren Perihellängen $\pi = \omega + \Omega$ konzentrieren sich zum Jupiterperihel (Fig. 4), welches in der ekliptikalen Länge von 13° liegt.

Neben den möglichen Kometenfamilien existieren noch sogenannte „Kometengruppen". Sie bestehen aus Gruppen bis zu 6 Kometen mit auffallend ähnlichen Bahnelementen.

Pickering [*21*] gibt 66 solcher Gruppen, von denen nach Porter [*e*] 19 klar definiert sind (Tab. 15).

4.3.1.7 Masse der Kometen aus mechanischen Daten — Mass of comets derived from mechanical data

Bisher kann man nur eine rohe obere Grenze für die sicher sehr geringen Kometenmassen ableiten (Tab. 16).

So far, only upper limits can be given for the masses of comets, which are certainly very small (Tab. 16).

Die Masse eines Kometen ließe sich aus Daten der Bahnbewegung bestimmen, wenn durch Gravitationseffekte eine Wirkung auf die Bewegung von Planeten oder deren Satelliten nachgewiesen werden könnte. Obwohl nahe Vorübergänge an Planeten und Monden stattgefunden haben, wurde bislang keine meßbare Änderung ihrer Umlaufszeiten mit Sicherheit festgestellt.

Tab. 16. Masse der Kometen — Mass of comets

(Erdmasse $\mathfrak{M}_{♁} = 5{,}977 \cdot 10^{27}$g)

Komet	$\mathfrak{M}/\mathfrak{M}_{♁}$	$\mathfrak{M}$ [g]	Autor
P/Lexell	$< 0{,}2 \cdot 10^{-4}$	$< 1{,}2 \cdot 10^{23}$	LAPLACE [16]
P/Brooks	$< 1 \cdot 10^{-4}$	$< 6 \cdot 10^{23}$	LANE POOR [15]
P/Biela*)	$4{,}2 \cdot 10^{-7}$	$2{,}5 \cdot 10^{21}$	HEPPERGER [11]
P/Swift-Tuttle	$0{,}8 \cdot 10^{-11}$	$5 \cdot 10^{16}$	VORONTSOV [30]
P/Encke	$< 13 \cdot 10^{-8}$	$< 8 \cdot 10^{20}$	CHARLIER [7]

4.3.1.8 Literatur zu 4.3.1 — References for 4.3.1

Zusammenfassende Werke

a KOPFF, A.: Kometen und Meteore, Hdb. Astrophys. **4** (1929) 426···495; **7** (1936) 422···433.
b OLIVIER, Ch. P.: Comets, Williams and Wilkins, Baltimore (1930).
c ORLOV, S. V.: Die Kometen (russ.), Moskau-Leningrad (1935).
d ORLOV, S. V.: On the nature of comets (russ.), Moskau (1958).
e PORTER, J. G.: Comets and Meteor Streams (International Astrophysical Series **2**), Chapman and Hall, London (1952).
f PROCTOR, M., and A. C. D. CROMMELIN: Comets, their nature, origin and place in the science of astronomy, London (1937).
g RICHTER, N. B.: Statistik und Physik der Kometen, Barth, Leipzig (1954).
*h***) RICHTER, N. B., A. BEER, and R. A. LYTTLETON: The Nature of Comets, Methuen, London (1963).
i VSEKHSVYATSKY, S. K.: Physical characteristics of comets (russ.), Moskau (1958).
k WURM, K.: Die Kometen, Hdb. Physik **52** (1959) 465.

Literaturhinweise

1 BALDET, M. F.: Annuaire pour l'an 1950, Bureau des Longitudes, Paris, Suppl. B 1.
2 BESSEL, W.: AN **13** (1836) 345.
3 BILO, E. H., and H. C. VAN DE HULST: BAN **15** (1960) 119.
4 BILO, E. H., and J. VAN HOUTEN-GROENEVELD: BAN **15** (1960) 155.
5 BOBROVNIKOFF, N. T.: PASP **41** (1921) 98.
6 BOURGEOIS, P., et. J. F. COX: Bull. Astron. **8** (1934) 271.
7 CHARLIER, C. V. L.: Medd. Lund **2** (1906) Nr. 29.
8 DUBIAGO, A. D.: Astron. Zh. **25**/6 (1948).
9 FAYET, G.: Recherches concernant les excentricités des comètes, Gauthier-Villars, Paris (1906).
10 GALIBINA, J. W.: Bull. Inst. Theoret. Astron. Leningrad **6** (1958) 668.
11 HEPPERGER, J. VON: Sitzber. Akad. Wiss. Wien IIa **115** (1900) 299.
12 HURNIK, H.: Acta Astron. Warszawa-Krakow **9** (1959) 207.
13 KASIMIRTSCHAK-POLONSKAJA, H. J.: Publ. Inst. Theoret. Astron. Leningrad **7** (1961) 5, 21 und 193.
14 KURTH, R., and M. HODGKINSON: Mem. Soc. Astron. Ital. (N. S.) **30** (1959) 3.
15 LANE POOR, CH.: AJ **13** (1893) 177.
16 LAPLACE, P. S.: Mécanique Céleste **4** (1805) 230.
17 OORT, J. H.: BAN **11** (1950) 91.
18 OPPENHEIM, S.: Festschrift H. SEELIGER.
19 OTERMA, L., and B. G. MARSDEN: Hdb. Brit. Astron. Assoc. 1962 (1961) 64.
20 PELS-KLUYVER, H. A.: BAN **15** (1960) 163.
21 PICKERING, W. H.: Ann. Harvard **61**/3 (1911).
22 PORTER, J. G.: Mem. Brit. Astron. Assoc. **39**/3 (1961).
23 RUSSELL, H. N.: AJ **23** (1920) 49.
24 SALAH EL-DIN HAMID and F. WHIPPLE: AJ **58** (1953) 100.
25 SINDING, E.: Publ. Kopenhagen Nr. 146 (1948).

*) Aus Störungen der beiden Teile, in die sich der Komet spaltete.
**) Bei [*h*] befindet sich ein ziemlich ausführliches Verzeichnis der Arbeiten über Kometen.

26 Squires, R. E., and D. B. Beard: ApJ **133** (1961) 657.
27 Strömgren, E.: Publ. Kopenhagen Nr. 19 (1914).
28 Tyror, J. G.: MN **117** (1957) 370.
29 van Woerkom, A. J. J.: BAN **10** (1948) 445.
30 Vorontsov-Velyaminov, B.: ApJ **106** (1946) 226.
31 Whipple, F.: ApJ **111** (1950) 375.
32 Witkowski, J.: Bull. Soc. Amis Sci. Lettres Poznán (B) Sci. Mat. Nat. **12** (1953) 205.

4.3.2 Physics of the comets — Physik der Kometen

A comet can be considered as made up of three chief components: the nucleus, the coma and the tail.

4.3.2.1 The nucleus — Der Kern

This term usually refers to the optical center of the comet. Generally star-like; sometimes the nucleus may appear as a bright diffuse spot without central condensation.

Dimension: 1 to 100 km, as determined from photometric observations.

Mass: may vary from 10^{14} to 10^{20} g. Usually 10^{18} g.

Albedo: 0,1.

Phase curve: no definite phase curve can be established.

Material structure: cloud of particles from 10^{-4} cm to 1 cm (?) in diameter *or* very few large blocks made of a mixture of meteoritic particles, frozen radicals, and ice.

Spectrum: reflected solar spectrum.

Lifetime of a nucleus: The lifetime t is given by [*26*]:

$$t = 150 \frac{G^{-1/2} N \mathfrak{M}^{-1/2} R^{3/2}}{\ln N} \quad [\text{cgs}]$$

N	number of particles	R	radius of the cluster of particles
$\mathfrak{M}$	total mass	G	constant of gravitation

4.3.2.2 The coma — Die Koma

The coma surrounds the nucleus as a nebulous and diffuse shell.

Dimension: 10^4 to 10^5 km.

Brightness: general formula for the variation of the coma-magnitude m:

$$m = m_0 + 5 \log \Delta + 2{,}5\, n \log r$$

m_0 magnitude at $\Delta = r = 1$ a. u. m_0's are listed in [*32*], Δ distance comet-earth, r distance comet-sun; n parameter associated with the activity of the comet. n can be considered as constant only for a small portion of the comet's orbit; it varies from 2 to 6, the most common value being around 4.

Spectrum: The spectrum of the coma consists of a continuous background, due to solar radiation scattered by small dust particles, and of a superimposed emission spectrum, which contains molecular bands due to CN, C_2, C_3, CH, CH^+, NH, NH_2, OH, OH^+ and atomic lines due to Na I and O I [*27*]. Relative intensities of the continuous and band spectra vary from comet to comet. Strong continuum generally appears in new comets as Mrkos 1957 V, while an old comet as P/Encke shows almost a pure band spectrum. This rule however has many exceptions. The main features in the spectrum are due to C_2, CN, C_3 and NH, as indicated in Fig. 1. Molecular spectra are excited by fluorescence, and because of the numerous absorption lines in the exciting solar radiation, the intensity distribution in the bands is different from laboratory intensities and varies with the relative velocities of the comet with respect to the sun [*28*].

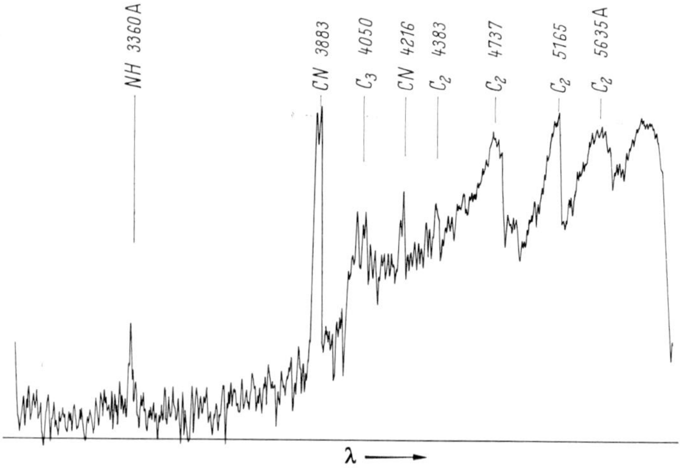

Fig. 1. Main spectroscopic features of a cometary spectrum — Registrierkurve eines Kometenspektrums (Coma) [*14*].

Bands of CN and C_2, and sometimes the Na I *D* lines, extend to large distances from the central condensation, while bands of CH, C_3 and NH_2 are restricted to the vicinity of the nucleus. The main spectroscopic features observed in the cometary coma are given in Tab. 1. Identification, band system and vibrational levels are given whenever possible.

Tab. 1.
The main emission bands in the coma spectrum — Die wichtigsten Emissionsbanden im Komaspektrum [2]

Int.	Intensity in arbitrary scale	Intensität in relativen Einheiten
Mol.	Molecule	Molekül
Bd. Syst.	Band system	Bandensystem
Vibr.	Vibrational transition[2])	Schwingungsübergang[2])

λ [A]	Int.[1])	Mol.	Bd. Syst.	Vibr.	λ [A]	Int.[1])	Mol.	Bd. Syst.	Vibr.
3078,6	2	OH	$A^2\Sigma^+$ —	0 — 0	3808,9	1 — 2*n*	C_3 ?	—	—
			$X^2\Pi$		3829,4	1	C_3 ?	—	—
3080,0	1	,,	,,	,,	3848,11	0	CN	$B^2\Sigma^+$ —	0 — 0
3081,6	1	,,	,,	,,				$X^2\Sigma^+$	
3084,1	1	,,	,,	,,	3852,60	2	,,	,,	,,
3086,3	3	,,	,,	,,	3853,69	1	,,	,,	,,
3090,3	5*n*	,,	,,	,,	3854,75	1*nn*	,,	,,	,,
3093,7	5	,,	,,	,,	3855,82	3	,,	,,	,,
3096,3	5	,,	,,	,,	3856,74	1	,,	,,	,,
3099,5	5	,,	,,	,,	3857,87	4*n*	,,	,,	,,
3103,3	0	,,	,,	,,	3858,80	2	,,	,,	,,
3106,5	1	,,	,,	,,	3859,85	1*nn*	,,	,,	,,
3134,8	2	,,	,,	1 — 1	3860,84	3	,,	,,	,,
3137,7	3	,,	,,	,,	3861,75	5	,,	,,	,,
3140,6	0	,,	,,	,,	3862,69	6	,,	,,	,,
3142,9	1	,,	,,	,,	3863,60	6	,,	,,	,,
3147,5	3	,,	,,	,,	3864,49	4	,,	,,	,,
3150,3	2	,,	,,	,,	3865,36	8	,,	,,	,,
3153,1	2 — 1	,,	,,	,,	3866,21	4	,,	,,	,,
3156,8	1	,,	,,	,,	3867,04	10	,,	,,	,,
3159,0	0	,,	,,	,,	3867,85	7	,,	,,	,,
3347	0	NH	$A^3\Pi$ —	0 — 0	3868,64	8	,,	,,	,,
			$X^3\Sigma^-$		3869,38	12	,,	,,	,,
3350,8	2	,,	,,	,,	3870,11	12	,,	,,	,,
3354,1	4	,,	,,	,,	3870,82	4	,,	,,	,,
3357,9	8	,,	,,	,,	3871,55	2	,,	,,	,,
3361,5	2	,,	,,	,,	3872,24	3	,,	,,	,,
3364,7	2	,,	,,	,,	3872,92	3	,,	,,	,,
3369,1	3	,,	,,	,,	3873,57	2	,,	,,	,,
3372,0	1	,,	,,	,,	3874,19	2	,,	,,	,,
3565	1 — 0	OH^+	$^3\Pi$ —	0 — 0	3874,85	0	,,	,,	,,
			$^3\Sigma$		3876,48	0*n*	,,	,,	,,
		CN	$B^2\Sigma^+$ —	1 — 0	3877,05	2	,,	,,	,,
			$X^2\Sigma^+$		3877,55	0	,,	,,	,,
3572,2	2	CN	,,	2 — 1	3878,03	3	,,	,,	,,
		OH^+	$^3\Pi$ —	0 — 0	3878,42	2	,,	,,	,,
			$^3\Sigma$		3883,48	Head	,,	,,	,,
		CN	$B^2\Sigma^+$ —	1 — 0	3886,6	0	CH	$B^2\Sigma$ —	0 — 0
3577,3	1 — 2		$X^2\Sigma^+$					$X^2\Pi$	
		,,	,,	2 — 1	3889,1	1 — 2*n*	CH	,,	0 — 0
3584,3	2 — 3*n*	CN	,,	1 — 0	3890,6	—	CH	,,	0 — 0
3618,6	1 — 0*n*	—	—	—	3893,1	1	CH	,,	0 — 0
3625,5	1*n* ?	—	—	—	3897,2	1 — 2	CH	,,	0 — 0
3674,3	2	—	—	—	3902,6	1 — 2	CH	,,	0 — 0
3692,7	1 — 2	C_3 ?	,,	—	3908,3	1 — 2	CH	,,	0 — 0
3699,7	1	C_3 ?	—	—	3914,5	1	CH	,,	0 — 0
3709,7	0	C_3 ?	—	—	3921,5	1 — 0	CH	,,	0 — 0
3717,9	1 — 2*n* ?	C_3 ?	—	—	3950,2	2*n* ?	C_3	—	—
3739,2	0 — 1	C_3 ?	—	—	3954,0	1	C_3 + CH^+	$^1\Pi$ — $^1\Sigma$	1 — 0
3762,1	0	C_3 ?	—	—	3960,2	1 — 2	C_3	—	—
3780,4	2 — 1	C_3 ?	—	—	3963,5	1 — 2	C_3 + CH^+	$^1\Pi$ — $^1\Sigma$	1 — 0
3784,5	1 — 2	C_3 ?	—	—					
3804,0	2	C_3 ?	—	—					

1) 2) See p. 190.

Continued next page

Tab. 1. (Fortsetzung)

λ [A]	Int.¹)	Mol.	Bd. Syst.	Vibr.
3972,7	2	$C_3 + CH^+$	$\{ {}^1\Pi - {}^1\Sigma$; $\Sigma_g{}^- - {}^1\Pi_u$	1 — 0; (030) — (010)
3979,7	1 — 2	C_3	—	—
3987,2	3	,,	$\{ {}^1\Pi_u - {}^1\Sigma_g{}^+$; ${}^1\Phi - {}^1\Delta$	(020) — (020); (020) — (020)
3992,6	4*n*	,,	—	—
3997,5	1 — 0	,,	${}^1\Sigma_g{}^- - {}^1\Pi_u$	(030) — (030)
4002,2	2	,,	—	—
4007,5	1	,,	${}^1\Sigma_g{}^+ - {}^1\Pi_u$	(010) — (030)
4013,2	4	,,	${}^1\Pi_u - \{ {}^1\Sigma_g{}^+, {}^1\Delta$	(020) — (020)
4019,4	4*n*	,,	${}^1\Delta_g - {}^1\Pi_u$	(010) — (010)
4024,3	1 — 0	,,	—	—
4027,6	1 — 0	,,	—	—
4033,2	2	,,	—	—
4039,6	5	,,	${}^1\Sigma_g{}^- - {}^1\Pi_u$	(010) — (010)
4043,6	5	,,	${}^1\Delta_g - {}^1\Pi_u$	(010) — (030)
4051,6	6	,,	${}^1\Pi_u - {}^1\Sigma_g{}^+$	(000) — (000)
4054,2	1 — 2	,,	—	—
4064,3	1 — 2	,,	${}^1\Sigma_g{}^- - {}^1\Pi_u$	(010) — (030)
4068,4	2 — 3	,,	—	—
4074,4	4	,,	${}^1\Pi_u - \{ {}^1\Sigma_g{}^+, {}^1\Delta$	(000) — (020)
4084,8	1 — 0	,,	—	—
4090,0	1 — 0	,,	—	—
4099,5	2	,,	—	—
4109,4	1 — 0	,,	—	—
4124,4	1 — 0*n*	,,	—	—
4137,8	0 — 1	,,	—	—
4180	1 — 0	CN	$B^2\Sigma^+ - X^2\Sigma^+$	1 — 2
4184	1 — 0	,,	,,	1 — 2
4193	2	,,	,,	{ 0 — 1; 1 — 2
4197	2	,,	,,	0 — 1
4206	0 — 1	,,	,,	0 — 1
4210,2	1	,,	,,	0 — 1
4214,7	6*n*	,,	,,	0 — 1
4231	1	CH^+	${}^1\Pi - {}^1\Sigma$	0 — 0
4238,5	1 — 2	CH^+	,,	0 — 0
4254,4	1	CH^+	,,	0 — 0
4281	0 — 1	CH	$A^2\Delta - X^2\Pi$	0 — 0
4285,7	1 — 0	,,	,,	0 — 0
4291,7	1 — 2	,,	,,	0 — 0
4297,3	3*n*	,,	,,	0 — 0

λ [A]	Int.¹)	Mol.	Bd. Syst.	Vibr.
4300,2	2 — 3*s*	CH	$A^2\Delta - X^2\Pi$	0 — 0
4303,9	4*s*	,,	,,	0 — 0
4313,2	6*n*	,,	,,	0 — 0
4329,3	1 — 2	,,	,,	0 — 0
4334,2	1 — 2	,,	,,	0 — 0
4339,0	1 — 0	,,	$A^2\Delta - X^2\Sigma$	0 — 0
4344	0 — 1	,,	,,	0 — 0
4348	0 — 1	,,	,,	0 — 0
4364,3	4	C_2	$A^3\Pi_g - X^3\Pi_u$	4 — 2
4371,1	3	,,	,,	3 — 1
4380,9	2	{ C_2 + C_3 ?	,,	2 — 0
4412	0	C_3 ?	—	—
4435	0*nn*	C_3 ?	—	—
4463	2	C_3 ?	—	—
4484,5	1	—	—	—
4493	0	C_3 ?	—	—
4504	1	—	—	—
4511	0	{ C_3 ? NH_2 ?	—	—
4541	0	—	—	—
4570,2	1	CN ?	$B^2\Sigma^+ - X^2\Sigma^+$	0 — 2
4585,9	1	,,	,,	,,
4598	1	—	—	—
4612,9	1	CN	$B^2\Sigma^+ - X^2\Sigma^+$	0 — 2
4628,7	2	—	—	—
4645	2	—	—	—
4662,2	2	—	—	—
4669,5	8	C_2 ?	$A^3\Pi_g - X^3\Pi_u$	6 — 5
4676,2	15	,,	,,	5 — 4
4682,7	15	,,	,,	4 — 3
4687,7	8	—	—	—
4692,6	10	—	—	—
4695,5	25	C_2	$A^3\Pi_g - X^3\Pi_u$	3 — 2
4708,8	10	$C^{12}C^{13}$?	,,	—
4713,2	30	C_2	,,	—
4719,0	3	$C^{12}C^{13}$?	,,	—
4728,1	3	—	—	—
4734,9	20	C_2	,,	—
4737,16	20	,,	,,	—
4738,79	1*nn*	—	—	—
4742,9	1	$C^{12}C^{13}$	$A^3\Pi_g - X^3\Pi_u$	—
4763,88	1	—	—	—
4768,23	1	—	—	—
4810,31	1	—	—	—
4837,58	2	—	—	—
4838,39	4	HCO ?	—	—
4850,78	1*nn*	—	—	—
4877,37	0	CH	$A^2\Delta - X^2\Sigma$	—

Continued next page

¹) The shape of the line is indicated as follows — Die Form der Linien ist gekennzeichnet durch:

s	sharp	scharf
d	double	doppelt
n	diffuse	diffus (verwaschen)
nn	very diffuse	sehr diffus
head	head of the band	Bandenkopf

²) Beginning with 4880 A the vibrational transitions are given in brackets, below the molecule, as far as they are known — Ab 4880 A sind die Schwingungsübergänge, soweit bekannt, in Klammern unter dem Molekül angegeben.

Tab. 1. (continued)

λ [A]	Int.[1])	Mol.[2])
4881,15	1*d*	—
4896,54	2	—
4902,08	2	—
4906,83	1*nn*	—
4922,33	1	—
4925,50	3	NH_2
4927,03	1*n*	—
4932,15	1	—
4937,63	1*nn*	NH_2
4941,95	2*n*	—
4945,97	1*d*	NH_2 ?
4951,62	2	C_2; NH_2
4954,70	1*n*	NH_2
4960,93	1	—
4965,43	1*n*	—
4970,15	1	NH_2 ? ?
4974,56	1	C_2
4979,61	1*n*	—
4996,92	1	—
5005,66	1	C_2
5009,71	2	C_2
5013,97	2	C_2
5017,69	1*d*	C_2
5021,93	2	NH_2 ?
5030,07	2*nn*	C_2
5033,95	1*nn*	C_2
5037,76	2	C_2
5045,21	1	C_2
5052,77	3	—
5055,94	3*d*	C_2 ?
5059,80	2	C_2 ?
5063,15	2	C_2 ?
5066,82	1	C_2
5070,12	2	C_2
5073,44	1	C_2
5076,77	1	C_2
5080,17	2	C_2 ?
5082,94	2*nn*	C_2 ?
5084,92	1	C_2
5086,65	1*n*	C_2
5089,33	3	C_2
5092,31	2	C_2
5095,34	2	C_2-head (2,2)
5098,16	2	C_2
5101,14	2	C_2
5103,58	2*nn*	C_2
5106,46	2	C_2
5109,30	1	C_2
5111,68	2	C_2
5114,36	1	C_2 ?
5115,88	2	C_2
5116,74	1*nn*	C_2 ?
5118,97	2	C_2
5121,32	2*nn*	C_2
5126,05	5	C_2
5128,42	5	C_2-head (1,1)
5129,11	5	
5135,16	1	C_2
5138,24	1	C_2
5139,47	1	C_2
5141,41	2*n*	C_2
5144,73	2	C_2
5146,06	1	C_2; NH_2 ?
5147,82	1	C_2

λ [A]	Int.[1])	Mol.[2])
5149,26	1	C_2
5150,64	2	C_2; NH_2 ?
5151,97	1	C_2
5153,33	1	C_2
5154,47	1	C_2; NH_2
5155,57	1	C_2
5156,71	1	C_2; NH_2 ?
5157,70	1	C_2
5158,39	1*d*	C_2
5161,69	3*nn*	C_2
5164,08	10*nn*	C_2-head (0,0); NH_2
5164,71	20*nn*	
5194,17	1	NH_2
5318,32	2	—
5332,47	1*nn*	—
5352,70	1*n*	—
5366,89	1	—
5383,42	1*n*	NH_2
5399,00	2*n*	NH_2 ?
5401,80	1	—
5403,61	1	—
5408,49	1*nn*	NH_2 ?
5413,11	1*nn*	—
5417,03	1*n*	NH_2
5419,08	2	NH_2 ?
5423,74	1	—
5428,87	5*n*	NH_2
5433,46	1	—
5440,90	1*n*	—
5442,98	1	NH_2 ?
5443,70	1	NH_2
5446,50	1	—
5451,91	2	—
5457,16	1	—
5459,16	1	—
5462,63	2	NH_2
5469,88	2*nn*	C_2-head (4,5)
5472,73	3*n*	—
5475,96	1	C_2; NH_2
5482,46	2*n*	C_2
5487,90	2	C_2
5492,16	3*nn*	—
5493,34	2*n*	C_2 ?
5495,90	1	C_2
5497,01	3*n*	C_2
5501,28	5*d*	C_2-head (3,4)
5506,24	3	C_2 ?
5508,53	1	C_2 ?
5510,90	2	C_2
5514,91	2	C_2
5519,50	1	C_2
5523,90	2*n*	C_2 ?
5527,73	3	C_2
5532,29	2	—
5536,29	2	C_2
5540,02	6*nn*	C_2-head (2,3)
5544,10	2*nn*	—
5548,02	2*n*	C_2
5551,59	2	C_2

λ [A]	Int.[1])	Mol.[2])
5555,45	1*n*	C_2
5559,13	2	C_2
5562,46	3	C_2
5565,66	3	C_2 ?
5569,34	2	C_2
5572,38	3*n*	C_2
5575,60	3*nn*	C_2
5577,28	0	OI
5578,61	3	C_2
5582,16	2*nn*	C_2
5585,01	10*nn*	C_2-head (1,2)
5588,23	2	—
5590,67	3	C_2
5593,55	2	C_2
5596,13	2*d*	C_2
5598,37	1*n*	C_2
5600,96	2	C_2
5603,17	1	C_2
5605,95	3	C_2
5608,17	1*n*	C_2
5610,27	2	C_2
5612,29	1*nn*	C_2
5614,42	2	C_2
5617,78	2	C_2
5619,64	1	C_2
5621,31	1	C_2; NH_2 ?
5622,92	1	C_2
5624,29	1	C_2
5625,83	1	C_2
5635,08	6	C_2-head (0,1)
5658,15	1	—
5682,24	1	NH_2
5693,34	2*n*	NH_2
5700,40	1*n*	NH_2
5702,98	3	NH_2
5705,27	1	NH_2
5707,19	1	NH_2
5720,56	2*nn*	NH_2
5731,63	3*n*	NH_2
5741,28	2	NH_2
5752,57	1	NH_2
5889,94	50	NaI
5895,88	40	NaI
5920,83	1	—
5926,61	2	—
5929,60	1	—
5934,03	1*d*	—
5938,96	2*d*	—
5943,45	1	—
5947,99	1	—
5951,95	1*nn*	—
5960,99	2	NH_2
5962,65	2	NH_2
5965,21	1	NH_2
5976,69	6	NH_2
5979,20	1	C_2 ?
5982,99	1*nn*	C_2 ?
5984,64	1	NH_2; C_2 ?
5995,00	5	NH_2
6001,68	1*nn*	C_2
6004,69	2*n*	C_2-head (3,5); NH_2 ?

[1]) [2]) See p. 190

Continued next page

Tab. 1. (Fortsetzung)

λ [A]	Int.[1])	Mol.[2])	λ [A]	Int.[1])	Mol.[2])	λ [A]	Int.[1])	Mol.[2])[3])
6007,00	2	NH_2	6274,47	1 *nn*	NH_2	6533,15	1 *n*	NH_2
6014,89	2	—	6284,49	1	NH_2 ?	6545,04	1 *n*	NH_2
6018,58	1	NH_2	6286,11	1	NH_2	6550,35	2 *d*	—
6020,13	4	NH_2	6288,17	3	NH_2	6555,59	1	—
6028,79	1	C_2 ?	6297,18	2 *nn*	NH_2	6558,83	1	—
6033,40	3 *n*	NH_2	6298,58	1	NH_2	6578,25	3	—
6042,19	1	C_2	6300,44	10	{ OI, NH_2 }	6595,47	1	—
6049,07	1 *nn*	NH_2				6600,72	2 *nn*	NH_2
6052,49	1	—	6317,71	1	NH_2	6618,06	2	NH_2
6059,12	1 *nn*	C_2-head (2,4)	6320,60	1	NH_2	6619,11	3	NH_2
			6322,26	1	NH_2	6627,87	1 *nn*	NH_2
6064,64	1	—	6327,70	1 *d*	NH_2 ?	6640,73	3	NH_2
6074,45	1	—	6330,01	1 *nn*	—	6671,74	2 *n*	NH_2
6083,96	1	C_2	6332,71	1	—	6754,66	2 *nn*	NH_2
6089,48	1	C_2	6334,61	3	NH_2 ?	6881,50	1 *nn*	—
6096,56	2	NH_2	6345,43	2 *nn*	NH_2	7350	1	NH_2
6098,39	3	NH_2	6357,28	1 *n*	—	7876	2	{ CN red (2,0) R_2 }
6116,09	1	C_2-head (1,3)	6360,43	3	NH_2			
			6363,87	3	OI	7894	3	{ CN red (2,0) Q_2, R_1 }
6121,30	2 *nn*	NH_2	6411,14	1 *d*	NH_2			
6135,42	1 *nn*	C_2	6468,48	1	NH_2 ?			
6140,15	1 *n*	NH_2 ?	6470,93	4	—	7912	4	{ CN red (2,0) Q_1 }
6146,89	1	—	6473,93	2 *n*	—			
6159,00	1	NH_2 ?	6477,88	1 *n*	—	8066	1	{ CN red (3,1) R_2 }
6190,54	2 *n*	C_2-head (0,2)	6481,44	1 *n*	—			
			6491,46	1	—	8089	2	{ CN red (3,1) Q_2, R_1 }
6232,72	1	—	6498,83	1	—			
6254,06	1	—	6513,10	1 *nn*	—			
6255,88	1	—	6520,80	1	—	8105	3	{ CN red (3,1) Q_1 }
6257,92	1	—	6525,07	1 *nn*	—			

Tab. 2. Important oscillator strengths *f* of some molecular bands — Wichtige Oszillatorenstärken *f* für Molekülbanden [*15*]

Mol.	Transition	*f*	λ [A]	Ref.
CH	$A^2\Delta - X^2\Pi$	$(4{,}9 \pm 0{,}5)\ 10^{-3}$	4300	*8*
	$B^2\Sigma - X^2\Pi$	$(1{,}2 \pm 0{,}4)\ 10^{-3}$	3900	*8*
CN	$B^2\Sigma^+ - X^2\Sigma^+$	$(2{,}7 \pm 0{,}3)\ 10^{-2}$	3880	*9*
	$A^2\Pi - X^2\Pi$	$1{,}5 \cdot 10^{-4}$	8000	*19*
CO^+	$A^2\Pi - X^2\Sigma^+$	$(2{,}2 \pm 0{,}5)\ 10^{-3}$	4200	*10*
N_2^+	$B^2\Sigma_u^+ - X^2\Sigma_g^+$	$(3{,}5 \pm 0{,}2)\ 10^{-2}$	3910	*11*
NH	$A^3\Pi - X^3\Sigma^-$	$(8{,}0 \pm 1{,}1)\ 10^{-3}$	3360	*8*
OH	$A^2\Sigma^+ - X^2\Pi$	$(0{,}85 \pm 0{,}4)\ 10^{-3}$	3090	*12*
C_2	$A^3\Pi - X^3\Pi$	$2{,}4 \cdot 10^{-2}$	5165	*21*

Monochromatic brightness: Isophotes have been obtained at specific wavelengths for several comets. The distribution of light is generally elongated in the direction of the tail (Fig. 2). The decrease of the monochromatic brightness shows that the emitting matter is not distributed according to a R^{-2} law (R: distance to the nucleus), corresponding to an isotropic ejection of the molecules at a constant velocity (see Fig. 3). The decrease of the intensity is much steeper for the continuum than for molecular bands [*23*].

[1]) [2]) See p. 190.

[3]) R_1, R_2, Q_1, Q_2 branches in the band system — Zweige im Bandensystem.

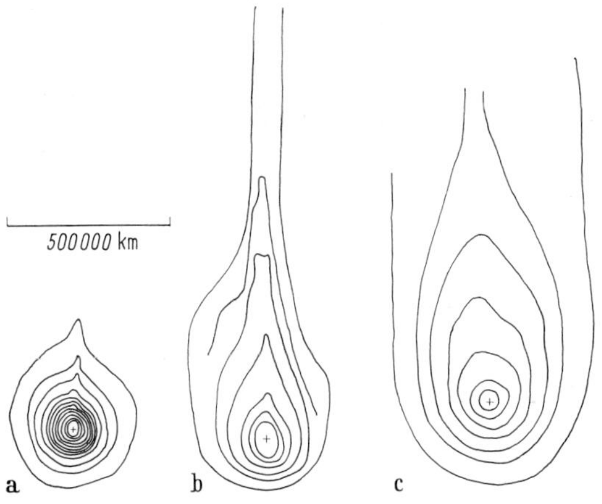

Fig. 2. Isophote configurations in comets — Isophotenverlauf in Kometen [22].

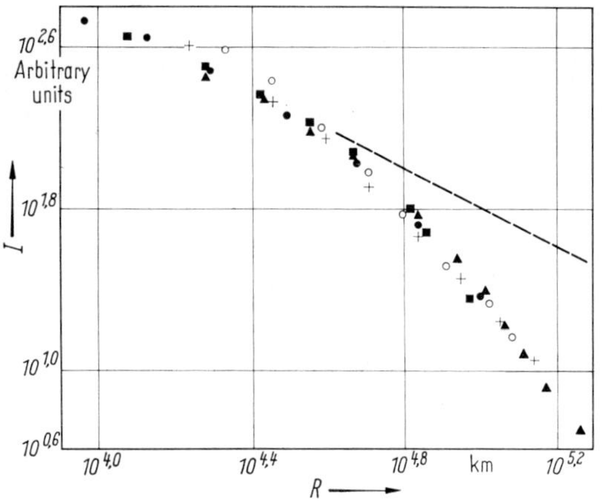

Fig. 3. Brightness distribution as a function of the distance R from the nucleus for comet 1959 *k* — Helligkeitsverteilung als Funktion des Abstandes R vom Kern für den Kometen 1959 *k* [22].

--- | Variation of brightness $I \sim R^{-1}$, corresponding to a density distribution proportional to R^{-2} | Helligkeitsverlauf $I \sim R^{-1}$, entsprechend einer Dichteverteilung proportional zu R^{-2}

Time of exposure

1960	[min]
○ April 23	35
● April 28	60
+ May 2	60
▲ May 4	60
■ May 4	15

Masses and densities:

Tab. 3. Mass of the coma — Masse der Koma

	comet	mass [g]	Ref.
a) molecules:			
	Whipple 1943 I	C_2 : 2,9 · 10^{10}	*31*
	Whipple 1943 I	CN: 4,4 · 10^{10}	*31*
	Mrkos 1955 III	C_2 : 7 · 10^8	*17*
	Burnham 1959 *k*	C_2 : 3 · 10^{10}	*22*
b) dust:			
	with strong continuum	10^{11}...10^{12}	
	with weak continuum	10^{10}	*29*
	without continuum	10^9	
	Arend-Roland 1957 III	10^{11}	*18*

Mean size of dust particles: 0,4 µm.
Mean density of meteoritic matter in coma: 10^{-21} g/cm³.

Polarization:

Tab. 4. Polarization of the light in the coma of comet Arend-Roland 1957 III — Polarisation des Koma-Lichts des Kometen Arend-Roland 1957 III

φ	phase angle	Phasenwinkel
pol	degree of polarization	Polarisationsgrad

a) Continuum at λ 4530 A [*13*]

φ	pol
62°,2	19,5%
60	16,9
56,8	10,5
50	7,9
48,6	7,5
41,6	5,0

b) λ 5890, 4800, 4300 A [*30*]

φ	continuum at λ 5890A + Na*D*	continuum at λ 4800A	continuum at λ 4300A
	pol	pol	pol
76°,4	17,5%	17,9%	—
73,8	17,4	20,4	15,6%
71,2	19,7	17,3	16,6
68,8	12,9	16,8	16,9
66,6	20,5	14,5	—
90	20,2	20,3	18,7

Houziaux

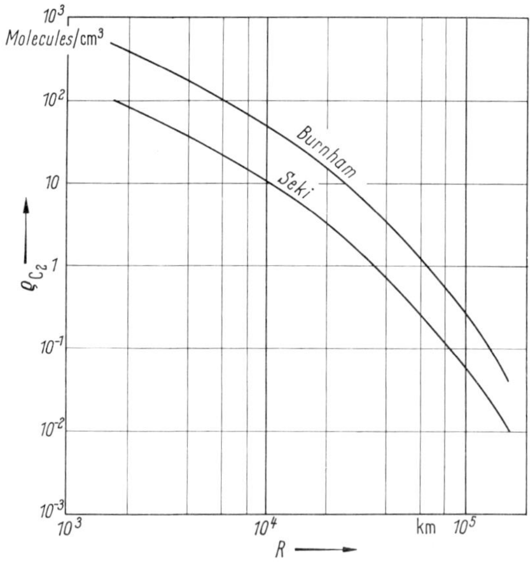

Fig. 4. Density distribution of C_2 molecules as a function of the distance R to the nucleus — Dichteverteilung der C_2-Moleküle in der Koma der Kometen [25]. Comets: Burnham 1959 *k* and Seki 1961 *f*.

4.3.2.3 The tail — Der Schweif

Dimensions: length : up to 10^8 km.
width: up to 10^6 km.

Physical aspect: Tails may present several aspects. In some comets no tail is seen during the whole lifetime of the comet. In other comets, the tail is a straight structure (called Type I tail, after Bredichin), directed along the radius vector in the direction opposite to the sun. Such a straight tail may contain a fan of streamers. A curved tail (Type II) may appear simultaneously, the spectrum of which exhibits only continuous radiation. Anti-tails may be observed, as in comet Arend-Roland 1957 III. In many distant comets, the tail is not directed along the radius vector, but lies midway between the radius vector and the orbital direction behind the comet [24].

Spectrum: The spectrum of a cometary tail displays lines of CO^+, N_2^+, CO_2^+, CH^+ and OH^+ (Tab. 5.). Among those radicals, CO^+ and N_2^+ seem to have the longest lifetimes ($\tau \approx 10^6$ sec). The continuous spectrum of Type II tails shows scattered light from the sun, as in the coma.

Tab. 5. The main molecular bands in the tail spectrum — Die wichtigsten Molekülbanden im Schweifspektrum [2]

Int.	Intensity in arbitrary scale	relative Intensität
Mol.	Molecule	Molekül
Vibr.	Vibration transition	Schwingungsübergang

λ [A]	Int.¹)	Mol.	Band system	Vibr.	λ [A]	Int.¹)	Mol.	Band System	Vibr.
3378,0	2	CO_2^+	$^2\Pi - {}^2\Pi$	1 — 0	3741	1			
3388,2	1	CO_2^+	,,	2 — 1	3781,3	3	CO^+	$A^2\Pi - X^2\Sigma$	4 — 0
3416	1 — 0	CO^+	$A^2\Pi - X^2\Sigma$	6 — 0	3802,5	2	CO^+	,,	4 — 0
3431	1 — 0	CO^+	,,	6 — 0	3839	1 — 0	CO_2^+	$^2\Pi - {}^2\Pi$	0 — 2
3478	1	—	—	—	3913,7	4	N_2^+	$B^2\Sigma - X^2\Sigma$	0 — 0
3509,1	4	CO_2^+	$^2\Pi - {}^2\Pi$	0 — 0	3951,3	2	CO^+	$B^2\Sigma - A^2\Pi$	0 — 0
		CO^+	$B^2\Sigma - A^2\Pi$	2 — 0	3983	1	CO^+	,,	0 — 0
3525	1 — 0	—	—	—	4001,5	7	CO^+	$A^2\Pi - X^2\Sigma$	3 — 0
3545,4	2	CO_2^+	$^2\Pi - {}^2\Pi$	2 — 2	4024	6	CO^+	,,	3 — 0
		N_2^+	$B^2\Sigma - X^2\Sigma$	3 — 2	4096	0 — 1			
3580,4	4	CN	$B^2\Sigma^+ - X^2\Sigma^+$	1 — 0	4124	2*n*	CO^+	$A^2\Pi - X^2\Sigma$	4 — 1
		CO^+	$A^2\Pi - X^2\Sigma$	5 — 0	4140	1	CO^+	,,	4 — 1
		N_2^+	$B^2\Sigma - X^2\Sigma$	1 — 0	4171	1			
3594	2	CO^+	$A^2\Pi - X^2\Sigma$	5 — 0	4231	1	CO^+	$B^2\Sigma - X^2\Pi$	0 — 1
		OH^+	$^3\Pi - {}^3\Sigma$	0 — 0			N_2^+	$B^2\Sigma - X^2\Sigma$	1 — 2
3616,3	2*n*	OH^+	$^3\Pi - {}^3\Sigma$	0 — 0	4250,9	5	CO^+	$A^2\Pi - X^2\Sigma$	2 — 0
3674,0	4	CO_2^+	$^2\Pi - {}^2\Pi$	0 — 1	4273,8	4	CO^+	,,	2 — 0
3695	2	CO^+	$A^2\Pi - X^2\Sigma$	6 — 1			N_2^+	$B^2\Sigma - X^2\Sigma$	0 — 1
		CO_2^+	$^2\Pi - {}^2\Pi$	1 — 2	4543,8	2	CO^+	$A^2\Pi - X^2\Sigma$	1 — 0
3709	1	CO^+	$A^2\Pi - X^2\Sigma$	6 — 1	4568,5	1	CO^+	,,	1 — 0
		CO^+	$B^2\Sigma - A^2\Pi$	1 — 0	5048	0 — 1	CO^+	,,	1 — 1
3726	1	CO^+	$B^2\Sigma - A^2\Pi$	1 — 0					

¹) *n* diffuse

Polarization: For comet Arend-Roland 1957 III: varies from 30% to 15%, when going away from the nucleus, in the wavelength range 6000···6500 A.

Density of CO^+ molecules: 1···100 molecules cm^{-3} (Encke 1957c) [*16*]
300 molecules cm^{-3} (Halley) [*33*]

Total mass of the tail: 10^{14} g [*20*].

Forces acting on the tail: radiation pressure and corpuscular radiation from the sun, magnetic fields [*7*], explosions in the nucleus, braking force due to interplanetary plasma. Large accelerations are observed in the tail. The repulsive force may attain from 100 to 1000 times the gravitational attraction of the sun.

4.3.2.4 References for 4.3.2 — Literatur zu 4.3.2

a) General references — Zusammenfassende Literatur.

1 BOBROVNIKOFF, N. T.: Comets, in Astrophysics, (ed. J. HYNEK), Mc Graw Hill, New York (1951).
2 RICHTER, N.: The Nature of Comets, translated and revised by A. BEER, Methuen, London (1963).
3 SWINGS, P.: The Spectra of the Comets, Vistas Astron. **2** (1956) 958.
4 SWINGS, P., and L. HASER: An Atlas of Representative Cometary Spectra, Liège, Institut d'Astrophysique (1956).
5 WURM, K.: Die Kometen, Springer, Berlin (1954).
5a WURM, K.: Die Kometen, Hdb. Physik **52** (1959) 465.
6 WURM, K.: Comets, in The Solar System **4** (Planets and Comets, Part II; ed. G. P. KUIPER and B. MIDDLEHURST), University of Chicago Press, Chicago (1963).

b) References — Literatur.

7 ALFVÉN, H.: Tellus **9** (1960) 92.
8 BENNETT, R. G., and F. W. DALBY: J. Chem. Phys. **32** (1960) 1716.
9 BENNETT, R. G., and F. W. DALBY: J. Chem. Phys. **36** (1962) 399.
10 BENNETT, R. G., and F. W. DALBY: J. Chem. Phys. **32** (1960) 1111.
11 BENNETT, R. G., and F. W. DALBY: J. Chem. Phys. **31** (1959) 434.
12 BENNETT, R. G., and F. W. DALBY: Private communication to B. Rosen.
13 BLACKWELL, D. E., and R. V. WILLSTROP: MN **117** (1957) 590.
14 CHALONGE, D.: Private communication (1959).
15 DALBY, F. W.: Hdb. Physik **27** (1963) 221.
16 GRUDZINSKA, S.: Ciel Terre **76** (1960) 173.
17 HOUZIAUX, L.: Ann. Astrophys. **23** (1960) 1025.
18 HOUZIAUX, L.: Bull. Acad. Roy. Belg., Cl. Sci. **45** (1959) 218.
19 KING, A. S., and P. SWINGS: ApJ **101** (1945) 6.
20 LILLER, W.: ApJ **132** (1960) 867.
21 LYDDANE, R. H., F. T. ROGERS, and F. E. ROACH: Phys. Rev. **60** (1941) 281.
22 MILLER, F. D.: ApJ **131** (1961) 1007 and private communication.
23 O'DELL, C. R.: PASP **73** (1961) 35.
24 OSTERBROCK, D. E.: PASP **70** (1958) 457.
25 O'DELL, C. R., and D. E. OSTERBROCK: ApJ **136** (1962) 559.
26 SCHATZMAN, E.: La physique des comètes IV, Liège Symposium (1952) 313 = Liège Inst. Astrophys. Coll. (8°) Nr. 352.
27 SWINGS, P., and J. L. GREENSTEIN: Compt. Rend. **246** (1958) 1121.
28 SWINGS, P.: Lick Bull. **19** (1941) 131.
29 VANÝSEK, V.: Bull. Astron. Inst. Czech. **11** (1958) 215.
30 VAINU BAPPU, M. K., and S. D. SINVHAL: MN **120** (1960) 152.
31 VORONTSOV-VELYAMINOV, B.: Astron. Zh. **37** (1960) 709.
32 VSEKHVYATSKY, S. K.: Astron. Zh. **33** (1956) 516.
33 WURM, K.: ZfA **52** (1962) 285.

4.4 Meteore — Meteors

4.4.0 Einleitung — Introduction

Definitionen und Terminologie in Anlehnung an die Festsetzungen der Unterkommission 22 b der IAU [*1*] [*2 ··· 4*]

Definitionen

Meteor

Erscheinung, hervorgebracht durch das Eindringen eines einzelnen oder mehrerer, eine eng begrenzte Gruppe bildender kosmischer Körper in die Erdatmosphäre.

Definitions and terminology in accordance with the specifications of the subcommittee 22 b of the IAU [*1*] [*2 ··· 4*]

Definitions

Meteor

Phenomenon caused by a single cosmic body, or several in a tightly knit group, entering the earth's atmosphere.

Meteorit Ein Körper des materiellen Substrats eines Meteors; im engeren Sinne ein auf die Erdoberfläche niedergefallener Körper dieser Art.	a) *Meteoroid,* b) *meteorite* A body of the material substratum of a meteor a) traveling through outer space or the atmosphere, and b) after having fallen upon the earth.
Mikrometeorit Körper der vorgenannten Art, der so klein ist, daß er kein individuelles Meteor hervorbringen kann.	*Micrometeorite* A body of the same type, but so small that it is unable to form an individual meteor.
Terminologie	Terminology

Bezeichnung	Definition
Schweif — Train	Leuchtender Rückstand, dessen Sichtbarkeit das Erlöschen des Meteorkopfes überdauert. Ein rasch erlöschender Streifen dieser Art wird auch als Leuchtspur, ein nur dicht hinter dem Kopf wahrnehmbarer Streifen als Schweifansatz bezeichnet.
Atmosphärische Bahn — Atmospheric path	Die meist als geradlinig anzusehende Bahn während der Leuchtphase, beschrieben in einem Koordinatensystem mit dem Erdmittelpunkt als Ursprung.
Geozentrische Geschwindigkeit — Geocentric velocity	Die Geschwindigkeit im geozentrischen Koordinatensystem, korrigiert für die Wirkung der Erdschwerkraft [km/sec].
Heliozentrische Bahn — Heliocentric orbit	Die Bahn im Sonnensystem (Kegelschnitt), beschrieben durch die üblichen Bahnelemente.
Heliozentrische Geschwindigkeit — Heliocentric velocity	Die Geschwindigkeit in der heliozentrischen Bahn, d. h. in einem Koordinatensystem mit der Sonne als Ursprung [km/sec].
Scheinbarer Radiant — Apparent radiant	Rückwärtiger Richtpunkt (an der Sphäre) der atmosphärischen Bahn, korrigiert für Zenitattraktion (in äquatorialen oder ekliptikalen Koordinaten).
Wahrer Radiant — True radiant	Rückwärtiger Richtpunkt der Tangente des heliozentrischen Kegelschnitts im Begegnungspunkt mit der Erde (Bahnknoten).
Zenitattraktion — Zenith attraction	Der Winkel, um den die atmosphärische Bahn steiler gerichtet wird infolge der Anziehung der Erde.
Apex — Apex	Zielpunkt der Umlaufbewegung der Erde an der Sphäre, liegt in der Ekliptik zwischen 89° und 91° westlich der Sonne.
Antapex — Antapex	Gegenpunkt des Apex, Fluchtpunkt des Erdumlaufs.
Elongation vom Apex — Elongation from Apex	Winkelabstand des scheinbaren Radianten vom Zielpunkt der Erdbewegung.
Strom[1]) — Stream	Gruppe von Meteoriten mit nahezu identischen heliozentrischen Bahnen.
Schwarm[1]) — Shower	Zusammengehörige Gruppe von Meteoriten mit nahezu parallelen atmosphärischen Bahnen.

4.4.1 Einteilung — Classification

a) Nach Helligkeit — According to brightness

Charakter	Bezeichnung	m_v	Vergleichsobjekte
Kleine Meteore [2])	Sternschnuppen	Schwächer als $\sim -2^m$	Fixsterne
Mittlere Meteore	—	$-2^m \cdots -5^m$	hellste Planeten
Große Meteore [3])	Feuerkugeln, Boliden	heller als -5^m	Mond

[1]) Ein Strom liegt eindeutig dann vor, wenn die Meteoriten über den ganzen Umfang der Bahnellipse verteilt sind (permanenter, d. h. jährlich bei einer bestimmten Sonnenlänge auftretender Sternschnuppenfall). Ist die Verteilung sehr ungleichmäßig oder nur auf einen kurzen Abschnitt der heliozentrischen Bahn beschränkt, so könnte man einen Schwarm im Sinne der IAU-Definition annehmen. Im folgenden ist für diesen Fall jedoch die Bezeichnung temporärer Strom gebraucht, weil ein stetiger Übergang zu den permanenten Strömen besteht. Als Schwärme im engsten Sinne könnte man jedoch die in den komplizierten Systemen der Ekliptikalströme auftretenden nicht zeitbeständigen Gruppen bezeichnen, die kurzdauernde Schauer veranlassen.

[2]) Teleskopische Meteore (siehe 4.4.7) sind Sternschnuppen schwächer als etwa $+6^m$, die nur im Fernrohr sichtbar sind. Ihre untere Grenze liegt bei den Mikrometeoren (siehe 4.4.7), die keinen individuellen Leuchtvorgang mehr erzeugen können.

[3]) Nach dem äußeren Eindruck der Erscheinungen kann man Feuerkugeln ohne Donner und solche mit Donner unterscheiden; letztere führen dann und wann zu Meteoritenfällen. Ob Donner auftritt und ein Meteoritenfall zustande kommt, hängt nicht nur von der Masse des Meteoriten, sondern auch von der Apex-Elongation des scheinbaren Radianten ab, da Meteore mit geringer geozentrischer Geschwindigkeit tiefer in die Atmosphäre herabzusteigen vermögen.

Hoffmeister

b) Nach der kosmischen Stellung — According to their cosmic origin

Typus [1])	heliozentrische Bahnen	Beschreibung
Planetarische Meteore a) Ekliptikalströme b) Ströme mit großer Bahnneigung	Ellipsen kurzer Umlaufzeit	Dem Planetensystem angehörende Kleinkörper, zwischen den Kleinen Planeten und dem Substrat des Zodiakallichts stehend
Kometarische Meteore	Ellipsen kurzer bis mäßiger Umlaufzeit (einige Jahre bis einige Jahrhunderte)	Kleinkörper aus der Auflösung der Kometenkerne
Meteore mit parabelnahen Bahnen	Überwiegend sehr parabelnahe Ellipsen mit entsprechend langer Umlaufzeit (Jahrtausende)	Kleinkörper vorerst unbekannter Herkunft und kosmischer Stellung

c) Weniger exakt, aber besonders in der älteren Literatur vielfach gebraucht ist die Einteilung in *Strommeteore* und *sporadische Meteore*, (die nicht zu erkennbaren Strömen gehören). Zu letzteren zählen vor allem Meteore mit parabelnahen Bahnen.

4.4.2 Meteorströme — Meteor streams

4.4.2.1 Bezeichnung — Designation

Die Meteore mit kurzer Umlaufzeit und die kometarischen Meteore (siehe 4.4.1) treten primär in Strömen auf. Ihre atmosphärischen Bahnen sind fast parallel. Kennzeichen des Stromes ist der *scheinbare Radiant*, den man durch Rückwärtsverlängerung der an der Sphäre beobachteten scheinbaren Bahnen bestimmt; die Verlängerungen schneiden sich innerhalb eines kleinen Feldes. Die Benennung der Ströme geschieht nach dem Sternbild (siehe 5.1.1.2), in dem der scheinbare Radiant zur Zeit des Maximums des Stromes liegt, in einigen Fällen unter Beifügung des griechischen Buchstabens eines nahe dem Radianten stehenden hellen Sterns, z. B. η-Aquariden.

Synonyma: Giacobiniden ≡ Draconiden; Bootiden ≡ Quadrantiden (Quadrans muralis, ein jetzt nicht mehr gebräuchliches Sternbild); Biëliden ≡ Andromediden (Komet Biela).

Die Ströme mit kurzer Umlaufzeit bevorzugen kleine Bahnneigungen; sie bilden das sehr komplizierte System der *Ekliptikalströme*. Letztere neigen zur Ausbildung von Teilströmen, die manchmal nur vorübergehend in Erscheinung treten; daher ist die Auffassung der Autoren nicht einheitlich, sowohl bezüglich der Unterscheidung der Komponenten als auch bezüglich der kosmogonischen Verhältnisse[2]).

Die Bahnen der Ekliptikalströme unterliegen starken Störungen, besonders durch Jupiter. Ihre enorme Breite und verwickelte Struktur ist wohl in erster Linie auf die Säkularstörungen zurückzuführen, zum Teil auf den Poynting-Robertson-Effekt.

4.4.2.2 Verzeichnis der Ströme — List of streams

Fig. 1. Das System der Ekliptikalströme — The system of ecliptical streams [5].

Bahnen der sechs Hauptströme zur Zeit der Maxima*)	Paths of the six main streams at the time of the maxima*)
Der Kreis stellt die Erdbahn dar.	The circle represents the earth's orbit.
● Begegnungsstellen der Nachthimmelsströme	nodes of the nocturnal streams
○ Begegnungsstellen der Taghimmelsströme (Mai bis Juli)	nodes of the diurnal streams (May to July)

*) Auf Grund visueller Beobachtungen zwischen 1908 und 1938. Nach neueren Bestimmungen sind die großen Achsen der Bahnellipsen der Virginiden, δ-Aquariden und Tauriden etwas länger als in der Zeichnung dargestellt, doch gab dieses Bild bei seiner Veröffentlichung den ersten Begriff vom System der Ekliptikalströme.

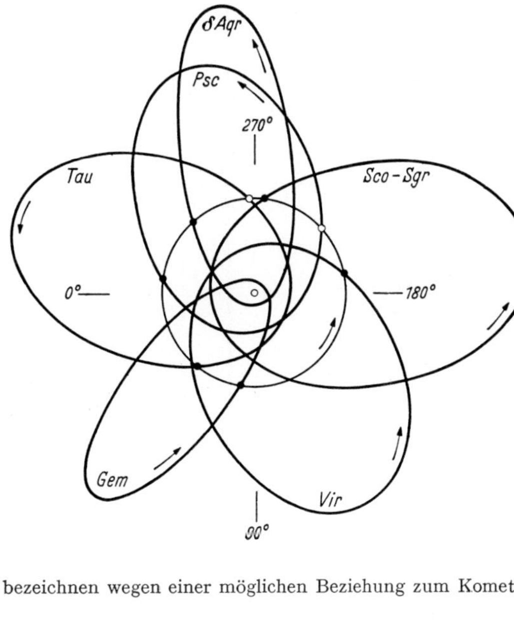

1) Relativer Anteil der Typen siehe 4.4.3.2

2) WHIPPLE ist z. B. geneigt, die Tauriden als kometarisch zu bezeichnen wegen einer möglichen Beziehung zum Kometen Encke (Umlaufzeit 3,28 Jahre).

Tab. 1. Verzeichnis der gegenwärtig beobachtbaren permanenten Meteorströme — List of the observable permanent meteor streams [5]

Name	Radiant 1) α	Radiant 1) δ	Epoche 1)	n 2) [h⁻¹]	Maximum	Charakter
Quadrantiden*)	227°	+46°	Jan. 3	145	spitz	planetarisch
Hydraiden	175 184 189	−26 −27 −26	März 12 März 25 Apr. 5	15	flach	Zweig der Virginiden
Virginiden*)	175 200 222	+ 1 − 6 −15	März 1 Apr. 3 Mai 10	20	flach	ekliptikal
Lyriden*)	273	+35	Apr. 12 Apr. 22 Apr. 24	40	spitz	Komet 1861 I
η-Aquariden*)	335 338 345	− 2 − 1 0	Apr. 29 Mai 5 Mai 21	120	mäßig spitz	Komet Halley
Scorpius-Sagittariiden	230 270 312	−20 −30 −15	Apr. 20 Juni 14 Juli 30	20	mäßig flach	ekliptikal
δ-Aquariden*)	332 343 347	−13 −17 −17	Juli 25 Aug. 3 Aug. 10	40	spitz	ekliptikal
Perseiden*)	20 43 57	+46**) +56 +59	Juli 20 Aug. 11 Aug. 19	300	spitz	Komet 1862 III
Cygniden	305 324 352	+48 +51 +55	Juli 25 Aug. 16 Sept. 8	15	sehr flach	planetarisch
Cepheiden	308	+64	Aug. 18	10	sehr flach	Zweig der Cygniden
Pisciden	339 0 14	+ 1 +14 +13	Aug. 16 Sept. 12 Okt. 8	15	flach	ekliptikal
Orioniden*)	94	+16	Okt. 11 Okt. 19 Okt. 30	50	mäßig spitz	Komet Halley
Tauriden*)	25 58 79	+16 +21 +20	Sept. 24 Nov. 13 Dez. 10	25	mäßig flach	ekliptikal
Leoniden*)	151	+21	Nov. 16	20	mäßig spitz	Komet 1866 I
Geminiden*)	110 113 117	+28 +30 +30	Dez. 5 Dez. 12 Dez. 19	50	spitz	ekliptikal
Velaiden	137 149 162	−51 −51 −51	Dez. 5 Dez. 29 Jan. 7	12	sehr flach	planetarisch

*) Siehe auch Tab. 2. **) Siehe auch Tab. 5.

1) Drei angegebene Werte beziehen sich auf Anfang, Maximum und Ende der Tätigkeit des Stromes.

2) Die stündliche Anzahl n der Meteore ist für den ganzen Himmel gegeben unter der Annahme, daß sich der Radiant im Zenit befindet. Die Anzahl n' für *einen* Beobachter ist etwa:

1) Three figures refer to beginning, maximum, and end of the activity, respectively.

2) The hourly frequency n of meteors is given for the whole sky, assuming that the radiant is in the zenith. The frequency n' for *one* observer under normal conditions is about:

$$n' = 0{,}3\, n \cdot \cos Z \quad (Z \text{ Zenitdistanz des Radianten}).$$

Hoffmeister

Tab. 2. Verzeichnis von Meteorströmen und ihren Bahnelementen auf Grund photographischer Beobachtungen 1951 bis 1957 — List of meteor streams and their orbital elements based upon photographic observations 1951 through 1957 [9]

v_{geo}	geozentrische Geschwindigkeit (siehe 4.4.2.3)	geocentric velocity (see 4.4.2.3)
n_{max}	maximale stündliche Anzahl der Meteore	maximum hourly number of meteors
	vis visuell	vis visual
	rad Radiobereich	rad radio frequency range

Name	Max.	Datumsgrenzen	Radiant		v_{geo} [km/sec]	n_{max} [h^{-1}]		Bahnelemente (siehe 4.2.1.1.1 und 4.3.1.2)					
			α	δ		vis	rad	☊	ω	i	a [AE]	e	q [AE]
Quadrantids*)	Jan. 3	Jan. 1 ··· 4	230°	+48°	42,7	30	95	282°,6	167°,9	73°,8	3,42	0,715	0,974
Virginids*)	März 13	März 5 ··· 21	183	+ 4	30,8	1	< 5	353,7	285,8	5,2	2,82	0,857	0,403
Whipple II [10]	—	März 13 ··· Apr. 21	157	+56	15,2	—	—	27,3	187,1	11,0	2,67	0,626	0,999
Lyrids*)	Apr. 21	Apr. 20 ··· 23	270	+33	48,4	5	11	31,8	213,9	79,9	29,6	0,969	0,918
η Aquarids*)	Mai 4	Mai 2 ··· 6	336	+ 0	64	5	15	43,1	83,0	160,0	5,0	0,91	0,47
Daytime Arietids	Juni 8	Mai 29 ··· Juni 18	44	+23	39	—	66	76,8	29	21	1,6	0,94	0,09
Daytime ζ Perseids	Juni 9	Juni 1 ··· 16	62	+23	29	—	42	77,8	59	0,4	1,6	0,79	0,34
Daytime β Taurids	Juni 30	Juni 24 ··· Juli 6	86	+19	32	—	27	276,4	246	6	2,2	0,85	0,34
Southern δ Aquarids*)	Juli 30	Juli 21 ··· Aug. 15	339	−17	43,0	—	—	302	154	29,3	2,60	0,976	0,062
Northern δ Aquarids		Juli 14 ··· Aug. 19	339	− 5	42,3	10	34	138,9	332,6	20,4	2,62	0,973	0,070
Southern ι Aquarids		Juli 16 ··· Aug. 25	338	−14	35,8	—	—	311,0	127,5	6,0	2,88	0,920	0,230
Northern ι Aquarids		Juli 16 ··· Aug. 25	331	− 5	31,2	—	—	150,9	308,0	4,7	1,75	0,842	0,265
α Capricornids¹)	Aug. 1	Juli 17 ··· Aug. 21	309	−10	25,5	—	10	132,8	270,5	4,0	2,57	0,779	0,568
Perseids*)	Aug. 12	Juli 29 ··· Aug. 17	46	+58²)	60,4	37	49	138,1	151,2	113,7	20,8	0,955	0,936
κ Cygnids		Aug. 19 ··· 22	289	+56	26,6	—	< 5	144,3	204,2	37,0	4,09	0,762	0,973
Draconids**)	Okt. 10	Okt. 10	264	+54	23,1	—	—	196,8	171,8	30,7	3,51	0,717	0,996
Orionids*)	Okt. 22	Okt. 18 ··· 26	94	+16	66,5	13	18	29,8	86,8	163,2	7,70	0,930	0,539
Southern Taurids¹)	Nov. 1	Sept.15 ··· Dez. 15	51	+14	30,2	5	—	45,1	111,9	5,4	2,30	0,835	0,380
Northern Taurids*)¹)	Nov. 1	Okt. 17 ··· Dez. 2	52	+21	31,3	5	<15	221,8	298,4	3,2	2,14	0,849	0,323
Andromedids**)	Nov. 7	Nov. 7	22	+27	21,3	—	< 5	224,4	242,4	6,0	3,34	0,776	0,748
Leonids*)	Nov. 17	Nov. 14 ··· 20	152	+22	72,0	6	<10	235,0	173,7	162,5	12,76	0,924	0,970
Geminids*)	Dez. 14	Dez. 7 ··· 15	113	+32	36,5	55	80	261,2	324,3	24,0	1,39	0,899	0,140
χ Orionids		Dez. 9 ··· 14	87	+21	30,6	—	—	79,8	105,4	0,8	2,92	0,859	0,412
Monocerotids		Dez. 13 ··· 15	103	+ 8	44,0	—	—	81,6	128,2	35,2	—	1,002	0,186
Ursids¹)	Dez. 22	Dez. 17 ··· 24	206	+80	35,2	15	13	264,6	212,2	52,5	5,91	0,845	0,916

*) Siehe Tab. 1.

**) Siehe Tab. 3.

¹) Mögliche Beziehungen zu Kometen, soweit nicht in Tab. 1 und 3 angeführt (nach Whipple):

Taurids .... Komet Encke
α Capricornids .... Komet 1948 *n*
Ursids .... Komet Tuttle

Hinsichtlich der Tauriden vertritt Plavec die Ansicht, daß der Strom nicht auf die normale Art, sondern durch einen Zusammenstoß des Kometen mit einem anderen Körper entstanden sein könnte.

²) Siehe Tab. 5.

Tab. 3. Verzeichnis der bemerkenswerteren temporären Ströme zwischen 1850 und 1962 — List of the noteworthy temporary streams between 1850 and 1962 [5]

Name	Radiant α	Radiant δ	Epoche	Jahr	Komet	Charakter
Andromediden*)	23°	+ 43°	Nov. 27	1872	Biela	sehr stark
	23	+ 43	Nov. 27	1885[1]	Biela	sehr stark
Juni-Draconiden	211	+ 60	Juni 28	1914 ··· 1921	Pons-Winnecke	mäßig bis schwach
Monocerotiden [6]	110	− 5	Nov. 21	1925, 1935	1944 I ?	stark
Okt.-Draconiden*)	262	+ 52	Okt. 9	1933	Giacobini-Zinner	sehr stark
	262	+ 52	Okt. 10	1946	Giacobini-Zinner	sehr stark
Aurigiden	84	+ 42	Aug. 31	1935	1911 II Kiess	schwach
Corviden	192	− 19	Juni 26	1937	Tempel 3-Swift	schwach
Ursa Minoriden	233	+ 83	Dez. 22	1945	Tuttle	mäßig
	203	+ 75	Dez. 22	1946	Tuttle	schwach
Phoeniciden [7]	15	− 46	Dez. 5	1956	unbekannt	stark
α-Ursiden [8]	164	+ 63	Aug. 14 ··· 17	1961	unbekannt	schwach

Anmerkung: Der große Sternschnuppenfall vom 13. November 1866 ist in vorstehender Tabelle nicht aufgenommen, weil er zu einem permanenten Strom, den Leoniden, gehört.

Tab. 4. Verzeichnis einiger Tagesströme — List of some day-time streams [112]
Mai bis August (siehe 4.4.6) — May to August (see 4.4.6)
n_{max} [h^{-1}] maximale stündliche Anzahl der Meteore — maximum hourly number of meteors

Name	1947 Radiant α δ	1947 Beobachtungszeit	1947 n_{max} [h^{-1}]	1948 Radiant α δ	1948 Beobachtungszeit	1948 n_{max} [h^{-1}]
A η-Aquariden	339° ± 0° (5. Mai)	Mai 1 ··· 10	13 (4. Mai)	335° ± 0° (5. Mai)	Mai 5 ··· 9	[3]
B	357° + 5° (9. Mai)	Mai 6 ··· 9	9 (8. Mai)	360° [2]	Mai 4 ··· 10	7 (8. Mai)
C Pisciden	27° +20° (9. Mai)	Mai 5 ··· 14	28 (7. Mai)	26° +24°	Mai 1 ··· 21	14 (10. Mai)
C[1]	Nebenradianten östlich von *C*	Mai 7 ··· 12	—	36° +20° (13. Mai)	Mai 2 ··· 16	30 (13. Mai)
D ξ-Perseiden	51° +28° (10. Juni)	Mai 30 ··· Juni 14	44 (6. Juni)	49° +29° (3. Juni)	Mai 25 ··· Juni 14	40 (5. Juni)
D[1] [4]				65° +30° (6. Juni)	Mai 25 ··· Juni 16	34 (1. Juni)
E	57° +15° (6. Juni)	Juni 2 ··· 13	40 (9. Juni)			
H [4] Arietiden				40° +22° (7. Juni)	Juni 4 ··· 11	60 (4. Juni)
F 54-Perseiden	68° +35° (23. Juni)	Juni 23 ··· 27	60 (25. Juni)	69° +30° (25. Juni)	Juni 21 ··· 29	36 (26. Juni)
G β-Tauriden	84° +25° (26. Juni)	Juni 20 ··· 27	65 (27. Juni)	90° +26° (28. Juni)	Juni 24 ··· Juli 4	35 (3. Juli)
J α-Orioniden				87° +11° (14. Juli)	Juli 12 ··· 17	50 (12. Juli)
K ν-Geminiden				98° +21° (14. Juli)	Juli 12 ··· 17	60 (12. Juli)
L λ-Geminiden				111° +15° (14. Juli)	Juli 12 ··· 17	32 (12. Juli)
M θ-Aurigiden				87° +38° (28. Juli)	Juli 23 ··· Aug. 4	20 (25. Juli)

*) Siehe auch Tab. 2.
[1] Schwächere Wiederkehr 1892 und 1899, später nur einzelne Meteore.
[2] Die Deklination wurde 1948 nicht gemessen.
[3] Es wurde kein zuverlässiger Wert gemessen.
[4] Die Ströme D^1 und *H* traten 1947 auf, wurden aber fälschlich als Radiant *E* gedeutet.

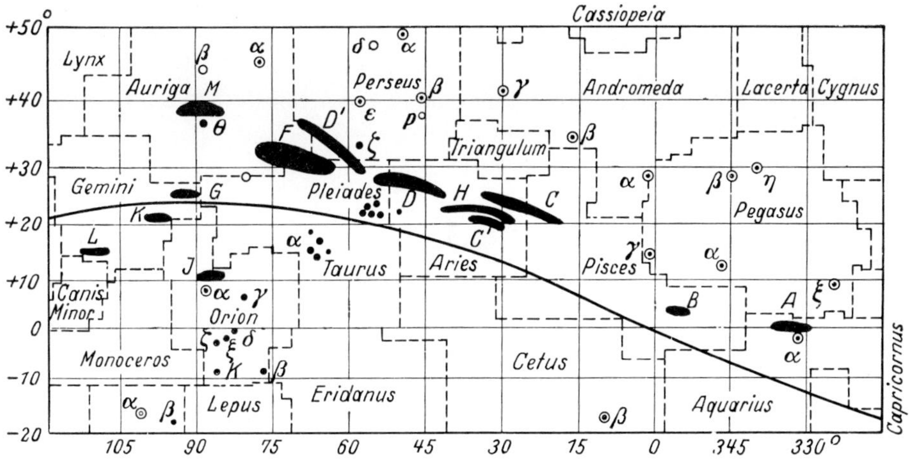

Fig. 2. Strahlungsfelder der Tages-Meteorströme (1. Mai bis 4. August 1948) — Radiation fields of day-time meteor streams (May 1 to Aug. 4, 1948).

Radiantenverschiebung — Displacement of the radiant

Tab. 5 kann als Beispiel für die Verschiebung des scheinbaren Radianten eines lange aktiven Stroms mit der Zeit gelten. Die Grenzwerte der Verschiebung für andere Ströme sind aus Tab. 1 zu entnehmen; Einzelheiten aus der nachfolgenden Literatur.

Tab. 5. Ephemeride des Radianten der Perseiden (Äquinoktium 1950) — Ephemeris of radiant of the Perseids (Equinox 1950) [*20*]

$l_\odot$ ekliptikale Länge der Sonne
ecliptical longitude of the sun

$l_\odot$	Datum	Radiant α	Radiant δ
120°	Juli 24	24°,3	+51°,2
123	Juli 27	27,6	+52,3
126	Juli 30	30,8	+53,3
129	Aug. 2	34,1	+54,2
132	Aug. 5	37,4	+55,1
135	Aug. 8	40,8	+56,1
138	Aug. 11	44,5	+57,0
141	Aug. 14	48,3	+58,8
144	Aug. 17	52,3	+59,6

Literatur zu den Meteorströmen:

Geschichte der Ströme [*11*] S. 23.
Angaben über die einzelnen Ströme [*5, 12*], [*28*] S. 248.
Bahnelemente und Vergleich mit Kometenbahnen [*5, 9, 11 ··· 13*].
Perseidenradiant [*5*] S. 111, [*14, 15*].
Struktur und Entstehung des Perseidenstroms [*15, 16, 233*].
Scorpius-Sagittarius-Strom [*17*].
Bildung der kometarischen Ströme [*18 ··· 20, 65*].
Draconiden [*21*].
Giacobiniden [*1, 22*].
Leoniden [*23*].
Quadrantiden [*24 ··· 27*].
Poynting-Robertson-Effekt [*29 ··· 32*].
Radiantenverzeichnisse [*5, 14, 209 ··· 215*].
Formeln und Tafeln zur Bestimmung heliozentrischer Bahnen [*69, 216*].

4.4.2.3 Geschwindigkeit der Strommeteore — Velocity of stream meteors

Definitionen

v_{hel}	heliozentrische Geschwindigkeit	heliocentric velocity
v_{geo}	geozentrische Geschwindigkeit	geocentric velocity
v'_{geo}	geozentrische Geschwindigkeit vergrößert wegen der Erdanziehung	geocentric velocity increased by the earth's attraction
$v_♁$	Geschwindigkeit der Erde	velocity of the earth
a	große Halbachse des Meteorstroms [AE]	semi-major axis of the meteor's orbit [a. u.]
R	Radiusvektor der Erdbahn [AE]	radius vector of the earth's orbit [a. u.]
E	Elongation des scheinbaren Radianten vom Apex der Erdbewegung	elongation of the apparent radiant from the apex of the earth

Einheit: Kreisbahngeschwindigkeit im Abstand 1 AE von der Sonne | Unit: circular velocity at a distance of 1 a. u. from the sun

$$v_{circ} = 29{,}766 \text{ km/sec}$$

Parabolische Geschwindigkeit: | parabolic velocity:

$$v_{par} = \sqrt{2} \cdot v_{circ} = 42{,}095 \text{ km/sec}$$

Hoffmeister

Die heliozentrische Geschwindigkeit im Abstand R von der Sonne ist

$$v_{hel}^2 = \frac{2}{R} - \frac{1}{a}.$$

Zwischen heliozentrischer Geschwindigkeit und geozentrischer Geschwindigkeit besteht die Beziehung

$$v_{hel}^2 = (v_{geo} \cdot \sin E)^2 + (v_{geo} \cdot \cos E - v_{♁})^2.$$

Dabei ist

$$v_{♁} = \frac{2}{R} - 1.$$

Beobachtete[1]) geozentrische Geschwindigkeiten v'_{geo} sind im allgemeinen für den Einfluß der Erdstörung zu korrigieren nach der Formel

$$v_{geo}^2 = (v'^2_{geo} - 0{,}420).$$

Photographisch bestimmte geozentrische Geschwindigkeiten der Meteorströme sind in Tab. 2 angegeben.

Literatur:

Instrumente und Methodik [*9*] S. 536, 538.
Results of the Arizona Expedition [*45*].
Analysis of 1436 Meteor Velocities [*37b*].
Meteor Velocities 1931 ··· 1938 [*37b*].
Velocity distribution of sporadic meteors [*47* ··· *49*].
Photographische Beobachtungen [*46a, 50* ··· *52, 236*].
Meteoritenfall von Příbram 1959 April 7 [*53, 54*].
Geminiden [*46c, 55*].
Tauriden [*46b*].

4.4.3 Ursprung der Meteore und ihre kosmische Stellung — Origin of meteors and their position in the cosmos

4.4.3.1 Ursprung — Origin

Art der Meteore	Verwandte Objekte
Kometarische Strommeteore	periodische Kometen
Meteore kurzer Umlaufzeit	kurzperiodische Kometen, Planetoiden, Zodiakallichtmaterie
Nichtstrommeteore	Kometen mit parabelnahen Bahnen

Ursächlicher Zusammenhang ist nur bei den kometarischen Meteoren erwiesen. Der Charakter der kurzperiodischen Meteore ist noch zweifelhaft[2]). Für Meteore mit parabelnahen Bahnen reduziert sich das Problem auf das der parabelnahen Kometen[3]).

Literatur:

Ursprung der Kometen: Hoffmeister [*44*], dort weitere Literaturnachweise.
Herkunft der Meteore [*9*] und andere neuere zusammenfassende Darstellungen.

---

[1]) Wegen der kurzen Dauer der Sternschnuppen sind direkte Bestimmungen der Geschwindigkeiten sehr schwierig und unterliegen starken systematischen Fehlern (siehe 4.4.3.3.). Zuverlässige Werte ergeben: a) die Radar-Methode (statistische Werte), b) die photographische Methode der Doppelanschnitte, wobei eine der beiden Kameras mit rotierendem Sektor ausgestattet ist; sie ermöglicht, die Geschwindigkeit einzelner Meteore mit hoher Genauigkeit zu bestimmen. Umfangreiches Material nach letzterem Verfahren ist in Nordamerika mittels der Super-Schmidt-Kameras gewonnen worden; auch in der Tschechoslowakei sind Ergebnisse zu verzeichnen, darunter die bisher einzige Erfassung eines Meteoritenfalls.

[2]) Bei den Meteoren kurzer Umlaufzeit ist zu beachten, daß viele Bahnen in diesen Bereichen mehr oder minder instabil sind, insbesondere durch die Jupiterstörungen. Whipple [*9*] ist geneigt, auch diesen Meteoren kometarischen Ursprung zuzuschreiben und nur die Körper, die die großen Feuerkugeln verursachen, dem System der Kleinen Planeten zuzuordnen. Gegen diese Verallgemeinerung bestehen jedoch einige Bedenken: 1. Es gibt Bahnen Kleiner Planeten, die denen der kurzperiodischen Meteorströme sehr ähnlich sind; 2.Auch im System der Kleinen Planeten sind Zerfallsprozesse möglich, weniger durch Zusammenstöße als vielmehr durch thermische Einwirkungen; 3. Es ist nicht einzusehen, warum hierbei nur relativ große Körper (Masse von der Größenordnung kg) und nicht auch kleinere entstehen sollen.

[3]) Ein genetischer Zusammenhang beider Arten von Körpern ist bisher nicht erwiesen. Interstellarer Ursprung ist nicht auszuschließen, denn es ist wohl möglich, daß in den interstellaren Dunkelwolken relativ grobe Körner (Durchmesser 10^{-2} bis 10^{-1} cm) enthalten sind, siehe 4.4.3.3.

4.4.3.2 Relative Anteile – Relative fractions

Angenäherte Anteile der visuell beobachteten Meteore — Approximate contribution of the visually observed meteors

Typ	%
planetarisch	50
kometarisch	20
parabelnah	30
davon hyperbolisch (siehe 4.4.3.3)	3

Die quantitative Trennung der Typen ist schwierig. Öpik [*220*] vertritt noch 1955 die Ansicht, daß ein hyperbolischer Anteil von 23 bis 25% besteht. Jedoch wird man diesen Anteil besser den Körpern mit parabelnahen Bahnen zuschreiben. Hoffmeister ([*5*] S. 178) gibt an: a) planetarisch 18%, kometarisch 13%, Rest 69% (bezogen auf beobachtbare Anzahl der Meteore = dynamische Dichten = Anzahl der Körper, die in der Zeiteinheit die Raumeinheit passieren). b) 29%, 18%, 53% (statische Dichtewerte = Anzahl der Körper, die sich in einem Moment innerhalb der Raumeinheit befinden). Als planetarisch sind auch hier die Meteore mit Umlaufzeiten von einigen Jahren bezeichnet, ohne daß damit etwas über ihren Ursprung ausgesagt werden soll, als kometarisch nur diejenigen, deren kometarische Herkunft erwiesen ist. Whipple und Hawkins ([*9*] S. 544) bemerken, daß die sehr genauen photographischen Beobachtungen unter den „sporadischen" Meteoren einen Anteil von etwa 30 bis 50% ergeben, der schwachen Ekliptikalradianten zugeschrieben werden kann, in Übereinstimmung mit Hoffmeister, der ([*5*] Tab. 38 und Fig. 29) ein fast lückenlos tätiges diffuses ekliptikales Radiationsfeld findet.

4.4.3.3 Nicht zu Strömen gehörende Meteore – Meteors not belonging to streams

Der Anteil der Meteore, die nicht den bekannten Strömen zugeordnet werden können, ist relativ groß. Jedoch bleibt offen, in welchem Umfang schwache, schwer erkennbare und möglicherweise temporäre und rasch veränderliche Ströme beteiligt sind.

Tab. 6. Anteil der nicht zu bekannten Strömen gehörenden Meteore — Percentage of meteors not belonging to any known streams [*9*] S. 550

Methode	m_{lim}	Anteil	Autor
Visuell	+5,5	63%	Denning
Photographisch	0	58	Whipple
Photographisch	+4,5	83	Hawkins und Southworth
Radio	+4,2	95	Hawkins

Zur Frage des interstellaren Ursprungs:

Für Feuerkugeln, die nicht zu Strömen gehören, fanden v. Niessl, Galle u. a. in 79% der Fälle hyperbolische Geschwindigkeiten. Für schwache Meteore, meist unter Ausschluß der großen Ströme, wurde dasselbe Resultat auf statistischem Wege durch Analyse der täglichen Variation (siehe 4.4.4) erlangt. Andere Autoren fanden die in folgender Übersicht zusammengestellten heliozentrischen Geschwindigkeiten.

Mittlere heliozentrische Geschwindigkeit — Mean heliocentric velocity
$v_{par}/v_{circ} = 1{,}414$

Autor	Jahr	$\bar{v}_{hel}/\bar{v}_{circ}$	Lit.
v. Niessl[1])	1912	2,24	*33*
Hoffmeister	1922	2,40	*34*
Öpik	1934	2,24	*37a*
McIntosh	1938	3,0	*38*
Williams	1939	3,2	*39*
Öpik	1941	1,88	*37b*
Hoffmeister	1948	2,06 ± 0,32	*5* S. 180
Hoffmeister	1955	1,90 ± 0,09	*43b*

Das Bestehen eines starken interstellaren Anteils schien damit gesichert, obgleich Hoffmeister [*43a*] darauf hingewiesen hat, daß die meist angewandte Methode der täglichen Variation streng an die Voraussetzung isotroper Verteilung der primären Bahnrichtungen im interplanetaren Raum gebunden ist. Wylie [*40*] und Porter [*41*] bezweifelten aus anderen Gründen die Realität der hohen Geschwindigkeiten.

Radarbeobachtungen und photographische Beobachtungen mit rotierendem Sektor ergaben dann eindeutig, daß ein starker hyperbolischer Anteil nicht besteht, wohl aber eine Häufung der Werte bei der parabolischen Geschwindigkeit. Hoffmeister [*43b*] hat daraufhin die Kurven der täglichen Variation neu analysiert unter Ausschaltung des anisotropen Anteils der erst nach 1940 entdeckten Ekliptikalströme und mit Berücksichtigung eines bis dahin unbekannten physiologischen Effekts, erhielt aber trotzdem den oben angeführten Wert $\bar{v}_{hel}/\bar{v}_{circ} = 1{,}90$. Die Ursachen der Diskrepanz sind im wesentlichen ungeklärt,

[1]) Große Meteore

Hoffmeister

doch dürfte, besonders auf Grund der neueren photographischen Bestimmungen, das Vorkommen hyperbolischer Bahnen auf 1 bis 3 Prozent der Gesamtheit beschränkt sein. Für große Meteore findet WYLIE [*40*] einen ähnlichen physiologischen Effekt und reduziert die Geschwindigkeit auf Werte, die kurzperiodischen Bahnen entsprechen. Jedoch ist bisher kein wirklich großes oder zu einem Meteoritenfall führendes Meteor beobachtet worden, das einem kometarischen Strom angehört hätte.

Weitere Literatur:

Ausführliche Darstellung, insbesondere der Bestimmung der Geschwindigkeiten mittels Radar [*28*] S. 212.

4.4.4 Tägliche und jährliche Variation — Diurnal and annual variation

Die tägliche Variation — Änderung der stündlichen Anzahl — ist eine Folge der Erdrotation, wodurch der Beobachter im Laufe der Nacht von der „Rückseite" zur „Vorderseite" (bezogen auf den Umlauf der Erde um die Sonne) geführt wird.

Das theoretische Maximum der Meteorzahlen ist daher um 6^h Ortszeit (Kulmination des Apex) zu erwarten, entsprechend das Minimum um 18^h.

Das Verhältnis Vorderseitenmenge zu Rückseitenmenge ergibt sich aus dem Verhältnis der mittleren Geschwindigkeit der Meteore zur Geschwindigkeit der Erde; je größer dieses Verhältnis, desto flacher der Anstieg der Variationskurve.

Tab. 7. Tägliche Variation nach verschiedenen Beobachtern — Diurnal variation according to different observers

t_{loc}	wahre Ortszeit	local time
Z	Zenitdistanz des Apex der Erdbewegung	zenith distance of the apex of the earth's motion
n	stündliche Anzahl für einen Beobachter	hourly numbers for one observer
beob.	beobachtet	observed
korr.	korrigiert	corrected

Die großen Ströme sind ausgeschlossen. Die Angaben gelten für einen Beobachter; um auf den ganzen Himmel bezogen zu werden, sind die Zahlen etwa mit 3,5 zu multiplizieren, doch ist zu beachten, daß die Beobachtungen bei den Grenzgrößen 5^m und 6^m unvollständig sind.

a) COULVIER-GRAVIER, *Paris* ($\varphi = +48{,}°8$) nach [*56*]

t_{loc}	Z	n [h^{-1}] beob.	n [h^{-1}] korr.
17,h5	130,°7	7,2	7,7
18,5	130,7	6,5	6,9
19,5	127,5	7,0	7,4
20,5	121,5	6,3	6,6
21,5	113,6	7,9	8,5
22,5	104,6	8,0	8,6
23,5	94,9	9,5	10,3
0,5	85,1	10,7	11,8
1,5	75,4	13,1	14,7
2,5	—	16,8	—
3,5	58,5	15,6	17,7
4,5	—	13,8	—

b) SCHMIDT [*57*] *Athen* ($\varphi = +38{,}°0$; 2840 Stunden, 1842 ··· 1868)

t_{loc}	Z	n [h^{-1}] korr.
20,h5	128,°7	6,7
21,5	118,7	8,2
22,5	107,6	10,1
23,5	95,9	12,3
0,5	84,1	15,1
1,5	72,4	17,7
3,5	56,3	19,0

c) HOFFMEISTER [*43b*] *Windhoek SWA* ($\varphi = -23{,}°6$; 1169 Stunden, 1937 ··· 38)

Z	n [h^{-1}] korr.	Z	n [h^{-1}] korr.
156,°11	3,00	85,°82	13,43
144,95	4,92	75,95	15,87
135,33	5,37	65,67	17,20
126,33	6,52	54,90	18,21
115,18	8,82	45,08	21,42
103,97	10,66	31,42	19,66
94,57	12,22		

Jährliche Variation — Annual variation¹)
Schwaches Minimum im Nordfrühling
Schwaches Maximum bei $l_{\odot} = 250°$ (Anfang Dezember)

Die elektrophysikalischen Beobachtungen liefern darüber hinaus ein um Mittag auftretendes sekundäres Maximum, verursacht durch die aus der Gegend der Sonne kommenden Ekliptikalströme (siehe 4.4.2), Kurve in [*28*] S. 97.

¹) Die beobachteten Werte werden mittels der Kurve der täglichen Variation auf den Normalwert für $Z = 90°$ umgerechnet — The observed data are reduced to $Z = 90°$ by means of the curve of diurnal variation.

Weitere Literatur:

On the annual variation of sporadic meteors [*59*].
Catalogue of hourly meteor rates [*60*].
Die tägliche und die jährliche Variation der Meteoraktivität nach Beobachtungen in Aschchabad [*61*].
Southern hemisphere meteor rates [*62*].
Ausführliche Tabellen der täglichen und jährlichen Variation nach Radarbeobachtungen [*62*].
Siehe auch [*38*], [*12*] S. 60 (Bild der vom Einfluß der η-Aquariden und δ-Aquariden befreiten und auf $Z = 90°$ reduzierten Kurve), [*11*] S. 182, [*28*] S. 96.

4.4.5 Physikalische Daten — Physical data

4.4.5.1 Verteilung nach scheinbarer Helligkeit – Distribution according to apparent magnitude

Tab. 8. Relative Zahl (n) beobachteter Meteore verschiedener scheinbarer Helligkeit — Relative number (n) of observed meteors of different apparent magnitude

$\varphi = +50°$ [*43a*]
$\varphi = -23°$ Hoffmeister, unveröffentlicht.

m	n ($\varphi = +50°$)	n ($\varphi = -23°$)
-5^m	5	4
-4	3	3
-3	6	1
-2	3	5
-1	12	18
0	23	39
$+1$	68	188
$+2$	261	501
$+3$	1 016	1 375
$+4$	1 836	2 201
$+5$*)	966	1 539
$+6$*)	279	260

4.4.5.2 Höhen der Meteore – Heights of meteors

Die Höhe des Aufleuchtens und Erlöschens eines Meteors hängt von Geschwindigkeit, Masse, Neigung der Bahn gegen den Horizont, physikalischen Eigenschaften des Meteoriten und Zustand der Atmosphäre ab. Die Mittelwerte der Höhen werden geringer mit zunehmendem Abstand des scheinbaren Radianten vom Zielpunkt der Erdbewegung (Apex) wegen der Abnahme der geozentrischen Geschwindigkeit (Tab. 9).

Der Zustand der Atmosphäre scheint einen schwachen jährlichen Gang der Höhen zu verursachen: Amplitude $3{,}7 \pm 0{,}7$ km nach Öpik; $5{,}7 \pm 1{,}4$ km nach Whipple etwa im 86 km-Niveau.

Tab. 9. Mittelwerte für die Höhe H_m der Bahnmitten — Mean values for the height H_m for the center of the path [*64*]

E	Elongation	Elongation
n	Zahl der Beobachtungen	number of observations

E	H_m [km]	p. e. [km]	n	
46°	99,7	±9,0	825	nicht nachweislich zu Strömen gehörig
76	89,4	6,7	633	nicht nachweislich zu Strömen gehörig
113	85,0	7,1	489	nicht nachweislich zu Strömen gehörig
58	94,9	7,6	171	Strommeteore

Tab. 10. Mittlere Höhe der Strommeteore — Mean heights of stream meteors

H_1	Höhe des Aufleuchtens	height of appearance
H_2	Höhe des Erlöschens	height of disappearance
E	Elongation vom Apex	elongation from the apex
L	Bahnlänge	path length

a) Mittelwerte nach Hoffmeister

Strom	H_1 [km]	H_2 [km]
Leoniden	130	90
Perseiden	115	87
Orioniden	—	88
Aquariden	—	88
Lyriden	—	83
Geminiden	—	83
Tauriden	—	79

b) Neue Werte nach Lovell [*28*] S. 147, 197 ff

Strom	E	H_1 [km]	H_2 [km]	L [km]
Leoniden	10,°5	125,6	94,1	56,2
Orioniden	24,1	119,7	100,9	27,0
Perseiden	39,2	114,9	89,7	31,7
δ-Aquariden	69,4	101,1	89,0	49,9
Tauriden	81,4	101,6	77,7	33,5
α-Capricorniden	93,0	95,5	85,3	22,5
Sporadische Meteore	68,1	103,1	85,8	33,6

*) Die Abnahme für Meteore schwächer als $+4^m$ beruht auf verminderter Beobachtungswahrscheinlichkeit — The decrease for meteors fainter than $+4^m$ is an effect of observational incompleteness.

Große Meteore leuchten meist zwischen 100 und 200 km auf. Höhen über 200 km sind selten, solche über 300 km zweifelhaft. Die Endhöhen liegen zwischen 0 und mehr als 100 km. Bei Meteoritenfällen endet die Leuchtbahn meist zwischen 10 und 30 km, und die Meteoriten fallen unter dem Zug der Erdschwere nieder. Sehr große Endhöhen findet man bei Feuerkugelbahnen mit sehr kleiner Neigung gegen den Horizont. Es kommt vor, daß sich die Bahn gegen das Ende hin wieder von der gekrümmten Erdoberfläche entfernt.

v. Niessl gibt für große Meteore folgende Mittelwerte der Endhöhen an:

147 Feuerkugeln ohne Donner	60 km
57 Feuerkugeln mit Donner	31 km
16 Meteoritenfälle	22 km

Die *Literatur* über Höhen ist umfangreich. Auf die Übersicht zusammenfassender Darstellungen am Schluß dieses Artikels wird verwiesen. Ferner:

Theory of the meteor-height distribution obtained from radio-echo observations [*66*].
Scale heights and pressure in the upper atmosphere from radio-echo observations of meteors [*67*].
The statistics of meteors in the earth's atmosphere [*68*].

4.4.5.3 Masse und Gesamtzahl der Meteore – Mass and total number of meteors

Masse des Normalmeteors nullter Größe — Mass of normal meteor of zero magnitude [*73*] S. 135; [*238*] S. 221

Autor	Masse [g]
Watson 1937	0,2
Watson 1941	~ 0,6 ··· 0,25
Whipple 1952	1,23
Lovell 1954	0,1 ··· 0,2
Whipple und Kaiser 1954	~ 0,02 ··· 0,04
Whipple 1955	~ 0,1
Lewin 1956	~ 0,055
Millman 1956	~ 1
Whipple 1958	~ 25
Hawkins und Upton 1958	~ 0,06
Hawkins und Upton 1958	~ 12
Lazarus und Hawkins 1963	≧ 6,86 (Geminid) ≧ 2,35 (Perseid)

Die großen Unterschiede werden verursacht durch prinzipielle Verschiedenheiten der theoretischen Grundlagen. So treten etwa Öpik und Whipple und später Verniani [*228*] für eine sehr lockere Struktur der Meteorkörper ein, wogegen von anderen Seiten entschiedene Bedenken geäußert werden.

Allen ([*72*] S. 167) gibt für die Masse [g] eines Meteors der visuellen Größe m_v die Formel

$$\log \mathfrak{M}_m = -0{,}1 - 0{,}4\, m_v,$$

was für $m_v = 0$ auf die Masse 0,79 g führt.

Anzahl der Meteore je km² der Erdoberfläche und Stunde — Number of meteors per 1 km² of the earth's surface per hour [*71*]

N [km^{-2} h^{-1}]

q [cm^{-1}] | Elektronendichte längs der Spur | density of electrons along the path

Methode	log N
Photographisch	$0{,}538\, m_{pg} - 4{,}34$
Visuell	$\sim 0{,}538\, m_v - 5{,}17$
Radar	$15{,}95 - 1{,}34 \log q$

Zufluß für die gesamte Erdoberfläche: $90 \cdot 10^6$ Meteore heller als 5^m je Tag. | Influx for the entire earth's surface: $90 \cdot 10^6$ meteors brighter than 5^m per day.

Gesamter täglicher Massenzufluß | Total daily influx of mass [*71*]

Aus Meteoritenfällen	falls of meteorites	$1 \cdot 10^6$ g
Aus sichtbaren Meteoren	visible meteors	$5 \cdot 10^6$ g
Aus unsichtbaren Meteoren (Staub)	invisible meteors (dust)	$20 \cdot 10^6$ g

Selbstverständlich sind diese Werte stark abhängig von der Annahme über die Masse des einzelnen Meteorkörpers.

Ceplecha [*75*] versucht die Meteore nach ihrer Dichte in Stein und Eisen zu scheiden:

	Stein	Eisen
101 sporadische Meteore	60%	40%
32 Perseiden	88	12
45 Geminiden	56	44
17 Tauriden	88	12

Lyriden, Cygniden und Virginiden scheinen Steinströme zu sein, poröse Körper scheinen nur bei den Draconiden vorzukommen. *Chemische Zusammensetzung* siehe 3.2.

Hoffmeister

Weitere Literatur:

The masses of meteors [*70*].
Gesamtzahl der Meteore nach Beobachtungen in Aschchabad [*74*].
Composition of meteors [*75*].
Massen meteorischer Körper [*76*].
Anzahl der Meteoritenfälle [*235, 240*].

4.4.5.4 Spektren – Spectra

Beobachtet werden in der Regel die Emissionen des verdampften Materials, sehr selten ein schwaches Kontinuum, daneben gelegentlich Emissionen atmosphärischer Gase.

Bisher gefundene Elemente: Na I, Mg I, Al I, Si I, Ca I, Mn I, Fe I, Ni I, ferner H, N, O; Mg II, Si II, Ca II, Fe II.

Im Infrarot sind 15 Linien von N I, O I und Ca II beobachtet worden [*78*].

Millman unterscheidet 3 Typen von Spektren:

X	Linien überwiegend von Fe, Mg und Ca II
Y	Ca II (*H, K*)-Linien weitaus am stärksten
Z	Fe-Linien vorherrschend, während Ca II (*H* und *K*) fehlen.

Innerhalb eines Stromes sind die Spektren bemerkenswert einheitlich. Die beobachteten Anregungsenergien liegen zwischen 1,9 und 13,9 eV, sie hängen von der geozentrischen Geschwindigkeit v_{geo} ab, derart, daß ionisierte Elemente nur in den Spektren rascher Meteore nachgewiesen sind. Daneben hat selbstverständlich auch die chemische Verschiedenheit (Eisen und Stein, siehe 3.2) Bedeutung.

Strom	v_{geo} [km/sec]	Befund
Draconiden	23	keine ionisierten Elemente
Geminiden	36	Ca II schwach
Perseiden	60	Ca II, Mg II und Si II stark

In Spektren von Perseiden hat Halliday [*79*] Linien von N II und O II gefunden, die eine Anregungsenergie von über 20 eV erfordern, im Jahre 1958 auch die [O I]-Linie 5577 A, nicht dagegen die [O I]-Linien 6300 A und 6364 A [*91*].

Von den nicht zu Strömen gehörenden Meteoren zeigt etwa die Hälfte auffällige Ca II-Linien.

Weitere Literatur [*77, 78, 214, 238*]

Farbenindex [*80*]. Deutung eines Feuerkugel-Spektrums [*230*].

4.4.5.5 Schweife – Trains

Zu unterscheiden sind sonnenbeleuchtete Rückstände (*Tagschweife*), die nur bei großen Meteoren auftreten, und selbstleuchtende *Nachtschweife*, letztere auch bei Sternschnuppen, nach Trowbridge [*81*] meist zwischen den Höhen 82 und 95 km. Die Dauer des Nachleuchtens beträgt einige Sekunden bis mehr als 1 Stunde. Die Schweife ermöglichen die Beobachtung der Luftströmungen in großen Höhen [*82, 83, 86, 87*].

Man nahm bisher an, daß es sich bei den Nachtschweifen um Rekombinationsleuchten handelt. Cook und Hawkins [*85*] bezweifeln dies, da die zur Verfügung stehende Energie bei weitem zu gering ist. Als Ursache kommt vielleicht eine Reaktion mit dem Luftstickstoff in Betracht. — Nach einer Statistik von Hoffmeister [*5*] S. 147, besteht ein signifikanter Unterschied hinsichtlich der Anzahl der Schweifmeteore zwischen den sicher kometarischen Strömen und den Ekliptikalströmen, wobei nur die Meteore heller als $3^m_,5$ berücksichtigt sind:

Anteile der Schweifmeteore [*5*]
6 Kometarische Ströme ....67,8% ± 6,6% (m. F.)
6 Ekliptikalströme ....18,2% ± 3,3% (m. F.)

Der Durchmesser der primären Schweifspuren ist nach Cook, Hawkins und Stienon [*89*] von der Größenordnung 1 m bis maximal 6 m bei relativ schwachen Meteoren. Hawkins und Whipple [*88*] hatten den Mittelwert 1,3 m gefunden. — Die vollständigsten Sammlungen von Beobachtungen hat Olivier [*84*] veröffentlicht.

Spektren von Schweifen sind selten. Nach Millman [*90*] fehlen die Linien der ionisierten Elemente. Halliday [*91*] untersuchte Spektren der Schweife dicht hinter dem Kopf der Meteore (wake spectra) und fand in einigen Fällen die Ca II-Linien, doch im allgemeinen eine Bevorzugung der niedrigsten Energiestufen. Das Leuchten an dieser Stelle beruht einwandfrei auf atomaren Vorgängen, verstärkt durch Stoßanregung, nicht auf der Anwesenheit gröberer glühender Teilchen.

Weitere Literatur [*81*]

Zusammenfassende Arbeiten über Meteorschweife [*81, 232*].
Meteor light curves and train production, spectroscopy [*92*].
Photographische Beobachtungen [*229*].

4.4.5.6 Physikalische Theorie — Physical theory

Das Phänomen der Meteore beruht auf dem Umsatz von kinetischer Energie in andere Energieformen beim Zusammenstoß des Meteorits mit den Partikeln der Luft. Dabei wird seine Oberfläche stark erhitzt, so daß Schmelzvorgänge und Vergasung eintreten (Sternschnuppenstadium). Der Körper wird dabei aufgelöst. Nur bei größeren Körpern kommt es, bei mit abnehmender Höhe ansteigender Luftdichte und geringer werdender freier Weglänge, zur Ausbildung einer Kompression auf der Vorderseite (Feuerkugelstadium). Sehr kleine Körper werden wahrscheinlich zerstäubt, ohne daß die beschriebenen Begleiterscheinungen eintreten. Über gasdynamische Vorgänge im Feuerkugelstadium siehe [*230*].

Die Schwierigkeit der Theorie liegt darin, daß für die hohen Geschwindigkeiten keine anderweitigen Erfahrungen vorliegen, aus denen die Zahlenwerte der charakteristischen Größen (Wärmeleitzahl, Widerstandsbeiwert, Strahlungsausbeute u. a.) entnommen werden könnten. Wesentlich sind auch Aufbau und Zusammensetzung der Erdatmosphäre. Letztere bewirkt u. a., daß die Helligkeit eines Meteors relativ schwach von der geozentrischen Geschwindigkeit abhängt, weil Meteore mit hoher Geschwindigkeit in höheren Schichten aufleuchten (wenige, aber energiereiche Stöße) als Meteore mit geringer Geschwindigkeit (zahlreiche energiearme Stöße). Das Aufleuchten dürfte in beiden Fällen an einen Schwellenwert der Energieumsetzung gebunden sein, den man zu 10^4 Watt · cm^{-2} des Meteoritenquerschnitts schätzen kann.

Eine vertrauenswürdige Theorie des Meteorleuchtens wurde erst durch die Ergebnisse der modernen photographischen Beobachtung (etwa seit 1951) möglich, da aus der beobachteten Abnahme der Geschwindigkeit mit hinreichend begründeten Annahmen über die Masse auf die Höhe des Gesamtumsatzes geschlossen werden konnte. U. a. wurden folgende Beziehungen gefunden:

$$\log R = -0{,}7 - 0{,}133\, m_v \qquad \text{(Lovell 1950 [170])}$$

$$\log \mathfrak{M} = 3{,}6 - 0{,}4\, m_v - 2{,}5 \log v_{geo} \qquad \text{(Whipple 1952 [173])}$$

$$\log \mathfrak{M}_\infty = 6{,}56 - 0{,}079 \cdot H_2 \qquad \text{(Hoppe 1963 [176])}$$

R [cm]	Radius des (kugelförmigen) Meteoriten	radius of the (spherical) meteoroid
$\mathfrak{M}$ [g]	Masse	mass
v_{geo} [km/sec]	geozentrische Geschwindigkeit	geocentric velocity
$\mathfrak{M}_\infty$ [g]	Masse außerhalb der Erdatmosphäre	mass outside the earth's atmosphere
H_2 [km]	Endhöhe	height at disappearance

Weitere Literatur [*116, 117, 161, 165 ··· 181, 238*].

4.4.6 Elektrophysikalische Beobachtungen — Electrophysical observations

Beobachtet wird die Laufzeit und die Amplitude kurzer Gruppen von Radiowellen-Impulsen (Dauer des einzelnen Impulses $\sim 10^{-6}$ sec, Wellenlänge meist zwischen 4 und 8 m). Die Impulse werden an der ionisierten Luftsäule reflektiert, die das Meteor längs seiner Bahn für eine Dauer von 10^{-1} bis 10^1 sec hinterläßt (Echomethode). Man arbeitet meist mit Sendeleistungen bei 100 kW. Ein Meteor 5. Größe erzeugt etwa 10^{12} Elektronen je cm Bahnlänge. Die Bestimmung der Geschwindigkeiten geschieht nach einer Interferenzmethode; die Bahnlage und damit den scheinbaren Radianten ermittelt man durch Registrierung der Echos an 3 in einem Dreieck angeordneten Stationen. Wesentliche Vorteile der Radioechomethode sind Unabhängigkeit von Sonnen- und Mondlicht und vom Wetter, ferner die automatische objektive Registrierung. Einzelheiten über Methoden siehe Literatur.

Genauigkeiten unter günstigen Umständen: Bestimmung des Radianten $\pm 3°$,
der Geschwindigkeit ± 2 km/sec [*221*].

Ein wesentliches Ergebnis der elektrophysikalischen Methode war die Entdeckung der Tageslichtströme (siehe Fig. 2 und Tab. 4). Dabei ist zu beachten, daß die weitgehende Aufteilung in Einzelströme nicht als zeitbeständig angesehen werden darf. Die η-Aquariden sind der auch visuell beobachtbare Strom des Kometen Halley.

Literatur [*93 ··· 119*]

Summer daytime-streams 1949 ··· 50 [*48, 120, 121, 217*].
Daytime-streams 1952 [*118, 121 ··· 124, 222*].
δ-Aquariden [*125, 223, 224, 242, 243*].
Beobachtungen auf der Südhalbkugel [*126 ··· 128*].
Geminiden 1953 [*129*].
Geminiden 1959 [*157*].
Beobachtungen in Tomsk [*226*].
Beobachtungen in Ondřejov [*244*].
Statistik der Radio-Echos [*231*].
Übersicht der Methoden [*162 ··· 164, 238, 239b*].

4.4.7 Teleskopische Meteore und Mikrometeorite — Telescopic meteors and micrometeorites

Die Ergebnisse der Fernrohrbeobachtungen an Meteoren schwächer als 6. Größe stimmen im wesentlichen mit den für hellere Meteore erlangten überein. Dies gilt u. a. für die jährliche Variation. Die großen Ströme sind relativ arm an schwachen Meteoren, und das Maximum ist etwas verlagert, was möglicherweise vom Poynting-Robertson-Effekt verursacht wird. Das größte Beobachtungsmaterial ist das von Kresáková und Kresák [*183*] erlangte und bearbeitete (etwa 4000 Fälle).

Literatur: [*182 ··· 185*].

Hoffmeister

Die Wahrnehmung sehr kleiner Partikel des interplanetaren Raumes, die nicht als schwache Meteore aufleuchten (Mikrometeorite), sondern wahrscheinlich bereits in 100 bis 200 km Höhe durch einzelne Stöße abgebremst werden, geschieht indirekt über folgende Möglichkeiten:

Außerhalb der Erdatmosphäre	*in der Erdatmosphäre*
Zodiakallicht	Leuchtstreifen
Fraunhofer-Korona der Sonne	Leuchtende Nachtwolken
künstliche Satelliten und Raumsonden	atmosphärische Optik (Nachthimmelleuchten,
	Ionosphäre atmosph. Polarisation)
	Raketen { Sammlung von
	Flugzeuge { Staubproben

Wegen der zuletzt genannten Möglichkeiten ist die Literatur so umfangreich geworden, daß hier nur ein kleiner Teil berücksichtigt werden kann.

Eine Beziehung zwischen hochatmosphärischen Staubeinbrüchen und den Meteorströmen geringer Umlaufzeit hat Hoffmeister (1951, 1960 [*187*]) durch eine 30jährige Statistik der Leuchtstreifen belegt. Eine Staubschicht bei etwa 100 km Höhe wird von Bouška und Švestka [*188*] und Link [*189*] aus dem Verhalten des Erdschattens bei Mondfinsternissen erschlossen. Eine absorbierende Schicht bei 89 km Höhe haben Glenn und Carpenter [*195*] von Mercury-Raumkapseln aus direkt beobachtet. Eine Korona von Staubteilchen mit nach außen abnehmender Dichte wurde durch die Beobachtungen von künstlichen Erdsatelliten und Raumsonden erkannt [*190, 237, 238*].

Literatur: [*187 ··· 193, 225, 227*]

Leuchtstreifen [*187*]. Leuchtende Nachtwolken [*187, 241*].

Ergebnisse von Raketen [*194, 195, 238*]. Bibliographie (enthält etwa 500 Zitate bis 1951) [*186*].

4.4.8 Meteoritenfälle — Meteorite falls

Im Normalfall verdampft der Meteorit, bevor seine kinetische Energie verbraucht ist. Ausnahmen können eintreten, wenn die primäre Masse sehr groß oder die primäre Geschwindigkeit sehr gering ist. Die Restkörper fallen dann vom Hemmungspunkt aus nahezu senkrecht zur Erdoberfläche.

Wie der Eisenmeteorit von Grootfontein, Südwestafrika, zeigt, kann selbst eine Masse von 60 t noch durch die Atmosphäre abgebremst werden. Dagegen dürfte bei dem Meteoritenfall vom 30. Juni 1908 in Nordsibirien noch ein Rest der kosmischen Geschwindigkeit wirksam gewesen sein. Entgegengesetzt den schwächeren Meteoren zeigen die Meteoritenfälle ein Maximum ihrer Anzahl am Spätnachmittag um die Zeit der Kulmination des Antapex, was nach v. Niessl [*196*] im wesentlichen eine Wirkung der Atmosphäre ist, nach neueren Erkenntnissen aber auch durch ein Überwiegen der rechtläufigen Bahnen verursacht sein könnte. Noch nie ist ein Meteoritenfall aus einem kometarischen Meteorstrom beobachtet worden.

Die Meteoriten werden beim Zug durch die Atmosphäre nur oberflächlich erhitzt und zeigen im Innern unveränderte Struktur unter einer dünnen Schmelzrinde. Ausführliche Angaben über Meteorkrater findet man bei Heide [*197*], daselbst ein Verzeichnis der Meteoritenfälle in Deutschland. Hinzuzufügen sind die Fälle von Ramsdorf, 26. Juli 1958 [*219*]; Kiel, 26. April 1962 [*234*].

Zahl der Stein- und Eisenmeteorite bei Fund- und Fall-Beobachtungen [*197*]:

	Funde	Fälle
Steine	121	504
Eisen*)	406	28

Katalog der Meteoriten: Prior, G. T., and M. H. Hey, British Museum London (1953).

4.4.9 Literatur zu 4.4 — References for 4.4

Zusammenfassende Literatur — General references

Astapowitsch, J., und V. Fedinsky: Meteore, Moskau (1940) (russisch).
Graff-Lambrecht: Grundriß der Astrophysik, 2. Aufl. Leipzig (1962) S. 227.
Herz, N.: Kometen und Meteore, Hdb. Astron. Valentiner **2** (1898) 49.
Hoffmeister, C.: Beziehungen zwischen Kometen und Sternschnuppen, Enzykl. Math. Wiss. VI 2A (1923) 939.
Hoffmeister, C.: Die Meteore, Leipzig (1937); Meteorströme, Weimar (1948).
Kaiser, T. R.: Meteors, Proceedings of a Symposium on Meteor Physics, London, New York (1955).
Kopff, A.: Kometen und Meteore, Hdb. Astrophys. **4** (1929) 426.
Krinov, E. L.: Principles of Meteoritics, Pergamon Press, Oxford, London, New York, Paris (1960).
Lewin, B. J.: Physikalische Theorie der Meteore und die meteoritische Substanz im Sonnensystem, Moskau (1956), Deutsche Ausgabe Berlin (1961).
Lovell, A. C. B., J. P. M. Prentice, J. G. Porter, R. W. B. Pearse, and N. Herlofson: Meteors, Comets and Meteoric Ionisation, Rept. Progr. Phys. **11** (1948) 389.
Lovell, A. C. B.: Meteor Astronomy, Oxford (1954).
Millman, P. M., and D. W. R. McKinley: Meteors. Abdruck aus Kuiper (ed.): The Solar System Vol. IV, Univ. of Chicago Press, Chicago (1963).
v. Niessl, G.: Die Bestimmung der Meteorbahnen im Sonnensystem, Enzykl. Math. Wiss. VI 2A (1922) 227.
Öpik, E. J.: Statistical Results from the Arizona Expedition & ct., Contrib. Armagh **26** (1958).
Olivier, C. P.: Meteors, Baltimore (1925).
Porter, J. G.: Comets and Meteor Streams, London (1952).

*) Eisenmeteorite werden im Boden besser konserviert — iron meteorites are better conserved in the soil.

Hoffmeister

SCHIAPARELLI, G. V.: Entwurf einer astronomischen Theorie der Sternschnuppen (deutsch von G. v. BOGUSLAWSKI), Stettin (1871).
SCHOENBERG, E., und K. WURM: Das Sonnensystem, Meteore, Fiat Rev. Ger. Sci. **20** (1948) 293.
WATSON, F. G.: Between the Planets, Philadelphia (1941).
WHIPPLE, F. L.: Meteors, PASP **67** (1955) 367; ferner [*9*].
Berichte der Comm. 22 der IAU: Trans. IAU **4** (1932) 117; **5** (1935) 138; **6** (1938) 154; **7** (1950) 240; **8** (1952) 293; **9** (1955) 297; **10** (1958) 334; **11 A** (1961) 213, 557.
Vollständige Literatursammlung, z.T. mit Kurzreferaten: Astron. Jahresber. (1900···1963).

Weitere Literatur — Further references

1 Trans. IAU **11**A (1962) 228.
2 KLECZEK, J.: Astronomical Dictionary, Prag (1961) 392.
3 MILLMAN, P. M.: Sky Telescope **22** (1961) 254; Meteoritics **2** (1963) 7.
4 WYLIE, C. C.: Popular Astron. **38** (1930) 506; **46** (1938) 521.
5 HOFFMEISTER, C.: Meteorströme, Weimar (1948).
6 KRÉSÁK, L.: Bull. Astron. Inst. Czech. **9** (1958) 88.
7 Brit. Astron. Assoc. Circ. 382 (1957); J. Astron. Soc. Victoria **10** (1957) 27, 80; **15** (1962) 84; J. Brit. Astron. Assoc. **72** (1962) 266.
8 FEIBELMAN, W. A.: ApJ **136** (1962) 315.
9 WHIPPLE, F. L., and G. S. HAWKINS: Hdb. Physik **52** (1959) 519.
10 WHIPPLE, F. L.: AJ **59** (1954) 201.
11 OLIVIER, C. P.: Meteors, Baltimore (1925).
12 HOFFMEISTER, C.: Die Meteore, Leipzig (1937).
13 WATSON, F. G.: Between the Planets, Philadelphia (1941).
14 DENNING, F. W.: General Catalogue, Mem. Roy. Astron. Soc. **53** (1899) 203.
15 GUIGAY, G.: Recherches sur la constitution du courant d'étoiles filantes des Perséides (Dissertation), Saint-Amand (1948).
16 AHNERT-ROHLFS, E.: Veröffentl. Sonneberg **2** (1952) 1.
17 AHNERT-ROHLFS, E., und J. SCHUBART: AN **284** (1957) 27.
18 BREDIKHINE, TH.: Etudes sur l'origine des météores cosmiques et la formation de leurs courants, St. Pétersbourg (1903).
19 PLAVEC, M.: Bull. Astron. Inst. Czech. **5** (1954) 15; **6** (1955) 20.
20 PLAVEC, M.: Ceskosl. Akad. Věd Astron. Ustav Publ. Nr. 30 (1957) (Ref. in Nature, London **179** (1957) 1093).
21 JEWDOKIMOV, J. W.: Publ. Kasan Nr. 33 (1961) 35.
22 DAVIES, J. G., and W. TURSKI: MN **123** (1962) 459.
23 MURAKAMI, T.: Publ. Astron. Soc. Japan **11** (1959) 151; **13** (1961) 51, 212.
24 SEHNAL, L.: Bull. Astron. Inst. Czech. **7** (1956) 125.
25 HAWKINS, G. S., and R. B. SOUTHWORTH: Smithsonian Contrib. Astrophys. **3** (1958) 1.
26 BOUŠKA, J.: Bull. Astron. Inst. Czech. **4** (1953) 165.
27 MILLMAN, P. M., and D. W. R. MCKINLEY: J. Roy. Astron. Soc. Can. **47** (1953) 237.
28 LOVELL, A. C. B.: Meteor Astronomy, Oxford (1954).
29 WYATT JR., S. P., and F. L. WHIPPLE: ApJ **111** (1950) 134.
30 AHNERT, E.: Sterne **29** (1953) 39.
31 GUIGAY, G.: J. Phys. Radium **20** (1959) 494.
32 BRIGGS, R. E.: AJ **67** (1962) 268, 710.
33 v. NIESSL, G.: Katalog der Bestimmungsgrößen für 611 Bahnen großer Meteore; Akad. Wiss. Wien; Denkschr. Math.-Naturw. Kl. 100 (1925); ferner Sitzber. Akad. Wiss. Wien Abt. IIa, 121.
34 HOFFMEISTER, C.: Astron. Abhandl. Ergänz. AN **4** (1922) Nr. 5.
35 KNOPF, O.: AN **242** (1931) 161.
36 HOFFMEISTER, C.: Sitzber. Preuß. Akad. Wiss., Phys.-Math. Kl. (1936) XVIII.
37a ÖPIK, E.: Harvard Circ. Nr. 389 (1934); Nr. 391 (1934).
37b ÖPIK, E.: Publ. Tartu **30**/5 (1940); **30**/6 (1941).
38 MCINTOSH, R. A.: Popular Astron. **46** (1938) 516.
39 WILLIAMS, J. D.: Proc. Am. Phil. Soc. **81**/4 (1939).
40 WYLIE, C. C.: Iowa Obs. Contrib. **1** (1937) 253, 256; Science **90** (1939) 264.
41 PORTER, J. G.: MN **104** (1944) 257.
42 ÖPIK, E.: Irish Astron. J. **1** (1950) 80.
43a HOFFMEISTER, C.: Veröffentl. Berlin-Babelsberg **9** (1931) Nr. 1.
43b HOFFMEISTER, C.: AN **282** (1955) 15.
44 HOFFMEISTER, C.: Sterne **27** (1951) 189; **28** (1952) 229.
45 ÖPIK, E.: Harvard Bull. Nr. 879 (1930); Nr. 881 (1931).
46a WHIPPLE, F. L.: Proc. Am. Phil. Soc. **79** (1938) 499 = Harvard Reprints Nr. 152.
46b WHIPPLE, F. L.: Proc. Am. Phil. Soc. **83** (1940) 711 = Harvard Reprints Nr. 210.
46c WHIPPLE, F. L.: Proc. Am. Phil. Soc. **91** (1947) 189 = Harvard Reprints (II) Nr. 16.
47 ALMOND, M., J. G. DAVIES, and A. C. B. LOVELL: MN **111** (1951) 585; **112** (1952) 21; **113** (1953) 411.
48 CLEGG, J. A.: MN **112** (1952) 399.
49 MCKINLEY, D. W. R.: ApJ **113** (1951) 225.
50 {WHIPPLE, F. L.: AJ **59** (1954) 201.
{WHIPPLE, F. L., and L. G. JACCHIA: AJ **62** (1957) 37; Smithsonian Contrib. Astrophys. **4** (1961) 97.

Hoffmeister

51 Hawkins, G. S., and R. B. Southworth: Smithsonian Contrib. Astrophys. **4** (1961) 85.
52 McCrosky, R. E., and A. Posen: Smithsonian Contrib. Astrophys. **4** (1961) 15.
53 Ceplecha, Z., J. Rajchl, and L. Sehnal: Bull. Astron. Inst. Czech. **10** (1959) 147.
54 Ceplecha, Z.: Bull. Astron. Inst. Czech. **11** (1960) 9, 164; **12** (1961) 21.
55 Ceplecha, Z.: Bull. Astron. Inst. Czech. **8** (1957) 51.
56 Schiaparelli, G. V.: Entwurf einer astronomischen Theorie der Sternschnuppen, Stettin (1871) (deutsch: G. v. Boguslawski).
57 Schmidt, J.: Astronomische Beobachtungen über Meteorbahnen und deren Ausgangspunkte, Athen (1869).
58a Hoffmeister, C.: AN **243** (1931) 213.
58b Hoffmeister, C.: Veröffentl. Sonneberg **2** (1955) 247.
59 Murakami, T.: Publ. Astron. Soc. Japan **7** (1955) 49, 58.
60 Olivier, C. P.: Smithsonian Contrib. Astrophys. **4** (1960) 1.
61 Rodionow, W. I.: Publ. Inst. Phys. Geophys. Akad. Wiss. Turkmen. SSR **6** (1959) 52.
62 Ellyett, C., and C. S. L. Keay: MN **125** (1963) 325.
63 Olivier, C. P.: Proc. Am. Phil. Soc. **94** (1930) 327 = Flower Obs. Reprints Nr. 79.
64 Öpik, E.: Harvard Tercentenary Papers Nr. 30 (1937) = Ann. Harvard **105** (1937) 549.
65 Ahnert-Rohlfs, E.: AN **284** (1957) 27.
66 Kaiser, T. R.: MN **114** (1954) 39.
67 Evans, S.: MN **114** (1954) 63.
68 Hawkins, G. S., and R. B. Southworth: Smithsonian Contrib. Astrophys. **2** (1958) 349; **4** (1961) 85.
69 v. Niessl, G.: Enzykl. Math. Wiss. VI 2 A (1922) 427.
70 Öpik, E.: Liège Inst. Astrophys. Coll. (8°) Nr. 386 (1955) 125.
71 Hawkins, G. S., and E. K. L. Upton: ApJ **128** (1958) 727.
72 Allen, C. W.: Astrophysical Quantities, London (1955). — 2. Aufl. London (1963).
73 Lewin, B. J.: Physikalische Theorie der Meteore, Moskau 1956; deutsche Ausgabe, Berlin 1961.
74 Gulmedow, H., und W. Stepanow: Nachr. Akad. Wiss. Turkmen. SSR **5** (1961) 129.
75 Ceplecha, Z.: Bull. Astron. Inst. Czech. **9** (1958) 154.
76 Fialko, E. J.: Astron. Circ. USSR Nr. 195 (1958) 22.
77 Millman, P. M.: Ann. Harvard **82**/6 (1932); **82**/7 (1935); AJ **54** (1949) 177.
78 Millman, P. M., and I. Halliday: Planetary Space Sci. **5** (1961) 137; Contrib. Ottawa **4**/6 (1961).
79 Halliday, I.: Publ. Ottawa **25** (1961) 3.
80 Jacchia, L. G.: AJ **62** (1957) 358.
81 Trowbridge, C. C.: ApJ **26** (1907) 95.
82 Kahlke, S.: Ann. Hydrogr. Meteorol. **49** (1921) 294.
83 Fedinsky, V.: Ann. Tadjik **2**; Astron. Circ. USSR Nr. 155 (1954) 17.
84 Olivier, C. P.: Proc. Am. Phil. Soc. **85** (1942) 93; **91** (1947) 315; **101** (1957) 296; Flower Obs. Reprints 60, 69, 102.
85 Cook, A. F., and G. S. Hawkins: ApJ **124** (1956) 605.
86 Greenhow, J. S.: Phil. Mag. (7) **45** (1954) 471.
87 Liller, W., and F. L. Whipple: Harvard Reprints (II) Nr. 62 (1954).
88 Hawkins, G. S., and F. L. Whipple: AJ **63** (1958) 283.
89 Cook, A. F., G. S. Hawkins, and F. M. Stienon: AJ **67** (1962) 158.
90 Millman, P. M.: Nature, London **165** (1950) 1013.
91 Halliday, I.: ApJ **127** (1958) 245.
92 van den Bergh, S.: Meteoritics **1** (1956) 395; Halliday, I.: ApJ **128** (1958) 441; J. Roy. Astron. Soc. Can. **52** (1958) 169.
93 Appleton, E. V., and R. Naismith: Nature, London **158** (1946) 936.
94 Hey, J. S., and G. S. Stewart: Nature, London **158** (1946) 481.
95 Appleton, E. V., and R. Naismith: Proc. Phys. Soc. London **59** (1947) 461.
96 Hey, J. S., and G. S. Stewart: Proc. Phys. Soc. London **59** (1947) 858.
97 Hey, J. S.: Nature, London **159** (1947) 119; **160** (1947) 670.
98 Lovell, A. C. B., C. J. Banwell, and J. A. Clegg: MN **107** (1947) 164.
99 Hey, J. S., S. J. Parsons, and G. S. Stewart: MN **107** (1947) 176.
100 Clegg, J. A., V. A. Hughes, and A. C. B. Lovell: MN **107** (1947) 369.
101 Prentice, J. P. M., A. C. B. Lovell, and C. J. Banwell: MN **107** (1947) 155.
102 Pierce, J. A.: Phys. Rev. **71** (1947) 88.
103 Dieminger, W.: Naturwiss. **34** (1947) 29.
104 Clegg, J. A.: J. Brit. Astron. Assoc. **58** (1948) 271.
105 Lovell, A. C. B., and J. A. Clegg: Proc. Phys. Soc. London **60** (1948) 491.
106 Ellyett, C. D., and J. G. Davies: Nature, London **161** (1948) 596.
107 Lovell, A. C. B.: Observatory **68** (1948) 49.
108 Clegg, J. A.: Phil. Mag. **39** (1948) 577.
109 Lovell, A. C. B., and J. P. M. Prentice: J. Brit. Astron. Assoc. **58** (1948) 140.
110 Lovell, A. C. B.: Rept. Progr. Phys. **11** (1948) 415.
111 Hey, J. S.: MN **109** (1949) 185.
112 Aspinall, A., J. A. Clegg, and A. C. B. Lovell: MN **109** (1949) 352.
113 Ellyett, C. D.: MN **109** (1949) 359.
114 Davies, J. G., and C. D. Ellyett: Phil. Mag. **40** (1949) 614.
115 Liller, W.: Cruft Lab. Tech. Rept. Nr. 65 (1949).

116 McKinley, D. W. R., and P. M. Millman: Proc. I. R. E. **37** (1949) 364.
117 Millman, P. M.: represented at the Conference on Ionospheric Physics, Pennsylvania State College (1950).
118 Almond, M., K. Bullough, and G. S. Hawkins: Jodrell Bank Ann. **1** (1952) 13.
119 McKinley, D. W. R.: ApJ **113** (1951) 225; Can. J. Phys. **29** (1951) 403.
120 Greenhow, J. S.: Proc. Phys. Soc. London (B) **65** (1952) 169.
121 Manning, L. A., O. G. Villard jr., and A. M. Peterson: J. Geophys. Res. **57** (1952) 387.
122 Kaiser, T. R.: Phil. Mag. Suppl. **2** (1953) 495; MN **114** (1954) 39, 52.
123 Cross, R. L., J. A. Clegg, and T. R. Kaiser: Phil. Mag. (7) **44** (1953) 313.
124 Bullough, K.: Jodrell Bank Ann. **1** (1954) 68.
125 Greenhow, J. S., and E. L. Neufeld: J. Atmospheric Terrest. Phys. **6** (1955) 133.
126 Weiss, A. A.: Australian J. Phys. **8** (1955) 148.
127 Ellyett, C. D., and K. W. Roth: Australian J. Phys. **8** (1955) 390.
128 Hawkins, G. S.: AJ **61** (1956) 386; MN **116** (1956) 92; ApJ **124** (1956) 311.
129 Astapowitsch, I. S.: Astron. Circ. USSR Nr. 169 (1956) 17.
130 Greenhow, J. S., and E. L. Neufeld: MN **117** (1957) 359.
131 Lindblad, B.-A., and H. Hvatum: Populär Astron. Tidskr. **38** (1957) 98.
132 Peregudow, F. I.: Astron. Zh. **34** (1957) 621.
133 Weiss, A. A.: Australian J. Phys. **10** (1957) 77, 299, 397.
134 Browne, I. C.: Jodrell Bank Ann. **1** (1958) 245.
135 Fialko, E. I.: Astron. Zh. **36** (1959) 491, 626, 867, 1058.
136 Manning, L. A.: J. Geophys. Res. **64** (1959) 1415.
137 Manning, L. A., and V. R. Eshleman: Proc. I. R. E. **47** (1959) 186.
138 Nemirowa, E. K.: Astron. Zh. **36** (1959) 481.
139 Weiss, A. A.: Australian J. Phys. **12** (1959) 65, 116; J. Atmospheric Terrest. Phys. **14** (1959) 19.
140 Bain, W. C.: J. Atmospheric Terrest. Phys. **17** (1960) 188.
141 Cook, A. F., and G. S. Hawkins: Smithsonian Contrib. Astrophys. **5** (1960) 1.
142 Davies, J. G., and J. C. Gill: MN **121** (1960) 437.
143 Evans, G. C.: Jodrell Bank Ann. **1** (1960) 280.
144 Fialko, E. I.: Astron. Zh. **37** (1960) 354, 526, 753; Publ. Tomsk **37** (1959) 219, 229.
145 Furman, A. M.: Astron. Zh. **37** (1960) 517, 746.
146 Gallagher, P. B., and V. R. Eshleman: J. Geophys. Res. **65** (1960) 1846.
147 Greenhow, J. S., and J. E. Hall: MN **121** (1960) 183.
148 Kaiser, T. R.: MN **121** (1960) 284.
149 Kent, G. S.: J. Atmospheric Terrest. Phys. **19** (1960) 272.
150 Mainstone, J. S.: MN **120** (1960) 517.
151 Plavcová, Z., and M. Simek: Bull. Astron. Inst. Czech. **11** (1960) 228.
152 Weiss, A. A.: Australian J. Phys. **13** (1960) 522, 532; MN **120** (1960) 387.
153 Weiss, A. A., and J. W. Smith: MN **121** (1960) 5.
154 Greenhow, J. S., and J. E. Hall: J. Atmospheric Terrest. Phys. **21** (1961) 261.
155 Greenhow, J. S.: J. Atmospheric Terrest. Phys. **22** (1961) 64.
156 Kaiser, T. R.: MN **123** (1961) 265.
157 Kaschtschejew, B. L., W. N. Lebedinez und M. F. Lagutin: Astron. Zh. **38** (1961) 681.
158 Keay, C. S. L., and C. D. Ellyett: J. Geophys. Res. **66** (1961) 2337.
159 McKinley, D. W. R., and E. L. R. Webb: MN **122** (1961) 255.
160 Smith, J. W.: Australian J. Phys. **14** (1961) 89.
161 Weiss, A. A.: Australian J. Phys. **14** (1961) 102.
162 Millman, P. M.: AJ **67** (1962) 235.
163 Hawkins, G. S.: AJ **67** (1962) 241.
164 Eshleman, V. R., and P. B. Gallagher: AJ **67** (1962) 245.
165 Lindemann, F. A., and G. M. B. Dobson: Proc. Roy. Soc. London **102** (1923) 411.
166 Sparrow, C. M.: ApJ **63** (1926) 90.
167 Öpik, E.: Harvard Reprints Nr. 100 (1933).
168 Herlofson, N.: Rept. Progr. Phys. **11** (1948) 444.
169 Jacchia, L. G.: Harvard Tech. Rept. 3 = Harvard Reprints (II) Nr. 31 (1949); ApJ. **121** (1955) 521; Smithsonian Contrib.Astrophys. **2** (1958) 181 = Harvard Reprints (II) Nr. 122.
170 Lovell, A. C. B.: Sci. Progr. **38** (1950) 22.
171 Cook, M. A., H. Eyring, and R. N. Thomas: ApJ **113** (1951) 471.
172 Thomas, R. N., and F. L. Whipple: ApJ **114** (1951) 448.
173 Whipple, F. L.: AJ **57** (1952) 28.
174 Thomas, R. N.: ApJ **116** (1952) 203.
175 Thomas, R. N., and W. C. White: ApJ **118** (1953) 555.
176 Hoppe, J.: Wiss. Z. Schiller-Univ. Jena **3** (1954) 503; AN **283** (1956) 95; Bull. Astron Inst. Czech. **7** (1956) 123; Wiss. Z. Schiller-Univ. Jena **5** (1956) 535; **7** (1958) 109 = Mitt. Jena 15, 20, 22, 23, 36; AN **284** (1957) 31; **287** (1963) 151.
177 Cook, A. F.: ApJ **120** (1954) 572.
178 Ceplecha, Z.: Bull. Astron. Inst. Czech. **7** (1956) 21.
179 Baker jr., R. M. L.: ApJ **129** (1959) 826.
180 Ceplecha, Z., and V. Padevět: Bull. Astron. Inst. Czech. **12** (1961) 191.
181 Rajchl, J.: Bull. Astron. Inst. Czech. **12** (1961) 207.
182 Bacharew, A. M.: Bull. Stalinabad **12** (1955) 10; Bull. Astron. Geodät. Ges. USSR **16** (1955) 37.
183 Kresáková, M., and L. Kresák: Contrib. Skalnaté Pleso **1** (1955) 40.

184 Schtepan, W. E.: Bull. Astron. Geodät. Ges. USSR **16** (1955) 39; Publ. Inst. Phys. Geophys. Akad. Wiss. Turkmen. SSR **1** (1955) 73.
185 Kresáková, M.: Bull. Astron. Inst. Czech. **9** (1958) 82.
186 Hoffleit, D.: Harvard Tech. Rept. Nr. 9 (1952).
187 Hoffmeister, C.: Ergeb. Exakt. Naturw. **24** (1951) 1; ZfA **49** (1960) 233; AN **283** (1956) 13.
188 Bouška, J., and Z. Švestka: Bull. Astron. Inst. Czech. **2** (1950) 6.
189 Link, F.: Bull. Astron. Inst. Czech. **2** (1950) 1.
190 Fessenkow, W. G.: Astron. Zh. **38** (1961) 1009.
191 Ingham, M. F.: Space Sci. Rev. **1** (1962–63) 584.
192 Alexander, W. M., C. W. McCracken, and H. E. LaGow: AJ **66** (1961) 277.
193 Dubin, M., and C. W. McCracken: AJ **67** (1962) 248.
194 Hemenway, C. L., and R. K. Soberman: AJ **67** (1962) 256.
195 NASA Report (Glenn, Carpenter): AJ **67** (1962) 655.
196 v. Niessl, G.: Über die Rolle der Atmosphäre im Meteorphänomen, Wiener Astron. Kalender (1901).
197 Heide, F.: Kleine Meteoritenkunde, 2. Aufl. Berlin, Göttingen, Heidelberg (1957) — In englischer Sprache: Meteorites. Univ. of Chicago Press. Chicago u. London (1964).
198 Herz, N.: Hdb. Astron. Valentiner **2** (1898) 49.
199 Hoffmeister, C.: Enzykl. Math. Wiss. VI 2 A (1923) 939.
200 Kopff, A.: Hdb. Astrophys. **4** (1929) 426.
201 Astapowitsch, J., und V. Fedinsky: Meteore, Moskau (1940) (russisch).
202 Schoenberg, E., und K. Wurm: Fiat Rev. Ger. Sci. **20** (1948) 293.
203 Lovell, A. C. B., J. P. M. Prentice, J. G. Porter, R. W. B. Pearse, and N. Herlofson: Rept. Progr. Phys. **11** (1948) 389.
204 Porter, J. G.: Comets and Meteor Streams, London (1952).
205 Kaiser, R. T.: Meteors. Proceedings of a Symposium on Meteor Physics, London, New York (1955).
206 Whipple, F. L.: PASP **67** (1955) 367.
207 Öpik, E. J.: Contrib. Armagh Nr. 26 (1958).
208 Graff-Lambrecht: Grundriß der Astrophysik, 2. Aufl. Leipzig (1962) 227.
209 Olivier, C. P.: Trans. Am. Phil. Soc. N. S. **22/I** (1911); Publ. McCormick **2/I** (1914), **2/VII** (1921), **5/I** (1935).
210 Öpik, E.: Harvard Circ. Nr. 388 (1934).
211 McIntosh, R. A.: MN **95** (1935) 709; New Zealand Astron. Soc. Bull. **21** (1934).
212 Astapowitsch, I. S.: Astron. Circ. USSR Nr. 142 (1953).
213 Kramer, E. N.: Astron. Circ. USSR Nr. 144 (1953).
214 Millman, P. M.: J. Roy. Astron. Soc. Can. **49** (1955) 169.
215 Proskurina, E. M.: Publ. Inst. Phys. Geophys. Akad. Wiss. Turkmen. SSR **3** (1957) 31.
216 Lehmann-Filhés, R.: Die Bestimmung von Meteorbahnen nebst verwandten Aufgaben, Berlin (1883).
217 Aspinall, A., G. S. Hawkins, J. G. Davies, J. S. Greenhow, and M. Almond: communicated by A. C. B. Lovell: MN **111** (1949/50) 18 ⋯ 44.
218 Berichte der Comm. 22 der IAU: Trans. IAU **4** (1932) 117; **5** (1935) 138; **6** (1938) 154; **7** (1950) 240; **8** (1952) 293; **9** (1955) 297; **10** (1958) 334; **11A** (1961) 213, 557.
219 Hoffmeister, C.: Sterne **35** (1959) 218.
220 Öpik, E.: Contrib. Armagh Nr. 14 (1955).
221 Gill, J. C., and J. G. Davies: MN **116** (1956) 105.
222 Hawkins, G. S., and M. Almond: Jodrell Bank Ann. **1** (1952) 2; MN **112** (1952) 219.
223 McKinley, D. W. R.: ApJ **119** (1954) 519.
224 Wright, F. W., L. G. Jacchia, and F. L. Whipple: AJ **59** (1954) 400.
225 Link, F., and Z. Linkova: Bull. Astron. Inst. Czech. **5** (1954) 82.
226 Fialko, E. I., u. a.: Mitt. Polytech. Inst. Tomsk **100** (1962) 4, 16, 20, 41, 54, 85, 101, 112, 124.
227 Kohoutek, L., and J. Grigar: Bull. Astron. Inst. Czech. **13** (1962) 9.
228 Verniani, F.: Nuovo Cimento (10) **26** (1962) 209.
229 Sawruchin, A. P.: Nachr. Akad. Wiss. Turkmen. SSR (Phys.-Tech., Chem., Geol.) **1** (1962) 127.
230 Oleak, H.: Mitt. Sternw. Babelsberg Nr. 23 (1963); Veröffentl. Berlin-Babelsberg **14**/6 (1964).
231 Millman, P. M., and B. A. McIntosh: Smithsonian Contrib. Astrophys. **7** (1963) 45.
232 Millman, P. M.: Am. Inst. Aeronaut. Astronaut. J. **1** (1963) 1028.
233 Kresák, L.: Contrib. Skalnaté Pléso **2** (1957) 7.
234 Schreyer, W., und E. Hellner: ZfA **58** (1964) 161.
235 Brown, H.: J. Geophys. Res. **66** (1961) 1316.
236 Davis, J.: Quart. J. Roy. Soc. London **4** (1963) 74.
237 Kaiser, T. R.: Space Sci. Rev. **1** (1962/63) 554.
238 Proceedings of the Symposium on the Astronomy and Physics of Meteors; Smithsonian Contrib. Astrophys. **7** (1963).
239 Hawkins, G. S.: Smithsonian Contrib. Astrophys. a) **7** (1963) 23, b) **7** (1963) 53.
240 Hawkins, G. S.: AJ **65** (1960) 318.
241 Soberman, R. K.: Sci. Am. **208** (1963) No. 6, 51.
242 Almond, M.: Jodrell Bank Ann. **1** (1952) 22.

243 LINDBLAD, B.-A.: Medd. Lund (I) No. 179 (1952).
244 Astronomical Institute of the Czechoslovakia Academy of Science: Radar Meteor Echo Data 1; Observations Dec. 1959. (Ausgegeben 1964).

Stand der Darstellung: Literatur einbezogen bis Ende 1962, teilweise bis Ende 1963.

4.5 Artificial earth satellites and space probes — Künstliche Erdsatelliten und Raumsonden

4.5.0 Introduction, notation — Einleitung, Bezeichnungen

In the wake of World War II, the art of rocket-engineering has achieved a breakthrough towards outer space which marks the beginning of a new era in science as well as in technology. The impact of astronautics on astronomy is considerable and mutual. The major points in "space age astronomy" are:

1. Extraterrestrical sensors have access to all kinds of radiation — primary corpuscular particles and the full range of electromagnetic waves — without any restriction by the atmosphere.

2. The interplanetary medium is open to immediate physical observation.

3. The celestial bodies of our solar system can be studied by close-inspection probes and by landing equipment.

4. Various active experiments are feasible in the fields of cosmic plasma physics, planetary seismology, general relativity, etc.

Moreover, there is a revival and flourishing of "classical" astronomy (celestial mechanics and astrometry) by the needs of orbital selection and determination, expanding into what is now being called "Astrodynamics". — The following contribution sums up some basic information on astronautics (in principle and of to-day), as much as is regarded as indispensable for any astronomer who is not specialized in this particular field. For details and current results, the reader has to be referred to the ever-growing bulk of technical literature and proceedings of topical symposia.

Im Gefolge des zweiten Weltkriegs ist die Rakete in den Weltraum vorgestoßen. Damit hat eine neue Ära für Wissenschaft und Technik begonnen. Der Einfluß der Astronautik auf die Astronomie und umgekehrt ist beträchtlich. Die Hauptpunkte der „Astronomie im Weltraumzeitalter" sind:

1. Extraterrestrischen Detektoren ist jede Art von Strahlung zugänglich — primäre kosmische Korpuskeln ebenso wie der Gesamtbereich der elektromagnetischen Wellen — ohne irgendwelche Behinderung durch die Atmosphäre.

2. Das interplanetare Medium ist direkter physikalischer Beobachtung erschlossen.

3. Die Himmelskörper unseres Sonnensystems können durch Sonden aus unmittelbarer Nähe und durch Bodengeräte untersucht werden.

4. Auf den Gebieten der kosmischen Plasmaphysik, Planetenseismik, allgemeinen Relativitätstheorie usw. sind mancherlei aktive Experimente möglich.

Darüber hinaus haben die Bedürfnisse der Auswahl und Bestimmung von Bahnen für Raumflugkörper eine Belebung und neue Blüte der „klassischen" Astronomie (Himmelsmechanik und Astrometrie) heraufgeführt, aus der sich die sogenannte „Astrodynamik" als umfangreiches Forschungs- und Arbeitsgebiet entwickelt hat. — Der vorliegende Beitrag faßt über Grundlagen und heutigen Stand der Astronautik so viel Information zusammen, wie jedem nicht auf dies Gebiet spezialisierten Astronomen verfügbar sein sollte. Für Einzelheiten und laufende Ergebnisse sei auf die ständig anwachsende Fülle der Fachliteratur und der Berichtsbände über spezielle Symposien verwiesen.

	Notation	*Bezeichnungen*
	Orbital elements of satellites:	*Elemente der Satellitenbahnen:*
$R_{\oplus}$	Radius of the earth	Radius der Erde
a	Semi-major axis	Große Halbachse der Bahn
P	Period (of revolution)	Periode, Umlaufszeit
i	Inclination of orbit	Neigung der Bahn
e	Eccentricity	Exzentrizität
ω	Argument of perigee (see Fig. 4)	Perigäumsargument (= Länge des Perigäums in der Bahn, siehe Fig. 4)
Ω	Right ascension or longitude of the ascending node (see Fig. 4)	Länge des aufsteigenden Knotens = Knoten-Rektaszension (siehe Fig. 4)
	Mechanical properties	*Mechanische Eigenschaften*
g	Gravitational acceleration	Schwerebeschleunigung
$g_{\oplus} = 981\ cm/sec^2$	gravitational acceleration at the earth's surface	Schwerebeschleunigung an der Erdoberfläche
H	Height above earth's surface	Höhe über der Erdoberfläche
H_{peri}, H_{apo}	Height in the perigee and apogee (geocentric orbits) or distance from the sun at perihelion and apohelion (heliocentric orbits)	Höhe im Perigäum und Apogäum (bei geozentrischen Bahnen) oder Abstand von der Sonne im Perihel und Aphel (bei heliozentrischen Bahnen)

$\mathfrak{M}_0$	Initial mass	Startmasse
$\mathfrak{M}_e$	Empty mass	Masse bei Brennschluß
m_p	Payload	Nutzlast
$r_m = \mathfrak{M}_0/\mathfrak{M}_e$	mass ratio	Massenverhältnis
r	Distance from the observer	Entfernung vom Beobachter
w	Exhaust velocity, gas-jet velocity	Strahlgeschwindigkeit
v	Rocket velocity	Raketengeschwindigkeit
v_t	Terminal velocity	Endgeschwindigkeit
v_{circ}	Circular velocity	Kreisbahngeschwindigkeit

4.5.1 Rocket propulsion — Raketen-Antrieb

Tab. 1. Theoretical maximum exhaust velocities w_{max} — Theoretische maximale Strahlgeschwindigkeiten w_{max} [*18a, 10*]

E | Specific energy
E/E_{max} | Fraction of annihilation energy

Source of energy	w_{max} [km/sec]	E [erg/g]	E/E_{max}
Chemical	5	$1,3 \cdot 10^{11}$	$1,5 \cdot 10^{-10}$
Nuclear fission (Kernspaltung)			
a) thermal acceleration	12	$7 \cdot 10^{16}$ (a and b)	$8 \cdot 10^{-5}$ (a and b)
b) electrical acceleration	1 000		
Nuclear fusion (Kernverschmelzung)	30 000	$3,5 \cdot 10^{18}$	$4 \cdot 10^{-3}$
Total annihilation	300 000	$9 \cdot 10^{20}$	1

Tab. 2. Chemical propellants — Chemische Treibstoffe [*18b*]

all liquid
pressure in combustion chamber (Kammerdruck): 70 ata
P_a | external pressure

Oxidizer	Fuel	T [°C]	w [m/sec] P_a = 1 ata	w [m/sec] P_a = 0 ata
Oxygen	Kerosene	3400	3000	3530
Fluorine	Hydrazine	4400	3600	4220
Oxygen	Hydrogen	3300	3900	4510
Fluorine	Hydrogen	3600	4100	4700

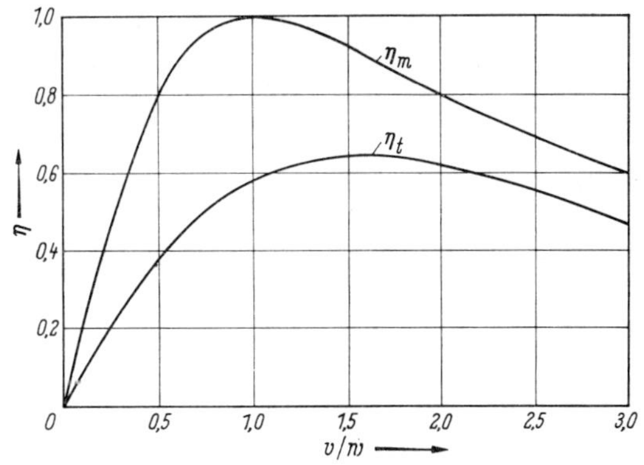

Fig. 1. External rocket efficiency η — Äußerer Wirkungsgrad η der Rakete [*20*].

instantaneous efficiency	$\eta_m = \frac{2\,v/w}{(v/w)^2+1}$	max at $\frac{v}{w} = 1$
total efficiency	$\eta_t = \frac{(v/w)^2}{e^{(v/w)}-1}$	max at $\frac{v}{w} = 1{,}594$

Tab. 3. Mass ratios: $r_m = \mathfrak{M}_0/\mathfrak{M}_e$ — Massenverhältnisse [*13*]

v_t [m/sec]	6 000	7 000	8 000	9 000	10 000	11 000	12 000	13 000
w [m/sec]	$r_m = \mathfrak{M}_0/\mathfrak{M}_e = e^{v_t/w}$							
2000	20,0	33,0	54,5	89,6	148,7	243,5	402	662
3000	7,39	10,25	14,35	20,0	27,95	39,0	54,6	76,1
4000	4,48	5,76	7,39	9,5	12,20	15,75	20,0	25,8
5000	3,32	4,06	4,95	6,06	7,39	9,02	11,0	13,47

Tab. 4. Step rocket — Stufenrakete [*25b*]

The terminal velocities $(v_t)_n$ rise in arithmetical proportion to the number of steps n, but the initial mass $\mathfrak{M}_0$ rises geometrically:

$(v_t)_{n+1} = w \cdot \ln r + (v_t)_n$

Calculated for

$w = 2{,}7$ km/sec;

$(v_t)_{n=1} = 3{,}0$ km/sec; $r_m = 3{,}0$

n	$(v_t)_n$ [km/sec]	$\mathfrak{M}_0$ [t]
1	3	5
2	6	25
3	9	125
4	12	625
5	15	3125

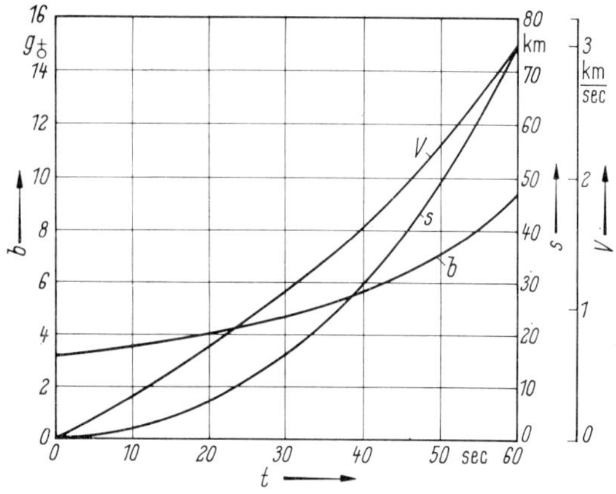

Fig. 2. Powered vertical flight — Aktiver Senkrechtflug [*25a*].

b acceleration; *s* covered distance; *V* velocity; calculated for $r_m = \dfrac{\mathfrak{M}_0}{\mathfrak{M}_e} = 3$

4.5.2 Elementary satellite orbits — Elementare Satellitenbahnen

Tab. 5. Astrodynamics (survey of topics) — Astrodynamik (thematische Übersicht)

Coordinates and constants	Koordinaten und Konstanten
Theory of observations (both positional and Doppler)	Theorie der Beobachtung (Position und Doppler)
Families of orbits	Bahnfamilien
Selection and optimization of orbits	Auswahl günstigster Bahnen
Determination of orbits	Bahnbestimmung
Improvement of orbits	Bahnverbesserung
Perturbations by forces — conservative and non-conservative (shape of earth, air-drag, fields)	Störungen durch konservative und nichtkonservative Kräfte (Erdfigur, Luftwiderstand, Kraftfelder)
Influence of shape and attitude of vehicle	Einfluß der Gestalt und räumlichen Haltung des Fahrzeugs
Problems of life-time, orbital resonances, librations	Fragen der Lebensdauer, Bahn-Resonanzen, Librationen
Alteration of orbits by thrust	Aktive Bahnänderung
Extended powered flight (electric propulsion, solar sail, etc.)	Flug mit langandauerndem Schub (elektrischer Antrieb, Sonnensegel usw.)
Rendezvous and docking	Begegnungs- und Anlegeaufgaben
Re-entry and landing (ballistical and aerodynamical)	Rückkehr und Landung (ballistisch und aerodynamisch)

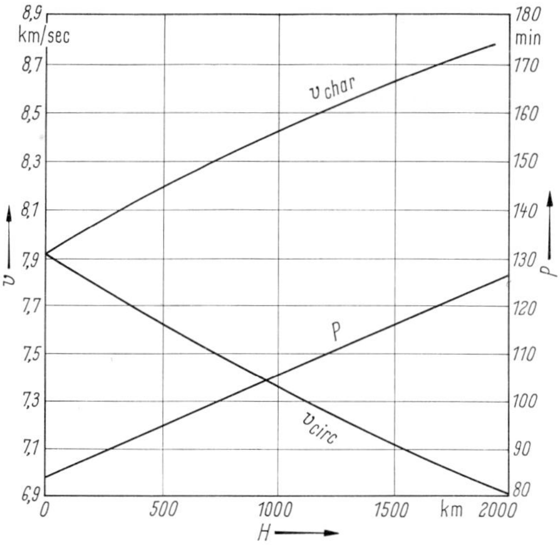

Fig. 3. Earth satellites in circular orbits — Kreisbahnsatelliten der Erde [25c].

v_{char} Characteristic velocity, required to reach orbit [km/sec].
Formulae (Bohrmann [2a]) for elliptical geocentric orbits

$$v_{circ} = \frac{7{,}905}{\sqrt{a/R_{\male}}}\ \text{[km/sec]}; \qquad P = 84{,}491 \left(\frac{a}{R_{\male}}\right)^{3/2}\ \text{[min]}$$

$$a^3 = 36{,}3 \cdot 10^6\ P^2 \qquad e = \frac{\text{Apo} - \text{Peri}}{\text{Apo} + \text{Peri}}$$

a in [km], P in [min].
Apo distance of apogee $= (R_{\male} + H_{apo})$
Peri distance of perigee $= (R_{\male} + H_{peri})$

Tab. 6. Orbital elements of earth satellites in circular orbits — Bahnelemente von Kreisbahnsatelliten der Erde [2b]

n angular velocity

a [km]	$\frac{a}{R_{\male}}$	$\bar{H}$ [km]	P [min]	n [°/min]	v_{circ} [km/sec]
6 378	1,0000	7	84,49	4,261	7,91
6 400	1,0034	29	84,92	4,239	7,89
6 500	1,0191	129	86,92	4,142	7,83
6 600	1,0348	229	88,94	4,048	7,77
6 700	1,0505	329	90,97	3,958	7,71
6 800	1,0661	429	93,01	3,871	7,66
6 900	1,0818	529	95,07	3,787	7,60
7 000	1,0975	629	97,14	3,706	7,55
7 200	1,1288	829	101,34	3,525	7,44
7 400	1,1602	1 029	105,58	3,410	7,34
7 600	1,1916	1 229	109,89	3,276	7,24
7 800	1,2229	1 429	114,26	3,151	7,15
8 000	1,2542	1 629	118,69	3,033	7,06
9 000	1,4111	2 629	141,62	2,542	6,65
10 000	1,5678	3 629	165,64	2,174	6,31
15 000	2,3518	8 630	$5^h\ 4^m 43^s$	1,181 4	5,15
20 000	3,1357	13 630	7 49 8	0,767 4	4,47
42 160	6,611	35 790	23 56 4 [1])	0,250 7	3,07
384 400[2])	60,266	378 000	$27^d\ 7^h 43^m$	0,009 15	1,02

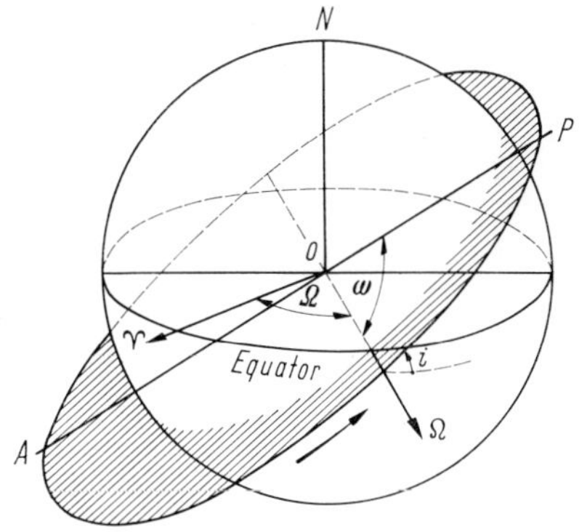

Fig. 4. Orbital elements of earth satellites — Bahnelemente von Erdsatelliten [2c].

N	Northern pole
P	Perigee
A	Apogee
♈	Vernal equinox
☊	Ascending node
i	Inclination
Ω	Right ascension of the ascending node
ω	Argument of perigee

[1]) Rotation time of earth — Rotationszeit der Erde; = stationary satellite, see Fig. 7.

[2]) Orbit of the moon — Mondbahn

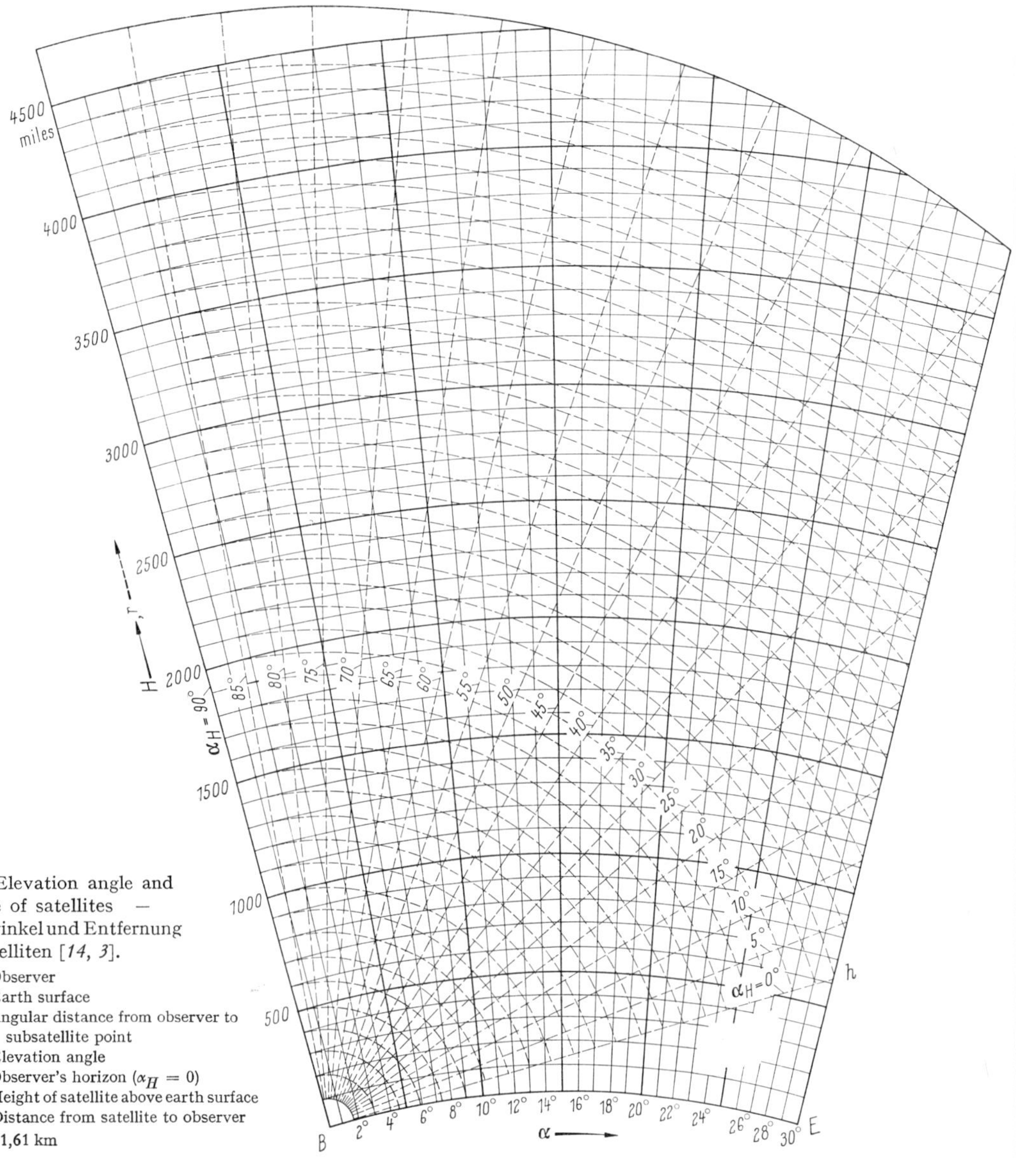

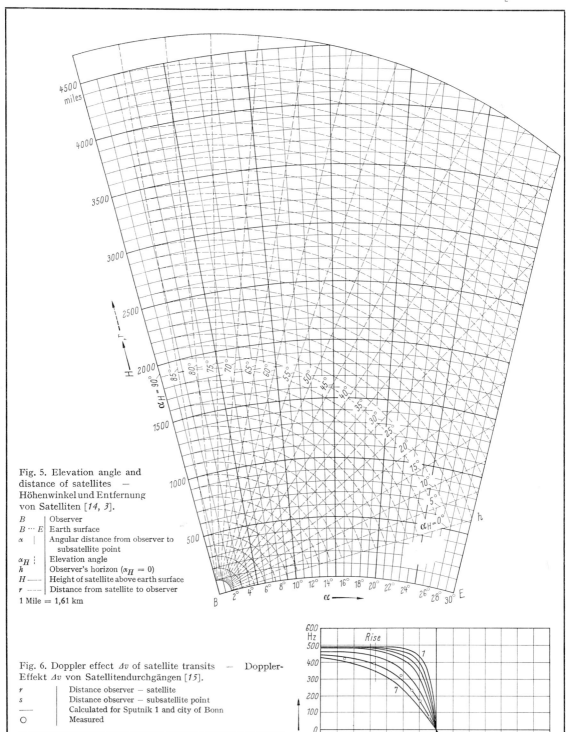

Fig. 5. Elevation angle and distance of satellites — Höhenwinkel und Entfernung von Satelliten [*14, 3*].

B	Observer
$B \cdots E$	Earth surface
α	Angular distance from observer to subsatellite point
α_H	Elevation angle
h	Observer's horizon ($\alpha_H = 0$)
H ——	Height of satellite above earth surface
r - - -	Distance from satellite to observer

1 Mile = 1,61 km

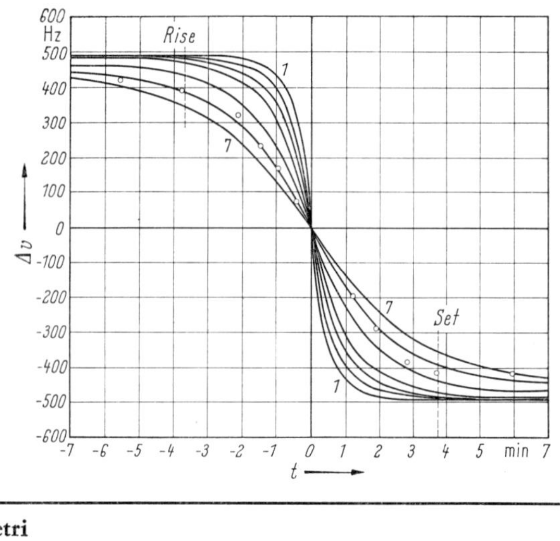

Fig. 6. Doppler effect Δv of satellite transits — Doppler-Effekt Δv von Satellitendurchgängen [*15*].

r	Distance observer — satellite
s	Distance observer — subsatellite point
——	Calculated for Sputnik 1 and city of Bonn
○	Measured

Kurve	H [km]	r [km]	s [km]
1	250	250	0
2	250	350	245
3	250	450	378
4	250	600	548
5	250	900	865
6	250	1300	1275
7	250	1700	1680

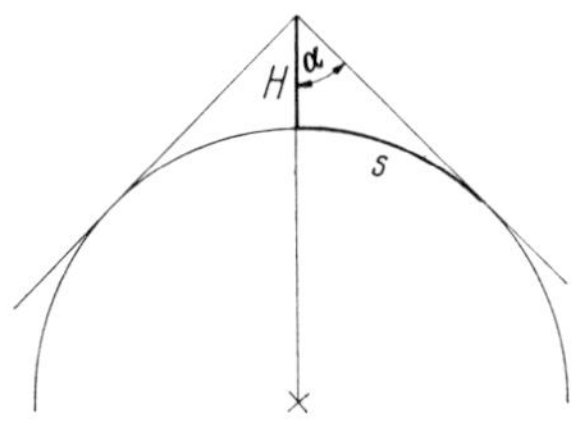

Tab. 7. Visible part of globe vs. height (no atmosphere) — Sichtbereich als Funktion der Höhe (ohne Atmosphäre) [16]

2 α	Angle of view
s	Distance from surface point below satellite to horizon

a) Earth

H [km]	2α [°]	s [km]
10	173,6	356
30	168,9	617
50	165,7	794
100	159,8	1122
200	151,7	1572
300	145,5	1917
400	140,4	2200
500	136,0	2444
600	132,1	2661
800	125,4	3033
1 000	119,6	3356
1 500	108,1	3994
2 000	99,1	4494
3 000	85,6	5244
5 000	68,2	6211
10 000	45,8	7456
20 000	28,0	8444
35 870	17,4	9033

b) Moon

H [km]	2α [°]	s [km]
10	167,8	185
30	158,8	322
50	152,8	413
100	142,0	576
200	127,5	796
500	101,9	1185
1 000	78,8	1535
2 000	55,4	1890
5 000	29,8	2278
10 000	17,1	2471
20 000	9,2	2590

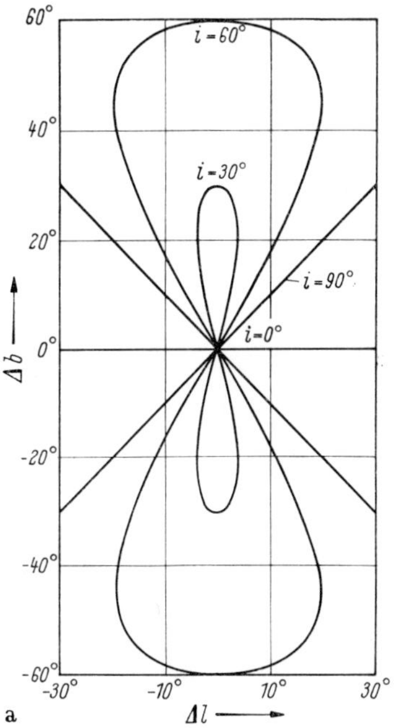

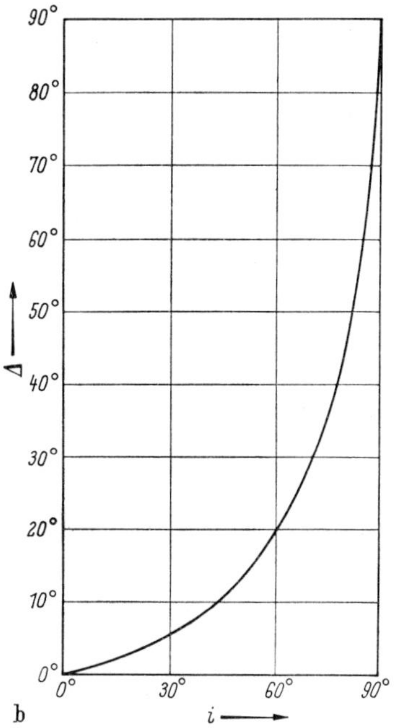

Fig. 7. Stationary satellite of the earth — Stationärer Erdsatellit [9].

Period $P = 23^h56^m04^s$; eccentricity $e = 0$ —
Influence of inclination i on subsatellite path

a) Paths above surface | b) Maximum digression Δ from central meridian

Δb Latitude deviation — Δl Longitude deviation

Fig. 8. Vector of velocity v, eccentricity e and true anomaly v – Geschwindigkeitsvektor v, Exzentrizität e und wahre Anomalie v [21].

$$\operatorname{tang} v = \frac{f \cdot \operatorname{tang} \beta}{1 + (1 - f) \operatorname{tang}^2 \beta}$$

$$e^2 = 1 + \sin^2 \beta \cdot f (f - 2)$$

$$f = \left(\frac{v}{v_{circ}} \right)^2$$

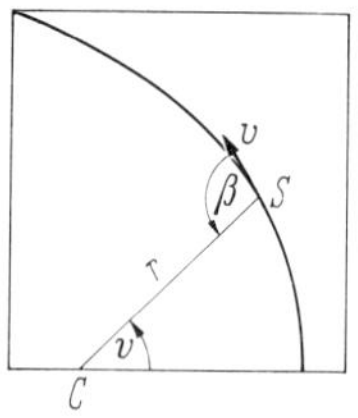

a

Fig. 8a. Tangential velocity v and tangential angle β – Tangentialgeschwindigkeit v und Tangentialwinkel β.

- r vector of radius
- S satellite
- C center of the earth
- v true anomaly

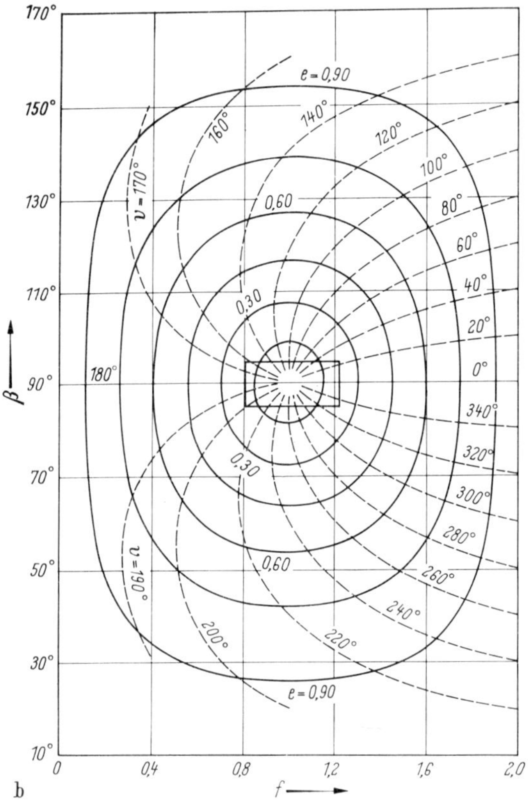

b

Fig. 8b. (f, β) vs. (e, v).

—— e = const. ------ v = const.

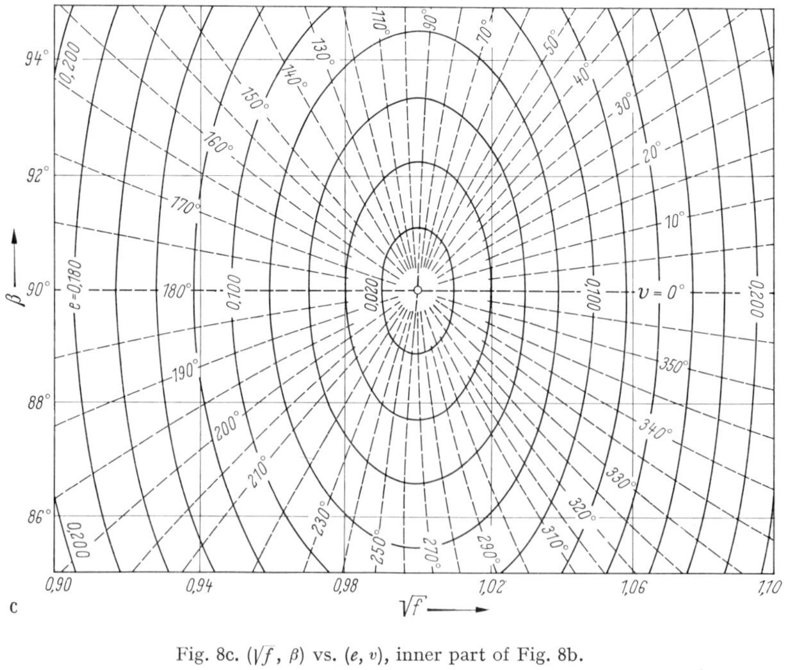

c

Fig. 8c. $(\sqrt{f}, \beta)$ vs. (e, v), inner part of Fig. 8b.

—— e = const. ------ v = const.

4.5.3 Orbital perturbations — Bahnstörungen

Fig. 9. Influence of the ellipsoidal shape of the earth — Einfluß des Erdellipsoides auf die Bahn [*2d*].

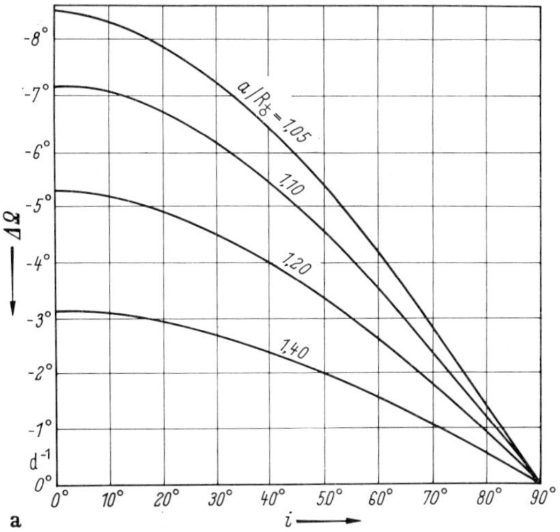

a

Fig. 9a. Diurnal right ascensional change of node, $\Delta\Omega$ — Tägliche Änderung der Knotenrektaszension, $\Delta\Omega$.

$$\Delta\Omega = \frac{-10{,}^{\circ}0 \cdot \cos i}{\left(\frac{a}{R♁}\right)^{7/2} \cdot (1-e^2)^2}\ [\mathrm{d}^{-1}]$$

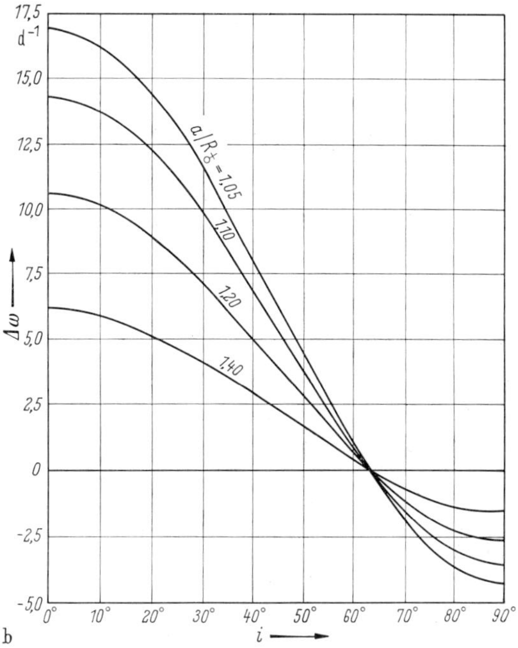

b

Fig. 9b. Diurnal change of the argument of perigee $\Delta\omega$ — Tägliche Änderung des Perigäumsarguments, $\Delta\omega$.

$$\Delta\omega = \frac{+5{,}^{\circ}0\ (5\cos^2 i - 1)}{\left(\frac{a}{R♁}\right)^{7/2} \cdot (1-e^2)^2}\ [\mathrm{d}^{-1}]$$

$i = 63{,}^{\circ}4$ Zero point, change of sign.

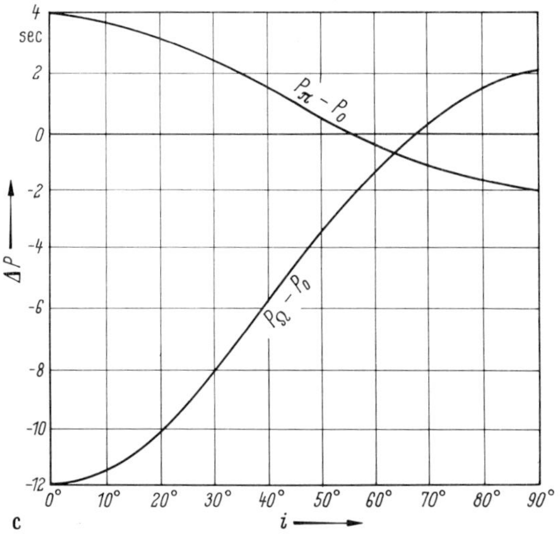

c

Fig. 9c. Periods P vs. inclination of orbit — Umlaufszeiten P als Funktion der Bahnneigung.

$$\frac{a}{R♁} = 1{,}10$$

$\bar{a}$ temporal mean value of a for osculating ellipses, during one period

$\bar{r}$ temporal mean value of the radius vector, no perturbations assumed

$P_0 = P(\bar{r})$; $P = P(\bar{a})$;

P_π anomalistic period

P_Ω nodal period.

$$P_\pi - P_0 = +PJ\left(\frac{R♁}{a}\right)^2 \cdot \frac{3\cos^2 i - 1}{4}$$

$$P_\Omega - P_0 = -PJ\left(\frac{R♁}{a}\right)^2 \cdot \frac{7\cos^2 i - 1}{4}$$

$$J = \frac{3}{2} J_2;\ J_2 = 1082{,}5 \cdot 10^{-6}$$

higher harmonics J_i see KOZAI [*12a*]

$$\bar{a} - \bar{r} = J \cdot \frac{3\cos^2 i - 1}{2}$$

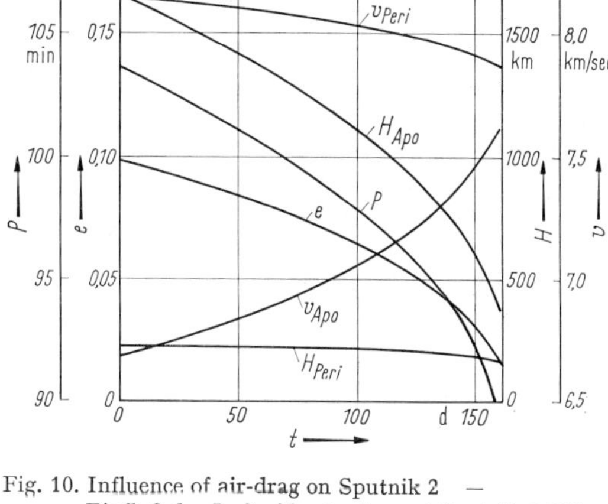

Fig. 10. Influence of air-drag on Sputnik 2 — Einfluß des Luftwiderstandes auf Sputnik 2 [*2e*].

v_{apo} velocity in apogee

v_{peri} velocity in perigee

t days after launching

Fig. 11. Orbital variations of Vanguard 3 — Bahnvariationen bei Vanguard 3 [*12b*].
1960 Jan. 1,0 ··· Juni 27,0

Symbols see p. 214

Fig. 11a. Air-drag effects in mean motion n and mean anomaly M — Änderungen der mittleren Bewegung n und der mittleren Anomalie M durch Luftwiderstand.

Δn, ΔM Differences of the observed values as compared with the values at two mean epochs: 1960 Feb. 14,0 and May 14,0.

[rev] revolutions Umläufe

Fig. 11b. Lunisolar perturbations, and variations of i, e, Ω, and ω — Lunisolare Störungen und Variationen von i, e, Ω und ω.

- — — — Variations of orbital elements, with allowance made for secular changes $\dot{\Omega}$ and $\dot{\omega}$ for Ω und ω
- —— Influence of solar radiation pressure on Ω
- ——— Lunisolar perturbations (proportional n^{-2})

Approximate values of perturbations per revolution for Ω by:
sun $0{,}6 \cdot 10^{-7}$; moon $1{,}3 \cdot 10^{-7}$;
radiation pressure $0{,}796 \cdot 10^{-8}$

Influence of radiation pressure is proportional to α^2 (area-mass-ratio). In case that the distance at perigee is not perturbed by air-drag (Luftwiderstand):

$$\Delta e = -\frac{2}{3}(1-e)\frac{\Delta n}{n};\quad \Delta\Omega = \frac{1}{3}\cdot\frac{\dot{\Omega}}{n}\cdot\frac{7-e}{1+e}\Delta M;$$

$$\Delta\omega = \frac{1}{3}\cdot\frac{\dot{\omega}}{n}\cdot\frac{7-e}{1+e}\Delta M$$

Amplitudes of long-periodic terms due to even harmonics in the potential

$\delta i = 0{,}^\circ40 \cdot 10^{-3}\cos 2\omega$; $\delta\Omega = 0{,}^\circ75 \cdot 10^{-3}\sin 2\omega$;
$\delta e = -0{,}23 \cdot 10^{-4}\cos 2\omega$; $\delta\omega = 0{,}^\circ67 \cdot 10^{-2}\sin 2\omega$.

Residual variation, after subtracting the air-drag, lunisolar, solar-radiation pressure perturbations and the long-periodic terms due to even harmonics, may be regarded as due to the odd-order harmonics in the potential.

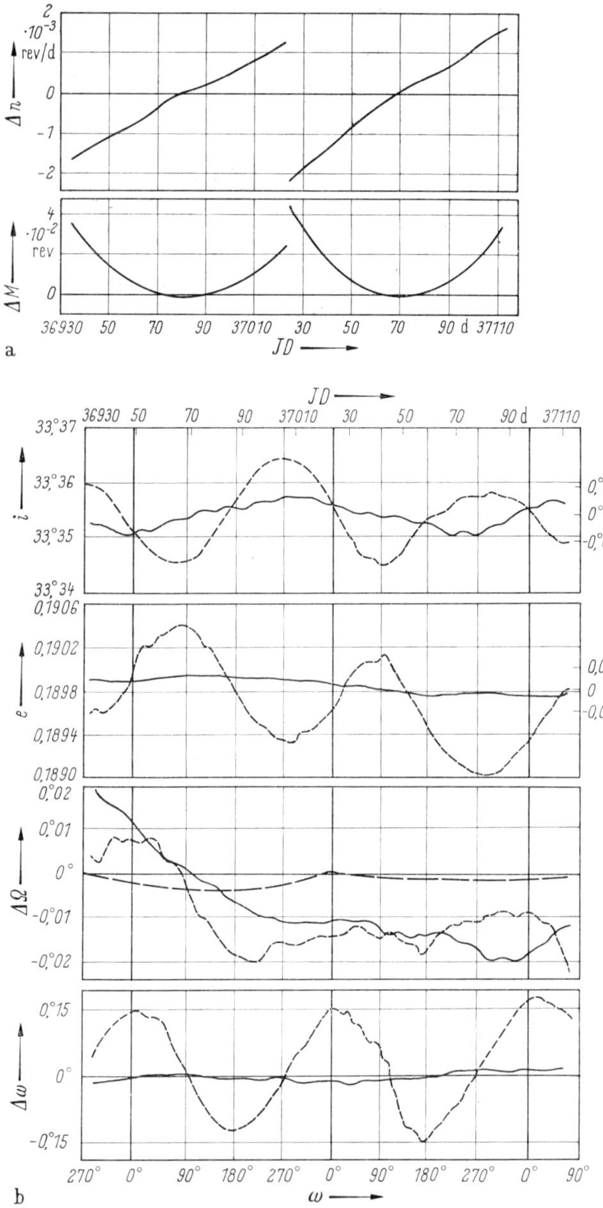

4.5.4 Lunar and interplanetary trajectories — Flugbahnen zu Mond und Planeten

Tab. 8. Minimum velocities v_{min} to reach the Lagrange points L_n of the earth-moon system [*5*] — Minimalgeschwindigkeiten v_{min} zum Erreichen der Librationspunkte L_n für das System Erde-Mond

Launching level: 200 km above earth's surface; moon's orbit circular; no perturbations

L_n	v_{min} [km/sec]
L_1	10,848 90
L_2	10,849 68
L_3	10,857 38
$L_{4;5}$	10,858 54

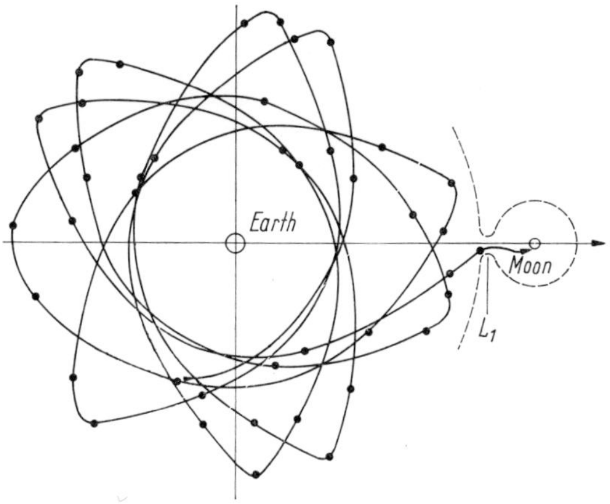

Fig. 12. Geolunar orbits (cislunar type) — Innere geolunare Bahn [*23a*].

After a great number of orbits around the earth, a body may proceed to the moon with minimun energy, theoretically.

--- zero velocity surface (Hill-Grenzkurve)
• • three-day intervals
L_1 Libration point

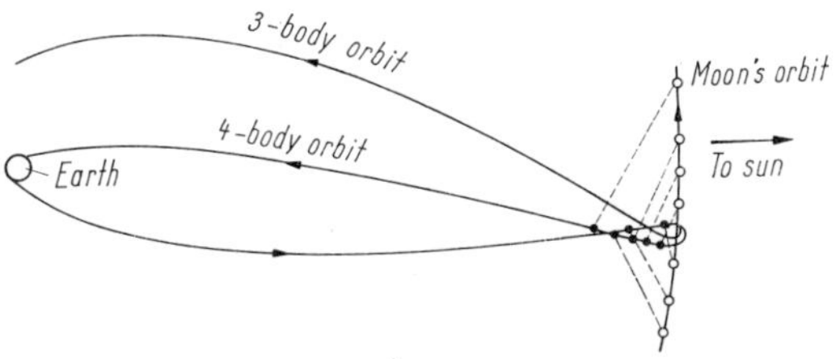

Fig. 13. Sun's influence on trajectory around moon — Sonneneinfluß auf Mondumrundung [*23b*].

Tab. 9. Acceleration of gravity g at moon's surface Schwerebeschleunigung (Gravitation) g an der Mondoberfläche [*24*]

Attracting body	fractions Δg [$g_♁$]
Moon	0,16
spherical earth	$0{,}2 \cdot 10^{-3}$
2. terrestrical harmonic	$0{,}4 \cdot 10^{-8}$
4. terrestrical harmonic	$0{,}1 \cdot 10^{-14}$
Sun	$0{,}33 \cdot 10^{-5}$
Venus (inferior conjunction)	$0{,}30 \cdot 10^{-9}$
Mars (opposition)	$0{,}5 \cdot 10^{-11}$
Jupiter (opposition)	$0{,}4 \cdot 10^{-10}$

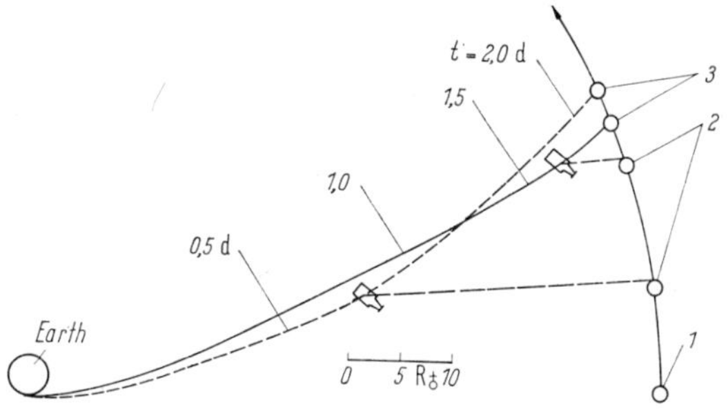

Fig. 14. Impulsive correction of an earth-moon trajectory — Aktive Änderung einer Mondflugbahn [*8*].

The effect of a fixed corrective shot depends on the time of its firing (Bearing angle vehicle — moon approximately constant).

t Days after launching
1 Moon at launching
2 Moon at time of thrust application
3 Moon at intercept.

Tab. 10. Injection guidance requirements — Genauigkeitserfordernisse für Injektionsbahnen [*17*]

Δv, $\Delta\alpha$ Injection accuracies for launch velocity and direction — Toleranzen für Startgeschwindigkeit und Richtung

Mission	Δv [m/sec]	$\Delta\alpha$ [°]	Comments
Rough lunar orbit of 6400 ··· 9650 km from the center of the moon or hard impact somewhere on the moon	3,13	0,3	moderate requirements of an inertial system
precise lunar orbit 960 ··· 1450 km above the surface of the moon	1,34	0,01	a fast trajectory, mid-course guidance may be used
soft landing within 160 km diameter circle on the moon	0,06	0,03	a slow trajectory, mid-course guidance essential
interplanetary injection to within 80 000 km of Mars	1,34	0,02	mid-course and terminal guidance required to land or make close approach

Tab. 11. Gravispheres (R_{grav}), circular (v_{circ}) and escape velocities (v_∞) — Gravisphären (R_{grav}), Kreisbahn- (v_{circ}) undEntweichgeschwindigkeiten (v_∞) [*22, 25d*]

R_{grav} Radius of gravisphere (Potential satellite sphere)

$v^2_{circ} = \frac{\mu}{R}$;

$\mu = G \cdot \mathfrak{M}$ ($G = 6{,}670 \cdot 10^{-8}$ cm^3 sec^{-2} g^{-1} [gravitational constant]
$\mathfrak{M}$ mass of central body)

R radius of orbit of the central body — Bahnradius des jeweiligen Zentralkörpers

$v_\infty = v_{circ} \cdot \sqrt{2}$

Central-body	R_{grav} [10^6 km]	v_{circ} [km/sec]	v_∞ [km/sec]	μ [cm^3/sec^2]
Moon	0,06*)	1,68	2,37	$4{,}897 \cdot 10^{18}$
Mercury	0,22	2,48	3,50	$1{,}478 \cdot 10^{19}$
Venus	1,0	7,35	10,4	$3{,}296 \cdot 10^{20}$
Earth	1,5	7,91	11,2	$3{,}989 \cdot 10^{20}$
Mars	0,5	3,56	5,03	$4{,}299 \cdot 10^{19}$
Jupiter	53	42,2	59,6	$1{,}270 \cdot 10^{23}$
Saturn	65	25,1	35,5	$3{,}824 \cdot 10^{22}$
Uranus	70	15,7	22,2	$5{,}82 \cdot 10^{21}$
Neptune	116	17,6	24,9	$6{,}90 \cdot 10^{21}$
Pluto	(57)	(9,6)	(13,5)	($3{,}6 \cdot 10^{20}$)

Tab. 12. Hohmann orbits to the planets — Hohmann-Bahnen zu den Planeten [*25e, 18c*]

Hohmann orbits = elliptical orbits which touch the orbits of the earth and the planet at their apo- and perihelion

$P = \left(\frac{1+a}{2}\right)^{3/2}$; — a, e and P refer to the semi-ellipses from the earth to the destination planet

$\psi = 108° \cdot \left[\left(\frac{1+a}{2a}\right)^{3/2} - 1\right]$ — bearing angle (Vorhaltewinkel) at launch

$v_1 = v_{01} \cdot \sqrt{\frac{2a}{1+a}}$ — orbital velocity at earth

$v_2 = v_{01} \cdot \sqrt{\frac{2/a}{1+a}}$ — orbital velocity at destination

$v_{01} = 29{,}8$ km/sec — orbital velocity of the earth

v_{01} (max) = 30,28 km/sec; v_{01} (*min*) = 29,27 km/sec

v_{02} — orbital velocity of destination planet

Destination	a [a. u.]	e	$\frac{1}{2}P$	ψ [°]	v_1 [km/sec]	v_2 [km/sec]	v_{02} [km/sec]
Mercury	0,387	0,441	105^d	+252,4	22,4	57,2	47,9
Venus	0,723	0,161	146^d	+ 54,3	27,23	37,9	35,05
Mars	1,524	0,208	259^d	− 44,3	32,83	21,5	24,14
Jupiter	5,20	0,678	2^a,732	− 97,1	38,60	7,42	13,06
Saturn	9,54	0,810	6,05	−106,0	40,07	4,20	9,65
Uranus	19,18	0,901	16,12	−111,4	41,1	2,14	6,80
Neptune	30,06	0,936	30,6	−113,2	41,5	1,38	5,43
Pluto	39,5	0,950	45,5	−114,0	41,63	1,06	4,74

*) cislunar ~ 0,058 translunar ~ 0,064

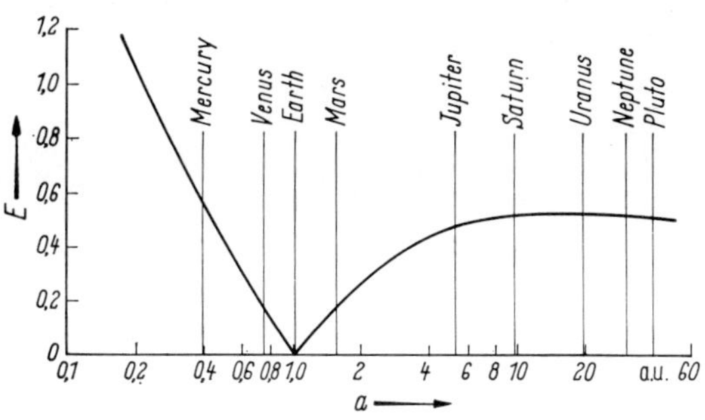

Fig. 15. Minimum energy requirements E for interplanetary trips — Mindest-Energiebedarf E für interplanetare Fahrten [25f].

Calculated for Hohmann trajectories from the earth (see Tab. 12, Fig. 16)

$$\pm E = \frac{v_{char}}{v_a} = \sqrt{\frac{2a}{a+1}} - 1 + \frac{1}{\sqrt{a}}\left(1 - \sqrt{\frac{2}{a+1}}\right);$$

(+ for outer, − for inner planets)

a = Semi-major axis of orbit of pertaining planet [a. u.]

v_{char} characteristic velocity

v_a mean linear velocity of the earth

$+E_{max}$ at $a \approx 15$ a. u.

$E_{a=\infty} = \sqrt{2} - 1$.

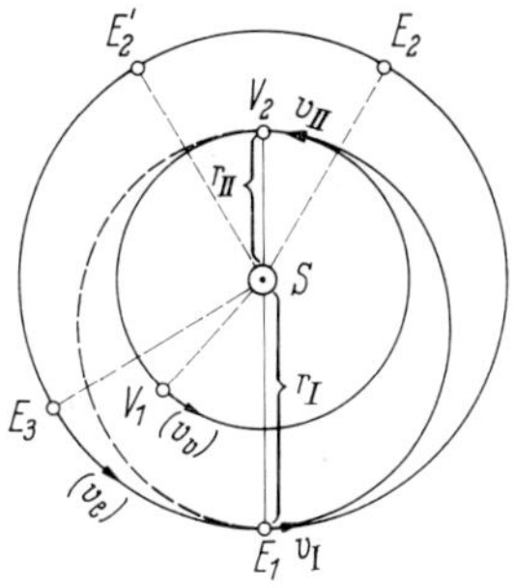

Fig. 16. Hohmann trajectory Earth-Venus — Hohmann-Ellipse zur Venus [7a].

S Sun

V Venus

E Earth

$(v_I, v_{II}, v_e, v_v) \triangleq (v_1, v_2, v_{01}, v_{02})$ in Tab. 12.

$\sphericalangle E_1 S V_1 \triangleq \psi$ in Tab. 12.

E_1, V_1: Position of earth and Venus at the time 1.

To meet the earth again, the vehicle must wait at Venus for about $1^a_,3$, until the configuration E_2' relative to Venus is achieved. Proceeding immediately from Venus, the vehicle would run ahead of the earth by the angle $E_1 S E_3$.

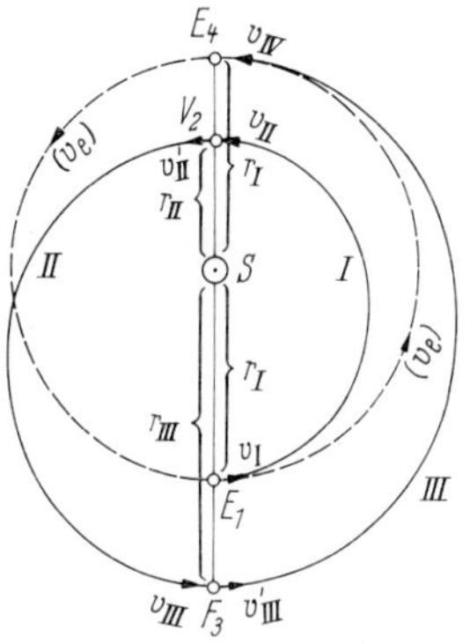

Fig. 17. Economic non-stop round trip to Venus — Sparsamer Rückkehrflug zur Venus ohne Aufenthalt [7b].

The vehicle coasts along the semi-elliptical trajectories *I*, *II*, *III*. As compared with the mission of Fig. 16, the round trip lasts ~ 7 months less, excess energy almost negligible.

At V_2 and F_3 the velocity changes from v_{II} to v'_{II} and from v_{III} to v'_{III}

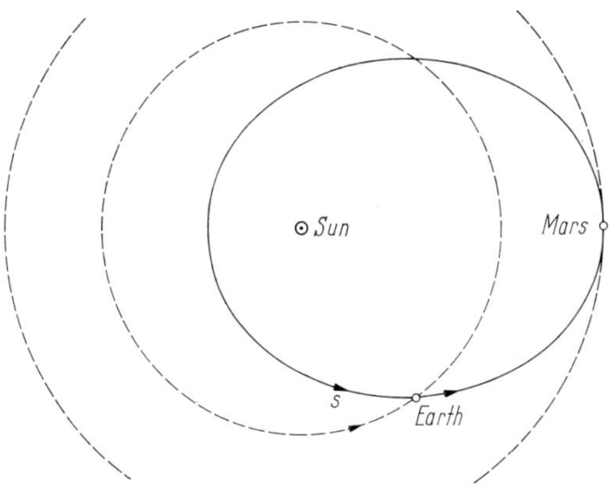

Fig. 18. One-year round trip to Mars — Jahresbahnkurve zum Mars [4a].

To rendezvous the earth at the same position whence it started, the vehicle must orbit around the sun in 1^a (or multiple intervals of 1^a).

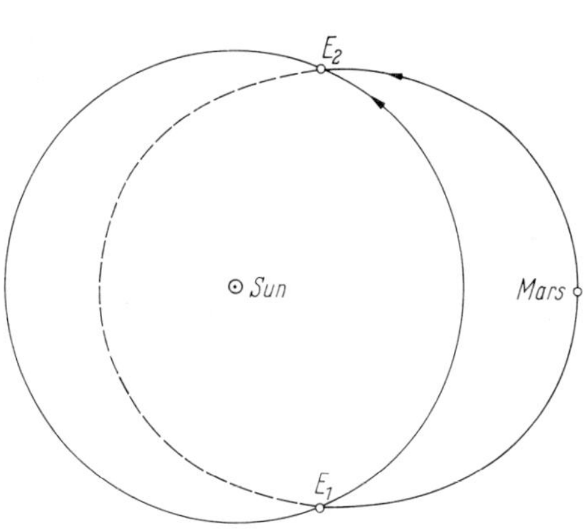

Fig. 19. Equitemporal trajectory to Mars — Äquitemporäre Bahnkurve zum Mars [4b].

While the earth moves from E_1 to E_2, the vehicle coasts (in ~ 142^d) the arc E_1-*Mars*-E_2 of its trajectory. Such "fast" trajectories consume very much energy.

Petri

Tab. 13. Time contraction (theoretical) of duration — Theoretische Zeitverkürzung der Flugdauer [6]

Hypothetical assumptions:

1. Exhaust velocity w = velocity of light c
2. Thrust (Schub) = constant = 1 $g_♁$ (981 cm/sec²)
3. Thrust reversal at half distance

r Distance of return point
t_R Duration for crew } (round trip)
t_E Duration at earth } (round trip)

Fundamental relativistic equation of rocket propulsion [18d]:

$$\frac{v}{w} = \frac{1-(1-\tau)^{2w/c}}{1+(1-\tau)^{2w/c}}$$

τ ratio propellant mass/initial mass
v Rocket velocity for observer at rest

r [pc]	t_R [a]	t_E [a]
0,018	1	1,0
0,075	2	2,1
0,52	5	6,5
3,0	10	24
11,4	15	80
42	20	270
140	25	910
480	30	3 100
1 600	35	10 600
5 400	40	36 000
18 000	45	121 000
64 000	50	420 000

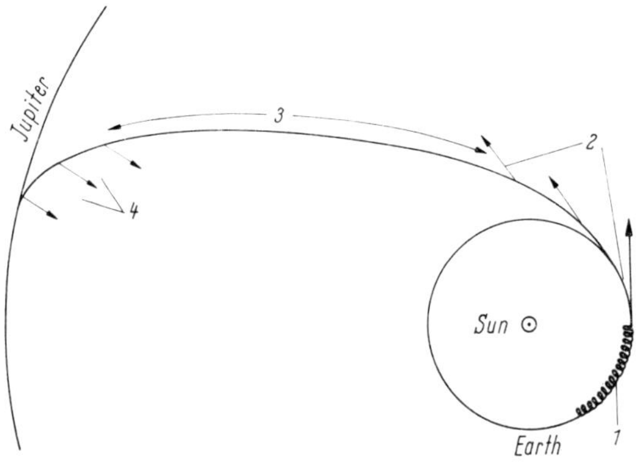

Fig. 20. Flight to Jupiter by electric propulsion — „Elektrische" Flugbahn zum Jupiter [1].

Electric reaction rockets give low thrust (Schub) over long intervals. For long-distance interplanetary missions they are much faster than chemical rockets

1: 90 days powered escape spiral — (Schub auf Entweichspirale)
2: 155 days powered flight — (Schub vorwärts)
3: 250 days coasting time — (antriebslos)
4: 155 days powered flight — (Schub rückwärts).

4.5.5 Astronautical missions and hardware — Astronautische Unternehmungen und Geräte

Tab. 14. Space probes in heliocentric orbits until end of 1962 — Heliozentrische Objekte bis Ende 1962

Date of launching, name, mass, booster see Tab. 15

Object	i [°]	H_{peri} [10⁶ km]	H_{apo} [10⁶ km]	P [d]	Comments¹)
1959 μ	1	146,4	197,2	450	☾ Passage 7500km/Cosm/Corp/Magn/Na-Comet/Radio: 600 000 km
1959 ν	0,13	147,6	173,6	406,9	☾ Passage 50 000 km/Corp/Radio: 650 000 km
1960 α	3,35	120,5	148,5	311,6	Corp/MMet/Magn/Radio: 36 · 10⁶ km
1961 γ_1	0,3	107	152	300	Venus-Exp/Cosm/Corp/MMet/Magn/Radio: 2 · 10⁶ km
1962 α	0,40	147,3	173,5	406,4	☾ Passage 36 785 km/γ, X ⊙
1962 $\alpha\varrho$	1,66	105,4	184,0	384	Venus-Passage 34 839 km Dec. 14/Cosm/Corp/MMet/Magn/Temp/Radar/IR/Radio: 86,4 · 10⁶ km
1962 $\beta\eta$	0,44	142,2	159,8	370,2	☾ Passage 2 462 km
1962 $\beta\nu$	?	150 ?	230 ?	?	Mars-Exp/Cosm/Corp/MMet/Magn/Radio: 106 · 10⁶ km

¹) See list of abbreviations, p. 231.

Tab. 15. Artificial earth satellites and space probes — all non-abortive launchings until end of 1962 — Künstliche Erdsatelliten und Raumsonden — Liste der bis Ende 1962 gestarteten Objekte

t life time
Hel. Obj. heliocentric objects see Tab. 14.
Booster Where data on rocket are missing, satellite was launched by the USSR.
Comments See list of abbreviations p. 231

Launchings 1963/64 see appendix

Start Date		Name	$\mathfrak{M}$ [kg]	Booster	i [°]	H_{peri} [km]	H_{apo} [km]	P [min]	t	Comments
1957										
Oct 4	α	Sputnik 1	84	?	65,1	226	948	96ᵐ2	92[d]	Temp/Ionosph
Nov 3	β	Sputnik 2	508	?	65,3	226	1 670	103,8	163[d]	Cosm/X/UV/Biol
1958										
Jan 31	α	Explorer 1	8	Juno 1	33,34	360	2 532	114,8	(8[a])	Cosm/MMet
Mar 17	β	Vanguard 1	2	Vanguard	34,25	658	3 948	134,3	(500[a])	Geod/Temp
26	γ	Explorer 3	8	Jupiter C	33,37	195	2 810	115,9	94[d]	Cosm/MMet
May 15	δ	Sputnik 3	1 327	?	65,2	226	1 881	106,0	691[d]	Cosm/Corp/MMet Magn/UV/Temp
Jul 26	ε	Explorer 4	12	Juno 1	50,29	262	2 221	110,3	452[d]	Corp
Oct 11	η	Pioneer 1	18	Thor-Able	—	0	113 800	2600	43[h]	Cosm/Corp/MMet/Magn
Dec 6	ϑ	Pioneer 3	6	Juno 2	—	0	102 320	2290	38[h]	Cosm/Corp/Temp
18	ζ	Score	68	Atlas	32,3	190	1 470	101	35[d]	Radio-Relais
1959										
Jan 2	μ	Lunik 1	1 472	?			— Hel. Obj.			
Feb 17	α	Vanguard 2	9	Vanguard	32,88	558	3 322	125,8	(300[a])	Meteo
28	β	Discoverer 1	590	Thor-Agena A	87	160	977	95,9	1[d]	De-Orbit Exp
Mar 3	ν	Pioneer 4	6	Juno 2			— Hel. Obj. —			
Apr 13	γ	Discoverer 2	726	Thor-Agena A	88	229	355	90,5	14[d]	De-Orbit Exp
Aug 7	δ	Explorer 6	65	Thor-Able	46,9	251	42 418	768	(1[a])	Corp/MMet/Magn/Meteo
13	ε	Discoverer 5	772	Thor-Agena A	80	219	725	94	47[d]	De-Orbit Exp
19	ζ	Discoverer 6	772	Thor-Agena A	84	224	865	95	62[d]	De-Orbit Exp
Sep 12	ξ	Lunik 2	1 511	?	—	0	384 000	—	35[h]	☾ Impact/Cosm/Corp MMet/Magn/Na-Comet
18	η	Vanguard 3	68	Vanguard	33,3	515	3 748	130ᵐ2	(100[a])	Magn
Oct 4	ϑ	Lunik 3	1 553	?	76,4	47 500	470 000	15ᵈ 9ʰ	∞	☾ Passage 7900 km ☾ Photo ~ 67 000 km
13	ι	Explorer 7	42	Juno 2	50,3	550	1 094	101ᵐ3	(20[a])	Cosm/Corp/MMet Cosm/X/UV/Temp
Nov 7	ϰ	Discoverer 7	772	Thor-Agena A	82	147	885	95	19[d]	De-Orbit Exp
20	λ	Discoverer 8	772	Thor-Agena A	81	186	1 451	104	103[d]	De-Orbit Exp
1960										
Mar 11	α	Pioneer 5	43	Thor-Able			— Hel. Obj. —			
Apr 1	β	Tiros 1	123	Thor-Able	48,33	690	750	99,2	(8[a])	Meteo
13	γ	Transit 1 B	120	Thor-Able-Star	51,2	375	771	96,0	(4[a])	Nav
15	δ	Discoverer 11	772	Thor-Agena A	80	167	589	92,2	11[d]	De-Orbit Exp

Continued next page

Tab. 15. (Fortsetzung)

Start Date		Name	$\mathfrak{M}$ [kg]	Booster	i [°]	H_{peri} [km]	H_{apo} [km]	P [min]	t	Comments
May 15	ε	Sputnik 4	4540	?	64,9	312	369	91,2	843^{d}	De-Orbit Exp
24	ζ	Midas 2	2270	Atlas-Agena	33,0	479	516	94	(2^{a})	IR
Jun 22	η	Transit 2 A	120	Thor-Able-Star	66,8	638	1 063	102	(5^{a})	Nav (+ Greb 1)/X, UV ⊙
Aug 10	ϑ	Discoverer 13	772	Thor-Agena A	82,8	259	695	94,1	65^{d}	De-Orbit
12	ι	Echo 1	37	Thor-Delta	47,2	1 521	1 688	118,3	(5^{a})	Radio-Reflex/Rad ⊙
18	ϰ	Discoverer 14	772	Thor-Agena A	82,8	259	695	94,5	65^{d}	De-Orbit
19	λ	Sputnik 5	4600	?	64,95	306	339	90,7	1^{d}	De-Orbit/Cosm/X, UV ⊙ Biol
Sep 13	μ	Discoverer 15	772	Thor-Agena A	80,9	205	750	92,8	35^{d}	De-Orbit Exp
Oct 4	ν	Courier 1 B	225	Thor-Able-Star	28,3	945	1 237	106,9	(6^{a})	Radio-Relais
Nov 3	ξ	Explorer 8	41	Juno 2	49,9	415	2 290	112,7	(8^{a})	Ionosph/MMet
12	ο	Discoverer 17	953	Thor-Agena B	81,9	188	985	96,	47^{d}	De-Orbit/UV ⊙
23	π	Tiros 2	127	Thor-Delta	48,5	623	729	98,4	(6^{a})	Meteo/IR
Dec 1	ϱ	Sputnik 6	4563	?	64,97	187	265	88,6	2^{d}	De-Orbit Exp/Cosm X, UV ⊙/Biol
7	σ	Discoverer 18	953	Thor-Agena B	80,8	231	685	94	116^{d}	De-Orbit/Biol
20	τ	Discoverer 19	953	Thor-Agena B	82,8	210	631	93	34^{d}	IR
1961										
Jan 31	α	Samos 2	1860	Atlas-Agena A	97,4	475	555	95,0	(2^{a})	IR-Mil
Feb 4	β	Sputnik 7	6483	?	64,6	223	328	89,8	22^{d}	Venus Exp ?
12	γ_3	Sputnik 8	4041	?	65	222	280	89,6	13^{d}	Venusik-Base ?
	γ_1	Venusik 1	644	?			— Hel. Obj. —			
16	δ	Explorer 9	7	Scout	38,63	636	2 583	118,3	(5^{a})	Radio-Reflex/Rad ⊙
17	ε	Discoverer 20	1111	Thor-Agena B	80,8	298	801	95	526^{d}	De-Orbit Exp
18	ζ	Discoverer 21	953	Thor-Agena B	80,6	249	1 308	94	427^{d}	IR
22	η	Transit 3 B	113	Thor-Able-Star	28,4	188	822	96,2	36^{d}	Nav (+ Lofti): Ionosph Radio
Mar 9	ϑ	Sputnik 9	4700	?	64,97	184	249	88,6	1^{d}	De-Orbit/Biol
25	ι	Sputnik 10	4695	?	64,9	178	247	88,4	1^{d}	De-Orbit/Biol
	ϰ	Explorer 10	35	Thor-Delta	33,0	175	181 000	5012	(4^{d})	Corp/Magn
Apr 8	λ	Discoverer 23	953	Thor-Agena B	81,94	299	648	101,2	377^{d}	De-Orbit Exp
12	μ	Wostok 1	4725	?	64,95	181	327	89,1	108^{m}	Man orbital (J. Gagarin)
27	ν	Explorer 11	43	Juno 2	28,8	489	1 792	108,1	(5^{a})	γ ⊙
May 5	—	Mercury R 3	1021	Redstone	—	0	184	—	16^{m}	Man suborbital (A. Shepard)
Jun 6	ξ	Discoverer 25	953	Thor-Agena B	82,1	224	417	90,9	26^{d}	De-Orbit
29	ο	Transit A 4	121	Thor-Able-Star	66,8	859	1 020	103,8	(6^{a})	Nav (+ Injun + Greb 2) Cosm/X, UV ⊙
Jul 7	π	Discoverer 26	953	Thor-Agena B	82,9	232	808	95	151^{d}	De-Orbit
12	ϱ	Tiros 3	129	Thor-Delta	47,8	742	815	100,4	(7^{a})	Meteo/IR
	σ	Midas 3	1588	Atlas-Agena B	91,3	3 353	3 536	161,5	(1000^{a})	IR-Mil
21	—	Mercury R 4	900	Redstone	—	0	190	—	16^{m}	Man suborbital (V. Grissom)

Tab. 15. (continued)

Start Date		Name	$\mathfrak{M}$ [kg]	Booster	i [°]	H_{peri} [km]	H_{apo} [km]	P [min]	t	Comments
Aug 6	τ	Wostok 2	4 731	?	64,93	183	244	88,5	$25^{\mathrm{h}}3$	Man orbital (G. TITOW)
16	υ	Explorer 12	38	Thor-Delta	33,0	264	76 570	1585	$(0,5^{\mathrm{a}})$	Corp/Magn
23	φ	Ranger 1	306	Atlas-Agena B	32,9	170	503	91,1	7^{d}	☾ Exp/Corp/Magn
25	χ	Explorer 13	85	Scout	37,7	119	1 162	97,5	4^{d}	MMet
30	ψ	Discoverer 29	953	Atlas-Agena B	82,1	224	553	91	11^{d}	De-Orbit
Sep 12	ω	Discoverer 30	953	Atlas-Agena B	82,5	248	398	92,4	59^{d}	De-Orbit
13	$\alpha\alpha$	Mercury A 4	1 125	Atlas D	32,57	161	255	88,6	84^{m}	De-Orbit
17	$\alpha\beta$	Discoverer 31	953	Thor-Agena B	82,7	284	425	91	36^{d}	De-Orbit Exp
Oct 13	$\alpha\gamma$	Discoverer 32	953	Thor-Agena B	81,7	205	382	90	31^{d}	De-Orbit
21	$\alpha\delta$	Midas 4	1 600	Atlas-Agena B	95,9	3 508	3 734	165,8	(1000^{a})	Radio-Reflex Exp (Proj. West Ford)/IR
Nov 5	$\alpha\varepsilon$	Discoverer 34	953	Thor-Agena B	82,5	280	905	97	$(0^{\mathrm{a}}5)$	De-Orbit Exp
15	$\alpha\zeta$	Discoverer 35	953	Thor-Agena B	81,6	230	280	90	18^{d}	De-Orbit
	$\alpha\eta$	Transit 4 B	111	Thor-Able-Star	32,42	937	1 127	105,6	(12^{a})	Nav (+Traac): Control
18	$\alpha\vartheta$	Ranger 2	304	Atlas-Agena B	33,3	153	234	88,3	2^{d}	☾ Exp
29	$\alpha\iota$	Mercury A 5	1 242	Atlas D	32,57	161	235	88,6	3^{h}	De-Orbit Biol
Dec 12	$\alpha\varkappa$	Discoverer 36	958	Atlas-Agena B	81,2	235	448	91,5	86^{d}	De-Orbit + Oscar 1: Radio-Amateur
22	$\alpha\lambda$	Discoverer 37	953	Atlas-Agena B	89,6	233	750	94,5	235^{d}	Mil
1962										
Jan 26	α	Ranger 3	330	Atlas-Agena B			— Hel. Obj. —			
Feb 8	β	Tiros 4	129	Thor-Delta	48,25	708	836	100,3	(5^{a})	Meteo/IR
20	γ	Mercury A 6	1 360	Atlas D	32,54	161	261	88,5	$4^{\mathrm{h}}9$	Man orbital (J. GLENN)
21	δ	USAF	950	Thor-Agena	81,97	167	373	89,7	11^{d}	Mil
27	ε	Discoverer 38	953	Thor-Agena B	82,23	333	606	90,4	22^{d}	De-Orbit
Mar 7	ζ	OSO S-16	208	Thor-Delta	32,92	555	576	95,8	(4^{a})	Orbiting Solar Obs. γ, X, UV ☉, s. Tab. 16
	η	USAF	1 860	Atlas-Agena B	90,93	235	686	93,9	(1^{a})	Mil
16	ϑ	Kosmos 1	?	?	48,9	217	980	96,5	70^{d}	Exosph
Apr 6	ι	Kosmos 2	?	?	48,9	213	1 560	102,5	400^{d}	Exosph
9	$\varkappa$	USAF	1 590	Atlas-Agena B	86,65	2 779	3 397	153,0	(500^{a})	Mil
18	λ	USAF	950	Thor-Agena B	73,53	158	534	91,5	40^{d}	Mil
23	μ	Ranger 4	331	Atlas-Agena B	—	0	381 132	—	64^{h}	☾ Impact
24	ν	Kosmos 3	?	?	48,59	229	720	93,8	176^{d}	Exosph
26	ξ	Kosmos 4	?	?	65,0	298	330	90,6	$>3^{\mathrm{d}}$	Exosph/De-Orbit ?
	o	Ariel (U. K.)	60	Thor-Delta	53,87	390	1 214	100,9	(4^{a})	Cosm/UV/Magn/Temp
	π	USAF	950	Thor-Agena B	?	?	?	?	2^{d}	Mil
29	ϱ	USAF	950	Thor-Agena B	73,23	156	492	91,1	27^{d}	Mil
May 15	σ	USAF	950	Thor-Agena B	82,32	296	634	94,0	(300^{d})	Mil
24	τ	Mercury A 7	1 350	Atlas D	32,5	161	269	88,3	$4^{\mathrm{h}}9$	Man orbital (S. CARPENTER)
28	υ	Kosmos 5	?	?	49,07	203	1 600	101,5	(400^{d})	Exosph
30	φ	USAF	950	Thor-Agena B	74,10	195	340	89,9	12^{d}	Mil

Continued next page

Tab. 15. (Fortsetzung)

Start Date		Name	$\mathfrak{M}$ [kg]	Booster	i [°]	H_{peri} [km]	H_{apo} [km]	P [min]	t	Comments
Jun 2	χ	USAF	950	Thor-Agena B	74,25	188	349	90,0	26^d	Mil (+ Oscar 2): Radio-Amateur
17	ψ	USAF	950	Thor-Agena B	?	?	?	?	1^d	Mil
18	ω	USAF	1 860	Atlas-Agena D	82,11	365	407	92,4	(400^d)	Mil
19	$\alpha\alpha$	Tiros 5	129	Thor-Delta	58,08	584	974	100,5	(6^a)	Meteo/IR
23	$\alpha\beta$	USAF	950	Thor-Agena B	75,09	209	240	89,0	14^d	Mil
28	$\alpha\gamma$	USAF	950	Thor-Agena B	76,04	209	639	93,6	78^d	Mil
30	$\alpha\delta$	Kosmos 6	?	?	49,0	274	360	90,1	39^d	Exosph
Jul 10	$\alpha\varepsilon$	Telstar	77	Thor-Delta	44,78	946	5 623	157,6	(1000^a)	TV-Relais
18	$\alpha\zeta$	USAF	1 860	Atlas-Agena B	96,12	180	229	88,7	7^d	Mil
21	$\alpha\eta$	USAF	950	Thor-Agena B	70,28	196	349	90,0	24^d	Mil
28	$\alpha\vartheta$	USAF	950	Thor-Agena B	71,06	208	402	90,7	27^d	Mil
	$\alpha\iota$	Kosmos 7	?	?	65,0	202	351	90,1	4^d	Exosph/De-Orbit (?)
Aug 2	$\alpha\varkappa$	USAF	?	Thor-Agena D	82,25	193	351	90,0	24^d	Mil
5	$\alpha\lambda$	USAF	1 860	Atlas-Agena B	96,3	203	203	88,6	1^d	Mil
11	$\alpha\mu$	Wostok 3	4 760	?	64,8	173	221	88,1	94^h37	Man orbital (A. NIKOLAJEW)
12	$\alpha\nu$	Wostok 4	4 760	?	64,8	179	254	88,5	70^h95	Man orbital (P. POPOWITSCH)
18	$\alpha\xi$	Kosmos 8	?	?	49,0	255	602	92,9	(200^d)	Exosph
23	αo	USAF	45	Blue Scout	98,62	624	843	99,6	(4^a)	Mil
25	$\alpha\pi$	Sputnik 9	900	?	64,9	191	265	89	3^d	Venus Exp?
27	$\alpha\varrho$	Mariner 2	202	Atlas-Agena B			— Hel. Obj. —			
29	$\alpha\sigma$	USAF	?	Thor-Agena D	65,16	183	402	90,4	12^d	Mil
Sep 1	$\alpha\tau$	Sputnik 10	4 760	?	?	?	?	?	9^d	Venus Exp?
	$\alpha\upsilon$	USAF	950	Thor-Agena B	82,81	303	671	94,4	(400^d)	Mil
12	$\alpha\varphi$	Sputnik 11	4 670	?	65	182	182	?	12^d	Mars Exp?
17	$\alpha\chi$	USAF	950	Thor-Agena B	81,85	198	615	92,8	63^d	Mil
18	$\alpha\psi$	Tiros 6	128	Thor-Delta	58,28	679	715	98,7	(4^a)	Meteo/IR
27	$\alpha\omega$	Kosmos 9	?	?	65,0	303	356	90	44^d	Exosph
29	$\beta\alpha$	Alouette (Can.)	145	Thor-Agena B	80,53	1 001	1 027	105,5	(40^a)	Ionosph/Radio
	$\beta\beta$	USAF	?	Thor-Agena D	65,41	190	386	90,3	15^d	Mil
Oct 2	$\beta\gamma$	Explorer 14	40	Thor-Delta	32,95	280	98 312	2185	(300^d)	Cosm/Corp/Magn
3	$\beta\delta$	Mercury A 8	1 360	Atlas D	32,55	163	285	88,8	9^h2	Man orbital (W. SCHIRRA)
9	$\beta\varepsilon$	USAF	950	Thor-Agena B	81,99	211	422	90,9	38^d	Mil
17	$\beta\zeta$	Kosmos 10	?	?	65,0	203	335	90,2	31^d	Exosph
18	$\beta\eta$	Ranger 5	346	Atlas-Agena B			— Hel. Obj. —			
20	$\beta\vartheta$	Kosmos 11	?	?	49,0	245	921	96,1	260^d	Exosph
	$\beta\iota$	Sputnik 12	4 760	?	?	?	?	?	?	Mars Exp?
26	$\beta\varkappa$	USAF	?	Thor-Agena D	71,41	193	5 555	147,8	(100^d)	Mil
28	$\beta\lambda$	Explorer 15	44	Thor-Delta	18,02	301	17 585	314,8	250^d	Corp/X, UV
31	$\beta\mu$	Anna 1 B	161	Thor-Able-Star	50,13	1 077	1 178	107,8	(200^a)	Geod/Flash

Tab. 15. (continued)

Start Date		Name	$\mathfrak{M}$ [kg]	Booster	i [°]	H_{peri} [km]	H_{apo} [km]	P [min]	t	Comments
Nov 1	$\beta\nu$	Mars 1	894	?	— Hel. Obj. —					
2	$\beta\xi$	Sputnik 13	4 760	?	?	?	?	?	?	Venus Exp ?
5	βo	USAF	950	Thor-Agena B	75,02	196	404	90,6	28[d]	Mil
11	$\beta\pi$	USAF	950	Thor-Agena B	96,0	176	176	89	1[d]	Mil
24	$\beta\varrho$	USAF	950	Thor-Agena B	65,15	206	325	89,8	19[d]	Mil
Dec 4	$\beta\sigma$	USAF	950	Thor-Agena B	65,00	192	280	89,2	4[d]	Mil
13	$\beta\tau$	USAF	950	Thor-Agena B	70,37	245	2 768	116,2	(3[a])	Mil (+ Injun 3 etc.) Cosm/Corp
	$\beta\upsilon$	Relay 1	78	Thor-Delta	47,77	1 295	7 440	184,9	(1500[a])	TV-Relais
14	$\beta\varphi$	USAF	950	Thor-Agena B	70,97	204	388	90,5	25[d]	Mil
16	$\beta\chi$	Explorer 16	104	Scout	52,04	745	1 180	104,3	(100[a])	MMet
19	$\beta\psi$	Transit 5 A	63	Blue Scout	90,62	703	724	99,2	(5[a])	Nav
22	$\beta\omega$	Kosmos 12	?	?	65,0	211	405	90,4	(7[d])	Exosph

Launchings 1963 and 1964: see appendix (Tab. 15a, b) —
Starts 1963 und 1964: siehe Anhang (Tab. 15a, b).

Abbreviations in Tab. 14 and 15 — Abkürzungen in Tab. 14 und 15

Base	Orbital launching base
Biol	Biological Experiments: higher animals aboard
Control	Attitude control experiments
Corp	Measurements of corpuscles, in particular of ions
Cosm	High energy particles, cosmic-ray primaries in particular
De-Orbit	Re-entry experiments
Exosph	Various high-atmosphere and exosphere studies
Exp	Experiment (*not* fully successful)
Flash	Flashing device for location experiments
Geod	For geodetic measurements
Impact	Impact on celestial body
Ionosph	Transmitter(s) aboard for ionospheric studies
Ionosph Radio	Active sounding of the ionosphere by transmitting and receiving equipment aboard
IR	Infrared measurements, rocket warning purposes included
Magn	Measurements of magnetic field
Man orbital ()	Man in orbit (name)
Man suborbital ()	Manned ballistic flight (name) [These missions are the only suborbital ones listed in Table 15]
Meteo	Meteorological observations, cloud pictures in particular
Mil	Military purposes, no specifications
MMet	Meteoroid and dust sensors
Na-Comet	"Artificial comet" by emission of sodium cloud
Nav	Navigation experiments
Passage ... km	Passing a celestial body at ... central distance
Photo	Taking and transmitting to earth of photographs
Proj. West Ford	Emitting of small dipole needles for radio studies
Rad ⊙	Solar radiation pressure, simultaneously: air density studies
Radar	Radar scanning of a celestial body
Radio ... km	Maximum radio link distance achieved
Radio Amateur	Transmitter for radio amateurs aboard
Radio Reflex	Passive communications satellite
Radio Relais	Active communications satellite, transmitter aboard
Temp	Temperature measurements
TV Relais	Active television transponder
UV	Ultraviolet observations
X	X-ray measurements
γ	gamma-ray measurements

Tab. 16. U.S. observatory satellites — U.S. Satelliten-Observatorien

Δ Pointing accuracy
geoc. geocentric

Name	Start	Booster	$\mathfrak{M}$ [kg]	m_p [kg]	Δ	i [°]	H_{peri} [km]	H_{apo} [km]
OSO I Orbiting Solar Observatory	1962	Thor-Delta	208	30	1'	33	555	576
EGO Eccentric Geophys. Obs.	1963	Atlas-Agena B	450	70	2° geoc. 5° solar	31	280	11 000
POGO Polar Orbiting Geophys.Obs	1964	Thor-Agena D				90	260	920
OAO Orbiting Astronomical Obs.	1965	Atlas-Agena D	1650	450	0,"1	31	920	
AOSO "Helios" Advanced Orbiting Sol. Obs.	1966	Thor-Agena D	450	115	5" [1])	90	500	

Tab. 17. U.S. boosters into space — U.S.-Trägerraketen

n Number of steps
m_p Payload in orbit
Z Launchings until end of 1962
K Costs per launching (net, without ground service)
K/m_p Costs per kg payload in orbit

Name	n	m_p [kg]	Z	K [10^6 \$]	$\frac{K}{m_p}$ [10^3 \$/kg]
Vanguard	3	23	11	3,0	130
Juno 1	4	14	6	4,0	285
Juno 2	4	90	10	5,0	55,5
Thor-Delta (div.)	3	227	14	2,5	11,0
Thor-Able Star	2	317	10	4,0	12,6
Thor-Agena B + D	$2\frac{1}{2}$	725	30	5,5	7,6
Scout	4	100	12	1,0	10,0
Super-Scout	4	136	—	0,75	5,5
Atlas	$1\frac{1}{2}$	1 250	10	4,5	3,6
Atlas-Agena B	$2\frac{1}{2}$	2 270	17	8,5	3,7
Titan II	2	3 000	1	?	?
Atlas-Centaur	$2\frac{1}{2}$	3 850	1	10	2,6
Titan III	3	9 100	—	?	?
Saturn I	3	10 000	(3)	20	2,0
Saturn I B	3	16 000	—	22	1,4
Saturn V	3	120 000	—	50	0,4
Nova	4	500 000	—	100	0,2

4.5.6 References for 4.5 — Literatur zu 4.5

1 BEALE, R. J.: Astronautics **7** (1962) 28.
2 BOHRMANN, A.: Bahnen künstlicher Satelliten, Mannheim (1963). a) S. 25 und 28; b) S. 25; c) S. 24; d) S. 81—85, 92—94; e) S. 106.
3 CORMIER, L. N. et al.: Simplified Satellite Prediction from Modified Orbital Elements, Washington (1958) 46.
4 DUCROCQ, A.: Sieg über den Raum, Hamburg (1961). a) S. 260; b) S. 261.
5 EGOROV, V. A. in: Künstliche Erdsatelliten (2. Sonderband „Fortschritte der Physik"), Berlin (1959) 86.
6 HOERNER, S. VON, und K. SCHAIFERS: Meyers Handbuch über das Weltall, 2. Aufl. Mannheim (1961) 401.
7 HOHMANN, W.: Die Erreichbarkeit der Himmelskörper, München/Berlin (1925) a) S. 65; b) S. 70.
8 HUNTER, M. W. et al.: IX. Internationaler Astronautischer Kongreß (Hrsg. F. HECHT), Wien (1959) 632.
9 HUTCHESON, J. H.: Earth-Period Satellites, The Rand Corp., Paper P-1460, Aug. 7 (1958).
10 HUTH, J.: Am. Rocket Soc. J. **30** (1960) 250.
11 KATZ, A. H.: Astronautics **5** (1960) 29.

[1]) Drift < 0,"5/sec

12 KOZAI, Y. in: Dynamics of Satellites (ed. M. ROY), Berlin/Göttingen/Heidelberg (1963). a) S. 71; b) S. 66–69.
13 OBERTH, H. in: Die Möglichkeit der Weltraumfahrt (Hrsg. W. LEY), Leipzig (1928) S. 112/113.
14 PETRI, W. in: Handbuch für Sternfreunde (Hrsg. G. D. ROTH), Berlin/Göttingen/Heidelberg (1960) 194.
15 PRIESTER, W. et al.: Radiobeobachtungen des ersten künstlichen Erdsatelliten, Köln/Opladen (1958) S. 27.
16 RITTER, O. L., and H. STRUGHOLD: Astronaut. Aerospace Eng. **1** (1963) 83. — Siehe auch STRUGHOLD [*22*].
17 ROTHROCK, A. M. in: Current Research in Astronautical Sciences (ed. L. BROGLIO), Oxford/London/New York/Paris (1961) 441.
18 SÄNGER, E.: Raumfahrt, Düsseldorf/Wien (1963) a) S. 179, 278, 374; b) S. 170–172; c) S. 267; d) S. 355.
19 SCHAIFERS, K.: siehe [*6*].
20 SCHOLZ, N. in: Lehrgang für Raumfahrttechnik (Hrsg. E. TRUCKENBRODT, Wissenschaftliche Gesellschaft für Luftfahrt), München (1962) 20–22.
21 SCHÜTTE, K. in: IX. Internationaler Astronautischer Kongreß (Hrsg. W. HECHT), Wien (1959) S. 201–205.
22 STRUGHOLD, H., and O. RITTER: Astronautics **7** (1962) 27. Siehe auch RITTER [*16*].
23 THÜRING, B. in: Handbuch der Astronautik (Hrsg. K. SCHÜTTE und H. KAISER), Konstanz (1962) a) **1**, 403; b) **1**, 398.
24 TROSS, C.: Am. Rocket Soc. J. **32** (1962) 584.
25 VERTREGT, M.: Principles of Astronautics, Amsterdam/London/New York/Princeton (1960) a) S. 42; b) S. 98; c) S. 75; d) S. 206; e) S. 160; f) S. 159.

The data contained in tables 14–17 have been compiled from technical periodicals, and from publications kindly given by U. S. Information Service Munich.

4.6 Interplanetary space — Interplanetarer Raum

4.6.1 Interplanetary dust — Interplanetarer Staub

4.6.1.0 Introduction – Einführung

The main sources of information concerning the abundance of interplanetary dust are: (1.) direct measurements of small meteorites in the vicinity of the earth with sounding rockets, satellites, and space probes; (2.) collection of dust particles accreted by the earth; (3.) ground-based visual, photographic, and radar meteor observations; (4.) photometry of the F-corona, the zodiacal light, and the "gegenschein". Methods (2.) and (3.) and until now also the data of method (1.) are subject to disturbances by the earth, whereas method (4.) involves very delicate questions of reducing and interpreting the observations (e. g. the contribution of free electron scattering to the zodiacal light has been subject to many discussions). At present (1964) the information available about the interplanetary dust component does not provide a very consistent picture.

For the meteor data see 4.4.

Die Hauptinformationsquellen bezüglich der Häufigkeit von interplanetarem Staub sind: 1. direkte Messungen kleiner Meteorite in der Nähe der Erde mit vertikalen Raketen, Satelliten und Raumsonden; 2. Auffangen der von der Erde angesammelten Staubteilchen; 3. visuelle, photographische und Radar-Beobachtungen von Meteoren; 4. Photometrie der F-Korona, des Zodiakallichts und des Gegenscheins. Das 2. und 3. Verfahren und bis heute auch die Ergebnisse des 1. Verfahrens können Störungen durch die Erde unterliegen, wohingegen das 4. Verfahren sehr schwierige Fragen bezüglich der Umrechnung und Deutung der Beobachtungen einschließt (z. B. ist der Beitrag der Streuung an freien Elektronen zum Zodiakallicht Gegenstand vieler Diskussionen gewesen). Gegenwärtig (1964) bietet das vorliegende Material über die interplanetare Staubkomponente kein sehr widerspruchfreies Bild.

	List of symbols	*Liste der Symbole*
a_p	radius of the particle	Teilchenradius
$\bar{B}_\odot$	spectral intensity of the solar radiation averaged over the disc	spektrale, über die Scheibe gemittelte Intensität der Sonnenstrahlung
c	velocity of light	Lichtgeschwindigkeit
$F\,(> a_p)$	flux of particles with radius $> a_p$	Strom von Teilchen mit Radien $> a_p$
$F\,(> \mathfrak{M}_p)$	flux of particles with mass $> \mathfrak{M}_p$	Strom von Teilchen mit Massen $> \mathfrak{M}_p$
H	height above the earth's surface	Höhe über der Erdoberfläche
$\mathfrak{M}_p$	mass of particle	Masse des Teilchens
$pol = \frac{I_1 - I_2}{I_1 + I_2}$	degree of polarization	Polarisationsgrad
r	distance from the center of the earth	Abstand vom Erdmittelpunkt
R	distance from the center of the sun	Abstand vom Sonnenmittelpunkt
R_ε	1 a. u. · sin ε	1 AE · sin ε
$R_\odot$	radius of the sun	Radius der Sonne

α	position angle measured from the center of the sun	vom Sonnenmittelpunkt aus gemessener Positionswinkel
	$\alpha = 0°$: pole $\alpha = 90°$: equator	
β	ecliptic latitude	ekliptikale Breite
$\varepsilon = \lambda - \lambda_\odot$	elongation	Elongation
δ	scattering angle	Streuwinkel
λ	ecliptic longitude	ekliptikale Länge
$\xi = \frac{2\pi a_p}{\lambda}$; λ = wavelength		
ϱ	density (mass [g] of all particles per cm³ of space)	Dichte (Masse [g] aller Teilchen pro cm³ Raum)
ϱ_p	density of particle matter	Dichte der Teilchenmaterie

General references

a | ELSÄSSER, H.: Planetary Space Sci. **11** (1963) 1015.
b | INGHAM, M. F.: Space Sci. Rev. **1** (1963) 576.
c | KAISER, T. R.: Space Sci. Rev. **1** (1963) 554.
d | PARKIN, D. W., and W. HUNTER: in "Advances Astron. Astrophys. I" (1962) 105.

4.6.1.1 Experimental data — Meßergebnisse

4.6.1.1.1 Measurements with sounding rockets, satellites, and space probes — Messungen mit vertikalen Raketen, Satelliten und Raumsonden

The most successfully used sensors are piezoelectrical crystal microphones. The interpretation of the recorded signal meets with two difficulties: (1.) The signal is not a very well-known function of the particle mass and velocity; some authors suggest a proportionality with momentum [1], some with energy [3, 4, 7], or an intermediate function [2]. (2.) There is some uncertainty about the velocities which have to be attributed to the micrometeorites. Values of 15 km sec^{-1} [3, 4, 8] and 30 km sec^{-1} [1] are most often used. The mass and height distribution of the micrometeorite flux as derived from different flights and sensors with different sensitivities are very much affected by these uncertainties.

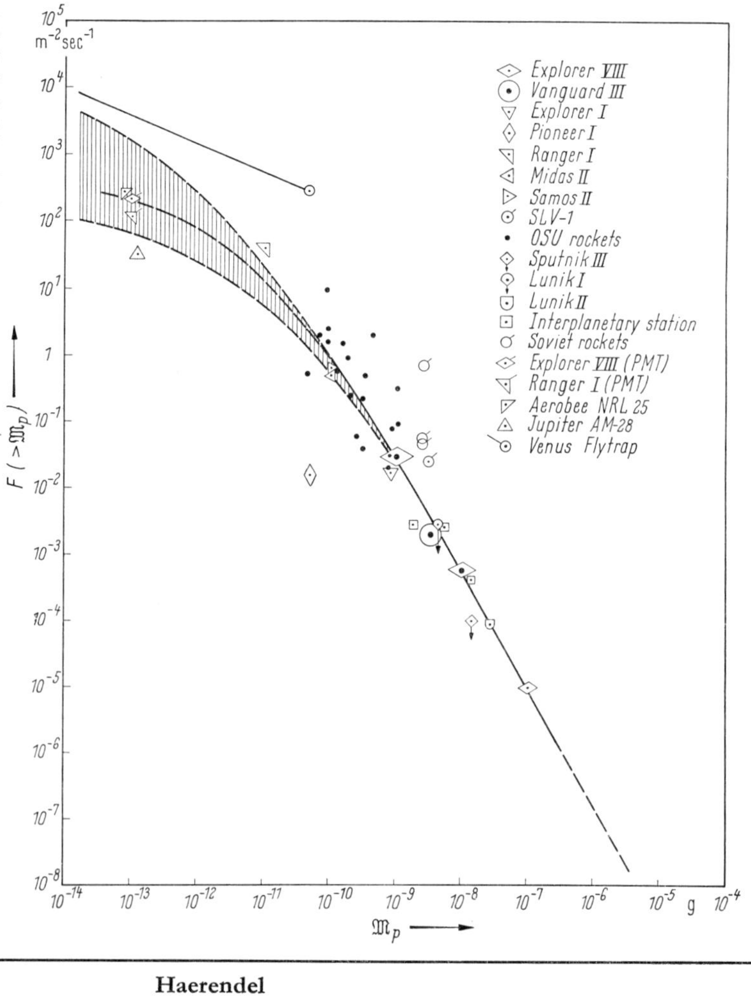

Fig. 1. Dust particle flux $F(>\mathfrak{M}_p)$ in the vicinity of the earth from direct measurements — Staubteilchenfluß $F(>\mathfrak{M}_p)$ in Erdnähe nach direkten Messungen [1].

F | Omnidirectional particle flux near the earth | Allseitiger Teilchenfluß in Erdnähe

$F\ (>\mathfrak{M}_p) = 10^{-17}\ \mathfrak{M}_p^{-1,70}$ for $10^{-10} < \mathfrak{M}_p < 10^{-6}$
characteristic height: 1000 km, assumed velocity: 30 km sec^{-1} [*1*].
$F\ (> a_p) = 750\ a_p^{-1,2}$ for $0,1 < a_p < 1,5$
characteristic height: 130 km, data from particle collection by a rocket [*6*]

F in $[m^{-2}\ sec^{-1}]$; $\mathfrak{M}_p$ in [g]; a_p in $[10^{-4}\ cm]$

Tab. 1. Altitude variation of the micrometeorite flux [1]) — Höhenabhängigkeit des Mikrometeoritenflusses [*3*] [1])

H [km]	$F\ (\mathfrak{M}_p > 10^{-8}g)$ $[m^{-2}\ sec^{-1}]$	$\varrho\ (\mathfrak{M}_p > 10^{-8}g)$ $[g\ cm^{-3}]$
100 ··· 400	$10^{-1} \cdots 1$	$4 \cdot 10^{-19} \cdots 4 \cdot 10^{-18}$
400 ··· 10 000	$10^{-4} \cdots 10^{-2}$	$4 \cdot 10^{-22} \cdots 4 \cdot 10^{-20}$
>10 000	$5 \cdot 10^{-6} \cdots 10^{-4}$	$2 \cdot 10^{-23} \cdots 4 \cdot 10^{-22}$

The geocentric concentration of the micrometeorite flux has been approximated by:
$F \propto H^{-\gamma}$ with $\gamma = 1,4$ [*8*] and $\gamma = 1,1$ [*5*] for 10^2 km $< H < 10^5$ km.

Temporal fluctuations of the influx rate by several orders of magnitude — sometimes related to known meteor streams, sometimes not — are reported by many authors (see [*1*]).

References for 4.6.1.1

1 | Alexander, W. M., C. W. McCracken, L. Secretan, and O. E. Berg: Space Research III (1963) 891.
2 | Lawrentjew, M. A.: Artificial Earth Satellites **3** (1961) 85.
3 | Moroz, V. I.: Artificial Earth Satellites **12** (1963) 166.
4 | Nazarova, T. N.: Artificial Earth Satellites **12** (1963) 154.
5 | Soberman, R. K., and L. Della Lucca: Smithsonian Contrib. Astrophys. **7** (1963) 85.
6 | Soberman, R. K., and C. L. Hemenway: Smithsonian Contrib. Astrophys. **7** (1963) 99.
7 | Stanyukovich, K. P.: Artificial Earth Satellites **4** (1961) 292.
8 | Whipple, F. L.: Nature, London **189** (1961) 127.

4.6.1.1.2 Terrestrial accretion of interplanetary dust — Staubansammlung durch die Erde

Solid interplanetary particles can survive the passage through the atmosphere without ablation if they are sufficiently small to radiate the energy gained by collisions with air molecules. Larger ones become molten droplets (cosmic spherules), or fragment into finer debris and loose an amount of material by vaporization. There are three major kinds of difficulties in interpreting the collected material in terms of the interplanetary distribution: (1.) the separation from terrestrial contamination, (2.) the inference about the original mass, and (3.) the yet unknown effective terrestrial cross-section for accretion [*c*, *d*].

Tab. 2. Total annual mass influx, F_{tot}, of micrometeorites to the earth's surface — Jährlicher gesamter Massenzufluß F_{tot} von Mikrometeoriten auf die Erde

place of discovery	distinguishing criterion	F_{tot} [tons/a]	particle range	Ref.
air collection	magnetic material	$3 \cdot 10^6$	—	*4*
	Ni-content	$1,4 \cdot 10^7$	—	*7*
	magnetic spherules	$1,4 \cdot 10^5$	$2,5\ \mu m < a_p < 19\ \mu m$	*2*
deep-sea deposits	Ni-content	10^6	—	*9*
	spherules with Ni-core	$1 \cdots 5 \cdot 10^3$	[2])	*8*
antarctic ice	black spherules	$1,8 \cdot 10^5$	$a_p > 7,5\ \mu m$	*10*
	Fe-flakes	$4 \cdot 10^4$	$2 \cdot 10^{-8}g < \mathfrak{M}_p < 3,7 \cdot 10^{-6}g$	*d*

The extraterrestrial geocentric velocity, v, has been deduced from the minimum size of cosmic spherules (see Tab. 2, footnote):

$$v \leqq 5,1\ \text{km sec}^{-1}\ [6].$$

Power law representing meteorite flux: $F\ (>\mathfrak{M}_p) \propto \mathfrak{M}_p^{-\gamma}$; for $\mathfrak{M}_p > 10^4$g: $\gamma \simeq 0,77$ [*1*], $\gamma = 1,0 \pm 0,3$ [*3*]; for $10^{-8} \lesssim \mathfrak{M}_p \lesssim 10^{-5}$g: $\gamma \doteq 0,67$ [*5*, *10*]. For data on the composition see chapter 3.

[1]) Assumed velocity: 15 km sec^{-1}.
[2]) A lower limit of $a_{p,min} = 7,5\ \mu m$ for iron spherules and a sharp minimum at $a_p = 30\ \mu m$ for stony spherules has been found by [*d*].

Tab. 3. Annual total meteorite influx F_{tot} ($>\mathfrak{M}_p$) to the earth's surface[1]) — Gesamter jährlicher Meteoritenzufluß F_{tot} ($>\mathfrak{M}_p$) auf die Erdoberfläche [*1*][1])

$\mathfrak{M}_p$ [g]	F_{tot} ($>\mathfrak{M}_p$) [a^{-1}] stones	irons
1	$1{,}0 \cdot 10^{6}$	$1{,}8 \cdot 10^{5}$
10^{2}	$2{,}6 \cdot 10^{4}$	$4{,}4 \cdot 10^{3}$
10^{3}	$4{,}1 \cdot 10^{3}$	$7{,}1 \cdot 10^{2}$
10^{4}	$6{,}8 \cdot 10^{2}$	$1{,}1 \cdot 10^{2}$
10^{5}	$1{,}0 \cdot 10^{2}$	$1{,}8 \cdot 10^{1}$
10^{6}	$1{,}6 \cdot 10^{1}$	2,9
10^{9}	$6{,}5 \cdot 10^{-2}$	$1{,}1 \cdot 10^{-2}$
10^{11}	$2{,}0 \cdot 10^{-3}$	$3{,}7 \cdot 10^{-4}$

References for 4.6.1.1.2

a ··· *d see* 4.6.1.0

1 Brown, H.: J. Geophys. Res. **65** (1960) 1679; **66** (1961) 1316.
2 Crozier, W. D.: J. Geophys. Res. **66** (1961) 2793.
3 Hawkins, G. S.: AJ **65** (1960) 318.
4 Kreiken, E. A.: Planetary Space Sci. **2** (1959) 39.
5 Laevastu, T., and O. Mellis: J. Geophys. Res. **66** (1961) 2507.
6 Öpik, E. J.: Irish Astron. J. **4** (1956) 84.
7 Pettersson, H.: Nature, London **181** (1958) 330.
8 Pettersson, H., and K. Frederiksson: Pacific Sci. **12** (1958) 71.
9 Pettersson, H., and H. Rotschi: Nature, London **166** (1950) 308.
10 Thiel, E., and R. A. Schmidt: J. Geophys. Res. **66** (1961) 307.

4.6.1.1.3 F-corona, zodiacal light, and "gegenschein" — F-Korona, Zodiakallicht und Gegenschein

The existence of a band of fine dust in the plane of the ecliptic is evident from observations of the zodiacal light. The presence of the Fraunhofer spectrum in the outer corona (F-corona) has been interpreted as due to diffraction of sunlight by small dust particles between earth and sun. The slight increase of the zodiacal light intensity toward the antisolar direction, the "gegenschein", might be a result of the scattering function of the dust particles, although there are some other theories of the "gegenschein" relating it to a dust or gaseous tail of the earth or a concentration of dust particles around the libration point at about 0,01 a. u. [*a, b*].

In order to obtain the brightness of the zodiacal light outside the earth's atmosphere, the observed brightness has to be corrected for (1.) atmospheric extinction and (2.) scattering, and from this the superimposed background of (3.) unresolved star light and (4.) the airglow has to be subtracted [*a, 15*]. Many, if not all, of the differences between the various investigations of the brightness distribution might be due to the different reduction procedures [*14*].

Brightness distribution and polarization

Tab. 4. Comments to the measurements — Bemerkungen zu den Meßreihen

meth.	observational method	Beobachtungsmethode
	pg photographic	pe photoelectric
$**/(°)^2$	stars (of the given spectral type) per square degree	Sterne (des gegebenen Spektraltyps) pro Quadratgrad
Transf.	transformation of the unit used in the paper to $\overline{B}_\odot$	Transformation der in der Arbeit benutzten Einheit auf $\overline{B}_\odot$

	meth.	λ_{eff} [A]	Unit used in the cited paper	Transf. 1 Unit ≙ . . .	Ref.
Tab. 5	pg	6300	$\overline{B}_\odot$	1	*2*
Tab. 6	pg	6200	$\overline{B}_\odot$	1	*3*
Tab. 6	pe	5240	$**/(°)^2$ with m (λ_{eff}) $= 10{,}^m0$	$4{,}01 \cdot 10^{-16}\ \overline{B}_\odot$	*7, a*
Tab. 6	pe	5240	$**/(°)^2$ with m (λ_{eff}) $= 10{,}^m0$	$4{,}01 \cdot 10^{-16}\ \overline{B}_\odot$	*8*
Tab. 6	pe	6300	dG 0$**/(°)^2$ with m_v $= 10{,}^m0$	$5{,}15 \cdot 10^{-16}\ \overline{B}_\odot$	*15*
Fig. 2	pe	4060, 5430	dG 2$**/(°)^2$ with m_v $= 10{,}^m0$	$4{,}33 \cdot 10^{-16}\ \overline{B}_\odot$	*5*
Fig. 3	pe	4500	$**/(°)^2$ with m (λ_{eff}) $= 10{,}^m0$	$6{,}25 \cdot 10^{-16}\ \overline{B}_\odot$	*8*
Fig. 3	pe	5240	$**/(°)^2$ with m (λ_{eff}) $= 10{,}^m0$	$4{,}01 \cdot 10^{-16}\ \overline{B}_\odot$	*8*

[1]) Below 10^4 g and above 10^7 g extrapolation assuming constant power law.

Tab. 5. The outer corona — Die äußere Korona [2]

cf. Tab. 4; symbols see 4.6.1.0

$R/R_\odot$	α	90°	75°	60°	45°	30°	20°	0°	90°
	ε	$\log I/\overline{B}_\odot + 14$							*pol* [%]
6	1°,60	4,93	4,87	4,78	4,74	4,72	4,71	4,70	7,1
7	1,87	4,76	4,68	4,60	4,54	4,51	4,50	4,49	6,0
8	2,13	4,61	4,54	4,45	4,38	4,34	4,33	4,32	5,3
9	2,40	4,47	4,41	4,32	4,26	4,21	4,19	4,18	4,8
10	2,67	4,37	4,31	4,21	4,13	4,09	4,07	4,06	4,3
12	3,20	4,20	4,10	3,99	3,92	3,87	3,85	3,85	3,7
14	3,73	4,06	3,94	3,83	3,76	3,74	3,73	3,72	3,2
16	4,26	3,94	3,81	3,69	3,64	3,63	3,63	3,63	2,9
18	4,80	3,84	3,68	3,58	3,56	3,52	3,52	3,52	2,8
20	5,34	3,76	3,58	3,46	3,43	3,42	3,42	3,42	2,7
25	6,67	3,57	3,33	3,24	3,21				
30	8,02	3,40	3,06	2,99	2,97				
35	9,36	3,25	2,90	2,76	2,73				
40	10,7	3,10							
45	12,1	2,97							
50	13,5	2,84							
55	14,8	2,72							

Tab. 6. Zodiacal light in the ecliptic — Zodiakallicht in der Ekliptik

cf. Tab. 4; symbols see 4.6.1.0

ε	$\log I/\overline{B}_\odot + 14$		*pol* [%] [1])		ε	$\log I/\overline{B}_\odot + 14$	
	[3]	[7, a]	[3]	[7, a]		[15]	[8]
20°	2,40		9,7		100°	1,11	
25	2,15		14,8		110	1,05	
30	1,95	1,70	21,3	20	120	1,00	
35	1,78	1,52	26,0		130	0,97	
40	1,64	1,41	28,7	29	140	0,95	
45	1,50	1,32			150	0,95	
50	1,39	1,23	31,7	31	160	0,96	
55	1,28	1,15			170	0,98	
60	1,19	1,04	32,9	33	180	1,04	0,92
70	1,02	0,86	33,2	36			
80		0,72		35			
90		0,65		36			

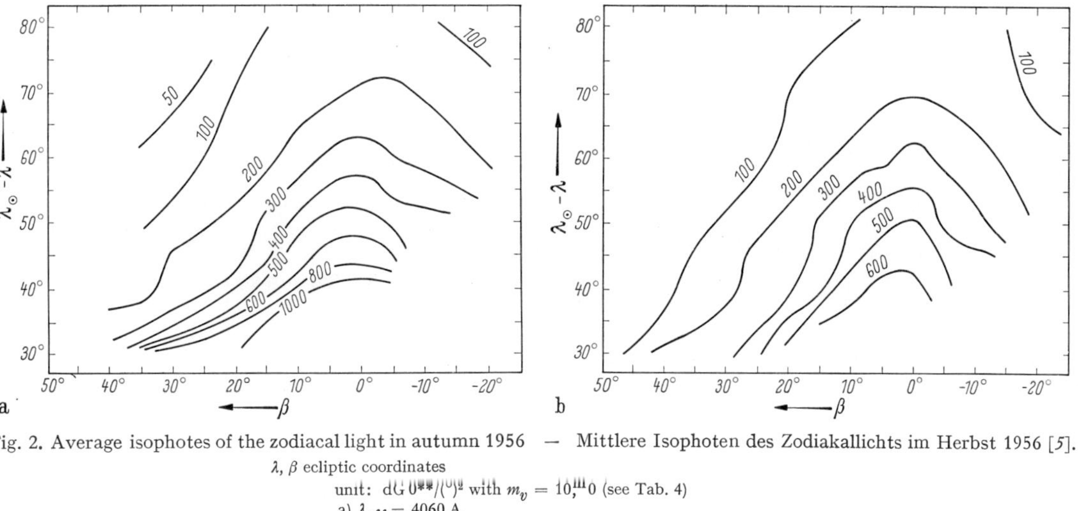

Fig. 2. Average isophotes of the zodiacal light in autumn 1956 — Mittlere Isophoten des Zodiakallichts im Herbst 1956 [5].

λ, β ecliptic coordinates

unit: [illegible] with m_v = 10,[illegible]0 (see Tab. 4)

a) λ_{eff} = 4060 A

b) λ_{eff} = 5430 A

[1]) The maximum electric vector is perpendicular to the plane of the ecliptic with an accuracy of ± 5° [7].

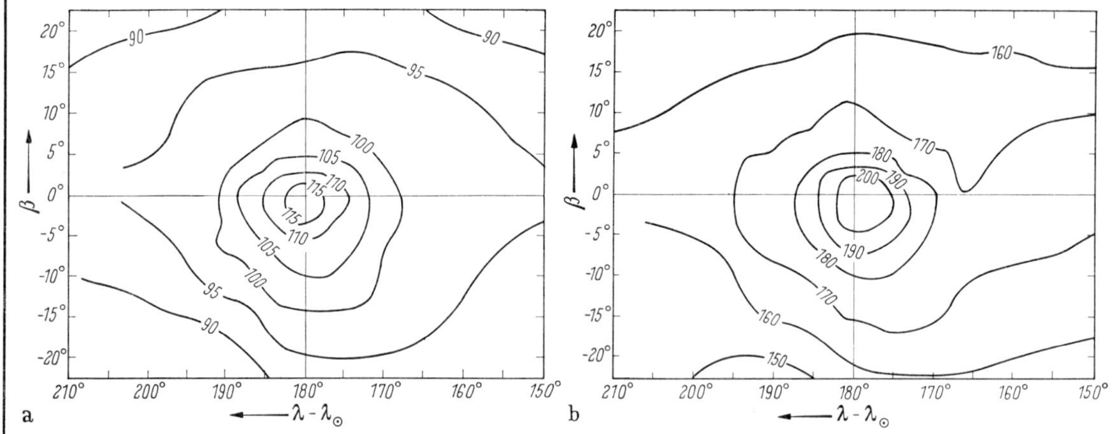

Fig. 3. Average isophotes of the "gegenschein" — Mittlere Isophoten des Gegenscheins [8].

λ, β ecliptic coordinates, Aug. 27 ··· Sept. 3, 1956
unit: $**/(°)^2$ with $m\,(\lambda_{eff}) = 10^{\mathrm{m}}\!,0$ (see Tab. 4)
a) $\lambda_{eff} = 4500$ A
b) $\lambda_{eff} = 5240$ A

Approximation formulae

a) $I \propto R_\varepsilon^{-n}$ with $n = 2{,}20$ for $6\,R_\odot < R_\varepsilon < 55\,R_\odot$, $\alpha = 90°$
$n = 2{,}47$ for $6\,R_\odot < R_\varepsilon < 20\,R_\odot$, $\alpha = 0°$ [2].

b) $I \propto \varepsilon^{-(\gamma+\mu \sin^{4/3}\alpha)}$ with $\gamma = 2{,}12$, $\mu = 0{,}43$ for $30° < \varepsilon < 60°$ and $|\alpha| < 20°$, from photoelectric measurement of white light [14].

c) $I \propto \varepsilon^{-\gamma} \exp[-0{,}0039\,\beta^2]$ with $\left.\begin{matrix}\gamma = 2{,}9 \text{ at } \lambda_{eff} = 4060\text{ A}\\ \gamma = 2{,}5 \text{ at } \lambda_{eff} = 5430\text{ A}\end{matrix}\right\}$ for $40° < \varepsilon < 70°$ and $|\beta| < 15°$ [5].

The *plane of symmetry* of the zodiacal light coincides roughly with the plane of the ecliptic [14], but minor, not entirely consistent, deviations indicate an *inclination*, *i*, with respect to the ecliptic of [3, 6, 11]:

$$i = 1{,}°5 \cdots 2{,}°0,$$

the intersection occuring at an ecliptic longitude:

$$\lambda = 120°$$

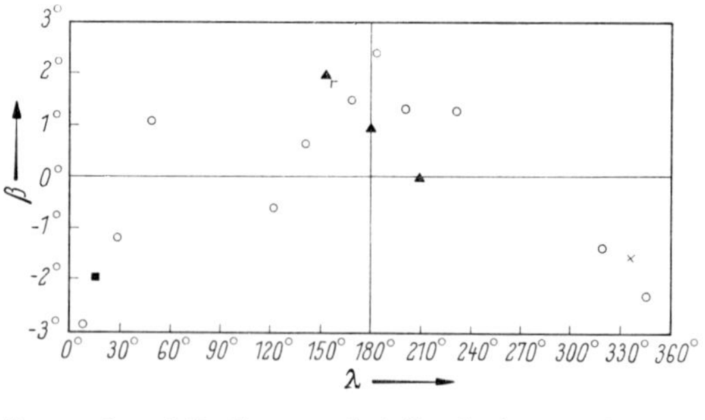

Fig. 4. Position of the maximum intensity of the "gegenschein" — Lage des Intensitätsmaximums des Gegenscheins. λ, β ecliptic coordinates (Observations: ○ I. S. Astapovich, ▪ D. A. Rozhkovskij reported by [9]; ▲ [15]; ⌜ [1]; × [8]).

Some authors (see [10]) report a westward drift of the *center of the "gegenschein"* relative to the antisolar direction of about 3°.

The *color* of the zodiacal light is nearly that of the sun [1, 3, 4, 5, 12, 13]. There does not seem to exist any systematic variation of the color with ecliptic longitude and latitude [5, 13]. The systematic variations reported by [1, 4] do not agree among themselves.

Color index (see 5.2.7)

zodiacal light ($30° < \varepsilon < 130°$): $CI = +0{,}^{\mathrm{m}}48 \pm 0{,}^{\mathrm{m}}12$ [13]
($45° < \varepsilon < 85°$): $B\text{-}V = +0{,}^{\mathrm{m}}47 \pm 0{,}^{\mathrm{m}}03$ [5]
"gegenschein" ($\varepsilon = 180°$): $CI = +0{,}^{\mathrm{m}}65 \pm 0{,}^{\mathrm{m}}19$ [8].

Intensity in three colors [3]

for $\varepsilon = 35°$: $\lambda_{eff} = 3880$ A, $I = 4{,}7 \cdot 10^{-13}\ \overline{B}_{\odot}$
$= 4470$ A, $= 5{,}5$
$= 6200$ A, $= 6{,}1$

Line depths, r_{zl}, of the zodiacal light spectrum:
(compared with the solar spectrum)
for $\varepsilon = 30°$: $r_{zl}/r_{\odot} = 1{,}01 \pm 0{,}10$ [5], from 7 lines between 3968 A and 4384 A
$= 0{,}95 \pm 0{,}10$ [16], revised from [5].

Variations with time

Continuous measurements during fourteen months did not show any significant fluctuation of the zodiacal brightness [14]; brightness changes correlated with geomagnetic activity are reported by [3].

References for 4.6.1.1.3

a ··· *d* see 4.6.1.0

1 Behr, A., und H. Siedentopf: ZfA **32** (1953) 19.
2 Blackwell, D. E.: MN **115** (1955) 629.
3 Blackwell, D. E., and M. F. Ingham: MN **122** (1961) 113, 129, 143.
4 Divari, N. B., and A. S. Asaad: Astron. Zh. **36** (1959) 856.
5 Divari, N. B., and S. N. Krylova: Astron. Zh. **40** (1963) 514.
6 Donitch, M. N.: Bull. Astron. **20** (1955) 15.
7 Elsässer, H.: Sterne **34** (1958) 166.
8 Elsässer, H., und H. Siedentopf: ZfA **43** (1957) 132.
9 Gindilis, L. M.: Astron. Zh. **36** (1959) 1091.
10 Harrison, E. R.: Nature, London **189** (1961) 993.
11 Hoffmeister, C.: AN **271** (1940) 49.
12 Karyagina, Z. V.: Astron. Zh. **37** (1960) 882.
13 Peterson, A. W.: ApJ **133** (1961) 668.
14 Regener, V. H.: ApJ **122** (1955) 520.
15 Roach, F. E., and M. H. Rees: in "The Airglow and the Aurorae", Pergamon Press, London, New York (1955) 142.
16 Schmidt, Th., und H. Elsässer: ZfA **56** (1962) 31.

4.6.1.2 Physical properties of the dust – Physikalische Eigenschaften des Staubs

a) *Poynting-Robertson effect*

t	Travel time into the sun of a black spherical and isotropically re-emitting particle (radiation pressure neglected):	Laufzeit eines schwarzen, kugelförmigen und isotrop ausstrahlenden Teilchens zur Sonne (Strahlungsdruck vernachlässigt):

$$t = 7 \cdot 10^6\, a_p \varrho\, A q \cdot f\left(\frac{q}{A}\right) \text{[a]} \qquad [5]$$

$$f(1) = 1; \quad 0{,}4 < f < 1{,}4 \text{ for } \frac{q}{A} < 1$$

A	semi-major axis	große Halbachse	of the initial orbit – der Anfangsbahn in [a. u.].
q	perihelion distance	Perihelabstand	

b) *Scattering and absorption of electromagnetic waves by spherical particles*

i_ν	scattering functions (see Fig. 5)	Streufunktionen (siehe Fig. 5)

$$I_\nu = \frac{\lambda^2}{4\pi^2 X^2}\, i_\nu \cdot \frac{I_0}{2}$$

$$i_\nu = i_\nu\,(\xi, \vartheta, n), \; \xi = \frac{2\pi a_p}{\lambda} \qquad [4]$$

I_0	intensity of the incident unpolarized light	Intensität des einfallenden unpolarisierten Lichts
I_ν	intensity of the scattered light	Intensität des gestreuten Lichts
	$\nu = 1$ electric vector perpendicular to the plane of incident and scattered light	elektrischer Vektor senkrecht zur Ebene des einfallenden und gestreuten Lichts
	$\nu = 2$ . . . within the plane . . .	. . . innerhalb der Ebene . . .
X	distance from the scattering center	Abstand vom Streuzentrum
n	complex refractive index	komplexer Brechungsindex
ϑ	scattering angle	Streuwinkel

$$\text{for } |n\,\xi| \ll 1: i_1 = \left|\frac{n^2-1}{n^2+2}\right| \xi^6, \; i_2 = \left|\frac{n^2-1}{n^2+2}\right| \xi^6 \cos^2\vartheta \qquad [4].$$

Cross-sections for **ext**inction, **abs**orption, **sca**ttering, and **rad**iation pressure:

Q	efficiency factor	Wirkungsfaktor

$$Q = \frac{\text{cross-section}}{\pi a_p^2}$$

$$Q_{ext} = Q_{sca} + Q_{abs} \quad [4]$$

$$Q_{rad} = (1 - \overline{\cos \vartheta})\, Q_{ext}$$

D	force exerted by the radiation pressure	durch den Strahlungsdruck ausgeübte Kraft

$$D = \frac{I_0}{c} \cdot \pi a_p^2 \cdot Q_{rad} \quad [4].$$

Tab. 7. Efficiency factors for extinction, absorption, scattering, and radiation pressure for absorbing spheres — Wirkungsfaktoren für Extinktion, Absorption, Streuung und Strahlungsdruck für absorbierende Kugeln

$n = 1{,}27 - 1{,}37\,i$

ξ	Q_{ext}	Q_{sca}	Q_{abs}	Q_{rad}	Ref.
0	0,0	0,0	0,0	0,0	*4*
0,1	0,28	—	0,28	0,28	*4*
0,2	0,64	0,01	0,63	0,64	*4*
0,3	0,98	0,03	0,95	0,98	*4*
0,4	1,34	0,08	1,26	1,34	*4*
0,5	1,73	0,16	1,57	1,73	*4*
0,6	2,17	0,33	1,82	2,17	*4*
0,7	2,50	0,50	1,97	2,42	*4*
0,8	2,73	0,71	2,01	2,63	*4*
0,9	2,85	0,87	1,98	2,73	*4*
1,0	2,911	0,999	1,912	2,743	*1*
1,5	3,07	1,39	1,68	2,49	*4*
2,0	3,013	1,442	1,572	2,119	*1*
2,5	2,95	1,56	1,39	1,99	*4*
3,0	2,905	1,521	1,383	1,969	*1*
4,0	2,803	1,539	1,264	1,728	*1*
5,0	2,721	1,540	1,181	1,647	*1*
6,0	2,656	1,536	1,120	1,582	*1*
7,0	2,603	1,530	1,073	1,488	*1*
8,0	2,559	1,524	1,035	1,475	*1*
9,0	2,522	1,518	1,004	1,427	*1*
10	2,490	1,511	0,979	1,385	*1*
15	2,382	1,487	0,895	1,290	*1*
20	2,317	1,469	0,848	1,244	*1*
25	2,274	1,457	0,817	1,214	*1*
30	2,242	1,446	0,796	1,189	*1*
35	2,218	1,438	0,780	1,166	*1*
40	2,198	1,432	0,766	1,147	*1*
∞	2,0	1,34	0,66	0,95	*4*

Fore more details see [*4*].

Tab. 8. Ratio of radiation-pressure force D and gravity S for spherical interplanetary dust particles[1]) — Verhältnis von Strahlungsdruckkraft D zu Schwerkraft S für kugelförmige interplanetare Staubteilchen [*1*][1])

a_p	Ni		H_2O	
[μm]	$\mathfrak{M}_p$ [g]	D/S	$\mathfrak{M}_p$ [g]	D/S
0,05	$4{,}66 \cdot 10^{-15}$	1,73	—	—
0,1	$3{,}73 \cdot 10^{-14}$	1,31	—	—
0,2	$2{,}99 \cdot 10^{-13}$	0,70	—	—
0,3	$1{,}01 \cdot 10^{-12}$	0,45	$1{,}13 \cdot 10^{-13}$	2,30
0,4	$2{,}39 \cdot 10^{-12}$	0,31	$2{,}68 \cdot 10^{-13}$	1,89
0,5	$4{,}66 \cdot 10^{-12}$	0,24	$5{,}24 \cdot 10^{-13}$	1,56
0,8	$1{,}91 \cdot 10^{-11}$	0,13	$2{,}14 \cdot 10^{-12}$	1,03
1,2	$6{,}43 \cdot 10^{-11}$	0,08	$7{,}23 \cdot 10^{-12}$	0,71
5,0	—	—	$5{,}24 \cdot 10^{-10}$	0,13

c) *Action of the interplanetary magnetic field on charged dust particles*

The relative velocity, v_7, [10^7 cm sec^{-1}] between charged dust particles and the magnetic field as carried by the solar wind gives rise to a Lorentz force, L:

$$\frac{L}{S} = 3{,}9 \cdot 10^{-4} \frac{U_v\, B_\gamma\, v_7\, R^2}{a_p^2}$$

U_v [volt]	Potential of the dust particle (metallic)	Potential des (metallischen) Staubkorns
B_γ [10^{-5} Gauss]	magnetic field strength	Magnetische Feldstärke
S	gravity	Schwerkraft

R in [a. u.]; a_p in [μm].

[1]) In contrast to absorbing particles very small dielectric particles ($a_p < 4 \cdot 10^{-7}$ cm) have again $D/S < 1$.

d) *Distance R from the sun at which a small conducting black sphere, in thermal equilibrium with the solar radiation, evaporates* (details see [2, 3]):

$$\frac{R}{R_\odot} = 0{,}5\left(\frac{5800\ ^\circ\mathrm{K}}{T_{evap}}\right)^2$$

T_{evap} in [°K] | evaporation temperature | Verdampfungstemperatur

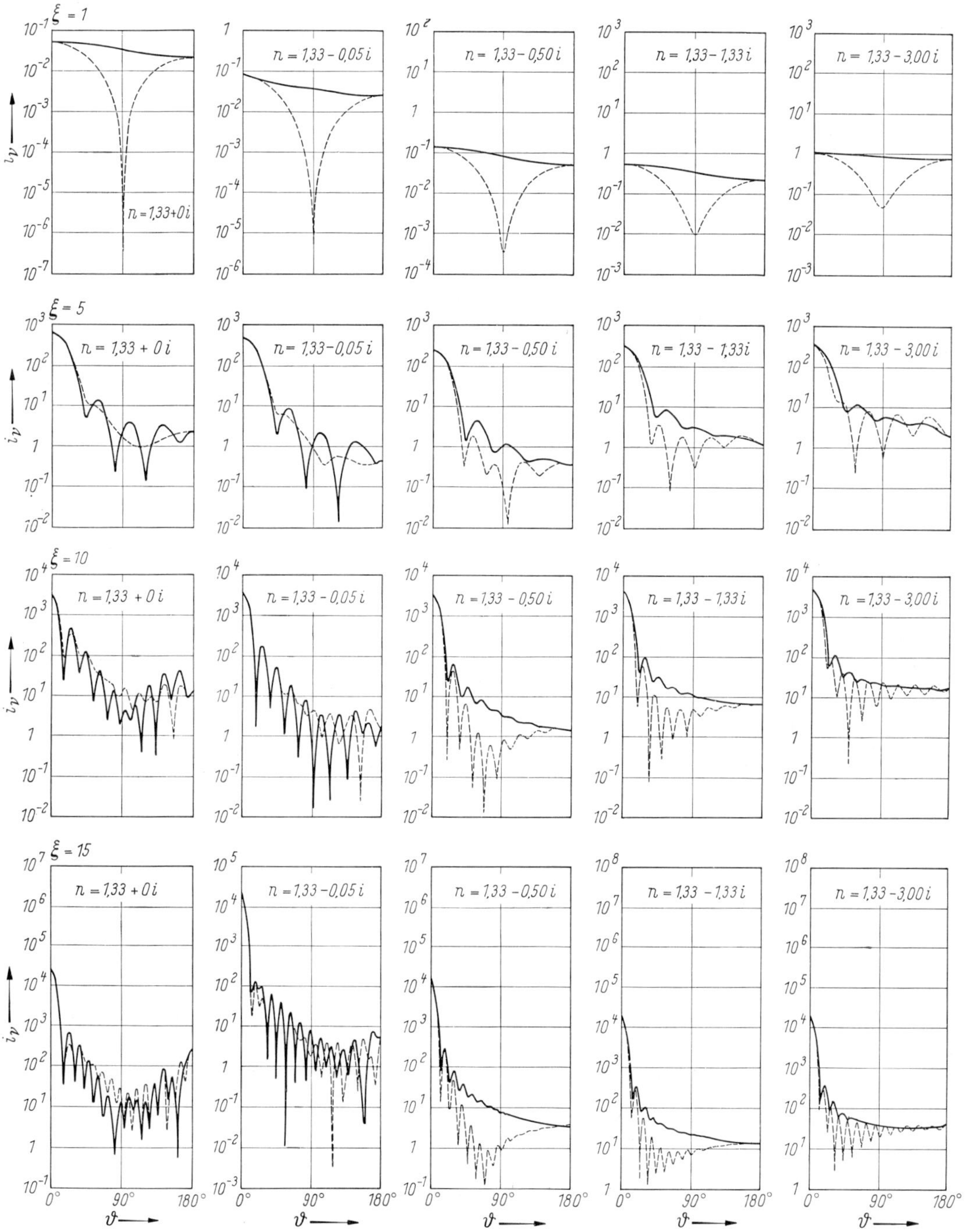

Fig. 5. Scattering functions i_ν for various values of the refractive index n — Streufunktionen i_ν für verschiedene Werte des Brechungsindex n [1].

——— i_1

– – – – i_2

ϑ scattering angle – Streuwinkel

$\xi = \frac{2\pi a_p}{\lambda}$, λ = wavelength

Haerendel

References for 4.6.1.2

1 GIESE, R. H.: ZfA **51** (1961) 119.
2 OVER, J.: Proc. Koninkl. Ned. Akad. Wetenschap. **51** B (1958) 74.
3 RUSSELL, H. N.: ApJ **69** (1929) 49.
4 VAN DE HULST, H. C.: Light Scattering by Small Particles, Wiley, New York (1957).
5 WYATT, S. P. jr., and F. L. WHIPPLE: ApJ **111** (1950) 134.

4.6.1.3 Interpretation of the observations – Interpretation der Beobachtungen

Interplanetary dust distribution derived from the zodiacal light – Aus dem Zodiakallicht abgeleitete interplanetare Staubverteilung

The interpretation of the brightness distribution, the polarization, and the color of the F-corona, the zodiacal light, and, to a lesser degree, the "gegenschein", provides a great deal of information about the interplanetary dust component. However, it involves several assumptions and idealizations that enable the representation of the observational data by fairly different models [*a*, *b*].

Common assumptions (numerical values Tab. 9):

1. spherical particles with radius a_p, size-independent density of particle matter ϱ_p;
2. size and spatial distribution:

$$N(a_p, R)\, da_p dR \propto a_p^{-p} R^{-q}\, da_p\, dR, \quad a_0 < a_p < a_1;$$

3. mass distribution following from 1. and 2.:

$$N(>\mathfrak{M}_p) \propto \mathfrak{M}_p^{-s}, \quad s = \frac{p-1}{3};$$

4. rather schematic representations of the scattering functions (except in [*9*]).

The most serious limitation seems to be introduced by (1.), since there are strong indications for the existence of highly irregular particles [*d*, *18*]. The existence of a lower cutoff, a_0, of the size distribution (2.) is in accordance with the action of the radiation pressure on particles with $a_p \lesssim 10^{-4}$ cm (see Tab. 8) and with the lack of an appreciable reddening of the scattered sunlight (see 4.6.1.1.3), which would be caused by a noticeable amount of particles with $\xi = \dfrac{2\pi a_p}{\lambda} < 1$ (see 4.6.1.2).

Some authors discuss the *admixture of free electrons* to account for the high polarization [*2*, *7*, *a*], but, according to the measurements of Fraunhofer line depths [*3*], their contribution seems to be small [*9*] (see 4.6.2.1.5).

In one of the theories of the *"gegenschein"* (see [*a*, *b*]), the increase in brightness is regarded to be a result of a maximum of the scattering functions at $\vartheta = 180°$ [*20*], as for example is true for dielectric spheres (see Fig. 5).

Tab. 9. Parameters of the interplanetary dust distribution according to analyses of the F-corona and the zodiacal light — Parameter der interplanetaren Staubverteilung nach Analysen der F-Korona und des Zodiakallichts

$\varrho_p, p, q, s, a_0, a_1$:

$\varrho_p, p, q, s, a_0, a_1$	see assumptions (1.)···(3.)	Siehe Annahmen (1.)···(3.)
ϱ	average density near 1 a.u.	mittlere Dichte in etwa 1 AE Abstand
	numbers in brackets have been added in order to derive ϱ	die eingeklammerten Zahlen sind hinzugefügt, um ϱ zu berechnen

data from	p	a_0 [cm]	a_1 [cm]	q	ϱ_p [g cm^{-3}]	s	ϱ [g cm^{-3}]	Ref.
F-corona	2,6	—	$3,5 \cdot 10^{-2}$	0 ¹)	5,0	0,533	$5 \cdot 10^{-21}$	*19*
F-corona	2,0	10^{-4}	10^{-1}	0 ²)	7,5	0,333	$1,8 \cdot 10^{-19}$	*8*
F-corona	2,0	10^{-4}	10^{-2}	0 ²)	7,5	0,333	$2,5 \cdot 10^{-21}$	*8*
zodiacal light	3,5	$2 \cdot 10^{-4}$	$2 \cdot 10^{-1}$	variable	3,0	0,833	$1,7 \cdot 10^{-23}$	*7*
F-corona	3,5	$4 \cdot 10^{-4}$	(10^{-2})	1,5	(5,0)	0,833	$2,7 \cdot 10^{-23}$	*1*
F-corona and zodiacal light	4,0	$4 \cdot 10^{-5}$	—	1,0	2,0	1,0	$5,3 \cdot 10^{-24}$	*12*
zodiacal light	5,0	$4 \cdot 10^{-5}$	—	1,0	2,0	1,33	$0,9 \cdot 10^{-24}$	*12*
zodiacal light	4,0	$8 \cdot 10^{-6}$	$2 \cdot 10^{-4}$	1,5	1,0; 7,8	1,0	$4,2 \cdot 10^{-25}$	*9*

The fragmentation of comets and asteroids is commonly regarded as the *source of interplanetary dust* [*16*, *22*, *b*, *d*].

Mass loss of interplanetary dust due to the Poynting-Robertson effect: | *Massenverlust des interplanetaren Staubs* aufgrund des Poynting-Robertson-Effektes:

$$\approx 10^6 \text{ g sec}^{-1}$$ [*22*].

¹) no dust within $R = 0,1$ a.u. ²) no dust within $R = 0,4$ a.u.

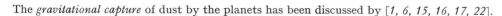

The *gravitational capture* of dust by the planets has been discussed by [*1, 6, 15, 16, 17, 22*].

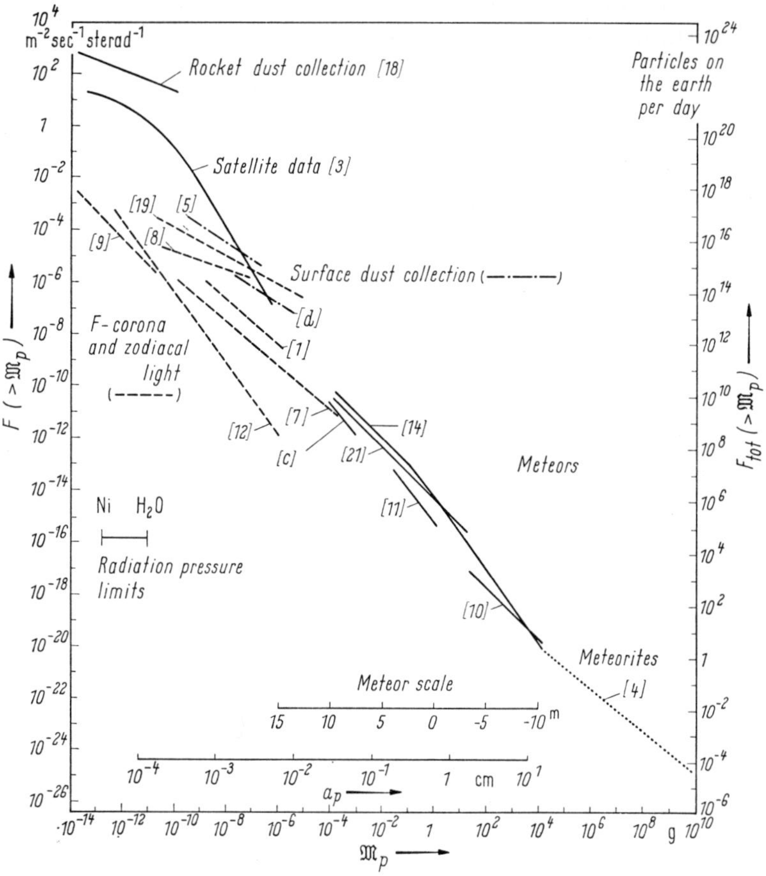

Fig. 6. Particle flux $F\,(>\mathfrak{M}_p)$ and daily terrestrial accretion rate $F_{tot}\,(>\mathfrak{M}_p)$ of interplanetary dust particles with masses $>\mathfrak{M}_p$ — Teilchenfluß $F\,(>\mathfrak{M}_p)$ und tägliche Auffangrate der Erde $F_{tot}\,(>\mathfrak{M}_p)$ von interplanetaren Staubteilchen mit Massen $>\mathfrak{M}_p$.
(Meteor, satellite, and meteorite data including the meteor magnitude scale according to [*13*]; particle radius scale *a* for a density $\varrho_p = 1$ g cm^{-3}; radiation pressure limits from Tab. 8; for conversion of the zodiacal light data to influx rates a geocentric velocity of 15 km sec^{-1} and the geometrical cross-section of the earth have been used.)

References for 4.6.1.3

a ··· *d*: *see* 4.6.1.0

1 BEARD, D.: ApJ **129** (1959) 496.
2 BEHR, A., und H. SIEDENTOPF: ZfA **32** (1953) 19.
3 BLACKWELL, D. E., and M. F. INGHAM: MN **122** (1961) 143.
4 BROWN, H.: J. Geophys. Res. **65** (1960) 1679; **66** (1961) 1316.
5 CROZIER, W. D.: J. Geophys. Res. **66** (1961) 2793.
6 DE JAGER, C.: in „Les particules solides dans les astres" Mém. Soc. Roy. Sci. Liège in 8° (1955) 174.
7 ELSÄSSER, H.: ZfA **33** (1954) 274.
8 ELSÄSSER, H.: ZfA **37** (1955) 114.
9 GIESE, R. H.: Space Sci. Rev. **1** (1963) 589.
10 HAWKINS, G. S.: AJ **64** (1959) 450.
11 HAWKINS, G. S., and E. K. L. UPTON: ApJ **128** (1958) 727.
12 INGHAM, M. F.: MN **122** (1961) 157.
13 MCCRACKEN, C. W., and M. DUBIN: NASA Technical Notes **D-2100** (1963).
14 MILLMAN, P. M., and M. S. BURLAND: Sky Telescope **16** (1957) 222.
15 MOROS, W. I.: Artificial Earth Satellites **12** (1963) 166.
16 ÖPIK, E. J.: Irish Astron. J. **4** (1956) 84.
17 RUSKOL, E. L.: Artificial Earth Satellites **12** (1963) 159.
18 SOBERMAN, R. K., and C. L. HEMENWAY: Smithsonian Contrib. Astrophys. **7** (1963) 99.
19 VAN DE HULST, H. C.: ApJ **105** (1947) 471.
20 WALTER, H.: ZfA **46** (1958) 9.
21 WATSON, F. G.: "Between the Planets", Harvard University Press, Cambridge (1956).
22 WHIPPLE, F. L.: ApJ **121** (1955) 750.

Haerendel

4.6.2 Interplanetary gas and magnetic field — Interplanetares Gas und Magnetfeld

4.6.2.0 Introduction — Einführung

There is much observational and theoretical evidence that the interplanetary space is filled by a *continuous* outflow of coronal plasma which is too hot and too highly conductive to remain in static equilibrium. It is usually referred to as the "solar wind" and can be regarded as a fluid streaming out nearly radially with velocities of several 100 km sec^{-1} at the earth's orbit. Because of its high degree of ionization, the interplanetary magnetic field is strongly coupled to the "solar wind" and is extended and distorted by its outward motion. Since the interplanetary plasma originates in the hydrodynamic expansion of the corona, it follows that it carries many of the coronal inhomogeneities and temporal changes into space; blast waves for instance may be formed above active regions. The "solar wind" continues to extend outward from the sun until its kinetic pressure decreases to the value of the interstellar (total) pressure. Nothing is known observationally about this transition, but it may be estimated to occur at 40 ··· 90 a. u. [*b*], sufficiently far to replace the concept of the "Strömgren sphere" (see 8.4.1 Tab. 4).

Es gibt von der Beobachtung wie von der Theorie her viele Beweise, daß der interplanetare Raum von einer *kontinuierlichen* Ausströmung von Koronaplasma erfüllt ist, das zu heiß und zu sehr leitfähig ist, um in einem statischen Gleichgewicht zu bleiben. Es wird gewöhnlich als „Sonnenwind" bezeichnet und kann als nahezu radial auswärts strömendes Medium mit Geschwindigkeiten von mehreren 100 km sec^{-1} in Erdbahnnähe betrachtet werden. Wegen seines hohen Ionisationsgrades ist das interplanetare Magnetfeld stark mit dem „Sonnenwind" gekoppelt und wird durch dessen nach außen gerichtete Bewegung ausgedehnt und verzerrt. Da das interplanetare Plasma seinen Ursprung in der hydrodynamischen Ausdehnung der Korona hat, so folgt daraus, daß es viele Inhomogenitäten und zeitliche Veränderungen der Korona in den interplanetaren Raum hinausträgt; z. B. können Stoßwellen über aktiven Gebieten entstehen. Der „Sonnenwind" breitet sich so weit aus, bis sein kinetischer Druck auf den Wert des interstellaren (Gesamt-)Drucks herabsinkt. Über diesen Übergang ist durch Beobachtung nichts bekannt, doch darf angenommen werden, daß er sich bei 40 ··· 90 AE [*b*] vollzieht, weit genug entfernt, um die Rolle des Begriffs der „Strömgren-Kugel" (siehe 8.4.1 Tab. 4) zu übernehmen.

The component of solar corpuscular radiation with energies more than 1 MeV is not treated as part of the interplanetary medium in this context, because it is a transient phenomenon lasting for several hours at times of a solar flare, and because its energy density is below that of the "solar wind". Its natural place is within the cosmic rays, but as these particles are strongly guided by magnetic fields they are mentioned in the following chapters in so far as they contribute to an understanding of the overall configuration of the interplanetary magnetic field.

General references

a Lüst, R.: Space Sci. Rev. **1** (1962) 522.
b Parker, E. N.: Interplanetary Dynamical Processes, Interscience Publ., New York — London (1963).

4.6.2.1 Plasma observations — Beobachtungen des Plasmas

4.6.2.1.1 Measurements with satellites and space probes — Messungen mit Satelliten und Raumsonden

The Mariner II data indicate [*6, 8, 9*]:

There is always a measurable plasma flow from the direction of the sun. Besides of protons and electrons the plasma also consists of α-particles. The plasma velocity is not steady, but varies from day to day.

There is no strong correlation between plasma velocity and overall solar activity, but a very good correlation with geomagnetic activity.

Relationship between plasma velocity v_{pl}, and daily sum of the planetary magnetic activity index ΣKp [*9*]:

$$v_{pl} = (8{,}44 \pm 0{,}74)\ \Sigma Kp + (330 \pm 17)\ \text{km sec}^{-1} \qquad (1)$$

Peaks in plasma velocity show a strong 27-day recurrence tendency indicating a close association with specific areas on the sun.

Near 1 a. u. the plasma velocity exceeds the velocity of sound and the Alfvén-velocity.

There is no remarkable change in plasma velocity between 0,7 and 1 a. u.

Tab. 1. Interplanetary plasma data gained with satellites and space probes — Daten des interplanetaren Plasmas, gemessen mit Satelliten und Raumsonden

r	distance from the center of the earth	Abstand vom Erdmittelpunkt
F_{ion}	ion flux	Ionenfluß
E	energy	Energie
N	number of particles per cm³	Anzahl der Teilchen pro cm³
Kp	planetary magnetic activity index	planetarer magnetischer Aktivitätsindex (Kennziffer)

vehicle (see 4.5.5)	Ref.	r [km]	F_{ion} [cm^{-2} sec^{-1}]	E [eV]	v [km sec^{-1}]	N [cm^{-3}]	T [10^5 °K]	Kp
Lunik I	*7*	$> 10^5$	$1 \cdots 2 \cdot 10^8$	> 15	—	—	—	$0 \cdots 1$
Lunik II	*4,7*	$2{,}5 \cdots 3{,}7 \cdot 10^5$	$2 \cdot 10^8$	> 15	—	—	—	$2 \cdots 3$
Lunik III	*4*	$1{,}26 \cdot 10^5$	$4 \cdot 10^8$	> 30	—	—	—	$4 \cdots 6$
Lunik III	*4*	$4{,}5 \cdot 10^5$	$\ll 4 \cdot 10^8$	> 30	—	—	—	2
Venusprobe (USSR)	*4,5*	$1{,}9 \cdot 10^6$	$1 \cdot 10^9$	> 50	—	—	—	$5 \cdots 7$
Explorer X	*2,3*	$1{,}4 \cdots 3{,}0 \cdot 10^5$	$1 \cdots 4 \cdot 10^8$	$250 \cdots 800$	$200 \cdots 400$	$6 \cdots 20$	≈ 1	$2 \cdots 3$
Explorer X	*2*	—	$\geqslant 4 \cdot 10^8$	$\geqslant 800(?)$	$\geqslant 400(?)$	—	—	6
Mariner II	*6,8*	$7 \cdot 10^5 \cdots 8{,}7 \cdot 10^7$	10^8	$500 \cdots 3000$	$360 \cdots 700$	$0{,}3 \cdots 10$	$0{,}6 \cdots 5$	—

References for 4.6.2.1.1

1 Bartels, J.: Collection of Geomagnetic Planetary Indices *Kp* and Derived Daily Indices *Ap* and *Cp* for the Years 1932 to 1961, North-Holland Publ. Comp., Amsterdam (1962).

2 Bonetti, A., H. S. Bridge, A. J. Lazarus, E. F. Lyon, B. Rossi, and F. Scherb: Space Research III (1963) 540.

3 Bridge, H. S., C. Dilworth, A. J. Lazarus, E. F. Lyon, B. Rossi, and F. Scherb: J. Phys. Soc. Japan **17** Suppl. A-II (1962) 553 (Intern. Conf. Cosmic Rays and Earth Storm, Kyoto 1961).

4 Gringauz, K. I.: Space Research II (1961) 539.

5 Gringauz, K. I., V. V. Bezrukikh, S. M. Balandina, V. D. Ozerov, and R. E. Rybchinsky: Space Research III (1963) 602.

6 Neugebauer, M., and C. W. Snyder: Science **138** (1962) 1095.

7 Shklovskii, I. S., V. I. Moroz, and V. G. Kurt: Astron. Zh. **37** (1960) 931.

8 Snyder, C. W., and M. Neugebauer: Space Research IV (1964)89.

9 Snyder, C. W., M. Neugebauer, and U. R. Rao: J Geophys. Res. **68** (1963) 6361.

4.6.2.1.2 Interaction with ionized comet tails — Wechselwirkung mit ionisierten Kometenschweifen

The *existence* of straight ionized comet tails pointing in the antisolar direction (Bredichin type I) and the *accelerations* of cloudy structures within the tails serve as evidence of the continuous radial outward streaming of solar plasma [*1, 3, 4*], also during periods of low solar activity [*6*]. But as the details of the interaction are not very well known, it is not possible to obtain reliable values of the strength of the solar wind.

The *statistical lag* of type I comet tails behind the radius vector from the sun [*5*] has been interpreted as being due to the superimposition of the solar wind velocity and the orbital motion of the comet [*1*] (Fig. 1).

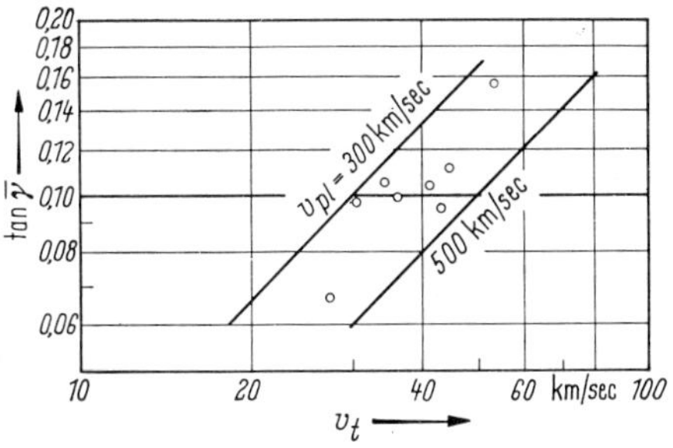

Fig. 1. Average lag angle $\bar{\gamma}$ between type I comet tails and the radius vector from the sun — Mittlerer Verzögerungswinkel $\bar{\gamma}$ zwischen Kometenschweifen vom Typ I und dem Radiusvektor von der Sonne [*5*].

v_t	toroidal component of the cometary velocity	toroidale Komponente der Kometengeschwindigkeit
v_{pl}	plasma velocity	Plasmageschwindigkeit
	the straight lines demonstrate the hypothetical relation:	die Geraden veranschaulichen die hypothetische Beziehung:

$$v_t = v_{pl} \tan \gamma$$

Correlations between comet tail activity and geomagnetic disturbances indicate mean plasma velocities ranging from:

400 km sec^{-1} at times of low solar activity [*6*]
up to 1000 km sec^{-1} for strong plasma streams [*2*].

Regions of enhanced plasma emissions may extend to 40° heliographic latitude [*6, 7*].

References for 4.6.2.1.2

1 Biermann, L.: ZfA **29** (1951) 274.
2 Biermann, L.: Z. Naturforsch. **7a** (1952) 127.
3 Biermann, L.: Observatory **77** (1957) 109.
4 Biermann, L., and Rh. Lüst: in "The Moon, Meteorites and Comets" (B. M. Middlehurst and G. P. Kuiper ed.) p. 618, The University of Chicago Press, Chicago (1963).
5 Hoffmeister, C.: ZfA **22** (1943) 265.
6 Lüst, Rh.: ZfA **51** (1961) 163.
7 Lüst, Rh.: ZfA **54** (1962) 67.

4.6.2.1.3 Interaction with the magnetosphere — Wechselwirkung mit der Magnetosphäre

The first evidence of solar corpuscular radiation came from geomagnetic disturbances [7].

In the time interval 1932 ··· 1961 there was not one single solar rotation in which not at least $Kp = 3$ was attained [2].

In the light of the Mariner II data (eqn. (1) 4.6.2.1.1), Tab. 2 may give an impression of the velocity distribution of the "solar wind".

In the ascending part of the solar sunspot cycle there are markedly fewer geomagnetic disturbances than in the descending part [2].

The *27-day recurrence* of intermediate geomagnetic disturbances demonstrates the long lifetime of plasma emitting M-regions and consequently a long spatial extension of the plasma streams themselves, which because of the superimposed solar rotation form a spiral at any given moment [6, 7].

The connection of the hypothetical M-regions with the visible areas of the sun is still a matter of controversy (see Tab. 3). Less controversial is the origin of *sporadic* moderate and great geomagnetic storms in active regions. The correlation with central meridian passage of solar events and the existence of a favorable solar hemisphere indicate a *directivity* of plasma emission.

Tab. 2. Frequency of 3-hour geomagnetic activity index, Kp, for 1932 ··· 1961 — Häufigkeit des 3-stündigen geomagnetischen Aktivitätsindex Kp für 1932 ··· 1961 [2]

Kp	%
0	9,22
1	24,67
2	24,41
3	20,49
4	12,26
5	5,63
6	2,11
7	0,77
8	0,35
9	0,09

Tab. 3. Plasma travel-times from correlation of geomagnetic disturbances with solar events — Plasmalaufzeiten aus der Korrelation von geomagnetischen Störungen mit Ereignissen auf der Sonne

τ	delay time (peak of the distribution)	Verzugszeit (Spitze der Verteilung)
v	corresponding velocity	zugehörige Geschwindigkeit
CMP	central meridian passage	Durchgang durch den Zentralmeridian
ELP	east limb passage	Durchgang durch den östlichen Sonnenrand
corr	type of correlation:	Art der Korrelation:
	p: positive, n: negative	
Type	type of geomagnetic disturbance:	Art der geomagnetischen Störung:
	M: M-type storm, S: sporadic storm, G: great storm, s.c.: sudden commencement	

Solar event	Type	corr	τ [d]	v [km/sec]	Ref.
CMP sunspot groups	M	n	3	600	1
ELP unusually weak $\lambda = 5303$ Å emission	M	p	9	800	3
CMP Ca^+-plages*)	M	p	6	300	12
CMP Ca^+-flocculi	M	n	3	600	13
CMP sunspot groups	S	p	4	430	1
CMP Ca^+-flocculi	S	p	3,5	500	13
flare	S	p	2,5	700	1
flare	S (s.c.)	p	2,0	870	1
CMP sunspot group	G	p	1,5	1150	13
flare	G	p	1,5	1150	1
flare	G (s.c.)	p	1,0	1730	1
flare	G	p	1,0 ··· 2,0	870 ··· 1730	4,7

*) A noticeable dependence on the solar cycle has been established [11].

Kinetic pressure $1/2\ \varrho \cdot v_{pl}^2$ of the "solar wind" at 1 a. u. and distance, r_o, of the geomagnetic boundary towards the sun [*10*]:

$$\frac{1}{2}\,\varrho\, v_{pl}^2 = 3{,}5 \cdot 10^{-3}\, r_o^{\ -6} \tag{2}$$

(ϱ [g cm^{-3}], v_{pl} [cm sec^{-1}], r_o [$R_♁$]).

Explorer XII-data (Sept. 1961) [*5*]:

$r_o = 10 \cdots 11\ R_♁$ during magnetically quiet periods

$r_o = \ 8 \cdots \ 9\ R_♁$ at moderately disturbed days.

A serious limitation on the theoretical result is set by a region of turbulent magnetic field surrounding the geomagnetic cavity, which may suppress the interplanetary plasma velocity by almost a factor of 2 [*9*].

A first order-of-magnitude estimate of the kinetic pressure of the enhanced solar wind has been obtained from the amplitude of sudden commencements [*8*].

References for 4.6.2.1.3

1 ALLEN, C. W.: MN **104** (1944) 13.
2 BARTELS, J.: Ann. Géophys. **19** (1963) 1.
3 BELL, B., and H. GLAZER: Smithsonian Contrib. Astrophys. **2**/5 (1957) 51.
4 BELL, B.: Smithsonian Contrib. Astrophys. **5**/7 (1961) 69.
5 CAHILL, L. J., and G. P. AMAZEEN: J. Geophys. Res. **68** (1963) 1835.
6 CHAPMAN, S.: MN **89** (1929) 456.
7 CHAPMAN, S., and J. BARTELS: Geomagnetism, Oxford University Press, Oxford (1940).
8 CHAPMAN, S., and V. C. A. FERRARO: Nature, London **126** (1930) 129.
9 KELLOGG, P. J.: J. Geophys. Res. **67** (1962) 3805.
10 MIDGLEY, J. E., and L. DAVIS, jr.: J. Geophys. Res. **68** (1963) 5111.
11 MITROPOL'SKAYA, O. N.: Astron. Zh. **36** (1959) 224.
12 MUSTEL, E. R.: Astron. Zh. **38** (1961) 28.
13 SAEMUNDSSON, Th.: MN **123** (1962) 299.

4.6.2.1.4 Scattering of radio waves from discrete sources — Streustrahlung isolierter Radioquellen

The presence of *free electrons* and their *irregular distribution* is manifested by an increase of the apparent angular dimensions of discrete radio sources in passing by the sun [*3*]:

$$\Theta_0^2 = 1{,}68 \cdot 10^{-19}\, \lambda^4 \int \frac{\overline{(\Delta N_e)^2}}{l}\, ds\ ; \tag{3}$$

integration along line of sight.

The observations can be represented by [*1, 4*]:

$$\Theta_0 = A \cdot \lambda^2 \cdot \Delta^{-n}; \text{ see Tab. 4.} \tag{4}$$

Θ_0 [$'$]	angular radius	Winkelhalbmesser
$\overline{(\Delta N_e)^2}$ [cm^{-6}]	mean square of fluctuations of the electron density	quadratisches Mittel der Schwankungen der Elektronendichte
l [cm]	characteristic length of inhomogeneity regions	charakteristische Länge der Inhomogenitätsbereiche
$\Delta = R/R_\odot$	apparent elongation from the sun	scheinbare Elongation von der Sonne
λ [cm]	wavelength	Wellenlänge

Tab. 4. Occultation of radio sources by the outer corona — Bedeckung von Radioquellen durch die äußere Korona

Representation of the observations by eqn. (4) | Darstellung der Beobachtungen durch Gl. (4)

year	A [$'$/cm^2]	n	range of Δ	radio source	f [Mcps]	Ref.
1957 ··· 1960	$2{,}1 \cdot 10^{-2}$	2,3	6 ··· 100	Taurus A, MSH 12+08	85,5; 26,3	*4*
1959	$2{,}1 \cdot 10^{-2}$	$2{,}24 \pm 0{,}15$	8 ··· 45	Taurus A	38; 178	*1*
1960	$7{,}2 \cdot 10^{-4}$	$1{,}3 \pm 0{,}15$	19 ··· 60	Taurus A	38	*1*
1961	$8{,}8 \cdot 10^{-4}$	$1{,}46 \pm 0{,}17$	15 ··· 90	Taurus A	38; 26,3	*1*
1962	$3{,}5 \cdot 10^{-4}$	$1{,}41 \pm 0{,}27$	20 ··· 50	Taurus A, 3 C 123	38	*1*

Strong dependence on the solar cycle is also reported by [*5*].

Axial ratio of the scattering corona (equatorial/polar) at $\Delta_{Eq} \approx 50$:

5,5 : 4 [*4*],

5 : 3 [*1*].

The scattering structures are elongated roughly along the radius vector from the sun [1, 2]; their dimensions: 40 km $< l <$ 5000 km at $\Delta = 60$ [1].

Temporal changes have been observed by [6].

Interpretation of the data in terms of electron density see [1, 3].

References for 4.6.2.1.4

1 Hewish, A., and J. D. Wyndham: MN **126** (1963) 469.
2 Högbom, J. A.: MN **120** (1960) 530.
3 Scheffler, H.: ZfA **45** (1958) 113.
4 Slee, O. B.: MN **123** (1961) 223.
5 Vitkevich, V. V.: Astron. Zh. **37** (1960) 32.
6 Vitkevich, V. V.: Astron. Zh. **37** (1960) 961.

4.6.2.1.5 Contribution of Thomson scattering to the zodiacal light — Anteil der Thomsonstreuung am Zodiakallicht

The determination of the interplanetary electron density from the degree of polarization and the brightness distribution of the zodiacal light [1] (see 4.6.1.3) does not seem to be a reliable method [2].

Upper limit of the electron density at 1 a.u., from the depth of Fraunhofer lines in the zodiacal light:

$N_e \leq 120$ cm^{-3} [2]; $N_e \leq 400$ cm^{-3} [3] revised from [2].

References for 4.6.2.1.5

1 Behr, A., und H. Siedentopf: ZfA **32** (1953) 19.
2 Blackwell, D. E., and M. F. Ingham: MN **122** (1961) 129.
3 Schmidt, Th., und H. Elsässer: ZfA **56** (1962) 31.

4.6.2.1.6 Neutral hydrogen — Neutraler Wasserstoff

Only 85% of the night sky Lyman-α-radiation at an altitude of 176 km come from within 0,04 A of the center of the line [1]. The rest might be due to interplanetary hydrogen hotter than 10^5 °K outside the earth's orbit with a density of 0,02 cm^{-3} near the earth [2]. This result is very tentative.

References for 4.6.2.1.6

1 Morton, D. C., and J. D. Purcell: Planet. Space Sci. **9** (1962) 455.
2 Patterson, T. N. L., F. S. Johnson, and W. B. Hanson: Planet. Space Sci. **11** (1963) 767.

4.6.2.2 Observations related to the interplanetary magnetic field — Beobachtungen mit Bezug auf das interplanetare Magnetfeld

4.6.2.2.1 Measurements with satellites and space probes — Messungen mit Satelliten und Raumsonden

Magnetic field strength near the earth's orbit:

$2 \cdots 10\ \gamma$, ($1\ \gamma = 10^{-5}$ Gauss) [2, 3, 4],

during magnetic storms:

$20 \cdots 40\ \gamma$ [3, 4].

The magnetic field varies irregularly with characteristic periods ranging from 1 minute to several hours [4].

There is always a component perpendicular to the ecliptic plane, but averaged over several hours the field vector lies nearly within the ecliptic plane [4]. The Mariner II-data suggest that the radial field component changes its value with the period of the solar rotation [5].

Abrupt changes in plasma flux and velocity coincide with abrupt magnetic field changes [8].

Correlations between field strength and mean coronal intensity at 5303 A have been noticed [6].

The geomagnetic cavity is surrounded (10 ··· 15 earth's radii in the direction towards the sun) by a region of strongly fluctuating, enhanced magnetic field of the order of $10 \cdots 40\ \gamma$ [1, 3, 7, 9].

References for 4.6.2.2.1

1 Cahill, L. J., and P. G. Amazeen: J. Geophys. Res. **68** (1963) 1835.
2 Coleman, P. J., L. Davis, jr., and C. P. Sonett: Phys. Rev. Letters **5** (1960) 43.
3 Coleman, P. J., C. P. Sonett, D. L. Judge, and E. J. Smith: J. Geophys. Res. **65** (1960) 1856.
4 Coleman, P. J., L. Davis, jr., E. J. Smith, and C. P. Sonett: Science **138** (1962) 1099.
5 Davis, L., jr.: presented at IAU-Symposium No. 22 on "Stellar and Solar Magnetic Fields", Rottach-Egern, Germany, 1963.

6 | Greenstadt, E. W.: ApJ **137** (1963) 999.
7 | Heppner, J. P., N. F. Ness, T. L. Skillman, and C. S. Scearce: Space Research III (1963) 553.
8 | Snyder, C. W., and M. Neugebauer: Space Research IV (1964) 89.
9 | Sonett, C. P., D. L. Judge, A. R. Sims, and J. M. Kelso: Space Research I (1960) 921.

4.6.2.2.2 Modulation of galactic cosmic rays — Beeinflussung der galaktischen kosmischen Strahlung

The motion of charged particles with energies up to 10^{11} eV is noticeably influenced by the interplanetary magnetic field. But from the observed modulations of the cosmic ray intensity at the present time no definite models representing the general behavior of the magnetic field can be derived [5, 6, b]. Only a few qualitative statements are possible:

The *11-year cycle* of the cosmic ray intensity and its anticorrelation with solar activity [3, 4, 6] demonstrate a reduction below the interstellar level by a general outward transport of magnetic flux which varies in strength with solar cycle. In this respect effects of the interface between the interplanetary and interstellar space are very probably also of importance.

Transient changes of the interplanetary field following solar flares are responsible for the *Forbush decreases* [2, 3].

Travel times of magnetic disturbances causing Forbush decreases from the sun to the earth:

$$20^h \cdots 60^h \quad [6].$$

The short onset times, often only a fraction of an hour, and the long recovery times ranging from several days to many weeks [6] may be taken as evidence on the thickness of the disturbing magnetic front and the spatial extent it can reach. Minor effects are the *27-day* and the *diurnal variations* [1, 6] indicating long-lived spatial inhomogeneities and an anisotropy of cosmic rays due to the magnetic field configuration.

References for 4.6.2.2.2

1 | Dorman, L. I.: Cosmic Ray Variations, State Publishing House, Moscow (1957).
2 | Fan, C. Y., P. Meyer, and J. A. Simpson: Phys. Rev. Letters **5** (1960) 269.
3 | Forbush, S. E.: J. Geophys. Res. **59** (1954) 525.
4 | Neher, H. V.: J. Phys. Soc. Japan **17** Suppl. A-II (1962) 492, (Proc. Intern. Conf. Cosmic Rays and Earth Storm, Kyoto 1961).
5 | Simpson, J. A.: ApJ Suppl. **4** (1960) 378.
6 | Webber, W. R.: in "Progress in Elementary Particles and Cosmic Ray Physics", Vol. VI, (J. G. Wilson and S. A. Wouthuysen ed.) North-Holland Publ. Comp., Amsterdam (1962) 77.

4.6.2.2.3 Propagation of solar cosmic rays — Fortpflanzung der solaren kosmischen Strahlung

The propagation conditions of solar cosmic rays are the more favorable the nearer the parent flare is situated to the western limb [1, 2, 3, 6, 7] (see Fig. 2).

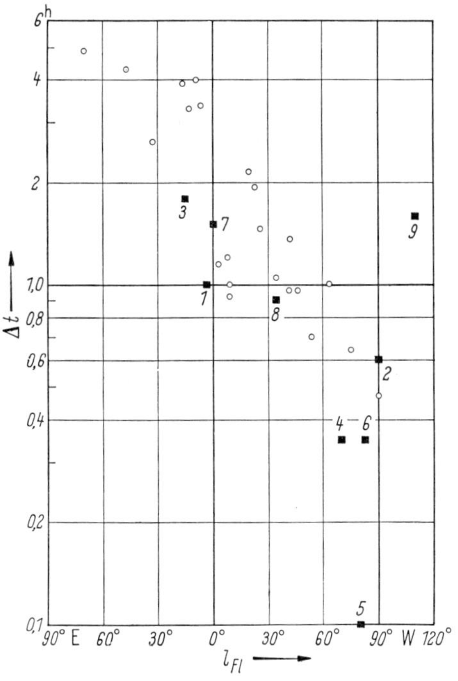

Fig. 2.

○	Delay time, Δt, between start of PCA (polar cap absorptions) and start of type IV radio outbursts during 1956 ··· 1960 (see 4.1.2.7); only intervals below 6 hours are plotted [3].	Verzugszeit Δt zwischen dem Beginn von PCA's und dem Beginn von Radiofrequenz-Ausbrüchen vom Typ IV von 1956 ··· 1960; nur Intervalle von weniger als 6 Stunden sind aufgetragen [3].
■	Shortest delay time, Δt, between cosmic radiation maximum and maximum of optical flare for 9 events during 1942 ··· 1960 [1].	Kürzeste Verzugszeit Δt zwischen dem Maximum der kosmischen Strahlung und dem Maximum der optischen Eruption bei 9 Ereignissen von 1942 ··· 1960 [1].

1: 28. 2. 42, 2: 7. 3. 42, 3: 25. 7. 46, 4: 19. 11. 49, 5: 23. 2. 5, 6: 4. 5. 60, 7: 12. 11. 60, 8: 15. 11. 60, 9: 20. 11. 60 [1].

l_{Fl}	heliographic longitude of flares.	heliographische Länge der Eruptionen.

The first stage of a solar proton event is characterized by an highly anisotropic influx at the earth [*5*,*6*].

Tab. 5. Center of symmetry of arrival of high energetic solar protons — Symmetriezentrum des Einfalls hochenergetischer solarer Protonen

ε	elongation from the sun-earth line	Elongation von der Richtung Erde—Sonne
λ	ecliptic latitude	ekliptikale Breite
τ	duration of anisotropy	Dauer der Anisotropie

date	position of flare [*1*]	ε	λ	τ [h]	Ref.
1960, May 4	14° N 83° W	55° W	10° N	9	*6*
1960, Nov. 12	28° N 1° W	40° W	20° S	4	*6*
1960, Nov. 15	26° N 33° W	70° W	—	0,75	*4, 6*

The combination of these two groups of observations show that magnetic lines of force originating near the western limb of the sun extend to the earth, lie roughly in the ecliptic plane, and are inclined to the earth-sun line by about 50° W.

The existence of flare protons with large pitch angles near the earth and the long duration of the isotropic phase up to several days prove an *irregular fine structure* of the magnetic field leading to an effective scattering and transient trapping of the particles [*5, 6, 8, 9*].

References for 4.6.2.2.3

1 ELLISON, M. A., S. M. P. MCKENNA, and J. H. REID: Dunsink Obs. Publ. **1**/3 (1961).
2 ELLISON, M. A., S. M. P. MCKENNA, and J. H. REID: MN **124** (1962) 263.
3 KODAMA, M.: J. Phys. Soc. Japan **17** Suppl. A-II (1962) 594, (Proc. Intern. Conf. Cosmic Rays and Earth Storm, Kyoto 1961).
4 LOCKWOOD, J. A., and M. A. SHEA: J. Geophys. Res. **66** (1961) 3083.
5 LÜST, R., and J. A. SIMPSON: Phys. Rev. **108** (1957) 1563.
6 MCCRACKEN, K. G.: J. Geophys. Res. **67** (1962) 423, 435, 447.
7 MCCRACKEN, K. G., and R. A. R. PALMEIRA: J. Geophys. Res. **65** (1960) 2673.
8 WEBBER, W. R.: in "Progress in Elementary Particles and Cosmic Ray Physics", Vol. VI, (J. G. WILSON and S. A. WOUTHUYSEN ed.) North-Holland Publ. Comp., Amsterdam (1962) 77.
9 PARKER, E. N.: Interplanetary Dynamical Processes, Interscience Publ., New York (1963).

4.6.2.3 Kinetic properties of the interplanetary and coronal plasma — Kinetische Eigenschaften des interplanetaren und koronalen Plasmas

Tab. 6. Kinetic properties of the plasma in the interplanetary space and in the corona, for different particle densities and temperatures — Kinetische Eigenschaften des Plasmas im interplanetaren Raum und in der Korona für verschiedene Teilchendichten und Temperaturen [*1, 2*]

N	number of particles per cm³	Anzahl der Teilchen pro cm³
ω_p	plasma frequency	Plasmafrequenz
ω_{gi}, ω_{ge}	cyclotron frequency of protons and electrons	Gyrationsfrequenz der Protonen und Elektronen
R_{gi}, R_{ge}	radius of gyration for protons and electrons	Gyrationsradius der Protonen und Elektronen

continued next page

	Unit	interplanetary space				corona
		N [cm⁻³]	T $=10^4$ °K	$=10^5$ °K	$=10^6$ °K	$N=10^8$ cm⁻³, $T=10^6$ °K
ω_p	[sec⁻¹]	1 10 10^2		$5{,}64\cdot10^4$ $17{,}85\cdot10^4$ $56{,}4\cdot10^4$		$5{,}64\cdot10^8$
ω_{gi} ω_{ge}	[sec⁻¹]			$9{,}58\cdot10^{-2}$ $1{,}76\cdot10^2$		$9{,}58\cdot10^3$ $1{,}76\cdot10^7$
R_{gi} R_{ge}	[cm] [cm]		$1{,}6\cdot10^7$ $3{,}8\cdot10^5$	$5{,}2\cdot10^7$ $1{,}2\cdot10^6$	$1{,}6\cdot10^8$ $3{,}8\cdot10^6$	$1{,}6\cdot10^3$ $3{,}8\cdot10$

Tab. 6. (continued)

h_D	Debye length	Debye-Länge
H	scale height of an isothermal atmosphere	Skalenhöhe einer isothermen Atmosphäre
l	mean free path	mittlere freie Weglänge
σ	electrical conductivity	elektrische Leitfähigkeit
$\varkappa$	thermal conductivity	Wärmeleitfähigkeit
η	viscosity	Viskosität
ε_{ff}	radiative energy loss of ionized hydrogen by free-free transitions	Strahlungsenergieverlust des ionisierten Wasserstoffs durch frei-frei-Übergänge
ε_{fb}	... by free-bound transitions	... durch frei-gebunden-Übergänge
v_A	Alfvén velocity	Alfvén-Geschwindigkeit
c_s	velocity of sound	Schallgeschwindigkeit
τ	decay time of magnetic field	Zerfallszeit des Magnetfelds

	Unit	interplanetary space				corona
		N [cm^{-3}]	T $=10^4$ °K	$=10^5$ °K	$=10^6$ °K	$N = 10^8$ cm^{-3}, $T = 10^6$ °K
h_D	[cm]	1	$6{,}9 \cdot 10^2$	$2{,}2 \cdot 10^3$	$6{,}9 \cdot 10^3$	$6{,}9 \cdot 10^{-1}$
		10	$2{,}2 \cdot 10^2$	$6{,}9 \cdot 10^2$	$2{,}2 \cdot 10^3$	
		10^2	$6{,}9 \cdot 10^1$	$2{,}2 \cdot 10^2$	$6{,}9 \cdot 10^2$	
H	[cm]		$2{,}8 \cdot 10^{12}$	$2{,}8 \cdot 10^{13}$	$2{,}8 \cdot 10^{14}$	$6{,}0 \cdot 10^9$
l	[cm]	1	$6{,}9 \cdot 10^{11}$	$6{,}0 \cdot 10^{13}$	$5{,}4 \cdot 10^{15}$	$8{,}0 \cdot 10^7$
		10	$7{,}3 \cdot 10^{10}$	$6{,}3 \cdot 10^{12}$	$5{,}7 \cdot 10^{14}$	
		10^2	$7{,}6 \cdot 10^9$	$6{,}6 \cdot 10^{11}$	$5{,}9 \cdot 10^{13}$	
σ	[e. s. u.]		$6{,}4 \cdot 10^{12}$	$1{,}8 \cdot 10^{14}$	$4{,}9 \cdot 10^{15}$	$6{,}9 \cdot 10^{15}$
	[Ω^{-1} m^{-1}]		$7{,}1 \cdot 10^2$	$2{,}0 \cdot 10^4$	$5{,}5 \cdot 10^5$	$7{,}7 \cdot 10^5$
$\varkappa$	[erg cm^{-1} sec^{-1} °K^{-1}]		$6{,}0 \cdot 10^3$	$1{,}9 \cdot 10^6$	$6{,}0 \cdot 10^8$	$6{,}0 \cdot 10^8$
η	[g cm^{-1} sec^{-1}]		$1{,}2 \cdot 10^{-6}$	$3{,}8 \cdot 10^{-4}$	$1{,}2 \cdot 10^{-1}$	$1{,}2 \cdot 10^{-1}$
ε_{ff}	[erg cm^{-3} sec^{-1}]	1	$1{,}4 \cdot 10^{-25}$	$4{,}4 \cdot 10^{-25}$	$1{,}4 \cdot 10^{-24}$	$1{,}4 \cdot 10^{-8}$
		10	$1{,}4 \cdot 10^{-23}$	$4{,}4 \cdot 10^{-23}$	$1{,}4 \cdot 10^{-22}$	
		10^2	$1{,}4 \cdot 10^{-21}$	$4{,}4 \cdot 10^{-21}$	$1{,}4 \cdot 10^{-20}$	
ε_{fb}	[erg cm^{-3} sec^{-1}]	1	$5{,}0 \cdot 10^{-24}$	$1{,}6 \cdot 10^{-24}$	$5{,}0 \cdot 10^{-25}$	$5{,}0 \cdot 10^{-9}$
		10	$5{,}0 \cdot 10^{-22}$	$1{,}6 \cdot 10^{-22}$	$5{,}0 \cdot 10^{-23}$	
		10^2	$5{,}0 \cdot 10^{-20}$	$1{,}6 \cdot 10^{-20}$	$5{,}0 \cdot 10^{-21}$	
v_A	[cm sec^{-1}]	1		$2{,}2 \cdot 10^6$		$2{,}2 \cdot 10^8$
		10		$6{,}9 \cdot 10^5$		
		10^2		$2{,}2 \cdot 10^5$		
c_s	[cm sec^{-1}]		$1{,}7 \cdot 10^7$	$5{,}3 \cdot 10^6$	$1{,}7 \cdot 10^7$	$1{,}7 \cdot 10^7$
τ*)	[a]		$2{,}8 \cdot 10^{11}$	$7{,}8 \cdot 10^{12}$	$2{,}2 \cdot 10^{14}$	$3{,}1 \cdot 10^8$

References for 4.6.2.3

1 Lüst, R.: Space Sci. Rev. **1** (1962) 522.

2 Parker, E. N.: Interplanetary Dynamical Processes, Interscience Publ., New York — London (1963).

4.6.2.4 Theory of the interplanetary plasma and magnetic field — Theorie des interplanetaren Plasmas und Magnetfelds

The source of the interplanetary dynamics is understood to be the *hydrodynamic expansion of the solar corona*. The strong heating of the corona from below and the throttling effect of the sun's gravitational field result in an acceleration of the coronal plasma to supersonic velocities beyond a few

*) characteristic length: 10^{13} cm (interplanetary space), 10^{10} cm (corona).

solar radii. Only the supersonic solutions of the hydrodynamic equations yield the negligible gas pressure at large distances from the sun necessary to be at equilibrium with the small pressure of the interstellar medium [2, 3, a, b].

Idealizations upon which the numerical results are based:

1. stationary state,
2. spherical symmetry which is possible with
3. the neglect of the solar magnetic field and rotation,
4. a polytropic relation between temperature T and density ϱ (except Tab. 7):

$$T \propto \varrho^{\alpha-1} \quad \text{(polytropic exponent: } \alpha)$$

(Near the sun, observations suggest: $\alpha \approx 1{,}1$; far away, α probably increases towards the adiabatic value 5/3 [b].)

5. fully ionized hydrogen.

Tab. 7. Range of coronal temperatures allowing stationary expansion — Temperaturbereich der Korona, der eine stationäre Expansion gestattet

reference level — Bezugsniveau: $R = 10^6$ km

α polytropic exponent

α	T_{min} [°K]	T_{max} [°K]
1,0	—	$4 \cdot 10^6$
1,1	$7{,}27 \cdot 10^5$	$3{,}63 \cdot 10^6$
1,25	$1{,}6 \cdot 10^6$	$3{,}33 \cdot 10^6$

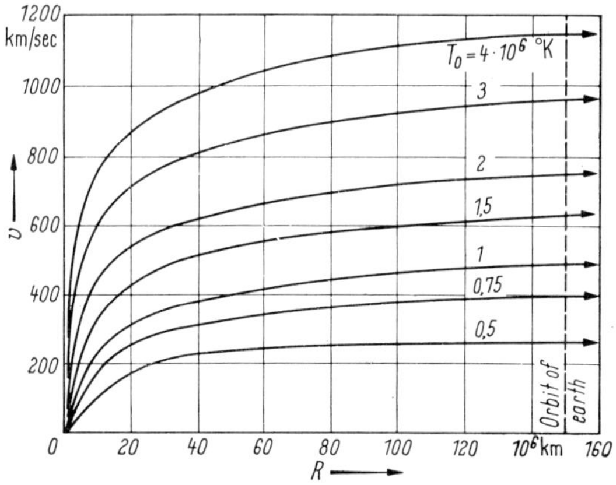

Fig. 3. Expansion velocity v of an isothermal corona as a function of radial distance R from the center of the sun for several corona temperatures T_0 — Expansionsgeschwindigkeit v einer isothermen Korona in Abhängigkeit vom Abstand R vom Sonnenmittelpunkt für verschiedene Koronatemperaturen T_0 [2, b].

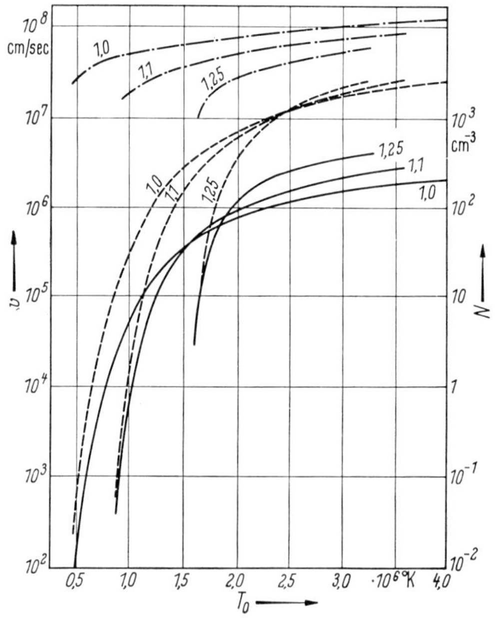

Fig. 4. Velocity and particle density of the corona and of the solar wind — Geschwindigkeit und Teilchendichte der Korona und des Sonnenwinds [b].

For a density of $2 \cdot 10^7$ particles per cm³ and a temperature T_0 at the reference level $R = 10^6$ km — Für eine Dichte von $2 \cdot 10^7$ Teilchen pro cm³ und eine Temperatur T_0 am Bezugsniveau $R = 10^6$ km

— —	expansion velocity of the solar corona		Expansionsgeschwindigkeit der Korona
—·—·	velocity	of the solar wind at the earth's orbit	Geschwindigkeit des Sonnenwinds in Erdbahnnähe
——	particle density		Teilchendichte

The behavior under *disturbed conditions* is discussed in [b, 3].

Tab. 8. Coronal mass loss — Massenverlust der Korona

Calculated with PARKER's hydrodynamic model of the corona including heat conduction — Berechnet mit PARKERS hydrodynamischem Modell der Korona mit Berücksichtigung der Wärmeleitung. [1]

T_{cor}	temperature of the corona	Temperatur der Korona
$\mathfrak{M}_{cor}$	mass of the corona	Masse der Korona
t_{lost}	time at which the whole corona would be lost by the given mass loss	Zeit, in der die gesamte Korona bei dem angegebenen Massenverlust verschwunden wäre
F_{pl}	plasma particle flux	Plasmateilchenfluß

T_{cor} [10^6 °K]	coronal mass loss [g sec^{-1}]	[$\mathfrak{M}_{cor}$ d^{-1}]	t_{lost}	F_{pl} at 1 a.u. [cm^{-2} sec^{-1}]
0,65	$3 \cdot 10^8$	$3 \cdot 10^{-4}$	10 years	$6 \cdot 10^4$
1,0	$2 \cdot 10^{10}$	$2 \cdot 10^{-2}$	2 months	$4 \cdot 10^6$
2,0	$2 \cdot 10^{14}$	$2 \cdot 10^2$	7 min	$6 \cdot 10^{10}$
4,0	$9 \cdot 10^{15}$	$9 \cdot 10^4$	8 sec	$2 \cdot 10^{12}$

An understanding of the *interplanetary magnetic field* did not result in usable numerical values. For a description of the various proposed models see [*a*, *b*, *4*].

References for 4.6.2.4

1 DE JAGER, C.: Space Research **III** (1963) 491.

2 PARKER, E. N.: ApJ **128** (1958) 664.

3 PARKER, E. N.: ApJ **133** (1961) 1014.

4 WEBBER, W. R.: in "Progress in Elementary Particles and Cosmic Ray Physics", Vol VI, (J. G. WILSON and S. A. WOUTHUYSEN ed.) North-Holland Publ. Comp., Amsterdam (1962) 77.

5 Die Sterne — The stars

5.1 Örter und Bewegung — Positions and motions

5.1.1 Sternpositionen — Stellar positions

5.1.1.1 Einleitung — Introduction

Die Bestimmung und Angabe von Sternpositionen geschieht

1. Zum Zweck der Identifizierung. Diese Aufgabe erfüllen Sternverzeichnisse (siehe 5.1.1.3) ohne Angabe präziser Sternörter, Sternkarten und Sternatlanten (siehe 5.1.1.4).

2. Durch exakte Messungen, um Daten für zahlreiche wissenschaftliche Untersuchungen zu liefern. Das ist die Aufgabe der eigentlichen Positionsastronomie.

Die Beobachtungen genauer Sternpositionen gliedern sich in zwei Klassen: fundamentale und differentielle Beobachtungen. *Fundamentale Beobachtungen* messen Sternpositionen unabhängig von irgendwelchen bereits bekannten Sternörtern. *Differentielle Beobachtungen* messen Positionen im Anschluß an bereits bekannte Sternörter. Dies kann visuell oder photographisch geschehen. Es handelt sich also um Relativbeobachtungen in einem bereits vorliegenden System.

Stellar positions are determined and catalogued

1. for identification. Star lists perform this task (see 5.1.1.3), without giving the exact position, also star maps and atlases (see 5.1.1.4).

2. by exact measurements, to provide data for different scientific investigations. This is the task of positional astronomy.

Observations of exact stellar positions are divided into 2 classes: fundamental and differential. *Fundamental observations* measure stellar positions independent of previously determined positions. *Differential observations* measure positions in relation to those previously determined; thus they are relative observations in a known system. This can be done visually or photographically.

Streng fundamentale Beobachtungen — auch absolute oder unabhängige Beobachtungen genannt — sind sehr schwierig und erfordern an Meridiankreisen, Passage-Instrumenten oder Vertikalkreisen: Rektaszensions- und Deklinationsmessungen polnaher Sterne in oberen und unteren Kulminationen, möglichst in sukzessiven Meridiandurchgängen; Beobachtungen von Sonne, Mond oder andern Körpern des Planetensystems zugleich mit Fundamentalsternen zur Festlegung des Frühlingspunktes und der Äquatorlage; Eliminierung der Instrumentalfehler durch Methoden, die keinen Bezug nehmen auf bekannte oder vorgegebene Sternpositionen.

Zwischen streng fundamentalen und reinen differentiellen Beobachtungen gibt es als Zwischenstufen solche, die nur teilweise als absolut zu klassifizieren sind. Z. B. wird häufig auf eine Neubestimmung des Frühlingspunktes in Rektaszension oder der Äquatorlage in Deklination verzichtet; diese Größen werden von bekannten Sternkatalogen entnommen, die übrigen Bedingungen absoluter Beobachtungen werden jedoch erfüllt.

Genaue Positionen werden in Sternkatalogen (Positionskataloge, siehe 5.1.1.5) gegeben. Diese können eingeteilt werden in:

I. *Beobachtungskataloge* (siehe 5.1.1.5.1 und 5.1.1.5.2). Sie werden durch direkte Beobachtungen erhalten: Absolute Beobachtungen oder differentielle Beobachtungen; Meridianbeobachtungen oder Nicht-Meridianbeobachtungen; visuelle, photographische oder neuerdings auch photoelektrische Beobachtungen.

II. *Sammelkataloge oder kombinierte Kataloge* (siehe 5.1.1.5.3). Sie werden aus mehreren Katalogen der Klasse I hergeleitet und enthalten in den meisten Fällen außer Positionen auch Eigenbewegungen. Unter ihnen gibt es 1. Sammelkataloge, deren Daten ein vorgegebenes System zugrunde gelegt ist. Diese Kataloge definieren kein unabhängiges Koordinatensystem an der Sphäre. 2. Fundamentalkataloge*); sie definieren durch ihre Sternörter und Eigenbewegungen in Kombination mit dem zugrunde gelegten Wert der Präzessionskonstanten ein fundamentales unabhängiges Koordinatensystem an der Sphäre.

5.1.1.2 Sternbilder — Constellations

Die International Astronomical Union hat auf ihren Generalversammlungen 1925 und 1928 die Grenzen der Sternbilder endgültig festgesetzt. Sie verlaufen als eindeutig definierte Linien längs Stundenkreisen und Deklinationskreisen im äquatorialen System von 1875,0 [*1*]. Ferner wurde beschlossen, in wissenschaftlichen Veröffentlichungen die lateinischen Namen der Sternbilder zu verwenden und diese gegebenenfalls durch 3 oder 4 Buchstaben abzukürzen [*2*]. Demnach gibt es heute die in Tab. 1 zusammengestellten 88 Sternbilder.

The International Astronomical Union at its General Assemblies in 1925 and 1928 stipulated definitely the boundaries of the constellations. They are well defined lines running along the hour circles and declination circles in the equatorial system of 1875,0 [*1*]. It was further agreed that Latin names for the constellations should be used in scientific literature; these names can be shortened to three or four letters, if necessary [*2*]. In Tab. 1 the 88 constellations are listed.

*) Es sei darauf hingewiesen, daß früher häufig streng absolute Beobachtungskataloge als Fundamentalkataloge bezeichnet wurden. Mit „General Catalogue" werden manchmal fundamentale, manchmal auch nichtfundamentale Sammelkataloge bezeichnet.

Tab. 1. Verzeichnis der Sternbilder — List of constellations

Lateinischer Name	Abkürzung		Deutsche Bedeutung	English meaning	Fläche[(°)^2][3]
Andromeda	And	Andr	Andromeda	Andromeda (Chained Maiden)	722
Antlia	Ant	Antl	Luftpumpe	Air Pump	239
Apus	Aps	Apus	Paradiesvogel	Bird of Paradise	206
Aquarius	Aqr	Aqar	Wassermann	Water Carrier	980
Aquila	Aql	Aqil	Adler	Eagle	652
Ara	Ara	Arae	Altar	Altar	237
Aries	Ari	Arie	Widder	Ram	441
Auriga	Aur	Auri	Fuhrmann	Charioteer	657
Bootes	Boo	Boot	Bootes (Bärenhüter)	Herdsman	907
Caelum	Cae	Cael	Grabstichel	Graving Tool, Chisel	125
Camelopardalis	Cam	Caml	Giraffe	Giraffe	757
Cancer	Cnc	Canc	Krebs	Crab	506
Canes Venatici	CVn	CVen	Jagdhunde	Hunting Dogs	465
Canis Major	CMa	CMaj	Großer Hund	Great Dog, Larger Dog	380
Canis Minor	CMi	CMin	Kleiner Hund	Little Dog, Smaller Dog	183
Capricornus	Cap	Capr	Steinbock	Sea Goat, Horned Goat	414
Carina	Car	Cari	Kiel des Schiffes	Keel	494
Cassiopeia	Cas	Cass	Cassiopeia	Cassiopeia (Lady in Chair)	598
Centaurus	Cen	Cent	Zentaur	Centaur	1 060
Cepheus	Cep	Ceph	Cepheus	Cepheus (King)	588
Cetus	Cet	Ceti	Walfisch	Whale	1 231
Chamaeleon	Cha	Cham	Chamäleon	Chameleon	132
Circinus	Cir	Circ	Zirkel	⟨Pair of⟩ Compasses	93
Columba	Col	Colm	Taube	Dove	270
Coma Berenices	Com	Coma	Haar der Berenice	Berenice's Hair	386
Corona Australis	CrA	CorA	Südliche Krone	Southern Crown	128
Corona Borealis	CrB	CorB	Nördliche Krone	Northern Crown	179
Corvus	Crv	Corv	Rabe	Crow	184
Crater	Crt	Crat	Becher	Cup, Goblet	282
Crux	Cru	Cruc	Kreuz (des Südens)	⟨Southern⟩ Cross	68
Cygnus	Cyg	Cygn	Schwan	Swan	804
Delphinus	Del	Dlph	Delphin	Dolphin	189
Dorado	Dor	Dora	Schwertfisch	Dorado, Swordfish	179
Draco	Dra	Drac	Drache	Dragon	1 083
Equuleus	Equ	Equl	Füllen (Kleines Pferd)	Little or Small Horse, Colt	72
Eridanus	Eri	Erid	Fluß Eridanus	River Eridanus	1 138
Fornax	For	Forn	Chemischer Ofen	Furnace	398
Gemini	Gem	Gemi	Zwillinge	⟨Heavenly⟩ Twins	514
Grus	Gru	Grus	Kranich	Crane	366
Hercules	Her	Herc	Herkules	Hercules (Kneeling Giant)	1 225
Horologium	Hor	Horo	Pendeluhr	Clock	249
Hydra	Hya	Hyda	Weibliche oder Nördliche Wasserschlange	Sea Serpent, Water Monster	1 303
Hydrus	Hyi	Hydi	Männliche oder Südliche Wasserschlange	Water Snake	243
Indus	Ind	Indi	Inder	Indian	294
Lacerta	Lac	Lacr	Eidechse	Lizard	201
Leo	Leo	Leon	Löwe	Lion	947
Leo Minor	LMi	LMin	Kleiner Löwe	Little or Smaller Lion	232
Lepus	Lep	Leps	Hase	Hare	290
Libra	Lib	Libr	Waage	Scales, Balance	538
Lupus	Lup	Lupi	Wolf	Wolf	334
Lynx	Lyn	Lync	Luchs	Lynx	545
Lyra	Lyr	Lyra	Leier	Lyre	286
Mensa	Men	Mens	Tafelberg	Table ⟨Mountain⟩	153
Microscopium	Mic	Micr	Mikroskop	Microscope	210
Monoceros	Mon	Mono	Einhorn	Unicorn	482
Musca	Mus	Musc	Fliege	Fly	138
Norma	Nor	Norm	Winkelmaß	Square ⟨and Rule⟩, Level	165
Octans	Oct	Octn	Oktant	Octant	291
Ophiuchus	Oph	Ophi	Schlangenträger	Serpent Bearer, Serpent Holder	948
Orion	Ori	Orio	Orion	Orion (Hunter)	594

Fortsetzung nächste Seite

Tab. 1. (Fortsetzung)

Lateinischer Name	Abkürzung		Deutsche Bedeutung	English meaning	Fläche[(°)²][3]
Pavo	Pav	Pavo	Pfau	Peacock	378
Pegasus	Peg	Pegs	Pegasus	Pegasus (Winged Horse)	1 121
Perseus	Per	Pers	Perseus	Perseus (Champion)	615
Phoenix	Phe	Phoe	Phönix	Phoenix	469
Pictor	Pic	Pict	Malerstaffelei	⟨Painter's⟩ Easel	247
Pisces	Psc	Pisc	Fische	Fishes	889
Piscis Austrinus	PsA	PscA	Südlicher Fisch	Southern Fish	245
Puppis	Pup	Pupp	Hinterteil des Schiffes	Prow, Stern, Poop	673
Pyxis	Pyx	Pyxi	Schiffskompaß	⟨Mariner's⟩ Compass	221
Reticulum	Ret	Reti	Netz	Net	114
Sagitta	Sge	Sgte	Pfeil	Arrow	80
Sagittarius	Sgr	Sgtr	Schütze	Archer	867
Scorpius	Sco	Scor	Skorpion	Scorpion	497
Sculptor	Scl	Scul	Bildhauerwerkstatt	Sculptor⟨'s Apparatus⟩	475
Scutum	Sct	Scut	(Sobieskischer) Schild	Shield	109
Serpens (Caput und Cauda)	Ser	Serp	Schlange (Kopf und Schwanz)	Serpent (Head and Tail)	429 208
Sextans	Sex	Sext	Sextant	Sextant	314
Taurus	Tau	Taur	Stier	Bull	797
Telescopium	Tel	Tele	Fernrohr	Telescope	252
Triangulum	Tri	Tria	Dreieck	Triangle	132
Triangulum Australe	TrA	TrAu	Südliches Dreieck	Southern Triangle	110
Tucana	Tuc	Tucn	Tukan	Toucan	295
Ursa Major	UMa	UMaj	Großer Bär	Great Bear	1 280
Ursa Minor	UMi	UMin	Kleiner Bär	Little Bear, Smaller Bear	256
Vela	Vel	Velr¹)	Segel des Schiffes	Sails	500
Virgo	Vir	Virg	Jungfrau	Virgin	1 294
Volans	Vol	Voln	Fliegender Fisch	Flying Fish	141
Vulpecula	Vul	Vulp	Fuchs	⟨Little or Small⟩ Fox	268

1 Delporte, E.: „Délimitation scientifique des constellations" und „Atlas céleste"; beide: Cambridge Univ. Press (1930).
2 Trans. IAU **4** (1933) 221.
3 Allen, C. W.: Astrophysical Quantities, 2nd ed. § 141; London, Athlone Press (1963).

5.1.1.3 Sternverzeichnisse — Star lists

Sternverzeichnisse sind Zusammenstellungen, die verschiedene charakteristische Größen für Einzelobjekte angeben. Die Positionen sind gewöhnlich nur so weit genähert gegeben, daß eine sichere Identifizierung der einzelnen Sterne gewährleistet ist. In Tab. 3, S. 259 sind die wichtigsten Sternverzeichnisse aufgeführt, die heute benutzt werden. Autoren beschränken sich oft darauf, zur Kennzeichnung eines Sterns seine Nummer in einem dieser Verzeichnisse anzugeben, und verzichten auf eine Positionsangabe.

Star lists are compilations which give characteristic data for each object. Usually the positions are given only approximately, but so that each star can be identified. In Tab. 3, p. 259 the most important star lists used to-day are listed. Authors are often content to give a star its number in one of these star lists, without specifying the position.

Genaue Positionskataloge siehe 5.1.1.5. Ferner gibt es Verzeichnisse oder Kataloge für Doppelsterne (siehe 6.1), veränderliche Sterne (siehe 6.2), Sternhelligkeiten (siehe 5.2.6), Radialgeschwindigkeiten (siehe 5.1.3), Eigenbewegungen (siehe 5.1.2) und Parallaxen (siehe 5.1.4).

Nur noch bei einigen der hellsten Sterne sind Eigennamen üblich, z. B. Aldebaran = α Tauri, der hellste Stern im Stier. Im allgemeinen werden die helleren Sterne mit griechischen Buchstaben, schwächere mit lateinischen Buchstaben oder auch Nummern innerhalb der Sternbilder benannt. Zur Kennzeichnung noch schwächerer Sterne, insbesondere der nur mit optischen Hilfsmitteln sichtbaren Objekte, werden die Nummern eines Sternverzeichnisses verwendet.

Tab. 2 enthält ein Verzeichnis der hellsten Sterne (bis $2\overset{\mathrm{m}}{,}0$) auf Grund der modernsten Daten aus verschiedenen Quellen zusammengestellt.

¹) Gelegentlich auch: Vela.

Tab. 2. Verzeichnis der hellsten Sterne (bis 2^m0) — List of the brightest stars (to 2^m0)

Name	α 1950	AnV [1]	δ 1950	AnV [1]	V [2]	B − V	Sp [3]	M_v [4]	μ_α [5] [0,"001]	μ_δ [5] [0,"001]	π [0,"001]	v_r [6] [km/sec]	Bemerkungen*
α Eri	$1^h35^m51^s$	$+2^s2$	−57°29',4	+0',30	0^m49	-0^m17	B5 IV	−2,3	+104	−28	28	+19	
α Ari	2 4 21	+3,4	+23 13,6	+0,28	2,00	+1,15	K2 III	+0,2	+191	−144	43	−14	
α Per	3 20 44	+4,3	+49 41,1	+0,21	1,80	+0,48	F5 Ib	−4,0	+25	−22	7	−2	
α Tau	4 33 3	+3,4	+16 24,6	+0,12	0,80	+1,53	K5 III	−0,8	+65	−189	48	+54	vis. d.
β Ori	5 12 8	+2,9	−8 15,5	+0,07	0,08	−0,03	B8 Ia	−6,5	−4	−2	5	+21v	4-syst., vis. d. *A* und *B* sp. d.
α Aur	5 12 59	+4,4	+45 57,0	+0,06	0,09	+0,80	{G5 III / G0 III}	−0,6	+81	−423	73	+30v	4-syst., *A* sp. d. schw. Begl. vis. d.
γ Ori	5 22 27	+3,2	+6 18,4	+0,05	1,64	−0,23	B2 III	−3,4	−12	−14	10	+18	
β Tau	5 23 8	+3,8	+28 34,0	+0,05	1,65	−0,13	B7 III	−2,1	+25	−175	18	+8	
ε Ori	5 33 40	+3,0	−1 13,9	+0,04	1,70	−0,17	B0 Ia	−6	−3	−2	3	+26	
ζ Ori	5 38 14	+3,0	−1 58,0	+0,03	1,77	−0,21	O9,5 Ib	−6	+4	−2	3	+18	3-syst., vis. d. *B* sp. d.
α Ori	5 52 28	+3,2	+7 24,0	+0,01	0,4 ··· 1,3	+1,85	M2 Iab	−5	+26	+10	7	+21v	var.
β Aur	5 55 52	+4,4	+44 56,7	+0,01	1,90	+0,03	A2 V	+0,1	−56	−1	44	−18v	sp. d., Bed. var. (Ampl. 0^m09)
β CMa	6 20 30	+2,6	−17 55,8	−0,03	1,99	−0,25	B1 II-III	−4,5	−13	−4	5	+34v	sp. var.
α Car	6 22 50	+1,3	−52 40,1	−0,03	−0,71	+0,16	F0 Ib	−5	+26	+22	14	+20	
γ Gem	6 34 49	+3,5	+16 26,6	−0,05	1,92	−0,01	A0 IV	−0,2	+43	−44	38	−12v	sp. d.
α CMa	6 42 57	+2,6	−16 38,8	−0,08	−1,47	+0,01	A1 V	+1,4	−545	−1 211	375	−8v	vis. d.
ε CMa	6 56 40	+2,4	−28 54,2	−0,08	1,50	−0,22	B2 II	−4,0	+2	+2	8	+27	vis. d.
δ CMa	7 6 21	+2,4	−26 18,8	−0,10	1,83	+0,68	F8 Ia	−6	−8	+3	3	+34	
α Gem	7 31 25	+3,8	+32 0,0	−0,13	1,56	+0,05	A1 V	+0,8	−171	−102	72	+3v	6-syst., vis. 3-syst., *A*, *B*, *C* sp. d.
α CMi	7 36 41	+3,1	+5 21,3	−0,15	0,34	+0,44	F5 IV-V	+2,6	−707	−1 029	287	−3v	vis. d.
β Gem	7 42 16	+3,7	+28 8,9	−0,15	1,15	+1,00	K0 III	+1,0	−626	−51	93	+3	
γ Vel	8 7 59	+1,8	−47 11,3	−0,18	1,82	−0,26	WC7	−4,5	−6	+4	6	+35v	4-syst., vis. d. *A* und *B* sp. d.
ε Car	8 21 29	+1,2	−59 20,9	−0,19	1,85	+1,29	K0 II; B	−3,2	−25	+15	10	+12	sp. d.
δ Vel	8 43 19	+1,7	−54 31,5	−0,22	1,93	+0,04	A0 V	+0,1	+22	−79	43	+2	vis. 4-syst.
β Car	9 12 40	+0,7	−69 30,7	−0,25	1,67	0,00	A0 III	−0,9	−151	+102	31	−5	
α Hya	9 25 8	+2,9	−8 26,5	−0,26	1,98	+1,44	K3 III	−1,0	−18	+28	25	−4	
α Leo	10 5 43	+3,2	+12 12,7	−0,29	1,36	−0,11	B7 V	−0,7	−249	+3	39	+4	vis. 3-syst.
α UMa	11 0 40	+3,7	+62 1,3	−0,32	1,79	+1,06	K0 III	−0,5	−118	−70	35	−9	vis. d.
α Cru	12 23 48	+3,3	−62 49,3	−0,33	0,81	−0,25	B1 IV	−2,7	−25	−17	15	−11v	4-syst., *A*: 1^m4 sp. d.
							B1 IV	−2,2				−1v	*B*: 1^m9 sp. d.
γ Cru	12 28 23	+3,3	−56 50,0	−0,34	1,68	+1,60	M3 II	−2,4	+29	−267	15	+21	opt. d.
β Cru	12 44 47	+3,5	−59 24,9	−0,33	1,24	−0,24	B0 III	−4,5	−38	−17	7	+20	
ε UMa	12 51 50	+2,6	+56 13,9	−0,33	1,78	−0,02	A0 Vp	−0,2	+110	−10	40	−9v	sp. d., var. (Ampl. 0^m05)
α Vir	13 22 33	+3,2	−10 54,1	−0,31	0,98	−0,23	B1 V	−3,1	−43	−33	15	+1v	sp. d., var. (Ampl. 0^m1)

[1] ··· [6], *) siehe S. 258

Fortsetzung nächste Seite

Tab. 2. (Fortsetzung)

Name	α 1950	AnV [1]	δ 1950	AnV [1]	V [2]	B−V	Sp [3]	M_v [4]	μ_α [5] [0,"001]	μ_δ [5] [0,"001]	π [0,"001]	v_r [6] [km/sec]	Bemerkungen*)
η UMa	$13^h45^m34^s$	$+2^s\!,4$	+49° 33',7	−0',30	$1^m\!,86$	$-0^m\!,20$	B 3 V	−2,1	− 125	− 14	16	−11	
β Cen	14 0 17	+4,2	−60 8,0	−0,29	0,61	−0,22	B 1 III	−4	− 20	− 23	12	−12v	vis. d. und sp. d.
α Boo	14 13 23	+2,7	+19 26,5	−0,31	−0,06	+1,23	K 2 III p	−0,3	−1 098	−1 999	90	− 5	
α Cen	14 36 11	+4,1	−60 37,8	−0,25	−0,28	+0,71	G 2 V K 5 V	+4,4 +5,7	−3 608	+ 712	751	−22v	vis. d. ($0^m\!,0$ u. $1^m\!,4$) schw. Begl. (= Proxima Cen)
α Sco	16 26 20	+3,7	−26 19,4	−0,13	0,92	+1,84	M 1 Ib	−4	− 6	− 23	10	− 3v	vis. d., var. ($0^m\!,9$ ··· $1^m\!,8$)
α TrA	16 43 21	+6,4	−68 56,3	−0,11	1,91	+1,44	K 4 III	−0,5	+ 28	− 34	33	− 4	
λ Sco	17 30 13	+4,1	−37 4,2	−0,04	1,62	−0,24	B 1 V	−3,0	+ 2	− 29	12	0v	sp. d.
ϑ Sco	17 33 43	+4,3	−42 58,1	−0,04	1,86	+0,41	F 0 Ib	−3,4	+ 16	+ 1	9	+ 1	
ε Sgr	18 20 51	+4,0	−34 24,6	+0,03	1,84	−0,03	B 9 IV	−1,3	− 32	− 125	24	−11	
α Lyr	18 35 15	+2,0	+38 44,2	+0,06	0,04	0,00	A0 V	+0,5	+ 200	+ 285	123	−14	
α Aql	19 48 21	+2,9	+ 8 44,1	+0,16	0,78	+0,22	A 7 IV, V	+2,3	+ 537	+ 387	198	−26	
α Pav	20 21 42	+4,7	−56 53,8	+0,19	1,93	−0,22	B 3 IV	−2,3	+ 15	− 85	14	+ 2v	sp. d.
α Cyg	20 39 44	+2,0	+45 6,1	+0,21	1,26	+0,09	A 2 Ia	−6	+ 1	+ 5	3,5	− 5v	
α Gru	22 5 5	+3,8	−47 12,2	+0,29	1,74	−0,14	B 5 V	−0,5	+ 131	− 149	36	+12	
α PsA	22 54 54	+3,3	−29 53,3	+0,32	1,15	+0,09	A 3 V	+1,9	+ 336	− 161	144	+ 6	

[1]) Jährliche Änderung der Koordinaten — annual variation of the coordinates.

[2]) Photoelektrische visuelle Helligkeiten im B,V-System (siehe 5.2.7) — photoelectric visual magnitudes given on the B,V system (see 5.2.7).

[3]) Spektraltyp und Leuchtkraftklasse im MK-System (siehe 5.2.1.2) — spectral type and luminosity class in the MK system (see 5.2.1.2).

[4]) Für die absolut hellsten Sterne nur geschätzt — only estimated for the absolutely brightest stars.

[5]) Eigenbewegungskomponenten im System des FK4 (siehe 5.1.1.5.3) — proper motion components in the FK4 system (see 5.1.1.5.3).

[6]) Radialgeschwindigkeit (v = variabel) (siehe 5.1.3) — radial velocity (v = variable) (see 5.1.3).

*) Bemerkungen über den Doppelsterncharakter und Helligkeitsveränderlichkeit — comments on the double star character and changes in magnitude:

vis. d.	visueller Doppelstern	visual binary
sp. d.	spektroskopischer Doppelstern	spectroscopic binary
3-syst.	dreifaches System	triple system
4-syst. etc.	vierfaches System	quadruple system
A, *B*, *C*...	Komponenten bei visuellen Mehrfachsystemen	components of visual multiple systems
schw. Begl.	schwacher Begleiter	faint companion
Bed. var.	Bedeckungsveränderlicher	eclipsing binary
sp. var.	spektroskopischer Veränderlicher	spectroscopic variable
var.	veränderlich	variable
opt. d.	optischer Doppelstern	optical double star

Tab. 3. Die wichtigsten Sternverzeichnisse — The most important star lists

	Name	Autor	m_{lim}	N	Aequ.	Areal (Dekl.)	Literatur
1.	BS: Catalogue of Bright Stars	SCHLESINGER, F., und L. F. JENKINS	$6^m_{,}5$	9 110	1900	−90°…+90°	New Haven, Yale Univ. Observ. 1940
2.	Atlas Coeli II Katalog 1950,0	BEČVÁŘ, A.	6,25	6 362	1950	−90°…+90°	Praha, Nakl. Českosl. Akad. Věd 1959
3.	BD: Bonner Durchmusterung nördl. Teil	ARGELANDER, F.W.	9,5	324 189	1855	− 2°…+90°	Astron. Beob. Bonn **3** … **5** (1859 … 1862). 3. Aufl. Bonn, Dümmler 1951
4.	BD: Bonner Durchmusterung südl. Teil	SCHÖNFELD, E.	10	133 659	1855	−23°…− 2°	Astron. Beob. Bonn **8** (1886) 2. Aufl. Bonn, Dümmler 1949
5.	CD: Cordoba Durchmusterung*)	THOME, J., und C. D. PERRINE	10	613 953	1875	−22°…−90°	Result. Cordoba **16** … **18**, **21**, 1 + 2 (1892 … 1932)
6.	CPD: Cape Photographic Durchmusterung	GILL, D. und J. C. KAPTEYN	9,2	454 875	1875	−19°…−90°	Ann. Cape **III**…**V** (1896…1900)
7.	HD: Henry Draper Catalogue	CANNON, A.	8,3	225 300	1900	−90°…+90°	Ann. Harvard **91**…**99** (1918…1924)

5.1.1.4 Sternkarten und Sternatlanten — Celestial charts and atlases

Die wichtigsten Sternkarten und Sternatlanten sind in Tab. 4 zusammengestellt. Präzessionstafeln und -Nomogramme, die zum Vergleich von Sternkarten verschiedener Äquinoktien oder zum Auffinden von Objekten benötigt werden, findet man unter 5.1.1.6.

The most important star charts and star atlases are given in Tab. 4. Precession tables and nomograms which are necessary for the comparison of star charts of different equinoxes or for the finding of objects are to be found in 5.1.1.6.

Tab. 4. Sternkarten und Sternatlanten — Celestial charts and atlases

n | Zahl der Tafeln | number of maps

	Name	Autor	n	Skala 1° ≙	m_{lim}	Aequ.	Areal	Publ.
1.	Himmelsatlas	SCHURIG-GÖTZ	8	2,9 mm	6,5	1950	−90°…+90°	8. Aufl., Mannheim 1960
2.	Atlas d. gestirnten Himmels	KOHL, O., und G. FELSMANN	8	3,0	6	1950	−90°…+90°	Berlin 1956
3.	Sternatlas	BEYER, M., und K. GRAFF	27	10	9,3	1855	−23°…+90°	3. Aufl., Bonn 1950
4.	Atlas Coeli	BEČVÁŘ, A.	16	7,5	7,75	1950	−90°…+90°	3. Aufl., Praha 1958
5.	Atl. Eclipticalis	BEČVÁŘ, A.	32	20	~ 10	1950	−30°…+30°	Praha 1958
6.	Atl. Borealis	BEČVÁŘ, A.	24	20	10…13	1950	+30°…+90°	Praha 1962
7.	Atl. Australis	BEČVÁŘ, A.	24	20	10…13	1950	−30°…−90°	voraussichtlich Praha 1964
8.	Bonner Durchmusterung nördl. Teil	ARGELANDER, F. W.	40	20	9,5	1855	− 1°…+90°	3. Aufl., Bonn 1954
9.	Bonner Durchmusterung südl. Teil	SCHÖNFELD, E.	24	20	10	1855	−23°…− 1°	2. Aufl., Bonn 1951
10.	Cordoba Durchmusterung	THOME, J., and C. D. PERRINE	28	20	9,5	1875	−21°…−90°	Cordoba 1929

Fortsetzung nächste Seite

*) Gelegentlich auch „CoD“ oder „CDm“ abgekürzt — Sometimes also known as “CoD” or “CDm”.

Tab. 4. (Fortsetzung)

	Name	Autor	n	Skala 1°≙	m_{lim}	Aequ.	Areal	Publ.
11.	Franklin-Adams-Karten	FRANKLIN-ADAMS, J. (et al.)	206	20 mm	17		−90°…+90°	1903…1911, 2., 3. Aufl. als Reprints
12.	Union Obs.[1]) Charts	Observatorium Johannesburg	556	36	14	1875	−19°…−90°	Johannesburg 1925…1937
13.	Karten der Ekliptik	WOLF, M., und J. PALISA	180	36	14	1900	Ekliptikzone	Wien 1904…1914
14.	Photogr. Himmelskarte, Carte du Ciel (CdC)			120	…14,5		[2])	seit 1890
15.	Atlas of the Northern Milky Way	ROSS, F. E., and M. R. CALVERT	39	16	~16		Milchstraße nördl. −44°	Chicago 1934…1936
16.	Palomar Observ. Sky Survey and Southern Extension	Mt. Palomar Observatory	2× 935 [3])	53,6	20…21		−27°…+90° −33°…−27°	Mt. Palomar 1954 Mt. Palomar 1958
17.	Photographischer Sternatlas Südl. Teil	VEHRENBERG, H.	303	15	13	1950	−26°…+90° …−90°	Düsseldorf 1962 in Bearbeitung

[1]) Da diese Karten mit dem Franklin-Adams-Instrument aufgenommen wurden, werden sie gelegentlich ebenfalls „Franklin-Adams-Karten" genannt — As these maps were made with the Franklin-Adams-Instrument, they too are sometimes called "Franklin-Adams-Charts".

[2]) Herausgabe noch nicht abgeschlossen. Laufende Berichte in Trans. IAU (Comm. 23 „Comm. de la Carte du Ciel") **9** (1957) 322; **10** (1960) 354; **11** A (1962) 231. — The publication is not yet complete. The current information may be found in Trans. IAU (Comm. 23 "Comm. de la Carte du Ciel") **9** (1957) 322; **10** (1960) 354; **11** A (1962) 231.

[3]) Von jedem Areal eine Aufnahme in Blau und eine in Rot — For each area: one plate in blue and one plate in red.

5.1.1.5 Positionskataloge — Catalogues of positions of stars

Positionskataloge sind Zusammenstellungen von genauen Gestirnskoordinaten, die entweder direkt durch exakte Beobachtungen (Beobachtungskataloge) oder durch zusammenfassende Bearbeitung mehrerer Beobachtungskataloge gewonnen wurden (Sammelkataloge, Fundamentalkataloge).

Position catalogues are compilations of exact star coordinates, which are either taken directly by exact observations (Observed catalogues) or obtained by combining several Observed catalogues (combined catalogues, Fundamental catalogues).

5.1.1.5.1 Beobachtungskataloge — Observed catalogues

Die beobachteten Sternpositionen sind in über tausend einzelnen Katalogen und Listen veröffentlicht worden. Beobachtungen vor der Mitte des 18. Jahrhunderts haben heute nur noch historisches Interesse. Die Beobachtungen zwischen 1750 und etwa 1840 sind teilweise noch zur Herleitung von Eigenbewegungen herangezogen worden. Ab 1840 stieg mit der Aufstellung von Passageinstrumenten, Vertikalkreisen und Meridiankreisen die Zahl der Beobachtungskataloge rasch an. Nahezu vollständige Listen aller Beobachtungskataloge finden sich für die folgenden Zeiträume in

1750…1900	Geschichte des Fixsternhimmels (GFH) GFH I (Nordhimmel)	Bd. 1…24 (1922…1936) der Preuß. Akad. Wiss.; Liste von etwa 350 Katalogen. — Die Katalogörter von 170 000 Sternen sind pro Stern für das Äquinox 1875 und Epoche der Beobachtung zusammengestellt.
	GFH II (Südhimmel)	Bd. 1…17 (1937…1958) Karlsruhe, Braun; Bd. 18…24 (ab 1952 erst 20…24 erschienen) Berlin, Akademieverlag; Liste von etwa 300 Katalogen. — Anordnung der Katalogörter pro Stern für 1875 und Beobachtungs-Epoche.
1900…1925	Index der Sternörter 1900 bis 1925	2 Bde. (Nord- und Südhimmel), SCHORR, R. und W. KRUSE, Bergedorf 1928. Liste von etwa 280 Katalogen. — Für etwa 365 000 Sterne sind pro Stern die genauen Quellen der beobachteten Positionen zusammengestellt.
1925…1960	Index der Sternörter 1925…1960 (Index II)	Bd. 1…3, 5, 6 Berlin, Akademieverlag 1961…1964 (insgesamt 9 Bände bis 1966). Liste von etwa 400 Katalogen. — Quellenangabe der Sternörter. Bd. 1: Anonymae; Bd. 2, 5, 6: BD-Sterne von 0° bis −22°; 0° bis +10°; +11° bis +20°; Bd. 3: CoD-Sterne von −22° bis −40°.
1900…1962	Verzeichnis von Sternkatalogen 1900…1962	HEINEMANN, K., Veröffentl. Astron. Recheninst. Heidelberg **16** (1964). — 514 Beobachtungskataloge.

5.1.1.5.2 Zonenkataloge — Zone catalogues

Besondere Bedeutung unter den Beobachtungskatalogen haben die umfassenden Programme der Zonenkataloge. Große Teile der Sphäre oder der gesamte Himmel wurden in Deklinationszonen unterteilt und dann zonenweise visuell (Meridianbeobachtungen) oder photographisch beobachtet. Meist beteiligten sich mehrere Observatorien an einem dieser Programme, die in Tab. 5 zusammengestellt sind.

Tab. 5. Zonenkataloge — Zone catalogues

t | Zeit der Beoachtung | time of observing

	Katalog	*N*	Zonen	*t*	Bemerkungen und Literatur
1.	AGK 1 = Zonenkatalog der Astron. Gesellschaft I, II	144 218 43 830	− 2°···+80° −23°···− 2°	1868···1908 1888···1905	Meridianbeob.; Verteilung der 15 (I) bzw. 5(II) Zonen auf 13 (I) bzw. 5 (II) Sternwarten siehe Hdb. Astrophys. **5**/1 (1932) 271. Veröff. d. Bände: 1890···1910 (I) bzw. 1904···1924 (II)
	Wiederholung der AG-Zone Lund	11 800	+35°···+40°	1920···1926	Ann. Lund **1** (1926)
	Forts. Südhimmel Cordoba *A*···*D*	60 542	−22°···−47°	1891···1939	Result. Cordoba **22**···**24**, **38** (1913···1954)
	La Plata *A*···*E*	31 443	−47°···−82°	1913···1935	Publ. La Plata **5**, **7**···**10**, **13** (1919···1947)
	Cordoba *E*		−82°···−90°	~1948	noch nicht veröffentlicht
2.	AGK2A = Anhaltsterne für AGK2	13 747	− 5°···+90°	1928···1932	Meridianbeob. an 7 Sternwarten Veröffentl. Kopernikusinst. **55** (1943)
	AGK2 = 2. Katalog der Astron. Gesellschaft (photogr.)	11 322 117 378 66 208	+70°···+90° +90°···+20° +20°···− 2,°5	1930···1932 1929···1930 1928···1933	Publ. Pulkovo **60** (1947) Bergedorf, Bd. 1···10 (1951···54) Bonn, Bd. 11···15 (1957···58)
3.	Yale Zone Catalogue Programs (photogr. Wiederholung der AG-Zonen)	1 031	+85°···+90°	1951	Trans. Yale **26**/1 (1954)
		16 086 16 554	+50°···+60°	1915···1917 1946···1947	Trans. Yale **4**, **7** (1925, 1930) Trans. Yale **26**/2, **27** (1959)
		7 108	− 2°···+ 2°	1913···1914	Trans. Yale **3**, **5** (1926)
		128 093	−30°···+30°	1927···1940	Trans. Yale **9**···**14**, **16**···**25** (1933···1954)
		69 300	−30°···−50° −60°···−90°	1941 und 1956	noch nicht veröffentlicht. Siehe AJ **67** (1962) 696
4.	Cape Photographic Zone Catalogues	20 843 20 554	−40°···−52°	1897···1910	Cape Zone Catalogue (CZC) 1923 Cape Catalogue of Faint Stars (CFS) 1939
		24 961	−30°···−40°	1931···1937	Ann. Cape **17**, **18** (1954)
		23 925	−52°···−64°	1937···1946	Ann. Cape **19**, **20** (1955, 1958)
		19···20 000	−64°···−90°	1947···1953	Ann. Cape **21**, **22** (im Druck)
5.	Astrographic Catalogue (= Carte du Ciel)		−90°···+90°	etwa 1890 bis 1950	18 Zonen, siehe Trans. IAU **7** (1950) 251 Rechtwinklige Sternkoordinaten; Hilfstafeln zur Umwandlung in α, δ (Hilfstafeln Bergedorf G, 1924). Fast alle Bände publiziert; Berichte in Comm. 23 d. IAU, s. Trans. IAU **11** A (1962) 231
6.	AGK3R = Anhaltsterne (Reference stars) für AGK3	13 500	− 5°···+90°	ab 1956	Meridianbeob. an 11 Sternwarten. AGK3R-Sterne mit KSZ-Sternen (siehe Nr. 9) beobachtet, insgesamt 21 000. Berichte in Trans. IAU, Commission 8/8a
	AGK3 = photogr. Wiederholung des AGK2	ca. 180 000	− 2°···+90°	1956···1963	Aufnahmen in Hamburg-Bergedorf. Meridiankreisbeob. von Doppelsternen in Straßburg. Zweck: Messung der Eigenbewegungen der AGK2-Sterne
7.	Southern Reference Star Program (SRS)		+ 5°···−90°	ab 1961	Meridianbeob. der Anhaltsterne für d. Cape, Sydney, und Yale astrometric program (siehe Nr. 8); siehe Trans. IAU **11** A (1962) 24, **11** B (1962) 177

Fortsetzung nächste Seite

Tab. 5. (Fortsetzung)

	Katalog	N	Zonen	t	Bemerkungen und Literatur
8.	Cape, Sydney, and Yale Astrometric Program		0°···−90°	ab 1961	Ausdehnung d. AGK3 Programms bis zum Südpol Trans. IAU **11** A (1962) 26.
9.	KSZ (Katalog schwacher Sterne = Katalog slabych zvezd)	15 690	−30°···+90°	ab 1956	Pulkovo 1956. Erweiterung bis −90° begonnen

5.1.1.5.3 Sammelkataloge (Kombinierte Kataloge) — Combined catalogues

a) *Fundamentalkataloge — Fundamental catalogues.*

Zur Einführung:

Kopff, A.: Probleme der fundamentalen Positionsastronomie. Ergeb. Exakt. Naturw. **8** (1929) 1.

Kopff, A.: Star Catalogues, especially those of Fundamental Character, G. Darwin Lecture, MN **96** (1936) 714.

Fricke, W.: Introduction to "Fourth Fundamental Catalogue (FK 4)". Veröffentl. Astron. Recheninst. Heidelberg **10** (1963).

Die Aufgabe der fundamentalen Positionsastronomie ist die Festlegung eines fundamentalen Koordinatensystems am Himmel als Bezugssystem für sämtliche Positionsmessungen an der Sphäre. Dieses System muß möglichst unabhängig und möglichst frei von systematischen Fehlern aller Art sein. Ein Fundamentalsystem wird repräsentiert durch einen Fundamentalkatalog, der Örter und Eigenbewegungen einer Anzahl von Fundamentalsternen enthält, die annähernd gleichmäßig über die Sphäre verteilt stehen. Die Positionen dieser Sterne und ihre zeitlichen Änderungen sind für ein oder mehrere Äquinoktien und Epochen gegeben, wobei allen Rechnungen eine bestimmte Präzessionskonstante zugrunde gelegt ist (nach 1900 wird in der Positionsastronomie allgemein der von Newcomb hergeleitete Wert der Präzessionskonstanten benutzt, siehe 2.3.2.1 und 4.2.1.2.2).

Das System der Positionen und Eigenbewegungen eines Fundamentalkatalogs wird durch eine zusammenfassende Bearbeitung zahlreicher fundamental beobachteter Kataloge gewonnen. Einerseits ist es erwünscht, daß sie an mehreren Instrumenten mit unterschiedlichen Methoden beobachtet wurden, damit ihr Mittel als Fundamentalsystem der Örter unabhängig von einem speziellen Instrumentalsystem und von einer speziellen Beobachtungsmethode wird. Andererseits sind aber auch lange Serien von Absolutkatalogen erwünscht, die am selben Instrument gleichartig beobachtet wurden, damit daraus ein von keinerlei Instrument- oder Methodenwechsel beeinflußtes Eigenbewegungssystem hergeleitet werden kann.

Die Positionen der Fundamentalsterne in differentiell beobachteten Katalogen werden anschließend mit denen im Fundamentalkatalog kombiniert, um Örter und Eigenbewegungen der einzelnen Sterne im Fundamentalsystem weiter zu verbessern.

Das Fundamentalsystem dient als Bezugssystem für Messungen von Positionen und Eigenbewegungen anderer Sterne. Sein Eigenbewegungssystem geht ein in die Ausgangsdaten zahlreicher kinematischer und dynamischer Probleme und beeinflußt auch die Distanzskala entfernter Sterngruppen, deren Parallaxen aus einem Vergleich von Radialgeschwindigkeiten und Eigenbewegungen hergeleitet werden. Ferner liefert ein Fundamentalkatalog ein Bezugssystem für Zeitbestimmungen, Messungen in der Geodäsie und Probleme der Weltraumforschung.

Die Unsicherheit der Eigenbewegungen hat bisher dazu gezwungen, auch die besten Fundamentalkataloge nach spätestens 25 Jahren zu überprüfen. 1935 wurde von der IAU der von A. Kopff und Mitarbeitern kompilierte Fundamentalkatalog FK 3 als Grundlage aller Sternephemeriden empfohlen [Trans. IAU **5** (1936) 281]. Seit 1941 werden jährlich die scheinbaren Örter der 1535 Sterne des FK 3 veröffentlicht [Apparent Places of Fundamental Stars. Ab 1960 Heidelberg]. Inzwischen wurde der FK 3 revidiert, und ab 1964 wird den Ephemeriden der FK 4 zugrunde gelegt.

Tab. 6. Beispiel für die Daten in einem Fundamentalkatalog: Stern Nr. 295 aus dem FK 4 — Example of the data given in a fundamental catalogue (star No. 295 in FK 4)

Äquinoktium und Epoche 1950,0 und 1975,0 — Equinox and epoch 1950,0 and 1975,0

(1) No.	(2) Name	(3) Mag.	(4) Sp	(5) α	(6) $\frac{d\alpha}{dT}$	(7) $\frac{1}{2}\frac{d^2\alpha}{dT^2}$	(8) μ	(9) $\frac{d\mu}{dT}$	(10) Ep.(α)	(11) $m(\alpha)$	(12) $m(\mu)$
295	β Gem	1,21	K 0	$7^h 42^m 15^s{,}517$ 7 43 47,247	$+367^s{,}084$ +366,754	$-0^s{,}656$ −0,663	$-4^s{,}735$ −4,733	$+0^s{,}007$ +0,007	05,53	1,2	4

(13) No.	(14) δ	(15) $\frac{d\delta}{dT}$	(16) $\frac{1}{2}\frac{d^2\delta}{dT^2}$	(17) μ'	(18) $\frac{d\mu'}{dT}$	(19) Ep. (δ)	(20) $m(\delta)$	(21) $m(\mu')$	(22) GC	(23) N 30
295	$+28°8'55''{,}11$ +28 5 16,13	$-870''{,}03$ −881,82	$-23''{,}64$ −23,54	$-5''{,}13$ −4,98	$+0''{,}61$ +0,61	99,90	1,8	5	10 438	1 758

Gliese

	Bedeutung der Spalten in Tab. 6:	Notation of columns in Tab. 6:
(3)	scheinbare Größe	apparent magnitude
(5)	mittlere Rektaszension für die beiden Äquinoktien und Epochen 1950,0 und 1975,0	mean right ascension for both equinoxes and epochs 1950,0 and 1975,0
(6) (7)	erster und halber zweiter Differentialquotient von α nach der Zeit; Zeiteinheit 100 Jahre	centennial variation of α and one-half the secular variation of the centennial varition
(8) (9)	hundertjährige Eigenbewegungskomponente in α und ihre hundertjährige Änderung	centennial proper motion component of α and its centennial variation
(10)	mittlere Epoche aller zur Herleitung dieser Daten verwendeten α-Beobachtungen (gezählt ab 1900 oder 1800)	the mean epoch of all α-observations used to derive these data (reckoned from 1900 or 1800)
(11)	mittlerer Fehler von α zur Zeit der mittleren Epoche in $0^s_{.}001$	mean error of α at the time of the mean epoch (to $0^s_{.}001$)
(12)	mittlerer Fehler der Eigenbewegung in $0^s_{.}001$ (11) und (12) gelten für die individuellen Daten innerhalb des Systems des FK4	mean error of proper motion (to $0^s_{.}001$) (11) and (12) with respect to the individual data in the system of FK4
(13)···(21)	die entsprechenden Daten für Deklination	the corresponding data for the declination
(22)	Nummer des Sterns im General Catalogue (GC)	star number in the General Catalogue (GC)
(23)	Sternnummer im Katalog N30	star number in the catalogue N30

Da die Herleitung der einzelnen Fundamentalkataloge und der Sammelkataloge mit selbständigem System nach verschiedenen Methoden geschah, ist deren Klassifizierung in der Literatur nicht ganz einheitlich. Tab. 7 bringt diejenigen Kataloge, die heute noch Bedeutung besitzen.

Tab. 7. Fundamentalkataloge und kombinierte Kataloge mit selbständigem System — Fundamental catalogues and combined catalogues with an independent system

	Katalog	N	Äquinox und Epoche	m	Autor	Literatur
1.	FK4	1 535	1950,0 1975,0	$\cdots 7^m$	W. Fricke, A. Kopff et al.	Fourth Fundamental Catalogue. Veröffentl. Astron. Recheninst. Heidelberg **10** (1963)
2.	FK3 I [1]) Auwers Sterne	873	1925,0 1950,0	$\cdots 6^m$	A. Kopff et al.	Dritter Fundamentalkatalog des Berliner Astronomischen Jahrbuchs. Veröffentl. Kopernikusinst. **54** (1937)
	FK3 II Zusatzsterne	662	1950,0	$3^m \cdots 7^m$	A. Kopff	Abhandl. Preuß. Akad. Wiss., Physik.-Math. Kl. Nr. 3 (1938)
3.	GC [2])	33 342	1950,0	$\cdots 9^m$	B. Boss	General Catalogue. Carnegie Inst. Wash. Publ. No. 468, Vol. **I···V** (1936···1937)
4.	N30 [3])	5 268	1950,0	$\cdots 8^m$	H. R. Morgan	Catalog of 5268 Standard Stars, 1950,0, Based on the Normal System N30. Astron. Papers Wash. **13**/3 (1952)
5.	Pu α 1 [4]) Pu α 2	325 204	1950,0 1950,0	$\cdots 5^m$ $4^m \cdots 6^m$	A. A. Nemiro	Fundamentaler Rektaszensionskatalog von Sternen des Nordhimmels, abgeleitet aus Beobachtungen in Pulkovo. Publ. Pulkovo (2) **71** (1958) 65
6.	FKSZ	931		$7^m \cdots 9^m$		Als Fundamentalkatalog für den KSZ (siehe Tab. 5) in der USSR geplant. Verzeichnis der Sterne d. Fundamentalkat. schwach. St. (russ.). M. S. Zverev, Moskau, Sternberginstitut, 1951

[1]) Das System des FK3 wurde für die Auwers-Sterne hergeleitet; die Zusatzsterne wurden in dieses System eingearbeitet.

[2]) Die helleren Sterne haben das System des GC geliefert, in das die Positionen der schwächeren eingearbeitet wurden. Wegen der großen Zahl von Sternen ist der GC in erster Linie als Eigenbewegungssystem gedacht.

[3]) Der N30 ist für die Epoche 1930 ein fundamentaler Positionskatalog. Da aber die Eigenbewegungen in einem abgekürzten Verfahren hergeleitet wurden, kann der N30 nicht als ein Fundamentalkatalog in strengem Sinne gelten.

[4]) Rektaszensionskataloge, die nur aus Beobachtungen mit dem Großen Passageinstrument in Pulkowo hergeleitet wurden.

[1]) The FK3 system is derived from the Auwers stars; the Zusatz stars have been added to this system.

[2]) The brighter stars define the GC system. The positions of the fainter stars are reduced to this. Because of the great number of stars, the GC is considered mainly to be a proper motion system.

[3]) The N30 is a fundamental position catalogue for epoch 1930. But the proper motions are derived by an approximate method, so that N30 cannot be considered as a fundamental catalogue in a strict sense.

[4]) Right ascension catalogues derived only from observations with the large transit instrument at Pulkowo.

Vergleiche der genannten Kataloge untereinander finden sich in der Einleitung oder im Anhang zu diesen Katalogen; ferner:

Comparisons of the above catalogues can be found in the introductions or appendices of these catalogues. Furthermore:

KOPFF, A.: Tafeln zur Reduktion des Systems des General Catalogue auf das System des FK 3. Abhandl. Preuß. Akad. Wiss., Math. Nat. Kl. Nr. 18 (1939) = Mitt. Koppernikusinst. **5**/5.
MORGAN, H. R.: Corrections to the Fundamental Catalogs. AJ **54** (1949) 145.
NOWACKI, H.: Vergleich des FK 3 mit dem Normalkatalog N30 von H. R. MORGAN. Nachrbl. Astron. Zentralstelle **7** (1953) 21.
KOPFF, A.: Remarks on the revision of FK 3 and its relation to N30. MN **114** (1954) 478 = Astron. Recheninst. Heidelberg Mitt. A Nr. 1.
Früher waren folgende Fundamentalkataloge in Benutzung — Formerly the following fundamental catalogues were used:
AUWERS, A.: Fundamentalkatalog für die Zonenbeobachtungen. Publ. Astron. Ges. Leipzig **14** (1879); **17** (1883).
Neuer Fundamentalkatalog des Berliner Astron. Jahrb. (NFK). Veröffentl. Astron. Recheninst. Berlin **33** (1907).
EICHELBERGER, W. S.: Positions and proper motions of 1504 standard stars for the equinox 1925,0. Astron. Papers Wash. **10**/1 (1925).
BOSS, L.: Preliminary General Catalogue (PGC), 6188 stars for the epoch 1900. Washington 1910.
NOWACKI, H.: Vergleich des FK 3 mit vorstehenden Katalogen, AN **255** (1935) 301.

b) *Sammelkataloge, die kein selbständiges System repräsentieren — Combined catalogues, which do not represent an independent system*:

FK 4 Sup	Preliminary Supplement to the FK 4. Veröffentl. Astron. Recheninst. Heidelberg **11** (1963).	Örter und Eigenbewegungen von 1987 Nicht-Fundamentalsternen im System des FK 4.	Positions and proper motions of 1987 non-fundamental stars in FK 4 system.
PFKSZ	Vorläufiger FK schwacher Sterne: ZVEREV, M. S., und D. D. POLOZHENTSEV: Predvaritelnii swodnii katalog fundamentalnych slabych zvezd so sklonenijami ot +90° do −20°. Publ. Pulkovo (2) **72** (1958) 5.	Enthält 587 Sterne, deren Positionen angenähert im System des FK 3 stehen.	Contains 587 stars whose positions are approximately in the FK 3 system.

Ferner die bereits genannten Zonenkataloge AGK2A, AGK3R, SRS, KSZ (siehe 5.1.1.5.2, Tab. 5).

c) *Relative Ortsbestimmungen von Gestirnen* (auch von Planeten, Kometen) durch Anschluß an benachbarte Sterne bekannter Position werden visuell oder heute vorwiegend photographisch durchgeführt. Aufnahmen mit langbrennweitigen Instrumenten dienen speziell zur Messung von Doppelsternpositionen, Parallaxenbestimmungen und zur Herleitung von Eigenbewegungen schwacher Sterne. Siehe: Stars and Stellar Systems II. Astronomical Techniques. University of Chicago Press 1962:

P. MULLER: Chapt. 19. Techniques for Visual Measurements.
A. KÖNIG: Chapt. 20. Astrometry with Astrographs.
P. VAN DE KAMP: Chapt. 21. Astrometry with Long-Focus Telescopes.

5.1.1.6 Präzessionstafeln und Nomogramme — Precession tables and nomograms

Beim Vergleich von Sternkarten, die zu verschiedenen Äquinoktien gehören, oder zur Auffindung von Objekten (z. B. Kometen, Novae ...) mit Hilfe einer Sternkarte, die auf einem anderen Äquinoktium steht als die gegebene Position des Objekts, werden genäherte Präzessionswerte benötigt. Die folgenden Tabellen geben die jährliche Präzession in Rektaszension p_α und in Deklination p_δ nach den Formeln:

An approximate value of the precession is needed for the comparison of star-charts of different equinoxes or for finding objects (e. g. comets, novae...) with a star-chart which is of a different equinox than that in which the position of the object is given. The following tables give the annual precession in right ascension (p_α) and declination (p_δ) obtained by the formulae:

$$p_\alpha = m + n \sin\alpha \operatorname{tg}\delta$$
$$p_\delta = n \cos\alpha$$
$$\left.\begin{aligned} m &= 3{,}^{s}073\,27 \\ n &= 1{,}^{s}336\,17 = 20{,}''042\,6 \end{aligned}\right\} 1950.$$

Für die genannten Zwecke genügt es, p_α und p_δ aus den Tabellen zu entnehmen und mit der Zeitdifferenz t zwischen beiden Äquinoktien (t in Jahren ausgedrückt) zu multiplizieren, um die Präzession P_α und P_δ in t Jahren zu erhalten:

For these purposes it is sufficient to take p_α and p_δ from the tables and to multiply them by the time difference t between both equinoxes (t in years), to find the precession (P_α, P_δ) in t years.

$$P_\alpha = t \cdot p_\alpha \text{ und } P_\delta = t \cdot p_\delta$$

Tab. 8. Einjährige Präzession in Rektaszension p_α — Annual precession in right ascension p_α

Für nördliche (positive) Deklinationen gelten die Argumente α auf der linken Seite, für südliche (negative) Deklinationen die Argumente α auf der rechten Seite. — For north (positive) declination, the argument α refers to the left-hand side. For south (negative) declination, the argument α refers to the right-hand side.

α ↓→	δ = +80°	+70°	+60°	+50°	+40°	+30°	+20°	+10°	0°	
0^h	+ 3,^{s}07	+3,^{s}07	+3,^{s}07	+3,^{s}07	+3,^{s}07	+3,^{s}07	+3,^{s}07	+3,^{s}07	+3,^{s}07	12^h
1	5,03	4,02	3,67	3,48	3,36	3,27	3,20	3,13	3,07	13
2	6,86	4,91	4,23	3,87	3,63	3,46	3,32	3,19	3,07	14
3	8,43	5,67	4,71	4,20	3,87	3,62	3,42	3,24	3,07	15
4	9,64	6,25	5,08	4,45	4,04	3,74	3,49	3,28	3,07	16
5	+ 10,39	+6,62	+5,31	+4,61	+4,16	+3,82	+3,54	+3,30	+3,07	17
6	10,65	6,74	5,39	4,67	4,19	3,84	3,56	3,31	3,07	18
7	10,39	6,62	5,31	4,61	4,16	3,82	3,54	3,30	3,07	19
8	9,64	6,25	5,08	4,45	4,04	3,74	3,49	3,28	3,07	20
9	8,43	5,67	4,71	4,20	3,87	3,62	3,42	3,24	3,07	21
10	+ 6,86	+4,91	+4,23	+3,87	+3,63	+3,46	+3,32	+3,19	+3,07	22
11	5,03	4,02	3,67	3,48	3,36	3,27	3,20	3,13	3,07	23
12	3,07	3,07	3,07	3,07	3,07	3,07	3,07	3,07	3,07	0
13	+ 1,11	2,12	2,47	2,66	2,78	2,87	2,95	3,01	3,07	1
14	− 0,72	1,24	1,92	2,28	2,51	2,69	2,83	2,95	3,07	2
15	− 2,29	+0,48	+1,44	+1,95	+2,28	+2,53	+2,73	+2,91	+3,07	3
16	3,49	−0,11	1,07	1,69	2,10	2,41	2,65	2,87	3,07	4
17	4,25	0,47	0,84	1,53	1,99	2,33	2,60	2,84	3,07	5
18	4,50	0,60	0,76	1,48	1,95	2,30	2,59	2,84	3,07	6
19	4,25	0,47	0,84	1,53	1,99	2,33	2,60	2,84	3,07	7
20	− 3,49	−0,11	+1,07	+1,69	+2,10	+2,41	+2,65	+2,87	+3,07	8
21	2,29	+0,48	1,44	1,95	2,28	2,53	2,73	2,91	3,07	9
22	− 0,72	1,24	1,92	2,28	2,51	2,69	2,83	2,95	3,07	10
23	+ 1,11	2,12	2,47	2,66	2,78	2,87	2,95	3,01	3,07	11
24	3,07	3,07	3,07	3,07	3,07	3,07	3,07	3,07	3,07	12
	−80°	−70°	−60°	−50°	−40°	−30°	−20°	−10°	0°	α
	δ									←↑

Tab. 9. Einjährige Präzession in Deklination p_δ — Annual precession in declination p_δ

Für die linken Argumente ($\alpha = 0^h \cdots 11^h$) gilt das obere Vorzeichen, für die rechten Argumente ($\alpha = 12^h \cdots 23^h$) gilt das untere Vorzeichen. — For the left-hand side, the argument α ($\alpha = 0^h \cdots 11^h$) refers to the upper sign, for the right-hand side, the argument α ($\alpha = 12^h \cdots 23^h$) refers to the lower sign.

α	0^m	10^m	20^m	30^m	40^m	50^m	60^m	α
0^h	± 20,″0	± 20,″0	± 20,″0	± 19,″9	± 19,″7	± 19,″6	± 19,″4	12^h
1	± 19,4	± 19,1	± 18,8	± 18,5	± 18,2	± 17,8	± 17,4	13
2	± 17,4	± 16,9	± 16,4	± 15,9	± 15,4	± 14,8	± 14,2	14
3	± 14,2	± 13,5	± 12,9	± 12,2	± 11,5	± 10,8	± 10,0	15
4	± 10,0	± 9,3	± 8,5	± 7,7	± 6,9	± 6,0	± 5,2	16
5	± 5,2	± 4,3	± 3,5	± 2,6	± 1,7	± 0,9	0,0	17
6	0,0	∓ 0,9	∓ 1,7	∓ 2,6	∓ 3,5	∓ 4,3	∓ 5,2	18
7	∓ 5,2	∓ 6,0	∓ 6,9	∓ 7,7	∓ 8,5	∓ 9,3	∓ 10,0	19
8	∓ 10,0	∓ 10,8	∓ 11,5	∓ 12,2	∓ 12,9	∓ 13,5	∓ 14,2	20
9	∓ 14,2	∓ 14,8	∓ 15,4	∓ 15,9	∓ 16,4	∓ 16,9	∓ 17,4	21
10	∓ 17,4	∓ 17,8	∓ 18,2	∓ 18,5	∓ 18,8	∓ 19,1	∓ 19,4	22
11	∓ 19,4	∓ 19,6	∓ 19,7	∓ 19,9	∓ 20,0	∓ 20,0	∓ 20,0	23

Nomogramm 1. Präzession in α und δ — Precession in α and δ

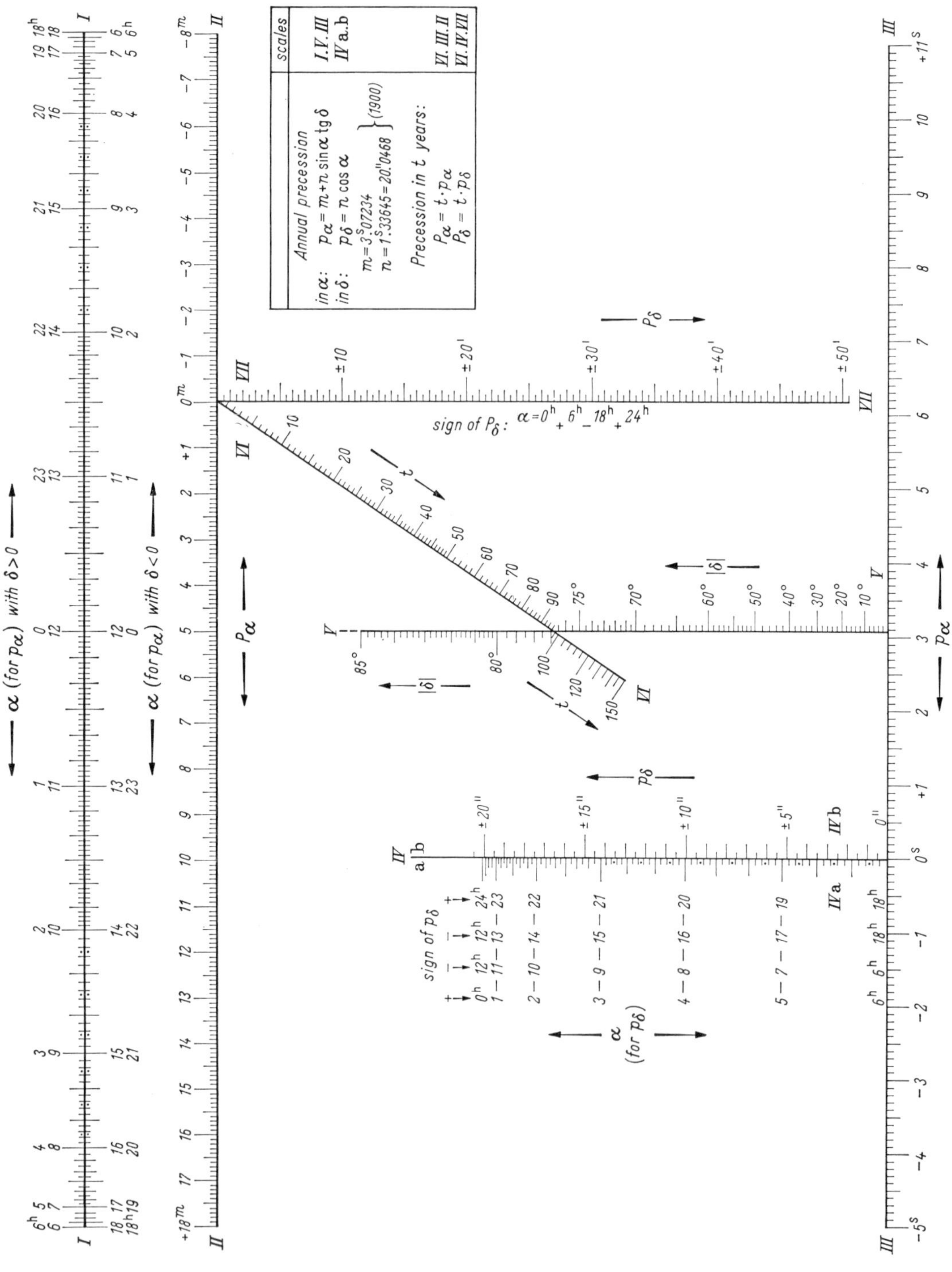

Nomogramm 1: *Präzession in α und δ*

Das vorstehende Nomogramm gibt zunächst die Werte der jährlichen Präzession p_α und p_δ. Aus ihnen gewinnt man P_α und P_δ durch nomographische Multiplikation mit der Zeitdifferenz t [a] zwischen den Epochen. Ein Ort mit den Koordinaten α_1 und δ_1 zur Epoche T_1 besitzt dann zur Epoche T_2 die Koordinaten:

Nomogram 1: *Precession in α and δ*

The preceding nomogram gives first the values of the annual precession p_α and p_δ. From them the values P_α and P_δ can be derived by multiplying with the time difference t [a] between the epochs. A position given by the coordinates α_1 and δ_1 at the epoch T_1 has the following coordinates at the epoch T_2:

$$\alpha_2 = \alpha_1 + P_\alpha \qquad \delta_2 = \delta_1 + P_\delta \qquad t = (T_2 - T_1)$$

Zur Ermittlung von p_α legt man die Ablesegerade durch den α-Punkt auf der obersten horizontalen Leiter I (hier gilt die obere Bezifferung im Fall positiver, die untere im Fall negativer Deklination) und den Punkt für den Absolutwert von δ auf der vertikal in Blattmitte stehenden Leiter V; im Schnittpunkt mit der ganz unten horizontal liegenden Leiter III findet man den Wert p_α (Zeitsekunden). Dreht man die Ablesegerade um diesen Schnittpunkt, so daß sie die im mittleren Blatteil schräg nach links unten verlaufende Leiter VI beim vorgegebenen t-Wert (t in Jahren) schneidet, so kann man in ihrem Schnittpunkt mit der zweitobersten horizontalen Leiter II den Wert P_α (Zeitminuten) ablesen.

p_δ ergibt sich sehr einfach aus der links stehenden vertikalen Doppelleiter IV, wo den α-Werten der linken Teilung a die zugehörigen p_δ-Werte (Bogensekunden) der rechten Teilung b gegenüberstehen und sich auch die nötigen Angaben über das Vorzeichen finden. Legt man die Ablesegerade durch den entsprechenden Punkt von IV und den t-Punkt der schrägen Leiter VI, so kann man in der rechts vertikal stehenden Leiter VII den Wert P_δ (Bogenminuten) ablesen.

Beispiel: $\alpha = 14^h 22^m$, $\delta = -41°$, $t = 27$ Jahre. Mit den Leitern I (untere Bezifferung wegen $\delta < 0$), V und III findet man $p_\alpha = +3\overset{s}{.}75$; anschließend bekommt man mit den Leitern III, VI und II $P_\alpha = +1\overset{m}{.}69$. Der Zwischenwert $p_\alpha = 3\overset{s}{.}75$ braucht nicht unbedingt numerisch abgelesen zu werden.

Mit den Leitern IVa, VI und VII findet man $P_\delta = -7\overset{\prime}{.}4$. Der hierbei in Leiter IVb auftretende Zwischenwert $p_\delta = -16\overset{\prime\prime}{.}4$ braucht nicht abgelesen zu werden.

In order to get p_α, the index line is put through the α point in the horizontal scale I at top (there the upper lettering applies to positive δ, the lower lettering to negative δ) and the point representing the absolute value of δ in the vertical scale V in the middle of the page; then the value p_α (seconds of time) is found at the intersection point on the horizontal scale III at bottom. Turning the index line on this point until it crosses the sloping scale VI (in the central part of the page) at the point corresponding to t (t in years), the value P_α (minutes of time) can be read off from the second upper horizontal scale II.

p_δ can very easily be found from the vertical double scale IV at left; the scale carries the p_δ values (seconds of arc) on its right side (b), as opposed to the corresponding α values on its left side (a); details for the sign of p_δ are also given. Putting the index line through the proper point of this scale and the t point in the sloping scale VI, the value P_δ (minutes of arc) can be read off from the vertical scale VII at right.

Example: $\alpha = 14^h 22^m$, $\delta = -41°$, $t = 27$ years. With the scales I (lower sign since $\delta < 0$), V, and III one gets $p_\alpha = 3\overset{s}{.}75$; subsequently, with the scales III, VI and II, $P_\alpha = 1\overset{m}{.}69$ is found. There is no absolute need to read off numerically the intermediate value $p_\alpha = 3\overset{s}{.}75$.

With the scales IVa, VI, and VII one finds $P_\delta = -7\overset{\prime}{.}4$. There is no need to read off the intermediate value $p_\delta = -16\overset{\prime\prime}{.}4$ appearing in scale IVb.

5.1.2 Eigenbewegungen — Proper motions

5.1.2.1 Definition

Eigenbewegung (EB): transversale (= Winkel-) Geschwindigkeit von Fixsternen bezogen auf die Sonne als Ursprung eines als fest angenommenen sphärischen Koordinatensystems:

Jährliche EB in ["/a]
Hundertjährige EB in ["/100 a]

auszudrücken in:

Proper motion (p. m.): transversal (= angular) velocity of fixed stars measured in a spherical coordinate system which is assumed to be fixed in space with the sun as origin:

annual p. m. in ["/a]
centennial p. m. in ["/100 a]

expressed in:

Betrag	μ	value
Positionswinkel	P (N → E → S → W → N) 0° ··· 360°	position angle

Bei bekannter Parallaxe π ["] transformiert man μ ["/a] in die Tangentialgeschwindigkeit:

with known parallax π ["] μ ["/a] can be transformed to tangential velocity:

$$v_t = b\,\frac{\mu}{\pi}\left[\frac{\text{km}}{\text{sec}}\right],\quad b = 4{,}74\left[\frac{\text{km}\cdot\text{a}}{\text{sec}}\right]$$

5.1.2.2 Komponentendarstellung – Components

a) Äquatoriale Komponenten

$$\mu''_\alpha = \mu \sin P\ [''/\text{a}] \text{ oder } \mu^s_\alpha = \frac{1}{15}\sec\delta\cdot\mu\sin P\ [\text{sec/a}]$$

$$\mu''_\delta = \mu\cos P\ [''/\text{a}]$$

Bei extrem großen EB und in Polnähe kann es notwendig werden, die folgenden Glieder 2. Ordnung anzuwenden: Transformation von der Epoche t_0 auf die Epoche t durch

$$\Delta\mu''_\alpha = 2\mu''_\alpha\,\mu''_\delta \sin 1''\cdot\text{tg}\,\delta\cdot(t - t_0)$$

$$\Delta \mu_\delta'' = -\mu_\alpha''^2 \sin 1'' \cdot \sin\delta \cos\delta \cdot (t - t_0)$$

(siehe SMART [1], S. 256).

Beim Übergang vom Äquinoktium 1900,0 + T_0 auf 1900,0 + T_0 + T (T_0, T gemessen in tropischen Jahrhunderten) bleibt wegen der Rotation des Koordinatensystems durch die Präzession (siehe 2.3 und 4.2.1.2.2) der Betrag erhalten, während sich der Positionswinkel ändert [2, 3]:

$$\mu = \text{const},$$
$$P \to P + S$$

wobei

$$\sin S = \sin\vartheta \sin a \sec \delta_{T_0}$$
$$a = \alpha_{T_0} + \zeta_0;\ \zeta_0 = (2304{,}''250 + 1{,}''396\ T_0)\ T + 0{,}''302\ T^2 + 0{,}''018\ T^3$$
$$\vartheta = (2004{,}''682 - 0{,}''853\ T_0)\ T - 0{,}''426\ T^2 - 0{,}''042\ T^3$$
$$\alpha_{T_0};\ \delta_{T_0} = \text{Koordinaten zur Zeit } 1900{,}0 + T_0.$$

b) Transformation auf galaktische Koordinaten

μ_l	Komponente in galaktischer Länge
μ_b	Komponente in galaktischer Breite
α_0, δ_0	Koordinaten des Pols der Milchstraße
P_0	Positionswinkel der Richtung zum Pol der Milchstraße
α, δ, P, μ	Koordinaten und EB der Sterne

$$\mu_l = \mu \sin(P - P_0) \qquad \mu_b = \mu \cos(P - P_0)$$

$$\operatorname{tg} P_0 = \frac{\cos\delta_0 \sin(\alpha_0 - \alpha)}{\sin\delta_0 \cos\delta - \cos\delta_0 \sin\delta \cos(\alpha_0 - \alpha)}$$

Vorzeichen von sin P_0 und cos P_0 gleich dem von Zähler bzw. Nenner, (siehe SMART [4], S. 14).

c) v und τ-Komponente

Die v-Komponente ist die Komponente der EB in Richtung der *parallaktischen* Bewegung zum Antapex der Sonnengeschwindigkeit (siehe 8.3.1).

Die τ-Komponente senkrecht dazu rührt allein von der *Pekuliarbewegung* her.

5.1.2.3 Ableitung von Eigenbewegungen – Determination of proper motions

a) *Absolute EB.* Nach Reduktion der Positionen aus verschiedenen Katalogen (Epoche t_i) auf einheitliches Äquinoktium mit einer angenommenen Präzessionskonstanten kann die absolute EB mit passenden Gewichten dargestellt werden durch

$$\text{Position}_i = \text{Position}_0 + \mu\,(t_i - \bar{t});\ n \text{ Kataloge},\ i = 1, 2, \ldots, n$$

für beide Koordinaten, wo $\bar{t}$ eine mittlere Epoche ist.

Die Unsicherheiten in den systematischen Differenzen zwischen den Katalogen, die von den Koordinaten sowie von der Helligkeit und der Farbe abhängen können, erschweren die Darstellung der absoluten EB.

b) *Relative EB.* Relative Positionen auf photographischen Platten führen durch Differenzbildung bei mindestens 2 Platten verschiedener Epochen zu *relativen EB*. Die Plattenpaare können unmittelbar differentiell gemessen werden und liefern so die relative EB.

Die relativen EB können auf absolute EB mit Hilfe einiger Anhaltsterne mit bekannten absoluten EB oder durch Verwendung statistischer EB einer Gruppe schwacher Sterne reduziert werden (siehe 5.1.4).

Der Anschluß des astronomischen Systems der Eigenbewegungen an das – als ruhend angenommene – System der extragalaktischen Systeme wird in einigen Jahren abgeschlossen sein. Das Lick-Programm [5] mit 5° × 5° großen Platten vom Carnegie-Astrographen mit 4 m Brennweite wird von der Yale-Sternwarte aus auf die Südhalbkugel der Erde übertragen. Das russische Programm benutzt die 34/340-cm-Normalastrographen der Photographischen Himmelskarte [6].

c) *Systematische Anteile.* Die systematischen Anteile $\mu^{(syst)}$ in den beobachteten Eigenbewegungen $\mu^{(beob)}$, $\mu^{(syst)} = \mu^{(beob)} - \mu^{(peculiar)}$, die bei der Verwendung der EB zum Studium von Kinematik und Dynamik des Milchstraßensystems auftreten, können dargestellt werden durch

$$\mu_\alpha^{(syst)} = aX - bY \qquad + c\Delta k + d\Delta n + fP + hQ$$
$$\mu_\delta^{(syst)} = eX + dY - cZ \qquad + b\Delta n + gP + jQ$$

X, Y, Z: *scheinbare* EB-Komponenten, die durch die Sonnenbewegung relativ zu den umgebenden Sternen entstehen und vom Betrag der Geschwindigkeit, der Richtung zum Apex (siehe 5.1.4 säkulare Parallaxen) und von der Entfernung des Sterns abhängen.

Δk, Δn: Korrektionen von Äquinoktium und Präzession.

P, Q: Konstanten der galaktischen Rotation (siehe 8.3.3 und WILLIAMS und VYSSOTSKY [7]).

Tabelle der Koeffizienten in [8].

5.1.2.4 Zahlenwerte – Numerical values

Tab. 1. Eigenbewegungen einiger heller Sterne für 1950,0 – Proper motions of some bright stars for 1950,0 from FK 4 [10]

Name	m_v	μ_α [sec/a]	μ_δ [″/a]	Name	m_v	μ_α [sec/a]	μ_δ [″/a]
Sirius	−1,ᵐ6	−0,ˢ037 91	−1,″2114	Aldebaran	1,ᵐ1	+0,ˢ004 52	−0,″1888
Wega	+0,1	+0,017 08	+0,284 7	Regulus	1,3	−0,016 96	+0,002 6
Capella	+0,2	+0,007 75	−0,422 7	Algenib (Per)	1,9	+0,002 59	−0,021 5
Arktur	+0,2	−0,077 60	−1,999 1	Polaris	2,1	+0,181 07	−0,004 3

Besonders *große EB* in 8.1. Tab. 4.

Dieckvoß

Tab. 2. Häufigkeitsverteilung der Eigenbewegungen — Distribution function of proper motions nach WILSON und RAYMOND [9], entnommen aus General Catalogue (B. Boss)

μ ["/a]	N
0",00 ··· 0",01	26 978
0,01 ··· 0,02	3 200
0,02 ··· 0,04	1 471
0,04 ··· 0,08	447
0,08 ···	136
	32 232

5.1.2.5 Kataloge mit Angabe von Eigenbewegungen — Catalogues containing proper motions

a) *Fundamentalkataloge* (siehe 5.1.1.5.3)

B. Boss	General Catalogue of 33 342 Stars for the Epoch 1950	Washington 1936/37
H. R. MORGAN	Catalogue of 5268 Standard Stars (N 30)	Astron. Papers Wash. **13** (1950) 3
FK 4	Fourth Fundamental Catalogue (1670 Fundamentalsterne der Positionsastronomie)	Karlsruhe 1963

b) *Einige größere Sammlungen von EB*

R. SCHORR	Eigenbewegungslexikon, 2. Aufl. Nicht homogenisierte Sammlung von EB aus der Literatur; für jeden vorkommenden Stern wurde ein Wert gedruckt	Bergedorf 1936
F. SCHLESINGER u. a.	Photographische Wiederholung alter Zonenkataloge (siehe Tab. 3 und 5.1.1.5.2)	

Tab. 3. Zonenkataloge — Zone catalogues

E_1 neue Epoche — new epoch
E_2 alte Epoche — old epoch

Vol.*)	E_1	E_2	Zone	N
		Yale		
13 II	1933	1893	−30° ··· −27°	9 455
14	1933	1893	−27 −22	15 110
13 I	1933	1893	−22 −20	4 292
12 II	1933	1893	−20 −18	4 553
12 I	1933	1895	−18 −14	8 563
11	1933	1891	−14 −10	8 101
16	1933	1894	−10 − 6	8 248
17	1933	1890	− 6 − 2	8 108
5,21	1936	1884	− 2 + 1	5 583
20	1936	1879	+ 1 + 5	7 996
22 I	1936	1884	+ 5 + 9	9 072
22 II	1940	1884	+ 9 +10	1 909
19	1940	1872	+10 +15	8 967
18	1940	1870	+15 +20	9 092
10,25	1928/30	1881	+20 +25	8 703
9,24	1928/30	1880	+25 +30	10 358
4,26 II	1947	1876	+50 +55	8 359
7,27	1947	1875	+55 +60	7 727
26 I	1951	1900	+85 +90	1 031
		Cape		
17	1932	1896	−30° ··· −35°	12 846
18	1936	1903	−35 −40	12 114
19	1938	1900	−52 −56	9 214
20	1945	1875	−56 −64	7 053

Die Zonenarbeiten des Yale-Observatoriums werden in den nächsten Jahren über −30° Deklination hinaus bis zum Südpol fortgesetzt werden. Am Nordhimmel wird der AGK 3, die photographische Wiederholung des AGK 2 (siehe 5.1.1.5), auch EB liefern. Diese internationale Arbeit wird auf den Südhimmel ausgedehnt.

*) Vol. in Trans. Yale bzw. in Ann. Cape.

c) *Beispiele photographisch abgeleiteter EB*

H. Knox-Shaw and H. G. Scott-Barrett	Radcliffe Catalogue of Proper Motions in Selected Areas	Oxford (1934)
A. N. Deutsch	The Proper Motions of 18 000 Stars in 74 Kapteyn's Areas from +75° to +15° Declination Zones	Publ. Pulkowo **55** (1940)
J. Meurers, H. van Schewick und B. Stangenberg	Relative Eigenbewegungen von 4914 Sternen in 18 galaktischen Selected Areas des Nordhimmels	Veröffentl. Bonn **60** (1962)
P. van de Kamp and A. N. Vyssotsky	McCormick Proper Motions Catalogues; 29 000 Sterne bis 11^m zwischen −30° und +90°	Publ. McCormick **7** (1937)
A. N. Vyssotsky and E. T. R. Williams	McCormick Proper Motions Catalogues; 29 000 Sterne bis 11^m zwischen −30° und +90°	Publ. McCormick **10** (1948)
M. E. Paloque	Mouvements Propres des Étoiles des Catalogues Photographiques de Toulouse (Zonen +4° ··· +12°)	Paris (1952)
H. Spencer Jones and J. Jackson	Proper Motions of stars in the Zone Catalogue of 20 843 Stars, 1900, Zones −40° to −52°	London (1936)

Instrumente und Methoden der Photographischen Himmelskarte eignen sich für die Ableitung von Eigenbewegungen, wofür die letzten zwei Kataloge Beispiele geben.

d) *Eigenbewegungsdurchmusterungen*

Die von Innes, Wolf und Ross eingeführten Durchmusterungen zum Aufsuchen schnellbewegter Sterne sind von Luyten seit 1923 in einem Maße betrieben worden, daß jetzt der ganze Himmel überdeckt ist. Neben der allgemeinen Bedeutung der Sterne mit großen Eigenbewegungen für die Kinematik des Milchstraßensystems liegt der Sinn dieser Arbeiten darin, nahegelegene, schwache Sterne aufzufinden, die die Häufigkeitsverteilung der absoluten Leuchtkräfte nach dem schwachen Ende zu abschließen.

W. J. Luyten	A Catalogue of 7127 Stars in the Northern Hemisphere with Proper Motions exceeding 0,"2 annually	Minneapolis (1961)
W. J. Luyten	Bruce Proper Motion Survey	Minnesota (1941), fortgesetzt bis 1960 in Publ. Minnesota

Plan des Lowell Observatoriums für die erneute Durchmusterung des Himmels — Project for a detailed survey of the sky by the Lowell Observatory [Lowell Bull. No. 89 (1958) etc.]:

Grenzgröße	limiting magnitude	17^m
Grenz-EB	limiting p. m.	0,27 "/a
Areal	area	+90° ··· −40°
Methode	method	Pluto-Suchplatten — Pluto search plates

5.1.2.6 Literatur zu 5.1.2 — References for 5.1.2

Kataloge siehe 5.1.2.5 — Catalogues see 5.1.2.5

1 Smart, W. M.: Textbook on Spherical Astronomy, 4. Aufl. Cambridge (1947).
2 Newcomb, S.: A Compendium of Spherical Astronomy, New York (1906) = Dover Publications (1963).
3 Explanatory Supplement to the Astronomical Ephemeris and Nautical Almanac, London (1961) 30.
4 Smart, W. M.: Stellar Dynamics, Cambridge (1938).
5 Wright, W. H.: Proc. Am. Phil. Soc. **94** (1950) 1.
6 Deutsch, A. N.: Trans. IAU **VIII** (1954) 789.
7 Williams, E. T. R., and A. N. Vyssotsky: AJ **53** (1948) 63.
8 Vyssotsky, A. N., and E. T. R. Williams: Publ. McCormick **10** (1948) App. F.
9 Wilson, R. E., and H. Raymond: AJ **47** (1938) 51.
10 Fourth Fundamental Catalogue (FK4), Veröffentl. Astron. Recheninst. Heidelberg **10** (1963).

5.1.3 Radial velocities (r. v.) — Radialgeschwindigkeiten (RG)

5.1.3.0 Comments — Erläuterungen

5.1.3.0.1 Definitions — Definitionen

The radial velocity (r. v.) is the component of the space velocity of an object (star, star group, part of a gas cloud, nebula) in the line of sight. It is measured by means of spectrographs using the Doppler effect of the spectral lines and is expressed in [km/sec], positive in the direction away from the observer. In most cases, the r. v. is given with reference to the sun at rest, the observer having eliminated the orbital and rotational motion of the

Unter der Radialgeschwindigkeit (RG) versteht man die Komponente der Raumgeschwindigkeit eines Objekts (Stern, Sterngruppe, Teil einer Gaswolke, Nebel) in der Beobachtungsrichtung. Sie wird aufgrund des Dopplereffekts der Spektrallinien mit Hilfe eines Spektrographen gemessen und in [km/sec] angegeben, positiv in Richtung vom Beobachter fort. Im allgemeinen wird die Radialgeschwindigkeit relativ zur Sonne angegeben. Der

earth (max. 30 and 0,5 km/sec respectively) from the measured values. In special cases of high accuracy, the r.v. is referred to the center of gravity of the solar system. This requires additional corrections up to 0,04 km/sec.

Beobachter eliminiert aus seinen Messungen die Bahn- und Rotationsbewegung der Erde (maximal 30 bzw. 0,5 km/sec). In einigen Fällen sehr hoher Genauigkeit wird die Radialgeschwindigkeit auf den Schwerpunkt des Sonnensystems bezogen. Dies erfordert eine zusätzliche Korrektion bis zu 0,04 km/sec.

5.1.3.0.2 Methods of observation — Beobachtungsmethoden

The following instruments are used for obtaining the spectra: prism and grating spectrographs of conventional design fixed to the telescope or fixed in space, with special mechanical and thermal stability; distortion-free direct-vision objective prisms (Fehrenbach prisms, see 5.1.3.5); Pérot-Fabry interferometers [*1*]; electronic cameras (image converters) for intermediate imaging [*2*]; radio spectrometers (observation of the 21 cm hydrogen line, see 8.2.4.2).

The spectrograms are measured with a variety of devices: measuring microscopes; projection micrometers [*3*] and electronic scanners [*4* ··· *6*].

5.1.3.0.3 Accuracy — Genauigkeit

a) *Random errors.* These result primarily from statistical irregularities of the photographic density, from local distortions of the emulsion and from uneven illumination of the spectrograph slit. Pure measuring errors (setting errors) contribute but little, except when the lines are very broad as they often are in the O to A spectra. The scattering of the r. v. must be determined by comparing different plates. The mean error attributable to one plate depends on the dispersion, line structure and width, number of measured lines, and on the reliability of the wave length used in the reduction.

Tab. 1. Mean errors (m. e.) of radial velocities for slit spectrograms — Mittlere Fehler (m. e.) der Radialgeschwindigkeiten für Spaltspektrogramme [*7*] p. 76

Sp	B	A	F ··· G
Dispersion [A/mm]	m. e. [km/sec]		
3,5	—	—	±0,4
11	±4,3	±2,1	1,0
30	5,5	2,8	1,9
90	9,3	5,9	6,1

b) *Systematic errors.* These result chiefly from mechanical flexure effects, thermal deformations, from residual image defects, which act differently on absorption and emission lines (comparison spectra), and from errors in the adopted wave-lengths. Virtually all of the stellar lines are either disturbed by accompaning lines or form unresolvable groups (blended lines). Thus, their effective wavelengths change with spectral type, line structure (Stark effect, rotation), and contrast and density of the spectrograms. Therefore, former observations made by different observatories require systematic correction with respect to the Lick system which has been adopted as the reference system [*8*].

Tab. 2. Corrections of the radial velocities (Δv_r) of various observatories with respect to the Lick system — Korrektionen der Radialgeschwindigkeiten (Δv_r) verschiedener Sternwarten gegenüber dem Lick-Referenz-System [*8*]

Sp	B	A	F	G	K	M
Observatory	Δv_r [km/sec]					
Mt. Wilson Obs.	−0,33 ± 0,23	−0,25 ± 0,19	+0,66 ± 0,19	+0,66 ± 0,11	−0,45 ± 0,08	−0,92 ± 0,12
Dominion Astrophys. Obs.	−0,09 ± 0,22	+1,16 ± 0,18	+1,37 ± 0,19	+1,10 ± 0,12	+0,40 ± 0,08	+0,55 ± 0,12
Yerkes Obs.	−0,22 ± 0,22	−1,09 ± 0,18	−0,70 ± 0,22	—	−0,84 ± 0,20	—
David Dunlap Obs.	+0,7 ± 0,90	+1,35 ± 0,36	+0,65 ± 0,34	+0,10 ± 0,26	−0,75 ± 0,17	−1,67 ± 0,18
Simeis	—	−0,22 ± 0,44	+1,03 ± 0,22	−0,13 ± 0,20	−1,06 ± 0,22	−0,28 ± 0,25

In recent r. v. determinations, most systematic errors are effectively reduced by additional observations of standard velocity stars (see 5.1.3.1) and by the use of standard wavelengths (see 5.1.3.2). Because of a lack of adequate standards, special care is necessary for stars fainter than 7^m, stars of spectral classes O ··· A, and southern stars.

Occasionally different spectral regions yield different velocities. These variations with wavelengths are probably systematic errors; they might, however, be real in certain cases.

5.1.3.1 Standard Velocity Stars — RG-Standardsterne

a) *Primary Standards.* Only the r. v. of the sun (daylight), the moon, and the planets offer an unequivocal way to correct the measured values to a final reference system, because the velocities of these objects are accurately known from the kinematics of the solar system. Spectra of these objects and of the stars are photographed under the same conditions. This method is applicable to F ··· K stars.

b) *Standard Velocity Stars.* Reliable r. v. of a series of standard stars are obtained by procedure (a). These stars are to be continuously observed along with the program stars. Commission 30 of the IAU recommends the stars given in Tab. 3 ··· 5. α Per and α Car, the r. v. of which were later discovered to be variable (range 2 km/sec, [9]) were removed from the original lists.

Tab. 3. Standard Velocity Stars brighter than 4,m3 — RG-Standardsterne heller als 4,m3 [23]

Star	1950,0 α	1950,0 δ	m	Sp	v_r ± p. e. [km/sec]
α Cas	00h 37,m7	+56° 16'	2,m47	gG 7	− 3,9 ± 0,1
β Cet	00 41,1	−18 16	2,24	gG 6	+13,1 ± 0,1
α Ari	02 04,3	+23 14	2,23	gK 1	−14,3 ± 0,2
α Cet	02 59,7	+03 54	2,82	gM 2	−25,8 ± 0,1
α Tau	04 33,0	+16 25	1,06	gK 5	+54,1 ± 0,1
β Lep	05 26,1	−20 48	2,96	gG 1	−13,5 ± 0,1
α Lep	05 30,5	−17 51	2,69	cF 3	+24,7 ± 0,2
β Gem	07 42,3	+28 09	1,21	gG 8	+ 3,3 ± 0,1
α Hya	09 25,1	−08 26	2,16	gK 5	− 4,4 ± 0,2
ε Leo	09 43,0	+24 00	3,12	cG 3	+ 4,8 ± 0,1
β Vir	11 48,1	+02 03	3,80	dF 8	+ 5,0 ± 0,2
γ Cru	12 28,4	−56 50	1,61	M 4	+21,3 ± 0,1
β Crv	12 31,8	−23 07	2,84	gG 4	− 7,0 ± 0,0
α Boo	14 13,4	+19 27	0,24	gK 0	− 5,3 ± 0,1
δ Oph	16 11,7	−03 34	3,03	gM 0	−19,8 ± 0,0
α TrA	16 43,4	−68 56	1,88	K 5	− 3,7 ± 0,2
α Her	17 12,4	+14 27	3,48	gM 5	−32,5 ± 0,0
β Oph	17 41,0	+04 35	2,94	gK 1	−12,0 ± 0,1
δ Sgr	18 17,8	−29 51	2,84	gK 2	−20,0 ± 0,0
γ Aql	19 43,9	+10 29	2,80	gK 4	− 2,1 ± 0,2
β Aqr	21 28,9	−05 48	3,07	cG 0	+ 6,7 ± 0,1
ε Peg	21 41,7	+09 39	2,54	cK 0	+ 5,2 ± 0,2
ι Psc	23 37,4	+05 21	4,28	dF 5	+ 5,3 ± 0,2

Tab. 4. Standard Velocity Stars fainter than 4,m3 — RG-Standardsterne schwächer als 4,m3 [23]

Star	1950 α	1950 δ	m	Sp	v_r ± p. e. [km/sec]
HD 693	00h 08,m7	−15° 45'	5,m0	dF 5	+ 14,7 ± 0,2
3 765	00 38,1	+39 55	7,5	dK 5	− 63,0 ± 0,2
8 779	01 23,9	−00 39	6,5	gK 0	− 5,0 ± 0,6
9 138	01 27,6	+05 53	5,1	gK 4	+ 35,4 ± 0,5
22 484	03 34,3	+00 15	4,4	dF 9	+ 27,9 ± 0,1
26 162	04 06,2	+19 29	5,7	gK 1	+ 23,9 ± 0,6
29 587	04 38,1	+42 02	7,3	dG 2	+112,4 ± 0,2
35 410	05 21,9	−00 56	5,2	gK 0	+ 20,5 ± 0,2
44 131	06 17,5	−02 55	5,2	gM 1	+ 47,4 ± 0,3
51 250	06 53,8	−13 59	5,2	M 0	+ 19,6 ± 0,5
65 583	07 57,4	+29 22	6,9	dG 7	+ 12,5 ± 0,4
66 141	07 59,7	+02 28	4,5	gK 3	+ 70,9 ± 0,3
80 170	09 15,0	−39 11	5,4	K 5	0,0 ± 0,2
89 449	10 17,0	+19 44	5,0	dF 5	+ 6,5 ± 0,5
92 588	10 38,9	−01 29	6,4	sgK 1	+ 42,8 ± 0,1
103 095	11 50,1	+38 05	6,5	dG 5	− 99,1 ± 0,3
107 328	12 17,8	+03 35	5,1	gK 1	+ 35,7 ± 0,3
114 762	13 09,9	+17 47	7,7	dF 7	+ 49,9 ± 0,5
115 521	13 15,1	+05 44	5,0	gM 2	− 26,8 ± 0,3
123 782	14 06,4	+49 42	5,4	gM 2	− 13,4 ± 0,3
126 053	14 20,7	+01 28	6,3	dG 3	− 18,5 ± 0,4
136 202	15 16,8	+01 57	5,2	dF 6	+ 53,5 ± 0,2
144 579	16 03,2	+39 17	6,8	dG 8	− 60,0 ± 0,3
145 001	16 05,8	+17 11	5,3	gG 4	− 9,5 ± 0,2
154 417	17 02,7	+00 46	5,9	dF 8	− 17,4 ± 0,3
157 457	17 22,1	−50 35	5,2	K 1	+ 17,4 ± 0,2
171 391	18 32,3	−11 01	5,2	gG 7	+ 6,9 ± 0,2
182 572	19 22,6	+11 50	5,2	dG 7	−100,5 ± 0,4
184 467	19 30,3	+58 29	6,7	dK 5	+ 10,9 ± 0,2
187 691	19 48,6	+10 17	5,2	dF 8	+ 0,1 ± 0,3
203 638	21 21,3	−21 04	5,5	gK 2	+ 21,9 ± 0,1
212 943	22 25,3	+04 27	4,9	sgK 0	+ 54,3 ± 0,3
213 014	22 25,8	+17 00	7,7	gG 8	− 39,7 ± 0,0
223 311	23 46,0	−06 39	6,3	gK 4	− 20,4 ± 0,1
223 647	23 49,2	−82 18	5,1	G 7	+ 13,8 ± 0,4

No such homogeneous system is available for stars of early spectral classes. Their spectra show lines which are less strongly disturbed by "blends". Therefore, laboratory wavelengths may be used for them. Moreover, the reference system of the later type stars may be transferred to the early stars, if members of both groups occur in the same double star or stellar cluster.

Tab. 5. Proposed Standard Velocity Stars of spectral class B 0 ··· B 9
Vorgeschlagene RG-Standardsterne der Spektralklassen B 0 ··· B 9

HD, BD: siehe 5.1.1.3 Tab. 3; ADS: siehe 6.1.1.1

Star	1900 α	1900 δ	m	Sp	$v_r \pm$ p. e. [km/sec]
HD 20 365	03h 11,m5	+49° 51'	5,m3	B 3	− 2,9 ± 1,0
HD 21 071	18,9	48 45	5,9	B 7	− 1,0 ± 1,9
ADS 2 559 A	22,4	44 42	7,4	B 2,5	−15,9 ± 1,6[1])
HD 23 338	39,3	24 10	4,2	B 7	+ 3,1 ± 0,9
HD 23 408	39,9	24 04	4,0	B 9	+ 7,6 ± 0,6
ADS 2 778 A	42,8	10 50	5,0	B 4	+14,9 ± 0,9
ADS 2 843 A	47,8	31 35	2,9	cB 0	+17,7 ± 0,9
ADS 3 179 A	04 18,0	+24 04	6,2	B 5	+16,9 ± 1,9
ADS 4 212 A	05 31,7	−06 08	5,6	B 0,5	+28,7 ± 1,3
BD +24°1123	06 02,8	+24 22	8,1	B 4	− 6,0 ± 1,3[1])
HD 161 573	17 41,2	05 34	6,9	B 4	−16,7 ± 1,5[1])
HD 170 010	18 22,6	06 28	8,0	B 7	−28,4 ± 0,9[1])
ADS 11 504 A	32,9	33 23	5,5	B 9	−27,1 ± 0,7
ADS 11 593 A	38,5	34 39	6,1	B 5	−23,6 ± 1,9
ADS 15 942 A	22 22,3	36 56	6,4	B 2	− 9,9 ± 0,6
ADS 16 472 A	58,2	+43 31	6,4	B 3	−11,3 ± 0,6

5.1.3.2 Standard wavelengths for r. v. determinations – Standard-Wellenlängen für RG-Messungen

The use of the standard velocity stars is most effective, when the same spectral lines of best definition are selected as standard wavelengths for measurement and reduction.

Tab. 6. Literature for standard lines in stellar spectra — Literaturhinweise für Standardlinien in Sternspektren

Lists of lines or line groups, in which the wavelengths of the center of gravity change but little with spectral type and dispersion.

Sp	Dispersion [A/mm]	Ref.
A ··· M	3,5	Solar spectrum
F ··· M	30	*21*
A 3 ··· K 8	90	*11*
K [2])	55	*22*
B	3,5	Laboratory spectra
B 0 ··· B 9	30; 51	*10*

Tab. 7. Standard lines of the iron arc — Linien des Eisen-Bogens als Vergleichsspektrum [*11*]

λ [A]	λ [A]	λ [A]	λ [A]
3922,914	4045,246	4282,406	4494,568
27,922	4118,549	4315,087	4592,655
30,299	91,436	37,049	4736,780
69,261	4233,612	83,547	4859,748
4005,246	60,479	4415,125	

5.1.3.3 High velocity stars – Schnelläufer

Stars with space velocities more than 100 km/sec (more than 63 km/sec in earlier papers) are called "high velocity stars". They occupy a special kinematic position in the galactic system (see 8.3.6).

Tab. 8. Stars with $v_r > 250$ km/sec — Sterne mit $v_r > 250$ km/sec

Nr.	Star	1950,0 α	1950,0 δ	m_{pg}	Sp	v_r [km/sec]	Notes *)
1	HD 6 755	1h 3,m2	+61° 1'	8,m40	F 9 V	−320	
2	*TU* Per	3 1,8	+52 49	11,m4 ··· 12,m2	A 5 s	−350	per. var.
3	BD +21° 607	4 8,6	+22 6	9,m66	sdF 5	+339	
4	−29° 2277	5 25,0	−29 58	12,0	sdF 6	+543	
5	HD 88 366	10 6,2	−61 4	8,0	K 9 e	+289	irr. var.
6	BD +30° 2611	15 2,7	+30 23	10,37	G 8 III	−278	
7	HD 134 439	15 4,7	−15 54	9,86	K 0 VI	+292	double st.
8	134 440	15 4,8	−15 59	10,7	G 5	+306	

[1]) Dispersion: 51 A/mm, otherwise 30 A/mm. [2]) λλ 5 800 ··· 6 800 A *) see p. 274 Continued on next page

(Tab. 8. Fortsetzung)

Nr.	Star	1950,0 α	1950,0 δ	m_{pg}	Sp	v_r [km/sec]	Notes *)
9	136 458	15h15m,7	−20° 2'	9m,0	gM 2 e	+294	irr. var.
10	Cin 20 : 993	16 25,2	+44 55	11,5	sdG 1	−301	
11	*VX* Her	16 26,2	+18 36	9m,5 ··· 11m,5	A 3	−405 ··· −374	sh. per. var.
12	BD + 2°3375	17 34,8	+ 2 28	10,39	sdF 5	−389	
13	HD 161 817	17 42,6	+25 48	7,14	sdA 2	−363	
14	232 078	19 33,6	+16 35	10,28	K 3 IIp	−387	
15	195 636	20 27,4	− 9 42	10,2	sdG 0	−250	
16	BD +20°5071	21 59,7	+20 34	8,8	R 3	−383	
17	+17°4708	22 6,7	+17 36	9,9	sdF 6	−296	
18	HD 214 539	22 33,7	−68 13	7,4	A 0	+333	

Catalogues of high velocity stars

a | Roman, N. G.: ApJ Suppl. **2** (1955) 198.
b | Buscombe, W., and P. M. Morris: Mem. Canberra **3** (1958) No. 14.

About 2% of the known r. v. are larger than 100 km/sec. The stars with r. v. surpassing 250 km/sec are compiled in Tab. 8.

5.1.3.4 Catalogues of radial velocities – Radialgeschwindigkeitskataloge

Tab. 9. General catalogues — Allgemeine Kataloge

1	Schlesinger, F., and L. F. Jenkins	Catalogue of Bright Stars, Second Edition, New Haven (1940)	r. v. and other data of all stars $m < 6^m\!,5$ known up to 1940
2	Wilson, R. E.	General Catalogue of Stellar Radial Velocities, Carnegie Inst. Wash. Publ. No. 601 (1953)	all r. v. of galactic objects known up to January 1951 (15 107 stars, stellar clusters and nebula), reduced to the Lick system
3	Wright, K. O.	Publ. Victoria **9** (1950) 167	101 F ··· M stars from Parallax programs
4	Wilson, R. E.	Trans. IAU **8** (1952) 485	464 stars in selected areas
5	Roman, N. G.	Publ. David Dunlap Obs. **2** (1955) 97	37 faint stars with high tangential motion
6	Feast, M. W., A. D. Thackeray, and A. J. Wesselink	Mem. Roy. Astron. Soc. **67** (1955) 51;	147 stars
		Mem. Roy. Astron. Soc. **68** (1957) 1	189 stars, O ··· B, m-$M < 11^m$
7	Heard, J. F.	Publ. David Dunlap Obs. **2** (1956) 107	1041 stars, G ··· M, $m < 9^m$, $+25° < \delta < +30°$
8	Evans, D. S., A. Menzies, and R. H. Stoy	MN **117** (1957) 534	368 stars ($\delta < -26°$) with large parallaxes or proper motions
9	Buscombe, W., and P. M. Morris	MN **118** (1958) 609; **123** (1961) 233; **126** (1963) 29	255 bright southern stars
10	Evans, D. S., A. Menzies, and R. H. Stoy	MN **119** (1959) 638	161 southern stars
11	Feast, M. W., and A. D. Thackeray	MN **118** (1960) 125	314 stars at distances > 1 kpc
12	Wolley, R. v. d. R., D. H. P. Jones, and L. Mather	Roy. Obs. Bull. No. 23 (1960)	57 stars
13	Leaton, B. R., and B. E. J. Pagel	MN **120** (1960) 317	33 stars, distances < 20 pc.
14	Jones, D. H. P., and R. v. d. R. Wolley	Roy. Obs. Bull. No. 33 (1961)	34 stars
15	Wayman, P. A.	Roy. Obs. Bull. No. 36 (1961)	120 southern A-stars
16	Evans, D. S., A. Menzies, R. H. Stoy, and P. A. Wayman	Roy. Obs. Bull. No. 48 (1961)	180 southern stars
17	Petrie, R. M., and J. A. Pearce	Publ. Victoria **12** (1962) 1	570 stars, O 9 ··· B 6, $7^m\!,5 \cdots 8^m\!,5$

*) sh. per. var. — short-period variable — kurzperiodischer Veränderlicher
irr. var. — irregular variable — irregulärer Veränderlicher
double st. — double star — Doppelstern

Tab. 10. Radial velocity catalogues of special objects — Radialgeschwindigkeitskataloge spezieller Objekte

1	Dwarfs, subdwarfs, stars with large proper motions	POPPER, D. M., and C. K. SEYFERT: PASP **52** (1940) 401. — POPPER, D. M.: ApJ **95** (1942) 307. — POPPER, D. M.: ApJ **98** (1943) 209. — MÜNCH, G.: ApJ **99** (1944) 271. — LUYTEN, W. J.: ApJ **102** (1945) 382. — DYER, E. R.: AJ **59** (1959) 218, 221	166 red dwarfs
2	Galactic clusters	WILSON, R. E.: ApJ **107** (1948) 119	r. v. of 204 stars in the Hyades region
		PETRIE, R. M.: Publ. Victoria **8** (1948) 117	Ursa major cluster
		UNDERHILL, A. B.: PASP **70** (1958) 607	NGC 2264
		WOLLEY, R. v. D. R. et al: MN **124** (1962) 535	high-dispersion spectrograms of Hyades and Pleiades members
3	Stars with emission lines	THACKERAY, A. D.: MN **110** (1950) 45	
		HEARD, J. F.: Publ. David Dunlap Obs. **1** (1959) No. 25	21 Be-Stars
		JOY, A. H., and R. E. WILSON ApJ **109** (1949) 231	stars with Ca^+ (*H* and *K*) emissions
4	Metallic line A stars	ABT, H. A.: ApJ Suppl. **6** (1961) 37	
5	R and N stars	SANFORD, R. F.: ApJ **82** (1935) 202	
6	S stars	KEENAN, P. C., and R. G. TESKE: ApJ **124** (1956) 499	9 stars
7	Long-period variables	MERRILL, P. W.: ApJ **94** (1941) 171; **116** (1952) 344, 523	14 high velocity Me variables
8	Intermediate and irregular variables	JOY, A. H.: PASP **51** (1939) 215; ApJ **96** (1942) 344	
9	δ Cephei variables	JOY, A. H.: ApJ **89** (1939) 356	156 stars
10	*RR* Lyrae variables	JOY, A. H.: PASP **50** (1938) 302; **62** (1950) 60	62 stars
		COLACEVICH, A.: ApJ **111** (1950) 437	15 stars
11	Planetary nebulae	MOORE, J. H.: Publ. Lick **18** (1932) — WILSON, O. C.: ApJ **111** (1950) 279	Primarily internal motions
12	Globular clusters	MAYALL, N. U.: ApJ **104** (1946) 290; JOY, A. H.: ApJ **110** (1949) 105	high luminosity members of globular clusters
		WILSON, O. C., and M. F. COFFEEN: ApJ **119** (1954) 197	15 stars in M 92
		KINMAN, T. D.: MN **119** (1959) 157	30 southern globular clusters
		FEAST, M. W., and A. D. THACKERAY: MN **120** (1960) 64	30 members of 47 Tuc (NGC 104)
13	Extragalactic nebulae	HUMASON, M. L., N. U. MAYALL, and A. R. SANDAGE: AJ **61** (1956) 97	see 9.6.1
14	Interstellar matter	ADAMS, W. S.: ApJ **109** (1949) 354; SANFORD, R. F.: ApJ **110** (1949) 117; MÜNCH, G.: PASP **65** (1953) 179; ApJ **125** (1957) 42	r. v. of interstellar lines from high dispersion spectrograms [1])

[1]) Comparison with stellar r. v.: BEALS, C. S., and J. B. OKE [*20*], 170 stars.

5.1.3.5 Determination of radial velocities with objective prisms — Bestimmung der Radialgeschwindigkeit mit Objektivprismen

a) *Fehrenbach prism*

Description of method and instruments: Fehrenbach and Duflot [*13* ··· *16*]

Tab. 11. Lists of radial velocities measured with Fehrenbach prism — Listen von Radialgeschwindigkeiten gemessen mit Fehrenbach-Prismen

			N
1	Duflot, M., et Ch. Fehrenbach	Publ. Haute Provence **3** (1954) No. 27	
2	Duflot, M., et Ch. Fehrenbach	Publ. Haute Provence **3** (1956) No. 41	50
3	Duflot, M., et Ch. Fehrenbach	Publ. Haute Provence **3** (1956) No. 49	254
4	Duflot, M., Ch. Fehrenbach et al.	Publ. Haute Provence **4** (1957) No. 12	310
5	Boulon, J., M. Duflot, Ch. Fehrenbach et al.	Publ. Haute Provence **4** (1958) No. 34	208
6	Boulon, J., M. Duflot, Ch. Fehrenbach et al.	Publ. Haute Provence **4** (1959) No. 55	312
7	Barbier, M., et J. Boulon	Publ. Haute Provence **5** (1959) No. 3	66
8	Fehrenbach, Ch.	Publ. Haute Provence **5** (1961) No. 54	273
9	Duflot, M.	Publ. Haute Provence **5** (1961) No. 37	186
10	Fehrenbach, Ch., et E. Reberiot	Publ. Haute Provence **6** (1962) No. 16	237
11	Fehrenbach, Ch., et E. Reberiot	Publ. Haute Provence **6** (1963) No. 43	213
12	Fehrenbach, Ch., et M. Barbier	Publ. Haute Provence **6** (1963) No. 36	104
13	Boulon, J.	J. Observateurs **66** (1963) 179 [1])	
14	Schalén, C.: r. v. measurements with a 15 cm Fehrenbach prism [*17*]		

b) *Other measurements with objective prism*

1 Panaiotow: Simultaneous exposures of spectrum and star by special combination of two prisms [*18*]

2 Kiladze: 70 cm objective prism [*19*]

5.1.3.6 Some statistical results — Einige statistische Ergebnisse

5.1.3.6.1 Variable radial velocities — Veränderliche Radialgeschwindigkeiten

About 50% of all stars have variable r. v. lying within the range of the present accuracy of measurement (Petrie [*12*]).

Reasons: orbital motion in binary systems (see 6.1), pulsations of variable stars (see 6.2.2), atmospheric fluctuations, especially in supergiants.

5.1.3.6.2 Some statistics from the General Catalogue of Radial Velocities (Tab. 9, Nr. 2) — Einige statistische Ergebnisse des „General Catalogue" der Radialgeschwindigkeiten

The contributions to r. v. measurements:

84% Mt. Wilson, Lick, Victoria, David Dunlap Observatories
14% Yerkes-McDonald, Simeis, Cape Observatories
2% Bonn, Ottawa, Michigan

Tab. 12. Distribution of stars with known r. v. in spectral type Sp and luminosity class LC — Verteilung der Sterne mit bekannter RG auf Spektraltyp Sp und Leuchtkraftklasse LC

LC	I, II	III	IV	V	VI
Sp	Frequency				
B	19,0%				
A	11,8				5,1%
F	7,5	4,0%	33,1%	27,3%	36,7
G	32,6	5,4	30,8	40,5	41,8
K	21,5	46,9	36,1	18,8	1,3
M	7,6	36,8		13,4	15,2
N, R, S		7,0			
	100	100	100	100	100
All	6,4%	47,1%	4,0%	41,4%	1,1%

[1]) Correction of earlier measurements.

Tab. 13. Distribution of variable stars with measured r.v. among the different types of variability — Verteilung der Veränderlichen mit gemessener RG auf die verschiedenen Typen

Type [1]	%	Type [1]	%	Type [1]	%	Type [1]	%
Long-period	32,3	*RR* Lyrae	11,9	Eclipsing	14,1	*RV* Tauri	2,1
Cepheid	14,1	Irregular	5,0	Semiregular	12,2	Miscellaneous	8,3

5.1.3.7 References for 5.1.3 — Literatur zu 5.1.3

1 Courtès, G.: Publ. Haute Provence **5** (1960) No. 9.
2 Chopinet, M.: Publ. Haute Provence **6** (1962) No. 6.
3 Petrie, R. M., and S. S. Girling: J. Roy. Astron. Soc. Can. **42** (1948) 226.
4 Hossack, W. R.: J. Roy. Astron. Soc. Can. **47** (1953) 195.
5 Rymer, T. B., and J. S. Halliday: J. Sci. Instr. **27** (1950) 50.
6 Gollnow, H.: MN **123** (1962) 391.
7 Petrie, R. M.: Astronomical Techniques, (Hiltner ed.; = Stars and Stellar Systems II) Chicago (1962).
8 Wilson, R. M.: General Catalogue of Stellar Radial Velocities, Carnegie Inst. Wash. Publ. No. 601 (1953).
9 Abt, H. A.: ApJ **126** (1957) 138; Trans. IAU **10** (1958) 483.
10 Petrie, R. M.: Publ. Victoria **9** (1953) 297.
11 Petrie, R. M., D. H. Andrews, and J. K. McDonald: Publ. Victoria **10** (1958) 415.
12 Petrie, R. M.: Ann. Astrophys. **23** (1960) 744.
13 Fehrenbach, Ch.: Publ. Haute Provence **1 A** (1947) No. 14.
14 Duflot, M., et Ch. Fehrenbach: Publ. Haute Provence **3** (1954) No. 25 und 26.
15 Duflot, M., et Ch. Fehrenbach: Publ. Haute Provence **4** (1958) No. 11.
16 Duflot, M.: Publ. Haute Provence **5** (1961) No. 37.
17 Schalén, C.: Ark. Astron. **1** (1954) 545.
18 Panaiotow, L. A.: Mitt. Pulkovo No. 152 (1954) 87.
19 Kiladze, R. I.: Bull. Abastumani **24** (1959) 35.
20 Beals, C. S., and J. B. Oke: MN **113** (1953) 530.
21 Wright, K. O.: Publ. Victoria **9** (1952) 167.
22 Wright, K. O.: PASP **71** (1959) 539.
23 Trans. IAU **9** (1955) 442.

5.1.4 Parallaxen — Parallaxes

5.1.4.1 Einleitung — Introduction

A. Unter der *Äquatorial-Horizontal-Parallaxe* π eines Gestirns versteht man den Winkel, unter dem von ihm aus gesehen der Äquatorradius der Erde R_0 erscheint. Da π stets klein ist, sind Parallaxe und zugehörige Entfernung r miteinander verknüpft durch

A. The *equatorial horizontal parallax* π of a star is defined as the angle which the equatorial radius of the earth R_0 subtends at the star.

Since the value of π is always very small, π and the corresponding distance r are related by

$$\pi'' = 206\,265'' \frac{R_0}{r},$$

mit: / with:

Äquatorradius der Erde	$R_0 = 6{,}378\,1 \cdot 10^8$ cm,	equatorial radius of the earth
Sonnenparallaxe	$\pi_\odot = 8'',790$	parallax of the sun.

Hiermit ergibt sich für die Entfernung Erde—Sonne

Therefore we obtain for the distance earth-sun

$$r_0 = 1\,\text{AE (Astronomische Einheit)} = 1\,\text{a. u. (astronomical unit)} = 1{,}496\,75 \cdot 10^{13}\,\text{cm}.$$

Vergleiche hierzu den Abschnitt 2.3 „Astronomische Konstanten."

B. Unter der *jährlichen Parallaxe* π eines Gestirns versteht man den Winkel, unter dem von ihm aus der mittlere Abstand Erde—Sonne r_0 erscheint.

Zwischen Parallaxe und Entfernung r gilt die entsprechende Beziehung wie unter A:

For this compare section 2.3 "Astronomical Constants".

B. The *annual parallax* π of a star is defined as the angle which the mean distance from the earth to the sun r_0 subtends at the star.

We get a similar relationship as in A:

$$\pi'' = 206\,265'' \frac{r_0}{r}$$

where r is the distance of star.

[1] See 6.2.

Im allgemeinen benutzt man als Entfernungseinheit das Parsec (pc), definiert durch die Entfernung eines Sterns mit der Parallaxe $\pi = 1''$. Es gilt somit

Normally we take as unit of distance the parsec (pc), defined as the distance of a star with a parallax π of 1 second of arc, i.e.

$$r\,[\mathrm{pc}] = \frac{1}{\pi\,['']}$$

und man erhält bei dem oben gegebenen Wert von r_0 | and we get from the value of r_0 given above

$$1\ \mathrm{pc} = 3{,}087\,1 \cdot 10^{18}\ \mathrm{cm}.$$

Gebräuchlich sind als größere Einheiten: | Larger units are also used:

$$1\ \mathrm{kpc} = 10^3\ \mathrm{pc}; \quad 1\ \mathrm{Mpc} = 10^6\ \mathrm{pc}.$$

Verwendet wird als Enfernungseinheit auch das Lichtjahr (L. J.), d. h. die Strecke, die das Licht während eines tropischen Jahres (siehe 2.2.3) durchläuft. Mit der Lichtgeschwindigkeit

Another unit of distance is the light-year (l. y.), i. e. the distance travelled by a beam of light in one tropical year (see 2.2.3). Taking the velocity of light c to be

$$c = 2{,}997\,96 \cdot 10^{10}\ \mathrm{cm/sec}$$

folgt | we have

$$1\ \mathrm{L.J.} = 0{,}946\,06 \cdot 10^{18}\ \mathrm{cm}; \quad 1\ \mathrm{pc} = 3{,}263\,1\ \mathrm{L.J.}$$

Umrechnung von π [''] in r [pc] und r [L. J.] siehe Nomogramm von Strassl im hinteren Buchdeckel.

For changing π [''] into r [pc] or r [l. y.] see nomogram in the inside back cover.

5.1.4.2 Parallaxenbestimmungen — Determination of parallaxes

Der Wert der jährlichen Parallaxe eines Sternes oder einer Sterngruppe kann auf verschiedene Weise gewonnen werden [*28*]*):

1. Trigonometrische Parallaxe — Trigonometric parallax

Ableitbar aus photographischen Messungen der parallaktischen Verschiebung der Sterne infolge der Bahnbewegung der Erde mit Hilfe langbrennweitiger Teleskope [*2, 12, 16, 17, 21, 26, 42, 43, 46*]. — Grundlage der meisten übrigen Verfahren. Reichweite etwa 25 pc. Genauigkeit gegeben durch einen mittleren Fehler (m. F.) von m. F. $\leqq \pm 0{,}''03$ [*18*].

2. Dynamische oder hypothetische Parallaxe — Dynamical parallax

Ableitbar aus der Beobachtung visueller Doppelsterne auch bei noch nicht geschlossenen Bahnen [*22*] unter gewissen Annahmen. Es gilt

$$\pi'' = \frac{a''}{[P^2\,(\mathfrak{M}_1 + \mathfrak{M}_2)]^{1/3}}.$$

Gemessen werden große Halbachse der relativen Bahn a'' und Periode P in Jahren, hypothetisch angenommen Werte der Gesamtmasse des Systems $(\mathfrak{M}_1 + \mathfrak{M}_2)$ in Sonnenmassen [*37, 39*]. — Reichweite etwa 200 pc.

3. Strahlungsenergetische Parallaxe — Radiation-energy parallax

Ableitbar wie 2., aber Verwendung einer Ersatzfunktion für $(\mathfrak{M}_1 + \mathfrak{M}_2)$ auf Grund der Annahme einer empirischen Masse-Leuchtkraft-Beziehung (siehe 5.2.4), der Kenntnis des Spektraltyps (siehe 5.2.1) und der scheinbaren Helligkeiten der Komponenten [*9, 10, 20*]. — Reichweite etwa 200 pc bei großer Genauigkeit.

4. Sternstromparallaxe — Moving-cluster parallax

Ableitbar für Sterngruppen, deren Mitglieder sich in gleicher Richtung und mit gleicher Geschwindigkeit durch den Raum bewegen. Gemessen werden die jährlichen Eigenbewegungen μ [''/a] und mindestens eine Radialgeschwindigkeit v_r [km/sec]. Nach Bestimmung des Zielpunktes (Vertex) der Bewegung an der Sphäre und seines Winkelabstandes φ von der Gruppe oder ihren Mitgliedern erhält man

$$\pi'' = 4{,}74 \cdot \frac{\mu''}{v_r} \cdot \cot\varphi.$$

Reichweite etwa 5 kpc bei relativ großer Genauigkeit [*8, 33*].

5. Säkulare Parallaxe — Secular parallax

Ableitbar aus dem durch die Translationsbewegung der Sonne relativ zu den Sternen ihrer Umgebung hervorgerufenen parallaktischen Effekt. Ist λ der Winkelabstand der benutzten Sterne vom Zielpunkt (Apex) der Sonnenbewegung und $v_\odot$ [km/sec] die Geschwindigkeit der Sonne in Bezug auf die Sterngruppe, dann liefert die Eigenbewegungskomponente v [''/a] in Richtung des Großkreises durch Apex und Stern

$$\overline{\pi''} = 4{,}74 \cdot \frac{1}{v_\odot} \cdot \frac{\overline{v'' \cdot \sin\lambda}}{\overline{\sin^2\lambda}}.$$

Die zu v senkrechte Komponente τ [''/a] ergibt zusammen mit der mittleren Radialgeschwindigkeit $\bar{v}_r$ [km/sec] der Gruppe

$$\overline{\pi''} = 4{,}74 \cdot \frac{\overline{\tau''}}{\bar{v}_r}.$$

*) Zur Entfernungsbestimmung außergalaktischer Systeme, vergleiche 9.3.

Diese Parallaxe ist eine Gruppenparallaxe und besitzt nur statistischen Wert. Vorausgesetzt wird die Regellosigkeit der Pekuliarbewegungen der Sterne der betrachteten Gruppe. Bei einer Reichweite bis zu 5 kpc nehmen die Fehler mit der Entfernung zu [*7, 11, 13, 23, 24, 47*]. — Säkulare Parallaxen sind unter anderen für Sterne verschiedener scheinbarer Helligkeit und galaktischer Breite berechnet worden [*35*].

6. Rotationsparallaxe — Parallax from galactic rotation

Ableitbar aus der von der galaktischen Länge abhängigen Variation der Radialgeschwindigkeiten v_r [km/sec] der Sterne infolge der Rotation der Galaxis (siehe 8.3.3). Es gilt

$$v_r = A \cdot r \cdot \sin 2l^{II} \cdot \cos^2 b$$

l^{II}: neue galaktische Länge = Winkelabstand des Sternes in Länge von der Richtung zum galaktischen Zentrum, b: galaktische Breite. Die Oort'sche Konstante A ist von der Größe 15···20 (km/sec) kpc^{-1} (siehe 8.3). Wegen der individuellen Streuung von v_r ist nur die Bestimmung von Gruppenparallaxen $\bar{\pi}$ möglich [*31, 32, 36*]. — Reichweite etwa 2 kpc, darüber hinaus ist eine Korrektur der oben angegebenen Beziehung zwischen v_r und r erforderlich.

7. Photometrische Parallaxe — Photometric parallax

Ableitbar aus der Beziehung

$$\lg \pi = -0{,}2\,(m - M + 5) = -\lg r$$

unter der Annahme fehlender Absorption im interstellaren Raum. $(m - M)$ ist der Entfernungsmodul (Zusammenhang zwischen diesem und der Entfernung r bzw. Parallaxe π siehe Nomogramm 2 von Strassl, S. 282). Gemessen wird photometrisch bei einer Wellenlänge λ die scheinbare Helligkeit m. Die absolute Helligkeit M (siehe 5.2.6.0.2) ist zu ermitteln durch:

a) eine Analyse der Sternspektren (Spektraltyp, Linienbreiten, Intensitätsverhältnis bestimmter Absorptionslinien (*spektroskopische Parallaxe*), Intensitätsverlauf im Kontinuum) [*1, 14, 19, 25, 27, 38*]. — Reichweite bedingt durch gewählte Dispersion und Größe von M. Genauigkeit bestimmt durch Klassifizierungsfehler und echte Streuung in M, Fehler etwa 20···60%.

b) eine Photometrie in mindestens 3 Wellenlängenbereichen (z. B. UBV-System, siehe 5.2.7) und Ableitung eines Zweifarbenindexdiagramms (siehe 5.2.7.4.3) [*4, 5, 6*]. — Reichweite gegeben durch die Grenzen der Sternphotometrie und die Größe von M. Genauigkeit etwa entsprechend a).

c) die Perioden-Helligkeits-Beziehung bei Cepheiden (siehe 6.2.2.1.4) (*Cepheidenparallaxe*). Beobachtet werden scheinbare Helligkeit m und Periode P [d] des Lichtwechsels. Es gilt dann [*40*] im visuellen Wellenlängenbereich

$$M_v = -1{,}67 - 2{,}47 \cdot \log P.$$

Die Reichweite ist wegen der großen absoluten Helligkeit dieser Sterne sehr groß. Genauigkeit bestimmt durch die noch vorhandene Unsicherheit des Nullpunktes, vor allem aber die Streuung in M bei gegebenem P um ca. $\pm 1^m$.

Bei $\log P < 0$ (*RR* Lyrae-Sterne; siehe 6.2.2.2) wird M unabhängig von P und es ist [*40*]

$$M_v = +0{,}75 \pm 0{,}23 \text{ (m. F.)}.$$

d) den Zusammenhang der Helligkeitsänderung und absoluten Helligkeit M bei Novae und Supernovae (siehe 6.2.3). Notwendig ist die Messung der scheinbaren Helligkeit in Abhängigkeit von der Zeit (Lichtkurve). Bei Novae gilt die Beziehung [*40, 44*]

$$M_{B,\,max} = -11{,}5 + 2{,}5 \cdot \lg t_3$$

$M_{B,\,max}$: absolute Helligkeit im Helligkeitsmaximum und blauen (photographischen) Spektralbereich
t_3: Zeit in Tagen, in der ein Helligkeitsabfall um 3^m eintritt.

Die Reichweite ist bei diesen Objekten wegen ihres maximalen M-Wertes am größten, die Genauigkeit vor allem bei den Supernovae wegen der Unsicherheit von M aber vorläufig noch gering.

Bei Vorhandensein einer interstellaren Absorption (siehe 5.2.7.4 und 8.4.2.2) der Größe A_λ (in [magn] gemessen) bei einer gegebenen Wellenlänge λ gilt

$$\log \pi = -0{,}2\,(m - M - A_\lambda + 5).$$

A_λ ist zusätzlich zu bestimmen. Da die Absorption selektiv ist, tritt eine Verfärbung des Lichtes ein. Gemessen wird dementsprechend der erzeugte Farbenexzeß E und es ist $A_\lambda = R \cdot E$, wobei R praktisch allein von den benutzten Wellenlängen abhängt (siehe 5.2.7.4). Bei einem Exzeß in $(B\text{-}V)$ wird z. B., wenn A_λ im visuellen Bereich V bestimmt werden soll, $R = 3{,}0$. Bei gleichförmiger Absorption wird der Absorptionskoeffizient a_λ in [magn/kpc] angegeben; dann ist $A_\lambda = a_\lambda \cdot r/1000$, wenn r in pc gemessen wird.

Das Nomogramm 3 von Strassl (siehe S. 283) gestattet die Berechnung der Parallaxe bzw. Entfernung eines Sternes aus m, M und a_λ unter dieser Voraussetzung.

Die interstellare Verfärbung kann unter der Annahme der Gleichförmigkeit ihrer Verteilung selbst zur Bestimmung der Entfernung der Sterne benutzt werden [*3*]. Die Werte sind aber unsicher und nur als Näherungen anzusehen.

8. Parallaxe aus interstellarer Linienabsorption — Parallax from interstellar absorption lines

Ableitbar aus der im Mittel mit der Entfernung r wachsenden Intensität interstellarer Absorptionslinien (siehe 8.4.2.1). Mißt man die Intensität I dieser Linien in Äquivalent-Ångström-Einheiten, dann gilt

z. B. für die K-Linie des Ca II [*15*]

$$r = 3{,}00 \cdot I\,(K)\ [\text{kpc}]$$

und für die D-Linien des Na I

$$r = 2{,}38 \cdot I\left(\frac{D_1 + D_2}{2}\right)[\text{kpc}].$$

Vorausgesetzt wird eine gleichförmige räumliche Verteilung des interstellaren Gases. Wegen der tatsächlich wolkigen Struktur des interstellaren Mediums ist diese Methode erst bei größeren Entfernungen anwendbar und besitzt Näherungscharakter [*29, 30, 41, 45, 46*].

9. Parallaxe aus Durchmesserbestimmungen — Parallax from diameter determinations

Ableitbar für Objekte, deren wahrer Durchmesser D [AE] bekannt ist, während der scheinbare d ["] gemessen wird. Es gilt dann

$$\pi'' = \frac{d''}{D}.$$

Die Anwendung der Methode erstreckt sich unter anderem auf Sternhaufen (siehe 7) und extragalaktische Systeme (siehe 9).

10. Parallaxe aus der Rotverschiebung der Linien im Spektrum extragalaktischer Systeme — Parallax from redshift of extragalactic systems (siehe 9.6.1)

Ableitbar aus der beobachteten Linienverschiebung $\Delta\lambda$ (Rotverschiebung) im Spektrum extragalaktischer Systeme auf Grund der Beziehung

$$r = \frac{c}{H} \cdot \frac{\Delta\lambda}{\lambda}\ [\text{Mpc}],$$

wobei c die Lichtgeschwindigkeit und H die Hubble-Konstante mit einem Wert von etwa 100 ± 15 (km/sec) Mpc^{-1} ist [*40*]. Diese Methode ist vor allem auf entfernte Sternsysteme mit $c \cdot \Delta\lambda/\lambda > 5\,000$ km/sec anwendbar, soweit deren Spektren erfaßt werden können. Unter Voraussetzung der Kenntnis von H beträgt dann der Fehler nur wenige Prozent.

5.1.4.3 Parallaxenverzeichnisse — Catalogues of parallaxes

Tab. 1. Neue Parallaxen-Kataloge seit 1935*) — New catalogues of parallaxes since 1935*)

Autor	Methode	N	Literatur	Bemerkungen
SCHLESINGER, F., und L. F. JENKINS	trigonometrisch spektroskopisch dynamisch	7 534 2 470	General Catalogue of Stellar Parallaxes, 2. Ed., Yale University Observatory (1935)	Alle Parallaxenbestimmungen bis Januar 1935. — Berichtigungen und Zusätze in AJ **46** (1936) 104
ADAMS, W. S., A. H. JOY, M. L. HUMASON, A. M. BRAYTON	spektroskopisch	4 179	ApJ **81** (1935) 187	Spaltspektroskopisch Mt. Wilson $-26° \leqq \delta \leqq +90°$
BECKER, F.	spektralphotometrisch	738	ZfA **10** (1935) 311; **11** (1936) 148	G- und K-Sterne in Selected Areas 92···206
FINSEN, W. S.	dynamisch	531	Un. Obs Circ. **93** (1935) 139	Südhimmel $\delta \leqq -19°$
GÜNTZEL-LINGNER, U.	strahlungsenergetisch	193	Astron. Abhandl. Ergänz. AN **10** (1942) Nr. 7	visuelle Doppelsterne
JENKINS, L. F.	trigonometrisch	5 822	General Catalogue of Trigonometric Stellar Parallaxes, Yale University Observatory (1952)	Alle trigonometrischen Parallaxenbestimmungen bis Mai 1950. — Medianwert der Parallaxen 0,"018; m. F. ±0,"016
FRANZ, O.	strahlungsenergetisch	371	Mitt. Wien **8** (1955)	visuelle (323) und spektroskopisch-photometrische (48) Doppelsterne

*) Alle bis 1935 gemessenen Parallaxen sind im Yale-Katalog 1935 enthalten — All parallaxes measured up to 1935 are given in the Yale-Catalogue of 1935.

Trigonometrische Parallaxen werden fortlaufend veröffentlicht von den Sternwarten: Allegheny, McCormick, Mt. Wilson, Sproul, VanVleck, Yale-Johannesburg und Yerkes in AJ, von Cape, London-Mill Hill und Greenwich in MN, von Stockholm und einigen der obigen Sternwarten zudem in *eigenen Publikationsorganen*.

Als Beispiele für die Größe und Genauigkeit trigonometrischer Parallaxen π_{trigon} seien die aus dem General Catalogue of Trigonometric Stellar Parallaxes 1952 entnommenen Werte einiger heller Sterne angegeben:

Stern	π_{trigon}	m. F.
α CMa (Sirius)	0",375	±0",006
α Lyr (Wega)	0,123	0,008
α Aur (Capella)	0,073	0,006
α Tau (Aldebaran)	0,048	0,006
α Leo (Regulus)	0,039	0,011
α UMi (Polaris)	0,003	±0,008

5.1.4.4 Literatur zu 5.1.4 – References for 5.1.4

1 ADAMS, W. S., and A. KOHLSCHÜTTER: ApJ **40** (1914) 67.
2 ALDEN, H. L.: Trans. Yale **15** (1949) part 2.
3 BECKER, W.: ZfA **18** (1939) 45 und 94.
4 BECKER, W.: AN **272** (1942) 179; ZfA **29** (1951) 177.
5 BECKER, W., und J. STOCK: ZfA **34** (1954) 1.
6 BECKER, W., und U. STEINLIN: ZfA **39** (1956) 188.
7 BINNENDIJK, L.: BAN **362** (1943) 10.
8 BOSS, L.: AJ **26** (1908) 31.
9 BRILL, A.: Veröffentl. Berlin-Babelsberg **VII** (1927) Heft 1.
10 BROSCHE, P.: AN **285** (1960) 258.
11 BROWN, A.: MN **106** (1946) 200.
12 DAHLGREN JR., T.: Medd. Lund (1) Nr. 195 (1960).
13 DEUTSCH, A. N.: Mitt. Pulkowo **17** (1947) Nr. 3.
14 ELVIUS, T.: Stockholm Ann. **16** (1951) Nr. 4 und 5.
15 EVANS, J. W.: ApJ **93** (1941) 275.
16 HARRIS III, D.: AJ **59** (1954) 59.
17 HERTZSPRUNG, E.: Observatory **72** (1952) 242.
18 HOLMBERG, E.: Medd. Lund (2) Nr. 97 (1938).
19 HOPMANN, J.: Ergeb. Exakt. Naturw. **18** (1939) 1.
20 HOPMANN, J.: Veröffentl. Leipzig Nr. 8 (1945).
21 JACKSON, J.: Observatory **66** (1946) 318.
22 JACKSON, J., and H. H. FURNER: MN **81** (1920) 2.
23 KAPTEYN, J. C.: AN **146** (1898) 97.
24 KAPTEYN, J. C., und Mitarbeiter: Publ. Groningen Nr. 29 (1918); Nr. 34 (1923); Nr. 37 (1925); Nr. 45 (1931).
25 KOHLSCHÜTTER, A.: Ergeb. Exakt. Naturw. **12** (1933) 1.
26 LAND, G.: Trans. Yale **15** (1948) part 3.
27 LINDBLAD, B.: ApJ **55** (1922) 85; Nova Acta Uppsala (4) **6** (1925) Nr. 5; Uppsala Medd. Nr. 11 (1926); Nr. 18 (1927); Nr. 28 (1927); ApJ **104** (1946) 325.
28 LUNDMARK, K.: Hdb. Astrophys. **V**/1 (1932) 430 f.; **VII** (1936) 497 f.
29 MERRILL, P. W.: ApJ **86** (1937) 28.
30 MERRILL, P. W., and R. F. SANFORD: ApJ **87** (1938) 118.
31 PLASKETT, J. S., and J. A. PEARCE: Publ. Victoria **5** (1936) 239.
32 POPPER, D. M.: ApJ **100** (1944) 94.
33 RASMUSON, N.: Medd. Lund (2) **26** (1921).
34 VAN RHIJN, P. J.: Publ. Groningen **50** (1946).
35 VAN RHIJN, P. J., and B. J. BOK: Publ. Groningen **45** (1931).
36 ROSENHAGEN, J.: AN **242** (1931) 401.
37 RUSSELL, H. N., and C. E. MOORE: AJ **39** (1929) 165.
38 RUSSELL, H. N., and C. E. MOORE: ApJ **87** (1938) 389.
39 RUSSELL, H. N., and C. E. MOORE: The Masses of the Stars, Chicago Univ. Press, 2. Edition, Chicago (1946).
40 SANDAGE, A.: IAU-Symp. Nr. 15 (1961) 359 f.
41 SANFORD, R. F.: ApJ **86** (1937) 136.
42 SCHLESINGER, F.: ApJ **32** (1910) 372; **33** (1911) 8.
43 SCHILT, J.: AJ **59** (1954) 55.
44 SCHMIDT-KALER, TH.: ZfA **41** (1957) 182.
45 STRUVE, O.: MN **89** (1929) 527.
46 THACKERAY, A. D.: Observatory **79** (1959) 8.
47 VYSSOTSKY, A. N., and E. T. R. WILLIAMS: AJ **53** (1948) 78.

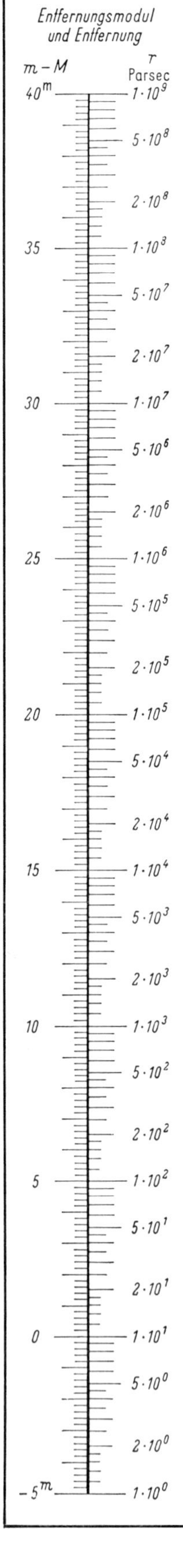

5.1.4.5 Nomogramme: Entfernungsmodul und Entfernung — Nomograms: Distance modulus and distance

Nomogramm 2:
Entfernungsmodul und Entfernung

Das Ng gibt den Zusammenhang zwischen dem Entfernungsmodul $(m-M)$ und der in parsec ausgedrückten Entfernung r:

Nomogram 2:
Distance modulus and distance

The Ng represents the connection between the distance modulus $(m - M)$ and the distance, r, expressed in parsecs:

$$(m - M) = 5 \log r - 5$$

Beispiel: Zu $(m-M) = 22{,}5$ gehört die Entfernung $r = 3{,}2 \cdot 10^5$ pc.

Example: The value $(m-M) = 22{,}5$ corresponds to the distance $r = 3{,}2 \cdot 10^5$ pc.

Nomogramm 3:
Entfernungsmodul und Entfernung bei gleichförmiger interstellarer Absorption

Wenn zwischen Beobachter und Stern eine interstellare Absorption vorhanden ist, die als gleichförmig angesehen und daher durch einen Absorptionskoeffizienten a (Größenklassen pro kiloparsec) charakterisiert werden kann, lautet die Beziehung zwischen dem Entfernungsmodul $(m-M)$ und der Entfernung r (parsec):

Nomogram 3:
Distance modulus and distance with uniform interstellar absorption

Suppose that an interstellar absorption exists between the observer and a star; and further suppose that this absorption may be regarded as uniform and can, therefore, be characterized by an absorption coefficient a (magnitudes per kiloparsec). Then the relation between the distance modulus $(m-M)$ and the distance r (parsecs) is:

$$(m-M) = -5 + 5 \log r + \frac{a}{1000} r.$$

Mit dem Ng kann man r finden, wenn $(m-M)$ und a gegeben sind. Dazu benutzt man die Skalen für $(m-M)$ a und r des Haupt-Ng ⟨Symbole in Quadraten⟩. Man legt die Ablesegerade durch den $(m-M)$-Punkt (vertikale Skala links) und den a-Punkt (vertikale Skala rechts); an ihrem Schnittpunkt mit der gekrümmten r-Skala liest man den r-Wert ab.

Beispiel: Zum Entfernungsmodul $(m-M) = 11{,}3$ gehört bei fehlender Absorption $(a = 0)$ die Entfernung $r \approx 1820$ pc, bei einer Absorption von $0\overset{m}{,}8$ pro kpc die Entfernung $r \approx 1180$ pc.

In einem Zusatz-Ng ist die Subtraktion $(m-M) = m - M$ dargestellt. Das Ng besteht aus drei vertikalen Skalen mit den Bezeichnungen m, M und $(m-M)$ ⟨Symbole in Kreisen⟩. Haupt- und Zusatz-Ng haben die $(m-M)$-Leiter gemeinsam.

Beispiel für kombinierte Benutzung beider Nge: Wie hell erscheint uns eine Nova der absoluten Helligkeit $M = -7{,}0$, wenn sie 3700 pc entfernt ist und der Absorptionskoeffizient in ihrer Richtung $1\overset{m}{,}2$/kpc beträgt?
Die Ablesegerade, im Haupt-Ng durch die Punkte a (Quadrat) $= 1{,}2$ und r (Quadrat) $= 3700$ gelegt, schneidet die $(m-M)$-Leiter in einem Punkt, der festgehalten, dessen Wert (17,3) aber nicht numerisch abgelesen werden muß. Dreht man die Gerade um diesen Punkt, bis sie die M (Kreis)-Leiter bei $M = -7{,}0$ schneidet, so liefert sie auf der m (Kreis)-Leiter die gesuchte scheinbare Helligkeit zu $m = 10{,}3$.

With the help of the Ng, r can be found if $(m-M)$ and a are given. One uses the scales of $(m-M)$, a, and r of the main Ng ⟨symbols in squares⟩. The index line is put through the point $(m-M)$ (vertical scale at left) and the point a (vertical scale at right); at the intersection point on the curved r-scale the value of r can be read off.

Example: Let the distance modulus be $(m-M) = 11{,}3$. If there is no absorption $(a = 0)$, we get the distance $r \approx 1820$ pc; if the absorption is $0\overset{m}{,}8$ per kpc, we find $r \approx 1180$ pc.

In an additional Ng the subtraction $(m-M) = m - M$ is represented. The Ng consists of the three vertical scales m, M and $(m-M)$ ⟨symbols in circles⟩. The main Ng and the auxilary Ng have the $(m-M)$ scale in common.

Example for combined use of the two Ngs: What is the apparent brightness of a nova with absolute magnitude $M = -7{,}0$ if its distance is 3700 pc and the absorption coefficient in its direction is $1\overset{m}{,}2$/kpc?
The index line, put through the points a (square) $= 1{,}2$ and r (square) $= 3700$ of the main Ng, crosses the $(m-M)$-scale in a point which is to be fixed, but there is no need to read off its numerical value (17,3). Turning the index line on this point until it crosses the M (circle)-scale at $M = -7{,}0$, we find at the intersection point on the m (circle)-scale $m = 10{,}3$, which is the solution.

Straßl

Nomogramm 3.

Entfernungsmodul und Entfernung bei interstellarer Absorption

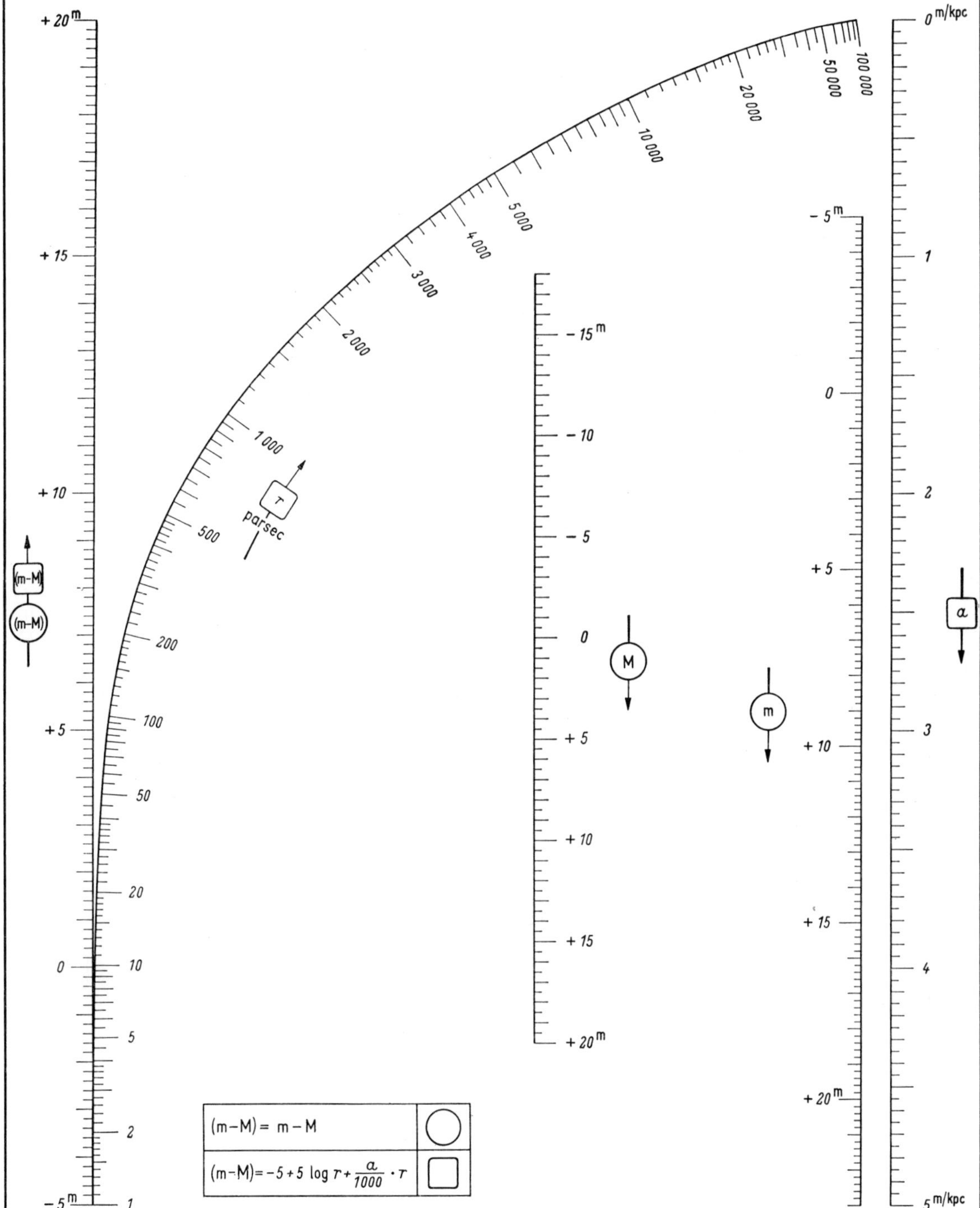

Straßl

5.2 Zustandsgrößen und Zustandsdiagramme der Sterne — Physical parameters and two-parameter diagrams of the stars

5.2.0 Einleitung — Introduction

Unter Zustandsgrößen versteht man Integralgrößen, die die Eigenschaften der Sterne als Ganzes charakterisieren, vor allem Masse, Radius, Leuchtkraft*), Spektraltyp, Farbe, effektive Temperatur u. a.

In den Zustandsdiagrammen zeigen sich die Korrelationen der Zustandsgrößen.

The physical parameters given here are integral values which characterize the properties of the stars as a whole, especially mass, radius, luminosity*), spectral type, color, effective temperature etc.

The diagrams give the correlations between these parameters.

5.2.1 Klassifikation der Sternspektren — Classification of stellar spectra

5.2.1.1 Die verbesserte und erweiterte Harvard-Klassifikation — The improved and extended Harvard classification

Die Sterne können rein phänomenologisch nach dem Aussehen ihres Linienspektrums in eine lineare Folge geordnet werden. Der Parameter ist im wesentlichen die Ionisationstemperatur der Sternatmosphäre. Die Farbtemperatur nimmt von O nach M ab, die Sterne werden laufend röter.

The stars can be arranged in a linear sequence according to the general appearance of their line spectra. The parameter is essentially the ionisation temperature of the stellar atmosphere. As the color temperature decreases from O to M, the stars become redder.

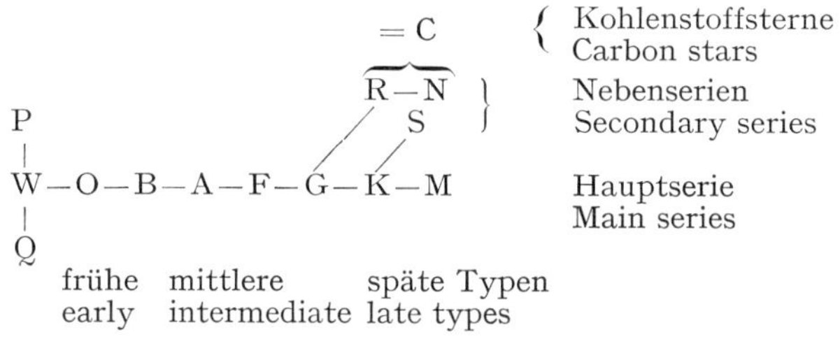

Die Klassen sind dezimal unterteilt (z. B. A0, A1, A2, ...). Klassifiziert wird an Hand einer summarischen Beschreibung oder durch Bestimmung der Intensitätsverhältnisse gewisser (benachbarter) Linien oder durch Vergleich mit den Spektren von Standardsternen. Die Klassifikationskriterien ändern sich teilweise bei Spektren verschiedener Dispersion.

The classes have been decimalized (e.g., A0, A1, A2, ...). Classification is made, either based upon a summary description, or by determining the intensity ratios between certain (neighboring) lines, or by comparison with the spectra of standard stars. The classification criteria may vary for spectra of different dispersion.

Häufigkeit — Frequency of occurrence

Die Sterne heller als $8^{m}_{\cdot}0$ (Vollständigkeitsgrenze des Henry-Draper-Katalogs) verteilen sich nach Becker [8] wie folgt:

Hauptreihe B ··· M	99,78%
Klasse O	0,17%
Rest	0,05%

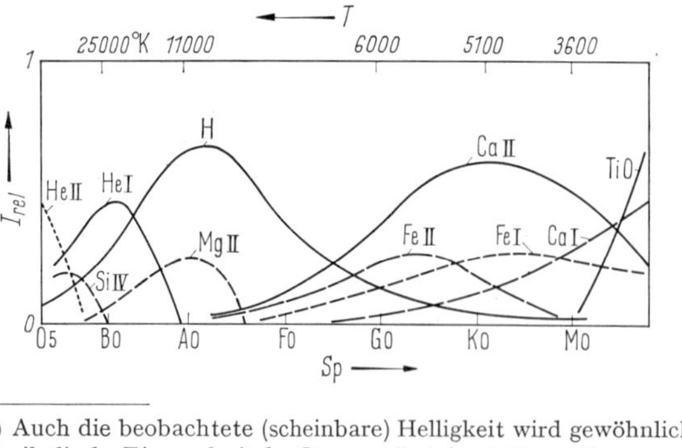

Fig. 1. Die relativen Intensitäten I_{rel} der wichtigsten Linien in den Spektren der Hauptserie O ··· M (schematisch) — The relative intensities I_{rel} of the most important lines in the spectra of the main series O···M (illustrated schematically).

*) Auch die beobachtete (scheinbare) Helligkeit wird gewöhnlich mit zu den Zustandsgrößen gerechnet, obwohl sie keine physikalische Eigenschaft des Sterns selbst darstellt, sondern nur den Stern charakterisiert, wie er dem Betrachter erscheint — Also the observed (apparent) magnitude is usually considered a "parameter". It is no physical property of the star proper, but characterizes the star as it appears to the observer.

Tab. 1. Spektraltypen vorwiegend mit Emissionslinien — Spectral types, stars mainly with emission lines [14]

Sp	Standards[1])	Spektrale Charakteristik
P [12]	NGC 7027, NGC 6720	Planetarische Nebel (siehe 6.4): zahlreiche Emissionslinien sehr hoher Anregung
Q	*GK* Per 1901, *DQ* Her 1934	Novae (siehe 6.2.3.1)
W [13]	γ^2 Vel (WC 7 + O 7) HD 192103, WC 7 HD 192163, WN 6	Wolf-Rayet-Sterne: auf intensivem Kontinuum, besonders im kurzwelligen Bereich, sehr breite Emissionslinien des H, He I, He II (Dopplereffekt in expandierenden Gashüllen) (a) *Stickstoffsequenz* WN 5 ··· WN 8 mit starken Emissionen des N III, IV, V (b) *Kohlenstoffsequenz* WC 5 ··· WC 8 mit starken Emissionen des C II, III, IV, O III ··· O VI

Tab. 2. Die Unterklassen der Wolf-Rayet-Sterne (nach dem Intensitätsverhältnis He II 5441/He I 5875) — The subclasses of the Wolf-Rayet stars (according to the intensity ratio He II 5441/He I 5875)

Sp	He II 5441 / He I 5875	Intensitätsverhältnisse
WN 5	0,1	N V 4605 ··· 22/He II 4686 = 0,2
WN 6	0,5	
WN 7	1,5	N III 4640/He II 4686 = 0,5
WN 8	5,0	= 1,5
WC 6	0,5	C III 5696/C II 5812 = 0,3
WC 7	1,5	= 0,7
WC 8		= 3,0

In einzelnen W-Sternen treten sowohl Kohlenstoff- wie auch Stickstoff-Banden auf, ferner gibt es Übergänge zur Klasse O, insbesondere die Of-Sterne (O-Sterne mit Emissionslinien, vor allem He II 4686). Auch die Zentralsterne vieler Planetarischer Nebel und Novae in gewissen (End-)Stadien zeigen ein Spektrum W.

Tab. 3. Spektraltypen vorwiegend mit Absorptionslinien (Hauptserie) — Spectral types, stars mainly with absorption lines (main series) [5], [16]

Sp	Standards	Charakteristik, Intensitätsverhältnisse [2])		
O [15]		Auf intensivem Kontinuum (besonders im Blauen) *Absorptionslinien des* He II *vorherrschend,* außerdem Absorptionen des C III, N III, Si IV		
		Unterklassen:		
		He I 4471 / He II 4541	He II 4541 / Hγ 4340	Si IV 4089 / N III 4097
O 5	ζ Pup	0,0	0,6	0,3
O 6	λ^1 Cep	0,8	0,5	0,6
O 7	*S* Mon	1,4	0,4	0,8
O 8	λ Ori	2,0	0,3	1,0
O 9	ι Ori	2,7	0,2	1,4
B 0	τ Sco, ε Ori	He I > He II; C III 4650 und Si IV 4089/4116: Max; Hδ = 1,5 He I 4026		
B 3	π^4 Ori	He I: Max; H (Balmerlinien) 0,5 ⟨A 0⟩; O II und Si IV sehr schwach		
B 5	φ Vel	Si II 4128/4131 > He I 4121		

Fortsetzung S. 286

[1]) Abkürzungen siehe 5.1.1 — Abbreviations see 5.1.1.
[2]) Siehe [1]) auf S. 286.

Tab. 3. (Fortsetzung)

Sp	Standards	Spektrale Charakteristik [1])
B 8	β Per	He I 4471 = Mg II 4481; Metall-Linien erscheinen; Hδ = 15 He I 4026
A 0	α CMa	*Balmerserie dominierend* (H: Max); *K*-Linie des Ca II 3934 deutlich, (Intensität ≈ 0,1 Hδ), Mg II 4481 auffälligste Linie nach den Balmerlinien; Si II: Max; Depression des UV-Kontinuums durch die kontinuierliche Balmer-Absorption
A 5	β Tri, α Pic	Ca II (*K*) = 0,9 {Ca II (*H*) + Hε} und > Hδ; Fe I 4299/4303 und Ti II 4303 kräftig
F 0	δ Gem, α Car	Balmerserie ≈ 0,5 ⟨A 0⟩; Ca II (*K*) = Ca II (*H*) + Hε = 3 Hδ; *zahlreiche Metallinien* verstärkt, erstes Auftreten des *G*-Bandes bei 4307 (Fe, Ti, Ca)
F 5	α CMi, ϱ Pup	Balmerlinien ≈ 2 ⊙ (G 2); Ca I 4227 = 0,5 Hγ; *G*-Band = 0,6 Hγ
G 0	α Aur, β Hyi	*Sonnenähnliches Spektrum* (Sonne: G 2); sehr intensive Metalllinien; Ca I 4227 = Hδ; *G*-Band = 2 Hγ = 3 Fe I 4325
K 0	α Boo, α Phe	Ähnlich dem Spektrum der Sonnenflecken; weitere Verstärkung der Metallinien und weitere Schwächung der Balmerserie; Ca I 4227 = 2 Fe II 4172 = 3 Fe I 4383; Fe I 4325 = 2 Hγ; *H* und *K* des Ca II: Max
K 5	α Tau	Ca I und Ca II dominierend; *G*-Band in einzelne Linien aufgelöst; Erscheinen der TiO-Banden im grünen Bereich
M 0 ··· 2 (Ma)	β And (M 0), α Ori (M 2)	*Bandenspektren des* TiO *vorherrschend*, besonders bei 4762 ··· 4956 und 5168 ··· 5445; stärkste Linie ist Ca I 4227
M 3 ··· 5 (Mb) M 6 ··· 10 (Mc)	π Aur (M 3) ϱ Per (M 6)	Die zunehmende Intensität der Banden, vor allem der grünen Banden des TiO, sowie im Roten 6651, 7054,7589 dient als Kriterium für die Unterklassen M 3 ··· M 10
M 0e···M 10e (Md)	*o* Cet	Mindestens eine Balmerlinie tritt in Emission auf

Die verbesserte Harvard-Klassifikation der M-Sterne [*10*] stimmt mit dem Victoria-System [*11*] überein, wogegen jedoch das Mount-Wilson-System [*9*] systematisch abweicht:

Harvard und Victoria [*10*], [*11*]	K 5,5	K 6	M 1	M 3	M 5	M 6	M 7
Mount Wilson [*9*]	M 0	M 1	M 2	M 3	M 4	M 5	M 6

Tab. 4. Sonderklassen — Special types [*4*] S. 67, [*5*], [*17*]

Sp	Standards	Spektrale Charakteristik
S	π¹ Gru, *R* Gem, *R* And	Neben Ca II (*H,K*), Ca I 4227 und Ba II 4554 vor allem *kräftige Banden des* ZrO sowie des YO, LaO und TiO. Übergänge zu M kommen vor. Unterklassen gemäß der Intensität der TiO und ZrO-Banden. Sehr seltener Typ (bis zur 11. Größe nur 69 Sterne)
R[2])	BD 10° 5057 (R 0) HD 52 432 (R 5)	Neben Ca II (*H, K*) und dem G-Band vor allem starke Banden des CN und CO anstelle der TiO-Banden der Klasse M. Unterklassen R 0 ··· R 9 nach der Intensität der Kohlenstoffbanden
N[2])	19 Psc (N 0) (= Na)	Ähnlich R, außerdem die Swanbanden des C_2. Na I (*D*) und Ca I 4227 sehr stark. Unterklassen N 0 ··· N 7 nach der Intensität der Banden

[1]) *a* > *b*	Linie *a* stärker als Linie *b*	line *a* stronger than line *b*
a = *b*	Linien *a* und *b* von gleicher Intensität	lines *a* and *b* have the same intensity
a: Max	Linie *a* hat maximale Intensität in der Spektralsequenz	line *a* has maximum intensity on the spectral sequence
a ≈ 0,5 ⟨A0⟩	Linie *a* hat die halbe Intensität wie die gleiche Linie im Spektraltyp A 0	line *a* has half the intensity of the same line in spectral type A 0
a ≈ 0,1 H δ	Linie *a* hat ein Zehntel der Intensität wie H δ	line *a* has a tenth of the intensity of the line H δ
a ≈ 2⊙	Linie *a* hat die doppelte Intensität wie die gleiche Linie im Sonnenspektrum	line *a* has twice the intensity as the same line in the solar spectrum

[2]) Die Unterserie RN (sogenannte Kohlenstoffsequenz C 0 ··· C 7 parallel zur sauerstoffreichen Sequenz der Klassen G 5 ··· M 4, wobei R 0 ~ C 1, R 5 ~ C 4) zweigt etwa bei G 5 von der Hauptserie ab. Die Klassifikation der N-Sterne ist teilweise widersprüchlich (Beispiel *WZ* Cas: N 1 und C 9).

Besonderheiten, die durch die Klassifikationskriterien nicht erfaßt werden, werden durch zusätzliche Bezeichnungen zum Ausdruck gebracht:

Suffixe

n (nebulous)	diffuse Linien[1]).
nn	sehr diffuse Linien.
s	scharfe Linien.
ss	sehr scharfe Linien; nur bei Typen früher als F 0.
e	Auftreten von Emissionslinien bei Typen, die normalerweise keine besitzen, besonders häufig bei B (Balmerlinien) und M (Balmerlinien, Ca II (*K*)); Folge ausgedehnter Gashüllen; φ Per B 2e.
P Cyg	Be-Sterne mit verstärkten Emissionen (z. B. He I, N II) mit einer Absorptionskomponente an der violetten Kante der Emission (heiße Sterne mit ausgedehnten expandierenden Gashüllen). Es gibt Übergänge zu Of und W.
p (peculiar)	Spektren mit Besonderheiten, die nur durch ausführliche Beschreibung zu erfassen sind, z. B. anomale Verstärkung oder Schwächung bestimmter Linien: [*5*], [*6*], [*18*].
Ap	pekuliare A-Sterne: Eu-Sterne mit enorm verstärkten, oft variablen Linien des Eu II, Mn-Sterne ebenso mit Mn II; desgleichen Si II, Cr II, Sr II (die Linien dieser Sterne sind durch den Zeeman-Effekt eines starken stellaren Magnetfeldes intensiviert): ϑ Aur A0p (Si), β CrB F0p (Eu). Siehe 6.3.
m (Am ··· Fm)	Metallinien-Sterne: Ca II (*K*) ist abnorm schwach im Vergleich zu den Metallinien. Etwa 10% der A 0 ··· 5-Sterne sind Metalliniensterne. τ UMa: F 0 (gemäß Balmerlinien), A 5 (Ca II *K*), F 6 (Metallinien).

Weitere pekuliare Typen siehe 5.2.1.5.

con	rein kontinuierliches Spektrum, meist der Klasse O entsprechend.
comp	zusammengesetztes Spektrum (z. B. bei spektroskopischen Doppelsternen).
v	variables Spektrum, *AG* Peg Bev.
k	es tritt eine interstellare ruhende Kalziumlinie Ca II (*K*) auf.

Präfixe

Sie dienen zur Unterscheidung von Sternen gleichen Spektraltyps, aber verschiedener Leuchtkraft, sofern Kennzeichen dafür erkannt worden sind [*9*].

c	besonders scharfe Linien und Anzeichen großer absoluter Helligkeit (Überriesen), α Cyg cA 2.
g	(giant) typische Merkmale eines normalen Riesensterns, α Aur gG 0.
d	(dwarf) typische Merkmale eines Hauptreihensterns, α CMa dA 0.
sd oder SD	(subdwarf) typische Merkmale eines Unterzwerges.
w oder D	(white dwarf) Spektrum eines Weißen Zwerges, wA 5 (siehe 6.5.2).

5.2.1.2 Das Yerkes- oder MK-System – The Yerkes or MK system

Bei gegebener chemischer Zusammensetzung ist das Linienspektrum der Sterne praktisch durch den Ionisationsgrad bestimmt, also neben der Temperatur noch durch den Elektronendruck. Dem trägt das Yerkes-System durch Einführung eines zweiten Parameters Rechnung, der Leuchtkraftklasse LC. Jede Leuchtkraftklasse wird im Sinne abnehmender Leuchtkraft in die Unterklassen a, ab, b unterteilt (Keenan und Morgan [*20*]); vielfach werden ferner noch Übergangsklassen benutzt, z. B. Ib-II.

For a given chemical composition the line spectrum of a star is essentially determined by the degree of ionisation, which means not only by the temperature but also by the electron pressure. This is taken into account in the Yerkes system by a second parameter, the luminosity class LC. Each luminosity class is subdivided into subclasses a, ab, b (Keenan and Morgan [*20*]) in the order of decreasing luminosity; often, transition classes are also used, e. g. Ib-II.

LC	Sterne	stars
Ia-0	Über-Überriesen	super-supergiants
Ia Iab Ib	Überriesen	supergiants
IIa IIab IIb	helle Riesen	bright giants
IIIa IIIab IIIb	(normale) Riesen	(normal) giants
IVa IVab IVb	Unterriesen	subgiants
Va Vab Vb	Hauptreihensterne (Zwerge)	main-sequence stars (dwarfs)
VI	Unterzwerge	subdwarfs

Die Klassifikation nach Leuchtkraftklasse LC und Spektraltyp Sp erfolgt rein phänomenologisch durch Vergleich mit den Spektren von Standard-Sternen. Das Standard-System ist definiert durch den MK-Atlas [*5*], revidiert von Johnson und Morgan [*19*].

[1]) n ist oft Folge von Dopplerverbreiterung durch rasche Rotation (oder des Stark-Effektes): η UMa B 3 nn.

Tab. 5. MK-Klassifikation einiger heller Standardsterne — MK classification of some bright standard stars [5, 6]

Stern	Sp	LC	Stern	Sp	LC	Stern	Sp	LC	Stern	Sp	LC
ε Ori	B 0	Ia	χ Aur	B 5	Iab	ζ Ori	O 9,5	Ib	δ Ori	O 9,5	II
55 Cyg	B 3	Ia	σ Cyg	B 9	Iab	ζ Per	B 1	Ib	ε CMa	B 2	II
β Ori	B 8	Ia	44 Cyg	F 5	Iab	η Leo	A 0	Ib	ν Her	F 2	II
α Cyg	A 2	Ia	o^1 CMa	K 3	Iab	α Lep	F 0	Ib	ε Leo	G 0	II
φ Cas	F 0	Ia	α Ori	M 2	Iab	α Per	F 5	Ib	ϑ Lyr	K 0	II
δ CMa	F 8	Ia				β Cam	G 0	Ib	γ Aql	K 3	II
μ Cep	M 2	Ia				ζ Cep	K 1	Ib	γ Cru	M 3	II
						119 Tau	M 2	Ib			
ι Ori	O 9	III	γ Peg	B 2	IV	ζ Pup	O 5		61 Cyg	K 5	V
o Per	B 1	III	γ Gem	A 0	IV	10 Lac	O 9	V	147379	M 0	V
δ Per	B 5	III	ε Cep	F 0	IV	τ Sco	B 0	V			
α Dra	A 0	III	η Boo	G 0	IV	η Aur	B 3	V			
β Tri	A 5	III	η Cep	K 0	IV	α Leo	B 7	V			
ζ Leo	F 0	III				α Lyr	A 0	V			
o Tau	G 8	III				α CMa	A 1	V			
δ Tau	K 0	III				β Ari	A 5	V			
α Ari	K 2	III				ϱ Gem	F 0	V			
α Tau	K 5	III				η Cas	G 0	V			
β And	M 0	III				σ Dra	K 0	V			
o Cet	M 6e	III									

Da die Kriterien von Dispersion usw. abhängen, muß jeder Beobachter sie auf Grund der von ihm erhaltenen Spektren der Standardsterne an sein Instrument anpassen. Zur Realisierung ist im allgemeinen eine Dispersion zwischen 70 und 180 A/mm erforderlich. Die Kriterien stellen eine kritische Zusammenfassung der Resultate der Harvard-, Mt. Wilson- und schwedischen Observatorien dar. Die LC-Kriterien werden durch druckempfindliche Linien (z. B. der Balmerserie) und durch Intensitätsverhältnisse der Linien von Elementen mit großem und kleinem Ionisationspotential geliefert.

Das Problem der Eichung von Sp und LC in Eigenfarben $(B-V)_0$ und absoluten Größen M_v ist von der empirischen Bestimmung der Leuchtkraftklasse abgetrennt (siehe 5.2.2). Da das MK-System auf fast alle Gebiete des Hertzsprung-Russell-Diagramms anwendbar ist und MK-Klassifikationen für mehr als zehntausend Sterne bereits vorliegen, dient das MK-System heute allgemein als *Referenzsystem* für andere zwei- und dreidimensionale Klassifikationen.

Tab. 6. Einige der wichtigsten Kriterien des MK-Systems — Some of the most important criteria of the MK system

Sp	Sp-Kriterien Intensitätsverhältnisse	Sp	LC-Kriterien Intensitätsverhältnisse
O 5 ··· O 9,5	$\frac{4471\ \text{He I}}{4541\ \text{He II}}$	O 9 ··· B 3	$\frac{4116 \cdots 21\ \text{Si IV} + \text{He I}}{4144\ \text{He I}}$
B 0 ··· B 1	$\frac{4552\ \text{Si III}}{4089\ \text{Si IV}}$	B 0 ··· B 3	$\frac{3995\ \text{N II}}{4009\ \text{He II}}$
B 2 ··· B 8	$\frac{4128 \cdots 30\ \text{Si II}}{4121\ \text{He I}}$	B 1 ··· A 5	Flügel der Balmerlinien
B 8 ··· A 2	$\frac{4471\ \text{He I}}{4481\ \text{Mg II}}, \frac{4026\ \text{He I}}{3934\ \text{Ca II}}$	A 3 ··· F 0	$\frac{4416}{4481\ \text{Mg II}}$
A 2 ··· F 2	$\frac{4030 \cdots 34\ \text{Mn I}}{4128 \cdots 32}, \frac{4300}{4385}$	F 0 ··· F 8	$\frac{4172}{4227\ \text{Ca I}}$
F 2 ··· K	$\frac{4300\ \text{CH}\ (G\text{-Band})}{4341\ \text{H}\gamma}$	F 2 ··· K 5	$\frac{4045\ \text{Fe I},\ 4063\ \text{Fe I},\ 4227\ \text{Ca I}}{4077\ \text{Sr II}}$
F 5 ··· G 5	$\frac{4045\ \text{Fe I}}{4101\ \text{H}\delta}, \frac{4227\ \text{Ca I}}{4341\ \text{H}\gamma}$	G 5 ··· M	Diskontinuität bei 4215
G 5 ··· K 0	$\frac{4144\ \text{Fe I}}{4101\ \text{H}\delta}$	K 3 ··· M	$\frac{4215}{4260}$
K 0 ··· K 5	$\frac{4227\ \text{Ca I}}{4325}, \frac{4290}{4300}$		

Das Spektrum der *Überriesen* A ··· M ist von dem der Sterne mit niedrigerer Leuchtkraft so verschieden, daß die meisten Kriterien unbrauchbar werden. Genaue Spektraltypen können nur durch direkten Vergleich mit einer Standardsequenz von Überriesen gewonnen werden (Kriterien: $\frac{4227\,\mathrm{Ca\,I}}{4341\,\mathrm{H}\gamma}$ bei F 5 ··· K 5, $\frac{4077\,\mathrm{Sr\,II}}{4101\,\mathrm{H}\delta}$ bei F 8, $\frac{4077\,\mathrm{Sr\,II}}{4045\,\mathrm{Fe\,I}}$ bei K 3 usw.).

Tab. 7. Scheinbare Verteilung der helleren Sterne nach Spektraltyp Sp und Leuchtkraftklasse LC — Apparent distribution of the bright stars according to spectral type Sp and luminosity class LC [aus *6* ermittelt]

LC	Sp		
	O, B	A, F	G, K, M
I	3%	4%	4%
II	2%	1%	6%
III	6%	5%	25%
IV	3%	3%	4%
V	10%	14%	1%
pec,m, comp	5%	5%	—

5.2.1.3 Weitere zweidimensionale Spektral-Klassifikationen nach Linienkriterien — Other two-dimensional spectral classifications according to line criteria

5.2.1.3.1 Die Klassifikationen von Uppsala und Stockholm — The classifications of Uppsala and Stockholm

Die benutzten spektralen Kriterien [*4, 21*] sind bei Spektren geringer Dispersion von 220 bis 270 (und 530) A/mm bei Hγ anwendbar; sie werden durch meßbare Größen definiert und wurden direkt in absoluten Größen M_{pg} geeicht. Es gibt zwei Typen von Kriterien:

a) *Intensitätskriterien* | *intensity criteria*

$$I(\lambda) = m(\lambda) - \frac{1}{2}[m(\lambda + \Delta_1\lambda) + m(\lambda - \Delta_2\lambda)]$$

vor allem Linienkriterien, z. B. | especially line criteria, e. g.

$$I(H\gamma) = m(H\gamma) - \frac{1}{2}[m_{4400} + m_{4260}].$$

b) *Diskontinuitätskriterien* | *criteria of discontinuity*

$m(\lambda)$; m_λ | scheinbare Helligkeit bei der Wellenlänge λ [A] | apparent magnitude at wavelength λ [A]

$$D = m(\lambda_1) - m(\lambda_2)\,.$$

Die Intensitäts- und Linienkriterien sind von der interstellaren Verfärbung unabhängig, die Diskontinuitätskriterien nur dann, wenn die Wellenlängen λ_1 und λ_2 eng benachbart sind. Die Kriterien sind in einer großen Anzahl von Modifikationen in den Arbeiten der schwedischen Schule benutzt.

Im wesentlichen handelt es sich bei den frühen Typen O ··· F um die Totalintensität der Balmerlinien als Leuchtkraftkriterium, ergänzt bei A 0 ··· F 0 durch die Totalintensität von Ca II (*K*) als Kriterium des Spektraltyps, sowie bei F 0 ··· F 8 durch die Intensität der *G*-Bande.

Bei den späten Typen G, K, M wird vor allem die Cyan-Diskontinuität als Leuchtkraftkriterium benutzt (Lindblad):

Cyan: $c = m_{4180} - m_{4260}\,,$

dazu zwei weitere Diskontinuitätskriterien (Elvius)

G-Bande: $g = m_{4260} - m_{4360}$

Ca II (*K*): $k = g' = m_{3910} - m_{4030}$

und drei Intensitätskriterien

G-Bande: $G_2 = m_G - \frac{1}{2}(m_{4360} + m_{4260})$

Ca I: $4227 = m_{4227} - \frac{1}{2}(m_{4260} + m_{4200})$

UV-Cyan: $\mathrm{CN}_{3885} = m_{3885} - \frac{1}{2}(m_{3930} + m_{3780})\,.$

Die beiden Cyan-Kriterien dienen im wesentlichen zur Festlegung der Leuchtkraft, die übrigen Kriterien zur Festlegung des Spektraltyps. Die Genauigkeit ist weit geringer als nach der MK-Klassifikation.

Schmidt-Kaler

5.2.1.3.2 Klassifikation mit Hilfe photoelektrischer Schmalbandphotometrie — Classification by means of narrow-band photoelectric photometry

Die Intensitäts- und Diskontinuitätskriterien werden mit Interferenzfiltern von 30 bis 100 A Bandbreite direkt photoelektrisch gemessen; Literatur [*22 ··· 26*].

Frühe Typen O, B, A, F:

$$\text{H}\beta\text{-Index: } l = m_{H\beta} - \tfrac{1}{2}(m_{4700} + m_{5000})$$
$$\text{Balmer-(Sprung-)Index: } c' = 2m_{4030} - (m_{4500} + m_{3550})$$
$$\text{Metall-Index: } m = 2m_{4500} - (m_{5030} + m_{4030}) .$$

Die Klassifikation ist im Bereich B 0 ··· B 9 eindeutig; der Metallindex ist nur bei A 9 ··· F 8 von Bedeutung, er ist ein Maß der Metallhäufigkeit und damit ein Populationskriterium. Da die absolute Größe bei gegebenem Spektraltyp und gegebenem chemischen Aufbau vom Alter des Sterns abhängt, ergibt sich aus den Indizes auch eine Möglichkeit zur Altersbestimmung.

Späte Typen G, K, M:

$$\text{Cyan-Index: } n = m_{4170} - m_{4240}$$
$$K\text{-Index: } k = m_{3910} - m_{4030}$$
$$G\text{-Diskontinuität: } g = m_{4260} - m_{4360} .$$

n ist im wesentlichen Leuchtkraftparameter, k ist Parameter des Spektraltyps für G ··· K 2, g für K 3 ··· K 5. Zusammen mit dem Metallindex m ergeben sich z. B. im Bereich G 7 ··· K 1 als reine Parameter für

$$\text{Spektraltyp: } \mathsf{S} = n + \frac{1}{2}k\,,\ m + \frac{3}{4}k\,,$$
$$\text{Leuchtkraft: } \mathsf{L} = m - n + \frac{1}{4}k\,,$$
$$\text{chemische Zusammensetzung: } \mathsf{C} = m + n + \frac{5}{4}k\,.$$

Die Klassifikation ist objektiv und sehr hoher Genauigkeit fähig, erfordert aber eine Eingrenzung des Spektralbereichs durch eine Vor-Auswahl, etwa mit Hilfe des MK-Systems.

5.2.1.3.3 Einige weitere zweidimensionale Systeme — Some additional two-dimensional systems

a) *Die Mt. Wilson-Klassifikation [9]*

Empirisch geeichte absolute Größen für 4179 Sterne der Typen A 5 ··· M auf Grund visueller Schätzungen relativer Linienintensitäten. Nach Korrektion systematischer Fehler (Blaauw [*27*]) wird eine dem MK-System vergleichbare Präzision erreicht.

b) *Quantitative zweidimensionale Klassifikationen hoher Präzision auf Grund photographischer Registrierung*

1. Kopylow (1958, 1960) [*28*]: 324 Sterne O 5 ··· F 2 werden mittels der Äquivalentbreiten zahlreicher Linien klassifiziert, mittlerer Fehler etwa ±0,3 spektrale Unterklassen bzw. $\pm 0\overset{\text{m}}{.}3$ (Dispersion 75 A/mm bei Hγ).
2. Hack (1953) [*29*]: 243 Sterne O 6 ··· F 8 werden mittels der Zentralintensität (Linientiefe) von Hδ und des Balmersprungs klassifiziert; bei B 8 ··· F 8 auch mittels der Linientiefen von Hδ und Ca II (K) (Dispersion 225 A/mm).
3. Mustel et al. (1958) [*30*]: Quantitative Klassifikation von 81 Sternen F 0 ··· K 5 mit Hilfe der Äquivalentbreiten zahlreicher Absorptionslinien (72 A/mm).
4. Oke (1957, 1959) [*31*]: F5 ··· K2 III ··· V. Mittels Linientiefen leuchtkraftempfindlicher und -unempfindlicher Linien d_i, d_j wird der Leuchtkraftparameter $\mathsf{R} = \log d_i/\log d_j$ definiert, analog der Spektralparameter S (33 A/mm). Die Eichung beruht auf 24 Sternen mit trigonometrischen Parallaxen und liefert absolute Größen mit einem Fehler von $\pm 0\overset{\text{m}}{.}3$.
5. Hossack (1954) [*32*] und Halliday (1955) [*33*]: G8 ··· K1 III ··· V. Drei Linienverhältnisse werden gemessen und liefern eine stetige Leuchtkraftklassifikation nach dem MK-System mit einem Fehler von ±0,25 Leuchtkraftklassen und ±0,3 spektralen Unterklassen (33 A/mm). Siehe auch [*34*].
6. Wilson, Bappu (1957) [*35*], Wilson (1959) [*36*]: Der Logarithmus der Äquivalentbreite W [A] der Emissionskerne K_2 und H_2 der Absorptionslinien K und H des Ca II in Sternen der Klassen G, K, M ist eine lineare Funktion der absoluten Größe über einen Bereich von mehr als 15^{m}. Die Messungen erfordern Spektren sehr hoher Dispersion (10 A/mm). Zur Eichung dienen vier normale Riesen in den Hyaden und die Sonne:
$$M_v = -14{,}94 \log W + 27{,}59 \,.$$
Die Streuung beträgt bei den Riesen $\pm 0\overset{\text{m}}{.}3$, bei den Hauptreihensternen $\pm 0\overset{\text{m}}{.}5$.

5.2.1.3.4 Zweidimensionale Klassifikation bei sehr niedrigen Dispersionen — Two-dimensional classification at low dispersion

Allgemeine Literatur [*37*], OB, cA, cF Sterne [*38*], B 6 ··· G 0-Sterne [*39*], cG, cK-Sterne [*40*].

Der Typ dieser Klassifikationen wird am besten durch die Hamburg-Cleveland-Durchmusterungen charakterisiert (siehe 5.2.1.7) (580 A/mm bei Hγ). Die Kriterien werden auf Objektivprismenplatten geschätzt: die Größe des Balmersprungs und die Intensität der Balmerlinien und von Ca II (K) ergeben bei den frühen Spektralklassen eine Aufspaltung nach Leuchtkraftgruppen. Im Bereich B6 ··· G0 ist noch Abtrennung der Riesen und der Überriesen möglich, im Bereich der G- und K-Sterne sind nur noch die Überriesen abtrennbar (CN 3800, 4183). Eine Übersicht sämtlicher spektraler Kriterien zwischen 3400 und 4800 A für die Typen B0 ··· M2 I ··· V bei einer Dispersion von 625 bzw. 1280 A/mm gibt SEITTER (1962) [*43*]. Die auf Objektivprismenspektren von 280 A/mm bei Hγ anwendbaren Kriterien des MK-Systems geben NASSAU und SEYFERT [*41*] und NASSAU und VAN ALBADA [*42*] an.

5.2.1.4 Spektralklassifikation mit Hilfe des Kontinuums — Spectral classification based upon the continuum

5.2.1.4.1 Die Pariser Klassifikation — The Paris classification [*4, 44, 45*]

Die Kriterien werden spektralphotometrisch gemessen (Dispersion ~ 250 A/mm):

λ_1	Lage des Balmersprungs [1])	wavelength of the Balmer discontinuity [1])
$D = \Delta \log I$	Größe des Balmersprungs [1])	value of the Balmer discontinuity [1])
$\varphi_b = \dfrac{C_2}{T}\left(1 - e^{-\frac{C_2}{\lambda T}}\right)^{-1}$	Blau-Gradient mit der Strahlungskonstanten	blue gradient with the second radiation constant

$C_2 = 1{,}44\ \text{cm} \cdot \text{grad}$

Die λ_1-D-Ebene wurde mit einem Netz von Linien konstanter Spektralklasse Sp bzw. konstanter Leuchtkraftklasse LC überdeckt und so mit Hilfe des MK-Systems geeicht.

Statt φ_b dient auch die Intensität von Ca II (K) zur Beseitigung der Zweideutigkeit der Klassifikation (Spektraltyp früher oder später als A 3). Die Klassifikation ist beschränkt auf die Typen O 5 ··· F 8. Der Gradient φ_b charakterisiert Unterschiede der chemischen Zusammensetzung, er sondert z. B. die Unterzwerge und die Metalliniensterne ab. Auch hier macht sich der Alterseffekt (5.2.1.3.2) bemerkbar.

Der Übergang von den empirischen Parametern λ_1, D zu den theoretischen Parametern der Sternatmosphären, Temperatur T und Druck P, ist direkt und weit einfacher als beim MK-System.

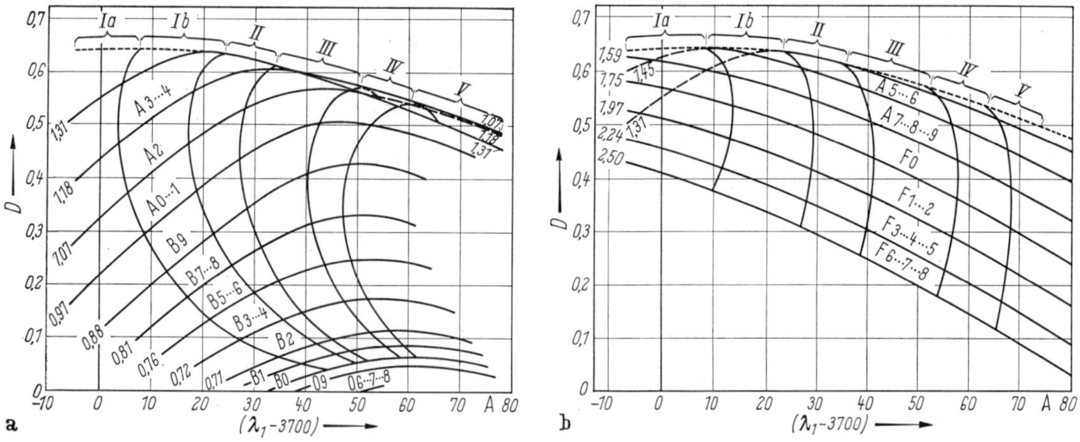

Fig. 2. Zusammenhang zwischen der Pariser Klassifikation und dem MK-System — Correlation between the Paris classification and the MK system [*4*].

D	Größe des Balmersprungs	value of the Balmer discontinuity
λ_1	Lage des Balmersprungs	position of the Balmer discontinuity
Zahlen an den Kurven: Blau- Gradient φ [μm]		numbers on the curves: blue gradient φ [μm]

a) Sp O ··· A 4
b) Sp A 5 ··· F 8

5.2.1.4.2 Klassifikation bei äußerst geringer Dispersion — Classification at extremely low dispersion

MORGAN, MEINEL und JOHNSON [*46*] haben festgestellt, daß aus der Gestalt unverbreiterter Sternspektren von 30 000 A/mm Dispersion noch die Zugehörigkeit zu gewissen Gruppen von Spektraltypen abgelesen werden kann (OB, dA 0, dF 8, gK 2). Aussonderung von OB-Sternen bei einer Dispersion von 10 000 A/mm: SCHULTE [*47*].

[1]) Genaue Definition: 5.2.8.1.5 — Exact definition: 5.2.8.1.5

5.2.1.4.3 Breitbandphotometrie — Wide-band photometry

Der Farbenindex *CI* (siehe 5.2.7) ist im allgemeinen ein Maß der Temperatur und damit des Spektraltyps, wird aber durch die interstellare Absorption verfälscht. Nach Becker [*48*] kann aber der Einfluß der interstellaren Verfärbung eliminiert werden, wenn man geeignete Farbdifferenzen

$$\Delta CI = [m(\lambda_1) - m(\lambda_2)] - [m(\lambda_2) - m(\lambda_3)]$$

benutzt. Die wichtigsten Systeme sind das photographisch definierte RGU-System (Becker und Stock 1958 [*49*]) und das photoelektrisch definierte UBV-System (Johnson und Morgan 1953 [*19*], Johnson 1955 [*51*]); siehe Abschnitt 5.2.7.

Aus dem Zweifarbenindex-Diagramm (5.2.7.4.3) kann man die Spektraltypen durch Verschiebung längs der Verfärbungswege ablesen. Trennung von Riesen und Zwergen ist nur bei sehr spätem Spektraltyp möglich. Der ermittelte Spektraltyp ist nur in gewissen Bereichen eindeutig, vor allem bei den frühesten Spektraltypen. Dort wird auch mit Hilfe photoelektrischer Messungen im UBV-System die größte Genauigkeit der Klassifikation erreicht.

Klassifikation der Sterne O 5 ··· A 0 *mit Hilfe der* UBV-*Photometrie* (Johnson 1958 [*52*], Serkowski 1963 [*50*]).

Der unverfärbte Stern vom Spektraltyp Sp hat die Eigenfarben $(B-V)_0$ oder $(U-B)_0$. Beobachtet wird der Stern mit der Verfärbung E_{B-V} bzw. E_{U-B}, also mit den Farbenindizes

$$B - V = (B-V)_0 + E_{B-V}; \quad U - B = (U-B)_0 + E_{U-B}\,.$$

Die Verfärbungsbeträge stehen im Verhältnis

$$\frac{E_{U-B}}{E_{B-V}} = X + 0{,}06\,E_{B-V} \text{ (Verfärbungsweg).}$$

Tab. 7. Neigung des Verfärbungsweges X in Abhängigkeit von Spektraltyp Sp und Eigenfarbe $(B-V)_0$ — Slope of the reddening line X for different spectral types Sp and intrinsic colors $(B-V)_0$ [*50*]

$(B-V)_0$	Sp	LC	X
− 0,33	O 5 ··· O 9	V	0,69
− 0,30	B 0	V	0,68
− 0,29	B 0,5	V	0,68
− 0,28	B 1	V	0,67
− 0,26	B 2	V	0,66
− 0,24	B 2,5	V	0,66
− 0,22	B 3	V	0,65
− 0,18	B 5	V	0,64
− 0,14	B 7	V	0,63
− 0,12	B 8	V	0,62
− 0,08	B 9	V	0,61
− 0,02	A 0	V	0,59

Die Größe

$$Q = (U-B) - \frac{E_{U-B}}{E_{B-V}}(B-V) = (U-B)_0 - \frac{E_{U-B}}{E_{B-V}}(B-V)_0$$

ist unabhängig von der Verfärbung und liefert mittels

$$(B-V)_0 = 0{,}332\,Q$$

den Spektraltyp. Nomographische Auswertung: Johnson [*52*], Serkowski [*50*]. X ist von der galaktischen Länge abhängig (Wampler [*53*], Borgman und Johnson [*54*]).

Klassifikation mit Hilfe photoelektrischer Vielfarbenphotometrie

T. und J. Walraven [*56*] erhalten aus simultaner Messung von fünf Farbbereichen (siehe 5.2.7.1.3)

V, B, L, U, W: 5590, 4260, 3900, 3620, 3220 A

mit Bandbreiten von 150 bis 800 A zwei konkordante Systeme zweidimensionaler Klassifikationen von O- und B-Sternen sehr hoher Präzision.

Borgman [*55*]: 365 Sterne O 5 ··· A 5 und 102 Sterne A 0 ··· M 2 können durch Messungen von sieben Farbbereichen (siehe 5.2.7.1.3)

K, L, M, N, P, Q, R: 5580, 5240, 4550, 4055, 3750, 3560, 3296 A

(mit Bandbreiten von 80 bis 200 A) mit sehr hoher Genauigkeit nach Leuchtkraftklasse LC und Spektraltyp Sp eingeordnet werden. Diese Methode steht am Übergang von der Mehrfarbenphotometrie zur kontinuierlichen Spektralphotometrie.

5.2.1.5 Ansätze zu drei- und mehrdimensionalen Spektral-Klassifikationen — Fundamentals of three- and more-dimensional spectral classifications

Eine Anzahl von Sternspektren kann im Rahmen des MK-Systems nur mit eingeschränkten Genauigkeitsforderungen oder überhaupt nicht klassifiziert werden: [4] S. 88; [6] S. 24; [18], [22] S. 385.

Tab. 8. Sternspektren, die nicht in das MK-System passen — Stellar spectra which do not fit into the MK system

Gruppe*)	Sp	typische Sterne	Charakteristik	Ursache
1. Emissionssterne früher Spektraltypen	Be ··· Ae	φ Per B 1,5 III ··· V pe $\varkappa$ Dra B 6 III ··· V pe	Balmerlinien (vor allem Hα) in Emission.	Ausgedehnte Gashüllen
2. Sterne mit breiten, flachen Absorptionslinien	Bnn ··· Fnn	η UMa B 3 Vn	Alle Linien mit breiten, flachen Profilen.	Rasche Rotation
3. Pekuliare A-Sterne	Ap ··· Fp	α And B 9 p (Mn) β CrB F 0 p (Cr, Eu)	Anomale, oft veränderliche Intensität der Linien von ein oder mehreren der Ionen Mn II, Si II, Eu II, Cr II, Sr II.	Verstärkung durch Zeeman-Effekt des stellaren Magnetfeldes; möglicherweise relative Häufigkeiten verändert (siehe 6.3)
4. Metallinien-Sterne	Am ··· Fm	α GemB	Ca II (K) abnorm schwach im Vergleich zu Metallinien.	Anregungsverhältnisse? Relative Häufigkeit von Metallen?
5. Wolf-Rayet-Sterne	WN 5 ··· WN 8 WC 5 ··· WC 8	HD 192 163 HD 192 103	Breite Emissionslinien von N oder C.	Relative Häufigkeit von C und N
6. Sterne der Pop. II	F ··· M	δ Lep G 8 III p	Schwächung der CN-Banden gegenüber normalen G- und K-Sternen.	Relative Häufigkeit von C bzw. Metallen
		HD 140 283 (sdF)	Allgemeine Schwächung der Metalllinien, bedeutende Verstärkung der CH-Banden.	
7. Kohlenstoffsterne	C 0 ··· 9 (bzw. R, N)	UX Dra	Starke Absorptionsbanden von C_2 und CN.	Relative Häufigkeit des C
8. S-Sterne	S	R And	Absorptionsbanden von ZrO, YO, LaO hervortretend; TiO meist auch vorhanden.	Relative Häufigkeit von Zr, Y, La, Tc

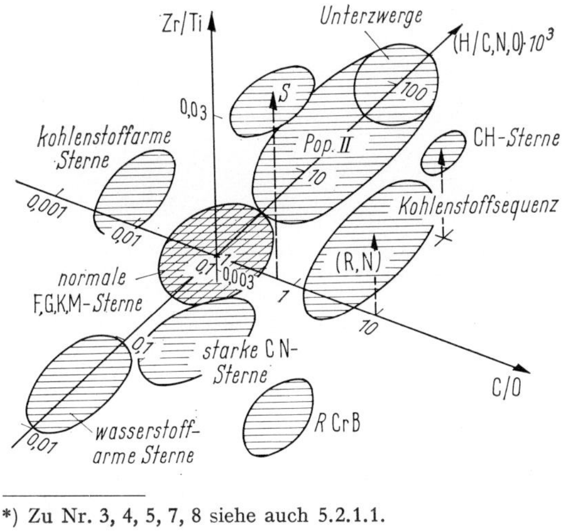

Fig. 3. Fünfdimensionales Schema zur Klassifikation der Sterne mittleren und späten Spektraltyps — Five-dimensional scheme for the classification of the stars of intermediate and late spectral type.

In der Figur eingetragene Parameter:
Relative Elementhäufigkeit von H/C, N, O (äquivalent zu: Wasserstoff H/schwere Elemente Z)
C/O
Zr/Ti
Innerhalb jedes Bereichs treten als weitere Parameter Temperatur und Leuchtkraft auf.
Die schematisch dargestellten Bereiche überlappen sich zum Teil in stetigen Übergängen

Parameters given in the figure:
relative abundance of H/C, N, O (equivalent to: Hydrogen H/heavy elements Z)
C/O
Zr/Ti
In each region there are the additional parameters of temperature and luminosity.
The schematically shown regions partially overlap in gradual transitions

*) Zu Nr. 3, 4, 5, 7, 8 siehe auch 5.2.1.1.

Die Gruppen 1 ··· 3 in Tab. 8 können unter Verzicht auf hohe Schärfe der Klassifikation in das MK-Schema eingeordnet werden, ebenso — bei Verzicht auf die Linie Ca II (*K*) — die Gruppe 4. Bei den übrigen Gruppen tritt dagegen die *chemische Häufigkeit* einiger Elemente als weiterer Klassifikationsparameter hinzu. Roman [*57*] unterscheidet nach der Stärke der Metallinien zwischen „weak-line" und „strong-line" stars (F 6 ··· K 5 wk bzw. str); die Sterne der Gruppe 6 sind extreme wk-Sterne. Strömgren's Metallindex *m* stellt ein quantitatives Maß dafür dar (siehe 5.2.1.3.2); in diesen Zusammenhang gehört auch der Gradient φ_b der Pariser Klassifikation (5.2.1.4.1).

Einige Sterne sind als extrem wasserstoffarm (HD 124448 B 2, *v* Sgr cApe) oder als extrem kohlenstoffreich bekannt (HD 18474 G5 p). Viele Sterne besitzen verstärkte CN-Banden (α Ser K2 III, CN + 2). Etwa ein Dutzend Kohlenstoffsterne besitzen außerordentlich starke CH-Banden, sie sind ausnahmslos Schnelläufer; eine andere Gruppe von Kohlenstoffsternen besitzt praktisch keinen Wasserstoff (*R*CrB). Eine dritte Gruppe weist eine außerordentlich starke 4554-Ba II-Linie auf. Die Effekte unterschiedlicher chemischer Zusammensetzung nötigen zur Einführung weiterer Parameter in die Spektralklassifikation. Ein versuchsweises Schema (im wesentlichen nach Keenan [*18*] und Aller [*58*]) ist in Fig. 3 dargestellt. In das 5-dimensionale Schema können alle heute bekannten Sterne mittleren und späten Spektraltyps eingeordnet werden (die Ba II-Sterne dürften die Fortsetzung der Nebenserie S nach höheren Temperaturen hin darstellen). Zwischen den Parametern gibt es Beziehungen, von der Art LC (Sp; C/O, . .), so daß sich das Schema möglicherweise auf vier unabhängige Parameter Sp, LC, H/Z, C/O reduziert (Z = schwere Elemente mit Atomgewicht > 4).

5.2.1.6 Korrelation von Spektralklassifikationen — Correlation between various spectral classifications

Allgemeines: Fehrenbach [*4*] S. 15, 59, 62.

Tab. 9. Reduktion¹) auf das Harvard-System — Reduction¹) to the Harvard system [*59*] (siehe auch [*60, 61, 62*])

HD	Henry Draper-Katalog (Harvard-System)	siehe 5.2.1.7: Kataloge
HDE	Henry Draper-Extension	
BSD	Bergedorfer Spektraldurchmusterung	
PSD	Potsdamer Spektraldurchmusterung	
McC	McCormick-Klassifikation	
MtW	Mt. Wilson-Klassifikation	
Sto	Stockholmer Klassifikation nach Elvius	[*4*] S. 39, 59
MK	MK-System	
d	Zwergsterne (dwarfs)	
g	Riesen (giants)	

HD	HDE	BSD	PSD	McC	MtW d	MtW g	Sto d	Sto g	MK
B 0									+ 0,1
B 2									+ 0,3
B 5		+ 0,1		+ 1,0			+ 0,3		− 0,1
B 8		+ 0,3	+ 0,9	+ 0,8	+ 0,9				− 0,2
A 0	− 0,2	+ 0,2	0,0	0,0	0,0		0,0		0,0
A 2	+ 0,0	− 0,1	+ 0,6	− 0,2	− 0,3				− 0,4
A 5	+ 0,5	− 0,7	− 0,5	− 0,3	+ 0,9		− 0,4		− 0,4
A 8	+ 0,6	+ 0,1	+ 0,8	− 0,4					− 0,5
F 0	+ 0,1	+ 0,9	+ 1,3	− 0,5	+ 0,8		− 0,4		− 0,3
F 2	+ 1,3	+ 0,8	+ 1,7	+ 0,5	+ 1,2				− 0,5
F 5	+ 0,4	+ 0,8	+ 0,8	+ 0,6	+ 1,0		+ 0,2		− 0,1
F 8	+ 0,0	+ 0,4	+ 0,3	+ 0,8	+ 1,0				+ 0,4
G 0	+ 0,0	+ 0,3	− 1,1	+ 1,0	+ 0,5	− 0,4	+ 0,7		− 0,4
G 2	+ 0,0	+ 0,8	− 1,5	+ 1,2	+ 0,4	− 0,0			− 0,8
G 5	− 0,5	+ 1,6	− 1,3	+ 1,2	+ 0,5	+ 0,8	+ 1,1	+ 1,5	− 0,6
G 8	− 1,2	+ 2,2	− 0,3	+ 0,2	− 0,2	+ 0,6			
K 0	− 1,7	+ 1,8	− 0,1	− 0,7	− 0,7	− 0,1	+ 0,3	+ 0,7	0,0
K 2	− 2,1	+ 1,2	+ 0,3	− 1,0	− 1,8	− 1,0			− 1,5
K 5	− 3,0	+ 0,6	+ 1,5	− 1,8	− 3,3	− 2,4	+ 0,2	+ 0,3	0,0
K 8	− 3,8	− 0,1		− 2,5	− 3,3	− 2,2			
M 1		+ 1,3		− 1,0	(− 2,5)	− 1,0	− 0,5	− 0,5	(− 0,5)
M 5				− 1,0		+ 1,0			

¹) Der zufällige Fehler der Klassifikation variiert stark mit dem Spektraltyp, z. B. für MtW von ±0,7 (gK 0 ··· 2) bis ±3,3 (A 5 ··· 9). Im Durchschnitt beträgt er etwa ±2,0 (HD), ±2,3 (BSD), ±1,6 (MtW), ±0,8 (MK), ±1,0 (Victoria) (Butler und Thackeray [*62*], Seares und Joyner [*60*]).

5.2.1.7 Spektral-Kataloge – Spectral catalogues

1. Allgemeine Spektraldurchmusterungen auf der Grundlage der Harvard-Klassifikation

HD	CANNON, A. J., and E. C. PICKERING	Henry Draper Catalogue of stellar spectra	Ann. Harvard **91** ··· **99** (1918 ··· 1924)
HDE	CANNON, A. J.	Henry Draper Extension	Ann. Harvard **100** (1925/31); **105** (1937); **112** (1949)
	Selected Areas (S. A.)		
PSD	BECKER, F., und H. A. BRÜCK	Potsdamer Spektraldurchmusterung (Südhalbkugel)	Publ. Potsdam **88** ··· **93** (1929 ··· 1938)
	HUMASON, M. L.	(Nordhalbkugel)	ApJ **76** (1932) 224
BSD	SCHWASSMANN, A., und A. A. WACHMANN	Bergedorfer Spektraldurchmusterung, Bd. 1 ··· 5	Hamburg-Bergedorf (1935 ··· 1953)
Sto	ELVIUS, T.	Stockholmer Klassifikation in nördlichen S. A.	Stockholm Ann. **14**/8 ··· **21**/2 (1946 ··· 1959)
	BARTAJA, R. A.	nördliche S. A.	Bull. Abastumani Nr. 22, 25 (1958)
	KALANDADZE, N. B.	nördliche S. A.	Bull. Abastumani Nr. 22, 45 (1959)
McC	VYSSOTSKY, A. N.		Publ. McCormick **7** (1937); **10** (1948) Trans. Yale **19** (1948) ··· **27** (1959)
	VYSSOTSKY, A. N., and A. G. BALZ		Publ. McCormick **13**/2 (1958)
	BALZ, A. G.	AGK_2-Sterne	Publ. McCormick **13**/1 (1956)
MtW	ADAMS, W. S. et al.	alle Sterne des PGC von A 5 ··· M (Nordhimmel)	ApJ **81** (1936) 187
	HOFFLEIT, D.	Südhimmel	Ann. Harvard **105** (1938) 45; Harvard Circ. Nr. **448** (1942) und Nr. 449 (1943)

2. Klassifikationen im MK-System

Nordhimmel:
JOHNSON, H. L., and W. W. MORGAN: ApJ **117** (1953) 313.
JOHNSON, H. L.: Ann. Astrophys. **18** (1955) 292.
KEENAN, P. C., and W. W. MORGAN: in Astrophysics (ed. HYNEK), New York (1951) S. 14

Südhimmel:
DE VAUCOULEURS, A.: MN **117** (1957) 449.
WOODS, M. L.: Mem. Canberra **3** (1956) 2 (12).
EVANS, D. S., A. MENZIES, and R. H. STOY: MN **117** (1957) 534; **119** (1959) 638; Roy. Obs. Bull. Nr. 48 (1961).

Kataloge von OB-Sternen

Nordhimmel:
MORGAN, W. W., A. D. CODE, and A. E. WHITFORD: ApJ Suppl. **2** (1955) 41.
JOHNSON, H. L., and W. A. HILTNER: ApJ **123** (1956) 267.
HILTNER, W. A.: ApJ Suppl. **2** (1956) 389.
HILTNER, W. A., and B. IRIARTE: ApJ **122** (1955) 185.
MENDOZA, E. E.: ApJ **128** (1958) 207.
BLAAUW, A.: ApJ **123** (1956) 408.
HARRIS, D. L.: ApJ **121** (1955) 554.

Südhimmel:
HOFFLEIT, D.: ApJ **124** (1956) 61.
FEAST, M. W., A. D. THACKERAY, and A. J. WESSELINK: Mem. Roy. Astron. Soc. **67**/2 (1955); **68**/1 (1957); **68**/6 (1963); MN **122** (1961) 239
WALRAVEN, T. and J. H.: BAN **15** (1960) 81.
BERTIAU, F. C.: ApJ **128** (1958) 533.
MORRIS, P. M.: MN **122** (1961) 325.
WHITEOAK, J. B.: MN **125** (1963) 105.

Katalog heller B-Sterne: EGGEN, O. J.: Roy. Obs. Bull. No. 41 (1961).

Katalog von Sternen bekannter Geschwindigkeit: EGGEN, O. J.: Roy. Obs. Bull. No. 51 (1962).

B 8 ··· A 2-Sterne.

OSAWA, K.: Publ. Astron. Soc. Japan **10** (1958) 102; **15** (1963) 274; ApJ **130** (1959) 159, 533; Ann. Tokyo (2) **6** (1960) 148; **7** (1962) 209.
WAYMAN, P. A.: Roy. Obs. Bull. No. 36 (1961), No. 50 (1962).
BERTAUD, C.: J. Observateurs **42** (1959) 45; **43** (1960) 129 (Ap).

Sterne mittleren und späten Spektraltyps

ROMAN, N. G.: ApJ **116** (1951) 122; AJ **59** (1954) 307.
YOSS, K. M.: ApJ **134** (1961) 809.
BIDELMAN, W. P.: ApJ **113** (1961) 304, 706; PASP **66** (1954) 249; **67** (1955) 120; **69** (1959) 147, 326, 573.

Listen von MK-Klassifikationen in ausgewählten Feldern erscheinen fortlaufend in J. Observateurs **38** ff = Publ. Haute-Provence **3** ff. Listen von MK-Klassifikationen heller Sterne der Spektraltypen O5 ··· G0 bei SLETTEBAK (siehe Katalog von Rotationsgeschwindigkeiten 5.2.5).

Am Lick Observatory (BIDELMAN) liegt ein Kartenkatalog aller Sterne mit MK-Typen oder anderen spektroskopischen absoluten Größen vor (~15 000 Sterne). JASCHEK, C., H. CONDE, and A. SIERRA: Catalogue of Spectral Classifications in the MK System, Publ. La Plata 1964; enthält alle Sterne (~ 14500) mit MK-Klassifikation.

3. Weitere Spektral-Kataloge

Emissionssterne frühen Spektraltyps

Merrill, P. W., and G. G. Burwell: ApJ **78** (1933) 87; **98** (1948) 153; **110** (1949) 387; **112** (1950) 72.
Jaschek, C. und M., und B. Kucewicz; ZfA **59** (1964) 108; Schmidt-Kaler, Th.: Veröff. Bonn Nr. 70 (1964).

Emissionssterne der Typen A bis M

Bidelman, W. P.: ApJ Suppl. **1** (1954) 175.

OB-Stern- und ähnliche Durchmusterungen

Hardorp, J., K. Rohlfs, A. Slettebak, and J. Stock: Luminous Stars I. (1959).
Stock, J., J. J. Nassau, and C. B. Stephenson: Luminous Stars II. (1960).
Hardorp, J., I. Theile, and H. H. Voigt: Luminous Stars III. (1964).
Nassau, J. J., and C. B. Stephenson: Luminous Stars IV. (1963).
Hardorp, J., I. Theile, and H. H. Voigt: Luminous Stars V. (1965).
} Astron. Abhandl. Bergedorf

Brodskaja, E. S.: Mitt. Krim **10** (1953) 104, 120; **14** (1955) 3.
Kopylow, Metik, Pronik u. a.: fortlaufend in Mitt. Krim für ausgewählte Milchstraßenfelder (250 A/mm).

Listen von OB-Sternen und M-Sternen, C-Sternen usw. erscheinen ferner fortlaufend in Bol. Tonantzintla Tacubaya.

McCuskey, S. W.: ApJ **123** (1956) 458. Zusammenfassung der Arbeiten in einigen Milchstraßenfeldern zur Klassifikation (teilweise mit Leuchtkraftkriterien) von 18 033 Sternen; Einzelkataloge in ApJ, ApJ Suppl.

M-Sterne

Vyssotsky, A. N.: ApJ **97** (1943) 381.
Vyssotsky, A. N., E. M. Janssen, and W. J. Walther: ApJ **104** (1946) 234.
Vyssotsky, A. N., and B. A. Mateer: ApJ **116** (1952) 117.
Sehr späte Spektraltypen M6 ··· M10: Nassau, J. J., and G. B. van Albada: ApJ **109** (1949) 391.
Nassau, J. J., and D. M. Cameron: ApJ **122** (1955) 177.
Nassau, J. J., and V. M. Blanco: ApJ **120** (1954) 118.

Schwedische Klassifikationen: Veröffentlichungen fortlaufend in Stockholm und Uppsala Ann. und Uppsala Medd.

Klassifikationen im Pariser System: Veröffentlichungen fortlaufend in J. Observateurs und Contrib. Paris

4. Vollständige Bibliographie der Spektralkataloge 1957 ··· 1960

Bidelman, W. P.: Trans. IAU **11** A (1962) 335.

5.2.1.8 Literatur zu 5.2.1 – References for 5.2.1

1. Zur Einführung — Introduction

1 Becker, W.: Sterne und Sternsysteme, 2. Aufl. Leipzig (1950) S. 10ff.
2 Unsöld, A.: Physik der Sternatmosphären, 2. Aufl. Springer, Berlin (1955) S. 49ff und 520 ff.
3 Voigt, H. H.: Mitt. Astron. Ges. 1962 (1963) 17.

2. Zusammenfassende Darstellungen — General references

4 Fehrenbach, Ch.: Hdb. Physik **50** (1958) 1 (dort viele Literaturangaben).
5 Morgan, W. W., P. C. Keenan, and E. Kellman: An Atlas of Stellar Spectra. Chicago (1943) = MKK.
6 Keenan, P. C., and W. W. Morgan: in Astrophysics (ed. Hynek), New York (1951), Chapter 1.
6a Abt, H. A. (Ed.): ApJ Suppl. **8** (1963) 99.

Ältere Literatur

7 Curtiss, R. H.: Hdb. Astrophysik. **5** (1932) 1.
8 Becker, F.: Hdb. Astrophysik. **7** (1936) 7.
9 Adams, W. S., A. H. Joy, M. L. Humason, and A. M. Brayton: ApJ **81** (1935) 187.

3. Kataloge — Catalogues

Siehe 5.2.1.7 — see 5.2.1.7

4. Literatur zu einzelnen Abschnitten — Special references

10 Hoffleit, D.: Harvard Circ. Nr. 448 (1942).
11 Young, R. K., and W. E. Harper: Publ. Victoria **3** (1924) 1.
12 Wurm, K.: Hdb. Physik **50** (1958) 144.
13 Beals, C. S.: Trans. IAU **6** (1938) 248; Swings, P.: ApJ **95** (1942) 112; Aller, L. H.: ApJ **97** (1943) 135; **108** (1948) 462; Swings, P., and P. D. José: ApJ **111** (1950) 513.
14 Étoiles à Raies d'Emission (VIII. Colloque Internationale Liège) = Liège Inst. Astrophys. Coll. (8°) Nr. 396 (1958).
15 Plaskett, H. H.: Publ. Victoria **1** (1922) 366; Petrie, R. M.: Publ. Victoria **7** (1947) 321.
16 Curtis, R. H.: Hdb. Astrophysik. **5** (1932) 35 ··· 87.
17 Swings, P.: Hdb. Physik **50** (1958) 113.
18 Keenan, P. C.: Hdb. Physik **50** (1958) 92.
19 Johnson, H. L., and W. W. Morgan: ApJ **117** (1953) 313.
20 Keenan, P. C., and W. W. Morgan: Trans. IAU **11** A (1962) 346.
21 Ramberg, J. M.: Stockholm Ann. **20** (1957) 1. Siehe auch Elvius, T., und K. Loden: Stockholm Ann. **21** (1959) 2.

22 Strömgren, B.: Specola Vaticana Ric. Astron. **5** (1958) 245, 385; Vistas Astron. **2** (1956) 1336; Quart. J. Roy. Astron. Soc. **4** (1963) 8; Basic Astronomical Data (ed. K. A. Strand) Chapter 9, Chicago (1963).
23 Crawford, D. L.: ApJ **128** (1958) 185; **132** (1960) 66.
24 Gyldenkerne, K.: ApJ **121** (1955) 38,43; **134** (1961) 657; Ann. Astrophys. **21** (1958) 26,77.
25 Griffin, R. F., and R. O. Redman: MN **120** (1960) 287.
26 Griffin, R. F.: MN **122** (1961) 181.
27 Blaauw, A.: Basic Astronomical Data (ed. K.A. Strand: Stars and Stellar Systems Vol. III), Chicago (1963) 387.
28 Kopylow, I. M.: Mitt. Krim **20** (1958), 156; **23** (1960) 148.
29 Hack, M.: Ann. Astrophys. **16** (1953) 417.
30 Mustel, E. R., L. S. Galkin, R. N. Kumajgorodskaja, und M. E. Bojartschuk: Mitt. Krim **18** (1958) 3.
31 Oke, J. B.: ApJ **126** (1957) 509; **130** (1959) 487.
32 Hossack, W. R.: ApJ **119** (1954) 613.
33 Halliday, J.: ApJ **122** (1955) 222.
34 Heard, J. F.: Vistas Astron. **2** (1956) 1357.
35 Wilson, O. C., and M. K. V. Bappu: ApJ **125** (1957) 661.
36 Wilson, O. C.: ApJ **130** (1959) 496.
37 Morgan, W. W.: Publ. Michigan **10** (1950) 33.
38 Slettebak, A., and J. Stock: ZfA **42** (1957) 67.
39 Nassau, J. J., and C. B. Stephenson: ApJ **132** (1960) 130.
40 Rohlfs, K.: ZfA **52** (1961) 279.
41 Nassau, J. J., and C. K. Seyfert: ApJ **103** (1946) 117.
42 Nassau, J. J., and G. B. van Albada: ApJ **106** (1947) 20.
43 Seitter, W. C.: Veröffentl. Bonn Nr. 64 (1962) 52; Nr. 73 (1964): Spektralatlas.
44 Chalonge, D.: Specola Vaticana Ric. Astron. **5** (1958) 245; Ann. Astrophys. Suppl. **8** (1959) 61, 71; Ann. Astrophys. **23** (1960) 439.
45 Berger, J.: Ann. Astrophys. **25** (1962) 1, 77, 184.
46 Morgan, W. W., A. B. Meinel, and H. M. Johnson: ApJ **120** (1954) 506.
47 Schulte, D. H.: ApJ **123** (1956) 250; **124** (1956) 530.
48 Becker, W.: AN **272** (1941) 180.
49 Becker, W., und J. Stock: ZfA **45** (1958) 269.
50 Serkowski, K.: ApJ **138** (1963) 1035.
51 Johnson, H. L.: Ann. Astrophys. **18** (1955) 292.
52 Johnson, H. L.: Lowell Bull. **4** (1958) 37.
53 Wampler, E. J.: ApJ **134** (1961) 861; **136** (1962) 100.
54 Borgman, J., and H. L. Johnson: ApJ **135** (1962) 306.
55 Borgman, J.: BAN **15** (1960) 255; **17** (1963) 58.
56 Walraven, T. and J. H.: BAN **15** (1960) 67.
57 Roman, N. G.: ApJ **116** (1952) 122; AJ **59** (1954) 307.
58 Aller, L. H.: The Abundance of the Elements, Chap. 9. New York (1961).
59 Vyssotsky, A. N.: ApJ **93** (1941) 425.
60 Seares, F. H., and M. C. Joyner: ApJ **98** (1943) 244.
61 Brück, H. A.: MN **105** (1945) 206.
62 Butler, H. E., and A. D. Thackeray: MN **100** (1940) 450.

5.2.2 Eigenfarben und absolute Helligkeiten — Intrinsic colors and absolute magnitudes

(Eichung des MK-Systems) — (Calibration of the MK system)

5.2.2.1 Die Eigenfarben der Sterne – Intrinsic colors of the stars

Siehe auch 5.2.7.4 — see also 5.2.7.4

Die von der interstellaren Verfärbung E befreiten Farbenindizes der Sterne stellen ein Maß für die Temperaturen der Sternatmosphären dar:

The color indices of the stars corrected for interstellar reddening E represent a measure of the temperature of the stellar atmospheres:

$$(B-V)_0 = (B-V) - E_{B-V}\ ;\ (U-B)_0 = (U-B) - E_{U-B}\,.$$

U	ultraviolette } scheinbare Helligkeit	ultraviolet } apparent magnitude
B	blaue } scheinbare Helligkeit	blue } apparent magnitude
V	visuelle } scheinbare Helligkeit	visual } apparent magnitude
$(U\text{-}B)$, $(B\text{-}V)$	beobachtete Farbenindizes	observed color indices
E	interstellare Verfärbung	interstellar reddening
$(U\text{-}B)_0$, $(B\text{-}V)_0$	Eigenfarben	intrinsic colors

Zur Definition dieser Größen siehe auch 5.2.7. Zusammenhang zwischen Eigenfarben und absoluten Helligkeiten siehe Tab. 4 und 5.

Tab. 1. Die Eigenfarben im MK-System — Intrinsic colors in the MK system

Sp	Spektraltyp im MK-System (siehe 5.2.1.2)	spectral type in the MK system (see 5.2.1.2)
LC	Leuchtkraftklasse im MK-System (siehe 5.2.1.2)	luminosity class in the MK system (see 5.2.1.2)
w	weiße Zwerge	white dwarfs

a) [*31, 41, 17*] für O5 ··· A0; [*31, 18*] für A1 ··· M5 III und V; [*31, 23, 42, 9*] für F5 ··· G5 Ib und für A1 ··· K5 I ··· II; [*27, 31*] für M0 ··· M5 V; siehe auch [*29*] für A0 ··· M III und V und für w B8 ··· w K3; [*11, 37*] für w B ··· w K; [*43*] für M0 ··· 7 III. Siehe ferner [*44*].

LC	V	III	II	I b	I ab	I a	w (VII)
Sp	$(B-V)_0$						
O 5	$-0^m_,34$	$-0^m_,34$	$-0^m_,34$	$-0^m_,34$	$-0^m_,34$	$-0^m_,34$	
6	−0,34	−0,34	−0,34	−0,34	−0,33	−0,33	
7	−0,33	−0,33	−0,33	−0,32	−0,32	−0,31	
8	−0,32	−0,32	−0,32	−0,30	−0,30	−0,29	
9	−0,31	−0,31	−0,29	−0,27	−0,27	−0,26	
9,5	−0,31	−0,30	−0,29	−0,26	−0,26	−0,24	
B 0	−0,30	−0,29	−0,28	−0,23	−0,22	−0,22	$-0^m_,28$
0,5	−0,29	−0,28	−0,27	−0,22	−0,21	−0,20	
1	−0,28	−0,27	−0,26	−0,20	−0,19	−0,18	
2	−0,26	−0,24	−0,23	−0,18	−0,17	−0,14	
3	−0,22	−0,21	−0,20	−0,15	−0,13	−0,12	−0,22
5	−0,18	−0,18	−0,16	−0,11	−0,10	−0,08	
6	−0,16	−0,16	−0,14	−0,09	−0,08	−0,06	
7	−0,14	−0,14	−0,12	−0,07	−0,06	−0,04	
8	−0,12	−0,12	−0,10	−0,06	−0,05	−0,02	−0,15
9	−0,08	−0,08	−0,07	−0,05	−0,04	−0,00	−0,06
A 0	−0,02	−0,02	−0,04	−0,04	−0,03	+0,00	−0,00
1	+0,01	+0,00	−0,01	−0,03	−0,03	−0,03	+0,03
2	+0,05	+0,03	+0,02	−0,02	−0,02	−0,02	+0,07
3	+0,08	+0,08	+0,07	+0,02	+0,01	+0,00	+0,10
5	+0,15	+0,15	+0,12	+0,07	+0,06	+0,05	+0,16
7	+0,19	+0,18	+0,18	+0,12	+0,11	+0,10	+0,22
F 0	+0,29	+0,27	+0,25	+0,20	+0,17		+0,29
2	+0,35	+0,33	+0,30	+0,27	+0,25		+0,35
5	+0,42	+0,42	+0,38	+0,37	+0,36		+0,42
7	+0,49	+0,51	+0,50	+0,48	+0,48		+0,48
8	+0,52	+0,56	+0,58	+0,58	+0,58		+0,50
G 0	+0,58	+0,66	+0,72	+0,72	+0,67		+0,56
2	+0,62	(+0,75)	+0,78	+0,85	+0,84		+0,60
5	+0,68	(+0,81)	+0,90	+1,00	+1,08		+0,68
8	+0,73	+0,91	+0,95	+1,15	(+1,20)		+0,73
K 0	+0,81	+0,99	+1,10	+1,25	(+1,35)		+0,81
1	+0,85	+1,07	+1,21	(+1,30)	+1,45		+0,85
2	+0,89	+1,16	+1,30	+1,45	+1,50		+0,89
3	+0,97	+1,28	+1,40	+1,50	+1,55		+0,96
5	+1,15	+1,50	+1,54	+1,56	+1,60		
7	+1,37	(+1,53)	(+1,57)	+1,60	+1,65		
M 0	+1,40	+1,54					
1	+1,47	+1,55		+1,71	+1,79		
2	+1,49	+1,57		+1,72	+1,79		
3	+1,51	(+1,60)			+1,79		
5	+1,58	(+1,75)					
6	+1,61	(+1,80)					
7		(+1,90)					

b) [*31, 32*]

Sp (LC)	$(B-V)_0$
O 5 ··· 8 f	−0,30
B 0 ··· 2 (p) e (III ··· V)	−0,24
B 2,5 (p) e (III ··· V)	−0,22

▶ Tab. 1c siehe nächste Seite.

▶ Tab. 1a und 1b siehe vorige Seite.

c) [31, 41] für O5 ··· A0; [17] für A1 ··· M5 III und V; [31, 42] für F0 ··· M I; siehe auch [18]; [29] für A0 ··· M III und V und für w B8 ··· w K3; [37] für w B ··· w K.

LC	V	III	II	I b	I a	w (DA)[1]
Sp	$(U-B)_0$					
O 5	$-1^{m}17$	$-1^{m}17$	$-1^{m}17$	$-1^{m}17$	$-1^{m}17$	
6	−1,16	−1,16	−1,16	−1,16	−1,16	
7	−1,15	−1,15	−1,15	−1,15	−1,14	
8	−1,14	−1,14	−1,13	−1,14	−1,13	
9	−1,12	−1,12	−1,12	−1,12	−1,11	
9,5	−1,10	−1,11	−1,11	−1,10	−1,10	
B 0	−1,08	−1,09	−1,10	−1,07	−1,07	
0,5	−1,03	−1,03	−1,04	−1,03	−1,04	
1	−0,95	−0,97	−1,00	−0,97	−1,00	
2	−0,87	−0,90	−0,95	−0,92	−0,95	
3	−0,73	−0,75	−0,84	−0,82	−0,86	
5	−0,58	−0,60	−0,70	−0,75	−0,78	
6	−0,51	(−0,54)	−0,63	−0,69	−0,73	
7	−0,43	(−0,45)	−0,56	−0,62	−0,68	
8	−0,34	(−0,34)	(−0,43)	−0,56	−0,60	$-1^{m}02$
9	−0,21	(−0,22)	(−0,27)	−0,53	−0,57	−0,90
A 0	−0,02	(−0,03)	(−0,09)	−0,32	−0,35	−0,79
1	+0,03	+0,02				−0,70
2	+0,05	+0,05				−0,63
3	+0,07	+0,08				−0,60
5	+0,09	+0,10				−0,58
7	+0,09	+0,13				−0,58
F 0	+0,02	+0,10		+0,20		−0,56
2	+0,00	+0,08		+0,24		−0,48
5	−0,01	+0,07	+0,24	+0,30		
7	−0,00	(+0,13)		+0,34		
8	+0,02			+0,42		−0,30
G 0	+0,05	(+0,27)	(+0,37)	+0,49		−0,20
2	+0,12			+0,65		−0,12
5	+0,21	+0,50	+0,55	+0,80		
8	+0,27	+0,70	+0,80	(+1,00)		
K 0	+0,48	+0,85	+1,00	(+1,15)		
1	+0,54	+1,06				
2	+0,65	+1,20		+1,55		
3	+0,88	+1,42	(+1,56)			(+0,37)
5	+1,08	+1,80	(+1,82)	+1,74		
M 0	+1,23	+1,84		+1,75		
1	+1,26	+1,84				
2	+1,16	+1,85		+1,95		
3	+1,10	+1,88				
5	+1,24					

5.2.2.2 Die absoluten Größen der Sterne – The absolute magnitudes of the stars

Siehe auch 5.2.6.0.2 — see also 5.2.6.0.2

Die absolute Größe M ergibt sich aus der scheinbaren Größe m durch Reduktion auf die Einheitsentfernung von 10 pc, so daß

$$M = m + 5 - 5\log r$$

ist, wenn die Entfernung r in [pc] gemessen ist und keine interstellare Absorption vorliegt. Entsprechend dem Spektralbereich ist zwischen visuellen, photographischen, bolometrischen absoluten Grö-

The absolute magnitude M follows from the apparent magnitude m by reducing to the unit distance of 10 pc, so that

r = distance in [pc], as long as there is no interstellar absorption. According to the spectral region one has to distinguish between the visual, photographic, bolometric absolute magnitude M_v, M_{pg},

1) Die weißen Zwerge liegen auf zwei getrennten Sequenzen im Zweifarbenindex-Diagramm. Die DA-Sequenz (Spektren mit Balmerlinien) ist parallel zur normalen Hauptreihe verschoben, die DC- und DB-Sequenz (linienfreie Spektren und solche, die nur Heliumlinien aufweisen) fällt fast exakt mit der Kurve des Schwarzen Körpers zusammen (Weidemann 1963 [37]), siehe auch 6.5.

ßen M_v, M_{pg}, M_{bol} usw. zu unterscheiden; der Index V bezeichnet visuelle Größen im UBV-System.

Gewöhnlich muß die interstellare Absorption A berücksichtigt werden, im allgemeinen mit Hilfe der Verfärbung E:

M_{bol}, etc. Index V indicates visual magnitude in the UBV system.

Usually the interstellar absorption A must be taken into account with the aid of the interstellar reddening E:

$$M_V = (m_V - A_V) + 5 - 5 \log r ,$$
$$A_V = R \cdot E_{B-V} .$$

Die Verhältniszahl R (etwa 3,2 ± 0,2) [*38, 30, 16*], hängt ab vom Verfärbungsbetrag und von der stellaren Energieverteilung [*3, 30*] und vom Ort in der Milchstraße [*16*]. Genähert gilt

The factor R (about 3,2 ± 0,2) [*38, 30, 16*] depends upon the amount of reddening, on the energy distribution in the stellar spectrum [*3, 30*] and on the position in the Milky Way [*16*]. Approximately it is

$$R = 3{,}20 + 0{,}21\,(B-V)_0 ;$$

die Abhängigkeit vom Verfärbungsbetrag ist schwach. Abgesehen von lokalen Unregelmäßigkeiten beobachtet man eine Abhängigkeit von der galaktischen Länge, genähert etwa:

the dependence on the amount of reddening is slight. Aside from local inhomogeneities a dependency upon the galactic longitude has been observed and can be approximately expressed by

$$R = 3{,}20 + 0{,}30 \sin 2\,(l^{II} + 25°).$$

Zur Problematik der Kalibration einer Spektralklassifikation in absoluten Größen siehe [*26, 2, 35*] sowie zur älteren Literatur [*24*].

For information relating to the problems involved in calibrating a spectral classification in absolute magnitudes see [*26, 2, 35*], and older literature [*24*].

Tab. 2. Absolute Größen von Sondertypen — Absolute magnitudes of special types

Typ (siehe 5.2.1.1)		M_v	Lit.
WC		$-3{,}^{M}1$	[*1*] mit Lit.
WN		$-2{,}5$	
O 5 ··· 8 f		$-6{,}1$	[*31*]
Bpe		$-4{,}3$	[*32*]
B 0 ··· 1	(p) e (III ··· V)	$-4{,}2$	
B 2	(p) e (III ··· V)	$-4{,}0$	
B 2,5	(p) e (III ··· V)	$-3{,}4$	
B 3	(p) e (III ··· V)	$-2{,}6$	
Ap	B 8	$-0{,}3$	[*12, 7, 33*]
Ap	A 0	$+0{,}4$	
Ap	A 3	$+1{,}5$	
Ap	A 5	$+1{,}9$	
Ap	F 0	$+2{,}6$	
Am ··· Fm (H)[1])	A 5	$+0{,}8$	[*13, 33*]
Am ··· Fm (H)[1])	A 7	$+1{,}2$	
Am ··· Fm (H)[1])	F 0	$+2{,}4$	
S		$-0{,}1$	[*34*] mit Lit.
R		$-0{,}5$	[*20*] mit Lit., [*19*]
R 0 ··· 2		$+0{,}4$	[*36*]
R 5 ··· 8		$-1{,}1$	
N		$-2{,}0$	[*20*], [*19*]

Nach Eggen (1963) [*7*] ordnen sich die Ap- und Am-Sterne auf *einer* Sequenz $M_v = 0{,}^{M}35 + 7{,}8\,(B-V)_0$ mit geringer Streuung an. Die Unterzwerge der Typen F ··· M ordnen sich etwa 1^m unterhalb der Hauptreihe an; nach Berücksichtigung des Blanketing-Effektes liegen sie im Farben-Helligkeits-Diagramm (M_v, $B-V$) mit einer Abweichung von $M_v = +0{,}^{M}0 \pm 0{,}1$ auf der durch die Hyaden definierten Hauptreihe (Eggen und Sandage 1962 [*8*]).

Es gibt möglicherweise zwei Sequenzen von Weißen Zwergen (Parenago 1956 [*28*]).

Die in Tab. 3 angegebenen absoluten Größen beziehen sich genähert auf eine Auswahl von Sternen nach Raumbereich, nicht auf eine Auswahl nach scheinbarer Größe. Im zweiten Falle werden die absoluten Größen heller um den Betrag

$$\Delta M = \sigma^2 \cdot \frac{d \ln A\,(m)}{dm} ,$$

worin σ die Streuung der M um ihren Mittelwert im Raumvolumen und $A(m)\,dm$ die Anzahl der Sterne zwischen m und $m + dm$ ist. Die Streuung liegt meistens nahe $\pm 0{,}^{m}7$; dagegen ist die kosmische Streuung nach Abzug aller Meßfehler auf der Hauptreihe zwischen B 5 und M 5 nicht größer als $\pm 0{,}^{m}2$, auf dem Ast der roten Riesen etwa $\pm 0{,}^{m}6$ (Gliese [*10*], Parenago [*29*]).

[1]) Spektraltyp aufgrund der Wasserstofflinien.

Tab. 3. Die absoluten Größen M_v im MK-System — Absolute magnitudes M_v in the MK system

[31] für O5 ··· B3 Ia ··· V und B5 ··· M Ia ··· II; [4] (dort ausführliche Literaturangaben) für B5 ··· M III ··· V, reduziert auf absolute Größen pro Raumbereich. Korrekturen [29] für A0 ··· M III ··· V, [6] für F5 ··· K2 IV, [39] für G0 ··· M Ib ··· IV, [20] für M0 ··· 4 Ia ··· II. Siehe ferner [44].

LC	V	IV	III	II	I b	I ab	I a	I a-0	w (VII)
Sp	M_v								
O 5	− 5,^{M}6								
6	− 5,4								
7	− 5,2								
8	− 5,0								
9	− 4,7	−5,^{M}3	−5,^{M}7	−6,^{M}0	−6,^{M}1	−6,^{M}2	−6,^{M}2		
9,5	− 4,5	−5,0	−5,5	−5,8	−6,0	−6,2	−6,2		
B 0	− 4,2	−4,8	−5,0	−5,4	−5,8	−6,2	−6,2	−8,^{M}1	+10,^{M}2
1	− 3,6	−4,0	−4,4	−5,0	−5,7	−6,2	−6,6	−8,2	+10,3
2	− 2,5	−3,1	−3,6	−4,8	−5,7	−6,3	−6,8	−8,2	+10,4
3	− 1,7	−2,5	−3,1	−4,6	−5,7	−6,3	−6,8	−8,3	+10,5
5	− 1,0	−1,8	−2,2	−4,4	−5,7	−6,3	−7,0	−8,3	+10,6
7	− 0,4	−1,2	−1,6	−4,0	−5,6	−6,4	−7,1	−8,3	+10,7
8	+ 0,0	−0,7	−1,0		−5,6	−6,5	−7,2	−8,3	+10,8
9	+ 0,5	−0,2	−0,4		−5,5	−6,5	−7,0	−8,4	+10,9
A 0	+ 1,0	+0,3	(+0,1)		−5,2	−6,6	−7,1	−8,4	+11,2
1	+ 1,3	+0,7	(+0,5)	−3,0	−5,1	−6,6	−7,3	−8,4	+11,4
2	+ 1,6	+1,0	(+0,7)	−2,9	−5,0	−6,7	−7,5	−8,5	+11,7
3	+ 1,8	+1,2	+0,9	−2,8	−4,8	−6,8	−7,6	−8,5	+12,0
5	+ 2,1	+1,4	+1,1	−2,7	−4,8	−6,9	−7,7	−8,5	+12,3
7	+ 2,4	+1,8	+1,2	−2,6	−4,8		−8,0	−8,6	+12,6
8	+ 2,5	+2,0	+1,3	−2,6	−4,8		−8,1	−8,6	+12,8
F 0	+ 2,7	+2,2	+1,5	−2,5	−4,8	−6,6	−8,5	−8,7	+13,0
2	+ 3,1	+2,4	+1,6	−2,5	−4,7	−6,6	−8,4	−8,8	+13,3
5	+ 3,6	+2,5	+1,7	−2,3	−4,6	−6,5	−8,2	−8,9	+13,7
7	+ 4,0	+2,6	+1,7	−2,2	−4,6	−6,4	−8,0	−8,9	+14,0
8	+ 4,2	+2,8		−2,2	−4,6	−6,4	−8,0	−9,0	+14,2
G 0	+ 4,6	+3,0	(+1,0)	−2,1	−4,6	−6,3	−8,0	−9,0	+14,4
2	+ 4,8	+3,0		−2,0	−4,6	−6,2	−8,0	−9,0	+14,6
5	+ 5,2	+3,1	(+1,0)	−2,0	−4,6	−6,2	−8,0		+15,0
8	+ 5,5	+3,2	+1,6	−2,0	−4,6	−6,1	−8,0		+15,2
K 0	+ 5,8	+3,2	+1,2	−2,0	−4,5	−6,1	−8,0		+15,4
1	+ 6,1	+3,2	+1,0	−2,0	−4,5	−6,0	−8,0		+15,5
2	+ 6,3		+0,8	−2,0	−4,5	−6,0	−8,0		
3	+ 6,6		+0,6	−2,0	−4,5	−5,9	−8,0		
4	+ 6,9		+0,2	−2,0	−4,5	−5,9	−8,0		
5	+ 7,5		+0,0	−2,0	−4,6	−5,9	−8,0		
7	+ 8,3			−2,3	−4,7	−5,8			
M 0	+ 8,9		−0,1	−2,5	−4,8	−5,7	−7		
1	+ 9,6		−0,4	−2,5	−4,8	−5,7	−7		
2	+10,3		−0,6	−2,5	−4,8	−5,6	−7		
3	+10,8		−0,7	−2,5	−4,8	−5,6	−7		
4	+11,4		−0,8	−2,5	−4,8	−5,6	−7		
5	+12,3								
6	(+13,2)								
7	(+14,0)								
8	(+16,5)								

Von besonderer Bedeutung ist die ursprüngliche Hauptreihe für Sterne vom Alter Null, d.h. eben einsetzende Wasserstoff-Helium-Reaktionen, Tab. 4. Sie wird mit Hilfe von Sternhaufen konstruiert.

Tab. 4. Die ursprüngliche Hauptreihe vom Alter Null (Nullhauptreihe) — The original main sequence of age zero (zero age main sequence) [*4, 14*]

$(B-V)_0$	$(U-B)_0$	M_v	$(B-V)_0$	$(U-B)_0$	M_v
$-0^{m}{,}35$	$-1^{m}{,}18$	$-5^{M}{,}5$	$+0^{m}{,}30$	$+0^{m}{,}02$	$+2^{M}{,}95$
−0,30	−1,00	−3,20	+0,35	+0,00	+3,20
−0,25	−0,90	−2,10	+0,40	+0,00	+3,55
−0,20	−0,71	−1,10	+0,50	+0,00	+4,20
−0,15	−0,53	−0,20			
−0,10	−0,33	+0,60	+0,60	+0,06	+4,80
−0,05	−0,16	+1,15	+0,70	+0,24	+5,40
−0,00	−0,00	+1,55	+0,80	+0,44	+5,90
			+0,90	+0,62	+6,30
+0,05	+0,05	+1,80	+1,00	+0,88	+6,80
+0,10	+0,07	+2,05	+1,10	+1,02	+7,20
+0,15	+0,07	+2,25	+1,20	+1,13	+7,65
+0,20	+0,08	+2,50	+1,30	+1,28	+8,10
+0,25	+0,05	+2,70	+1,40	(+1,25)	+8,60

Tab. 5. Die absoluten Größen M_v in Abhängigkeit vom Farbenindex $(B-V)_0$ für die verschiedenen Leuchtkraftklassen LC — Absolute magnitudes, M_v, as a function of the intrinsic color $(B-V)_0$ for various luminosity classes LC (vgl. Tab. 1a, 2 und 4)

w | weiße Zwerge | white dwarfs

LC	V_0 [1]	V	IV	III	II	I b	I ab	I a	I a-0	w (VII)
$(B-V)_0$	M_v									
$-0^{m}{,}3$	$-3^{M}{,}2$	$-4^{M}{,}2$	$-4^{M}{,}9$	$-5^{M}{,}6$	$-6^{M}{,}0$	$-6^{M}{,}1$	$-6^{M}{,}2$	$-6^{M}{,}2$		$+10^{M}{,}1$
−0,2	−1,1	− 1,3	−2,2	−2,8	−4,6	−5,7	−6,2	−6,4	$-8^{M}{,}2$	+10,6
−0,1	+0,6	+ 0,3	−0,4	−0,7		−5,6	−6,3	−6,9	−8,3	+10,9
0,0	+1,5	+ 1,2	+0,6	+0,5	−3,0	−4,9	−6,8	−7,3	−8,4	+11,2
0,1	+2,1	+ 1,9	+1,3	+1,0	−2,7	−4,8	−6,8	−8,0	−8,6	+12,0
0,2	+2,5	+ 2,4	+1,9	+1,3	−2,6	−4,8	−6,6	−8,4	−8,8	+12,5
0,3	+3,0	+ 2,8	+2,2	+1,6	−2,5	−4,7	−6,6	−8,3	−8,8	+13,1
0,4	+3,6	+ 3,4	+2,5	+1,7	−2,3	−4,6	−6,5	−8,1	−8,9	+13,6
0,5	+4,2	+ 4,1	+2,6	+1,7	−2,2	−4,6	−6,4	−8,0	−8,9	+14,2
0,6	+4,8	+ 4,7	+3,0		−2,2	−4,6	−6,4	−8,0	−9,0	+14,6
0,7	+5,4	+ 5,3	+3,1		−2,1	−4,6	−6,3	−8,0	−9,0	+15,1
0,8	+5,9	+ 5,8	+3,2	+1,6	−2,0	−4,6	−6,2	−8,0	−9,0	+15,4
0,9	+6,3	+ 6,3	+3,2	+1,6	−2,0	−4,6	−6,2	−8,0	−9	+15,6
1,0	+6,8	+ 6,7		+1,2	−2,0	−4,6	−6,2	−8,0		+15,9
1,1	+7,2	+ 7,2		+0,9	−2,0	−4,6	−6,2	−8,0		
1,2	+7,6	+ 7,5		+0,7	−2,0	−4,6	−6,1	−8,0		
1,3	+8,1	+ 8,1		+0,5	−2,0	−4,5	−6,1	−8,0		
1,4	+8,6	+ 8,6		+0,3	−2,0	−4,5	−6,0	−8,0		
1,5		+11		+0,0	−2,0	−4,5	−6,0	−8,0		
1,6		+13		−0,7	−2,5	−4,7	−5,9	−8,0		
1,7		+16		−0,8	−2,5	−4,8	−5,7	−8		
1,8					−2,5	−4,8	−5,6	−7		
1,9										

5.2.2.3 Kalibration spezieller Leuchtkraftkriterien — Calibration of special luminosity criteria

1. *Hγ-Intensitäten*

Äquivalentbreiten von Hγ (und anderen Balmerlinien) wurden in Serien hoher Genauigkeit gemessen von folgenden Autoren:

Günther, S.: ZfA **7** (1933) 106.
Williams, E. G.: ApJ **83** (1936) 279, 305.
Burbidge, E. M. and G.: ApJ **113** (1951) 84.
Petrie, R. M., and C. D. Maunsell: Publ. Victoria **8** (1950) 253.

[1] Nullhauptreihe — zero age main sequence.

Petrie, R. M.: Publ. Victoria **9** (1952) 251.
Petrie, R. M., and B. N. Moyls: Publ. Victoria **10** (1956) 13.
Petrie, R. M.: Vistas Astron. **2** (1956) 1346.
Underhill, A. B.: ApJ **107** (1948) 349; Publ. Victoria **10** (1956) 169.
Hack, M.: Ann. Astrophys. **16** (1953) 417.
Stock, J.: ApJ **123** (1956) 253.
Kopylow, J. M.: Mitt. Krim **20** (1958) 123; **22** (1960) 189.
Baker, E. A., W. M. H. Greaves, R. Wilson, H. E. Butler, and H. Seddon: Publ. Edinburgh I/2,6, II/1, 2, 3, 5, 6 (1949 ··· 1961).
Sinnerstad, U.: Stockholm Ann. **22** (1961) 2.
Beer, A.: MN **123** (1962) 195; **128** (1964) im Druck.

Zur Reduktion der Serien auf ein einheitliches System siehe Kopylow [*21*] und Schmidt-Kaler [*32*], Standards der Hβ-Photometrie siehe Crawford [*5*]. Die Eichung beruht auf den Entfernungsmoduln offener Sternhaufen [*17*], [*15*], [*4*], [*45*].

Tab. 6. Die Äquivalentbreite von Hγ als Leuchtkraftkriterium bei O 5 ··· A 5-Sternen — The equivalent width of Hγ as luminosity criterion for O 5 ··· A 5 stars [*17*], see also [*45*]

Hγ [A]	,0	,1	,2	,3	,4	,5	,6	,7	,8	,9
	M_v									
0						$-8^{\mathrm{M}}5$	$-8^{\mathrm{M}}4$	$-8^{\mathrm{M}}2$	$-8^{\mathrm{M}}0$	$-7^{\mathrm{M}}8$
1	$-7^{\mathrm{M}}6$	$-7^{\mathrm{M}}5$	$-7^{\mathrm{M}}3$	$-7^{\mathrm{M}}2$	$-7^{\mathrm{M}}0$	−6,8	−6,6	−6,4	−6,3	−6,1
2	−6,0	−5,9	−5,7	−5,6	−5,4	−5,3	−5,2	−5,1	−5,0	−4,9
3	−4,8	−4,7	−4,6	−4,5	−4,5	−4,4	−4,3	−4,2	−4,1	−4,1
4	−4,0	−3,9	−3,7	−3,6	−3,5	−3,3	−3,2	−3,0	−2,9	−2,8
5	−2,7	−2,6	−2,4	−2,3	−2,2	−2,1	−2,0	−1,9	−1,8	−1,7
6	−1,6	−1,5	−1,4	−1,3	−1,3	−1,2	−1,1	−1,0	−0,9	−0,9
7	−0,8	−0,7	−0,7	−0,6	−0,5	−0,5	−0,4	−0,4	−0,3	−0,2
8	−0,2	−0,1	−0,0	−0,0	+0,1	+0,1	+0,2	+0,2	+0,3	+0,3
9	+0,4	+0,4	+0,5	+0,5	+0,6	+0,6	+0,7	+0,7	+0,8	+0,8
10	+0,9	+0,9	+1,0	+1,0	+1,0	+1,1	+1,1	+1,2	+1,2	+1,2
11	+1,3	+1,3	+1,4	+1,4	+1,5	+1,5	+1,6	+1,6	+1,7	+1,7
12	+1,8	+1,8	+1,8	+1,9	+1,9	+2,0	+2,0	+2,0	+2,1	+2,1
13	+2,2	+2,2	+2,2	+2,3	+2,3	+2,4	+2,4	+2,5	+2,5	+2,5
14	+2,6	+2,6	+2,7	+2,7	+2,8	+2,8	+2,8	+2,9	+2,9	+3,0
15	+3,0	+3,0	+3,1	+3,1	+3,2	+3,2	+3,2	+3,3	+3,3	+3,4
16	+3,4	+3,4	+3,5	+3,5	+3,5					

Korrektur zur Berücksichtigung des Spektraltyps — Correction factors taking the spectral type into account

Sp (MK)	ΔM_v	Sp (MK)	ΔM_v
O	$0^{\mathrm{M}}0$	B 8	$-0^{\mathrm{M}}9$
B 0	0,0	B 9	−1,2
B 1	0,0	A 0	−1,5
B 2	−0,1	A 1	−1,8
B 3	−0,2	A 2	−2,1
B 5	−0,4	A 3	−2,4
B 6	−0,5	A 5	−2,8
B 7	−0,6		

Im Bereich B 3 ··· A5 sind für Überriesen (Ia ··· Ib) und Sterne der Leuchtkraftklassen II ··· V verschiedene Korrektionen anzuwenden [*45*].

Eine Eichtabelle mit den Argumenten $M_v = M_v\,(\mathrm{H}\gamma, (B-V)_0)$ findet sich ebenfalls bei Johnson und Iriarte [*17*]. Der Fehler der so bestimmten M_v reduziert sich auf etwa $\pm 0{,}3$, praktisch den Betrag der kosmischen Streuung. Bei Sternen mit Hα in Emission gilt die Eichung im allgemeinen nur im statistischen Sinne; im Einzelfall können bei dBe-Sternen erhebliche Fehler auftreten. Ein weiteres Leuchtkraftkriterium ist die letzte im Spektrum erkennbare Balmerlinie (Miczaika [*25*], Kopylow [*22*]).

2. *Ca II-Emissions-Breite*

Nach Wilson und Bappu [*39*] und Wilson [*40*] gilt für G 0 ··· M-Sterne der Population I in allen Leuchtkraftklassen

$$M_v = -14{,}94 \log W + 27{,}59.$$

(W Äquivalentbreite der K_2-Emission in [A])

Die kosmische Streuung beträgt bei den Riesen $\pm 0^{\mathrm{M}}3$, auf der Hauptreihe $\pm 0^{\mathrm{M}}5$.

5.2.2.4 Literatur zu 5.2.2 – References for 5.2.2

1 Andrillat, Y.: Ann. Astrophys. Suppl. **2** (1957) 62.
2 Arp, H. C.: Hdb. Physik **51** (1958) 75.
3 Blanco, V. M., and C. J. Lennon: AJ **66** (1961) 524.
4 Blaauw, A.: Chap. 20 in "Basic Astronomical Data" (ed. K. A. Strand), Chicago (1963).
5 Crawford, D. L.: ApJ **132** (1960) 66.
6 Eggen, O. J.: PASP **67** (1955) 315.
7 Eggen, O. J.: AJ **68** (1963) 697.
8 Eggen, O. J., and A. R. Sandage: ApJ **136** (1962) 735.
9 Feinstein, A.: ZfA **47** (1959) 218; **49** (1960) 12.
10 Gliese, W.: ZfA **39** (1956) 1.
11 Greenstein, J. L.: Hdb. Physik **50** (1958) 161.
12 Jaschek, M. und C..: ZfA **45** (1958) 35.
13 Jaschek, M. und C.: ZfA **47** (1959) 29.
14 Johnson, H. L.: ApJ **126** (1957) 121.
15 Johnson, H. L.: Lowell Bull. **4** (1959) 87.
16 Johnson, H. L., and J. Borgman: BAN **17** (1963) 115.
17 Johnson, H. L., and B. Iriarte: Lowell Bull. **4** (1958) 47.
18 Johnson, H. L., and W. W. Morgan: ApJ **117** (1953) 313.
19 Ishida, K.: Publ. Astron. Soc. Japan **12** (1960) 214.
20 Keenan, P. C.: Chap. 14 in "Stellar Atmospheres" (ed. J. L. Greenstein), Chicago (1960).
21 Kopylow, I. M.: Mitt. Krim **20** (1958) 123.
22 Kopylow, I. M.: Mitt. Krim **26** (1961) 232.
23 Kraft, R. P.: ApJ **134** (1961) 616.
24 Lundmark, K.: Hdb. Astrophys. **5** (1932) 210, 430.
25 Miczaika, G.: ZfA **29** (1951) 262; siehe auch Becker, U.: ZfA **26** (1948) 7.
26 Morgan, W. W. (u. a.): AJ **63** (1958) 180 f.
27 Mumford III, G. S.: AJ **61** (1956) 213.
28 Parenago, P. P.: Astron. Zh. **33** (1956) 340.
29 Parenago, P. P.: Astron. Zh. **35** (1958) 169.
30 Schmidt-Kaler, Th.: AN **286** (1961) 113.
31 Schmidt-Kaler, Th.: unveröffentlicht (1962), siehe Voigt [*35*].
32 Schmidt-Kaler, Th.: ZfA **58** (1964) 217; Veröffentl. Bonn Nr. 70 (1964).
33 Slettebak, A.: ApJ **138** (1963) 118.
34 Takayanagi, W.: Publ. Astron. Soc. Japan **12** (1960) 314.
35 Voigt, H. H.: Mitt. Astron. Ges. 1962 (1963) 25.
36 van der Voort, G. L.: AJ **63** (1958) 477.
37 Weidemann, V.: ZfA **57** (1963) 87.
38 Whitford, A. E.: AJ **63** (1958) 201.
39 Wilson, O. C., and M. K. V. Bappu: ApJ **125** (1957) 661.
40 Wilson, O. C.: ApJ **130** (1959) 496, 499.
41 Serkowski, K.: ApJ **138** (1963) 1035.
42 Fernie, J. D.: AJ **68** (1963) 780.
43 Blanco, V. M.: AJ **68** (1963) 273.
44 Boulon, J.: J. Observateurs **46** (1963) 224.
45 Petrie, R. M.: Publ. Victoria **12** Nr. 9 (1964).

5.2.3 Das Hertzsprung-Russell-Diagramm; Sternpopulationen – The Hertzsprung-Russell diagram; stellar populations

Als Hertzsprung-Russell-Diagramm (HRD) wird jenes Zustandsdiagramm bezeichnet, in dem die absolute Größe *M* gegen den Spektraltyp Sp aufgetragen ist. Benutzt man einen Farbenindex als Äquivalent des Spektraltyps, so spricht man vom Farben-Helligkeits-Diagramm (FHD). Für die Theorie benutzt man es in logarithmischer Form mit bolometrischer Leuchtkraft und effektiver Temperatur als Variable. Zur Geschichte des HRD siehe Waterfield [*1*], zusammenfassende Darstellung Arp [*2*]. Siehe auch 5.2.7.4.3.

In the Hertzsprung-Russell diagram (HRD) the absolute magnitude, *M*, and the spectral type, Sp, are used as coordinates. If a color index is used as an equivalent to the spectral type, the resulting diagram is called a color-magnitude diagram. In theoretical work it is used in logarithmic form with bolometric luminosity and effective temperature as variables. Concerning the history of the HRD see Waterfield [*1*]; for a general description see Arp [*2*]. See also 5.2.7.4.3.

Das HRD ist nicht gleichmäßig von Sternen besetzt. Die Verteilung der Sterne im HRD macht die Unterscheidung von zwei Haupttypen von Sternpopulationen I und II notwendig (Baade [*3*]). In beiden Populationen füllen die Sterne nur bestimmte Streifen im HRD aus , siehe Fig. 1. Typisch für Pop. I sind die Sterne der offenen galaktischen Haufen (siehe 7.3.6.4), typisch für Pop. II die Sterne der Kugelhaufen (siehe 7.2.7.9). Das wesentliche Unterscheidungsmerkmal ist die chemische Zusammensetzung (Anteil *Z* schwerer Elemente bzw. die leichter beobachtbare Häufigkeit der Metalle) und nur indirekt — über die chemische Zusammensetzung der interstellaren Materie, aus der die Sterne jeweils entstanden — das Alter der Sterne und ihr Ort in der Galaxis. Die einander scharf entgegengesetzten Populationen sind als Extreme einer Folge mit stetigen Übergängen aufzufassen (Oort u. a. [*4*]), siehe auch 8.2.2.5.2.

In Fig. 2 ist das HRD der hellen Sterne wiedergegeben. Da hier die Sterne hoher Leuchtkraft jedoch aus einem viel größeren Raumbereich zusammengetragen sind, entspricht es keineswegs der „wahren Verteilung" der Sterne. Ein besseres Bild der wahren Verteilung gibt Fig. 3, das HRD der Sterne innerhalb von 10 pc Entfernung. Zu den schwachen Sternen hin ist jedoch auch dieses noch unvollständig, da noch nicht alle schwachen Sterne bis zu dieser Entfernung bekannt sind. In diesem Bereich gibt es nur einen Riesenstern (Pollux = β Gem) und zwei Unterriesen, jedoch sieben weiße Zwerge. Über 95% der Sterne liegen auf der Hauptreihe.

HRD der Kugelhaufen: siehe 7.2.7.9.
HRD der offenen Haufen: siehe 7.3.6.4.
HRD der Assoziationen: siehe 7.4.4.
HRD der Veränderlichen: siehe 6.2.1.4.
Weitere Einzelheiten über das FHD: siehe 5.2.7.4.3.

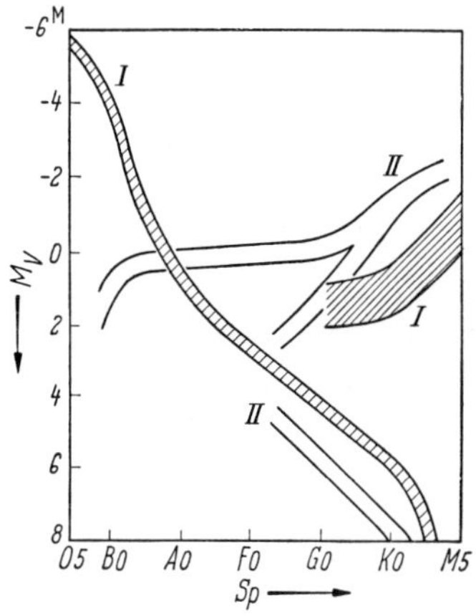

Fig. 1. Schematisches Hertzsprung-Russell-Diagramm der beiden Populationen I und II — Schematic Hertzsprung-Russell diagram of the populations I and II.

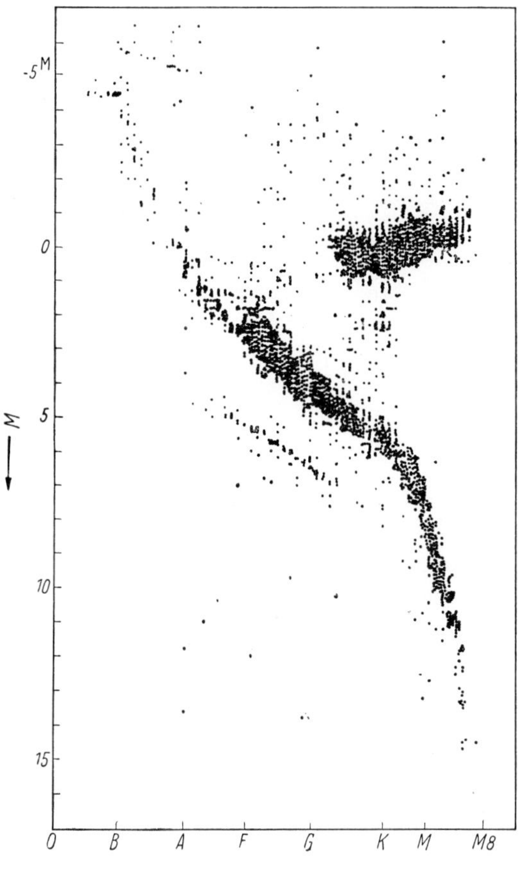

Fig. 2. Das Hertzsprung-Russell-Diagramm der hellen Sterne The Hertzsprung-Russell diagram of bright stars. PARENAGO, from [5].

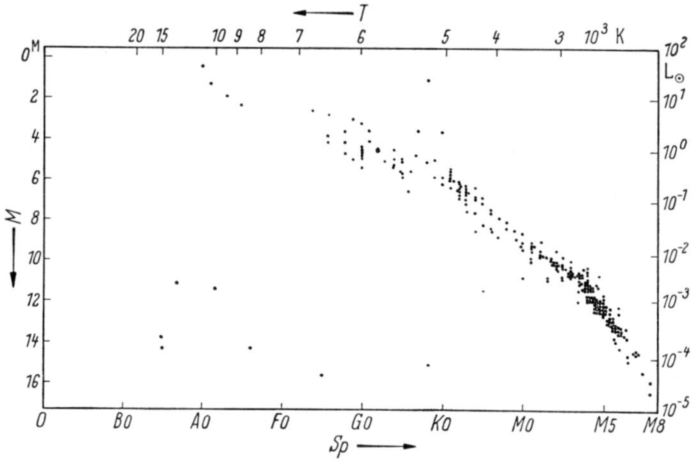

Fig. 3. Das Hertzsprung-Russell-Diagramm der Sterne innerhalb 10 pc Entfernung — The Hertzsprung-Russell diagram for stars within a distance of 10 pc [6].

Tab. 1. Die Sternpopulationen — Stellar populations [4]

Z/H	Massenanteil der Elemente schwerer als Helium zu Wasserstoff	mass ratio of elements heavier than helium to hydrogen
$\lvert\bar{z}\rvert$	durchschnittlicher Abstand von der galaktischen Ebene	average distance from the galactic plane
$\lvert\bar{v}_z\rvert$	durchschnittliche Geschwindigkeitskomponente senkrecht zur galaktischen Ebene	average velocity component perpendicular to the galactic plane
Vert.	Verteilung in der Milchstraße	distribution in the Milky Way
$\mathfrak{M}_{tot}$	Gesamtmasse in der Milchstraße	total mass in the Milky Way

Population	Typische Vertreter	$\frac{Z}{H}$	$\lvert\bar{z}\rvert$ [kpc]	$\lvert\bar{v}_z\rvert$ [km/sec]	Vert. [1])	$\mathfrak{M}_{tot}$ $[10^9\,\mathfrak{M}_\odot]$	Alter $[10^9$ a]
Halo-Population II	Kugelhaufen, Unterzwerge, *RR* Lyr mit $P > 0\overset{d}{.}4$	0,003	2,0	75	→ Zentr.	16	12 ··· 15
Intermediäre Population II	Schnelläufer F ··· M mit $\lvert v_z\rvert > 30$ km/sec, langperiodische Veränderliche mit $P < 250^d$ (Sp: K ··· M 4 e)	0,01	0,7	25	→ Zentr.	} 47	10 ··· 15
Scheiben-Population (disc population)	Planetarische Nebel, Novae, helle rote Riesen, Sterne des galaktischen Kerns,	0,02	0,45	18	→ Zentr.		10 ··· 12
	wk-line Sterne[2])	0,02	0,30	15	?		2 ··· 10
Intermediäre Population I	str-line Sterne[2]), A-Sterne, dMe-Sterne, normale Riesen	0,03	0,16	10	(Zentr.) → Arm	5	0,1 ··· 2
Extreme Population I	Überriesen, *T* Tau, OB, interstellare Materie, klassische Cepheiden, offene Sternhaufen (Trümpler Kl. 1)	0,04	0,12	8	((Zentr.)) ⇒ Arm irr.	2	0,1

Literatur zu 5.2.3 — References for 5.2.3

1 Waterfield, R. L.: J. Brit. Astron. Assoc. **67** (1956) 2.
2 Arp, H. C.: Hdb. Physik **51** (1958) 75.
3 Baade, W.: ApJ **100** (1944) 137.
4 Oort, J. H.: Specola Vaticana Ric. Astron. **5** (1958) 415, 533.
5 Pecker, J. C. et E. Schatzman: Astrophysique Générale. Paris (1959) S. 341; vergleiche Parenago, P. P.: Astron. Zh. **35** (1958) 182.
6 Struve, O.: Stellar Evolution. Princeton (1950) S. 36.

5.2.4 Masse $\mathfrak{M}$, Radius R, Dichte ϱ, Schwerebeschleunigung g — Mass $\mathfrak{M}$, radius R, density ϱ, surface gravity g

5.2.4.1 Massenbestimmung — Determination of the mass

Sternmassen können bei Doppelsternen nach dem dritten Keplerschen Gesetz bestimmt werden (siehe 6.1). Aus der relativen Bahn eines visuellen Doppelsterns erhält man die Massensumme, aus der Radialgeschwindigkeitskurve eines spektroskopischen Doppelsterns die Massenfunktion $(\mathfrak{M}_1 + \mathfrak{M}_2)\sin^3 i$. Um die individuellen Massen hypothesenfrei zu bestimmen, müssen die absoluten Bahnen und die Parallaxe bzw. die Radialgeschwindigkeitskurve beider Komponenten und die Bahnneigung i bekannt sein; nur bei spektroskopischen Bedeckungsveränderlichen ist die Neigung $i \approx 90°$ bekannt.

Stellar masses can be determined for double stars with the aid of Kepler's third law (see 6.1). The relative orbit of visual binaries yields the sum of the masses; the radial velocity curve of spectroscopic binaries yields the mass function $(\mathfrak{M}_1 + \mathfrak{M}_2)\sin^3 i$. In order to determine the individual masses without hypothetical assumptions, the absolute orbits and the parallax or the radial velocity curves of both components and the inclination i of the orbit must be known. Only for spectroscopic eclipsing binaries the inclination is known, $i \approx 90°$.

[1]) → Zentr.	starke Konzentration zum Zentrum	strong concentration toward the center
(Zentr.)	schwache Konzentration zum Zentrum	slight concentration toward the center
((Zentr.))	sehr schwache Konzentration zum Zentrum	very slight concentration toward the center
→ Arm	Konzentration in Spiralarme	concentration into spiral arms
⇒ Arm	starke Konzentration in Spiralarme	strong concentration into spiral arms
irr.	sehr unregelmäßige Verteilung	very irregular distribution

[2]) Siehe 5.2.1.5

Der Spielraum der Masse geht von über 100 $\mathfrak{M}_\odot$ (Plasketts Stern HD 47 129, siehe auch [37]) bis zu 0,08 oder 0,04 $\mathfrak{M}_\odot$ (Ross 614B, Luyten 726-8B), abgesehen von noch masseärmeren „planetarischen" Begleitern. Die meisten Sternmassen liegen aber zwischen 0,3 und 3 $\mathfrak{M}_\odot$.

The range of stellar masses extends from over 100 $\mathfrak{M}_\odot$ (Plaskett's star HD 47 129, see also [37]) to 0,08 or 0,04 $\mathfrak{M}_\odot$ (Ross 614B and Luyten 726-8B) not considering planetary companions of still smaller mass. Most of the stellar masses lie between 0,3 and 3 $\mathfrak{M}_\odot$.

Die besten Massenbestimmungen:
Bedeckungsveränderliche: Kopal und Shapley [18], Kopal [17]
visuelle Doppelsterne: Strand [31], van de Kamp [15], Harris et al. [12]
Weitere Massenbestimmungen:
Bedeckungsveränderliche: Plaut [26], Gaposchkin [10]
spektroskopische Doppelsterne: Beer [2], Struve und Huang [33]
visuelle Doppelsterne mit strahlungsenergetischen Parallaxen: Franz [9]
Rotverschiebung bei O-Sternen: Trumpler [34].

Die zuverlässigsten Daten beziehen sich auf 64 visuelle Doppelsterne und 19 Bedeckungsveränderliche.

a) Die Masse-Leuchtkraft-Beziehung

Tab. 1. Die mittlere Masse-Leuchtkraft-Relation — The mean mass-luminosity relation

[29] für $M_{bol} \leqq 8{,}^M0$; [30] für $M_{bol} > 9{,}^M0$; bolometrische Korrektionen: [29], [12], [1].

M_v	M_{bol}	Sp (MK)	$\mathfrak{M}/\mathfrak{M}_\odot$	$\log \mathfrak{M}/\mathfrak{M}_\odot$
-6^M	$(-10{,}^M8)$	O 5 V	35	+1,54
−5	−9,0	O 8 V	23	+1,36
−4	−7,2	B 0 V	15,5	+1,19
−3	−5,5	B 1,5 V	10,5	+1,02
−2	−4,1	B 3 V	7,6	+0,88
−1	−2,7	B 5 V	5,5	+0,74
0	−1,1	B 8 V	3,8	+0,58
+1	−0,2	A 0 V	3,0	+0,48
+2	+1,5	A 5 V	2,1	+0,32
+3	+2,8	F 2 V	1,5	+0,19
+4	+3,9	F 7 V	1,20	+0,08
+5	+4,8	G 4 V	0,97	−0,01
+6	+5,7	K 1 V	0,81	−0,09
+7	+6,4	K 4 V	0,71	−0,17
+8	+7,1	K 6 V	0,58	−0,24
+9	+7,7	M 0 V	0,50	−0,30
+10	+8,3	M 1,5 V	0,44	−0,36
+11	+9,0	M 3 V	0,33	−0,48
+12	+9,8	M 5 V	0,23	−0,64
+13	+10,5	M 6 V	0,16	−0,80
+14	+11,3	M 7 V	0,12	−0,92
+15	(+12,0)		0,08	−1,10
+16	(+12,7)	M 8 V	0,06	−1,2
+17	(+13,5)		0,04	−1,4
+18	(+14,2)		0,03	−1,5
+19	(+14,8)		0,02	−1,7

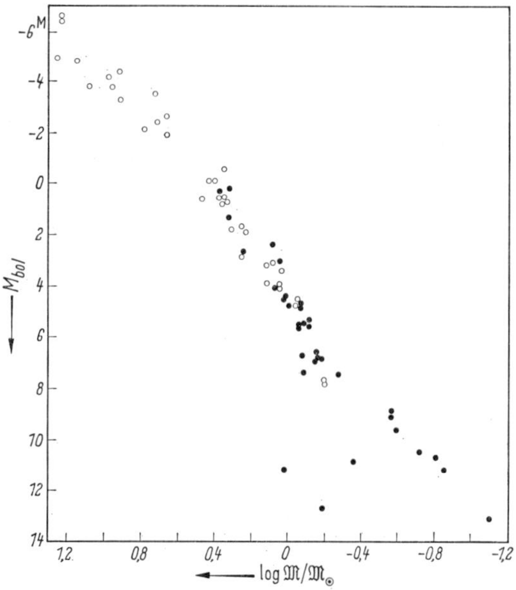

Fig. 1. Die empirische Masse-Leuchtkraft-Beziehung — The empirical mass-luminosity relation [12].

○	Bedeckungsveränderliche mit sehr gut bestimmten Elementen	eclipsing binaries with very well determined orbital elements
•	Visuelle Doppelsterne mit hohem Gewicht	visual binaries with high weight

Die Sternmasse steht in enger Korrelation zur Leuchtkraft L oder bolometrischen Größe M_{bol} (Eddington [5], Kuiper [19], Russell und Moore [28]). Die Diskussion über die Gestalt der Masse-Leuchtkraft-Beziehung ist sehr umfangreich (siehe Beer [2], Burbidge [4], Kurth [20]). Will man den gesamten Bereich durch eine einzige Kurve darstellen, so ist die Beziehung

Allgemein: $$\log \mathfrak{M}/\mathfrak{M}_\odot = -0{,}14\, M_{bol} + 0{,}55$$

am besten geeignet. Sie entspricht dem Potenzgesetz $L \sim \mathfrak{M}^{3,15}$. Es ist aber wahrscheinlich, daß für die Sterne der Population I zwei Relationen im Bereich der Massen $\mathfrak{M}/\mathfrak{M}_\odot \gtrless 0{,}5$ gelten [14, 29, 20, 12]:

Pop. I: $$\begin{cases} \log \mathfrak{M}/\mathfrak{M}_\odot = -0{,}10\, M_{bol} + 0{,}47, \text{ für } 7 > M_{bol}\ (>0), \\ \log \mathfrak{M}/\mathfrak{M}_\odot = -0{,}20\, M_{bol} + 1{,}22, \text{ für } (12>)\ M_{bol} > 7; \end{cases}$$

d. h. $L \sim \mathfrak{M}^{4,0}$ bzw. $L \sim \mathfrak{M}^{1,9}$. Im Bereich sehr großer und sehr kleiner Leuchtkräfte ist die Relation wegen der Unsicherheit der bolometrischen Korrektion unsicher. Es existiert eine kosmische Streuung um diese Relationen. Die normalen Riesen liegen auf der Masse-Leuchtkraft-Relation der Hauptreihe [6]; die Unterriesen weichen infolge von Masseverlusten während ihrer Entwicklung von ihr ab [17], für sie gilt [22]:

Unterriesen: $$\log \mathfrak{M}/\mathfrak{M}_\odot = -1{,}2\, M_{bol} - 6{,}2 \log R/R_\odot + \text{const.}$$

Schmidt-Kaler

Abweichungen von der Relation treten bei den meisten engen Doppelsternsystemen auf, bei denen eine oder die andere Komponente ihre Rochesche Fläche ausfüllt, insbesondere bei Komponenten in Kontakt (z. B. *W* UMa-Sternen). Nach Eggen [*7*] belegen die Hyaden und die Feldsterne der Sonnenumgebung ohne Ultraviolettexzeß eine Masse-Leuchtkraft-Relation, die $1\overset{m}{.}6$ unterhalb derjenigen Relation liegt, die von der Sonne (mit UV-Exzeß $= \delta\ (U-B) = +0\overset{m}{.}05$), der Sirius-Gruppe und den Feldsternen mit $\delta\ (U-B) = +0\overset{m}{.}05$ besetzt wird.

Die Weißen Zwerge bilden offensichtlich eine homogene Gruppe außerhalb der $\mathfrak{M}$-L-Relation (Greenstein [*11*], Weidemann [*35*]:

Weiße Zwerge: $\mathfrak{M} = (0{,}6 \pm 0{,}3)\ \mathfrak{M}_\odot$

Auch die *Massen der Population II-Sterne* liegen im allgemeinen außerhalb der Masse-Leuchtkraft-Relation. Für die Haufenveränderlichen, die hellen roten Riesen und die blauen Sterne in den Kugelhaufen ergibt sich ebenso wie für die Zentralsterne der Planetarischen Nebel etwa $\mathfrak{M} = 1{,}0\ \mathfrak{M}_\odot$, für die hellsten Hauptreihensterne der Kugelhaufen etwa $0{,}7\ \mathfrak{M}_\odot$ (Reddish [*27*]).

b) Die Masse als Funktion des Spektraltyps

Da die absoluten Größen mit dem Spektraltyp korreliert sind, ergibt sich eine Beziehung zwischen Masse und Spektraltyp. Sie gilt zunächst für Hauptreihensterne; für Riesen und Überriesen dagegen nur, soweit bei der Entwicklung der Sterne von der Hauptreihe weg die bolometrischen Größen unverändert bleiben. Die Beobachtung zeigt, daß dies für die Riesen G 0 ··· K 5 III, für die Überriesen aber nur genähert zutrifft.

Die zuverlässigsten Werte für die Hauptreihe nach Harris et al. [*12*] und nach Kopal und Shapley [*18*] sind in Tab. 2 wiedergegeben.

Die besten Mittelwerte für alle Spektraltypen, unter Berücksichtigung der statistischen Ergebnisse bei spektroskopischen Doppelsternen nach Beer [*2*] und bei visuellen Doppelsternen nach Hopmann [*13*] finden sich in Tab. 5. Bei den Überriesen wurden die Werte von Allen [*1*] übernommen.

Tab. 2. Masse-Spektraltyp-Beziehung der Hauptreihe — Mass-spectral type relation for the main sequence

visuelle Doppelsterne — visual binaries [*12*]
getrennte Komponenten von Bedekkungsveränderlichen — well separated components of eclipsing binaries [*18*]

Sp (MK)	$\mathfrak{M}/\mathfrak{M}_\odot$	Sp (MK)	$\mathfrak{M}/\mathfrak{M}_\odot$
B 0 V	17,5	G 0 V	1,07
B 3 V	8,0	G 5 V	0,92
B 5 V	5,8	K 0 V	0,79
B 8 V	3,6	K 5 V	0,70
A 0 V	2,5	M 0 V	0,52
A 5 V	(1,8)	M 3 V	0,32
F 0 V	(1,6)	(M 5) V	0,15
F 5 V	1,3		

5.2.4.2 Radius, Dichte und Schwerebeschleunigung der Sterne — Radius, density, and surface gravity of the stars

Direkte mikrometrische Messung des scheinbaren Durchmessers führt nur bei der Sonne zum Ziel. Bei einigen benachbarten Überriesen konnte der scheinbare Durchmesser interferometrisch gemessen werden (Michelson und Pease [*21*], Pease [*25*]), mit einer Modifikation des interferometrischen Prinzips auch bei Sirius und Wega (Brown und Twiss [*3*], siehe Tab. 4). Auf Grund der lichtelektrischen Verfolgung einer Bedeckung durch den Mond gelang ebenfalls eine Durchmesserbestimmung bei Antares (Evans [*8*]); ältere Beobachtungen von β Cap und v Aqr ergaben keine meßbaren Durchmesser (Whitford [*36*]). Die meisten Durchmesserbestimmungen gehen aus der Analyse von Bedeckungsveränderlichen hervor, deren Radialgeschwindigkeitskurve bei beiden Komponenten beobachtet ist. Die zuverlässigsten Werte sind von Kopal und Shapley [*18*] und Harris et al. [*12*] zusammengestellt (siehe Tab. 6). Viele Systeme verhalten sich aber abnorm, vor allem diejenigen Komponenten, die ihre Rochesche Fläche ganz oder nahezu ausfüllen. Systeme, deren Komponenten in dieser Weise in Kontakt sind (z. B. *W* UMa-Sterne) weisen oft besonders große Abweichungen vom durchschnittlichen Verhalten auf.

Tab. 3. Lineare Ansätze für die Beziehung zwischen $\log \mathfrak{M}/\mathfrak{M}_\odot$, $\log R/R_\odot$, $\log L/L_\odot$ (nur statistisch gültige Ergebnisse) — Linear relations for $\log \mathfrak{M}/\mathfrak{M}_\odot$, $\log R/R_\odot$, $\log L/L_\odot$ (only statistically valid results) [*23, 24*]

	Sp	$\log \mathfrak{M}/\mathfrak{M}_\odot$
Hauptreihe	O ··· G 4	$-0{,}01 + 0{,}05 \log R/R_\odot + 0{,}24 \log L/L_\odot$
	G 7 ··· M	$+0{,}12 + 0{,}38 \log R/R_\odot + 0{,}34 \log L/L_\odot$
normale Riesen	F 5 ··· K 5	$+0{,}03 - 0{,}24 \log R/R_\odot + 0{,}40 \log L/L_\odot$
Überriesen	B 0 ··· M 2	$+0{,}18 - 0{,}02 \log R/R_\odot + 0{,}27 \log L/L_\odot$
Unterriesen	G 0 ··· K 0	$+0{,}26 - 0{,}99 \log R/R_\odot + 0{,}48 \log L/L_\odot$
Unterzwerge	A 8 ··· G 5	$+0{,}00 - 0{,}32 \log R/R_\odot + 0{,}24 \log L/L_\odot$

Tab. 4. Messungen des scheinbaren Durchmessers d von Sternen — Measurements of the apparent diameter d of stars

π_{trig} | trigonometrische Parallaxe (siehe 5.1.4) | trigonometric parallax (see 5.1.4)

	Sp (MK)	Methode [1]	d	π_{trig}	$R/R_\odot$
Sonne	G 2 V	Mikr	1913,″3	—	1,0
α Boo	K 2 III p	Interf	0,022	0,″090	26
α Tau	K 5 III	Interf	0,020	0,048	45
α Sco	M 1-2 Iab-Ib	{ Interf { Bed	0,040 } 0,040 }	0,0058	740
α Ori	M 2 Iab	Interf	{ 0,047 { 0,034	0,005	{ 1000 { 730
β Peg	M 2 II-III	Interf	0,021	0,015	150
α Her	M 5 Ib-II	Interf	0,030	(0,0047)	680
o Cet	M 6 e III	Interf	0,047	0,013	390
α CMa	A 1 V	Interf	0,0068	0,377	2,05
α Lyr	A 0 V	Interf	0,0037	0,123	3,9

Auf indirektem Wege werden die strahlungsenergetischen Durchmesser aus Leuchtkraft und Temperatur abgeleitet:

$$L = 4\pi\,\sigma\,R^2\,T_{eff}^4, \qquad L \text{ in [erg/sec]}$$

$$\log R/R_\odot = -0{,}2\,M_{bol} - 2\log T_{eff} + 8{,}46 \qquad T_{eff} \text{ in [°K]}$$

Theoretische Werte der Schwerebeschleunigung $g = G\mathfrak{M}/R^2$ und damit des Durchmessers ergeben sich aus der Analyse der Linienspektren der Sterne (siehe 5.3).

Hypothesenfrei können Schwerebeschleunigung und Dichte nur bei bekannter Masse und bekanntem Radius bestimmt werden. Bei visuellen Doppelsternen können sie mit Hilfe strahlungsenergetisch bestimmter Radien ermittelt werden, da hier die Masse bekannt ist (umfangreiche Liste bei Franz [9]).

Da der Gang der Sternradien mit Spektraltyp und Leuchtkraftklasse mit Hilfe der direkten Methoden nicht hinreichend genau zu ermitteln ist, benötigt man die strahlungsenergetische Methode, in welche die großen Unsicherheiten der bolometrischen Korrektionen und der effektiven Temperaturen eingehen. Daher beschränken wir uns darauf, für R die von Allen [1] zusammengestellten Werte zu übernehmen. Aus $\mathfrak{M}$ und R wurden sodann Schwerebeschleunigung und Dichte berechnet, siehe Tab. 5.

Tab. 5. Masse, Radius, Schwerebeschleunigung und mittlere Dichte der Sterne — Mass, radius, surface gravity, and mean density of stars

LC	V	III	I	V	III	I	V	III	I	V	III	I
Sp (MK)	$\mathfrak{M}/\mathfrak{M}_\odot$			$R/R_\odot$			$\log g/g_\odot$			$\log \varrho/\varrho_\odot$		
O 5	50			18			−0,90			−2,1		
O 6	32											
O 8	23											
B 0	17,5		50	7,5	16	20	−0,52		−0,9	−1,4		−2,2
B 3	8,3											
B 5	6,5		25	4,0	10	30	−0,39		−1,6	−0,99		−3,0
B 8	4,0											
A 0	3,2		16	2,6	6	40	−0,33		−2,0	−0,73		−3,6
A 5	2,1		13	1,8		50	−0,18		−2,3	−0,45		−4,0
F 0	1,78		12	1,35		60	−0,01		−2,5	−0,15		−4,3
F 5	1,47		10	1,20	4	80	+0,00		−2,8	−0,10		−4,7
G 0	1,10	2,5	10	1,05	6	100	+0,00	−1,2	−3,0	−0,02	−2,0	−5,0
G 5	0,93	3,0	12	0,94	10	130	+0,03	−1,5	−3,1	+0,06	−2,5	−5,1
K 0	0,80	3,5	13	0,85	16	200	+0,04	−1,9	−3,5	+0,11	−3,1	−5,8
K 5	0,65	4,5	15	0,74	25	400	+0,07	−2,2	−4,0	+0,20	−3,6	−6,6
M 0	0,49	5,0	17	0,63	(40)	500	+0,09	−2,5	−4,2	+0,29	−4,1	−6,9
M 2	0,41	5,5	20	0,50		800	+0,2		−4,5	+0,5		−7,4
M 5	(0,20)	(6)		0,32			+0,3			+0,8		
M 8	(0,10)			0,13			+0,8			+1,7		

Die Radien der weißen Zwerge streuen wenig um $R = 0{,}013\,R_\odot$ [11, 35].

[1]) Mikr Mikrometer micrometer
Interf Interferometer interferometer
Bed Sternbedeckung durch den Mond eclipse by the moon

Tab. 6. Radien der Sterne (getrennte Komponenten von Bedeckungsveränderlichen) — Radii of stars (separated components of eclipsing binaries) [*18*, *12*]

LC	V	IV	III	I b
Sp	$R/R_\odot$			
B 0	6,7			
B 3	4,3			
B 5	3,63		5	
A 0	2,03	2,4	4,2	
A 5	1,6	2,3	3,8	
F 0	1,31	2,3		
G 0	1,2			
G 5	0,95	2,7	5,0	
K 0		3,0		
K 4				170
M 1	0,62			

5.2.4.3 Literatur zu 5.2.4 — References for 5.2.4

1 Allen, C. W.: Astrophysical Quantities. 2. Aufl., London (1963) S. 201, 203.
2 Beer, A.: Vistas Astron. **2** (1956) 1387.
3 Brown, R. H., and R. Q. Twiss: Nature, London **178** (1956) 1016; Sky Telescope **27** (1964) 348.
4 Burbidge, E. M. and G. R.: Hdb. Physik **51** (1958) 167.
5 Eddington, A. S.: MN **77** (1917) 569.
6 Eggen, O. J.: AJ **61** (1956) 361.
7 Eggen, O. J.: ApJ Suppl. **8** (1963) 125.
8 Evans, D. S.: AJ **62** (1957) 83.
9 Franz, O.: Mitt. Wien **8** (1956) 1.
10 Gaposchkin, S.: Hdb. Physik **50** (1958) 183.
11 Greenstein, J. L.: Hdb. Physik **51** (1958) 161.
12 Harris, D. L., K. A. Strand, and C. E. Worley: Chap. 15 in "Basic Astronomical Data" (ed. K. A. Strand). Chicago (1963).
13 Hopmann, J.: Mitt. Wien **8** (1956) 221.
14 Kamp, P. van de: AJ **59** (1954) 447.
15 Kamp, P. van de: Hdb. Physik **50** (1958) 221.
16 Kopal, Z.: Ann. Astrophys. **18** (1955) 379.
17 Kopal, Z.: Close Binary Systems. London (1959) 484.
18 Kopal, Z., and M. B. Shapley: Jodrell Bank Ann. **1** (1956) 141.
19 Kuiper, G.: ApJ **88** (1938) 489.
20 Kurth, R.: ZfA **57** (1963) 135.
21 Michelson, A. A., and F. G. Pease: ApJ **53** (1921) 263.
22 Parenago, P. P.: Astron. Zh. **27** (1950) 41.
23 Parenago, P. P., und A. G. Massewitsch: Astron. Zh. **27** (1950) 202.
24 Parenago, P. P., und A. G. Massewitsch: Publ. Sternberg **20** (1951) 81.
25 Pease, F. G.: Ergeb. Exakt. Naturw. **10** (1931).
26 Plaut, L.: Publ. Groningen Nr. 55 (1953).
27 Reddish, V. C.: MN **115** (1955) 32.
28 Russell, H. N., and C. E. Moore: The Masses of the Stars. Chicago (1940).
29 Sandage, A. R.: ApJ **135** (1962) 364.
30 Schmidt, M.: ApJ **129** (1959) 246.
31 Strand, K. A.: J. Roy. Astron. Soc. Can. **51** (1957) 46.
32 Struve, O., and S. Huang: AJ **61** (1956) 300.
33 Struve, O., and S. Huang: Hdb. Physik **50** (1958) 249, 257.
34 Trumpler, R. J.: PASP **47** (1935) 249.
35 Weidemann, V.: ZfA **57** (1963) 87.
36 Whitford, A. E.: ApJ **89** (1939) 472.
37 Sahade, J.: Symposium on Stellar Evolution (ed. Sahade), La Plata (1962) S. 185.

5.2.5 Die Rotation der Sterne — Rotation of stars

5.2.5.1 Individuelle Werte der Rotationsgeschwindigkeit — Individual values of the velocity of rotation

Eine direkte Bestimmung der Rotationsgeschwindigkeit ist nur bei der Sonne (G 2 V) möglich (2,0 km/sec am Äquator).

Bei Bedeckungsveränderlichen mit Komponenten sehr verschiedener Flächenhelligkeit kann man nicht selten aus der Radialgeschwindigkeitskurve die Rotation der im Hauptminimum bedeckten Komponente ableiten. Kurz vor und nach der Bedeckung liefert die sichtbare Randpartie der bedeckten Komponente eine Radialgeschwindigkeit, in die neben der Bahngeschwindigkeit auch die mittlere Rotationsgeschwindigkeit der sichtbaren Oberfläche eingeht. Rotationssinn und Bahnbewegung gehen stets in dieselbe Richtung. Da die Bahnneigung bekannt ist, ergeben sich individuell richtige Werte der äquatorialen Rotationsgeschwindigkeit v_{rot}. Die am besten bestimmten Werte sind in Tab. 1 zusammengestellt.

A direct determination of the rotational velocity is only possible for the sun (2,0 km/sec at the equator).

For eclipsing components of very different surface brightness, the rotation of the component eclipsed in the primary minimum can often be derived from the radial velocity curve. Shortly before and after occultation, the visible edge of the component yields a radial velocity determined by the mean rotational velocity of the visible surface, as well as by the orbital velocity of the star. The sense of rotation and of orbital motion is always the same. Since the inclination of the orbit is known, the correct value for the equatorial rotational velocity, v_{rot}, can be obtained. The best values are listed in Tab. 1.

Tab. 1. Individuelle Rotationsgeschwindigkeiten aus Bedeckungsveränderlichen — Individual velocities of rotation from eclipsing binaries

v_{rot}	äquatoriale Rotationsgeschwindigkeit	equatorial velocity of rotation
beob.	beobachtet	observed
theor.	berechnet unter der Annahme gebundener Rotation (Rotationszeit = Umlaufszeit) mit den Systemdimensionen nach [9]	calculated on the assumption of bound rotation (time of rotation = period), dimensions according to [9]

Stern	Sp + LC	$R/R_\odot$	v_{rot} [km/sec] beob.	theor.	Lit.
RZ Cas	A 2 (V)	1,53	78	65	1
YZ Cas	A 2 (V)	2,75	4	31	2, 3
U Cep	B 8 (V)	2,4	215	44	4, 5
	G 8 III	3,9	≦50	79	
α CrB	A 0 V	2,9	190 (150)	85	6
	G 6 (V)	0,87	(195)	25	
W Del	A 0 e (V)	2,5	36	26	1, 7
RX Hya	A 8 (V)	1,6	45	36	7
Y Leo	A 3 (V)	2,3	57	69	1
δ Lib	A 0 (IV)	3,5	64	76	1
RY Per	B 4 (V)	2,7	60 (100 ?)	20	1
ST Per	A 3 (V)	1,7	38	32	1, 7
β Per	B 8 V	3,57	71	63	1
U Sge	B 8 III	6,0	95	90	4, 8
	G 5 III	5,3	(80)	79	
λ Tau	B 3 V	3,4	44	44	1
X Tri	A 3 (V)	1,55	50 (80)	81	1, 7

5.2.5.2 Sternrotation als Funktion von Spektraltyp, Leuchtkraftklasse und Entwicklung — Stellar rotation as a function of spectral type, luminosity class, and evolution

Durch Rotation werden die Absorptionslinien der Sterne verbreitert. Die geringste bei dem betreffenden Sterntyp vorkommende Linienbreite wird als Linienbreite des nichtrotierenden Standardsterns angesetzt und sodann durch Vergleich mit theoretisch berechneten Profilen die Rotationsgeschwindigkeit $v_{rot} \sin i$ bestimmt. Es besteht keine Korrelation zur galaktischen Länge und Breite [10], die Rotationsachsen sind also zufällig verteilt und es ist $\overline{v_{rot}} = \frac{4}{\pi} \cdot \overline{v_{rot} \sin i}$. Heute sind die Rotationsgeschwindigkeiten von etwa 3000 Sternen gemessen, davon über 1500 mit bekannten MK-Klassifikationen (Kataloge: siehe Tab. 6). Die größten Rotationsgeschwindigkeiten finden sich mit $v_{rot} \sin i$ = 560 km/sec (*φ* Per) bei den Emissions-B-Sternen. Geschwindigkeiten von weniger als 20 km/sec sind kaum nachweisbar, da der Meßfehler im allgemeinen 10 ··· 25 km/sec beträgt. Aus der bei einer bestimmten Gruppe von Sternen beobachteten Verteilungsfunktion F (v_{rot} sin i) kann man die Verteilungsfunktion f (v_{rot}) der wahren Äquatorgeschwindigkeiten nach dem Verfahren von Böhm [*11*] leicht berechnen.

Die Rotationsgeschwindigkeit weist einen regelmäßigen Gang mit Spektraltyp und Leuchtkraftklasse auf (Tab. 2). Bei F 6 fällt sie stark ab; Sterne späteren Spektraltyps besitzen nur sehr geringe Rotation (ausgenommen enge Doppelsterne wie *W* UMa). In Sternhaufen und OB-Aggregaten kann die Rotation vom Durchschnitt abweichen, sie zeigt jeweils eine deutliche Abhängigkeit von der absoluten Größe [*12*].

Schnelläufer und Unterzwerge zeigen nur sehr geringe Rotation, ebenso die *T* Tauri-Sterne.

Das allgemeine Verhalten der Rotationsgeschwindigkeit ist verträglich mit der Theorie der Sternentwicklung [*13, 14*].

Tab. 2. Mittlere äquatoriale Rotationsgeschwindigkeit $\bar{v}_{rot}$ (allgemeines Sternfeld)¹) — Mean equatorial velocity of rotation $\bar{v}_{rot}$ (general star field)¹)
L | Leuchtkraftklasse | luminosity class

a)

<table>
<tr><th>L \ Sp</th><th>O5...8</th><th>O9...9,5</th><th>B0...1</th><th>2</th><th>3</th><th>5</th><th>6</th><th>8</th><th>9</th><th>A0</th><th>2</th><th>5</th><th>8</th></tr>
<tr><th></th><th colspan="13">$\bar{v}_{rot}$ [km/sec]</th></tr>
<tr><td>Ia/Iab</td><td rowspan="3">(150)</td><td colspan="2">(70)</td><td colspan="4">25</td><td colspan="6">20</td></tr>
<tr><td>Ib</td><td colspan="2" rowspan="2">(80)</td><td colspan="4">50</td><td colspan="3">30</td><td colspan="3">25</td></tr>
<tr><td>II</td><td colspan="3">70</td><td></td><td colspan="6"></td></tr>
<tr><td>III</td><td rowspan="3">(180)</td><td rowspan="2">(130)</td><td colspan="3">100</td><td colspan="2">130</td><td colspan="4" rowspan="2">120</td><td colspan="2" rowspan="2">170</td></tr>
<tr><td>IV</td><td colspan="3">150</td><td>180</td><td>210</td></tr>
<tr><td>V</td><td>200</td><td>210</td><td>190</td><td>200</td><td>250</td><td>250</td><td>220</td><td>220</td><td>200</td><td>180</td><td>160</td><td>130</td></tr>
</table>

<table>
<tr><th>L \ Sp</th><th>F0</th><th>2</th><th>5</th><th>6</th><th>7</th><th>8</th><th>G0</th><th>2</th><th>5</th><th>8</th><th>K0</th></tr>
<tr><th></th><th colspan="11">$\bar{v}_{rot}$ [km/sec]</th></tr>
<tr><td>Ia/Iab</td><td colspan="7">25</td><td colspan="4"></td></tr>
<tr><td>Ib</td><td colspan="5">20</td><td colspan="4">15</td><td colspan="2"></td></tr>
<tr><td>II</td><td colspan="6">35</td><td colspan="5">25</td></tr>
<tr><td>III</td><td rowspan="2">130</td><td rowspan="2">90</td><td rowspan="2">80</td><td rowspan="2"></td><td rowspan="2">45</td><td rowspan="2">35</td><td>50</td><td colspan="2">20</td><td colspan="2">12</td></tr>
<tr><td>IV</td><td colspan="3">15</td><td colspan="2"></td></tr>
<tr><td>V</td><td>90</td><td>70</td><td>30</td><td>24</td><td>15</td><td>12</td><td colspan="5">10</td></tr>
</table>

¹) Ermittelt aus den Katalogen in Tab. 6a unter Berücksichtigung von Bojartschuk und Kopylov [*17*], Sternhaufenmitglieder und Be-Sterne ausgeschlossen. Bei den frühesten Spektraltypen und den Überriesen ist die Abtrennung von der Makroturbulenz nicht eindeutig und daher $\bar{v}_{rot}$ unsicher — Derived from catalogues in Tab. 6a, taking Bojartschuk and Kopylov [*17*] into account. Members of star clusters and Be stars are excluded. For stars of the earliest spectral types and supergiants the separation of rotation and macroturbulence is not clearly defined and hence the values of $\bar{v}_{rot}$ are uncertain.

b)

Sondertypen	$\bar{v}_{rot}$ [km/sec]
B 0 ··· 1 e (III ··· V)	415
B 2 ··· 6 e (III ··· V)	345
pekuliare A-Sterne	48
Metallinien-A-Sterne	51
β Cep [15]	22

gegenüber $\bar{v}_{rot}$ = 160 km/sec für nichtveränderliche Sterne B 0,5 ··· 2 III ··· IV.

Tab. 3. Maximale Rotationsgeschwindigkeiten (nach den Katalogen in Tab. 6 a) — Maximum rotational velocities (according to the catalogues in Tab. 6 a)

Sp (MK)	v_{rot} [km/sec]	Sp (MK)	v_{rot} [km/sec]	Sp (MK)	v_{rot} [km/sec]
B 1 V	350	F 0 IV	120	F 5 Ib	30
B 5 V	350	F 5 IV	120	B 0 ··· 5 e	550
B 7 V	350	F 8 IV	95	(III ··· V)	
B 9 V	350	B 5 III	250		
A 0 V	330	A 5 III	240		
A 5 V	240	F 0 III	220		
F 0 V	130	F 5 III	150		
F 2 V	110	G 0 III	85		
F 5 V	75	K 1 III	25		
F 6 V	45	F 5 II	60		
F 8 V	25	K 1 II	50		

Tab. 4. Wahre Streuung σ der äquatorialen Rotationsgeschwindigkeiten (nach den Katalogen in Tab. 6a) — True scattering σ of the equatorial rotational velocities (according to the catalogues in Tab. 6 a)

Sp, LC	σ [km/sec]
B 2 ··· 5 V	±115
B 8 ··· A 2 V	± 90
A	± 75
F 0 ··· 2	± 60

Tab. 5. Häufigkeitsverteilung der äquatorialen Rotationsgeschwindigkeiten v_{rot} für verschiedene Spektraltypen[1]) — Frequency distribution of the equatorial velocities v_{rot} for different spectral types [1])

v_{rot} [km/sec]	Sp				
	Be	B	A	F 0 ··· 2	F 5 ··· 8
0 ··· 50	0%	18%	23%	51%	80%
50 ··· 100	0	51	23	31	20
100 ··· 150	0	27	22	10	0
150 ··· 200	0	9	21	5	0
200 ··· 250	1	2	10	3	0
250 ··· 300	15	0	1	0	0
300 ··· 350	38	0	0	0	0
350 ··· 400	25	0	0	0	0
400 ··· 450	14	0	0	0	0
450 ··· 500	1	0	0	0	0
$\bar{v}_{rot}$ [km/sec]	348	94	112	51	20

5.2.5.3 Kataloge — Catalogues

Zur Bestimmung von Rotationsgeschwindigkeiten durch Linienverbreiterung werden vor allem die folgenden Linien benutzt:

He I 4026 und 4471, Mg II 4481, Sr II 4215, Fe I 4071 und 4476.

[1]) Böhm [11] auf Grund des Datenmaterials von Slettebak (Be) [18] und Westgate [19]; Chandrasekhar and Münch [20].

Tab. 6. Kataloge von Rotationsgeschwindigkeiten — Catalogues of rotational velocities

N | Zahl der Sterne | number of stars

a) Kataloge mit MK-Klassifikation — Catalogues with MK classification

Autor	Sp	*N*
Slettebak: ApJ **110** (1949) 498	O ··· B, Be	123
Slettebak: ApJ **119** (1954) 146	B8 ··· A2	179
Slettebak: ApJ **121** (1955) 653	A3 ··· G0	215
Slettebak: ApJ **124** (1956) 173	O5 ··· B5	153
Slettebak and Howard: ApJ **121** (1955) 102	B2 ··· 5	185
Oke and Greenstein: ApJ **120** (1954) 384	A7 ··· K1	34
Herbig and Spalding: ApJ **121** (1955) 118	F0 ··· K5	656
Struve and Franklin: ApJ **121** (1955) 337	A ··· K [1])	51
Abt: ApJ **126** (1957) 503	A ··· F (II)	10
Abt: ApJ **127** (1958) 658	A ··· F (Ib)	15
Slettebak: ApJ **138** (1963) 118	O ··· M [1])	261

b) Weitere Kataloge — Additional catalogues

Autor	Sp	*N*
Shajn and Struve: MN **89** (1929) 222	O ··· A [2])	83
Elvey: ApJ **70** (1929) 141; **71** (1930) 221	O ··· F	87
Struve and Elvey: MN **91** (1931) 663	F ··· K	31
Struve: ApJ **73** (1931) 94	Be	59
Carrol and Ingram: MN **93** (1933) 508	O ··· B	4
Westgate: ApJ **77** (1933) 141	B	275
Westgate: ApJ **78** (1933) 46	A	413
Westgate: ApJ **79** (1934) 357	F	112
Schwarzschild: ApJ **112** (1950) 248	F	9
Deutsch: Trans. IAU **8** (1952) 801	A [3])	12
Huang: ApJ **118** (1953) 285	O ··· G	1541

c) Kataloge von Sternen in Sternhaufen und OB-Sterngruppen — Catalogues of stars in clusters and OB groups

Autor	Haufen bzw. Gruppe	*N*
Struve: Popular Astron. **53** (1945) 259	Plejaden (B5 ··· K2)	56
	Hyaden (A3 ··· G0)	27
Smith and Struve: ApJ **100** (1944) 360	Plejaden (B5 ··· K2)	71
van Dien: J. Roy. Astron. Soc. Can. **42** (1948) 249	Plejaden (B5 ··· G0)	93
Deutsch: Principes Fondamentaux de Classification Stellaire, Paris (1953), S. 25	IC 4665 (B5 ··· A2)	19
Treanor: MN **121** (1960) 503	ζ Per, Hyaden, Praesepe	131
Meadows: MN **123** (1961) 81	O6 ··· B5	54
Meadows: ApJ **133** (1961) 907	M 39	
	UMa-Strom (B9 ··· G2)	29
McNamara and Larsson: ApJ **135** (1962) 748	I Ori (B0 ··· 3)	50
Abt and Hunter: ApJ **136** (1962) 381	I Lac, I Ori, α Per, Plejaden	109

[1]) visuelle Doppelsterne.
[2]) Spektroskopische Doppelsterne.
[3]) Spektrum-Variable.

5.2.5.4 Literatur zu 5.2.5 — References for 5.2.5

Zur Einführung — As introduction

BECKER, W.: Sterne und Sternsysteme, 2. Aufl. Leipzig (1950) S. 68 f.

Zusammenfassende Darstellungen — General descriptions

HUANG, S. and O. STRUVE: Stellar rotation and atmospheric turbulence, Chapt. 8 in "Stellar Atmospheres" (GREENSTEIN ed.) Chicago (1960).

UNSÖLD, A.: Physik der Sternatmosphären, 2. Aufl. Berlin (1955) S. 508.

Kataloge siehe Tab. 6 — *Catalogues* see Tab. 6

References

1 KOPAL, Z.: Ann. Astrophys. **18** (1955) 422.
2 PLASKETT, J. S.: Publ. Victoria **3** (1926) 246.
3 GAPOSCHKIN, S.: Veröffentl. Berlin-Babelsberg, IX **5** (1932) 107.
4 STRUVE, O.: MN **109** (1949) 487.
5 HARDIE, R. H.: ApJ **112** (1950) 452.
6 KRON, G. E. and K. C.: ApJ **118** (1953) 55.
7 STRUVE, O.: ApJ **104** (1946) 253.
8 MCNAMARA, D. H.: ApJ **114** (1951) 513.
9 KOPAL, Z., and M. B. SHAPLEY: Jodrell Bank Ann. **1** (1956) 141.
10 STRUVE, O., and S. HUANG: Ann. Astrophys. **17** (1954) 85.
11 BÖHM, K. H.: ZfA **30** (1952) 117.
12 ABT, H. A., and J. H. HUNTER: ApJ **136** (1962) 381.
13 SANDAGE, A. A.: ApJ **122** (1955) 263.
14 BURBIDGE, G. R. and E. M.: Hdb. Physik **51** (1958) 276.
15 MCNAMARA, D. H., and K. HANSEN: ApJ **134** (1961) 207.
16 SCHMIDT-KALER, TH: Die Sterne **34** (1958) 84.
17 BOJARTSCHUK, A. A., und J. M. KOPYLOV: Soviet Astron.-AJ **2** (1958) 752.
18 SLETTEBAK, A.: ApJ **110** (1949) 498.
19 WESTGATE, C.: ApJ **77** (1933) 141; **78** (1933) 36; **79** (1934) 357.
20 CHANDRASEKHAR, S., and G. MÜNCH: ApJ **111** (1950) 142.

5.2.6 Integralhelligkeiten — Integral brightness

5.2.6.0 Einführung — Introduction

5.2.6.0.1 Definition der scheinbaren Helligkeit — Definition of the apparent magnitude

$I_0(\lambda)$	die außerhalb der Erdatmosphäre ankommende Strahlungsenergie eines Sterns (in der Astronomie auch Intensität genannt)	radiant energy of a star outside of the earth's atmosphere (in astronomy also called: the intensity)
$I(\lambda)$	gemessene Strahlungsenergie (Intensität) eines Sterns	measured radiant energy (intensity) of a star
F	Fläche der Öffnung des Beobachtungssystems	area of the aperture of the observing system
$A(\lambda)$	spektrale Durchlässigkeitsfunktion der Erdatmosphäre	spectral transmission curve of the earth's atmosphere
$D(\lambda)$	spektrale Durchlässigkeitsfunktion des Beobachtungssystems (Optik, Filter)	spectral transmission curve of the observing system (optics, filter)
$E(\lambda)$	spektrale Empfindlichkeitsfunktion des Strahlungsempfängers (Photoplatte, Auge ...)	spectral sensitivity of the radiation receiver (photographic plate, eye ...)

Die gemessene Strahlungsenergie eines Sterns ist gegeben durch:

The measured radiant energy of a star is given by:

$$I = \int_0^\infty I_0(\lambda) \cdot F \cdot A(\lambda) \cdot D(\lambda) \cdot E(\lambda) \cdot d\lambda$$

Die pro Flächen- und Zeiteinheit aufgefangene Energie (Beleuchtungsstärke) wird in der Astronomie gewöhnlich in Größenklassen [magn], [^{m}] gemessen und dann als „scheinbare Helligkeit" m des Sterns bezeichnet[1]).

In astronomy the energy received per unit area and unit time (illuminance) is usually measured in magnitudes [magn], [^{m}] and then called the "apparent magnitude" m of the star[1]).

[1]) m wird sowohl als physikalische Größe wie als Einheit benutzt — m is used as a physical quantity as well as a unit.

Die Definition der Größenklasse stammt aus dem Bereich der visuellen Photometrie (psychophysisches Gesetz von FECHNER und WEBER 1859). Es gilt:

The definition of the magnitude is based on the visual photometry (psycho-physical law of FECHNER and WEBER 1859). It is:

$$m - m_0 = s \cdot \log I_1/I_2$$

Die Konstante s bestimmt die Skala und ist festgelegt zu:

The constant s defines the scale and is fixed at:

$$s = -2{,}50 \text{ (Pogson'sche Skala)}$$

Die Konstante m_0 bestimmt den Nullpunkt und ist so definiert, daß der Polarstern die scheinbare visuelle Helligkeit $2^{\text{m}}12$ erhält.

Einem Helligkeitsverhältnis zweier Sterne I_1/I_2 entspricht also eine Größenklassendifferenz von $m_1 - m_2$:

The constant m_0 gives the zero point and is defined in such a way that the polar star has an apparent visual magnitude of $2^{\text{m}}12$.

The ratio of the intensities of two stars I_1/I_2 corresponds to a difference in magnitudes of $m_1 - m_2$:

$$m_1 - m_2 = -2{,}50 \log I_1/I_2$$

$$I_1/I_2 = 10^{-0{,}4(m_1 - m_2)} = \left(\frac{1}{2{,}512}\right)^{m_1 - m_2}$$

Für die Umwandlung von Intensitätsverhältnissen und Intensitätsdifferenzen in Größenklassen-Differenzen und für die Berechnung der Gesamthelligkeit eines Doppelsternsystems m_{AB} aus den Helligkeiten der Komponenten m_A und m_B siehe Nomogramme 4 und 5 S. 319 ··· 321.

For transforming the ratio or the difference between two intensities into a difference of magnitudes and for determining the total magnitude of a double star m_{AB} from the magnitudes of the components m_A and m_B see nomograms 4 and 5 p. 319 ··· 321.

Siehe auch SCHOENBERG [9] Tab. Ia, Ib und III.

Je nach dem Empfindlichkeitsbereich des Empfängers unterscheidet man visuelle (m_v), photographische (m_{pg}), Infrarot-Helligkeiten (m_{ir}) und so weiter oder gibt die effektive Wellenlänge des Beobachtungsbereichs an (m_λ). Häufig wird die Helligkeit durch einen das Farbsystem charakterisierenden Buchstaben ersetzt, z. B. U, B, V statt m_U, m_B, m_V. Zusammenstellung der Symbole: 5.2.6.1.0.

Zur Definition der Farbsysteme siehe 5.2.7.

Empfindlichkeitsfunktion der in der Astronomie verwendeten Strahlungsempfänger siehe 5.2.7.1

Die scheinbare bolometrische Helligkeit eines Sterns (m_{bol}) charakterisiert seine über alle Wellenlängen integrierte Energieeinstrahlung. Den Übergang von der auf einen bestimmten Spektralbereich bezogenen Helligkeit zur bolometrischen Helligkeit leistet die bolometrische Korrektion (siehe 5.2.7.7).

Berechnung der extraterrestrischen bolometrischen Helligkeit aus radiometrischen Messungen: KUIPER [32]; PETTIT und NICHOLSON [33]; (nach LIMBER [34] sind deren Messungen um $0^{\text{m}}5$ zu klein).

Die in breiteren Wellenlängenbereichen gemessenen Integralhelligkeiten (= heterochromatische Größen) beschreiben den Zustand der Sternstrahlung weniger genau als die spektralphotometrisch bestimmten monochromatischen Helligkeiten (siehe 5.2.8) und sind durch die Angabe der isophoten oder effektiven Wellenlängen (siehe 5.2.7.1.4) nicht eindeutig zu charakterisieren [n] S. 358. Insbesondere gilt dies für alle Helligkeitssysteme, die die kurzwellige Strahlung eines Sternes ($\lambda < 4000$ A) erfassen. Da die Integralhelligkeiten aber für viele Aufgaben (photographische und lichtelektrische Helligkeitsmessungen schwächster Objekte) unentbehrlich sind, müssen sie vorläufig beibehalten werden [m] S. 267.

Der Nullpunkt der m_{pg} und m_{pv} ist durch die Internationale Polsequenz IPS (siehe 5.2.6.1.1) festgelegt [10] S. 215. Die ursprüngliche Definition $m_{pg} = m_v$ für A0-Sterne von $5^{\text{m}}5 \cdots 6^{\text{m}}5$ ist dabei nur angenähert erfüllt (siehe 5.2.7.0). Für die lichtelektrische Darstellung des internationalen Helligkeitssystems IPg, IPv (siehe 5.2.6.1.1) wurden die IPS-Sterne NPS[1]) 6, 10, 13, 16, 19, 2r, 4r, 8r, 12r als Nullpunkt verwendet [1], während für das lichtelektrische P, V-System die mittlere V-Helligkeit der Sterne NPS 1 ··· 8, 10, 13, 16, 19, 3r ··· 8r, 2s ··· 6s mit dem Mittel ihrer Werte „international photovisuell" (1922) übereinstimmen soll [2] S. 384.

Vorschläge und Ansätze zur Reform der astronomischen Integralhelligkeiten: Siehe 5.2.7.0; 5.2.7.8; [2].

5.2.6.0.2 Definition der absoluten Helligkeit — Definition of the absolute magnitude

Eine echte physikalische Zustandsgröße ist, im Gegensatz zu der von der Entfernung Erde—Stern abhängigen scheinbaren Helligkeit m, die absolute Helligkeit M eines Sternes. Diese ist definiert als diejenige scheinbare Helligkeit, die der Stern haben würde, wenn er sich in der Einheitsentfernung von 10 pc = 32,6 Lichtjahre = $2{,}06 \cdot 10^6$ Erdbahnhalbmesser entsprechend einer Parallaxe von 0,"1 befinden und das Sternlicht nicht durch interstellare Materie abgeschwächt würde. Beide Helligkeitsan-

The absolute magnitude, M, of a star is a real physical quantity in contrast to the apparent magnitude, m, which is dependent on the distance between the earth and the given star. It is defined as the apparent magnitude a star would have at a unit distance of 10 pc = 32,6 light years = $2{,}06 \cdot 10^6$ diameters of the earth's orbit, corresponding to a parallax of 0,"1, if its light were not diminished by interstellar material. Both magnitudes are related to each other and the distance of the star

[1]) Nordpolsequenz, siehe 5.2.6.1.1.

gaben sind nach der sich aus dem Gesetz der Lichtausbreitung im leeren Raum ergebenden Beziehung mit der Entfernung des Sternes miteinander verbunden:

through the following relationship, derived from the law of the propagation of light in a vacuum:

$$m - M = 5 \cdot \log r - 5 = -5 \cdot \log \pi - 5$$

$m-M$ [magn], [^{m}]	Entfernungsmodul	distance modulus
r [pc]	Entfernung des Sterns	distance of the star
π ["]	Parallaxe des Sterns	parallax of the star

Zusammenhang zwischen $m-M$ und r siehe Nomogramm 2 S. 282.

Relationship between $m-M$ and r, see nomogram 2 p. 282.

Zwischen den absoluten Helligkeiten M und den Leuchtkräften L zweier Sterne besteht die Beziehung:

Between the absolute magnitudes, M, and the luminosities, L, of two stars there exists the relationship:

$$L_1/L_2 = 10^{-0{,}4\,(M_1-M_2)}$$

$$M_1 - M_2 = -2{,}5 \log L_1/L_2$$

Wie bei der scheinbaren Helligkeit unterscheidet man auf verschiedene Spektralbereiche bezogene absolute Helligkeiten, z. B. M_v, M_{pg}, M_λ usw.

Die absolute Helligkeit der normalen Sterne liegt zwischen einer wahrscheinlich naturgegebenen oberen Grenze von etwa -9^M und einer im wesentlichen instrumentell bedingten unteren Grenze bei zur Zeit etwa $+20^M$.

Zusammenhang zwischen absoluter Helligkeit und anderen Zustandsgrößen siehe 5.2.2.

5.2.6.0.3 Die Sternstrahlung in physikalisch-technischen Einheiten — Radiation of stars in physical units

a) *Energieausstrahlung* — *Emission of radiation energy*

Die absolute bolometrische Helligkeit (M_{bol}) ist ein Maß für die gesamte Energieausstrahlung (= Leuchtkraft L) des Sterns.

The absolute bolometric magnitude (M_{bol}) of a star characterizes its total emission of radiation energy (= luminosity L).

Sonne (Entfernungsmodul $-31{,}^m57$):

$(m_{bol})_\odot = -26{,}^m85$

$(M_{bol})_\odot = +4{,}^M72$ entspricht $L_\odot = (3{,}90 \pm 0{,}04) \cdot 10^{33}$ erg/sec

Stern:

$(M_{bol})_* = 4{,}^M72 - 2{,}^M5 \log (L_*/L_\odot)$

$(M_{bol})_* = 0{,}^M00$ entspricht $L_* = 3{,}02 \cdot 10^{35}$ erg/sec

b) *Lichtstärke*[1]) — *Luminous intensity*[1])

Die absolute visuelle Helligkeit ist ein Maß für die Lichtstärke:

The absolute visual magnitude characterizes the luminous intensity:

Sonne (außerhalb der Erdatmosphäre):	$3{,}07 \cdot 10^{27}$ cd
Stern mit $M_V = 0{,}^M0$:	$2{,}52 \cdot 10^{29}$ cd

c) *Beleuchtungsstärken* für einige kosmische Objekte [1]) — *Illuminance* for some celestial objects [1])

Objekt	V	
Sonne, außerhalb der Erdatmosphäre	$-26{,}^m78$	137 000 lx
Sonne im Zenit	$-26{,}58$	114 000 lx
Vollmond im Zenit	$-12{,}50$	0,25 lx
1 Candela in 1 m Abstand	$-13{,}94$	**1,00 lx**
Sirius (hellster Fixstern)	$-1{,}44$	$1{,}00 \cdot 10^{-5}$ lx
A0-Stern 1. Größe	$+1{,}00$	$1{,}06 \cdot 10^{-6}$ lx
A0-Stern an der Grenze der Beobachtbarkeit	$+21{,}00$	$1{,}06 \cdot 10^{-14}$ lx

d) *Leuchtdichte*[1]) — *Surface brightness*[1])

Mittlere scheinbare Helligkeit der Sonnenscheibe außerhalb der Erdatmosphäre	$2{,}02 \cdot 10^5$ sb
1 Stern mit $m_v = 0^m$ pro $(°)^2$ außerhalb der Erdatmosphäre	$0{,}87 \cdot 10^{-6}$ sb

[1]) Zur Definition der lichttechnischen Einheiten:
1 Neue Kerze (Candela) [cd] = Lichtstärke von $^1/_{60}$ cm² Oberfläche eines schwarzen Körpers bei der Temperatur des erstarrenden Platins (2042 °K);
1 Lux [lx] = 1 Meterkerze;
1 stilb [sb] = 1 cd/cm²;
Literatur: [*a*] § 12; [*v*] S. 29; [*30*] S. 485; [*31*].

e) *Energie-Einstrahlung — Irradiation energy*

	extraterrestrisch	Zenit (dunstfrei und trockene Atmosphäre)
Sonne (Solarkonstante) $m_{bol} = -26{,}^m85$	$1{,}388 \cdot 10^6$ erg/cm² sec	$1{,}19 \cdot 10^6$ erg/cm² sec
Stern mit $m_{bol} = 0{,}^m0$	$2{,}52 \cdot 10^{-5}$ erg/cm² sec	$2{,}16 \cdot 10^{-5}$ erg/cm² sec

Tab. 1. Extraterrestrischer Strahlungsstrom F für Sterne verschiedener Farbe mit $V = 0{,}^m0$ in Abhängigkeit von der Wellenlänge — Extraterrestrial radiant flux F of stars of different colors with $V = 0{,}^m0$ as a function of wavelength [35]

λ [A]	4311	4401	4571	5390	λ [A]	4311	4401	4571	5390
B-V	F [10^{-7} erg cm^{-2} sec^{-1} (100 A)$^{-1}$]				*B-V*	F [10^{-7} erg cm^{-2} sec^{-1} (100 A)$^{-1}$]			
$-0{,}^m3$	8,57	8,02	7,06	4,01	$+0{,}^m7$	3,31	3,47	3,89	3,83
−0,2	8,05	7,45	6,73	3,99	+0,8	2,96	3,18	3,67	3,82
−0,1	7,52	6,91	6,41	3,98	+0,9	2,62	2,92	3,45	3,80
0,0	6,96	6,40	6,12	3,96	+1,0	2,32	2,66	3,23	3,78
+0,1	6,36	5,91	5,82	3,94	+1,1	2,05	2,41	3,02	3,76
+0,2	5,74	5,46	5,48	3,92	+1,2	1,81	2,17	2,81	3,75
+0,3	5,14	5,03	5,06	3,90	+1,3	1,59	1,96	2,60	3,73
+0,4	4,58	4,59	4,68	3,89	+1,4	1,40	1,76	2,41	3,71
+0,5	4,10	4,18	4,37	3,87	+1,5	1,23	1,57	2,23	3,70
+0,6	3,69	3,80	4,12	3,85	+1,6	1,08	1,41	2,06	3,68

5.2.6.0.4 Die Gesamthelligkeit aller Sterne — Total brightness of all stars

nach [*a*] S. 335

Die über alle Sterne am Himmel integrierte scheinbare Helligkeit entspricht folgenden Zahlen:

photographisch: 580 Sterne 1. Größe ($m_{pg} = 1^m$)
visuell: 1160 Sterne 1. Größe ($m_v = 1^m$)

Die mittlere Leuchtdichte des Himmels (integrierte scheinbare Helligkeit aller Sterne pro Quadratgrad) entspricht:

61 Sterne mit ($m_{pg} = 10^m$) pro $(°)^2$
oder 119 Sterne mit ($m_v = 10^m$) pro $(°)^2$

Leuchtdichte in Milchstraßenfeldern und am galaktischen Pol: [*36, 37*].

Tab. 2. Abhängigkeit der integrierten Sternhelligkeit pro Quadratgrad, S, von der galaktischen Breite b — The integrated stellar brightness per square degree, S, as a function of galactic latitude b

b	S_{pg}	S_v
	[$10^m/(°)^2$]	
0°	184	397
5	126	262
10	91	187
15	71	146
20	55	110
30	38	74
40	30	56
50	24	44
60	21	38
70	18	34
80	18	33
90	17	33

5.2.6.0.5 Nomogramme — Nomograms

Nomogramm 4

Erläuterung siehe S. 320.

Größenklassen und Intensitäten

a) Grobeinteilung b) Feineinteilung

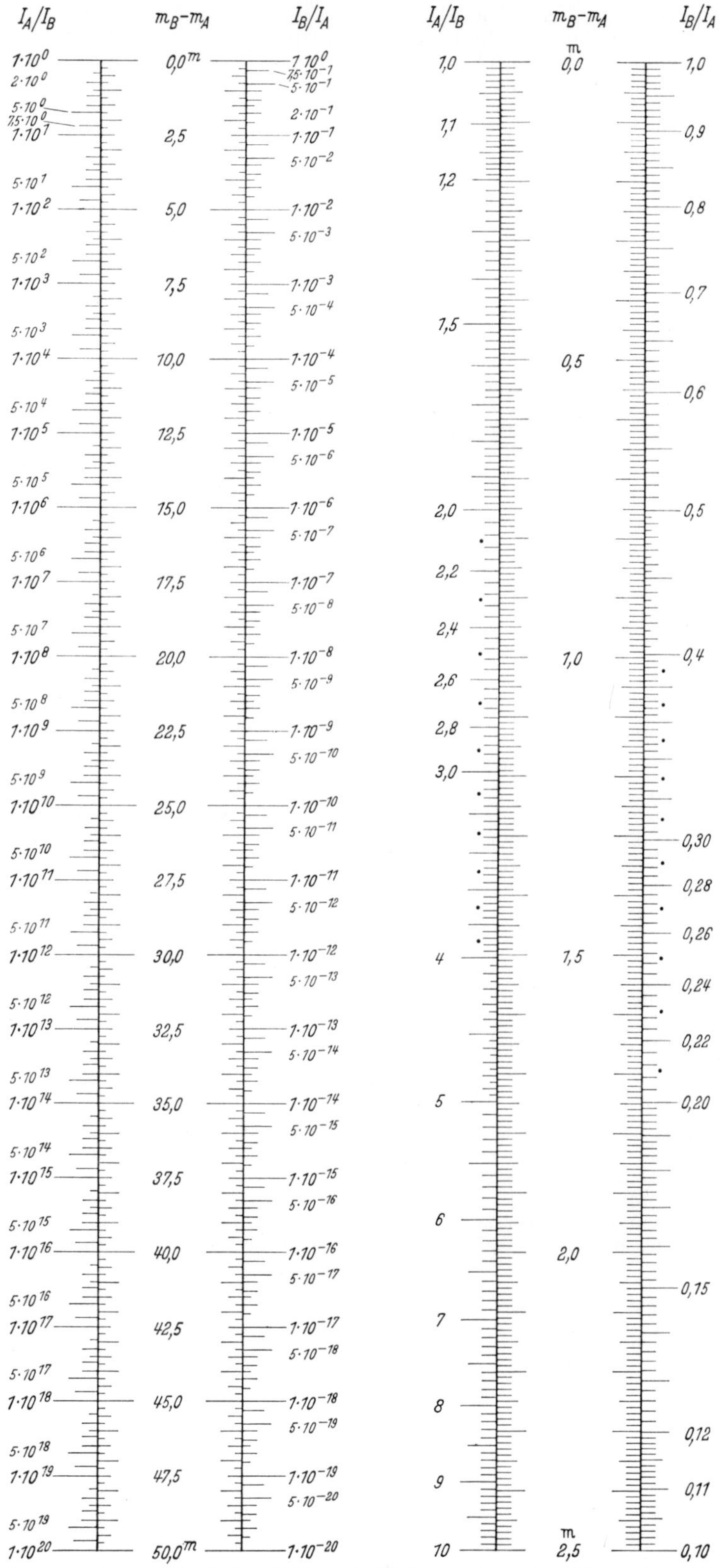

Nomogramm 4: *Intensitäten und Größenklassen* S. 319

Das Ng entspricht der Relation

$$(m_B - m_A) = 2{,}5 \cdot \log\,(I_A/I_B).$$

Es gestattet die Umrechnung von Größenklassendifferenzen in Intensitätsverhältnisse und umgekehrt. Die Grobeinteilung a) kann für sich zu rohen Überschlagsrechnungen, außerdem in Verbindung mit b) zu genaueren Rechnungen benutzt werden.[1])

Beispiel: Gegeben sei die Größendifferenz $m_B - m_A = 18{,}74$. In Ng a) sieht man, daß der nächst kleinere Wert, der einer vollen Zehnerpotenz des Intensitätsverhältnisses entspricht, der Wert $m_B - m_A = 17{,}50$ ist; zu diesem gehört $I_A/I_B = 1 \cdot 10^7$ bzw. $I_B/I_A = 1 \cdot 10^{-7}$. Zu dem Rest $18{,}74 - 17{,}50 = 1{,}24$ findet man aus Ng b) $I_A/I_B = 3{,}13$ bzw. $I_B/I_A = 0{,}32$. Daher entspricht der Größendifferenz 18,74 das Intensitätsverhältnis $I_A/I_B = 3{,}13 \cdot 10^7$ bzw. $I_B/I_A = 0{,}32 \cdot 10^{-7}$.

Wenn ein Intensitätsverhältnis $k \cdot 10^n$ (k zwischen 1 und 10 oder zwischen 0,1 und 1) gegeben und die zugehörige Größenklassendifferenz gesucht ist, wird man die Zehnerpotenz 10^n mit Hilfe von Ng a), die Vorzahl k mit Hilfe von Ng b) in Größenklassen verwandeln und beide Werte algebraisch addieren, um den Gesamtbetrag $m_B - m_A$ zu erhalten.

---

[1]) In Ng a) bestehen die Leitern für I_A/I_B und I_B/I_A aus gleichen Abschnitten von je einer logarithmischen Dekade. Die Teilstriche entsprechen den Werten 1,0; 1,5; 2,0; 2,5; 3,0; 4,0; 5,0; 7,5. Die oberste Dekade ist etwas ausführlicher beschriftet als die übrigen.

Nomogram 4: *Intensities and stellar magnitudes* p. 319

The Ng is based on the relation

$$m_B - m_A = 2{,}5 \cdot \log\,(I_A/I_B).$$

It may serve for converting stellar magnitude differences into intensity ratios, and vice versa. The coarse scale a) may be used for rough approximations only, or it can be used together with Ng b) for calculations of higher accuracy.[1])

Example: Given the magnitude difference $m_B - m_A = 18{,}74$. We see from nomogram a) that the next smallest value which corresponds to a full power of 10, is $m_B - m_A = 17{,}50$; for this value we get $I_A/I_B = 1 \cdot 10^7$, or $I_B/I_A = 1 \cdot 10^{-7}$. For the remainder $18{,}74 - 17{,}50 = 1{,}24$ we get from Ng b) $I_A/I_B = 3{,}13$, or $I_B/I_A = 0{,}32$. The total amount 18,74, therefore, corresponds to the intensity ratio $I_A/I_B = 3{,}13 \cdot 10^7$, or $I_B/I_A = 0{,}32 \cdot 10^{-7}$.

If for a given intensity ratio $k \cdot 10^n$ (k between 1 and 10, or between 0,1 and 1) the magnitude difference is to be found, Ng a) may be used for converting the power 10^n, whereas Ng b) is to be used for converting the coefficient k. Adding algebraically the two magnitude values leads to the total amount $m_B - m_A$.

---

[1]) In Ng a) the scales for I_A/I_B and I_B/I_A consist of equal sections, each of a logarithmic decade. The divisions correspond to the values 1,0; 1,5; 2,0; 2,5; 3,0; 4,0; 5,0; 7,5. The lettering of the decade at top is somewhat more detailed than that of the other decades.

Nomogramm 5:
Größenklassendifferenz zweier Intensitäten

Das Nomogramm gibt eine Darstellung der Formel

$$(m_2 - m_1) = 2{,}5 \cdot (\log I_1 - \log I_2)$$

Es gestattet, zu zwei gegebenen Intensitäten I_1 und I_2 die zugehörige Größenklassendifferenz zu ermitteln. Dabei ist vorausgesetzt, daß I_1 und I_2 beide dem Intervall von 1 bis 10 angehören. Sind I-Werte außerhalb dieses Intervalls gegeben, so schreibt man sie in der Form $I = I' \cdot 10^n$ wo $1 \leq I' \leq 10$. Die m-Werte für 10^n können aus Ng 4a) gefunden werden, die Werte I' sind die Argumente für Ng 5.

In Ng 5 erscheinen die Werte I_1 auf den 5 Skalen zur Linken, die Werte I_2 auf den 5 Skalen zur Rechten; die 9 Skalen in der Mitte sind die Träger der Werte $(m_2 - m_1)$.

Beispiel: Gegeben $I_1 = 2{,}357$, $I_2 = 5{,}725$.

$I_1 = 2{,}357$ findet sich links in der mit B überschriebenen Skala, $I_2 = 5{,}725$ steht rechts in der mit d überschriebenen Skala. Man legt die Ablesegerade durch diese beiden Punkte und achtet auf ihren Schnittpunkt mit derjenigen Skala in der Mitte, bei der am Kopf die Kombination *Bd* vorkommt. An diesem Schnittpunkt findet man $m_2 - m_1 = -0{,}964$; damit hat man die Lösung.

Nomogram 5:
Magnitude differences of two intensities

The Ng represents the formula

$$(m_2 - m_1) = 2{,}5 \cdot (\log I_1 - \log I_2)$$

With this Ng, the magnitude difference $m_2 - m_1$, corresponding to two given intensities I_1 and I_2 can be found. The values I_1 and I_2 are supposed to belong to the interval from 1 to 10. If I-values outside this interval are given, we write $I = I' \cdot 10^n$ where $1 \leq I' \leq 10$; the m-values for 10^n can be found from Ng 4a), and the values I' are the arguments for Ng 5.

In Ng 5 the values I_1 are represented by the 5 scales at the left, the values I_2 by the 5 scales at the right; the result, $(m_2 - m_1)$, is read from the 9 scales at the middle.

Example: Given $I_1 = 2{,}357$, $I_2 = 5{,}725$.

In the left part, $I_1 = 2{,}357$ is found on the scale headed B; in the right part, $I_2 = 5{,}725$ is found on the scale headed d. The index line is put through these two points; we then look at its intersection with that scale at the middle part, where the combination *Bd* occurs in the heading. At this intersection point we find $m_2 - m_1 = -0{,}964$, which is the solution.

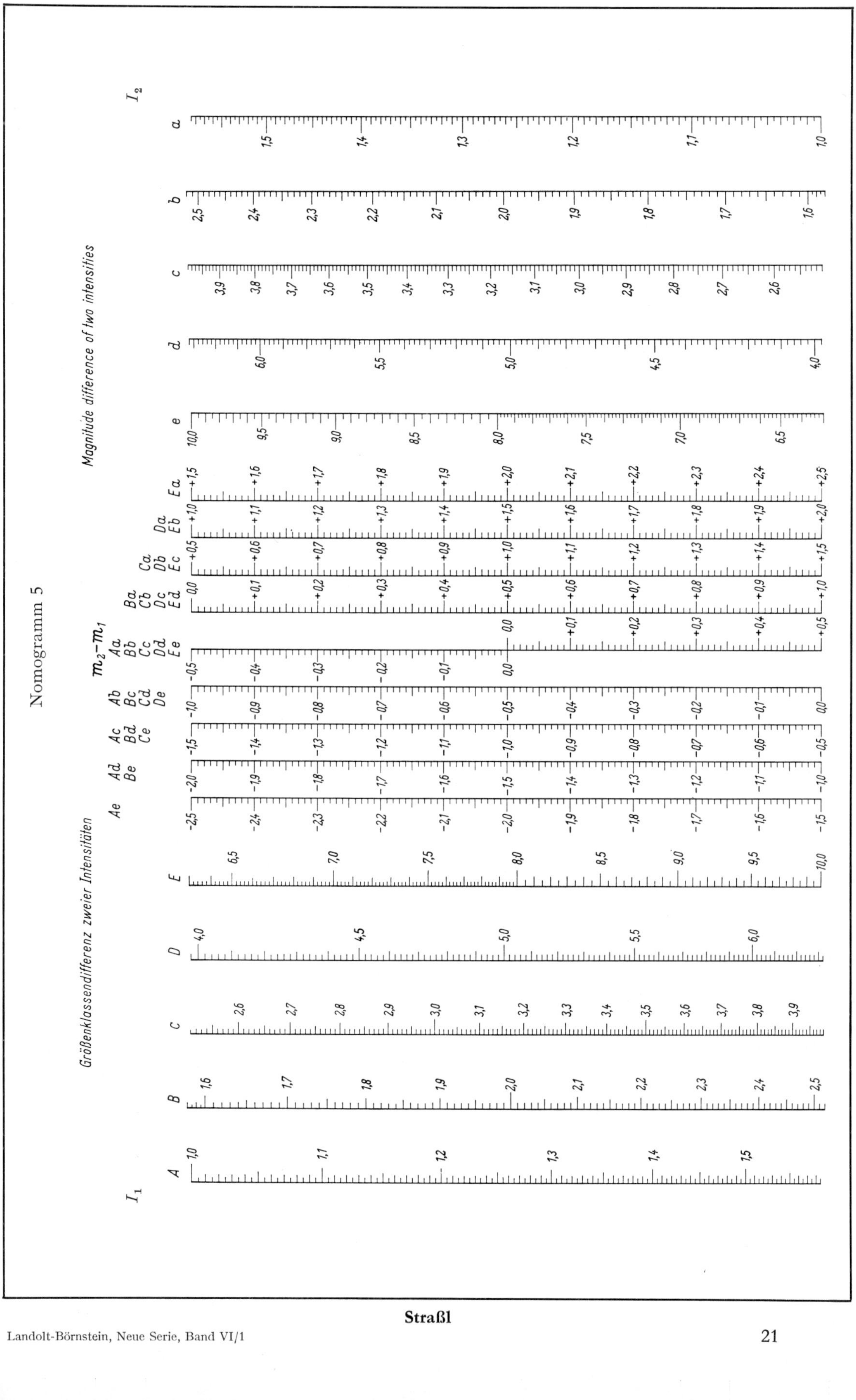
Nomogramm 5
Magnitude difference of two intensities
Größenklassendifferenz zweier Intensitäten
m_2-m_1
I_1
I_2

Straßl

5.2.6.1 Helligkeits-Kataloge – Catalogues of magnitudes

5.2.6.1.0 Liste der Tabellen, Symbole – List of tables, symbols

Siehe auch 5.2.7.3.0 — See also 5.2.7.3.0

Symbole – Symbols

a) *Allgemeine Helligkeitssymbole – General symbols of magnitude*

m_{pg}, m_v, m_{pv}, m_r, m_{pr}, m_{ir}	photographische, visuelle, photovisuelle, rote, photorote und infrarote Helligkeit
$CI = m_{pg} - m_v$	Farbenindex – Color index (siehe 5.2.7)

b) *Symbole spezieller Helligkeiten und Kataloge – Symbols of special magnitudes and catalogues*

$B = m_B$	Blauhelligkeit im UBV-System; (5.2.7.1.3.)
BSD	Bergedorfer Spektraldurchmusterung; Tab. 10
C_{br}	Farbenindex blau-rot (4350 ... 6250 A) } nach WESTERLUND; Tab. 6c
C_{yr}	Farbenindex gelb-rot (5500 ... 6250 A) } nach WESTERLUND; Tab. 6c
CI_r	Farbenindex photographisch-photovisuell der Revised Standards der NPS; Tab. 4
GA	Göttinger Aktinometrie; Tab. 8a
GAP	Göttinger Aktinometrie, Pol; Tab. 6a
Gr I	Greenwich I (1913); Tab. 6a
Gr II	Greenwich II (Edinburgh 1914); Tab. 8a
HPP	Harvard Photographic Photometry; Tab. 6a, 8a
HPPv	Harvard Photovisual Photometry; Tab. 6b, 8b
HPr	Harvard photorote Helligkeit (6300 A); Tab. 4, 11
HPS	Harvard Polsequenz [*19* ... *21*]; 5.2.6.1.1
HSR	Harvard Standard Regions; 5.2.6.1.3
I	Infrarothelligkeit nach KRON und MAYALL [*15*]; Tab. 3
IPg, *IPv*, *ICI*	Photographische und photovisuelle Helligkeit und Farbenindex im internationalen System, festgelegt durch die internationale Polsequenz; 5.2.6.1.1; Tab. 4
IPS	Internationale Polsequenz; 5.2.6.1.1
LPg	Leiden photographische Helligkeit; Tab. 6a
LPv	Leiden photovisuelle Helligkeit; Tab. 6b
LwPr	Lwów photorote Helligkeit (6100 A); Tab. 4
LwPv	Lwów photovisuelle Helligkeit, Tab. 6b
m_b	Blauhelligkeit nach RYBKA (4000 A); Tab. 6c
m_{bol}	Bolometrische Helligkeit; Definition 5.2.6.0.1
m_g	Gelbhelligkeit nach RYBKA (6200 A); Tab. 6c
m_L	Leipzig visuelle Helligkeit; Tab. 6b
m_{ph}	$= m_{pg}$ (3900 A) nach TAFFARA; Tab. 9a, 10
m_T	Torun photographische Helligkeit; Tab. 6a
m_w	$= m_{pg}$ im System Wroclaw; Tab. 4
NPS	Nordpolsequenz; 5.2.6.1.1
P	lichtelektrische photographische Helligkeit im internationalen System (*IPg*) [*2*]; 5.2.6.0.1 und 5.2.7.1.3 (*P*, *V*-System)
P_{44}	photovisuelle Helligkeit reduziert auf das System in Ann. Harvard 44; Tab. 6b
PD-Ext	Potsdamer Durchmusterung, Extension (visuell); Tab. 8b
PDP vis	Potsdamer Polkatalog (visuell); Tab. 6b
PDvis, PDv	Potsdamer Durchmusterung (visuell); Tab. 6b, 8b
Pg_r	Photographische Helligkeit der Revised Standards der NPS; Tab. 4
Pr	photorote Helligkeit nach NASSAU und BURGER; Tab. 4
Pr (*G*)	photorote Helligkeit nach Yoss (6200 A); [*16*] Tab. 3, 12
Pv_r	Photovisuelle Helligkeit der Revised Standards der NPS; Tab. 4
R	Rothelligkeit nach KRON und SMITH (6800 A); [*14*], Tab. 3
RGU	Farbsystem BECKER (Rot, Gelb, Ultraviolett); 5.2.7.1.2; Tab. 10
RHP	Revised Harvard Photometry (visuell); Tab. 7b, 8b
S	System Simeis (m_{pg}); Tab. 6a, 8a
SCI	Farbenindex im Cape Southern System; 5.2.6.2; 5.2.7.2
SA	Selected Areas; 5.2.6.1.3
SPg	$= m_{pg}$ im Cape Southern System; 5.2.6.2
$U = m_U$	Ultraviolett-Helligkeit im UBV-System; 5.2.7.1.3
UPr	Uppsala Rothelligkeit nach WESTERLUND (6250 A); Tab. 6d
$V = m_V$	visuelle Helligkeit im UBV-System; 5.2.7.1.3
V	lichtelektrische visuelle Helligkeit im internationalen System (*IPv*) [*2*]; 5.2.6.0.1 und 5.2.7.1.3 (*P*, *V*-System)
WrPv	Warsaw photovisuelle Helligkeit; Tab. 6b
YA	Yerkes Aktinometry; Tab. 6a, 8a
YPg	Yerkes photographische Helligkeit (YA); Tab. 6a
YPg 2	Yerkes photographische Helligkeit in der YA Teil 2; Tab. 8a
YZC	Yale Zone Catalogue (photographisch); Tab. 8a

Übersicht — Survey

Tab. 3. Helligkeiten und Farbenindizes der NPS-Sterne

Tab. 4. Helligkeitskataloge der internationalen Polsequenz (IPS)

Tab. 5. Kataloge zusätzlicher Sterne im Feld der IPS

Tab. 6. Helligkeitskataloge der Polkalotte
a) photographische Helligkeiten
b) visuelle und photovisuelle Helligkeiten
c) Farbenindizes und lichtelektrische Helligkeiten
d) Rothelligkeiten

Tab. 7. Helligkeitskataloge für Sterne heller als $m_{pg} = 7\overset{m}{,}0$
a) photographische Helligkeiten
b) visuelle und photovisuelle Helligkeiten
c) Rot- und Infrarot-Helligkeiten

Tab. 8. Helligkeitskataloge für Sterne in bestimmten Zonen
a) photographische Helligkeiten
b) visuelle und photovisuelle Helligkeiten

Tab. 9. Helligkeitskataloge für schwache Sterne in bestimmten Feldern
a) photographische Helligkeiten
b) visuelle und photovisuelle Helligkeiten

Tab. 10. Helligkeitskataloge der „Selected Areas" (SA)

Tab. 11. Helligkeitskataloge schwacher Sterne in „Harvard Standard Regions" (HSR)

Tab. 12. Kataloge von Rot- und Infrarot-Helligkeiten

Tab. 13. Helligkeitskataloge für Sterne mit bekannten Parallaxen oder Eigenbewegungen

Weitere, insbesondere genaue photoelektrische Helligkeiten: Siehe unter „Farben" 5.2.7.

5.2.6.1.1 Polsequenzen und Polkalotte — Polar sequences and polar cap

Die Internationale Polsequenz (IPS) — oder Nordpolsequenz (NPS)[1]) — ist ein häufig untersuchtes und benutztes Helligkeitssystem und definiert die internationalen photographischen (*IPg*) und photovisuellen (*IPv*) Größenklassen, bezogen auf das Zenit. Die IPS wurde 1922 eingeführt und löste die bis dahin gültige Harvard Polsequenz (HPS) oder (NPS) ab [*19* ··· *21*].

Nullpunkts-Sterne des P, V-Systems mit Angabe von Filter- und Vervielfacher-Kombinationen: [*2*], S. 384.

Neuere photoelektrische Untersuchungen haben die Skala der IPS im Bereich $7^m \leq m \leq 16^m$ bestätigt [*1*], während sie bei den helleren Sternen einen Skalenfehler ergeben [*3* ··· *6*], der nicht allein durch spektrale Besonderheiten der A-Sterne erklärt werden kann, wie es Seares [*7, 17*] versucht hat.

Da die Skala der IPS noch nicht in allen Helligkeitsbereichen gesichert erscheint und außerdem technische Schwierigkeiten in der einwandfreien Übertragung der Helligkeiten der Sterne der IPS auf andere Sternfelder auftreten, ist man dazu übergegangen, Standardsequenzen unabhängig von der IPS zu bilden, insbesondere in SA und HSR [*8*] (siehe 5.2.6.1.3) und in zahlreichen Sternhaufen (siehe 5.2.6.1.5), die durch lichtelektrische Messungen bei hohen Genauigkeiten (einige wenige $0\overset{m}{,}001$) abgeleitet worden sind.

[1]) Oft wird heute die IPS auch mit der Abkürzung NPS bezeichnet, insbesondere erhalten alle Sterne der IPS vor ihrer Sternnummer das Zeichen NPS vorgesetzt. Eine Verwechslung der heutigen Helligkeitsangaben der NPS mit denen der alten Harvard Polsequenz ist kaum möglich, weil diese Daten als völlig überholt angesehen und nicht mehr benutzt werden.

Tab. 3. Helligkeiten und Farbenindizes der NPS-Sterne — Magnitudes and color indices of the NPS stars

(a)	Messungen im UBV-System	measurements in the UBV system	[13]
(b)	Lichtelektrische Rothelligkeit R (für $\lambda_{eff} = 6800$ A)	photoelectric red magnitude R (for $\lambda_{eff} = 6800$ A)	[14]
(c)	Photographisch, visuell, infrarot. P ist relativ frei von Strahlung mit $\lambda < 3800$ A	photographic, visual, infrared. P is relatively free from radiation below 3800 A	[15]
(d)	Rothelligkeit, $\lambda_{eff} = 6200$ A	red magnitude, $\lambda_{eff} = 6200$ A	[16]

NPS [1]	Sp, LC [11, 12]	(a) V	$B-V$	$U-B$	(b) R	(c) V	$P-V$	$V-I$	(d) Pr (G)
1	A 2	$4^{m}36$	$+0^{m}02$	$+0^{m}02$	$4^{m}52$	$4^{m}39$	$-0^{m}06$	$-0^{m}21$	—
2	B 9	5,27	−0,03	−0,11	5,45	5,26	−0,12	−0,30	—
3	F 0 III	5,58	+0,23	+0,13	5,59	5,61	+0,12	+0,06	—
4	A 3p	5,79	+0,25	+0,07	5,82	5,83	+0,12	+0,00	—
5	A 5	6,49	+0,10	+0,07	6,60	6,47	−0,01	−0,17	—
6	A 3	7,11	+0,18	+0,08	—	7,13	+0,09	—	—
7	B 9	7,51	−0,01	−0,07	7,71	7,53	−0,11	−0,27	—
8	F 4 III	8,08	+0,40	−0,04	7,99	8,10	+0,29	+0,23	—
9	F 2 III	8,81	+0,31	+0,11	—	9,07	+0,16	—	—
10	A 9	9,06	+0,28	+0,04	—	—	—	—	—
11	F 0 V	—	—	—	—	—	—	—	—
12	A 7	—	—	—	—	—	—	—	$9^{m}68$
13	A 7	10,27	+0,34	+0,25	—	10,32	+0,22	—	10,31
14	F 2	—	—	—	—	—	—	—	10,40
15	—	—	—	—	—	—	—	—	10,77
16	—	11,20	+0,48	+0,07	—	11,23	+0,42	—	11,15
18	—	—	—	—	—	—	—	—	11,77
19	—	12,22	+0,56	+0,13	—	12,21	+0,47	—	12,10
1r	(K 5 ··· M 0 III)	5,07	+1,63	+1,97	4,11	—	—	—	—
2r	(M I ··· III)	6,38	+1,57	+1,79	5,25	6,47	+1,46	+1,24	—
3r	K 2 III	7,49	+1,44	+1,59	6,76	7,54	+1,30	+1,32	—
4r	G 9 III	8,23	+1,06	+1,00	7,75	8,26	+0,97	+0,89	—
5r	(K 3 III)	—	—	—	7,60	8,66	+1,46	+1,77	—
6r	G 9 III	—	—	—	8,58	9,27	+1,21	+1,24	—
7r	G 8 IV	—	—	—	—	9,88	+1,08	—	9,48
8r	—	10,40	+1,09	+0,86	—	10,46	+0,97	—	10,12
9r	—	—	—	—	—	—	—	—	10,51
10r	—	—	—	—	—	—	—	—	11,89
11r	—	—	—	—	—	—	—	—	11,60
12r	—	12,50	+1,34	—	—	12,61	+1,18	—	12,13
2s	F 2 III	6,28	+0,35	−0,01	6,21	6,29	+0,25	+0,17	—
3s	F 4 V	6,33	+0,43	−0,08	6,16	6,36	+0,30	+0,32	—
4s	F 5 III	—	—	—	9,59	9,83	+0,48	+0,39	9,64
5s	G 8 III	—	—	—	—	—	—	—	—
6s	—	—	—	—	10,33	10,68	+0,71	+0,66	10,42

NPS [1]	(d) Pr (G)
8s	$13^{m}48$
9s	13,42
10s	14,29
11s	14,20
12s	14,52
14s	14,67
15s	15,85
16s	15,04
17s	15,89
18s	16,68
19s	16,77

[1] r rote Sterne — red stars
s zusätzliche Standardsterne — supplementary standard stars
NPS 17: Veränderlicher — Variable star [18].

Tab. 4. Helligkeitskataloge der IPS — Catalogues of magnitudes of the IPS

Autor	m_{lim} ⟨Nr. der NPS-Sterne⟩ *IPg*	*IPv*	λ_{eff} [A]	Daten	N	Literatur
Becker, W.	$15^{\rm m}$		3700, 4300 4240, 4810 5480, 6380	m_λ	84	Veröffentl. Göttingen Nr. 80 (1946)
Eberhard, G.	$20^{\rm m}_{,}1$	$17^{\rm m}_{,}5$		*IPg*, *IPv*, *ICI*	329	[*r*] S. 495
Eggen, O. J.	⟨6, 10, 16, 19, 2r, 4r, 8r⟩			*P*, *P-V*	7	ApJ **114** (1951) 141
Johnson, H. L., W. W. Morgan	⟨6, 10, 13, 16, 19, 2r, 4r, 8r, 12r⟩			*P*, *P-V*	9	ApJ **114** (1951) 522
Kron, G. E., J. L. Smith	⟨1 ⋯ 8, 1r ⋯ 6r, 2s ⋯ 6s⟩			*P*, *P-V*, *P-R*	17	ApJ **113** (1951) 324; reduzierte Messungen von [*1*] und [*5*]
Nassau, J. H., V. Burger	$15^{\rm m}_{,}4$		~6200	*Pr*	52	ApJ **103** (1946) 25
Payne, H. C., S. Gaposchkin	⟨1 ⋯ 25, 1r ⋯ 12r, 4s ⋯ 7s⟩		6300	*HPr**)	39	Ann. Harvard **89**/5 (1935)
Rybka, E.	⟨1 ⋯ 9, 1r ⋯ 6r, 2s + 3s⟩		≈6100	*LwPr*	17	Contrib. Wroclaw Nr. 5 (1950)
Rybka, E.	⟨1 ⋯ 6, 1r, 2s + 3s⟩			$m_w \approx m_{pg}$	9	Acta Astron. Krakow (c) **5** (1953) 40
Seares, F. H.	⟨1 ⋯ 16, 1r ⋯ 8r, 2s ⋯ 6s⟩			Pg_r, Pv_r, CI_r Revised Standards	29	ApJ **87** (1938) 257
Seares, F. H., M. C. Joyner	⟨1 ⋯ 29, 1r ⋯ 12r, 2s ⋯ 13s⟩			*CI*	53	ApJ **101** (1945) 15
Stoy, R. H.	$11^{\rm m}_{,}4$			*IPg*, *IPv*, *ICI*	25	Vistas Astron. **2** (1956) 1099
	$20^{\rm m}_{,}10$ ⟨1 ⋯ 46, 1r ⋯ 12r, 1s ⋯ 38s⟩	$17^{\rm m}_{,}43$	4300, 5350	*IPg*, *IPv*, *ICI*	96	Trans. IAU **1** (1922) 69
	$16^{\rm m}_{,}3$	$15^{\rm m}_{,}6$	4300, 5350	*IPg*, *IPv*, *ICI* Supplementary Stars	56	Trans. IAU **1** (1922) 69
	⟨1 ⋯ 13, 1r ⋯ 8r, 2s ⋯ 6s⟩			*IPg*, *IPv* "Interim values"	25	Trans. IAU **8** (1952) 375

Tab. 5. Helligkeitskataloge zusätzlicher Sterne im Feld der IPS — Catalogues of magnitudes of additional stars in the field of IPS

Autor	m_{lim} m_{pg}	m_{pv}	$\delta >$	N	Literatur
Armeanca, J.	$16^{\rm m}_{,}0$	$16^{\rm m}_{,}0$	89°	260	ZfA **7** (1933) 78
Dyson, F. W.	14	—	89	395	Sonderdruck des Royal Observatory Greenwich (1931); Trans. IAU **4** (1932) 144
Hartwig, G.	11,94	10,84	—	Stern 9r	ZfA **18** (1939) 362
Ross, F. E.	13,0	12,0	88	500	ApJ **84** (1936) 241
Wallenquist, Å.	13,5	12,5	89	16	Festskr. Oe. Bergstrand (1938) 39

Karten zur IPS — *Maps of the* IPS

Armeanca [*22*], Leavitt [*19, 20*], Lundmark [*e*] S. 325, Rosseau und Spite [*23*] (Karte der Sterne bis $m_{pg} = 13^{\rm m}$ oder $15^{\rm m}_{,}5$).

*) Skala mit merklichen Fehlern — scale contains noticeable errors.

Tab. 6. Helligkeitskataloge für die Polkalotte — Catalogues of magnitudes for the polar cap

Symbol	m_{lim}	$\delta >$	N	Literatur und Bemerkungen
a) Photographische Helligkeiten (m_{pg}) — Photographic magnitudes (m_{pg})				
m_{pg}	$11\overset{m}{,}6$	85°	135	BEER, A., R. O. REDMAN, and G. G. YATES: Mem. Roy. Astron. Soc. **67** (1954) Teil 1; lichtelektrisch, reduziert auf IPS-Skala
S	9	75	2 747	BELJAWSKI, S. J.: Bull. Pulkovo **6** (1915) 263; [*e*] S. 315
GAP	8	80	167	Göttinger Aktinometrie Pol. Teil B. SCHWARZSCHILD, K.: Abhandl. Ges. Wiss. Göttingen, Math.-Physik. Kl. Neue Folge **8**/4 (1912)
Gr I	9	75	2 329	DYSON, F. W.: Sonderdruck des Royal Observatory Greenwich (1913); [*e*] S. 313
HPP	8,25	57,5	3 470	Harvard Photographic Photometry, Harvard Mimeogr. Ser. I, 1 (1933) und 2 (1935)
m_T	11,6	88	154	RUMINSKA, R.: Bull. Toruń **2**/14 (1956) 10
LPg	7,5	80	172	DE SITTER, A.: BAN **6** (1930) 65
YA, *YPg*	8,25	73	2 354	Yerkes Aktinometrie, PARKHURST, J. A.: ApJ **36** (1912) 169; [*e*] 319.
m_{pg}	12,5	77	1 300	ZESSEWITSCH, W. P.: Mitt. Kiew **1** (1953) 3
b) Visuelle und photovisuelle Helligkeiten (m_v) — Visual and photovisual magnitudes (m_v)				
m_{pv}	$10\overset{m}{,}7$	85°	135	BEER, A., R. O. REDMAN, and G. G. YATES: Mem. Roy. Astron. Soc **67** (1954) Teil 1; lichtelektrisch, reduziert auf IPS-Skala
m_L	7	77	26	HOPMANN, J.: Ber. Verhandl. Sächs. Akad. Wiss. Leipzig, Math. Naturw. Kl. **89** (1937) 9; Rosenberg-Bergstrand-Polsequenz
PD vis	7,5	0	14 199	MÜLLER, G., und P. KEMPF: Publ. Potsdam **17** (1907); [*e*] S. 279, 285; visuell
HPPv	9	$-90 \leq \delta \leq +90$	42 000	PAYNE, C. H.: Harvard Mimeogr. Ser. III, 1 und 2 (1938)
PDP vis	11	80	5 000	Potsdamer Polkatalog; MÜLLER, G., E. KRON, A. KOHLSCHÜTTER und W. HASSENSTEIN: Publ. Potsdam **26**/85 (1927); [*e*] S. 285
WrPv	—	—	653	RYBKA, E.: Contrib. Lwów Nr. 7 (1938)
LwPv	9	80	635	RYBKA, E.: Contrib. Wroclaw Nr. 3 (1948)
LwPv	9	84	172	RYBKA, E.: Contrib. Wroclaw Nr. 5 (1950)
P_{44}	7,5	—	97	RYBKA, E.: Krakow Obs. Reprint Nr. 41 (1960); auf System Ann. Harvard **44** reduziert
LPv	8	80	348	DE SITTER, A.: BAN **8** (1937) 184; System Leiden
m_{pv}	11,5	77	1 300	ZESSEWITSCH, W. P.: Mitt. Kiew **1** (1953) 3
c) Farbenindizes und lichtelektrische Helligkeiten — Color indices and photoelectric magnitudes				
—	$6\overset{m}{,}7$	75°	102	HASSENSTEIN, W.: AN **269** (1939) 185
m_b; m_g; *CI*	$m_b < 7{,}5$	72	14	RYBKA, E.: Acta Astron. Krakow (c) **5** (1952) 40 λ_{eff}: $b = 4000$ A; $g = 6200$ A
V; *B-V*; *U-B*	$V < 11{,}0$	80	34	ABT, H.A., and J. C. GOLSON: ApJ **136** (1962) 363; Sp, teilw. Farbenexzess E_{B-V} (siehe 5.2.7.4)
	11,5	80	2 271	SEARES, F. H., F. E. ROSS, and M. C. JOYNER: Carnegie Inst. Wash. Publ. Nr. 532 (1941)
C_{yr}, C_{br}		86	466	WESTERLUND, B.: Ark. Astron. **1** (1955) 567 λ_{eff}: $b = 4350$ A; $y = 5500$ A; $r = 6250$ A
$CI = m_{pg} - m_{pv}$	$m_{pg} \leq 12{,}5$	77	1 300	ZESSEWITSCH, W. P.: Mitt. Kiew **1** (1953) 3
d) Rothelligkeiten — Red magnitudes				
UPr	$UPr \leq 10\overset{m}{,}8$	86°	466	WESTERLUND, B.: Ark. Astron. **1** (1955) 567 $\lambda_{eff} = 6250$ A

Lamla

5.2.6.1.2 Helle Sterne und Sterne in einzelnen Zonen und Feldern — Bright stars and stars in special zones and fields

Tab. 7. Helligkeitskataloge für helle Sterne — Catalogues of magnitudes for bright stars ($m_{pg} < 7^m\!.0$)

Autor	m_{lim}	δ	λ_{eff}[A]	N	Literatur und Bemerkungen
a) Photographische Helligkeiten — Photographic magnitudes					
BRILL, A.	5^m	$\approx > 0°$	blau gelb	162	Veröffentl. Berlin-Babelsberg **11**/2 (1936)
COLLMANN, W.	3,1	$\approx > 0$	3800 4550	37	ZfA **9** (1935) 185
HERTZSPRUNG, E.	5,5	$\approx > 0$	4220	658	BAN **1** (1923) 201; Welle in Rektaszension, siehe H. SCHNELLER: AN **249** (1933) 243
KING, E. S.	3,7	< 0	4340	79	Ann. Harvard **76**/5 (1915)
	5,5	> -70	4340	229	Ann. Harvard **76**/6 (1915)
OOSTERHOFF, P. Th.	5,5		4340	705	BAN **10** (1944) 45; **10** (1947) 305
THÜRING, E.	4,0		4430	245	AN **269** (1939) 289
DE VAUCOULEURS, G.	4,5	> 0	4160	76	Ann. Astrophys. **10** (1947) 107; Skala nach E. S. KING
b) Visuelle und photovisuelle Helligkeiten — Visual and photovisual magnitudes					
KING, E. S.	$3^m\!.8$	$-30° \cdots +90°$	m_{pv}	123	Ann. Harvard **85**/3 (1923); **83**/10 (1928)
RHP	6,5	$-90° \cdots +90°$	m_v	9110	Revised Harvard Photometry; Ann. Harvard **50** (1908); [e] S. 276
ZINNER, E.	5,5	$-90° \cdots +90°$	m_v	2373	Veröffentl. Bamberg **2** (1926); Helligkeitsverzeichnis nach PDv und RHP und allen früheren Katalogen
c) Rot- und Infrarothelligkeiten — Red and infrared magnitudes					
BECKER, W.	$5^m\!.9$	$> 0°$	7100	190	ZfA **9** (1935) 79
COLLMANN, W.	3	$> +10$	7200	37	ZfA **9** (1935) 185
FERWERDA, J. G.	6,4	> -18	6280	160	BAN **9** (1940) 149; helle Parallaxensterne
HALL, J. S.	5,5	> -20	8300	282	ApJ **84** (1936) 369; **88** (1938) 319
HETZLER, Ch.	4,5	> 0	8500	27	ApJ **83** (1936) 372
KING, E. S., R. L. INGALLS	3,0	$\approx > 0$		37	Ann. Harvard **85**/11 (1930)

Weitere Helligkeitskataloge siehe Kataloge der Farbenindizes 5.2.7.3 — For more catalogues of magnitudes see catalogues of color indices 5.2.7.3.

Tab. 8. Helligkeitskataloge für Sterne in verschiedenen Zonen — Catalogues of magnitudes for stars in various zones

Zone $\delta[°]$, $\alpha[^h]$	m_{lim}	Name	Daten	N	Literatur und Bemerkungen
		a) Photographische Helligkeiten — Photographic magnitudes			
0° ··· 20°	$7^m_,5$	GA	m_{pg}	3 522	Göttinger Aktinometrie Teil A. Schwarzschild, K.: Abhandl. Ges. Wiss. Göttingen, Math.-Physik. Kl., Neue Folge **6**/6 (1910) = Astron.Mitt. Göttingen Nr. 14 (1910)
0 ··· 20	7,5	HPP	m_{pg}	2 338	Harvard Photographic Photometry Payne, C. H., H. Shapley: Harvard Mimeogr. Serie I/2 (1935); I/3 (1937)
15 ··· 25	8,25	HPP	m_{pg}	3 894	
27°,5; 0^h ··· 24^h	9,0		m_{pg}, Sp, v_r	1 041	Heard, J. F.: Publ. David Dunlap Obs. **2** (1956) 107; Sp später als G 0
40 ··· 45	10,5	S	m_{pg}	8 986	Beljawsky, S.: Publ. Pulkovo Serie 2, **40** (1932); [f] S. 470
10 ··· 20; 30 ··· 50	12,5	YZC	m_{pg}, Sp	55 700	Yale Zone Catalogue Schilt, J., S. J. Hill: Contrib. Rutherfurd Nr. 32 (1952)
50 ··· 55	12,5	YZC	m_{pg}, Sp	7 280	Schilt, J., S. J. Hill: Contrib. Rutherfurd Nr. 31 (1938)
55 ··· 60	12,5	YZC	m_{pg}, Sp	6 902	Schilt, J., S. J. Hill: Contrib. Rutherfurd Nr. 30 (1937)
57°,5 ··· 77°,5	7,5	Poulkovo	m_{pg}	2 135	Lehmann-Balanowskaja, I.: Bull. Pulkovo **13**, Nr. 2 (1932); [f] S. 469
60 ··· 65	9	Uppsala	m_{pg}	2 685	Bergstrand, Ö.: Uppsala Ann. **1**, Nr. 6 (1941); [f] S. 470
65 ··· 70	9	Uppsala	m_{pg}	235	
60 ··· 65	9		m_{pg}	4 616	Bergstrand, Ö.: Uppsala Medd. Nr. 57 (1933)
60 ··· 75	8,25	YA, *YPg2*	m_{pg}	2 354	Yerkes Aktinometry Ser. 2 Fairley, A. S.: ApJ **73** (1931) 125
65 ··· 75	9	Gr II	m_{pg}	5 514	Sonderdruck Royal Observatory Greenwich (1915); [e] S. 314
75 ··· 80	7,75	Leiden	m_{pg}	403	Kort, J. de: BAN **11** (1949) 71; Skala um 5% zu eng
		Moskau	m_{pg}	22 000	Woroschilow, W. I., S. G. Gordeladse u. a.: Akad. Wiss. UdSSR Moskau (1962)
		b) Visuelle und photovisuelle Helligkeiten — Visual and photovisual magnitudes			
10 ··· 40°	$7^m_,0$		m_V[1]), Sp	533	Osawa, K.: ApJ **130** (1959) 159; B 8 ··· A 2-Sterne
0 ··· 90	7,5	PDvis	m_v	14 199	Müller, G., und P. Kempf: Publ. Potsdam **17** (1907); [e] S. 279
0 ··· 90	8,5		m_v	100	Günther, O.: ZfA **18** (1939) 212; Prüfung der Skala der PDvis
≥ −18°	13,7		m_v, Sp	167	Beyer, M.: AN **282** (1955) 211
≥ −20°	12,2		m_{pv}, Sp	452	Stedman, W. D., and A. N. Vyssotsky: AJ **61** (1956) 219; Sp: MV
−10° ··· 0	7,5	PD-Ext	m_v	2 122	Tass, A., und L. Terkan: Publ. Ogyalla **1** (1916); [e] S. 285
−90 ··· +90	10	RHP	m_v	36 682	Revised Harvard Photometry; Ann. Harvard **54** (1908)
−90 ··· −20	7,5		m_{pv}	122	Cousins, A. W.: MN **103** (1943) 154; $\lambda_{eff} = 5400$ A
−90 ··· +90	9	HPPv	*IPv*	42 000	Harvard Photovisual Photometry; Harvard Mimeogr. Ser. III, 1 und 2 (1938); Reduktion aller früheren Kataloge auf *IPv*
		Moskau	m_{pv}	22 000	Woroschilow, W. I., S. G. Gordeladse u.a.: Akad. Wiss. UdSSR Moskau (1962)

[1]) Lichtelektrisch

Tab. 9. Helligkeitskataloge für schwache Sterne in bestimmten Feldern — Catalogues of magnitudes for faint stars in special fields

„Selected Areas" und „Harvard Standard Regions" siehe 5.2.6.1.3

Feld α	Feld δ	m_{lim}	Daten	N	Literatur und Bemerkungen
			a) Photographische Helligkeiten — Photographic magnitudes		
1h 25m	61° 50'		m_{pg}, Sp	731	KOPYLOW, J. M.: Mitt. Krim. **10** (1953) 120; schwache O ··· B 5-Sterne
4 7	32	16,m5	m_{ph}	500	TAFFARA, S.: Mem. Soc. Astron. Ital. (NS) **24** (1953) 155; λ_{eff} = 3900 A
5	39	11,5	m_b	1800	EKLÖF, O.: Ark. Astron. **1** (1955) 315; λ_{eff} = 4270 A
5 32	− 2	17,4	IPg	300	KIRILLOWA, T. S.: Soviet Astron.-AJ **3** (1959) 665
6 35	9 45	16,0	IPg	≈ 500	URANOWA, T. A.: Publ. Sternberg **29** (1958) 71
12 20 Nähe NGP [1]	38	13,0	m_{pg}, teilweise B Sp	4027	UPGREN, JR., A. R.: AJ **67** (1962) 37; Sp später als G 5 (III und V)
18 50	6	13,5	m_{pg}	1271	WOROSCHILOW, W. J., und S. G. GORDELADSE: Mitt. Kiew **3** (1960) 126
19 12	≈12	13,0	m_{pg}	1146	IWANISZEWSKI, H.: Bull. Toruń **2**/14 (1956) 15
19 13	45 30	12,7	m_{pg}	938	MACRAE, D. A.: ApJ **116** (1952) 592
19 23	15	12,8	m_{pg}	1058	LISICKI, A.: Bull. Toruń **2**/14 (1956) 28
19 34	17 30	12,8	m_{pg}	1238	IWANISZEWSKA, C.: Bull. Toruń **2**/14 (1956) 41
19 50	5	13,5	m_{pg}	≈1000	GORDELADSE, S. G., F. I. LUKASKAJA: Mitt. Kiew **3** (1961) 77
20 30 ··· 21 10	41 ··· 59	13	m_{pg}, Sp	2310	BARTAJA, R. A., E. K. CHARADSE: Bull. Abastumani **28** (1962) 161; 4 Felder
22	0	12	m_{pg}	≈3150	ZESSEWITSCH, W. P.: Mitt. Kiew **1** (1953) 3
23 27	61	12,5	m_{pg}, Sp	400	BRODSKAJA, E. S.: Mitt. Krim **10** (1953) 104
23 50	≈60	13	m_{pg}	1720	HUTOROWICZ, H.: Bull. Toruń **2**/14 (1956) 54
			m_{pg}	240	GOLDBERG-ROGOSINSKAJA, N. M.: Mitt. Pulkowo **21**/3 (1958) 94; je 20 Sterne in 12 Feldern des Pulkower Katalogs außergalaktischer Systeme
	5 ··· 15		m_{pg}		„Wirtanen-Vyssotsky-Felder" DRAGOMIREZKAJA, B. A.: Wiss. Jahrb. Univ. Odessa (1956) 167
			b) Visuelle und photovisuelle Helligkeiten — Visual and photovisual magnitudes		
	> −24°	16,m0	m_v	720	Rumford Regions: 36 Sequenzen zu je 20 Sternen MITCHELL, S. A.: Mem. Am. Acad. Arts Sci. **14**/4 (1923)
	−15° ··· +75°	10	m_{pv}	≈4300	Mc Cormick Photovisual Sequences WIRTANEN, C. A., and A. N. VYSSOTSKY: ApJ **101** (1941) 141; 329 Sequenzen zu je ≈13 Sternen
6h 35m	9° 45'	15,7	IPv	≈ 500	URANOWA, T. A.: Publ. Sternberg **29** (1958) 71
18 50	6	13	m_{pv}	985	WOROSCHILOW, W. J., und S. G. GORDELADSE: Mitt. Kiew **3** (1960) 126
19 17	13	13,4	m_{pv}	1950	GASKA, S.: Bull. Toruń **2**/15 (1958) 96
19 28	15	12,8	m_{pv}	1694	LISICKI, A.: Bull. Toruń **2**/15 (1958) 118
19 39	17 42	13,0	m_{pv}	6053	GRUDZINSKA, S.: Bull. Toruń **2**/15 (1958) 1
19 50	5	13,0	m_{pv}	≈1000	GORDELADSE, S. G., und F. I. LUKASKAJA: Mitt. Kiew **3** (1961) 77
23 57	59 36	13,2	IPv	3856	AMPEL, R.: Bull. Toruń **2**/15 (1958) 60

[1]) North Galactic Pole

Vergleichsfelder für veränderliche Sterne

HAGEN, I. G.	Atlas Stellarum Variabilium (ASV)	1 ··· 9 (1899 ··· 1941)
HAGEN, I. G.	Aggiunte al Catalogo (Ergänzungen zum Katalog)	Specola Vaticana **11** (1916); **12** (1922)
STEIN, J., und J. JUNKES	Entstehung und Beschreibung des ASV	Specola Vaticana Ric. Astron. **1**/3 (1941)
STEIN, J., und J. JUNKES	Inhaltsverzeichnis und Erläuterungen zum ASV	Specola Vaticana Ric. Astron. **1**/4 (1941)
MITCHELL, S. A.	6284 visuelle Größen in 350 Feldern langperiodischer Veränderlicher, nur auf $0^m_{\cdot}1$ angegeben	Publ. McCormick **6** (1935) 201
MITCHELL, S. A., und C. A. WIRTANEN	Photovisuelle Größen in 50 Feldern $m_{pv} \leq 14^m_{\cdot}2$; nur auf $0^m_{\cdot}1$ angegeben	Publ. McCormick **9** (1939) 59
GAPOSCHKIN, S.	527 Sterne in 34 Feldern, $7^m \leq m_{pv} \leq 12^m$	Ann. Harvard **108/1** (1939)
WRIGHT, F. W.	Je 5 ··· 10 Sterne $9^m \leq m_{pv} \leq 13^m$ für 29 Bedeckungsveränderliche; m_{pg}, teilweise m_{pv}; m_v; CI	Ann. Harvard **89**/13 (1940)

Felderplan veränderlicher Sterne der nördlichen Milchstraße; Veränderliche an IPS angeschlossen: C. HOFFMEISTER und Mitarbeiter, siehe Kl. Veröffentl. Berlin-Babelsberg Nr. 19, 24, 28 (1938 ··· 1943) und Veröffentl. Sonneberg ab 1 fortlaufend.

5.2.6.1.3 "Selected Areas" (SA); "Harvard Standard Regions" (HSR)

Mit Hilfe aller erfaßbaren Daten der Sterne (Eigenbewegung, Parallaxe, Helligkeit, Spektraltyp, Farbenindex usw.) in den von KAPTEYN vorgeschlagenen Eichfeldern sollte die Struktur des Milchstraßensystems erforscht werden. Der Plan wurde nur zum Teil ausgeführt; die etwa gleichmäßige Verteilung der Felder am Himmel nimmt keine Rücksicht auf die Symmetrieebene der Milchstraße (galaktischer Äquator) und stellt daher für galaktische Studien eine unzweckmäßige Auswahl dar. Lage der SA: Fig. 1 und 2.

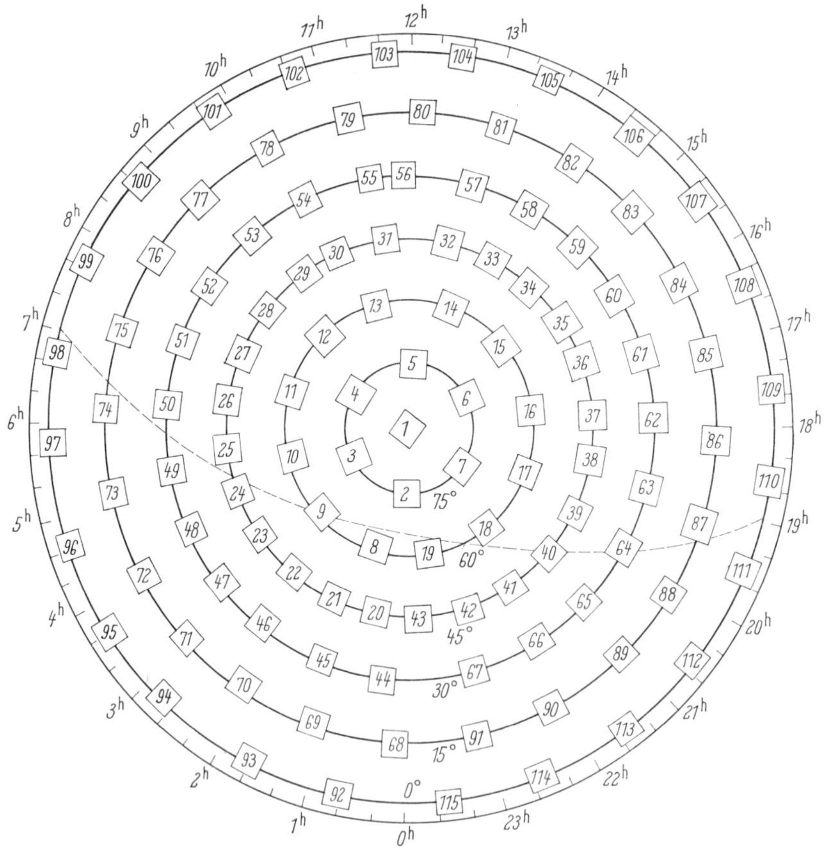

Fig. 1. Anordnung der Kapteyn'schen Eichfelder (Selected Areas, SA) 1 ··· 115 des nördlichen Himmels — Position of Kapteyn's Selected Areas (SA) 1 ··· 115 of the northern sky [Bergedorfer Spektraldurchmusterung **1** (1935) E 3].

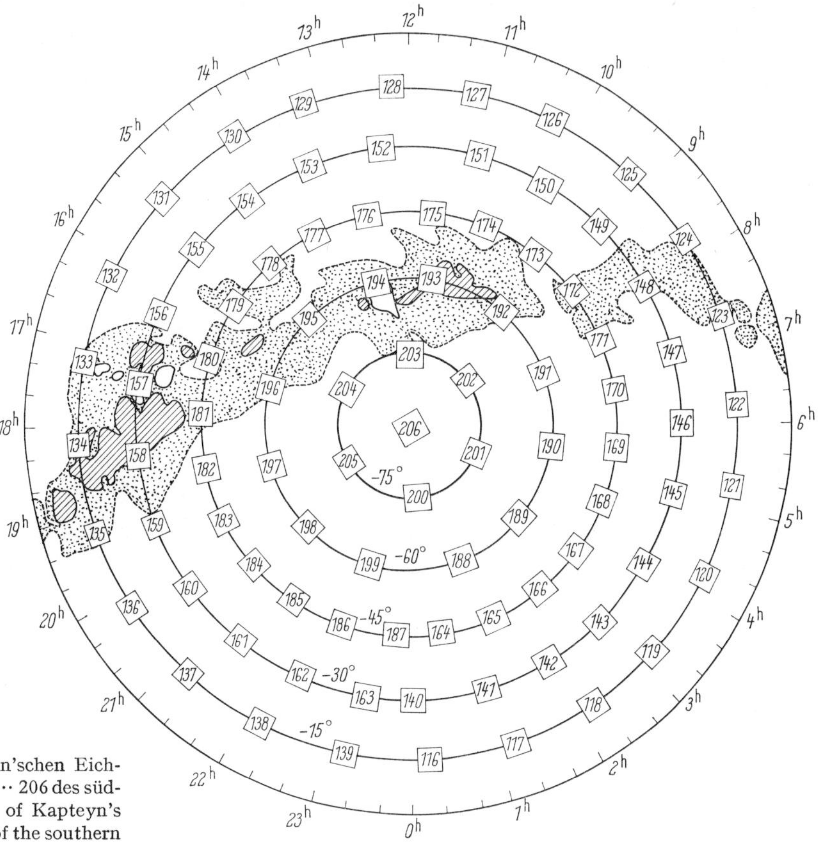

Fig. 2. Anordnung der Kapteyn'schen Eichfelder (Selected Areas, SA) 116 ··· 206 des südlichen Himmels — Position of Kapteyn's Selected Areas (SA) 116 ··· 206 of the southern sky [Publ. Potsdam **28**/2 (1938) 7].

Tab. 10. Helligkeitskataloge für die „Selected Areas" — Catalogues of magnitudes for the "Selected Areas"

SA Nr.	m_{lim} *IPg*	*IPv*	m_r	*N*	Literatur und Bemerkungen
1 ··· 206	16,m0			250 000	Harvard Groningen Durchmusterung PICKERING, E. C., J. C. KAPTEYN, and P. J. VAN RHIJN: Ann. Harvard **101** ··· **103** (1918 ··· 1924)
1 ··· 139	18,5			67 941	SEARES, F. H., J. C. KAPTEYN, and P. J. VAN RHIJN: Carnegie Inst. Wash. Publ. Nr. 402 (1930); Trans. IAU **3** (1928) 149
1 ··· 115	13,0			12 ··· 25/(°)^2	Bergedorfer Spektraldurchmusterung (BSD) SCHWASSMANN, A., und P. J. VAN RHIJN: Hamburg-Bergedorf, **1** ··· **3** (1935 ··· 1947); SCHWASSMANN, A., J. P. VAN RHIJN, und L. PLAUT: Hamburg-Bergedorf, **4** (1951); **5** (1953) BLAAUW, A.: Methoden zur Helligkeitsbestimmung in der BSD, BAN **9** (1940) 141
2 ··· 7		13m		509	VAN RHIJN, P. J., and B. J. BOK: Publ. Groningen **44** (1929)
13, 30 ··· 32, 51 ··· 60 63, 64, 68 ··· 91	14,0				DYSON, F. W.: Sonderdruck des Roy. Obs. Greenwich, London (1931)
49	17,5			606	TAFFARA, S.: Mem. Soc. Astron. Ital. (NS) **24** (1953) 155; m_{ph}
61			16,m5	52	YOSS, K. M.: AJ **60** (1955) 338; photorot, $\lambda_{eff} = 6200$ A
68 ··· 91	11,0	10,5		1 268	BEER, A., R. O. REDMAN, and G. G. YATES: Mem. Roy. Astron. Soc. **67** (1954) Teil 1
89	13,5	13,5	13,5	154	Standard-Sequenz für RGU BECKER, W.: Veröffentl. Göttingen Nr. 81 (1946); $\lambda_{eff} = 3730;\ 4810;\ 6380$ A

Vergleich des Atlas der 139 SA von Mt. Wilson (Helligkeit und Position von 44 926 Sternen) mit den Mt. Palomar-Karten; Angabe der Differenzen: BRUN [25].

Identifikationskarten für SA 57, 61, 68: PEREK and ROUSOVA [26].

Eine andere Gruppe ausgewählter Felder stellen die Harvard Standard Regions dar, Felder von je 5 Quadratgrad.

Liste der Standardsterne [24], je Feld etwa 20 Sterne im Helligkeitsbereich:

$$7^m \leq m_{pg} \leq 13^m,\ 7^m \leq m_{pv} \leq 11{,}5^m$$

Koordinaten der HSR

A 1 ··· 3	+ 75°	4^h, 12^h, 20^h
B 1 ··· 9	+ 45	1^h20^m, 4^h, 6^h40^m, 9^h20^m, 12^h, 14^h40^m, 17^h20^m, 20^h, 22^h20^m
C 1 ··· 12	+ 15	1^h, 3^h, 5^h, 7^h, 9^h, 11^h, 13^h, 15^h, 17^h, 19^h, 21^h, 23^h
D 1 ··· 12	− 15	wie C
E 1 ··· 9	− 45	wie B
F 1 ··· 3	− 75	wie A
Südpol	− 90	

Tab. 11. Helligkeitskataloge schwacher Sterne in Harvard Standard Regions (HSR) — Catalogues of magnitudes of faint stars in Harvard Standard Regions (HSR)

HSR	Daten	m_{lim}	Literatur und Bemerkungen
alle 49	m_{pg}, α, δ	19^m	Ann. Harvard **71**/4 (1917)
C 1 ··· 12	m_{pg}, m_{pv}, Sp	$9^m \cdots 11^m$	BALZ, JR., A. G. A., and A. N. VYSSOTSKY: AJ **63** (1958) 474
C 1 ··· 12	m_{pv}, Karten 300 Sterne	13,4	GAPOSCHKIN, S.: Ann. Harvard **108**/1 (1939)
C 1 ··· 12	*IPg*	13,8	VAN RHIJN, P. J., and L. PLAUT: BAN **11** (1950) 245
C 1, 4, 7, 8, 10	m_{pg}	13,7	GREENSTEIN, J. L.: Ann. Harvard **89**/11 (1937); neuer Anschluß an *IPg*
C 5	*HPr*	11,8	BOK, B. J., and C. B. SAWYER: Harvard Bull. Nr. 918 (1946) 19; neuer Anschluß an *HPr*-Pol
C 7	m_{pg}	13,5	GOSSNER, S. D., and J. L. GOSSNER: AJ **53** (1948) 209; Anschluß an IPS

5.2.6.1.4 Rot- und Infrarothelligkeiten — Red and infrared magnitudes

Tab. 12. Kataloge von Rot- und Infrarothelligkeiten — Catalogues of red and infrared magnitudes (Siehe auch Tab. 4 und 6d)

Zone, Feld	λ_{eff} [A]	m_{lim}	Daten	N	Literatur und Bemerkungen
$10° \leq \delta \leq 15°$	5900	$10{,}^m5$	m_r	3 555	GOEDICKE, V.: AJ **51** (1945) 168; AG-Sterne
$15 \leq \delta \leq 20$	5900	10,5	m_r	4 195	GOEDICKE, V.: AJ **50** (1943) 145; AG-Sterne
17^h $+30°$ = SA 61	6200	16,3	*Pr (G)*	52	YOSS, K. N.: AJ **60** (1955) 338
NPS	6200	16,8	*Pr (G)*	41	YOSS, K. N.: AJ **60** (1955) 338
18^h50^m; $+60°$		12,5	m_{pr}	972	WOROSCHILOW, W. J., und S. G. GORDELADSE: Mitt. Kiew **3** (1960) 126
19^h50^m; $+5°$		12,5	m_{pr}	1 000	GORDELADSE, S. G., und F. I. LUKASKAJA: Mitt. Kiew **3** (1961) 77
$333° \leq l \leq 201°$, $-4 \leq b \leq +4$	6800 ··· 8800	10,4	m_{ir}	421	NASSAU, J. J., and V. M. BLANCO: ApJ **125** (1957) 195; geschätzte m_{ir}; C-Sterne
$333° \leq l \leq 201°$, $-4 \leq b \leq +4$	6800 ··· 8800	8,2	m_{ir}, Sp	384	NASSAU, J. J., and V. M. BLANCO: ApJ **120** (1954) 118; geschätzte m_{ir}; M-Sterne
$333° \leq l \leq 201°$, $-4 \leq b \leq +4$	6800 ··· 8800	11,0	m_{ir}, Sp	271	NASSAU, J. J., and V. M. BLANCO: ApJ **120** (1954) 129; geschätzte m_{ir}; C-Sterne
			m_{pr}	22 000	WOROSCHILOW, W. J., S. G. GORDELADSE u. a.: Akad. Wiss. UdSSR Moskau (1962)

5.2.6.1.5 Sterne in Sternhaufen — Stars in clusters

In den letzten Jahren sind Helligkeitsmessungen (vor allem lichtelektrische) von Sternhaufenmitgliedern in so großer Zahl durchgeführt worden, daß es nur möglich ist, auf die Arbeit von HOAG u. a. und den Katalog von ALTER hinzuweisen. Der Sternhaufenkatalog stellt ein vollständiges und fortlaufendes Literaturverzeichnis dar, aus dem die Arbeiten bezüglich der Helligkeiten entnommen werden können. Siehe 7.1.

ALTER, G., J. RUPRECHT, and V. VANÝSEK: Catalogue of Star Clusters and Associations, Czech. Acad. Sci. Prag (1958).

HOAG, A. A., H. L. JOHNSON, B. IRIARTE, R. I. MITCHELL, K. L. HALLAM, and S. SHARPLESS: Photometry of Stars in Galactic Cluster Fields, Publ. U. S. Naval Obs. 2. Serie **17** Teil 7 (1961).

5.2.6.1.6 Parallaxen- und Eigenbewegungssterne — Parallaxes and proper motion stars

(siehe 5.1.4 und 5.1.2)

Tab. 13. Helligkeitskataloge für Sterne mit bekannten Parallaxen (π) oder Eigenbewegungen (μ) — Catalogues of magnitudes for stars with known parallax (π) or proper motion (μ)

π, μ	Daten	m_{lim}	N	Literatur und Bemerkungen
$\pi > 0''008$	m_r	$m_{PDv} < 6^m_,4$	160	FERWERDA, J. G.: BAN **9** (1940) 149; $\lambda_{eff} = 6280$ A
$\pi > 0''04$	m_v	$m_v < 10{,}5$	183	HOPMANN, J.: Ber. Verhandl. Sächs. Akad. Wiss. Leipzig, Math. Naturw. Kl. **90** (1938) 175
$\mu > 0''3$	IPv	$IPv < 11{,}5$	91	SEYFERT, C. K.: ApJ **91** (1940) 117
π	m_{pv}	$m_{pv} \leq 12{,}3$	34	STEDMAN, W. D., and A. N. VYSSOTSKY: AJ **61** (1956) 219; $\delta \gtrsim -18°$
μ	m_V[1]), M_V Sp	$m_V \leq 11{,}7$	562	VYSSOTSKY, A. N.: AJ **61** (1956) 201; Sp: M V

5.2.6.2 Beziehungen zwischen verschiedenen Helligkeitskatalogen — Relationships between different catalogues of magnitudes

Hierzu siehe auch 5.2.7.2.

Im allgemeinen haben die Verfasser von Helligkeitskatalogen die Beziehungen zwischen ihren Werten und anderen Helligkeitssystemen im Katalog angegeben, siehe daher auch bei den Helligkeitskatalogen selbst.

Allgemeinere Literatur

Beschreibung von Helligkeitskatalogen von Sternen in Zonen: KOLESNIK [*27*].

Reduktion von 2 photometrischen Systemen aufeinander bei Vorhandensein von interstellarer Absorption: KOTSCHLASCHWILI [*28*].

Survey of Photographic Magnitudes. Diskussion der zufälligen und systematischen Genauigkeiten aller photographischen Größenklassensysteme: OOSTERHOFF [*29*].

1. Eichung der Skalen älterer Durchmusterungskataloge — Calibration of the scales of old survey catalogues (siehe 5.1.1.5)

Soweit nicht einzelne Angaben gemacht sind, siehe LUNDMARK, K.: [*e*], ab S. 210

AGK	Kataloge der Astronomischen Gesellschaft	LUNDMARK, K.: [*e*] S. 270; WACHTEL, O.: AN **257** (1935) 17
BD, CD	Bonner und Cordoba — Durchmusterung	LUNDMARK, K.: [*e*] S. 259, 289; PAYNE, C. H.: Ann. Harvard **89**/3 (1932)[2]); VYSSOTSKY, A. N.: ApJ **83** (1936) 216
CdC	Carte du Ciel, Internationale Himmelskarte	LEAVITT, H. S.: Ann. Harvard **85**/1, 7, 8 (1919 ··· 1926); LUNDMARK, K.: [*e*] S. 305; SEARES, F. H., and M. C. JOYNER: ApJ **63** (1926) 160
HD	Henry Draper Katalog	Ann. Harvard **99** (1924) 12; SHAPLEY, H.: Harvard Bull. Nr. 912 (1940) 23
HD-Ext	HD-Extension	Ann. Harvard **100** (1936); WRIGHT, F. W., and C. H. PAYNE: Ann. Harvard **89**/4 (1934)
HGD	Harvard Groningen Durchmusterung	SEARES, F. H., M. C. JOYNER, and M. L. RICHMOND: ApJ **61** (1925) 303[3])
PDvis	Potsdamer visuelle Durchmusterung (Tab. 6b)	PAYNE, C. H.: Ann. Harvard **89**/3 (1932)[2]); SEARES, F. H.: ApJ **74** (1931) 131; Trans. IAU **4** (1932) 140[4])
PGC	Preliminary General Catalogue	BOSS, B.: siehe LUNDMARK, [*e*] S. 272

[1]) Lichtelektrische Messungen. [2]) Reduktion auf HPPv (Tab. 8b).

[3]) Reduktion der HGD auf IPS über Mt. Wilson Katalog.

[4]) Reduktion auf IPS über Mt. Wilson-Katalog. Die PDvis stellt das genaueste System visueller Größen dar; für die Beziehung zur internationalen photovisuellen Helligkeit (IPv) gilt:

$$IPv - PDvis = -0^m_,22 + 0{,}11\,ICI \quad (PDvis = 7^m_,35).$$

2. Eichung der Skalen von Helligkeitskatalogen — Calibration of the scales of catalogues of magnitudes

(Das Literaturzitat für die Kataloge selbst findet man in den jeweils angegebenen Tabellen oder sonstigen Hinweisen — References for the catalogues themselves can be found in the tables or other notices given)

—	Becker Infrarotsystem (Tab. 7c, 10)	Brill, A.: AN **278** (1949) 139	Farb- und Skalenfehler
GA	Göttinger Aktinometrie (Tab. 8a)	Bertaud, C. H.: Ann. Paris-Meudon **8**/3 (1939)	Reduktion der Göttinger Aktinometrie auf HPP in der Zone 15° ··· 25°
HPP	Harvard Photographic Photometry (Tab. 6a, 8a)	Payne, C. H.: Harvard Bull. Nr. 881 (1931) 16	Diskussion der Genauigkeit der HPP
		Payne, C. H.: Harvard Bull. Nr. 892 (1933) 2	Vergleich der HPP mit den Systemen Gr I und II, YA 1 und 2, Pulkovo
		de Sitter, A.: BAN **6** (1931) 139	Vergleich der HPP mit dem Leiden-System LPg
HPPv	Harvard Photovisual Photometry (Tab. 6b, 8b)	Payne, C. H.: Harvard Bull. Nr. 892 (1933) 7	Reduktion auf Mt. Wilson-Katalog
		Payne-Gaposchkin, C. H.: Ann. Harvard **89**/12 (1938)	Reduktion der HPPv auf IPS (*IPv*), Reduktion visueller Helligkeitskataloge auf HPPv
HPvis	Harvard Visual Photometry	Payne, C. H.: Ann. Harvard **89**/1 (1931)	Reduktion visueller Helligkeitskataloge früherer Messungen (Ann. Harvard **24**, **34**, **44**, **45**, **46**, **64**, **70**, **72**, **74**) auf HPPv
		Rybka, E.: Krakow Obs. Reprint Nr. 41 (1960)	Reduktion auf Helligkeitssystem in Ann. Harvard **44** (1899)
HPS	Harvard Polar Sequence [*19* ··· *21*]	Lundmark, K.: [*e*] S. 333	
		Shapley, H.: Harvard Bull. Nr. 781 (1923)	Korrektionswerte zur Reduktion aller Harvard m_{pg} vor 1922 auf Skala der IPS
IPS	Internationale Polsequenz (5.2.6.1.1)	Seares, F. H., F. E. Ross, and M. C. Joyner: Carnegie Inst. Wash. Publ. Nr. 532 (1941)	Reduktion von 12 Helligkeitskatalogen auf IPS (Helligkeitsgleichung, Farbgleichung, Nullpunkt und Genauigkeit)
		Stoy, R. H.: Vistas Astron. **2** (1956) 1099	Diskussion der Skalen von Helligkeitskatalogen der IPS und Vergleich mit anderen Systemen
	King-System (Tab. 7a)	Oosterhoff, P. Th: BAN **10** (1944) 45; **10** (1947) 305	Vergleich der Helligkeitssysteme King, Hertzsprung, Thüring (Tab. 7a), Reduktion auf System King
		Vaucouleurs, G. de: Ann. Astrophys. **9** (1946) 222	Reduktion des Helligkeitssystems Brill (Tab. 7a) auf King
	Moskau-System (Tab.8a)	Kolesnik, L. N.: Mitt. Kiew **5**/1 (1963) 137	Vergleich des Moskauer Helligkeitssystems mit dem Helligkeitssystem der Sterne des SA 40
RHP	Revised Harvard Photometry (Tab. 7b und 8b)	Zug, R. S.: ApJ **73** (1931) 26	Reduktion dieses Helligkeitssystems (Ann. Harvard **54**) auf *IPv*
	Rumford-Regions (Tab. 9b)	Mitchell, S. A., and H. L. Alden: MN **86** (1926) 356	Reduktion auf System des Mt. Wilson-Kataloges
SA	Selected Areas (5.2.6.1.3)	Plaut, L.: BAN **13** (1956) 111	Gewichte, Farbgleichungen, Nullpunkt und Skala der Helligkeitssysteme (m_{pg}) der Sterne in nördlichen SA
		Trans. IAU **4** (1932) 143	Reduktion des Helligkeitssystems Publ. Groningen 44 (SA 2 ··· 7) mit dem des Mt. Wilson-Kataloges
S	Simeis-System (Tab. 8a)	Oosterhoff, P. Th.: BAN **10** (1944) 59	Vergleich des Helligkeitssystems (m_{pg}) mit dem der Bergedorf Groningen Durchmusterung (in der Zone 40° $\leq \delta \leq$ 45°)
	Uppsala-System	Bergstrand, Ö.: Uppsala Medd. Nr. 59 (1934)	Vergleich mit anderen Katalogen
YA	Yerkes Actinometry (Tab. 6a, 8a)	Holm, St.: ApJ **77** (1933) 229;	Vergleich YA 1 mit 2 und YA 1 mit Gr
		Zinner, E.: AN **245** (1932) 17	Bemerkungen zur YA 2 (Zone 60° $\leq \delta \leq$ 75°)
YZC	Yale Zone Catalogue (Tab. 8a)	Oosterhoff, P. Th.: BAN **10** (1944) 62	Vergleich YZC mit HPP (Zone 15° $\leq \delta \leq$ 25°)

3. Spezielle Transformationsformeln — Special formulae for transformation

a) Reduktion auf internationales System (*IPg, IPv, ICI*)

Cambridge

BEER, A., R. O. REDMAN, and G. G. YATES: Mem. Roy. Astron. Soc. **67**/1 (1954)

$$m^C_{pg} - IPg = 0^m_,02 - 0{,}04 \cdot ICI.$$

Kiew

GORDELADSE, S. G., und F. I. LUKASKAJA: Mitt. Kiew **3** (1960) 36

$$IPv = 0{,}83 \cdot m^K_{pv} + 0{,}17 \cdot m^K_{pg} - 0^m_,07.$$

Lwów

RYBKA, E.: Contrib. Wroclaw Nr. 5 (1950)

$$LwPr = IPv - 0{,}356 \cdot ICI + 0^m_,012.$$

Toruń

RUMINSKA, R.: Bull. Toruń **2**/14 (1956) 10

$$m^T_{pg} = IPg + 0{,}012 \cdot ICI + 0^m_,06 - 0{,}044 \cdot (m - 9^m_,0).$$

GRUDZINSKA, S.: Bull. Astron. Toruń **2**/15 (1958) 1

$$m^T_{pv} = IPv + 0{,}045 \cdot ICI - 0^m_,026.$$

Wroclaw

RYBKA, E.: Acta Astron. Krakow (c) **5** (1953) 40

$$m^W = IPg - 0{,}040 \cdot ICI.$$

RYBKA, E.: Acta Astron. Krakow (c) **7** (1957) 65

$$m^W_b = IPg - 0{,}023 \cdot ICI - 0^m_,012; \quad m^W_g = IPv - 0{,}010 \cdot ICI - 0^m_,028.$$

b) Reduktion auf Cape Photographic Catalogue 1950 [Ann. Cape **17** ··· **20** (1954 ··· 1958); *SPg, SCI*]

Leiden

DUNKHASE, W.: Monthly Notes Astron. Soc. S. Africa **19** (1960) 16

$$m^L = SPg - 0{,}115 \cdot SCI - 0^m_,040.$$

KOOREMAN, C. J., P. TH. OOSTERHOFF: Ann. Leiden **21** (1957) 117

$$m^L = SPg - 0{,}137 \cdot SCI + 0^m_,009.$$

RALSTON, E. A., R. H. STOY: Monthly Notes Astron. Soc. S. Africa **17** (1958) 12

$$m^L = SPg - 0{,}125 \cdot SCI + 0^m_,035.$$

c) Rot-Transformation:

YOSS, K. M.: AJ **60** (1955) 338

$$Pr(G) = R + 0{,}32 \cdot C_p.$$

C_p: Farbenindex nach STEBBINS u. a. [*1*]; *R*: Rothelligkeit nach KRON und SMITH [*14*].

5.2.6.3 Literatur zu 5.2.6 — References for 5.2.6

Allgemeine Literatur — General references

a ALLEN, C. W.: Astrophysical Quantities, The Athlone Press, 2. Aufl. London (1963).

b BECKER, W.: Sterne und Sternsysteme, 2. Aufl., Steinkopff, Leipzig (1950).

c BERNHEIMER, W.: Apparate und Methoden zur Messung der Gesamtstrahlung der Himmelskörper, Hdb. Astrophys. **I/1** (1933) 407.

d COUSINS, A. W. J., and R. H. STOY: Standard Magnitudes, MN **114** (1954) 349.

e LUNDMARK, K.: Luminosities, Colours, Diameters, Densities, Masses of the Stars, Hdb. Astrophys. **V/1** (1932) 210.

f LUNDMARK, K.: wie [*e*], Hdb. Astrophys. **VII** (1936) 467.

g V. D. PAHLEN, E.: Lehrbuch der Stellarstatistik, Barth, Leipzig (1937).

h PINTO, G.: Definition des Größenklassensystems, der Farbenindizes und Farbexzesse usw., Contrib. Asiago Nr. 105 (1959).

i RYBKA, E.: The Zero-Point in Stellar Photometry, Vistas Astron. **2** (1956) 1111.

k SAUER, M., und H. STRASSL: Nomogramme zur Umwandlung von Größenklassendifferenzen in Intensitätsverhältnisse usw., Veröffentl. Bonn Nr. 46 (1957).

l JONES, H. SPENCER: The Brightness of the Stars, Trans. Illum. Eng. Soc. **20** (1955) 213.

m Trans. IAU **7** (1948) 267.

n Trans. IAU **8** (1952) 355.

o WEAVER, H. F.: Astronomical Photometry, Popular Astron. **54** (1946) Nr. 5 ··· 10.

p WOOLLEY, R. v. D. R.: Monochromatic Magnitudes, Vistas Astron. **2** (1956) 1095.

Literatur über photometrische Methoden — References concerning photometric methods

q Astronomical Photoelectric Conference, Berichte und Diskussionen, AJ **60** (1955) 17.

r EBERHARD, G.: Photographische Photometrie, Hdb. Astrophys. **II/2** (1931) 431; **VII** (1936) 90.

s HASSENSTEIN, W.: Visuelle Photometrie, Hdb. Astrophys. **I/1** (1931) 519; **VII** (1936) 103.

t Hdb. Exp. Physik **26** (1937); insbes.: STRÖMGREN, B.: Aufgaben und Probleme der Astrophotometrie, S. 321. — HELLERICH, J.: Visuelle Photometrie, S. 565. — KIENLE, H.: Photographische Photometrie, S. 649.

u MENZIES, A., R. O. REDMAN, and R. H. STOY: The Determination of Stellar Magnitudes by In-focus Photographic Photometry, MN **109** (1949) 647.

v SIEDENTOPF, H.: Grundriß der Astrophysik, Stuttgart (1950).

w STOCK, J., and A. D. WILLIAMS: Photographic Photometry. Stars and Stellar Systems, Vol. II: Astronomical Techniques (ed. W. A. HILTNER), Chicago (1962) 374.

z WEAVER, H.: Photographic Photometry, Hdb. Physik **54** (1962) 130.

Spezielle Literatur — Special references

1 STEBBINS, J., A. E. WHITFORD, and H. L. JOHNSON: ApJ **112** (1950) 469.
2 Trans. IAU **10** (1958) 384.
3 STEBBINS, J., and A. E. WHITFORD: ApJ **87** (1938) 237.
4 ADOLFSON, T.: Ark. Astron. **1** (1950) 175.
5 EGGEN, O. J.: ApJ **111** (1950) 65.
6 HASSENSTEIN, W.: AN **269** (1939) 185.
7 SEARES, F.: ApJ **87** (1938) 257.
8 BAADE, W.: ApJ **100** (1944) 137.
9 SCHOENBERG, E.: Hdb. Astrophys. **II/1**, 2. Teil (1929) 235, 245.
10 Trans. IAU **6** (1938) 215.
11 KEENAN, P. C.: ApJ **91** (1940) 113.
12 MORGAN, W. W.: ApJ **87** (1938) 460.
13 JOHNSON, H. L.: Ann. Astrophys. **18** (1955) 292.
14 KRON, G. E., and J. L. SMITH: ApJ **113** (1951) 324.
15 KRON, G. E., and N. U. MAYALL: AJ **65** (1960) 581.
16 YOSS, K. M.: AJ **60** (1955) 338.
17 SEARES, F. H.: ApJ **94** (1941) 21.
18 APRIAMASCHWILI, S. P.: Astron. Circ. USSR Nr. 202 (1959) 15.
19 LEAVITT, S. H.: Harvard Circ. Nr. 170 (1912) }
20 LEAVITT, S. H.: Ann. Harvard **71**/3 (1917) } Harvard Polar Sequence (HPS).
21 SEARES, F. H.: ApJ **56** (1922) 97 }
22 ARMEANCA, J.: ZfA **7** (1933) 78.
23 ROSSEAU, J., and F. SPITE: Contrib. Lille Nr. 9 (1958).
24 Ann. Harvard **50**, **54** (1908).
25 BRUN, A.: J. Observateurs **45** (1962) 329.
26 PEREK, L., and O. ROUSOVA: Bull. Astron. Inst. Czech. **10** (1959) 77.
27 KOLESNIK, L. N.: Mitt. Kiew **4**/2 (1962) 153.
28 KOTSCHLASCHWILI, T. A.: Bull. Abastumani **24** (1959) 91.
29 OOSTERHOFF, P. T.: Multiplied by IAU (1948).
30 WESTPHAL, W. H.: Physik, Springer-Verlag, Berlin (1953).
31 WELLMANN, P.: Sterne **23** (1943) 121.
32 KUIPER, P. G.: ApJ **88** (1938) 429.
33 PETTIT, E., and S. B. NICHOLSON: ApJ **68** (1928) 279.
34 LIMBER, D. N.: ApJ **127** (1958) 363.
35 WILLSTROP, R. V.: MN **121** (1960) 17.
36 BOTTLINGER, F.: ZfA **4** (1932) 370.
37 ROSCHKOWSKIJ, D. A.: Mitt. Alma-Ata **1** (1955) Nr. 1/2, 25.

5.2.7 Farben der Sterne — Colors of the stars

5.2.7.0 Einführung, Definitionen — Introduction, definitions

a) Farbenindex:
Der Farbenindex *CI* ist die Differenz der scheinbaren Helligkeiten in zwei verschiedenen Spektralbereichen (siehe 5.2.6.0.1). Er ist eine für die spektrale Intensitätsverteilung des Sterns charakteristische Größe [*1*].

Color index:
The color index, *CI*, is the difference between the apparent magnitudes in two different spectral regions (see 5.2.6.0.1). It is a characteristic date for the spectral intensity distribution of the star [*1*].

$$CI = m(\lambda_1) - m(\lambda_2) = -2{,}5 \log I(\lambda_1)/I(\lambda_2) + K \quad \text{mit} \quad \lambda_1 < \lambda_2.$$

K ist so definiert, daß für Sterne vom Spektraltyp A0 im Helligkeitsbereich $5^{\mathrm{m}}\!.5 \leq m \leq 6^{\mathrm{m}}\!.5$ in allen Spektralbereichen $CI = 0$ wird [1]).

K is defined in such a way, that $CI = 0$ for stars of spectral type A0 in the magnitude interval $5^{\mathrm{m}}\!.5 \leq m \leq 6^{\mathrm{m}}\!.5$ for all spectral regions [1]).

[1]) Die Wahl dieses Nullpunktes ist wegen der charakteristischen Eigenheiten im Spektrum der A0-Sterne (Balmersprung) unzweckmäßig und nur historisch bedingt. Statt der A0-Sterne sollte man nach BECKER [*2*] unverfärbte B0-Sterne als Nullpunktsterne auswählen. Außerdem hat sich herausgestellt, daß der internationale Farbenindex (*ICI*) unverfärbter A0-Sterne nicht die Nullpunktsdefinition erfüllt; für diese Sterne ist nach SEARES [*3*] $ICI = -0^{\mathrm{m}}\!.15$. — The selection of this zero point has only historical reasons and is not expedient because of the characteristic peculiarities in the spectrum of the A0 stars (Balmer decrement). According to BECKER [*2*], unreddened B0 stars should be chosen instead of the A0 stars. Furthermore, it became evident that the international color index (*ICI*) of unreddened A0 stars does not meet the definition of the zero point; for these stars $ICI = -0^{\mathrm{m}}\!.15$ according to SEARES [*3*].

Lamla

b) *Wärmeindex:*

Der Wärmeindex *WI* ist die Differenz zwischen der visuellen scheinbaren Helligkeit und der mit Thermoelementen oder Bolometern bestimmten radiometrischen scheinbaren Helligkeit,

Heat index:

The heat index, *WI*, is the difference between the apparent visual magnitude and the apparent radiometric magnitude as measured with thermoelements or bolometers,

$$WI = m_v - m_{rm}.$$

Strahlungsmessungen in 5 Wellenlängenbereichen zwischen 0,3 μm und 10 μm mit Hilfe von Kristallfiltern von Coblentz: 5.2.6.3 [*c*] S. 474, dort auch weitere Literatur.

5.2.7.1 Die Empfindlichkeitsfunktion $S(\lambda)$ verschiedener Farbsysteme — Sensitivity function $S(\lambda)$ of different color systems

Die gebräuchlichen Farbsysteme sind im allgemeinen aus praktischen Notwendigkeiten heraus entstanden und nicht auf Grund der charakteristischen Besonderheiten in den stellaren Spektren. Erst Becker [*2*] hat 1946 mit der Einführung des RGU-Systems einen in diese Richtung weisenden Vorschlag gemacht. Es ist heute noch nicht ganz klar, ob die bisher benutzten Farbsysteme das Maximum an Information liefern, das eine Farbenindex-Messung bringen kann [*g*, *4*].

5.2.7.1.1 Das Auge — The eye

Tab. 1. Spektrale Empfindlichkeit des Auges — Spectral sensitivity of the eye [*a*] S. 105

K_λ	photoptische Kurve = relativer Sichtbarkeitsfaktor des helladaptierten Auges (foveales Zäpfchensehen), Leuchtdichte > $5 \cdot 10^{-4}$ sb	photopic curve = relative visibility factor of the light-adapted eye (foveal cone vision), surface brightness > $5 \cdot 10^{-4}$ sb
S_λ	scotoptische Kurve = relativer Sichtbarkeitsfaktor des dunkeladaptierten Auges (Stäbchensehen), Leuchtdichte < 10^{-7} sb	scotoptic curve = relative visibility factor of the dark-adapted eye (rod vision), surface brightness < 10^{-7} sb

λ [A]	K_λ	S_λ	λ [A]	K_λ	S_λ	λ [A]	K_λ	S_λ
4000	0,000	0,019	5200	0,710	0,960	6400	0,175	0,006
4100	0,001	0,040	5300	0,862	0,840	6500	0,107	0,003
4200	0,004	0,076	5400	0,954	0,680	6600	0,061	0,002
4300	0,012	0,132	5500	0,995	0,500	6700	0,032	0,001
4400	0,023	0,213	5600	0,995	0,350	6800	0,017	0,000
4500	0,038	0,302	5700	0,952	0,228	6900	0,008	
4600	0,060	0,406	5800	0,870	0,140	7000	0,004	
4700	0,091	0,520	5900	0,757	0,083	7100	0,002	
4800	0,139	0,650	6000	0,631	0,049	7200	0,001	
4900	0,208	0,770	6100	0,503	0,030	7300	0,001	
5000	0,323	0,900	6200	0,381	0,018	7400	0,000	
5100	0,503	0,985	6300	0,265	0,010			

Empfindlichkeitsschwelle — Threshold sensitivity

a) für ein einzelnes Aufleuchten unter günstigsten Beobachtungsbedingungen: Absorption von 4 Quanten in 0,15 sec (≙ 60 einfallende Quanten in 0,15 sec).

b) bei großen konstanten Lichtquellen: $1,4 \cdot 10^{-10}$ sb
1' auf der Netzhaut entsprechen 4,9 μm.

5.2.7.1.2 Die photographischen Farbsysteme — Photographic color systems

(siehe auch 5.2.6.3: [*t*] S. 649; [*w*])

Literatur über photographische Platten: [*a*] S. 106; [*5*, *6*].

Apparatur zur Bestimmung der Empfindlichkeitsfunktion photographischer Platten: Güssow [*7*].

Lamla

Tab. 2. Die technische Verwirklichung der Farbsysteme — Technical realization of the color systems
(Siehe Fig. 1)

Symbol	λ [A] [1]	Filter	Platte	Lit.
		a) Becker: RGU-System		
U	3730	Schott UG 2 (2 mm)	Agfa Astro	*8*
G	4810	Schott GG 5 (2 mm)	Agfa Astro	
R	6380	Schott RG 1 (2 mm)	Agfa Isopan	
		b) Internationales Farbsystem		
IPg	4300		blau-empfindlich	*8*
IPv	5400	Schott GG 11 (2 mm)	gelb-empfindlich	
		c) Tifft		
UV	3600	Corning 5970	Kodak 103 a O	*9*
BG	4700	Schott GG 9 (1,25 mm)	Kodak 103 a O	
R	6300	Corning 2418	Kodak 103 a E	
		d) Matyagin		
Y	3680	YFS 2 (3,1 mm)	Agfa Astro unsensibilisiert	*10*
S	4240	SS 4 + Sch S 4 (3,1 mm bzw. 3 mm)		
K	6430	KS 13 (5 mm)	Agfa Isopan ISS	
		e) Salukwadse		
U_A	3745	Schott UG 2 (2 mm)	Kodak 0a O	*11*
B_A	4325	SS 5	Kodak 0a O	
V_A	5500	Sch S 18	Agfa Spektral gelb Rapid	
		f) Johnson: UBV-System		
U	3500	Corning 9863 oder Schott UG 2 (2 mm)	blau-empfindlich	*12*
B	4350	Schott GG 13 (2 mm)	blau-empfindlich	
V	5550	Schott GG 11 (2 mm)	gelb-empfindlich	

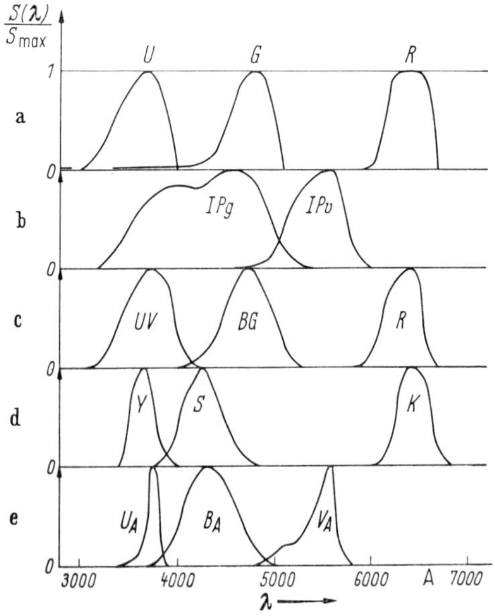

Fig. 1. Die Durchlaßbereiche der photographischen Farbsysteme (Tab. 2) — The pass-bands of the photographic color systems (Tab. 2)[2].
a RGU-System Becker [*8*]
b Internationales System [*a*]
c System Tifft [*9*]
d System Matyagin [*10*]
e System Salukwadse [*11*]

[1]) Die Wellenlängen stellen nur einen Anhalt für den wirksamen Spektralbereich dar, genauere Angaben siehe 5.2.7.1.4 — The wavelengths give only an approximate indication for the effective spectral region. For more exact values see 5.2.7.1.4.
[2]) Verschiedene $S(\lambda)$ sind durch Umzeichnungen der in der Literatur veröffentlichten Kurven gewonnen worden.

Tab. 3. Empfindlichkeitsfunktionen photographischer Photometrien — Sensitivity functions of photographic photometries

Kombinationen:

(1) RGU-System Becker [8]
(Platte + Filter) Tab. 2a) + Extinktion

(2) Internationales System: [8] (5.2.6.3 [a] 1. Aufl.)
(Platte + Filter) Tab. 2b) + Silberspiegel + Extinktion

(3) System Tifft [9]
(Platte + Filter) Tab. 2c); für UV außerdem: + Schmidt-Korrektionsplatte

(4) nach Arp [13]:
Kodak-Platte 103a O
a) + Extinktion + Aluminiumreflektor
b) + Extinktion + Schmidt-Korrektionsplatte
c) + Filter WG 2
d) + Filter GG 13 (2 mm) + BG 12 (1 mm)

λ [A]	(1) Becker			(2) international		(3) Tifft			(4) Arp			
	U	G	R	IPg	IPv	UV	BG	R	(a)	(b)	(c)	(d)
	$S(\lambda)/S_{max}$											
2800									0,037			
2900									0,148			
3000	0,00								0,328			
3100	0,07					0,00			0,615			
3200	0,21			0,00		0,05			0,665			
3300	0,42					0,22			0,691	0,042		
3400	0,63			0,24		0,46			0,720	0,257	0,034	
3500	0,79					0,67			0,778	0,444	0,244	
3600	0,95	0,02		0,57		0,86			0,852	0,630	0,560	0,00
3650	0,98											
3700	**1,00**					**1,00**			0,968	0,828	0,821	0,12
3750												
3800	0,88	0,02		0,78		0,96			0,978	0,911	0,932	0,43
3850	0,74											
3900	0,54					0,73			0,989	0,974	0,976	0,71
3950	0,30											
4000	0,00	0,04		0,84		0,33	0,00		**1,000**	**1,000**	**1,000**	0,87
4100						0,11	0,03		**1,000**	**1,000**	**1,000**	0,96
4200		0,05		0,81		0,01	0,11		0,950	0,950	0,960	**1,00**
4300						0,00	0,17		0,900	0,900	0,910	**1,00**
4400		0,18		0,95			0,34		0,850	0,850	0,863	0,99
4500		0,46					0,64		0,800	0,800	0,816	0,95
4550		0,58										
4600		0,74		**1,00**	0,01		0,87					0,89
4700		0,95					**1,00**		0,630	0,630	0,642	0,79
4800		**1,00**		0,88	0,03		0,95		0,500	0,500	0,510	0,63
4900		0,93					0,74		0,330	0,330	0,337	0,46
4950		0,77										
5000		0,54		0,39	0,18		0,48		0,250	0,250	0,254	0,30
5050		0,26										
5100		0,00					0,25					0,20
5200				0,08	0,67		0,06					0,11
5300							0,00					0,05
5400				0,00	0,93							0,03
5500												0,04
5600					**1,00**							0,05
5700												0,04
5800					0,28			0,00				0,01
5900								0,01				0,00
6000			0,03		0,01			0,14				
6050			0,09									
6100			0,26					0,42				
6200			0,81		0,00			0,78				
6300			0,99					0,91				
6400			**1,00**					**1,00**				
6500			**1,00**					0,89				
6550			0,95									
6600			0,86					0,16				
6650			0,62									
6700			0,00					0,00				

5.2.7.1.3 Die lichtelektrischen Farbsysteme — Photoelectric color systems

Allgemeine Angaben über lichtelektrische Photozellen: Siehe 1.4

Ferner:
GÖRLICH [14]: Die Anwendung der Photozelle.
JOHNSON [15]: Einfluß der Kühlung auf die Empfindlichkeitsfunktion eines RCA-1P21-Multipliers.
LUNEL [16]: Empfindlichkeitsfunktion einer Bleisulfit-Zelle in Abhängigkeit von ihrer Temperatur.
WEISSLER [17]: Photoionization in Gases and Photoelectric Emission from Solids.

Tab. 4. Technische Verwirklichung der Zwei- und Drei-Farbsysteme — Technical realization of two- and three-color systems
(Siehe Fig. 2)

Symbol	λ [A] [1]	Filter	Zelle	Instrument	Lit.
		a) JOHNSON: UBV-System			
U	3500	Corning 9863 oder UG 2 (2 mm)	1 P 21	Reflektor	*12*
B	4350	Corning 5030 + GG 13 (2 mm) oder BG 12 (1 mm) + GG 13 (2 mm)			
V	5550	Corning 3384 oder GG 11 (2 mm)			
		b) TIFFT			
UV	3600	Corning 5970	EMI	Reflektor	*9*
BG	4700	Corning 5030 + Corning 3387			
O	6000	Corning 2434			
		c) EGGEN			
P_E	4200	Corning 5562 oder Corning 5330	1 P 21	Refraktor	*18*
V_E	5200	Corning 3385			
		d) COUSINS u. a.			
u	3960	Corning 9863	EMI	Refraktor	*19*
b	4330	BG 12 (1 mm) + GG 13 (3 mm)			
y	5470	Omag 302			
		e) STEBBINS und HUFFER			
C_1 { (*Bl*)	4250	68a	Kalium-Zelle QK 302	Refraktor	*20*
C_1 { (*Yel*)	4750	GG 5 a			
		f) TREMKO u. a.			
b	4420	BG 12 (1 mm) + GG 13 (2 mm)	FEU 17	nur Photometer	*21*
y	5510	GG 11 (2 mm)			
		g) KRON und SMITH			
R	6800	BG 21 (2 mm) + OG 1 (1 mm) + BG 17 (1 mm)	CE 25 AB		*22*
I	8250	Wratten 88 A			
		h) JARZEBOWSKI			
B_1	4200	Corning 5551	1 P 21	Refraktor	*23*
B_2	5300	Corning 3486			

[1]) Die Wellenlänge entspricht nicht immer der effektiven oder isophoten Wellenlänge. Genaue Werte siehe 5.2.7.1.4 — The wavelength does not always correspond to the effective or isophote wavelength. For more exact values see 5.2.7.1.4.

Lamla

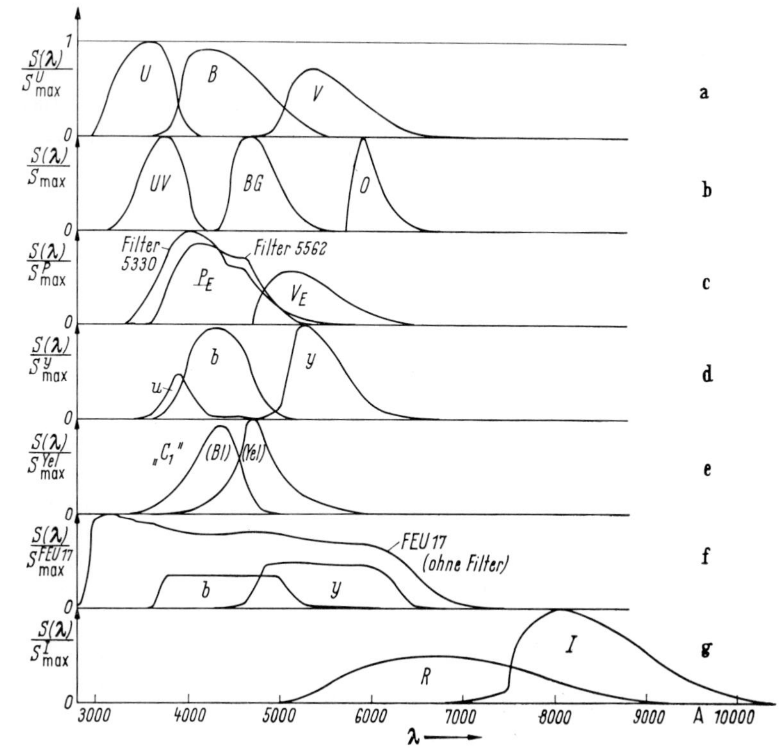

Fig. 2. Die Durchlaßbereiche der lichtelektrischen Zwei- und Drei-Farbsysteme — The pass-bands of the photoelectric two- and three-color systems (Tab. 4)*).

a UBV-System Johnson [12]
b System Tifft [9]
c System Eggen [18]
d System Cousins u. a. [19]
e System Stebbins und Huffer [20]
f System Tremko u. a. [21]
g System Kron und Smith [22]

Tab. 5. Technische Verwirklichung der Vielfarbensysteme (>3) — Technical realization of multicolor systems (>3)
(Siehe Fig. 3 S. 344)

Symbol	λ [A] [1]	Filter	Zelle	Instrument	Lit.
		a) Bahng			
u	3520	Corning 9863 (3 mm) + klares Glas (1 mm)	1 P 21	Reflektor	*24*
b	4185	BG 12 (2 mm) + GG 13 (2 mm)			
g	5400	Corning 3384 (3 mm)			
y	5590	Corning 3385 (2 mm) + Corning 9788 (2,5 mm)	C 7160		
r	7250	RG 2 (2 mm) + Interferenzfilter G 125 (Bausch und Lomb)			
i	8780	RG 10 (3,5 mm)			
		b) Borgman (7 Farben-Photometrie)			
R	3295	Interferenzfilter Schott	1 P 21	Reflektor	*25*
Q	3560				
P	3750				
N	4055				
M	4550				
L	5240				
K	5880				

Fortsetzung nächste Seite

*) Verschiedene $S(\lambda)$ sind durch Umzeichnungen der in der Literatur veröffentlichten Kurven gewonnen worden.

[1]) Die Wellenlänge entspricht nicht immer der effektiven oder isophoten Wellenlänge. Genaue Werte siehe 5.2.7.1.4 — The wavelength does not always correspond to the effective or isophote wavelength. For more exact values see 5.2.7.1.4.

Tab. 5. Fortsetzung

Symbol	λ [A] [1]	Filter	Zelle	Instrument	Lit.
		c) BORGMAN			
U_1	3200	Corning 9863 mit Silberbelag	1 P 21	Reflektor	*26*
U_2	3660	Glasfilter, nicht genannt			
F_1	4035	Interferenzfilter			
F_2	4527	Interferenzfilter			
F_3	5029	Interferenzfilter			
		d) JOHNSON, MITCHELL			
U	3500	siehe Tab. 4a + Fig. 2a			
B	4350				
V	5550				
R	7000	Spezialfilter und Photozellen		Reflektor	*27*
I	8800				
J	1,25 μm				
K	2,20 μm				
L	3,60 μm				
		e) STEBBINS, KRON			
U	3400	Cu SO_4-Lösung zwischen UG 2 (je 1 mm)	CE 25 AB	Reflektor	*28*
V	4080	BG 12 + BG 23 + GG 13 (je 2 mm)			
B	4800	siehe unter (f)			
G	5750				
R	6760				
I	9180				
		f) STEBBINS, WHITFORD (ursprüngliche 6-Farbenphotometrie)			
U	3550	UG 1 (2 mm)	Caesium-Oxyd-Zelle	Reflektor	*29*
V	4200	BG 12 (3 mm) + GG 13 (2 mm)			
B	4900	C 038 (2 mm) + C 430 (5 mm)			
G	5700	C 338 (2 mm) + BG 18 (2 mm)			
R	7200	RG 1 (2 mm) + C 396 (3 mm)			
I	10300	C 254 (2 mm)			
		g) WALRAVEN			
W	3220	Quarzprismenspektrograph	Lallemand-Zelle	Reflektor	*30*
U	3620				
L	3900	UG 2 (2 mm) + WG 2 (2 mm)	1 P 21		
B	4260	Quarzprismenspektrograph			
V	5590				
		h) WILLSTROP			
b_3	4220	Interferenzfilter	EMI	Refraktor	*31*
b_2	4390				
b_1	4600				
y	5410				
		i) TIFFT			
1	3760	Corning 9863 + Corning 7380	EMI 6094	Reflektor	*32*
2	4190	BG 12 + GG 13			
3	4830	Corning 5030 (1,6 mm) + Corning 3387			
4	5950	Corning 3480			
5	6450	Interferenzfilter + Corning 2434	Farnsworth Photozelle		
6	7950				
7	8760	Interferenzfilter + RG 10			
8	10000	Heimann Nr. 205			

[1]) Siehe Seite 341.

Tab. 6. Empfindlichkeitsfunktionen lichtelektrischer Photometrien — Sensitivity functions of photoelectric photometries

Kombinationen:
(1) System EGGEN [*18*]:
(Filter + Zelle)$_{\text{Tab. 4c)}}$ + Refraktor; (a) Corning 5330 (b) Corning 5562
(2) 6-Farben-Photometrie, STEBBINS-WHITFORD [*29*]:
(Filter + Zelle)$_{\text{Tab. 5f)}}$
(3) System TIFFT [*9*]:
(Filter + Zelle)$_{\text{Tab. 4b)}}$

λ [A]	(1) EGGEN P_E (a)	(b)	V_E	(2) STEBBINS-WHITFORD *U*	*V*	*B*	*G*	*R, I*	(3) TIFFT *UV*	*BG*	*O*
	$S(\lambda)/S_{max}$										
3100									0,00		
3200				0,16					0,05		
3300	0,00			0,79					0,18		
3400	0,08			**1,00**					0,43		
3500	0,23	0,00		0,97					0,67		
3600	0,40	0,04		0,70					0,87		
3700	0,60	0,25		0,44	0,22				**1,00**		
3800	0,83	0,58		0,36	0,55				0,99		
3900				0,24	0,80				0,79		
4000	**1,00**	0,96		0,08	0,94			*R* und *I* siehe unten	0,40		
4100					**1,00**				0,07		
4200	0,92	**1,00**			0,94	0,44			0,00		
4300					0,85					0,00	
4400	0,66	0,89			0,73	0,81				0,23	
4500					0,65					0,83	
4600	0,57	0,84			0,53	**1,00**				0,99	
4700	0,45	0,69	0,03		0,38					**1,00**	
4800	0,34	0,49	0,61		0,21	0,99				0,88	
4900					0,09					0,68	
5000	0,17	0,20	**1,00**		0,02	0,91	0,48			0,47	
5100										0,29	
5200	0,08	0,04	**1,00**			0,68	0,93			0,16	
5300										0,08	
5400	0,03	0,00	0,86			0,48	**1,00**			0,03	
5500										0,01	
5600	0,02		0,58			0,32	0,91			0,00	
5700											0,01
5800	0,00		0,39			0,21	0,76				0,69
5900											**1,00**
6000			0,25			0,07	0,60				0,68
6100											0,44
6200			0,11				0,44				0,27
6300											0,15
6400			0,03				0,30				0,09
6500											0,07
6600							0,19				0,03
6700											0,01
6800							0,11				
6900											
7000							0,07				
7100											
7200							0,04				
7300											
7400							0,01				

λ [A]	*R*	λ [A]	*R*	λ [A]	*R*	λ [A]	*I*	λ [A]	*I*
6200	0,64	7400	0,72	8600	0,17	8 000	0,01	11 000	0,54
6400	0,95	7600	0,60	8800	0,12	8 500	0,07	11 500	0,27
6600	**1,00**	7800	0,50	9000	0,07	9 000	0,28	12 000	0,14
6800	**1,00**	8000	0,40	9200	0,05	9 500	0,84	12 500	0,06
7000	0,94	8200	0,32	9400	0,03	10 000	**1,00**	13 000	0,04
7200	0,83	8400	0,24			10 500	0,84	13 500	0,01

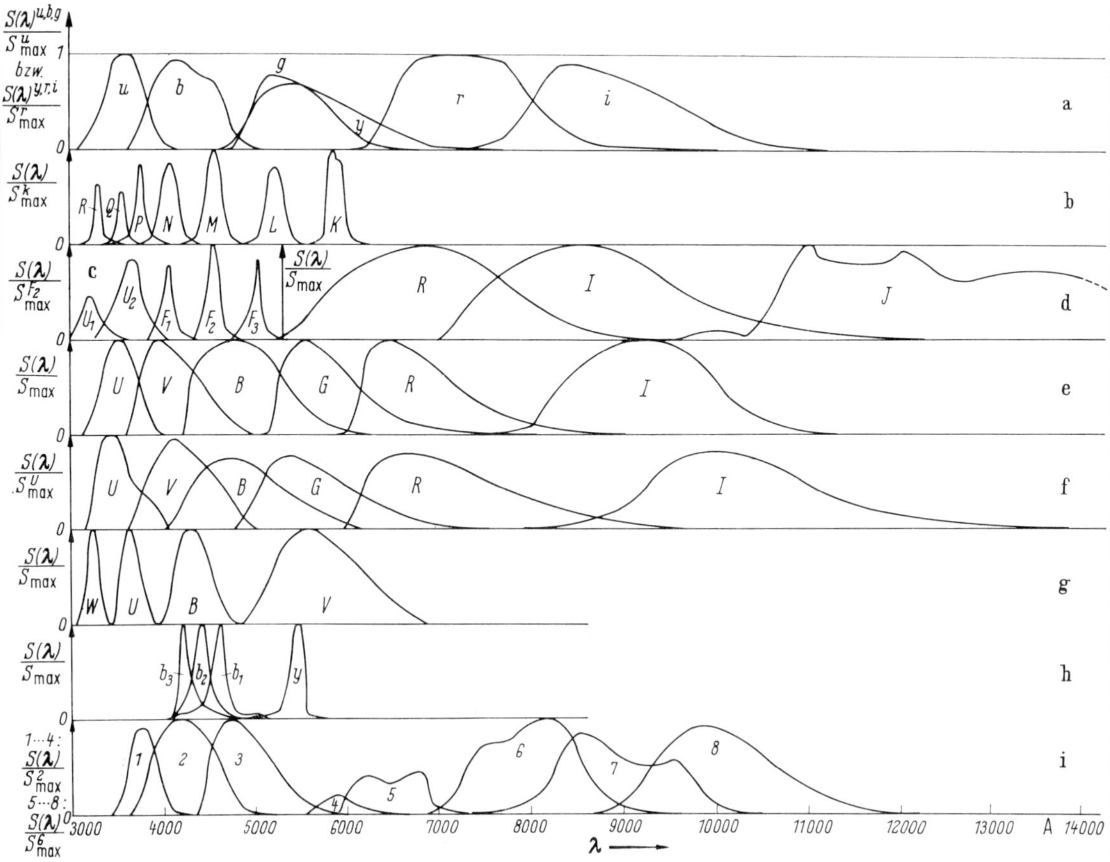

Fig. 3. Die Durchlaßbereiche der lichtelektrischen Vielfachsysteme (Tab. 5) — The pass-bands of the photoelectric multicolor systems (Tab. 5) [1].

a System Bahng [24]
b System Borgman [25]
c System Borgman [26]
d System Johnson-Mitchell [27]
e System Stebbins-Kron [28]
f System Stebbins-Whitford [29] (6-Farben-Photometrie)
g Walraven [30]
h Willstrop [31]
i Tifft [32]

Messungen im UBV-System

Die Funktionen $S(\lambda)_1$ der Tab. 7 berücksichtigen die Durchlässigkeiten der für das Farbsystem UBV benutzten Optik und Filter (D) und des Empfängers (E) nach Tab. 4a) und die Durchlässigkeit der Erdatmosphäre (A_1) für $\sec z = 1$ (siehe 5.2.7.1.4). Der Übergang von der Luftmasse 1 auf die Luftmasse 0 erfolgt durch die empirisch ermittelten Formeln:

$$U - B = 0{,}921\,(u_1 - b_1) - 1{,}308$$
$$B - V = 1{,}024\,(b_1 - v_1) + 0{,}81.$$

Die so mit $S(\lambda)_1$ und einer bekannten stellaren Energieverteilung berechneten Farbenindizes $U - B$, $B - V$ sind mit den gemessenen Farbenindizes direkt vergleichbar.

[1]) Verschiedene $S(\lambda)$ sind durch Umzeichnungen der in der Literatur veröffentlichten Kurven gewonnen worden.

Tab. 7. Empfindlichkeitsfunktion des lichtelektrischen UBV-Systems — Sensitivity function of the photoelectric UBV systems [33]

λ [A]	$S(\lambda)_1$			λ [A]	$S(\lambda)_1$	
	u_1	b_1	v_1		b_1	v_1
3000	0,025			5200	0,695	2,512
3100	0,250			5300	0,430	2,850
3200	0,680			5400	0,210	2,820
3300	1,137			5500	0,055	2,625
3400	1,650			5600	0,000	2,370
3500	2,006	0,000		5700		2,050
3600	2,250	0,006		5800		1,720
3700	2,337	0,080		5900		1,413
3800	1,925	0,337		6000		1,068
3900	0,650	1,425		6100		0,795
4000	0,197	2,253		6200		0,567
4100	0,070	2,806		6300		0,387
4200	0,000	2,950		6400		0,250
4300		3,000		6500		0,160
4400		2,937		6600		0,110
4500		2,780		6700		0,081
4600		2,520		6800		0,061
4700		2,230		6900		0,045
4800		1,881	0,020	7000		0,028
4900		1,550	0,175	7100		0,017
5000		1,275	0,900	7200		0,007
5100		0,975	1,880			

5.2.7.1.4 Isophote und effektive Wellenlänge — Isophote and effective wavelength

Bei jeder Messung einer Integralhelligkeit kommt die Sternstrahlung $I(\lambda, T)$ mit einer Gewichtsfunktion $S(\lambda)$ zur Wirkung; $S(\lambda)$ hängt von der Durchlässigkeit der Erdatmosphäre A, der Optik und Filter D und der Empfindlichkeit des Empfängers E ab.

Mit den Definitionen von 5.2.6.0.1 ist:

In each measurement of an integral brightness the radiation of the star $I(\lambda, T)$ is affected by a weight function, $S(\lambda)$, which depends on the transmittance of the earth's atmosphere, A, the optics and filters, D, and on the spectral sensitivity of the receiver, E.

With the definitions of 5.2.6.0.1 it is:

$$S(\lambda) = A(\lambda)\, D(\lambda)\, E(\lambda).$$

a) Isophote Wellenlänge — Isophote wavelength

Der Energieschwerpunkt der wirksamen Strahlung wird nach BRILL [d] durch die isophote Wellenlänge $\lambda_i(T)$ charakterisiert. Sie ist definiert durch (5.2.6.3.: [m] S. 269, [n] S. 359, [t] S. 392):

The center of energy of the effective radiation is characterized by the isophote wavelength $\lambda_i(T)$, proposed by BRILL [d]. It is defined by:

$$\lambda_i = \frac{\int_0^\infty \lambda \cdot S(\lambda) \cdot d\lambda}{\int_0^\infty S(\lambda) \cdot d\lambda}$$

und stellt das Moment 1. Ordnung der Gewichtsfunktion $S(\lambda)$ in einer Taylorentwicklung der spektralen Intensitätsverteilung $I(\lambda, T)$ um λ_i dar. In dieser Reihenentwicklung werden die Glieder höherer Ordnung vernachlässigt, während das Moment 1. Ordnung so gewählt wird, daß das die 1. Ableitung $dI/d\lambda$ enthaltende Glied verschwindet. Dann gilt:

and is the moment of the first order of the weight function $S(\lambda)$ in the Taylor series of the spectral energy distribution $I(\lambda, T)$ about λ_i. In this series the terms of higher order may be neglected, whereas the moment of the first order may be so chosen that the first derivative, $dI/d\lambda$, vanishes. Thus, one has:

$$I(T) = \int_0^\infty I(\lambda, T) \cdot S(\lambda) \cdot d\lambda = I(\lambda_i, T) \cdot \int_0^\infty S(\lambda) \cdot d\lambda.$$

Diese Gl. besagt, daß die heterochromatische Intensität $I(T)$ bis auf den konstanten Faktor $\int_0^\infty S(\lambda) \cdot d\lambda$ identisch der an der Stelle λ_i abgelesenen monochromatischen Intensität $I(\lambda_i, T)$ ist.

According to this equation the heterochromatic intensity, $I(T)$, is identical with the monochromatic intensity $I(\lambda_i, T)$ at the wavelength λ_i except for the constant factor $\int_0^\infty S(\lambda) \cdot d\lambda$.

λ_i ist nur dann von $I(\lambda, T)$ unabhängig, wenn die Gewichtsfunktion $S(\lambda)$ eines Farbsystems hinreichend schmal ist und sich $I(\lambda, T)$ in diesem Wellenlängenbereich nicht wesentlich ändert (z. B. durch starke Absorptionslinien).

λ_i is independent from $I(\lambda, T)$ only if the weight function $S(\lambda)$ of a color system is very narrow, and if $I(\lambda, T)$ does not change essentially with wavelength (e. g. because of strong absorption lines).

b) Effektive Wellenlänge — Effective wavelength

Definition:

$$\lambda_{eff} = \frac{\int_0^\infty \lambda \cdot I(\lambda, T) \cdot S(\lambda) \cdot d\lambda}{\int_0^\infty I(\lambda, T) \cdot S(\lambda) \cdot d\lambda}.$$

λ_{eff} hängt von der spektralen Energieverteilung und damit von T ab. Daher kann λ_{eff} nicht bei der Ableitung von Farbtemperaturen aus Farbenindexmessungen benutzt werden.

Daher ist es auch nicht möglich, bei Helligkeitsvergleichen von Sternen aus Photometrien mit verschiedenen Gewichtsfunktionen $S(\lambda)$ die effektive Wellenlänge der Farbbereiche zu benutzen.

λ_{eff} depends on the spectral energy distribution and hence on T. Thus λ_{eff} cannot be used for determining the color temperature from the color indices.

Thus it is not possible to use λ_{eff} as the characteristic parameter of the color systems, when comparing the brightness of stars with photometric systems having different weight functions, $S(\lambda)$.

Allgemeine Literatur

Zur Definition: King [*34*]; Brill [*35*]; de Kort [*36*].

Beziehungen zwischen $\bar{\lambda}$, λ_i und λ_{eff}: Roschkowskij [*37*]; Seares und Joyner [*38*].

Tab. 8. Isophote und effektive Wellenlänge für verschiedene Farbsysteme — Isophote and effective wavelength for different color systems

T_F | Farbtemperatur | color temperature

System	T_F [°K]	λ_{eff} $\langle\lambda_i\rangle$ [A]						$\Delta(1/\lambda)$ [μm^{-1}]		Lit. [3])
a) Photographische Systeme — photographic systems										
								U-G	*G-R*	
U G R	10 000		3660		4630		6380	0,57	0,60	[*a*] S. 197
Tab. 2a			⟨3690⟩		⟨4680⟩		⟨6380⟩	0,57	0,57	*39*
IPg, IPv	25 000			4170		5420		0,55		[*a*] S. 197
Tab. 2b	10 000			4250		5430		0,51		
	4 000			4400		5460		0,44		
UV BG R			3600		4700		6300			*9*
Tab. 2c										
m_{pg}, m_{pr} [1])	10 000			4250		6200		0,75		*40*
b) lichtelektrische Systeme — photoelectric systems										
								B-V	*U-B*	
UBV	25 000		3550		4330		5470	0,48	0,50	[*a*] S. 195
Tab. 4a	10 000		3650		4400		5480	0,46	0,46	
	4 000		3800		4500		5510	0,42	0,41	
			⟨3680⟩		⟨4450⟩		⟨5460⟩	0,40	0,49	*39*
UV BG O			3600		4700		6000			*9*
Tab. 4b										
C_1 Tab. 4e	10 000			4250		4750		0,25		*20*
C_2 (*B, Y*) [2])	10 000			4300		4650		0,17		*41*
R I Tab. 4g	10 000			6750		8300		0,27		*22*
6 Farben		*u*	*b*	*g*	*y*	*r*	*i*	*b-i*	*b-r*	*24*
Tab. 5a		3520	4190	5400	5590	7250	8770	1,25	1,01	
6 Farben	10 000	*U*	*V*	*B*	*G*	*R*	*I*	*V-I*	*V-R*	*29*
Tab. 5f		3550	4200	4900	5700	7200	10 300	1,40	0,98	

[1]) System Nassau-Burger.

[2]) System Stebbins-Whitford.

[3]) Siehe auch [*a*] S. 197.

Weitere Literatur:

a) *Effektive Wellenlänge und Farbenindex*

Abhängigkeit der effektiven Wellenlänge vom Farbenindex [*42*].

Ermittlung der Rötung mit λ_{eff} [*43*].

Farbenindex-Bestimmungen aus λ_{eff} von NPS-Sternen und Sternen in SA 40 und 41 [*44*].

b) *Der Einfluß der Bandbreite auf den Farbenindex*

Bandbreiteneffekte bei Extinktionsbestimmungen und bei Ableitung des Gesetzes der interstellaren Absorption [*45*].

Diskussion der Unterschiede zwischen heterochromatischen und monochromatischen Helligkeiten im Hinblick auf die interstellare Absorption und ihren Einfluß auf die heterochromatischen Helligkeiten [*46*].

Bandbreiteneffekte bei Helligkeits- und CI-Messungen und Gradientenbestimmungen in verschiedenen photometrischen Systemen, Effekte berechnet mit schwarzen Strahlern für $3000 \leq T \leq 30\,000$ °K [*47*].

Beziehungen zwischen Helligkeits- und Farbsystemen bei verschiedenem Anteil der stellaren UV-Strahlung mit $\lambda < 3800$ A [*48*].

Bandbreiteneffekte im UBV- und RGU-System im Hinblick auf Absorptionswirkung der Erdatmosphäre und der interstellaren Materie auf die Sternstrahlung [*4*].

5.2.7.2 Beziehungen zwischen den verschiedenen Farbsystemen — Transformations between the different color systems

Jede Beobachtungsserie von Farbenindizes der Sterne besitzt ihr eigenes Farbsystem, dessen Empfindlichkeitsfunktion und effektive oder isophote Wellenlänge (5.2.7.1) bestimmbar sind. Die Reduktion der gemessenen CI auf eines der offiziellen Farbsysteme geschieht durch die Beobachtung von sogenannten „Anschlußsternen", deren Helligkeitsangaben im offiziellen Farbsystem bekannt sind. Aus dem Vergleich der beobachteten und bekannten Größen können die Transformationsgleichungen bestimmt werden.

Die Transformationen von einem zum anderen Farbsystem sind wegen der durch die verschiedenen Farbsysteme verschieden erfaßten Teile der stellaren Intensitätsverteilungen nicht immer eindeutig und nicht in allen Farbbereichen linear. Im allgemeinen enthält jeder Farbenindexkatalog (siehe 5.2.7.3) die auf andere Farbsysteme führenden Transformationsgleichungen. Im folgenden sind die wichtigsten aufgeführt.

Bezüglich der Symbole siehe die angegebene Literatur und 5.2.7.3.0, S. 351.

Spezielle Transformationsgleichungen — Special formulae of transformation

Symbol	Transformation	Bemerkungen	Lit.
	a) UBV-System (Johnson, Tab. 4a, 7; Fig. 2a)		
V	$= IPv$	Internationales System (Tab. 2b, 3, Fig. 1b)	*56*
B	$= IPg + 0{,}11$		
$B\text{-}V$	$= +0{,}161 + 0{,}917\,ICI$		*48*
	$= +0{,}095 + 1{,}05\,ICI$		*12*
V	$= +0{,}089 + m_y - 0{,}071\,CI$	System Blanco	*57*
$B\text{-}V$	$= +1{,}05\,CI$	M 0 ··· M 5 III II I	
$B\text{-}V$	$= +0{,}121 + 0{,}965\,(P\text{-}V)_E$	System Eggen (Tab. 4c, 6, Fig. 2c)	*18*
$B\text{-}V$	$= -0{,}095 + 1{,}19\,(P\text{-}V)_E$	$+1{,}^{m}0 \leq B\text{-}V \leq 1{,}^{m}5$; LC V	
V	$= +V_E + 0{,}016\,(P\text{-}V)_E + 0{,}011$	System Eggen	*58*
$B\text{-}V$	$= +0{,}973\,(P\text{-}V)_E + 0{,}104\,E_{B-V} + +0{,}102$	F 0 ··· K 5, Ia Ib II	
$B\text{-}V$	$= +0{,}165 + 0{,}919\,(P\text{-}V)$	International photoelektrisch	*12*
$B\text{-}V$	$= +0{,}156 + 0{,}913\,(P\text{-}V)$		*59*
$B\text{-}V$	$= -0{,}21 + 1{,}0\,(G\text{-}R)$	RGU-System [*8*] (Tab. 2a, 3, Fig. 1a)	
$U\text{-}B$	$= -0{,}807 + 0{,}852\,(U\text{-}G)$		[*a*] S. 197
$B\text{-}V$	$= -0{,}058 + 0{,}827\,(G\text{-}R)$		*60*
$B\text{-}V$	$= +0{,}13 + 0{,}945\,(P\text{-}V)_W$	System Weaver: ApJ **116** (1952) 612	*12*
$B\text{-}V$	$= +0{,}128 + 0{,}98\,CI_H$	System Heidelberg: ZfA **31** (1952) 236	
$B\text{-}V$	$= +1{,}763\,C_1 + 0{,}183$	ungerötete B 1 ··· A 7 V	*61*
	$= +1{,}9\,C_1 + 0{,}1$	C_1: System Stebbins-Huffer (Tab. 4e, Fig. 2e)	*20*
$B\text{-}V$	$= +3{,}0\,C_2 + 0{,}1$	C_2: System Stebbins-Whitford	*29, 41*
$B\text{-}V$	$= +1{,}10\,C_p$	C_p: Internationales Polsystem	[*a*] S. 197
	$= +1{,}03\,C_p + 0{,}196$	ApJ **111** (1950) 65, 81, 414	*12*
$B\text{-}V$	$= -1{,}06 + 0{,}62\,(c_2/T)$	c_2/T: [*88*] (siehe 5.2.8.3)	*89*
$B\text{-}V$	$= -0{,}07 + 0{,}59\,G_G$	Gradient Greenwich	*62*
	$= -0{,}72 + 0{,}58\,\Phi$		

Fortsetzung nächste Seite

Transformationsgleichungen (Fortsetzung)

Symbol	Transformation	Bemerkungen	Lit.
V	$= -0{,}046 + m_U - 0{,}124\, C_U$	U: System Uppsala, Doppelrefraktor $C_U < 0{,}17$, O ··· G 0 alle LC ungerötet $C_U > 0{,}17$, G 0 und später, LC V ungerötet G 2 ··· M 2 III	*63*
$B\text{-}V$	$= +0{,}719 + 1{,}087\, C_U$		
	$= +0{,}697 + 1{,}221\, C_U$		
	$= +0{,}690 + 1{,}110\, C_U$		
$B\text{-}V$	$= +1{,}086 + 0{,}855\, C_o - 0{,}018\, C_o^2$	System Sternberg	*64*
$B\text{-}V$	$= +0{,}157 + 1{,}700\, (R\text{-}I)$	O ··· A 7, V ··· I	*58*
	$= +0{,}210 + 1{,}907\, (V\text{-}R)$		
	$= +0{,}009 + 2{,}875\, (R\text{-}I)$	F 6 ··· K 4, V ··· I	
	$= +1{,}173 + 0{,}358\, (R\text{-}I)$	später als K 5	
	$= +1{,}047 + 0{,}412\, (V\text{-}R)$	(alle: RI-System [*22*] (Tab. 4g, Fig. 2g))	
$B\text{-}V$	$= +0{,}1 + 0{,}75\, CI_{pr}$	photoroter CI	*40*
$B\text{-}V$	$= +0{,}1 + 0{,}63\, (P\text{-}R)$	Standard-System: Kron-Smith	*22*
V	$= +V_A$	A: System Asiago	*66*
$B\text{-}V$	$= +0{,}51 + (B\text{-}V)_A$		
$U\text{-}B$	$= -1{,}45 + (U\text{-}B)_A$		
$B\text{-}V$	$= +0{,}902 + 0{,}387\, C_1 + 0{,}546\, C_2$	C_1, C_2: System Oosterhoff	*67, 68*
$(B\text{-}V)_1$	$= +1{,}313 + 1{,}042\, C_1$		
$(B\text{-}V)_2$	$= +0{,}948 + 1{,}481\, C_2$		
$B\text{-}V$	$= +0{,}14 + 0{,}63\, CI$	B 0 ··· B 2, V IV III; B 0 Ia } Krim	*69*
$B\text{-}V$	$= +0{,}07 + 0{,}70\, (B\text{-}m_{pr})$	O-Sterne, photorot } Krim	
$B\text{-}V$	$= +0{,}284 + 1{,}023\, C_g^b$	blau-gelb } Krim	*70*
$U\text{-}B$	$= -0{,}043 + 0{,}978\, C_{vio}^b$	blau-violett } Krim	
V	$= -0{,}01 + m_{pr} + 0{,}22\, CI$	$CI = IPg_K - m_{pr} = -0{,}038 + 1{,}282\, ICI$	*71*
$B\text{-}V$	$= +0{,}192 + 0{,}716\, CI$	IPg_K: Internationales photographisches Krim-System	
B	$= +0{,}07 + IPg_K - 0{,}06\, CI$	m_{pr} = photorotes Krim-System	

b) UBV-ähnliche Systeme

Symbol	Transformation	Bemerkungen	Lit.
V_{KP}	$= -0{,}092 + IPv$	$8^m \le V \le 11^m$ } Kitt Peak (KP) — internationales System (Tab. 2b)	*72*
$(B\text{-}V)_{KP}$	$= +0{,}298 + 1{,}705\, ICI$		
V_{KP}	$= -0{,}094 + IPv$	$V < 9^m{,}0$ } A 0 V; $-0^m{,}1 \le B - V \le +0^m{,}3$	
$(B\text{-}V)_{KP}$	$= +0{,}27 + 1{,}42\, ICI$		
V_{KM}	$= +V + 0{,}075\, (P\text{-}V) - 0{,}027$	Kron-Mayall (KM) — Eggen (Tab. 4c), international photoelektrisch	*73*
	$= +V_E + 0{,}115\, (P\text{-}V) - 0{,}026$		
$(B\text{-}V)_{KM}$	$= +0{,}10 + 0{,}96\, (P\text{-}V)$	$-0^m{,}4 \le P\text{-}V \le 1^m{,}0$	
	$= +0{,}00 + 1{,}06\, (P\text{-}V)$	$+1^m{,}0 \le P\text{-}V \le 1^m{,}5$	

c) UBV — Mehrfarbenphotometrien

Symbol	Transformation	Bemerkungen	Lit.
$B\text{-}V$	$= +0{,}585 + 0{,}384\, (b\text{-}g)$	u, b, g: System Bahng (Tab. 5a, Fig. 3a)	*24*
$U\text{-}V$	$= -0{,}308 + 1{,}028\, (u\text{-}g)$		

d) 6-Farben-Photometrie (Tab. 5f, 6, Fig. 3f)

Symbol	Transformation	Bemerkungen	Lit.
$B\text{-}V$	$= +0{,}725 + 0{,}827\, (V\text{-}G)_6$	gerötet O, B 0 ··· B 2 I	*61*
	$= +0{,}597 + 0{,}324\, (V\text{-}I)_6$		
	$= +0{,}543 + 0{,}679\, (B\text{-}R)_6$		
$B\text{-}U$	$= +0{,}703 + 0{,}803\, (V\text{-}G)_6 + {}$ $- 0{,}444\, (V\text{-}G)^2$	ungerötet LC V	
$B\text{-}U$	$= +0{,}697 + 0{,}716\, (V\text{-}G)_6$	G 8 ··· K 5 III	
	$= +0{,}764 + 0{,}720\, (B\text{-}R)_6$		
$U\text{-}B$	$= +0{,}102 + 0{,}677\, (U\text{-}B)_6$	gerötet O, B 0 ··· B 3 Ia	*60*
$B\text{-}V$	$= +0{,}555 + 0{,}672\, (B\text{-}R)_6$		
$U\text{-}B$	$= +0{,}172 + 0{,}731\, (U\text{-}B)_6$	später als B 3 Ia	
$B\text{-}V$	$= +0{,}636 + 0{,}763\, (B\text{-}R)_6$		
$U\text{-}B$	$= +0{,}253 + 0{,}754\, (U\text{-}B)_6$	B 0 ··· G 0 III IV, später als B 0 V	
$B\text{-}V$	$= +0{,}648 + 0{,}750\, (B\text{-}R)_6$		
$U\text{-}B$	$= +0{,}243 + 0{,}748\, (U\text{-}B)_6$	G 8 ··· K 5 III	
$B\text{-}V$	$= +0{,}789 + 0{,}691\, (B\text{-}R)_6$		
$U\text{-}B$	$= +0{,}157 + 0{,}750\, (U\text{-}B)_6$	F 0 ··· K 5 Ia Ib II	*58*
$B\text{-}V$	$= +0{,}69 + 0{,}37\, (V\text{-}I)_6$		*41*
	$= +0{,}67 + 0{,}78\, (V\text{-}G)_6$		

Fortsetzung nächste Seite

Transformationsgleichungen (Fortsetzung)

Symbol	Transformation	Bemerkungen	Lit.
$(I\text{-}G)_6$	$= -0{,}192 + 1{,}107\,(i\text{-}g)$	$y\,g\,r\,i$: System Bahng [24]; (Tab. 5a, Fig. 3a)	*58*
$(R\text{-}G)_6$	$= +0{,}321 + 0{,}856\,(r\text{-}y)$		
$(R\text{-}I)_6$	$= +0{,}870 + 1{,}570\,(r\text{-}i)$		
$(R\text{-}I)_K$	$= +0{,}242 + 0{,}339\,(G\text{-}I)_6$	*K*: System Kron [22]	*60*
$(R\text{-}I)_K$	$= -0{,}387 + 1{,}530\,(R\text{-}I)_6$	alle Sterne außer B 8 ··· A5, III IV V	*58*
$(G\text{-}I)_C$	$= -1{,}04 + 0{,}99\,(G\text{-}I)_C$	*C*: System Code [74]	*58*
	e) Südhimmel		
V	$= -0{,}02 + SPv + 0{,}07\,SCI$	*SPv, SPg, SCI*: Cape Southern System 1953 (Cape Mimeogr. Nr. 2,3,4)	*75*
V	$= -0{,}06 + SPv + 0{,}08\,SCI$	Definition des System 1953	*76, 77*
B	$= +0{,}20 + SPg - 0{,}07\,SCI$		
$B\text{-}V$	$= +0{,}26 + 0{,}85\,SCI$		
V	$= -0{,}060 + SPv + 0{,}083\,SCI + 0{,}007\,(SCI)^2$	Spiegel-System 1958	*75*
$B\text{-}V$	$= +0{,}288 + 0{,}901\,SCI - 0{,}083\,(SCI)^2 + 0{,}041\,(SCI)^3 - 0{,}013\,(SCI)^4$		*19*
V	$= y - 0{,}010\,(b\text{-}y)$	*u, b, y*: Refraktor-System 1958	*19*
SPg	$= b - 0{,}047\,(b\text{-}y)$		
$(U\text{-}B)_C$	$= u\text{-}b$		
V_C	$= -0{,}005 + V_R + 0{,}010\,(B\text{-}V)$	B_C, V_C: Helligkeiten im System Cape Mimeogr. Nr. 5	*51*
V	$= -0{,}001 + V_R + 0{,}010\,(B\text{-}V)$	V_R: Helligkeiten gemessen mit Reflektor am Cape	
V	$= -0{,}004 - V_C$		
V_C	$= +0{,}15 + 0{,}951\,m_o - 0{,}28\,C_2$	m_o, C_2: System Oosterhoff	*67*
$B\text{-}V$	$= +0{,}189 + 1{,}029\,C_{pe} + 0{,}070\,E_{B\text{-}V}$	C_{pe}: System Cape Mimeogr. Nr. 1 F 0 ··· K 5, Ia Ib II	*58*
	$= +0{,}196 + 1{,}026\,C_{pe}$	ungerötete Sterne LC III IV V	
$U\text{-}B$	$= -2{,}875 + 1{,}905\,C_u$	C_u: Cape-System O ··· B 1, F 8 ··· K 0, III IV V	
V_{Str}	$= -0{,}043 + V_C$	*Str*: Mt. Stromlo-System	*79*
$(B\text{-}V)_{Str}$	$= -0{,}022 + (B\text{-}V)_C$	*C*: Cape-System, Mimeogr. Nr. 5	
V	$= V_{Str} + 0{,}022\,(B\text{-}V)$		*80*
$B\text{-}V$	$= (B\text{-}V)_{Str}$		
$U\text{-}B$	$= (U\text{-}B)_{Str}$		
P	$= +0{,}10 + S'Pg$	*P, V*: International photoelektrisch	*81*
V	$= -0{,}06 + S'Pv + 0{,}10\,S'CI$	*S'*: Homogenisiertes „Southern System"	
$P\text{-}V$	$= +0{,}16 + 0{,}90\,S'CI$		
m_b^L	$= -11{,}7 + 1{,}012\,SPg - 0{,}014\,SPv$	*L*: Leiden Southern System	*82*
m_y^L	$= -10{,}638 + 0{,}393\,SPg + 0{,}959\,SPv$		
IPg	$= +0{,}05 + SPg + 0{,}01\,SCI$	Southern System Cape 1953	*78*
IPv	$= -0{,}06 + SPv + 0{,}08\,SCI$	*IPg, IPv, ICI*: Internationales System	
ICI	$= +0{,}11 + 0{,}93\,SCI$	(Tab. 2b, 3, Fig. 1b)	
	f) Pg_p, C_p = Internationales System der Nordpolsequenz		
Pg_p	$= Pg_p^E$	*E*: Älteres Eggen-System [148]	*83*
C_p	$= -0{,}066 + 1{,}077\,C_p^E$		
Pg_p	$= -0{,}114 + Pg - 0{,}25\,C_p$	System de Vaucouleurs	*85*
Pg_p	$= -0{,}25 + Pe - 0{,}69\,C$	*Pe, C*: System Güssow [86]	*84*
C_p	$= +0{,}40 + 2{,}30\,C$		
C'_p	$= +0{,}61 + 0{,}96\left\{V - \frac{1}{2}(B+G)\right\}$	*V, B, G*: 6-Farben-Photometrie (Tab. 5f)	*87*
C_p	$= -0{,}04 + 0{,}475\,G$	*G*: Gradient Greenwich	*88*
C_p	$= -1{,}00 + 0{,}57\,c_2/T$	System Hertzsprung	*89*
C_p	$= +0{,}964 + 0{,}813\,C_o$	System Sternberg	*64*

Fortsetzung siehe nächste Seite

Transformationsgleichungen (Fortsetzung)

Symbol	Transformation	Bemerkungen	Lit.
	g) P, V = Internationales photoelektrisches System		
P	$= + 0{,}14 + Pg_p^E$	$(\ )^E$: Älteres Eggen-System [*148*]	*90*
$P\text{-}V$	$= - 0{,}10 + 1{,}10\, C_p^E$	$(\ )_E$: Neueres Eggen-System (Tab. 4c, 6, Fig. 2c)	
P	$= + 4{,}18 + B + 0{,}05\,(B\text{-}Y)$	B, Y: Instrumentelles System Cox	*91*
$P\text{-}V$	$= - 0{,}14 + 1{,}13\,(B\text{-}Y)$		
$P\text{-}V$	$= - 0{,}10 + 1{,}10\, C_p^E$		*22*
P	$= Pg_p^E$		
V_E	$= - 0{,}03 + (Pg - CI) - 0{,}33\,(P\text{-}V)_E$	Pg, CI: Cape Mimeogr. Nr. 1 (1953)	*18*
$(P\text{-}V)_E$	$= - 0{,}125 + 1{,}0376\,(B\text{-}V)$		
	$= + 0{,}086 + 1{,}067\, CI$		
	$= + 0{,}08 + 0{,}84\,(B\text{-}V)$	$+ 1^{\mathrm{m}}{,}0 \leq B\text{-}V \leq + 1^{\mathrm{m}}{,}5$	*58*
	$= - 0{,}040 + 1{,}065\, C_p^E$	$(P\text{-}V)_E > 0^{\mathrm{m}}{,}2$	
$(P\text{-}V)_E$	$= - 0{,}02 + 1{,}016\,(P\text{-}V)_K$	K: System Kron, Svolopoulos F 0 ··· K 5 Ia Ib II	*92*
$(P\text{-}V)_W$	$= - 0{,}098 + 0{,}952\, C_p^E$	W: System Weaver	*93*
	$= - 0{,}090 + 1{,}086\, C_p^E - 1{,}554\,(C_p^E)^2$		
P	$= m_b - 0{,}04\,(P\text{-}V)$	m_b, m_y: System Bok — van Wijk	*94*
V	$= m_y - 0{,}20\,(P\text{-}V)$		
C_{b-y}	$= + 0{,}83\,(P\text{-}V)$	$+0^{\mathrm{m}}{,}3 \leq C_{b-y} \leq + 1^{\mathrm{m}}{,}5$	
	h) System Kiew (K)		
IPg	$= + 0{,}01 + (m_{pg})_K + 0{,}014\,(C)_K$	IPg, IPv, ICI: Internationales photographisches System (Tab. 2b, 3, Fig. 1b)	*95*
IPv	$= - 0{,}01 + (m_{pv})_K + 0{,}009\,(C)_K$	$C = m_{pg}\text{-}m_{pv}$	
m_{Hpr}	$= - 0{,}03 + (m_{pr})_K + 0{,}038\,(RI)_K$	Hpr: System Harvard photorot	
	i) System Krim (Kr)		
$(m_v)_{Kr}$	$= V - 0{,}22\,(B\text{-}V) + 0{,}6$	$+ 0^{\mathrm{m}}{,}17 \leq B\text{-}V \leq + 1^{\mathrm{m}}{,}82$	*96*
$(m_{pg})_{Kr}$	$= B + 0{,}15\,(B\text{-}V) - 0{,}03$	F ··· M Sterne	
$(CI)_{Kr}$	$= + 1{,}38\,(B\text{-}V) - 0{,}0083$	$CI = m_{pg}\text{-}m_v$	
$(m_{pg})_{Kr}$	$= B + 0{,}11\,(B\text{-}V) - 0{,}01$	O ··· B 2	*97*
$(CI)_{Kr}$	$= +1{,}64\,(B\text{-}V) - 0{,}27$		
$(m_{pg})_{Kr}$	$= B + 0{,}11\,(B\text{-}V) - 0{,}27$	$- 0^{\mathrm{m}}{,}25 \leq CI \leq + 1^{\mathrm{m}}{,}2$	*98*
$(CI)_{Kr}$	$= + 1{,}48\,(B\text{-}V) - 0{,}41$		
$(m_{pg})_{Kr}$	$= B + 0{,}27\,(B\text{-}V) - 0{,}25$	$0^{\mathrm{m}} \leq B\text{-}V \leq + 1^{\mathrm{m}}{,}3$	*99*
$(m_{pr})_{Kr}$	$= V - 0{,}37\,(B\text{-}V) + 0{,}05$	C_1: Stebbins - Huffer [*20*] (Tab. 4e)	
$(m_{pg}\text{-}m_{pr})_{Kr}$	$= + 1{,}60\,(B\text{-}V) - 0{,}26$		
	$= + 3{,}4\, C_1 + 0{,}16$		

Allgemeine Literatur

48	Skalenfehler beim Vergleich von Helligkeiten von NPS-Sternen im UBV-System mit anderen Farbsystemen.
49	Anschluß und Reduktion der Cape-Helligkeiten von Eros-Vergleichssternen auf IPS.
50	Vergleich von Eros-Sternhelligkeiten (Ross, Zug) mit Lick-Helligkeiten.

Südhimmel

51, 52	Korrektionsgrößen für Reduktion der Cape-CI (Refraktor- und Spiegel-System) auf UBV-System.
53	Kritischer Vergleich der photometrischen Systeme am Nord- und Südhimmel (UBV) und Festlegung der Nullpunkte für südliches Farbsystem für Helligkeitssequenzen in HSR *E*.
54	Vergleich des Cape-Farbsystems mit anderen Helligkeits- und Farbsystemen.
55	Vergleich des Cape-Farbsystems mit dem der IPS und anderen Systemen.

5.2.7.3 Kataloge von Farbenindizes (CI) – Catalogues of color indices (CI)

5.2.7.3.0 Liste der Tabellen, Symbole – List of the tables, symbols

Übersicht – Survey

Kataloge der Mehrfarben-Photometrien (> 3): Siehe 5.2.8.

Symbole der Tab. 9 ··· 22 – Symbols of Tab. 9 ··· 22

In den folgenden Tabellen sind in der Spalte „Daten" diejenigen Symbole angegeben, die in den jeweiligen Katalogen verwendet sind.

In the column „Daten" of the following tables the same symbols are used as in the respective catalogues

a) *Helligkeiten – magnitudes*

Die Helligkeiten werden angegeben:
1. durch die üblichen Symbole m und M mit dem jeweiligen Spektralbereich als Index (siehe 5.2.6.0):

The magnitudes are given:
1. by the usual symbols m and M with the corresponding spectral region as index (see 5.2.6.0):

b	blau, blue
g	grün, green; gelb (yellow)
ir	infrarot, infrared
pg	photographisch, photographic
pr	photorot, photored
pv	photovisuell, photovisual
r	rot, red
u	ultraviolett, ultraviolet
v	visuell, visual; violett, violet
y	yellow (gelb)

2. durch Buchstaben, die unmittelbar den Spektralbereich in dem benutzten System charakterisieren:

2. by letters which directly characterize the spectral region in the used system:

IPg, IPv	photographic photovisual	internationales photographisches System	Tab. 2b, 3	Fig. 1b
P, V	photographic, visual	internationales photoelektrisches System		
R, I	red, infrared	Kron, Smith	Tab. 4g	Fig. 2g
SPg, SPv / $S'Pg$, $S'Pv$	photographic, photovisual	Cape Southern System		
R, G, U	rot, gelb, ultraviolett	Becker	Tab. 2a, 3	Fig. 1a
U_1, U_2	ultraviolet	Borgman	Tab. 5c	Fig. 3c
U, B, V	ultraviolet visual, blue	Johnson	Tab. 4a	Fig. 2a
u, b, g, y, r, i	ultraviolet, blue, green, yellow, red, infrared	Bahng	Tab. 5a	Fig. 3a
U, V, B, G, R, I	ultraviolet, violet, blue, green, red, infrared	1. Stebbins-Kron	Tab. 5e	Fig. 3e
		2. 6-Farben-Photometrie, Stebbins-Whitford	Tab. 5f, 6	Fig. 3f
UV, BG, R	ultraviolet, blue-green, red	Tifft, photographisch	Tab. 2c, 3	Fig. 1c
UV, BG, O	ultraviolet, blue-green, orange	Tifft, photoelektrisch	Tab. 4b, 6	Fig. 2b

Weitere Systeme sind durch Indizes gekennzeichnet, z. B.

Other systems are characterized by indices, e. g.

$(\,)_E$	System Eggen (Tab. 4c, 6; Fig. 2c)
$(\,)_C$	Cape-System
$(\,)_R$	Radcliffe-System

b) *Farben* — *colors*

Die Farbenindizes sind gekennzeichnet durch:
1. Differenz der Helligkeiten, z. B.

The color indices are characterized by:
1. difference of the magnitudes, e. g.

$$m_{pg} - m_v;\ B - V;\ (P - V)_E \ldots$$

2. allgemein durch das Symbol C oder CI, gegebenenfalls mit entsprechenden Indizes, z. B.

2. generally by the symbols C or CI, with the corresponding indices, e. g.

$$C_{u-b} = C_b^u = (u - b)$$

CI bedeutet fast immer photographisch — visuell (siehe 5.2.7.0)

CI almost always means photographic — visual (see 5.2.7.0)

3. spezielle Symbole:

3. special symbols:

ICI	$= IPg - IPv$	im internationalen System
SCI	$= SPg - SPv$	im Cape Southern System
RI	$= R - I$	= Rotindex
C_1	Farbsystem Stebbins-Huffer (Tab. 4e, Fig. 2e)	

c) *Weitere Daten* — *further data*

$(...)_0$	Eigenfarbe (5.2.7.4 S. 362)	intrinsic color (5.2.7.4 p. 362)
$\langle\ \rangle$	Angaben nur für einen Teil der Sterne gegeben	data are given only for part of the stars
A	allgemeine interstellare Absorption (5.2.7.4); Farbbereich als Index	general interstellar absorption (5.2.7.4); spectral region is given as index
E	Farbenexzeß (5.2.7.4); Farbbereich als Index	color excess (5.2.7.4); spectral region is given as index
$H\beta$	Stärke der Balmerlinie $H\beta$	strength of the Balmer line $H\beta$
D_B	Balmersprung (5.2.8.1.5)	Balmer discontinuity (5.2.8.1.5)
MK	Spektraltyp im MK-System (5.2.1.2)	spectral type in the MK system (5.2.1.2)
δ(U−B)	UV-Exzess (5.2.7.5)	ultraviolet excess (5.2.7.5)
π_{trig}	trigonometrische Parallaxe (5.1.4)	trigonometric parallax (5.1.4)
π_{sp}	spektroskopische Parallaxe (5.1.4)	spectroscopic parallax (5.1.4)
μ	Eigenbewegung (5.1.2)	proper motion (5.1.2)

5.2.7.3.1 CI-Kataloge der hellen Sterne — CI catalogues of bright stars

$$m_{pg} \leq 7^m\!.5$$

Photographische und photovisuelle Photometrien

Schneller [*100*]: Angabe von Korrektionen für die Herleitung von CI aus den Helligkeits-Katalogen von Zinner (5.2.6 Tab. 7b, $\lambda_{eff} = 5570$ A) und Hertzsprung (5.2.6 Tab. 7a, $\lambda_{eff} = 4220$ A); 593 gemeinsame Sterne.

Williams, Knox-Shaw [*101*]: 181 Sterne, $\delta < -35°$; $m_{lim} = 6^m\!.5$; Daten (λ_{eff}[A]): B (4100), G (5150), R (6200), $CI = B - G$; Pg (4190), Pv (5330).

Lichtelektrische Photometrien

Tab. 9. UBV-Photometrien heller Sterne — UBV-photometries of bright stars

m_{lim}	Zone, Feld	Daten	N (Typ)	Literatur und Bemerkungen
$2^m\!.02$	$-90° < \delta < +90°$	V, B, B-V; MK	50	Johnson, H. L.: Sky Telescope **16** (1957) 470
5,0		V_E, B-V, U-B; MK, v_r, μ, $\langle\pi\rangle$	111 (A)	Eggen, O. J.: MN **120** (1960) 448
5,0		V_E, B-V, U-B; Sp, v_r, μ, $\langle\pi\rangle$	113 (M III)	
6,4		V, B-V, U-B; MK	18 (LC I)	Kraft, R. P., and W. A. Hiltner: ApJ **134** (1961) 850
6,5		V ($\Delta V \leq \pm 0^m\!.003$), B-V (Δ (B-V) $\leq \pm 0^m\!.003$)	8	Trans. IAU **11** B (1962) 282 Ten-year-standard-Sterne zur Kontrolle der Sonnenstrahlung auf Veränderlichkeit
6,5	$\delta > -30°$	B-V, U-B; $H\beta$; A_V, $(U$-$B)_0$, E_{U-B}	501 (B 8, B 9)	Crawford, D. L.: ApJ **137** (1963) 530
6,5	$+10° \leq \delta \leq +40°$	B-V, U-B; MK, m_v	227 (B 8 ··· A 2, Am)	Osawa, K., and Sh. Hata: Ann. Tokyo (2. Serie) **6** (1960) 148

Fortsetzung nächste Seite

Tab. 9. (Fortsetzung)

m_{lim}	Zone, Feld	Daten	N (Typ)	Literatur und Bemerkungen
6,6	$\delta < 0°$	V, B-V, U-B; MK, M, $E_{B\text{-}V}$	34 (LC I)	Westerlund, B.: PASP **71** (1959) 156
6,8	$\delta < 0°$	V, B-V, C_u; MK	71	Arp, H. C.: AJ **63** (1958) 118 C_u: Instrumentelles System (Filter Corning 9863 ⟨2 mm⟩ + + Refraktor)
6,8	$\delta > -36°$	V, B-V, U-B	103 (meist F)	Naur, P.: ApJ **122** (1955) 182
7,0	$\delta < +30°$	V, B-V, U-B; MK	224	Hogg, A. R.: Mt. Stromlo Mimeogr. Nr. 2 (1958)
7,0		V, B-V; MK	81	Bouigue, R.: Publ. Haute-Provence **4**/52 (1959)
7,0	$+10° \leq \delta \leq +40°$	B-V, U-B; MK, m_v	123 (B 8 ··· A 2, Ap)	Osawa, K., and Sh. Hata: Ann. Tokyo (2. Serie) **7** (1962) 209
7,0	$-10° \leq \delta \leq +10°$	V, B-V, U-B; Sp	150	Cousins, A. W. J.: Monthly Notes Astron. Soc. S. Africa **21** (1962) 20
7,0	$-10° \leq \delta \leq -30°$	V, B-V, U-B; Sp	48 (M III)	Westerlund, B.: Ark. Astron. **3** (1961) 21
7,3	$\delta > -13°$	B-V, U-B; MK; C_g^b, C_{vio}^b, D_B	125 (O ··· A 2)	Belyakina, T. S., und P. F. Chugainow: Mitt. Krim **22** (1960) 527 C_g^b = blau-gelb, C_{vio}^b = blau-violett } Krim-System

Tab. 10. Sonstige lichtelektrische Photometrien heller Sterne — Other photoelectric photometries of bright stars

m_{lim}	λ_{eff} [A]	Zone, Feld	Daten	N (Typ)	Literatur und Bemerkungen
$3^m_,8$		$\delta > -4°$	m_{pv}, CI	59	Nikonowa, E. K.: Mitt. Krim **11** (1954) 74
5,0		$-90° < \delta < +90°$	V_E, B-V; MK, $E_{B\text{-}V}$, π, μ	280 (B 8)	Eggen, O. J.: Roy. Obs. Bull. (E) Nr. 41 (1961)
5,0		$\delta < +6°$	B-V, B	880	Cape Mimeogr. Nr. 1 (1953); Cape-System
5,0		$\pi > 0{,}''02$	V_E, $(P\text{-}V)_E$; MK, M_V, π_{trig}	186	Eggen, O. J.: AJ **62** (1957) 45
5,8	4800, 5000		$CI_{Öhman}$	48	Methode des rotierenden Analysators
					Öhman, Y.: Stockholm Ann. **15**/8 (1949)
	4900, 5130				Methode des rotierenden Polarisators
6,0	4200, 4490	$16° \leq \delta \leq 74°$	m_{blau}, m_{gelb}	94	Güssow, M.: ZfA **20** (1941) 25
6,3	4250, 4750	$\delta > -8°$	CI; Sp	738	Becker, W.: Veröffentl. Berlin-Babelsberg **10**/3 (1932)
6,3	3600, 4700, 6300	$\delta > -10°$	BG, BG-R, UV-BG; MK	48	Tifft, W. G.: AJ **63** (1958) 127
6,5	4250, 5350	$18^h \leq \alpha \leq 22^h$, $\delta > -25°$	m_b, C_{11}	369	Epstein, I.: AJ **59** (1954) 228
6,5		$\delta < -15°$	m, C_{11}	2028 (O ··· A 0, K 0)	Schilt, J., C. Jackson: AJ **56** (1952) 209
		$-4° \leq \delta \leq -64°$	m, CI	214	Stoy, R. H.: Monthly Notes Astron. Soc. S. Africa **13** (1954) 101; Sterne aus Yale Bright Star Catalogue und schwächere Sterne mit π oder μ

Lamla

5.2.7.3.2 CI-Kataloge schwacher Sterne — CI catalogues of faint stars

Die zahlreichen Photometrien von Sternen in Sternhaufen sind nicht mit aufgezählt. Sie sind zusammengestellt in: ALTER, G., J. RUPRECHT, and V. VANYSEK: Catalogue of Star Clusters and Associations (in Karteiform), Czechoslovak Academy of Sciences, Prague 1958 (siehe 7.1.3).

Tab. 11. Photographische oder photovisuelle Photometrien — Photographic or photovisual photometries

Zone, Feld	Daten	m_{lim}	λ_{eff} [A]	N	Literatur und Bemerkungen
$\delta > -50°$	m_{pg}, CI; v_r	$11\overset{\mathrm{m}}{,}0$	4240 5420	253	POPPER, D. M.: ApJ **111** (1950) 495; m_{pg} nur auf $0\overset{\mathrm{m}}{,}1$ angegeben
	IPg, IPv, ICI		4270 5430	2271	SEARES, F. H., F. E. ROSS, and M. C. JOYNER: Carnegie Inst. Wash. Publ. Nr. 532 (1941)
$0° \leq \delta \leq +20°$	m_{ph}, m_v, CI			3294	BERTAUD, Ch.: Ann. Paris-Meudon **8**/3 (1939)
$\delta > +57°$	m_b, m_g, CI	7,9	4000 6200	38	RYBKA, E.: Acta Astron. Krakow (c) **7** (1957) 65
$-90° < \delta < +90°$	m_{pv}, C_1; MK	11,0	4260 4770	1270	MORGAN, W. W., A. D. CODE, and A. E. WHITFORD: ApJ Suppl. **2** (1955) 41; blaue Riesensterne
1^h30^m $+61°$	m_{pg}, CI; Sp	12,5		3206	BRODSKAJA, E. S.: Mitt. Krim **24** (1960) 160
2^h30^m $+58°$	m_{pg}, CI; Sp	12,5		3340 (O ··· F)	BRODSKAJA, E. S., P. F. SHAJN: Mitt. Krim **20** (1958) 299
12^h22^m $+25°$	IPg, IPv, ICI	15,0		3700	MALMQUIST, K. G.: Medd. Lund (II) **4** Nr. 37 (1927)
12^h22^m $+33\overset{\circ}{,}5$	m_{pg}, CI	15,0		4500	MALMQUIST, K. G.: Stockholm Ann. **12**/7 (1936); an IPS angeschlossen
17^h32^m $-25°$	m_{pg}, m_{pv}, CI	12,4		1685	KOTSCHLASCHWILI, T. A.: Bull. Abastumani **22** (1958) 67
18^h10^m $-15°$	m_{pg}; Sp	12,2	4300	3915	PRONIK, I. I.: Mitt. Krim **20** (1958) 208
18^h54^m $+5°$	m_{pg}; Sp	12,8		79 (O ··· B 2)	PRONIK, I. I.: Mitt. Krim **25** (1961) 37
20^h5^m $+36°$	m_{pg}; Sp	13,0	4300	5000	NUMEROWA, A. B.: Mitt. Krim **19** (1958) 230
20^h15^m $+38°$	CI	9,4	3860 4700	38	KOSTJAKOWA, E. B.: Mitt. Sternberg Nr. 106 (1959) 3; Sterne um P Cygni
23^h25^m $+61\overset{\circ}{,}5$	m_{pg}, CI; Sp	13,5		5752	BRODSKAJA, E. S.: Mitt. Krim **14** (1955) 3

Tab. 12. Lichtelektrische Photometrien — Photoelectric photometries

UBV-Photometrien siehe Tab. 13

Zone	Daten	m_{lim}	λ_{eff} [A]	N (Typ)	Literatur und Bemerkungen
0°	V_E, $(P\text{-}V)_E$; Sp, ⟨MK⟩	$11\overset{\mathrm{m}}{,}3$	4200 5200	833	EGGEN, O. J.: AJ **60** (1955) 65
4 Längen-Zonen $b \approx 0°$	V, G, U; MK	10,8	3310 4500 5500	67	WAMPLER, E. J.: ApJ **136** (1962) 100
$21^h \cdots 22^h30^m$ $40° \leq \delta \leq 70°$	CI, E	9,0	4250 4750	49	ELVEY, C. T., T. G. MEHLIN: ApJ **75** (1932) 354
$\delta > -30°$	CI, E	8,7	3850 5100	153	ELVEY, C. T.: ApJ **74** (1931) 298
$\delta > -40°$	C_1	10,0	4260 4770	1332 (O ··· B 2, cB, cA)	STEBBINS, J., C. M. HUFFER, and A. E. WHITFORD: ApJ **91** (1940) 20; bezogen auf außerhalb der Atmosphäre
$\delta > -23°$	m_{pg}, CI	7,5	3880 5270	1047 (B 8, B 9)	NIKONOW, W. B.: Bull. Abastumani **14** (1953)
$\delta > -15°$	CI, E	8,5	4260 4770	733 (B 0 ··· B 5)	STEBBINS, J., C. M. HUFFER: Publ. Washburn **15**/5 (1934)
$\approx \delta > 0°$	$U_1\text{-}U_2$, $\langle U_2\text{-}B\rangle$; ⟨Sp⟩		3200 3660	56	BORGMAN, J.: ApJ **129** (1959) 362
$\approx \delta > 0°$	$P\text{-}V$, $V\text{-}I$			63	KRON, G. E., N. U. MAYALL: AJ **65** (1960) 581

Tab. 13. UBV-Photometrien schwacher Sterne — UBV photometries of faint stars

Zone, Feld	Daten	m_{lim}	N	Typ	Literatur
	a) Standard-Sequenzen — Standard sequences				
Praesepe	V, B-V, U-B	15,m0	133		JOHNSON, H. L.: ApJ **116** (1952) 640
Feld bei Praesepe		13,2	17		
Feld bei IC 4665	V, B-V, U-B	11,4	40		JOHNSON, H. L.: ApJ **119** (1954) 181
Feldsterne	V, B-V, U-B; Sp	16,0	382		JOHNSON, H. L.: Ann. Astrophys. **18** (1955) 292
NPS	V, B-V, U-B	12,5	21		
Feldsterne	V, B-V, U-B; MK	11,7	98	[2])	JOHNSON, H. L., and D. L. HARRIS III,: ApJ **120** (1954) 196
Feldsterne	V, B-V, U-B; MK	5,2	10		
$\delta > -20°$	V, B-V, U-B; Sp	16,0	290		JOHNSON, H. L., W. W. MORGAN: ApJ **117** (1953) 313
Plejaden	V, B-V, U-B; Sp ⟨MK⟩ ⟨π_{trig}⟩	10,5	64		
M 36		12,5	50		
NGC 2362		14,8	58		
	b) Photometrien in Zonen — Photometries in zones				
$-90° < \delta < +90°$	V_E ⟨B-V⟩ ⟨B-U⟩; MK, v_r, μ ⟨M_V⟩	9,0	205	LC IV	EGGEN, O. J.: MN **120** (1960) 430
$\delta < 0°$	V, B-V, U-B; Sp, v_r	11,0	17	Unterzwerge	DEEMING, T. J.: MN **123** (1962) 273
$\delta > -27°$	V, B-V; M, MK, π	9,8	147		MICZAIKA, G. R.: AJ **59** (1954) 233
$\delta > -20°$	V, B-V, U-B; Sp	8,6	180	Be-Sterne kleiner Leuchtkraft bei $b \approx 0°$	MENDOZA, E. E.: ApJ **128** (1958) 207
$\delta > -20°$	V, B-V, U-B; MK, μ, π_{trig}, π_{sp}	10,6	600	high-velocity-stars	ROMAN, N. G.: ApJ Suppl. **2** (1955) 195
$\delta > -15°$	V, B-V; M_V, Sp	11,9	166	LC V späten Typs	MUMFORD III, G. S.: AJ **61** (1956) 213
$\delta > -5°$	$m_y \approx m_v$, $C \approx B$-V	10,9	60	frühe M-Sterne	BLANCO, V. M.: AJ **59** (1954) 396
$\delta > 0°$	V, B-V, U-B, G-I; MK	5,8 / 10,0	10 / 12	LC V Unterzwerge	CODE, A. D.: ApJ **130** (1959) 473
$\delta > +10°$	V, B-V, U-B; MK	12,2	39	B, A, F	PESCH, P.: ApJ **137** (1963) 547
$+10° \leq \delta \leq +40°$	m_V, B-V, U-B; Sp	7,0	220	B 3 ··· A 8	OSAWA, K.: ApJ **130** (1959) 159
$320° \leq l^I \leq 213°$ $b^I \approx 0°$	V, B-V, U-B; MK, M, Polarisation	11,7	1259	OB	HILTNER, W. A.: ApJ Suppl. **2** (1956) 389
$334° \leq l^I \leq 224°$ $b^I \approx 0°$	V, B-V, U-B; Sp, ⟨MK⟩	11,4	262	O	HILTNER, W. A., H. L. JOHNSON: ApJ **124** (1956) 367
$338° \leq l^I \leq 33°$ $b^I \approx 0°$	V, B-V, U-B; E_{B-V}	11,0	78	frühe Typen	HILTNER, W. A., B. IRIARTE: ApJ **122** (1955) 185
$342° \leq l^I \leq 190°$ $b^I \approx 0°$	V, B-V, U-B; Sp	8,6	30	Be I	MENDOZA, E. E.: ApJ **128** (1958) 207
	c) Photometrien in Feldern — Photometries in fields				
$\approx 5^h 30^m$, $\approx +10°$	B-V, U-B; E_{B-V}, E_{U-B}; Sp, Polarisation		5	Sterne bei λ Ori	GRIGORJAN, K. A.: Mitt. Bjurakan **27** (1959) 61
$10^h 40^m \leq \alpha \leq 13^h$ $24° \leq \delta \leq 50°$ [1])	V, B-V, U-B; MK, v_r	12,0	84	Sp < F 6	SLETTEBAK, A., K. BAHNER, and J. STOCK: ApJ **134** (1961) 195
$18^h 37^m$; $-7°12'$	V, B-V, U-B; Sp, M_V; A_V	13,0	341	OB	ROSLUND, C.: Ark. Astron. **3** (1961) 97
$19^h 55^m$; $+35°$	V, B-V, U-B; Sp, M_V	10,0	74		GOLAY, M.: Publ. Genève (A) **6** Fasc. 57
$20^h 15^m$; $+37°52'$	V, B-V; E, MK	10,0	108		BARBIER, M.: J. Observateurs **45** (1962) 57
10 galaktische Felder	V, B-V; MK	7,5	16		BOUIGUE, R., J. BOULON et A. PEDOUSSANT: Publ. Haute-Provence **5**/49 (1962)
$\delta > +8°$	V, B-V; MK	10,6	563		
	V, B-V; MK ⟨M_v⟩ ⟨$(B$-$V)_0$⟩	11,0	429		BOUIGUE, R.: Ann. Toulouse **27** (1959) 47
5 Felder $\delta > 40°$ SA 19	V, B-V; MK	10,4	546		
5 Felder zwischen	V, B-V; MK	9,9	33		BOUIGUE, R.: Publ. Haute-Provence **4**/52 (1960)
$+43° \leq \delta \leq +61°$	V, B-V; MK	10,6	436		

[1]) Nähe des galaktischen Nordpols [2]) Primary standards.

Tab. 14. Spezielle CI-Kataloge von Sternen am Südhimmel — Special CI catalogues of stars at the southern sky (Siehe auch Tab. 16 und 17)

Zone	Daten	m_{lim}	N	Literatur und Bemerkungen
meist $\delta < 0°$	V, B-V, SCI	9,2	368	COUSINS, A. W. J.: Monthly Notes Astron. Soc. S. Africa **17** (1958) 134; Vergleichs-Sterne für Veränderliche
	V, B-V, $\langle U$-$B\rangle_C$; MK, v_r		4 950	COUSINS, A. W. J., R. H. STOY: Roy. Obs. Bull. (E) Nr. 64 (1963)
	SPg, SCI		270	STOY, R. H.: Monthly Notes Astron. Soc. S. Africa **15** (1956) 96
	SPg, SCI		300	STOY, R. H.: Monthly Notes Astron. Soc. S. Africa **15** (1956) 27
	SPG, SCI, V, B-V; Sp	7,6	56	STOY, R. H.: Monthly Notes Astron. Soc. S. Africa **16** (1957) 38
	$S'PG$, $S'CI$, V, B-V, $(U$-$B)_C$; Sp	10,2	436	STOY, R. H.: Monthly Notes Astron. Soc. S. Africa **17** (1958) 42
	$S'Pg$, $S'CI$, V, B-V, $(U$-$B)_C$; Sp	10,4	300	STOY, R. H.: Monthly Notes Astron. Soc. S. Africa **18** (1959) 136
	$S'Pg$, $S'CI$, V, B-V, $(U$-$B)_C$; Sp	10,1	81	STOY, R. H.: Monthly Notes Astron. Soc. S. Africa **18** (1959) 160
	$S'Pg$, $S'CI$, V, B-V, $(U$-$B)_C$; Sp	10,0	154	STOY, R. H.: Monthly Notes Astron. Soc. S. Africa **19** (1960) 69
	$S'Pg$, $S'CI$, V, B-V, $(U$-$B)_C$; Sp	10,1	182	STOY, R. H.: Monthly Notes Astron. Soc. S. Africa **20** (1961) 30
$-10° \leq \delta \leq +10°$	V, B-V, U-B; Sp	6,7	150	COUSINS, A. W. J.: Monthly Notes Astron. Soc. S. Africa **21** (1962) 20
meist $\delta < 0°$	V, B-V, U-B, $(U$-$B)_C$; Sp, $\langle E\rangle$	12,0	334	COUSINS, A. W. J., O. J. EGGEN, and R. H. STOY: Roy. Obs. Bull. (E) Nr. 25 (1961); O ··· A 2-Sterne, Riesen der LC III und I, Unterzwerge
meist $\delta < 0°$	4150 A, 5000 } C_1; 5000, 5320 } C_2; E	10,5	372	OOSTERHOFF, P. Th.: BAN **11** (1951) 299; OB-Sterne
$\delta < 0°$	V, B-V, $(U$-$B)_C$ oder $(U$-$B)_R$; MK	11,4	248	FEAST, M. W., R. H. STOY, A. D. THACKERAY, and A. J. WESSELINK: MN **122** (1961) 239; B-Sterne; Index R: Radcliffe; Index C: Cape, Refraktor
$\delta < 0°$	V, B-V; Sp	9,3	208	Trans. IAU **11** A (1962) 251; südliche sekundäre Standard-Sterne
GSP [1]) $23^h \cdots 2^h$ $-17° \cdots -50°$	V, B-V, $(U$-$V)_C$; MK, v_r	9,5	120	WAYMAN, P. A.: Roy. Obs. Bull. (E) Nr. 36 (1961)
$\delta < -26°$	V, B-V, $(U$-$B)_C$; MK, v_r	10,1	180	EVANS, D. S., A. MENZIES, R. H. STOY, and P. A. WAYMAN: Roy. Obs. Bull. (E) Nr. 48 (1961)
5 Felder + SA 193	Pg_p, $C_{b\text{-}y}$; E	11,0	125	BOK, B. J., U. VAN WIJK: AJ **57** (1952) 213; OB-Sterne
$-35° \leq \delta \leq -30°$	SPg, SPv, SCI; Sp; CPC 1950 (= Cape Photographic Catalogue)		12 846	JACKSON, J., R. H. STOY: Ann. Cape **17** (1954)
$-40° \leq \delta \leq -35°$			12 115	**18** (1955)
$-56° \leq \delta \leq -52°$			9 215	**19** (1955)
$-64° \leq \delta \leq -56°$			14 710	**20** (1958)
$-80° \leq \delta \leq -64°$			(16 400)	**21**
$-90° \leq \delta \leq -80°$			(3 000)	**22**

[1]) Umgebung des galaktischen Südpols

Tab. 15. CI-Kataloge der Eros-Anhalt-Sterne — CI catalogues of Eros reference-stars

Für die Anhaltsterne der Eros-Opposition 1931 wurden genaue m_{pg} und m_{pv} zur Übertragung der Skala der IPS auf die Südhalbkugel bestimmt

For the reference stars of the Eros opposition (1931) exact values for m_{pg} and m_{pv} have been determined for the transfer of the IPS scale to the southern sky

Zone	Daten	m_{lim}	N	Literatur und Bemerkungen
$\delta \geq -17°$	m_{pg}, m_{pv}, CI	12,m0	636	Ross, F. E., R. S. Zug: AN **239** (1930) 289; Zug, R. S.: ApJ **73** (1931) 26
$-26° \leq \delta \leq 0°$	IPg, IPv, ICI; Sp	8,7 10,1	247 86	Stoy, R. H., A. Menzies: MN **104** (1944) 298; im Cape-System
$-27° \leq \delta \leq 0°$	IPg, IPv, ICI	10,0 8,8	300 74	Seares, F. H., B. W. Sitterly, and M. C. Joyner: ApJ **72** (1930) 311

5.2.7.3.3 CI-Kataloge in „Selected Areas" (SA) und „Harvard Standard Regions" (HSR)

Lage der SA und HSR siehe 5.2.6.1.3 — Position of the SA and HSR see 5.2.6.1.3

Tab. 16. CI-Kataloge in SA — CI catalogues in SA

SA	Daten	m_{lim}	λ_{eff} [A]	N	Literatur und Bemerkungen
1, 8 ··· 10, 14, 15, 17 20 ··· 28, 30, 33, 35 37 ··· 40, 46 ··· 51, 57, 59 62 ··· 67, 85 ··· 89, 97, 100 108 ··· 112, 132 ··· 136	m_{pv}, m_{pr}, $RI = m_{pg}$-m_{pr}	13,m0	6300	240	Kolesnik, L. H.: Mitt. Kiew **3** (1960) 41
1 ··· 43	CI	13,3	4240 5560	14 000	Charadse, E. K.: Bull. Abastumani **12** (1952) 229
2 ··· 7	m_{pv}, CI	13,5		602	Bok, B. J., W. F. Swann: Ann. Harvard **105** (1937) 371
4	P-V, P; Sp	13,9		31	Larsson-Leander, G.: Ark. Astron. **3** (1961) 51
8, 9, 18, 41	m_{pg}, m_{pv}, CI	12,0	4300 5300	459	Lohmann, W., G. R. Miczaika: Veröffentl. Sternw. Heidelberg **14** (1946) 81
11, 12	m_b, m_r, CI; Sp	15,0	4000 8800	70	Radlowa, L. N.: Mitt. Sternberg Nr. 95 (1953) 8
19	V, B-V; MK	10,3		110	Bouigue, R.: Publ. Haute-Provence 4/52 (1959)
20 ··· 43	IPg, IPv, ICI	14,0		1 500	Parkhurst, J. A.: Publ. Yerkes **4** (1927) 229
26, 35, 40	m_{bl}, m_r, CI; Sp	12,0 11,6	≈4300 ≈6340	63	Clasen, M.-Ch.: AN **264** (1938) 33
40	G, U-G, G-R; Sp, A_G, r, Polarisation	13,5	3730 4800 6450	325	Tripp, W.: ZfA **41** (1956) 84
51, 57, 61, 64, 68, 71	R, R-I, $\langle P$-$R\rangle$, $\langle P$, P-$V\rangle$		6800 8250	77	Kron, G. E., J. L. Smith: ApJ **113** (1951) 324
54	$C_v^b = b$-v, C_b^g, C_b^{dg}; E		v 3690 b 3900 g 5260 dg 5520	462	Walraven, Th., A. D. Fokker: BAN **11** (1952) 441
57, 61, 68	IPg, IPg_p, C_p	18,6		102	Stebbins, J., A. E. Whitford, and H. L. Johnson: ApJ **112** (1950) 469; Definition des PV-Systems
61	P, P-V	14,5		7	Eggen, O. J.: ApJ **114** (1951) 141

Fortsetzung nächste Seite

Tab. 16. (Fortsetzung)

SA	Daten	m_{lim}	λ_{eff} [A]	N	Literatur und Bemerkungen
68, 70, 74, 82, 85, 88, 90	m_{pg}, $\langle CI \rangle$	10,8		55	Cailliatte, M. Ch.: J. Observateurs **36** (1953) 125
89	*G*, *U-G*, *R-G*	13,5	3730 4810 6380	264	Becker, W.: Veröffentl. Göttingen Nr. 82 (1946)
140 ··· 206	*Pg* ≈ *IPg*, *Pr*, *IPg-Pr*	13,5	6300	je 15	Gaposchkin, S.: Ann. Harvard **89**/9 (1937)
141	*V*, *B-V*, $\langle U\text{-}B \rangle$; Sp	14,2		18	Ljunggren, B., T. Oja: Uppsala Medd. Nr. 125 (1959)
141, 158, 193	*V*, *B-V*, *U-B*	14,5		85	Bok, B. J., P. F. Bok: MN **121** (1960) 531
158, 193	*IPg*, *HPr*	14,5		39	Bok, B. J.: Harvard Reprints Ser. II Nr. 42 (1951)

Tab. 17. CI-Kataloge in HSR

HSR	Daten	m_{lim}	N	Literatur und Bemerkungen
alle 49	*IPg*, *IPv*, *ICI* (HSP*v*)	$11^m,0$	819	Payne, C. H.: Ann. Harvard **89**/1 (1937)
C 1 ··· 12	*IPg*, *HPr*, Red-Index	14,8		Payne-Gaposchkin, C.: Ann. Harvard **89**/8 (1937)
C 2, 3, 4, 12	*S'Pg*, *S'CI*, *P*, *P-V*	10,3	20	Cox, A. N.: ApJ **117** (1953) 83
C 4, 6, 12	*R*, *R-I*, Pg_p, C_p, Pg_p-*R*		32	Kron, G. E., J. L. Smith: ApJ **113** (1951) 324 — λ_{eff} = 6800 A, 8250 A
C 4, 8, 12	*R*, *R-I*	9,3	25	Kron, G. E., H. S. White, and S. C. B. Gascoigne: ApJ **118** (1953) 502 — λ_{eff} = 6800 A, 8250 A
C 6, 8, 12	*V*, *P-V*, *V-I*; Sp	9,7	23	Kron, G. E., N. U. Mayall: AJ **65** (1960) 581
C 10	*IPg*, *IPv*, *ICI*	13,8	12	King, I.: AJ **60** (1955) 391
C 12	*P*, *P-V*	10,7	15	Eggen, O. J.: ApJ **114** (1951) 141
D 2, 6, 10	*R*, *R-I*	9,3	26	Kron, G. E., H. S. White, and S. C. B. Gascoigne: ApJ **118** (1953) 502; λ_{eff} = 6800 A, 8250 A
D 10	*V*, *P-V*, *V-I*; Sp	9,7	6	Kron, G. E., N. U. Mayall: AJ **65** (1960) 581
E 1 ··· 9	*SPg*, *SPv*, *SCI*	12,0	800	Cape Mimeogr. Nr. 3 (1953); Definition des 1953 S-Systems
E 1 ··· 9	*V*, *B-V*, *S'Pg*, *SPv*, *S'CI*, $(U\text{-}B)_C$; Sp	11,6	300	Cape Mimeogr. Nr. 5 (1958); Definition des 1958 S'-Systems
E 1 ··· 9	*V*, *B-V*, *S'Pg*, *SPv*, *S'CI*, $(U\text{-}B)_C$; Sp	17,0	880	Cape Mimeogr. Nr. 11 (1961); ersetzt die Daten von Nr. 3 und Nr. 5
E 1 ··· 9	*U-B*	9,0	375	Cousins, A. W.: Monthly Notes Astron. Soc. S. Africa **20** (1961) 147
E 1 ··· 9	*V*, *B-V*, *S'Pg*, *SPv*, *S'CI*, $(U\text{-}B)_C$; Sp	12,0	je 90	Cousins, A. W., R. H. Stoy: Roy. Obs. Bull. (E) Nr. 49 (1962)
E 1 ··· 9	*V*, *B-V*, *U-B*	8,3	18	Haffner, H.: Trans. IAU **11** B (1962) 282; je 9 Paare A- und K-Sterne
E 1 ··· 9	*IPg*, *IPv*, *ICI*	11,3	250	Stoy, R. H.: MN **103** (1944) 288
E 2 ··· 5	*S'Pg*, *S'CI*	10,0	16	Cox, A. N.: ApJ **117** (1953) 83
E 4 ··· 6	*V*, *B-V*, C_u	6,8	71	Arp, H. C.: AJ **63** (1958) 118; C_u: Instrumentsystem
E 4 ··· 9	*IPg*, *IPv*, *ICI*	13,8	≈165	King, I.: AJ **60** (1955) 391
F 1 ··· 3	*V*, *B-V*, *S'Pg*, *S'CI* $(U\text{-}B)_C$; Sp	11,0	132	Lourens, J. v. B., R. H. Stoy: Monthly Notes Astron. Soc. S. Africa **20** (1961) 18

5.2.7.3.4 CI-Kataloge im Roten und Infraroten — CI catalogues in the red and infrared

Tab. 18. Kataloge von Rot- und Infrarot-Farbenindizes — Catalogues of red and infrared indices

Zone	Daten	m_{lim}	λ_{eff} [A]	N	Literatur und Bemerkungen
			a) Sterne in bestimmten Zonen — Stars in certain zones		
$\delta < 0°$	R, R-I; MK	$9\overset{m}{,}5$	6800 8250	32	KRON, G. E., C. S. B. GASCOIGNE: ApJ **118** (1953) 511
$\delta > -75°$	R, R-I, M_R	15	6800 8250	282	KRON, G. E., C. S. B. GASCOIGNE, and H. S. WHITE: AJ **62** (1957) 205
$\delta > -35°$	R	6,5	6200	181	WILLIAMS, E. G., and H. KNOX-SHAW: MN **102** (1942) 226
$\delta > -20°$	m_V-m_{ir}	8	>7200 >7400 >9000 1,8 ··· 2,5 μm	24	LUNEL, M.: Publ. Haute-Provence **4**/29 (1958)
$\delta > -20°$	m_{pg}-m_{ir}	8	>7200 >7400 >9000 1,0 ··· 1,4 μm 1,8 ··· 2,5 μm	61	LUNEL, M.: Ann. Astrophys. **23** (1960) 1
$-15° \leq \delta \leq +15$	R, R-I; MK	11,3	6800 8250	82	KRON, G. E., H. S. WHITE, and S. C. B. GASCOIGNE: ApJ **118** (1953) 502
$\delta > -10°$	V-I; MK	6,3	8000	67	NECKEL, H.: ZfA **55** (1962) 166; M 0 ··· M 6-Sterne LC III und I
$\delta > 0°$	V, B-V, U-B, G-I; MK	5,8 10,0	10300 5700	10 12	LC V } CODE, A. D.: sd (LC VI) } ApJ **130** (1959) 473
$\delta > 0°$	C_{89}, C_{87}; E_{89}, E_{87}	5	7400 7950 8600	347	HALL, J. S.: ApJ **84** (1936) 145
$\delta > 0°$	m_{ir}, m_v, C; E	5,5	6800 8300	285	HALL, J. S.: ApJ **84** (1936) 369; K 0-Sterne aus HD
$\delta > 0°$	m_{ir}, m_v, C; E	7,4	6710 8340	170	HALL, J. S.: ApJ **88** (1938) 319; G-Sterne
$\delta > 0°$	K, K-L; Sp		2,2 μm 3,6 μm	52	JOHNSON, H. L.: ApJ **135** (1962) 69; O 5 ··· M 6-Sterne
			b) Sterne in bestimmten Feldern — Stars in certain fields		
$l = 12°$; $b = -8°$, $-5°$, $-6\overset{\circ}{,}5$	m_{ir}, m_r-m_{ir}	13,0		478	WESTERLUND, B.: ApJ **130** (1959) 178
$l = 32\overset{\circ}{,}5$; $b = 0°$, $-1\overset{\circ}{,}1$, $+2\overset{\circ}{,}6$, $+6\overset{\circ}{,}5$	m_{ir}	13,0		1800	WESTERLUND, B.: ApJ Suppl. **4** (1959) 73
$\delta = 15°$, $25°$, $29°$	m_b, m_r, CI; Sp	15	4000 8800	153	RADLOWA, L. N.: Mitt. Sternberg Nr. 95 (1953) 8
1^h40^m; $+60\overset{\circ}{,}2$ LF 5	m_{pg}, ⟨RI⟩; Sp, ⟨MK⟩	12,4		1000	FARNSWORTH, A. H.: ApJ Suppl. **2** (1955) 123
3^h51^m; $+56\overset{\circ}{,}8$ LF 6	m_{pg}, ⟨RI⟩; Sp, ⟨MK⟩	13,5		929	McCUSKEY, S. W.: ApJ Suppl. **2** (1955) 298
5^h; $+39°$	m_b, m_r, C	11,5	4270 6450	1800	EKLÖF, O.: Ark. Astron. **1** (1955) 315
$5^h\ 1^m$; $+41\overset{\circ}{,}6$ LF 7	m_{pg}, ⟨RI⟩; Sp	12,5		1871	McCUSKEY, S. W.: ApJ Suppl. **4** (1959) 1
5^h30^m; $-5°27'$	m_{pg}, m_{ir}, m_{pg}-m_{ir}	17	7600	250	TOLSKAJA, W. A.: Mitt. Sternberg Nr. 106 (1959) 34
6^h14^m; $+14°$ LF 8	m_{pg}, ⟨RI⟩; Sp	12,5		1871	McCUSKEY, S. W.: ApJ Suppl. **4** (1959) 23
6^h51^m; $+1\overset{\circ}{,}3$ LF 9	m_{pg}, ⟨RI⟩; Sp, ⟨MK⟩	12,5		2290	McCUSKEY, S. W.: ApJ Suppl. **2** (1955) 271
12^h20^m; $26° \cdots 31°$ GNP [1])	B, I, B-I; Sp	15	6800	335	STOCK, J., W. H. WEHLAU: AJ **61** (1956) 80
12^h42^m; $-62\overset{\circ}{,}7$ Kohlensack	I, R-I	13,5		635	WESTERLUND, B.: Ark. Astron. **2** (1959) 429

[1]) GNP = galactic north pole

Fortsetzung nächste Seite

Tab. 18. (Fortsetzung)

Zone	Daten	m_{lim}	λ_{eff} [A]	N	Literatur und Bemerkungen
$12^h 51^m$; $-60{,}^\circ1$ $12^h 45^m$; $-61{,}^\circ5$	*I*, *R-I*	$13{,}^m5$		238	Westerlund, B.: Ark. Astron. **2** (1959) 451
$18^h 10^m$; -15°	m_{pg}, m_{pr}, *CI*; Sp	12,2	4300 6200	3915	Pronik, I. I.: Mitt. Krim **20** (1958) 208
$18^h 40^m$; $-\ 7^\circ$ Scu-Wolke	m_{ir}	13,0	8250	1200	Albers, H.: AJ **67** (1962) 24; M III-Sterne
$18^h 53^m$; $+15{,}^\circ5$	m_{pg}, m_{pr}, *RI*	14		1100	Gordeladse, S. G., G. L. Fedortschenko: Mitt. Kiew **3**/2 (1961) 112
$19^h 13^m$; $+45{,}^\circ1$	m_{pg}, *RI*; Sp,	12,7	6200	938	MacRae, D. A.: ApJ **116** (1952) 592
$19^h 27^m$; $+\ 6{,}^\circ9$ LF 1	m_{pg}, *RI*; Sp, ⟨MK⟩	12,5	6200	989	McCuskey, S. W.: ApJ **109** (1949) 426
$19^h 36^m$; $+30^\circ$ LF 2	m_{pg}, ⟨*RI*⟩; Sp, ⟨MK⟩	13	6200	2170	McCuskey, S. W., C. K. Seyfert: ApJ **112** (1950) 90
20^h; $+38^\circ$ LF 3b	m_{pg}, ⟨*RI*⟩; Sp, ⟨MK⟩	12		1237	Nassau, J. J., D. A. MacRae: ApJ **110** (1949) 487
$20^h\ 4^m$; $+35{,}^\circ4$	m_{pg}, ⟨*RI*⟩; Sp, ⟨MK⟩	12	6200	1019	Annear, P. R.: ApJ **118** (1953) 77
$20^h\ 5^m$; $+36^\circ$	m_{pg}, m_{pg}-m_{pr}; Sp	13	4300 6200	5000	Numerowa, A. B.: Mitt. Krim **19** (1958) 230
$20^h 15^m$; $+38^\circ$	m_b, m_r, *CI*; Sp		4000 8800	239	Radlowa, L. N.: Mitt. Sternberg Nr. 95 (1953) 23; Feld um *P* Cyg
$20^h 16^m$; $+42{,}^\circ5$	m_{pg}, *CI*; Sp	12,5	4270 6100	952	Ichsanow, R. N.: Mitt. Krim **21** (1959) 229; O und A-Sterne
$20^h 26^m$; $+41^\circ$	*CI* (4530 – 4060) *CI* (6350 – 4530)	8,8	4060 4530 6350	92	Schalén, C.: Ark. Astron. **2** (1959) 359
$20^h 44^m$; $+45^\circ$	m_{pg}, m_{pg}-m_{pr}; Sp	12,5		3404	Metik, L. P.: Mitt. Krim **23** (1960) 60
$20^h 44^m$; $+45^\circ$	m_{pg}, m_{ir}, m_{pg}-m_{ir}; Sp	10,5	7600	100	Tolskaja, W. A.: Mitt. Sternberg Nr. 106 (1959) 47
$21^h 24^m$; $+58{,}^\circ5$	m_{pg}, m_r, *CI*	13,5	4400 6200	2060	Alksnis, A.: Publ. Riga **7** (1958) 33
$22^h 22^m$; $+53{,}^\circ8$ LF 4	m_{pg}, ⟨*RI*⟩; Sp	12,5		4222	McCuskey, S. W.: ApJ Suppl. **2** (1955) 75
$23^h 55^m$; $+59^\circ$	3 *CI*; Sp, ⟨MK⟩		3860 4060 4530 6350	49	Ahnström-Sandgren, B.: Ark. Astron. **3** (1962) 155
$23^h 55^m$; $+59^\circ$	m_v, m_{ir}, 3 *CI*; ⟨MK⟩	8,9	3880 4030 4400 4530 8050	156	Schalén, C.: Ark. Astron. **3** (1962) 169

5.2.7.3.5 CI-Kataloge von Sternen mit bekannter Parallaxe π oder Eigenbewegung μ — CI catalogues of stars with known parallax π or proper motion μ

Tab. 19. CI-Kataloge von Sternen mit π oder μ

Grenze	Daten	m_{lim}	N	Literatur und Bemerkungen
$\pi >$ 0,"002	V, B-V; M_V	$11{,}^{m}0$	214	BOUIGUE, R.: Publ. Haute-Provence **4**/52 (1959)
0,"002	V, B-V, (CI)	10,3	234	NIKONOW, W. B., S. W. NEKRASSOWA, N. S. POLOSUCHINA, D. N. RATSCHKOWSKIJ und K. K. TSCHUWAJEW: Mitt. Krim **17** (1957) 42; λ_{eff} = 3700, 4400, 5400 A
0,"005	V_E, $(P\text{-}V)_E$; Sp, π, $\langle\mu\rangle$	12,5	52	EGGEN, O. J.: MN **118** (1958) 65, siehe auch MN **120** (1960) 540; Hyaden-Gruppe (Bewegungshaufen)
0,"005	V_E, $(P\text{-}V)_E$; Sp, M_V, π, μ	10,3	15	EGGEN, O. J.: MN **118** (1958) 154; ε Ind-Gruppe
0,"006	V_E, $(P\text{-}V)_E$; Sp, M_V, π, μ	9,4	22	EGGEN, O. J.: MN **118** (1958) 154; ξ Her-Gruppe
0,"008	V_E, $(P\text{-}V)_E$; Sp, M_V, π, μ	10,2	66	EGGEN, O. J.: MN **118** (1958) 65, siehe auch MN **120** (1960) 563; Sirius-Gruppe
0,"008	V_E, $(P\text{-}V)_E$; Sp, M_V, π, μ	9,8	16	EGGEN, O. J.: MN **118** (1958) 154; 61 Cyg-Gruppe
0,"02	V_E, $(P\text{-}V)_E$; MK, M_V, π_{trig}	5,0	186	EGGEN, O. J.: AJ **62** (1957) 45
0,"02	m_v, C_0, B-V; M_v, Sp, π	8,5	150	SCHAROW, A. S.: Publ. Sternberg **29** (1958) 3 λ_{eff} = 4200, 5200 A
0,"028	IPg, IPv, ICI; M_{pv} (lichtelektrisch)		123	YATES, G. G.: MN **114** (1954) 218
0,"049	V_E, $(P\text{-}V)_E$; Sp, M_v, π		245	EGGEN, O. J.: AJ **60** (1955) 401
0,"050	Pg_p, C_p; $(M_{pg})_p$, π_{trig}	14,9	78	EGGEN, O. J.: ApJ **112** (1950) 141; $\delta > -30°$
0,"05	V, U-B, B-V		77	JOHNSON, H. L., C. F. KNUCKLES: ApJ **126** (1957) 113;
			147	Sterne des Ursa Major-Stromes
$\pi >$ 0,"01	V_E, B-V, U-B; MK, $\delta(U\text{-}B)$	8,4	48	Reflektor } EGGEN, O. J.: Monthly Notes Astron. Soc. S. Africa **18** (1959) 91
$\pi >$ 0,"01	V_E, B-V, $(U\text{-}B)_C$; MK	9,3	24	Refraktor
$\mu >$ 0,"07	V_E, B-V, $(U\text{-}B)_C$; Sp, $\delta(U\text{-}B)_C$, μ, π	11,1	28	Refraktor
$\mu > 0$	V, B-V; Sp, v_r	10,9	98	VANDERVOORT, G. L.: AJ **63** (1958) 477; R-Sterne; $\delta > -30°$
$\mu >$ 0,"27	m_{pg}, geschätzte Farbe		856	GICLAS, H. L.: Lowell Bull. **4** (1958) 1
$\mu >$ 0,"3	geschätzte Farbe		562	LUYTEN, W. J., D. MCLEISH: AJ **59** (1954) 26; $\delta > -50°$
$\mu >$ 0,"3	IPg, IPv, ICI; μ	12	144	SEYFERT, C. K.: ApJ **91** (1940) 117; $\delta > -30°$
$\mu >$ 0,"5	V_E, $(P\text{-}V)_E$; Sp		391	EGGEN, O. J.: AJ **61** (1956) 462
$\mu \gg 0$	geschätzte CI (6300 ··· 4200 A)	15,5	204	CARPENTER, E. F., A. J. DEUTSCH, and W. J. LUYTEN: ApJ **116** (1952) 587; $\delta < 0°$

5.2.7.3.6 CI-Kataloge von Sternen besonderen Typs — CI catalogues of special types of stars

"Finding lists" mit nur vorläufigen Helligkeiten und Farbenindizes sind nicht aufgeführt. Bezüglich Sternhaufen siehe Bemerkung zu 5.2.7.3.2.

Tab. 20. Farbenindizes weißer Zwerge (siehe 6.5) — Color indices of white dwarfs (see 6.5)

Feld	Daten	m_{lim}	N	Literatur und Bemerkungen
	V, B-V, U-B; Sp, M_V, π, μ	$15{,}^{m}9$	81	GREENSTEIN, J. L.: Hdb. Physik **50** (1958) 161; gut beobachtete Sterne
	m_{pg}, CI; $\langle M_V\rangle$, $\langle\pi, \mu\rangle$		159	PAWLOWSKAJA, E. D.: Astron. Zh. **33** (1956) 660
20^h34^m; $+39{,}°5$	m_{pg}, ICI	19,6	61	SAAKIAN, K. A.: Mitt. Bjurakan **27** (1959) 3
20^h36^m; $+43{,}°3$	m_{pg}, ICI	19,2	19	SAAKIAN, K. A.: Mitt. Bjurakan **28** (1960) 37
$20^h\ 3^m$; $+37{,}°2$	m_{pg}, ICI	19	3	

Tab. 21. Farbenindizes extrem blauer und weißer Sterne — Color indices of extremly blue and white stars

Zone, Feld [1])	Daten	m_{lim}	N	Literatur und Bemerkungen
$-60° \leq b \leq +60°$	*CI* (lichtelektrisch); $\langle\mu\rangle$	$11^m_,3$	20	Cowley, Ch. R.: AJ **63** (1958) 484
GNP + GSP	*V*, *B-V*, *U-B*	17,6	50	Iriarte, B.: Lowell Bull. **4** (1959) 130
$-44° \leq b \leq +44°$	*V*, *B-V*, *U-B*; Sp, $\langle\mu\rangle$	13,4	205	Klemola, A. R.: AJ **67** (1962) 740
GNP	m_{pg}, *CI*, $\langle B\text{-}V\rangle$, $\langle U\text{-}B\rangle$	16	114	Feige, J.: ApJ **128** (1958) 267
GNP	*V*, *B-V*, *U-B*	16,2	37	Iriarte, B.: ApJ **127** (1958) 507
GSP	m_{pg}, *B-V*, *U-B* (Schätzung)	19	1569	Haro, G., W. J. Luyten: Bol. Tonantzintla Tacubaya Nr. 22 (1962) 37 — Schätzung unsicher
GSP	m_{pg}, *U-B* (Schätzung)	19	7177	Haro, G., W. J. Luyten: Bol. Tonantzintla Tacubaya Nr. 22 (1962) 37 — Schätzung etwas unsicher

Tab. 22. Farbenindizes von magnetischen (Ap) und Metallinien-Sternen (Am) — Color indices of magnetic (Ap) and metallic-line stars (Am)
Literatur bis 1957 siehe: Keenan, P. C.: Hdb. Physik **50** (1958) 93; Deutsch, A. J.: Hdb. Physik **51** (1958) 689.

Typ	Daten	m_{lim}	N	Literatur und Bemerkungen
Ap	*V*, *B-V*, *U-B*; Sp	$10^m_,0$	70	Abt, H. A., J. C. Golson: ApJ **136** (1962) 35
Am	*B-V*, *U-B*; Sp		20	Osawa, K.: Publ. Astron. Soc. Japan **10** (1958) 102
Am	$(P\text{-}V)_E$	6,0	26	Jaschek-Corvalan, M., C. O. R. Jaschek: AJ **62** (1957) 343
Am	$B\text{-}V = f$ (Sp)			Jaschek, C., M. Jaschek: ZfA **47** (1959) 29 Sp aus H-Linien bestimmt
Am	Vergleich (*B-V*) von Metallliniensternen mit normalen Sternen			Hack, M.: Mem. Soc. Astron. Ital. (NS) **30** (1959) 111

5.2.7.4 Eigenfarbe, Farbenexzeß und interstellare Absorption — Intrinsic color, color excess, and interstellar absorption

Siehe auch 5.2.2

5.2.7.4.0 Definitionen — Definitions

CI [magn]	beobachteter Farbenindex (siehe 5.2.7.0)	observed color index (see 5.2.7.0)
$(CI)_0$ [magn]	Eigenfarbe des Sterns	intrinsic color of the star
E [magn]	Farbenexzeß (selektive Absorption)	color excess (selective absorption)
A [magn]	allgemeine (neutrale) Absorption	general (neutral) absorption
$R = A/E$	Verhältnis von neutraler zu selektiver Absorption ($= \gamma$ in der russischen Literatur)	ratio of neutral to selective absorption ($= \gamma$ in Russian literature)

Die beobachtete Farbe eines Sterns hat zwei physikalisch verschiedene Ursachen:

1. *Die Eigenfarbe* $(CI)_0$

Die Eigenfarbe eines Sterns ist eine charakteristische Zustandsgröße für die Intensitätsverteilung im Kontinuum, verschmiert über die stellaren Absorptions- und Emissionslinien, und ist bedingt durch die Bandbreite der Empfangsapparatur. Siehe auch 5.2.2.

2. *Der Exzeß E*

Die interstellare Materie bewirkt eine selektive Absorption. Hierdurch wird die wahre Intensitätsverteilung in der Weise verzerrt, daß der blaue oder kurzwellige Teil des Spektrums stärker absorbiert wird als der rote oder langwellige. Dies führt zu einer Verfärbung des Sternlichts, und zwar zu einer der Eigenfarbe zusätzlich aufgeprägten Rötung.

$$E = CI - (CI)_0$$

(positive Werte bedeuten Rötung).

Das benutzte Farbsystem wird durch entsprechende Indizes gekennzeichnet, z. B.

$$E_{v-pg};\ E_{B-V};\ E_{G-R};\ E_{IPv-IPg} = E_{int}$$

Die Trennung der im gemessenen Farbenindex des verfärbten Sternlichts enthaltenen Anteile von Eigenfarbe und Verfärbung ist problematisch, da die Eigenfarbe im allgemeinen nicht ohne weiteres bekannt ist.

[1]) GNP = galactic north pole. GSP = galactic south pole.

5.2.7.4.1 Zusammenhang zwischen allgemeiner und selektiver Absorption — Relationship between general and selective absorption

Siehe auch 8.4.2.2.

Im Hinblick auf den Einfluß der interstellaren Absorption ist das Verhältnis der allgemeinen zur selektiven Absorption $R = A/E$ wichtig (Tab. 23), da gewöhnlich nur die selektive Absorption der Beobachtung zugänglich ist. Neuere Untersuchungen haben gezeigt, daß R oder das Verhältnis zweier Farbenexzesse zueinander (z. B. E_{U-B}/E_{B-V}) von der spektralen Intensitätsverteilung der Sterne, dem Betrag der allgemeinen interstellaren Absorption und auch vom Einfluß der Erdatmosphäre auf die Empfindlichkeitsfunktion des Empfängers abhängig sind [*4, 102 ··· 106*].

Dies hat zur Folge, daß es im FHD für jeden Spektraltyp eine nur für diesen Typ gültige Rötungslinie (siehe 5.2.7.4.4) gibt, die selbst noch von der Rötung abhängt, so daß der Rötungsweg nicht linear ist.

Insbesondere konnte Seitter [*4*] zeigen, daß für die Berücksichtigung der interstellaren Verfärbung die Farbsysteme mit schmalen Bandbreiten günstiger sind (RGU-System von Becker und das System von Tifft, siehe Fig. 1 und 2), weil bei diesen die genannten Abhängigkeiten wesentlich geringer sind als bei breitbandigeren Photometrien.

Es scheint auch eine Abhängigkeit der Rötungslinien im FHD von der galaktischen Länge zu existieren [*107*], die ihre Ursache in einem in verschiedenen Himmelsrichtungen verschiedenen interstellaren Absorptionsgesetz haben dürfte [*108*]. Siehe auch 5.2.2.2.

Der Farbenexzeß wird heute bei jeder photometrisch-statistischen Untersuchung bestimmt, um unter anderem die wahren Entfernungsmoduln der Sterne (siehe 5.1.4) und die Verteilung der interstellaren Materie im Raum (siehe 8.2.2.4) zu bekommen [*109, 110*].

Tab. 23. Das Verhältnis von allgemeiner zu selektiver Absorption $R = \frac{A}{E}$ — The ratio of general to selective absorption $R = \frac{A}{E}$

Autoren	$\frac{A_v}{E_1}$	$\frac{A_{pg}}{E_1}$	$\frac{A_{pg}}{E_{int}}$ [1]	$\frac{A_v}{E_{B-V}}$	Objekte	Literatur
Stebbins, Huffer	2				OB-Sterne; λ^{-4}	Publ. Washburn **15**/5 (1934) 217
Stebbins, Whitford		10	(6,7)		Kugelhaufen Nebelzählungen	ApJ **84** (1936) 132
Oort		9,0	(6,0)		OB-Sterne	BAN **8** (1938) 233
Stebbins, Huffer, Whitford	7,0		(6,0)		OB-Sterne	ApJ **90** (1939) 209
Aller, Trumpler		7,2	(4,8)			PASP **51** (1939) 339
Seyfert, Popper		6	(4)		OB-Sterne	ApJ **93** (1941) 468
Greenstein, Henyey		8,1	(5,4)		OB-Sterne	ApJ **93** (1941) 327
Stebbins, Whitford [2]		7 ··· 11	(4,7 ··· 7,3)		OB-Sterne	ApJ **98** (1943) 20
van Rhijn		7,3	(4,9)		OB-Sterne	Publ. Groningen **51** (1946)
van de Hulst		16	(10,7)		O-Sterne im Ori	Rech. Utrecht **XI**/2 (1949)
Stebbins			4,0 ± 0,2		M 31	Observatory **70** (1950) 206
Lindsay			6			Nature, London **165** (1950) 363
Sharpless			(11)	6	Ori-Aggregat	ApJ **116** (1952) 251
Morgan, Harris, Johnson	6,1		(5,5)	3,0	*RR* Lyr und gelbe Riesen	ApJ **118** (1953) 92
Hiltner, Johnson			(5,5 ± 0,6)	3,0 ± 0,3	O-Sterne	ApJ **124** (1956) 367
λ^{-1}-Gesetz	6,5	8,4	(~5)	3,6		

Effektive Wellenlängen [A]:
v: 5500 E_1: 4170/4710 UBV: 3350/4350/5550
pg: 4250 $E_{int} = 1{,}5\,E_1$; $E_{B-V} = 2{,}04\,E_1 = 1{,}35\,E_{int}$

[1] ( ) Aus den Nachbarspalten berechnet.
[2] 6-Farben-Photometrie.

Weitere Literatur über Farbenexzesse und interstellare Absorption:

Blanco und Lennon [*111*]: Diskussion von A/E.

Hiltner und Iriarte [*112*]: E_{B-V} und A_{B-V} für 78 Sterne.

Johnson [*113*]: Nomogramm zur Ermittlung von Eigenfarben $(B-V)_0$ für Sterne frühen Spektraltyps, Leuchtkraftklasse V und $E_{B-V} \leq 2^m_,0$.

Kraft und Hiltner [*114*]: E_{B-V} für 74 Sterne der LC I, $(CI)_0$ für Sterne der LC Ib.

Scharow [*115*]: E in Abhängigkeit von der Helligkeit der Milchstraße.

Seares und Joyner [*116*]: Zunahme des Farbenexzesses mit der Entfernung für Sterne am Nordpol.

Torondjadse [*117*]: Ableitung theoretischer Beziehungen unter Berücksichtigung, daß $\gamma = A/E$ eine Funktion der Entfernung der Sterne ist; berücksichtigt werden eine mögliche Wolkenstruktur der interstellaren Materie und der Einfluß zufälliger Meßfehler auf γ.

Rozis-Saulgeot [*118*]: Einfluß der Rötung auf U und B.

5.2.7.4.2 Farbe und Spektraltyp — Color and spectral type

Die Spektralklassifikation von schwachen Sternen, von denen man keine Spektren geeigneter Dispersion bekommt, kann durch die Messung von Farbenindizes ersetzt werden, wenn der Zusammenhang zwischen Eigenfarbe und Spektraltyp bekannt ist und die interstellare Verfärbung berücksichtigt werden kann.

Am besten untersucht ist der Zusammenhang zwischen Eigenfarbe $(B-V)_0$ im UBV-System und dem MK-Spektraltyp: siehe 5.2.2.1 Tab. 1. Weitere Zusammenhänge siehe Tab. 24.

Tab. 24. Zusammenhang zwischen Spektraltyp und Eigenfarbe in verschiedenen Farbbereichen — Relationship between spectral type and intrinsic color in different color regions

$(U\text{-}B)_0$	Ultraviolett-Blau nach [*a*] S. 201	ultraviolet-blue according to [*a*] p. 201
$(B\text{-}V)_0$	Blau-visuell, genaueste Beziehung, ausführliche Tabelle siehe 5.2.2.1 Tab. 1	blue-visual, most exact correlation, more detailed table see 5.2.2.1 Tab. 1
$(V\text{-}I)_0$	Visuell-Infrarot nach [*r*] S. 64	visual infrared according to [*r*] p. 64

Sp	M_v (5.2.2.2)	$(CI)_0$ $(U\text{-}B)_0$	$(B\text{-}V)_0$	$(V\text{-}I)_0$
		Hauptreihe V		
O 5	$-5^M_,6$	$-1^m_,20$	$-0^m_,45$	$-2^m_,52$
B 0	−4,2	−1,07	−0,31	−2,47
B 5	−1,0	−0,56	−0,17	−2,24
A 0	+1,0	0,00	0,00	−1,76
A 5	+2,3	+0,09	+0,16	−1,30
F 0	+3,0	+0,02	+0,30	−0,92
F 5	+3,5	−0,01	+0,45	−0,52
G 0	+4,4	+0,04	+0,57	−0,28
G 5	+5,1	+0,20	+0,70	−0,05
K 0	+5,9	+0,46	+0,84	+0,16
K 5	+7,2	+1,06	+1,11	+0,80
M 0	+9,2	+1,24	+1,39	+2,04
M 5	+12,3	+1,19	+1,61	—
		Riesen III		
F 0	+1,4	—	—	—
F 5	+1,5	—	—	—
G 0	+1,2	+0,30	+0,65	+0,30
G 5	+0,9	+0,52	+0,84	+1,00
K 0	+1,3	+0,90	+1,06	+1,68
K 5	+0,2	+1,6	+1,40	+2,30
M 0	+0,2	+1,9	+1,65	+2,86
M 5	+0,0	—	+1,85	+4,00
		Überriesen Iab		
B 0	−6,2	−1,20	−0,21	—
A 0	−6,6	−0,30	−0,00	—
F 0	−6,6	+0,26	+0,30	—
F 5	−6,5	—	—	—
G 0	−6,3	+0,62	+0,76	—
G 5	−6,2	+0,86	+1,06	—
K 0	−6,1	+1,35	+1,42	—
K 5	−5,9	+1,73	+1,71	—
M 0	−5,8	+1,75	+1,94	—
M 5	−5,4	—	+2,15	—

Weitere Literatur: [*a*] S. 202; [*b*]; [*20, 61, 84, 98, 113, 114, 119 ··· 126*].

5.2.7.4.3 Farben-Helligkeits- und Farben-Diagramme — Color-magnitude and color diagrams

Je nachdem, welche Größen als Abszisse und Ordinate gegeneinander aufgetragen werden, unterscheidet man folgende Zustandsdiagramme:

1. Farben-Helligkeits-Diagramm (FHD): Farbenindex vs. Helligkeit. Das FHD ergibt sich aus dem Hertzsprung-Russell-Diagramm, wenn man dort den Spektraltyp durch die Farbe ersetzt. Vergleiche hierzu: 5.2.3.

2. Zwei-Farben(index)-Diagramm: Zwei Farbenindizes gegeneinander, z. B. $(G - R)$ vs. $(U - G)$ im RGU-System, oder $(B - V)$ vs. $(U - B)$ im UBV-System, usw.

3. Farb-Differenz-Diagramm: Differenz zweier Farbenindizes (z. B. $Q = (B - V) - (U - B)$) vs. die Helligkeit oder vs. einen Farbenindex (letzteres seiner Form wegen auch R-Diagramm genannt) [*127*]. Die Farb-Differenz-Diagramme sind bei geeigneter Kombination sehr viel unempfindlicher gegenüber der interstellaren Verfärbung als das normale Farben-Helligkeits-Diagramm.

Literatur:

Becker [*128*]: Entfernungsbestimmung offener Sternhaufen nach der Methode der Farbdifferenzen.

Johnson and Morgan [*56*]: Fundamental stellar photometry for standards of spectral type (MK-System).

Becker und Steinlin [*130*]: Dreifarbenphotometrie und Stellarstatistik.

Seitter [*4*]: Zwei-Farben-Diagramm und Fragen der Stellarstatistik.

In Fig. 4 und 5 sind als Beispiel die Farben-Helligkeits-Diagramme $(B - V)$ vs. M_V bzw. V eines offenen und eines Kugelhaufens gegeben, Fig. 6 zeigt ein FHD: $(U - B)$ vs. M_V. Weitere Diagramme siehe 5.2.3, 7.2.7.8 und 7.3.6.4.

Fig. 7 zeigt ein Zwei-Farben-Diagramm mit einem eingezeichneten Verfärbungsweg (siehe 5.2.7.4.4).

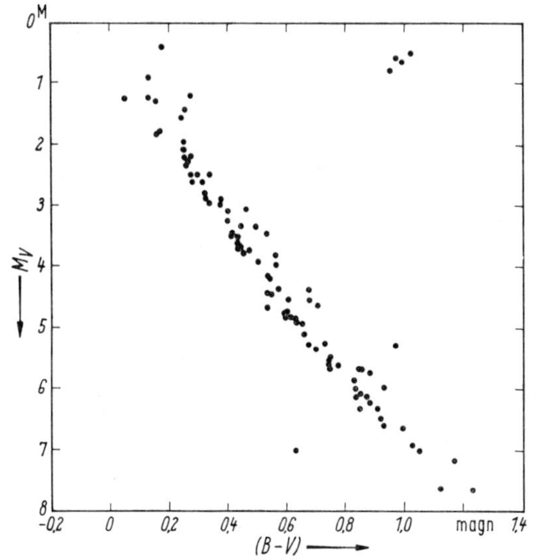

Fig. 4. Blau-visuelles Farben-Helligkeits-Diagramm des offenen Sternhaufens „Hyaden" — Blue-visual color-magnitude diagram of the open cluster "Hyades" [*b*].

Fig. 5 und 6 siehe folgende Seite

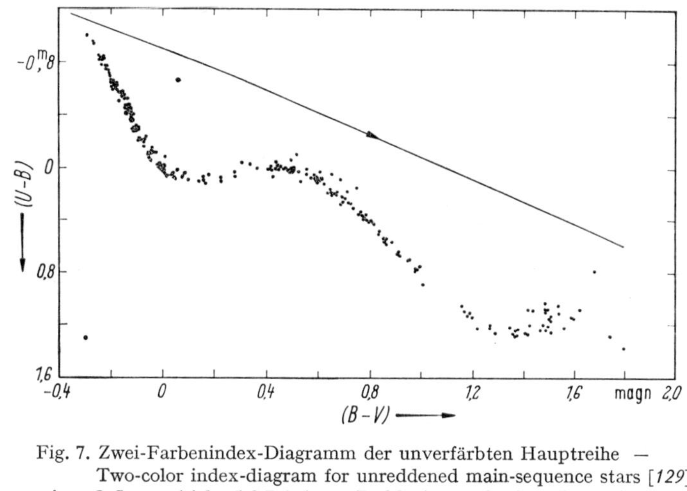

Fig. 7. Zwei-Farbenindex-Diagramm der unverfärbten Hauptreihe — Two-color index-diagram for unreddened main-sequence stars [*129*]. Verfärbungsweg eines O-Sterns (siehe 5.2.7.4.4) — Reddening path of an O star (see 5.2.7.4.4) [*107*].

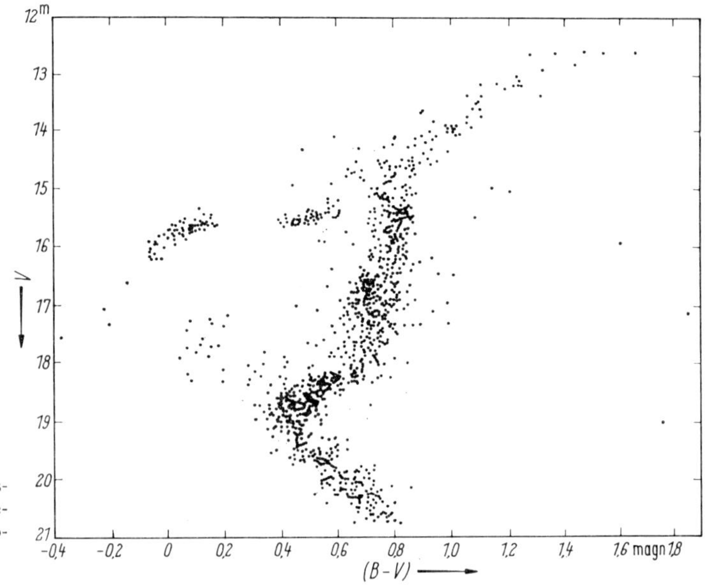

Fig. 5. Blau-visuelles Farben-Helligkeits-Diagramm des Kugelhaufens M 3 — Blue-visual color-magnitude diagram of the globular cluster M 3 [b].

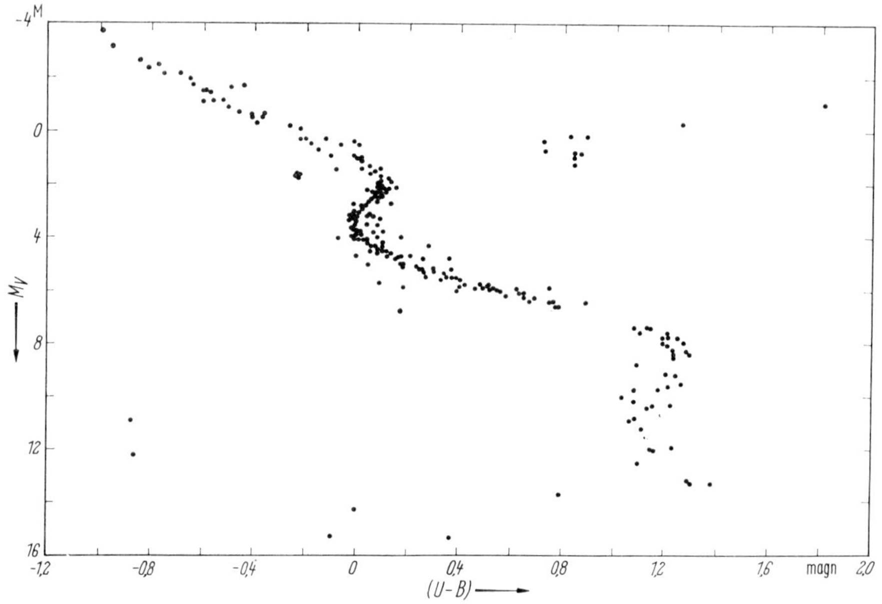

Fig. 6. Ultraviolett-blaues Farben-Helligkeits-Diagramm (Standard-Hauptreihe mit einigen Riesen (rechts oben) und einigen weißen Zwergen (links unten)) — Ultraviolet-blue color-magnitude diagram (standard main sequence with some giants (upper right) and some white dwarfs (lower left)) [129].

Fig. 7 siehe vorige Seite

5.2.7.4.4 Verfärbungsweg — Reddening path

Unter Verfärbungsweg (oder Rötungslinie) versteht man den Weg, den ein Stern gegebener Eigenfarbe in einem der Farbdiagramme bei zunehmender interstellarer Verfärbung zurücklegt. Er hängt ab von dem Typ des Diagramms, vom benutzten Farbsystem, von der spektralen Intensitätsverteilung des Sterns und vom Ort am Himmel (unterschiedliches Verfärbungsgesetz wegen unterschiedlicher Zusammensetzung der interstellaren Materie, siehe 5.2.2.2).

Der Verfärbungsweg (Fig. 7) im Zwei-Farben-Diagramm ($B - V$) vs. ($U - B$) ist nach [107]:

$$\frac{E_{(U-B)}}{E_{(B-V)}} = 0{,}72 + 0{,}05\, E_{(B-V)}.$$

Bei bekanntem Verlauf des Verfärbungsweges läßt sich aus einem Vergleich zwischen beobachtetem und theoretischem Diagramm der Betrag der Verfärbung und damit der Betrag der interstellaren Absorption abschätzen (siehe 5.2.7.4.1).

Literatur

Hiltner und Johnson [*107*]: Die Rötungslinie im Farbsystem UBV und ihre Abhängigkeit von der galaktischen Länge.

Morgan, Harris und Johnson [*61*]: Die Gleichungen der Rötungslinien bei Kombinationen zwischen UBV-System und der 6-Farbenphotometrie von Stebbins und Whitford.

Schmidt-Kaler [*105*]: Abhängigkeit der Rötungslinien von der spektralen Intensitätsverteilung der Sterne und der interstellaren Absorption.

Seitter [*4*]: Abhängigkeit der Rötungslinien von der spektralen Intensitätsverteilung der Sterne, der interstellaren Absorption und von der Bandbreite der verwendeten Photometrien.

5.2.7.5 Einfluß der stellaren Absorptionslinien auf den Farbenindex – Influence of the stellar absorption lines on the color index

Die Hauptreihensterne mittleren Spektraltyps der Population II (siehe 5.2.3) liegen im FHD oberhalb der für normale Hauptreihensterne der Population I gültigen Linie. Sie zeigen einen scheinbaren UV-Exzeß. In Wirklichkeit sind die Farben der Population I-Sterne verfälscht durch folgende Effekte:

1. Durch Absorption der Sternstrahlung in den im Ultraviolett (UV) sich häufenden Absorptionslinien.

2. Durch zusätzliche Aufheizung der Photosphäre durch die ursprünglich in den Linien absorbierte und in die Photosphäre zurückgestreute Energie (Blanketing- oder Treibhaus-Effekt).

Beide Effekte bewirken bei einem Stern mit geringerer Linienabsorption eine Zunahme der *U*- und *B*- und eine Abnahme der *V*-Helligkeit, Tab. 25, Fig. 8 und 9.

Weitere Literatur [*131* ··· *136*].

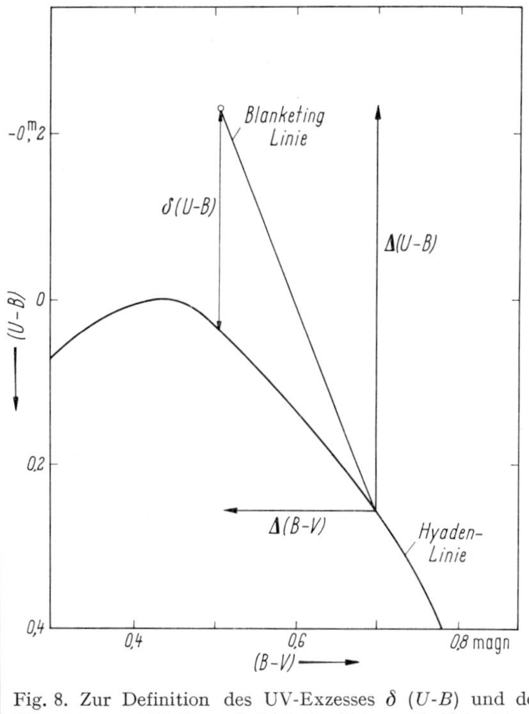

Fig. 8. Zur Definition des UV-Exzesses δ (*U-B*) und der Korrekturen Δ (*B-V*) und Δ (*U-B*). Siehe auch Tab. 25 – Definition of the ultraviolet excess δ (*U-B*) and of the corrections Δ (*B-V*) and Δ (*U-B*). See also Tab. 25 [*137*].

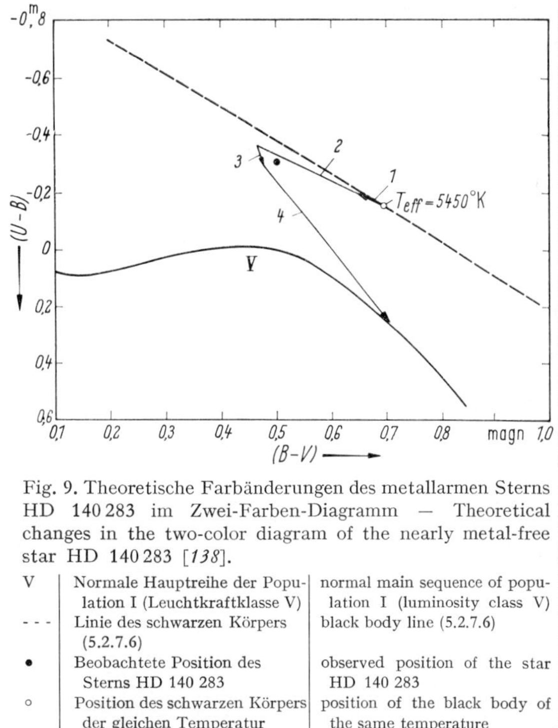

Fig. 9. Theoretische Farbänderungen des metallarmen Sterns HD 140283 im Zwei-Farben-Diagramm – Theoretical changes in the two-color diagram of the nearly metal-free star HD 140283 [*138*].

V	Normale Hauptreihe der Population I (Leuchtkraftklasse V)	normal main sequence of population I (luminosity class V)
- - -	Linie des schwarzen Körpers (5.2.7.6)	black body line (5.2.7.6)
•	Beobachtete Position des Sterns HD 140 283	observed position of the star HD 140 283
○	Position des schwarzen Körpers der gleichen Temperatur	position of the black body of the same temperature
1	Effekt der „Grau-Körper-Korrektion" zum „Schwarz-Körper-Punkt"	effect of the "gray-body correction" on the "black-body point"
2	Effekt der H^--Absorption	effect of H^--absorption
3	Geschätzter Effekt des Balmersprungs und der Balmerlinien	estimated effect of the Balmer jump and the Balmer lines
	Der Endpunkt dieses Vektors sollte mit der beobachteten Position übereinstimmen. Die Differenz beträgt nur wenige Hundertstel Größenklassen	the end of this vector should be close to the observed position. The discrepancy amounts to only a few hundredths of a magnitude
4	Blanketing-Linie, die den Stern auf die Hauptreihe der Sterne mit „normaler Metallhäufigkeit" bringt	blanketing path which brings the star to the main sequence of "normal metal abundance"

Tab. 25. Korrektionen zur UBV-Photometrie für verschiedenen UV-Exzess [137] — Corrections to UBV photometry for varying ultraviolet excess [137]

$(B\text{-}V)_{obs}$ beobachtete Farbe / observed color
$\delta\,(U\text{-}B)$ UV-Exzeß / ultraviolet excess
tabelliert sind / tabulated quantities are $+\Delta(B\text{-}V)$, $+\Delta(U\text{-}B)$, $-\Delta V$ [magn]
(siehe hierzu Fig. 8) / (see also Fig. 8)

$(B\text{-}V)_{obs}$	$\delta\,(U\text{-}B)$ 0,00	0,02	0,04	0,06	0,08	0,10	0,12	0,14	0,16	0,18	0,20	0,22	0,24	0,26	0,28	0,30	0,32	0,34	0,36	0,38	0,40
0,30	0,000 0,000 0,000	0,010 0,014 0,007	0,017 0,025 0,013	0,026 0,039 0,019	0,035 0,054 0,025	0,044 0,068 0,032	0,052 0,082 0,037	0,060 0,096 0,042	0,070 0,113 0,049	0,079 0,130 0,055	0,088 0,146 0,060	0,096 0,162 0,064	0,105 0,179 0,069	0,114 0,198 0,075	0,123 0,216 0,080	0,131 0,232 0,085	0,140 0,252 0,091	0,148 0,271 0,095	0,159 0,296 0,102	0,170 0,321 0,105	
0,35	0,000 0,000 0,000	0,010 0,016 0,007	0,018 0,029 0,013	0,028 0,046 0,019	0,037 0,062 0,025	0,048 0,081 0,032	0,057 0,098 0,038	0,066 0,115 0,043	0,075 0,133 0,049	0,085 0,152 0,055	0,094 0,171 0,060	0,105 0,194 0,067	0,116 0,218 0,073	0,130 0,248 0,079	0,142 0,276 0,086	0,154 0,304 0,093	0,162 0,324 0,096	0,180 0,369 0,103	0,194 0,404 0,109	—	—
0,40	0,000 0,000 0,000	0,010 0,017 0,007	0,020 0,035 0,013	0,030 0,053 0,019	0,040 0,072 0,026	0,051 0,094 0,033	0,063 0,117 0,040	0,075 0,143 0,046	0,090 0,175 0,055	0,105 0,208 0,063	0,118 0,237 0,070	0,133 0,274 0,076	0,148 0,310 0,083	0,161 0,343 0,089	0,173 0,374 0,095	0,185 0,406 0,100	0,197 0,440 0,107	—	—	—	—
0,45	0,000 0,000 0,000	0,016 0,030 0,010	0,030 0,057 0,018	0,045 0,088 0,027	0,060 0,120 0,036	0,075 0,152 0,044	0,092 0,191 0,051	0,107 0,227 0,059	0,120 0,258 0,066	0,135 0,297 0,073	0,150 0,336 0,078	0,162 0,368 0,083	0,175 0,402 0,089	0,187 0,438 0,093	0,200 0,475 0,098	0,210 0,504 0,101	0,221 0,538 0,103	0,231 0,566 0,106	0,241 0,598 0,109	—	—
0,50	0,000 0,000 0,000	0,020 0,040 0,012	0,039 0,081 0,022	0,053 0,112 0,030	0,067 0,143 0,037	0,083 0,182 0,045	0,100 0,224 0,052	0,114 0,259 0,058	0,127 0,294 0,064	0,141 0,332 0,070	0,154 0,368 0,075	0,165 0,398 0,078	0,179 0,439 0,082	0,188 0,466 0,087	0,200 0,500 0,091	0,211 0,536 0,095	0,225 0,579 0,099	0,240 0,630 0,103	0,255 0,678 0,105	0,270 0,729 0,108	0,282 0,770 0,111
0,55	0,000 0,000 0,000	0,018 0,039 0,010	0,034 0,075 0,018	0,050 0,112 0,026	0,065 0,148 0,033	0,080 0,185 0,040	0,092 0,216 0,046	0,106 0,254 0,051	0,121 0,294 0,056	0,134 0,330 0,062	0,147 0,368 0,066	0,162 0,411 0,073	0,177 0,458 0,078	0,194 0,510 0,082	0,210 0,561 0,086	0,225 0,614 0,090	0,238 0,655 0,091	0,250 0,695 0,092	—	—	—
0,60	0,000 0,000 0,000	0,017 0,039 0,009	0,032 0,074 0,016	0,047 0,112 0,023	0,062 0,149 0,030	0,076 0,186 0,035	0,090 0,224 0,041	0,106 0,267 0,048	0,122 0,312 0,054	0,140 0,367 0,059	0,157 0,417 0,064	0.175 0,475 0,070	0,192 0,530 0,073	0,205 0,572 0,076	0,214 0,604 0,077	0,221 0,628 0,080	0,225 0,644 0,079	—	—	—	—
0,65	0,000 0,000 0,000	0,018 0,044 0,009	0,031 0,076 0,014	0,046 0,115 0,021	0,063 0,160 0,028	0,080 0,207 0,034	0,101 0,268 0,042	0,122 0,329 0,049	0,139 0,382 0,054	0,152 0,423 0,056	0,163 0,456 0,059	0,172 0,489 0,060	—	—	—	—	—	—	—	—	—
0,70	0,000 0,000 0,000	0,020 0,051 0,009	0,040 0,105 0,011	0,060 0,160 0,024	0,084 0,230 0,033	0,100 0,278 0,037	0,113 0,318 0,041	0,123 0,350 0,043	—	—	—	—	—	—	—	—	—	—	—	—	—
0,75	0,000 0,000 0,000	0,025 0,068 0,010	0,045 0,124 0,017	0,060 0,168 0,022	0,070 0,199 0,025	0,080 0,230 0,028	—	—	—	—	—	—	—	—	—	—	—	—	—	—	—
0,80	0,000 0,000 0,000	0,025 0,071 0,008	0,050 0,146 0,017	—	—	—	—	—	—	—	—	—	—	—	—	—	—	—	—	—	—

5.2.7.6 Theoretischer Farbenindex des schwarzen Körpers (Planck'scher Strahler) – Theoretical color index of a black body

Tab. 26. Farbenindex des schwarzen Strahlers — Color index of the black body [138]

Siehe auch Fig. 10 — See also Fig. 10

Werte in *U-B* und *B-V* bezogen auf Extinktion der Luftmasse 1

T_{eff} [°K]	$U-B$	$B-V$
∞	$-1^m_,33$	$-0^m_,46$
25 000	−1,17	−0,23
20 000	−1,09	−0,17
12 000	−0,84	+0,04
8 000	−0,52	+0,34
6 000	−0,22	+0,61
5 000	−0,05	+0,78
4 000	+0,37	+1,12
3 300	+0,83	+1,44
3 000	+1,14	+1,66

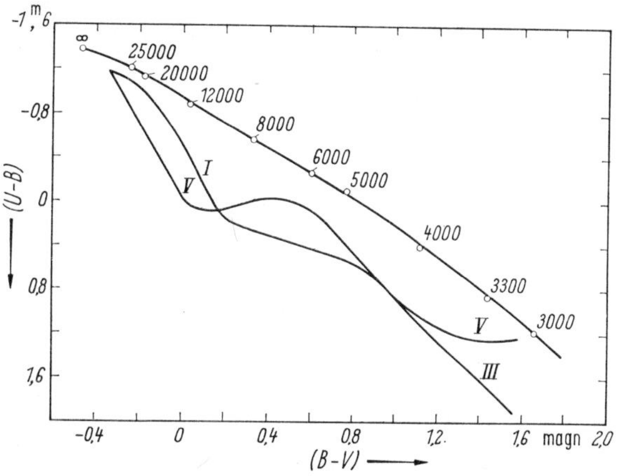

Fig. 10. Das Zwei-Farben-Diagramm (*U-B*, *B-V*) für schwarze Strahler — The two-color diagram (*U-B*, *B-V*) for black bodies [138].

Beziehungen für die Sterne der Leuchtkraftklassen I, III und V Die Depression gegenüber der Linie des schwarzen Körpers ist bedingt durch die Balmerabsorption und den Blanketing-Effekt (5.2.7.5)

relationships for stars of luminosity classes I, III and V the depression compared with the black-body line is due to the Balmer absorption and the blanketing effect (5.2.7.5)

Die Farbenindizes des schwarzen Strahlers in Tab. 26 und Fig. 10 werden genähert wiedergegeben durch

$$B - V = -0{,}56 + \frac{6900}{T} + X_B - X_V$$

$$U - B = -1{,}62 + \frac{8200}{T} + X_U - X_B$$

mit den Korrektionsgliedern X:

$\frac{1{,}561 \cdot 10^8}{\lambda_{eff} \cdot T}$	1,0	2,0	3,0	4,0	5,0
$X_{U,B,V}$	− 0,55	− 0,19	− 0,07	− 0,03	− 0,01

	U	B	V	
λ_{eff}	3590	4425	5500	[A]

Weitere Literatur

Golay [47]: *U, B, V* für schwarze Strahler 9000 ≤ T_{eff} ≤ 50000 °K.
Seares and Joyner [38]: *ICI* für schwarze Strahler 3000 ≤ T_{eff} ≤ 22000 °K.
Bonsack [139]: *U, B, V* für theoretische spektrale Intensitätsverteilungen (graue Näherung) für 6300 ≤ T_{eff} ≤ 50400 °K für verschiedene log P_e.

5.2.7.7 Die bolometrische Korrektion, B.C. – Bolometric correction, B.C.

Definition

Infolge der Absorption innerhalb der Erdatmosphäre ist die Gesamtstrahlung eines Sternes, die im Zusammenhang mit seiner effektiven Temperatur (siehe 5.2.8) steht, nicht meßbar. Den Übergang der innerhalb eines begrenzten Wellenlängenbereiches ermittelten visuellen Helligkeit eines Sternes zu seiner bolometrischen Gesamthelligkeit (5.2.6.0.1) leistet die bolometrische Korrektion, definiert als

$$m_v - m_{bol} = \text{B.C.}$$

Lamla

Vereinbarungsgemäß wird B.C. = 0 gesetzt für Sterne, deren Strahlung für das Auge maximale Wirksamkeit besitzt, d. h. für sonnenähnliche Sterne mit $T_{eff} \approx 6800$ °K. Für heißere *und* kühlere Sterne nimmt dann der Wert der B.C. zu, B.C. ist also immer positiv.

Bestimmung der bolometrischen Korrektion

Im Prinzip sollte die Theorie des kontinuierlichen Absorptionskoeffizienten der Sternmaterie die Berechnung der spektralen Intensitätsverteilung des Kontinuums in allen Wellenlängenbereichen und damit die Ermittlung der B. C. erlauben. Jedoch kann die Theorie noch nicht alle Einzelheiten in den Sternspektren wiedergeben. Es besteht z. B. eine merkliche Differenz zwischen der theoretisch berechneten Ausstrahlung früher Sterne in Wellenlängenbereichen $\lambda < 3000$ A und der durch Raketen gemessenen [*140*]. Außerdem muß bei der Berechnung der B.C. der Einfluß der stellaren Absorptionslinien in den nicht bekannten Teilen des Spektrums berücksichtigt werden.

Tab. 27. Die bolometrische Korrektion B.C. in Abhängigkeit von der Effektiv-Temperatur — The bolometric correction B.C. as a function of the effective temperature

(1)	B.C. für den schwarzen Strahler [*141*]	B.C. for a black body [*141*]
(2)	Abweichung des Sterns vom schwarzen Strahler mit Hilfe der Theorie der Sternatmosphären berücksichtigt. Für kühle Sterne aus radiometrischen Messungen [*141*]	Deviation of the star from a black body by application of the theory of stellar atmospheres. For cool stars, from radiometric measurements [*141*]
(3)	Heiße Sterne [*142*]	hot stars [*142*]
(4)	B.C. nach [*a*] S. 203	B.C. according to [*a*] p. 203

T_{eff} [°K]	B. C. [magn] (1)	(2)	(3)	(4)
3 000	1,74	3,2		
3 500	1,07	2,1		
4 000	0,64	1,3		0,72
4 500	0,36	0,63		
5 000	0,18	0,34		0,15
6 000	0,02	0,06		
7 000	0,01	0,01		
8 000	0,06	0,22		0,11
10 000	0,28	0,57		0,45
12 000	0,55	0,98	0,54	0,92
15 000	0,97	1,51		
20 000	1,61	2,18	1,60	
25 000			2,16	2,7
30 000		3,12	2,63	
35 000			3,10	
40 000		3,8	3,45	3,9
50 000		4,3	4,10	
60 000			4,64	5,4
70 000			5,2	
80 000			5,6	
100 000			6,35	7
120 000			6,70	

Tab. 28. Bolometrische Korrektion B.C. und absolute Helligkeiten in Abhängigkeit vom Spektraltyp — Bolometric correction B.C. and absolute magnitudes as a function of spectral types

M_v: 5.2.2
B. C. [*a*] S. 203, compiled from [*b*], [*65, 129*]

Typ	M_v	B.C.	M_{bol}
	Hauptreihe V		
O 5	$-5{,}^{M}6$	$+4{,}^{M}6$	$-10{,}^{M}2$
B 0	−4,2	+3,0	−7,2
B 5	−1,0	+1,6	−2,6
A 0	+1,00	+0,68	−0,32
A 5	+2,30	+0,30	+2,00
F 0	+3,00	+0,10	+2,90
F 5	+3,50	0,00	+3,50
G 0	+4,40	+0,03	+4,37
G 5	+5,10	+0,10	+5,00
K 0	+5,90	+0,20	+5,70
K 5	+7,20	+0,58	+6,62
M 0	+9,20	+1,20	+8,00
M 5	+12,3	+2,1	+10,2
	Riesen III		
G 0	+1,2	+0,1	+1,1
G 5	+0,9	+0,3	+0,6
K 0	+1,3	+0,6	+0,7
K 5	+0,2	+1,0	−0,8
M 0	+0,2	+1,7	−1,5
M 5	0,0	+3,0	−3,0
	Überriesen I a,b		
B 0	−6,2	+3,0	−9,2
A 0	−6,6	+0,7	−7,3
F 0	−6,6	+0,2	−6,8
G 0	−6,3	+0,3	−6,6
G 5	−6,2	+0,6	−6,8
K 0	−6,1	+1,0	−7,1
K 5	−5,9	+1,6	−7,5
M 0	−5,8	+2,5	−8,3
M 5	−5,4	+4,0	−9,4

Weitere Literatur über B.C.: [*143 ··· 147*].

Tab. 29. Bolometrische Korrektion B.C. und absolute Helligkeit für die Hauptreihe — Bolometric correction B.C. and absolute magnitudes for the main sequence
(Aus einer zusammenfassenden Diskussion aller in der Literatur bekannten Daten; LAMLA, unveröffentlicht) — (from a summarizing discussion of all values given in the literature; LAMLA, unpublished)

M_v	M_{bol}	B.C.
− 5^M	− 9,^M18	+4,^M18
− 4	− 7,32	+3,32
− 3	− 5,55	+2,55
− 2	− 3,85	+1,85
− 1	− 2,25	+1,25
0	− 0,78	+0,78
+ 1	+ 0,55	+0,45
+ 2	+ 1,80	+0,20
+ 3	+ 3,00	+0,00
+ 4	+ 4,00	+0,00
+ 4,84[1])	+ 4,78	+0,06
+ 5	+ 4,95	+0,05
+ 6	+ 5,80	+0,20
+ 7	+ 6,55	+0,45
+ 8	+ 7,25	+0,75
+ 9	+ 7,90	+1,10
+10	+ 8,58	+1,42
+11[2])	+ 9,23	+1,77
+12	+ 9,88	+2,12
+13	+10,55	+2,45
+14	+11,23	+2,77
+15	+11,90	+3,10
+16	+12,55	+3,45
+17	+13,23	+3,77
+18	+13,88	+4,12

5.2.7.8 Literatur zu 5.2.7 — References for 5.2.7

I. Allgemeine Literatur

a ALLEN, C. W.: Astrophysical Quantities, 2. Auflage, London (1963).
b ARP, H. C.: The Hertzsprung-Russell Diagram, Hdb. Physik **51** (1958) 75.
c BOTTLINGER, K. F.: Kolorimetrie, Hdb. Astrophys. **II/1** (1929) 351.
d BRILL, A.: Die Temperaturen der Fixsterne, Hdb. Astrophys. **V/1** (1932) 168.
e CODE, A. D.: Stellar Energy Distribution. Stars and Stellar Systems VI: Stellar Atmospheres (ed. J. L. GREENSTEIN), University Press Chicago (1960) 50.
f EGGEN, O. J.: Colour, Luminosity and Evolution of Stars, Vistas Astron. **3** (1960) 258.
g HÄMEEN-ANTTILA, K. A.: The Information Content of Astronomical Multicolor Photometry, ApJ **135** (1962) 85.
h HUFFER, C. M.: The Development of Photoelectric Photometry, Vistas Astron. **1** (1955) 491.
i v. KLÜBER, H.: Kolorimetrie, Hdb. Astrophys. **VII** (1936) 71.
k KRON, G. E.: Multiple Colour Photometry, Vistas Astron. **3** (1960) 171.
l LUNDMARK, K.: Luminosities, Colours, Diameters, Masses of the Stars, Hdb. Astrophys. **V/1** (1932) 363.
m LUNDMARK, K.: Luminosities, Colours, Diameters, Densities, Masses of the Stars; Stellar Colours, Hdb. Astrophys. **VII** (1936) 487.
n Stars and Stellar Systems II: Astronomical Techniques (ed. W. A. HILTNER), University Press, Chicago (1962). III: Basic Astronomical Data (ed. K. AA. STRAND) (1963).
o STEBBINS, J.: The Electrical Photometry of Stars and Nebulae, MN **110** (1950) 416.
p Trans. IAU **8** (1952) 355.
q Trans. IAU **11** A (1962) 241.
r UNSÖLD, A.: Physik der Sternatmosphären, Berlin/Göttingen/Heidelberg: Springer (1955) 49.
s WALDMEIER, M.: Einführung in die Astrophysik, Birkhäuser-Verlag Basel (1948).
t WEAVER, H.: Photographic Photometry, Hdb. Physik **54** (1962) 130.
u WESTPHAL, W.: Wärmestrahlung, Hdb. Astrophys. **III/1** (1930) 1.

[1]) Sonne
[2]) Für $M_v > 10^M$ lineare Extrapolation mit
$M_{bol} = 0{,}667 \cdot M_v + 1{,}88$
letzter Einzelpunkt bei $M_v = 16{,}^M8$ (durch Messung gesichert)

Lamla

II. Literatur zu methodischen Fragen

a' Matyagin, W. S.: Untersuchungen über den Einfluß des Himmelshintergrundes bei 3-Farbenphotometrien schwacher Sterne; Mitt. Alma-Ata **9** (1960) 40; **14** (1962) 47; **15** (1962) 32.

b' Mianes, P.: Berücksichtigung der Extinktion der Erdatmosphäre bei 6-Farbenphotometrien; Publ. Haute-Provence **4** Nr. 46 (1959).

c' Rosenberg, H.: Lichtelektrische Photometrie, Hdb. Astrophys. **II/1** (1929) 380; **VII** (1936) 84.

d' Strömgren, B.: Objektive photometrische Methoden, Hdb. Exp. Physik **26** (1937) 797.

e' Whitford, A. E.: Photoelectric Techniques, Hdb. Physik **54** (1962) 240.

III. Referenzen

1 Schwarzschild, K.: Publ. von Kuffner'sche Sternw. Wien 5 C (1900) 100.
2 Becker, W.: Veröffentl. Göttingen Nr. 79 (1946).
3 Seares, F. H.: MN **103** (1943) 281.
4 Seitter, W. C.: Veröffentl. Bonn Nr. 64 (1962).
5 Güssow, K.: AN **280** (1952) 31.
6 Stobbe, J.: AN **251** (1933) 65.
7 Güssow, K.: Mitt. Jena Nr. 19 (1955).
8 Becker, W.: Veröffentl. Göttingen Nr. 80 (1946).
9 Tifft, W. G.: AJ **63** (1958) 127.
10 Matyagin, W. S.: Mitt. Alma-Ata **14** (1962) 47.
11 Salukwadse, G. N.: Bull. Abastumani **26** (1961) 105.
12 Johnson, H. L.: Ann. Astrophys. **18** (1955) 292.
13 Arp, H. C.: ApJ **133** (1961) 869.
14 Görlich, P.: Die Anwendung der Photozelle, Akad. Verlagsges. Leipzig (1954).
15 Johnson, H. L.: ApJ **135** (1962) 975.
16 Lunel, M.: Publ. Lyon (I) **5** Nr. 29 (1957).
17 Weissler, G. L.: Hdb. Physik **21** (1956) 342.
18 Eggen, O. J.: AJ **60** (1955) 65.
19 Cousins, A. W., O. J. Eggen, and R. H. Stoy: Roy. Obs. Bull. (E) Nr. 25 (1961).
20 Stebbins, J., and C. M. Huffer: Publ. Washburn **15**/5 (1934) 217.
21 Tremko, J., and M. Vetešnik: Bull. Astron. Inst. Czech. **9** (1957) 105.
22 Kron, G. E., and J. L. Smith: ApJ **113** (1951) 324.
23 Jarzebowski, T.: Wroclaw Astron. Obs. Reprint Nr. 16 (1958).
24 Bahng, J. D. R.: ApJ **128** (1958) 572.
25 Borgman, J.: BAN **15** (1960) 255.
26 Borgman, J.: ApJ **129** (1959) 362.
27 Johnson, H. L., and R. I. Mitchell: Commun. Lunar Planet. Lab. **1** (1962) 73.
28 Stebbins, J., and G. E. Kron: ApJ **126** (1957) 266.
29 Stebbins, J., and A. E. Whitford: ApJ **98** (1943) 20.
30 Walraven, Th., and J. H. Walraven: BAN **15** (1960) 67.
31 Willstrop, R. V.: MN **121** (1960) 17.
32 Tifft, W. G.: AJ **66** (1961) 390.
33 Matthews, Th. A., and A. R. Sandage: ApJ **138** (1963) 30.
34 King, I.: ApJ **115** (1952) 580.
35 Brill, A.: ZfA **15** (1938) 137.
36 De Kort, J.: Observatory **74** (1954) 41.
37 Roschkowskij, D. A.: Mitt. Alma-Ata **2** (1956) 159.
38 Seares, F. H., and M. C. Joyner: ApJ **98** (1943) 302.
39 Becker, W., und J. Stock: ZfA **45** (1958) 269.
40 Nassau, J. J., and V. Burger: ApJ **103** (1946) 25.
41 Stebbins, J., and A. E. Whitford: ApJ **84** (1936) 132.
42 Seares, F. H., and M. C. Joyner: ApJ **100** (1944) 264.
43 Wang, S. K.: Acta Astron. Sinica **3** (1955) 35.
44 Velghe, A.: Commun. Obs. Roy. Belg. **3** Nr. 46 (1954).
45 Blanco, V. M.: ApJ **125** (1957) 209.
46 Canavaggia, R.: Ann. Astrophys. **22** (1959) 765.
47 Golay, M.: Publ. Genève (A) **6** (1959) Fasc. 60.
48 Johnson, H. L.: ApJ **116** (1952) 272.
49 Seares, F. H., and M. C. Joyner: ApJ **102** (1945) 281.
50 Tucker, R. H.: AN **251** (1934) 78.
51 Cousins, A. W. J.: Monthly Notes Astron. Soc. S. Africa **19** (1960) 52 u. 131; **20** (1961) 57.
52 Eggen, O. J.: Monthly Notes Astron. Soc. S. Africa **18** (1959) 91.
53 Cousins, A. W. J.: Roy. Obs. Bull . (E) Nr. 69 (1963); Nr. 70 (1963).
54 Menzies, A. R., O. Redman, and R. H. Stoy: MN **109** (1949) 647.
55 Stoy, R. H.: MN **104** (1944) 317.
56 Johnson, H. L., and W. W. Morgan: ApJ **117** (1953) 313.
57 Blanco, V. M.: AJ **59** (1954) 396.
58 Schmidt-Kaler, Th.: Private Mitteilung, nicht veröffentlicht.
59 Larsson-Leander, G.: Ark. Astron. **3** (1951) 51.
60 Schmidt, K. H.: Mitt. Jena Nr. 21 (1956).

Lamla

61 MORGAN, W. W., D. L. HARRIS, and H. L. JOHNSON: ApJ **118** (1953) 92.
62 GREAVES, W. M. H., C. DARWINSON, and E. MARTIN: MN **94** (1934) 488.
63 OJA, T.: Ark. Astron. **3** (1963) 273.
64 SCHAROW, A. S.: Publ. Sternberg **29** (1958) 3.
65 POPPER, D. M.: ApJ **129** (1959) 647.
66 PINTO, G.: Contrib. Asiago **3** Nr. 101 (1959).
67 BEER, A.: MN **123** (1962) 191.
68 OOSTERHOFF, P. TH.: BAN **11** (1951) 299.
69 ICHSANOW, R. N.: Mitt. Krim **21** (1959) 229.
70 BELJAKINA, T. S., und P. F. CHUGAINOW: Mitt. Krim **22** (1960) 57.
71 METIK, L. P.: Mitt. Krim **23** (1960) 60.
72 ABT, H. A., and J. C. GOLSON: ApJ **136** (1962) 363.
73 KRON, G. E., and N. U. MAYALL: AJ **65** (1960) 581.
74 CODE, A. D.: ApJ **130** (1959) 473.
75 ARP, H. C.: AJ **63** (1958) 118.
76 COUSINS, A. W. J., and R. H. STOY: MN **114** (1954) 349.
77 JACKSON, J., and R. H. STOY: Ann. Cape **20** (1958).
78 STOY, R. H.: Vistas Astron. **2** (1956) 1099.
79 WESTERLUND, B.: Ark. Astron. **3** (1961) 21.
80 HOGG, A. R.: Mt. Stromlo Mimeogr. **2** (1958).
81 COX, A. N.: ApJ **117** (1953) 83.
82 OOSTERHOFF, P. TH.: BAN **12** (1955) 271.
83 JOHNSON, H. L.: ApJ **112** (1950) 240.
84 EGGEN, O. J.: ApJ **113** (1951) 663.
85 DE VAUCOULEURS, G.: Ann. Astrophys. **10** (1947) 107.
86 GÜSSOW, M.: ZfA **20** (1941) 25.
87 STEBBINS, J., and A. E. WHITFORD: ApJ **102** (1945) 318.
88 Astronomer Royal: MN **100** (1940) 189.
89 HERTZSPRUNG, E.: BAN **9** (1940) 101.
90 EGGEN, O. J.: ApJ **114** (1951) 141.
91 COX, A. N.: ApJ **119** (1954) 188.
92 KRON, G. E., and S. N. SVOLOPOULOS: PASP **71** (1959) 126.
93 WEAVER, H. F.: ApJ **117** (1953) 366.
94 BOK, B. J., and U. VAN WIJK: AJ **57** (1952) 213.
95 WOROSCHILOW, W. I.: Mitt. Kiew **4**/2 (1962) 128.
96 BRODSKAJA, E. S.: Mitt. Krim **24** (1960) 160.
97 PRONIK, I. I.: Mitt. Krim **25** (1961) 37.
98 PRONIK, I. I.: Mitt. Krim **21** (1959) 268.
99 NUMEROWA, A. B.: Mitt. Krim **25** (1961) 46.
100 SCHNELLER, H.: AN **249** (1933) 243.
101 WILLIAMS, E. G., and H. KNOX-SHAW: MN **102** (1942) 226.
102 BLANCO, V. M.: ApJ **123** (1956) 64.
103 LINDHOLM, E. H.: ApJ **126** (1957) 588.
104 SCHMIDT, K. H.: Mitt. Jena Nr. 27 (1957).
105 SCHMIDT-KALER, TH.: AN **286** (1961) 113.
106 WILDEY, R. L.: AJ **68** (1963) 190.
107 HILTNER, W. A., and H. L. JOHNSON: ApJ **124** (1956) 367.
108 WAMPLER, E. J.: ApJ **136** (1962) 100.
109 STEBBINS, J., and A. E. WHITFORD: ApJ **91** (1940) 20.
110 POPPER, D. M.: ApJ **111** (1950) 999.
111 BLANCO, V. M., and C. I. LENNON: AJ **66** (1961) 524.
112 HILTNER, W. A., and B. IRIARTE: ApJ **122** (1955) 185.
113 JOHNSON, H. L.: Lowell Bull. **4** (1958) 37.
114 KRAFT, R. P., and W. A. HILTNER: ApJ **134** (1961) 850.
115 SCHAROW, A. S.: Soviet Astron.-AJ **3** (1959) 108.
116 SEARES, F. H., and M. C. JOYNER: ApJ **98** (1943) 261.
117 TORONDJADSE, A. F.: Soviet Astron.-AJ **2** (1958) 60 u. 508; Nachr. Akad. Wiss. Georg. SSR **20** (1958) Nr. 2; **21** (1958) Nr 1.
118 ROZIS-SAULGEOT, A.-M.: Contrib. Paris (A) Nr. 253 (1959).
119 BECKER, W.: Veröffentl. Berlin-Babelsberg **10** Nr. 3 (1932), Nr. 6 (1935).
120 BEER, A., R. O. REDMAN, and G. G. YATES: Mem. Roy. Astron. Soc. **67**/1 (1954).
121 JOHNSON, H. L., and B. IRIARTE: Lowell Bull. **4** (1958) 47.
122 KRAFT, R. P.: ApJ **134** (1961) 616.
123 MORGAN, W. W.: ApJ **87** (1938) 460.
124 WILLIAMS, E. T. R.: ApJ **79** (1934) 395.
125 WILSON, O. C.: ApJ **136** (1962) 793.
126 PARENAGO, P. P.: Soviet Astron.-AJ **2** (1958) 151.
127 BECKER, W.: ZfA **30** (1952) 164.
128 BECKER, W.: ZfA **29** (1951) 66.
129 LIMBER, D. N.: ApJ **131** (1960) 168.
130 BECKER, W., und U. STEINLIN: ZfA **39** (1956) 188.

Lamla

131 Burbidge, E. M., G. E. Burbidge, A. R. Sandage, and R. Wildey: Liège Inst. Astrophys. Coll. (8°) Nr. 109 (1959) 427.
132 Goley, M.: Publ. Genève (A) **6** (1959) Fasc. 59.
133 Melbourne, W. G.: ApJ **132** (1960) 101.
134 Ninger-Kosibowa, St.: Contrib. Wroclaw Nr. 8 (1952).
135 Rozis-Saulgeot, A.-M.: Contrib. Paris (A) Nr. 237 (1958); Compt. Rend. **248** (1949) 2455; Ann. Astrophys. **23** (1960) 504.
136 Sandage, A. R., and O. J. Eggen: MN **119** (1959) 278.
137 Wildey, R. L., E. M. Burbidge, A. R. Sandage, and G. R. Burbidge: ApJ **135** (1962) 94.
138 Arp, H. C.: ApJ **133** (1961) 874.
139 Bonsack, W. K., J. L. Greenstein, J. S. Mathis, W. G. Melbourne, G. Neugebauer, R. L. Newburn, K. H. Olsen, W. G. Tifft, H. D. Wahlquist, and G. Wallerstein: ApJ **125** (1957) 139.
140 Stecher, Th. P., and J. E. Milligan: ApJ **136** (1962) 1.
141 Kuiper, G. P.: ApJ **88** (1938) 429.
142 Pike, S. R.: Proc. Leeds Phil. Lit. Soc. Sci. Sect. **1** (1928) 232.
143 Lohmann, W.: AN **276** (1948) 83.
144 Mustel, E. R.: Publ. Sternberg **22** (1953) 12.
145 Pilowski, K.: AN **261** (1936) 17 u. Veröffentl. Astron. Stat. TH Hannover Nr. 6 (1962) 3.
146 Sandage, A.: ApJ **135** (1962) 349.
147 Zanstra, H.: ZfA **2** (1931) 335.
148 Eggen, O. J.: ApJ **112** (1950) 141.

5.2.8 Spektralphotometrische Untersuchungen, Intensitätsverteilung, Temperatur — Spectrophotometric investigations, intensity distribution, temperature

5.2.8.1 Die relative spektrale Intensitätsverteilung im Sternspektrum — The relative spectral-intensity distribution in stellar spectra

Bestimmt man die Differenzen der gemessenen scheinbaren Helligkeiten zwischen Sternen verschiedener Spektraltypen und Leuchtkraftgruppen und einem sogenannten Nullpunktstern als Funktion der Wellenlänge, so erhält man die relative spektrale Intensitätsverteilung[1]) dieser Sterne, bezogen auf diejenige des Nullpunktsterns, die zunächst nicht bekannt zu sein braucht. Als Nullpunktstern dient entweder ein einzelner Stern oder das Mittel mehrerer Sterne des gleichen Spektraltyps und der gleichen Leuchtkraftgruppe, um individuelle Unterschiede auszuschließen. Im allgemeinen werden hierzu Sterne des Spektraltyps A0 benutzt, da sie relativ wenige stellare Absorptions- und Emissionslinien haben und außerdem relativ günstig an irdische Strahler (siehe absoluter Anschluß 5.2.8.2) angeschlossen werden können. Daneben wird auch vielfach die Sonne als Nullpunktstern verwendet.

If the differences between the apparent brightness of stars of various spectral types (and luminosity classes) and a reference star are determined as a function of the wavelength, one obtains their relative spectral intensity distribution[1]), referred to that of the reference star, the intensity distribution of which itself may be unknown. A reference star may be a single star or the mean of several stars of the same spectral type and luminosity class in order to exclude individual differences. Generally — stars of the spectral type A0 are used as reference stars because of their relatively few stellar absorption and emission lines, and besides that, they can be compared to terrestrial light sources (see: absolute calibration 5.2.8.2). The sun is often used as a reference star, too.

5.2.8.1.1 Integralhelligkeiten in Mehrfarbenphotometrien — Integral brightness in multi-color photometry

Die geringsten Informationen über die spektralen Intensitätsverteilungen von Sternen liefern die Messungen von Integralhelligkeiten in verschiedenen Farbbereichen, wie sie zur Bestimmung von Farbenindizes (5.2.7) verwendet werden. Dabei ist die zweckmäßige Wahl der isophoten Wellenlängen und die möglichst scharfe Abgrenzung nicht zu breiter Wellenlängenbereiche wesentlich. In den Meßwerten sind alle in dem von der Empfindlichkeitsfunktion der Meßapparatur bestimmten Wellenlängenbereich enthaltenen stellaren Linien mit erfaßt, so daß man ein stark verschmiertes Kontinuum erhält. Diese Methode hat aber den Vorteil, noch bei sehr schwachen Sternen anwendbar zu sein.

[1]) Je nachdem, wie breit der Durchlaßbereich der photometrischen Meßapparatur ist (siehe 5.2.7.1), wird von der Sternstrahlung das mehr oder weniger stark durch stellare Absorptionslinien verschmierte spektrale Kontinuum erfaßt. Ursprünglich glaubte man, bei genügend großer spektraler Auflösung ein „echtes" stellares Kontinuum erreichen zu können, hat aber erkennen müssen, daß das Kontinuum stets durch stellare Linien gestört ist. Daher ist für eine theoretische Interpretation der gemessenen kontinuierlichen Intensitätsverteilung die Kenntnis des Verschmierungseffektes durch die stellaren Linien erforderlich.

Zur Problematik der Erfassung der stellaren kontinuierlichen Strahlung: [*1 ··· 3*].

Tab. 1. Mehrfarbenphotometrien — Multi-color photometries

	Wellenlänge der Meßbereiche siehe 5.2.7.1, Tab. 5 und Fig. 3	Wavelengths of the regions of measurements see 5.2.7.1, Tab. 5 and Fig. 3
n	Zahl der Farbbereiche	number of spectral regions
N	Zahl der Sterne	number of stars

Autor	n	N	Objekte [1])	Literatur
BAHNG, J. D. R.	5	53; 30	allg.; Sterne mit spectrum compositum	ApJ **128** (1958) 572
BORGMAN, J.	7	356	Sp: O, B, A; $m_v < 11\overset{m}{,}5$	BAN **15** (1960) 255
JOHNSON, H. L.	5	48	allg.	ApJ **135** (1962) 69
KRON, G. E.	6	139	Überriesen; $V < 9\overset{m}{,}3$	Contrib. Lick (II) **3** Nr. 93 (1958)
STEBBINS, J., G. E. KRON	6	409	allg.; $m < 9\overset{m}{,}0$	ApJ **123** (1956) 440
STEBBINS, J., G. E. KRON	6	7	F 8 ··· G 4, LC V und Sonne	ApJ **126** (1957) 266
STEBBINS, J., A. E. WHITFORD	6	68	Sp: O, B	ApJ **98** (1943) 20
STEBBINS, J., A. E. WHITFORD	6	238	allg.	ApJ **102** (1945) 318
WALRAVEN, TH. und J. H.	5	120	Sp: O, B, A; $V < 10\overset{m}{,}0$	BAN **15** (1960) 67
WILLSTROP, R. V.	4	221	allg.	MN **121** (1960) 17
TIFFT, W. G.	8	44	allg.	AJ **66** (1961) 390

5.2.8.1.2 Spektralphotometrische Integralhelligkeiten (Farbhelligkeiten) — Spectrophotometric integral brightness (color brightness)

Spektralphotometrische Helligkeiten werden mit Hilfe von Sternspektren gewonnen. Die auch als Farbhelligkeiten bezeichneten Meßwerte erfassen in den Spektren kleiner Dispersion die Gesamtintensität einschließlich aller Absorptionslinien innerhalb breiter, scharf abgegrenzter Wellenlängenbereiche. Die empfindlichen lichtelektrischen Photozellen haben es in den letzten Jahren ermöglicht, ein Sternspektrum mit Hilfe einer Spaltblende in allen verfügbaren Wellenlängenbereichen zu registrieren (scanning). Die spektrale Auflösung hängt hier außer von der verwendeten Dispersion im primären Spektrum von der Breite der Spaltblende ab. Die Meßwerte sind als spektralphotometrische Integralhelligkeiten aufzufassen, können jedoch bei Auflösungen von < 20 A auch als monochromatische Helligkeiten (5.2.8.1.3) betrachtet werden.

Tab. 2. Spektralphotometrische Integralhelligkeiten — Spectrophotometric integral brightnesses

N	Zahl der Sterne	number of stars
n	Zahl der Farbbereiche	number of spectral regions
$\Delta\lambda$	Breite der einzelnen Farbbereiche	width of the individual spectral regions

Autor	N	m_{lim}	n	λ [A]	$\Delta\lambda$ [A]	Literatur und Bemerkungen
ABBOT, C. G.	18	$3\overset{m}{,}8$	9	4370 ··· 22 240		ApJ **69** (1929) 292
ALLEN, C. W.	Sonne	—		10 ··· 10^4; 0,6 ··· 600 cm		Commun. London Nr. 35 (1959); in [erg cm^{-2} sec^{-1} A^{-1}]
BAADE, W. R. MINKOWSKI	9		14	4000 ··· 9 000		ApJ **86** (1937) 123; Sterne im Orion-Nebel
CHARITONOW, A. W.	2		4	5300 ··· 6 500		Mitt. Alma-Ata **5** (1957) 17; Sterne im Orion-Nebel
HALL, J. S.	67	4	13	4500 ··· 10 320	430	ApJ **94** (1941) 71; **95** (1941) 231
LOHMANN, W.	26	7,2	14	3600 ··· 6 400	200	AN **269** (1939) 216; **248** (1933) 17; Veröffentl. Sternw. Heidelberg **14**, Nr. 11 (1946)
PETTIT, E.	Sonne		21	2920 ··· 7 000	100	ApJ **91** (1940) 159
PILOWSKI, K.	42	5,7	16	4000 ··· 6 400	150	AN **278** (1950) 145
RODGERS, A. W.	21		25	3400 ··· 6 000	100	MN **122** (1961) 413
WILKENS, A.	126		5	4030 ··· 5 620		Sitzber. Math. Naturw. Kl., Bayer. Akad. Wiss. München Nr. 21 (1954) 363

[1]) allg.: Verschiedene Spektraltypen und Leuchtkraftklassen — various spectral types and luminosity classes.

Die in Schweden zur Spektralklassifizierung schwacher Sterne entwickelte Methode der spektralphotometrischen Bestimmung von monochromatischen Helligkeiten bzw. Farbenindizes und von Linienstärken mit Hilfe von Objektivprismenaufnahmen (5.2.1.3.1) steht zwischen der Bestimmung heterochromatischer Integralhelligkeiten und spektralphotometrischer Helligkeiten zur Ableitung der stellaren Intensitätsverteilung.

Tab. 3. Spektralphotometrische Helligkeiten und Farben aus Objektivprismenaufnahmen — Spectrophotometric magnitudes and colors from spectra taken with objective prisms

Feld	m_{lim}	N	Literatur und Bemerkungen
$-15° \leq b \leq -10°$; $4^h \leq \alpha \leq 5^h$	$12^m_,0$	1153	Adolfsson, T.: Ark. Astron. **1** (1954) 425
$-3° \leq \delta \leq +3°$; $40° \leq l \leq 60°$	10,0	1755	Malmquist, K. G., B. Ljunggren, and T. Oja: Uppsala Ann. 4/8 (1960)
$-3° \leq \delta \leq +3°$; $60° \leq l \leq 80°$	10,0	1200	Malmquist, K. G., C. Schalén, and B. Westerlund: Uppsala Ann. **4**/1 (1954)
$+29° \leq \delta \leq +38°$	13,5	3000	Malmquist, K. G.: Uppsala Ann. **4**/9 (1960)
22^h30^m; 48°40'	13,25	3063	Ramberg, J. M.: Stockholm Ann. **20**/1 (1957)
SA 2, 6, 7, 15 ··· 20, 40 ··· 42	14,0	2550	Elvius, T.: Stockholm Ann. **16**/4 (1951)
SA 3 ··· 5	14,0	812	Elvius, T.: Stockholm Ann. **18**/7 (1955)
SA 11 ··· 14	14,0	759	Lodén, K.: Stockholm Ann. **21**/2 (1960)
Verschiedene	10,0	458	Ljunggren, B., and T. Oja: Uppsala Ann. **4**/10 (1961); Sterne mit MK-Klassifizierung, nahe Sterne, Sterne mit Parallaxen, Hyaden- und Praesepe-Sterne

5.2.8.1.3 Monochromatische Helligkeiten — Monochromatic magnitudes

Monochromatische Helligkeiten werden aus den Registrierungen der auf photographischem Wege gewonnenen Sternspektren erhalten und sind meßtechnisch schlecht definiert, weil die Lage des stellaren Kontinuums von der benutzten spektralen Auflösung und der Beurteilung durch den Beobachter abhängt.

Bei der "Scanning-Methode" (lichtelektrische Registrierung des Sternspektrums, spektrale Auflösung < 20 A, siehe 5.2.8.1.2) ist die Lage des stellaren Kontinuums durch die in den schmalen Durchlaßbereichen liegenden stellaren Linien festgelegt. Im allgemeinen werden bei dieser Methode Spektralbereiche mit starken Absorptionslinien vermieden. Ermittlung des Verschmierungseffektes der Linien erfolgt durch lichtelektrische Messung ihrer Absorptionsbeträge.

Tab. 4. Monochromatische Helligkeiten — Monochromatic magnitudes

n | Zahl der Meßstellen | number of measured positions

Autor	N	Objekt [1]	m_{lim}	n	λ [A]	Meth. [2]	Literatur
Ax, J.	13	F 6, G 0, G 2; [3]	$5^m_,9$	73	3800 ··· 4 800	*pg*	ZfA **32** (1953) 257
Berger, J., D. Chalonge, A.-M. Fringant	3	F		27	3300 ··· 6 100	*pg*	J. Observateurs **38** (1955) 100
Berger, J., A.-M. Fringant	3	A		44	3130 ··· 6 110	*pg*	J. Observateurs **38** (1955) 348
Bless, R. C.	20	A	1,3	9	3400 ··· 6 050	*sc*	ApJ **132** (1960) 532
Bonsack, W. K., J. Stock	65	O, B, A		23	3500 ··· 5 000	*sc*	ApJ **126** (1957) 99
Code, A. D.	2	Unterzwerge	8,0	16	3400 ··· 10 000	*sc*	ApJ **130** (1959) 473
Code, A. D.	20	O 9 ··· M 2 LC I, III, V		16	3400 ··· 10 000	*sc*	Stars and Stellar Systems VI (1960) 50 = [*f*]
Divan, L.	46	O, B, (*r*)		47	3100 ··· 6 200	*pg*	Ann. Astrophys. **17** (1954) 456

Fortsetzung siehe nächste Seite

[1]	Ohne Angabe: Verschiedene Typen	without data: various types
(*r*)	verfärbte (gerötete) Sterne	reddened stars
(var)	Veränderlicher	variable star
[2] Meth.	Methode	Method
pg	photographisch	photographic
sc	lichtelektrisch "scanning"	photoelectric scanning
[3]	Schnelläufer und normale Sterne	high-velocity and normal stars

Tab. 4. (Fortsetzung)

Autor	N	Objekt [1]	m_{lim}	n	λ [A]	Meth. [2]	Literatur
DIVAN, L.	8	O, B		47	3100 ··· 6 100	*pg*	J. Observateurs **38** (1955) 93
DIVAN, L., C. MENNERET	3	F 2 Ia, II, III		27	3300 ··· 6 100	*pg*	J. Observateurs **38** (1955) 345
v. HOFF, H.	18		2,5	20	6000 ··· 8 500	*pg*	ZfA **18** (1939) 157
JÄRNEFELT, G.	6		6	10	4100 ··· 4 650	*pg*	Ann. Acad. Sci. Fennicae(A)Math. Phys. Nr. 22 (1943)
JENSEN, H.	17		4	23	3600 ··· 6 410	*pg*	AN **248** (1933) 217
KIENLE, H., H. STRASSL,	36	B ··· M; I, III, V	3,5	46	3660 ··· 5 000	*pg*	Göttingen Triplett } ZfA **16** (1938) 201
J. WEMPE	34	B ··· M; I, III, V	3,0	32	3700 ··· 6 850	*pg*	Göttingen Spiegel }
MELBOURNE, W. G.	9	A 0 ··· G 4; V	8,0	16	3400 ··· 10 000	*sc*	ApJ **132** (1960) 101
OKE, J. B.	7	B 9 III, A 0 IV, B 7 V, A 0 V	7,0	24	3390 ··· 5 880	*sc*	ApJ **131** (1960) 358
OKE, J. B.	1	η Aql, F 5 I (var)		20 3	3400 ··· 5 200 *I, G, R*	*sc*	ApJ **133** (1961) 90
OKE, J. B., S. J. BONSACK	1	*RR* Lyr (var)		24	3390 ··· 5 580	*sc*	ApJ **132** (1960) 417
STRASSL, H.	20	Plejaden	6,7	41	3600 ··· 5 000	*pg*	ZfA **5** (1932) 205
STROHMEIER, W.	55	(*r*)	7,4	40	3670 ··· 7 360	*pg*	ZfA **17** (1939) 83
WESTERLUND, B.	16	O, B, A; (*r*)	7,9	44	3100 ··· 6 200	*pg*	J. Observateurs **39** (1956) 149
WESTERLUND, B.	8	Haufen M 39	7,9	45	3100 ··· 6 200	*pg*	J. Observateurs **39** (1956) 117
WESTERLUND, B.	28	Coma-Haufen	9,0	14	3700 ··· 6 350	*pg*	Ark. Astron. **2** (1956) 83
WESTERLUND, B.	19	Coma-Haufen	8,2	31	3200 ··· 6 200	*pg*	J. Observateurs **39** (1956) 159
WESTERLUND, B.	13	B ··· K; I ··· V		18	4230 ··· 6 070	*pg*	Publ. Victoria **10** (1957) 425
WOOLLEY, R. v. d. R., S. C. B. GASCOIGNE, A. DE VAUCOULEURS	85		<4,0	6	4050 ··· 6 360	*pg*	MN **114** (1954) 490

5.2.8.1.4 Relative spektralphotometrische Gradienten — Relative spectrophotometric gradients

(absoluter Gradient siehe 5.2.8.3)

Der relative spektralphotometrische Gradient $\Delta\Phi$, bezogen auf einen Nullpunktstern, Index $_0$, ist definiert durch

$$\Delta\Phi = \Phi - \Phi_0 = -2{,}303\,\frac{d\log I(\lambda)/I_0(\lambda)}{d(1/\lambda)} = +0{,}921\,\frac{d(m-m_0)}{d(1/\lambda)}$$

Der relative Gradient beschreibt wie der Farbenindex eines Sternes seine spektrale Intensitätsverteilung in einem größeren Wellenlängenbereich. Da mit der Definition die Annahme gemacht ist, daß die Sterne annähernd wie schwarze Körper strahlen, bezieht sich der relative Gradient auf das von Absorptionslinien freie Kontinuum und sollte deshalb mit Hilfe monochromatischer Helligkeitsmessungen bestimmt werden. Bei endlicher spektraler Durchlaßbreite der Meßapparatur zur Bestimmung der Helligkeitsdifferenz $m - m_0$ ist die isophote Wellenlängen (5.2.7.1.4) bzw. deren reziproker Wert in die Formel einzusetzen. Ein Vergleich der spektralen Intensitätsverteilung des Kontinuums des Nullpunktsternes mit der kontinuierlichen Strahlung eines schwarzen Körpers gestattet die Überführung der relativen in absolute Gradienten Φ (siehe 5.2.8.2.2).

[1] [2]) siehe S. 376

Tab. 5. Relative Gradienten — Relative gradients

Autor	N	Typen	m_{lim}	λ [A]	Literatur
Bloch, M., M. L. Tscheng				6500 ··· 8200	Publ. Lyon **3** Nr. 24 (1956)
Dolidse, M. W.	4	*P* Cyg, 3 WR-Sterne		3800 ··· 4600	Bull. Abastumani **23** (1958) 69 u. 81
Demidowa, A. N.	15	Unterzwerge	$8^m_,6$	3950 ··· 6500	Mitt. Pulkovo **20**/2 (1956) 111
Gascoigne, S. C. B.	166		5,1	4000 ··· 6200	MN **110** (1950) 15
Goroschowa, N. N.	31	Plejaden	9,0	3500 ··· 5000 5000 ··· 6500	Mitt. Pulkovo **21**/3 (1958) 83
Greenwich	250	O, B, A; F + G	4,5	4000 ··· 6200	MN **100** (1940) 189; Observations of Colour Temperatures of Stars, London (1932)
Greenwich	250	Oe 5, B, A; F, G	4,5	4270 ··· 6320	MN **113** (1953) 107; Observations of Colour Temperatures of Stars II, London (1952)
Kochan, E. K.	40			3850 ··· 4750	Astron. Circ. USSR. Nr. 133 (1953) 7
McKellar, A., E. H. Richardson	10	N	8,1	3900 ··· 4900	Contrib. Victoria Nr. 39 (1954)
Mirsojan, L. W.	34	O, B	5,9	3100 ··· 3700 3700 ··· 4900	Astron. Zh. **30** (1953) 153
Tomasik, H.	13	Schnelläufer	6,7	4020 ··· 4500	Bull. Toruń **2**/11 (1953) 19
Vandekerkhove, E.	4	γ Cas, ζ Tau, δ Cep, α Ori		5000	Bull. Astron. Obs. Roy. Belg. **4** (1954) 183
Westerlund, B.	14			4200 ··· 4500 5500 ··· 6100	Publ. Victoria **10** (1957) 425
Williams, R. C.	23	B ··· G	3,5	4270 ··· 6320	Publ. Michigan **7**/7 (1939)

5.2.8.1.5 Der Balmersprung (Balmerdekrement) — Balmer discontinuity (Balmer decrement, Balmer jump)

Definition (siehe Fig. 1) — *Definition (see Fig. 1)*

Größe des Balmersprungs D_B
= logarithmische Intensitätsdifferenz zwischen dem langwelligen und kurzwelligen Kontinuum bei $\lambda = 3700$ A:

Size of Balmer discontinuity D_B
= logarithmic intensity difference between the long wave and short wav continuum at $\lambda = 3700$ A:

$$D_B = \log \frac{I_B}{I_C}$$

Lage des Balmersprungs λ_1
= Schnittpunkt des beobachteten Kontinuums mit der Parallelen zum langwelligen Kontinuum durch den Halbierungspunkt des Balmersprungs
= Wellenlänge des Punktes F in Fig. 1.

Position of the Balmer discontinuity λ_1
= point of intersection of the observed continuum and the parallel drawn to the long wave continuum through the half-way point of the Balmer discontinuity
= wavelength of the point F in Fig. 1.

Meßreihen des Balmersprungs: Siehe Tab. 9.
Verwendung des Balmersprungs zur Spektralklassifikation: Siehe 5.2.1.4.1.
Beziehung zwischen D_B und den Farbenindizes im UBV-System für unverfärbte B0 ··· A0-Sterne und für Sterne der Leuchtkraftklassen IV und V (nach Golay [*28*]):

$$D_B = 0{,}487 + 0{,}494\ (U - B) - 0{,}392\ (B - V).$$

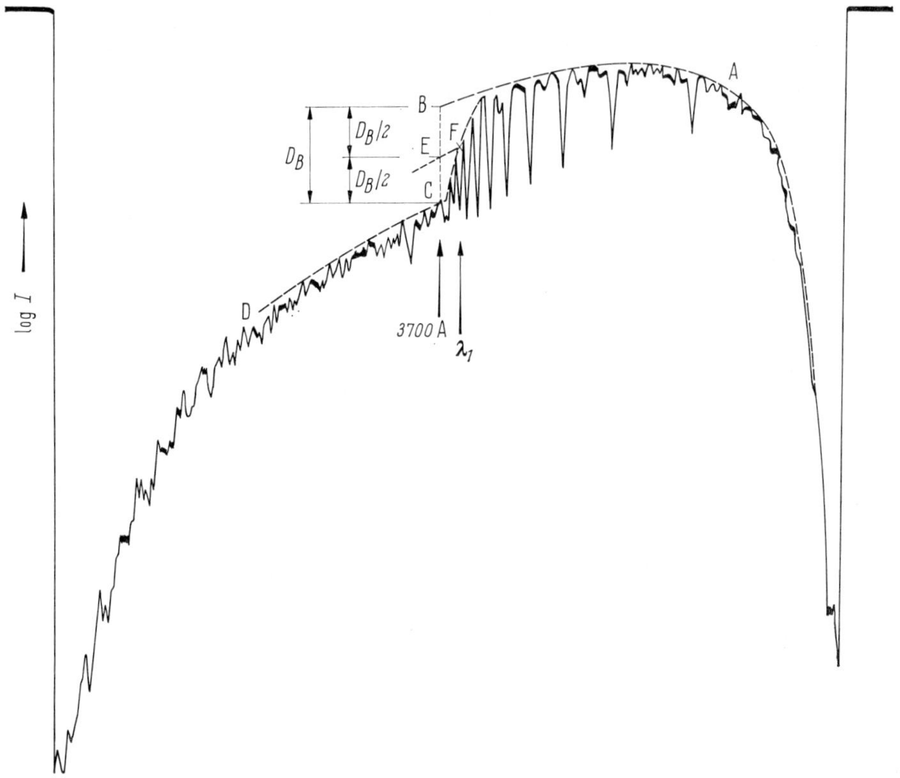

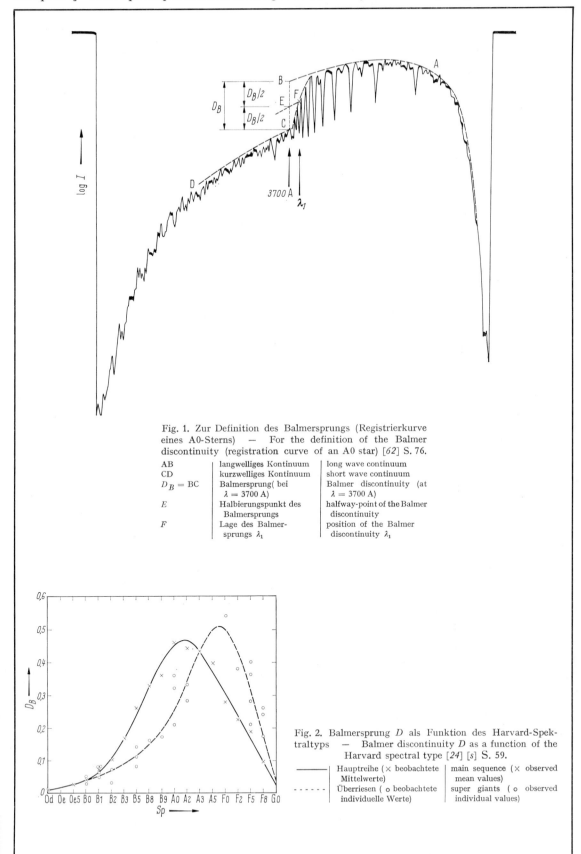

Fig. 1. Zur Definition des Balmersprungs (Registrierkurve eines A0-Sterns) — For the definition of the Balmer discontinuity (registration curve of an A0 star) [62] S. 76.

AB	langwelliges Kontinuum	long wave continuum
CD	kurzwelliges Kontinuum	short wave continuum
D_B = BC	Balmersprung(bei λ = 3700 A)	Balmer discontinuity (at λ = 3700 A)
E	Halbierungspunkt des Balmersprungs	halfway-point of the Balmer discontinuity
F	Lage des Balmersprungs λ_1	position of the Balmer discontinuity λ_1

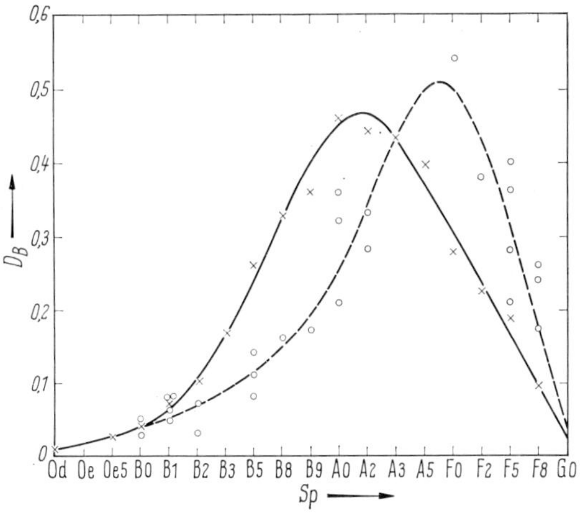

Fig. 2. Balmersprung *D* als Funktion des Harvard-Spektraltyps — Balmer discontinuity *D* as a function of the Harvard spectral type [24] [s] S. 59.

———	Hauptreihe (× beobachtete Mittelwerte)	main sequence (× observed mean values)
- - - - - -	Überriesen (o beobachtete individuelle Werte)	super giants (o observed individual values)

5.2.8.1.6 Der Paschensprung — Paschen discontinuity

Analog zum Balmersprung ist der Paschensprung an der Paschengrenze definiert.
Genähert gilt [23]:

The Paschen discontinuity at the Paschen limit is defined analoguous to the Balmer discontinuity.
It is approximately [23]:

$$D_P = 0{,}18\, D_B.$$

Literatur zum Paschensprung:
Hall [23]; Bloch, Tcheng [27] (D_P bei hellen Sternen, Vergleich mit D_B).

5.2.8.2 Der absolute Anschluß — Absolute calibration

5.2.8.2.1 Methode und Technik — Method and technique

Die absolute Intensitätsverteilung im Spektrum eines Nullpunktsternes wird durch spektralphotometrischen Vergleich mit einer irdischen Lichtquelle bestimmt, deren Intensitätsverteilung durch den Anschluß an diejenige eines schwarzen Körpers bekannt ist.

Der absolute Anschluß der stellaren Strahlung kann in der Weise durchgeführt werden, daß man in bestimmten Wellenlängenbereichen den Vergleich punktweise macht oder nur den relativen Gradienten des Nullpunktsternes in bezug auf den schwarzen Körper innerhalb eines begrenzten Wellenlängengebietes ermittelt. Der absolute Gradient des schwarzen Körpers ist durch das Plancksche Strahlungsgesetz bestimmt, so daß die relativen Gradienten des Nullpunktsternes und aller an diesen angeschlossenen Sterne in absolute umgerechnet werden können. Da die Gradienten die Farbtemperaturen der Sterne bestimmen (siehe 5.2.8.5), spricht man auch vom absoluten Anschluß der Sterntemperaturen an die irdische Temperaturskala.

The absolute intensity distribution in the spectrum of a reference star is determined by a spectrophotometrical comparison with a terrestrial light source having an intensity distribution which is calibrated by comparing it with that of a black body.

The absolute calibration of stellar radiation can be made by making spot-check comparisons in certain wavelength ranges or by determining the relative gradient of the reference star with respect to the black body within a limited wavelength range. The absolute gradient of the black body is fixed by the Planck Radiation Law, so that the relative gradients of the reference star and all correlated stars can be converted into absolute gradients. Since the gradients determine the color temperature of the stars (see 5.2.8.5), this means an absolute calibration of stellar temperatures by a terrestrial temperature scale.

Literatur

a) *Allgemeine Beschreibung und Diskussion der Schwierigkeiten:*
Code [f]; Kienle [l, m, n]; Willstrop [4].

b) *Die Planck-Funktion für extreme Temperatur- und Wellenlängenwerte:*
McDonald [5]: $B_\lambda(T)$ für $100 \leq \lambda \leq 22800$ A und $15000 \leq T \leq 50000$ °K.
Vandekerkhove [6]: $B_\lambda(T)$ für $3000 \leq \lambda \leq 8000$ A und $1000 \leq T \leq 150000$ °K; $\Phi(\lambda \cdot T)$, $\sigma \cdot T^4$, λ_{max}.

c) *Technische Probleme beim absoluten Anschluß:*
Peyturaux [7]: Beschreibung eines schwarzen Körpers für den absoluten Anschluß der Sonne.
Sitnik [8a]: Verhalten eines rohrförmigen schwarzen Körpers; [8b]: Beschreibung von Multipliers für absolute Spektralphotometrie von Sternen.
Sitnik [9a]: Beschreibung der Eigenschaften eines schwarzen Körpers im Astrophys. Obs. Kuchino; [9b]: Beschreibung eines Photometers und Methode für absolute Spektralphotometrie; [9c]: Streulichteffekte in Monochromatoren bei absoluten Messungen mit Vergleichslampen.
Mehltretter [10]: Apparatur und Methode zur Messung der relativen Strahldichteverteilung einer Lumineszenzlichtquelle.

d) *Vergleichslampen für den absoluten Anschluß:*
Guerin [11]: Beschreibung und Eigenschaften einer Lumineszenzlichtquelle, $I(\lambda)$ für $2900 \leq \lambda \leq 6500$ A.
Hansson [12]: Photographische Eichung von Wolframbandlampen.
Heller [13]: Xenon-Hochdruckbogen und seine Eigenschaften als Standardstrahler.
Kienle [14]: Lichtquellen mit kontinuierlichem Spektrum, graphische Darstellung ihrer $I(\lambda)$.
Mehltretter [15]: Beschreibung von schwarzen Körpern und Bandlampen als sekundäre Normale im Bereich $3000 \leq \lambda \leq 12000$ A.
Sitnik [16a]: Charakteristika von Bandlampen als Standard-Energiequellen.
Sitnik [16b]: Beschreibung und Eigenschaften von Bandlampen als sekundäre Strahler, $I(\lambda)$ für $2450 \leq \lambda \leq 26000$ A.

5.2.8.2.2 Meßreihen für den absoluten Anschluß — Series for absolute calibration

Tab. 6. Absoluter Anschluß der Sonne — Absolute calibration of the sun

$\Delta\lambda$	Breite der einzelnen Meßbereiche (Auflösung)	width of the individual regions measured (resolution)

Autor	$\Delta\lambda$ [A]	λ [A]	Literatur
Labs, D., H. Neckel	20	4010 ··· 6 596	ZfA **55** (1962) 269
Labs, D., H. Neckel	20	6389 ··· 12 480	ZfA **57** (1963) 283
Sitnik, G. F.	[1])		Dissertation Moskau 1955
Sitnik, G. F.		3400 ··· 13 000	Mitt. Sternberg Nr. 109 (1960) 18
Sitnik, G. F.	var	3500 ··· 12 500	Mitt. Sternberg Nr. 113 (1961) 19
Makarowa, E. A.	$\approx$ 1	3700 ··· 8 000	Soviet Astron.-AJ **1** (1957) 531

Tab. 7. Absoluter Anschluß von Sternen — Absolute calibration of stars

Vergl.	Vergleichslichtquelle	reference light source
N	Zahl der Sterne	number of stars
n	Zahl der Meßpunkte im Spektrum	number of points of measurement in the spectrum

Ort	Vergl.	N	n	λ [A]	Literatur und Bemerkungen
Greenwich	Azetylenbrenner	4	20	4430 ··· 6480	Greaves, W. M. H., C. Davidson, and E. Martin: MN **94** (1934) 488
Göttingen	Wolframbandlampe	8	25	3750 ··· 6300	Kienle, H., J. Wempe und F. Beileke: ZfA **20** (1940) 91
Ann Arbor	Wolframbandlampe	α Lyr	11	4040 ··· 6370	Williams, R. C.: Publ. Michigan **7**/4 (1938)
Ann Arbor	Wolframbandlampe	7	11	4040 ··· 6370	Williams, R. C.: Publ. Michigan **7**/6 (1939)
Sproul	Wolframbandlampe	α Lyr	13	5390 ··· 9870	Hall, S. R., and R. C. Williams: ApJ **95** (1942) 225
Heidelberg	Wolframbandlampe	α Lyr	16	3196 ··· 6404	Bahner, K.: Ap J **138** (1963) 1314; lichtelektrisch; vorläufige Werte
Cape	Wolframbandlampe	16	4	4311 ··· 5390	Willstrop, R. V.: MN **121** (1960) 17; lichtelektrisch
Alma-Ata	Sonne	2		4000 ··· 6500	Charitonow, A. W.: Mitt. Alma-Ata **12** (1961) 27
Alma-Ata	Sonne	α Lyr		3300 ··· 7200	Charitonow, A. W.: Mitt. Alma-Ata **15** (1962) 52
Raketen		7		1600 ··· 4000	Stecher, Th. P., and J. E. Milligan: ApJ **136** (1962) 1; Eichung der Raketenapparatur über verschiedene Zwischenstufen, unsicher
Paris	Wasserstoffrohr Wasserstoffrohr	204 204	10	3750 ··· 4600 3150 ··· 3750	Barbier, D., et D. Chalonge: Ann. Astrophys. **4** (1941) 30; Gradientenanschluß
Paris	Lumineszenzscheibe	150		3150 ··· 4600	Chalonge, D., et L. Divan: Ann. Astrophys. **15** (1952) 201; Gradientenanschluß

[1]) Absolute photoelektrische Photometrie des kontinuierlichen Sonnen-Spektrums.

5.2.8.3 Der absolute Gradient – The absolute gradient

5.2.8.3.1 Definition und theoretische Werte – Definition and theoretical values

Der absolute Gradient eines Strahlers ist definiert durch:

The absolute gradient of a light source is defined by:

$$\Phi = 5\,\lambda - \frac{d(\ln I_\lambda)}{d(1/\lambda)} \qquad (1)$$

I_λ	Intensität der Strahlung	intensity of the radiation
λ	Wellenlänge der Mitte des gemessenen Bereich	wavelength of the center of the measured region

Für einen Strahler, dessen Ausstrahlung in dem betrachteten Bereich durch das Plancksche Strahlungsgesetz gegeben ist, gilt dann (Tab. 8):

If the radiation in the region of observation is defined by Planck's law, one obtains (Tab. 8):

$$\Phi = \frac{c_2}{T_F}\,(1 - e^{-c_2/\lambda T_F})^{-1} \qquad (2)$$

T_F	Farbtemperatur (5.2.8.5)	color temperature (5.2.8.5)
c_2	2. Strahlungskonstante (Tab. 8)	second radiation constant (Tab. 8)

In der Wienschen Näherung ($e^{-c_2/\lambda T} \ll 1$) ist der Gradient nur noch eine Funktion der Farbtemperatur:

In the Wien approximation ($e^{-c_2/\lambda T} \ll 1$) the gradient is only a function of the color temperature:

$$\Phi = \frac{c_2}{T_F} \qquad (3)$$

Der absolute Gradient eines Sternes wird mit Hilfe des absoluten Anschlusses an einen schwarzen Körper ermittelt, dessen Gradient bekannt ist. Man wird dabei versuchen, die monochromatischen Helligkeitsdifferenzen $m(\lambda)$ zwischen Stern und schwarzem Körper als lineare Funktion von $1/\lambda$ darzustellen (siehe 5.2.8.1.4). Inwieweit dies gelingt, d. h. inwieweit die Sternstrahlung von der eines schwarzen Körpers abweicht, siehe 5.2.8.5.

Leuchtkrafteffekte und Gradienten [*b*, *53*].

Tab. 8. Der absolute Gradient des schwarzen Körpers — The absolute gradient of the black body ([*s*] S. 56)

T_F	Farbtemperatur	color temperature

T_F [°K]	c_2/T_F [1] [10^{-4} cm]	Φ [10^{-4} cm] $\lambda = 4000$	5000	6000 [A]	T_F [°K]	c_2/T_F [1] [10^{-4} cm]	Φ [10^{-4} cm] $\lambda = 4000$	5000	6000 [A]
3000	4,78	4,78	4,78	4,78	10 000	1,435	1,48	1,52	1,58
3200	4,50	4,50	4,50	4,50	11 000	1,30	1,36	1,41	1,47
3400	4,23	4,23	4,23	4,23	12 000	1,20	1,26	1,32	1,38
3600	3,99	3,99	3,99	3,99	13 000	1,10	1,18	1,24	1,31
3800	3,78	3,78	3,78	3,78	14 000	1,02	1,11	1,18	1,26
4000	3,60	3,60	3,60	3,60	15 000	0,96	1,05	1,12	1,20
4200	3,42	3,42	3,42	3,42	16 000	0,90	1,01	1,08	1,16
4400	3,26	3,26	3,26	3,26	17 000	0,84	0,97	1,04	1,12
4600	3,12	3,13	3,13	3,13	18 000	0,80	0,92	1,00	1,09
4800	3,00	3,01	3,01	3,01	19 000	0,76	0,89	0,97	1,06
5000	2,87	2,88	2,88	2,89	20 000	0,72	0,86	0,94	1,03
5500	2,61	2,62	2,62	2,63	25 000	0,58	0,76	0,84	0,93
6000	2,39	2,40	2,41	2,43	30 000	0,48	0,70	0,78	0,87
6500	2,20	2,22	2,23	2,25	40 000	0,36	0,61	0,70	0,79
7000	2,05	2,07	2,09	2,12	50 000	0,29	0,56	0,66	0,75
7500	1,91	1,93	1,95	1,98					
8000	1,79	1,82	1,85	1,89	100 000	0,14	0,48	0,58	0,67
8500	1,69	1,72	1,75	1,79	∞	0,00	0,40	0,50	0,60
9000	1,59	1,62	1,66	1,71					
9500	1,51	1,55	1,59	1,64					

Weitere Literatur:

Kienle [*17*]: Ausführliche Tabellen und graphische Darstellung; Werte gerechnet mit $c_2 = 1{,}432$ cm · grad. — Gauzit [*18*].

[1] Berechnet von Jensen [*19*] mit $c_2 = 1{,}435$ cm grad. Die Temperaturwerte sind um 2‰ zu vergrößern, wenn der neuere Wert $c_2 = 1{,}438$ cm grad zugrunde gelegt wird — Calculated by Jensen [*19*] with $c_2 = 1{,}435$ cm degree. The temperature should be increased by 2‰, if the new value $c_2 = 1{,}438$ cm degree is taken.

5.2.8.3.2 Meßreihen — Series of measurements

Tab. 9. Meßreihen des absoluten Gradienten und des Balmersprungs — Series of measurements of the absolute gradient and of the Balmer discontinuity

Daten: Φ_1 Blau-Gradient | blue gradient
Φ_2 UV-Gradient | ultraviolet gradient
D_B Größe, λ_1 Lage } des Balmersprungs (siehe 5.2.8.1.5) | size, position } of the Balmer discontinuity (see 5.2.8.1.5)

Autor	N	Objekte	Daten	λ [A]	Literatur und Bemerkungen
ANATASIJEVITSCH, J., D. CHALONGE	12	NGC 2264; Ori I Plejaden	D_B; λ_1; Φ_1	3700 ··· 4600	J. Observateurs **41** (1958) 97
BARBIER, D., D. CHALONGE	204	alle Sp und LC	D_B; λ_1; Φ_1 Φ_2	3700 ··· 4600 3150 ··· 3700	Ann. Astrophys. **4** (1941) 30
BERGER, J.	17	Assoziation im Per	D_B; λ_1; Φ_1 Φ_2	3700 ··· 4600 3150 ··· 3700	J. Observateurs **38** (1955) 353
BERGER, J., D. CHALONGE, A.-M. FRINGANT	3	F-Sterne	D_B; λ_1; Φ_1 Φ_2	3700 ··· 4600 3150 ··· 3700	J. Observateurs **38** (1955) 100
ANDRILLAT, Y.	26	WR-Sterne	Φ (4400) Φ (6900)	3900 ··· 4900 5900 ··· 8000	Ann. Astrophys. Suppl. **2** (1957)
ANDRILLAT, Y.	8	WN + WC	Φ (4400) Φ (6900)	3900 ··· 4900 5900 ··· 7900	Compt. Rend. **239** (1954) 480
BERGER, J., A.-M. FRINGANT, C. MENNERET	5	Metalliniensterne	D_B; λ_1; Φ_1	3700 ··· 4600	Ann. Astrophys. **19** (1956) 294
CHALONGE, D., L. DIVAN	150	alle Sp und LC	D_B; λ_1; Φ_1 Φ_2	3700 ··· 4600 3150 ··· 3700	Ann. Astrophys. **15** (1952) 201
DIVAN, L.	11	Unterzwerge	D_B; λ_1; Φ_1	3700 ··· 4600	Ann. Astrophys. **19** (1956) 287
FRINGANT, A.-M.	2	Unterzwerge	Φ_1 Φ_2	3700 ··· 4600 3150 ··· 3700	J. Observateurs **41** (1958) 98
GUÉRIN, P.	5	helle Sterne	D_B; Φ_1	3700 ··· 4600	Contrib. Paris (A) Nr. 200 (1955); lichtelektrisch
HOOHANESJAN, R. H.	7	Be-Sterne	D_B; Φ_1 Φ_2	3650 ··· 4750 3200 ··· 3650	Mitt. Bjurakan **32** (1963) 25
IWANOWA, N. L.	1	59 Cyg	D_B; Φ_1 Φ_2	3650 ··· 4600 3100 ··· 3650	Mitt. Bjurakan **14** (1954) 26; **23** (1957) 25
KOCHAN, E. K.	40	alle Sp und LC	Φ_1	3850 ··· 4750	Astron. Circ. USSR Nr. 133 (1953) 7
MIRSOJAN, L. W.	10	OB in Cepheus II	D_B; Φ_1 Φ_2	3700 ··· 4600 3100 ··· 3700	Mitt. Bjurakan **16** (1955) 41
ROZIS-SAULGEOT, A.-M.	9	Mon	D_B; λ_1; Φ_1 Φ_2	3700 ··· 4600 3100 ··· 3700	J. Observateurs **38** (1955) 352
WESTERLUND, B.	28	Coma-Sterne	D_B; λ_1; Φ_1	3700 ··· 4600	Ark. Astron. **2** (1956) 83
ZOI DAY, O.	37	Be-Sterne	D_B; λ_1; Φ_1 Φ_2	3700 ··· 4600 3100 ··· 3700	Astron. Zh. **33** (1956) 506

Tab. 10. Der absolute Gradient des mittleren A0-Sterns in verschiedenen Spektralbereichen — The absolute gradient of the average A0 star for the different spectral regions

λ[A]	$1/\lambda$[μm^{-1}]	Φ [μm]	c_2/T_F[μm]	T_F	Literatur
6250 ··· 4000	1,6 ··· 2,5	1,086 ± 0,016	0,922 ± 0,20	15 530° ± 325° [1]	KIENLE, H.: Mitt. Potsdam Nr. 6 (1940)
6250 ··· 4880	1,6 ··· 2,05	1,25 ± 0,05	1,05	13 650	
4880 ··· 4000	2,05 ··· 2,5	1,03 ± 0,05	0,90	15 950	
3700 ··· 3330	2,70 ··· 3,0	1,39		10 500	BARBIER, D., et D. CHALONGE: Ann. Astrophys. **4** (1941) 30
8400 ··· 5400	1,19 ··· 1,85			15 000	HALL, J. S., R. C. WILLIAMS: AJ **95** (1942) 225
4590 ··· 3620	2,18 ··· 2,76	1,05 ± 0,06	0,94	15 200	DOLIDSE, M. W., M. F. MASNI und L. M. FISCHKOWA: Bull. Abastumani **26** (1961) 161
7200 ··· 4220	1,39 ··· 2,37	1,16 ± 0,03	0,93	15 400 ± 660	MELNIKOW, O. A.: Mitt. Pulkovo **20**/3 (1956) 75; Astron. Circ. USSR. Nr. 161 (1955) 14; Veränd. St. Bull. Moskau **10** (1956) 382
4550 ··· 3980	2,20 ··· 2,52	1,00 ± 0,02	0,87	16 500	MELNIKOW, O. A., N. F. KUPREWITSCH: Astron. Zh. **33** (1956) 845
7200 ··· 4220	1,39 ··· 2,37	1,15	0,92	15 600	MELNIKOW, O. A.: Soviet Astron.-AJ **2** (1958) 195
4330 ··· 3910	2,31 ··· 2,56	1,01	0,89	16 000	MELNIKOW, O. A., N. F. KUPREWITSCH, and L. N. SCHUKOWA: Soviet Astron.-AJ **3** (1959) 575
6330 ··· 4280	1,58 ··· 2,34	1,26	1,13	12 700	Greenwich: Observations of Colour Temperatures of Stars. Vol. 2, London (1952)

Tab. 11. Absoluter Gradient, Farbtemperatur und Balmersprung für Sterne der Leuchtkraftklasse V — Absolute gradient, color temperature and Balmer discontinuity for stars of luminosity class V [*f*]

Letzte Spalte nach [*20, 26, 61*] last column according to [*20, 26, 61*]

Sp	Φ[μm]			T_F			D_B	D_B LC I
	λ = 3500	4250	5000[A]	λ = 3500	4250	5000[A]		
B 0	0,75	0,63	0,75	23 000°	39 800°	33 000°	0,08	0,04
B 5	1,07	0,80	0,88	14 200	23 400	22 500	0,29	0,12
A 0	1,45	0,99	1,10	10 000	16 700	15 300	0,51	0,25
A 5	1,63	1,19	1,40	8 900	13 000	11 000	0,46	0,50
F 0	1,90	1,50	1,67	7 600	9 900	8 950	0,33	0,50
F 5	1,98	1,91	1,90	7 300	7 600	7 700	0,18	0,34
F 8	2,04	2,23	2,11	7 000	6 500	6 900	0,13	

Weitere Literatur:

ZOI DAY, O. [*29*]: Zusammenhang zwischen absoluten Gradienten und Balmersprung bei Be-Sternen, Vergleich mit den Werten von B-Sternen der LC V.

[1]) Die Unterscheidung von „Rot"- und „Blau"-Gradienten (Trennung bei $1/\lambda = 2,05$ μm) wird durch den absoluten Anschluß bestätigt (siehe Zeile 2 und 3 gegenüber Zeile 1).

5.2.8.3.3 Vergleiche verschiedener Gradientenskalen — Comparison of different gradient scales

Vergleiche sind nur bei der gleichen Wellenlänge möglich, weil die Sternstrahlung wesentlich von schwarzer Strahlung abweicht (siehe 5.2.8.5). Die wichtigsten Skalen der Gradienten haben im Gegensatz zu früheren Feststellungen [20] im sichtbaren Spektralbereich noch nachweisbare systematische Unterschiede. Diese dürften zum Teil ihre Ursache darin haben, daß die verschiedenen Gradientensysteme zur Definition des mittleren A0-Sternes verschiedene Sterne zu einem Mittel zusammenfassen, zum Teil in den verschiedenen Reduktionsmethoden. Als Nullpunktsterne sollte man nur noch Sterne verwenden, die einwandfrei im MK-System als A0 V klassifiziert worden sind (5.2.1.2).

Tab. 12. Gradientenskalen verschiedener Beobachter für zwei Sterne späten Typs — Gradient scales of different observers for two late-type stars

bezogen auf gleichen Gradienten für A0-Sterne [21] | reduced to equal gradients for A0 stars [21]

Φ_{rot} (A0) = 1,09

Φ_{blau} (A0) = 1,03

Gr. Greenwich
Gö. Göttingen
Pa. Paris

Stern	Typ		Gr.	Gö.	Mittel		Pa.	Gö.	Mittel	
ζ Her	G0 IV	Φ_{rot}	2,27	2,35	2,31	Φ_{blau}	2,61	2,75	2,68	[μm]
		$(T_F)_{rot}$	6390°	6170°	6280°	$(T_F)_{blau}$	5485°	5205°	5345°	[°K]
α Aur	G8 III+F	Φ_{rot}	2,62	2,63	2,62	Φ_{blau}	3,12	3,27	3,20	[μm]
		$(T_F)_{rot}$	5460°	5440°	5450°	$(T_F)_{blau}$	4600°	4380°	4490°	[°K]

Weitere Literatur:

Cayrel de Strobel [22]: Vergleich zwischen Göttinger und Pariser Blausystem (Φ_1); Ergebnis: $\Phi_{Gö} = \Phi_{Pa} - 0{,}10$.

Hall [23]: Vergleich bei langen Wellenlängen; Ergebnis: Φ (Greenwich) $= \Phi$ (Hall) $= \Phi$ (Göttingen) $- 0{,}06$.

Divan und Rozis-Saulgeot [24]: Φ_1 als Funktion von $(B-V)$ für O ··· F8-Sterne.

Cayrel de Strobel [25]: Vergleich photographisch und lichtelektrisch bestimmter Φ_1, Φ_2 und Balmersprung D_B; Nullpunktsdifferenzen in der Gradientenskala.

5.2.8.4 Absolute spektrale Intensitätsverteilung in Sternspektren — Absolute spectral intensity distribution in stellar spectra

5.2.8.4.1 Beobachtungsgrundlage — Basis of observation

Zur Beschreibung der wesentlichsten Züge der Intensitätsverteilung stehen im Wellenlängenbereich $3000 \leq \lambda \leq 10\,000$ A folgende Daten zur Verfügung:

Ultraviolett-, Blau- und Rotgradient (siehe 5.2.8.3)

For describing the main features of the intensity distribution in the region $3000 \leq \lambda \leq 10\,000$ A the following data are available:

Ultraviolet, blue and red gradient (see 5.2.8.3)

$$\Phi_2: 3150 \leq \lambda \leq 3700 \text{ A}$$
$$\Phi_1: 4000 \leq \lambda \leq 4900 \text{ A}$$
$$\Phi_r: 4900 \leq \lambda \leq 8200 \text{ A}$$

Lage und Größe des Balmersprungs, Paschensprung:

Size and position of the Balmer discontinuity, Paschen discontinuity:

$$D_B, \lambda_1, D_P$$

(siehe 5.2.8.1.5; 5.2.8.1.6.).

Literatur zu Φ_1, Φ_2, D_B und λ_1: Barbier, Chalonge [20, 26].

Mit Hilfe der relativen spektralen Intensitätsverteilung (5.2.8.1) und der absoluten Anschlüsse (5.2.8.2) ist es ferner möglich, für die Sterne aller Spektral- und Leuchtkraftklassen absolute spektrale Intensitätsverteilungen[1]) im Wellenlängenbereich $3000 \leq \lambda \leq 10\,000$ A abzuleiten.

---

[1]) Die Intensitätswerte werden entweder direkt in absoluten Einheiten [erg cm^{-2} sec^{-2} A^{-1}] angegeben (Milford [31]) oder absolut bis auf eine additive Konstante. In diesem Falle wird jede einzelne Intensitätsverteilung auf die absolute Helligkeit im visuellen Spektralbereich bezogen, die im Mittel dem entsprechenden Spektraltyp zukommt. Die Überführung in absolute Einheiten kann dann über eine mittlere Beziehung zwischen der Energieausstrahlung in [erg cm^{-2} sec^{-1} A^{-1}] und den Spektraltypen der Sterne geschehen.

Lamla

5.2.8.4.2 Spektrale kontinuierliche Intensitätsverteilung für normale Sterne — The continuous spectral intensity distribution for normal stars

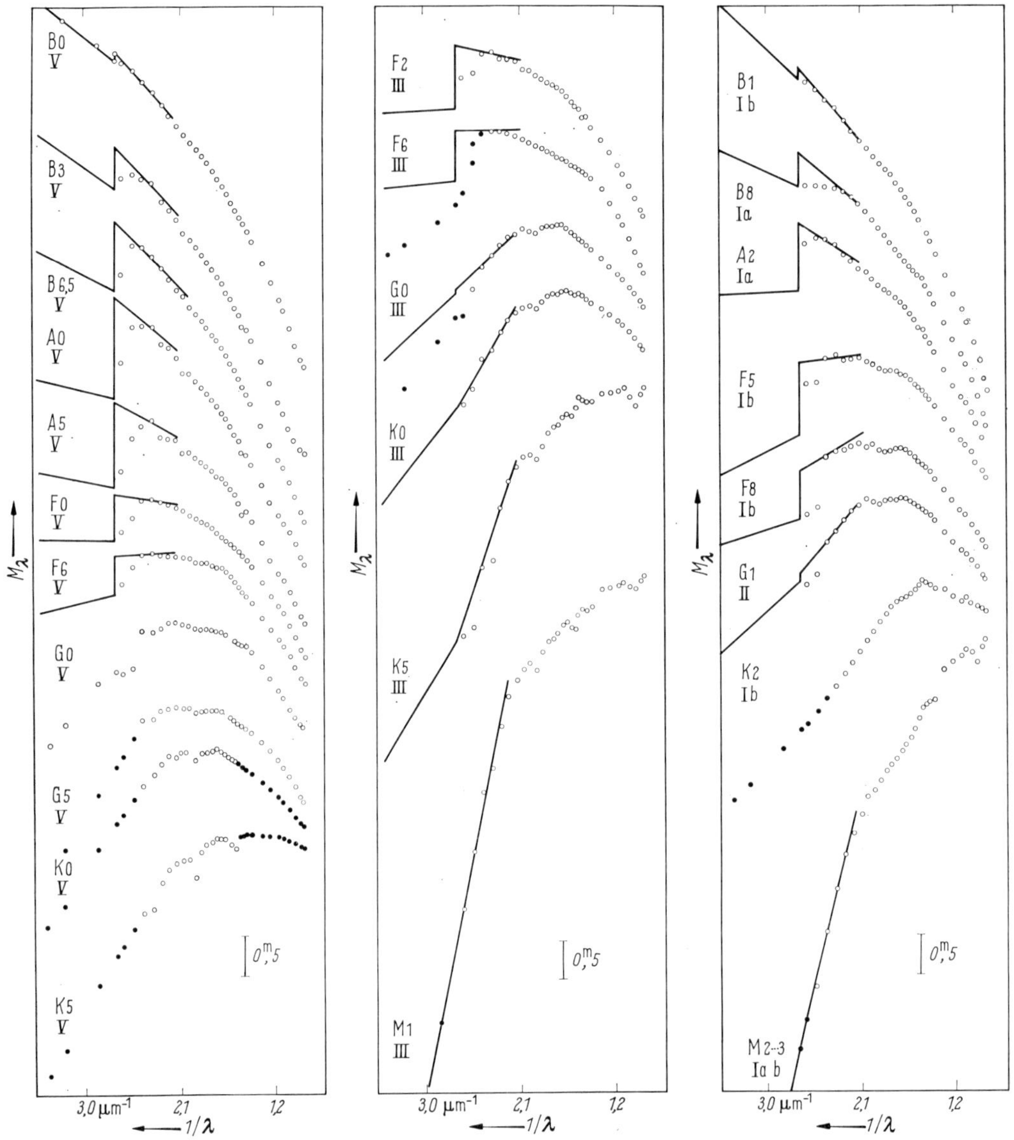

Fig. 3. Verlauf der spektralen Intensitätsverteilung des Kontinuums für Sterne verschiedenen Typs (siehe Tab. 13) — The spectral intensity distribution in the continuum for stars of different type (see Tab. 13) [30].

○	nach Beobachtungen	from observations
●	Extrapolationen	extrapolations
——	Gradient und Balmersprung nach Messungen von CHALONGE u. a.	gradient and Balmer discontinuity from measurements of CHALONGE et al.

Literatur

LAMLA [30]: Die Intensitätsverteilung im kontinuierlichen Spektrum von Sternen der Spektralklassen B ··· M; verschmiertes spektrales Kontinuum, absolut bis auf eine Konstante.

MILFORD [31]: Monochromatic Stellar Fluxes. II: The Absolute Photovisual Fluxes of Stars (in absoluten Einheiten); III: The Absolute Flux λλ 4000 to 9800 A (von stellaren Absorptionslinien befreites Kontinuum).

PILOWSKI [32]: Über die absolute Energieverteilung der Sternstrahlung von 4000 bis 10000 A und über die Bestimmung effektiver Temperaturen.

PILOWSKI [33]: Über eine Eigentümlichkeit der Energieverteilung der Sterne vorgegebenen Spektraltyps.

PILOWSKI [34]: Über die absoluten Energieverteilungen von Unterzwergen.

▶ Tab. 13 siehe S. 388 u. 389

Tab. 14. Die absolute Energieausstrahlung E (Flächenhelligkeit) der Sterne verschiedenen Typs bei $\lambda = 5540$ A — Absolute energy radiation E (surface brightness) for different types of stars at $\lambda = 5540$ A

k	Faktor, mit dem $I(\lambda)$ in Tab. 13 zu multiplizieren ist, um [erg/cm² sec A] zu erhalten	factor by which $I(\lambda)$ in Tab. 13 must be multiplied in order to get [erg/cm² sec A]

Sp	E_{5540} [erg/cm²sec A]	k	log k
LC V			
B 0	$10{,}50 \cdot 10^7$	$2{,}19 \cdot 10^6$	6,340
B 3	$5{,}37 \cdot 10^7$	$1{,}13 \cdot 10^7$	7,053
B 6,5	$2{,}63 \cdot 10^7$	$1{,}38 \cdot 10^7$	7,140
A 0	$1{,}45 \cdot 10^7$	$3{,}63 \cdot 10^7$	7,560
A 5	$8{,}94 \cdot 10^6$	$7{,}45 \cdot 10^7$	7,872
F 0	$8{,}14 \cdot 10^6$	$1{,}29 \cdot 10^8$	8,111
F 6	$5{,}63 \cdot 10^6$	$1{,}87 \cdot 10^8$	8,272
G 0	$3{,}24 \cdot 10^6$	$1{,}87 \cdot 10^8$	8,272
G 5	$2{,}40 \cdot 10^6$	$2{,}63 \cdot 10^8$	8,420
K 0	$1{,}26 \cdot 10^6$	$2{,}88 \cdot 10^8$	8,458
K 5	$4{,}57 \cdot 10^5$	$3{,}46 \cdot 10^8$	8,539
LC III			
F 2	$20{,}00 \cdot 10^5$	$7{,}25 \cdot 10^6$	6,860
F 6	$14{,}46 \cdot 10^5$	$5{,}75 \cdot 10^6$	6,760
G 0	$10{,}98 \cdot 10^5$	$3{,}63 \cdot 10^6$	6,560
K 0	$3{,}63 \cdot 10^5$	$1{,}20 \cdot 10^6$	6,079
K 5	$1{,}29 \cdot 10^5$	$1{,}56 \cdot 10^5$	5,193
M 1	$3{,}39 \cdot 10^4$	$3{,}73 \cdot 10^5$	5,562
LC I			
B 1	$20{,}00 \cdot 10^7$	$1{,}15 \cdot 10^6$	6,061
B 8	$5{,}50 \cdot 10^7$	$7{,}25 \cdot 10^4$	4,850
A 2	$2{,}63 \cdot 10^7$	$2{,}63 \cdot 10^4$	4,420
F 5	$1{,}59 \cdot 10^6$	$2{,}29 \cdot 10^4$	4,360
F 8	$1{,}29 \cdot 10^6$	$1{,}87 \cdot 10^4$	4,272
G 0	$1{,}098 \cdot 10^6$	$1{,}72 \cdot 10^5$	5,236
K 2	$2{,}46 \cdot 10^5$	$4{,}28 \cdot 10^3$	3,631
M 2	$2{,}69 \cdot 10^4$	$1{,}56 \cdot 10^2$	2,193

Tab. 15. Spektrale Intensitätsverteilung des verschmierten Kontinuums (ohne die Wasserstofflinien) des A0-Sternes — Spectral intensity distribution of the smoothed continuum (without hydrogen lines) of the A0 star

Nach einer vom Autor vorbereiteten Neudiskussion, die auch alle modernen photoelektrischen Meßreihen umfaßt. Festlegung des Nullpunktes: M_{5540} ist gleich der heterochromatischen visuellen Helligkeit M_V eines mittleren A0-Sterns (= $1{,}^{M}00$). Siehe Tab. 13.

λ	M_λ	λ	M_λ	λ	M_λ	λ	M_λ	λ	M_λ	λ	M_λ	λ	M_λ	λ	M_λ
3000	1,32	4000	0,14	5000	0,71	6000	1,25	7000	1,78	8000	2,26	9000	2,52	10 000	2,82
3050	1,31	4050	0,16	5050	0,74	6050	1,28	7050	1,80	8050	2,28	9050	2,53	10 050	2,84
3100	1,31	4100	0,19	5100	0,76	6100	1,30	7100	1,83	8100	2,30	9100	2,54	10 100	2,85
3150	1,30	4150	0,22	5150	0,79	6150	1,33	7150	1,86	8150	2,32	9150	2,56	10 150	2,87
3200	1,30	4200	0,24	5200	0,82	6200	1,36	7200	1,89	8200	2,34	9200	2,57	10 200	2,89
3250	1,30	4250	0,27	5250	0,84	6250	1,38	7250	1,91	8250	2,35	9250	2,58	10 250	2,91
3300	1,29	4300	0,30	5300	0,87	6300	1,41	7300	1,94	8300	2,37	9300	2,60	10 300	2,93
3350	1,29	4350	0,33	5350	0,90	6350	1,44	7350	1,96	8350	2,39	9350	2,61	10 350	2,95
3400	1,29	4400	0,36	5400	0,92	6400	1,46	7400	1,99	8400	2,40	9400	2,62	10 400	2,97
3450	1,29	4450	0,38	5450	0,95	6450	1,49	7450	2,01	8450	2,42	9450	2,64	10 450	2,99
3500	1,29	4500	0,41	5500	0,98	6500	1,52	7500	2,04	8500	2,43	9500	2,65	10 500	3,01
3550	1,30	4550	0,44	5550	1,01	6550	1,54	7550	2,06	8550	2,44	9550	2,67		
3600	1,30	4600	0,47	5600	1,04	6600	1,57	7600	2,08	8600	2,46	9600	2,68		
3650	1,31	4650	0,50	5650	1,07	6650	1,60	7650	2,11	8650	2,47	9650	2,70		
3700	1,31	4700	0,53	5700	1,10	6700	1,62	7700	2,13	8700	2,48	9700	2,72		
3750	0,71	4750	0,56	5750	1,12	6750	1,65	7750	2,15	8750	2,49	9750	2,74		
3800	0,25	4800	0,60	5800	1,15	6800	1,67	7800	2,17	8800	2,50	9800	2,75		
3850	0,15	4850	0,62	5850	1,18	6850	1,70	7850	2,20	8850	2,51	9850	2,77		
3900	0,13	4900	0,65	5900	1,20	6900	1,72	7900	2,22	8900	2,51	9900	2,78		
3950	0,13	4950	0,68	5950	1,23	6950	1,75	7950	2,24	8950	2,52	9950	2,80		

Lamla

Tab. 13. Kontinuierliche Intensitätsverteilung für die einzelnen Spektraltypen und Leuchtkraftklassen — *[30]* (korrigiert), siehe auch Fig. 3

Die Konstante ist für jeden Typ so festgelegt, daß der monochromatische Intensitätswert für die isophote Wellenlänge des V-Bereichs (λ = 5540 A), ausgedrückt in Größenklassen, gleich ist der jeweiligen heterochromatischen absoluten Helligkeit M_v (für LC III und V entnommen der mittleren Beziehung zwischen Spektraltyp und absoluter Helligkeit, 5.2.2.2; für die Überriesen wurden die individuellen Werte der absoluten Helligkeiten benutzt, da hier meist nur Einzelsterne als Vertreter ihrer Klasse verwendet werden konnten).

Zur Umrechnung auf absolute Energieeinheiten siehe Tab. 14, S. 387

λ[A]	log $I(\lambda)$ + const = − 0,4 M_λ + const*)											
	B0 V	B3 V	B6,5 V	A0 V	A5 V	F0 V	F6 V	G0 V	G5 V	K0 V	K5 V	F2 III
3 000	2,443	1,280	0,645	$\bar{9}$,677	$\bar{9}$,063	$\bar{8}$,740	$\bar{8}$,261	$\bar{7}$,647	$\bar{7}$,173	$\bar{6}$,798	$\bar{5}$,995	$\bar{9}$,305
3 150	2,387	1,224	0,605	$\bar{9}$,657	$\bar{9}$,047	$\bar{8}$,740	$\bar{8}$,281	$\bar{7}$,763	$\bar{7}$,293	$\bar{6}$,898	$\bar{6}$,123	$\bar{9}$,313
3 500	2,263	1,112	0,525	$\bar{9}$,617	$\bar{9}$,019	$\bar{8}$,738	$\bar{8}$,321	$\bar{7}$,979	$\bar{7}$,557	$\bar{7}$,170	$\bar{6}$,439	$\bar{9}$,321
3 700−	2,195	1,056	0,481	$\bar{9}$,597	$\bar{9}$,003	$\bar{8}$,736	$\bar{8}$,341	$\bar{8}$,039	$\bar{7}$,689	$\bar{7}$,294	$\bar{6}$,579	$\bar{9}$,329
3 700+	2,227	1,348	0,813	0,077	$\bar{9}$,403	$\bar{8}$,956	$\bar{8}$,521					$\bar{9}$,629
4 250	2,035	1,068	0,637	$\bar{9}$,933	$\bar{9}$,307	$\bar{8}$,928	$\bar{8}$,533					$\bar{9}$,589
3 775	2,179	1,108	0,557	$\bar{9}$,765	$\bar{9}$,075	$\bar{8}$,776	$\bar{8}$,389	$\bar{8}$,027	$\bar{7}$,737	$\bar{7}$,334	$\bar{6}$,623	$\bar{9}$,469
3 925	2,147	1,128	0,701	$\bar{9}$,937	$\bar{9}$,231	$\bar{8}$,844	$\bar{8}$,469	$\bar{8}$,063	$\bar{7}$,825	$\bar{7}$,410	$\bar{6}$,707	$\bar{9}$,497
4 075	2,095	1,104	0,693	$\bar{9}$,941	$\bar{9}$,289	$\bar{8}$,928	$\bar{8}$,425	$\bar{8}$,231	$\bar{7}$,913	$\bar{7}$,466	$\bar{6}$,783	$\bar{9}$,585
4 225	2,043	1,268	0,649	$\bar{9}$,937	$\bar{9}$,315	$\bar{8}$,936	$\bar{8}$,537	$\bar{8}$,231	$\bar{7}$,917	$\bar{7}$,530	$\bar{6}$,803	$\bar{9}$,597
4 375	1,991	1,000	0,603	$\bar{9}$,857	$\bar{9}$,235	$\bar{8}$,920	$\bar{8}$,513	$\bar{8}$,247	$\bar{7}$,941	$\bar{7}$,578	$\bar{6}$,931	$\bar{9}$,569
4 525	1,935	0,960	0,537	$\bar{9}$,841	$\bar{9}$,227	$\bar{8}$,908	$\bar{8}$,521	$\bar{8}$,275	$\bar{7}$,969	$\bar{7}$,618	$\bar{6}$,995	$\bar{9}$,565
4 675	1,891	0,912	0,485	$\bar{9}$,793	$\bar{9}$,219	$\bar{8}$,888	$\bar{8}$,517	$\bar{8}$,275	$\bar{7}$,973	$\bar{7}$,614	$\bar{7}$,023	$\bar{9}$,549
4 825	1,847	0,848	0,453	$\bar{9}$,721	$\bar{9}$,159	$\bar{8}$,876	$\bar{8}$,517	$\bar{8}$,267	$\bar{7}$,969	$\bar{7}$,634	$\bar{7}$,035	$\bar{9}$,509
4 975	1,811	0,816	0,405	$\bar{9}$,717	$\bar{9}$,163	$\bar{8}$,856	$\bar{8}$,513	$\bar{8}$,259	$\bar{7}$,969	$\bar{7}$,630	$\bar{7}$,043	$\bar{9}$,505
5 125	1,779	0,784	0,369	$\bar{9}$,681	$\bar{9}$,139	$\bar{8}$,840	$\bar{8}$,493	$\bar{8}$,247	$\bar{7}$,949	$\bar{7}$,598	$\bar{6}$,951	$\bar{9}$,485
5 275	1,747	0,744	0,337	$\bar{9}$,649	$\bar{9}$,115	$\bar{8}$,824	$\bar{8}$,493	$\bar{8}$,243	$\bar{7}$,953	$\bar{7}$,630	$\bar{7}$,075	$\bar{9}$,465
5 425	1,711	0,708	0,305	$\bar{9}$,621	$\bar{9}$,095	$\bar{8}$,812	$\bar{8}$,489	$\bar{8}$,243	$\bar{7}$,957	$\bar{7}$,634	$\bar{7}$,111	$\bar{9}$,449
5 540	1,680	0,680	0,280	$\bar{9}$,600	$\bar{9}$,080	$\bar{8}$,800	$\bar{8}$,480	$\bar{8}$,240	$\bar{7}$,960	$\bar{7}$,640	$\bar{7}$,120	$\bar{9}$,440
5 575	1,671	0,672	0,273	$\bar{9}$,593	$\bar{9}$,075	$\bar{8}$,796	$\bar{8}$,477	$\bar{8}$,239	$\bar{7}$,961	$\bar{7}$,642	$\bar{7}$,123	$\bar{9}$,437
5 725	1,631	0,636	0,245	$\bar{9}$,561	$\bar{9}$,049	$\bar{8}$,772	$\bar{8}$,469	$\bar{8}$,231	$\bar{7}$,961	$\bar{7}$,650	$\bar{7}$,143	$\bar{9}$,425
5 875	1 599	0,604	0,209	$\bar{9}$,529	$\bar{9}$,039	$\bar{8}$,752	$\bar{8}$,465	$\bar{8}$,227	$\bar{7}$,953	$\bar{7}$,662	$\bar{7}$,139	$\bar{9}$,409
6 025	1,559	0,560	0,173	$\bar{9}$,497	$\bar{9}$,015	$\bar{8}$,732	$\bar{8}$,449	$\bar{8}$,215	$\bar{7}$,933	$\bar{7}$,622	$\bar{7}$,139	$\bar{9}$,385
6 175	1,519	0,528	0,137	$\bar{9}$,465	$\bar{8}$,987	$\bar{8}$,716	$\bar{8}$,425	$\bar{8}$,199	$\bar{7}$,921	$\bar{7}$,602	$\bar{7}$,115	$\bar{9}$,357
6 325	1,483	0,484	0,101	9,425	$\bar{8}$,963	$\bar{8}$,700	$\bar{8}$,397	$\bar{8}$,187	$\bar{7}$,905	$\bar{7}$,590	$\bar{7}$,091	$\bar{9}$,337
6 475	1,451	0,452	0,061	$\bar{9}$,397	$\bar{8}$,919	$\bar{8}$,680	$\bar{8}$,373	$\bar{8}$,175	$\bar{7}$,893	$\bar{7}$,578	$\bar{7}$,151	$\bar{9}$,321
6 625	1,419	0,396	0,021	$\bar{9}$,333	$\bar{8}$,863	$\bar{8}$,660	$\bar{8}$,349	$\bar{8}$,163	$\bar{7}$,881	$\bar{7}$,562	$\bar{7}$,151	$\bar{9}$,285
6 775	1,383	0,380	$\bar{9}$,985	$\bar{9}$,325	$\bar{8}$,879	$\bar{8}$,640	$\bar{8}$,329	$\bar{8}$,155	$\bar{7}$,869	$\bar{7}$,550	$\bar{7}$,159	$\bar{9}$,289
7 000	1,331	0,328	$\bar{9}$,937	$\bar{9}$,277	$\bar{8}$,831	$\bar{8}$,604	$\bar{8}$,297	$\bar{8}$,131	$\bar{7}$,849	$\bar{7}$,530	$\bar{7}$,159	$\bar{9}$,233
7 500	1,227	0,228	$\bar{9}$,833	$\bar{9}$,181	$\bar{8}$,727	$\bar{8}$,532	$\bar{8}$,225	$\bar{8}$,063	$\bar{7}$,805	$\bar{7}$,490	$\bar{7}$,155	$\bar{9}$,173
8 000	1,131	0,124	$\bar{9}$,741	$\bar{9}$,097	$\bar{8}$,643	$\bar{8}$,464	$\bar{8}$,169	$\bar{8}$,003	$\bar{7}$,765	$\bar{7}$,450	$\bar{7}$,151	$\bar{9}$,109
8 500	1,047	0,032	$\bar{9}$,669	$\bar{9}$,033	$\bar{8}$,579	$\bar{8}$,416	$\bar{8}$,121	$\bar{7}$,943	$\bar{7}$,717	$\bar{7}$,414	$\bar{7}$,147	$\bar{9}$,049
8 850	0,995	$\bar{9}$,976	$\bar{9}$,629	$\bar{8}$,997	$\bar{8}$,547	$\bar{8}$,380	$\bar{8}$,089	$\bar{7}$,907	$\bar{7}$,681	$\bar{7}$,390	$\bar{7}$,139	$\bar{9}$,005
9 350	0,915	$\bar{9}$,904	$\bar{9}$,561	$\bar{8}$,953	$\bar{8}$,491	$\bar{8}$,320	$\bar{8}$,037	$\bar{7}$,855	$\bar{7}$,637	$\bar{7}$,354	$\bar{7}$,127	$\bar{8}$,945
9 830	0,827	$\bar{9}$,848	$\bar{9}$,493	$\bar{8}$,897	$\bar{8}$,435	$\bar{8}$,264	$\bar{7}$,985	$\bar{7}$,811	$\bar{7}$,589	$\bar{7}$,318	$\bar{7}$,115	$\bar{8}$,889
10 325	0,759	$\bar{9}$,804	$\bar{9}$,417	$\bar{8}$,833	$\bar{8}$,375	$\bar{8}$,204	$\bar{7}$,933	$\bar{7}$,779	$\bar{7}$,541	$\bar{7}$,286	$\bar{7}$,099	$\bar{8}$,833
10 600	0,731	$\bar{9}$,788	$\bar{9}$,373	$\bar{8}$,797	$\bar{8}$,339	$\bar{8}$,172	$\bar{7}$,905	$\bar{7}$,763	$\bar{7}$,513	$\bar{7}$,270	$\bar{7}$,091	$\bar{8}$,801

*) $\bar{9}, \cdots = 9, \cdots - 10$

Continuous intensity distribution for the different spectral types and luminosity classes

[30] (corrected), see also Fig. 3

The constant is determined for each type in such a way, that the monochromatic intensity for the isophote wavelength of the V-region (λ = 5540 A) given in magnitudes is identical with the corresponding heterochromatic absolute magnitude M_v (for LC III and V taken from the mean relationship between spectral type and absolute magnitude, 5.2.2.2; for supergiants individual values of the absolute magnitude have been used since in this case mostly only single stars are available as a representative of their class).

For conversion into absolute units for energy see Tab. 14, p. 387

$\log I(\lambda)$ + const = − 0,4 M_λ + const*)

F6 III	G0 III	K0 III	K5 III	M 1 III	B1 Ib	B8 Ia	A2 Ia	F5 Ib	F8 Ib	G1 II	K2 Ib	M 2 ··· 3 Iab
$\bar{8}$,901	$\bar{8}$,584	$\bar{8}$,503	$\bar{8}$,323	$\bar{6}$,883	3,026	3,336	3,001	1,363	1,406	0,104	0,798	$\bar{9}$,343
$\bar{8}$,945	$\bar{8}$,688	$\bar{8}$,607	$\bar{8}$,459	$\bar{7}$,295	2,958	3,300	3,009	1,407	1,430	0,180	0,870	$\bar{9}$,727
$\bar{9}$,061	$\bar{8}$,916	$\bar{8}$,815	$\bar{8}$,731	$\bar{8}$,099	2,822	3,228	3,021	1,483	1,478	0,324	1,046	0,439
$\bar{9}$,149	$\bar{9}$,036	$\bar{8}$,923	$\bar{8}$,875	$\bar{8}$,519	2,742	3,192	3,025	1,527	1,506	0,404	1,134	0,819
$\bar{9}$,505	$\bar{9}$,172	$\bar{8}$,923	$\bar{8}$,875	$\bar{8}$,519	2,798	3,352	3,357	1,887	1,738	0,444		
$\bar{9}$,509	$\bar{9}$,340	$\bar{9}$,219	$\bar{9}$,395	$\bar{8}$,399	2,594	3,204	3,245	1,911	1,850	0,652		
$\bar{9}$,209	$\bar{9}$,044	$\bar{8}$,947	$\bar{8}$,895	$\bar{8}$,655	2,730	3,192	3,257	1,783	1,522	0,388	1,156	0,963
$\bar{9}$,445	$\bar{9}$,168	$\bar{9}$,019	$\bar{8}$,931	$\bar{8}$,927	2,694	3,188	3,285	1,791	1,558	0,436	1,230	1,119
$\bar{9}$,497	$\bar{9}$,280	$\bar{9}$,163	$\bar{9}$,223	$\bar{9}$,223	2,646	3,184	3,277	1,907	1,802	0,600	1,290	1,391
$\bar{9}$,505	$\bar{9}$,332	$\bar{9}$,207	$\bar{9}$,259	$\bar{9}$,339	2,602	3,176	3,249	1,923	1,834	0,652	1,350	1,607
$\bar{9}$,505	$\bar{9}$,388	$\bar{9}$,295	$\bar{9}$,515	$\bar{9}$,539	2,542	3,160	3,201	1,895	1,838	0,708	1,408	1,771
$\bar{9}$,493	$\bar{9}$,428	$\bar{9}$,347	$\bar{9}$,639	$\bar{9}$,683	2,490	3,136	3,169	1,903	1,854	0,748	1,466	1,887
$\bar{9}$,481	$\bar{9}$,436	$\bar{9}$,387	$\bar{9}$,711	$\bar{9}$,763	2,438	3,096	3,133	1,907	1,870	0,772	1,518	1,971
$\bar{9}$,465	$\bar{9}$,464	$\bar{9}$,411	$\bar{9}$,759	$\bar{9}$,815	2,402	3,060	3,117	1,887	1,854	0,804	1,570	2,059
$\bar{9}$,453	$\bar{9}$,452	$\bar{9}$,423	$\bar{9}$,771	$\bar{9}$,843	2,362	3,020	3,077	1,875	1,862	0,788	1,618	2,091
$\bar{9}$,437	$\bar{9}$,448	$\bar{9}$,411	$\bar{9}$,747	$\bar{9}$,811	2,326	2,980	3,049	1,851	1,838	0,780	1,666	2,139
$\bar{9}$,425	$\bar{9}$,472	$\bar{9}$,443	$\bar{9}$,811	$\bar{9}$,895	2,298	2,944	3,025	1,843	1,826	0,796	1,706	2,179
$\bar{9}$,409	$\bar{9}$,480	$\bar{9}$,471	$\bar{9}$,875	$\bar{9}$,951	2,274	2,908	3,005	1,843	1,834	0,800	1,742	2,215
$\bar{9}$,400	$\bar{9}$,480	$\bar{9}$,480	$\bar{9}$,900	$\bar{9}$,960	2,240	2,880	3,000	1,840	1,840	0,800	1,760	2,240
$\bar{9}$,397	$\bar{9}$,480	$\bar{9}$,483	$\bar{9}$,907	$\bar{9}$,963	2,230	2,872	2,985	1,839	1,842	0,800	1,766	2,247
$\bar{9}$,381	$\bar{9}$,488	$\bar{9}$,487	$\bar{9}$,919	$\bar{9}$,991	2,194	2,844	2,961	1,827	1,846	0,808	1,778	2,279
$\bar{9}$,373	$\bar{9}$,488	$\bar{9}$,495	$\bar{9}$,955	0,031	2,158	2,816	2,937	1,819	1,838	0,808	1,790	2,311
$\bar{9}$,361	$\bar{9}$,472	$\bar{9}$,495	$\bar{9}$,967	0,043	2,126	2,788	2,905	1,799	1,822	0,792	1,806	2,343
$\bar{9}$,345	$\bar{9}$,452	$\bar{9}$,487	$\bar{9}$,959	0,019	2,086	2,768	2,877	1,775	1,802	0,776	1,826	2,391
$\bar{9}$,333	$\bar{9}$,440	$\bar{9}$,479	0,007	0,011	2,042	2,748	2,841	1,756	1,782	0,764	1,846	2,443
$\bar{9}$,321	$\bar{9}$,424	$\bar{9}$,483	0,047	0,075	2,018	2,728	2,829	1,743	1,766	0,752	1,866	2,495
$\bar{9}$,309	$\bar{9}$,412	$\bar{9}$,475	0,039	0,111	1,978	2,692	2,793	1,723	1,750	0,740	1,858	2,507
$\bar{9}$,297	$\bar{9}$,392	$\bar{9}$,459	0,031	0,103	1,938	2,652	2,757	1,703	1,734	0,724	1,846	2,519
$\bar{9}$,277	$\bar{9}$,372	$\bar{9}$,439	0,031	0,119	1,870	2,600	2,713	1,671	1,694	0,700	1,830	2,527
$\bar{9}$,229	$\bar{9}$,328	$\bar{9}$,411	0,071	0,203	1,770	2,508	2,629	1,607	1,642	0,640	1,822	2,679
$\bar{9}$,157	$\bar{9}$,288	$\bar{9}$,383	0,071	0,215	1,670	2,424	2,553	1,551	1,590	0,592	1,790	2,711
$\bar{9}$,093	$\bar{9}$,248	$\bar{9}$,351	0,083	0,219	1,598	2,356	2,497	1,507	1,546	0,552	1,762	2,743
$\bar{9}$,049	$\bar{9}$,220	$\bar{9}$,331	0,095	0,235	1,534	2,308	2,469	1,483	1,518	0,536	1,782	2,771
$\bar{8}$,985	$\bar{9}$,184	$\bar{9}$,299	0,055	0,219	1,434	2,228	2,417	1,443	1,474	0,504	1,754	2,759
$\bar{8}$,921	$\bar{9}$,152	$\bar{9}$,267	0,015	0,207	1,342	2,148	2,361	1,399	1,434	0,472	1,738	2,711
$\bar{8}$,857	$\bar{9}$,116	$\bar{9}$,231	0,067	0,247	1,254	2,060	2,297	1,355	1,390	0,432	1,726	2,783
$\bar{8}$,821	$\bar{9}$,092	$\bar{9}$,211	0,099	0,271	1,206	2,004	2,265	1,323	1,362	0,412	1,718	2,823

*) $\bar{9}$,.... = 9,.... − 10

▶ Tab. 14 und 15 siehe S. 387

5.2.8.4.3 Stellare spektrale Intensitätsverteilung und schwarze Strahlung — Stellar spectral intensity distribution and black body radiation

Allgemeine Literatur:

BARBIER [*35*]: Zusammenfassender Bericht und Versuche zur theoretischen Deutung.
GÜNTHER [*36*]: Die Abweichungen der Sternstrahlung von schwarzer Strahlung.
PILOWSKI [*37*]: Absolute Energieverteilung der Sterne . . .
PILOWSKI [*38*]: Sterne als schwarze Strahler in Ausnahmefällen oberhalb 4000 A.

Tab. 16. Vergleich zwischen der Intensitätsverteilung des mittleren A0-Sterns und eines schwarzen Körpers (SK) — Comparison between the intensity distribution of the average A0 star and of a black body (SK)

Bezogen auf einen schwarzen Körper mit $c_2/T_F = 1{,}00$, entsprechend $T_F = 14320$ °K, und normiert auf die Intensität bei $\lambda = 4450$ A ($1/\lambda = 2{,}25\ \mu m^{-1}$)

Compared with a black body with $c_2/T_F = 1{,}00$, corresponding to a $T_F = 14320$ °K, and normalized to the intensity at $\lambda = 4450$ A ($1/\lambda = 2{,}25\ \mu m^{-1}$)

$1/\lambda\,[\mu m^{-1}]$	1,55	1,65	1,75	1,85	1,95	2,05	2,15	2,25	2,35	2,45	2,55
	log (I_{A0}/I_{SK}) + const										
Ann Arbor	0,000	+0,015	+0,021	+0,007	+0,005	+0,015	+0,017	**0,000**	−0,017	−0,008	0,000
Göttingen	−0,013	−0,008	−0,009	−0,020	−0,028	+0,028	−0,017	**0,000**	+0,018	+0,025	+0,005
Greenwich	−0,065	−0,035	−0,032	−0,053	−0,052	−0,028	−0,010	**0,000**	—	—	—
Paris	—	—	—	—	—	—	—	**0,000**	+0,005	+0,010	+0,015
Mittel [*21*]	−0,023	−0,007	−0,006	−0,020	−0,021	−0,011	−0,003	**0,000**	+0,002	+0,009	+0,007

Wesentlichste Ursache der Abweichungen bei A-Sternen (B3 ··· F0 V; B3 ··· F8 I): Die Wasserstoffabsorption an der Grenze der Balmer- und Paschen-Serie ($\lambda = 3647$ bzw. 8206 A).

Die Intensitätsverteilung später Spektraltypen (F5 ··· M) weicht wegen des Zusammenfließens der Flügel der zahlreichen Absorptionslinien vor allem im kurzwelligen Spektralbereich von der eines schwarzen Körpers ab. Bei den kühleren Sternen (ab K5 etwa) treten verstärkt Absorptionsbanden auf, die auch im langwelligen Spektralbereich eine Darstellung der Intensitätsverteilung durch Gradienten unmöglich machten. Bei der Untersuchung des Sonnenspektrums mit großer Dispersion zeigte sich, daß das ungestörte Kontinuum nur an einzelnen Stellen des Spektrums zu messen ist [*39*].

5.2.8.4.4 Der Blanketing-Effekt — The blanketing effect

Für die theoretische Deutung einer kontinuierlichen Intensitätsverteilung eines Sternes ist die Kenntnis der Größe des Verschmierungseffektes wichtig, d. h. der mit einer bestimmten Meßapparatur erfaßte Anteil η der Absorptionsbeträge der Spektrallinien des Sterns. Man bestimmt diesen Anteil vor allem mit der scanning-Methode (siehe 5.2.8.1.3) getrennt von der Messung des verschmierten Kontinuums und korrigiert dann auf das ungestörte Kontinuum:

$$\eta_\lambda = 1 - \gamma = 1 - \int_{\lambda-7,5}^{\lambda+7,5} I_\lambda\, d\lambda \Big/ \int_{\lambda-7,5}^{\lambda+7,5} I_c\, d\lambda \qquad (1)$$

η_λ	Bruchteil der in den Fraunhoferlinien absorbierten Energie (Fig. 5)	fraction of the energy absorbed in the Fraunhofer lines (Fig. 5)
γ	Blanketing-Koeffizient (Tab. 17)	blanketing coefficient (Tab. 17)
I_λ	gemessene Intensität innerhalb einer rechtwinkligen Durchlaßbreite von 15 A	measured intensity inside a rectangular selectivity band of 15 A
I_c	Intensität des linienfreien Kontinuums (seine Lage muß im Sternspektrum geschätzt werden)	intensity of the continuum free of lines (its position in the stellar spectrum must be estimated)

Fig. 4. Vergleich der beobachteten monochromatischen Intensitätsverteilung für π^3 Ori (F 6 V), vor und nach Korrektion wegen der Absorptionslinien, mit einer Modellatmosphäre — Comparison of the observed monochromatic intensity distribution of π^3 Ori (F 6 V), before and after correction for lines, with a model atmosphere [*f*] S. 82.

———	direkt beobachtet (scanning)	direct observation (scanning)
○	korrigiert wegen Blanketing	corrected for blanketing
+ - - - +	Modellatmosphäre	model atmosphere

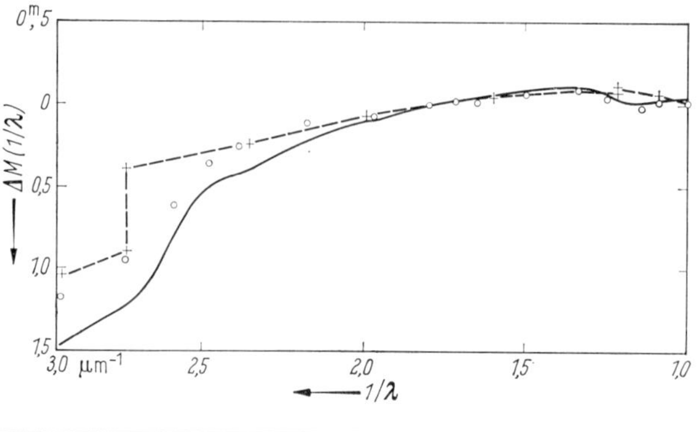

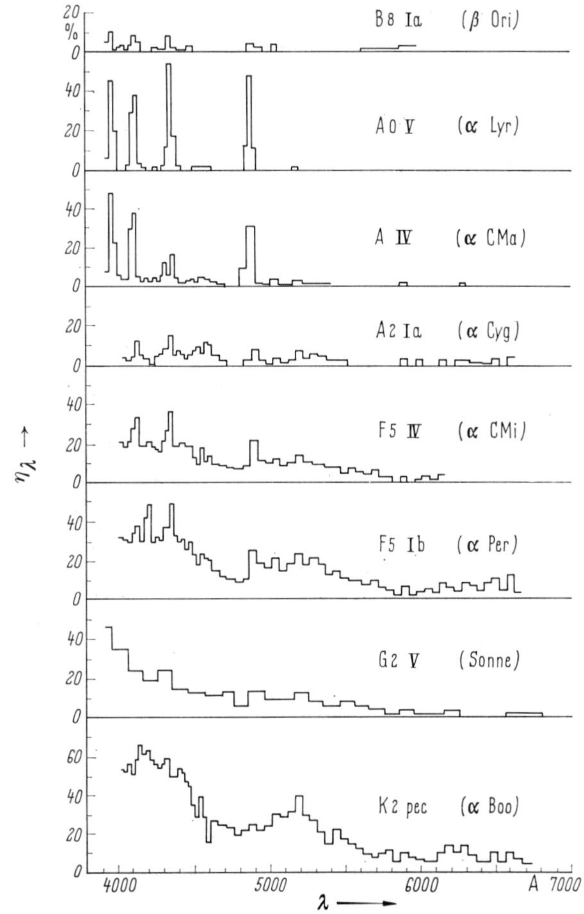

Fig. 5. Bruchteil η_λ der in den Fraunhoferlinien von Sternspektren absorbierten Energie — Fraction η_λ of energy absorbed in the Fraunhofer lines in some stellar spectra (nach MILFORD [31]) [s] S. 65.

Tab. 17. Blanketing Koeffizient für einige Sterne Gl. (1) — Blanketing coefficient for some stars, eqn. (1) ([f] S. 81)

Stern Sp	β Ari A 5 V	σ Boo F 2 V	π^3 Ori F 6 V	110 Her F 6 V	β Com G 0 V	51 Peg G 4 V	HD 140 283 sd F 5	HD 19 445 sd F 6
λ [A]	γ							
3400	0,92	—	<0,74	<0,79	<0,74	<0,66	0,98	0,89
3650	0,95	0,81	<0,77	<0,74	<0,65	<0,69	0,98	0,92
3860	0,91	0,88	0,85	0,81	<0,53	<0,59	0,96	0,94
4040	0,97	0,90	0,87	0,85	0,77	0,75	>0,99	0,96
4190	0,96	0,93	0,87	0,86	0,75	0,75	>0,99	0,98
4590	0,96	0,94	0,91	0,92	0,87	0,85	>0,99	>0,99
5060	>0,99	0,99	0,98	—	0,95	0,93	—	>0,99
5560	>0,99	>0,99	0,98	—	0,96	0,93	—	>0,99
5810	>0,99	>0,99	0,99	—	0,97	0,96	—	>0,99
6050	>0,99	>0,99	>0,99	—	0,99	0,99	—	>0,99

5.2.8.4.5 Anomalitäten in der spektralen Intensitätsverteilung — Anomalies in the spectral intensity distribution

a) *Unstetigkeit der Intensitätsverteilung bei* $\lambda = 4800$ A — *Discontinuity of the intensity distribution at* $\lambda = 4800$ A

Seit der Göttinger Spektralphotometrie (Kienle, Strassl, Wempe 5.2.8.1.3, Tab. 4) ist bekannt, daß das kontinuierliche Spektrum der heißen Sterne (O ··· F) in der Nähe von Hβ eine Unstetigkeit zeigt. Nach neuen Untersuchungen [*40, 41*] hat diese Unstetigkeit die Form einer Stufe, auf deren kurzwelliger Seite das Spektrum geringere Intensität besitzt. Über die Deutung sind die Meinungen noch geteilt (reeller Effekt in der Sternatmosphäre? Effekt der Linienverschmierung?). Literatur zur Deutung: [*40 ··· 46*].

b) *Intensitätsabnahme im fernen UV in den Spektren von Sternen frühen Typs* — *Decrease of intensity in the extreme ultraviolet part of the spectra of early-type stars*

Messungen in Spektren heißer Sterne bei Raketenaufstiegen (Stecher und Milligan, siehe 5.2.8.2.2, Tab. 7) haben in dem Wellenlängenbereich $\lambda < 2400$ A eine bisher unbekannte starke Abnahme der Intensitätsverteilung gegenüber theoretischen Rechnungen ergeben, nach denen bis zur Lyman-Grenze (902 A) ein kontinuierlicher Anstieg der Werte erfolgen sollte. Die Quelle dieser Absorption ist noch nicht genau bekannt, doch scheint hier eine Wirkung des molekularen Wasserstoffs (Rekombinationskontinuum des H_2) in den Sternspektren vorzuliegen. Zur Deutung siehe: [*47 ··· 49*].

c) *Interstellar verfärbte Sterne* — *Interstellar reddened stars*

Die Änderung der Intensitätsverteilung bei interstellarer Verfärbung (Rötung) besitzt eine andere Abhängigkeit von $1/\lambda$ als bei „röter werden" durch Temperaturabnahme (5.2.7.4; Kienle [*58*]). Ein Vergleich von Gradienten aus verschiedenen Wellenlängenbereichen ergibt daher für verfärbte und unverfärbte Sterne zwei verschiedene Beziehungen [*50, 51*]. Hierauf beruht die von Becker [*52*] vorgeschlagene Methode der Farbdifferenzen zur Festlegung der interstellaren Verfärbung bei lichtschwachen Sternen (siehe 5.2.7.4.3).

5.2.8.5 Die Temperaturen der Sterne — The temperatures of stars

Definition

Die „Oberflächen"-Temperatur eines Sternes wird aus seiner Intensität oder seiner spektralen kontinuierlichen Intensitätsverteilung bestimmt, indem diese mit der Strahlung eines schwarzen Körpers mit bekannter Temperatur verglichen wird. Da die Sternstrahlung von der eines schwarzen Körpers in bestimmter Weise abweicht (siehe 5.2.8.4.3), hat man zwischen verschiedenen Temperaturbegriffen zu unterscheiden.

Als „Oberfläche" eines Sternes hat man die Schicht der Sternatmosphäre anzusehen, aus der die kontinuierliche Strahlung stammt. Bei der Sonne ist dies die nur einige hundert km dicke Photosphäre.

T_{eff}: *Die effektive Temperatur*
ist die Temperatur desjenigen schwarzen Körpers, der pro cm^2 und sec die gleiche Gesamtenergie ausstrahlt wie der Stern. Die Gesamtausstrahlung des Sterns entspricht dann dem Wert:

The effective temperature
is the temperature of that black body which emits the same total amount of energy per cm^2 and sec as the star does. The total radiation of the star then corresponds to:

$$\sigma \cdot T_{eff}^4$$

T_{rad}: *Die Strahlungstemperatur*
ist die Temperatur desjenigen schwarzen Körpers, der in einem begrenzten Spektralbereich $\Delta\lambda$ (z. B. im photographischen oder visuellen) die gleiche Energie pro cm^2 und sec ausstrahlt wie der Stern.

The radiation temperature
is the temperature of that black body which emits the same amount of energy per cm^2 and sec in a limited spectral region, $\Delta\lambda$, (e. g. in the photographic or visual region) as the star does.

T_{schw}: *Die schwarze Temperatur*
ist die Temperatur desjenigen schwarzen Körpers, der bei einer bestimmten Wellenlänge die gleiche Energie pro cm^2 und sec ausstrahlt wie der Stern, also:

The black temperature
is the temperature of that black body which emits the same amount of energy per cm^2 and sec at a given wavelength as the star does, that is:

$$T_{schw} = \lim_{\Delta\lambda \to 0} T_{rad}$$

T_F: *Die Farbtemperatur*
ist die Temperatur desjenigen schwarzen Körpers, der in einem begrenzten Spektralbereich $\Delta\lambda$ die gleiche spektrale Intensitätsverteilung zeigt wie im Sternspektrum.

The color temperature
is the temperature of that black body which has the same spectral intensity distribution in a limited spectral range, $\Delta\lambda$, as the star has.

T_G: *Die Gradationstemperatur*
ist die Temperatur desjenigen schwarzen Körpers, dessen Intensitätsverlauf bei einer bestimmten Wellenlänge den gleichen Gradienten besitzt wie das Sternspektrum. Also:

The gradation temperature
is the temperature of that black body, the intensity profile of which at a given wavelength has the same gradient as the spectrum of the star. That is:

$$T_G = \lim_{\Delta\lambda \to 0} T_F$$

Die Temperaturskala der Sterne wird mit Hilfe des absoluten Anschlusses (5.2.8.2) an die Temperaturskala der Physik angeschlossen.

Lamla

Zusammenhang zwischen T_{eff}, T_F und T_{rad} — Relationship between T_{eff}, T_F and T_{rad}

Der Beobachtung ist im allgemeinen nur T_F direkt zugänglich (siehe 5.2.8.1.4), da es nur auf die Messung von Intensitätsdifferenzen zwischen Sternen oder zwischen Stern und Vergleichslampe bzw. schwarzem Körper ankommt. Sie ist jedoch vom Wellenlängenbereich abhängig, in dem sie bestimmt worden ist, weil die Sternstrahlung von der eines schwarzen Körpers abweicht.

Die Farbtemperatur ist daher keine echte, physikalisch eindeutige Zustandsgröße. Dies ist nur die effektive Temperatur T_{eff}, die mit der Gesamtstrahlung durch das Stefan-Boltzmannsche Gesetz verbunden ist. Die Anwendung dieses Gesetzes erfordert aber eine Kenntnis der Größe der strahlenden Sternoberfläche, also des Sternradius, um die stellare Ausstrahlung pro cm^2 mit der eines schwarzen Körpers bekannter Temperatur vergleichen zu können.

Die Radien sind nur von sehr wenigen Sternen bekannt, so daß der Übergang von T_F zu T_{rad} bzw. T_{eff} auch heute noch ein ungelöstes Problem der Astrophysik darstellt. Man versucht, diesen Übergang teilweise durch die Theorie der Sternatmosphären und teilweise durch Beobachtungen zu erhalten. Siehe hierzu folgende Literatur:

Becker *[54]*: Empirische Beziehung zwischen Farbtemperatur, Strahlungstemperatur und effektiver Temperatur, abgeleitet aus den Amplituden der δ Cephei- und *RR* Lyrae-Sterne *[54a]* und aus Bedeckungsveränderlichen *[54b]*.

Cayrel de Strobel *[55]*;

Kuiper *[56]*: The Magnitude of the Sun, the Stellar Temperature Scale, and Bolometric Corrections.

Pilowski *[57]*: Zur Masse-Leuchtkraftbeziehung und zur empirischen Festlegung einer Skala von effektiven Temperaturen.

Pilowski *[59]*: Die Methoden zur Ableitung von Strahlungstemperaturen, Vergleich ihrer Ergebnisse und Untersuchung ihrer Voraussetzungen.

Pilowski *[37, 38]*.

Tab. 18. Die Temperaturen der Hauptreihensterne — The temperatures of the main-sequence stars

B-V	Farbenindex	color index	*[60]* S. 201
T_F	Farbtemperatur	color temperature	*[f]* S. 72
T_{rad}	Strahlungstemperatur	radiation temperature	*[s]* S. 76
T_{eff}	effektive Temperatur	effective temperature	*[38]* S. 32ff.

Für die Umrechnung von c_2/T auf T wurde der Wert $c_2 = 1{,}438$ cm grad benutzt (siehe 5.2.8.3.1).

Die Temperaturskala ist, ihrem statistischen Charakter entsprechend, mit einer Streuung behaftet, die bei den heißesten Sternen mehrere 1000 °K, bei den kühlsten Sternen mehrere 100 °K beträgt.

c_2/T in [μm]; T in [°K]

Sp	$B-V$	c_2/T_F λ ≈ 4250 A	T_F λ ≈ 4250 A	c_2/T_F λ ≈ 5000 A	T_F λ ≈ 5000 A	c_2/T_{rad} photographisch	T_{rad} photographisch	c_2/T_{rad} visuell	T_{rad} visuell	c_2/T_{rad} radiometrisch	T_{rad} radiometrisch	c_2/T_{eff}	T_{eff}
O 8												0,38	37 800°
B 0	$-0\overset{m}{,}31$	0,36	39 800°	0,43	33 500°							0,38	37 800
B 3	−0,24					0,90	16 000°	0,91	15 800°	0,90	16 000°	0,71	20 250
B 5	−0,17	0,62	23 400	0,64	22 500	1,02	14 000	1,04	13 800	1,05	13 700	0,97	14 820
A 0	0,00	0,86	16 700	0,94	15 300	1,32	10 900	1,37	10 500	1,42	10 100	1,48	9 710
A 5	+0,16	1,11	13 000	1,31	11 000	1,64	8 750	1,63	8 800	1,72	8 340	1,71	8 400
F 0	+0,30	1,45	9 900	1,61	8 950	1,89	7 590	1,90	7 550	1,96	7 320	1,88	7 650
F 5	+0,45	1,89	7 600	1,87	7 700	2,09	6 860	2,09	6 860	2,14	6 700	2,16	6 650
F 8	+0,51	2,21	6 500	2,08	6 900								
G 0	+0,57					2,34	6 610	2,31	6 210	2,41	5 960	2,41	5 960
G 5	+0,70					2,63	5 460	2,58	5 560	2,74	5 240	2,73	5 270
K 0	+0,84					2,80	5 120	2,74	5 240	2,95	4 860	2,94	4 900
K 5	+1,11					3,22	4 460	3,15	4 550	3,36	4 270	3,31	4 350
K 6	+1,14					3,46	4 150	3,40	4 220	3,53	4 060	3,60	4 000
M 0	+1,39					3,75	3 830	3,64	3 940	3,71	3 870	3,73	3 860
M 1						4,11	3 490	3,92	3 520	3,89	3 690	3,87	3 720
M 2						4,39	3 270	4,17	3 440	4,07	3 530	4,07	3 530
M 6												4,14	3 480

Tab. 19. Farb- und effektive Temperaturen der Riesen und Überriesen — Color and effective temperatures of giants and supergiants [60] S. 201

Sp	$B-V$	c_2/T_F [μm]	T_F [°K]	c_2/T_{eff} [μm]	T_{eff} [°K]
		$\lambda \approx 5000$ A			
		Riesen III			
G 0	$+0^m_,65$	2,40	6000°	2,66	5400°
G 5	+0,84	2,88	5000	3,06	4700
K 0	+1,06	3,27	4400	3,51	4100
K 5	+1,40	3,89	3700	4,11	3500
M 0	+1,65	4,23	3400	4,96	2900
M 5	+1,85	4,80	3000		
		Überriesen I			
F 0	+0,30			2,25	6400
G 0	+0,76	2,32	6200	2,66	5400
G 5	+1,06	2,71	5300	3,06	4700
K 0	+1,42	3,13	4600	3,60	4000
K 5	+1,71			4,23	3400
M 0	+1,94			5,13	2800

Temperaturen bei heißen Sternen mit Hüllen — Temperatures of hot shell-stars

Bei heißen Sternen mit ausgedehnten atmosphärischen Hüllen, die zum Erscheinen von Emissionslinien führen, ergibt die Betrachtung der Energiebilanz zwischen Elektronen und Lichtquanten Werte von T_{rad} mit folgenden, genäherten Ergebnissen: [60] S. 216:

Zentralsterne planetarischer Nebel (6.4)	30000 ··· 100000°, Mittel	90000°
Wolf-Rayet-Sterne (5.2.1.1)	50000 ··· 110000°,	80000°
Novae (6.2.3.1)		60000°
O-Sterne (5.2.1)		35000°
Be-Sterne (5.2.1)		20000°

Ionisations- und Anregungstemperaturen — Ionization and excitation temperatures

Diese Temperaturangaben folgen aus den Grob- und Feinanalysen der Sternspektren aus den speziellen Ionisations- bzw. Anregungsbedingungen der untersuchten stellaren Absorptions- bzw. Emissionslinien bestimmter Elemente. Die Linien können in unterschiedlichen Schichten der Sternatmosphären entstehen, so daß sich für einen Stern verschiedene Ionisations- bzw. Anregungstemperaturen ergeben.

Siehe auch „Sternatmosphären" 5.3.

5.2.8.6 Literatur zu 5.2.8 — References for 5.2.8

Allgemeine Literatur

a Barbier, D.: La notion de température en astrophysique, Contrib. Paris (A) **3**, Nr. 140 (1953).

b Becker, W.: Die Temperaturen der Fixsterne, Hdb. Astrophys. **VII** (1936) 449.

c Becker, W.: Sterne und Sternsysteme, Steinkopff, Leipzig, (1950).

d Brill, A.: Spektralphotometrie, Hdb. Astrophys. **II/2** (1929) 281.

e Brill, A.: Die Temperaturen der Fixsterne, Hdb. Astrophys. **V/1** (1932) 128.

f Code, A. D.: Stellar Energy Distribution; Stars and Stellar Systems VI: Stellar Atmospheres (ed. J. L. Greenstein), University Press, Chicago (1960) 50.

g Greaves, W. M. H.: The Photometry of the Continuous Spectrum, MN **108** (1948) 131.

h Hämeen-Anttila, K. A.: Die Feinkorntechnik und die photographische Spektralphotometrie der Sterne, Publ. Helsinki Nr. 76 (1960).

i Harris III, D. L.: The Stellar Temperature Scale and Bolometric Corrections; Stars and Stellar Systems III: Basic Astronomical Data (ed. K. Aa. Strand). University Press, Chicago (1963) 263.

k Keenan, P. C.: Stellar spectra in the red and near infrared, PASP **69** (1957) 5.

l Kienle, H.: The Problem of Stellar Temperatures, Vistas Astron. **2** (1956) 1321.

m Kienle, H.: Symposium über Probleme der Spektralphotometrie, Sitzber. Heidelberger Akad. Wiss. Math. Naturw. Kl. (1956/57) 4. Abhandlung.

n Kienle, H.: Das Problem der Sterntemperaturen, Naturw. Rdsch. **11** (1958) 343.

o Kienle, H.: Das Happel-Laboratorium für Strahlungsmessungen an der Landessternwarte auf dem Königsstuhl bei Heidelberg, Mitt. Sternw. Heidelberg Nr. 106 (1958).

p Sitnik, G. F.: Beschreibung der Station für absolute Spektralphotometrie, Mitt. Sternberg Nr. 113 (1961) 3.

q Strömgren, B.: Aufgaben und Probleme der Astrophotometrie; Spektralphotometrische Messungen, Hdb. Exp. Physik **26** (1937) 440.

r Trans. IAU **7** (1948) 369.

s Unsöld, A.: Physik der Sternatmosphären, 2. Aufl. Berlin/Göttingen/Heidelberg: Springer, (1955).

t Wright, K. O.: Spectrophotometry; Stars and Stellar Systems II: Astronomical Techniques (ed. W. A. Hiltner). University Press, Chicago (1962) 83.

Spezielle Literatur — Special references

1 Barbier, D.: Contrib. Paris (A) **3** Nr. 141 (1953).
2 Chalonge, D.: J. Observateurs **38** (1955) 85.
3 Greaves, W. M. H.: The Continuous Spectrum, Vistas Astron. **2** (1956) 1309.
4 Willstrop, R. V.: Monthly Notes Astron. Soc. S. Africa **17** (1958) 40.
5 McDonald, J. K.: Publ. Victoria **10** (1955) 127.
6 Vandekerkhove, E.: Commun. Obs. Roy. Belg. **3** Nr. 52 (1953).
7 Peyturaux, R.: Ann. Astrophys. **24** (1961) 258.
8 Sitnik, G. F.: Mitt. Sternberg: a) Nr. 100 (1957) 56; b) Nr. 109 (1960) 3.
9 Sitnik, G. F.: Soviet Astron.-AJ: a) **6** (1962) 84; b) **1** (1957) 416, 860; c) **2** (1958) 123.
10 Mehltretter, J. P.: Ann. Astrophys. **24** (1961) 40.
11 Guérin, P.: Contrib. Paris (A) **4** Nr. 162 (1954).
12 Hansson, A.: Ark. Astron. **1**/21 (1951) 223.
13 Heller, Th.: ZfA **38** (1955) 55.
14 Kienle, H.: Optik **15** (1958) 670.
15 Mehltretter, J. P.: ZfA **51** (1960) 32.
16 Sitnik, G. F.: Soviet Astron.-AJ: a) **3** (1959) 368; b) **6** (1962) 558.
17 Kienle, H.: ZfA **20** (1941) 239.
18 Gauzit, J.: Ann. Astrophys. **6** (1943) 5.
19 Jensen, H.: AN **248** (1933) 217.
20 Barbier, D., et D. Chalonge: Ann. Astrophys. **4** (1941) 30.
21 Kienle, H.: Mitt. Potsdam Nr. 6 (1940).
22 Cayrel de Strobel, G.: Ann. Astrophys. **20** (1957) 55.
23 Hall, S. J.: ApJ **95** (1941) 231.
24 Divan, L., et A.-M. Rozis-Saulgeot: Contrib. Paris (A) **5** Nr. 226 (1957).
25 Cayrel de Strobel, G.: Ann. Astrophys. **24** (1961) 509.
26 Barbier, D., et D. Chalonge: Ann. Astrophys. **2** (1939) 254.
27 Bloch, M., et M.-L. Tcheng: Compt. Rend. **237** (1953) 782.
28 Golay, M.: Publ. Genève (A) **6** (1955) Fasc. 51 u. 53.
29 Zoi Day, O.: Astron. Zh. **33** (1956) 682.
30 Lamla, E.: AN **285** (1959) 12.
31 Milford, N.: Ann. Astrophys. **13** (1950) 251, 262.
32 Pilowski, K.: ZfA **31** (1952) 26.
33 Pilowski, K.: AN **279** (1951) 208.
34 Pilowski, K.: Veröffentl. Astron. Stat. TH Hannover Nr. 6 (1961) 26.
35 Barbier, D.: Contrib. Paris (A) **3** Nr. 141 (1954).
36 Günther, S.: ZfA **27** (1950) 167.
37 Pilowski, K.: ZfA **33** (1953) 120.
38 Pilowski, K.: Veröffentl. Astron. Stat. TH Hannover Nr. 5 (1961) 3.
39 Canavaggia, R., et D. Chalonge: Ann. Astrophys. **9** (1946) 152.
40 Berger, J., D. Chalonge, L. Divan et A.-M. Fringant: Ann. Astrophys. **19** (1956) 267.
41 Rozis-Saulgeot, A.-M.: Ann. Astrophys. **22** (1959) 177.
42 Wempe, J.: Sitzber. Heidelberger Akad. Wiss. Math.-Naturw. Kl. (1956/57) 4. Abhandlung, 38.
43 Oetken, L.: AN **286** (1960) 1, 9.
44 van Regemorter, H.: Ann. Astrophys. **22** (1959) 681.
45 Unsöld, A.: ZfA **49** (1960) 1; **50** (1960) 75.
46 Kienle, H.: ZfA **50** (1960) 73.
47 Meinel, A. B.: ApJ **137** (1963) 321.
48 Pecker, J. C.: Space Research **III** (1963) 1076.
49 Underhill, A. B.: Space Research **III** (1963) 1080.
50 Atkinson, R. d'E., A. Hunter, and E. G. Martin: MN **100** (1940) 196.
51 Öhman, Y.: Stockholm Ann. **15**/8 (1949).
52 Becker, W.: ZfA **15** (1938) 225; AN **272** (1942) 179; ApJ **107** (1948) 278.
53 Becker, W., und G. Hartwig: ZfA **14** (1937) 259.
54 Becker, W.: ZfA a) **19** (1940) 269; b) **25** (1948) 145.
55 Cayrel de Strobel, G.: Contrib. Paris (B) Nr. 134 (1955).
56 Kuiper, G. P.: ApJ **88** (1938) 429.
57 Pilowski, K.: ZfA **27** (1950) 193.
58 Kienle, H.: ZfA **20** (1940) 13.
59 Pilowski, K.: AN **279** (1951) 145.
60 Allen, C. W.: Astrophysical Quantities, 2. Auflage, The Athlone Press, London (1963).
61 Barbier, D., D. Chalonge et R. Canavaggia: Ann. Astrophys. **10** (1947) 195.
62 Fehrenbach, Ch.: Hdb. Physik **50** (1958) 1.

5.3 Physik der Sternatmosphären — Physics of stellar atmospheres

Photosphäre der Sonne siehe 4.1.1.5 — Photosphere of the sun see 4.1.1.5.

Zusammenfassende Literatur — *General references*

a ALLER, L. H.: Astrophysics I: The Atmospheres of the Sun and Stars, Ronald Press Comp. New York (1953).

b AMBARZUMJAN, V. A. u. a.: Theoretische Astrophysik, VEB Deutscher Verlag, Berlin (1957).

c BARBIER, D.: Théorie générale des atmosphères stellaires. Hdb. Physik **50** (1958), 247.

d GREENSTEIN, J. L.: Stellar Atmospheres (Stars and Stellar Systems VI, Editor G. P. KUIPER), University of Chicago Press, Chicago (1960).

e PECKER, J. C., et E. SCHATZMAN: Astrophysique générale, Masson et Cie., Paris (1959).

f UNSÖLD, A.: Physik der Sternatmosphären, Springer, Berlin (1955).

g WOOLLEY, R. v. d. R., and D. W. N. STIBBS: The Outer Layers of a Star, Clarendon Press, London (1953).

5.3.0 Symbole und Definitionen — Symbols and definitions

a) T_{rad}, T_{eff}, T_o [°K]	Strahlungstemperatur Effektiv-Temperatur Oberflächentemperatur	radiation temperature effective temperature surface temperature
$\Theta = \frac{5040}{T}$		
P, P_g, P_e, P_t [dyn/cm²]	Gesamtdruck Gasdruck Elektronendruck Turbulenzdruck	total pressure gas pressure electron pressure turbulence pressure
g, g_{eff} [cm/sec²]	Schwerebeschleunigung effektive Beschleunigung	gravitational acceleration effective acceleration
f	Oszillatorenstärke	oscillator strength
b)	*Strahlung*	*Radiation*
ϑ	Winkel zwischen Sehstrahl und Oberflächennormalen	angle between the direction of the observer and the normal to the surface
$\mu = \cos\vartheta$		
$I_\nu(\tau, \mu)$	Intensität der Strahlung der Frequenz ν als Funktion der optischen Tiefe τ und des Winkels ϑ	intensity of the radiation of the frequency ν as a function of the optical depth τ and the angle ϑ
	in [erg sec⁻¹ Hz⁻¹ cm⁻² sterad⁻¹]	
$I_\nu(0, \mu)$	Intensität der Strahlung, die unter dem Winkel ϑ die Oberfläche verläßt	intensity of radiation leaving the surface at the angle ϑ
$J_\nu(\tau) = \frac{1}{2}\int_{-1}^{+1} I_\nu(\tau, \mu)\, d\mu$	Mittlere Intensität über alle Raumwinkel	mean intensity over all solid angles
$\pi F_\nu(\tau) = 2\pi\int_{-1}^{+1} I_\nu(\tau, \mu)\, \mu\, d\mu$	Strahlungsstrom (= Nettostrom der Strahlung durch eine senkrecht zur Normalen liegende Flache von 1 cm²)	radiation flux (Net flux of the radiation through an area, perpendicular to the normal, of 1 cm²)
$K_\nu(\tau) = \frac{1}{2}\int_{-1}^{+1} I_\nu(\tau, \mu)\, \mu^2\, d\mu$	Zweites Moment der Intensität	second moment of intensity
$S_\nu(\tau)$	Ergiebigkeit *Emission* $= \varkappa_\nu \cdot S_\nu(\tau)$ $\varkappa_\nu$ = Absorptionskoeffizient	source function *emission* $= \varkappa_\nu \cdot S_\nu(\tau)$ $\varkappa_\nu$ = coefficient of absorption
$B_\nu = \frac{2h\,\nu^3}{c^2}\,(e^{h\nu/kT} - 1)^{-1}$	Kirchhoff-Planck-Funktion	Planck-function
	Dimension von J, F, K, S und B: [erg sec⁻¹ cm⁻² Hz⁻¹]	
	Dieselben Symbole ohne Index ν bedeuten die über alle Frequenzen integrierten Größen (Gesamtstrahlung) z. B.	the same symbols without index ν stand for integrated values over all frequencies (total radiation) e. g.

$$I = \int_0^\infty I_\nu\, d\nu$$

c)		
	Absorptionskoeffizient	*Coefficient of absorption*
	Definitionen:	Definitions:
$\tau = \int \varkappa_{vol}\, dz = \int \varkappa_g \cdot \varrho \cdot dz$	optische Tiefe	optical depth
z	geometrische Tiefe	geometrical depth
$\varkappa_\nu$, $\varkappa_\lambda$	Gesamter, kontinuierlicher Absorptions- und Streukoeffizient. Er setzt sich zusammen aus den Beiträgen der einzelnen Elemente zur Absorption (mit Berücksichtigung der erzwungenen Emission) und der Streuung, siehe 5.3.1.3.4	total continuous absorption and scattering coefficient: it is composed of the contributions of the individual elements to the absorption (considering the induced emission) and the scattering, see 5.3.1.3.4

$$\varkappa_\nu = \sum_i \{(\varkappa'_\nu)_i\,(1 - e^{-h\nu/kT})\} + \sigma_e + \sigma_R$$

$(\varkappa'_\nu)_i$	Beitrag des i.ten Elements (ohne erzwungene Emission) (siehe 5.3.1.3.4)	contribution of the ith element (without induced emission) (see 5.3.1.3.4)
$(1 - e^{-h\nu/kT})$	Faktor der erzwungenen Emission[1])	factor of induced emission[1])
σ_e	Thomson-Streukoeffizient (Streuung an freien Elektronen, siehe 5.3.1.3.2)	Thomson scattering coefficient (scattering by free electrons, see 5.3.1.3.2)
σ_R	Rayleigh-Streukoeffizient (Streuung an H-Atomen, siehe 5.3.1.3.2)	Rayleigh scattering coefficient (see 5.3.1.3.2, scattering by H atoms)
$\varkappa'_\nu$	Absorptionskoeffizient ohne Berücksichtigung der erzwungenen Emission	coefficient of absorption without considering the induced emission
$\bar{\varkappa}$	Opazitätskoeffizient = über alle Frequenzen gemittelter kontinuierlicher Absorptions- und Streukoeffizient (siehe 5.3.1.3.3)	opacity = mean continuous absorption and scattering coefficient (averaged over all frequencies, see 5.3.1.3.3)
$\varkappa_\nu^L$	Linien-Absorptionskoeffizient (siehe 5.3.4 und 5.3.5)	line absorption coefficient (see 5.3.4 and 5.3.5)
	Einheiten	*Units*
$\varkappa_{\nu,at}$ [cm^2]	atomarer Absorptionskoeffizient	atomic absorption coefficient
$\varkappa_{\nu,vol}$ [cm^{-1}]	$\varkappa_\nu$ pro Volumeneinheit [cm^2/cm^3]	$\varkappa_\nu$ per volume unit [cm^2/cm^3]
$\varkappa_{\nu,g}$ [cm^2/g]	$\varkappa_\nu$ pro Gramm Materie	$\varkappa_\nu$ per gram of matter
$\varkappa_{\nu,p}$ [cm^2]	$\varkappa_\nu$ pro schweres Teilchen (Atome und Ionen) (in Sternatmosphären praktisch identisch mit $\varkappa_\nu$ pro Wasserstoff-Teilchen)	$\varkappa_\nu$ per heavy particle (atoms and ions) (In stellar atmospheres practically identical with $\varkappa_\nu$ per hydrogen particle)

$\bar{\varkappa}$, σ_e, σ_R: analog

d)		
	Fraunhoferlinien	*Fraunhofer lines*
I_ν; I_λ	Intensität im Bereich der Linie	intensity in the line
I_0	Intensität im benachbarten Kontinuum	intensity in the neighboring continuum
$r_\nu = \dfrac{I_0 - I_\nu}{I_0}$; r_λ	Linientiefe	line depth
r_c	Zentraltiefe	central depth
$n_{r,s}$	Zahl der absorbierenden Atome [cm^{-3}]; [g^{-1}]	number of absorbing atoms [cm^{-3}]; [g^{-1}]
$W_\lambda = \int r_\lambda\, d\lambda$	Äquivalentbreite [A]; [mA]	equivalent width [A]; [mA]
K_n		

$$K_n(x) = E_n(x) = \int_1^\infty \frac{e^{-xw}}{w^n}\, dw = \int_0^1 \mu^{n-2} \exp\left(-\frac{x}{\mu}\right) d\mu$$

	Integralexponential-Funktion (siehe 5.3.2.1 Tab. 1)	exponential integral (see 5.3.2.1 Tab. 1)

5.3.1 Aufbau der Sternatmosphären (Kontinuum) — Structure of stellar atmospheres (Continuum)

5.3.1.1 Häufigkeitsverteilung der chemischen Elemente — Abundance of the chemical elements

Zur Berechnung des Aufbaus der Sternatmosphären muß zunächst eine Annahme über die Häufigkeitsverteilung der chemischen Elemente gemacht werden. Von verschiedenen Autoren werden die in der Tab. 1. zusammengestellten Häufigkeitsverteilungen (I bis V) benutzt.

(Vergleiche auch „Häufigkeitsverteilung der Elemente im Kosmos", Kap. 3).

[1]) Wichtig im Rayleigh-Jeans-Gebiet, $h\nu/kT < 1$; z. B. für die Sonne für $\lambda > 20\,000$ A.

Tab. 1. Relative atomare Häufigkeiten N der chemischen Elemente nach verschiedenen Autoren — Relative atomic abundances N of chemical elements used by different authors

N | Zahl der Atome pro 10^{12} H-Atome*) | number of atoms per 10^{12} atoms of H*)

El.	$\log_{10} N$				
	I Rosa[1]) [1]	II Ueno [2]	III Cox [3]	IV Vardya [4][2])	V Yamash. [5]
H	**12,0**	**12,0**	**12,0**	**12,0**	**12,0**
He	11,26	11,25	10,9	11,20	11,3
C	8,40		7,88	8,56	8,2
N	8,73		8,45	7,98	
O	8,98		8,69	9,00	
Ne	9,06		8,55	8,67	
Na	6,36	6,31		6,30	6,5
Mg	7,79	7,55		7,40	
Al	6,58	6,55	7,88	6,20	6,5
Si	7,75	7,59	7,81	7,60	
S	7,17			7,17	
K	5,50			4,70	5,5
Ca	6,48	6,37		6,15	
Ti				4,68	
Cr				5,36	
Mn				4,90	
Fe	7,97	7,55	7,33	6,57	
Ni				5,91	
Fe, Si, Mg, Ni	(8,32)			8,42	8,4

Literatur zu 5.3.1.1 — References for 5.3.1.1

1 Rosa, A.: ZfA **25** (1948) 1.
2 Ueno, S.: Contrib. Kyoto Nr. 42 (1954).
3 Cox, A. N.: privat verteilt (1961).
4 Vardya, M. S.: ApJ **133** (1961) 107.
5 Yamashita, Y.: Publ. Astron. Soc. Japan **14** (1962) 390.
6 Unsöld, A.: ZfA **21** (1941) 1, 22.
7 Unsöld, A.: ZfA **24** (1947) 306.
8 Goldberg, L., E. Müller, and L. H. Aller: ApJ Suppl. **5** (1960) 1.

5.3.1.2 Zusammenhang zwischen Druck, Zahl der freien Elektronen, Molekulargewicht und Temperatur — Relations between pressure, number of free electrons, molecular weight, and temperature

	Bezeichnungen	*Notations*
E	Zahl der freien Elektronen pro Kern	number of free electrons per nucleus
μ	effektives Molekulargewicht	effective molecular weight
χ_i	Ionisierungsenergie [eV]	ionisation energy [eV]
χ_n	Anregungsenergie des n-ten Zustandes [eV]	excitation energy of the nth level [eV]
$x = \frac{N^+}{N+N^+}$	Ionisationsgrad	degree of ionisation
N, N^+	Zahl der neutralen bzw. der ionisierten Atome pro cm³	number of neutral or ionised atoms per cm³, respectively
ε_i	relative Häufigkeit der einzelnen Elemente	relative abundance of an element

a) *Ionisationsgrad.* Bei gegebener chemischer Zusammensetzung der Sternmaterie läßt sich der Ionisationsgrad x und damit der Zusammenhang von P_e, P_g, E, μ und T mit Hilfe der Sahagleichung berechnen:

$$\log \frac{N^+}{N} = \log \frac{x}{1-x} = -\Theta \chi_i + \frac{5}{2} \log T - 0{,}48 - \log P_e + \log 2 \frac{U_1}{U_0}$$

U_1, U_0	Zustandssumme des Ions bzw. des Atoms	partition function of the ions and atoms, respectively
ω_n	statistisches Gewicht des n-ten Zustandes	statistical weight of the nth level

$$U = \sum_n \omega_n \, e^{-\chi_n/kT}$$

Die Summation ist abzubrechen bei einem n^*, das etwa gegeben ist durch (Unsöld [1])

$$\log n^* = 1{,}620 + \frac{2}{3} \log Z - \frac{1}{6} \log P_e.$$

$Z = 1$ für Atome, $Z = 2$ für einfach ionisierte Teilchen usw.

*) Es ist zu beachten, daß N in Kap. 3 die Zahl der Atome pro 10^6 Si-Atome angibt, also etwa pro $10^{10,5}$ H-Atome.
[1]) Nach der Analyse von τ Sco [6] und der Sonne [7]. [2]) Nach der Analyse der Sonne [8].

Tab. 2. Anzahl E der freien Elektronen pro Kern, Gasdruck P_g und effektives Molekulargewicht μ in Abhängigkeit von der Temperatur T und dem Elektronendruck P_e — The number E of free electrons per nucleus, gas pressure P_g and effective molecular weight μ as functions of the temperature T and the electron pressure P_e

Tab. 2a. Für Häufigkeitsverteilung I (siehe Tab. 1) — for abundances I (see Tab. 1) [2]

T in [°K]; P_g, P_e in [dyn/cm²]; $\Theta = \frac{5040}{T}$

Θ	0,07	0,1	0,15	0,2	0,3	0,4	0,5	0,6	0,7	0,8	0,9	1,0	1,1	1,2	1,3	1,4
T	72 000	50 400	33 600	25 200	16 800	12 600	10 080	8 400	7 200	6 300	5 600	5 040	4 582	4 200	3 877	3 600
$\log T$	4,857	4,702	4,526	4,401	4,225	4,100	4,003	3,924	3,857	3,799	3,784	3,702	3,661	3,623	3,588	3,556
$\log P_e$								$-\log E$								
−2	−0,06				0,00	0,00	0,04	0,07	0,08	0,29	1,38	2,78	3,61	3,76	3,82	4,06
−1				−0,05	0,00	0,00	0,07	0,08	0,16	0,95	2,34	3,47	3,74	3,85	4,12	4,62
0				−0,02	0,00	0,01	0,07	0,10	0,57	1,89	3,20	3,72	3,87	4,20	4,72	5,16
1				0,00	0,00	0,05	0,08	0,29	1,42	2,83	3,66	3,89	4,27	4,82	5,27	5,62
2			−0,05	0,00	0,00	0,07	0,14	0,94	2,40	3,52	3,91	4,35	4,93	5,40	5,81	
3			−0,02	0,00	0,02	0,09	0,52	1,88	3,25	3,91	4,42	5,04	5,56			
4			0,00	0,00	0,06	0,23	1,34	2,83	3,85	4,50						
5		−0,05	0,00	0,01	0,11	0,81	2,31	3,65								
								$\log P_g$								
−2	−1,73				−1,70	−1,70	−1,68	−1,66	−1,66	−1,53	−0,60	0,78	1,61	1,76	1,82	2,06
−1	−0,73			−0,72	−0,70	−0,70	−0,66	−0,66	−0,61	0,00	1,34	2,47	2,74	2,85	3,12	3,62
0	0,27			0,29	0,30	0,31	0,34	0,35	0,67	1,90	3,20	3,72	3,87	4,20	4,72	5,16
1	1,27			1,30	1,30	1,33	1,34	1,47	2,44	3,83	4,66	4,89	5,27	5,82	6,27	6,62
2	2,27		2,28	2,30	2,30	2,34	2,38	2,99	4,40	5,52	5,91	6,35	6,93	7,40	7,81	
3	3,27		3,29	3,30	3,31	3,35	3,63	4,88	6,25	6,91	7,42	8,04	8,56			
4	4,27		4,30	4,30	4,43	4,33	5,36	6,83	7,85	8,50						
5	5,27		5,30	5,30	5,36	5,87	7,31	8,65								
								μ								
−2	0,699			0,700	0,753	0,753	0,786	0,816	0,823	0,997	1,444	1,502	1,505			
−1				0,708	0,753	0,755	0,811	0,818	0,887	1,354	1,498	1,505				
0				0,734	0,753	0,765	0,816	0,839	1,186	1,485	1,505					
1			0,700	0,750	0,753	0,797	0,823	0,992	1,450	1,503						
2			0,708	0,753	0,756	0,815	0,876	1,350	1,499	1,505						
3			0,734	0,753	0,772	0,832	1,154	1,486	1,505							
4		0,700	0,750	0,754	0,807	0,949	1,440	1,503								
5		0,706	0,753	0,757	0,849	1,301	1,497	1,505								1,505

Tab. 2b. Für Häufigkeitsverteilung IV (siehe Tab. 1) — for abundances IV (see Tab. 1) [3]

T in [°K]; P_g, P_e in [dyn/cm²]; $\Theta = \frac{5040}{T}$

Θ	0,07	0,1	0,15	0,2	0,3	0,4	0,5	0,6	0,7
T	72 000	50 400	33 600	25 200	16 800	12 600	10 080	8 400	7 200
$\log T$	4,857	4,702	4,526	4,401	4,225	4,100	4,003	3,924	3,857
$\log P_e$					$\log E$				
−3	0,059	0,059	0,058	0,057	0,001	0,000	0,993−1	0,937−1	0,935−1
−2	0,059	0,059	0,057	0,056	0,001	0,999−1	0,964−1	0,936−1	0,926−1
−1	0,059	0,058	0,057	0,047	0,001	0,999−1	0,941−1	0,933−1	0,948−1
0	0,059	0,058	0,057	0,019	0,001	0,987−1	0,936−1	0,908−1	0,426−1
1	0,059	0,058	0,056	0,003	0,000	0,953−1	0,928−1	0,715−1	0,571−2
2	0,059	0,058	0,048	0,001	0,997−1	0,936−1	0,862−1	0,055−1	0,602−3
3	0,058	0,056	0,019	0,000	0,979−1	0,916−1	0,485−1	0,120−2	0,656−4
4	0,057	0,056	0,003	0,999−1	0,942−1	0,773−1	0,670−1	0,149−3	0,790−5
5	0,056	0,048	0,001	0,995−1	0,892−1	0,206−1	0,711−3	0,098−4	
6	0,054	0,023	0,997−1	0,970−1	0,655−1	0,340−2			
					$\log P_g$				
−3	−2,727	−2,727	−2,727	−2,727	−2,700	−2,699	−2,695	−2,666	−2,665
−2	−1,727	−1,727	−1,727	−1,726	−1,700	−1,699	−1,680	−1,666	−1,661
−1	−0,727	−0,727	−0,727	−0,722	−0,700	−0,698	−0,668	−0,664	−0,616
0	+0,273	+0,273	+0,273	+0,292	+0,300	+0,308	+0,334	+0,349	+0,677
1	1,273	1,273	1,274	1,299	1,301	1,325	1,339	1,467	2,445
2	2,273	2,273	2,278	2,301	2,303	2,334	2,375	2,992	4,400
3	3,273	3,273	3,292	3,301	3,312	3,345	3,630	4,886	6,339
4	4,273	4,274	4,300	4,301	4,331	4,429	5,359	6,851	8,180
5	5,274	5,278	5,301	5,303	5,356	5,858	7,290	8,860	
6	6,275	6,290	6,304	6,316	6,506	7,669			
					μ				
−3	0,6737	0,6737	0,6742	0,6751	0,7217	0,7222	0,7285	0,7744	0,7761
−2	0,6737	0,6737	0,6746	0,6759	0,7217	0,7223	0,7526	0,7755	0,7833
−1	0,6738	0,6742	0,6746	0,6830	0,7218	0,7235	0,7716	0,7778	0,8472
0	0,6738	0,6742	0,6751	0,7066	0,7218	0,7335	0,7757	0,7986	1,140
1	0,6738	0,6742	0,6760	0,7194	0,7224	0,7611	0,7822	0,9515	1,393
2	0,6738	0,6743	0,6827	0,7215	0,7248	0,7755	0,8360	1,297	1,439
3	0.6748	0,6753	0,7064	0,7222	0,7398	0,7922	1,106	1,426	1,446
4	0,6749	0,6759	0,7199	0,7232	0,7703	0,9066	1,380	1,444	1,539
5	0,6764	0,6824	0,7219	0,7263	0,8081	1,239	1,437	1,591	
6	0,6767	0,7036	0,7246	0,7472	0,9947	1,411			

b) *Die Zahl E der freien Elektronen* pro Kern ist durch die Häufigkeit der einzelnen Elemente ε_i und deren Ionisationsgrad für die l-te Ionisationsstufe x_i^l bestimmt:

$$E = \frac{\sum_i (\varepsilon_i \sum_l x_i^l)}{\sum_i \varepsilon_i}$$

solange die $(l + 1)$-Ionisation erst nach Beendigung der l-ten Ionisation einsetzt. Bei höheren Gasdrucken muß das Übereinandergreifen der verschiedenen Ionisationsstufen berücksichtigt werden.

Das zu einer bestimmten Temperatur T und einem gegebenen Elektronendruck P_e gehörende Verhältnis P_g/P_e ist

$$\frac{P_g}{P_e} = \frac{1 + E}{E}.$$

c) Das *mittlere Molekulargewicht* ist im nicht-ionisierten Zustand:

$$\mu_0 = \Sigma\, \varepsilon_i\, \mu_i / \Sigma\, \varepsilon_i,$$

es liegt für die verschiedenen Häufigkeitsverteilungen der Tab. 1 bei 1,5 ± 0,06.

Der Zusammenhang zwischen T, P_e, E, P_g und μ ist in Tab. 2 für die Häufigkeitsverteilungen I und IV (Tab. 1) wiedergegeben.

Tab. 2b. (Fortsetzung)

0,8	0,9	1,0	1,1	1,2	1,3	1,4	1,5	1,6	Θ
6 300	5 600	5 040	4 582	4 200	3 877	3 600	3 360	3 150	T
3,799	3,748	3,702	3,661	3,623	3,588	3,556	3,526	3,498	$\log T$
				$\log E$					$\log P_e$
0,906−1	0,431−1	0,124−2	0,771−4	0,936−5	0,794−5	0,680−5	0,440−5	0,187−5	−3
0,702−1	0,578−2	0,171−3	0,075−4	0,798−5	0,655−5	0,389−5	0,007−5	0,685−6	−2
0,026−1	0,614−3	0,324−4	0,814−5	0,629−5	0,335−5	0,931−6	0,617−6	0,417−6	−1
0,084−2	0,682−4	0,865−5	0,604−5	0,274−5	0,852−6	0,541−6	0,314−6	0,048−6	0
0,118−3	0,998−5	0,585−5	0,212−5	0,768−6	0,448−6	0,168−6	0,802−7	0,337−7	1
0,262−4	0,586−5	0,146−5	0,673−6	0,317−6	0,945−7	0,472−7			2
0,638−5	0,061−5	0,533−6	0,090−6						3
0,909−6									4
									5
									6
				$\log P_g$					
−2,652	−2,327	−1,118	+0,230	1,064	1,207	1,320	1,560	1,913	−3
−1,525	−0,562	+0,830	1,925	2,203	2,345	2,611	2,991	3,305	−2
+0,018	+1,388	2,676	3,186	3,371	3,664	4,063	4,352	4,502	−1
1,921	3,318	4,135	4,396	4,723	5,127	5,385	5,548	5,762	0
3,883	5,002	5,414	5,776	6,173	6,422	6,647	6,978	7,427	1
5,738	6,409	6,819	7,214	7,505	7,838	8,292			2
7,347	7,858	8,300	8,697						3
8,950									4
									5
									6
				μ					
0,8001	1,137	1,425	1,444	1,444	1,444	1,444	1,445	1,446	−3
0,9610	1,392	1,442	1,444	1,444	1,444	1,445	1,447	1,463	−2
1,306	1,438	1,444	1,444	1,445	1,447	1,455	1,552	1,714	−1
1,427	1,444	1,445	1,446	1,453	1,499	1,714	1,982	2,228	0
1,443	1,445	1,450	1,475	1,654	1,918	2,191	2,391	2,486	1
1,446	1,462	1,566	1,873	2,180	2,365	2,474			2
1,491	1,740	2,121	2,361						3
1,997									4
									5
									6

Literatur zu 5.3.1.2 — References for 5.3.1.2

1 UNSÖLD, A.: ZfA **24** (1947) 355.
2 ROSA, A.: ZfA **25** (1948) 1.
3 BODE, G.: private Mitteilung, (1964).

5.3.1.3 Kontinuierlicher Absorptionskoeffizient — Continuous absorption coefficient

5.3.1.3.1 Empirische Bestimmung der Wellenlängenabhängigkeit von $\varkappa_\lambda$ für die Sonne — Empirical determination of the wavelength-dependence of $\varkappa_\lambda$ for the sun

Symbole, Definitionen in 5.3.0

Nach 5.3.2 (Modellatmosphären) ist:

$$I_\lambda(\vartheta) = \int_0^\infty B_\lambda(\tau_\lambda)\, e^{-\tau_\lambda \sec\vartheta}\, d\tau_\lambda \sec\vartheta\,. \tag{1}$$

Mittels eines Potenzreihenansatzes erhält man durch Umkehrung von (1) aus der gemessenen Mitte-Rand-Variation der Strahlungsintensität

$$I_\lambda(\vartheta) = \sum_0^\infty a_k\, k!\, \cos^k \vartheta \tag{2}$$

die Planckfunktion:

$$B_\lambda(\tau_\lambda) = \sum_0^\infty a_k\, \tau_\lambda{}^k. \tag{3}$$

Böhm-Vitense

Zu gegebener Temperatur T ist daraus τ_λ als Funktion der Wellenlänge λ zu berechnen. Die Ableitung

$$\frac{d\tau_\lambda}{dT} = \varkappa_{\lambda,\,vol}\,\frac{dz}{dT} \tag{4}$$

ergibt die Wellenlängenabhängigkeit von $\varkappa_\lambda$ (CHALONGE und KOURGANOFF [1]).

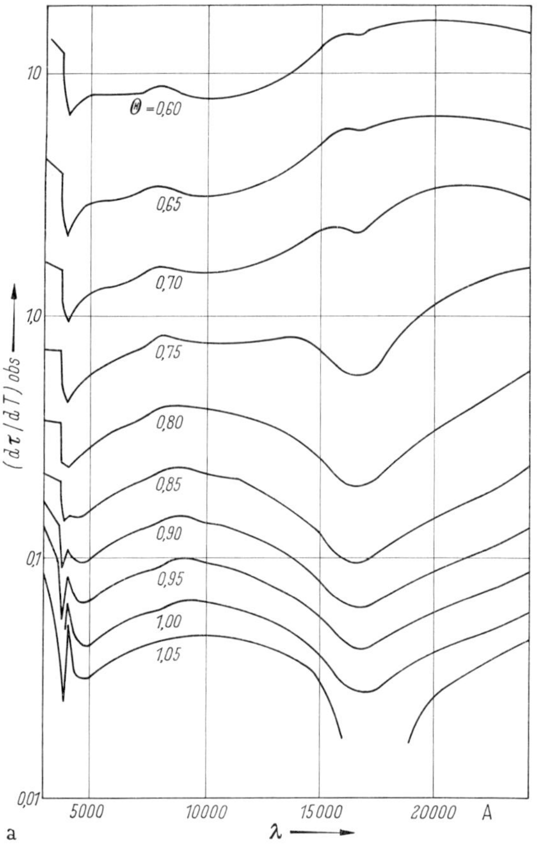

Fig. 1a. Beobachtete Wellenlängenabhängigkeit des kontinuierlichen Absorptionskoeffizienten in der Sonne für verschiedene Werte von $\Theta = 5040/T$, d. h. in verschiedenen geometrischen Tiefen, Gl. (4) — Observed wavelength-dependence of the continuous absorption coefficient in the sun for different values of $\Theta = 5040/T$ that is for different geometrical depths, eqn. (4). PIERCE and WADELL [2].

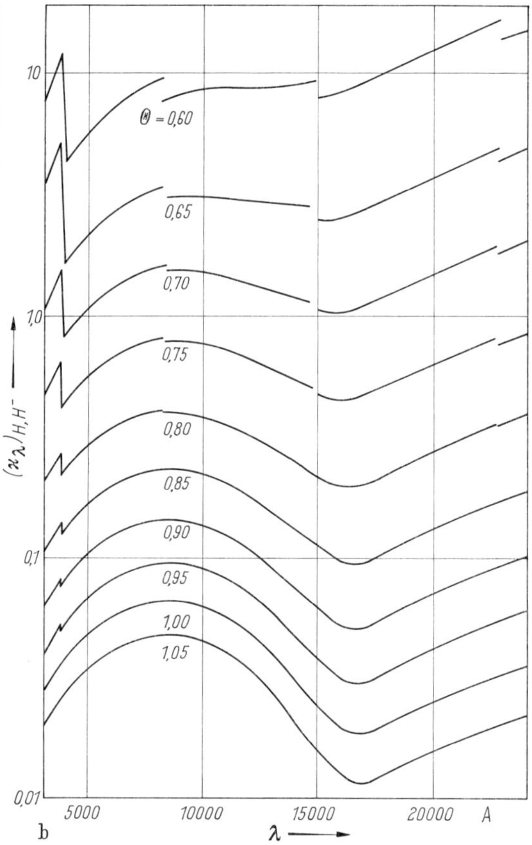

Fig. 1b. Theoretisch berechneter (durch H und H^- hervorgerufener) Absorptionskoeffizient. Für größere Wellenlängen siehe [3] — Theoretically calculated absorption coefficient due to H and H^-. For longer wavelengths see [3].

5.3.1.3.2 Beiträge zur kontinuierlichen Absorption — Contributions to the continuous absorption

a) *Negative Wasserstoffionen* H^-. Wichtig für $T < 10\,000$ °K.

Ionisierungsspannung 0,75 eV. Den Absorptionskoeffizienten für gebunden-freie und frei-freie Übergänge haben CHANDRASEKHAR und BREEN [4] 1946 berechnet und tabuliert. T. und H. OHMURA [5] haben 1961 die Berechnung der frei-frei Übergänge verbessert. Weitere verbesserte Rechnungen von JOHN [6], SMITH und BURCH [7].

b) *Neutrale Wasserstoffatome.* Wichtig für $T > 6\,000$ °K.

Der Absorptionskoeffizient für gebunden-freie und frei-freie Übergänge läßt sich berechnen nach der Kramerschen Formel (siehe UNSÖLD [f] S. 167) mit Berücksichtigung der quantenmechanischen Korrektionsfaktoren, den sogenannten Gaunt-Faktoren g_n [8 ··· 11].

Für gebunden-freie Übergänge ist der Beitrag des neutralen Wasserstoffs zur kontinuierlichen Absorption pro H-Atom:

$$(\varkappa_\lambda)_{\mathrm{H}}/\mathrm{Atom} = \frac{64\pi^4}{3\sqrt{3}} \cdot \frac{m e^{10}}{c h^6}\,\frac{1}{\nu^3} \sum_{h\nu/kT > u_{n\mathrm{H}}} g_n\,\frac{1}{n^3} \cdot e^{-(u_{1\mathrm{H}} - u_{n\mathrm{H}})}$$

$u_{1H} = \frac{Rhc}{kT}$ = Ionisierungsenergie des Wasserstoffs dividiert durch kT,

$u_{nH} = u_{1H}/n^2$, n = Hauptquantenzahl, R = Rydbergkonstante,

m, e, h, c, k: die bekannten atomaren Konstanten, $\nu = c/\lambda$.

Die frei-frei Übergänge werden berücksichtigt durch Ausdehnung der Summation auf negative u_{nH}, wobei für $u_{nH} < 0$ die Summe durch ein Integral zu ersetzen ist. Zu berücksichtigen ist ferner der Faktor $1 - e^{-h\nu/kT}$, der der erzwungenen Emission Rechnung trägt.

c) *Neutrales und ionisiertes Helium.* Beitrag für $T > 11\,000$ °K.
He: Berechnung nach Unsöld [12] und für die Ausgangsniveaus 1^1S, 2^3S, 2^1S nach Su Shu Huang [13]; He^+: nach Unsöld [12]

d) „*Metallabsorption*" (Der Beitrag aller übrigen Elemente sowie deren Ionen).
Wichtig für Wellenlängen 912 A $< \lambda <$ 3 000 A und $T <$ 12 000 °K: C, Fe, Si, Mg, Ca (siehe Tab. 3),
für $\lambda <$ 500 A und T $>$ 50 000° K: O VII, VI, V, IV; Ne VI, V, IV, III, II; N VI, V, IV; C V, IV.

Alle bisher nicht erfaßten Übergänge werden wasserstoffähnlich gerechnet unter Berücksichtigung des Faktors $(Z+s)^4$, (siehe Unsöld [f] S. 167 ff).

Tab. 3. Zusammenstellung der gemessenen und quantenmechanisch berechneten Absorptionskontinua — Tabulation of the measured and quantum-mechanically calculated absorption continua, Bode [37]

Element	Ausgangsterm	Lit.
He	1^1S	13, 14
	2^1S, 2^3S	13
	2^1P, 2^3P	15, 16
C	2^3P	17, 19
Ne	2^1S	17, 20, 21
Ne^+	$2P^0$	18
Na	3^2P^0	22
Mg	3^1S	23
	3^3P	24
	3^1P	22
	4^3S	22
Al	3^2P^0	22, 25, 26
	4^2S	22
	3^3P, 3^1P; 3^1S, 4^3P^0; 4^1P^0	22
Ca	4^1S	27, 21
	4^3P^0, 3^3D	28

a_n	Absorptionskoeffizient pro Atom im n-ten Quantenzustand:	absorption coefficient of an atom in the nth quantum level:

$$a_n = \frac{1}{n^2} \cdot \frac{64\pi^4}{3\sqrt{3}} \cdot \frac{(Z+s)_n^4 \cdot m \cdot e^{10}}{c\,h^6\,n^3} \cdot \frac{1}{\nu^3} \quad [\text{cm}^2]$$

N_n	Besetzungszahl des n-ten Quantenzustandes, gegeben durch die Boltzmannformel:	number of atoms in the nth quantum level given by the Boltzmann formula:

$$\frac{N_n}{N} = \frac{\omega_n}{U_0} \cdot e^{-(u_1 - u_n)}$$

N	Zahl aller Atome bzw. Ionen des Elementes	total number of atoms or ions respectively of the element
U_0, U_1	Zustandssumme (siehe 5.3.1.2)	partition function (see 5.3.1.2)
u_n	(Ionisierungsenergie des n-ten Quantenzustandes)$/kT$	(ionisation energy of nth quantum level)$/kT$
$\omega_n = 2\,U_1 n^2$	statistisches Gewicht des n-ten Quantenzustandes	statistical weight of the nth quantum level
$(Z+s)_n^4$	läßt sich aus den empirisch bekannten u_n bestimmen	can be calculated from u_n, which is known empirically
	Beitrag der „Metallabsorption" bei festem λ für alle an der Absorption beteiligten Zustände:	contribution of the "metal absorption" for a given λ from all quantum levels contributing to the absorption:

$$(\varkappa_\lambda')_{Metall}/\text{Atom} = -\frac{64\pi^4}{3\sqrt{3}} \cdot \frac{\overline{(Z+s)^2} \cdot m e^{10}}{c\,h^6} \cdot \frac{2\,U_1}{U_0} \cdot \frac{1}{\nu^3} \cdot \frac{e^{-u_1}}{2\,u_{1H}} \cdot \int_{u_n = h\nu/kT}^{-\infty} e^{u_n}\, du_n\,.$$

Dabei wurde die Σ durch ein $\int$ ersetzt, da bei den Metallen die Quantenzustände meist sehr dicht liegen. Zu berücksichtigen ist wiederum der Faktor $(1 - e^{-h\nu/kT})$, um der erzwungenen Emission Rechnung zu tragen.

e) *H_2-Molekülabsorption* (kleiner Beitrag für Elementmischungen mit geringem Metallgehalt bei hohem Gasdruck). Die kontinuierliche Absorption vom Zustand $3\,\Sigma u^+$ wurde 1949 von Wildt [29] angegeben und 1960 neu berechnet von Erkovich [30]. Letztere wurde 1963 numerisch von Zwaan [31] ausgewertet.

Das gleiche Kontinuum wurde 1963 erneut berechnet von Solomon [39], der einen sehr viel kleineren Absorptionskoeffizienten erhielt als Erkovich [30].

H_2^--Molekülabsorption (liefert einen Beitrag bei niedriger Temperatur und hohem Gasdruck) Angegeben 1964 von Sommerville [40].

f) *Molekülabsorption* von TiO, CO_2, H_2O, CO, OH (Beitrag bei $T \leq 5\,000$ °K).
Berechnung 1963 von Yamashita [32].

g) *Thomsonstreuung* an freien Elektronen (wichtig bei hohen Temperaturen oder niedrigen Drucken).

Streukoeffizient pro Elektron:

$$\sigma_e/\text{Elektron} = \frac{8\pi}{3}\left(\frac{e^2}{mc^2}\right)^2 = 6{,}67 \cdot 10^{-25}\ \text{cm}^2$$

N_e = Zahl der freien Elektronen.

Thomsonstreukoeffizient:

$$\sigma_e = (\sigma_e/\text{Elektron}) \cdot N_e$$

h) *Rayleighstreuung an H-Atomen im Grundzustand* (Beitrag für $\lambda < 4\,000$ A und $T < 12\,000$ °K).
Streukoeffizient pro H-Atom:

$$\sigma_R/\text{H-Atom} = (\sigma_e/\text{Elektron}) \cdot \sum_r \left(\frac{f_r\, \nu^2}{\nu_r^2 - \nu^2}\right)^2,$$

summiert über alle Spektrallinien, die vom Grundzustand absorbiert werden können.

N_H = Zahl der H-Atome

Gesamte Rayleighstreuung:

$$\sigma_R = (\sigma_R/\text{H-Atom})\ N_H$$

(siehe Unsöld [*f*] S. 180; f_r berechnet von Bethe [*33*]).

Numerische Werte des gesamten kontinuierlichen Absorptionskoeffizienten (Absorptions- und Streukoeffizient) als Funktion von Wellenlänge und Temperatur sind in den Fig. 2···17 und 20···26 in 5.3.1.3.4 wiedergegeben.

5.3.1.3.3 Opazitätskoeffizient $\bar{\varkappa}$ — Opacity $\bar{\varkappa}$

Strahlungsgleichgewichtsprobleme können oft in guter Näherung durch einen über alle Frequenzen gemittelten Absorptions- und Streukoeffizienten, den sogenannten Opazitätskoeffizienten $\bar{\varkappa}$, beschrieben werden. Als Gewichtsfunktion müßte der — meist unbekannte — Strahlungsstrom F_ν genommen werden. In optischen Tiefen $\tau \geq 0{,}1$ wird $\bar{\varkappa}$ gut angenähert durch den Rosselandschen Mittelwert

Problems of radiative equilibrium can often be described, to a good approximation, in terms of the mean absorption and scattering coefficient $\bar{\varkappa}$ (averaged over all frequencies) — the so-called opacity. The radiant flux F_ν which is usually unknown should be taken as weighting function. The Rosseland mean value gives a good approximation for $\bar{\varkappa}$ in optical depths $\tau \geq 0{,}1$

$$\frac{1}{\bar{\varkappa}} = \int_0^\infty \frac{1}{\varkappa_\nu}\, G(\alpha)\, d\alpha$$

mit der Rosselandschen Gewichtsfunktion — with the Rosseland weighting function

$$G(\alpha) = \frac{15}{4\pi^4} \cdot \frac{\alpha^4 e^\alpha}{(e^\alpha - 1)^2}, \qquad \alpha = \frac{h\nu}{kT}$$

5.3.1.3.4 Numerische Berechnung des gesamten kontinuierlichen Absorptionskoeffizienten $\varkappa_\nu$ und des Opazitätskoeffizienten $\bar{\varkappa}$ in Sternatmosphären — Numerical determination of the total continuous absorption coefficient $\varkappa_\nu$ and of the opacity $\bar{\varkappa}$ in stellar atmospheres

Tab. 4. Ausführliche Berechnungen von $\varkappa_\nu$ und $\bar{\varkappa}$ — Extensive calculations of $\varkappa_\nu$ and $\bar{\varkappa}$

Autor	+)	Ergebnisse — Results		Lit.	in 5.3.1.3.4	(siehe 5.3.0)
Vitense 1951	I	Ohne Berücksichtigung der Molekülbanden	Fig.	*34*	Fig. 2···6, 8···17	$(\varkappa_\nu, (\varkappa_\nu')_H, \sigma_e, \sigma_R, \bar{\varkappa})_{p,g}/P_e$ als Funktion von λ und P_e für verschiedene Θ; $G(\alpha)$
					Fig. 18	$\bar{\varkappa}_p$, $\bar{\varkappa}_g$ als Funktion von P_g und Θ
Ueno 1954	II	Ohne Berücksichtigung der Metalle	Tab.	*35*		
Cox 1961	III	Nur für wenige Werte von T und P_e	Tab.	*36*		
Bode 1963	IV	ohne H_2-Molekülabsorption	Tab.	*37*	Fig. 7	$\varkappa_{\nu,p}/P_e$ als Funktion von λ und P_e für $\Theta = 0{,}9$
					Tab. 6	$\bar{\varkappa}_p$ als Funktion von P_e und Θ
Yamashita 1962/64	V	Für niedrige Temperaturen; H_2, TiO_2, CO_2, OH, H_2O sind berücksichtigt	Fig.	*32*	Fig. 20···26	$\varkappa_{\lambda,p}$ als Funktion von λ und P_g für verschiedene T
					Fig. 19	$\bar{\varkappa}_g$ als Funktion von P_g und T
Vardya 1964	mehrere He- und Metall-Häufigkeiten	Ohne Berücksichtigung der Metalle, mit H_2^+ ohne Molekülbanden	Tab.	*41*		

+) Angenommene Häufigkeitsverteilung nach Tab. 1. S. 398

Vergleich der Rechnungen von [34] und [37] zeigt: für metallärmere Elementmischungen wird für gleichen Elektronendruck P_e die Dichte höher. Dadurch wird die H_2-Molekülbildung begünstigt, was zu einer Verringerung der H^--Absorptionskoeffizienten führt.

Bezüglich höherer Temperaturen und Drucke vergleiche die Rechnungen für das Sterninnere, z. B. KELLER und MEYEROTT [38], COX [36] und Abschnitt 5.4.3

Fig. 2 ··· 6 und 8 ··· 17: Erläuterungen

Die Fig. 2 ··· 6 und 8 ··· 17 enthalten den gesamten Absorptions- und Streukoeffizienten $\varkappa_\nu$ in [cm² pro schweres Teilchen], Skala I, und in [cm² pro g Materie], Skala II, dividiert durch die Größe des Elektronendrucks P_e [dyn/cm²], unter Berücksichtigung der erzwungenen Emission, bei der angenommenen Häufigkeitsverteilung I (siehe Tab. 1).

——— $\log(\varkappa_\nu/P_e)$ mit $\log P_e$ als Parameter, wobei $\varkappa_\nu = \Sigma(\varkappa'_\nu)_i\,(1 - e^{-h\nu/kT}) + \sigma_e + \sigma_R$ (Summierung über die Beiträge aller Elemente zur kontinuierlichen Absorption mit dem Faktor $(1-e^{-h\nu/kT})$, der die erzwungene Emission berücksichtigt, und Streuung).

- - - - - $\log((\varkappa'_\nu)_H/P_e)$ wobei $(\varkappa'_\nu)_H$ die Absorption der Wasserstoffatome allein, ohne den Faktor $(1-e^{-h\nu/kT})$ bedeutet. Der Übersichtlichkeit halber sind diese Kurven nach unten verschoben. Um den Zahlenwert von $\log((\varkappa'_\nu)_H/P_e)$ pro schweres Teilchen oder pro g Materie zu erhalten, lese man an Skala I oder II ab und addiere $\log F$ (das wegen der Ionisation von P_e abhängt) aus Tab. 5.

Die Absorptionskoeffizienten für He, He^+ und die wichtigsten Metalle sind nicht besonders aufgetragen. In den $\log(\varkappa_\nu/P_e)$-Kurven sind aber ihre wichtigeren Absorptionskanten bezeichnet.

— — — $\log(\sigma_R/P_e)$ mit $\log P_e$ als Parameter (σ_R ist der Rayleigh-Streukoeffizient). Es gelten wieder die Skalen I und II.

$\log(\sigma_e/P_e)$ (σ_e ist der wellenlängenunabhängige Thomsonstreukoeffizient) — mit $\log P_e$ als Parameter — ist an den innersten Skalen rechts und links angegeben. Die Zahlenwerte pro schweres Teilchen oder pro g Materie sind an der Skala I bzw. II abzulesen.

$\log(\bar{\varkappa}/P_e)$ ($\bar{\varkappa}$ ist der wellenlängenunabhängige Rosselandsche Mittelwert) ist — mit $\log P_e$ als Parameter — durch kurze Striche an den Außenseiten der inneren Skalen angegeben. Die Zahlenwerte sind an der Skala I bzw. II abzulesen.

$G(\alpha)$ die zur Berechnung der Opazitätskoeffizienten benutzte Rosselandsche Gewichtsfunktion, die angibt, welchen Beitrag die verschiedenen Wellenlängengebiete zu dem Mittelwert liefern. $\log G(\alpha)$ wird an der Skala ganz rechts abgelesen. $\alpha = h\nu/kT$.

Tab. 5. Umrechnungsfaktor F zur Bestimmung des kontinuierlichen Absorptionskoeffizienten des neutralen Wasserstoffs. Siehe Erläuterungen zu Fig. 2 ··· 17 — Conversion factor F for the determination of the continuous absorption coefficient for neutral hydrogen. See explanations to Fig. 2 ··· 17

$\log P_e$	Θ = 1,3	1,2	1,1	1,0	0,9	0,8	0,7	0,6	0,5
	log F								
−1	−3,47	−2,27	−1,07	0,33	1,33				
0	−4,47	−3,27	−2,07	−0,67	0,33				
0,5	−4,97	−3,77	−2,57	−1,17	−0,17	1,07	2,17	2,64	2,16
1,0	−5,47	−4,27	−3,07	−1,67	−0,67	0,53	1,71	2,51	2,16
1,5			−3,57	−2,17	−1,17	0,03			
2,0			−4,07	−2,67	−1,67	−0,47	0,73	1,86	2,10
3,0				−3,67	−2,67	−1,47	−0,27	0,92	1,73
4,0							−1,27	−0,07	0,91

$\log P_e$	Θ = 0,4	0,3	0,2
	log F		
0,5	2,57	1,91	2,11
1,0	2,57	1,91	2,11
2,0	2,57	1,91	2,11
3,0	2,55	1,91	2,11
4,0	2,41	1,90	2,11
5,0	1,84	1,87	2,11
6,0			2,11

Θ	0,2	0,1	0,07	0,05
log F	2,11	2,01	1,21	1,58

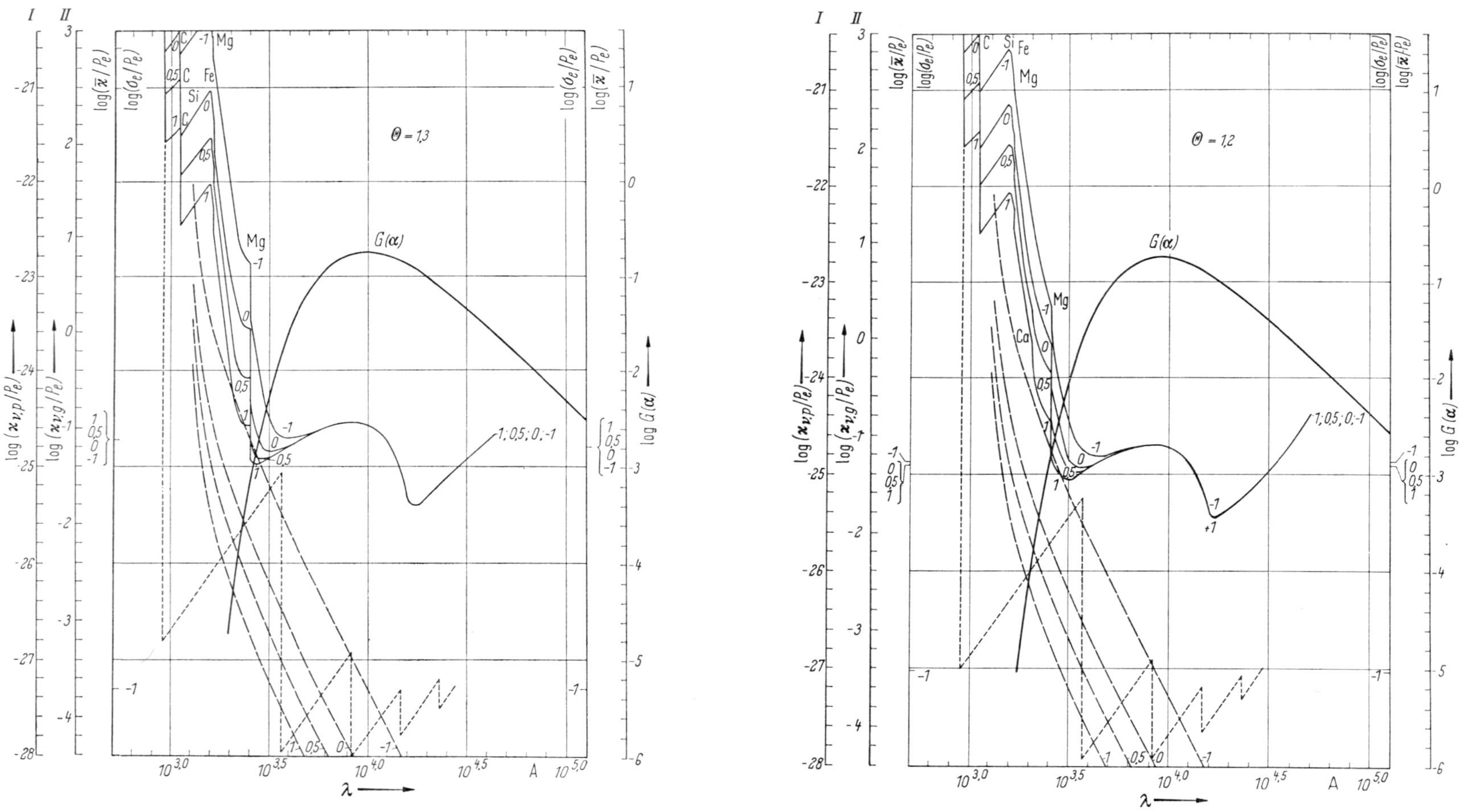

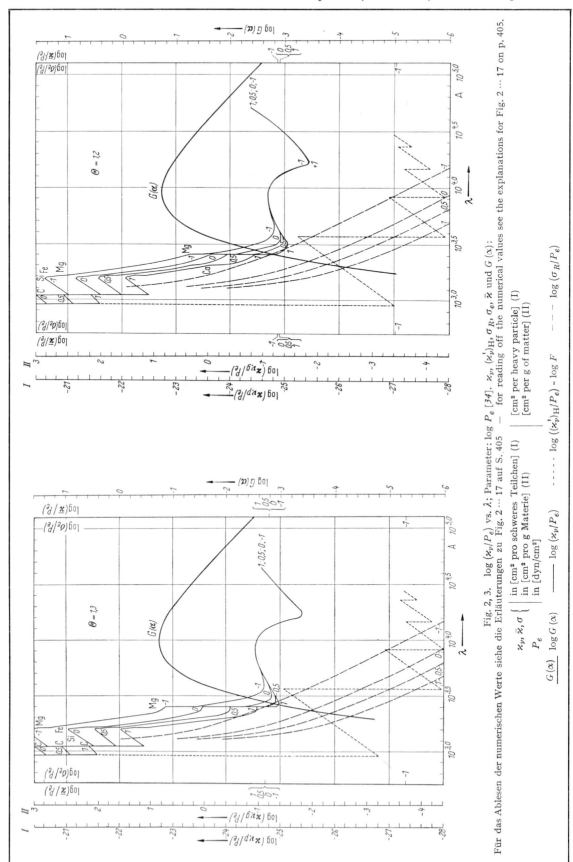

Fig. 2, 3. log $(\varkappa_\nu/P_e)$ vs. λ; Parameter: log P_e [34]. $\varkappa_\nu$, $(\varkappa'_\nu)_H$, σ_R, σ_e, $\bar{\varkappa}$ und $G(\alpha)$:
Für das Ablesen der numerischen Werte siehe die Erläuterungen zu Fig. 2 ··· 17 auf S. 405 — for reading off the numerical values see the explanations for Fig. 2 ··· 17 on p. 405.

$\varkappa_\nu$, $\bar{\varkappa}$, σ	in [cm² pro schweres Teilchen] (I)	[cm² per heavy particle] (I)
	in [cm² pro g Materie] (II)	[cm² per g of matter] (II)
P_e	in [dyn/cm²]	

$G(\alpha)$ log $G(\alpha)$ —— log $(\varkappa_\nu/P_e)$ - - - - - log $((\varkappa'_\nu)_H/P_e)$ - log F — — — log (σ_R/P_e)

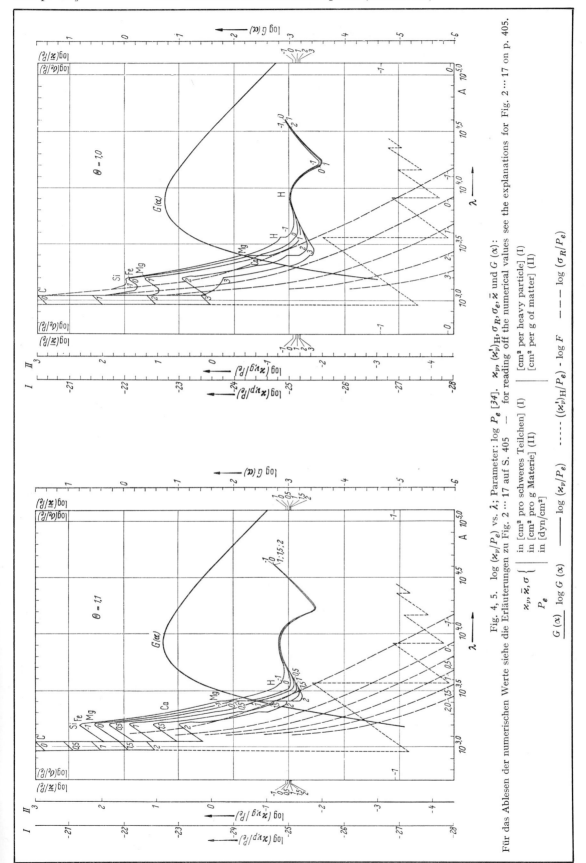

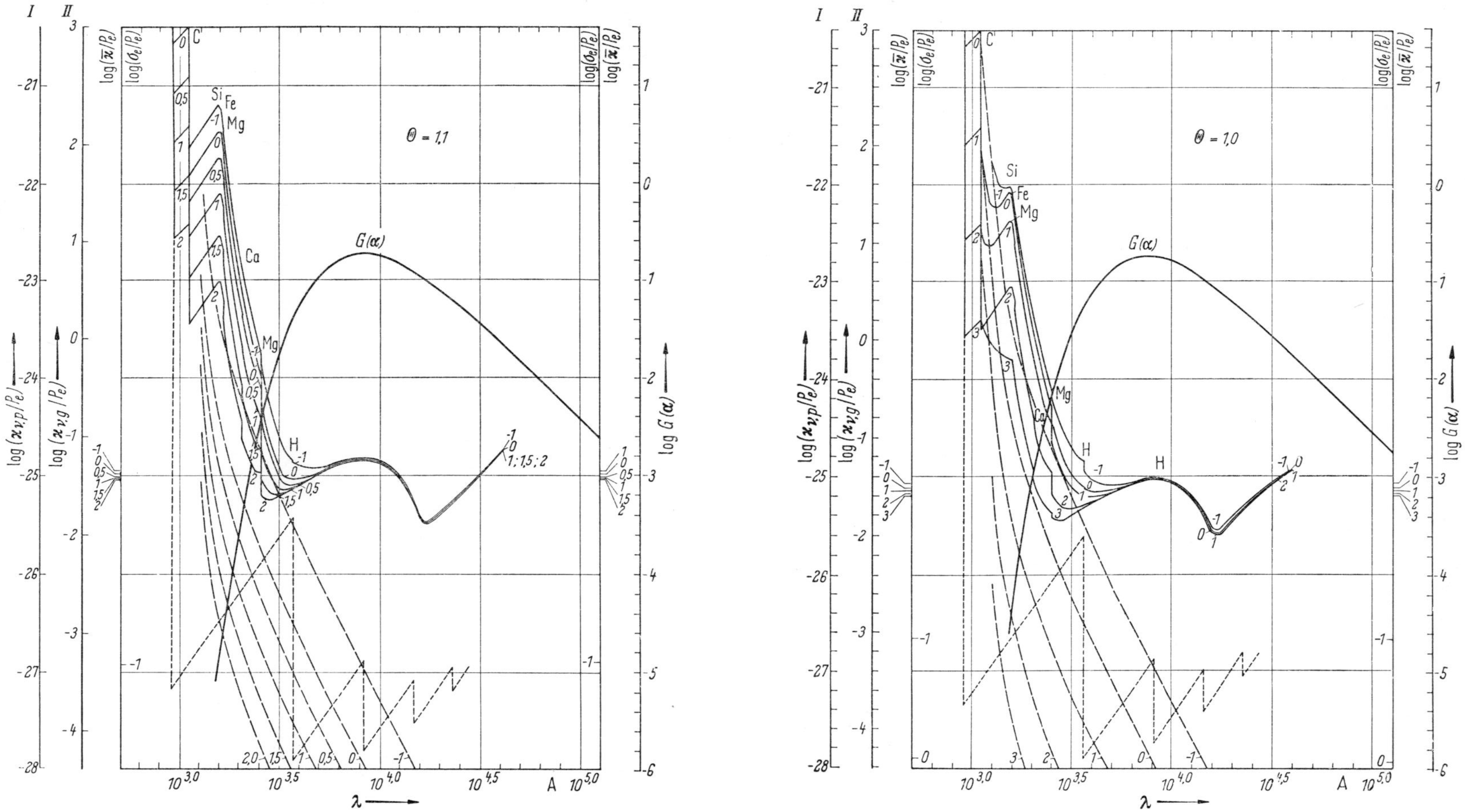

Fig. 4, 5. log $(\varkappa_\nu/P_e)$ vs. λ; Parameter: log P_e [34]. $\varkappa_\nu$, $(\varkappa'_\nu)_H$, σ_R, σ_e, $\bar{\varkappa}$ und $G(\alpha)$:
Für das Ablesen der numerischen Werte siehe die Erläuterungen zu Fig. 2 ··· 17 auf S. 405 — for reading off the numerical values see the explanations for Fig. 2 ··· 17 on p. 405.

$\varkappa_\nu$, $\bar{\varkappa}$, σ	in [cm² pro schweres Teilchen] (I)	[cm² per heavy particle] (I)
	in [cm² pro g Materie] (II)	[cm² per g of matter] (II)
P_e	in [dyn/cm²]	

$G(\alpha)$ log $G(\alpha)$ —— log $(\varkappa_\nu/P_e)$ ----- $((\varkappa'_\nu)_H/P_e)$ - log F — — — log (σ_R/P_e)

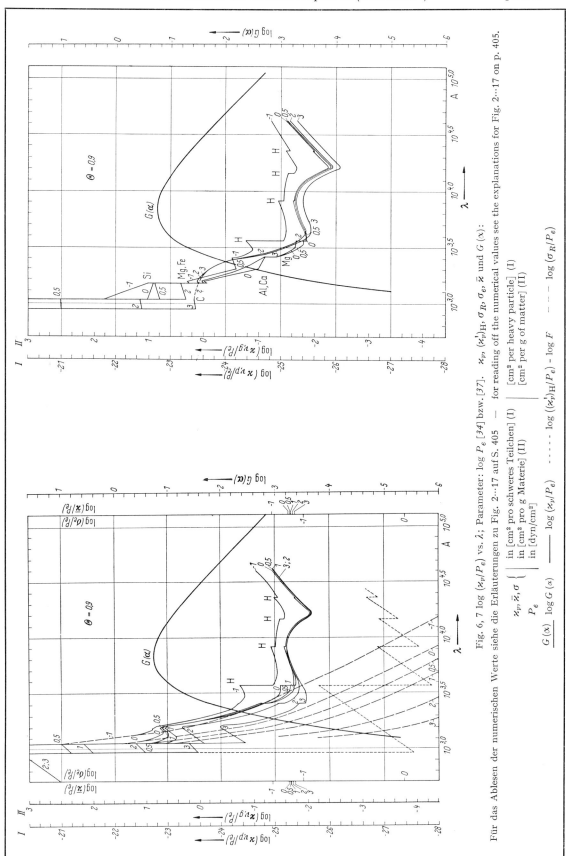

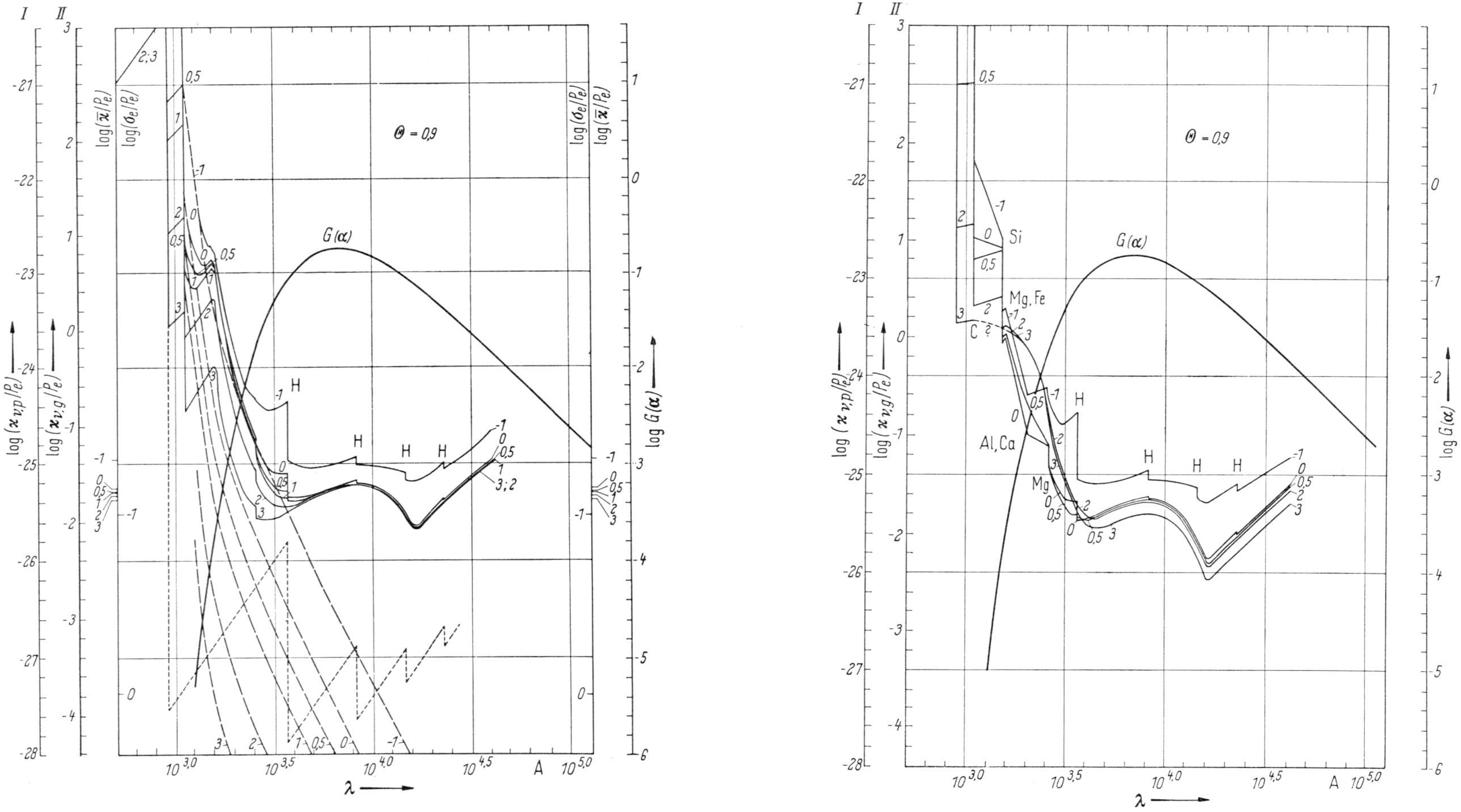

Fig. 6, 7 log $(\varkappa_\nu/P_e)$ vs. λ; Parameter: log P_e [34] bzw. [37]. $\varkappa_\nu$, $(\varkappa'_\nu)_H$, σ_R, σ_e, $\bar{\varkappa}$ und $G(\alpha)$:

Für das Ablesen der numerischen Werte siehe die Erläuterungen zu Fig. 2···17 auf S. 405 — for reading off the numerical values see the explanations for Fig. 2···17 on p. 405.

$\varkappa_\nu, \bar{\varkappa}, \sigma$	in [cm² pro schweres Teilchen] (I)	[cm² per heavy particle] (I)
	in [cm² pro g Materie] (II)	[cm² per g of matter] (II)
P_e	in [dyn/cm²]	

G (α) log $G(\alpha)$ —— log $(\varkappa_\nu/P_e)$ - - - - - log $((\varkappa'_\nu)_H/P_e)$ - log F — — — log (σ_R/P_e)

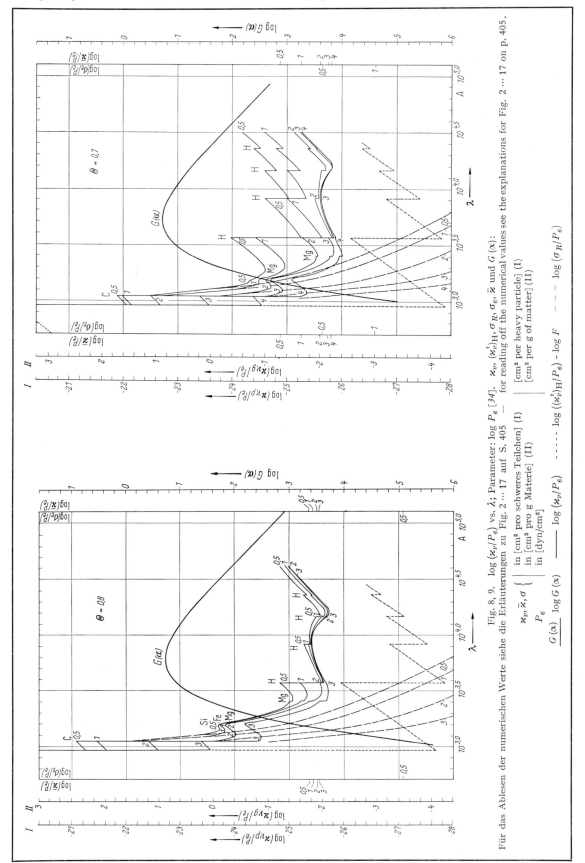

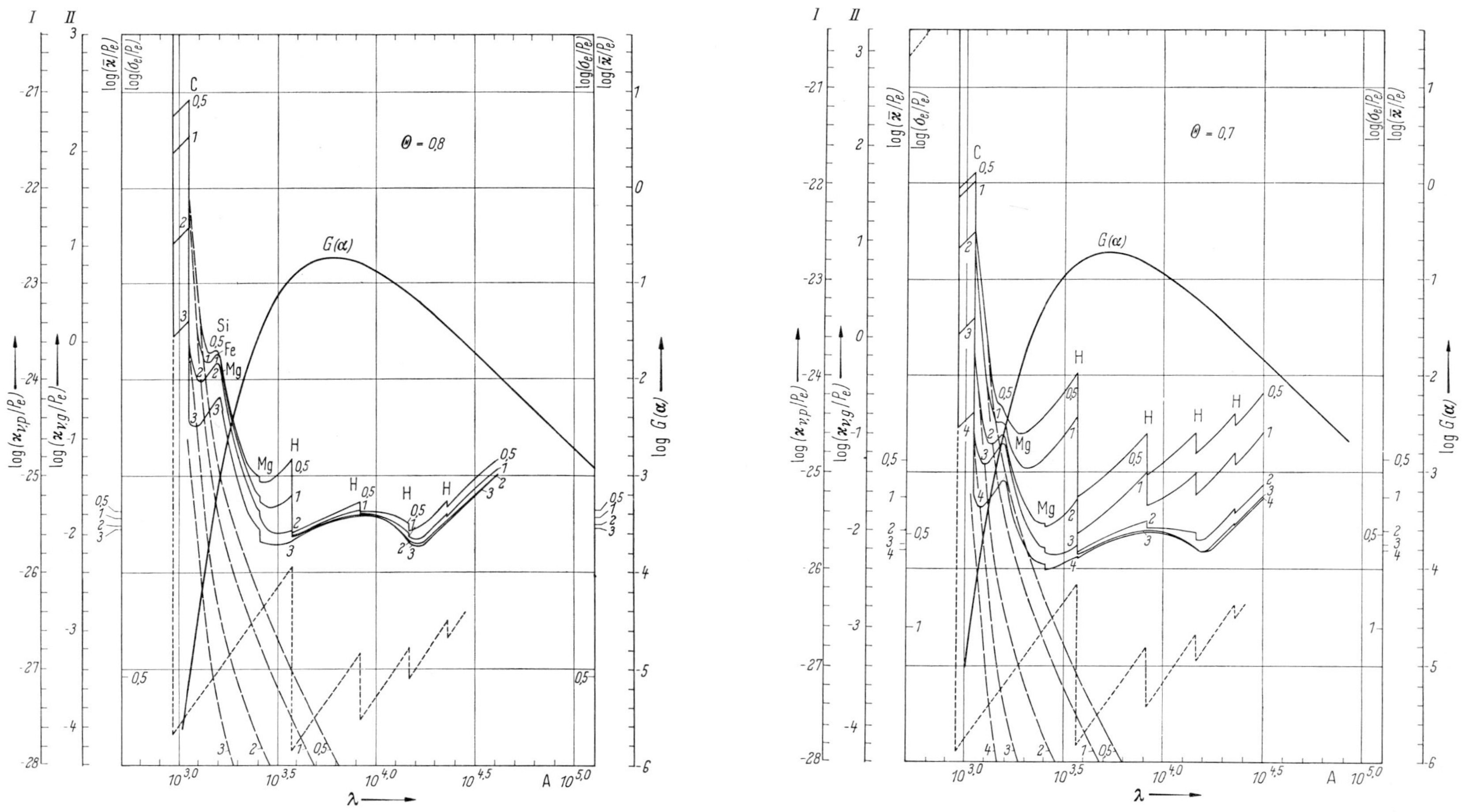

Fig. 8, 9. $\log(\varkappa_\nu/P_e)$ vs. λ; Parameter: $\log P_e$ [34]. $\varkappa_\nu$, $(\varkappa'_\nu)_H$, σ_R, σ_e, $\bar{\varkappa}$ und $G(\alpha)$:
Für das Ablesen der numerischen Werte siehe die Erläuterungen zu Fig. 2 ··· 17 auf S. 405 — for reading off the numerical values see the explanations for Fig. 2 ··· 17 on p. 405.

$\varkappa_\nu, \bar{\varkappa}, \sigma$	in [cm² pro schweres Teilchen] (I) in [cm² pro g Materie] (II)	[cm² per heavy particle] (I) [cm² per g of matter] (II)
P_e	in [dyn/cm²]	

$\underline{G(\alpha)}$ $\log G(\alpha)$ —— $\log(\varkappa_\nu/P_e)$ - - - - $\log((\varkappa'_\nu)_H/P_e) - \log F$ — — — $\log(\sigma_R/P_e)$

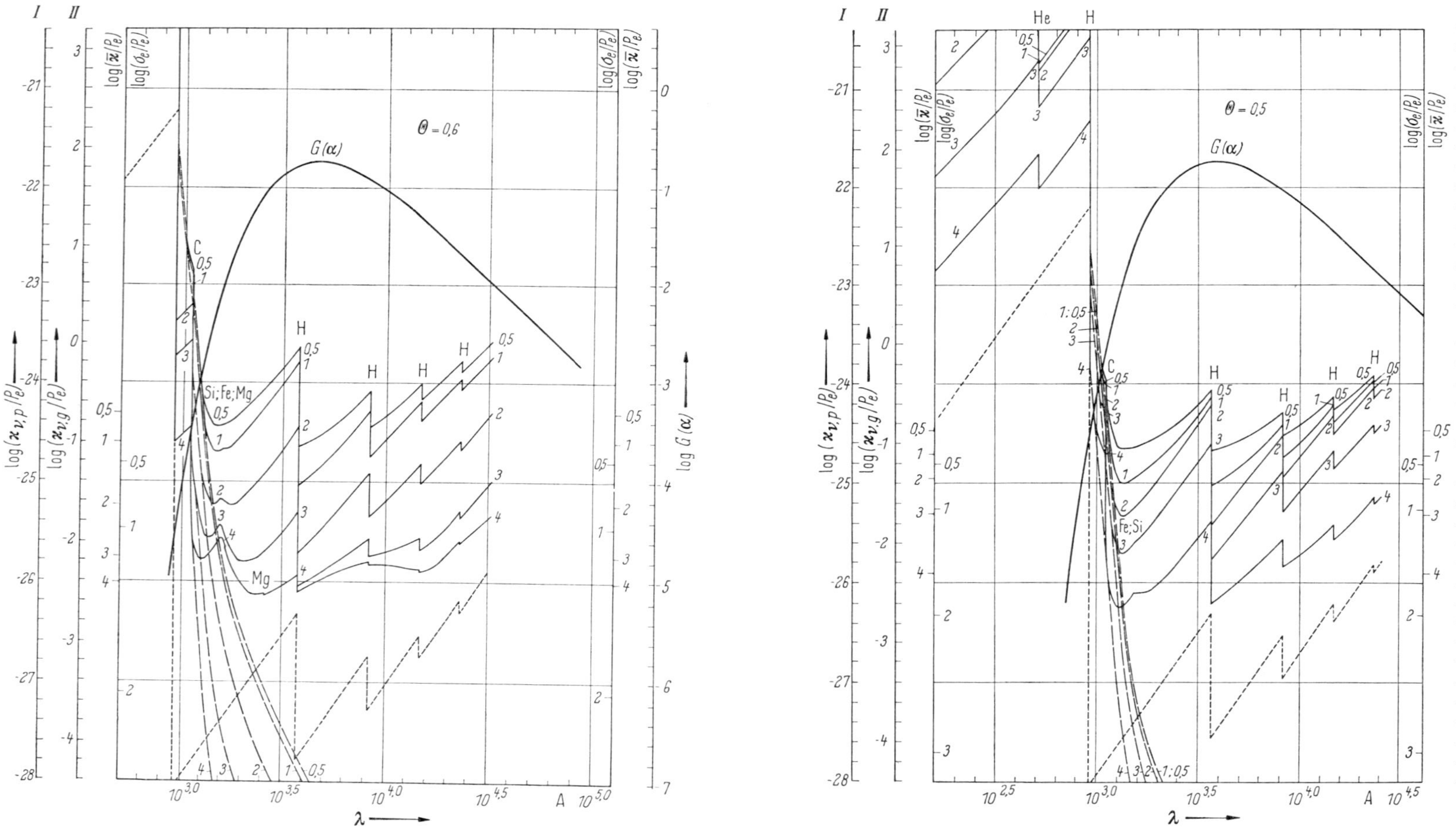

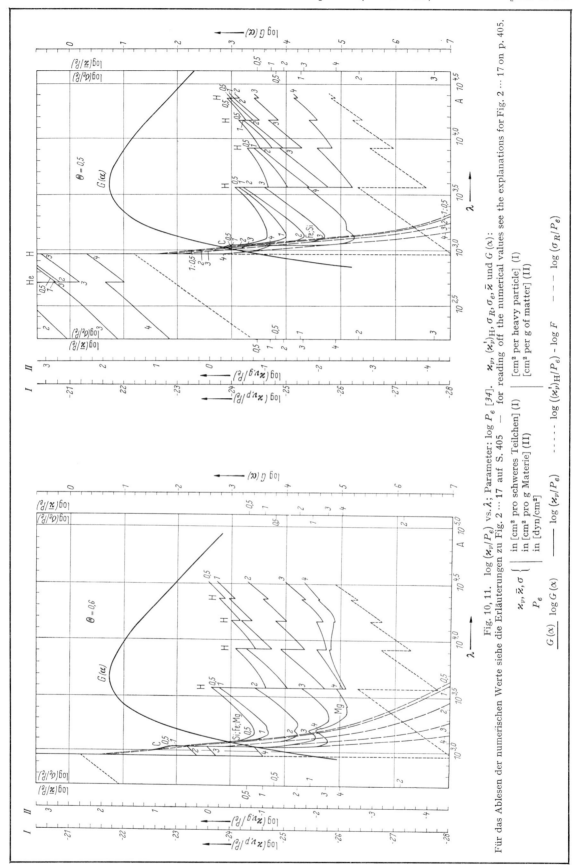

Fig. 10, 11. log $(\varkappa_\nu/P_e)$ vs. λ; Parameter: log P_e [34]. $\varkappa_\nu$, $(\varkappa'_\nu)_H$, σ_R, σ_e, $\bar{\varkappa}$ und $G(\alpha)$:
Für das Ablesen der numerischen Werte siehe die Erläuterungen zu Fig. 2 ··· 17 auf S. 405 — for reading off the numerical values see the explanations for Fig. 2 ··· 17 on p. 405.

$\varkappa_\nu, \bar{\varkappa}, \sigma$	in [cm² pro schweres Teilchen] (I)	[cm² per heavy particle] (I)
	in [cm² pro g Materie] (II)	[cm² per g of matter] (II)
P_e	in [dyn/cm²]	

$\underline{G(\alpha)}$ log $G(\alpha)$ —— log $(\varkappa_\nu/P_e)$ - - - - - log $((\varkappa'_\nu)_H/P_e)$ - log F — — — log (σ_R/P_e)

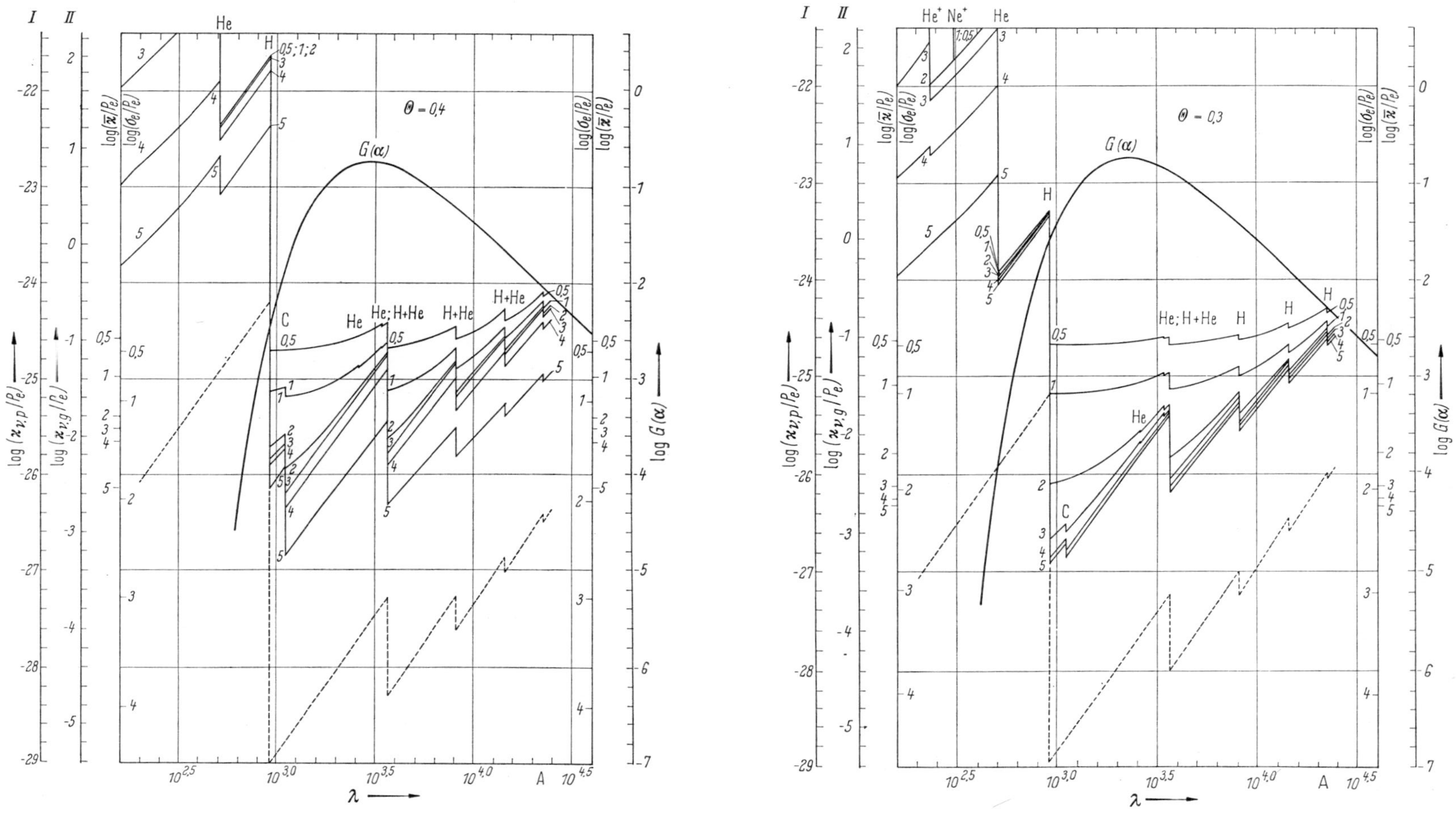

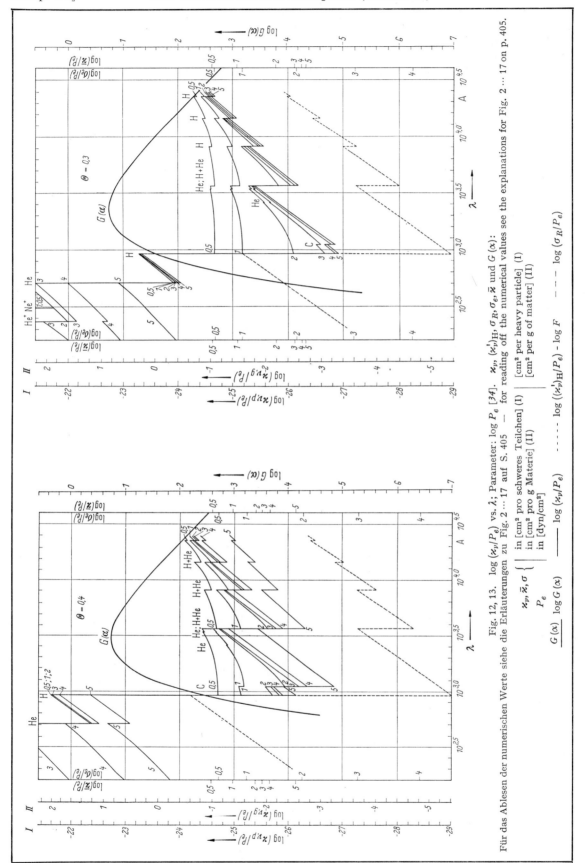

Fig. 12, 13. log $(\varkappa_\nu/P_e)$ vs. λ; Parameter: log P_e [34]. $\varkappa_\nu$, $(\varkappa'_\nu)_\mathrm{H}$, σ_R, σ_e, $\bar{\varkappa}$ und $G(\alpha)$:
Für das Ablesen der numerischen Werte siehe die Erläuterungen zu Fig. 2 ··· 17 auf S. 405 — for reading off the numerical values see the explanations for Fig. 2 ··· 17 on p. 405.

$\varkappa_\nu, \bar{\varkappa}, \sigma$	in [cm² pro schweres Teilchen] (I)	[cm² per heavy particle] (I)
	in [cm² pro g Materie] (II)	[cm² per g of matter] (II)
P_e	in [dyn/cm²]	

$G(\alpha)$ log $G(\alpha)$ —— log $(\varkappa_\nu/P_e)$ - - - - - log $((\varkappa'_\nu)_\mathrm{H}/P_e)$ - log F — — — log (σ_R/P_e)

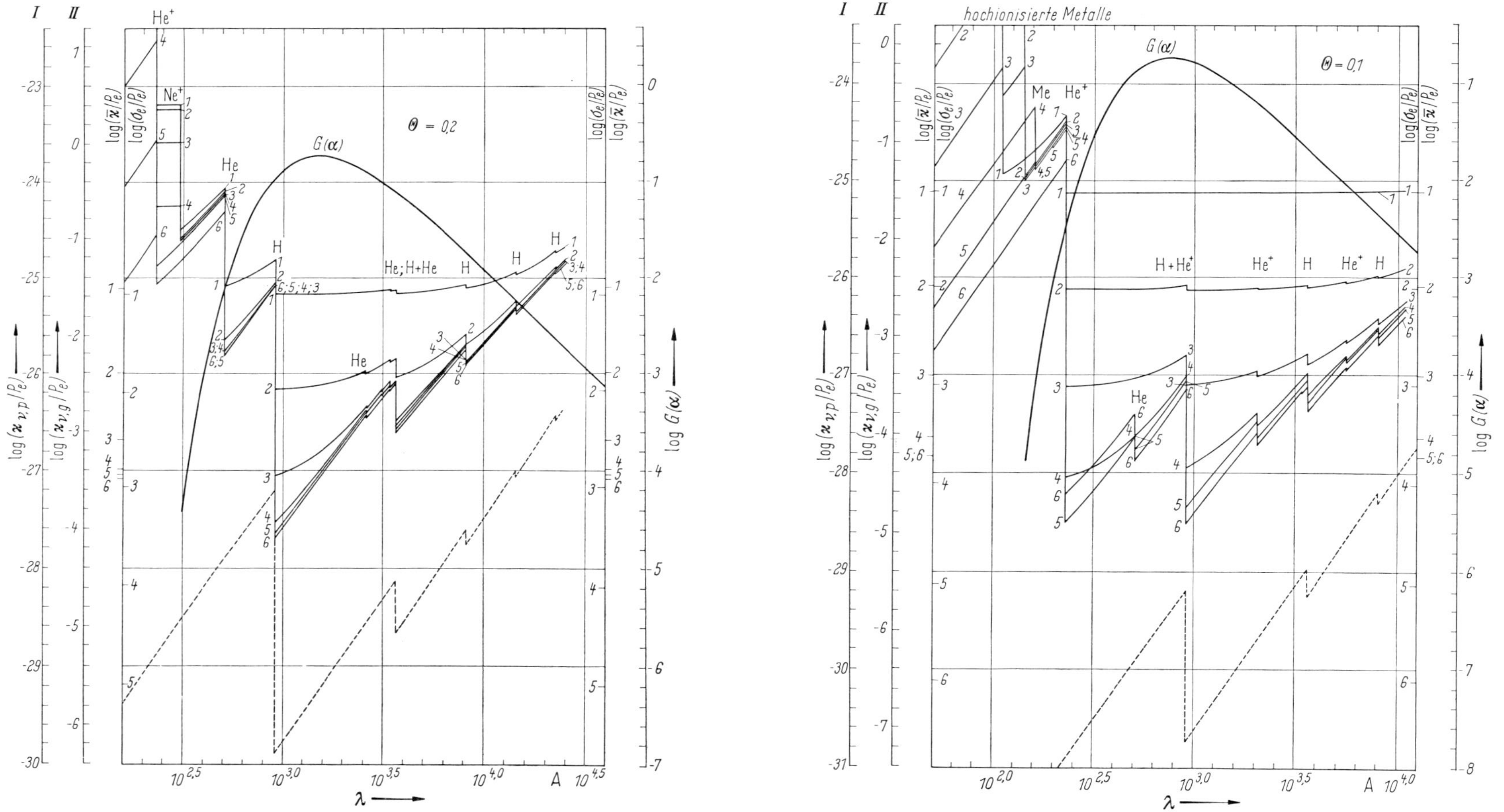

Fig. 14, 15. log $(\varkappa_\nu/P_e)$ vs. λ; Parameter: log P_e [34]. $\varkappa_\nu$, $(\varkappa'_\nu)_H$, σ_R, σ_e, $\varkappa$ und $G(\alpha)$:
Für das Ablesen der numerischen Werte siehe die Erläuterungen zu Fig. 2 ··· 17 auf S. 405 — for reading off the numerical values see the explanations for Fig. 2 ··· 17 on p. 405.

$\varkappa_\nu, \bar{\varkappa}, \sigma$	in [cm² pro schweres Teilchen] (I) in [cm² pro g Materie] (II)	[cm² per heavy particle] (I) [cm² per g of matter] (II)
P_e	in [dyn/cm²]	

$G(\alpha)$ log $G(\alpha)$ ——— log $(\varkappa_\nu/P_e)$ - - - - - log $((\varkappa'_\nu)_H/P_e)$ - log F — — — log(σ_R/P_e)

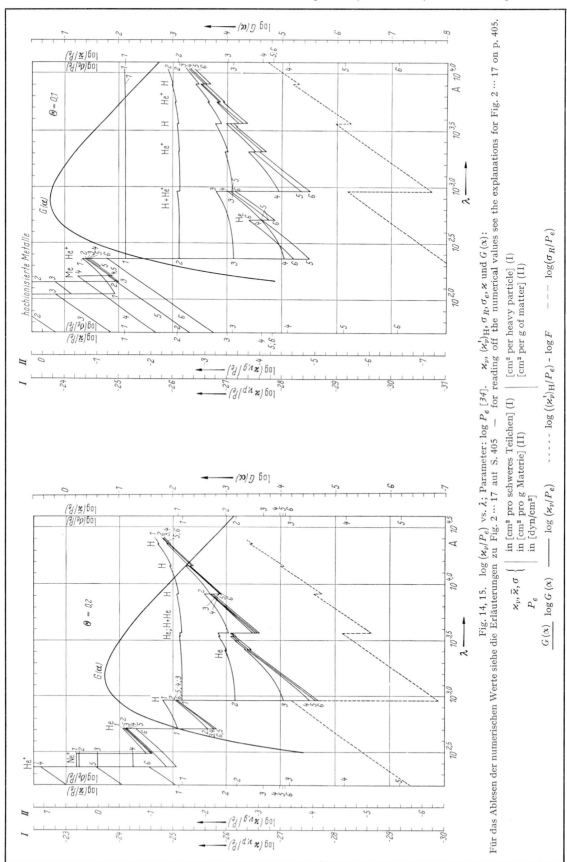

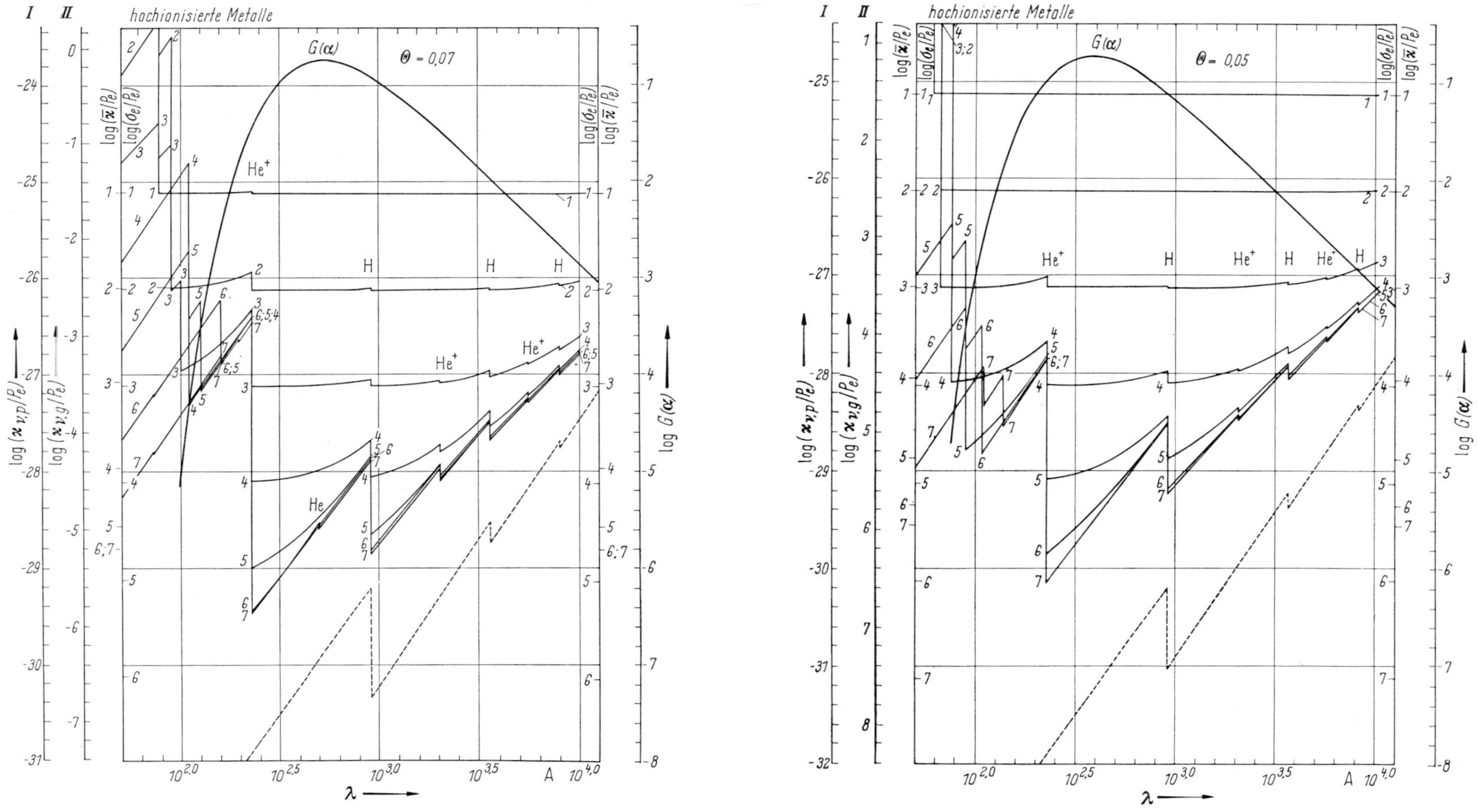

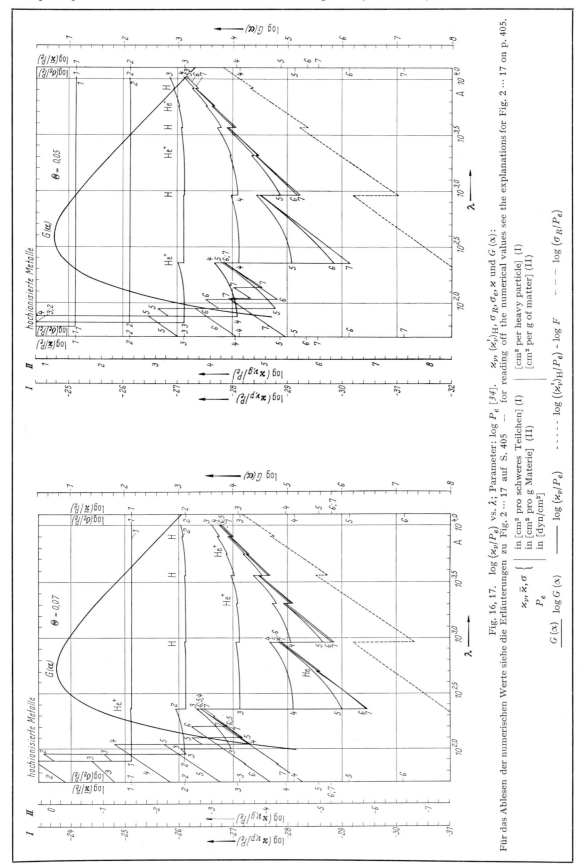

Fig. 16, 17. log $(\varkappa_\nu/P_e)$ vs. λ; Parameter: log P_e [34]. $\varkappa_\nu$, $(\varkappa'_\nu)_H$, σ_R, σ_e, $\varkappa$ und $G(\alpha)$:
Für das Ablesen der numerischen Werte siehe die Erläuterungen zu Fig. 2 ⋯ 17 auf S. 405 — for reading off the numerical values see the explanations for Fig. 2 ⋯ 17 on p. 405.

$\varkappa_\nu, \bar{\varkappa}, \sigma$ { in [cm² pro schweres Teilchen] (I) | [cm² per heavy particle] (I)
in [cm² pro g Materie] (II) | [cm² per g of matter] (II)
P_e in [dyn/cm²]

$G(\alpha)$ log $G(\alpha)$ —— log $(\varkappa_\nu/P_e)$ - - - - - log $((\varkappa'_\nu)_H/P_e)$ - log F — — — log (σ_R/P_e)

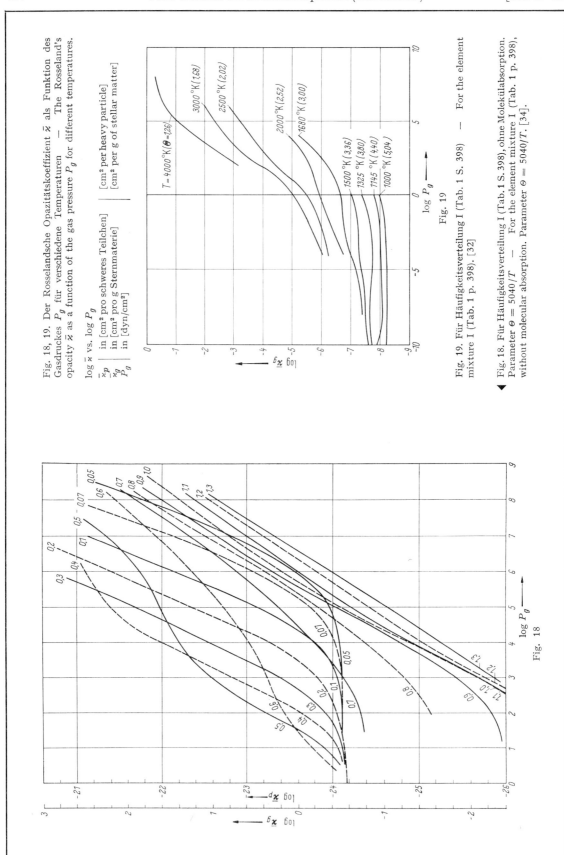

Fig. 18, 19. Der Rosselandsche Opazitätskoeffizient $\bar{\varkappa}$ als Funktion des Gasdruckes P_g für verschiedene Temperaturen — The Rosseland's opacity $\bar{\varkappa}$ as a function of the gas pressure P_g for different temperatures.

$\log \bar{\varkappa}$ vs. $\log P_g$

$\bar{\varkappa}_p$	in [cm² pro schweres Teilchen]	[cm² per heavy particle]
$\bar{\varkappa}_g$	in [cm² pro g Sternmaterie]	[cm² per g of stellar matter]
P_g	in [dyn/cm²]	

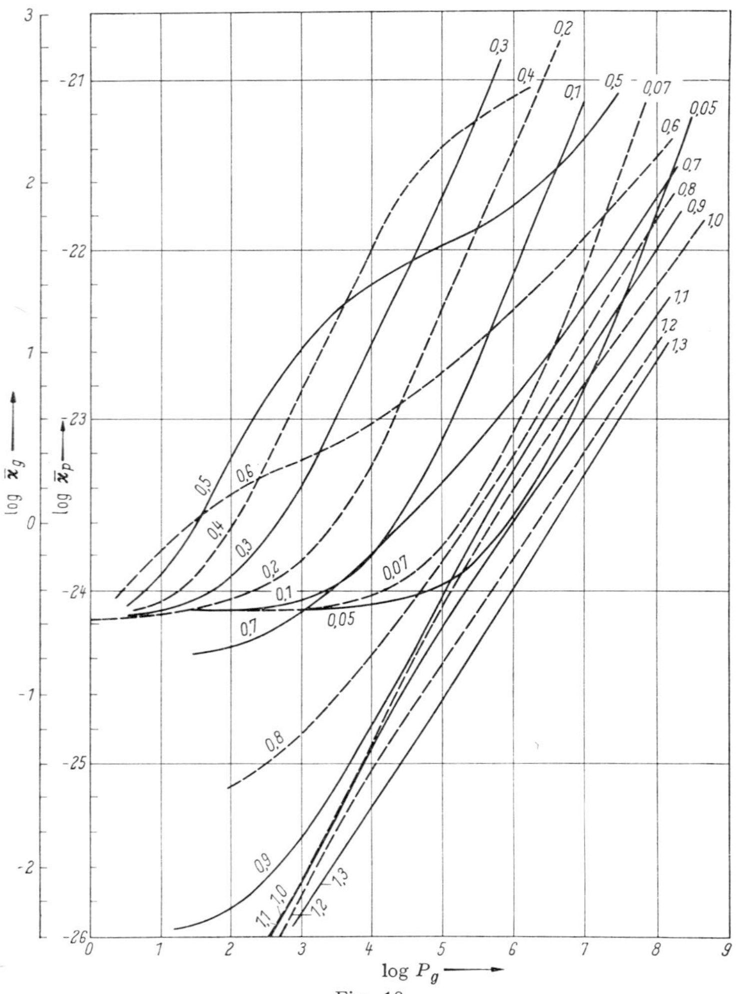

Fig. 18

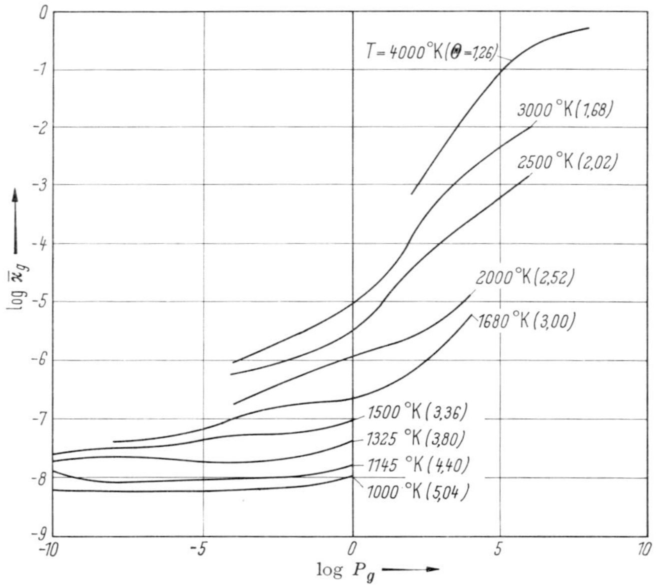

Fig. 19

Fig. 19. Für Häufigkeitsverteilung I (Tab. 1 S. 398) — For the element mixture I (Tab. 1 p. 398). [32]

◀ Fig. 18. Für Häufigkeitsverteilung I (Tab. 1 S. 398), ohne Molekülabsorption. Parameter $\Theta = 5040/T$ — For the element mixture I (Tab. 1 p. 398), without molecular absorption. Parameter $\Theta = 5040/T$. [34].

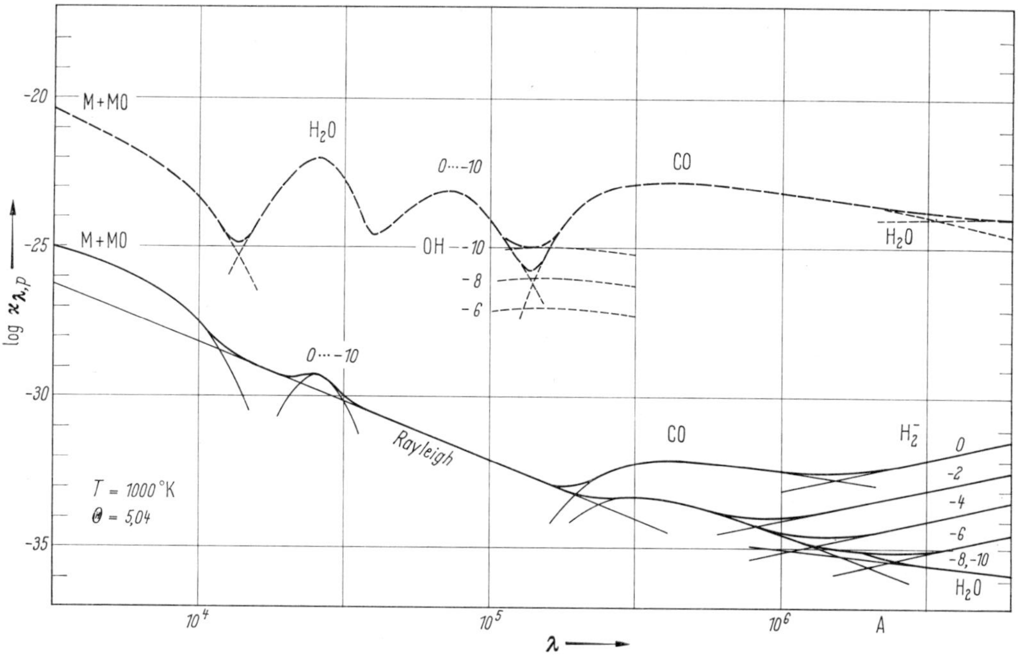

Fig. 20

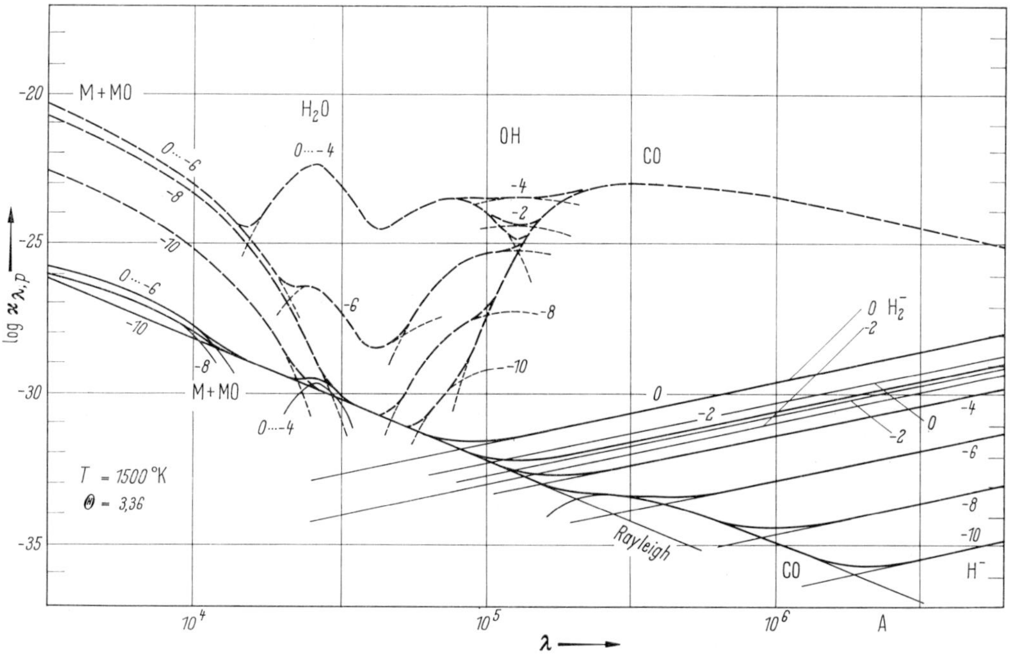

Fig. 21

Fig. 20, 21. $\log \varkappa_{\lambda,p}$ vs. λ; Parameter: $\log P_g$ [32]. $\varkappa_{\lambda,p}$ in [cm² pro schweres Teilchen]. P_g in [dyn/cm²].

———	Harmonisches Mittel über kleine Wellenlängenbereiche	harmonic mean over small wave-lengths regions
— — —	Arithmetisches Mittel über kleine Wellenlängenbereiche	arithmetic mean over small wave-lengths regions
——— } - - - -	Einzelne Beiträge	individual contributions

M Metallatome; MO Metalloxyde.

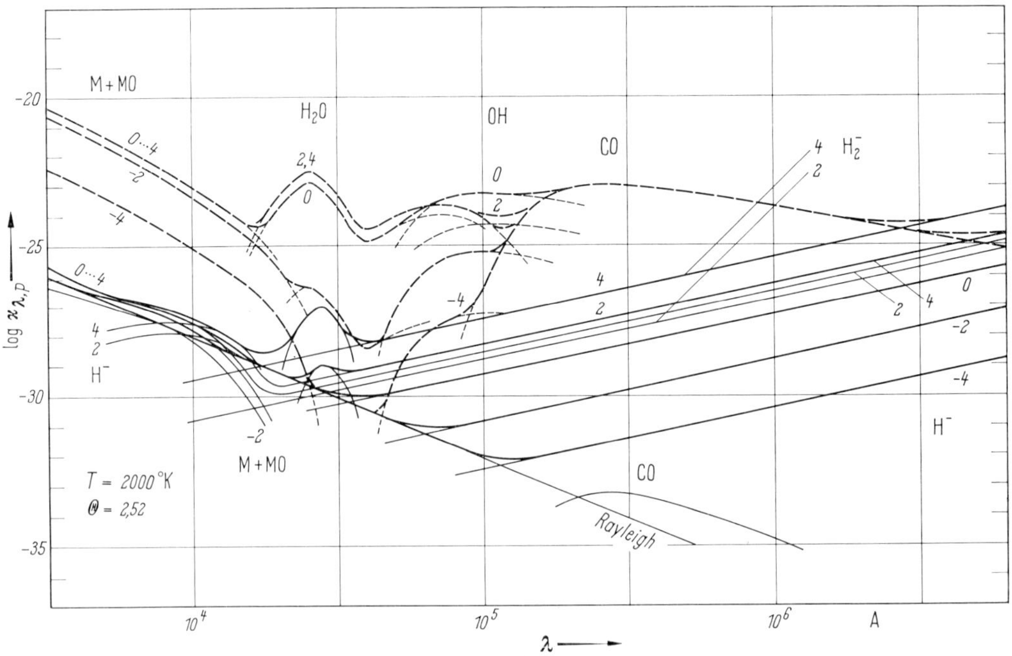

Fig. 22

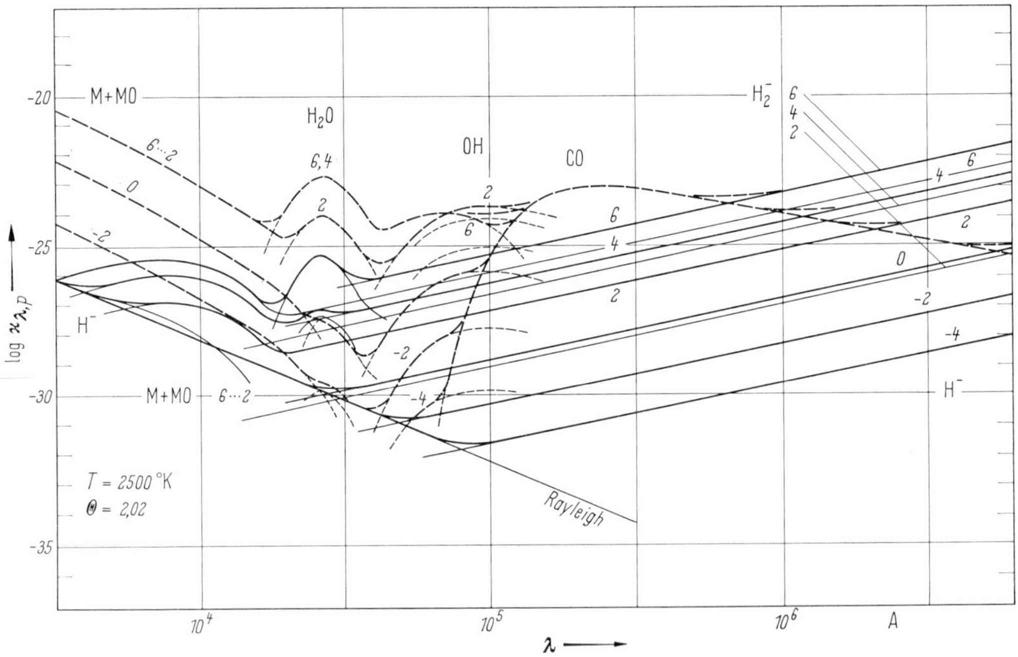

Fig. 23

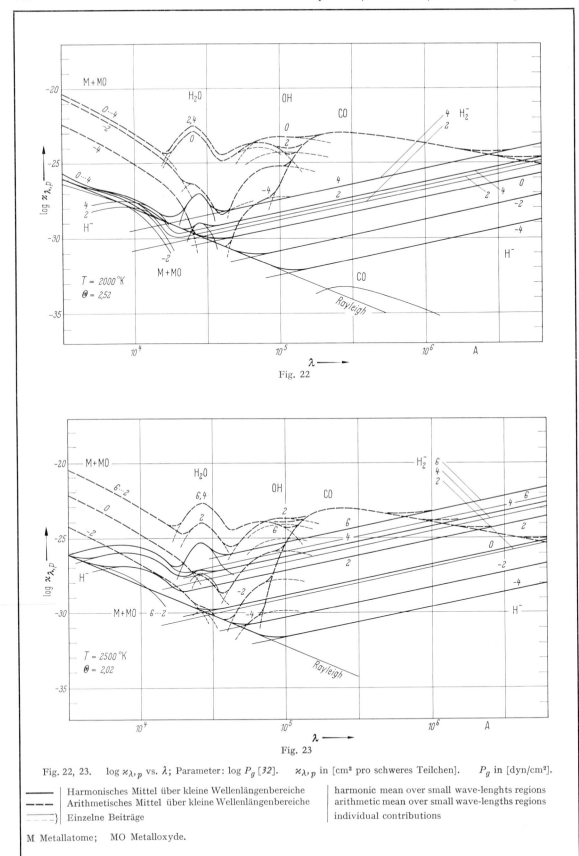

Fig. 22, 23. log $\varkappa_{\lambda,p}$ vs. λ; Parameter: log P_g [*32*]. $\varkappa_{\lambda,p}$ in [cm² pro schweres Teilchen]. P_g in [dyn/cm²].

———	Harmonisches Mittel über kleine Wellenlängenbereiche	harmonic mean over small wave-lenghts regions
— — —	Arithmetisches Mittel über kleine Wellenlängenbereiche	arithmetic mean over small wave-lengths regions
——— - - - }	Einzelne Beiträge	individual contributions

M Metallatome; MO Metalloxyde.

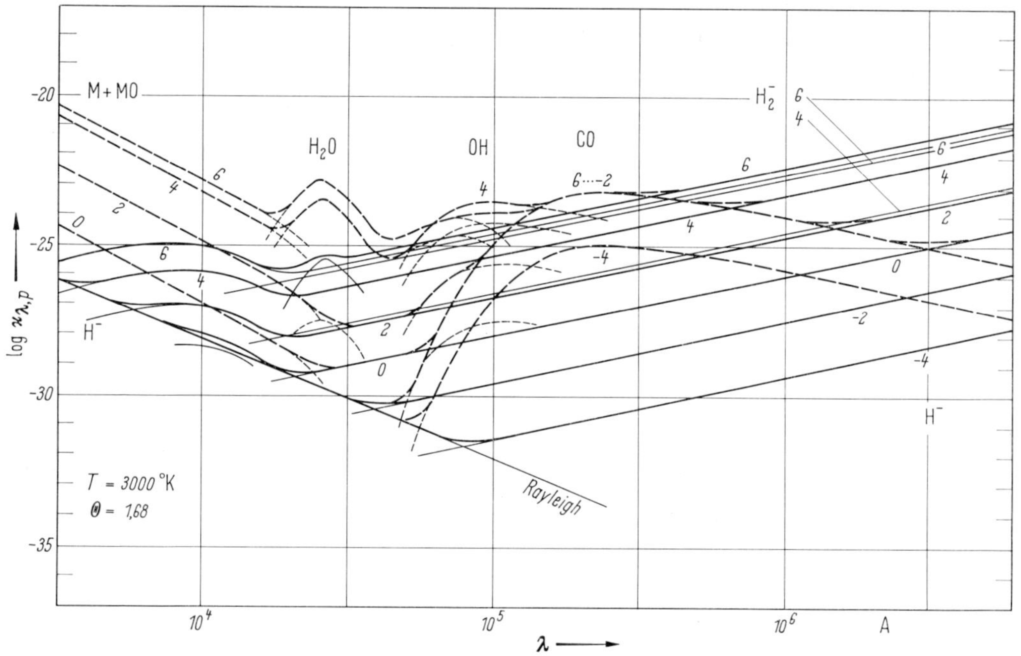

Fig. 24

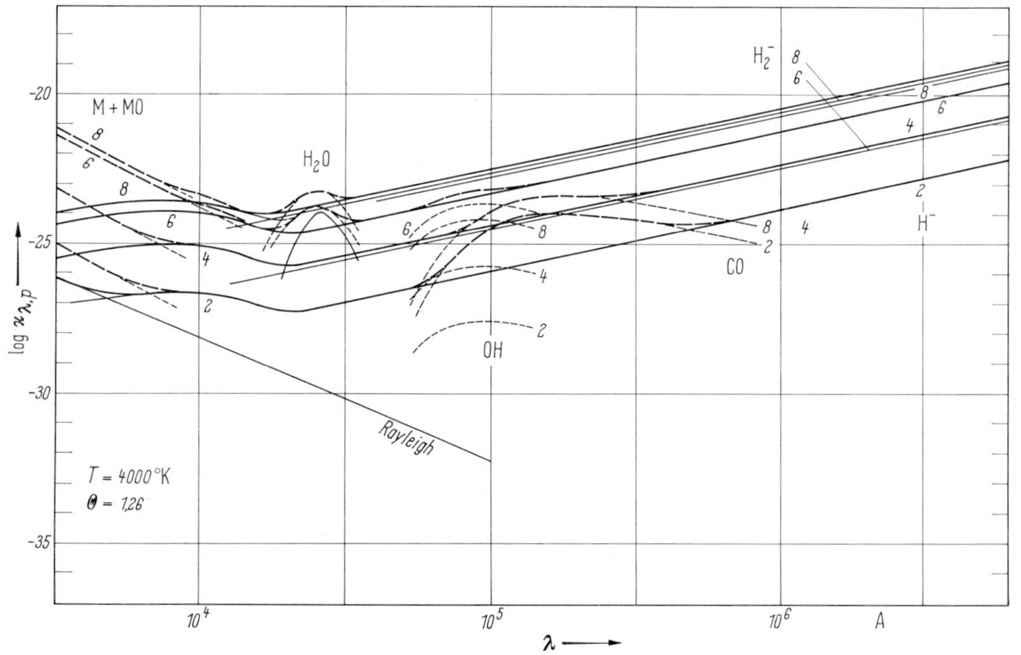

Fig. 25

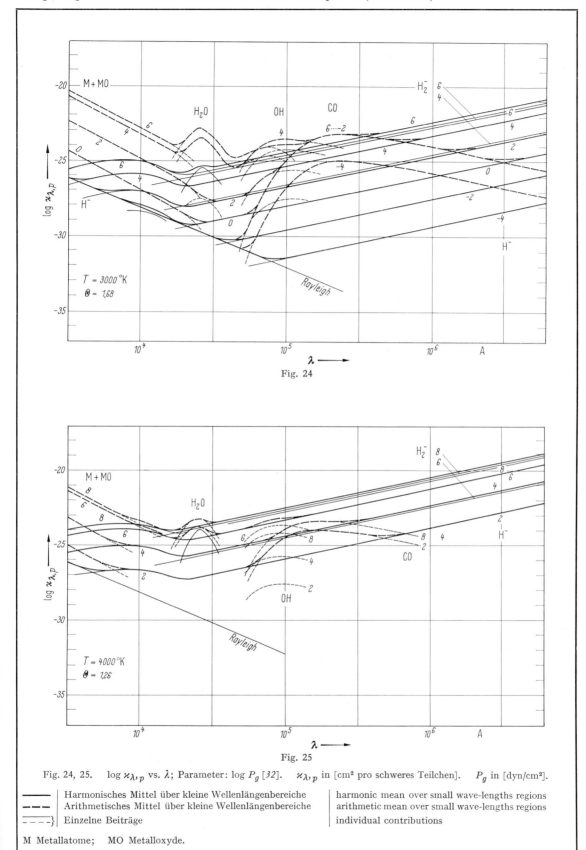

Fig. 24, 25. log $\varkappa_{\lambda, p}$ vs. λ; Parameter: log P_g [32]. $\varkappa_{\lambda, p}$ in [cm² pro schweres Teilchen]. P_g in [dyn/cm²].

———	Harmonisches Mittel über kleine Wellenlängenbereiche	harmonic mean over small wave-lengths regions
— — —	Arithmetisches Mittel über kleine Wellenlängenbereiche	arithmetic mean over small wave-lengths regions
——— / - - - - }	Einzelne Beiträge	individual contributions

M Metallatome; MO Metalloxyde.

Böhm-Vitense

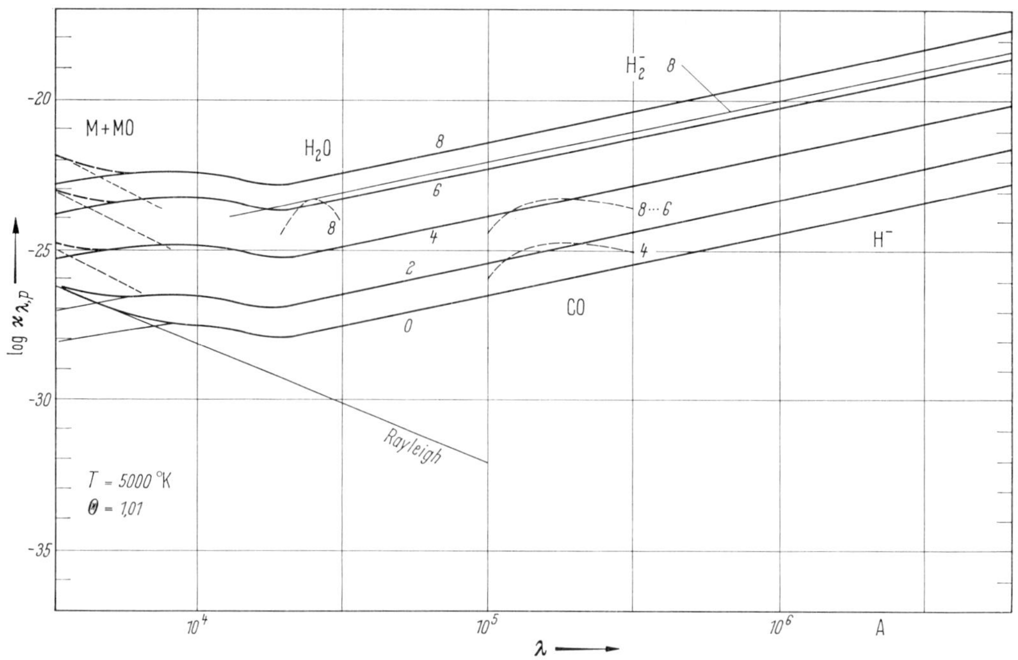

Fig. 26. $\log \varkappa_{\lambda,p}$ vs. λ; Parameter: $\log P_g$ [32]. $\varkappa_{\lambda,p}$ in [cm² pro schweres Teilchen]. P_g in [dyn/cm²].

———	Harmonisches Mittel über kleine Wellenlängenbereiche	harmonic mean over small wave-lengths regions
— — —	Arithmetisches Mittel über kleine Wellenlängenbereiche	arithmetic mean over small wave-lengths regions
- - - -}	Einzelne Beiträge	individual contributions

M Metallatome; MO Metalloxyde.

Opazitätskoeffizienten zu Fig. 20 ··· 26 siehe Fig. 19 S. 414.

Tab. 6. Der Rosselandsche Opazitätskoeffizient pro schweres Teilchen $\bar{\varkappa}_p$ für die Elementmischung IV in Tab. 1 in Abhängigkeit vom Elektronendruck P_e mit Θ als Parameter (ohne Molekülabsorption) — The Rosseland opacity per heavy particle $\bar{\varkappa}_p$ for the element mixture IV in Tab. 1 as a function of electron pressure P_e, using Θ as parameter (without molecular absorption) [37]

Die Tabelle gibt $\log \bar{\varkappa}_p$ — $\bar{\varkappa}_p$ in [cm²]. P_e in [dyn/cm²]. $\Theta = 5040/T$, T in [°K]. — The table gives $\log \bar{\varkappa}_p$

$\log P_e$	Θ 0,05	0,07	0,10	0,15	0,20	0,25	0,30	0,35
−4,0	−24,050	−24,109	−24,120	−24,118	−24,118	−24,129	−24,176	−24,177
−3,5	−24,050	−24,109	−24,120	−24,118	−24,118	−24,141	−24,176	−24,177
−3,0	−24,050	−24,109	−24,120	−24,118	−24,119	−24,156	−24,176	−24,177
−2,5	−24,050	−24,109	−24,120	−24,118	−24,119	−24,168	−24,176	−24,176
−2,0	−24,050	−24,109	−24,120	−24,118	−24,120	−24,172	−24,176	−24,175
−1,5	−24,050	−24,109	−24,120	−24,118	−24,122	−24,173	−24,174	−24,174
−1,0	−24,050	−24,109	−24,120	−24,118	−24,127	−24,171	−24,169	−24,171
−0,5	−24,050	−24,109	−24,120	−24,118	−24,137	−24,165	−24,163	−24,166
0	−24,050	−24,109	−24,120	−24,118	−24,145	−24,153	−24,154	−24,152
0,5	−24,050	−24,109	−24,119	−24,113	−24,138	−24,134	−24,135	−24,114
1,0	−24,050	−24,109	−24,118	−24,101	−24,111	−24,107	−24,087	−24,026
1,5	−24,050	−24,107	−24,115	−24,069	−24,065	−24,052	−23,983	−23,860
2,0	−24,049	−24,104	−24,107	−24,000	−23,996	−23,942	−23,794	−23,596
2,5	−24,047	−24,097	−24,082	−23,891	−23,882	−23,748	−23,506	−23,241
3,0	−24,043	−24,084	−23,995	−23,754	−23,688	−23,453	−23,134	−22,813
3,5	−24,031	−24,053	−23,849	−23,560	−23,388	−23,062	−22,705	−22,348
4,0	−24,004	−23,981	−22,608	−23,269	−22,992	−22,614	−22,254	−21,878
4,5	−23,950	−23,797	−23,256	−22,876	−22,535	−22,148	−21,786	−21,439
5,0	−23,842	−23,546	−22,803	−22,421	−22,056	−21,691	−21,325	−21,080
6,0	−23,337	−22,774	−21,820	−21,453	−21,110	−20,794	−20,582	−20,727

Tab. 6. (Fortsetzung)

$\log P_e$	Θ 0,40	0,45	0,50	0,55	0,60	0,65	0,70	0,75
−4,0	−24,177	−24,178	−24,178	−24,191	−24,232	−24,240	−24,241	−24,241
−3,5	−24,177	−24,178	−24,180	−24,207	−24,238	−24,240	−24,241	−24,242
−3,0	−24,177	−24,177	−24,185	−24,224	−24,239	−24,240	−24,240	−24,244
−2,5	−24,177	−24,178	−24,196	−24,234	−24,239	−24,239	−24,240	−24,251
−2,0	−24,176	−24,180	−24,212	−24,236	−24,236	−24,234	−24,237	−24,273
−1,5	−24,175	−24,185	−24,223	−24,231	−24,226	−24,221	−24,233	−24,333
−1,0	−24,173	−24,192	−24,220	−24,212	−24,197	−24,188	−24,231	−24,471
−0,5	−24,166	−24,191	−24,190	−24,161	−24,129	−24,124	−24,261	−24,676
0	−24,146	−24,153	−24,110	−24,048	−24,000	−24,045	−24,337	−24,835
0,5	−24,089	−24,044	−23,949	−23,852	−23,815	−23,976	−24,389	−24,781
1,0	−23,959	−23,834	−23,685	−23,572	−23,606	−23,912	−24,301	−24,507
1,5	−23,717	−23,515	−23,328	−23,248	−23,427	−23,796	−24,052	−24,131
2,0	−23,366	−23,109	−22,927	−22,967	−23,280	−23,582	−23,708	−23,711
2,5	−22,937	−22,668	−22,566	−22,772	−23,098	−23,279	−23,314	−23,259
3,0	−22,474	−22,250	−22,305	−22,608	−22,843	−22,917	−22,878	−22,787
3,5	−22,023	−21,918	−22,130	−22,400	−22,520	−22,504	−22,417	−22,342
4,0	−21,624	−21,695	−21,959	−22,122	−22,135	−22,057	−21,994	−22,023
4,5	−21,332	−21,534	−21,729	−21,772	−21,707	−21,657	−21,753	
5,0	−21,140	−21,343	−21,417	−21,366	−21,327			
6,0	−20,737							

$\log P_e$	Θ 0,80	0,85	0,90	0,95	1,00	1,05	1,10	1,15	1,20
−4,0	−24,243	−24,257	−24,325	−24,581	−25,109	−25,772	−26,430	−27,011	−27,466
−3,5	−24,249	−24,290	−24,466	−24,914	−25,553	−26,222	−26,828	−27,311	−27,613
−3,0	−24,267	−24,381	−24,735	−25,333	−26,003	−26,629	−27,126	−27,430	−27,554
−2,5	−24,319	−24,578	−24,113	−25,774	−26,411	−26,908	−27,185	−27,278	−27,306
−2,0	−24,446	−24,895	−25,531	−26,171	−26,654	−26,887	−26,954	−26,952	−26,935
−1,5	−24,681	−25,270	−25,900	−26,360	−26,549	−26,580	−26,559	−26,527	−26,496
−1,0	−24,987	−25,591	−26,025	−26,180	−26,189	−26,151	−26,106	−26,062	−26,023
−0,5	−25,237	−25,647	−25,786	−25,787	−25,741	−25,684	−25,629	−25,579	−25,536
0	−25,231	−25,373	−25,378	−25,331	−25,266	−25,200	−25,140	−25,088	−25,047
0,5	−24,947	−24,964	−24,921	−24,852	−24,777	−24,708	−24,648	−24,603	−24,581
1,0	−24,549	−24,515	−24,443	−24,361	−24,284	−24,219	−24,172	−24,160	−24,193
1,5	−24,111	−24,041	−23,954	−23,871	−23,802	−23,760	−23,765	−23,820	−23,911
2,0	−23,646	−23,555	−23,468	−23,400	−23,371	−23,398	−23,476	−23,581	−23,706
2,5	−23,166	−23,078	−23,018	−23,009	−23,063	−23,159	−23,277	−23,414	−23,573
3,0	−22,703	−22,659	−22,678	−22,758	−22,873	−23,003	−23,153	−23,328	
3,5	−22,327	−22,380	−22,487						
4,0	−22,119								

$\log P_e$	Θ 1,25	1,30	1,40	1,50	1,60	1,70	1,80	1,90	2,00
−4,0	−27,742	−27,859	−27,925	−27,993	−28,122	−28,290	−28,441	−28,515	−28,577
−3,5	−27,742	−27,783	−27,819	−27,895	−28,012	−28,135	−28,203	−28,255	−28,342
−3,0	−27,588	−27,596	−27,622	−27,685	−27,759	−27,809	−27,851	−27,930	−28,085
−2,5	−27,302	−27,298	−27,309	−27,333	−27,357	−27,388	−27,461	−27,613	−27,856
−2,0	−26,917	−26,904	−26,889	−26,886	−26,903	−26,968	−27,117	−27,358	−27,695
−1,5	−26,469	−26,447	−26,418	−26,416	−26,471	−26,613	−26,851	−27,182	−27,604
−1,0	−25,991	−25,965	−25,938	−25,976	−26,109	−26,341	−26,667	−27,083	−27,543
−0,5	−25,502	−25,479	−25,492	−25,611	−25,833	−26,150	−26,559	−27,021	−27,492
0	−25,022	−25,023	−25,124	−25,333	−25,636	−26,036	−26,498	−26,976	−27,462
0,5	−25,595	−24,649	−24,843	−25,131	−25,518	−25,975	−26,457	−26,950	−27,451
1,0	−24,267	−24,368	−24,638	−25,006	−25,455	−25,938	−26,436		
1,5	−24,025	−24,161	−24,507	−24,943	−25,424				
2,0	−23,854	−24,028	−24,445						
2,5	−23,759								

Böhm-Vitense

5.3.1.3.5 Literatur zu 5.3.1.3 — References for 5.3.1.3

[a] — *[g]*: *Zusammenfassende Literatur, siehe* 5.3 (S. 396) — *General references see* 5.3 (p. 396)

1 Chalonge, D., et V. Kourganoff: Ann. Astrophys. **9** (1946) 69.
2 Pierce, A. K., and J. H. Wadell: Mem. Roy. Astron. Soc. **68** (1961) 89.
3 Neven, L., and C. de Jager: BAN **11** (1951) 291.
4 Chandrasekhar, S., and F. H. Breen: ApJ **104** (1946) 430.
5 Ohmura, T. and H.: Phys. Rev. **121** (1961) 513.
6 John, T. L.: MN **121** (1960) 41.
7 Smith, S. J., and D. S. Burch: Phys. Rev. **116** (1959) 1125.
8 Menzel, D. H., and Ch. L. Pekeris: MN **96** (1936) 77.
9 Berger, J. M.: ApJ **124** (1956) 550.
10 Karzas, W. J., and K. Latter: ApJ Suppl. **6** (1961) 55.
11 Green, J. M.: The Rand Corporation, Report RM-2580-AEC, (1960).
12 Unsöld, A.: ZfA **21** (1942) 229.
13 Huang, S. S.: ApJ **108** (1948) 354.
14 Baker, D. J. jr., D. E. Bedo, and D. H. Tomboulian: Phys. Rev. **124** (1961) 1471.
15 Goldberg, L.: ApJ **90** (1939) 414.
16 Becker, A.: unveröffentlichte Diplomarbeit, Kiel (1960).
17 Bates, D. R.: MN **100** (1939) 25.
18 Bates, D. R.: MN **106** (1946) 431.
19 Bates, D. R., and M. J. Seaton: MN **109** (1949) 698.
20 Seaton, M. J.: Proc. Phys. Soc. London **67** (1954) 927.
21 Ditchburn, R. W.: Proc. Phys. Soc. London **75** (1960) 461.
22 Burgess, A., and M. J. Seaton: MN **120** (1960) 121.
23 Ditchburn, R. W., and G. W. Marr: Proc. Phys. Soc. London **66** (1953) 655.
24 Z. Physik **150** (1958) 336.
25 Peach, G.: MN **124** (1962) 371.
26 Kelm, S.: private Mitteilung (1962).
27 Bates, D. R., and H. S. W. Massey: Proc. Roy. Soc. London **177** (1941) 329.
28 Kelm, S., und D. Schlüter: ZfA **56** (1962) 78.
29 Wildt, R.: Relations entre les phénomènes solaires et géophysiques. Colloques internationaux, Sept. 1947 (1949) 7.
30 Erkovich, S. P.: Opt. Spectry. **8** (1960) 162.
31 Zwaan, C.: BAN **16** (1962) 163.
32 Yamashita, Y.: Publ. Astron. Soc. Japan **14** (1962) 390. Korrigierte Abbildungen (Fig. 19···26) privat zur Verfügung gestellt (1964).
33 Bethe, H.: Handbuch der Physik von Geiger und Scheel **24** 1. Teil (1933) 173.
34 Vitense, E.: ZfA **28** (1951) 81.
35 Ueno, S.: Contrib. Kyoto Nr. 42 (1954).
36 Cox, A. N.: privat verteilt (1961).
37 Bode, G.: privat verteilt (1963), Korrektur privat mitgeteilt (1964).
38 Keller, G., and R. E. Meyerott: ApJ **122** (1955) 32.
39 Solomon, P. M.: ApJ **139** (1964) 999.
40 Sommerville, W. B.: ApJ **139** (1964) 192.
41 Vardya, M. S.: ApJ Suppl. **8** (1964) 277.

5.3.1.4 Die mittleren Zustandsgrößen in Sternatmosphären — The mean physical parameters in stellar atmospheres

Als Mittelwert der Zustandsgrößen einer Sternatmosphäre wird man diejenigen Werte ansehen, durch die die Eigenschaften des integralen Sternspektrums möglichst gut beschrieben werden können.

Nach Eddington [*1*] und Barbier [*2*] ist der Strahlungsstrom F_ν in der Frequenz ν in guter Näherung gegeben durch

As mean values for the physical parameters of a stellar atmosphere we consider those values which best describe the properties of the integrated stellar spectrum.

According to Eddington [*1*] and Barbier [*2*] the radiation flux F_ν at the frequency ν is, to a good approximation, given by

$$F_\nu = (B_\nu)_{(\tau_\nu = 2/3)}$$

d. h. durch die Kirchhoff-Planck-Funktion B für die Temperatur T in der optischen Tiefe $\tau_\nu = {}^2/_3$. Die so definierten Mittelwerte sind also frequenzabhängig, da die Strahlung verschiedener Frequenzen aus verschiedenen geometrischen Tiefen kommt.

i. e. by the Planck function B for the temperature T at the optical depth $\tau_\nu = {}^2/_3$.

The mean characteristics defined in such a manner consequently depend on frequency, since the radiation in the different frequencies comes from different geometrical depths.

5.3.1.4.1 Die mittlere Temperatur — The mean temperature

Beschreibt man das Strahlungsgleichgewichtsproblem durch den frequenzunabhängigen Opazitätskoeffizienten $\bar{\varkappa}$ (siehe 5.3.1.3.3), so ergibt sich die Temperaturschichtung in „grauer" Näherung (siehe 5.3.2.3)

Representing the problem of radiative equilibrium by the frequency-independent opacity $\bar{\varkappa}$ (see 5.3.1.3.3), the temperature stratification in the "gray" approximation (see 5.3.2.3) is given by

$$T^4 = \frac{3}{4} T_{eff}^4 (\bar{\tau} + q(\tau)), \tag{1}$$

$$T_{eff}^4 = \frac{\pi}{\sigma} F$$

Fortsetzung nächste Seite

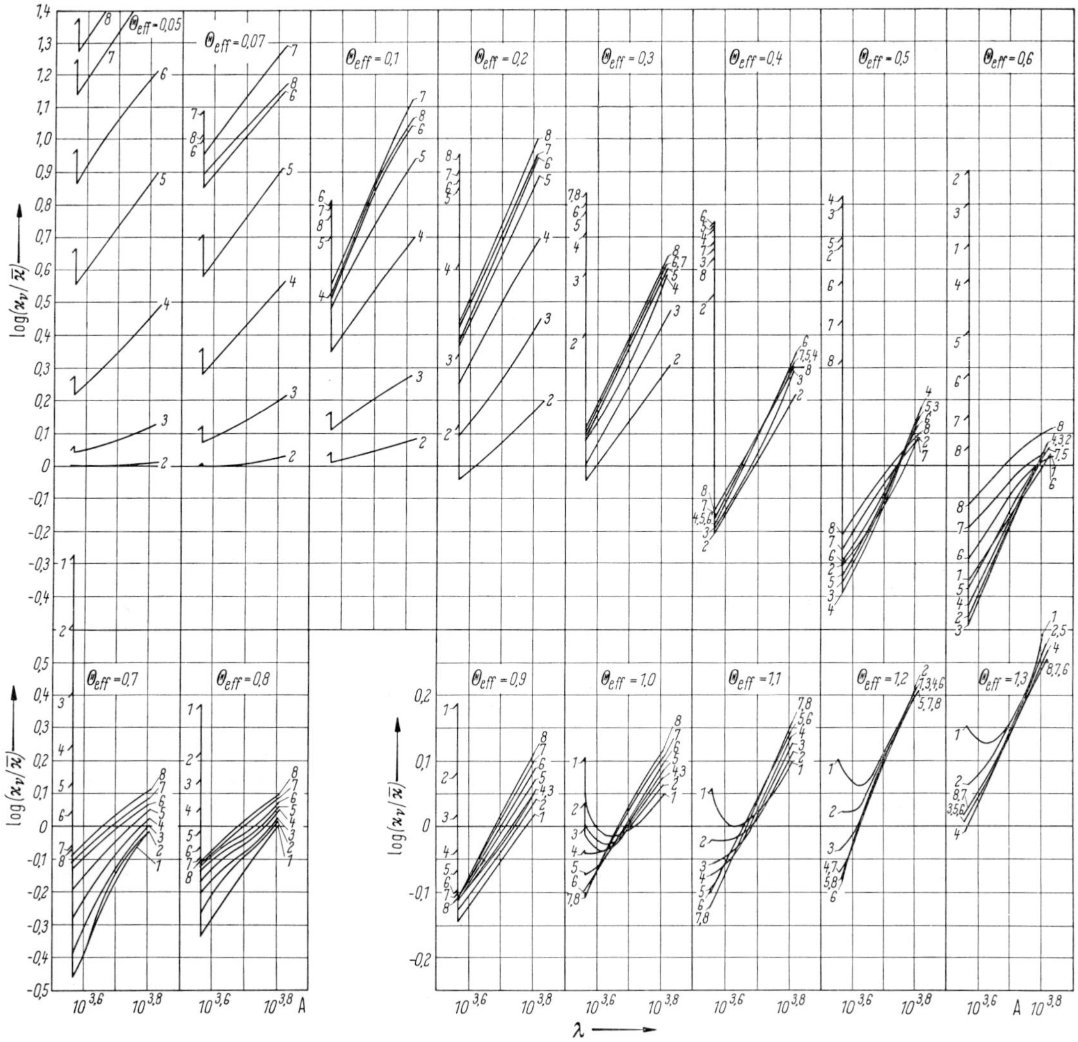

Fig. 27. $\varkappa_\nu/\bar{\varkappa} = (\varkappa_\nu/\bar{\varkappa})_{(\tau_\nu = 2/3)}$

als Funktion der Wellenlänge für verschiedene effektive Temperaturen T_{eff} und effektive Gravitationsbeschleunigungen g_{eff}.

as a function of the wavelength for different effective temperatures T_{eff} and effective gravitational accelerations g_{eff} [32].

$$\log \varkappa_\nu/\bar{\varkappa} \text{ vs. } \lambda; \text{ Parameter } \Theta_{eff} = \frac{5040}{T_{eff}} \text{ und } \log g_{eff}$$

g_{eff} in [cm sec^{-2}]

$F = \int_0^\infty F_\nu \, d\nu$	Gesamter Strahlungsstrom	total radiation flux
$\bar{\tau} = \int_0^z \bar{\varkappa}_{vol} \, dz$	optische Tiefe für die Gesamtstrahlung	optical depth for the total radiation
$q(\bar{\tau})$	in [4] und 5.3.2.3 tabulierte Funktion	function tabulated in [4] and in 5.3.2.3
	Damit wird	Thus we have

$$\bar{\tau}_{(\tau_\nu = 2/3)} = \int_0^{2/3} \bar{\varkappa}/\varkappa_\nu \, d\tau_\nu \approx \frac{2}{3} \left(\bar{\varkappa}/\varkappa_\nu\right)_{(\tau_\nu = 2/3)} . \tag{2}$$

Bei gegebenem $\bar{\varkappa}/\varkappa_\nu$ läßt sich daraus $\bar{\varkappa}_{(\tau_\nu = 2/3)}$ und damit $T_{(\tau = 2/3)}$ nach (1) angeben. $\bar{\varkappa}/\varkappa_\nu$ ist sowohl temperatur- als auch druckabhängig.

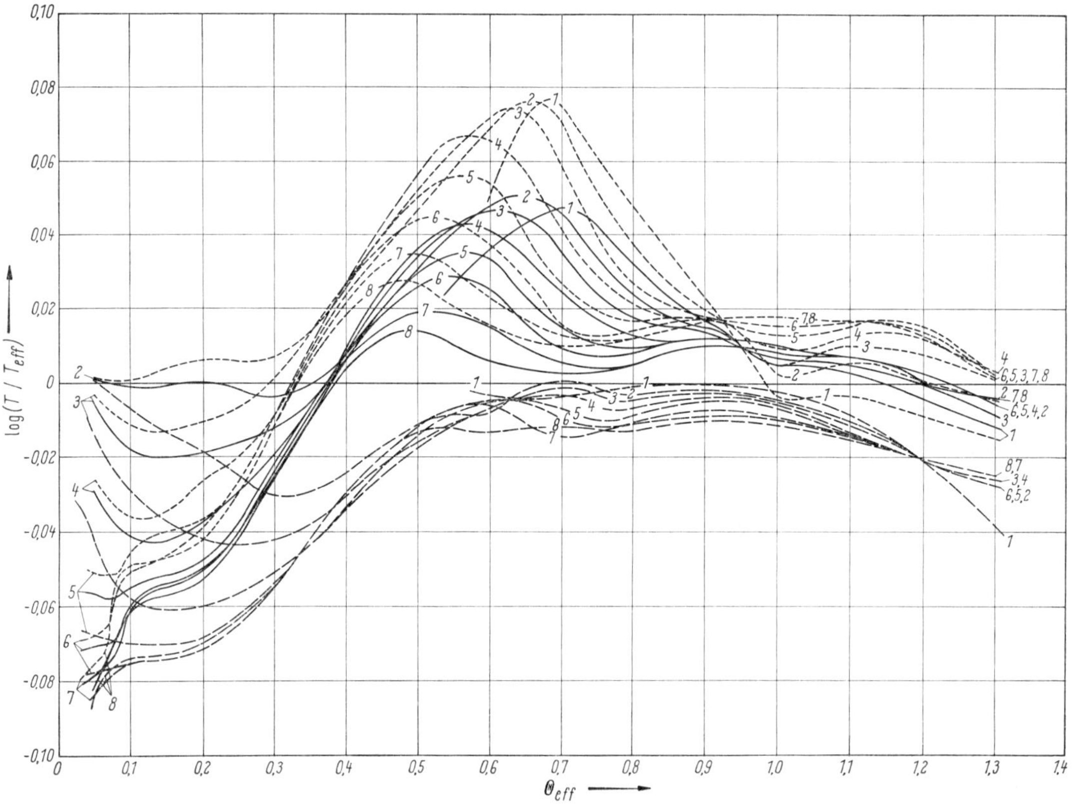

Fig. 28. Die Strahlungstemperatur T dividiert durch die effektive Temperatur T_{eff} als Funktion von $\Theta_{eff} = \frac{5040}{T_{eff}}$ für verschiedene effektive Gravitationsbeschleunigungen g_{eff} — The radiation temperature T divided by the effective temperature T_{eff} as a function of $\Theta_{eff} = \frac{5040}{T_{eff}}$ for different effective gravitational accelerations g_{eff}.

$\log(T/T_{eff})$ vs. Θ_{eff}; Parameter $\log g_{eff}$ [5]. g_{eff} in [cm sec^{-2}]

------ $\lambda = 3647$ A —— $\lambda = 4250$ A — — — $\lambda = 6380$ A

5.3.1.4.2 Der mittlere Gasdruck — The mean gas pressure

Der Gasdruck P_g wird berechnet mit Hilfe der hydrostatischen Gleichung

The gas pressure P_g can be found by means of the hydrostatic equation

$$\frac{dP_g}{dz} = g_{eff} \cdot \varrho$$

Division durch die Opazität (siehe 5.3.1.3.3) liefert: | Division by the opacity (see 5.3.1.3.3) gives:

$$\frac{d P_g}{d \bar{\tau}} = \frac{g_{eff} \cdot \varrho}{\bar{\varkappa}_{vol}} = \frac{g_{eff}}{\bar{\varkappa}_g}. \tag{3}$$

Die effektive Gravitationsbeschleunigung g_{eff} ist hier konstant gesetzt, d.h. wir nehmen Strahlungsbeschleunigung und Turbulenzbeschleunigung als tiefenunabhängig an. Die Integration dieser Gleichung erfordert eine Kenntnis von $\bar{\varkappa}_g$ als Funktion von τ oder als Funktion von P_g.

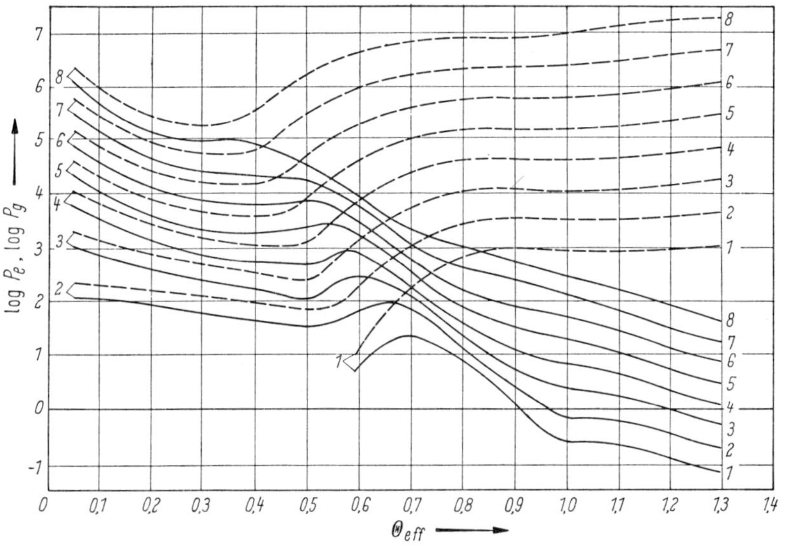

Fig. 29. Der Gasdruck P_g und der Elektronendruck P_e als Funktion der effektiven Temperatur T_{eff} für verschiedene effektive Gravitationsbeschleunigungen g_{eff} — The gas pressure P_g and the electron pressure P_e as a function of the effective temperature T_{eff} for different effective gravitational accelerations g_{eff} [5].

$\lambda = 4250$ A; P_e, P_g in [dyn/cm²]; g_{eff} in [cm/sec²].

------ log P_g vs. $\Theta_{eff} = \frac{5040}{T_{eff}}$; Parameter log g_{eff}. —— log P_e vs. $\Theta_{eff} = \frac{5040}{T_{eff}}$; Parameter log g_{eff}

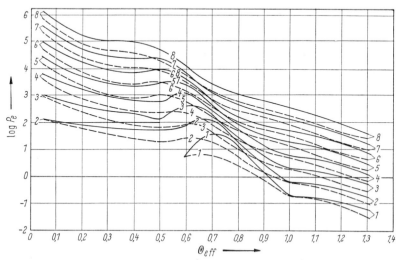

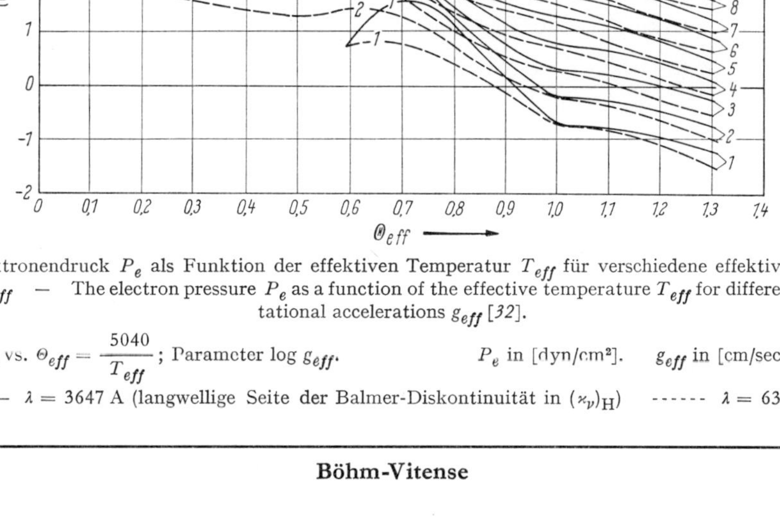

Fig. 30. Der Elektronendruck P_e als Funktion der effektiven Temperatur T_{eff} für verschiedene effektive Gravitationsbeschleunigungen g_{eff} — The electron pressure P_e as a function of the effective temperature T_{eff} for different effective gravitational accelerations g_{eff} [32].

log P_e vs. $\Theta_{eff} = \frac{5040}{T_{eff}}$; Parameter log g_{eff}. P_e in [dyn/cm²]. g_{eff} in [cm/sec²].

—— $\lambda = 3647$ A (langwellige Seite der Balmer-Diskontinuität in $(\varkappa_\nu)_H$) ------ $\lambda = 6350$ A.

In verschiedenen Druck- und Temperaturbereichen sind folgende Ansätze zweckmäßig (vergleiche[5]):

für große T und $T < 5\,000°$ bei kleinen P_g	for high T, and $T < 5\,000°$ for small P_g	$\bar{\varkappa}_g = \text{const}$
für große T und große P_g	for high T and P_g	$\bar{\varkappa}_g = a\, P_g^{\,b}$
für $5\,000° < T < 10\,000°$	for $5\,000° < T < 10\,000°$	$\bar{\varkappa}_g = \alpha \cdot \bar{\tau}$

Die auftretenden Konstanten berechnet man zweckmäßig aus dem Wert von $\bar{\varkappa}$ an einer festen Stelle $\bar{\tau}_0 \leq 0{,}001$.

5.3.1.4.3 Die effektive Anzahl absorbierender Atome — Effective number of absorbing atoms

Für die Analyse eines Sternspektrums ist es wichtig, die für die Linienabsorption wirksame Schichtdicke oder die wirksame Anzahl absorbierender Atome $\overline{NH}$ zu kennen, die ebenfalls frequenzabhängig ist.

For analysing a stellar spectrum it is important to know the effective thickness for the line absorption or the effective number of absorbing atoms $\overline{NH}$, which depends also on frequency.

Nach [5] ist | From [5] we have

$$\overline{NH} = \left(\frac{d \ln B\,(\tau_0)}{d \ln \tau_0}\right)_{\tau_0 = 2/3} \cdot \frac{1}{\varkappa_{o,\,at}}$$

τ_0	optische Tiefe in dem der Linie benachbarten Kontinuum	optical depth in the neighboring continuum
$\varkappa_{o,\,at}$ in [cm²]	kontinuierlicher Absorptionskoeffizient pro absorbierendes Atom, d. h. bezogen auf *die* Menge Sternmaterie, die *ein* in der Linie absorbierendes Atom enthält	continuous absorption coefficient per absorbing atom, i. e. for the amount of stellar matter that contains one atom absorbing in this line

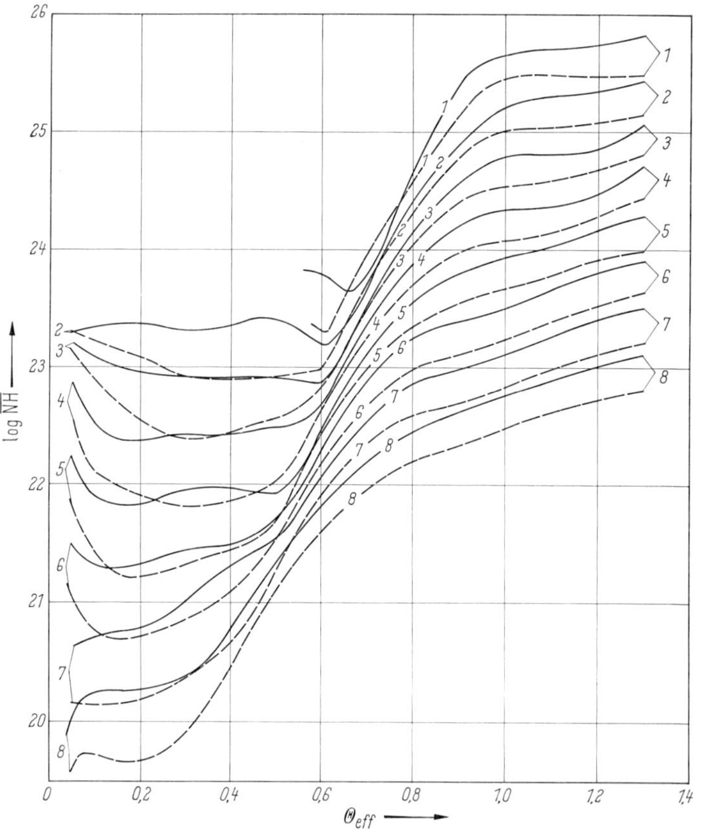

Fig. 31. Die wirksame Anzahl absorbierender Atome $\overline{NH}$ als Funktion der effektiven Temperatur T_{eff} für verschiedene effektive Gravitationsbeschleunigungen g_{eff} — The effective number of absorbing atoms $\overline{NH}$ as a function of effective temperature T_{eff} for different effective gravitational accelerations g_{eff} [5].

——— $\lambda = 4250$ A.
– – – $\lambda = 6380$ A.

$\log \overline{NH}$ vs. $\Theta_{eff} = \dfrac{5040}{T_{eff}}$;
Parameter $\log g_{eff}$.
$\overline{NH}$ in [cm⁻²]
g_{eff} in [cm/sec²].

5.3.1.4.4 Literatur zu 5.3.1.4 — References for 5.3.1.4

1 Eddington, A. S.: Der innere Aufbau der Sterne, Springer-Verlag, Berlin (1928).
2 Barbier, D.: Ann. Astrophys. **7** (1944) 115.
3 Du Mond, J. W., and E. R. Cohen: Rev. Mod. Phys. **25** (1953) 691.
4 Mark, C.: Phys. Rev. **72** (1947) 558.
5 Vitense, E.: ZfA **29** (1951) 73.

5.3.2 Modellatmosphären — Model atmospheres

Zusammenfassende Literatur, Symbole und Definitionen siehe 5.3.0 S. 396.

General references, symbols, and definitions see 5.3.0 p. 396.

5.3.2.0 Einleitung — Introduction

Die Schichtung der Temperatur T, des Gasdrucks P_g, des Elektronendrucks P_e, der Turbulenzgeschwindigkeit ξ usw. in den äußersten, der direkten Beobachtung zugänglichen Schichten eines Sterns nennt man seine *Modellatmosphäre*. Diese Schichtung wird durch zwei Bedingungen festgelegt: a) Konstanz des gesamten Energiestromes (Strahlungstransport, konvektiver Transport) als Funktion der Tiefe und b) hydrostatisches bzw. hydrodynamisches Gleichgewicht. Im allgemeinen kann die Berechnung nur in Iterationsschritten erfolgen, wobei abwechselnd die Bedingungen a) und b) benutzt werden, um die Temperaturschichtung bzw. die Druckschichtung zu korrigieren.

The distribution of temperature T, gas pressure P_g, electron pressure P_e, velocity of turbulence ξ etc. in the outermost directly observable layers of a star makes up its *model atmosphere*. This stratification is determined by two conditions: a) constancy of the total energy flux (transfer by radiation and by convection) as a function of depth and b) hydrostatic or hydrodynamic equilibrium. Generally, the calculation can only be made using the "trial and error" method, in which these two conditions are used: a) to correct the temperature stratification and b) to correct the pressure stratification.

Zahlreiche Untersuchungen beschäftigen sich mit dem Problem des Strahlungsgleichgewichts bzw. dem analogen Problem der Neutronendiffusion. Im folgenden sind die Grundlagen zusammen mit den Zitaten der wichtigsten seit etwa 1950 erschienenen Literatur kurz zusammengefaßt.

5.3.2.1 Monochromatischer Strahlungstransport in der Frequenz ν — Monochromatic radiative transfer at the frequency ν

In einer planparallel geschichteten Atmosphäre (Milnes Problem) gilt für die Intensität $I_\nu(\tau_\nu, \mu)$ der unter dem Winkel ϑ ($\cos\vartheta = \mu$) gegen die Vertikale geneigten monochromatischen Strahlung in der Tiefe τ_ν die Transportgleichung

$$\mu \frac{dI_\nu(\tau_\nu, \mu)}{d\tau_\nu} = I_\nu(\tau_\nu, \mu) - S_\nu(\tau_\nu), \tag{1}$$

mit

$$\tau_\nu = \int_{-\infty}^{z} \varrho(z)\,(\varkappa^*_{\nu,g}(z) + \sigma_{\nu,g}(z))\,dz, \quad ^{1)} \tag{2}$$

welche für eine unendlich ausgedehnte Atmosphäre gelöst wird durch

$$I_\nu(\tau_\nu, \mu) = \begin{cases} \displaystyle\int_{\tau_\nu}^{\infty} S_\nu(u) \exp\left(\frac{\tau_\nu - u}{\mu}\right) \frac{du}{\mu} & \text{für } 0 \leqq \mu \leqq +1 \\ \displaystyle\int_{0}^{\tau_\nu} S_\nu(u) \exp\left(\frac{\tau_\nu - u}{\mu}\right) \frac{du}{(-\mu)} & \text{für } -1 \leqq \mu \leqq 0. \end{cases} \tag{3}$$

Herrscht lokales thermodynamisches Gleichgewicht (LTE), d. h. gilt der Kirchhoff'sche Satz, so ist bei isotroper Streuung die Ergiebigkeit

$$S_\nu = \frac{\varkappa^*_\nu}{\varkappa^*_\nu + \sigma_\nu} B_\nu + \frac{\sigma_\nu}{\varkappa^*_\nu + \sigma_\nu} J_\nu, \tag{4}$$

wobei natürlich außer $\varkappa^*_\nu$ und σ_ν auch die Kirchhoff-Planck-Funktion B_ν und die mittlere Intensität der Strahlung

$$J_\nu = \frac{1}{2}\int_{-1}^{+1} I_\nu(\tau_\nu, \mu)\,d\mu = \frac{1}{2}\int_{\tau_\nu}^{\infty} S_\nu(u)\,E_1(u - \tau_\nu)\,du + \frac{1}{2}\int_{0}^{\tau_\nu} S_\nu(u)\,E_1(\tau_\nu - u)\,du = \Lambda_{\tau_\nu}(S_\nu) \tag{5}$$

Funktionen von τ_ν sind. Durch Gl. (5) ist gleichzeitig der Hopf'sche Λ-Operator definiert. Die auftretenden Integralexponentialfunktionen

$$E_n(u) = \int_0^1 \mu^{n-2} \exp\left(-\frac{u}{\mu}\right) d\mu \tag{6}$$

sind in Tab. 1 für $n = 1$ bis 3 tabelliert. Weitere Tabellen: [*1, 2, 53*].

---

[1] $\varkappa^*_\nu$ Gesamter, kontinuierlicher Absorptionskoeffizient ohne Streuung — total continuous absorption coefficient without scattering

Tab. 1. Die Integralexponentialfunktion, Gl. (6) — The exponential integral of order n, Eqn. (6), from [1]

u	$\log E_n(u)+10$ $n=1$	$n=2$	$n=3$	u	$\log E_n(u)+10$ $n=1$	$n=2$	$n=3$	u	$\log E_n(u)+10$ $n=1$	$n=2$	$n=3$
0	∞	10,0	9,699	0,14	10,183	9,817	9,590	0,80	9,492	9,303	9,159
0,01	10,606	9,978	9,690	0,16	10,149	9,797	9,575	0,90	9,415	9,237	9,099
0,02	10,526	9,961	9,682	0,18	10,117	9,778	9,561	1,0	9,341	9,172	9,040
0,03	10,471	9,945	9,674	0,20	10,087	9,759	9,546	1,2	9,200	9,046	8,924
0,04	10,428	9,931	9,666	0,25	10,019	9,714	9,511	1,4	9,065	8,924	8,810
0,05	10,392	9,918	9,658	0,30	9,957	9,671	9,477	1,6	8,936	8,805	8,698
0,06	10,361	9,905	9,650	0,35	9,900	9,630	9,444	1,8	8,811	8,689	8,588
0,07	10,332	9,893	9,642	0,40	9,847	9,590	9,410	2,0	8,689	8,574	8,479
0,08	10,307	9,881	9,635	0,45	9,796	9,552	9,378	2,5	8,396	8,297	8,212
0,09	10,283	9,870	9,627	0,50	9,748	9,514	9,346	3,0	8,116	8,027	7,951
0,10	10,261	9,859	9,619	0,60	9,657	9,441	9,282	4,0	7,577	7,505	7,441
0,12	10,220	9,837	9,604	0,70	9,573	9,371	9,220	5,0	7,060	6,998	6,943

Aus der Transportgleichung folgt durch Mittelung über μ das System der Milne'schen Gleichungen:

$$\frac{1}{4}\frac{dF_\nu(\tau_\nu)}{d\tau_\nu} = J_\nu(\tau_\nu) - S_\nu(\tau_\nu) \qquad \text{und} \tag{7}$$

$$\frac{dK_\nu(\tau_\nu)}{d\tau_\nu} = \frac{1}{4}F_\nu(\tau_\nu)\,. \tag{8}$$

Hierin ist

$$F_\nu(\tau_\nu) = 2\int_{-1}^{+1} I_\nu(\tau_\nu,\mu)\,\mu\,d\mu = 2\int_{\tau_\nu}^{\infty} S_\nu(u)\,E_2(u-\tau_\nu)\,du - 2\int_0^{\tau_\nu} S_\nu(u)\,E_2(\tau_\nu-u)\,du = \Phi_{\tau_\nu}(S_\nu) \tag{9}$$

der monochromatische Strahlungsstrom und

$$K_\nu(\tau_\nu) = \frac{1}{2}\int_{-1}^{+1} I_\nu(\tau_\nu,\mu)\,\mu^2\,d\mu = \frac{1}{2}\int_{\tau_\nu}^{\infty} S_\nu(u)\,E_3(u-\tau_\nu)\,du + \frac{1}{2}\int_0^{\tau_\nu} S_\nu(u)\,E_3(\tau_\nu-u)\,du = \chi_{\tau_\nu}(S_\nu) \tag{10}$$

das zweite Moment der Intensität. E_2 und E_3 siehe Gl. (6) und Tab. 1.

Die Integralexponentialfunktionen lassen sich nach

$$n\,E_{n+1}(u) = \exp(-u) - u\,E_n(u) \tag{11}$$

rekursiv aus

$$E_1(u) = -\gamma - \ln|u| + \sum_{n=1}^{\infty}(-1)^{n+1}\frac{u}{n\cdot n!} \tag{12}$$

berechnen. $\gamma = 0{,}577\,215\,6$ (Euler'sche Konstante).

Die für alle $u > 0$ konvergente Reihe (12) ist jedoch nur für $u \leqq 1$ brauchbar. Für $u > 1$ verwende man nach Hastings [3]

$$E_1(u) = \frac{e^{-u}}{u}\cdot\frac{a_0 + a_1 u + a_2 u^2 + u^3}{b_0 + b_1 u + b_2 u^2 + u^3} \tag{13}$$

mit $a_0 = 0{,}237\,290\,50$ und $b_0 = 2{,}476\,633\,07$
$a_1 = 4{,}530\,792\,35$ $\quad b_1 = 8{,}666\,012\,62$
$a_2 = 5{,}126\,690\,20$ $\quad b_2 = 6{,}126\,527\,17$.

Für die Gauß'sche Approximation der Integrale (5, 9 und 10) durch eine endliche Summe

$$\int_0^{\tau} f(u)\,E_n(u)\,du = \sum_i a_i(\tau)\,f(u_i(\tau)) \tag{14}$$

nach Reiz [4] sind in Tab. 2 und 3 für E_1 und E_2 die $a_i(\tau)$ und $u_i(\tau)$ für $i = 1$ bis 4 angegeben [5]. Entsprechende Tabellen für E_3 in [6].

Tab. 2. Die Größen u_i und a_i für die Gauß'sche Approximation mit E_1 — The values u_i and a_i for the Gaussian approximation with E_1 [5]

$$\int_0^\tau f(u)\, E_1(u)\, du = \sum_{i=1}^{4} a_i f(u_i)$$

τ	u_1	u_2	u_3	u_4	$10a_1$	$10a_2$	$10a_3$	$10a_4$
0,2	0,010	0,059	0,128	0,185	1,180	1,481	1,103	0,494
0,4	0,019	0,114	0,253	0,368	1,900	2,157	1,448	0,601
0,6	0,028	0,166	0,374	0,551	2,459	2,579	1,585	0,615
0,8	0,035	0,215	0,493	0,732	2,919	2,861	1,622	0,590
1,0	0,042	0,263	0,608	0,913	3,308	3,054	1,605	0,547
1,2	0,049	0,308	0,721	1,092	3,646	3,187	1,558	0,498
1,4	0,055	0,351	0,832	1,271	3,942	3,277	1,494	0,448
1,6	0,061	0,392	0,939	1,449	4,205	3,336	1,422	0,400
1,8	0,067	0,432	1,044	1,625	4,439	3,371	1,346	0,355
2,0	0,072	0,470	1,147	1,800	4,651	3,390	1,270	0,314
2,4	0,081	0,541	1,343	2,147	5,016	3,391	1,125	0,244
2,8	0,090	0,606	1,530	2,489	5,320	3,362	0,994	0,188
3,2	0,098	0,666	1,706	2,825	5,577	3,316	0,879	0,145
3,6	0,104	0,721	1,872	3,155	5,796	3,261	0,780	0,112
4,0	0,111	0,772	2,028	3,478	5,985	3,202	0,695	0,087
5	0,124	0,881	2,376	4,253	6,355	3,057	0,532	0,047
6	0,134	0,968	2,668	4,972	6,621	2,927	0,423	0,026
8	0,148	1,092	3,102	6,204	6,962	2,731	0,297	0,010
10	0,157	1,167	3,377	7,106	7,150	2,609	0,236	0,005
12	0,162	1,210	3,535	7,668	7,252	2,539	0,207	0,003
∞	0,166	1,247	3,671	8,149	7,337	2,477	0,184	0,002

Tab. 3. Die Größen u_i und a_i für die Gauß'sche Approximation mit E_2 — The values u_i and a_i for the Gaussian approximation with E_2 [5]

$$\int_0^\tau f(u)\, E_2(u)\, du = \sum_{i=1}^{4} a_i f(u_i)$$

τ	u_1	u_2	u_3	u_4	$10a_1$	$10a_2$	$10a_3$	$10a_4$
0,2	0,013	0,063	0,132	0,185	0,308	0,511	0,446	0,216
0,4	0,025	0,123	0,259	0,370	0,567	0,865	0,686	0,310
0,6	0,036	0,180	0,384	0,553	0,792	1,125	0,820	0,347
0,8	0,046	0,234	0,506	0,736	0,990	1,322	0,891	0,354
1,0	0,055	0,286	0,626	0,917	1,167	1,472	0,921	0,344
1,2	0,064	0,335	0,742	1,098	1,326	1,587	0,924	0,324
1,4	0,073	0,382	0,856	1,278	1,471	1,674	0,910	0,300
1,6	0,081	0,428	0,967	1,456	1,602	1,741	0,885	0,274
1,8	0,088	0,471	1,075	1,634	1,721	1,791	0,853	0,248
2,0	0,095	0,513	1,181	1,810	1,831	1,828	0,817	0,223
2,4	0,108	0,591	1,385	2,160	2,025	1,873	0,741	0,178
2,8	0,120	0,664	1,578	2,504	2,190	1,891	0,666	0,140
3,2	0,131	0,730	1,761	2,843	2,332	1,891	0,597	0,110
3,6	0,140	0,791	1,934	3,176	2,455	1,880	0,534	0,086
4,0	0,149	0,846	2,097	3,503	2,563	1,863	0,480	0,067
5	0,167	0,967	2,461	4,288	2,777	1,806	0,371	0,037
6	0,182	1,064	2,768	5,020	2,934	1,746	0,296	0,021
8	0,202	1,202	3,228	6,283	3,139	1,645	0,208	0,008
10	0,214	1,288	3,523	7,222	3,254	1,577	0,165	0,004
12	0,221	1,337	3,694	7,820	3,317	1,537	0,143	0,002
∞	0,227	1,380	3,846	8,348	3,372	1,500	0,126	0,001

5.3.2.2 Strahlungsgleichgewicht — Radiative equilibrium

Wird die Energie nur durch Strahlung transportiert, so ist im stationären Zustand der Gesamtstrahlungsstrom

$$F = \int_0^\infty F_\nu \, d\nu = \frac{\sigma}{\pi} T_{eff}^4 \qquad (15)$$

unabhängig von der Tiefe. Durch ihn ist die effektive Temperatur T_{eff} festgelegt. Nach (7) ist

$$\int_0^\infty \varkappa_\nu^* J_\nu \, d\nu = \int_0^\infty \varkappa_\nu^* B_\nu \, d\nu \tag{16}$$

der Bedingung (15) äquivalent. In (15) und (16) sind die Integrationen über ν für eine feste geometrische Tiefe z, also für variables τ_ν durchzuführen.

5.3.2.3 Graue Atmosphären – Gray atmospheres

Ist $\varkappa^*_\nu$ bzw. σ_ν frequenzunabhängig (graue Atmosphäre), so ist die exakte Lösung von (15) bzw. (16) bekannt [7].

Man benutzt die Darstellung

$$\int_0^\infty B_\nu(\tau)\, d\nu = B(\tau) = \frac{3}{4} F(\tau + q(\tau)) \text{ bzw. } T^4 = \frac{3}{4} T_{eff}^4 (\tau + q(\tau)), \tag{17}$$

in welcher die Funktion $q(\tau)$ beschränkt ist und nur wenig mit τ variiert (Mittelwert $= 2/3$). Die exakte Lösung ist gegeben durch

$$q(\tau) = q_\infty - \frac{1}{2\sqrt{3}} \int_0^1 \left\{ H(\mu) \left[\left(1 - \frac{1}{2}\mu \ln \frac{1+\mu}{1-\mu}\right)^2 + \frac{\pi^2}{4}\mu^2 \right] \right\}^{-1} \exp\left(-\frac{\tau}{\mu}\right) d\mu \tag{18}$$

mit

$$q_\infty = \int_0^1 H(\mu)\, \mu^2 \, d\mu \Big/ \int_0^1 H(\mu)\, \mu \, d\mu. \tag{19}$$

$$H(\mu) = (1+\mu) \exp\left\{ \frac{\mu}{\pi} \int_0^{\pi/2} \frac{2 \ln \sin \Theta - \ln(1 - \Theta \operatorname{ctg} \Theta)}{\cos^2 \Theta + \mu^2 \sin^2 \Theta} \, d\Theta \right\} \tag{20}$$

$H(\mu)$ beschreibt die Winkelverteilung der an der Sternoberfläche austretenden Strahlung $I(0, \mu)$:

$$I(0, \mu) = B(0)\, H(\mu). \tag{21}$$

Zahlenwerte von $H(\mu)$ und $q(\tau)$ sind in Tab. 4 und 5 wiedergegeben.

Tab. 4. Die Funktion $H(\mu)$ nach Gl. (20) — The function $H(\mu)$ defined by eqn. (20)

μ	$H(\mu)$	μ	$H(\mu)$	μ	$H(\mu)$
0	1	0,35	1,782 87	0,70	2,456 39
0,05	1,146 91	0,40	1,881 05	0,75	2,550 85
0,10	1,264 70	0,45	1,978 36	0,80	2,645 03
0,15	1,374 57	0,50	2,074 96	0,85	2,738 99
0,20	1,480 09	0,55	2,170 98	0,90	2,832 74
0,25	1,582 81	0,60	2,266 50	0,95	2,926 31
0,30	1,683 55	0,65	2,361 62	1,00	3,019 73

Tab. 5. Die exakte Lösung der Funktion $q(\tau)$ nach Gl. (18) — The exact solution of the function $q(\tau)$ defined by eqn. (18)

τ	$q(\tau)$	τ	$q(\tau)$	τ	$q(\tau)$
0	0,577 35	0,10	0,627 92	1,25	0,702 57
0,01	0,588 24	0,20	0,649 55	1,50	0,705 13
0,02	0,595 39	0,30	0,663 37	1,75	0,706 80
0,03	0,601 24	0,40	0,673 09	2,00	0,707 92
0,04	0,606 29	0,50	0,680 29	2,25	0,708 67
0,05	0,610 76	0,60	0,685 80	2,50	0,709 19
0,06	0,614 79	0,70	0,690 11	2,75	0,709 55
0,07	0,618 47	0,80	0,693 54	3,00	0,709 81
0,08	0,621 85	0,90	0,696 29	3,25	0,709 99
0,09	0,624 99	1,00	0,698 54	∞	0,710 45

5.3.2.4 Nichtgraue Atmosphären – Non-gray atmospheres

Durch Bildung von Mittelwerten von $\varkappa_\nu$ läßt sich das nichtgraue Strahlungsgleichgewicht formal auf den grauen Fall reduzieren. Besonders hervorzuheben ist die Rosseland'sche Opazität $\bar{\varkappa}$ (siehe 5.3.1.3.3), ein harmonisches Mittel:

$$\frac{1}{\bar{\varkappa}} = \int_0^\infty \frac{1}{\varkappa_\nu} \frac{dB_\nu}{dT} \Big/ \frac{dB}{dT} \, d\nu. \tag{22}$$

Andere Mittelungen siehe Unsöld [8].

Traving

In

$$T^4 = \frac{3}{4} T_{eff}^4 (\bar{\tau} + q^* (\bar{\tau})) \tag{23}$$

ist $q^* (\bar{\tau})$ eine vom „grauen" $q(\tau)$ verschiedene, jedoch nur für die Rosseland'sche Tiefenskala weiterhin beschränkte Funktion.

Als vereinfachte Schematisierung des nichtgrauen Problems kann die Variation von $\varkappa_\nu$ mit ν durch eine Funktion mit einer Stufe oder durch eine periodische Wiederholung gleicher Stufen (picket fence model) ersetzt werden [*9*···*12*]. Eine andere äquivalente Schematisierung [*13*].

Rechenverfahren für das nichtgraue Strahlungsgleichgewicht — Methods of calculation for the non-gray radiative equilibrium:

1. Methode der diskreten Strahlen $I(\nu_k, \tau_{\nu_k}, \mu_l)$. Entwickelt von Wick [*14*], Chandrasekhar [*15*] und Münch [*10*].
Konvergenzuntersuchungen von Anselone [*16*]. Anwendung u. a. durch Groth [*17*].
Abgewandelte Verfahren von Unno und Yamashita [*18, 19*].

2. Entwicklung von $I_\nu(\bar{\tau}, \mu)$ für diskrete Frequenzen ν_k nach Legendre'schen Polynomen oder Bildung der Momente von $I_\nu(\bar{\tau}, \mu)$. Krook [*20*], Stone und Gaustad [*21*].
Bei der Anpassung der Lösungen von 1. und 2. an die Grenzbedingungen ist zu beachten, daß $I_\nu(0, \mu)$ an der Stelle $\mu = 0$ für $\bar{\tau} = 0$ diskontinuierlich ist [*22, 23, e*].

3. Variationsmethoden, z. B. Minimalisierung des Integrals

$$\int_0^\infty W(\bar{\tau}) \, \{1 - F(\bar{\tau})/F_0\}^2 \, d\bar{\tau}$$

durch geeignete Wahl von Parametern in einem analytischen Ansatz für $B(\bar{\tau})$. $W(\bar{\tau})$ ist eine willkürliche Gewichtsfunktion. Kourganoff und Busbridge [*e*]. Varianten: Hunger und Traving [*11*], King [*24*].

4. Störungsrechnung nach Poincaré-Lighthill: Krook [*25*], Gingerich [*26*], als iteratives Verfahren: Avrett und Krook [*27*].

5. Iterative Verfahren:

a) Λ-Iteration unter Verwendung der Bedingung (16). Konvergenzuntersuchung: Weidemann [*28*], Anwendung u. a. Labs [*29*], Gingerich [*26*].
Die Λ-Iteration konvergiert, falls maximales $\tau_\nu > 1$, so langsam, daß das Verfahren für größere optische Tiefen unzweckmäßig ist.

b) Strom-Iteration unter Verwendung der Bedingung (15) durch direkte numerische Berechnung der Korrektur $-\Delta B(\bar{\tau})$ der Ergiebigkeit in grauer Näherung, z. B. nach Unsöld [*30*]

$$-\Delta B(\bar{\tau}) = \left(-\frac{1}{2}\Delta F\right)_{(\bar{\tau}=0)} - \frac{3}{4}\int_0^{\bar{\tau}} \Delta F(\bar{\tau})\, d\bar{\tau} + \frac{1}{4}\frac{d\,\Delta F(\bar{\tau})}{d\bar{\tau}}. \tag{24}$$

Varianten: Böhm [*31*], Traving [*32*]. Anwendung u. a. Groth [*17*], Kegel [*33*].

Daneben wird (15) benutzt zur iterativen Korrektur von Parametern in einem analytischen Ausdruck für $B(\tau)$: Swihart [*34*], Przybylski [*35*], Anwendung: Gingerich [*26*].

6. Direkte numerische Integration der Temperaturschichtung unter vereinfachenden Annahmen: Böhm-Vitense [*36*].

5.3.2.5 Druckschichtung — Pressure stratification

$P_t = \varrho \frac{\xi_t^2}{2} = P_g \frac{\xi_t^2}{2RT} \bar{\mu}$	Turbulenzdruck	turbulence pressure
ξ_t	Turbulenzgeschwindigkeit in [cm/sec]	turbulence velocity in [cm/sec]
$\bar{\mu}$	mittleres Molekulargewicht	mean molecular weight

Die Druckschichtung wird für bekannten Temperaturverlauf erhalten durch Integration von

$$\frac{dP}{d\bar{\tau}} = \frac{d}{d\bar{\tau}}(P_g + P_t) = \frac{g}{\bar{\varkappa}_g} - \frac{\pi F}{c} = \frac{g_{eff}}{\bar{\varkappa}_g}. \tag{25}$$

Die Turbulenzgeschwindigkeit ξ_t wird meist als bekannt angenommen. Da $\bar{\varkappa}$, $\bar{\mu}$, P_e/P_g normalerweise nur als Funktion von T bzw. $5040/T = \Theta$ und log P_e tabelliert sind (siehe 5.3.1), muß bei jedem Integrationsschritt die Gleichung

$$P_e = P_g \cdot \frac{P_e}{P_g} = \frac{P}{1 + \frac{\xi_t^2 \bar{\mu}}{2RT}} \cdot \frac{P_e}{P_g} \tag{26}$$

iterativ gelöst werden. Der Gradient des Strahlungsdruckes wird approximiert durch

$$\frac{\pi}{c} \int_0^\infty \varkappa_{\nu,g} F_\nu \, d\nu \sim \frac{\pi}{c} \bar{\varkappa}_g F = \frac{\bar{\varkappa}_g}{c} \sigma \, T_{eff}^4. \tag{27}$$

In den höheren Atmosphärenschichten kann diese Näherung mit dem Rosseland'schen $\bar{\varkappa}$ bis zu 25% falsch sein (Saito [37]).

5.3.2.6 Numerische Werte – Numerical values

In Tab. 6 sind die Schichtungen einiger ausgewählter Sterne verschiedenen Typs wiedergegeben. Schichtung der Sonnenphotosphäre siehe 4.1.1.5.6. Tab. 7 enthält charakteristische Daten für etliche Sternatmosphären.

Tab. 6. Temperatur- und Druckschichtung in einigen nichtgrauen Modellatmosphären – Temperature and pressure distribution in some non-gray model atmospheres

$\bar{\tau}_R$ optische Tiefe bezogen auf den Rosseland'schen Mittelwert der Opazität | optical depth with respect to Rosseland's mean value of the opacity

P_g, P_e in [dyn/cm²].

$\bar{\tau}_R$	10 Lac, O 9 V [40]			τ Sco, B 0 V [43]			α Cyg, A 2 I [17]		
	T [10³ °K]	log P_g	log P_e	T [10³ °K]	log P_g	log P_e	T [10³ °K]	log P_g*)	log P_e*)
0	27,7	—	—	21,2	—	—	6,21	—	—
0,001	—	—	—	—	—	—	6,27	−1,90	−2,32
0,003	—	—	—	—	—	—	6,37	−1,36	−1,84
0,01	29,1	+2,78	+2,48	23,2	+3,05	+2,75	6,62	−0,77	−1,28
0,03	30,3	+3,21	+2,91	24,6	+3,41	+3,11	7,04	−0,26	−0,73
0,1	33,5	+3,63	+3,34	28,3	+3,80	+3,50	7,79	+0,31	−0,09
0,2	36,1	+3,87	+3,58	30,6	+4,03	+3,73	8,30	+0,62	+0,25
0,4	38,7	+4,09	+3,81	33,0	+4,25	+3,95	8,86	+0,79	+0,45
1,0	43,5	+4,37	+4,10	38,0	+4,53	+4,23	9,89	+1,09	+0,75
2,0	47,8	+4,57	+4,30	42,7	+4,74	+4,44	11,06	+1,33	+1,00
6,0	—	—	—	50,8	+5,08	+4,78	13,79	+1,77	+1,45

$\bar{\tau}_R$	α Lyr, A 0 V [49]			γ Ser, F 6 IV-V [33]			HD 140 283**) [52]		
	T [10³ °K]	log P_g	log P_e	T [10³ °K]	log P_g*)	log P_e*)	T [10³ °K]	log P_g	log P_e
0	7,81	—	—	3,38	—	—	4,39	—	—
0,001	7,83	+1,61	+0,92	3,66	+3,67	−1,02	4,40	+4,03	−1,32
0,003	7,83	+2,04	+1,19	4,00	+3,88	−0,67	4,43	+4,25	−1,08
0,01	7,86	+2,48	+1,46	4,59	+4,10	−0,21	4,47	+4,60	−0,84
0,03	7,95	+2,87	+1,69	5,20	+4,30	+0,25	4,64	+4,84	−0,42
0,1	8,22	+3,23	+2,07	5,55	+4,50	+0,70	5,04	+5,03	+0,20
0,2	8,54	+3,39	+2,33	5,77	+4,60	+0,94	5,34	+5,12	+0,62
0,4	9,10	+3,52	+2,63	6,12	+4,56	+1,27	5,69	+5,18	+1,07
1,0	10,22	+3,62	+3,03	6,83	+4,64	+1,86	6,37	+5,25	+1,81
2,0	11,48	+3,69	+3,28	7,64	+4,71	+2,47	7,15	+5,27	+2,45
6,0	14,40	+3,90	+3,56	9,53	+4,78	+3,51	—	—	—

*) mit der Tiefe variable Turbulenzgeschwindigkeit – turbulence velocity depending on the depth.

**) metallarm – low metal abundance.

Tab. 7. Charakteristische Daten einiger Modellatmosphären — Characteristic data of some model atmospheres

(Ein Teil der Daten wurde entnommen aus der Arbeit von MÜNCH [*f*] — Part of these data have been taken from MÜNCH [*f*])

T_0 | Oberflächentemperatur | temperature of the surface

g_{eff} in [cm/sec²]

Lit.	T_{eff} [°K]	log g_{eff}	Sp ¹)	Stern ²)	$\bar{\varkappa}$ ³)	$\frac{\Delta F}{F}$ [%] ⁴)	T_0/T_{eff}	Methode ⁵)
38	44 600	4,2	O 5		Ch	3,6 $\bar{\tau}_{Ch} = 2$	0,79	2/3
39	41 700	3,8			R		0,81	2/3
	41 700	4,2			R	2 $\bar{\tau}_R = 2$	0,81	2/3
*40**)	37 450	4,45	O 9 V	10 Lac	R	1,5 $\bar{\tau}_R = 2{,}5$	0,74	ST−Φ−Φ
41	36 800	4,2	O 9,5		Ch	20 $\bar{\tau}_{Ch} = 1{,}6$	0,69	2/3
42	35 200	4,54	O 9,5		R		0,72	
*43**)	32 800	4,8	B 0 V	τ Sco	R	4 $\bar{\tau}_R = 3{,}5$	0,65	ST−Φ−Φ
39	30 700	3,8			R		0,81	2/3
	30 700	4,2			R	7,3 $\bar{\tau}_R = 2$	0,81	2/3
44	29 500	4,2	B 0,5		P	0,6 $\bar{\tau}_P = 3$	0,64	2/3
	28 470	3,8	B 0,5		P	0,7 $\bar{\tau}_P = 3$	0,66	2/3
	27 870	4,2	B 1		P	0,9 $\bar{\tau}_P = 3$	0,60	2/3
	27 000	3,8	B 1,5		P	1,5 $\bar{\tau}_P = 3$	0,62	2/3
45	27 300	4,48	B 1		R		0,65	g
	26 360	4,48	B 1,5		R		0,66	g
46	27 200	3,6		ϱ Per	R	2 $\bar{\tau}_{4300} = 3$	0,60	ST−Φ
47	22 700	3,8	B 2		Ch	4 $\bar{\tau}_{Ch} = 2$	0,74	g
48	20 530	3,8	B 2,5		R	12,2	0,81	g
	15 390	3,8	B 5		R	10	0,82	g
	10 630	4,2	A 0		R	6	0,82	g
*17**)	9 510	1,25	A 2 I	α Cyg	R	1,5 $\bar{\tau}_R = 10$	0,76	ST−Φ
*49**)	9 500	4,3	A 0 V	α Lyr	R	3 $\bar{\tau}_R = 4$	0,82	ST
	9 000	4,3			R	1 $\bar{\tau}_R = 4$	0,83	ST
	8 660	4,3			R	1 $\bar{\tau}_R = 4$	0,82	ST
	8 160	4,3			R	1 $\bar{\tau}_R = 4$	0,82	ST
50	8 900	4,0	A 3		R	5	0,76	g
	7 500	4,0	A 9		R		0,94	g
51	7 630	3,0	A 6-7 III	HD 161 817	R	8 $\bar{\tau}_R = 4$	0,69	ST
	7 630	3,0	A 6-7 III	HD 161 817	R	1,5 $\bar{\tau}_R = 4$	0,69	ST−Φ
*33**)	6 350	4,0	F 6 IV-V	γ Ser	R	1,7 $\bar{\tau}_R = 3$	0,53	STL
*52**)	5 940	4,44		HD 140 283	R	1,5 $\bar{\tau}_R = 4$	0,74	STL

*) Die Schichtung dieser Atmosphären ist in Tab. 6 wiedergegeben — Stratification of these atmospheres is presented in Tab. 6.

¹) Der Spektraltyp wird festgelegt durch Berechnung des Linienspektrums und Vergleich mit der Beobachtung — The spectral type is determined by calculating the line spectrum and comparing it with the observation.

²) Die Modellatmosphäre wurde für die quantitative Spektralanalyse des betreffenden Sternes benutzt — The model atmosphere has been used for the quantitative spectral analysis of the given star.

³) Ch Mittelwert nach CHANDRASEKHAR [*b*] — mean value according to CHANDRASEKHAR [*b*].
R Rosseland'scher Mittelwert nach Gl. (22) — Rosseland's mean value according to eqn. (22).
Bei stark nichtgrauen Atmosphären kann $\bar{\varkappa}_{Ch}$ um einen Faktor 5 größer sein als $\bar{\varkappa}_R$ — For extremely non-gray atmospheres $\bar{\varkappa}_{Ch}$ can be larger than $\bar{\varkappa}_R$ by a factor of 5.
P Planck'scher Mittelwert — Planck's mean value.

⁴) Maximaler relativer Fehler des Gesamtstrahlungsstromes im Bereich von $\bar{\tau} = 0$ bis zur angegebenen Tiefe — Maximum relative error of the total radiation flux in the region from $\bar{\tau} = 0$ to the given depth.

⁵) 2/3: $q(\bar{\tau}) = 2/3$
g exakte graue Lösung für $q(\bar{\tau})$ — exact gray solution for $q(\bar{\tau})$.
In diesen beiden Fällen wird die Temperaturschichtung entscheidend durch die Wahl des Mittelwertes $\bar{\varkappa}$ bestimmt — In both these cases the temperature stratification depends primarily on the choice of the mean value of $\bar{\varkappa}$.
ST $\varkappa_\nu$ wird approximiert durch eine Funktion mit 2 Stufen — $\varkappa_\nu$ is approximated by a function with 2 steps.
STL wie ST, aber Linienabsorption wird zusätzlich berücksichtigt — same as ST, but line absorption is additionally taken into account.
Φ Stromiteration — flux iteration.

5.3.2.7 Literatur zu 5.3.2 — References for 5.3.2

a BUSBRIDGE, I. W.: The Mathematics of Radiative Transfer, Cambridge (1960).
b CHANDRASEKHAR, S.: Radiative Transfer, New York (1960).
c DAVISSON, B., and J. B. SYKES: Neutron Transport Theory, Oxford (1957).
d HOPF, E.: Mathematical Problems of Radiative Equilibrium, Cambridge (1934).

e KOURGANOFF, V., and I. W. BUSBRIDGE: Basic Methods in Transfer Problems, Oxford (1952).
f MÜNCH, G.: The Theory of Model Stellar Atmospheres, in GREENSTEIN, J. L. (ed.): Stellar Atmospheres (Stars and Stellar Systems IV) Chicago (1960).

1 KATTERBACH, K., und H. KRAUSE: ZfA **26** (1949) 137.
2 PLACZEC, G.: National Research Council of Canada — Division of Atomic Energy Nr. 1547.
3 HASTINGS, C.: Approximations for Digital Computors, Princeton (1955).
4 REIZ, A.: Ark. Astron. **1** (1950) 147; **1** (1954) 475.
5 KEGEL, H.-W.: ZfA **54** (1962) 34.
6 YAMASHITA, Y., and K. ICHIMURA: Publ. Astron. Soc. Japan **12** (1960) 288.
7 MARK, C.: Phys. Rev. **72** (1947) 558.
8 UNSÖLD, A.: ZfA **25** (1948) 340.
9 CHANDRASEKHAR, S.: MN **96** (1936) 21.
10 MÜNCH, G.: ApJ **104** (1946) 87.
11 HUNGER, K., und G. TRAVING: ZfA **39** (1956) 248.
12 CARRIER, G. F., and E. H. AVRETT: ApJ **134** (1961) 469.
13 KING, J. I. F.: ApJ **121** (1955) 425, 711.
14 WICK, G. C.: Z. Physik **121** (1943) 702.
15 CHANDRASEKHAR, S.: ApJ **100** (1944) 76.
16 ANSELONE, P. M.: ApJ **128** (1958) 124; **130** (1959) 881.
17 GROTH, H. G.: ZfA **51** (1961) 231.
18 UNNO, W., and Y. YAMASHITA: Publ. Astron. Soc. Japan **12** (1960) 143.
19 UNNO, W.: Publ. Astron. Soc. Japan **13** (1961) 66; **14** (1962) 153.
20 KROOK, M.: ApJ **129** (1959) 724; **130** (1960) 286.
21 STONE, P. H., and J. E. GAUSTAD: ApJ **134** (1961) 456.
22 SYKES, J. B.: MN **111** (1951) 377.
23 KROOK, M.: ApJ **122** (1955) 488.
24 KING, J. I. F.: ApJ **132** (1960) 509.
25 KROOK, M.: ApJ **137** (1963) 863.
26 GINGERICH, O. J.: Thesis, Cambridge/Mass. (1961).
27 AVRETT, E. H., and M. KROOK: ApJ **137** (1963) 874.
28 WEIDEMANN, V.: ZfA **52** (1961) 132.
29 LABS, D.: ZfA **29** (1951) 199.
30 UNSÖLD, A.: Naturwiss. **38** (1951) 525.
31 BÖHM, K. H.: ZfA **34** (1954) 182.
32 TRAVING, G.: ZfA **41** (1957) 215.
33 KEGEL, W. H.: ZfA **55** (1962) 221.
34 SWIHART, T.: ApJ **123** (1955) 139.
35 PRZYBYLSKI, A.: MN **115** (1955) 650.
36 BÖHM-VITENSE, E.: ZfA **57** (1963) 241.
37 SAITO, S.: Publ. Astron. Soc. Japan **11** (1959) 98.
38 UNDERHILL, A. B.: Publ. Victoria **8** (1951) 357.
39 SAITO, S., and A. UESUGI: Publ. Astron. Soc. Japan **11** (1959) 90.
40 TRAVING, G.: ZfA **44** (1958) 142.
41 UNDERHILL, A. B.: Publ. Kopenhagen, Nr. 151 (1950); Publ. Victoria **11** (1961) 405.
42 RUDKJØBING, M.: Publ. Kopenhagen, Nr. 145 (1947).
43 TRAVING, G.: ZfA **36** (1955) 1.
44 UNDERHILL, A. B.: Publ. Victoria **10** (1956) 357.
45 PECKER, J.-C.: Ann. Astrophys. **13** (1950) 433.
46 CAYREL, R.: Ann. Astrophys. Suppl. **6** (1958).
47 MCDONALD, J. K.: Publ. Victoria **9** (1953) 269.
48 SAITO, S.: Contrib. Kyoto **48** (1954); **69** (1956).
49 HUNGER, K.: ZfA **36** (1955) 42.
50 OSAWA, K.: ApJ **123** (1956) 513.
51 KODAIRA, K.: ZfA **59** (1964) 139.
52 BASCHEK, B.: ZfA **48** (1959) 95.
53 Centre Nationale de Calcul Mécanique, Bruxelles, Table des Fonctions $E_1(x)$ et $E_2(x)$.

5.3.3 Konvektion in Sternatmosphären — Convection in stellar atmospheres

5.3.3.1 Instabilitätskriterium — Instability criterion

Eine Atmosphäre wird gegen Konvektion instabil, wenn der adiabatische Temperaturgradient kleiner ist als der Strahlungsgleichgewichtsgradient, d. h.

An atmosphere becomes unstable to convection when its adiabatic temperature gradient is smaller than its radiative-equilibrium gradient, i. e.

$$\left|\frac{dT}{dz}\right|_{ad} < \left|\frac{dT}{dz}\right|_{rad}. \tag{1}$$

Nun ist

$$\frac{d\ln P_g}{dz} = \frac{g\mu}{RT}, \tag{2}$$

folglich ist

$$\frac{dT}{dz} = \frac{g\mu}{R} \cdot \frac{d\ln T}{d\ln P_g}. \tag{3}$$

Damit geht die Instabilitätsbedingung (1) über in:

$$\nabla_{ad} = \left(\frac{d\ln T}{d\ln P_g}\right)_{ad} < \left(\frac{d\ln T}{d\ln P_g}\right)_{rad} = \nabla_{rad} = \left(\frac{d\ln T}{d\ln \bar\tau}\right)_{rad} \left(\frac{d\ln \bar\tau}{d\ln P_g}\right)_{rad}. \tag{4}$$

$\frac{d\ln T}{d\ln \bar\tau}$ ist zu berechnen aus den Gleichungen für das Strahlungsgleichgewicht (siehe 5.3.2), $\frac{d\ln P_g}{d\ln \bar\tau}$ aus der hydrostatischen Gleichung

$$\frac{dP_g}{d\bar\tau} = \frac{g}{\bar\varkappa_g}. \tag{5}$$

In optischen Tiefen $\bar\tau \geq 1$ kann man (für eine planparallele Atmosphäre) mit der Näherung

$$\nabla_{rad} = \frac{3}{16} \frac{\bar\varkappa_g P_g}{g} \left(\frac{T_{eff}}{T}\right)^4 \tag{6}$$

rechnen (siehe z. B. Vitense [26]).

Für ein ideales, einatomiges, nicht ionisiertes Gas ist $\nabla_{ad} = 2/5$.

Im allgemeinen Fall findet man ∇_{ad} am besten anhand eines Entropiediagramms durch Berechnung von $\frac{d\ln T}{d\ln P_g}$ für $S = \text{const}$.

5.3.3.2 Entropie *S* – Entropy *S*

▶ Definition von *S* siehe nächste Seite.

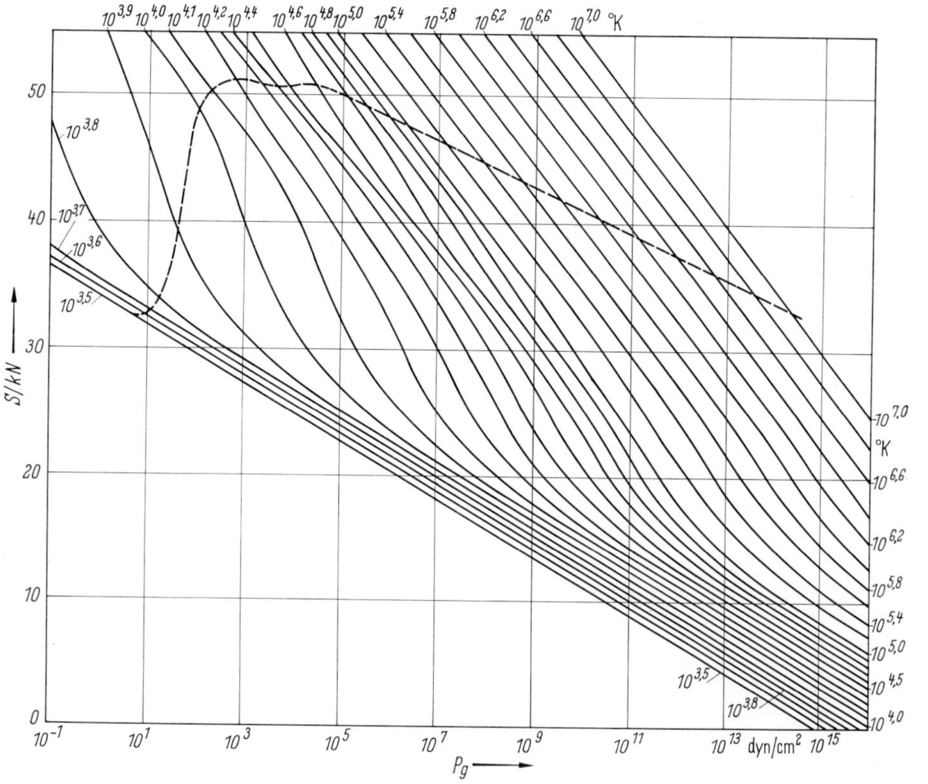

Fig. 1.

Entropie pro schweres Teilchen als Funktion des Gasdrucks P_g für verschiedene Temperaturen

Entropy per heavy particle as a function of the gas pressure P_g for various temperatures

– – – $S_{rad}/kN \approx 1$

Die „Verbiegung" der Isothermen ist durch die Wasserstoff- und Helium-Ionisationszonen bedingt [22]. Den Rechnungen liegt die in Tab. 1 Abschnitt 5.3.1 angegebene Häufigkeitsverteilung I zugrunde. Der Beitrag der Strahlung zur Entropie wurde vernachlässigt. Oberhalb der Kurve $S_{rad}/kN = 1$ müßten die Werte der Strahlungsentropie S_{rad} zu den angegebenen Werten addiert werden. Siehe Underhill [19 und 20].

The "bend" in the isotherms is caused by the hydrogen- and helium-ionisation zones [22]. The calculations are based on the abundances I given in Tab. 1, Section 5.3.1. The contribution of the radiation to the entropy has been neglected. Above the curve $S_{rad}/kN = 1$ the values of radiation entropy S_{rad} should be added to the values given. See Underhill [19 and 20].

Befinden sich in der Volumeneinheit N_K Teilchen eines idealen Gases der Sorte K, so ist deren Beitrag zur Entropie (z. B. [*18*]):

Should N_K particles of an ideal gas of the type K be present in a unit volume their contribution to the entropy is (e. g. [*18*]):

$$S_K = k N_K \left\{ \frac{5}{2} - \ln N_K + \ln \frac{(2\pi \mathfrak{M}_K k T)^{3/2}}{h^3} + \ln u_K + \frac{\Sigma \omega_{r,K} X_{r,K} \cdot e^{-\chi_{r,K}/kT}}{\Sigma \omega_{r,K} \cdot e^{-\chi_{r,K}/kT}} \right\} \quad (7)$$

$\mathfrak{M}_K$	Masse des K-ten Teilchens	mass of the Kth particle
$\chi_{r,K}$	Energie des r-ten Niveaus des K-ten Teilchens	energy of the level r of the Kth particle
$\omega_{r,K}$	Statistisches Gewicht	statistical weight
$u_K = \Sigma\, \omega_r\, e^{-\chi_{r,K}/kT}$	Zustandssumme des K-ten Teilchens	partition function of the Kth particle

Zur Berechnung der gesamten Entropie S müssen die S_K für alle Teilchensorten, einschließlich der Ionen und freien Elektronen summiert werden. Für Sternmaterie liefern nur HI, H II, HeI, He II, He III und die Elektronen wesentliche Beiträge (siehe [*14*]). Bei hohen P_g und kleinen T muß die H_2-Molekülbildung berücksichtigt werden, was in den Rechnungen von Vardya [*24*] geschehen ist.*)

Bezeichnet man mit N die Zahl aller schweren Teilchen (Atome + Ionen) pro cm³, so wird

S/kN	für
$= 2{,}3026\,(6{,}080 + 2{,}5 \log T - \log P_g)$	neutrales Gas
siehe Fig. 1	Übergangsgebiet (8)
$= 2{,}3026\,(7{,}508 + 5{,}735 \log T - 2{,}150 \log P_g)$	vollständig ionisiertes Gas mit H : He = 0,85 : 0,15

5.3.3.3 Adiabatischer Temperaturgradient ∇_{ad} – Adiabatic temperature gradient ∇_{ad}

Den adiabatischen Temperaturgradienten

$$\nabla_{ad} = \left(\frac{d \ln T}{d \ln P_g} \right)_{ad} \quad (9)$$

erhält man durch numerische Differentiation entlang S = const., siehe Fig. 2.

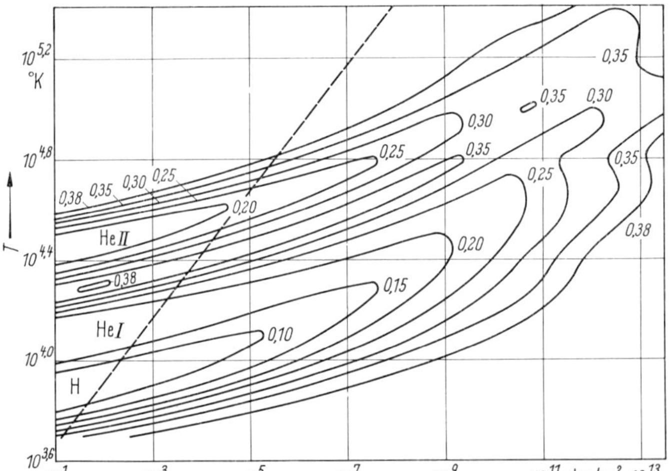

Fig. 2.

Schichtliniendiagramm für $\nabla_{ad} = \left(\frac{d \log T}{d \log P_g} \right)_{ad}$

The lines ∇_{ad} = const in the T, P_g-plane

– – – $S_{rad}/kN \approx 1$

Das Diagramm ergibt sich durch numerische Differentiation aus Fig. 1; [*22*].

Oberhalb der gestrichelten Geraden ist wieder die Korrektion für die Strahlungsentropie anzubringen. Es sind die Bereiche gekennzeichnet, in denen die Ionisation von H, He I und He II den Wert von ∇_{ad} unter 0,4 herunterdrückt.

The diagram results from the numerical differentiation of Fig. 1; [*22*].

Above the dashed line the correction for the radiation entropy must be added. The regions marked are those in which the ionization of H He I and He II causes the value of ∇_{ad} to decrease below 0,4.

*) Dort sind allerdings nicht die Entropie sondern nur die Adiabaten selbst angegeben und zwar für das Häufigkeitsverhältnis H/He = 8/1.

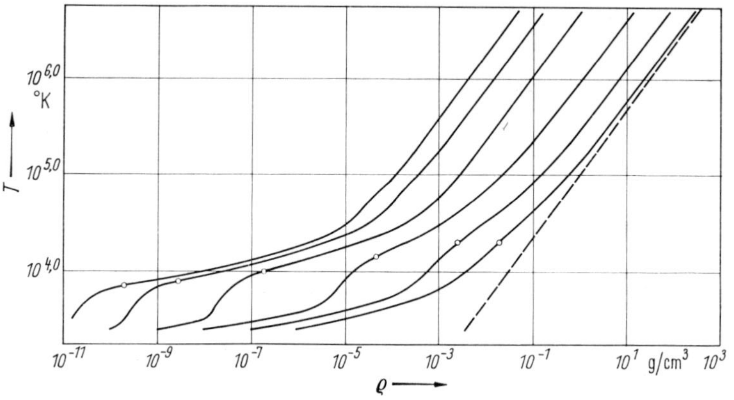

Fig. 3.

Der adiabatische Zusammenhang zwischen der Dichte ϱ und der Temperatur T für eine Mischung von 88,9 %H und 11,1% He unter Berücksichtigung der H_2-Molekülbildung [24, 25].

The adiabatic correlation between the density ϱ and the temperature T for a mixture of 88,9% H and 11,1% He, taking the formation of H_2 molecules into consideration [24, 25].

Alle Kurven beginnen bei

All curves begin with

$$T = 2510°\text{K},\ \varrho = 10^{-11}, 10^{-10} \cdots 10^{-6}\ \text{g/cm}^3.$$

- - - Begrenzung des Bereiches, in dem die Elektronenentartung berücksichtigt werden muß.

boundary of the region where the electron degeneracy has to be taken into account.

5.3.3.4 Spezifische Wärme $c_p(P_g, T)$ – Specific heat $c_p(P_g, T)$

W	Enthalpie	enthalpy
E	Innere Energie	internal energy
V	Spezifisches Volumen	specific volume
Index „a“	bedeutet: bezogen auf 1 schweres Teilchen (Atom oder Ion)	means: per heavy particle (atom or ion)

Für die Berechnung des konvektiven Energietransports muß die spezifische Wärme c_p (z. B. pro g Materie) bekannt sein.

Man berechnet zunächst die spezifische Wärme für die Materiemenge, die gerade *ein* schweres Teilchen (Atom oder Ion) enthält.

Es ist

$$c_{p,a} = c_p \cdot \mu_o \cdot m_H \qquad \text{mit } \mu_o = 1{,}505 \text{ (für die benutzte Elementmischung).}$$

Die spezifische Wärme läßt sich aus der Enthalpie W_a berechnen:

$$W_a = E_a + P_g V_a = E_a + kT. \tag{10}$$

Es sei ε_i die Konzentration ($\varepsilon_i = N_i/N$) des i-ten Elements und $x_{i,1}, x_{i,2} \ldots$ der einfach, zweifach... ionisierte Bruchteil des i-ten Elements; dann ist der mittlere Ionisationsgrad

$$\bar{x} = \Sigma\, \varepsilon_i \{ x_{i,1} + 2x_{i,2} + \ldots \}. \tag{11}$$

Damit erhält man bei Vernachlässigung der Temperaturabhängigkeit der Zustandssummen die Enthalpie:

$$W_a = \frac{5}{2} kT(1+\bar{x}) + \Sigma\varepsilon_i \{x_{i,1}\chi_{i,o} + x_{i,2}(\chi_{i,o} + \chi_{i,1}) + \cdots\}. \tag{12}$$

Diesen Ausdruck wertet man am besten numerisch aus (siehe Unsöld [22]).

Spielt nur eine Ionisationsstufe eines Elements mit der Ionisierungsspannung χ und dem Ionisationsgrad x eine Rolle, während alle anderen x im betrachteten P_g- und T-Bereich unverändert bleiben, so erhält man für $c_{p,a}$ durch geschlossene Differentiation:

$$\frac{c_{p,a}}{k} = \frac{c_p \cdot \mu_o}{R} = \frac{5}{2}(1+\bar{x}) + \frac{\varepsilon_1 \left(\frac{5}{2} + \frac{\chi}{kT}\right)^2}{\frac{1}{x(1-x)} + \frac{\varepsilon_1}{\bar{x}(1+\bar{x})}}. \tag{13}$$

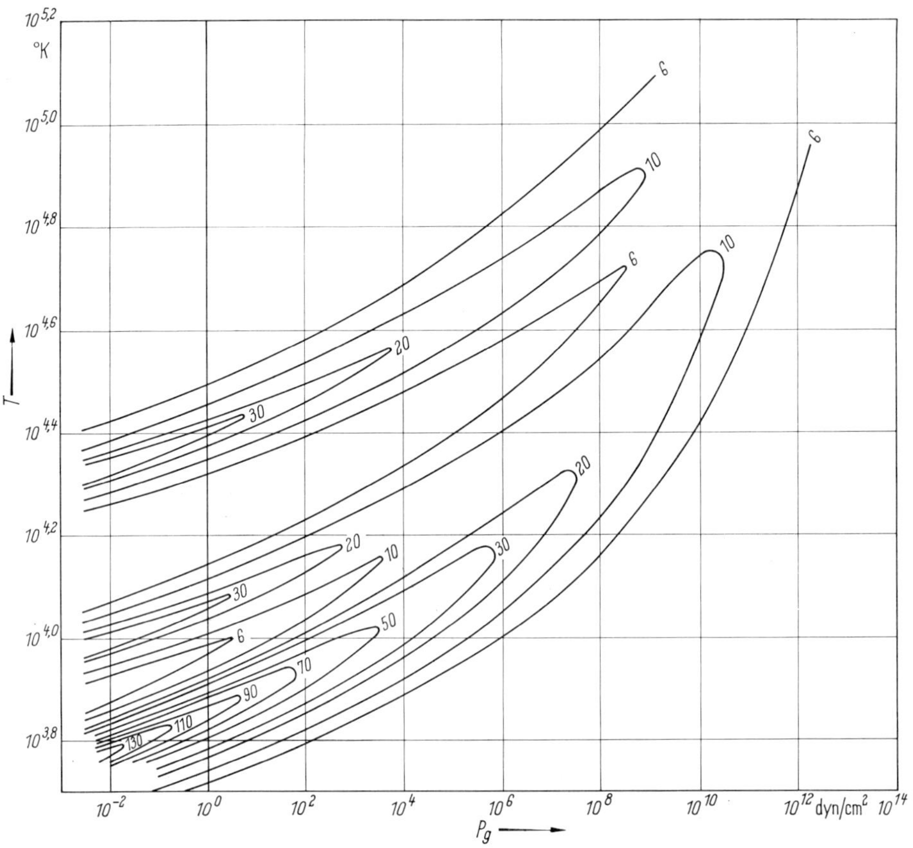

Fig. 4. Schichtliniendiagramm der spezifischen Wärme pro Atom, $\frac{c_{p,a}}{k}$ als Funktion der Temperatur T und des Gasdrucks P_g — The lines $\frac{c_{p,a}}{k}$ = const in the T, P_g-plane [16].

5.3.3.5 Obere Grenze der Instabilitätszone – Upper boundary of the unstable zone

Aus Gl. (4) im Abschnitt 5.3.3.1 folgt: Konvektion kann einsetzen, wenn

a) ∇_{ad} klein wird durch Ionisation oder Dissoziation eines häufigen Elements oder

b) ∇_{rad} groß wird infolge eines (starken) Anstiegs der Opazität $\bar{\varkappa}$.

Beide Mechanismen wirken zusammen in der sogenannten Wasserstoffkonvektionszone. Bei $T \sim 10^4$ °K setzt die Wasserstoffionisation ein, so daß $\nabla_{ad} < 0{,}4$ (Unsöld [21]). Gleichzeitig werden der 2. und 3. Quantenzustand des Wasserstoffs relativ stark besetzt, wodurch $\bar{\varkappa}$ stark zunimmt. Aus dem Instabilitätskriterium berechnet man die Lage der oberen Grenze dieser Wasserstoffkonvektionszone (Fig. 5).

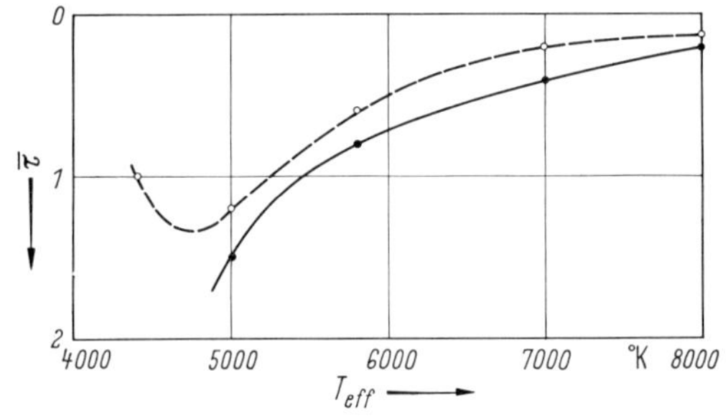

Fig. 5. Optische Tiefe $\bar{\tau}$ der oberen Begrenzung der Instabilitätszone als Funktion der Effektivtemperatur T_{eff} — Optical depth $\bar{\tau}$ of the upper boundary of the unstable zone as a function of the effective temperature T_{eff} [7].

——	für Hauptsequenzsterne und Riesen	for main sequence stars and giants
- - - -	für Überriesen	for supergiants

5.3.3.6 Schichtung der Wasserstoffkonvektionszone – Stratification of the hydrogen convection zone

πF_{rad}	Strahlungsstrom	radiative flux
πF_{konv}	Konvektiver Energiestrom	convective energy flux

Sind in einer Schicht der Sternatmosphäre konvektive Strömungen vorhanden, so muß im stationären Zustand

$$\pi F_{rad} + \pi F_{konv} = \text{const} = \sigma\, T_{eff}^4 \tag{14}$$

sein.

Den sich einstellenden Temperaturgradienten kann man dann mit Hilfe der Theorie des Strahlungsgleichgewichts bei variablem Strahlungsstrom

$$\pi F_{rad} = \sigma\, T_{eff}^4 - \pi F_{konv} \tag{15}$$

berechnen. Solange πF_{rad} mit der optischen Tiefe nur langsam variiert, kann man $\nabla = \frac{d \ln T}{d \ln P_g}$ mit Hilfe der Diffusionsapproximation berechnen:

$$\nabla = \frac{3}{16} \frac{\pi F_{rad}}{\sigma T^4} \frac{\bar{\varkappa} P_g}{g}. \tag{16}$$

Der konvektive Energiestrom ist gegeben durch:

$$\pi F_{konv} = c_p\, \varrho\, T \left(\frac{\Delta T}{T}\right) \bar{v} \tag{17}$$

$\bar{v}$	Mittlere Auf- und Abstiegsgeschwindigkeit der Gasballen	mean ascending and descending velocity of the gas masses
ΔT	Temperaturdifferenz der aufsteigenden Gasballen gegenüber dem Mittelwert der Temperatur in einer gegebenen geometrischen Tiefe	difference between the temperature of the ascending gas masses and the mean value of the temperature at a given geometrical depth

Die Mittelwerte sind zu nehmen über die Horizontalebene, in der F_{konv} berechnet werden soll.

Zur Berechnung von $\overline{\Delta T}$ und $\bar{v}$ ist im Prinzip eine Kenntnis des gesamten Bewegungszustandes der turbulenten Konvektion erforderlich. Zur Lösung dieses Problems sind z. Zt. nur erste theoretische Ansätze vorhanden.

Bei den bisher vorliegenden Berechnungen von πF_{konv} verwendet man folgendes schematisierte Bild der Konvektion: das gesamte Turbulenzspektrum wird repräsentiert durch Gasballen einer mittleren Größe mit einem Durchmesser l [*1, 3, 15*]*).

Diese können eine Wegstrecke l zurücklegen und werden dann durch die Turbulenz zerstört. Bei zweckmäßiger Wahl von l wird man πF_{konv} auf diese Weise richtig bestimmen können. Plausibilitätsbetrachtungen führen zu der Wahl $l \approx$ Äquivalenthöhe H.

Eine gewisse Verallgemeinerung dieser Überlegungen gibt Spiegel [*17*] (siehe auch Biermann [*2*] und Böhm-Vitense [*7*]).

Bezeichnet man mit

$\nabla = \frac{d \ln T}{d \ln P_g}$	den Gradienten der tatsächlich vorhandenen mittleren Temperatur- und Druckschichtung,	the gradient of the actual mean temperature and pressure distribution,
∇'	den Gradienten für einen auf- oder absteigenden Gasballen	the gradient for an ascending or descending gas mass
∇_{rad}	den Gradienten, der in dem untersuchten Punkt vorhanden sein müßte, wenn dort Strahlungsgleichgewicht herrschte,	the gradient at the point examined, if there would be radiative equilibrium,
∇_{ad}	den adiabatischen Temperaturgradienten,	the adiabatic temperature gradient,

so ergibt sich

$$\frac{\overline{\Delta T}}{T} \approx (\nabla - \nabla') \frac{l}{2H} \tag{18}$$

Weiter ist $\frac{\Delta\varrho}{\varrho} = \frac{\Delta T}{T} \cdot Q$, mit $Q = 1 + \left(\frac{\partial \log \mu}{\partial \log \Theta}\right)_{Pg}$ und $\Theta = \frac{5040}{T}$; (Woolley und Stibbs [*28*]).

Damit berechnet sich $\bar{v}$ aus der Auftriebskraft zu

$$\bar{v}^2 = g_{eff}\, Q \frac{l^2}{4H} (\nabla - \nabla'). \tag{19}$$

(Bei den vorliegenden Rechnungen wurde ein um einen Faktor 2 kleinerer Wert von $\bar{v}^2$ angenommen.) ∇' wird berechnet unter Berücksichtigung des Strahlungsaustausches des Gasballen mit seiner Umgebung. Die relative Bedeutung des Strahlungsaustausches wird charakterisiert durch die sogenannte Peclétzahl γ:

$\gamma = \frac{\nabla' - \nabla}{\nabla_{ad} - \nabla'}$	$\frac{\text{Überschüssiger Energieinhalt des Elementes}}{\text{Abgestrahlte Energie während der Lebensdauer}}$	$\frac{\text{excess energy content of element}}{\text{energy emitted during its lifetime}}$	(20)

$$\gamma \approx \frac{1}{24} \frac{c_p\, \varrho\, T\, (\bar{\varkappa}\varrho)\, l}{\sigma T^4} \cdot \bar{v} = \gamma_0\, \bar{v} \tag{21}$$

*) Eine moderne Darstellung vom Standpunkt der Hydrodynamik findet man bei Kraichnan [*9*].

$$\gamma \ll 1: \ \nabla = \nabla_{rad} - \frac{9}{4}\gamma^2 (\nabla_{rad} - \nabla_{ad}); \ \bar{v} = \frac{R\,T}{8\,\mu}\,Q \cdot \gamma_0 (\nabla_{rad} - \nabla_{ad}) \tag{22}$$

$$\gamma \gg 1: \ \nabla = \nabla_{ad} + \frac{4}{9\gamma} (\nabla_{rad} - \nabla_{ad}); \ \bar{v}^3 = \frac{R\,T}{18\,\mu}\,\frac{Q}{\gamma_0} (\nabla_{rad} - \nabla_{ad}). \tag{23}$$

Für $\gamma \approx 1$ muß man die folgenden Gleichungen lösen:

$$\nabla = \frac{\nabla_{rad} + \frac{9}{4}\gamma \cdot \nabla'}{1 + \frac{9}{4}\gamma}, \tag{24}$$

$$\nabla' = \frac{\nabla_{rad} + \gamma\left(1 + \frac{9}{4}\gamma\right)\nabla_{ad}}{1 + \gamma\left(1 + \frac{9}{4}\gamma\right)}, \qquad \bar{v}^2 = \frac{R\,T}{8\mu}\,Q\,(\nabla - \nabla'). \tag{25}$$

Mit Hilfe dieser Beziehungen wurden die Temperatur- und Druckschichtungen der Wasserstoffkonvektionszone und der anschließenden He I und He II Konvektionszonen in Sternen mit verschiedenen Effektivtemperaturen und Schwerebeschleunigungen berechnet. Ergebnisse siehe Tab. 1. und 2 und Fig. 6···8 (Böhm-Vitense [7], siehe auch Baker [29, 30]).

Tab. 1. Beispiele für berechnete Temperatur- und Druckschichtungen in den Kovektionszonen von Überriesen, Riesen und Hauptsequenzsternen — Examples of calculated temperature- and pressure stratifications in the convection zones of supergiants, giants, and main sequence stars

Der Gasdruck P_g und die geometrische Tiefe z*) als Funktion der Temperatur in Atmosphären mit verschiedenen Effektivtemperaturen T_{eff} und Gravitationsbeschleunigungen g

Das jeweils erste angegebene Wertepaar von T_{eff} und P_g für jeden Stern entspricht der oberen Begrenzung der Instabilitätszone, das letzte der unteren Begrenzung. Die fettgedruckten Zahlenwerte von log P_g charakterisieren die Zone, deren Schichtung durch die Konvektion merklich beeinflußt wird. Die angegebenen oberen und unteren Begrenzungen der Instabilitätszonen geben jedoch nicht die Begrenzungen für turbulente Strömungen an. Die auf- oder absteigenden Gasmengen gehen über diese Begrenzungen sowohl nach oben (Vitense [26], Böhm [4]) als auch nach unten (Böhm [5]) hinaus

The gas pressure P_g and the geometric depth, z*), as a function of the temperature in atmospheres with different effective temperatures T_{eff} and surface gravity g

The first pair of values of T_{eff} and P_g, given for each star, corresponds to the upper boundary of the unstable zone, the last to the lower boundary. The numerical values of log P_g in bold-faced print characterize the zone whose stratification is perceptibly affected by the convection. The upper and lower boundaries of the unstable zones given above, do not, however, indicate the boundaries of the regions of turbulent flow. The ascending and descending gas masses overshoot these limits in both directions, upwards (Vitense [26], Böhm [4]), as well as downwards (Böhm [5])

P_g in [dyn/cm²]; z in [cm]; g in [cm/sec²]; T in [°K].

$T_{eff} = 4400$ °K							$T_{eff} = 5000$ °K						
log g	0,9		1,5		2,5		log g	1,5		3,0		4,45	
log T	log P_g	log z	log P_g	log z	log P_g	log z	log T	log P_g	log z	log P_g	log z	log P_g	log z
3,778	3,35	9,77	3,71	8,38	4,30	$-\infty$	3,758	3,46	$-\infty$				
3,793	3,37	9,90	3,73	8,92	4,33	7,95	3,774	3,48	8,95	4,39	$-\infty$	5,25	$-\infty$
3,836	**3,40**	10,06	**3,77**	9,23	**4,39**	8,35	3,796	**3,50**	9,24	4,44	7,55	**5,30**	6,14
3,90	**3,42**	10,17	**3,80**	9,42	**4,42**	8,51	3,85	**3,52**	9,51	**4,51**	7,98	**5,40**	6,64
3,96	**3,45**	10,47	**3,84**	9,60	**4,48**	8,73	3,95	**3,55**	9,68	**4,58**	8,23	**5,53**	6,76
4,05	**3,55**	11,06	**3,99**	10,09	**4,72**	9,23	4,05	**3,60**	9,88	**4,79**	8,68	**5,82**	7,37
4,15	**3,59**	11,11	**4,13**	10,38	**5,16**	9,67	4,15	**3,64**	10,03	**5,18**	9,14	**6,37**	7,77
4,25	**3,64**	11,19	**4,24**	10,58	**5,61**	9,95	4,25	**3,69**	10,25	**5,61**	9,46	**7,06**	8,10
4,35	3,75	11,38	**4,33**	10,72	**6,05**	10,20	4,35	3,88	10,72	**5,98**	9,66	**7,71**	8,32
4,45	4,01	11,68	**4,47**	10,93	**6,43**	10,36	4,50	4,40	11,23	**6,48**	9,89	**8,58**	8,58
4,60	4,35	12,06	4,91	11,34	**6,89**	10,54	4,70	5,08	11,62	**7,03**	10,12	**9,42**	8,83
4,75	5,02	12,32	5,34	11,62	**7,37**	10,70	4,80	5,47	11,77	**7,41**	10,26	**9,79**	8,93
4,80			5,56	11,72	**7,53**	10,75	5,00			**8,02**	10,48	**10,41**	9,12
5,00					**8,21**	10,94	5,40			**9,04**	10,84	**11,51**	9,44
5,20					**8,71**	11,01	5,80					**12,54**	9,78
5,40					**9,21**	11,20	6,00					**13,05**	9,94
5,60					**9,72**	11,32	6,20					13,57	10,11

Fortsetzung nächste Seite

*) Die geometrischen Tiefen z wurden von der oberen Grenze der Instabilitätszone aus gezählt — The geometric depths, z, have been counted from the upper boundary of the unstable zone.

Tab. 1. Fortsetzung

	T_{eff} = 5800 °K					
log *g*	1,5		3,0		4,45 (Sonne)	
log *T*	log P_g	log *z*	log P_g	log *z*	log P_g	log *z*
3,775	3,20	− ∞				
3,792	3,24	9,00	4,18	− ∞	5,04	− ∞
3,818	3,27	9,26	4,23	7,60	5,10	6,25
3,856	3,31	9,44	4,28	7,90	**5,17**	6,60
3,90	**3,32**	9,51	**4,30**	8,01	**5,21**	6,73
3,95	**3,33**	9,56	**4,33**	8,14	**5,26**	6,86
4,00	**3,35**	9,65	**4,36**	8,25	**5,33**	7,02
4,10	**3,38**	9,86	**4,54**	8,75	**5,66**	7,48
4,20	3,40	10,09	**4,68**	9,01	**6,21**	7,91
4,30	3,55	10,59	**4,79**	9,19	**6,80**	8,19
4,40	3,89	11,04	**4,90**	9,34	**7,34**	8,40
4,60	4,60	11,51	5,41	9,81	**8,19**	8,69
4,80	5,28	11,83	6,13	10,21	**8,83**	8,90
5,0					**9,42**	9,08
5,4					**10,56**	9,45
5,8					**11,57**	9,80
6,0					**12,07**	9,98

	T_{eff} = 7000 °K					
log *g*	2,0		3,5		4,45	
log *T*	log P_g	log *z*	log P_g	log *z*	log P_g	log *z*
3,804	3,06	8,36				
3,819	3,10	8,78	4,08	− ∞		
3,831	3,13	8,92	4,12	6,95	4,69	− ∞
3,851	3,16	9,02	4,17	7,32	4,75	6,15
3,874	3,19	9,12	4,20	7,49	4,79	6,42
3,894	3,20	9,16	4,22	7,55	4,81	6,58
3,932	3,21	9,20	**4,24**	7,63	**4,84**	6,66
3,95	3,21	9,21	**4,25**	7,67	**4,85**	6,70
4,00	3,22	9,23	**4,28**	7,75	**4,88**	6,82
4,10	3,22	9,30	**4,33**	7,94	**5,08**	7,28
4,20	3,30	9,76	**4,38**	8,15	**5,34**	7,65
4,30	3,57	10,29	4,52	8,52	**5,56**	7,88
4,40	3,96	10,64	4,81	8,93	**5,77**	8,07
4,50	4,34	10,87	5,17	9,23	**5,95**	8,21
4,60	4,68	11,04	5,51	9,43	**6,13**	8,34
4,70	5,21	11,27	6,05	9,68	**6,58**	8,62
4,80					6,78	8,71

	T_{eff} = 8000 °K					
log *g*	2,5		3,5		4,45	
log *T*	log P_g	log *z*	log P_g	log *z*	log P_g	log *z*
3,860	2,89	8,08	3,66	− ∞	4,22	6,11
3,886	2,97	8,55	3,74	7,40	4,32	6,67
3,907	3,00	8,67	3,77	7,55	4,37	6,80
3,923	3,01	8,72	3,79	7,62	4,40	6,88
3,949	3,03	8,77	3,81	7,70	4,43	6,93
3,965	3,04	8,80	3,82	7,72	**4,44**	6,97
4,00	3,05	8,85	3,83	7,76	**4,46**	7,01
4,05	3,06	8,92	3,84	7,82	**4,49**	7,07
4,10	3,10	9,07	3,85	7,89	**4,53**	7,16
4,15	3,17	9,31	3,88	8,03	**4,56**	7,25
4,20	3,30	9,57	3,96	8,31	4,60	7,36
4,30	3,69	9,98	4,28	8,80	4,81	7,74
4,40	4,10	10,25	4,67	9,13	5,17	8,10
4,50	4,49	10,43	5,04	9,34	5,53	8,34
4,60	4,84	10,58	5,38	9,50	5,86	8,51
4,70	5,18	10,72	5,75	9,66	6,20	8,66
4,75	5,38	10,75	5,94	9,73	6,38	8,74

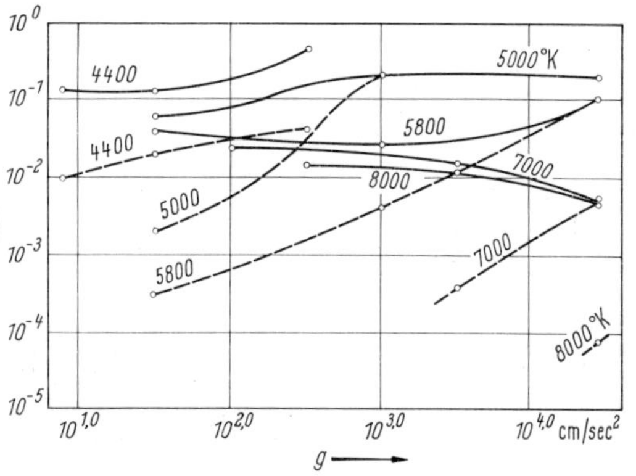

Fig. 6. Tiefe der Konvektionszone in Einheiten des Sternradius z/R als Funktion der Schwerebeschleunigung g — Depth of the convection zone in units of the stellar radius z/R as a function of the gravitational acceleration g.

Parameter: T_{eff} [7]

----	Ausdehnung der Zonen, in denen sich ∇ um mehr als 1% von ∇_{rad} unterscheidet	Extension of the zones in which ∇ differs from ∇_{rad} by more than 1%
——	Ausdehnung der gesamten Instabilitätszone (einschließlich der bei einigen Sternen zwischen der H- und der He II-Instabilitätszone liegenden stabilen Zone).	Extension of the entire zone of instability (including the stable zone which for some stars lies between the H and the He II zones of instability).

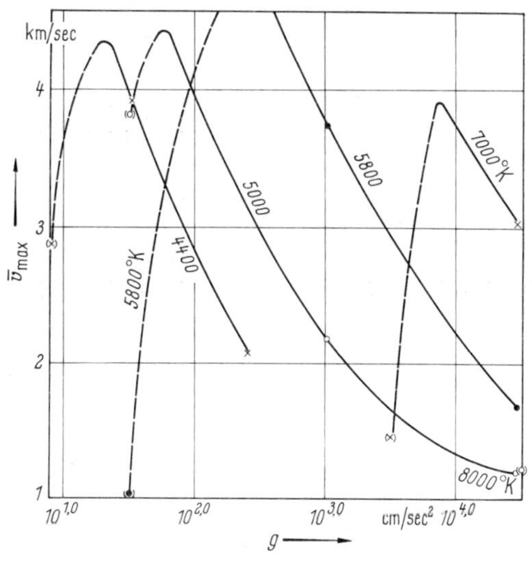

Fig. 7. Die berechneten Maximalgeschwindigkeiten $\bar{v}_{max}$ in den Wasserstoffkonvektionszonen als Funktion der Schwerebeschleunigung g für verschiedene Effektivtemperaturen [7] — The calculated maximum velocities $\bar{v}_{max}$ in the hydrogen convection zones as a function of the gravitational acceleration g for various effective temperatures [7].

Diese maximalen Geschwindigkeiten treten stets in der Nähe der oberen Begrenzung der Konvektionszonen auf und dürften deshalb etwa die zu beobachtenden Geschwindigkeiten darstellen — These maximum velocities always appear near the upper boundary of the convection zones and may, therefore, represent the velocities to be observed.

T = 8000° K gehört zu dem eingeklammerten Meßpunkt. — T = 8000° K refers to the measured point in brackets.

Tab. 2. Modell der Wasserstoff-Konvektionszone der Sonne — Model of the hydrogen convection zone of the sun

Die Abhängigkeit der wichtigsten thermodynamischen Funktionen (Böhm [4]) von der Tiefe z in dem oberen Teil der solaren Wasserstoffkonvektionszone (Böhm-Vitense [7]) — The dependency of the most important thermodynamic functions (Böhm [4]) on the depth z in the upper part of the solar hydrogen-convection zone (Böhm-Vitense [7]).

E	Innere Energie	internal energy
S	Spezifische Entropie	specific entropy
$\bar{\varkappa}$	Opazität (Rosselandscher Mittelwert)	opacity (Rosseland mean value)

Die Zahlen in Klammern geben die Zehnerpotenz an — The numbers in brackets give the power of ten

z [km]	T [°K]	ϱ [g/cm³]	E [erg]	P_g [dyn/cm²]	S [erg/g · Grad]	$(\partial E/\partial T)_\varrho$	$(\partial P/\partial T)_\varrho$	$(\partial E/\partial \varrho)_T$	$(\partial P/\partial \varrho)_T$	$\bar{\varkappa}$ [cm²/g]	$1/\bar{\varkappa}(\partial\bar{\varkappa}/\partial T)_\varrho$	$1/\bar{\varkappa}(\partial\bar{\varkappa}/\partial \varrho)_T$
50	4,70(3)	4,90(−9)	1,96(3)	1,31(3)	2,34(1)	4,18(−1)	2,79(−1)	4,01(11)	2,67(11)	1,02(−2)	+3,62(−4)	3,04(8)
100	4,70(3)	8,29(−9)	3,32(3)	2,22(3)	2,29(1)	7,07(−1)	4,72(−1)	4,01(11)	2,67(11)	1,50(−2)	+3,71(−4)	1,81(8)
150	4,70(3)	1,40(−8)	5,63(3)	3,75(3)	2,25(1)	1,20	7,99(−1)	4,01(11)	2,67(11)	2,17(−2)	+4,09(−4)	1,11(8)
200	4,70(3)	2,38(−8)	9,55(3)	6,37(3)	2,20(1)	2,03	1,36	4,01(11)	2,67(11)	3,44(−2)	+4,75(−4)	6,90(7)
250	4,70(3)	4,02(−8)	1,61(4)	1,07(4)	2,16(1)	3,43	2,29	4,01(11)	2,67(11)	5,37(−2)	+5,42(−4)	4,09(7)
300	4,72(3)	6,83(−8)	2,75(4)	1,83(4)	2,11(1)	5,83	3,88	4,02(11)	2,68(11)	7,91(−2)	+6,47(−4)	2,23(7)
350	4,88(3)	1,11(−7)	4,63(4)	3,09(4)	2,08(1)	9,50	6,33	4,16(11)	2,77(11)	1,27(−1)	+7,12(−4)	1,41(7)
400	5,20(3)	1,67(−7)	7,42(4)	4,95(4)	2,05(1)	1,43(1)	9,52	4,43(11)	2,96(11)	1,99(−1)	+4,21(−4)	9,35(6)
450	5,66(3)	2,66(−7)	1,29(5)	8,57(4)	2,02(1)	2,40(1)	1,52(1)	4,83(11)	3,22(11)	3,19(−1)	+7,07(−4)	6,62(6)
500	6,13(3)	2,99(−7)	1,57(5)	1,04(5)	2,43(1)	2,70(1)	1,71(1)	5,24(11)	3,49(11)	7,06(−1)	+1,20(−3)	3,45(6)
550	8,19(3)	3,20(−7)	2,45(5)	1,50(5)	2,48(1)	5,49(1)	1,96(1)	7,33(11)	4,67(11)	8,56	+1,15(−3)	2,12(6)
600	1,02(4)	3,68(−7)	5,03(5)	2,24(5)	2,58(1)	1,80(2)	3,07(1)	1,13(12)	5,96(11)	5,01(1)	+8,39(−4)	1,23(6)
650	1,10(4)	4,04(−7)	7,20(5)	2,74(5)	2,64(1)	2,72(2)	3,97(1)	1,38(12)	6,52(11)	1,01(2)	+7,26(−4)	1,18(6)
700	1,16(4)	4,35(−7)	9,47(5)	3,20(5)	2,69(1)	3,56(2)	4,85(1)	1,63(12)	6,99(11)	1,56(2)	+6,31(−4)	1,11(6)
750	1,21(4)	4,69(−7)	1,24(6)	3,76(5)	2,75(1)	4,51(2)	5,89(1)	1,92(12)	7,51(11)	2,10(2)	+5,56(−4)	1,07(6)
800	1,26(4)	5,09(−7)	1,54(6)	4,34(5)	2,79(1)	5,35(2)	6,89(1)	2,17(12)	7,93(11)	2,60(2)	+5,00(−4)	1,06(6)
850	1,29(4)	5,56(−7)	1,86(6)	5,01(5)	2,83(1)	6,19(2)	7,96(1)	2,40(12)	8,31(11)	3,00(2)	+4,66(−4)	1,13(6)
900	1,34(4)	6,08(−7)	2,29(6)	5,83(5)	2,87(1)	7,14(2)	9,24(1)	2,69(12)	8,78(11)	3,56(2)	+4,43(−4)	1,20(6)
950	1,38(4)	6,65(−7)	2,75(6)	6,73(5)	2,91(1)	8,06(2)	1,05(2)	2,96(12)	9,22(11)	4,26(2)	+4,25(−4)	1,25(6)
1 000	1,41(4)	7,26(−7)	3,22(6)	7,67(5)	2,93(1)	8,93(2)	1,18(2)	3,19(12)	9,59(11)	5,08(2)	+4,10(−4)	1,25(6)
1 100	1,48(4)	8,85(−7)	4,41(6)	1,01(6)	2,98(1)	1,09(3)	1,50(2)	3,63(12)	1,03(12)	7,05(2)	+4,27(−4)	1,16(6)
1 200	1,53(4)	1,07(−6)	5,77(6)	1,30(6)	3,00(1)	1,29(3)	1,84(2)	3,99(12)	1,10(12)	9,35(2)	+3,96(−4)	1,06(6)
1 300	1,59(4)	1,26(−6)	7,38(6)	1,64(6)	3,03(1)	1,49(3)	2,20(2)	4,37(12)	1,17(12)	1,19(3)	+3,29(−4)	9,81(5)
1 400	1,64(4)	1,48(−6)	9,25(6)	2,03(6)	3,05(1)	1,69(3)	2,59(2)	4,75(12)	1,24(12)	1,45(3)	+2,41(−4)	9,08(5)
1 500	1,70(4)	1,71(−6)	1,13(7)	2,46(6)	3,06(1)	1,87(3)	2,98(2)	5,08(12)	1,30(12)	1,70(3)	+1,42(−4)	8,39(5)
1 600	1,75(4)	1,98(−6)	1,37(7)	2,99(6)	3,07(1)	2,09(3)	3,44(2)	5,40(12)	1,36(12)	1,94(3)	+4,99(−5)	7,75(5)
1 700	1,79(4)	2,26(−6)	1,63(7)	3,56(6)	3,08(1)	2,29(3)	3,91(2)	5,68(12)	1,42(12)	2,15(3)	−2,87(−5)	7,09(5)
1 800	1,84(4)	2,57(−6)	1,92(7)	4,19(6)	3,09(1)	2,49(3)	4,39(2)	5,97(12)	1,48(12)	2,33(3)	−8,15(−5)	6,41(5)
1 900	1,89(4)	2,90(−6)	2,27(7)	4,95(6)	3,10(1)	2,67(3)	4,90(2)	6,31(12)	1,55(12)	2,45(3)	−9,75(−5)	5,67(5)
2 000	1,94(4)	3,26(−6)	2,63(7)	5,76(6)	3,10(1)	2,89(3)	5,48(2)	6,58(12)	1,62(12)	2,50(3)	−6,65(−5)	4,71(5)

Fortsetzung nächste Seite

Tab. 2. Fortsetzung

z [km]	T [°K]	ϱ [g/cm³]	E [erg]	P_g [dyn/cm²]	S [erg/g · Grad]	$(\partial E/\partial T)_\varrho$	$(\partial P/\partial T)_\varrho$	$(\partial E/\partial \varrho)_T$	$(\partial P/\partial \varrho)_T$	$\bar{\varkappa}$ [cm²/g]	$1/\bar{\varkappa}(\partial\bar{\varkappa}/\partial T)_\varrho$	$1/\bar{\varkappa}(\partial\bar{\varkappa}/\partial \varrho)_T$
2 200	2,05(4)	4,02(−6)	3,50(7)	7,73(6)	3,12(1)	3,16(3)	6,52(2)	7,29(12)	1,77(12)	*)	*)	*)
2 400	2,15(4)	4,89(−6)	4,49(7)	1,00(7)	3,13(1)	3,52(3)	7,72(2)	7,82(12)	1,90(12)			
2 600	2,27(4)	5,89(−6)	5,74(7)	1,30(7)	3,15(1)	3,87(3)	9,03(2)	8,47(12)	2,06(12)			
2 800	2,38(4)	6,95(−6)	7,09(7)	1,63(7)	3,15(1)	4,31(3)	1,05(3)	8,96(12)	2,20(12)			
3 000	2,48(4)	8,13(−6)	8,66(7)	2,02(7)	3,16(1)	4,85(3)	1,21(3)	9,44(12)	2,34(12)			
3 200	2,60(4)	9,47(−6)	1,06(8)	2,49(7)	3,17(1)	5,48(3)	1,40(3)	9,94(12)	2,49(12)			
3 400	2,71(4)	1,09(−5)	1,26(8)	3,02(7)	3,17(1)	6,16(3)	1,61(3)	1,04(13)	2,64(12)			
3 600	2,82(4)	1,24(−5)	1,50(8)	3,62(7)	3,18(1)	6,86(3)	1,83(3)	1,08(13)	2,77(12)			
3 800	2,94(4)	1,40(−5)	1,76(8)	4,31(7)	3,18(1)	7,49(3)	2,05(3)	1,13(13)	2,93(12)			
4 000	3,05(4)	1,58(−5)	2,05(8)	5,09(7)	3,19(1)	8,07(3)	2,29(3)	1,18(13)	3,08(12)			
4 200	3,18(4)	1,77(−5)	2,39(8)	6,00(7)	3,20(1)	8,51(3)	2,54(3)	1,23(13)	3,25(12)			
4 400	3,30(4)	1,98(−5)	2,76(8)	7,03(7)	3,20(1)	8,88(3)	2,80(3)	1,28(13)	3,41(12)			
4 600	3,43(4)	2,19(−5)	3,15(8)	8,13(7)	3,20(1)	9,08(3)	3,04(3)	1,34(13)	3,58(12)			
4 800	3,56(4)	2,41(−5)	3,57(8)	9,37(7)	3,21(1)	9,18(3)	3,28(3)	1,39(13)	3,76(12)			
5 000	3,70(4)	2,65(−5)	4,04(8)	1,08(8)	3,21(1)	9,26(3)	3,54(3)	1,44(13)	3,94(12)			
6 000	4,38(4)	4,06(−5)	6,87(8)	1,98(8)	3,20(1)	1,02(4)	5,04(3)	1,64(13)	4,79(12)			
7 000	5,12(4)	5,82(−5)	1,08(9)	3,35(8)	3,19(1)	1,25(4)	6,98(3)	1,81(13)	5,69(12)			
8 000	5,90(4)	7,93(−5)	1,59(9)	5,29(8)	3,19(1)	1,73(4)	9,47(3)	1,96(13)	6,61(12)			
9 000	6,73(4)	1,04(−4)	2,27(9)	7,97(8)	3,19(1)	2,63(4)	1,28(4)	2,12(13)	7,57(12)			
10 000	7,59(4)	1,33(−4)	3,19(9)	1,16(9)	3,19(1)	3,97(4)	1,71(4)	2,29(13)	8,58(12)			
11 000	8,43(4)	1,62(−4)	4,29(9)	1,59(9)	3,19(1)	5,29(4)	2,17(4)	2,49(13)	9,58(12)			
12 000	9,34(4)	2,00(−4)	5,80(9)	2,19(9)	3,19(1)	6,40(4)	2,71(4)	2,73(13)	1,08(13)			
13 000	1,02(5)	2,39(−4)	7,49(9)	2,89(9)	3,20(1)	7,11(4)	3,22(4)	2,97(13)	1,19(13)			
14 000	1,10(5)	2,80(−4)	9,39(9)	3,69(9)	3,20(1)	7,67(4)	3,73(4)	3,19(13)	1,29(13)			
15 000	1,19(5)	3,25(−4)	1,15(10)	4,62(9)	3,20(1)	8,21(4)	4,26(4)	3,42(13)	1,40(13)			
16 000	1,27(5)	3,73(−4)	1,39(10)	5,70(9)	3,20(1)	8,81(4)	4,83(4)	3,62(13)	1,51(13)			
17 000	1,35(5)	4,20(−4)	1,64(10)	6,82(9)	3,20(1)	9,41(4)	5,38(4)	3,80(13)	1,60(13)			
18 000	1,43(5)	4,68(−4)	1,90(10)	8,07(9)	3,19(1)	1,01(5)	5,94(4)	3,96(13)	1,71(13)			
19 000	1,51(5)	5,17(−4)	2,18(10)	9,44(9)	3,19(1)	1,08(5)	6,52(4)	4,13(13)	1,80(13)			
20 000	1,58(5)	5,62(−4)	2,46(10)	1,08(10)	3,19(1)	1,14(5)	7,05(4)	4,30(13)	1,91(13)			
21 000	1,66(5)	6,09(−4)	2,76(10)	1,23(10)	3,19(1)	1,21(5)	7,61(4)	4,47(13)	2,00(13)			
22 000**)	1,76(5)	6,62(−4)	3,12(10)	1,47(10)	3,19(1)	1,30(5)	8,24(4)	4,62(13)	2,11(13)			

*) Nicht berechnet für $z > 2000$ km, weil sie hier unwichtig sind — Not calculated for $z > 2000$ km, because they are unimportant in this region.

**) Für $z > 22\,000$ km ist die Konvektionszone angenähert durch eine polytrope Atmosphäre — For $z > 22\,000$ km the convection zone is approximated by a polytropic atmosphere.

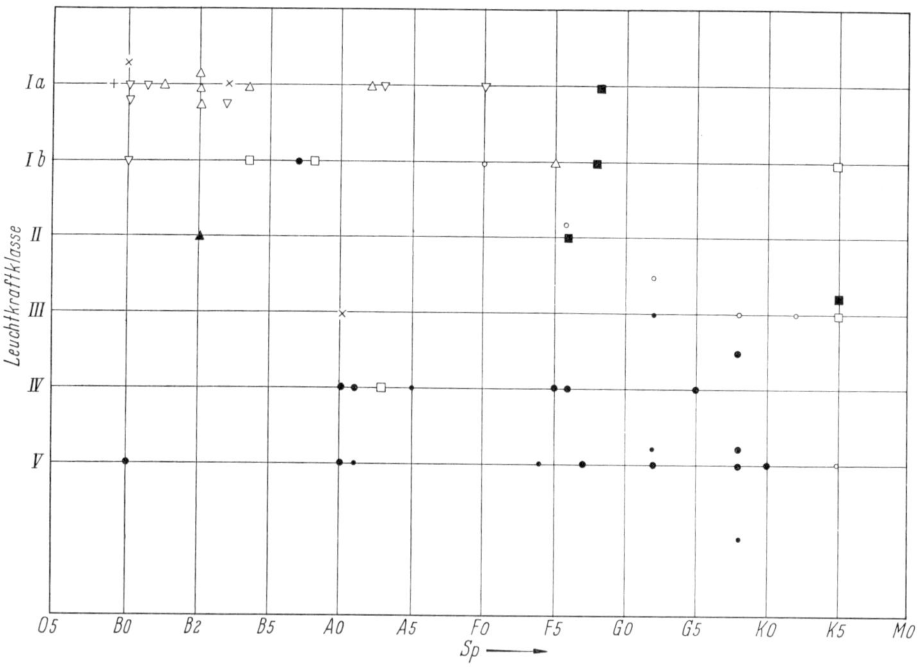

Fig. 8. Die beobachteten mittleren Turbulenzgeschwindigkeiten v in km/sec für verschiedene Spektraltypen und Leuchtkaftklassen zum Vergleich mit Fig. 7. (Bezüglich der Sonnenbeobachtungen vgl. 4.1.1.5.7.) — The observed mean turbulent velocities v in km/sec for various spectral types and luminosity classes (for comparison with Fig. 7). (See 4.1.1.5.7 for similar observations of the sun) [27].

• 1–2; ● 2–3; ○ 3–4; □ 4–5; ■ 5–7; ▲ 7–10; △ 10–15; ▽ 15–20; + 20–30; × > 30.

Der • auf dem Schnittpunkt IV, A 5 steht für ○

5.3.3.7 Neuere Versuche zur Erfassung der Hydrodynamik der Konvektionszone — Recent studies related to the hydrodynamics of the convection zone

Die Rayleighzahl

The Rayleigh number

$$Ra = \frac{\text{Auftriebskraft}}{\text{Reibungskraft}} = \frac{\text{buoyancy force}}{\text{viscous force}}$$

ist in stellaren Wasserstoffkonvektionszonen sehr groß. Je nach Größe der angenommenen charakteristischen Länge ergibt sich für die solare Konvektionszone

is very large in stellar hydrogen-convection zones. In the solar convection zone, depending upon the magnitude of the characteristic length assumed

$$Ra \approx 10^{12}; \quad (\sigma Ra) \approx 10^3 \quad \text{mit } \sigma = \text{Prandtlzahl}$$

oder größer.
Damit ist praktisch sicher, daß die Konvektion turbulent ist. Die Peclétzahl

or more.
Hence it is practically certain that the convection is turbulent. The Peclét number

$$Pe = \left| \frac{\text{Konvektiver Energietransport}}{\text{Strahlungsenergietransport}} \right| \frac{\text{convective energy transport}}{\text{radiative energy transport}} \right|$$

ist im oberen Teil der Konvektionszone von der Größenordnung 1, nimmt jedoch rasch mit der Tiefe zu.

is of the order 1 in the upper part of the convection zone but increases rapidly with depth.

Ledoux, Schwarzschild und Spiegel [10] haben vorgeschlagen, das Problem folgendermaßen anzugreifen:

1. Man führe eine verallgemeinerte „Fourieranalyse" des (quasistationären) turbulenten Geschwindigkeitsfeldes durch, indem man die "linear modes" (Lösungen der linearisierten Navier-Stokes-Gleichungen für das Konvektionsproblem) als Fourierkomponenten benutzt. (Ein anderes Verfahren zur Lösung des Problems der turbulenten Konvektion, das ebenfalls "linear modes" benutzt, wurde von Malkus [11, 12, 13] vorgeschlagen.)

2. Aus der Lösung der linearisierten Gleichungen ergibt sich unmittelbar der Netto-Energiegewinn pro Zeiteinheit infolge der Wirkung der Auftriebskraft und des Energieverlustes durch Viskosität für jede

einzelne Fourierkomponente. Die Wirkungen des Strahlungsaustausches sind ebenfalls bereits bei der Lösung der linearisierten Gleichungen berücksichtigt.

3. Die nichtlineare Wechselwirkung zwischen den Fourierkomponenten wird entsprechend dem Ansatz von Heisenberg [8] für isotrope Turbulenz berücksichtigt.

Leider bezieht sich die so skizzierte Theorie vorläufig nur auf den Fall $Pe \ll 1$. Der Versuch einer Verallgemeinerung auf den astrophysikalisch wichtigen Fall $Pe \gg 1$ (s. o.) führt auf eine Reihe unerwarteter Schwierigkeiten (Richter und Böhm 1963, unpubliziert).

Ausgelöst durch die Ledoux-Schwarzschild-Spiegel-Theorie ergibt sich ein Interesse an der Berechnung von "linear modes" (laminaren Strömungsformen) für ein möglichst gutes Modell der solaren Wasserstoffkonvektionszone. Solche Rechnungen wurden von Böhm [4, 6] durchgeführt (Fig. 9 und 10).

Es zeigt sich, daß Strömungsformen geringer horizontaler Wellenlänge auch in der Vertikalen auf eine dünne Oberflächenschicht beschränkt sind.

Wichtig ist, daß Strömungsformen mit horizontaler Wellenlänge > 6000 km weit über die obere Begrenzung der Konvektionszone hinausschießen und bis in die mittlere Chromosphäre hineinreichen (Böhm [4]).

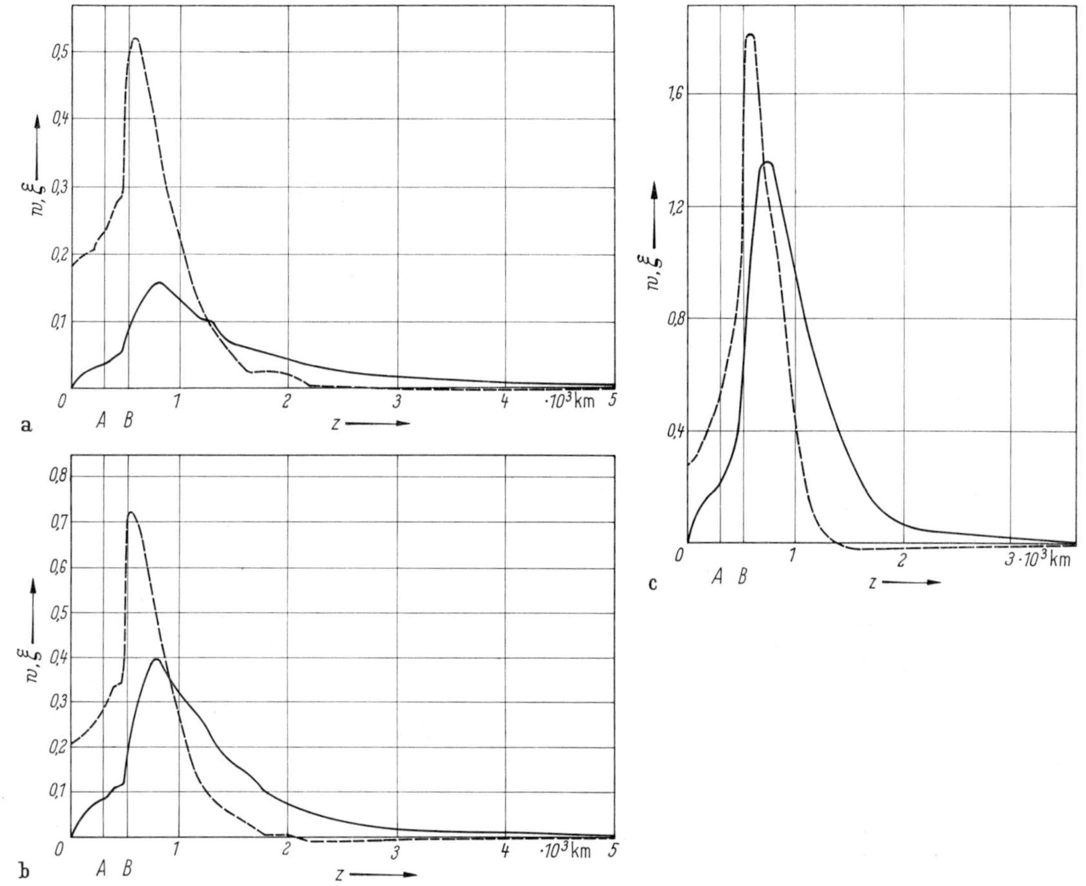

Fig. 9.

Vertikale Geschwindigkeit w und horizontale Geschwindigkeit ξ als Funktion der geometrischen Tiefe z für laminare Strömungsformen in der solaren Wasserstoffkonvektionszone mit verschiedenen horizontalen Wellenlängen λ [4].

Vertical velocity w and horizontal velocity ξ as a function of the geometrical depth z for laminar flow in the solar hydrogen convection zone with various horizontal wavelengths λ [4].

(a) $\lambda = 6250$ km, (b) $\lambda = 3125$ km, (c) $\lambda = 1563$ km

$z = A$	entspricht der optischen Tiefe $\bar{\tau} = 0{,}03$	corresponds to the optical depth $\bar{\tau} = 0{,}03$
$z = B$	entspricht der oberen Begrenzung der Wasserstoff-Konvektionszone	corresponds to the upper boundary of the hydrogen-convection zone

— w, - - - ξ in [km/sec]

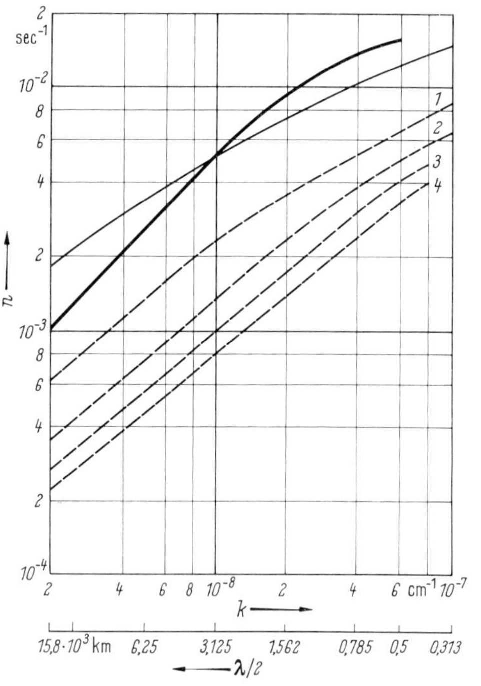

Fig. 10. Zeitliche Entwicklungsrate („Instabilitätsrate") n als Funktion der horizontalen Wellenzahl k — growth rate ("rate of instability") n as a function of the horizontal wave number k [6].

——	"fundamental mode"	fundamental mode
- - - -	1., 2., 3. und 4. "mode" (Strömung mit 1, 2, 3 bzw. 4 Knoten in der Vertikalen)	1st, 2nd, 3rd and 4th mode (flow with 1, 2, 3 or 4 nodes in the vertical)
——	n (k) für die "fundamental mode" unter Berücksichtigung des Strahlungsaustausches	n (k) for the fundamental mode with radiative exchange.

5.3.3.8 Literatur zu 5.3.3 — References for 5.3.3

Zusammenfassende Darstellungen — General references

(siehe auch S. 396) — (see also p. 396)

I. Vom Standpunkt des Astrophysikers — From an astrophysical viewpoint

Biermann, L, and R. Lüst: Nonthermal Phenomena in Stellar Atmospheres [3].
Böhm-Vitense, E.: Convection and Granulation, Nuovo Cimento Suppl. XXII/1 (1961).
Pecker, J. C.: La Zone Convective des Étoiles [15].
Schwarzschild, M.: Convection in Stars, ApJ **134** (1961) 1.
Unsöld, A.: Physik der Sternatmosphären [23] S. 215—237.

II. Vom Standpunkt des Hydrodynamikers — From a hydrodynamic viewpoint

Chandrasekhar, S.: Hydrodynamic and Hydromagnetic Stability, Oxford University Press (1961).
Kraichnan, R. H.: Turbulent Convection at Arbitrary Prandtl Number, [9] (gibt eine gute Übersicht über das Problem, obwohl nicht eigentlich als zusammenfassender Artikel gedacht).
Malkus, W. V. R.: Turbulence [12].
Malkus, W. V. R.: Similarity Arguments for Fully Developed Turbulence [13].

1 Biermann, L.: AN **264** (1938) 395.
2 Biermann, L.: ZfA **25** (1948) 135.
3 Biermann, L., and R. Lüst: Non-thermal Phenomena in Stellar Atmospheres, in "Stellar Atmospheres", (ed. J. L. Greenstein), University of Chicago Press (1960).
4 Böhm, K. H.: ApJ **137** (1963) 881.
5 Böhm, K. H.: ApJ **138** (1963) 297.
6 Böhm, K. H.: ZfA **57** (1963) 265.
7 Böhm-Vitense, E.: ZfA **46** (1958) 108.
8 Heisenberg, W.: Z. Physik **124** (1948) 628.
9 Kraichnan, R. H.: Phys. Fluids **5** (1962) 1374.
10 Ledoux, P., M. Schwarzschild, and E. Spiegel: ApJ **133** (1961) 184.
11 Malkus, W. V. R.: Proc. Roy. Soc. London (A) **225** (1954) 196.
12 Malkus, W. V. R.: "Turbulence" in Geophysical Fluid Dynamics, (ed. E. Spiegel), Woods Hole Oceanographic Institution (1960).
13 Malkus, W. V. R.: Nuovo Cimento Suppl. XXII/1 (1961) 376.
14 Pecker, Ch.: Ann. Astrophys. **16** (1953) 321.
15 Pecker, J. C.: in Modèles d'étoiles et évolution stellaire. Les Congrès et Colloques de l'Université de Liège XVI, (1960) 343 = Liège Inst. Astrophys. Coll. in 8° Nr. 409 (1959) 343.
16 Rosa, A., und A. Unsöld: ZfA **25** (1948) 20.
17 Spiegel, E.: ApJ **138** (1963) 216.
18 Tolman, R. C.: The Principles of Statistical Mechanics, Oxford University Press (1938) 579.
19 Underhill, A. B.: MN **109** (1949) 562.
20 Underhill, A. B.: Ann. Astrophys. **12** (1949) 243.

21 Unsöld, A.: ZfA **1** (1930) 138.
22 Unsöld, A.: ZfA **25** (1948) 11.
23 Unsöld, A.: Physik der Sternatmosphären, 2. Aufl., Springer-Verlag, Berlin (1955).
24 Vardya, M. S.: ApJ Suppl. **4** (1960) 281.
25 Vardya, M. S.: unpublizierte Rechnungen (1963).
26 Vitense, E.: ZfA **32** (1953) 135.
27 Wright, K. O.: J. Roy. Astron. Soc. Can. **49** (1955) 221.
28 Woolley, R. v. d. R., and D. W. N. Stibbs: The Outer Layers of a Star, Oxford University Press (1953).
29 Baker, N.: The depth of the outer convection zone in main-sequence stars. Goddard Space Flight Center, preprint (1964).
30 Baker. N.: Tables of convective stellar envelope models. Goddard Space Flight Center, preprint (1964).

5.3.4 Linienabsorption (Verbreiterungsmechanismen) — Line absorption (line broadening)

5.3.4.0 Definitionen – Definitions

Atomarer Linienabsorptionskoeffizient | Atomic line-absorption coefficient

$$\varkappa^L(\Delta\lambda) = \frac{\pi e^2}{mc} \cdot f \cdot N_m \cdot I^*(\Delta\lambda) \tag{1}$$

$\Delta\lambda = \lambda - \lambda_0$ Abstand vom Linienzentrum [A] oder [mA] | distance from the line center [A] or [mA]

f Oszillatorenstärke | oscillator strength

Tabellen: [*26*, *27*]

Bibliographie: Glennon und Wiese [*1*] und laufend in [*28*].

Genäherte Berechnung: Falls die Approximation der Wellenfunktionen durch solche für ein Coulombfeld möglich ist, können die Tabellen von Bates und Damgaard [*2*] verwendet werden.

N_m Termbesetzung | population of level

(Zahl der absorbierenden Atome im Zustand m)

Lokales thermodynamisches Gleichgewicht (= L T E): Saha- und Boltzmannformel für die lokale Temperatur T (siehe 5.3.1).

Abweichungen von L T E (= N L T E): siehe 5.3.5.

$I^*(\Delta\lambda)$ Linienprofil | profile of a line

in der Linie an der Stelle $\Delta\lambda$ absorbierte oder emittierte Intensität, normiert auf

$$\int_{-\infty}^{+\infty} I^*(\Delta\lambda)\, d\Delta\lambda = 1 \tag{2}$$

Für die Form des Linienprofils sind die im folgenden beschriebenen Mechanismen verantwortlich:

5.3.4.1 Dopplerverbreiterung – Doppler broadening

Sie wird nach einer statistischen Theorie berechnet, d. h. die zeitliche Änderung der Geschwindigkeit des absorbierenden Atoms wird vernachlässigt, was immer möglich ist, wenn die mittlere freie Weglänge zwischen zwei gaskinetischen Stößen groß gegenüber der Wellenlänge der Spektrallinie ist.

Gaußprofil für Maxwellsche Geschwindigkeitsverteilung | Gaussian profile for Maxwellian velocity distribution

$$I^*(\Delta\lambda) = \frac{1}{\sqrt{\pi}\,\Delta\lambda_D} \exp - \left(\frac{\Delta\lambda}{\Delta\lambda_D}\right)^2 \tag{3}$$

$\Delta\lambda_D$ Dopplerbreite | Doppler width

$$\Delta\lambda_D = \frac{\lambda}{c}\left(\frac{2RT}{\mu} + \xi_t^2\right)^{1/2} \tag{4}$$

ξ_t Mittlere Geschwindigkeit der Mikroturbulenz in [cm/sec] | mean velocity of microturbulence

μ Molekulargewicht | molecular weight

5.3.4.2 Strahlungsdämpfung – Radiation damping

Dispersionsprofil | dispersion profile

$$I^*(\Delta\lambda) = \frac{\Delta\lambda_H}{\pi}\left\{(\Delta\lambda)^2 + \left(\frac{\Delta\lambda_H}{2}\right)^2\right\}^{-1} \qquad (5)$$

$\Delta\lambda_H$ Ganze Halbwertsbreite | total half-width

$$\Delta\lambda_H = \frac{\lambda^2}{2\pi c}\gamma \qquad (6)$$

γ Dämpfungskonstante | damping constant

a) Für einen klassischen Oszillator ist

$$\gamma_{kl} = \frac{8\pi^2}{3}\cdot\frac{e^2}{mc}\cdot\frac{1}{\lambda^2} = 2{,}21\cdot 10^{15}\cdot\frac{1}{\lambda^2}\,\mathrm{sec}^{-1}\ (\lambda \text{ in } [\mathrm{A}]) \qquad (7)$$

bzw. die zugehörige sogenannte „natürliche Linienbreite," unabhängig von λ

$$\Delta\lambda_N = \Delta\lambda_H = \frac{4\pi}{3}\frac{e^2}{mc^2} = 1{,}18\cdot 10^{-4}\,\mathrm{A}. \qquad (8)$$

b) Die Quantenmechanik liefert dagegen

$$\gamma = \gamma_m + \gamma_n \qquad (9)$$

wenn mit γ_m bzw. γ_n die Dämpfungen (reziproke Lebensdauer) der kombinierenden Terme bezeichnet werden.

$$\gamma_m = \sum_n A_{nm} + \sum_n B_{nm}\,u(\nu_{nm}) + \sum_{n'} B_{n'm}\,u(\nu_{n'm}) \qquad (10)$$

Spontane Emission	Erzwungene Emission	Absorption
$m \to n$	$m \to n$	$m \to n'$

$u(\nu)$	Dichte des Strahlungsfeldes	density of radiation field
A_{nm}, B_{nm}, $B_{n'm}$	Einsteinsche Übergangswahrscheinlichkeiten	Einstein transition probabilities

Bei geringen Gas- oder Elektronendichten, also im interstellaren Raum und in den Atmosphären der Riesen und Überriesen sowie gelegentlich in frühen Hauptsequenzsternen ist die Strahlungsdämpfung wesentlich. In allen Fällen, in denen sie nur geringfügig zur Verbreiterung beiträgt, wird die klassische Näherung (7) oder (8) ausreichen.

5.3.4.3 Druckverbreiterung – Pressure broadening

Zusammenfassende Literatur:

Breene, jr. [*3*]; Sobelmann [*4*]; Unsöld [*5, 29*]; Traving [*6*].
Van der Waals-Verbreiterung: Ch'en und Takeo [*7*].
Linearer Starkeffekt: Margenau [*8*].

Definitionen

$\Delta\omega$	Störung der Kreisfrequenz [sec^{-1}]	perturbation of frequency [sec^{-1}]
C_s	$s = 1 \cdots 6$ Wechselwirkungskonstante	$s = 1 \cdots 6$ interaction constant
r	Abstand zwischen störendem und gestörtem Teilchen [cm]	distance between disturbing and disturbed particles [cm]
γ	Dämpfung [sec^{-1}]	damping constant [sec^{-1}]
v	mittlere Geschwindigkeit der Störteilchen relativ zum absorbierenden oder emittierenden Atom [cm/sec]	mean velocity of the disturbing particles relative to the absorbing or emitting atom [cm/sec]
N	Zahl der Störteilchen [cm^{-3}]	number of disturbing particles [cm^{-3}]

Die Linie wird verbreitert durch Störungen der Frequenz des absorbierenden (oder emittierenden) Atoms infolge von Wechselwirkungen mit störenden Teilchen in seiner Umgebung. Die Störung der Kreisfrequenz $\Delta\omega$ ist in guter Näherung einer Potenz des reziproken Abstandes zum Störteilchen proportional, wobei der Exponent vom Mechanismus der Wechselwirkung bestimmt ist:

$$\Delta\omega = C_s\,r^{-s} \qquad (11)$$

In Sternatmosphären ist die Dichte der Störteilchen meist so niedrig, daß — abgesehen vom linearen Starkeffekt — nur die Wechselwirkung mit dem nächsten Störteilchen und auch diese nur während der Störzeit — d. h. der Dauer eines Vorbeiflugs (Stoßes) — zu berücksichtigen ist. Ist die Störzeit kurz gegenüber der Zeit zwischen zwei Stößen, so ist die Stoßdämpfungstheorie zuständig, welche ein Dispersionsprofil (5) liefert.

Wechselwirkungskonstante C_s und Anwendungsbereich

$s = 6$: *Van der Waals-Wechselwirkung* zwischen Leuchtatom und Fremdgasatomen. Hier ist nach der klassischen Stoßdämpfungstheorie

$$\gamma = 8{,}08\,C_6^{2/5}\cdot v^{3/5}\cdot N \qquad (12)$$

Für atomaren Wasserstoff, das wichtigste verbreiternde Fremdgas, ist nach UNSÖLD [29] genähert

$$C_{6,n} = -1{,}01 \cdot 10^{-32} \left(\frac{13{,}5 \cdot z}{\chi_r - \chi_{r,n}} \right)^2, \tag{13}$$

z	effektive Ladungszahl des Leuchtatomrumpfes (für neutrale Atome $z = 1$)	effective charge of the emitting atomic core (for neutral atoms $z = 1$)
$\chi_r - \chi_{r,n}$	Abstand des Termes n von der Ionisationsgrenze (in [eV])	distance of the level n from the ionization limit [eV]

Wegen des Frank-Condon-Prinzips ist $C_6 = C_6$(oberer Term) — C_6(unterer Term).
Vergleiche mit empirischen Bestimmungen siehe: UNSÖLD und WEIDEMANN [9], KUSCH [10].
Nach letzterer Untersuchung liefert Gl. (13) für komplizierte Atome Werte, die bis zu einem Faktor 100 zu klein sind. Die meisten experimentellen Bestimmungen der C_6 wurden mit Edelgasen als Fremdgas durchgeführt. Bibliographie und Diskussion siehe CH'EN und TAKEO [7]. Da diese Wechselwirkungskonstanten aber nicht ohne weiteres auf Wasserstoff umrechenbar sind, ist eine genaue Berechnung der van der Waals-Verbreiterung in Sternatmosphären meist nicht möglich.

$s = 4$: *Quadratischer Starkeffekt,* Wechselwirkung zwischen dem Leuchtatom in nicht entarteten Quantenzuständen und Ladungsträgern. Nach der klassischen Stoßdämpfungstheorie ist

$$\gamma = 11{,}37\, C_4^{\;2/3} \cdot v^{1/3} \cdot N. \tag{14}$$

Es gibt keine Möglichkeit einer einfachen Berechnung der C_4. Sie können aber abgeleitet werden aus Messungen der Starkeffektaufspaltung z. B. für He I durch FOSTER [11] oder aus Messungen der Verbreiterung von Linien in Plasmen mit bekannter Elektronendichte z. B. ebenfalls für He I durch WULFF [12].
Von GRIEM u. a. [13] ist die Starkeffektverbreiterung und -verschiebung für He I und von GRIEM [14] für zahlreiche Linien der neutralen und einfach ionisierten Atome von Li bis Ca und für Cs I unter Berücksichtigung der Nichtadiabasie berechnet worden.
Der quadratische Starkeffekt ist der wichtigste Verbreiterungsmechanismus für fast alle Spektrallinien, welche in frühen Hauptsequenzsternen gebildet werden.

$s = 3$: *Eigendruck- oder Resonanzverbreiterung,* Wechselwirkung des Leuchtatoms mit gleichartigen Atomen im Grundzustand, Austausch von Anregungsenergie. Die Stoßdämpfungstheorie ergibt

$$\gamma = 2\pi^2\, C_3\, N. \tag{15}$$

Nach FURSSOW und WLASSOW [15] ist die Wechselwirkungskonstante für die Verbreiterung des Termes n:

$$C_{3,n} = \frac{4}{3\pi} \frac{e^2}{m\,\omega_{0,n}} f_{0,n}\,, \tag{16}$$

$f_{0,n}$ und $\omega_{0,n}$ sind die Absorptionsoszillatorenstärke und die Kreisfrequenz für den Übergang aus dem Grundzustand in den Zustand n. In Analogie zur Strahlungsdämpfung ist $C_3 = C_{3,n} + C_{3,m}$.
In Sternatmosphären ist die Eigendruckverbreiterung von untergeordneter Bedeutung. Lediglich in späten Spektraltypen kann bei niedrigem Ionisationsgrad ($N > 10^4 \cdot N_e$) die Eigendruckverbreiterung für die ersten Serienglieder der Balmerserie merklich werden.

$s = 2$: *Linearer Starkeffekt,* Wechselwirkung zwischen Leuchtatom in entarteten Quantenzuständen (z. B. H I, He II usw.) und Ladungsträgern. Den Hauptanteil der Verbreiterung liefert die statistisch verteilte Feldstärke E der als statisch angesehenen Felder der Ionen. Feldstärkenverteilungsfunktionen ohne Wechselwirkung der Ladungsträger untereinander (HOLTSMARK [16]) unterscheiden sich bei den in Sternatmosphären üblichen Elektronen-Dichten ($N_e < 10^{15}$) nur wenig von solchen, die unter Berücksichtigung der Wechselwirkung berechnet worden sind (ECKER und MÜLLER [17], MOZER und BARANGER [18]). Es kann also die Holtsmark'sche Verteilungsfunktion $W(\beta)$ mit $\beta = E/E_0$ (Tab. 1) benutzt werden.

$$E_0 = 2{,}6031 \cdot e \cdot N_e^{2/3} \text{ [e. st. e]} \tag{17}$$

E_0 | sog. Normalfeldstärke | so-called normal field strength

Tab. 1. Die Holtsmark'sche Verteilungsfunktion $W(\beta)$ für die Mikrofelder der Ionen an einem neutralen Aufpunkt — The Holtsmark distribution-function $W(\beta)$ for the microfields of ions at a neutral test-point [18]

Asymptotisches Verhalten — asymptotic behavior:
$\lim W(\beta) = 1{,}496 \cdot \beta^{-5/2}$

β	$W(\beta)$	β	$W(\beta)$	β	$W(\beta)$	β	$W(\beta)$
0,1	0,0042	1,1	0,2999	2,6	0,2382	5,00	0,0412
0,2	0,0167	1,2	0,3238	2,8	0,2056	5,25	0,0355
0,3	0,0366	1,3	0,3425	3,00	0,1761	5,50	0,0309
0,4	0,0631	1,4	0,3557	3,25	0,1444	5,75	0,0270
0,5	0,0946	1,5	0,3636	3,50	0,1184	6,00	0,0238
0,6	0,1296	1,6	0,3663	3,75	0,0974	6,50	0,0188
0,7	0,1664	1,8	0,3585	4,00	0,0807	7,0	0,0151
0,8	0,2032	2,0	0,3369	4,25	0,0673	8,0	0,0103
0,9	0,2386	2,2	0,3068	4,50	0,0567	9,0	0,0074
1,0	0,2712	2,4	0,2728	4,75	0,0481	10,0	0,0055

Die Holtsmark'sche Verteilungsfunktion liefert folgende Linienprofile:

$$I^*(\Delta\lambda) = \frac{f_{+-}}{f} \frac{S\left(\frac{\Delta\lambda}{E_0}\right)}{E_0} + \frac{f_0}{f} \frac{H(\alpha, v)}{\sqrt{\pi}\,\Delta\lambda_D}\,. \tag{18}$$

H Voigtfunktionen (siehe 5.3.4.4)

f_{+-}/f; f_0/f (Tab. 2)	relative Stärke der Starkeffekt-empfindlichen Komponenten bzw. die der unverschobenen Zentralkomponente	relative strength of the components sensitive to Stark effect or of the undisplaced central component, respectively

Die Funktionen $S\ (\Delta\lambda/E_0)$ (Tab. 2) erhält man durch Summation über die Anteile der einzelnen Starkeffektkomponenten der Linie

$$S\left(\frac{\Delta\lambda}{E_0}\right) = \frac{1}{a^2 f_{+-}} \sum_k \frac{f_k}{c_k} W\left(\frac{\Delta\lambda}{c_k E_0}\right). \qquad (19)$$

a, b	untere, obere Hauptquantenzahl	lower and upper principal quantum numbers
$c_k = \Delta\lambda/E$	die Verschiebungskonstante der Komponente k	displacement constant of the component k

Die Verbreiterung der unverschobenen Zentralkomponente wird durch eine Voigtfunktion Gl. (27) dargestellt. $W\ (\beta)$ und $S\ (\Delta\lambda/E_0)$ zeigen gleichartiges asymptotisches Verhalten, so daß für hinreichend große $\Delta\lambda$

$$I^*\ (\Delta\lambda) = K \cdot E_0^{3/2} \cdot \Delta\lambda^{-5/2} \qquad (20)$$

ist. Konstante K siehe Tab. 2.

Tab. 2. Statistische Verbreiterung der Balmerlinien — Statistical broadening of Balmer lines

$S\left(\frac{\Delta\lambda}{E_0}\right)$	Summation über die Anteile der einzelnen Starkeffektkomponenten, Gl. (19) [24]	summation of the contributions of the individual Stark-effect components, eqn. (19) [24]
$f_0; f_{+-}; f$	Oszillatorenstärke der unverschobenen Zentralkomponente, der Starkeffekt-empfindlichen Komponenten und der gesamten Balmerlinie [24]	oscillator strength of the undisplaced central component, the components sensitive to Stark-effect, and of the total Balmer line [24]
K	Konstante für asymptotisches Verhalten [25]	constant for asymptotic behavior [25]
( )	Zehnerpotenz z.B. $x\ (8) \equiv x \cdot 10^{+8}$	power of 10, e. g. $x\ (8) \equiv x \cdot 10^{+8}$

$\Delta\lambda/E_0$	Hα (2—3) 6562,8 A	Hβ (2—4) 4869,3 A	Hγ (2—5) 4340,5 A	Hδ (2—6) 4101,7 A	Hε (2—7) 3970,1 A	H_8 (2—8) 3889,1 A	H_9 (2—9) 3835,4 A	H_{10} (2—10) 3797,9 A
	$S\ (\Delta\lambda/E_0)$							
0,01	9,612(8)	2,500(8)	2,163(8)	1,957(8)	8,277(7)	1,346(8)	4,459(7)	1,004(8)
0,02	9,615	5,286	3,239	2,765	1,344(8)	1,408	6,144	7,949(7)
0,04	4,861	6,067	2,942	3,375	1,724	2,013	1,018(8)	1,240(8)
0,06	3,167	4,304	3,204	2,761	1,919	1,848	1,176	1,298
0,08	1,894	2,787	3,076	2,273	2,028	1,592	1,278	1,149
0,10	1,101	1,798	2,613	1,975	1,973	1,450	1,320	1,042
0,15	3,479(7)	6,419(7)	1,362	1,386	1,560	1,261	1,222	9,512(7)
0,20	1,511	2,784	6,669(7)	8,799(7)	1,151	1,052	1,062	8,825
0,30	4,891(6)	8,739(6)	2,054	3,243	5,624(7)	6,388(7)	7,553(7)	6,970
0,40	2,268	3,971	8,895(6)	1,397	2,676	3,589	4,943	5,114
0,5	1,265	2,190	4,755	7,289(6)	1,395	2,018	3,103	3,584
0,6	7,892(5)	1,358	2,890	4,330	8,176(6)	1,191	1,958	2,449
0,8	3,778	6,453(5)	1,343	1,956	3,570	5,130(6)	8,550(6)	1,164
1,0	2,143	3,646	7,500(5)	1,075	1,922	2,699	4,451	6,065(6)
1,2	1,351	2,294	4,684	6,652(5)	1,173	1,622	2,629	3,560
1,6	6,542(4)	1,108	2,244	3,154	5,481(5)	7,432(5)	1,177	1,557
2,0	3,723	6,312(4)	1,274	1,780	3,069	4,120	6,442(5)	8,392(5)
3,0	1,350	2,279	4,576(4)	6,356(4)	1,086	1,441	2,219	2,839
4,0	6,564(3)	1,108	2,220	3,075	5,235(4)	6,912(4)	1,058	1,343
10	6,629(2)	1,117(3)	2,233(3)	3,083(3)	5,221(3)	6,848(3)	1,039(4)	1,305(4)
f_0	0,248 69	0	0,007 01	0	0,001 31	0	0,000 42	0
f_{+-}	0,392 06	0,119 32	0,037 66	0,022 09	0,011 39	0,008 04	0,005 01	0,003 85
f	0,640 75	0,119 32	0,044 67	0,022 09	0,012 70	0,008 04	0,005 43	0,003 85
$\log K + 17$	1,495	0,944	0,646	0,504	0,417	0,364	0,327	0,301

Der Einfluß der Elektronenstöße auf diese Profile wird berechnet nach einer von Kolb und Griem [19] entwickelten verallgemeinerten Stoßtheorie. Von besonderer Bedeutung für die Interpretation von Sternspektren ist das sich hiernach ergebende asymptotische Linienprofil.

Nach Griem [20] ist für

$$\Delta\lambda \gg \lambda^2 \frac{h}{4\pi\, mc} b^2 N_e^{2/3} \qquad (21)$$

$$I^*\ (\Delta\lambda) = K \cdot E_0^{3/2} \cdot \Delta\lambda^{-5/2} \{1 + A\ \Delta\lambda^{1/2}\}. \qquad (22)$$

Hierbei ist

für $\Delta\lambda > \Delta\lambda_w = \lambda^2 \frac{kT}{chb^2}$: $A = \Delta\lambda^{-1/2}$ (23)

(statistische Verbreiterung durch Ionen und Elektronen)

für $\Delta\lambda_w > \Delta\lambda > \Delta\lambda_p = \lambda^2 \left(\frac{N_e e^2}{\pi m c^2}\right)^{1/2}$:

$$A = \Delta\lambda_w^{-1/2} + R(N_e, T) \frac{\ln \Delta\lambda_w - \ln \Delta\lambda}{\ln \Delta\lambda_w - \ln \Delta\lambda_p} \qquad (24)$$

und für $\Delta\lambda_p > \Delta\lambda$: $A = \Delta\lambda_w^{-1/2} + R(N_e, T)$. (25)

Koeffizienten $R(N_e, T)$: siehe Tab. 3

Tab. 3. Koeffizienten für die Elektronenstoßverbreiterung der ersten vier Balmerlinien $R(N_e, T)$ — Coefficients of the electron collision broadening of the first four Balmer lines $R(N_e, T)$, [21]

N_e | Zahl der Elektronen pro cm³ | number of electrons per cm³

	Hα				Hβ			
T (°K)	5 000	10 000	20 000	40 000	5 000	10 000	20 000	40 000
log N_e	$R(N_e, T)$							
10	1,50	1,05	0,79	0,60	1,39	1,05	0,80	0,60
11	1,34	0,93	0,71	0,54	1,21	0,93	0,71	0,54
12	1,17	0,82	0,63	0,48	1,04	0,81	0,62	0,48
13	1,01	0,70	0,54	0,42	0,86	0,68	0,54	0,42
14	0,85	0,59	0,46	0,36	0,69	0,56	0,45	0,35
15	0,68	0,47	0,38	0,30	0,51	0,44	0,36	0,29
16	0,52	0,35	0,30	0,25	0,34	0,31	0,27	0,23

	Hγ				Hδ			
T (°K)	5 000	10 000	20 000	40 000	5 000	10 000	20 000	40 000
log N_e	$R(N_e, T)$							
10	1,79	1,37	1,04	0,79	2,17	1,66	1,27	0,96
11	1,56	1,20	0,92	0,70	1,87	1,45	1,12	0,85
12	1,32	1,03	0,80	0,62	1,57	1,24	0,97	0,75
13	1,08	0,87	0,68	0,53	1,27	1,03	0,82	0,64
14	0,84	0,70	0,57	0,45	0,97	0,81	0,67	0,54
15	0,61	0,53	0,45	0,37	0,67	0,60	0,52	0,43
16	0,38	0,36	0,33	0,28	0,37	0,39	0,37	0,32

Näherungsweise ist nach Griem [22] und [20] für die höheren Serienglieder:

$$R(N_e, T) = 4{,}6 \left(\frac{z}{T}\right)^{1/2} \frac{a^5 + b^5}{a^2 b^2 (b^2 - a^2)^{1/2}} \log_{10} \frac{4 \cdot 10^6\, T \cdot z}{b^2 N^{1/2}} \qquad (26)$$

5.3.4.4 Voigtfunktionen — Voigt functions

Knappe zusammenfassende Darstellung und Literatur: Hunger [23].

Druckverbreiterung bzw. Verbreiterung durch Strahlungsdämpfung und Dopplerverbreiterung sind zu überlagern. Wird die erstere durch ein Dispersionsprofil, die zweite durch ein Gaußprofil dargestellt, so ergibt die Faltung eine Voigtfunktion:

$$H(\alpha, v) = \frac{\alpha}{\pi} \int_{-\infty}^{+\infty} \frac{\exp(-y^2)}{\alpha^2 + (v - y)^2}\, dy = \frac{1}{\sqrt{\pi}} \int_0^{\infty} \exp\left(-\alpha x - \frac{x^2}{4}\right) \cos v x\, dx \qquad (27)$$

mit

$$2\alpha = \gamma/\Delta\omega_D \text{ und } v = \Delta\omega/\Delta\omega_D = \Delta\lambda/\Delta\lambda_D .$$

$H(\alpha, v)$ ist wie folgt normiert:

$$\int_{-\infty}^{+\infty} H(\alpha, v)\, dv = \sqrt{\pi} . \qquad (28)$$

In den Grenzfällen

$\alpha = 0$: $H(\alpha, v) = \exp(-v^2)$ Gaußprofil

$\lim \alpha \to \infty$: $H(\alpha, v) = \pi^{-1/2} \alpha (\alpha^2 + v^2)^{-1}$ Dispersionsprofil

Traving

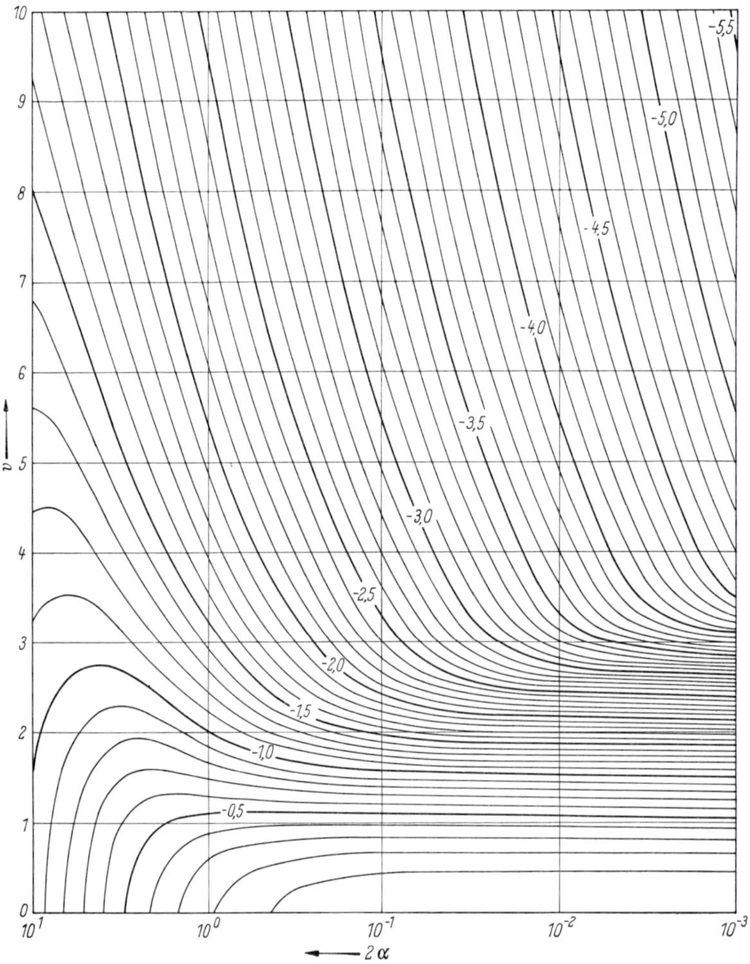

Fig. 1. Schichtlinienbild der Voigtfunktion. Dargestellt ist log $H(\alpha, v)$, Gl. (27). Benachbarte Kurven unterscheiden sich um Δ log $H = 0{,}1$ — Diagram of the Voigt function. Shown is log $H(\alpha, v)$, eqn. (27). Neighboring curves differ by Δ log $H = 0{,}1$ [23].

$2\alpha = \gamma/\Delta\omega_D$	Dämpfung in Einheiten der Dopplerbreite — damping in units of Doppler broadening
$v = \Delta\lambda/\Delta\lambda_D$	Abstand vom Linienzentrum in Einheiten der Dopplerbreite — distance from the line center in units of the Doppler broadening

Mit einer Genauigkeit von etwa 10% kann $H(\alpha, v)$ der Fig. 1 entnommen werden. Zur Berechnung werden Reihenentwicklungen benutzt. Mit den folgenden Darstellungen erhält man $H(\alpha, v)$ in der gesamten α, v-Ebene mit einem Fehler $< 1\%$:

1. $\alpha \leqq 0{,}2$; $v \geqq 5$

$$H(\alpha, v) = \frac{\alpha}{\sqrt{\pi}\, v^2}\left\{1 + \frac{3}{2\,v^2} + \frac{15}{4\,v^4}\right\} \quad \text{asymptotische Form} \tag{29}$$

2. $\alpha \leqq 0{,}2$; $v < 5$

$$H(\alpha, v) = \sum_{i=0}^{2} H_i(v) \cdot \alpha^i \quad \text{Harris'sche Reihe} \tag{30}$$

mit $H_0 = \exp(-v^2)$

$$H_1 = -\frac{2}{\sqrt{\pi}}\left\{1 - 2 \cdot v \cdot \exp(-v^2) \int_0^v \exp(t^2)\, dt\right\}$$

$$H_2 = (1 - 2\,v^2)\, H_0$$

Darstellung von H_1 durch Tschebyscheffpolynome:

$$A \cdot H_1(v) = \sum_{i=0}^{4} a_i\, v^i$$

mit

	$0 \leqq v < 1{,}3$	$1{,}3 \leqq v < 2{,}4$	$2{,}4 \leqq v < 5$
A	1	1	$v^2 - 3/2$
a_0	−1,124 704 32	−4,484 801 94	+0,554 153 432
a_1	−0,155 166 77	+9,394 560 63	+0,278 711 796
a_2	+3,288 675 91	−6,614 874 86	−0,188 325 687
a_3	−2,343 579 15	+1,989 195 85	+0,042 991 293
a_4	+0,421 391 62	−0,220 416 50	−0,003 278 278

Traving

Nur in seltenen Fällen ist $\alpha > 0{,}2$.

3. $0{,}2 < \alpha \leqq 1{,}4$ und $\alpha + v \leqq 3{,}2$ (31)

$$H(\alpha, v) = \exp(\alpha^2)\left\{1 - \frac{2}{\sqrt{\pi}}\int_0^\alpha \exp(-t^2)\,dt\right\}\sum_{i=0}^{4} H'_i\alpha^i = \psi(\alpha)\sum_{i=0}^{4} H'_i\alpha^i$$

Modifizierte Harris'sche Reihe

mit $H_0' = H_0$;

$$H_1' = H_1 + \frac{2}{\sqrt{\pi}} H_0';$$

$$H_2' = H_2 - H_0' + \frac{2}{\sqrt{\pi}} H_1';$$

$$H_3' = \frac{2}{3\sqrt{\pi}}(1 - H_2) - \frac{2}{3} v^2 H_1' + \frac{2}{\sqrt{\pi}} H_2';$$

$$H_4' = \frac{2}{3} v^4 H_0' - \frac{2}{3\sqrt{\pi}} H_1' + \frac{2}{\sqrt{\pi}} H_3'$$

H_0, H_1, H_2 sind wie unter 2. angegeben zu berechnen.
Darstellung von $\psi(\alpha)$ für $0 \leqq \alpha \leqq 1{,}4$ durch ein Tschebyscheffpolynom:

$$\psi(\alpha) = \sum_{i=0}^{3} b_i\,\alpha^i \text{ mit } \begin{cases} b_0 = +0{,}979\,895\,023;\ b_1 = -0{,}962\,846\,325; \\ b_2 = +0{,}532\,770\,573;\ b_3 = -0{,}122\,727\,278 \end{cases}$$

4. $\alpha > 1{,}4$ oder ($\alpha > 0{,}2$ und $\alpha + v > 3{,}2$) (32)

$$H(\alpha, v) = \sqrt{\frac{2}{\pi}}\,\frac{\alpha}{u}\left\{1 + \frac{3v^2 - \alpha^2}{u^2} + \frac{15v^4 - 30\alpha^2 v^2 + 3\alpha^4}{u^4}\right\}$$

mit $u = \sqrt{2}\,(\alpha^2 + v^2)$

modifiziertes Dispersionsprofil.

5.3.4.5 Literatur zu 5.3.4 – References for 5.3.4

1 Glennon, B. M., and W. L. Wiese: Natl. Bur. Std. Monogr. **50** (1962) und Ergänzung.
2 Bates, D. R., and A. Damgaard: Phil. Trans. Roy. Soc. London (A) **242** (1949) 101.
3 Breene, jr., R. G.: The Shift and Shape of Spectral Lines, Pergamon Press Oxford, London, New York, Paris (1961).
4 Sobelman, I. I.: Fortschr. Physik **V** (1957) 175.
5 Unsöld, A.: Vierteljahrsschr. Astron. Ges. **78** (1943) 213.
6 Traving, G.: Über die Theorie der Druckverbreitung von Spektrallinien, Karlsruhe (1960).
7 Ch'en, S., and M. Takeo: Rev. Mod. Phys. **29** (1957) 20.
8 Margenau, H.: Rev. Mod. Phys. **31** (1959) 569.
9 Unsöld, A., and V. Weidemann: Vistas Astron. **1** (1955) 249.
10 Kusch, H.-J.: ZfA **45** (1958) 1.
11 Foster, J. S.: Proc. Roy. Soc. London (A) **117** (1927) 137.
12 Wulff, H.: Z. Physik **150** (1958) 614.
13 Griem, H. R., M. Baranger, A. C. Kolb, and G. Oertel: Phys. Rev. **125** (1962) 177.
14 Griem, H. R.: Phys. Rev. **128** (1962) 515, und private Mitteilung.
15 Furssow, W., und A. Wlassow: Phys. Z. Sowjetunion **10** (1936) 378.
16 Holtsmark, J.: Ann. Physik **58** (1919) 577.
17 Ecker, G., und K. G. Müller: Z. Physik **153** (1958) 317.
18 Mozer, B., and M. Baranger: Phys. Rev. **118** (1960) 626.
19 Kolb, A. C., and H. R. Griem: Phys. Rev. **111** (1958) 514.
20 Griem, H. R.: ApJ **136** (1962) 422.
21 Griem, H. R., A. C. Kolb, and K. Y. Shen: Phys. Rev. **116** (1959) 4.
22 Griem, H. R.: ApJ **132** (1960) 883.
23 Hunger, K.: ZfA **39** (1956) 36.
24 Underhill, A. B., and J. H. Waddell: Circ. Natl. Bur. Std. (1959) 603.
25 Traving, G.: ApJ **135** (1962) 439.
26 Biermann, L.: Landolt-Börnstein, 6. Auflage **I/1** (1950) 260.
27 Allen, C. W.: Astrophysical Quantities, 2nd edition, London (1963).
28 Trans. IAU.
29 Unsöld, A.: Physik der Sternatmosphären, 2. Aufl. Springer, Berlin (1955).

5.3.5 Linienentstehung — Line formation

5.3.5.0 Einleitung – Introduction

Zusammenfassende Literatur — general references: S. 396.
Symbole und Definitionen — symbols and definitions: 5.3.0, S. 396.
Weitere Symbole — further symbols:

Oberer Index L: . . .	innerhalb der Linie	upper index L: . . . within the line
unterer Index c: . . .	in der Linienmitte	lower index c: . . . at the center of the line
unterer Index 0: . . .	in dem der Linie benachbarten Kontinuum	lower index 0: . . . in the continuum close to the line

$\tau = \int \varkappa\, dz$	Optische Tiefe	optical depth
$\varkappa_\nu$	kontinuierlicher Absorptionskoeffizient bei der Frequenz ν (siehe 5.3.1.3)	continuous absorption coefficient at the frequency ν (see 5.3.1.3)
$\varkappa_\nu^L$	Linienabsorptionskoeffizient (siehe 5.3.4.0)	line absorption coefficient (see 5.3.4.0)
x_ν	gesamte optische Tiefe bei der Frequenz ν	total optical depth at the frequency ν

$$dx_\nu = (\varkappa_{\nu,g} + \varkappa^L_{\nu,g})\, \varrho\, dz \tag{1}$$

E_1, E_2	erste, zweite Integralexponentialfunktion (siehe 5.3.2.1)	first, second integral exponential function (see 5.3.2.1)
B_ν	Kirchhoff-Planck-Funktion	Kirchhoff-Planck function
$I_\nu(0, \mu)$ $\mu = \cos\vartheta$	Intensität der unter dem Winkel ϑ an der Sternoberfläche austretenden Strahlung der Frequenz ν	intensity of the radiation of the frequency ν emerging at the angle ϑ from the stellar surface
F_ν (0)	Strahlungsstrom an der Oberfläche	radiative flux at the surface
S_ν	Ergiebigkeit (siehe 5.3.0)	source function (see 5.3.0)
γ [sec^{-1}]	Dämpfungskonstante (siehe 5.3.4)	damping constant (see 5.3.4)
$\Delta\omega_D$ [sec^{-1}] $\Delta\lambda_D$ [A]	Dopplerbreite (siehe 5.3.4.1)	Doppler width (see 5.3.4.1)

Es gelten die Beziehungen | The relations hold

$$I_\nu(0, \mu) = \int_0^\infty S_\nu(x_\nu)\, e^{-x_\nu/\mu}\, \frac{dx_\nu}{\mu}\,; \tag{2}$$

$$F_\nu(0) = \int_0^\infty S_\nu(x_\nu)\, E_2(x_\nu)\, dx_\nu. \tag{3}$$

Es ist die Aufgabe der Theorie der Linienentstehung a) $\varkappa_\nu^L$ und S_ν für eine gegebene Sternatmosphäre und für jede Frequenz innerhalb der betrachteten Linie abzuleiten und b) bei bekanntem S_ν und $\varkappa_\nu^L$ eine Berechnung von I_ν und F_ν zu ermöglichen.

It is the aim of the theory of line formation a) to derive $\varkappa_\nu^L$ and S_ν for a given stellar atmosphere and for each frequency within the observed line, and b) to permit the calculation of I_ν and F_ν with known S_ν and $\varkappa_\nu^L$.

5.3.5.1 Bestimmung der Ergiebigkeit S_ν und des Linienabsorptionskoeffizienten $\varkappa_\nu^L$ – Determination of the source function S_ν and of the line absorption coefficient $\varkappa_\nu^L$ (siehe auch 5.3.4)

Index i, j	unteres, oberes Niveau des beobachteten Übergangs	lower, upper level of the observed transition
n	Besetzungszahl des Niveaus	population number of the level
g	statistisches Gewicht des Niveaus	statistical weight of the level
B_{ij}	Absorptions-Übergangswahrscheinlichkeit (Milnes Definition)	absorption transition-probability (according to Milne's definition)
Φ_ν	frequenzabhängiger Anteil des Absorptionskoeffizienten, normiert auf	frequency dependent part of absorption coefficient normalized to

$$\int_{\text{Linie}} \Phi_\nu\, d\nu = 1 \tag{4}$$

ψ_ν	frequenzabhängiger Anteil der spontanen Emission, normiert auf	frequency dependent part of the spontaneous emission, normalized to

$$\int_{\text{Linie}} \psi_\nu\, d\nu = 1$$

Für $\varkappa_\nu^L \gg \varkappa_\nu$ gilt (siehe MILNE [14], THOMAS [22], BÖHM [2])

$$\varkappa_\nu^L = \left\{n_i - \frac{g_i}{g_j} n_j\right\} \varkappa_{\nu,at}^L \tag{5}$$

mit dem Absorptionskoeffizienten pro absorbierendes Atom:

$$\varkappa_{\nu,at}^L = \frac{B_{ij}}{4\pi} \Phi_\nu h\nu \ [\mathrm{cm}^2]. \tag{6}$$

Unter den gleichen Bedingungen gilt für S_ν

$$S_\nu = \frac{2h\nu^3}{c^2} \left\{\frac{g_j}{g_i} \frac{n_i}{n_j} - 1\right\}^{-1} \frac{\psi_\nu}{\Phi_\nu}. \tag{7}$$

In allen Sternatmosphären kann die Geschwindigkeitsverteilung der freien Teilchen in sehr guter Näherung durch das Maxwellsche Gesetz beschrieben werden [2]; siehe auch DAVIS [34, 35]. Gilt außerdem die Boltzmannsche Formel für die Verteilung über die diskreten Energiezustände und die Sahagleichung für die Ionisation, so folgt aus (5) und (7):

$$\varkappa_\nu^L = n_i \{1 - e^{-h\nu/kT}\} \varkappa_{\nu,at}^L; \ S_\nu = B_\nu . \tag{8}$$

Wir haben den Zustand „lokalen thermodynamischen Gleichgewichts" (LTE). Die Annäherung an diesen Zustand erfolgt entweder dadurch, daß die Besetzung der Zustände i und j zu einem wesentlichen Teil durch Stöße erfolgt, oder dadurch, daß die Besetzung der Niveaus i und j im wesentlichen durch Strahlungsübergänge in freie Zustände (Kontinuum) oder Strahlungsrekombinationen aus freien Zuständen (Kontinuum) kontrolliert wird*) (STRÖMGREN [21]).

Ist die Annahme lokalen thermodynamischen Gleichgewichts keine gute Näherung, so muß man im Prinzip das gekoppelte System der Strömungsgleichungen für alle Frequenzbereiche und der Gleichungen des statistischen Gleichgewichtes für alle Tiefen lösen. (Jede einzelne Linie ist in mehrere Frequenzbereiche zu unterteilen.) Die Strömungsgleichungen lauten:

$$\mu \frac{dI_\nu}{\varrho\, dz} = (\varkappa_{\nu,g}^L + \varkappa_{\nu,g}) I_\nu - (\varkappa_{\nu,g}^L + \varkappa_{\nu,g}) S_\nu \tag{9}$$

$\varkappa_\nu^L$ und S_ν sind mit Hilfe von (5) bzw. (7) zu berechnen.

Die n_i bzw. n_j sind mit Hilfe der Gleichungen des statistischen Gleichgewichts zu berechnen, die besagen, daß im stationären Zustand pro Zeiteinheit die Zahl aller Übergänge in ein gegebenes Niveau gleich der Zahl aller Abgänge aus diesem Niveau ist. In die Übergangszahlen gehen wiederum die in Gleichung (9) auftretenden (unbekannten) I_ν ein. Für Resonanzlinien ist die Situation einfacher. Sie entstehen bei nicht zu hohen Temperaturen zu einem erheblichen Teil durch Streuung. Ist der Resonanzübergang von allen anderen Übergängen (diskreten und kontinuierlichen) entkoppelt, so tritt nur Streuung und ein gewisser Anteil „wahrer Absorption" (d. h. Reemission nach dem LTE-Mechanismus) infolge von Stoßübergängen zwischen den an der Linienentstehung beteiligten Termen auf, (MILNE [14]). Man erhält:

$$S_\nu = \frac{\varkappa_\nu + \varkappa_\nu^L}{\varkappa_\nu + \varkappa_\nu^L + \sigma_\nu^L} B_\nu + \frac{\sigma_\nu^L}{\varkappa_\nu + \varkappa_\nu^L + \sigma_\nu^L} J_\nu, \tag{10}$$

wobei

$$J_\nu = \int I_\nu \frac{d\omega}{4\pi} \ \text{(zu erstrecken über alle } d\omega). \tag{11}$$

Es ist:

$$\frac{\varkappa_\nu^L}{\varkappa_\nu^L + \sigma_\nu^L} = \varepsilon^* = \frac{N_e S_{ij}}{B_{ij} B_\nu + N_e S_{ij}} \tag{12}$$

$d\omega$	Raumwinkelelement	element of the solid angle
N_e	Elektronendichte	electron density
S_{ij}	Reaktionsrate für anregende Stöße	reaction rate for collisional excitation

Besser als die der Gleichung (10) zugrunde liegende kohärente Streuung (σ_ν^L) (jeder Absorption folgt eine Reemission in exakt der gleichen Frequenz) gibt oft die vollständig inkohärente Streuung (ι_ν^L) die wirklichen Verhältnisse wieder. (Bei vollständig inkohärenter Streuung ist die Verteilung der Reemission über die Linie einfach dem Streukoeffizienten proportional und damit unabhängig von der Frequenz des absorbierten Photons.) Ist der Streuanteil vollständig inkohärent, so gilt an Stelle von (10) mit

ι_ν^L	inkohärenter Linien-Streukoeffizient	incoherent line scattering coefficient

$$S_\nu = \frac{\varkappa_\nu + \varkappa_\nu^L}{\varkappa_\nu + \varkappa_\nu^L + \iota_\nu^L} B_\nu + \frac{\iota_\nu^L}{\varkappa_\nu + \varkappa_\nu^L + \iota_\nu^L} \frac{\int \iota_\nu^L J_\nu \, d\nu}{\int \iota_\nu^L \, d\nu}. \tag{13}$$

Die Integrale sind über die gesamte Linie zu erstrecken.

*) Bei der Annahme dieser zweiten Möglichkeit muß allerdings vorausgesetzt werden, daß das Strahlungsfeld in dem zugehörigen Kontinuum von der Hohlraumstrahlung nicht allzusehr abweicht. Eine allgemeinere Formulierung findet man bei THOMAS [22].

Tab. 1. Das Verhältnis $\frac{\sigma_\nu^L}{\iota_\nu^L}$ des kohärenten zum inkohärenten Streukoeffizienten bei verschiedenen Verbreiterungsmechanismen — The ratio $\frac{\sigma_\nu^L}{\iota_\nu^L}$ of the coherent to the incoherent scattering coefficient for various broadening mechanisms [*4, 7, 19, 20, 22, 26 ⋯ 28, 33*] (Siehe/see 5.3.4)

γ	Strahlungsdämpfungskonstante	radiation damping constant
m	unteres Niveau des Übergangs	lower level of transition
n	oberes Niveau des Übergangs	upper level of transition
γ_{rad}	Strahlungsdämpfungskonstante der gestörten Linie	radiation-damping constant of the disturbed line
$\gamma_{stoß}$	Stoßdämpfungskonstante der gestörten Linie	collision-damping constant of the disturbed line

Verbreiterung durch	a) *Linienflügel — wings of the line* σ_ν^L/ι_ν^L
Strahlungsdämpfung (für Resonanzlinien)	γ_n/γ_m ($\gamma_n/\gamma_m \to \infty$)
Stoßdämpfung	$\gamma_{rad}/\gamma_{stoß}$
statistische Verbreiterung	noch nicht geklärt, vermutlich ähnlich wie bei Stoßdämpfung.
	b) *Linienkern — center of line*
Dopplereffekt	sehr komplizierter Ausdruck, der auch von der Streurichtung abhängt [*7*] grobe Näherung: $\sigma_\nu^L/\iota_\nu^L = \frac{1}{2}$ [*20*]

Tab. 2. $\varkappa_\nu^L/(\varkappa_\nu^L + \sigma_\nu^L) = \varepsilon^*$ (Gl. 12) für die Sonne und für einen O 9 V-Stern[1]) — for the sun and for a O 9 V star[1])

λ	4000	5000	6000	7000	8000 [A]
ε^* (Sonne)	0,74	1,7	3,4	5,7	$9,1 \cdot 10^{-2}$
ε^* (O 9 V-Stern)	3,1	4,6	5,8	6,9	$8,1 \cdot 10^{-1}$

Unsöld [*25*] hat vorgeschlagen, die Entstehung von Resonanzlinien und anderen Linien geringer Anregung so zu beschreiben, daß man für alle Prozesse, die man nicht als reine Streuung beschreiben kann, $S_\nu = B_\nu$ setzt. Man erhält also für eine Linie, die dem Übergang $i \to j$ entspricht:

$$\frac{\iota_\nu^L + \sigma_\nu^L}{\varkappa_\nu^L} = \frac{A_{ji}}{\sum_{k<j(\pm i)} A_{jk} + \sum_{l>j} B_{jk} J_\nu + N_e S_{ij}}. \quad (14)$$

Dementsprechend erhält man nach der Unsöldschen Vorstellung auch einen Anteil wahrer Absorption, wenn Stoßanregungen zu vernachlässigen sind. $\varkappa_\nu^L/(\iota_\nu^L + \sigma_\nu^L)$ ist nach Gleichung (14) für $N_e \to 0$ für verschiedene Linien abgeschätzt worden von Unsöld [*24, 25*], Labs [*12*] und de Jager [*11*].

Tab. 3. $\varkappa_\nu^L/(\sigma_\nu^L + \iota_\nu^L)$ (Gl. 14) für $N_e \to 0$ und eine Strahlungstemperatur $T_{rad} = 5600$ °K — for $N_e \to 0$ and a radiation temperature $T_{rad} = 5600$ °K

Element	Linie oder Multiplett	$\frac{\varkappa_\nu^L}{\sigma_\nu^L + \iota_\nu^L}$	Element	Linie oder Multiplett	$\frac{\varkappa_\nu^L}{\sigma_\nu^L + \iota_\nu^L}$
H	Hα	1,3	Ca I	$4\,^1S - 4\,^1P^0$	0,05
	Hβ	4,0	Ca II	$4\,^2S - 4\,^2P^0$	0,001
	Hγ	8,4		$3\,^2D - 4\,^2P^0$	0,001
	Lα	0,01	Fe I	$d\,^5D - z\,^5D^0$	0,15
Na	$3\,^2P^0 - 3\,^2D$ (Na *D*-Linien)	0,01		$a\,^5F - y\,^5F^0$	0,6
Mg	$3\,^3P^0 - 3\,^3D$	0,04			
	$3\,^3P^0 - 4\,^3S$ (Mg *b*-Linien)	0,02			
	$3\,^3P^0 - 5\,^3S$	0,3			

Eine formale Lösung für den allgemeinen Fall (wenn S_ν sich nicht durch Überlagerung von wahrer Absorption und Streuung beschreiben läßt) haben Henyey [*8*], und Henyey und Grasberger [*9*] gegeben. Sie beruht auf einer Linearisierung des Problems. Voraussetzung ist, daß die Abweichungen der Besetzungszahlen (für diskrete Terme und Kontinuum) von denen für lokales thermodynamisches Gleichgewicht klein von erster Ordnung sind. Es zeigt sich, daß Absorptionskoeffizient und Ergiebigkeit in einer gegebenen Tiefe nur von $(J_\nu - B_\nu)$ sowie von gewissen Größen p_{mn} abhängen. Letztere geben die relativen Wahrscheinlichkeiten dafür an, daß ein Atom im *lokalen thermodynamischen Gleichgewicht* aus dem Zustand m in den Zustand n springt. Sie sind für eine gegebene Bezugstemperatur im voraus berechenbar (Tab. 4).

[1]) Die Tabelle ist unter Benutzung der sehr groben Approximation berechnet, daß sich die Wirkungsquerschnitte für Stoßanregung quasiklassisch berechnen lassen. (Siehe dazu Woolley und Stibbs [*29*], Böhm [*2*].) Sie bezieht sich auf die optische Tiefe $\tau_0 = 0{,}05$. Temperatur und Dichte wurden den Modellen von Böhm [*1*] (Sonne) und Traving [*23*] (10 Lacertae) entnommen.

Tab. 4. Relative Wahrscheinlichkeit p_{mn} für einen Übergang $m \to n$ für Wasserstoff bei 11 500 °K — Relative probability p_{mn} for a transition $m \to n$ for hydrogen at 11 500 °K [5]

m	p_{mn} ($m \to n$)						
	$n = 1$	2	3	4	5	6	7
1	...	0,942 7	0,037 25	0,007 84	0,002 91	0,001 41	0,000 80
2	0,952 5	...	0,035 18	0,005 64	0,001 91	0,000 88	0,000 49
3	0,416 4	0,387 8	...	0,126 3	0,027 69	0,010 89	0,005 53
4	0,214 5	0,153 0	0,310 6	...	0,195 4	0,047 79	0,020 05
5	0,120 6	0,078 53	0,103 4	0,296 5	...	0,236 1	0,060 65
6	0,073 87	0,045 77	0,051 17	0,091 17	0,297 0	...	0,260 3
7	0,048 58	0,029 46	0,030 28	0,044 55	0,088 77	0,302 9	...

Vergleicht man an Hand eines stark schematisierten Beispiels UNSÖLD's Approximation mit den GRASBERGER'schen Ergebnissen, so zeigt sich z.B. beim Wasserstoff, daß UNSÖLD's Verfahren für Hα eine gute Näherung liefert, dagegen schon bei Hβ oder Paschen α zu beträchtlichen Fehlern führen kann [2].

5.3.5.2 Berechnung von Linienprofilen und Äquivalentbreiten bei Annahme lokalen thermodynamischen Gleichgewichts — Calculation of line profiles and equivalent widths with the assumption of local thermodynamic equilibrium

(Symbole siehe 5.3.5.0)

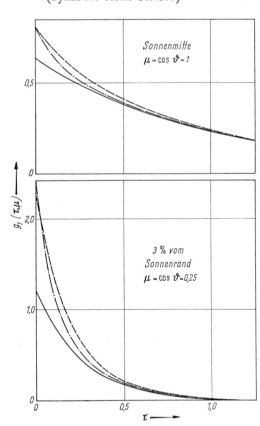

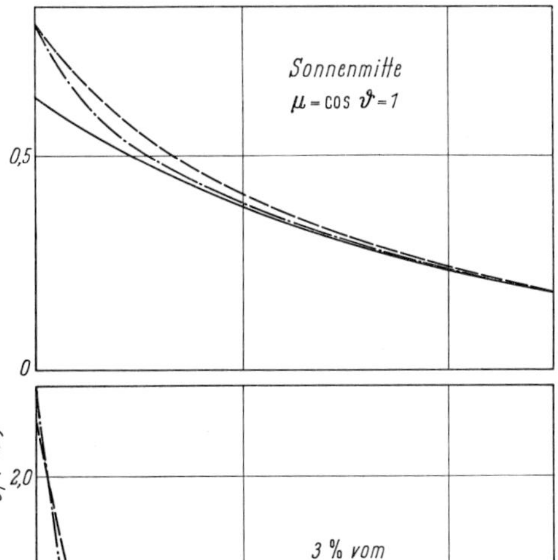

Fig. 1. Die Gewichtsfunktionen $g_1(\tau, \mu)$ — The weighting functions $g_1(\tau, \mu)$ [10].

Für

$B(\tau) = B_0 \{1 + \beta\tau - A e^{-\alpha\tau}\}$ mit $\beta = 1{,}75$

—— A = 0

– – – A = 0,5; α = 4

—·— A = 0,5; α = 10

Diese Aufgabe läßt sich im Prinzip stets durch direkte Integration von Gl. (1) oder (2) lösen.

Ist für die betrachtete Linie $\varkappa_\nu^L \ll \varkappa_\nu$ und entsteht die Linie durch wahre Absorption, so kann man die Integration nach der (MINNAERT-UNSÖLD'schen) Gewichtsfunktionsmethode durchführen (Siehe z.B. MINNAERT [15] und UNSÖLD [25]).

Die Linieneinsenkung r_ν ist definiert als:

$$r_\nu(\mu) = \frac{I_0(0, \mu) - I_\nu^L(0, \mu)}{I_0(0, \mu)}, \tag{15}$$

r_ν ergibt sich nach der Gewichtsfunktionsmethode zu:

$$r_\nu(\mu) = \int_0^\infty \frac{\varkappa_\nu^L}{\varkappa_\nu} g_1(\tau_0, \mu)\, d\tau_0. \tag{16}$$

Wichtig ist, daß die Gewichtsfunktion (siehe Fig. 1)

$$g_1(\tau_0, \mu) = \frac{\int_\tau^\infty B(\tau_0)\, e^{-\tau_0/\mu} \frac{d\tau_0}{\mu} - B(\tau_0)\, e^{-\tau_0/\mu}}{\int_0^\infty B(\tau_0)\, e^{-\tau_0/\mu} \frac{d\tau_0}{\mu}} \tag{17}$$

nur vom kontinuierlichen Absorptionskoeffizienten abhängt und mithin für alle Linien innerhalb eines gewissen Spektralbereichs die gleiche ist.

Berechnet man die Linieneinsenkung nicht für die Intensität (z. B. Sonne), sondern für den Strahlungsstrom F (z. B. Fixstern), so erhält man an Stelle von (17) die Gewichtsfunktion

$$G_1(\tau_0) = \frac{\int_{\tau_0}^\infty B(\tau_0)\, E_1(\tau_0)\, d\tau_0 - B(\tau_0)\, E_2(\tau_0)}{\int_0^\infty B(\tau_0)\, E_2(\tau_0)\, d\tau_0}. \tag{18}$$

Nach TEN BRUGGENCATE u. a. [3] sowie BÖHM [2] kann man (17) und (18) auch schreiben als

$$g_1(\tau_0, \mu) = \frac{\int_{\tau_0}^{\infty} \frac{dB}{d\tau_0} e^{-\tau_0/\mu} d\tau_0}{\int_0^{\infty} B(\tau_0) e^{-\tau_0/\mu} \frac{d\tau_0}{\mu}} \tag{19}$$

$$G_1(\tau_0) = \frac{\int_{\tau_0}^{\infty} \frac{dB}{d\tau_0} E_2(\tau_0) d\tau_0}{\int_0^{\infty} B(\tau_0) E_2(\tau_0) d\tau_0}. \tag{20}$$

PECKER [16, 17] hat die Gewichtsfunktionsmethode so verallgemeinert, daß sie auch auf starke Linien ($\varkappa_\nu^L \gtrsim \varkappa_\nu$) anwendbar ist. Dabei ist allerdings Voraussetzung, daß das Verhältnis

$$2\alpha = \gamma/\Delta\omega_D \tag{21}$$

nicht von der Tiefe in der Atmosphäre abhängt.

Anstelle von (16) gilt exakt:

$$r_\nu(\mu) = \int_0^{\infty} g_1(\tau_0, \mu) e^{-\tau_\nu^L/\mu} d\tau_\nu^L. \tag{22}$$

Hiervon ausgehend erhält PECKER folgenden Ausdruck für die Äquivalentbreite W_λ der Linie:

$$\frac{W_\lambda}{2\Delta\lambda_D} = \int_0^{\infty} g_1(\tau_0, \mu) \cdot b(\tau) \cdot (\varkappa_{\nu,at}^L)_c(\tau) \cdot \psi(\tau_c^L/\mu, \alpha) \cdot d\tau_0 \tag{23}$$

$$b = \frac{n_{\nu,s}}{\varkappa_{\nu,vol}}$$

$n_{\nu,s}$	Zahl der Teilchen [cm^{-3}], die zur Absorption in der Linie beitragen	number of particles [cm^{-3}] contributing to the absorption in the line

ψ ist die sogenannte Sättigungsfunktion (Fig. 2):

$$\psi(\tau_c^L/\mu, \alpha) = \int_0^{\infty} H(\alpha, v) e^{-H(\alpha,v)\tau_c^L/\mu} dv, \tag{24}$$

dabei ist H das im Linienzentrum auf 1 normierte Voigtprofil (siehe 5.3.4.4) und $v = (\Delta\lambda/\Delta\lambda_D)$.

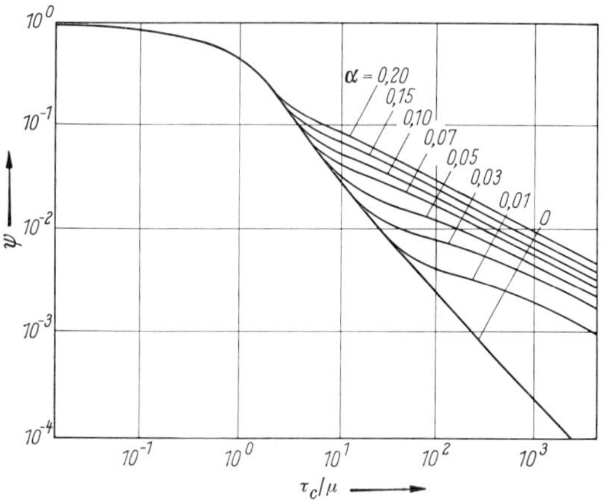

Fig. 2. Die Sättigungsfunktion — The saturation function $\psi(\tau_c/\mu, \alpha)$ [16].

UNSÖLD [25] benutzt bei der Berechnung von $(W_\lambda/2\Delta\lambda_D)$ als Funktion der Zahl der absorbierenden Atome (Wachstumskurve) zunächst für das Linienprofil die Interpolationsformel (siehe dazu auch MENZEL [13]):

$$R = \left\{\frac{1}{x_\nu} + \frac{1}{R_c}\right\}^{-1}, \tag{25}$$

x_ν ist die wirksame optische Tiefe in den Linienflügeln, die mit Hilfe der Gewichtsfunktionsmethode berechnet wird (Gl. 16 ··· 22) und R_c die zentrale Linieneinsenkung starker Linien.

Während die PECKER'sche Sättigungsfunktion von der Schichtung des Atmosphärenmodelles abhängt, ist UNSÖLD's Wachstumskurve (Fig. 3) bei gegebenem R_c „universell". Wachstumskurve für schematisierte Atmosphärenmodelle, in denen die Linien durch Streuung entstehen, gibt WRUBEL [30 ··· 32] an.

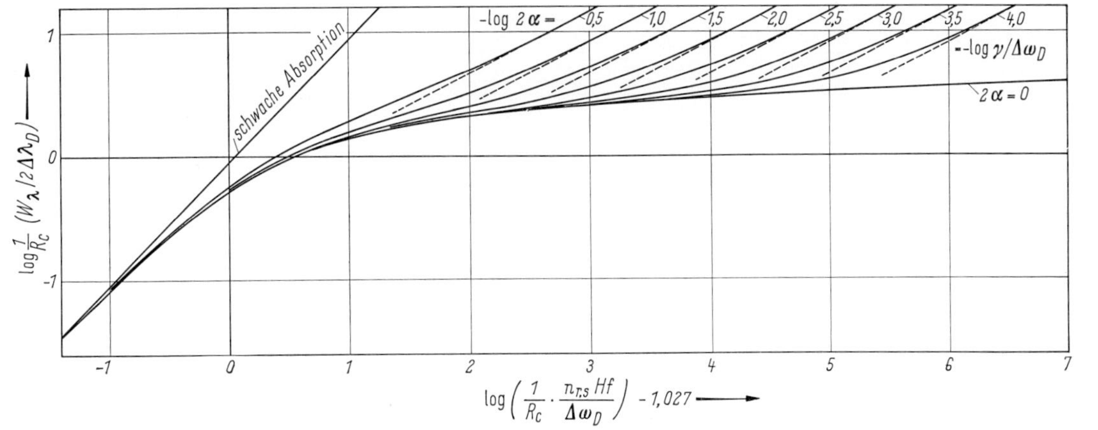

Fig. 3. Universelle Wachstumskurve — Universal curve of growth [25].

$n_{r,s}\, Hf$ vs. $W_\lambda/2\Delta\lambda_D$

$n_{r,s}$	Zahl der absorbierenden Atome pro cm³	number of absorbing atoms per cm³
H [cm]	wirksame Schichtdicke der Atmosphäre (siehe 5.3.1.4.3)	thickness of effective layer of the atmosphere (see 5.3.1.4.3)
f	Oszillatorenstärke	oscillator strength
W_λ [A]	Äquivalentbreite	equivalent width
$\Delta\lambda_D$ [A], $\Delta\omega_D$[sec⁻¹]	Dopplerbreite	Doppler width
R_c	Zentraltiefe starker Linien	central depth of strong lines
γ [sec⁻¹]	Dämpfungskonstante	damping constant
$2\alpha = \gamma/\Delta\omega_D$		

5.3.5.3 Linienspektren ausgewählter Sterne — Line spectra of selected stars

Tab. 5. Wellenlänge, Identifikation und Intensität der Linien ausgewählter Sterne und Spektralklassen — Wavelength, identification and intensity of the lines of selected stars and spectral classes

Klasse [1])	Stern	λ [A]	Literatur
W		3342···7215	Payne, C. H.: ZfA **7** (1933) 1; Beals, W.: J. Roy Astron. Soc. Can. **34** (1940) 169
		3203···5876	Aller, L. H.: ApJ **97** (1943) 135
		5411···8882	Andrillat, Y.: Ann. Astrophys. Suppl. Nr. 2 (1957)
O 5···O 8f		3312···4861	Oke, J. B.: ApJ **120** (1954) 22
O 6···7			
O 8f	9 Sge	3100···6700	Underhill, A. B.: Publ. Victoria **11** (1959) 143
O 9,5 V	10 Lac	3587···4921	Aller, L. H.: ApJ **104** (1946) 347
		3327···6678	Traving, G.: ZfA **41** (1957) 215
O 9···B 8		3820···4924	Struve, O.: ApJ **74** (1931) 225
		3587···5048	Marshall, R. K.: Publ. Michigan **5** (1934) 137
O 9···A 2		3227···3957	Struve, O.: ApJ **90** (1939) 699
B 0 V	τ Sco	3324···6563	Unsöld, A.: ZfA **21** (1941) 1
		3324···4699	Aller, L. H., G. Elste, and J. Jugaku: ApJ Suppl. **3** (1957) 1
B 1 Ib	ϱ Per	3587···4922	Cayrel, R.: Ann. Astrophys. Suppl. Nr. 6 (1958)
B 2···B 3		3700···5000	Kühlborn, H.: Veröffentl. Berlin-Babelsberg **12** (1938) 1
B 2 IV	γ Peg	3975···6739	Aller, L. H., and J. Jugaku: ApJ **127** (1958) 125
		3530···4861	Aller, L. H.: ApJ **109** (1949) 244
B 2 II	ε CMa	3807···4705	Aller, L. H.: ApJ **123** (1956) 117
B 3 Ia	55 Cyg	3437···4861	Voigt, H. H.: ZfA **31** (1952) 48
A 0···F 0 Ia···V		3913···4673	Morgan, W. W.: Publ. Yerkes **7** (1935) part III
A 0 V	α Lyr	3439···5896	Hunger, K.: ZfA **36** (1955) 41
A 1 V	α CMa	3863···6497	Aller, L. H.: ApJ **96** (1942) 321
A 1 IV	γ Gem	3863···6497	Aller, L. H.: ApJ **96** (1942) 321
		3309···4667	Buscombe, W.: ApJ **114** (1951) 73
A 2 Ia	α Cyg	2950···3300	Rush, J. H.: ApJ **95** (1942) 213
		3862···6590	Struve, O., and P. Swings: ApJ **94** (1941) 344
		3309···4667	Buscombe, W.: ApJ **114** (1951) 73
		3075···8860	Groth, H. G.: ZfA **51** (1961) 206
cApe	υ Sgr	3564···4861	Greenstein, J. L., and S. Adams: ApJ **106** (1947) 339
		6572···8498	Greenstein, J. L., and P. W. Merril: ApJ **104** (1946) 177

[1]) Siehe 5.2.1

Fortsetzung nächste Seite

Tab. 5. (Fortsetzung)

Klasse [1])	Stern	λ [A]	Literatur
A 1m (F 0 IV)	63 Tau	3988···4783	VEER-MENNERT, C. VAN'T: Ann. Astrophys. **26** (1963) 289
F 0 Ib	α Car	3899···4957	GREENSTEIN, J. L.: ApJ **95** (1942) 161
F 5 IV	α CMi	4250···4703	ALBRECHT, S.: ApJ **80** (1934) 86
		3800···6867	SWENSSON, J. W.: ApJ **103** (1946) 207
		4017···4824	GREENSTEIN, J. L.: ApJ **107** (1948) 151
		3700···6750	WRIGHT, K. O.: Publ. Victoria **8** (1949) 1
F 5 Ib	α Per	4150···6700	DUNHAM, Th.: Contrib. Princeton No. 9 (1929)
		4017···4824	GREENSTEIN, J. L.: ApJ **107** (1948) 151
		3700···6750	WRIGHT, K. O.: Publ. Victoria **8** (1949) 1
		4005···4592	FOFANOWA, T. M.: Mitt. Pulkovo **18** (1950) 68
F 6 II	ϱ Pup	4017···4824	GREENSTEIN, J. L.: ApJ **107** (1948) 151
F 6 + A 3	τ UMa	4017···4824	ibid.
F 6 III	ϑ UMa	4017···4824	ibid.
F 6 IV-V	γ Ser	3862···8688	KEGEL, W. H.: ZfA **55** (1962) 221
F 8 Ib	γ Cyg	3977···4405	ROACH, F. E.: ApJ **96** (1942) 272
		3700···6750	WRIGHT, K. O.: Publ. Victoria **8** (1949) 1
		4164···4489	FOFANOWA, T. M.: Mitt. Pulkovo **18** (1950) 68
K 0 III	α UMa	4000···5000	GRATTON, L.: ApJ **115** (1952) 346
K 2 III	α Ser	4000···5000	ibid.
K 2 IIIp	α Boo	4119···6743	HACKER, S. G.: Contrib. Princeton Nr. 16 (1935)
M 2 II···III	β Peg	3400···8839	DAVIS, D. N.: ApJ **106** (1947) 28
M 2···5, I···II, S, C			siehe KEENAN, P. C.: in „Stellar Atmospheres" (ed. GREENSTEIN), Chicago (1960) Chap. 14
N		3400···4200	SWINGS, P., A. MCKELLAR, and K. N. RAO: MN **113** (1953) 571

5.3.5.4 Literatur zu 5.3.5 — References for 5.3.5

Zusammenfassende Darstellungen (siehe auch S. 396) — *General references* (see also p. 396)

L. H. ALLER: Quantitative Analysis of Normal Stellar Spectra, in "Stellar Atmospheres", (ed. J. L. GREENSTEIN), University of Chicago Press (1960).

K. H. BÖHM: Basic Theory of Line Formation, in "Stellar Atmospheres", (ed. J. L. GREENSTEIN), University of Chicago Press (1960).

E. A. MILNE: Thermodynamics of the Stars, Hdb. Astrophys. **3** (1930).

Weitere Literatur — Further references

1 BÖHM, K. H.: ZfA **34** (1954) 182.
2 BÖHM, K. H.: Basic Theory of Line Formation, in "Stellar Atmospheres". (ed. J. L. GREENSTEIN), University of Chicago Press (1960).
3 BRUGGENCATE, P. TEN, RH. LÜST-KULKA und H. H. VOIGT: Veröffentl. Göttingen Nr. 110 (1955).
4 EDMONDS, F.: ApJ **121** (1955) 418.
5 GRASBERGER, W.: ApJ **125** (1957) 750.
6 HEITLER, W.: The Quantum Theory of Radiation, 3. Aufl. Oxford University Press (1954).
7 HENYEY, L. G.: Proc. Natl. Acad. Sci. USA **26** (1940) 50.
8 HENYEY, L. G.: ApJ **103** (1946) 332.
9 HENYEY, L. G., and W. GRASBERGER: ApJ **122** (1955) 498.
10 HUNGER, K.: ZfA **28** (1951) 245.
11 JAGER, C. DE: Rech. Utrecht **13** (1952).
12 LABS, D.: ZfA **29** (1951) 199.
13 MENZEL, D. H.: ApJ **84** (1936) 462.
14 MILNE, E. A.: Hdb. Astrophys. **3** (1930) 65.
15 MINNAERT, M.: ZfA **12** (1936) 313.
16 PECKER, J. C.: Ann. Astrophys. **14** (1951) 115.
17 PECKER, J. C.: Ann. Astrophys. **14** (1951) 383.
18 SOBOLEV, V. V.: A Treatise on Radiative Transfer, D. van Nostrand Comp., Princeton (1963).
19 SPITZER, L.: MN **96** (1936) 794.
20 SPITZER, L.: ApJ **99** (1944) 16.
21 STRÖMGREN, B.: ZfA **10** (1955) 237.
22 THOMAS, R. M.: ApJ **125** (1957) 260.
23 TRAVING, G.: ZfA **41** (1957) 215.
24 UNSÖLD, A.: Physik der Sternatmosphären, 1. Aufl., Springer-Verlag, Berlin (1938).
25 UNSÖLD, A.: Physik der Sternatmosphären, 2. Aufl., Springer-Verlag, Berlin/Göttingen/Heidelberg (1955).
26 WEISSKOPF, V.: Z. Physik **85** (1933) 45.
27 WEISSKOPF, V., und E. WIGNER: Z. Physik **63** (1930) 54; **65** (1930) 18.
28 WOOLLEY, R. V. D. R.: MN **98** (1938) 624.

[1]) Siehe 5.2.1

29 WOOLLEY, R. v. D. R., and D. W. N. STIBBS: The Outer Layers of a Star, Oxford University Press (1953).
30 WRUBEL, M. H.: ApJ **109** (1949) 66.
31 WRUBEL, M. H.: ApJ **111** (1950) 157.
32 WRUBEL, M. H.: ApJ **119** (1954) 51.
33 ZANSTRA, H.: MN **101** (1941) 273.
34 DAVIS, A. H.: ApJ **125** (1957) 771.
35 DAVIS, A. H.: ApJ **127** (1958) 118.

5.4 Stellar structure and evolution — Sternaufbau und Sternentwicklung

5.4.0 List of symbols — Verzeichnis der Symbole

A_i	atomic weight of the element i	Atomgewicht des Elementes i	
c_p	specific heat at constant pressure	spezifische Wärme bei konstantem Druck	
E	energy	Energie	[erg]
E_T	thermal energy	thermische Energie	[erg]
g	acceleration due to gravity at the surface of the star	Gravitationsbeschleunigung an der Sternoberfläche	[cm sec^{-2}]
L	luminosity of the star	Leuchtkraft des Sterns	[erg sec^{-1}]
L_r	energy transferred through a sphere of radius r	durch eine Kugel vom Radius r transportierte Energie	[erg sec^{-1}]
$\mathfrak{M}$	total mass of the star	Masse des Sterns	[g]
$\mathfrak{M}_r$	mass in a sphere of radius r	Masse in einer Kugel vom Radius r	[g]
N_e	number of electrons in the volume V	Zahl der Elektronen im Volumen V	
p	momentum	Impuls	
P	pressure	Druck	[dyne cm^{-2}]
P_c	pressure at the center of the star	Druck im Zentrum des Sterns	[dyne cm^{-2}]
P_e	electron pressure	Elektronendruck	[dyne cm^{-2}]
P_g	gas pressure	Gasdruck	[dyne cm^{-2}]
P_{rad}	radiation pressure	Strahlungsdruck	[dyne cm^{-2}]
Q	energy produced per nuclear reaction	pro Zyklus erzeugte Energie	
R	radius of the star	Radius des Sterns	[cm]
$\mathfrak{R}$	gas constant,	Gaskonstante	[cm^{2}sec^{-2}grad^{-1}]
r	distance from the center	Zentrumsabstand	[cm]
S	entropy	Entropie	[erg °K^{-1}]
T	temperature	Temperatur	[°K]
T_c	temperature at the center of the star	Temperatur im Zentrum des Sterns	[°K]
T_{eff}	effective temperature of the star	Effektivtemperatur des Sterns	[°K]
T_ν	$= 10^{-\nu} \cdot T$	$= 10^{-\nu} \cdot T$	
T_τ	temperature in the optical depth τ of the atmosphere	Temperatur in der optischen Tiefe τ der Atmosphäre	[°K]
t	time	Zeit	[sec]
V	volume	Volumen	[cm^3]
X	proportion by weight of H in the stellar mixture	Gewichtsanteil von Wasserstoff im Stern	
X_c	proportion by weight of H at the center of the star	Gewichtsanteil von Wasserstoff im Zentrum des Sterns	
X_i	proportion by weight of the element i in the star	Gewichtsanteil des Elementes i im Stern	
X_C	proportion by weight of C in the star	Gewichtsanteil von Kohlenstoff im Stern	
X_O	proportion by weight of O in the star	Gewichtsanteil von Sauerstoff im Stern	
Y	proportion by weight of He in the star	Gewichtsanteil von Helium im Stern	
Y_c	proportion by weight of He in the center of the star	Gewichtsanteil von Helium im Zentrum des Sterns	
Z	proportion by weight of the elements heavier than He in the star	Gewichtsanteil der Elemente schwerer als Helium im Stern	
Z_i	atomic number of the element i	Ordnungszahl des Elementes i	
β	ratio of gas pressure to total pressure	Verhältnis von Gasdruck zu Gesamtdruck	
δ	eqn. (19)	Gl. (19)	
ε	nuclear energy generation per gram and per second	Nukleare Energieerzeugung pro Gramm und Sekunde	[erg g^{-1} sec^{-1}]
$\bar{\varkappa}$	Rosseland mean value of absorption coefficient	Rosseland-Mittelwert des Absorptionskoeffizienten	[cm^2 g^{-1}]
$\bar{\varkappa}_{rad}$	Rosseland mean value of absorption coefficient for radiation	Rosseland-Mittelwert des Absorptionskoeffizienten für Strahlung	[cm^2 g^{-1}]

$\bar{\varkappa}_c$	Rosseland mean value of absorption coefficient for electron conduction	Rosseland-Mittelwert des Absorptionskoeffizienten für Elektronenleitung	[cm² g⁻¹]
μ	molecular weight	Molekulargewicht	
μ_0	molecular weight of non-ionized stellar matter	Molekulargewicht der nichtionisierten Sternmaterie	
μ_e	molecular weight per electron	Molekulargewicht pro Elektron	
ϱ	density	Dichte	[g cm⁻³]
ϱ_c	density at the center of the star	Dichte im Zentrum des Sterns	[g cm⁻³]
τ	optical depth	optische Tiefe	
τ	time scale	Zeitskala	[sec]
ψ	degeneracy parameter	Entartungsparameter	
∇_{ad}	eqn. (6)	Gl. (6)	
∇_{rad}	$=\left(\frac{d\ln T}{d\ln P}\right)$ for radiative energy transfer	$=\left(\frac{d\ln T}{d\ln P}\right)$ bei Energietransport durch Strahlung	

The units are understood to be cgs except when explicitly stated otherwise.

Die Formeln und Zahlwerte der Größen sind für cgs-Einheiten berechnet, soweit nicht ausdrücklich andere Maßeinheiten angegeben werden.

5.4.1 Basic equations — Grundgleichungen

Assuming that the evolution takes place slowly, so that the system is in hydrostatic equilibrium at each moment, and neglecting disturbances such as rotation, tidal or magnetic forces one has

$$4\pi r^2 \frac{dP}{d\mathfrak{M}_r} = -\frac{G\mathfrak{M}_r}{r^2} \qquad \text{(conservation of momentum)} \quad (1)$$

$$\frac{dr}{d\mathfrak{M}_r} = \frac{1}{4\pi r^2 \varrho} \qquad (2)$$

$$\frac{dL_r}{d\mathfrak{M}_r} = \varepsilon - c_p \frac{\partial T}{\partial t} + \frac{\delta}{\varrho}\frac{\partial P}{\partial t}. \qquad \text{(conservation of energy)} \quad (3)$$

For δ see eqn. (19).

Furthermore, it is necessary to determine $dT/d\mathfrak{M}_r$ by the transfer equation. In the case of energy transport by radiation or electron conduction:

$$\left(\frac{dT}{d\mathfrak{M}_r}\right)_{rad} = -\frac{3\bar{\varkappa} L_r}{64\pi^2 ac\, r^4 T^3}. \qquad (4)$$

If in a certain region of a star,

$$\nabla_{rad} = \left(\frac{dT}{d\mathfrak{M}_r}\right)_{rad} \frac{P}{T}\frac{d\mathfrak{M}_r}{dP} \qquad (5)$$

exceeds the quantity

$$\nabla_{ad} = \left(\frac{d\ln T}{d\ln P}\right)_s, \qquad (6)$$

there is convection and $dT/d\mathfrak{M}_r$ is given by

$$\frac{dT}{d\mathfrak{M}_r} = \frac{T}{P}\frac{dP}{d\mathfrak{M}_r}\left(\frac{d\ln T}{d\ln P}\right)_{konv}, \qquad (7)$$

where $\left(\frac{d\ln T}{d\ln P}\right)_{konv}$ is given by the theory of convection (see 5.3.3).

Deep within the star a good approximation is

$$\left(\frac{d\ln T}{d\ln P}\right)_{konv} = \left(\frac{d\ln T}{d\ln P}\right)_s. \qquad (8)$$

If the variations in time are slow compared with the Kelvin time scale

$$\tau_{Kelvin} \approx \frac{E_T}{L}, \qquad (9)$$

the time derivatives in (3) can be neglected. This is always possible on the main sequence where the variations with time are given by the time scale of hydrogen burning,

$$\tau_{H\to He} \approx 10^{18,8} \cdot \frac{\mathfrak{M}}{L}. \qquad (10)$$

Boundary conditions at the center, where $\mathfrak{M}_r = 0$:

$$r = 0; \quad L_r = 0. \qquad (11)$$

On the surface, where $\mathfrak{M}_r = \mathfrak{M}$:

$$P = 0; \qquad T = 0. \tag{12}$$

These last conditions are a good approximation only for hot stars (O, B) and should otherwise be replaced by fitting a stellar atmosphere — for instance at optical depth $\tau = 2/3$:

$$T = T_{\tau=2/3}; \quad P = P_{\tau=2/3} \tag{13}$$

where $T_{\tau=2/3}$, $P_{\tau=2/3}$ are known functions of T_{eff}, g obtained by integrations of model atmospheres.

In the following we assume ionization to be complete and convection to be adiabatic, which is not true in the outermost layers. In these regions the equations for outer layers and atmospheres should be used (see 5.3). It is also possible to integrate the outer layers for a sufficient number of parameters $\mathfrak{M}$, L, T_{eff} in advance and use the results as boundary conditions for the interior. In the solar neighborhood of the main sequence, integrations of this kind were performed by Baker [2]. For $\mathfrak{M} = 1\,\mathfrak{M}_\odot$ see Tab. 1, for other masses and other chemical composition see also Baker [2].

The chemical composition may be defined by the fractions by weight X_i of the element i as known functions of $\mathfrak{M}_r$

$$X_i = X_i\,(\mathfrak{M}_r)\,. \tag{14}$$

The nuclear energy generation ε causes the variation of X_i with time at each point of the star; for instance, for hydrogen burning (with $X = X_1$ for hydrogen and $Y = X_2$ for helium)

$$\begin{aligned} \Delta X &= -\frac{4 m_p}{Q}\,\varepsilon\,\Delta t \\ \Delta Y &= -\Delta X \end{aligned} \tag{15}$$

with $Q = 10^{18,8}$ erg/g, the energy gained by the reaction $4\,\mathrm{H} \rightleftarrows \mathrm{He}^4$ (see 5.4.4).

For the overall problem one has equations (1), (2), (3), (4) (or (5)) and for the time variation of the chemical composition, eqn. (15); (for other reactions correspondingly). The functions ϱ, $\bar{\varkappa}$, ε, c_p and $\left(\frac{d\ln T}{d\ln P}\right)_s = \nabla_{ad}$ are known functions of P, and T (see 5.4.2 to 5.4.4).

For c_p and ∇_{ad} one has, for the non-relativistic case,

$$c_p = \frac{P}{\varrho T}\left[\left(4 - \frac{3}{2}\beta\right)\delta + 6\,(1-\beta)\right] \tag{16}$$

$$\nabla_{ad} = \frac{\delta}{\left(4 - \frac{3}{2}\beta\right)\delta + 6\,(1-\beta)} \tag{17}$$

(See Baker, Kippenhahn [3]), where

$$\beta = \frac{P_g}{P_{rad} + P_g} \tag{18}$$

$$\delta = -\left(\frac{d\ln\varrho}{d\ln T}\right)_P. \tag{19}$$

The other three functions are discussed in the following three chapters.

Tab. 1. see next page.

5.4.2 The equation of state — Zustandsgleichung

The total pressure of a star consists of electron pressure, ion pressure and radiation pressure:

$$P = P_e + P_{ion} + P_{rad} = P_g + P_{rad}. \tag{20}$$

a) *Radiation pressure*:

$$P_{rad} = \frac{a}{3}\,T^4 = (1-\beta)\,P. \tag{21}$$

b) *Electron pressure*:

Fermi-Dirac-degeneracy:

$$N_e = \frac{8\pi V}{h^3}\int_0^\infty \frac{p^2\,dp}{e^{-\psi+\vartheta E_e} + 1} \tag{22}$$

$$P_e = \frac{8\pi}{3h^3}\int_0^\infty \frac{p^3}{e^{-\psi+\vartheta E_e} + 1}\,\frac{dE_e}{dp}\,dp \tag{23}$$

Continued on p. 463.

Tab. 1. Results of integrations of outer layers of a star of $\mathfrak{M} = 1\,\mathfrak{M}_\odot$ — Ergebnisse von Integrationen der Außenschichten eines Sterns von $\mathfrak{M} = 1\,\mathfrak{M}_\odot$.

T, P, r at $\mathfrak{M}_r = 0{,}75\,\mathfrak{M}$ vs. L, R

$X = 0{,}60$; $Y = 0{,}37$; $Z = 0{,}03$; $\alpha = 1{,}0$; $\mathfrak{M} = 1\,\mathfrak{M}_\odot$;

$\alpha = l/H$ is the ratio of mixing length to pressure scale-height (see 5.3.3) in the mixing length theory. Solutions of the equations of stellar structure for $\mathfrak{M}_r \leq 0{,}75\,\mathfrak{M}$ must have values T, P, L, and r at $\mathfrak{M}_r = 0{,}75\,\mathfrak{M}$, which belong to an outer layer model. — These values are given by the table. The luminosity is assumed to be constant in the outer layer [2].

$\alpha = l/H$ ist das in den Konvektionsgleichungen (siehe 5.3.3) angenommene Verhältnis von Mischungsweg zu Druckskala. Lösungen der Gleichungen des Sternaufbaus für $\mathfrak{M}_r \leq 0{,}75\,\mathfrak{M}$ müssen bei $\mathfrak{M}_r = 0{,}75\,\mathfrak{M}$ Werte von T, P, r und L haben, die gemäß der Tabelle zu einem Außenmodell gehören. Die Leuchtkraft ist in den äußeren Schichten konstant angenommen [2].

$\mathfrak{M}_\odot = 10^{33,299}$ g
$R_\odot = 10^{10,843}$ cm
$L_\odot = 10^{33,587}$ erg/sec

T in [°K]
ϱ in [g/cm³]
P in [dyne/cm²]

log $R/R_\odot$ / log $L/L_\odot$	−0,02	0,00	0,02	0,04	0,06	0,08	0,10	0,12	0,14	0,16	0,18	0,20
						log T						
0,40	6,869	6,858	6,846	6,834	6,821	6,809	6,795	6,780	6,764	6,747	6,727	6,705
0,35	6,856	6,844	6,832	6,819	6,806	6,792	6,777	6,760	6,742	6,721	6,699	6,674
0,30	6,843	6,830	6,817	6,804	6,789	6,773	6,756	6,737	6,716	6,693	6,667	6,638
0,25	6,829	6,815	6,801	6,786	6,769	6,751	6,732	6,711	6,687	6,661	6,631	6,596
0,20	6,813	6,798	6,783	6,766	6,748	6,728	6,706	6,682	6,656	6,626	6,591	6,548
0,15	6,796	6,780	6,763	6,744	6,724	6,702	6,678	6,651	6,621	6,585	6,544	6,499
0,10	6,777	6,760	6,740	6,720	6,698	6,674	6,647	6,617	6,582	6,542	6,497	6,441
0,05	6,757	6,737	6,717	6,695	6,670	6,643	6,613	6,579	6,540	6,497	6,438	6,351
0,00	6,735	6,714	6,692	6,667	6,640	6,611	6,578	6,540	6,498	6,436	6,353	6,279
−0,05	6,712	6,689	6,665	6,638	6,609	6,577	6,542	6,499	6,436	6,358	6,287	6,220
						log P						
0,40	16,122	16,059	15,995	15,932	15,866	15,796	15,721	15,638	15,547	15,448	15,339	15,216
0,35	16,088	16,024	15,959	15,891	15,819	15,740	15,654	15,560	15,457	15,342	15,218	15,079
0,30	16,054	15,987	15,917	15,842	15,760	15,670	15,573	15,467	15,349	15,222	15,079	14,919
0,25	16,017	15,943	15,865	15,779	15,688	15,588	15,478	15,359	15,228	15,081	14,920	14,739
0,20	15,969	15,888	15,800	15,705	15,603	15,491	15,369	15,236	15,088	14,925	14,743	14,541
0,15	15,912	15,822	15,725	15,620	15,506	15,383	15,248	15,099	14,935	14,751	14,554	14,350
0,10	15,844	15,745	15,638	15,523	15,399	15,263	15,113	14,949	14,766	14,575	14,380	14,197
0,05	15,767	15,659	15,542	15,418	15,281	15,131	14,966	14,788	14,603	14,417	14,245	14,089
0,00	15,681	15,564	15,439	15,302	15,152	14,989	14,816	14,637	14,461	14,297	14,149	14,015
−0,05	15,590	15,463	15,326	15,177	15,017	14,850	14,678	14,510	14,353	14,212	14,082	13,959
						$r/R_\odot$						
0,40	0,284	0,294	0,304	0,314	0,325	0,337	0,351	0,366	0,384	0,405	0,429	0,458
0,35	0,291	0,301	0,311	0,322	0,335	0,349	0,365	0,384	0,405	0,431	0,460	0,496
0,30	0,297	0,308	0,319	0,332	0,347	0,364	0,383	0,405	0,431	0,461	0,498	0,544
0,25	0,305	0,317	0,330	0,345	0,362	0,382	0,405	0,431	0,462	0,500	0,546	0,604
0,20	0,314	0,327	0,343	0,360	0,381	0,404	0,431	0,463	0,501	0,548	0,607	0,683
0,15	0,325	0,340	0,358	0,379	0,402	0,430	0,462	0,501	0,548	0,609	0,684	0,778
0,10	0,338	0,356	0,377	0,401	0,428	0,461	0,500	0,547	0,608	0,682	0,772	0,877
0,05	0,353	0,374	0,398	0,426	0,458	0,497	0,546	0,605	0,676	0,763	0,861	0,962
0,00	0,371	0,395	0,423	0,455	0,494	0,542	0,599	0,668	0,750	0,842	0,934	1,025
−0,05	0,392	0,419	0,452	0,490	0,536	0,592	0,658	0,735	0,820	0,905	0,989	1,075

with

$$E_e = m c^2 \left[\left(1 + \frac{p^2}{m^2 c^2} \right)^{1/2} - 1 \right] \tag{24}$$

$$\vartheta = \frac{1}{k T}. \tag{25}$$

Fig. 1. gives the regions of validity for different approximations to these equations.

Continued on p. 464.

Tab. 2.

$$F_\nu(\psi) = \int_0^\infty \frac{u^\nu \, du}{e^{-\psi+u} + 1)}, \quad \nu = \frac{1}{2}, \frac{3}{2}, -\frac{1}{2}, \ [29]$$

and auxiliary functions φ_i for H, He, and C (see eqn. (43)) and K_0 for conductivity calculations, (eqn. (47), (48) and (49)

ferner Hilfsfunktionen φ_i für H, He, C (siehe Gl. (43)) und K_0 zur Berechnung der Elektronenleitung, siehe Gl. (47) (48) und (49)

ψ	$F_{1/2}$	$F_{3/2}$	$F_{-1/2}$	φ_1	φ_2	φ_6	$K_0 \cdot 10^{13}$
−4,0	0,016 13	0,024 27	0,032 04	0,018 32	0,016 80	0,014 85	2,44
−3,5	0,026 48	0,039 93	0,052 40	0,030 20	0,027 55	0,024 18	2,61
−3,0	0,043 37	0,065 61	0,085 26	0,049 79	0,045 13	0,039 30	2,79
−2,5	0,070 72	0,107 58	0,137 58	0,082 08	0,073 89	0,063 78	3,01
−2,0	0,114 59	0,175 80	0,219 18	0,135 34	0,120 86	0,103 31	3,21
−1,5	0,183 80	0,285 77	0,342 62	0,223 13	0,197 53	0,167 05	3,44
−1,0	0,290 50	0,460 85	0,521 14	0,367 88	0,322 58	0,269 70	3,66
−0,5	0,449 79	0,734 66	0,764 34	0,606 53	0,526 48	0,434 94	3,88
0,0	0,678 09	1,152 80	1,072 16	1,000 00	0,859 08	0,701 24	4,03
0,5	0,990 21	1,772 79	1,431 68	1,648 72	1,402 17	1,131 44	4,09
1,0	1,396 38	2,661 68	1,820 40	2,718 28	2,290 24	1,828 69	3,98
1,5	1,900 83	3,891 98	2,214 36	4,481 69	3,744 76	2,962 63	3,80
2,0	2,502 46	5,537 25	2,595 40	7,389 06	6,103 47	4,812 45	3,50
2,5	3,196 60	7,668 80	2,953 46	1,218 25 · 10^{1}	1,004 81 · 10^{1}	7,837 42	3,12
3,0	3,976 98	1,035 37 · 10^{1}	3,285 22	2,008 55 · 10^{1}	1,648 71 · 10^{1}	1,279 32 · 10^{1}	2,68
3,5	4,837 07	1,365 42 · 10^{1}	3,591 32	3,311 54 · 10^{1}	2,707 72 · 10^{1}	2,092 30 · 10^{1}	2,22
4,0	5,770 73	1,762 77 · 10^{1}	3,874 34	5,459 82 · 10^{1}	4,450 32 · 10^{1}	3,427 33 · 10^{1}	1,81
4,5	6,772 57	2,232 73 · 10^{1}	4,137 4	9,001 71 · 10^{1}	7,318 81 · 10^{1}	5,621 29 · 10^{1}	1,45
5,0	7,837 97	2,780 24 · 10^{1}	4,383 2	1,484 13 · 10^{2}	1,204 20 · 10^{2}	9,228 89 · 10^{1}	1,13
5,5	8,962 99	3,409 92 · 10^{1}	4,614 6	2,446 92 · 10^{2}	1,982 08 · 10^{2}	1,516 37 · 10^{2}	8,73 · 10^{-1}
6,0	1,014 43 · 10^{1}	4,126 10 · 10^{1}	4,833 8	4,034 29 · 10^{2}	3,263 43 · 10^{2}	2,493 04 · 10^{2}	6,61 · 10^{-1}
6,5	1,137 90 · 10^{1}	4,932 90 · 10^{1}	5,042 2	6,651 42 · 10^{2}	5,374 40 · 10^{2}	4,100 77 · 10^{2}	4,94 · 10^{-1}
7,0	1,266 46 · 10^{1}	5,834 22 · 10^{1}	5,241 6	1,096 63 · 10^{3}	8,852 54 · 10^{2}	6,747 96 · 10^{2}	3,64 · 10^{-1}
7,5	1,399 91 · 10^{1}	6,833 81 · 10^{1}	5,432 8	1,808 04 · 10^{3}	1,458 38 · 10^{3}	1,110 75 · 10^{3}	2,66 · 10^{-1}
8,0	1,538 05 · 10^{1}	7,935 26 · 10^{1}	5,617 0	2,980 96 · 10^{3}	2,402 86 · 10^{3}	1,828 80 · 10^{3}	1,92 · 10^{-1}
8,5	1,680 71 · 10^{1}	9,142 02 · 10^{1}	5,795 0	4,914 77 · 10^{3}	3,959 40 · 10^{3}	3,011 67 · 10^{3}	1,38 · 10^{-1}
9,0	1,827 76 · 10^{1}	1,045 74 · 10^{2}	5,967 4	8,103 08 · 10^{3}	6,524 76 · 10^{3}	4,960 45 · 10^{3}	9,80 · 10^{-2}
9,5	1,979 04 · 10^{1}	1,188 47 · 10^{2}	6,134 6	1,335 97 · 10^{4}	1,075 30 · 10^{4}	8,171 35 · 10^{3}	6,91 · 10^{-2}
10,0	2,134 45 · 10^{1}	1,342 70 · 10^{2}	6,297 2	2,202 65 · 10^{4}	1,772 22 · 10^{4}	1,346 22 · 10^{4}	4,84 · 10^{-2}
10,5	2,293 86 · 10^{1}	1,508 74 · 10^{2}	6,455 4	3,631 55 · 10^{4}	2,920 97 · 10^{4}	2,218 10 · 10^{4}	3,37 · 10^{-2}
11,0	2,457 18 · 10^{1}	1,686 88 · 10^{2}	6,609 6	5,987 41 · 10^{4}	4,814 53 · 10^{4}	3,654 94 · 10^{4}	2,34 · 10^{-2}
11,5	2,624 32 · 10^{1}	1,877 41 · 10^{2}	6,760 4	9,871 58 · 10^{4}	7,935 86 · 10^{4}	6,022 95 · 10^{4}	1,61 · 10^{-2}
12,0	2,795 18 · 10^{1}	2,080 62 · 10^{2}	6,907 6	1,627 55 · 10^{5}	1,308 12 · 10^{5}	9,925 73 · 10^{4}	1,10 · 10^{-2}
12,5	2,969 68 · 10^{1}	2,296 78 · 10^{2}	7,051 8	2,683 37 · 10^{5}	2,156 30 · 10^{5}	1,635 83 · 10^{5}	7,52 · 10^{-3}
13,0	3,147 75 · 10^{1}	2,526 16 · 10^{2}	7,193 0	4,424 13 · 10^{5}	3,554 53 · 10^{5}	2,696 07 · 10^{5}	5,11 · 10^{-3}
13,5	3,329 31 · 10^{1}	2,769 03 · 10^{2}	7,331 4	7,294 16 · 10^{5}	5,859 52 · 10^{5}	4,443 66 · 10^{5}	3,46 · 10^{-3}
14,0	3,514 30 · 10^{1}	3,025 64 · 10^{2}	7,467 2	1,202 60 · 10^{6}	9,659 37 · 10^{5}	7,324 26 · 10^{5}	2,33 · 10^{-3}
14,5	3,702 65 · 10^{1}	3,296 26 · 10^{2}	7,600 6	1,982 76 · 10^{6}	1,592 36 · 10^{6}	1,207 06 · 10^{6}	1,57 · 10^{-3}
15,0	3,894 30 · 10^{1}	3,581 12 · 10^{2}	7,731 4	3,296 02 · 10^{6}	2,625 06 · 10^{6}	1,989 96 · 10^{6}	1,05 · 10^{-3}
15,5	4,089 21 · 10^{1}	3,880 48 · 10^{2}	7,860 2	5,389 70 · 10^{6}	4,327 54 · 10^{6}	3,280 20 · 10^{6}	6,99 · 10^{-4}
16,0	4,287 30 · 10^{1}	4,194 58 · 10^{2}	7,986 8	8,886 11 · 10^{6}	7,134 24 · 10^{6}	5,407 09 · 10^{6}	4,65 · 10^{-4}
16,5	4,488 54 · 10^{1}	4,523 66 · 10^{2}	8,111 6	1,465 07 · 10^{7}	1,176 14 · 10^{7}	8,913 22 · 10^{6}	3,09 · 10^{-4}
17,0	4,692 86 · 10^{1}	4,867 94 · 10^{2}	8,234 2	2,415 50 · 10^{7}	1,938 97 · 10^{7}	1,469 30 · 10^{7}	2,05 · 10^{-4}
17,5	4,900 24 · 10^{1}	5,227 66 · 10^{2}	8,355 2	3,982 48 · 10^{7}	3,196 58 · 10^{7}	2,422 11 · 10^{7}	1,35 · 10^{-4}
18,0	5,110 61 · 10^{1}	5,603 05 · 10^{2}	8,474 4	6,566 00 · 10^{7}	5,269 92 · 10^{7}	3,992 84 · 10^{7}	8,90 · 10^{-5}
18,5	5,323 94 · 10^{1}	5,994 33 · 10^{2}	8,591 8	1,082 55 · 10^{8}	8,688 10 · 10^{7}	6,582 26 · 10^{7}	5,85 · 10^{-5}
19,0	5,540 19 · 10^{1}	6,401 72 · 10^{2}	8,707 6	1,784 82 · 10^{8}	1,432 34 · 10^{8}	1,085 10 · 10^{8}	3,84 · 10^{-5}
19,5	5,759 31 · 10^{1}	6,825 43 · 10^{2}	8,822 0	2,942 68 · 10^{8}	2,361 41 · 10^{8}	1,788 84 · 10^{8}	2,51 · 10^{-5}
20,0	5,981 28 · 10^{1}	7,265 68 · 10^{2}	8,935 0	4,851 65 · 10^{8}	3,893 12 · 10^{8}	2,949 01 · 10^{8}	1,64 · 10^{-5}

Regions 1, 2, 3 (in Fig. 1):
non-relativistic case:

$$\frac{\varrho}{\mu_e} = \frac{4\pi\, m_p}{h^3}\,(2mkT)^{3/2}\,F_{1/2}\,(\psi) \tag{26}$$

$$P_e = \frac{4\pi}{3h^3\, m}\,(2mk\,T)^{5/2}\,F_{3/2}\,(\psi) \tag{27}$$

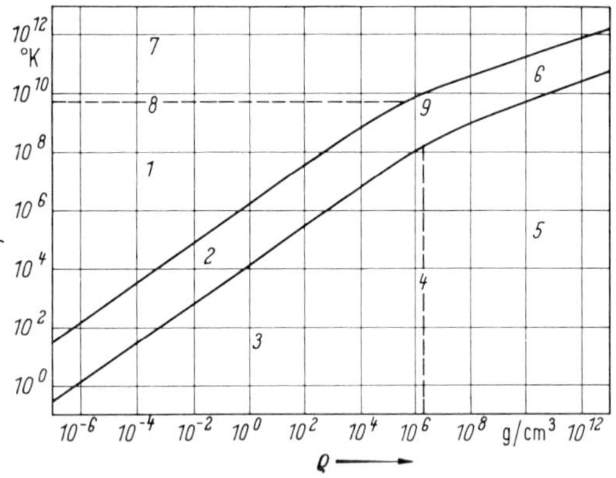

Fig. 1. Regions of validity for different approximations to the equation of state [40] — Gebiete verschiedener Näherungen für die Zustandsgleichung nach [40].

Region 1: perfect gas
Regions 1, 2, 3: non-relativistic
Regions 5, 6, 7: relativistic
Regions 1, 7, 8: non-degenerate
Regions 2, 6, 9: partial Fermi-Dirac-degeneracy
Regions 3, 4, 5: complete Fermi-Dirac-degeneracy

$$\mu_e = \frac{1}{\sum\limits_i \frac{Z_i}{A_i}\,X_i} \tag{28}$$

for heavy elements $\frac{Z_i}{A_i} \approx 1/2$, from which follows

$$\mu_e = \frac{2}{1+X}\,. \tag{29}$$

This, like all the following formulae, is valid only for complete ionization. The functions $F\,(\psi)$ are given in Tab. 2.

For region 3 (non-relativistic complete degeneracy) see also Wrubel [42].

Regions 3, 4, 5 (in Fig. 1):
Complete degeneracy

$$\frac{\varrho}{\mu_e} = \frac{8\pi\, m_p\, m^3\, c^3}{3h^3}\,x^3 \tag{30}$$

$$P_e = \frac{\pi\, m^4\, c^5}{3h^3}\,f\,(x) \tag{31}$$

$$f\,(x) = x\,(2x^3 - 3)\,(x^2+1)^{1/2} + 3\,\text{arc}\sinh x. \tag{32}$$

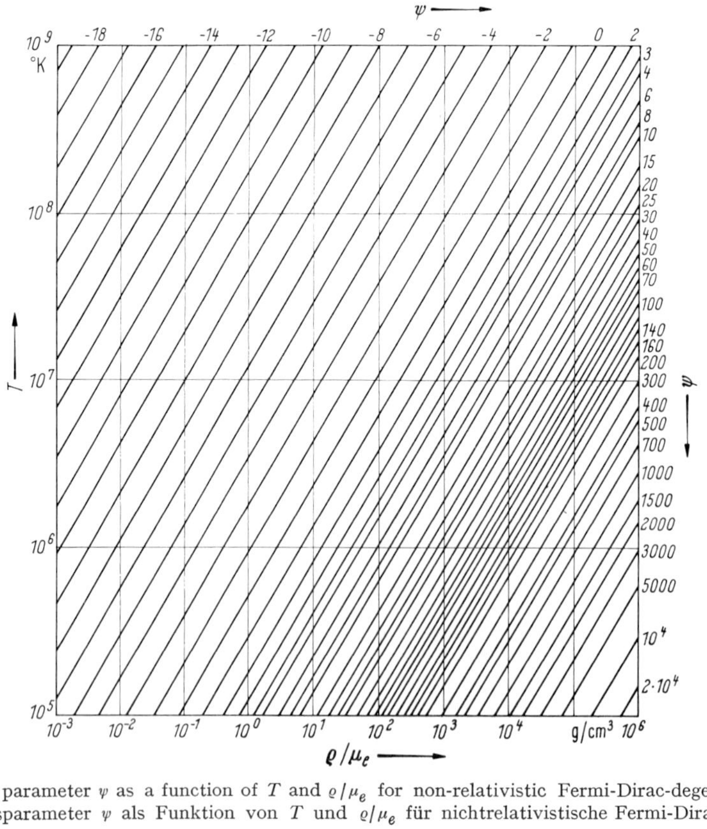

Fig. 2. The degeneracy parameter ψ as a function of T and ϱ/μ_e for non-relativistic Fermi-Dirac-degeneracy — Der Entartungsparameter ψ als Funktion von T und ϱ/μ_e für nichtrelativistische Fermi-Dirac-Entartung.

The function $f(x)$ (CHANDRASEKHAR [6]) is given in Tab. 3. For another approximation in region 5 (complete relativistic degeneracy) see WRUBEL [42].

Tab. 3.
$f(x) = x\,(2x^3 - 3)\,(x^2+1)^{1/2} + 3 \operatorname{arc\,sinh} x$
for complete Fermi-Dirac-degeneracy — für vollständige Fermi-Dirac-Entartung [6]

x	$f(x)$	x	$f(x)$	x	$f(x)$
0	0	2,4	57,993 11	9,0	$1{,}296\,694 \cdot 10^4$
0,2	0,000 505	2,6	81,245 09	10,0	$1{,}980\,725 \cdot 10^4$
0,4	0,015 527	2,8	110,820 7	20,0	$3{,}192\,093 \cdot 10^5$
0,6	0,111 126	3,0	147,757 8	30,0	$1{,}618\,212 \cdot 10^6$
0,8	0,435 865	3,5	279,811 3	40,0	$5{,}116\,812 \cdot 10^6$
1,0	1,229 907	4,0	484,564 4	50,0	$1{,}249\,501 \cdot 10^7$
1,2	2,822 98	4,5	784,527 1	60,0	$2{,}591\,280 \cdot 10^7$
1,4	5,629 91	5,0	1205,206 9	70,0	$4{,}801\,018 \cdot 10^7$
1,6	10,146 96	6,0	2525,739	80,0	$8{,}190\,727 \cdot 10^7$
1,8	16,949 69	7,0	4710,192	90,0	$13{,}120\,39 \cdot 10^7$
2,0	26,691 59	8,0	8070,587	100,0	$19{,}998\,0 \cdot 10^7$
2,2	40,103 47				

c) *Ion pressure*

$$P_{ion} = \frac{\mathfrak{R}}{\mu_o}\,\varrho\,T \tag{33}$$

$$\mu_o = \frac{1}{\sum_i \frac{X_i}{A_i}}\,. \tag{34}$$

d) *Perfect gas*

In *region 1* (in Fig. 1), P_e and P_{ion} give

$$P_e + P_{ion} = P_g = \frac{\mathfrak{R}}{\mu}\,\varrho\,T \tag{35}$$

$$\mu = \frac{1}{\sum \frac{Z_i+1}{A_i} X_i}\,. \tag{36}$$

For heavy elements, $\frac{Z_i+1}{A_i} \approx \frac{1}{2}$,

one has

$$\mu = \frac{4}{2+6X+Y}\,. \tag{37}$$

5.4.3 The opacity — Die Opazität

5.4.3.1 Tables of opacities — Opazitätstabellen

The opacity depends on ϱ (or P) and T, and on the chemical composition which may vary with the depth. In Tab. 4 to 12 opacities are given for different chemical compositions. In Tab. 4 and 5 (see Cox [12]) line absorption and electron conduction are considered. The opacities in Tab. 6 to 12 include only continuous effects (no line absorption and also no electron conduction). They are taken from KELLER, MEYEROTT [27] as functions of T and a parameter α_e (instead of ϱ). Our tables are obtained by interpolation from KELLER-MEYEROTT's tables. The Tab. 4 to 12 may have to be extrapolated and extended by the values for electron scattering (see eqn. (38)). For opacities for other chemical compositions see KELLER, MEYEROTT [27]. For analytic approximations for opacities see, e. g., SCHWARZSCHILD [36], HASELGROVE, HOYLE [21], HAYASHI, HOSHI, SUGIMOTO [19].

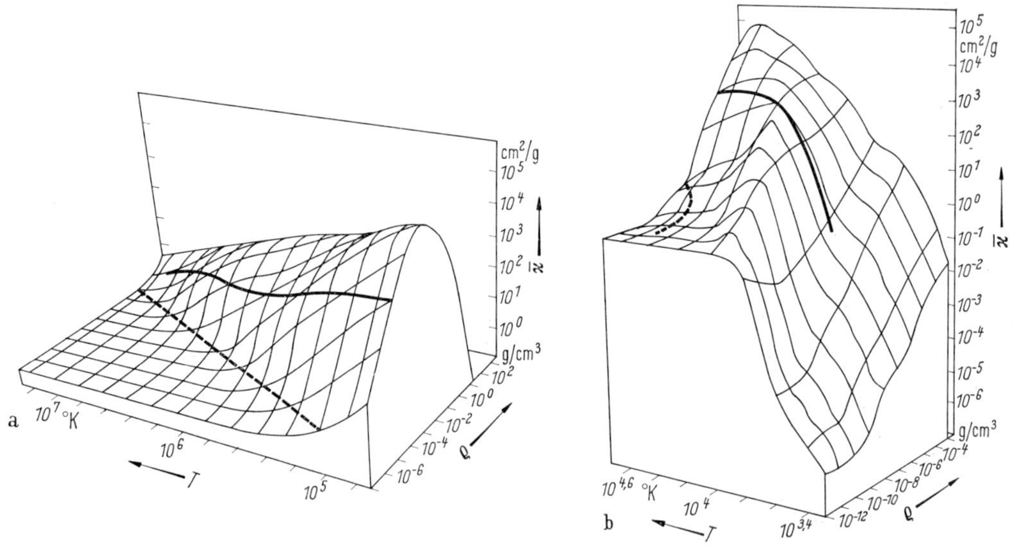

Fig. 3 a, b. Models for the opacity $\bar{\varkappa}$ (without line absorption) as a function of ϱ and T
(a) in the interior
(b) in the outer } regions of stars of Pop. I.

Anschauliche Modelle für die Opazität $\bar{\varkappa}$ (ohne Linienabsorption) in ihrer Abhängigkeit von ϱ und T
(a) in den inneren
(b) in den äußeren } Schichten von Sternen der Pop. I.

——	the chemically homogeneous initial sun	Schichtung der chemisch homogenen Ursonne
······	chemically homogeneous main sequence star of $\mathfrak{M} = 10\,\mathfrak{M}_\odot$	Schichtung eines homogenen Hauptreihensterns mit $\mathfrak{M} = 10\mathfrak{M}_\odot$

The flat regions on the left front side are due to Thomson scattering, and the decrease of the opacity for high densities in (a) is caused by electron conductivity. The steep increase for increasing temperatures in(b)is caused by H^- absorption. – Die ebenen Gebiete links vorn in beiden Abbildungen entsprechen der Elektronenstreuung, das Absinken der Opazität bei großen Dichten in Abb. 3a rührt von der Elektronenleitung her. Der steile Anstieg bei wachsenden Temperaturen in Abb. 3 b ist eine Folge der H^--Absorption.

Tab. 4a. Opacities for the mixture — Opazitäten für die Mischung
$X = 0{,}602$; $Y = 0{,}354$; $Z = 0{,}044$ (Pop. I) [*12*]

The heavy elements in Z are: | Die in Z zusammengefaßten schweren Elemente sind:
C (0,006 19); N (0,002 04); O (0,018 47); Ne (0,013 13); Na (0,000 06); Mg (0,000 79); Al (0,000 06); Si (0,001 16); A (0,001 73); Fe (0,000 37).

$\bar{\varkappa}$ in [cm²/g]; T in [°K]; ϱ in [g/cm³].

log ϱ	−12	−11	−10	−9	−8	−7	−6	−5	−4
log T	log $\bar{\varkappa}$								
3,477	−4,551	−4,445	−4,162	−3,764	−3,197	−2,383	−1,623	−1,022	
3,602	−3,921	−3,963	−3,613	−2,959	−2,298	−1,674	−1,007	−0,268	
3,699	−2,668	−2,991	−2,987	−2,597	−1,943	−1,115	−0,385	0,253	
3,778	−1,513	−1,857	−2,074	−1,759	−1,263	−0,676	0,009	0,745	
3,845		−0,870	−0,928	−0,728	−0,385	0,072	0,604	1,276	1,931
3,903		−0,253	−0,077	0,079	0,362	0,749	1,220	1,807	2,476
3,954		−0,124	0,408	0,771	1,021	1,312	1,700	2,149	2,655
4,000			0,496	1,182	1,529	1,789	2,130	2,535	2,990
4,079			0,233	1,182	1,993	2,490	2,819	3,146	3,455
4,176			−0,014	0,759	1,806	2,740	3,354	3,687	3,913
4,301			−0,234	0,408	1,342	2,403	3,384	4,025	4,398
4,477			−0,334	0,017	0,824	1,943	3,017	3,972	4,732
4,699				−0,162	0,533	1,555	2,515	3,520	4,481
4,845				−0,364	0,033	0,926	1,995	3,143	4,127
5,000					−0,223	0,386	1,373	2,513	3,688
5,301					−0,461	−0,261	0,365	1,380	2,556
5,699						−0,485	−0,424	−0,095	0,722
6,000							−0,483	−0,437	−0,173
6,301								−0,487	−0,423
6,699									−0,499

Continued next page

Tab. 4a (continued)

log ϱ	−3	−2	−1	0	1	2	3	4	5	6
log T	log $\bar{\varkappa}$									
4,000	3,344									
4,079	3,757									
4,176	4,121									
4,301	4,528									
4,477	5,164									
4,699	5,176	4,881								
4,845	4,766	4,790								
5,000	4,438	4,599	4,013							
5,301	3,369	3,632	3,494							
5,699	1,704	2,408	2,655	2,972						
6,000	0,540	1,528	2,223	2,483	2,504					
6,301	−0,169	0,554	1,489	1,992	2,100	1,641				
6,699	−0,483	−0,382	0,029	0,605	0,961	1,246	0,650			
7,000	−0,504	−0,495	−0,440	−0,218	0,134	0,444	0,750	−0,611		
7,301		−0,514	−0,510	−0,480	−0,374	−0,161	0,199	−0,147	−1,928	
7,699			−0,542	−0,542	−0,535	−0,498	−0,377	−0,180	−1,168	−3,205
8,000				−0,585	−0,585	−0,580	−0,553	−0,467	−0,827	−2,334
8,301					−0,662	−0,662	−0,662	−0,668	−0,801	−1,780
8,699						−0,821	−0,821	−0,821	−0,857	−1,427
9,000							−0,983	−0,983	−0,996	−1,228

Tab. 4b. Opacities for the mixture — Opazitäten für die Mischung

$X = 0$; $Y = 0{,}956$; $Z = 0{,}044$ (Pop. I) [12]

The heavy elements in Z are: | Die in Z zusammengefaßten schweren Elemente sind:

C (0,006 19); N (0,002 04); O (0,018 47); Ne (0,013 13); Na (0,000 06); Mg (0,000 79); Al (0,000 06); Si (0,001 16); A (0,001 73); Fe (0,000 37).

$\bar{\varkappa}$ in [cm²/g]; T in [°K]; ϱ in [g/cm³].

log ϱ	−10	−9	−8	−7	−6	−5	−4	−3	−2
log T	log $\bar{\varkappa}$								
4,176	−0,660	−0,260	0,068	0,403	0,863	1,575	2,320	2,973	
4,301	−0,815	−0,288	0,581	1,389	1,971	2,415	2,930	3,420	
4,477	−0,735	−0,623	−0,100	0,868	1,989	2,943	3,577	3,937	
4,699		−0,413	0,265	1,236	1,955	2,601	3,375	4,398	4,818
4,845		−0,585	−0,213	0,611	1,701	2,808	3,638	4,342	4,852
5,000			−0,445	0,117	1,104	2,276	3,332	4,346	4,680
5,301			−0,644	−0,371	0,301	1,324	2,420	3,380	3,795
5,699				−0,686	−0,611	−0,228	0,605	1,620	2,386
6,000					−0,684	−0,633	−0,362	0,360	1,354
6,301						−0,690	−0,622	−0,359	0,350
6,699							−0,701	−0,686	−0,583
7,000								−0,706	−0,699
7,301									−0,717

log ϱ	−1	0	1	2	3	4	5	6
log T	log $\bar{\varkappa}$							
5,000	4,324							
5,301	3,746							
5,699	2,698	2,909						
6,000	2,140	2,433	2,601					
6,301	1,326	1,941	2,100	1,912				
6,699	−0,156	0,490	0,903	1,207	0,991			
7,000	−0,642	−0,405	0,004	0,346	0,789	−0,190		
7,301	−0,712	−0,686	−0,559	−0,324	0,061	0,149	−1,502	
7,699	−0,745	−0,745	−0,738	−0,699	−0,569	−0,292	−0,793	−2,757
8,000		−0,788	−0,788	−0,783	−0,752	−0,648	−0,656	−1,951
8,301			−0,863	−0,863	−0,863	−0,866	−0,907	−1,487
8,699				−1,022	−1,022	−1,023	−1,035	−1,275
9,000					−1,185	−1,185	−1,190	−1,271

Tab. 5a. Opacities for the mixture — Opazitäten für die Mischung
$X = 0{,}900$; $Y = 0{,}099$; $Z = 0{,}001$ (Pop. II) [*12*]

The heavy elements in Z are: | Die in Z zusammengefaßten schweren Elemente sind:

C (0,000 141); N (0,000 046); O (0,000 420); Ne (0,000 298); Na (0,000 001); Mg (0,000 018); Al (0,000 001); Si (0,000 026); A (0,000 039); Fe (0,000 008).

$\bar{\varkappa}$ in [cm²/g]; T in [°K]; ϱ in [g/cm³].

log ϱ → / log T ↓ (log $\bar{\varkappa}$)	−12	−11	−10	−9	−8	−7	−6	−5	−4
3,477	−6,033	−5,810	−5,455	−5,020	−4,444	−3,680	−2,851	−2,028	
3,602	−4,025	−4,243	−4,237	−3,903	−3,283	−2,577	−1,924	−1,299	
3,699	−2,587	−2,893	−2,857	−2,513	−2,052	−1,544	−0,983	−0,400	
3,778	−1,412	−1,738	−1,910	−1,562	−1,078	−0,548	−0,003	0,559	
3,845		−0,728	−0,752	−0,554	−0,207	0,228	0,736	1,294	1,898
3,903		−0,067	0,086	0,250	0,500	0,850	1,305	1,885	2,456
3,954		0,114	0,618	0,921	1,134	1,384	1,681	2,061	2,496
4,000			0,759	1,344	1,660	1,880	2,124	2,441	2,818
4,079			0,512	1,423	2,173	2,563	2,804	3,029	3,316
4,176			0,143	0,970	1,989	2,866	3,380	3,663	3,913
4,301			−0,122	0,489	1,459	2,538	3,490	4,155	4,521
4,477			−0,197	0,155	0,965	2,021	3,114	4,100	4,954
4,699				−0,111	0,547	1,534	2,551	3,531	4,430
4,845				−0,313	0,033	0,847	1,900	2,968	3,915
5,000					−0,218	0,303	1,217	2,294	3,318
5,301					−0,408	−0,328	0,025	0,792	1,716
5,699						−0,420	−0,402	−0,303	0,076
6,000							−0,419	−0,405	−0,343
6,301								−0,423	−0,415
6,699									−0,427

log ϱ → / log T ↓ (log $\bar{\varkappa}$)	−3	−2	−1	0	1	2	3	4	5	6
4,000	3,233									
4,079	3,657									
4,176	4,185									
4,301	4,611									
4,477	5,292									
4,699	5,009	4,721								
4,845	4,491	4,496								
5,000	4,057	4,210	3,980							
5,301	2,435	3,004	3,303							
5,699	0,763	1,364	1,918	2,745						
6,000	−0,057	0,565	1,167	1,777	2,322					
6,301	−0,353	−0,107	0,407	0,894	1,573	1,456				
6,699	−0,424	−0,406	−0,319	−0,070	0,393	1,041	0,401			
7,000	−0,432	−0,429	−0,416	−0,348	−0,147	0,279	0,600	−0,883		
7,301		−0,441	−0,440	−0,428	−0,375	−0,199	0,164	−0,398	−2,284	
7,699			−0,469	−0,469	−0,463	−0,437	−0,333	−0,226	−1,428	−3,485
8,000				−0,513	−0,511	−0,507	−0,485	−0,431	−1,026	−2,590
8,301					−0,587	−0,587	−0,588	−0,600	−0,839	−2,015
8,699						−0,747	−0,747	−0,750	−0,818	−1,636
9,000							−0,910	−0,910	−0,936	−1,318

Tab. 5b. Opacities for the mixture — Opazitäten für die Mischung
$X = 0$; $Y = 0{,}999$; $Z = 0{,}001$ (Pop. II) [12]

The heavy elements in Z are: | Die in Z zusammengefaßten schweren Elemente sind:

C (0,000 141); N (0,000 046); O (0,000 420); Ne (0,000 298); Na (0,000 001); Mg (0,000 018); Al (0,000 001); Si (0,000 026); A (0,000 039); Fe (0,000 008).

$\bar{\varkappa}$ in [cm²/g]; T in [°K]; ϱ in [gc/m³].

log ϱ	−10	−9	−8	−7	−6	−5	−4	−3	−2
log T	log $\bar{\varkappa}$								
4,176	−0,714	−0,387	−0,168	0,041	0,250	0,581	0,989	1,450	
4,301	−0,866	−0,461	0,288	1,083	1,553	1,906	2,262	2,598	
4,477	−0,728	−0,652	−0,242	0,545	1,577	2,540	3,241	3,750	
4,699		−0,434	0,223	1,190	1,918	2,507	3,320	4,369	4,812
4,845		−0,602	−0,287	0,509	1,569	2,665	3,537	4,297	4,840
5,000			−0,467	0,000	1,000	2,100	3,258	4,305	4,666
5,301			−0,654	−0,437	0,155	1,076	2,057	2,987	3,655
5,699				−0,690	−0,652	−0,465	0,053	0,865	1,594
6,000					−0,695	−0,672	−0,570	−0,211	0,515
6,301						−0,699	−0,686	−0,616	−0,313
6,699							−0,703	−0,699	−0,678
7,000								−0,708	−0,706
7,301									−0,717

log ϱ	−1	0	1	2	3	4	5	6
log T	log $\bar{\varkappa}$							
5,000	4,307							
5,301	3,705							
5,699	2,188	2,595						
6,000	1,173	1,626	2,396					
6,301	0,260	0,777	1,462	1,832				
6,699	−0,580	−0,297	0,210	0,942	0,914			
7,000	−0,690	−0,616	−0,389	0,076	0,682	−0,280		
7,301	−0,714	−0,703	−0,644	−0,451	−0,033	0,057	−1,593	
7,699	−0,745	−0,745	−0,738	−0,710	−0,595	−0,345	−0,883	−2,848
8,000		−0,788	−0,788	−0,783	−0,757	−0,668	−0,719	−2,041
8,301			−0,863	−0,863	−0,863	−0,866	−0,917	−1,559
8,699				−1,022	−1,022	−1,023	−1,037	−1,317
9,000					−1,184	−1,185	−1,190	−1,287

Tab. 6. Opacities for the mixture KM I — Opazitäten für die Mischung KM I
$X = 0{,}99$; $Y = 0$; $Z = 0{,}01$ [27]

The heavy elements in Z are: | Die in Z zusammengefaßten schweren Elemente sind:

C (0,000 41); N (0,000 81); O (0,002 97); Ne (0,004 48); Al (0,000 43); K (0,000 62) and Fe (0,000 28).

$\bar{\varkappa}$ in [cm²/g]; T in [°K]; ϱ in [g/cm³].

log ϱ	−6	−5	−4	−3	−2	−1	0	+1	+2	+3
log T	log $\bar{\varkappa}$									
5,06	0,52	1,37	2,42							
5,37	−0,30	0,25	1,07	2,05						
5,76	−0,42	−0,29	0,04	0,82	1,58					
6,06		−0,42	−0,35	−0,10	0,50	1,35				
6,37			−0,42	−0,30	−0,04	0,58	1,25			
6,61				−0,42	−0,30	0,00	0,55			
6,76				−0,42	−0,39	−0,28	0,08	0,55		
6,91				−0,42	−0,38	−0,37	−0,20	0,18		
7,06				−0,42	−0,40	−0,37	−0,32	−0,10	0,30	
7,37				−0,42	−0,42	−0,40	−0,40	−0,36	−0,18	0,15

Tab. 7. Opacities for the mixture KM II — Opazitäten für die Mischung KM II
$X = 0{,}495$; $Y = 0{,}495$; $Z = 0{,}01$ [27]

The abundances of heavy elements are the same as in Tab. 6. | Verteilung der schweren Elemente wie in Tab. 6.

$\varkappa$ in [cm²/g]; T in [°K]; ϱ in [g/cm³].

log ϱ	−6	−5	−4	−3	−2	−1	0	+1	+2	+3
log T	log $\varkappa$									
5,06	0,75	1,70	2,75							
5,37	−0,14	0,72	1,70	2,73						
5,76	−0,55	−0,42	0,10	0,90	1,70					
6,06		−0,55	−0,45	−0,15	0,50	1,35				
6,37		−0,55	−0,52	−0,42	−0,14	0,52	1,25			
6,61			−0,55	−0,52	−0,45	−0,10	0,47	0,85		
6,76				−0,55	−0,50	−0,40	−0,04	0,50		
6,91				−0,55	−0,54	−0,50	−0,30	0,09		
7,06				−0,55	−0,55	−0,53	−0,45	−0,20	0,20	
7,36				−0,55	−0,55	−0,55	−0,55	−0,49	−0,32	0,00

Tab. 8. Opacities for the mixture KM III — Opazitäten für die Mischung KM III
$X = 0$; $Y = 0{,}99$; $Z = 0{,}01$ [27]

The abundances of heavy elements are the same as in Tab. 6. | Verteilung der schweren Elemente wie in Tab. 6.

$\varkappa$ in [cm²/g]; T in [°K]; ϱ in [g/cm³].

log ϱ	−6	−5	−4	−3	−2	−1	0	+1	+2	+3
log T	log $\varkappa$									
5,06	0,56	1,42	2,52							
5,37	−0,15	0,75	1,70	2,72						
5,76	−0,72	−0,55	−0,05	0,80	1,70					
6,06		−0,72	−0,60	−0,27	0,40	1,30				
6,37			−0,72	−0,60	−0,27	0,42	1,17			
6,61			−0,72	−0,70	−0,60	−0,25	0,37	0,77		
6,76				−0,72	−0,66	−0,55	−0,17	0,37	0,85	
6,91				−0,72	−0,70	−0,64	−0,49	−0,05	0,50	
7,06				−0,72	−0,72	−0,70	−0,61	−0,35	0,08	0,65
7,37				−0,72	−0,72	−0,72	−0,70	−0,65	−0,47	−0,10

Tab. 9. Opacities for the mixture KM IV — Opazitäten für die Mischung KM IV
$X = 0{,}97$; $Y = 0$; $Z = 0{,}03$ [27]

The heavy elements in Z are: | Die in Z zusammengefaßten schweren Elemente sind

C (0,001 23); N (0,002 43); O (0,008 91); Ne (0,013 44); Al (0,001 29); K (0,001 86) and Fe (0,000 84).

$\varkappa$ in [cm²/g]; T in [°K]; ϱ in [g/cm³].

log ϱ	−6	−5	−4	−3	−2	−1	0	+1	+2	+3
log T	log $\varkappa$									
5,06	0,60	1,45	2,45							
5,37	−0,28	0,39	1,25	2,16						
5,76	−0,40	−0,23	0,23	1,03	1,86					
6,06	−0,43	−0,37	−0,30	0,10	0,80	1,80				
6,37		−0,43	−0,38	−0,25	0,17	0,89	1,60			
6,61			−0,43	−0,40	−0,22	0,25	0,88			
6,76				−0,41	−0,37	−0,15	0,33	0,85		
6,91				−0,43	−0,40	−0,31	−0,05	0,40		
7,06					−0,43	−0,39	−0,27	0,05	0,43	
7,37						−0,43	−0,42	−0,33	−0,13	0,20

Tab. 10. Opacities for the mixture KM V — Opazitäten für die Mischung KM V
$X = 0{,}485$; $Y = 0{,}485$; $Z = 0{,}03$ [27]

The abundances of heavy elements are the same as in Tab. 9. | Verteilung der schweren Elemente wie in Tab. 9.

$\bar{\varkappa}$ in [cm²/g]; T in [°K]; ϱ in [g/cm³].

log ϱ	−6	−5	−4	−3	−2	−1	0	+1	+2	+3
log T	log $\bar{\varkappa}$									
5,06	0,77	1,71	2,71							
5,37	−0,06	0,82	1,77	2,78						
5,76	−0,50	−0,32	0,28	1,14	1,97					
6,06	−0,55	−0,51	−0,39	0,03	0,80	1,61				
6,37		−0,55	−0,50	−0,35	0,07	0,80	1,59			
6,61			−0,55	−0,52	−0,39	0,15	0,84			
6,76			−0,55	−0,54	−0,48	−0,30	0,23	0,79		
6,91				−0,55	−0,50	−0,40	−0,15	0,32		
7,06				−0,55	−0,55	−0,50	−0,39	−0,07	0,35	
7,37					−0,55	−0,55	−0,53	−0,45	−0,24	0,10

Tab. 11. Opacities for the mixture KM VI — Opazitäten für die Mischung KM VI
$X = 0$; $Y = 0{,}97$; $Z = 0{,}03$ [27]

The abundances of heavy elements are the same as in Tab. 9. | Verteilung der schweren Elemente wie in Tab. 9.

$\bar{\varkappa}$ in [cm²/g]; T in [°K]; ϱ in [g/cm³].

log ϱ	−6	−5	−4	−3	−2	−1	0	+1	+2	+3
log T	log $\bar{\varkappa}$									
5,06	0,60	1,47	2,50							
5,37	−0,08	0,78	1,79	2,78						
5,76	−0,65	−0,47	0,14	1,03	1,91					
6,06	−0,72	−0,67	−0,53	−0,12	0,65	1,53				
6,37	−0,72	−0,71	−0,67	−0,50	−0,06	0,70	1,50			
6,61		−0,72	−0,71	−0,67	−0,53	0,00	0,73	1,18		
6,76			−0,72	−0,72	−0,67	−0,43	0,11	0,68		
6,91				−0,72	−0,69	−0,59	−0,32	0,19		
7,06					−0,72	−0,69	−0,56	−0,21	0,23	0,70
7,37					−0,72	−0,72	−0,71	−0,62	−0,38	−0,02

Tab. 12. Opacities for the mixture KM XIII — Opazitäten für die Mischung KM XIII
$X = 0$; $Y = 0{,}5$; $Z = 0{,}5$ [27]

The abundances of heavy elements are the same as in Tab. 9, except the abundance of carbon, which is assumed to be 0,471 23. | Die Verteilung der schweren Elemente wie in Tab. 9 mit Ausnahme der Kohlenstoffhäufigkeit; diese ist zu 0,471 23 angenommen.

$\bar{\varkappa}$ in [cm²/g]; T in [°K]; ϱ in [g/cm³].

log ϱ	−6	−5	−4	−3	−2	−1	0	+1	+2	+3
log T	log $\bar{\varkappa}$									
5,06	0,88	1,77	2,66							
5,37	−0,08	0,81	1,82	2,78						
5,76	−0,65	−0,26	0,48	1,27	2,04					
6,06	−0,69	−0,55	−0,22	0,41	1,27	2,12				
6,37	−0,72	−0,69	−0,59	−0,26	0,52	1,41	2,10			
6,61		−0,72	−0,71	−0,63	−0,37	0,25	1,03	1,53		
6,76			−0,72	−0,70	−0,61	−0,30	0,32	0,92		
6,91				−0,72	−0,69	−0,59	−0,26	0,31	0,93	
7,06				−0,72	−0,71	−0,67	−0,51	−0,09	0,45	
7,37					−0,72	−0,72	−0,70	−0,58	−0,26	0,24

5.4.3.2 Electron scattering – Elektronenstreuung

$$\sigma_e = \frac{8\pi e^4}{3c^4 m_p m^2} \cdot \frac{1}{\mu_e}, \tag{38}$$

see Cox, 1964 [13].

Correction factor for Compton scattering for eqn. (38):

$$\frac{\sigma_{rel}}{\sigma_e} = (1 + 0{,}35\, T_9^{1/2} + 0{,}73\, T_9)^{-1}, \quad T_8 \geq 1 \tag{39}$$

(margin of error $\pm$ 5%, if $T_9 \leq 2$, see Hayashi, Hoshi, Sugimoto [19]).

Electron scattering for non-relativistic degeneracy:

$$\sigma_e = \frac{8\pi e^4}{3c^4 m_p m^2} \cdot \frac{1}{\mu_e} \cdot \frac{F_{-1/2}(\psi)}{2F_{1/2}(\psi)}, \tag{40}$$

see Hayashi, Hoshi, Sugimoto [19]. For $F_{1/2}$, $F_{-1/2}$ see Tab. 2.

5.4.3.3 Conduction by electrons – Elektronenleitung

The „opacity" with conduction $\bar{\varkappa}$ can be obtained from $\bar{\varkappa}_{rad}$ (without conduction) by:

$$\frac{1}{\bar{\varkappa}} = \frac{1}{\bar{\varkappa}_{rad}} + \frac{1}{\bar{\varkappa}_c} \tag{41}$$

with (see Mestel [30], Cox [13])

$$\bar{\varkappa}_c = \frac{4ac}{3} \frac{\sum_i \frac{Z_i^2}{A_i} \frac{X_i}{\varphi_i}}{K_o} \cdot \frac{1}{T} \tag{42}$$

$$\varphi_i = \frac{\Theta_o}{\Theta_i} e^{\psi} \tag{43}$$

(see Tab. 2)

$$\Theta_i = \frac{1}{2} \ln\left(\frac{2}{1 - \cos\vartheta_i}\right) \tag{44}$$

$$\vartheta_i = \frac{\vartheta_o}{Z_i^{1/3}} \tag{45}$$

$$\vartheta_o = \left(\frac{4}{3\pi}\right)^{1/3} \frac{(F_{1/2}(\psi))^{5/6}}{(F_{3/2}(\psi))^{1/2}} \tag{46}$$

Approximations for K_o:

Weak degeneracy: $\psi \leq -4$

$$K_o = \frac{128 k^5 m m_p}{h^3 e^4} \cdot \frac{1}{\Theta_0} \tag{47}$$

Medium degeneracy (see Tab. 2 p. 463): $-4 \leq \psi \leq 6$

Strong degeneracy (see Tab. 2 p. 463): $\psi \geq 6$

$$K_o = \frac{4\pi^2 m m_p k^5}{h^3 e^4} \cdot \frac{1}{\Theta_o} \cdot \frac{(F_{1/2}(\psi))^2}{e^{\psi}} \left(1 + 9{,}376 \left(\frac{3}{2} F_{1/2}(\psi)\right)^{-4/3}\right) \tag{48}$$

Asymptotic approximation for $\psi \to \infty$:

$$e^{\psi} K_o = \frac{m h^3 k^5}{16 e^4 m_p \Theta_o} \frac{(\varrho/\mu_e)^2}{(2mkT)^3} \tag{49}$$

$$\bar{\Theta}_o = 0{,}8884$$

5.4.4 Energy generation — Energieerzeugung

5.4.4.1 Hydrogen burning, pp-reaction – Wasserstoffbrennen: pp-Reaktion

$H^1 (p, e^+ \nu)\, D^2 (p, \gamma)\, He^3 (He^3, 2p)\, He^4$

$H^1 (p, e^+ \nu)\, D^2 (p, \gamma)\, He^3 (\alpha, \gamma)\, Be^7 (e^+ \nu)\, Li^7 (p, \alpha)\, He^4$

$H^1 (p, e^+ \nu)\, D^2 (p, \gamma)\, He^3 (\alpha, \gamma)\, Be^7 (p, \gamma)\, B^8 (e^+ \nu)\, Be^8 (2\alpha)$

for $T_6 \geq 8$ one has

$$\varepsilon_{pp} = 2{,}23 \cdot 10^6 X^2 \varrho\, T_6^{-2/3} f_{pp}\, \Phi \exp[-33{,}804\, T_6^{-1/3}] \tag{50}$$

with

$$f_{pp} = \exp\left[0{,}188\, \varrho^{1/2}\, T_6^{-3/2} \left(\frac{3}{2} + \frac{1}{2} X\right)^{1/2}\right] \tag{51}$$

and

$$\Phi = 1 - \alpha_1 \left(1 - \left(1 + \frac{2}{\alpha_1}\right)^{1/2}\right) (0{,}957 + 0{,}5\, \alpha_2) \tag{52}$$

with $$\alpha_1 = 5 \cdot 10^{16} \left(\frac{Y}{X}\right)^2 \exp\left[-100\, T_6^{-1/3}\right] \tag{53}$$

and $$\frac{1}{\alpha_2} = 1 + 5{,}44 \cdot 10^{-17} \frac{1+X}{X} T_6^{1/6} \exp\left[102{,}4\, T_6^{-1/3}\right]. \tag{54}$$

For the nuclear cross sections used here see HOFMEISTER, KIPPENHAHN, WEIGERT (1964) [24].

The chemical composition changes with time:

$$\frac{dX}{dt} = -4\, m_p \frac{\varepsilon_{pp}}{Q_{pp}} \tag{55}$$

$$\frac{dY}{dt} = -\frac{dX}{dt}; \tag{56}$$

with $Q_{pp} = 26{,}21$ MeV one has
$$\Delta X = -10^{-18{,}80}\, \varepsilon_{pp}\, \Delta t \tag{57}$$
$$\Delta Y = -\Delta X. \tag{58}$$

5.4.4.2 Hydrogen burning, CNO-cycle – Wasserstoffbrennen: CNO-Zyklus

$C^{12}\,(p,\gamma)\,N^{13}\,(e^+\nu)\,C^{13}\,(p,\gamma)\,N^{14}\,(p,\gamma)\,O^{15}\,(e^+\nu)\,N^{15}\,(p,\alpha)\,C^{12}$

$N^{15}\,(p,\gamma)\,O^{16}\,(p,\gamma)\,F^{17}(e^+\nu)\,O^{17}(p,\alpha)\,N^{14}$

for $T_6 \geq 12$, one has

$$\varepsilon_{\mathrm{CNO}} = 8 \cdot 10^{27}\, X X_{\mathrm{N}}\, \varrho\, T_6^{-2/3} f_{\mathrm{N}} \exp\left[-152{,}28\, T_6^{-1/3}\right] \tag{59}$$

with $$\ln f_{\mathrm{N}} = 7 \ln f_{pp}. \tag{60}$$

The variation of chemical composition is given by:

$$\frac{dX}{dt} = -4mp \frac{\varepsilon_{\mathrm{CNO}}}{Q_{\mathrm{CNO}}} \tag{61}$$

$$\frac{dY}{dt} = -\frac{dX}{dt} \tag{62}$$

with $Q_{\mathrm{CNO}} = 25{,}03$ MeV one has
$$\Delta X = -10^{-18{,}78}\, \varepsilon_{\mathrm{CNO}}\, \Delta t \tag{63}$$
$$\Delta Y = -\Delta X. \tag{64}$$

For more details concerning hydrogen burning, see: SALPETER [34], BURBIDGE, BURBIDGE, FOWLER, HOYLE [4], FOWLER [18], CAUGHLAN, FOWLER [5], HAYASHI et al. [19], REEVES [33].

5.4.4.3 Reactions at higher temperatures – Reaktionen bei höheren Temperaturen

α) *Helium burning*

$2\,He^4 \leftrightarrows Be^8\,(\alpha,\gamma)\,C^{12}$ (3α-Process)

$C^{12}\,(\alpha,\gamma)\,O^{16}$

$$\varepsilon_{3\alpha} = 3{,}5 \cdot 10^{11}\, Y^3 \varrho^2\, T_8^{-3} \exp\left[-43{,}2\, T_8^{-1}\right] \tag{65}$$

$$\varepsilon_{\mathrm{C}\to\mathrm{O}} = 3{,}46 \cdot 10^{27}\, X_{\mathrm{C}}\, Y \varrho\, T_8^{-2} \exp\left[-69{,}2\, T_8^{-1/3}\right]. \tag{66}$$

The variation of chemical composition is given by

$$\frac{dY}{dt} = -12 m_p \frac{\varepsilon_{3\alpha}}{Q_{3\alpha}} - 4 m_p \frac{\varepsilon_{\mathrm{C}\to\mathrm{O}}}{Q_{\mathrm{C}\to\mathrm{O}}} \tag{67}$$

$$\frac{dX_{\mathrm{C}}}{dt} = -12 m_p \frac{\varepsilon_{\mathrm{C}\to\mathrm{O}}}{Q_{\mathrm{C}\to\mathrm{O}}} + 12 m_p \frac{\varepsilon_{3\alpha}}{Q_{3\alpha}} \tag{68}$$

$$\frac{dX_{\mathrm{O}}}{dt} = -\frac{dY}{dt} - \frac{dX_{\mathrm{C}}}{dt} \tag{69}$$

with (see REEVES [33]): $Q_{3\alpha} = 7{,}275$ MeV; $Q_{\mathrm{C}\to\mathrm{O}} = 7{,}162$ MeV.

Further information about helium burning: SALPETER [35], BURBIDGE, E. M., BURBIDGE, G. R., FOWLER and HOYLE [4], FOWLER [18], REEVES [33], HAYASHI et al. [19].

β) *Carbon burning*

$C^{12}\,(C^{12}, p)\,Na^{23}$

$C^{12}\,(C^{12}, \alpha)\,Ne^{20}$

$$\varepsilon_{\mathrm{C}} = 2{,}3\, X^2_{\mathrm{C}}\, \varrho \left(\frac{T_9}{0{,}6}\right)^{32{,}6}. \tag{70}$$

The variation of chemical composition is given by

$$\frac{dX_{\mathrm{C}}}{dt} = -24 m_p \frac{\varepsilon_{\mathrm{C}}}{Q_{\mathrm{C}}} \tag{71}$$

with $Q_{\mathrm{C}} = 12$ MeV (see HAYASHI et al. [19]).

For reactions at higher temperatures as indicated in Fig. 4 see HAYASHI et al. [*19*].

γ) Photo-neutrino process

for the non-relativistic, non-degenerate case, one has

$$\varepsilon = -\frac{0{,}96}{\mu_e} T_8^{\,8} \quad \text{(HAYASHI et al. [19], CHIU, STABLER [9]).} \qquad (72)$$

δ) Pair-annihilation-neutrinos

for the non-relativistic, non-degenerate case,

$$\varepsilon = -5{,}6 \cdot 10^{18}\, \varrho^{-1}\, T_9^{\,3} \exp\left[-11{,}88\, T_9^{-1}\right] \quad \text{(HAYASHI et al. [19], CHIU, STABLER [9, 10]).} \qquad (73)$$

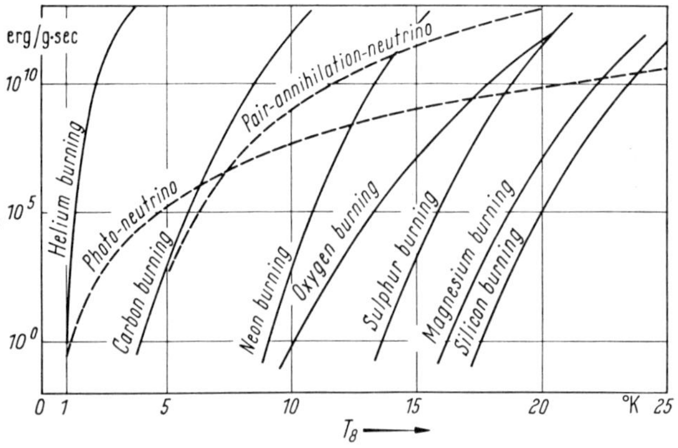

Fig. 4. Energy generation from helium burning to silicon burning and energy losses by neutrinos as functions of temperature — Energieerzeugung vom Heliumbrennen bis zum Siliziumbrennen und Energieverluste durch Neutrinos als Funktion der Temperatur [*19*].

The concentration of the fuel is always assumed to be 100%, the density to be 10^4 g cm^{-3} for He-burning and 10^5 g cm^{-3} for the other reactions. For neutrino processes it is assumed that $\varrho = 10^5$ g cm^{-3} (non-degenerate) and $\mu_e = 2$. — Die Konzentration des Ausgangsmaterials wurde jeweils zu 100% angenommen, die Dichte zu 10^4 g cm^{-3} bei Helium und zu 10^5 g cm^{-3} bei den übrigen Prozessen. Bei den Neutrinoprozessen wurde $\varrho = 10^5$ g cm^{-3} (nicht entartet) und $\mu_e = 2$ gesetzt.

5.4.5 Models — Modelle

5.4.5.1 Main-sequence stars — Hauptreihen-Sterne

Tab. 13. Theoretical mass-luminosity relations and main sequences for different chemical compositions — Theoretische Masse-Leuchtkraft-Beziehungen und Hauptreihen für verschiedene chemische Zusammensetzungen.

l	mixing length	see 5.3.3	Mischungsweg	siehe 5.3.3
H	pressure scale-height		Druck-Skalen-Höhe	

T_{eff} in [°K]

$X = 0{,}75$; $Y = 0{,}23$ [*25*]			$X = 0{,}90$; $Y = 0{,}09$ [*28*]			$X = 0{,}75$; $Y = 0{,}22$ [*37*]			$X = 0{,}68$; $Y = 0{,}31$ [*23*]		
log T_{eff}	log $L/L_\odot$	$\mathfrak{M}/\mathfrak{M}_\odot$	log T_{eff}	log $L/L_\odot$	$\mathfrak{M}/\mathfrak{M}_\odot$	log T_{eff}	log $L/L_\odot$	$\mathfrak{M}/\mathfrak{M}_\odot$	log T_{eff}	log $L/L_\odot$	$\mathfrak{M}/\mathfrak{M}_\odot$
4,6444	5,0862	30,1	4,3499	3,4769	10,0	4,765	6,639	218,3	4,604	5,121	30
4,4480	3,6678	8,94	4,1880	2,4632	5,0	4,747	6,255	121,1	4,545	4,700	20
4,2634	2,4865	3,89	3,9909	1,3268	2,5	4,707	5,761	62,7	4,438	3,978	11
3,9365	0,7816	1,52				4,630	5,035	28,2	4,305	3,130	6
									4,169	2,303	3,5
									3,981	1,318	2,0
									3,919	0,843	1,5

$X = 0{,}999$; $Y = 0$ [*15, 16*]			$X = 0{,}99$; $Y = 0$ [*15, 16*]			$X = 0{,}750$; $Y = 0{,}249$ [*15, 16*]			$X = 0{,}75$; $Y = 0{,}24$ [*15, 16*]		
log T_{eff}	log $L/L_\odot$	$\mathfrak{M}/\mathfrak{M}_\odot$	log T_{eff}	log $L/L_\odot$	$\mathfrak{M}/\mathfrak{M}_\odot$	log T_{eff}	log $L/L_\odot$	$\mathfrak{M}/\mathfrak{M}_\odot$	log T_{eff}	log $L/L_\odot$	$\mathfrak{M}/\mathfrak{M}_\odot$
	$l = H$			$l = H$			$l = H$			$l = H$	
3,735	−0,183	1,0	3,646	−0,545	1,0	3,911	0,420	1,0	3,812	0,058	1,0
3,633	−0,808	0,8	3,560	−1,102	0,8	3,798	−0,118	0,8	3,706	−0,484	0,8
3,559	−1,332	0,6				3,670	−0,811	0,6	3,607	−1,103	0,6
	$l = 2H$			$l = 2H$			$l = 2H$			$l = 2H$	
3,747	−0,190	1,0	3,656	−0,552	1,0	3,912	0,418	1,0	3,817	0,048	1,0
3,640	−0,801	0,8	3,563	−1,096	0,8	3,800	−0,128	0,8	3,708	−0,486	0,8
3,551	−1,348	0,6				3,677	−0,809	0,6	3,632	−1,083	0,6

Tab. 14. Models for homogeneous composition — Modelle für homogene chemische Zusammensetzung [36]

P in [dyne/cm²]; T in [°K]; ϱ in [g/cm³].

In convective regions values of log T are printed in italics | Kursiv gedruckte Werte von log T bedeuten Konvektion

	$X = 0{,}90;\ Y = 0{,}09$					$X = 0{,}90;\ Y = 0{,}09$				
	$\frac{\mathfrak{M}}{\mathfrak{M}_\odot} = 10;\ \frac{L}{L_\odot} = 3000;\ \frac{R}{R_\odot} = 3{,}63$					$\frac{\mathfrak{M}}{\mathfrak{M}_\odot} = 2{,}5;\ \frac{L}{L_\odot} = 21{,}2;\ \frac{R}{R_\odot} = 1{,}59$				
r/R	$\frac{\mathfrak{M}_r}{\mathfrak{M}}$	$\frac{L_r}{L}$	log P	log T	log ϱ	$\frac{\mathfrak{M}_r}{\mathfrak{M}}$	$\frac{L_r}{L}$	log P	log T	log ϱ
0,00	0,000	0,000	16,533	*7,442*	+0,892	0,000	0,000	17,166	*7,297*	+1,684
0,02	0,000	0,010	16,530	*7,440*	0,890	0,000	0,020	17,161	*7,295*	1,681
0,04	0,002	0,061	16,522	*7,437*	0,885	0,003	0,122	17,147	*7,289*	1,672
0,06	0,006	0,170	16,508	*7,432*	0,877	0,011	0,317	17,123	*7,280*	1,658
0,08	0,013	0,331	16,489	*7,424*	0,865	0,027	0,551	17,090	*7,267*	1,638
0,10	0,025	0,511	16,464	*7,414*	0,850	0,050	0,757	17,048	*7,250*	1,613
0,12	0,042	0,678	16,433	*7,402*	0,832	0,083	0,887	16,995	*7,229*	1,581
0,14	0,065	0,809	16,397	*7,387*	0,811	0,125	0,957	16,933	*7,204*	1,544
0,16	0,093	0,899	16,356	*7,371*	0,786	0,177	1,000	16,860	7,172	1,499
0,18	0,128	0,952	16,308	*7,351*	0,757	0,236	1,000	16,777	7,142	1,446
0,20	0,168	0,980	16,254	*7,330*	0,724	0,300	1,000	16,685	7,112	1,384
0,22	0,214	0,993	16,194	*7,306*	0,689	0,368	1,000	16,583	7,080	1,313
0,24	0,264	1,000	16,128	7,279	0,649	0,436	1,000	16,473	7,049	1,235
0,26	0,317	1,000	16,055	7,252	0,604	0,503	1,000	16,356	7,017	1,150
0,28	0,374	1,000	15,976	7,225	0,554	0,567	1,000	16,233	6,984	1,059
0,30	0,431	1,000	15,891	7,197	0,497	0,627	1,000	16,105	6,952	0,963
0,32	0,488	1,000	15,800	7,168	0,435	0,681	1,000	15,972	6,919	0,863
0,34	0,543	1,000	15,703	7,139	0,368	0,729	1,000	15,836	6,886	0,760
0,36	0,596	1,000	15,602	7,110	0,296	0,772	1,000	15,697	6,853	0,654
0,38	0,648	1,000	15,496	7,080	0,220	0,810	1,000	15,556	6,820	0,546
0,40	0,694	1,000	15,386	7,050	0,140	0,843	1,000	15,412	6,787	0,436
0,42	0,736	1,000	15,272	7,019	+0,057	0,870	1,000	15,268	6,754	0,324
0,44	0,775	1,000	15,153	6,988	−0,030	0,894	1,000	15,120	6,720	0,210
0,46	0,809	1,000	15,032	6,957	−0,120	0,914	1,000	14,972	6,687	+0,096
0,48	0,840	1,000	14,908	6,925	−0,212	0,931	1,000	14,823	6,654	−0,020
0,50	0,867	1,000	14,780	6,892	−0,308	0,944	1,000	14,672	6,620	−0,138
0,52	0,890	1,000	14,649	6,860	−0,406	0,956	1,000	14,519	6,586	−0,257
0,54	0,910	1,000	14,515	6,826	−0,507	0,965	1,000	14,364	6,551	−0,377
0,56	0,927	1,000	14,378	6,793	−0,610	0,973	1,000	14,207	6,517	−0,500
0,58	0,941	1,000	14,239	6,758	−0,715	0,979	1,000	14,048	6,482	−0,624
0,60	0,953	1,000	14,094	6,723	−0,825	0,984	1,000	13,884	6,446	−0,751
0,62	0,963	1,000	13,946	6,687	−0,936	0,988	1,000	13,719	6,410	−0,881
0,64	0,971	1,000	13,794	6,650	−1,052	0,991	1,000	13,549	6,372	−1,014
0,66	0,978	1,000	13,639	6,612	−1,170	0,993	1,000	13,376	6,334	−1,149
0,68	0,983	1,000	13,476	6,573	−1,294	0,995	1,000	13,195	6,295	−1,290
0,70	0,988	1,000	13,307	6,532	−1,422	0,996	1,000	13,009	6,254	−1,435
0,72	0,991	1,000	13,132	6,490	−1,555	0,997	1,000	12,816	6,212	−1,586
0,74	0,994	1,000	12,948	6,446	−1,694	0,998	1,000	12,613	6,168	−1,745
0,76	0,996	1,000	12,755	6,400	−1,842	0,999	1,000	12,400	6,121	−1,912
0,78	0,997	1,000	12,549	6,350	−1,998	0,999	1,000	12,173	6,072	−2,089
0,80	0,998	1,000	12,329	6,298	−2,166	1,000	1,000	11,932	6,019	−2,278
0,82	0,999	1,000	12,092	6,241	−2,346	1,000	1,000	11,672	5,963	−2,481
0,84	1,000	1,000	11,832	6,179	−2,544	1,000	1,000	11,387	5,901	−2,704
0,86	1,000	1,000	11,546	6,111	−2,762	1,000	1,000	11,073	5,832	−2,950
0,88	1,000	1,000	11,222	6,033	−3,009	1,000	1,000	10,718	5,755	−3,228
0,90	1,000	1,000	10,850	5,946	−3,293	1,000	1,000	10,310	5,666	−3,548
0,92	1,000	1,000	10,400	5,837	−3,636	1,000	1,000	9,816	5,559	−3,934
0,94	1,000	1,000	9,834	5,702	−4,067	1,000	1,000	9,196	5,424	−4,420
0,96	1,000	1,000	9,055	5,516	−4,661	1,000	1,000	8,342	5,238	−5,089
0,98	1,000	1,000	7,746	5,204	−5,659	1,000	1,000	6,908	4,926	−6,212
1,00	1,000	1,000	—	—	—	1,000	1,000	—	—	—

Continued next page

Tab. 14. (continued)

$X = 0{,}73;\ Y = 0{,}25$ (initial sun)					$X = 0{,}77;\ Y = 0{,}21$ (Castor C)					
$\frac{\mathfrak{M}}{\mathfrak{M}_\odot} = 1;\ \frac{L}{L_\odot} = 0{,}578;\ \frac{R}{R_\odot} = 1{,}021$					$\frac{\mathfrak{M}}{\mathfrak{M}_\odot} = 0{,}603;\ \frac{L}{L_\odot} = 0{,}565;\ \frac{R}{R_\odot} = 0{,}644$					
$\frac{\mathfrak{M}_r}{\mathfrak{M}}$	$\frac{L_r}{L}$	log P	log T	log ϱ	$\frac{\mathfrak{M}_r}{\mathfrak{M}}$	$\frac{L_r}{L}$	log P	log T	log ϱ	r/R
0,000	0,000	17,130	7,093	+1,886	0,000	0,000	16,871	6,906	+1,813	0,00
0,000	0,004	17,125	7,091	1,882	0,000	0,002	16,869	6,905	+1,812	0,02
0,004	0,034	17,109	7,086	1,871	0,001	0,012	16,860	6,902	+1,806	0,04
0,012	0,103	17,082	7,076	1,854	0,004	0,040	16,846	6,898	+1,796	0,06
0,028	0,212	17,045	7,064	1,829	0,010	0,086	16,827	6,892	+1,783	0,08
0,052	0,348	16,996	7,048	1,796	0,019	0,153	16,802	6,884	+1,766	0,10
0,085	0,492	16,938	7,030	1,757	0,033	0,237	16,772	6,875	+1,745	0,12
0,126	0,628	16,871	7,009	1,711	0,051	0,332	16,737	6,865	+1,721	0,14
0,176	0,742	16,795	6,986	1,657	0,071	0,433	16,697	6,853	+1,693	0,16
0,232	0,830	16,709	6,960	1,597	0,097	0,531	16,652	6,840	+1,661	0,18
0,292	0,893	16,616	6,934	1,530	0,127	0,623	16,603	6,826	+1,625	0,20
0,354	0,936	16,516	6,907	1,457	0,161	0,704	16,549	6,811	+1,586	0,22
0,417	0,962	16,409	6,879	1,378	0,197	0,773	16,491	6,795	+1,544	0,24
0,479	0,978	16,296	6,850	1,294	0,236	0,830	16,429	6,779	+1,498	0,26
0,539	0,988	16,180	6,821	1,207	0,277	0,876	16,364	6,762	+1,450	0,28
0,594	0,994	16,060	6,792	1,116	0,319	0,910	16,296	6,745	+1,399	0,30
0,646	0,997	15,937	6,763	1,022	0,362	0,936	16,225	6,728	+1,345	0,32
0,692	0,998	15,812	6,733	0,926	0,405	0,955	16,152	6,711	+1,289	0,34
0,734	0,999	15,684	6,704	0,829	0,447	0,969	16,076	6,693	+1,231	0,36
0,772	1,000	15,556	6,675	0,729	0,488	0,979	15,999	6,675	+1,172	0,38
0,805	1,000	15,426	6,646	0,628	0,528	0,986	15,920	6,657	+1,111	0,40
0,834	1,000	15,296	6,617	0,528	0,566	0,991	15,841	6,640	+1,050	0,42
0,859	1,000	15,165	6,588	0,425	0,603	0,994	15,760	6,622	+0,986	0,44
0,881	1,000	15,034	6,559	0,323	0,637	0,996	15,678	6,604	+0,922	0,46
0,900	1,000	14,903	6,530	0,221	0,669	0,998	15,597	6,586	+0,859	0,48
0,916	1,000	14,770	6,501	0,117	0,700	0,999	15,515	6,568	+0,794	0,50
0,930	1,000	14,638	6,473	+0,014	0,728	1,000	15,432	6,550	+0,730	0,52
0,942	1,000	14,506	6,444	−0,090	0,755	1,000	15,349	6,532	+0,665	0,54
0,952	1,000	14,373	6,416	−0,195	0,779	1,000	15,266	6,513	+0,601	0,56
0,960	1,000	14,240	6,387	−0,299	0,802	1,000	15,183	6,494	+0,537	0,58
0,967	1,000	14,105	6,358	−0,405	0,823	1,000	15,100	6,473	+0,474	0,60
0,973	1,000	13,970	6,329	−0,511	0,843	1,000	15,015	6,451	+0,412	0,62
0,978	1,000	13,834	6,300	−0,618	0,861	1,000	14,930	6,426	+0,353	0,64
0,982	1,000	13,697	6,271	−0,726	0,877	1,000	14,841	*6,393*	+0,297	0,66
0,985	1,000	13,558	6,241	−0,835	0,893	1,000	14,750	*6,356*	+0,242	0,68
0,988	1,000	13,417	6,211	−0,946	0,908	1,000	14,655	*6,318*	+0,185	0,70
0,990	1,000	13,275	6,181	−1,058	0,921	1,000	14,556	*6,279*	+0,126	0,72
0,992	1,000	13,130	6,150	−1,172	0,934	1,000	14,451	*6,237*	+0,063	0,74
0,994	1,000	12,982	6,118	−1,288	0,945	1,000	14,340	*6,192*	−0,004	0,76
0,995	1,000	12,830	6,085	−1,407	0,955	1,000	14,221	*6,145*	−0,076	0,78
0,996	1,000	12,674	6,051	−1,529	0,964	1,000	14,093	*6,094*	−0,152	0,80
0,997	1,000	12,514	6,015	−1,653	0,972	1,000	13,956	*6,038*	−0,235	0,82
0,998	1,000	12,346	5,975	−1,781	0,979	1,000	13,804	*5,978*	−0,326	0,84
0,998	1,000	12,170	5,927	−1,908	0,985	1,000	13,636	*5,910*	−0,427	0,86
0,999	1,000	11,979	*5,856*	−2,029	0,990	1,000	13,445	*5,834*	−0,541	0,88
0,999	1,000	11,748	*5,767*	−2,161	0,993	1,000	13,225	*5,746*	−0,673	0,90
1,000	1,000	11,490	*5,660*	−2,322	0,996	1,000	12,958	*5,640*	−0,833	0,92
1,000	1,000	11,156	*5,526*	−2,522	0,998	1,000	12,625	*5,506*	−1,033	0,94
1,000	1,000	10,691	*5,340*	−2,801	0,999	1,000	12,160	*5,320*	−1,312	0,96
1,000	1,000	9,922	*5,031*	−3,261	1,000	1,000	11,387	*5,011*	−1,776	0,98
1,000	1,000	—	—	—	1,000	1,000	—	—	—	1,00

5.4.5.2 Models with inhomogeneous composition – Chemisch inhomogene Modelle

a) *Evolution of the sun.* A model for the (chemically homogeneous) initial sun is given in Tab. 14. Models for inhomogeneous composition see Tab. 15 and 16.

Tab. 15. Model for stars with one solar mass in an evolutionary phase when the hydrogen abundance at the center is 0,5 (present sun [*41*]) — Modell von Sternen mit einer Sonnenmasse in einer Phase der Entwicklung, bei der der Wasserstoffgehalt im Zentrum auf 50% zurückgegangen ist (gegenwärtige Sonne [*41*])

In convective regions values of log T are printed in italics — Kursiv gedruckte Werte von log T bedeuten Konvektion

P in [dyne/cm²]; T in [°K]; ϱ in [g/cm³].

$\mathfrak{M}/\mathfrak{M}_\odot = 1$, $L/L_\odot = 1$, $R/R_\odot = 1$

r/R	$\frac{\mathfrak{M}_r}{\mathfrak{M}}$	$\frac{L_r}{L}$	X	log P	log T	log ϱ
0,00	0,000	0,000	0,494	17,351	7,165	+2,128
0,02	0,001	0,006	0,498	17,335	7,162	+2,113
0,04	0,006	0,042	0,520	17,307	7,154	+2,084
0,06	0,018	0,124	0,545	17,265	7,141	+2,046
0,08	0,040	0,244	0,571	17,205	7,123	+1,995
0,10	0,073	0,396	0,611	17,135	7,102	+1,932
0,12	0,113	0,538	0,643	17,058	7,080	+1,867
0,14	0,162	0,668	0,670	16,970	7,054	+1,796
0,16	0,217	0,774	0,694	16,874	7,027	+1,721
0,18	0,276	0,854	0,714	16,774	7,000	+1,642
0,20	0,337	0,909	0,723	16,667	6,971	+1,561
0,22	0,399	0,945	0,728	16,554	6,942	+1,476
0,24	0,460	0,968	0,733	16,438	6,912	+1,389
0,26	0,519	0,981	0,737	16,319	6,882	+1,298
0,28	0,574	0,989	0,741	16,196	6,852	+1,205
0,30	0,626	0,994	0,744	16,072	6,823	+1,109
0,32	0,672	0,997	0,744	15,944	6,793	+1,011
0,34	0,716	0,998	0,744	15,816	6,763	+0,913
0,36	0,753	0,999	0,744	15,690	6,734	+0,816
0,38	0,788	1,000	0,744	15,562	6,705	+0,717
0,40	0,818	1,000	0,744	15,432	6,676	+0,616
0,42	0,844	1,000	0,744	15,302	6,648	+0,514
0,44	0,867	1,000	0,744	15,174	6,619	+0,415
0,46	0,887	1,000	0,744	15,045	6,591	+0,314
0,48	0,904	1,000	0,744	14,917	6,563	+0,214
0,50	0,919	1,000	0,744	14,788	6,535	+0,113
0,52	0,932	1,000	0,744	14,660	6,507	+0,013
0,54	0,943	1,000	0,744	14,531	6,480	−0,089
0,56	0,953	1,000	0,744	14,403	6,452	−0,189
0,58	0,961	1,000	0,744	14,274	6,424	−0,290
0,60	0,967	1,000	0,744	14,144	6,397	−0,393
0,62	0,973	1,000	0,744	14,015	6,369	−0,494
0,64	0,979	1,000	0,744	13,885	6,341	−0,596
0,66	0,982	1,000	0,744	13,755	6,313	−0,698
0,68	0,985	1,000	0,744	13,622	6,285	−0,803
0,70	0,988	1,000	0,744	13,489	6,256	−0,907
0,72	0,989	1,000	0,744	13,355	6,228	−1,013
0,74	0,992	1,000	0,744	13,218	6,198	−1,120
0,76	0,994	1,000	0,744	13,079	6,168	−1,229
0,78	0,995	1,000	0,744	12,937	6,136	−1,339
0,80	0,996	1,000	0,744	12,792	6,103	−1,451
0,82	0,997	1,000	0,744	12,642	6,065	−1,563
0,84	0,998	1,000	0,744	12,484	6,017	−1,673
0,86	0,998	1,000	0,744	12,312	*5,947*	−1,775
0,88	0,999	1,000	0,744	12,119	*5,870*	−1,891
0,90	0,999	1,000	0,744	11,898	*5,782*	−2,024
0,92	1,000	1,000	0,744	11,631	*5,675*	−2,184
0,94	1,000	1,000	0,744	11,297	*5,541*	−2,384
0,96	1,000	1,000	0,744	10,832	*5,355*	−2,663
0,98	1,000	1,000	0,744	10,063	*5,046*	−3,123
1,00	1,000	1,000	0,744	—	—	—

Tab. 16. The evolution of stars with one solar mass along the main sequence to a model which resembles the present sun — Die Entwicklung von Sternen mit einer Sonnenmasse entlang der Hauptreihe bis zu einem Modell, das etwa der gegenwärtigen Sonne entspricht [*39*]

$X = 0{,}75$; $Y = 0{,}235$; $Z = 0{,}015$; $\mathfrak{M} = 1{,}991 \cdot 10^{33}$ g T in [°K]; ϱ_c in [g/cm³]

age [a]	log $L/L_\odot$	log T_{eff}	$R/R_\odot$	log T_c	log ϱ_c	X_c
0	−0,114	3,76	0,886	7,1458	1,992	0,75
$1{,}5 \cdot 10^9$	−0,070	3,77	0,894	7,1635	2,064	0,64
$3{,}0 \cdot 10^9$	−0,020	3,78	0,903	7,1838	2,149	0,53
$4{,}5 . 10^9$	+0,039	3,79	0,915	7,2079	2,253	0,419

b) *Theoretical evolutionary tracks.*

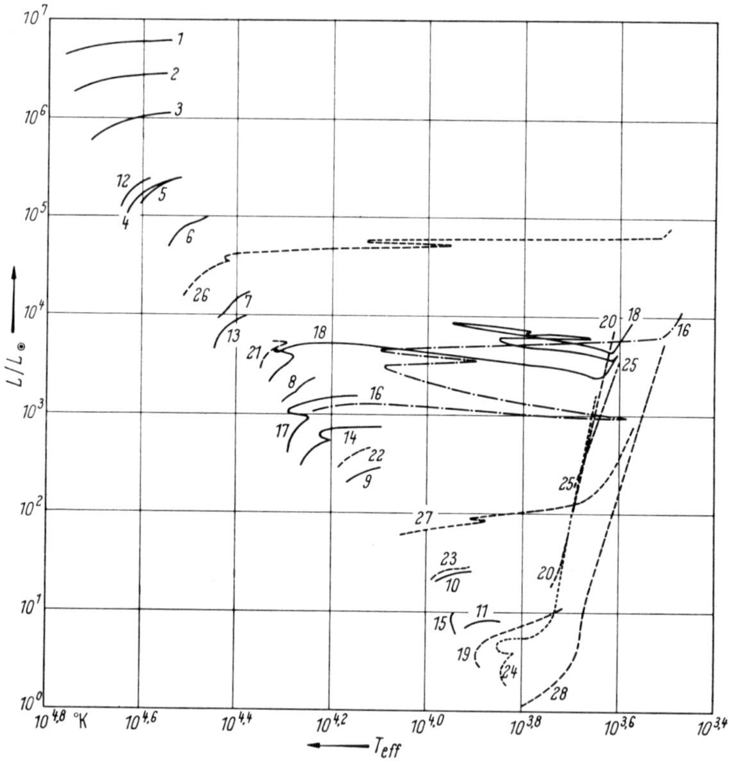

Fig. 5. Theoretical evolutionary tracks in the HRD. The numbers refer to Tab. 17 — Theoretische Entwicklungswege im HRD. Die Nummern beziehen sich auf Tab. 17.

Tab. 17. The evolutionary tracks of Fig. 5. The numbers refer to the numbers in Fig. 5. The chemical composition X, Y, Z refers to the initial composition, which remains the same only in the outer layers — Entwicklungswege von Fig. 5. Die Nummern stimmen mit der Nummerierung in Fig. 5 überein. Die chemische Zusammensetzung X, Y, Z bezieht sich auf die Anfangszusammensetzung, die im Laufe der Entwicklung nur noch in den äußeren Schichten erhalten bleibt

Nr.	$\mathfrak{M}/\mathfrak{M}_\odot$	X	Y	Z	Ref.	Nr.	$\mathfrak{M}/\mathfrak{M}_\odot$	X	Y	Z	Ref.
1	218,3	0,75	0,22	0,03	*37*	16	4,0	0,61	0,37	0,02	*19*
2	121,1	0,75	0,22	0,03	*37*	17	5,0	0,74	0,24	0,02	*32*
3	62,7	0,75	0,22	0,03	*37*	18	7,0	0,602	0,354	0,044	*24*
4	28,2	0,75	0,22	0,03	*37*	19	1,1	0,9	—	—	*26*
5	30	0,68	0,31	0,01	*23*	20	1,2	0,9	0,1	0	*26*
6	20	0,68	0,31	0,01	*23*	21	10,0	0,90	0,09	0,01	*28*
7	11	0,68	0,31	0,01	*23*	22	5,0	0,90	0,09	0,01	*28*
8	6	0,68	0,31	0,01	*23*	23	2,5	0,90	0,09	0,01	*28*
9	3,5	0,68	0,31	0,01	*23*	24	1,3	0,9309	0,0666	C(0,0025)	*20, 22*
10	2,0	0,68	0,31	0,01	*23*						
11	1,5	0,68	0,31	0,01	*23*	25	1,3	0,900	0,099	0,001	*38*
12	30,1	0,75	0,23	0,02	*25*	26	15,6	0,90	0,08	0,02	*19*
13	8,94	0,75	0,23	0,02	*25*	27	0,7	0,90	0,10	0,001	*19*
14	3,89	0,75	0,23	0,02	*25*	28	1,2	0,999	0	0,001	*17*
15	1,52	0,75	0,23	0,02	*25*						

c) *Example for the evolution of a star*

In Tab. 18 to 22, models of a star of 7 $\mathfrak{M}_\odot$ are given for different phases of evolution, after HOFMEISTER, KIPPENHAHN, WEIGERT [*24*]. They belong to evolutionary track Nr. 18 in Fig. 5 and Tab. 17. The tables a) are for the outer 3% of the mass, the tables b) for the interior.

Tab. 18. The homogeneous main sequence model $\mathfrak{M} = 7{,}0\ \mathfrak{M}_\odot$ at an age of 0 a — Das homogene Hauptreihenmodell $\mathfrak{M} = 7\ \mathfrak{M}_\odot$ im Alter von 0 a [*24*]
$X = 0{,}602$; $Y = 0{,}354$; $Z = 0{,}044$ (No. 18 in Fig. 5 and Tab. 17)
$T_{eff} = 4{,}331$; $\log L/L_\odot = 3{,}327$

In convective regions values of log T are printed in italics | Kursiv gedruckte Werte von log T bedeuten Konvektion.

P in [dyne/cm²]; T in [°K]; r in [cm]; $\mathfrak{M}_r$ in [g]; ϱ in [g/cm³]; L_r in [erg/sec].

a) outer layer — Außenschicht

log P	log T	log r	log $\mathfrak{M}_r$	log ϱ
3,848	4,429	11,369 50	34,144 20	−8,738
3,928	4,435	11,369 49	34,144 20	−8,651
4,048	4,445	11,369 36	34,144 20	−8,528
4,288	4,477	11,369 13	34,144 20	−8,305
4,608	*4,546*	11,368 80	34,144 19	−8,049
4,928	*4,636*	11,368 38	34,144 19	−7,840
5,248	4,721	11,367 85	34,144 19	−7,618
5,568	4,798	11,367 21	34,144 19	−7,374
5,888	4,878	11,366 43	34,144 19	−7,135
6,208	4,953	11,365 52	34,144 19	−6,888
6,528	5,025	11,364 43	34,144 19	−6,637
7,168	5,172	11,361 69	34,144 19	−6,138
7,808	5,318	11,357 92	34,144 19	−5,640
8,448	5,466	11,352 74	34,144 19	−5,145
8,768	5,546	11,349 42	34,144 18	−4,904
9,248	5,655	11,343 33	34,144 18	−4,530
9,888	5,784	11,332 95	34,144 18	−4,013
10,368	5,897	11,323 03	34,144 16	−3,644
10,688	5,976	11,314 93	34,144 14	−3,402
11,168	6,085	11,300 33	34,144 07	−3,030
11,648	6,202	11,282 14	34,143 89	−2,666
11,968	6,283	11,267 40	34,143 64	−2,428
12,288	6,361	11,250 33	34,143 17	−2,185
12,928	6,516	11,208 38	34,140 95	−1,699
13,568	6,662	11,154 92	34,134 62	−1,204

b) interior — innerer Teil

$\mathfrak{M}_r/\mathfrak{M}$	log P	log T	log r	log L_r	log ϱ
0,9710	13,729	6,695	11,1392	36,9145	−1,075
0,9546	14,026	6,758	11,1090	36,9145	−0,840
0,9288	14,332	6,826	11,0747	36,9145	−0,601
0,8884	14,649	6,898	11,0350	36,9145	−0,355
0,8250	14,980	6,972	10,9881	36,9145	−0,098
0,7520	15,248	7,033	10,9446	36,9145	+0,110
0,6484	15,528	7,102	10,8916	36,9145	0,321
0,5102	15,808	7,181	10,8252	36,9144	0,521
0,4219	15,956	7,227	10,7810	36,9143	0,622
0,3177	16,111	7,278	10,7222	36,9139	0,725
0,2680	16,180	7,302	10,6897	36,9132	0,770
0,2148	16,253	*7,329*	10,6492	36,9109	0,814
0.1682	16,317	*7,353*	10,6064	36,9052	0,853
0,1290	16,371	*7,373*	10,5615	36,8931	0,887
0,1023	16,408	*7,386*	10,5233	36,8757	0,910
0,0861	16,432	*7,395*	10,4954	36,8584	0,925
0,0718	16,454	*7,403*	10,4663	36,8355	0,938
0,0589	16,474	*7,410*	10,4350	36,8053	0,951
0,0475	16,493	*7,417*	10,4011	36,7663	0,962
0,0378	16,509	*7,423*	10,3658	36,7186	0,973
0,0300	16,524	*7,429*	10,3302	36,6637	0,982
0,0229	16,538	*7,433*	10,2881	36,5911	0,991
0,0180	16,549	*7,438*	10,2510	36,5205	0,997
0,0147	16,556	*7,440*	10,2200	36,4574	1,002
0,0113	16,565	*7,444*	10,1792	36,3695	1,007
0,0095	16,570	*7,445*	10,1527	36,3099	1,010
0,0077	16,575	*7,447*	10,1205	36,2348	1,013
0,0060	16,581	*7,449*	10,0793	36,1353	1,017
0,0050	16,584	*7,450*	10,0507	36,0641	1,019
0,0040	16,588	*7,452*	10,0150	35,9736	1,021
0,0030	16,592	*7,453*	9,9680	35,8511	1,024
0,0026	16,595	*7,454*	9,9372	35,7696	1,025
0,0021	16,598	*7,455*	9,8983	35,6648	1,027
0,0000	16,609	*7,459*	$-\infty$	$-\infty$	1,034

Tab. 19. The model of Tab. 18 at an age of $2{,}555 \cdot 10^7$ a. The central hydrogen content is now $X = 0{,}0219$ — Der in Tab. 18 gegebene Stern im Alter von $2{,}555 \cdot 10^7$ a. Der Wasserstoffgehalt im Zentrum ist auf 0,0219 abgesunken

$\log T_{eff} = 4{,}279$; $\log L/L_{\odot} = 3{,}593$

In convective regions values of log T are printed in italics. | Kursiv gedruckte Werte von log T bedeuten Konvektion.

P in [dyne/cm²]; T in [°K]; r in [cm]; $\mathfrak{M}_r$ in [g]; ϱ in [g/cm³]; L_r in [erg/sec]

a) outer layer — Außenschicht

log P	log T	log r	log $\mathfrak{M}_r$	log ϱ
3,414	4,328	11,605 00	34,144 20	−9,078
3,494	4,336	11,604 98	34,144 20	−8,993
3,614	4,350	11,604 80	34,144 20	−8,875
3,854	4,390	11,604 48	34,144 20	−8,663
4,174	4,462	11,603 99	34,144 19	−8,410
4,494	4,547	11,603 40	34,144 19	−8,180
4,814	4,642	11,602 65	34,144 19	−7,983
5,134	4,727	11,601 68	34,144 19	−7,759
5,614	4,844	11,599 85	34,144 19	−7,394
5,934	4,923	11,598 32	34,144 19	−7,154
6,254	4,996	11,596 51	34,144 19	−6,902
6,574	5,067	11,594 41	34,144 19	−6,647
6,894	5,142	11,591 97	34,144 19	−6,399
7,214	5,219	11,589 09	34,144 19	−6,154
7,534	5,290	11,585 72	34,144 18	−5,901
7,854	5,359	11,581 85	34,144 18	−5,645
8,174	5,436	11,577 35	34,144 18	−5,401
8,494	5,518	11,571 99	34,144 18	−5,163
8,814	5,594	11,565 66	34,144 18	−4,918
9,294	5,697	11,554 33	34,144 17	−4,535
9,934	5,830	11,535 65	34,144 13	−4,021
10,254	5,908	11,524 15	34,144 07	−3,778
10,574	5,987	11,510 76	34,143 98	−3,536
10,894	6,059	11,495 40	34,143 80	−3,286
11,214	6,133	11,478 03	34,143 48	−3,039
11,534	6,215	11,458 04	34,142 92	−2,801
11,854	6,295	11,435 05	34,141 97	−2,562
12,174	6,373	11,408 93	34,140 36	−2,319
12,494	6,452	11,379 48	34,137 74	−2,077
12,814	6,531	11,346 38	34,133 58	−1,836

b) interior — innerer Teil

$\mathfrak{M}_r/\mathfrak{M}$	log P	log T	log r	log L_r	log ϱ	X
0,9710	12,931	6,559	11,3331	37,1798	−1,747	0,6020
0,9546	13,247	6,630	11,2955	37,1798	−1,501	0,6020
0,9288	13,580	6,706	11,2519	37,1798	−1,241	0,6020
0,8884	13,934	6,780	11,2010	37,1798	−0,960	0,6020
0,8250	14,310	6,866	11,1406	37,1798	−0,669	0,6020
0,7520	14,622	6,941	11,0835	37,1798	−0,431	0,6020
0,6484	14,958	7,023	11,0119	37,1797	−0,177	0,6020
0,5102	15,312	7,112	10,9197	37,1797	+0,089	0,6019
0,4219	15,511	7,171	10,8559	37,1797	0,227	0,6018
0,3177	15,741	7,245	10,7642	37,1796	0,381	0,6010
0,2680	15,858	7,285	10,7080	37,1796	0,457	0,5992
0,2419	15,924	7,307	10,6736	37,1794	0,524	0,5324
0,2148	15,997	7,331	10,6348	37,1791	0,604	0,4502
0,2034	16,029	7,341	10,6177	37,1788	0,647	0,3999
0,1918	16,063	7,352	10,5999	37,1785	0,691	0,3494
0,1742	16,116	7,369	10,5719	37,1775	0,765	0,2696
0,1586	16,164	7,384	10,5474	37,1762	0,844	0,1818
0,1390	16,226	7,404	10,5166	37,1737	0,937	0,0936
0,1290	16,258	*7,414*	10,5013	37,1726	1,004	0,0219
0,1023	16,341	*7,443*	10,4577	37,1696	1,057	0,0219
0,0861	16,391	*7,460*	10,4268	37,1651	1,088	0,0219
0,0718	16,435	*7,475*	10,3950	37,1573	1,116	0,0219
0,0589	16,475	*7,489*	10,3611	37,1445	1,142	0,0219
0,0475	16,512	*7,501*	10,3250	37,1247	1,165	0,0219
0,0378	16,544	*7,512*	10,2877	37,0967	1,185	0,0219
0,0300	16,572	*7,521*	10,2505	37,0607	1,203	0,0219
0,0229	16,598	*7,530*	10,2068	37,0086	1,220	0,0219
0,0180	16,618	*7,537*	10,1685	36,9542	1,232	0,0219
0,0147	16,631	*7,541*	10,1366	36,9033	1,241	0,0219
0,0113	16,647	*7,546*	10,0949	36,8297	1,251	0,0219
0,0095	16,656	*7,549*	10,0679	36,7784	1,256	0,0219
0,0077	16,665	*7,552*	10,0351	36,7123	1,262	0,0219
0,0060	16,675	*7,556*	9,9932	36,6230	1,268	0,0219
0,0050	16,681	*7,558*	9,9641	36,5580	1,272	0,0219
0,0040	16,688	*7,559*	9,9280	36,4744	1,276	0,0219
0,0030	16,695	*7,562*	9,8803	36,3596	1,281	0,0219
0,0026	16,699	*7,564*	9,8492	36,2824	1,284	0,0219
0,0021	16,704	*7,565*	9,8097	36,1820	1,287	0,0219
0,0000	16,724	*7,572*	−∞	−∞	1,299	0,0219

Tab. 20. The model of Tab. 18 at an age of 2,614 · 10^7 a. Shell burning with contracting core — Der in Tab. 18 gegebene Stern im Alter von 2,614 · 10^7 a. Schalenquelle mit kontrahierendem Kern

$\log T_{eff} = 4{,}270$; $\log L/L_\odot = 3{,}706$

In convective regions values of log T are printed in italics. | Kursiv gedruckte Werte von log T bedeuten Konvektion.

P in [dyne/cm²]; T in [°K]; r in [cm]; $\mathfrak{M}_r$ in [g]; ϱ in [g/cm³]; L_r in [erg/sec]

a) outer layer — Außenschicht

log P	log T	log r	log $\mathfrak{M}_r$	log ϱ
3,291	4,313	11,679 00	34,144 20	−9,202
3,331	4,317	11,678 99	34,144 20	−9,158
3,391	4,323	11,678 88	34,144 20	−9,094
3,511	4,338	11,678 70	34,144 20	−8,975
4,071	4,452	11,677 74	34,144 19	−8,510
4,711	*4,631*	11,676 17	34,144 19	−8,083
5,031	4,717	11,675 02	34,144 19	−7,863
5,351	4,792	11,673 63	34,144 19	−7,615
5,671	4,873	11,671 97	34,144 19	−7,378
5,991	4,951	11,669 99	34,144 19	−7,134
6,311	5,023	11,667 68	34,144 19	−6,879
6,951	5,170	11,661 87	34,144 19	−6,378
7,591	5,317	11,653 93	34,144 19	−5,877
7,911	5,386	11,649 05	34,144 18	−5,621
8,231	5,467	11,643 33	34,144 18	−5,382
8,551	5,548	11,636 53	34,144 18	−5,143
8,871	5,622	11,628 56	34,144 17	−4,894
9,191	5,689	11,619 47	34,144 16	−4,636
9,511	5,754	11,609 25	34,144 14	−4,375
9,991	5,861	11,591 52	34,144 07	−3,998
10,311	5,940	11,577 35	34,143 98	−3,757
10,631	6,016	11,560 99	34,143 80	−3,512
10,951	6,088	11,542 47	34,143 48	−3,261
11,271	6,166	11,521 50	34,142 93	−3,019
11,591	6,248	11,497 48	34,142 00	−2,781
11,911	6,327	11,470 13	34,140 45	−2,540
12,231	6,405	11,439 46	34,137 95	−2,297
12,551	6,484	11,405 02	34,134 03	−2,057

b) interior — innerer Teil

$\mathfrak{M}_r/\mathfrak{M}$	log P	log T	log r	log L_r	log ϱ	X
0,9710	12,701	6,521	11,3873	37,2928	−1,943	0,6020
0,9546	13,027	6,594	11,3467	37,2931	−1,689	0,6020
0,9288	13,374	6,676	11,2992	37,2936	−1,423	0,6020
0,8884	13,744	6,757	11,2430	37,2947	−1,132	0,6020
0,8436	14,039	6,822	11,1940	37,2961	−0,899	0,6020
0,7917	14,305	6,885	11,1457	37,2978	−0,696	0,6020
0,7047	14,653	6,971	11,0744	37,3010	−0,434	0,6020
0,5850	15,030	7,065	10,9826	37,3061	−0,150	0,6020
0,5102	15,237	7,119	10,9238	37,3096	+0,001	0,6019
0,4219	15,470	7,187	10,8467	37,3136	0,164	0,6018
0,3177	15,759	7,279	10,7290	37,3185	0,358	0,6010
0,2680	15,921	7,331	10,6506	37,3209	0,466	0,5990
0,2419	16,022	7,362	10,5989	37,3216	0,558	0,5320
0,2148	16,144	7,399	10,5365	37,3200	0,674	0,4489
0,2034	16,202	7,418	10,5071	37,3168	0,735	0,3978
0,1918	16,267	7,437	10,4753	37,3096	0,802	0,3458
0,1742	16,377	7,469	10,4219	37,2760	0,919	0,2615
0,1586	16,487	7,498	10,3723	37,1832	1,051	0,1674
0,1390	16,643	7,525	10,3073	36,6783	1,240	0,0731
0,1290	16,727	7,529	10,2754	36,1537	1,373	0,0015
0,0932	17,035	7,544	10,1636	35,9185	1,680	0,0002
0,0646	17,278	7,563	10,0637	35,7533	1,911	0,0000
0,0261	17,622	7,606	9,8699	35,4185	2,214	0,0000
0,0130	17,754	7,629	9,7432	35,1341	2,323	0,0000
0,0069	17,830	7,645	9,6303	34,8541	2,384	0,0000
0,0035	17,883	7,655	9,5102	34,5417	2,427	0,0000
0,0000	17,955	7,671	$-\infty$	$-\infty$	2,483	0,0000

Tab. 21. The model of Tab. 18 at an age of $2{,}659 \cdot 10^7$ a with a thick outer convective zone, a hydrogen-burning shell and a convective core with helium burning — Der in Tab. 18 gegebene Stern im Alter von $2{,}659 \cdot 10^7$ a mit dicker äußerer Konvektionszone, wasserstoffbrennender Schale, konvektivem Kern mit Heliumbrennen

$\log T_{eff} = 3{,}605$; $\log L/L_\odot = 3{,}629$

In convective regions values of log T are printed in italics. | Kursiv gedruckte Werte von log T bedeuten Konvektion.

P in [dyne/cm²]; T in [°K]; r in [cm]; $\mathfrak{M}_r$ in [g]; ϱ in [g/cm³]; L_r in [erg/sec]

a) outer layer — Außenschicht

log P	log T	log r	log $\mathfrak{M}_r$	log ϱ
3,442	3,638	12,972 34	34,144 20	−7,961
3,482	3,649	12,972 32	34,144 20	−7,933
3,542	3,670	12,972 13	34,144 19	−7,894
3,622	*3,705*	12,971 91	34,144 19	−7,849
3,702	*3,752*	12,971 66	34,144 19	−7,815
3,762	*3,834*	12,971 44	34,144 19	−7,839
3,782	*3,877*	12,971 36	34,144 18	−7,867
3,802	*3,904*	12,971 26	34,144 18	−7,880
3,822	*3,923*	12,971 16	34,144 18	−7,885
3,862	*3,951*	12,970 95	34,144 18	−7,887
3,902	*3,970*	12,970 71	34,144 18	−7,882
3,982	*3,999*	12,970 18	34,144 17	−7,861
4,062	*4,022*	12,969 59	34,144 16	−7,832
4,222	*4,059*	12,968 19	34,144 15	−7,757
4,382	*4,092*	12,966 53	34,144 12	−7,669
4,702	*4,167*	12,962 36	34,144 04	−7,479
5,022	*4,271*	12,956 74	34,143 88	−7,290
5,182	*4,312*	12,953 35	34,143 75	−7,180
5,422	*4,378*	12,947 54	34,143 45	−7,018
5,742	*4,509*	12,937 74	34,142 73	−6,835
6,062	*4,633*	12,924 66	34,141 38	−6,643
6,382	*4,709*	12,908 55	34,138 89	−6,409
6,702	*4,784*	12,889 61	34,134 40	−6,174

b) interior — innerer Teil

$\mathfrak{M}_r/\mathfrak{M}$	log P	log T	log r	log L_r	log ϱ	X	Y
0,9710	6,838	*4,832*	12,8807	37,2165	−6,094	0,6020	0,3540
0,9431	7,218	*4,980*	12,8487	37,2165	−5,864	0,6020	0,3540
0,9002	7,559	*5,110*	12,8107	37,2165	−5,656	0,6020	0,3540
0,8602	7,779	*5,194*	12,7801	37,2165	−5,522	0,6020	0,3540
0,7917	8,063	*5,298*	12,7321	37,2165	−5,347	0,6020	0,3540
0,7047	8,342	*5,399*	12,6731	37,2166	−5,174	0,6020	0,3540
0,6181	8,579	*5,483*	12,6113	37,2166	−5,026	0,6020	0,3540
0,5102	8,857	*5,579*	12,5222	37,2166	−4,852	0,6019	0,3541
0,3974	9,172	*5,685*	12,3951	37,2166	−4,651	0,6017	0,3543
0,3177	9,475	*5,783*	12,2487	37,2166	−4,457	0,6010	0,3550
0,2680	9,798	5,883	12,0784	37,2167	−4,245	0,5990	0,3570
0,2419	10,135	5,973	11,9101	37,2167	−3,976	0,5320	0,4240
0,2250	10,552	6,074	11,7304	37,2167	−3,637	0,4802	0,4758
0,2148	10,990	6,185	11,5656	37,2167	−3,299	0,4486	0,5074
0,2077	11,446	6,300	11,4094	37,2167	−2,944	0,4165	0,5394
0,2034	11,811	6,392	11,2931	37,2166	−2,665	0,3972	0,5588
0,1991	12,262	6,506	11,1563	37,2166	−2,319	0,3775	0,5785
0,1947	12,803	6,628	11,0032	37,2165	−1,884	0,3576	0,5984
0,1911	13,299	6,744	10,8719	37,2164	−1,491	0,3419	0,6141
0,1889	13,605	6,813	10,7938	37,2164	−1,247	0,3349	0,6211
0,1867	13,910	6,883	10,7174	37,2163	−1,005	0,3279	0,6281
0,1845	14,211	6,952	10,6434	37,2162	−0,768	0,3208	0,6352
0,1801	14,791	7,089	10,5020	37,2159	−0,314	0,3068	0,6492
0,1757	15,336	7,217	10,3723	37,2156	+0,124	0,2673	0,6887
0,1712	15,834	7,338	10,2560	37,2153	0,524	0,2268	0,7292
0,1670	16,255	7,437	10,1597	37,2142	0,868	0,1901	0,7659
0,1634	16,583	7,518	10,0852	37,1901	1,132	0,1600	0,7960
0,1598	16,882	7,577	10,0208	36,6978	1,441	0,0564	0,8996
0,1562	17,137	7,587	9,9760	36,0288	1,737	0,0000	0,9560
0,1489	17,522	7,610	9,9156	36,0047	2,114	0,0000	0,9560
0,1390	17,875	7,652	9,8611	35,9799	2,427	0,0000	0,9560
0,1246	18,226	7,716	9,8025	35,9486	2,714	0,0000	0,9560
0,1023	18,601	7,802	9,7280	35,9038	3,001	0,0000	0,9560
0,0790	18,888	7,872	9,6552	35,8733	3,217	0,0000	0,9560
0,0417	19,250	*7,979*	9,5195	35,9274	3,470	0,0000	0,9437
0,0130	19,512	*8,079*	9,3152	36,0253	3,629	0,0000	0,9437
0,0055	19,596	*8,111*	9,1690	35,9989	3,681	0,0000	0,9437
0,0000	19,687	*8,146*	−∞	−∞	3,736	0,0000	0,9437

Tab. 22. The model of Tab. 18 at an age of $3{,}425 \cdot 10^7$ a with a hydrogen- and a helium-burning shell, and a carbon-oxygen core — Der in Tab. 18 gegebene Stern im Alter von $3{,}425 \cdot 10^7$ a. Eine wasserstoffbrennende und eine heliumbrennende Schale mit Kohlenstoff-Sauerstoff-Kern

$\log T_{eff} = 3{,}793$; $\log L/L_\odot = 3{,}852$

In convective regions values of log T are printed in italics. | Kursiv gedruckte Werte von log T bedeuten Konvektion.

P in [dyne/cm²]; T in [°K]; r in [cm]; $\mathfrak{M}_r$ in [g]; ϱ in [g/cm³]; L_r in [erg/sec]

a) outer layer — Außenschicht

log P	log T	log r	log $\mathfrak{M}_r$	log ϱ
3,231	*3,807*	12,707 26	34,144 20	−8,344
3,246	*3,817*	12,707 24	34,144 20	−8,340
3,276	*3,851*	12,707 17	34,144 20	−8,347
3,301	*3,926*	12,707 11	34,144 19	−8,428
3,316	*3,969*	12,707 06	34,144 19	−8,508
3,331	*3,996*	12,707 00	34,144 19	−8,569
3,371	*4,073*	12,706 78	34,144 19	−8,724
3,391	*4,164*	12,706 62	34,144 19	−8,830
3,406	*4,197*	12,706 48	34,144 19	−8,863
3,426	*4,223*	12,706 26	34,144 19	−8,884
3,466	*4,256*	12,705 79	34,144 18	−8,894
3,526	*4,289*	12,704 99	34,144 18	−8,878
3,686	*4,349*	12,702 57	34,144 18	−8,789
4,006	*4,446*	12,696 65	34,144 18	−8,578
4,486	*4,585*	12,684 94	34,144 17	−8,262
4,966	4,720	12,667 87	34,144 16	−7,949
5,446	4,835	12,645 96	34,144 13	−7,580
5,926	4,954	12,618 72	34,144 05	−7,220
6,406	5,061	12,586 30	34,143 86	−6,834
6,886	5,175	12,548 72	34,143 47	−6,463
7,366	5,287	12,504 50	34,142 65	−6,089
7,846	5,390	12,454 91	34,141 04	−5,701
8,326	5,514	12,398 00	34,138 03	−5,348
8,806	5,629	12,332 07	34,132 80	−4,979

b) interior — innerer Teil

$\mathfrak{M}_r/\mathfrak{M}$	log P	log T	log r	log L_r	log ϱ	X	Y
0,9710	8,895	5,648	12,3187	37,4395	−4,908	0,6020	0,3540
0,9431	9,498	5,777	12,2267	37,4395	−4,423	0,6020	0,3540
0,9002	10,056	5,909	12,1313	37,4395	−3,993	0,6020	0,3540
0,8436	10,556	6,027	12,0355	37,4395	−3,608	0,6020	0,3540
0,7727	11,025	6,139	11,9356	37,4395	−3,249	0,6020	0,3540
0,6778	11,536	6,272	11,8108	37,4395	−2,874	0,6020	0,3540
0,5492	12,181	6,448	11,6218	37,4395	−2,410	0,6020	0,3540
0,4679	12,652	6,570	11,4638	37,4394	−2,064	0,6019	0,3541
0,3974	13,192	6,705	11,2722	37,4393	−1,659	0,6017	0,3543
0,3454	13,796	6,854	11,0563	37,4393	−1,203	0,6013	0,3547
0,3177	14,280	6,971	10,8882	37,4392	−0,834	0,6010	0,3550
0,2933	14,899	7,125	10,6812	37,4391	−0,368	0,6003	0,3557
0,2808	15,340	7,235	10,5396	37,4390	−0,037	0,5997	0,3563
0,2680	15,923	7,379	10,3587	37,4388	+0,403	0,5989	0,3571
0,2583	16,489	7,520	10,1918	37,4000	0,854	0,5296	0,4264
0,2559	16,647	7,553	10,1508	37,2388	1,058	0,3489	0,6071
0,2551	16,699	7,560	10,1395	37,1105	1,159	0,2371	0,7189
0,2542	16,749	7,565	10,1303	36,9590	1,297	0,0812	0,8748
0,2516	16,899	7,579	10,1089	36,9245	1,496	0,0000	0,9560
0,2468	17,117	7,606	10,0787	36,9243	1,693	0,0000	0,9560
0,2383	17,410	7,656	10,0372	36,9241	1,942	0,0000	0,9560
0,2259	17,718	7,721	9,9908	36,9241	2,192	0,0000	0,9560
0,2066	18,057	7,805	9,9337	36,9243	2,446	0,0000	0,9560
0,1809	18,387	7,893	9,8676	36,9249	2,687	0,0000	0,9560
0,1574	18,628	7,961	9,8100	36,9256	2,860	0,0000	0,9560
0,1290	18,882	8,034	9,7371	36,9265	3,037	0,0000	0,9560
0,0861	19,245	8,146	9,5994	36,9093	3,288	0,0000	0,9145
0,0781	19,316	8,166	9,5663	36,8399	3,351	0,0000	0,7845
0,0745	19,350	8,174	9,5507	36,7746	3,387	0,0000	0,6770
0,0709	19,384	8,181	9,5347	36,6872	3,426	0,0000	0,5610
0,0673	19,418	8,187	9,5184	36,5850	3,468	0,0000	0,4497
0,0632	19,459	8,192	9,4993	36,4611	3,515	0,0000	0,3453
0,0575	19,516	8,198	9,4723	36,2959	3,579	0,0000	0,2421
0,0460	19,634	8,207	9,4133	35,9762	3,703	0,0000	0,1330
0,0261	19,858	8,218	9,2830	35,4895	3,925	0,0000	0,0461
0,0069	20,131	8,233	9,0232	34,7775	4,180	0,0000	0,0214
0,0000	20,300	8,244	−∞	−∞	4,332	0,0000	0,0121

5.4.5.3 Helium stars – Heliumsterne

a) *Main sequence*

Tab. 23. The main sequence for helium stars — Die Hauptreihe für Heliumsterne

T_{eff} in [°K]

$\mathfrak{M}/\mathfrak{M}_\odot$	log $L/L_\odot$	log T_{eff}	Y	Z	Ref.
0,5	1,602 60	4,6751	1	0	*14*
1	2,505 69	4,7747	1	0	*14*
2	3,408 78	4,8769	1	0	*14*
3	3,937 06	4,9381	1	0	*14*
4	4,311 88	4,9822	1	0	*14*
5	4,602 60	5,0170	1	0	*14*
6	4,840 15	5,0457	1	0	*14*
7	5,041 00	5,0700	1	0	*14*
8	5,214 98	5,0917	1	0	*14*
9	5,368 44	5,1106	1	0	*14*
0,5	1,72	4,70	0,99	0,01	*1*
1	2,61	4,80	0,99	0,01	*1*
2	3,53	4,90	0,99	0,01	*1*
2,9	3,86	4,954	0,98	0,02	*11*
5,5	4,53	5,033	0,98	0,02	*11*
9,0	5,02	5,086	0,98	0,02	*11*
14,6	5,41	5,124	0,98	0,02	*11*
24,3	5,79	5,152	0,98	0,02	*11*
43,0	6,18	5,179	0,98	0,02	*11*
85	6,56	5,204	0,98	0,02	*11*
214	7,04	5,225	0,98	0,02	*11*
1	2,487	4,760	0,999	0,001	*31*
0,53	1,71	4,689	1	0	*19*

Tab. 24. Internal structure of a helium star — Innerer Aufbau eines Heliumsterns [*31*]

In convective regions values of log T are printed in italics. | Kursiv gedruckte Werte von log T bedeuten Konvektion.

T in [°K]; P in [dyne/cm²]; ϱ in [g/cm³]

r/R	$\mathfrak{M}_r/\mathfrak{M}$	L_r/L	log T	log P	log ϱ
0,9900	1,0000	1,0000	5,5952	9,240	−4,147
0,9800	1,0000	1,0000	5,9007	10,619	−3,073
0,9600	1,0000	1,0000	6,2107	12,018	−1,984
0,9400	1,0000	1,0000	6,3959	12,854	−1,333
0,9264	1,0000	1,0000	6,4913	13,283	−1,000
0,9091	1,0000	1,0000	6,5934	13,733	−0,652
0,8882	0,9999	1,0000	6,6958	14,181	−0,307
0,8632	0,9998	1,0000	6,7982	14,623	+0,036
0,8337	0,9995	1,0000	6,9004	15,068	+0,376
0,7992	0,9987	1,0000	7,0025	15,508	+0,714
0,7598	0,9965	1,0000	7,1046	15,946	+1,049
0,7152	0,9919	1,0000	7,2064	16,380	+1,382
0,6661	0,9823	1,0000	7,3079	16,809	+1,709
0,6131	0,9636	1,0000	7,4088	17,231	+2,031
0,5573	0,9296	1,0000	7,5084	17,642	+2,342
0,5000	0,8726	1,0000	7,6058	18,034	+2,637
0,4427	0,7854	1,0000	7,6996	18,399	+2,908
0,3869	0,6680	1,0000	7,7880	18,726	+3,146
0,3339	0,5295	1,0000	7,8694	19,004	+3,343
0,2848	0,3887	1,0000	7,9424	19,227	+3,493
0,2469	0,2829	1,0000	*7,9970*	19,374	+3,585
0,2275	0,2330	1,0000	*8,0235*	19,440	+3,625
0,1950	0,1583	0,9994	*8,0625*	19,538	+3,684
0,1625	0,0978	0,9912	*8,0952*	19,619	+3,732
0,1300	0,0528	0,9408	*8,1216*	19,686	+3,773
0,0975	0,0232	0,7596	*8,1421*	19,737	+3,803
0,0650	0,0071	0,3959	*8,1566*	19,773	+3,825
0,0325	0,0009	0,0726	*8,1653*	19,795	+3,838
0,0000	0,0000	0,0000	*8,1682*	19,802	+3,842

b) *Evolution of helium stars*

Tab. 25. Evolution of a helium star of one solar mass — Entwicklung eines Heliumsterns von $\mathfrak{M} = 1\ \mathfrak{M}_\odot$ [*1*]

$Y = 0{,}99;\ Z = 0{,}01$

The zero point of age is at the helium burning main sequence. | Die Zählung des Alters beginnt beim homogenen Helium-Hauptreihenmodell.

T_{eff}, T_c in [°K]; P_c in [dyne/cm²].

Age [a]	log $L/L_\odot$	log T_{eff}	log T_c	log P_c	Y_c
0	2,547	4,797	8,170	3,834	0,990
$4{,}01 \cdot 10^6$	2,625	4,798	8,201	3,879	0,452
$5{,}24 \cdot 10^6$	2,657	4,803	8,230	3,935	0,255
$5{,}66 \cdot 10^6$	2,667	4,806	8,243	3,968	0,183
$6{,}28 \cdot 10^6$	2,683	4,822	8,283	4,030	0,064
$6{,}73 \cdot 10^6$	2,867	4,850	8,267	4,603	0,0
$7{,}07 \cdot 10^6$	2,967	4,847	8,272	4,933	0,0

Tab. 26. Evolution of a helium star of $\mathfrak{M} = 0{,}53\mathfrak{M}_\odot$ Entwicklung eines Heliumsterns von $\mathfrak{M} = 0{,}53\ \mathfrak{M}_\odot$ [*19*]

$Y = 1;\ Z = 0$

The zero point of age as in Tab. 25. | Alter wie in Tab. 25 gezählt.

T_{eff}, T_c in [°K]; P_c in [dyne/cm²].

Age [a]	log $L/L_\odot$	log T_{eff}	log T_c	log P_c	Y_c
0	1,71	4,689	8,10	4,17	1,0
$8{,}4 \cdot 10^6$	1,78	4,687	8,12	4,18	0,7
$17{,}0 \cdot 10^6$	1,86	4,682	8,16	4,23	0,3
$20{,}6 \cdot 10^6$	1,90	4,690	8,21	4,34	0,1
$22{,}2 \cdot 10^6$	1,92	4,727	8,30	4,60	0,01
$24{,}6 \cdot 10^6$	2,05	4,752	8,11	5,27	0,0
$30{,}2 \cdot 10^6$	2,32	4,787	8,13	5,38	0,0
$33{,}2 \cdot 10^6$	2,72	4,841	8,25	5,56	0,0

5.4.5.4 White dwarfs – Weiße Zwerge

(see 6.5)

Tab. 27. Mass-radius relation for completely degenerate white dwarfs ($\mu_e = 2$) – Masse-Radius-Beziehung für weiße Zwerge ($\mu_e = 2$) im Zustand vollständiger Entartung [7]

ϱ_c in [g/cm³]

$\log \varrho_c$	$\frac{\mathfrak{M}}{\mathfrak{M}_\odot}$	$\log \frac{R}{R_\odot}$
5,39	0,22	−1,70
6,03	0,40	−1,81
6,29	0,50	−1,86
6,56	0,61	−1,91
6,85	0,74	−1,96
7,20	0,88	−2,03
7,72	1,08	−2,15
8,21	1,22	−2,26
8,83	1,33	−2,41
9,29	1,38	−2,53
∞	1,44	−∞

Tab. 28. Internal constitution of a white dwarf — Innerer Aufbau eines weißen Zwerges [8, 36]

P in [dyne/cm²]; ϱ in [g/cm³]

$\mathfrak{M}/\mathfrak{M}_\odot = 0{,}886$; $R/R_\odot = 0{,}009\,24$

$\frac{r}{R}$	$\frac{\mathfrak{M}_r}{\mathfrak{M}}$	$\log P$	$\log \varrho$
0,00	0,000	24,205	7,196
0,02	0,000	24,202	7,194
0,04	0,001	24,198	7,191
0,06	0,002	24,191	7,186
0,08	0,005	24,181	7,179
0,10	0,010	24,166	7,169
0,12	0,016	24,149	7,157
0,14	0,025	24,130	7,144
0,16	0,037	24,108	7,128
0,18	0,051	24,082	7,110

continued

Tab. 28. (continued)

$\frac{r}{R}$	$\frac{\mathfrak{M}_r}{\mathfrak{M}}$	$\log P$	$\log P$
0,20	0,069	24,053	7,090
0,22	0,089	24,023	7,069
0,24	0,112	23,989	7,046
0,26	0,137	23,952	7,020
0,28	0,166	23,914	6,994
0,30	0,196	23,872	6,965
0,32	0,229	23,828	6,935
0,34	0,263	23,782	6,903
0,36	0,299	23,733	6,870
0,38	0,336	23,682	6,835
0,40	0,373	23,628	6,798
0,42	0,412	23,573	6,761
0,44	0,450	23,514	6,721
0,46	0,489	23,453	6,680
0,48	0,527	23,390	6,638
0,50	0,565	23,325	6,594
0,52	0,601	23,257	6,549
0,54	0,637	23,186	6,502
0,56	0,672	23,114	6,454
0,58	0,705	23,037	6,403
0,60	0,736	22,959	6,352
0,62	0,766	22,877	6,298
0,64	0,794	22,792	6,243
0,66	0,820	22,703	6,185
0,68	0,845	22,610	6,125
0,70	0,860	22,513	6,063
0,72	0,888	22,411	5,998
0,74	0,906	22,303	5,929
0,76	0,923	22,189	5,857
0,78	0,938	22,067	5,780
0,80	0,951	21,937	5,698
0,82	0,962	21,797	5,611
0,84	0,972	21,641	5,514
0,86	0,980	21,467	5,405
0,88	0,986	21,273	5,286
0,90	0,991	21,047	5,146
0,92	0,995	20,778	4,982
0,94	0,998	20,440	4,776
0,96	0,999	19,972	4,492
0,98	1,000	19,164	4,020
1,00	1,000	—	—

5.4.6 References for 5.4 – Literatur zu 5.4

1 ALLER, L. H.: Mem. Soc. Roy. Sci. Liège V, **3** (1959) 41.

2 BAKER, N.: Tables of Convective Stellar Envelope Models (Goddard Space Flight Center, NASA) (1963).

3 BAKER, N., and R. KIPPENHAHN: ZfA **54** (1962) 114.

4 BURBIDGE, E. M., G. R. BURBIDGE, W. A. FOWLER, and F. HOYLE = B²HF: Rev. Mod. Phys. **29** (1957) 547.

5 CAUGHLAN, G. R., and W. A. FOWLER: ApJ **136** (1962) 453.

6 CHANDRASEKHAR, S.: MN **95** (1935) 225.

7 CHANDRASEKHAR, S.: Stellar Structure, University of Chicago Press (Reprint by Dover Publications, New York) (1957) p. 427.

8 CHANDRASEKHAR, S.: Stellar Structure [7] p. 496.

9 CHIU, H. Y., and R. C. STABLER: Phys. Rev. **122** (1961) 1317.

10 CHIU, H. Y., and R. C. STABLER: Phys. Rev. **123** (1961) 1040.

11 CIMINO, M., P. GIANONE, M. A. GIANNUZZI, A. MASANI, and N. VIRGOPIA: Nuovo Cimento X, **28** (1963) 621.

12 Cox, A. N.: private communication (1963).
13 Cox, A. N.: in „Stellar Structure" (Stars and Stellar Systems VIII) University of Chicago Press
14 (1964).
Cox, J. P., and R. T. Giuli: ApJ **133** (1961) 755.
15 Demarque, P.: ApJ **132** (1960) 366.
16 Demarque, P.: ApJ **134** (1961) 9.
17 Demarque, P., and J. E. Geisler: ApJ **137** (1963) 1102.
18 Fowler, W. A.: Mem. Soc. Roy. Sci. Liège V, **3** (1960) 207.
19 Hayashi, C., R. Hoshi, and D. Sugimoto: Progr. Theoret. Phys. Suppl. **22** (1962) 1.
20 Haselgrove, C. B., and F. Hoyle: MN **116** (1956) 527.
21 Haselgrove, C. B., and F. Hoyle: MN **116** (1956) 515.
22 Haselgrove, C. B., and F. Hoyle: MN **118** (1958) 519.
23 Henyey, L. G., R. Le Levier, and R. D. Levée: ApJ **129** (1959) 2.
24 Hofmeister, E., R. Kippenhahn, and A. Weigert: in Vorbereitung (1964).
25 Hoyle, F.: MN **120** (1960) 22.
26 Hoyle, F., and M. Schwarzschild: ApJ Suppl. **2** (1955) 1.
27 Keller, G., and R. E. Meyerott: ApJ **122** (1955) 32.
28 Kushwaha, R. S.: ApJ **125** (1957) 242.
29 McDougall, J., and E. C. Stoner: Phil. Trans. Roy. Soc. London (A) **237** (1939) 67.
30 Mestel, L.: Proc. Cambridge Phil. Soc. **46** (1950) 331.
31 Oke, J. B.: ApJ **133** (1961) 166.
32 Polak, E. J.: ApJ **136** (1962) 465.
33 Reeves, H.: in „Stellar Structure" (Stars and Stellar Systems VIII) University of Chicago Press (1964).
34 Salpeter, E. E.: Australian J. Phys. **7** (1954) 377.
35 Salpeter, E. E.: Phys. Rev. **107** (1957) 516.
36 Schwarzschild, M.: Structure and Evolution of the Stars, Princeton University Press (1958).
37 Schwarzschild, M., and R. Härm: ApJ **128** (1958) 348.
38 Schwarzschild, M., and H. Selberg: ApJ **136** (1962) 150.
39 Sears, R. L.: ApJ **129** (1959) 489.
40 Wares, G.: ApJ **100** (1944) 158.
41 Weymann, R.: ApJ **126** (1957) 208.
42 Wrubel, M. H.: Hdb. Physik **51** (1958) 1.

6 Spezielle Sterntypen — Special types of stars

6.1 Doppelsterne — Double stars

6.1.0 Allgemeines — General remarks

6.1.0.1 Klassifikation — Classification

I. *Visuelle Doppelsterne* (6.1.1): Die Komponenten sind im Fernrohr getrennt sichtbar oder mit Interferometer nachweisbar. Die Grenze der Trennbarkeit ist

Visual double stars (6.1.1): The components are either separately visible in a telescope or can be identified by interferometer methods. The limit of resolution is

$$\text{Mikrometer: } \varrho'' = 1{,}22 \frac{\lambda}{D} \frac{1}{\sin 1''} \text{ } (\approx 0\overset{''}{.}13 \text{ am 91 cm-Refraktor der Lick-Sternwarte})$$

$$\text{Interferometer: } \varrho'' = 0{,}5 \frac{\lambda}{D} \frac{1}{\sin 1''} \text{ } (\approx 0\overset{''}{.}025 \text{ am Interferometer des Mt. Wilson Observatory})$$

D	Instrumentenöffnung oder maximaler Abstand der Öffnungen	diameter of the objective or the maximum separation of the interferometer apertures

Physikalisch zusammengehörige visuelle Paare können von den sogenannten optischen nur unterschieden werden, indem man die Relativbewegung der Komponenten solange verfolgt, bis systematische Abweichungen von der geradlinigen oder gleichmäßigen Bewegung auftreten.

Zur statistischen Unterscheidung oder zum Katalogisieren betrachtet man als physikalische Paare alle diejenigen, deren Winkelabstand hinreichend klein ist. Diese Forderung wird ausgedrückt durch die Beziehung:

$$\log \varrho'' = a - 0{,}2\, m$$

ϱ	Winkelabstand der Komponenten ["]	angular distance of the components ["]
m	scheinbare Gesamthelligkeit des Paares in [magn]	apparent total magnitude of the components in [magn]

Die Größe a wird empirisch festgesetzt, z. B. wird in Aitken's „General Catalogue" die Formel

$$\log \varrho'' = 2{,}8 - 0{,}2\, m$$

benutzt. Hier gilt also für $m = 9^m$ als obere Grenze: $\varrho = 10''$.

II. *Spektroskopische Doppelsterne* (6.1.2): Die Duplizität ist durch Überlagerung von zwei normalen Sternspektren oder durch periodische Doppler-Verschiebung der Linien erkennbar. Grenze der Meßbarkeit für übliche Dispersionen (meist größer als 80 ··· 100 A/mm) bei größeren Spiegelteleskopen

Spectroscopic binaries (6.1.2): Their duplicity is indicated by a superposition of two normal stellar spectra or by periodical Doppler shifts of the spectral lines. The measurability for common dispersions of large reflectors (usually higher than 80··· 100 A/mm) is limited to

$$12^m \cdots 13^m$$

III. *Photometrische Doppelsterne* (Bedeckungsveränderliche) (6.1.3): Systeme, deren Bahnebenen ungefähr senkrecht auf der Tangentialebene an der Sphäre stehen, so daß bei den Konjunktionen Bedeckungen der Komponenten eintreten können („Minima der Gesamthelligkeit")

Photometric (*or eclipsing*) *binaries* (6.1.3): Double systems with orbital planes approximately perpendicular to planes tangential to the celestial sphere, resulting in eclipses of the components at conjunctions ("minima of total brightness")

IV. *Astrometrische Doppelsterne* und Sterne mit unsichtbaren Begleitern (6.1.4): Die Duplizität ist durch — allgemein sehr kleine — periodische Ortsveränderungen der Hauptkomponente nachweisbar.

Astrometric binaries and stars with invisible companions (6.1.4): The duplicity is indicated by — usually very small — periodic changes in the position of the primary component

Die Grenzen zwischen den vier, im wesentlichen beobachtungstechnisch bedingten Klassen sind nirgends scharf. Klasse III bildet eine Unterklasse von II, Klasse IV zählt oft als Unterklasse von I. Es existieren zahlreiche Übergangstypen zwischen I und II und wenigstens einige zwischen III und IV.

There is no clear physical distinction between these four types of classification — based on the various techniques of observation used. Class III is a subdivision of Class II, whereas Class IV is usually considered a subdivision of Class I. There exist numerous transition types between I and II and at least a few between III and IV.

6.1.0.2 Bahnelemente – Orbital elements

Vergleiche Bahnelemente der Planeten (4.2.1.1.1)

Definition der Bahnelemente in der *relativen* (auf die hellere Komponente bezogenen) Bahn:

Compare orbital elements of the planets (4.2.1.1.1)

Definition of orbital elements for the *relative orbit* (referred to the brighter component):

a	große Halbachse	semi-axis major
P	Periode (Umlaufszeit)	period (period of revolution)
	Zwischen a, P, den Sternmassen $\mathfrak{M}_1$ und $\mathfrak{M}_2$ und der Gravitationskonstanten G besteht folgende Beziehung:	Between a, P, the stellar masses $\mathfrak{M}_1$ and $\mathfrak{M}_2$ and the gravitational constant we have the following relation:

$$\frac{a^3}{P^2} = \frac{G}{4\pi^2}(\mathfrak{M}_1 + \mathfrak{M}_2)$$

e	numerische Exzentrizität	numerical eccentricity
t_0	Zeitpunkt des Periastrondurchgangs (entspricht dem minimalen Abstand zwischen den Komponenten)	epoch of the periastron passage (corresponds to the minimum distance between the components)
Ω	Positionswinkel des aufsteigenden Knotens. Die Knoten sind Durchstoßpunkte der relativen Bahn und der an der Stelle der helleren Komponente gestellten Tangentialebene der Sphäre; im *aufsteigenden* Knoten nähert sich uns der Stern. Ohne Messung der Radialgeschwindigkeit ist es nicht möglich, zwischen auf- und absteigendem Knoten zu unterscheiden. In diesem Falle bedeutet Ω einfach den Positionswinkel „des Knotens", d. h. des Knotens mit dem Positionswinkel $< 180°$ (Der Positionswinkel wird von Nord über Ost, von 0° bis 360° gerechnet)	position angle of the ascending node. The nodes are points of intersection of the relative orbit and a plane tangential to the celestial sphere at the position of the bright component; the companion approaches us at the *ascending* node. It is impossible to distinguish between an ascending and a descending node without determining the radial velocity. In such a case Ω simply means the position angle "of the node", i. e. of the node with the position angle $< 180°$ (The position angle is measured from 0° through 360°; where 0° corresponds to north, 90° to east)
ω	Winkel zwischen dem Radiusvektor zum aufsteigenden Knoten (oder „dem Knoten", siehe oben) und dem zur Periastronrichtung, gemessen vom Knoten zum Periastron im Sinne der Bahnbewegung	angle between the radius-vector to the ascending node (or "the node" see above) and that drawn in the direction to the periastron, measured from the node to the periastron in the direction of the orbital motion
i	Neigung = Winkel zwischen Bahnebene und Tangentialebene der Sphäre. Für direkte Bewegung (der Positionswinkel wächst mit der Zeit) liegt i zwischen 0° und 90°, für rückläufige Bewegung zwischen 90° und 180°. Das Vorzeichen von i ist nur bekannt, wenn entsprechende Radialgeschwindigkeitsmessungen vorliegen; i ist positiv, wenn sich die schwächere Komponente im Knoten von uns entfernt	inclination = angle between the orbital plane and the plane tangential to the celestial sphere. For direct motion with position angle increasing with the time i lies between 0° and 90°, for retrograde motion between 90° and 180°. The sign of i remains indeterminate until the radial velocities have been determined; i is regarded positive when the faint component recedes from us at the nodal point

Die *absolute Bahn* ist auf den Systemschwerpunkt bezogen. Die „absoluten" Bahnelemente sind den obigen („relativen") genau entsprechend definiert; an Stelle der Größe a treten a_1 und a_2, die großen Halbachsen der absoluten Bahnen

The *absolute orbit* refers to the barycenter of the system. The "absolute" orbital elements are analogously defined; instead of a, the semi-axes major a_1 and a_2 for the absolute orbits are given

$$(a_1 + a_2 = a).$$

Bei *Bedeckungsveränderlichen* treten folgende Bestimmungsgrößen hinzu:

For *eclipsing binaries* the following quantities must also be considered:

l_1, l_2	relative Leuchtkräfte der Komponenten ($l_1 + l_2 = 1$)	relative luminosities of the components ($l_1 + l_2 = 1$)
r_1, r_2	die Radien der Komponenten in Einheiten der großen Halbachse der relativen Bahn	the radii of the components in units of the semi-major axis of the relative orbit
x_1, x_2	Koeffizienten der Randverdunkelung (siehe 6.1.3)	coefficients of the limb darkening (see 6.1.3)
t_M	Zeitpunkt der Hauptkonjunktion, d. h. der größten Bedeckung während des tieferen (Haupt-)Minimums	epoch of the principal conjunction, i. e. maximum occultation during the primary (deeper) minimum
	Weitere Konstanten sind nötig, um die Abweichung der Komponenten von der Kugelgestalt, ferner die sogenannte Gravitationsverdunkelung und die gegenseitige Aufhellung der beiden Sterne („Reflexionseffekt") zu berücksichtigen	Additional constants are necessary for describing the distortion of figure of the components, further the so-called gravity-darkening and the brightening of one star by the radiation of the other ("reflexion effect")

Eine sinnvolle *Gruppierung* der Bahnelemente ist die folgende:

P, t_0 und e	dynamische Bahnelemente; sie definieren zu jedem Zeitpunkt die Position des Sternes in der sogenannten Einheitsbahn;
a	Skalenelement, definiert die Größe der Bahn;
Ω, i, ω	geometrische Bahnelemente, sie definieren die Lage der Bahn.

Die geometrischen Bahnelemente sind zusammen mit dem Skalenelement a äquivalent mit den häufig verwendeten „natürlichen" Elementen A, B, G, F von THIELE und INNES. Letztere haben die folgende geometrische Bedeutung: man projiziere den Periastronpunkt und denjenigen Punkt des Bahnumkreises, der auf der positiven Verlängerung der kleinen Bahnachse liegt — für den also die exzentrische Anomalie $E = 90°$ ist, — auf die Tangentialebene der Sphäre, d. h. in die scheinbare Bahnebene. Die Projektion des Periastrons hat die rechtwinkligen (äquatorialen) Koordinaten A, B, die des genannten Umkreispunktes G, F. Umrechnungsformeln siehe in den Lehrbüchern und Referaten (6.1.0.5).

Das allgemein übliche Meßverfahren bezieht bei visuellen Doppelsternen die Position der schwächeren Komponente auf die hellere, gibt also die relative Bahn. Die Ableitung der absoluten Bewegung ist dann möglich, wenn die Radialgeschwindigkeit der Komponenten gemessen wird oder wenn die Positionsmessungen beider Sterne an benachbarte Objekte angeschlossen werden.

Die spektroskopische Beobachtung der Doppelsterne erfaßt grundsätzlich nur die absolute, die photometrische Beobachtung nur die relative Bewegung.

Durch Analyse der Beobachtungsgrößen — relative oder absolute Positionen, Radialgeschwindigkeiten, Lichtkurven — erhält man folgende Bahnelemente und sich unmittelbar ergebende Zustandsgrößen:

	visuelle Doppelsterne		Spektroskopische Doppelsterne		Bedeckungsveränderliche
	relativ	absolut	1 Spektrum	2 Spektren	
Große Halbachse	a''; a [km][1])	a_1'', a_2''; a_1, a_2 [km][1])	$a_1 \sin i$ [km]	$a_1 \sin i$, $a_2 \sin i$ [km]	$\frac{R_1}{a}$, $\frac{R_2}{a}$
Exzentrizität	e	e	e	e	$e \cos \omega$
Länge des Periastrons	ω	ω	ω	ω	
Bahnneigung	$\pm i$	$\pm i$	—	—	$\pm i$
Länge des Knotens	Ω	Ω	—	—	—
Periode	P	P	P	P	P
Periastronzeit	t_0	t_0	t_0	t_0	—
Masse $\mathfrak{M}$	$\mathfrak{M}_1 + \mathfrak{M}_2$ [1])	$\mathfrak{M}_1 + \mathfrak{M}_2$	$f(\mathfrak{M})$ [2])	$\mathfrak{M}_1/\mathfrak{M}_2$	
Dichte ϱ					ϱ_1, ϱ_2 [3])
Radius R					R_1/R_2 [4])
Effektive Temperatur T_{eff}					T_1/T_2

6.1.0.3 Einige interessante Doppelsterne — Some binary systems of special interest

40 Eridani	B-Komponente Weißer Zwerg, zur Verifikation der allgemeinen Relativitätstheorie geeignet (beobachtete Rotverschiebung 21 ± 4 km/sec, theoretischer Wert 17 ± 3 km/sec)	POPPER [4]
DI Herculis	Bedeckungsveränderlicher mit sehr exzentrischer Bahn, zum Nachweis der relativistischen Periastronbewegung wahrscheinlich geeignet	RUDKJÖBING [5]
L 726—8	Visuelles Paar mit den kleinsten bisher bekannten Massen (Gesamtmasse $= 0{,}08\ \mathfrak{M}_\odot$)	VAN DE KAMP [7]
HD 47 129 (Plaskett's Stern)	Spektroskopischer Doppelstern mit einer Gesamtmasse von etwa 130 Sonnenmassen	PLASKETT [3], STRUVE et al. [6]
BD + 4°3561 (Barnard's Stern)	M-Zwerg mit unsichtbarem Begleiter von ~ 1,5 Jupitermassen (Planetensystem?)	VAN DE KAMP [8]
α Aurigae (Capella)	Spektroskopischer Doppelstern, Bahnbewegung auch interferometrisch untersucht	ANDERSON [1], MERRILL [2]

[1]) Bei bekannter Parallaxe.
[2]) Zur genaueren Form der Massenfunktion $f(\mathfrak{M})$ siehe 6.1.2.1.
[3]) Bei bekanntem Massenverhältnis.
[4]) Falls spektroskopische Bahn vorhanden, auch R_1 und R_2 einzeln.

6.1.0.4 Doppelsterne näher als 20 pc – Binaries within 20 pc

Objekt	$\pi \geq 0\overset{''}{.}10$	$0\overset{''}{.}10 > \pi \geq 0\overset{''}{.}05$	Object
Visuelle Paare	$N = 36$	$N = 108$	Visual pairs
Spektroskopisch doppelt	8	20	Spectroscopic binaries
Gemeinsame Eigenbewegung	3	7	Common proper-motion pairs
Doppelsysteme zusammen	47	135	Total of binary systems
Dreifachsysteme [1])	7	20	Triple stars
Mehrfachsysteme (in Klammer: Gesamtzahl der Komponenten)	3 (12)	4 (18)	Multiple stars (with total number of components)
Doppel- und Mehrfachsysteme zusammen	57	159	Binaries and multiple systems together
Sterne in Doppel- und Mehrfachsystemen zusammen	127	348	Total of stars being components in double or multiple systems

Die Daten stammen aus GLIESE's Katalog [*9*], ergänzt durch 9 Objekte aus zwei Listen von WORLEY [*10*]. Bis zur Entfernung 20 pc von der Sonne sind rund 690 Einzelsterne (= keine Doppelstern-Komponenten) bekannt. Die relative Anzahl der Sterne in Doppel- und Mehrfachsystemen beträgt also 41%; bei Berücksichtigung der Nichtvollständigkeit der obigen Tabelle dürfte sich dieser Prozentsatz noch beträchtlich erhöhen. Das offenbar vollständigere Material mit $\pi > 0\overset{''}{.}10$ ergibt allein 53%.
Die Tabelle enthält keine unsichtbaren astrometrischen Komponenten ("planetary companions"), siehe hierzu 6.1.4.
Verzeichnis der Doppelsterne näher als 5 pc siehe 8.1.4.

6.1.0.5 Literatur zu 6.1.0 – References for 6.1.0

Lehrbücher, allgemeine Literatur über Doppelsterne — Textbooks, general references for double stars

a AITKEN, R. G.: The binary stars; New York and London (1935).
b BINNENDIJK, L.: Properties of double stars. A survey of parallaxes and orbits; Philadelphia (1960).
c HENROTEAU, F. G.: Double and multiple stars; Hdb. Astrophys. **VI/2** (1928).
d RABE, W.: Doppelsterne; Hdb. Astrophys. **VII** (1936).
e BONNET, R.: Spectres, périodes et excentricités des binaires; Observatoire de Paris (1947).
f PETRIE, R. M. (ed.): Proceedings of the National Science Foundation conference on binary stars; J. Roy. Astron. Soc. Can. **51** (1957) 9.
g KUIPER, G. P.: Problems of double star astronomy; PASP **47** (1935) 15, 121.
h KUIPER, G. P.: On the origin of binary stars; PASP **67** (1955) 387.
i BLAAUW, A.: On the origin of the O- and B-type stars with high velocities (the "run-away" stars) and some related problems; BAN **15** (1961) 265.

Spezielle Literatur — Further references

1 ANDERSON, J. A.: ApJ **51** (1920) 263.
2 MERRILL, P. W.: ApJ **56** (1922) 40.
3 PLASKETT, J. S.: Publ. Victoria **2** (1922) 147.
4 POPPER, D. M.: ApJ **120** (1954) 316.
5 RUDKJÖBING, M.: Ann. Astrophys. **22** (1959) 111.
6 STRUVE, O., J. SAHADE, and S.-S. HUANG: ApJ **127** (1958) 148.
7 VAN DE KAMP, P.: AJ **64** (1959) 236.
8 VAN DE KAMP, P.: AJ **68** (1963) 515.
9 GLIESE, W.: Astron. Recheninst. Heidelberg Mitt., Ser. A Nr. 8 (1957).
10 WORLEY, C. E.: PASP **72** (1960) 125; **73** (1961) 167.

6.1.1 Visuelle Doppelsterne — Visual double stars

6.1.1.1 Kataloge visueller Doppelsterne – Catalogues of visual double stars

Über Kataloge und Durchmusterungen visueller Doppelsterne siehe das Referat: VAN DEN BOS, W. H.: Surveys and observations of visual double stars, in: Basic astronomical data (ed. by K. AA. STRAND) Chicago-London (1963) 320.

Das Beobachtungsmaterial wurde in zwei *Dokumentationszentren* gesammelt: am Lick Observatory (H. M. JEFFERS) die Messungen nördlich −28° Deklination, und in Johannesburg (W. H. VAN DEN BOS) die südlich −19°. Das gesamte Datenmaterial, 110 000 Positionsmessungen nach 1927 und auch die früheren Beobachtungen, wird am Lick zu einem "Catalogue of Observations" zusammengefaßt, der jedoch unpubliziert bleibt; Auszüge daraus stehen jedem Interessenten zur Verfügung. Siehe hierzu [*1*, *2*].

Alle die folgenden Kataloge und Beobachtungslisten enthalten viele *optische* Paare.

[1]) Aufteilung siehe 6.1.1.4.1, Tab. 2.

Kataloge — Catalogues

1.	RSD	Innes, R. T. A.	Reference catalogue of southern double stars	Ann. Cape **2**/II (1899)	2140 Paare, nur ausgewählte Messungen
2.	BDS	Burnham, S. W.	General catalogue of double stars within 121° of the north pole	Washington (1906) 2 Bände	13 665 Systeme, nur ausgewählte Messungen und — wenn nachweisbar — Bild der Relativbewegung
3.	ADS	Aitken, R. G.	New general catalogue of double stars within 120° of the north pole	Washington (1932) 2 Bände	alle Beobachtungen bis 1927 von 17 180 Systemen, oft zu Jahresmitteln zusammengefaßt. 12 708 Paare genügen der Bedingung $\log \varrho'' \leqq 2{,}5 - 0{,}2m$, darunter 7947 heller als 9^m
4.	SDS	Innes, R. T. A.	Southern double star catalogue, $-19° \cdots -90°$	Union Observatory Johannesburg (1927)	
5.	IDS	Jeffers, H. M., W. H. van den Bos, F. M. Greeby	Index Catalogue of visual double stars, 1961,0	Publ. Lick **21** (1963) Part I ··· II	Enthält *praktisch alle* visuellen Doppelsterne, für die bis 1960 Messungen vorlagen; gibt nur die wesentlichsten Daten in komprimierter Form von 64 246 Systemen

Von mehreren ausgedehnten Meßreihen seien die folgenden erwähnt:

a.		Espin, T. E., and W. Milburn		in MN	Zahlreiche Neuentdeckungen am Nordhimmel seit 1927 ($m < 9$)
b.		van den Bos, W. H.		in BAN	Südhimmel ($m < 9$)
c.		Rossiter, R. A.		Mem. Roy. Astron. Soc. **65**, **66**; Publ. Michigan **8** (1943) 133; **9** (1947) 7	
d.	RDS	Rossiter, R. A.	Catalogue of southern double stars	Publ. Michigan **11** (1955)	alle Beobachtungen mit dem 27,5 inch-Refraktor des Lamont-Hussey-Observatory (1924 ··· 1952); 29 157 Messungen an 7 368 neuentdeckten und 270 bekannten Paaren
e.		Aitken, R. G.	Measures of 1865 "A" double stars	Lick Bull. **18** (1937) 109	("A" double star = Doppelstern, von Aitken entdeckt)
f.		van Biesbroeck, G.	Measurements of double stars	Publ. Yerkes **8**/II (1936) and VI (1954)	In der zweiten Arbeit teils Messungen mit dem 82-inch-McDonald-Reflektor
g.		Rabe, W.	Mikrometermessungen von Doppelsternen in den Jahren 1932 bis 1946	Astron. Abhandl. Ergänz. AN **12**/3 (1953)	
h.		Voûte, J.	Measures of double stars, war-series, made at the Bosscha Observatory Lembang (Java)	J. Observateurs **38** (1955) 109 (Errata: J. Observateurs **39** (1956) 116)	
i.		Jonckheere, R.	Catalogue général de 3350 étoiles doubles de faible éclat observées de 1906 à 1962	Observatoire de Marseilles (1962)	

Fortsetzung nächste Seite

Meßreihen (Fortsetzung)

k.	Couteau, P.		in J. Observateurs	Regelmäßige Beobachtungen mit dem 38 cm-Refraktor des Observatoire de Nice
l.	Finsen, W. S. (interferometrisch) van den Bos, W. H. (mikrometrisch)		in Un. Obs. Circ.	Meßreihen mit dem $26^1/_2$ inch-Refraktor des Union (jetzt: Republic) Observatory, Johannesburg
m.	Woolley, R. v. d. R., D. H. P. Jones, and M. P. Candy	Double star observations made with the 28 inch-refractor 1957 ··· 1960	Roy. Obs. Bull. No. 38 (1961)	Messungen an 1600 Sternen
n.	van den Bos, W. H.	Micrometer measures of double stars I-IV	AJ **67** (1962) 141, 155; **68** (1963) 57, 582	Rund 13 000 Messungen, davon 8 600 mit dem 91 cm-Lick-Refraktor

6.1.1.2 Kataloge der Bahnen von visuellen Doppelsternen – Catalogues of orbits of visual binary stars

1.	Luplan-Janssen, C., S. Fieltofte, S. Lauritzen	Catalogue of binary stars for which orbits have been computed	Astron. Abhandl. Ergänz. AN **5**/5 (1928)	139 Systeme, für deren jedes sämtliche bis 1927 berechnete Bahnen (insgesamt 771)
2.	Ekenberg, B.	Catalogue of orbits for visual binaries	Medd. Lund Ser. II Nr. 94 (1938)	Für 167 Systeme alle zwischen 1927 und 1937 berechneten Bahnen, insgesamt 274
3.	Finsen, W. S.	Second catalogue of orbits of visual binary stars	Un. Obs. Circ. **100** (1938) 466	für 195 Systeme meist nur die beste Bahn.
4.	Baize, P.	Second catalogue d'orbites d'étoiles doubles visuelles	J. Observateurs **33** (1950) 1	Für 253 Paare 338 Bahnen, klassifiziert nach der Zuverlässigkeit der Elemente als gute (B), einigermaßen gute (AB), mittelmäßige (M) bzw. provisorische (P). Berichtigungen J. Observateurs **33** (1950) 124
5.	Muller, P.	Catalogue de 304 éphémérides d'étoiles doubles visuelles	J. Observateurs **36** (1953) 61	Nur *P* und *a*, aber Ephemeriden für jedes System für die Zeit 1950 ··· 1970
6.	Muller, P.	Supplement au catalogue d'éphémérides d'étoiles doubles visuelles	J. Observateurs **37** (1954) 153	Ephemeriden für 105 Systeme mit neuen oder verbesserten Bahnen
7.	Muller, P., Cl. Meyer	Second catalogue d'éphémérides d'étoiles doubles	Publication de l'Observatoire de Paris, 1964	Ephemeriden für 497 Paare, 1960 ··· 1970
8.	Worley, C. E.	Catalogue of visual binary orbits	Publ. U. S. Naval Obs. **18**/3 (1963)	Für 536 Systeme meist nur die beste Bahn, eingeteilt in 5 "Gewichtsklassen"

Siehe ferner:

a.	Güntzel-Lingner, U.[1])	Strahlungsenergetische Parallaxen von 193 visuellen Doppelsternen	Astron. Abhandl. Ergänz. AN **10**/7 (1941)	weitgehend die Objekte der Kataloge 2 und 3
b.	Franz, O.[1])	Strahlungsenergetische Parallaxen von 400 Doppelsternen	Mitt. Wien **8** (1956) 1	weitgehend die Objekte der Kataloge 4 und 5
c.	Franz, O.	Ephemeriden der Radialgeschwindigkeiten von 59 visuellen Doppelsternen	Mitt. Wien **7** (1955) 259	Betrachteter Zeitraum im allgemeinen 1955 ··· 1960

[1]) Güntzel-Lingner und Franz teilen zwar von den Bahnelementen nur *P* und *a* mit, darüber hinaus aber noch trigonometrische, dynamische, spektroskopische und strahlungsenergetische Parallaxen der Systeme, ferner die Massen, absolute Größen, Radien und mittlere Dichten der Komponenten.

Neue, nichtkatalogisierte Doppelsternbahnen: Neue oder verbesserte Bahnen werden laufend in Einzelarbeiten veröffentlicht und im Circulaire d'Information (siehe 6.1.1.8) mitgeteilt.

6.1.1.3 Scheinbare Helligkeiten – Apparent magnitudes

Als Kataloge von *Gesamthelligkeiten* stehen praktisch nur die großen Durchmusterungskataloge (siehe 5.1.1) zur Verfügung. (Für die Berechnung der Gesamthelligkeit eines Doppelsternes aus m_A und $\Delta m = m_B - m_A$ siehe das Nomogramm auf S. 319 sowie SCHOENBERG [*3*].)

Die meisten photometrischen Untersuchungen beziehen sich auf die *Helligkeitsdifferenz* Δm der Komponenten. Ausgenommen sind die Potsdamer Photometrische Durchmusterung, die etwa 150 Systeme enthält mit beiden Komponenten einzeln gemessen, und natürlich die auf diesem Gebiet seit etwa 1949 verwendeten lichtelektrischen Beobachtungen.

Schätzungen der Helligkeitsdifferenz bei mehreren tausend Doppelsternen finden sich in den beiden klassischen Publikationen:

1. STRUVE, F. W.: Stellarum duplicium et multiplicium mensurae micrometricae, Petropoli 1837
2. DEMBOWSKI, E.: Misure micrometriche di stelle doppie, Roma 1884.

Tab. 1. Photometrische Meßreihen der Helligkeitsdifferenzen von Doppelsternen*) — Photometric measurements of magnitude differences of double stars

ϱ | Abstand der Komponenten | distance between components

Autor	N	Methode	$\varrho'' \geq$	Lit.	Bemerkungen
WALLENQUIST, A.		General Catalogue		Uppsala Ann. **4** (1954) Nr. 2	[1])
MULLER, P.	51	Doppelbild-Mikrometer		Ann. Astrophys. **15** (1952) 79	Kolorimetrie
WIETH-KNUDSEN, N.	331	Photographisch (Objektivgitter)		J. Observateurs **40** (1957) 93	Meist südliche Sterne
BAKOS, G.A., OKE, J.B.	109	lichtelektrisch	10	AJ **62** (1957) 242	Vorläufige Mitteilung ohne Katalog. Auch Farben gemessen
PETTIT, E.	157	Keilphotometer	0,8	AJ **63** (1958) 324	Mit dem 60 inch-Mt. Wilson-Reflektor
WALLENQUIST, A.	130	lichtelektrisch		Uppsala Medd. Nr. 118 (1958)	Auch Farben gemessen
HOPMANN, J.	628	Keilphotometer	0,5	Mitt. Wien **10** (1959) 47	Letzte Publikation einer Serie: Generalkatalog und Diskussion.
WAYMAN, P. A.	56	lichtelektrisch	8	Roy. Obs. Bull. No. 50 (1962)	74 inch-Radeliff-Reflektor, UBV
EGGEN, O. J.	228	lichtelektrisch	4	AJ **68** (1963) 483	Mt. Wilson 60 und 100 inch, Mt. Palonar 200 inch; UBV
TOLBERT, C. R.	94	lichtelektrisch	25	ApJ **139** (1964) 1105	UBV-System

Instrumentelles: Beträchtliche Erhöhung der visuellen Genauigkeit brachte das von MULLER konstruierte, auch als Photometer verwendbare Doppelbildmikrometer [*4*]. Zur photographischen Photometrie der Doppelsterne siehe [*5*], zur lichtelektrischen Photometrie [*6*]. Siehe auch 6.1.1.8 [*k*].

*) Meßreihen vor 1953 sind nicht aufgezählt, da im General Catalogue von WALLENQUIST enthalten; siehe auch LANDOLT-BÖRNSTEIN 6. Aufl., Bd. 3 (bis 1949).

[1]) Enthält alle *Messungen* von Δm (visuell, photographisch oder lichtelektrisch), die bis 1953 bekannt geworden sind (außer denen von MULLER) nebst einer Diskussion der einzelnen Meßreihen. Der Katalog enthält ferner Positionen für das Jahr 2000, m_A, Spektrum und scheinbare Distanz für 1344 Paare — Contains all *measurements* of Δm (visual, photographic or photoelectric) known in 1953, except those of P. MULLER, as well as a discussion of the individual series of measurements. In addition the catalogue contains the predicted positions for the year 2000, m_A, spectrum and apparent distance of 1344 pairs of double stars.

6.1.1.4 Statistische Beziehungen – Statistical relationships

6.1.1.4.1 Visuelle Doppelsterne in Sonnenumgebung – Visual binaries in the solar neighborhood

Tab. 2. Visuelle Doppelsterne näher als 20 pc (ohne unsichtbare astrometrische Begleiter)[1] – Visual binaries within a radius of 20 pc (without invisible companions)[1]

Typ [2]		N: $\pi \geq 0\text{''}\!.10$	N: $0\text{''}\!.10 > \pi \geqq 0\text{''}\!.05$
Hauptkomponente von Sp	A	1	–
	F	2	22
	G	5	18
	K	6	25
	M	21	43
Hauptkomponente: weißer Zwerg		1	–
Doppelsysteme zusammen		36	108
Visuelle Dreifachsysteme		3	5
Visuelles Paar mit entferntem Begleiter (gemeinsame EB) [3]		2	8
Visuelles Paar mit spektroskopisch doppelter Komponente		2	6
Drei Sterne mit gemeinsamer EB [3]		–	1
Dreifachsterne zusammen		7	20
Mehrfachsysteme		3	4

Literatur: 6.1.0.5 *[9]*, ferner EGGEN *[7]*.

6.1.1.4.2 Verteilung der scheinbaren Helligkeiten, der galaktischen Breiten und der Winkeldistanzen – Distribution of the apparent magnitudes, of galactic latitudes, and of angular distances

Tab. 3 ··· 5 stützen sich auf den „Lick Observatory Survey" (LOS, 1911, 1915), eine einheitliche Durchmusterung aller Sterne der nördlichen Hemisphäre heller als $9^{m}\!.0$ in der Bonner Durchmusterung (BD, siehe 5.1.1.3). Bis zur genannten Grenze enthält die BD rund 100 000 Sterne, der LOS verzeichnet unter ihnen 5400 visuelle Paare

Tab. 3 ··· 5 are based on the "Lick Observatory Survey" (LOS, 1911, 1915), a uniform survey of all stars of the northern hemisphere brighter than $9^{m}\!.0$ in the "Bonner Durchmusterung" (BD, see 5.1.1.3). Up to this limit the BD contains about 100 000 stars; of these the LOS lists 5400 visual pairs

Tab. 3. Prozentsatz der visuellen Doppelsterne in verschiedenen (scheinbaren) Helligkeitsklassen – Percentage of visual binaries by magnitude classes *[a]* Kap. 10

N (BD)	Anzahl aller Sterne ($\delta > o$)	total number of stars ($\delta > o$)
N (LOS)	Anzahl visueller Doppelsterne	number of visual binaries

m	N (BD)	N (LOS)	%
bis $6^{m}\!.5$	4 120	458	11,1
$6^{m}\!.6 \cdots 7{,}0$	3 887	306	7,9
7,1 ··· 7,5	6 054	438	7,2
7,6 ··· 8,0	11 168	758	6,8
8,1 ··· 8,5	22 898	1251	5,5
8,6 ··· 9,0	52 852	2189	4,1

Tab. 4. Prozentsatz der visuellen Doppelsterne in verschiedenen galaktischen Breiten ($m < 9$) – Percentage of visual binaries by galactic latitude ($m < 9$) *[9]*, *[a]* Kap. 10

N (BD)	Anzahl aller Sterne ($\delta > o$)	total number of stars ($\delta > o$)
N (LOS)	Anzahl visueller Doppelsterne	number of visual binaries

b	N (BD)	N (LOS)	%
+90° ··· +30°	26 948	1 335	4,95
+30 ··· +10	19 355	996	5,15
+10 ··· −10	26 477	1 620	6,13
−10 ··· −30	17 831	966	5,13
−30 ··· −70	10 368	483	4,66

[1]) Eine Zusammenstellung mit den Daten aller bekannten visuellen Doppelsterne näher als 5 pc siehe 8.1.4 – A summary containing the data of all known visual double stars at a distance of less than 5 pc see 8.1.4.

[2]) Die Tabelle enthält 6 ··· 10 Objekte der Leuchtkraftklasse IV; ein Paar besteht aus zwei Komponenten der Leuchtkraftklasse III (α Aurigae); die Anzahl der weißen Zwerge ist 6 – The table contains 6 ··· 10 objects of the luminosity class IV; one pair consists of two components of the luminosity class III (α Aurigae); the number of white dwarfs is 6.

[3]) EB Eigenbewegung – proper motion.

Tab. 5. Verteilung von visuellen Doppelsternen nach Winkeldistanzen ϱ — Distribution of visual binaries by angular distance ϱ

ϱ	1,″0	1,″01 ··· 2,″0	2,″01 ··· 3,″0	3,″01 ··· 4,″0	4,″01 ··· 5,″0	>5,″0
m	N (LOS)					
bis $6{,}^{m}5$	138	83	62	41	31	99
$6{,}^{m}6$ ··· 7,0	134	59	42	40	21	14
7,1 ··· 7,5	170	99	64	48	31	29
7,6 ··· 8,0	310	164	107	85	63	26
8,1 ··· 8,5	533	285	173	128	111	21
8,6 ··· 9,0	921	532	317	217	191	11
Alle	2 206	1 222	765	559	418	200
m	% [1]					
bis $6{,}^{m}5$	39	23	17	12	9	
$6{,}^{m}6$ ··· 7,0	45	20	14	14	7	
7,1 ··· 7,5	41	24	16	12	7	
7,6 ··· 8,0	42	22	15	12	9	
8,1 ··· 8,5	43	23	14	11	9	
8,6 ··· 9,0	42	25	14	10	9	
Alle	42	23	15	11	9	

Die Zahl der engen visuellen Doppelsterne (ϱ < 0,″5) bis $6{,}^{m}5$ ist nach LOS 75 (1,8 %). Zum Vergleich: eine interferometrische Prüfung aller Sterne heller als $6{,}^{m}0$ zwischen 0° und −60° Deklination zeigte, daß 0,8 % der geprüften Objekte enge Paare sind, mit Distanzen zwischen 0,″10 und 0,″34 [*8, 9*].

6.1.1.4.3 Verteilung der Spektraltypen — Distribution of spectral types

Die Kataloge ADS, SDS, RDS (siehe 6.1.1.1) und einige Zusatzlisten enthalten bis $m_v = 8{,}^{m}5$, etwa die Vollständigkeitsgrenze des Henry-Draper-Katalogs (HD, siehe 5.1.1.3), insgesamt 10 239 Sterne, darunter 9 618 mit bekannten HD-Spektraltypen (siehe 5.2.1.1).

Tab. 6. Verteilung der Spektraltypen visueller Doppelsterne, in Abhängigkeit von der galaktischen Breite — Distribution of visual binaries by spectral type and galactic latitude, according to Wierzbinski [*10*]

$m_v < 8{,}^{m}5$

Sp (HD)	Oa···Oe5	B 0···B 5	B 6 ··· A 4	A 5 ··· F 4	F 5 ··· G 4	G 5 ··· K 4	K 5 ··· Me	Sp ?	Summe
b^{I}	N								
90°··· 40°	—	2	170	183	316	263	17	50	1 001
40 ··· 20	—	9	312	166	268	309	38	80	1 182
20 ··· 0	10	157	961	276	423	514	78	193	2 612
0 ··· −20	18	261	1 165	293	429	527	88	183	2 964
−20 ··· −40	—	15	361	180	312	357	40	74	1 139
−40 ··· −90	—	4	198	200	358	315	25	41	1 141
Summe	28	448	3 167	1 298	2 106	2 285	286	621	10 239
%	0,3	4,4	30,9	12,7	20,6	22,3	2,8	6,0	100,0

Die schon in Tab. 4 angedeutete starke Konzentration der Doppelsterne zur galaktischen Ebene ist nach Tab. 6 weitgehend auf die Spektraltypen B, A und auch M zurückzuführen. Die galaktische Konzentration der visuellen Paare ist im allgemeinen deutlich stärker als die der Einzelsterne.

Die Daten der Tab. 6, kombiniert mit den Angaben des HD, ermöglichen eine Abschätzung der *Häufigkeit visueller Duplizität bei den verschiedenen Spektraltypen.* (Zur statistischen Auswertung des HD-Kataloges siehe [*11*].) Ein Vergleich mit dem „Lick Observatory Survey" zeigt hier wesentlich höhere Prozentsätze: das neue Material ist offenbar viel vollständiger. Da weitere Entdeckungen der Duplizität vermutlich noch ausstehen, ferner die Helligkeitsangaben der Kataloge und Doppelsternlisten miteinander nicht leicht zu vergleichen sind, dürfen die Häufigkeiten der Tab. 7 noch nicht als endgültige Ziffern betrachtet werden.

[1]) Die Prozentsätze beziehen sich in jeder Größenklassenstufe auf die jeweilige Gesamtzahl der Sterne mit ϱ < 5,″0 — The percentages in each class refer to the total number of stars with ϱ < 5,″0.

Tab. 7. Häufigkeit visueller Doppelsterne der verschiedenen Spektraltypen (HD-Katalog) — Frequency of visual binaries of different spectral types (HD catalogue)

$m < 8{,}^m5$

%	Prozentsatz der visuellen Doppelsterne; unbekannte Spektraltypen proportional verteilt	percentage of visual binaries; unknown spectral types are distributed proportionally

	Sp (HD)							Alle	Lit.
	O	B 0 ··· B 5	B 6 ··· A 4	A 5 ··· F 4	F 5 ··· G 4	G 5 ··· K 4	K 5 ··· M		
N	100	2 300	20 600	8 500	12 200	27 400	5 950	77 050	*11*
%	≈30	21	16	16	18	9	5	13,3	

Tab. 7 entspricht derjenigen mit den relativen Häufigkeiten spektroskopischer Doppelsterne (6.1.2.2); sofern gemeinsame Sterngruppen den Vergleich erlauben, macht sich eine deutliche Übereinstimmung der Prozentsätze bemerkbar. (Die Angaben über späte Spektraltypen beziehen sich hauptsächlich auf die Riesensterne!)

Eine Durchmusterung der *M-Zwerge* nach visueller Duplizität wurde von Worley [*2*] mit dem 36 inch-Lick-Refraktor durchgeführt. Unter rund 700 beobachteten Sternen fanden sich 27 neue visuelle Paare.

6.1.1.4.4 Verteilung der Bahnelemente — Distribution of the orbital elements

Die Verteilung der Systemkonstanten der bisher berechneten Bahnen hat wegen sehr starker Auswahleffekte nur beschränkten Informationswert.

Tab. 8. Relative Häufigkeit der Exzentrizitäten e — Relative abundance of eccentricities e, Couteau [*12*]

(aus 410 Bahnen — based on 410 orbits)

e	%
0 ··· 0,1	3,4
0,1 ··· 0,2	9,3
0,2 ··· 0,3	12,4
0,3 ··· 0,4	10,7
0,4 ··· 0,5	13,4
0,5 ··· 0,6	14,4
0,6 ··· 0,7	12,2
0,7 ··· 0,8	10,7
0,8 ··· 0,9	8,8
0,9 ··· 1	4,6

Tab. 9. Relative Häufigkeit der großen Halbachsen a — Relative abundance of the semi-major axes a, Couteau [*12*]

(aus 355 Bahnen — based on 355 orbits)

a [AE]	%
< 10	10,1
10 ··· 20	28,7
20 ··· 30	22,0
30 ··· 40	14,7
40 ··· 50	11,0
50 ··· 60	5,4
60 ··· 70	2,8
70 ··· 80	1,1
80 ··· 90	1,7
90 ··· 100	0,8
> 100	1,7

Wichtiger ist die Frage nach eventuellen Korrelationen zwischen den Systemkonstanten bzw. nach der Realität solcher Korrelationen. Eine Aufteilung der Exzentrizitäten e der bekannten Bahnen nach der Periode P zeigt z. B. eine deutliche Zunahme von e mit wachsendem P. Diese Korrelation stellt jedoch nur einen Auswahleffekt dar, wie mehrere Untersuchungen gezeigt haben; siehe z. B. [*13, 14*].

6.1.1.4.5 Lage im HRD; Raumgeschwindigkeiten; Veränderliche — Position in the HRD; space velocities; variables

Die einzelnen Komponenten visueller Doppelsterne erfüllen im Hertzsprung-Russel-Diagramm die gleichen Hauptbereiche wie die Einzelsterne (siehe 5.2.3). Alle Spektral- und Leuchtkraftklassen sind vertreten. Mehrere Autoren fanden, daß bei visuellen Doppelsternen mit Komponenten der Leuchtkraftklasse V der hellere Stern oft etwas über der Hauptreihe steht, wenn man den schwächeren auf die „Null-Hauptreihe" bringt [*15*]. Siehe auch die Arbeiten von Bakos und Oke und von Wallenquist, Tab. 1., ferner [*71*].

In bezug auf ihre *räumliche Geschwindigkeit* konnte man bislang keinen merklichen Unterschied gegenüber Einzelobjekten feststellen, mit Ausnahme der sogenannten „Schnelläufer", die eine merklich geringere Häufigkeit der Doppelsterne zeigen [*67*]. Diese Feststellung scheint für alle drei Arten der Duplizität zu gelten. Nach Blaauw [*68*] sinkt unter den Sternen frühen Spektraltyps der Anteil der Doppelsterne von etwa 2/3 bei Raumgeschwindigkeiten $v < 20$ km/sec auf beinahe Null bei $v > 35$ km/sec.

Physikalische Veränderlichkeit (siehe 6.2) scheint in geringerem Maße vorzukommen, obwohl sich das leicht als Auswahleffekt erweisen kann. Listen veränderlicher Doppelsterne geben Plaut [*16*] und Baize [*17*]. Baize zählt 160 Fälle gesicherter und 182 Fälle vermuteter Veränderlichkeit auf; in der ersten Gruppe finden sich 101 physikalische und 59 Bedeckungsveränderliche. In der Regel ist die hellere

Komponente physikalisch variabel. Erwähnenswert ist, daß einige bekannte Prototypen der Veränderlichen (δ Cephei, Mira Ceti, β Cephei, δ Scuti, *UV* Ceti) Komponenten visueller Doppelsterne sind; andererseits hat man bis jetzt keine Nova und keinen *RR* Lyrae-Stern mit Sicherheit als visuellen Doppelstern erkannt. (Die visuelle Duplizität bei Nova Pic 1925 und Nova Her 1934 erwies sich als scheinbar, durch die Struktur der sich ausdehnenden Gashülle vorgetäuscht; von ADS 8354 nimmt man an, daß die hellere Komponente ein *RR* Lyrae-Veränderlicher ist, der Typ der Veränderlichkeit sollte jedoch als noch ungeklärt betrachtet werden.)

6.1.1.4.6 Orientierung der Bahnebenen und der Apsidenlinien — Orientation of the orbital planes and apsidal lines

Über die Frage einer Vorzugsorientierung der *Bahnebenen* zur Ebene der Milchstraße lassen sich endgültige Aussagen immer noch nicht machen, die überwiegende Mehrzahl der diesbezüglichen statistischen Untersuchungen spricht jedoch *gegen* eine bevorzugte Ausrichtung. Das früher von Koslovskaja [*18*] vorgeschlagene, ausgeprägte Häufigkeitsmaximum bei 65° Neigung zur galaktischen Ebene wurde von Slussarev [*19*] als nicht existent widerlegt. Die auch von ihm gefundene zufällige Verteilung der Bahnneigungen haben andere Arbeiten wiederholt bekräftigt [*2, 14, 20 ··· 22*]; bezüglich der älteren Literatur siehe Voigt [*23*].

Die Orientierung der *großen Halbachsen* (Apsidenlinien) ist eine noch offene Frage; es ist mehrfach auf die Möglichkeit hingewiesen worden — siehe [*24*] und dort weitere Literatur —, daß in der Sonnenumgebung eine Bevorzugung der Richtung zum galaktischen Zentrum vorläge, wobei das Periastron vornehmlich nach außen zeigte.

6.1.1.5 Weite Paare (Eigenbewegungs-Paare) — Wide pairs (common proper motion pairs = cpm-pairs)

Die sogenannten weiten Paare sind visuelle Doppelsterne, bei denen die Duplizität wegen des großen scheinbaren Abstandes nicht unmittelbar ersichtlich ist; die Zusammengehörigkeit ist durch die gemeinsame Eigenbewegung der manchmal mehr als 1° voneinander entfernten Sterne nachweisbar. Die minimale räumliche Separation der Komponenten erfolgt dann aus der Parallaxe und ist in der Regel größenordnungsmäßig 1000 ··· 10 000 AE. Zwischen 36 UMa und BD 57° 1266 ist der Abstand $\geqq$ 49 000 AE [*25*].

Williams und Vyssotsky [*26*] fanden, daß unter 232 helleren Sternen (mit $m < 5\overset{m}{.}3$) wenigstens 7,3 %, unter 212 schwächeren 3,3% solche „entfernte Begleiter" haben; Luyten untersuchte Sterne mit hoher Eigenbewegung ($10\overset{m}{.}5 < m < 14\overset{m}{.}5$) auf Grund der "Bruce Proper Motion Survey" [*27*] und stellte fest, daß 1,9 % der untersuchten Sterne Mitglieder weiter Paare sind (mit Begleitern nicht schwächer als $14\overset{m}{.}5$). Die scheinbare Abnahme des Prozentsatzes mit der Helligkeit ist offenbar bedingt durch die Nichtvollständigkeit der Untersuchungen bei schwächeren Objekten.

Die interessante Möglichkeit, daß die Sonne selbst einen entfernten Begleiter hat und damit Mitglied eines Doppelsystems ist, wurde von van de Kamp erörtert [*28*]. Bis zur Separation 10 000 AE scheint die Existenz eines Begleiters mit absoluter Helligkeit $M < 20^{M}$ ausgeschlossen.

6.1.1.6 Mehrfache Systeme — Multiple systems

Ein nicht unbedeutender Teil der Sterne befindet sich in Systemen mit wenigstens drei Komponenten (siehe Tab. 10). Beobachtungstechnisch sind es:

1. Mehrfache Systeme, deren Komponenten einzeln „sichtbar" sind (ε Lyr, α Cen);
2. Visuelle Paare, deren eine oder beide Komponenten spektroskopisch, eventuell photometrisch, doppelt sind (i Boo, ξ UMa);
3. Spektroskopische oder photometrische Doppelsterne, bei denen die Anwesenheit weiterer Komponenten durch ihre Gravitationswirkung bemerkbar ist, spektroskopisch (Änderung der Schwerpunktgeschwindigkeit) z. B. λ Tau oder photometrisch (Änderung der Periode: Lichtzeiteffekt), z. B. *VW* Cep;
4. Visuelle Doppelsterne mit astrometrisch nachweisbaren, periodischen Störungen der Bahnbewegung; diese Störungen werden durch die Anziehung weiterer, wegen ihrer geringen Helligkeit unsichtbarer Komponenten hervorgerufen (ζ Cnc, 61 Cyg).

Bei den Mehrfachsystemen kommen *alle drei Hauptarten* der Duplizität (visuelle, spektroskopische, photometrische) vor; Tab. 10 beschränkt sich dementsprechend nicht nur auf visuelle Objekte.

Die große Mehrheit der Mehrfachsysteme gehört zu den Typen, die aus einem engeren Paar mit weitem Begleiter oder aus zwei engen Paaren, in größerem Abstand voneinander, bestehen. Unter 2771 drei- und mehrfachen Systemen aus ADS, SDS (siehe 6.1.1.1) und einigen Zusatzlisten verteilen sich 1931 auf diese Konfigurationen, die — zusammen mit einigen analogen Kombinationen — als stabil betrachtet werden können [*29*]. Die Bahnebenen in Dreifachsystemen zeigen nach Agekjan [*30*] eine Tendenz zur Komplanarität im folgenden Sinne: Der Winkel α, in der scheinbaren Bahnebene, zwischen der Knotenlinie des engen Paares AB und der Richtung AC zur entfernten Komponenten C, soll folgende statistische Eigenschaften zeigen: $\overline{\cos^2 \alpha} = 0{,}5$ für völlig unkorrelierte Neigungen, $\overline{\cos^2 \alpha} = 0{,}6932$ für vollständige Komplanarität. Die Diskussion von 59 Systemen ergab dann $\overline{\cos^2 \alpha} = 0{,}5974$. Ferner ist nach Strand die Bewegungsrichtung der weiten Komponente in 16 aus 20 Fällen die gleiche, wie die Umlaufsrichtung des engen Paares [*31*].

Mehrfachsysteme vom Trapez-Typ — Multiple systems of the Trapezium type

Hierunter fallen Systeme, bei denen alle Abstände zwischen den Komponenten von der gleichen Größenordnung sind. (Beispiel: Orion-Trapez = ADS 4186.)

Tab. 10. Einige typische Mehrfachsysteme — Some typical multiple stars

ADS	Nummer im ADS-Katalog (siehe 6.1.1.1)	number in the ADS catalogue (see 6.1.1.1)
N	Multiplizität (Zahl der Mitglieder)	multiplicity (number of members)
m/Sp	scheinbare Helligkeit und Spektraltyp der Komponenten	apparent magnitude and spectral type of the components
A, B . .	visuelle Komponente	visual components
Aa, . .	spektroskopische Komponente	spectroscopic components
P; (ϱ)	Perioden der angegebenen Untersysteme; oder in ( ) die scheinbare Distanz, wo bisher keine Bahnbewegung festgestellt wurde	periods of the given subsystems or in ( ) the apparent distance where no orbital motion has hitherto been observed

System	ADS	N	m/Sp [5]) A	a	B	b	C	c	D	d	P; (ϱ) Aa	AB	Bb	AC	Cc	AD	BC	Lit.
BD−30°529		3	7^{m}8 K 3 V		7^{m}9 K 3 V		11^{m}2 M ?					4^{a}556		144^a				*34*
β Per[1])		3 (4 ?)	2,1*) B 8 + G ?		~ 3,5 F ?		? ?				2^{d}867	1,862		32,5 ? ?				*35 ··· 38*
λ Tau		3	3,8*) B3 V + A 4 IV		? ?						3,953	33^{d}025						*39, 40*
Orion-Trapez[2])	4 186	9	6,8		7,3 Oe 5		5,4		6, 8			(9")		(13")		(22")	(17")	*41*
α Gem	6 175	6	2,0 A 1 V		3,0 A 1		9,8*) d K 6 + d K6				9,213	511^{a}3	2^{d}928	(72")	0^{d}814			*42 ··· 45*
ξ Cnc[3])	6 650	4	5,6 F 8		6,0 F 8		6,2 + ? G 0 + ?					59,6		1137^a	16^{a}64			*46, 47*
ε Hyd	6 993	5	3,8 G0 III	(IV ?)	5,0 G ?		6,9 F 5		13 dK 0			15,05		890^a	9^{d}905	(15")		*48 ··· 50*
ξ UMa	8 119	4	4,3 G 0 V		4,8 G 0 V						699,14	59,74	3,98					*51 ··· 53*
α Cen[4])		3	0,0 G 2 V		1,4 dK 5		10,7 M 5 e					79,92		(7900")				*54, 55*
i Boo	9 494	3	5,3 G 0		5,9* G 2 + G 2							253,6	0,268					*56 ··· 59*
β Lyr	11 745	5	3,4*) B 8 II p + F ?		7,0 B 7 V		10,0 A 8 V				12,930	(46")	4,348	(86")				*60 ··· 63*

*) Mit Bedeckungen — with eclipses.
[1]) Die Existenz der 4. Komponente ist zweifelhaft — The existence of the 4th component is doubtful.
[2]) Außer A bis D noch 5 weitere Komponenten — 5 further components besides A ··· D.
[3]) Die 4. Komponente (unsichtbar) ist vermutlich ein Weißer Zwerg — The 4th component (invisible) is probably a white dwarf.
[4]) α Cen C = Proxima.
[5]) Angaben in der Mitte beziehen sich auf die Gesamthelligkeit des spektroskopischen Untersystems — Values listed in the middle of the column refer to the total brightness of the spectroscopic subsystem.

Nach AMBARTSUMIAN [32] mögen Trapez-Konfigurationen, die O ··· B 2-Sterne enthalten, etwa zur Hälfte physikalische (= nicht optische) Systeme bilden, bei späteren Typen ist hierfür die Wahrscheinlichkeit viel geringer. In Objekten vom Trapez-Typ führt der Energie-Austausch zwischen den Mitgliedern im allgemeinen einen raschen Zerfall des Systems herbei, dessen Zeitskala einige 10^6 Jahre beträgt, falls die mechanische Gesamtenergie des Systems negativ ist (bei positiver Gesamtenergie etwa 10-fach weniger).

Diese Mehrfachsysteme gehören also zu den jüngsten Objekten in der Galaxis [32]. Einige von ihnen, eingebettet in Emissionsnebeln, wurden von SHARPLESS untersucht [33].

6.1.1.7 Weiße Zwerge als Doppelstern-Komponenten – White dwarfs as components of binaries

Tab. 11. Weiße Zwerge in visuellen Doppelsternen (siehe 6.5) — Visual binaries with white dwarf components (see 6.5)

	Nach LUYTEN's Liste [64]; *Ergänzungen nach EGGEN [66]	from LUYTEN's list [64]; *supplements according to EGGEN [66]
μ	Eigenbewegung des Gesamtsystems	proper motion of the system
ϱ	Abstand der Komponenten	distance between the components
CI	Farbenindex (5.2.7)	color index (5.2.7)

Name [1]	α (1950)	δ (1950)	μ [″/a]	m_1	m_2	CI [2] (1)	CI [2] (2)	Sp [4] (1)	Sp [4] (2)	ϱ [3]
LDS 1	0h 08m,7	−21° 00′	0″,25	12m,3	14m,0	+0m,3	−0m6	SDF	SDG	8″,4
L 170-14	27,5	−54 58	0,34	15,8	15,9	(+1,3)	0,0	—	—	3,4
L 291-66	39,4	−47 45	0,09	14,6	15,7	+0,1	+0,1	—	—	137,2
L 587-77	3 26,7	−27 32	0,80	13,9	15,6	+0,2	+2,1	DA	M 5	7,7
40 Eri BC	4 13,1	− 7 44	4,08	9,5	12,3	+0,03	+1,7	DA	M 5e	(a)
G 39-27/28*	33,7	+27 02	0,285	8,38	15,90	+1,12	+0,68	—	—	125
L 879-2/3	34,0	− 6 17	0,53	16,0	17,1	+1,4	+0,3	—	—	7,1
LDS 157 AC	6 15,6	−59 11	0,34	7,0	13,7	+0,5	+0,2	G 0	—	40,6
α CMa	43,0	−16 39	1,32	−1,5	8,5	(0,0)	+0,2	A 1	DF	(b)
G 87-28/29*	7 06,9	+37 45	0,42	14,67	15,68	+1,65	+0,30	—	—	15
α CMi	36,7	+ 5 21	1,25	0,8	11	+0,4	(+0,4)	F 3	—	(c)
L 745-46	38,0	−17 17	1,26	12,8	17,6	(+0,32)	+1,6	DF	—	21,0
LDS 216	8 20,7	−58 32	0,19	16,2	16,8	+0,1	+1,3	—	—	20,8
LDS 235	45,3	−18 48	0,13	12,6	14,6	+1,2	(−0,4)	K 2	DA	30,0
LDS 275	9 35,0	−37 07	0,37	14,6	15,0	−0,2	−0,2	DC	DC	3,7
L 970-30/27	11 05,5	− 4 52	0,43	12,6	13,6	−0,2	+1,3	DA	M 5	279
L 1405-40/1	47,7	+25 35	0,30	15,4	16,4	−0,3	+1,0	DA	(K)	36,2
L 1046-18	12 14,3	+ 3 14	0,70	14,7	14,9	+1,5	0,0	—	—	2,6
G 61-16/17*	44,7	−14 59	0,44	13,50	15,86	+1,47	+0,22	—	—	25
L 1409-4	13 14,0	+29 22	0,16	12,2	14,7	−0,10	—	DA	(M)	3
G 14-57/58*	27,5	− 8 27	1,174	13,50	15,86	+0,08	+1,68	—	—	500
LDS 455	34,3	−16 04	0,09	14,9	15,2	−0,3	+1,2	DA	(K 5)	14,0
L 619-49/50	48,1	−27 18	0,24	13,9	15,0	+1,6	−0,3	—	DA	8,2
LDS 500	14 40,0	−40 57	0,14	13,4	14,9	+0,3	+0,3	—	—	12,3
LDS 539	15 41,9	−38 10	0,13	14,7	14,9	+1,1	+0,3	(K)	SDF 5	10,3
CBD −37° 10 500	44,2	−37 46	0,49	6,8	13,2	+0,7	0,0	G 3	DA	14,7
LDS 559	16 23,0	−54 05	0,09	14,2	15,8	+1,5	+0,3	—	—	39,4
W 672	17 16,2	+ 2 00	0,52	14,2	15,6	+0,14	+1,5	DA 4	M 3	12,3
LDS 678	19 17,7	− 7 46	0,20	12,2	13,7	+0,02	+1,8	DA	M 3	27,2
LDS 683	32,9	−13 36	0,14	14,8	15,0	+1,3	+0,15	K 5	DA 4	28,2
LDS 749	21 29,6	0 00	0,41	11,0	14,2	+0,9	−0,05	K 2	DB	132,8
LDS 765	54,4	−51 13	0,41	12,4	15,0	+1,6	+0,1	M 0	—	26,6
LDS 766	54,9	−43 12	0,22	14,5	15,6	+0,1	+1,5	DA	—	8,9
LDS 785	22 24,6	−34 27	0,19	13,9	14,1	−0,2	+1,6	DA	—	8,7
L 1512-34/5	23 41,4	+32 15	0,22	13,0	13,3	+0,27	+1,9	DA	M 2	174
LDS 826	51,5	−33 33	0,50	14,2	15,0	+0,2	+1,6	DA	M 1	7,0

[1]) Einige Sterne der Liste sind vermutlich Unterzwerge; LDS 275 besteht aus zwei weißen Zwergen, möglicherweise auch LDS 291-66. Eine Liste schwacher visueller Paare von HARO und LUYTEN [70] mag weitere Weißer-Zwerg-Komponenten enthalten — Some of the stars listed are probably subdwarfs; LDS 275 consists of two white dwarfs, possibly also LDS 291-66. A list of faint visual pairs by HARO and LUYTEN [70] might contain more white-dwarf components.

[2]) Wenn eine Dezimale gegeben ist: Farbenindex (P-V) im internationalen System; wenn zwei Dezimalen gegeben sind: photoelektrische Farben (B-V) im UBV-System und revidierte Spektren nach [65] — If one place behind the decimal point is given: color index (P-V) in the international system; if two places behind the decimal are given: photoelectric color index (B-V) in the UBV system and revised spectral type according to [65].

[3]) Bahnen/Orbits:

(a)	P = 252a,19	a = 6,865	(ARTJUCHINA 1948)
(b)	50,29	7,50	(VAN DEN BOS 1960)
(c)	40,65	4,548	(STRAND 1951)

[4]) Sp der normalen Sterne siehe 5.2.1; Sp der weißen Zwerge siehe 6.5.2 — Sp of normal stars see 5.2.1; Sp of white dwarfs see 6.5.2.

6.1.1.8 Literatur zu 6.1.1 – References for 6.1.1

Allgemeine Literatur – General literature

siehe allgemeine Literatur für Doppelsterne 6.1.0.5 Ferner: | see general literature for double stars 6.1.0.5 and:

a AITKEN, R. G.: The binary stars, New York and London (1935).
b VAN DE KAMP, P.: Visual binaries, Hbd. Physik **50** (1958) 187.
c EKENBERG, B.: A study of visual binary stars, Medd. Lund Ser. II (1945) Nr. 116.
d VAN BIESBROECK, G.: Visual binary stars and stellar parallaxes, in "Astrophysics" (J. H. HYNEK ed.) New York-Toronto-London (1951) Chapter 9.
e STRAND, K. A.: The present status of double star astronomy, AJ **59** (1954) 61.
f PENSADO, I.: Las estrellas dobles visuales, in Annuario del Observatorio Madrid (1955) 309.
g VAN DE KAMP, P.: Long-focus photographic astronomy, Popular Astron. **59** (1951) 65, 129, 176 und 243.
h VAN DEN BOS, W. H.: Orbit determinations of visual binaries, in: Astronomical techniques (ed. W. A. HILTNER), Chicago-London (1962) 537.
j MULLER, P.: Techniques for visual measurements, in: Astronomical techniques (ed. W. A. HILTNER), Chicago-London (1962) 440.
k LIPPINCOTT, S. L. (ed): Visual double stars, IAU Symp. Nr. 17 = PASP **74** (1962) 5.

Spezielle Probleme

Interferometermessungen:
JONES, H. SPENCER: MN **82** (1922) 513.
FINSEN, W. S.: Popular Astron. **59** (1951) 399.
Empirische Masse-Leuchtkraft-Beziehung:
EGGEN, O. J.: ApJ Suppl. **8**/76 (1953) 125.
Zur Bahnbestimmung langperiodischer Paare aus kurzem Bogen:
HOPMANN, J.: Abhandl. Sächs. Akad. Wiss. Leipzig, Math.-Naturw. Kl. **43** Nr. 3 (1945).
Zur photographischen Beobachtung:
GÜNTZEL-LINGNER, U.: Publ. Potsdam **90** Heft 3 (1962); mit der vollständigen Bibliographie der früheren photographischen Doppelsternmessungen.

Informationszirkular

MULLER, P.: Circulaire d'Information, IAU, Commission des Étoiles Doubles; Observatoire de Meudon, erscheint seit 1954.

Spezielle Literatur – Special references

1 VAN DEN BOS, W. H., and H. M. JEFFERS: PASP **69** (1957) 322.
2 WORLEY, C. E.: AJ **67** (1962) 396.
3 SCHOENBERG, E.: Hdb. Astrophys. **II/1** (1929) 245.
4 MULLER, P.: Rev. Opt. **18** (1939) 172; Ann. Strasbourg **5** (1948) fasc 1.
5 KIENLE, H.: Sitzber. Deut. Akad. Wiss. Berlin, Math.-Naturw. Kl. Nr. 6 (1948).
6 LACROUTE, P., et P. BACCHUS: Compt. Rend. **234** (1952) 408.
7 EGGEN, O. J.: AJ **61** (1956) 405.
8 FINSEN, W. S.: Observatory **72** (1952) 125.
9 FINSEN, W. S.: PASP **73** (1961) 290.
10 WIERZBINSKI, ST.: Acta Astron. Warszawa-Kraków **11** (1961) 205.
11 SHAPLEY, H., and A. J. CANNON: Harvard Circ. 226 (1921).
12 COUTEAU, P.: J. Observateurs **43** (1960) 42.
13 HOPMANN, J.: Mitt. Wien **8** (1956) 221.
14 BESPALOV, A. W.: Publ. Sternberg **30** (1961) 75.
15 JOHNSON, H. L.: ApJ **117** (1953) 361.
16 PLAUT, L.: BAN **7** (1934) 181; **9** (1940) 49.
17 BAIZE, L.: J. Observateurs **45** (1962) 117.
18 KOSLOVSKAJA, S.: Astron. Zh. **23** (1946) 299.
19 SLUSSAREV, S. G.: Publ. Astron. Obs. Leningrad **15** (1950) 204.
20 AREND, S.: Commun. Obs. Roy. Belg. No. 20 (1950) 17.
21 MULLER, P.: Compt. Rend. **242** (1956) 460.
22 BERTHOMIEU, H.: Ann. Toulouse **25** (1957) 45.
23 VOIGT, H. H.: Himmelswelt **56** (1949) 127.
24 HOPMANN, J.: Ber. Verhandl. Sächs. Akad. Wiss. Leipzig, Math. Naturw. Kl. **93** (1942).
25 VYSSOTSKY, A. N., and D. REUYL: PASP **54** (1942) 263.
26 WILLIAMS, E. T. R., and A. N. VYSSOTSKY: PASP **54** (1942) 260.
27 LUYTEN, W. J.: Publ. Minnesota **2**/9 (1939).
28 VAN DE KAMP, P.: PASP **73** (1961) 389 (Aitken Lecture).
29 WALLENQUIST, A.: Uppsala Ann. **1**/5 (1944).
30 AGEKJAN, T. A.: Fragen der Kosmogonie, Moskau **3** (1954) 63.
31 STRAND, K. AA.: AJ **49** (1941) 172.
32 AMBARTSUMIAN, W. A.: Mitt. Bjurakan Nr. 15 (1954).

33 Sharpless, S.: Ap J **119** (1954) 334.
34 Eggen, O. J.: PASP **64** (1952) 230.
35 McLaughlin, D.: Publ. Michigan **6**/2 (1934).
36 van de Kamp, P., Sara M. Smith, and A. Thomas: AJ **55** (1951) 251.
37 Ebbighausen, E. G.: ApJ **128** (1958) 598.
38 Herczeg, T.: Veröffentl. Bonn Nr. 54 (1959).
39 Ebbighausen, E. G., and O. Struve: ApJ **124** (1956) 507.
40 Graut, G.: ApJ **129** (1959) 78.
41 Aitken, R. G.: New general catalogue of double stars, 1, Washington (1932).
42 Vinter-Hansen, J.: Lick Bull. **19** (1940) 89.
43 Kron, G. E.: ApJ **115** (1952) 301.
44 Muller, P.: Bull. Astron. **20** (1956) 145.
45 Struve, O., and V. Zebergs: ApJ **130** (1959) 783.
46 Makemson, M. W.: AJ **42** (1933) 153.
47 van de Kamp, P.: AJ **53** (1948) 207; siehe auch Gasteyer, G.: AJ **59** (1954) 243.
48 Sanford, R. F.: ApJ **64** (1926) 179.
49 Adams, B.: PASP **51** (1939) 116.
50 Heintz, W. D.: ZfA **57** (1963) 159.
51 van den Bos, W. H.: Kgl. Danske Videnskab. Selskab, Mat. Fys. Skr. **8**/2 Serie 12 (1928) 295.
52 Berman, L.: Lick Bull. **15** (1930) 109.
53 Rakowiecki, T.: Wiadom. Mat. Varsovie **46** (1938) 125.
54 Wesselink, A. J.: MN **113** (1953) 505.
55 Heintz, W. D.: Circulaire d'Information, Commission des Etoiles Doubles, No. 19 (1959).
56 Gennaro, A.: Pubbl. Padova Nr. 57 (1937) und 66 (1940).
57 Popper, D. M.: ApJ **97** (1943) 407.
58 Schmidt, H., und K. W. Schrick: ZfA **43** (1957) 165.
59 Prokofieva, V. V.: Veränd. St. Bull. Moskau **12** (1958) 249.
60 Struve, O.: PASP **70** (1958) 5.
61 Sahade, J., S.-s. Huang, O. Struve, and V. Zebergs: Trans. Am. Phil. Soc. **49**/1 (1959).
62 Wood, D. B., and M. F. Walker: ApJ **131** (1960) 363.
63 Abt, H. A., H. M. Jeffers, J. Gibson, and A. R. Sandage: ApJ **135** (1962) 429.
64 Luyten, W. J.: Anhang zu "Search for faint blue stars, No. 8", University of Minnesota Observatory (1956).
65 Greenstein, J. L.: Hdb. Physik **50** (1958) 162.
66 Eggen, O. J.: Quart. J. Roy. Astron. Soc. **3** (1962) 281.
67 Oort, J. H.: Publ. Groningen Nr. 40 (1926).
68 Blaauw, A.: PASP **68** (1956) 495.
69 Muller, P.: Compt. Rend. **229** (1954) 1771.
70 Haro, G., and W. J. Luyten: Bol. Tonantzintla Tacubaya, Nr. 22 (1962).
71 Slettebak, A.: ApJ **138** (1963) 116.

6.1.2 Spektroskopische Doppelsterne — Spectroscopic binaries

6.1.2.1 Bahnelemente und Kataloge der Bahnelemente – Orbital elements and catalogues of orbital elements

Definition der Bahnelemente siehe 6.1.0.2 — Definition of orbital elements see 6.1.0.2

Weitere Beziehungen:

K [km/sec]	halbe Radialgeschwindigkeitsamplitude	half amplitude of the radial velocity
P [d]	Periode	period
$\mathfrak{M}$ [$\mathfrak{M}_\odot$]	Masse	mass
a [10^6 km]	große Bahnhalbachse	semi-major axis

Falls beide Spektren beobachtbar sind, ist: | If both spectra are visible, we get:

$$a_1 \sin i = 0{,}01375\, K_1\, P\, (1 - e^2)^{1/2} \qquad (1)$$
$$a_2 \sin i = 0{,}01375\, K_2\, P\, (1 - e^2)^{1/2}$$

Ferner: | Furthermore:

$$\mathfrak{M}_1 \sin^3 i = 1{,}0346 \cdot 10^{-7}\, (K_1 + K_2)^2\, K_2\, P\, (1 - e^2)^{3/2} \qquad (2)$$
$$\mathfrak{M}_2 \sin^3 i = 1{,}0346 \cdot 10^{-7}\, (K_1 + K_2)^2\, K_1\, P\, (1 - e^2)^{3/2}.$$

Ist das zweite Spektrum unsichtbar oder nicht zuverlässig meßbar, erhält man nur eine Gleichung vom Typ (1) und statt (2) die *Massenfunktion*:

If the second spectrum can not be observed or measured reliably, we get only one equation of type (1) and instead of (2) the *mass function*:

$$f(\mathfrak{M}) = \frac{\mathfrak{M}_2^3 \sin^3 i}{(\mathfrak{M}_1 + \mathfrak{M}_2)^2} = 1{,}0346 \cdot 10^{-7} K_1^3 P (1 - e^2)^{3/2} = \frac{\mathfrak{M}_2 \cdot \sin^3 i}{(1+\alpha)^2} = \frac{\mathfrak{M}_1 \sin^3 i}{\alpha (1+\alpha)^2}, \qquad (3)$$

mit $\alpha = \mathfrak{M}_1/\mathfrak{M}_2$.

Zur Bahnbestimmung spektroskopischer Doppelsterne siehe PETRIE [*1*] und 6.1.0.5 [*a* ··· *c*].

Der jüngste Katalog von Systemen mit Bahnelementen ist: MOORE, J. H. and F. J. NEUBAUER: Fifth catalogue of the orbital elements of spectroscopic binary stars. Lick Bull. **20** (1948). Er enthält Bahnelemente für 524 Systeme, von denen 480 als endgültig oder wenigstens ziemlich sicher zu betrachten wären. Bei dem Rest handelt es sich um provisorische Bestimmungen oder um Fälle, wo Verdacht auf systematische Fehler (z. B. durch Gasströme verfälschte Bahnelemente) besteht. Seit dem Erscheinen des „Fifth Catalogue" werden, ihn ergänzend, die neuen Bahnbestimmungen von Zeit zu Zeit in den Annalen des Observatoire Astronomique de Toulouse zusammengestellt:

BOUIGUE, R.: Ann. Toulouse **21** (1952) 31; **22** (1954) 49; **23** (1955) 45; **24** (1956) 67; **25** (1957) 69
BOUIGUE, R., et J.-L. CHAPUIS: Ann. Toulouse **27** (1959) 87
PEDOUSSAUT, A.: Ann. Toulouse **29** (1963) 31

} enthalten insgesamt 143 Erstbahnbestimmungen und 65 revidierte Bahnen.

6.1.2.2 Häufigkeit – Frequency of occurence

Tab. 1. Häufigkeit spektroskopischer Doppelsterne — Frequency of spectroscopic binaries
JASCHEK and JASCHEK [*2*]

%	Prozentsatz spektroskopischer Doppelsterne *und* der Sterne mit variabler Radialgeschwindigkeit auf Grund von [*3*] mit geschätztem Fehler (g. F.)	Percentage of spectroscopic binaries *and* of stars with variable radial velocity basing on [*3*] and estimated errors (g. F.)
N	Zahl der untersuchten Objekte	Number of objects examined

Sterngruppe	Sp	%	g. F.	N
Überriesen	alle	15	±5	87
Assoziationen	O ··· B	17	±3	100
Sternströme	B	20	±3	173
Offene Sternhaufen	B ··· F	20	±3	141
Hauptreihe, oberer Teil	B ··· F	20	±1	1165
Be-Sterne	Be	21	±2	141
Hauptreihe, unterer Teil	G ··· M	15	±2	452
Schnelläufer (Hauptreihe)	F ··· K	8	±3	72
Riesen	G ··· K	13	±2	348

Für die O-Sterne allein ergibt sich die hohe Häufigkeit von 37%; unter den Riesen findet man keinen wesentlichen Unterschied nach der Raumgeschwindigkeit. Wenn man *für die Hauptreihe* von A bis M den negativen Auswahleffekt infolge geringerer Massen berücksichtigt, erhöht sich die Häufigkeit auf 25% bis 30% und bleibt in guter Näherung vom Spektraltyp unabhängig.

6.1.2.3 Statistische Beziehungen – Statistical relationships

Tab. 2 ··· 7: Verteilung nach physikalischen Größen

aus den bis 1963 publizierten Bahnbestimmungen, für jedes System jeweils der jüngste Satz der Bahnelemente. Nicht berücksichtigt werden die unter 6.1.2.4 ··· 6.1.2.6 getrennt behandelten Sterngruppen und die Bahnen der C-Komponenten in Mehrfachsystemen.

Distribution according to physical data

based on the orbital determinations published until 1963 — for each system the latest published set of orbital elements. The groups treated separately in 6.1.2.4 ··· 6.1.2.6 and the C components of multiple stars are not considered in Tab. 2 to 7.

Tab. 2. Spektrale Verteilung von Ein- und Zweispektrensternen — Spectral distribution of one- and two-spectrum stars

Sp	N		
	1 Spektrum	2 Spektren	Summe
O	7	6	13
B	100	55	155
A	117	59	176
F	75	37	112
G	67	18	85
K	39	6	45
M	10	1	11
Summe	415	182	597

Tab. 3. Verteilung nach scheinbarer Helligkeit und Spektraltyp — Distribution according to apparent magnitude and spectral type

Sp	O	B	A	F	G	K	M	Summe
m	*N*							
$-2^m \cdots 0^m$	0	0	1	0	0	0	0	1
0 ··· 1	0	1	0	1	2	0	0	4
1 ··· 2	1	0	2	0	0	0	0	3
2 ··· 3	1	6	8	2	3	1	0	21
3 ··· 4	0	18	5	8	8	3	5	47
4 ··· 5	2	29	13	18	22	10	3	97
5 ··· 6	3	25	42	26	17	12	1	126
6 ··· 7	3	38	37	30	8	7	0	123
7 ··· 8	2	12	15	9	7	1	0	46
8 ··· 9	1	10	23	3	4	6	0	47
9 ··· 10	1	8	14	5	8	2	1	39
10 ··· 11	0	1	8	6	5	0	1	21
11 ··· 12	0	0	4	3	0	0	0	7
>12	0	2	1	0	0	0	0	3
Summe	14	150	173	111	84	42	11	585

Tab. 4. Verteilung nach Periode und Spektraltyp — Distribution according to period and spectral type

Sp	O	B	A	F	G	K	M	Summe
P	*N*							
$<0^d\!.33$	0	3	0	0	4	1	0	8
$0{,}33 \cdots 1^d$	0	3	12	9	5	3	2	34
1 ··· 3	2	48	57	15	4	2	0	128
3 ··· 9	6	50	55	29	10	2	0	152
9 ··· 27	2	24	36	22	13	7	0	104
27 ··· 81	2	12	6	13	6	3	1	43
81 ··· 243	1	12	6	4	9	2	3	37
243 ··· 729	0	2	1	5	13	5	1	27
$2^a \cdots 6^a$	0	0	1	3	13	14	2	33
6 ··· 18	0	1	1	5	4	2	2	15
18 ··· 54	0	0	1	6	2	1	1	11
>54	0	0	0	0	1	1	0	2
Summe	13	155	176	111	84	43	12	594

Die Exzentrizität (Tab. 5) wird im Durchschnitt mit zunehmender Periode größer und erreicht bei $P \approx 2^a$ mit den visuellen Doppelsternen vergleichbare Mittelwerte (siehe 6.1.1.4.4). Im Gegensatz zu den visuellen Paaren ist aber das Vorherrschen der kleinen Exzentrizitäten bei kurzen Perioden zweifellos *kein* Auswahleffekt.

Tab. 5. Mittlere Bahnexzentrizität $\bar{e}$ — Mean orbital eccentricity $\bar{e}$

(In Klammern: Anzahl N der Objekte) | (In parentheses: number N of objects considered)

Sp	O ··· B	A ··· F	G ··· K ··· M	Alle
P	$\bar{e}$ (N)			
$<1^d$	0,0418 (6)	0,0228 (20)	0,0212 (15)	0,025
1^d ··· 9	0,0848 (108)	0,0709 (151)	0,0325 (18)	0,074
9 ··· 81	0,2247 (39)	0,2763 (76)	0,1314 (30)	0,232
81 ··· 729	0,3636 (15)	0,4826 (16)	0,2204 (33)	0,320
>729	0,2200 (1)	0,4148 (17)	0,6031 (42)	0,543

Tab. 6. Beobachtete Häufigkeit des Massenverhältnisses $\alpha = \mathfrak{M}_1/\mathfrak{M}_2$ — Observed distribution of the mass-ratio $\alpha = \mathfrak{M}_1/\mathfrak{M}_2$

α	N	α	N	α	N
1,00 ··· 1,09	56	1,50 ··· 1,59	7	2,00 ··· 2,19	7
1,10 ··· 1,19	37	1,60 ··· 1,69	9	2,20 ··· 2,39	3
1,20 ··· 1,29	16	1,70 ··· 1,79	5	2,40 ··· 2,59	3
1,30 ··· 1,39	6	1,80 ··· 1,89	5	2,60 ··· 2,99	1
1,40 ··· 1,49	9	1,90 ··· 1,99	5	3,00 ··· 3,40	3
				>3,40	2

Die Zahlen in Tab. 6 beruhen notwendigerweise auf Sternen mit 2 Spektren, also nicht sehr verschiedener Helligkeit. Durch diese Auswahl entsteht eine starke Bevorzugung der kleineren α-Werte. Aufgeteilt nach Spektraltypen, findet Hynek (in [*4*] S. 461) verhältnismäßig große Massenverhältnisse (bis etwa $\alpha = 2{,}5$) bei den B-Sternen; zwischen A 5 und G 0 sind α-Werte größer als 1,3 sehr selten, bei den Typen G und K steigt α wieder etwas an.

Tab. 7. Spektrale Verteilung von $\mathfrak{M}_1 \sin^3 i$ — Spectral distribution of $\mathfrak{M}_1 \sin^3 i$

I Bedeckungsveränderliche | eclipsing binaries
II Nicht-Bedeckungsveränderliche | binaries without eclipses

Sp	I		II	
	$\mathfrak{M}_1 \sin^3 i$	N	$\mathfrak{M}_1 \sin^3 i$	N
O	16,70	3	14,62	5
B 0 ··· B 2	11,02	11	9,55	6
B 3 ··· B 7	7,43	11	7,58	15
B 8 ··· A 3	2,42	17	4,08	48
A 4 ··· F 4	1,54	10	1,27	27
F 5 ··· G 4	1,35	9	1,33	18
G 5 ··· K 8 [1])	2,39	9	0,75	11
M	0,63	1	0	0

Verteilung der Periastronlängen — Distribution according to the longitude of periastron

Die Periastronlänge und damit die Lage der großen Bahnachse in der Bahnebene, zeigt eine deutliche Bevorzugung der Werte zwischen $\omega = 0°$ und $\omega = 90°$ („Barr-Effekt"). Dieser (offenbar scheinbare) Effekt ist ausschließlich auf einige Doppelsterne mit kurzer Periode (etwa $P < 10^d$) und Spektraltyp früher als F 2 zurückzuführen und hat nach Struve seine Ursache in der Verzerrung der Radialgeschwindigkeitskurve durch Gasströme in diesen engen Systemen. Literatur [*6* ··· *9*].

Bezüglich der allgemeineren Frage nach den vielfältigen *dynamischen Erscheinungen* in engen Systemen, wie Massenaustausch zwischen den Komponenten, Massenverlust des Gesamtsystems, Auswurf von Materie, Änderungen der Periode und anderer Bahnelemente usw., siehe Struve [*7*], Kuiper [*10*], Crawford [*11*], Huang [*12*], ferner die Referate: Sahade: Composite and combination spectra [*13*], Wood: On the evolution of close binary star [*14*] und mehrere Beiträge in „Nonstable stars" [*15*], „Etoiles à raies d'émission" [*16*].

Weitere statistische Untersuchungen über spektroskopische Doppelsterne:
Massen, Massenverhältnisse: Petrie [*17*], Kurzemniece [*18*], Beer [*19*];
Rotation: Plaut [*20*];
mittlere Bahndurchmesser: Blanco [*21*];
Perioden-Exzentrizitäts-Beziehung: Walter [*22*];
räumliche Verteilung und kinematische Verhältnisse: Daube-Kurzemniece [*23*];
Auffindungswahrscheinlichkeit: Scott [*24*].

[1]) Der auffallend hohe Wert für die Gruppe G 5 ··· K 8 mit Bedeckungslichtwechsel rührt von den hier auftretenden sogenannten ζ Aurigae-Sternen her: das sind photometrische (und spektroskopische) Doppelsterne, mit einem K-Überriesen als Hauptkomponente und einem B-Hauptreihenstern als Begleiter (ζ Aur, 31 und 32 Cyg). Zu dieser Gruppe zählt noch *VV* Cep mit dem Spektrum M2eI + B9V (?); die Bahnverhältnisse dieses Paares bieten aber noch viele offene Probleme [*35, 36*]. Über die Bedeckungsphänomene bei ζ Aurigae-Sternen siehe Wilson [*5*].

6.1.2.4 Wolf-Rayet-Sterne in spektroskopisch doppelten Systemen — Wolf-Rayet stars in spectroscopic binary systems

Spektroskopisch doppelte Systeme, die einen Stern mit W-Spektrum (siehe 5.2.1.1) enthalten, zeigen durchweg die Anomalie, daß der auf Grund der Sichtbarkeitsverhältnisse als hellere Komponente betrachtete Wolf-Rayet-Stern die kleinere Masse besitzt. (Wo nur das W-Spektrum sichtbar ist, deutet der große Wert der Massenfunktion auf $\alpha < 1$ hin.)

Tab. 8. Spektroskopische Doppelsterne mit Wolf-Rayet-Komponente, für die Bahnbestimmungen vorliegen — Spectroscopic binaries with Wolf-Rayet component for which determinations of the orbit are available

Elemente siehe 6.1.0.2

ω Länge des Periastrons	longitude of the periastron
Die Elemente sind teilweise nur provisorisch	Some of the elements are only provisional

Name	Sp (5.2.1.1)	Elemente						$f(\mathfrak{M})$
		P	e	ω	$a_1 \sin i$ [10^6 km]	$\mathfrak{M}_1 \sin^3 i$ [$\mathfrak{M}_\odot$]	$\mathfrak{M}_2 \sin^3 i$ [$\mathfrak{M}_\odot$]	
HD 152 270	WC 6 + O	$8\overset{d}{,}82$	0,24	190° [1])		1,9	6,9	
HD 168 206	WC 7 + B	29,675	0,0			8,2	24,8	
HD 186 943	WN 5 + B	9,550	0,0			5,8	21,0	
HD 190 918	WN 5 + B0	85,0			44	0,21	0,776	
HD 228 766	WN 7 + OB	10,6			35	4,6	22,3	
*)HD 193 576 = *V* 444 Cyg	WN 5 + O6	4,212 38				9,5	24,1	
HD 193 928	WN 6	21,64	0,0					4,94
*)Anonym[2])	WN 5	2,126 7	0,0					5,4
HD 211 853	WN 6 + B	6,685 4	0,0			7,6	19,6	
*)HD 214 419 = *CQ* Cep	WN 6	1,641 248	0,0		6,66			4,38

Zur Frage der Struktur und Entwicklung dieser Systeme siehe Sahade [*25*, *26*]; eine Diskussion des Systems *V* 444 Cygni gibt Sahade in [*16*] S. 47.

6.1.2.5 Eruptive Veränderliche (6.2.3) als enge Doppelsterne — Eruptive variables as close binaries

Von großer Bedeutung ist die Entdeckung der Duplizität bei mehreren Exnovae (6.2.3.1) und *U* Gem- (6.2.3.7) bzw. *Z* Cam- (6.2.3.9) Sternen („Zwergnovae"), größtenteils durch Walker's und Kraft's Beobachtungen; die Perioden sind außergewöhnlich kurz.

1. Unter 7 Exnovae, die bisher als Doppelsterne bekannt geworden sind, bilden 6 enge Paare eine anscheinend homogene Gruppe, die viel Ähnlichkeit mit den Doppelsternen der *U* Gem-Gruppe (siehe unten) aufweist. Die Komponenten zeigen in der Regel die Kombination: Be Unterzwerg + K- oder M-Hauptreihenstern. Sowohl die spektroskopischen, wie auch die eventuellen photometrischen Daten zeigen pekuliären Charakter; siehe hierzu die Diskussion in Kraft's Referat [*39*].

Tab. 9. Spektroskopische Doppelsterne mit Nova-Komponente — Spectroscopic binaries with nova component

Name	Sp	P [d]	Bemerkung	Literatur
Nova Herculis 1934 = *DQ* Her	Be + M (?)	$0\overset{d}{,}194$	Bedeckung	*27, 28*
Nova Aurigae 1891 = *T* Aur	?	0,204	Bedeckung	*29*
Nova Aquilae 1918 = *V* 603 Aql	e			*37*
Nova Persei 1901 = *GK* Per	sdBe + K			*37*
Nova Sagittae 1913, 1946 = *WZ* Sge	e + DA	0,057	Bedeckung	*30, 31*
Nova Sagittarii 1901, 1919 = *V* 1017 Sgr	comp.			*37*
Nova Coronae Borealis 1866, 1946 = *T* CrB [3])	e + gM 3	227,6		*38*

*) Bedeckungsveränderlicher — eclipsing binary.

[1]) Aus den Emissionslinien folgt: $\omega = 10°$.

[2]) Koordinaten: $22^h 06\overset{m}{,}1$; $+57° 15'$ (1900).

[3]) Die wiederkehrende Nova *T* CrB weicht von den übrigen Mitgliedern der Gruppe ihrer Struktur nach erheblich ab; die Daten dieses Systems sind in Tab. 2 ··· 5 mit enthalten.

2. Etwa die Hälfte der für größere Instrumente erreichbaren *U* Gem- (bzw. *Z* Cam-) Sterne zeigt engen Doppelsterncharakter; Kraft vermutet, daß eine nähere Untersuchung alle Zwergnovae als doppelt erweisen würde.

Tab. 10. Spektroskopische Doppelsterne mit *U* Gem-Komponente — Spectroscopic binaries with *U* Gem component

Siehe auch 6.2.3.7 Tab. 75

Name	Sp	*P* [*d*]	Bemerkung	Lit.
RX And	sdBe	0,212		*32*
AE Aqr	sdBe + dKo	0,701		*40*
SS Aur	sdBe	0,15 (?)		*32*
SS Cyg	sdBe + dG 5	0,276		*41*
U Gem	sdBe	0,174	Bedeckung	*32*
EY Cyg	sdBe + Ko V	—	Rotationsachse fällt in die Sichtlinie? Pole-on star?	*32*
RU Peg	sdBe + G 8 IV n	0,371		*32*
Z Cam	e + G ··· K	0,288	Bedeckung	*42*
EX Hya	e	0,069		*43*
SU UMa	e			*43*

6.1.2.6 Häufigkeit der Doppelsterne unter den Metalliniensternen — Frequency of binaries among metallic-line stars

Mit sehr großer relativer Häufigkeit finden sich Doppelsysteme unter den Metalliniensternen vom Spektraltyp A. Aus 25 untersuchten Objekten einer Stichprobe zeigen nach Abt [*33*] 22 veränderliche Radialgeschwindigkeit, die ohne Zweifel auf Duplizität zurückzuführen ist. Für 18 dieser Systeme sind Bahnen bekannt; die Perioden liegen zwischen $1\overset{d}{.}02$ und $9\overset{d}{.}08$; die 2. Komponente ist selten sichtbar. Die Hypothese liegt nahe, daß *alle* Metalliniensterne doppelt sind. (Die in [*33*] gegebenen und oft nur provisorischen 10 Erstbahnbestimmungen sind in Tab. 2 ··· 7 nicht berücksichtigt.)

6.1.2.7 Spektrale Duplizität, zusammengesetzte Spektren — Spectral duplicity, composite spectra

Die Duplizität eines Sternes ist häufig nur aus dem zusammengesetzten Spektrum ersichtlich. Der Kompositcharakter des Spektrums läßt sich nur bei merklicher Unterschiedlichkeit der Typen entdecken. Die Bedingungen für die *Sichtbarkeit des zweiten Spektrums* hat Hynek [*34*] eingehend untersucht.

Tab. 11. Maximales ΔM_v*) für noch erkennbare spektrale Duplizität — Maximum ΔM_v *) at which spectral duplicity can be detected, Hynek [*4*] p. 473

ΔM_v	visueller Größenklassenunterschied zwischen den Komponenten, siehe unten	visual magnitude difference between the components, compere explanation below
Sp (A)	Spektraltyp der helleren Komponente	spectral type of the bright component
Sp (B)	Spektraltyp der schwächeren Komponente	spectral type of the faint component

Sp (B)	B	A	F	G	K	M
Sp (A)			ΔM_v			
B	—	$1\overset{m}{.}3$	$1\overset{m}{.}8$	$2\overset{m}{.}3$	$2\overset{m}{.}8$	$4\overset{m}{.}0$
A	$1\overset{m}{.}6$	—	1,3	1,9	2,4	3,3
F	2,2	1,6	—	1,5	2,0	2,9
G	2,8	2,2	1,6	—	1,6	2,6
K	3,7	3,1	2,5	1,9	—	2,0
M	4,8	4,2	3,6	3,0	2,2	—

*) ΔM_v ist der größte Helligkeitsunterschied im visuellen Bereich bei verschiedenen Kombinationen der Spektraltypen, bei denen bei Überlagerung der Spektren das schwächere noch sichtbar bleibt, wenigstens in einem entfernten Wellenlängengebiet, meist im Ultravioletten oder im Infraroten. Als Sichtbarkeitsgrenze wird hier *eine Größenklasse* Helligkeitsdifferenz des spektralen Kontinuums angesetzt; das gilt erfahrungsgemäß für Durchmusterungen — ΔM_v is the maximum difference of visual brightness for various combinations of spectral types, at which the fainter component still remains visible when the spectra are superimposed — visible at least in the extreme regions of the stellar spectrum, usually in the ultraviolet or infrared. As limit of visibility for a given wavelength the difference of *1 magnitude* in the continuum is accepted; this has been found to be valid for surveys.

6.1.2.8 Literatur zu 6.1.2 – References for 6.1.2

Allgemeine Literatur — General references

Siehe allgemeine Literatur über Doppelsterne 6.1.0.5, besonders [a] ··· [c].
Ferner:

See general literature for double stars 6.1.0.5, especially [a] ··· [c].
Furthermore:

HYNEK, J. A.: "Spectroscopic binaries and stars with composite spectra" in: Astrophysics, New York (1951) S. 448.
STRUVE, O., and S.-S. HUANG: Spectroscopic binaries, Hdb. Physik **50** (1958) 243.
STRUVE, O.: Spectroscopic binaries (George Darwin-Lecture), MN **109** (1949) 487.
STRUVE, O., and S.-S. HUANG: Close binary stars, Occasional Notes Roy. Astron. Soc. **3**/19 (1957).

Die vollständige *Bibliographie* der spektralen Doppelsterne wird von den Sternwarten Kasan und Moskau bzw. dem Astronomischen Rat der Akademie der Wissenschaften der UdSSR herausgegeben (redigiert von D. J. MARTYNOV). Heft **1** ($0^h \cdots 6^h$) 1961, **2** ($6^h \cdots 12^h$) und **3** ($12^h \cdots 18^h$) 1962, **4** ($18^h \cdots 24^h$) 1963, enthaltend insgesamt 2346 Objekte.

Spezielle Literatur — Special references

1 PETRIE, R. M.: in "Astronomical Techniques" (ed. by W. A. HILTNER) Chicago-London (1962) S. 560.
2 JASCHEK, C., and M.: PASP **69** (1957) 546.
3 WILSON, R. E.: General Catalogue of Stellar Radial Velocities, Carnegie Inst. Wash. Publ. Nr. 601 (1953).
4 HYNEK, J. A. (ed): Astrophysics, New York (1951).
5 WILSON, O. C.: Eclipses by extended atmospheres, in "Stellar Atmospheres" (ed. by J. L. GREENSTEIN), Chicago (1960) 436.
6 BARR, J. M.: J. Roy. Astron. Soc. Can. **2** (1908) 70.
7 STRUVE, O.: PASP **60** (1948) 160; Popular Astron. **56** (1948) 348.
8 BLANCO, V. M., and A. D. WILLIAMS: PASP **61** (1949) 93.
9 SCOTT, E. L.: ApJ **109** (1949) 194, 446.
10 KUIPER, G. P.: ApJ **93** (1941) 133.
11 CRAWFORD, J. A.: ApJ **121** (1955) 71.
12 HUANG, SU-SHU: AJ **61** (1956) 49.
13 SAHADE, J.: Stellar Atmospheres (ed. J. L. GREENSTEIN), Chicago (1960) 466.
14 WOOD, F. B.: Vistas Astron. **5** (1962) 118.
15 IAU Symp. No. 3 (1957).
16 Colloque tenu à Liège; Liège Inst. Astrophys. Coll. in 8°, No. 396 (1957).
17 PETRIE, R. M.: Publ. Victoria **8** (1950) 341.
18 KURZEMNIECE, I. A.: Astron. Zh. **31** (1954) 36.
19 BEER, A.: Vistas Astron. **2** (1956) 1387.
20 PLAUT, L.: PASP **71** (1959) 167.
21 BLANCO, V. M.: ApJ **115** (1952) 423.
22 WALTER, K.: AN **279** (1950) 1.
23 DAUBE-KURZEMNIECE, I. A.: Astron. Zh. **32** (1955) 338.
24 SCOTT, ELISABETH L.: Proc. Berkeley Symp. Math. Statistics Probability (1950) 417.
25 SAHADE, J.: Observatory **78** (1958) 79.
26 SAHADE, J.: "Evolutionary effects in close binary systems", Symposium on stellar evolution, La Plata Observatory (1962).
27 WALKER, M. F.: ApJ **123** (1956) 68.
28 GREENSTEIN, J. L., and R. P. KRAFT: ApJ **130** (1959) 99.
29 WALKER, M. F.: ApJ **138** (1963) 313.
30 KRZEMINSKI, W.: PASP **74** (1962) 66.
31 KRAFT, R. P.: Science **134** (1961) 1433.
32 KRAFT, R. P., J. MATTHEWS, and J. GREENSTEIN: ApJ **136** (1962) 212.
33 ABT, H. A.: ApJ Suppl. **52** (1961) 37.
34 HYNEK, J. A.: Contrib. Perkins No. 10 (1938).
35 PEERY, B. F.: AJ **67** (1962) 279.
36 FREDRICK, L. W.: AJ **65** (1960) 628.
37 KRAFT, R. P.: ApJ **139** (1964) 457.
38 KRAFT, R. P.: ApJ **127** (1958) 625.
39 KRAFT, R. P.: Cataclysmic Variables as Binary Stars, in Advan. Astron. Astrophys. **2** (1963) 43.
40 JOY, A. H.: ApJ **120** (1954) 377.
41 JOY, A. H.: ApJ **124** (1956) 317.
42 MUMFORD, G. S.: Sky Telescope **26** (1963) 190.
43 KRAFT, R. P.: erwähnt in Ann. Rept. Mt. Wilson (1961/62) 20.

6.1.3 Photometrische Doppelsterne oder Bedeckungsveränderliche — Photometric or eclipsing binaries

Siehe auch Veränderliche 6.2 — see also variable stars 6.2

6.1.3.1 Kataloge — Catalogues

Die photometrischen Doppelsterne sind in den meisten Katalogen veränderlicher Sterne und den Zusammenstellungen der einschlägigen Literatur mit enthalten.

A) *Allgemein*

1.	KUKARKIN, B. V., P. P. PARENAGO, J. I. EFREMOV und P. N. CHOLOPOV	Allgemeiner Katalog der veränderlichen Sterne, 2. Ausgabe, Moskau (1958)	Russisch, Textteile auch in englischer Übersetzung; mit Ergänzungsheften
2.	SCHNELLER, H.	Geschichte und Literatur des Lichtwechsels der veränderlichen Sterne	Letzte Publikation: 2. Ausgabe, 5. Band, 3. Heft, Berlin (1963). Vollständiges Zitat 6.2.4 [*c*]

B) *Spezialkataloge*

3.	PLAUT, L.	Publ. Groningen Nr. 54 (1950)	Elemente von allen bekannten Bedeckungsveränderlichen mit m (Max.) $< 8\overset{m}{.}5$ [1])
4.	KOPAL, Z., und M. B. SHAPLEY	Jodrell Bank Ann. **1** (1956) 141	Zusammenstellung von 83 Systemen, mit Literaturangaben und kurzen Diskussionen
5.	KOCH, R. H., S. SOBIESKI und F. B. WOOD	A finding list for observers of eclipsing variables (4th edition) Publ. Pennsylvania **9** (1963)	Wichtigste Daten und jüngste Literaturangaben über 1266 Systeme (alle bekannten Bedeckungsveränderlichen mit m (Min.) $< 13\overset{m}{.}0$)
6.	KORDYLEVSKI, K. (ed.)	Ephemerides of eclipsing binaries [2])	Erscheint jährlich als "Supplemento ad Annuario Cracoviense", (No. 35 für das Jahr 1964); berechnete Minimumzeiten für alle Bedeckungsveränderlichen mit gut bestimmten Elementen des Lichtwechsels und mit $\delta > -23°$, m (Max.) $> 14\overset{m}{.}0$ und Amplitude $> 0\overset{m}{.}3$

Dokumentationszentren: University of Pennsylvania ("Card catalogue of eclipsing binaries") und Engelhardt Sternwarte, Kasan (Bibliographische Kartei, über 3200 Objekte).

6.1.3.2 Klassifikation — Classification

Tab. 1. Klassifikation der Bedeckungsveränderlichen — Classification of eclipsing binaries

a) Aufteilung nach Form der Lichtkurve — Division according to the shape of light curve

Typ	Konfiguration	Schematische Lichtkurve
EA Algolsterne	2 nahezu sphärische Sterne	
EB β Lyr ($P > 1^{d}$)	2 ellipsoidale Sterne ungleicher Größe	
EW W UMa ($P < 1^{d}$)	2 ellipsoidale Sterne nahezu gleicher Größe	

[1]) Zweiter Teil dieser Untersuchung (statistische Diskussion) in Publ. Groningen Nr. 55 (1953).
[2]) Der Band für 1960 gibt eine Liste von rund 4000 bekannten und vermuteten Bedeckungsveränderlichen.

b) Aufteilung nach Art der Konfiguration — Division according to the configuration, KOPAL [1]

Typ	Konfiguration	Schema der Konfiguration[1])
D Getrennt detached	Beide Komponenten wesentlich kleiner als die kritische Äquipotentialfläche	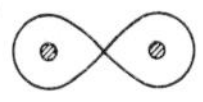
SD Halbgetrennt semi-detached	Eine Komponente erreicht die kritische Äquipotentialfläche	
C Kontaktsysteme Contact binaries	Beide Komponenten erreichen die kritische Äquipotentialfläche	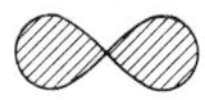

Die EA-Veränderlichen verteilen sich auf die Typen D und SD, die EB-Sterne sind meist vom Typ SD, die EW-Sterne C-Systeme; bei den SD-Systemen liegt häufig, bei den C-Systemen fast immer Massenaustausch zwischen den Komponenten oder Massenverlust des ganzen Systems vor — The EA variables are distributed among the D and SD types; the EB stars are usually of type SD and the EW stars of type C. Mass exchange among the components or loss of mass of the entire system often occurs in the case of the SD systems and almost always in the case of C systems.

6.1.3.3 Statistische Beziehungen — Statistical relationships

Grundlage zu Tab. 2 ··· 4: Allgemeiner Katalog der veränderlichen Sterne; 6.1.3.1 Nr. 1

Tab. 2. Verteilung der Bedeckungsveränderlichen nach scheinbarer Helligkeit [2]) — Distribution of eclipsing binaries according to apparent magnitude [2])

Typ (siehe Tab. 1a)	EA	EB	EW	?	Summe
m_{max}[3])	N				
< 2^m	2	0	0	0	2
2 ··· 3	4	0	0	0	4
3 ··· 4	3	3	0	0	6
4 ··· 5	4	4	0	0	8
5 ··· 6	12	5	1	0	18
6 ··· 7	16	5	2	0	23
7 ··· 8	23	2	3	1	29
8 ··· 9	64	23	5	4	96
9 ··· 10	143	31	12	3	189
10 ··· 11	254	57	33	20	364
11 ··· 12	228	50	41	22	341
12 ··· 13	256	36	33	37	362
13 ··· 14	333	43	61	66	503
14 ··· 15	203	25	40	63	331
15 ··· 16	45	1	12	17	75
≥ 16,0	40	1	0	5	46
< 11^m	525	130	56	28	739
> 11^m	1105	156	187	210	1658
Summe	1630	286	243	238	2397

[1]) Die Größe der Komponenten in einem Doppelsternsystem wird durch die sogenannte kritische Äquipotentialfläche begrenzt, d. h. durch die größte Äquipotentialfläche (oder Fläche verschwindender Relativgeschwindigkeit), die beide Sternmassen getrennt enthalten kann. Diese besteht, wie die Diskussion des Jacobi-Integrals im eingeschränkten Dreikörperproblem zeigt, aus zwei „Flügeln", aus je einem ovalen Gebilde um jeden der Sterne; diese Ovale hängen im inneren Librationspunkt L_1 miteinander zusammen. Je nachdem ob ein enger Doppelstern zwei Komponenten, eine bzw. keine Komponente hat, die diese Grenzfläche erreichen, nennt man das System kontakt, halbgetrennt bzw. getrennt — The volume of the components in a binary system is limited by the so-called critical equipotential surface — that is by the largest equipotential surface (or: surface with vanishing relative velocity) which can contain both stellar masses separately. As illustrated by a discussion of the Jacobi Integral in the restricted three-body problem, this surface consists of two oval-shaped lobes, each surrounding one of the stars. These ovals are joined together at the inner Lagrangian point, L_1. If the binary contains two, one or no component which reaches the limiting surface, the system is called a contact, semi-detached or detached binary, respectively.

[2]) *Weitere 359 Sterne*, als Bedeckungsveränderliche klassifiziert, aber mit unbekannter Periode, sind wegen der Unvollständigkeit der Beobachtungen nicht berücksichtigt worden — *359 additional stars*, classified as eclipsing variables, but with unknown period, have been omitted because of the incompleteness of their observations.

[3]) Die Größenklassenangaben beziehen sich auf die Maximumhelligkeit — The data for the magnitudes refer to the maximum brightness.

Tab. 3. Spektrum-Perioden Verteilung für 292 Bedeckungsveränderliche mit bekanntem Spektraltyp — Distribution of 292 eclipsing binaries of known spectral type by spectrum and period

$P < 2\overset{d}{,}0$

EA | Ohne Gravitations-Deformation | no distortion by gravitation
EB + EW | Mit Gravitations-Deformation | gravitationally distorted

Typ	P [d] / Sp[1])	< 0,2	0,2···0,3	0,3···0,4	0,4···0,5	0,5···0,6	0,6···0,7	0,7···0,8	0,8···0,9	0,9···1,0	1,0···1,2	1,2···1,4	1,4···1,6	1,6···1,8	1,8···2,0
		N													
EA	O	—	—	—	—	—	—	—	—	—	1	—	—	—	—
	B 1···B 7	2	—	—	—	—	—	—	—	—	1	2	2	4	2
	B 8···A 7	—	—	1	—	—	3	4	10	8	12	11	12	12	23
	A 8···F 7	—	—	—	2	1	2	1	3	—	4	4	2	1	2
	F 8···K 4	—	—	—	1	2	2	1	2	1	1	2	1	—	1
	K 5	—	—	—	—	—	—	—	1	1	—	—	—	—	—
EB + EW	O	—	—	—	—	—	—	—	—	—	—	—	—	1	1
	B 1···B 7	—	—	—	—	1	—	2	—	—	4	4	7	2	3
	B 8···A 7	—	—	—	3	3	6	6	3	3	7	1	1	6	2
	A 8···F 7	—	1	1	6	5	5	—	1	2	2	—	—	—	—
	F 8···K 4	—	4	12	8	4	2	1	21	1	2	1	—	—	—
	K 5	—	2	—	—	—	—	—	—	—	—	—	—	—	—
Sp oder P unsicher		—	—	—	—	2	1	2	1	1	3	5	1	1	—

Die kürzesten Perioden			Die längsten Perioden		
	WZ Sge	$0\overset{d}{,}0567$		*ε* Aur	9883^d
	DQ Her (Nova Her 1934)	$0\overset{d}{,}1936$		*VV* Cep	7430^d
	UX UMa	$0\overset{d}{,}1967$		*V* 381 Sco	6475^d
	T Aur (Nova Aur 1891)	$0\overset{d}{,}2044$		*V* 383 Sco	4900^d
	AB Tel	$0\overset{d}{,}17$ (?) [2])		*BM* Eri	$P > 20\,000^d$ (?) [3])

[1]) Spektrum der Hauptkomponente — Spectrum of the primary.
[2]) Bedarf noch einer Bestätigung — Not yet confirmed.
[3]) Zugehörigkeit zur Klasse der Bedeckungsveränderlichen noch nicht gesichert — Membership of the class of eclipsing binaries not yet confirmed.

Tab. 4. Verteilung der Bedeckungsveränderlichen nach Periode [1]) — Distribution of eclipsing binaries by period [1])

Typ (Tab. 1a)	EA	EB, EW	?	Summe
P	N			
$< 0^{d}_{.}2$	3	1	0	4
0,2 ··· 0,4	3	106	5	114
0,4 ··· 0,6	23	136	24	183
0,6 ··· 0,8	70	84	25	179
0,8 ··· 1,0	84	41	16	141
1,0 ··· 1,2	89	31	19	139
1,2 ··· 1,4	78	20	19	117
1,4 ··· 1,6	92	11	8	111
1,6 ··· 1,8	74	14	8	96
1,8 ··· 2,0	73	7	11	91
2,0 ··· 2,5	176	10	16	202
2,5 ··· 3,0	138	10	13	161
3,0 ··· 3,5	135	4	16	155
3,5 ··· 4,0	90	4	6	100
4,0 ··· 4,5	68	4	2	74
4,5 ··· 5,0	56	4	7	67
5,0 ··· 7,5	125	7	14	146
7,5 ··· 10,0	73	4	1	78
10,0 ··· 12,5	40	4	1	45
12,5 ··· 15,0	24	1	5	30
15,0 ··· 20,0	21	2	1	24
$> 20^{d}_{.}0$	73	9	7	89
Summe	1608	514	224	2346

Die Trennung zwischen EW- und EB-Sternen bei $\sim 1^{d}$ (siehe Klassifikationsschema 6.1.3.2) ist natürlich nicht scharf; es gibt mehrere Systeme mit typisch β Lyrae-artiger Lichtkurve, aber $P < 1^{d}$ (z. B. *GO* Cyg) und auch umgekehrt. Eine Perioden-Farbe-Relation für Objekte mit EW-Lichtkurven und $P < 1^{d}_{.}5$ wurde von Eggen gegeben [*48*].

6.1.3.4 Statistische Eigenschaften der *W* Ursae Majoris-Sterne (EW) — Statistical properties of *W* Ursae Majoris-type stars (EW)

Zwar gehören zu dieser Gruppe nur etwa 10% der bisher entdeckten Bedeckungsveränderlichen, auf die Volumeneinheit bezogen stellen jedoch die *W* Ursae Majoris-Sterne den weitaus häufigsten Typ unter den photometrischen Doppelsternen dar. Nach Shapley's Schätzung [*7*], die auf der Bearbeitung von 18 Sternfeldern beruht, ist ihre räumliche Dichte 15 bis 25mal größer, als die aller anderen Bedeckungsveränderlichen.

Eine Zusammenstellung statistischer Angaben über die EW-Sterne gab Woodward 1942 [*8*]. Neuere Untersuchungen ergeben folgende Ergebnisse:

Statistische Parallaxen der *W* UMa-Sterne [*3*] liefern für die beiden Komponenten die mittleren absoluten Helligkeiten (bolometrisch):

$$\overline{M_1} = 5^{M}_{.}0 \pm 0^{M}_{.}6 \quad \text{und} \quad \overline{M_2} = 5^{M}_{.}3 \pm 0^{M}_{.}6\,.$$

Der mittlere Spektraltyp ist $\approx$ G0, die bolometrischen und visuellen Helligkeiten sind also praktisch identisch. Drei *W* UMa-Sterne mit zuverlässiger Parallaxe: *i* Boo (trig. 5.1.4.2), *VW* Cep (trig.), *TX* Cnc (in Praesepe) geben $\overline{M}_1 = 5^{M}_{.}7$ bzw. $\overline{M}_2 = 6^{M}_{.}0$.

Das *kinematische Verhalten* der *W* UMa-Sterne wurde von Rigal [*10*] untersucht. Eigenbewegungen und Radialgeschwindigkeiten von 16 Objekten ermöglichen die Herleitung eines Geschwindigkeitsellipsoids; die Vertexrichtung und der Wert der maximalen Streuung stimmen mit den von Strömberg gefundenen Daten für dF- und dG-Sterne gut überein:

W UMa-Sterne	(N = 16)	l^{I} = 344°	b^{I} = − 8°	σ_1 = 42 km/sec
dF-Sterne	(N = 83)	= 334°	= − 6°	= 25 km/sec
dG-Sterne	(N = 104)	= 347°	= − 5°	= 40 km/sec

Soweit man aus dem relativ geringen Material schließen kann, unterscheiden sich die *W* UMa-Sterne stellarkinematisch nicht von den mittleren Hauptreihensternen.

[1]) Unsichere Periodenwerte sind im allgemeinen nicht berücksichtigt worden — Uncertain values for the periods have, as a rule, not been taken into consideration.

Tab. 5. Physikalische Daten der bestbekannten *W* UMa-Sterne (mit 2 Spektren) — Physical data of the best known *W* UMa stars (with 2 spectra); KITAMURA [*11*]

Symbole siehe 6.1.0.2

Name	P [d]	Sp	$\mathfrak{M}_1/\mathfrak{M}_2$ [1])	$\mathfrak{M}_1 \sin^3 i$ [$\mathfrak{M}_\odot$]	$\mathfrak{M}_2 \sin^3 i$ [$\mathfrak{M}_\odot$]	$(a_1 + a_2) \sin i$ [10^6 km]
i Boo B	0,268	G 2	1,97	0,794	0,403	1,29
VW Cep	0,278	K 0	2,96	0,636	0,215	1,18
TW Cet	0,317	G 5	1,88	1,320	0,702	1,72
SW Lac	0,321	G 3	1,17	0,948	0,810	1,68
YY Eri	0,321	G 5	1,53	0,752	0,491	1,48
W UMa	0,334	F 8	2,03	1,117	0,550	1,68
RZ Com	0,339	K 0	2,05	1,579	0,770	1,89
TX Cnc	0,383	F 8	1,92	0,964	0,502	1,75
AH Vir	0,408	K 0	2,36	1,383	0,586	2,02
ER Ori	0,423	G 1	1,64	0,444	0,271	1,47
V 502 Oph	0,453	G 2	2,46	1,242	0,510	2,07
Mittel	—	G 4 ± 1,5	2,00	1,016	0,528	1,66

Die Bestimmung der Neigung ist bei engen Paaren im allgemeinen sehr unsicher, i kann trotz Bedekkung verhältnismäßig weit von 90° abweichen. Unter der Annahme, daß die Neigungen gleichmäßig zwischen 60° und 90° verteilt sind, bekommt man aus Tab. 5 mit $\overline{\sin^3 i} = 0{,}88$:

$$\mathfrak{M}_1 = 1{,}15, \quad \mathfrak{M}_2 = 0{,}60\,.$$

Es liegt eine starke Abweichung vom Masse-Leuchtkraft-Gesetz (5.2.4.1) vor: im Mittel hat die Komponente 1 um $0^m\!.6$ geringere, die Komponente 2 um $2^m\!.3$ größere Helligkeit, als zu erwarten wäre. Die Gesamtmasse beider Komponenten zeigt im Durchschnitt ein Defizit von 10%, gemessen an Helligkeit und Spektrum.

Eine charakteristische Abweichung vom Masse-Leuchtkraft-Gesetz zeigen auch die Algolsterne: in der sehr häufigen Kombination eines späten B- oder frühen A-Sternes mit einem G- oder K-Unterriesen, ist die schwächere Komponente systematisch 1 ··· 2 magn heller, als es nach ihrer Masse zu erwarten wäre; siehe hierzu eine Diskussion von PARENAGO und MASSEVITCH [*13*] oder CRAWFORD [*2*].

Messungen von McNAMARA mit Schmalbandfiltern deuten darauf hin, daß die Hauptkomponenten in Algolsystemen sich nicht von normalen Hauptreihensternen unterscheiden [*47*].

6.1.3.5 Periodenänderungen bei photometrischen Doppelsternen — Period changes of eclipsing binaries

1. Eine einwandfreie Deutung der Periodenänderungen liegt nur in den Fällen vor, die sich auf Lichtzeiteffekt oder Apsidendrehung zurückführen lassen. Beide Effekte machen sich auch in den spektroskopischen Daten bemerkbar.

Der Lichtzeiteffekt besteht aus periodischen (zeitlichen) Verschiebungen beider Minima, die bei Anwesenheit eines dritten Körpers durch die von ihm verursachte Bahnbewegung des Bedeckungspaares hervorgerufen werden (veränderliche Entfernung bzw. Laufzeit des Lichtes). Bahnbestimmung aus dem Lichtzeiteffekt ist eine der Behandlung spektroskopischer Doppelsterne weitgehend analoge Aufgabe [*14*].

Ebenfalls in periodischen Verschiebungen der Minimumzeiten äußert sich die Drehung der großen Bahnachse (der Apsidenlinie), wobei aber Haupt- und Nebenminimum sich entgegengesetzt verhalten. Die Periode der Apsidendrehung P' hängt von der Bedeckungsperiode P, den Sternradien R_1 und R_2, der relativen Bahnhalbachse a und von den Massen $\mathfrak{M}_1$ und $\mathfrak{M}_2$ in guter Näherung nach der Relation

$$\frac{P'}{P} = k_1 \left(\frac{R_1}{a}\right)^5 \left(1 + 16\,\frac{\mathfrak{M}_1}{\mathfrak{M}_2}\right) + k_2 \left(\frac{R_2}{a}\right) \left(1 + 16\,\frac{\mathfrak{M}_2}{\mathfrak{M}_1}\right)$$

ab; die Konstanten k_1 und k_2 werden durch die Massenverteilung im Sterninneren bestimmt [*15* ··· *17*] (dort auch weitere Literatur). Eine Liste von 16 Doppelsternen mit Apsidendrehung gibt WOOD [*18*], die Möglichkeit des Effektes bei mehreren Algolsternen diskutiert PLAVEC [*19*]. Das älteste und sicherste Beispiel ist *Y* Cyg [*20, 21*]; bei vielen der hierfür vorgeschlagenen Systeme ist der endgültige Beweis der Apsidendrehung noch nicht erbracht.

2. Der weitaus größere Teil der bisher festgestellten Periodenänderungen zeigt einen anscheinend unregelmäßigen Charakter. Viele Sterne lassen rasche, sprungartige Änderungen der Periode vermuten, von der Größenordnung $10^{-6}\,P$, oder sogar $10^{-5}\,P$; so scheint bei *AH* Vir 1954 ein Periodensprung von $0{,}9 \cdot 10^{-5}\,P$, bei *ER* Ori 1952 einer von $3 \cdot 10^{-5}\,P$ erfolgt zu sein [*22, 23*]. Als Ursache solcher Periodenänderungen wurde wiederholt plötzliche Massenabgabe des Systems vorgeschlagen [*24* ··· *26*].

Eine größere Zahl von Bedeckungsveränderlichen wurde im Hinblick auf Periodenänderungen u. a. von KWEE [*26*] und SCHNELLER [*27*] diskutiert.

[1]) Die $\mathfrak{M}_1/\mathfrak{M}_2$-Werte sind wegen des sogenannten Reflexionseffektes korrigiert — The $\mathfrak{M}_1/\mathfrak{M}_2$ values have been corrected for the so-called reflection effect [*12*].

6.1.3.6 Bedeckungsveränderliche in Sternhaufen und nahen Galaxien – Eclipsing binaries in star clusters and near-by galaxies

1. Die Zahl der bisher entdeckten Bedeckungsveränderlichen innerhalb der Grenzen *offener Sternhaufen* beträgt nach KRAFT und LANDOLT 26 Sterne, überwiegend vom Algoltyp; bei den meisten dieser Objekte ist Zugehörigkeit zu erwarten [*28*]; siehe auch [*44*], [*29*]. SAHADE und BERÓN DÁVILA geben in einer neueren Liste 29 sichere, 6 wahrscheinliche und rund 150 mögliche Fälle der Zugehörigkeit an [*45*].

In Gebieten der *Sternassoziationen* befinden sich (den sphärischen Koordinaten nach) 577 photometrische Doppelsterne [*28*], ein erheblicher Teil dieser Koinzidenzen dürften aber nur zufälliger Natur sein. SEMENIUK gibt eine Liste von 17 wahrscheinlichen Assoziationsmitgliedern [*46*].

Auffallend gering ist die Zahl der Bedeckungsveränderlichen in *Kugelsternhaufen*. Der "Second catalogue of variable stars in globular clusters" [*30*] gibt unter 1421 Objekten nur 6 photometrische Doppelsterne an, von denen mindestens zwei Vordergrundobjekte sind.

2. In *extragalaktischen Systemen* hat man bislang in den Magellanschen Wolken, in M 31 (Andromedanebel) und in einigen Zwerggalaxien der lokalen Gruppe nach Bedeckungsveränderlichen gesucht. Eine Liste von SHAPLEY und NAIL [*31*] enthält 49 photometrische Doppelsterne der Magellanschen Wolken (23 in der Großen, 26 in der Kleinen Wolke). Unter den klassifizierten Objekten sind 31 β Lyrae- und 6 Algolsterne, mit Perioden zwischen $1^d_,02$ und 66^d. Die Bahnverhältnisse in vier dieser Paare hat RUSSELL provisorisch diskutiert [*32*]. In M 31 hat BAADE in einigen ausgesuchten Feldern zahlreiche Veränderliche entdeckt; die Bearbeitung des Feldes Nr. 2 durch GAPOSCHKIN [*33*] zeigte unter 226 Variablen insgesamt 19 mögliche Bedeckungsveränderliche, praktisch alles β Lyr-Sterne (mit $P > 3^d_,8$). Im Feld Nr. 4 fanden BAADE und SWOPE 54 Veränderliche, darunter 10 photometrische Doppelsterne [*34*]. Für 6 konnten sie Perioden ableiten (von $2^d_,3$ bis 511^d); alle sind β Lyr-Sterne.

Keine Bedeckungsveränderlichen hat man im Draco-System, in einer ellipsoidalen Zwerggalaxis gefunden [*35*], trotz sorgfältiger Durchsuchung des Zentralgebietes.

6.1.3.7 Ellipsoidale Veränderliche – Ellipsoidal variables

Bei diesen (engen) Doppelsternen entsteht der meist sehr geringe Lichtwechsel dadurch, daß die stark gravitationsdeformierten Komponenten uns während der Bahnbewegung einen veränderlichen Querschnitt zeigen. Es handelt sich also hier, streng genommen, um keine Bedeckungsveränderlichen; wegen der photometrisch nachweisbaren Duplizität werden sie aber zu dieser Gruppe gezählt.

Tab. 6. Die bisher untersuchten ellipsoidalen Veränderlichen — Ellipsoidal variables investigated hitherto.

Δm | Amplitude des Lichtwechsel | Amplitude of the light variation

Name	Sp + LC	P [d]	Δm	Lit.
ξ And [1])	K 1 II-III	$17^d_,7684$	$(0^m_,09)$	*36*
b Per	A 2	1,527 32	0,06	*37*
IW Per	A 2	0,917 1877	0,05	*38*
IX Per	F 2	1,326 363	0,02	*39*
o Per	B 1 II-III	4,419 16	0,04	*40*
π^5 Ori	B 2 III	3,700 45	0,05	*41*
α Vir [1])	B 1 V	4,014 160	0,07	*42*
Y Aqu	B 8	1,302 27	0,03	*43*

6.1.3.8 Literatur zu 6.1.3. – References for 6.1.3

Allgemeine Literatur — *General references*

Siehe allgemeine Literatur über Doppelsterne 6.1.0.5.
Ferner:

See general literature for double stars 6.1.0.5.
In addition:

PAYNE-GAPOSCHKIN, C., and S. GAPOSCHKIN: Variable stars, Harvard Monogr. No. 5 (1938) 17.
KOPAL, Z.: An introduction to the study of eclipsing binaries, Harvard Monogr. No. 6 (1946).
KOPAL, Z.: Close binary systems, New York (1959).
RUSSELL, H. N.: The royal road of eclipses, Harvard Monogr. No. 7 (1948) 181.
WOOD, F. B.: Empirical data on eclipsing binaries, in "Basic Astronomical Data" (ed. by K.AA. STRAND), Chicago-London (1962) 370, siehe auch KUKARKIN, B. W., und P. P. PARENAGO: Surveys and observations of physical and eclipsing variable stars, ibid. S. 328.

[1]) Auch Bedeckungslichtwechsel? — also eclipsing variable?

Herczeg

Literatur zur Bahnbestimmung — Literature for the computation of orbital elements

RUSSELL, H. N.: ApJ **35** (1912) 315; **36** (1912) 54.
RUSSELL, H. N., and H. SHAPLEY: ApJ **36** (1912) 239, 385.
KOPAL, Z.: The computation of elements of eclipsing binary systems, Cambridge/Mass. (1950).
RUSSELL, H. N., and J. E. MERRILL: Contrib. Princeton No. 26 (1952).
Die zugehörigen Tafeln: MERRILL, J. E.: Contrib. Princeton No. 23 (1950).
IRWIN, J. B.: Orbit determinations of eclipsing binaries, in "Astronomical Techniques" (ed. by W. A. HILTNER), Chicago (1962) S. 584.
KOPAL, Z.: Astron. Contrib. Manchester (III) No. 83 (1960). Bahnbestimmung durch Fourieranalyse der Lichtkurve.
LINNELL, A. P.: ApJ **127** (1958) 211; ApJ Suppl. 6/54 (1961) 109. Atmosphärische Bedeckungen.

Informationszirkular

Im Auftrage der Commission 42 der IAU erscheinen die "Eclipsing Binaries Circulars", herausgegeben von K. KORDYLEVSKI. Siehe auch das "Information Bulletin on Variable Stars" der Commission 27 der IAU (Herausgeber L. DETRE).

Spezielle Literatur — Special references

1 KOPAL, Z.: Ann. Astrophys. **18** (1955) 379.
2 CRAWFORD, J. A.: ApJ **121** (1955) 71.
3 KOPAL, Z.: in "Non-stable stars", IAU Symp. No. 3 (1957).
4 KUIPER, G. P., and J. R. JOHNSON: ApJ **123** (1956) 90.
5 GOULD, N. L.: PASP **69** (1957) 541.
6 WALTER, K.: Ann. Astrophys. **22** (1959) 101.
7 SHAPLEY, H.: Harvard Monogr. No. 7 (1948) 249.
8 WOODWARD, E. J.: Harvard Circ. (1942) No. 447.
9 KITAMURA, M., und HURUHATA, M.: Ann. Tokyo **5**/1 (1957) 63.
10 RIGAL, J.-L.: Compt. Rend. **240** (1955) 50.
11 KITAMURA, M.: Publ. Astron. Soc. Japan **11** (1959) 224.
12 KITAMURA, M.: Publ. Astron. Soc. Japan **5** (1954) 114; **6** (1955) 217.
13 PARENAGO, P. P., und A. G. MASSEVITCH: Publ. Sternberg Nr. 20 (1950).
14 IRWIN, J. B.: ApJ **116** (1952) 211, dort weitere Literatur.
15 RUSSELL, H. N.: ApJ **90** (1941) 641.
16 SCHWARZSCHILD, M.: Structure and Evolution of Stars, Princeton (1958) S. 146 ··· 156.
17 JOHNSON, M.: Quart. J. Roy. Astron. Soc. **2** (1961) 9.
18 WOOD, F. B.: in "Basic Astronomical Data" (ed. by K. AA. STRAND), Chicago-London (1963) S. 376.
19 PLAVEC, M.: Bull. Astron. Inst. Czech. **11** (1960) 148.
20 RUSSELL, H. N.: MN **88** (1928) 641.
21 STRUVE, O., J. SAHADE, and V. ZEBERGS: ApJ **129** (1959) 59.
22 HERCZEG, T.: Veröffentl. Bonn Nr. 63 (1962).
23 BINNENDIJK, L.: AJ **67** (1962) 86.
24 WOOD, F. B.: ApJ **112** (1950) 196.
25 SVETSCHNIKOV, M. A.: Veränd. St. Bull. Moskau **10** (1955) 262.
26 KWEE, K. K.: BAN **14** (1958) 131.
27 SCHNELLER, H.: Mitt. Budapest-Svábhegy Nr. 53 (1962).
28 KRAFT, R. T., and A. U. LANDOLT: ApJ **129** (1959) 287.
29 SAHADE, J., and H. FRIBOES: PASP **72** (1960) 52.
30 SAWYER, H.: Publ. David Dunlap Obs. II/2 (1955).
31 SHAPLEY, H., and V. K. MCNAIL: Proc. Natl. Acad. Sci. USA.
32 RUSSELL, H. N.: Vistas Astron. **2** (1956) 1177.
33 GAPOSCHKIN, S.: AJ **67** (1962) 334.
34 BAADE, W., and H. H. SWOPE: AJ **68** (1963) 435.
35 BAADE, W., and H. H. SWOPE: AJ **66** (1961) 300.
36 STEBBINS, J.: Publ. Washburn **15** (1928) 29.
37 STEBBINS, J.: ApJ **57** (1923) 1.
38 MAGALASHVILI, N. L., J. I. KUMSISHVILI und N. A. RASMADSE: Bull. Abastumani **20** (1956) 11.
39 THOMSEN, I. L., H. A. ABT, and G. E. KRON: PASP **67** (1955) 412.
40 LYNDS, C. R.: ApJ **131** (1960) 122.
41 STEBBINS, J.: ApJ **51** (1920) 218.
42 MAGALASHVILI, N. L., und J. I. KUMSISHVILI: Bull. Abastumani **26** (1961) 13.
43 MAGALASHVILI, N. L.: Bull. Abastumani **11** (1950) 4.
44 CHOLOPOV, P. N.: Veränd. St. Bull. Moskau **11** (1958) 325.
45 SAHADE, I., and F. BERÓN DÁVILA: Ann. Astrophys. **26** (1963) 153.
46 SEMENIUK, I.: Acta Astron. Warszawa-Kraków **12** (1962) 122.
47 MCNAMARA, D. H., „Multicolor photometry and spectral classification", IAU Symp. No. 24 (Stockholm 1964).
48 EGGEN, O. J.: Roy. Obs. Bull. No. 31 (1961).

Herczeg

6.1.4 Astrometrische Doppelsterne und Sterne mit unsichtbaren Begleitern — Astrometric binaries and stars with invisible companions

In diese Gruppe gehören Doppel- und Mehrfachsysteme, bei denen die Bahnverhältnisse „astrometrisch" studiert, d. h. aus positions-astronomisch nachweisbaren Störungen der Bewegung einer der Komponenten ermittelt werden. Es empfiehlt sich auf Grund der verwendeten Beobachtungstechnik folgende Aufteilung einzuführen:

1. Sterne mit periodisch variabler Eigenbewegung und Doppelsterne mit periodisch gestörter Bahnbewegung, die *visuell*, mit Hilfe des Meridiankreises oder mikrometrisch untersucht werden. Der Abstand zwischen der beobachteten und der störenden Komponente ist in solchen Fällen in der Regel verhältnismäßig groß (von der Größenordnung 1" oder mehr), so daß das störende Objekt sich meist als „sichtbar" erweisen und das Paar damit als visueller Doppelstern betrachtet werden kann (z. B. Sirius, Procyon).

2. Die der Störung der Bewegung entsprechenden Positionsänderungen werden *photographisch* mit langbrennweitigen Kameras untersucht. Die scheinbare Distanz zwischen den Komponenten visueller Systeme ist oft so klein, daß das Paar auf der Platte als ein Stern erscheint ("photographically unresolved astrometric binaries"); die Genauigkeit der photographischen Positionsbestimmung mit Instrumenten langer Brennweite erlaubt sogar die Untersuchung so enger Doppelsterne oder Doppelsterne mit solch großer Helligkeitsdifferenz, daß die Duplizität auch visuell nicht mehr erkennbar ist ("unresolved astrometric binaries"). In diesem Falle dürfen wir von astrometrischen Doppelsternen im engeren Sinne sprechen (Klasse IV in der Schematisierung auf S. 487).

Die Bahnbewegung wird bei photographisch nicht aufgelösten astrometrischen Doppelsternen auf den „Lichtschwerpunkt" bezogen (photozentrische Bahn); diese fällt mit der absoluten Bahn der helleren Komponente nur dann zusammen, wenn die schwächere Komponente dunkel oder ihre Leuchtkraft vernachlässigbar ist.

Im allgemeinen besteht zwischen den großen Halbachsen der photozentrischen und der relativen Bahn (α und a) folgende Beziehung:

$$\alpha = (B - \beta)\, a$$

$$B = \frac{\mathfrak{M}_2}{\mathfrak{M}_1 + \mathfrak{M}_2}; \qquad \beta = \frac{l_2}{l_1 + l_2} = \frac{1}{1 + 10^{0.4\Delta m}}$$

α	große Halbachse der photozentrischen Bahn	semi-axis major of the photocentric orbit
a	große Halbachse der relativen Bahn	semi-axis major of the relative orbit
$l_1; l_2$	scheinbare (oder absolute) Leuchtkräfte der Komponenten	apparent (or absolute) luminosities of the components
Δm	Differenz der Größenklassen	difference in magnitudes

Dieses Verfahren wurde oft auf spektroskopische Doppelsterne (z. B. η Pegasi), Dreifachsysteme (Algol AB—C), visuelle Paare in der Nähe des Periastrondurchgangs (99 Herculis = ADS 11 077) oder in einigen Fällen auf Bedeckungsveränderliche (*VV* Cephei, ε Aurigae) angewandt; besondere Aufmerksamkeit verdienen aber diejenigen astrometrischen Systeme, wo die Existenz der störenden Komponente zur Zeit *nur auf diese Weise* nachweisbar ist: die *Sterne mit unsichtbaren Begleitern*. (Die schwächeren Komponenten der spektroskopischen Doppelsterne mit einem Spektrum gelten also in diesem Sinne nicht als „unsichtbare Begleiter".)

In Tab. 1 (S. 516) sind alle bekannten Sterne mit unsichtbaren Begleitern zusammengestellt. Es ist zu bemerken, daß in mehreren Fällen die Realität der gefundenen Begleiter noch sehr unsicher ist, siehe z. B. die widerspruchsvollen Ergebnisse bei 70 Ophiuchi oder ξ Bootis. Bei Proxima Centauri beträgt die Masse des Begleiters nur etwa 2, bei dem Barnard-Stern 1,5 Jupitermassen; diese Angaben deuten eindringlich auf die Existenz nicht nur von „planetenähnlichen Begleitern" (Massen 10 ··· 20 Jupitermassen), sondern von echten Planeten wie im Sonnensystem, hin.

Trotz der verhältnismäßig geringen Zahl der bisher bekannten Sterne mit unsichtbaren Begleitern ist ihre *Häufigkeit* im Raum offensichtlich sehr beachtlich. Bis 20 pc Entfernung sind bei etwas mehr als 2% aller bekannten Sterne und Mehrfachsysteme unsichtbare Begleiter gefunden worden, der Prozentsatz erhöht sich aber für Sterne innerhalb der 10 pc-Grenze auf rund 6%, innerhalb von 5 pc auf 20% (einschließlich der Sonne mit ihren Planeten).

Allgemeine Literatur — General references

Über die Beobachtungstechnik:

a | VAN DE KAMP, P.: Astrometry with long-focus telescopes, in "Astronomical Techniques" (ed. by W. A. HILTNER) Chicago-London (1962) 487 ··· 536; dort auch weitere Literaturhinweise.

Referate über Methodik und Ergebnisse:

b | HOLMBERG, E.: Medd. Lund (II) Nr. 92 (1938).
c | VAN DE KAMP, P.: PASP **55** (1943) 263; AJ **51** (1944) 7; siehe auch [*f*].
d | ALDEN, H. L.: AJ **52** (1946) 37.
e | LARINK, J.: Naturwiss. **35** (1948) 118.
f | VAN DE KAMP, P.: Planetary companions of stars, Vistas Astron. **2** (1956) 1040.

Herczeg

Tab. 1. Liste der bekannten Sterne mit unsichtbaren Begleitern 1) — List of all known stars with invisible companions 1)

π_{trig}	Trigonometrische Parallaxe (siehe 5.1.4.2)	trigonometric parallax (5.1.4.2)
a	scheinbare Halbachse der Bahn der gestörten Hauptkomponente (in [1]: scheinbare Amplitude in Rektaszension)	apparent semi-major axis of the orbit of the disturbed primary component (in [1]: apparent amplitude in right ascension)
$\mathfrak{M}$	Masse des Begleiters	mass of the companion

$\mathfrak{M}_{Jupiter} \approx 0{,}001\ \mathfrak{M}_\odot$

Nr.	Name	π_{trig} 2)	P	a	$\mathfrak{M}$ [$\mathfrak{M}_\odot$]	Bemerkungen
1	Proxima Centauri	0,"762	2,a47	0,"010	0,0018	[1]; noch unbestätigt
2	Barnard's Stern	0,530	24	0,0245	0,0015	[2]
3	BD + 36° 2147 = = Lalaude 21185	0,398	8,0	0,0336	0,01	[3]
4	61 Cygni*)	0,292	4,8	0,0102	0,008	[4], siehe auch [5]; weitere Störungen mit $P \approx 2^a$ vermutet [1]
5	Krüger 60 A	0,249	16	α = 0,"03	0,009 ··· 0,025	[6]; noch nicht bestätigt
6	BD + 20° 2465	0,213	26,5	0,"11	0,032	[7]; Realität des Begleiters bestätigt, aber siehe abweichende numerische Ergebnisse in [8]
7	o^2 Eridani	0,201	2,99	0,012	0,029	[1]; noch nicht bestätigt
8	70 Ophiuchi*)	0,193	17	0,015	0,008 ··· 0,012	Lösung Nr. 1 [9]
			9,89	0,014	0,012 ··· 0,015	Lösung Nr. 2 [10]; Realität des Begleiters wird bezweifelt: [11]
9	Ci 2354	0,184	10,8	0,028	≧ 0,02	[12]
10	ξ Bootis*)	0,145	2,2	0,02	0,1	[13]; Realität wird bezweifelt: [14]
11	μ Herculis	0,117	8a oder 16a	0,"05 oder 0,"015		[14]
12	Ross 434	0,064	1,3	0,038		[15]
13	δ Aquilae	0,062	3,4	0,05	0,5 ··· 0,8	[22]
14	BD + 11° 2625	0,061	12,4	0,15		[16]
15	ξ Aquarii*)	0,040	25	0,08	0,6	[17], auch [18]**)
16	16 Cygni A	0,039	1,61	0,012		[1]; noch nicht bestätigt
17	16 Cygni B	0,039	1,59	0,031		[1]; noch nicht bestätigt
18	ξ Cancri C	0,039	17,5	0,191	0,9	[19]; Begleiter vermutlich ein weißer Zwerg**)
19	μ Draconis*)	0,033	3,2	0,026	0,6	[13]

Literatur zu 6.1.4 — References for 6.1.4

1 Holmberg, E.: Medd. Lund (II) Nr. 92 (1938).
2 van de Kamp, P.: AJ **68** (1963) 515.
3 Lippincott, S. L.: AJ **65** (1960) 445.
4 Deutsch, A. N.: Mitt. Pulkovo **21** (1957) 62.
5 Strand, K. Aa.: AJ **62** (1957) 35.
6 Lippincott, S. L.: AJ **58** (1953) 135.
7 Reuyl, D.: ApJ **97** (1943) 186.
8 van de Kamp, P., and S. L. Lippincott: AJ **55** (1949) 16, siehe auch [f].
9 Reuyl, D., and E. Holmberg: ApJ **97** (1943) 41.
10 Geffers, H.: Veröffentl. Bonn Nr. 39 (1952).
11 Strand, K. Aa.: unveröffentlicht, siehe PASP **57** (1945) 38.
12 van de Kamp, P.: Hdb. Physik **50** (1958) 223.

1) Nicht aufgeführt sind in der Tabelle: ξ Ursae Majoris A, der auch als spektroskopischer Doppelstern bekannt ist, und Ross 614, dessen Auflösung als Doppelstern Baade 1955 gelungen ist; siehe hierzu Lippincott [20] — In this table are not listed: ξ Ursae Majoris A, also known as spectroscopic binary, and Ross 614, the visual duplicity of which was identified by Baade 1955; see Lippincott [20].

2) Nach Gliese, für die Sterne 1 ··· 14 — For the stars 1 ··· 14, after Gliese [21].

*) Aus den (relativen) Messungen kann nicht entschieden werden, zu welcher der beiden Komponenten des Doppelsterns der unsichtbare Begleiter gehört — From the (relative) measurements it cannot be distinguished to which of the two components of the binary system the invisible companion belongs.

**) Auch visuelle Messungen zeigen die Störung — Perturbations indicated by visual observations too.

13 Strand, K. Aa.: PASP **55** (1942) 28.
14 van de Kamp, P.: AJ **53** (1948) 226.
14 Jahresbericht des Allegheny Observatory: AJ **56** (1951) 149.
15 Alden, H. L.: AJ **56** (1951) 34.
16 Wagman, N. E.: AJ **54** (1949) 138.
17 Strand, K. Aa.: AJ **49** (1942) 165.
18 Gianuzzi, M. A.: Rend. Accad. Nazl. Lincei (8) **16** (1954) 221, 473.
19 Gasteyer, G.: AJ **59** (1954) 243.
20 Lippincott, S. L.: AJ **60** (1955) 379.
21 Gliese, W.: Astron. Recheninst. Heidelberg Mitt. Serie A, Nr. 8 (1957).
22 Alden, H. L.: AJ **51** (1944) 59.

6.2 Veränderliche Sterne — Variable stars

6.2.1 Definition und Allgemeines — Definition and general remarks

Sterne, die infolge relativ schneller Veränderungen ihrer physischen Zustandsgrößen, Beschaffenheit oder Gestalt oder die als rasch umlaufende, enge Doppelsterne infolge scheinbarer gegenseitiger Bedeckungen Helligkeitsänderungen zeigen, werden Veränderliche genannt (physische bzw. Bedekkungs-Veränderliche).

Stars which show variable brightness as a result of the relatively rapid changes of their physical properties, constitution or shape, or which are rapidly revolving close binaries and as such show variable brightness as a result of apparent mutual occultation, are called variables (physical and eclipsing variables, respectively).

Bedeckungs-Veränderliche: siehe Doppelsterne 6.1.3.
Abkürzungen der Namen von Sternbildern siehe 5.1.1.2.

6.2.1.1 Verzeichnisse und Literaturhinweise – Catalogues and references

Ein Verzeichnis aller bekannten Veränderlichen wird auf Beschluß der IAU alle 10 Jahre (1948 beginnend) mit jährlichen Nachträgen als „General Catalogue of Variable Stars" = GKVS [*a*] herausgegeben. Die 2. Ausgabe 1958 enthält für 14 711 veränderliche Sterne die Bezeichnungen, die Örter für 1900,0 mit jährlichen Präzessionen, die galaktischen Koordinaten, bibliographische Informationen, Art und Grenzen des Lichtwechsels (photographisch oder visuell) und, sofern bekannt, die Elemente des Lichtwechsels und das Spektrum.

Literaturnachweise über alle Veröffentlichungen aus dem Gebiet der Veränderlichen: „Geschichte und Literatur des Lichtwechsels der veränderlichen Sterne" [*c*]. Lückenlose Zusammenstellungen geben auch die „Astronomischen Jahresberichte" des Astronomischen Rechen-Instituts [*h*], in denen alle die Veränderlichen betreffenden Veröffentlichungen aus den einzelnen Jahren übersichtlich zusammengestellt sind (bislang sind die Jahrgänge 1899 ··· 1962 erschienen). Zahlreiche Aufsuchungskarten, Vergleichssternfolgen und Beobachtungsergebnisse enthalten die laufenden „Mitteilungen über Veränderliche Sterne" der Sternwarte Sonneberg [*i*], die Mitte 1964 bereits 2 Bände mit 883 Seiten und 3 Supplemente umfaßten. Gesamtdarstellungen: [*d, e, f*].

6.2.1.2 Benennung – Notation

Die helleren Objekte tragen griechische Buchstaben (z. B. β Persei). Die schwächeren werden in der Reihenfolge der Bestätigung ihres Lichtwechsels mit großen lateinischen Buchstaben *R* bis *Z* unter Hinzufügung des Namens ihres Sternbildes bezeichnet (z. B. *Z* Ceti); danach folgen die Buchstabengruppen *RR*, *RS* ··· *RZ*, *SS*, *ST* ··· *SZ* usw. bis *ZZ*, und nach Erschöpfung dieser Möglichkeiten die Bezeichnungen *AA*, *AB* ··· *AZ*, *BB*, *BC* ··· *BZ* bis schließlich *QQ*, *QR* ··· *QZ*. Nachdem innerhalb eines Sternbilds alle vorstehenden 334 Benennungen vergeben sind, werden mit *V* 335 beginnend fortlaufende Nummern verwendet (z. B. *V* 737 Cygni). Alle in Kugelsternhaufen oder extragalaktischen Nebeln gefundenen Veränderlichen werden nicht benannt.

The bright objects are denoted by Greek letters (i. e. β Persei). The fainter stars are labelled with capital Latin letters from *R* to *Z* and the name of their constellation (i. e. *Z* Ceti) in the order in which their variation of brightness has been stated; thereafter follow the letter combinations *RR*, *RS* ··· *RZ*, *SS*, *ST* ··· *SZ* etc. up to *ZZ* and after exhausting these possibilities the notations *AA*, *AB* ··· *AZ*, *BB*, *BC* ··· *BZ* up to *QQ*, *QR* ··· *QZ*. After all the 334 notations have been used within one constellation, the numbers, beginning with *V* 335, are used in consecutive order (i. e. *V* 737 Cygni). Variables found in globular star clusters or extragalactic nebulae do not get names.

6.2.1.3 Einteilung – Classification

Einteilung der Veränderlichen entsprechend der von der IAU (Moskau 1958) beschlossenen Empfehlung [*b*]:

1. *Pulsierende Veränderliche:* Riesen und Überriesen aller Spektralklassen, deren Lichtwechsel auf mehr oder weniger periodische Pulsationen ihrer Atmosphären und damit verbundene spektrale Veränderungen zurückzuführen ist.

2. *Eruptive Veränderliche:* Sterne geringer Leuchtkraft, deren Lichtwechsel durch regellos erfolgende Ausbrüche von Gasmassen oder Kollision mit kosmischer Materie hervorgerufen wird (Ausnahme: *R* CrB-Typ).

3. *Bedeckungsveränderliche:* siehe Doppelsterne 6.1.3.

Classification of the variables corresponding to recommendations of the IAU made in Moscow 1958 [*b*]:

Pulsating variables: Giants and supergiants of all spectral classes whose variation of brightness is a result of the more or less periodic pulsations of their atmospheres and related spectral variations.

Eruptive variables: Stars of low luminosity whose variation of brightness is caused by random explosions of gas masses or collision with cosmic matter (exception: *R* CrB-type).

Eclipsing variables: see binaries 6.1.3.

Tab. 1. Einteilung der physischen Veränderlichen nach Art und Ursache ihres Lichtwechsels — Division of the physical variables according to type and cause of their variability [*b*]

Typ		*N* (1958) [1]	Abschnitt
1.	*Pulsierende Veränderliche*		6.2.2
C	Langperiodische Cepheiden	610	6.2.2.1
RR	*RR* Lyrae-Sterne	2426	6.2.2.2
δ Sct	δ Scuti-Sterne	5	6.2.2.3
β CMa	β Canis Majoris-Sterne	11	6.2.2.4
M	Mira-Sterne	3657	6.2.2.5
SR	Halbregelmäßige Veränderliche	1675	6.2.2.6
RV	*RV* Tauri-Sterne	92	6.2.2.7
α CV	α^2 Canum Venaticorum-Sterne	9	6.2.2.8 / 6.3
I	Unregelmäßige Veränderliche	1370	6.2.2.9
		9855	
2.	*Eruptive Veränderliche*		6.2.3
N	Novae	146	6.2.3.1
Ne	Nova-ähnliche Veränderliche	35	6.2.3.2
SN	Supernovae	7	6.2.3.3
RCB	*R* Coronae Borealis-Sterne	39	6.2.3.4
RW	*RW* Aurigae-Sterne	590	6.2.3.5
	Untergruppe *T* Tau-Sterne		6.2.3.6
UG	*U* Geminorum-Sterne	112	6.2.3.7
UV	*UV* Ceti-Sterne	15	6.2.3.8
Z	*Z* Camelopardalis-Sterne	15	6.2.3.9
		959	

[1]) Die in der vorstehenden Statistik gegebenen Sternzahlen beziehen sich auf die bis 1958 bekannten und benannten Veränderlichen. Sie haben nichts mit der wahren Häufigkeit der einzelnen Sterntypen zu tun, da die Entdeckungswahrscheinlichkeit wegen der sich über 20 Größenklassen verteilenden absoluten Helligkeiten und des großen Unterschieds der Amplituden des Lichtwechsels außerordentlich verschieden ist. In Wirklichkeit dürften bei gleicher Entdeckungswahrscheinlichkeit in unserer Sonnennähe etwa 1300 unregelmäßige Veränderliche geringer Leuchtkraft (im wesentlichen *RW* Aurigae-Sterne) auf einen pulsierenden Riesenstern kommen — The star numbers given in the above statistics refer to the variables known and denoted up to 1958. They are in no relation to the real frequency of the individual star types, since the probability of discovery varies extraodinarily because of the absolute magnitudes being distributed among 20 classes of magnitude and because of the great difference in the amplitudes of light change. Actually, in the case of equal discovery, in the solar neighborhood there are approximately 1300 irregular variables of low luminosity (essentially *RW* Auriagae stars) to one pulsating giant star.

6.2.1.4 Lage der physischen Veränderlichen im Hertzsprung-Russell-Diagramm — Position of the physical variables in the Hertzsprung-Russell diagram

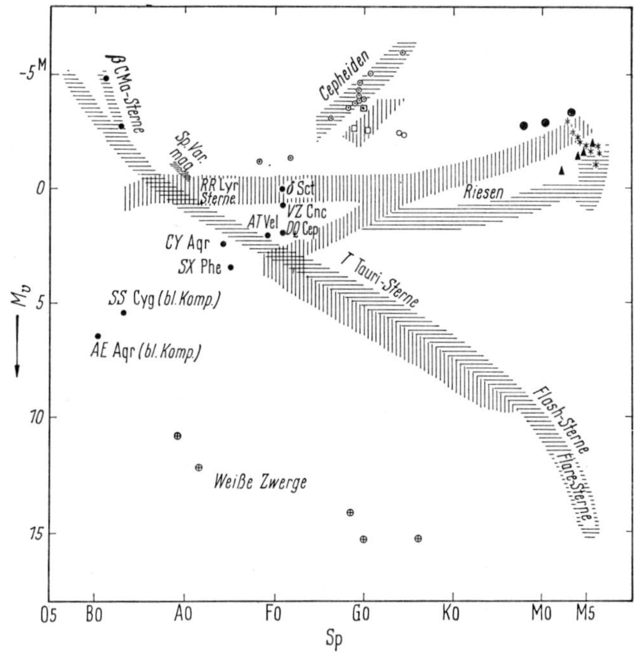

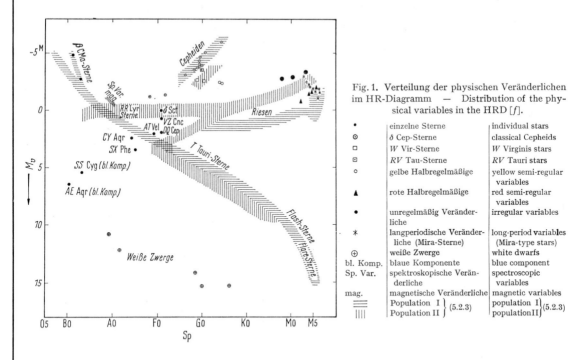

Fig. 1. Verteilung der physischen Veränderlichen im HR-Diagramm — Distribution of the physical variables in the HRD [f].

•	einzelne Sterne	individual stars
⊙	δ Cep-Sterne	classical Cepheids
□	*W* Vir-Sterne	*W* Virginis stars
⊡	*RV* Tau-Sterne	*RV* Tauri stars
○	gelbe Halbregelmäßige	yellow semi-regular variables
▲	rote Halbregelmäßige	red semi-regular variables
●	unregelmäßig Veränderliche	irregular variables
*	langperiodische Veränderliche (Mira-Sterne)	long-period variables (Mira-type stars)
⊕	weiße Zwerge	white dwarfs
bl. Komp.	blaue Komponente	blue component
Sp. Var.	spektroskopische Veränderliche	spectroscopic variables
mag.	magnetische Veränderliche	magnetic variables
═	Population I (5.2.3)	population I (5.2.3)
||||	Population II (5.2.3)	population II (5.2.3)

6.2.2 Pulsierende Veränderliche — Pulsating variables

6.2.2.1 Langperiodische Cepheiden — Long-period Cepheids — C

6.2.2.1.1 Definition

Überriesen der Spektralklassen F ··· K, die mit Perioden zwischen etwa 1 und 50 Tagen pulsieren und einen Lichtwechsel zeigen, der sich in allen Einzelheiten streng wiederholt.

Die Cepheiden sind relativ selten und liegen zumeist in sehr geringen galaktischen Breiten, in Gegenden, die durch Dunkelwolken oder starke Lichtabsorption die Entdeckung und Beobachtung dieser absolut hellen Veränderlichen erschweren. Von den bis 1958 in unserem Milchstraßensystem entdeckten 610 klassischen Cepheiden konnten bereits 567 näher untersucht werden [*1*, *12*]. Infolge ihrer großen absoluten Helligkeit konnten diese Veränderlichen nicht nur in entfernt stehenden Kugelsternhaufen, sondern sogar in extragalaktischen Spiralnebeln (M 31, M 33, NGC 2860) und in besonders großer Zahl (über 2500) in den Magellanschen Wolken gefunden werden (siehe 9.3.1). Dabei zeigte sich, daß die langperiodischen Cepheiden der Magellanschen Wolken in ihren Merkmalen in jeder Hinsicht denjenigen unseres Milchstraßensystems gleichen, die zur galaktischen Ebene konzentriert sind. Sie unterscheiden sich dagegen erheblich von den in Kugelhaufen oder in höheren galaktischen Breiten bzw. nahe dem Zentrum unserer Milchstraße gefundenen Veränderlichen dieser Klasse (siehe Fig. 2). Es gibt somit 2 sehr verschiedene Typen von langperiodischen Cepheiden, die nach den Populationen, mit denen sie assoziiert erscheinen bzw. nach ihren typischen Vertretern klassifiziert werden:

Pop. I Cδ δ Cep-Sterne (klassische Cepheiden)
Pop. II CW *W* Vir-Sterne

Unterschiede: Form der Lichtkurven, Amplituden, Konstanz der Perioden, absolute Helligkeiten, Spektrum, Leuchtkraft-Klassen, Radialgeschwindigkeitskurven, Pekuliargeschwindigkeiten, Farbenindex (siehe unten).

6.2.2.1.2 Perioden und Lichtkurven — Periods and light curves

Lichtelektrische Lichtkurven: [*9*, *10*, *11*].

Perioden (Veränderlichkeit):

Population I (Cδ-Sterne): in ihren Mittelwerten auf längere Zeiten sehr konstant, lassen sich oft auf Bruchteile von Sekunden genau bestimmen, während die einzelnen Wellen sowohl in Länge als auch in Gestalt sehr geringe Unregelmäßigkeiten aufweisen. Gelegentliche Veränderungen der mittleren Periode oder Verschiebungen der Phasenepochen sind geringfügig und erfolgen stets sprunghaft.

Population II (CW-Sterne): in den Einzelwellen wie auch im Mittel weniger konstant. Periodenänderungen treten sehr viel häufiger auf und können bis zu 0,03 P betragen.

Tab. 2. Beziehung zwischen den Perioden und der Asymmetrie der Lichtkurven — Relationship between periods and asymmetry of the light curves [7]

ε | Dauer des Lichtanstiegs/Periode | duration of light increase/period

Typ $P < 9^d$			Typ $P > 9^d$		
P [d]	ε	N	P [d]	ε	N
1,53 ··· 3,73	0,33	24	9,09 ··· 10,38	0,47	15
3,79 ··· 4,66	0,31	25	10,72 ··· 12,64	0,44	15
4,67 ··· 5,44	0,29	24	12,83 ··· 16,33	0,35	15
5,53 ··· 6,69	0,31	25	16,38 ··· 20,31	0,33	15
6,73 ··· 8,70	0,33	24	21,47 ··· 45,15	0,28	15

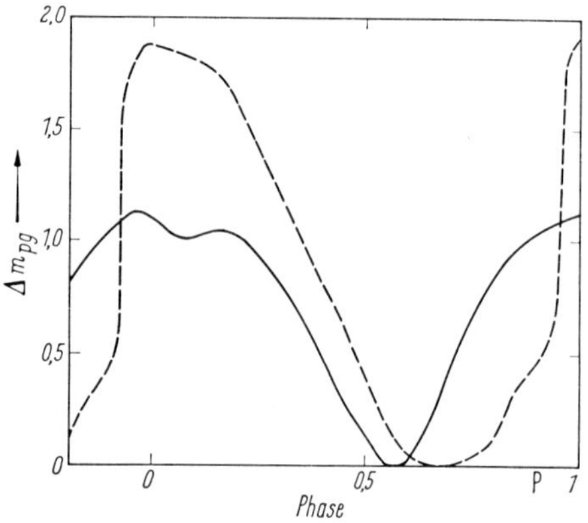

Fig. 2. Unterschiede der Lichtkurven — Differences in the light curves [1].

– – Pop. I: *SV* Mon, $P = 15^d{,}23$ (δ Cephei-Stern)

—— Pop. II: *V* 741 Sgr, $P = 15^d{,}16$ (*W* Virginis-Stern)

Tab. 3. Beziehung zwischen den Amplituden und Perioden aller galaktischen langperiodischen Cepheiden — Relationship between the amplitudes and periods of all galactic long-period Cepheids [9]

P in [d]

log P	Ampl. (vis)	N	Ampl. (pg)	N
0,00 ··· 0,39	$0^m{,}40$	1	$0^m{,}97$	7
0,40 ··· 0,59	0,50	3	1,03	14
0,60 ··· 0,79	0,72	16	1,01	39
0,80 ··· 0,99	0,73	13	1,09	32
1,00 ··· 1,19	0,95	9	1,33	26
1,20 ··· 1,39	1,05	6	1,48	16
1,40 ··· 1,59	1,00	4	1,57	10
1,60 ··· 1,79	1,18	4	1,70	3

Perioden-Amplituden-Beziehung — Relationship between period and amplitude

P in [d]

Sterne	Ampl. (vis)	Ampl. (pg)	Lit.
alle galaktischen langperiodischen Cepheiden	$+0^m{,}25 + 0^m{,}50 \cdot \log P$	$+0^m{,}32 + 0^m{,}91 \cdot \log P$	11
Pop. I (Cδ), $N = 91$ *)		$+0{,}03 + 1{,}33 \cdot \log P$	1
Pop. II (CW), $N = 19$		$+0{,}40 + 0{,}85 \cdot \log P$	1

Die *Helligkeitsamplituden* sind im Ultraviolett erheblich größer als im Infrarot (siehe Fig. 4) (bei δ Cephei 3,4 mal größer). Sie liegen

visuell (λ 5600) zwischen $0^m{,}37$ und $1^m{,}47$
photographisch (λ 4200) zwischen 0,65 und 2,60.

Häufigkeits-Maxima der Perioden — Most frequently occurring periods

Cδ (Pop. I) ¹) $P = 5^d{,}6$
CW (Pop. II)
sekundäres Maximum $P = 2^d{,}2$
Haupt-Maximum²) $P = 15^d{,}1$

*) Siehe Fig. 3 — See Fig. 3.

¹) Ein vorhandenes Minimum bei $P = 9$ fällt mit einer bemerkenswerten Veränderung der Lichtkurve (siehe Fig. 3) zusammen. In den Magellanschen Wolken (Pop. I) liegt die größte Häufigkeit in der Kleinen Wolke bei $2^d{,}5$, in der Großen bei $3^d{,}8$, [1], [e] — An existing minimum at $P = 9^d$ coincides with a remarkable change of the light curve (see Fig. 3). In the Magellanic Clauds (Pop. I), the greatest frequency in the Small Cloud is found at $2^d{,}5$, in the Large Claud at $3^d{,}8$ [1], [e].

²) In Übereinstimmung mit den *W* Vir-Sternen in Kugelsternhaufen — In agreement with the *W* Virginis stars in globular star clusters.

Tab. 4. Häufigkeitsverteilung der Perioden für die beiden Populationen — Frequency distribution of the periods for the two populations [1]

P in [d]

log P	N	
	I (Cδ)	II (CW)
<0,0	0	2
0,0 ··· 0,1	0	3
0,1 ··· 0,2	1	6
0,2 ··· 0,3	3	5
0,3 ··· 0,4	6	10
0,4 ··· 0,5	22	4
0,5 ··· 0,6	42	5
0,6 ··· 0,7	63	1
0,7 ··· 0,8	72	3
0,8 ··· 0,9	58	1
0,9 ··· 1,0	25	4
1,0 ··· 1,1	29	8
1,1 ··· 1,2	30	25
1,2 ··· 1,3	18	16
1,3 ··· 1,4	13	12
1,4 ··· 1,5	6	11
1,5 ··· 1,6	6	6
1,6 ··· 1,7	3	2
1,7 ··· 1,8	0	2
1,8 ··· 1,9	1	1
	398	127

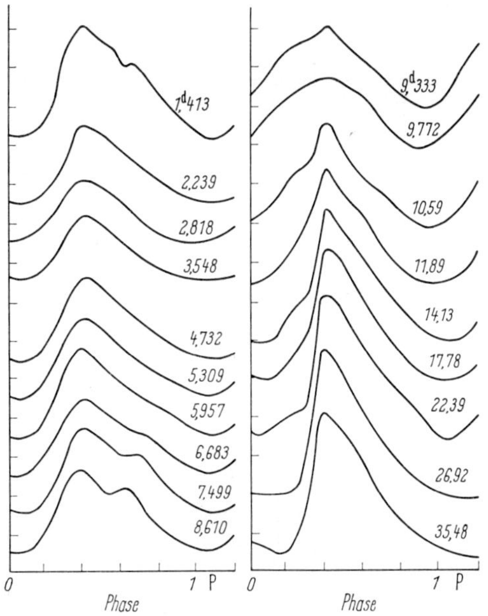

Fig. 3. Beziehung zwischen den Lichtkurven und Perioden der langperiodischen Cepheiden vom Typ Cδ (Hertzsprung-Sequenz) — Relationship between the light curves and periods of long-period Cepheids of type Cδ (Pop. I) (Hertzsprung sequence) [2].

6.2.2.1.3 Zustandsgrößen — Characteristic properties

Die *Spektren* der langperiodischen Cepheiden sind mit dem Lichtwechsel gleichlaufend um etwa 0,2 bis 1,5 Spektralklassen veränderlich, wobei der früheste Spektraltyp kurz vor dem Maximum, der späteste etwa 0,2 P vor dem Minimum erreicht wird (siehe Fig. 4). Sie gehören mit wenigen Ausnahmen den Klassen A ··· K an und zeigen c-Charakter. Während die W Vir-Sterne (Pop. II) stets Emissionen des H und Ca II zeigen, deren Intensitäten von der Periodenlänge abhängig sind, treten diese bei den δ Cep-Sternen (Pop. I) nur kurzfristig (0,2 P) auf. Diese Spektren unterscheiden sich im Helligkeitsminimum fast nicht von den unveränderlichen Standard-Sternen der Leuchtkraftklasse Ib (Überriesen); im Maximum weichen sie dagegen vom Standard-Typ ab. Alle Kriterien, wie z.B. abnorm starke Linien des H und ionisierten Ti weisen auf eine Leuchtkraftklasse zwischen Ia und Ib hin [5].

Lage der Cepheiden im Hertzsprung-Russel-Diagramm siehe Fig. 1.
Zusammenhang zwischen Spektrum, Periode und absoluter Helligkeit siehe Tab. 8.

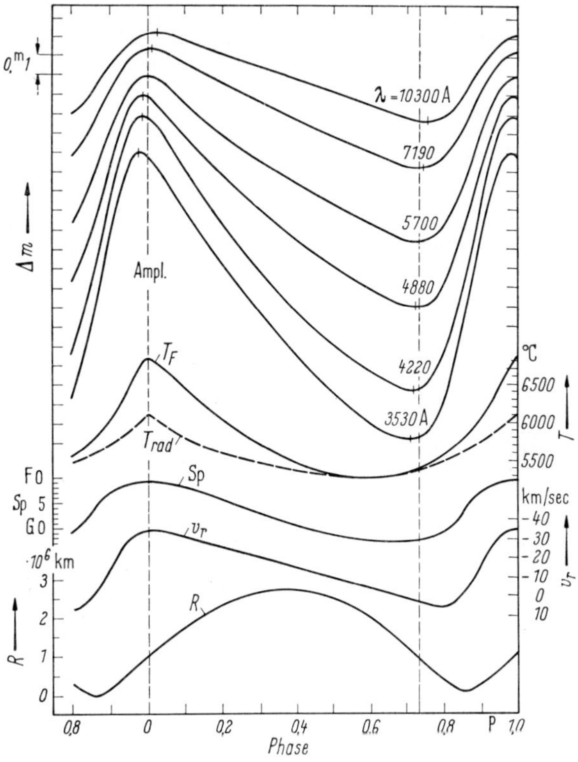

Fig. 4. Lichtkurven (*Ampl.*) und Änderungen der Zustandsgrößen von δ Cep — Light curves (*Ampl.*) and variations of the characteristic data of δ Cep.

T_F | Farbtemperatur | color temperature

Tab. 5. Perioden P, Spektren Sp und Leuchtkraftklassen LC einiger langperiodischer Cepheiden — Periods P, Spectra Sp, and luminosity classes LC of some long-period Cepheids [4]

P in [d]

δ Cephei-Sterne (Pop. I) [1]				*W* Virginis-Sterne (Pop. II) [2]			
Name	log P	M_{pg}	Sp, LC	Name [3]	log P	M_{pg}	Sp, LC
SU Cas	0,290	$-2\overset{M}{,}3$	F 5 ⋯ F 7 I ⋯ II	M 15 Nr. 1	0,158	$-0\overset{M}{,}6$	A 8 ⋯ F 0 II ⋯ III
DT Cyg	0,397	−2,5	F 5 ⋯ F 7 I ⋯ II	M 13 Nr. 1	0,164	−0,6	A 2 ⋯ F 2 II ⋯ III
T Vul	0,646	−2,9	F 5 ⋯ K 0 Ib	M 13 Nr. 6	0,326	−0,9	F 2 ⋯ F 5 II
V 386 Cyg	0,720	−3,0	F 5 ⋯ G 1 Ib	*TU* Cas	0,328	−0,9	F 3 ⋯ F 5 II
δ Cep	0,729	−3,1	F 5 ⋯ G 2 Ib	*SZ* Tau	0,497	−1,2	F 6 ⋯ F 9 Ib
MW Cyg	0,774	−3,1	F 8 ⋯ G 1 Ib	M 13 Nr. 2	0,708	−1,6	F 0 ⋯ G 3 II
η Aql	0,855	−3,3	F 6 ⋯ G 4 Ib	M 3 Nr. 154	1,184	−2,4	F 5 ⋯ G 3 I ⋯ II
RS Ori	0,878	−3,3	F 2 ⋯ G 0 Ib	M 2 Nr. 1	1,192	−2,4	F 8 ⋯ G 2 II
VY Cyg	0,894	−3,4	F 6 ⋯ G 1 Ib	*W* Vir	1,237	−2,5	F 2 ⋯ G 2 I ⋯ II
RX Cam	0,898	−3,4	G 2 ⋯ K 2 Ib	M 2 Nr. 5	1,244	−2,5	F 6 ⋯ G 0 II
S Sge	0,923	−3,4	F 6 ⋯ G 5 Ib	M 10 Nr. 2	1,273	−2,6	F 5 ⋯ G 2 I ⋯ II
ζ Gem	1,005	−3,5	F 7 ⋯ G 3 Ib	M 2 Nr. 6	1,286	−2,6	F 6 ⋯ G 2 II
BZ Cyg	1,006	−3,5	F 8 ⋯ G 5 Ib	M 5 Nr. 42	1,410	−2,8	F 4 ⋯ G 3 Ib
Z Lac	1,037	−3,6	F 6 ⋯ G 6 Ib	M 5 Nr. 84	1,423	−2,8	F 5 ⋯ G 5 Ib
TX Cyg	1,167	−3,8	F 5 ⋯ G 6 Ib	M 2 Nr. 11	1,527	−3,0	F 5 ⋯ G 3 Ib
SZ Cyg	1,178	−3,8	F 8 ⋯ G 8 Ib				
X Cyg	1,214	−3,9	F 7 ⋯ G 8 Ib				
CD Cyg	1,230	−3,9	F 8 ⋯ K 0 Ib				
Y Oph	1,233	−3,9	F 8 ⋯ G 3 Ib				
T Mon	1,431	−4,3	F 7 ⋯ K 1 Iab				
U Car	1,586	−4,6	G 0 ⋯ K 2 Ib				
SV Vul	1,654	−4,7	F 7 ⋯ K 0 Ia				

Die *Radialgeschwindigkeiten* der δ Cephei-Sterne verändern sich gleichfalls synchron mit dem Lichtwechsel. Dabei fällt das positive Maximum (d. h. größte Kontraktionsgeschwindigkeit) sehr nahe mit dem Helligkeitsminimum und das negative Maximum (d. h. größte Expansionsgeschwindigkeit) nahezu mit der größten Helligkeit des Sterns zusammen. Die Licht- und Geschwindigkeitskurven verlaufen somit spiegelbildlich (in Fig. 4 ist die Randbeschriftung zu beachten!). Die Extrema der Geschwindigkeitskurven sind jedoch im Gegensatz zu den Lichtkurven gleichmäßig rund geformt und liegen (bei den längeren Perioden mehr, bei den kürzeren weniger) zwischen 0,10 und 0,01 P in der Phase verspätet. Bei den *W* Vir-Sternen (Pop. II) verlaufen die Radialgeschwindigkeiten diskontinuierlich, wie bei den *RR* Lyr- und *RV* Tau-Veränderlichen. Bei beiden Gruppen sind die Geschwindigkeitsamplituden innerhalb gewisser Grenzen von der Höhe der Atmosphärenschicht abhängig, aus der die zur Messung benutzten Absorptionslinien stammen [3, 6].

Beziehungen zwischen den Geschwindigkeits- und photographischen Helligkeitsamplituden — Relationships between the amplitudes of velocity and of photographic magnitudes [1]

Pop.	Δv_r [km/sec]	N
I	$+\ 7{,}5 + 28{,}2\ \Delta m_{pg}$	107
II	$-66 + 88\ \Delta m_{pg}$	8

Die aus der Integration der Geschwindigkeitskurven bestimmten *Sterndurchmesser* erreichen ihre größte Ausdehnung im Lichtabstieg und ihren kleinsten Wert im Anstieg. Zur Zeit der Helligkeitsextrema (Minima und Maxima) haben sie nahezu die gleiche Größe, so daß der Lichtwechsel im wesentlichen durch Temperaturänderungen bestimmt wird. Die Größe der Sternradien ergibt sich zu

$$\sim 5{,}5 \cdot 10^6 \text{ bis } 105 \cdot 10^6 \text{ km oder } 8 \text{ bis } 150\ R_\odot.$$

Die *Radius-Schwankungen* (Fig. 4) betragen bei den δ Cep-Sternen im Mittel etwa 10%. Sie steigen bei den *W* Vir-Sternen mit wachsender Periode rasch zur Größenordnung von Sternradien an (bei *W* Vir 50%).

Mittlere Durchmesser [13, 14]: (neueste Werte)

SV Vul ($P = 45\overset{d}{,}10$): 142 $R_\odot$,
T Mon ($P = 27\overset{d}{,}02$): 119 $R_\odot$,
δ Cep ($P = 5\overset{d}{,}37$): 15,2 $R_\odot$.

Farbenindex CI:

P in [d]

Typ	Pop.	CI: CI im Maximum	CI im Minimum
Cδ	I	$+0\overset{m}{,}17 + 0\overset{m}{,}18 \cdot \log P$	$+0\overset{m}{,}08 + 0\overset{m}{,}78 \cdot \log P$
CW	II	$+\ 0{,}08 +\ 0{,}21 \cdot \log P$	kleiner als in Pop. I

[1]) Fast alle δ Cep-Sterne (Pop. I) gehören der Leuchtkraftklasse I b an, ausgenommen Sterne mit sehr kurzen oder sehr langen Perioden — Nearly all δ Cep stars (Pop. I) belong to the luminosity class I b, exept the stars with very short or very long periods.

[2]) Die *W* Vir-Sterne (Pop. II) bevorzugen die Leuchtkraftklasse II [1] — The *W* Virginis stars (Pop. II) prefer the luminosity class II [1].

[3]) M = Messier-Katalog der Sternhaufen und Nebel, siehe 7.1.2 — M = Messier Catalogue of star clusters and nebulae, see 7.1.2.

Tab. 6. Temperaturen und Radien von δ Cephei-Sternen (Pop. I) — Temperatures and radii of δ Cep stars (Pop. I) [16]

T_F	Farbtemperatur	color temperature
T_{rad}	Strahlungstemperatur	radiation temperature

Name	P [d]	Sp	λ 5570					λ 4100					$\bar{R}$	$\Delta R / \bar{R}$
				T_F		T_{rad}			T_F		T_{rad}		[10^6 km]	
		Max. ··· Min.	Ampl.	Max.	Min.	Max.	Min.	Ampl.	Max.	Min.	Max.	Min.		
SU Cas	1,94	F 5 ··· F 7	0m37	6050°	5240°	5700°	5290°	0m65	5520°	4680°	5980°	5410°	13,7	0,040
RT Aur	3,73	F 1 ··· G 0	0,74	7500	5600	6420	5450	1,22	6630	4940	6650	5570	13,8	0,106
T Vul	4,44	F 5 ··· K 0	0,68	6240	5160	5820	5240	1,13	6440	4790	6570	5470	14,1	0,142
δ Cep	5,37	F 5 ··· G 2	0,77	6810	5400	6070	5340	1,25	6300	4750	6480	5430	23,3	0,113
η Aql	7,18	F 6 ··· G 4	0,61	6000	4680	5680	4990	1,18	4950	3860	5600	4870	38,8	0,087
ζ Gem	10,15	F 7 ··· G 3	0,43	6140	5320	5770	5300	0,71	4500	3870	5290	4870	41,0	0,082
X Cyg	16,38	F 7 ··· G 8	0,77	5600	3940	5470	4690	1,62	4700	3190	5430	4730	68,7	0,167
T Mon	27,01	F 7 ··· K 1	1,00	6530	4380	6000	4870	1,87	5790	3530	6140	4660	105,0	0,191

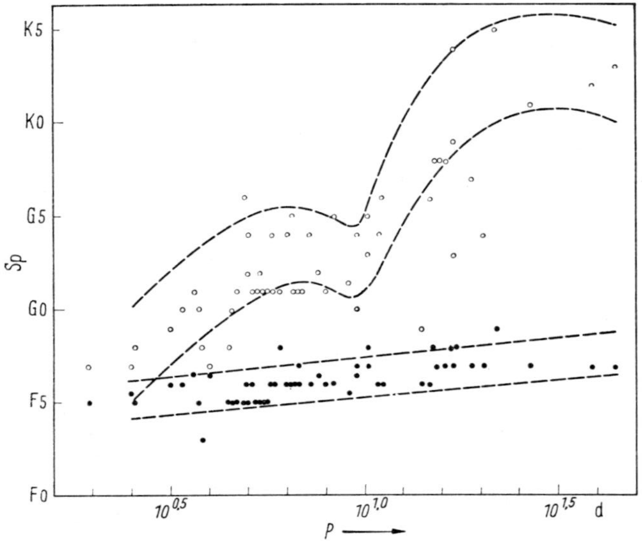

Fig. 5. Spektraltypen der langperiodischen Cepheiden als Funktion ihrer Perioden — Spectral types of long-period Cepheids as a function of their periods [f].

• Maximum ○ Minimum

6.2.2.1.4 Perioden-Helligkeits-Beziehung — Period-luminosity relation

Die für die Entfernungsbestimmungen im Weltall äußerst wichtige *Perioden-Helligkeits-Beziehung* der langperiodischen Cepheiden verläuft in beiden Populationen nahezu identisch, unterscheidet sich aber durch die um $1^m_,5$ höhere absolute Helligkeit aller δ Cep-Sterne (Pop. I). Da der Helligkeits-Nullpunkt der 1940 von SHAPLEY [*15*] aufgestellten Funktion an die Veränderlichen der Kugelsternhaufen angeschlossen wurde, bezieht sich dieser nur auf die *W* Vir-Sterne (Pop. II). Die Ableitung einer für die δ Cep-Sterne (Pop. I) gültigen Nullpunkts-Korrektion ist wegen der sehr unsicheren Parallaxen und des schwer abzuschätzenden Einflusses der interstellaren Absorption schwierig und unsicher. Die in mehr als 33 Arbeiten verschiedener Autoren abgeleiteten Korrektionen liegen im wesentlichen zwischen $-1^m_,4$ und $-1^m_,8$ (beste Werte nahe $-1^m_,50$).

Tab. 7. Perioden-Helligkeits-Beziehung, bezogen auf die mittlere Helligkeit der Sterne — Period-luminosity relation, referred to the mean stellar luminosity of the stars

P in [d]

Pop. I	$M_v = -1^M_,67 - 2^M_,54 \times \log P$	[*134*]
	$M_{pg} = -1{,}33 - 2{,}25 \times \log P$	[*134*]
	$M_{pg} = -1{,}80\ (\pm 0{,}08) - 1{,}74(\pm 0{,}08) \times \log P$	[*1*]
Pop. II	$M_{pg} = -0{,}35\ (\pm 0{,}15) - 1{,}75(\pm 0{,}10) \times \log P$	[*1*]
	$M_{bol} = -0{,}07 - 2{,}67 \times \log P$	[*134*]

Tab. 8. Beobachtete Beziehungen zwischen den Perioden, Spektren und absoluten Größen (Mittelwerte) — Observed relationships between the periods, spectra and absolute magnitudes (mean values) [*e*]

P in [d]

$\log P$	Spektrum Max.	[1]	Min.	M_{pg}	M_v	M_{bol}	Pop.
0,282	F 4,2	F 6,1	G 1,8	$-2^M_,49$	$-3^M_,01$	$-3^M_,21$	I
0,573	F 4,6	F 8,2	G 1,4	−2,98	−3,59	−3,88	I
0,670	F 6,2	F 8,8	G 2,4	−3,15	−3,79	−4,11	I
0,714	F 6,2	F 9,3	G 3,2	−3,20	−3,86	−4,20	I
0,723	F 6,4	F 9,8	G 3,2	−3,22	−3,90	−4,25	I
0,796	F 6,0	F 9,6	G 2,0	−3,33	−4,00	−4,34	I
0,833	F 7,0	F 9,5	G 2,6	−3,41	−4,07	−4,41	I
0,864	F 6,0	F 9,3	G 2,6	−3,48	−4,14	−4,47	I
0,893	F 5,6	F 9,1	G 2,6	−3,50	−4,15	−4,47	I
0,965	F 6,6	F 9,4	G 3,3	−3,66	−4,32	−4,65	I
1,047	F 6,2	F 9,6	G 3,0	−3,80	−4,47	−4,82	I
1,180	F 5,4	F 9,5	G 3,6	−4,02	−4,68	−5,02	I
1,344	F 5,6	G 0,6	G 5,6	−4,34	−5,06	−5,46	I
1,636	F 8,5	G 4,2	K 0,0	−5,03	−5,91	−6,46	I
0,156	A 5,3	A 7,7	F 0,0	−0,77	−1,03	−1,14	II
0,333	F 0,0	F 1,8	F 5,0	−0,90	−1,28	−1,28	II
1,163	F 7,8	G 0,5	G 3,2	−1,83	−2,52	−2,73	II
1,256	F 6,6	F 8,9	G 1,2	−2,00	−2,62	−2,79	II

Tab. 9. Shapleys Perioden-Helligkeits-Beziehung — Shapley's period-luminosity relation [*15*]

P in [d]

$\log P$	$\overline{M}_v$	$\overline{M}_{pg}$ [2]
0,0	$-0^M_,41$	$-0^M_,31$
0,2	−0,76	−0,68
0,4	−1,14	−1,01
0,6	−1,58	−1,33
0,8	−2,20	−1,66
1,0	−2,92	−2,02
1,2	−3,64	−2,39
1,4	−4,36	−2,80
1,6	−5,08	−3,25
1,8	−5,79	−3,73

6.2.2.1.5. Räumliche Verteilung — Spatial distribution

Die δ Cephei-Sterne (Pop. I) liegen in einer sehr flachen Schicht symmetrisch zur galaktischen Ebene. 87% dieser Sterne sind weniger als 100 pc von ihr entfernt. Abstände >250 pc sind äußerst selten. Sie bevorzugen die Spiralarme unseres Systems. Im Gegensatz zu ihnen bilden die *W* Vir-Sterne (Pop. II) ein sphärisches Untersystem nach Art der *RR* Lyr-Sterne. Sie sind in unserer Nachbarschaft (bis $r < 4$ kpc) im Mittel ± 610 pc von der galaktischen Ebene entfernt. In Richtung zum galaktischen Zentrum treten sie häufiger auf und werden dort in Abständen von ± 4000 pc von der galaktischen Ebene gefunden. Im allgemeinen sind die *W* Vir-Sterne wesentlich gleichmäßiger verteilt. Beide Populationen kommen daher in niedrigen galaktischen Breiten gemischt vor. Im galaktischen Zentrum scheinen die langperiodischen Cepheiden jedoch ganz zu fehlen.

[1] Bei mittlerem Licht — at mean magnitude.

[2] Mittlere Helligkeit zwischen Minimum und Maximum — mean brightness between minimum and maximum.

Korrektion der $\overline{M}_{pg}$ | Correction for $\overline{M}_{pg}$

Pop. I: $-1^M_,50$; Pop. II: 0

Tab. 10. Räumliche Verteilung der Cepheiden in 4 je $(20°)^2$ großen Feldern des galaktischen Gürtels — Spatial distribution of Cepheids in 4 fields of $(20°)^2$ in the galactic plane [1]

N | Zahl der Cepheiden in ... kpc Abstand von der Sonne | number of Cepheids within ... kpc distance from the sun

Feld		N					Pop.		$\bar{z}$ [pc]*)	
l^{I}	b^{I}	0 ··· 2	2 ··· 4	4 ··· 6	6 ··· 8	>8	I	II	Pop. I	Pop. II
60°	0°	4	13	2	1	0	19	1	− 63	(−248)
150	0	5	3	1	0	0	8	1	+110	(+379)
250	0	21	24	14	7	3	68	1	− 25	(−192)
330	−10	6	13	21	7	1	9	37	− 65	−760

Tab. 11. Galaktische Breiten b^{I} der Cepheiden — Galactic latitudes b^{I} of the Cepheids [1]

b	N
0° ··· 10°	399
10 ··· 20	54
20 ··· 30	12
30 ··· 40	5
40 ··· 50	6
50 ··· 60	1
60 ··· 70	0
70 ··· 80	1
80 ··· 90	0

Tab. 12. Mittlere Abstände von der galaktischen Ebene $\bar{z}$ für 391 Cepheiden in unserer Umgebung bis zu 4 kpc — Mean distance from the galactic plane $\bar{z}$ for 391 Cepheids in the solar neighborhood to a distance of 4 kpc [1]

σ_z | Streuung | scattering

Pop.	N	$\bar{z}$ [pc]	σ_z
I (Cδ)	333	− 6	68
II (CW)	58	−120	610

Tab. 13. Abstand z von der galaktischen Ebene für 213 Cepheiden unserer Umgebung (bis 2 kpc) — Distance z from the galactic plane for 213 Cepheids in the solar neighborhood (up to 2 kpc) [1]

$\lvert z\rvert$ [pc]	Pop. I	Pop. II
0 ··· 50	114	2
50 ··· 100	52	2
100 ··· 150	17	2
150 ··· 200	5	1
200 ··· 300	2	2
300 ··· 400	1	5
400 ··· 500	0	2
500 ··· 750	0	4
>750	0	2

Tab. 14. Sterndichte der Cepheiden ϱ_{st} (=Zahl pro kpc^3) in unserer Umgebung bis 2 kpc — Star density of Cepheids ϱ_{st} (= number per kpc^3) in the solar neighborhood up to 2 kpc [1]
P in [d]

log P	ϱ_{st} Pop. I	Pop. II
<0,5	0,5	0,4
0,5 ··· 1,0	4,1	0,2
>1,0	1,2	0,2
alle	5,8	0,8

Raumgeschwindigkeiten: von der Sonnenbewegung und dem Einfluß der galaktischen Rotation befreite mittlere Radialgeschwindigkeiten:

δ Cep-Sterne (Pop. I): ±15 km/sec,
W Vir-Sterne (Pop. II): ±36,3 km/sec.

Die Eigenbewegungen sind gering und betragen im Mittel 0,"0218 (51 Sterne).

Assoziationen mit Sternhaufen: In den Kugelsternhaufen M 2, 3, 5, 10, 13 und 15 wurden insgesamt 13 langperiodische Cepheiden gefunden, die alle der Population II angehören.

Die in den offenen Sternhaufen enthaltenen 20 δ Cep-Sterne zeigen alle die typischen Merkmale der Population I [60].

*) $\bar{z}$ = mittlerer Abstand von der galaktischen Ebene. Die *W* Vir-Sterne (Pop. II) sind in den äußeren Gebieten der Galaxis relativ selten, in Richtung zum galaktischen Zentrum sehr häufig — $\bar{z}$ = mean distance from the galactic plane. The *W* Vir stars are found relatively seldom in the outer parts of the galaxy, but very frequently in the direction towards the galactic center [1].

6.2.2.2 *RR* Lyrae-Sterne (Haufenveränderliche) – *RR* Lyrae stars (cluster variables) – RR

6.2.2.2.1 Definition

Die *RR* Lyrae-Sterne sind rasch pulsierende Sterne mit einem Lichtwechsel, der demjenigen der δ Cephei-Sterne sehr ähnlich, jedoch mit Perioden zwischen $0\overset{d}{.}2$ und $1\overset{d}{.}2$ und weniger regelmäßig verläuft. Sie sind im Gegensatz zu den relativ seltenen δ Cephei-Sternen sehr häufig und bilden nach Baade [*39*] einen charakteristischen Bestandteil aller elliptischen Nebel, der Kugelhaufen und Kerngebiete der Spiralnebel. In unserem Milchstraßensystem verteilen sie sich ziemlich gleichmäßig über das gesamte sphärische Untersystem in der Form eines Halo, konzentrieren sich stark im Zentrum und treten in den weniger stark verdichteten Kugelsternhaufen so zahlreich auf, daß sie häufig auch als Haufenveränderliche bezeichnet werden. Lage im HRD: siehe Fig. 1.

6.2.2.2.2 Perioden und Lichtkurven – Periods and light curves

Die *Lichtkurven* werden nach einem Vorschlag von Bailey [*41*] nach ihrer Gestalt in 3 Untergruppen a, b, c eingeteilt (siehe Fig. 6), die mit den Perioden korreliert sind. Da die Untergruppen a und b einander sehr ähnlich sind und manche Sterne, wie z. B. *RR* Lyr selbst, wechselnd a- und b-Kurven aufweisen, werden diese heute nicht mehr getrennt (Gruppe RRab). Die symmetrischen c-Kurven sind mit 6% recht selten. Sie sind in den Kugelsternhaufen häufiger und greifen dort auch zu etwas höheren Perioden über. Die kurzperiodischen *RR* Lyrae-Sterne in den zentralen Gebieten unserer Galaxis haben dagegen durchweg Lichtkurven mit steilerem Anstieg (keine c-Kurven) [*42*].

Die *Helligkeitsamplituden* sind wie die Lichtkurven bei den meisten Sternen dieser Klasse mehr oder weniger veränderlich. Sie liegen visuell und photographisch im Mittel um $1\overset{m}{.}0$ und zeigen keine Beziehung zur Periodenlänge.

Tab. 15. Beziehung zwischen den Lichtkurven und Perioden – Relationship between light curves and periods [*41*]

N: Zahl der Sterne mit Lichtkurve a, b oder c (Fig. 6) – number of stars with light curves a, b, or c (Fig. 6)

P [d]	*N*		
	a	b	c
0,0 ··· 0,1	2	0	0
0,1 ··· 0,2	2	0	1
0,2 ··· 0,3	2	2	6
0,3 ··· 0,4	13	12	12
0,4 ··· 0,5	112	11	7
0,5 ··· 0,6	139	32	0
0,6 ··· 0,7	53	29	0
0,7 ··· 0,8	4	9	0
0,8 ··· 0,9	1	0	0

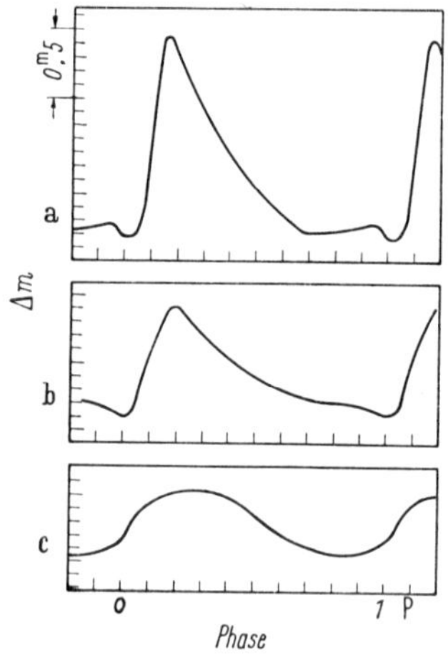

Fig. 6. Bailey's Typen der Lichtkurven a, b, c von *RR* Lyrae-Sternen – Bailey's types of light curves a, b, c for *RR* Lyrae stars [*41*].

$\bar{P}$ der Lichtkurven:

a: $0\overset{d}{.}48$ b: $0\overset{d}{.}58$ c: $0\overset{d}{.}32$

Tab. 16. Maxima der Periodenhäufigkeit in den Kugelhaufen und im galaktischen Feld für die Lichtkurven (a, b) und c – Most frequently occurring periods in the globular clusters and in the galactic field for light curves (a, b) and c [*e*]

		$P(N_{max})$ [d]	
		a, b	c
Kugelhaufen	Gruppe Ia	0,56	–
	Gruppe Ib	0,52	0,26
	Gruppe II	0,62	0,29
Galaxis *)	allgemeines Feld	0,54	(0,34)
	Zentrum	–	0,32

Unterscheidung der Gruppen nach der Häufigkeitsverteilung der Perioden der *RR* Lyr-Sterne nach [*138*]

Gruppe Ia: Einfaches Maximum

Gruppe Ib: Hauptmaximum und kleines sekundäres Maximum

Gruppe II: Zwei gleichwertige Maxima.

*) In der Kernregion: kurze Perioden; in großem Abstand von der galaktischen Ebene: lange Perioden ~ $0\overset{d}{.}6$ – in the central region: short periods; at a large distance from the galactic plane: long periods ~ $0\overset{d}{.}6$.

Tab. 17. Verteilung der Perioden der *RR* Lyrae-Sterne im sphärischen Untersystem der Galaxis (gal.) und innerhalb der Kugelsternhaufen (St. H.) — Distribution of periods of *RR* Lyrae stars in the spherical subsystem of the Galaxy (gal.) and within globular clusters (St. H.) [*d*]

P in [d]

log *P* ±0,025	*N* gal.	*N* St. H.
−1,225	1	0
−1,175	1	1
−1,125	1	0
−1,075	2	0
−1,025	0	0
−0,975	4	0
−0,925	3	0
−0,875	3	0
−0,825	1	0
−0,775	2	0
−0,725	3	0
−0,675	3	0
−0,625	3	9
−0,575	10	6
−0,525	27	23
−0,475	43	32
−0,425	61	59
−0,375	115	24
−0,325	307	69
−0,275	314	156
−0,225	308	145
−0,175	128	73
−0,125	37	21
−0,075	8	8
−0,025	2	2
+0,025	2	0

Tab. 18. Mittlere Perioden der *RR* Lyrae-Sterne (Lichtkurven a, b) in Kugelsternhaufen, die auch Veränderliche mit längeren Perioden enthalten — Mean periods of *RR* Lyrae stars (light curves a, b) in globular clusters which also contain long-period variables [*43*]

Name	Bezeichnung des Kugelsternhaufens	notation of globular cluster
M_{pg}	im Riesenast	in the giant branch
I_{met}	Intensität der Metall-Linien	intensity of metal lines
w	schwach	faint
ww	sehr schwach	very faint
lang-P.	Typ der Veränderlichen mit längeren Perioden	type of variables with long periods

Name	M_{pg}	*P* [d] (*N*)	I_{met}	lang-P.
M 3	$-1{,}^{M}4$	$0{,}^{d}55$ (124)	*w*	δ Cep-ähnliche
M 5	−1,4	0,54 (63)	*w*	δ Cep-ähnliche
M 13	−1,3	(0,57) (3)	*w*	?
M 4	?	0,51 (17)	*w*	—
M 72	?	0,55 (21)	*w*	—
Mittel	−1,4	0,545	*w*	δ Cep-ähnliche
M 92	−1,7	$0{,}^{d}63$ (9)	*ww*	—
M 10	−1,7	— (0)	—	*W* Vir und *RV* Tau
M 2	−1,8	0,63 (11)	—	*W* Vir und *RV* Tau
M 15	−2,0	0,65 (31)	*ww*	—
M 53	−1,8	0,62 (17)	*ww*	—
ω Cen	?	0,65 (77)	*w*	*W* Vir und *RV* Tau
M 22	−1,3	0,63 (7)	—	—
Mittel	−1,7	0,643	*ww*	*W* Vir und *RV* Tau

Blaschko-Effekt: Die bei vielen *RR* Lyrae-Sternen zuerst von Blaschko beobachtete Veränderlichkeit der Lichtkurven deutet auf weniger stabile Verhältnisse als bei den δ Cep-Sternen hin. Wie Fig. 7 am Beispiel von *RR* Lyrae zeigt, treten diese Veränderungen besonders in der wechselnden Gestalt und Höhe der Maxima hervor, die Schwankungen der Helligkeitsamplitude bis zu $0{,}^{m}4$ und Phasenverschiebungen bis zu 0,02 *P* verursachen. Untersuchungen von Balázs-Detre und Detre [*44*] haben indessen gezeigt, daß diese Veränderungen streng periodisch verlaufen und auf Überlagerungen von mehreren, gleichzeitig bestehenden Pulsationen zurückzuführen sind. Diese sind auch in den Spektren nachzuweisen, die im Gegensatz zu den Helligkeitsänderungen gerade in den Minima größere Unterschiede zeigen. Dabei sind größere Helligkeitsamplituden mit etwas späteren Spektren im Minimum verknüpft.

Auch *echte Periodenänderungen* konnten bei vielen *RR* Lyrae-Sternen im galaktischen Feld wie auch in Kugelsternhaufen nachgewiesen werden. Sie erfolgen sprunghaft und völlig regellos mit relativ kleinen Beträgen.

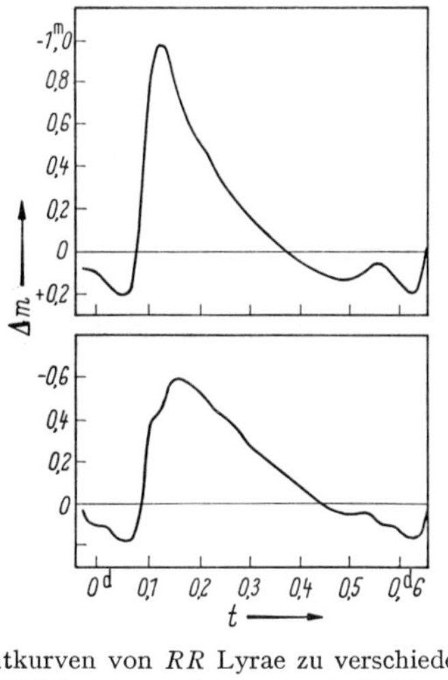

Fig. 7. Lichtkurven von *RR* Lyrae zu verschiedenen Zeiten (Blaschko-Effekt) — Light curves of *RR* Lyrae at different times (Blaschko-effect).

Tab. 19. *RR* Lyrae-Sterne mit mehrfachen Perioden P_0, P_1, P_2 — *RR* Lyrae stars with multiple periods P_0, P_1, P_2 [*49*]

Name	P_0	P_1	P_2	Name	P_0	P_1	P_2
TV Boo	$0^{\mathrm{d}}{,}3126$	$31^{\mathrm{d}}{,}2$	—	*X* Ret	$0^{\mathrm{d}}{,}4920$	(45^{d})	—
RS Boo	0,3773	537	—	*V* 674 Cen	0,4939	29,5	—
SW And	0,4423	36,8	—	*RZ* Lyr	0,5112	(43,0)	$122^{\mathrm{d}}{,}1$
RW Dra	0,4429	41,64	$121^{\mathrm{d}}{,}4$	*Y* LMi	0,5245	33,4	89,2
RV Cap	0,4478	?	221,9	*AC* And	0,5251	2,04	—
XZ Cyg	0,4666	57,25	$153^{\mathrm{d}}{,}8$	*UV* Oct	0,5426	80	—
AR Her	0,4700	31,6	—	*RW* Cnc	0,5472	29,6	91,1
RV UMa	0,4681	91,1	—	*RR* Lyr	0,5668	40,7	122,1
XZ Dra	0,4765	76,0	—	*DL* Her	0,5916	49,2	—

6.2.2.2.3 Zustandsgrößen — Characteristic properties

Das *Spektrum* (B 8 ··· F 2) der *RR* Lyrae-Sterne weicht erheblich vom Normaltyp ab und ist schwer zu klassifizieren. Eine Perioden-Spektrum-Beziehung ist nicht nachzuweisen (schwache Andeutung: kürzere Perioden = frühere Spektren). Je nachdem die H- oder Metall-Linien der Klassifikation zugrunde gelegt werden, erhält man verschiedene Spektraltypen (Tab. 20). Hier bestehen jedoch Unterschiede zwischen den in unserer Nachbarschaft stehenden *RR* Lyrae-Sternen und denjenigen in hohen galaktischen Breiten und Kugelsternhaufen, die in Verbindung mit der Perioden-Häufigkeitsverteilung für die Statistik wichtig sind [*48*].

Während des Lichtanstiegs treten im Spektrum für kurze Zeit Emissionslinien des Wasserstoffs auf.

Tab. 20. Änderungen des Spektrums der *RR* Lyrae-Sterne mit dem Lichtwechsel (Klassifikation nach H-, Metall- und CaII-Linien *H* und *K*) — Variations of spectrum of *RR* Lyrae stars with the variation of brightness (classification according to H, metal, and Ca II lines *H* and *K*) [*e*]

P [d]	H-Linien		Metall-Linien		CaII-Linien *H* u. *K*	
	Max.	Min.	Max.	Min.	Max.	Min.
0,20 ··· 0,39	A 4,0	F 3,5	A 8,5	F 2,0	A 4,0	A 7,5
0,40 ··· 0,59	A 5,5	F 6,0	A 8,0	F 3,5	A 2,0	F 0,0
0,60 ··· 0,80	A 5,5	F 3,0	A 9,0	F 2,5	A 3,5	F 2,0

Auf der Lichtkurve in Fig. 8 sind die Stellen markiert, an denen die Wasserstoff- bzw. Metall-Linien das früheste bzw. das späteste Spektrum ergeben.

Die *Radialgeschwindigkeitskurve* verläuft diskontinuierlich wie bei den *W* Vir-Sternen und verwandten Typen (*β* CMa- und *RV* Tau-Sterne, siehe Fig. 10 und 11). Diese Merkmale wurden bisher nur bei Cepheiden der Population II festgestellt. Nach Woltjer [*45*] besteht eine lineare Beziehung zwischen den Amplituden der Radialgeschwindigkeit und Helligkeit:

$$\Delta v_r = 64\ \Delta m,$$

(Δv_r in [km/sec] und Δm in [magn]; mittlere Abweichung für individuelle Sterne $0^{\mathrm{m}}{,}1$).

Tab. 21 Mittlere absolute Helligkeiten $\overline{M}$ und Spektren $\overline{\mathrm{Sp}}$ der *RR* Lyrae-Sterne — Mean absolute magnitudes $\overline{M}$ and spectra $\overline{\mathrm{Sp}}$ of *RR* Lyrae stars [*e*]

$\overline{P}$ [d]	$\overline{\mathrm{Sp}}$ Max.	$\overline{\mathrm{Sp}}$ mittlere Helligkeit	$\overline{\mathrm{Sp}}$ Min.	$\overline{M}_{pg}$	$\overline{M}_v$	$\overline{M}_{bol}$
0,30	A 6,2	A 9,5	F 2,8	$0^{\mathrm{M}}{,}0$	$-0^{\mathrm{M}}{,}30$	$-0^{\mathrm{M}}{,}35$
0,50	A 6,8	F 0,8	F 4,8	0,0	−0,35	−0,40
0,70	A 7,2	F 0,3	F 2,8	0,0	−0,35	−0,40

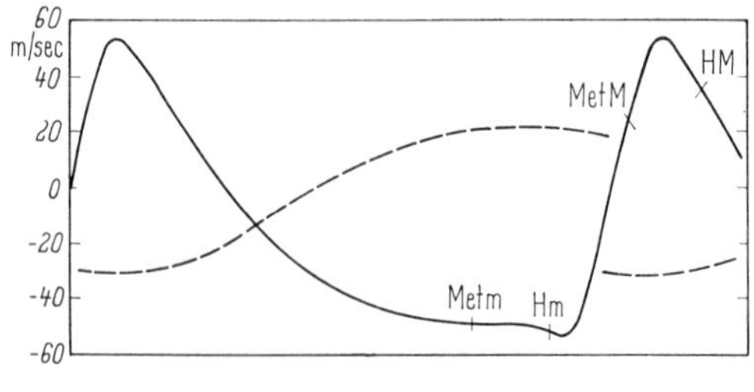

Fig. 8. *RR* Lyrae-Sterne — *RR* Lyrae stars [*e*].

—— Lichtkurve Typ a
- - - Radialgeschwindigkeitskurve
Met m und H m geben die Zeitpunkte des spätesten, Met M und H M diejenigen des frühesten Spektraltyps an, bestimmt nach den Metall- bzw. Wasserstofflinien

light curve type (a)
radial velocity curve
Met m and H m give the moments of the latest, Met M and H M the times of the earliest spectral type, determined by the metal- or hydrogen lines respectively

Neuere Untersuchungen ergeben eine niedrigere absolute Helligkeit als Tab. 21 (siehe auch 9.3.1, Tab. 6):

KUNG (1960) [50]	$M_{pg} = +0^{M}_{,}34 \pm 0^{M}_{,}07$
SANDAGE (1962) [135]	$M_v = +0{,}75 \pm 0{,}23$
TIFFT (1963) } [136]	$M_v = +0{,}55 \pm 0{,}3$
TIFFT (1963) } [136]	$M_v = +0{,}65$
WOOLLEY (1963) [137]	$M_v = +0{,}50 \pm 0{,}50$
KUKARKIN [d]	$M_{pg} = -0{,}17 - 0{,}20 \log P$
Mittelwert	$M_v = +0{,}6 \pm 0{,}3$
nach Tab. 21	$M_{pg} - M_v = 0{,}35$
damit	$M_{pg} = 0{,}95$

Innerhalb individueller Systeme können die absoluten Helligkeiten bis zu einer Größenklasse darüber oder darunter liegen [51].

Dimension von *RR* Lyrae: Masse: $\sim 1\,\mathfrak{M}_\odot$; maximaler Radius: 8,3 $R_\odot$ (ändert sich um 12%); Temperatur: 5900° ··· 7200 °K [52].

Magnetfeld: Nach BABCOCK [53] zeigt *RR* Lyrae ein starkes, veränderliches Magnetfeld mit Umkehr der Polarität (+1170 und −1580 Gauß), die aber keine einfache Beziehung zur Lichtwechselperiode erkennen läßt.

Population: Nach Lage und Verhalten gehört die große Masse der *RR* Lyrae-Sterne zweifellos der Population II an. In Analogie mit den Sternen hoher Geschwindigkeit zeigen ihre Spektren nur schwache Balmer-Linien samt -Kontinuum, dafür übermäßig starke Linien des Sc, V, Ti und Eu. Einzelne Abweichungen von diesen Merkmalen lassen auf das Bestehen von 2 Untergruppen schließen [54].

SPITE [55] zählt alle *RR* Lyrae-Sterne, deren Geschwindigkeitskomponenten $\Delta v_{r,\,z,\,\Theta} > 120$ km/sec sind, zur Population II, alle übrigen zu I.

Weitere Literatur: [12, 57, 58].

6.2.2.2.4 Bewegung — Motion

Die *Raumgeschwindigkeiten* und *Eigenbewegungen* sind groß [47].

Gruppengeschwindigkeit = 150 ± 30 km/sec
Geschwindigkeitsstreuung: ±100 km/sec
Jährliche Eigenbewegungen im Mittel 0,"0565
von *RR* Lyr 0,22
von *RZ* Cep 0,20
von *SU* Dra 0,13
von *XZ* Cyg 0,11

Sterne gleicher Periode haben ähnliche galaktische Bewegungen, unabhängig davon, ob sie in Kugelsternhaufen oder im allgemeinen galaktischen Feld stehen (gemeinsamer Ursprung?) [46].

6.2.2.3 δ Scuti-Veränderliche (Zwerg-Cepheiden) — δ Scuti type stars (dwarf cepheids) — δ Sct

6.2.2.3.1 Definition

Pulsierende Sterne, die wegen ihrer äußerst kurzen Perioden und zum Teil sehr kleinen Amplituden früher den *RR* Lyrae- oder *β* Canis Majoris-Sternen zugeordnet wurden. Starke Abweichungen ihrer Spektren, absoluten Helligkeiten, Bewegungen sowie das Bestehen einer klaren Perioden-Leuchtkraft-Beziehung unterscheiden sie jedoch ganz eindeutig von diesen Klassen und weisen sie als eine einheitliche Veränderlichen-Gruppe innerhalb unseres Milchstraßensystems aus, die vielleicht mit den klassischen *δ* Cephei-Sternen verwandt ist. Lage im HRD siehe Fig. 1.

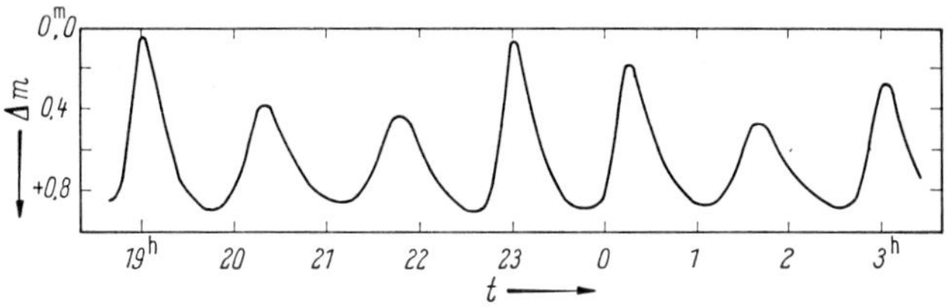

Fig. 9. Lichtkurve von *SX* Phoenicis 29···30 Aug. 1952 — Light curve of *SX* Phoenicis 1952 Aug. 29···30 [69].

6.2.2.3.2 Zustandsgrößen — Characteristic properties

Tab. 22. Perioden, Amplituden, Spektren, Farbenindizes (*B-V*), absolute Helligkeiten und Massen der δ Scuti-Veränderlichen — Periods, amplitudes, spectra, color indices (*B-V*), absolute magnitudes, and masses of δ Scuti variables

Name	*m*	P_0 [d]	P_1/P_0 [1]	*B-V*	Sp	$\overline{M}_v$	$\mathfrak{M}/\mathfrak{M}_\odot$	Sp [2]
SX Phe	$6\overset{\mathrm{m}}{,}7$ ··· $7\overset{\mathrm{m}}{,}5$ pg	0,0550	0,778	?	A 8	$+3\overset{\mathrm{M}}{,}7$	—	—
CY Aqr	10,5 ··· 11,4 pg	0,0610	?	$+0\overset{\mathrm{m}}{,}26$	A 6 ··· F 1	+3,0	2,2	—
DQ Cep	7,4 ··· 7,48 pg	0,0789	0,826	+0,29	F 1 IV ··· V	+1,8	3,5	F 4
RV Ari	11,82 ··· 12,73 pg	0,0931	0,773	?	?	—	—	—
AI Vel	6,4 ··· 7,13 vis	0,1116	0,773	?	A 2p ··· F 2p	—	—	—
AD CMi	9 ··· 9,5 pg	0,123	?	?	F 2	—	—	—
CC And	8,45 ··· 8,69 vis	0,125	?	+0,29	F 3 IV ··· V	+2,2	0,8	F 4
δ Del	4,5 ··· 4,56 vis	0,1350	?	+0,29	F 2 IV	+1,6	1,5	A 7
ϱ Pup	2,68 ··· 2,78 vis	0,141	?	+0,39	F 6 II	+1,3	3,2	F 3
VZ Cnc	7,19 ··· 7,94 vis	0,1784	0,801	?	A 7 III ··· F 2 III	+0,8	—	—
δ Sct	4,9 ··· 5,19 pg	0,1938	0,812	+0,32	F 3 III ··· IV	+1,4	0,60	F 4

Lichtkurven: siehe Fig. 9, *RR* Lyrae-Charakter, aber wesentlich stärker durch eine Nebenschwingung (P_1) gestört.

Spektren verändern sich gleichlaufend mit der Periode entsprechend der jeweiligen Amplitude des Lichtwechsels (etwa A 5 ··· F 5), siehe Tab. 22.

Die Kurve der *Radialgeschwindigkeiten* verläuft spiegelbildlich wie bei den δ Cephei-Sternen, wobei die Extrema sehr streng übereinstimmen. Das positive Geschwindigkeitsmaximum fällt ins Helligkeits-Minimum, und die unterschiedlichen Formen und Höhen der Wellen entsprechen in allen Einzelheiten den Lichtkurven. Das Helligkeitsmaximum folgt dem aus den Radialgeschwindigkeiten bestimmten maximalen Durchmesser der Sterne um ein Viertel der Periode. Die Linien sind in der Mitte des absteigenden Astes der Radialgeschwindigkeitskurve (mithin im Lichtanstieg) am breitesten und eine halbe Periode später am schmalsten [*70*].

Mittlere absolute Helligkeiten [*69*]

N	*P* [d]	$\overline{M}_{pg}$
4	<0,10	$+4\overset{\mathrm{M}}{,}4$
5	0,075 ··· 0,175	+1,6

Helligkeitsamplituden scheinen mit wachsenden Perioden abzunehmen von $1\overset{\mathrm{m}}{,}0$ bei $0\overset{\mathrm{d}}{,}05$ auf $0\overset{\mathrm{m}}{,}3$ bei $0\overset{\mathrm{d}}{,}2$.

Massen sind im Mittel etwa doppelt so groß wie diejenigen der *RR* Lyrae-Sterne.

Geschwindigkeiten: Die aus den Radialgeschwindigkeiten und Eigenbewegungen abgeleitete Sonnengeschwindigkeit beträgt 47 km/sec. Sie ist wesentlich kleiner, als sie für die *RR*-Lyrae Sterne, aber größer als sie für die Sterne der Population I gefunden wurde. Wahrscheinlich liegen die δ Scuti-Sterne zwischen beiden Populationen.

Literatur: [*69*].

6.2.2.4 β Canis Majoris Sterne (auch β Cephei-Sterne genannt) — β Canis Majoris stars (also called β Cephei stars) — β CMa

6.2.2.4.1. Definition

Sterne sehr frühen Spektraltyps, deren Helligkeit äußerst rasch mit Perioden zwischen 3^{h} und 6^{h} innerhalb $0\overset{\mathrm{m}}{,}1$ schwankt. Sie bilden eine kleine, aber sehr homogene Gruppe der pulsierenden Veränderlichen. Die Form der Lichtkurven ist sinus-ähnlich, wird aber durch Überlagerungen von mehreren Wellen, deren Längen wenig voneinander abweichen, stark gestört. Lage im HRD siehe Fig. 1.

6.2.2.4.2 Zustandsgrößen — Characteristic properties

Helligkeitsamplituden sind nach lichtelektrischen Messungen im kurzwelligen Bereich (λ 3600) doppelt so groß wie bei λ = 5600 A.

Spektren gehören ausnahmslos den Typen B 1 ··· B 2 (III ··· IV) an und sind um kaum mehr als eine Untergruppe veränderlich. Parallel mit der Grundperiode treten Veränderungen der Linienbreiten auf, die von den sekundären Perioden nicht beeinflußt werden.

Die Kurven der *Radialgeschwindigkeiten* verlaufen von Epoche zu Epoche völlig gleichartig und streng mit der Grundperiode gekoppelt. Dabei fällt das Maximum der Helligkeit in die Mitte des absteigenden

[1]) Verhältnis der überlagerten Schwingung zur Grundschwingung (im Mittel nahezu konstant 0,79) — ratio of the superimposed oscillation to the basic oscillation (on the average nearly constant, 0,79) [*68*].

[2]) Spektrum aus der Stärke der *K*-Linie des Ca II bestimmt — spectrum determined from the strength of *K* line of Ca II.

Astes der Geschwindigkeitskurve, mithin in den Zeitpunkt der maximalen Kontraktion (im Gegensatz zu den Cepheiden und *RR* Lyrae-Sternen). Eine Diskontinuität der Geschwindigkeitskurve vor und nach der Phase der größten Kontraktion läßt gemeinsam mit einer Überlagerung der Balmer-Linien durch Emissionen darauf schließen, daß in regelmäßigen Intervallen eine Gashülle ausgestoßen wird, die nach Erreichen einer gewissen Höhe zurückfällt und die Oberfläche des Sterns wieder sichtbar werden läßt [*63*].

Van Hoof-Effekt: Das 1953 von VAN HOOF [*63* ··· *65*] entdeckte zeitliche Zurückbleiben der Radialgeschwindigkeitskurven des H gegenüber denjenigen der anderen Elemente (bis zu etwa 0,05 P) ist mit der Annahme eines Pulsationsvorgangs vereinbar. Die im positiven Maximum der Radialgeschwindigkeiten beobachtete Aufspaltung der Linien in 2 Komponenten beginnt mit den Absorptionen des Si III und O II, ihnen folgen einige Minuten später die Helium- und zuletzt die Wasserstoff-Linien.

Perioden: In allen Fällen dürften 2 oder mehrere Perioden vorhanden sein, die sich in ihren Längen wenig unterscheiden und miteinander interferieren. Wenn in fast der Hälfte der Fälle nur eine Periode bestimmt werden konnte, so dürfte das auf die oft sehr kleinen Amplituden der nebeneinander laufenden Wellen von < 0^m02 zurückzuführen sein. Die durch Interferenz entstehenden Oberschwingungen und Schwebungen erzeugen neben einer Verzerrung der Lichtkurven sekundäre Wellen mit Längen von Bruchteilen der Grundperiode bis zu mehreren Jahren.

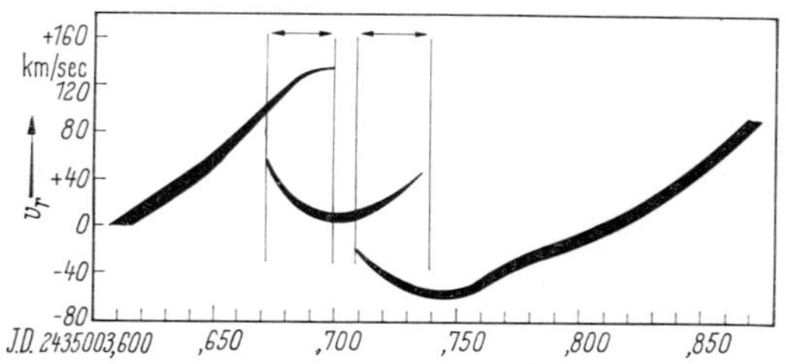

Fig. 10. Schematische Geschwindigkeitskurve von *BW* Vulpeculae. Dicke der Kurve proportional den Intensitäten der Linienkomponenten — Schematic velocity curve of *BW* Vulpeculae. Thickness of the curve is proportional to the intensity of the line components [*63*].

Tab. 23. Verzeichnis der β Canis Majoris-Sterne — List of β Canis Majoris stars [*63*]

Δv_r	Radialgeschwindigkeitsamplituden der beiden Schwingungen	amplitudes of the radial velocities of the two oscillations
CI	Farbenindex	color index
Profile	Linien-Profile für P_2	line profiles for P_2
var	variabel	variable
const	konstant	constant
v_{rot}	Rotationsgeschwindigkeit	velocity of rotation

Name	P_1	P_2	Δv_r [km/sec] 1	2	Amplituden [1]) Δm_1	Δm_2	Sp, LC	CI	M_v	Profile	v_{rot} [km/sec]
β CMa	6^h00^m	6^h02^m	12	6	0^m03	—	B 1 II-III	-0^m280	-4^M7	var	~60
σ Sco	5 44	5 55	15	110	—	0^m08	B 1 III	—	−4,3	var	~60
ξ^1 CMa	5 02	—	36	—	0,01 (0^m045)	—	B 1 IV	−0,280	−4,2	const	~15
BW Vul	—	4 49	—	150	—	0,19 ··· 0^m26	B 2 III	−0,270	−4,1	var	~30
12 Lac	4 44	4 38	15	36	0,042	0,074	B 2 III	−0,265	−4,1	var	~30
β Cep	4 34	—	18 ··· 46	—	0,02 ··· 0,05	—	B 2 III	−0,275	−4,1	const	~15
ν Eri	4 16	4 10	22	49	0,067	0,114	B 2 III	−0,255	−4,1	var	~30
16 Lac	4 06	4 04	9	30	0,035	0,055	B 2 IV	−0,260	−3,3	var	~15
δ Cet	3 52	—	13	—	0,025	—	B 2 IV	(−0,245)	−3,3	const	~15
Θ Oph	3 42	?	22 ?	14 ?	?	?	B 2 IV	?	−3,0	var ?	~15
γ Peg	3 38	—	7	—	0,015	—	B 2 IV	−0,240	−3,0	var	~15

[1]) Die Helligkeitsamplituden zeigen keine Beziehungen zu den Perioden, sind aber mit den Amplituden der Radialgeschwindigkeiten korreliert — The amplitudes of brightness do not show any relations to the periods, but are correlated with the amplitudes of the radial velocities.

Farbenindex: Für Perioden $<5^h$ gilt nach [66]: $(B\text{-}V) = -0{,}^m143 - 0{,}653\cdot P$, P in [d]. Für Sterne mit Perioden zwischen 5^h und 6^h bleibt der Farbenindex konstant. Die Sterne sind in ihrem Helligkeitsmaximum am blauesten (höchste Farbtemperatur).

Perioden-Leuchtkraft-Beziehung: Die absolute Helligkeit nimmt mit wachsender Grundperiode zu: $M_v = +0{,}^M4 - (18{,}1 \pm 2{,}3)\cdot P$, P in [d], [67].

Perioden-Spektren-Beziehung: siehe Verzeichnis der β CMa-Sterne (längere Perioden haben frühere Spektren). Die β CMa-Sterne liegen im HRD etwas oberhalb des Abschnitts der Hauptreihe, der von frühen B-Sternen der Leuchtkraftklasse V gebildet wird. Die Dauer ihres Pulsationsstadiums wird auf $2\cdot10^5$ bis 10^6 Jahre geschätzt.

Rotationsgeschwindigkeiten sind mit $\bar{v}_{rot} = 22$ km/sec erheblich niedriger als bei anderen Sternen dieser Spektralklasse ($\bar{v}_{rot} = 200$ km/sec).

Dimensionen BW Vul $\mathfrak{M} = 19{,}1\,\mathfrak{M}_\odot$ $R = 7{,}3\,R_\odot$ $\bar{\varrho} = 0{,}05\varrho_\odot$
β Cep $R = 9{,}0\,R_\odot$

Literatur: [63 ··· 65].

6.2.2.5 Mira-Sterne (langperiodische Veränderliche vom Typ Mira Ceti) – Mira stars (long-period variables of the type Mira Ceti) – M

6.2.2.5.1 Definition

Riesensterne späten Spektraltyps, deren Helligkeit mit Amplituden von $2{,}^m5$ bis über 6^m in gut eingehaltenen Perioden von etwa 80^d bis 1000^d wechselt. Infolge ihrer großen Amplitude, absoluten Helligkeit und Häufigkeit ist ihre Entdeckungswahrscheinlichkeit sehr groß, so daß innerhalb größerer Räume alle darin vorhandenen Mira-Sterne bekannt sind. Lage im HRD siehe Fig. 1.

Für statistische Untersuchungen werden die halbregelmäßigen Veränderlichen vom Typ SRa (siehe 6.2.2.6) meist den Mira-Sternen zugeordnet.

Im GKVS [a] für 1958 sind 3657 Sterne als Mira-Veränderliche klassifiziert. Viele dieser Sterne stehen jedoch in ihrem Helligkeits-Minimum außerhalb der Reichweite unserer Instrumente. Bei den schwächsten von ihnen ist eine sichere Klassifizierung wegen der geforderten unteren Amplitudengrenze von $2{,}^m5$ nicht möglich. Ein Teil der als halbregelmäßig SRa klassifizierten Veränderlichen dürfte daher den Mira-Sternen angehören. Die SRa-Veränderlichen unterscheiden sich nur in ihren Amplituden ($< 2{,}^m5$) und der geringeren Regelmäßigkeit ihrer Lichtkurven, aber nicht physikalisch von den Mira-Sternen.

6.2.2.5.2 Lichtkurven – Light curves

Die Form der *Lichtkurven* ist in geringem Umfange veränderlich. Besonders die Höhen der Maxima können sehr erheblich (um mehr als eine Größenklasse) schwanken. Im großen und ganzen bleibt aber ihre Grundform erhalten. Die visuellen und photographischen Lichtkurven stimmen in Gestalt und Amplitude überein.

Tab. 24. Klassifikation der Lichtkurven – Classification of light curves according to LUDENDORFF [26]

Typ	Charakteristik
α	Anstieg der Kurve steiler als Abstieg; Minima breiter als Maxima
α_1	Im Minimum während $^1/_3 \cdots {}^1/_2$ Periode fast konstante Helligkeit; Anstieg sehr steil
α_2	Minimum sehr breit, aber ohne konstante Phase; Anstieg sehr steil
α_3	Minimum weniger breit; Anstieg noch recht steil
α_4	Anstieg weniger steil
β	Fast symmetrisch geformte Kurven; Anstieg wenig oder nicht steiler als Abstieg
β_1	Maxima spitzer als Minima
β_2	Maxima ebenso geformt wie Minima
β_3	Maxima flacher als Minima
β_4	Maxima sehr breit, mit länger anhaltender konstanter Phase
γ	Lichtkurven mit Stufen, Buckel oder Doppelmaximum
γ_1	Stufe oder Buckel im Lichtanstieg
γ_2	Doppelmaximum

Ähnliche Klassifikationen: [24, 25].

Tab. 25. Periode und Typ der Lichtkurve für Mira-Sterne vom Spektraltyp Me — Period and type of light curve for Mira stars of spectral type Me [27]

P [d]	Typ γ	α	β	pec	N
91 ··· 150	—	8%	67%	25%	12
151 ··· 210	—	17	62	21	29
211 ··· 270	—	60	32	8	60
271 ··· 330	1%	75	23	1	73
331 ··· 390	4	71	25	—	52
391 ··· 450	11	83	3	3	36
> 450	22	64	—	14	14
					276

Tab. 26. Mittlere Periode $\bar{P}$ der verschiedenen Typen von Lichtkurven — Mean period $\bar{P}$ of different types of light curves [27]

Typ	$\bar{P}$ [d]	N
$\gamma_1 \cdots \gamma_2$	419	10
α_1	435	19
α_2	373	30
α_3	313	64
α_4	284	59
β_1	303	28
β_2	235	33
β_3	185	15
pec	245	18
		276

Die Mira-Sterne mit Spektren der Typen Se, S, M, N und R sind zu wenig zahlreich, um ähnliche Korrelationen wie Tab. 25 zu prüfen. Im allgemeinen darf gelten:

Spektraltyp Se und S: Die Lichtkurven β, γ und pec sind relativ häufiger als bei den Me-Sternen.
M: Mischungsverhältnis wie bei den Me-Sternen.
N und R: Fast ausschließlich β-Kurven.

Tab. 27. Mittlere und extreme visuelle Helligkeitsamplituden von Mira-Sternen des Spektraltyps M mit verschiedenen Perioden — Mean and extreme amplitudes of visual magnitudes of Mira stars of spectral type M, for different periods [29]

P [d]	Mittl. Ampl.	N	Extr. Ampl.	N
80 ··· 120	$3\overset{\text{m}}{,}2$	1	$3\overset{\text{m}}{,}0$	6
120 ··· 160	3,9	11	4,1	23
160 ··· 200	4,0	21	4,9	28
200 ··· 240	4,6	45	5,7	53
240 ··· 280	4,9	55	6,0	67
280 ··· 320	5,0	50	6,0	53
320 ··· 360	5,0	46	6,0	55
360 ··· 400	5,0	32	6,3	37
400 ··· 440	5,3	19	6,2	21
440 ··· 480	4,9	8	6,2	8
480 ··· 520	4,6	5	6,4	6

Tab. 28. Mittlere und extreme visuelle Helligkeitsamplituden von Mira-Sternen verschiedener Spektraltypen — Mean and extreme amplitudes of visual magnitudes for Mira stars of different spectral types [26]

Sp	mittlere Ampl.	extreme Ampl.	N
Me	$4\overset{\text{m}}{,}6$	$5\overset{\text{m}}{,}5$	293
Se	4,8	6,0	15
M, K	1,6	2,5	36
N, R	2,1	3,7	21

Durchschnittliche *Abweichungen* der visuell oder photographisch beobachteten *Helligkeiten* der Maxima und Minima von ihren Mittelwerten bei den Me-Sternen mit
α-Kurven: im Maximum $0\overset{\text{m}}{,}51$, im Minimum $0\overset{\text{m}}{,}29$
β-Kurven: im Maximum 0,31, im Minimum 0,34 [28].

6.2.2.5.3 Spektren — Spectra

Die *Spektren* der Mira-Sterne mit Amplituden $>2\overset{\text{m}}{,}5$ gehören den Klassen M, S, N, R und C an und tragen in 96% aller Fälle das Symbol e (Emissionslinien). Bei den langperiodischen Veränderlichen mit kürzeren Perioden und kleinen Amplituden sind Emissionslinien seltener. Nur 24% der Halbregelmäßigen vom SRa-Typ haben e-Spektren.

Der große Unterschied in den Häufigkeits-Maxima der klassifizierten Mira-Sterne vom Typ M und der unklassifizierten weist auf eine Verschiedenheit beider Gruppen hin, die sich auch in ihrer räumlichen Verteilung zu erkennen gibt.

Der *Farbenindex* (siehe Tab. 34) zeigt nur geringe Veränderungen, die jedoch keine klaren Beziehungen zum Lichtwechsel erkennen lassen. Während er bei allen Me-, Se- und R-Veränderlichen im Mittel zwischen $+1\overset{\text{m}}{,}3$ und $+2\overset{\text{m}}{,}0$ liegt, steigt er bei den N-Sternen mit längeren Perioden bis auf $+5\overset{\text{m}}{,}3$ an. Die physikalische Interpretation des Farbenindexes ist durch die intensive Bandenabsorption in den Spektren erschwert.

Tab. 29. Beziehung zwischen Spektrum, Periode und mittlerer Amplitude für Me-Sterne — Relationship between the spectral type, period, and mean amplitude for Me stars [30]

a)

Sp	P [d]	Ampl.	N
M 0e	137	$2\overset{m}{,}7$	5
M 1e	158		
M 2e	219	4,4	26
M 3e	242	4,5	65
M 4e	292	4,5	64
M 5e	308	4,7	53
M 6e	343	4,3	61
M 7e	392	4,9	37
M 8e	446		

b)

P [d]	Sp	Ampl.	N
100 ··· 149	M 2,4e	$2\overset{m}{,}9$	15
150 ··· 199	M 3,0e	3,4	32
200 ··· 249	M 3,3e	4,5	49
250 ··· 299	M 3,8e	4,6	69
300 ··· 349	M 4,9e	4,8	75
350 ··· 399	M 5,8e	4,9	40
400 ··· 449	M 6,3e	5,0	25
450 ··· 499	M 5,9e	4,8	8
500 ··· 549	M 6,4e	5,1	4

Tab. 30. Zahl der Mira- und SRa-Veränderlichen in den einzelnen Spektralklassen — Number of Mira and SRa variables in each spectral class [29]

Sp	Mira-Typ	SRa-Typ	Summe	%
M	842	168	1010	89
S	41	4	45	4
N, R, C	52	24	76	7
alle klassifizierten	935	196	1131	100
unklassifizierte	2035	30	2065	—
Summe	2970	226	3196	—

Tab. 31. Spektraltyp und Periode — Spectral type and period [29]

Sp	N	P [d] [1])	$\bar{P}$ [d]
Me	390	91 ··· 561	298
Se	25	224 ··· 613	367
M	78	146 ··· 530	216
N	26	259 ··· 580	379

Tab. 32. Häufigkeits-Maxima der Perioden P (N_{max}) für die langperiodischen Veränderlichen verschiedener Spektraltypen — Most frequently occurring periods P (N_{max}) of long-period variables of different spectral types [29]

Typ	Sp	P (N_{max}) [d]
Mira	M	300[2])
Mira	S	360
Mira	C, N, R	400
SRa-Sterne	M, N, S, C	130
unklassifiziert[3])	89% M?	255

Tab. 33. Verteilung der Spektren der Mira- und SRa-Sterne innerhalb verschiedener Perioden-Intervalle — Distribution of spectra of Mira and SRa stars in different period intervals [29]

P [d]	Sp S	Sp N, R, C	Sp M	unklassifiziert
	N			
40 ··· 80	—	—	12	4
80 ··· 120	1	—	24	35
120 ··· 160	—	2	75	120
160 ··· 200	1	1	84	225
200 ··· 240	2	3	128	399
240 ··· 280	4	3	148	455
280 ··· 320	8	6	155	353
320 ··· 360	8	14	149	226
360 ··· 400	10	14	107	127
400 ··· 440	5	17	66	70
440 ··· 480	3	7	26	29
480 ··· 520	1	5	10	9
520 ··· 560	—	3	9	10
560 ··· 600	—	1	4	—
600 ··· 640	1	—	3	3
640 ··· 680	—	—	1	—
680 ··· 720	—	—	5	—
720 ··· 760	—	—	2	—
760 ··· 800	—	—	1	—

Photographisch-photometrische Untersuchungen über *Farbänderungen* [31].

[1]) Periodengrenzen — limits of periods.
[2]) Breites Maximum — broad maximum.
[3]) Ihre scheinbaren und auch absoluten Helligkeiten sind meistens geringer als diejenigen der klassifizierten Mira-Sterne — their apparent as well as absolute magnitudes are mostly smaller than those of the classified Mira stars.

Tab. 34. Mittlerer Farbenindex $\overline{CI}$ — Mean color index $\overline{CI}$ [*31*]

Sp	$\overline{CI}$
Me	$+1^m,35$
Se	$+1,99$
R	$+1,7$
N	$+2^m,7 \cdots +5^m,3$

In den *Spektren* der Me-, Se- und R-Sterne treten im Lichtanstieg Emissionslinien des Wasserstoffs und einiger anderer Elemente auf (besonders intensiv 4308 und 4571 A), die ihre größte Entwicklung zu verschiedenen Zeiten zwischen etwa 0,1 und 0,4 P nach dem Helligkeitsmaximum erreichen. Danach werden sie langsam schwächer und verschwinden im Minimum, um nach 20^d bis 40^d im Lichtanstieg erneut aufzutreten. Das Häufigkeitsverhältnis der schweren Elemente Y, Zr und Nb zu Fe ist von Stern zu Stern sehr verschieden. Der Spektraltyp ändert sich im Verlauf des Lichtwechsels nur um wenige Zehntel einer Spektralklasse, wobei der früheste Typ ins Maximum und der späteste ins Minimum fällt. Verzeichnisse der Spektrallinien und Identifizierung: [*128, 32*].

6.2.2.5.4 Radialgeschwindigkeiten — Radial velocities

Die *Radialgeschwindigkeiten* sind mit dem Lichtwechsel um wenige km/sec veränderlich. Bei Mira Ceti fand Joy [*32*] eine Halbamplitude von $K = 6$ km/sec und eine Geschwindigkeitskurve, deren größte Entfernungsgeschwindigkeit (positives Maximum) mit dem Helligkeitsmaximum, und deren größte Annäherungsgeschwindigkeit mit dem kleinsten Licht des Sterns zusammenfallen. Dieses Ergebnis ist indessen unsicher und konnte bei anderen Sternen noch nicht bestätigt werden. Bemerkenswert sind die bei allen Mira-Sternen auftretenden Violett-Verschiebungen der Emissionslinien relativ zu den Absorptionen. Diese nach Merrill [*33*] einer Geschwindigkeitsdifferenz von im Mittel 10 km/sec (72 Sterne) entsprechenden Verschiebungen sind im übrigen mit dem Spektraltyp korreliert und steigen mit fortschreitender Klasse von M0e bis Se von etwa 1 auf 17 km/sec an, wobei der Verlauf der Geschwindigkeitskurven für jedes Element verschieden ist. Im übrigen sind die Verschiebungen der Emissionslinien auch bei den einzelnen Veränderlichen unterschiedlich. Bei Mira Ceti schwanken sie zwischen 0 und 19 km/sec und erreichen ihr Maximum etwa 50^d nach dem größten Licht. Für die Bestimmung der *Schwerpunktsgeschwindigkeiten* können daher nur die Absorptionslinien herangezogen werden. Die von der Sonnenbewegung befreiten Radialgeschwindigkeiten von 305 Mira-Sternen der Spektraltypen Me und Se betragen im arithmetischen Mittel 36,1 km/sec. Die größeren Geschwindigkeiten sind bei den früheren Spektraltypen und kürzeren Perioden zu finden. Die *Gruppenbewegung* erfolgt mit 31 km/sec gegen den Apex $\alpha = 316°$, $\delta = +50°$. Dieser Wert schwankt jedoch nach der Gruppierung der Sterne sehr erheblich. Die mittlere *Raumgeschwindigkeit* beträgt 74 km/sec; sie nimmt im allgemeinen mit zunehmender Periode ab:

$\overline{P} = 210^d$, $\overline{v} = 128$ km/sec

$\overline{P} = 363^d$, $\overline{v} = 45$ km/sec [*33*].

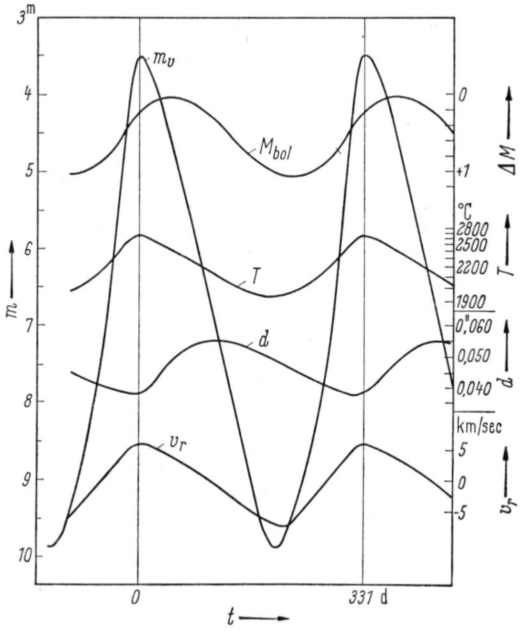

Fig. 11. Zustandsänderungen von Mira Ceti — Variations of physical conditions in Mira Ceti.

6.2.2.5.5 Bolometrische Amplituden und Temperaturen — Bolometric amplitudes and temperatures

Der visuelle und photographische Lichtwechsel der Mira-Sterne vom Spektraltyp Me und M wird im wesentlichen durch das Auftreten von Titanoxydbanden, bei den Se-Sternen von Zirkonoxydbanden und bei den N- und R-Sternen von Kohlenstoffbanden im Spektrum hervorgerufen. Die Wirkung dieser Absorptionen tritt besonders deutlich bei einem Vergleich der visuellen und bolometrischen Amplituden hervor (siehe Fig. 11). Nach Pettit und Nicholson [*19*] stehen bei 11 bolometrisch gemessenen Mira-Sternen den visuellen Amplituden von $3^m,1 \cdots 9^m,8$ entsprechende bolometrische von $0^m,7 \cdots 1^m,1$ gegenüber. Das *Energiemaximum* wird etwa 0,14 P nach dem Maximum der visuellen Helligkeit erreicht, wenn das Licht schon um etwa $1^m,5$ gesunken ist. Die *Temperaturen* (Tab. 36) erreichen ihr Maximum ungefähr im größten Licht, sind aber für gleiche visuelle Helligkeiten im Lichtabstieg niedriger als im Anstieg (größte Differenz etwa $2 \cdots 3^m$ unterhalb des Maximums mit rund 150 °K).

Tab. 35. Prozentsatz der schwarzen Strahlung in verschiedenen Spektralbereichen — Percentage of black-body radiation in different spectral regions [35]

	T [°K]	Ultraviolett 0 ··· 4000 A	visuell 4000 ··· 7600 A	Infrarot 7600 ··· ∞ A
Sonne	6000	14,2%	43,3%	42,5%
Me-Stern im Max.	2300	0,0	3,4	96,6
Me-Stern im Min.	1800	0,0	0,7	99,3

Nach Merrill [35] sinkt die Schwarzkörperstrahlung zwischen 2300° und 1870°K bolometrisch um $0^m_,9$, visuell um $2^m_,7$. Da die entsprechenden Werte für die Me-Sterne $0^m_,9$ und $5^m_,9$ lauten, sind die restlichen $3^m_,2$ der Bandenabsorption oder anderen Ursachen zuzuschreiben.

Tab. 36. Maximum- und Minimumtemperaturen einiger Mira-Sterne — Maximum and minimum temperatures of some Mira stars [19]

Stern Sp	*R* Tri M 4e	*o* Cet M 6e	*R* Hya M 7e	*R* Aql M 7e	*R* Cnc M 8e	*R* Leo M 8e	*R* LMi Mpe	*X* Cyg M 6pe	*R* Cyg Se
T_{max} [°K]	3270	2640	2330	2320	2320	2170	2270	2240	2790
T_{min} [°K]	2460	1920	1900	1920	1700	1800	(1780)	1640	(2010)
ΔT	810	720	430	400	620	370	(490)	600	(780)

Tab. 37. Beziehungen zwischen den Spektren, Perioden, Leuchtkräften und Geschwindigkeiten — Relationships between the spectra, periods, luminosities, and velocities [34]

v_{pec} | Pekuliargeschwindigkeit, v_{gr} | Gruppengeschwindigkeit } siehe 8.3

peculiar velocity, group velocity } see 8.3

a)

Sp	$\bar{v}_{pec}$ [km/sec]	$\bar{v}_{gr}$ [km/sec]	$(\overline{M}_v)_{max}$
M 1e	59	118	$-2^M_,7$
M 2e	52	91	−2,3
M 3e	46	68	−1,8
M 4e	39	53	−1,2
M 5e	32	41	−0,6
M 6e	25	35	0,0
M 7e	24	33	+0,2
M 8e	22	32	+0,3

b)

$\overline{P}$ [d]	$\bar{v}_{pec}$ [km/sec]	$\bar{v}_{gr}$ [km/sec]	$(\overline{M}_v)_{max}$
150	45	76	$-2^M_,2$
175	55	104	−2,7
200	48	80	−2,2
250	39	56	−1,4
300	32	42	−0,7
350	26	34	−0,2
400	21	29	+0,3
450	18	26	+0,6

Die *absoluten bolometrischen Helligkeiten* der Maxima liegen erheblich höher und unabhängig von Periode und Spektrum im Mittel um etwa -6^M.

6.2.2.5.6 Räumliche Verteilung — Spatial distribution

Tab. 38. Galaktische Verteilung der Mira-Veränderlichen und ihrer Perioden — Galactic distribution of Mira variables and of their periods [d]

l^I	N	$\overline{P}$ [d]	b^I	N	$N \cdot \sec \bar{b}$
355° ··· 55°	541	282,6	81° ··· 90°	8	90
55 ··· 115	209	307,0	71 ··· 80	17	67
115 ··· 175	144	319,4	61 ··· 70	31	97
175 ··· 235	111	300,4	51 ··· 60	60	100
235 ··· 295	315	284,4	41 ··· 50	86	120
295 ··· 355	890	256,0	31 ··· 40	126	154
			21 ··· 30	230	255
			11 ··· 20	535	550
			0 ··· 10	636	636

Die größte Häufung der Sterne und die kürzesten Perioden liegen in Richtung zum galaktischen Zentrum (325°).

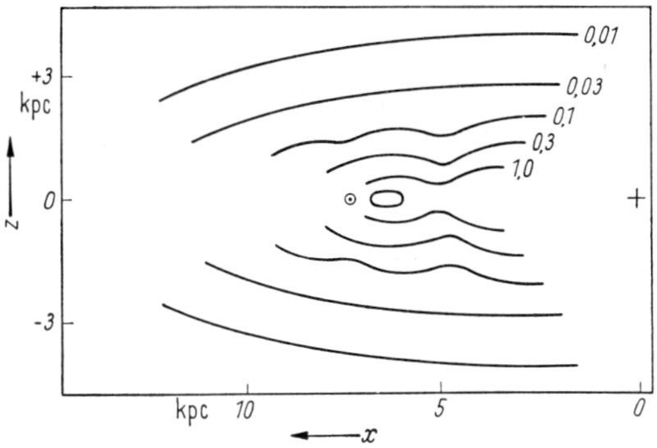

Fig. 12. Verteilung der relativen räumlichen Dichten der Mira-Veränderlichen in der Projektion auf die Ebene senkrecht zur Milchstraßenebene, die durch die Sonne (⊙) und das Zentrum der Galaxis (+) hindurchgeht. Die Entfernungen sind in [kpc] gegeben — Distribution of the relative spatial density of Mira variables in the projection to the plane perpendicular to the galactic plane and passing through the sun (⊙) and the center of the Galaxy (+). The distances are given in [kpc] [*d*].

In ihrer Gesamtheit bilden die Mira-Veränderlichen eine in physikalischer und kinematischer Hinsicht höchst inhomogene Gruppe. So zeigen die Langperiodischen mit den relativ kürzesten Perioden eine *räumliche Verteilung*, die den Sternen der Population II nahekommt (sphärisch mit Konzentration zum galaktischen Zentrum), diejenigen mit den längsten Perioden die flache, scheibenförmige Ordnung der Population I. Letztere liegen vorzugsweise in den Spiralarmen unseres Systems. Alle übrigen Mira-Sterne scheinen Übergangsstadien der beiden Populationen anzugehören. Diese Unterschiede treten auch in den eindeutig korrelierten Raumgeschwindigkeiten hervor.

Tab. 39. Mittlerer Abstand $\bar{z}$ von der galaktischen Ebene — Mean distance $\bar{z}$ from the galactic plane [*129*]

Typen	$\bar{z}$ [pc]
Mira-Sterne mit $P < 250^d$	530
mit $P > 250$	230
mit Lichtkurven β_2 und β_3	500
mit Lichtkurven γ	110
langperiodische Cepheiden	~ 50
RR Lyrae-Sterne	~740

Tab. 40. Periodenlänge, Gruppengeschwindigkeit und Geschwindigkeitsstreuung — Length of period, group velocity and velocity scattering [*d*]

P [d]	*N*	v_{gr} ¹) [km/sec]	a ²) [km/sec]	b ²) [km/sec]	c ²) [km/sec]
150 ··· 199	27	+129 (26)	91 (20)	45 (14)	36 (9)
<150 200 ··· 299	124	+ 42 (7)	44 (5)	34 (4)	33 (4)
300 ··· 349	75	+ 14 (8)	31 (4)	30 (4)	23 (5)
>349	79	+ 7 (3)	27 (3)	11 (3)	23 (5)

In *Kugelsternhaufen* wurden bis 1954 9 Mira-Veränderliche gefunden, davon 8 mit Perioden zwischen 180ᵈ und 252ᵈ und einer von 315ᵈ. Sie bevorzugen Haufen, in denen keine *RR* Lyrae-Sterne vorkommen.

In der *Kleinen Magellanschen Wolke* liegen 5 Mira-Sterne mit Perioden zwischen 532ᵈ und 741ᵈ, die mit ihren größeren absoluten Helligkeiten von den galaktischen Veränderlichen dieses Typs abweichen.

Literatur: [*130*].

6.2.2.5.7. Durchmesser und Masse — Diameter and mass

Die aus den Strahlungsmessungen bestimmten Durchmesser der Mira-Sterne sind im kleinsten Licht der Sterne im Mittel um 18% größer als im Maximum. Der von Scott [*36*] errechnete maximale *Durchmesser* im Helligkeitsminimum beträgt $310 \cdot 10^6$ km oder rund 220 Sonnendurchmesser in naher Übereinstimmung mit den interferometrischen Messungen von Pease [*37*].

Die *Masse* von Mira Ceti liegt zwischen 0,7 und 1,8 $\mathfrak{M}_\odot$; diejenige der übrigen Mira-Sterne dürfte einer Sonnen-Masse nahekommen [*38*].

¹) Gruppengeschwindigkeit relativ zur Sonne (8.3.6) — group velocity relative to the sun (8.3.6).

²) Mittlere Restgeschwindigkeiten, korrigiert unter Berücksichtigung der Gruppengeschwindigkeiten in Richtung a) zum galaktischen Zentrum, b) zur Länge 55° in der galaktischen Ebene, c) zum Pol der Galaxis. Die Zahlen in Klammern sind die mittleren quadratischen Fehler dieser Werte — mean residual velocities, corrected by considering the group velocities in the direction a) to the galactic center, b) to longitude 55° in the galactic plane, c) to the pole of the Galaxy. The numbers in brackets are the mean square errors of these values.

6.2.2.6 Halbregelmäßige Veränderliche – Semi-regular variables – SR

6.2.2.6.1 Definition

Pulsierende Riesen und Überriesen, deren Lichtkurven in zumeist unregelmäßig geformten, aber glatten Wellen geringer Amplitude verlaufen. Lage im HRD siehe Fig. 1. Zwischen den Halbregelmäßigen und den Unregelmäßigen (6.2.2.9) bestehen fließende Übergänge, die in Grenzfällen eine eindeutige Klassifizierung ausschließen.

Nach dem Grad der Periodizität, der Form der Lichtkurven und den Spektren werden 4 Gruppen unterschieden:

Halbregelmäßige SRa: rote Riesensterne derSpektralklassen M, C und S (typischer Vertreter: *Z* Aquarii). Die meisten dieser Sterne unterscheiden sich von den Mira-Veränderlichen nur durch ihre kleineren Amplituden ($< 2^m_{.}5$). Im übrigen unterliegen die Lichtkurven starken Änderungen ihrer Gestalt und Amplitude. Trotz erheblicher Verlagerungen der Maxima und Minima bleibt aber die Länge der mittleren Periode konstant. Ihre Spektren (191 Sterne) liegen zwischen K 9 und M (N, R, C), S mit einem spitzen Häufigkeitsmaximum bei M 6. 23% zeigen Emissionslinien. Statistisch werden diese Sterne heute meistens den Mira-Veränderlichen zugeordnet [*29*], (siehe 6.2.2.5).

Halbregelmäßige SRb: rote Riesensterne der Spektralklassen K, M, C und S (typische Vertreter: *AF* Cygni, *RR* Coronae Borealis). Lichtkurven ähnlich wie SRa. Die Periodizität wird durch Abschnitte völliger Regellosigkeit oder das Auftreten von Zyklen wechselnder Längen unterbrochen, wird dann aber mit der alten Periode, aber versetzter Phase fortgeführt. Die Spektren liegen zwischen K 0 und M (N, R, C), S mit einer starken Häufung beim Typ M 5,5. 11% zeigen Emissionslinien. Diese Gruppe umfaßt mit 63% den größten Teil der Halbregelmäßigen.

Halbregelmäßige SRc: Überriesen der Spektralklassen G 8 ··· M 6 (typische Vertreter: μ Cephei, *RW* Cygni). Der Charakter des Lichtwechsels wird durch Folgen von sehr langgestreckten und niedrigen Wellen ähnlicher Länge (Zyklen) bestimmt. Zuweilen treten auch Stillstände oder Überlagerungen mit kürzeren Wellen auf. Die Gruppe ist mit knapp 4% der Halbregelmäßigen sehr klein, dürfte aber viele Sterne der als „unregelmäßig" klassifizierten Veränderlichen für sich beanspruchen. Häufung der Spektra bei M 3.

Halbregelmäßige SRd: gelbe Riesen und Überriesen der Spektralklassen F ··· K (typische Vertreter: *S* Vulpeculae, *UU* Herculis, *AG* Aurigae). Die Lichtkurven verlaufen im allgemeinen in glatten Wellen, die einen δ Cephei- oder *RV* Tauri-ähnlichen Charakter zeigen und für längere Zeiten einen periodischen Lichtwechsel vortäuschen. Störungen von kurzer Dauer folgen versetzte Phasen und oft geringe Änderungen der Periodenlänge. Bei einigen Sternen (z. B. *UU* Her) sind 2 feste Perioden vorhanden, die sich in unregelmäßigen Intervallen ablösen. Die Spektralklassen F 0 ··· K 3 zeigen eine Häufung bei G 5 (36% mit Emissionen).

Tab. 41. Perioden und Spektralklassen typischer Vertreter der SR-Veränderlichen — Periods and spectral classes of some typical SR variables

SRa			SRb		
Stern	*P* [d]	Sp	Stern	*P* [d]	Sp, LC
NO Aql	73,6	M 4e	*Z* Leo	56,8	M 3 III-IV
CH Cyg	97	M 6	*RR* CrB	60,8	M 5
AM Ser	104,3	M 2	*V* UMi	72,0	M 4
TX Peg	132,1	M 5e	*TX* Dra	78	M 4e ··· M 5
Z Aqr	136,9	M 1e ··· M 3e	*AF* Cyg	94,1	M 5e
WZ Cas	186,0	Np (C 9_1)	*RV* Cam	181,6	M 4 II-III

SRc			SRd		
Stern	*P* [d]	Sp, LC	Stern	*P* [d]	Sp, LC
RW Cyg	586	M 3 Ia	*S* Vul	67,9	G 0 ··· K 2 (M 1)
μ Cep	730; 904	M 2e Ia	*AV* Cyg	87,8	G 0e ··· G 6
α Her	89; 2000	M 5 II	*AG* Aur	96,0	G 0e Ib ··· K 0ep
α Sco	1733	M 1 Ib	*UU* Her	71; 90	F 2 Ib ··· cF 8
W Cep	(2000)	K 0ep Ia	*RU* Cep	105	G 6 ··· K 2
α Ori	(2070)	M 2 Iab	*Z* Aur	134,8	G 0e ··· G 6e (M 1)

Von den in GKVS [*a*] 1958 aufgeführten 1675 halbregelmäßigen Veränderlichen sind nur 555 nach ihren Gruppen klassifiziert. Während für weitere 164 Sterne die Spektren bekannt sind, fehlen für die restlichen 956 Halbregelmäßigen nähere Angaben.

6.2.2.6.2 Spektren – Spectra

Die *Spektren* der Gruppen SRa, SRb und SRc ändern sich mit dem Lichtwechsel gleichlaufend um höchstens 0,2, diejenigen der Gruppe SRd um 0,5 ··· 1,5 Spektralklassen.

6.2.2.6.3 Absolute Helligkeiten – Absolute magnitudes [*23*]

M-Sterne SRa und SRb	$\overline{M}_{pg} = 0^M_{.}0 \pm 1^M_{.}0$	für die mittleren Helligkeiten der Veränderlichen
M-Sterne SRc	$\overline{M}_{pg} = -4 \pm 1{,}0$	
N-Sterne SRa und SRb	$\overline{M}_{pg} = +1$	
Gruppe SRd	$\overline{M}_{pg} = -1$	

Tab. 42. Zahl der Halbregelmäßigen SRa, SRb, SRc und SRd innerhalb der einzelnen Spektraltypen (die in den Zahlen eingeschlossenen Sterne mit Emissionslinien in ihren Spektren sind in Klammern wiedergegeben) — Number of semi-regular variables SRa, SRb, SRc and SRd in each spectral group (the number of stars with emission lines in their spectra included herein are given in parentheses) [*77*]

	A	F 0	F 5	G 0	G 3	G 5	G 8	K 0	K 2
SRa	—	—	—	—	—	—	—	—	—
SRb	—	—	—	—	—	—	—	1 (—)	—
SRc	—	—	—	—	—	—	1 (—)	1 (1)	—
SRd	—	1 (—)	3 (—)	4 (1)	4 (4)	10 (5)	5 (1)	3 (—)	1 (—)
SR*)	2 (—)	—	—	—	—	1 (—)	1 (—)	3 (—)	3 (—)
	2 (—)	1 (—)	3 (—)	4 (1)	4 (4)	11 (5)	7 (1)	8 (1)	4 (—)

	K 5	K 9	M 0	M 1	M 2	M 3	M 4	M 5	M 6
SRa	—	1 (1)	8 (3)	6 (1)	6 (3)	9 (5)	13 (4)	36 (8)	59 (8)
SRb	7 (1)	—	7 (—)	5 (—)	10 (2)	23 (3)	40 (6)	62 (11)	64 (7)
SRc	—	—	—	1 (—)	5 (1)	4 (1)	4 (—)	3 (—)	2 (1)
SRd	—	—	—	—	—	—	—	—	—
SR*)	6 (—)	—	3 (—)	5 (—)	5 (1)	14 (3)	16 (2)	34 (5)	23 (2)
	13 (1)	1 (1)	18 (3)	17 (1)	26 (7)	50 (12)	73 (12)	135 (24)	148 (18)

	M 7	M 8	M 9	M 10	N	C	S	R	Summe
SRa	21 (4)	3 (2)	2 (—)	—	11 (3)	4 (—)	4 (—)	8 (2)	191 (44)
SRb	27 (1)	8 (1)	—	2 (—)	42 (3)	2 (—)	6 (—)	6 (—)	312 (35)
SRc	—	—	—	—	—	—	—	—	21 (4)
SRd	—	—	—	—	—	—	—	—	31 (11)
SR*)	13 (—)	1 (—)	—	—	24 (2)	3 (—)	6 (3)	1 (—)	164 (18)
	61 (5)	12 (3)	2 (—)	2 (—)	77 (8)	9 (—)	16 (3)	15 (2)	719 (112)

6.2.2.6.4 Räumliche Verteilung — Spatial distribution

Die *räumliche Verteilung* der einzelnen Gruppen ist sehr verschieden. So stehen die roten M-Riesen der Gruppen SRa und SRb in großen Entfernungen von der Milchstraßenebene (in Richtung zum galaktischen Zentrum sehr viel häufiger als im Antizentrum). Sie kommen nur selten in Kugelsternhaufen und elliptischen Nebeln vor. — Die Übergiganten der Spektralklasse M (Gruppe SRc) sind dagegen zur Milchstraße konzentriert, bilden Nester und stehen oft in Verbindung mit offenen Sternhaufen (z. B. bei χ und h Persei). — Auch die Halbregelmäßigen der Spektralklassen N, C, R (Kohlenstoffsterne) sind zur galaktischen Ebene konzentriert und zeigen keine Häufung zum Zentrum [*d*]. Ihrer räumlichen Verteilung entsprechend gehören die halbregelmäßigen M-Sterne der Gruppen SRa und SRb vorwiegend der Population II, die Überriesen von SRc sowie sämtliche Veränderlichen mit N-, C-, R-Spektren der Population I und schließlich die gelben Halbregelmäßigen SRd beiden Populationen an.
Literatur: [*23*, *40*].

6.2.2.7 *RV* Tauri-Sterne — *RV* Tauri type stars – RV

6.2.2.7.1 Definition

Sterne hoher Leuchtkraft der Spektralklassen F ⋯ K, deren Helligkeitsänderungen durch einen regelmäßigen Wechsel von flachen und tiefen Minima gekennzeichnet sind (Fig. 13). Da den flachen Minima gewöhnlich etwas weniger hohe Maxima folgen, wird aus rein optischen Gründen die Doppelwelle als Grundform betrachtet und der Abstand der tiefen Minima als Periode gegeben. Spektrale Beobachtungen

*) Noch nicht klassifizierte Halbregelmäßige mit bekanntem Spektrum — semi-regular variables still unclassified, with known spectra.

lassen es sinnvoller erscheinen, die Längen der Einzelwellen als Periode anzusehen. In unregelmäßigen Intervallen von mehreren Jahren vertauschen die Minima plötzlich ihre Rollen, und der Lichtwechsel wird mit einer um die halbe Periode verschobenen Phase fortgesetzt. Der Anstieg der einzelnen Kurvenzüge ist steiler als der Abstieg und ähnelt sehr demjenigen der δ Cephei-Sterne. Der Verlauf ist jedoch in einander entsprechenden Phasen so ungleich, daß mittlere Lichtkurven nur unsicher zu bestimmen sind. Lage im HRD siehe Fig. 1.

Während die mittlere Helligkeit bei einer Reihe von *RV* Tauri-Sternen konstant ist (Gruppe RVa), unterliegt sie bei anderen mehr oder weniger hohen Schwankungen bis zu 3 Größenklassen in Wellen von $625^d \cdots 1360^d$ (Gruppe RVb).

Viele der in Verzeichnissen als *RV* Tauri-Sterne klassifizierten Veränderlichen gehören zu den Halbregelmäßigen. Die in GKVS [*a*] 1958 vorhandene Aufstellung gibt 92 Vertreter dieser Klasse, von denen schon dort 22 als höchst zweifelhaft bezeichnet sind und weitere 11 inzwischen anders klassifiziert wurden. Ihre *Zahl* dürfte (1963) zwischen 60 und 70 liegen.

6.2.2.7.2 Zustandsgrößen — Characteristic properties

Tab. 43. Perioden, Helligkeiten, Spektraltypen und Leuchtkraftklassen von 10 klassischen *RV* Tauri-Sternen — Periods, magnitudes, spectral types and luminosity classes of 10 classical *RV* Tauri stars

Stern	m_{pg}	P_0 [d]	P_1 [d]	Sp, LC	Typ
EZ Aql	$11\overset{m}{,}6 \cdots 13\overset{m}{,}6$	38,6	—	G5 ··· K0	RVa
TW Cam	10,4 ··· 11,5	85,6	—	F8 Ib ··· G8 Ib	RVa
DF Cyg	10,8 ··· 15,2	49,8	780,2	cG5 ··· cK4	RVb
SS Gem	9,3 ··· 10,7	89,3	—	F8 Ib ··· G5 Ib	RVa
AC Her	7,4 ··· 9,6	75,5	—	F2p Ib ··· K4e (Rp)	RVa
U Mon	6,1 ··· 8,1	92,3	—	F8e Ib ··· K0p Ib	RVa
R Sge	9,0 ··· 11,5	70,6	1112	G0 Ib ··· G8 Ib	RVb
R Sct	6,3 ··· 8,6	144	—	G0e Ia ··· K0p Ib	RVa
RV Tau	9,8 ··· 13,3	78,7	1224	G2e Ia ··· K3p	RVb
V Vul	9,0 ··· 10,6	75,7	—	G1 Ia-Ib ··· G8 Ia-Ib	RVa

Lichtkurven: [*59, 40*].

Das *Spektrum* ändert sich mit dem Lichtwechsel von etwa G 0 (kurz vor dem Maximum) bis etwa K 0 (nahe dem Minimum) Tab. 43. Im Lichtanstieg treten Kohlenstoff-Banden, besonders CH (*G*), CN (λ 4215) und C_2 (λ 4737), stark hervor und spielen mit den vor dem Minimum erscheinenden TiO-Banden eine erhebliche Rolle. Mit dem Lichtanstieg entwickeln sich H-Emissionen, die kurz nach dem Maximum wieder verschwinden. Die maximale Anregung und das früheste Spektrum liegen in der Mitte vom tiefen Minimum zum Maximum [*61, 62*].

Die *Radialgeschwindigkeitskurve* (siehe Fig. 13) mit einer mittleren Gesamtamplitude von 35 km/sec verläuft spiegelbildlich zur Lichtkurve, wie bei den δ Cephei-Sternen, hinkt aber ein wenig nach. Im Helligkeitsmaximum tritt eine Diskontinuität der Geschwindigkeitskurve auf. Schon etwa 0,08 *P* vor dem Verlöschen der stark verschobenen Absorptionen werden die gleichen Linien mit geringer Verschiebung sichtbar (Ähnlichkeit mit den *W* Vir-Sternen). Die maximale Expansion von etwa $5 \cdot 10^7 \cdots 5 \cdot 10^9$ km tritt etwa 0,1 *P* nach dem Minimum ein [*61*].

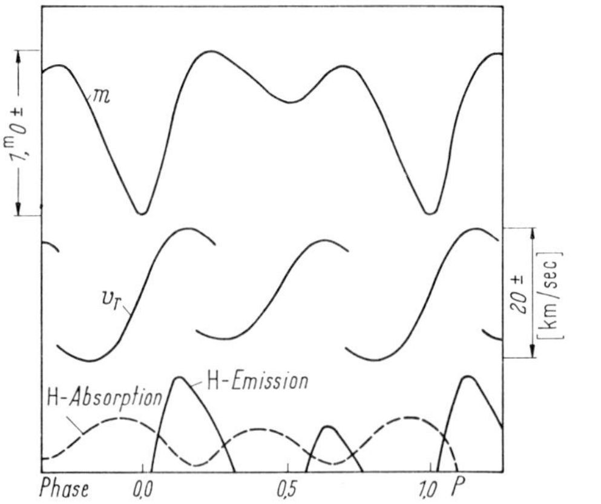

Fig. 13. Lichtkurve und Kurve der Radialgeschwindigkeit eines *RV* Tauri-Sterns. Unten: Intensitätskurven der Wasserstofflinien — Light curve and radial velocity curve of a *RV* Tauri star. Below: intensity curves of the hydrogen lines.

Die aus den Radialgeschwindigkeiten abgeleiteten *Restgeschwindigkeiten* liegen alle unter 70 km/sec und betragen im Mittel 28 km/sec. Eine galaktische Rotation ist nicht nachzuweisen [*62*].

Farbe: Sie ist etwas blauer, als sie dem Spektraltyp entsprechen sollte und ändert sich während des Lichtwechsels kaum (im Minimum vielleicht noch etwas blauer).

Mittlere absolute Helligkeit für das Maximum: $\overline{M}_{pg} = -3\overset{M}{,}0$ [*62*].

Räumliche Verteilung: Nach neueren Untersuchungen bilden die *RV* Tauri-Sterne eine Gruppe von Objekten gemischten Ursprungs. Ein Teil von ihnen bildet ein flaches Untersystem, der andere ein sphärisches. Danach *Populationen* I und II. 3 *RV* Tauri-Sterne wurden in Kugelsternhaufen gefunden.

Literatur: [*62*].

6.2.2.8 α^2 Canum Venaticorum-Sterne – α^2 Canum Venaticorum type variables – α CV

6.2.2.8.1 Definition

Sterne hoher Leuchtkraft des Spektraltyps A0p ··· A5p mit abnorm starken Linien des Si, Cr, Sr, Zr, Eu und der Seltenen Erden. Intensitätsveränderungen einzelner Liniengruppen, die häufig mit periodischen Veränderungen des Magnetfelds dieser Sterne verknüpft sind, verursachen geringe Schwankungen der Helligkeiten. Die Spektren lassen auf eine Instabilität der äußeren Schichten der Sterne oder auch auf expandierende Hüllen schließen. Lage im HRD siehe Fig. 1. Siehe auch 6.3 „Sterne mit starken Magnetfeldern".

Die Veränderungen des *Magnetfeldes* erfolgen gleichlaufend mit den stets sehr geringen Helligkeitsänderungen ($<0\overset{m}{.}2$) in periodischen Schwankungen der Feldstärke bei gleichbleibender Polarität oder in einer schnell wechselnden Umkehr der Polarität sehr starker Felder.

Tab. 44. Auswahl von magnetischen und Spektrum-Veränderlichen — Selection of magnetic and spectrum variables [72]

Stern	Sp	P [d]	W_λ [A]	Linien [1])	
HD 124 224	A0p	0,52	4	Si II, He I, 4201	[2])
56 Ari	A0p	0,73	3	Si II, He I, 4201	[2])
21 Com	A3p	1,03	(1)	Ca II, Sr II	[2])
χ Ser	A0p	1,60	(1,2)	Ca II, Sr II	[2])
ι Cas	A5p	1,74	(1,3)	Ca II, Sr II	[2])
HD 34 452	A0p	2,47	1	He I, 4201	
HD 224 801	A0p	(3,74)	0,8	Eu II	[3])
ε UMa	A0p	5,09	0,6	Ca II, Cr II	
α^2 CVn	A0p	5,47	(0,36)	Cr II, Eu II	[3])
HD 98 088	F0	5,90	(0,38)	Ti II, Sr II, Ba II	[3])
HD 153 882	A0p	6,00	(0,40)	Sr II	[3])
HD 71 866	A0p	6,80	0,26	Eu II, Gd II	[3])
53 Cam	A2p	7,80	0,15···1,0	Ti II, Mg II	[3])
HD 125 248	A0p	9,30	0,18	Cr II, Eu II	[3])
73 Dra	A2p	20,27	(0,13)	Cr II, Eu II	[3])

Katalog der magnetischen Veränderlichen: [72] (siehe 6.3).
Literatur: [73, 131].

6.2.2.8.2 Zustandsgrößen — Characteristic properties

Bei α^2 CVn ändern sich Betrag und Polarität des Magnetfeldes mit einer Periode von $5\overset{d}{.}46939$ von -4000 (Eu II-Linien in maximaler Intensität) auf $+5000$ Gauß (Cr II-Linien im Maximum) und zurück. Die Radialgeschwindigkeiten unterscheiden sich von Element zu Element in Bezug auf Phase und Amplitude. Das Minimum der Helligkeit fällt mit dem Maximum der positiven Feldstärke zusammen.

Die *Helligkeitsamplituden* sind äußerst klein und liegen meistens unter $0\overset{m}{.}1$.

Auch die *Radialgeschwindigkeiten* zeigen nur geringe Schwankungen unter 10 km/sec.

Unter den gegenwärtig bekannten magnetischen Veränderlichen zeigt der A0p-Stern HD 215 441 mit einer Helligkeitsamplitude von $0\overset{m}{.}14$ eine maximale Feldstärke von 34 000 $\pm$ 266 Gauß.

In der Literatur werden die magnetischen Veränderlichen oft streng von den *Spektrum-Veränderlichen* unterschieden, bei denen ein Magnetfeld (meistens wegen zu breiter Linien) nicht nachzuweisen ist. Diese werden dann (zuweilen unter Einbeziehung der Postnovae η Car und *P* Cyg sowie anderer Veränderlicher bis zur Spektralklasse M) zur selbständigen Klasse der Spektrum-Veränderlichen zusammengefaßt.

6.2.2.9 Unregelmäßig veränderliche Sterne – Irregular variable stars – I

6.2.2.9.1 Definition

Riesen oder Überriesen mit unregelmäßigen Helligkeitsschwankungen. Die Lichtkurven verlaufen zumeist in flachen Wellen sehr verschiedener Gestalt und Länge mit Amplituden bis zu 2^m (im Mittel kaum mehr als $0\overset{m}{.}5$). Eine Periodizität ist auch innerhalb kurzer Abschnitte der Lichtkurven nicht zu erkennen. Die Zwischenzeiten der Maxima bleiben aber innerhalb gewisser Grenzen und streuen bis zu etwa 50% um einen Mittelwert (Zyklus). Lage im HRD siehe Fig. 1.

[1]) Besonders veränderlich — especially variable.
[2]) Die Spektren zeigen keinen c-Charakter. Zeeman-Effekt ist wegen zu breiter Linien nicht nachzuweisen — the spectra indicate no c-character; Zeeman effect is not detectable because of the broad lines.
[3]) Magnetfeld siehe 6.3, Tab. 1 — magnetic field see 6.3, Tab. 1.

Nach der Form der Lichtkurven und den Spektren werden die folgenden 3 Untergruppen unterschieden:

Ia = *XX Ophiuchi-Typ*: Veränderliche frühen und mittleren Spektraltyps (O 7 ··· G 7). Die Spektren haben in allen Fällen pec-Charakter und sehr häufig Emissionslinien.

Ib = *CO Cygni-Typ*: rote Riesen und Überriesen. Die Längen der Zyklen liegen im wesentlichen zwischen 45^d und 120^d. In fast allen Fällen sind die primären Wellen von sehr langen Schwankungen der mittleren Helligkeit mit Amplituden zwischen $0^m_,3$ und $1^m_,5$ überlagert, die ihrerseits auch zyklisch zu verlaufen scheinen. Die Längen dieser übergeordneten Wellen betragen durchschnittlich: bei Sternen mit dem Spektrum K das 30fache, mit Spektrum M das 10fache und mit Spektrum N das 7fache der jeweiligen kurzen Zyklen. Die visuellen und photographischen Helligkeitsamplituden stimmen nahezu überein. Die bolometrischen Amplituden betragen etwa 1/4 der visuellen. Spektraltypen: K, M, N, S und R, in denen Emissionslinien fehlen.

Ic = *TZ Cassiopeiae-Typ*: rote Überriesen späten Spektraltyps. Der zeitliche Ablauf des Lichtwechsels ist mit dem sehr langsam veränderlichen Niveau der mittleren Helligkeit gekoppelt. Einige Sterne dieser sehr kleinen Gruppe zeigen Emissionslinien im Spektrum.

6.2.2.9.2 Zustandsgrößen — Characteristic properties

Tab. 45. Amplituden und Spektren typischer unregelmäßig Veränderlicher — Amplitudes and spectra of some typical irregular variables

(Ia) *XX* Ophiuchi-Typ			(Ib) *CO* Cygni-Typ			(Ic) *TZ* Cassiopeiae-Typ		
Stern	Ampl.	Sp, LC	Stern	Ampl.	Sp, LC	Stern	Ampl.	Sp, LC
AE Aur	$0^m_,7$	O 9,5 V	*CO* Cyg	$1^m_,0$	K 5	*RW* Cep	$1^m_,9$	M 0 Ia
XX Oph	2,0	Bep	*WX* Cas	0,8	M 1	*ST* Cep	1,4	M 0 Ib
V 771 Sgr	0,5	B0ne	*MN* Aql	1,0	M 3	*FZ* Per	0,7	M 1v Iab
φ Per	0,1	B1pe III — IV	*U* Del	1,3	M 5 II—III	*KN* Cas	0,6	M 1ep Ib + B
BU Tau	0,6	B8p	*UX* Cam	1,0	M 6	*AZ* Cyg	1,8	M 2 Ia
S Dor	1,5	A0eq	*VW* Gem	0,4	N (C 3_9)	*TZ* Cas	1,5	M 2 Iab
UV Boo	0,7	F 5	*AB* Gem	1,2	N 3	*WY* Gem	0,6	M 2ep Iab + B
NO Cyg	1,0	G 5	*T* Lyr	1,8	R 6 (C 5_3)	*VY* CMa	0,9	cM 3e

Etwa 8% der roten Unregelmäßigen sind Überriesen K 5 ··· M 5 mit *absoluten Helligkeiten* $-4^M_,5$ ··· $-2^M_,0$ (im Mittel: $-3^M_,4$). Alle übrigen Sterne dieser Gruppe sind Riesen K 3 ··· R, deren absolute Helligkeit mit einer geringen Streuung um $-0^M_,9$ liegt.

Die *Farbenindizes* der Sterne in den Gruppen b und c sind sehr groß (z. B. bei *AB* Gem $+4^m_,8$).

Population: Während die K- und M-Sterne (Spektraltyp K ist selten) geringer Leuchtkraft ($\overline{M}_{pg} = -0^M_,9$) eine *räumliche Verteilung* zeigen, die der Population II eigentümlich ist, sind die absolut hellen M-Veränderlichen sowie alle Kohlenstoff-Sterne (N, C, R) stark zur galaktischen Ebene konzentriert und in der Richtung zum Zentrum weniger häufig (Population I). *Literatur*: [*56*].

Nach Nassau und Blaauw [*18*] ist die Mehrzahl aller M-Sterne, besonders derjenigen von spätem Typ und hoher Leuchtkraft, veränderlich. Infolge ihrer zumeist kleinen Helligkeitsamplituden treten die Merkmale des Lichtwechsels nur undeutlich hervor. Ihre Klassifizierung ist deshalb schwierig und unsicher. Ein hoher Prozentsatz der als „unregelmäßig veränderlich" klassifizierten Sterne dürfte bei einer genaueren Kenntnis ihres Lichtwechsels in die Untergruppe c der Halbregelmäßigen (6.2.2.6) (zyklisch veränderliche Sterne) einzuordnen sein.

Im GKVS [*a*] für 1958 sind 1370 Unregelmäßige aufgeführt, von denen 696 nach ihren Lichtkurven und Spektren näher klassifiziert sind.

Lichtkurven: [*20, 21*].

Spektren: [*22, 23*].

Tab. 46. Zahl der unregelmäßig Veränderlichen in den einzelnen Untergruppen — Number of irregular variables in the individual subgroups

Gruppe	Ia	Ib	Ic
sicher	18	622	9
fraglich	5	36	6
alle	23	658	15

Tab. 47. Temperaturen der unregelmäßig Veränderlichen der Gruppen Ib und Ic aus radiometrischen Messungen — Temperature of the irregular variables of groups Ib and Ic as determined by radiometric measurements [*19*]

Sp	*T* [°K] Max.	*T* [°K] Min.	*N*
M 2 ··· M 5	2410 ··· 2740	2090 ··· 2600	4
N 0 ··· N 7	2430 ··· 3000	1720 ··· 2300	8

6.2.3 Eruptive Veränderliche — Eruptive variables

Tab. 48. Zusammenstellung: Veränderungen der Zustandsgrößen der Supernovae, Novae und ähnlicher Sterne — Summary: Variations in the characteristic data of supernovae, novae and similar stars [g]

	Einheit unit	Supernovae Typ I	Supernovae Typ II	Novae (Na, Nb, Nc)	Novae Nd	Novae Ne	*U* Gem-Sterne
		siehe: 6.2.3.3		6.2.3.1		6.2.3.2	6.2.3.7
vor dem Ausbruch:							
$\overline{\mathfrak{M}}$	$\mathfrak{M}_\odot$	1 ··· 10	20 ?	0,2 ··· 2,5	?	?	?
M_{pg}	magn	?	−4	+4,2 ··· +4,7	+0,5	(0)	+11
M_{bol}	magn	?	?	(0)	?	(−2)	+ 7,5
R	$R_\odot$	?	?	0,2	6	60	0,03
Lichtausbruch:							
M_{pg} (*max.*)	magn	−18,7	−16,3	−8,3 ··· −6,3	−7,6	(−7)	+6
Expansions-Geschwindigkeit	km/sec	10 000 ?	6 600	1 000	600	30 ··· 100	(700)
Dauer m_{max} bis $m_{max} + 2^m$	d	30	70	2 ··· 400	3 ··· 60	(400)	2 ··· 10
Gesamtdauer Lichtabstieg	a	?	?	10 ··· 50	3 ··· 10	(3)	(0,1)
gesamter visueller Energie-Verlust	erg	10^{49} ··· 10^{50}	10^{47}···10^{48}	$6 \cdot 10^{44}$	10^{44}	?	$6 \cdot 10^{38}$
Massenverlust	$\mathfrak{M}_\odot$	10^{-1} ··· 1	?	10^{-3}	$5 \cdot 10^{-6}$	?	10^{-9}
Wiederholung (Mittel)	a	∞	?	10^7 ··· 10^3 ?	20	3,5	0,2
nach Ablauf des Ausbruchs:							
$\overline{\mathfrak{M}}$	$\mathfrak{M}_\odot$	?	?	0,2 ··· 2,5	?	?	?
M_{pg}	magn	+6	?	+3,1	+0,5	(0)	+11
M_{bol}	magn	+5	?	?	?	(−2)	+ 7,5
R	$R_\odot$	? ?	?	0,2	6	60	0,03
Anzahl in der Galaxis (pro Jahr)	a^{-1}	0,005	0,025	50	—	—	—
Gesamtzahl in der Galaxis		$2 \cdot 10^7$?	10^8 ?	$2 \cdot 10^6$?	10^4 ?	10^5 ?	10^5 ?

6.2.3.1 Novae (Neue Sterne) – Novae – N

6.2.3.1.1 Definition

Heiße Zwergsterne, deren Helligkeit innerhalb einer kurzen Zeitspanne von kaum einem Tag bis zu 3 Monaten um 7 bis 16 Größenklassen emporschnellt, um nach einem zumeist sehr kurzen Maximum im Verlauf von einigen Jahren oder Jahrzehnten zu ihrer ursprünglichen Größe zurückzukehren. Dort bleibt dann ein sehr lebhafter aber geringer Lichtwechsel bestehen. Dem zeitlichen Ablauf der Eruption entsprechend zeigen die Lichtkurven recht verschiedene aber ganz charakteristische Formen und Merkmale, die in Verbindung mit streng gesetzmäßig verlaufenden spektralen Veränderungen auf einen stets gleichartig ablaufenden physikalischen Vorgang schließen lassen.

Einteilung der Novae: [*b*]. Siehe Tab. 48.

Na: *Rasche Novae*: Nach einem sehr schnellen Lichtanstieg sinkt die Helligkeit innerhalb von 100^d um mehr als 3^m; z. B. *GK* Per (Nova Persei 1901) und *V* 603 Aql (Nova Aquilae 1918. Siehe Fig. 14).

Nb: *Langsame Novae*: Der Lichtabstieg um 3^m vom Maximum dauert länger als 100^d. Die bei manchen Novae beobachtete tiefe Einsenkung der Lichtkurve (z. B. Nova *DQ* Herculis 1934, siehe Fig. 14) wird dabei nicht berücksichtigt. Die Beurteilung bezieht sich stets auf die durch die Mitte der sekundären Wellen (vor und nach der Einsenkung) gelegte glatte Kurve. Beispiel: *RR* Pictoris (1925).

Nc: *Sehr langsame Novae*: Sie verharren viele Jahre im Maximum und werden dann ganz langsam schwächer. Beispiel: *RT* Serpentis.

Nd: *Rekurrierende Novae*: Sie haben bereits 2 oder mehrere Helligkeitsausbrüche im Jahrhundert gezeigt. Beispiel: *RS* Ophiuchi.

Ne: *Nova-ähnliche Veränderliche* (siehe 6.2.3.2).

6.2.3.1.2 Zahl der Novae – Number of novae

(siehe Tab. 48)

Bis 1958 wurden 146 Novae innerhalb unserer Galaxis entdeckt. Davon sind 131 klassische Novae, 6 rekurrierende Novae und 9 *RT* Serpentis-Sterne. Da die Auffindung und Sichtbarkeit der in unserem Milchstraßensystem aufleuchtenden Novae wegen unserer Lage nahe der galaktischen Ebene stark behindert ist, bleiben die meisten für uns verborgen. Nach McLaughlin können wir jährlich mit etwa 16 galaktischen Novae heller als 9^m und einer heller als 6^m rechnen.

Jahresdurchschnitt im Großen Andromedanebel: 25 ··· 30 Novae.

6.2.3.1.3 Lichtkurven und absolute Helligkeiten – Light curves and absolute magnitudes

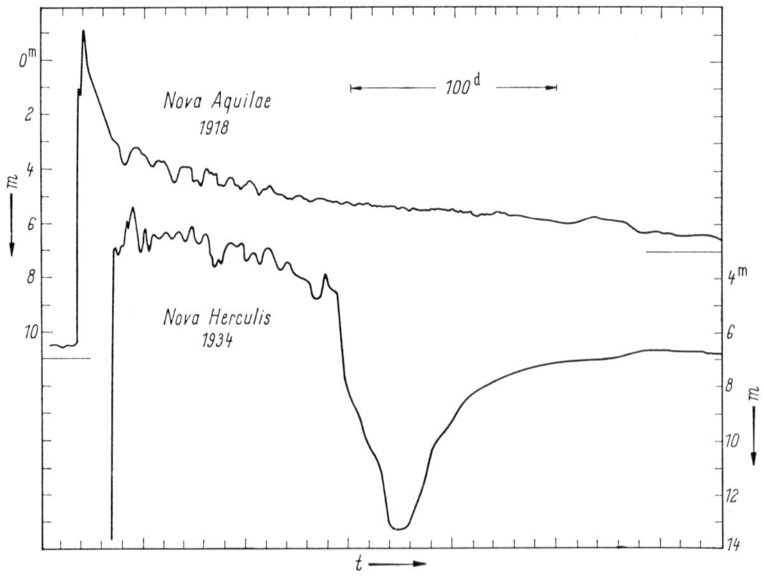

Fig. 14. Lichtkurven der Nova *V* 603 Aql (1918) (rascher Typ) und Nova *DQ* Her (1934) (langsamer Typ) – Light curves of Nova *V* 603 Aql (1918) "fast type" and Nova *DQ* Her (1934) "slow type".

Typische Stadien nach McLaughlin [74]:

1. *Prä-Nova*: konstantes (*RR* Pic, *T* Pyx) oder schwach veränderliches Licht (*GK* Per, *V* 603 Aql).
2. *Steilanstieg*: etwa 7^{m} (*DN* Gem) bis $9\overset{m}{,}5$ (*V* 603 Aql) innerhalb eines Tages (mit Ausnahme der *RT* Ser-Sterne).
3. *Prä-Maximum-Halt*: kurzer Stillstand oder kleiner Rückgang vor dem Erreichen des etwa 2^{m} höher liegenden Haupt-Maximums.
4. *End-Anstieg zum Maximum*: weniger steil als vorher (bei *V* 603 Aql: $2\overset{m}{,}2$ in $1\overset{d}{,}5$; bei *DQ* Her: $1\overset{m}{,}8$ in 7^{d}).
5. *Haupt-Maximum*: sehr spitz (mit Ausnahme der *RT* Ser-Sterne).
6. *Erster Abstieg*: bis etwa $3\overset{m}{,}5$ unterhalb des Maximums glatt (*V* 603 Aql, *V* 476 Cyg, *CP* Lac) oder in unregelmäßigen Schwankungen mit Amplituden bis zu $1\overset{m}{,}6$ (*DQ* Her, *DN* Gem), siehe (Tab. 49).
7. *Übergangsstadium*: etwa $3\overset{m}{,}5$ unterhalb des Maximums setzt mit der Entwicklung des Nebelspektrums ein Stadium ein, das für jede Nova individuell verläuft. Manche Sterne zeigen in diesem Abschnitt stark pulsierende Helligkeitsschwankungen (*V* 603 Aql, *GK* Per), andere durchlaufen ein sehr tiefes sekundäres Minimum (*DQ* Her, *T* Aur). Mit dem Ablauf dieses Stadiums kehren aber alle Novae in eine etwa 6^{m} unterhalb ihres Maximums liegende Helligkeit zurück, aus der sie im
8. *Letzten Abstieg*: langsam und ungestört in ihr ursprüngliches Normallicht zurücksinken.
9. *Post-Novae* oder *Ex-Novae*: meistens lebhafte, unregelmäßige Helligkeitsänderungen geringer Amplitude.

Der *zeitliche Ablauf* der einzelnen Stadien des absteigenden Astes der Lichtkurven und ihre Gestalt liefern in Verbindung mit dem jeweiligen Spektrum (siehe Fig. 15) recht zuverlässige Aufschlüsse über die vorangegangene Entwicklung und ermöglichen, den Zeitpunkt und die Höhe des Haupt-Maximums zu schätzen. Dieser Weg ist wichtig, da die meisten Novae wegen ihres steilen Lichtanstiegs und kurzen Maximums erst im Lichtabstieg entdeckt werden.

Tab. 49. Merkmale der Lichtkurven, die in Beziehung zur Schnelligkeit ihrer Entwicklung stehen — Characteristics of the light curves, which are related to the speed of their development [g]

	Verlauf:	course:
—	glatt	smooth
∼	Wellen	waves
⋎	Einsenkung	dip

Typ	6. Stadium		7. Stadium		
	—	∼	—	∼	⋎
sehr schnell	90%	10%	38%	38%	24%
schnell	69	31	33	42	25
mäßig schnell	12	88	0	0	100
langsam	12	88	0	67	33

Tab. 50. Relative Häufigkeit der Novatypen in der Galaxis und im Andromedanebel M 31 — Relative abundance of nova types in the Galaxy and in the Andromeda nebula M 31 [g]

Typ	Gal.	M 31
sehr schnell	26%	6%
schnell	40	13
mäßig schnell	19	43
langsam	10	38
sehr langsam	5	—

Tab. 51. Verteilung der scheinbaren Helligkeiten im Maximum (m_{max}) und Minimum (m_{min}) und der Helligkeitsamplituden der galaktischen Novae — Distribution of the apparent magnitudes at maximum (m_{max}) and minimum (m_{min}) and of the amplitudes of the galactic novae [74]

m_{max}	N	m_{min}	N	Ampl.	N
<$1\overset{m}{,}0$	4	$10\overset{m}{,}1 \cdots 11\overset{m}{,}0$	3	$5\overset{m}{,}5 \cdots 6\overset{m}{,}4$	2 *)
1,1 ··· 2,0	6	11,1 ··· 12,0	1	6,5 ··· 7,4	5 *)
2,1 ··· 3,0	3	12,1 ··· 13,0	2	7,5 ··· 8,4	5
3,1 ··· 4,0	1	13,1 ··· 14,0	3	8,5 ··· 9,4	6
4,1 ··· 5,0	9	14,1 ··· 15,0	7	9,5 ··· 10,4	3
5,1 ··· 6,0	5	15,1 ··· 16,0	5	10,5 ··· 11,4	3
6,1 ··· 7,0	20	16,1 ··· 17,0	14	11,5 ··· 12,4	6
7,1 ··· 8,0	18	17,1 ··· 18,0	3	12,5 ··· 13,4	4
8,1 ··· 9,0	19	18,1 ··· 19,0	1	13,5 ··· 14,4	2
9,1 ··· 10,0	18			14,5 ··· 15,4	2
10,1 ··· 11,0	14			15,5 ··· 16,4	1
11,1 ··· 12,0	10			**)	

*) im wesentlichen rekurrierende Novae und *RT* Serpentis-Sterne — mainly recurrent novae and *RT* Ser stars.

**) dazu (Minimum nicht beobachtet) — furthermore (minimum not observed):

Ampl.	N
> 8^{m}	9
> 9^{m}	13
> 10^{m}	6
> 11^{m}	3

Beyer

Tab. 52. Scheinbare Helligkeit m, Amplitude Δm und absolute Helligkeit im Maximum M_{max} für *RT* Ser-Sterne (Typ Nc) — Apparent magnitudes m, amplitudes Δm and absolute magnitudes of maximum M_{max} of *RT* Ser stars (type Nc) [*g*]

Nova	m	Δm	M_{max}
DO Aql	8ᵐ6 ··· 16ᵐ5	7ᵐ9	−5ᴹ9
η Car	−0,8 ··· (7,9)	>8,7	−5,9
FU Ori	9,7 ··· 16,0	6,3	(−5)
BS Sgr	9,2 ···>16,0	>6,8	−5,9
V 939 Sgr	14,2 ···>17,0	>2,8	−5,8
X Ser	8,9 ··· 16,2	7,3	−5,9
RT Ser	9,0 ···>16,0	>7,0	−5,9
RR Tel	6,8 ··· 16,5	9,7	−5,8
CN Vel	10,2 ···>16,5	>6,3	−6,0

Tab. 53. Absolute Helligkeiten der Maxima und Minima von 15 galaktischen Novae — Absolute magnitudes of maxima and minima of 15 galactic novae [*g*]

var | variabel | variable

Nova	M_{max}	M_{min}	Ampl.	Typ
V 603 Aql	− 8ᴹ35	+3ᴹ55var	11ᵐ9 var	
CP Lac	− 8,3	+4,9	13,2	
Q Cyg	− 8,3	+3,5 var	11,8 var	sehr
GK Per	− 8,3	+5,0 var	13,3 var	schnell
V 476 Cyg	− 8,3	+5,2	13,5	
DM Gem	− 8,3	+3,2	11,5	
DN Gem	− 8,25	+3,05 var	11,3 var	
V 1059 Sgr	− 8,2	(+6,3)	(14,5)	schnell
EL Aql	− 7,35	+6,15	13,5	
DI Lac	− 7,3	+2,5 var	9,8 var	
HR Lyr	− 6,75	+2,1	8,8	
T Aur	− 6,2	+4,4	10,6	langsam
RR Pic	− 6,25	+5,3	11,5	
DQ Her	− 6,25	+6,85 var	13,1 var	
CP Pup *)	−10,35	(+6,6)	(17)	sehr schnell

Tab. 54. Rekurrierende Novae Nd — Recurrent novae Nd [*g*]

Nova	1. Max. Jahr	1. Max. m	2. Max. Jahr	2. Max. m	3. Max. Jahr	3. Max. m	4. Max. Jahr	4. Max. m	m_{min}	M_{max}	M_{min}	Ampl.	Zyklus	Typ	$(Sp)_{min}$	$t_3$²)
RS Oph	1898	4ᵐ3	1933	4ᵐ3	1958	4ᵐ3	—		11ᵐ7	−8ᴹ7	−1ᴹ3	7ᵐ4	30ᵃ		G ? UV stark	10ᵈ
T CrB	1866	2,0	1946	3,0	—		—		10,6	−8,4	+0,2	8,6	80	sehr schnell	Q + gM 3¹)	6
U Sco	1866	9,0	1906	8,8	1936	8,8	—		>17,6	−8,4	>+0,8	>9,2	35		?	6
WZ Sge	1913	7,2	1946	7,2	—		—		16,1	−7,3	+1,7	9,0	33	mäßig schnell	G 5 ? UV stark	33
T Pyx	1890	6,5	1902	7,0	1920	6,6	1944	7ᵐ1	13,6	−6,4	+0,7	7,1	18	langsam	Emission H, He II, O III	113
V 1017 Sgr	1901	7,2	1919	7,2	—		—		14,3	−6,4	+0,7	7,1	18		G 5 ? UV stark	130

*) *CP* Pup fällt mit Amplitude und absoluter Helligkeit aus dem Rahmen, gehört aber nicht zu den Supernovae — *CP* Pup is an exception with respect to amplitude and absolute magnitude, but does not belong to the supernovae.

¹) Doppelstern — binary.

²) t_3 = Zeit [d], in der die Helligkeit um 3^m abnimmt — t_3 = time [d] in which the brightness decreases by 3^m.

Die *sehr langsamen Novae* Nc (*RT* Serpentis-Sterne) führen das Nova-Phänomen in allen Phasen und mit den entsprechenden spektralen Veränderungen im Zeitlupentempo (etwa 100 ··· 1000mal langsamer) vor. Bei *RT* Ser dauerte das Maximum rund 5 Jahre. Von den 9 Vertretern dieser Gruppe (siehe Tab. 52) könnten die Sterne *DO* Aql, *RR* Tel und *CN* Vel auch mit gutem Recht der Gruppe Nb und η Car den novaähnlichen Veränderlichen Ne zugeordnet werden. *FU* Ori ist nach einem Helligkeitsanstieg von 6^m in 90 Tagen seit über 25 Jahren fast unverändert hell geblieben.

Die *rekurrierenden Novae* Nd haben seit ihrer ersten Auffindung in großen zeitlichen Abständen mehrfache Lichtausbrüche gezeigt. Gegenwärtig sind die in Tab. 54 zusammengestellten 6 Vertreter dieser Gruppe bekannt. Über eine etwaige Verwandtschaft mit den *U* Geminorum-Sternen siehe 6.2.3.6. Ihre Spektren lassen gelegentlich Korona-Linien erkennen.

Die Lichtausbrüche verlaufen jedesmal in der gleichen, für den betreffenden Stern typischen Weise. Alle wiederkehrenden Novae zeichnen sich durch verhältnismäßig kleine Amplituden und durch relativ hohe absolute Helligkeiten der Minima aus. Korrelation zwischen Zyklen und Amplituden:
Ampl. $= 2\overset{m}{,}00 + 1\overset{m}{,}78 \cdot \log Z$ (Zyklus in Tagen) [*g*].

Tab. 55. Mittlere absolute Maximums-Helligkeit der Novae — Mean absolute magnitude at maximum of the novae [*g*]

Entfernungsbestimmung (siehe 5.1.4)	$\overline{M}_{max}$
trigonometrische Parallaxen	$-6\overset{M}{,}7$
säkulare Parallaxen	(−7,6)
Nebel-Expansion	−7,9
interstellare Linien	−7,6
galaktische Rotation	(−6,5)
Magellansche Wolken	(−8,0)
Andromedanebel	−8,2
Mittelwert	−7,6

Tab. 56. Mittlere absolute Helligkeiten im Maximum und Minimum sowie mittlere Amplituden für Novae verschiedener Entwicklungsdauer — Mean absolute magnitude of maximum and minimum, as well as mean amplitudes for novae with different periods of time of evolution [*g*]

Typ	$\overline{M}_{max}$	$\overline{M}_{min}$	Ampl.
sehr schnell	$-8\overset{M}{,}3$	$+4\overset{M}{,}2$	$12\overset{m}{,}5$
schnell	−7,8	+4,5	12,3
langsam	−6,3	+4,7	11,0

Lichtkurven und Leuchtkraft: [*71*]
Absolute Größe der Nova im Maximum: $M_{max} = -11\overset{M}{,}5 + 2\overset{M}{,}5 \cdot \log t_3$
wobei t_3 = Dauer der Helligkeitsabnahme um 3^m vom Maximum in Tagen.

6.2.3.1.4 Spektren — Spectra

Die Novae bilden hinsichtlich des Spektraltyps eine Sonderklasse Q; eine dezimale Unterteilung dieser Klasse ist von McLaughlin [*75*] vorgenommen. Sie gründet sich im wesentlichen auf das Vorhandensein und die relative Stärke der 4 nebeneinander vorkommenden Systeme von Absorptionen und der damit verbundenen Emissionen sowie auf die wechselnde Zusammensetzung der Emissionsspektren in den späteren Entwicklungsstadien. Das einzige bisher bekannte Pränova-Spektrum der Nova *V* 603 Aql (1918) ist kontinuierlich mit dunklen Linien und entspricht etwa dem Typ B ··· A.

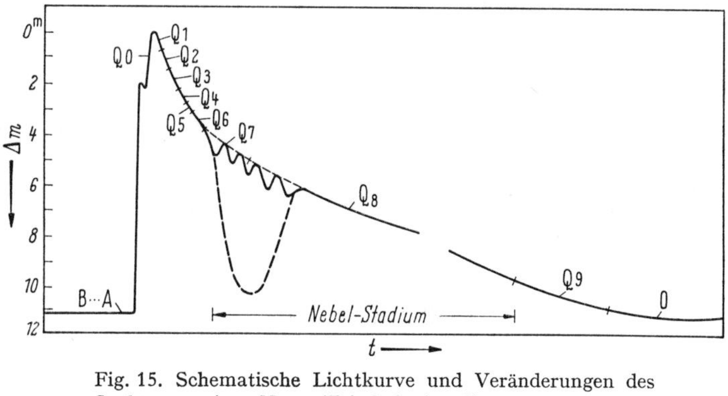

Fig. 15. Schematische Lichtkurve und Veränderungen des Spektrums einer Nova (Zeitskala für die späteren Stadien stark verkürzt) — Schematic light curve and variations of the spectrum of a nova (time scale for the late stages is considerably shortened) [*75*].
Q0 ··· Q9 siehe Tab. 57.

Tab. 57. Zeitlicher Ablauf der Veränderungen im Spektrum einer typischen Nova — Variations in the spectrum of a typical nova

„Termin-Kalender der Novae" nach McLaughlin [75] (siehe Fig. 15)

Sp	Merkmale	Δm ¹)	relative ²) $\Delta t/t_3$
Q 0	Wechsel vom Typ B nach A. Schwache Emissions- und Absorptionslinien; letztere sind stark nach Violett verschoben	1^m5	(− 0,1)
Q 1	Maximum. Prä-Maximum-Absorptionen stark entwickelt; Emissionen meistens unsichtbar	0,0	0,0
Q 2	Auftreten des normalen Absorptionsspektrums A oder F (Überriesen), Linien stärker nach Violett verschoben als im Prä-Maximum-Spektrum, das zum Verschwinden kommt. Die Hauptlinien zeigen auch Emissionen, deren langwellige Kanten entgegengesetzt verschoben sind	0,6	+ 0,04
Q 3	Auftreten einer Serie von kräftigen, aber verwaschenen Linien des H und ionisierter Metalle; Verschiebung etwa doppelt so groß wie bei den Linien des normalen Absorptionsspektrums. Serie von Emissionen des H, Fe sowie Ca (Linien *H* und *K*), deren Kanten wie bei Q 2 verschoben sind.	1,2	+ 0,16
	Größte Entwicklung der Emissionsserie	2,0	+ 0,42
Q 4	Auftreten der Orion-Absorptionen H I, O II und N II; Emissionen von N II	2,1	+ 0,46
	Kurzes Aufleuchten von [O I]	2,6	+ 0,7
	Aufspaltung der H-Absorptionen; Erscheinen der N III-Absorption	2,7	+ 0,8
Q 5	Maximum der Orion-Absorptionen	2,7	+ 0,8
	Verschwinden der verwaschenen und stark verschobenen Linien (vergleiche Q 3)	3,0	+ 1,0
Q 6	Erscheinen der diffusen 4640-Emission; starke N III-Absorption	3,0	+ 1,0
	Verschwinden der Orion-Absorptionen; kurzes Aufleuchten von [N II]	3,3	+ 1,25
	Kurzes Aufleuchten von Helium	3,6	+ 1,5
Q 7	Erste Spuren von [O III]	3,7	+ 1,6
	C II 4267 = Fe II 4233; He I 4472 = Fe II 4515	3,8	+ 1,7
	[O III] 5007 = Fe II 4924	3,9	+ 1,9
	Verschwinden des normalen Absorptionsspektrums (vergleiche Q 2)	4,1	+ 2,2
	[O III] 4959 = Fe II 4924	4,4	+ 2,7
	Verschwinden der diffusen 4640-Emission (vergleiche Q 6)	4,7	+ 3,5
Q 8	[O III] 4363 = $H\gamma$	4,9	+ 4,2
	[O III] 5007 = $H\beta$	5,4	+ 6,2
	[O III] 4959 = $H\beta$	5,8	+ 9
	[O III] 4959/$H\beta$ = 1,5	6,4	+ 14
	[O III] 4959/$H\beta$ = 2	6,7	+ 17
	[O III] 4959/$H\beta$ = 5	(8,5)	(+ 50)
Q 9	[O III] maximale Entwicklung	(9,5)	(+ 70)
Q 9,5	Kontinuierliches Spektrum O mit schmalen hellen Linien des H, He II und [O III]	(11)	(+200)

6.2.3.1.5 Radialgeschwindigkeiten — Radial velocities

Die Absorptionslinien sind stark nach Violett verschoben und lassen in der ersten Zeit des Aufleuchtens ein starkes Anwachsen der Expansionsgeschwindigkeit erkennen. Diese stieg z. B. bei der Nova *CP* Lac (1936) in der Zeit von 1^d vor bis 17^d nach dem Maximum von 1150 km/sec auf 2580 km/sec an. Es ist dabei zu beachten, daß die verschiedenen Komponenten einzelner Absorptionen, von denen zuweilen 3 Serien nebeneinander auftreten, sehr verschiedene Geschwindigkeiten liefern (siehe Tab. 58).

McLaughlin [76] fand die folgenden Beziehungen:

1. Die Entwicklung des Spektrums hängt von dem Helligkeitsabfall seit dem Maximum ab.
2. Die für einen bestimmten Helligkeitsabfall benötigte Zeit in Tagen ist umgekehrt proportional dem Quadrat der Radialgeschwindigkeiten des normalen Absorptionsspektrums (siehe Q 2).
3. Die aus den diffusen und stärker verschobenen Absorptionen der Q 3-Spektren bestimmten Radialgeschwindigkeiten sind ungefähr doppelt so groß wie diejenigen der normalen Linien.

¹) Δm Helligkeitsabfall nach dem Maximum in Größenklassen — Δm decrease of brightness expressed in magnitudes.

²) Δt Zeitintervall in Einheiten der für die erste Helligkeitsabnahme von 3^m benötigten Zeit — Δt time interval expressed in units of the time required for the first decrease of 3^m.

Tab. 58. Beobachtete Expansionsgeschwindigkeiten v_{exp} kurz nach dem Helligkeitsmaximum — Observed expansion velocity, v_{exp}, shortly after maximum brightness

Nova	Komp. [1]	v_{exp} [km/sec] [2]
DN Gem 1912		500
V 603 Aql 1918		1500
RR Pic 1925		81
RS Oph 1935		45
DQ Her 1934		300
V 630 Sgr 1936	I	2130
V 630 Sgr 1936	II	3590
CP Lac 1936	I	600
CP Lac 1936	II	2000
CP Lac 1936	III	3300

6.2.3.1.6 Gesamtenergie, Temperatur und Massenverlust — Total energy, temperature, and mass loss

Die beim Lichtausbruch einer normalen Nova *ausgestrahlte Gesamtenergie* beträgt nach UNSÖLD etwa $6 \cdot 10^{44}$ erg $= 1/10\,000$ des im Stern enthaltenen Energievorrats. Bei den schnellen Novae ist der Energieverlust sehr viel geringer als bei langsamen [*80*].

Temperaturen: Die Farbtemperatur beträgt im Maximum etwa 10 000 °K und steigt dann bis zum Exnova-Stadium auf etwa 35 000 °K. Ionisations- und Anregungstemperatur der photosphärischen Schicht im Orion-Stadium ~22 000 °K, im frühen Nebel-Stadium ~40 000 °K und im Exnova-Stadium ~65 000 °K.

Massen der abgestoßenen Hüllen: KOPYLOV [*79*] bestimmte für 9 Novae die Massen der Hüllen aus der Leuchtkraft und dem Volumen im Nebelstadium zu $5 \cdot 10^{28} \cdots 10 \cdot 10^{30}$ g. Es besteht eine enge Beziehung zwischen der Hüllenmasse und der absoluten Helligkeit der Nova im Minimum (siehe Tab. 48).

6.2.3.1.7 Räumliche Verteilung — Spatial distribution

Tab. 59. Trigonometrische Parallaxen π und Eigenbewegungen μ einiger Novae — Trigonometric parallaxes, π, and proper motions, μ, of some novae [*g*]

Nova	π	μ ["/a]
V 603 Aql 1918	−0,"002 ± 0,"004	0,"02
V 476 Cyg 1920	0,010 ± 0,005	—
DN Gem 1912	0,001 ± 0,008	0,02
DI Lac 1910	0,002 ± 0,007	—
HR Lyr 1919	0,015 ± 0,007	—
V 849 Oph 1919	0,005 ± 0,008	—
GK Per 1901	0,011 ± 0,003	0,02
RR Pic 1925	−0,003 ± 0,007	0,05
WZ Sge 1913	0,020 ± 0,005	0,079

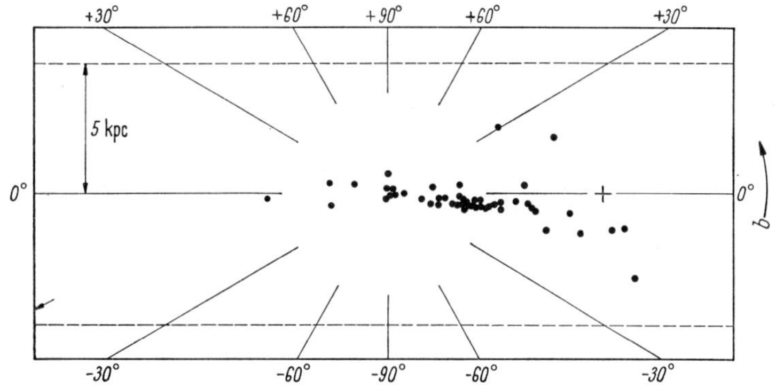

Fig. 16. Verteilung der Novae in der Projektion auf die Ebene, die senkrecht zur Äquatorebene der Milchstraße steht und durch die Sonne (Mitte der Fig.) und das Zentrum der Milchstraße (+) hindurchgeht. Die beiden gestrichelten Geraden zeigen den Abstand 5 kpc von der Milchstraßenebene an. Galaktische Breiten sind am Rande vermerkt — Distribution of novae in the projection on the plane through the sun (center of fig.) and the center of the Milky Way (+), perpendicular to the equatorial plane of the Milky Way. Both dashed lines show a distance of 5 kpc from the plane of the Milky Way. The galactic latitudes are indicated in the margin [*g*].

[1]) Komponente — component.

[2]) Aus Absorptionslinien bestimmt. v_{exp} steigt bei den sehr schnellen Novae auf über 4000 km/sec an — determined from absorption lines. For very fast novae, v_{exp} increases to more than 4000 km/sec.

Tab. 60. Verteilung in galaktischen Längen und Breiten — Distribution in galactic longitude and latitude [e]

l^{I}	N	l^{I}	N	l^{I}	N	l^{I}	N	b^{I}	N
0° ··· 9°	8	90° ··· 99°	0	180° ··· 189°	1	270° ··· 279°	0	0° ··· 9°	91
10 ··· 19	5	100 ··· 109	2	190 ··· 199	2	280 ··· 289	3	10 ··· 19	22
20 ··· 29	3	110 ··· 119	1	200 ··· 209	1	290 ··· 299	2	20 ··· 29	5
30 ··· 39	3	120 ··· 129	3	210 ··· 219	1	300 ··· 309	3	30 ··· 39	4
40 ··· 49	2	130 ··· 139	1	220 ··· 229	1	310 ··· 319	0	40 ··· 49	1
50 ··· 59	2	140 ··· 149	1	230 ··· 239	3	320 ··· 329	32	50 ··· 59	2
60 ··· 69	0	150 ··· 159	6	240 ··· 249	0	330 ··· 339	24	60 ··· 69	1
70 ··· 79	3	160 ··· 169	1	250 ··· 259	2	340 ··· 349	1	70 ··· 79	0
80 ··· 89	0	170 ··· 179	0	260 ··· 269	3	350 ··· 359	6	80 ··· 90	0
	26		15		14		71		126

Die Novae sind zur Milchstraße konzentriert und zeigen eine starke Zusammendrängung zum galaktischen Zentrum. Sie liegen in unserer näheren Umgebung und in Richtung zum Antizentrum weniger als 500 pc von der Milchstraßenebene entfernt in einer dünnen Schicht, die in Richtung zum galaktischen Zentrum sehr viel dicker wird (Dichte-Profil der galaktischen Population II) siehe Fig. 16.

Räumlich gehören die Novae teils dem intermediären Untersystem, teils der flachen Scheibe unserer Galaxis an. Nach Iwanowska [*77*] gehören von 99 galaktischen Novae

34 der Population I
65 der Population II an.

Extragalaktische Novae wurden in den Spiralnebeln M 31 (Großer Andromedanebel), M 33 und in beiden Magellanschen Wolken gefunden. Diese unterscheiden sich weder in ihrer Verteilung noch in ihren absoluten Helligkeiten von den galaktischen Novae [*78*].

Verteilung der Typen: siehe Tab. 50.

Durchschnittliche Anzahl der Novae in M 31: 25 ··· 30 pro Jahr.

6.2.3.1.8 Exnovae (Postnovae)

Humason [*81*] bestimmte für 16 ehemalige Novae die Spektralklassen O mit oder ohne Emissionslinien (H, He II und O III), W ··· B;

$M_{min} = +1^{\mathrm{M}} \cdots + 4^{\mathrm{M}}\!\!,5$ (im Mittel $+3^{\mathrm{M}}\!\!,1$)

$\mathfrak{M} = 0{,}2 \cdots 2{,}5\ \mathfrak{M}_\odot$

$R = \sim 0{,}2\ R_\odot$

$\bar{\varrho} = \sim 60 \varrho_\odot$

Die Exnovae sind häufig von runden, expandierenden Nebeln umgeben. Im HRD liegen sie in der Mitte zwischen der Hauptreihe und den weißen Zwergen.

Theorien: [*82, 83*].

Literatur: [*g*].

6.2.3.2 Nova-ähnliche Veränderliche (symbiotische Veränderliche und Unregelmäßige mit Be-Spektren) — Nova-like variable stars (symbiotic variables and irregular variables with Be-spectra) — Ne

Definition:

Eine wenig einheitliche Klasse von Sternen, deren Spektren und Helligkeitsänderungen Ähnlichkeiten mit denjenigen der Novae aufweisen. So zeigen die meisten dieser Veränderlichen in ihren Spektren neben den Emissionen des H und He II, die verbotenen Linien des O III, Ne III, F II und in einzelnen Fällen auch N II, S II und A IV, die sonst nur bei den Novae beobachtet werden. Eine Gruppe dieser Sterne hat das Spektrum eines M-Riesen oder -Überriesen, das mit einem Emissionsspektrum hoher Anregung kombiniert erscheint. Es ist gegenwärtig noch nicht entschieden, ob es sich bei diesen Objekten um Doppelsternpaare, bestehend aus einem M-Riesen und B-Hüllenstern (*symbiotische Novae*) oder um Einzelsterne mit Nebelhüllen handelt. Die Amplituden der Lichtausbrüche sind relativ klein und wechseln stark. Auch die Zyklen sind viel kürzer als diejenigen der rekurrierenden Novae. Siehe Tab. 48.

Die Gruppe der Veränderlichen mit reinen Be-Spektren (*Nebelhüllen-Sterne*) ist sicherlich nur sehr entfernt mit den Novae verwandt. Es handelt sich zumeist um B-Sterne mit ausgedehnten Nebelhüllen (vielleicht durch Rotation abgeschleudert), in denen Emissionen veränderlicher Intensität erzeugt werden.

Eine sinnvolle *Unterteilung* könnte vielleicht nach ruhenden (γ Cas) und expandierenden (P Cyg) Hüllen erfolgen. Gegenwärtig fehlen aber dafür noch die Beobachtungsunterlagen.

Die Übergänge zwischen den beiden Gruppen sind fließend, und eine saubere Trennung der Gruppen ist kaum möglich, solange das Fehlen der M-Komponente, die verdeckt sein kann, nicht sicher nachzuweisen ist.

Verzeichnisse: [*g*].

Symbiotische Novae: Während einige neuere Untersuchungen für den Doppelstern-Charakter sprechen, lassen andere das Vorhandensein einer dichten Korona (etwa 100 ··· 1000mal dichter als die Sonnen-Korona) vermuten. Die Radialgeschwindigkeiten sind sehr langsam im Umfang von etwa 30 km/sec veränderlich. Dabei liefern die verbotenen Linien relativ zu den erlaubten größere Geschwindigkeiten und zeitlich verschobene Maxima und Minima. Theorie: [*85*].

Tab. 61. Symbiotische Novae — Symbiotic novae [*g*]

Stern	*m*	Sp	Zyklus	T_F [°K] ¹)	T_{el} [°K] ²)
Z And	8,m0 ··· 12,m4	M 0 + Be	694d	—	—
BF Cyg	9,3 ··· 13,4	gM 4 + Bep	754	4200°	6500°
CI Cyg	10,7 ··· 13	gM 4e + B	(855)	3700	—
AG Peg	6,4 ··· 8,2	M + Bep	(800)	—	—
AX Per	10,8 ··· 12,5	gM 3ep + Q	685	4300	8200

Weiße unregelmäßige (*Hüllen-*) *Veränderliche*: Spektra: B 0ne ··· B 8ne; breite und durch schnelle Rotation verwaschene Absorptionslinien des H und He II, überlagert von wenigen breiten Emissionen veränderlicher Intensität, die in ihrer Mitte durch eine scharfe Absorption gespalten sind. Die geringere Breite der Emissionen und die Schärfe der zentralen Absorption lassen auf eine nach außen stark abnehmende Rotation der Nebelhülle schließen. Bei γ Cas schwankt die Farbtemperatur zwischen 13 500° und 37 000 °K, der Farbenindex von —0,m04 ··· —0,m53. Die Ausdehnung der äußeren Hülle wird nach Burbidge [*86*] auf etwa 400 Sterndurchmesser geschätzt.

Literatur: [*g*], [*87*].

Tab. 62. Weiße unregelmäßige (Hüllen-) Veränderliche — White irregular (shell) variables [*g*]

Stern	*m*	Sp
Z CMa	8,m8 ··· 11,m2	B eq
HR Car	8,2 ··· 9,6	B 2eq
γ Cas	1,6 ··· 3,0	B 0ne IV
P Cyg	3 ··· 6	B 1eq
χ Oph	4,4 ··· 5,0	B 3 V pe

6.2.3.3 Supernovae — Supernovae — SN

6.2.3.3.1 Definition

Die Supernovae ähneln in ihrem plötzlich einsetzenden, sehr raschen Lichtanstieg und dem wesentlich langsameren Helligkeitsabfall den gewöhnlichen Novae, unterscheiden sich aber von ihnen durch ihre sehr viel größere Helligkeitsamplitude von 20m und darüber (über 100 millionenfache Helligkeit) sowie durch ihre wesentlich größeren absoluten Helligkeiten im Maximum zwischen —14M und —21M, die diejenigen der gewöhnlichen Novae um etwa 10m oder eine 10 000fache Intensität übertreffen. Wegen ihrer überragenden Helligkeit können Supernovae während ihres Lichtausbruchs sogar in weit entfernt stehenden extragalaktischen Systemen beobachtet werden. Gelegentlich überschreitet ihre Helligkeit recht erheblich das Gesamtlicht des Sternsystems, dem sie angehören (SN 1937 das System NGC 1482 um 2,m2, SN 1920 das System NGC 2608 um 2,m6). Von ihrem Lichtwechsel konnte stets nur ein kurzer Abschnitt des Maximums und Lichtabstiegs beobachtet werden, so daß über die späteren Stadien wenig bekannt ist. Innerhalb unseres Milchstraßensystems leuchtete zuletzt 1604 eine Supernova auf. Aus geschichtlichen Urkunden lassen sich mit einiger Sicherheit die in Tab. 63 zusammengestellten Objekte als galaktische Supernovae identifizieren. In der Nähe der gegebenen Örter befinden sich heute zumeist mehr oder weniger ausgedehnte Nebel faseriger Struktur, die als Überbleibsel der bei der Explosion abgeschleuderten Materie zu betrachten sind und gemeinsam mit den nur selten erreichbaren Post-Supernovae starke *Radioquellen* bilden. Siehe Tab. 48.

Nachdem der *Crab-Nebel* (NGC 1952) nach seiner Struktur und Radiostrahlung mit Sicherheit als Rest eines vor mehr als 900 Jahren erfolgten Ausbruchs der Supernova *CM* Tau erkannt worden war, führte die Suche nach ähnlichen Nebeln zu weiteren Radioquellen, die sich zum Teil mit geschichtlich beobachteten Supernovae (Tab. 63) indentifizieren lassen oder als Reste unentdeckt gebliebener Supernovae anzusehen sind (Tab. 68).

Nach den *Lichtkurven* sind 2 verschiedene Typen von Supernovae vorhanden. Bei beiden erfolgt das Aufleuchten mit etwa 0,m2 bis 0,m5 pro Tag, kurz vor dem Maximum etwas langsamer als bei den gewöhnlichen Novae. Der Lichtabstieg verläuft:

beim *Typ I* in einer sehr glatten Kurve zunächst ziemlich steil (3m in 25 ··· 40 Tagen), dann wesentlich langsamer und stetig (etwa eine Größenklasse in 65 Tagen), bei allen Sternen dieses Typs sehr gleichartig.

beim *Typ II* zunächst glatt, aber wenig steil (etwa eine Größenklasse in 20 Tagen), dann langsam und unregelmäßig bis zu einer etwa 90 Tage dem Maximum folgenden und etwa 2m darunter liegenden Stufe. Anschließend setzt ein schnelleres Absinken ein, um schließlich dem stetigen Abstieg des I. Typs zu folgen. Im einzelnen weichen die Supernovae vom Typ II oft erheblich von diesem Schema ab [*93*].

¹) Farbtemperatur aus der Intensität des Kontinuums — Color temperature derived from the intensity of the continuum.
²) Elektronentemperatur aus den verbotenen [O III]-Emissionen — Electron temperature derived from the forbidden [O III] emissions [*84*].

Tab. 63. Galaktische Supernovae — Galactic supernovae [88]

Jahr	m_{max}	α_{1900}	δ_{1900}	Reste *)
185	?	$14^h 20^m$	$-60°$	Rad [89]
396	-3^m	4	+20	Rad [89]
437	?	6 40	+20	—
827	−10	17	−30	Rad [89]
1006	?	15	−50	Rad [89]
1054	(−6)	5 28	+22	¹) Rad, *CM* Tau
1181	?	1 40	+70	—
1203	0	17	−40	—
1230	?	18 20	+20	—
1572	−4,1	0 19	+64	²) Rad [90] + *B* Cas
1604	−2,6	17 25	−21	³) Rad [90] + *V* 843 Oph

6.2.3.3.2 Häufigkeit des Aufleuchtens im Milchstraßensystem — Frequency of appearance in the Milky Way system

Supernovae vom Typ I im Mittel alle 200 Jahre, vom Typ II alle 40 Jahre. Die Supernovae vom Typ II entziehen sich wegen ihrer geringeren Helligkeit und Konzentration zur galaktischen Ebene leichter der Entdeckung.

6.2.3.3.3 Extragalaktische Supernovae — Extragalactic supernovae

Bis 1962 wurden rund 75 Supernovae in extragalaktischen Nebeln gefunden. Sie sind äußerst selten. Auf etwa 10 000 gewöhnliche Novae dürfte im Mittel eine Supernova entfallen. Zwicky [91] schätzt auf Grund seiner systematischen Überwachung von Spiralnebeln die *Häufigkeit des Aufleuchtens* von Supernovae auf eine pro Nebel in 360 Jahren. Von diesem Durchschnitt weichen jedoch einige Nebel erheblich ab. So wurden von den bislang entdeckten 75 extragalaktischen Supernovae allein in den 3 Spiralnebeln NGC 3184, 5236 und 4946 je 3 Supernovae innerhalb von 16 bis 31 Jahren und in den 3 Nebeln NGC 3841, 4303 und 4321 je 2 in 13 bis 45 Jahren entdeckt. Alle diese Nebel sind aufgelöste Spiralen wie unser Milchstraßensystem. Im übrigen kommen Supernovae in allen Arten von extragalaktischen Nebeln vor, auch in den elliptischen (Population II), die keine Überriesen enthalten.
Verzeichnisse: [*a*, *g*], [92].

Tab. 64. Absolute photographische Helligkeiten der Supernovae — Absolute photographic magnitudes of supernovae [92]

Mittlere absolute photographische Helligkeit der Supernovae im Maximum [92]:

Typ I : $\overline{M}_{pg\,(max)} = -18{,}^M7 \pm 0.3$ (m. e.), $\sigma = 1{,}^m1$

Typ II: $\overline{M}_{pg\,(max)} = -16{,}3 \pm 0.3$ (m. e.), $\sigma = 0{,}7$

$M_{pg\,(max)}$	N Typ I	N Typ II
$-13{,}^M0 \cdots -13{,}^M9$	0	1
−14,0 ··· −14,9	0	1
−15,0 ··· −15,9	0	0
−16,0 ··· −16,9	1	8
−17,0 ··· −17,9	5	1
−18,0 ··· −18,9	5	0
−19,0 ··· −19,9	5	0
−20,0 ··· −20,9	3	0

Tab. 65. Zahl der Supernovae und Nebeltypen (9.4.2.1) — Number of supernovae and types of extragalactic nebulae (9.4.2.1) [92]

	E	Sa	Sb	Sc	Irr
N Typ I	6	0	7	10	3
N Typ II	0	0	6	13	0

Tab. 66. Verteilung der Supernovae auf die verschiedenen Leuchtkraftklassen der extragalaktischen Nebel (siehe 9.4.2.3) — Distribution of supernovae in the different luminosity classes of the extragalactic nebulae (see 9.4.2.3)

LC	*N*
I, I-II	20
II, II-III	15
III, III-IV	7
IV, IV-V	2

¹) Crab-Nebel — ²) Tycho's Nova — ³) Kepler's Nova.
*) Rad: Radioquelle — radio source.

Tab. 67. Liste der extragalaktischen Supernovae mit bekannten Entfernungen — List of extragalactic supernovae with known distances [92]

Galaxis [1]	Jahr	Typ siehe 9.4.2	SN Typ	m_{pg} (max)	M_{pg} (max)
NGC 23	1955	S (t ?)	?	≦16ᵐ	≦ −17ᴹ8
224	1885	S I-II	(I)	6,6	−17,6
1003	1937	Sc (III)	I	12,8	−17,4
1482	1937	Sb⁻ (III)	(I)	(13,4)	(−18,0)
2535	1901	S(B) ct (I)	?	14,7	−18,9
2608	1920	Sc (II)	(I)	(11,4)	(−20,6)
2672	1938	E 1	?	≦15,5	≦ −18,0
2841	1912	Sb⁻ I	?	≦18	≦ −12
2841	1957	Sb⁻ I	?	≦14	≦ −16
3177	1947	Sb⁺ II-III	II	(14,5)	(−16,2)
3184	1921	Sc II	(II)	(13,4)	(−16,3)
3184	1921	Sc II	(I)	≦11,0	≦ −18,7
3184	1937	Sc II	(II)	13,5	−16,2
3254	1941	Sb II	?	(14,2)	(−16,8)
3977	1946	(Snn)	?	≦18,0	≦ −12,6
3992	1956	S (B) b⁺ I	?	(11,0)	(−19,6)
4136	1941	Sc (n) III	II	≦16,8	≦ −11,6
4157	1937	Sb⁺ (II)	II	14,5	−16,1
4214	1954	Ir⁺ III-IV	I	9,0	−19,4
4273	1936	Sc t (III)	II	14,3	−16,2
4303	1926	Sc I	II	13,0	−17,5
4303	1961	Sc I	?	10,8	−19,7
4321	1901	Sc I	?	12,1	−18,4
4321	1914	Sc I	?	(14,0)	(−16,5)
4374	1957	E 1	?	≦13	≦ −17,5
4424	1895	Sbn III	I	11,1	−19,4
4486	1919	E 1	I	12,0	−18,5
4527	1915	Sb⁺ (n) II	(I)	13,0	−17,5
4559	1941	Sc II-III	II	≦13,5	≦ −16,0
4621	1939	E 3	I	11,8	−18,7
4632	1946	Sc II-III	(II)	≦15,7	≦ −14,9
4636	1939	E 1	I	12,5	−18,0
4674	1907	Sb⁻ (III)	(I)	≦13,5	≦ −17,1
4699	1948	Sa oder Snn	?	≦17,0	≦ −13,6
4725	1940	S(B)b I	II	≦12,5	≦ −18,0
5195	1945	Pec (t)	I	11,0	−17,5
5236	1923	Sc I-II	II	(14,0)	(−13,7)
5236	1950	Sc I-II	—	≦14,5	≦ −13,2
5236	1958	Sc I-II	II	≦16,7	≦ −11,0
5253	1895	Ir	I	7,6	(−20,1)
5457	1909	Sc I	(II)	(12,1)	(−16,4)
5668	1954	Sc II-III	I	12,0	−19,5
5879	1954	Sb II-III	II	≦14,5	≦ −16,1
5907	1940	Sb⁺ (II)	II	≦13,0	≦ −17,0
6181	1926	Sc I	?	(14,2)	(−18,0)
6946	1917	Sc I oder II	I	12,9	(−16,6)
6946	1939	Sc I oder II	II	13,2	(−16,3)
6946	1948	Sc I oder II	II	14,8	(−14,7)
7331	1959	Sb I-II	?	≦12	≦ −18,6
IC 4051	1950	E 1	I	(14,5)	(−19,9)
IC 4182	1937	Ir⁺ IV-V	I	8,2	−20,3
02 3434	1938	SBc ?	I	14,5	−19,6

Die *Häufigkeit des Typs II* wird in den Spiralnebeln um etwa 6mal größer geschätzt als diejenige des Typs I. Während Typ II fast ganz auf die Spiralnebel beschränkt bleibt, bevorzugt Typ I die elliptischen und unregelmäßigen Nebel (Population II). In den Spiralnebeln liegen die Supernovae vom Typ II auf den Spiralarmen und im Gegensatz zum Typ I niemals zwischen ihnen, auf dem Balken oder in der Nähe des Kerns. Auch diese Tatsache läßt vermuten, daß die

Supernovae vom Typ I mit der Population II,
Supernovae vom Typ II mit der Population I

assoziiert sind.

[1]) Nummer im New General Catalogue (7.1.2) — number in New General Catalogue (7.2.1).

6.2.3.3.4 Spektren — Spectra

Typ I: (Beobachtungen von 10 Sternen zwischen 7^d vor und 339^d nach dem Maximum). Schon vor dem Maximum sind ungewöhnlich breite Emissionsbänder vorhanden, die ineinanderfließen, so daß sie schwer zu identifizieren sind. Viele charakteristische Merkmale, die in den Spektren aller Supernovae vom Typ I unabhängig von ihrer absoluten Maximalhelligkeit auftreten, erscheinen in einer so strengen zeitlichen Folge, daß man aus dem Spektrum sehr sicher den Zeitpunkt und die Höhe eines unbeobachtet gebliebenen Maximums rückwärts extrapolieren kann. Mit Sicherheit dürften nur [O I] 6300 A und [O I] 6364 A nachgewiesen sein. Einige Minima im Spektrum lassen sich nach McLaughlin *[96]* vielleicht als stark verschobene ($\sim$5000 km/sec) Absorptionen des He I, Ne II, O II eines sehr wasserstoffarmen B-Sterns deuten. Möglicherweise spielen auch Molekularbanden (C, N, O, Ne) eine Rolle. Jedenfalls ist die Entstehung dieser Spektra noch völlig ungeklärt.

Typ II: (Beobachtungen von 8 Sternen zwischen dem Maximum und 115 Tage nach dem Maximum). Das Spektrum ist bis zu einer Woche nach dem Maximum kontinuierlich wie bei den gewöhnlichen Novae, reicht aber weit ins Ultraviolett (Temperatur etwa 40 000 °K). Gleichzeitig mit dem Verblassen des Kontinuums treten Absorptionen und breite Emissionsbanden des H und N III auf, die wesentlich unschärfer als diejenigen der klassischen Novae sind. Die Expansionsgeschwindigkeiten liegen in diesem Stadium zwischen 4000 und 10 000 km/sec.

6.2.3.3.5 Prä- und Post-Supernovae — Pre- and post-supernovae

Prä-Supernovae: unbekannt.

Post-Supernovae: mit Sicherheit dürfte nur die galaktische Supernova des Jahres 1054 im Crab-Nebel als ein gegenwärtig unveränderlicher Stern $15{,}^m9$ (*CM* Tau) identifiziert sein. Ihr Spektrum ist kontinuierlich. In mehreren Fällen sind aber in der Nähe der zumeist recht ungenauen Örter der galaktischen Supernovae nebelige Teile der abgestoßenen Hüllen zu erkennen, die sich durch ihre Bewegung, insbesondere aber durch ihre Radiostrahlung als Überbleibsel früherer Supernovae verraten. Nach Baade *[97]* sind die Post-Supernovae weiße Zwerge mit einer Oberflächentemperatur von etwa 100 000 °K und einer absoluten bolometrischen Helligkeit um $+5^M$.

Sowohl bei der optischen wie bei der Radiostrahlung des Crabnebels (abgestoßene Hülle von *CM* Tau) handelt es sich vorwiegend um Synchrotronstrahlung. Ausführliche Studie des Crabnebels *[133]*.

Tab. 68. Radioquellen in Nebeln, die vermutlich aus Hüllen galaktischer Supernovae entstanden sind (nach Radiospektren identifiziert) — Radio sources in nebulae having their origin probably in the shells of galactic supernovae (identified from radio spectra) *[98]*

α (1950,0)	δ (1950,0)	l	b	d ['] optisch	d ['] Radio	r [pc] *)	Alter	SN Typ	Radio cutoff [10^{38} erg/sec]
0^h $2{,}^m6$	+72° 4'	$119{,}^{\circ}4$	$+9{,}^{\circ}8$	70'	80'	125	?	I	0,008
0 22,8	+63 51	120,1	+1,4	7	5,4	360	390^a	I	0,012
4 57,5	+46 25	160,6	+2,8	120×110	125×115	1300 (1900)	?	II	1,02 (2,18)
5 31,5	+21 59	184,3	−6,2	4× 6	3,5	1100	900^a	I	2,62
5 36	+28	180,0	−1,7	200×180	?	800	?	II	0,429
6 14,3	+22 36	189,1	+3,1	40× 50	40	800 (1200)	?	II	0,235 (0,528)
8 21,3	−42 52	260,4	−3,3	50× 80	30	500 (1400)	?	II	0,058 (0,453)
8 32,8	−45 37	263,9	−3,2	–	240	700 (460)	?	II	2,08 (0,902)
17 27,7	+21 25	4,5	+6,9	2,5	2,2	1000	360^a	I	0,036
18 53,6	+ 1 15	34,6	−0,4	–	22,5	1700	?	II	1,10
20 44,7	+50 32	89,0	+4,7	120×130	85	1800 (1000)	?	II	1,33 (0,411)
20 50	+30 30	74,1	−8,7	170	140	770	$50\,000^a$	II	0,391
23 21,2	+58 32	111,7	−2,1	4	4	3400	250	II	32,7

6.2.3.3.6 Supernovae als Quellen kosmischer Strahlung von leichten und schweren Teilchen — Supernovae as sources of cosmic radiation of light and heavy particles

Nach neueren Untersuchungen von Gordon *[99]* und Shklovskij *[100]* ist die Strahlung der Supernovae vom Typ I hauptsächlich Synchrotronstrahlung relativistischer Elektronen und Positronen. Danach sind die Sterne dieses Typs eine wesentliche Quelle schwerer (Kernteilchen) wie leichter (Elektronen und Positronen) kosmischer Strahlung. Im Gegensatz dazu finden wir bei den Supernovae vom Typ II im wesentlichen thermische Strahlung.

Die kinetische *Energie* einer SN vom Typ II beträgt $10^{51} \cdots 10^{52}$ erg, diejenige der SN vom Typ I ist 10^3 bis 10^4mal kleiner. Das Verhältnis der beim Ausbruch einer vom Typ I ausgestrahlten Energie zur kinetischen Energie der Hülle ist etwa 10^3mal größer als dasselbe Verhältnis beim Typ II. Die Supernovae vom Typ II entstehen aus O- und B-Sternen mit einem hohen Vorrat an schweren Elementen, der dagegen bei den Ursprungssternen des Typs I nur gering sein kann.

*) Geschätzte Entfernung; erstgenannte Werte aus Filamenten bestimmt — estimated distance; first values determined from filaments.

Tab. 69. Mittlere Energieverluste ΔE, Massenverluste $\Delta\mathfrak{M}$ und Expansionsgeschwindigkeiten v_{exp} während des Ausbruchs einer Supernova — Mean loss of energy, ΔE, loss of mass, $\Delta\mathfrak{M}$, and velocity of expansion, v_{exp}, during a supernova outburst

Supernova	$\overline{\Delta E}$ (*vis*) [erg]	$\Delta\mathfrak{M}$ [$\mathfrak{M}_\odot$]	$\bar{v}_{exp}$ [km/sec]
Typ I	$10^{49} \cdots 10^{50}$	$0{,}1 \cdots 1$	10 000
Typ II	$10^{47} \cdots 10^{48}$	—	6 600

6.2.3.4 *R* Coronae Borealis-Sterne – *R* Coronae Borealis type stars – RCB

Definition:

Die Helligkeit dieser Überriesen sinkt nach einem viele Monate oder Jahre andauernden Verharren in einem fast konstanten Licht plötzlich innerhalb weniger Tage um mehrere Größenklassen in ein Minimum, das von sehr verschiedener Tiefe und Gestalt sein kann. Zumeist steigt die Helligkeit dann sofort, manchmal aber auch erst nach längerem Verweilen langsamer und von unregelmäßigen Schwankungen begleitet ins ursprüngliche Normallicht zurück. Die zeitliche Aufeinanderfolge sowie die Tiefe und Dauer der Minima sind an keine Regel gebunden.

Lichtkurven: [*20*].

Häufigkeit: Im GKVS 1958 [*a*] sind 39 Veränderliche als *R* Coronae Borealis-Sterne klassifiziert (davon 13 als fraglich).

Spektren: (siehe Tab. 70). Der sonst sehr seltene Spektraltyp R kommt auffallend häufig vor. Die für die R-Spektren charakteristischen C_2-Absorptionen (*Swan*-Banden) sind auch in den F- und G-Spektren der *R* CrB-Sterne vorhanden. So entspricht das Spektrum von *R* CrB im Maximum demjenigen eines Überriesen der Klasse F 5 bis F 8, abgesehen von einer auffallenden Schwäche der Absorptionslinien des Wasserstoffs und dem bereits erwähnten Vorhandensein der C_2-Banden und einiger C I-Linien hoher Anregung. Während des Lichtabstiegs wird zunächst nur das Kontinuum schwächer, im übrigen bleibt das Spektrum unverändert. Erst etwa 3 bis 4 Größenklassen unterhalb des Maximums werden zarte Emissionskerne in den Ca-Absorptionen *H* und *K* sichtbar, deren Helligkeit während des weiteren Schwächerwerdens des Kontinuums nicht abnimmt. Mit einer zunehmenden Verschleierung der Absorptionslinien treten dann weitere Emissionen des Na I, Sc II, Ti II, Sr II, O II und auch CN (als Emission in Sternspektren einzigartig) hervor. Sehr bemerkenswert ist das Fehlen von H-Emissionen. Die relative Stärke der vorhandenen Emissionen läßt auf eine niedrige Anregungstemperatur schließen. Beim Wiederanstieg des Lichts ändert sich das Spektrum genau in umgekehrter Folge [*102, 103*].

Während die *Radialgeschwindigkeiten* aus den Absorptionslinien kaum veränderlich sind, zeigen die Emissionen eine geringe, konstante Violettverschiebung, die einer Geschwindigkeitsdifferenz von 12 ··· 20 km/sec entspricht.

Die *absolute Helligkeit* im Normallicht dürfte im Mittel bei $\bar{M}_{pg} = -5^{M}$ liegen.

Mittlere galaktische Breite: 10°.

Atmosphäre: Nach Berman [*103*] soll die Atmosphäre von *R* CrB zu 67% aus Kohlenstoff bestehen.

Deutung des Lichtwechsels und *Literatur*: [*102 ··· 104*].

Tab. 70. *R* Coronae Borealis-Sterne mit bekanntem Spektrum — *R* Coronae Borealis stars with known spectrum

Stern	*m*	b^{I}	Sp [1])
S Aps	$9^{m}6 \cdots 15^{m}2$	−13°	R 3
XX Cam	$8{,}7 \cdots 10{,}3$	+ 2	cG le
UW Cen	$9{,}6 \cdots > 13$	+ 8	(K)
V CrA	$9{,}4 \cdots > 14{,}0$	−17	R 0
WX CrA	$11{,}0 \cdots > 16{,}5$	−10	R 5
R CrB	$5{,}8 \cdots 14{,}8$	+50	cFpep
RT Nor	$11{,}3 \cdots 16{,}3$	− 8	R
SV Sge	$11{,}6 \cdots 13{,}9$	+ 3	R 2
RY Sgr	$6{,}5 \cdots 14{,}0$	−21	G 0ep
*V*348 Sgr	$11{,}0 \cdots > 16{,}5$	− 9	Fpep
SU Tau	$9{,}5 \cdots 16{,}0$	− 3	G 0ep
RS Tel	$9{,}3 \cdots > 13{,}0$	−15	R 4

6.2.3.5 *RW* Aurigae-Sterne – *RW* Aurigae type stars – RW

6.2.3.5.1 Definition

Ein Sammelbegriff für die zahlreichen unregelmäßigen Veränderlichen der Spektralklassen B bis M (mit und ohne Emissionen), die im HRD auf und oberhalb der Hauptreihe, in Einzelfällen auch im Bereich der Unterriesen liegen. Nicht einbezogen sind hier die Novae (6.2.3.1) bzw. novaähnlichen Sterne (6.2.3.2), die *U* Geminorum-Sterne (6.2.3.6) sowie die *UV* Ceti- (6.2.3.7) und *Z* Camelopardalis-Veränderlichen (6.2.3.8), die aber alle mehr oder weniger mit einer der Untergruppen der *RW* Aurigae-Sterne verwandt sind. Die Helligkeitsänderungen erfolgen meistens sehr rasch und völlig regellos (siehe Lichtkurven Fig. 17) mit stark wechselnden Amplituden bis zu etwa 4 Größenklassen. Bei fast allen Sternen treten jedoch zeitweilig längere Epochen eines fast völligen Stillstands des Lichtwechsels auf. Einige *RW* Aurigae-Sterne (Lichtkurven a_2), wie z. B. *T* Cha, zeigen gelegentlich quasiperiodische Schwankungen. Die überwiegende Mehrheit dieser Veränderlichen steht am Rande oder innerhalb interstellarer Wolken.

[1]) Siehe 5.2.1

6.2.3.5.2 Zustandsgrößen — Characteristic properties

Häufigkeit: Das in GKVS 1958 [*a*] gegebene Verzeichnis führt 590 *RW* Aurigae-Sterne auf. Obgleich sie damit scheinbar nur 5% der physischen Veränderlichen darstellen, sind sie in Wirklichkeit der weitaus am häufigsten vorkommende Veränderlichen-Typ. Infolge ihrer im Mittel sehr geringen absoluten Helligkeiten sind sie nur in einem sehr eng begrenzten Raum um unsere Sonne zu erkennen, der nach Wenzel [*105*] etwa die Gestalt eines flachen Zylinders mit einem Radius von rund 400 pc und einer Höhe von rund 200 pc (Volumen: 10^8 pc^3) aufweist. Die Mindestzahl der darin enthaltenen *RW* Aurigae-Sterne wird auf 10^3 geschätzt. Sie sind damit in unserer Sonnenumgebung etwa 1000mal häufiger als die expandierenden Riesensterne.

Scheinbare Verteilung: an der Sphäre völlig identisch mit derjenigen der nahen O- bzw. B-Sterne und Dunkelwolken. Sie befinden sich mit wenigen Ausnahmen innerhalb des durch die hellen B-Sterne definierten *Gould*schen Gürtels.

Das *durchschnittliche Alter* der *RW* Aurigae-Sterne wird auf 10^7 Jahre geschätzt. Legt man ein Alter der Milchstraße von 10^{10} Jahren zugrunde, so dürften in dieser Zeit insgesamt 0,05 pc^{-3} Veränderliche entstanden sein. Dieser Wert ist fast identisch mit der gegenwärtigen Sterndichte in der Sonnenumgebung 0,07 pc^{-3}.

Entstehung: (frühe Phasen der Sternentwicklung) [*106*].

Lichtkurven: siehe Fig. 17 [*105*].

Einteilung: Eine in jeder Hinsicht befriedigende Unterteilung dieser aus sehr verschiedenen Sternen gebildeten Klasse gibt es gegenwärtig noch nicht. Die in der Literatur vorkommenden Bezeichnungen beziehen sich auf Gruppierungen, die entweder die Gestalt der Lichtkurven oder unabhängig davon spektrale Merkmale zur Grundlage haben.

Tab. 71. *RW* Aur-Sterne der verschiedenen Unterklassen — *RW* Aur stars of the different subclasses [*c*]

Stern	m	Sp	Typ
a) *RR* Tauri-Typ			
RR Tau	$10^{\mathrm{m}}2 \cdots 14^{\mathrm{m}}2$	A 2e	a_1
RW Aur	10,0 ··· 13,6	dG 5e	a_1
RU Lup	9,7 ··· 13,4	dG 5e	a_1
BM And	12,7 ··· 15,8	F 8e	a
b) *BO* Cephei-Typ			
AB Aur	$7^{\mathrm{m}}2 \cdots 8^{\mathrm{m}}4$	A 0ep	b_2
BF Ori	9,8 ··· 13,4	A 5e	b_2
BO Cep	12,5 ··· 13,8	F 0 ··· F 5	b_1
RZ Psc	11,8 ··· 12,6	dG 8	b_1
c) *Y* Leporis-Typ			
EO Per	$12^{\mathrm{m}}4 \cdots 13^{\mathrm{m}}3$	OBe	c_1
UX Ori	9,2 ··· 10,5	A 2e	c_1
RY Tau	9,8 ··· 12,5	dG 0e	c_2
GM Aur	13,1 ··· 13,9	dK 5e	c_1

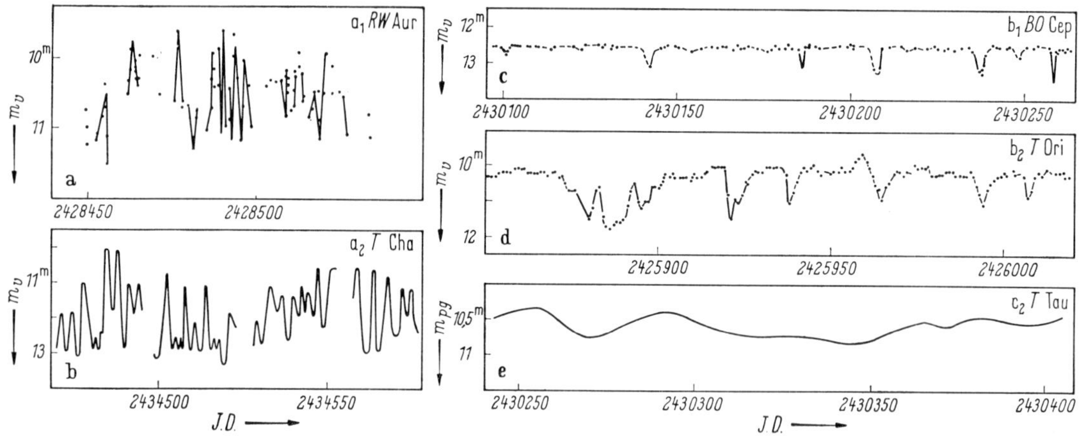

Fig. 17. Typische Lichtkurven der *RW* Aurigae-Sterne — Typical light curves of the *RW* Aurigae stars [*105*].

a) Typ a_1: Lichtwechsel rasch uud regellos, Amplitude $>1^{\mathrm{m}}5$ (*RW* Aur) — light variations rapid and irregular, amplitudes $>1^{\mathrm{m}}5$ (*RW* Aur).

b) Typ a_2: Lichtwechsel rasch aber zuweilen quasiperiodisch (*T* Cha) — light variations rapid but sometimes quasiperiodic (*T* Cha).

c) Typ b_1: Normalhelligkeit im Maximum mit Algol-ähnlichen Minima von 1 ··· 3 tägiger Dauer (*BO* Cep) — normal brightness at maximum, minima similar to Algol type with duration from 1 ··· 3 days (*BO* Cep).

d) Typ b_2: Normalhelligkeit im Maximum, wochenlange Minima, Lichtwechsel nicht sehr rasch (*T* Ori) — normal brightness at maximum, minima lasting several weeks, light variations not very rapid (*T* Ori).

Typ c_1: wie a_1 aber Amplitude $<1^{\mathrm{m}}5$ — same as a_1 but amplitude $<1^{\mathrm{m}}5$.

e) Typ c_2: Lichtwechsel in Wellen; nicht rasch (*T* Tau) — light variations in waves, not very rapid (*T* Tau).

Unterklassen (rein *photometrisch* definiert) nach SCHNELLER [*c*]:

RR Tauri-Art: typische *RW* Aur-Sterne mit raschen, unperiodischen Helligkeitsänderungen (bis zu 1^m in 2 Stunden) und relativ großen Amplituden (bis zu 4^m), Tab. 71a.

BO Cephei-Art: aus einem nahe dem Maximum liegenden Normallicht erfolgen Algol-artige aperiodische Schwächungen (seltener geringe Erhellungen), Tab. 71b.

Y Leporis-Art: *RW* Aur-Sterne, denen ein Kennzeichen des reinen Typus fehlt (z. B. langsamer Lichtwechsel, kleinere Amplitude, abweichende Form der Lichtkurve), Tab. 71c.

6.2.3.6 Die Untergruppe der *T* Tauri-Sterne – Subgroup: the *T* Tauri stars

6.2.3.6.1 Definition

JOY [*107*] zweigt auf Grund spektraler Merkmale aus den obengenannten Gruppen der *RR* Tau- und *Y* Lep-Sterne alle Veränderlichen in Stern-Aggregaten ab, die mit Dunkelwolken oder hellen Nebeln assoziiert sind, und bezeichnet diese als *T Tauri-Veränderliche.*

Im HRD liegen die *T* Tau-Veränderlichen im Gegensatz zu den übrigen *RW* Aur-Sternen (Hauptreihen-Sterne) erheblich oberhalb der Hauptreihe. Vermutlich handelt es sich um sehr junge Sterne, die sich noch auf dem Wege zur Hauptreihe befinden.

6.2.3.6.2 Zustandsgrößen – Characteristic properties

Die *Spektren* liegen zwischen dF 5 und dM 6 und zeigen neben den normalen Absorptionen zahlreiche Emissionslinien von etwas niedrigerer Anregung als diejenigen der Sonnen-Chromosphäre. In den Helligkeitsmaxima sind die Emissionen des H, Ca II, Ca I, Sr II, Fe I, Fe II und Ti II wesentlich heller als in den Minima. Besonders auffällig ist eine oft hervortretende, sehr erhebliche Aufhellung des UV-Kontinuums, die von BÖHM [*108*] auf das Zusammenlaufen der in optisch dicker Schicht gebildeten höheren Balmerlinien zurückgeführt wird. Nach JOY [*109*] wird das Absorptionsspektrum im Maximum zuweilen von einem Kontinuum heißeren Ursprungs überlagert, über dem sogar Emissionen hoher Ionisation, wie λ 4686 (He II) und 4068 (S II) auftreten können.

Tab. 72. Einige *T* Tauri-Sterne – Some *T* Tauri stars

Stern	*m*	Sp	Typ
RY Tau	$9\overset{m}{,}8 \cdots 12\overset{m}{,}5$	dF 8e ··· dG 2e	c_2
T Tau	9,6 ··· 13,5	dG 5e	c_2
BP Tau	12,0 ··· 13,3	dK 5e	c_2
CY Tau	13,4 ··· 15,0	dM 2e	c_2

Rotation und Alter: Die aus Linienverbreiterungen gefundenen Rotationsgeschwindigkeiten liegen zwischen 20 und 60 km/sec (4 Sterne) und lassen angesichts der Tatsache, daß kein normales Spektrum später als F 8 Rotationseffekte zeigt, gleichfalls auf ein geringes Alter der *T* Tau-Sterne schließen (etwa 10^6 Jahre).

Mittlere *Masse* der *T* Tauri-Sterne: $\sim 2{,}5\ \mathfrak{M}_\odot$.

Nebel-Veränderliche (Orion-Veränderliche): So bezeichnet man *T* Tau-Sterne im weiteren Sinne, die in manchen Nebeln gehäuft auftreten und Emissionen niedriger Anregung, wie z. B. *H*, *K* (Ca II) und von der Balmerserie oft nur Hα zeigen. Die in Verbindung mit solchen Nebeln stehenden *T Tauri-Assoziationen* (JOY [*107*]) sind in genetischer Hinsicht von größtem Interesse. Siehe 7.4.

Tab. 73. Mittlere räumliche Dichte $\bar{\varrho}_{st}$ (= Zahl der *T* Tau-Sterne zwischen $4\overset{M}{,}0 < M_{pg} < 10\overset{M}{,}5$ pro pc³ innerhalb der Assoziation)¹) – Mean spatial density $\bar{\varrho}_{st}$ (= number of *T* Tau stars between $4\overset{M}{,}0 < M_{pg} < 10\overset{M}{,}5$ per pc³ within the association)¹) [*105*]

Assoziationen	$\bar{\varrho}_{st}$
T Tau-N, *T* Tau-S, Ori-N	0,016
NGC 2264, IC 434, M 42, ϱ Oph	0,42
Per T2 (= IC 348)	3,0

¹) In der Sonnenumgebung: 0,05 $\mathfrak{M}_\odot$ pro pc³ (nur Sterne) – In the solar neighborhood: 0,05 $\mathfrak{M}_\odot$ per pc³ (only stars).

Tab. 74. Zahl und Verteilung der *T* Tauri-Sterne in den bekanntesten *T*-Assoziationen — Number and distribution of *T* Tauri stars in the best-known *T* associations [*105*]

Name	Areal in $(°)^2$	N	m_{lim} *pg*	m_{lim} *abs*	r [pc]	ϱ_{red} [2]) $[pc^{-3}]$
Taurus Nord (4^h25^m + 26°)	3,5	60	$17^m_,5$	$10^M_,5$	170	0,015
Taurus Süd (4 30 + 17)	6	9	17,5	10,0	200	0,021
Orion Nord (5 25 + 12)	3	40	17,5	7,8	650	0,012
NGC 2264 (Monoceros)	0,3	140	18,5	8,8	790	0,60
IC 434 (Orion)[1])	2	80	17,5	8,3	385	0,23
M 42 (Orion-Nebel)	3,5	400	17,5	8,3	385	0,41
IC 348 (Perseus)	0,1	16	19,5	9,0	380	3,0
Gegend um ϱ Ophiuchi	1	5	15	7,5	180	0,43

Weitere *T Tauri-Assoziationen* befinden sich in den folgenden Nebeln: Lupus-Dunkelstreifen (15^h40^m, −34°), M 8 Sgr, IC 5060 Cyg (Pelikan-Nebel), NGC 7023 Cep und Cepheus-Dunkelwolke, NGC 7635 Cas, Nebel in CrA (19^h0^m, −37°), Dunkelwolke bei ε Cha und wahrscheinlich NGC 2024 Ori.

Die sehr verschiedenen Dichten in der Verteilung der *T* Tauri-Sterne werden als Folge des Auflösungsprozesses der Assoziationen gedeutet und zeigen damit ihr verschiedenes Alter an.

Ursachen des Lichtwechsels: Wechselwirkungen zwischen den Atmosphären der kühlen Zwergsterne und den Partikeln der interstellaren Wolken und Nebel.

Gesamtdarstellung: [*105, 132*].

6.2.3.7 *U* Geminorum- oder *SS* Cygni-Sterne — *U* Geminorum- or *SS* Cygni type stars — UG

6.2.3.7.1 Definition

Die Sterne leuchten aus einer Ruhelage im Minimum, in der sie nur geringe und sehr rasche Helligkeitsänderungen zeigen, innerhalb $1^d \cdots 5^d$ um $2^m \cdots 6^m$ auf, um nach einem kurzen Maximum etwas langsamer in die alte, stets gleiche und zumeist sehr geringe Normalhelligkeit zurückzufallen. Die zwischen den einzelnen Lichtausbrüchen liegenden Zeitintervalle sind sehr verschieden, gruppieren sich aber bei den einzelnen Sternen um bestimmte Mittelwerte (mittlere Zyklen), die gut eingehalten werden und zwischen etwa 20^d und 600^d liegen, siehe Tab. 48. Die hier früher als Untergruppe einbezogenen *Z* Cam- bzw. *CN* Ori-Sterne bilden neuerdings eine eigene Klasse (siehe 6.2.3.9).

6.2.3.7.2 Zustandsgrößen — Characteristic properties

Verzeichnis der *U* Gem-Sterne: [*111*].

Aufsuchungskarten: [*112*].

Lichtkurven: [*11*]. Nach ihren Merkmalen werden 2 Gruppen unterschieden:

SU Ursae Majoris-Art: mittlerer Zyklus $17^d_,4$. In Zwischenzeiten von rund 216^d treten Super-Maxima auf, die etwa $0^m_,8$ höher liegen und im Gegensatz zu den normalen, kurzen Maxima von erheblich längerer Dauer sind. Beispiele: *VW* Hyi, *AY* Lyr, *CY* Lyr, *EQ* Mon.

X Leonis-Art: mittlerer Zyklus 25^d. Im Gegensatz zu den *SU* UMa-Sternen zeigen die schmalen und breiten Maxima nahezu die gleiche Helligkeit. Beispiele: *FI* Cas, *CG* Cep, *CZ* Ori, *UZ* Ser, *TW* Vir.

Amplituden-Zyklen-Beziehung: Eine 1934 von Kukarkin und Parenago [*113*] gefundene Korrelation zwischen den Helligkeitsamplituden und Zyklen und ein dafür entwickelter Ausdruck mußten revidiert werden, nachdem erkannt war, daß die meisten dieser Veränderlichen (wahrscheinlich alle) spektroskopische Doppelsterne sind, die aus einem G- oder K-Zwerg und einem im Normallicht etwa 1^m schwächeren, veränderlichen sdBe-Stern bestehen (siehe 6.1.2.5). Da die Helligkeitsamplitude der veränderlichen Be-Komponente durch das Licht des gelben Begleiters erheblich vermindert erscheint, mußte diese zur Ableitung der gefundenen Beziehung korrigiert werden. Trägt man die korrigierten mittleren Amplituden $\bar{A}$ [magn] gegen die Logarithmen der Zyklen $\bar{P}$ [d] auf, so liegen diese auf der Geraden

$$\bar{A} = 2^m_,00 + 1^m_,78 \cdot \log \bar{P}.$$

[1]) 2 benachbarte Assoziationen bei ξ Ori (Pferdekopf-Nebel) — 2 neighboring associations near ξ Ori (Horse-head nebula).

[2]) ϱ_{red} = räumliche Dichte der in der Assoziation beobachteten *T* Tau-Sterne, reduziert auf gleiche absolute Grenzhelligkeit $10^M_,5$ — Spatial density of *T* Tauri stars observed in the association, reduced to the same limiting absolute magnitude $10^M_,5$.

Diese Beziehung entspricht darüber hinaus auch den Verhältnissen, wie sie bei den 6 gegenwärtig bekannten rekurrierenden Novae gegeben sind. Nach Wellmann [*114*] besteht jedoch keine nähere Verwandtschaft mit den Novae. Gründe: im Maximum sehr breite, unverschobene Absorptionslinien, die in den Nova-Spektren nicht zu finden sind — das Auftreten von Emissionen in späteren Phasen als bei den Novae und das Fehlen verbotener Linien — Abnahme der Temperatur mit sinkender Helligkeit gegenüber einer Zunahme bei den Novae.

Doppelstern-Natur der *U* Geminorum-Sterne: Spektraluntersuchungen sind wegen der Schwäche des Normallichts schwierig. Von 9 untersuchten Sternen erwiesen sich nach Kraft [*115*] 7 als spektroskopische Doppelsterne. Siehe auch 6.1.2.5.

Tab. 75. *U* Geminorum-Sterne als spektroskopische Doppelsterne — *U* Geminorum stars as spectroscopic binaries [*115*]

K	Halb-Amplitude der Radialgeschwindigkeit	semi-amplitude of the radial velocity
γ	Radialgeschwindigkeit des Schwerpunkts des Systems	radial velocity of the center of gravity
	Bahnelemente	*orbital elements:*
a	mittlerer Abstand	mean distance
e	Exzentrizität	eccentricity
i	Neigung	inclination
ω	Länge des Periastrons	longitude of periastron

Stern	*RX* And	*SS* Aur	*U* Gem	*EY* Cyg	*SS* Cyg	*RU* Peg
P	0,d211 73	0,d15 ?	0,d173 9825	—	0,d276 244	0,d3708
K_1 [km/sec]	77,5	~85	265	—	122	137
K_2 [km/sec]	—	—	—	—	115	112
γ [km/sec]	−18	~ +45	+42	~ −10	−9	−7
Sp 1	sdBe	sdBe	sdBe	sdBe	sdBe	sdBe
Sp 2	—	—	—	K 0 V	dG 5	G 8 IV
$a_1 \sin i$ [10^{10} cm]	2,09	~0,88	6,31	—	4,63	7,02
$a_2 \sin i$ [10^{10} cm]	—	—	—	—	4,37	5,73
e	0,40	?	0,05	—	~0	~0
ω	220°	?	160°	—	—	—
$\mathfrak{M}_1 \sin^3 i$ [$\mathfrak{M}_\odot$]	—	—	—	—	0,18	0,27
$\mathfrak{M}_2 \sin^3 i$ [$\mathfrak{M}_\odot$]	—	—	—	—	0,20	0,32
$\mathfrak{M}_1/\mathfrak{M}_2$	—	—	—	—	0,90	0,85

Spektren: im Normallicht (Helligkeitsminimum) kontinuierlich mit wenigen Absorptionen, überlagert von breiten Emissionslinien des H (besonders hell), He und Ca (oft recht schwach). Die Intensitätsverteilung im Kontinuum entspricht im Mittel dem Spektraltyp dG 5. Während des Ausbruchs wächst die Helligkeit des kontinuierlichen Spektrums; die Emissionslinien bleiben unverändert und sind bald kaum noch über den schwachen, sehr breiten und diffusen Absorptionslinien zu erkennen. Eine mit dem Lichtwechsel parallel laufende Veränderung der Intensitätsverteilung im Spektrum zeigt erhebliche Temperatur-Änderungen an, die mit der Amplitude verknüpft sind. Das Kontinuum der Sterne mit den größten Amplituden entspricht im Maximum dem der B-Sterne, während bei kleineren Amplituden nur das von A- oder F-Sternen erreicht wird.

Farbtemperatur: Bei *SS* Cyg fand Hinderer [*116*] im Minimum 4900°K und im Maximum 12 000°K. Bei *SW* UMa (Zyklus 459^d, Amplitude 6^m) bestimmte Wellmann [*114*] aus spektrophotometrischen Gradienten sogar eine Maximaltemperatur von 60 000 °K.

Absolute Helligkeit: für das Normallicht der Systeme nach Kraft [*115*] $M_v = +9{,}^M5 \pm 1^M$, nach Brun und Petit [*117*] $M_{pg} = \sim +11^M$ im Minimum und $\sim +6^M$ im Maximum.

Masse: Die Massen der gelben Komponenten und ihre Spektren entsprechen einem Stern von $\sim 1\,\mathfrak{M}_\odot$. Sie haben danach eine viel zu geringe Leuchtkraft. Verschiedene Anzeichen deuten auf eine Verwandtschaft mit den *W* UMa-Sternen hin.

Theorien: Nach Joy [*109*] sind die *U* Geminorum-Sterne enge Doppelsternsysteme, die aus einem heißen Unterzwerg (sdBe) und einem G-Zwerg (z. B. dG 5) bestehen. Der heiße Stern ist mit einer Gashülle umgeben, die mit etwa 700 km/sec expandiert und die breiten Emissionslinien erzeugt. Dieser Stern erleidet Lichtausbrüche, die denen der Novae entsprechen und die Intensität des kontinuierlichen Spektrums um $2^m \cdots 6^m$ erhöhen.

Literatur: [*117*].

6.2.3.8 *UV* Ceti-Sterne (Flare- und Flash-Sterne) – *UV* Ceti type stars (flare and flash stars) – UV

Definition:

Zwergsterne der Spektralklassen dKe ··· dMe, deren Helligkeit in längeren, unregelmäßigen Zeitabständen von mehreren Tagen innerhalb weniger Sekunden explosionsartig um 1 ··· 6 Größenklassen aus dem Normallicht zu einem spitzen Maximum aufflammt (flare), um anschließend innerhalb von 10 bis höchstens 120 Minuten erheblich langsamer und mit kurzen sekundären Schwankungen in den ursprünglichen Zustand zurückzukehren. Auch das Normallicht unterliegt geringen und unregelmäßigen Änderungen, die in niedrigen Wellen von einigen Wochen (bei *UV* Cet im Mittel rund 33^{d}) verlaufen. Zuweilen treten auch doppelte Lichtausbrüche auf. So leuchtete ein Veränderlicher dieser Klasse nach Wachmann [*118*] innerhalb einer Stunde zweimal um $1\overset{\mathrm{m}}{,}3$ bzw. $1\overset{\mathrm{m}}{,}0$ auf. Lage im HRD siehe Fig. 1.

Die *Zahl* der *UV* Ceti-Veränderlichen ist sicher sehr groß, ihre Entdeckungswahrscheinlichkeit jedoch wegen ihrer geringen Leuchtkraft und der kurzen Dauer der Lichtausbrüche äußerst gering. Nach einer Schätzung von Johnson [*119*] flackert unter etwa 2000 Feldsternen heller als 20^{m} durchschnittlich alle 90 Minuten einer einmal auf. Vielleicht zeigen alle dMe-Sterne gelegentlich mehr oder weniger starke Flares.

Lichtelektrische Lichtkurven: [*120, 121*].

Untergruppen:

a) *Flare-Sterne*: (klassische *UV* Ceti-Veränderliche); gegenwärtig sind etwa 10 Sterne dieser Art bekannt, die innerhalb unserer nächsten Umgebung (bis etwa 10 pc) stehen und an der Sphäre isotrop verteilt erscheinen.

b) *Flash-Sterne*: Flacker-Sterne vom *FH* Tauri-Typ, die in größerer Zahl in Verbindung mit den interstellaren Wolken im Taurus, Orion und Monoceros auftreten.

Unterschiede: Die Spektren der Flare-Sterne entsprechen dem Typ dM 4e und später, diejenigen der Flash-Sterne liegen zwischen dK 6 und dM 6. Während die Spektren aller Flare-Sterne auch im Normallicht Emissionslinien zeigen, fehlen diese häufig bei den Flash-Sternen. Mit ihren mittleren absoluten visuellen Helligkeiten im Normallicht $13\overset{\mathrm{M}}{,}4$ liegen die Flare-Sterne nahezu auf der Hauptreihe (dem Spektrum dM5e entspricht $13\overset{\mathrm{M}}{,}0$). Diejenigen der Flash-Sterne weichen jedoch sehr erheblich nach oben ab [*105*].

Tab. 76. Klassische *UV* Ceti-Sterne (Flare-Sterne) — Classical *UV* Ceti stars (flare stars) [*105*]

Stern	π	M_v	Sp
UV Cet	0,″410	$16\overset{\mathrm{M}}{,}1$	dM 6e
YZ CMi	0,146	12,4	dM 4,5e
AD Leo	0,211	11,1	dM 4e
WX UMa	0,173	16,0	dM 5,5e
*V*645 Cen	0,761	15,4	dM 5e
DO Cep	0,249	13,4	dM 5e
EV Lac	0,198	11,7	dM 5e
EQ PegA	0,144	11,1	dM 4e
EQ PegB	0,144	13,6	dM 5,5e
Mittelwerte:		$13\overset{\mathrm{M}}{,}4$	dM 5e
(Hauptreihe:		13,0	dM 5e)

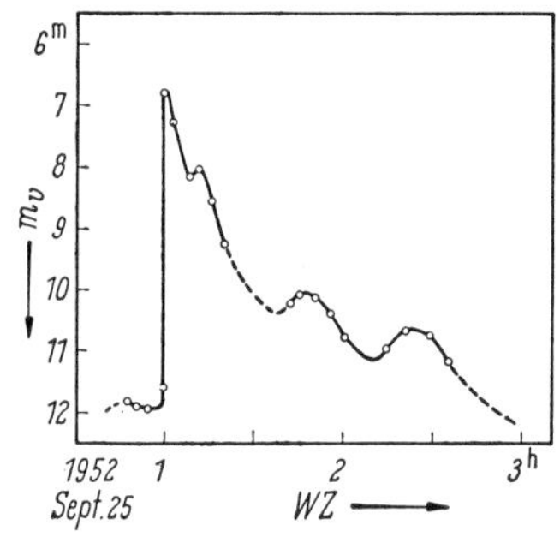

Fig. 18. *UV* Ceti: Lichtkurve im Extremfall — Light curve of *UV* Ceti for an extreme case [*105*].

Tab. 77. Flash-Sterne der *T* Tauri-Assoziationen — Flash stars of *T* Tauri associations [*105*]

in Taurus-Nord — in north Taurus			im Großen Orion-Nebel M 42 — in the Great Orion nebula M 42		
Stern	M_{pg}	Sp	Stern	M_{pg}	Sp
EY Tau	$9\overset{\mathrm{M}}{,}5$	(dM 5e)	*V* 383 Ori	$7\overset{\mathrm{M}}{,}7$	spät dK
EZ	10,4	(dM 5e)	*V* 384	7,6	dK 6e
FF	8,8	dM 0,5	*V* 385	8,4	spät dK
FG	10,3	(dM 5)	*V* 386	8,1	spät dK
FH	8,9	dM 4,5e	*V* 389	7,1	dK 6e
FI	10,5	(dM 5)	*V* 390	8,1	spät dKe
FK	10,8	(dM 6e)	*V* 391	8,2	spät dKe
			V 393	7,6	(dK 6)e
Mittelwert	9,9	dM 4,5e	Mittelwert	7,8	dK 8e
(Hauptreihe	14,0	dM 4,5e)	(Hauptreihe	9,6	dK 8e)

Die spektralen Unterschiede zwischen Orion und Taurus deuten die verschiedenen Entwicklungszustände der Assoziationen an, denen die Veränderlichen angehören.

Mit Ausnahme der bereits genannten Fälle sind über dem Absorptionsspektrum dK 6 ··· dM 6 alle Emissionslinien des Wasserstoffs und ionisierten Kalziums vorhanden. Während der Helligkeitsausbrüche wird dieses Spektrum von einem Kontinuum überlagert, das einer wesentlich heißeren Quelle entspringt. Die H-Emissionen sind um ein Vielfaches verstärkt und doppelt so breit. Daneben treten zuweilen auch die Emissionen des neutralen und ionisierten He und einfach ionisierten Fe auf. Im Ultraviolett ist das Kontinuum ganz erheblich verstärkt. Die Spektren unterscheiden sich in diesem Stadium kaum von denjenigen der *T* Tauri-Veränderlichen, mit denen offenbar eine enge Verwandtschaft besteht [*122*].

Die Helligkeitsamplitude ist infolge der spektralen Veränderungen im Blau wesentlich größer als im Gelb.

Tab. 78. Beziehung zwischen den Spektren und der mittleren Dauer der Flares — Relationship between stellar spectra and mean duration of the flares [*123*]

Sp	Dauer [min]
dK 5	110
dM 0	60
dM 5	20

6.2.3.9 *Z* Camelopardalis-Sterne — *Z* Camelopardalis type stars — Z

Definition:

Der Lichtwechsel unterscheidet sich von demjenigen der *U* Geminorum-Veränderlichen im wesentlichen durch gelegentlich auftretende Unterbrechungen, in denen die Helligkeit über mehrere Zyklen hinweg nahezu konstant in halber Höhe zwischen den Maxima und Minima verharrt. Im übrigen sind sehr lebhafte, *U* Geminorum-ähnliche Helligkeitsänderungen mit Zyklen zwischen 11^d und 40^d vorhanden, deren Amplituden 2^m ··· 5^m betragen.

Nach GKVS [*a*] waren 1958 die folgenden 11 Sterne (Tab. 79) als echte Vertreter dieser Klasse bekannt:

Tab. 79. *Z* Camelopardalis-Sterne — *Z* Camelopardalis type stars [*127*]

Stern	*m*	Zyklus	Sp	Stern	*m*	Zyklus	Sp
RX And	$10^m_,3$ ··· $13^m_,6$ vis	$14^d_,1$	A ep	*CN* Ori	$11^m_,8$ ··· $14^m_,7$ vis	$19^d_,2$	A ?
Z Cam	10,2 ··· 13,4 vis	23	dG 5ep	*TZ* Per	12,3 ··· 15,2 vis	17	A 5 ?
SY Cnc	10,9 ··· 13,8 pg	17,3	G p	*FO* Per	13,8 ··· 16,2 pg	11,3	—
BS Cep	14,0 ··· 16,0 pg	40 ±	—	*BX* Pup	13,8 ··· 15,8 pg	18 ±	—
AB Dra	12,0 ··· 15,8 pg	12 ±	—	*V*735 Sgr	13,5 ··· 16,5 pg	25 ±	—
AH Her	10,9 ··· 14,7 pg	19,6	G ep				

6.2.4 Literatur zu 6.2 — References for 6.2

Sammelbände:

a KUKARKIN, B. W., P. P. PARENAGO, Y. EFREMOV, and P. N. KHOLOPOV: General Catalogue of Variable Stars, Moskau, 2. Ausgabe (1958) = GKVS.

b Trans. IAU **10** (1960) 398.

c Geschichte und Literatur der veränderlichen Sterne: 1. Ausgabe, MÜLLER, G., und E. HARTWIG (3 Bände, Leipzig 1918···22); 2. Ausgabe, PRAGER, R. (1. und 2. Band, Univ. Sternw. Berlin-Babelsberg 1934 und 1936); Ergänzungsband, PRAGER, R. (Ann. Harvard **111** (1941)); 3. und 4. Band, SCHNELLER, H. (Astrophys. Obs. Potsdam 1954 und 1957) sowie 5. Band, Heft 1 ··· 3, SCHNELLER, H. (Astrophys. Obs. Potsdam 1960, 1961, 1962).

d KUKARKIN, B. W.: Erforschung der Struktur und Entwicklung der Sternsysteme auf der Grundlage des Studiums veränderlicher Sterne. Akademie-Verlag Berlin (1954).

e PAYNE-GAPOSCHKIN, C.: Variable Stars and Galactic Structure. University of London, The Athlone Press, London (1954).

f Hdb. Physik **51** (1958): Variable stars p. 353; Novae p. 752; Supernovae p. 766.

g PAYNE-GAPOSCHKIN, C.: The Galactic Novae. North-Holland Publ. Co., Amsterdam (1957).

h Astron. Jahresber., Jahrgänge 1899 ··· 1962.

i Mitteilungen über Veränderliche Sterne; herausgegeben von der Sternwarte Sonneberg; erscheinen fortlaufend seit 1942.

Beyer

Einzelarbeiten:

1 Petit, M.: Ann. Astrophys. **23** (1960) 681 und 710.
2 Hertzsprung, E.: BAN **3** (1926) 115.
3 Joy, A. H.: ApJ **86** (1937) 363.
4 Joy, A. H.: ApJ **110** (1949) 105.
5 Struve, O.: Observatory **65** (1944) 257.
6 Stibbs, D.: MN **115** (1955) 363.
7 Zinner, E.: AN **242** (1931) 121.
8 Sticker, B.: ZfA **2** (1931) 389.
9 Oke, J. B.: AJ **63** (1960) 46.
10 Eggen, O. J., S. C. B. Gascoigne, and E. J. Burr: MN **117** (1957) 406.
11 Walraven, T., A. B. Muller, and P. T. Oosterhoff: BAN **14** (1958) 81.
12 Payne-Gaposchkin, C.: Ann. Harvard **113**/3 (1954).
13 Sanford, R. F.: ApJ **123** (1956) 201.
14 Vandekerkhove, E.: Commun. Obs. Roy. Belg. Nr. 76 (1954).
15 Shapley, H.: Harvard Reprints Nr. 207 (1940).
16 Becker, W., und W. Strohmeier: ZfA **19** (1940) 249.
17 Reddish, V. C.: MN **115** (1955) 480.
18 Nassau, J. J., and V. M. Blaauw: AJ **120** (1954) 468.
19 Pettit, E., and S. B. Nicholson: ApJ **78** (1933) 320.
20 Jacchia, L.: Pubbl. Bologna **2** (1933) 229.
21 Beyer, M.: Astron. Abhandl. Ergänz. AN **12** (1950) 2.
22 Joy, A. H.: ApJ **96** (1942) 344.
23 Wilson, R. E.: ApJ **96** (1942) 371.
24 Campbell, L.: Ann. Harvard **57** (1907).
25 Gaposchkin, C., and S.: Harvard Monogr. **5** (1938) 103.
26 Ludendorff, H.: Hdb. Astrophys. **IV**/**2** (1928) 99; **VII** (1934) 627.
27 Ludendorff, H.: Sitzber. Preuß. Akad. Wiss. (1932) 291.
28 Müller, R.: AN **231** (1928) 425.
29 Merrill, P. W.: ApJ **131** (1960) 385.
30 Campbell, L., and A. Cannon: Harvard Bull. Nr. 862 (1928).
31 Müller, R.: Publ. Potsdam **29**/2 (1938).
32 Joy, A. H.: ApJ **63** (1926) 281.
33 Merrill, P. W.: ApJ **93** (1941) 380.
34 Merrill, P. W.: ApJ **95** (1942) 248.
35 Merrill, P. W.: Astrophys. Monogr. (1940).
36 Scott, R. M.: ApJ **95** (1942) 58.
37 Pease, F. G.: PASP **37** (1925) 89; Ergeb. Exakt. Naturw. **10** (1931) 91.
38 Fernie, J. D., and A. H. Brooker: ApJ **133** (1961) 1088.
39 Baade, W.: ApJ **100** (1944) 137.
40 Beyer, M.: Astron. Abhandl. Ergänz. AN **11** (1948) Nr. 4.
41 Bailey, S. I.: Ann. Harvard **38** (1902).
42 van den Bergh, S.: AJ **62** (1957) 334.
43 Arp, H. C.: AJ **60** (1955) 317.
44 Balázs-Detre, J., und L. Detre: Kl. Veröffentl. Bamberg Nr. 34 (1962).
45 Woltjer, L.: BAN **13** (1956) 18.
46 Kinman, T. D.: MN **119** (1959) 559.
47 Parenago, P. P.: Veränd. St. Astron. Geodät. Ges. Gorkij **6** (1948) 79.
48 Preston, G. W.: ApJ **130** (1959) 507.
49 Balázs-Detre, J.: Kl. Veröffentl. Bamberg Nr. 27 (1959).
50 Kung, S. M.: Mitt. Budapest-Svábhegy Nr. 47 (1960).
51 Reddish, V. C.: Observatory **75** (1955) 124.
52 Oke, J. B., and S. J. Bonsack: ApJ **132** (1961) 417.
53 Babcock, H. W.: PASP **68** (1956) 70.
54 Iwanowska, W.: Trans. IAU **8** (1952) 814.
55 Spite, F.: Compt. Rend. **251** (1960) 204.
56 Jemeljanenko, M. T., und I. W. Matwejew: Veränd. St. Bull. Moskau **8** (1951) 16; **9** (1952) 1; **9** (1953) 266.
57 Struve, O.: PASP **59** (1947) 192.
58 Jacobsen, T. S.: J. Roy. Astron. Soc. Can. **43** (1949) 142.
59 Payne-Gaposchkin, C.: Ann. Harvard **113**/1 (1943).
60 Payne-Gaposchkin, C.: Ann. Harvard **113**/3 (1954).
61 Abt, H. A.: ApJ **122** (1955) 72.
62 Joy, A. H.: ApJ **115** (1952) 25.
63 Struve, O.: PASP **67** (1955) 135, 173.
64 van Hoof, A., and O. Struve: PASP **65** (1953) 158.
65 van Hoof, A.: PASP **69** (1957) 308.
66 McNamara, D. H., and A. D. Williams: PASP **67** (1955) 21.
67 Petrie, R. M.: J. Roy. Astron. Soc. Can. **48** (1954) 185.

68 Fitch, W. S.: ApJ **130** (1959) 1022.
69 Smith, H. J.: AJ **60** (1955) 179.
70 Struve, O.: PASP **65** (1953) 352.
71 Schmidt-Kaler, Th.: ZfA **41** (1957) 182.
72 Babcock, H. W.: ApJ Suppl. **3** (1958) 141.
73 Jarzebowski, T.: PASP **72** (1960) 123.
74 McLaughlin, D. B.: Popular Astron. **47** (1939) 410.
75 McLaughlin, D. B.: AJ **52** (1946) 46.
76 McLaughlin, D. B.: ApJ **91** (1940) 369.
77 Iwanowska, W., und A. Burnicki: Bull. Toruń Nr. 32 (1962).
78 Arp, H. C.: AJ **61** (1956) 15.
79 Kopylov, I. M.: Mitt. Krim **10** (1953) 200.
80 Unsöld, A.: ZfA **1** (1930) 147.
81 Humason, M. L.: ApJ **88** (1938) 228.
82 Schatzman, E.: Ann. Astrophys. **17** (1954) 152; **21** (1958) 1; **22** (1959) 436.
83 Pottasch, S.: Ann. Astrophys. **22** (1959) 297.
84 Tcheng, M. L., et M. Bloch: Ann. Astrophys. **17** (1954) 6.
85 Aller, L. H.: Publ. Victoria **9** (1954) 321.
86 Burbidge, G. R. and E. M.: ApJ **120** (1954) 76.
87 Swings, P., and O. Struve: ApJ **91** (1940) 546.
88 Hsi, T.-T.: Acta Astron. Sinica **3** (1958) 183; auch in Smithsonian Contrib. Astrophys. **2** (1958) Nr. 6.
89 Shklovskij, I. S.: Astron. Circ. USSR Nr. 143 (1958).
90 Baldwin, J. E., and D. O. Edge: Observatory **77** (1957) 139.
91 Zwicky, F.: ApJ **96** (1942) 28.
92 van den Bergh, S.: ZfA **49** (1960) 201.
93 Baade, W., and F. Zwicky: ApJ **88** (1938) 411.
94 Minkowski, R.: ApJ **89** (1939) 156; **97** (1943) 128; PASP **53** (1941) 224.
95 Humason, M. L.: PASP **57** (1945) 174; **62** (1950) 117.
96 McLaughlin, D. B.: AJ **65** (1960) 350.
97 Baade, W.: ApJ **102** (1945) 309.
98 Harris, D. E.: ApJ **135** (1962) 661.
99 Gordon, I. M.: Astron. Zh. **37** (1960) 246.
100 Shklovskij, I. S.: Astron. Zh. **37** (1960) 369.
101 Hoyle, F., and W.A. Fowler: ApJ **132** (1960) 565.
102 Herbig, G. H.: ApJ **110** (1949) 143; **127** (1958) 312.
103 Berman, L.: ApJ **81** (1935) 369.
104 Struve, O.: Sky Telescope **12** (1953) 261.
105 Wenzel, W.: Veröffentl. Sonneberg **5**/1 (1961).
106 Henyey, L. G., R. Le Levier, and R. D. Levee: PASP **67** (1955) 154.
107 Joy, A. H.: ApJ **102** (1945) 168.
108 Böhm, K. H.: ZfA **43** (1957) 245.
109 Joy, A. H.: PASP **66** (1954) 6.
110 Badaljan, G. S.: Mitt. Bjurakan Nr. 25 (1958).
111 Petit, M.: J. Observateurs **43** (1960) 17.
112 Brun, A., and M. Petit: Veränd. St. Bull. Moskau **12** (1954) 18.
113 Parenago, P. P., and B. W. Kukarkin: Veränd. St. Astron. Geodät. Ges. Gorkij **4** (1934) 252.
114 Wellmann, P.: ZfA **31** (1952) 123.
115 Kraft, R. P.: ApJ **135** (1962) 408.
116 Hinderer, F.: AN **277** (1949) 193.
117 Brun, A., et M. Petit: Bull. Assoc. Franç., Lyon **12** (1953).
118 Wachmann, A. A.: ZfA **31** (1952) 123.
119 Johnson, H. M.: PASP **71** (1959) 226.
120 Roques, P. E.: ApJ **133** (1961) 914; PASP **65** (1953) 19.
121 Abell, G. O.: PASP **71** (1959) 517.
122 Joy, A. H.: PASP **66** (1954) 8.
123 Haro, G., and E. Chavira: Bol. Tonantzintla Tacubaya Nr. 12 (1955).
124 Haro, G.: Bol. Tonantzintla Tacubaya Nr. 11 (1954).
125 Zwicky, F.: PASP **70** (1958) 506.
126 Burbidge, G. R. and E. M.: Observatory **75** (1955) 212.
127 Elvey, C. T., and H. W. Babcock: ApJ **97** (1943) 412.
128 Merrill, P. W.: ApJ **130** (1959) 123.
129 Kukarkin, B. W.: Astron Zh. **31** (1954) 489.
130 Payne-Gaposchkin, C.: Ann. Harvard **113**/4 (1954).
131 Deutsch, A. J.: PASP **68** (1956) 92.
132 Hoffmeister, C.: AN **278** (1949) 24.
133 Woltjer, L.: BAN **14** (1958) 39.
134 Kraft, R. P.: ApJ **134** (1961) 616.
135 Sandage, A. R.: Problems of Extra-Galactic Research (ed. G. C. McVittie), New York (1962) 359.
136 Tifft, W. G.: MN **125** (1963) 199.
137 Woolley, R. v. d. R.: J. Brit. Astron. Assoc. **73** (1963) 131.
138 Sawyer, H. B.: J. Roy. Astron. Soc. Can. **38** (1944) 295.

Beyer

6.3 Stars with strong magnetic fields — Sterne mit starken Magnetfeldern

The existence of strong magnetic fields in certain stars has been placed beyond dispute since 1946 [*1*], by the observation of the longitudinal Zeeman-effect in the spectra of such stars. The magnetic field strength often shows considerable fluctuations of an irregular type, and often also a reversal of polarity. The spectra of these magnetic stars usually display other spectral anomalies besides the typical Zeeman-effect. See Variable Stars of the α^2CVn type (6.2.2.8).

Das Vorkommen von starken magnetischen Feldern auf gewissen Fixsternen ist seit 1946 [*1*] durch die Beobachtung von longitudinalen Zeeman-Effekten in den Spektren solcher Sterne sichergestellt. Die Stärke aller bisher gemessenen stellaren Magnetfelder ist oftmals beträchtlichen, meist unregelmäßigen Schwankungen und oft auch einer Umkehrung der Polarität unterworfen. Die Spektren der magnetischen Sterne zeigen gewöhnlich außer den charakteristischen Zeeman-Effekten noch andere spektrale Anomalien. Siehe veränderliche Sterne vom α^2CVn-Typ (6.2.2.8).

Relatively sharp spectral lines and a large dispersion (2···10 A/mm) must be used for the observations. Moreover, the effect will only be visible if large coherent magnetic fields of like polarity exist on the star. Mainly stars of spectral type A with sharp spectral lines were selected for the first approach; for these it seems most likely on spectroscopic grounds that the pole of rotation points towards the earth (sharp absorption lines despite the fast rotation expected statistically). But it now seems that many more stars, perhaps most, possess strong magnetic fields.

Among the attempted explanations, the most promising seem to be: a) the magnetic oscillator model [*3*] (this may perhaps be related to the sunspot phenomena); b) an oblique rotator, with the axis of the magnetic field inclined to the rotational axis of the star [*4*]. A complete description of this domain of investigation will be found in [*2*].

Tab. 1 gives the magnetic stars known at present, from [*5*], [*6*] and [*7*]; but because of the selection mentioned above the list cannot be regarded as statistically unbiassed. Colorimetric data and measurements of the photometric variability of the stars in Tab. 1 are given in [*8*]. A list of references for each star can be found in [*5*]. Stars for which the evidence of a magnetic field is uncertain or lacking are listed in [*5*], [*6*] and [*9*].

Tab. 1. Stars with strong magnetic fields $\mathfrak{H}$ — Sterne mit starken Magnetfeldern $\mathfrak{H}$ nach [*5, 6, 7*]

No. [*6*]	star 1)	α 1950	δ 1950	m_{pg} 2)	Sp 3)	$\mathfrak{H}$ [gauss] 4) min.	max.	P 5) [d]
1	2453	$0^h 25^m 50^s$	+32° 09'	$6^m_,7$	A 2p	− 710	− 425	—
2	4174	0 41 53	+40 24	7,5	M 2e	−1200	+1100	Irreg.
3	8441	1 21 23	+42 53	6,6	A 2p	− 750	+ 400	Irreg.
4	9996	1 35 30	+45 09	6,3	A 0	− 990	+ 135	—
5	43 Cas	1 38 36	+67 47	5,5	A 0p	−1200	+	—
6	10 783	1 43 04	+ 8 18	6,6	A 2p	−1200	+2200	Irreg.
7	11 187	1 48 10	+54 40	7,1	A 0p	− 70	+1250	—
8	HR 710	2 23 37	−15 34	5,8	A 4p	−1080	− 320	Irreg.
9	21 Per	2 54 15	+31 44	5,2	A 0p	−1270	+1350	Irreg.
10	19 445	3 05 28	+26 09	8,0	F 6	—	+ 415	—
11	20 210	3 12 53	+34 30	6,4	A 7	− 260	+	—
12	9 Tau	3 34 01	+23 03	6,7	A 2p	—	+ 140	—
13	HR 1105	3 37 48	+63 03	5,3	S	(0)	+ 450	—
14	25 354	3 59 52	+37 55	7,9	A 0p	− 380	(0)	—
15	41 Tau	4 03 32	+27 28	5,3	A 0p	− 530	+ 700	—
16	68 Tau	4 22 36	+17 49	4,2	A 2V	− 400	—	—
17	30 466	4 46 06	+29 29	7,2	A 0p	− ?	+2320	—
18	32 633	5 02 51	+33 51	6,9	B 9p	−5870	+2220	Irreg.
19	16 Ori	5 06 34	+ 9 46	5,4	F 2	− 420	+ 375	—
20	μ Lep	5 10 41	−16 16	3,3	B 9p	− 170	+ 325	—
21	*WY* Gem	6 08 54	+23 14	7,4	M 3p	—	+ 540	—
22	42 616	6 10 10	+41 43	6,9	A 2p	− 840	(0)	—
23	45 677	6 25 59	−13 01	7,5	B 2e	−1600	—	—
24	49 976	6 48 18	− 7 59	6,2	A 0p	− 810	+	—
25	50 169	6 49 25	− 1 35	8,9	A 4p	+ 670	+2120	—
26	*R* Gem	7 04 21	+22 47	6 *)	Se	+ 370	+ 400	—
27	56 495	7 14 33	− 7 26	7,5	A 3p	− ?	+ 570	—
28	53 Cam	7 57 27	+60 28	6,0	A 2p	−5390	+3750	8,0
29	15 Cnc	8 10 03	+29 48	5,6	A 0p	(0)	+strong	—
30	71 866	8 27 52	+40 24	6,7	A 0p	−1700	+2000	6,80

▶ 1) ··· 5) next page.

*) Long-period variable.

Continued next page

Tab. 1. (continued)

No. [6]	star[1])	α 1950	δ 1950	m_{pg}[2])	Sp[3])	$\mathfrak{H}$ [gauss][4]) min.	max.	P[5]) [d]
31	3 Hya	8h33m02s	− 7° 48'	5m6	A 2p	− 480	+ 740	Irreg.
32	49 Cnc	8 42 02	+10 16	5,6	A 0p	− 200	+1450	—
33	ν Cnc	8 59 49	+24 39	5,4	B 9p	+ 105	+ 470	—
34	ϰ Cnc	9 05 02	+10 52	5,1	B 8p	− 640	+ 460	—
35	30 UMa	10 20 33	+65 49	4,9	A 0p	− 290	+ 340	—
36	45 Leo	10 25 01	+10 01	5,9	A 2p	—	+ 400	—
37	98 088	11 14 26	− 6 52	6,0	gFp	−1000	+ 800	5,905
38	17 Com A	12 26 25	+26 11	5,4	A 0p	−1150	+ 360	—
39	17 Com B	12 26 25	+26 11	6,7	A 3	—	+moderate	—
40	110 066	12 36 51	+36 14	6,3	A 4p	− 55	+ 300	—
41	1 Cen	12 37 10	−39 43	4,8	B 8p	—	+ 580	—
42	γ Vir	12 39 07	− 1 10	2,9	F 0V	− 390	—	—
43	111 133	12 44 30	+ 6 13	6,4	A 4p	− 990	—	—
44	α² CVn	12 53 42	+38 35	2,9	A 0p	−1400	+1600	5,469
45	115 708	13 16 11	+26 38	8,3	A 2p	—	+ 740	—
46	78 Vir	13 31 35	+ 3 55	4,9	A 2p	−1680	− 140	Irreg.
47	BD46°1913	13 53 50	+45 59	9,7	Ap	—	+ 500	—
48	125 248	14 15 52	−18 29	5,7	A 0p	−1900	+2100	9,29
49	126 515	14 23 23	+ 1 13	7,0	A 2p	—	+1310	—
50	π Boo A	14 38 22	+16 37	4,9	B 8p	− 75	+ 190	—
51	μ Lib A	14 46 34	−13 56	5,4	A 0p	−1300	− 200	—
52	133 029	14 58 56	+47 28	6,2	A 0p	+1150	+3270	Irreg.
53	134 793	15 09 06	+ 8 43	8,2	A 3p	− 530	+ 450	—
54	135 297	15 11 48	+ 0 33	8,0	A 0p	−1110	+	—
55	β Cr B	15 25 46	+29 17	3,7	F 0p	− 960	+1020	Irreg.
56	33 Lib	15 26 45	−17 16	7,2	F 0p	—	+1120	—
57	ι CrB	15 59 26	+29 59	4,9	A 0p	− 340	+ 75	—
58	ω Oph	16 29 10	−21 21	4,6	A 7p	—	+	—
59	45 Her	16 45 19	+ 5 20	5,3	A 0p	—	—	—
60	52 Her	16 47 46	+46 04	4,9	A 4p	+ 840	+1430	—
61	153 286	16 54 41	+47 26	6,9	F	− 500	—	—
62	153 882	16 59 16	+15 01	6,2	A 4p	−1200	+1440	6,01
63	165 474	18 03 25	+12 00	7,4	A 7p	—	+ 900	—
64	171 586	18 33 08	+ 4 54	6,7	A 2p	− 740	—	—
65	173 650	18 43 28	+21 55	6,4	A 0p	− 540	+ 700	Irreg.
66	10 Aql	18 56 29	+13 50	5,9	A 4p	− 315	+ 440	—
67	21 Aql	19 11 11	+ 2 12	5,2	B 8	− 590	+ 170	—
68	*RR* Lyr	19 23 52	+42 41	7···8	F	−1580	+1170	?
69	51 Sgr	19 33 00	−24 50	5,7	F	− 230	—	—
70	184 905	19 33 09	+43 50	6,6	A 0p	—	—	—
71	187 474	19 48 27	−40 01	5,4	A 0p	−1870	− 200	?
72	188 041	19 50 42	− 3 15	5,6	A 5p	− 230	+1470	226
73	190 073	20 00 31	+ 5 36	7,9	A ep	+ 120		—
74	191 742	20 08 04	+42 24	7,8	A 7p	− 510	− 175	—
75	192 678	20 12 18	+53 30	7,1	A 4p		+(2000)	—
76	192 913	20 14 23	+27 37	6,7	A 0p	− 670	+ 380	—
77	73 Dra	20 32 11	+74 47	5,2	A 2p	− 700	+(200)	Irreg.
78	γ Equ	21 07 55	+ 9 56	4,8	A 7p	+ 180	+ 880	Irreg.
79	Θ¹ Mic	21 17 34	−41 01	4,9	A 2p	− 650		—
80	*AG* Peg	21 48 37	+12 23	7,6	B + M	−1000	+ 500	—
81	*VV* Cep	21 55 14	+63 23	5···6	M + B	− 360	+ 850	—
82	215 038	22 38 18	+75 24	8,0	A 0p	−(3000)		—
82a	215 441	22 42 5	+55 20	8,6	A 0p		+34400	Irreg.
83	216 533	22 50 36	+58 33	7,9	A 2p	− 650	0	—
84	ϰ Psc	23 24 22	+ 5 58	4,9	A 2p	—	+	—
85	β Scl	23 30 18	−38 06	4,5	B 9p		+ 600	—
86	ι Phe	23 32 23	−42 54	4,8	A 2p		+	—
87	108 Aqr	23 48 46	−19 11	5,3	A 0p	—	+	—
88	224 801	23 58 10	+44 58	6,2	A 0p	—	+2300	—
89	4778	0 47 30	+44 44	6,1	A 0p	—	+	—

[1]) Name of the star; numbers refer to the Henry Draper Catalogue (5.1.1.3).
[2]) From Henry Draper Catalogue.
[3]) Spectral type, from [6].
[4]) If +: the magnetic vector is directed to the observer.
[5]) If blank: the variation is mostly irregular.

References for 6.3 — Literatur für 6.3

1 BABCOCK, H. W.: ApJ **105** (1947) 105; Chap. 5 in Astronomical Techniques (ed. W. A. HILTNER), Chicago (1962).
2 BABCOCK, H. W.: ApJ **128** (1958) 128.
3 RICHARDSON, R. S., and M. SCHWARZSCHILD: Convegno Volta = Accademia Nazionale dei Lincei, 14 ··· 19. Sett. 1952, p. 228, Roma (1953); and BABCOCK, H. W. and H. D.: ApJ **121** (1955) 349.
4 DEUTSCH, A. J.: PASP **68** (1956) 92; and IAU Symp. No. 9 (1958) 209.
5 Complete Catalogue in BABCOCK, H. W.: ApJ Suppl. **3** (1958) 141 (Nr. 30).
6 BABCOCK, H. W.: Chap. 7 in Stellar Atmospheres (ed. J. L. GREENSTEIN), Chicago (1960).
7 BABCOCK, H. W.: ApJ **132** (1960) 521.
8 Abt, H. A., and J. C. GOLSON: ApJ **136** (1962) 35.
9 THACKERAY, A. D.: MN **107** (1947) 463; and BABCOCK, H. W.: PASP **60** (1948) 368.

6.4 Planetary nebulae — Planetarische Nebel

6.4.0 Introduction — Einleitung

The planetary nebulae — so called because they often appear as faint discs, not unlike the images of Uranus and Neptune — are gaseous nebulae of the population II and more strongly concentrated towards the galactic center. Their spatial distribution is similar to that of the *RR* Lyrae stars (see 6.2.2.2). One of the planetary nebulae lies in a globular cluster.

A typical bright planetary nebula has a radius from 10 to 20 a.u., and a mass less than one fifth of that of the sun. The densities of typical planetary nebulae probably lie between those of diffuse galactic nebulae and those of the expanding shells of the novae in the "early nebular stage".

Die Planetarischen Nebel — so genannt, da sie oft als schwache Scheibchen erscheinen, nicht unähnlich dem Erscheinungsbild von Uranus oder Neptun — sind Gasnebel der Population II und stark konzentriert zum galaktischen Zentrum hin. Ihre räumliche Verteilung ist ähnlich der der *RR* Lyrae-Sterne (siehe 6.2.2.2). Einer der Planetarischen Nebel liegt in einem Kugelhaufen.

Ein typischer Planetarischer Nebel hat einen Radius von 10 bis 20 AE und eine Masse von weniger als ein Fünftel der Sonnenmasse. Die Dichten typischer Planetarischer Nebel liegen wahrscheinlich zwischen den Dichten der diffusen galaktischen Nebel und denen der Nova-Hüllen im „frühen Nebel-Stadium".

6.4.1 Data for representative planetary nebulae — Daten für repräsentative Planetarische Nebel

Tab. 1. Data for 77 representative planetary nebulae

$k = \log \frac{F(H\beta)}{F_0(H\beta)}$ absorption parameter

$F(H\beta)$ flux in $H\beta$ [erg cm^{-2} sec^{-1}] corrected for space absorption

$F_0(H\beta)$ observed $H\beta$ flux

N_i number of hydrogen ions [cm^{-3}]

Exc. "excitation class" of the gaseous nebula

Nebula[1])	α (1900)	δ (1900)	d [2])	k	log F(Hβ) [3])	r [4]) [pc]	log N_i [5])	T [6]) [10³ °K]	M_{pg} [7])	M_{bol} [8])	Exc.[9])	Ref.[10])
NGC 40	0h 7,m6	+71°58'	36"	0,79	−1,74	850	3,12	40	−1,M3	−2,M1	2	*1, 2, 5, 10*
	0 22,8	+55 21	5	0,90	−0,73	3 800	3,85				6	*3, 5*
NGC 650-1	1 36,0	+51 04	64	0,42	−2,78	660	2,62	153	+5,6	−2,1	—	*2, 4, 10, 13*
II 1747	1 50,3	+62 49	13	1,70	(−0,64)	1 500	3,30	40	−1,2	−2,2		*3, 10*
IC 351	3 41,1	+34 45	7	0,87	+0,06	2 560	4,26	46	−0,2	−1,7	8	*2, 3, 5, 6, 10*
II 2003	3 50,0	−33 35	5	—	−1,30	6 000	3,36				8	*3, 5*
NGC 1501	3 58,4	+69 30	56	1,28	−1,06	1 060	3,40	37	+1,0	−0,9		*2, 3, 4, 10*
NGC 1535	4 9,6	−13 0	18	0,23	−1,39	1 260	3,55	35	−0,3	−1,8	7	*1, 2, 5, 6, 9, 12*
J 320	5 0,0	+10 35	6,4	0,50	−1,25	3 850	3,54	31	−1,6	−1,4	5	*2, 5, 9, 12*
II 418	5 22,9	−12 46	12,4	0,30	−0,15	1 760	4,27	33	−1,5	−1,1	3	*1, 2, 5, 6, 7, 11, 12*
NGC 2022	5 36,6	+ 9 02	20	0,32	−1,25	2 820	3,37	43	+0,3	−2,9	10	*3, 5, 6, 10*
II 2149	5 48,9	+46 06	12	0	−1,42	1 300	3,52	33	0,0	−1,0	4	*2, 3, 5, 6, 11, 12*
II 2165	6 17,1	−12 56	8	0,58	−0,98	4 000	3,52				9	*2, 5, 6, 12*
J 900	6 20,1	+17 51	11	—	−2,00	2 180	3,10				7	*2, 5, 6, 12*
NGC 2392	7 23,3	+21 07	46	0,24	−2,23	760	3,15	34	−1,0	−2,7	8p	*1, 2, 5, 6, 11, 12*

▶ 1)···10) see next page continued next page

Tab. 1. (continued)

Nebula[1])	α (1900)	δ (1900)	d [2])	k	log F(Hβ) [3])	r [4]) [pc]	log N_i [5])	T [6]) [10^3 °K]	M_{pg} [7])	M_{bol} [8])	Exc.[9])	Ref.[10])
IC 2448	$9^h\ 6^m{,}1$	−69°32'	8"	0,62	−0,78	1 940	3,82				7	*8*
NGC 2792	9 8,7	−42 01	13	0,82	−1,58	3 000	3,19				9	*8*
NGC 2867	9 18,6	−57 53	12	0,64	−0,88	1 330	3,73				7	*8*
NGC 3132	10 2,8	−39 57	69	0,29	−2,02	700	3,38	48	$-0^{M}{,}9$	$-3^{M}{,}4$	6p	*8, 10*
NGC 3211	10 14,6	−62 09	14	0,61	−1,40	1 530	3,44				9	*8*
NGC 3242	10 19,9	−18 08	20	0,30	−0,89	1 000	3,87	46	+0,6	−2,3		*2, 3, 5, 12*
NGC 4361	12 19,3	−18 13	42	0,23	−2,19	910	2,87	47	+2,8	−0,6	10+	*3, 8, 10*
II 3568	12 30,4	+83 07	18	0,31	−1,79	2 540	3,02	30	−0,7	−3,0	5	*2, 3, 5, 11*
II 4406	14 16,1	−43 41	20	0,41	−1,70	1 920	3,18				5	*8*
NGC 6058	16 1,0	+40 57	25	0,19	−3,12	3 200	2,30	29	+0,5	−2,5		*3, 4, 10*
II 4593	16 7,0	+12 20	10	0,21	−1,09	1 430	3,56	33	−2,6	−3,5	4	*2, 3, 5, 11, 12*
NGC 6153	16 24,7	−40 02	24,6	0,62	−1,79	470	3,40				6	*8*
NGC 6210	16 40,3	+23 59	8	0,26	−0,37	1 520	4,04	32	+0,4	−1,5	5	*2, 3, 5, 6, 11, 12, 13*
II 4634	16 55,6	−21 40	10	0,34	−1,24	3 350	3,40				5	*2, 3, 5, 12*
II 4642	17 3,5	−55 16	16,4	0	−2,56	4 900	3,68				10+	*8*
NGC 6309	17 8,4	−12 48	15	0,45	−2,00	2 820	3,00	41	−0,1	−2,6	8	*2, 3, 5, 10*
NGC 6326	17 12,8	−51 38	13,6	0	−2,14	2 230	3,00				7	*8*
NGC 6369	17 23,2	−23 41	28	2,75	−1,23	620	3,58	79	+3,1	+1,2		*3, 4, 10*
NGC 6445	17 43,3	−19 59	34	1,49	−1,23	1 220	3,90	262	+5,8	−2,5	8	*3, 5, 10*
NGC 6543	17 58,6	+66 38	20	0,32	−0,63	890	3,94	40	+0,3	−2,1	5	*2, 3, 5, 6, 7, 9*
NGC 6537	17 59,3	−19 51	5	2,00	+0,05	1 200	4,45					*2, 3, 4*
NGC 6565	18 5,6	−28 12	10	1,11	(−0,8)	3 300	3,66					*3*
NGC 6572	18 7,2	+ 6 50	14,4	0,63	−0,20	910	4,14	52	−0,2	−3,3	5	*1, 2, 5, 6, 7, 9, 12*
NGC 6567	18 7,8	−19 06	8,8	0,50	−1,09	1 270	3,69	64	−0,4	−2,3	5	*2, 3, 5, 10, 12*
NGC 6578	18 8,9	−20 19	8,5	1,77	−0,62	2 080	3,88	39	−2,4	−3,3		*3, 5, 6*
NGC 6620	18 15,6	−26 53	5	0,90	(−1,9)	6 550	(3,5)	36	−3,2	−5,2		*3, 10*
NGC 6629	18 19,6	−23 15	15	0,99	−1,29	2 240	3,42	44	−0,3	−3,3		*3, 4, 10*
NGC 6644	18 26,4	−25 12	2,5	0,75	(−1,8)	3 710	(3,2)					*3*
II 4732	18 27,9	−22 43	1 ?	0,85	+0,55	5 500	(4,87)				5	*3, 5, 6*
II 4776	18 39,3	−33 27	8	0,91	−0,34	2 720	(4,0)					*3*
CD−32° 14673	18 48,7	−32 23	4	0,83	−0,79	2 350	3,97				5	*3, 6*

continued next page

[1]) Designation of the nebula:
NGC: number in the New General Catalogue
IC: number in the Index Catalogue I
II: number in the Index Catalogue II
(see 7.1.2).

[2]) The diameters are naturally poorly defined for many nebulae which have irregular shapes.

[3]) Derived from photometric measurements by Liller [*1*], by Collins, Daub, and O'Dell [*2*] and by Liller and Aller [*3*]. The latter measurements give F (N_1) the flux in the λ 5007 nebular line, which has to be corrected for the I (N_1)/I (Hβ) ratio.

[4]) Distance of the nebula according to Minkowski (unpublished).

[5]) Derived from surface brightness in Hβ, electron temperature, parallax and angular diameter.

[6]) Estimated by O'Dell [*10*], by Zanstra [*9*], or from the spectral class of the central star.

[7]) These photographic magnitudes are those of O'Dell [*10*] modified for Minkowski's unpublished distance scale.

[8]) The corresponding absolute bolometric magnitude. It is difficult to estimate the bolometric corrections. For $T > 70\,000$ °K, those tabulated by O'Dell [*10*] are employed. For $T < 70\,000$ °K, bolometric corrections are used which are generally smaller than those suggested by O'Dell. It is important to realize that uncertainties in the bolometric correction represent some of the greatest inaccuracies in estimates of the intrinsic luminosities of the hotter stars.

[9]) The number expresses the level of excitation of the spectrum (see Aller [*11*] p. 65).

[10]) We give the sources from which most of the data in preceding columns have been derived, plus references to spectra and internal motions.
[*1, 2, 3*]: Photometry.
[*4*]; [*5*] p. 170, 265, 289, 311, 321; [*6, 7, 8*]: Spectroscopy.
[*9*], [*10*]; [*11*] p. 222: Temperatures of central stars.
[*12*]: Internal motions.
[*13*]: Internal motions and photometry.

Tab. 1 (continued)

Nebula[1])	α (1900)	δ (1900)	d [2])	k	log $F(H\beta)$[3])	r [4]) [pc]	log N_i [5])	T[6]) [10³ °K]	M_{pg}[7])	M_{bol}[8])	Exc.[9])	Ref.[10])
NGC 6720	18h 49,m9	+32° 54'	70"	0,50	−2,00	730	3,00	132	+3,M7	−3,M1	6p	*2, 3, 5, 6, 7, 8, 10, 12*
NGC 6741	18 57,5	− 0 35	8	1,46	−0,40	1 270	4,10				8	*2, 3, 5, 6, 12*
NGC 6751	19 0,5	− 6 08	21	0	−2,66	2 050	3,50	36	−1,1	−3,2	7p	*2,3,4,5,10*
NGC 6772	19 9,4	− 2 53	6,3	1,02	−2,92	1 240	2,42	103	+5,8	+0,6		*3, 5*
NGC 6778	19 13,1	− 1 48	16	0,41	−2,02	2 220	3,05	50	−0,9	−3,1	6	*2, 3, 5, 10*
NGC 6781	19 13,6	+ 6 21	106	0,53	−3,46	940	2,09	59	+4,3	+0,9		*2, 3, 4, 10*
NGC 6790	19 17,9	+ 1 19	2	1,21	+0,87	1 880	4,45				6	*3, 5*
II 4846	19 11,0	− 9 14	2?	0,32	−2,26	3 200	3,30				5	*3, 5, 10*
NGC 6803	19 26,6	+ 9 52	5,2	0,92	−0,46	3 600	3,89	44	−1,5	−4,7	6	*2, 3, 5, 6, 10, 12*
NGC 6807	19 26,9	+ 5 29	1	0,60	+0,39	9 540	4,51				5	*3, 5*
BD + 30° 3639	19 30,8	+30 18	5	0,60	−1,07	760	4,00	23	−7,3	−6,0	1	*2, 5, 7, 9, 12*
NGC 6818	19 38,3	−14 24	18	0	−1,41	1 370	3,75	137	+2,7	−3,4	9	*2, 3, 5, 6, 10, 12*
NGC 6826	19 42,1	+50 17	26	0,28	−1,23	890	3,46	32	−1,4	−3,3	5	*1, 3, 5, 6, 7, 11*
NGC 6833	19 46,9	+48 42	1	1,0	+1,40	1 320	(4,94)				4	*3, 5*
NGC 6884	20 7,2	+46 10	7,6	2,50	+0,85	4 300	4,44				6	*2, 3, 5, 12*
NGC 6886	20 8,3	+19 41	7,4	0,79	−1,21	3 200	3,50				8	*2, 3, 5, 12*
II 4997	20 15,6	+16 25	1,5	0,73	+1,13	1 820	5,17				5	*2, 5, 7, 12*
NGC 6891	20 10,4	+12 26	10	0,66	−0,74	1 520	3,86	32	−1,0	−3,4	5	*2, 3, 5, 11, 13*
NGC 6894	20 12,4	+30 16	44	1,10	−2,45	1 380	2,70	82	+4,1	−0,5		*2, 3, 4, 10*
NGC 6905	20 17,9	+19 47	40	1,50	−1,30	1 420	3,25	50	+1,4	−1,7	7	*2, 3, 5, 10*
NGC 7008	20 57,6	+54 10	79	0,66	−2,74	920	2,52	40	+2,0	−0,8		*2, 3, 4, 10, 13*
NGC 7009	20 58,7	−11 46	18	0,28	−0,78	870	3,88	50	+1,3	−1,8	6	*1, 2, 5, 6, 11, 12*
NGC 7026	21 2,9	+47 27	11,2	0,72	−0,44	1 410	3,93	63	+1,3	−2,4	6	*2, 3, 5, 10, 12*
NGC 7027	21 3,3	+41 50	14	1,03	−0,05	1 420	3,92				10p	*1, 2, 5, 6, 7, 13*
NGC 7048	21 10,7	+45 52	60	1,18	(−2,5)	1 300	(2,6)	144	+6,1	−0,9		*3, 10*
II 5117	21 28,7	+44 10	1?	1,17	−1,18	3 700	3,94				6	*3, 5*
	21 29,1	+39 11	5	0,70	−1,91	3 660	3,22				10	*3, 5*
II 5217	22 19,9	+50 28	3,4	0	−1,61	4 370	3,26	38	−1,8	−5,4	6	*2,3,5,6,11*
NGC 7354	22 36,6	+60 46	20	0,80	−2,00	1 190	3,22	68	+3,8	−0,1	8	*2, 4, 5, 10, 12*
NGC 7662	23 21,1	+41 59	15,2	0,37	−0,80	1 030	3,98	62	+1,2	−2,5	8	*1, 2, 5, 6, 7, 10, 13*
	23 21,9	+51 38	2	1,08	0,76	3 620	(4,9)				4	*2, 5*

6.4.2 Emission line spectrum — Emissions-Linienspektrum

Planetary nebulae are characterised by emission lines, the strongest of which are usually the forbidden transitions (ion in [ ]) of singly and doubly ionized oxygen, [O II] and [O III]. Also prominent are forbidden transitions of [Ne III], [Ne V], [S II], [S III], [N II], [A IV], and [A V]. The strongest permitted transitions are recombination lines of H I, He I, and He II, although recombination lines of C II, N II, O II, Ne II and fluorescent lines of O III and N III (Bowen [*14*]) are also observed in some nebulae.

The small, bright nebula NGC 7027 shows the richest spectrum of any planetary. Tab. 2 gives the wavelengths, identifications, and intensities of all lines observed in the spectrum of this object*).

*) For λ 3047 ··· λ 4740, the data are taken from Bowen, Aller and Wilson 1963 [*16*] who used both photographic and photoelectric photometry. From λ 4740 to λ 9069 the table from Aller, Bowen and Minkowski [*15*] is reproduced, except that in the region λ 6300 ··· λ 9069, the intensities are revised on the basis of comparison with C. R. O'Dell's recent photoelectric spectrophotometry. Intensities for λ 5007, 4959, 9069, 9532 are from Liller and Aller, 1963 [*6*].
The intensities for λ 5411, 5754, and 5876 are from O'Dell [*7*] who also gives more complete data for the infrared. See also Osterbrock, Capriotti, and Bautz: ApJ **138** (1963) 62, and Y. and H. Andrillat [*17*].

▶ [1])···[10]) see the preceding page.

Tab. 2. Spectrum of NGC 7027 [*16, 15, 6*]
Int.: relative intensity (Hβ ≙ 100)

λ [A]	Ion	Int.	λ [A]	Ion	Int.	λ [A]	Ion	Int.
3047,13	O III	2,4	3686,81	H I (H19)	1,5	3895,48	[Fe V]	0,35
3121,67	O III	1,8	3689,48		0,25	3911,86	[Fe V]	0,07
3132,86	O III	21,3	3690,07	He II	0,25	3919,21	C II	0,07
3187,81	He I	1,7	3691,56	H I (H18)	1,6	3920,66	C II	0,16
3203,15	He II	8,2	3692,74	He II	0,15	3923,47	He II	0,7
3241,67	[Na IV]	1,0	3694,38	Ne II	0,24	3926,55	He I	0,3
3260,96	O III	0,28	3695,55	He II	0,30	3954,50	O II	0,07
3265,43	O III	0,5	3697,17	H I (H17)	1,7	3956,86		0,22
3299,33	O III	2,5	3698,72	He II	0,3	3961,64	O III	0,20
3312,33	O III	2,7	3702,40	He II	0,3	3964,82	He I	1,1
3334,84	Ne II	0,26	3703,83	H I (H16)	1,8	3967,47	[Ne III] }	25
3340,81	O III	3,3	3705,05	He I	1,0	3970,00	H I (Hε) }	
3342,55	[Ne III],	1,0	3706,22	He II	0,23	3997,36	[F IV]	0,16
	[CI III]		3707,34	O III	0,34	4007,91	[Fe III]	0,13
3345,86	[Ne V]	12,4	3709,59	Ne II	0,20	4009,26	[He I]	0,40
3349,12	O IV	0,15	3710,41	He II	0,27	4011,60	[Ne III]	0,06
3350,82	O III	0,19	3711,98	H I (H15)	2,2	4026,02	He I, He II	2,3
3353,33	[CI III]	0,26	3715,18	He II, O III	0,7	4060,23	[F IV]	0,30
3355,05	Ne II	0,15	3720,26	He II	0,36	4068,57	[S II]	4,5
3357,62		0,4	3721,88	H I (H14),	3,7	4070,12	C III	0,5
3362,20	[Na IV]	0,5		[S III]		4071,29	[Fe V]	0,22
3381,24	O IV	1,0	3726,00	[O II]	10,8	4072,13	O II	0,3
3385,50	O IV	0,8	3728,74	[O II]	5,6	4073,93		0,20
3396,67	O IV	0,3	3731,09		0,21	4076,20	[S II]	2,3
3403,54	O IV	0,82	3732,81	He II	0,6	4078,69	O II	0,09
3405,71	O III	0,6	3734,33	H I (H13)	2,6	4080,86		0,08
3407,96	O III	0,24	3736,77	O IV	0,9	4084,01		0,11
3409,60	O IV	0,45	3740,30	He II	0,5	4087,15	O II	0,03
3411,74	O IV	1,3	3744,77		0,3	4089,18	O II	0,15
3413,66	O IV	0,22	3745,91	N III	0,2	4097,33	N III	2,0
3415,18	O III	0,76	3748,47	He II	0,4	4100,07	He II	1,4
3425,97	[Ne V]	46	3750,08	H I (H12)	2,8	4101,72	H I (Hδ)	14,0
3428,56	O III	3,4	3754,62	O III	1,4	4103,31	N III	1,9
3430,43	O III	0,8	3757,26	O III	0,8	4119,21	O II	0,20
3444,00	O III	8,0	3459,76	O III	3,7	4120,73	He I	0,50
3447,54	He I	0,35	3768,93	He II	0,6	4122,46	[K V]	0,35
3466,38	[N I]	0,47	3770,59	H I (H11)	3,2	4128,75		0,3
3478,78	N IV	0,27	3773,98	O III	0,7	4143,63	He I	0,60
3498,61	He I	0,22	3777,07	Ne II	0,09	4152,55	C III	0,07
3512,58	He I	0,25	3781,62	He II	0,6	4156,28	C III	0,3
3530,58	He I	0,27	3783,47	[Fe V]	0,2	4163,25	[K V]	0,5
3554,34	He I	0,40	3791,27	O III	0,65	4168,92	He I	0,11
3568,53	Ne II	0,21	3795,23	[Fe V]	0,17	4180,86	[Fe V]	0,15
3587,08	He I	0,5	3796,30	He II	0,47	4185,46	O II	0,11
3613,59	He I	0,32	3797,81	H I (H10)	4,5	4186,82	C III	0,5
3634,29	He I	0,7	3805,11		0,15	4189,75	O II	0,15
3657,68	H I	0,08	3805,85	He I	0,15	4195,60	N III	0,12
3658,56	H I (H34)	0,10	3806,58		0,15	4199,81	He II	1,5
3659,46	H I (H33)	0,10	3813,50	He II	0,7	4227,35	[Fe V]	0,45
3660,34	H I (H32)	0,14	3819,58	He I	1,2	4229,21		0,11
3661,28	H I (H31)	0,20	3829,93	Ne II	0,06	4253,79	O II	0,08
3662,25	H I (H30)	0,82	3833,78	He II	0,6	4267,06	C II	1,0
3663,35	H I (H29)	0,67	3835,35	H I (H9)	5,2	4275,48		0,09
3664,67	H I (H28)	0,77	3839,50	[Fe V]	0,31	4276,55		0,10
3666,15	H I (H27)	0,92	3851,20	[Fe V]	0,09	4325,90	C III	0,12
3667,66	H I (H26)	1,02	3853,42	Si II	0,06	4338,89	He II }	33
3669,42	H I (H25)	1,13	3856,03	Si II	0,3	4340,56	H I (Hγ) }	
3671,50	H I (H24)	0,98	3858,09	He II	0,8	4343,94		0,20
3673,73	H I (H23)	0,93	3862,54	Si II	0,35	4349,48	O II	0,12
3676,40	H I (H22)	0,98	3864,59			4363,21	[O III]	18
3677,82	He II	0,07	3868,75	[Ne III]	51	4368,48	O I	0,17
3679,37	H I (H21)	1,02	3871,59	He I	0,40	4379,17	N III	0,3
3681,37	He II	0,12	3887,53	He II		4387,84	He I	1,2
3682,82	H I (H20)	1,1	3888,89	H I (H8)	8,0	4391,95		0,12
3685,24	He II	0,13	3891,33	[Fe V]	0,5	4414,81	O II	0,14

continued next page

Tab. 2 (continued)

λ [A]	Ion	Int.	λ [A]	Ion	Int.	λ [A]	Ion	Int.
4417,06	O II	0,08	5006,88	[O III]	1590	5913,52	He II	
4434,38		0,11	5015,55	He I		5932,22	He II	0,8
4437,61	He I	0,17	5041,31	Si II	1,6	5953,00	He II	0,9
4452,84		0,14	5047,92	He I	1,4	5977,05	He II	0,7
4458,71		0,12	5056,45	Si II	1,5	6004,81	He II	1,2
4471,39	He I	5,0	5090		0,5	6037,16	He II	1,1
4481,29	Mg II	0,10	5112	O V	0,5	6074,30	He II	1,1
4491,16		0,09	5131,18		0,6	6086,88	[Ca V]	(2,5)
4510,94	[K IV]	0,5	5145,78	[Fe VI]	0,9	6101,76	[K IV]	(2,5)
4514,58	N III	0,11	5158,94	[Fe VII] }	0,6	6118,31	He II	1,1
4516,77	C III	0,09	5161,67			6151,43		
4518,02	N III	0,09	5176,42	[Fe VI]	0,9	6166,22	[Mn V]	0,3
4523,57	N III	0,07	5191,81	[A III]	(0,9)	6170,73	He II	1,1
4534,53	N III	0,07	5197,95	[N I]	(1,2) *)	6218,64	[Mn V]	
4541,43	He II	2,5	5200,41	[N I]	(0,3) *)	6221,04		
4546,59	N III	0,03	5216		0,5	6228,41	[K VI]	
4562,48	[Mg I]	0,07	5232		0,4	6233,80	He II	0,9
4570,92	Mg I	1,9	5262,00			6300,31	[O I]	28
4590,80	O II	0,09	5270,28	[Fe III]	(0,3)	6312,10	[S III]	23
4596,08	O II	0,06	5277,76	[Fe VII]	(0,3)	6347,54	Si II	
4603,80	N V	0,05	5309,17	[Ca V]	1,7	6363,82	[O I]	15
4606,55	[Fe III]	0,35	5323,26	[Cl IV]	1,0	6371,34	Si II	0,4
4619,87	N V	0,12	5335,22	[Fe VI]	1,2	6393,62	[Mn V]	
4625,43	[A V]	0,4	5345,98		1,2	6406,53	He II	0,9
4632,12		0,43	5411,54	He II	6	6435,11	[A V]	6,1
4634,11	N III	2,5	5423,87	[Fe VI]	(0,4)	6462,14		
4640,69	N III	3,6	5426,57	[Fe VI]	(0,2)	6518,34	[Mn VI]	
4642,01	N III	0,6	5470,93		(0,4)	6527,31	He II	0,9
4647,34	C III	1,2	5484,79	[Fe VI]	(0,5)	6548,09	[N II]	88
4649,11	O II	0,41	5517,72	[Cl III]	1,0	6560,24	He II	
4650,35	C III	0,5	5537,80	[Cl III]	2,7	6562,90	H I (Hα)	710
4651,54	C III	0,2	5577,36	[O I]	1,5	6583,36	[N II]	260
4657,69	[Fe III] }	1,6	5592,17	O III	1,1	6598,76	[Fe VII]	
4658,38	C IV		5604	[K VI]	0,6	6678,16	He I	11
4661,58	O II	0,13	5614,65	[Ca VII]		6716,52	[S II]	6,1
4663,56	C III	0,06	5630,88	[Fe VI]	0,7	6730,74	[S II]	8,5
4665,61	C III	0,13	5677,01	[Fe VI]	1,1	6890,80	He II	2,5
4669,20		0,22	5696,06	C III		7005,67	[A V]	14
4673,46	O II	0,09	5721,13	[Fe VII]	1,2	7065,31	He I	24
4676,06	O II	0,18	5726,12			7135,78	[A III]	73
4678,17		0,09	5754,59	[N II]	14	7170,62	[A IV]	(4)
4680,13		0,18	5776,37	[Mn VI]		7177,77	He II	(2,5)
4685,75	He II	42	5786,59	He II		7237,26	[A IV]	3,5
4688,29		0,22	5790,85	He II		7262,77	[A IV]	4,1
4701,26	[Fe III]	0,09	5794,64	He II		7281,32	He I	3,8
4711,42	[A IV]	2,8	5801,38	C IV	2,2	7319,92	[O II]	104
4713,20	He I	0,7	5806,29	He II		7330,19	[O II]	
4714,27	[Ne IV]	0,8	5812,12	C IV	1,1	7530,54	[Cl IV]	2,0
4715,74	[Ne IV]	0,5	5820,14	He II		7592,79	He II	1,7
4724,26	[Ne IV]	1,3	5828,64	He II		7726,51	[S I]	
4725,67	[Ne IV]	1,3	5836,50	He II	(0,3)	7751,04	[A III]	29
4740,03	[A IV]	11	5847,14	He II		8045,58	[Cl IV]	8,6
4754,9	[Fe III]	0,4	5858,33	He II		8196,61		3,6
4859,32	He II }	**100**	5862,34 }	[Mn V]		8236,64	He II	9,5
4861,30	H I (Hβ)		5864,81			8502,5	H I (P 16)	1,2
4893,42	Fe VII	0,6	5867,82	He II		8545,53	H I (P 15)	2,0
4921,96	He I	3,1	5875,63	He I	21,4	8598,35	H I (P 14)	5,6
4930,97	[O III]	<0,5	5882,35	He II		8665,0	H I (P 13)	5,9
4944,01	[Fe VII]		5885,90			8750,5	H I (P 12)	6,9
4950,48			5890,98	[Mn V]		8862,8	H I (P 11)	8,2
4958,95	[O III]	506	5894,01	[Mn VI]		9014,9	H I (P 10)	13,5
4972,12	[Fe VI]		5896,87	He II		9069,0	[S III]	187
						9531,8	[S III]	550

*) These lines correspond to the 3726/2729 pair of [O II]. Their intensity ratio, which does not agree with the theoretical predictions of Ufford and Gilmour (ApJ **111** (1950) 580) and of Garstang (ApJ **115** (1952) 506), is probably affected by collisional effects, as is the 3727 pair of [O II].

Tab. 3. Emission lines in 3 typical planetary nebulae, representing 3 levels of excitation [*5, 6, 7, 18*]

λ [A]	Ion	relative intensity NGC 40	NGC 6572	NGC 7662
3132,4	O III	—	—	78
3187,8	He I	present	present	2
3203,2	He II	—	—	24
3299,3	O III	—	—	5
3312,3	O III	—	—	10
3340,8	O III	—	—	12
3345,9	[Ne V]	—	—	5
3426,0	[Ne V]	—	—	12
3428,6	O III	—	—	7
3444,0	O III	—	—	18
3726,0	[O II]	115	29	7
3728,8	[O II]	90	13	4
3750,2	H 12	5	3	3
3757 ··· 60	O III		(2)	(4)
3770,7	H 11	6	3,9	5
3797,9	H 10	8	5	6
3835,4	H 9	11	8	7,5
3868,7	[Ne III]		77	76
3888,9	H 8 + He	14,8	14,3	15
3967 + 3970	[Ne III] + Hε	15	40	35
4026,1	He I		2,8	2,5
4068,6 + 4076,3	[S II]		3,0	1,8
4101,7	Hδ	24	26	23
4340,4	Hγ	43	51	43
4363,2	[O III]		10	17
4471,5	He I		7	4
4541,6	He II		—	2
4634 + 4640	N III		2	6
4685,7	He II		<1	56
4711,3	[A IV]		1,6	8,8
4740,2	[A IV]		2,5	7,6
4861,3	Hβ	**100**	**100**	**100**
4959,0	[O III]	7,6	340	430
5006,9	[O III]	19	1020	1250
5876	He I	12,6	20	12
6300	[O I]	11	17	3
6548	[N II]	120	32	4
6563	Hα	450	370	330
6584	[N II]	340	92	8
6678	He I	—	20	6
6716 + 6730	[S II]	58	5	2

6.4.3 Abundance of elements — Häufigkeit der Elemente

Real abundance fluctuations exist from one nebula to another (Tab. 5), but exact estimates are difficult to give.

Tab. 4. Mean composition of planetary nebulae normalized to $\log N_{oxygen} = 4,0$

PASP (1964) in press

Element	log *N*	Element	log *N*
Hydrogen	7,00	Fluorine	(0,8)
Helium	6,25	Neon	(3,6)
Carbon	3,7	Sulphur	(3,0)
Nitrogen	3,5	Chlorine	(1,5)
Oxygen	**4,0**	Argon	(1,9)

Tab. 5. Relative ionic concentrations and estimated atomic abundances in planetary nebulae

Object	log N_{ion}/N_{H} [1]						T_e [2] [10^{4} °K]	log $N_{element}/N_{\mathrm{H}}$ [3]				
	O III	O II	Ne III	Ne V	S II	A IV		He	O	Ne	S	A
NGC 40	−4,98	−3,09	—	—	—	—	10	—	—	—	—	—
$0^{h}22{,}^{m}8$	−4,15	−4,38	−4,37	—	−5,71	—	18	(−1,4)	−3,85	−4,07	−4,91	—
I C351	−4,06	−5,67	−4,61	—	−6,55	−6,08	14	−0,47	−4,00	−4,37	−4,2	−5,88
NGC 2003	−3,41	−4,94	−4,04	−4,71	−5,56	−5,76	11,5	−1,03	−2,69	−3,66	−3,0	−5,15
II 2149	−4,20	−4,85	−4,85	—	—	—	14,0	−0,82	−4,07	−4,63	—	—
NGC 1535	−3,90	−5,98	−4,47	< −5,2	−6,2	−6,27	15,5	—	—	—	—	—
τ 320	−4,22	−5,24	−4,62	—	—	—	18,8	−0,77	−4,16	−4,36	—	—
NGC 2022	−4,43	−6,09	−5,12	−4,87	−6,45	−6,05	17,5	—	−3,06	—	—	—
δ 900	−3,48	−5,19	−4,37	< −4,56	−5,53	−6,35	12,7	−0,62	−4,05	−4,90	−4,33	−5,75
IC 2448	−3,74	−5,53	−4,14	—		−6,22	14,5	−0,87	−3,63	−4,06	—	−5,98
NGC 2792	−3,90	−5,56	−4,50	—	—	−4,99	15	(−0,5)	−3,16	−4,43	—	−4,77
NGC 2867	−3,51	−4,49	−4,04	—	−5,57	−6,26	11,6	−0,87	−3,40	−3,92	−4,61	−5,95
NGC 3132	−3,47	−3,74	−3,63	—	−4,98	—	10	−1,36	−3,12	−3,30	−4,04	—
NGC 3195	−3,96	−4,39	−4,33	—	—	—	11,9	−1,55	−3,74	−4,12	—	—
NGC 3211	−3,61	−5,16	−4,22	< −4,07		−5,85	13,1	−0,96	−3,16	−3,76	—	−5,26
$11^{h}27^{m}$	−3,82	−5,30	−4,30	—	—	—	(12)	—	−3,60	−4,23	—	—
NGC 3918	−3,59	−4,90	−4,19	< −4,27	−5,69	−5,66	13,2	−0,78	−3,42	−4,07	—	—
NGC 4361	−4,63	—	−5,25	−4,10	−5,73	−6,03	20	—	—	—	—	—
IC 3568	−3,39	−4,54	−4,06	—	−5,13	—	10,6	−0,82	−3,31	−3,94	—	—
IC 4406	−3,97	−4,47	−4,35	—	—	—	(15)	−0,91	−3,83	−4,14	—	—
NGC 5307	−3,74	−5,57	−4,41	—	—	—	(15)	−0,87	−3,69	−4,20	—	—
IC 4593	−3,44	−4,18	−3,94	—	—	—	7,8	−0,92	−3,33	−3,69	—	—
NGC 6153	−4,02	−5,76	−4,61	—	—	—	(15)	−0,92	−3,94	−4,27	—	—
$15^{h}30^{m}$	−3,99	−4,58	−4,35	—	—	—	(15)	−1,42	−3,75	−4,16	—	—
NGC 6210	−3,69	−4,74	−4,10	—	−6,02	—	11,7	−0,92	−3,65	−3,93	—	—
IC 4634	−3,42	−4,37	−3,62	—	—	—	12,4	−0,98	−3,26	−3,50	—	—
IC 4642	−4,49	−5,92	−5,07	−4,63	—	—	20	—	—	—	—	—
NGC 6326	−3,89	−5,21	−4,57	—	—	—	15	−1,33	−3,68	−4,59	—	—
NGC 6445	−4,08	−5,18	−5,18	—	—	—	15	−1,06	−3,88	−5,08	—	—
NGC 6543	−3,66	−4,63	−4,12	—	−5,72	−6,20	10	−0,88	−3,61	−3,95	−5,27	−5,84
NGC 6567	−3,73	−5,29	−4,33	—	−5,39	—	11,5	−0,98	−3,47	−4,09	−4,65	—
IC 4732	−4,21	−5,49	−4,77	—	—	—	19	—	—	—	—	—
CD −32° 14673	−4,06	—	−5,05	—	—	—	17,6	—	(−4,0)	(−4,8)	—	—
NGC 6720	−4,15	−4,64	−4,57	—	—	—	13	—	−3,0	—	—	—
NGC 6751	−4,09	−4,58	−4,51	—	—	—	15	−1,36	−3,83	−4,32	—	—
IC 4846	−3,82	−5,24	−4,30	—	—	—	14	−0,73	−3,69	−4,05	−4,76	—
NGC 6778	−3,19	−4,35	−3,91	—	—	—	16	−1,36	−3,13	−3,82	—	—
NGC 6790	−3,70	−4,96	−4,11	—	−6,58	−6,30	13,5	−0,92	−3,66	−3,99	−5,02	−5,95
NGC 6803	−3,59	−4,86	−3,97	—	−5,34	−5,65	11,0	−0,70	−3,54	−3,79	−3,90	−5,28
NGC 6807	−3,61	−4,85	−4,31	—	−6,25	—	14,1	−0,78	−3,58	−4,17	−4,75	—
BD +30° 3639	−6,19	−4,81	—	—	−5,33	—	15	−1,12	−4,43	—	−4,93	—
NGC 6818	−3,88	−5,40	−4,65	−4,59	—	−6,16	17	−0,96	−2,87	−3,82	—	−5,44
NGC 6826	−3,80	−5,16	−4,37	—	—	—	11,6	−0,95	−3,63	−4,25	—	—
NGC 6833	−4,33	−5,70	−4,58	—	−6,31	—	16,7	−1,00	−4,29	−4,66	−4,44	—
NGC 6884	−3,45	−4,36	−3,64	—	−6,45	−5,73	11	−0,89	−3,53	−3,39	−5,13	−5,36
NGC 6886	−3,58	−4,63	−4,09	−4,25	−5,50	−6,04	12,9	−0,92	−3,12	−3,64	−3,73	−5,52
NGC 6891	−4,13	−5,47	−4,55	—	—	—	15	−0,59	−4,09	−4,43	—	—
NGC 6905	−4,20	−5,76	−4,38	—	—	—	15	−1,24	−4,07	−4,26	—	—
NGC 7026	−3,50	−4,44	−3,86	—	−5,33	−5,78	10,3	−0,85	−3,37	−3,65	−3,98	−5,42
NGC 7354	−4,01	—	−4,62	—	—	—	15	−0,96	(−4,0)	(−4,6)	—	—
IC 5117	−3,77	−5,35	−4,29	—	−5,65	−6,04	15	−0,73	−3,71	−4,12	−4,68	−5,62
IC 5217	−3,55	−5,44	−4,21	—	−5,95	−5,78	11,7	—	—	—	—	—

[1]) Derived from the intensities of the forbidden lines of the ions interpreted with the aid of nebular theory (see ALLER [11], MENZEL [5]).

[2]) Electron temperatures T_e are derived from electron densities N_e and the ratio of the intensity of λ 4363 to that of the green nebular lines; N_e is derived fom the surface brightness.

[3]) These estimates require consideration of the distribution of atoms among various states of ionization (see e. g. MENZEL [5] p. 227, 349).

6.4.4 References for 6.4.1 to 6.4.3 — Literatur zu 6.4.1 bis 6.4.3

1 LILLER, W.: ApJ **122** (1955) 240.
LILLER, W., and L. H. ALLER: ApJ **120** (1954) 48.
2 COLLINS, G. W., C. T. DAUB, and C. R. O'DELL: ApJ **133** (1961) 471.
3 LILLER, W., and L. H. ALLER: "Interstellar Matter and Gaseous Nebulae" (ed D. M. MCLAUGHLIN and L. H. ALLER), Stars and Stellar Systems VII, Chicago, in preparation.
4 MINKOWSKI, R.: ApJ **95** (1942) 243.
5 MENZEL, D. H. (Editor): Physical Processes in Ionized Plasmas, Dover, New York (1962).
6 LILLER, W., and L. H. ALLER: Proc. Natl. Acad. Sci. USA **49** (1963) 675.
7 O'DELL, C. R.: ApJ **138** (1963) 1018.
8 ALLER, L. H., and D. J. FAULKNER: IAU-URSI Symposium on "The Galaxy and the Magellanic Clouds" (ed. F. J. KERR and A. W. RODGERS), Canberra (1964) 45 = IAU Symp. No. 20.
9 ZANSTRA, H.: BAN **15** (1960) 237.
10 O'DELL, C. R.: ApJ **138** (1963) 67.
11 ALLER, L. H.: Gaseous Nebulae, Chapman and Hall, London (1956).
12 WILSON, O. C.: ApJ **111** (1950) 279; Rev. Mod. Phys. **30** (1958).
13 CHOPINET, M.: J. Observateurs **46** (1963) 27.
14 BOWEN, I. S.: ApJ **81** (1935) 1.
15 ALLER, L. H., I. S. BOWEN, and R. MINKOWSKI: ApJ **122** (1955) 62.
16 BOWEN, I. S., L. H. ALLER, and O. C. WILSON: ApJ **138** (1963) 1013.
17 ANDRILLAT, Y., and H. ANDRILLAT: Ann. Astrophys. **24** (1961) 139.
18 MINKOWSKI, R., and L. H. ALLER: ApJ **124** (1956) 93.

6.4.5 Further references — Weitere Literatur

Bibliographies of earlier papers on planetary nebulae are given in:

WURM, K.: „Die Planetarischen Nebel", Akademischer Verlag, Berlin (1951).
WORONZOW-WELJAMINOW, B.A.: „Gasnebel und Neue Sterne", Berlin (1953).
ALLER, L. H.:" Gaseous Nebulae", Chapman Hall, London, (1956).
MENZEL, D. H. (Editor): "Physical Processes in Ionized Plasmas", Dover, New York (1962).

We list here only references to work done since 1955.

6.4.5.1 General references – Allgemeine Literatur

General descriptions, structures, and internal motions in planetary nebulae

RASMADSE, N. A.: "Photometry and Structure of Bright Planetary and Diffuse Gaseous Nebulae", Bull. Abastumani **23** (1958) 91.
KHROMOV, G. S.: "Masses and Forms of Nebulae", Soviet Astron.-AJ **6** (1963) 1962.
GURSADJAN, G. A.: "Structure of Planetary Nebulae", Astron. Zh. **34** (1957) 820.
Ber. Akad. Wiss. USSR **113** (1957) 1013, 1231.

6.4.5.2 References for individual objects – Literatur zu einzelnen Objekten

IC 4997

LILLER, W., and L. H. ALLER: Sky Telescope **16** (1957) 222; "The variability of the spectrum".
GURSADJAN, G. A.: Astron. Zh. **35** (1958) 520.
WORONZOW-WELJAMINOW, B. A.: Astron. Zh. **37** (1960) 994.
ANDRILLAT, Y. and H.: J. Observateurs **43** (1960) 57.
KHROMOV, G. S.: Soviet Astron.-AJ **5** (1962) 186.
O'DELL, C. R., and O. C. WILSON: PASP **74** (1962) 511.

NGC 2818

JOHNSON, H. M.: PASP **72** (1960) 418.

NGC 3587, the "owl" nebula

BAJCÁROVÁ, I., and M. ANTAL: Contrib. Skalnaté Pleso **2** (1957) 72.

NGC 6720, ring nebula

LATYPOV, A. A.: Publ. Taschkent (2) **5** (1957) 5,31; Proper motions, expansion and parallax.

NGC 6720, 7009, 7662

GULAK, J. K.: Astron. Circ. USSR Nr. 169 (1956); Astron. Zh. **34** (1957) 516, 827; Photometry and structure.

NGC 6853, the Dumbell nebula

RASMADSE, N. A.: Astron. Zh. **33** (1956) 698.
RASMADSE, N. A., R. S. IROCHNIKOV, and E. W. KOTOK: Bull. Abastumani **24** (1959) 31.

NGC 7008 and $22^h 17^m$, two-shelled planetary nebulae

GURSADJAN, G. A.: Ber. Akad. Wiss. USSR **133** (1960) 1053.

NGC 7293

JEFFIMOV, J. S.: Astron. Zh. **36** (1959) 457; Photometry.

A superdense planetary nebula

RASMADSE, N. A.: Astron. Zh. **37** (1960) 342.

6.4.5.3 Catalogues – Kataloge

Among the older catalogues of planetary nebulae, we mention especially that of B. A. WORONZOW-WELYAMINOW: „Gas-Nebel und Neue Sterne", Verlag Kultur und Fortschritt, Berlin (1953) 688 ··· 701.

See also
B. A. Worontsow-Welyaminow: Soviet Astron.-AJ **5** (1961) 53, 278.
A more recent catalogue prepared by G. Haro and L. Perek lists positions of all objects known up to 1960. It is being revised by L. Perek and L. Kohoutek to contain more complete information for other objects.
See also
Henize, K. G.: PASP **73** (1961) 159.
Abell, G.: PASP **67** (1955) 258.
Perek, L.: Bull. Astron. Inst. Czech. **11** (1960) 256.
Planetary nebulae in the Andromeda Spiral M 31
Swope, H. H.: AJ **68** (1963) 470.
Planetary and diffuse nebulae in the Magellanic Clouds
Henize, K. G., and B. E. Westerlund: ApJ **137** (1963) 747.
Westerlund, B. E.: IAU-URSI Symposium on "The Galaxy and the Magellanic Clouds" (ed. F. J. Kerr and A. W. Rodgers), Canberra (1964) 316 = IAU Symp. No. 20.
Distance scales
O'Dell, C. R.: ApJ **136** (1962) 374; **138** (1963) 67.
Schklowskj, I. S.: Astron. Zh. **33** (1956) 315.
Kohoutek, L.: Bull. Astron. Inst. Czech. **11** (1960) 68; **12** (1961) 213.
Pskowskij, J. P.: Astron. Zh. **36** (1959) 305.
Minkowski, R.: (in preparation).
Of these distance scales those of O'Dell and Minkowski are probably the best.
Positions of planetary nebulae
Frantsman, Yu L.: Soviet Astron.-AJ **6** (1962) 198.

6.4.5.4 References for electron densities and temperatures – Literatur über Elektronendichten und Temperaturen

Rasmadse, N. A.: "Photometry of planetary nebulae and orion", Astron. Zh. **33** (1956) 3.
Seaton, M. J., and D. E. Osterbrock: "Relative [O II] intensities in gaseous nebulae", ApJ **125** (1957) 66.
Aller, L. H.: "Densities, temperatures and compositions of planetary nebulae", ApJ **125** (1957) 84.
Minkowski, R., and D. E. Osterbrock: "Electron densities in two planetary nebulae", ApJ **131** (1960) 537.
Osterbrock, D. E.: "Electron densities in planetary nebulae", ApJ **131** (1960) 541.

6.4.5.5 References for spectroscopic studies – Literatur über spektroskopische Untersuchungen

Geake, J. E.: "Photoelectric measurements of relative line intensities in NGC 2022", Observatory **76** (1956) 189.
Minkowski, R., and L. H. Aller: "Spectrophotometry of Planetary Nebulae", ApJ **124** (1956) 93.
Swings, P., C. Fehrenbach, and L. Haser: "NGC 6543 in infra-red", Compt. Rend. **245** (1957) 10.
Swings, P., and C. Fehrenbach: "Spectrum of IC 3568", J. Observateurs **41** (1958) 161.
Rasmadse, N. A.: "Spectrophotometry of faint Planetary Nebulae", Astron. Zh. **37** (1960) 1005.
Nikitin, A. A.: "Lines of heavy elements in spectra of planetary nebulae", Astron. Zh. **36** (1959) 778.
Worontsow-Welyaminow, B. A.: "Variations in the spectrum of NGC 6905", Soviet Astron.-AJ **5** (1962) 186.
Osterbrock, D. E., E. R. Capriotti, and L. P. Bautz: "Balmer-line ratios in planetaries", Ap J **138** (1963) 62.
Radio observations from planetary nebulae
Kuzmin, A. D.: Soviet Astron.-AJ **5** (1962) 276.
Osterbrock, D. E., and R. E. Stockhausen: ApJ **133** (1961) 2.

6.4.5.6 References for theoretical studies and summaries – Literatur über theoretische Untersuchungen und Zusammenfassungen

Among more recent summaries see particulary:
Seaton, M. J.: Rept. Progr. Phys. **23** (1960) 313.
Minkowski, R., and L. H. Aller: "Interpretation of Spectrum of NGC 7027", ApJ **124** (1956) 110.
Eberlein, K.: "The He II-He III Stratification in Planetary Nebulae", ZfA **41** (1957) 271.
Naqvi, A. M., and S. P. Talwar: "Intensity Ratio of ^2D-^4S Doublets in Gaseous Nebulae", MN **117** (1957) 463.
Yada, B., and T. Osaki: "Radiation Field in a Galactic Nebula with an H I Envelope", Publ. Astron. Soc. Japan **9** (1957) 82.
Mathis, J. S.: "Statistical Equilibrium of Helium in Gaseous Nebulae," ApJ **125** (1957) 318; **126** (1957) 493.
van Pelt, A.: "Relation of Spectra of Planetary Nebulae and their Nuclei", BAN **13** (1957) 285.
Gursadjan, G. A.: "Magnetic Fields in Planetary Nebulae", Ber. Akad. Wiss. USSR **113** (1957) 1231; Mitt. Bjurakan No. 24 (1959) 33, 59; 26 (1959) 59.
Chapman, S., and L. H. Aller: "Thermal Diffusion in Gaseous Nebulae", ApJ **127** (1958) 797.
Burgess, A., and M. J. Seaton: "Abundance of Oxygen in NGC 7027", MN **121** (1960) 76

SEATON, M. J.: "H I, He I and He II Intensities in Planetary Nebulae", MN **120** (1960) 326.
SEARLE, L.: "Recombination spectrum of hydrogen" ApJ **128** (1958) 489.
More detailed calculations of hydrogen and helium recombinations have been given by
BURGESS, A. (in press.)
PENGELLI, R. M.: MN **127** (1964) 145.
PENGELLI, R. M., and M. J. SEATON: MN **127** (1964) 165.
SEATON, M. J.: MN **127** (1964) 177.
Brief review papers have been written by
OSTERBROCK, D.: in Ann. Rev. Astron. Astrophys.
ALLER, L. H.: in Festschrift für S. ROSSELAND (ed. JENSEN), Oslo.

6.5 Weiße Zwerge — White dwarfs

Die Weißen Zwerge (WZ) unterscheiden sich von den Sternen der Hauptsequenz durch geringere Absoluthelligkeiten (M_v: 10^M bis 16^M) bei vergleichbaren Oberflächentemperaturen und Massen. Sie zeichnen sich daher durch kleine Radien ($\sim 1/100\ R_\odot$) und extrem hohe Dichten aus.

Die Weißen Zwerge stellen vermutlich ein Endstadium der Sternentwicklung dar. Das Elektronengas im Innern ist entartet, die Kernprozesse haben aufgehört, und es steht nur noch thermische Energie zur Verfügung. Nach Erreichen des Zustands völliger Entartung kühlen die WZ ab.

White dwarfs (WZ) differ from stars of the main sequence by their small absolute magnitude (M_v: 10^M to 16^M). Surface temperatures and masses being about equal, they are therefore characterized by small radii ($\sim 1/100\ R_\odot$) and extremly high densities.

White dwarfs represent a final stage of stellar evolution. The electron gas in the core is completely degenerate. In the absence of nuclear reactions only thermal energy is available. After reaching the stage of complete degeneracy white dwarfs gradually cool down.

6.5.1 Allgemeines, Leuchtkraftfunktion — General, luminosity function

Infolge der Lichtschwäche erstrecken sich Beobachtungen der WZ nur auf ein Gebiet innerhalb 100 pc, wobei bevorzugt die helleren (blauen) Objekte großer *Eigenbewegung* (Tab. 1) als WZ identifiziert wurden. Infolgedessen ist über die wahre Helligkeitsverteilung, die *Leuchtkraftfunktion* der WZ, erst wenig bekannt.

Tab. 1, nach Daten GREENSTEINS [2], läßt erkennen, daß die für die Theorie der Sternentwicklung und für die Kosmologie (Massendichten) wichtige *räumliche Dichte* bzw. *Gesamtzahl* der WZ entscheidend von dem noch unbekannten Verlauf der Leuchtkraftfunktion für $M_v > 16^M$ (im Roten, $B\text{-}V > 1\overset{m}{.}0$) abhängt.

Tab. 1. Verteilung beobachteter Weißer Zwerge — Distribution of well-observed white dwarfs [2]

r (16^m)	Entfernung in pc für die Grenzgröße 16^m	distance in pc for a limiting magnitude of 16^m
V_{rel}	Relative Größe des eingenommenen Volumens	relative size of covered space volume
Z_{obs}	Zahl der beobachteten Weißen Zwerge	number of observed white dwarfs
Z_{100}	scheinbare räumliche Dichte, abgeleitet aus Z_{obs} und V_{rel} (= Zahl der Weißen Zwerge pro $(100\ \text{pc})^3$)	apparent space density as derived from Z_{obs} and V_{rel} (= number of white dwarfs per $(100\ \text{pc})^3$)
μ ["/a]	mittlere Eigenbewegung pro Jahr	average proper motion per year

M_v	$B\text{-}V$	r (16^m)	V_{rel}	Z_{obs}	Z_{100}	μ ["/a]
$10^M \cdots 11^M$	$-0\overset{m}{.}2 \cdots +0\overset{m}{.}0$	130	1 000	12	3	0,23
11 ⋯ 12	+0,0 ⋯ +0,2	80	250	26	25	0,5
12 ⋯ 13	+0,2 ⋯ +0,4	50	63	17	64	0,6
13 ⋯ 14	+0,4 ⋯ +0,6	32	16	12	180	0,9
14 ⋯ 15	+0,6 ⋯ +0,8	20	4	4	238	1,6
15 ⋯ 16	+0,8 ⋯ +1,0	13	1	3	715	2,3

Tab. 1. erfaßt 74 Sterne, die auf Grund von Parallaxen, spektroskopischer Beobachtung, *UBV*-Messungen oder Doppelsternzugehörigkeit sicher als WZ identifiziert werden konnten. Die Gesamtzahl der WZ innerhalb von 100 pc muß erheblich größer sein, da schon in nächster Sonnenumgebung ($r < 6$ pc) 7 WZ bekannt sind. Legt man diese Zahl zugrunde und nimmt nach Tab. 1 (Z_{100}) ferner an, daß für etwa 40% der WZ M_v größer als 16^M ist, so erhält man für die Gesamtzahl der WZ innerhalb 100 pc rund 50 000 Objekte, entsprechend einer räumlichen Dichte (space density) von 12 000 WZ/$(100\ \text{pc})^3$. Dies entspricht 6% der Gesamtzahl der Sterne in Sonnenumgebung.

Andere Abschätzungen über den Anteil der Weißen Zwerge — Other estimates of the relative frequency of white dwarfs

SCHATZMAN 1958 [1]	10% aller Sterne
FERRARI D'OCCHIEPPO 1954 [5]	8% aller Sterne bis 15$^{M}_{,}$5
PARENAGO 1946 [6]	150 000/(100 pc)^3
PAWLOWSKAJA 1956 [7]	1 800/(100 pc)^3
LUYTEN 1958 [8]	beobachtbar 2% der Gesamtzahl in Sonnenumgebung
SANDAGE 1957 [9]	8,3% der Sterne des Kugelhaufens M 3

Siehe ferner Betrachtungen im Zusammenhang mit der Entwicklung des Sterngehalts der Galaxis (SCHMIDT [10]).

Die Suche nach WZ und Angabe von *Positionen* erfolgte vor allem durch LUYTEN [11], HUMASON und ZWICKY [12], FEIGE [13], SAAKJAN [14], STEPHENSON [15], NASSAU und STEPHENSON [16]. Einzelankündigungen auch verstreut: vergleiche Astron. Jahresber.

Die *räumliche Verteilung* in der Sonnenumgebung ist isotrop. Aus den Eigenbewegungen ergibt sich, daß die WZ dem intermediären Subsystem angehören, jedoch sind auch in Sternhaufen der Scheibenpopulation WZ nachgewiesen worden [1] [2] [9]. Andererseits sollten, falls die WZ das Endstadium der Sternentwicklung darstellen, zahlreiche WZ der Population II angehören (Sterne mit $\mathfrak{M} > 1{,}5\,\mathfrak{M}_\odot$, die älter als $4 \cdot 10^9$ a sind) [2], z. T. aber zu lichtschwach, um noch beobachtbar zu sein (siehe Abschnitt: Alter 6.5.7).

Über 20 WZ sind als Angehörige von *Doppelsternen* bekannt (siehe 6.1.1.7 Tab. 11), mindestens ein Paar existiert, bei dem beide Komponenten Weiße Zwerge sind (LDS 275) [2] [18]. Über WZ als Komponenten der Zwerg-Novae (*U*-Geminorum bzw. *SS* Cygni-Sterne 6.2.3.7) bzw. der Novae vergleiche KRAFT [17].

6.5.2 Spektren — Spectra

Beobachtungen vor allem durch GREENSTEIN [2, 4] (mit dem 200 inch-Teleskop des Mt. Palomar Coudé, 38 (und 18) A/mm, $\lambda\lambda$ 3800 ··· 4500 A; Primfokus 180 A/mm, $\lambda\lambda$ 3400 ··· 5000 A). Ausführliche Beschreibung und theoretische Abschätzungen in [2]; Angabe vollständiger Linienprofile für Hα ··· Hζ, He I, Ca II (*H* und *K*) in [4]. Älteres Beobachtungsmaterial bei KUIPER [19], LUYTEN [37] und LYNDS [20].

Spektralklassifikation — Spectral classification [4]

Typ	Beschreibung	Description	Beispiele Examples
DC	kontinuierliche Spektren, keine Linien tiefer als 10%	continuous spectra, no lines deeper than 10%	W 1516, L 1363
DO	He II stark, He I und/oder H	He II strong, He I and/or H	HZ 21
DB	He I stark, kein H	He I strong, no H	L 1573—31
DA	H vorhanden, kein He I	H exists, no He I	40 Eri B
DA, F	H schwächer und schärfer, Ca II schwach	H fainter and sharper, Ca II faint	R 627
DF	Ca II, kein H	Ca II, no H	L 745—46 A
DG	Ca II, Fe I, kein H	Ca II, Fe I, no H	v Ma 2
λ 4135	breite „Minkowski"-Banden, nicht identifiziert	broad "Minkowski" bands, not identified	AC +70°8247
λ 4670	breite Banden bei λ = 4670, 5140 (C_2)	broad bands near λ 4670, 5140 (C_2)	L 879—14

Vergleiche Tab. 2 Spalte 8.

6.5.3 Farben — Colors

Am zuverlässigsten sind die photoelektrischen Beobachtungen im UBV-System durch HARRIS III [21], sowie unveröffentlichte Werte (siehe [2] und [4]). Photographische Farbindizes bei LUYTEN [37].

Im (*U-B*), (*B-V*)-Diagramm finden sich die WZ vorzugsweise im Bereich $-0^{m}_{,}2 < B\text{-}V < +0^{m}_{,}4$, $U\text{-}B <$ $< -0^{m}_{,}5$. Die WZ vom Spektraltyp DA bilden eine gesonderte Sequenz, die im Verlauf der Hauptsequenz ähnlich, aber im Verhältnis des kleineren Balmersprungs weniger von der Ortskurve der schwarzen Körper (ARP [22]) abweicht, während die Positionen der WZ vom Typ DO, DC, DB, λ 4135 und λ 4670 mit letzterer annähernd zusammenfallen. Vergleiche WEIDEMANN [23].

Tab. 2. gibt Daten für diejenigen WZ, die auf Grund von Spektren und Farben eindeutig als Weiße Zwerge identifiziert wurden.

Tab. 2. Daten zuverlässig beobachteter Weißer Zwerge — Data on well-observed white dwarfs

Name	Bezeichnung in den Sternlisten	abbreviations according to star lists
μ	jährliche Eigenbewegung	annual proper motion
Sp	Spektraltyp (6.5.2)	spectral type (6.5.2)
	(p = peculiar; s = sharp lines; wk = weak lines)	
( )	unsichere Daten	uncertain data

Name	1950 α	1950 δ	μ ["/a]	V	$B-V$	$U-B$	Sp	Ref.
LB 433	$0^h 17^m,4$	+13° 36'	0,037	$14^m,0$	—	—	DB	+)
vMa 2	46,5	+ 5 10	3,02	12,36	$+0^m,56$	$+0^m,04$	DG	*2*
G 1−45	1^h 01,2	+ 4 48	0,42	14,0	+0,29	−0,54	DAs	+)
W 1 516	15,4	+15 56	0,65	13,84	+0,12	−0,78	DC	*2*
L 870−2	35,4	− 5 14	0,67	12,84	+0,34	−0,50	DAs	*2*
F 24	2^h 32,5	+ 3 31	0,084	12,3	−0,25	−1,23	DAwk	+)
W 219	3^h 41,6	+18 18	1,25	15,20	+0,30	−0,52	λ 4670	*2*
LB 1240	4^h 01,5	+25 01	0,28	14,8	+0,12	−0,56	DA	+)
HZ 2	10,1	+11 45	(0,10)	13,86	−0,05	−0,88	DA	*2*
40 Eri B	13,0	− 7 44	4,08	9,50	+0,03	−0,70	DA	*2*
L 879−14	35,4	− 8 53	1,49	14,1	+0,13	−0,67	λ 4670	+)
HZ 14	38,2	+10 53	0,10	13,83	−0,15	−1,04	DA	*2*
L 244−26	6^h 12,4	+17 45	0,36	13,40	−0,15	−0,98	DA	*2*
α CMa B	43,0	−16 39	1,32	(8,5)	—	—	(DA)	*2*
He 3	44,3	+37 36	0,95	12,03	−0,06	−0,90	DA	*2*
G 87−29	7^h 06,9	+37 45	0,42	15,7	+0,30	−0,70	λ 4670	+)
L 745−46 A	38,0	−17 17	1,26	(13,04)	(+0,32)	(−0,63)	DF	*2*
L 532−81	8^h 39,7	−32 47	1,69	(11,7)	(+0,05)	—	DAs	*2*
LDS 235 B	45,3	−18 48	0,13	15,7	—	−0,65	DB	+)
SA 29−130	9^h 43,5	+44 08	0,29	13,32	+0,07	−0,54	DA	*2*
L 825−14	10^h 31,4	−11 29	0,33	(12,7)	(0,0)	—	DA	*4*
Ton. 547	46,8	+28 10	—	15,4	+0,15	−0,55	DA	+)
L 970−30	11^h 05,5	− 4 53	0,42	(12,7)	(−0,3)	—	DA	*4*
L 1403−49	07,3	+26 38	0,20	15,1	—	—	DB	+)
R 627	21,7	+21 39	1,00	14,24	+0,31	−0,52	DF	*2*
L 145−141	42,9	−64 34	2,68	11,4	+0,18	−0,64	λ 4670	+)
HZ 21	12^h 11,4	+33 12	0,11	14,2	−0,35	−1,25	DO	+)
HZ 28	30,0	+41 46	0,12	15,7	−0,04	−0,82	DA	+)
HZ 29	32,4	+37 55	0,045	14,18	−0,23	−1,01	DBp	*2*
G 61−17	44,7	+14 59	0,44	15,9	+0,22	−0,54	DA	+)
HZ 34	53,0	+37 49	0,05	15,4	−0,21	−1,25	DOp	+)
W 485	13^h 27,7	− 8 21	1,17	12,33	+0,06	−0,62	DA	*2*
W 489	34,3	+ 3 58	3,87	14,68	+0,96	+0,37	(DK)	*2*
+70° 5824	37,8	+70 33	0,40	12,79	−0,09	−0,84	DA	*2*
F 93	14^h 15,3	+13 16	—	15,1	−0,24	−1,09	DAwk	+)
Ton. 197	21,5	+31 50	—	15,3	−0,11	−1,03	DAwk	+)
Ton. 202	25,3	+26 46	—	15,7	+0,22	−0,76	(DC)	+)
R 808	15^h 59,6	+36 58	0,57	14,37	+0,20	−0,56	DA	*2*
L 770−3	16^h 15,1	−15 28	0,25	13,4	(−0,23)	(−1,06)	DA	*2*
R 640	26,8	+36 51	0,87	13,86	+0,18	−0,68	DFp	*2*
L 1491−27	37,4	+33 32	0,42	14,64	+0,22	−0,58	DA	*2*
W 672 A	17^h 16,2	+ 2 01	0,52	14,4	+0,14	−0,55	DA	+)
R 137	18^h 24,8	+ 4 02	0,31	13,96	+0,04	−0,56	DA	*2*
+70° 8247	19^h 00,6	+70 36	0,52	13,19	+0,05	−0,85	λ 4135	*2*
LDS 678 A	17,9	− 7 45	0,20	12,3	+0,02	−0,83	DAwk	+)
LDS 683 B	32,9	−13 36	0,14	15,8	+0,15	−0,67	DA	+)
L 1573−31	40,4	+37 24	0,22	14,51	−0,09	−0,97	DB	*2*
W 1346	20^h 32,3	+24 53	0,66	11,54	−0,07	−0,87	DA	*2*
L 711−10	39,7	−20 16	0,33	(11,9)	(−0,28)	—	DA	*4*
L 24−52	21^h 05,2	−82 01	—	13,5	+0,27	−0,59	DA	+)
+73° 8031	26,6	+73 25	0,32	12,88	+0,01	−0,66	DA	*2*
LDS 749 B	29,6	+ 0 00	0,48	14,68	−0,05	−0,91	DB	*2*
+82° 3818	36,7	+82 49	0,64	13,02	−0,02	−0,72	DA	*2*
L 930−80	44,9	− 7 58	0,39	14,91	−0,14	−0,99	DB	*2*
G 29−38	23^h 26,3	+ 4 58	0,56	13,0	+0,21	−0,63	DAs	+)
LDS 1512−34 B	44,4	+32 15	0,22	12,9	+0,16	−0,57	DA	+)
L 362−81	59,6	−43 25	0,90	13,0	+0,07	−0,87	DAs	+)

+) Private Mitteilungen durch J. L. Greenstein (Spektren) und O. Eggen (Farben), erscheint in ApJ — Kindly communicated by J. L. Greenstein (spectra) and O. Eggen (colors), to be published in ApJ.

Weidemann

6.5.4 Atmosphären — Atmospheres

Die außerordentliche Verbreiterung der Spektrallinien [2, 4] weist auf eine hohe Schwerebeschleunigung an der Oberfläche der WZ, die auch aus Massenbestimmungen (siehe unten) folgt. Dementsprechend sind die Atmosphären der WZ stark komprimiert: die Äquivalenthöhen betragen nur etwa 100 m.

The extraordinary broadening of spectral lines [2, 4] indicates a high surface gravity, which also follows from mass determinations (see below). Therefore the atmospheres of the WZ are very strongly compressed: the scale heights are only about 100 m.

Gasdrucke P_g liegen je nach der Opazität (d. i. vor allem des Wasserstoffgehaltes der Atmosphäre) zwischen 1 und 1 000 atm. Aus der Analyse von 22 Spektren vom Typ DA ergeben sich für wasserstoffreiche Atmosphären die mittleren Daten von Tab. 3. Einzelergebnisse in Tab. 4, dort auch Daten aus der Analyse des wasserstoffarmen WZ vMa 2, nach WEIDEMANN [23], [38].

Tab. 3. DA-Sequenz für Schwerebeschleunigung $g = 10^8$ cm/sec² — DA sequence for gravitational acceleration $g = 10^8$ cm/sec² [23]

	für H_γ:	for H_γ:
W	Äquivalentbreite	equivalent width
$w.5$	ganze Halbwertsbreite (gemessen in Bezug auf ein aufliegendes Kontinuum [4])	total width at half central intensity 0,5 R_0 (connecting the high points of the continuum [4])
R_0	Zentraltiefe	central absorption

Θ_{eff}	$B-V$	$U-B$	M_v	Hγ W_λ [A]	Hγ $w.5$ [A]	Hγ R_0	log P_e*)	log P_g*)
0,1	−0ᵐ35	−1ᵐ27	8ᴹ8	—	20	0,08	+5,6	+5,9
0,2	−0,21	−1,12	9,9	10	26	0,24	+5,0	+5,3
0,3	−0,08	−0,92	10,7	24	36	0,43	+4,8	+5,1
0,4	+0,02	−0,66	11,4	50	47	0,63	+4,7	+5,4
0,45	+0,10	−0,56	11,7	55	43	0,70	+4,6	+5,7
0,5	+0,20	−0,56	12,1	44	34	0,70	+4,5	+6,0
0,6	+0,27	−0,55	12,7	22	21	0,58	+4,0	+6,5
0,7	+0,36	−0,50	13,2	7	13	0,42	+3,3	+6,7
0,8	+0,42	−0,46	13,7	5	9	0,10	+2,8	+6,8

Die *effektive Temperatur* T_{eff} der WZ vom Typ DA und DC ist in erster Näherung identisch mit derjenigen eines schwarzen Körpers von gleichem B-V (Tab. 3). Für 32 WZ mit $0{,}1 < \Theta_{eff} < 1{,}0$ schwankt die spektroskopisch bestimmte Schwerebeschleunigung nur wenig: $7{,}5 < \log g < 8{,}5$.

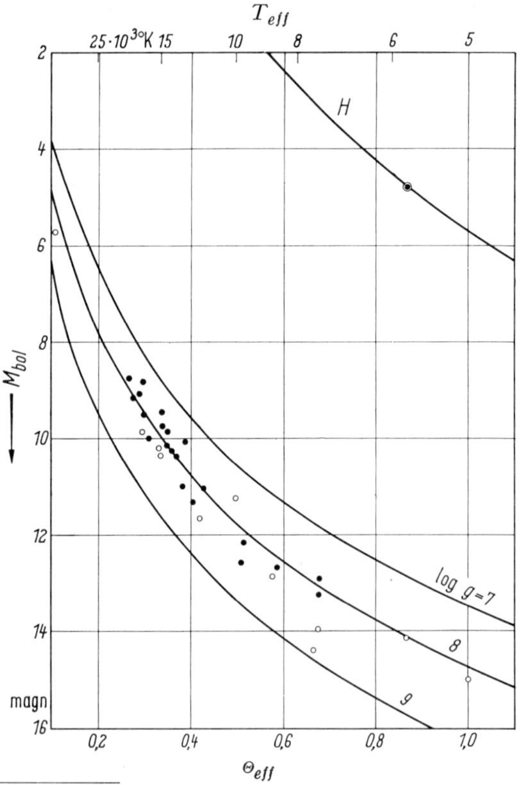

Fig. 1. M_{bol} vs. Θ_{eff}-Diagramm der Weißen Zwerge — M_{bol} vs. Θ_{eff} diagram of white dwarfs.

•	Spektraltyp DA, nach spektroskopischen Daten (Linienprofilen von Hγ, siehe Tab. 3)	spectral type DA spectroscopically determined data (line profiles of Hγ, see Tab. 3)
○	verschiedene Spektraltypen, nach UBV-Daten und aus Parallaxen bestimmten Absoluthelligkeiten [22]	various spectral types, absolute magnitudes determined from UBV data and parallaxes [22]
⊙	Sonne	sun
H	Hauptsequenz	main sequence

g in [cm/sec²]

*) P_e und P_g für mittlere Tiefe $\tau_{4250} = 2/3$ — P_e and P_g at a mean depth of the atmosphere $\tau_{4250} = 2/3$. P_e, P_g in [dyn/cm²]

Tab. 4. Spektroskopisch bestimmte Daten für Weiße Zwerge — Spectroscopically determined data on white dwarfs [*23*]
g in [cm/sec²]

Name*)	Θ_{eff}	$\log g$	$-\log \frac{R}{R_\odot}$	$\frac{\mathfrak{M}}{\mathfrak{M}_\odot}$
vMa 2	0,87	8,0	1,90	0,59
L 870—2	0,68	7,9	1,88	0,69
HZ 2	0,30	8,0	1,90	0,59
40 Eri B	0,39	7,5	1,77	0,34
HZ 14	0,28	8,0	1,90	0,59
L 1244—26	0,30	7,4	1,74	0,28
He 3	0,34	7,7	1,81	0,43
L 532—81	0,59	8,15	1,94	0,67
SA 29—130	0,43	8,0	1,90	0,59
L 825—14	0,27	7,85	1,86	0,51
L 970—30	0,35	8,0	1,90	0,59
R 627	0,68	8,15	1,94	0,67
HZ 21	0,11	8,4	2,01	0,85
W 485	0,37	8,0	1,90	0,59
+70° 5824	0,41	8,25	1,97	0,76
R 808	0,52	8,5	2,04	0,90
L 770—3	0,29	7,8	1,84	0,48
L 1491—27	0,52	8,25	1,97	0,76
W 1346	0,34	7,5	1,77	0,34
L 711—10	0,35	7,7	1,81	0,43
+73° 8031	0,36	8,0	1,90	0,59
+80° 3818	0,32	8,1	1,93	0,66
L 1512—34 B	0,38	8,35	2,00	0,82

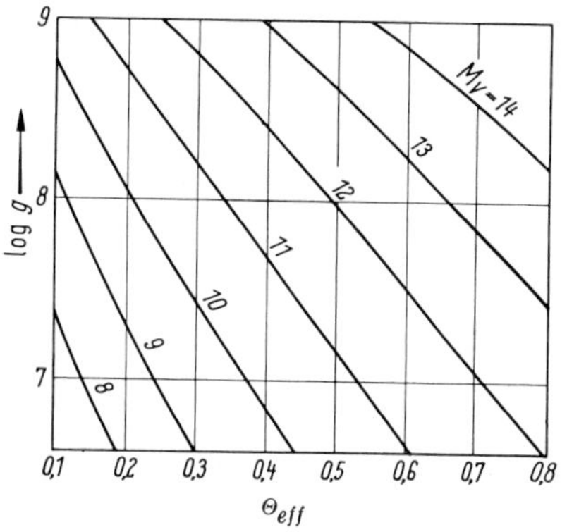

Fig. 2. Schwerebeschleunigung g, effektive Temperatur $\Theta_{eff}\left(=\frac{5040}{T_{eff}}\right)$ und visuelle Absoluthelligkeit M_v für vollständig entartete Konfigurationen mit effektivem Molekulargewicht pro Elektron $\mu_e=2$ — Surface gravity g, effective temperature $\Theta_{eff}\left(=\frac{5040}{T_{eff}}\right)$ and visual absolute magnitude M_v for completely degenerate configurations with effective molecular weight per electron $\mu_e = 2$ [*23*].
g in [cm/sec²]

Die *chemische Zusammensetzung der Atmosphären* ist verschieden. Für WZ vom Spektraltyp DB ist das Verhältnis H: He sicher kleiner als 1 : 100. Wasserstoffarm sind vMa 2 (H : He = 1 : 13) [*38*] und LDS 678 A [*2*]. Der Metallgehalt ist im allgemeinen herabgesetzt (bei vMa 2 nur 1/10 000 der solaren Häufigkeit) und variabel (die Stärke der Ca II Linien schwankt unkorreliert mit U-V), vergleiche [*2*] und [*4*]. Eine Analyse der Spektren der WZ vom Typ DC sowie eine Deutung der Absorptionsbanden bei λ 4135 A ist noch nicht gelungen.

6.5.5 Massen, Radien — Masses, radii

Massenbestimmungen aus Doppelsternbeobachtungen und anhand der Messung der relativistischen Rotverschiebung — Mass determinations from binary-star observations and measurements of the relativistic red-shift. $\left(v = 0{,}634\,\frac{\mathfrak{M}/\mathfrak{M}_\odot}{R/R_\odot}\ \text{km/sec}\right)$

WZ Name	$\mathfrak{M}/\mathfrak{M}_\odot$	Lit.
40 Eri B	0,43	*24*
α CMa B	0,98	*19*
α CMi B	0,4	*2*

Spektroskopisch lassen sich Radien bestimmen, falls Parallaxe und Effektivtemperatur bekannt sind. Es gilt [*2*]

$$\log R/R_\odot = 2 \log \Theta_{eff} - 0{,}2\, M_{bol} + 1{,}05\,.$$

Spektroskopisch bestimmte mittlere Werte für Weiße Zwerge — Spectroscopically determined mean values for white dwarfs

Mittlere Masse (vergleiche [*23*])	mean mass (compare [*23*])	$\overline{\mathfrak{M}} = 0{,}6\ \mathfrak{M}_\odot$
Mittlerer Radius	mean radius	$\overline{R} = 0{,}013\ R_\odot$
Mittlere Dichte	mean density	$\bar{\varrho} = 4 \cdot 10^5$ g/cm³
Schwerebeschleunigung	surface gravity	$g = 10^8$ cm/sec²
Entweichgeschwindigkeit	escape velocity	≈ 4 000 km/sec
Relativistische Rotverschiebung	relativistic red-shift	≈ 30 km/sec

Falls die theoretische Masse-Radius-Beziehung (vergleiche folgenden Abschnitt) für $\mu_e = 2$ gilt, folgt aus dem spektroskopischen Befund für die 32 untersuchten WZ

$$\mathfrak{M}/\mathfrak{M}_\odot = 0{,}6 \pm 0{,}3;\ \log R/R_\odot = -1{,}9 \pm 0{,}15 \text{ (vergleiche Tab. 4)}.$$

*) Unterstrichen: Sterne, für die besonders gute Beobachtungen vorliegen — Underlined: very well observed stars.

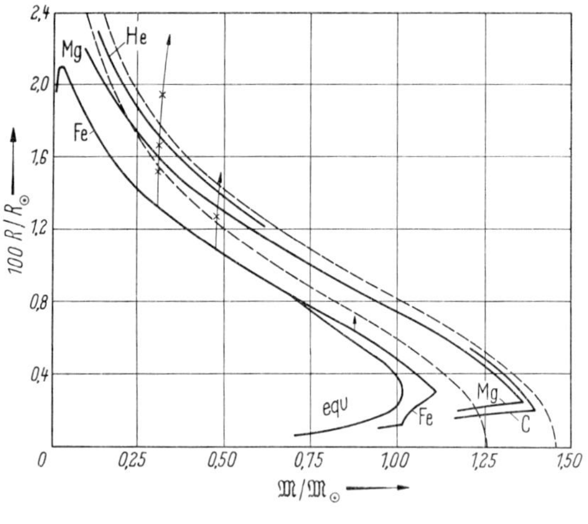

Fig. 3. Zusammenhang zwischen Masse 𝔐 und Radius R für Null-Temperatur-Sterne aus He^4, C^{12}, Mg^{24} und Fe^{56} — The relation between mass 𝔐 and radius R in zero-temperature stars for He^4, C^{12}, Mg^{24} and Fe^{56} [32].

----	Chandrasekhar's Modell; die obere Kurve für $\mu_e = 2$, die untere für $\mu_e = 2{,}15$	Chandrasekhar's model; the upper curve for $\mu_e = 2$, and the lower one for $\mu_e = 2{,}15$
–×→	Sterne mit H^1 in den äußeren Schichten	stars with H^1 in the outer layers
equ.	Gleichgewichtszusammensetzung für jede Dichte	equilibrium composition for all densities

6.5.6 Innerer Aufbau, Energieerzeugung — Internal structure, energy production

(Siehe 5.4.5.4)

Entsprechend der hohen Dichte ist das Elektronengas im Inneren der WZ vollständig entartet: Fowler [26]. Die Theorie der vollständig entarteten Konfigurationen (Chandrasekhar [27]) bildet den Schlüssel zum Verständnis des inneren Aufbaus der WZ. Es ergeben sich Masse-Radius-Beziehungen als Funktion des mittleren Molekulargewichts pro Elektron μ_e.

Corresponding to the high density, the electron gas in the core of a WZ is completely degenerate: Fowler [26]. The theory of completely degenerate configurations is developed by Chandrasekhar [27]; it supplies the key for the understanding of the internal structure of WZ. A set of mass-radius relations is derived as a function of the mean molecular weight per electron μ_e.

Da bei den hohen Dichten die Kernreaktionen — vor allem der *p-p* Prozeß — beschleunigt verlaufen müßten, andererseits aber die WZ geringe Leuchtkraft und große Lebensdauer haben, kann im Inneren kein Wasserstoff mehr vorhanden sein. Demnach sollte $\mu_e = 2$ sein, Marshak [28], Lee [29]. Dies folgt auch aus Untersuchungen der Schwingungsstabilität — Ledoux und Sauvenier-Goffin [30]. Vgl. auch [31].

Für $\mu_e \approx 2$ ergibt sich nach Chandrasekhar [27] eine obere Grenzmasse (für verschwindenden Radius), $\mathfrak{M}_{lim} = 1{,}44\,\mathfrak{M}_\odot$. Zum Einfluß von Kernreaktionen, zur Möglichkeit unvollständig entarteter Konfigurationen, hinsichtlich des Problems der Trennung und Durchmischung (Konvektion) vergleiche Schatzman [1] und [3].

Bei Berücksichtigung von Coulomb-Wechselwirkungen, Austausch- und Korrelationsenergien, sowie von inversen Betazerfällen hängen die Masse-Radius-Beziehungen außer von μ_e auch von der chemischen Zusammensetzung ab: Hamada und Salpeter [32]. An die Stelle der Grenzmasse tritt eine maximale Masse $\mathfrak{M}_{max}$, die bei endlichem Radius erreicht wird und je nach der Zusammensetzung zwischen 1,01 und 1,40 $\mathfrak{M}_\odot$ liegt (Fig. 3).

Von seiten der Beobachtung läßt sich bisher keine Entscheidung für eine spezielle Masse-Radius-Beziehung fällen (vergleiche die beiden vorhergehenden Abschnitte) — mit Ausnahme der Tatsache, daß μ_e nahe 2 sein muß, Weidemann [23].

Zur Frage der *chemischen Zusammensetzung* im Innern im Zusammenhang mit der Entwicklung der WZ vergleiche [2]. Nach Öpik [33] sollte das mittlere Molekulargewicht der Kerne nahe 25 liegen.

6.5.7 Entwicklung, Alter — Evolution, age

Die WZ werden als das Endstadium der Sternentwicklung angesehen. Es ist noch unklar, ob und auf welchem Wege alle Sterne mit $\mathfrak{M} > \mathfrak{M}_{lim}$ Weiße Zwerge werden. Jedenfalls müßte der Massenüberschuß — entweder explosionsartig bei Nova- bzw. Supernova-Ausbrüchen oder stetig im Riesenstadium — abgestoßen werden, bevor das WZ-Stadium erreicht werden kann [1, 2, 9, 17, 34, 39].

WZ are at the end of stellar evolution. It is still not clear if and in what way stars with $\mathfrak{M} > \mathfrak{M}_{lim}$ become white dwarfs. In any case, before the WZ stage can be reached surplus mass must be blown away — either explosively (Novae or Supernovae), or gradually during the giant stage [1, 2, 9, 17, 34, 39].

Da keine Energie aus Kernreaktionen zur Verfügung steht und weitere Kontraktion ausgeschlossen ist, kühlen die WZ nach Erreichen des Zustands vollständiger Entartung ab. Die Thermodynamik der WZ ist behandelt bei Schwarzschild [35]. Im Innern herrscht Wärmeleitung vor, der entartete Teil (der bis nahe an die Oberfläche reicht — vergleiche Tab. 5) ist dabei nahezu isotherm. Siehe auch [1], [3] und [28].

Die Abkühlung hat zunächst MESTEL [36] untersucht. Die Temperaturen im Innern nehmen von etwa $15 \cdot 10^6$ °K langsam ab (Tab. 5). Für die Zeit, die vom Beginn des WZ-Stadiums an gerechnet verstreicht, bis die Leuchtkraft L erreicht wird, ergibt sich nach SCHWARZSCHILD [35] der Ausdruck

$$t_L = 1{,}1 \cdot 10^7 \cdot \left(\frac{\mathfrak{M}/\mathfrak{M}_\odot}{L/L_\odot}\right)^{5/7} \text{[a]}.$$

Tab. 5. Theoretische Abkühlungszeit t_L in Abhängigkeit von der erreichten Helligkeit $L/L_\odot$ — Theoretical cooling time t_L with respect to the luminosity $L/L_\odot$ [35] and [2]

$T_{ü}$	Temperatur am Übergang vom entarteten Inneren zur nichtentarteten Randzone, zugleich Temperatur des Kerns	temperature in transition zone between normal envelope and nearly isothermal degenerate core (= central temperature)
$\varrho_{ü}$	Dichte in der Übergangszone	density in transition zone
$\frac{\Delta R}{R}$	Dicke der nichtentarteten Randzone	fractional radius of the non-degenerate envelope

$\mathfrak{M}/\mathfrak{M}_\odot = 0{,}6$; $\mu_e = 2$; 90% He; 10% Metalle (Gewichts-%)

$L/L_\odot$	$T_{ü}$ [°K]	$\varrho_{ü}$ [g/cm³]	$\Delta R/R$ [%]	t_L [a]
10^{-2}	$19 \cdot 10^6$	4,4	1,1	$0{,}2 \cdot 10^9$
10^{-3}	$10 \cdot 10^6$	3,9	0,6	$1{,}1 \cdot 10^9$
10^{-4}	$5 \cdot 10^6$	3,2	0,3	$5{,}6 \cdot 10^9$

Der älteste bekannte Weiße Zwerg ist danach W 489 mit $L/L_\odot \approx 10^{-4}$ und $t_L \approx 5 \cdot 10^9$ Jahre.

6.5.8 Literatur zu 6.5 — References for 6.5

Zusammenfassende Literatur

1 SCHATZMAN, E.: White dwarfs. Series in Astrophysics, North-Holland Publ. Comp., Amsterdam (1958).
2 GREENSTEIN, J. L.: The Spectra of the White Dwarfs. Hdb. Physik **50** (1958) 161.
3 SCHATZMAN, E.: Théorie des naines blanches. Hdb. Physik **51** (1958) 723.
4 GREENSTEIN, J. L. (ed.): Stellar Atmospheres, Stars and Stellar Systems **VI**, Chicago (1960) 676 Kap. 19 Spectra of stars below the main sequence.

Einzelne Arbeiten

5 FERRARI D'OCCHIEPPO, K.: Sitzber. Österr. Akad. Wiss. Math.-naturw. Kl. Abt. II **163** (1954) 267.
6 PARENAGO, P. P.: Astron. Zh. **23** (1946) 31.
7 PAWLOWSKAJA, E. D.: Astron. Zh. **33** (1956) 660.
8 LUYTEN, W. J.: Publ. Minnesota (1958); Advan. Astron. Astrophys. **2** (1963) 199.
9 SANDAGE, A.: ApJ **125** (1957) 422.
10 SCHMIDT, M.: ApJ **129** (1959) 243.
11 LUYTEN, W. J.: ApJ **109** (1949) 528; **112** (1950) 268; **113** (1951) 701; **116** (1952) 283; Proc. Natl. Acad. Sci. USA **37** (1951) 637 (Südhimmel); **38** (1952) 494; **39** (1953) 135; **40** (1954) 137; AJ **61** (1956) 261, 262, 264; Publ. Minnesota; Harvard College Observatory Announcement Cards; Advan. Astron. Astrophys. **2** (1963) 199.
12 HUMASON, M. L., and F. ZWICKY: ApJ **105** (1947) 85.
13 FEIGE, J.: ApJ **128** (1958) 267.
14 SAAKJAN, K. A.: Mitt. Bjurakan Nr. 28 (1960) 37.
15 STEPHENSON, C. B.: PASP **72** (1960) 42, 387; **74** (1962) 210.
16 NASSAU, J. J., and C. B. STEPHENSON: ApJ **132** (1960) 130.
17 KRAFT, R. P.: ApJ **135** (1962) 408; **136** (1962) 312.
18 LUYTEN, W. J.: AJ **52** (1946) 35.
19 KUIPER, G. P.: Coll. Novae and White Dwarfs, Actual. Sci. Ind. Nr. 903, Hermann, Paris: (1941).
20 LYNDS, B. T.: ApJ **125** (1957) 719.
21 HARRIS III, D. L.: ApJ **124** (1956) 665.
22 ARP, H.: ApJ **133** (1961) 874.
23 WEIDEMANN, V.: ZfA **57** (1963) 87.
24 POPPER, D. M.: ApJ **120** (1954) 316.
25 PARENAGO, P. P.: Publ. Sternberg **30** (1949) 3.
26 FOWLER, R. H.: MN **87** (1926) 114.
27 CHANDRASEKHAR, S.: An introduction to the study of Stellar Structure. Univ. Chicago Press (1939), auch bei Dover (1957).
28 MARSHAK, R. E.: ApJ **92** (1940) 321.
29 LEE, T. D.: ApJ **111** (1950) 625.
30 LEDOUX, P., and E. SAUVENIER-GOFFIN: ApJ **111** (1950) 611.
31 MESTEL, L.: The theory of white dwarfs, in Stellar Structure, Stars and Stellar Systems **VIII** (to be published), Univ. Chicago Press.
32 HAMADA, T., and E. E. SALPETER: ApJ **134** (1961) 683.
33 ÖPIK, E. J.: Mem. Soc. Roy. Sci. Liège **14**/4 (1954) 131.
34 MASSEVITSCH, A. G.: Astron. Zh. **36** (1959) 794.
35 SCHWARZSCHILD, M.: Structure and Evolution of Stars. Univ. Press, Princeton (1958).
36 MESTEL, L.: MN **112** (1952) 583.
37 LUYTEN, W. L.: ApJ **116** (1952) 283.
38 WEIDEMANN, V.: ApJ **131** (1960) 638.
39 O'DELL, C. R.: ApJ **138** (1963) 67.

7 Sternhaufen und Assoziationen — Star clusters and associations

7.1 Einleitung — Introduction

7.1.1 Definition

Als *Sternhaufen* (siehe 7.2 und 7.3) werden räumliche Ansammlungen von Sternen innerhalb des Milchstraßensystems, oder auch anderer Galaxien, bezeichnet, in denen die Sterndichte [Zahl/kpc³] merklich über derjenigen in ihrer Umgebung liegt. Sternhaufen werden — wenigstens zeitweise — durch die zwischen ihren Mitgliedern wirksamen Gravitationskräfte zusammengehalten.

Als *Assoziationen* (siehe 7.4) werden nach AMBARZUMJAN [1] lokale Ansammlungen von Sternen besonderen Typs im allgemeinen Milchstraßenfeld bezeichnet. Im allgemeinen handelt es sich entweder um O- und B-Sterne („O-Assoziationen") oder um *T* Tauri-Sterne („T-Assoziationen") (siehe 6.2.3.6). Die Partialsterndichte der Mitglieder einer Assoziation ist meist wesentlich kleiner als die mittlere Gesamtsterndichte des Gebietes, in das die Assoziation eingebettet ist. Die Assoziationen sind daher instabile Gebilde begrenzter Lebensdauer.

Bewegungshaufen: siehe 8.3.2

Star clusters (see 7.2 and 7.3) are agglomerations of stars within the Galactic System or other galaxies. In clusters the star density [number/kpc³] is noticeably above that of their surroundings; they are — at least for some time — held together by the gravitational forces between the members.

Associations (see 7.4) are local groups of special types of stars in the general galactic field (after AMBARZUMJAN [1]). In general, they include either O- and B-stars (O-associations) or *T* Tauri stars (T-associations) (see 6.2.3.6). The partial star density of the members of an association is mostly noticeably smaller than the mean star density of the region in which the association is embedded. Thus associations are unstable objects of limited life.

Moving clusters: see 8.3.2

7.1.2 Bezeichnung und Kataloge — Name and catalogues

Man unterscheidet zwei Arten von Sternhaufen: offene (oder auch galaktische) Sternhaufen und Kugelhaufen. Die sich zum Teil überschneidenden Einteilungskriterien sind:

Two types of clusters can be recognized: open (or galactic) and globular clusters. The classification criteria, which partly overlap, are:

A. *Die Gestalt der Projektion des Sternhaufens auf der Himmelssphäre — The forms of the projection of clusters on the celestial sphere.*

Die Kugelhaufen erscheinen ausschließlich als kreissymmetrische oder nur ganz schwach elliptische Gebilde, während die offenen Haufen oft unregelmäßige Gestalt haben.

B. *Der Sternreichtum und die Konzentration — Star abundance and concentration.*

Während die offenen Haufen zuweilen so sternarm sind, daß sie kaum von zufälligen Fluktuationen im Sternfeld unterschieden werden können, zählen die meisten Kugelhaufen, namentlich in ihren zentralen Gebieten, Hunderttausende von Mitgliedssternen.

C. *Die scheinbare und die räumliche galaktische Verteilung der Sternhaufen — The apparent and spatial galactic distribution of clusters.*

Die Kugelhaufen sind Mitglieder des Halos (siehe 8.4.6) des galaktischen Systems und kommen daher bis in hohe galaktische Breiten vor. Am galaktischen Äquator fehlen sie scheinbar fast ganz wegen der Absorption der galaktischen Staubschicht. Demgegenüber zeigen die offenen Haufen eine ausgeprägte Konzentration zur galaktischen Äquatorebene (daher auch „galaktische Haufen"). Wegen ihrer vergleichsweise kleinen Entfernungen von der Sonne macht sich die interstellare Absorption nicht in dem Maße bemerkbar wie bei den Kugelhaufen. Weitere Einzelheiten siehe 7.2.3 und 7.3.3.

D. *Das Hertzsprung-Russell- und das Farben-Helligkeits-Diagramm für die Mitglieder eines Sternhaufens — The Hertzsprung-Russell and color-magnitude diagrams for the members of clusters.*

Dieses bildet das wichtigste Klassifizierungs-Kriterium. Mit gewissen Einschränkungen (sehr alte Haufen) kann man die offenen Sternhaufen als Mitglieder der extremen und mittleren Population I (siehe 5.2.3 und 8.2.2.5.2) bezeichnen, Kugelhaufen als solche der Halo-Population II im Sinne der verfeinerten Einteilung von OORT [3].

Die länger bekannten Sternhaufen werden mit den Nummern bezeichnet, die sie in einem der folgenden vier Kataloge von Sternhaufen und Nebelflecken tragen[1]):

„M": MESSIER, CH.: Connaissance des Temps pour 1787, Paris (1784) 238; siehe auch P. S. WATSON: Messiers Catalogue, Popular Astron. **57** (1949) 14.
„NGC": DREYER, J. L. E.: New General Catalogue of Nebulae and Clusters, Mem. Roy. Astron. Soc. **49** (1888).[2])
„IC I": DREYER, J. L. E.: Index Catalogue of Nebulae, Mem. Roy. Astron. Soc. **51** (1895).[2])
„IC II": DREYER, J. L. E.: Second Index Catalogue of Nebulae and Clusters, Mem. Roy. Astron. Soc. **59** (1908).[2])

Neuerdings aufgefundene Sternhaufen werden mit ihrer Nummer im Katalog des betreffenden Autors (z.B. Ru 47), die Assoziationen mittels einer römischen Ziffer vor (MAKARIAN) bzw. hinter (MORGAN) der Abkürzung des betreffenden Sternbildes gekennzeichnet.

Ein alle Sternhaufen und Assoziationen umfassender Katalog in Karteiform mit ausführlicher Bibliographie ist: ALTER, RUPRECHT und VANÝSEK: Catalogue of Star Clusters and Associations [*2*].

7.1.3 Literatur zu 7.1 — References for 7.1

1 AMBARZUMJAN, V. A.: Astron. Zh. **26** (1949) 3.
2 ALTER, G., J. RUPRECHT, and V. VANÝSEK: Catalogue of Star Clusters and Associations (in Karteiform), Czechoslovak Academy of Sciences, Prague (1958), mit bisher 6 Ergänzungsnachträgen in Bull. Astron. Inst. Czech. **11**, **12**, **13**, **14**, **15** jeweils Nr. 1 (1960···1964).
3 OORT, J. H.: in "Stellar Populations", edited by D. J. K. O'CONNELL (Pontif. Academy of Sciences) North Holland Publ. Company, Amsterdam (1958) 419 = Specola Vaticana Ric. Astron. **5** (1958).

7.2 Kugelhaufen — Globular clusters

7.2.1 Kataloge — Catalogues

N Zahl der Kugelhaufen — number of globular clusters

a	SHAPLEY, H.: Star Clusters, New York (1930) und Hdb. Astrophys. **5**/2 (1933) 762	$N = 93$
b	SAWYER, H. B.: Publ. David Dunlap. Obs. **1**/20 (1947)	$N = 97$
c	SAWYER-HOGG, H.: Hdb. Physik **53** (1959) 204	$N = 118$
d	ALTER, G., J. RUPRECHT, and V. VANÝSEK: Catalogue of Star Clusters and Associations (siehe 7.1.3 Lit. [*2*])	$N = 120$
e	KRON, G. E., and N. U. MAYALL: AJ **65** (1960) 581	$N = 67$
f	SAWYER-HOGG, H.: Publ. David Dunlap Obs. **2**/12 (1963)	$N = 119$

Diese Kataloge geben neben den Koordinaten scheinbare Durchmesser, Gesamthelligkeiten, Klasse (siehe 7.2.2), integralen Spektraltyp, Zahl der Veränderlichen, Radialgeschwindigkeiten (siehe 7.2.6); [*b*] und [*d*] geben auch eine vollständige Bibliographie für jeden einzelnen Kugelhaufen.

Ein Übersichtsbericht über die wichtigsten von den Kugelhaufen aufgegebenen Probleme findet sich bei SAWYER-HOGG [*1*].

7.2.2 Klassifikation — Classification

Die Haufen wurden von SHAPLEY und SAWYER [*18*] in 12 Klassen abnehmender Stern-Konzentration eingeteilt. Sie zeigen folgende Verteilung:

Klasse	I	II	III	IV	V	VI	VII	VIII	IX	X	XI	XII	Classes of decreasing star concentration
Anzahl	4	7	7	12	12	11	8	10	10	9	9	4	Number of clusters

Diese Klassifizierung wird freilich durch Entfernung und Absorption beeinflußt.

7.2.3 Scheinbare Verteilung an der Sphäre — Apparent distribution on the celestial sphere

Aus 118 Haufen (nach [*c*]) ergeben sich die in Tab. 1 und 2 dargestellten galaktischen Verteilungen. Sie zeigen a) das scheinbare Defizit längs des galaktischen Äquators und b) die scheinbare Konzentration in der Richtung auf das galaktische Zentrum, verursacht durch die exzentrische Stellung der Sonne im

[1]) So trägt z. B. der große Kugelhaufen im Sternbild des Hercules sowohl die Bezeichnung M 13 als auch NGC 6205.
[2]) Ein photomechanischer Neudruck der drei Dreyer-Kataloge ist 1953 von der Roy. Astron. Soc. herausgegeben worden.

System der Kugelhaufen. Die Gesamtzahl der im galaktischen System vorhandenen Kugelhaufen wird mit 220 abgeschätzt [2].

Tab. 1. Verteilung von 118 Kugelhaufen in galaktischer Länge $l^{\rm I}$ (galaktisches Zentrum bei $l^{\rm I} = 327°$) — Distribution of 118 globular clusters with galactic longitude $l^{\rm I}$ (galactic center at $l^{\rm I} = 327°$)

N_1, N_2: Zahl der Haufen mit galaktischer Breite $b < 60°$ bzw. $b > 60°$ — Number of clusters with galactic latitude $b < 60°$ resp. $b > 60°$

$l^{\rm I} \pm 5°$	N_1	N_2	$l^{\rm I} \pm 5°$	N_1	N_2
5°	3	2	185°	0	0
15	0	0	195	1	0
25	5	1	205	1	0
35	4	1	215	2	0
45	1	0	225	0	1
55	1	0	235	1	0
65	0	0	245	1	0
75	0	0	255	1	0
85	0	0	265	4	0
95	1	0	275	4	0
105	0	0	285	2	0
115	0	0	295	4	0
125	0	0	305	4	2
135	1	0	315	10	0
145	1	1	325	23	0
155	1	1	335	18	0
165	0	0	345	10	0
175	0	0	355	5	0
				109	9

Tab. 2. Verteilung von 118 Kugelhaufen in galaktischer Breite $b^{\rm I}$ — Distribution of 118 globular clusters in galactic latitude $b^{\rm I}$

N_+, N_-: Zahl der Haufen nördlich bzw. südlich des galaktischen Äquators — Number of clusters north and south, respectively, of the galactic equator

$b^{\rm I}$	N_+ ⋯ N_-
$-4° \cdots +4°$	14
$\pm 5 \cdots \pm 13$	19 ⋯ 28
$\pm 14 \cdots \pm 22$	10 ⋯ 11
$\pm 23 \cdots \pm 31$	4 ⋯ 6
$\pm 32 \cdots \pm 40$	4 ⋯ 3
$\pm 41 \cdots \pm 49$	4 ⋯ 5
$\pm 50 \cdots \pm 58$	0 ⋯ 1
$\pm 59 \cdots \pm 67$	1 ⋯ 1
$\pm 68 \cdots \pm 79$	6 ⋯ 0
$\pm 80 \cdots \pm 90$	0 ⋯ 1
	118

7.2.4 Entfernungen — Distances

Die Entfernungen sind durchweg so groß, daß trigonometrische oder auch säkulare Parallaxen (siehe 5.1.4) nicht gemessen werden können. In größerem Umfang hat zuerst Shapley Entfernungen aus den Helligkeiten der in vielen (aber nicht allen!) Haufen vorkommenden Veränderlichen vom Typ *RR* Lyrae (sogenannte Haufenveränderliche, siehe 6.2.2.2) gewonnen. Darüber hinaus und zur gegenseitigen Kontrolle werden als Entfernungsindikatoren benutzt das Farben-Helligkeits-Diagramm, die hellsten Sterne und Gesamthelligkeiten, ferner — ziemlich frei von Einflüssen der interstellaren Absorption — die scheinbaren Durchmesser.

Eine nahezu vollständige Sammlung moderner Werte der Entfernungsmoduli $m-M$, abgeleitet aus einer Überarbeitung und Zusammenfassung älterer, nach verschiedensten Methoden gewonnener Moduli, hat Kinman [3] für 75 Haufen mitgeteilt. Ergebnisse siehe 7.2.7 Tab. 5 Spalte 9.

Die mangelhafte Kenntnis der lokal wirksamen interstellaren Absorption, hervorgerufen durch die Wolkenstruktur der Staubmaterie, bedeutet den größten Unsicherheitsfaktor bei den Entfernungen ($\sigma_{Abs} = \pm 0{,}6$ im Durchschnitt), besonders bei den zahlreichen Haufen, die sich von der Sonne aus gesehen in Richtung auf das galaktische Zentrum befinden.

7.2.5 Räumliche Verteilung — Spatial distribution

Tab. 3. Anzahl der Kugelhaufen N und Kugelhaufendichte ϱ_K [Zahl pro kpc³] in Abhängigkeit vom Abstand R vom Zentrum ($R_\odot \sim 9$ kpc) — Number of clusters N and density ϱ_K [number of clusters per kpc³] for different distances R from the galactic center (which has a distance of ~ 9 kpc from the sun) [3, d]

R [kpc]	N	ϱ_K [kpc⁻³]
0 ⋯ 2	3	$8{,}3 \cdot 10^{-2}$
2 ⋯ 4	8	$3{,}5 \cdot 10^{-2}$
4 ⋯ 6	15	$2{,}4 \cdot 10^{-2}$
6 ⋯ 8	13	$8{,}7 \cdot 10^{-3}$
8 ⋯ 10	6	$2{,}9 \cdot 10^{-3}$
10 ⋯ 14	10	$1{,}4 \cdot 10^{-3}$
14 ⋯ 18	8	$6{,}2 \cdot 10^{-4}$
18 ⋯ 22	5	$2{,}5 \cdot 10^{-4}$
22 ⋯ 30	2	$2{,}9 \cdot 10^{-5}$
30 ⋯ 40	2	$1{,}3 \cdot 10^{-5}$
>40 [1])	3	$<10^{-6}$

[1]) Bis zu 100 kpc vom Zentrum des Systems entfernt (z. B. Pal 4, NGC 2419) — In some extreme cases clusters are up to 100 kpc from the center of the system (e. g. Pal 4, NGC 2419).

Auf Grund der Daten von Kinman [3] sind mit den im Kartenkatalog von Alter [d] gegebenen galaktischen Richtungskosinus rechtwinklige galaktische Koordinaten *xyz* gerechnet worden (Fig. 1 und 2).

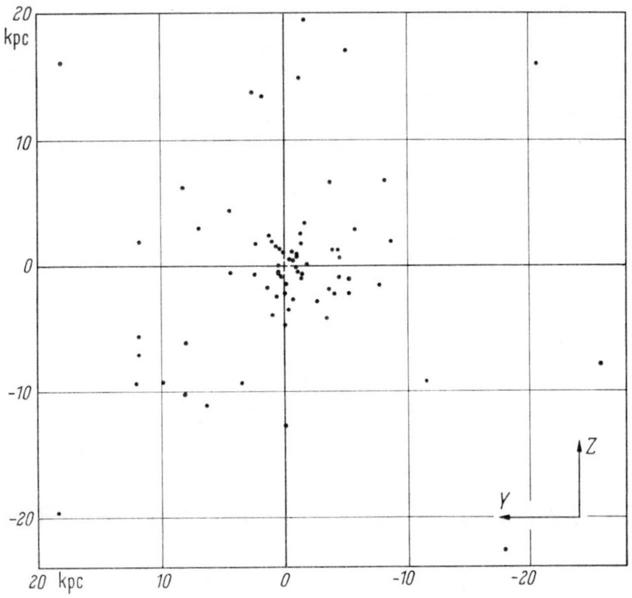

Fig. 1. Verteilung der Kugelhaufen in einer *YZ*-Ebene (= Ebene durch die Sonne, senkrecht zur Richtung Sonne – Zentrum) – Distribution of globular clusters in the *YZ*-plane (= plane through the sun perpendicular to the direction of the galactic center).

Fig. 2. Verteilung der Kugelhaufen in einer *XZ*-Ebene (= Ebene senkrecht zur galaktischen Ebene durch Sonne und galaktisches Zentrum) – Distribution of globular clusters in the *XZ*-plane (= plane through the sun and the galactic center and perpendicular to the galactic plane).

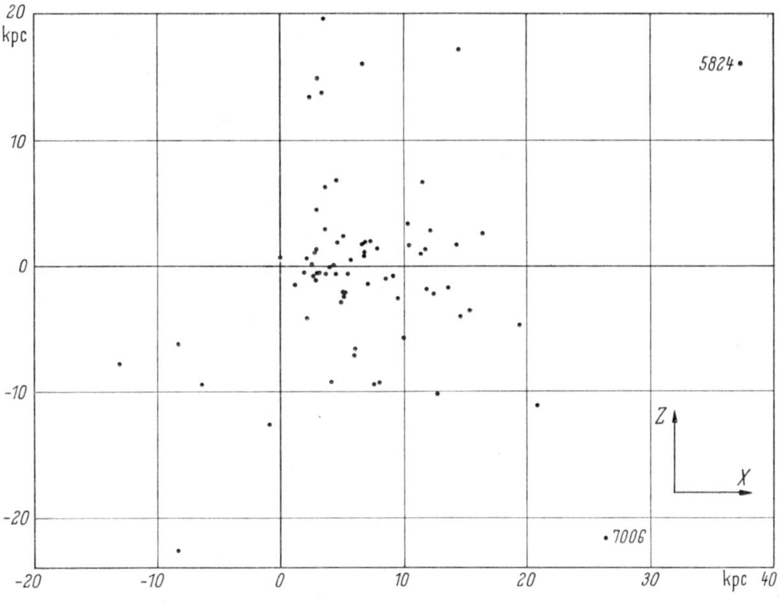

7.2.6 Bewegungen der Kugelhaufen — Motions of globular clusters

Da die Raumgeschwindigkeiten der Kugelhaufen relativ zur Sonne von der Ordnung 100 km/sec, die Entfernungen von der Ordnung 10^4 pc sind, so sind jährliche Eigenbewegungen von der Ordnung 0,"002 zu erwarten. Sie sind bei der heute erreichbaren Beobachtungsgenauigkeit durch Anschluß an außergalaktische Systeme kaum zu verbürgen (siehe Liste von 8 Haufen bei Gamlej [4]).

Radialgeschwindigkeiten v_r von 70 Haufen — Radial velocities v_r of 70 clusters

36 inch-telescope Lick	$N = 50$	Mayall [5]	v_r zwischen + 439
74 inch-telescope Pretoria	$N = 30$	Kinman [6]	und −360 km/sec

Bei 10, beiden Katalogen gemeinsamen, Objekten besitzt man damit für 70 Haufen (fast alle mit südlichen Deklinationen) zuverlässige Radialgeschwindigkeiten (siehe Tab. 5, Sp. 3).

Tab. 4. Sonnenbewegung aus Kugelhaufen — Solar motion from globular clusters [5, 7]

Wegen der exzentrischen Lage der Sonne gegenüber dem System der Kugelhaufen läßt sich die Sonnengeschwindigkeit v relativ zu diesem System nur unsicher bestimmen. Für die Lösungen wurden jeweils N Haufen benutzt — Because of the non-central position of the sun relative to the system of globular clusters the velocity v of the sun relative to this system can only be determined roughly. For the values obtained N clusters were used. Siehe auch 8.6.3.

v^*	Geschwindigkeit bei fest angenommenem Apex	velocity with regard to fixed direction of the apex

Haufen	N	Sonnenbewegung					Apex: $l^{\mathrm{I}} = 55°$, $b^{\mathrm{I}} = 0°$	
		Apex				v	v^*	Lit.
		l^{I}	m.F.	b^{I}	m.F.	[km/sec]	[km/sec]	
alle Haufen	50	51°,3	± 10,0	+8°,2	± 13,0	168 ± 34	171 ± 38	MAYALL [5]
Apex-Gruppe	34	64,5	± 5,9	−6,7	± 11,0	248 ± 52	205 ± 43	MAYALL [5]
ohne NGC 2298, 4590, 5694	47	57,1	± 7,1	+1,3	± 9,6	219 ± 36	213 ± 38	MAYALL [5]
alle Haufen	70	57,8	± 7,5	−4,6	± 7,6	168 ± 27	167 ± 30	KINMAN [7]

7.2.7 Der einzelne Kugelhaufen — The individual globular cluster

In Tab. 5 sind die wichtigsten Daten von 70 Kugelhaufen zusammengestellt — In Tab. 5 the most important data of 70 globular clusters are given.

Tab. 5. Integrale Eigenschaften von 70 Kugelhaufen — Integral properties of 70 globular clusters

NGC	Nummer im New General Catalogue (siehe 7.1.2)	number in the New General Catalogue (see 7.1.2)
Name	Name des Haufens oder Messier-Nummer (siehe 7.1.2)	name of the cluster or Messier-number (see 7.1.2)
v_r	Radialgeschwindigkeit (siehe 7.2.6) [5, 6]	radial velocity (see 7.2.6) [5, 6]
V_{tot}	totale scheinbare visuelle Helligkeit nach [15] (siehe 7.2.7.2)	total apparent visual magnitude from [15] (see 7.2.7.2)
$d_{0,9}$	scheinbarer Durchmesser des Gebietes, innerhalb dessen 90% der Sterne liegen	apparent diameter of the region containing 90% of the stars
Sp	Spektraltyp [15] (siehe 7.2.7.4)	spectral type [15] (see 7.2.7.4)
$P-V$	Farbenindex: photographisch – visuell	color index: photographic – visual
Var	Zahl aller Veränderlichen; ( ) Zahl der RR Lyrae-Sterne	number of all variables; ( ) number of RR Lyrae stars
D	Durchmesser (siehe 7.2.7.6)	diameter (see 7.2.7.6)

NGC	Name	v_r [km/sec]	V_{tot}	$d_{0,9}$	Sp	$P-V$	$(m-M)_v$	r [kpc]	Var	D [pc]
104	47 Tuc	− 24						5,8	11 (2)	
288		− 47						12,6	1 (0)	
362		+221						12,6	14 (7)	
1261		+ 46						29		
1851		+309						16,6	3	
1904	M 79	+196						13,2	5 (3)	
2298		+ 64						30	6	
2419		+ 14	<10ᵐ9		F 6	0ᵐ64	19ᵐ3	69	36 (30)	
2808		+101						7,9	4	
3201		+493						4,6	82 (58)	
4147		+191	10,26	3',4	A 6	0,48	17,1	26	16 (16)	26
4372		+ 66						6,0	0	
4590	M 68	−116	8,31	6,4	A 7	0,59	15,7	11,5	38 (37)	22
4833		+204						5,2	10 (6)	
5024	M 53	−112	7,76	8,3	F 4	0,50	16,7	20	43 (22)	53
5139	ω Cen	+230						5,0	165 (138)	190
5272	M 3	−153	6,38	9,3	F 7	0,56	15,6	13,8	189 (173)	32
5286		+ 45						11,5	0	
5634		− 63	< 9,8	—	F 5	0,56	17,0	23	7 (7)	
5694		−187	10,25	2,3	F 0	0,61	17,6	42	0	19
5824		− 58	9,04	3,3	F 5	0,63	—	46	27 (25)	
5904	M 5	+ 49	5,93	10,7	F 6	0,63	15,1	8,3	97 (92)	30

Fortsetzung nächste Seite

Tab. 5. (Fortsetzung)

NGC	Name	v_r [km/sec]	V_{tot}	$d_{0,9}$	Sp	$P-V$	$(m-M)_v$	r [kpc]	Var		D [pc]
5927		− 96						3,2			
5986		+ 2	$7\overset{m}{,}58$	$8\overset{\prime}{,}6$	G 1	$0\overset{m}{,}75$	—	13,8	5		
6093	M 80	+ 18	7,30	8,6	F 9	0,76	$15\overset{m}{,}8$	11,0	8	(0)	28
6121	M 4	+ 65	5,91	22,6	(G 0)	0,92	13,6	2,3	43	(41)	20
6139		+ 20						12,6			
6171		−147	8,18	12,8	G 3	0,97	15,8	3,0	24	(18)	31
6205	M 13	−241	5,87	12,9	F 6	0,57	14,8	6,9	10	(2)	33
6218	M 12	− 16	6,72	21,5	F 8	0,77	15,0	5,8	1	(0)	45
6229		−150	9,44	3,6	F 8	0,64	17,6	25	22	(15)	30
6254	M 10	+ 71	6,64	16,2	G 1	0,79	14,9	5,0	3	(0)	31
*6266	M 62	− 75	6,66	8,8	G 2	0,95	16,2	6,9	83	(74)	22
*6273	M 19	+102	6,88	9,3	F 3	0,90	15,6	6,9	4		21
*6284		+ 22	8,96	5,7	G 2	0,91	17,0	16,6	6		27
*6293		− 73	8,43	6,2	F 0	0,86	16,3	14,4	5		20
*6304		− 98	8,48	8,0	G 4	1,22	—	5,8	9		
*6333	M 9	+224	7,79	7,9	F 2	0,87	16,0	7,9	13	(11)	21
*6341	M 92	−118	6,53	12,3	F 1	0,53	15,2	11,0	16	(12)	36
*6356		+ 31	8,40	6,3	G 4	1,06	16,7	10,5	5		20
6362		− 18						6,9	31	(20)	
6388		+ 81						12,6			
6397		+ 11						2,3	1	(3)	
6402	M 14	−129	7,56	10,8	G 1	1,12	16,1	7,2	72	(55)	23
*6440		−133	9,40	5,8	G 5	1,81	—	4,4			
6441		− 70			G 5		—	8,7			
6541		−148						4,2	1	(0)	
*6544		− 12	8,3	8,4	G 2	1,27	—	5,0			
6584		+160						12,6	0		
*6624		+ 69	8,35	4,2	G 5	1,00	—	12,6			
6626	M 28	+ 1	6,95	9,1	G 1	0,97	15,2	4,6	16		17
*6637	M 69	+ 95	7,67	6,8	G 5	0,87	—	7,2			
*6638		− 14	9,17	4,3	G 4	0,96	17,1	13,6			19
*6652		−124	8,92	4,2	G 4	0,78	—	15,8			
6656	M 22	−144	5,09	26,2	F 7	0,56	13,8	3,0	24	(18)	24
6681	M 70	+198	8,17	5,1	G 3	0,59	—	20			
6712		−131	8,13	12,3	G 5	1,04	16,0	6,0	12	(0)	28
6715	M 54	+122	7,66	4,8	F 8	0,70	17,2	15,1	80	(34)	29
6723		− 3	7,21	11,7	G 4	0,61	15,2	10,0	19	(19)	34
6752		− 39						6,3	1		
6779	M 56	−145	8,21	10,1	F 6	0,74	16,0	13,8	12	(2)	32
*6809	M 55	+170	6,30	21,1	(F 5)	0,55	14,4	5,8	6	(5)	42
6838	M 71	− 80	8,27	10,2	G 6	0,95	14,3	5,5	4	(0)	(14)
6864	M 75	−198	8,60	4,9	G 2	0,71	17,9	24	11		41
6934		−360	9,12	3,3	G 0	0,62	16,8	16,6	51	(44)	20
6981	M 72	−255	9,44	6,4	G 3	0,57	17,0	18,2	39	(28)	47
7006		−348	10,72	3,0	F 2	0,61	18,7	60	49	(19)	40
7078	M 15	−107	6,36	9,4	F 2	0,59	15,8	15,1	100	(71)	36
7089	M 2	− 5	6,53	6,8	F 4	0,57	16,1	15,8	22	(18)	30
7099	M 30	−174	7,60	6,8	A 7	0,48	15,5	12,6	4	(3)	26

7.2.7.1 Form der Kugelhaufen – Shape of the globular clusters

Abweichungen von genauer Kreissymmetrie der Haufenprojektion kommen nicht selten vor. Abgesehen von ω Centauri sind diese Elliptizitäten meist sehr klein. Auszählung der Sterndichte in verschiedenen Positionswinkeln von M 13 (Klasse V) siehe bei Pease und Shapley [*8*]. In Richtung der großen Achse ist die Sternanzahl etwa 25% größer als in Richtung der kleinen Achse. Die Orientierung der großen Achsen von 36 Kugelhaufen zeigt keinerlei systematische Anordnung.

* Galaktische Zentrumsgruppe – galactic-center group.

Bei einigen Haufen (so z. B. M 62) ist die Verteilung der Sterne ausgesprochen asymmetrisch, was jedoch durch vorgelagerte absorbierende Wolken verursacht sein könnte. Dunkle Materie ist in wenigen Kugelhaufen (M 4 u. a.) gefunden worden [9], [10].

Neuere Untersuchungen z. B. bei KHOLOPOV [11] an M 2. Interpretation von Dichteverteilungen $N(r)$ bei M 3 siehe SANDAGE [12], OORT und VAN HERK [13]; bei zahlreichen Kugel- und offenen Haufen KING [14].

7.2.7.2 Integrale Helligkeiten – Integrated magnitudes

In Tab. 5, Spalte 4 sind die von KRON und MAYALL [15] am 36 inch-Lick-Reflektor photoelektrisch gemessenen scheinbaren visuellen Größen V von 48 Haufen angegeben.

Ältere Daten bei: CHRISTIE [16] für 68 Objekte; VYSSOTSKY und WILLIAMS [17] für 15 Objekte; SHAPLEY und SAWYER [18] für 95 Objekte.

KINMAN [19] gibt absolute Größen und Farben für 121 Kugelhaufen in M 31.

Tab. 6. Häufigkeitsverteilung der absoluten photographischen (M_{pg}) und visuellen (M_v) Größen — Frequency distribution of the absolute photographic (M_{pg}) and visual (M_v) magnitudes

ΔM	Helligkeitsintervall	interval of magnitudes
N	Zahl der Haufen	number of clusters

ΔM	$N(M_{pg})$	$N(M_v)$
$-6^M_,0 \cdots -6,4$	3	0
6,5 ··· 6,9	4	3
7,0 ··· 7,4	12	4
7,5 ··· 7,9	9	9
8,0 ··· 8,4	7	11
8,5 ··· 8,9	4	7
9,0 ··· 9,4	3	5
9,5 ··· 9,9	0	3
$\overline{M}$ =	$-7^M_,7$ ±0,8	$-8^M_,2$ ±0,8

7.2.7.3 Integrale Farben – Integrated colors

Die modernsten und umfassendsten Werte (für 67 Objekte) stammen auch hier von KRON und MAYALL [15]. Tab. 5 gibt in Spalte 7 die Resultate $P-V$ für eine Auswahl dieser Objekte. Sie streuen insgesamt zwischen $0^m_,48$ und $1^m_,81$ (NGC 6440), wobei die großen Werte durch interstellare Rötung verursacht werden.

7.2.7.4 Integrale Spektraltypen – Integrated spectral types

Aus den Daten von KRON und MAYALL [15] (siehe Tab. 5, Spalte 6) folgt nachstehende Häufigkeitsverteilung:

Typen	A5···A9	F0···F4	F5···F9	G0···G4	G5···G6	Total	types
Anzahl	3	8	13	17	6	47	number

Die späten Typen sind vorwiegend in einer galaktischen Zentrumsgruppe konzentriert, der mindestens 25 Kugelhaufen zugerechnet werden können. MORGAN [20] hat bei 150 A/mm Dispersion eine zweidimensionale Klassifikation von 12 Kugelhaufen durchgeführt (Tab. 7), wobei der Typ erstens durch das Verhältnis H_γ/G-Band, zweitens durch H_γ absolut und drittens durch die FeI-Linien bei $\lambda\lambda$ 4250···4450 A festgelegt wurde. Die Metall-Häufigkeit variiert signifikant von Haufen zu Haufen. NGC 6356, 6637 und 6440 zeigen normale (Sonnen-) Häufigkeit der Metalle, während der Rest durch meist schwache und sehr schwache Fe-Linien charakterisiert ist. (Alters-Klassifikation nach zunehmendem Metallgehalt entsprechend jüngerer Entstehung.)

Tab. 7. Integrale Spektraltypen nach 3 verschiedenen Kriterien — Integrated spectral types from 3 different criteria (MORGAN [20])

$G/H\gamma$	Typ bestimmt aus Verhältnis G-Band zu $H\gamma$	type determined by the ratio of G-band to $H\gamma$
$H\gamma$	Typ bestimmt aus der Absolutintensität von $H\gamma$	type determined by the absolute intensity of $H\gamma$
Fe I	Typ bestimmt aus Eisenlinien	type determined by iron lines

Name (siehe 7.1.2) NGC	M	l^I	b^I	d	Typ $G/H\gamma$	$H\gamma$	Fe I
6341	92	35°	+34°	12,2	F 2	F 6	(F 0)
7078	15	33	−28	12,3	F 3	F 6	(F 0)
5024	53	306	+79	14,4	F 4	F 6	<F 0
5904	5	332	+46	19,9	F 5	F 8	F 0
6205	13	26	+40	23,2	F 5	F 8	F 0
5272	3	7	+77	18,6	F 7	F 8	F 1
6229		40	+39	3,8	F 7	F 8	F 0
5139 (ω Cen)		277	+15	65,4	F 7	F 8	F 0
6522		329	− 5	1,5	F 8	G 0	F 2
6356		334	+ 9	3,5	G 5	G 2	G 5
6637	69	329	−12	3,8	G 5	(G 8)	G 2
6440		335	+ 2	1,7	(G 5)	(G 5)	(G 2)
HD 140 283					F 2	F 8	<F 0
BD +2°2538					F 2	F 8	<F 0

7.2.7.5 Veränderliche in Kugelhaufen – Variables in globular clusters

In Kugelhaufen kommen mehrere Sorten veränderlicher Sterne vor (siehe 6.2). Von insgesamt 118 Haufen sind 79 auf das Vorhandensein veränderlicher Sterne untersucht, 5 von ihnen enthalten definitiv keine Veränderlichen. Der Rest enthält insgesamt 1658 Veränderliche, pro Haufen zwischen 1 und 189 (M 3). Nur in 49 Haufen sind die Perioden bekannt, 46 Haufen zeigen *RR* Lyrae-Sterne (insgesamt knapp 1200), 38 Haufen auch andere Typen, vor allem *δ* Cep-, *W* Vir-, *RV* Tau-Sterne und unregelmäßige Veränderliche; in Tab. 5, Spalte 10, ist die Zahl aller Veränderlichen und speziell die der *RR* Lyrae-Sterne angegeben. 10 Haufen haben keine *RR* Lyrae-Sterne [*21*]. Katalog veränderlicher Sterne in Kugelhaufen: Sawyer-Hogg [*22*].

Die Häufigkeitsverteilung der Perioden der *RR* Lyrae-Sterne und der Typ ihrer Lichtkurven (Bailey [*23*] a, b und c) schwanken signifikant von Haufen zu Haufen. Der einzige Planetarische Nebel in einem Haufen ist in M 15 bekannt (Joy [*24*]).

7.2.7.6 Lineare Durchmesser – Linear diameters

Die linearen Durchmesser D sind wegen der Unsicherheit der scheinbaren Durchmesser d (Tab. 5, Spalte 5) und der Einflüsse von interstellarer Absorption und der Verteilung der Leuchtkräfte und Farben innerhalb des Haufens nicht sehr genau bestimmbar. Sie liegen zwischen 16 pc (NGC 4147, nach [*25*]) und 190 pc (ω Centauri). Einzelwerte in Tab. 5, Spalte 11.

Mittelwerte $\bar{D}$ — Mean values $\bar{D}$ [*15*]

34 pc für $b \geqq 20°$
28 pc für $b < 20°$
22 pc für galaktische Zentrumsgruppe.

7.2.7.7 Leuchtkraftfunktion – Luminosity function (siehe 8.2.2.2)

Die Leuchtkraftfunktion in Kugelhaufen ist für einige wenige Objekte bekannt. Fig. 3 gibt als Beispiel die Ergebnisse von Sandage [*26*] für M 3. Die Spitze bei $M_v = 0$ rührt vom horizontalen Ast der *RR* Lyrae-Sterne her.

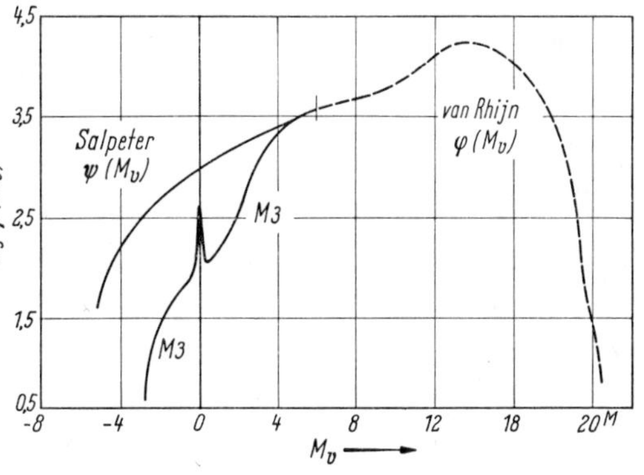

Fig. 3. Beobachtete Leuchtkraftfunktion in M 3 bis zur absoluten visuellen Helligkeit $M_v = +6$, nach Sandage [*26*]; verglichen mit der allgemeinen Leuchtkraftfunktion nach Salpeter [*31*] und van Rhijn — The observed luminosity function for M 3 to the absolute visual magnitude $M_v = +6$, from Sandage [*26*]; compared with the general luminosity function from Salpeter [*31*] and van Rhijn.

$\varphi(M_v)$	Gesamtzahl der Sterne zwischen $M_v+0{,}1$ und $M_v-0{,}1$ in einer kreisförmigen Fläche mit 8' Radius um das Zentrum von M 3.	Total number of stars between $M_v+0{,}1$ and $M_v-0{,}1$ in a circular area with radius of 8' centered on the nucleus of M 3.

7.2.7.8 Gesamtzahl und Gesamtmasse der Sterne in Kugelhaufen – Total number and total mass of stars in globular clusters

N_{tot} zwischen $5 \cdot 10^4$ und $5 \cdot 10^7$
$\mathfrak{M}_{tot} = 2{,}45 \cdot 10^5 \cdot \mathfrak{M}_\odot$ für M 3.

7.2.7.9 Farben-Helligkeits-Diagramme – Color-magnitude diagrams

(Siehe 5.2.3 und 5.2.7.4.3)

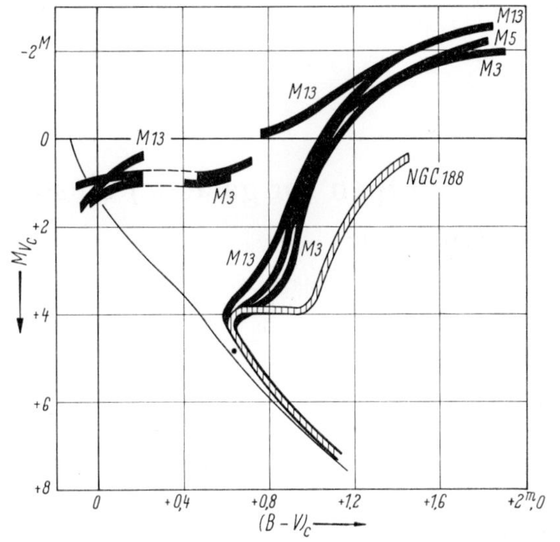

Fig. 4. Das Hertzsprung-Russell-Diagramm einiger Kugelhaufen (nach Sandage [*32*]). Der Farbenindex ist wegen Blanketing korrigiert (Index *c*). Zum Vergleich ist die Null-Hauptreihe (—), die Sonne (•) und der älteste offene Sternhaufen NGC 188 eingetragen — The Hertzsprung-Russell diagram for some globular clusters (after Sandage [*32*]). The color index is corrected for blanketing effect (index *c*). For comparison also the zero-age main sequence (—), the sun (•) and the oldest open cluster NGC 188 are given.

Die Farben-Helligkeits-Diagramme von Kugelhaufen sind charakterisiert durch einen von der Hauptreihe bei $M \approx 4^{M}$ sich ablösenden und schräg nach rechts oben verlaufenden Riesenast und durch das Fehlen von hellen B- und O-Sternen („Population II") (Fig. 4). Daten liegen vor für M 2, 3, 5, 10, 13, 15, 92 NGC 4147, 6397, 6779, ω Cen und 47 Tuc; signifikante Unterschiede bestehen vor allem in der Ausprägung des Riesen- und des horizontalen Astes. Farben-Helligkeits-Diagramm des Kugelhaufens M 3 siehe 5.2.7.4.3.

7.2.8 Kugelhaufen in anderen Sternsystemen — Globular clusters in other stellar systems

Einzelne Objekte in	NGC, IC	(siehe 7.1.2)
Kleine Magellansche Wolke	SMC	Kron [*28*]*)
Große Magellansche Wolke	LMC	Hodge [*29*]
Andromedanebel	M 31	Kinman [*19*], Hiltner [*30*]

7.2.9 Literatur zu 7.2 — References for 7.2

a···*f* Kataloge von Kugelhaufen: siehe 7.2.1, S. 583.
1 Sawyer-Hogg, H.: AJ **64** (1959) 425.
2 Parenago, P. P.: Astron. Zh. **25** (1948) 123.
3 Kinman, T. D.: Monthly Notes Astron. Soc. S. Africa **16** (1958) 19.
4 Gamlej, N. V.: Publ. Pulkowo **17**/141 (1948) 6.
5 Mayall, N. U.: ApJ **104** (1946) 290.
6 Kinman, T. D.: MN **119** (1959) 157.
7 Kinman, T. D.: MN **119** (1959) 559.
8 Pease, F. G., and H. Shapley: ApJ **45** (1917) 225.
9 Idlis, G. M., und G. M. Nikolski: Astron. Zh. **36** (1959) 668.
10 Struve, O.: Sky Telescope **19** (1960) 456.
11 Kholopov, P. N.: Astron. Zh. **40** (1963) 118.
12 Sandage, A.: AJ **59** (1954) 1962.
13 Oort, J. H., and G. van Herk: BAN **14** (1960) 299.
14 King, I.: AJ **67** (1962) 471.
15 Kron, G. E., and N. U. Mayall: AJ **65** (1960) 581.
16 Christie, W. H.: ApJ **91** (1940) 13.
17 Vyssotsky, A. N., and E. T. R. Williams: ApJ **77** (1933) 301.
18 Shapley, H., and H. Sawyer: Harvard Bull. **848** (1927).
19 Kinman, T. D.: ApJ **137** (1963) 213.
20 Morgan, W. W.: PASP **68** (1956) 509.
21 Sawyer-Hogg, H.: Kl. Veröffentl. Bamberg Nr. 34 (1962) 8.
22 Sawyer-Hogg, H.: Publ. David Dunlap Obs. **2** Nr. 2 (1955).
23 Bailey, S. I.: Ann. Harvard **38** (1902).
24 Joy, A. H.: ApJ **110** (1949) 105.
25 Sandage, A. R., and M. F. Walker: AJ **60** (1955) 230.
26 Sandage, A. R.: ApJ **125** (1957) 422.
27 Arp, H. C.: Hdb. Physik **51** (1958) 118.
28 Kron, G. E.: PASP **68** (1956) 125, 230, 326.
29 Hodge, P.: ApJ **131** (1960) 351; **132** (1960) 341, 346, 351; **133** (1961) 413; **134** (1961) 226; **137** (1963) 1033.
30 Hiltner, W. A.: ApJ **131** (1960) 163.
31 Salpeter, E. E.: ApJ **121** (1955) 161.
32 Sandage, A. R.: ApJ **135** (1962) 333.

7.3 Offene (oder galaktische) Haufen — Open (or galactic) clusters

7.3.1 Kataloge — Catalogues

N Zahl der offenen Haufen — number of open clusters

a	Shapley, H.: Star Clusters, Hdb. Astrophys. 5/2 (1933). α, δ, l^{I}, b^{I}, r, d, u. a.	$N = 249$
b	Trumpler, R.: Lick Bull. **14** Nr. 420 (1930)	$N = 334$
c	Collinder, P.: Ann. Lund **2** (1931)	$N = 471$
d	Alter, Ruprecht, Vanýsek: Catalogue of Star Clusters and Associations mit 6 Ergänzungen; siehe 7.1.3 Lit. [*2*]	$N = 861$
e	Sawyer-Hogg, H.: Hdb. Physik **53** (1959) 142	$N = 514$

*) $N = 10$. Auffällig ist die Existenz heller blauer Sterne in manchen dieser Objekte — The presence of light blue stars in some of these objects is striking.

7.3.2 Klassifikation — Classification

A. Klassifikation nach der Konzentration der Haufensterne gegen das Zentrum und dem Kontrast des Sternhaufens gegen das umgebende Sternfeld — Classification according to the concentration of cluster stars at the center of the cluster and the contrast of the cluster with the surrounding stellar field according to SHAPLEY [a] and TRUMPLER [b]

Klassifikation [a] S. 704	Klassifikation [b] S. 154	Offene Haufen	Open clusters	N*) [b]
f, g	I	mit starker Konzentration, die sich deutlich vom Hintergrund abheben	with high concentration, which stand out clearly against the background	118
d	II	mit schwächerer Konzentration, die sich aber doch noch deutlich vom Hintergrund abheben	with lower concentration, but still stand out clearly against the background	148
c	III	ohne merkliche Konzentration gegen das Zentrum, die sich aber doch vom Hintergrund abheben	without a noticeable concentration at the center, but distinguishable from the background	37
a	IV	die nur mehr den Eindruck von zufälligen Anhäufungen im Sternfeld des Hintergrundes erwecken	which more or less give the impression of an accidental clustering in the surrounding star field	31

B. Zusätzliche Klassifikation nach dem Sternreichtum und dem Helligkeitsbereich — Additional classification according to abundance of stars and range of brightness [b]

Klassifikation	Offene Haufen	Open clusters
p (poor)	weniger als 50 Sterne	less than 50 stars
m (moderately)	50 bis 100 Sterne	50 to 100 stars
r (rich)	mehr als 100 Sterne	more than 100 stars
1	ungefähr gleiche scheinbare Helligkeit	about the same apparent magnitude
2	ziemlich gleichmäßige Streuung der Helligkeiten über einen größeren Bereich	nearly uniform scattering of magnitudes over a larger region
3	neben einigen sehr hellen Sternen eine größere Anzahl schwächerer Sterne, die wie bei 2 streuen	besides a few very bright stars many fainter stars with a similar scattering as 2

Beispiele: Plejaden II 3 *r*
Hyaden II 3 *m*
Praesepe I 2 *r*

TRUMPLER [b] hat diese Unterteilung eingeführt, um in jeder Untergruppe möglichst Haufen mit praktisch gleichem linearen Durchmesser zusammenzufassen.

C. Klassifikation auf Grund des Hertzsprung-Russell-Diagramms (HRD) — Classification by means of the Hertzsprung-Russell diagram (HRD) (see 5.2.3 and 5.2.7.4.3)

Klassifikation**)	Haufensterne	Members of a cluster
1	alle gehören der Hauptreihe des HRD an	all are on the main sequence of the HRD
2	eine geringe Anzahl gehört dem Riesenast, die meisten aber der Hauptreihe an	some belong to the giant branch, but most are on the main sequence
3	die meisten der helleren sind gelbe oder rote Riesensterne, während die übrigen Sterne auf der Hauptreihe liegen	most of the brighter stars are yellow or red giants, the rest are on the main sequence

*) Die fünfte Spalte (*N*) gibt das Resultat einer Abzählung an [b] — The fifth column (*N*) gives the results of a census according to [b].

**) Zur weiteren Unterteilung wird der arabischen Ziffer noch ein kleiner Buchstabe o, b, a oder f angefügt, der den frühesten, in einem offenen Sternhaufen vorkommenden Spektraltyp kennzeichnet — For subdivision, a small letter o, b, a or f is added to the arabic numeral giving the earliest spectral type appearing in the cluster.

Beispiel: Plejaden 1 b
Praesepe 2 a

Typus	o	b	b-a	a	a-f	f	Summe
1	7	24	5	3			39
1-2	3	15	10	3			31
2		1	5	18	1	1	26
2-3				3			3
3				1			1
Summe	10	40	20	28	1	1	100

Häufigkeitsverteilung der HRD offener Sternhaufen — Abundance distribution of the HRD of open clusters [*b*]

7.3.3 Verteilung an der Sphäre — Distribution on the celestial sphere

Die *sphärische Verteilung* der offenen Haufen ist durch eine starke Konzentration zum galaktischen Äquator ausgezeichnet. In galaktischer Länge läuft sie ziemlich parallel zur Verteilung sowohl der Dunkelwolken wie der B-Sterne mit Abständen $r > 3$ kpc [*1*]

Tab. 8. Verteilung von 778 Haufen nach galaktischen Koordinaten l^{II} und b^{II} — Distribution of 778 clusters in galactic coordinates l^{II} and b^{II} according to ALTER and RUPRECHT [*2*]

N	Anzahl der Haufen	number of clusters
N_n; N_s	Anzahl der nördlich bzw. südlich des galaktischen Äquators liegenden Haufen	number of clusters north or south, respectively, of the galactic equator

$l^{II} \pm 5°$	N	$N_n - N_s$	$\bar{b}^{II}$	$l^{II} \pm 5°$	N	$N_n - N_s$	$\bar{b}^{II}$
180°	5	+ 1	0°,0	0°	29	−21	−1°,7
190	9	+ 5	+1,1	10	26	−20	−1,8
200	14	0	−0,3	20	20	− 8	−1,2
210	29	− 3	0,0	30	8	− 5	−1,6
220	17	−10	−2,0	40	9	+ 1	+2,0
230	36	+ 2	−0,5	50	7	+ 1	+0,6
240	57	− 3	−1,2	60	11	− 5	−1,1
250	42	+ 8	+0,2	70	18	+ 6	+0,1
260	24	+ 2	0,0	80	17	+11	+1,2
270	25	−11	−1,0	90	18	− 4	−1,0
280	24	− 9	−0,8	100	19	− 5	−1,0
290	39	−16	−0,9	110	21	0	+0,3
300	27	+ 2	+0,9	120	39	− 9	−0,4
310	22	− 2	−0,4	130	30	− 3	−0,2
320	14	+ 4	+0,9	140	18	+ 4	+0,7
330	22	−18	−2,0	150	11	− 1	−1,3
340	24	− 4	−0,8	160	13	+ 1	−1,1
350	20	−12	−1,5	170	14	+ 2	+0,4

$\Sigma N = 778$; $\overline{N_n - N_s} = -79$; $\bar{b}^{II} = -0°,4$, Streuung: $\sigma_b = 3°,5$

7.3.4 Gesamtzahl und räumliche Verteilung — Total number and spatial distribution

Gesamtzahl aller offenen Haufen in der Galaxis: ~15 000, BARKHATOVA [*5*].

Neben O-Assoziationen und Emissionsnebeln bilden die offenen Haufen, jedenfalls soweit ihr frühester Spektraltyp B2 und früher ist, die markantesten Kennzeichen von Spiralarmen unserer Galaxis (Fig. 5 und 6). Siehe: a) JOHNSON u. a. [*3*]: 106 Haufen. b) W. BECKER [*4*]: sehr vollständige Angaben über Modulen, Verfärbung, Spektraltypus u. a. von 156 Haufen.

Tab. 9. Mittlere Z-Komponente (= Abstand vom galaktischen Äquator) für 148 offene Haufen — Mean Z component (= distance from galactic plane) for 148 open clusters [*4*]

$(Sp)_0$ | frühester Spektraltyp | earliest spectral type

$(Sp)_0$	$\|Z\|$ [pc]	N
O⋯B2	57 ± 6	57
B3⋯B6	48 ± 7	38
B7⋯F	79 ± 9	53

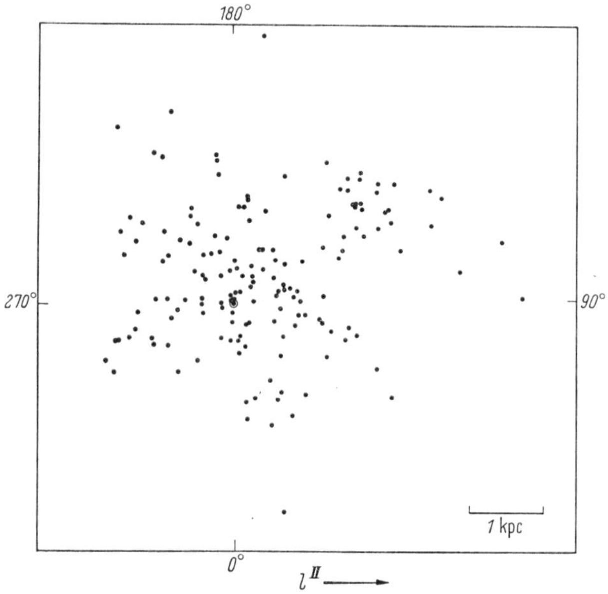

Fig. 5. Verteilung von 156 offenen galaktischen Sternhaufen, projiziert auf die galaktische Ebene (neue galaktische Koordinaten) — Distribution of 156 open clusters, projected onto the galactic plane (new galactic coordinates).

⊙ | Sonne | sun

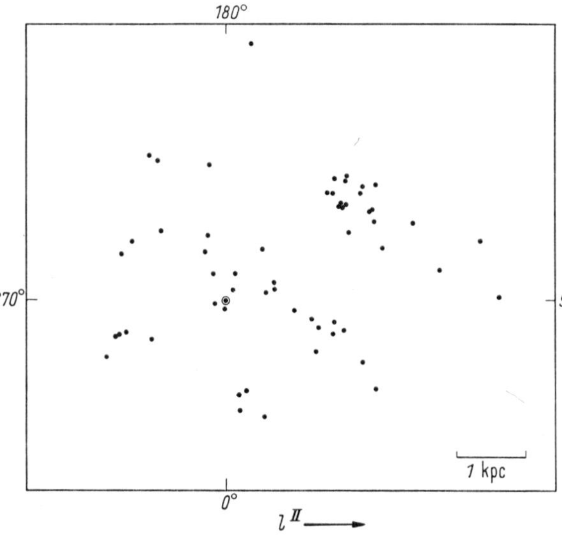

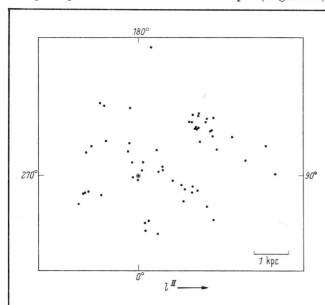

Fig. 6. Verteilung der offenen Haufen mit frühestem Spektraltyp zwischen O und B 2, projiziert auf die galaktische Ebene — Distribution of open clusters with earliest spectral type between O and B2, projected onto the galactic plane.

⊙ | Sonne | sun

7.3.5 Scheinbare Durchmesser — Apparent diameters

Die scheinbaren Durchmesser sind aus meßtechnischen Gründen nur mit ziemlicher Unsicherheit zu erhalten. Daher zeigen die Reihen verschiedener Autoren (z. B. BARKHATOVA [5], TRUMPLER [b]) häufig beträchtliche systematische Differenzen.

Tab. 10. Verteilung der scheinbaren Durchmesser d von 334 offenen Haufen — Distribution of apparent diameters d of 334 open clusters [b]

$d \pm 2',5$	N	$d \pm 2',5$	N
2',5	64	37',5	5
7,5	108	42,5	2
12,5	59	47,5	3
17,5	31	52,5	4
22,5	33	57,5	1
27,5	11	62,5	3
32,5	9	67,5	1

7.3.6 Der einzelne offene Haufen — The individual open cluster

7.3.6.1 Photometrische Daten — Photometric data

Photometrische Daten und daraus abgeleitete Größen wie Verfärbung, interstellare Absorption, Entfernungen, totale Absoluthelligkeiten und Durchmesser findet man bei JOHNSON u.a. [3], W. BECKER [4] und BUSCOMBE [6]. Die absoluten blauen Gesamthelligkeiten M_B schwanken zwischen $-9^M_,8$ (h Per) und $+0^M_,5$.

Mittelwert: $= -495^M_,$ (BUSCOMBE [6], $N = 164$).

Tab. 11. Verteilung der absoluten blauen Gesamthelligkeiten M_B (*tot*) von 164 offenen Haufen — Distribution of the total absolute blue magnitudes M_B (*tot*) of 164 open clusters [6]

M_B (*tot*)	N
$+0^M_,5$	1
−0,5	2
−1,5	11
−2,5	14
−3,5	30
−4,5	32
−5,5	23
−6,5	18
−7,5	19
−8,5	8
−9,5	6

7.3.6.2 Lineare Durchmesser — Linear diameters

Tab. 12. Verteilung der linearen Durchmesser D von offenen Haufen — Distribution of the linear diameters D of open clusters

N_1	Nach der Auswahl von 128 bestuntersuchten Haufen von SCHMIDT [7]	Selection of 128 clusters which have been especially investigated by SCHMIDT [7]
N_2	Nach einem größeren, bei kleinen Haufen unvollständigen Material von 505 Haufen von ALTER [8]	From 505 clusters, incomplete for small clusters, by ALTER [8]

D [pc]	1	2	3	4	5	6	7	8	9	10	11	12	13	14	15	16	17	18	19	20
N_1	3	19	23	24	14	20	9	5	3	2	0	3	1	1	0	0	0	1	0	0
N_2	9	10	131	138	72	56	34	12	5	18	7	6	1	1	1	1	1	0	0	1

Tab. 13. Die linearen Durchmesser D in pc für verschiedene Klassen (siehe 7.3.2) — The linear diameters D in pc for different classes (see 7.3.2) [4]

Populations-klassen	D [pc] Konzentrationsklassen I	II	III	IV
r	3,2	3,2	3,2	6,4
m	4,1	4,1	5,8	9,0
p	6,1	6,1	7,3	11,2

7.3.6.3 Massen — Masses

Tab. 14. Verteilung der Gesamtmassen $\mathfrak{M}$ von 129 offenen Haufen — Distribution of the total masses $\mathfrak{M}$ for 129 clusters [7]

$\mathfrak{M}$ [$10^3\,\mathfrak{M}_\odot$]	N
<0,25	4
0,25 ··· 0,5	17
0,5 ··· 1,0	40
1,0 ··· 1,5	20
1,5 ··· 2,0	15
2,0 ··· 2,5	7
2,5 ··· 3,0	7
3 ··· 4	3
4 ··· 5	6
5 ··· 6	4
6 ··· 8	2
8 ··· 10	1
10 ··· 15	3
>15	0

7.3.6.4 Farben-Helligkeits-Diagramme — Color-magnitude diagrams (Siehe 5.2.7.4.3)

Sammlungen solcher Diagramme — Collections of such diagrams:

f | Barkhatova, K. A.: Astron. Zh. **36** (1959) 100, und Atlas of Colour-Magnitude Diagrams, Moscow (1958).
g | Barkhatova, K. A.: Atlas of Colour-Magnitude Diagrams, First Supplement, Moscow (1961).
h | Hoag, A. A., H. L. Johnson, B. Iriarte, R. I. Mitchell, K. L. Hallam, and S. Sharpless: Publ. U.S. Naval Obs. **17**/7 (1961).

Fig. 7 zeigt eine Auswahl typischer, durch Entwicklungseffekte sich unterscheidender Diagramme.

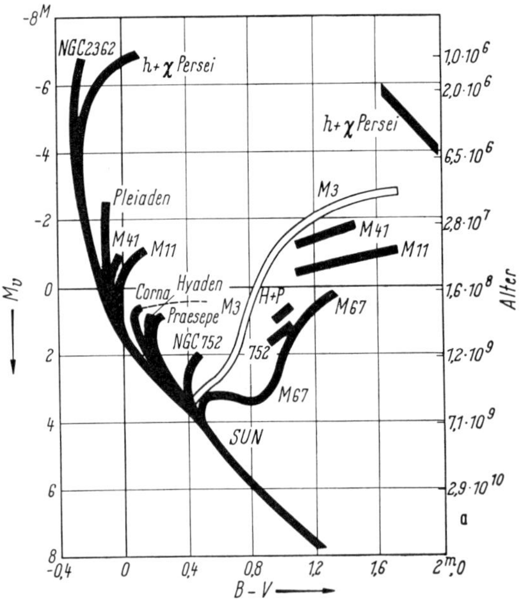

Zur Definition der Null-Hauptreihe siehe 5.2.2.2.
FHD der Plejaden siehe 5.2.7.4.3.

Fig. 7. Farben-Helligkeits-Diagramm offener Sternhaufen — Color-magnitude diagrams of open clusters [9].

	Die rechte Ordinate gibt das Alter des Haufens, das aus der Leuchtkraft des oberen Endes der Hauptreihe abgeleitet ist.	The ordinate on the right gives the age of the cluster, derived from the magnitude at the upper end of the main sequence.
═	einziger Kugelhaufen (M 3) dieses Diagramms.	The only globular cluster (M 3) of this diagram.

7.3.6.5 Leuchtkraftfunktion (LKF) in offenen Sternhaufen — Luminosity function (LF) for open clusters

Es bestehen markante Unterschiede in der beobachteten Leuchtkraftfunktion $\varphi_H\,(M_v)$ einzelner Haufen. Histogramme und Tabellen bei van den Bergh und Sher [10] für 20 Haufen bis zur 20. scheinbaren Größe (blau), ferner bei Sandage [9] für *h* Per, Plejaden (Tab. 15), Coma Ber., Hyaden, Praesepe, M 67 zusammen mit der LKF der Population I und der ursprünglichen LKF.

Zur Definition der LKF siehe 8.2.2.2.

Tab. 15. Leuchtkraftfunktion (LKF) für die Plejaden — Luminosity function (LF) for the Pleiades [9]

φ_H	LKF der Haufensterne (Plejaden)	LF for cluster members (Pleiades)
ψ	ursprüngliche LKF (Alter „Null")	original LF for age zero
φ_I	LKF der Population I	LF for population I stars

alle Werte normiert auf gleiche Gesamtzahl — all values are normalized to same total number

$M_v \pm 0,25$	$\varphi_H\ (M_v)$	$\psi\ (M_v)$	$\varphi_I\ (M_v)$
−2,75	1	1,12	0,004
−2,25	0	1,40	0,009
−1,75	3	1,76	0,017
−1,25	2	2,14	0,035
−0,75	0	2,56	0,071
−0,25	3	2,99	0,141
+0,25	2	3,50	0,257
+0,75	3	3,98	0,467
+1,25	7	4,50	0,850
+1,75	5	5,05	1,41
+2,25	8	5,61	2,29
+2,75	11	6,19	3,54
+3,25	7	6,83	5,12
+3,75	6	7,58	7,07
+4,25	9	8,47	9,53
+4,75	19	9,40	12,01
+5,25	13	10,57	14,10
+5,75	17	11,76	15,82
+6,25	10	13,53	17,76
+6,75	13	14,18	18,59
+7,25	9	14,86	19,47
+7,75	7	15,20	19,92
+8,25	14	15,54	20,39
	169	169	169

7.3.6.6 Sterndichte der offenen Sternhaufen — Star density of open clusters

Die Zahl der Sterne pro pc³ liegt zwischen 0,25 für die Hyaden und etwa 80 für das Zentrum von NGC 6705 (Sonnenumgebung 0,01).

Haufen mit einer Massendichte $\varrho < 0{,}093\,\mathfrak{M}_\odot/\mathrm{pc}^3$ sind instabil.

7.3.6.7 Veränderliche in offenen Haufen — Variables in open clusters

Veränderliche Sterne verschiedenen Typs (Bedeckungsveränderliche, δ Cephei-Sterne, S- und C-Sterne, *T* Tauri-Sterne (siehe 6.2)) kommen in einer Reihe von Haufen vor. Wegen Einzelheiten muß auf die zusammenfassenden Berichte [*11*] und Sawyer-Hogg [*e*] hingewiesen werden. *T* Tauri-Sterne kommen gehäuft in jungen Sternhaufen (NGC 2264: 79; NGC 6530: 69) und Assoziationen (Orionnebel: 115) vor. Zu der letzteren Sternart ist vor allem die Bibliographie von Herbig [*11*] zu Rate zu ziehen.

7.3.6.8 Das Alter von offenen Haufen — The age of open clusters

Tab. 16. Auswahl von Altersbestimmungen nach verschiedenen Autoren und Methoden — Selection of age determination by different authors and by different methods*) [*12*]

Name	Alter [a] von Hoerner [*13*]	Lohmann [*14*]	Sandage [*15*]
h und χ Per	$4{,}4 \cdot 10^6$		$1 \cdot 10^6$
NGC 663	$6{,}8 \cdot 10^6$		
2362	$6{,}8 \cdot 10^6$	$2 \cdot 10^7$	<1
IC 4665		$6 \cdot 10^7$	
NGC 2264	$1{,}5 \cdot 10^6$		
457	$1{,}5 \cdot 10^7$		
α Per	$2{,}0 \cdot 10^7$		
Plejaden	$8{,}0 \cdot 10^7$	$1 \cdot 10^8$	$2 \cdot 10^7$
NGC 1039	$1{,}1 \cdot 10^8$		
7243	$1{,}7 \cdot 10^8$		
2287	$1{,}7 \cdot 10^8$		$6 \cdot 10^7$
2516	$1{,}7 \cdot 10^8$		
6705	$2{,}0 \cdot 10^8$	$2{,}9 \cdot 10^8$	$6 \cdot 10^7$
7092	$2{,}3 \cdot 10^8$	$3{,}9 \cdot 10^8$	
UMa Strom	$3{,}0 \cdot 10^8$		
Hyaden	$8{,}7 \cdot 10^8$	$1{,}1 \cdot 10^9$	$4 \cdot 10^8$
Praesepe	$3{,}0 \cdot 10^8$	$1{,}5 \cdot 10^9$	$4 \cdot 10^8$
Coma	$5{,}9 \cdot 10^8$		$3 \cdot 10^8$
NGC 752	$2{,}3 \cdot 10^9$	$2{,}7 \cdot 10^9$	$1 \cdot 10^9$
2682	$4{,}6 \cdot 10^9$	$3{,}8 \cdot 10^9$	$5 \cdot 10^9$
188			$(12 \cdot 10^9)$

*) Weitere Daten und detaillierte Diskussionen siehe in Burbidge u. a. [*16*] — More data and detailed discussions can be found in Burbidge et al. [*16*].

7.3.7 Literatur zu 7.3 — References for 7.3

a···*e* Kataloge offener Sternhaufen siehe 7.3.1 — Catalogues of open clusters see 7.3.1.

f···*h* Sammlungen von Farben-Helligkeits-Diagrammen offener Sternhaufen siehe 7.3.6.4 — Collections of color-magnitude diagrams of open clusters see 7.3.6.4.

1 Feast, W. M., R. H. Stoy, A. D. Thackeray, and A. J. Wesselink: MN **122** (1961) 239.

2 ALTER, G., and J. RUPRECHT: The System of Open Star Clusters and our Galaxy, Praha (1963).
3 JOHNSON, H. L., A. A. HOAG, B. IRIARTE, R. I. MITCHELL, and K. L. HALLAM: Lowell Bull. **5** Nr. 113 (1961) 133.
4 BECKER, W.: ZfA **57** (1963) 117.
5 BARKHATOVA, K. A.: Astron. Zh. **27** (1950) 180.
6 BUSCOMBE, W.: Mt. Stromlo Mimeogr. No. 6 (1963).
7 SCHMIDT, K. H.: AN **287** (1963) 41.
8 ALTER, G.: Private Mitteilung.
9 SANDAGE, A. R.: ApJ **125** (1957) 422.
10 VAN DEN BERGH, S., and H. SHER: Publ. David Dunlap Obs. **2** (1960) 201.
11 Trans. IAU **11** A (1962) 273 ff.
12 BURBIDGE, G. R.: Hdb. Physik **51** (1958) 203.
13 v. HOERNER, S.: ZfA **42** (1957) 273.
14 LOHMANN, W.: ZfA **42** (1957) 114.
15 SANDAGE, A. R.: in "Stellar Populations" ed. D. J. K. O'CONNELL (Pontif. Academy of Sciences), North Holland Publ. Comp. Amsterdam (1958) S. 46.
16 BURBIDGE, G. R., F. D. KAHN, R. EBERT, S. v. HOERNER und S. TEMESVÁRY: „Die Entstehung von Sternen durch Kondensation diffuser Materie", Springer, Berlin (1960).

7.4 Assoziationen — Associations

7.4.1 Definition

Nach AMBARZUMJAN [*1, 2*] versteht man unter O-Assoziationen Gruppen von bis zu mehreren 100 Sternen mit Spektraltyp B 0 und früher und Durchmessern zwischen 30 und 200 pc. Die Raumdichte dieser Sterne ist zwar größer als die der Sterne gleichen Typs in der näheren Umgebung, aber doch wesentlich kleiner als die Raumdichte aller Sterne am Ort der Assoziation. Im Zentralgebiet von O-Assoziationen befinden sich oft ein oder mehrere offene Sternhaufen frühen Typs.

Analog versteht man nach AMBARZUMJAN unter T-Assoziationen Gruppen, die entsprechend aus *T* Tauri-Sternen bestehen. Solche Sterne (F 8 < Sp < M 2) sind unregelmäßige Veränderliche (siehe 6.2.3.6, dort genauere Beschreibung) mit Emissionslinien in räumlicher Nachbarschaft von kräftigen Wolken interstellaren Staubes und von hellen galaktischen Gasnebeln. Die Mitgliedanzahl bekannter T-Assoziationen schwankt zwischen 4 und 400. Beide Assoziationen sind dynamisch instabil, ihre Mitglieder zählen zu den jungen oder jüngsten Sternen (Alter $\leqq 10^7$ a).

According to AMBARZUMJAN [*1, 2*] O-associations are defined as groups of up to several hundreds of stars with spectral type earlier than B 0. The diameters of the groups range between 30 and 200 pc. The local space density of these early-type stars exceeds the average density of stars of the same spectral type, on the other hand, however, it is much smaller than the local space density of all stars. It happens in many cases that the central part of the association contains one or several early-type open star clusters.

Correspondingly, T-associations are groups of *T* Tauri stars. Such stars (F 8 < Sp < M 2) are irregular variables (see 6.2.3.6, where more details are given) showing emission lines. They are closely associated with strong clouds of interstellar dust and with bright galactic nebulae. The number of members in T-associations ranges between 4 and 400. Both associations are unstable. Their members are regarded as young or very young (age less than 10^7 years).

Literatur: SAWYER-HOGG [*3*], E. und G. BURBIDGE [*4*] und HERBIG [*5*].

7.4.2 Kataloge — Catalogues

a) *Kataloge von O-Assoziationen.*

1. MARKARIAN [*6*]
2. MORGAN, WHITFORD, and CODE [*7*], $N = 27$
3. SCHMIDT [*8*], $N = 62$
4. ALTER, RUPRECHT, and VANÝSEK [*9*].

Die Abgrenzung einzelner Assoziationen gegeneinander ist in vielen Fällen nur mit Willkür möglich. Daher existiert noch keine allgemein anerkannte Liste dieser Gruppen.

Tab. 1. O-Assoziationen — O-associations

Assoziation[1]) (1)	(2)	l^{II}	b^{II}	N	r [pc]	Assoziierte Objekte (NGC)
III } VII } Cas	I	125°	−1°	28	2700	381, 366
I Per	I	135	−5	180	1900	*h* und *χ* Per
II Per	II	160	−17	100	380	*ζ* Per
I Aur	I	173	0	15	1100	*χ* Aur
I Ori	I	206	−18	1000	500	1976, *ε* Ori
II Mon	I	202	+1	50	510	2264
I Mon	II	207	−1		1400	2244
I Car	I	287	0	90	900	3293, IC 2602
I Sco	I	343	+1	70	1300	6231
I + II Sgr	I	7	−1	60	1300	6514, 6523
IV Sgr	II	14	0	120	1700	6561
II Cyg	I	76	+2	200	1800	6871, IC 4996, *P* Cyg
I Cep	II	101	+5	80	680	*ν* Cep
I Lac	I	98	−15	70	550	10 Lac
II + IV Cep	I	107	−1	150	2500	7380
I + V Cas	II + V	111	0	160	2700	7510

[1]) (1) Bezeichnung nach [*8*] — designation according to [*8*].
(2) Bezeichnung nach [*6*] — designation according to [*6*].

b) Kataloge von T-Assoziationen.

1. KHOLOPOV [*10*], $N = 29$ (sicher) + 12 (möglich); Bezeichnung z. B. Aql T1, Per T2.
2. HERBIG [*5*]. Dort (S. 49 ff) Liste von 126 *T* Tau-Sternen heller als 14ᵐ5 (*pg*) und (S. 57 ff) Liste von 33 Dunkelwolken und hellen Nebeln, in denen *T* Tau-Sterne gefunden worden sind.

Tab. 2. T-Assoziationen — T-associations [*10*]

Assoziation	l^{II}	b^{II}	*d*	*N*	*r* [pc]	Assoziierte Objekte
Per T2	161°	−18°	0,°4	15	380	IC 348
Tau T1	169	−16	3	12	200	*RY* Tau
Tau T2	179	−20	1 × 6*)	11	170	*T* Tau
Tau T3	173	−15	5	46	170	*UZ* Tau
Aur T1	172	− 7	5 × 9*)	13	170	*RW* Aur
Ori T1	193	−12	4	42	400	*CO* Ori
Ori T2	209	−19	4	399	400	*T* Ori
Ori T3	206	−17	4	93	400	σ Ori
Ori T4	197	−11	3	27	400	*FU* Ori
Mon T1	203	+ 2	3	141	800	NGC 2264
Sco T1	354	+18	9	26	210	α Sco
Sgr T2	6	− 1	0,5 × 1*)	50	1300	NGC 6530
Oph T1	38	+ 8	10 × 15*)	20	300	*V* 426 Oph
Aql T1	37	− 9	13 × 20*)	18	200	*V* 374 Aql
Del T1	55	− 9	11 × 18*)	25	200	*V* 536 Aql
Cyg T1	85	0	1	21	600	IC 5070
Cyg T3	94	− 5	0,2	19	1200	IC 5146
Car T1	288	− 1	2	19	900	η Car

*) ≈ *a* × *b*.

7.4.3 Scheinbare und räumliche Verteilung — Apparent and spatial distribution

Beide Assoziationen sind sehr stark zur galaktischen Ebene konzentriert. In vielen Fällen sind O- und T-Assoziationen räumliche Einheiten. Für T-Assoziationen siehe KHOLOPOV [*10, 11*].

Ihre räumliche Anordnung liefert einen der wichtigsten Indikatoren für die Spiralstruktur der näheren Sonnenumgebung. Darstellungen dazu bei: MORGAN, WHITFORD, und CODE [*7*], BECKER und JOHNSON et al. (siehe 7.3.4).

7.4.4 Farben-Helligkeits-Diagramme — Color-magnitude diagrams

Diese ähneln im oberen Teil denjenigen von offenen Haufen frühen Typs (1b und früher, siehe 7.3.6.4) und zeigen im unteren Teil, über der Hauptreihe und im Bereich der Unterriesen (subgiants) größere Mengen von *T* Tau-Sternen und anderen Sternen ähnlich jungen Alters. Die absoluten visuellen Helligkeiten der *T* Tau-Sterne liegen zwischen $+ 3^{M}$ und $+ 10^{M}$. Beispiele von FHD: PARENAGO [*12*] für Orion. Zu T-Assoziationen siehe KHOLOPOV [*13*] und [*11*].

7.4.5 Bewegungen in O-Assoziationen und Altersbestimmungen — Motions in O-associations, age

Eigenbewegungen und Expansionsphänomene sind vor allem von BLAAUW [*16*] studiert worden. Die sichersten Fälle betreffen die Assoziationen I Lac und II Per (ζ Per) mit 8 bzw. 12 km/sec Expansionsgeschwindigkeit. Expansionsalter 4,2 bzw. $1{,}5 \cdot 10^{6}$a. v_r-Messungen: DIETER [*14*] für 35 O-Assoziationen. Verschiedene Methoden und Resultate von Altersbestimmungen in [*15*].

7.4.6 Literatur zu 7.4 — References for 7.4

1 AMBARZUMJAN, V. A.: Astron. Zh. **26** (1949) 3.
2 AMBARZUMJAN, V. A.: Trans. IAU **8** (1952) 665.
3 SAWYER-HOGG, H.: Hdb. Physik **53** (1958) 165.
4 BURBIDGE, G. R. and E. M.: Hdb. Physik **51** (1958) 197.
5 HERBIG, G.: Advan. Astron. Astrophys. **I** (1962) 47.
6 MARKARIAN, B. E.: Proc. Acad. Sci. Armen. SSR **15** (1952) 11.
7 MORGAN, W. W., A. E. WHITFORD, and A. D. CODE: ApJ **118** (1953) 318.
8 SCHMIDT, K. H.: AN **284** (1958) 76.
9 ALTER, C., J. RUPRECHT, and V. VANÝSEK: Catalogue of Star Clusters and Associations (siehe 7.1.3).
10 KHOLOPOV, P. N.: Astron. Zh. **36** (1959) 294.
11 KHOLOPOV, P. N.: Astron. Zh. **36** (1959) 426.
12 PARENAGO, P. P.: Astron. Zh. **30** (1953) 249.
13 KHOLOPOV, P. N.: Astron. Zh. **35** (1958) 434.
14 DIETER, N. H.: ApJ **132** (1960) 49.
15 BURBIDGE, G. R., F. D. KAHN, R. EBERT, S. v. HOERNER und S. TEMESVÁRY: „Die Entstehung von Sternen durch Kondensation diffuser Materie", Springer, Berlin (1960) S. 249.
16 BLAAUW, A.: ApJ **117** (1953) 256; **123** (1956) 408; BAN **12** (1953) 72.

8 Das Sternsystem — The stellar system

8.1 Die nächsten Sterne — The nearest stars

8.1.1 Einleitung — Introduction

Im Jahr 1957 waren innerhalb 20 pc (Parallaxe $\pi \geq 0\overset{''}{.}050$) 915 Einzel- und Doppelsterne mit insgesamt 1094 Komponenten bekannt (GLIESE [1]). Seitdem sind nur etwa 30 neue Parallaxen zwischen $0\overset{''}{.}050$ und $0\overset{''}{.}120$ gemessen worden. Bereits in der nächsten Sonnenumgebung sind die Sterne erst unvollständig erfaßt, wie die Abnahme der räumlichen Dichte (Tab. 1) zeigt.

Within 20 pc (parallax $\pi \geq 0\overset{''}{.}050$) 915 single and double stars, with altogether 1094 components, were known in 1957 (GLIESE [1]). Since then only about 30 new parallaxes between $0\overset{''}{.}050$ and $0\overset{''}{.}120$ have been measured. Even in the sun's neighborhood the stars are only incompletely known, as is shown (Tab. 1) by the decrease of the spatial density.

Tab. 1. Relative Raumdichte der bekannten Sterne ϱ_{st} innerhalb 20 pc (ϱ_{st} innerhalb 4 pc $\triangleq$ 1) — Relative density of known stars ϱ_{st} within 20 pc (ϱ_{st} within 4 pc $\triangleq$ 1)

Intervall [pc]	0 ··· 4	4 ··· 5	5 ··· 10	10 ··· 15	15 ··· 20
$(\varrho_{st})_{rel}$	1,00	0,76	0,48	0,36	0,28

Nur etwa ein Fünftel der 915 Sterne kann mit bloßem Auge gesehen werden. Die Leuchtkraftfunktion (Häufigkeitsverteilung der Sterne in Abhängigkeit von der Leuchtkraft oder absoluten Helligkeit M, siehe 8.2.2), die für geringe Leuchtkräfte nur in unmittelbarer Sonnenumgebung hergeleitet werden kann, steigt (bei abschätzender Ergänzung unseres unvollständigen Materials) bis mindestens $M = 15^{M}$ an. Der heute bekannte Stern geringster Leuchtkraft ist mit $M_v = 19\overset{M}{.}0$ eine rote Zwergkomponente des Doppelsterns BD $+ 4°4048$ in 6 pc Entfernung.

Tab. 2. Prozentualer Häufigkeitsanteil (N) und Massenanteil ($\mathfrak{M}$) der einzelnen Spektral- und Leuchtkraftklassen an der Gesamtzahl der Sterne in Sonnenumgebung bis zur absoluten photographischen Helligkeit $M_{pg} = 15^{M}$ — The percentage frequency (N) and mass ($\mathfrak{M}$) of separate spectral types and luminosity classes of all stars in the solar neighborhood up to the absolute photographic magnitude $M_{pg} = 15^{M}$

Klasse*) class*)	Riesen giants	Unterriesen subgiants	Hauptreihe — main sequence A	F	G	K	M	Unterzwerge subdwarfs	Weiße Zwerge white dwarfs
(N) %	1		0,5	2,5	4	11	75	1	(5)
($\mathfrak{M}$) %	2	2	2	5	7	17	55	0	(10)

8.1.2 Sterndichte in Sonnenumgebung — Star density in the solar neighborhood

Da die Anzahl der leuchtschwächsten Sterne nicht bekannt ist, läßt sich für die Sterndichte nur eine untere Grenze angeben.

Tab. 3. Untere Grenze für die Sterndichte — Minimum value of star density

Sterndichte	star density	$\gtrsim$ 0,15 stars/pc³
Dichte der in Sternen gebundenen Materie [$\mathfrak{M}_\odot = 2 \cdot 10^{33}$ g]	density of matter in stars	$\gtrsim 0{,}06\ \mathfrak{M}_\odot/\mathrm{pc}^3$ $= 4 \cdot 10^{-24}$ g/cm³
Dichte der Gesamtmaterie in Sonnenumgebung [2]	density of all matter in the solar neighborhood [2]	$\gtrsim 0{,}15\ \mathfrak{M}_\odot/\mathrm{pc}^3$ $= 10 \cdot 10^{-24}$ g/cm³

8.1.3 Sterne innerhalb 5 pc — Stars within 5 pc

In Tab. 4 sind die innerhalb 5 pc bekannten Sterne zusammengestellt; es sind 41 Objekte mit Parallaxen $\pi > 0\overset{''}{.}195$. Von diesen sind bisher 11 als visuelle Doppelsterne oder dreifache Systeme beobachtet worden. Insgesamt sind mindestens 15 der 40 sonnennächsten Fixsterne Systeme (Tab. 5); unter den 6

*) Vergleiche 5.2.1 — Compare 5.2.1.

sonnennächsten sind es sogar 5. — Nur vier Sterne übertreffen die Sonne an Leuchtkraft, fünf Sterne sind weiße Zwerge („D"), zwei wurden als Unterzwerge klassifiziert („sd"). Alle übrigen Sterne innerhalb 5 pc liegen längs der Hauptreihe.

Tab. 4. Die Sterne innerhalb 5 pc nach [1], durch neuere Messungen auf den Stand von 1963 gebracht — Stars within a distance of 5 pc, from [1], with recent measurements brought up to 1963

π''	Trigonometrische Parallaxe (5.1.4)	trigonometric parallax (5.1.4)
μ	Betrag der jährlichen Eigenbewegung (5.1.2)	total annual proper motion (5.1.2)
ϑ	Positionswinkel der jährlichen Eigenbewegung	position angle of annual proper motion
Sp	Spektraltyp (meist MK- oder Mt. Wilson-Klassifikation, siehe 5.2.1)	spectral type (mostly MK- or Mt. Wilson classification, see 5.2.1)
L	Leuchtkraft in Einheiten der Sonnenleuchtkraft	luminosity in units of solar luminosity

Nr.	Name	α 1950	δ 1950	π''	μ ["/a]	ϑ	v_r [km/sec]	m_v	Sp	M_v	L ($L_\odot = 1$)
1	Sonne							$-26^m\!.73$	G 2 V	$4^M\!.84$	1,0
2[6])	Proxima Cen	$14^h 26^m\!.3$	−62°28'	0",762	3",85	282°		10,68	M 5 e	15,1	0,000 08
	α Cen A	14 36,2	−60 38	0,751	3,68	281	− 25	0,02	G 2 V	4,40	1,5
	. . . B						− 21	1,35	K 5 V	5,73	0,44
3[2])	Barnards Stern	17 55,4	+ 4 33	0,545	10,34	356	−108	9,54	M 5 V	13,22	0,000 45
4[6])	Wolf 359	10 54,1	+ 7 19	0,427	4,71	235	+ 13	13,66	dM 6 e	16,82	0,000 016
5[2])	BD +36° 2147	11 0,6	+36 18	0,396	4,78	187	− 86	7,47	M 2 V	10,46	0,005 6
6	α CMa A	6 42,9	−16 39	0,375	1,32	204	− 8	− 1,47	A 1 V	1,40	24
[4])	. . . B							8,67	DA	11,5	0,002
7	L 726-8A	1 36,4	−18 13	0,371	3,36	80	+ 29	12,45	dM 6 e	15,3	0,000 07
[6])	. . . B							12,95	dM 6 e	15,8	0,000 04
8[6])	Ross 154	18 46,7	−23 53	0,340	0,72	104	− 4	10,6	dM 4 e	13,3	0,000 4
9	Ross 248	23 39,4	+43 55	0,316	1,60	176	− 81	12,24	dM 6 e	14,74	0,000 11
10	ε Eri	3 30,6	− 9 38	0,303	0,98	271	+ 15	3,73	K 2 V	6,14	0,30
11	Ross 128	11 45,1	+ 1 6	0,298	1,40	153	− 13	11,13	dM 5	13,50	0,000 35
12	L 789-6	22 35,8	−15 36	0,298	3,25	45	− 60	12,58	dM 6 e	14,9	0,000 10
13[2])	61 Cyg A	21 4,7	+38 30	0,292	5,22	52	− 64	5,19	K 5 V	7,52	0,085
	. . . B						− 64	6,02	K 7 V	8,35	0,040
14	α CMi A	7 36,7	+ 5 21	0,287	1,25	214	− 3	0,34	F 5 IV-V	2,63	7,7
[4])	. . . B							10,7	DF	13,0	0,000 55
15	ε Ind	21 59,6	−57 0	0,285	4,69	123	− 40	4,73	K 5 V	7,00	0,14
16[1])	BD +43° 44 A	0 15,5	+43 44	0,278	2,90	82	+ 14	8,07	M 1 V	10,29	0,006 6
	. . . B						+ 21	11,04	M 6 V	13,26	0,000 43
17	BD+59° 1915 A	18 42,2	+59 33	0,278	2,29	325	+ 1	8,90	dM 4	11,12	0,003 1
	. . . B						+ 14	9,69	dM 5	11,91	0,001 5
18	τ Cet	1 41,7	−16 12	0,275	1,92	297	− 16	3,50	G 8 Vp	5,70	0,45
19	CD −36° 15 693	23 2,6	−36 9	0,273	6,90	79	+ 10	7,39	M 2 V	9,57	0,013
20	BD +5° 1668	7 24,7	+ 5 23	0,266	3,73	171	+ 26	9,82	dM 4	11,95	0,001 4
21	CD −39° 14 192	21 14,3	−39 4	0,255	3,47	251	+ 21	6,72	M 0 V	8,75	0,028
22[5])	CD −45° 1841	5 9,7	−45 0	0,251	8,72	131	+242	8,8	sdM 0	10,8	0,004 2
23[3])	Krüger 60 A	22 26,2	+57 27	0,249	0,87	245	− 24	9,82	M 4 V	11,80	0,001 7
[6])	. . . B						− 28	11,4	M 6 V e	13,4	0,000 4
24	Ross614A	6 26,8	− 2 46	0,248	1,00	131	+ 24	11,2	dM 4 e	13,2	0,000 46
	. . . B							14,8	(M)	16,8	0,000 02
25[1])	BD −12° 4523	16 27,5	−12 32	0,244	1,18	183	− 13	10,13	dM 4	12,07	0,001 3
26[4])	van Maanens St.	0 46,5	+ 5 9	0,236	2,98	155	**)	12,36	DG	14,23	0,000 17
27	Wolf 424 A	12 30,9	+ 9 18	0,228	1,78	280	− 5	12,7	dM 7 e	14,5	0,000 14
	. . . B							12,7	dM 7 e	14,5	0,000 14
28	BD +50° 1725	10 8,3	+49 42	0,222	1,45	249	− 27	6,59	dM 0	8,32	0,041
29	CD −37° 15 492	0 2,5	−37 36	0,219	6,11	112	+ 24	8,59	dM 3	10,3	0,006 6

[1]) ··· [6]) siehe S. 600. **) Greenstein, J. L.: AJ **59** (1954) 322. Fortsetzung S. 600.

Tab. 4. (Fortsetzung)

Nr.	Name	α 1950	δ 1950	π''	μ [″/a]	ϑ	v_r [km/sec]	m_v	Sp	M_v	L ($L_\odot = 1$)
30 [2]) [6])	BD +20° 2465	$10^{h}16^{m},9$	+20° 7′	0″,213	0″,49	264°	+ 10	$9^{m},43$	M 4,5 Ve	$11^{M},07$	0,003 2
31	CD −46° 11 540	17 24,9	−46 51	0,213	1,06	147		9,34	M 4	10,98	0,003 5
32	CD −44° 11 909	17 33,5	−44 17	0,209	1,15	217		11,2	M 5	12,8	0,000 7
33	CD −49° 13 515	21 30,2	−49 13	0,209	0,81	184	+ 18	8,9	M 3	10,5	0,005 5
34	BD −15° 6290	22 50,6	−14 31	0,206	1,12	124	+ 9	10,17	dM 5	11,74	0,001 7
35	BD +68° 946	17 36,7	+68 23	0,205	1,31	196	− 17	9,15	M 3,5 V	10,71	0,004 5
36 [4])	L 145-141	11 43,0	−64 34	0,203	2,68	97		11,47	DC	13,01	0,000 54
37	o^2 Eri A	4 13,0	− 7 44	0,202	4,08	213	− 42	4,48	K 1 V	6,01	0,34
[4])	. . . B						− 42	9,50	DA	11,03	0,003 3
	. . . C						− 45	11,1	dM 4 e	12,6	0,000 8
38	BD +15° 2620	13 43,2	+15 10	0,202	2,30	129	+ 15	8,47	M 4 V	10,00	0,008 7
39	α Aql	19 48,3	+ 8 44	0,198	0,66	54	− 26	0,78	A 7 IV,V	2,26	11
40 [6])	BD +43° 4305	22 44,7	+44 5	0,197	0,83	237	− 2	10,05	dM 5 e	11,52	0,002 1
41 [5])	AC +79° 3888	11 44,6	+78 58	0,196	0,87	57	−119	10,9	sdM 4	12,4	0,001 0

[1]) Spektroskopischer Doppelstern — spectroscopic binary.
[2]) Naher Begleiter durch Gravitationswirkung erschlossen — near companion measured by gravitational effect (see 6.1.4).
[3]) Naher Begleiter vermutet — probably unseen near companion.
[4]) Weißer Zwerg — white dwarf.
[5]) Unterzwerg — subdwarf.
[6]) Flare-Stern (siehe 6.2.3.8) — flare star (see 6.2.3.8).
Nr. 7 B = *UV* Cet; Nr. 23 B = *DO* Cep; Nr. 30 = *AD* Leo; Nr. 40 = *EV* Lac

8.1.4 Doppelsterne innerhalb 5 pc — Binaries within 5 pc

Für die 14 visuellen und astrometrischen Doppelsternsysteme innerhalb 5 pc aus Tab. 4 sind in Tab. 5 die wichtigsten Daten zusammengestellt. Für die beiden spektroskopischen Systeme (Nr. 16 A und 25 in Tab. 4) liegen noch keine Bahndaten vor. Doppelsterne näher als 20 pc siehe 6.1.0.4.

Tab. 5. Die Doppelsterne innerhalb 5 pc — The binary stars within 5 pc [*3*]

a	Bahnhalbmesser	semi-major axis
$\mathfrak{M}$	Massen der einzelnen Komponenten	masses of the single components

System	a [AE];[a.u.]	P [a]	$\mathfrak{M}$ [$\mathfrak{M}_\odot$]		Meth.**)
{ α Cen/Proxima	10 000*)	10^6(?)*)	2,0	0,05	(Prox: 3)
{ α Cen A/B	23,4	80,0	1,1	0,9	(1)
Barnard's Stern	4,4	24	0,15	0,001 5	(4)
BD +36° 2147	(2,8)	8	0,33	0,01	(4)
α CMa A/B	20,3	50,0	2,3	1,1	(1)
L 726-8 A/B	6,4	55	0,046	0,040	(2)
{ 61 Cyg A/B	84	720	0,58	0,54	(1)
{ 61 Cyg A/a	2,4	5		0,01	(4)
α CMi A/B	15,9	40,7	1,74	0,63	(1)
BD +43° 44 A/B	160	3 000	0,31	0,13	(3)
BD +59° 1915 A/B	42	346	0,32	0,31	(2)
Krüger 60 A/B	9,5	45	0,27	0,16	(1)
Ross 614 A/B	4,0	16,5	0,14	0,08	(1)
Wolf 424 A/B	(3)	(16)	0,07	0,07	(3)
BD +20° 2465	3	9	0,35	0,02	(4)
{ o^2 Eri A/BC	400*)	7 000 (?)*)	0,89	0,63	(A: 3)
{ o^2 Eri B/C	34	252	0,43	0,20	(1)

Fußnoten zu Tab. 5 auf S. 601

Fußnoten zu Tab. 5

*) Bei α Cen/Proxima Cen und o^2 Eri A/BC konnte keine Bahn bestimmt werden; daher wird die projizierte Distanz und eine grob abgeschätzte Umlaufszeit gegeben — For α Cen/Proxima Cen and o^2 Eri A/BC there exist no orbital data and the projected distance and roughly estimated period are given.

**) Methode der Massenbestimmung — method of mass determination:

(1) Gesamtmasse und Massenverhältnis aus der Bahnbestimmung — total mass and mass ratio both derived from orbit determination.

(2) Gesamtmasse durch Bahn bestimmt, Massenverhältnis aber durch Masse-Leuchtkraft-Beziehung — total mass determined from orbit, mass ratio from the mass-luminosity relation.

(3) Masse aus der Masse-Leuchtkraft-Beziehung — mass determined from mass-luminosity relation.

(4) Abschätzung bei astrometrischem Doppelstern (unsichtbarer Begleiter) — estimation for astrometric binary (unseen companion).

8.1.5 Literatur für 8.1 — References for 8.1

1 Gliese, W.: „Katalog der Sterne näher als 20 pc für 1950,0". Astron. Recheninst. Heidelberg Mitt. (A) **8** (1957).

2 Hill, E. R.: BAN **15** (1960) 1.
Oort, J. H.: BAN **15** (1960) 45.
Gould, R. J., T. Gold, and E. E. Salpeter: ApJ **138** (1963) 408.

3 Brosche, P.: AN **286** (1962) 241 und private Mitteilung.

8.2 Bau des Milchstraßensystems — Structure of the Galaxy

8.2.1 Scheinbare Verteilung der Sterne an der Sphäre — Apparent distribution of the stars on the celestial sphere

8.2.1.1 Galaktische Koordinaten — Galactic coordinates

Bei Untersuchungen des Milchstraßensystems verwendet man zweckmäßig ein Bezugssystem, dessen Grundebene möglichst gut mit der Symmetrieebene des Sternsystems zusammenfallen sollte. Am schärfsten definiert ist diese Ebene durch die räumliche Verteilung des neutralen Wasserstoffs [*2*] (siehe auch 8.2.2.4). Die Beobachtungen ergeben darüber hinaus, daß die Sonne innerhalb der Fehlergrenzen (± 12 pc geschätzter w. F.) gerade in dieser Ebene (der Äquatorebene des neuen sphärischen galaktischen Koordinatensystems) liegt.

For examining the Galaxy, it is practical to choose a reference system whose basic plane coincides with the symmetry plane of the stellar system. This plane is most clearly defined by the spatial distribution of neutral hydrogen [*2*] (see also 8.2.2.4). In addition, observations have established that within the limits of error (± 12 pc estimated p. e.) the sun lies in this plane (the equatorial plane of the new galactic coordinate system).

Das galaktische Koordinatensystem ist festgelegt durch die äquatorialen Koordinaten α und δ des galaktischen Pols und den Nullpunkt der galaktischen Längenzählung.

The system of galactic coordinates is determined by the equatorial coordinates α and δ of the galactic pole and the zero point of the galactic longitudes.

Altes System (l^{I}, b^{I}):
galaktischer Nordpol:

Old system (l^{I}, b^{I}):
galactic north pole:

$$\alpha = 12^{\mathrm{h}}40^{\mathrm{m}}, \quad \delta = +28° \ (1900{,}0)$$

abgeleitet aus der scheinbaren Verteilung von Sternen. Nullpunkt der Längenzählung: aufsteigender Knoten des galaktischen auf dem Himmelsäquator. (Von 1932 bis 1960 wurde dieses System allgemein verwendet.)

derived from the apparent distribution of the stars. Zero-point of the galactic longitudes: ascending node of the galactic equator with respect to the celestial equator. (This system was in general use from 1932 to 1960.)

Neues System (l^{II}, b^{II}):
galaktischer Nordpol:

New system (l^{II}, b^{II}):
galactic north pole:

$$\alpha = 12^{\mathrm{h}}49^{\mathrm{m}}, \quad \delta = +27{,}^{\circ}4 \ (1950{,}0)$$

entsprechend der Lage der Ebene des neutralen Wasserstoffs im Milchstraßensystem. Nullmeridian der Längenzählung: halber Großkreis durch den neuen Nordpol, welcher im äquatorialen System für 1950,0 den Positionswinkel 123° besitzt. (Beschluß der IAU 1959 [*1*].)

corresponding to the position of the plane of the neutral hydrogen in the Milky Way system. Zero meridian of the galactic longitudes: half great circle through the new north pole having the position angle of 123° in the equatorial system for 1950,0. (Decision of the IAU 1959 [*1*].)

Der neue Nullpunkt der Längenzählung fällt zusammen mit der Richtung zum galaktischen Zentrum, die sich aus verschiedenen optischen und radioastronomischen Untersuchungen als gut übereinstimmend ergab mit der Position der Radioquelle Sagittarius A [4]. In „alten" galaktischen Koordinaten ist der Punkt $l^{\mathrm{II}} = 0$, $b^{\mathrm{II}} = 0$ gegeben durch $l^{\mathrm{I}} = 327{,}^{\circ}69$, $b^{\mathrm{I}} = -1{,}^{\circ}40$.

The new zero-point of the galactic longitudes coincides with the direction to the galactic center. According to several optical and radio astronomical investigations, the galactic center agrees well with the position of the radio source Sagittarius A [4]. The point $l^{\mathrm{II}} = 0$, $b^{\mathrm{II}} = 0$ corresponds to the coordinates: $l^{\mathrm{I}} = 327{,}^{\circ}69$, $b^{\mathrm{I}} = -1{,}^{\circ}40$ in the old system.

Tafeln zur Umwandlung äquatorialer in alte galaktische Koordinaten: OHLSSON [3]. Tafeln zur Gewinnung neuer galaktischer aus äquatorialen Koordinaten und umgekehrt für das Äquinox 1950,0 sowie zur Überführung alter in neue galaktische Koordinaten: TORGÅRD [5]. Entsprechende Nomogramme: Abschnitt 11.2, S. 682 ff; Nomogramme 10 ··· 12.

Literatur zu 8.2.1.1 — References for 8.2.1.1

1 BLAAUW, A., C. S. GUM, J. L. PAWSEY, and G. WESTERHOUT: MN **121** (1960) 123.
2 GUM, C. S., F. J. KERR, and G. WESTERHOUT: MN **121** (1960) 132.
3 OHLSSON, J.: Ann. Lund **3** (1932).
4 OORT, J. H., and G. W. ROUGOOR: MN **121** (1960) 171.
5 TORGÅRD, I.: Ann. Lund **15, 16, 17** (1961).

8.2.1.2 Flächenhelligkeit des integrierten Sternlichtes — Brightness per unit area of the integrated star light

Die Helligkeitsverteilung des integrierten Sternlichtes über den Himmel kann abgeleitet werden a) aus einer direkten Photometrie und anschließenden Elimination der überlagerten Anteile (Zodiakallicht, Airglow, atmosphärisches Streulicht) oder b) durch Summation über die scheinbaren Helligkeiten aller Einzelsterne. Der auf dem ersten Weg mit erfaßte Anteil des Lichtes der außergalaktischen Sternsysteme ist klein im Verhältnis zum Beitrag der galaktischen Sterne.

a) Untersuchungen der ersten Art, die sich über die ganze Milchstraße erstrecken, liegen vor in Arbeiten von PANNEKOEK [2] und PANNEKOEK und KOELBLOED [3], sowie in der photoelektrischen Flächenphotometrie in zwei Farben von ELSÄSSER und HAUG [1]. Die beiden älteren Arbeiten dürften nur in der Wiedergabe der kleineren Strukturen zuverlässig sein.

Gesamthelligkeit der Milchstraße | Total brightness of the Milky Way

$\approx 4{,}22 \cdot 10^{6}$ (Sterne mit $m_v = 10^{\mathrm{m}}$)

$\triangleq 1$ (Stern mit $m_v = -6{,}^{\mathrm{m}}57$); m_v im internationalen Farbsystem [1] siehe 5.2.7

Rund die Hälfte dieses Betrages stammt aus dem Gebiet $|b| < 20^{\circ}$

About half of this amount comes from $|b| < 20^{\circ}$

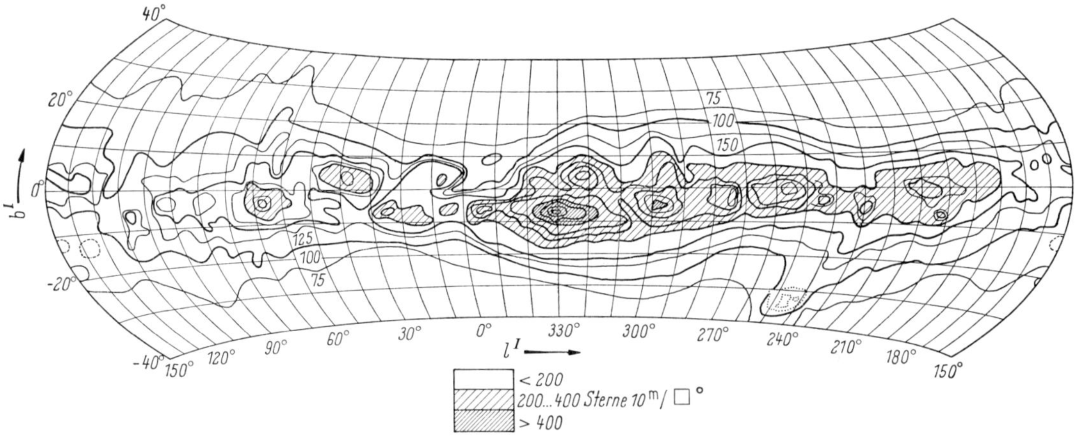

Fig. 1. Isophotenkarte der Helligkeitsverteilung in der Milchstraße im Visuellen. Einheit der Flächenhelligkeit: 1 Stern 10^{m} pro Quadratgrad — Map of isophotes of the visual brightness distribution in the Milky Way. Unit: 1 star of 10^{m} per square degree [1].

b) Durch Summation der Beiträge $I_m = 10^{0{,}4(m-10)}\, dN(m)/dm$ der Sterne der einzelnen Helligkeitsklassen (Definition von $N(m)$ siehe 8.2.1.3.1) haben ROACH und MEGILL [4] aus dem von VAN RHIJN zusammengefaßten Sternzahlenmaterial der Selected Areas (siehe 8.2.1.3.1) die Verteilungen des Gesamtlichtes der Sterne für den visuellen und den photographischen Spektralbereich zwischen $b^{\mathrm{I}} = -80^{\circ}$ und $b^{\mathrm{I}} = +80^{\circ}$ abgeleitet (Tab. 1). Bei kleinen galaktischen Breiten sind diese Zahlen kaum zuverlässig, weil dort die notwendige Extrapolation der $N(m)$ für $m > 18^{\mathrm{m}}$ erhebliche Unsicherheiten bedingt.

Tab. 1. Visuelle Flächenhelligkeiten des integrierten Sternlichts F_v für $|b^I| \geq 20°$ — The visual brightness per unit area of the integrated star light F_v for $|b^I| \geq 20°$ [4]

S_{10} (vis)/□° — Einheit: Zahl der Sterne mit scheinbarer visueller Helligkeit 10^m pro Quadratgrad — unit: number of stars with an apparent visual brightness of 10^m per square degree

b^I	−80°	−70°	−60°	−50°	−40°	−30°	−20°	+20°	+30°	+40°	+50°	+60°	+70°	+80°
l^I	F_v [S_{10} (vis)/□°]													
0°	34	36	39	46	59	83	133	104	80	56	42	36	32	30
20	34	37	39	45	53	67	101	146	90	60	43	36	31	29
40	34	37	38	41	48	62	96	132	83	57	43	35	30	28
60	33	35	35	37	49	71	115	89	66	52	41	34	30	28
80	32	32	33	37	51	79	121	69	56	47	40	34	30	28
100	32	31	32	38	50	66	88	70	53	45	39	34	31	29
120	32	31	34	38	43	49	57	73	54	44	38	34	31	30
140	32	32	34	37	40	43	52	72	57	44	36	32	31	29
160	32	32	33	36	43	52	69	79	59	43	33	30	29	28
180	32	31	34	40	52	71	108	101	63	42	33	29	27	27
200	33	33	35	43	57	82	137	112	64	43	34	30	29	28
220	34	34	37	42	55	77	128	96	63	47	37	33	31	30
240	34	36	37	41	50	67	106	85	66	51	41	35	32	30
260	35	36	39	43	50	63	92	107	77	57	45	37	32	29
280	34	36	42	49	57	65	95	145	84	58	46	37	31	29
300	33	35	42	53	62	74	115	132	75	56	45	38	32	30
320	33	35	41	51	65	88	150	90	65	51	43	38	34	31
340	34	34	39	49	64	94	164	78	67	52	42	37	33	31

Literatur zu 8.2.1.2 — References for 8.2.1.2

1 Elsässer, H., und U. Haug: ZfA **50** (1960) 121.
2 Pannekoek, A.: Publ. Amsterdam Nr. 3 (1933).
3 Pannekoek, A., and D. Koelbloed: Publ. Amsterdam Nr. 9 (1949).
4 Roach, F. E., and L. R. Megill: ApJ **133** (1961) 228.

8.2.1.3 Sternzählungen, Durchmusterungen — Star counts and surveys

8.2.1.3.1 Allgemeine Sternzahlen — General star numbers

Die Verteilung der Sterne nach scheinbarer Helligkeit und Ort an der Sphäre wird beschrieben durch:

The distribution of the stars according to apparent magnitude and position on the sphere is described by:

$A\,(m \mid l, b)\ \Delta m$	Anzahl aller Sterne im Helligkeitsintervall $m \pm \Delta m/2$ pro Quadratgrad mit dem Mittelpunkt l, b	number of all stars in the magnitude interval $m \pm \Delta m/2$ per square degree with the center of field l, b
$N\,(m \mid l, b)$	Anzahl der Sterne heller als m pro Quadratgrad	number of all stars brighter than magnitude m per square degree

$$N\,(m \mid l, b) = \int_{-\infty}^{m} A\,(m \mid l, b)\, dm$$

Grundlage für die Gewinnung dieser Sternzahlen bilden die Durchmusterungskataloge (Tab. 2).

The survey catalogues are the basis of the determination of these star numbers (Tab. 2).

In neuerer Zeit hinzugetreten ist der Katalog von Kooreman und Oosterhoff [1], der photographische Helligkeiten für alle Sterne der 89 südlichen Selected Areas bis etwa $10\overset{m}{.}5$ (15 651 Sterne) enthält und dessen Erweiterung auf Sterne bis $13\overset{m}{.}5$ in Arbeit ist ([11] p. 391).

Eine Neureduktion der Durchmusterungen von Harvard und Potsdam auf ein homogenes photometrisches System wird von Rybka ausgeführt ([11] p. 249). Bezüglich späterer Eichungen der Helligkeitsskalen der aufgeführten Kataloge siehe 5.2.6.2.

Zur Gewinnung von Sternzahlen $N\,(m)$ stehen weiter zur Verfügung das große, den ganzen Himmel überdeckende Material der photographischen Himmelskarte (Carte du Ciel) in Form des Astrographischen Kataloges [4] mit Helligkeitsangaben geringerer Genauigkeit bis zu Grenzhelligkeiten zwischen $11\overset{m}{.}5$ und 14^m und vor allem die großen Spektraldurchmusterungen (siehe 8.2.1.3.2). Photographische Helligkeiten bis 11^m von 183 500 Sternen des Nordhimmels (vollständig bis 9^m vis) sind enthalten in den Wiederholungen der Zonenkataloge der Astronomischen Gesellschaft: AGK_2 und AGK_3 (z. Zt. in Vorbereitung) siehe 5.1.1.5.2.

Die Kenntnisse der großräumigen Sternverteilung an der Sphäre bis hinab zu $m = 18^m$ beruhen vorwiegend auf den Durchmusterungskatalogen für die Kapteynschen Selected Areas. (5.2.6.1.3). Sternzahlen auf der Grundlage der Harvard-Groningen Durchmusterung und des Mt. Wilson Catalogue findet man bei Seares, van Rhijn, Joyner und Richmond [9] (Tab. 3), Seares und Joyner [8], Seares [6] und

VAN RHIJN [10]. Sternzahlen für den Südhimmel sind von LINDSAY und BOK [2] für Sterne heller als $13^m_,5$ und für das Gebiet zwischen $l^{\rm I} = 290°$ und $l^{\rm I} = 360°$, $|b^{\rm I}| \leqq 30°$ für $m \leqq 14^m_,0$ von LINDSAY bestimmt worden.

Tab. 2. Zusammenstellung der umfangreichen älteren systematischen Durchmusterungskataloge — List of extensive older systematic catalogues

Katalog	m_{lim}	Region	N	Lit.	Bemerkungen
PAYNE-GAPOSCHKIN, C.	$7^m_,5$ vis	ganze Sphäre	42 000	Harvard Mimeogr. Series III, No. 1 ··· 2 (1938)	Reduktion visueller Durchmusterungen auf einheitliche Helligkeitsskala
Bonner Durchmusterung (BD + SD)	10 vis	δ: −23°···+90°	458 000	Astron. Beob. Bonn **3** ··· **5** (1859 ··· 1862); **8** (1886)[1]	Visuell geschätzte Helligkeiten
Cordoba Durchmusterung (CD)	10 vis	δ: −22°···+90°	580 000	Result. Cordoba **16** ··· **21** (1892 ··· 1932)	Visuell geschätzte Helligkeiten
Cape Photographic Durchmusterung (CPD)	10 pg	δ: −18°···−90°	455 000	Ann. Cape **3** ··· **5** (1896 ··· 1900)	Beträchtliche Abweichungen von der internationalen photographischen Helligkeitsskala
Harvard-Groningen Durchmusterung of Selected Areas	11 ··· 16,5 pg	alle (206) Selected Areas[2]	251 000	Ann. Harvard **101** ··· **103** (1918 ··· 1924)	Helligkeitsskala ist in einigen südlichen Selected Areas besonders unsicher
Mount Wilson Catalogue of Photographic Magnitudes in Selected Areas	13 ··· 18,5 pg	Selected Areas[2] 1 ··· 139 δ: −15°···+90°	68 000	Carnegie Inst. Wash. Publ. No. 402 (1930)	In einigen Selected Areas kommen Skalenfehler bis zu einigen Zehntel Größenklassen vor (siehe Text)

Tab. 3. Kumulative Sternzahlen $N(m\,|\,l, b)$ pro Quadratgrad, gemittelt über alle Längen l in Abhängigkeit von der galaktischen Breite b und der scheinbaren photographischen Helligkeit — Cumulative star numbers $N(m\,|\,l, b)$, averaged over all lengths l as a function of the galactic latitudes b and apparent photographic magnitudes [9]

Pol: $\alpha = 12^h 41^m 20^s$, $\delta = +27°\ 21'$ für 1875,0

b	0°	5°	10°	20°	30°	50°	70°	90°
m_{pg}	log { $N(m\,|\,b)/\square°$ }							
$4^m_,0$	8,193−10	8,168−10	8,117−10	7,989−10	7,870−10	7,744−10	7,689−10	7,655−10
5,0	8,652−10	8,627−10	8,576−10	8,448−10	8,331−10	8,201−10	8,150−10	8,115−10
6,0	9,107−10	9,082−10	9,030−10	8,902−10	8,788−10	8,654−10	8,604−10	8,570−10
7,0	9,558−10	9,533−10	9,479−10	9,350−10	9,239−10	9,103−10	9,049−10	9,013−10
8,0	0,005	9,978−10	9,921−10	9,790−10	9,683−10	9,545−10	9,482−10	9,444−10
9,0	0,448	0,417	0,357	0,222	0,117	9,978−10	9,902−10	9,859−10
10,0	0,887	0,852	0,788	0,646	0,543	0,395	0,305	0,257
11,0	1,319	1,280	1,212	1,063	0,957	0,795	0,690	0,636
12,0	1,745	1,702	1,628	1,473	1,355	1,178	1,053	0,995
13,0	2,163	2,116	2,035	1,868	1,736	1,538	1,394	1,331
14,0	2,569	2,519	2,433	2,245	2,097	1,876	1,715	1,646
15,0	2,959	2,910	2,819	2,602	2,435	2,189	2,013	1,940
16,0	3,330	3,285	3,191	2,941	2,749	2,475	2,287	2,211
17,0	3,679	3,639	3,544	3,260	3,036	2,737	2,538	2,459
18,0	4,008	3,969	3,874	3,559	3,298	2,975	2,769	2,683
19,0	4,317	4,275	4,180	3,838	3,536	3,189	2,978	2,886
20,0	4,603	4,557	4,462	4,094	3,750	3,379	3,164	3,066
21,0	4,867	4,815	4,717	4,326	3,939	3,545	3,326	3,222

Die Differenzen zwischen den individuellen Sternzahlen log $N(m\,|\,l, b)$ und den Mittelwerten log $N(m\,|\,b)$ über alle galaktischen Längen sind für die Grenzgröße $m_{lim} = 16^m$ in Fig. 2 dargestellt.

[1]) 2. Auflage des südlichen Teils 1949, 3. Auflage des nördlichen Teils 1951 bei F. Dümmler's Verlag, Bonn.
[2]) Lage der Selected Areas siehe 5.2.6.1.3.

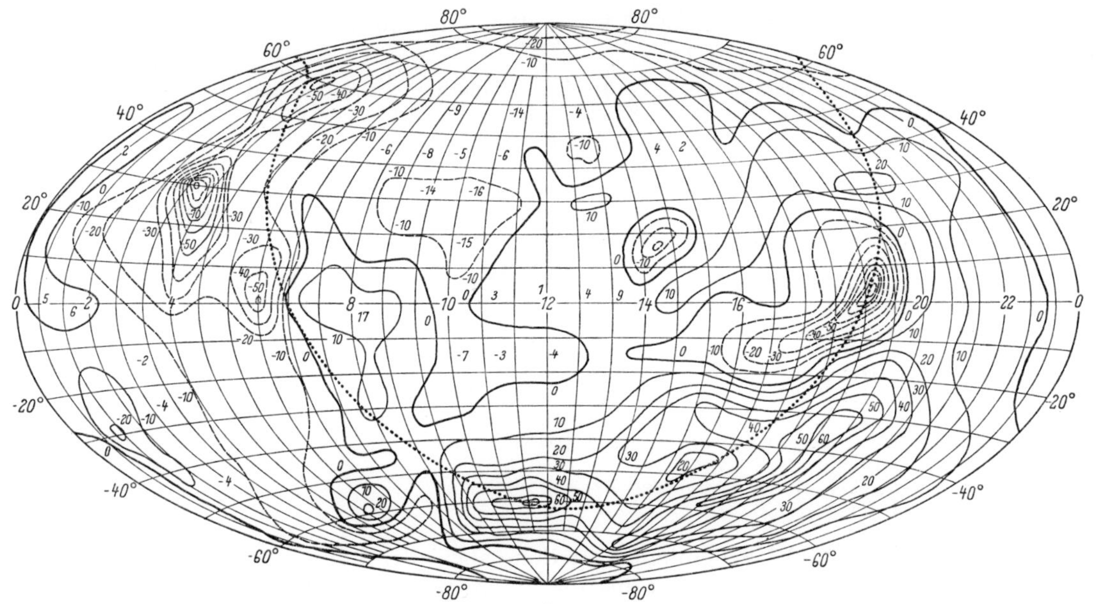

Fig. 2. Linien gleicher Abweichung von der mittleren Verteilung der Sternzahlen: | Lines of equal deviation from the mean star distribution:

$$\log N\,(m \mid l, b) \;-\; \log N\,(m \mid b)$$

dargestellt im äquatorialen System für Sterne heller als $m = 16^m$ [7] | represented in the equatorial system for stars brighter than $m = 16^m$ [7].

... | galaktischer Äquator (altes System) | galactic equator (old system)

Tab. 4. Gebiete¹) mit größeren Abweichungen ($\geqq \pm$ 0,20 im Logarithmus) von der mittleren scheinbaren Sternverteilung — Regions¹) with appreciable deviations ($\geqq \pm$ 0,20 for the logarithm) from the mean apparent star distribution [5]

$$\Delta = \log N\,(m \mid l, b) - \log N\,(m \mid b);\; m_{lim} = 16^m$$

α	δ	l^{II}	b^{II}	Sternbilder	Δ_{max}
19^h00^m	−35°	2°	−18°	Sgr	+0,60
18 40	0	32	+ 1	Ser, Scu²)	−1,18
20 00	+30	67	− 1	Cyg, Vul	+0,30
3 20	+60	141	+ 3	Cam³)	−0,50
3 30	+30	160	−20	Per³)	−0,65
3 50	+ 9	187	−36	Tau³)	−0,40
6 00	0	207	−10	Ori³)	−0,40
7 20	− 3	219	+ 6	Mon	+0,20
5 30	−59	266	−34	Vel, Pup	+0,20
11 20	−60	292	0	Car	+0,60

Tab. 5. Geschätzte Gesamtzahlen der Sterne N der ganzen Sphäre bis zu verschiedenen (photographischen) Grenzgrößen — Estimated total number of stars N in the whole sphere up to different (photographic) limiting magnitudes [7]

m_{lim}	N	m_{lim}	N	m_{lim}	N
6^m	$3 \cdot 10^3$	11^m	$0{,}7 \cdot 10^6$	16^m	$55 \cdot 10^6$
7	$10 \cdot 10^3$	12	$1{,}8 \cdot 10^6$	17	$120 \cdot 10^6$
8	$32 \cdot 10^3$	13	$5{,}1 \cdot 10^6$	18	$240 \cdot 10^6$
9	$97 \cdot 10^3$	14	$12 \cdot 10^6$	19	$510 \cdot 10^6$
10	$270 \cdot 10^3$	15	$27 \cdot 10^6$	20	$945 \cdot 10^6$
				21	$1890 \cdot 10^6$

¹) Die hier aufgeführten Gebiete extremer Sternzahlen stimmen verhältnismäßig gut überein mit entsprechenden Maxima bzw. Minima der Isophotenkarte von Elsässer und Haug (siehe Fig. 1). Bei diesem Vergleich ist zu bedenken, daß die bis $m = 16^m$ bzw. $m = 18^m$ summierten Sternzahlen gegenüber den Flächenhelligkeiten den Anteil der ferneren Sternwolken unvollständig berücksichtigen, wodurch z. B. die Höhe des Maximums in Richtung Sgr unterschätzt wird.

²) Dunkelwolke. ³) Umgebung des Antizentrums.

Literatur zu 8.2.1.3.1 — References for 8.2.1.3.1

Lehrbücher und Monographien:

Becker, W.: Sterne und Sternsysteme, 2. Aufl., Verlag Steinkopff, Dresden und Leipzig (1950).
Bok, B. J.: The Distribution of the Stars in Space, University of Chicago Press, Chicago (1937).
Trumpler, R. J., and H. F. Weaver: Statistical Astronomy, University of California Press, Berkeley and Los Angeles (1953).
Galactic Structure, Stars and Stellar Systems V (ed. G. P. Kuiper and B. M. Middlehurst), Chicago (1964).

1 Kooreman, C. J., and P. Th. Oosterhoff: Ann. Leiden **21**, Tweede Stuk (1957).
2 Lindsay, E. M., and B. J. Bok: Ann. Harvard **105** (1937) 255.
3 Lindsay, E. M.: Contrib. Armagh Nr. 4 (1941).
4 Lundmark, K.: Hdb. Astrophys. **5**/1 (1938) 303; dazu ferner: Trans. IAU, Reports of the Commission "Carte du Ciel" ab 1938 und G. van Biesbroeck in: Stars and Stellar Systems III, Basic Astronomical Data (ed. K. A. Strand), University of Chicago Press, Chicago (1963).
5 Parenago, P. P.: Ergeb. Astron. **4** (1948) 69 = Abhandl. Sowjet. Astron. Astrophys. III (1953) 7.
6 Seares, F. H.: Contrib. Mt. Wilson Nr. 347 (1928).
7 Seares, F. H.: PASP **40** (1928) 303.
8 Seares, F. H., and M. C. Joyner: Contrib. Mt. Wilson Nr. 346 (1928).
9 Seares, F. H., P. J. van Rhijn, M. C. Joyner, and U. L. Richmond: Contrib. Mt. Wilson Nr. 301 (1925).
10 van Rhijn, P. J.: Publ. Groningen Nr. 43 (1929).
11 Trans. IAU **XI** A (1962).

8.2.1.3.2 Scheinbare Verteilung spezieller Sterntypen — Apparent distribution of special types of stars

Die Verteilungen der Sterne bestimmter Spektraltypen an der Sphäre gehen hervor aus den großen systematischen Spektraldurchmusterungen und den Surveys kleinerer Gebiete des Himmels. Eine Zusammenstellung der großen allgemeinen Spektraldurchmusterungen befindet sich im Abschnitt 5.2.1.7. Wichtige Kataloge spezieller Spektraltypen enthält die folgende Übersicht. Über laufende und neue Untersuchungen informieren jeweils die letzten Reports in den Trans. IAU, Kommission 33.

Tab. 6. Durchmusterungen für spezielle Spektraltypen*) — Surveys for special spectral types*)

Objekte (siehe 5.2.1)	Bereich	m_{lim} ¹)	Bemerkungen	Literatur
O, B, A I ··· G I	Nördliche Milchstraße	13 pg	Noch nicht abgeschlossen. Geschätzte Gesamtzahl der erfaßbaren Objekte: 10 000	Luminous Stars in the Northern Milky Way I (Hardorp, Rohlfs, Slettebak, Stock) Hamburg-Bergedorf (1959) II (Stock, Nassau, Stephenson) Hamburg-Bergedorf (1960) IIa (Stephenson, Nassau) Cleveland, Ohio (1962) III (Hardorp, Theile, Voigt) Hamburg-Bergedorf (1964) IV (Nassau, Stephenson) Hamburg-Bergedorf (1964) IVa (Stephenson, Nassau) Cleveland, Ohio (1963) V (Hardorp, Theile, Voigt) Hamburg-Bergedorf (1965)
O, B, A0 I ··· A5 I	Milchstraße außer l^{II} = 243° ··· 351°	11,5 vis	*U*-, *B*-, *V*-Helligkeiten, Spektraltypen, Leuchtkraftklassen und Polarisationsdaten für 1259 Sterne	Hiltner, W. A.: ApJ Suppl. **2**/24 (1956) 389
O, B 0 ··· B 5	$\delta > -20°$ Milchstraße von l^{II} = 5° ··· 234°	10,5 vis	Auch Leuchtkraftklassen	Morgan, W. W., A. D. Code, and A. E. Whitford: ApJ Suppl. **2**/14 (1955) 41

Fortsetzung nächste Seite

*) Nicht enthalten sind die zahlreichen Untersuchungen, in denen Spektralklassifikationen unmittelbar zur Ermittlung des Sterndichteverlaufes und der Absorption in ausgewählten kleinen Bereichen der Milchstraße ausgeführt wurden (siehe auch 8.2.2.3) — The numerous investigations are not contained in which spectral classifications are directly carried out for determining the variation of the star density and the absorption in selected small areas of the Galaxy.
¹) Scheinbare Helligkeit der schwächsten Objekte — apparent magnitude of the faintest objects.
vis visuell, pg photographisch, r rot, IR infrarot.

Tab. 6 (Fortsetzung)

Objekte (siehe 5.2.1)	Bereich	m_{lim} [1])	Bemerkungen	Literatur
O, B	Südliche Milchstraße	11,5 pg	Zahlreiche Surveys nach blauen Riesen von verschiedenen Beobachtern. Etwa 2100 Sterne	L. Münch, G. Gonzáles, B. Iriarte, E. Chavira, and W. W. Morgan: Bol. Tonantzintla Tacubaya Nr. 5, 7, 8, 9, 10, 11 (1952 ··· 1954); ApJ **118** (1953) 161, 323, 345
B	$-40° \geqq \delta \geqq -52°$ Teile der südlichen Milchstraße	11 vis	*B*- und *V*-Helligkeiten, Spektraltypen und Leuchtkraftklassen für 248 Sterne	Feast, M. W., R. H. Stoy, A. D. Thackeray, and A. J. Wesselink: MN **122** (1961) 239
O, B	Milchstraße	10 vis	Absolute Helligkeiten für 461 Sterne	Beer: A. MN **123** (1961) 191; MN **128** (1964) 261
Humason-Zwicky-Sterne	Umgebung der galaktischen Pole	19 pg	Weiße Zwerge, heiße Unterzwerge und Sterne des Horizontalastes des HRD	Humason, M. L., and F. Zwicky: ApJ **105** (1958) 85. A Search for Faint Blue Stars I — XXXV (Luyten, W. J. et. al.), Minnesota University Observatory (1955 ··· 1963) Haro, G., and W. J. Luyten: Bol. Tonantzintla Tacubaya **3**/22(1962)37
Wolf-Rayet-Sterne	ganze Sphäre		Alle bis 1962 bekannten Objekte	Roberts, M. S.: AJ **67** (1962) 79
Emissionsliniensterne später als B	ganze Sphäre		Alle bekannten (1540) Objekte	Bidelman, W. P.: ApJ Suppl. **1** (1954) 175
F I	Milchstraße $l^{II} = 5° \cdots 234°$	9 pg	111 Sterne	Nassau, J. J., and W. W. Morgan: ApJ **115** (1952) 475
G 5 ··· K 5	400 □° am galaktischen Nordpol	13 pg	4027 Sterne getrennt nach Riesen und Zwergen	Upgren, A. R.: AJ **67** (1962) 37
M	Milchstraße $l^{II} = 5° \cdots 232°$	9 IR	384 späte und 149 frühe M-Sterne	Nassau, J. J., V. M. Blanco, and W. W. Morgan: ApJ **120** (1954) 118, 478 Blanco, V. M., and J. J. Nassau: ApJ **125** (1957) 408
	400 □° am galaktischen Nordpol	13 IR		Upgren, A. R.: AJ **65** (1960) 644
	Kleine Felder nahe der Richtung zum galaktischen Zentrum	13,5; 19 IR	Vorwiegend späte M-Sterne	Nassau, J. J., and V. M. Blanco: ApJ **128** (1958) 46 McCuskey, S. W., and R. Mehlhorn: ApJ **68** (1963) 319
M V	Nordhimmel	11 vis	349 Sterne	Vyssotsky, A. N. et al.: ApJ **97** (1943) 381; **104** (1946) 234; **116** (1952) 117
Kohlenstoff-Sterne R, N (Carbon stars)	$-4{,}^{\circ}5 < \delta < +90°$	12 vis	Die Dearborn-Kataloge enthalten 44 000 rote Sterne	Sanford, R. F.: AJ **99** (1944) 145 Dearborn Survey of Faint Stars: Ann. Dearborn **4**/16 (1941); **5**/3 (1945); **5** (1947)
	Milchstraße von $l^{I} = 50° \cdots 203°$	11 IR		Nassau, J. J., and V. M. Blanco: ApJ **120** (1954) 129; **125** (1957) 195 Blanco, V. M.: ApJ **127** (1958) 191
S	Milchstraße von $l^{I} = 5° \cdots 233°$	9 IR	68 Sterne	Nassau, J. J., V. M. Blanco, and W. W. Morgan: ApJ **120** (1954) 478 Blanco, V. M.: ApJ **125** (1957) 408
	$-90° < \delta < -25°$	10,5 r	145 Sterne	Henize, K. G.: AJ **65** (1960) 491

[1]) Siehe vorige Seite — See preceding page.

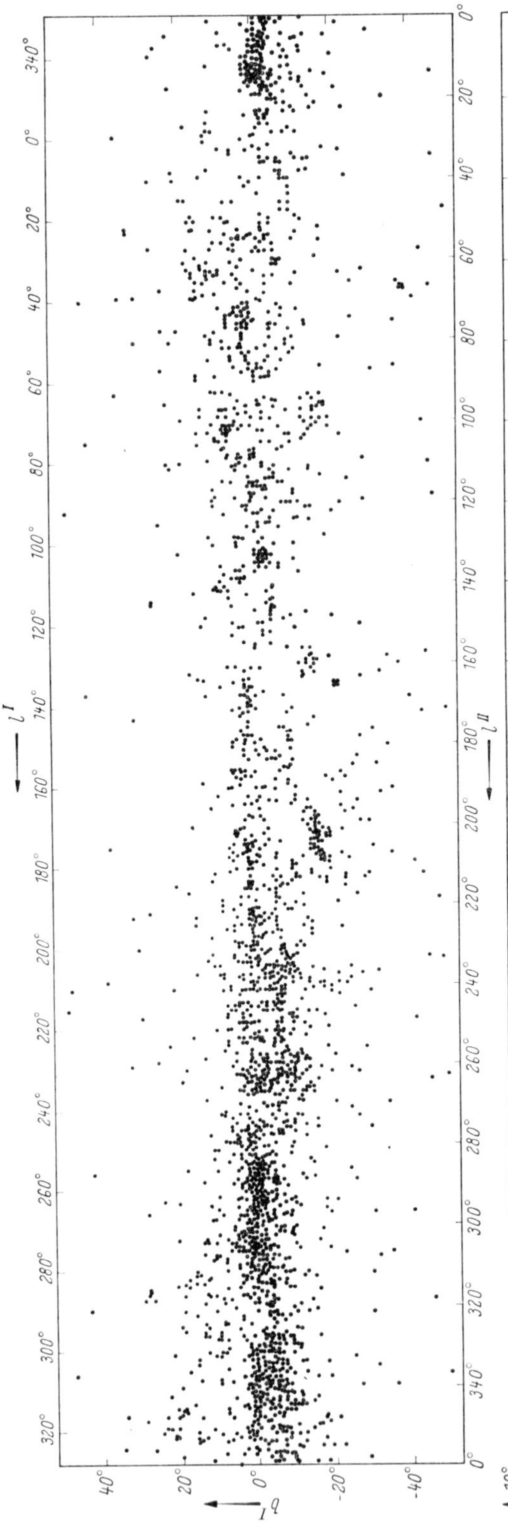

Fig. 3

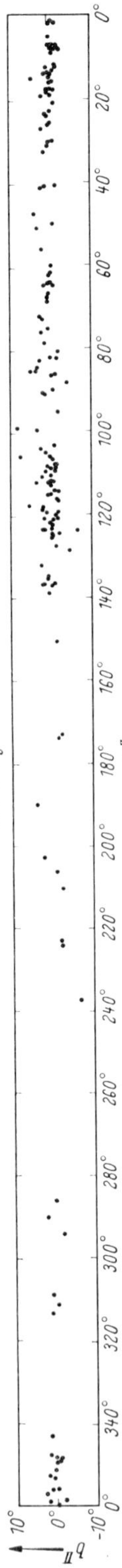

Fig. 4

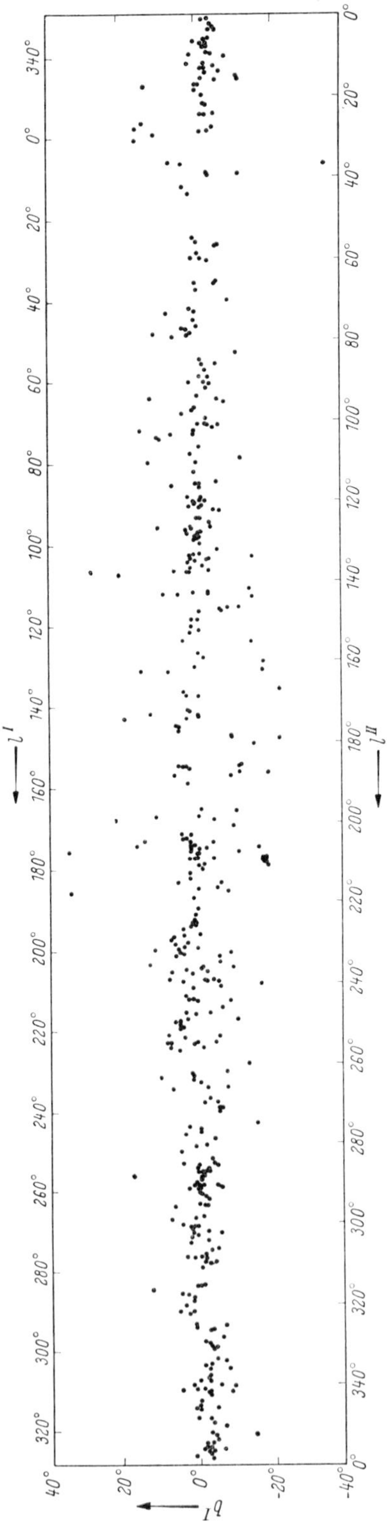

Fig. 5

Legenden zu Fig. 3···5 siehe folgende Seite.

Fig. 6

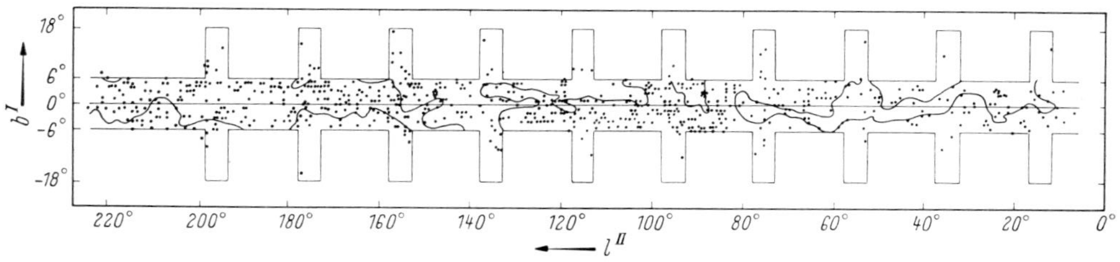

Fig. 7

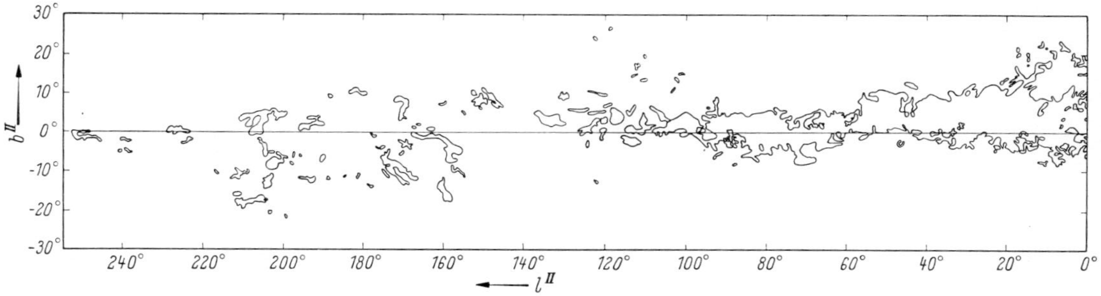

Fig. 3. Scheinbare Verteilung der B0 ··· B5 Sterne des Henry Draper Catalogue — Apparent distribution of B0 ··· B5 stars of the Henry Draper Catalogue [2].

Fig. 4. Scheinbare Verteilung der Emissionsgebiete (H II-Regionen) — Apparent distribution of the emission regions (H II regions) [1, 9].

Fig. 5. Scheinbare Verteilung offener Sternhaufen — Apparent distribution of galactic star clusters [3].

Fig. 6. Scheinbare Verteilung der Kohlenstoff-Sterne (Spektraltypen N und R). Die unregelmäßig verlaufenden Linien kennzeichnen den Bereich des visuellen Milchstraßenphänomens. Das untersuchte Gebiet ist durch gerade Linienzüge abgegrenzt. Die Grenzhelligkeit liegt etwa bei 10^m (Infrarot) — Apparent distribution of carbon stars (spectral types N and R). The irregular continuous lines indicate the boundaries of the visible Milky Way. The region investigated is indicated by straight lines. The limiting magnitude is about 10^m (infrared) [7].

Fig. 7. Verteilung der Dunkelwolken an der Sphäre — Distribution of dark nebulae on the sphere [5]

$l^{II} = 0° \cdots 250°$.

Tab. 7. Scheinbare galaktische Konzentration verschiedener Spektraltypen für Sterne heller als $8\overset{m}{,}5$ (pg)[1]) — Apparent galactic concentration of stars, of various spectral types, brighter than $8\overset{m}{,}5$ (pg)[1]) [8]

$N(8\overset{m}{,}5 \mid b)/\square°$	mittlere Anzahl der Sterne pro Quadratgrad für den betreffenden Typ bis $8\overset{m}{,}5$ in den galaktischen Zonen $b \pm 5°$	mean number of stars per square degree of a given type up to $8\overset{m}{,}5$ in the galactic zones $b \pm 5°$

Typ	B	A	F	G	K	M	B ··· M
b	$N(8\overset{m}{,}5 \mid b)/\square°$						
85°	0,00	0,18	0,30	0,20	0,38	0,03	1,09
75	0,01	0,14	0,29	0,19	0,41	0,03	1,06
65	0,01	0,15	0,26	0,18	0,39	0,04	1,03
55	0,01	0,16	0,30	0,20	0,43	0,03	1,13
45	0,02	0,19	0,27	0,18	0,44	0,04	1,14
35	0,03	0,26	0,31	0,22	0,52	0,04	1,38
25	0,07	0,37	0,33	0,25	0,62	0,05	1,69
15	0,19	0,58	0,33	0,27	0,65	0,06	2,07
5	0,54	0,72	0,37	0,28	0,70	0,06	2,66
−5	0,71	0,75	0,35	0,26	0,74	0,06	2,88
−15	0,35	0,57	0,35	0,27	0,68	0,05	2,27
−25	0,13	0,40	0,36	0,27	0,56	0,04	1,74
−35	0,05	0,28	0,32	0,24	0,49	0,05	1,43
−45	0,04	0,21	0,32	0,26	0,42	0,04	1,28
−55	0,02	0,17	0,28	0,24	0,39	0,04	1,15
−65	0,02	0,14	0,24	0,27	0,40	0,04	1,11
−75	0,02	0,12	0,27	0,26	0,37	0,03	1,06
−85	0,02	0,12	0,25	0,36	0,40	0,03	1,18
Mittel:	0,18	0,38	0,32	0,25	0,55	0,05	1,72

Literatur zu 8.2.1.3.2 — References for 8.2.1.3.2

1 BECKER, W., und R. FENKART: ZfA **56** (1963) 257.
2 CHARLIER, C. V. L.: Medd. Lund Ser. II, Nr. 34 (1926).
3 COLLINDER, P.: Ann. Lund Nr. 2 (1931).
4 KEENAN, P. C., and W. W. MORGAN: ApJ **94** (1941) 501.
5 LYNDS, B. T.: ApJ Suppl. **7**/64 (1962) 1.
6 NASSAU, J. J., and V. M. BLANCO: ApJ **120** (1954) 464.
7 NASSAU, J. J., and V. M. BLANCO: ApJ **125** (1957) 195.
8 NORT, H.: BAN **11** (1950) 181.
9 SHARPLESS, S.: ApJ **118** (1953) 362.
10 SMITH, E. v. P., and H. J. SMITH: AJ **61** (1956) 275.

8.2.2 Leuchtkraftfunktion und räumliche Verteilung der verschiedenen Objekte — Luminosity function and spatial distribution of the various objects

8.2.2.1 Einleitung — Introduction

	Symbole	*Symbols*
$A(m)$	Anzahl der Sterne im Helligkeitsintervall $m \pm 1/2$ [Zahl/□°]	number of stars in the magnitude interval $m \pm 1/2$ [number/□°]
$N(m)$	Zahl aller Sterne heller als Größenklasse m [Zahl/□°]	number of all stars brighter than magnitude m [number/□°]
$D(r)$	räumliche Sterndichte in der Entfernung r [Zahl/Volumen]	spatial star density at a distance r [number/volume]
D_0	räumliche Sterndichte in der Sonnenumgebung	spatial star density in the neighborhood of the sun
$\varphi(M \mid r)$	Leuchtkraftfunktion = Anteil der Sterne in der Entfernung r mit der absoluten Helligkeit im Intervall $M \pm 1/2$; $D(r)\,\varphi(M \mid r)$ Zahl der Sterne ...	luminosity function = fraction of stars in the distance r with the absolute magnitude in the interval $M \pm 1/2$; $D(r)\,\varphi(M \mid r)$ number of stars ...
$\psi(M \mid r)$	„ursprüngliche" Leuchtkraftfunktion = Leuchtkraftverteilung neu entstandener Sterne	initial luminosity function = distribution of luminosities of new stars
$\varphi(M, \mathrm{Sp})$	Leuchtkraftfunktion für Sterne eines bestimmten Spektraltyps	luminosity function of stars of spectral type Sp

[1]) 71 099 Sterne des Henry Draper Catalogue (siehe 5.1.1.3) — 71 099 stars from the Henry Draper Catalogue (see 5.1.1.3).

$A\ (r)$	Interstellare Absorption bis zur Entfernung r [magn]	interstellar absorption up to a distance r [magn]
$\varepsilon\ (r)$	Emission im betrachteten Spektralbereich in der Entfernung r (im optischen: „Leuchtkraftdichte") [erg/sec cm³]	emission in the considered spectral region at a distance r (in the optical region: density of luminosity) [erg/sec cm³]
I_F	Flächenhelligkeit Einheit: [erg/sec cm² sterad] oder [$St_m/\square°$] = Zahl der Sterne der Größenklasse m pro Quadratgrad	brightness per unit area unit: [erg/sec cm² sterad] or [$St_m/\square°$] = number of stars of magnitude m per square degree

Aufschlüsse über die Struktur des Milchstraßensystems können auf folgenden Wegen gewonnen werden:

a) Bestimmung der Richtungen und Entfernungen für eine hinreichend große Anzahl individueller Objekte (Gerüstmethode).

b) Untersuchung des Zusammenhangs zwischen den beobachteten Sternzahlen $A\ (m)$ oder $N\ (m)$ einerseits und der räumlichen Sterndichte $D\ (r)$ sowie der Leuchtkraftfunktion $\varphi\ (M\,|\,r)$ andererseits.

c) Untersuchung des Zusammenhangs zwischen der beobachteten Flächenhelligkeit und der Volumenemission der sie hervorrufenden Objekte.

Im optischen Spektralbereich unterliegen alle drei Methoden dem Einfluß der interstellaren Absorption.

Methode a) eignet sich vorwiegend zur Untersuchung der Verteilung relativ seltener Objekte. Ihre Anwendung auf absolut sehr helle Sterne bzw. Sternhaufen hat bereits wesentlich beigetragen zur Erfassung der großräumigen Struktur des Sternsystems.

Die Grundgleichung der *Methode b)* lautet

$$A\ (m) = \omega \int_0^\infty D\ (r)\ \varphi\ (m + 5 - 5 \log r - A\ (r)\ |\ r\ )\ r^2 dr.$$

Wenn die Sternzahlen $A\ (m)$ pro Quadratgrad bezogen sind, so ist der Raumwinkel $\omega = 3{,}046 \cdot 10^{-4}$. Die Anwendung dieses klassischen Verfahrens der Stellarstatistik — der Gewinnung von $D\ (r)$ durch Auflösung dieser Integralgleichung erster Art — verspricht wegen der großen Breite der Leuchtkraftverteilung nur Erfolg, wenn man sich auf so enge Spektral- bzw. Leuchtkraftgruppen beschränkt, daß $\varphi\ (M)$ nur Sterne eines Bereiches von nicht mehr als 1^m Breite in absoluter Helligkeit umfaßt. Da die Spektralklassifikation für die häufigen mittleren Typen bisher bestenfalls für $m \leq 14^m$ möglich ist, besitzt die Methode b) eine relativ geringe Reichweite, besonders nahe der galaktischen Ebene, wo in Sonnenumgebung die Absorption im Durchschnitt verhältnismäßig groß ist. Die Ermittlung des Sterndichteverlaufs mit dem senkrechten Abstand z von der galaktischen Ebene gelingt aber verhältnismäßig zuverlässig (Oort [*1*], Washakidse [*3*], Trumpler und Weaver [*2*]).

Die Anwendungen der *Methode c)* auf die 21 cm-Linienstrahlung des interstellaren neutralen Wasserstoffs und auf die optische Strahlung der gesamten Sternverteilung haben wichtige Aufschlüsse über die Spiralstruktur des Milchstraßensystems geliefert. Der Grund für die große Reichweite der Methode c) ergibt sich daraus, daß Volumina in verschiedenen Entfernungen zur Flächenhelligkeit mit gleichem Gewicht beitragen, wenn man von der Absorption absieht.

$$I_F \sim \int_0^\infty \varepsilon\ (r)\ e^{-\tau(r)}\ dr \quad \text{[erg/sec cm}^2\text{ sterad]}$$

$$\tau\ (r) = 0{,}92\ A(r).$$

Literatur zu 8.2.2.1 — References for 8.2.2.1

Lehrbücher und Monographien: siehe Literatur zu 8.2.1.3.1.

1 | Oort, J. H.: BAN **8** (1938) 214.
2 | Trumpler, R. J., and H. F. Weaver: Statistical Astronomy. University of California Press, Berkeley and Los Angeles (1953).
3 | Washakidse, M. A.: Bull. Abastumani Nr. 1 (1937), Nr. 2 (1938).

8.2.2.2 Die Leuchtkraftfunktion — The luminosity function

8.2.2.2.1 Eindimensionale Leuchtkraftfunktion — One-dimensional luminosity function

Die Untersuchung der Leuchtkraftfunktion für $M < 8^m$ in 11 Milchstraßenfeldern durch McCuskey [*11*] ergab im Bereich $r < 500$ pc im Mittel über alle Felder im wesentlichen eine Bestätigung des van Rhijn'schen Verlaufes. Da in der Konzentration zur galaktischen Ebene hin für Sterne verschiedenen Spektraltyps erhebliche Unterschiede bestehen (siehe 8.2.2.3), ändert sich die Leuchtkraftverteilung mit dem Abstand z von der Symmetrieebene des Systems. Bei größeren z gibt es weniger absolut helle Sterne als nahe bei $z = 0$ (siehe hierzu Bok und MacRae [*2*], Luyten [*9*] und Upgren [*20*]).

Von der beobachteten Leuchtkraftfunktion $\varphi\ (M)$ unterscheidet man (Salpeter [*12*], Sandage [*14*], van den Bergh [*1*]) die „ursprüngliche" Leuchtkraftfunktion $\psi\ (M)$, die als Verteilung der absoluten Helligkeiten in sehr jungen offenen Sternhaufen beobachtet wird. Der Vergleich der Verteilungen $\varphi\ (M)$

und ψ (M) gestattet Aussagen über die zeitliche Rate der Sternentstehung (Tab. 9). Die Konzeption der „ursprünglichen" Leuchtkraftfunktion bedarf jedoch noch weiterer Klärung (SCHMIDT [*16, 17*], MATHIS [*10*], SALPETER [*13*], LIMBER [*5*]).

Tab. 8. Die Anzahl aller Sterne mit absoluten Helligkeiten zwischen $M - 1/2$ und $M + 1/2$ pro 1000 pc³ für das allgemeine Sternfeld der engeren Sonnenumgebung $D_0 \cdot \varphi\,(M)$ — Number of all stars with absolute magnitudes between $M - 1/2$ and $M + 1/2$ per 1000 pc³ for the general star field in the immediate solar neighborhood, $D_0 \cdot \varphi\,(M)$

Für $M > 8^M$ sind die Zahlen durchweg noch sehr unsicher | Practically all the values for $M > 8^M$ are still very uncertain

M	$D_0 \cdot \varphi\,(M)$ [N/1000 pc³]			
	vis, VAN RHIJN [*21*]	pg, VAN RHIJN [*21*]	pg, LUYTEN [*7, 8*]	pg, SHAZOVA [*18*]
-6^M	$4{,}3 \cdot 10^{-6}$	$1{,}3 \cdot 10^{-5}$	—	—
-5	$5{,}9 \cdot 10^{-5}$	$1{,}2 \cdot 10^{-4}$	—	—
-4	$3{,}8 \cdot 10^{-4}$	$4{,}5 \cdot 10^{-4}$	—	—
-3	$1{,}3 \cdot 10^{-3}$	$1{,}8 \cdot 10^{-3}$	—	—
-2	$5{,}1 \cdot 10^{-2}$	$5{,}6 \cdot 10^{-3}$	—	—
-1	$2{,}1 \cdot 10^{-2}$	$1{,}2 \cdot 10^{-2}$	$4 \cdot 10^{-3}$	—
0	$9{,}6 \cdot 10^{-2}$	$4{,}8 \cdot 10^{-2}$	$9 \cdot 10^{-2}$	—
1	$3{,}9 \cdot 10^{-1}$	$2{,}2 \cdot 10^{-1}$	$4{,}2 \cdot 10^{-1}$	—
2	$5{,}1 \cdot 10^{-1}$	$5{,}9 \cdot 10^{-1}$	$7{,}6 \cdot 10^{-1}$	—
3	$9{,}6 \cdot 10^{-1}$	$7{,}2 \cdot 10^{-1}$	1,11	—
4	1,95	1,55	1,53	—
5	2,51	2,24	2,18	—
6	2,82	3,09	2,90	—
7	2,82	3,39	3,71	—
8	3,55	2,88	4,73	6,6
9	5,63	3,09	5,70	5,4
10	6,92	4,37	6,92	13,8
11	9,78	6,46	8,06	20,1
12	10,5	9,33	9,10	33,0
13	11,2	10,2	10,1	43,5
14	—	11,5	10,9	68
15	—	—	10,9	123
16	—	—	9,6	210
17	—	—	7,5	—
18	—	—	4,6	—
19	—	—	(1,9)	—
20	—	—	$(4 \cdot 10^{-1})$	—
21	—	—	$(8 \cdot 10^{-2})$	—
Summe	60	60	103	536*)

M_v	$\log (D_0\varphi) + 10$ ¹)	$\log (D_0\psi) + 10$
-6^M	1,29	4,71
-5	2,43	5,59
-4	3,18	6,08
-3	3,82	6,41
-2	4,42	6,68
-1	5,04	6,92
0	5,60	7,10
1	6,17	7,26
2	6,60	7,25
3	7,00	7,23
4	7,30	7,30
5	7,45	7,45
6	7,56	7,56
7	7,63	7,63

◀ Tab. 9. Beobachtete Leuchtkraftfunktionen $D_0\varphi(M)$ unter Beschränkung auf Hauptreihensterne [*21*] und „ursprüngliche" Leuchtkraftfunktion $D_0\psi(M)$ — Observed luminosity function $D_0\varphi(M)$ including only main sequence stars [*21*] and initial luminosity function $D_0\psi(M)$ [*15*]

$D_0\varphi(M)$, $D_0\psi(M)$ in [Zahl / 1000 pc³]

*) Hierin ist noch der Anteil für $M < 8^M$ nach LUYTEN enthalten — This number also includes the stars with $M < 8^M$ according to LUYTEN.

¹) Im Bereich $M_v = -2 \cdots +4$ geglättet nach den Ergebnissen von [*11*] — In the region $M_v = -2 \cdots +4$ smoothed out according to the results of [*11*].

8.2.2.2.2 Verteilung nach Leuchtkraft und Spektraltyp — Distribution of luminosity and spectral type

Die zweidimensionale Verteilung der Sterne nach absoluter Helligkeit und Spektraltyp für die Sonnenumgebung $D_0\varphi(M,\ \mathrm{Sp})$ ist nur für die absolut helleren Sterne mit einiger Sicherheit bekannt. Die große Häufigkeit der späten Spektraltypen mit geringen Leuchtkräften zeigen besonders eindrucksvoll Darstellungen der Linien $D_0\varphi(M,\ \mathrm{Sp}) = \mathrm{const.}$ (Hess-Diagramm; HESS [3], LÖNNQUIST [6]), wenngleich diese Ergebnisse quantitativ noch nicht zuverlässig sind (siehe auch VAN RHIJN und SCHWASSMANN [22]).

Es ist zweckmäßig $D_0\varphi(M,\ \mathrm{Sp})$ als Summe über die einzelnen Leuchtkraftgruppen (Äste des Hertzsprung-Russel-Diagramms) darzustellen und dabei für jede Spektralklasse eine Gaußverteilung anzunehmen:

$$D_0\varphi(M,\ \mathrm{Sp}) = \sum_{\mathrm{L}} \frac{D_{0\mathrm{L}}(\mathrm{Sp})}{\sigma_{\mathrm{L}}(\mathrm{Sp})\sqrt{2\pi}} \exp\left\{-\frac{[M - \overline{M}_{\mathrm{L}}(\mathrm{Sp})]^2}{2\sigma_{\mathrm{L}}^2(\mathrm{Sp})}\right\}$$

$D_{0\mathrm{L}}$ (Sp) die Anzahl der Sterne pro 1000 pc³
$\overline{M}_{\mathrm{L}}$ (Sp) die mittlere absolute Helligkeit
σ_{L} (Sp) die Streuung der absoluten Helligkeiten
} für das Spektralklassenintervall Sp und die Leuchtkraftklasse L

Aus Untersuchungen von 11 ausgewählten Milchstraßenbereichen findet McCUSKEY [11] die in Tab. 10 wiedergegebenen Zahlenwerte der definierten Größen. Weitere Dichteangaben, die z. T. von McCUSKEY's Ergebnissen etwas abweichen, enthält Abschnitt 8.2.2.3.

Tab. 10. Mittlere absolute Helligkeiten und Sterndichten verschiedener Spektraltypen — Mean absolute magnitudes and densities of stars of different spectral types [11]

D_0 (Sp)	Zahl der Sterne pro 1000 pc³ } der Spektralklasse Sp	number of stars per 1000 pc³ } of the spectral type Sp
$\overline{M}$ (Sp)	Mittlere absolute Helligkeit der Sterne	mean absolute magnitude of the stars
σ (Sp)	Streuung von M der Sterne	dispersion of M of the stars

Hauptreihe *)				Riesen			
Sp	D_0 (Sp)	$\overline{M}$ (Sp) pg	σ (Sp)	Sp	D_0 (Sp)	$\overline{M}$ (Sp) pg	σ (Sp)
B 0 ··· B 1	—	−3,5	±0,8	gF 8 ··· gG 2	0,045	+2,0	± 0,8
B 2 ··· B 3	—	−2,0	0,9	gG 5	0,065		
B 5	0,02	−1,0	0,7	gG 8 ··· gK 3	0,25		
B 8 ··· A 0	0,11	0,5	0,8	gK 5 ··· gM	0,09		
A 2 ··· A 5	0,72	2,0	0,8				
F 0 ··· dF 5	2,1	3,5	0,8				
dF 8 ··· dG 2	1,7	4,5	0,8				
dG 5	2,9	6,0	0,7				
dG 8 ··· dK 3	13,9	7,5	0,9				

Tab. 11. Die scheinbare Spektraltyp-Leuchtkraft-Verteilung für die Gesamtheit der Sterne der Sphäre heller als $m_v = 6\overset{\mathrm{m}}{,}0$ — The apparent distribution according to magnitude and spectral type for all stars on the sphere brighter than $m_v = 6\overset{\mathrm{m}}{,}0$ [19]

Sp	O ··· B 3	B 5 ··· B 9	A 0 ··· A 7	A 8 ··· F 9	F 9 ··· G 7	G 8 ··· K 7	K 8 ··· M 7	Summe
M_v	$N_{6,0}$ (M, Sp)							
··· −6ᴹ	4		2	1				7
−6 ··· −5	13	6	6	5	1	2	4	37
−5 ··· −4	36	17	9	8	20	27	8	125
−4 ··· −3	69	28	22	17	32	46	2	216
−3 ··· −2	88	35	19	22	14	32	15	225
−2 ··· −1	149	69	44	15	4	121	24	426
−1 ··· 0	78	302	164	17	92	278	89	1020
+0 ··· +1		112	372	47	94	534	46	1205
+1 ··· +2		3	382	106	38	147	18	694
+2 ··· +3			109	155	41	82		387
+3 ··· +4			2	180	48	25		255
+4 ··· +5				43	37	0		80
+5 ··· +6				1	23	16		40
+6 ··· +7					6	23		29
+7 ··· +8						9		9
Summe	437	572	1131	617	450	1342	206	4755

*) Für Hauptreihensterne der Spektraltypen später als K sind die vorhandenen Daten (siehe VAN RHIJN und SCHWASSMANN [22]) sehr unsicher — The data for main sequence stars of spectral types later than K are very uncertain, see [22].

Literatur zu 8.2.2.2 — References for 8.2.2.2

1 BERGH, S. VAN DEN: ApJ **125** (1957) 445.
2 BOK, B. J., and D. C. MACRAE: Ann. N. Y. Acad. Sci. **42** (1941) 236.
3 HESS, R.: Festschr. H. SEELIGER (1924) 265.
4 KUIPER, G. P.: ApJ **95** (1942) 201.
5 LIMBER, D. N.: ApJ **131** (1960) 168.
6 LÖNNQUIST, C.: Uppsala Medd. Nr. 25 (1927).
7 LUYTEN, W. J.: Publ. Minnesota **2** (1939) 7.
8 LUYTEN, W. J.: Ann. N. Y. Acad. Sci. **42** (1941) 205.
9 LUYTEN, W. J.: A Search for Faint Blue Stars XXII; Sonderdruck University of Minnesota (1960).
10 MATHIS, J. S.: ApJ **129** (1959) 259.
11 MCCUSKEY, S. W.: ApJ **123** (1956) 458.
12 SALPETER, E. E.: ApJ **121** (1955) 161.
13 SALPETER, E. E.: ApJ **129** (1959) 608.
14 SANDAGE, A. R.: ApJ **125** (1957) 422.
15 SANDAGE, A. R.: Stellar Populations. North Holland Publ. Comp. Amsterdam and Interscience Publ. Inc. New York (1958) 78 = Specola Vaticana Ric. Astron. **5** (1958).
16 SCHMIDT, M.: ApJ **129** (1959) 243.
17 SCHMIDT, M.: ApJ **137** (1963) 758.
18 SHAZOVA, R. B.: Astron. Zh. **29** (1952) 574.
19 TRUMPLER, R. J., and H. F. WEAVER: Statistical Astronomy. University of California Press, Berkeley and Los Angeles (1953) 409.
20 UPGREN, A. R.: AJ **68** (1963) 475.
21 VAN RHIJN, P. J.: Publ. Groningen Nr. 47 (1936).
22 VAN RHIJN, P. J., und A. SCHWASSMANN: ZfA **10** (1935) 161.

8.2.2.3 Räumliche Verteilung der Sterne in der Sonnenumgebung — Spatial distribution of stars in the solar neighborhood

Der Sterndichteabfall in senkrechter Richtung zur galaktischen Ebene sowie die Anzahl der Sterne pro 1000 pc³ nahe der galaktischen Ebene, getrennt nach Spektralklassen und Leuchtkraftgruppen (Überriesen, Riesen, Hauptreihe), gehen aus Tab. 12 bis 14 hervor (siehe auch VAN RHIJN und SCHWASSMANN [*8*], BECKER [*1*], ELVIUS [*2*], MCCUSKEY [*4*] und OORT [*5, 7*]).

Für alle Spektraltypen zusammengenommen erhielt OORT aus der Analyse der Breitenabhängigkeit der *A* (*m*) in den Selected Areas eine Neigung der Ebenen gleicher Sterndichte und die Andeutung zweier Spiralarme (Fig. 8).

Tab. 12. Sterndichte D_0 nahe der galaktischen Ebene in der Sonnenumgebung — Star density D_0 near the galactic plane in the neighborhood of the sun

Sp	D_0 [N/1000 pc³] [*10* ··· *12*]	[*3*]
A 0 ··· A 5	1,13	1 (A 0 ··· A 9)
A 7 ··· F 2	1,16	
F 5	1,5	0,8
F 8	2,2	1,0
G 0	1,5	1,3
G 2	0,31	0,75
dG 5 ··· dG 7	1,26	1,19
dG 8 ··· dG 9	0,35	0,63
dK 0	0,51	1,13
dK 1 ··· dK 2	0,71	0,96
dK 3 ··· dK 5	1,65	2,69
M	39,0	—
gG 5 ··· gG 7	$3 \cdot 10^{-3}$	—
gG 8 ··· gG 9	$1,5 \cdot 10^{-2}$	—
gK 0	0,14	—
gK 1 ··· gK 2	0,10	—
gK 3 ··· gK 5	$5,6 \cdot 10^{-3}$	—
gM	$3 \cdot 10^{-3}$	—
Gesamtdichte	—	120

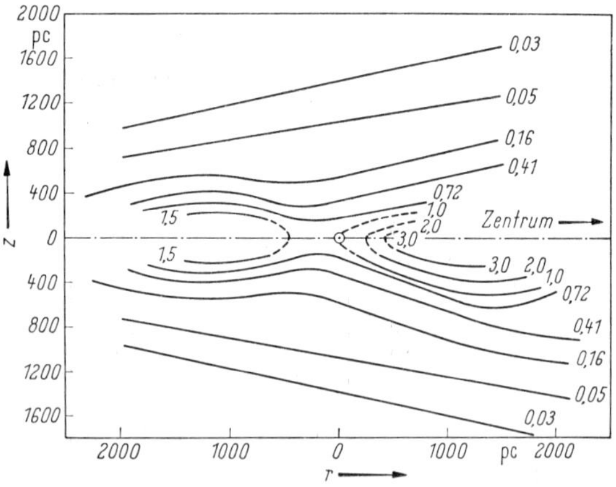

Fig. 8. Linien gleicher relativer Sterndichte in einem senkrecht zur galaktischen Ebene geführten radialen Schnitt durch das Milchstraßensystem — Lines of equal relative star density in a plane perpendicular to the galactic plane and passing through the sun and the center of the system [*6*].

z	Abstand von der galaktischen Ebene	distance from the galactic plane
r	Entfernung von der Sonne	distance from the sun

Tab. 13. Anzahl der Sterne großer absoluter Helligkeit innerhalb eines Zylinders für verschiedene Abstände von der galaktischen Ebene — Number of stars of high luminosity within a cylinder for various distances from the galactic plane [9]

Achse des Zylinders in z-Richtung (senkrecht zur galaktischen Ebene)
Radius des Zylinders:

Axis of the cylinder in z direction (perpendicular to the galactic plane)
radius of the cylinder:

R_{zyl} = 1000 pc oder 500 pc

z-Intervall [pc]	δ Cep	O	B 0	B 1 ··· B 2	Überriesen cB ··· cA 6	Überriesen cA 7 ··· cK
	N					
0 ··· 20	20	10	22	11	31	50
20 ··· 40	23	10	14	14	13	23
40 ··· 80	23	10	16	17	13	21
80 ··· 120	9	2	11	10	6	12
120 ··· 200	4	3	8	5	3	4
200 ··· 500	0	1	0	1,5	3,6	2,8
500 ··· 1000	0	0,3	0,3	0,5	0,8	0,6
>1000	0,5	—	—	—	0,3	—
R_{zyl} [pc]	1000	1000	1000	500	1000	500

Tab. 14. Relativer Dichteabfall senkrecht zur galaktischen Ebene für Hauptreihen- und Riesensterne — Relative distribution perpendicular to the galactic plane for main sequence stars and giants [12]

Hauptreihe	A 0	A 2	A 5	A 7	F 0	F 2	F 5	F 8	G 0
z [pc]	$N(z)/N(0)$								
50	1,00	1,00	1,00	1,00	1,00	1,00	1,00	1,00	1,00
65	0,82	0,54	0,55	0,58	0,58	0,78	0,93	0,82	1,00
80	0,70	0,31	0,30	0,33	0,33	0,66	0,73	0,64	0,97
100	0,58	0,17	0,17	0,20	0,20	0,44	0,55	0,50	0,94
125	0,38	0,093	0,094	0,12	0,11	0,29	0,40	0,35	0,88
160	0,20	0,048	0,055	0,072	0,060	0,18	0,31	0,29	0,77
200	0,12	0,027	0,030	0,044	0,033	0,11	0,22	0,24	0,59
250	0,062	0,014	0,017	0,024	0.019	0,069	0,15	0,17	0,41
320	0,035	0,008	0,009	0,014	0,011	0,044	0,10	0,12	0,30
400	0,020	0,005	0,005	0,008	0,007	0,026	0,07	0,09	
500	0,011	0,003	0,003	0,004	0,004	0,016	0,05		
630	0,006	0,002	0,002	0,002	0,002	0,010			
800	0,004	0,001	0,001	0,001	0,001				
1000	0,002	0,001	0,001						
1250	0,002	0,001							
1600	0,001								
2000	0,001								
2500	0,001								

Riesen	G 5	G 8	K 0	K 2	K 5	M	Total
z [pc]	$N(z)/N(0)$						
50	1,00	1,00	1,00	1,00	1,00	1,00	1,00
65	1,00	0,98	0,90	0,90	1,00	1,00	0,89
80	1,00	0,95	0,74	0,73	1,00	1,00	0,74
100	1,00	0,93	0,61	0,57	1,00	1,00	0,63
125	1,00	0,87	0,54	0,50	0,96	1,00	0,56
160	1,00	0,79	0,44	0,42	0,90	0,97	0,48
200	1,00	0,67	0,32	0,31	0,84	0,93	0,37
250	0,96	0,60	0,22	0,22	0,80	0,67	0,27
320	0,93	0,53	0,15	0,17	0,77	0,43	0,21
400	0,82	0,45	0,10	0,11	0,70	0,30	0,16
500	0,71	0,37	0,07	0,08	0,50	0,23	0,12
630	0,64	0,32	0,05	0,05	0,25	0,13	0,09
800	0,61	0,26	0,04	0,03	0,12	0,10	0,07
1000	0,57	0,23	0,03	0,02	0,07	0,07	0,05
1250	0,54	0,19	0,02	0,01	0,04	0,03	0,04

Tab. 15. Neuere Untersuchungen spezieller Gebiete der Milchstraße, in denen der Sterndichteverlauf getrennt nach Spektraltypen unter Berücksichtigung der Absorption abgeleitet wurde — New investigations of special regions in the Milky Way, in which the spatial density of stars has been determined taking the interstellar absorption into account

Sternbild	l^{II}	N	Beobachtungsdaten [1]	m_{lim}	Sp (5.2.1)	Lit.
Sgr	4°	8 000	m_{ir}, Sp	14 ir	M 5 und später	McCuskey, S. W., and R. Mehlhorn: ApJ **68** (1963) 319
Sct Ser	15	3 000	m_{pg}, CI, Sp	12,5 pg	B ··· M	Pronik, I. I.: Mitt. Krim **23** (1960) 46
Sct	25	341	m_u, m_{pg}, m_v, Sp, LC	13 vis	O, B	Roslund, C.: Medd. Lund Ser. I Nr. 201 (1962)
Sct	26	779	m_r, m_g, m_u	15 g	Riesen, Hauptreihe: $M_g \leqq 3$	Becker, W.: ZfA **54** (1962) 155
Sct	26	2 094	m_r, m_g, m_u	13,8 g bzw. 15,7 g	Riesen, Hauptreihe: $M_g \leqq 3$	Brodbeck, K.: ZfA **58** (1963) 127
Sct	27	1 200	m_{ir}, Sp	13 ir	M	Albers, H.: AJ **67** (1962) 24
Aql	44	478	m_{ir}, Sp	13 ir	M 2 ··· M 4	Westerlund, B.: ApJ **130** (1959) 178
Aql-Mon	44, 65, 72, 74, 76, 102, 129, 146, 165, 197, 214	18 000	m_{pg}, m_{ir}, Sp	12 pg	B 0 ··· M 8	McCuskey, S. W.: ApJ **123** (1956) 458
Aql Sge Cas	47 54 116	3 000	m_{pg}, m_v, Sp	13 vis	B 3 ··· dM 3, gG 6 ··· gM 3	Iwaniszewski, H.: Bull. Toruń Nr. 30 (1962)
Vul-Sge	56	2 300	m_r, m_g, m_u	14 vis	B 0 ··· B 3, A 0 ··· A 4, Riesen	Schäfer, H.: Veröffentl. Bonn Nr. 58 (1960)
Cyg	65	1 800	m_{ir}, Sp	13 ir	M 2 ··· M 4	Westerlund, B.: ApJ Suppl. **4** (1959) 73
Cyg	73	627	m_{ir}, Sp	13,5 ir	M 0 ··· M 4	Nassau, J. J., and G. B. van Albada: ApJ **109** (1949) 391
Lac-Tau	87 ··· 177	3 362	m_{pg}, m_v Sp, LC	13,5 pg	F 2 ··· dG, gG ··· gK	Elvius, T.: Stockholm Ann. **19** (1957) Nr. 3
Cyg	92	1 900	m_{pg}, Sp, LC	11 pg	B ··· G 0, gG 5 ··· gK 5	Vanäs, E.: Uppsala Ann. **1** (1939) Nr. 1
Lac	98	2800	m_r, m_g, m_u	13 vis	B 6 V ··· K 6 V, G 8 III ··· M III	Seitter, W.: Veröffentl. Bonn Nr. 64 (1962)
Lac	100	3 063	m_{pg}, m_v, Sp, LC	13 pg	A 0 ··· dK 0, gG 0 ··· gM	Ramberg, J. M.: Stockholm Ann. **20** (1957) Nr. 1
Cep	106	3 100	m_{pg}, CI, Sp LC	11 pg	B ··· dM, gG 5 ··· gK 5	Wernberg, G.: Uppsala Ann. **1** (1941) Nr. 4
Cas	128, 136	1 000	m_{pg}, CI, Sp	12,5 pg	A 0	Brodskaja, E. S.: Mitt. Krim **26** (1961) 382
Tau	173	2 040	m_{pg}, Sp	12 pg	B 0 ··· M 8	McCuskey, S. W.: ApJ **94** (1941) 468
Mon	217		m_{pg}, CI, Sp	14,5 pg	B 8 ··· F 8, gG 0 ··· gM	Bok, B. J., and J. M. Rendall-Arons: ApJ **101** (1945) 280. Bok, B. J., M. Olmsted, and B. D. Boutelle: ApJ **110** (1949) 21
Pup	237	1 525	m_r, m_g, m_u	17 g	Riesen, Hauptreihe: $M_g < 5$	Fenkart, R.: ZfA **54** (1962) 289
Car	281, 293		m_{pg}, CI, Sp	11,5 pg	B 8 ··· F 8, gG 0 ··· gM	Bok, B. J., and F. W. Wright: ApJ **101** (1945) 300

[1]

	Indizes:	Indices:
u	ultraviolett	ultraviolet
pg	photographisch	photographic
v	visuell	visual
g	gelb	yellow
r	rot	red
ir	infrarot	infrared

Sp	Spektraltypen	spectral types
CI	Farbenindizes	color indices
LC	Leuchtkraftklasse	luminosity class

Diese Untersuchungen haben noch kein einheitliches Bild, insbesondere keine hinreichend klaren Anzeichen einer Spiralstruktur geliefert. Neben tatsächlich vorhandenen Unregelmäßigkeiten der Sternverteilung sind hierfür vor allem die mangelnde Kenntnis des Verlaufes der interstellaren Absorption und der Stichprobencharakter der Sternzählungen verantwortlich. In verschiedenen Richtungen lassen sich jedoch große Sternwolken sicherstellen, die sehr wahrscheinlich zu Spiralarmen gehören, vor allem in den Richtungen der Sternbilder Cygnus ($l^{II} \approx 75°$), Auriga ($l^{II} \approx 170°$), Sagittarius ($l^{II} \approx 0°$) und Scutum ($l^{II} \approx 25°$). Siehe 8.2.4.

Literatur zu 8.2.2.3 — References for 8.2.2.3

1 Becker, F.: ZfA **19** (1939) 50.
2 Elvius, T.: Stockholm Ann. **16** (1951) 5.
3 Gliese, W.: ZfA **39** (1956) 1 = Astron. Recheninst. Heidelberg Mitt. (A) Nr. 3 (1957).
4 McCuskey, S. W.: AJ **123** (1956) 458.
5 Oort, J. H.: BAN **6**/238 (1932) 249.
6 Oort, J. H.: BAN **8**/308 (1938) 233.
7 Oort, J. H.: BAN **15**/494 (1960) 45.
8 van Rhijn, P. J., und A. Schwassmann: ZfA **10** (1935) 161.
9 van Tulder, J. J. M.: BAN **9**/353 (1942) 315.
10 Upgren, A. R.: AJ **67** (1962) 37.
11 Upgren, A. R.: AJ **68** (1963) 194.
12 Upgren, A. R.: AJ **68** (1963) 475.

8.2.2.4 Verteilung der interstellaren Materie — Distribution of interstellar matter

Siehe auch 8.4.4 — see also 8.4.4

Gasförmige und staubförmige interstellare Materie erfüllen innerhalb von etwa 10 kpc Abstand vom galaktischen Zentrum eine sehr dünne Scheibe, welche die galaktische Ebene definiert (siehe 8.2.1.1). Die großräumige Verteilung — bisher nur für den Gasanteil direkt erschlossen und für den Staub in Analogie zu außergalaktischen Systemen angenommen — läßt eine Spiralstruktur erkennen (siehe 8.2.4). Außerhalb von etwa 10 kpc Zentrumsabstand ist die Fläche maximaler Gasdichte aus der galaktischen Ebene herausgebogen, und zwar im nördlichen und südlichen Teil der Milchstraße in entgegengesetzter Richtung (Fig. 13).

Die kleinräumige Verteilung (in Bereichen mit Ausdehnungen unter 1000 pc) ist außerordentlich ungleichmäßig und wolkig.

8.2.2.4.1 Interstellarer Staub — Interstellar dust

Siehe auch 8.4.2 — see also 8.4.2

Tab. 16. Charakteristiken der Verteilung des interstellaren Staubes in der Nähe der galaktischen Ebene im Entfernungsbereich $r < 1000$ pc — Characteristic data of the distribution of the interstellar dust near the galactic plane for distances $r < 1000$ pc

Optische Dicke der halben galaktischen Staubschicht in Größenklassen (pg)	$0{,}^m25$ 0,46	Nebelzählungen: Hubble [*11*] Shane, Wirtanen und Steinlin [*18*]
	0,35	Farbexzesse: Parenago [*17*]
Geometrische Dicke der halben galaktischen Staubschicht	≈100 pc	Farbexzesse: Parenago [*17*]
Mittlere Absorption (pg) in der galaktischen Ebene bis zur Entfernung $r = 1$ kpc	$3{,}^m5$ kpc^{-1} 2,6 2,8	Farbexzesse: Parenago [*17*] Farbexzesse: berechnet nach Fernie [*8*] Farbexzesse: berechnet nach Neckel [*15*]
Bruchteil des Raumes, der von Wolken interstellaren Staubes erfüllt ist	~5%	Häufigkeit der Reflexionsnebel und der für ihre Beleuchtung in Betracht kommenden Sterntypen: Ambartsumian und Gordeladse [*1*]; Oort und van de Hulst [*16*]; Strömgren [*21*]; Spitzer [*20*]
Anzahl der Wolken	~10^{-4} pc^{-3}	
Anzahl der Wolken, welche der Radiusvektor durchsetzt	~7 kpc^{-1}	Siehe oben: [*1, 14, 21, 20*]. Helligkeitsfluktuationen der Milchstraße: Chandrasekhar und Münch [*6*], Limber [*13*]. Diskussion: Scheffler [*19*]
Mittlere Absorption (pg) einer Wolke Maximale Wolkenabsorption (pg)	$0{,}^m25$ ~4^m	Verteilung der Wolkenabsorptionen: Chandrasekhar und Münch [*6*]
Mittlerer Durchmesser einer Wolke Bereich der Wolkendurchmesser	~5 pc ~1 pc ··· ~50 pc	Verteilung der Wolkenquerschnitte: Chavtassi [*7*]
Absorption (pg) von Globulen Durchmesser von Globulen	~1^m ··· ~5^m ~0,005 ··· 1 pc	Bok [*5*], Thackeray [*22*]

Für die Entfernungen der auffälligen Dunkelwolken der Milchstraße ergeben sich vorwiegend Beträge im Bereich $r = 100$ pc bis etwa 600 pc (Literatur bis 1950: BECKER [2], neuere Arbeiten siehe 8.2.2.3: Untersuchungen des Dichteverlaufs $D(r)$). Die Analyse der Absorptionsbeträge für zahlreiche Einzelobjekte im Bereich der Milchstraße führt nach FERNIE [8] und NECKEL [15] zu der Vorstellung, daß sich die Sonne in einem lokalen Dunkelwolkensystem befindet, dessen Ausdehnung im Mittel nur bis zu einigen hundert Parsec reicht. Jenseits dieser Entfernung scheint die Absorption zunächst durchschnittlich $0^m_,3$ kpc^{-1} nicht wesentlich zu überschreiten (NECKEL [15]).

Das System der nahen Dunkelwolken zeigt eine kleine Neigung gegen die galaktische Ebene, wie das System der helleren Sterne („GOULD'scher Gürtel", siehe CHAVTASSI [7]). Kataloge von Dunkelwolken: CHAVTASSI [7]; LYNDS [14].

8.2.2.4.2 Interstellares Gas — Interstellar gas

Siehe auch 8.4.1 — see also 8.4.1

Tab. 17. Charakteristiken der Verteilung des interstellaren Gases nahe der galaktischen Ebene — Characteristic data of the distribution of the interstellar gas near the galactic plane

Effektive Halbdicke der Gasschicht¹): $\overline{\lvert z \rvert}$ (scale height)	130 pc	Optische und 21 cm-Beobachtungen [4]
Bruchteil des Raumes, der von Gaswolken erfüllt ist	~10%	[4, 21, 20]
Anzahl der Gaswolken	~10^{-4} pc^{-3} ~10^{-3} pc^{-3}	Optische Beobachtungen: [21, 20, 4], 21 cm-Beobachtungen: [4]
Anzahl der Wolken, welche der Radiusvektor durchsetzt	~ 7 kpc^{-1} ~10 kpc^{-1}	[21, 20, 4] [4]
Mittlerer Durchmesser einer Wolke	~ 5 pc	Optische und radioastronomische Daten: [21, 20, 4, 22]
Bereich der Wolkendurchmesser	~1 ··· ~50 pc	
Mittlere Dichte in einer Gaswolke	10 ··· 20 Atome cm^{-3}	
Mittlere Dichte außerhalb von Gaswolken	$\lessapprox$ 0,1 Atome cm^{-3}	
Mittlere Gasdichte über Wolken und Zwischengebiete	0,5 ··· 1 Atome cm^{-3}	
Mittlere statistische Bewegung der Gaswolken: $\overline{\lvert v \rvert}$	5 ··· 8 km sec^{-1} 8 km sec^{-1}	Interstellare Absorptionslinien (optisch): [3] 21 cm-Strahlung: [12]
Kinetische Temperatur des interstellaren Gases		[12]
H I-Regionen	~125 °K	siehe ferner [24]
H II-Regionen	~10 000 °K	[29]
Massenanteil von H II in Sonnennähe	~2%	[25, 29]
Mittlere Dichte in H II-Regionen	~10 Atome cm^{-3}	
Optische Dicke der H II-Regionen siehe 8.4.4.		

Literatur zu 8.2.2.4 — References for 8.2.2.4

1 AMBARTSUMIAN, W. A., und SCH. G. GORDELADSE: Bull. Abastumani Nr. 2 (1938) 37.
2 BECKER, W.: Sterne und Sternsysteme, 2. Aufl. Verlag Steinkopff, Dresden und Leipzig (1950) S. 149.
3 BLAAUW, A.: BAN **11**/436 (1952) 459.
4 BLAAUW, A., K. TAKAKUBO, and H. VAN WOERDEN: in Interstellar Matter in Galaxies (ed. L. WOLTJER). W. A. Benjamin, Inc., New York (1962) 48.
5 BOK, B. J.: Centennial Symposia, Harvard Monogr. **7** (1948) 53.
6 CHANDRASEKHAR, S., and G. MÜNCH: ApJ **112** (1950) 380, 393; **114** (1951) 110; **115** (1952) 94, 103; **116** (1952) 575; **121** (1955) 291.
7 CHAVTASSI, D. SCH.: Bull. Abastumani Nr. 18 (1955) 29.
8 FERNIE, J. D.: AJ **67** (1962) 227.
9 GUM, C. S., and J. L. PAWSEY: Radiophysical Laboratory Report RPL 138 (1958).
10 GUM, C. S., F. J. KERR, and G. WESTERHOUT: MN **121** (1960) 132.
11 HUBBLE, E.: ApJ **79** (1934) 8.

¹) Interstellares Gas in mittleren und hohen galaktischen Breiten [26 ··· 28] — Interstellar gas in medium and high galactic latitudes [26 ··· 28].

12 HULST, H. C. VAN DE, C. A. MULLER, and J. H. OORT: BAN **12**/452 (1954) 117.
13 LIMBER, D. N.: ApJ **117** (1953) 145.
14 LYNDS, B. T.: ApJ Suppl. **7**/64 (1962) 1.
15 NECKEL, TH.: Mitt. Sternw. Heidelberg in Vorbereitung (1964).
16 OORT, J. H., and H. C. VAN DE HULST: BAN **10**/376 (1946).
17 PARENAGO, P. P.: Astron. Zh. **22** (1945) 129.
18 SHANE, C. D., C. A. WIRTANEN, and U. STEINLIN: AJ **64** (1959) 197.
19 SCHEFFLER, H.: Wiss. Z. Humboldt Univ. Berlin **8**/4 ··· 5 (1958/59) 641.
20 SPITZER, L.: ApJ **108** (1948) 276.
21 STRÖMGREN, B.: ApJ **108** (1948) 242.
22 THACKERAY, A. D.: Mém. Soc. Roy. Sci. Liège in 8° **15** (1955) 437 (Liège Symposium Nr. 6: Les particules solides dans les astres) = Liège Inst. Astrophys. Coll. in 8° Nr. 368.
23 WESTERHOUT, G.: BAN **13**/475 (1957) 201.
24 DAVIES, R. D.: Rev. Mod. Phys. **30** (1958) 931.
25 WILSON, R. W.: ApJ **137** (1963) 1038.
26 MÜNCH, G., and H. ZIRIN: ApJ **133** (1961) 11.
27 WOERDEN VAN, M., K. TAKAKUBO, and L. BRAES: BAN **16** (1962) 321.
28 MULLER, C., J. H. OORT, and E. RAIMOND: Compt. Rend. **257** (1963) 1661.
29 Gas Dynamics of Cosmic Clouds (ed. H. C. VAN DE HULST and J. M. BURGERS), Amsterdam (1955).

8.2.2.5 Großräumige Verteilung der verschiedenen Objekte, Populationen — Large-scale distribution of the various objects, populations

8.2.2.5.1 Untersysteme — Subsystems

Der Begriff des Untersystems wurde eingeführt, da sich im Milchstraßensystem die Objekte verschiedener Natur (Sterne der einzelnen Spektralklassen, offene und kugelförmige Sternhaufen, die verschiedenen Typen veränderlicher Sterne und die Komponenten der interstellaren Materie) bezüglich ihrer Konzentration zur galaktischen Ebene und zum galaktischen Zentrum sowie in ihrer Kinematik wesentlich voneinander unterscheiden. Extremfälle sind die sehr flache Verteilung des Wasserstoffgases (siehe 8.2.4.2) und das angenähert ein Kugelvolumen erfüllende System der kugelförmigen Sternhaufen (siehe 7.2).

Tab. 18. Charakteristische Daten der Untersysteme bezogen auf die Sonnenumgebung, nahe der galaktischen Ebene — Characteristic data of the subsystems related to the neighborhood of the sun, near the galactic plane

$D\ \langle D_0 \rangle$	Anzahl der Objekte pro 1000 pc³ ⟨in Sonnennähe⟩	number of objects per 1000 pc³ ⟨in the solar neighborhood⟩
ΣD	geschätzte Gesamtzahl in der Milchstraße	estimated total number in the Milky Way
$\varrho\ \langle \varrho_0 \rangle$	Massendichte ⟨in Sonnennähe⟩	mass density ⟨in the solar neighborhood⟩
$\Sigma \mathfrak{M}$	geschätzte Gesamtmasse des Untersystems	estimated total mass of the subsystem
$\overline{\lvert z \rvert}$	mittlerer Betrag der Abstände von der galaktischen Ebene	mean absolute value of the distances from the galactic plane
$\overline{\lvert v_z \rvert}$	mittlerer Betrag der Geschwindigkeitskomponenten senkrecht zur galaktischen Ebene	mean absolute value of the velocity components perpendicular to the galactic plane
$\left(\frac{\partial \log D/D_0}{\partial R}\right)_0$	radialer Dichtegradient (in Sonnennähe)	radial density gradient (in the solar neighborhood)

Objekte	D_0 $[N/1000\ \mathrm{pc}^3]$	ΣD	ϱ_0 $\left[\frac{\mathfrak{M}_\odot}{1000\ \mathrm{pc}^3}\right]$	$\Sigma\mathfrak{M}$ $[\mathfrak{M}_\odot]$	$\overline{\lvert z \rvert}$ [pc]	$\overline{\lvert v_z \rvert}$ $\left[\frac{\mathrm{km}}{\mathrm{sec}}\right]$	$\left(\frac{\partial \log D/D_0}{\partial R}\right)_0$ $[\mathrm{kpc}^{-1}]$	Literatur
O ··· B 9	$\sim 10^{-3}$	—	0,9		50	(3,5)	(−0,10)	*16, 17, 38, 13*
δ Cep (Typ I)	$9 \cdot 10^{-5}$	$3 \cdot 10^4$	$1 \cdot 10^{-3}$		50	(3,5)	(−0,11)	*17, 24, 27*
Offene Sternhaufen	$4 \cdot 10^{-4}$	$3 \cdot 10^4$	$4 \cdot 10^{-2}$	$2 \cdot 10^9$ *)	80	(5,5)	(−0,11)	*17, 24*
Interstellares Gas	—	—	25		130	8	(0)	*5, 17, 18, 24, 35*
Dunkelwolken	10^{-1}	—			100	—	(0)	
A 0 ··· A 9	0,5	—	1		110	7,6	—	*17, 30, 38, 13*
F 0 ··· F 9	3,5	—	3	$>5 \cdot 10^9$	(200)	12,2	—	
dG 0 ··· dM	>40	—	(>42)		(270)	15	—	*8, 17, 30, 36, 37*

Fortsetzung nächste Seite

*) Nach GOULD, GOLD und SALPETER [*9*] ist der Massenanteil von molekularem Wasserstoff möglicherweise um einen Faktor 2 bis 4 größer als diese Zahl. — According to GOULD, GOLD, and SALPETER, [*9*] the part by mass of molecular hydrogene may be larger by a factor 2 to 4 than this number.

Tab. 18 (Fortsetzung)

Objekte	D_o [N/1000 pc³]	ΣD	ϱ_o $\left[\frac{\mathfrak{M}_\odot}{1000\ \mathrm{pc}^3}\right]$	$\Sigma\mathfrak{M}$ [$\mathfrak{M}_\odot$]	$\overline{\lvert z \rvert}$ [pc]	$\overline{\lvert v_z \rvert}$ $\left[\frac{\mathrm{km}}{\mathrm{sec}}\right]$	$\left(\frac{\partial \log D/D_o}{\partial R}\right)_o$ [kpc⁻¹]	Literatur
gG 0 ··· gK 9	0,6	—	0,9		260	15,7	—	*10, 17, 21, 30*
gM	$9 \cdot 10^{-3}$	—	$1 \cdot 10^{-2}$		290	15,7	−0,23 (M 7 ··· M 9)	*6, 14, 17, 24, 31*
gM 5 ··· gM 9	$0{,}3 \cdot 10^{-3}$		—		—	—	—	
N	—	—	—		(200)	14	—	*11, 17, 31*
R	—	—	—		(250)	(15)	—	*34*
Weiße Zwerge	2 ··· 9	10^{10}	(8)		(270)	15	−0,28	*8, 17, 25*
Planetarische Nebel	—	$1{,}5 \cdot 10^4$	$5 \cdot 10^{-5}$		340	(18)	−0,23	*17, 24*
Novae	—	10^6	—		440	(21)	−0,26	
R (nicht veränderlich)	—	—	—	$47 \cdot 10^9$	400	23	—	*11, 17*
Langperiodische Veränderliche (Mira-Sterne) M6e ··· M8e ($P > 300^{\mathrm{d}}$)	—		$7 \cdot 10^{-4}$		(540)	24	—	
M4e ··· M5e ($250^{\mathrm{d}} < P < 300^{\mathrm{d}}$)	—	10^6	$3 \cdot 10^{-4}$		(1100)	37	−0,22	*17, 19, 22, 28*
M0e ··· M3e ($P \leqq 250^{\mathrm{d}}$)	—		$1 \cdot 10^{-4}$		(1100)	36	—	
Humason-Zwicky-Sterne (faint blue stars)	—	—	—		(2400)	(40)	—	*17, 8*
Unterzwerge	—	—	1,5		(3900)	(73)	—	*17*
RR Lyr mit $P < 0{,}^{\mathrm{d}}4$	$3 \cdot 10^{-5}$	$1{,}7 \cdot 10^5$	$2 \cdot 10^{-5}$	$16 \cdot 10^9$	(900)	34	−0,26	*2, 17, 20, 23, 28, 29*
mit $P \geqq 0{,}^{\mathrm{d}}4$					(3500)	(67)	−0,10	
Typ II Cepheiden, W Vir	$2{,}4 \cdot 10^{-6}$	$3 \cdot 10^3$	—		(500)	(57)	(−0,18)	*27, 28, 29*
R (peculiar)	—	—	—		—	—	—	*17*
Kugelförmige Sternhaufen	$5 \cdot 10^{-9}$	240	$1 \cdot 10^{-3}$		3000	(61)	(−0,26)	*3, 17, 24*
Halo	—	—	<0,1	$<10^3$	(3000)	—	—	*4*
Gesamtsystem	—	—	$1{,}5 \cdot 10^2$	$1 \cdot 10^{11}$	—	—	—	*9, 19, 32, 26*

8.2.2.5.2 Populationen — Populations

Mit der räumlichen Verteilung bzw. den kinematischen Eigenschaften der Sterne sind ihre chemische Zusammensetzung und ihr Alter korreliert. Die ursprüngliche Konzeption der Sternpopulationen von Baade [*1*] unterschied nur die junge Population I und die alte Population II. Eine andere Möglichkeit wäre die Auffassung jedes Untersystems als besondere Population (Kukarkin [*12*]). Den Mittelweg geht eine Einteilung in fünf Populationen, die 1957 vorgeschlagen wurde [*17*]. Nähere Beschreibung der Populationen siehe 5.2.3.

Tab. 19. Räumliche Verteilung der Populationen — Spatial distribution of the populations

$\overline{\lvert z \rvert}$	mittlerer Betrag der Abstände von der galaktischen Ebene	mean absolute value of the distances from the galactic plane
$\left(\frac{\partial \log D/D_0}{\partial R}\right)_0$	radialer Dichtegradient am Ort der Sonne	radial gradient of density near the sun
a/b	Achsenverhältnis	ratio of the axes
$\overline{\lvert v_z \rvert}$	mittlerer Betrag der Geschwindigkeitskomponenten senkrecht zur galaktischen Ebene	mean absolute value of the velocity components perpendicular to the galactic plane

Bezeichnung	Halo-Population II	Intermediäre Population II	Scheiben-Population		Ältere Population I	Extreme Population I
Typische Mitglieder	Unterzwerge, Kugelförmige Sternhaufen, *RR* Lyr-Sterne	Sterne mit großen Geschwindigkeiten $\overline{\lvert v_z \rvert} > 30$ km/sec (F ··· M), Langperiodische Veränderliche mit $P < 250^d$ (Spektrum früher als M 5)	Planetarische Nebel, Novae, helle rote Riesen	Sterne mit schwachen Metalllinien	Sterne mit starken Metallinien, A-Sterne, Me-Zwerge	Gas, O-Sterne, Überriesen, δ Cep-Sterne, *T* Tau-Sterne, junge galaktische Sternhaufen
$\overline{\lvert z \rvert}$ [pc]	2000	700	450	300	160	120
$\left(\frac{\partial \log D/D_0}{\partial R}\right)_0$ [kpc^{-1}]	(−0,10)	−0,14	(−0,3)		−0,1	0
a/b	2	5	~25	—	—	100
Konzentration zum Zentrum	stark	stark	stark	—	wenig	wenig
$\overline{\lvert v_z \rvert}$ [km/sec]	75	25	18	15	10	8
Verteilung	,,homogen"	,,homogen"	,,homogen"	?	wolkig, Spiralarme	extrem wolkig, Spiralarme

Literatur zu 8.2.2.5 — References for 8.2.2.5

1 Baade, W.: ApJ **100** (1944) 137.
2 Baade, W., and R. Minkowski: ApJ **119** (1954) 215.
3 Baum, W. A.: AJ **59** (1954) 422.
4 Biermann, L., and L. Davis: ZfA **51** (1960) 19.
5 Blaauw, A., K. Takakubo, and H. van Woerden: in Interstellar Matter in Galaxies (ed. L. Woltjer). W. A. Benjamin, Inc., New York (1962) 48.
6 Blanco, V. M.: Stars and Stellar Systems Vol. V, Galactic Structure (ed. G. P. Kuiper and B. M. Middlehurst), University of Chicago Press, Chicago (1964).
7 Emoto, S.: Publ. Astron. Soc. Japan **11** (1959) 264.
8 Gliese, W.: Astron. Recheninst. Heidelberg Mitt. Ser. A Nr. 3 (1956); ZfA **39** (1956) 1.
9 Gould, R. J., T. Gold, and E. E. Salpeter: ApJ **138** (1963) 408.
10 Hill, E. R.: BAN **15**/494 (1960)1.
11 Ishida, K.: Publ. Astron. Soc. Japan **12** (1960) 214.
12 Kukarkin, B. W.: Erforschung der Struktur und Entwicklung der Sternsysteme auf der Grundlage des Studiums veränderlicher Sterne. Akademie-Verlag, Berlin (1954).
13 Kurochin, N. E.: Astron. Zh. **35** (1959) 86.
14 McCuskey, S. W., and R. Mehlhorn: AJ **68** (1963 (319.
15 Nassau, J. J.: Stellar Populations. North Holland Publ. Comp. Amsterdam (1958) p. 171 = Specola Vaticana Ric. Astron. **5** (1958).
16 Nassau, J. J., and D. C. MacRae: ApJ **110** (1949) 40.
17 Oort, J. H.: in Stellar Populations. North Holland Publ. Comp. Amsterdam (1958) p. 416 = Specola Vaticana Ric. Astron. **5** (1958).
18 Oort, J. H., F. J. Kerr, and G. Westerhout: MN **118** (1958) 379.
19 Oort, J. H.: in Nuffic International Summer Course on Present Problems Concerning the Structure of the Galactic System, Lecture Notes, Den Haag (1960).
20 Oort, J. H., and A. J. J. van Woerkom: BAN **9** (1941) 185.
21 Oort, J. H.: BAN **15**/494 (1960) 45.
22 Oort, J. H., and J. J. M. van Tulder: BAN **9**/353 (1942) 327.
23 Parenago, P. P.: Astron. Zh. **29** (1952) 245.
24 Parenago, P. P.: Ergeb. Astron. **4** (1948) 69 = Abhandl. Sowjet. Astron. Astrophys. Folge III (1953) 7.
25 Pawlowskaja, E. D.: Astron. Zh. **33**/5 (1956) 660.
26 Perek, L.: Bull. Astron. Inst. Czech. **10** (1959) 15.
27 Petit, M.: Ann. Astrophys. **23** (1960) 710.
28 Plaut, L.: BAN **17**/1 (1963) 81.

29 Plaut, L., and A. Soudan: BAN **17**/1 (1963) 70.
30 van Rhijn, P. J.: Publ. Groningen Nr. 47 (1936); Nr. 51 (1946); Nr. 57 (1955); Nr. 59 (1957).
31 Sandulaek, N.: AJ **62** (1957) 150.
32 Schmidt, M.: BAN **13**/468 (1956) 15.
33 Schwarzschild, M.: Structure and Evolution of the Stars. Princeton Univ. Press (1958) S. 27.
34 Takaynagi, W.: Publ. Astron. Soc. Japan **12** (1960) 314.
35 Strömgren, B.: ApJ **108** (1948) 242.
36 Upgren, A. R.: AJ **67** (1962) 37.
37 Upgren, A. R.: AJ **68** (1963) 194.
38 Walraven, Th., A. B. Muller, and P. Th. Oosterhoff: BAN **14**/484 (1958) 81.

8.2.3 Gestalt und Dimensionen des Systems — Shape and dimensions of the system

Der größere Teil des galaktischen Systems bildet eine flache runde Scheibe von etwa 30 kpc Durchmesser, deren Dicke am Ort der Sonne, in etwa 10 kpc Entfernung vom Zentrum, rund 1 kpc beträgt. In einem im Verhältnis 1 : 2 abgeplatteten Sphäroid mit nicht sehr scharf definiertem Durchmesser von maximal 50 kpc, konzentrisch zum Scheibenmittelpunkt, verteilen sich die Objekte der Halo-Population II.

The main part of the galactic system forms a flat round disc with a diameter of about 30 kpc, and a thickness of about 1 kpc near the sun (at a distance of about 10 kpc from the center). The objects of the halo population II are distributed in a 1 : 2 flattened spheroid, concentric to the disc center, and with a rather vaguely defined diameter of about 50 kpc.

Von fundamentaler Bedeutung für das Studium des großräumigen Aufbaus des Sternsystems ist die Kenntnis der Entfernung der Sonne vom galaktischen Zentrum R_0. Tab. 20 enthält die Ergebnisse der Anwendung verschiedener direkter Methoden zur Bestimmung dieser Distanz nach neueren Arbeiten. Die Unsicherheit von R_0 muß mit etwa $\pm 1{,}0$ kpc angesetzt werden.

Tab. 20 Die Entfernung R_0 Sonne – galaktisches Zentrum — The distance R_0 sun to galactic center

Methode	R_0 [kpc]	Lit.	Bemerkungen
Bestimmung der räumlichen Verteilung kugelförmiger Sternhaufen nahe dem galaktischen Zentrum	12,5	Kron und Mayall [6] 1960	M_v (*RR* Lyr) = 0ᴹ,0
	9,1	Fernie [5] 1962	Korrektion zu [6] für M_v (*RR* Lyr) = 0ᴹ,5
	9,3	Fernie [5] 1962	
Bestimmung der räumlichen Verteilung der *RR* Lyrae-Sterne nahe dem galaktischen Zentrum	8,7; 8,2 12,0	Baade [2] 1951, 1953	M_v (*RR* Lyr) = 0ᴹ,0 Korrektion durch Kron und Mayall [6] 1960
	9,9	Arp [1] 1962	M_v (*RR* Lyr) = 0ᴹ,3
	9,6	Fernie [5] 1962	Korrektion von Baades neuerem Wert für M_v (*RR* Lyr) = 0ᴹ,5
Annahme, daß die Masse für $R < R_0$ gleich ist der bekannten entsprechenden Masse des Andromeda-Nebel (M 31)	10,5	Brandt [3] 1961; siehe auch: Burbidge [4]	$\mathfrak{M}(R_0) \sim R_0^3$
Bester Wert	**10 ± 1**		

Auf dem IAU-Symposium Nr. 20 (1963) wurde die einheitliche Benutzung des Wertes $R_0 = 10$ kpc vorgeschlagen [7]. Für diesen Wert sprechen auch die neuen Bestimmungen der Konstanten A der differentiellen galaktischen Rotation zusammen mit dem gut bekannten Wert für das Produkt $A R_0$ (siehe 8.3.3).

Literatur zu 8.2.3 — References for 8.2.3

1 Arp, H.: ApJ **135** (1962) 971.
2 Baade, W.: Publ. Michigan **10** (1951) 16; Symposium on Astrophysics. University of Michigan, Ann Arbor, Michigan (1953) 25.
3 Brandt, J. C.: PASP **73** (1961) 324; **75** (1963) 70.
4 Burbidge, G.: PASP **75** (1963) 68.
5 Fernie, J. D.: AJ **67** (1962) 769.
6 Kron, G. E., and N. U. Mayall: AJ **65** (1960) 581.
7 IAU Inform. Bull. Nr. 11 (1963).

Ferner: The Scale of the Galaxy: a Symposium: PASP **73** (1961) 88.

8.2.4 Spiralstruktur — Spiral structure

8.2.4.1 Ergebnisse optischer Beobachtungen – Results of optical observations

Nachweis von Spiralarmen im Milchstraßensystem aufgrund optischer Untersuchungen:

a) durch Lokalisierung individueller, besonders junger Objekte (Alter $< 10^7$ a):

Proof of existence of spiral arms in the Milky Way as established by optical investigations:

a) by localisation of individual, very young objects (age $< 10^7$ a):

OBA-Assoziationen	Morgan, Whitford und Code [14]
O-Sterne	Hiltner [9], Hoffleit [10]
H II-Regionen	Morgan, Sharpless und Osterbrock [13], Becker und Fenkart [1]
offene Sternhaufen	Becker [2]
Be-Sterne	Schmidt-Kaler [20]
OB-Sterne	Beer [23]

b) aufgrund der Diskussion der Helligkeits- und Farbverteilung der Milchstraße [5, 15], zum Methodischen siehe 8.2.2.1.

Von entscheidender Bedeutung ist in beiden Fällen die Erfassung des Einflusses der interstellaren Absorption. In Fig. 9 und 10 sind die wichtigsten Ergebnisse beider Methoden dargestellt.

b) by discussing the distribution of the brightness and color in the Milky Way [5, 15] (see 8.2.2.1).

In both cases it is very important to take the interstellar absorption into account. The most important results of both methods are shown in Fig. 9 and 10.

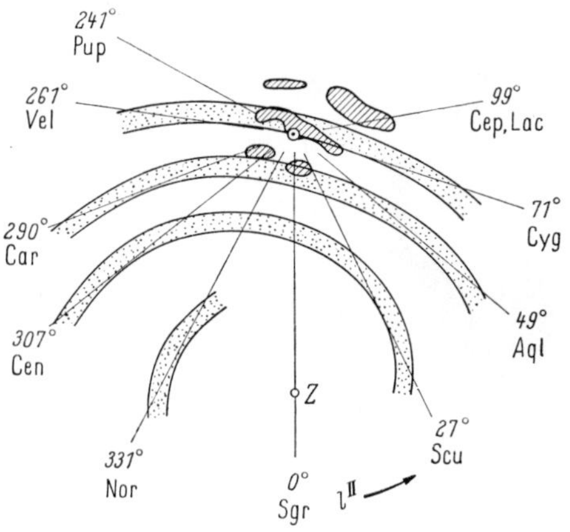

Fig. 9. Modell der galaktischen Spiralstruktur und Bereiche junger Objekte (schraffiert, siehe Fig. 10) — Model of the galactic spiral structure and regions with young objects (shaded, see Fig. 10) [5].

⊙	Ort der Sonne	position of the sun
Z	galaktisches Zentrum	galactic center

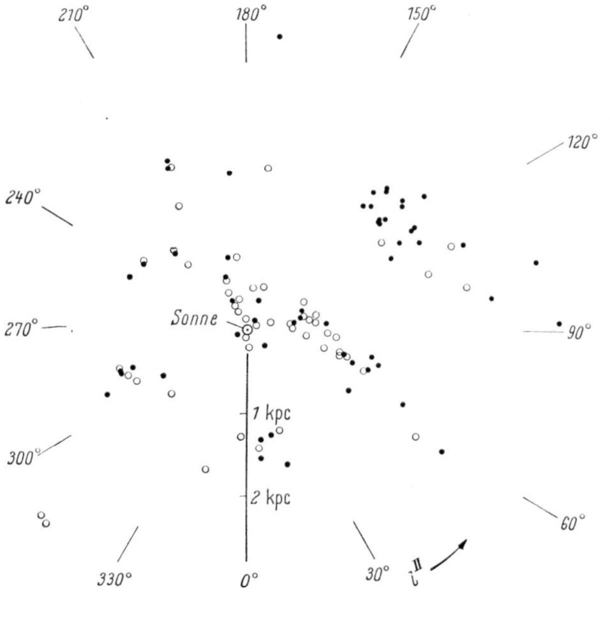

Fig. 10. Lage individueller junger Objekte (Alter $\lessapprox 10^7$a) in der galaktischen Ebene — Position of individual young objects (age $\lessapprox 10^7$a) in the galactic plane.

•	Offene Sternhaufen mit frühesten Spektraltypen zwischen O und B2 [2]	galactic clusters with earliest spectral type between O und B2 [2]
○	H II-Regionen [1]	H II regions [1]

Die Analyse der Helligkeits- und Farbverteilung in der Milchstraße liefert darüber hinaus Aussagen über die Leuchtkraftdichte des die ganze Galaxis durchdringenden Scheibensystems der älteren Populationen und des darin eingebetteten Systems von Spiralarmen der jungen Population I-Objekte.

ε: Leuchtkraftdichte (in der Einheit [St_5/1000 pc^3], St_5 = Zahl der Sterne mit der absoluten Helligkeit $M_v = 5^M$) in der Milchstraße; z_o: halbe Halbwertsdicke der emittierenden Schichten (Neckel [15]):

	ε	z_o
Galaktische Scheibe bei $R = R_o$	36 [St_5/1000 pc^3]	220 pc
Mittlere Werte für einen Spiralarm	50 [St_5/1000 pc^3]	140 pc

8.2.4.2 Ergebnisse radioastronomischer Beobachtungen — Results of radio astronomical observations

Aus der Intensitätsverteilung der 21 cm-Strahlung im Bereich der Milchstraße kann die räumliche Dichteverteilung des emittierenden neutralen Wasserstoffs abgeleitet werden (siehe auch 8.2.2.1). Dazu ist der Zusammenhang zwischen der beobachteten Radialgeschwindigkeit der H I-Wolken und ihrer Entfernung für jede Richtung nötig, den ein Modell des Geschwindigkeitsfeldes der galaktischen Rotation (siehe 8.3.3) vermittelt.

Unter Zugrundelegung a) konzentrischer Kreisbahnen, b) der Entfernung Sonne — galaktisches Zentrum $R_0 = 8{,}2$ kpc und c) der Kurve für die Abhängigkeit der Winkelgeschwindigkeit der Kreisbewegung vom Zentrumsabstand nach Schmidt [*19*] (für $l^{II} = 252°$ bis 348° etwas abgeändert, siehe Oort [*18*]) liefern die Beobachtungen das in Fig. 11 wiedergegebene Bild.

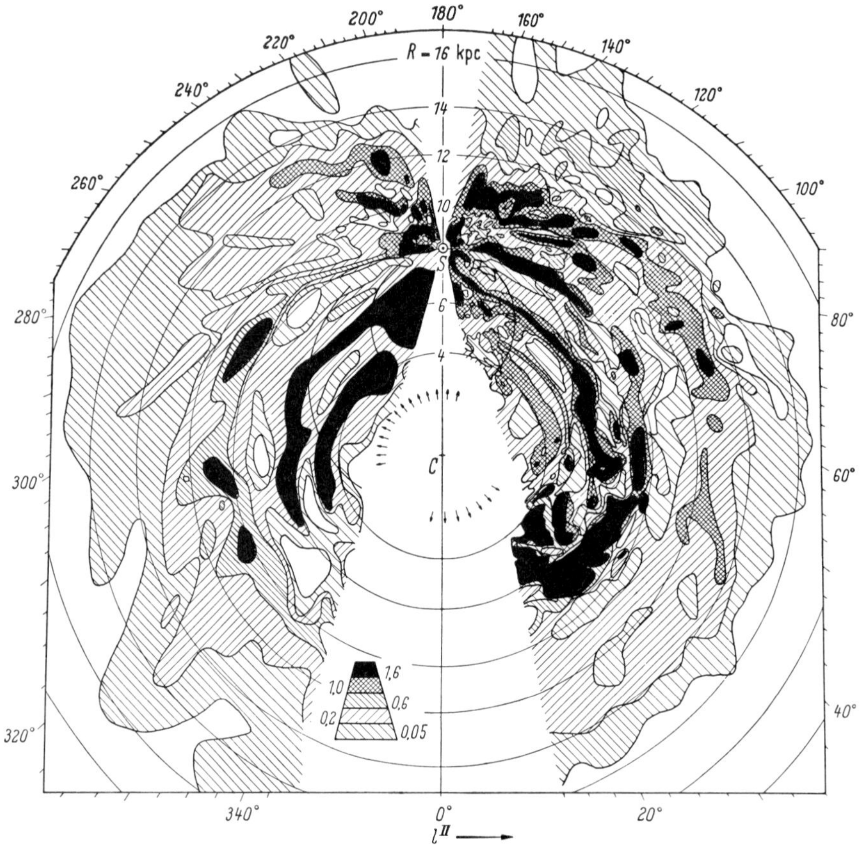

Fig. 11. Linien gleicher H I-Dichte [Atome/cm³] in der galaktischen Ebene¹) (die maximalen Dichten in z-Richtung sind auf die galaktische Ebene projiziert) — Lines of equal H I density [atoms/cm³] in the galactic plane¹) (the maximum densities in the z direction are projected to the galactic plane) [*18*].

$l^{II} = 12° \cdots 252°$ [*22*]
$l^{II} = 252° \cdots 348°$ [*16*]

C	Zentrum	center
S	Sonne	sun

In großen Zügen zeigen die optisch und radioastronomisch ermittelten Spiralarme ähnliche Verläufe. Bei den galaktischen Längen, für welche der Visionsradius einen Spiralarm tangential anschneidet, sind Intensitätsmaxima zu erwarten, die in der 21 cm-Linienstrahlung und der kontinuierlichen Radiostrahlung der Milchstraße (Mills [*12*] bei $\lambda = 3{,}5$ m, Seeger et al. [*21*] bei $\lambda = 75$ cm), wie auch im optischen Bereich nachgewiesen sind (Fig. 12).

¹) Wegen der Kleinheit der Radialgeschwindigkeiten in den Längenbereichen $l = 170° \cdots 190°$ und $345° \cdots 0° \cdots 15°$ sind dort, sowie in Sonnennähe, keine Aussagen möglich.

¹) Owing to the small radial velocities for the galactic longitudes $l = 170° \cdots 190°$ und $345° \cdots 0° \cdots 15°$ it is impossible to make any statements for these regions and neither for the neighborhood of the sun.

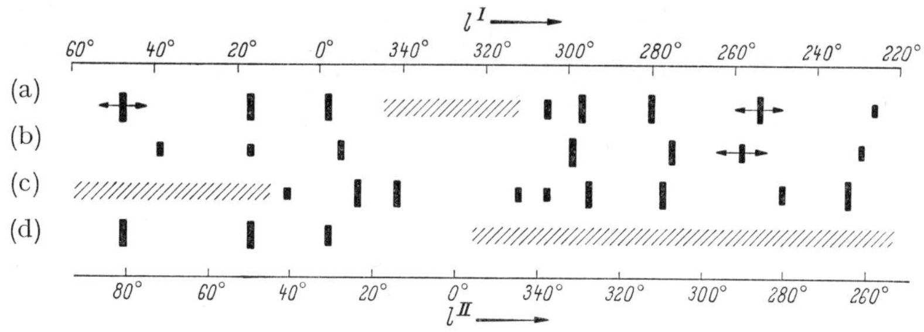

Fig. 12. Lage der vermutlich auf Spiralarme zurückgehenden Intensitätsmaxima in der Milchstraße nach optischen und radioastronomischen Beobachtungen — Position of the intensity maxima in the Milky Way (probably arising from spiral arms) from optical and radio astronomical observations [*11*].

(a) Linienstrahlung, λ = 21 cm [*11*]
(b) Optisch [*5*]
(c) Kontinuierliche Strahlung bei λ = 3,5 m [*12*]
(d) Kontinuierliche Strahlung bei λ = 75 cm [*21*]

Die besonders in der Sonnenumgebung gefundenen Differenzen in den Verteilungen typischer Spiralarm-Objekte und des H I-Gases, sowie Diskontinuitäten in der Anordnung der H I-Arme werden von verschiedenen Autoren auf Abweichungen von der reinen Kreisbewegung beim Gas zurückgeführt (siehe Elsässer [*6*], Kerr [*11*], Braes [*3*]).

In großen Abständen vom galaktischen Zentrum zeigt die galaktische Scheibe des neutralen Wasserstoffs eine zunehmende, möglicherweise durch die Gravitationswirkung der Magellanschen Wolken verursachte, Abweichung von der galaktischen Ebene (Fig. 13).

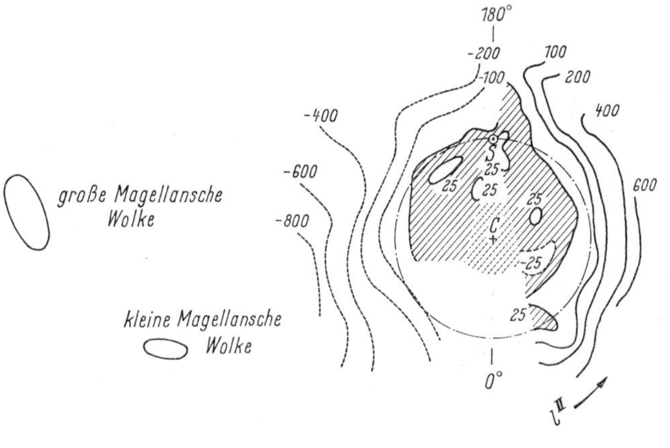

Fig. 13. Linien gleichen Abstandes $\bar{z}$ [pc] der Orte maximaler Wasserstoffdichte von der (neuen) galaktischen Ebene. Die Verbiegung der Wasserstoffscheibe bei mehr als etwa 10 kpc Zentrumsabstand erfolgt im Südteil der Milchstraße in Richtung zu den Magellanschen Wolken, im Nordteil entgegengesetzt — Lines of equal distance $\bar{z}$ [pc] of the loci of maximum hydrogen density from the (new) galactic plane. The curvature of the hydrogen disc at a distance of more than about 10 kpc from the center is directed toward the Magellanic clouds in the southern part of the Milky Way and in the northern part in the opposite direction [*7*, *8*].

C	Zentrum	center
S	Sonne	sun

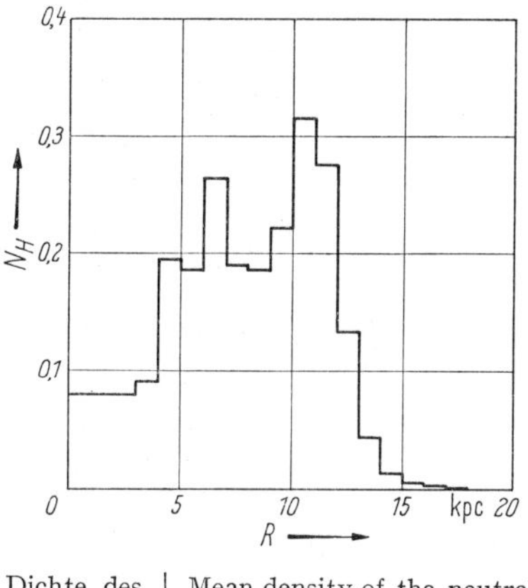

Fig. 14. Mittlere Dichte des neutralen Wasserstoffs, gemessen durch das Integral — Mean density of the neutral hydrogen, measured by the integral

$$\int_{-\infty}^{+\infty} n_H \, dz = N_H$$

in [Atome cm^{-3} kpc] in Abhängigkeit vom Zentrumsabstand R (van Woerden [*18*]). — in [atoms cm^{-3}kpc] as a function of the distance R fom the center (van Woerden [*18*]).

Für das Gebiet $R \leqq 3$ kpc haben Oort und Rougoor [*17*, *18*] aus den Beobachtungen im Längenbereich l^{II} = 342° bis 18° folgendes Bild abgeleitet (Fig. 15): etwa bei R = 3 kpc befindet sich ein Spiralarm („3 kpc-Arm“, der jenseits des Zentrums sein Gegenstück besitzt), dessen H I-Gas eine radial nach außen gerichtete Expansionsgeschwindigkeit von 53 km sec^{-1} besitzt. Seine Rotationsgeschwindigkeit beträgt etwa 200 km sec^{-1}. Ausdehnung in z-Richtung ($\sim$110 pc) und Dichte ($\sim$2 Atome cm^{-3}) sind ähnlich wie bei den äußeren Spiralarmen. Zwischen R = 0,5 und 0,6 kpc ergibt sich ein Ring (Dichte $\sim$1 Atom cm^{-3}), der mit hoher Geschwindigkeit ($\sim$265 km sec^{-1}) rotiert, aber keine Expansion zeigt.

Der Kern des Systems besteht aus einer bis zu etwa $R = 0{,}3$ kpc ausgedehnten Scheibe, deren Dichte nach innen stark zunimmt (bei $R = 0{,}1$ kpc etwa 3 Atome cm^{-3}). Diese Scheibe rotiert bei $R = 260$ pc bzw. 70 pc mit 220 km sec^{-1} bzw. 180 km sec^{-1} und weist wie der Ring keine Expansion auf. Die Radioquelle Sagittarius A (IAU Nr. 17 S 2 A) befindet sich nach DRAKE [*4*] im Innern der zentralen Scheibe, etwa 15 pc vom galaktischen Zentrum entfernt.

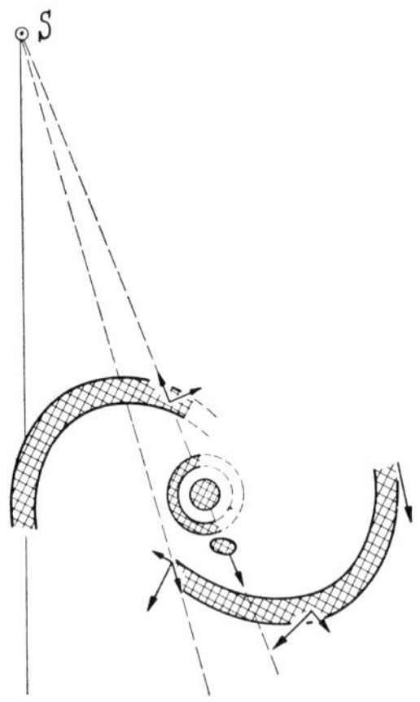

Fig. 15. Schematische Darstellung der Verteilung des neutralen Wasserstoffs im Kerngebiet der Galaxis. Erklärung siehe Text — Schematic diagram of the distribution of the neutral hydrogen in the central region of the Galaxy. Explanation: see text [*17*].

S | Sonne | sun

Literatur zu 8.2.4 — References for 8.2.4

Zusammenfassende Berichte:

BECKER, W.: Vistas Astron. **2** (1956) 1515.
ELSÄSSER, H.: Mitt. Astron. Ges. 1960 (1961) 34.
ELWERT, G.: Ergeb. Exakt. Naturw. **32** (1959) 1.
OORT, J. H.: Hdb. Physik **53** (1959) 100.
WHITEOAK, J. B.: PASP **75** (1963) 103.

1 BECKER, W., und R. FENKART: ZfA **56** (1963) 257.
2 BECKER, W.: ZfA **57** (1963) 117.
3 BRAES, L. L. E.: BAN **17** (1963) 132.
4 DRAKE, F. D.: AJ **64** (1959) 329.
5 ELSÄSSER, H., und U. HAUG: ZfA **50** (1960) 121.
6 ELSÄSSER, H.: Mitt. Astron. Ges. 1960 (1961) 34.
7 GUM, C. S., and J. L. PAWSEY: Radiophysical Laboratory Report RPL 137, Juni 1958.
8 GUM, C. S., F. J. KERR, and G. WESTERHOUT: MN **121** (1960) 132.
9 HILTNER, W. A.: ApJ Suppl. **2** (1956) 389.
10 HOFFLEIT, D.: ApJ **124** (1956) 61.
11 KERR, F. J.: MN **123** (1962) 327.
12 MILLS, B. Y.: PASP **71** (1959) 267.
13 MORGAN, W. W., S. SHARPLESS, and D. OSTERBROCK: Sky Telescope **11** (1952) 138.
14 MORGAN, W. W., A. E. WHITFORD, and A. D. CODE: ApJ **118** (1953) 138.
15 NECKEL, TH.: Mitt. Sternw. Heidelberg, in Vorbereitung (1964).
16 OORT, J. H., F. J. KERR, and G. WESTERHOUT: MN **118** (1958) 379.
17 OORT, J. H., and G. W. ROUGOOR: Proc. Natl. Acad. Sci. USA **46** (1960) 1.
18 OORT, J. H.: in The Distribution and Motion of Interstellar Matter in Galaxies (ed. L. WOLTJER). W. A. Benjamin, Inc. New York (1962) 3.
19 SCHMIDT, M.: BAN **13** (1956) 15.
20 SCHMIDT-KALER, TH.: ZfA **58** (1964) 217.
21 SEEGER, C. L., F. L. H. M. STUMPERS, and N. VAN HURCK: Philips Tech. Rev. **21** (1960) 317.
22 WESTERHOUT, G.: BAN **13** (1957) 201.
23 BEER, A.: MN **123** (1961) 191; **128** (1964) 261.

8.3 Kinematik und Dynamik des Milchstraßensystems — Kinematic and dynamic properties of the Galaxy

8.3.0 Einleitung und Übersicht — Introduction and summary

Kinematische Eigenschaften des Milchstraßensystems können abgeleitet werden, wenn Eigen-Bewegungen (EB, siehe 5.1.2), Radial-Geschwindigkeiten (RG, siehe 5.1.3) und Entfernungen r (siehe 5.1.4) der Sterne und anderer galaktischer Objekte bekannt sind. Die dreidimensionalen rechtwinkligen Geschwindigkeitskomponenten v_x, v_y, v_z können hieraus berechnet werden.

Die eindrucksvollste Erscheinung bei Sternbewegungen ist eine systematische Bewegung von einem bestimmten Punkt der Sphäre („apex") zu dem entgegengesetzten Punkt („antapex"). Das Phänomen läßt sich leicht erklären durch die Bewegung der Sonne selbst, relativ zu ihrer Umgebung. Dieser „parallaktische" Effekt wird in 8.3.1 besprochen.

Es gibt mehrere Sterngruppen mit einer gemeinsamen Bewegung ihrer Mitglieder gegen einen für jede Gruppe besonderen Konvergenzpunkt (8.3.2).

Mit den Sternen und anderen Objekten ihrer Umgebung nimmt die Sonne an einer allgemeinen Rotationsbewegung des Milchstraßensystems um sein Zentrum in der Konstellation Sagittarius teil. Die Winkelgeschwindigkeit nimmt nach außen hin ab. Dies bewirkt die beobachteten Effekte „differentieller Rotation". Neben der galaktischen Rotation sind in dem neutralen Wasserstoff der inneren Teile außergewöhnliche Expansionseffekte beobachtet worden (8.3.3).

Verschiedene Autoren haben einen allgemeinen Expansions-Anteil bei den Radialgeschwindigkeiten der helleren O- und B-Sterne („K-Term" nach Campbell) festgestellt (8.3.4).

Nach Berücksichtigung der oben behandelten Effekte bleiben noch beträchtliche Reste in den Sterngeschwindigkeiten. Sofern Sterne mit $v < 65$ km/sec betrachtet werden, kann die Verteilung der Restgeschwindigkeiten durch ein Ellipsoid nach Gl. (16) in 8.3.5 angenähert dargestellt werden.

Bei den Sternen bestimmter physikalisch homogener Gruppen und insbesondere den „Schnellläufern" ($v > 65$ km/sec), und bei den Kugelhaufen entspricht die Verteilung der Restgeschwindigkeiten nicht der Symmetrie eines Ellipsoids. Dieses Phänomen der „Asymmetrie" wird in 8.3.6 besprochen.

In 8.3.7 wird ein dynamisches Modell der Galaxis, entworfen von Schmidt, kurz beschrieben und diskutiert.

Die Bewegung der Milchstraße als ganze wird in 8.3.8 erwähnt.

Kinematic properties of the galactic system can be derived if proper motions (p.m. = EB, see 5.1.2), radial velocities (r.v. = RG, see 5.1.3), and distances r (see 5.1.4), of stars and other galactic objects are known. Three-dimensional rectangular velocity components, v_x, v_y, v_z, can be calculated.

The most striking phenomenon in stellar motions is a systematic drift from a certain point on the sphere ("apex") to its opposite point ("antapex"). The phenomenon is easily explained by the motion of the sun itself with respect to its surroundings. This "parallactic" effect is discussed in 8.3.1.

There are several groups of stars with a common motion of their members towards a point of convergence (see 8.3.2) characteristic for each group.

Together with the stars and other objects in its surroundings, the sun participates in a general motion of rotation of the galactic system around its center in Sagittarius. The angular velocity decreases outwards; this gives rise to the observed effects of "differential rotation". In addition to galactic rotation, remarkable effects of expansion have been observed in the neutral hydrogen of the inner parts (8.3.3).

Various authors have found a general expansion term in the radial velocities of the brighter O- and B-stars ("K-term", according to Campbell). A brief discussion is given in 8.3.4.

After allowing for the effects treated above, appreciable residuals in the stellar velocities still remain. As far as stars with $v < 65$ km/sec are considered, the distribution of the residual velocities may be approximated by a frequency function of the type of eqn. (16), paragraph 8.3.5.

With regard to the residuals of velocity, the stars of certain physically homogeneous groups, and, particularly, the "high-velocity stars" ($v > 65$ km/sec), and the globular clusters do not behave according to eqn. (16). This phenomenon of "asymmetry" with its implications is discussed in paragraph 8.3.6.

In 8.3.7 the dynamical model of the Galaxy, devised by Schmidt, is briefly described.

The "external" motion of the Galaxy as a whole is discussed in 8.3.8.

Symbole — Symbols

(Siehe auch Fig. 1 S. 632) — (see also Fig. 1 p. 632)

l, b [°]	galaktische Koordinaten (siehe 8.2.1.1)	galactic coordinates (see 8.2.1.1)
l_0	galaktische Länge des galaktischen Zentrums	galactic longitude of the galactic center
	$l - l_0 = l^{II}$; $l_0^{II} = 0$	
r [pc, kpc]	Abstand von der Sonne	distance from the sun
R [pc, kpc]	Abstand vom galaktischen Zentrum	distance from the galactic center
R_0 [pc, kpc]	Abstand Sonne—galaktisches Zentrum	distance sun—galactic center
v [km/sec]	räumliche Geschwindigkeit einzelner Objekte (relativ zur Sonne)	spatial velocity of individual objects (with respect to the sun)
v_r [km/sec]	Radialgeschwindigkeit (relativ zur Sonne)	radial velocity (with respect to the sun)
v_x, v_y, v_z	Komponenten von v (relativ zur Sonne)	components of v (with respect to the sun)
v_x	in Richtung $l = l_0$, $b = 0°$	in the direction $l = l_0$, $b = 0°$
v_y	in Richtung $l = l_0 + 90°$, $b = 0°$	in the direction $l = l_0 + 90°$, $b = 0°$
v_z	in Richtung $b = 90°$	in the direction $b = 90°$
$v_\odot$ [km/sec]	Bewegung der Sonne relativ zu ausgewählten Sterngruppen	motion of the sun with respect to certain groups of stars
V [km/sec]	Kreisbahngeschwindigkeit (relativ zum galaktischen Zentrum)	circular velocity (with respect to the galactic center)
V_0 [km/sec]	Kreisbahngeschwindigkeit am Ort der Sonne (relativ zum galaktischen Zentrum)	circular velocity at the position of the sun (with respect to the galactic center)
V_E [km/sec]	Entweichgeschwindigkeit in der Milchstraße am Ort der Sonne	escape velocity in the Galaxy at the position of the sun
μ ["/a]	beobachtete Eigenbewegung (siehe 5.1.2)	observed proper motion (see 5.1.2)
μ_l, μ_b	Komponenten der Eigenbewegung in galaktischer Länge und Breite	components of the proper motion in galactic longitude and latitude
σ [km/sec]	Streuung der Geschwindigkeiten	dispersion of the velocities
$\omega = \frac{V}{R}\left[\frac{\text{km/sec}}{\text{pc}}\right]$	Winkelgeschwindigkeit relativ zum galaktischen Zentrum	angular velocity with respect to the galactic center
A, B, P, Q	Rotationskonstanten Definition: Gl. (6), (10), (11)	constants of rotation definition: eqn. (6), (10), (11)

Abkürzungen — Abbreviations

EB, p. m.	Eigenbewegung	proper motion	siehe: 5.1.2
RG, r. v.	Radialgeschwindigkeit	radial velocity	siehe: 5.1.3

Untersuchungen der kinematischen Verhältnisse im Sternsystem gründen sich auf die beobachteten Werte von Eigenbewegungen (EB, 5.1.2) μ und Radialgeschwindigkeiten (RG, 5.1.3) v_r, beide grundsätzlich auf die Sonne bezogen. Zwischen den Komponenten der EB und der RG und den rechtwinkligen Komponenten der Geschwindigkeit besteht die Beziehung:

$$\left.\begin{aligned} v_x &= -a\,r\,\mu_l \sin(l-l_0)\cos b - a\,r\,\mu_b \cos(l-l_0)\sin b + v_r \cos(l-l_0)\cos b \\ v_y &= a\,r\,\mu_l \cos(l-l_0)\cos b - a\,r\,\mu_b \sin(l-l_0)\sin b + v_r \sin(l-l_0)\cos b \\ v_z &= a\,r\,\mu_b \cos b + v_r \sin b \end{aligned}\right\} \tag{1}$$

$$a = 4{,}74\left[\frac{\text{km/sec}}{(''/\text{a})\ \text{pc}}\right]. \tag{1a}$$

8.3.1 Pekuliarbewegung der Sonne — Peculiar motion of the sun

Die auffälligste Gesetzmäßigkeit in den Sternbewegungen — sowohl in den EB wie in den RG deutlich hervortretend — ist die Widerspiegelung der fortschreitenden Bewegung der Sonne relativ zu der Gesamtheit der Sterne: der „parallaktische" Anteil der beobachteten Sternbewegung. Die individuellen Reste heißen „Pekuliarbewegung", die fortschreitende Bewegung der Sonne stellt ihre eigene Pekuliarbewegung dar.

Aus dem Beobachtungsmaterial kann man den Zielpunkt an der Sphäre („Apex") und die Geschwindigkeit der fortschreitenden Sonnenbewegung $v_\odot$ ermitteln, und zwar relativ zum „Zentroid", d. h. zum geometrischen, ohne Rücksicht auf die Verschiedenheit der Sternmassen verstandenen Massenmittelpunkt der betrachteten Sterngesamtheit. Dabei hat man etwaige weitere Bewegungsphänomene (8.3.3, 8.3.4) grundsätzlich zu berücksichtigen, und man muß annehmen, daß die schließlich verbleibenden Pekuliargeschwindigkeiten in dem Sinn „regellos" verteilt sind, daß sie keine oder höchstens noch sich kompensierende systematische Reste enthalten.

Es ist klar, daß Lage des Apex und der Betrag der Sonnengeschwindigkeit von der Auswahl des Beobachtungsmaterials abhängen können, wenn an dem Material Sterngruppen mit kinematischen Verschiedenheiten beteiligt sind. Tab. 1 gibt äquatoriale (α, δ) und galaktische (l^{II}, b^{II}) Koordinaten des Apex und die Sonnengeschwindigkeit $v_\odot$.

Tab. 1. Pekuliarbewegung der Sonne — Peculiar solar motion

1 ··· 3	Ältere Ergebnisse mit nur historischem Interesse	Old results of historical interest only
4 ··· 9	Auswahl repräsentativer Bestimmungen, die auf umfangreichen Katalogen ohne Unterteilung der Sterne nach physikalischen Gesichtspunkten beruhen	Collection of representative determinations based on extensive catalogues without subclassification of the stars according to physical properties
10	Vielbenutzte runde Gebrauchswerte, deren weitere Benutzung auch neuerdings von der IAU [12] empfohlen wurde	Often used approximate values. Their further use has recently been recommended by the IAU [12]
11	"basic solar motion"	
	Erläuterung siehe Text	explanation see text

Nr.	Autor	Methode	Bemerkungen	Apex α	δ	l^{II}	b^{II}	$v_\odot$ [km/sec]
1	Herschel [1]	EB	13 hellere Sterne	262°	+26°	50°	+28°	
2	Herschel [2]	EB	36 hellere Sterne	247	+49	75	+43	
3	Airy [3]	EB	113 hellere Sterne	262	+25	49	+27	
4	Boss [4]	EB	5413 Sterne des PGC*) $\bar{m} = 5^m_,7$	270,5 ±1,5	+34,3 ± 1,3	60,7	+23,7	
5	Wilson [5]	EB	PGC, mit Korrektionen nach Raymond	270,8	+27,0	53,4	+21,0	
6	Campbell, Moore [6]	RG	2149 Sterne ohne Schnelläufer und Bewegungshaufen	270,6 ±1,8	+29,2 ± 1,3	55,5	+22,0	19,65 ±0,46
7	Nordström [7]	RG	3238 Sterne, siehe Tab. 2 b	272,3	+26,7	53,6	+19,7	19,6
8	Wilson, Raymond [8, 9]	EB	GC**) $m \leqq 6^m$ ~ 30000 Sterne	270,9 ±2,0	+31,7 ± 1,6	58,2	+22,6	
	Williams [10]	EB	$m \leqq 7^m$	273,0 ±1,7	+35,0 ± 1,0	62,2	+22,0	
9	Williams, Vyssotsky [11]	EB	29 000 Sterne (McCormick) 40 000 Sterne (Kap) reduziert auf FK 3***) $\bar{m}_{pv} = 11^m_,2$	274,1 ±2,2	+29,5 ± 2,0	57,0	+19,3	
10	„Standard"-Apex [12]		(Konventionelle Näherungswerte)	**270**	**+30**	**55,7**	**+23,2**	**20**
11	Vyssotsky, Janssen [13] "Basic solar motion"	RG, EB	Räumliche Bewegungen von ~400 A-Sternen und 400 K-Riesen $r \leqq 100$ pc	265,0 ±1,2	+20,7 ± 1,4	45,0 ±1,6	+23,6 ± 0,9	15,5 ±0,4

Unter Nr. 11 finden sich die Daten einer Bestimmung, die sich ausschließlich auf Sterne zweier wohl definierter, im kinematischen Verhalten gleichartiger physikalischer Typen gründet, und die infolge ihrer Beschränkung auf enge Sonnenumgebung ein geeignetes örtliches Bezugssystem für Sterngeschwindigkeiten ("local standard of rest") erfaßt haben dürfte. Die Benutzung dieser *"basic solar motion"* ist insbesondere von Edmondson [17] im Anschluß an kinematische Betrachtungen von Milne [18] empfohlen worden.

Von besonderem Interesse ist die Frage, wie sich die Werte von Apexlage und Sonnengeschwindigkeit verhalten, wenn man das Beobachtungsmaterial nach Spektraltyp und Leuchtkraft der Sterne aufteilt. Die bisherigen Ergebnisse (aus EB: Tab. 2a; aus RG: Tab. 2b) sind noch immer nicht einheitlich.

Tab. 2a. Apex für verschiedene Spektraltypen — Apex according to spectral types

Aus Eigenbewegungen des GC [15], reduziert auf den FK3 [16] nach Vyssotsky und Williams [19] | From proper motions of the GC [15], reduced to the FK3 [16] by Vyssotsky and Williams [19]

Sp	Apex α	δ	l^{II}	b^{II}
O ··· B 6	272°,0	+22°,0	48°,9	+18°,1
B 7 ··· A 4	268,7	+19,7	45,4	+20,0
A 5 ··· F 6	267,6	+22,4	47,7	+22,1
G 8 ··· K 4	274,6	+33,9	61,6	+20,4
K 5, M, N, R, S	279,7	+40,4	69,5	+18,9

*) [14] **) [15] ***) [16]

Tab. 2b. Pekuliarbewegung der Sonne für verschiedene Spektraltypen (RG) — Peculiar solar motion according to various spectral types (r.v.) [7]

Sp	N	Apex α	Apex δ	Apex l^{II}	Apex b^{II}	$v_{\odot}$ [km/sec]
Oe 5 ··· B	353	277°,6	+27°,6	56°,4	+15°,8	20,8 ± 0,8
B 8 ··· B 9	201	270,4	+24,1	50,4	+20,3	21,6 ± 1,3
A	697	263,8	+22,2	46,0	+24,2	16,3 ± 0,9
F	471	270,3	+21,2	47,4	+19,2	17,7 ± 1,4
G	353	280,8	+28,6	58,6	+13,5	18,1 ± 1,9
K	984	274,1	+28,2	55,6	+19,0	20,9 ± 1,2
M	179	277,7	+36,8	65,4	+19,0	22,0 ± 2,9
Alle	3238	272,3	+26,7	53,4	+19,7	19,6 ± 0,5

Die in beiden Tabellen angedeutete Verschiebung des Apex in galaktischer Länge beim Übergang von A-, F- zu G-, K-, M-Sternen zeigt sich nach [19, Fig. 9.1] in sehr ähnlicher Weise bei den Sternen 10 ··· 11. Größe (EB von McCormick). Ein etwas anderes Bild ergibt sich aus EB- und RG-Werten von FK3-Sternen (Gliese [20], Hagemann [21]).

Bei weiterer Unterteilung des Materials von Tab. 2 in Riesen und Zwerge resultiert keine zuverlässige Veränderung der Apexlage. Tab. 3 bringt Ergebnisse einer neueren Untersuchung von Pawlowskaja [22], die sich auf den RG-Katalog von Wilson [23] nebst einigen Ergänzungen stützt: es werden zwei Gruppen unterschieden (F II, G II, K II, M II, F III, F IV und M III, G IV, K IV, G V, K V, M V), zu deren zweiter die Sonnengeschwindigkeit um ~10 km/sec größer ausfällt als zur ersten. Der Effekt wird darauf zurückgeführt, daß die zweite Gruppe eine stärkere Beimischung von Sternen der sphärischen Komponente der Galaxis enthält.

Tab. 3. Sonnenbewegung für verschiedene Spektral- und Leuchtkraftklassen — Solar motion of various spectraltypes and luminosity classes [22]

Sp, LC	N	Apex l^{II}	Apex b^{II}	$v_{\odot}$ [km/sec]	σ [km/sec]
F II	65	67°	+ 8°	22,8 ± 3,4	±13,0
G II	120	57	+19	12,2 ± 2,5	±15,0
K II	117	43	+24	18,8 ± 2,7	±17,1
M II	33	33	+40	21,9 ± 5,9	±16,7
F III	115	34	+ 4	23,6 ± 2,5	±16,6
G III	372	64	+14	17,3 ± 2,2	±25,1
K III	976	61	+18	20,6 ± 1,6	±24,8
M III	189	50	− 2	27,1 ± 4,1	±31,4
F IV	219	45	+ 8	17,4 ± 2,0	±18,9
G IV	135	77	+ 7	27,6 ± 4,4	±28,6
K IV	61	65	−20	37,1 ± 7,7	±32,8
F V	512	38	+12	16,3 ± 1,6	±23,7
G V	403	73	+19	28,8 ± 3,1	±35,2
K V	161	72	+23	24,4 ± 5,0	±36,1
M V	22	63	−24	28,2 ± 17,2	±43,5

Über die Sonnenbewegung relativ zu physikalisch einheitlichen Gruppen von Sternen und anderen Objekten siehe 8.3.6.

8.3.2 Bewegungshaufen — Moving clusters

Es gibt einige — zum Teil kompakte, zum Teil über den Himmel verstreute — Sterngruppen, deren jede eine systematische Bewegung gegen einen besonderen Zielpunkt („Vertex“) an der Sphäre zeigt. Die markantesten dieser „Bewegungshaufen“ sind in Tab. 4 zusammengestellt.

Tab. 4. Bewegungshaufen (Ströme) — Moving clusters

Vertex Konvergenzpunkt der Bewegung | convergence point of the motion

Name	Autoren	N [1])	m	Sp	D [pc]	Vertex relativ zur Sonne l^{II}	b^{II}	v [km/sec]	Vertex auf Grund der „basic solar motion" korrigiert l^{II}	b^{II}	v [km/sec]
Ursa major	Smart [24]	42*)									
	Gliese [25]	80 (Kern 23)		A 0 ··· K 0	~150	3°	−36°	19,1	23°	−10°	28,1
	Roman [26]	69 (Kern 13)	2m ··· 7m	A 0 ··· M 0							
	Petrie, Moyls [27]	11		A 0 ··· M 3	Kern: 4×6×10	5	−35	17,0	25	− 8	26,7
	Perepelkina [28] und Delhaye [29]			A 0 ··· G 0		9	−29	15,2	28	− 2,5	26,2
Scorpio-Centaurus	Blaauw [30]	36*) 31**) 47***)	1,5 ··· 6,5	B 2; B 5	90×300 [2])	260,0	−15,0 ± 2,4	25,9 ±3,1	291 ±1,2	− 2	15,7
Perseus	Rasmuson [31]	45		B 0 ··· K		242	− 6	20	275	+29	8,6
	Schlöss [32]	68	2 ··· 6,5	B 5 ··· Mb		236	−11	21,3	257	+16	7,8
	Roman, Morgan [33]	29 (34 ?)		B 3 ··· F 5		241	− 6	33,8	252	+ 7,5	20,6
Orion	Rasmuson [31]	19		18 B; 1 Ma		219	−28	18,3	183,5	−43	3,5
	Miller [34]	57	1 ··· 6	B 0 ··· B 9		221	−14	22,7	214	+ 5	8,0
	Schlöss [35]	93			~100×70×60	226	−27	22,4	228,5	−34,5	7,0
Taurus: a) Hyadenhaufen	Wilson [36] a	136	3,5 ··· 11	A 0 ··· K 5	18	183	+ 5	31,2	158	+21,5	24,3
b) zerstreute Gruppe	Wilson [36] b	221	0 ··· 9	B 1 ··· M	~250 ?						
	Pearce [37] a (Ergänzungen: Haas [38], Gliese [25], Eggen [39])	142				200	− 5	42,5	188	+ 5	30,2
	Bueren [40]	152	3,6 ··· 9	F 0 ··· K 5		203	− 3	44,0	194	+ 7	31,5
Praesepe	Rasmuson [31]	12	3 ··· 9	A ··· K		209	+ 7	40,4	200,5	+23	29,0
	Klein-Wassink [41], Haffner, Heckmann [42]	~200	6 ··· 17	A 0 ··· K	~10	206	− 2	40,8	196	+10	28,1

[1]) Zahl der Mitglieder — number of components
*) sichere, **) zweifelhafte, ***) wahrscheinliche Mitglieder — certain, doubtful, probable members
[2]) in der galaktischen Ebene — in the galactic plane.

8.3.3 Rotation der Milchstraße — Rotation of the Milky Way

Die Sterngesamtheit, zu der die Sonne gehört, vollführt eine systematische Strömungsbewegung, in der Hauptsache eine Umlaufsbewegung um das in Richtung der Konstellation Sagittarius im Abstand R_0 ($\sim 8\,000 \cdots 10\,000$ pc) befindliche Zentrum des galaktischen Systems. Für einen Beobachter auf der Nordseite der galaktischen Hauptebene erfolgt die Umlaufsbewegung im Uhrzeigersinn. Da sie nicht als starre Rotation verläuft, gibt sie Anlaß zu den Effekten der „differentiellen" Rotation. Darüber sind seit 1927 im Anschluß an grundlegende Arbeiten von Oort und Lindblad zahlreiche Untersuchungen angestellt worden. Durchweg wird angenommen, daß die Strömungsbewegung in Kreisbahnen parallel zur galaktischen Hauptebene erfolge.

In Fig. 1 sind die Verhältnisse in der galaktischen Hauptebene ($b = 0°$) dargestellt (benutzte Symbole siehe 8.3.0); sie läßt erkennen: ein im Punkt S mit der Geschwindigkeit V umlaufender Stern hat relativ zu einem am Ort der Sonne S_0 mit der Geschwindigkeit V_0 umlaufenden Beobachter die Radialgeschwindigkeit

$$v_r = V \sin(\vartheta + l - l_0) - V_0 \sin(l - l_0). \tag{2}$$

Wegen

$$\sin(\vartheta + l - l_0) = \frac{R_0}{R} \sin(l - l_0)$$

wird

$$v_r = R_0 \left(\frac{V}{R} - \frac{V_0}{R_0}\right) \sin(l - l_0) = R_0 (\omega - \omega_0) \sin(l - l_0). \tag{3}$$

Für Punkt S, dessen R nicht stark von R_0 verschieden ist (ϑ vorerst jedoch beliebig), schreiben wir $R = R_0 + \varDelta R$ und setzen $\varDelta R$ als so klein voraus, daß wir uns auf die lineare Näherung

$$V = V_0 + \left(\frac{dV}{dR}\right)_0 \cdot \varDelta R \tag{4}$$

beschränken können. Dann erhalten wir

$$v_r = -2A\, \varDelta R \sin(l - l_0) \tag{5}$$

mit

$$A = \frac{1}{2}\left(\frac{V}{R} - \frac{dV}{dR}\right)_0 = -\frac{1}{2} R_0 \left(\frac{d\omega}{dR}\right)_0. \tag{6}$$

In Sonnennähe (ϑ klein) gilt genähert

$$\varDelta R = -r \cos(l - l_0). \tag{7}$$

Daher wird für die Sonnenumgebung

$$v_r = A r \sin 2(l - l_0). \tag{8}$$

Hat S die galaktische Breite b, so gilt statt der letzten Formel:

$$v_r = A r \sin 2(l - l_0) \cos^2 b. \tag{9}$$

Entsprechend bekommen wir für die EB in der Sonnenumgebung, wenn wir noch

$$B = -\frac{1}{2}\left(\frac{V}{R} + \frac{dV}{dR}\right)_0 = -\left(\omega + \frac{1}{2} R \frac{d\omega}{dR}\right)_0 \tag{10}$$

setzen:

$$\mu_l = \frac{A}{4{,}74} \cos 2(l - l_0) + \frac{B}{4{,}74} = P \cos 2(l - l_0) + Q\,^{1)} \tag{11}$$

$$\mu_b = -\frac{1}{2} \frac{A}{4{,}74} \sin 2(l - l_0) \sin 2b. \tag{12}$$

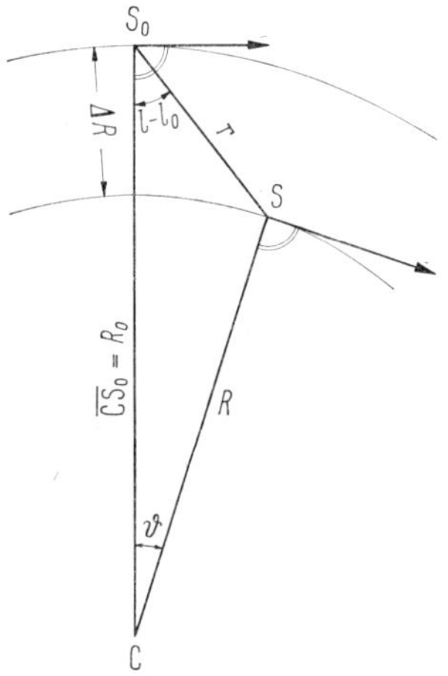

Fig. 1. Erläuterungen zur galaktischen Rotation (siehe auch Symbole 8.3.0) — Notes to the galactic rotation (see also symbols 8.3.0).

C	Galaktisches Zentrum	galactic center
S	Ort eines Sterns	position of a star
S_0	Ort der Sonne	position of the sun
$R = \overline{CS}$		
$R_0 = \overline{CS_0}$		
$r = \overline{SS_0}$		
$l - l_0 = \sphericalangle SS_0C$	galaktische Länge von S in Bezug auf C	galactic longitude of S with respect to C
$\vartheta = \sphericalangle S_0CS$		

Die beiden Pfeile an S_0 und S charakterisieren die Kreisbahngeschwindigkeiten V_0 und V am Ort der Sonne (S_0) und des Sterns (S).

[1]) Vergleiche Gl. (1a) — See eqn. (1a).

Straßl

Die differentielle Rotation kommt hiernach für mäßige Entfernungen von der Sonne (bis zu etwa 1 kpc) in den RG und in den EB je durch eine Doppelwelle in der galaktischen Länge zum Ausdruck. Die Amplitude der Doppelwelle ist bei EB (Winkelgeschwindigkeit!) unabhängig von der Entfernung, bei RG (lineare Geschwindigkeit!) der Entfernung r proportional. A und B (Einheit in Gl. (11) und (12): $\left[\frac{\text{km/sec}}{\text{pc}}\right]$ = [km sec^{-1} pc^{-1}]) oder P und Q (Einheit: ["/a]) sind die „*Rotationskonstanten*" der Sonnenumgebung [1]). Die Differenz

$$A - B = \frac{V_0}{R_0} = \omega_0 \qquad (13)$$

liefert die Winkelgeschwindigkeit der Rotation im Abstand R_0 vom galaktischen Zentrum.

Durch Auswertung von Beobachtungsmaterial lassen sich l_0 und A aus RG ungleich sicherer bestimmen als aus EB. Für l_0 findet man praktisch denselben Wert wie aus stellarstatistischen Untersuchungen. In dem früher gebräuchlichen galaktischen Koordinatensystem l^{I}, b^{I} ist $l^{\text{I}}_0 \approx 328°$. Seit die Richtung zum Zentrum durch radioastronomische Untersuchungen mit besonderer Präzision festgelegt ($l^{\text{I}}_0 = 327{,}^{\circ}69$) und für die Längenzählung eines neuen Systems l^{II}, b^{II} als Nullpunkt $l^{\text{II}}_0 = 0$ eingeführt wurde, pflegt man in obigen Formeln $l_0 = l^{\text{II}}_0 = 0$ als vorgegebene Größe einzusetzen, also nicht mehr aus Sternbewegungen abzuleiten. Hat man A aus RG gewonnen, so findet man weiter B aus EB.

Tab. 5 gibt eine größere Auswahl von Bestimmungen der Rotationsgrößen. Nr. 8b läßt die Empfindlichkeit der Konstanten B bzw. Q gegenüber einer Änderung des Fundamentalsystems der EB erkennen.

Ergänzende Feststellungen über die Rotationsverhältnisse hat man für das Gebiet $R < R_0$, $|l - l_0| < 90°$ durch radioastronomische Frequenzmessungen an der 21 cm-Linie des neutralen Wasserstoffs — der an der Rotation teilnimmt — gewonnen. Bei festem $(l - l_0)$ gehört allgemein der Maximalwert der Radialgeschwindigkeit $v_{r,max}$ zu der Entfernung

$$r = R_0 \cos (l - l_0)$$

von der Sonne; dem entspricht $R = R_0 \sin (l - l_0)$ (Visionsrichtung tangential zu dem R-Kreis). Für $R \approx R_0$ bekommt man dafür aus (5)

$$v_{r,max} = 2A\,R_0\,[1 - \sin (l - l_0)] \sin (l - l_0). \qquad (14)$$

Hieraus haben Beobachter in Leiden (van de Hulst, Muller, Oort [*58*]) den Wert

$$A R_0 = 161 \text{ km/sec}$$

abgeleitet.

Führt man $R = R_0 \sin (l - l_0)$ in (3) ein, so folgt für beliebiges R:

$$v_{r,max} = V - V_0 \sin (l - l_0). \qquad (15)$$

Hiernach kann man aus gemessenem $v_{r,max}$ auf V schließen, sobald über V_0 verfügt ist. V_0 läßt sich z. B. nach (13) ermitteln, falls die Größen R_0, A und B zuverlässig genug bekannt sind. Resultate für V nach Beobachtungen in Leiden (Kwee, Muller, Westerhout [*59*]) und Sydney (Kerr [*60*]) sind in Fig. 2 wiedergegeben. Zur direkten Bestimmung von V_0 siehe 8.3.6.

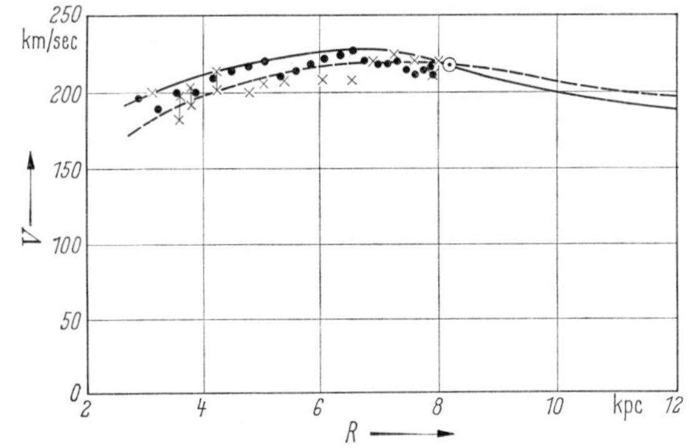

Fig. 2. Kreisbahngeschwindigkeit $V(R)$ nach radioastronomischen Beobachtungen — Circular velocity $V(R)$ from radio-astronomical-observations.

• ———— Leiden [*59*]
× – – – – – Sydney [*60*]

Auch aus RG-Werten weit entfernter Sterne lassen sich nach (3) V-Werte ableiten, wenn die R-Werte bekannt sind. Es liegen einige Resultate vor, die sich auf Cepheiden (Janek [*61*], Pskowski [*50*]) und OB-Sterne (G. und L. Münch [*62*]) stützen. Zwischen diesen und den radioastronomischen Resultaten bestehen einige Unterschiede.

In den zentrumsnahen Partien des galaktischen Systems (siehe 8.2.4.2) herrschen verhältnismäßig komplizierte Bewegungsverhältnisse. Der interstellare Wasserstoff zeigt hier neben Rotation auch starke Expansion. Nach Oort, Kerr, Westerhout [*63*] sind für $R < 3$ kpc Expansionsgeschwindigkeiten von ~53 km/sec gemessen worden. Die Expansion setzt sich abnehmend nach außen fort, am Ort der Sonne kommen nach Kerr [*60*] Beträge von der Größenordnung 7 km/sec in Frage. Die Hinzunahme eines solchen Expansionseffektes beseitigt übrigens einige Unstimmigkeiten, die sich ohne diese Annahme bei der Lokalisierung der aus Radiobeobachtungen erschlossenen Spiralarme in der Sonnenumgebung ergeben; siehe dazu: Elsässer [*64*]. Über von Kreisbahnen etwas abweichende galaktische Bewegungsformen hat Edmondson einige Modellrechnungen angestellt [*17*], dort weitere Hinweise.

Über einige Objekte mit hyperbolischer und solche mit rückläufiger Bewegung in der Galaxis siehe Perek [*65*].

[1]) A und B werden häufig auch „Oortsche Konstanten" genannt — A and B are often called "Oort's Constants".

Tab. 5. Konstanten der Rotation der Galaxis — Constants of rotation of the Galaxy
Definition von A, B und Q siehe Gl. (6), (10), (11)

Nr.	Autor		N	Material	l^{II}_o	A $\left[\frac{\text{km}}{\text{sec} \cdot \text{kpc}}\right]$	Q ["/100a]
1	OORT [43]	RG	299	B- und c-Sterne	324° ± 2°	+19 ± 3	
		EB	771	B-, c-, O-, N-, δ Cep-Sterne			−0,50 ± 0,11
		EB	5 413	PGC [14]	333 ± 15	8,5 ± 4,7	−0,23 ± 0,07
2	PLASKETT, PEARCE [44]	RG	849	O-, B-Sterne } hauptsächlich Nordhimmel,	324,4 ± 3,6	15,5 ± 1,4	
		EB	717	O-, B-Sterne } $r <$ ~1 kpc	311,5 ± 13,0	13,3 ± 4,0	−0,26 ± 0,06
3	NORDSTRÖM [7]	RG	278	B 8 ··· B 9	333 ± 12	12 ± 5	
			573	A	353 ± 26	9 ± 8	
			477	F ··· G	339 ± 11	26 ± 10	
			829	K 0 ··· K 2	321 ± 16	13 ± 7	
			425	K5 ··· M	314 ± 17	15 ± 9	
4	BERMAN [45]	RG	111	Planetarische Nebel	333,0 ± 2,0	14,0 ± 0,6	
5	WILSON, RAYMOND [8]	EB	32 096	GC [15]	327	12	−0,25 ± 0,45
6	GLIESE [46]	EB	1 446	FK 3 [16] { $\mu <$ 0,7"/a			−0,30 ± 0,19
			1 283	$<$ 0,2			−0,37 ± 0,12
			1 032	$<$ 0,1			−0,19 ± 0,08
7	WILLIAMS, VYSSOTSKY [11]	EB	29 000	Mc Cormick } alle Sterne	325°	20,4	−0,17
			40 000	Kap } A-, F-Sterne	angenommen	18,5	−0,09
8a	WILLIAMS, VYSSOTSKY [47]	EB	9 895	$6^m_,05 < m < 7^m_,05$ } GC [15], reduziert auf	325°	19,4	−0,13
			4 457	A-Sterne, $m < 7^m_,05$ } FK 3 [16], Bearbeitung	angenommen	16,6	−0,26
			1 591	alle B-Sterne } von Nr. 5 etwas abweichend			−0,29
8b				Kombination von Nr. 7 und 8a, FK 3-System		19,0 ± 2,1	−0,16 ± 0,045
				(im GC-System würde man bekommen:		15	−0,28)
9	STIBBS [48]	RG	189	Cepheiden		19,5 ± 1,9	
10	GASCOIGNE, EGGEN [49]	RG	55	Galaktische Cepheiden, Population I	328° angenommen	17,5 ± 1,9	

Fortsetzung nächste Seite

Tab. 5. (Fortsetzung)

Nr.	Autor		N	Material	l^{I}_o	A $\left[\frac{\mathrm{km}}{\mathrm{sec \cdot kpc}}\right]$	Q ["/100a]
11	Pskowski [50]	RG	164	Cepheiden		20	
12	Edmondson [51]	RG	147	K-Sterne, $m_{pg} = 11^m$, $\delta = -45°$		17,5	
13	Trumpler [52]	RG	Die 39 untersuchten offenen Haufen fügen sich in das Schema der galaktischen Rotation ein mit einem interstellaren Absorptionskoeffizienten von $0{,}^m7$/kpc und der Rotationskonstanten $A = 15{,}0 \pm 1{,}5$				
14	Plaskett, Pearce [53]	RG	261 249	Interstellare Linien Sterne, die sowohl stellare als auch interstellare Linien aufweisen, ergeben recht genau $(rA)_{stellar} = 2{,}0 \cdot (rA)_{interstellar}$, gleichmäßiger Verteilung interstellaren Gases entsprechend	$332 \pm 8{,}5$		
15	Petrie, Cuttle, Andrews [54]	RG	79 64	B-Sterne Interstellare Linien		17,3 18,7 } 17,7 ± 1,1	
16	Thackeray [55]	RG	314	B-Sterne, darunter 268 mit interstellaren Linien. Material hauptsächlich am Südhimmel		17,5 ± 1,5 Bestätigung der Feststellung von Nr. 14	
17	Schmidt [56]			Dynamisches Modell des galaktischen Systems $R_o = 8{,}2$ kpc, $V_o = 216$ km/sec, $A = 19{,}5$, $B = -6{,}9$ km sec^{-1} kpc^{-1}		19,5	−0,146
18	IAU-Symposium Nr. 20 [12]			Empfohlene vorläufige Werte: $R_o = 10$ kpc, $V_o = 250$ km/sec, $A = 15$, $B = -10$ km sec^{-1} kpc^{-1}		15	−0,211
19	IAU Subcomm. 33b [57]			Galaktische Koordinaten des Rotationszentrums, aus Radiobeobachtungen abgeleitet und für ein neues Koordinatensystem l^{II}, b^{II} als Ursprung definiert: $l^{\mathrm{II}}_o = 0$, $b^{\mathrm{II}}_o = 0$	$l^{\mathrm{I}}_o = 327{,}°69$ $b^{\mathrm{I}}_o = -1{,}°40$		

8.3.4 K-Effekt — K-effect

In den beobachteten RG ist mehrfach ein systematischer Anteil K gefunden worden, der einer Expansion der betreffenden Sterngesamtheit entsprechen würde. Doch scheint dieser „K-Term" auf die helleren O- und B-Sterne beschränkt zu sein. In Tab. 6a ist die Abhängigkeit vom Spektraltyp (nach Nordström [7]), in Tab. 6b die von der scheinbaren Helligkeit (nach Plaskett [66]) gegeben. Auch nach Mirsojan (330 O ··· B 0-Sterne) [67] nimmt der Betrag deutlich mit der mittleren Leuchtkraft ab. Ein Teil des Effekts läßt sich bei massereichen Sternen durch relativistische Rotverschiebung der Spektrallinien erklären. Vielleicht entsteht der nichtrelativistische Anteil lediglich durch kleine örtliche Unregelmäßigkeiten der Sterngeschwindigkeiten. Ergebnisse, die es nahelegen, dem Effekt *keine* großräumige kinematische Bedeutung zuzuschreiben, wurden gefunden von Heckmann und Strassl [68], Stibbs [48], Edmondson [51], Thackeray [55]. Bei schwachen Sternen (Seyfert und Popper [69]) und offenen Sternhaufen (Trumpler [52]) sind sogar negative Werte für den K-Effekt gefunden worden.

Tab. 6. K-Effekt — K-effect

K	arithmetischer Mittelwert der von der Sonnenbewegung befreiten Radialgeschwindigkeiten	arithmetic mean of the radial velocities after correction for solar motion

a) Abhängigkeit vom Spektraltyp — Dependence on spectral type [7]
b) Abhängigkeit von der scheinbaren Helligkeit — Dependence on apparent magnitude [66]

a) Sp	N	$K\left[\frac{\text{km}}{\text{sec}}\right]$
Oe 5 ··· B 5	353	+4,2 ± 0,6
B 8 ··· B 9	201	+1,4 ± 0,8
A	697	+0,4 ± 0,5
F	471	+1,0 ± 0,8
G	353	−0,6 ± 1,1
K	984	+1,0 ± 0,6
M	179	−0,7 ± 1,6

b) m	K [km/sec] O	B 0 ··· B 2	B 3 ··· B 5
$<5^m_,5$	+6,4 ± 2,4	+5,3 ± 1,2	+4,8 ± 0,9
5,5 ··· 6,5	+7,2 ± 3,8	+0,2 ± 1,8	+1,4 ± 1,2
>6,5	+4,0 ± 2,6	−0,5 ± 2,1	+0,5 ± 0,9

8.3.5 Pekuliarbewegung der Sterne — Peculiar motion of the stars

Nach Abzug der im vorstehenden behandelten systematischen Bewegungen verbleiben in den Sterngeschwindigkeiten noch erhebliche Reste. Das wird ohne weiteres verständlich, wenn man bedenkt, daß die galaktischen Bahnen individueller Sterne nicht mit den in Kreisbahnen verlaufenden mittleren Strömungsbewegungen zusammenfallen, sondern um diese herum streuen werden. Soweit diese Restgeschwindigkeiten kleiner als etwa 60 km/sec bleiben, zeigen sie eine — bereits seit etwa 1900 (Kobold, Kapteyn), also vor dem Bekanntwerden des K-Effekts und der galaktischen Rotation, untersuchte — Verteilung, die man nach der auf Schwarzschild [70] zurückgehenden „Ellipsoidtheorie" beschreibt: die Häufigkeit der individuellen restlichen Sterngeschwindigkeiten wird dargestellt durch eine ellipsoidische Verteilung. Bei Orientierung nach den Hauptachsen des Geschwindigkeitsellipsoids ist die Verteilungsfunktion der rechtwinkligen Geschwindigkeitskomponenten v_x, v_y, v_z gegeben durch

$$\Phi\,(v_x, v_y, v_z) = \text{Const} \cdot \exp\left(-\frac{v_x^2}{2\sigma_1^2} - \frac{v_y^2}{2\sigma_2^2} - \frac{v_z^2}{2\sigma_3^2} \right). \qquad (16)$$

Während Schwarzschild dieser Darstellung dynamische Bedeutung zuzuschreiben bestrebt war, sehen wir heute in dem Ansatz (16) lediglich eine formale Beschreibung erster Näherung für das wahre Geschwindigkeitsbild; man vergleiche hierzu: Fricke [71].

Bearbeitungsergebnisse sind in Tab. 7 gegeben. Die große Achse des Geschwindigkeitsellipsoids liegt praktisch immer in der galaktischen Ebene und zeigt nahezu zum galaktischen Zentrum. Viele Bestimmungen lieferten für ihre Richtung eine etwas größere galaktische Länge als die des Zentrums: die sogenannte „Vertexabweichung". Es ist aber sehr wohl möglich, daß diese Abweichung in Mängeln des Beobachtungsmaterials (insbesondere im Fall der EB) und methodischen Unzulänglichkeiten ihre Erklärung findet.

Neuere Arbeiten: Wehlau (nahe Zwergsterne) [74], van Rhijn (Geschwindigkeits-Ellipsoid der A-Sterne als Funktion des Abstands von der galaktischen Ebene) [75].

Tab. 7. Daten des Geschwindigkeitsellipsoids — Data of the velocity ellipsoid

a) Lage der Achsen und Geschwindigkeitsstreuung aus der räumlichen Bewegung von 4 223 hellen Sternen aller Spektralklassen — Position of the axes, and the velocity dispersion based on the space velocities of 4 223 bright stars [72]

Achse	l^{II}	b^{II}	σ [km/sec]
$\langle\sigma_1\rangle$	17°	0°	28,1
$\langle\sigma_2\rangle$	287	− 6	20,4
$\langle\sigma_3\rangle$	99	−84	14,8

b) Daten des Geschwindigkeitsellipsoids aus RG in Abhängigkeit von Spektraltyp und absoluter Helligkeit — Data of the velocity ellipsoid from r. v. for different spectral types and absolute magnitudes [7]

l_1^{II}	galaktische Länge der größten Achse $\langle\sigma_1\rangle$	galactic longitude of the largest axis $\langle\sigma_1\rangle$
b_1^{II}	kann als verschwindend angesehen werden	can be considered to be zero
	Lage der anderen Achsen:	position of the other axes:

$\langle\sigma_2\rangle$: $l_2^{II} = l_1^{II} + 90°$; $b_2^{II} \approx 0°$

$\langle\sigma_3\rangle \perp \langle\sigma_1, \sigma_2\rangle$

Sp	M	σ_1 [km/sec]	σ_2 [km/sec]	σ_3 [km/sec]	m. F.	l_1^{II}
A	$+0\overset{M}{,}3$	16,1	11,8	9,6	±1,1	30° ± 10°
A	+1,5	18,8	9,2	10,8	±1,2	39 ± 5
F	−0,6	20,4	13,4	8,2	±1,9	353 ± 12
F	+2,1	20,5	16,5	12,7	±1,5	344 ± 15
F	+3,8	27,0	17,0	15,2	±1,9	22 ± 8
gG	−0,4	18,3	13,5	16,3	±2,2	14 ± 20
gG	+1,4	21,8	15,7	16,0	±2,4	1 ± 17
dG	+3,8	43,1	29,2	19,9	±4,1	356 ± 12
dG	+5,5	49,1	32,3	13,4	±4,3	25 ± 10
gK	−1,3	17,1	12,3	15,0	±1,8	15 ± 14
gK	−0,3	22,7	14,8	18,4	±1,8	11 ± 10
gK	+0,4	26,0	17,5	18,9	±1,9	5 ± 9
gK	+1,7	33,7	18,3	19,7	±2,4	13 ± 7
dK	+6,4	39,5	28,4	20,8	±3,7	8 ± 14
gM	−1,2	21,7	18,6	14,5	±3,2	358 ± 23
gM	−0,1	29,8	21,0	19,6	±3,9	21 ± 19
dM	+8,7	59,9	8,4	23,3	±9,3	16 ± 12

c) Ergebnisse aus EB in den nördlichen „Selected Areas" (Radcliffe, Pulkowo) und in den galaktischen Breiten −20° ··· +20° (McCormick) — Results from p. m. in northern Selected Areas (Radcliffe, Pulkowo) and in galactic latitudes −20° ··· +20° (McCormick) [73]

$l_1^{II} = 358\overset{\circ}{,}8 \pm 1\overset{\circ}{,}8$
$b_1^{II} = 0°$ (angenommen — adopted) $\Big\}$ $\dfrac{\sigma_2}{\sigma_1} = \dfrac{\sigma_3}{\sigma_1} = 0{,}49 \pm 0{,}04$

8.3.6 Systematische Bewegung spezieller Sterngruppen; Bestimmung von V_0 — Systematic motion of special star groups; determination of V_0

Die Geschwindigkeiten der Sterne einiger zunächst nach physikalischen Gesichtspunkten ausgewählten Gruppen zeigen auch nach Berücksichtigung der systematischen Effekte (8.3.1 (Standard-Apex), 8.3.3 und 8.3.4) nicht die einem Geschwindigkeitsellipsoid entsprechende Symmetrie, sondern bevorzugen sehr auffällig Zielpunkte, die sich in *einer* Hemisphäre häufen: „Asymmetrie" der Sternbewegungen. Bestimmt man die Sonnenbewegung relativ zu diesen Gruppen, so findet man den aus Tab. 8 hervorgehenden Sachverhalt. Der Betrag der Geschwindigkeit wächst mit ihrer Streuung, wofür Strömberg [85] den Zusammenhang $v_\odot = 0{,}0192\,\sigma^2 + 10{,}0$ km/sec angegeben hat. Untersucht man ohne Rücksicht auf physikalische Merkmale die Apexlage relativ zu Sternen verschiedener Geschwindigkeit, so findet man das in Tab. 9 (Wilson, Raymond [72]) dargestellte Ergebnis. Sterne mit $v > 65$ km/sec (in den drei letzten Zeilen von Tab. 9) bezeichnet man als „Schnelläufer".

Weitere Arbeiten: Miczaika [88], Gliese [25], Dziewulski [89], Roman (Katalog von ~600 Schnelläufern) [90], Buscombe und Morris (südliche Schnelläufer) [91, 92].

Die auf Kugelhaufen (Tab. 8) und Schnelläufer (Tab. 9) bezüglichen, mit großen Streuungen behafteten Zahlenwerte pflegt man dahin zu deuten, daß das Zentroid der „normalen" Sterne (und mit ihm die Sonne) eine Rotationsbewegung (Apexrichtung etwa senkrecht auf der Richtung zum galaktischen Zentrum) relativ zum Kugelhaufensystem mit einer Geschwindigkeit von etwa 175 ··· 250 km/sec ausführt, wobei die „Schnelläufer" eine im Mittel um ~50 km/sec kleinere Rotationsgeschwindigkeit haben. Sieht man mangels besserer Kenntnis das Kugelhaufensystem als im Mittel ruhend an, so kann man den diesbezüglichen Wert $v_\odot$ mit der Größe V_0 der Formeln (6) und (13) identifizieren und damit einen Wert für den

Zentrumsabstand R_0 berechnen. Freilich hat man die Möglichkeit zuzulassen, daß das Kugelhaufensystem selbst mit einer Geschwindigkeit von 25 ··· 100 km/sec um das galaktische Zentrum rotiert. Ein Wert von $V_0 = 275$ km/sec ist mit dem am Schluß der Tab. 8 für die Gesamtheit von 50 Kugelhaufen genannten Wert $v_\odot = 168 \pm 34$ km/sec plausibel vereinbar, wenn diese Kugelhaufen eine Rotationsgeschwindigkeit von etwa 100 km/sec um das galaktische Zentrum besitzen. PARENAGO hat aus Raumgeschwindigkeiten einen Wert $V_0 = 233 \pm 9$ km/sec abgeleitet [93]. Eine Bestimmung von FRICKE führte auf $V_0 = 276 \pm 21$ km/sec. Diese Bestimmung benutzt die Raumgeschwindigkeiten von 60 besonders schnell bewegten Sternen der Sonnenumgebung und gründet sich auf die schon früher von OORT aufgestellte Hypothese, daß die Entweichgeschwindigkeit V_E in der Milchstraße nahe der Sonne eine obere Grenze für die dort beobachteten Sterngeschwindigkeiten darstelle. Die Beobachtungen liefern $V_E = V_0 + 63$ km/sec. Im Gesamtbau des galaktischen Systems gehören die Schnelläufer der sphärischen Komponente (wohl hauptsächlich der intermediären Population II, siehe 8.2.2.5.2 und 5.2.3) an.

Zu dem ganzen Fragenkomplex vergleiche man: FRICKE [82], [94], [71].

Tab. 8. Sonnenbewegung relativ zu verschiedenen Objektgruppen — Solar motion relative to different groups of objects

Autor	Material	Apex l^{II}	Apex b^{II}	$v_\odot$ [km/sec]	σ [km/sec]
VYSSOTSKY, JANSSEN [13]: "Basic solar motion"	~ 400 A-Sterne, ~400 K-Riesen $r \leqq 100$ pc (räumliche Geschwindigkeiten)	45°,0 ±1,6	+23°,6 ± 0,9	15,5 ± 0,4	
MUMFORD III [76]	825 M-Zwergsterne	69	+24	19,7 ± 0,8	
DYER JR. [77]	305 rote Zwergsterne	72	+18	20,0 ± 1,1	
STIBBS [48]	189 Cepheiden	68,5	+27,1	16,6	
BLAAUW [78]	Ca^+-Wolken	52 ± 2	+24 ± 5	20,1 ± 1,0	
JERLEKSOWA [79]	Ca^+-Wolken	59	25	18,3	
WILSON [80]	119 unregelmäßige Veränderliche (RG, EB)	63	+29	35	23,5
MERRILL [81]	305 Mira-Sterne	80	+11	54	35
FRICKE [82]	598 Schnelläufer	76	+ 7	67	120
FRICKE [83]	78 Unterzwerge	107	− 2	148 ± 30	110
McLEOD [84]	67 *RR* Lyrae-Sterne (RG)	97	+ 9	157	} [1]
McLEOD [84]	58 *RR* Lyrae-Sterne (Tangentialgeschwindigkeiten)	86	+11	142	}
STRÖMBERG [85]	18 Kugelhaufen	93	+22	286 ± 50	117
EDMONDSON [86]	26 Kugelhaufen	99	+ 1	274 ± 60	
MAYALL [87]	50 Kugelhaufen				
	alle 50 Haufen	84 ± 10	+ 9 ± 13	168 ± 34	[2]
	34 Haufen der Apex-Gruppe	97 ± 6	− 6 ± 11	248 ± 52	

Tab. 9. Sonnenbewegung relativ zu Sternen verschiedener Raumgeschwindigkeit — Solar motion relative to stars of different spatial velocities

Δv	Bereich der räumlichen Geschwindigkeit der einzelnen Objekte	range of the spatial velocity of the single objects
$v_\odot$	Sonnenbewegung relativ zur gesamten Gruppe	solar motion relative to the whole group

	Δv [km/sec]	N	Apex l^{II}	Apex b^{II}	$v_\odot$ [km/sec]	σ [km/sec]
	0 ··· 25	2099	53°	+18°	17,3	13,9
	25 ··· 45	1214	59	+26	13,6	29,6
	45 ··· 65	395	70	+16	25,5	56,1
„Schnelläufer"	65 ··· 100	245	69	+15	43,8	85,1
„Schnelläufer"	>100	155	78	+ 6	109,0	199,2
„Schnelläufer"	>250	22	98	− 1	284,3	384,6

Im Bewegungszustand der „normalen" Sterne wie auch in dem der Schnelläufer haben einige Autoren (GONDOLATSCH [95], FRICKE [82]) je eine gewisse Tendenz zur Gleichverteilung der Energie gefunden; eine Untersuchung von WOOLLEY [96], die sich auf 743 Sterne innerhalb 20 pc von der Sonne bezieht, kommt jedoch zu dem Ergebnis, daß hier Gleichverteilung der Energie nicht bestehe.

[1]) sehr unsicher, ~170 in Richtung zum galaktischen Zentrum, ~50 in Richtung zum galaktischen Pol.

[2]) Die RG-Werte liegen zwischen +290 und −358 km/sec.

8.3.7 Verteilung der Materie und Gravitationsfeld — Distribution of matter and the gravitational field

Von Untersuchungen über die Materiedichte und das Gravitationspotential in der Galaxis seien genannt: SCHILT [97], PARENAGO [98], KUSMIN [99].

Neuere Bestimmungen ergeben für die Gesamtmasse der Milchstraße

$\mathfrak{M}_{gal} = 0{,}7 \cdot 10^{11}\, \mathfrak{M}_\odot$ (SCHMIDT's Modell [56])

$\mathfrak{M}_{gal} = 2{,}3 \cdots 2{,}5 \cdot 10^{11}\, \mathfrak{M}_\odot$ (LOHMANN [102]).

Wegen der Unsicherheit der zur Massenbestimmung notwendigen Voraussetzungen kann die Gesamtmasse der Milchstraße gegenwärtig jedoch nur der Größenordnung nach angegeben werden (BRANDT [100]).

Es liegt nahe, nach einer räumlichen Verteilung der Materie im galaktischen System zu fragen, die mit den empirischen Daten über die Dichteverteilung des Systems im Einklang steht, und deren Gravitationsfeld die beobachteten kinematischen Verhältnisse quantitativ verstehen läßt. Diese Aufgabe läßt sich heute noch nicht befriedigend lösen.

Ein instruktives und für mancherlei Zwecke nützliches rotationssymmetrisches Modell hat SCHMIDT [56] entworfen. Es besteht aus einer Superposition von homogenen und nicht homogenen Sphäroiden.

Empirische Ausgangsdaten des Schmidtschen Modells: — Empirical values of Schmidt's model:

$\omega_0 = 26{,}4$ km sec^{-1} kpc^{-1} | Winkelgeschwindigkeit am Ort der Sonne
$V_0 = 216$ km/sec^{-1} | Kreisbahngeschwindigkeit am Ort der Sonne
$R_0 = 8{,}2$ kpc | Abstand der Sonne vom galaktischen Zentrum

Verlauf der Kreisbahngeschwindigkeit in der Milchstraße für $0 < R < R_0$ aus RG des interstellaren Wasserstoffs

$\varrho_0 = 6{,}3 \cdot 10^{-24}$ g cm^{-3} | Materiedichte am Ort der Sonne

Verlauf der senkrecht zur Milchstraßenebene wirkenden Kraftkomponente (nach OORT)

$V_E \geqq 280$ km/sec^{-1} | Mindestwert für die Entweichgeschwindigkeit am Ort der Sonne

Ein Vertikalschnitt durch eine Modellhälfte ist in Fig. 3 wiedergegeben; das Bild besteht aus einer Folge von Kurven konstanter Massendichte; sie ist am Sonnenort zu 1 normiert. Tab. 10 gibt den Verlauf der Funktion $f(R, R_0) = R_0\left(\frac{V}{R} - \frac{V_0}{R_0}\right)$ (Formel (3)). Aus Beobachtungen abgeleitete Werte sind dort theoretischen Werten gegenübergestellt, die sich einmal aus dem Schmidtschen Modell, ein andermal bei Annahme Newtonschen Kraftfeldes ergeben [48].

Tab. 10. Beobachtete und berechnete Werte von | Observed and calculated values of

$f(R, R_0) = R_0\left(\frac{V}{R} - \frac{V_0}{R_0}\right)$ Gl. (3) nach [48]

R [kpc]	Beobachtet: Cepheiden		Beobachtet: Radio	Berechnet: Modell [56]	Berechnet: „Newton" ¹)
	$f(R, R_0)$ [km/sec]				
5,43	+21	± 25	+118	+118	+182
6,42	+49	± 21	+ 71	+ 71	+ 94
7,24	+32,7	± 6,0	+ 38	+ 38	+ 44
7,59	+23,4	± 4,7	+ 24	+ 24	+ 26
7,82	+ 9,8	± 3,1	+ 15	+ 15	+ 16
7,99	+11,2	± 3,2	+ 9	+ 9	+ 8
8,24	− 0,8	± 2,5	—	− 2	− 2
8,41	− 6,8	± 1,9	—	− 8	− 8
8,59	−15,8	± 3,7	—	− 15	− 14
8,91	−30,6	± 6,3	—	− 26	− 25
9,20	−58,7	± 4,8	—	− 36	− 34
9,53	−56,0	± 5,0	—	− 45	− 43
10,15	−52,9	± 6,7	—	− 61	− 58
10,81	−46,4	± 6,1	—	− 75	− 72
11,92	−51,5	± 7,6	—	− 96	− 92

¹) „Newton": berechnet unter Annahme des Newtonschen Gesetzes, Kraft $\propto 1/R^2$ — Calculated, assuming Newton's law, force $\propto 1/R^2$.

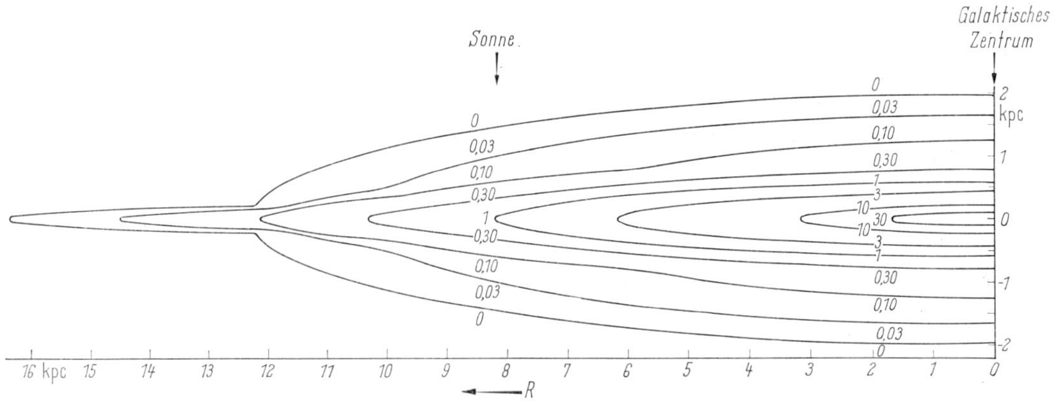

Fig. 3. Kurven konstanter relativer Dichte (ϱ/ϱ_0) im Milchstraßenmodell von Schmidt — Curves of constant relative density (ϱ/ϱ_0) in Schmidt's model of the Galaxy [*56*].

8.3.8 Bewegung der gesamten Galaxis — Motion of the Galaxy as a whole

Für die Bewegung des galaktischen Systems relativ zu den Mitgliedern der Lokalen Gruppe extragalaktischer Nebel (siehe 9.5.2) haben Humason und Wahlquist [*101*] folgende Werte gefunden:
Richtung: $l^{\mathrm{II}} = 107°$, $b^{\mathrm{II}} = -70°$
Geschwindigkeit: 292 ± 32 km/sec.

8.3.9 Literatur zu 8.3 — References for 8.3

1 Herschel, W.: Phil. Trans. Roy. Soc. London (1783).
2 Herschel, W.: Phil. Trans. Roy. Soc. London (1806).
3 Airy, G. B.: Mem. Roy. Astron. Soc. **28** (1860) 143.
4 Boss, L.: AJ **26** (1910) 95, 111.
5 Wilson, R. W.: AJ **36** (1926) 138.
6 Campbell, W. W., and J. H. Moore: Publ. Lick **16** (1928).
7 Nordström, H.: Medd. Lund (II) No. 79 (1936).
8 Wilson, R. E., and H. Raymond: AJ **47** (1938) 49.
9 Wilson, R. E., and H. Raymond: AJ **48** (1939) 86.
10 Williams, E. T. R.: AJ **48** (1939) 84.
11 Williams, E. T. R., and A. N. Vyssotsky: AJ **53** (1948) 63.
12 IAU-Symp. No. 20 (1964): IAU Inform. Bull. No. **11** (Sept. 1963) 11.
13 Vyssotsky, A. N., and E. Janssen: AJ **56** (1951) 58.
14 PGC: L. Boss, Preliminary General Catalogue of 6188 stars, Carnegie Inst. Wash., Publ. No. 115 (1910).
15 GC: L. Boss, General Catalogue of 33 342 Stars, Carnegie Inst. Wash., Publ. No. 468, Vol. **I** ··· **V** (1937).
16 FK 3: A. Kopff, Dritter Fundamentalkatalog des Berliner Astronomischen Jahrbuchs, I. Veröffentl. Kopernikusinst. Nr. 54 (1937), II. Abhandl. Preuß. Akad. Wiss., Physik. Math. Kl. Nr. 3 (1938).
17 Edmondson, F. K.: Hdb. Physik **53** (1959) 11.
18 Milne, E. A.: MN **95** (1935) 560.
19 Vyssotsky, A. N., and E. T. R. Williams: AJ **53** (1948) 85.
20 Gliese, W.: AN **270** (1940) 13.
21 Hagemann, G.: AN **271** (1940) 1.
22 Pawlowskaja, E. D.: Astron. Zh. **40** (1963) 1112.
23 Wilson, R. E.: General Catalogue of Stellar Radial Velocities. Carnegie Inst. Wash., Publ. No. 601 (1953).
24 Smart, W. M.: MN **99** (1939) 441, 700, 710.
25 Gliese, W.: AN **272** (1941/42) 97.
26 Roman, N. G.: ApJ **110** (1949) 205.
27 Petrie, R. M., and B. N. Moyls: MN **113** (1953) 239.
28 Perepelkina, E. D.: Astron. Zh. **28** (1951) 49.
29 Delhaye, J.: BAN **10** (1948) 409.
30 Blaauw, A.: Publ. Groningen Nr. 52 (1946).
31 Rasmuson, N. H.: Medd. Lund (II) No. 26 (1921).

32 Schlöss, H.: ZfA **11** (1936) 117.
33 Roman, N. G., and W. W. Morgan: ApJ **111** (1950) 426.
34 Miller, F. D.: Harvard Reprints Nr. 86 (1933).
35 Schlöss, H.: ZfA **12** (1936) 101.
36 Wilson, R. E.: AJ **42** (1933) 49.
37 Pearce, J. A.: PASP **67** (1955) 23.
38 Haas, J.: AN **256** (1935) 301.
39 Eggen, O. J.: MN **118** (1958) 65.
40 Bueren, H. G.: BAN **11** (1952) 385.
41 Klein-Wassink, W. J.: Publ. Groningen Nr. 41 (1927).
42 Haffner, H., und O. Heckmann: Veröffentl. Göttingen Nr. 66 (1940).
43 Oort, J. H.: BAN **4** (1927) 79.
44 Plaskett, J. S., and J. A. Pearce: Publ. Victoria **5**/4 (1936).
45 Berman, L.: Lick Bull. **18**/486 (1937) 57.
46 Gliese, W.: AN **270** (1940) 127.
47 Williams, E. T. R., and A. N. Vyssotsky: AJ **53** (1948) 72.
48 Stibbs, D. W. N.: MN **116** (1956) 453.
49 Gascoigne, S. C. B., and O. J. Eggen: MN **117** (1957) 430.
50 Pskowski, J. S.: Astron. Zh. **36** (1959) 448.
51 Edmondson, F. K.: AJ **61** (1956) 3.
52 Trumpler, R.: ApJ **91** (1940) 186.
53 Plaskett, J. S., and J. Pearce: Publ. Victoria **5**/3 (1936).
54 Petrie, R. M., P. M. Cuttle, and D. H. Andrews: AJ **61** (1956) 289.
55 Thackeray, A. D.: Observatory **78** (1958) 45.
56 Schmidt, M.: BAN **13** (1956) 15.
57 IAU Subcommission 33b: MN **121** (1960) 123.
58 van de Hulst, H. C., C. A. Muller, and J. H. Oort: BAN **12** (1954) 117.
59 Kwee, K. K., C. A. Muller, and G. Westerhout: BAN **12** (1954) 211.
60 Kerr, F. J.: MN **123** (1962) 327.
61 Janek, F.: Bull. Astron. Inst. Czech. **9** (1958) 139.
62 Münch, G. and L.: ApJ **131** (1960) 253.
63 Oort, J. H., F. J. Kerr, and G. Westerhout: MN **118** (1958) 379.
64 Elsässer, H.: Mitt. Astron. Ges. 1960 (1961) 34.
65 Perek, L.: AN **283** (1956) 213.
66 Plaskett, J. S.: MN **90** (1930) 616.
67 Mirsojan, L. W.: Nachr. Akad. Wiss. Armen. SSR **11**/5 (1958) 71.
68 Heckmann, O., und H. Strassl: Veröffentl. Göttingen Nr. 43 (1935).
69 Seyfert, C. K., and D. M. Popper: ApJ **93** (1941) 461.
70 Schwarzschild, K.: Nachr. Ges. Wiss. Göttingen, Math. Physik. Kl. (1907) 614.
71 Fricke, W.: Mitt. Astron. Ges. 1959 (1961) 23.
72 Wilson, R. E., and H. Raymond: AJ **40** (1930) 121.
73 Hins, C. H., and A. Blaauw: BAN **10** (1948) 365.
74 Wehlau, A. W.: AJ **62** (1957) 169.
75 van Rhijn, P. J.: Publ. Groningen Nr. 61 (1960).
76 Mumford, G. S.: AJ **61** (1956) 224.
77 Dyer, E. R., jr.: AJ **61** (1956) 228.
78 Blaauw, A.: BAN **11** (1952) 459.
79 Jerleksowa, G. E.: Bull. Stalinabad Nr. 5 (1952) 17.
80 Wilson, R. E.: ApJ **96** (1942) 371.
81 Merrill, P. W.: ApJ **94** (1941) 171.
82 Fricke, W.: AN **277** (1949) 241.
83 Fricke, W.: AJ **45** (1935) 1.
84 McLeod, N. W.: ApJ **103** (1946) 134.
85 Strömberg, G.: ApJ **61** (1925) 363.
86 Edmondson, F. K.: ApJ **45** (1935) 1.
87 Mayall, N. U.: ApJ **104** (1946) 290.
88 Miczaika, G.: AN **270** (1940) 249.
89 Dziewulski, W.: Bull. Toruń I/10 (1951), II/12 (1953).
90 Roman, N. G.: ApJ Suppl. **2** (1955) 195.
91 Buscombe, W., and P. W. Morris: ApJ **63** (1958) 48.
92 Buscombe, W., and P. W. Morris: Mem. Canberra **3**/14 (1960) 37.
93 Parenago, P. P.: Publ. Sternberg **20** (1951) 26.
94 Fricke, W.: AN **278** (1949) 49.
95 Gondolatsch, F.: ZfA **24** (1948) 330.
96 Woolley, R. v. d. R.: MN **118** (1958) 45.
97 Schilt, J.: AJ **55** (1950) 97.
98 Parenago, P. P.: Astron. Zh. **27** (1950) 329; **29** (1952) 245.
99 Kusmin, G. G.: Nachr. Akad. Wiss. Estn. SSR **2**/3 (1954).
100 Brandt, J. C.: ApJ **131** (1960) 553.
101 Humason, M. L., and H. D. Wahlquist: AJ **60** (1955) 254.
102 Lohmann, W.: Z. Physik **114** (1956) 66.

Straßl

8.4 Interstellarer Raum — Interstellar space

8.4.0 Einführung — Introduction

Das interstellare Medium ist die gas- und staubförmige Materie zwischen den Sternen, die sich nach ihren Erscheinungsformen folgendermaßen einteilen läßt:

The interstellar medium is the matter of gas and dust between the stars which can be classified according to its physical appearance as follows:

		Erscheinungsform	Beobachtungsgrößen
Gas (8.4.1)	im optischen Gebiet leuchtend	Gasnebel oder H II-Gebiete	Emissionslinien: Intensität, Profil, Doppler-Verschiebung; Kontinuum: Intensität
	im optischen Gebiet nichtleuchtend	—	Absorptionslinien: Äquivalentbreite, Profil, Doppler-Verschiebung
	Radiogebiet	H I- und H II-Gebiete	21 cm-Linie in Emission und Absorption: Intensität bzw. Äquivalentbreite, Profil, Doppler-Verschiebung; Kontinuum: Intensität, Polarisation
Staub (8.4.2)	leuchtend	Reflexionsnebel	Intensität, Farbe, Polarisation
	nichtleuchtend	Dunkelwolken	Extinktion, Verfärbung, Polarisation

Gas und Staub treten im allgemeinen gemeinsam auf (siehe 8.4.3). In der Umgebung von Sternen erscheint die interstellare Materie in ihrer leuchtenden Form. Frühe Sterne (früher als B2) regen Emissionsnebel oder H II-Gebiete an, deren Ausdehnung (Strömgrenradius) vom Spektraltyp des anregenden Sterns und der Dichte des Gases abhängt. Die Flächenhelligkeit des Nebels ist durch das Emissionsmaß $E = \int N_e^2\, ds$ bestimmt, wobei N_e die Elektronendichte und ds das Wegelement in der Sichtlinie sind.

Bei späteren Spektraltypen als B1 wird das interstellare Medium in der Umgebung von Sternen als Reflexionsnebel beobachtet.

Die nichtleuchtende Materie verändert das Licht dahinter stehender Sterne (siehe obige Übersicht).

Gas and dust usually appear together (see 8.4.3). In the vicinity of stars the interstellar matter has a luminous appearance. Early stars (earlier than B2) excite emission nebulae or H II regions whose extension (Strömgren radius) depends upon the spectral type of the exciting star and the density of the gas. The surface brightness of the nebula is determined by the measure of emission $E = \int N_e^2\, ds$ where N_e is the electron density and ds the differential of length in the line of vision.

For spectral types later than B1, the interstellar medium in the vicinity of stars is observed as a reflection nebula.

The non-luminous matter changes the starlight passing through it (see above survey).

8.4.1 Das interstellare Gas — The interstellar gas

8.4.1.0 Einführung — Introduction

Zusammenhang zwischen Gas und Staub, siehe 8.4.3 — Correlation between gas and dust, see 8.4.3

Räumliche Verteilung und kinematische Eigenschaften, siehe 8.4.4 und 8.2.2.4 — Spatial distribution and kinematic properties, see 8.4.4. and 8.2.2.4

Ansammlungen der interstellaren Materie, in denen der Wasserstoff als häufigstes Element nahezu vollständig ionisiert ist, nennt man H II-Gebiete. Wenn der Wasserstoff überwiegend neutral ist, spricht man von H I-Gebieten.

Der Ionisationszustand des interstellaren Gases wird durch eine modifizierte Saha-Gleichung be-

Accumulations of interstellar matter in which hydrogen, the most abundant element, is almost completely ionized, are called H II regions. If the hydrogen is predominantly neutral, they are termed H I regions.

The ionization state of the interstellar gas is described by a modified Saha equation since the

schrieben, da die Verhältnisse im interstellaren Raum stark vom thermodynamischen Gleichgewicht abweichen:

conditions existing in interstellar space deviate widely from thermodynamic equilibrium:

$$\frac{N_{i+1} N_e}{N_i} = D \frac{(2\pi m_e k T_F)^{3/2}}{h^3} \sqrt{\frac{T_e}{T_F}} \frac{2\omega_{i+1}}{\omega_i} e^{-\chi_i/kT_F}$$

N_i	Anzahl der Atome im i-ten Ionisationszustand pro cm^3	number of atoms in the ith ionization state per cm^3
N_e	Anzahl der Elektronen pro cm^3	number of electrons per cm^3
m_e	Elektronenmasse	electron mass
ω_i	das statistische Gewicht des i-ten Ionisationszustandes	statistical weight of the ith ionization state
χ_i	Ionisationspotential des i-ten Ionisationszustandes	ionization potential of the ith ionization state
T_F	Farbtemperatur des interstellaren Strahlungsfeldes	color temperature of the interstellar radiation field
T_e	Elektronentemperatur, definiert durch:	electron temperature defined by:

$$\frac{m_e}{2} \overline{v_e^2} = \frac{3}{2} k T_e$$

v_e	Elektronengeschwindigkeit	electron velocity

Die Größe D ist bestimmt durch:

The quantity D is determined by:

$$D = \frac{\omega_{i1} \int_0^\infty W_\nu \varkappa_{i1} \nu^2 e^{-z} dz}{\sum_{n=1}^\infty \omega_{in} \int_0^\infty \varkappa_{in} \nu^2 e^{-x} dx}, \quad z = \frac{m_e v_e^2}{2kT_F}, \quad x = \frac{m_e v_e^2}{2kT_e}$$

ν	Frequenz der ionisierenden Strahlung	frequency of the ionizing radiation
$\varkappa_{in}$	Absorptionskoeffizient der i-ten Ionisationsstufe für Photoionisation vom n-ten Energieniveau aus (n = Hauptquantenzahl)	the absorption coefficient of the ith ionization level for photo-ionization from the nth energy level (n = principal quantum number)
W_ν	Verdünnungsfaktor = Verhältnis der Energiedichte in einem betrachteten Punkt zur Energiedichte im Falle thermodynamischen Gleichgewichts bei der Temperatur T_F.	factor of dilution = ratio of the energy density at an observed point to the energy density in the case of thermodynamic equilibrium at the temperature T_F.

Der Faktor D berücksichtigt, daß die einfallende Intensität nicht der einer schwarzen Strahlung entspricht und nicht isotrop ist (durch Abweichungen der Sternstrahlung von der eines schwarzen Körpers, durch geometrische Verdünnung, durch interstellare Extinktion). Ferner stellt D in Rechnung, daß die Ionisationen zwar vom Grundzustand erfolgen, die Rekombinationen dagegen auf alle Niveaus.

The factor D takes into account that the incident intensity does not correspond to that of black-body radiation and is not isotropic (because of the deviation of the stellar radiation from that of a black body, by geometrical dilution or by interstellar extinction). Furthermore, D takes into account that, though the ionizations originate in the ground state, recombinations occur at all levels.

Das Spektrum der Emissionsnebel setzt sich aus hellen Linien und einem kontinuierlichen Untergrund zusammen. Die Linien entstehen durch folgende Mechanismen:

a) Rekombination,

b) Elektronenstoß,

c) Fluoreszenz.

Das kontinuierliche Spektrum wird durch gebunden-freie und frei-freie Übergänge von H, He und den Metallen sowie durch die Zweiphotonenemission des Wasserstoffs verursacht. Weiterhin ist in den meisten Nebeln Staub vorhanden, so daß die Streuung des Sternenlichts an den Staubpartikeln eine zusätzliche Quelle für das kontinuierliche Spektrum darstellt.

Die interstellaren Absorptionslinien entstehen durch Absorption des Sternenlichts und anschließender isotroper Emission. Die Linien sind außerordentlich schmal, da die thermische Bewegung der Atome und die Turbulenz in den Wolken klein sind.

Aus den Intensitäten der Emissionslinien bzw. den Äquivalentbreiten der Absorptionslinien wird die chemische Zusammensetzung des interstellaren Gases ermittelt.

8.4.1.1 Emissionsnebel und H II-Gebiete – Emission nebulae and H II regions

Tab. 1. Ausgewählte Emissionsnebel — Selected emission nebulae.

d	Scheinbarer Durchmesser im photographischen Bereich [1]; ( ): maximale Ausdehnung im Hα-Licht [3]	apparent diameter in the photographic region [1]; ( ): maximum extent in Hα-light [3]
$m_{H\alpha}$	Hα-Flächenhelligkeit des Nebels [3]	Hα surface brightness of the nebula [3]
$E = \int N_e^2\,ds$ (siehe 8.4.0)	Emissionsmaß als Mittelwert über den ganzen Nebel [4]; ( ): Werte für Nebelzentrum	measure of emission, averaged over the whole nebula [4]; ( ): values for the center of the nebula
Stern	leuchtanregender Stern; Cl: für das Nebelleuchten sind ein Sternhaufen, eine Assoziation oder mehrere Einzelsterne verantwortlich ? kein zugehöriger Stern bekannt, wahrscheinlich kommt ein anderer Anregungsmechanismus in Frage	exciting star; Cl: a star cluster, an association, or several single stars are responsible for the light of the nebula ? no star exemplifying this is known; probably another mechanism of excitation plays a role
Sp	Spektraltyp des anregenden oder des bei der Anregung effektivsten Sterns	spectral type of the exciting star or of the most effective one

Objekt	Katalog Nr.[1]) NGC, IC	M	α 1900,0	δ 1900,0	d	$m_{H\alpha}$ [m/(")²]	r ²) [kpc]	$\mathfrak{M}$ ²) [$\mathfrak{M}_\odot$]	E [10³ pc · cm⁻⁶]	N_e [cm⁻³]	T_e [°K]	Stern	Sp
Nebel bei γ Cas	IC 59		0h54m0	+60°27'	10'(120)	19,9*)	0,13	0,05				γ Cas	B0ne
Krebsnebel	1952	M 1	4 28,5	+21 57	5		1,05	0,1		1500 [5]	17 000 [5]	?	
Orionnebel	1976	M 42	5 30,4	−05 27	30 (60)	14,7	0,46	700	660	700 [4]	10 000³)	ϑ_1 Ori	O 7
Nebel bei ζ Ori	IC 434		5 36,0	−02 28	30 (120)	19,6	0,50	0,6				ζ Ori	O 9
—	2174/75		6 04,0	+20 30	15 (36)	19,9*)	1,80	400	11	27 [4]		Cl	O 6
Rosettennebel	2237/38/44/46		6 27,5	+05 00	60 (100)	19,4*)	1,40	9000	6	13 [4]			O5e
Nebel bei η Car	3372		10 41,2	−59 08	70		1,60	200				η Car	
Trifidnebel	6514	M 20	17 56,5	−23 02	15 (20)	17,6	1,60	300		87 [8]		Cl	O7e
Lagunennebel	6523	M 8	17 57,6	−24 23	25 (94)	17,0	1,50	3000	15 (235)	32 [4]	8 200 [6]	Cl	O5e
—	6611	M 16	18 13,2	−13 50	12 (55)	18,1	1,80	300	60	66 [4]		Cl	O5
Omeganebel	6618	M 17	18 15,0	−16 13	20 (51)	17,0	1,80	1000	204 (4000)	125 [4]		Cl	B0
Cygnusring	6960		20 41,5	+30 22	30 (140)	19,9*)	0,70			300 [7]	40 000 [7]	?	
Netznebel	6992/95		20 52,2	+31 19	40 (60)	19,4*)	0,70			300 [7]	40 000 [7]	?	
Pelikannebel	IC 5067/68/70		20 44,3	+44 00	40 (112)	20,4	0,60	80	} 3	} 9 [4]		} HD 199579	O 6
Nordamerikanebel	7000		20 55,0	+44 00	80 (200)	20,0	0,80	3000					

[1]) NGC = New General Catalogue; IC = Index Catalogue; M = Messier Catalogue } siehe 7.1.2. — see 7.1.2.

[2]) [1]

[3]) Siehe auch Tab. 6. — See Tab. 6

*) Werte beziehen sich auf den Spektralbereich von 6330 ··· 6600 A und enthalten neben Hα Licht noch das dort vorhandene Nebelkontinuum — The values refer to the spectral range of 6330 ··· 6600 A and contain the Hα-light as well as the continuum of the nebula.

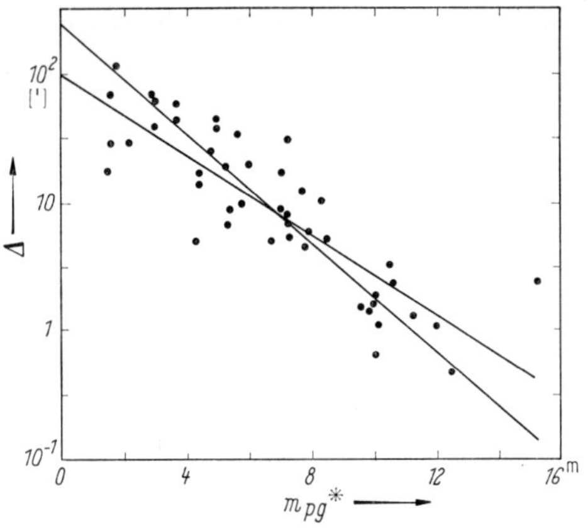

Fig. 1. Hubble-Beziehung für Emissionsnebel nach CEDERBLAD — Hubble relation for emission nebulae according to CEDERBLAD [2].

m_{pg}^*	scheinbare photographische Helligkeit des anregenden Sterns	apparent photographic magnitude of the exciting star
Δ [']	größter Abstand zwischen Stern und Nebelrand, reduziert auf einheitliche Belichtungsbedingungen	largest distance between the star and the edge of the nebula, reduced to standard conditions of exposure
	Die eingezeichneten Geraden sind die Regressionsgeraden:	the straight lines are the regression lines:

$$\log \Delta = (-0{,}156 \pm 0{,}020)\, m_{pg}^* + 2{,}00 \quad \text{oder}$$
$$m_{pg}^* = (-4{,}66 \pm 0{,}61) \log \Delta + 11{,}08$$

Tab. 2. Verteilung der scheinbaren Durchmesser d von H II-Gebieten — Distribution of the apparent diameters, d, of H II regions [9]

N	Anzahl der H II-Gebiete pro Bogenminutenintervall in den angegebenen Durchmesserbereichen	number of H II regions per intervals of minutes of arc in the given ranges of diameters

d	$N[(')^{-1}]$
1' ··· 2'	23,5
3	15,0
4 ··· 6	12,3
7 ··· 8	10,0
9 ··· 12	9,50
13 ··· 17	2,60
18 ··· 22	4,20
23 ··· 27	1,40
28 ··· 32	1,40
33 ··· 37	1,40
38 ··· 52	1,73
53 ··· 67	0,933
68 ··· 105	0,632
106 ··· 165	0,250
166 ··· 215	0,160
216 ··· 360	0,0345
361 ··· 1200	0,0107

Tab. 3. Breitenverteilung der H II-Gebiete — Distribution of H II regions with respect to galactic latitude [9]

N	Anzahl der H II-Gebiete in den angegebenen Intervallen von b^I und d	number of H II regions in the tabulated intervals of b^I and d

$\vert b^I \vert$	≦2°	2°···4°	> 4°
d	N		
1'··· 5'	49	33	10
6 ··· 15	41	16	20
17 ··· 55	32	15	25
≧60	30	11	31

Tab. 4. Strömgrenradien — Strömgren radii [10]

R^*	Sternradius	radius of the star
R_{S0}	Strömgrenradius für eine Wasserstoffdichte $N_H = 1\ \text{cm}^{-3}$	Strömgren radius for a hydrogen density $N_H = 1\ \text{cm}^{-3}$
R_S	Strömgrenradius für beliebige Dichten N_H	Strömgren radius for any other densities N_H

$$R_S = R_{S0} \cdot N_H^{-2/3}$$

M_V	Sp	R^* [10^{11} cm]	T_{eff} [°K]	R_{S0} [pc]
-6^M	O 5	8,20	55 250	135
−5	O 8 V	5,74	49 250	89,4
−4	B 0 V	4,18	42 400	56,4
−3	B 1,5 V	3,09	35 500	33,3
−2	B 3 V	2,42	28 200	17,3
−1	B 7 V	2,148	19 950	6,38
0	B 9 V	1,705	15 490	2,31
+1	A 2 V	1,294	12 310	0,730
+2	A 5 V	1,005	9 330	0,142

Tab. 5. Interstellare Emissionslinien des Orionnebels[1]) — Interstellar emission lines of the Orion nebula[1])

Id	Identifizierung: das für die Linie verantwortliche Atom oder Ion [ ] verbotene Linie	identification: the atom or ion responsible for the line [ ] forbidden line
ΔT	Term-Übergang nach MOORE [49]	transition, according to MOORE [49]
I	relative Intensität	relative intensity

C + F CHOPINET and FEHRENBACH [11]
F + O FLATHER and OSTERBROCK [12]
T + D TCHENG and DUFAY [13]
A + L ALLER and LILLER [14]
A + A ANDRILLAT and ANDRILLAT [15]

Sämtliche Intensitäten sind im System von ALLER und LILLER [14] angegeben ($H\beta = 100$), wobei zur Reduktion jeweils mehrere Linien verwendet wurden

All intensities are listed according to the system of ALLER and LILLER [14] ($H\beta = 100$); in each case several lines have been used for reducing

λ[A]	Id	ΔT	I [$H\beta$(A + L) = 100] C + F	F + O	T + D	A + L	A + A
3447,6	He I	$2\,^1S_0 - 6\,^1P^0_1$	0,2				
3479,0	He I	$2\,^3P^0 - 15\,^3D$	0,1				
3487,7	He I	$2\,^3P^0 - 14\,^3D$	0,1				
3498,6	He I	$2\,^3P^0 - 13\,^3D$	0,1				
3502,4	He I	$2\,^3P^0 - 13\,^3S$	0,1				
3512,5	He I	$2\,^3P^0 - 12\,^3D$	0,1				
3530,5	He I	$2\,^3P^0 - 11\,^3D$	0,1				
3554,4	He I	$2\,^3P^0_{2,1} - 10\,^3D$	} 0,3				
3554,5	He I	$2\,^3P^0_0 - 10\,^3D$					
3563,0	He I	$2\,^3P^0 - 10\,^3S$	0,1				
3587,2	He I	$2\,^3P^0_2 - 9\,^3F^0$	} 0,3				
3587,4	He I	$2\,^3P^0_0 - 9\,^3D$					
3613,6	He I	$2\,^1S_0 - 5\,^1P^0_1$	0,6	4			
3634,2	He I	$2\,^3P^0_{2,1} - 8\,^3D$	} 0,6	4			
3634,4	He I	$2\,^3P^0_0 - 8\,^3D$					
3666,1	H I	$2\,^2P^0 - 27\,^2D$	0,1				
3667,7	H I	$2\,^2P^0 - 26\,^2D$	0,1				
3669,5	H I	$2\,^2P^0 - 25\,^2D$	0,2				
3671,5	H I	$2\,^2P^0 - 24\,^2D$	0,3				
3673,8	H I	$2\,^2P^0 - 23\,^2D$	0,6				
3676,4	H I	$2\,^2P^0 - 22\,^2D$	0,6	2			
3679,4	H I	$2\,^2P^0 - 21\,^2D$	0,9	2			
3682,8	H I	$2\,^2P^0 - 20\,^2D$	0,9	4			
3686,8	H I	$2\,^2P^0 - 19\,^2D$	1,2	4			
3691,6	H I	$2\,^2P^0 - 18\,^2D$	1,2	6			
3697,2	H I	$2\,^2P^0 - 17\,^2D$	1,6	8			
3703,9	H I	$2\,^2P^0 - 16\,^2D$	} 1,9	} 8	} 1		
3705,1	He I	$2\,^3P^0_0 - 7\,^3D$					
3712,0	H I	$2\,^2P^0 - 15\,^2D$	2,2	8	0,5		
3721,9	H I	$2\,^2P^0 - 14\,^2D$	3,4	8	2		
3726,2	[O II]	$2p^3\,^4S^0_{3/2} - 2p^3\,^2D^0_{3/2}$		} 43	31	} 127	
3728,9	[O II]	$2p^3\,^4S^0_{3/2} - 2p^3\,^2D^0_{5/2}$			22		
3734,4	H I	$2\,^2P^0 - 13\,^2D$	3,1	8	2	3,5	
3750,2	H I	$2\,^2P^0 - 12\,^2D$	4,0	8	3,5	4,4	
3770,6	H I	$2\,^2P^0 - 11\,^2D$	4,3	13	4,5	5,4	
3784,9	He I	$2\,^1P^0_1 - 12\,^1D_2$	0,1				
3797,9	H I	$2\,^2P^0 - 10\,^2D$	6,2	13	5,5	7,8	
3805,8	He I	$2\,^1P^0_1 - 11\,^1D_2$	0,1				
3813,5	He II	$4\,^2F^0 - 19\,^2G$			1		
3819,6	He I	$2\,^3P^0_{2,1} - 6\,^3D$	} 1,9	} 4	} 2		
3819,8	He I	$2\,^3P^0_0 - 6\,^3D$					
3835,4	H I	$2\,^2P^0 - 9\,^2D$		16	8	10,9	
3856,0	Si II	$3p^2\,^2D_{5/2} - 4\,^2P^0_{3/2}$	0,6	2,2			
3862,6	Si II	$3p^2\,^2D_{3/2} - 4\,^2P^0_{1/2}$	0,3	1			

Fortsetzung nächste Seite

[1]) Andere Daten des Orionnebels: siehe Tab. 1 — Other data of the Orion nebula: see Tab. 1.

Tab. 5. (continued)

λ[A]	Id	ΔT	I [Hβ(A + L) = 100] C + F	F + O	T + D	A + L	A + A
3868,7	[Ne III]	$2p^4\,{}^3P_2 - 2p^4\,{}^1D_2$		17	22	19,7	
3871,8	He I	$2\,{}^1P^0_1 - 9\,{}^1D_2$	0,3				
3879,9	?			2			
3888,6	He I	$2\,{}^3S_1 - 3\,{}^3P^0_{0,1,2}$		17	27	18,1	
3889,0	H I	$2\,{}^2P^0 - 8\,{}^2D$					
3919,0	C II	$3\,{}^2P^0_{1/2} - 4\,{}^2S_{1/2}$	0,1		1		
3920,7	C II	$3\,{}^2P^0_{3/2} - 4\,{}^2S_{1/2}$	0,2				
3926,5	He I	$2\,{}^1P^0_1 - 8\,{}^1D_2$	0,2		0,5		
3935,9	He I	$2\,{}^1P^0_1 - 8\,{}^1S_0$	0,1				
3964,7	He I	$2\,{}^1S_0 - 4\,{}^1P^0_1$	1,9	8	3		
3967,4	O II	$3p\,{}^4P^0_{1/2} - 3d\,{}^2P_{1/2}$	4,0		17		
3967,5	[Ne III]	$2p^4\,{}^3P_1 - 2p^4\,{}^1D_2$					
3970,1	H I	$2\,{}^2P^0 - 7\,{}^2D$		21	31	24,4	
4009,3	He I	$2\,{}^1P^0_1 - 7\,{}^1D_2$	0,3	4	2		
4026,2	He I	$2\,{}^3P^0_{2,1} - 5\,{}^3D$	4,0	8	9	2,7	
4068,6	[S II]	$3p^3\,{}^4S^0_{3/2} - 3p^3\,{}^2P^0_{3/2}$	3,1	8	7	2,7	
4072,2	O II	$3p\,{}^4D^0_{5/2} - 3d\,{}^4F_{7/2}$	0,1				
4075,9	O II	$3p\,{}^4D^0_{7/2} - 3d\,{}^4F_{9/2}$	1,2	4	4,5		
4076,2	[S II]	$3p^3\,{}^4S^0_{3/2} - 3p^3\,{}^2P^0_{1/2}$					
4089,3	O II	$3d\,{}^4F_{9/2} - 4f\,{}^4G^0_{11/2}$			0,5		
4101,7	H I	$2\,{}^2P^0 - 6\,{}^2D$		34	44	25	
4114,5	[Fe II]	$a\,{}^4F_{9/2} - b\,{}^2H_{11/2}$	0,1				
4120,8	He I	$2\,{}^3P^0_{2,1} - 5\,{}^3S_1$					
4121,0	O II	$3p\,{}^4P^0_{5/2} - 3d\,{}^4D_{3/2}$	0,5	8	1		
4121,5	O II	$3p\,{}^4P^0_{1/2} - 3d\,{}^4P_{1/2}$					
4128,0	Si II	$3\,{}^2D_{3/2} - 4\,{}^2F^0_{5/2}$					
4129,3	O II	$3p\,{}^4P^0_{3/2} - 3d\,{}^4P_{1/2}$	0,1				
4129,4	[Fe III]	$a\,{}^5D_1 - a\,{}^3G_3$					
4143,8	He I	$2\,{}^1P^0_1 - 6\,{}^1D_2$	0,6	6	3		
4153,3	O II	$3p\,{}^4P^0_{3/2} - 3d\,{}^4P_{5/2}$	0,1				
4156,5	O II	$3p\,{}^4P^0_{5/2} - 3d\,{}^4P_{3/2}$	0,1		0,5		
4156,8	N II	$3d\,{}^3D^0_1 - 4f\,{}^1D_2,\ 4f\,{}^3D_1$					
4160,8	N II	$3d\,{}^3D^0_2 - 4f\,{}^1D_2,\ 4f\,{}^3D_1$	0,1				
4169,0	He I	$2\,{}^1P^0_1 - 6\,{}^1S_0$	0,2				
4169,2	O II	$3p\,{}^4P^0_{5/2} - 3d\,{}^4P_{5/2}$					
4244,0	[Fe II]	$a\,{}^4F_{9/2} - a\,{}^4G_{11/2}$	0,1		1		
4267,0	C II	$3\,{}^2D_{3/2} - 4\,{}^2F^0_{5/2}$	0,6	6	3	0,36	
4267,3	C II	$3\,{}^2D_{5/2} - 4\,{}^2F^0_{7/2}$					
4276,8	[Fe II]	$a\,{}^4F_{7/2} - a\,{}^4G_{9/2}$	0,1		1		
4287,4	[Fe II]	$a\,{}^6D_{9/2} - a\,{}^6S_{5/2}$	0,2	3	1,5		
4303,8	O II	$3d\,{}^4P_{5/2} - 4f\,{}^4D^0_{7/2}$	0,1				
4317,7	O II	$3d\,{}^4P_{3/2} - 4f\,{}^2D^0_{5/2}$			1		
4325,9	C II	$3p\,{}^4P_{5/2,3/2} - 4s\,{}^4P^0_{3/2,1/2}$	0,1				
4326,2	[Ni III]						
4340,5	H I	$2\,{}^2P^0 - 5\,{}^2D$		43	67	41	
4345,6	O II	$3s\,{}^4P_{3/2} - 3p\,{}^4P^0_{1/2}$	0,2				
4349,4	O II	$3s\,{}^4P_{5/2} - 3p\,{}^4P^0_{5/2}$	0,2				
4359,3	[Fe II]	$a\,{}^6D_{7/2} - a\,{}^6S_{5/2}$	0,2				
4363,2	[O III]	$2p^2\,{}^1D_2 - 2p^2\,{}^1S_0$	1,9	8	9	1,55	
4368,1	C II	$3d\,{}^4P^0 - 4f\,{}^4D$	0,2				
4378,0	O II	$3d'\,{}^2D_{3/2} - 4f'\,{}^2F^0_{5/2}$	0,1				
4378,4	O II	$3d'\,{}^2D_{5/2} - 4f'\,{}^2F^0_{7/2}$					
4387,9	He I	$2\,{}^1P^0_1 - 5\,{}^1D_2$	1,6	6	6	0,6	
4413,8	[Fe II]	$a\,{}^6D_{5/2} - a\,{}^6S_{5/2}$					
4414,4	[Fe II]	$a\,{}^6D_{7/2} - b\,{}^4F_{3/2}$	0,2		1,5		
4414,9	O II	$3s\,{}^2P_{3/2} - 3p\,{}^2D^0_{5/2}$		2			
4416,3	[Fe II]	$a\,{}^6D_{9/2} - b\,{}^4F_{9/2}$	0,2				
4417,0	O II	$3s\,{}^2P_{1/2} - 3p\,{}^2D^0_{3/2}$					
4437,5	He I	$2\,{}^1P^0_1 - 5\,{}^1S_0$	0,2	2	0,5		
4452,1	[Fe II]	$a\,{}^6D_{3/2} - a\,{}^6S_{5/2}$	0,1		0,5		
4452,4	O II	$3s\,{}^2P_{3/2} - 3p\,{}^2D^0_{3/2}$					
4458,0	[Fe II]	$a\,{}^6D_{7/2} - b\,{}^4F_{7/2}$	0,1				
4471,5	He I	$2\,{}^3P^0_{2,1} - 4\,{}^3D$	6,2	21	29	4,6	
4607,0	[Fe III]	$a\,{}^5D_4 - a\,{}^3F_3$	0,1				
4630,5	N II	$3s\,{}^3P^0_2 - 3p\,{}^3P_2$	0,1				

Fortsetzung nächste Seite

Tab. 5. (Fortsetzung)

λ[A]	Id	*ΔT*	*I* [Hβ(A + L) = 100] C + F	F + O	T + D	A + L	A + A
4638,8	O II	$3s\,^4P_{1/2} - 3p\,^4D^0_{3/2}$	0,1				
4641,8	O II	$3s\,^4P_{3/2} - 3p\,^4D^0_{5/2}$	0,2				
4649,1	O II	$3s\,^4P_{5/2} - 3p\,^4D^0_{7/2}$	0,1	2	2		
4658,1	[Fe III]	$a\,^5D_4 - a\,^3F_4$	0,9	4	6	1,2	
4701,6	[Fe III]	$a\,^5D_3 - a\,^3F_3$	0,3	2	3		
4713,1	He I	$2\,^3P^0_{2,1} - 4\,^3S_1$	} 0,9	} 4	} 6		
4713,4	He I	$2\,^3P^0_0 - 4\,^3S_1$					
4733,9	[Fe III]	$a\,^5D_2 - a\,^3F_2$	0,1		1		
4754,7	[Fe III]	$a\,^5D_3 - a\,^3F_4$	0,2	0	1		
4769,4	[Fe III]	$a\,^5D_2 - a\,^3F_3$	0,1		0,5		
4861,3	H I	$2\,^2P^0 - 4\,^2D$		85	100	**100**	
4881,0	[Fe III]	$a\,^5D_4 - a\,^3H_4$	0,2	4	1,5		
4921,9	He I	$2\,^1P^0_1 - 4\,^1D_2$	0,6	17	4	1,5	
4958,9	[O III]	$2p^2\,^3P_1 - 2p^2\,^1D_2$		85	89	113	
5006,8	[O III]	$2p^2\,^3P_2 - 2p^2\,^1D_2$		85	111	342	
5015,7	He I	$2\,^1S_0 - 3\,^1P^0_1$		8			
5047,7	He I	$2\,^1P^0_1 - 4\,^1S_0$		2			
5056,0	Si II	$4\,^2P^0_{3/2} - 4\,^2D_{5/2}$		2			
5157,0	?			2			
5198,5	[N I]	$2p^3\,^4S^0_{3/2} - 2p^3\,^2D^0_{3/2}$		4			
5270,4	[Fe III]	$a\,^5D_3 - a\,^3P_2$		6			
5517,2	[Cl III]	$3p^3\,^4S^0_{3/2} - 3p^3\,^2D^0_{5/2}$		13			
5537,7	[Cl III]	$3p^3\,^4S^0_{3/2} - 3p^3\,^2D^0_{3/2}$		17			
5754,8	[N II]	$2p^2\,^1D_2 - 2p^2\,^1S_0$		17			
5875,6	He I	$2\,^3P^0_{2,1} - 3\,^3D$		43	31	31	26,6
5957,6	Si II	$4\,^2P^0_{1/2} - 5\,^2S_{1/2}$		0			
5979,0	Si II	$4\,^2P^0_{3/2} - 5\,^2S_{1/2}$		0			
6045,8	?			4			
6246,8	?						5,9
6300,2	[O I]	$2p^4\,^3P_2 - 2p^4\,^1D_2$		13			
6310,2	[S III]	$3p^2\,^1D_2 - 3p^2\,^1S_0$		17			
6347,1	Si II	$4\,^2S_{1/2} - 4\,^2P^0_{3/2}$		4			
6363,9	[O I]	$2p^4\,^3P_1 - 2p^4\,^1D_2$		6			
6371,4	Si II	$4\,^2S_{1/2} - 4\,^2P^0_{1/2}$		2			
6401,5	[Ni III]	$a\,^3F_3 - a\,^3P_1$		0			
6518,0	?			0			
6548,1	[N II]	$2p^2\,^3P_1 - 2p^2\,^1D_2$		65	35,5		
6562,8	H I	$2\,^2P^0 - 3\,^2D$		85	111	350	
6583,6	[N II]	$2p^2\,^3P_2 - 2p^2\,^1D_2$		85	24,5	55	
6590,6	?			2			
6597,7	?			0			
6678,1	He I	$2\,^1P^0 - 3\,^1D_2$		34			9
6717,0	[S II]	$3p^3\,^4S^0_{3/2} - 3p^3\,^2D^0_{5/2}$		17		14	12,5
6731,3	[S II]	$3p^3\,^4S^0_{3/2} - 3p^3\,^2D^0_{3/2}$		26		14	
7065,2	He I	$2\,^3P^0_{2,1} - 3\,^3S_1$		52		} 30	13,5
7135,8	[A III]	$3p^4\,^3P_2 - 3p^4\,^1D_2$		64			35,5
7234,5	?			4			
7254,4	?			4			
7281,3	He I	$2\,^1P^0_1 - 3\,^1S_0$		13			
7318,6	[O II]	$2p^3\,^2D^0_{5/2} - 2p^3\,^2P^0_{1/2}$		} 43		} 17,3	} 166
7319,4	[O II]	$2p^3\,^2D^0_{5/2} - 2p^3\,^2P^0_{3/2}$					
7329,9	[O II]	$2p^3\,^2D^0_{3/2} - 2p^3\,^2P^0_{1/2}$		} 43			
7330,7	[O II]	$2p^3\,^2D^0_{3/2} - 2p^3\,^2P^0_{3/2}$					
7751,0	[A III]	$3p^4\,^3P_1 - 3p^4\,^1D_2$					7,5
9069,4	[S III]	$3p^2\,^3P_1 - 3p^2\,^1D_2$				72	
9229,0	H I	$3\,^2D - 9\,^2F^0$				5,8	
9532,1	[S III]	$3p^2\,^3P_2 - 3p^2\,^1D_2$				181	
9546,0	H I	$3\,^2D - 8\,^2F^0$				8	
10049,4	H I	$3\,^2D - 7\,^2F^0$				10	
10830,2	He I	$2\,^3S_1 - 2\,^3P^0_{2,1}$				70	
10938,1	H I	$3\,^2D - 6\,^2F^0$				20	

Tab. 6. Elektronentemperatur des Orionnebels — Electron temperature of the Orion nebula

Es gibt Hinweise dafür, daß die Elektronentemperatur im Nebel nicht konstant ist, sondern von innen nach außen abnimmt [*42, 45*]

There are indications that the electron temperature of the nebula is not constant throughout, but decreases from the center towards the exterior [*42, 45*]

Methode	Lit.	T_e[°K]
Profile der Emissionslinien	*38*	9 700
Intensitäten der [O III]-Linien	*14, 39*	9 000, 9 300*)
Infrarotes Kontinuum	*15*	10 000
Balmerdekrement		~10 000
Balmersprung	*40, 41*	~10 000**)
Radiostrahlung	*42, 43*	10 000, 11 750

8.4.1.2 Interstellare Absorptionslinien — Interstellar absorption lines

Tab. 7. Interstellare Absorptionslinien — Interstellar absorption lines [*16* ··· *18*]

Id	Identifizierung: Atom, Molekül oder Ion, das für die Linie verantwortlich ist	identification: atom, molecule or ion, which is responsible for the line
ΔT	Termübergang	transition
d	diffuse Linie (einige A breit)	diffuse line (some A wide)
dd	breites Band (einige 10 A breit)	broad band (some 10 A wide)
	Äquivalentbreiten: [*21* ··· *29*]	equivalent widths: [*21* ··· *29*]

λ [A]	Id	ΔT
3073,0	Ti II	a ^{4}F — z ^{4}D
3229,2	Ti II	a ^{4}F — z ^{4}F
3242,0	Ti II	a ^{4}F — z ^{4}F
3302,4	Na I	3 $^2S_{1/2}$ — 4 $^2P_{3/2}$
3303,0	Na I	3 $^2S_{1/2}$ — 4 $^2P_{1/2}$
3383,8	Ti II	a ^{4}F — z ^{4}G
3579,0	CH II [*19*]	$A\ ^1\Pi \leftarrow X\ ^1\Sigma^+$ (3,0) R(0)
3720,0	Fe I	a ^{5}D — z ^{5}F
3745,3	CH II	$A\ ^1\Pi \leftarrow X\ ^1\Sigma^+$ (2,0) R(0)
3859,9	Fe I	a ^{5}D — z ^{5}D
3874,0	CN I	$B\ ^2\Sigma^+ \leftarrow X\ ^2\Sigma^+$ (0,0) R(1)
3874,6	CN I	$B\ ^2\Sigma^+ \leftarrow X\ ^2\Sigma^+$ (0,0) R(0)
3875,8	CN I	$B\ ^2\Sigma^+ \leftarrow X\ ^2\Sigma^+$ (0,0) P(1)
3878,8	CH I	$B\ ^2\Sigma^- \leftarrow X\ ^2\Pi$ (0,0) $R_2(1)$
3886,4	CH I	$B\ ^2\Sigma^- \leftarrow X\ ^2\Pi$ (0,0) Q(1) + $Q_{R2,1}(1)$
3890,2	CH I	$B\ ^2\Sigma^- \leftarrow X\ ^2\Pi$ (0,0) $PQ_{1,2}(1)$
3933,7	Ca II (*K*)	4 ^{2}S — 4 $^2P_{3/2}$
3934,3	NaH ? / Ca II [*16*]	
3957,7	CH II	$A\ ^1\Pi \leftarrow X\ ^1\Sigma^+$ (1,0) R(0)
3968,5	Ca II (*H*)	4 ^{2}S — 4 $^2P_{1/2}$
4226,7	Ca I	4 ^{1}S — 4 ^{1}P
4232,6	CH II	$A\ ^1\Pi \leftarrow X\ ^1\Sigma^+$ (0,0) R(0)
4300,3	CH I	$A\ ^2\Delta \leftarrow X\ ^2\Pi$ (0,0) R(0)
4430	H_2? [*20*]	dd
4760	?	dd
4890	?	dd
5780,6	?	d
5797,1	?	d
5890,0	Na I (D_2)	3 $^2S_{1/2}$ — 3 $^2P_{3/2}$
5895,9	Na I (D_1)	3 $^2S_{1/2}$ — 3 $^2P_{1/2}$
6180	?	dd
6203,0	?	d
6270,0	?	d
6283,9	?	d
6613,9	?	d
7664,9	K I	4 $^2S_{1/2}$ — 4 $^2P_{3/2}$
7699,0	K I	4 $^2S_{1/2}$ — 4 $^2P_{1/2}$

*) Korrigiert wegen der neuen Stoßquerschnitte von Seaton [*44*] — Corrected for the new cross sections of Seaton [*44*].

**) Mit Berücksichtigung der Zweiphotonenemission. Unter Voraussetzung eines reinen Wasserstoffrekombinationsspektrums ergeben sich Werte von weit über 20000 °K — The emission of two photons is taken into account. Assuming a pure hydrogen recombination spectrum values far exceeding 20000 °K are obtained.

8.4.1.3 Chemische Zusammensetzung des interstellaren Gases — Chemical composition of the interstellar gas

Tab. 8. Chemische Zusammensetzung des Orionnebels — Chemical composition of the Orion nebula

$\overline{N}$	Mittlere kosmische Elementenhäufigkeit Als Temperatur für den zentralen Teil des Orionnebels, worauf sich die Angaben der Tabelle beziehen, werden 10000 °K angenommen	Mean cosmic abundance of chemical elements the values listed refer to the central part of the Orion nebula, where a temperature of 10000 °K has been assumed

Element	N/N_H [14] (Orion)	$\overline{N}/\overline{N}_H$ [31] (Kosmos)
H	1,0	1,0
He	$1{,}2 \cdot 10^{-1}$ *)	$1{,}5 \cdot 10^{-1}$
C	$(1{,}0 \cdot 10^{-3})$	$3{,}7 \cdot 10^{-4}$
Ne	$3{,}3 \cdot 10^{-4}$	$3{,}2 \cdot 10^{-5}$
O	$2{,}1 \cdot 10^{-4}$	$1{,}0 \cdot 10^{-3}$
S	$5{,}2 \cdot 10^{-5}$	$1{,}5 \cdot 10^{-5}$
N	$2{,}6 \cdot 10^{-5}$	$9{,}6 \cdot 10^{-5}$
A	$(2{,}1 \cdot 10^{-6})$	$6{,}0 \cdot 10^{-6}$
Cl	$(4{,}2 \cdot 10^{-7})$	$1{,}0 \cdot 10^{-7}$

Tab. 9. Helium-Wasserstoff-Häufigkeit in einigen Emissionsnebeln relativ zum Orionnebel — Helium-hydrogen abundance in some emission nebulae as compared with the Orion nebula [30]

Objekt	$\dfrac{N_{He}/N_H}{(N_{He}/N_H)_{Orion}}$
NGC 604¹)	0,88
6514	0,80
6523	0,93
1976	1,00

Tab. 10. Chemische Zusammensetzung des interstellaren Gases aus Absorptionslinien — Chemical composition of the interstellar gas, determined from absorption lines

El	Element oder Radikal	element or radical
N	Mittelwerte der relativen Häufigkeit aus einer Reihe von Sternen, an denen Äquivalentbreiten bestimmt wurden	mean values of the relative abundance taken from a number of stars, the equivalent widths of which have been determined
N (χ^2 Ori)	Relative Häufigkeit aus den Absorptionslinien des Sternes χ^2 Ori, der durch Linienreichtum und -stärke hervortritt	relative abundance taken from the absorption lines of the star χ^2 Ori which stands out because of its abundance of lines and their intensity
$\overline{N}$	Mittlere kosmische Elementenhäufigkeit nach [31] Alle Angaben bezogen auf Natriumhäufigkeit	mean cosmic abundance of elements, according to [31] all values are based upon the abundance of sodium

El	N/N_{Na}	N/N_{Na} (χ^2 Ori)	$\overline{N}/\overline{N}_{Na}$ (Kosmos)
Na	**1,0**	**1,0**	**1,0**
Ca	$3{,}3 \cdot 10^{-2}$ [33]	$6{,}7 \cdot 10^{-1}$ [33]	1,5
K		$1{,}7 \cdot 10^{-1}$ [33]	$7{,}2 \cdot 10^{-2}$
Ti		$8{,}3 \cdot 10^{-2}$ [33]	$3{,}8 \cdot 10^{-2}$
CH	$1{,}9 \cdot 10^{-3}$ [34]	$(3{,}3 \cdot 10^{-2})$ [32]	
CN	$4{,}3 \cdot 10^{-5}$ [34]		

Tab. 11. Natrium-Kalzium-Verhältnis für verschiedene Wolkengeschwindigkeiten — Sodium-calcium ratio for different cloud velocities [24]

v_r	Radialgeschwindigkeitsintervall. Die von der Sonnenbewegung befreiten Radialgeschwindigkeiten interstellarer Wolken werden aus den Komponenten der Linien D_1 und D_2 von Na I und H und K von Ca II, die an einer Reihe Sternen vermessen wurden, bestimmt	interval of radial velocity. The radial velocities of the interstellar clouds, corrected for the sun's motion, were determined from the components of the D_1 and D_2 lines of Na I and H and K lines of Ca II, which were measured for a number of stars
σ	Streuung der Einzelwerte um den Mittelwert	scattering of the individual values around the average value
N_W	Anzahl der benutzten Wolken	number of clouds
( )	entsprechende Daten, wenn jeweils *ein* stark herausfallender Wert unberücksichtigt bleibt	corresponding data if in each case one extreme discrepancy is ignored

$\lvert v_r \rvert$ [km sec⁻¹]	$\dfrac{N(\text{NaI})}{N(\text{CaII})}$	σ	N_W
0 ··· 5	4,4 (3,3)	± 4,4 (± 2,1)	13 (12)
5 ··· 10	1,8 (0,8)	± 2,6 (± 0,7)	7 (6)
10 ··· 20	1,3	± 1,3	7
20 ··· 50	0,5	± 0,3	8
50 ··· 100	0,2	± 0,5	5

*) He-Häufigkeit nach [30].
¹) In M 33.

Tab. 12. Theoretische Häufigkeit des interstellaren H_2-Moleküls — Theoretical abundance of the interstellar H_2 molecule [35]

Mechanismus	Bildungsmechanismen der H_2-Moleküle. Es wird angenommen, daß jeder Mechanismus für sich allein abläuft	mechanisms of formation of the H_2 molecules. It is assumed that each mechanism occurs separately and independently
a)	Bildung an den Oberflächen „klassischer" Teilchen (Eispartikeln nach OORT und VAN DE HULST [36])	formation on the surface of "classical" particles (ice particles according to OORT and VAN DE HULST [36])
b)	Bildung an den Oberflächen kleiner Teilchen (Partikeln nach PLATT [37])	formation on the surface of small particles (particles according to PLATT [37])
c)	Bildung über CH	formation from CH
d)	Bildung über H^-	formation from H^-
$\tilde{\omega}$	Wahrscheinlichkeit dafür, daß ein auftreffendes H-Atom sich mit einem anderen zu einem H_2-Molekül verbindet	probability that one H atom combines with another to form a H_2 molecule
T_k	kinetische Temperatur	kinetic temperature
$N_{1/2}$	gesamte Teilchendichte des interstellaren Wasserstoffs ($N_H + 2N_{H_2}$), bei der die Moleküldichte 50% der Gesamtdichte ausmacht	total particle density of interstellar hydrogen ($N_H + 2N_{H_2}$) in which the molecule density amounts to 50% of the total density

Mechanismus	$T_k = 30\,°K$	$T_k = 100\,°K$	$T_k = 300\,°K$
	$N_{1/2}$ [cm^{-3}]		
a) „Klassische" Teilchen			
$\tilde{\omega} = 1,0$	$8,00 \cdot 10^0$	$5,36 \cdot 10^0$	$3,72 \cdot 10^0$
$\tilde{\omega} = 0,1$	$3,72 \cdot 10^1$	$2,50 \cdot 10^1$	$1,73 \cdot 10^1$
$\tilde{\omega} = 0,01$	$1,73 \cdot 10^2$	$1,16 \cdot 10^2$	$8,00 \cdot 10^1$
b) Kleine Teilchen			
$\tilde{\omega} = 1,0$	$1,66 \cdot 10^5$	$1,11 \cdot 10^5$	$7,70 \cdot 10^4$
$\tilde{\omega} = 0,1$	$7,70 \cdot 10^5$	$5,16 \cdot 10^5$	$3,58 \cdot 10^5$
$\tilde{\omega} = 0,01$	$3,58 \cdot 10^6$	$2,40 \cdot 10^6$	$1,66 \cdot 10^6$
c) CH	$8,50 \cdot 10^{17}$	$5,86 \cdot 10^6$	$3,14 \cdot 10^3$
d) H^-	$2,53 \cdot 10^4$	$4,02 \cdot 10^3$	$2,32 \cdot 10^3$

8.4.1.4 Temperatur der H I-Gebiete — Temperature of the H I regions

Tab. 13. Kinetische Temperatur T_k der H I-Gebiete — Kinetic temperature, T_k, of the H I regions

Methode	T_k [°K]
Intensität der 21 cm-Emissionslinie in Gebieten unterschiedlicher optischer Tiefe [46]	125
Differenzspektrum der 21 cm-Linie in Emission [47]	30 ··· 60
21 cm-Linie in Absorption [48]	60 ··· 240

8.4.1.5 Literatur zu 8.4.1 — References for 8.4.1

1 ALLEN, C. W.: Astrophysical Quantities, 2nd ed., London (1963).
2 CEDERBLAD, S.: Medd. Lund Ser. II Nr. 119 (1946).
3 HASE, W. F., und G. A. SCHAJN: Mitt. Krim **15** (1955) 11.
4 WESTERHOUT, G.: BAN **14** (1958) 215.
5 WOLTJER, L.: BAN **14** (1958) 39.
6 PRONIK, W. I.: Mitt. Krim **23** (1960) 3.
7 OSTERBROCK, D. E.: PASP **70** (1957) 180.
8 ALLER, L. H.: Gaseous Nebulae, London (1956).
9 SHARPLESS, S.: ApJ Suppl. **4** (1959) 257.
10 GOULD, R. J., T. GOLD, and E. E. SALPETER: ApJ **138** (1963) 408.
11 CHOPINET, M., et C. FEHRENBACH: Publ. Haute-Provence **5** (1961) Nr. 40.
12 FLATHER, E. M., and D. E. OSTERBROCK: ApJ **132** (1960) 18.
13 TCHENG MAO-LIN et J. DUFAY: Ann. Astrophys. **7** (1945) 143.
14 ALLER, L. H., and W. LILLER: ApJ **130** (1959) 45.
15 ANDRILLAT, Y., et H. ANDRILLAT: Ann. Astrophys. **22** (1959) 104.
16 HERZBERG, G.: Liège Inst. Astrophys. Coll. in 8° Nr. 368 (1955) 291.
17 BEALS, C. S.: MN **102** (1942) 96.

18 Wilson, R.: ApJ **128** (1958) 57.
19 Douglas, A. E., and J. R. Morton: ApJ **131** (1960) 1.
20 Herbig, G. H.: ApJ **137** (1963) 200.
21 Binnendijk, L.: ApJ **115** (1952) 428.
22 Beals, C. S., and J. B. Oke: MN **113** (1953) 530.
23 Münch, G.: ApJ **125** (1957) 42.
24 McRae Routly, P., and L. Spitzer: ApJ **115** (1952) 227.
25 Burbidge, E. M., and G. R. Burbidge: ApJ **117** (1953) 465.
26 Underhill, A. B.: Publ. Victoria **10** (1956) 201.
27 Wilson, R.: Publ. Edinburgh **2** (1961) 61.
28 Butler, H. E., and G. I. Thompson: Publ. Edinburgh **2** (1961) 113.
29 Butler, H. E., and H. Seddon: Publ. Edinburgh **2** (1961) 187, 225.
30 Mathis, J. S.: ApJ **136** (1962) 374.
31 Cameron, A. G. W.: ApJ **129** (1959) 676.
32 Strömgren, B.: ApJ **108** (1948) 242.
33 Seaton, M. J.: MN **111** (1951) 368.
34 Spitzer, L.: ApJ **113** (1951) 441.
35 Lambrecht, H., und K. H. Schmidt: AN **288** (1964) 11.
36 Oort, J. H., and H. C. van de Hulst: BAN **10** (1946) 187.
37 Platt, J. R.: ApJ **123** (1956) 486.
38 Münch, G.: IAU Symp. Nr. 8 (1958) 1035.
39 Mathis, J. S.: ApJ **125** (1957) 328.
40 Barbier, D.: Ann. Astrophys. **7** (1944) 80.
41 Greenstein, J. L.: ApJ **104** (1946) 414.
42 Menon, T. K.: Publ. Green Bank **1** (1961) 1.
43 Parijskij, J. N.: Astron. Zh. **38** (1961) 798.
44 Seaton, M. J.: IAU Symp. Nr. 8 (1958) 979.
45 Pronik, W. I.: Mitt. Krim **17** (1957) 14.
46 van de Hulst, H. C., C. A. Muller, and J. H. Oort: BAN **12** (1954) 117.
47 Davies, R. D.: MN **116** (1956) 443.
48 Williams, D. R. W., and R. D. Davies: Phil. Mag. Ser. VIII **1** (1956) 622.
49 Moore, Ch. E.: Contrib. Princeton **20** (1945).

8.4.2 Interstellarer Staub — Interstellar dust

Zusammenhang zwischen Gas und Staub: siehe 8.4.3; Räumliche Verteilung und kinematische Eigenschaften: siehe 8.4.4 und 8.2.2.4

8.4.2.0 Einführung – Introduction

Das den interstellaren Staub durchdringende Sternenlicht unterliegt Veränderungen. Die Staubteilchen rufen eine wellenlängenabhängige Extinktion (Streuung und Absorption) hervor (siehe 5.2.7.4). In der Umgebung von Sternen streuen und polarisieren die Partikeln das Licht des beleuchtenden Sterns.

Aus den Beobachtungsdaten lassen sich Aussagen über Größe, Form, chemische Zusammensetzung und räumliche Dichte der Staubteilchen machen. Allerdings liefern die gemessenen Werte kein eindeutiges Staubmodell. Vielmehr werden zur Zeit mehrere Hypothesen über die Natur der Partikeln diskutiert, die den Beobachtungen gleichermaßen gerecht werden.

8.4.2.1 Dunkelwolken – Dark nebulae

Tab. 1. Ausgewählte Dunkelwolken — Selected dark nebulae

A_v | Gesamtextinktion im visuellen Bereich | total extinction in the visual region

Objekt	α_{1900}	δ_{1900}	d	r [pc]	A_v	Lit.
Taurus	4^h20^m	+27°	2°	120	$3\overset{m}{.}0$	*2*
Orion	5 20	− 5	4	300	1	*1*
S Monocerotis	6 32	+10	1,5	600	1,5	*1*
η Carinae	10 34	−58		800	0,7	*1*
Kohlensack	12 46	−17	4	170	1,8	*3*
ϱ Ophiuchi	16 13	−23	2,5	200	4	*2*
θ Ophiuchi	17 22	−25	3	250	2	*1*
Scutum	18 40	− 5	3	220	3	*1*
Cygnus	20 30	+35	1,5	600	2	*1*
52 Cygni	20 36	+30	2	500	1	*1*
Nordamerikanebel	20 48	+45	1	200 und 600	2	*1*
Cygnus	21 03	+52	4	250 und 600	2	*1*
Cepheus	22 01	+58	0,6	200 bis 400	0,7	*1*

Tab. 2. Verteilung der scheinbaren Flächen von Dunkelwolken — Distribution of apparent areas of dark nebulae [4]

f	scheinbare Flächen der Dunkelwolken in Quadratgrad	apparent area of dark nebulae in square degrees
N_D	Anzahl der Dunkelwolken mit den angegebenen Opazitäten k, deren Flächen in den angegebenen Intervallen liegen. Die Werte sind auf eine einheitliche Intervallbreite von 0,1 bzw. 0,01 $(°)^2$ reduziert	number of dark nebulae with the listed opacities k in the corresponding intervals of the areas. The values have been reduced to the same width of interval, 0,1 or 0,01 $(°)^2$, respectively
k	visuell geschätzte Opazität. Angenähert entspricht die Opazität k einer Gesamtextinktion von k Größenklassen im photographischen Bereich	visually estimated opacity. The opacity k corresponds approximately to a total extinction of k magnitudes in the photographic range

f $[(°)^2]$	N_D $[10^{-1}(°)^{-2}]$ $k = 1$	N_D $[10^{-1}(°)^{-2}]$ $k = 2$
0,0 ⋯ 0,1	28	62
0,1 ⋯ 0,2	16	25
0,2 ⋯ 0,3	14	13
0,3 ⋯ 0,4	13	15
0,4 ⋯ 0,6	9,0	11,5
0,6 ⋯ 0,8	4,0	6,0
0,8 ⋯ 1,0	2,0	5,0
1,0 ⋯ 1,2	3,0	6,5
1,2 ⋯ 1,4	3,5	5,0
1,4 ⋯ 1,6	2,0	3,5
1,6 ⋯ 2,0	1,5	1,75
2,0 ⋯ 2,5	1,6	2,40
2,5 ⋯ 3,0	1,6	1,20
3 ⋯ 4	0,40	0,30
4 ⋯ 5	0,40	0,50
5 ⋯ 6	0,50	0,50
6 ⋯ 8	0,35	0,20
8 ⋯ 10	0,15	0,10
10 ⋯ 20	0,05	0,05

f $[(°)^2]$	N_D $[10^{-2}(°)^{-2}]$ $k = 3$	$k = 4$	$k = 5$	$k = 6$
0,00 ⋯ 0,01	54	97	196	80
0,01 ⋯ 0,02	43	80	75	21
0,02 ⋯ 0,04	18,5	32	22,5	9,0
0,04 ⋯ 0,06	16,5	21	8,5	3,5
0,06 ⋯ 0,08	11,5	10,5	5,5	4,5
0,08 ⋯ 0,10	6,0	8,0	7,5	2,0
0,10 ⋯ 0,15	5,2	6,0	2,4	1,4
0,15 ⋯ 0,20	4,0	3,6	1,6	0,6
0,2 ⋯ 0,3	2,8	1,8	1,0	} 0,5
0,3 ⋯ 0,4	2,0	0,7	0,2	
0,4 ⋯ 0,6	0,95	0,20	0,05	
0,6 ⋯ 1,0	0,675	0,375	0,125	
1 ⋯ 2	0,250	0,120	0,010	
2 ⋯ 5	0,083	0,020	0,003	
5 ⋯ 10	0,014	0,008		
10 ⋯ 20	0,007	0,004		

Tab. 3. Breitenverteilung der Dunkelwolken — Distribution of galactic latitudes of dark nebulae [4]

k	Opazität; angenähert entspricht die Opazität k einer Gesamtextinktion von k Größenklassen im photographischen Bereich	opacity; the opacity k corresponds approximately to a total extinction of k magnitudes in the photographic range
N_D	Anzahl der Dunkelwolken mit der Opazität k in den angegebenen Intervallen der galaktischen Breite b^{II}	number of dark nebulae having an opacity k, in the tabulated intervals of the galactic latitude b^{II}

b^{II}	$\leq 2°$	$2° \cdots 4°$	$4° \cdots 6°$	$6° \cdots 8°$	$8° \cdots 10°$	$10° \cdots 15°$	$> 15°$
k	N_D						
1	23	42	37	24	15	11	16
2	55	65	44	32	14	14	14
3	75	116	93	28	29	34	34
4	118	120	81	29	21	33	36
5	98	91	86	33	20	30	41
6	27	22	31	20	11	17	22

8.4.2.2 Interstellare Extinktion und Polarisation – Interstellar extinction and polarization

Siehe auch 5.2.7.4

Tab. 4. Wellenlängenabhängigkeit der interstellaren Extinktion — Wavelength dependence of the interstellar extinction [5]

Siehe Fig. 1

A	Extinktion Die Extinktionen sind normiert auf	extinction the extinctions are normalized to

$A_V = 0\overset{m}{,}00$; $A_B - A_V = 1\overset{m}{,}00$

Meßbereich		U	B	V	R	I	J	K
	λ_{eff} [A]	3450	4340	5470	6420	8400	11 600	21 400
	λ_{eff}^{-1} [μm^{-1}]	2,90	2,30	1,83	1,56	1,19	0,86	0,47
Cygnus	A [magn]	1,83	**1,00**	**0,00**	−0,86	−1,65	−2,25	−2,88
Orion	A [magn]	1,82	**1,00**	**0,00**	−1,25	−2,81	−3,89	−6,22

Tab. 5. Verhältnis von Extinktion zu Verfärbung für einige Sterngruppen — Ratio of extinction to reddening for a number of star groups [5]

siehe auch 5.2.7.4.1 und 5.2.2.2

$$R = \frac{A_V}{E_{B-V}}$$

A_V	Gesamtextinktion im visuellen Bereich	total extinction in the visual region
E_{B-V}	langwelliger Farbexzeß im UBV-System (5.2.7.4.0)	long-wave color excess in the UBV system (5.2.7.4.0)
N	Anzahl der benutzten Sterne	number of observed stars

Objekt	R	N
NGC 6530	4,50 ±0,21	4
NGC 6611	3,71 ±0,03	7
VI Cygni	3,12 ±0,03	9
I Persei	3,16 ±0,04	15
II Persei	3,75 ±0,07	4
NGC 2244	3,65 ±0,14	7
Orionnebel	7,37 ±0,25	7

Tab. 6. Wellenlängenabhängigkeit der interstellaren Polarisation — Wavelength dependence of interstellar polarization

Siehe Fig. 2

p_{rel}	Relativer Polarisationsbetrag in Größenklassen. Die von GEHRELS [6] und TREANOR [7] gemessenen Polarisationsbeträge wurden über der Wellenzahl aufgetragen. Die Werte der Tabelle sind Mittel, die aus den im Maximum auf $1\overset{m}{,}00$ normierten Kurven für jeden Stern gewonnen wurden. Bei GEHRELS [6] wurden die vier letzten Sterne weggelassen (nur eine Messung), bei TREANOR [7] wurde α Scorpii (Doppelstern) nicht berücksichtigt. Die Meßwerte von BEHR [8], die größer als $0\overset{m}{,}01$ sind, wurden bei $\lambda^{-1} = 2{,}34\ \mu$m^{-1} an die Kurve von TREANOR angepaßt. Der Wert für $\lambda^{-1} = 0{,}5\ \mu$m^{-1} stammt von HILTNER und wird bei STRÖMGREN [9] zitiert.	relative amount of polarization in magnitudes. The amounts of polarization measured by GEHRELS [6] and TREANOR [7] were plotted versus the wave number. The values listed in the table are average values obtained from the curves — normalized to $1\overset{m}{,}00$ at the maximum — for each star. From the measurements of GEHRELS [6] the last four stars (only one measurement) are omitted; from the measurements of TREANOR [7] α Scorpii (binary) is not taken into account. The values measured by BEHR [8], which are larger than $0\overset{m}{,}01$, were fitted to TREANOR's curve at $\lambda^{-1} = 2{,}34\ \mu$m^{-1}. The value for $\lambda^{-1} = 0{,}5\ \mu$m^{-1} is measured by HILTNER and was cited by STRÖMGREN [9].

λ^{-1} [μm^{-1}]	0,5	1,00	1,40	1,60	1,80	2,00	2,20	2,40	2,60	2,80	3,00
p_{rel} [magn]	0,2	0,79	0,93	0,98	0,99	0,98	0,96	0,93	0,89	0,84	0,76

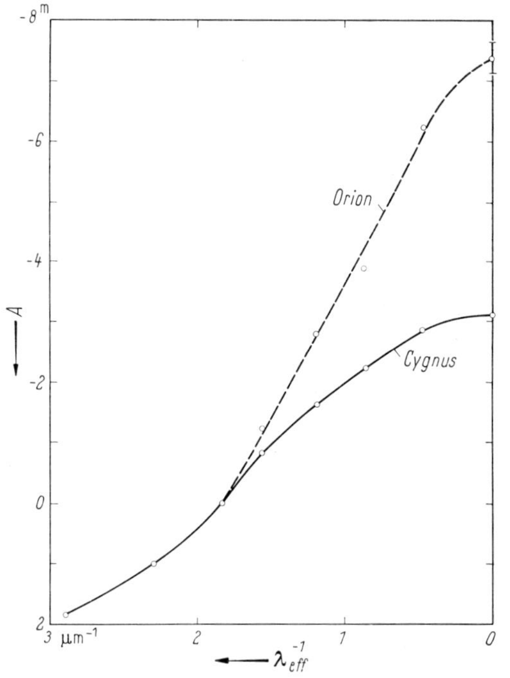

Fig. 1. Wellenlängenabhängigkeit der interstellaren Extinktion im Cygnus und Orion (siehe Tabelle 4) — Interstellar extinction in Cygnus and Orion as a function of wavelength according to JOHNSON and BORGMAN [5] (see Tab. 4). Normiert auf $A_V = 0{,}^m0$

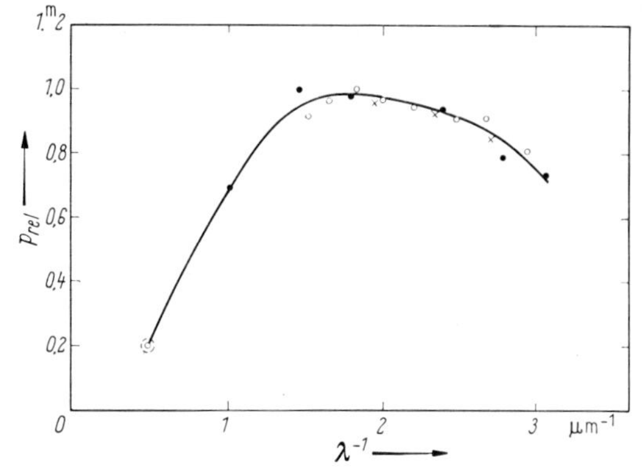

Fig. 2. Wellenlängenabhängigkeit der interstellaren Polarisation — Interstellar polarization as a function of wavelength. (siehe Tab. 6).

(•) GEHRELS [6], (×) BEHR [8], (o) TREANOR [7], (⊛) STRÖMGREN [9]

Tab. 7. Das Verhältnis von Polarisation zu Extinktion in Abhängigkeit von der galaktischen Länge und Breite — Ratio of polarization to extinction as a function of galactic longitudes and latitudes [10]

p	Polarisationsbetrag in [magn]	amount of polarization in [magn]
A_V	visuelle Gesamtextinktion in [magn]	total visual extinction in [magn]
in ( )	Anzahl der jeweils benutzten Sterne	number of observed stars

l^{II}	p/A_V $\lvert b^{II}\rvert \leq 2°$	p/A_V $2° \leq \lvert b^{II}\rvert \leq 5°$
33° ··· 78°	0,014 (103)	0,020 (32)
78 ··· 123	0,025 (215)	0,025 (116)
123 ··· 168	0,040 (195)	0,046 (142)
168 ··· 213	0,025 (78)	0,028 (61)
213 ··· 258	0,017 (21)	0,015 (16)
258 ··· 303	0,029 (53)	0,025 (7)
303 ··· 348	0,029 (46)	0,037 (15)
348 ··· 33	0,018 (80)	0,019 (69)

8.4.2.3 Reflexionsnebel — Reflection nebulae

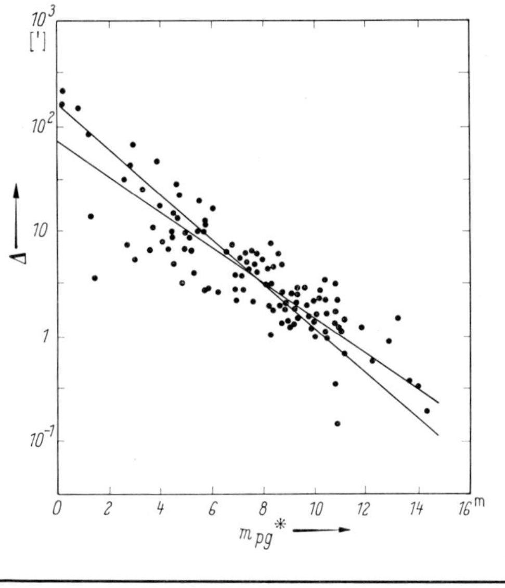

Fig. 3. Hubble-Beziehung für Reflexionsnebel — Hubble relation for reflection nebulae according to CEDERBLAD [13].

m_{pg}^*	scheinbare photographische Helligkeit des beleuchtenden Sterns	apparent photographic magnitude of the illuminating star
Δ [']	der größte Abstand zwischen Stern und Nebelrand, reduziert auf einheitliche Belichtungsbedingungen	the greatest distance between the star and the outer edge of the nebula, reduced to uniform conditions of exposure

Die eingezeichneten Geraden sind die Regressionsgeraden: — the straight lines are the regression lines:

$$\log \Delta = (-\,0{,}165 \pm 0{,}007)\, m_{pg}^* + 1{,}84 \qquad (1)$$
$$m_{pg}^* = (-\,4{,}82 \pm 0{,}22) \log \Delta + 10{,}41 \qquad (2)$$

Tab. 8. Ausgewählte Reflexionsnebel — Selected reflection nebulae

m_{pv}	Scheinbare photovisuelle Flächenhelligkeit (a) in 0,2 pc, (b) in 0,3 pc Abstand vom beleuchtenden Stern [11]	apparent photovisual surface brightness at a distance of (a) 0,2 pc, (b) 0,3 pc from the illuminating star [11]
Feld	Lage des Meßfelds relativ zum Stern	position of measured field relative to the star
p	Polarisationsgrad	amount of polarization
Θ	Positionswinkel des elektrischen Vektors	position angle of the electric vector
$\Delta\,(B\text{-}V)$	Farbdifferenz $(B\text{-}V)_{Nebel} - (B\text{-}V)_{Stern}$	color difference $(B\text{-}V)_{nebula} - (B\text{-}V)_{star}$
BD	Nummer des beleuchtenden Sterns in der Bonner Durchmusterung (siehe 5.1.1.3)	number of the illuminating star in the Bonner Durchmusterung (see 5.1.1.3)

Objekt *)	$\alpha_{1900,0}$	$\delta_{1900,0}$	m_{pv} [magn/(")^2]	photoelektr. Daten[12] Feld	p[%]	Θ	$\Delta(B\text{-}V)$	BD	Sp [13] (5.2.1)
IC 348	$2^h38^m\!.3$	+31°51'		3' N	20 ²)	278°	−0$^m\!$,70	+31° 643	B5 V
Elektra	3 39,0	+23 48		3 E	12 ¹)	26	−0,19	+23 507	B6 III
NGC 1432 (Maia)	3 39,9	+24 04	21,1 (a)	3 S	38 ¹)	348	−0,55	+23 156	B7 III
NGC 1435 (Merope)	3 40,4	+23 28	21,2 (a)	3 N	27 ¹)	68	−0,10	+23 522	B6 IV nn
NGC 1788	5 01,9	− 3 29						− 3 1013	B9
IC 435	5 37,9	− 2 22	22,6 (a)					− 2 1350	B8
NGC 2068 (M 78)	5 41,6	+ 0 01	19,5 (a)	1,25 E	13 ¹)	72	−0,37	+ 0 1177	B5/B1
NGC 2071	5 42,0	+ 0 16						+ 0 1181	B9
IC 446	6 25,4	+10 31	21,6 (b)						
IC 2169	6 25,7	+10 05							B8
NGC 2245	6 27,2	+10 14	19,9 (a)						
NGC 2247	6 27,6	+10 24	21,8 (b)					+10 1172	B5 p
NGC 7023	21 0,6	+67 46	22,0 (a)	3 N	3 ²)	70	−0,31	+67 1283	dB3 ne
NGC 7129	21 40,7	+65 39	20,8 (a)						B6

Tab. 9. Durchmesserverteilung der Reflexionsnebel — Distribution of diameters of reflection nebulae [14]

N_{rel}	Relative Durchmesserverteilung der Reflexionsnebel in drei Breitenzonen	relative distribution of the diameters of reflection nebulae in three zones of latitude
bl	blaue Reflexionsnebel (Spektraltyp B bis etwa G)	blue reflection nebulae (spectral type B to about G)
r	rote Reflexionsnebel (Spektraltyp G bis M); diese „roten" Werte repräsentieren jedoch nicht die wahre Durchmesserverteilung, da viele derartige Objekte auf den Karten des Sky Survey nicht eindeutig identifiziert werden können (Verwechslung mit H II-Gebieten!)	red reflection nebulae (spectral type G to M); these "red" values, however, do not represent the true distribution of diameters since many such objects on the sky survey maps cannot be unambiguously identified (mistaken for H II regions!)
in ( )	Gesamtzahlen der im jeweiligen Breitenintervall enthaltenen Reflexionsnebel	total numbers of reflection nebulae in each of the intervals of latitude
N	Gesamtzahlen der Objekte auf den Blauplatten im jeweiligen Durchmesserintervall	total number of objects on the blue plates in each of the intervals of diameter values

d	N_{rel} $\lvert b^{II}\rvert < 10°$ (84) bl	r	$10° \leqq \lvert b^{II}\rvert < 20°$ (78) bl	r	$\lvert b^{II}\rvert \geqq 20°$ (29) bl	r	N
0'⋯ 10'	0,73	0,06	0,57	0,10	0,42	0,10	132
10 ⋯ 20	0,13	0,01	0,17	0,01	0,17	0,03	34
20 ⋯ 30	0,02	0,01	0,07	0,01	0,06	—	12
30 ⋯ 40	0,01	—	0,01	0,01	—	—	3
40 ⋯ 50	—	—	—	—	0,03	—	2
50 ⋯ 60	—	0,01	0,01	—	—	—	1
>60	—	0,01	0,03	0,01	0,17	—	7

*) NGC, IC, M siehe 7.1.2.

¹) im V-Bereich des UBV-Systems (5.2.7.1.3).

²) Ohne Filter.

8.4.2.4 Physik der interstellaren Staubteilchen – Physics of the interstellar dust particles

Tab. 10. Albedo γ der interstellaren Staubteilchen — Albedo γ of the interstellar dust particles

γ	Autor
1,0	Hubble [15]
0,3 ··· 0,8	Henyey und Greenstein [16]
0,6 ··· 1,0	Rojkovsky [17]

Tab. 11. Interstellare Staubteilchen — Interstellar dust particles

$\bar{R}_p$	mittlerer Teilchenradius	mean particle radius
$n(R_p)$	relative Verteilungsfunktion der Partikelradien, R_p in [cm]	relative distribution of particle radii, R_p in [cm]
γ	Albedo	albedo
T_p	Partikeltemperatur	temperature of particle

Modell	Oort + van de Hulst [18]	Hoyle + Wickramasinghe [19, 20]		Platt [21]
$\bar{R}_p$ [cm]	$1,5 \cdot 10^{-5}$ [18]	$3 \cdot 10^{-6}$ [20]	$2,4 \cdot 10^{-5}$ (Graphitkern [20] $8 \cdot 10^{-6}$)	$1,7 \cdot 10^{-8}$ [23]
Chemische Zusammensetzung [1]) [%]	H_2O 72,7 H_2 2,4 CH_4 12,9 [22] NH_3 6,9 MgH usw. 5,1	C 100 [19]	C 7,5 H_2O 92,5 [20]	S 3,1 Na 0,6 Mg 11,9 C 29,5 [23] Ca 2,2 Si 31,5 Fe 21,2
ϱ_p [g cm^{-3}]	1,1	2,1	$1,0_4$	2,5
$\mathfrak{M}_p$ [g]	$3,3 \cdot 10^{-14}$	$2,4 \cdot 10^{-16}$	$6,0 \cdot 10^{-14}$	$4,5 \cdot 10^{-22}$
$n(R_p)$	$\exp(-6,36 \cdot 10^{11} \cdot R_p^{2,6})$ [24]	—	—	$\exp(-5,27 \cdot 10^{7} R_p)$ [23]
$\gamma(\lambda = 4000$ A)	~ 1,0 [24]	~ 0,4 [20]	~ 0,8 [20]	~ 1,0 [21]
T_p [°K]	10 ··· 50 [22]			

8.4.2.5 Literatur zu 8.4.2 – References for 8.4.2

1 Allen, C. W.: Astrophysical Quantities, 2nd ed., London (1963).
2 Bok, B. J.: AJ **61** (1956) 309.
3 Rodgers, A. W.: MN **120** (1960) 163.
4 Lynds, B. T.: ApJ Suppl. **7** (1962) 1.
5 Johnson, H. L., and J. Borgman: BAN **17** (1963) 115.
6 Gehrels, T.: AJ **65** (1960) 466.
7 Treanor, P. J.: AJ **68** (1963) 185.
8 Behr, A.: ZfA **47** (1959) 54.
9 Strömgren, B.: AJ **61** (1956) 45.
10 Bielicka, K., und K. Serkowski: Astron. Obs. Warsaw Univ. Reprints **66** (1957).
11 Schajn, G. A., W. F. Hase und S. B. Pikelner: Mitt. Krim **12** (1954) 64.
12 Johnson, H. M.: PASP **72** (1960) 10.
13 Cederblad, S.: Medd. Lund Ser. II Nr. 119 (1946).
14 Dorschner, J., und J. Gürtler: AN **287** (1964) 257.
15 Hubble, E.: ApJ **56** (1922) 400.
16 Henyey, L. G., and J. L. Greenstein: ApJ **93** (1941) 70.
17 Rojkovsky, D. A.: Mitt. Alma-Ata **13** (1962) 27.
18 Oort, J. H., and H. C. van de Hulst: BAN **10** (1946) 187.
19 Hoyle, F., and N. C. Wickramasinghe: MN **124** (1962) 417.
20 Wickramasinghe, N. C.: MN **126** (1963) 99.
21 Platt, J. R.: ApJ **123** (1956) 486.
22 van de Hulst, H. C.: Rech. Utrecht **11** part 2 (1949).
23 Schmidt, K.-H.: AN **287** (1964) 215.
24 van de Hulst, H. C.: Harvard Monogr. **7** (1948) 73.

[1]) Gewichtsprozent — According to mass.

Lambrecht

8.4.3 Zusammenhang zwischen interstellarem Gas (8.4.1) und Staub (8.4.2) — Relationship between interstellar gas (8.4.1) and dust (8.4.2)

Im interstellaren Raum werden Gas und Staub meist zusammen beobachtet. Zwischen der Gas- und der Staubdichte bestehen wahrscheinlich Korrelationen. Vermutlich bildet sich an den Oberflächen der Staubpartikeln ein erheblicher Teil der Moleküle des interstellaren Gases.

Tab. 1. Anzahl der H II-Gebiete N_{HII} und der Dunkelwolken N_D in Abhängigkeit von der galaktischen Länge — Number of H II regions, N_{HII}, and dark nebulae, N_D, as a function of galactic longitude [*1*, *2*] (Siehe auch Fig. 1)

l^{II}	N_{HII} [*1*]	N_D [*2*]
350°··· 5°	16	295
5 ··· 20	33	246
20 ··· 35	15	207
35 ··· 50	10	90
50 ··· 65	14	108
65 ··· 80	15	81
80 ··· 95	15	162
95 ··· 110	31	156
110 ··· 125	31	94
125 ··· 140	16	71
140 ··· 155	9	50
155 ··· 170	18	67
170 ··· 185	15	62
185 ··· 200	29	44
200 ··· 215	13	44
215 ··· 230	13	10
230 ··· 245	13	10

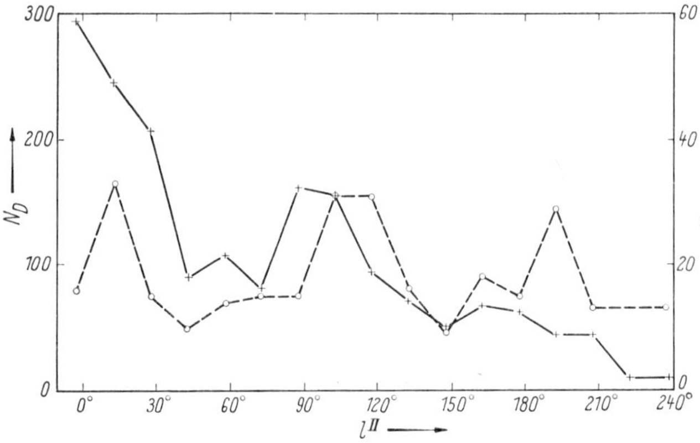

Fig. 1. Anzahl der H II-Gebiete N_{HII} nach SHARPLESS [*1*] (○ – – ○) und der Dunkelwolken N_D nach LYNDS [*2*] (+ — +) in Abhängigkeit von der galaktischen Länge l^{II} — Number of H II regions, N_{HII}, according to SHARPLESS [*1*] (○ – – ○) and dark nebulae, N_D, according to LYNDS [*2*] (+ — +) as a function of the galactic longitude, l^{II}.

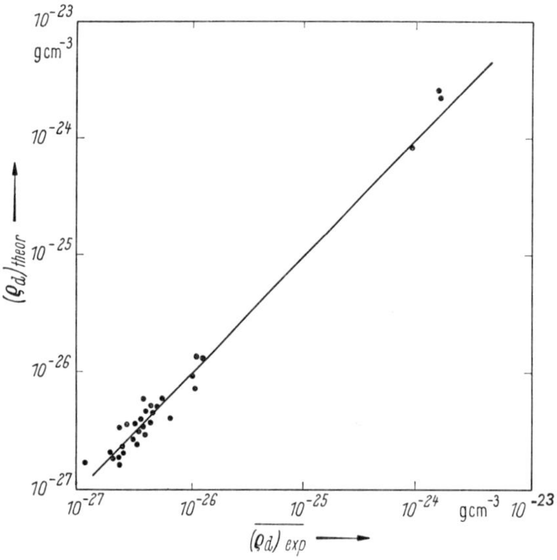

Fig. 2. Vergleich der beobachteten mittleren Staubdichten $(\varrho_d)_{exp}$ mit den nach $(\varrho_d)_{theor} = 4{,}8 \cdot 10^9\,(\varrho_{HI})^{1,5}$ berechneten Werten nach SCHMIDT [*8*] und LAMBRECHT und SCHMIDT [*9*] — Comparison of the observed mean density of dust, $(\varrho_d)_{exp}$, with the calculated, theoretical, values,

$$(\varrho_d)_{theor} = 4{,}8 \cdot 10^9\,(\varrho_{HI})^{1,5}$$

according to SCHMIDT [*8*] and LAMBRECHT and SCHMIDT [*9*].

Tab. 2. Zusammenhang zwischen der galaktischen Länge, dem λ 4430-Band und dem Farbexzeßverhältnis — Relationship between the galactic longitude, the λ 4430 band and the color-excess ratio [*3*]

R_{4430}	Verhältnis der Äquivalentbreite des λ 4430-Bandes zum langwelligen Farbexzeß E_{B-V}, für die Cygnus-Region auf 1,00 normiert * nach Messungen von DUKE [*4*], ** nach Messungen von UNDERHILL [*5*]. Die restlichen Werte sind Mittelwerte aus Messungen von:	ratio of the equivalent width of the λ 4430 band to the long-wave color excess E_{B-V}, normalized to 1,00 for the Cygnus-region * from measurements of DUKE [*4*], ** from measurements of UNDERHILL [*5*]. The other values are mean values from measurements of:
	DUKE [*4*], UNDERHILL [*5*], WAMPLER [*3*], GREENSTEIN und ALLER [*6*] und BEALS und BLANCHET [*7*]	
$\chi = E_{U-B}/E_{B-V}$	Farbexzeßverhältnis (siehe 5.2.7.4)	color-excess ratio (see 5.2.7.4)

l^{II}	R_{4430}	χ
30°··· 70°	**1,00**	0,88
70 ··· 90	1,51*	
	1,19**	0,85
90 ··· 110	1,27	0,80
120 ··· 180	1,51	0,71
320 ··· 350	1,41	0,76

Literatur zu 8.4.3 – References for 8.4.3

1 SHARPLESS, S.: ApJ Suppl. **4** (1959) 257.
2 LYNDS, B. T.: ApJ Suppl. **7** (1962) 1.
3 WAMPLER, E. J.: ApJ **137** (1963) 1071.
4 DUKE, D.: ApJ **113** (1951) 100.
5 UNDERHILL, A. B.: Publ. Victoria **10** (1956) 201.
6 GREENSTEIN, J. L., and L. H. ALLER: ApJ **111** (1950) 328.
7 BEALS, C. S., and G. H. BLANCHET: MN **98** (1938) 398.
8 SCHMIDT, K.-H.: AN **284** (1958) 73 = Mitt. Jena 34 (1958).
9 LAMBRECHT, H., und K.-H. SCHMIDT: Mitt. Jena 40 (1959).

8.4.4 Räumliche Verteilung und kinematisches Verhalten der interstellaren Materie (siehe auch 8.2.2.4) — Spatial distribution and kinematic properties of the interstellar matter (see also 8.2.2.4)

Das interstellare Medium ist in einer dünnen Schicht zur galaktischen Ebene konzentriert und ordnet ich in Wolken längs der Spiralarme an.

Die interstellare Materie nimmt an der galaktischen Rotation teil. Darüber hinaus zeigen die Wolken Pekuliarbewegungen.

Tab. 1. Allgemeine Daten zur räumlichen Verteilung der interstellaren Materie — General data for the spatial distribution of the interstellar matter

Halbe effektive Schichtdicke des	H I-Gases	136 pc [1]
	Staubes	100 pc [2]
Halbe Halbwertsdicke des	H I-Gases	110 pc [1]
	Staubes	69 pc [2]
Mittlere Dichte in der galaktischen Ebene des	H I-Gases	$1{,}4 \cdot 10^{-24}$ g cm^{-3} [1]
	Staubes	$4{,}3 \cdot 10^{-27}$ g cm^{-3} [3]
Gesamtmasse des interstellaren Gases im Milchstraßensystem		$1{,}4 \cdot 10^{9}\,\mathfrak{M}_\odot$ [4]
Anteil des Gases an der Gesamtmasse des Sternsystems		0,02 [4]
Mittlere Extinktion (visuell) in der galaktischen Ebene bis zur Entfernung $r = 1$ kpc		$2^m_,0$ [5]
Extinktion (visuell) senkrecht zur galaktischen Ebene am Ort der Sonne		$< 0^m_,1$ [6]

Tab. 2. Mittlere Teilchen-Dichte des neutralen und des ionisierten Wasserstoffes in verschiedenen Abständen vom galaktischen Zentrum — Mean particle density of neutral and of ionized hydrogen at different distances from the galactic center

R	Abstand vom galaktischen Zentrum	distance from the galactic center
$\overline{N}_H$	Mittlere Teilchendichte des neutralen Wasserstoffs	mean particle density of the neutral hydrogen [4]
N_{HII}/N_{HI}	Dichteverhältnis von ionisiertem zu neutralem Wasserstoff	density ratio of ionized to neutral hydrogen
(a)	für eine Teilchendichte im Innern der Wolke von 5 cm^{-3}	for a particle density in the interior of the cloud of 5 cm^{-3} [7]
(b)	für eine Teilchendichte im Innern der Wolke von 10 cm^{-3}	for a particle density in the interior of the cloud of 10 cm^{-3} [7]

R [kpc]	$\overline{N}_H$ [cm^{-3}]	N_{HII}/N_{HI} (a)	N_{HII}/N_{HI} (b)	R [kpc]	$\overline{N}_H$ [cm^{-3}]	N_{HII}/N_{HI} (a)	N_{HII}/N_{HI} (b)
0 ··· 2		0	0	7 ··· 8	0,72	0,04	0,02
2 ··· 3		0,09	0,05	8 ··· 9	0,48	0,06	0,03
3 ··· 3,5	0,33	0,36	0,18	9 ··· 10	0,41	0,07	0,04
3,5 ··· 4		0,64	0,32	10 ··· 11	0,55	0	0
4 ··· 4,5	0,72	0,21	0,10	11 ··· 12	0,40		
4,5 ··· 5		0,13	0,06	12 ··· 13	0,21		
5 ··· 6	0,68	0,09	0,05	13 ··· 14	0,09		
6 ··· 7	0,97	0,06	0,03	14 ··· 15	0,04		

Lambrecht

Tab. 3. Relative Wasserstoffverteilung in z-Richtung (senkrecht zur galaktischen Ebene) — Relative distribution of hydrogen in the z-direction (perpendicular to the galactic plane) [1]

N_H	mittlere Teilchendichte des neutralen Wasserstoffs	mean particle density of the neutral hydrogen
$z' = z - z_m$	reduzierter Abstand von der galaktischen Ebene	reduced distance from the galactic plane
z_m	z-Koordinate des Intensitätsmaximums der beobachteten 21 cm-Strahlung	z-coordinate of the intensity maximum of the observed 21 cm radiation

z' [pc]	$N_H(z')/N_H(0)$	z' [pc]	$N_H(z')/N_H(0)$
0	**1,00**	180	0,21
20	0,98	200	0,18
40	0,91	250	0,12
60	0,81	300	0,08
80	0,69	350	0,06
100	0,56	400	0,04
120	0,44	450	0,02
140	0,33	500	0,01
160	0,26		

Tab. 4. Repräsentative Größen struktureller Details der interstellaren Materie — Representative dimensions of structural details of the interstellar matter [8]

Objekt	D [pc]
Durchmesser der Spiralarme:	
in der Ebene	500 ··· 1000
senkrecht zur Ebene	200
Kondensationen in den Spiralarmen	100
Große Emissionsgebiete	60
Durchschnittliche Emissionsgebiete	10
Typische Wolke: Ca II-Absorption	30
Typische Wolke: 21 cm-Emission	20 ··· 70
Dichte Wolke: 21 cm-Absorption	3
Globulen	0,1 ··· 0,5
Dunkle Fasern im Ophiuchus	0,1
Dunkle Fasern im Cygnus	0,02
Dicke der hellen Ränder und der anderen Details in Emissionsgebieten	0,02
Filamente der Reflexionsnebel in den Plejaden	0,005
Filamente im Cygnus	0,001
Kometenartige Kondensationen im Aquila-Nebel	0,001

Tab. 5. Charakteristische Werte interstellarer Wolken — Characteristic data of interstellar clouds [9]

Modell I	Radius R_W und Teilchendichte N_H werden als konstant vorausgesetzt	radius, R_W, and particle density, N_H, are assumed to be constant
Modell II	Radius R_W und Teilchendichte N_H sollen der Bedingung $R_W \cdot N_H$ = const genügen. Als relative Radiusverteilung wird angenommen	radius, R_W, and particle density, N_H, should satisfy the condition $R_W \cdot N_H$ = const. The relative radius distribution is assumed to be

$$\varphi(R_W) = \frac{1}{\bar{R}_W} \exp\left(-\frac{R_W}{\bar{R}_W}\right)$$

Dabei ist $\bar{R}_W$ das mit $\varphi(R_W)$ gewichtete Mittel von R_W	$\bar{R}_W$ is the mean of R_W, weighted with $\varphi(R_W)$

	Modell I	Modell II
Wolkenradius R_W	3,4 pc	$\bar{R}_W$ = 1,7 pc
Teilchendichte im Innern der Wolke N_H	14 cm^{-3}	$R_W N_H$ = 46 pc cm^{-3}
Bruchteil des von den Wolken eingenommenen Raumes nahe der galaktischen Ebene, F	0,05	0,07
Räumliche Wolkendichte N_W	$3 \cdot 10^{-4}$ pc^{-3}	$6 \cdot 10^{-4}$ pc^{-3}
Anzahl der Wolken in der Sichtlinie N_r	11 kpc^{-1}	11 kpc^{-1}
Durchschnittliche Extinktion pro Wolke im visuellen Bereich in Abhängigkeit von R_W und N_H unter Zugrundelegung des Gas-Staub-Verhältnisses nach [10], $A_V(R_W, N_H)$	$3{,}4 \cdot 10^{-3} R_W N_H^{3/2}$ magn	$0{,}16\ N_H^{1/2}$ magn
Durchschnittliche Extinktion pro Wolke im visuellen Bereich, A_V, nach [11]	0^m,25	

Die *optische Dicke* τ der H II-Regionen bei den Radiofrequenzen und ihre Verknüpfung mit dem Emissionsmaß E (siehe 8.4.0 und 8.4.1.1 Tab. 1) ist gegeben durch [16, 17]:

$$\tau = 1{,}2\ 10^{-3}\ E \text{ bei } 20 \text{ MHz}$$
$$\tau = 5\ \ 10^{-5}\ E \text{ bei } 100 \text{ MHz.}$$

Bewegungsverhältnisse des interstellaren Gases – Movements of the interstellar gas

Die beobachtete Radialgeschwindigkeit der interstellaren Atome und Ionen setzt sich aus folgenden Komponenten zusammen:

a) differentielle galaktische Rotation auf Kreisbahnen (8.3.3.);
b) systematische Gruppenbewegung vieler Wolken;
c) zufällige Bewegung einzelner Wolken innerhalb der Gruppen;
d) Turbulenz in einer Wolke;
e) thermische Bewegung in einer Wolke.

Die Geschwindigkeitsverteilung der interstellaren Wolken $\psi(v)$ kann durch folgende Funktionen dargestellt werden: (η und b siehe Tab. 6):

$$\psi(v) = \frac{1}{2\eta} \mathrm{e}^{-\frac{|v|}{\eta}} \quad \text{oder} \quad \psi(v) = \frac{1}{b\sqrt{\pi}} \mathrm{e}^{-\frac{v^2}{b^2}} \tag{1}$$

Tab. 6. Mittlere quadratische Radialgeschwindigkeit des interstellaren Gases (= Parameter in Gl. (1)) – Mean square radial velocity of the interstellar gas (= parameter in eqn. (1))

Die Methoden 1 ··· 3 beziehen sich auf die systematischen und zufälligen Bewegungen der Wolken, b) und c), die beiden restlichen auf die Turbulenz und die thermische Bewegung innerhalb der Wolken, d) und e)

Methods 1 ··· 3 refer to the systematic and peculiar movements of the nebulae, a) and b), the other two to the turbulence and thermal motion in the nebulae themselves, d) and e)

Methode	$\sqrt{\overline{v_r^2}}$ [km sec^{-1}]
1. Doublett-Verhältnis { Orionarm	$\eta\sqrt{2}$ = 5 (Na) bis 7 (CaII)
1. Doublett-Verhältnis { Perseusarm [12]	$\eta\sqrt{2}$ = 7 (Na) bis 8 (CaII)
2. Statistik der Mehrfachlinien [13]	$\eta\sqrt{2}$ = 7 (CaII)
3. Profile der 21 cm-Linie in Emission [4]	$b/\sqrt{2}$ = 6 (H) bzw. $\eta\sqrt{2}$ = 8 (H)
4. Breiten einzelner Absorptionskomponenten [14]	$b/\sqrt{2}$ = 3,4 (CaII)
5. Profile der 21 cm-Linie in Absorption [15]	$b/\sqrt{2}$ = 1,9 (H)

Literatur zu 8.4.4 – References for 8.4.4

1 SCHMIDT, M.: BAN **13** (1957) 247.
2 PARENAGO, P. P.: Astron. Zh. **22** (1945) 129.
3 OORT, J. H., and H. C. VAN DE HULST: BAN **10** (1946) 187.
4 WESTERHOUT, G.: BAN **13** (1957) 201.
5 FERNIE, J. D.: AJ **67** (1962) 227.
6 PFAU, W.: AN **287** (1963) 97.
7 WESTERHOUT, G.: BAN **14** (1958) 215.
8 VAN DE HULST, H. C.: IAU Symp. Nr. 8 (1958) 913.
9 TAKAKUBO, K., and T. TAKAKURA: Progress in Radio Science in Japan, chapt. 5.3 (1963) 106.
10 SCHMIDT, K.-H.: AN **284** (1958) 73.
11 ALLEN, C. W.: Astrophysical Quantities, 2nd ed., London (1963).
12 MÜNCH, G.: ApJ **125** (1957) 42.
13 BLAAUW, A.: BAN **11** (1952) 459.
14 SPITZER, L., and A. SKUMANICH: ApJ **116** (1952) 452.
15 HAGEN, J. P., A. E. LILLEY, and E. F. MCCLAIN: ApJ **122** (1955) 361.
16 SHAIN, C. A.: Australian J. Phys. **10** (1957) 195.
17 SHAIN, C. A., M. M. KOMESAROFF, and C. S. HIGGINS: Australian J. Phys. **14** (1961) 508.

8.4.5 Das interstellare Strahlungsfeld — The interstellar radiation field

Die Energiedichte und -verteilung des interstellaren Strahlungsfeldes an einem bestimmten Ort resultiert aus der eingestrahlten Energie aller Sterne.

Tab. 1. Energiedichte E des interstellaren Strahlungsfeldes am Ort der Sonne — Energy density, E, of the interstellar radiation field near the sun [ZIMMERMANN, H.: AN im Druck]

(n)	in niedrigen galaktischen Breiten	in low galactic latitudes	$-10^\circ \cdots +10^\circ$
(m)	in mittleren galaktischen Breiten	in medium galactic latitudes	$-30^\circ \cdots -10^\circ$; $+10^\circ \cdots +30^\circ$
(h)	in hohen galaktischen Breiten	in high galactic latitudes	$-90^\circ \cdots -30^\circ$; $+30^\circ \cdots +90^\circ$
(s)	Summe über alle Breitenzonen	sum of all zones of latitude	

λ [A]	E [10^{-18} erg cm^{-3} A^{-1}] (n)	(m)	(h)	(s)
1000	56	40	14	110
1500	44	30	9,0	83
2000	46	32	8,4	86
2500	57	40	11	110
3000	38	28	9,0	75
3500	31	23	9,3	63
4000	38	30	14	82
4500	32	26	14	72
5000	28	24	14	66
5500	24	22	15	61
6000	22	21	15	58
6500	20	20	15	55
7000	18	19	15	52
7500	17	19	15	51
8000	15	18	15	48

Tab. 2. Energiedichte E des interstellaren Strahlungsfeldes in verschiedenen Abständen z von der galaktischen Ebene — Energy density, E, of the interstellar radiation field at different distances, z, from the galactic plane [ZIMMERMANN, H.: AN im Druck]

(Strahlungsfeld am Ort der Sonne siehe Tab. 1)

Breitenzonen — zones of latitude

Nord (h)	$+90^\circ \cdots +30^\circ$	
Nord (m)	$+30^\circ \cdots +10^\circ$	
Nord (n)	$+10^\circ \cdots 0^\circ$	
Süd (n)	$0^\circ \cdots -10^\circ$	
Süd (m)	$-10^\circ \cdots -30^\circ$	
Süd (h)	$-30^\circ \cdots -90^\circ$	
(s)	Summe über alle Breitenzonen	sum of all zones of latitude

λ [A]	$z = 75$ pc							$z = 150$ pc							$z = 250$ pc						
	Nord			Süd				Nord			Süd				Nord			Süd			
	(h)	(m)	(n)	(n)	(m)	(h)	(s)	(h)	(m)	(n)	(n)	(m)	(h)	(s)	(h)	(m)	(n)	(n)	(m)	(h)	(s)
	E [10^{-18} erg cm^{-3} A^{-1}]																				
1000	4,8	7,3	9,5	27	26	20	95	2,3	3,5	6,8	14	24	22	73	0,76	1,2	2,3	10	24	22	60
1500	3,0	4,7	6,4	19	19	15	67	1,3	2,0	4,3	10	18	16	52	0,36	0,66	1,3	6,9	17	16	42
2000	3,2	4,9	6,6	19	21	17	72	1,3	1,9	3,3	10	19	18	54	0,29	0,59	1,1	6,8	18	17	44
2500	4,2	6,3	8,2	23	27	22	91	1,8	2,6	5,5	12	23	22	67	0,42	0,82	1,4	8,1	22	21	54
3000	3,4	4,9	5,7	16	18	15	63	1,7	2,3	4,2	8,3	16	16	48	0,63	0,96	1,3	5,7	15	15	39
3500	3,2	4,3	4,5	12	13	11	48	1,8	2,4	3,5	6,3	12	12	38	0,88	1,2	1,4	4,6	11	12	31
4000	4,5	5,8	6,0	15	16	13	60	2,7	3,5	5,0	8,1	15	14	48	1,4	1,8	2,1	6,2	15	15	42
4500	4,1	5,2	5,1	12	13	11	50	2,6	3,4	4,2	6,9	12	12	41	1,5	1,9	2,0	5,4	12	12	35
5000	3,9	4,8	4,5	10	12	9,2	44	2,6	3,3	3,8	6,1	11	10	37	1,6	2,0	2,0	4,9	11	10	32
5500	3,8	4,6	4,1	9,0	9,4	8,2	39	2,6	3,3	3,5	5,6	9,6	8,9	34	1,7	2,0	1,9	4,5	9,6	9,5	29
6000	3,6	4,4	3,9	7,8	8,4	7,4	36	2,6	3,2	3,3	5,3	8,7	8,0	31	1,6	2,1	2,0	4,3	8,7	8,6	27
6500	3,5	4,3	3,8	7,3	7,9	6,9	34	2,6	3,2	3,1	5,0	8,3	7,7	30	1,6	2,1	1,9	4,0	8,3	8,2	26
7000	3,4	4,2	3,7	6,8	7,4	6,5	32	2,5	3,1	3,0	4,8	7,8	7,2	28	1,5	2,0	1,9	3,8	7,9	7,8	25
7500	3,3	4,0	3,5	6,4	7,0	6,1	30	2,4	3,0	2,8	4,6	7,4	6,8	27	1,5	2,0	1,9	3,6	7,4	7,3	24
8000	3,1	3,8	3,4	6,0	6,6	5,7	29	2,3	2,8	2,7	4,3	7,1	6,4	26	1,4	1,9	1,7	3,4	7,1	6,9	22

8.4.6 Interstellare Magnetfelder und Halo der Milchstraße; Kosmische Strahlung im interstellaren Raum — Interstellar magnetic fields and Halo of the Milky Way; cosmic radiation in interstellar space

Auf die Existenz *interstellarer Magnetfelder* wurde seit etwa 1950 geschlossen

1. aus der sehr guten Isotropie der primären kosmischen Strahlung bis hinauf zu sehr hohen Energien, bei denen solare bzw. interplanetare Effekte ausscheiden, in Verbindung mit Betrachtungen über die Magnetohydrodynamik des interstellaren Gases [*1, 2*],

2. aus der beobachteten Polarisation des Lichtes entfernter Sterne, die auf eine magnetische Ausrichtung der Teilchen des interstellaren Staubes zurückgeführt wird (vermutlich vermittels eines Relaxationseffektes von der Art des von DAVIS und GREENSTEIN [*3*] vorgeschlagenen Mechanismus),

3. aus der nichtthermischen Komponente der galaktischen Radiostrahlung, welche als Synchrotron-Strahlung relativistischer Elektronen, die in den interstellaren Magnetfeldern abgelenkt werden, interpretiert wird [*4*],

4. aus der kürzlich beobachteten Faraday-Drehung der Polarisationsebene der von einigen Radioquellen kommenden Strahlung [*11*]. Daß mindestens ein Teil dieses Effektes in von Magnetfeldern durchsetzten interstellaren Plasmen entsteht, wird dadurch wahrscheinlich gemacht, daß er bei extragalaktischen Radioquellen eine Abhängigkeit von der galaktischen Breite zu zeigen scheint.

Die Beobachtungen zu 3. führten zur Entdeckung des sogenannten *Halos der Milchstraße* [*5, 4*], eines etwa kugelförmigen (oder schwach abgeplatteten) Bereichs um die Milchstraße herum, dessen Durchmesser etwa mit dem der Milchstraßenscheibe übereinstimmen dürfte, und in welchem sich relativistische Elektronen in Magnetfeldern der Stärke einiger 10^{-6} Gauss [*6, 7*] bewegen. Für die Gastemperatur in diesem Bereich gibt es zwei Modelle: nach SPITZER [*8*] betrüge sie $\approx 10^{6}$ °K („Korona" der Milchstraße) bei einer Teilchendichte von nur $\approx 10^{-4}$ cm^{-3}; es ist aber auch möglich, daß die Gastemperatur eher derjenigen von H II-Regionen entspricht (10^{4} °K) und die Teilchendichte von der Ordnung 10^{-2} cm^{-3} ist [*9*]. In letzterem Falle befände sich ein merklicher Bruchteil des gesamten interstellaren Gases im Halo [*6, 7*].

Für die Stärke der Magnetfelder in der Scheibe der Milchstraße werden gegenwärtig zwei Modelle diskutiert, die auf Werte von einigen 10^{-6} Gauss bzw. $2 \cdots 3\ 10^{-5}$ Gauss führen [*6*, S. 311].

Kosmische Strahlung im interstellaren Raum [*1, 2, 10*]

Das Energiespektrum der Protonen, α-Teilchen und der schweren Kerne sollte jedenfalls oberhalb etwa 10 GeV ähnlich sein wie in Erdnähe; unterhalb 1 GeV könnten erheblich mehr Teilchen vorhanden sein, als sonst zu Minimumzeiten der Sonnenaktivität in Erdnähe gemessen werden (unterhalb 10 GeV beeinflußt die Sonnenaktivität die Intensität).

Die Energiedichte ist ähnlich wie im interplanetaren Raum ($\approx$ 1 eV/cm^{3}) oder ein wenig höher durch den Anteil von Teilchen mit weniger als 1 GeV.

Die chemische Zusammensetzung der kosmischen Strahlung entspricht hinsichtlich des Verhältnisses H : He derjenigen der jungen Sterne (Pop. I), bei merklich höherem Anteil der Elemente mit $Z \geq 6$; die im Verhältnis zur allgemeinen Häufigkeitsverteilung übernormal häufigen Kerne der Gruppe mit $Z = 3 \cdots 5$ sind wohl als sekundäre zu betrachten, die bei Stößen schwererer Kerne der kosmischen Strahlung gegen Teilchen des interstellaren Gases entstehen. Der Anteil primärer Elektronen scheint der Anzahl nach von der Ordnung $\lesssim 1\%$ zu sein [*10, 7*]. Die Elektronen tragen durch die Synchrotronstrahlung, die sie bei ihrer Ablenkung in den Magnetfeldern der Milchstraßenscheibe und des Halos ausstrahlen, wesentlich zur nichtthermischen Radiostrahlung des Milchstraßensystems bei.

Literatur zu 8.4.6 — References for 8.4.6

1 Kosmische Strahlung (Herausgeber W. HEISENBERG), Berlin (1953) Kap. I.
2 MORRISON, P.: Hdb. Physik **46** (1961) Kap. I.
3 DAVIS, L., and J. L. GREENSTEIN: ApJ **114** (1951) 206.
4 OORT, J. H.: Hdb. Physik **53** (1959) Kap. III.
5 BALDWIN, J. E.: MN **115** (1955) 690.
6 Interstellar Matter in Galaxies (ed. L. WOLTJER), New York (1962).
7 BIERMANN, L., und L. DAVIS: ZfA **51** (1960) 19.
8 SPITZER, L.: ApJ **124** (1956) 24.
9 PIKELNER, S. B., et I. S. SHKLOVSKY: Ann. Astrophys. **22** (1959) 913.
10 Semaine d'Etude sur le Problème du Rayonnement Cosmique dans l'Espace Interplanétaire; Ex Aedibus Academicis in Civitate Vaticana (1963).
11 WOLTJER, L.; Dynamics of Gas and Magnetic Fields in the Galaxy. Spiral Structures. In "Galactic Structure" (Stars and Stellar System Vol. V), im Erscheinen.

9 Galaxies — Galaxien

(Extragalactic systems — Außergalaktische Systeme)

9.1 General references and identification — Zusammenfassende Darstellungen und Identifikation

9.1.1 General references — Zusammenfassende Darstellungen

Baade, W. 1963 "Evolution of Stars and Galaxies" [*7*].
Hubble, E. P. 1936 "The Realm of the Nebulae" [*65*].
McVittie, G. C. 1962 "Problems of Extra-Galactic Research" [*82*].
Roberts, M. S. 1963 "The Content of Galaxies: Stars and Gas" [*100*].
Shapley, H. 1957 "The Inner Metagalaxy" [*120*].
Shapley, H. 1961 "Galaxies" [*121*].
de Vaucouleurs, G. 1959 "Classification and Morphology of External Galaxies" [*130*].
de Vaucouleurs, G. 1959 "General Physical Properties of External Galaxies" [*131*].
Vogt, H. 1960 "Außergalaktische Sternsysteme und Struktur der Welt im Großen" [*140*].
Woltjer, L. 1962 "The Distribution and Motion of Interstellar Matter in Galaxies" [*143*].
Zwicky, F. 1957 "Morphological Astronomy" [*145*].

9.1.2 Photographic atlases — Photographische Atlanten

Evans, D. S. 1957 "A Photographic Atlas of Southern Galaxies" [*50*].
Sandage, A. R. 1961 "The Hubble Atlas of Galaxies" [*102*].
Vorontsov-Velyaminov, B. 1959 "Atlas of Interacting Galaxies" [*142*].
All galaxies with $-33° < \delta$ may be located on the prints of the National Geographic Society — Palomar Sky Atlas 1954 [*92*].

9.1.3 Catalogues — Kataloge

Tab. 1. Catalogues of galaxies and clusters of galaxies

Author	Region	m_{lim}	Data	Notes
Dreyer (1888) [*44*]	$-90° < \delta < +90°$	(15^m)	NGC numbers, positions	1)
Dreyer (1895, 1908) [*45,46*]	$-90° < \delta < +90°$	(15)	IC numbers, positions	1)
Shapley and Ames (1932) [*122*]	$-90° < \delta < +90°$	13,5	m_{pg}, sizes, descriptions	2)
Zwicky *et al.* (1961) [*148*]	$-3° < \delta < +15°$; $7^h < \alpha < 18^h$	15,5	m_{pg} of galaxies, description of clusters	3)
de Vaucouleurs (1963) [*135*]	$-90° < \delta < +90°$	13,5	Classifications, sizes	
Morgan (1958, 1959) [*88, 89*]	$-40° < \delta < +90°$	13,5	Classifications	
van den Bergh (1960) [*13*]	$-27° < \delta < +90°$	13,5	Luminosity classifications	
van den Bergh (1959) [*12*]	$-23° < \delta < +90°$	(15)	Positions and descriptions of dwarf galaxies	
Abell (1958) [*1*]	$-27° < \delta < +90°$	(20)	Positions and descriptions of rich clusters	3)

1) Catalogue almost complete to $m_{pg} = 13{,}^m0$.
2) Catalogue complete to $m_{pg} = 13{,}^m0$, except for objects of low surface brightness.
3) Cluster data complete to limit of 48 inch Schmidt telescope.

9.1.4 Identification — Bezeichnung

The bright extragalactic systems are designated by the number in the catalogue of Messier [*83*] "M" or in the New General Catalogue of Dreyer [*44, 45, 46*] "NGC" and "IC".
e. g.: Andromeda Nebula = M 31 = NGC 224.

Tab. 2. "NGC" numbers of the galaxies given in the catalogue of MESSIER (1787)

M	NGC	M	NGC	M	NGC	M	NGC
31	224[1]	64	4826	86	4406	100	4321
32	221	65	3623	87	4486	101	5457
33	598[2]	66	3627	88	4501	102	5866
49	4472	74	628	89	4552	104	4594
51	5194[3]	77	1068	90	4569	105	3379
58	4579	81	3031[4]	94	4736	106	4258
59	4621	82	3034	95	3351	108	3556
60	4649	83	5236	96	3368	109	3992
61	4303	84	4374	98	4192		
63	5055	85	4382	99	4254		

9.2 The apparent distribution of galaxies over the sky — Die scheinbare Verteilung der Galaxien am Himmel

Tab. 3. Lick Observatory counts of galaxies to $m_{pg} \simeq 18\overset{\mathrm{m}}{,}3$

Author	Region
SHANE and WIRTANEN (1954) [*118*]	$12^{\mathrm{h}} < \alpha < 18^{\mathrm{h}}$ $-20° < \delta < +20°$
SHANE (1956) [*117*]	$00^{\mathrm{h}} < \alpha < 06^{\mathrm{h}}$ $+20° < \delta < +60°$
SHANE, WIRTANEN, and STEINLIN (1959) [*119*]	$00^{\mathrm{h}} < \alpha < 12^{\mathrm{h}}$ $-20° < \delta < +20°$ $18^{\mathrm{h}} < \alpha < 24^{\mathrm{h}}$ $-20° < \delta < +20°$ $12^{\mathrm{h}} < \alpha < 18^{\mathrm{h}}$ $+20° < \delta < +40°$
STEINLIN (1962) [*125*]	$-25° < b^{\mathrm{I}} < +25°$, $-23° < \delta$

The most obvious characteristic of the apparent distribution of galaxies over the sky is a strong tendency toward clustering, which is sometimes referred to as "clumpiness". The early work on the apparent distribution of galaxies has been summarized by SHAPLEY [*120*].

The apparent distribution of galaxies is strongly affected by interstellar absorption. Very few galaxies are observed at low galactic latitudes (zone of avoidance). At intermediate and high latitudes the absorption and reddening are proportional to the cosecant of the galactic latitude (Tab. 4).

Tab. 4. Observations of high — and intermediate — latitude reddening ARP [*4*]

Author	Method	Reddening law[5]
HUBBLE (1934) [*64*]	Counts of galaxies	$E_{B-V} = 0\overset{\mathrm{m}}{,}059 \csc \lvert b \rvert$
HOLMBERG (1958) [*61*]	Surface brightness of galaxies	$E_{B-V} = 0{,}061 \csc \lvert b \rvert$
HOLMBERG (1958) [*61*]	Colors of galaxies	$E_{B-V} = 0{,}050 \csc \lvert b \rvert$
KRON and MAYALL (1960) [*74*]	Colors of globular clusters	$E_{B-V} = 0{,}061 \csc \lvert b \rvert$

The data in Tab. 4 suggest that

$$E_{B-V} = 0\overset{\mathrm{m}}{,}06 \csc \lvert b \rvert \tag{1}$$

and hence the galactic absorption A

visual: $$A_{pv} = 0\overset{\mathrm{m}}{,}18 \csc \lvert b \rvert \tag{2a}$$

blue: $$A_{pg} = 0\overset{\mathrm{m}}{,}24 \csc \lvert b \rvert . \tag{2b}$$

The number of galaxies per square degree brighter than photographic magnitude m_{pg} is given by

$$\log N\,(m_{pg}) = 0{,}6\, m_{pg} - 8{,}87. \tag{3}$$

Corrections to be applied to this equation at faint magnitudes are discussed by SANDAGE [*103*].

9.3 Distance criteria — Entfernungskriterien

Methods for the determination of the distances of individual galaxies have been reviewed by SANDAGE [*101, 104*]. The history of the subject is discussed by HUBBLE [*65*] and by BAADE [*7*].

1) Andromeda Nebula.
2) Spiral nebula in Triangulum.
3) Spiral nebula in Canes Venatici.
4) Spiral nebula in Ursa Major.

5) $E_{B-V} = (B-V) - (B-V)_0$; $(B-V)$ = observed color index, $(B-V)_0$ = intrinsic color index

see 5.2.7.4

Tab. 5. The principal extragalactic distance criteria and the maximum distance r_{max} to which these criteria can be applied

See	Method	M_v	r_{max} [Mpc]
9.3.1.1	*RR* Lyrae Stars	$(+ 0{,}^M6)$	0,2
9.3.2	Brightest globular cluster stars	− 2,8 to − 1,9	1
9.3.1.2	Classical cepheids	− 7 to − 2	2
9.3.3	Novae	− 9 to − 6	4
9.3.4	Brightest non-variable stars	(− 9)	15
9.3.5	Globular clusters	−10 to − 5	15
9.3.6	Diameters of H II regions		15
9.3.7	Luminosity classifications	−20 to −15	20
9.3.8	Supernovae	−20 to −15	100
9.3.9	n^{th} cluster galaxy	−22 to −20	500

9.3.1 Variable stars — Veränderliche Sterne

9.3.1.1 *RR* Lyrae stars (see 6.2.2.2)

Due to their intrinsic faintness (Tab. 6) *RR* Lyrae stars can only be used to determine the distances of nearby members of the Local Group (9.5.2).

Tab. 6. Absolute magnitudes (mean intensity over the light cycle) of *RR* Lyrae stars

Author	Method	M_v (*RR*)
Sandage (1962) [*104*]	Main sequence fitting of variables in globular clusters	$+0{,}^M75 \pm 0{,}^M23$
Tifft (1963) [*127*]	Main sequence fitting of variables in 47 Tuc	$+0{,}55 \pm 0{,}3$
Tifft (1963) [*127*]	Field *RR* Lyrae stars in SMC[1]). Adopted modulus $(m\text{-}M)_v = 18{,}^m95$	+0,65
Woolley (1963) [*144*]	*RR* Lyrae stars in galactic nucleus. $V = 16{,}^m7$, $A_v = 1{,}^m2$, $(m\text{-}M)_o = 15{,}^m0 \pm 0{,}^m5$ assumed.	$+0{,}50 \pm 0{,}5$
Baade and Swope (1963) [*9*]	From period-luminosity relation of population II Cepheids in M 31	+0,45
	Value adopted throughout this chapter	$M_v = 0{,}6 \pm 0{,}3$ $M_{pg} \approx M_B = +0{,}95$

9.3.1.2 Classical Cepheids (see 6.2.2.1)

Combining the slope of the period-luminosity relation in the Small Magellanic Cloud [*3*] with the zero-point determined from cepheids in galactic clusters [*73*], one obtains the relations

$$M_v = -1{,}^M67 - 2{,}54 \log P \tag{1}$$
$$M_B = -1{,}^M33 - 2{,}25 \log P \tag{2}$$

(M_v and M_B are mean absolute intensities over the light cycle; P in [d]).

In IC 1613 and in an outlying region of M 31 [*9*] the slope of the period-luminosity relation appears to be similar to that given by equation (2). A different slope is, however, obtained in the Large Magellanic Cloud [*104*], suggesting a possible dependence of the period-luminosity relation on chemical composition.

9.3.2 The brightest globular cluster stars (see 7.2) — Die hellsten Sterne in Kugelhaufen (siehe 7.2)

With M_v (*RR*) $= + 0{,}^M6$ the absolute magnitudes of the brightest red giants in galactic globular clusters range from $M_v = -2{,}^M5$ in the very metal-poor cluster M 92 to $M_v = -1{,}^M9$ in the moderately metal-rich cluster NGC 6356 (Sandage and Wallerstein [*105*]). In the Small Magellanic Cloud the observed range is $-2{,}^M75$ to $-2{,}^M25$ and in the Large Magellanic Cloud $-2{,}^M8$ to $-2{,}^M6$ (Gascoigne [*52*]).

9.3.3 Novae (see 6.2.3.1)

Combining Arp's [*2*] observations of novae in M 31 with absolute magnitude determinations of novae in the Galaxy (Schmidt-Kaler [*109*]) one finds the following relation between the maximum brightness and the rate of decline of novae with $0{,}9 < \log t_2 < 1{,}7$:

$$M_{pg}\,(\max) = -11{,}^M9 + 3{,}2 \log t_2 \tag{3}$$
$$\pm\ 0{,}3 \quad \pm\ 0{,}3$$

t_2 time in [d] which a nova requires to decline by two magnitudes from maximum light.

[1]) Small Magellanic Cloud.

9.3.4 Brightest non-variable stars — Die hellsten nicht-veränderlichen Sterne

System	Star	M_b
Galaxy	ζ^1 Sco	$-9^M_,2$
LMC[1])	HDE 33 579	−9,4
SMC[2])	HDE 7 583	−8,7
NGC 2403	Anon.	−9,0
M 101	Anon.	−9,5
IC 1613	Anon.	−7,2

The relatively low luminosity of the brightest star in IC 1613 (Tab. 7) is probably a result of the small total stellar population of this system. SANDAGE *[101]* has found that the brightest objects in the spiral arms of galaxies are not stars but H II regions.

Tab. 7. Brightest non-variable stars in late-type galaxies, SANDAGE *[104]*

9.3.5 Globular clusters (see 7.2) — Kugelhaufen

Individual globular clusters have absolute magnitudes ranging from $M_{pg} = -5^M$ to $M_{pg} = -10^M$ and therefore cannot be used as distance indicators. The frequency distribution of the integrated magnitudes of globular clusters may, however, be used to obtain a rough estimate of the distance modulus of a galaxy (KRON and MAYALL *[74]*).

9.3.6 Diameter of H II regions (see 8.4.1) — Durchmesser von H II-Regionen

Galaxy	D_1 [pc]	D_5 [pc]
M 33	265	211
LMC[1])	228	145
Adopted	245	175

The diameters of H II regions in late-type galaxies have been used as distance indicators by SÉRSIC *[115]* and SANDAGE *[104]*.

Tab. 8. Diameters of H II regions, SANDAGE (1962) *[104]*
D_1, D_5 diameters of the largest and of the 5th largest H II regions in M 33 and in the Large Magellanic Cloud.

9.3.7 Luminosity classification of galaxies (see 9.4.2.3) — Leuchtkraft-Klassifikation der Galaxien (siehe 9.4.2.3)

For spiral galaxies brighter than $m_{pg} \simeq 13^m$ the degree of development of spiral arms may be used to obtain approximate absolute magnitudes *[13, 14, 15]*. This method is most useful for galaxies beyond the Local Group but nearer than the Virgo cluster. See Tab. 13

9.3.8 Supernovae (see 6.2.3.3)

Because of their high luminosities, supernovae are observable out to very large distances. From radial velocities and luminosity classifications VAN DEN BERGH *[16]* obtains the following mean absolute magnitudes at maximum light:

$$\text{Supernovae of type I}: \overline{M}_{pg} = -18^M_,7 \pm 0^M_,3$$

$$\text{Supernovae of type II}: \overline{M}_{pg} = -16^M_,3 \pm 0^M_,3$$

The usefulness of supernovae as distance indicators is limited by uncertainty regarding the intrinsic dispersion of the maximum luminosity of each type of supernova.

9.3.9 n^th brightest cluster galaxy — n-hellstes Mitglied einiger Galaxien-Haufen

Cluster	v_r [km/sec]	M_{v1}	M_{v3}	M_{v5}	M_{v10}
Virgo	1 140	$-22^M_,2$	$-21^M_,6$	$-21^M_,4$	$-21^M_,1$
Coma	6 660	−22,7	−22,2	−21,8	−20,8
2322 − 1425	13 200	−21,6	−21,1	−20,8	−20,3
0106 − 1536	15 800	−22,1	−21,3	−20,5	−20,3
1239 + 1852	21 500	−22,9	−22,2	−21,6	−21,3
0025 + 2223	47 800	−22,1	−21,8	−21,5	−21,2
0138 − 1840	51 900	−22,0	−21,7	−21,5	−21,2
Average		−22,2	−21,7	−21,3	−20,9

Tab. 9. Absolute visual magnitude of nth brightest galaxies (n = 1,3,5,10) in a number of clusters, HUMASON *et al.* *[67]*
The data have been corrected for galactic absorption and K-effect.

The influence of selection effects on distance determinations using the nth brightest cluster galaxy has been investigated by BEHR *[11]* and SCOTT *[110]*.

9.4 The individual galaxies — Die einzelnen Galaxien

9.4.1 Magnitudes and colors (see 5.2.7 and 5.2.8) — Helligkeiten und Farben

The most extensive recent series of photometric observations of galaxies are listed in Tab. 10. Absolute magnitudes see 9.4.2.3, Tab. 13.

Problems relating to the photometry of extended objects are discussed by HUMASON *et al.* *[67]*. These authors also revise previous photometric investigations to obtain asymptotic integrated magnitudes.

[1]) LMC, Large Magellanic Cloud. [2]) SMC, Small Magellanic Cloud.

Tab. 10. Integrated apparent magnitude and color observations

N: number of observed galaxies

Author	N	Data
BIGAY (1951) [23]	175	m_{pg}
HODGE (1963) [59]	60	U, B, V
HOLMBERG (1958) [61]	300	m_{pg}, m_{pv}
PETTIT (1954) [99]	561	m_{pg}, m_{pv} ¹)
SHAPLEY and AMES (1932) [122]	1 249	m_{pg}
STEBBINS and WHITFORD (1952) [124]	176	m_{pg}, m_{pv} ¹)
TIFFT (1961, 1963) [126, 128]	57	multi-color¹)
DE VAUCOULEURS (1959) [132]	124	U, B, V
ZWICKY *et al.* (1961) [148]	few 10^3	m_{pg}

Tab. 11. Mean color indices CI of galaxies on the international system [61]

Reduced to the galactic pole and pole-on orientation. No distinction is made between normal and barred spirals of a given type; σ=dispersion

Type	CI	σ
E	$0^m_{,}85$	$0^m_{,}06$
S0	0,85	0,08
Sa	0,72	0,09
Sb−	0,67	0,07
Sb+	0,56	0,07
Sc−	0,40	0,06
Sc+	0,31	0,06
Ir	0,28	0,06

9.4.2 Classification of galaxies — Klassifikation der Galaxien

9.4.2.1 Classification by Hubble and Sandage

The most widely used classification system is that originally proposed by HUBBLE [63] and more recently refined by SANDAGE [102]. HUBBLE's classification scheme comprises a series of elliptical galaxies ranging from spherical (E 0) to lenticular (E 7) forms and two parallel families of spirals: normal spirals (Sa, Sb, Sc) and barred spirals (SBa, SBb, SBc) (Fig. 1). Ir represents irregular galaxies.

HUBBLE E 0 − E 7 < Sa — Sb — Sc / SBa — SBb — SBc > Ir

Galaxies with the degree of flattening which is characteristic of spirals, but which do not exhibit spiral structure, are denoted by the symbol S0.

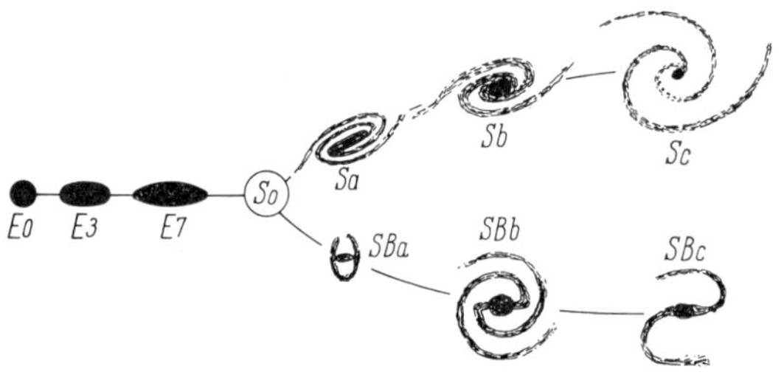

Fig. 1. HUBBLE's classification of galaxies — HUBBLE's Klassifikation der außergalaktischen Systeme [65].

The number n behind the symbol E characterizes the ellipticity: / Die dem Symbol E angehängte Zahl n kennzeichnet die Elliptizität:

$$n = 10(a - b)/a$$

a and b are the major and minor diameters of the ellipse. The letters a, b, c following S and SB characterize the increasing degree of opening of the spiral arms. / a und b Halbachsen der Ellipse. Die den Symbolen S und SB angehängten Buchstaben a, b, c kennzeichnen den zunehmenden Grad der Öffnung der Arme.

Tab. 12. Apparent frequency of the HUBBLE classification types, VAN DEN BERGH [13]

Type	N
E + S0	22,9%
Sa + SBa	7,7
Sb + SBb	27,5
Sc + SBc	27,3
Ir	2,1
Other	12,5

9.4.2.2 Classification by de Vaucouleurs

A classification scheme developed by DE VAUCOULEURS [130, 135] takes into account the fact that many galaxies are intermediate between normal spirals (SA) and barred spirals (SB). Such objects are denoted by the symbol SAB. A secondary classification parameter indicates whether the arms are true spirals (s), rings (r) or intermediate (rs). For each of the principal HUBBLE types Sa, Sb and Sc one therefore has the following possible classifications:

DE VAUCOULEURS			
	SA (s)	SA (rs)	SA (r)
	SAB (s)	SAB (rs)	SAB (r)
	SB (s)	SB (rs)	SB (r)

9.4.2.3 Classification by van den Bergh

VAN DEN BERGH [13, 14, 15] has developed a classification scheme, based on the HUBBLE classification system, which takes into account the fact that the most strongly developed spiral structure tends to occur in spirals of the highest intrinsic luminosity. The roman numerals I, II, III, IV and V refer to supergiant, bright giant, giant, subgiant and dwarf galaxies respectively.

¹) photoelectric.

VAN DEN BERGH		Sb I Sc I	
		Sb II Sc II	
	E — Sa —	Sb III — Sc III	— Ir III
		S IV	Ir IV
		S V	Ir V

Tab. 13. Approximate magnitude range and relative space density of galaxies

The frequency of galaxies of different types and luminosity classes, normalized to a volume containing one supergiant Sc galaxy.

LC	M_{pg} interval	Relative space density Type Sb	Sc	Ir	Total Sb + Sc + Ir
I, I-II	$-20^{M}_{,}5 < M_{pg} < -19^{M}_{,}5$	0,9	**1,0**	0,0	1,9
II, II-III	$-19,5 < M_{pg} < -18,5$	7,5	4,9	0,04	12,4
III, III-IV	$-18,5 < M_{pg} < -17,5$	11	10	1,3	22,3
IV	$-17,5 < M_{pg} < -16,5$	17		4,8	21,8
IV-V	$-16,5 < M_{pg} < -15,5$	(36)		(19)	(55)

9.4.2.4 Classification by Morgan

MORGAN [*88, 89*] has proposed a classification scheme based on the degree of central concentration of light in galaxies. Galaxies are arranged in the sequence

MORGAN   *a — f — g — k*

in which galaxies of type "*a*" have a fairly uniform light distribution, and galaxies of type "*k*" exhibit a strong central concentration of light. In "*a*" systems early-type stars dominate the spectrum, whereas late-type stars dominate the spectra of "*k*" systems.

Different classification systems are compared by DE VAUCOULEURS [*135*].

9.4.3 Masses of galaxies — Masse der Galaxien

Tab. 14. Galaxies with relatively well determined masses

Individual masses are probably uncertain by a factor of two. The absolute magnitudes $(M_{pg})_o$ and mass-to-luminosity ratios $\mathfrak{M}/L$ were computed using HOLMBERG's [*61*] internal absorption corrections, a galactic absorption $A_{pg} = 0^{m}_{,}24 \csc |b|$ and $M_{pg\odot} = +5^{M}_{,}37$ [*123*].

Galaxy	Type	Ref.	$\mathfrak{M}/\mathfrak{M}_\odot$	Meth. **)	$(M_{pg})_o$	$\frac{\mathfrak{M}/L}{(\mathfrak{M}/L)_\odot}$	Notes
NGC 157	Sc I	[*36*]	$4,5 \cdot 10^{10}$	A	$-20^{M}_{,}8$	1,6	
NGC 221	E 2	[*29, 30, 71*]	$(3,9) \cdot 10^{9}$	D	−15,7	(14)	1)
NGC 224*)	Sb I-II	[*66, 107*]	$3,7 \cdot 10^{11}$	C	−21,4	7,2	1)
NGC 253	Sc pec	[*38*]	$1,2 \cdot 10^{11}$	A	(−21,4)	(2,4)	2)
NGC 598	Sc II-III	[*41*]	$1,4 \cdot 10^{10}$	C	−18,9	2,8	3)
NGC 1084	Sc I-II	[*40*]	$1,2 \cdot 10^{10}$	A	−20,5	0,5	
NGC 2146	S pec	[*32*]	$1,6 \cdot 10^{10}$	A	−20,2	1,0	
NGC 2903	Sb I-II	[*33*]	$3,0 \cdot 10^{10}$	A	−20,5	1,4	
NGC 3031	Sb I-II	[*91*]	$1,1 \cdot 10^{11}$	B	−20,3	6,3	4)
NGC 3034	pec	[*80*]	$7,7 \cdot 10^{9}$	A	(−19,1)	(1,3)	4) 5)
NGC 3379	E 1	[*31*]	$(7,2) \cdot 10^{10}$	D	−18,1	(14)	
NGC 3556	Sc	[*34*]	$1,1 \cdot 10^{10}$	A	−20,1	0,7	
NGC 4631	Sc III ?	[*139*]	$2,4 \cdot 10^{10}$	A	−20,0	1,7	6)
NGC 5005	Sb II	[*37*]	$5 \cdot 10^{10}$	A	−20,3	2,6	
NGC 5055	Sb II	[*35*]	$4,4 \cdot 10^{10}$	A	−19,8	3,6	6)
NGC 5383	SBb II	[*39*]	$3,5 \cdot 10^{10}$	A	−19,6	3,6	
NGC 5457	Sc I	[*141, 42*]	$(2,3) \cdot 10^{11}$	C	−20,6	(9,0)	6)
LMC	Ir III-IV or SBcIII-IV	[*139*]	$1,4 \cdot 10^{10}$	B,C	−18,1	5,8	
Galaxy	(Sb)	[*106*]	$7,0 \cdot 10^{10}$	E C	—	—	

**) Method:
A Determination of rotation curve by long-slit measurements of H II regions.
B Radial velocities of individual H II regions.
C 21-cm velocity measurements.
D Internal velocity dispersion.
E Radial velocities of individual stars.

*) Andromeda Nebula.
1) $E_{B-V} = 0^{m}_{,}15$ adopted [*104*].
2) $(m\text{-}M)_o = 26^{m}_{,}8$ adopted [*134*].
3) $E_{B-V} = 0^{m}_{,}09$, $(m\text{-}M)_o = 24{,}3$ adopted [*104*].
4) $(m\text{-}M)_o = 26^{m}_{,}53$ adopted [*13*].
5) HOLMBERG's [*61*] internal absorption for edge-on Sc used.
6) $(m\text{-}M)_o = 28^{m}_{,}20$ adopted [*13*].

All spirals are seen to have $\mathfrak{M}/L < 10$, whereas the two elliptical galaxies in the table have $\mathfrak{M}/L > 10$. The $\mathfrak{M}/L$ ratios of galaxies may also be estimated from the orbital motions of pairs of galaxies [*98, 19*]. The values obtained in this way are consistent with those given in Tab. 14.

The most massive known galaxy is the peculiar supergiant elliptical NGC 6166, which consists of 4 nuclei within a common luminous envelope. For this object MINKOWSKI [*87*] obtains $M_B = -22\overset{M}{.}0$, $\mathfrak{M} \simeq 1{,}4 \cdot 10^{13}\, \mathfrak{M}_\odot$ and $\mathfrak{M}/L \simeq 150$.

9.4.4 Spectra of galaxies — Spektren der Galaxien

Observational data:

A large number of spectral types of low accuracy	HUMASON, MAYALL and SANDAGE	[*67*]
Accurate classifications of a smaller number of galaxies	MORGAN and MAYALL	[*90*]
Typical spectra of galaxies	MAYALL	[*79*]

The spectra of galaxies consist of a composite stellar absorption-line spectrum on which emission lines produced in the interstellar gas may be superimposed. The equivalent spectral type of the composite absorption-line spectrum depends on the wavelength at which observations are made. Late-type stars contribute most strongly at long wavelengths.

Tab. 15. Spectral classification of the galaxies [*90*]

System	Description	Examples	
A-systems	Spectral types in the range $\lambda\lambda$ 3850 ⋯ 4100 A are of type A.	NGC 4449 NGC 4559	Ir III Sc II-III
AF-systems	Spectral types F0 to F2 in the range $\lambda\lambda$ 3850 ⋯ 4100 A. At λ 4340 A spectral types are near F8.	NGC 2903 NGC 4088	Sb+ I-II Sc (I-II)
F-systems	Spectral types slightly later than those of AF-systems	NGC 598 (M 33) NGC 5194 (M 51)	Sc II-III Sc I
FG-systems	Spectral types between F and G	NGC 5005 NGC 5055 (M 63)	Sb− II Sb+ II
K-systems	Spectral types in which the principal contribution to the total luminosity is provided by K-type giant stars	NGC 224 (M 31) NGC 4111 NGC 4486 (M 87)	Sb I-II S 0 E 1

Spectroscopic observations by MORGAN and MAYALL [*90*] and spectrophotometric observations by VAN DEN BERGH and HENRY [*22*] show that the principal contribution to the total luminosity of the nucleus of M 31 is provided by metal-rich giant stars. Detailed spectrophotometric observations of galaxies over the range $\lambda\lambda$ 3400 ⋯ 6000 A have been reported by OKE [*94*]. BAUM [*10*] has used nine-color photometry to determine the spectral-energy distribution of nearby galaxies and the redshifts of distant galaxies.

Tab. 16. Observed relative emission-line strengths I in the E 1 galaxy NGC 4278 [*97*]

λ [A]	Line	I_{rel}
3727	[O II]	14,5
3869	[Ne III]	1,0
4861	H β	5,0
5007	[O III]	3,8
6548	[N II]	1,7
6563	H α	6,4
6583	[N II]	5,5

Tab. 17. Frequency of occurrence of [OII] λ 3727 A emission in galaxies of different type [*79*]

Type	Mt. W. ¹)	Lick
E	18%	12%
S0	48	27
Sa	62	45
Sb	80	62
Sc	85	68
Ir	—	94

A detailed discussion of emission lines in galaxies is given by OSTERBROCK [*97*] and by E. M. BURBIDGE [*26*]. Particularly wide and strong emission lines are observed in the following bright galaxies: NGC 1068, NGC 2782, NGC 3077, NGC 3227, NGC 3516, NGC 4051, NGC 4151, NGC 4258, NGC 5548, NGC 6814 and NGC 7469. A detailed description of the spectra of some of these galaxies is given by SEYFERT [*116*]. The nuclear emission galaxy NGC 1068 has been identified with the radio source 3 C 71. The rather atypical SEYFERT galaxy NGC 1275, which has been studied by BAADE and MINKOWSKI [*8*], coincides with the strong radio source Per A. None of the other bright SEYFERT galaxies are strong sources of radio radiation. It may be concluded that strong optical emission and strong radio emission are not highly correlated. This conclusion is also supported by optical studies of strong radio sources. For example, the strong radio source Cyg A exhibits very strong emission whereas NGC 1316 = For A does not even show λ 3727 A in emission.

¹) Mt. Wilson and Palomar.

9.4.5 Surface photometry — Oberflächen-Photometrie

Galaxy	Type	Data³)	Author
Galaxy	Sb	P, V	Elsässer and Haug (1960) [49]
LMC¹)	Ir or SBc III-IV	P, V	Elsässer (1959) [48]
SMC¹)	Ir IV or IV-V	P, V	Elsässer (1958) [47]
Fornax	dE	Starcounts	Hodge (1961) [56]
Sculptor	dE	Starcounts	Hodge (1961) [57]
Leo I	dE	Starcounts	Hodge (1963) [60]
Leo II	dE	Starcounts	Hodge (1962) [58]
NGC 55	Sc or Ir	m_{pg}	de Vaucouleurs (1961) [134]
NGC 224²)	Sb I-II	U, B, V	de Vaucouleurs (1958) [129]
		m_{pg}, m_{pv}	Lyngå (1959) [76]
		m_{pg}	Johnson (1961) [68]
NGC 300	Sc III-IV	m_{pg}	de Vaucouleurs and Page (1962) [137]
NGC 404	E 0	m_{pg}	Johnson (1961) [69]
NGC 524	E 1	m_{pg}	Johnson (1961) [69]
NGC 598	Sc II-III	U, B, V	de Vaucouleurs (1959) [133]
NGC 1097	S(B)b I-II	m_{pg}	Sérsic (1958) [113]
NGC 1201	Sa	m_{pg}	Johnson (1961) [69]
NGC 1313	SBc III	m_{pg}	de Vaucouleurs (1963) [136]
NGC 1487		m_{pg}	Sérsic (1959) [114]
NGC 1566	Sc I	m_{pg}	Sérsic (1957) [111]
NGC 3256	Sc pec	m_{pg}	Sérsic (1959) [114]
NGC 3379	E 1	B, V	Miller and Prendergast (1962) [84]
NGC 4486	E 1	m_{pg}, m_{red}	Bless (1962) [24]
NGC 5055	Sb II	U, B, V	Fish (1961) [51]
NGC 5128	E pec	m_{pg}, m_{pv}	Sérsic (1958) [112]

A summary of work prior to 1957 is given by de Vaucouleurs [131]. Recently Liller [75] and van Houten [62] have published results of their photographic surface photometry of numerous galaxies. Data on other recent photometric investigations are collected in Tab. 18.

Tab. 18. Recent surface photometry of galaxies — Neuere Oberflächen-Photometrien von Galaxien

King [72] has shown that the surface brightness $f(r)$ at a distance r from the center of dwarf ellipticals may be represented by the empirical relation

$$f(r) = \text{const.} \cdot \left\{\frac{1}{[1+(r/r_c)^2]^{1/2}} - \frac{1}{[1+(r_t/r_c)^2]^{1/2}}\right\}^2 \qquad (1)$$

r_c core radius, r_t radius corresponding to the tidal cut-off of the system.

Equation (1) also gives a good representation of the brightness distribution in open clusters and globular clusters; however it breaks down for giant elliptical galaxies.

For giant ellipticals de Vaucouleurs [131] proposes the following empirical surface-brightness law:

$$\log [f(r)/f(r_{1/2})] = -3{,}33\,[(r/r_{1/2})^{1/4} - 1] \qquad (2)$$

$r_{1/2}$ radius (semi-major axis for elongated systems) of the isophote within which half of the luminosity of the system is emitted.

9.4.6 The brightest galaxies — Die hellsten Galaxien

Data on the 28 galaxies brighter than $m_{pg} = 9\overset{m}{,}5$ are collected in Tab. 19. Masses see 9.4.3; radio emission see 9.4.7.

Tab. 19. Galaxies brighter than $m_{pg} = 9\overset{m}{,}5$

NGC or name	M⁴)	α (1950)	δ (1950)	Type	m_{pg}	d	r[Mpc]	Cl⁵)
55		00ʰ 12,ᵐ5	−39° 30′	Sc or Ir	7,ᵐ9	(30′) × 5′	2,3	3
205		00 37,6	+41 25	E6p	8,89	(12 × 6)	0,69	1
221	32	00 40,0	+40 36	E2	9,06	3,4 × 2,9	0,69	1
224²)	31	00 40,0	+41 00	Sb I-II	4,33	163 × 42	0,69	1

¹) Magellanic Clouds. ²) Andromeda Nebula. ³) m_{pg}, m_{pv}, m_{red}: photographic, photovisual and red magnitudes; P, V: photographic and visual magnitudes in the photoelectric international system (see 5.2.6).
⁴) Messier number. ⁵) see ³) on p. 672.

continued next page

Tab. 19. (continued)

NGC or name	M [2])	α (1950)	δ (1950)	Type	m_{pg}	d	r [Mpc]	Cl [3])
247		$00^{\mathrm{h}}44^{\mathrm{m}}$,6	−21°01'	S IV	9^{m},47	21' × 8,4'	2,3	3
253		00 45,1	−25 34	Scp	(7,0)	22,5 × 4,6	2,3	3
SMC [1])		00 50	−73	Ir IV or IV-V	2,86	(216 × 216)	0,05	1
300		00 52,6	−37 58	Sc III-IV	8,66	22 × 16,5	2,3	3
Sculptor		00 55,4	−34 14	dE	(8,8)	(45 × 40)	(0,05)	1
598	33	01 31,1	−30 24	Sc II-III	6,19	(62) × 42	0,72	1
Fornax		02 35,6	−34 53	dE	(9,1)	(50 × 35)	(0,05)	1
LMC [1])		05 26	−69	Ir or SBc III-IV	0,86	(432 × 432)	0,05	1
2403		07 32,0	+65 43	Sc III	8,80	(22 × 12)	2,0	2
2903		09 29,3	+21 44	Sb I-II	9,48	(16,0 × 6,8)	5,8	
3031	81	09 51,5	+69 18	Sb I-II	7,85	(25 × 12)	2,0	2
3034	82	09 51,9	+69 56	(Scp)	9,20	(10) × 1,5	2,0	2
4258		12 16,5	+47 35	Sbp	8,90	(19 × 7)	4,4	4
4472	49	12 27,3	+08 16	E4	9,33	9,8 × 6,6	11,4	5
4594	104	12 37,3	−11 21	Sb	9,18	7,9 × 4,7	11,4	5
4736	94	12 48,6	+41 23	(Sbp II)	8,91	13,4 × 11,5	4,4	4
4826	64	12 54,3	+21 47	?	9,27	10,0 × 3,8	(3,6)	
4945		13 02,4	−49 01	Sb III	(8,0)	(20 × 4)		
5055	63	13 13,5	+42 17	Sb II	9,26	8,0 × 3,0	4,4	4
5128		13 22,4	−42 45	E0p	7,87	(28 × 20)		
5194	51	13 27,8	+47 27	Sc I	8,88	(11) × 6,5	4,4	4
5236	83	13 34,3	−29 37	Sc I-II	(7,0)	(13 × 12)	(2,5)	
5457	101	14 01,4	+54 35	Sc I	8,20	(23 × 21)	4,4	4
6822		19 42,1	−14 53	Ir IV-V	9,21	(20 × 10)	0,48	1

9.4.7 Radio radiation from galaxies — Radiostrahlung der Galaxien

The apparent radio magnitude m_r of a galaxy is defined by

$$m_r = -53^{\mathrm{m}}{,}45 - 2{,}5 \log S_{158} \qquad (1)$$

S_{158} [watt m^{-2} (cps)$^{-1}$] = flux density at 158 Mcps.

The radio magnitude m_r may be combined with the photographic magnitude m_{pg} to obtain the radio index

$$R = m_r - m_{pg} \qquad (2a)$$

also

$$R_0 = m_r - (m_{pg})_0 \qquad (2b)$$

$m(_{pg})_0$ apparent photographic magnitude corrected for galactic absorption and internal absorption [*61*].

Tab. 20. Radio observations of galaxies with $m_{pg} < 9^{\mathrm{m}}{,}0$ [4])

NGC or name	Type	$(m_{pg})_0$ [5])	m_r [5])	R_0 [5])	Ref.
55	Sc or Ir	(6^{m},2)	10^{m},9	(4^{m},7)	*85*
205	E6p	8,29	> (9,0)	> (0,7)	*85*
224	Sb I-II	2,77	5,70	2,93	*54*
253	Scp	(5,4)	8,22	(2,8)	*54*
SMC [1])	Ir IV or IV-V	2,62	(5,5)	(2,9)	*85*
300	Sc III-IV	7,86	(9,9)	(2,0)	*85*
Sculptor	dE	(8,6)	> 11,1	> 2,5	*85*
598	Sc II-III	5,41	7,76	2,35	*54*
LMC [1])	Ir or SBc III-IV	0,58	3,4	2,8	*85*
2403	Sc III	7,80	> 9,0	> 1,2	*54*
3031	Sb I-II	6,27	9,45	3,18	*54*
4258	Sbp	7,35	9,29	1,94	*54*
4736	(Sbp II)	8,10	9,46	1,36	*54*
4945	SB III	(7,0)			
5128	E0p	<7,13	2,10	> −5,03	*25*
5194	Sc I	8,21	9,03	0,82	*54*
5236	Sc I-II	(7,2)	7,82	(0,6)	*54*
5457	Sc I	7,56	9,40	1,84	*54*

[1]) Magellanic Clouds. [2]) Messier number.
[3]) Cluster membership of
1: Local Group
2: M 81 Group
3: South Pole Group
4: Canes Venatici Cluster
5: Virgo Cluster
See Tab. 28.

[4]) Mathewson and Rome [*78*] have recently observed all southern galaxies with $m_{pg} < 10^{\mathrm{m}}$ at 1410 and 408 Mcps.
[5]) See equations (1) and (2b).

For "normal" galaxies of types Sb, Sc and Ir: $0 < R_o < +5$; and for "normal" elliptical galaxies: $R_o > +5$.
In addition to "normal" galaxies there exists a class of strong radio sources (radio galaxies) with $R_o < 0$

Tab. 21. Radio galaxies [77]

Source	NGC	Galaxy type	m_{pg}	m_r 1)	R_o 1)	Radio type 2)	Radio emission [erg/sec]	M_{pg}	r [Mpc]	Projected dimensions D [kpc]	Projected dimensions Δ [kpc] 3)
Cyg A	—	Ep + Ep	17,m9	1,m7	−13,M4	d	$4,4 \cdot 10^{44}$	−21,M1	170	35 + 35	79
3 C 295	—	?	20,9	6,9	−13,7		$4,4 \cdot 10^{44}$	−20,1	1 380	32	—
Her A	—	E ?	18,5	5,4	−12,6	d	$1,1 \cdot 10^{44}$	−20,3	460	100 + 100	260
3 C 219	—	?	19,4	7,5	−11,6	d	$2,2 \cdot 10^{43}$	−19,6	520	130 + 130	290
Hyd A {Core	—	E + E	15,1	5,7	− 8,8	C + H	$1,0 \cdot 10^{43}$	−21,5	160	46	
Hyd A {Halo							$1,4 \cdot 10^{42}$			230	
3 C 327	—		17,2	7,8	− 9,0	d	$6,5 \cdot 10^{42}$		(280)		(290)
3 C 315	—	E + E	17,8 + 18,3	8,0	− 9,5	Cir. ?	$6,3 \cdot 10^{42}$		(390)	(140)	
3 C 33	—	E ?	15,7	7,2	− 8,2	d	$4,0 \cdot 10^{42}$	−20,9	178		200
3 C 310	—	E + E + E	16,2 + 16,2	6,9	− 9,0	d ?	$3,8 \cdot 10^{42}$		(200)		120
3 C 353	—	E	17,5	5,9	− 7,6	d	$2,2 \cdot 10^{42}$		(65)	(26 + 26)	> (50)
3 C 198	—	?	17,8	8,0	− 9,2	C + H	$1,6 \cdot 10^{42}$	−19,8	250	250	
3 C 98	—	(E)	15,3	7,5	− 7,3	d	$8,6 \cdot 10^{41}$	−20,0	92		91
3 C 78	1218	E	14,8	8,5	− 6,0	Cir.	$7,0 \cdot 10^{41}$		(98)	(29)	
3 C 338	6166	E + E + E	13,6	7,3	− 5,9	Cir.	$5,0 \cdot 10^{41}$	−21,6	91	32	
3 C 66	—	E	14,2	7,9	− 5,6	d	$3,7 \cdot 10^{41}$	−20,8	65		125
3 C 75	—	E + E	14,9 + 15,2	7,6	− 7,0	d	$2,8 \cdot 10^{41}$	−19,8	72	25 + 25	59
3 C 442	7236-7	E + E	14,5 + 13,8	7,8	− 5,6	Cir.	$2,6 \cdot 10^{41}$	−21,1	79	69	
For A	1316	Ep	9,6	4,9	− 4,4	d	$2,5 \cdot 10^{41}$	−21,8	17	89 + 89	140
Vir A {Core	4486	E	9,56	4,0	− 5,3	C + H	$1,6 \cdot 10^{41}$	−20,9	11	1,9	
Vir A {Halo							$1,3 \cdot 10^{41}$			21	
3 C 40	541-5-7	E + Ep + E	13,4 + 13,2 + 13,4	8,0	− 4,9	d	$1,6 \cdot 10^{41}$	−20,7	53		88
Cen A {Core	5128	Ep	7,87	2,1	> − 5,0	Mult.	$4,8 \cdot 10^{40}$	−20,9	4	3,5 + 3,5	8,3
Cen A {Halo							$1,6 \quad 10^{41}$			120 + 120	
3 C 278	4782-3	E + E	13,2 + 13,6	7,5	− 5,4	Cir.	$1,4 \cdot 10^{41}$	−20,3	43	28	
3 C 270	4261	E	11,7	8,3	− 3,1	d	$2,3 \cdot 10^{40}$	−18,8	11	8,6 + 8,6	15

Tab. 22. Quasi-stellar radio sources
d_r: apparent radio diameter

Source	α (1950)	δ (1950)	d_r	v_r [km/sec]
3 C 48	01h 34,m8	+32° 53'	1"	110 200
3 C 196	08 10,0	+48 22	12"	—
3 C 273	12 26,5	+02 19	2" + 0,"5	47 400
3 C 286	13 28,8	+30 46	1,"5	—

Tab. 21 shows that strong radio sources are associated with elliptical galaxies, many of which are observed to be double or multiple. These elliptical galaxies are supergiants with absolute magnitudes in the range $-22 \leq M_{pg} \leq -20$. See also [150].

Recently a new class of objects has been discovered (Hazard *et al.* 1963 [*55*], Schmidt 1963 [*108*], Oke 1963 [*95*], Greenstein and Matthews 1963 [*53*]) which appear to be strong radio sources of very small diameter and very high optical luminosity. Four sources of this type are listed in Tab. 22. Recent observations show that a number of Quasi-stellar radio sources are variable in light.

Further references [*149, 150, 151*].

1) Radio magnitude m_r and radio index R_0 see eqn. (1), (2b). 2) Radio type: d double, Cir. circular, C + H Core and Halo, Mult. multiple. 3) Δ separation of the components.

9.5 Multiple systems and clusters of galaxies — Mehrfach-Systeme und Haufen von Galaxien

The spatial distribution of galaxies is characterized by a hierarchy of clustering, ranging from double and multiple galaxies with separations ≃ 0,1 Mpc through clusters with radii ≃ 1 Mpc to vast superclusters with characteristic dimensions ≃ 10 Mpc. Tab. 23 shows that elliptical galaxies are more strongly concentrated in clusters than are spiral and irregular galaxies.

Tab. 23. Galaxies which are members of clusters [*21*]

	Type E	Type S, SB, Ir
Galaxies in relatively rich clusters	56%	38%
Galaxies in poor clusters	20	14
Isolated galaxies	24	48
	100	100

9.5.1 Multiple galaxies and intergalactic matter — Mehrfach-Systeme und intergalaktische Materie

Occasionally galaxies occur in small very compact groups. In such cases the galaxies may distort each other gravitationally. An atlas of such interacting galaxies has been published by Vorontsov-Velyaminov [*142*]. Photographs of a number of interesting galaxies, which are connected by intergalactic filaments, are given in Zwicky [*146*]. Recently Arp [*5*] has reported polarization effects in an intergalactic filament.

Tab. 24. The best known supercompact clusters

No[1])	α (1950)	δ (1950)	Remarks
VV 115	$15^h57{,}^m0$	+20°54'	Seyfert's Cluster
VV 116	09 36,4	−04 37	
VV 165	14 48,7	+19 17	
VV 166	00 15,8	+29 48	NGC 67-72
VV 288	22 33,7	+33 42	Stephan's Quintet

The stability of such supercompact clusters is discussed in Neyman *et al* [*93*]. Filaments connecting interacting galaxies constitute the only form of intergalactic matter for which conclusive observational evidence is available at present.

9.5.2 The Local Group — Die Lokale Gruppe

The galaxies nearer than 1 Mpc appear to form a loose cluster which is usually referred to as the "Local Group".

The distances of nearby dwarf ellipticals are based on M_v $(RR) = +0{,}^M6$ (see 9.3.1.1).

Tab. 25. Members of the Local Group [*6, 7, 61, 104*] [4])

Name	NGC	α (1950)	δ (1950)	m_{pg}	$(m\text{-}M)_{pg}$	M_{pg}	Type	r [kpc]	D [kpc]
M 31[2])	224	$00^h40{,}^m0$	+41°00'	$4{,}^m33$	24^m8	$-20{,}^M4$	Sb I-II	690	33
Galaxy							Sb	10	> 20
M 33	598	01 31,1	+30 24	6,19	24,7	−18,5	Sc II-III	720	14
LMC[3])		05 26	−69	0,86	18,7	−17,8	Ir or SBc III-IV	50	6,3
SMC[3])		00 50	−73	2,86	19,0	−16,2	Ir IV or IV-V	50	3,1
	205	00 37,6	+41 25	8,89	24,8	−15,9	E 6p	690	2,4
M 32	221	00 40,0	+40 36	9,06	24,8	−15,7	E 2	690	0,7
	6822	19 42,1	−14 53	9,21	24,1	−14,9	Ir IV-V	480	2,3
	185	00 36,1	+48 04	10,29	24,8	−14,5	E 0	690	1,0
IC 1613		01 02,3	+01 51	10,00	24,3	−14,3	Ir V	690	3,0
	147	00 30,4	+48 14	10,57	24,8	−14,2	dE 4	690	1,4
Fornax		02 35,6	−34 53	(9,1)	(20,4)	(−11,3)	dE	110	1,6
Leo I		10 05,8	+12 33	11,27	(22,4)	(−11,1)	dE	260	0,6
Sculptor		00 55,4	−34 14	(8,8)	(18,6)	(− 9,8)	dE	50	0,7
Leo II		11 10,8	22 26	12,85	(21,6)	(− 8,7)	dE	180	0,3
Draco		17 19,4	+57 58		(19,5)	(− 8)	dE	70	0,3
Ursa Minor		15 08,2	+67 18		19,0		dE	50	0,3

1) Vorontsov-Velyaminov [*142*].
2) Andromeda Nebula.
3) Large and Small Magellanic Clouds.
4) Possible members see Tab. 26.

Tab. 26. Possible members of the Local Group

Galaxy	m_{pg}	d	type
NGC 404	11ᵐ16	3ʹ5	E0
IC 10		4,0	(Ir IV)
IC 5152	12,3	4,0	Ir IV or IV-V
Leo III	12,96	3,5	Ir V
Sextans A	11,55	4,0	Ir V
Sextans B	11,82	3,0	Ir IV-V
Pegasus	12,50	4,0	Ir V
Wolf-Lundmark-Melotte	11,14	11,0	Ir IV-V

9.5.3 Clusters of galaxies — Haufen von Galaxien

Most of the clusters in Tab. 28 lie between the Local Group and the Virgo cluster suggesting that the Local Group may be an outlying member of a supercluster centered on the Virgo cluster. The most distant known clusters are given in Tab. 30.

The data in Tab. 28 indicate that the density of cluster centers in the Universe is approximately one per 10^3 Mpc^3.

The relative frequency distribution of clusters of different richness [*1*] is given in Tab. 29.

Distribution of galaxies see Tab. 23.

Tab. 27. Physical data on large clusters

Name	r [Mpc]	R [Mpc]	$\sigma(v_r)$ [km/sec]	$\mathfrak{M}/\mathfrak{M}_\odot$	Ref.
Coma	67	0,9	1 042	$2,5 \cdot 10^{15}$	[*15*]
Virgo	11	(0,8)	690	$1,0 \cdot 10^{15}$	[*15*]
Hercules	108	—	631	$5,6 \cdot 10^{13}$	[*28*]
Cetus	54	—	406	$8,8 \cdot 10^{13}$	[*147*]
Canes Venatici	4	0,8	136	$3,4 \cdot 10^{13}$	[*15*]

Tab. 28. Clusters within 12 Mpc [*18*]

Name	α	δ	r [Mpc]
Local Group	—	—	0
South Pole Group	0ʰ45ᵐ	−26°	2,0
M 81 Group	9 50	+69	2,0
M 83 Group	13 35	−30	2,9
Canes Venatici Cluster	12 50	+41	4,4
M 66 Group	11 20	+13	5,9
M 96 Group	10 45	+12	6,8
NGC 4274 Group	12 15	+30	8,2
Virgo Cluster	12 25	+13	11,4

Tab. 29. Number N of clusters of different richness [*1*]

n: number of cluster members not more than 2 magnitudes fainter than the third brightest cluster member.

n	N
50 ··· 79	1 224
80 ··· 129	383
130 ··· 199	68
200 ··· 299	6
300 or over	1

9.6 The Universe — Das Universum

9.6.1 Radial velocities — Radialgeschwindigkeiten

The radial velocities v_r of most bright northern galaxies (more than 500) are contained in the catalogue of Humason, Mayall and Sandage [*67*] and its supplement by Mayall and de Vaucouleurs [*81*]. References to a few other radial velocity measurements of individual galaxies are given by G. and A. de Vaucouleurs [*138*], who also discuss the systematic errors of redshift measurements. The agreement between optical and 21-cm line radial velocities is good [*43*].

The most distant galaxy so far observed [*86*] has a radial velocity of 0,4614 c (c = velocity of light) corresponding to a distance of 1 380 Mpc.

Tab. 30. Radial velocities of the most distant known clusters

Cluster	v_r/c	Ref.
0138	0,17	[*67*]
1309	0,17	[*67*]
1304	0,18	[*67*]
0925	0,19	[*67*] [*10*]
1253	0,20	[*67*]
0855	0,20	[*67*]
0024	0,29	[*10*]
1448	0,36	[*10*]
1410	0,46	[*10*] [*86*]

9.6.2 The Hubble Constant — Die Hubble-Konstante

The redshifts v_r (= radial velocity) of galaxies and their distances r are related by the equation

$$v_r = Hr \tag{1}$$

in which H is the Hubble Constant.

Eqn. (1) should not be applied to individual nearby galaxies since the random motions of such objects are of the same order (200···300 km/sec) as the redshift resulting from the expansion of the Universe.

Tab. 31. Determinations of the Hubble Constant[1])

Author	Method	H [(km/sec) Mpc^{-1}]
Sérsic (1960) [115]	Diameters of H II regions	113 ± 5
Holmberg (1958) [61]	Surface brightnesses of galaxies	112 ± 10
van den Bergh (1960) [17]	Luminosity classifications	106 ± 20
Sandage (1962) [104]	Diameters of H II regions	82 ± 18
Sandage (1958) [101]	Corrections to Hubble [65]	75 ± 25

For all numerical computations in this chapter the value

$$H = 100 \pm 20 \text{ [(km/sec) Mpc}^{-1}] = 3{,}2 \cdot 10^{-18} \text{ [sec}^{-1}]$$

has been adopted.

9.6.3 Total values for luminosity, mass density, and energy output — Gesamtwerte für Leuchtkraft, Massendichte und Energieausstrahlung

Tab. 32. Total (smoothed) photographic luminosity of galaxies per unit volume

Author	Method	L_{tot}/Vol [$L_\odot$/Mpc^3]
Oort (1958) [96]	Counts of galaxies, and luminosity function of Virgo cluster	$2{,}9 \cdot 10^8$
Kiang (1961) [70]	Radial velocities and apparent magnitudes of bright galaxies	$5{,}2 \cdot 10^8$
van den Bergh (1961) [20]	Radial velocities and luminosity classifications of bright galaxies	$2{,}7 \cdot 10^8$

Most of the difference between results of Oort and van den Bergh on the one hand, and Kiang on the other, may be traced to the fact that Kiang increased the brightness of spiral galaxies to the value they would have if viewed face on. Without this correction all values in Tab. 32 are consistent with a total luminosity per unit volume equal to that of 2,0 galaxies of ($M_{pg} = -15$) per Mpc^3.

Adopting a mean mass-to-luminosity ratio between 10 and 30 one obtains a total mass density of all matter in the form of galaxies

$$\varrho_{tot} \text{ (gal.)} \approx 3 \cdots 9 \cdot 10^9 \, \mathfrak{M}_\odot/\text{Mpc}^3 \mathrel{\hat{=}} 2 \cdots 6 \cdot 10^{-31} \text{ g/cm}^3.$$

The high mass-to-luminosity ratios which are obtained from the application of the virial theorem to clusters of galaxies suggest that the total mass density of all matter in the Universe might be an order of magnitude higher than the value quoted above.

From the data in Tab. 32 it is estimated that the rate of energy output of all stars is

$$E_{tot} \approx 6 \cdot 10^8 \, L_\odot/\text{Mpc}^3 \mathrel{\hat{=}} 8 \cdot 10^{-32} \text{ erg sec}^{-1} \text{ cm}^{-3}.$$

9.7 References for 9[2]) — Literatur zu 9[2])

1 Abell, G. O.: ApJ Suppl. **3** (No. 31) (1958) 211.
2 Arp, H. C.: AJ **61** (1956) 15.
3 Arp, H. C.: AJ **65** (1960) 404.
4 Arp, H. C.: ApJ **135** (1962) 971.
5 Arp, H. C.: ApJ **136** (1962) 1148.
6 Baade, W.: Stellar Populations (D. J. K. O'Connell, Ed.), North Holland Publ. Co. — Amsterdam (1958) 3. = Specola Vaticana Ric. Astron. **5** (1958).
7 Baade, W.: Evolution of Stars and Galaxies, Harvard Univ. Press — Cambridge, USA (1963).
8 Baade, W., and R. Minkowski: ApJ **119** (1954) 215.
9 Baade, W., and H. H. Swope: AJ **68** (1963) 435.
10 Baum, W. A.: Problems of Extra-Galactic Research (G. C. McVittie, Ed.), The Macmillan Co. — New York (1962) 390 = IAU Symp. Nr. 15.
11 Behr, A.: AN **279** (1951) 97.
12 van den Bergh, S.: Publ. David Dunlap Obs. **2** (No. 5) (1959) 147.
13 van den Bergh, S.: Publ. David Dunlap Obs. **2** (No. 6) (1960) 159.
14 van den Bergh, S.: ApJ **131** (1960) 215.
15 van den Bergh, S.: ApJ **131** (1960) 558.
16 van den Bergh, S.: ZfA **49** (1960) 201.
17 van den Bergh, S.: J. Roy. Astron. Soc. Can. **54** (1960) 49.
18 van den Bergh, S.: PASP **72** (1960) 312.
19 van den Bergh, S.: AJ **66** (1961) 566.
20 van den Bergh, S.: ZfA **53** (1961) 219.
21 van den Bergh, S.: ZfA **55** (1962) 21.
22 van den Bergh, S., and R. C. Henry: Publ. David Dunlap Obs. **2** (No. 10) (1962) 281.
23 Bigay, J. H.: Ann. Astrophys. **14** (1951) 319.
24 Bless, R. C.: ApJ **135** (1962) 187.

1) All values have been re-calibrated using the distances of Local Group members given by Sandage [104].

2) References complete to June 15, 1963; some new references are added.

25 Bolton, J. G., and B. G. Clark: PASP **72** (1960) 29.
26 Burbidge, E. M.: Interstellar Matter in Galaxies (L. Woltjer, Ed.), Benjamin—New York (1962) 123.
27 Burbidge, G. R.: AJ **66** (1961) 619.
28 Burbidge, G. R., and E. M. Burbidge: ApJ **130** (1959) 629.
29 Burbidge, E. M., G. R. Burbidge, and R. A. Fish: ApJ **133** (1961) 393.
30 Burbidge, E. M., G. R. Burbidge, and R. A. Fish: ApJ **133** (1961) 1092.
31 Burbidge, E. M., G. R. Burbidge, and R. A. Fish: ApJ **134** (1961) 251.
32 Burbidge, E. M., G. R. Burbidge, and K. H. Prendergast: ApJ **130** (1959) 739.
33 Burbidge, E. M., G. R. Burbidge, and K. H. Prendergast: ApJ **132** (1960) 640.
34 Burbidge, E. M., G. R. Burbidge, and K. H. Prendergast: ApJ **131** (1960) 549.
35 Burbidge, E. M., G. R. Burbidge, and K. H. Prendergast: ApJ **131** (1960) 282.
36 Burbidge, E. M., G. R. Burbidge, and K. H. Prendergast: ApJ **134** (1961) 874.
37 Burbidge, E. M., G. R. Burbidge, and K. H. Prendergast: ApJ **133** (1961) 814.
38 Burbidge, E. M., G. R. Burbidge, and K. H. Prendergast: ApJ **136** (1962) 339.
39 Burbidge, E. M., G. R. Burbidge, and K. H. Prendergast: ApJ **136** (1962) 704.
40 Burbidge, E. M., G. R. Burbidge, and K. H. Prendergast: ApJ **137** (1963) 376.
41 Dieter, N. H.: AJ **67** (1962) 217.
42 Dieter, N. H.: AJ **67** (1962) 317.
43 Dieter, N. H., E. E. Epstein, A. E. Lilley, and M. S. Roberts: AJ **67** (1962) 270.
44 Dreyer, J. L. E.: New General Catalogue of Nebulae and Clusters, Mem. Roy. Astron. Soc. **49** Part. 1 (1888).
45 Dreyer, J. L. E.: Index Catalogue of Nebulae, Mem. Roy. Astron. Soc. **51** (1895).
46 Dreyer, J. L. E.: Second Index Catalogue of Nebulae and Clusters, Mem. Roy. Astron. Soc. **59** Part 2 (1908) (In 1953 the NGC and the two IC catalogues were reprinted by the Royal Astronomical Society — London).
47 Elsässer, H.: ZfA **45** (1958) 24.
48 Elsässer, H.: ZfA **47** (1959) 1.
49 Elsässer, H., und U. Haug: ZfA **50** (1960) 121.
50 Evans, D. S.: A Photographic Atlas of Southern Galaxies. Royal Observatory — Capetown (1957).
51 Fish, R. A.: ApJ **134** (1961) 880.
52 Gascoigne, S. C. B.: Problems of Extra-Galactic Research (G. C. McVittie, Ed.), The Macmillan Co. — New York (1962) 49 = IAU Symp. Nr. 15.
53 Greenstein, J. L., and T. A. Matthews: Nature, London **197** (1963) 1041.
54 Hanbury Brown, R., and C. Hazard: MN **122** (1961) 479.
55 Hazard, C., M. B. Mackey, and A. J. Shimmins: Nature, London **197** (1963) 1037.
56 Hodge, P. W.: AJ **66** (1961) 249.
57 Hodge, P. W.: AJ **66** (1961) 384.
58 Hodge, P. W.: AJ **67** (1962) 125.
59 Hodge, P. W.: AJ **68** (1963) 237.
60 Hodge, P. W.: AJ **68** (1963) 470.
61 Holmberg, E.: Ann. Lund Ser. II, No. 136 (1958).
62 van Houten, C. J.: BAN **16** (No. 509) (1961) 1.
63 Hubble, E. P.: ApJ **64** (1926) 321.
64 Hubble, E. P.: ApJ **79** (1934) 8.
65 Hubble, E. P.: The Realm of the Nebulae. Yale University Press—New Haven (1936). (Reprinted in 1958 by Dover Publ. Inc. — New York.)
66 van de Hulst, H. C., E. Raimond, and H. van Woerden: BAN **14** (No. 480) (1957) 1.
67 Humason, M. L., N. U. Mayall, and A. R. Sandage: AJ **61** (1956) 97.
68 Johnson, H. M.: ApJ **133** (1961) 309.
69 Johnson, H. M.: ApJ **133** (1961) 314.
70 Kiang, T.: MN **122** (1961) 263.
71 King, I. R.: ApJ **134** (1961) 272.
72 King, I. R.: AJ **67** (1962) 471.
73 Kraft, R. P.: ApJ **134** (1961) 616.
74 Kron, G. E., and N. U. Mayall: AJ **65** (1960) 581.
75 Liller, M. H.: ApJ **132** (1960) 306.
76 Lyngå, G.: Medd. Lund Ser. II, No. 137 (1959).
77 Maltby, P., T. A. Matthews, and A. T. Moffet: ApJ **137** (1963) 153.
78 Mathewson, D. S., and J. M. Rome: Australian J. Phys. **16** (1963) 360.
79 Mayall, N. U.: IAU Symp. No. 5, Cambridge Univ. Press — Cambridge (1958) 23.
80 Mayall, N. U.: Ann. Astrophys. **23** (1960) 344.
81 Mayall, N. U., and A. de Vaucouleurs: AJ **67** (1962) 363.
82 McVittie, G. C.: (Editor), Problems of Extra-Galactic Research = IAU Symp. No. 15. The Macmillan Co. — New York (1962).
83 Messier, Ch.: Connaissance des Temps pour 1787, Paris (1784) 238. See also P. S. Watson: Messier's Catalogue, Popular Astron. **57** (1949) 14.
84 Miller, R. H., and K. H. Prendergast: ApJ **136** (1962) 713.
85 Mills, B. Y.: Hdb. Physik **53** (1959) 239.
86 Minkowski, R.: ApJ **132** (1960) 908.
87 Minkowski, R.: AJ **66** (1961) 558.

88 MORGAN, W. W.: PASP **70** (1958) 364.
89 MORGAN, W. W.: PASP **71** (1959) 394.
90 MORGAN, W. W., and N. U. MAYALL: PASP **69** (1957) 291.
91 MÜNCH, G.: PASP **71** (1959) 101.
92 National Geographic Society: Palomar Observatory Sky Atlas; California Institute of Technology — Pasadena (1954).
93 NEYMAN, J., T. L. PAGE, and E. L. SCOTT: AJ **66** (1961) 533.
94 OKE, J. B.: Problems of Extra-Galactic Research (G. C. MCVITTIE, Ed.), The Macmillan Co. — New York (1962) 34 = IAU Symp. Nr. 15.
95 OKE, J. B.: Nature, London **197** (1963) 1040.
96 OORT, J. H.: La structure et l'évolution de l'univers. R. Stoops — Brussels (1958) 163.
97 OSTERBROCK, D. E.: Interstellar Matter in Galaxies (L. WOLTJER, Ed.), Benjamin, New York (1962) 111.
98 PAGE, T. L.: ApJ **136** (1962) 685.
99 PETTIT, E.: ApJ **120** (1954) 413.
100 ROBERTS, M. S.: The Content of Galaxies: Stars and Gas. Ann. Rev. Astron. Astrophys. **1** (1963) 149.
101 SANDAGE, A. R.: ApJ **127** (1958) 513.
102 SANDAGE, A. R.: The Hubble Atlas of Galaxies, Carnegie Institution of Washington, Washington (1961).
103 SANDAGE, A. R.: ApJ **133** (1961) 355.
104 SANDAGE, A. R.: Problems of Extra-Galactic Research (G. C. MCVITTIE, Ed.), The Macmillan Co. — New York (1962) 359 = IAU Symp. Nr. 15.
105 SANDAGE, A. R., and G. WALLERSTEIN: ApJ **131** (1960) 598.
106 SCHMIDT, M.: BAN **13** (No. 468) (1956) 15.
107 SCHMIDT, M.: BAN **14** (No. 480) (1957) 17.
108 SCHMIDT, M.: Nature, London **197** (1963) 1040.
109 SCHMIDT-KALER, TH.: ZfA **41** (1957) 182.
110 SCOTT, E. L.: AJ **62** (1957) 248.
111 SÉRSIC, J. L.: Observatory **77** (1957) 146.
112 SÉRSIC, J. L.: Observatory **78** (1958) 24.
113 SÉRSIC, J. L.: Observatory **78** (1958) 123.
114 SÉRSIC, J. L.: ZfA **47** (1959) 9.
115 SÉRSIC, J. L.: ZfA **50** (1960) 168.
116 SEYFERT, C. K.: ApJ **97** (1943) 28.
117 SHANE, C. D.: AJ **61** (1956) 292.
118 SHANE, C. D., and C. A. WIRTANEN: AJ **59** (1954) 285.
119 SHANE, C. D., C. A. WIRTANEN, and U. W. STEINLIN: AJ **64** (1959) 197.
120 SHAPLEY, H.: The Inner Metagalaxy, Yale University Press — New Haven (1957).
121 SHAPLEY, H.: Galaxies, Harvard University Press — Cambridge, USA (1961).
122 SHAPLEY, H., and A. AMES: Harvard Ann. **88** No. 2 (1932).
123 STEBBINS, J., and G. E. KRON: ApJ **126** (1957) 266.
124 STEBBINS, J., and A. E. WHITFORD: ApJ **115** (1952) 284.
125 STEINLIN, U. W.: AJ **67** (1962) 370.
126 TIFFT, W. G.: AJ **66** (1961) 390.
127 TIFFT, W. G.: MN **125** (1963) 199.
128 TIFFT, W. G.: AJ **68** (1963) 302.
129 DE VAUCOULEURS, G.: ApJ **128** (1958) 465.
130 DE VAUCOULEURS, G.: Classification and Morphology of External Galaxies, Hdb. Physik **53** (1959) 275.
131 DE VAUCOULEURS, G.: General Physical Properties of External Galaxies, Hdb. Physik **53** (1959) 311.
132 DE VAUCOULEURS, G.: Lowell Bull. **4** (1959) No. 97.
133 DE VAUCOULEURS, G.: ApJ **130** (1959) 728.
134 DE VAUCOULEURS, G.: ApJ **133** (1961) 405.
135 DE VAUCOULEURS, G.: ApJ Suppl. **8** (No. 74) (1963) 31.
136 DE VAUCOULEURS, G.: ApJ **137** (1963) 720.
137 DE VAUCOULEURS, G., and J. PAGE: ApJ **136** (1962) 107.
138 DE VAUCOULEURS, G., and A. DE VAUCOULEURS: AJ **68** (1963) 96.
139 DE VAUCOULEURS, G., and A. DE VAUCOULEURS: ApJ **137** (1963) 363.
140 VOGT, H.: Außergalaktische Sternsysteme und Struktur der Welt im Großen, Akademische Verlagsgesellschaft — Leipzig (1960).
141 VOLDERS, L.: BAN **14** (No. 492) (1959) 323.
142 VORONTSOV-VELYAMINOV, B.: Atlas of Interacting Galaxies, Sternberg Astronomical Institute Moscow (1959).
143 WOLTJER, L.: (Editor) The Distribution and Motion of Interstellar Matter in Galaxies, Benjamin — New York (1962).
144 WOOLLEY, R. V. D. R.: J. Brit. Astron. Assoc. **73** (1963) 131.
145 ZWICKY, F.: Morphological Astronomy, Springer Berlin/Göttingen/Heidelberg (1957).
146 ZWICKY, F.: Multiple Galaxies. Hdb. Physik **53** (1959) 373.
147 ZWICKY, F.: Problems of Extra-Galactic Research (G. C. MCVITTIE, Ed.), The Macmillan Co. — New York (1962) 347 = IAU Symp. Nr. 15.

van den Bergh

148 Zwicky, F., E. Herzog, and P. Wild: Catalogue of Galaxies and Clusters of Galaxies, Vol. I. California Institute of Technology — Pasadena (1961).

149 Greenstein, J. L., and M. Schmidt: The Quasi-stellar Radio Sources 3C 48 and 3C 273, ApJ **140** (1964) 1.

150 Matthews, T. A., and M. Schmidt: A Discussion of Galaxies identified with Radio Sources, ApJ **140** (1964) 35.

151 Burbidge, E. M., G. R. Burbidge, and H. R. Sandage: Rev. Mod. Phys. **35** (1963) 947.

9.8 Bibliography for cosmology — Literatur zur Kosmologie

General references:

1 Heckmann, O.: Theorien der Kosmologie, Springer Berlin/Göttingen/Heidelberg (1942).

2 Stoops, R. (ed.): La structure et l'évolution de l'univers, (Onzième Conseil de Physique), Bruxelles (1958).

3 Hdb. Physik **53** (1959).
S. 445: G. C. McVittie: "Distance and Time in Cosmology: Observational Data".
S. 489: O. Heckmann und E. Schücking: "Newtonsche und Einsteinsche Kosmologie".
S. 520: O. Heckmann und E. Schücking: "Andere kosmologische Theorien".

4 Vogt, H.: Außergalaktische Sternsysteme und die Struktur der Welt im Großen, Akademische Verlagsanstalt, Leipzig (1960).

5 Bondi, H.: Cosmology, Cambridge University Press, London (1960).

6 McVittie, G. C.: Fact and Theory in Cosmology, The Macmillan Co., New York (1961).

7 McVittie, G. C. (ed): Problems of Extragalactic Research, (IAU Symp. Nr. 15), The Macmillan Co., New York (1962), especially: p. 429 O. Heckmann: General Review of Cosmological Theories.

8 McVittie, G. C.: General Relativity and Cosmology, 2nd edition, Chapman & Hall, London (1965).

References for the main existing theories

(1) Newtonian Cosmology: [*1*]; [*3*] p. 491; [*4*] p. 84; [*5*] p. 75; [*7*] p. 429.
Heckmann, O., und E. Schücking: ZfA **38** (1951) 95.
Peschl, E.: 8. Semesterbericht, Mathematisches Seminar der Universität Münster (1936).

(2) Relativistic Cosmology (Einstein): [*1*]; [*2*] p. 149; [*3*] p. 499; [*4*] p. 94; [*5*] p. 90; [*6*] p. 70; [*7*] p. 429.
Einstein, A.: Sitzber. Preuß. Akad. Wiss. (1917) 42.
Weyl, H.: Raum, Zeit, Materie, 5. Aufl., Berlin (1923).
Weyl, H.: Space-Time-Matter, App. II, Dover, New York (1950).
Bonnor, W. B.: MN **117** (1957) 104.

(3) Dirac-Jordan's Cosmology: [*3*] p. 521; [*4*] p. 132; [*5*] p. 157; [*7*] p. 429.
Dirac, P. A. M.: Nature, London **139** (1937) 323; Proc. Roy. Soc. London, Ser. A **165** (1938) 199.
Jordan, P.: Schwerkraft und Weltall, 2. Aufl. Vieweg, Braunschweig (1955).
Jordan, P.: Naturwiss. **25** (1937) 513; **26** (1938) 417.

(4) Steady-State Theory (Bondi-Gold-Hoyle): [*2*] p. 53; [*3*] p. 525; [*4*] p. 124; [*5*] p. 140; [*6*] p. 167; [*7*] p. 429.
Bondi, H., and T. Gold: MN **108** (1948) 252.
Hoyle, F.: MN **109** (1949) 365; **120** (1960) 256.

(5) Kinematic Relativity (Milne): [*1*]; [*3*] p. 530; [*4*] p. 112; [*5*] p. 123; [*7*] p. 429.
Milne, E. A.: Kinematic Relativity, Clarendon Press, Oxford (1948).
Milne, E. A.: Relativity, Gravitation and World-Structure, Clarendon Press, Oxford (1935).

(6) Dicke's Cosmology: [*7*] p. 429.
Dicke, R. H.: Implications for Cosmology of Stellar and Galactic Evolution Rates, Mimeograph. Princeton: Palmer Physical Laboratory (1961).
Brans, C., and R. H. Dicke: Mach's Principle in a Relativistic Theory of Gravitation, Mimeograph. Princeton: Palmer Physical Laboratory (1961).

10 Appendix to 4.5.5 – Anhang zu 4.5.5

Tab. 15a. Artificial earth satellites and space probes — all not-abortive launchings in 1963 — Künstliche Erdsatelliten und Raumsonden — Liste der im Jahre 1963 gestarteten Objekte.

Nr.	Start Date	Name	$\mathfrak{M}$ [kg]	i [°]	H_{peri} [km]	H_{apo} [km]	P [min]	Life time	Comments See list of abbreviations p. 231.
1	Jan ?	—	?	?	?	?	?	?	Mil ?
2	7	—	?	82,0	210	394	90,8	17ᵈ	—
3	16	—	?	82,0	493	540	94,6	4ᵃ	—
4	Feb 14	Syncom 1	39	33,5	34 228	39 974	1 426,5	∞	TV Relais; quasistationär
5	19	—	?	100,4	495	811	97,7	(6ᵃ)	—
6	Mar 21	Kosmos 13	?	65,0	205	337	89,8	8ᵈ	Exosph/Biol
7	Apr 1	—	?	75,4	205	416	90,6	25ᵈ	—
8	2	Lunik 4	1 422	—	—	—	—	∞	☾ Passage; Photo-Exp? *Heliocentr.*
9	3	Explorer 17	186	57,6	255	917	96,4	(2ᵃ)	Exosph
10	13	Kosmos 14	?	48,9	265	480	92,0	(100ᵈ)	Exosph
11	22	Kosmos 15	?	64,9	173	371	89,8	6ᵈ	Exosph/Biol
12	28	Kosmos 16	?	65,0	209	395	90,4	(80ᵈ)	Exosph/Biol
13	May 7	Telstar 2	79	42,7	974	10 803	225,3	(∞)	TV Relais
14	9	Tetrahedron 1	?	87,4	3 627	3 694	166,5	(∞)	Proj. Westford 2
15	15	Mercury 9	1 362	32,6	161	268	88,7	34ʰ	Man orbital (L. G. Cooper)
16	18	—	?	74,5	158	515	91,9	9ᵈ	—
17	22	Kosmos 17	?	49,0	260	788	94,8	(1ᵃ)	Exosph/Geod
18	24	Kosmos 18	?	65,0	209	301	89,4	15ᵈ	Exosph/Geod
19	Jun 12	—	?	81,4	204	425	90,6	29ᵈ	—
20	14	Wostok 5	(5 000)	64,9	181	235	88,4	5ᵈ	Man orbital (W. F. Bykowskij)
21	15	Lofti/Injun	?	69,9	172	884	95,2	33ᵈ	Cosm/X/UV
22	16	—	?	90,0	731	778	99,7	(40ᵃ)	—
23	16	Wostok 6	(5 000)	65,0	183	233	88,3	3ᵈ	Woman orbital (W. W. Tereschkowa)
24	19	Tiros 7	135	58,2	621	649	97,4	(6ᵃ)	IR/Meteo
25	27	—	?	81,2	206	400	90,5	29ᵈ	—
26	28	—	?	50,6	420	1 306	102,1	(2ᵃ)	Ionosph/Exosph
27	29	—	?	82,4	502	531	94,8	(5ᵃ)	—
28	Jul 12	—	?	95,3	174	207	88,4	6ᵈ	—
29	18	—	?	82,7	204	393	90,4	26ᵈ	—
30	19	—	?	88,4	3 668	3 750	167,9	(∞)	—
31	28	Syncom 2	39	33,2	35 761	35 811	1 436,0	(∞)	TV Relais; quasistationär
32	30	—	?	74,7	160	465	90,6	12ᵈ	—
33	Aug 6	Kosmos 19	?	48,9	272	512	92,2	(250ᵈ)	Geod/Exosph
34	24	—	?	75,0	183	427	90,6	19ᵈ	—
35	29	—	?	81,8	280	342	90,8	70ᵈ	—
36	Sep 6	—	?	94,2	186	275	89,2	7ᵈ	—
37	23	—	?	74,9	182	436	90,6	19ᵈ	—
38	28	—	?	89,9	1 077	1 122	107,1	(150ᵃ)	—
39	Oct 17	Tetrahedron 2	230	36,8	127	103 186	2 318,9	(1ᵃ)	Exosph/X, γ
40	18	Kosmos 20	?	64,9	205	302	89,5	11ᵈ	Exosph/Biol

Tab. 15a. (continued)

Nr.	Start Date	Name	$\mathfrak{M}$ [kg]	i [°]	H_{peri} [km]	H_{apo} [km]	P [min]	Life time	Comments See list of abbreviations p. 231.
41	25	—	?	99,1	148	302	88,8	5^{d}	—
42	29	—	?	89,9	274	350	90,9	(84^{d})	—
43	Nov 1	Poljot 1	?	58,9	339	592	102,7	(1^{a})	Orbit Control
44	11	Kosmos 21	?	64,8	195	229	88,5	3^{d}	Geod/Exosph
45	16	Kosmos 22	?	64,9	205	394	90,3	6^{d}	Geod/Exosph
46	27	Explorer 18	?	33,3	192	197 616	5 666	(1^{a})	Cosm/Corp ⊙/Magn
47	27	Atlas/Centaur 2	?	30,4	227	1 255	99,5	(100^{d})	Booster Test
48	27	—	?	69,6	185	311	90,1	18^{d}	—
49	Dec 5	—	?	90,0	1 065	1 111	106,8	(10^{a})	—
50	13	Kosmos 23	?	49,0	240	613	92,9	(60^{d})	Exosph
51	18	—	?	97,9	142	286	88,4	2^{d}	—
52	19	Kosmos 24	?	65,0	211	408	90,5	(9^{d})	Exosph
53	19	Explorer 19	?	78,6	590	2 394	115,4	(20^{a})	Exosph
54	21	Tiros 8	?	58,5	700	754	99,3	(20^{a})	IR/Meteo
55	21	—	?	64,9	215	330	90,0	(19^{d})	—

Tab. 15b. Artificial earth satellites and space probes — selected major events 1964 January ··· October — Künstliche Erdsatelliten und Raumsonden — Auswahl wichtigerer Starts Januar ··· Oktober 1964

Start Date	Name	$\mathfrak{M}$ [kg]	i [°]	H_{peri} [km]	H_{apo} [km]	P [min]	USA	USSR	Comments See list of abbreviations p. 231.
Jan 21	Relay 2	85	46,3	2 080	7 350	194,7	×		TV Relais
25	Echo 2	256	81,5	1 051	1 336	108,7	×		Radio Reflex; 41,1 m ⌀
27	Ariel 2	75	52,0			101	×		MMet/Ozon/Cosmic-Radio-Noise
29	Saturn	17 240	31,4	262	754	94,3	×		Booster Test
30	Ranger 6	400	—	—	—	—	×		☾ Impact Feb 2; Photo Exp
30	Elektron 1		61 ?	400 ?	7 000 ?	(170)		×	Exosph/Rad Ionosph/Radio } Start simultan
	Elektron 2		61 ?	450 ?	66 000 ?	(1 300)		×	Exosph/Rad Ionosph/Radio } Start simultan
Apr 2	Sond 1	—	—	—	—	—		×	*Heliocentr.*; Radio > 13 · 10⁶ km
8	Titan/Gemini	3 100		160	325	89,3	×		Rendezvous Vehicle Test
12	Poljot 2		58,1	310	500	92,4		×	Orbit Control
May 28	Saturn	17 240	31,8	198	224	88,5	×		Booster Test
Jul 11	Elektron 3		60,9	405	7 040	168		×	Exosph/Rad Ionosph/Radio } Start simultan
	Elektron 4		60,9	459	66 235	1 314		×	Exosph/Rad Ionosph/Radio } Start simultan
28	Ranger 7	400	—	—	—	—	×		☾ Impact Mare Nubium Jul 31; Photo
Oct 12	Wos-chod		65	178	409	90,1		×	3 Men orbital (W. M. KOMAROW, K. N. FEOKTISTOW, B. B. EGOROW)
14	Kosmos 48		65,1	203	295	89,4		×	Exosph

References: Astronautics and Aeronautics, Sterne und Weltraum, USIS Munich, Awiazija i Kosmonawtika, Prawda.

11 Nomogramme [1]) — Nomograms [1])

11.1 Nomogramme zur Umrechnung verschiedener Einheiten — Nomograms for conversions of various units

Nomogramm 6. Zusammenhang zwischen Zeit und Winkel

Das Nomogramm (Seite 683) besteht aus zwei unabhängigen Paaren von Doppelskalen; das Paar zur Linken umfaßt einen Winkelbereich von 90°, während in dem Paar zur Rechten ein Winkelbereich von 1° = 60' in größerem Maßstab wiedergegeben ist.
Die Umrechnung von Zeit in Winkel (und umgekehrt) kann in roher Näherung mit der linken Doppelskala des linken Paares durchgeführt werden. Höhere Genauigkeit läßt sich erreichen, wenn man die linke Doppelskala nur auf Beträge anwendet, die dort exakt auftreten, und den Rest mit der rechten Doppelleiter des rechten Paares umwandelt.

Beispiel: Gegeben der Zeitwert $4^h 25^m 41^s$
Wir zerlegen: $4^h 25^m 41^s = 4^h 24{,}^m0 + 1^m 41^s$

Doppelleiter zur Linken:	$4^h 24{,}^m0$	=	66° 0'
Doppelleiter zur Rechten:	$1^m 41^s$	=	25',25
Summe	$4^h 25^m 41^s$	=	66° 25',25

Will man Zeit nicht in Grade und Bogenminuten, sondern in Grade mit Dezimalen verwandeln, so hat man im rechten Skalenpaar die Zeitskala (rechts außen) mit der Gradskala (links außen) in Beziehung zu setzen. Das geschieht am besten mit der Ablesegeraden, die man in horizontaler Lage durch den entsprechenden Punkt gelegt hat. Die horizontale Lage läßt sich leicht mit Hilfe der beiden inneren identischen Skalen (Bogenminuten) erreichen: die Gerade muß diese beiden Skalen in Punkten schneiden, die sich genau entsprechen.

Beispiel: $1^m 27^s = 0{,}^\circ 3625$.

In gleicher Weise kann man im linken Doppelskalen-Paar die Zeitskala mit der Bogenlängenskala in Beziehung setzen, indem man mit Hilfe der beiden identischen inneren Skalen (Grade) die Ablesegerade horizontal legt.

Beispiel: $3^h 17^m = 0{,}860$.

Nomogramm 7. Umrechnung von Entfernungen: siehe hinteren Buchdeckel.

Nomogram 6. Connection between time and angle

The Nomogram (page 683) consists of two independent pairs of double scales. The pair on the left covers the interval of angles from 0° to 90°, whilst by the pair on the right an interval of 1° = 60' is represented on a larger scale.
The conversion of time into angle (and vice versa) can, in rough approximation, be carried out with the left-hand double scale of the pair on the left. Higher accuracy can be obtained if the use of the left-hand double scale is restricted to values that appear there exactly; the remainder of the given value is converted with the right-hand double scale of the pair on the right.

Example: Given the time $4^h 25^m 41^s$
Decomposing, we have $4^h 25^m 41^s = 4^h 24{,}^m0 + 1^m 41^s$

Left-hand double scale:	$4^h 24{,}^m0$	=	66° 0'
Right-hand double scale:	$1^m 41^s$	=	25',25
Sum	$4^h 25^m 41^s$	=	66° 25',25

If time is to be converted into degrees with decimals, instead of into degrees and minutes of arc, we need a connection between the time scale (right-hand outer values) and the degrees scale (left-hand outer values) of the pair on the right. This can best be made with the index line when put in horizontal position through the point in question. Horizontal position is easily realised with the help of the two identical inner scales (minutes of arc): the index line is to cross the two scales at points which do exactly correspond to one another.

Example: $1^m 27^s = 0{,}^\circ 3625$.

In the same manner we can get the connection between the scale of time and the scale of radians in the left-hand pair: with the help of the two identical inner scales (degrees) we put the index line into horizontal position.

Example: $3^h 17^m = 0{,}^r 860$.

Nomogram 7. Conversion of distance scales: see back book-cover.

11.2 Nomogramme für einige Transformationen sphärischer Koordinaten — Nomograms for some transformations of spherical coordinates

Fortsetzung S. 684

[1]) An der Entwicklung und Schaffung der Nomogramme haben die Herren W. ALTENHOFF und H. WENDKER maßgeblich mitgewirkt. An der Berechnung der Skalen und der Herstellung der Zeichnungen haben außerdem Frau N. LAUS und Fräulein U. KORTE mitgearbeitet. Die Nomogramme 8a und 9a entstammen der Bonner Diplomarbeit von Herrn H. PAULY.

Nomogramm 6. (Text siehe S. 682)

Zusammenhang zwischen Zeit und Winkel — Connection between time and angle

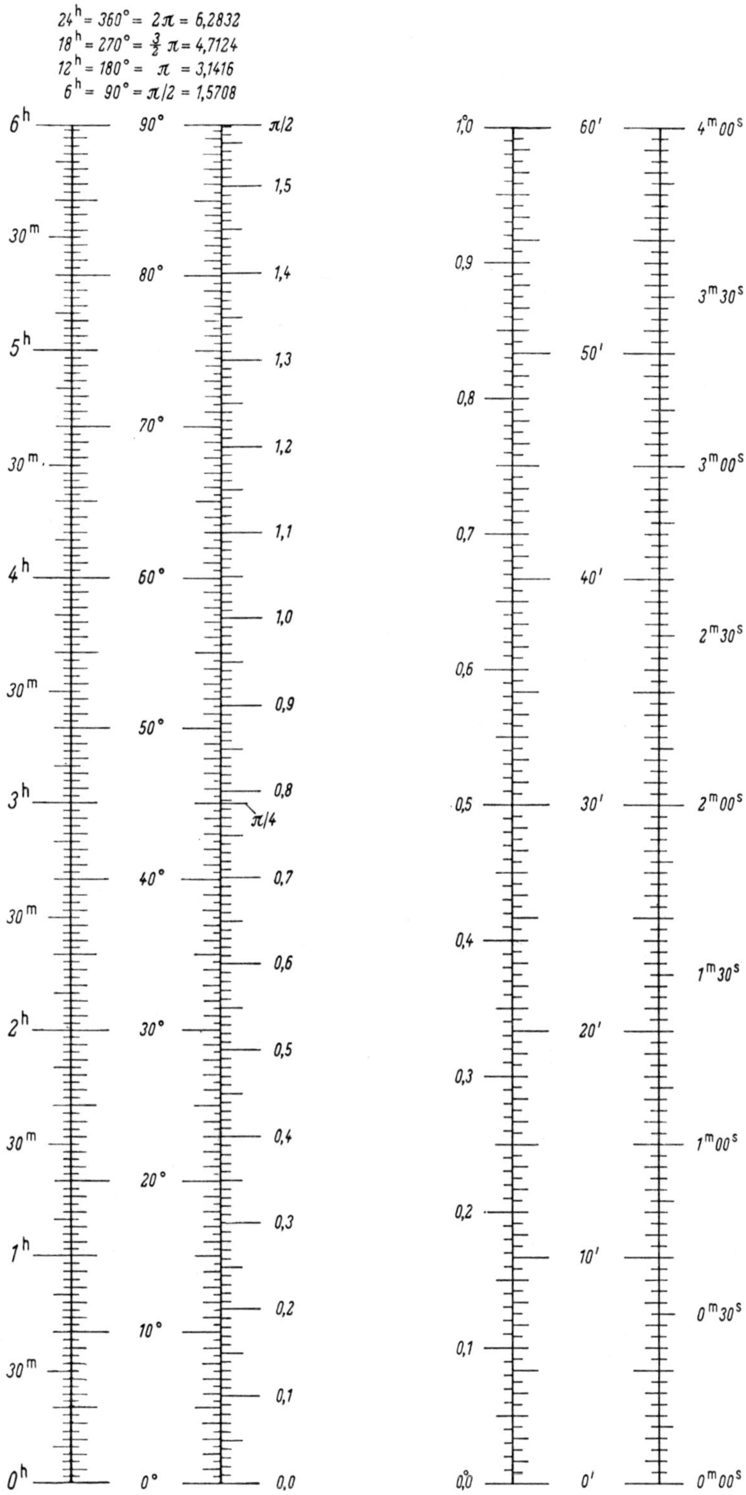

Straßl

In jedem Nomogramm ist der wesentliche Teil eine Fluchtentafel mit drei Skalen. Bei den Nomogrammen für eine *Längenkoordinate* sind diese Skalen:

1. eine gekrümmte Skala (Ellipsenbogen) für die gegebene Längenkoordinate,
2. eine geneigte Skala für die gegebene Breitenkoordinate,
3. eine horizontale Skala (unten) für die gesuchte Längenkoordinate.

Bei den Nomogrammen für eine *Breitenkoordinate* sind die Skalen:

1. eine geradlinige (meist vertikale, in einigen Fällen geneigte) Skala für die gegebene Längenkoordinate,
2. eine gekrümmte Skala (Ellipsenbogen) für die gegebene Breitenkoordinate,
3. eine vertikale Skala für die gesuchte Breitenkoordinate.

Wird in einem Breitennomogramm ein voller Quadrant der gesuchten Breitenkoordinate in einem Guß dargestellt, so bekommt man für hohe Breitenwerte eine sehr zusammengedrängte Skala; die Ablesegenauigkeit ist daher hier sehr beschränkt.
Die beiden Breiten-Nomogramme für die Beziehung zwischen äquatorialen und ekliptikalen Koordinaten (Nr. 8b und 9b) sind von diesem Typ; trotzdem werden sie für viele Zwecke ausreichen, weil in den meisten Fällen Punkte mit niedriger Breitenkoordinate (Nähe von Ekliptik und Äquator) von Interesse sind.
Die Breiten-Nomogramme für die Beziehung zwischen Äquator und Galaxis (Nr. 10b und 11b) sind zerlegt in zwei Teil-Nomogramme für Breitenwerte unter 65° (Nomogramm A) und über 65° (Nomogramm B); daher können auch hohe Breitenwerte mit relativ guter Genauigkeit abgelesen werden.
Zur Benutzung eines Nomogramms legt man die Ablesegerade (ein durchsichtiges Lineal mit eingeritzter Geraden) durch die beiden in Betracht kommenden Punkte auf den Skalen der Argumente. An ihrem Schnittpunkt mit der Resultatskala liest man den gesuchten Wert ab.
Bevor man das tut, muß man wissen, welches Teilnomogramm (in den Fällen, wo das Nomogramm zerlegt ist) in Betracht kommt, und welches der verschiedenen Beschriftungssysteme zu benutzen ist. Zur Klärung dieser Fragen ist in jedes Nomogramm ein rechteckiges Hilfsdiagramm eingefügt. Geht man in dieses mit der gegebenen Längenkoordinate als Abszisse und der gegebenen Breitenkoordinate als Ordinate ein, so kommt man in das Feld, in dem sich die passenden Hinweise finden (Buchstabe bzw. römische Zahl bzw. Symbol). Man hat sorgfältig zu beachten, daß diese Hinweise übereinstimmend für die Skalen aller drei Variablen gelten. Infolge der beschränkten Einschätzungsgenauigkeit im Hilfsdiagramm kann es für einen Punkt in der Nähe der Grenzlinie zwischen zwei Feldern zweifelhaft sein, welchem Feld der Punkt tatsächlich angehört. In solchen Fällen kann man in der Fluchtentafel durch Ausprobieren beider Systeme zum Ziel kommen: nur in einem einzigen der beiden Systeme erhält man das Resultat; im ungeeigneten System erhält man nicht etwa ein falsches, sondern gar kein Resultat (eines der Argumente oder das Resultat würde in der Fluchtentafel außerhalb des dargestellten Bereichs auftreten).

In each Nomogram the essential part is an alignment diagram with three scales. In the Nomograms for a *longitude coordinate* the scales are:

1. a curved scale (arc of an ellipse) for the given longitude coordinate,
2. a sloping scale for the given latitude coordinate,
3. a horizontal scale for the required longitude coordinate.

In the Nomograms for a *latitude coordinate* the scales are:

1. a straight-line scale (mostly vertical, in some cases sloping) for the given longitude coordinate,
2. a curved scale (arc of an ellipse) for the given latitude coordinate,
3. a vertical scale for the required latitude coordinate.

If in a latitude Nomogram a full quadrant of the required latitude coordinate is represented continuously, there will be a strongly compressed scale at high latitude values; the reading accuracy is, therefore, rather restricted.
The two latitude Nomograms for the connection between equatorial and ecliptic coordinates (Nos. 8b and 9b) are of this kind; nevertheless, they may be sufficient for many purposes, since in most cases points with low latitude coordinates (near to ecliptic and equator) will be of interest.

The latitude Nomograms for the relation between equator and galaxy (Nomograms 10b and 11b) are decomposed into two partial Nomograms for latitude values below 65° (Nomogram A) and above 65° (B); thus high latitude values, too, can be read off with a relatively high accuracy.
To use a Nomogram, we put the index line (a transparent ruler carrying a straight hairline) through the two appropriate points in the scales of the arguments. The required value is then read off at the point of intersection with the third scale.

Before doing so, we should know which partial Nomogram (in cases where the Nomogram is decomposed) is to be taken into account, and which of the different lettering systems is to be used. To settle these problems, a rectangular auxiliary diagram is inserted into each Nomogram. Entering the auxiliary diagram with the given longitude coordinate as abscissa and the given latitude coordinate as ordinate, we arrive in the area where the appropriate references are found (letter, or roman numeral, or symbol, respectively). Please observe carefully that these references apply to the scales of the three variables. Because of the restricted reading accuracy in the auxiliary diagram, we may be in doubt for a point close to the boundary line between two areas, as to which area the point really belongs. In such cases we may proceed by trying the two systems in the alignment diagram; there is only one system that will give a result; in the wrong system we do not get a wrong result, but we get no result at all (one of the arguments or the result would in the alignment diagram appear outside the represented interval).

Straßl

Nomogramm 8. Umwandlung äquatorialer Koordinaten α, δ in ekliptikale Koordinaten λ, β

Nomogramm 8a (Seite 686) entspricht der Formel

$$\operatorname{tg} \lambda = \cos \varepsilon \operatorname{tg} \alpha + \sin \varepsilon \operatorname{tg} \delta \sec \alpha$$

Nomogramm 8b (Seite 687) entspricht der Formel

$$\sin \beta = \cos \varepsilon \sin \delta - \sin \varepsilon \cos \delta \sin \alpha$$

(ε = Schiefe der Ekliptik = 23°26ʹ7)

Beispiel: Gegeben $\alpha = 11^h 30^m = 172^\circ\!.5$, $\delta = -22^\circ$

Bestimmung von λ (Nomogramm 8a): Aus dem Hilfsdiagramm ersehen wir, daß System III zu benutzen ist. Die Ablesegerade, durch den Punkt $\alpha = 11^h 30^m = 172^\circ\!.5$ (III) auf dem Ellipsenbogen und den Punkt $\delta = -22^\circ$ auf der geneigten Geraden (III, daher unteres Vorzeichen, unser Punkt liegt auf der linken Seite vom Punkt $\delta = 0^\circ$) gelegt, schneidet die horizontale Skala in einem Punkt, der im System III dem Wert $\lambda = 182^\circ\!.4$ entspricht. Damit hat man die Lösung.

Schätzt man irrtümlich den α,δ-Punkt im Hilfsdiagramm nach Feld II ein, und versucht man demgemäß im System II der Fluchtentafel zu arbeiten, so zeigt sich, daß der Resultatpunkt auf der λ-Geraden außerhalb des dargestellten λ-Bereichs liegen würde; man erhält also kein Resultat.

Bestimmung von β (Nomogramm 8b): Im Hilfsdiagramm liegt der α, δ-Punkt unter der Wellenlinie; daher wird $\beta < 0$, und wir haben uns in der Fluchtentafel von dem Symbol „Quadrat" leiten zu lassen. Auf der α-Skala (links) suchen wir $\alpha = 11^h 30^m = 172^\circ\!.5$ in einer Spalte, die am Kopf mit einem Quadrat gekennzeichnet ist; in der δ-Skala (Kurve) haben wir, dem Symbol „Quadrat" entsprechend, das untere Vorzeichen zu benutzen; demgemäß tritt der Wert $\delta = -22^\circ$ im oberen Teil von $\delta = 0^\circ$ aus auf. Im Schnittpunkt mit der β-Skala (rechts) finden wir den Wert $23^\circ\!.0$; unserem Symbol „Quadrat" entsprechend, bekommen wir $\beta = -23^\circ\!.0$.

Nomogram 8. Conversion of equatorial coordinates α, δ into ecliptic coordinates λ, β

Nomogram 8a (page 686) corresponds to the formula $\operatorname{tg} \lambda = \cos \varepsilon \operatorname{tg} \alpha + \sin \varepsilon \operatorname{tg} \delta \sec \alpha$

Nomogram 8b (page 687) corresponds to the formula $\sin \beta = \cos \varepsilon \sin \delta - \sin \varepsilon \cos \delta \sin \alpha$

(ε = obliquity of ecliptic = 23°26ʹ7)

Example: Given $\alpha = 11^h 30^m = 172^\circ\!.5$, $\delta = -22^\circ$

Determination of λ (Nomogram 8a): From the auxiliary diagram we see that system III is to be used. The index line, put through the point $\alpha = 11^h 30^m = 172^\circ\!.5$ (III) on the elliptic arc and through the point $\delta = -22^\circ$ on the sloping scale (III, therefore lower sign; our point lies on the left-hand side of the point $\delta = 0^\circ$), intersects the longitude scale at a point corresponding, in system III, to the value $\lambda = 182^\circ\!.4$. This is the solution.

If the α,δ-point in the auxiliary diagram is erroneously ascribed to area II and we try to work in system II of the alignment diagram, it will appear that the resulting point on the λ line would be outside the represented λ interval and we would not get a result.

Determination of β (Nomogram 8b): In the auxiliary diagram the point lies below the waved line; thus $\beta < 0$, and we are to be guided by the symbol "square" in the alignment diagram. On the α scale (at left) we look for $\alpha = 11^h 30^m = 172^\circ\!.5$ in a column headed with a square; in the δ scale (curve), corresponding to the symbol "square", we have to use the lower sign; accordingly, the value $\delta = -22^\circ$ appears in the upper part from $\delta = 0^\circ$. At the intersection point on the β scale we find the value $23^\circ\!.0$; corresponding to our symbol "square", we get $\beta = -23^\circ\!.0$.

Nomogramm 9. Umwandlung ekliptikaler Koordinaten λ, β in äquatoriale Koordinaten α, δ

Nomogramm 9a (Seite 688) entspricht der Formel

$$\operatorname{tg} \alpha = \cos \varepsilon \operatorname{tg} \lambda - \sin \varepsilon \operatorname{tg} \beta \sec \lambda$$

Nomogramm 9b (Seite 689) entspricht der Formel

$$\sin \delta = \cos \varepsilon \sin \beta + \sin \varepsilon \cos \beta \sin \lambda$$

(ε = Schiefe der Ekliptik = 23°26ʹ7)

Beispiel: Gegeben $\lambda = 133^\circ$, $\beta = +37^\circ$

Bestimmung von α (Nomogramm 9a): Aus dem Hilfsdiagramm ersehen wir, daß Ablesesystem II zu benutzen ist. Die Ablesegerade, durch den Punkt $\lambda = 133^\circ$ (II) auf dem Ellipsenbogen und den Punkt $\beta = +37^\circ$ auf der geneigten Geraden (II, daher oberes Vorzeichen, unser Punkt liegt auf der linken Seite vom Punkt $\beta = 0^\circ$ aus) gelegt, schneidet die horizontale Skala in einem Punkt, der im System II dem Wert $\alpha = 151^\circ\!.4 = 10^h 06^m$ entspricht. Damit hat man die Lösung.

Bestimmung von δ (Nomogramm 9b): Im Hilfsdiagramm liegt der λ,β-Punkt oberhalb der Wellenlinie; daher wird $\delta > 0$, und wir haben uns in der Fluchtentafel von dem Symbol „Kreis" leiten zu lassen. Auf der λ-Skala (rechts) suchen wir $\lambda = 133^\circ$ in einer Spalte, die am Kopf mit einem Kreis gekennzeichnet ist; in der β-Skala (Kurve) haben wir, dem Symbol „Kreis" entsprechend, das obere Vorzeichen zu benutzen; demgemäß tritt der Wert $\beta = +37^\circ$ im oberen Teil von $\beta = 0^\circ$ aus auf. Im Schnittpunkt mit der δ-Skala (links) finden wir den Wert $51^\circ\!.7$; unserem Symbol „Kreis" entsprechend, bekommen wir $\delta = +51^\circ\!.7$.

Nomogram 9. Conversion of ecliptic coordinates λ, β into equatorial coordinates α, δ

Nomogram 9a (page 688) corresponds to the formula $\operatorname{tg} \alpha = \cos \varepsilon \operatorname{tg} \lambda - \sin \varepsilon \operatorname{tg} \beta \sec \lambda$

Nomogram 9b (page 689) corresponds to the formula $\sin \delta = \cos \varepsilon \sin \beta + \sin \varepsilon \cos \beta \sin \lambda$

(ε = obliquity of ecliptic = 23°26ʹ7)

Example: Given $\lambda = 133^\circ$, $\beta = +37^\circ$

Determination of α (Nomogram 9a): From the auxiliary diagram we see that lettering system II is to be used. The index line, put through the point $\lambda = 133^\circ$ (II) on the elliptic arc and through the point $\beta = +37^\circ$ on the sloping line (II, therefore upper sign; our point lies on the left-hand side of the point $\beta = 0^\circ$), intersects the horizontal scale at a point which, in system II, corresponds to the value $\alpha = 151^\circ\!.4 = 10^h 06^m$; this is the solution.

Determination of δ (Nomogram 9b): In the auxiliary diagram the λ,β-point lies above the waved line; therefore $\delta > 0$, and we are to be guided by the symbol "circle" in the alignment diagram. On the λ scale (at right) we look for $\lambda = 133^\circ$ in a column which by its heading is characterized with a circle; in the β scale (curve), according to the symbol "circle", we have to use the upper sign; accordingly, the value $\beta = +37^\circ$ appears above $\beta = 0^\circ$. At the intersection point with the δ scale (at left) we find the value $51^\circ\!.7$; in accordance with our symbol "circle", we get $\delta = +51^\circ\!.7$.

Straßl

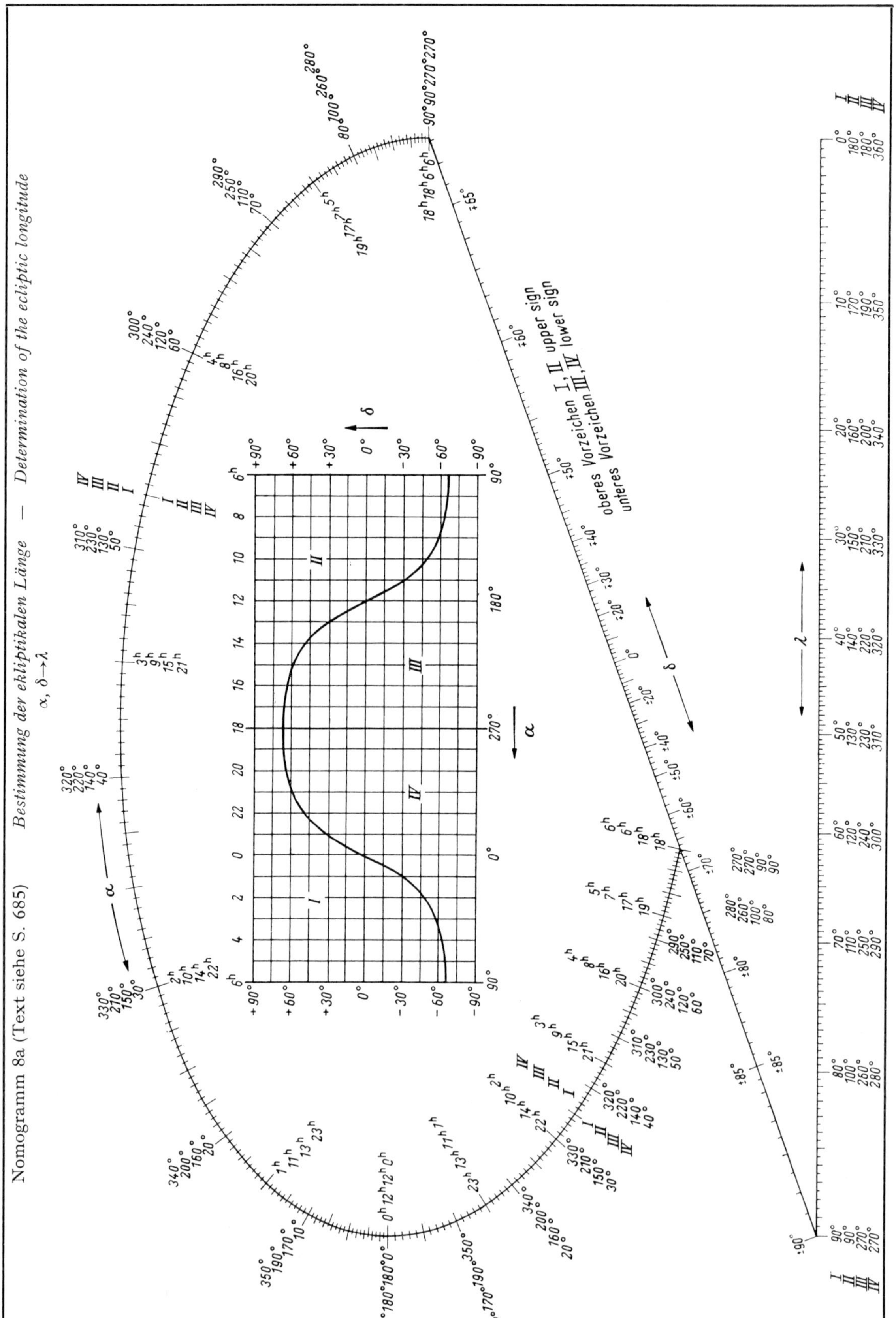

Nomogramm 8a (Text siehe S. 685)
Bestimmung der ekliptikalen Länge — Determination of the ecliptic longitude
α, δ→λ
oberes Vorzeichen I, II upper sign
unteres Vorzeichen III, IV lower sign

Straßl

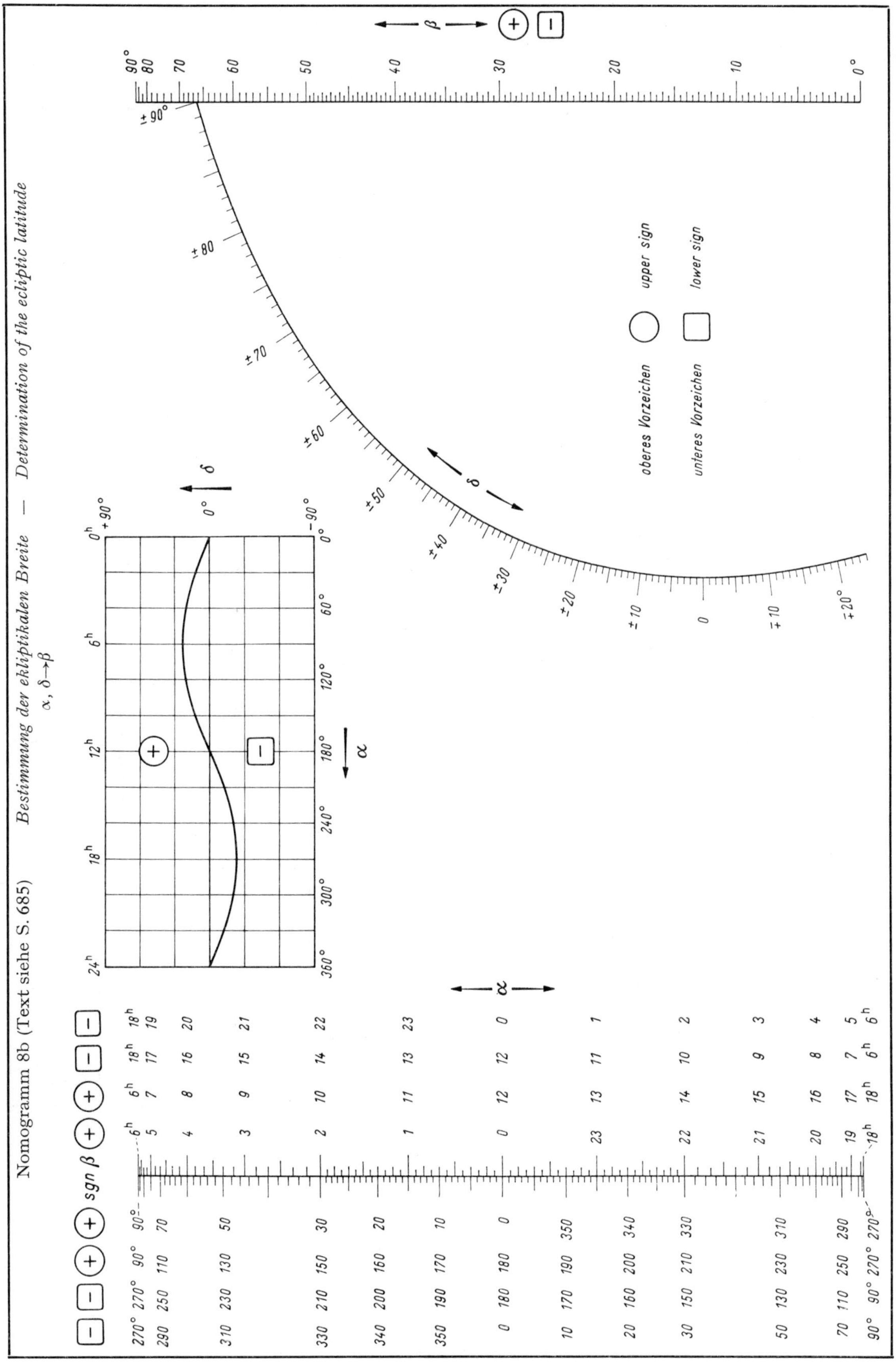

Nomogramm 8b (Text siehe S. 685) *Bestimmung der ekliptikalen Breite — Determination of the ecliptic latitude*

$\alpha, \delta \rightarrow \beta$

Nomogramm 9a (Text siehe S. 685)

Bestimmung der Rektaszension — Determination of the right ascension

$\lambda, \beta \rightarrow \alpha$

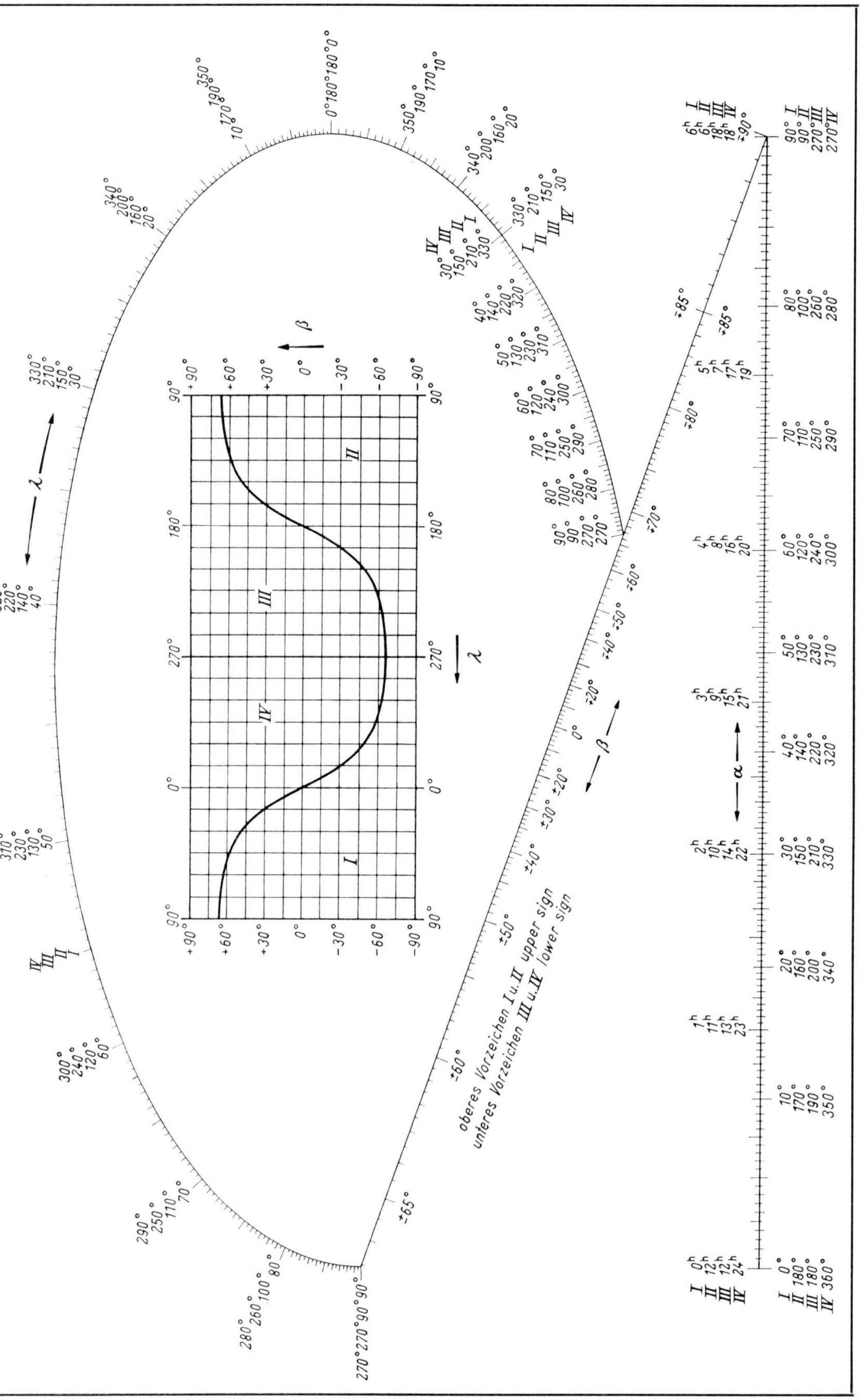

Straßl

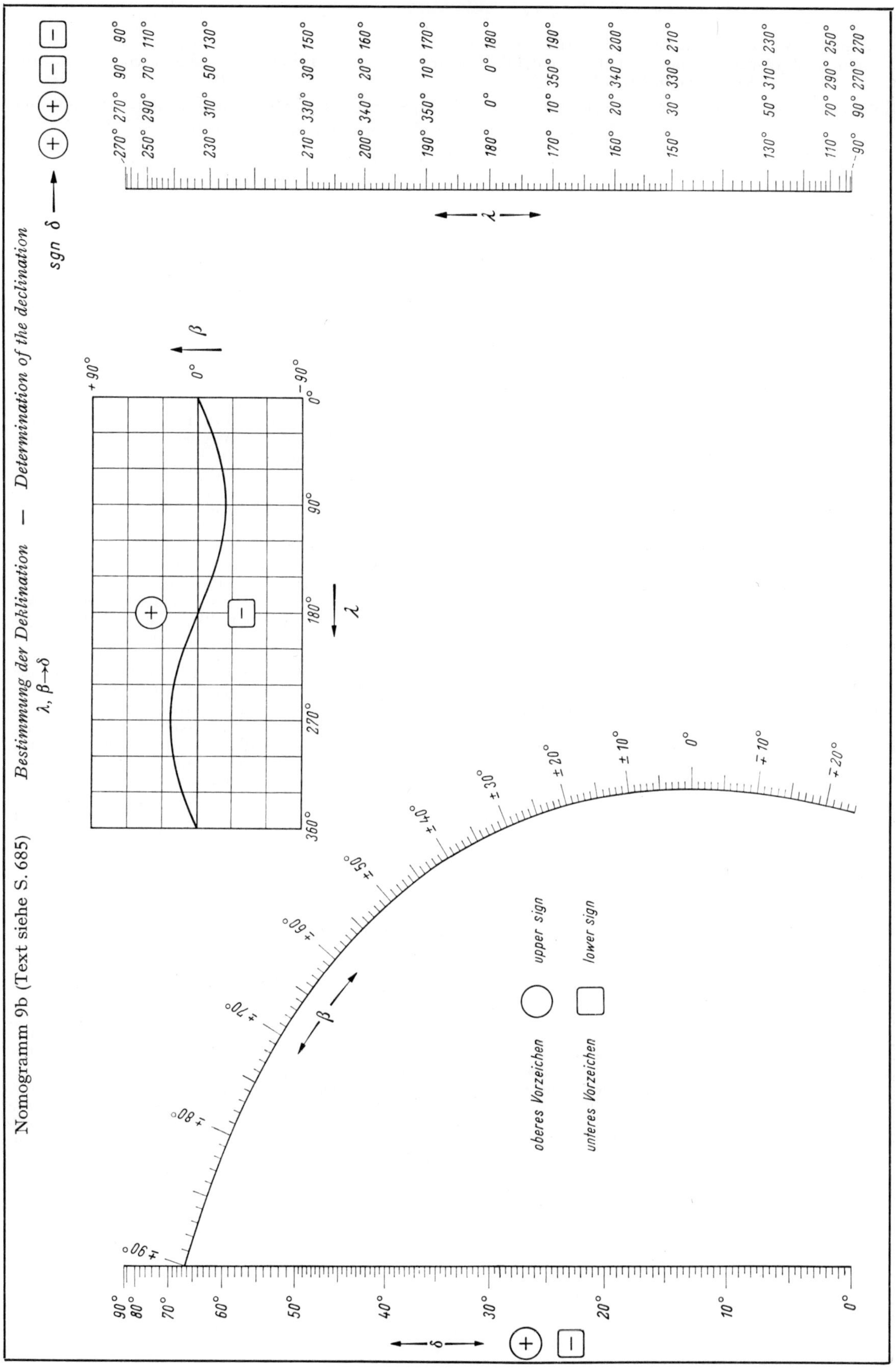
Nomogramm 9b (Text siehe S. 685)
Bestimmung der Deklination — Determination of the declination
λ, β→δ
sgn δ
λ
β
δ
oberes Vorzeichen
upper sign
unteres Vorzeichen
lower sign

Nomogramm 10. Umwandlung äquatorialer Koordinaten α, δ (Äquinoktium 1950.0) in galaktische Koordinaten l^{II}, b^{II}

Nomogramm 10a (Seite 691) entspricht der Formel

$$\mathrm{tg}\,(l^{II} - 33°) = \cos i\ \mathrm{tg}\,(\alpha - 18^h49^m) + \sin i\ \mathrm{tg}\,\delta\ \sec\,(\alpha - 18^h49^m)$$

Nomogramm 10b (Seiten 692 und 693) entspricht der Formel

$$\sin b^{II} = \cos i \sin \delta - \sin i \cos \delta \sin (\alpha - 18^h49^m)$$

$$i = 62.^\circ 6$$

Nomogramm 10b besteht aus den beiden Fluchtentafeln A (rechts, Seite 693) und B (links unten, Seite 692) sowie dem rechteckigen Wegweiserdiagramm (links oben). A kommt in Betracht für $|b^{II}| \leqq 65°$, B für $|b^{II}| \geqq 65°$.

Beispiel 1: Gegeben $\alpha = 23^h16^m$, $\delta = -29°$

Bestimmung von l^{II} (Nomogramm 10a): Im Hilfsdiagramm liegt der α,δ-Punkt im Feld IV; daher ist Beschriftungssystem IV zu benutzen. Die Ablesegerade, durch den Punkt $\alpha = 23^h16^m$ (IV) auf dem Ellipsenbogen und den Punkt $\delta = -29°$ auf der geneigten Geraden (IV, daher untere Beschriftung, unser Punkt liegt auf der linken Seite vom Punkt $\delta = 0°$ aus) gelegt, schneidet die horizontale Skala in einem Punkt, der im System IV dem Wert $l^{II} = 23°$ entspricht. Damit hat man die Lösung.

Schätzt man irrtümlich den α,δ-Punkt im Hilfsdiagramm nach Feld I ein, und versucht man demgenäß im System I der Fluchtentafel zu arbeiten, so zeigt sich, daß unser δ-Wert im Nomogramm nicht dargestellt ist (er würde jenseits des rechten Endes der δ-Skala liegen); daher läßt sich die Fluchtung nicht ausführen, und wir bekommen kein Resultat.

Bestimmung von b^{II} (Nomogramm 10b): Zunächst gehen wir mit den rechtwinkligen Koordinaten $\alpha = 23^h16^m$, $\delta = -29°$ in das Hilfsdiagramm ein. Der entsprechende Punkt liegt dort in einem mit B bezeichneten Feld, daher haben wir Nomogramm B zu benutzen. Außerdem ist wesentlich, daß der Punkt unterhalb der Wellenlinie liegt; daher wird b^{II} negativ (entsprechend dem Hinweis rechts oben am Hilfsdiagramm), und in Nomogramm B ist die Beschriftung mit dem Symbol „Quadrat" zu benutzen. Wir legen die Ablesegerade durch den Punkt $\boxed{\alpha} = 23^h16^m$ der geneigten α-Skala und den Punkt $\boxed{\delta} = 29°$ auf dem schlanken Ellipsenbogen; in ihrem Schnittpunkt mit der vertikalen Skala finden wir $\boxed{b} = 69.^\circ 6$; daher bekommen wir $b^{II} = -69.^\circ 6$.

Beispiel 2: Gegeben $\alpha = 23^h16^m$, $\delta = +29°$

Bestimmung von l^{II} (Nomogramm 10a): Aus dem Hilfsdiagramm ersehen wir, daß Ablesesystem I zu benutzen ist. Mit Hilfe der Ablesegeraden finden wir in der Fluchtentafel (I) die Lösung $l^{II} = 99.^\circ 7$.

Bestimmung von b^{II} (Nomogramm 10b): Im Hilfsdiagramm befindet sich der Punkt $\alpha = 23^h16^m$, $\delta = +29°$ in einem Feld, das durch A II charakterisiert ist; daher haben wir mit Nomogramm A zu arbeiten und die Skalen II für α und δ zu benutzen. Da weiterhin unser Punkt im Hilfsdiagramm unterhalb der Wellenlinie liegt, wird b^{II} negativ, und wir müssen uns in der Fluchtentafel von dem Symbol „Quadrat" leiten lassen. In Nomogramm A legen wird die Ablesegerade durch den Punkt $\alpha = 23^h16^m$ der vertikalen α-Skala II (der Wert erscheint dort in einer mit dem Symbol „Quadrat" überschriebenen Beschriftungsspalte) und den Punkt $\delta = +29°$ der gekrümmtcn δ-Skala II. In dieser δ-Skala gilt in unserem Fall („Quadrat"!) das untere Vorzeichen; der Punkt $\delta = +29°$ liegt unterhalb vom Punkt $\delta = 0°$. Im Schnittpunkt mit der vertikalen b-Skala (rechts) finden wir den Wert $29.^\circ 4$, der („Quadrat"!) negativ zu nehmen ist; wir erhalten also $b^{II} = -29.^\circ 4$.

Nomogram 10. Conversion of equatorial coordinates α, δ (equinox 1950.0) into galactic coordinates l^{II}, b^{II}

Nomogram 10a (page 691) corresponds to the formula

Nomogram 10b (pages 692 and 693) corresponds to the formula

Nomogram 10b consists of the two alignment diagrams A (at right, page 693) and B (at left bottom page 692) and, besides, the rectangular finding diagram (at left, above). Nomogram A applies to $|b^{II}| \leqq 65°$, Nomogram B to $|b^{II}| \geqq 65°$.

Example 1: Given $\alpha = 23^h16^m$, $\delta = -29°$

Determination of l^{II} (Nomogram 10a): In the auxiliary diagram the α,δ-point lies in area IV; lettering system IV, therefore, is to be used. The index line, put through the point $\alpha = 23^h16^m$ (IV) on the elliptic arc and through the point $\delta = -29°$ on the sloping line (IV, therefore lower lettering; our point lies on the left-hand side of the point $\delta = 0°$), intersects the horizontal scale in a point that, in system IV, corresponds to the value $l^{II} = 23°$ which is the solution.

If the α,δ-point in the auxiliary diagram is erroneously ascribed to area I and we try, therefore, to work in system I of the alignment diagram, it appears that our value of δ is not represented in the Nomogram (the point would lie beyond the right-hand boundary of the δ scale); the alignment, therefore, cannot be carried out, and we get no result.

Determination of b^{II} (Nomogram 10b): At first we enter the auxiliary diagram with the rectangular coordinates $\alpha = 23^h16^m$, $\delta = -29°$. The corresponding point lies in an area designated by B, so that we have to use Nomogram B. Besides, it is decisive that the point lies below the waved line; therefore b^{II} will be negative (corresponding to the reference given on the right above in the auxiliary diagram), and in Nomogram B the lettering with the symbol "square" is to be used. We put the index line through the point $\boxed{\alpha} = 23^h16^m$ of the sloping α scale and the point $\boxed{\delta} = 29°$ on the slender elliptic arc; at its intersection point on the vertical scale we find $\boxed{b} = 69.^\circ 6$; thus we get $b^{II} = -69.^\circ 6$.

Example 2: Given $\alpha = 23^h16^m$, $\delta = +29°$

Determination of l^{II} (Nomogram 10a): From the auxiliary diagram we see that lettering system I is to be used. With the help of the index line we find in the alignment diagram (I): $l^{II} = 99.^\circ 7$, which is the solution.

Determination of b^{II} (Nomogram 18b): In the auxiliary diagram the point $\alpha = 23^h16^m$, $\delta = +29°$ is found to be in the area characterized by A II, so that we have to work with Nomogram A and to use the scales II for α and δ. Moreover, since our point in the auxiliary diagram lies below the waved line, b^{II} will be negative, and we are to be guided by the symbol "square" in the alignment diagram. In Nomogram A we put the index line through the point $\alpha = 23^h16^m$ of the vertical α scale II (there the value appears in a lettering column headed with the symbol "square") and through the point $\delta = +29°$ of the curved δ scale II. With this δ scale in our case ("square"!) the lower sign is valid; the point $\delta = +29°$ lies below the point $\delta = 0°$. At the point of intersection with the vertical b scale (at right) we find the value $29.^\circ 4$ which ("square"!) is to be taken negative; thus we get $b^{II} = -29.^\circ 4$.

Straßl

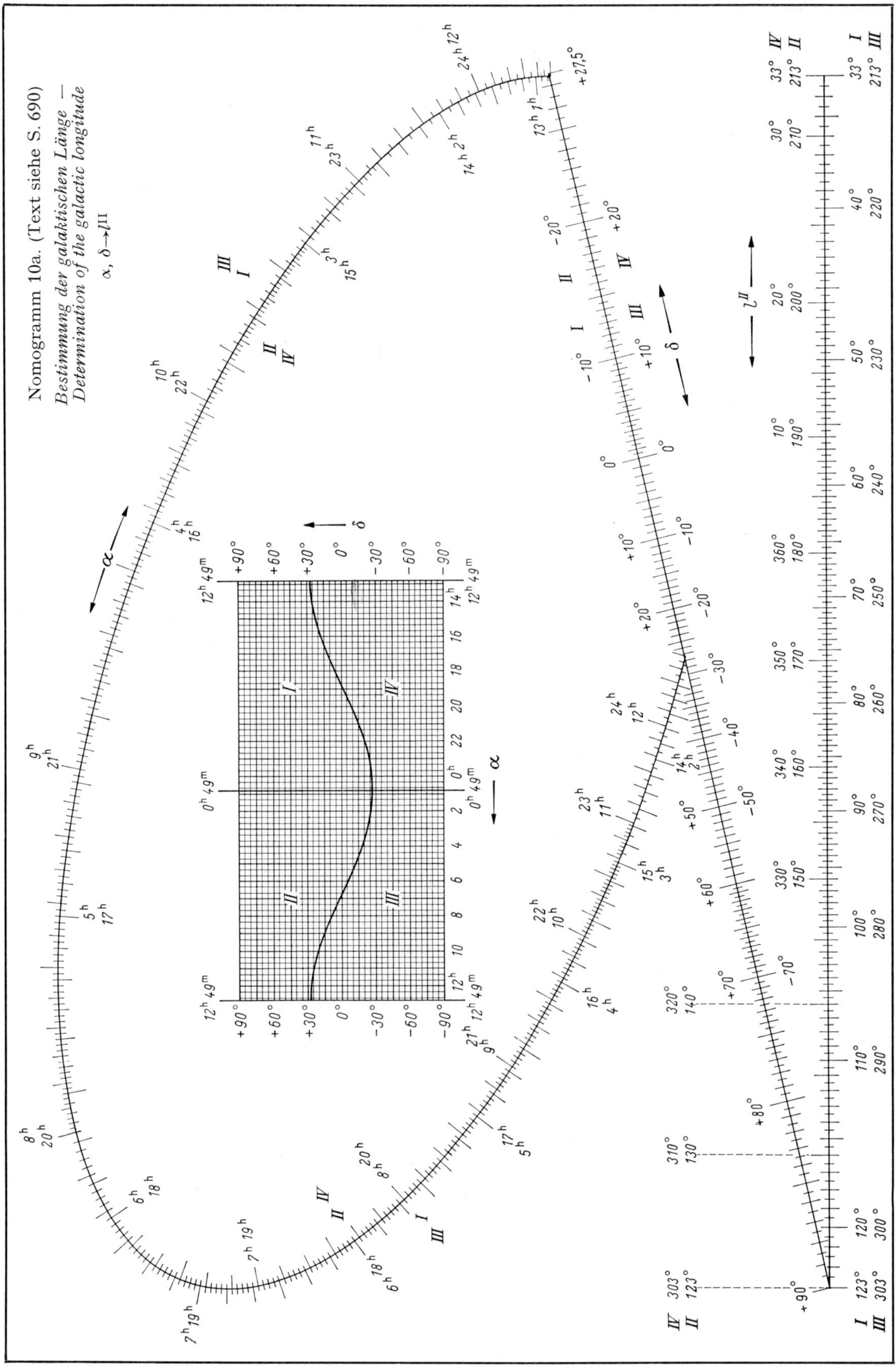
Nomogramm 10a. (Text siehe S. 690)
Bestimmung der galaktischen Länge —
Determination of the galactic longitude
α, δ→l^II

Nomogramm 10b. (Text siehe S. 690)

Bestimmung der galaktischen Breite — *Determination of the galactic latitude*

$\alpha,\ \delta \rightarrow b^{\mathrm{II}}$

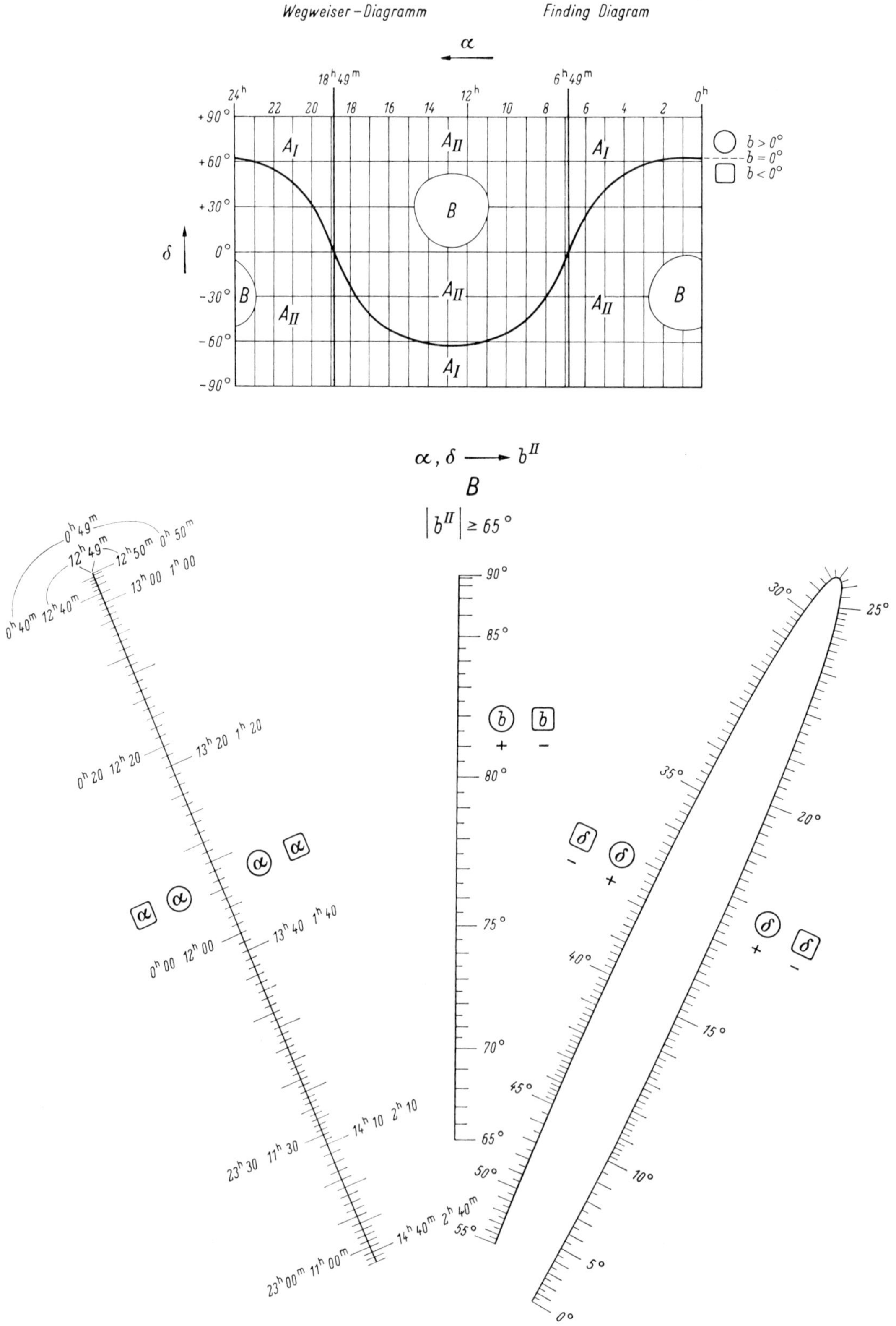

Straßl

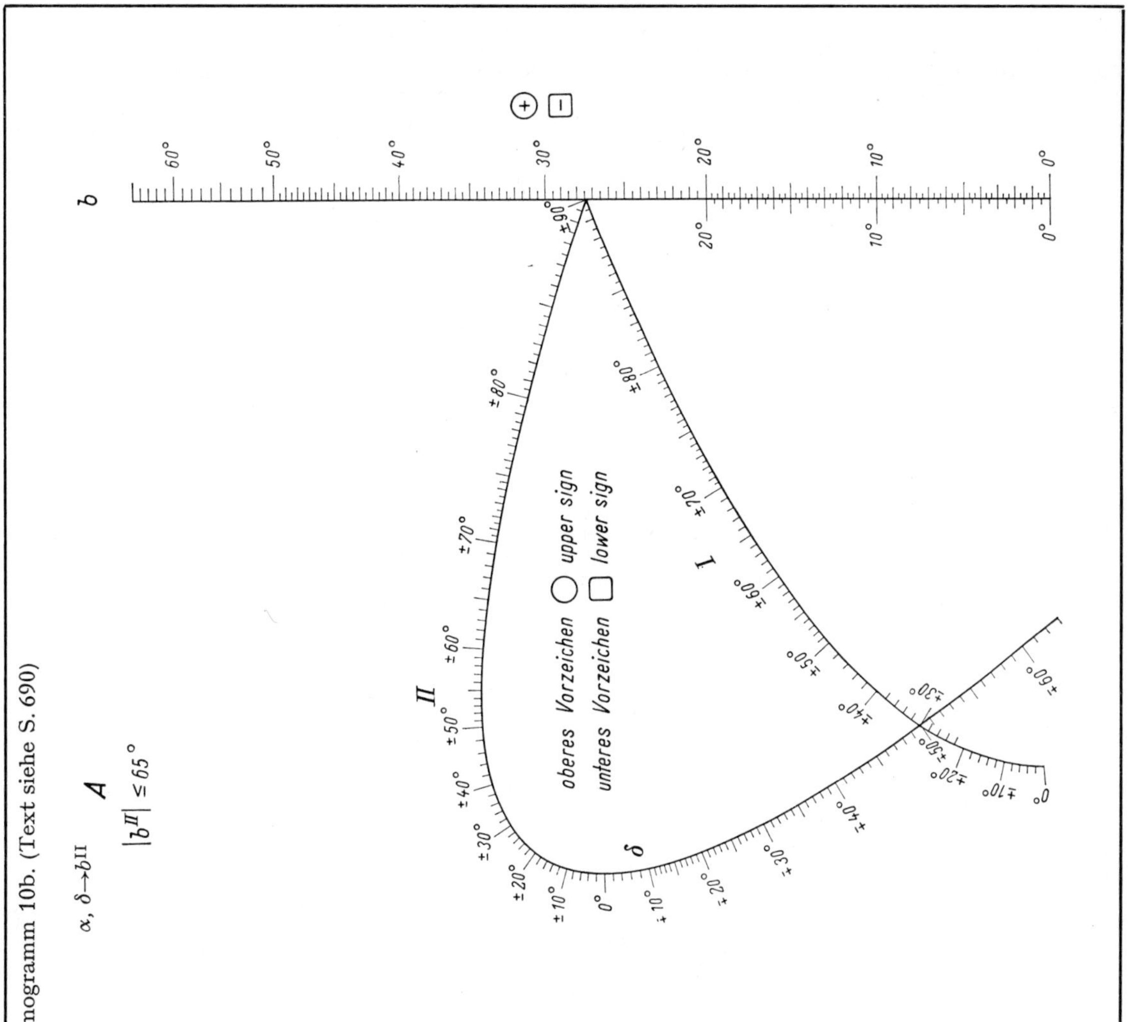

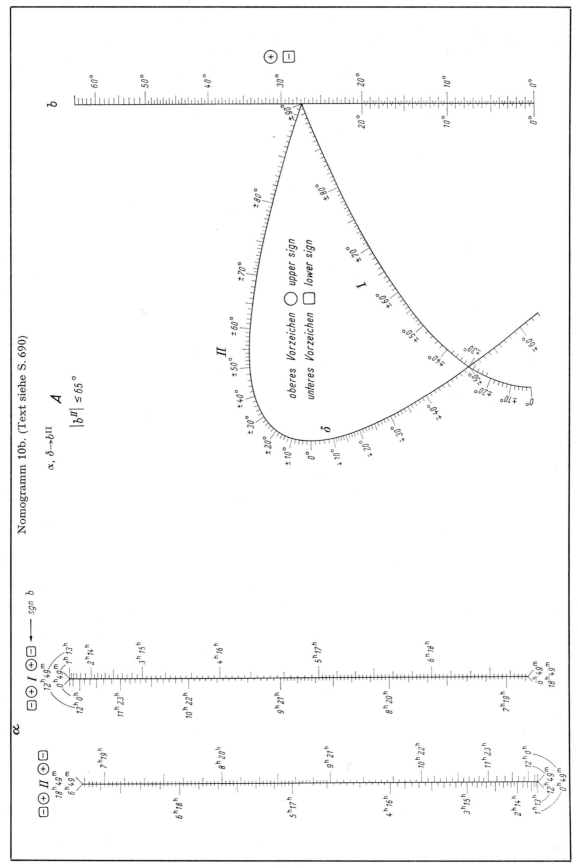

Nomogramm 10b. (Text siehe S. 690)

Nomogramm 11. Umwandlung galaktischer Koordinaten l^{II}, b^{II} in äquatoriale Koordinaten α, δ (Äquinoktium 1950.0)

Nomogramm 11a (Seite 695) entspricht der Formel

Nomogram 11. Conversion of galactic coordinates l^{II}, b^{II} into equatorial coordinates α, δ (equinox 1950.0)

Nomogram 11a (page 695) corresponds to the formula

$$\operatorname{tg}(\alpha - 18^h 49^m) = \cos i \operatorname{tg}(l^{II} - 33°) - \sin i \operatorname{tg} b^{II} \sec (l^{II} - 33°)$$

Nomogramm 11b (Seiten 696 und 697) entspricht der Formel

Nomogram 11b (pages 696 and 697) corresponds to the formula

$$\sin \delta = \cos i \sin b^{II} + \sin i \cos b^{II} \sin (l^{II} - 33°)$$

$$i = 62\overset{\circ}{,}6$$

Nomogramm 11b besteht aus den beiden Fluchtentafeln A (rechts, Seite 697) und B (links unten, Seite 696) sowie dem rechteckigen Wegweiserdiagramm (links oben). A kommt in Betracht für $|\delta| \leqq 65°$, B für $|\delta| \geqq 65°$.

Nomogram 11b consists of the two alignment diagrams A (on right, page 697) and B (on the left bottom, page 696) and, besides, the rectangular finding diagram (at the left above). Nomogram A applies to $|\delta| \leqq 65°$, Nomogram B to $|\delta| \geqq 65°$.

Beispiel 1: Gegeben $l^{II} = 55°$, $b^{II} = +5°$

Bestimmung von α (Nomogramm 11a): Im Hilfsdiagramm liegt der Punkt $l^{II} = 55°$, $b^{II} = +5°$ im Feld III; daher ist Beschriftungssystem III zu benutzen. Die Ablesegerade, durch den Punkt $l^{II} = 55°$ (III) auf dem Ellipsenbogen und den Punkt $b^{II} = +5°$ auf der geneigten Geraden (III, daher untere Beschriftung; unser Punkt liegt auf der linken Seite vom Punkt $b^{II} = 0°$ aus) gelegt, schneidet die horizontale Skala in einem Punkt, der im System III dem Wert $\alpha = 19^h 12\overset{m}{,}3$ entspricht. Damit hat man die Lösung.

Schätzt man irrtümlich den l^{II}, b^{II}-Punkt im Hilfsdiagramm nach Feld II ein, und versucht man demgemäß in System II der Fluchtentafel zu arbeiten, so zeigt sich, daß die Ablesegerade die horizontale Skala in einem Punkt schneiden würde, der auf der Verlängerung des dargestellten Intervalls nach links liegen würde; man bekommt daher kein Resultat.

Bestimmung von δ (Nomogramm 11b): Zunächst gehen wir mit den rechtwinkligen Koordinaten $l^{II} = 55°$, $b^{II} = +5°$ in das Hilfsdiagramm ein. Der entsprechende Punkt liegt dort in einem Feld, das mit A II bezeichnet ist; daher haben wir in Nomogramm A zu arbeiten und die Skalen II für l^{II} und b^{II} zu benutzen. Da weiterhin unser Punkt im Hilfsdiagramm oberhalb der Wellenlinie liegt, wird δ positiv, und wir müssen uns in der Fluchtentafel von dem Symbol „Kreis" leiten lassen (entsprechend dem Hinweis rechts oben am Hilfsdiagramm). In Nomogramm A legen wir die Ablesegerade durch den Punkt $l^{II} = +55°$ der vertikalen l^{II}-Skala II (der Wert erscheint dort in einer mit dem Symbol „Kreis" überschriebenen Beschriftungsspalte) und den Punkt $b^{II} = +5°$ der gekrümmten b^{II}-Skala II. In dieser b^{II}-Skala gilt in unserem Fall („Kreis"!) das obere Vorzeichen; der Punk $b^{II} = +5°$ liegt oberhalb des Punktes $b^{II} = 0°$. Im Schnittpunkt mit der vertikalen δ-Skala (links) finden wir den Wert $21\overset{\circ}{,}8$, der („Kreis"!) positiv zu nehmen ist; wir haben also $\delta = +21\overset{\circ}{,}8$.

Example 1: Given $l^{II} = 55°$, $b^{II} = +5°$

Determination of α (Nomogram 11a): In the auxiliary diagram the point $l^{II} = 55°$, $b^{II} = +5°$ lies in area III; thus the lettering system III is to be used. The index line, put through the point $l^{II} = 55°$ (III) on the elliptic arc and through the point $b^{II} = +5°$ on the sloping line (III, thus lower lettering; our point lies on the left-hand side of the point $b^{II} = 0°$), intersects the horizontal scale at a point that, in systemIII, corresponds to the value $\alpha = 19^h 12\overset{m}{,}3$, which is the solution.

If, erroneously, the l^{II}, b^{II}-point in the auxiliary diagram is ascribed to area II and we try, therefore, to work in system II of the alignment diagram, it will appear that the index line would intersect the horizontal scale at a point beyond the left-hand boundary of the represented interval, so that we would not get a result.

Determination of δ (Nomogram 11b): At first we enter the auxiliary diagram with the rectangular coordinates $l^{II} = 55°$, $b^{II} = +5°$. The corresponding point lies in an area designated by A II; so we have to work in Nomogram A and to use the scales II for l^{II} and b^{II}. Moreover, since our point in the auxiliary diagram lies above the waved line, δ will be positive, and we are to be guided by the symbol "circle" in the alignment diagram (according to the reference given at the right above in the auxiliary diagram). In Nomogram A we put the index line through the point $l^{II} = +55°$ of the vertical l^{II} scale II (there the value appears in a lettering column headed with the symbol "circle") and through the point $b^{II} = +5°$ of the curved b^{II} scale II. In this b^{II} scale, in our case ("circle"!), the upper sign is valid; the point $b^{II} = +5°$ lies above the point $b^{II} = 0°$. At the intersection point with the vertical δ scale (at left) we find the value $21\overset{\circ}{,}8$, which is to be taken positive ("circle"!), so that we get $\delta = +21\overset{\circ}{,}8$.

Beispiel 2: Gegeben $l^{II} = 295°$, $b^{II} = -47°$

Bestimmung von α (Nomogramm 11a): Aus dem Hilfsdiagramm ersehen wir, daß Ablesesystem IV zu benutzen ist. Mit Hilfe der Ablesegeraden finden wir in der Fluchtentafel (IV) die Lösung $\alpha = 1^h 51\overset{m}{,}6$.

Bestimmung von δ (Nomogramm 11b): Im Hilfsdiagramm liegt unser Punkt in einem Gebiet, das mit B bezeichnet ist, daher haben wir Nomogramm B zu benutzen. Außerdem ist wesentlich, daß der Punkt unterhalb der Wellenlinie liegt; daher wird δ negativ, und in Nomogramm B ist die Beschriftung mit dem Symbol „Quadrat" zu benutzen (Hinweis oben rechts am Hilfsdiagramm). Wir legen die Ablesegerade durch den Punkt $\boxed{l^{II}} = 295°$ der geneigten $\boxed{l^{II}}$-Skala und den Punkt $\boxed{b^{II}} = 47°$ auf dem schlanken Ellipsenbogen; in ihrem Schnittpunkt mit der vertikalen Skala finden wir $\boxed{\delta} = 69\overset{\circ}{,}4$; daher bekommen wir $\delta = -69\overset{\circ}{,}4$.

Example 2: Given $l^{II} = 295°$, $b^{II} = -47°$

Determination of α (Nomogram 11a): From the auxiliary diagram we see that lettering system IV is to be used. With the help of the index line we find in the alignment diagram (IV) the solution $\alpha = 1^h 51\overset{m}{,}6$.

Determination of δ (Nomogram 11b): In the auxiliary diagram our point lies in an area designated by B, so that we have to use Nomogram B. Besides, it is decisive that the point lies below the waved line; thus δ will be negative, and in Nomogram B the lettering with the symbol "square" is to be used (corresponding to the reference given at the right above in the auxiliary diagram). We put the index line through the point $\boxed{l^{II}} = 295°$ of the sloping $\boxed{l^{II}}$ scale and the point $\boxed{b^{II}} = 47°$ on the slender elliptic arc. For the intersection point on the vertical scale we find $\boxed{\delta} = 69\overset{\circ}{,}4$, so that we get $\delta = -69\overset{\circ}{,}4$.

Straßl

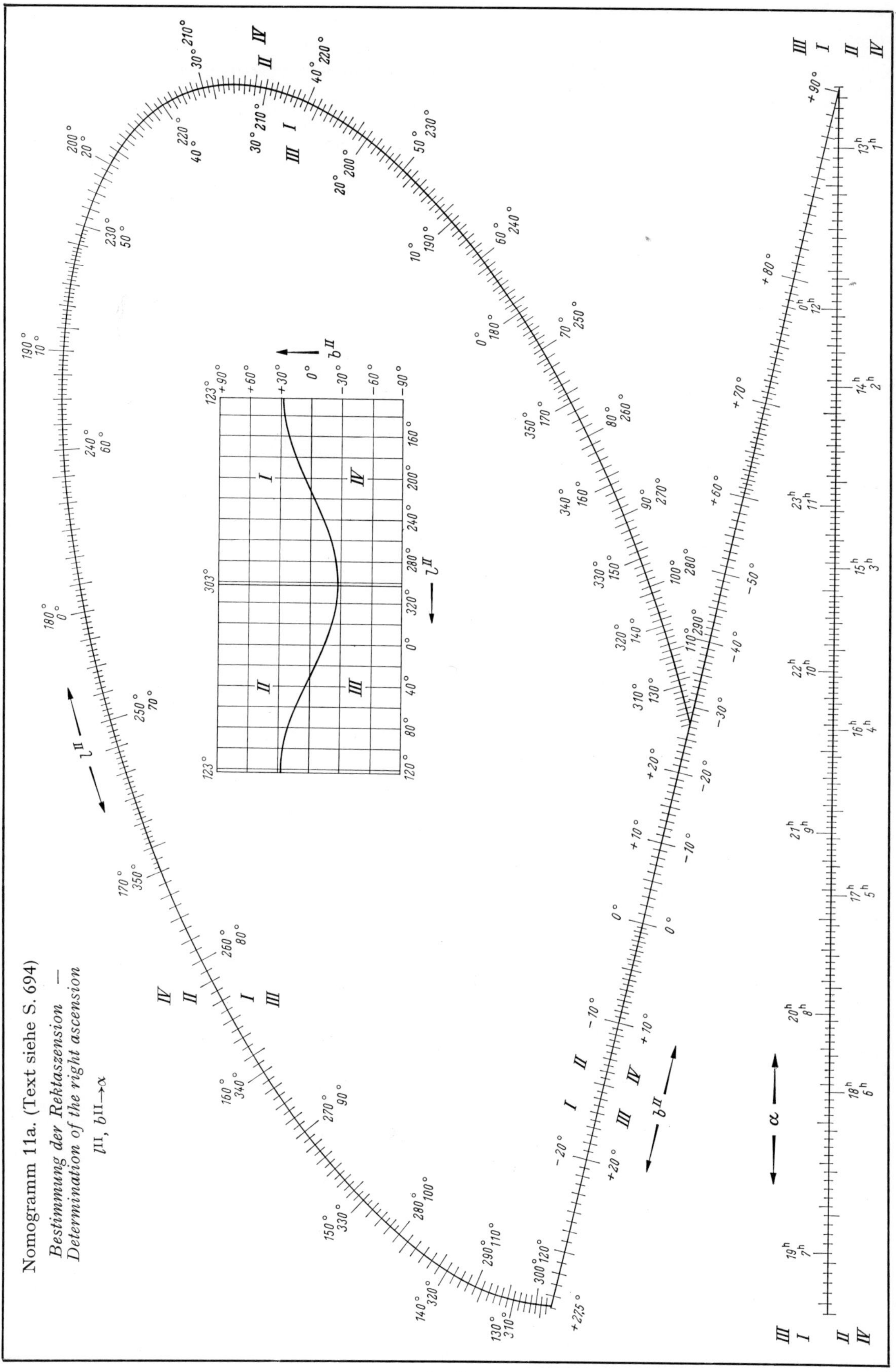

Nomogramm 11a. (Text siehe S. 694)

Bestimmung der Rektaszension — *Determination of the right ascension*

l^{II}, $b^{II} \rightarrow \alpha$

Nomogramm 11b. (Text siehe S. 694)

Bestimmung der Deklination — Determination of the declination

$l^{II}, b^{II} \rightarrow \delta$

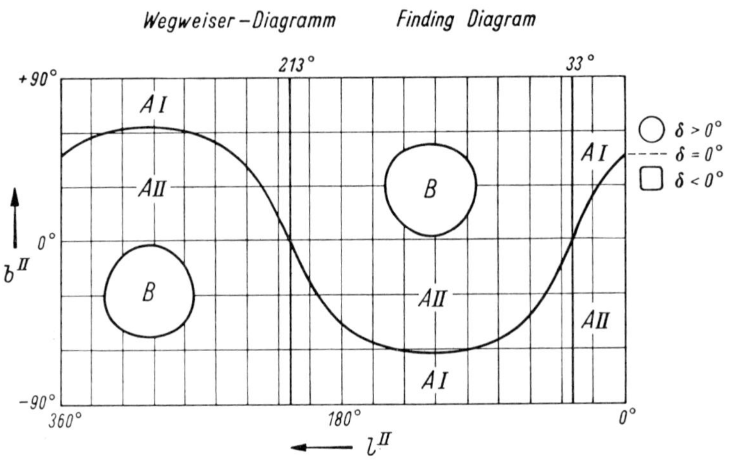

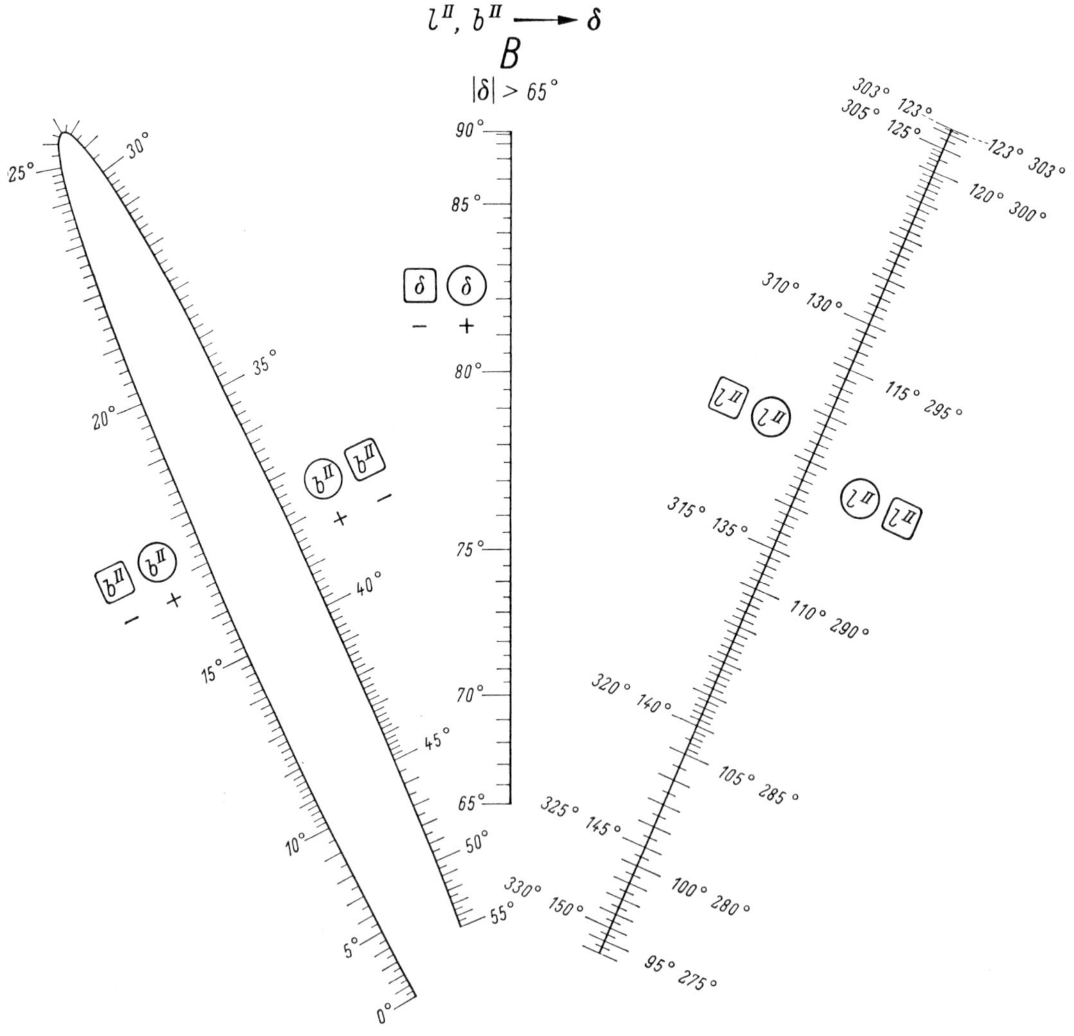

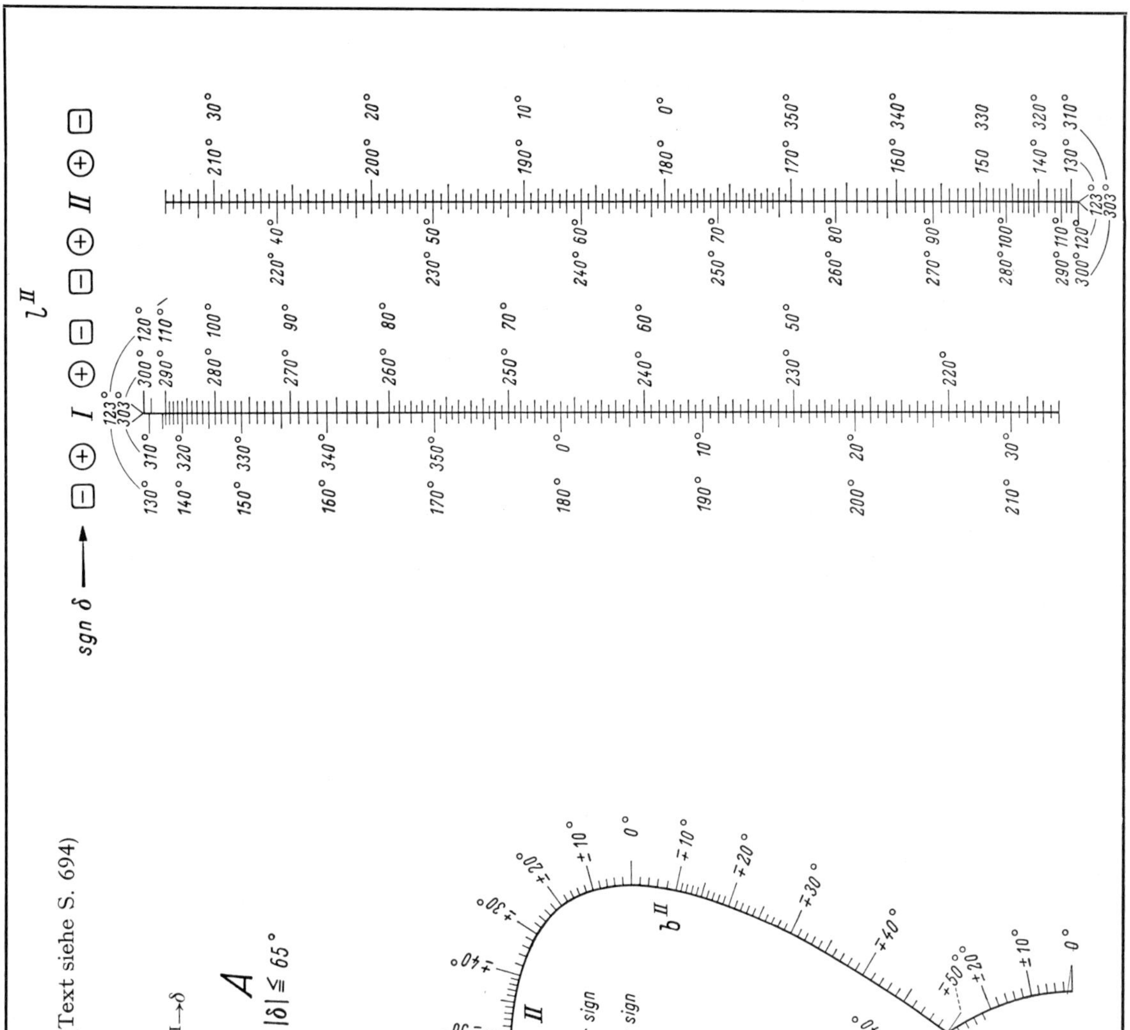

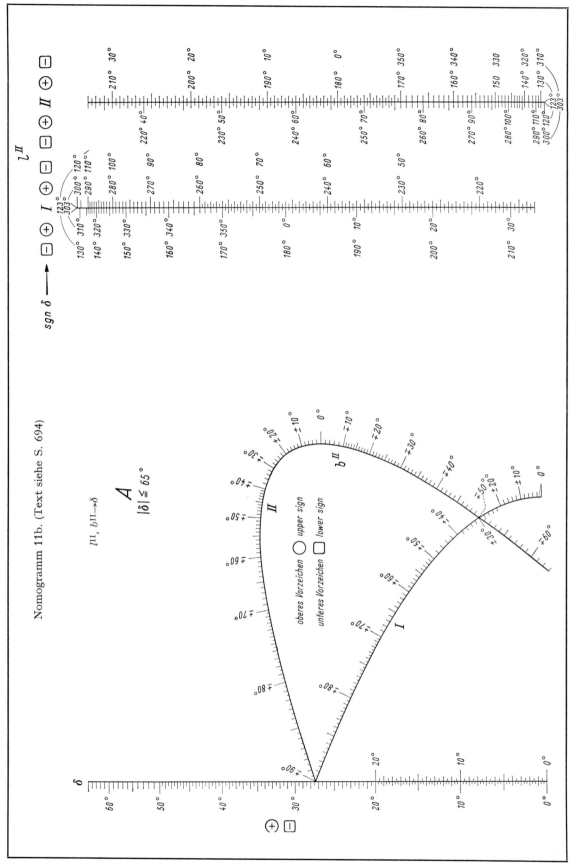

Nomogramm 11b. (Text siehe S. 694)

Straßl

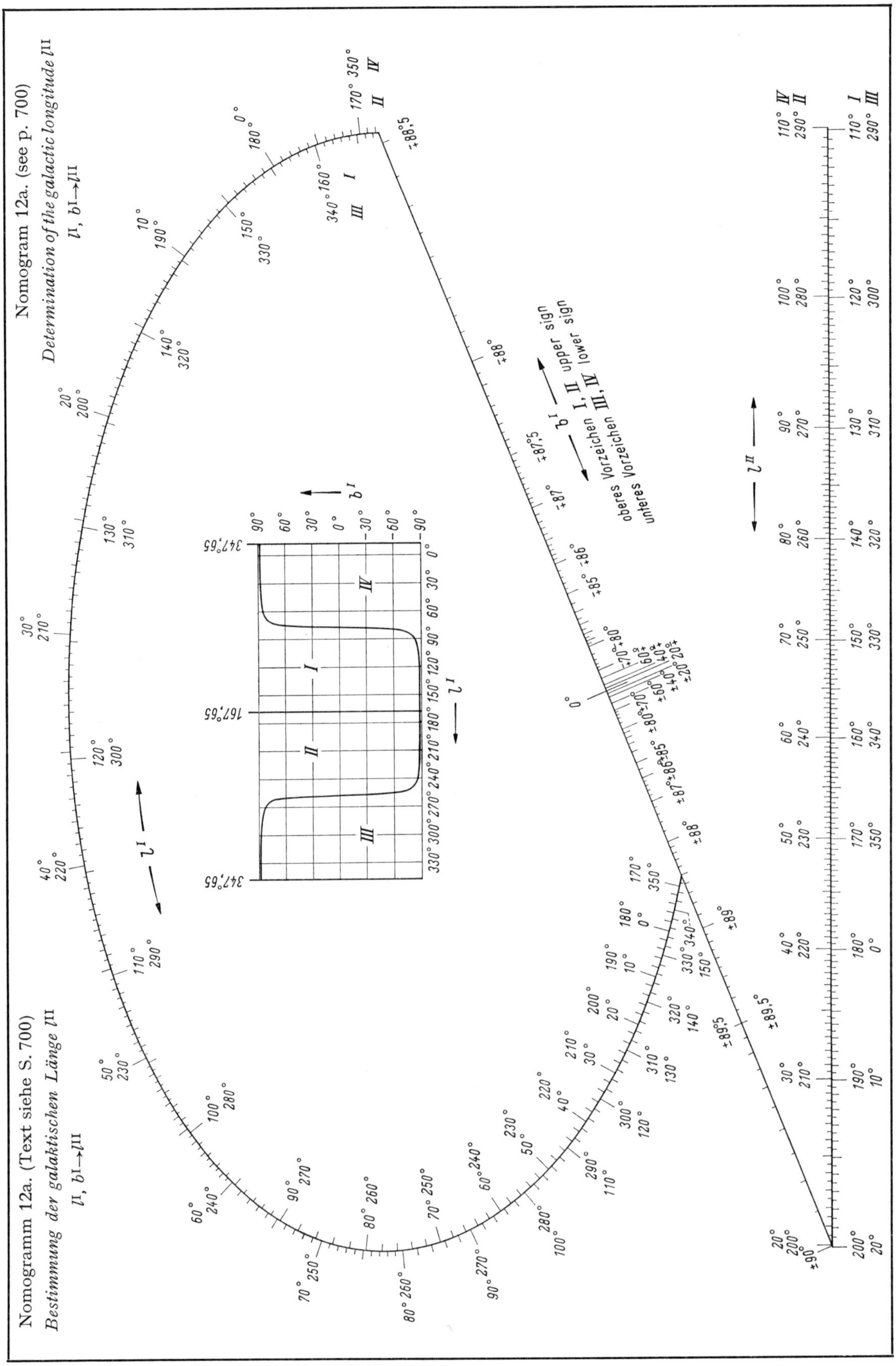
Nomogramm 12a. (Text siehe S. 700)
Bestimmung der galaktischen Länge l^{II}
l^{I}, $b^{I} \rightarrow l^{II}$
Nomogram 12a. (see p. 700)
Determination of the galactic longitude l^{II}
l^{I}, $b^{I} \rightarrow l^{II}$
oberes Vorzeichen I, II upper sign
unteres Vorzeichen III, IV lower sign
347°,65
167°,65

Straßl

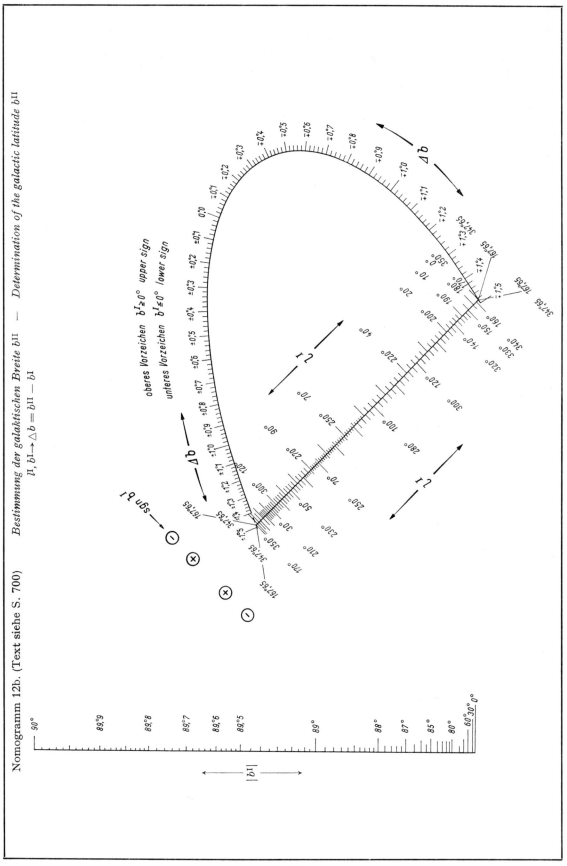

Nomogramm 12b. (Text siehe S. 700) *Bestimmung der galaktischen Breite* b^{II} — *Determination of the galactic latitude* b^{II}

$l^{II}, b^{I} \rightarrow \Delta b = b^{II} - b^{I}$

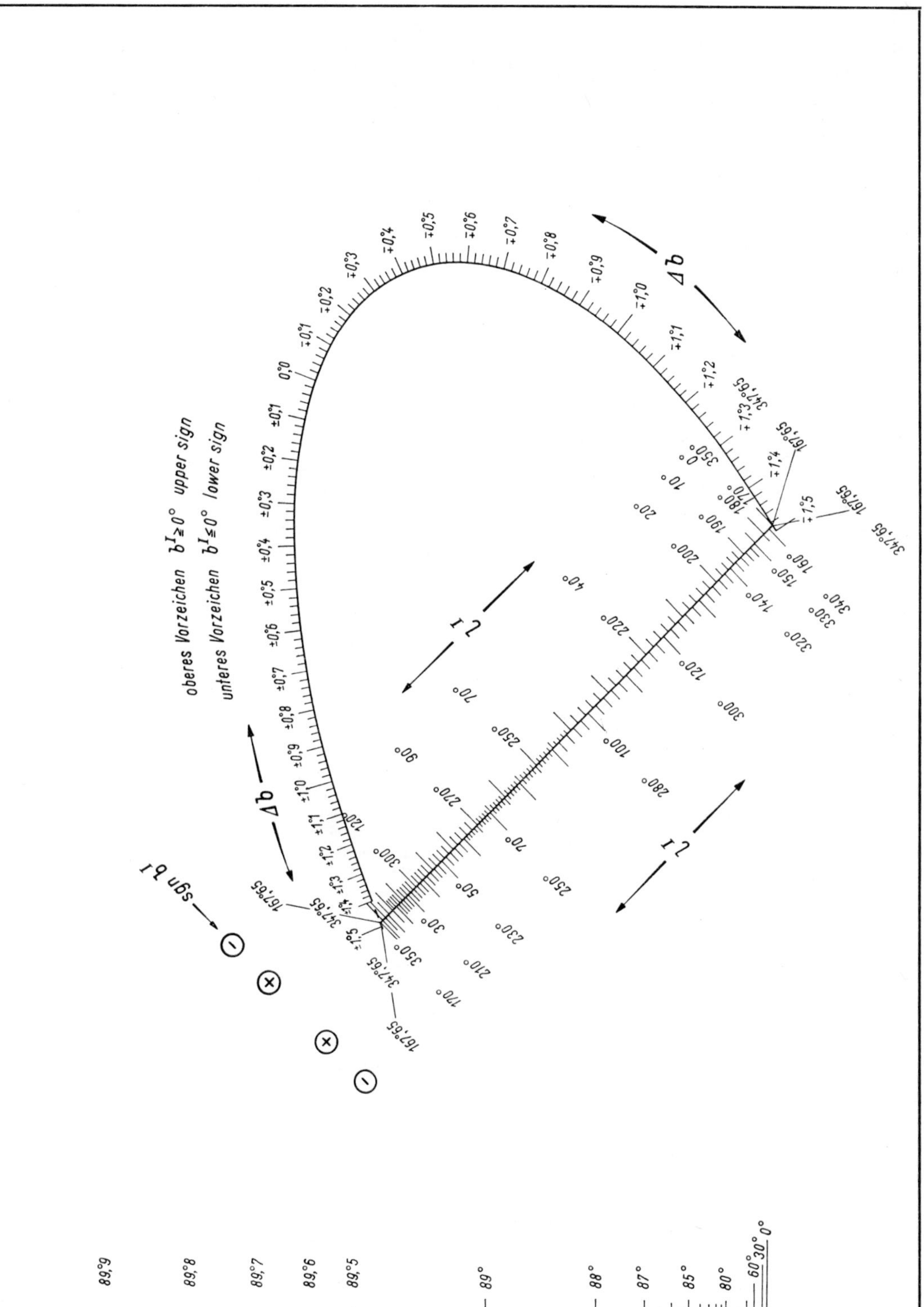

Nomogramm 12: Umrechnung der alten galaktischen Koordinaten l^I, b^I in die neuen l^{II}, b^{II}

Die Neigung zwischen den beiden Systemen ist $\eta = 1\overset{\circ}{,}4866$.
Nomogramm 12a (Seite 698) entspricht der Formel

Nomogram 12: Conversion of the old galactic coordinates l^I, b^I into the new l^{II}, b^{II}

The inclination between the two systems is $\eta = 1\overset{\circ}{,}4866$. Nomogram 12a (page 698) corresponds to the formula

$$\operatorname{tg}(l^{II} - 109\overset{\circ}{,}95) = \cos\eta \ \operatorname{tg}(l^I - 77\overset{\circ}{,}65) + \sin\eta \ \operatorname{tg} b^I \ \sec(l^I - 77\overset{\circ}{,}65)$$

Es ist nach dem gleichen Muster aufgebaut wie die vorausgehenden Nge für eine Längenkoordinate.

Nomogramm 12b (Seite 699) liefert die Größe $\Delta b = b^{II} - b^I$ gemäß der Formel

The nomogram has been devised in the same manner as have the preceding nomograms for a longitude coordinate.

Nomogram 12b (page 699) yields the values $\Delta b = b^{II} - b^I$, according to the formula

$$\operatorname{tg} b^I \ (\cos\Delta b - \cos\eta) + \sin\eta \ \sin(l^I - 77\overset{\circ}{,}65) + \sin\Delta b = 0$$

Dieses Ng besteht aus der vertikalen Skala für die Absolutbeträge der Breite b^I, der geneigten Skala für die Werte der Länge l^I und der gekrümmten Skala (Ellipsenbogen) für die gesuchten Werte Δb. In der b^I-Skala treten die Breitenwerte von 0° bis etwa 80° stark komprimiert am unteren Ende auf; darin kommt zum Ausdruck, daß Δb bei mäßigen Breiten b^I praktisch kaum von b^I abhängt. In der Skala der Längen l^I ist Beschriftungssystem ⊕ im Fall positiver Breiten b^I, Beschriftungssystem ⊖ im Fall negativer Breiten b^I zu benutzen.

Beispiel 1: Gegeben $l^I = 240°$, $b^I = -30°$

Bestimmung von l^{II} (Ng 12a): In dem rechteckigen Hilfsdiagramm liegt der Punkt $l^I = 240°$, $b^I = -30°$ in Feld II, daher haben wir in der Fluchtentafel Beschriftungssystem II zu benutzen. Die Ablesegerade, durch den Punkt $l^I = 240°$ (II) auf dem Ellipsenbogen und den Punkt $b^I = -30°$ auf der geneigten Geraden (II, daher oberes Vorzeichen, der Punkt liegt rechts vom Punkt $b^I = 0°$) gelegt, schneidet die horizontale Skala in einem Punkt, der im System II dem Wert $l^{II} = 273\overset{\circ}{,}1$ entspricht; damit hat man die Lösung.
Bestimmung von b^{II} (Ng 12b): Wegen $b^I < 0$ ist l^I in den Spalten ⊖ aufzusuchen; der Wert 240° findet sich dort auf der linken Seite. Wir legen die Ablesegerade durch diesen Punkt der l^I-Skala und durch den Punkt 30° der $|b^I|$-Skala (ganz unten). Im Schnittpunkt mit der gekrümmten Δb-Skala finden wir (unteres Vorzeichen gemäß Hinweis über der Skala) $\Delta b = -0\overset{\circ}{,}44$. Daher bekommen wir $b^{II} = -30\overset{\circ}{,}00 - 0\overset{\circ}{,}44 = -30\overset{\circ}{,}44$.

Beispiel 2: Gegeben $l^I = 196°$, $b^I = +84°$

Bestimmung von l^{II} (Ng 12a): Aus dem Hilfsdiagramm ersehen wir, daß Ablesesystem II zu benutzen ist. Mit Hilfe der Ablesegeraden finden wir in der Fluchtentafel (II) $l^{II} = 222\overset{\circ}{,}8$.
Bestimmung von b^{II} (Ng 12b): Wegen $b^I > 0$ ist l^I in den Spalten ⊕ aufzusuchen, der Wert 196° findet sich rechts; weiterhin ist in der Δb-Skala das obere Vorzeichen zu nehmen. Durch Fluchtung der Punkte $|b^I| = 84°$ und $l^I = 196°$ mit der Ablesegeraden finden wir $\Delta b = -1\overset{\circ}{,}34$. Daher bekommen wir $b^{II} = +84\overset{\circ}{,}00 - 1\overset{\circ}{,}34 = +82\overset{\circ}{,}66$.

This nomogram consists of the vertical scale for the absolute values of latitude b^I, the sloping scale for the values of longitude l^I, and the curved scale (elliptic arc) for the required values Δb. In the b^I-scale the latitude values from 0° to about 80° appear strongly compressed at bottom. That means that Δb does hardly depend on b^I at moderate latitudes. In the scale of longitudes l^I, lettering system ⊕ is to be used in case of positive latitudes b^I, lettering system ⊖ in case of negative latitudes.

Example 1: Given $l^I = 240°$, $b^I = -30°$

Determination of l^{II} (nomogram 12a): In the rectangular auxiliary diagram the point $l^I = 240°$, $b^I = -30°$ appears in area II, so that we have to use lettering system II in the alignment diagram. The index line, put through the point $l^I = 240°$ (II) on the elliptic arc and through the point $b^I = -30°$ on the sloping straight line (II, thus upper sign, the point appears on the right-hand side of the point $b^I = 0°$), intersects the horizontal scale at a point which, in system II, corresponds to the value $l^{II} = 273\overset{\circ}{,}1$; this is the solution.
Determination of b^{II} (nomogram 12b): Since $b^I < 0$, we have to look for l^I in the columns ⊖; there, the value 240° is found on the left-hand side. We put the index line through this point of the l^I-scale and through the point 30° of the $|b^I|$-scale (at bottom). At the intersection point on the curved Δb-scale we find (lower sign, as indicated above the scale) $\Delta b = -0\overset{\circ}{,}44$. Therefore we get $b^{II} = -30\overset{\circ}{,}00 - 0\overset{\circ}{,}44 = -30\overset{\circ}{,}44$.

Example 2: Given $l^I = 196°$, $b^I = +84°$

Determination of l^{II} (nomogram 12a): From the auxiliary diagram we see that lettering system II is to be used. With the help of the index line we get in the alignment diagram (II) $l^{II} = 222\overset{\circ}{,}8$.
Determination of b^{II} (nomogram 12b): Since $b^I > 0$, l^I is to be taken in the columns ⊕; the value 196° is found on the right; moreover, in the Δb-scale the upper sign is valid. Aligning the points $|b^I| = 84°$ and $l^I = 196°$ with the index line, we find $\Delta b = -1\overset{\circ}{,}34$. Thus we get $b^{II} = +84\overset{\circ}{,}00 - 1\overset{\circ}{,}34 = +82\overset{\circ}{,}66$.

Straßl

12 Zeitschriftenverzeichnis — List of periodicals

Die im folgenden alphabetisch zusammengestellten Abkürzungen für die Literaturangaben entsprechen den Gepflogenheiten der "Chemical Abstracts" und des Astronomischen Jahresberichts.

Die Angaben verschiedener Serien der gleichen Publikationsreihe sind bei der Zitierung meistens in ( ) gesetzt, z. B. (I), (A)...

Die Zitierung erfolgt normalerweise nach dem Schema: Bandzahl (Fettdruck), Jahreszahl (in Klammern), Seitenzahl. Wenn ein Band die Literatur mehrerer Jahre enthält, ist im allgemeinen das Erscheinungsjahr der zitierten Arbeit innerhalb des Bandes angegeben (z. B. bei BAN, Ark. Astron...).

Wird eine Arbeit innerhalb eines Bandes nicht nach Seitenzahl, sondern nach laufender Nr. angegeben, so ist diese unmittelbar hinter der Bandzahl, getrennt durch Schrägstrich (/), notiert.

Werden russische Arbeiten in einer englischen, französischen oder deutschen Übersetzung zitiert, so wird die dort verwendete Schreibweise der Eigennamen übernommen. Bei originaler russischer Literatur erfolgt die Transliteration nach den Angaben des Astronomischen Jahresberichts oder nach dem in „Soviet Astron.-AJ" benutzten Verfahren. Dadurch kann es vorkommen, daß ein und derselbe Namen in unterschiedlicher Schreibweise zitiert ist.

Folgende in der Astronomie üblichen „Kurz-Abkürzungen" der wichtigsten Zeitschriften wurden verwendet:

The usage in the following listing of abbreviations for the sources in the literature is that of "Chemical Abstracts" and "Astronomische Jahresbericht".

The different series of certain publications are denoted mostly by a corresponding symbol in parantheses, e. g., (I), (A), etc.

References are normally made according to the pattern: volume (boldface), year (in parantheses), page number. When one volume contains literature from several years (e. g., BAN, Ark. Astron.), the year in which the cited work appeared is usually given.

In those cases in which the papers within a volume are denoted by "no." rather than by page, the part number preceded by a slash (/), is appended to the volume number.

When reference is made to the English, French, or German translation of a paper originally appearing in Russian, names will be given as in the translation. In the case of original Russian papers, the transliteration is that of the "Astronomische Jahresbericht", or of the "Soviet Astron.-AJ". Thus, it may happen that the same name will be spelled differently in different parts of this volume.

The following much used short forms of abbreviations are employed for the more important astronomical journals:

AJ	Astronomical Journal. New Haven/Conn.
AN	Astronomische Nachrichten. Berlin.
ApJ	Astrophysical Journal. Chicago/Ill.
BAN	Bulletin of the Astronomical Institutes of the Netherlands. Leiden.
IAU	International Astronomical Union.
MN	Monthly Notices of the Royal Astronomical Society. London.
PASP	Publications of the Astronomical Society of the Pacific. San Francisco/Calif.
ZfA	Zeitschrift für Astrophysik. Berlin.

Abhandl. Akad. Wiss. Göttingen, Math. Physik. Kl.	Abhandlungen der Akademie der Wissenschaften in Göttingen, Mathematisch-Physikalische Klasse. Göttingen.
Abhandl. Bayer. Akad. Wiss., Math. Naturw. Kl., Neue Folge.	Abhandlungen der Bayerischen Akademie der Wissenschaften, Mathematisch-Naturwissenschaftliche Klasse. Neue Folge. München.
Abhandl. Deut. Akad. Wiss. Berlin, Kl. Math. Physik Tech.	Abhandlungen der Deutschen Akademie der Wissenschaften zu Berlin, Klasse für Mathematik, Physik und Technik. Berlin.
Abhandl. Ges. Wiss. Göttingen, Math.-Physik. Kl., Neue Folge	Abhandlungen der Gesellschaft der Wissenschaften in Göttingen, Mathematisch-Physikalische Klasse, Neue Folge (1946 geändert in Abhandlungen der Akademie der Wissenschaften in Göttingen, Mathematisch-Physikalische Klasse). Göttingen.
Abhandl. Preuß. Akad. Wiss., Physik. Math. Kl.,	Abhandlungen der Preußischen Akademie der Wissenschaften, Physikalisch-Mathematische Klasse (geändert in Abhandlungen der Deutschen Akademie der Wissenschaften zu Berlin, Klasse für Mathematik, Physik und Technik). Berlin.
Abhandl. Sächs. Akad. Wiss. Leipzig, Math. Naturw. Kl.	Abhandlungen der Sächsischen Akademie der Wissenschaften zu Leipzig, Mathematisch-Naturwissenschaftliche Klasse. Leipzig.
Abhandl. Sowjet. Astron. Astrophys.	Abhandlungen aus der Sowjetischen Astronomie und Astrophysik. Berlin.
Acta Astron. Krakow	Acta Astronomica, Serie (a) (b) (c), (ab Vol. 6: Acta Astron. Warszawa-Kraków). Krakau.
Acta Astron. Krakow Suppl.	Acta Astronomica Supplementa. Krakau.
Acta Astron. Sinica	Acta Astronomica Sinica. Peking.
Acta Astron. Warszawa-Kraków	Acta Astronomica (Polska Akademia Nauk), (bis Vol. 5: Acta Astron. Kraków). Warszawa-Kraków.

Acta Phys. Chem.	Acta Universitatis Szegediensis. Acta Physica et Chemica. Nova Series. Szeged.
Actual. Sci. Ind.	Actualités Scientifiques et Industrielles. Paris.
Advan. Astron. Astrophys.	Advances in Astronomy and Astrophysics (Herausgeber Z. Kopal). London-New York.
AJ	Astronomical Journal. New Haven/Conn.
Akad. Wiss. Wien, Denkschr. Math.-Naturw. Kl.	Akademie der Wissenschaften in Wien. Denkschriften. Mathematisch-Naturwissenschaftliche Klasse. Wien.
American Museum Novitates	American Museum Novitates. New York/N. Y.
Am. Inst. Aeronaut. Astronaut. J.	American Institute of Aeronautics and Astronautics Journal. Easton/Pa.
Am. Rocket Soc. J.	American Rocket Society Journal. Easton/Pa.
AN	Astronomische Nachrichten. Berlin (bis 1939 Kiel).
Anais Coimbra	Anais do Observatorio Astronómico da Universidade de Coimbra.
Anal. Chem.	Analytical Chemistry. New York/N. Y.
Anal. Chim. Acta	Analytical Chimica Acta. Amsterdam.
Analyst	Analyst. Cambridge/England.
Ann. Acad. Sci. Fennicae, Math. Phys.	Annales Academiae Scientiarum Fennicae, Serie A, Mathematica-Physica. Helsingfors.
Ann. Astrophys.	Annales d'Astrophysique. Paris.
Ann. Astrophys. Suppl.	Supplements aux Annales d'Astrophysique. Paris.
Ann. Athen	Annales de l'Observatoire National d'Athènes. Athen.
Ann. Bordeaux (Mém.)	Annales de l'Observatoire de Bordeaux (Mémoires). Paris-Bordeaux.
Ann. Cambridge	Annals of the Solar Physics Observatory. Cambridge/England.
Ann. Cape	Annals of the Cape Observatory. Cape of Good Hope.
Ann. Dearborn	Annals of the Dearborn Observatory. Evanston/Ill.
Ann. Fac. Sci. Marseille	Annales de la Faculté des Sciences de Marseille. Paris.
Ann. Géophys.	Annales de Géophysique. Paris.
Ann. Harvard	Annals of the Astronomical Observatory of Harvard College. Cambridge/Mass.
Ann. Hydrogr. Meteorol.	Annalen der Hydrographie und Maritimen Meteorologie. Berlin.
Ann. Kharkow	Annales de l'Observatoire Astronomique de l'Université Imperiale de Kharkow. Kharkow.
Ann. Leiden	Annalen van de Sterrewacht te Leiden.
Ann. Lembang	Annalen van de Bosscha-Sterrewacht Lembang (Java).
Ann. Lund	Annals of the Observatory of Lund. Malmö.
Ann. Nice	Annales de l'Observatoire de Nice. Nizza.
Ann. N. Y. Acad. Sci.	Annals of the New York Academy of Sciences. New York/N. Y.
Ann. Obs. Roy. Belg.	Annales de l'Observatoire Royal de Belgique. Gembloux.
Ann. Paris (Obs.); (Mém.)	Annales de l'Observatoire de Paris (Observations oder Mémoires). Paris.
Ann. Paris-Meudon	Annales de l'Observatoire de Paris, Section d'Astrophysique à Meudon. Paris.
Ann. Physik	Annalen der Physik. Leipzig.
Ann. Phys. N. Y.	Annals of Physics. New York/N. Y.
Ann. Phys. Paris	Annales de Physique. Paris.
Ann. Rept. Mt. Wilson	Annual Report of the Director of the Mount Wilson Observatory (seit 1947: ... of the Mount Wilson and Palomar Observatories). Washington/D. C.
Ann. Rept. NASA	Annual Report of the National Aeronautics and Space Administration. Washington/D. C.
Ann. Rept. Smithsonian	Annual Report of the Board of the Smithsonian Institution. Washington/D. C.
Ann. Rev. Astron. Astrophys.	Annual Review of Astronomy and Astrophysics. Palo Alto/Calif.
Ann. Smithsonian	Annals of the Astrophysical Observatory of the Smithsonian Institution. Washington/D. C.
Ann. Strasbourg	Annales de l'Observatoire de Strasbourg. Orléans.
Ann. Straßburg	Annalen der Kaiserlichen Universitäts-Sternwarte in Straßburg. Karlsruhe.
Ann. Tadjik	Annals of the Tadjik Astronomical Observatory. Stalinabad (jetzt: Duschanbe).
Ann. Tokyo	Annals of the Tokyo Astronomical Observatory, University of Tokyo. Mitaka, Tokyo.
Ann. Toulouse	Annales de l'Observatoire Astronomique et Météorologique de Toulouse.
ApJ	Astrophysical Journal. Chicago/Ill.
ApJ Suppl.	The Astrophysical Journal. Supplement Series. Chicago/Ill.
Appl. Opt.	Applied Optics. Lancaster/Pa.
Arch. Sci.	Archives des Sciences. Genf.
Ark. Astron.	Arkiv för Astronomi. Stockholm (seit 1950).
Ark. Mat. Astron. Fysik	Arkiv för Matematik, Astronomi och Fysik. Stockholm (beendet 1949).
Artificial Earth Satellites	Artificial Earth Satellites (ab Vol. 13: Cosmic Research), (translation from the Russian: Kosmicheskie Issledovaniya). New York/N. Y.
Askania-Warte	Askania-Warte. Technisches Mitteilungsblatt der Askania-Werke. Berlin.

Astron. Abhandl. Bergedorf	Astronomische Abhandlungen der Hamburger Sternwarte in Bergedorf. Hamburg-Bergedorf.
Astron. Abhandl. Ergänz. AN	Astronomische Abhandlungen, Ergänzungshefte zu den Astronomischen Nachrichten. Berlin.
Astronaut. Acta	Astronautica Acta. Wien.
Astronaut. Aerospace Eng.	Astronautics and Aerospace Engineering. Easton/Pa.
Astronautics	Astronautics. New York/N. Y.
Astronaut. Sci. Rev.	Astronautical Sciences Review. Hawthorne/Calif.
Astron. Beob. Bonn	Astronomische Beobachtungen auf der Sternwarte der Königlichen Rheinischen Friedrich-Wilhelm-Universität zu Bonn. Bonn.
Astron. Circ. USSR	Astronomical Circulars of the Academy of Sciences of USSR. Kasan.
Astron. Contrib. Manchester III	Astronomical Contributions from the University of Manchester, Serie III, (Serie I = Jodrell Bank Annals; Serie II = Jodrell Bank Reprints).
Astron. J. (=AJ)	Astronomical Journal. New Haven/Conn.
Astron. Jahresber.	Astronomischer Jahresbericht. Heidelberg (bis 1941 Berlin-Dahlem).
Astron. Mitt. Göttingen	Astronomische Mitteilungen der Königlichen Sternwarte zu Göttingen.
Astron. Mitt. Zürich	Astronomische Mitteilungen der Eidgenössischen Sternwarte Zürich.
Astron. Nachr. Athen	Astronomische Nachrichten. Bulletin der Griechischen Astronomischen Gesellschaft. Athen.
Astron. Nachr. Berlin (= AN)	Astronomische Nachrichten. Berlin (bis 1939 Kiel).
Astron. News Letter	Astronomical News Letter. Lille.
Astron. Obs. Res. Dublin	Astronomical Observations and Researches made at Dunsink Observatory. Dublin.
Astron. Obs. Warsaw Univ. Reprints	Astronomical Observatory of the Warsaw University, Reprints.Warschau.
Astron. Obs. Wash.	Astronomical Observations made at the United States Naval Observatory. Washington/D. C.
Astronomie	L'Astronomie et Bulletin de la Société Astronomique de France. Paris.
Astron. Papers Wash.	Astronomical Papers. Washington/D. C.
Astron. Recheninst. Heidelberg Mitt.	Astronomisches Recheninstitut, Heidelberg. Mitteilungen, Serie (A) und (B) (bis 1945: Mitt. Astron. Recheninstitut, Berlin). Heidelberg.
Astron. Zh.	Astronomicheskii Zhurnal. Moskau (englische Übersetzung siehe Soviet Astron.-AJ).
Astron. Zirk.	Astronomisches Zirkular. Moskau.
Astrophys. J. (= ApJ)	The Astrophysical Journal. Chicago/Ill.
Astrophys. J. Suppl. (= ApJ Suppl.)	The Astrophysical Journal. Supplement Series. Chicago/Ill.
Astrophys. Monogr.	Astrophysical Monographs. Chicago/Ill.
Astrophys. Norveg.	Astrophysica Norvegica. Oslo.
Atti Fond. Ronchi	Atti della Fondazione Giorgio Ronchi e Contributi dell'Istituto Nazionale di Ottica. Florenz.
Australian J. Phys.	Australian Journal of Physics. Melbourne.
Australian J. Sci.	Australian Journal of Science. Sydney.
Australian J. Sci. Res. (A)	Australian Journal of Scientific Research. Series A. Physical Sciences. Melbourne.
BAN	Bulletin of the Astronomical Institutes of the Netherlands. Leiden.
Beobachtungsergeb. Berlin	Beobachtungsergebnisse der Sternwarte zu Berlin. Berlin.
Ber. Akad. Wiss. USSR	Berichte (Doklady) der Akademie der Wissenschaften der USSR. Moskau.
Ber. Verhandl. Sächs. Akad. Wiss. Leipzig, Math. Naturw. Kl.	Berichte über die Verhandlungen der Sächsischen Akademie der Wissenschaften zu Leipzig, Mathematisch-Naturwissenschaftliche Klasse. Berlin.
Bol. Asoc. Arg. Astron.	Boletin de la Asociación Argentina de Astronomía. La Plata.
Bol. Tonantzintla Tacubaya	Boletin de los Observatorios Tonantzintla y Tacubaya. Mexiko.
Brit. Astron. Assoc. Circ.	British Astronomical Association Circular. Hailsham/Sussex.
Bull. Abastumani	Bulletin des Astrophysikalischen Observatoriums Abastumani auf dem Kanobili. Abastumani.
Bull. Acad. Roy. Belg., Cl.Sci.	Bulletin de l'Académie Royale de Belgique, Classe des Sciences. Brüssel.
Bull. Assoc. Franç. Lyon	Bulletin de l'Association Français d'Observateurs d'Etoiles Variables. Lyon.
Bull. Astron.	Bulletin Astronomique. Paris.
Bull. Astron. Geodät. Ges. USSR	Bulletin der Astronomisch-Geodätischen Gesellschaft der USSR. Moskau.
Bull. Astron. Inst. Czech.	Bulletin of the Astronomical Institutes of Czechoslovakia. Prag.
Bull. Astron. Inst. Czech. Appendix	Appendix to the Bulletin of the Astronomical Institutes of Czechoslovakia. Prag.
Bull. Astron. Inst. Neth. (=BAN)	Bulletin of the Astronomical Institutes of the Netherlands. Leiden.
Bull. Astron. Obs. Roy. Belg.	Bulletin Astronomique de l'Observatoire Royal de Belgique à Uccle. Gembloux.
Bull. Comm. Géol. Finlande	Bulletin de la Commission Géologique de Finlande. Helsinki.
Bull. Duschanbe	Bulletin des Instituts für Astrophysik. Duschanbe (früher: Stalinabad).

Bull. Géodésique	Bulletin Géodésique. Paris.
Bull. Inform. Ionosphériques Géophys.	Bulletin d'Informations Ionosphériques et Géophysiques Paris.
Bull. Inst. Theoret. Astron. Leningrad	Bulletin des Instituts für Theoretische Astronomie. Leningrad.
Bull. Lisbonne	Bulletin de l'Observatoire Astronomique de Lisbonne (Tapada).
Bull. N. Y. Acad.	Bulletin of the New York Academy of Sciences. New York.
Bull. Pulkovo (Pulkowo)	Bulletin de l'Observatoire Central à Pulkovo. Leningrad.
Bull. Soc. Amis Sci. Lettres Poznán (B) Sci. Mat. Nat.	Bulletin de la Société des Amis des Sciences et des Lettres de Poznán. Série B. Sciences Mathématiques et Naturelles. Poznán.
Bull. Soc. Astron. France	L'Astronomie et Bulletin de la Société Astronomique de France. Paris.
Bull. Stalinabad	Bulletin des Astronomischen Observatoriums (seit 1958 Bulletin des Instituts für Astrophysik, seit 1961 Bulletin des Instituts für Astrophysik. Duschanbe). Stalinabad.
Bull. Toruń	Bulletin of the Astronomical Observatory of N. COPERNICUS, University in Toruń.
Can. J. Phys.	Canadian Journal of Physics. Ottawa.
Cape Mimeogr.	Cape Mimeograms. Royal Observatory. Cape of Good Hope.
Carnegie Inst. Wash. Publ.	Carnegie Institution of Washington Publication. Washington/D. C.
Ceskosl. Akad. Věd Astron. Ustav Publ.	Ceskoslovenská Akademia Věd Astronomický Ustav Publikace. Prag.
Ciel Terre	Ciel et Terre. Brüssel.
Circ. Amsterdam	Circular of the Astronomical Institute of the University of Amsterdam.
Circ. Inform.	Circulaire d'Information. Union Astronomique Internationale. Commission des Etoiles Doubles.
Circ. Natl. Bur. Std.	Circular of the National Bureau of Standards. Washington/D. C.
Circ. SIR	Circulaire du Service International Rapide des Latitudes, Bureau International de l'Heure. Paris.
Coelum	Coelum. Bologna.
Cointe Sclessin, Coll.	siehe Liège Inst. Astrophys. Coll.
Commun. Ankara	Communication of the Department of Astronomy of Ankara University.
Commun. London	Communications from the University of London Observatory. London.
Commun. Lunar Planet. Lab.	Communications of the Lunar and Planetary Laboratory. Tucson/Ariz.
Commun. Obs. Roy. Belg.	Communications de l'Observatoire Royal de Belgique. Uccle.
Commun. Oxford	Communications from the University Observatory. Oxford.
Commun. Radcliffe	Communications from the Radcliffe Observatory. Pretoria.
Compt. Rend.	Comptes Rendus Hebdomadaires des Séances de l'Académie des Sciences. Paris.
Contrib. Armagh	Contributions from the Armagh Observatory. Armagh.
Contrib. Asiago	Contributi dell'Osservatorio Astrofisico dell'Università di Padova in Asiago. Padova.
Contrib. Bosscha	Contributions from the Bosscha Observatory. Lembang.
Contrib. Kyoto	Contributions from the Institut of Astrophysics and Kwasan Observatory. Kyoto.
Contrib. Lick	Contributions from the Lick Observatory. Series I and II. Mount Hamilton/Calif.
Contrib. Lille	Contributions du Laboratoire d'Astronomie de Lille.
Contrib. Lwów	Contributions from the Astronomical Institute of Lwów University. Lemberg.
Contrib. McDonald	Contributions from the McDonald Observatory. Fort Davis/Tex.
Contrib. Mt. Wilson	Contributions from the Mount Wilson Observatory. Washington/D. C.
Contrib. Ottawa	Contributions from the Dominion Observatory. Ottawa.
Contrib. Paris	Contributions de l'Institut d'Astrophysique de Paris. Série A, B. Paris.
Contrib. Perkins	Contributions from the Perkins University Observatory. Delaware/Ohio.
Contrib. Princeton	Contributions from the Princeton University Observatory. Princeton/N. Y.
Contrib. Rutherfurd	Contributions from the Rutherfurd Observatory of Columbia University. New York/N. Y.
Contrib. Skalnaté Pleso	Contributions of the Astronomical Observatory Skalnaté Pleso. Bratislava.
Contrib. Victoria	Contributions from the Dominion Astrophysical Observatory. Victoria/B. C.
Contrib. Wroclaw	Contributions from the Wroclaw Astronomical Observatory. Wroclaw.
Convegno Sci. Fis. Mat. Nat. / Convegno Volta	Convegno di Scienze Fisiche, Matematiche e Naturali, September 1952. Fondazione Allessandro Volta, Accademia Nazionale dei Lincei. Rom.
Cruft Lab. Tech. Rept.	Cruft Laboratory Technical Report.
Deut. Hydrogr. Z.	Deutsche Hydrographische Zeitschrift. Hamburg.
Dunsink Obs. Publ.	Dunsink Observatory Publications. Dublin.

Electronics	Electronics. New York/N. Y.
Endeavour	Endeavour. London.
Enzykl. Math. Wiss.	Enzyklopädie der Mathematischen Wissenschaften. Stuttgart.
Ergeb. Astron.	Ergebnisse der Astronomie. (= Fortschr. Astron. Wiss.)
Ergeb. Exakt. Naturw.	Ergebnisse der Exakten Naturwissenschaften. Berlin.
ESO Publ.	European Southern Observatory, Publication. Tübingen u. a.
Experientia	Experientia. Basel.
Extraits Astron. Astrophys. Bull. Signalét. C. N. R. S.	Extraits d'Astronomie-Astrophysique du Bulletin Signalétique du C. N. R. S. Section IIA. Paris.
Festschr. E. STRÖMGREN	Festschrift für Elis STRÖMGREN. Astronomical Papers. Kopenhagen 1940.
Festschr. H. SEELIGER	Probleme der Astronomie. Festschrift für Hugo VON SEELIGER. Berlin 1924.
Festskr. Oe. BERGSTRAND	Festskrift Tillägnad Oesten BERGSTRAND. Uppsala 1938.
Fiat Rev. Ger. Sci.	Fiat Review of German Science. Wiesbaden.
Flower Obs. Reprints	Flower and Cook Observatory. Reprints. Philadelphia/Pa.
Forsch. Fortschr.	Forschungen und Fortschritte. Berlin.
Fortschr. Astron. Wiss.	Fortschritte (Uspechi) der Astronomischen Wissenschaften. Moskau-Leningrad.
Fortschr. Phys.	Fortschritte der Physik. Berlin.
Gaz. Astron.	Gazette Astronomique. Anvers.
Geochemistry	Geochemistry (Übersetzung der russischen Zeitschrift: Geochimija). New York/N. Y.
Geochim. Cosmochim. Acta	Geochimica et Cosmochimica Acta. London.
Geochimija	Geochimija. Moskau.
Geogr. Ann.	Geografiska Annaler. Stockholm.
Geophys. J.	The Geophysical Journal. London.
Greenwich Observations	Astronomical and Magnetical and Meteorological Observations made at the Royal Observatory, Greenwich. London.
Harvard Bull.	The Astronomical Observatory of Harvard College, Bulletins. Cambridge/Mass.
Harvard Circ.	The Astronomical Observatory of Harvard College, Circulars. Cambridge/Mass.
Harvard Mimeogr.	Harvard Observatory Mimeograms. Series I, II, III. Cambridge/Mass.
Harvard Monogr.	Harvard Observatory Monographs. New York/N. Y.
Harvard Reprints	The Astronomical Observatory of Harvard College, Reprints. Cambridge/Mass.
Harvard Tech. Rept.	Harvard College Observatory, Technical Report. Cambridge/Mass.
Hdb. Astron. Valentiner	Handwörterbuch der Astronomie, herausgegeben von Dr. W. VALENTINER. Leipzig.
Hdb. Astrophys.	Handbuch der Astrophysik. Berlin.
Hdb. Brit. Astron. Assoc.	The Handbook of the British Astronomical Association. London.
Hdb. Exp. Physik	Handbuch der Experimentalphysik. Leipzig.
Hdb. Physik	Handbuch der Physik (Herausgeber S. FLÜGGE). Berlin.
Helv. Phys. Acta	Helvetica Physica Acta. Basel.
Hemel Dampkring	Hemel en Dampkring. Den Haag.
Himmelswelt	Die Himmelswelt. Bonn (Erscheinen eingestellt).
H. M. Stat. Off.	Her Majesty's Stationery Office. London.
Hochfrequenztechn. Elektroakustik	Hochfrequenztechnik und Elektroakustik. Leipzig.
IAU	International Astronomical Union.
IAU Circ.	International Astronomical Union, Circular. (Auch: UAI Circ. = Union Astronomique Internationale, Circulaire.)
IAU Inform. Bull.	International Astronomical Union. Information Bulletin. London.
IAU Symp.	International Astronomical Union, Symposium. New York, Oxford, London, Paris, Cambridge u. a.
Icarus	Icarus, International Journal of the Solar System. New York/N. Y.
Inform. Bull. S. Hemisphere	Information Bulletin for the Southern Hemisphere. La Plata.
Inform. Bull. Solar Radio Obs.	Information Bulletin of Solar Radio Observatories (Herausgeber FOKKER). Utrecht.
Inst. Astron. Bruxelles	Institut d'Astronomie de l'Université de Bruxelles.
Iowa Obs. Contrib.	The University of Iowa Observatory Contributions.
IRE Trans.	Institute of Radio Engineers. Transactions. New York/N. Y.
Irish Astron. J.	The Irish Astronomical Journal. Dublin (Erscheinen eingestellt).

J. Appl. Phys.	Journal of Applied Physics. New York/N. Y.
J. Astronaut. Sci.	The Journal of the Astronautical Sciences. New York/N. Y.
J. Astron. Soc. Victoria	The Journal of the Astronomical Society of Victoria. Melbourne.
J. Atmospheric Terrest. Phys.	Journal of Atmospheric and Terrestrial Physics. London.
J. Brit. Astron. Assoc.	Journal of the British Astronomical Association. London.
J. Brit. Interplanet. Soc.	Journal of the British Interplanetary Society. With Astronautical Abstracts. London.
J. Chem. Phys.	Journal of Chemical Physics. Lancaster/Pa.
Jenaer Rdsch.	Jenaer Rundschau (Zeiss). Jena.
Jenaer Rdsch., Beilage	Jenaer Rundschau, Beilage (Zeiss). Jena.
J. Franklin Inst.	Journal of the Franklin Institute. Lancaster/Pa.
J. Geol.	Journal of Geology. Chicago/Ill.
J. Geophys. Res.	Journal of Geophysical Research. Washington/D. C.
J. I. E. E.	Journal of the Institution of Electrical Engineers. London.
J. Inst. Navigation	Journal of the Institute of Navigation. London.
J. Meteorit. Soc.	Journal of the Meteoritical Society. Albiquerque.
J. Meteorology	Journal of Meteorology. Lancaster/Pa.
J. Observateurs	Journal des Observateurs. Marseille.
Jodrell Bank Ann.	Jodrell Bank Annals (= Astronomical Contributions from the University of Manchester, Serie I). Macclesfield.
Jodrell Bank Reprints	Jodrell Bank Reprints (= Astronomical Contributions from the University of Manchester, Serie II). Macclesfield.
J. Opt. Soc. Am.	Journal of the Optical Society of America. New York/N. Y.
J. Phys. Radium	Journal de Physique et Le Radium. Paris.
J. Phys. Soc. Japan	Journal of the Physical Society of Japan. Tokyo.
J. Res. Natl. Bur. Std.	Journal of Research of the National Bureau of Standards. Washington/D. C.
J. Roy. Astron. Soc. Can.	Journal of the Royal Astronomical Society of Canada. Toronto.
J. Sci. Instr.	Journal of Scientific Instruments. London.
J. Wash. Acad. Sci.	Journal of the Washington Academy of Sciences. Washington/D. C.
Kgl. Danske Videnskab. Selskab, Mat. Fys. Skr.	Det Kongelige Danske Videnskabernes Selskab, Mathematisk-Fysiske Skrifter. Kopenhagen.
Kl. Veröffentl. Bamberg	Kleine Veröffentlichungen der Remeis-Sternwarte. Bamberg.
Kl. Veröffentl. Berlin-Babelsberg	Kleinere Veröffentlichungen der Universitätssternwarte zu Berlin-Babelsberg. Berlin.
Kodaikanal Bull.	Kodaikanal Observatory Bulletin. Madras.
Krakow Obs. Reprint	Cracow Observatory Reprint. Krakau.
Kyoto Bull.	Kyoto Bulletin, Kwasan Observatory. Kyoto.
Leaflet	Leaflet. Astronomical Society of the Pacific. San Francisco/Calif.
Lick Bull.	Lick Observatory Bulletins. University of California Publications. Berkeley/Calif. (Veröffentlichung eingestellt).
Liège Inst. Astrophys. Coll. (8°)	Université de Liège (Belgique). Institut d'Astrophysique (bis Nr. 377 (1955): Collections de Mémoires in 8°; ab Nr. 378 (1956): Cointe-Sclessin, Collection in 8°). Liège.
Liège Inst. Astrophys. Coll. (4°)	Université de Liège (Belgique). Institut d'Astrophysique (bis Nr. 62 (1955): Collection in 4° de Spectroscopie et Astrophysique; ab Nr. 63 (1955): Cointe Sclessin, Collection in 4°). Liège.
Liga Astron. Bol.	Liga Latinoamericana de Astronomia, Boletin. Lima.
Lowell Bull.	Lowell Observatory Bulletin. Flagstaff.
Mécanique Céleste	Leçons de Mécanique Céleste par H. Poincaré. Paris.
Medd. Lund	Meddelande från Lunds Astronomiska Observatorium. Lund.
Mém. Acad. Sci. St. Pétersbourg	Mémoires de l'Académie des Sciences de Saint-Pétersbourg. Petersburg.
Mem. Am. Acad. Arts Sci.	Memoirs of the American Academy of Arts and Sciences. Boston/Mass.
Mem. Brit. Astron. Assoc.	Memoirs of the British Astronomical Association. London.
Mem. Canberra	Memoirs of the Commonwealth Observatory Mount Stromlo. Canberra.
Mém. Genève	Mémoires de la Société de Physique et d'Histoire Naturelle de Genève. Genf.
Mem. Oss. Collegio Romano	Memorie del R. Osservatorio del Collegio Romano. Rom.
Mem. Roy. Astron. Soc.	Memoirs of the Royal Astronomical Society. London.
Mem. Soc. Astron. Ital.	Memorie della Società Astronomica Italiana. Pavia.
Mém. Soc. Roy. Sci. Liège (8°)	Mémoires in 8° de la Société Royal des Sciences de Liège.
Mém. Soc. Roy. Sci. Liège, Coll. (4°)	Mémoires de la Société Royale des Sciences de Liège. Collection in 4°. Liège.
Mem. Solar Obs. Mt. Stromlo	Memoirs of the Commonwealth Solar Observatory Mount Stromlo. Canberra.
Meteoor	De Meteoor. Utrecht.
Meteoritics	Meteoritics. Lubbock/Tex.
Meteoritika	Meteoritika. Moskau.

Meteorol. Rdsch.	Meteorologische Rundschau. Berlin.
Meteorol. Z.	Meteorologische Zeitschrift (geändert in Zeitschrift für Meteorologie). Braunschweig.
Mineral. Mag.	Mineralogical Magazine and Journal of the Mineralogical Society. London.
Missile Test Project	Missile Test Project. Patrick Air Force Base/Fla.
MIT	Massachusetts Institute of Technology. Boston/Mass.
Mitt. Abastumani	Mitteilungen (Izvestija) des Astrophysikalischen Observatoriums Abastumani auf dem Kanobili.
Mitt. Alma-Ata	Mitteilungen (Izvestija) des Astrophysikalischen Instituts. Alma-Ata.
Mitt. Astron. Ges.	Mitteilungen der Astronomischen Gesellschaft. Hamburg-Bergedorf.
Mitt. Astron. Recheninst. Berlin	Mitteilungen des Astronomischen Recheninstituts. Berlin-Dahlem (früher Mitt. Coppernicus Inst. — Mitt. Kopernikusinst. Ab 1945 Astronomisches Recheninstitut Heidelberg, Mitteilungen).
Mitt. Bjurakan	Mitteilungen (Soobschtschenija) des Observatoriums Bjurakan.
Mitt. Budapest-Svábhegy	Mitteilungen der Sternwarte Budapest-Svábhegy (Szabadsághegy).
Mitt. Coppernicus Inst.	Mitteilungen des Coppernicus Instituts (Astronomisches Recheninstitut) (geändert in: Mitteilungen des Astronomischen Recheninstituts Berlin). Berlin-Dahlem.
Mitt. Göttingen	Mitteilungen der Universitäts-Sternwarte Göttingen.
Mitt. Hamburg	Mitteilungen der Hamburger Sternwarte in Bergedorf. Hamburg-Bergedorf.
Mitt. Inst. Angew. Geodäsie Frankfurt/M.	Mitteilungen des Instituts für angewandte Geodäsie, Frankfurt/Main.
Mitt. Jena	Mitteilungen der Universitäts-Sternwarte zu Jena.
Mitt. Kiew	Mitteilungen (Izvestija) des Astronomischen Hauptobservatoriums der Ukrainischen Akademie der Wissenschaften. Kiew.
Mitt. Kopernikusinst.	Mitteilungen des Kopernikusinstituts (geändert in Mitteilungen des Astronomischen Recheninstituts Berlin). Berlin-Dahlem.
Mitt. Krim	Mitteilungen (Izvestija) des Astrophysikalischen Observatoriums auf der Krim.
Mitt. Planetenbeob.	Mitteilungen für Planetenbeobachter. München.
Mitt. Polytech. Inst. Tomsk	Mitteilungen des Polytechnischen Instituts. Tomsk.
Mitt. Potsdam	Mitteilungen des Astrophysikalischen Observatoriums. Potsdam.
Mitt. Pulkovo (Pulkowo)	Mitteilungen (Izvestija) des Astronomischen Hauptobservatoriums Pulkovo (ab 1916 Bull. Pulkowo). Leningrad.
Mitt. Sternberg	Mitteilungen (Soobschtschenija) des Staatlichen Astronomischen Sternberg-Instituts. Moskau.
Mitt. Sternw. Babelsberg	Mitteilungen der Sternwarte Babelsberg der Deutschen Akademie zu Berlin. Berlin.
Mitt. Sternw. Heidelberg	Mitteilungen der ⟨Großherzoglichen⟩ ⟨Badischen⟩ ⟨Landes-⟩ Sternwarte. Heidelberg-Königstuhl.
Mitt. Veränd. St. Sonneberg	Mitteilungen über Veränderliche Sterne. Sonneberg.
Mitt. Wien	Mitteilungen der Wiener Sternwarte. Wien.
MN	Monthly Notices of the Royal Astronomical Society. London.
Monatsber. Deut. Akad. Wiss. Berlin	Monatsberichte der Deutschen Akademie der Wissenschaften zu Berlin. Berlin.
Monthly Notes Astron. Soc. S. Africa	Monthly Notes of the Astronomical Society of Southern Africa. Cape of Good Hope.
Monthly Notices Roy. Astron. Soc. (= MN)	Monthly Notices of the Royal Astronomical Society. London.
Monthly Notices Roy. Astron. Soc. Geophys. Suppl.	Monthly Notices of the Royal Astronomical Society, Geophysical Supplement. London.
Mt. Stromlo Mimeogr.	Mount Stromlo Observatory. Mimeograms. Canberra.
Mt. Stromlo Reprints	Mount Stromlo Observatory, Reprints. Canberra.
Mt. Wilson Rept.	siehe Ann. Rept. Mt. Wilson.
Nachr. Akad. Wiss. Armen. SSR	Nachrichten der Akademie der Wissenschaften der Armenischen SSR. Erewan.
Nachr. Akad. Wiss. Estn. SSR	Nachrichten der Akademie der Wissenschaften der Estnischen SSR. Tallinn.
Nachr. Akad. Wiss. Georg. SSR	Nachrichten der Akademie der Wissenschaften der Georgischen SSR. Abastumani.
Nachr. Akad. Wiss. Göttingen, Math.-Physik. Kl.	Nachrichten der Akademie der Wissenschaften in Göttingen, Mathematisch-Physikalische Klasse. Göttingen.
Nachr. Akad. Wiss. Turkmen. SSR	Nachrichten der Akademie der Wissenschaften der Turkmenischen SSR. Aschchabad.
Nachrbl. Astron. Zentralstelle	Nachrichtenblatt der Astronomischen Zentralstelle (Erscheinen eingestellt). Heidelberg.
Nachrbl. Astron. Zentralstelle, Vorläuf. Mitt.	Nachrichtenblatt der Astronomischen Zentralstelle, Vorläufige Mitteilungen (Erscheinen eingestellt). Heidelberg.
Nachr. Ges. Wiss. Göttingen, Math.-Physik. Kl.	Nachrichten der Gesellschaft der Wissenschaften in Göttingen. Mathematisch-Physikalische Klasse (1941 geändert in Nachrichten der Akademie der Wissenschaften in Göttingen). Göttingen.

NASA	National Aeronautics and Space Administration. Washington/D. C.
Natl. Bur. Std. Monogr.	National Bureau of Standards, Monographs. Washington/D. C.
Nature, London	Nature. London.
Nature, Paris	Nature. Paris.
Naturwiss.	Naturwissenschaften. Berlin.
Naturw. Rdsch.	Naturwissenschaftliche Rundschau. Stuttgart.
Naval Res. Lab. Rept.	U. S. Naval Research Laboratory, Reports. Washington/D. C.
Neue Ann. München	Neue Annalen der Königlichen Sternwarte München. München.
New Zealand Astron. Soc. Bull.	New Zealand Astronomical Society Bulletin. Dunedin.
Nippon Kagaku Zasshi	Nippon Kagaku Zasshi (Journal of the Chemical Society of Japan). Pure Chemistry Section. Tokyo.
Nova Acta Uppsala	Nova Acta Regiae Societatis Scientiarum Upsaliensis. Uppsala.
N. T. F.	Nachrichtentechnische Fachberichte (Beihefte der Nachrichtentechnischen Zeitschrift). Braunschweig.
Nuovo Cimento	Il Nuovo Cimento. Bologna.
Nuovo Cimento Suppl.	Il Nuovo Cimento. Supplemento. Bologna.
Observatory	The Observatory. Hailsham/Sussex.
Occasional Notes Roy. Astron. Soc.	Occasional Notes of the Royal Astronomical Society. London.
Optik	Optik. Stuttgart.
Opt. Spectry.	Optics and Spectroscopy (translated from "Optika i Spektroskopiya"). Ann Arbor/Mich.
Oss. Mem. Arcetri	Osservazioni e Memorie dell'Osservatorio Astrofisico di Arcetri. Pavia.
Pacific Sci.	Pacific Science. Honolulu.
Papers Mt. Wilson Obs.	Papers of the Mount Wilson Observatory. Washington/D. C.
Paris Symp. Radio Astron.	Paris Symposium on Radio Astronomy (= IAU Symp. Nr. 9 und URSI Symposium Nr. 1). Stanford/Calif.
PASP	Publications of the Astronomical Society of the Pacific. San Francisco/Calif.
Philco Cooperation Tech. Rept.	Philco Cooperation Technical Report. Palo Alto/Calif.
Philips Tech. Rdsch.	Philips Technische Rundschau. Eindhoven.
Philips Tech. Rev.	Philips Technical Revue. Eindhoven.
Phil. Mag.	Philosophical Magazine. London.
Phil. Mag. Suppl.	Philosophical Magazine Supplement. London.
Phil. Trans. Roy. Soc. London	Philosophical Transactions of the Royal Society of London. London.
Phys. Fluids	Physics of Fluids. New York/N. Y.
Phys. Rev.	The Physical Review. Lancaster/Pa.
Phys. Rev. Letters	Physical Review Letters. New York/N. Y.
Phys. Z. Sowjetunion	Physikalische Zeitschrift der Sowjetunion. Charkow.
Planetary Space Sci.	Planetary and Space Science. New York/N. Y.
Pokroky Mat. Fys. Astron.	Pokroky Matematiky, Fysiky a Astronomie. Prag.
Popular Astron.	Popular Astronomy. Northfield/Minn.
Populär Astron. Tidskr.	Populär Astronomisk Tidskrift. Stockholm.
Popular Sci. Monthly	Popular Science Monthly. New York/N. Y.
Priroda	Priroda (Natur). Moskau.
Proc. Acad. Sci. Armen. SSR	Proceedings of the Academy of Sciences of the Armenian SSR. Erewan.
Proc. Am. Phil. Soc.	Proceedings of the American Philosophical Society. Philadelphia/Pa.
Proc. Berkeley Symp. Math. Statistics Probability	Proceedings of the fourth Berkeley Symposium on Mathematical Statistics and Probability. Berkeley/Calif.
Proc. Cambridge Phil. Soc.	Proceedings of the Cambridge Philosophical Society. Cambridge/England.
Proc. I. E. E.	Proceedings of the Institution of Electrical Engineers. London.
Proc. I. R. E.	Proceedings of the Institute of Radio Engineers. Menasha/Wisc.
Proc. Koninkl. Ned. Akad. Wetenschap.	Proceedings, Koninklijke Nederlandse Akademie van Wetenschappen. Amsterdam.
Proc. Leeds Phil. Lit. Soc. Sci. Sect.	Proceedings of the Leeds Philosophical and Literary Society, Scientific Section. Leeds.
Proc. Natl. Acad. Sci. USA	Proceedings of the National Academy of Sciences of USA. Washington/D. C.
Proc. Phys. Soc. London	Proceedings of the Physical Society. Series A, B. London.
Proc. Roy. Irish Acad.	Proceedings of the Royal Irish Academy. Dublin.
Proc. Roy. Soc. London	Proceedings of the Royal Society, Series A, B. London.
Proc. Sec. Intern. Conf. Peaceful Uses At. Energy	Proceedings of the Second United Nations International Conference on the Peaceful Uses of Atomic Energy. Geneva 1958.
Progr. Theoret. Phys. Suppl.	Progress of Theoretical Physics, Supplement. Kyoto.
Project Space Track, Geophys. Res.	Project Space Track, Geophysical Research Directorate Air Force Cambridge Research Center. Bedford/Mass.

Project Space Track, Missile Development	Project Space Track, Air Force Missile Development Center. New Mexico/ N. Mex.
Pubbl. Bologna	Pubblicazioni dell'Osservatorio Astronomico della Università di Bologna.
Pubbl. Merate	Pubblicazioni dell'Osservatorio Astronomico di Merate (Como).
Pubbl. Milano-Merate	Pubblicazioni dell'Osservatorio di Milano-Merate, Nuova Serie. Pavia.
Pubbl. Padova	Pubblicazioni e Ristampe dell'Osservatorio Astronomico di Padova.
Pubbl. Specola Vaticana	Pubblicazioni della Specola Astronomica Vaticana Castel Gandolfo. Vatikanstadt (Rom).
Publ. Allegheny Obs.	Publications of the Allegheny Observatory of the University of Pittsburgh/ Pa. (1956 beendet).
Publ. Am. Astron. Soc.	Publications of the American Astronomical Society. Northfield/Minn.
Publ. Amsterdam	Publications of the Astronomical Institute of the University of Amsterdam.
Publ. Astrometr. Konf. USSR	Publikationen (Trudy) der Astrometrischen Konferenz der USSR. Moskau-Leningrad.
Publ. Astron. Ges. Leipzig	Publikation der Astronomischen Gesellschaft. Leipzig.
Publ. Astron. Obs. Leningrad	Publikationen (Trudy) des Astronomischen Observatoriums Leningrad.
Publ. Astron. Soc. Japan	Publications of the Astronomical Society of Japan. Tokyo.
Publ. Astron. Soc. Pacific (= PASP)	Publications of the Astronomical Society of the Pacific. San Francisco/ Calif.
Publ. David Dunlap Obs.	Publications of the David Dunlap Observatory. Toronto.
Publ. Edinburgh	Publications of the Royal Observatory. Edinburgh.
Publ. Genève	Publications de l'Observatoire de Genève.
Publ. Green Bank	Publications of the National Radio Astronomy Observatory. Green Bank/ Va.
Publ. Groningen	Publications of the Kapteyn Astronomical Laboratory at Groningen.
Publ. Haute-Provence	Publications de l'Observatoire de Haute-Provence. Saint Michel.
Publ. Heidelberg	Publikationen des Astrophysikalischen Instituts Königstuhl-Heidelberg.
Publ. Helsinki	Publications of the Astronomical Observatory. Helsinki.
Publ. Inst. Phys. Geophys. Akad. Wiss. Turkmen. SSR	Publikationen (Trudy) des Instituts für Physik und Geophysik der Akademie der Turkmenischen SSR. Aschchabad.
Publ. Inst. Theoret. Astron. Leningrad	Publikationen (Trudy) des Instituts für Theoretische Astronomie Leningrad.
Publ. Istanbul	Publications of the Istanbul University Observatory.
Publ. Kasan	Publikationen (Trudy) des Astronomischen Observatoriums der Staatsuniversität in Kasan; Publikationen des Städtischen Astronomischen Observatoriums, Kasan.
Publ. Kiel	Publikation der Sternwarte in Kiel.
Publ. Kopenhagen	Publikationer og mindre Meddelelser fra Københavns Observatorium.
Publ. Kwasan	Publications of the Kwasan Observatory. Kyoto.
Publ. Lab. Astron. Athen	Publications of the Laboratory of Astronomy. Athen.
Publ. La Plata	Publicaciones del Observatorio Astronomico, Universidad Nacional de La Plata.
Publ. Lick	Publications of the Lick Observatory, University of California Publications. Berkeley/Calif.
Publ. Lyon	Publications de l'Observatoire de Lyon.
Publ. McCormick	Publications of the Leander McCormick Observatory of the University of Virginia. Charlottesville/Va.
Publ. Michigan	Publications of the Observatory of the University of Michigan. Ann Arbor/ Mich.
Publ. Minnesota	Publications of the Astronomical Observatory, University of Minnesota. Minneapolis/Minn.
Publ. Ogyalla	Publikationen des Königlichen Ungarischen Astrophysikalischen Observatoriums der Konkolys Stiftung in Ogyalla.
Publ. Ottawa	Publications of the Dominion Observatory Ottawa. Ottawa.
Publ. Paris, Notes Inform.	Notes et Informations. Publication de l'Observatoire de Paris.
Publ. Pennsylvania	Publications of the University of Pennsylvania, Astronomical Series. Philadelphia/Pa.
Publ. Potsdam	Publikationen des Astrophysikalischen Observatoriums zu Potsdam.
Publ. Pulkovo (Pulkowo)	Publications de l'Observatoire Central à Poulkovo.
Publ. Riga	Publikationen (Trudy) des Astrophysikalischen Laboratoriums. Riga.
Publ. Sternberg	Publications of the Sternberg State Astronomical Institute. Moskau.
Publ. Tartu	Publications de l'Observatoire Astronomique de l'Université de Tartu.
Publ. Taschkent	Publikationen (Trudy) des Astronomischen Observatoriums Taschkent.
Publ. Tomsk	Publikationen des Sibirischen Physikalisch-Technischen Instituts der Universität Tomsk.
Publ. U. S. Naval Obs.	Publications of the United States Naval Observatory. Washington/D. C.
Publ. Van Vleck	Publications of the Van Vleck Observatory. Middletown/Conn.
Publ. Victoria	Publications of the Dominion Astrophysical Observatory. Victoria/B. C.
Publ. von Kuffner'sche Sternw. Wien	Publicationen der von Kuffner'schen Sternwarte in Wien.

Publ. Washburn	Publications of the Washburn Observatory of the University of Wisconsin. Madison/Wisc.
Publ. Yerkes	Publications of the Yerkes Observatory of the University of Chicago.
Publ. Zürich	Publikationen der Eidgenössischen Sternwarte in Zürich.
Pulkovo Circ.	Pulkovo Observatory Circular.
Quart. Bull. Solar Activity	Quarterly Bulletin on Solar Activity. Zürich.
Quart. J. Roy. Astron. Soc.	Quarterly Journal of the Royal Astronomical Society. London.
Radioastronomia Solare Bologna	Radioastronomia Solare. Rendiconti della Scuola Internationale di Fisica "Enrico Fermi", Corso XII. Bologna 1960.
Rech. Utrecht	Recherches Astronomiques de l'Observatoire d'Utrecht.
Reichsber. Physik	Reichsberichte für Physik (Beiblätter zur Physikalischen Zeitschrift).
Rend. Accad. Nazl. Lincei	Rendiconti dell'Accademia Nazionale dei Lincei. Rom.
Rept. Progr. Phys.	Reports on Progress in Physcis. London.
Result. Cordoba	Resultados del Observatorio Nacional Argentino. Cordoba.
Rev. Astron.	Revista Astronomica. Buenos Aires.
Rev. Geophys.	Review of Geophysics. Washington/D. C.
Rev. Mod. Phys.	Review of Modern Physics. New York/N. Y.
Rev. Opt.	Revue d'Optique. Paris.
Rev. Sci. Instr.	The Review of Scienfitic Instruments. New Series. New York/N. Y.
Ric. Sci.	La Ricerca Scientific. Rom.
Roy. Obs. Bull.	Royal Observatory Bulletins (Greenwich-Cape). London.
Sci. Am.	Scientific American. New York/N. Y.
Science	Science. Washington/D. C.
Sci. Monthly	The Scientific Monthly. New York/N. Y. (1957 beendet).
Sci. Progr.	Science Progress. London.
Sci. Record	Science Record. New Series. Peking.
Sitzber. Akad. Wiss. Wien	Sitzungsberichte der Akademie der Wissenschaften. Wien.
Sitzber. Deut. Akad. Wiss. Math. Naturw. Kl. Berlin	Sitzungsberichte der Deutschen Akademie der Wissenschaften, Mathematisch-Naturwissenschaftliche Klasse. Berlin.
Sitzber. Heidelberger Akad. Wiss., Math. Naturw. Kl.	Sitzungsberichte der Heidelberger Akademie der Wissenschaften, Mathematisch-Naturwissenschaftliche Klasse. Heidelberg.
Sitzber. Math. Naturw. Kl., Bayer. Akad. Wiss. München	Sitzungsberichte der Mathematisch-Naturwissenschaftlichen Klasse der Bayerischen Akademie der Wissenschaften. München.
Sitzber. Österr. Akad. Wiss. Wien. Math. Naturw. Kl.	Sitzungsberichte der Österreichischen Akademie der Wissenschaften, Mathematisch-Naturwissenschaftliche Klasse. Wien.
Sitzber. Preuß. Akad. Wiss. (Phys.-Math. Kl.)	Sitzungsberichte der Preußischen Akademie der Wissenschaften (Physikalisch-Mathematische Klasse). Berlin.
Sky Telescope	Sky and Telescope. Cambridge/Mass.
Smithsonian Contrib. Astrophys.	Smithsonian Contributions to Astrophysics. Smithsonian Institution. Washington/D. C.
Sonnendaten Bull. (USSR)	Sonnendaten (Solnetschnie Dannie). Bulletin. Moskau-Leningrad.
Soviet Astron.-AJ	Soviet Astronomy-AJ (translation of the Astronomical Journal of the Academy of Sciences of the USSR; = Astron. Zh.) New York/N. Y.
Spaceflight	Spaceflight. London.
Space Research	Space Research. Proceedings of the International Space Science Symposium. Amsterdam.
Space Sci. Rev.	Space Science Reviews. Dordrecht.
Specola Vaticana	Specola Astronomica Vaticana. Vatikanstadt (Rom).
Specola Vaticana Ric. Astron.	Specola Astronomica Vaticana. Ricerche Astronomiche. Vatikanstadt (Rom).
Sproul Obs. Publ.	Sproul Observatory Publications.
Sterne	Die Sterne. Leipzig.
Sterne Weltraum	Sterne und Weltraum. Mannheim.
Stockholm Ann.	Stockholms Observatoriums Annaler (Astronomiska Iakttagelser och Undersökningar a Stockholms Observatorium). Stockholm.
Tellus	Tellus. Stockholm.
Tokyo Astron. Bull.	Tokyo Astronomical Bulletin. Tokyo.
Tokyo Astron. Obs. Reprints	Tokyo Astronomical Observatory Reprints. Tokyo.
Trans. Am. Geophys. Un.	Transactions of the American Geophysical Union. Washington/D. C.
Trans. Am. Phil. Soc.	Transactions of the American Philosophical Society. Philadelphia/Pa.
Trans. Am. Phil. Soc. N. S.	Transactions of the American Philosophical Society. New Series.
Trans. IAU	Transactions of the International Astronomical Union. Cambridge/Engl., London, New York.
Trans. Illum. Eng. Soc.	Transactions of the Illuminating Engineering Society. London.
Trans. Yale	Transactions of the Astronomical Observatory of Yale University. New Haven/Conn.
Turku Inform.	Astronomia-Optika Institucio, Universitato de Turku. Informo.

Un. Obs. Circ.	Union Observatory. Observatory Circulars. Pretoria.
Univ. Minn. Final Rept.	University of Minnesota, Final Report.
Uppsala Ann.	Uppsala Astronomiska Observatoriums Annaler. Uppsala.
Uppsala Medd.	Uppsala Astronomiska Observatorium. Meddelande. Uppsala.
URIS	Union Radio Scientifique International. Brüssel.
Veränd. St. Astron. Geodät. Ges. Gorkij	Veränderliche Sterne. Astronomisch-Geodätische Gesellschaft. Gorkij.
Veränd. St. Bull. Moskau	Veränderliche Sterne, Bulletin. Moskau.
Verhandl. Schweiz. Naturforsch. Ges.	Verhandlungen der Schweizer Naturforschenden Gesellschaft. Bern.
Veröffentl. Astron. Recheninst. Berlin	Veröffentlichungen des Astronomischen Recheninstituts zu Berlin-Dahlem.
Veröffentl. Astron. Recheninst. Heidelberg	Veröffentlichungen des Astronomischen Recheninstituts Heidelberg. Karlsruhe.
Veröffentl. Astron. Stat. TH Hannover	Veröffentlichungen der Astronomischen Station des Geodätischen Instituts der Technischen Hochschule Hannover.
Veröffentl. Bamberg	Veröffentlichungen der Remeis-Sternwarte zu Bamberg.
Veröffentl. Berlin-Babelsberg	Veröffentlichungen der Universitäts-Sternwarte zu Berlin-Babelsberg.
Veröffentl. Bonn	Veröffentlichungen der Universitäts-Sternwarte zu Bonn.
Veröffentl. Göttingen	Veröffentlichungen der Universitäts-Sternwarte zu Göttingen.
Veröffentl. Kopernikusinst.	Veröffentlichungen des Kopernikusinstituts (Astronomisches Recheninstitut) zu Berlin-Dahlem.
Veröffentl. Leipzig	Veröffentlichungen der Universitäts-Sternwarte zu Leipzig.
Veröffentl. München	Veröffentlichungen der Sternwarte München.
Veröffentl. Sonneberg	Veröffentlichungen der Sternwarte in Sonneberg. Berlin.
Veröffentl. Sternw. Heidelberg	Veröffentlichung der ⟨Großherzoglichen⟩ ⟨staatlichen⟩ ⟨Badischen⟩ ⟨Landes-⟩ Sternwarte. Heidelberg-Königstuhl.
Vesmir	Vesmir. Prag.
Vierteljahresschr. Astron. Ges.	Vierteljahresschrift der Astronomischen Gesellschaft. Leipzig (Erscheinen eingestellt).
Vistas Astron.	Vistas in Astronomy (Hrsg. A. Beer). London; New York/N. Y.
Vopr. Kosmog.	Voprosy Kosmogonii (Fragen der Kosmogonie). Moskau.
Wiadom. Mat. Varsovie	Wiadomosci Matematyczne. Varsovie (Warschau).
Wiener Astron. Kalender	Wiener Astronomischer Kalender. Wien, Leipzig.
Wiss. Jahrb. Univ. Odessa	Wissenschaftliches Jahrbuch der Universität Odessa.
Wiss. Z. Humboldt Univ. Berlin	Wissenschaftliche Zeitschrift der Humboldt-Universität zu Berlin.
Wiss. Z. Schiller-Univ. Jena	Wissenschaftliche Zeitschrift der Friedrich-Schiller-Universität. Jena/Thüringen.
Wroclaw Astron. Obs. Reprint	Wroclaw Astronomical Observatory Reprint. Wroclaw.
Z. Angew. Phys.	Zeitschrift für Angewandte Physik. Berlin.
Z. Anorg. Allgem. Chem.	Zeitschrift für Anorganische und Allgemeine Chemie. Leipzig.
Z. Astrophys. (= ZfA)	Zeitschrift für Astrophysik. Berlin.
Zeiss Werkz.	Zeiss Werkzeitschrift. Oberkochen.
ZfA	Zeitschrift für Astrophysik. Berlin.
Z. Geophys.	Zeitschrift für Geophysik. Würzburg.
Z. Instrumentenk.	Zeitschrift für Instrumentenkunde. Braunschweig.
Z. Meteorol.	Zeitschrift für Meteorologie (früher Meteorologische Zeitschrift) Berlin.
Z. Naturforsch.	Zeitschrift für Naturforschung. Tübingen.
Z. Physik	Zeitschrift für Physik. Berlin.

Mercedes-Druck, Berlin 61

Nomogramm 7. Umrechnung von Entfernungen

Mit diesem Nomogramm können Entfernungsangaben, die in verschiedenen Einheiten ausgedrückt sind, ineinander umgerechnet werden. Man benutzt dazu eine Ablesegerade, die immer in horizontaler Lage gebraucht wird. Die horizontale Lage läßt sich mit Hilfe der beiden äußersten Skalen (cm, links ⇆ ⇆ km, rechts) leicht herstellen: da beide Skalen völlig übereinstimmen (und nur durch die Zehnerpotenz der Überschrift unterschieden werden), liegt die Ablesegerade horizontal, wenn sie diese beiden Skalen in Punkten schneidet, die einander genau entsprechen.

Bei Benutzung des Nomogramms hat man jeweils für die Zahl n, die in Über- und Unterschrift der Skalen vorkommt, einen passenden ganzzahligen, positiven oder negativen Wert anzusetzen.

Beispiel: Gegebene Entfernung = 3650 parsec

Die Zahlenwerte für „parsec“ stehen an der rechten Seite der zweiten Doppelskala von links. Wir schreiben $3650 = 3{,}650 \cdot 10^3$, haben also $n = 3$ zu nehmen. Wir legen die Ablesegerade durch den Punkt 3,650 dieser Skala und bringen sie mit Hilfe der äußersten Skalen (cm und km) in horizontale Lage. Dann können wir ablesen:

$3{,}650 \cdot 10^3$pc

$= 1{,}124 \cdot 10^{22}$ cm $= 4{,}426 \cdot 10^{21}$ inches $= 7{,}529 \cdot 10^8$ AE $=$

$= 1{,}190 \cdot 10^4$ Lichtjahre $= 3{,}688 \cdot 10^{20}$ feet

$= 6{,}985 \cdot 10^{16}$ statute miles $= 1{,}124 \cdot 10^{17}$ km.

Ferner finden wir die Parallaxe $\pi = 2{,}''74 \cdot 10^{-4}$ und den Entfernungsmodul $(m-M) = 12{,}811$.

Nomogram 7. Conversion of distance scales

With this Nomogram, distance data given in different units can be converted into one another. For this we make use of the index line which is always put into horizontal position. Horizontal position is easily realised with the help of the outer scales at left (cm) and at right (km): since the two scales are identical (there is only a difference in the powers of 10 associated with them), the index line is in horizontal position if it crosses these two scales at points which do exactly correspond to one another.

When using the Nomogram, always a suitable value — positive or negative integer — is to be taken for the number n which appears at top and at bottom of the scales.

Example: Given the distance 3650 parsecs

The numerical values for "parsecs" are on the right-hand side of the second (from left) double scale. We write $3650 = 3{,}650 \cdot 10^3$; the value $n = 3$, therefore, is to be used in all scales. We put the index line through the point 3,650 of the "parsecs"-scale; with the help of the outermost scales (cm and km) it is made horizontal. Then we can read off:

$3{,}650 \cdot 10^3$ pc

$= 1{,}124 \cdot 10^{22}$ cm $= 4{,}426 \cdot 10^{21}$ inches $= 7{,}529 \cdot 10^8$ a. u.

$= 1{,}190 \cdot 10^4$ light years $= 3{,}688 \cdot 10^{20}$ feet

$= 6{,}985 \cdot 10^{16}$ statute miles $= 1{,}124 \cdot 10^{17}$ km.

Moreover, we find the parallax $\pi = 2{,}''74 \cdot 10^{-4}$, and the distance modulus $(m-M) = 12{,}811$.